1 MONTH OF
FREE
READING

at

www.ForgottenBooks.com

By purchasing this book you are eligible for one month membership to ForgottenBooks.com, giving you unlimited access to our entire collection of over 1,000,000 titles via our web site and mobile apps.

To claim your free month visit:
www.forgottenbooks.com/free1117422

ISBN 978-0-331-39360-6
PIBN 11117422

This book is a reproduction of an important historical work. Forgotten Books uses state-of-the-art technology to digitally reconstruct the work, preserving the original format whilst repairing imperfections present in the aged copy. In rare cases, an imperfection in the original, such as a blemish or missing page, may be replicated in our edition. We do, however, repair the vast majority of imperfections successfully; any imperfections that remain are intentionally left to preserve the state of such historical works.

SUBJECT MATTER INDEX

OF

TECHNICAL AND SCIENTIFIC PERIODICALS

COMPILED

BY THE ORDER OF THE IMPERIAL PATENT OFFICE.

YEAR 1906.

BERLIN
PUBLISHED BY CARL HEYMANNS VERLAG
MAUERSTRASSE 43/44.

LONDON	**NEW-YORK**	**PARIS**
WILLIAMS & NORGATE	G. E. STECHERT & CO.	F. VIEWEG
HENRIETTA STREET, COVENT GARDEN.	129—133 WEST 20TH ST.	67 RUE RICHELIEU.

PRESSE TECHNIQUE ET SCENTIFIQUE.

RÉPERTOIRE ANALYTIQUE

PUBLIÉ

SOUS LES AUSPICES DE L'OFFICE IMPÉRIAL DES BREVETS.

ANNÉE 1906.

BERLIN
LIBRAIRIE CARL HEYMANN
MAUERSTRASSE 43/44.

PARIS	**LONDON**	**NEW-YORK**
F. VIEWEG	WILLIAMS & NORGATE	G. E. STECHERT & CO.
67 RUE RICHELIEU.	14 HENRIETTA STREET, COVENT GARDEN.	129—133 WEST 20TH ST.

REPERTORIUM

DER

TECHNISCHEN JOURNAL-LITERATUR.

HERAUSGEGEBEN

IM

KAISERLICHEN PATENTAMT.

JAHRGANG 1906.

BERLIN.
CARL HEYMANNS VERLAG.
1907.

I. Verzeichnis der Zeitschriften nebst einem Verzeichnis der Hauptstichwörter . . Sp. V—LXXII
II. Repertorium . . . . Sp. 1—1320
III. Sachregister . . . . Sp. 1321—1509
IV. Namenregister . . . . Sp. 1510—1695.

I. Index of periodicals with a list of main headings . . . . col. V—LXXII
II. Subject matter index . . . . col. 1—1320
III. Matter Index . . . . col. 1321—1509
IV. Name Index . . . . col. 1510—1695.

I. Liste des publications et une table des titres principaux . . . . col. V—LXXII
II. Répertoire analytique . . . . col. 1—1320
III. Table des matières . . . . col. 1321—1509
IV. Table des auteurs etc. . . . . col. 1510—1695.

Verlags-Archiv 4144.

Gedruckt bei Julius Sittenfeld, Hofbuchdrucker., Berlin W.

I.

A. ALPHABETISCHES VERZEICHNIS

der für den Jahrgang 1906 des Repertoriums der technischen Journal-Literatur benutzten in der Bibliothek des Kaiserlichen Patentamts vorhandenen

Zeitschriften und deren Abkürzungen.

. Alphabetic index of periodicals and of abbreviations of titles.	A. Liste alphabétique des publications citées et des abréviations de leurs titres.

Die Zeitschriften und deren Abkürzungen sind alphabetisch geordnet; Abweichungen sind durch *Kursivdruck* hervorgehoben; Zeitschriften, welche eine Patentliste bezw. Patentschau führen, sind durch ein † gekennzeichnet.
Jg., Ann. bedeutet Jahrgang; Bd., Vol. = Band; Abt. = Abteilung; pl. = Tafel; Sér. = Serie; hrsg. = herausgegeben; s. = siehe.

The journals and their abbreviations are alphabetically registered.
Exceptions are characterised by *italic* letters. Journals including a list or review of patents are characterised by †.
Jg., Ann. means annual set; Bd., Vol. = volume, Abt. = part; pl. = plate; Sér. = series; hrsg. = edited; s. = see.

Les journaux et leurs abréviations sont rangés d'après l'alphabet.
Les exceptions sont imprimées en *italiques*. Les journaux, comprenant une liste ou une revue des brevets, sont caractérisés par †.
Jg., Ann., signifie année; Bd., Vol. = volume; Abt. = partie; pl. = planche; Sér. = série; hrsg. = édit; s. = voir.

#	Abk.	Titel
1.	Acetylen	Acetylen in Wissenschaft und Industrie; Halle. Jg. 9.
2.	Aérophile	L'Aérophile, revue technique de la locomotion aérienne; Paris. Année 14.
3.	Agr. chron.	Agricultural implement and machinery chronicle. Vol. VI, Hefte 67—78.
4.	Allg. Bauz.	Allgemeine Bauzeitung; Wien. Jg. 71, Hefte 1—4. Allgemeines Journal der Uhrmacherkunst, a. 187. Allgemeine österreichische Chemiker- und Techniker-Zeitung, a. 79. Allgemeine Zeitschrift für Bierbrauerei und Malzfabrikation, a. 360.
5.	Am. Apoth. Z.	*Deutsch-Amerikanische Apotheker-Zeitung; New-York.* Jg. 26, Nr. 11, 12, 27, Nr. 1—10. American Chemical Journal, a. 76. American Gas-Light-Journal, a. 136.
6.	Am. Journ.	American Journal of Science, The; New-Haven. Vol. 21 u. 22.
7.	Am. Mach.	American Machinist; New-York. Vol. 20, I, II.
8.	Am. Miller	American Miller, The; † Chicago. Vol. 34.
9.	Ann. Brass.	Annales de la Brasserie et de la Distillerie.† Paris. Ann. 9.
10.	Ann. d. Chim.	Annales de Chimie et de Physique; Paris. Sér. 8, Tome 7, 8, 9.
11.	Ann. d. Constr.	*Nouvelles Annales de la construction; Paris.* Ann. 52, Sér. 6, Tome 3.
12.	Ann. d. mines	Annales des mines; Paris. Série 10, Tome 9, 10.
13.	Ann. d. mines Belgique.	Annales des mines de Belgique, Bruxelles. Tome 11.
14.	Ann. d. Phys.	Annalen der Physik und Chemie, Leipzig. Bd. 19—21.
15.	Ann. Gew.	Annalen für Gewerbe und Bauwesen (hrsg. v. F. C. Glaser), Berlin. Bd. 58, 59.
16.	Ann. Hydr.	Annalen der Hydrographie; Berlin. Jg. 34.
17.	Ann. Pasteur	Annales de l'Institut Pasteur; Paris. Tome 20.
18.	Ann. ponts et ch.	Annales des ponts et chaussées, mémoires et documents; Paris. Ann. 1906 trimestre 1—4.
19.	Ann. trav.	Annales des travaux publics de Belgique; Bruxelles. Ann. 63, Sér 2, Tome 11.
20.	Apoth. Z.	Apothekerzeitung; Berlin. Jg. 21.
21.	Arb. Ges.	Arbeiten aus dem Kaiserlichen Gesundheitsamt; Berlin. Bd. 23, Heft 2, 3; 24, Heft 1—3.
22.	Arb. Pharm. Inst.	Arbeiten aus dem pharmazeutischen Institut der Universität Berlin. Jg. 3.
23.	Arch. Buchgew.	Archiv für Buchgewerbe; † Leipzig. Bd. 43.
24.	Arch. Eisenb.	Archiv für Eisenbahnwesen; Berlin. Jg. 1906.
25.	Arch. Feuer.	Archiv für Feuerschutz-, Rettungs- und Feuerlöschwesen; Leipzig. Jg. 23.
26.	Arch. Hyg.	Archiv für Hygiene; München, Leipzig. Bd. 55—59.
27.	Arch. Pharm.	Archiv der Pharmazie; Berlin. Bd. 244.
28.	Arch. phys. Med.	Archiv für physikalische Medizin und med Technik. Leipzig. Bd. 1, Heft 1—4; 2, Heft 1 u. 2.
29.	Arch. Post	Archiv für Post und Telegraphie; Berlin. Jg. 1906.
30.	Aerztl. Polyt.	Aerztliche Polytechnik; † Berlin. Jg. 1906.
31.	Asphalt- u. Teerind.-Z.	Asphaltkunde und Teer-Industrie-Zeitung. Jg 6.
32.	At. Phot.	Atelier des Photographen; Halle. Jg. 13.
33.	Autocar	Autocar, The; Conventry, London. Vol. 16, 17.
34.	Automobiles	H. Rodier, Automobiles, Paris. Jg. 1906.
35.	Aut. Journ.	Automotor Journal, The; London. Vol. 11.
36.	Bad. Gew. Z.	Badische Gewerbezeitung; Karlsruhe. Jg. 39.
37.	Baugew. Z.	Baugewerks-Zeitung; † Berlin. Jg. 38.

38. Baumatk.   Baumaterialienkunde; † Stuttgart, Jg. 11.

39. Bayr. Gew. Bl.   Bauweisen und Bauwerke, Neuere, aus Beton und Eisen, s. 45. Bayerisches Industrie- und Gewerbeblatt; † München. Jg. 1906.

40. B. Physiol.   Beiträge zur chemischen Physiologie und Pathologie; Braunschweig. Bd. 7 Heft 12; 8, 9, Heft 1, 2.

41. Ber. chem. G.   Berichte der Deutschen chemischen Gesellschaft; Berlin. Jg. 39.

42. Ber. Freiburg.   Berichte der naturforschenden Gesellschaft in Freiburg i. B. 16.

43. Ber. pharm. G.   Berichte der Deutschen Pharmazeutischen Gesellschaft. Berlin. Jg. 16.

44. Berg. Jahrb.   Berg- und hüttenmännisches Jahrbuch der K. K. Bergakademien zu Leoben und Pribram; Wien. Bd. 54, Heft 1—4.

45. Bet. u. Eisen   Beton und Eisen. Béton et Fer. Concrete and Steel. Internationales Organ für Betonbau. Neuere Bauweisen und Bauwerke. † Berlin. Jg. 5.

46. Bienenz. Neue   *Neue Bienenzeitung, Illustrierte Monatsschrift für Reform der Bienenzucht; Marburg. Jg. 1906.*

47. Biochem. CBl.   Biochemisches Centralblatt; Berlin. Bd. 4, Heft 20—24; 5, Heft 1—21.

48. Bohrtechn.   Bohrtechniker, Organ des Vereins der, Beilage der allgemeinen österreichischen Chemiker- und Technikerzeitung; Wien. Jg. 13.

49. Boll. Soc. Aer. Italiana   Bollettino della Societa Aeronautica Italiana; Anno 3.

50. Braunk.   Braunkohle; Halle, Jg. 4, Nr. 40—52; 5, Nr. 1—39.

51. Brenn. Z.   Brennerei-Zeitung; Bonn. Jg. 23.

52. Brew. J.   Brewer's Journal, The; † London. Vol. 42.

53. Brew. Maltst.   Brewer and Maltster; New-York. Vol. 25. British Journal of Photography, The; s. 181.

54. Brew. Trade   Brewing and Trade-Review; Vol. 20.

55. Brick   Brick; Chicago. Vol. 24, 25.

56. Builder   Builder, The; † London. Vol. 90, 91.

57. Bull. belge   Bulletin de la Société chimique de Belgique. Ann. 20.

58. Bull. d'enc.   Bulletin de la Société d'encouragement; Paris. Ann. 108.

59. Bull. ind. min.   Bulletin de la Société de l'industrie minérale; Saint-Etienne. Sér. 4, Tome 5.

60. Bull. Mulhouse   Bulletin de la Société industrielle de Mulhouse; Mulhouse. Ann 1906.

61. Bull. Rouen   Bulletin de la Société industrielle de Rouen; Rouen. Ann. 34.

62. Bull. Soc. chim.   Bulletin de la Société chimique de Paris; Paris. Sér. 3, Tome 35.

63. Bull. Soc. él.   Bulletin de la Société internationale des électriciens; Paris. Tome 6.

64. Bull. Soc. phot.   Bulletin de la Société française de photographie et laboratoire d'essais de la Société française de photographie; † Paris. Sér. 2, Tome 22.

65. Bull. sucr.   Bulletin de l'association des chimistes de sucrerie et de distillerie de France et des colonies; Paris. Ann. 23, 7—12; 24, 1—6.

66. Cassier's Mag.   Cassier's Magazine; New-York. Vol. 29, Nr. 3—6; 30, Nr. 1—6; 31, Nr. 1—3.

67. Celluloid   Die Celluloid-Industrie. † (Beilage zur Gummi - Zeitung; Dresden.) Jg. 6, Heft 4—10; 7, Heft 1—6.

68. Cem. Eng. News   Cement and Engineering News; Chicago. Vol. 17, Nr. 12; 18.

69. CBl. Akkum.   Centralblatt für Akkumulatoren und Elementenkunde; Groß-Lichterfelde-Berlin. Jg. 7.

70. CBl. Agrik. Chem.   Centralblatt für Agrikulturchemie und rationellen Landwirtschaftsbetrieb (hrsg. v. R. Biedermann); Leipzig. Jg. 35.

71. CBl. Bakt.   Centralblatt für Bakteriologie, Parasitenkunde und Infektionskrankheiten; Jena. Abt. I. Bd. 40, Heft 3—6; 41; 42; 43, Heft 1. Abt. II. Bd. 15, Heft 21—26; 16; 17. Referate 37, Heft 18 - 26; 38; 39, Heft 1—5.

72. CBl. Zuckerind.   Centralblatt für die Zuckerindustrie; Magdeburg. Jg. 14, Heft 14—52; 15, 1—13.

73. Central-Z.   Central - Zeitung für Optik und Mechanik; † Berlin. Jg. 27.

74. Chemical Ind.   *Journal of the Society of Chemical Industry, The;* † London. Vol. 25.

75. Chem. Ind.   Chemische Industrie, Die; † Berlin. Jg. 29.

76. Chem. J.   *American Chemical Journal; Baltimore.* Vol. 35, 36.

77. Chem. News   Chemical News, The; London. Vol. 93, 94.

78. Chem. Rev.   Chemische Revue über die Fett- und Harz - Industrie; Hamburg. Jg. 13.

79. Chem. techn. Z.   *Allgemeine österreichische Chemiker- und Techniker-Zeitung;* Wien. Jg. 24.

80. Chem. Z.   Chemiker-Zeitung; † Cöthen. Jg. 30.

81. Chem. Zeitschrift.   Chemische Zeitschrift; Leipzig. Jg. 5.

82. Clay worker   Clay worker; Indianapolis. Vol. 25.

83. Compr. air   Compressed air; New-York. Vol. X, Heft 11 u. 12, Vol. XI Heft 1—10.

84. Compt. r.   Comptes rendus hebdomadaires des séances de l'Académie des sciences; Paris. Tome 142, 143.

85. Constr. gaz   Constructeur d'usines à gaz, Le; Paris. Ann. 43, pl. 13, 14. Vom Februar 1906 ab ist diese Zeitschrift eingegangen.

86. Corps gras   Corps gras industriels, Les; Paris. Vol. 32, No. 12—24; 33, No. 1—11.

87. Corresp. Zahn.   Correspondenzblatt für Zahnärzte; Berlin. Bd. 35.

88. Cosmos   Cosmos, Le; Paris. Vol. 1906, 1 u. 2.

89. Dekor. Kunst   Dekorative Kunst; München. Jg. 9, Nr. 4—12; Jg. 10, Nr. 1—3.

90. Denkschr. Wien. Ak.   Denkschriften der Kaiserlichen Akademie der Wissenschaften; Wien. Bd. 78. Deutsch-Amerikanische Apothekerzeitung, s. 5.

91. D. Bauz.   Deutsche Bauzeitung; Berlin. Jg.40, mit Beilage: Mitteilungen für Zement-, Beton- und Eisenbetonbau (D. Bauz., Beil. Mitt. Zement-, Beton- u. Eisenbetbau) und Beil. d. Verbandes deutscher Architekten- und Ingenieur-Vereine (D. Bauz. Beil).

92. D. Buchdr. Z.   Deutsche Buchdrucker - Zeitung; Berlin. Jg. 33. Deutsche Essig-Industrie, s. 125. Deutsche Färber-Zeitung, s. 128. Deutsche Fischerei-Zeitung, s. 129.

93. D. Goldschm. Z.   Deutsche Goldschmiedezeitung; Leipzig. Jg. 9.

94. D. i. Bienenz.   Deutsche illustrirte Bienenzeitung; Leipzig. Jg. 23. Deutsche landwirthschaftliche Presse, s. 262. Deutsche Malerzeitung die Mappe, s. 199. Deutsche Mechaniker-Zeitung, s. 206. Deutsche Monatsschrift für Zahnheilkunde, s. 227. Deutsche Nähmaschinen - Zeitung, s. 234. Deutsche Photographen - Zeitung, s. 256. Deutsche Sellerzeitung, s. 301. Deutsche Techniker-Zeitung, s. 315. Deutsche Töpfer- und Ziegler-Zeitung, s. 324. Deutsche Uhrmacher-Zeitung, s. 334. Deutsche Vierteljahresschrift für öffentliche Gesundheitspflege, s. 339.

95. D. Wirk. Z.   Deutsche Wirker-Zeitung; † Apolda, Berlin, Chemnitz. Jg. 26, Nr. 14 — 52; 27, Nr. 1—13.

96. D. Wolleng.   Deutsche Wollengewerbe, Das; Grünberg i. Schl. Jg. 38. Deutsche Zuckerindustrie, s. 409.

97. Dingl. J.   Dingler's polytechnisches Journal; Stuttgart. Bd. 321.

98. Dyer   Dyer and Calico Printer, Bleacher, Finisher and Textile Review, The; London. Vol. 26.

99. Éclair. él.   Éclairage électrique; Paris. Tome 46—49.

100. Eisenz.   Eisenzeitung; † Berlin. Jg. 27.

101. El. Anz.   Electrotechnischer Anzeiger; † Berlin. Jg. 23.

102. Electr.   Electrician, The; † London. Vol. 56 Heft 12—26; Vol. 57; Vol. 58, Heft 1—11.

103. Électricien   L'Électricien; Paris. Tome 31 u. 32.

104. Electrochem. Ind.   Electrochemical Industry; New-York. Vol. 4.

105. Elektr. B.   Elektrische Bahnen. Zeitschrift für das gesamte elektrische Beförderungswesen; Berlin-München. Jg.4.

106.	**Elektrochem. Z.**	Elektrochemische Zeitschrift;† Berlin. Jg. 12, Nr. 10—12; Jg. 13, No. 1—9.
107.	**Elektrot. Z.**	Elektrotechnische Zeitschrift;† Berlin. Jg. 27.
108.	**El. Eng. L.**	Electrical Engineer, The; † London. Vol. 37, 38.
109.	**El. Mag.**	Electrical Magazine, The; London. Vol. 5 u. 6.
110.	**El. Rev.**	Electrical Review, The;† London. Vol. 58 u. 59.
111.	**El. Rev. N. Y.**	Electrical Review, The; New-York. Vol. 48 u. 49.
112.	**Elt. u. Maschb. Wien.**	Elektrotechnik u. Maschinenbau;† Wien. Bd. 23.
113.	**El. u. polyt. R.**	Elektrotechnische und polytechnische Rundschau; † Potsdam. Bd. 23.
114.	**El. World**	Electrical World;† New-York. Vol. 47 u. 48.
115.	**Elettricista**	Elettricista, l'Roma. Ann. 15, Ser. II, Vol. V.
116.	**Eng.**	Engineer, The; † London. Vol. 101, 102.
117.	**Eng. Chicago**	Engineer; Chicago. Vol 43.
118.	**Eng. min.**	Engineering and mining journal, The; New-York. Vol. 81, 82.
119.	**Engng.**	Engineering; † London. Vol. 81, 82.
120.	**Eng. News**	Engineering News and American railway journal; New - York. Vol. 55, 56.
121.	**Eng. Rec.**	Engineering and Building Record, The; New-York. Vol. 53, 54.
122.	**Eng. Rev.**	Engineering Review, The; London. Vol. 14, 15.
123.	**Erfind.**	Erfindungen und Erfahrungen, Neueste; † Wien, Pest, Leipzig. Jg. 33.
124.	**Erzbergbau**	Erzbergbau, Der; Jg. 1906, Heft 7—30.
125.	**Essigind.**	*Deutsche Essigindustrie; Berlin.* Jg. 10.
126.	**Fabriks-Feuerwehr**	Fabriks-Feuerwehr; Wien. Jg. 13. (Beilage zur Zeitschrift für Gewerbe-Hygiene.)
127.	**Farben-Z.**	Farben-Zeitung. Anzeiger der Lack-, Farben- und Leim-Industrie; Dresden. Jg. 11, 14—52; 12, 1—13. Färber-Zeitung (hreg. v. A. Lehne), s. 195.
128.	**Färber.-Z.**	*Deutsche Färber- Zeitung; München.* Jg. 42.
129.	**Fisch. Z.**	*Deutsche Fischerei-Zeitung; Stettin.* Jg. 29.
130.	**Fish. Gaz.**	Fishing Gazette, The;† London. Vol. 52, 53.
131.	**Fol. haem.**	Folia haematologica. Internationales Zentralorgan für Blut- und Serumforschung; Berlin. Jg. 3.
132.	**Foundry**	Foundry, The; Cleveland. Vol. 26, Nr. 161—172.
133.	**France aut.**	France automobile, La; Paris. Ann.11.
134.	**Fühling's Z.**	Fühling's landwirtschaftliche Zeitung; Leipzig. Jg. 55.
135.	**Gas Eng.**	Gas engine, The; London. Vol. 8.
136.	**Gas Light**	*American Gas-Light-Journal, The; New-York.* Vol. 84, 85.
137.	**Gasmot.**	Gasmotorentechnik, Die; † Berlin. Jg. 5, Heft 10—12; 6, Heft 1—9.
138.	**Gaz**	Gaz, Le; Paris. Ann. 49, Nr. 7—12; 50, Nr. 1—6.
139.	**Gaz. chim. it.**	Gazetta chimica italiana, La; Roma. Anno 36, Parte I, II.
140.	**Gén. civ.**	Génie civil, Le; Paris. Tome 48; Heft 10—26; Tome 49; Tome 50, Heft 1—9.
141.	**Gerber**	Gerber, Der; Wien. Jg. 32.
142.	**Ges. Ing.**	Gesundheits-Ingenieur; München. Jg. 29.
143.	**Gew. Bl. Würt.**	Gewerbeblatt aus Württemberg;† Stuttgart. Jg. 58. Gewerblich technischer Ratgeber, s. 274.
144.	**Gieß. Z.**	Gießerei-Zeitung, Zeitschrift für das gesamte Gießereiwesen; † Berlin. Jg. 3.
145.	**Giorn. Gen. civ.**	Giornale del Genio civile; Roma. Ann. 43; 44, Nr. 2—12; 44, Nr. 1—12.
146.	**Glückauf**	Glückauf;† Essen. Jg. 42. (Vereinigt mit Berg- und Hüttenmännische Zeitung.)
147.	**Gordian**	Gordian. Zeitschrift für die Kakao-, Schokoladen- und Zuckerwaren-Industrie; Hamburg. Jg. 11.
148.	**Graph. Beob.**	Graphischer Beobachter;† Leipzig. Bd. 15.
149.	**Graph. Mitt.**	*Schweizer graphische Mitteilungen; † St. Gallen.* Jg. 24, Nr. 8—24; 25, Nr. 1—7.
150.	**Gummi-Z.**	Gummi - Zeitung;† Dresden - Blasewitz. Jg. 20, Heft 14—52; 21, Heft 1—13.
		F. L. Haarmann's Zeitschrift für Bauhandwerker; Halle a/S.; heißt jetzt Zeitschrift für das Baugewerbe, s. 355.
		Haase's Zeitschrift für Lüftung und Heizung, s. 384.
151.	**Hansa**	Hansa. Deutsche nautische Zeitschrift; Hamburg. Jg. 43.
152.	**Horol. J.**	Horological Journal, The; London. Vol. 48, Hefte 560 - 580.
153.	**Horseless Age**	Horseless Age, The; New-York. Vol. 17, 18.
154.	**Hut.**	Hutschmied, Der; Dresden. Jg. 24. Illustrierte aeronautische Mitteilungen, s. 214.
155.	**Impr.**	L'imprimerie; † Paris. Ann. 43.
156.	**India rubber**	India Rubber and Guttapercha, with supplement „Tyres";† London. Vol. 31, 32.
157.	**Ind. él.**	L'industrie électrique; † Paris. Ann. 11.
158.	**Ind. text.**	L'industrie textile;† Paris. Ann. 22.
159.	**Ind. vél.**	L'industrie vélocipédique et automobile; Paris. Ann. 25. Inland printer, s. 263.
160.	**Iron A.**	Iron Age, The; New York. Vol. 77,78.
161.	**Iron & Coal**	Iron & Coal trades review;† London. Vol. 72, 73.
162.	**Iron & Steel J.**	*Journal of the Iron and Steel Institute; London.* Vol. 69, 70.
163.	**Iron & Steel Mag.**	Iron & Steel Magazine. Vol. 11, Heft 1—6.
164.	**Jahrb. Landw. G.**	Jahrbuch der Deutschen Landwirtschafts-Gesellschaft; Berlin. Bd 21.
165.	**Jahrb. Spiritus**	Jahrbuch des Vereins der Spiritus-Fabrikanten in Deutschland; Berlin. Jg. 6.
166.	**Jern. Kont.**	Jern Kontorets Annaler; Stockholm, Arangen 1906.
167.	**J. agr. Soc.**	Journal of the Royal agricultural Society of England; † London. Nichts eingegangen.
168.	**J. Am. Chem. Soc.**	Journal of the American chemical Society; Easton, Pa. Vol. 28.
169.	**J. Ass. Eng. Soc.**	Journal of the Association · of Engineering Societies Boston. Vol. 36, Nr. 2—6; 37, Nr. 1—6.
170.	**J. Buchdr.**	Journal für Buchdruckerkunst; Berlin. Jg. 73.
171.	**J. Chem. Soc.**	Journal of the chemical Society; London. Vol. 89.
172.	**J. d'agric.**	Journal d'agriculture practique; Paris. Ann. Nicht ausgezogen.
173.	**J. d'horl.**	*Journal suisse d'horlogerie;† Genève.* Ann. 30, Nr. 7—12; Ann. 31, Nr. 1—6.
174.	**J. d. phys.**	Journal de physique théorique et appliquée; Paris. Sér. 4, Tome V. Journal of the American Society of Naval Engineers, s. 180. Journal of the Association of Engineering Societies (Boston), s. 169.
175.	**J. el. eng.**	Journal of the Institution of electrical engineers; London, New-York. Vol. 36 u. 37.
176.	**J. Frankl.**	Journal of the Franklin Institute, The; Philadelphia. Vol. 161, 162.
177.	**J. Gasbel.**	*Schilling's Journal für Gasbeleuchtung und Wasserversorgung;† München.* Jg. 49.
178.	**J. Gas L.**	Journal of Gas lighting, water supply and sanitary improvement;† London. Vol. 93. 94. 95, 96.
179.	**J. Goldschm.**	Journal der Goldschmiedekunst und verwandter Gewerbe; Leipzig. Jg. 27.
180.	**J. Nav. Eng.**	*Journal of the American Society of Naval Engineers; Washington.* Vol. 18. Journal of the Iron and Steel Institute, s. 162. Journal de la Marine, le Yacht, s. 350.
181.	**J. of Phot.**	*British Journal of Photography, The;† London.* Vol. 53.
182.	**J. pharm.**	Journal de pharmacie et de chimie; Paris. Sér. 6, Tome 23, 24.
183.	**J. prakt. Chem.**	Journal für praktische Chemie (hrsg. von Ernst v. Meyer); Leipzig. Neue Folge. Bd. 73, 74.
184.	**J. Roy. Art.**	Journal of the Royal Artillery; Woolwich. Jg. 33, Nr. 1—9.
185.	**J. Soc. dyers**	Journal of the society of dyers and colourists; † Bradford. Vol. 22.
186.	**J. télégraphique**	Journal télégraphique; Berne. Ann. 38.
187.	**J. Uhrmk.**	*Allgemeines Journal der Uhrmacherkunst;† Halle a. S.* Jg. 31.

188. J. Unit. Service — Journal of the Royal United Service Institution; London. Vol. 50, I, II.
Journal of the Society of Chemical Industry, s. 74.
Journal suisse d'horlogerie, s. 173.

189. Kirche — Kirche, Die, Zeitschrift für Bau, Einrichtung und Ausstattung von Kirchen; Steglitz. Jg. 3, Nr. 4—12; 4, Nr. 1—3.

190. Krieg. Z. — Kriegstechnische Zeitschrift; Berlin. Jg. 9.

191. Kulturtechn. — Kulturtechniker, Der; Breslau. Jg. 9.

192. L. Bienenz. — Leipziger Bienenzeitung; Leipzig. Jg. 1906.

193. Landw. Jahrb. — Landwirtschaftliche Jahrbücher; Berlin Bd. 35.

194. Landw. W. — Oesterreichisches landwirtschaftliches Wochenblatt; Wien. Jg. 32. Landwirtschaftlichen Versuchsstationen, Die, s. 337.

195. Lehnes Z. — Färber-Zeitung(hrsg.v. A.Lehne); † Berlin. Bd. 17.
Leipziger Bienenzeitung, s. 192.
Leipziger Färber-Zeitung (Färberei-Musterzeitung), s. 233.
Leipziger Monatsschrift für Textil-Industrie, s. 226.

196. Liebigs Ann. — Liebigs Annalen der Chemie; Leipzig. Bd. 314—350.

197. Lokomotive — Lokomotive, Die; Wien, Berlin, Zürich. Jg. 3.

198. Luftschiffer-Z. — Luftschiffer-Zeitung,Wiener; † Wien. Jg. 5.
London, Edinburgh and Dublin philosophical Magazine and journal of science, The, s. 246.

199. Maler Z. — Deutsche Malerzeitung die Mappe; München. Bd. 25, Heft 40—52; Bd. 26, Heft 1—79.

200. Mar. E. — Marine Engineer, The; † London. Vol. 27, Nr 522; 28; 29, Heft 1—5.

201. Mar. Engng. — Marine Engineering,London. Vol.11.

202. Mar. Rundsch. — Marine-Rundschau; Berlin. Jg. 17.

203. Masch. Konstr. — Praktische Maschinen - Konstrukteur; Leipzig, Berlin,Wien. Bd. 39.

204. Mech. World — Mechanical World, The; † Manchester, London. Vol. 39, 40.

205. Mechaniker — Mechaniker, Der; † Berlin. Jg. 14.

206. Mech. Z. — Deutsche Mechaniker-Zeitung, Beiblatt zur Zeitschrift für Instrumentenkunde und Organ für die gesamte Glasinstrumenten-Industrie;† Berlin. Jg. 1906.

207. Med. Wschr. — Medizinische Wochenschrift, Münchener; München. Jg. 53.

208. Mém. S. ing. civ. — Mémoires et compte rendu des travaux de la Société des ingénieurs civils de France; Paris. Ann. 1906, Vol. 1, 2.

209. Met. Arb. — Metallarbeiter, Der; † Berlin. Jg. 32.

210. Metallurgie — Metallurgie, Borchers. Halle. Jg. 3.

211. Milch-Z. — Milch-Zeitung; Bremen. Jg. 35.

212. Mines and minerals — Mines and minerals, Denver, Colo. Vol. 26, Nr. 6—12; 27, Nr. 1—5.

213. Min. Proc. Civ. Eng. — Minutes of Proceedings of the Institution of Civil Engineers; London. Vol. 163—166.

214. Mitt aër. — Illustrierte aëronautische Mitteilungen; Straßburg. Jg. 10.

215. Mitt. Artill. — Mitteilungen über Gegenstände des Artillerie- und Geniewesens;† Wien. Jg. 1906.
Mitteilungen aus der Praxis des Dampfkessel- und Dampfmaschinen Betriebes; Berlin, Breslau; heißt jetzt Zeitschrift für Dampfkessel- und Dampfmaschinenbetrieb, s. 365

216. Mitt. Gew. Mus. — Mitteilungen des K. K. Technologischen Gewerbe-Museums zu Wien; Wien. Jg. 16.

217. Mitt. Malerei — Technische Mitteilungen für Malerei;† München. Jg. 22, Heft 13 bis 24; 23, Heft 1-12

218. Mitt. a. d. Materialprüfungsamt — Mitteilungen aus dem Kgl. Materialprüfungsamt Groß-Lichterfelde; Berlin. Jg. 24, Heft 1—6.
Mitteilungen des Vereins zur Förderung der Moorkultur im Deutschen Reiche, s. 228.

219. Mitt. Seew. — Mitteilungen aus dem Gebiete des Seewesens; Pola. Bd. 34.

220. Molk. Z. Berlin — Molkerei-Zeitung; Berlin. Jg. 16.

221. Molk. Z. Hildesheim — Molkerei-Zeitung; Hildesheim. Jg.20.

222. Mon. cér. — Moniteur de la céramique, de la verrerie et journal du céramiste et du chaufournier; Paris. Ann. 37.

223. Mon. Chem. — Monatshefte für Chemie und verwandte Teile anderer Wissenschaften. Gesamte Abhandlungen aus den Sitzungsberichten der K. K. Akademie der Wissenschaften zu Wien; Wien. Bd. 27.

224. Mon. scient. — Moniteur scientifique du docteur Quesneville. Journal des sciences pures et appliquées; Paris. Sér. IV. Tome 20, I u. 2.

225. Mon. teint. — Moniteur de la teinture, des apprêts et de l'impression des tissus, Le; † Paris. Ann. 50.

226. Mon. Text. Ind. — Leipziger Monatsschrift für Textil-Industrie; † Leipzig. Jg. 21; Spezial-Nummer 1—4.

227. Mon. Zahn. — Deutsche Monatsschrift für Zahnheilkunde; Leipzig. Jg. 24.

228. Moorkult. — Mitteilungen des Vereins zur Förderung der Moorkultur im Deutschen Reiche; Schöneberg-Berlin. Jg. 24.

229. Motorboot — Motorboot, Das; Berlin. Jg. 3.

230. Mot. Wag. — Motorwagen, Der; † Berlin. Jg. 9.

231. Münch. Kunstbl. — Münchener Kunstblätter; München. Jg. 3, Nr. 1—7.

232. Mus. Instr. — Musikinstrumenten- Zeitung; † Berlin. Jg. 16, Nr. 14—52; 17, Nr. 1—13.

233. Muster-Z. — Leipziger Färber - Zeitung (Färberei - Musterzeitung); Leipzig. Jg. 55.

234. Nähm. Z. — Deutsche Nähmaschinen-Zeitung; Bielefeld. Jg. 31, Nr. 1-12.

235. Nat. — Nature, La; Paris. Ann. 34, 1 u. 2.
Neue Bienenzeitung, s. 46.
Nouvelles Annales de la construction, s. 11.

236. Oel- u. Fett-Z. — Oel- und Fett-Zeitung; Berlin. Jg. 3.

237. Oest. Chem. Z. — Oesterreichische Chemiker-Zeitung; Zeitschrift für Nahrungsmittel-Untersuchung, Hygiene und Warenkunde. Wien. Jg. 9.

238. Oest. Eisenb. Z. — Oesterreichische Eisenbahnzeitung; Wien; Jg. 29.
Oesterreichisches landwirtschaftliches Wochenblatt, s. 194.
Oesterreichische Wochenschrift für den öffentlichen Baudienst, s. 346.
Oesterreichisch - Ungarische Zeitschrift für Zucker - Industrie und Landwirtschaft, s. 405.

239. Oest. Woll. Ind. — Oesterreich's Wollen- und Leinen-Industrie;† Reichenberg. Jg. 26.
Oesterreichische Zeitschrift für Berg- und Hüttenwesen, s. 388.

240. Organ — Organ für die Fortschritte des Eisenbahnwesens; Wiesbaden. Neue Folge, Bd. 43.

241. Page's Weekly — Page's Weekly; London. Vol. 8, 9.

242. Papierfabr. — Papierfabrikant; † Berlin. Jg. 1906.

243. Papier-Z. — Papier-Zeitung; † Berlin. Jg. 31, I, II.

244. Pharm. Centralh. — Pharmaceutische Centralhalle für Deutschland; Dresden. Jg. 47.

245. Pharm. Z. — Pharmaceutische Zeitung; † Berlin. Jg. 51.

246. Phil. Mag. — London, Edinburgh und Dublin philosophical Magazine and journal of science, The; London. 6. series, Vol. 11 u. 12.

247. Phil. Trans. — Philosophical Transactions of the Royal Society of London. Vol. 198, A. 205, A. 206.

248. Phot. Chron. — Photographische Chronik. Jg. 1906. Beilage zur Zeitschrift für Reproduktionstechnik s. 394 u. Photographische Welt s. 254.

249. Photogram — Photogram, The; London. Vol. 13.

250. Phot. Korr. — Photographische Korrespondenz; † Wien, Leipzig. Jg. 43.

251. Phot. Mitt. — Photographische Mitteilungen;† Berlin. Jg. 43.

252. Phot. News — Photographic News, The; London. Vol. 50.

253. Phot. Rundsch. — Photographische Rundschau nebst Vereinsnachrichten; Halle a. S. Jg. 20.

254. Phot. W. — Photographische Welt; Düsseldorf. Bd. 20.

255. Phot. Wchbl. — Photographisches Wochenblatt; Berlin. Jg. 32.

256. Phot. Z. — Deutsche Photographen-Zeitung; † Weimar. Jg. 30.

257. Phys. Rev. — Physical Review, The; Lancaster, Pa. and New-York. Vol. 22 u. 23, Nr. 1—6.

258. Physik. Z. — Physikalische Zeitschrift. Jg. 7.

259. Polit. — Politecnico, Il; Milano. Anno 54 Heft 1—11.

260. Portef. éc. — Portefeuille économique des machines de l'outillage et du matériel; Paris. Ann. 51, Sér. 5, Tome 5.

261. Pract. Eng. — Practical Engineer; London. Vol. 53, 54.

— Praktische Maschinen - Konstrukteur, Der, s. 203.

262. Presse — Deutsche Landwirt.chaftliche Presse; Berlin. Jg. 33.

263. Printer — Inland Printer, The; Chicago. Vol. 36, Nr. 4—6; 37, 38, Nr. 2, 3.

264. Proc. Am. Civ. Eng. — Proceedings of the American Society of Civil Engineers; New-York. Vol. 32.

265. Proc. El. Eng. — Proceedings of the American institute of Electrical Engineers; New-York. Vol. 25.

266. Proc. Mech. Eng. — Proceedings of the Institution of Mechanical Engineers; London. 1905, Heft 4; 1906, Heft 1—3.

267. Proc. Mun. Eng. — Proceedings of the Incorporated Association of Municipal and County Engineers; London. Nicht erschienen.

268. Proc. Nav. Inst. — Proceedings of the United States Naval Institute; Annapolis. Vol. 32.

269. Proc. Roy. Soc. — Proceedings of the Royal Society; London. Series A Vol. 77, 78, Series B Vol. 77, 78.

270. Process. phot. — Process-Photogram, The; London. Vol. 13.

271. Prom. — Prometheus; Berlin. Jg. 17, Heft 846 bis 897.

272. Railr. G. — Railroad Gazette, The; New-York. Jg. 1906, I, II.

273. Railw. Eng. — Railway Engineer, The; † London. Vol. 27.

274. Ratgeber, G. T. — Gewerblich technischer Ratgeber; Berlin. Jg. 5, Nr. 13—24; Jg. 6, Nr. 1—12.

— Recueil des travaux chimiques des Pays-Bas et de la Belgique, s. 327.

275. Rev. belge. — Revue de l'armée belge; Liège. Ann. Tome 30, Nr. 4—6; 31, Nr. 1—3.

276. Rev. chem. f. — Revue générale des chemins de fer et de tramways; Paris. Ann. 29, I, II.

277. Rev. chim. — Revue générale de chimie pure et appliquée. † Paris. (Ann.8) Tome 9.

278. Rev. chron. — Revue chronométrique; Paris. Ann. 52, Nr. 592—603.

279. Rev. d'art. — Revue d'artillerie; Paris. Tome 67, Nr. 4—6; 68; 69, Nr. 1—3.

280. Rev. ind. — Revue industrielle; † Paris. Ann. 37.

281. Rev. mat. col. — Revue des matières colorantes; Paris. Ann. 10.

282. Rev. méc. — Revue de mécanique; Paris. Tome 18, 19.

283. Rev. métallurgie — Revue de métallurgie; Paris. Jg. 3.

284. Rev. min. — Revista minera, metalurgica y de ingeniería; Madrid. Ann. 57.

285. Rev. phot. — Revue suisse de photographie; Paris, Lausanne, Lisbonne, Jg. 18.

286. Rev. techn. — Revue technique, La; Paris. Hat mit Nr. 2 v. 1906 aufgehört zu erscheinen.

287. Rev. univ. — Revue universelle des mines; Liège, Paris. Ann. 50, Tome 13 16.

288. Rig. Ind. Z. — Rigasche Industrie-Zeitung; Riga. Jg. 32.

289. Riv. art. — Rivista di artiglieria e genio; Roma. Anno 1906, Vol. 1—4.

290. Rudder — Rudder, The; New-York. Vol. 17.

291. Sc. Am. — Scientific American; † New-York. Vol. 94, 95.

292. Sc. Am. Suppl. — Scientific American, Supplement; New-York. Vol. 61, 62.

293. Schiffbau — Schiffbau; † Berlin. Jg. 7, Nr. 7—24, Jg. 8, Nr. 1—6.

— Schillings Journal für Gasbeleuchtung und Wasserversorgung, s. 177.

294. School of mines — School of mines Quarterly. Vol 27, 2—4; 28, 1.

295. Schuhm. Z. — Schuhmacher - Zeitung, Deutsche, Jg. 58.

296. Schw. Baus. — Schweizerische Bauzeitung; Zürich. Bd. 47, 48.

— Schweizer graphische Mitteilungen, s. 149.

297. Schw. Elektrot. Z. — Schweizerische Elektrotechnische Zeitschrift; Zürich. Jg. 3.

298. Schw. M. Off. — Schweizerische Monatsschrift für Offiziere aller Waffen; Frauenfeld. Jg. 18.

299. Schw. Z. Art. — Schweizerische Zeitschrift für Artillerie und Genie; Frauenfeld. Jg. 42.

300. Seifenfabr. — Seifenfabrikant, Der; † Berlin. Jg. 26.

301. Seilers. — Deutsche Seilerzeitung; † Berlin. Jg. 28.

302. Sitz. B. Preuß. Ak. — Sitzungsberichte der Kgl. Preuß. Akademie der Wissenschaften. Jg. 1906

303. Sitz. B. Wien. Ak. — Sitzungsberichte der Kaiserlichen Akademie der Wissenschaften; Wien. Bd. 115, Abt. 1, II a, II b, III.

304. Spinner und Weber — Spinner und Weber, Der; Leipzig. Jg. 23.

305. Sprechsaal — Sprechsaal, Organ der Porzellan-, Glas- und Tonwarenindustrie; Coburg. Jg. 40.

306. Sprengst. u. Waff. — Sprengstoffe, Waffen und Munition; Potsdam. Jg. 1.

307. Städtebau — Städtebau, Der; Berlin. Jg. 3.

308. Stahl — Stahl und Eisen; † Düsseldorf. Jg. 26.

309. Stein u. Mörtel — Stein und Mörtel; † Berlin. Jg. 10.

310. Street R. — Street Railway Journal, The; New-York, Chicago. Vol. 27, 28.

311. Sucr. — Sucrerie indigène et coloniale, La; † Paris. Tome 67, 68.

312. Sucr. belge — Sucrerie belge; La; Bruxelles. Tome 34, 9—24; Tome 10, 1—8.

— Technische Mitteilungen für Malerei, s. 217.

313. Techn. Gem. Bl. — Technisches Gemeindeblatt; † Berlin. Jg. 8, Nr. 19—24; Jg 9, Nr. 1—18.

314. Techn. Rundsch. — Technische Rundschau. (Beilage zum Berliner Tageblatt.) 1906.

315. Techn. Z. — Deutsche Techniker - Zeitung; † Berlin Jg. 23.

316. Technol. Quart. — Technology Quarterly and Proceedings of the Society of arts; Boston. Vol. 19.

317. Text. col. — Textile colorist; † Philadelphia. Vol. 28.

318. Text. Man. — Textile Manufacturer, The; † Manchester. Vol. 32.

319. Text. Rec. — Textile World Record; Boston & Philadelphia. Vol. 30, Nr. 4—6; 31, Nr. 1—3.

320. Text. u. Färb. Z. — Textil- und Färberei - Zeitung. Wochenschrift für die Baumwoll-, Woll- und Seidenindustrie. Braunschweig. Jg. 4.

— Textile World Record, s. 319.

321. Text. Z. — Textil-Zeitung; † Berlin. Jg. 1906.

322. Tiefbohrw. — Tiefbohrwesen, Frankfurt a. M. Jg. 4.

323. Tonind. — Tonindustrie - Zeitung; † Berlin. Jg. 30.

324. Töpfer-Z. — Deutsche Töpfer- und Ziegler-Zeitung; Berlin. Bd. 37.

325. Trans. Am. Eng. — Transactions of the American Society of Civil - Engineers; New-York. Vol. 56, 57.

326. Trans. Min. Eng. — Transactions of the American institution of mining Engineers, New-York. Vol. 36.

327. Trav. chim. — Recueil des travaux chimiques des Pays-Bas et de la Belgique; Leide. Tome 25.

328. Tropenpflanzer — Tropenpflanzer, Der; Berlin. Jg. 10.

329. — Beihefte — Tropenpflanzer, Beihefte, Berlin. Bd. 7, Heft 1—5.

330. Turb. — Turbine, Die; Berlin. † Jg. 2, Heft 4—12; 3, Heft 1—3.

331. Typ. Jahrb. — Typographische Jahrbücher; Leipzig. Jg. 27.

332. Tyres — Tyres; the monthly review of the tyre and vehicle rubber trade. Supplement to the India rubber journal. Vol. 3.

333. Uhlands T. R. — Uhlands technische Rundschau; † Leipzig 1906, Gruppe 1—5 nebst Suppl.

334. Uhr-Z. — Deutsche Uhrmacher - Zeitung; † Berlin. Jg. 30.

335. Verh. V. Gew. Abh. — Verhandlungen des Vereins zur Beförderung des Gewerbefleißes; Abhandlungen; Berlin 1906 (Bd. 85).

336. Verh. V. Gew. Sitz. B. — Verhandlungen des Vereins zur Beförderung des Gewerbefleißes; Sitzungsberichte; Berlin 1906.

337. Versuchsstationen — Landwirtschaftlichen Versuchsstationen, Die; Berlin. Bd. 64 u. 65.

338. Viertelj. ger. Med. — Vierteljahresschrift für gerichtliche Medizin und öffentliches Sanitätswesen; Berlin. Bd. 31, 32 und Supplemente.

339. Viertelj. Schr. Ges. — Deutsche Vierteljahrsschrift für öffentliche Gesundheitspflege; Braunschweig. Bd. 38.

340. Vulkan — Vu'kan; Frankfurt a. M. Jg. 6.

341. Wassersp. — Wassersport; Berlin. Jg. 24.

342. Weinbau — Weinbau und Weinhandel; † Mainz. Jg. 24.

343.	Weinlaube	Weinlaube, Die; Wien. Jg. 38.	
344.	West. Electr.	Western Electrician; † Chicago. Vol. 38 u. 39.	
345.	Wilson's Mag.	Wilson's photographic magazine; New-York. Vol. 43.	
346.	Wschr. Baud.	*Oesterreichische Wochenschrift für den öffentlichen Baudienst; Wien.* Jg. 12.	
347.	Wschr. Brauerei	Wochenschrift für Brauerei; † Berlin. Jg. 23.	
348.	W. Papierf.	Wochenblatt für Papierfabrikation; Bieberach. Jg. 37, I, II.	
349.	Yacht, Die	Die Yacht; Berlin. † Jg. 2, Nr. 13–24; Jg. 3, Nr. 1–12.	
350.	Yacht, Le	*Journal de la Marine, le Yacht; Paris.* Ann. 29.	
351.	Z. anal. Chem.	Zeitschrift für analytische Chemie; Wiesbaden. Jg. 48.	
352.	Z. ang. Chem.	Zeitschrift für angewandte Chemie; † Berlin. Jg. 19.	
353.	Z. anorg. Chem.	Zeitschrift für anorganische Chemie; Hamburg, Leipzig. Bd. 48, 2–5; Bd. 49, 50, 51.	
354.	Z. Arch.	Zeitschrift für Architektur- und Ingenieurwesen; Hannover. Jg. 52.	
355.	Z. Baugew.	Zeitschrift für das Baugewerbe; Halle. Jg. 50	
356.	Z. Bauw.	Zeitschrift für Bauwesen; Berlin. Jg. 56.	
357.	Z. Bayr. Rev.	Zeitschrift des Bayerischen Revisions-Vereins; München. Jg. 10.	
358.	Z. Beleucht.	Zeitschrift für Beleuchtungswesen; † Berlin. Jg. 12.	
359.	Z. Bergw.	Zeitschrift für das Berg-, Hütten- und Salinenwesen; Berlin. Bd. 54.	
360.	Z. Bierbr.	*Allgemeine Zeitschrift für Bierbrauerei und Malzfabrikation;† Wien.* Jg. 34.	
361.	Z. Biologie	Zeitschrift für Biologie München und Berlin. Bd. 48 (Neue Folge 30.)	
362.	Z. Brauw.	Zeitschrift für das gesamte Brauwesen; † München. Jg. 29.	
363.	Z. Bürsten.	Zeitschrift für Bürsten-, Pinsel- und Kammfabrikation; Leipzig. Jg. 25, Nr. 7–24; Jg. 26, Nr. 1–6.	
364.	Z. Chem. Apparat.	Zeitschrift f. chemische Apparatenkunde. Jg. 1.	
365.	Z. Dampfk.	Zeitschrift für Dampfkessel- und Dampfmaschinenbetrieb; Berlin, Breslau. Jg. 29.	
366.	Z. Drechsler	Zeitschrift für Drechsler, Elfenbeingraveure und Holzbildhauer;† Leipzig. Jg. 29.	
367.	Z. Eisenb. Verw.	*Zeitung des Vereins Deutscher Eisenbahn-Verwaltungen, Berlin.* Jg. 46.	
368.	Z. Elektrochem.	Zeitschrift für Elektrochemie;† Halle a. S. Jg. 12.	
369.	Z. Elt. u. Masch.	Zeitschrift für Elektrotechnik und Maschinenbau; † Potsdam. Bd. 9.	
370.	Z. Farb. Ind.	Zeitschrift für Farben- und Textil-Industrie, Sorau, N. L. Jg. 5.	
371.	Z. Feuerwehr	Zeitschrift für die deutsche Feuerwehr; München. Jg. 34, Heft 1–6.	
372.	Z. Forst.	Zeitschrift für Forst- und Jagdwesen; Berlin. Jg. 38.	
373.	Z. Genuß.	*Zeitschrift für Untersuchung der Nahrungs- und Genußmittel, sowie der Verbrauchsgegenstände; Berlin.* Bd. 11, 12.	
374.	Z. Gew. Hyg.	Zeitschrift für Gewerbe-Hygiene, Unfall-Verhütung und Arbeiter-Wohlfahrts-Einrichtungen; Wien. Jg. 13.	
375.	Z. Heiz.	Zeitschrift für Heizungs-, Lüftungs- und Wasserleitungstechnik, sowie für Beleuchtungswesen;† Halle. Jg.10, Heft13–24, Jg.11, Heft 1–12.	
376.	Z. Hyg.	Zeitschrift für Hygiene und Infektionskrankheiten; Leipzig. Bd. 52, 2, 3; 53, 53–55.	
377.	Z. Instrum. Bau	Zeitschrift für Instrumentenbau; † Leipzig. Jg. 26, Heft 10–36; Jg. 27, Heft 1–9.	
378.	Z. Instrum. Kunde	Zeitschrift für Instrumentenkunde; Berlin. Jg. 26.	
379.	Z. Kälteind.	Zeitschrift für die gesamte Kälteindustrie;† München, Leipzig. Jg. 13.	
380.	Z. Kleinb.	Zeitschrift für Kleinbahnen; Berlin. Jg. 13.	
381.	Z. Kohlens. Ind.	Zeitschrift für die gesamte Kohlensäure-Industrie; † Berlin. Jg. 12.	
382.	Z. kompr. G.	Zeitschrift für komprimierte und flüssige Gase; Berlin. Jg. 9, Heft 7–12, Jg. 10, Heft 1–5.	
383.	Z. Krankenpfl.	Zeitschrift für Krankenpflege; Berlin. Jg. 1906.	
384.	Z. Lüftung	*Haases Zeitschrift für Lüftung und Heizung; Berlin.* Jg. 12.	
385.	Z. Mikr.	Zeitschrift für wissenschaftliche Mikroskopie und für mikroskopische Technik; Braunschweig. Bd. 23, Heft 1–4.	
386.	Z. mitteleurop. Motwv.	Zeitschrift des mitteleuropäischen Motorwagen-Vereins; Berlin. Jg.5.	
		Zeitschrift für Untersuchung der Nahrungs- und Genußmittel, sowie der Verbrauchsgegenstände, s. 373.	
387.	Z. Moorkult.	Zeitschrift für Moorkultur u. Torfverwertung; Wien. Jg. 4, Heft 1 bis 6.	
388.	Z. Ö. Bergw.	*Oesterreichische Zeitschrift für Berg- und Hüttenwesen;† Wien.* Jg. 54.	
389.	Z. öffl. Chem.	Zeitschrift für öffentliche Chemie; Plauen i. V. Jg. 12.	
390.	Z. Oest. Ing. V.	Zeitschrift des Oesterreichischen Ingenieur- und Architekten-Vereins; Wien. Bd. 58.	
391.	Z. physik. Chem.	Zeitschrift für physikalische Chemie, Stöchiometrie und Verwandtschaftslehre; Leipzig. Bd. 54–57.	
392.	Z. phys. chem. U.	Zeitschrift für den physikalisch-chemischen Unterricht; † Berlin. Jg. 12.	
393.	Z. physiol. Chem.	Zeitschrift für physiologische Chemie (hrsg. von Hoppe-Seyler); Straßburg. Bd. 47–49.	
394.	Z. Reprod.	Zeitschrift für Reproduktionstechnik; Halle a. S. Jg. 8.	
395.	Z. Schieß- u. Spreng.	Zeitschrift für das gesamte Schieß- und Sprengstoffwesen. München. Jg. 1.	
396.	Z. Spiritusind.	Zeitschrift für Spiritus-Industrie; Berlin. Jg. 29. Beilagen-Heft.	
397.	Z. Transp.	Zeitschrift für Transportwesen und Straßenbau; Berlin. Jg. 23.	
398.	Z. Turbinenw.	Zeitschrift für das gesamte Turbinenwesen; Berlin. Jg. 3.	
399.	Z. V. dt. Ing.	Zeitschrift des Vereins Deutscher Ingenieure; † Berlin. Bd. 50.	
400.	Z. Vermess. W.	Zeitschrift für Vermessungswesen; Stuttgart. Bd. 35.	
401.	Z. V. Zuckerind.	Zeitschrift des Vereins der Deutschen Zuckerindustrie. (Früher Zeitschrift des Vereins für Rübenzucker-Industrie); Berlin. Bd. 56.	
402.	Z. Werkzm.	Zeitschrift für Werkzeugmaschinen und Werkzeuge; † Berlin. Jg. 10, Nr. 10–36; Jg. 11, Nr. 1–9.	
403.	Z. Wohlfahrt.	Zeitschrift der Zentralstelle für Arbeiter - Wohlfahrtseinrichtungen; Berlin. Jg. 13	
404.	Z. Zuckerind. Böhm.	Zeitschrift für Zuckerindustrie in Böhmen; Prag. Jg. 30, Nr. 4–11; Jg. 31, No. 1–3.	
405.	Z. Zucker.	*Oesterreichisch-ungarische Zeitschrift für Zuckerindustrie und Landwirtschaft; Wien.* Jg. 35.	
406.	Z. Zündw.	Zeitschrift für Zündwarenfabrikation; Partenkirchen. Jg. 1905.	
		Zeitung des Vereins Deutscher Eisenbahnverwaltungen; Berlin, s. 367.	
407.	ZBl. Bauv.	Zentralblatt der Bauverwaltung; Berlin. Jg. 26.	
408.	Zem. u. Bet.	Zement und Beton; Berlin. Jg. 5.	
409.	Zuckerind.	*Deutsche Zuckerindustrie, Die; † Berlin.* Jg. 31.	

B. SACHLICHES VERZEICHNIS

der unter A aufgeführten Zeitschriften.

B. Analytic index of periodicals, cited sub A, arranged by homogenous or similar matters. | **B. Liste analytique des journaux, cités sous A, rangés d'après le matériel homogène ou similaire.**

INHALTSÜBERSICHT.

		Spalte
1.	Allgemeines. Berichte wissenschaftlicher Gesellschaften	XVII
2.	Beleuchtung	XVII
3.	Berg-, Hütten- und Salinenwesen	XVII
4.	Bleicherei und Appretur	XVIII
5.	Bürsten-, Kamm- und Pinselindustrie	XIX
6.	Chemie, allgemeine	XIX
7.	Eisenbahnwesen	XIX
8.	Elektrotechnik	XIX
9.	Farben, Färberei und Malerei	XIX
10.	Fettindustrie	XX
11.	Gärungswesen	XX
12.	Gerberei, Schuh- und Lederindustrie	XX
13.	Gesundheitspflege, Pharmazie	XX
14.	Glas-, Tonwaren-, Zementindustrie	XX
15.	Gummiindustrie	XXI
16.	Heizung, Lüftung und Kühlung	XXI
17.	Hochbau und Bauingenieurwesen	XXI
18.	Holzbearbeitung	XXI
19.	Instrumente für Messungen und Beobachtungen	XXI
20.	Landwirtschaft, Forstwesen und Fischerei	XXI
21.	Luftschiffahrt	XXII
22.	Maschinenbau	XXII
23.	Materialprüfung	XXII
24.	Metallbearbeitung	XXII
25.	Militärwesen	XXII
26.	Müllerei und Bäckerei	XXII
27.	Musikinstrumente	XXII
28.	Nähmaschinen	XXII
29.	Nahrungsmittel	XXII
30.	Papier-Industrie, Buchdruckerei und Buchbinderei	XXII
31.	Photographie	XXIII
32.	Physik	XXIII
33.	Physiologie	XXIII
34.	Rettungswesen und Feuerschutz	XXIII
35.	Schiffbau und Seewesen	XXIII
36.	Stärke- und Zuckerindustrie	XXIII
37.	Textilindustrie	XXIV
38.	Wagenbau, Fahrräder	XXIV
39.	Wasserversorgung und Kanalisation	XXIV
40.	Zeitschriften allgemein-technischen Inhalts	XXIV
41.	Zündwarenindustrie	XXIV

Die Zahlen beziehen sich auf die laufenden Nummern des Verzeichnisses A.
The figures refer to the current numbers of index A.
Les chiffres se rapportent aux numéros d'ordre de la liste A.

---

1. Allgemeines. Berichte wissenschaftlicher Gesellschaften. Generalities. Reports of scientific societies. Généralités. Comptes rendus des sociétés scientifiques.

American Journal of Science, The. 6.
Berichte der naturforschenden Gesellschaft in Freiburg i. B. 42
Bulletin de la Société d'encouragement. 58.
Comptes rendus hebdomadaires des séances de l'académie des sciences. 84.
Dekorative Kunst. 89.
London, Edinburgh and Dublin philosophical Magazine and Journal of science, The. 246.
Mitteilungen des K. K. Technolog. Gewerbe-Museums zu Wien. 216.
Moniteur scientifique du docteur Quesneville, Journal des sciences pures et appliquées. 224.
Philosophical Transactions of the Royal Society of London. 247.
Proceedings of the Royal Society, London. 269.
Sitzungsberichte der kaiserlichen Akademie der Wissenschaften, Wien. 303.
Sitzungsberichte der Königl. Preuß. Akademie der Wissenschaften. 302.

2. Beleuchtung. Lighting. Éclairage.

Acetylen in Wissenschaft und Industrie. 1.
American Gas Light Journal, The. 136.
Constructeur d'usines à gaz, Le. 85.
Éclairage électrique. 99.
Gas, Le. 138.
Journal of gas lighting, water supply and sanitary improvement. 178.
Schilling Journal für Gasbeleuchtung und Wasserversorgung. 177.
Zeitschrift für Beleuchtungswesen. 358.
Zeitschrift für Heizungs-, Lüftungs- und Wasserleitungstechnik, sowie Beleuchtungswesen. 375.

3. Berg-, Hütten- und Salinenwesen. Mining, metallurgical and salt industry. Industrie des mines, des métaux et des salines.

Annales des mines. 12.
Annales de mines de Belgique. 13.
Berg- und Hüttenmännisches Jahrb. der K. K. Bergakademien zu Leoben u. Pribram. 44.
Bulletin de la Société de l'industrie minérale. 59.
Engineering and mining journal. 118.
Erzbergbau. 124.
Foundry, The. 132.
Gießerei Zeitung. 144.
Glückauf. 146.
Iron Age, The. 160.
Iron & Coal Trades Review, The. 161.
Iron and Steel Magazine. 163.
Journal of the Iron a. Steel Institute, The. 162.
Jern-Kontorets Annaler. 166.
Metallurgie. 210.
Mines and minerals. 212.
Oesterr. Zeitschrift für Berg- und Hüttenwesen. 388.
Organ des „Vereines der Bohrtechniker." 48.
Page's Weekly. 241.
Revista minera metallurgica y de ingeniera. 284.
Revue de métallurgie. 283.
Revue universelle des mines. 287.
School of mines. 294.
Sprengstoffe, Waffen und Munition. 306.
Stahl und Eisen. 308.
Transactions of the American institute of mining engineers. 326.
Zeitschrift für das Berg-, Hütten u. Salinen-Wesen. 359.
Zeitschrift für das gesamte Schieß- und Sprengstoffwesen. 398.

4. Bleicherei und Appretur. Bleaching and finishing. Blanchiment et apprêt des tissus.

Deutsche Wollengewerbe, Das. 96.
Leipziger Monatsschrift für Textil-Industrie. 226.

b*

L'Industrie textile. 196.
Oesterreich's Wollen- und Leinen-Industrie. 239.
Textile colorist. 317.
Textile Manufacturer, The. 318.
Textil- u. Färberei-Zeitung. 320.
Textile World Record, The. 319.
Textil-Zeitung. 321.

5. Bürsten-, Kamm- und Pinselindustrie. Brush-, comb-, and pencil industry. Industrie des brosses, des peignes et des pinceaux.

Zeitschrift für Bürsten-, Pinsel- und Kammfabrikation. 363.

6. Chemie, allgemeine. Chemistry in general. Chimie générale.

Allgemeine österreichische Chemiker- und Techniker-Zeitung. 79.
American Chemical Journal. 76.
Annales de Chimie et de Physique. 10.
Beiträge zur chemischen Physiologie und Pathologie. 40.
Berichte der deutschen chemischen Gesellschaft. 41.
Bulletin de la Société chimique de Belgique. 57.
Bulletin de la Société chimique de Paris. 62.
Bulletin de la Société industrielle de Mulhouse. 60.
Bulletin de la Société industrielle de Rouen. 61.
Celluloid-Industrie. 67.
Chemical News, The. 77.
Chemiker-Zeitung. 80.
Chemische Industrie, Die. 75.
Chemische Zeitschrift. 81.
Comptes-rendus hebdomadaires des séances de l'Académie des sciences. 84.
Electrochemical Industry. 104.
Elektrochemische Zeitschrift. 106.
Gazetta Chimica Italiana, La. 139.
Journal of the American Chemical Society, The. 168.
Journal of the Chemical Society. 171.
Journal de pharmacie et de chimie. 180.
Journal für praktische Chemie. 183.
Journal of the Society of Chemical Industry. 74.
Liebig's Annalen der Chemie. 196.
Monatshefte für Chemie und verwandte Teile anderer Wissenschaften. Gesammelte Abhdlg. aus den Sitzungsberichten der K. K. Akademie d. Wissenschaft. zu Wien. 223.
Oesterreichische Chemiker-Zeitung. 237.
Recueil des travaux chimiques des Pays-Bas et de la Belgique. 327.
Revue générale de chimie pure et appliquée. 277.
Zeitschrift für analytische Chemie. 351.
Zeitschrift für angewandte Chemie. 352.
Zeitschrift für anorganische Chemie. 353.
Zeitschrift für chemische Apparatenkunde. 364.
Zeitschrift für Elektrochemie. 368.
Zeitschrift für öffentliche Chemie. 380.
Zeitschrift für physikalische Chemie, Stöchiometrie und Verwandtschaftslehre. 391.
Zeitschrift für physiologische Chemie (hrsg. von Hoppe-Seyler). 393.

7. Eisenbahnwesen. Railways. Chemins de fer.

Archiv für Eisenbahnwesen. 24.
Engineering Review. 122.
Giornale del Genio civile. 145.
Lokomotive, Die. 197
Oesterreichische Eisenbahn-Zeitung. 238.
Organ für die Fortschritte des Eisenbahnwesens. 240.
Railroad Gazette, The. 272.
Railway Engineer, The. 273.
Revue générale des chemins de fer. 276.
Street Railway Journal, The. 310.
Zeitschrift für Kleinbahnen. 394.
Zeitschrift für Transportwesen und Straßenbau. 397.
Zeitung des Vereins Deutscher Eisenbahn-Verwaltungen. 367.

8. Elektrotechnik. Electrical engineering. Électrotechnique.

Archiv für Post u. Telegraphie. 29.
Bulletin de la Société internationale des électriciens. 63.
Centralblatt für Akkumulatoren und Elementenkunde. 69.
Eclairage électrique. 90.
Electrical Engineer, The, London. 108.
Electrical Magazine, The. 109.
Electrical Review, The, London. 110.
Electrical Review, New York. 111.
Electrical World. 114.
Electrician, The. 102.
L'Électricien. 103.
Elektrotechnik und Maschinenbau. 112.
Elektrotechnischer Anzeiger. 101.
Elektrotechnische Rundschau. 113
Elektrotechnische und polytechnische Zeitschrift. 107.
Elettricista. 115.
Engineer, The, Chicago. 116.
Journal of the Institution of Electrical Engineers. 175.
Journal télégraphique. 186.
L'Industrie électrique. 157.
Schweizerische Elektrotechnische Zeitschrift. 297.
Western Electrician. 344.
Zeitschrift für Elektrotechnik und Maschinenbau. 369.

9. Farben, Färberei und Malerei. Colouring matters, dyeing, painting. Matières colorantes, teinture, peinture.

Bulletin de la Société industrielle de Mulhouse. 60.
Bulletin de la Société industrielle de Rouen. 61.

Deutsche Färber-Zeitung. 128.
Dyer and Calico Printer. 98.
Farben-Zeitung. 127.
Färber-Zeitung (hrsgb. von Dr. Adolf Lehne). 195.
Journal of the society of dyers and colourists. 185.
Journal of the chemical Society, London. 171.
Leipziger Färber-Zeitung. (Färberei-Muster-Zeitung.) 233.
Moniteur de la teinture, des apprêts et de l'impression des tissus, Le. 220.
Münchener Kunstblätter. 231.
Revue des matières colorantes. 281.
Technische Mitteilungen für Malerei. 217.
Textil- und Färberei-Zeitung. 320.
Textile colorist. 317.
Zeitschrift für Farben- und Textil-Industrie. 370.

10. Fettindustrie. Fat industry. Industrie des corps gras.

Chemische Revue über die Fett- und Harz-Industrie. 78.
Corps gras industriels, Les. 86.
Oel- und Fett-Zeitung. 236.
Seifenfabrikant, Der. 300.

11. Gärungswesen. Chemistry of ferments. Chimie des ferments.

Allgemeine Zeitschrift für Bierbrauerei und Malzfabrikation. 360
Annales de la Brasserie et de la Distillerie. 10.
Annales de l'Institut Pasteur. 17.
Brennerei-Zeitung. 51.
Brewing and Trade Review. 54.
Brewers Journal, The. 52.
Brewer u. Maltster. 53.
Centralblatt für Bakteriologie, Parasitenkunde und Infektionskrankheiten. 71.
Deutsche Essig-Industrie. 125.
Jahresbericht des Vereins der Spiritus-Fabrikanten in Deutschland. 165.
Wochenschrift für Brauerei. 347.
Zeitschrift für das gesamte Brauwesen. 362.
Zeitschrift für Spiritusindustrie. 396.

12. Gerberei, Schuh- und Lederindustrie. Tannery, shoe and leather industry. Tannerie, industrie de la cordonnerie et du cuir.

Gerber, Der. 141.
Schuhmacher-Zeitung, Deutsche. 295.

13. Gesundheitspflege, Pharmacie. Hygiene, pharmacy. Hygiène, pharmacie.

Annales de l'Institut Pasteur. 17.
Apotheker-Zeitung. 22.
Arbeiten aus dem Kaiserlichen Gesundheitsamte. 21.
Arbeiten aus dem pharmazeutischen Institut der Universität Berlin. 22.
Archiv für Hygiene. 26.
Archiv für physikalische Medizin und medizinische Technik. 28.
Archiv der Pharmacie. 27.
Aerztliche Polytechnik. 30.
Berichte der deutschen pharmazeutischen Gesellschaft. 43.
Centralblatt für Bakteriologie, Parasitenkunde und Infektionskrankheiten. 69.
Correspondensblatt für Zahnärzte. 87.
Deutsch-Amerikanische Apotheker-Zeitung. 5.
Deutsche Monatsschrift für Zahnheilkunde. 227.
Deutsche Vierteljahrsschrift für öffentliche Gesundheitspflege. 339.
Gesundheits-Ingenieur. 142.
Gewerblich-Technischer Ratgeber. 274.
Journal de pharmacie et de chimie. 180.
Medizinische Wochenschrift, München. 207.
Oesterreichische Chemiker-Zeitung; Zeitschrift für Nahrungsmittel Untersuchung, Hygiene und Warenkunde. 237.
Proceedings of the incorporated association of Municipal- and County Engineers. 267.
Pharmaceutische Centralhalle für Deutschland. 244.
Pharmazeutische Zeitung. 245.
Städtebau, Der. 307.
Technisches Gemeindeblatt. 313.
Vierteljahrsschrift für gerichtliche Medizin und öffentliche Gesundheitspflege. 339.
Zeitschrift der Zentralstelle für Arbeiter-Wohlfahrtseinrichtungen. 403.
Zeitschrift für Gewerbe-Hygiene. 374.
Zeitschrift für Hygiene und Infectionskrankheiten. 376.
Zeitschrift für Krankenpflege. 383.
Zeitschrift für Untersuchung der Nahrungs- und Genußmittel, sowie der Verbrauchsgegenstände. 373.

14. Glas, Tonwaren, Zementindustrie. Glass, Ceramic, Cement industry. Industrie du verre, des produits céramiques et des ciments.

Brick. 55.
Clay worker. 82.
Deutsche Töpfer- und Ziegler-Zeitung. 324.
Moniteur de la céramique, de la verrerie et journal du céramiste et du chaufournier. 222.
Sprechsaal. Organ der Porzellan-, Glas- und Tonwaaren-Industrie. 305.
Stein und Mörtel. 309.
Tonindustrie-Zeitung. 323.

15. Gummiindustrie. India rubber industry. Industrie de caoutchouc.

Gummi-Zeitung. 150.
India Rubber and Guttapercha. 156.
Tyres. 332.

16. Heizung, Lüftung und Kühlung. Heating, ventilating and cooling. Chauffage, aérage et réfrigération.

Engineering and Building Record. 121.
Gesundheits-Ingenieur. 142.
Haases Zeitschrift für Lüftung und Heizung. 384.
Technisches Gemeindeblatt. 313.
Uhlands technische Rundschau. 333.
Zeitschrift der Zentralstelle für Arbeiter-Wohlfahrtseinrichtungen. 403.
Zeitschrift für die gesamte Kälteindustrie. 379.
Zeitschrift für die gesamte Kohlensäure-Industrie. 381.
Zeitschrift für Heizungs-, Lüftungs- und Wasserleitungstechnik, sowie für Beleuchtungswesen. 375.
Zeitschrift für komprimirte und flüssige Gase. 382.

17. Hochbau und Bauingenieurwesen. Building and structure. Architecture et construction.

Allgemeine Bauzeitung. 4.
Annales des ponts et chaussées, mémoires et documents. 18.
Annales des travaux publics de Belgique. 19.
Asphaltkunde und Teerindustrie. 31.
Baugewerks-Zeitung. 37.
Baumaterialienkunde. 38.
Beton und Eisen. 44.
Builder. 56.
Cement and Engineering News. 68.
Deutsche Bauzeitung. 91.
Deutsche Techniker-Zeitung. 315.
Engineering News. 120.
Engineering and Building Record. 121.
Génie civil, Le. 140.
Giornale del genio civile. 145.
Kirche, Die. 180.
Mémoires et compte rendu des travaux de la Soc. des ing.civ. 208.
Minutes of proceedings of the Institution of Civil Engineers. 213.
Nouvelles Annales de la Construction. 11.
Oesterreichische Wochenschrift für den öffentlichen Baudienst. 246.
Schweizerische Bauzeitung. 296.
Technisches Gemeindeblatt. 313.
Transactions of the American Society of Civil Engineers. 325.
Uhland's technische Rundschau. 333.
Zeitschrift für Architectur- und Ingenieurwesen. 354.
Zeitschrift für das Baugewerbe. 355.
Zeitschrift für Bauwesen. 359.
Zeitschrift des österreichischen Ing.- u. Arch.-Vereins. 390.
Zeitschrift des Vereins deutscher Ingenieure. 399.
Zement und Beton. 408.
Zentralblatt der Bauverwaltung. 407.

18. Holzbearbeitung. Wood working. Façonnage du bois.

Zeitschrift für Drechsler, Elfenbeingraveure und Holzbildhauer. 366.

19. Instrumente für Messungen und Beobachtungen. Instruments for measuring and observations. Instruments à mesure et à observation.

Allgemeines Journal der Uhrmacherkunst. 187.
Central-Zeitung für Optik und Mechanik. 73.
Deutsche Mechaniker-Zeitung. 206.
Deutsche Uhrmacher-Zeitung. Berlin. 334.
Horological Journal, The. 152.
Journal suisse d'horlogerie. 173.
Revue chronométrique. 278.
Zeitschrift für Instrumentenbau. 377.
Zeitschrift für Instrumentenkunde. 378.
Zeitschrift für Vermessungswesen. 400.
Zeitschrift für wissenschaftliche Mikroskopie und für mikroskopische Technik. 385.

20. Landwirtschaft, Forstwesen und Fischerei. Agriculture, forestry and pisciculture. Agriculture, silviculture et pisciculture.

Central-Blatt für Agrikulturchemie und rationellen Landwirtschafts-Betrieb. 70.
Deutsche Fischerei-Zeitung. 120.
Deutsche Illustrirte Bienenzeitung. 94.
Deutsche landwirthschaftliche Presse. 262.
Fishing Gazette, The. 110.
Fühlings landwirthschaftliche Zeitung. 134.
Hufschmied, Der. 154.
Jahrbuch der Deutschen Landwirthschafts-Gesellschaft. 163.
Journal d'agriculture pratique. 172.
Kulturtechniker. 191.
Landwirtschaftliche Jahrbücher. 193.
Milch-Zeitung. 211.
Mittheilungen des Vereins zur Förderung der Moorkultur. 228.
Molkerei-Zeitung, Berlin. 220.
Molkerei-Zeitung, Hildesheim. 221.
Neue Bienenzeitung. 46.
Oesterreichisches landwirthschaftliches Wochenblatt. 194.
Tropenpflanzer. 327 u. 328.
Versuchsstationen, Die landwirtschaftlichen. 337.

Weinbau und Weinhandel. 342.
Weinlaube, Die. 343.
Zeitschrift für Forst- und Jagdwesen. 372.
Zeitschrift für Moorkultur und Torfverwertung. 387.

21. Luftschiffahrt. Aeronautics. Aéronautique.

L'Aérophile. 2.
Bollettino della Societa Aeronautica Italiana. 49.
Illustrierte aéronautische Mitteilungen. 214.
Luftschiffer Zeitung. 198.
Nature, La. 235.
Prometheus. 271.
Scientific American and Supplement. 290, 291.

22. Maschinenbau. Construction of machines. Construction des machines.

American Machinist. 7.
Annalen des Gewerbe und Bauwesen hrsg. von F. C. Glaser. 15.
Cassier's Magazine. 66.
Deutsche Techniker-Zeitung. 315.
Engineer, The. 116.
Engineer, The, Chicago. 117.
Engineering. 118.
Engineering News and American Railway Journal. 119.
Engineering and Building Record. 120.
Foundry, The. 132.
France automobile, La. 133.
Gas engine, The. 135.
Gasmotorentechnik, Die. 137.
Gießerei-Zeitung. 144.
Marine Engineer, The. 200.
Marine Engineering. 201.
Mechanical World, The. 204.
Page's Magazine. 241.
Politecnico, Il. 259.
Practical Engineer. 261.
Praktische Maschinen-Constructeur, Der. 203.
Proceedings of the American Society of Civil Engineers. 264.
Proceedings of the Institution of Mechanical Engineers. 266.
Revue de mécanique. 285.
Revue technique. 286.
Turbine, Die. 330.
Uhlands technische Rundschau. 333.
Zeitschrift für Architektur und Ingenieurwesen. 354.
Zeitschrift für Bayerischen Revisionsvereins. 357.
Zeitschrift für Dampfkessel- und Dampfmaschinenbetrieb. 365.
Zeitschrift für Elektrotechnik und Maschinenbau. 369.
Zeitschrift für das gesamte Turbinenwesen. 398.
Zeitschrift des österreichischen Ing.- u. Arch.-Vereins. 390.
Zeitschrift des Vereins deutscher Ingenieure. 399.
Zeitschrift für Werkzeugmaschinen und Werkzeuge. 402.

23. Materialprüfung. Test of materials. Essai des matériaux.

Mittheilungen aus dem Kgl. Materialprüfungsamt, Groß-Lichterfelde. 218.

24. Metallbearbeitung. Metal working. Travail des métaux.

Deutsche Goldschmiedezeitung. 93.
Eisenzeitung. 100.
Foundry, The. 132.
Gießerei-Zeitung. 144.
Journal der Goldschmiedekunst und verwandter Gewerbe. 179.
Metallarbeiter, Der. 209.
Portefeuille économique des machines de l'outillage et du matériel. 260.

25. Militärwesen. Military science. Science militaire.

Journal of the Royal Artillery. 184.
Journal of the Royal United Service Institution. 188.
Kriegstechnische Zeitschrift. 190.
Mittheilungen über Gegenstände des Artillerie- und Genie-wesens. 215.
Proceedings of the United States Naval Institute. 268.
Revue d'artillerie. 279.
Revue de l'armée belge. 275.
Rivista di artiglieria e genio. 289.
Schweizerische Monatsschrift für Offiziere aller Waffen. 298.
Schweizerische Zeitschrift für Artillerie und Genie. 299.
Sprengstoffe, Waffen und Munition. 306.
Zeitschrift für das gesamte Schieß- und Sprengstoffwesen. 305.

26. Müllerei und Bäckerei. Millery and baking. Meunerie et boulangerie.

American Miller, The. 8.
Uhlands technische Rundschau. 333.

27. Musikinstrumente. Musical instruments. Instruments de musique.

Musik-Instrumentenzeitung. 232.
Zeitschrift für Instrumentenbau. 377.
Zeitschrit für Instrumenten-Kunde. 378.

28. Nähmaschinen. Sewing machines. Machines à coudre.

Nähmaschinen-Zeitung. 234.

29. Nahrungsmittel. Food. Denrées alimentaires.

Gordian. 147.
Milch-Zeitung. 211.
Molkereizeitung Berlin. 220.

Molkereizeitung Hildesheim. 221.
Oesterreichische Chemiker-Zeitung. 237.
Zeitschrift für Untersuchung der Nahrungs- und Genußmittel, sowie der Verbrauchsgegenstände. 373.

30. Papier-Industrie, Buchdruckerei und Buchbinderei. Paper-industry, art of printing and book binding. Industrie du papier, imprimerie et métier de relieur.

Archiv für Buchgewerbe. 23.
Dekorative Kunst. 89.
Deutsche Buchdruckerzeitung. 92.
Graphischer Beobachter. 148.
Inland Printer. 163.
Journal für Buchdruckerkunst. 170.
L'Imprimerie. 155.
Papierfabrikant. 242.
Papier-Zeitung. 243.
Schweizer graphische Mitteilungen. 149.
Typographische Jahrbücher. 331.
Wochenblatt für Papierfabrikation. 348.
Zeitschrift für Reproduktionstechnik. 394.

31. Photographie. Photography. Photographie.

Atelier des Photographen. 32.
Bulletin de la Société française de photographie et laboratoire d'essais de la Société française de photographie. 64.
British Journal of Photography, The. 181.
Deutsche Photographen Zeitung. 256.
Photographische Chronik. 248.
Photographic News, The. 252.
Photographische Korrespondenz. 250.
Photographische Mitteilungen. 251.
Photographische Welt. 254.
Photographische Rundschau. 253.
Photographisches Wochenblatt. 255.
Photogram, The. 249.
Revue suisse de photographie. 285.
Wilson's photographic magazine. 345.
Zeitschrift für Reproduktionstechnik. 394.

32. Physik. Physics. Physique.

American journal of science, The. 6.
Annales de chimie et de physique. 10.
Annalen der Physik und Chemie. 14.
Comptes rendus hebdomadaires des séances de l'Académie des sciences. 84.
Journal de physique théorique et appliquée. 174.
Physical Review, The. 257.
Physikalische Zeitschrift. 258.
Zeitschrift für Instrumentenkunde. 377.
Zeitschrift für physikalische Chemie. 391.
Zeitschrift für den physikalisch-chemischen Unterricht. 392.

33. Physiologie. Physiology. Physiologie.

Beiträge zur chemischen Physiologie und Pathologie. 40.
Biochemisches Centralblatt. 47.
Centralblatt für Bakteriologie und Parasitenkunde. 69.
Folia haematologica. 131.
Zeitschrift für Biologie. 361.
Zeitschrift für physiologische Chemie. 393.

34. Rettungswesen und Feuerschutz. Life saving and protection against fire. Sauvetage et protection contre l'incendie.

Archiv für Feuerschutz-, Rettungs- und Feuerlöschwesen. 25.
Fabriks-Feuerwehr. 126
Gewerbl.-technischer Ratgeber. 274.
Zeitschrift für die Deutsche Feuerwehr. 371.
Zeitschrift für Gewerbe-Hygiene. 374.

35. Schiffbau und Seewesen. Ship building and marine science. Construction des vaisseaux et la marine.

Annalen der Hydrographie. 16.
Engineer, The. 110.
Hansa. Deutsche nautische Zeitschrift. 151.
Journal de la Marine, le Yacht. 350.
Journal of the American Society of Naval Engineers. 180.
Marine Engineer, The. 200.
Marine Engineering. 201.
Marine Rundschau. 202.
Mitteilungen aus dem Gebiete des Seewesens. 210.
Motorboot, Das. 220.
Proceedings of the United States Naval Institute. 268.
Rudder, The. 290.
Schiffbau 203.
Wassersport. 341.
Yacht, Die. 349.

36. Stärke- und Zuckerindustrie. Starch- and sugar-industry. Industrie de l'amidon et du sucre.

Bulletin de l'association des chimistes de sucrerie et de distillerie de France et des colonies. 65.
Centralblatt für die Zuckerindustrie. 72.
Deutsche Zuckerindustrie, Die. 400.
Oesterreichisch-Ungarische Zeitschrift für Zuckerindustrie und Landwirtschaft. 405.
Sucrerie belge, La. 312.
Sucrerie indigène et coloniale, La. 311.
Zeitschrift des Vereins der deutschen Zuckerindustrie. 404.
Zeitschrift für Zuckerindustrie in Böhmen. 401.

37. Textilindustrie. Textile industry. Industrie textile.

Deutsche Seiler-Zeitung. 301.
Deutsche Wirker-Zeitung. 95.
Deutsche Wollengewerbe, Das. 96.
Leipziger Monatsschrift für Textilindustrie. 226.
L'industrie textile. 158.
Oesterreichs Wollen- und Leinen-Industrie. 239.
Spinner und Weber. 304.
Textile colorist. 317.
Textile Manufacturer, The. 318.
Textile World Record, The. 319.
Textil- und Färberei-Zeitung. 320.
Textilzeitung. 321.
Uhlands technische Rundschau. 332.

38. Wagenbau, Fahrräder, Selbstfahrer. Coach-making, cycles, motor carriages. Carosserie, cycles, voitures automobiles.

American Machinist, The. 7.
Autocar. 53.
Automobiles. 34.
Automotor Journal 35
France automobile, La. 133.
Gasmotorentechnik. 137.
Horseless Age, The 153.
L'industrie vélocipédique et automobile. 158.
Motorwagen. 230.
Scientific American und Supplement. 291, 292.
Tyres. 332.
Zeitschrift des mitteleuropäischen Motorwagenvereins. 386.

39. Wasserversorgung, Kanalisation. Water supply, sewerage. Distribution d'eau, égouts.

Engineering and Building Record. 121.
Gesundheits-Ingenieur. 142.
Journal of gas lighting, water supply and sanitary improvement. 178.
Mémoires et compte rendu des travaux de la société des ingénieurs civils de France. 208.
Proceedings of the incorporated association of Municipal- and County Engineers. 207.
Schillings Journal für Gasbeleuchtung und Wasserversorgung. 177.
Technisches Gemeindeblatt. 313.
Zeitschrift für Heizungs-, Lüftungs- und Wasserleitungstechnik, sowie für Beleuchtungswesen. 375.

40. Zeitschriften allgemein-technischen Inhalts. Periodicals of technical subject matter in general. Journaux de matière technique générale.

Badische Gewerbezeitung. 36.
Bayerisches Industrie- und Gewerbeblatt. 39.
Cosmos, Le. 86.
Deutsche Techniker-Zeitung. 315.
Dinglers polytechnisches Journal. 97.
Erfindungen und Erfahrungen, Neueste. 123.
Gewerbeblatt aus Württemberg. 143.
Journal of the Franklin Institute, The. 176.
Münchener Kunstblätter. 231.
Nature, La. 235.
Prometheus. 271.
Revue industrielle. 280.
Revue technique. 285.
Rigaische Industrie-Zeitung. 288.
Scientific American und Supplement. 290, 291.
Städtebau, Der. 307.
Technische Rundschau. 314.
Technology Quarterly. 316
Uhlands technische Rundschau. 333.
Verhandlungen des Vereins zur Beförderung des Gewerbfleißes. 334, 335.

41. Zündwarenindustrie. Fire producing means. Matières inflammables.

Zeitschrift für Zündwaren-Fabrikation. 406.

C. ALPHABETISCHES VERZEICHNIS DER HAUPTSTICHWÖRTER.

Die Zahlen beziehen sich auf die Spalten des Repertoriums.

s. = siehe; ä = a; ö = o; ü = u.

A.

Abfälle 1.
Abortanlagen 2.
Abwässer 3.
Aceton s. Ketone 755.
Acetylen 12.
Achsen, Wellen u. Kurbeln 14.
Akkumulatoren, elektrische s. Elemente zur Erzeugung der Elektrizität 485.
Akkumulatoren, nicht elektrische 14.
Akustik 14.
Alarmvorrichtungen s. Haustelegraphen 633.
Alaun 16.
Aldehyde 16.
Alkalien 17.
Alkaloide 17.
Alkohole 20.
Aluminium und Verbindungen 21.
Amine s. Ammoniak 23.
Ammoniak, Verbindungen und Derivate 23.
Anilin 27.
Anker 27.
Anstriche 27.
Anthracen und Derivate 29.
Antimon 29.
Antipyrin 30.
Appretur 30.
Aräometer 38.
Argon 38.
Arsen 39.
Asbest 40.
Asphalt 40.
Äther und Ester 42.
Ätzung 43.
Aufbereitung 43.
Aufzüge s. Hebezeuge 1 633.
Ausstellungen 45.
Automobile s. Selbstfahrer 1072.
Azogruppe 49.
Azoverbindungen 50.

B.

Bäckerei 51.
Badeeinrichtungen 51.
Bagger 53.

Bahnhofsanlagen s. Eisenbahnwesen V. 383.
Bakteriologie 55.
Barium 59.
Barometer 60.
Baumwolle 60.
Baustoffe 61.
Becherwerke s. Bagger 53, Hebezeuge 4, 639 u. Transport usw. 1169.
Beleuchtung 64.
Benzol und Abkömmlinge 84.
Bergbahnen s. Eisenbahnwesen 308.
Bergbau 85.
Bernstein 101.
Beryllium 101.
Bestattungswesen 101.
Beton u. Betonbau 101.
Biegen u. Richten 141.
Bienenzucht, Honig und Bienenwachs 141.
Bier 142.
Blech 149.
Blei u. Verbindungen 150.
Bleichen 152.
Blitzableiter 153.
Bohren 154.
Bor u. Verbindungen 159.
Borstenwaren 160.
Bremsen 160.
Brennstoffe 161.
Briefordner 164.
Brom und Verbindungen 164.
Bronze 164.
Brot 165.
Brücken 165.
Brunnen 184.
Buchbinderei 185.
Bühneneinrichtungen und dergl. 186.
Butter und Surrogate 186.

C.

Cadmium 188.
Caesium 188.
Calcium und Verbindungen 189.
Calciumcarbid 190.
Carbide s. Acetylen 12, Calciumcarbid 190, Kohlenstoff 772.
Cerium 190.
Chemie, allgemeine 190.

Chemie, analytische 200.
Chemie, anorganische, anderweitig nicht genannte Verbindungen 211.
Chemie, organische, anderweitig nicht genannte Verbindungen 213.
Chemie, pharmazeutische 233.
Chemie, physiologische 237.
Chemische Apparate 241.
Chinin s. Alkaloide 17.
Chinolin u. Derivate 241.
Chinone 241.
Chirurgische Instrumente s. Instrumente 1 727.
Chlor und Verbindungen 241.
Chloral 243.
Chloroform 243.
Chrom- und Verbindungen 243.
Cyan 245.

D.

Dächer s. Hochbau 7 e, 709.
Dampffässer 246.
Dampfkessel 246.
Dampfleitung 259.
Dampfmaschinen 261.
Dampfpumpen s. Pumpen 977.
Dampfüberhitzung 268.
Dampfwinden s. Hebezeuge 2, 634.
Denaturierung 269.
Denkmäler 270.
Desinfektion 271.
Destillation 273.
Diamant 274.
Diazokörper s. Azoverbindungen 50.
Dichtungen 274.
Docks 275.
Draht u. Drahtseile 276.
Drahtseilbahnen s. Eisenbahnwesen 308.
Drechslerei 277.
Drehen 277.
Drehscheiben s. Eisenbahnwesen 308.
Drogen 282.

Druckerei (auf Papier u. dgl.) 283.
Druck- und Saugluftanlagen s. Bremsen 160, Gebläse 594, Kraftübertragung 4, 787, Luft- und Gaskompressoren 831, Postwesen 975, Tunnel 1182.
Dünger 288.
Dynamomaschinen s. Elektromagnetische Maschinen 445.
Dynamometer 288.

E.

Edelsteine 289.
Eis 290.
Eisbrecher 290.
Eisen und Stahl 290.
Eisenbahnwesen 308.
Eiweißstoffe 402.
Elastizität und Festigkeit 404.
Elektrische Bahnen siehe Eisenbahnwesen 308.
Elektrische Beleuchtung s. Beleuchtung 6, 76.
Elektrische Heizung s. Heizung 5, 650.
Elektrische Kraftübertragung s. Kraftübertragung 3, 781.
Elektrische Kräne s. Hebezeuge 3, 635.
Elektrische Oefen s. Eisen 7, 305, Hüttenwesen 3, 720, Schmelzöfen u. -Tiegel 1041.
Elektrisches Schweißen s. Schweißen 1066.
Elektrizität und Magnetismus 408.
Elektrizitätswerke 426.
Elektrochemie 439.
Elektromagnetische Maschinen 445.
Elektrostatische Maschinen 462.
Elektrotechnik 462.
Elemente zur Erzeugung der Elektrizität 485.
Elfenbein 490.
Email, Emaillieren 490.
Entfernungsmesser 490.

Entwässerung und Bewässerung 490.
Enzyme 494.
Erdarbeiten 496.
Erdgas 496.
Erdöl 496.
Erdwachs 499.
Essig 499.
Ester s. Äther 42.
Explosionen 500.
Extraktionsapparate 503.

F.

Fabrikanlagen 503.
Fachwerke aus Eisen u. Holz 511.
Fähren 511.
Fahrräder 512.
Fallen 513.
Färberei und Druckerei (betr. Zeug u. dgl.) 513.
Farbstoffe 528.
Fässer 533.
Feilen 533.
Fenster Hochbau 7c, 708, 533.
Fermente s. Enzyme 494.
Fernrohre 533.
Fernseher und Fernzeichner 534.
Fernsprechwesen 534.
Festungsbau 538.
Fette und Oele 539.
Fettsäuren s. Säuren, organische 1011.
Feuerlöschwesen 543.
Feuermelder 545.
Feuersicherheit 545.
Feuerungsanlagen 549.
Feuerwerkerei 554.
Filter 554.
Filz 554.
Firnisse und Lacke 554.
Fischfang, Verwertung und Versand 556.
Fischzucht 557.
Flachs 559.
Flammenschutzmittel s. Feuersicherheit 545.
Flaschen und Flaschenverschlüsse 559.
Flaschenzüge s. Hebezeuge 2, 634.
Flechten, Klöppeln, Posamenten- und Spitzenerzeugung 560.
Flugtechnik s. Luftschiffahrt 2, 835.
Fluor und Verbindungen 560.
Fördermaschinen s. Bergbau 3, 87.
Formerei 561.
Forstwesen 565.
Fräsen 568.
Füll- u. Abfüllapparate 571.
Futtermittel 572.

G.

Galvanoplastik s. Elektrochemie 439, Verkupfern usw. 1215.

Gartenbau 574.
Gärung 574.
Gase und Dämpfe 575.
Gaserzeugung 577.
Gasmaschinen 583.
Gebäude s. Hochbau 652.
Gebläse 594.
Geldschränke 595.
Geodäsie s. Instrumente 6, 731, Vermessungswesen 1215.
Gerberei 595.
Geschwindigkeitsmesser und Umdrehungszähler 597.
Gespinstfasern und ihre Behandlung 599.
Gesteinsbohrmaschinen 600.
Gesundheitspflege 601.
Getreide 609.
Getreide - Lagerung und Verpackung 609.
Getriebe 610.
Gießerei, Gußeisen 611.
Gips 617.
Glas 618.
Gleichstrommaschinen s. elektromagnetische Maschinen 445.
Glimmer 620.
Glocken 620.
Glykoside 620.
Glycerin 620.
Gold 621.
Grabemaschinen s. Bagger 53.
Graphische Künste s. Druckerei 283, Lithographie 828, photomechanische Verfahren 957.
Graphit 624.
Gravieren 624.
Gummi s. Kitte 757, Kautschuk 751.
Guttapercha s. Kautschuk 751.

H.

Hafen 624.
Hähne 628.
Hammer- u. Schlagwerke 628.
Hanf, Jute u. Ersatzstoffe 628.
Hängebahnen s. Eisenbahnwesen 308.
Harnsäure und Derivate 629.
Harnstoff u. Derivate 629.
Härten 630.
Harze 631.
Haupt- und Neben-Eisenbahnen s. Eisenbahnwesen 308.
Hausgeräte 632.
Haustelegraphen, Türglocken, Alarmvorrichtungen 633.
Heber 633.
Hebezeuge 633.
Hefe 639.

Heißluftmaschinen s. Kraftmaschinen 789.
Heißwasser-Erzeuger 641.
Heizgas s. Gaserzeugung 577.
Heizung 641.
Helium 650.
Hobeln 651.
Hochbau 652.
Holz 711.
Honig s. Bienenzucht 141.
Hopfen 716.
Horn 716.
Hufbeschlag 716.
Hutmacherei 717.
Hüttenwesen 717.
Hydraulik 723.
Hydrazine und Derivate 724.
Hydroxylamin 725.

I.

Indigo 725.
Indikatoren 726.
Indium 727.
Induktionsapparate, Kondensatoren und Zubehör s. Elektrotechnik 462.
Injektoren s. Pumpen 5, 981.
Instrumente, nicht anderweitig genannte 727.
Iridium 736.

J.

Jod u. Verbindungen 736.
Jodoform 736.
Jute s. Hanf 628.

K.

Kabelbahnen s. Eisenbahnwesen 308.
Kaffee 737.
Kakao 737.
Kalium u. Verbindungen 738.
Kalk 738.
Kälteerzeugung u. Kühlung 739.
Kampfer und Derivate 743.
Kanäle 744.
Kanalisation 747.
Karborundum 750.
Käse 750.
Kathetometer s. Instrumente 751.
Kautschuk u. Guttapercha 751.
Kegelräder s. Zahnräder 1294.
Kehricht s. Müllabfuhr u. -Verbrennung 880.
Kerzen 755.
Kesselstein s. Dampfkessel 7, 252.
Ketone 755.
Ketten 756.
Kettenbahnen s. Eisenbahnwesen 308.
Kieselsäure s. Silicium 1107.

Kinematographen 757.
Kinetoskope 757.
Kirchen und Kapellen s. Hochbau 6a, 705.
Kitte u. Klebemittel 757.
Klammern 758.
Klein-, Lokal- und Feldbahnen s. Eisenbahnwesen 308.
Klöppeln s. Flechten 560.
Knopffabrikation 758.
Kobalt u. Verbindungen 758.
Koch- u. Verdampfapparate 759.
Kohle und Koks 760.
Kohlenhydrate, anderweitig nicht genannte 767.
Kohlenlagerung u. Verladung s. Transport, usw. 1169.
Kohlenoxyd 770.
Kohlensäure 771.
Kohlenstaubfeuerungen 772.
Kohlenstoff und Verbindungen, anderweitig nicht genannte 772.
Kohlenwasserstoffe, anderweitig nicht genannte 773.
Kolben 774.
Kompasse 775.
Kondensation 775.
Konservierung und Aufbewahrung 777.
Kontrollvorrichtungen 778.
Kopieren 778.
Korallen 779.
Kork 779.
Krafterzeugung u. Uebertragung 779.
Kraftgas s. Gaserzeugung 4, 577.
Kraftmaschinen, anderweitig nicht genannte 789.
Kräne s. Hebezeuge 3, 635.
Krankenmöbel 790.
Kreide 791.
Kriegsschiffe s. Schiffbau 6b, 1025.
Krystallographie 791.
Küchengeräte 791.
Kühlvorrichtungen und Anlagen s. Kälteerzeugung 3, 740 u. Kondensation 775.
Kupfer 791.
Kupplungen 795.

L.

Laboratorien 796.
Laboratoriumsapparate 797.
Lager 800.
Landwirtschaft 802.
Lanthan 816.
Leder 816.
Legierungen 816.
Lehrmittel 818.

Leim 818.
Leuchtgas aus Steinkohlen 819.
Leuchttürme, Leuchtschiffe und andere Seezeichen 827.
Linoleum 827.
Lithium 828.
Lithographie 828.
Lochen s. Stanzen 1130.
Lokomobilen 828.
Lokomotiven s. Eisenbahnwesen 308.
Lokomotivkräne s. Hebezeuge 3, 635.
Lokomotiv - Schuppen u. Werkstätten s. Eisenbahnwesen 308.
Löten und Loten 829.
Luft 830.
Luftbefeuchter 830.
Luft- und Gaskompressoren 831.
Luftpumpen 833.
Luftschiffahrt 834.
Lüftung 837.

M.

Magnesium und Verbindungen 841.
Mais 842.
Malerei 842.
Mangan 843.
Manometer 844.
Margarine s. Butter 186.
Markthallen s. Hochbau 61, 701.
Marmor 844.
Maschinenelemente 845.
Materialprüfung 847.
Mechanik 859.
Meerschaum 861.
Mehl 861.
Messen und Zählen 862.
Metalle, allgemeines 864.
Metallbearbeitung, chemische 865.
Metallbearbeitung, mechanische 866.
Meteorologie 866.
Mikrometer s. Instrumente 727, Messen u. Zählen 862.
Mikroskopie 867.
Milch 869.
Milchsäure s. Säuren, organische 1011.
Mineralogie 876.
Mineralöl s. Erdöl 496.
Mineralwässer 876.
Mischgas s. Gaserzeugung 4, 577.
Mischmaschinen 877.
Molybdän 878.
Mörtel 879.
Motorwagen s. Selbstfahrer 1072.
Mühlen 880.
Müll-Abfuhr u. -Verbrennung 880.
Müllerei 882.
Münzwesen 886.
Musikinstrumente 886.

N.

Nadeln 888.
Nägel 888.
Nähmaschinen 888.
Nahrungs- und Genußmittel, anderweitig nicht genannte 889.
Naphtalin und Derivate 893.
Natrium und Verbindungen 893.
Nautische Instrumente s. Instrumente 5, 731.
Netze 895.
Nickel u. Verbindungen 895.
Niete und Nietmaschinen 896.
Niob 896.
Nitro- und Nitrosoverbindungen 897.
Nutenstoßmaschinen s. Fräsen 568, Hobeln 651, Holz 711, Werkzeugmaschinen 1285.

O.

Obst und Obstbau 898.
Öfen s. Schmelzöfen u. -Tiegel 1041.
Ölabscheider 899.
Öle, ätherische 900.
Öle, fette s. Fette und Öle 539.
Öl- und Fettgas 901.
Optik 901.
Orthopädie 907.
Osmium 907.
Oxalsäure 907.
Ozon 907.

P.

Palladium 908.
Panzer 909.
Panzerschiffe s. Schiffbau 6 b β 1025.
Papier u. Pappe 909.
Paraffin 925.
Parfümerie 926.
Pegel 926.
Pelzwaren 926.
Perlen 926.
Perlmutter 926.
Petroleum s. Erdöl 496.
Pflasterung s. Straßenbau u. Pflasterung 1141.
Phenole u. Abkömmlinge 926.
Phonographen 927.
Phosphor u. Verbindungen 927.
Phosphorsäure, Phosphate 928.
Photographie 929.
Photomechanische Verfahren 957.
Physik 959.
Physiologie 970.
Piperidin 974.
Planimeter s. Messen u. Zählen 862.

Plastische Massen 974.
Platin und Platinmetalle 974.
Plüsch s. Appretur 30, Weberei 1272.
Pontons 975.
Porzellan s. Tonindustrie 1163.
Posamentiererei s. Flechten 560.
Postwesen 975.
Pressen 975.
Propeller s. Schiffbau 4 1021.
Pumpen 977.
Pyridine 982.
Pyrometer s. Wärme 2 b γ 1234.
Pyrrol 982.

Q.

Quarz 982.
Quecksilber 982.

R.

Räder s. Eisenbahnwesen 308, Riem- und Seilscheiben 997, Wagen 1229, Zahnräder 1294.
Radium und radioaktive Elemente 984.
Rammen 987.
Rathäuser s. Hochbau 6 b 682.
Rauch und Ruß 987.
Rechenmaschinen 989.
Registriervorrichtungen 990.
Regler 991.
Reibung 993.
Reinigung 993.
Reklame und Schaustellungswesen 995.
Rettungswesen 995.
Riemen und Seile 996.
Riem- und Seilscheiben 997.
Rohre und Rohrverbindungen 998.
Rost u. Rostschutz 1002.
Rubidium 1004.
Ruß s. Rauch 987.
Ruthenium 1004.

S.

Saccharin 1004.
Sägen 1004.
Salicylsäure 1006.
Salinenwesen 1006.
Salpeter 1007.
Salpetersäure 1007.
Salpetrige Säure, Nitrite 1008.
Salz 1008.
Salzsäure 1009.
Sandstrahlgebläse 1009.
Sauerstoff 1010.
Säulen s. Hochbau 652.
Säuren, organische, anderweitig nicht genannte 1011.
Schankgeräte 1015.
Scheinwerfer 1015.
Scheren s. Schneidwerk-

zeuge und -Maschinen 1049.
Schiebebühnen s. Eisenbahnwesen 386.
Schiefer 1016.
Schienen s. Eisenbahnwesen 308.
Schiffbau 1016.
Schiffahrt 1033.
Schiffshebewerke 1034.
Schiffshebung und Bergung 1034.
Schiffskräne s. Hebezeuge 3, 635.
Schiffsmaschinen s. Dampfmaschinen 261, u. Schiffbau 3, 1018.
Schiffssignale 1035.
Schlächterei 1035.
Schlachthäuser s. Hochbau 6 l, 701.
Schlacken 1035.
Schläuche 1036.
Schleifen u. Polieren 1036.
Schleudermaschinen 1040.
Schleusen 1040.
Schlitten u. dgl. 1041.
Schlösser und Schlüssel 1041.
Schmelzöfen u. -Tiegel 1041.
Schmieden 1044.
Schmiermittel u. Schmiervorrichtungen 1045.
Schmucksachen 1048.
Schneckenräder s. Zahnräder 1294.
Schneepflüge 1049.
Schneidwerkzeuge und -Maschinen 1049.
Schornsteine 1050.
Schräm- und Schlitzmaschinen 1052.
Schrauben und Muttern 1053.
Schraubenschlüssel s. Werkzeuge 1283.
Schraubenzieher s. Werkzeuge 1283.
Schreibmaschinen 1055.
Schreibtischgeräte 1055.
Schuhmacherei 1055.
Schulgeräte 1056.
Schutzvorrichtungen, gewerbliche 1056.
Schwebebahnen s. Eisenbahnwesen 308.
Schwefel 1061.
Schwefelsäure 1062.
Schwefelverbindungen, anderweitig nicht genannte 1063.
Schweflige Säure 1066.
Schweißen 1066.
Schwungräder 1068.
Seide 1068.
Seife 1070.
Seile s. Riemen u. Seile 996.
Seilerei s. Riemen und Seile 996.
Seilscheiben s. Riemscheiben 997.
Selbstentzündung 1071.
Selbstfahrer 1072.

Selen 1101.
Seltene Erden 1102.
Serum 1103.
Siebe 1104.
Signalwesen 1105.
Silber 1105.
Silicium u. Verbindungen 1107.
Soda 1108.
Spektralanalyse 1108.
Spiegel 1111.
Spinnerei 1111.
Spiritus 1120.
Spitzen s. Flechten 560.
Sport 1123.
Sprengstoffe 1123.
Sprengtechnik 1127.
Springbrunnen 1128.
Spulerei 1128.
Stadt- und Vorortbahnen s. Eisenbahnwesen 308.
Stanzen und Lochen 1130.
Stärke 1131.
Staub 1132.
Steinbearbeitung 1136.
Stempel und Stempeln 1137.
Stereoskopie 1137.
Sternwarten 1137.
Stickerei 1137.
Stickstoff u. Verbindungen, anderweitig nicht genannte 1138.
Stopfbüchsen 1141.
Stoßen s. Hobeln 651, Stanzen 1130.
Straßenbahnen s. Eisenbahnwesen 308.
Straßenbau und Pflasterung 1141.
Straßenlokomotiven s. Eisenbahnwesen 308 u. Selbstfahrer 1072.
Straßenreinigung 1148.
Streichhölzer s. Zündwaren 1320.
Stricken s. Wirken 1289.
Strontium 1149.
Stufenbahnen s. Eisenbahnwesen 308.

T.

Tabak und Zigarren 1149.
Tantal 1149.
Tapeten 1149.
Tauchergeräte 1150.

Tauerei und Kettenschifffahrt 1150.
Tee 1150.
Teer 1150.
Teilmaschinen 1151.
Telegraphie 1151.
Telegraphon und Telephonograph s. Phonographen 927.
Telephonie s. Fernsprechwesen 534.
Tellur 1157.
Terpene und Terpentinöl 1158.
Thallium 1159.
Theater s. Hochbau 652.
Thomasschlacken s. Phosphorsäure 928.
Thorium 1160.
Tiefbohrtechnik 1160.
Tiegel s. Schmelzöfen u. -Tiegel 1141.
Tinten 1162.
Titan 1162.
Tonindustrie 1163.
Torf 1167.
Torpedoboote s. Schiffbau 6 bis 1027.
Torpedos 1168.
Träger 1168.
Tran 1169.
Transformatoren s. Umformer 1205.
Transmission s. Kraftübertragung 779.
Transport, Verladung, Löschung u. Lagerung 1169.
Trockenvorrichtungen, anderweitig nicht genannte 1180.
Tunnel 1182.
Turbinen 1188.
Turngeräte 1201.

U.

Uhren 1202.
Umdrehungszähler s. Geschwindigkeitsmesser 597.
Umformer und Zubehör 1205.
Ungeziefer - Vertilgung 1207.

Unterrichts - Anstalten s. Hochbau 652.
Uran 1209.

V.

Vanadin 1210.
Vanille 1210.
Vaseline 1210.
Ventilation s. Lüftung 837.
Ventilatoren 1210.
Ventile 1212.
Verbleien 1214.
Verfälschungen 1214.
Vergolden 1214.
Verkaufs-Automaten 1214.
Verkupfern 1215.
Vermessungswesen 1215.
Vernickeln 1216.
Versilbern 1216.
Versinken 1216.
Verzinnen 1217.
Viscosimetrie 1217.
Vorgelege s. Kraftübertragung 779.

W.

Wachs 1217.
Waffen 1218.
Wagen 1229.
Wagen u. Gewichte 1230.
Walzwerke 1231.
Wärme 1233.
Wärmeschutz 1237.
Wäscherei u. Wascheinrichtungen 1238.
Wasser 1239.
Wasserbau 1240.
Wasserdichtmachen 1248.
Wassergas s. Gaserzeuger 4, 577.
Wasserhebung 1251.
Wasserkraftmaschinen 1251.
Wasserkräne s. Eisenbahnwesen 308.
Wassermesser 1252.
Wasserreinigung 1253.
Wasserstandszeiger 1258.
Wasserstoff und Verbindungen 1259.
Wasserversorgung 1260.
Weberei 1272.
Wechselstrommaschinen s. Elektromagnetische Maschinen 445.

Wein 1280.
Weinsäure s. Säuren, organische 1041.
Wellen s. Kraftübertragung 3, 779, Maschinenelemente 845. Riem- und Seilscheiben 996.
Werkzeuge, anderweitig nicht genannte 1283.
Werkzeugmaschinen, anderweitig nicht genannte 1285.
Winddruck 1288.
Winden s. Hebezeuge 633.
Windkraftmaschinen 1289.
Wirken u. Stricken 1289.
Wismut und Verbindungen 1291.
Wolfram u. Verbindungen 1291.
Wolle 1292.
Wollfett 1294.

X.

X-Strahlen s. Elektrizität 408.

Y.

Yachten s. Schiffbau 6c, 1028.

Z.

Zahnräder 1294.
Zahntechnik 1295.
Zäune und sonstige Einfriedigungen 1297.
Zeichnen 1297.
Zellulose und Zelluloid 1298.
Zelte 1300.
Zement 1300.
Zentrifugen s. Schleudermaschinen 1040.
Zerkleinerungsmaschinen 1304.
Zerstäuber 1305.
Ziegel 1305.
Zink und Verbindungen 1308.
Zinn und Verbindungen 1310.
Zirkonium 1311.
Zucker 1311.
Zündwaren 1320.

C. ALPHABETIC LIST OF MAIN HEADINGS.

The numbers refer to the columns of the Subject matter index.

A.

Accumulators, electric s. batteries for generating electricity 485.
Accumulators, not electric 14.
Acetone s. Ketones 755.
Acetylene 12.
Acoustics 14.
Adulterations 1214.
Advertising 995.
Aëronautics 834.
Agriculture 802.
Air 830.
Air and gas compressors 831.
Air pumps 833.
Alarms s. house telegraphs 633.
Albuminous matters 402.
Alcohols 20.
Aldehydes 16.
Alkalis 17.
Alkaloids 17.
Alloys 816.
Alternators s. electromagnetic-machines 445.
Aluminium and compounds 21.
Alum 16.
Amines s. ammonia 23.
Ammonia, compounds and derivates 23.
Analytical chemistry 200.
Anchors 27.
Aniline 27.
Anorganic chemistry, compounds, not mentioned elsewhere 211.
Anthracene and derivates 29.
Antimony 29.
Antipyrine 30.
Architecture s. building 652.
Areometers 38.
Argon 38.
Armour plates 909.
Arms and projectiles 1218.
Arsenic 39.
Art of turning 277.
Asbestos 40.
Asphaltum 40.
Atomisers 1199.
Axles, shafts and cranks 14.

Azocompounds 50.
Azoles 49.

B.

Bacteriology 55.
Baking 51.
Bar fittings 1015.
Barium 59.
Barometers 60.
Baths 51.
Batteries for generating electricity 485.
Battle ships s. ship building 1025.
Bearings 800.
Bee-keeping, honey, beeswax 141.
Beer 142.
Bells 620.
Belts and ropes 996.
Bending, straightening 141.
Benzole and derivates 84.
Beryllium 101.
Bevel-wheels s. toothed wheels 1294.
Bismuth and compounds 1291.
Blasting 1127.
Bleaching 152.
Blowing engines 594.
Boiling and evaporating apparatus 759.
Book binding 185.
Boring and drilling 154.
Boron and compounds 159.
Bottles and bottle stoppers 559.
Braiding and lace making 560.
Brakes 160.
Bread 165.
Bridges 165.
Brome and compounds 164.
Bronze 164.
Brushes 160.
Building 652.
Building materials 61.
Butchery 1035.
Butter and substitutes 186.
Button manufacture 758.

C.

Cable railways s. railways 308.
Cable ways s. railways 308.

Cadmium 188.
Caesium 188.
Calcium and compounds 189.
Calcium carbide 190.
Calculating machines 989.
Caloric engines, s. motors, not mentioned elsewhere 789.
Camphor and derivates 743.
Canals 744.
Candles 755.
Carbides s. acetylene 12, calcium carbide 190, carbon 772.
Carbon and compounds, not mentioned elsewhere 772.
Carbon hydrates 767.
Carbonate of soda 1108.
Carbonic acid 771.
Carbonic oxid 770.
Carborundum 750.
Carriages 1229.
Casks 533.
Catching fishes 556.
Cathetometers 751.
Cellulose 1298.
Cement 1300.
Centrifuges 1040.
Cerium 190.
Chain conveyers s. conveyance etc. 1169.
Chains 756.
Chalk 791.
Cheese 750.
Chemical apparatus 241.
Chemistry in general 190.
Chimneys 1050.
Chloral 243.
Chlorine and compounds 241.
Chloroforme 243.
Chrome and compounds 243.
Churches and chapels s. building 6a 705.
City- and suburban railways s. railways 308.
Clamps 758.
Clay industrie 1163.
Cleaning 993.
Clocks and watches 1202.
Coal and coke 760.
Coal dust furnaces 772.

Coal storage and conveyance s. conveyance etc. 1169.
Cobaltum and compounds 758.
Cocks 628.
Cocoa 737.
Coffee 737.
Coin freed apparatus 1214.
Colouring-matters 528.
Columns s. building 652.
Commercial alcohol 1120.
Communicators s. production and transmission of power 6, 789.
Compasses 775.
Compressed and rarefied air plants s. brakes 160, blowing engines 594, power transmission 4, 787, air and gas compressors 831, mail 975, tunnels 1182.
Concrete and concrete construction 101.
Condensation 775.
Continuous-current machines s. electro-magnetic machines 445.
Controlling apparatus 778.
Conveyance, loading, unloading and storage 1169.
Cooling appliances and plants s. refrigerating and cooling 3 740, Condensation 775.
Copper 791.
Coppering 1215.
Copying 778.
Corals 779.
Cork 779.
Corn 609.
Corn storage and handling s. conveyance etc. 3 1177.
Corne 716.
Cotton 60.
Couplings 795.
Cranes s. lifting appliances 3 635.
Crucibles s. melting furnaces and crucibles 1041.
Crushing machines 1304.
Crystallography 791.

c*

Cutting tools and machines 1049.
Cyane 245.
Cycles 512.

D.

Deep drilling 1160.
Denaturalizing 269.
Dentistry 1295.
Destruction of vermins 1207.
Diamond 274.
Diazocompounds s. azocompounds 50.
Digging machines s. dredgers 53.
Disinfection 271.
Distilling 273.
Dividing machines 1151.
Diving material 1150.
Docks 275.
Domestic utensils 632.
Dowsongas s. gas production 577.
Drainage and irrigation 490.
Drawing 1297.
Dredgers 53.
Drugs 282.
Drying appliances, not mentioned elsewhere 1180.
Dust 1132.
Dyeing and printing (with respect to cloth and the like) 513.
Dynamometers 288.
Dynamos s. electro-magnetic machines 445.

E.

Earth-working 496.
Elasticity and strength 404.
Electric cranes s. lifting appliances 3 635.
Electric heating s. heating 5 650.
Electric lighting s. lighting 6 76.
Electric transmission of power s. power transmission 3 781.
Electric welding s. welding 1066.
Electric works 426.
Electrical engineering 462.
Electrical furnaces s. iron 7 305, metallurgy 3 720, melting furnaces and crucibles 1041.
Electrical railways s. railways 308.
Electricity and magnetism 408.
Electrochemistry 439.
Electro-magnetic machines 445.
Electrostatic machines 462.
Elevators s. dredgers 53, lifting appliances 4 639 and conveyance etc. 1169.

Embroidery 1137.
Enamel, enamelling 490.
Engine parts 845.
Engraving 624.
Enzymes 494.
Essential oils 900.
Esters s. ethers and esters 42.
Etching 43.
Ethers and esters 42.
Exhibitions 45.
Explosions 500.
Explosives 1123.
Extraction apparatus 503.

F.

Factory plants 503.
Fats and oils 539.
Fatty acids s. organic acids, not mentioned elsewhere 1 1011.
Felt 554.
Fences and other enclosures 1297.
Fermentation 574.
Ferments s. enzymes 494.
Ferries 511.
Files 533.
Filling and drawing off apparatus 571.
Filters 554.
Finishing 30.
Fire alarms 545.
Fire extinguishing 543.
Fireproof materials s. protection against fire 545.
Flax 559.
Flour 861.
Fluor and compounds 560.
Fly-wheels 1068.
Food 572, 889.
Forestry 565.
Forging etc. 1044.
Fortification 538.
Foundry 611.
Fountains 1128.
Frame works of iron and wood 511.
Friction 993.
Fruits and culture of fruits 898.
Fuel 161.
Funeral 101.
Furnaces 549, 1041.
Furs 926.

G.

Galvanoplastics s. electrochemistry 439, coppering etc. 1215.
Garbage s. removal and combustion of refuse 880.
Gas engines 583.
Gas production 577.
Gases and vapours 575.
Gearings 610.
Generators of hot water 641.
Girders 1168.
Glass 618.
Glucosides 620.

Glue 818.
Glycerine 620.
Gold 621.
Golding 1214.
Graphic arts s. printing 283, lithography 828, photomechanical processes 957.
Graphite 624.
Grease 1294.
Grinding and polishing 1036.
Gum, india rubber s. mastics and glues 757, india rubber and guttapercha 751.
Guttapercha s. india rubber and guttapercha 751.
Gymnastical apparatus 1201.
Gypsum 617.

H.

Harbours 624.
Hardening 630.
Hat-manufacture 717.
Heat 1233.
Heating 641.
Heating gas s. gas production 577.
Helium 650.
Hemp, jute and substitutes 628.
Holing and cutting-machines 1052.
Honey s. bee keeping 141.
Hop 716.
Horse-shoeing 716.
Horticulture 574.
Hoses 1036.
Hosiery and knitting 1289.
House telegraphs, door bells, alarms 633.
Humidifiers 830.
Hydraulic architecture 1240.
Hydraulic machinery 1251.
Hydraulics 723.
Hydrazines and derivates 724.
Hydrocarbons 773.
Hydrochloric acid 1009.
Hydrogen 1259.
Hydroxylamine 725.
Hygiene 601.

I.

Ice 290.
Ice - breaking steamers 290.
Incrustations s. steam boilers 252.
India rubber and guttapercha 751.
Indicators 726.
Indigo 725.
Indium 727.
Induction-coils, condensers and accessory s. electrical engineering 2 u. 3 463.
Injectors s. pumps 5 981.

Inks 1162.
Instruments, not mentioned elsewhere 727.
Iridium 736.
Iron and steel 290.
Ironclads s. ship building 1025.
Ivory 490.

J.

Jakes 2.
Jackets 1237.
Jewelry 1048.
Jodine and compounds 736.
Jodoform 736.
Jute s. hemp 628.

K.

Ketones 755.
Key-groove-machines s. milling 568, planing 651, wood 711, machine tools, not mentioned elsewhere 1285.
Kinematographes 757.
Kinetoscopes 757.
Knitting s. hosiery and knitting 1289.

L.

Laboratories 796.
Laboratory apparatus 797.
Laces s. braiding 560.
Laceworking s. braiding and lace making 560.
Lactic acid s. organic acids 1011.
Lanthanum 816.
Lead and compounds 150.
Leading 1214.
Leather 816.
Letter registrator 164.
Life saving 995.
Lifting appliances 633.
Light houses, light ships and other sea-marks 827.
Light, local and industrial railways s. railways 308.
Lighting 64.
Lighting coal gas 819.
Lightning rods 153.
Lime 738.
Linoleum 827.
Lithium 818.
Lithography 828.
Locks and keys 1041.
Locomobiles 828.
Locomotive cranes s. lifting appliances 3 635.
Locomotive houses and workshops s. railways 308.
Locomotives s. railways 308.
Lubricants and lubricators 1045.

M.

Machine tools, not mentioned elsewhere 1285.

Magnesium and compounds 841.
Mail 975.
Main and secondary railways s. railways 308.
Maize 842.
Manganese 843.
Manometers 844.
Manure 288.
Marble 844.
Margarine s. butter and substitutes 189.
Marine engines s. steam engines 261, shipbuilding 3, 1018.
Market halls s. building 6i 701.
Marsh gas 496.
Mastics and glues 757.
Matches s. means for producing fire 1320.
Means for producing fire 1320.
Measuring and counting 862.
Mechanics 859.
Melting furnaces and crucibles 1041.
Mercury 982.
Meerschaum 808.
Metal working, chemical 865.
Metal working, mechanical 866.
Metallurgy 717.
Metals, generalities 864.
Meteorology 866.
Mica 620.
Micrometers s. instruments 727, measuring and counting 862.
Microscopy 867.
Milk 869.
Millery 882.
Milling 568.
Mills 880.
Mineral oil s. petroleum 496.
Mineralogy 876.
Mineral waters 876.
Mining 85.
Minting 886.
Mirrors 1111.
Mixing machines 877.
Molybdenum 878.
Monuments 270.
Mortar 879.
Mother of pearl 926.
Motor carriages 1072.
Motor-gas s. gas production 4 577.
Motors, not mentioned elsewhere 789.
Moulding 561.
Mountain railways s. railways 308.
Movable platforms s. railways 308.
Musical instruments 886.

N.

Nails 888.
Naphtalene and derivates 893.

Naval instruments s. instruments 5 731.
Naval signalling 1035.
Navigation 1033.
Needles 888.
Nets 895.
Nickel and compounds 895.
Nickeling 1216.
Niobium 896.
Nitric acid, nitrates 1007.
Nitro- and nitroso compounds 897.
Nitrogen and compounds, not mentioned elsewhere 1138.
Nitrosic acid, nitrites 1008.

O.

Observatories 1137.
Oil and fat gas 901.
Oil separators 899.
Optics 901.
Ore dressing 43.
Organic acids, not mentioned elsewhere 1011.
Organic chemistry, compounds, not mentioned elsewhere 213.
Orthopaedy 907.
Osmium 907.
Oxalic acid 907.
Oxygen 1010.
Ozokerite 499.
Ozone 907.

P.

Packings 274.
Painting 842.
Paints 27.
Palladium 908.
Paper and pasteboard 909.
Paper hanging 1149.
Paraffine 925.
Paving s. road making and paving 1141.
Pearls 926.
Peat 1167.
Percussion s. planing 651, stamping 1130.
Perfumery 926.
Petroleum 496.
Pharmaceutical chemistry 233.
Phenols and derivatives 926.
Phonographs 927.
Phosphoric acid, phosphates 928.
Phosphorus and compounds 927.
Photography 929.
Photomechanical processes 957.
Physics 959.
Physiological chemistry 237.
Physiology 970.
Pile-drivers 987.
Piperidine 974.
Pipes and pipe joints 998.
Pisciculture 557.
Pistons 774.

Planimeters s. measuring and counting 862.
Planing 651.
Plastic materials 974.
Platinum 974.
Plush s. finishing 30, weaving 1272.
Pontoons 909.
Porcelain s. clay industry 1163.
Potassium and compounds 738.
Power hammers 628.
Precious stones 289.
Preservation, conservation 777.
Presses 975.
Printing (on paper and the like) 283.
Propellers s. ship building 4 1021.
Protection against fire 545.
Pulleys, shafts 997.
Pumps 977.
Punching s. stamping and punching 1130.
Pyridines 982.
Pyrometer s. heat 1233.
Pyrotechnics 554.
Pyrrol 982.

Q.

Quartz 982.
Quinine s. alkaloids 17.
Quinoline and derivates 241.
Quinons 241.

R.

Radium and radioactiv elements 984.
Rails s. railways 308.
Railway stations s. railways 5 383.
Railways 308.
Raising and salvage of ships 1034.
Raising water 1251.
Rangefinders 490.
Rare earths 1102.
Recording apparatus 990.
Refrigerating and cooling 739.
Regulators 991.
Removal and combustion of refuse 880.
Resins 631.
Revolution indicators s. speed and revolution indicators 597.
Rivets and riveting machines 896.
Road cleaning 1148.
Road making and paving 1141.
Rolling mills 1231.
Roofs s. Building 7 e 709.
Rope making s. belts and ropes 996.
Ropes s. belts and ropes 996.
Rubidium 1004.

Rust and rust prevention 1002.
Ruthenium 1004.

S.

Saccharine 1004.
Safes 595.
Safety appliances 1056.
Salicylic acid 1006.
Salpetre 1007.
Salt 1008.
Salt industry 1006.
Sandblasts 1009.
Sawing 1004.
Scales and weights 1230.
School utensils 1056.
Screws and nuts 1053.
Screw-drivers s. tools, not mentioned elsewhere 1183.
Screw-wrenches s. tools, not mentioned elsewhere 1183.
Sea foam 861.
Searchlights 1015.
Selenium 1101.
Serum 1103.
Sewage 3.
Sewerage 747.
Sewing machines 888.
Shafts s. power transmission 779, engine parts 845, pulleys 996.
Shears and shearing machines s. cutting tools and machines 1049.
Sheet metal 149.
Ship building 1016.
Ship canal lifts 1034.
Ship cranes s. lifting appliances 635.
Shoe making 1055.
Sieves 1104.
Signalling 1105.
Silicic acid s. silicium and compounds 1107.
Silicium and compounds 1107.
Silk 1068.
Silver and compounds 1105.
Silvering 1216.
Siphons 633.
Slags 1035.
Slate 1016.
Slaughtering halls s. building 6i 701.
Sledges 1041.
Sluices 1040.
Smoke and soot 987.
Snow-ploughs 1049.
Soap 1070.
Sodium 893.
Soldering, solders 829.
Soot s. smoke 987.
Spectrum analysis 1108.
Speed and revolution indicators 597.
Spinning 1111.
Spontaneous ignition 1071.
Spooling 1128.
Sport 1123.
Stage-appliances 186.

Stamping and punching 1130.
Stamps and stamping 1137.
Starch 1131.
Steam-boilers 246.
Steam-chests 246.
Steam engines 261.
Steam piping 259.
Steam pumps s. pumps 977.
Steam superheating 268.
Steam windlasses s. lifting appliances 2, 634.
Stereoskopy 1137.
Stone boring and drilling machine 600.
Stone working 1136.
Street locomotives s. railways 308.
Street railways s. railways 308.
Strontium 1149.
Stuffing boxes 1141.
Sugar 1311.
Sulphur 1061.
Sulphur compounds, not mentioned elsewhere 1063.
Sulphuric acid 1062.
Sulphurous acid 1066.
Surgical furniture 790.
Surgical instruments s. instruments 1, not mentioned elsewhere 727.
Surveying 1215.
Suspended railways s. railways 308.

T.

Tackles s. lifting appliances 2, 634.
Tannery 595.
Tantalum 1149.
Tar 1150.
Tartaric acid s. organic acids 1041.

Tea 1150.
Teaching apparatus 818.
Teaching - institutes s. building 6f 695.
Technics of flying s. aëronautics 2 835.
Telegraphone and Telephonograph s. phonographs 927.
Telegraphy 1151.
Telephony 534.
Telescopes and telautographs 533, 534.
Tellurium 1157.
Tents 1300.
Terpenes and turpentine oil 1158.
Test of materials 847.
Textile fibres and treatment 599.
Thallium 1159.
Theatres s. building 6 k 702.
Thorium 1160.
Tiles 1305.
Tin and compounds 1310.
Tinning 1217.
Titanium 1162.
Tobacco and cigars 1149.
Tools, not mentioned elsewhere 1283.
Toothed wheels 1294.
Torpedo boats s. ship building 6 b a 1027.
Torpedoes 1168.
Towing and haulage by means of an immersed chain 1150.
Town halls s. building 6b 682.
Train-oil 1169.
Transformers and accessory 1205.
Transmission and production of power 779.
Traps 513.
Travelling - platforms s. railways 386.

Tungsten and compounds 1291.
Tunnels 1182.
Turbines 1188.
Turning 277.
Turn tables s. railways 308.
Type writers 1055.

U.

Uranium 1209.
Urea and derivates 629.
Uric acid and derivates 629.
Utensils used in the kitchen 791.

V.

Valves 1212.
Vanadium 1210.
Vanilla 1210.
Varnishes and lakes 554.
Vaseline 1210.
Ventilation 837.
Ventilators 1210.
Vinegar 499.
Viscosimetry 1217.

W.

Washing and apparatus 1238.
Waste products 1.
Water 1239.
Water cranes s. railways V 386.
Watergas s. gasproduction 577.
Water level indicators 1258.
Water mark posts 926.
Water-meters 1252.
Water proofing 1248.
Water purification 1253.
Water-stations for rail-

ways s. railways V 386.
Water supply 1260.
Wax 1217.
Weapons s. arms and projectiles 1218.
Weaving 1272.
Welding 1066.
Wells 184.
Wheels s. railways 308, pulleys and shafts 997, toothed wheels 1294.
Windlasses s. lifting appliances 633.
Wind motors 1289.
Wind pressure 1288.
Winding engines s. mining 3, 87.
Windows s. building 7 c 708.
Wine 1280.
Wire and wire ropes 276.
Wood 711.
Wool 1292.
Worm-wheels s. toothed wheels 1294.
Writing table appliances 1055.

X.

X-rays s. electricity and magnetism 408.

Y.

Yachts s. ship - building 6 c 1028.
Yeast 639.
Yellow amber 101.

Z.

Zinc and compounds 1308.
Zinking 1216.
Zirconium 1311.

C. TABLE ALPHABÉTIQUE DES TITRES PRINCIPAUX.

Les chiffres se rapportent aux colonnes du Répertoire analytique.

A.

Abattoirs v. architecture 701.
Accouplements 795.
Accumulateurs, électriques v. piles pour la production de l'électricité 485.
Accumulateurs, non électriques 14.

Acétone v. cétones 755.
Acétylène 12.
Acide carbonique 771.
Acide chlorhydrique 1009.
Acide lactique v. acides organiques, non nommés ailleurs 1011.
Acide nitreux, nitrites 1008.
Acide nitrique 1007.
Acide oxalique 907.

Acide phosphorique, phosphates 928.
Acide salicylique 1006.
Acide silicique v. silicium et combinaisons 1107.
Acide sulfureux 1066.
Acide sulfurique 1062.
Acide tartarique v. acides organiques 1041.

Acide urique et dérivé 629.
Acides gras v. acides organiques, non nommés ailleurs 1011.
Acides organiques non dénommés 1011.
Acoustique 14.
Aéronautique 834.
Agriculture 802.

Aiguisage et polisage 1036.
Air 830.
Alcalis 17.
Alcaloïdes 17.
Alcool du commerce 1120.
Alcools 20.
Aldéhydes 16.
Alimentation d'eau 1260
Alliages 816.
Allumettes v. matières inflammables 1320.
Alternateurs v. machines électro - magnétiques 445.
Aluminium et ses combinaisons 21.
Alun 16.
Ambre jaune 101.
Amines v. ammoniaque 23.
Ammoniaque, combinaisons et dérivés 23.
Analyse spectrale 1108.
Ancres 27.
Aniline 27.
Anthracène et dérivés 29.
Antimoine 29.
Antipyrine 30.
Apiculture, miel, cire d'abeilles 141.
Appareils chimiques 241.
Appareils d'alarme avertisseurs v. télégraphie domestique 633.
Appareils de gymnastique 1201.
Appareils de laboratoire 797.
Appareils de levage 633.
Appareils enregistreurs 990.
Appareils enregistreurs de letters 164.
Appareils extracteurs 503.
Appareils sécheurs, non dénommés 1180.
Apprêt 30.
Arbres v. transmission de force 779, organes de machines 845, poulies, molettes 996.
Architecture 652.
Architecture hydraulique 1240.
Ardoise 1016.
Aréomètres 38.
Argent et combinaisons 1105.
Argentage 1216.
Argon 38.
Armes et projectiles 1218.
Arsenic 39.
Art de relier 185.
Art du tourneur 277.
Arts graphiques v. impression 283, lithographie 828, procédés photo-mécaniques 957.
Asbeste 40.
Ascenseurs de canaux pour bateaux 1034.
Asphalte 40.
Automobiles v. voitures automobiles 1072.

Avertisseurs d'incendie 545.
Aviation dynamique v. aéronautique 2 835.
Azoïques, combinaisons 50.
Azoles 49.
Azote et combinaisons, non dénommés 1138.

B.

Bacs 511.
Bactériologie 55.
Bains 51.
Balances et poids 1230.
Barium 59.
Baromètres 60.
Bâtiments v. architecture 652.
Batterie de cuisine 791.
Benzole et dérivés 84.
Béryllium 101.
Béton et construction en béton 101.
Beurre et succédanés 186.
Bière 142.
Bijouterie 1048.
Bismuth et combinaisons 1291.
Blanchiment 152.
Blé 609.
Blindage 908.
Bobinage 1128.
Bobines d'induction, condensateurs et accessoire v. science de l'application de l'électricité 462.
Bois 711.
Boîtes à étoupes 1141.
Bonneterie et tricotage 1289.
Bore et combinaisons 159.
Boucherie 1035.
Bougies 755.
Boulangerie 51.
Boussoles 775.
Bouteilles et bouchons 559.
Broderie 1137.
Brome et combinaisons 164.
Bronze 164.
Brosseries 160.

C.

Cacao 737.
Cadmium 188.
Café 737.
Calcium et combinaisons 189.
Camphre et dérivés 743.
Canalisation 747.
Canaux 744.
Caoutchouc et gutta-percha 751.
Carbonate de soude 1108.
Carbone et combinaisons, non dénommées 772.
Carborundum 750.
Carbure de calcium 190.
Carbures v. acétylène 12, carbure de calcium 190, carbone 772.

Cathétomètres 751.
Caustique 43.
Cellulose 1298.
Centrifuges 1040.
Céramique 1163.
Cérium 190.
Césium 188.
Cétones 755.
Chaînes 756.
Chaleur 1233.
Chanvre, jute et succédanés 628.
Chapellerie 717.
Charbon et coke 760.
Chariots transbordeurs v. chemins de fer 386.
Charrues à neige 1049.
Chaudières à vapeur 246.
Chauffage 641.
Chauffage électrique v. chauffage 5 650.
Chaux 738.
Cheminées 1050.
Chemins de fer 308.
Chemins de fer à chaîne v. chemins de fer 308.
Chemins de fer à traction funiculaire v. chemins de fer 308.
Chemins de fer électriques v. chemins de fer 308.
Chemins de fer funiculaires v. chemins de fer 308.
Chemins de fer métropolitains et de banlieue v. chemins de fer 308.
Chemins de fer de montagne v. chemins de fer 308.
Chemins de fer industriels ruraux, et d'intérêt local v. chemins de fer 308.
Chemins de fer principaux et secondaires v. chemins de fer 308.
Chemins de fer suspendus v. chemins de fer 308.
Chimie analytique 200.
Chimie anorganique, combinaisons, non dénommées 211.
Chimie générale 190.
Chimie organique, combinaisons, non dénommées 213.
Chimie pharmaceutique 233.
Chimie physiologique 237.
Chirurgie dentaire 1295.
Chloral 243.
Chlore et combinaisons 241.
Chloroforme 243.
Chrome et combinaisons 243.
Ciment 1300.
Ciments et colles 757.
Cinématographes 757.
Cinétoscopes 757.
Cintrage, rectification 141.

Cinétoscopes 757.
Cire 1217.
Cisailles et machines à couper v. outils et machines tranchantes 1049.
Clameaux 758.
Clefs à vis v. outils, non nommés ailleurs 1283.
Cloches 620.
Cloisonnage en fer et en bois 511.
Clôtures et autres enceintes 1297.
Clous 888.
Cobalt et ses combinaisons 758.
Coffres-forts 595.
Colle 818.
Colonnes v. architecture 652.
Combustibles 161.
Combustion spontanée 1071.
Communicateurs v. production et transmission de force 779.
Composés diazoïques v. azoïques, combinaisons 50.
Composés nitrés et nitriques 897.
Compresseurs d'air et de gaz 831.
Compteurs à eau 1252.
Compteurs de tours v. indicateurs de vitesse et compteurs de tours 597.
Condensation 775.
Conduite de vapeur 259.
Conservation 777.
Construction des routes et pavage 1141.
Constructions navales 1016.
Contrôleurs 778.
Copier 778.
Coraux 779.
Corderie v. courroies et cordes 996.
Cordes v. courroies et cordes 996.
Cordonnerie 1055.
Corne 716.
Corps gras et huiles 539.
Coton 60.
Courroies et cordes 996.
Coussinets 800.
Craie 791.
Creusets v. fours à fondre et creusets 1041.
Cribles 1104.
Cristallographie 791.
Cuir 816.
Cuirassés v. constructions navales 1025.
Cuivrage 1215.
Cuivre 791.
Cyane 245.
Cycles 512.

D.

Déchets 1.
Déchets v. écartement et

Incinération des ordures 880.
Dénaturation 269.
Denrées alimentaires, non dénommées 889.
Denrées fourragères 572.
Dentelles v. tressage 560.
Dépôts du blé et manipulations v. transport, chargement, déchargement et emmagasinage 3 1177.
Dépôts et ateliers de locomotives v. chemins de fer 308.
Désinfection 271.
Désintégrateurs 1304.
Dessèchements et irrigation 490.
Dessin 1297.
Destruction de la vermine 1207.
Diamant 274.
Dispositifs de sûreté 1056.
Distillerie 273.
Distributeurs automatiques 1214.
Diviseurs 1151.
Docks 275.
Dorage 1214.
Dragues 53.
Drogues 282.
Durcissement 630.
Dynamomètres 288.
Dynamos v. machines électro - magnétiques 445.

E.

Eau 1239.
Eaux d'égouts 3.
Eaux minérales 876.
Ecartement et incinération des ordures 880.
Echelles d'eau 926.
Éclairage 64.
Eclairage électrique v. éclairage 6 76.
Ecluses 1040.
Ecume de mer 861.
Eglises et chapelles v. architecture 6a 705.
Elasticité et résistance 404.
Electricité et magnétisme 408.
Electrochimie 439.
Elévateurs v. dragues 53, appareils de levage 4, 639, Transport etc. 1169.
Elévation de l'eau 1251.
Email, émaillure 490.
Emmagasinage et chargement de charbon v. transport etc. 1169.
Émoulage, aiguisage et polissage 1036.
Encres 1162.
Engrais 288.
Engrenages 610.
Enzymes 494.
Epingles 888.
Epuration des eaux 1253.
Essai des matériaux 847.

Essieux, arbres et manivelles 14.
Estampage et perforation 1130.
Etablissements d'air, comprimé et raréfié v. freins 160, machines soufflantes 594, production et transmission de force 4 787, compresseurs d'air et de gaz 831, service des postes 975, tunnel 1182.
Etain et combinaisons 1310.
Etamage 1217.
Ethers 42.
Etoupages 274.
Etuves 759.
Excavateurs v. dragues 53.
Exploitation des mines 85.
Explosifs 1123.
Explosions 500.
Expositions 45.

F.

Falsifications 1214.
Farine 861.
Fécule 1131.
Fenêtres v. architecture 7 c 708.
Fer et acier 290.
Fermentation 574.
Ferments v. enzymes 494.
Ferrage 716.
Feutre 554.
Fibres textiles et traitement 599.
Filature 1111.
Filets 895.
Fils métalliques et cordes en f. m. 276.
Filtres 554.
Fluor et combinaisons 560.
Fonderie 611.
Forage et perçage 154.
Forgeage, tirage etc. 1044.
Fortification 538.
Fours v. fours à fondre et creusets 1041.
Fours à fondre et creusets 1041.
Fours électriques v. fer 7 305, métallurgie 3 720, fours à fondre et creusets 1041.
Foyers 549.
Foyers à charbon pulvérisé 772.
Fraisage 568.
Freins 160.
Friction 993.
Fromage 750.
Fruits et culture des fruits 898.
Fumée et suie 987.
Funérailles 101.

G.

Galvanoplastie v. électrochimie 439, cuivrage 1215.

Gares v. chemins de fer V 383.
Gaz à force motrice v. génération de gaz 4,577.
Gaz à l'eau v. génération de gaz 577.
Gaz d'éclairage de houille 819.
Gaz d'huile et de graisses 901.
Gaz de chauffage v. génération de gaz 577.
Gaz et vapeurs 575.
Gaz inflammable des marais 496.
Gaz mixte v. génération de gaz 577.
Générateur d'eau chaude 641.
Génération de gaz 577.
Géodésie pratique 1215.
Glace 290.
Glucosides 620.
Glycérine 620.
Gomme v. ciments et colles 757, caoutchouc et guttapercha 751.
Goudron 1150.
Graphite 624.
Gravure 624.
Grues v. appareils de levage 3 635.
Grues de bateaux v. appareils de levage 635.
Grues de locomotives v. appareils de levage 3 635.
Grues électriques v. appareils de levage 3 635.
Grues hydrauliques v. chemins de fer 308.
Guindaux v. appareils de levage 633.
Guindals à vapeur v. appareils de levage 2, 634.
Guttapercha v. caoutchouc 751.

H.

Halles v. architecture 701.
Hélium 650.
Horloges et montres 1202.
Horticulture 574.
Hôtels de ville v. architecture 682.
Houblon 716.
Huile de baleine 1169.
Huile minérale v. pétrole 496.
Huiles essentielles 900.
Huiles grasses v. corps gras et huiles 539.
Hydrates de carbone 767.
Hydraulique 723.
Hydrazines et dérivés 724.
Hydrocarbures 773.
Hydrogène 1259.
Hydroxylamine 725.
Hygiène 601.

I.

Imperméabilisation 1249.
Impression (sur papier etc.) 283.

Incrustations v. chaudières à vapeur 252.
Indicateurs 726.
Indicateurs de niveau d'eau 1258.
Indicateurs de vitesse et compteurs de tours 597.
Indigo 725.
Indium 727.
Industrie frigorifique te réfrigérative 739.
Injecteurs v. pompes 5 981.
Instituts d'école v. architecture 652.
Instruments de chirurgie v. instruments, non dénommés 727.
Instruments de musique 886.
Instruments nautiques v. instruments, non dénommés 731.
Instruments, non dénommés 727.
Iridium 736.
Ivoire 490.

J.

Jets d'eau 1128.
Jets de sable 1009.
Iode et combinaisons 736.
Jodoforme 736.
Jute v. chanvre 628.

L.

Laboratoires 796.
Laine 1292.
Lait 869.
Laminoirs 1231.
Lanthane 816.
Latrines 2.
Lavage et appareils 1238.
Levage et sauvetage des navires 1034.
Levure 639.
Liège 779.
Limes 533.
Lin 559.
Linoléum 827.
Lithium 828.
Lithographie 828.
Locomobiles 828.
Locomotives v. chemins de fer 308.
Locomotives routières v. chemins de fer 308.
Lubrifiants et lubrificateurs 1045.
Lunettes astronomiques 533.

M.

Machines à calculer 989.
Machines à coudre 888.
Machines à courant continu v. machines électro-magnétiques 445.
Machines à écrire 1055.
Machines à entailler les couches et à couper la coulaie 1052.
Machines à gaz 583.
Machines à mêler 877.

Machines à mortaiser v. fraisage 568, rabotage 651, bois 711, machines outils, non dénommées 1285.
Machines à vapeur 261.
Machines d'extraction v. exploitation des mines 3 87.
Machines électromagnétiques 445.
Machines électrostatiques 462.
Machines hydrauliques 1251.
Machines navales v. machines à vapeur 261, constructions navales 3 1018.
Machines outils, non dénommées 1285.
Machines soufflantes 594.
Magnésium et combinaisons 841.
Maïs 842.
Manganèse 843.
Manomètres 844.
Manufacture de boutons 758.
Marbre 844
Margarine v. beurre et succédanés 186.
Marteaux-pilons 628.
Matériaux de construction 61.
Matériaux plastiques 974.
Matériel pour les scaphandriers 1150.
Matériel scolaire 818.
Matières albuminoïdes 402.
Matières colorantes 528.
Matières inflammables 1320.
Mécanique 859.
Mercure 982.
Mesurage et numération 862.
Métallurgie 717.
Métaux, généralités 864.
Météorologie 866.
Meubles médicaux 790.
Meunerie 882.
Mica 620.
Micromètres v. instruments 727, mesurage et numération 862.
Microscopie 867.
Miel v. apiculture, miel, cire d'abeilles 141.
Minéralogie 876.
Miroirs 1111.
Molybdène 878.
Monnayage 886.
Monuments 270.
Mortier 879.
Moteurs à air chaud v. moteurs, non dénommés 789.
Moteurs à vent 1289.
Moteurs, non dénommés 789.
Moufles v. appareils de levage 2 634.

Moulage 561.
Moulins 880.

N.

Nacre 926.
Naphtaline et dérivés 893.
Navigation 1033.
Navires de combat 1025.
Nettoyage 993.
Nickelage 1216.
Nickel et combinaisons 895.
Niobium 896.

O.

Observatoires 1137.
Optique 901.
Or 621.
Organes de machines 845.
Orthopédie 907.
Osmium 907.
Outils et machines tranchantes 1049.
Outils, non dénommés 1283.
Outres 1036.
Oxyde de carbone 770.
Oxygène 1010.
Ozocérite 499.
Ozone 907.

P.

Pain 165.
Palladium 908.
Papier et carton 909.
Papiers de tenture, tapisseries 1149.
Paraffine 925.
Paratonnerres 153.
Parfumerie 926.
Passementerie v. tressage 560.
Pavage v. construction des routes et pavage 1141.
Pêche, emploi et transport des poissons 556.
Peinturages 27.
Peinture 842.
Pelleterie 926.
Peluche v. apprêt 30, tissage 1272.
Perceuses mues par l'électricité v. forage et perçage 154.
Percussion v. rabotage 651, estampage et perforation 1130.
Perforateurs 600.
Perforation v. estampage et perforation 1130
Perles 926.
Pétrole 496.
Phares, phares flottants et autres marques 827.
Phénoles et dérivés 926.
Phonographes 927.
Phosphore et combinaisons 927.
Photographie 929.
Physiologie 970.
Physique 959.

Pièges 513.
Pierres précieuses 289.
Piles pour la production de l'électricité 485.
Pipéridine 974.
Pisciculture 557.
Pistons 774.
Planimètres v. mesurage et numération 862.
Plaques tournantes v. chemins de fer 308.
Plateformes mobiles v. chemins de fer 308.
Platine 974.
Plâtre 617.
Plombage 1214.
Plomb et combinaisons 150.
Poinçons et poinçonnage 1137.
Pompes 977.
Pompes à vapeur v. pompes 977.
Pompes pneumatiques 833.
Pontons 975.
Ponts 165.
Porcelaine v. céramique 1163.
Ports 624.
Potasse et combinaisons 738.
Poulies, molettes, arbres 997.
Poussière 1132.
Poutres 1168.
Préparation mécanique des minerais 43.
Presses 975.
Pression du vent 1288.
Procédés d'éclatement 1117.
Procédés photo-mécaniques 927.
Projecteurs 1015.
Propulseurs v. constructions navales 1021.
Protection contre l'incendie 545.
Puits 184.
Pyridines 982.
Pyromètres v. chaleur 1233.
Pyrotechnie 554.
Pyrrol 982.

Q.

Quartz 982.
Quinine v. alcaloïdes 17.
Quinoléine et dérivés 241.
Quinones 241.

R.

Rabotage 651.
Radium et éléments radioactifs 17.
Rafraîchisseurs 830, 1199.
Rails v. chemins de fer 308.
Rayons x v. électricité et magnétisme 408.
Récipients de vapeur 247.
Réclame 995.

Réfrigérateurs et installations réfrigératoires v. industrie frigorifique et réfrigérative 3 740 et condensation 775.
Régulateurs 991.
Remplissage et soutirage 571.
Résines 631.
Revêtements isolants 1237.
Rivets, machines à river 896.
Robinets 628.
Roues v. chemins de fer 308, organes de machines 845, poulies, molettes, arbres 997, voitures 1229, roues dentées 1294.
Roues coniques v. roues dentées 1294.
Roues dentées 1294.
Roues hélices v. roues dentées 1294.
Rouille et préservatifs 1002.
Rubidium 1004.
Ruthénium 1004.

S.

Saccharine 1004.
Salines 1006.
Salpêtre 1007.
Sauvetage 995.
Savon 1070.
Scènes etc. 186.
Sciage 1004.
Science de l'application de l'électricité 462.
Scories 1035.
Sel 1008.
Sélénium 1101.
Séparateurs d'huile 899.
Serrures et clefs 1041.
Sérum 1103.
Service de la voirie 1148.
Service des incendies 543.
Service des postes 975.
Signaux 1105.
Signaux nautiques 1035.
Silicium et combinaisons 1107.
Silviculture 565.
Siphons 633.
Sodium 893.
Soie 1068.
Sondage 1160.
Sonnettes 987.
Souder, soudure 829.
Soudure 1066.
Soudure électrique v. soudure 1066.
Soufre 1061.
Soufre, combinaisons, non dénommées 1063.
Soupapes 1212.
Sport 1123.
Stéréoscopie 1137.
Strontium 1149.
Substances ignifuges v. protection contre l'incendie 545.

Sucre 1311.
Suie v. fumée 987.
Suint 1294.
Surchauffage de la vapeur 268.

T.

Tabac et cigares 1149.
Tannerie 595.
Tantale 1149.
Teinture et impression (à l'égard de tissus etc.) 513.
Télégraphie 1151.
Télégraphie domestique, avertisseurs, appareils d'alarme 633.
Télégraphone et téléphonograph v. phonographes 927.
Télémètres 490.
Téléscopes et télautographes 534.
Téléphonie 534.
Tellure 1157.
Tentes 1192.
Terpènes et térébenthine 1158.
Terres rares 1102.
Thallium 1159.
Thé 1150.
Théâtres v. architecture 652.

Thorium 1160.
Tissage 1272.
Titane 1162.
Toitures v. architecture 7e 709.
Tôle 149.
Tonneaux 533.
Torpilles 1168.
Torpilleurs v. constructions navales 1027.
Touage et halage au moyen d'une chaîne submergée 1150.
Tourbe 1167.
Tournage 277.
Tourne-vis v. outils, non dénommés 1283.
Traîneaux etc. 1041.
Traitement chimique des métaux 865.
Tramways, v. chemins de fer 308.
Transformateurs et accessoire 1205.
Transmission et production de force 779.
Transmission électrique de force v. transmission de force 3 781.
Transport, chargement, déchargement et emmagasinage 1169.
Travaux de terrassement 496.

Travail au fuseau v. tressage, fabrication de passementeries et de dentelles 560.
Travail de la pierre 1136.
Travail mécanique des métaux non dénommés 866.
Tressage, fabrication de passementeries et de dentelles 560.
Tricotage v. bonneterie et tricotage 1289.
Tuiles 1305.
Tungstène et combinaisons 1291.
Tunnel 1182.
Turbines 1188.
Tuyaux et joints 998.

U.

Urane 1209.
Urée et dérivés 629.
Usines 503.
Usines électriques 426.
Ustensiles de bureau 1055.
Ustensiles de cave et articles pour le débit de boissons 1015.
Ustensiles de ménage 632.
Ustensiles scolaires 1056.

V.

Vaisseaux de guerre v. constructions navales 1025.
Vanadium 1210.
Vanille 1210.
Vapeurs brise glaces 290.
Vaseline 1210.
Ventilateurs 1210.
Ventilation 837.
Vernis et laques 554.
Verrerie 618.
Vin 1280.
Vinaigre 499.
Viscosimétrie 1217.
Vis et écrous 1053.
Voie permanente v. chemins de fer 308.
Voitures 1229.
Voitures automobiles 1072.
Voitures de chemins de fer 308.
Volants 1068.

Y.

Yachts v. constructions navales 6c 1028.

Z.

Zincage 1216.
Zinc et combinaisons 1308.
Zirconium 1311.

II.

REPERTORIUM.

SUBJECT MATTER INDEX.   RÉPERTOIRE ANALYTIQUE.

A.

Abfälle. Waste products. Déchets. Vgl. Abwässer, Desinfektion, Kanalisation, Müllabfuhr, sowie die einzelnen Industriezweige.

GOLDSCHMIDT, Verfahren zum Entzinnen von Weiß-blechabfällen mittels Chlor. *Erfind.* 33 S. 127/8.

Gewinnung von Zinn aus Weißblechabfällen. *Rig. Ind. Z.* 32 S. 42.

PUSCH, über altes Bleirohr. (Blei mit Zinn und Antimon; Verwendung.) *Uhlands T. R.* 1906, 1 S. 15.

SCHWIETZKE, Verblasen Zink, Blei, Zinn und Kupfer enthaltender Metallabfälle, sogenannter Metallgießerei-Rückstände. *Metallurgie* 3 S.695/7.

AUSTEN, Verwendung der Sägespäne. (Gewinnung der Destillationserzeugnisse; Verwendung zu Sprengstoffen, Farbstoffen, zur Reinigung von Fußböden, als Dekorationsmörtel, Wärmeschutz-mittel, zur Herstellung von Zucker, Alkohol, Korkersatz usw.) *Z. Drechsler* 29 S. 83.

RHENISH WOOD DISTILLATION CO, of Düssel-dorf, continuous carbonising of wood-waste. (Utilising wood-waste, such as sawdust, shavings, spent dye wood, etc., by a system of rapid car-bonisation with condensation of the volatile pro-ducts, the uncondensable gases being also uti-lised in supplying part of the heat required for the distillation.) (A) *Mech. World* 40 S. 221.

LÖB, Abfallfette. (Aus Lederabfällen, Wollabfällen, Wollfettpreßkuchen; Fett aus Abwässern.) *Chem. Z.* 30 S. 935/6.

CARSTAEDT, aus der Praxis der Baumwoll-Abfall-Spinnerei. (Putzwolle; lose Wolle zum Ver-spinnen; Schießbaumwolle; Fadenklauber; Oeff-ner; Mischwolf.) *Text. Z.* 1906 S. 654F.

REGENT, utilizing waste in textile mills. (For

shawls, aprons, cleaning cloths, tassels or hand-made rags.) *Text. Rec.* 31, 2 S. 134/5.

Waste in woolen mills. (Burr waste; card waste; hard waste; rags; flocks; sweepings.) *Text. Rec.* 32, 1 S. 90/3; *Text. Man.* 32 S. 389/90.

GEIGER, thermische Tierkadaver - Vernichtungs-anstalt der Stadt Augsburg. (Tierleichen werden sterilisiert und in Fett, Fleischmehl, Leim und Wasser zerlegt. System von HARTMANN, RUD. A. und PODEWILS; Betriebsversuch.)* *Z. Bayr. Rev.* 10 S. 94/6 F.

Anlage zur Vernichtung von Tierkadavern in Alten-essen. (KORIscher Verbrennungsofen.) *Techn. Gem. Bl.* 9 S. 12.

HEEPKE, das Dämpfen untauglichen Fleisches unter Hochdruck behufs Gewinnung nutzbarer Stoffe. (Destruktor GAUL & HOFFMANN.)* *Z. Heiz.* 10 S. 154/8.

Die Badische Verbandsabdeckerei in Ladenburg.* *Presse* 33 S. 734/5.

Fleischvernichtungs- und Verwertungsanstalt in der Gemarkung Rüdnitz, Kreis Oberbarnim. (Tötungs-anlage mit Kondensierung und Verbrennung der Abluft; Gasbeleuchtung; Spezialeisenbahnwagen.) *Techn. Gem. Bl.* 9 S. 276.

Abortanlagen. Jakes. Latrines. Vgl. Abwässer.

SANITAS-A.-G. in Hamburg, Pumpklosett „Iduna". (Für Segeljachten, Barkassen und Motorboote; das Auspumpen der Exkremente und die Zufuhr des Spülwassers erfolgt durch denselben Hand-griff.)* *Schiffbau* 7 S. 524.

GUTSCHKE, luftdicht abgeschlossener Fäkalienklär-behälter mit angeschlossenem Gas- und Wasser-ableitungsraum. *Z. Transp.* 23 S. 664.

Unterirdische Bedürfnisanstalt in Wien. (Klosett-räume und Pissoirstände unter dem Straßenniveau des „Grabens"; Decke aus Stampfbeton zwischen

Eisenträgern mit Luxfer - Prismen - Oberlichten; künstliche Lüftung durch Laternen mit Lockflammen.) *Wschr. Baud.* 12 S. 80/1.

Die Wiener Bedürfnisanstalten. * *Z. Heis.* 10 S. 207/12.

Les chalets de nécessité souterrains à Paris.* *Gén. civ.* 48 S. 245.

CASPERSOHN, Fäkalienbeseitigung durch Kübelabfuhr mit besonderer Berücksichtigung der Kübelreinigung. *Ges. Ing.* 29 S. 437/40.

THE BROWN HOISTING MACHINERY CO, sanitary closet shield. (Form of semi - cylindrical shells. They are hung from the top instead of from one side, and are arranged to rotate on rollers about their vertical cylindrical axes.)* *Iron A.* 78 S. 473; *Eng. News* 56 S. 255.

Joint amovible pour cuvette de water-closet. (Joint en caoutchouc serré contre la douille en porcelaine par une bride métallique et par deux demi-colliers en fer rond munis d'écrous.)* *Ann. d. Constr.* 52 Sp. 95/6.

Abwässer. Sewage. Eaux d'égouts. Vgl. Abortanlagen, Bakteriologie, Entwässerung, Kanalisation, Wasserreinigung.

1. Reinigung. Purification. Épuration.

a) Biologische. Biological. Biologique.

RAMSAY, Reinigung der Abwässer. (Tätigkeit der anaeroben und aeroben Bakterien; Gegenwart von Ammoniak verhindert eigentliche Stickstoffgärung, welche freien Stickstoff liefert.) (V) (A) *J. Gasbel.* 49 S. 539/40.

DAVIES, bacterial treatment of sewage. (V) (A) *Builder* 91 S. 49/50.

WATSON, treatment and disposal of sewage. (Oxidation and nitrification of septic tank liquor.) (V) (A) *Eng. News* 56 S. 452/3.

DIBDIN, recent improvements in the biological treatment of sewage. (V. m. B.) *Chemical Ind.* 25 S. 414/8.

PELLET, dosage des matières organiques dans les eaux résiduaires épurées par les lits bactériens. Erreur provenant de la méthode suivie pour le dosage des substances organiques conventionnelles par différence. *Bull. sucr.* 24 S. 755/7.

RELLA, das biologische Reinigungsverfahren. (V) *Ges. Ing.* 29 S. 10/1.

Recent advances in the treatment of sewage sludge. (Experiences at Birmingham, England, of WATSON; flow through a series of septic tanks at an average lineal velocity of about 1,2¹ per minute; experiences of PRATT at Mansfield, Ohio.) *Eng. Rec.* 54 S. 225/6.

Some septic tank phenomena. (Experiments at the Columbus sewage testing station. Formation of scum; amount of free ammonia; accumulation and liquefaction of the sludge.) *Eng. Rec.* 53 S. 469.

CALMETTE, BOULLANGER und ROLANTS, Reinigung der Abwässer von Städten und Fabrikbetrieben. (Vorgänge in der Faulgrube.) *Woch. Brauerei* 23 S. 8/10.

DUNBAR, moderne Abwasser-Reinigungsmethoden unter besonderer Berücksichtigung des biologischen Verfahrens. *Z. Oest. Ing. V.* 58 S. 633/42.

DIBDIN, sewage disposal, with special reference to improvements in primary contact-beds. (V. m. B.) (A) *Builder* 91 S. 15/6.

DIBDIN, form of primary contact bed. (Slate debris; supported on slate blocks.) *Eng. Rec.* 54 S. 151/2.

DIBDIN, Abwasserreinigung, insbesondere über primäre Kontaktbetten. (V) (A)* *Techn. Gem. Bl.* 9 S. 189/91.

MAXWELL, results of recent experience in the

bacterial treatment of sewage. *Eng. Rev.* 14 S. 92/100F.

KAJET, Hindernisse in der Entwickelung biologischer Abwasserreinigungsanlagen. *Techn. Gem. Bl.* 9 S. 277/82.

Design of works for the bacterial treatment of sewage. (V. m. B.) (A) *Builder* 91 S. 47/8.

Reinigung der Gerbereiabwässer nach dem biologischen Verfahren. *Gerber* 32 S. 199/200F.

LÜBBERT, biologische Abwasserreinigung. (Wirkungsweise der Oxydationskörper; Erwiderungen.)* *Ges. Ing.* 29 S. 553/61, 585/97.

WELDERT, ein neuer Oxydationskörper. (—, den das seitlich eintretende Abwasser langsam und stetig durchfließt.) *Techn. Gem. Bl.* 8 S. 351.

SCHWARZ, Desinfektion von Abwässern, unter Berücksichtigung der nachherigen biologischen Reinigung. (Biologische Reinigung mit Chlorkalk desinfizierter Abwässer; Sprinklerversuche.) *Ges. Ing.* 29 S. 773/85.

Die biologische Abwasserreinigung in Deutschland von IMHOFF. (Reinigung in aufgeschichtetem Material [biologischen Körpern], bestehend aus Schlacken, Koks, Kies, Steinschlag, Ziegelbrocken.) *D. Baus.* 40 S. 362/4; *Techn. Gem. Bl.* 9 S. 141/3; *Wschr. Band* 12 S. 437.

CHICK, process of nitrification with reference to the purification of sewage. *Proc. Roy. Soc. B.* 77 S. 241/66.

V. MONTIGNY, die Kanalisation der Stadt Aachen und die biologische Versuchskläranlage. *Ges. Ing.* 29 S. 283/4.

FRANCKE, A., biologische Abwasserreinigung in Luftkurorten und die Abwasserreinigungsanlage in Groß-Tabarz. (Faulkammer; Oxydationsverfahren; STODDARTs Wasserverteilungsverfahren; Beeinflussung durch Frost.) (V) *Techn. Gem. Bl.* 8 S. 358/60.

Le nouveau collecteur et la station d'épuration des eaux d'égouts de Hambourg.⊠ *Gén. civ.* 48 S. 341/3.

BATTIGE, biologische Fäkalienkläranlage im Büreaugebäude der Jubiläumsausstellung zu Nürnberg. *Techn. Gem. Bl.* 9 S. 53.

REICH-STERNBERG, Reinigungsanlage der Stadt Oppeln. (Vorkammer und Becken durch Schleusen getrennt; an jedem Becken Auslaufüberfallschleusen für gekläres Wasser und für noch schmutziges Wasser in verschiedener Höhe; für den Schlammabzug, auf der Sohle des Beckens aufstehend; Schleusen mit Aufwärtsbewegung.) * *Techn. Z.* 23 S. 406/8.

KINNICUTT, sewage disposal at Manchester and Birmingham. (Analyses showing effect.) (V)⊠ *J. Ass. Eng. Soc.* 36 S. 123/30.

Rapid process of bacterial sewage purification. (At Skegness, England.) *Eng. Rec.* 54 S. 193.

LOCKE, Worcester County truant school. (V)* *J. Ass. Eng. Soc.* 36 S. 146.

WESTON, operation of the small sewage filters at Lake Kushaqua, N. Y. (At the Stony Wold sanatorium for the care of women suffering from tuberculosis.) *J. Ass. Eng. Soc.* 36 S. 131/2.

Épuration biologique des eaux d'égouts. (Expériences de CALMETTE). *Ann. trav.* 63 S. 438/48; *Nat.* 34, 1 S. 390/5.

Épuration des eaux résiduaires à la sucrerie de Marquillies (Nord). (Lits bactériens; fermentation aérobie.) *Sucr. belge* 34 S. 325/30.

BERTARELLI, Abwasserreinigung nach BARDIGONI. (Im Hospital St. Germain bei Paris. Abteilung mit Kieselsteinen; Oxydationsbetten oder geneigte flache Kanäle mit Kalksteinen.) *Z. Dampfk.* 29 S. 212.

b) Chemische. Chemical. Chimique.

KERSHAW, use of electrolytic hypochlorite as a sewage sterilizing agent in the United Kingdom. (WATT's, HERMITE's, the VOGELSANG's, the ATKINS hypochlorite cell.) * *Electrochem. Ind.* 4 S. 133.'6.

VIAL, épuration des eaux d'égout à Ostende. (Lait de chaux.) ⊠ *Ann. trav.* 63 S. 1330/2.

Novel sewage treatment. (At Oberlin, O., by sulphate of iron and lime.) (N) *Eng. Rec.* 53 S. 104.

WOLFSHOLZ, Desinfizierung und Sterilisierung von Abwässern. (Vorrichtung zur Zuführung einer bemessenen, stets gleichbleibenden Menge eines Desinfektionsmittels.) *Zbl. Bauv.* 26 S. 139/40.

SHIELDS, septic tank and sand filters at Downer's Grove, Ill. (Controlling apparatus for automatic sewage bed dosing valves; filter beds.) (V) (A) * *Eng. News* 55 S. 162/3.

c) Mechanische. Mechanical. Mécanique.

ROTTMANN, die mechanische Klärung und Filterung in Wasserreinigern.* *Z. V. dt. Ing.* 50 S. 1947/51.

Kläranlage in Posen. (Rechenanlage und dahinter geschaltetes Becken, in welchem Luft in die Abwässer geblasen wird; Siebtrommelanlage; Beseitigung der Fettsubstanzen; Filterung des Chlorkalks; Eisenvitriol gegen die schädliche Wirkung des Chlorkalks.) *Techn. Gem. Bl.* 9 S. 200.

REICH, Abwässerreinigung- und Klärschlamm-Verwertungs-Anlage in Cassel. (Entfernung der oberen Schlammschicht durch eine Zentrifugalpumpe und des Rückstands durch einen Vakuumapparat.) * *Techn. Z.* 23 S. 252/3.

Abwässerreinigung und Rückstandverwertung mit der Separatorscheibe Patent RIENSCH in Zuckerfabrik Wolmirstedt.* *CBl. Zuckerind.* 1 5 S. 283.'4.

METZGER, Versuche zur Vorreinigung städtischer Abwässer in engmaschigen Sieben. (Siebanlage von 1¹/₂—2 mm Maschenweite. Die Rückstände sollen unzerdrückt selbsttätig in die Abfuhrwagen gefördert werden; Unterschied zwischen der Menge der Rückstände bei ruhendem und bei beweglichem Siebe.) * *Techn. Gem. Bl.* 9 S. 73/5.

d) Verschiedene Verfahren und Anlagen. Sundry processes and plants. Procédés divers et installations.

KRAUSE, Abwässerreinigung. *Braunk.* 4 S. 596/9.

RAMSAY, Reinigung der Abwässer. (V) (A) *Chem. Z.* 30 S. 431/2.

SCHREIB, Fortschritte in der Reinigung der Abwässer. *Chem. Z.* 30 S. 1111/4.

MISSNIA, Abwässerfrage. Klärbassins oder Filtermaschinen. (Wiederverwendung der Abwässer der Papiermaschine zum Füllen der Holländer und als Verdünnungswasser auf der Papiermaschine.) *W. Papierf.* 37, 2 S. 3722.

LEHMANN & CO., Abwasser - Kläreinrichtungen. (Mechanische Absetz-Verfahren mit biologischer Klärung.) * *Uhlands T. R.* 1906, , 2S. 87/8.

MICHEL et LA RIVIÈRE, épuration des eaux usées. (Mission d'école. Historique; assainissement des rivières; procédés d'épuration mécaniques, biologiques; ville non industrielle; matières minérales, organiques; quaternaires; ville industrielle; capacité d'oxydation; analyse bactériologique des eaux usées.) * *Ann. ponts et ch.* 1906, 1 S. 60/109F.

WHIPPLE, KUICHLING, RAFTER, JOHNSON, MAIGNEN POTTS and PRATT, sewage disposal. (Discussion. Preparatory processes, screening; roughing filters; detritus tanks; chemical precipitation; purification processes; contact beds; sprinkling filters; finishing processes; clarification; bacterial

improvement; sludge disposal; disposal of the purified effluent; disposal of storm water.) *Proc. Am. Civ. Eng.* 32 S. 540/74.

ALVORD, GREGORY, CLARK and WINSLOW, advance in sewage disposal. (Discussion. Sprinkling nozzle used at sewage testing station, Columbus, Ohio; sprinkling nozzle adopted for sewage purification works, Columbus; sprinkling nozzle used at Salford, England.)* *Trans. Am. Eng.* 57 S. 91/140; *Proc. Am. Civ. Eng.* 32 S. 695/708.

FULLER, present practice in sewage disposal. (Reduction of sewage by sedimentation, septic treatment and precipitation; trials at Columbus.) (V) (A) *Eng. Rec.* 53 S. 97/8.

JOHNSON, report on sewage purification experiments at Columbus, O. (Screens; tanks for preliminary treatment; gut chamber; sedimentation tanks; septic tanks; chemical praecipitation; various filters.) (A) *Eng. News* 55 S. 367/9, 388/9, 393/4; *Techn. Gem. Bl.* 9 S. 156/9; *Z. Transp.* 23 S. 310/2.

KNIPPING, Beitrag zur Frage der Klärung städtischer Abwässer. (Mechanische und biologische Vorklärung, Rieseln; Klärbecken-Anlage, bestehend aus einer zweiteiligen Zulaufgalerie, von welcher aus das Abwasser in die beiderseits der Zulaufgalerie angeordneten Becken, 5—6 m breite, 8—10 m lange, 1,5—2 m tiefe Absatzbecken fließt; pyramidenartig zugespitztes Absatzbecken für den Schlamm.) *D. Baus.* 40 S. 379/80F.

PETERS, Kosten der Abwässerbeseitigung durch das Rieselfeldverfahren. (Magdeburg.) *D. Baus.* 40 S. 165/8; *Techn. Gem. Bl.* 9 S. 8/9.

BREDTSCHNEIDER, städtisches Abwasser und seine Reinigung. (Sandfang, Klär-Räume, Behandlung mit Chemikalien, Rieselfeld, Brockenkörperanlage, Füll- und Tropfverfahren; DUNBARs Theorie betr. die Wirkung der Brockenkörper; Einwirkung von Wasserstoffgas auf Kleinlebewesen; Klebrigkeit oder Absorptionsfähigkeit der Verunreinigungsstoffe, Lebenstätigkeit der Bakterien.) *D. Baus.* 40 S. 48/53 F.; *Ges. Ing.* 29 S. 212/7F.

BECKURTS and BLASIUS, Betrieb der Braunschweiger Rieselfelder in den Jahren 1895 bis 1900. *Z. Hyg.* 55 S. 232/94.

FULLER and READE, recent views of the sewage disposal problem. (Water purification and sewage treatment as the two forms of the purification of contaminated water.) (V) (A) *Eng. Rec.* 53 S. 87/8.

Sprinkling filters for sewage treatment. (American and foreign experience.) (A) *Eng. Rec.* 53 S. 756/8.

Experience with fine-grain percolating filters for sewage. (Filter of broken saggers fireclay, pots used in burning fine stoneware graded to different sizes; sewage distributed by sprinkling apparatus; purification attained at different depths of filter.)* *Eng. Rec.* 54 S. 444/5.

EDDY and FALES, relation of the suspended matter in sewage to the problem of sewage disposal. (Purification works, Worcester, Mass.) (V. m. B.) ⊠ *J. Ass. Eng. Soc.* 37 S. 67/114.

WATSON, sludge treatment in relation to sewage disposal. (Experiments. Arresting of solids, like road grit, coal, slag etc.; converting organic sludge into an inodorous substance. Aëration and nitrification of liquid sewage.) (V) *Eng. Rec.* 54 S. 246/9; *Builder* 91 S. 14/5.

BEZAULT, épuration des eaux d'égout et des eaux industrielles. (Procédé de l'épandage; précipitation chimique; épuration biologique par fosses septiques et lits bactériens, épuration bactérienne fosse septique et lits filtrants de Ier contact; travail des filtres bactériens; nitrification; nature

des matières filtrantes; filtration continue; installations de Derby; sprinkler rotatif ADAM; fosse septique automatique.) *Bull. d'enc.* 108 S. 506/29.

JONES and TRAVIS, elimination of suspended solids and colloidal matters from sewage. (Experiments at Hampton-on-Thames; accumulation of sludge in bacteria-beds; design of sewage-disposal works; work done by the hydrolytic tank and the hydrolysing-chambers; main drainage of Glasgow.) (V. m. B.) (a.) ⊞ *Min. Proc. Civ. Eng.* 164 S. 68/195.

O'STAUGHNESSY & KINNERSLEY, behaviour of colloids in sewage. *Chemical Ind.* 25 S. 719/26.

Abwässer aus Ammoniakfabriken. (Rhodanverminderung durch intensive Ammoniakwaschung.) *J. Gasbel.* 49 S. 119.

RADCLIFFE, difficulties of disposing of ammonia-spent liquor, and certain results of its purification. *J. Gas L.* 96 S. 22/3.

PELLET, épuration des eaux résiduaires. (— des processes à cossettes et des petites eaux de la diffusion en ajoutant de la chaux et en faisant réagir l'acide carbonique des cheminées ou des chaudières.) *Sucr.* 68 S. 169/73.

EMMERICH, Verwendung und Reinigung der Abwässer spez. Diffusions-Preßwässer. (Der Zuckerindustrie.) (V) *CBl. Zuckerind.* 14 S. 107/0/2.

BATTIGE, Beitrag zur Frage der Desinfektionseinrichtungen bei Abwasserreinigungsanlagen. *Ges. Ing.* 29 S. 154/6.

PHELPS and CARPENTER, sterilization of sewage-filter effluents. *Technol. Quart.* 19 S. 382/403.

DONATH, Reinigung der Abwässer der Mineralöl-Raffinerien. *Oest. Chem. Z.* 9 S. 5/8; *Chem. Rev.* 13 S. 82/4.

GEISZLER, Kläranlagen. (Biologische; Kohlenbrei-Kläranlagen; Desinfektion.) *Techn. Gem. Bl.* 9 S. 166/9.

WESTON, mechanical filter plant of reinforced concrete construction at Gera, Germany. (Dyeing and bleaching works of HIRSCH.) * *Eng. News* 56 S. 244; *Eng. Rec.* 54 S. 260/1.

Kläranlage der Stadt Guben. (Abflüsse von Tuch- und Hutfabriken; Koksfilter zur Unschädlichmachung des Chlorkalks; feinere Entschlammungsanlage mit 84 MAIRICHschen Brunnen und Verteilungsrinnen.)* *Techn. Gem. Bl.* 9 S. 185/6.

Kläranlage für die Schleusenwässer der Stadt Leipzig. (Nachteile des mechanisch-chemischen Klärverfahrens; Versuche mit dem biologischen Klärverfahren, mit natürlicher unterbrochener Bodenfiltration mit Tropfkörpern; Vorreinigungsbecken.) *Techn. Gem. Bl.* 9 S. 154/5.

Die Abwässerreinigungsanlage der Stadt Mühlheim a. Ruhr. (Schwemmsystem; die Kanalwässer werden bis zu fünffacher Verdünnung über die aus Sandfang, Vorklärer und Filter bestehende Reinigungsanlage geschickt; bei größerer Verdünnung fließen sie unmittelbar in den Vorfluter.) *Techn. Z.* 23 S. 493.

GÜNTHER und REICHLE, Abwässerbeseitigung von Neustrelitz. (Brauch- und Regenwasser; Einleitung der Fäkalien in die Kanäle, zweiteilige Klärgrube, Mischsystem; mechanische Reinigug der Abwässer durch Absiebung und Klärung in Klärbecken.) *Techn. Gem. Bl.* 8 S. 380; *Z. Arch.* 52 S. 463.

WULSCH, landwirtschaftliche Verwertug der städtischen Kanalwässer von Osterode (Ostpreußen) auf dem Gute Waldau. (Die Kanalwässer werden nach NOEBELs Verfahren in einem Brunnen gesammelt, nach Ländereien gedrückt und hier mittels regenartiger Besprengung auf Aeckern

und Wiesen verteilt; besondere Regenwasserableitung.)* *ZBl. Bauv.* 26 S. 114/5.

SCHREIBER und IMHOFF, Abwässerbeseitigung von Rastenburg i. Ostpr. (Spülklosetts; Reinigug durch Tauchbrett und Rechen; Klärbecken; Belüftung; KREMERsches Klärverfahren; Desinfektion.) *Techn. Gem. Bl.* 8 S. 380/1; *Z. Arch.* 52 S. 464.

REICH-STERNBERG, Abwässerreinigungsanlage der Stadt Remscheid. (Trennsystem; Vorrichtungen zum Spülen der Schmutzwasserkanäle; Abscheidung der Schmutzstoffe auf mechanischem Wege; Desinfektion der Abwässer; Ausscheidung der Desinfektionsmittel; Entziehung der gelösten organischen Substanzen.)* *Techn. Z.* 23 S. 323/4.

TJADEN und GRAEPEL, Anlagen zur Reinigung von Abwässern in England. (Bericht.)* *Viertelj. Schr. Ges.* 38 S. 694/733.

FORBÁT, Abwässerreinigung und Kehrichtbeseitigung der Stadt Bradford in England. *Ges. Ing.* 29 S. 121/7.

LOCKE, Deerfoot Farm beds. (30 employees during pig killing time; 10 gravel beds on swampy ground.) (V)* *J. Ass. Eng. Soc.* 36 S. 142/3.

WETHERBEE, sewerage system of the Hyannis State normal school. (V)* *J. Ass. Eng. Soc.* 36 S. 136/8.

LOCKE, Pleasant House, Jefferson. (Family hotel for 150 guests in summer and 20 in winter; cesspool to receive the winter's flow.) (V)* *J. Ass. Eng. Soc.* 36 S. 145.

ARCHIBALD, life-history for eight years of the experimental coke clinker filter-beds at Kingston on Thames. (Filtration of a high-class chemical effluent; clinker filter; water capacity of experimental beds.) (V. m. B.) *Eng. Rec.* 54 S. 323/5; *Builder* 91 S. 50.

WELDERT, Abwässerreinigung der Stadt Leeds. (Versuche mit Füllkörpern und oberflächlich vorbehandeltem Abwasser; Versuche mit Faulräumen; Versuche, verfaultes Abwasser in Füllkörpern zu reinigen; Versuche mit Tropfkörpern.) *Techn. Gem. Bl.* 8 S. 340/3.

Sewage treatment at Manchester, England, during the year 1905—6. (Report of the Rivers Department of the City of Manchester.) *Eng. News* 56 S. 455/6.

LOCKE, disposal of sewage upon the watersheds of the Sudbury River, Metropolitan water supply. (Total population 42 411. Intermittent sand filtration beds.) (V)* *J. Ass. Eng. Soc.* 36 S. 139/41.

LOCKE, Eugene Buck's Princeton. (Farm house containing 6 people; depth of sand close to the house is 3' and at the lower edge of the second bed about 5.5'; a trough conveys the sewage to the further of the two beds; changing the flow once a week in warm weather.) (V)* *J. Ass. Eng. Soc.* 36 S. 147/8.

LOCKE, St. Mark's school, Southborough. (Filtering material of fine and coarse sand and large stones.) (V.)* *J. Ass. Eng. Soc.* 36 S. 141/2.

Septic tanks and sprinkling filters at Stratford-on-Avon. (Liquifying tanks; bacteria beds operated on the continuous flow system; treatment of filtered effluent on specially prepared land filters.) *Eng. Rec.* 54 S. 690; *Eng. News* 56 S. 658.

STANLEY, GÜNTHER, Abwässerreinigungsanlage in Trowbridge (England). (Bakteriologische Kläranlage; städtischer Distrikt mit Wollindustrie, Brauereien und Speckeinpökelungsanlagen; Rechenkammer, Schlammschächte aus Beton; primäre und sekundäre Betten; auf dem Boden der sekundären Betten liegt ein Drainagesystem; Klinker als Füllmaterial für Einstaukörper.) (V.

m. B.) (A) *Techn. Gem. Bl.* 9 S. 254/5; *Builder* 91 S. 128/9.

LOCKE, Leroy Coolidge's sewage plant, Woodville. (Designed by METCALF; average quantity of sewage from the hotel is 700 gal. per day; 6" pipe line, dosing tank and two artificial sand filter-beds.) (V) *J. Ass. Eng. Soc.* 36 S. 143/5.

KILLON & CO., some British sewage disposal apparatus. (At Hollymoor. The distributor consists of an elongated water wheel which not only revolves on its horizontal axis but also carries itself over the surface of the filter on a roller track; septic tank; ENFIELD clinker filter; with intermittent rotation arms fitted with balancing devices, which are intended to utilize the force of any wind; automatic gear, controlling the operation of contact beds at Burford in Oxfordshire.) * *Eng. Rec.* 53 S. 155.

WESTON, water purification plant at Paris, Ky. (Coagulating basin; aerating pans; strainer and collector system.) * *Eng. News* 55 S. 494/5; *Ann. ponts et ch.* 1906, 3 S. 255/6.

Le acque cloacali di Napoli e la loro utilizzazione. *Giorn. Gen. civ.* 43 S. 601/19.

Die Beseitigung und Reinigung städtischer Abwässer in den Vereinigten Staaten. *Z. Transp.* 23 S. 121/3.

Report of the Board of Advisory Engineers of the Sewerage Commission of Baltimore on a comprehensive sewage purification plant for Baltimore, Md. (Chemical precipitation; intermittent filtration; filtration of the effluent through socalled mechanical filters, after the application of a coagulant; separate system of sewers; quantity and quality of sewage; intercepting and outfall sewers; septic tanks; sludge disposal; sprinkling filters.) *Eng. Rec.* 54 S. 101/5 F.; *Eng. News* 56 S. 177/8.

FRENCH, sewage filtration plant at the contagious hospital, Brookline, Mass. (Sewage filtered through underdrained beds of coke breeze; population of 70; 7000 gal. daily amount of sewage; MILLER siphons.) (V)* *J. Ass. Eng. Soc.* 36 S. 132/4.

SHIELDS, sewage disposal plant at Downers Grove, Ill. (Sand filtration following a septic treatment; controlling apparatus for automatic sewage bed dosing valves.) (V)* *Eng. Rec.* 53 S. 127/8.

VALKENBURGH, sewage disposal plant at the State Colony for the insane, Gardner, Mass. (Filter beds of sand; settling tank; underdrains.) (V)[hl] *J. Ass. Eng. Soc.* 36 S. 134/6.

PIERSON, sewage purification and refuse incineration plant Marion, Ohio. (Receiving the effluent into a grit chamber from whence it is successively directed into septic tanks, an aerating chamber, gate chambers, contact beds, sand beds and outfall sewer; sludge incinerator.) * *Eng. Rec.* 53 S. 358/62; *Z. Transp.* 23 S. 243/6.

SOPER, sewage disposal problem of Metropolitan New York and New Jersey. *Eng. News* 56 S. 660/1.

Report of a London engineer (STRACHAN) on sewage disposal at Toronto, Ont. (Discharge of conde sewage in to the lake; processes of septicising; contact and sprinkling beds; relative cost of the three schemes.) *Eng.· News* 56 S. 262/4.

KAMMANN und CARNWATH, intermittierende Bodenfiltration. *Ges. Ing.* 29 S. 665/74.

DUNBAR, Untersuchungen über die Abwasserreinigung mittels intermittierender Filtration in der Versuchsstation zu Lawrence. *Ges. Ing.* 29 S. 145/9 F.

PRATT, combined septic tanks, contact beds,

intermittent filters and garbage crematory Marion, O. * *Eng. News* 55 S. 197/201.

Abwasserbeseitigung im Staate Massachusetts. (Jahresbericht des Gesundheitsamts von Mass. Aufspeicherung von Stickstoff in den Filterkörpern; Reinigungswirkung sämtlicher Sandfilter; Erfahrungen über die Beseitigung der in den Filtern angesammelten organischen Stoffe; Versuche über die Höhe des Stickstoffverlusts während des Betriebes von Füll-, Tropf- und Sandkörpern.) *Techn. Gem. Bl.* 9 S. 188/9.

Experience with intermittent filtration of sewage at Worcester, Mass. *Eng. Rec.* 54 S. 415/8.

HAZEN, disposal of the sewage of Paterson N. J. (Containing large amounts of mill matter.)* *Eng. Rec.* 54 S. 144/6 F.

RETTGER, fungus growth on experimental percolating sewage filters at Waterbury, Conn. (Experimental sewage filtration plant consisting of settling tank, septic tank, contact bed, slow sand and rapid stone filters.) * *Eng. News* 56 S. 459/60.

BOLLING, the maintenance of intermittent sewage filters in winter. *Eng. News* 56 S. 628/9.

2. Verschiedenes; Sundries; Matières diverses.

WAGMANN, der gegenwärtige Stand der Abwässerfrage und ihre Bedeutung für die Textilveredelungsindustrie. *Lehnes Z.* 17 S. 222/6 F.

GAWALOWSKI, Verwendung von Spülwässern zum Speisen von STEINMÜLLERkesseln. (Klärversuche mit Kalk, Soda und Kalk, Bariumsuperoxyd mit oder ohne Schwefelsäurezusatz, Salmiak und Kalk, Superphosphat, Tafelalaun und Kalk, Permanganat und Schwefelsäure, Eisenchlorid und Kalk, Kalialaun und Kalk, Alaunlösung, Chlorkalk und Kalk.) *Mon. Text. Ind.* 21 S. 232.

BERTHOLD, Verwertung der Abfallwässer aus den Wäschereien. * *Text. u. Färb. Z.* 4 S. 101/2 F.

THUMM, die Abwasserreinigung mit Rücksicht auf die Reinhaltung der Wasserläufe vom hygienisch-technischen Standpunkt. *Ges. Ing.* 29 S. 325/6.

TÜRK, Zellulosefabrik und Abwässerfrage. (Schädigungen der dem Burzenflusse anliegenden Gemeinden durch die Abwässer der Zernester [Siebenbürgen] Zellulosefabrik.) *W. Papierf.* 37, 1 S. 884/7.

VOGEL, J. H., Abwässer der Zellstoffabriken. (Mitteilungen des Vereins der Zellstoff- und Papier-Chemiker; Analysen von Abwasserproben aus Papierfabriken; Ablaugen und Abwasser der Sulfit-Holzzellstoff-Fabriken; biologische Reinigung der Sulfitablaugen in Faulräumen; Leitung auf Oxydationskörper; Tropfkörper-Verfahren, bei welchem das ausgefaulte Abwasser regenförmig auf die Oxydationskörper fällt und diese nur durchsickert; HOFERs Versuche mit der stoßweisen Einleitung der Abwässer in die Versuchsrinnen; Ablaugen der Natronzellstofffabrikation.) *W. Papierf.* 37, 1 S. 1610/3 F., 1766/9; *Z. ang. Chem.* 19 S. 748/53.

KNÖSEL, Abwässer der Zellstoffabriken. (Zu VOGELs Aufsatz S. 1766/9. Auflösung der wiedergewonnenen Soda; mechanische Verluste an Soda und Laugen; Verluste an Natron in den Sodaöfen; empfehlenswertes Auslaugen des Stoffes nach dem sogen. SHANKSschen Verfahren.) *W. Papierf.* 37, 2 S. 2869/71.

SCHREIB, Zur Frage der Flußwasserverunreinigung. (Zu VOGELs Abhandlung über Abwässer S. 1768 bezgl. der HOFERschen Versuche.) *W. Papierf.* 37, 2 S. 2479/80.

BREZINA, die Donau vom Leopoldsberge bis Preßburg, die Abwässer der Stadt Wien und deren

Schicksal nach ihrer Einmündung in den Strom. ⊠ *Z. Hyg.* 53 S. 369/502.

.KISSKALT, die Verunreinigung der Lahn und der Wieseck durch die Abwässer der Stadt Gießen, mit besonderer Berücksichtigung der Brauchbarkeit der üblichen Methoden zur Untersuchung von Flußverunreinigungen. ⊠ *Z. Hyg.* 53 S. 305/68.

WEIGELT, Industrie- sowie Hausabwässer und der Rhein. (Schädigende Beeinflussung; die „Opferstrecke".) *Chem. Ind.* 29 S. 614/9.

TATTON, rivers pollution prevention and sewage treatment in the Mersey and Irwell drainage areas, England. (Report covering the years 1905—1906; 419 manufacturing plants; septic tanks, sedimentation tanks, with and without a praecipitant.) *Eng. News* 56 S. 237.

LEWIS, relation of sedimentation and acid mine wastes to the potability of the lower Monongahela River. (Germicidal effect of acid mines wastes on pathogenic germs in the Monongahela River water; the mineral acid has not enough iron for coagulation and not enough acid as germicide.) *Eng. News* 55 S. 293/4.

STABLER, stream pollution by acid-iron wastes; and the sewage works at Shelby, Ohio. (Effect of the acid-iron sewage upon the sewage purification plant with sludge basin shallow sedimentation reservoirs and shallow cinder and gravel filter. Bacterial action was seriously interfered with; copperas-recovery process for treatment of sulphuric-acid pickling liquors.) (V) *Eng. News* 56 S. 543/4.

O'SHAUGHNESSY, checking the efficiency of a sewage purification works. (Determining the tendency of the river water to putrefy above and below the given sewage works.) (V. m. B.) *Chemical Ind.* 25 S. 348/50.

FULLER, what methods are most suitable for disposal of sewage on the Atlantic coast. (Extending the sewers out to or beyond the pier lines and discharging the sewage beneath the surface of the water, after screening from it all coarse, solid particles; preparatory methods: sedimentation, septic treatment, chemical precipitation; intermittent filtration through sand; coarse grain or rapid filters; the Columbus, O. experiments.) (V) *Eng. News* 55 S. 94/5.

PURVIS and COLEMAN, influence of the saline constituents of sea water on the decomposition of sewage. (Experiments.) *Eng. News* 56 S. 367/9.

SOPER, pollution of the tidal waters of New York City and vicinity. (Bacterial- and chemical condition of water; phenomenon of the underrun; capacity of the water of the harbor to digest sewage.) (V. m. B.) *J. Ass. Eng. Soc.* 36 S. 272/303.

SCHREIB, Flußwasserreinigung. (Stoßweise Ableitung der Abwässer.) *Z. ang. Chem.* 19 S. 1302/3.

GROSZMANN and GREVILLE noxious effluents from sulphate works. (V) *J. Gas L.* 94 S. 514/6; 95 S. 29.

WEHNER, die Sauerkeit der Gebrauchswässer als Ursache der Rostluft und Mörtelzerstörung und die Mittel zu ihrer Beseitigung. (V) *Färber-Z.* 42 S. 321 F.

LEFFLER, Klärapparat für Abwässer. (Patent HEYER, D.R.P. 165406; Stoffkläre ohne Strom und mit Strom, Stoffilter.)* *W. Papierf.* 37, 2 S. 2096/8; *Z. Brauw.* 29 S. 185/7.

Automatic sewage controlling valve.* *Eng.* 101 S. 481.

Baltimore sewage testing station.* *Eng. Rec.* 54 S. 550/2.

Sewage experiment station at Waterbury Conn.

(Contains 3 sedimentation tanks and six filters.) *Eng. Rec.* 53 S. 297.

WINSLOW, trickling filter at the sewage experiment station of the Massachusetts Institute of Technology. (Septic tanks and trickling filters; brick underdrains in trickling filter.)* *Eng. News* 56 S. 168/9.

PHELPS, method for testing and comparing sewage sprinklers. (A) *Eng. News* 56 S. 410/11.

KORN, Bestimmung von Phenol und Rhodanwasserstoffsäure in Abwässern. *Z. anal. Chem.* 45 S. 552/8.

SEGIN, Bestimmung der Oxydierbarkeit, der auspendierten Stoffe und des Chlorgehaltes in Abwässern. *Pharm. Centralh.* 47 S. 291/8.

Aceton. Siehe Ketone.

Acetylen. Acetylene. Acétylène. Vgl. Beleuchtung, Calciumcarbid, Leuchtgas.

1. Eigenschaften und Untersuchung.
2. Darstellung.
3. Reinigung.
4. Verwendung.
5. Explosionen und Verschiedenes.

1. Eigenschaften und Untersuchung. Qualities and examination. Qualités, essais.

MIXTER, the thermal constants of acetylene. *Am. Journ.* 22 S. 13/8.

NIEUWLAND and MAGUIRE, reactions of acetylene with acidified solutions of mercury and silver salts. *J. Am. Chem. Soc.* 28 S. 1025/31.

LEEDS, acetylene. (Compression of a mixture of acetylene and oil gas; advisability of allowing alloyed copper to come into contact with acetylene.) *J. Gas L.* 93 S. 791/2.

MAURICHEAU-BEAUPRÉ, combustion de l'acétylène par l'oxygène. *Compt. r.* 142 S. 165/6.

JAUBERT, action de l'acétylène sur l'acide iodique anhydre. *Rev. chim.* 9 S. 41/2.

ANGELUCCI, sintesi del carbonato ammonico dall' acetilene e ossido di azoto ad elevata temperatura. *Gaz. chim. it.* 36, 2 S. 517/22.

BERDENICH, Selbstentzündungen des Acetylens. (V) *Acetylen* 9 S. 16/8 F.

HOFFMEISTER, Vorkommen eines gasförmigen Calciumwasserstoffes im technischen Acetylen. *Z. anorgan. Chem.* 48 S. 137/9.

2. Darstellung. Production.

FORBES, generation and use of acetylene (V) *J. Gas L.* 94 S. 177/8.

HOLPERT, Acetylenentwickler mit veränderlichem Flüssigkeitsstande. (Die verhältnismäßig kleinen Flüssigkeitsöffnungen der nebeneinander liegenden Kammern sind mit so geringem gegenseitigen Höhenabstand angeordnet, daß schon bei mäßigen Niveauänderungen zwei oder mehr Kammern gleichzeitig und jede Kammer sich in geringerem Maße zur Gasabgabe veranlaßt oder von der Gasabgabe ausgeschaltet wird.) *Z. Beleucht.* 12 S. 340.

BRIQUET & DE RAET, Neuerungen an transportablen Acetylenerzeugern.* *Z. Beleucht.* 12 S. 339/40.

Dry process of generating acetylene.* *Engng.* 81 S. 261/2.

A dry acetylene gas generator.* *Autocar* 16 S. 486.

SUN GAS CO., Apparat zur Acetylenerzeugung auf trockenem Wege. (Mischung von Carbid mit einem trockenen Stoff, an den Wasser chemisch gebunden ist.)* *Uhlands T. R.* 1906, 3 S. 28/9.

MÜLLER & RICHTER, Acetylenerzeuger. (Für Fahrzeuglaternen.)* *Z. Beleucht.* 12 S. 351.

Acetylenentwickler der ACETYLENE LAMP CO.* *Z. Beleucht.* 12 S. 350/1.

Générateur d'acétylène ATKINS.* *Bull. d'enc.* 108 S. 397; *Sc. Am. Suppl.* 62 S. 25751/2.

Grubensystem für Acetylen-Anlagen. (Der nach dem Carbid - Einwurfsystem konstruierte Entwickler wird in eine Kalkgrube eingebaut, welche zur Aufnahme des während einer längeren Betriebsperiode sich ergebenden Kalkschlammes hinreicht.)* *Acetylen* 9 S. 255/9.

Schaumbildung in Acetylengas-Apparaten. *Acetylen* 9 S. 92/6.

Acetylene generating plant for the Lackawanna. (Two 200 lb. acetylene generators, four driers, one scrubber, one three-stage compressor, one gas holder and five storage tanks.)* *Railr. G.* 1906, 2 S. 145/6.

Das Acetylengaswerk der Gemeinde Herrnskretschen a. d. Elbe.* *Acetylen* 9 S. 4/7.

KELLER & KNAPPICH, Acetylenzentrale Leutershausen. (Aus galvanisierten Eisenrohren bis zu 2" Weite bestehendes Rohrnetz; BORCHARDT-Zündung; Glühlichtbrenner, System Carburylen.) *Z. Bayr. Rev.* 10 S. 49.

3. Reinigung. Purification. Épuration. Fehlt.

4. Verwendung. Application. Vgl. Beleuchtung 4

VOGEL, Carbid und Acetylen in der Technik und im Laboratorium. (V) *Z. ang. Chem.* 19 S. 49/57.

WOLFF und LEVY, eine neue Anwendungsmöglichkeit für Acetylen. (Lösen des Acetylens in Aceton für Eisenbahnzwecke; Innenbeleuchtung; Automobilbeleuchtung und sonstige technische Zwecke.) *Mot. Wag.* 9 S. 224/5 F.

Schweißverfahren mittels der Sauerstoff-Acetylenflamme.* *Gieß.-Z.* 3 S. 109/16.

KUCHEL, autogene Schweißung mittels Acetylens und Sauerstoffs. (V) *Acetylen* 9 S. 207/12.

CATANI, acetylenothermische Schweißung des Rahmengestells von Lokomotiven.* *Acetylen* 9 S. 118/20.

Acetylenothermie. (Verwendung der Verbrennungswärme des Acetylens in der Industrie.) *Acetylen* 9 S. 49/61.

Acetylene of high-temperature work in the laboratory and workshop.* *Electrochem. Ind.* 4 S. 75/6.

RUSH, acetylene for the laboratory.* *Electrochem. Ind.* 4 S. 197/8.

5. Explosionen und Verschiedenes. Explosions and sundries. Explosions, matières diverses. Vgl. Explosionen.

CARO, Explosionsursachen von Acetylen. (Einfluß des Carbidzersetzungsprocesses, — von Wärme und Wasserdampf, — von Verunreinigungen durch Schwefel-, Phosphor-, Calcium- und stickstoffhaltige Verbindungen. Zündtemperaturen.) *Verh. V. Gew. Abh.* 1906 S. 205/36 F.

Acetylenexplosion in Waldkirchen. (Acetylenanlage aus zwei nach dem Verdrängungssystem selbsttätig arbeitenden Entwicklern und einem gemeinsamen Gasbehälter; Herstellung eines explosiblen Gasluftgemisches durch Ansaugen von Luft beim Hochheben der Behälterglocke.)* *Z. Bayr. Rev.* 10 S. 80/1.

Eine Acetylenexplosion. (— in einer Brauerei. Störungen durch Anstreten von Gas; mangelhafte Regelung der Wasserzufuhr zum Entwickler.) *Z. Bayr. Rev.* 10 S. 65/7.

Acetylen-Explosion in Neumarkt a. R. (Ursachen: zu kleiner Entwickler und Behälter, zu enges Abzugerohr, zu geringer Querschnitt des Entlüftungsrohres.) Berichtigung auf S. 19.* *Z. Bayr. Rev.* 10 S. 3/5; *Acetylen* 9 S. 41/6.

Acetylenexplosion in Neumarkt a. R. (Nach LECHNER infolge zu großer Gasentwicklung; Fahrlässigkeit.) *Z. Bayr. Rev.* 10 S. 37/8.

Acetylen-Explosion in Vilshofen. (Einwurf-Automat. Carbid von 5—10 mm Korngröße fällt in den Wasserraum des Entwicklers; nicht rechtzeitige Unterbrechung der Carbidzufuhr.)* *Z. Bayr. Rev.* 10 S. 88/9; *Acetylen* 9 S. 161/4.

Unfälle in Acetylen-Anlagen. (MESSER & CIE.s Acetylenapparat; RÖSLEs Entwickler; Betreten des Apparatenraumes mit Licht; Carbid mit selbstentzündlichen Verunreinigungen.)* *Z. Bayr. Rev.* 10 S. 209/11.

Die Acetylen-Industrie auf der bayerischen Jubiläums-Landes-Ausstellung zu Nürnberg 1906.* *Acetylen* 9 S. 132/7.

GRAF, Acetylen und Calcium-Carbid auf der Nürnberger Landesausstellung. (Acetylengasanlage von KELLER & KNAPPICH; KELLER & KNAPPICHs Acetylenapparat „Baldur" mit autogener Schweißung mittels Acetylens und Sauerstoffs; Gasentwicklung durch Einfallen von Carbidkörnern in Wasser; KEHRs Entwickler mit Regelung der Acetylenerzeugung durch Schwimmerplatte nebst Schwimmer und Achse.)* *Z. Bayr. Rev.* 10 S. 187/9 F.

ARNOLD, der KEHRsche Acetylenapparat. (Vgl. Ausstellungsberichte von GRAF S. 187/9 F.; Erwiderung von GRAF.) *Z. Bayr. Rev.* 10 S. 219/20.

Herstellung, Aufbewahrung und Verwendung von Acetylen und Lagerung von Carbid. (Ministerial-Erlaß.) *Z. Dampfk.* 29 S. 175/6 F.

Ausführungsvorschriften zur neuen Acetylenverordnung und Gebührenordnung für die Abnahmeprüfung von Acetylen-Anlagen im Königreich Preußen.* *Acetylen* 9 S. 101/9 F.; *Z. Bayr. Rev.* 10 S. 99/100.

Achsen, Wellen und Kurbeln. Axles, shafts and cranks. Essieux, arbres et manivelles. Vgl. Getriebe, Krafterzeugung u. -Uebertragung 5 u. 6, Maschinenelemente, anderweitig nicht genannte, Riem- und Seilscheiben, Zahnräder.

DANZ, Theorie der mehrfach gekröpften und zwei- und mehrfach gelagerten Kurbelwellen.* *Techn.* Z. 23 S. 185/6.

FÖPPL, die Beanspruchung auf Verdrehen an einer Uebergangsstelle mit scharfer Abrundung. (Gekröpfte Kurbelwellen mit Schwungrädern an beiden Enden.)* *Z. V. dt. Ing.* 50 S. 1032/3.

SCHRAML, die Herstellung gekröpfter Wellen.* *Z. V. dt. Ing.* 50 S. 1071/5.

Akkumulatoren, elektrische. Accumulators, electric. Accumulateurs électriques. Siehe Elemente zur Erzeugung der Elektrizität.

Akkumulatoren, nicht elektrische. Accumulators, not electric. Accumulateurs, non électriques.

GOLWIG, Neuerungen an hydraulischen Akkumulieranlagen.* *Ell. u. Maschb.* 24 S. 967/73.

MENEGUS, making an accumulator piston.* *Am. Mach.* 29, 1 S. 296/7.

Akustik. Acoustics. Acoustique. Vgl. Hochbau 5 f, Musikinstrumente, Phonographen, Physik.

BRILLOUIN, propagation du son dans les gros tuyaux cylindriques à propos des expériences de VIOLLE et VAUTHIER. *Ann. d. Chim.* 8, 8 S. 443/66.

COOK, the velocity of sound in gases at low temperatures and the ratio of the specific heats. *Phys. Rev.* 22 S. 115/6.

COOK, the velocity of sound in gases, and the ratio of the specific heats, at the temperature of liquid air. (Apparatus for determining the velocity of sound; measurement of the velocity of sound in oxygen; determination of the density of air at the temperature of liquid air; calibration

of platinum thermometers in the air thermometer bulbs; determination of the relative density of air at the temperature of liquid air; determination of the ratio of the specific heats; determination of the ratio of the internal to the external energy of the molecules; determination of the velocity of sound at temperatures between the temperature of the room and the temperature of liquid air.) *Phys. Rev.* 23 S. 212/37.

CHARBONNIER, le champ acoustique. *Ann. d. Chim.* 8, 8 S. 501/74.

DUSSAUD, amplification des sons. (Une membrane reçoit les vibrations d'une source sonore et obture le passage d'un jet d'air comprimé.) *Compt. r.* 143 S. 446/7.

DYKE, the use of the cymometer for the determination of resonance-curves.* *Phil. Mag.* 11 S. 665/78.

EDELMANN, kontinuierliche Tonreihe aus Resonatoren mit Resonanzböden. * *Physik. Z.* 7 S. 510/1.

EXNER, Gutachten über die akustischen Verhältnisse des Nationalratssaales im neuen Bundeshaus in Bern. *Schw. Baus.* 47 S. 149/50.

GANDILLOT, les lois de la musique. *Compt. r.* 143 S. 375/7.

HENSEN, zur Unterhaltung von Tonschwingungen notwendiger Anstoß. (Die Labialpfeife; der Beginn der Schwingungen; der Anstoß bei durchschlagender Zungenpfeife; der Anstoß bei den Schneidenklängen.)* *Ann. d. Phys.* 21 S. 781/813.

HOCHSTETTER, Verfahren zur photographischen Aufnahme von Schallschwingungen. (Elektrisch-optisches Verfahren.)* *Mechaniker* 14 S. 259.

KALÄHNE, Schallgeschwindigkeitsmessungen mit der Resonanzröhre.* *Ann. d. Phys.* 20 S. 398/406.

MARAGE, qualités acoustiques de certaines salles pour la voix parlée. *Compt. r.* 142 S. 878/9.

MIKOLA, Methode zur Erzeugung von Schwingungsfiguren und absoluten Bestimmung der Schwingungszahlen. (Kann zu Demonstrations-, wissenschaftlichen und praktischen Messungen benutzt werden.)* *Ann. d. Phys.* 20 S. 619/26.

REBENSTORFF, akustische Versuche.* *Z. phys. chem. U.* 19 S. 279/83.

RUBENS, expériences pour démontrer des ondes stationnaires acoustiques.* *J. d. phys.* 4, 5 S. 505/8.

SCRIPTURE, Untersuchungen über die Vokale. ▣ *Z. Biologie* 48 S. 232/308.

TERADA, die Schwingung des Resonanzkastens.* *Physik. Z.* 7 S. 602/4.

TERADA, über den durch die Schwingungen eines Flüssigkeitstropfens hervorgebrachten Pfeifton und seine Anwendung. (Der Einfluß der Neigung und der Tropfengröße; der Einfluß der Abmessungen der Tülle; der Einfluß der Natur der Flüssigkeit; der Einfluß des Druckes.)* *Physik. Z.* 7 S. 714/6.

WAETZMANN, zur Frage nach der Objektivität der Kombinationstöne. *Ann. d. Phys.* 20 S. 837/45.

WAGNER, Notiz über eine stroboskopische Erscheinung an schwingenden Stimmgabeln.* *Ann. d. Phys.* 21 S. 574/82.

ZERNOV, absolute Messungen der Schallintensität. (Die Versuchsanordnung und die Apparate; die Energie einer stehenden Schallschwingung.)* *Ann. d. Phys.* 21 S. 131/40.

Alarmvorrichtungen. Alarms. Appareils d'alarme, avertisseurs. Vgl. Fernsprechwesen, Feuermelder, Haustelegraphen, Telegraphie, Signalwesen.

SHREFFLER, engine indicator and overload alarm. (This instrument sounds an alarm, should the load exceed any prearranged maximum; also,

if the boiler should prime, carrying over water to the engine, or if the engine should attain an abnormal speed.)* *West. Electr.* 38 S. 103/4.

QUARK, Sicherheitsapparat für Kohlenbergwerke und zur Anzeige von Leuchtgasausströmung in Wohnungen.* *Erfind.* 33 S. 352/3.

Alaun. Alum. Alun. Vgl. Aluminium.

KOPPEL, Löslichkeit und Lösungsgleichgewichte des Ammonium-Chromi-Alaunes. *Ber. chem. G.* 39 S. 3738/48.

MOODY, iodometric determination of basic alumina and of free acid in aluminium sulphate and alums.* *Am. Journ.* 22 S. 483/7.

Aldehyde. Aldehydes. Aldéhydes. Vgl. Chemie, organische.

NEUSTÄDTER, Methyläthylacetaldehyd und einige Kondensationsprodukte desselben.* *Mon. Chem.* 27 S. 879/934; *Oest. Chem. Z.* 9 S. 211/2.

STOLLE, Kondensation von Aldehyden mit s-Dihydrotetrazinen. *Ber. chem. G.* 39 S. 826/7.

EULER, HANS und ASTRID, Zuckerbildung aus Formaldehyd. Bildung von i-Arabinoketose aus Formaldehyd. *Ber. chem. G.* 39 S. 39/51.

WOHL und SCHWEITZER, Darstellung von Dialdehyden der Fettreihe. *Ber. chem. G.* 39 S. 890/7.

REIP, Einwirkung magnesium-organischer Verbindungen auf Crotonaldehyd. *Ber. chem. G.* 39 S. 1603/4.

RUGHEIMER, Einwirkung primärer Amine auf Aldehyde. *Ber. chem. G.* 39 S. 1653/64.

SCHMIDT, OTTO, Verbindungen von Thioschwefelsäure mit Aldehyden. *Ber. chem. G.* 39 S. 2413/9.

SACHS und MICHAELIS, Dialkylaminobenzaldehyde. *Ber. chem. G.* 39 S. 2163/71.

STOERMER, Synthese von Aldehyden und Ketonen aus asymm. disubstituierten Aethylenglykolen und deren Aethern. *Ber. chem. G.* 39 S. 2288/306.

GATTERMANN, Synthesen aromatischer Aldehyde. *Liebig's Ann.* 347 S. 347/86.

MONIER-WILLIAMS, synthesis of aldehydes by GRIGNARD's reaction. *J. Chem. Soc.* 89 S. 273/80.

DUBOSC, préparation de l'aldéhyde et des dérivés aldéhydiques par l'acétylène, les carbures acétyléniques et certains sels de mercure au maximum. *Bull. Rouen* 34 S. 417/20.

BALBIANO e PAOLINI, aldeidi derivanti dalla disidratazione dei glicoli ottenuti coll' ossidazione dei composti propenilici. *Gas. chim. it.* 36,1 S. 291/301.

THIELE und GÜNTHER, Darstellung der drei Phtalaldehyde. *Liebig's Ann.* 347 S. 106/11.

THIELE und FALK, Kondensationsprodukte des o-Phtalaldehyds. *Liebig's Ann.* 347 S. 112/31.

Formaldehyd in fester Form. *Erfind.* 33 S. 323/4.

BALY and TUCK, relation between absorption spectra and chemical constitution. The phenyl hydrazones of simple aldehydes and ketones. *J. Chem. Soc.* 89 S. 982/98.

FRANKFORTER and WEST, liberation of formaldehyde gas from solution by means of its action on patassium permanganate. *J. Am. Chem. Soc.* 28 S. 1234/8.

STRICKRODT, Formaldehyd. (Vom chemisch-pharmazeutischen Standpunkt aus.) (a.) *Pharm. Centralh.* 47 S. 57/61 F.

RUSZ, Zerlegung von Formaldehyd durch stille elektrische Entladung.* *Z. Elektrochem.* 12 S. 412/3.

RUSZ und LARSEN, zur Kenntnis der quantitativen Bestimmung von Formaldehyd. (Untersuchungen bei Anwendung von Handelsaldehyd. Vergleich der jodometrischen und der Ammoniakmethode;

Einfluß von Methylalkohol.) *Mitt. Gew. Mus.* 16 S. 85/98.

Praktische Erfahrungen in der Analyse. Äußerst empfindliche Reaktion auf Formaldehyd. *Erfind.* 33 S. 612/3.

CONDUCHÉ, nouvelle réaction des aldéhydes: action de l'oxyurée sur l'aldéhyde benzylique et propriétés de la benzalcarbamidoxime. *Bull. Soc. chim.* 3, 35 S. 418/30.

VOISENET, réaction très sensible de la formaldéhyde et des composés oxygénés de l'azote. Et qui est aussi une réaction de coloration des matières albuminoïdes. (Avec l'acide chlorhydrique ou sulfurique très légèrement nitreux, et en présence de traces d'aldéhyde formique.) *Rev. mat. col.* 10 S. 38/45.

HÉRISSEY, dosage de petites quantités d'aldéhyde benzoïque. *J. pharm.* 6, 23 S. 60/5.

THEVENON, neuer Formaldehydnachweis. (Mittels Metols oder schwefelsauren Methylparamidophenols; kolorimetrischer Nachweis durch schwefelsaures Morphin.) *Pharm. Centralh.* 47 S. 586.

SCHOORL, Gehaltsbestimmung von Formalin. *Apoth. Z.* 21 S. 986/7.

RÜST, Bestimmung des Formaldehyds in Formaldehydpastillen (Trioxymethylen). *Z. ang. Chem.* 19 S. 138/9, 474; *Apoth. Z.* 21 S. 221/2.

GROSZMANN und AUFRECHT, titrimetrische Bestimmung des Formaldehyds und der Ameisensäure mit Kaliumpermanganat in saurer Lösung. *Ber. chem. G.* 39 S. 2455/8.

GÖSZLING, der Formaldehyd in der Arzneimittelsynthese. *Apoth. Z.* 21 S. 132/3 F.

Alkalien. Alkalis. Alcalis. Vgl. Elektrochemie 3a, Kalium, Natrium, Soda.

JUMAU, recherches récentes sur la fabrication des métaux alcalins et alcalino-terreux et de leurs dérivés. (Descriptions de brevets de ces dernières années.) *Rev. ind.* 37 S. 330/1.

KERSHAW, future of the LE BLANC and electrolytic alkali works in Europe. *Electrochem. Ind.* 4 S. 173/4.

LE BLANC und NOVOTNY, Kaustizierung von Natriumkarbonat und Kaliumkarbonat mit Kalk.* *Z. anorg. Chem.* 51 S. 181/201.

RENGADE, les protoxydes anhydres des métaux alcalins. *Compt. r.* 143 S. 1152/3.

LEBEAU, volatilité et dissociation des carbonates alcalins. *Bull. Soc. chim.* 3, 35 S. 5/8.

HAMBURGER, die festen Polyjodide der Alkalien, ihre Stabilität und Existensbedingungen bei 25°.* *Z. anorgan.* 50 S. 403/38.

SIEDENTOPF, kolloidale Alkalimetalle. (V. m. B.) *Z. Elektrochem.* 12 S. 635/7; *Chem. Z.* 30 S. 559.

Alkaloide. Alkaloids. Alcaloïdes.
　1. Chinaalkaloide.
　2. Opiumalkaloide.
　3. Brechnußalkaloide.
　4. Akonitin.
　5. Kokain.
　6. Sonstige Pflanzenalkaloide.
　7. Verschiedenes.

1. Chinaalkaloide. Alkaloids from chinchona bark. Alcaloïdes de quinine.

HOWARD, cinchona barks and their cultivation. (V. m. B.) *Chemical Ind.* 25 S. 97/100.

Aussichten der Cinchona-Kultur in Kamerun und Deutsch-Ostafrika.* *Pharm. Z.* 51 S. 362/3.

BUSSE, die Cinchona-Kultur auf Java mit besonderer Berücksichtigung von Kamerun und Deutsch-Ostafrika.* *Tropenpflanzer* 10 S. 15/32.

WINKLER, die Cinchonakultur in Java.* *Tropenpflanzer* 10 S. 222/38 F.

DUNCAN, Löslichkeit des mit Ammoniak gefällten

Chinins. (Löslichkeit in überschüssigem Ammoniak ist nur scheinbar.) *Pharm. Centralh.* 47 S. 29.

CARETTE, the neutral hydrochlorate of quinine. *Chem. News* 93 S. 119/20.

GUIGUES, les formiates de quinine. *J. pharm.* 6, 24 S. 301/2.

LACROIX, les formiates de quinine. (Décomposition; pouvoir rotatoire.) *J. pharm.* 6, 24, S. 493/4.

KOENIGS, Merochinen und die Konstitution der Chinaalkaloide. *Liebigs Ann.* 347 S. 143/232.

RABE, Chinaalkaloide. Spaltung des Isonitrosocinchotoxins; Nitril des N-Methylmerochinens, des N-Aethylmerochinens, des Merochinens. *Liebigs Ann.* 350 S. 180/203.

REICHARD, Alkaloid - Reaktionen. (Chinoidin.) *Pharm. Z.* 51 S. 532/3.

MADSEN, die Herapathitreaktion. (Probe für Chinin.) *Ber. pharm. G.* 16 S. 442.

FÜHNER, die Thalleiochinreaktion. (Ist auf das p-Oxychinolin zurückzuführen.) *Arch. Pharm.* 244 S. 602/22.

PANCHAND, Wertbestimmung der Chinarinde. *Apoth. Z.* 21 S. 777/8.

MATOLCSY, die Alkaloidbestimmungen von Cortex, Extractum und Tinctura Chinae. *Apoth. Z.* 21 S. 465.

2. Opiumalkaloide. Alkaloids from opium. Alcaloïdes d'opium.

PSCHORR und HAAS, Spaltung des Thebaïns durch Benzoylchlorid. *Ber. chem. G.* 39 S. 16/9.

PSCHORR, ROTH und TANNHÄUSER, Umwandelung von α-Methylmorphimethin in die β-Verbindung durch Erhitzen. Krystallographisches Verhalten der beiden Isomeren. *Ber. chem. G.* 39 S. 19/26.

PSCHORR, Konstitution des Morphins. (V) *Ber. pharm. G.* 16 S. 74/9.

PSCHORR, Halogenderivate von Morphin und Codeïn und deren Abbau. (Phenanthrenderivate.) *Ber. chem. G.* 39 S. 3130/9.

FREUND, Konstitution des Thebaïns. (V) (A) *Chem. Z.* 30 S. 418.

Spaltung des Thebaïns durch Benzoylchlorid. *Pharm. Centralh.* 47 S. 336/7.

FREUND, Thebaïn. (Verwandlung des Thebaïns in Codeïn; Einwirkung von Brom auf Thebaïn.) *Ber. chem. G.* 39 S. 844/50.

KNORR, Morphin; — und HÖRLEIN, das Trioxyphenanthren aus Oxycodeïn. *Ber. chem. G.* 39 S. 3252/5.

KNORR und HÖRLEIN, Umwandlung des Chlorocodids in Pseudocodeïn. *Ber. chem. G.* 39 S. 4409/11.

REICHARD, eine Morphin-Reaktion. (Formaldehydreaktion.) *Pharm. Centralh.* 47 S. 247/9.

MAI und RATH, kolorimetrische Bestimmung kleiner Mengen Morphin. *Arch. Pharm.* 244 S. 300/1.

RADULESCU, für das Morphin charakteristische Farbenreaktion. (Mittels salpetrigsauren Natriums, einer Säure und wässeriger Kalilauge.) *Apoth. Z.* 21 S. 332.

DAN RADULESCU, direkter Nachweis von Morphin in Pflanzenauszügen. (Durch die Farbreaktion mit salpetriger Säure.) *Pharm. Centralh.* 47 S. 654.

BERNSTRÖM, Morphinbestimmung im Opium. (A) *Pharm. Centralh.* 47 S. 632.

3. Brechnußalkaloide. Alkaloids from nux vomica. Alcaloïdes des strychnées.

EMDE, Styrylaminbasen und deren Beziehungen zum Ephedrin und Pseudoephedrin. *Arch. Pharm.* 244 S. 269/99.

LOTSY, Auffindung eines neuen Alkaloids in Strych-

nosarten auf mikrochemischem Wege. *Apoth. Z.*
21 S. 475.

REYNOLDS and SUTCLIFFE, separation of brucine
and strychnine; influence of nitrous acid in oxidation by nitric acid. (V. m. B.) *Chemical. Ind.*
25 S. 512/5.

BAKUNIN e MAJONE, ricerche tossicologiche sulla
stricnina. *Gaz. chim. it.* 36, 2 S. 227/58.

4. Akonitin. Aconitine.

CASH und DUSTAN, zwei neue Aconitum-Alkaloide.
Indakonitin, Bikhakonitin. *Pharm. Centralh.* 47
S. 333.

SCHULZE, HEINRICH, Akonitin und das Akonin aus
Aconitum Napellus. *Arch. Pharm.* 244 S. 136/59 F.

WENTRUP, Alkaloidgehalt der Mutter- und Tochter-
knollen von Aconitum Napellus. *Pharm. Centralh.*
47 S. 915.

MONTI, nuova reazione dell' aconitina. (L'acido
solforico in presenza di resorcina.) *Gaz. chim.
it.* 36, II S. 477/80.

5. Kokain. Cocaine.

DE JONG, action du brome sur la cocaine. *Trav.
chim.* 25 S. 7.

DE JONG, les alcaloides du coca. *Trav. chim.* 25
S. 233/7.

DE JONG, l'extraction des feuilles de coca. *Trav.
chim.* 25 S. 311/29.

BRETEAU, un chlorhydrate de cocaine ancien et
altéré. (Recherche des produits de dédoublement.) *J. pharm.* 6, 23 S. 474/6; *Bull. Soc.
chim.* 3, 35 S. 674/6.

REICHARD, Cocainum purum cristallisatum. (Analytische Eigentümlichkeiten.) *Pharm. Centralh.*
47 S. 925/7.

VIGIER, formiate de cocaine. *J. pharm.* 6, 23
S. 97/8.

REICHARD, zwei neue Reaktionen des Cocains.
(Anwendung von schwefelsaurem Nickel bei Anwesenheit von Salzsäure und α-Nitroso-β-Naphtol;
alkalische Naphtollösung.) *Pharm. Z.* 51 S. 168,
591/2; *Pharm. Centralh.* 47 S. 347/53.

6. Sonstige Pflanzenalkaloide. Several natural alkaloides. Divers alcaloides végétaux.

LÉGER, hordénine, alcaloide nouveau retiré des
germes, dits touraillons, de l'orge. *J. pharm.* 6,
23 S. 177/83; *Bull. Soc. chim.* 3, 35 S. 235/9;
Apoth. Z. 21 S. 153/4; *Brew. J.* 42 S. 246.

LÉGER, constitution de l'hordénine. *Compt. r.* 143
S. 234/6.

PICTET, les alcaloides du tabac. *Bull. Soc. chim.*
3, 35 Nr. 11/12 S. I/XXIII; *Arch. Pharm.* 244
S. 375/89.

V. BRAUN und E. SCHMITZ, Umwandlung des Coniins
in Dichlor-octan und Dibrom-octan. *Ber. chem.
G.* 39 S. 4365/9.

SCHOLTZ, die Alkaloide der Pareirawurzel. *Arch.
Pharm.* 244 S. 555/60.

BARGER und CARR, Mutterkorn-Alkaloide. (A)
Apoth. Z. 21 S. 890; *Am. Apoth. Z.* 27 S. 119.

BARGER und DALE, Mutterkornalkaloide. *Arch.
Pharm.* 244 S. 550/5.

ODDO e COLOMBANO, sui prodotti che si estraggono
dal solanum sodomaeum, Linn. *Gaz. chim. it.*
36, 1 S. 310/13; 2 S. 522/30.

GADAMER, die Alkaloide der Columbowurzel. *Arch.
Pharm.* 244 S. 255/6; *Pharm. Centralh.* 47
S. 828/31 F.

GADAMER, Columboalkaloide. (V) (A) *Chem. Z.*
30 S. 924.

Bocconia cordata. (Enthält nach MURILL und
SCHLOTTERBECK die 5 Alkaloide: Protopin, β-
Homochelidonin, Chelerythrin, Sanguinarin und
ein bei 100° C schmelzendes Alkaloid.) *Pharm.
Centralh.* 47 S. 547.

BARGER and CARR, ergot alkaloids. *Chem. News*
94 S. 89.

TANRET, ergotinine. *J. pharm.* 6, 24 S. 397/403.

SCHOLTZ, die Halogenalkylate des Spartein. *Arch.
Pharm.* 244 S. 72/7.

BREDEMANN, die Alkaloide der Rhizome von Ve-
ratrum album und die quantitative Bestimmung
derselben. (Jervin, Rubijervin, Pseudojervin.) *
Apoth. Z. 21 S. 41/5 F.

SCHOLTZ, Berberin. (V) (A) *Chem. Z.* 30 S. 958.

GOBSZMANN, die Alkaloide von Anagyris foetida.
Arch. Pharm. 244 S. 20/4.

SCHMIDT, ERNST, die mydriatisch wirkenden Alkaloide der Daturaarten. *Arch. Pharm.* 244
S. 66/71.

7. Verschiedenes. Sundries. Matières diverses.

PICTET, Bildungsweise der Alkaloide in den Pflanzen.
Arch. Pharm. 244 S. 389/96.

SPIEGEL, Fortschritte der Alkaloidchemie seit
Beginn des Jahrhunderts. *Biochem. CBl.* 5
S. 97/104.

REICHARD, Alkaloid-Reaktionen. (Berberin; The-
bain; Kodein; Narcein.) *Pharm. Centralh.* 47
S. 473/8, 623/9, 727/33, 1028/31 F.

HERDER, einige neue allgemeine Alkaloidreagentien
und deren mikrochemische Verwendung. *Arch.
Pharm.* 244 S. 120/32.

THOMS, Verwendung der Kaliumwismutjodidlösung
zur Bestimmung von Alkaloiden. *Arb. Pharm.
Inst.* 3 S. 57/61.

CHRISTENSEN, Verbindungen der Chlorhydrate der
Alkaloide mit höheren Metallchloriden und über
entsprechende Bromverbindungen. *J. prakt. Chem.*
74 S. 161/87.

SIMMER, Verhalten der Alkaloidsalze und anderer
organischer Substanzen zu den Lösungsmitteln
der Perforationsmethode, insbesondere Chloroform, sowie über Reduktionswirkungen der Alkaloide. *Arch. Pharm.* 244 S. 672/84.

JONESCU, Fällbarkeit und quantitative Bestimmung
von Alkaloiden mit Hilfe von Kaliumwismutjodidlösung. (V) *Ber. pharm. G.* 16 S. 130/3.

Alkaloidbestimmungen (des analytischen Laboratoriums der Firma Philipp RÖDER.) *Apoth. Z.*
21 S. 255/6.

BECHURTS, quantitative Bestimmung des Alkaloid-
gehaltes der Blätter und Blattstiele von Datura
arborea. *Apoth. Z.* 21 S. 662.

IPSEN, Nachweis von Atropin. (Im Körper.) *Viertelj.
ger. Med.* 31 S. 308/22.

TUNMANN, folia Uvae ursi und mikrochemischer
Nachweis des Arbutins. *Pharm. Centralh.* 47
S. 945/7.

Alkohole. Alcohols. Alcools. Vgl. Denaturierung, Spiritus.

DELACRE, les alcools pinacoliques. *Bull. Soc.
chim.* 3, 35 S. 348/50.

DELACRE, les alcools pinacoliques secondaire et
tertiaire et leur séparation. *Bull. Soc. chim.*
3, 35 S. 811/16.

FOURNIER, action de l'acide bromhydrique sur les
alcools saturés primaires et secondaires. *Bull.
Soc. chim* 3, 35 S. 621/5.

FREUNDLER et DAMOND, préparation de l'alcool
isoamylique racémique. *Bull. Soc. chim.* 3, 35
S. 106/11.

BRACHIN, action des dérivés organo-halogéno-
magrésiens sur les aldéhydes et acétones
acétyléniques. Alcools acétyléniques. *Bull. Soc.*
3, 35 S. 1163/79.

CHABLAY, réduction des alcools primaires non
saturés de la série grasse par les métaux-
ammoniums. *Compt. r.* 143 S. 123/6.

HENRY, observations au sujet du composant alcool

—C—OH des alcools tertiaires. *Compt. r.* 142
S. 129/36; *Trav. chim.* 25 S. 138/52; *Bull. belge* 20 S. 152/6.

HENRY, les alcools secondaires de l'octane dichotomique $(H_3C)^2 - CH - (CH_3)^4 - CH_3$. *Compt. r.* 143 S. 102/4.

SABATIER et MAILHE, synthèses d'alcools tertiaires issus du paraméthylcyclohexane. *Compt. r.* 142 S. 438/40.

KLING, les alcools cétoniques en C4. *Bull. Soc. chim.* 3, 35 S. 209/16.

DALEBROUX et WUYTS, synthèse d'alcools tertiaires halogénés au moyen d'organo-magnésiens. *Bull. belge* 20 S. 156/8.

BRUNI e CONTARDI, reazioni di doppia decomposizione fra alcooli ed eteri composti. *Gaz. chim. it.* 36, 2 S. 356/63.

REARDON, chemistry of the alcohols. *Horseless Age* 17 S. 941/3.

DUNLAP, preparation of aldehyde-free ethyl alcohol for use in oil and fat analysis. *J. Am. Chem. Soc.* 28 S. 395/8.

Preparation of pure ethyl alcohol. *Chem. J.* 35 S. 286/7.

HINRICHS, les points d'ébullition de quelques alcools secondaires et tertiaires. *Compt. r.* 143 S. 359/61; *Mon. scient.* 4, 20, 1 S 664/5.

GASCARD, détermination des poids moléculaires des alcools et des phénols à l'aide de l'anhydrique benzoïque. *J. pharm.* 6, 24 S. 97/101; *Apoth. Z.* 21 S. 697/8.

SCUDDER and RIGGS, detection of methyl alcohol. *J. Am. Chem. Soc.* 28 S. 1202/4.

VELEY, the RÖSE-HERZFELD and sulphuric acid methods for the determination of the higher alcohols. A criticism. (V. m. B.) *Chemical Ind.* 25 S. 398/402.

MANN and STACY, the ALLEN-MARQUARDT process for the estimation of higher alcohols. (V) *Chemical Ind.* 25 S. 1125/9.

VOISENET, nouvelle méthode de recherche de l'alcool méthylique. (Recherche dans l'alcool éthylique; produits d'oxydation séparée des alcools methylique et éthylique.) *Bull. Soc. chim.* 3, 35 S. 748/60.

BLANK und FINKENBEINER, Methylalkohol-Bestimmung in Formaldehyd-Lösungen mittels Chromsäure. *Ber. chem. G.* 39 S. 1326/7.

CRISMER, détermination exacte de la densité des alcools absolus à l'aide de leur température critique de dissolution. *Bull. belge* 20 S. 294/305.

CRISMER, détermination de la densité de l'alcool éthylique absolu et application à l'analyse des beurres. *Bull. belge* 20 S. 382/5.

GOLDSCHMIDT, reaktionskinetische Bestimmung kleiner Wassermengen in Alkohol. (V) (A) *Chem. Z.* 30 S. 456.

Schnelle Methode zur quantitativen Bestimmung des Alkohols. (Mittels alkoholischer Benzoesäurelösung; Ausscheidung der Benzoesäure bei einem bestimmten Verdünnungsgrade.) *Brenn. Z.* 23 S. 4097.

DELACHANAL et DÉMICHEL, les tables de BLONDEAU présentées au conseil de l'association des chimistes. (Table de mouillage des alcools ordinaires; alcools dénaturés.) *Bull. sucr.* 23 S. 753/62.

Aluminium und Verbindungen. Aluminium and compounds. Aluminium et ses combinaisons. Vgl. Alaun, Schweißen.

1. Eigenschaften und Prüfung.
2. Darstellung und Verarbeitung.
3. Verwendung.
4. Legierungen und Verbindungen.

1. Eigenschaften und Prüfung. Qualities and examination. Qualités et examination.

Bestimmung von Eisen und Aluminium in stark geglühten Gemischen. *Stahl* 26 S. 88.

GLASSMANN, quantitative Trennung des Berylliums von Aluminium. (Mittels Natriumthiosulfats; Aluminium wird quantitativ als Hydroxyd gefällt.) *Ber. chem. G.* 39 S. 3366/7.

FRIEDHEIM, zur quantitativen Trennung des Berylliums und Aluminiums. *Ber. chem. G.* 39 S. 3868/9.

MOODY, iodometric determination of aluminium in aluminium chloride and aluminium sulphate. *Chem. News* 94 S. 247/8.

LOUGUININE et SCHUKAREFF, étude thermique des alliages de l'aluminium et du magnésium.* *Rev. métallurgie* 3 S. 48/60.

2. Darstellung und Verarbeitung. Production and working. Production et travail.

RICHARDS, l'industrie de l'aluminium aux États-Unis. (V) *Rev. ind.* 37 S. 248/9; *Eng. min.* 81 S. 505.6.

The aluminum industry and the HALL patent. *Iron A.* 77 S. 1339.

EDELMANN, Ursache und Verhütung der Explosionen in der Aluminiumbronze-Industrie. (Entstehung elektrischer Spannungen beim Stampfen; Ableitung derselben.) *Chem. Z.* 30 S. 925/6 F.; *Fabriks-Feuerwehr* 13 S. 34/5.

Einschmelzen von Aluminiumschrott. *Met. Arb.* 32 S. 36/7.

HOSKINS, Apparat zum Granulieren von Aluminium.* *Metallurgie* 3 S. 612.

GOUTSCHI und JEQUIER, Herstellung von schmiegsamer Aluminiumfolie. *Erfind.* 33 S. 114/5.

Herstellung schmiegsamer Aluminiumfolie. *Z. Werksm.* 10 S. 152; *Met. Arb.* 32 S. 37.

Verfahren zur Herstellung galvanischer Ueberzüge auf Aluminium. *Mechaniker* 14 S. 131/3.

Polishing aluminum. *Horseless age* 18 S. 547.

MAY, melting aluminium and its alloys. *Mech. World* 40 S. 165.

MAY, soldering aluminium. *Mech. World* 40 S. 185.

Verfahren von COWPER-COLES zur Schweißung von Aluminium. (Für die Verbindung von Drähten, Stäben und Röhren oder ähnlicher gezogener und gewalzter Querschnitte.)* *Gieß.-Z.* 3 S. 281/3.

Autogene Aluminiumlötung nach dem Verfahren von SCHOOP. *Elektrochem. Z.* 13 S. 141/2.

FREUND, POCHWADT's neues Aluminium-Lötverfahren. *Mechaniker* 14 S. 177/8.

Ein neues Verfahren zur Schweißung von Aluminium. *Sprengst. u. Waffen* 1 S. 156; *Met. Arb.* 32 S. 114/5.

3. Verwendung. Application.

ALVING, die Verwendung von Aluminium als nackten Leiter bei elektrischen Maschinen.* *Elektr. B.* 4 S. 633/4.

Ueber den Gebrauch von Aluminiumblättern zum Einwickeln von Nahrungsmitteln. Aluminiumpapier. (Einwirkung der Nahrungsmittel auf Aluminiumblätter.) *Bayr. Gew. Bl.* 1906 S. 45.

BICHEL, Aluminium in Sprengstoffen. *Sprengst. u. Waffen* 1 S. 239/40; *Z. Schieß- u. Spreng.* 1 S. 26/7.

LANGE, GOLDSCHMIDT'sche Thermitverfahren. (Zur Darstellung von Metallen und zum Schienenschweißen.) (V) *Z. Vt. dt. Ing.* 50 S. 421/2.

KLAUS, Aluminium-Draht-Einlegesohlen.* *Schuhm. Z.* 38 S. 294/5.

2*

LAREN, Aluminiumplatten. (Zum Druck von Lese-
bûchern für Blinde.) *Arch. Buchgew.* 43 S. 425.
Aluminiumfarben. *Farben-Z.* 11 S. 1353/4.

**4. Legierungen und Verbindungen. Alloys and
compounds. Alliages et combinaisons.**
Aluminiumstahl. (Abnahme der Härte durch den
Aluminiumzusatz.) *Bayr. Gew. Bl.* 1906 S. 11.
GWYER, Aluminium-Wismut- und Aluminium-Zinn-
legierungen.* *Z. anorgan. Chem.* 49 S. 311/9.
Alzen, eine neue Metallegierung. (Legierung aus
2 Teilen Aluminium und 1 Teil Zink.) *Pharm.
Centralh.* 47 S. 904.
HÖNIGSCHMID, un alliage de thorium et d'alumi-
nium. *Compt. r.* 142 S. 280/1.
Magnalium. (Chemische und physikalische Eigen-
schaften; Schmelzen und Gießen; Schmieden;
Auswalzen; Ausglühen; Ausziehen von Draht;
Bearbeitung mittels Stahlwerkzeuge, Abbeizen
und Mattieren, Polieren, Reinigung, Färben mit
Lack.) *Gieß.-Z.* 3 S. 321/4.
Il magnalio. *Riv. art.* 1906, 3 S. 276/9.
Magnalium. (Schmelzen.) *Gieß.-Z.* 3 S. 318.
Magnalium. (Herstellung; Eigenschaften; Schmelzen;
Gießen; Walzen; Drahtziehen; Bearbeiten.) *Uh-
lands T. R.* 1906, 1 S. 65/7.
GRAY, HEUSLER's magnetic alloy of manganese,
aluminium and copper. *Proc. Roy. Soc.* 77
S. 256/9.
AUBREY, refractory uses of bauxite. *Electrochem.
Ind.* 4 S. 52/3; *Iron & Steel Mag.* 11 S. 323/8.
MORLEY and TOMLINSON, tensile overstrain and
recovery of aluminium, copper, and aluminium-
bronze. *Phil. Mag.* 11 S. 380/92.
STEPHERD, Aluminium-Zink-Legierungen.* *Metal-
lurgie* 3 S. 86/9.
Corundum and its uses. *Engng.* 82 S. 104/5.
PYNE, melting currents of cryolite-alumina mixture.
Electrochem. Ind. 4 S. 435.
ROHLAND, katalytische Wirksamkeit des Alumi-
niumchlorids. *Chem. Z.* 30 S. 1173/4.
COOK, aluminum phenolate. *J. Am. Chem. Soc.*
28 S. 608/17.

Amine, Amines. Siehe Ammoniak.

**Ammoniak, Verbindungen und Derivate. Ammonia,
compounds and derivates. Ammoniaque, combinaisons et dérivés.** Vgl. Anilin, Leuchtgas 8,
Salpetersäure, Stickstoff.

PETERS, Neuerungen an Ammoniakgewinnungs-
anlagen. (In Gasanstalten.)* *J. Gasbel.* 49 S. 163/7;
Asphalt- u. Teerind.-Z. 6 S. 253.
HENSS, kontinuierlich arbeitende Ammoniakdestillier-
apparate für Nebenproduktenkokereien.* *Z. Chem.
Apparat.* 1 S. 633/8.
A rational process for obtaining ammonia and sal-
ammoniac by the utilization of residuary and
waste products. *Sc. Am. Suppl.* 61 S. 25314/6.
Fabrication d'ammoniaque. *Gén. civ.* 48 S. 195/6.
WARTH, use of gypsum for the recovery of am-
monia as a by-product in coke making. *Chem.
News* 93 S. 259/60.
GROSSMANN, avoidance of noxious effluents in the
manufacture of sulphate of ammonia. (V. m. B.)
Chemical Ind. 25 S. 411/4.
SIEBEL, die verschiedenen Zustände des Ammo-
niaks und deren Wichtigkeit für die Kühltechnik.
Brew. Maltst. 25 S. 395/8.
BRILL, Dampfspannungen von flüssigem Ammo-
niak. *Ann. d. Phys.* 21 S. 170/80.
Sulphate of ammonia making at Hayward's Heath.
(Installation of direct-fired continuous sulphate
of ammonia plant.)* *J. Gas L.* 96 S. 740/1.
SCHMIDT, OTTO und BÖKER, Oxydation von Am-

moniak zu Stickstoffsauerstoffverbindungen. *Ber.
chem. G.* 39 S. 1366/70.
ROSENHEIM und JACOBSON, Einwirkung von flüs-
sigem Ammoniak auf einige Metallsäureanhydride.
Z. anorgan. Chem. 50 S. 297/308.
POHL. Zersetzung von Ammoniak und Bildung von
Ozon durch stille elektrische Entladung. (Ver-
suchsanordnung; die Lichterscheinungen im Ozon-
rohr bei verschiedenen Versuchsbedingungen.)*
Ann. d. Phys. 21 S. 879/900.
MEYER, FERNAND, combinaisons de l'ammoniac
avec les chlorure, bromure et iodure aureux.
Compt. r. 143 S. 280/2.
CIAMICIAN und SILBER, Einwirkung von Blau-
säure auf Aldehydammoniak. *Ber. chem. G.* 39
S. 3942/59.
BLAU und WALLIS, Oxydation von Ammoniak-
derivaten mit Permangansäure. *Liebig's Ann.* 345
S. 261/76.
BESSON et ROSSET, action du peroxyde d'azote
sur l'ammoniac et quelques sels ammoniacaux.
Compt. r. 142 S. 633/4.
HILL, hydrolysis of ammonium salts by water.
J. Chem. Soc. 89 S. 1273/89.
MOODY, hydrolysis of salts of ammonium in the
presence of iodides and iodates. *Am. Journ.* 21
S. 379/82.
NAUMANN und RÜCKER, Hydrolyse von Ammo-
niumsalzen.▣ *J. prakt. Chem.* 74 S. 249/75.
TUTTON, ammonium selenate and the question of
isodimorphism in the alkali series.* *J. Chem.
Soc.* 89 S. 1059/83.
DELÉPINE, décomposition du sulfate d'ammonium
par l'acide sulfurique à chaud en présence du
platine. *Bull. Soc. chim.* 3, 35 S. 8/10.
CORRADI, Einwirkung von Natriumhypobromits auf
Harnstoff und Ammoniumsalze. *Apoth. Z.* 21
S. 297; *Pharm. Z.* 51 S. 481.
JOANNIS, recherches sur le sodammonium et le
potassammonium. *Ann. d. Chim.* 8, 7 S. 5/118.
COEHN, Demonstration elektrischer Erscheinungen
beim Zerfall von Ammonium. (Analogie zu den
Erscheinungen der Radioaktivität. (V. m. B.)*
Z. Elektrochem. 12 S. 609/11.
COEHN, Ammonium. (Darstellung des Ammonium-
amalgams; Zerfall) *Chem. Z.* 30 S. 558.
RICH and TRAVERS, constitution of ammonium
amalgam. *J. Chem. Soc.* 89 S. 872/4.
RENGADE, action de l'oxygène sur le caesium-
ammonium; — sur le rubidium-ammonium. *Bull.
Soc. chim.* 3, 35 S. 769/78; *Compt. r.* 142
S. 1533/4.
RUFF und GEISEL, Natur der sogenannten Metall-
ammoniumverbindungen. *Ber. chem. G.* 39
S. 828/43.
BRINER, équilibres hétérogènes: formation du chlo-
rure de phosphonium, du carbonate et du sulf-
hydrate d'ammonium. *Compt. r.* 142 S. 1416/8.
WEDEKIND, optisch-aktive Ammoniumsalze. *Ber.
chem. G.* 39 S. 474/80.
WEDEKIND, Geschwindigkeit der Autoracemisation
von optisch-aktiven Ammoniumsalzen. GOLD-
SCHMIDT, Bemerkungen dazu. *Z. Elektrochem.*
12 S. 330/3, 416/8, 515/6.
Stereoisomerism of substituted ammonium compounds. *Chem. J.* 35 S. 189/91.
WEDEKIND und FRÖHLICH, Aktivierung der Aethyl-
methyl-benzyl-phenyl-ammoniumbase. *Ber. chem.
G.* 39 S. 4437/42.
GROSSMANN und SCHÜCK, Aethylendiammonium-
doppelsalze. *Z. anorgan. Chem.* 50 S. 21/32.
LOGOTHETIS und PEROLD, Salze des Azobenzol-
trimethylammoniums. *Liebig's Ann.* 345 S. 303/14.
BUISSON, réaction de NESSLER, son étude et sa
valeur dans le dosage de l'ammoniaque des

eaux. *J. pharm.* 6, 24 S. 289/94; *Compt. r.* 143 S. 289/91.

LUCION et PAEPE, analyse de l'ammoniaque anhydre. *Bull. belge* 20 S. 347/51.

LINDER, analysis of ammoniacal liquors from gasworks. *J. Gas L.* 95 S. 642.

BURMANN, préparation de la méthylamine à partir de l'ammoniaque et du sulfate de méthyle. *Bull. Soc. chim.* 3, 35 S. 801/3.

FRENKEL, dosage de petites quantités d'ammoniaque en présence d'urée. *Bull. Soc. chim.* 3, 35 S. 250/1.

THOMAE, Keton-Ammoniakverbindungen. Darstellungsmethoden; Einwirkung von Ammoniak auf Acetophenon; — und LEHR, Methyl-p-tolylketon; — THOMAE, Einwirkung von Ammoniak auf Methyl-p-tolylketon; Methylpropylketonammoniak. *Arch. Pharm.* 244 S. 641/64.

PROCTER and MC CANDLISH, estimation of ammonia in used lime liquors. (In tanning liquors.) (V. m. B.)* *Chemical Ind.* 25 S. 254/6.

KURILOFF, théorie des ammoniacates. *Ann. d. Chim.* 8, 7, S. 568/74.

DAINS, action of acid chlorides on mixtures of amines. *J. Am. Chem. Soc.* 28 S. 1183/8.

DIELS und BECCARD, acylirte Allylamine. *Ber. chem. G.* 39 S. 4125/32.

BAMBERGER und RUDOLF, Einfluß gewisser Substituenten auf die Oxydation tertiärer Arylamine zu Amin-oxyden. *Ber. chem. G.* 39 S. 4285/93.

FRANÇOIS, combinaisons de l'iodure mercurique et de la monométhylamine libre. (Les amines libres.) *Compt. r.* 142 S. 1199/1202; *J. pharm.* 6, 24 S. 21/5.

JACKSON and RUSSE, orthoparadibrom-orthophenylenediamine. (Properties.) *Chem. J.* 35 S. 148/54.

LEMOULT, chaleurs de combustion et de formation de quelques amines. *Compt. r.* 143 S. 746/9.

MAILHE, neue Synthesen von Aminen unter Anwendung fein verteilter Metalle. *Chem. Z.* 30 S. 458/9.

MULDER, synthèse de quelques amines secondaires mixtes, selon la méthode de HINSBERG. *Trav. chim.* 25 S. 104/7.

WIELAND und GAMBARJAN, Oxydation des Diphenylamins. *Ber. chem. G.* 39 S. 1499/1506.

MULDER, préparation de quelques hexanitrodiphénylamines. *Trav. chim.* 25 S. 121/3.

BUTLER, Umsetzung des Benzoylnitrats mit den Aminen. *Ber. chem. G.* 39 S. 3804/7.

GIBBS, liquid methylamine as a solvent, and a study of its chemical reactivity. *J. Am. Chem. Soc.* 28 S. 1395/1422.

BÜCHNER, die beschränkte Mischbarkeit von Flüssigkeiten; das System Diphenylamin und Kohlensäure.* *Z. physik. Chem.* 56 S. 257/318.

LEPETIT, Einwirkung der Aldehyde auf Amine in Gegenwart von Bisulfiten. (Durch Einwirkung von aromatischen Basen auf Formaldehyd in Gegenwart von Bisulfiten entstehen Arylamidomethansulfosäuren.) (V) (A) *Chem. Z.* 30 S. 419.

MORGAN and MICKLETHWAIT, action of nitrous acid on the arylsulphonylmetadiamines. *J. Chem. Soc.* 89 S. 1289/1300

TRAUBE und NITHACK, Einwirkung von Aldehyden auf Orthodiamin der Pyrimidinreihe. *Arb. Pharm. Inst.* 3 S. 34/42.

HAAS, condensation of dimethyldihydroresorcin and of chloroketodimethyltetrahydrobenzene with primary amines. Monamines. — Ammonia, aniline, and p-toluidine. Diamines, m-and p-phenylenediamine. *J. Chem. Soc.* 89 S. 187/205, 387/96.

SACHS, neue Darstellungsweise für aromatische Amine. (Verschmelzen von Naphthalin mit Natriumamid in Gegenwart von Phenol.) *Ber. chem. G.* 39 S. 3006/28.

GAUTIER, les tyrosamines. *Bull. Soc. chim.* 3, 35 S. 1195/7.

TRAUBE und SCHÖNEWALD, Einwirkung von Sauerstoff auf aliphatische Amine bei Gegenwart von Kupfer. *Ber. chem. G.* 39 S. 178/84; *Arb. Pharm. Inst.* 3 S. 29/34.

LEMOULT, phosphites acides d'amines cycliques primaires. *Compt. r.* 142 S. 1193/5.

BODROUX, action de quelques éthers d'acides bibasiques sur les dérivés halogèno-magnésiens des amines aromatiques primaires. *Compt. r.* 142 S. 401/2.

FRIES, Einwirkung von Brom auf aromatische Amine; Substitutionsprodukte und Perbromide. *Liebig's Ann.* 346 S. 128/219.

HAEUSSERMANN, tertiäre aromatische Amine. *Ber. chem. G.* 39 S. 2762/5.

STUHETZ, Einwirkung von Natriumhypobromid auf einige Aminoverbindungen. *Mon. Chem.* 27 S. 601/5.

BÖTTCHER, Dialkylmalonamide. (Umsetzung mit wäßrigem Ammoniak.) *Chem. Z.* 30 S. 272.

CONDUCHÉ, action de l'eau sur la benzolcarbamidoxime. *Bull. Soc. chim.* 3, 35 S. 431/5.

CHATTAWAY and LEWIS, halogen derivatives of substituted oxamides. *J. Chem. Soc.* 89 S. 155/61.

FRANÇOIS, préparation de l'acétamide. (Procédé Roorda SMIT, partant du biacétate d'ammoniaque.)* *J. pharm.* 6, 23 S. 230,7.

MC KEE, preparation of the cyanamides. *Chem. J.* 36 S. 208/13.

FRANCHIMONT et FRIEDMANN, les amides des acides α- et β-aminopropionique. *Trav. chim.* 25 S. 75/81.

MOUREU und LAZENNEC, condensation des amides acétyléniques avec les phénols. Méthode générale de synthèse d'amides éthyléniques β-oxyphénolés. *Compt. r.* 142 S. 894/5; 143 S. 596/8.

MOUREU und LAZENNEC, amides et nitriles acétyléniques. *Compt. r.* 142 S. 211/5; *Bull. Soc. chim.* 3, 35 S. 520/6.

JOUNG and CROOKES, chemistry of the amidines. 2-Aminothiazoles and 2-imino-2:3 dihydrothiazoles. 2-Iminotetrahydrothiazoles and 2-amino-4:5-dihydrothiazoles. *J. Chem. Soc.* 89 S. 59/76.

FRANKLAND and TWISS, influence of various substituents on the optical-activity of tartramide; — and DONE, — of malamide. *J. Chem. Soc.* 89 S. 1852/69.

FÜRTH, Hydramide. *Mon. Chem.* 27 S. 839/47.

ANGELUCCI, sulla costituzione delle „nitrimine" di SCHOLL. *Gas. chim. it.* 36,1 S. 627/8.

BLAISE et HOUILLON, les relations entre groupements fonctionnels en positions éloignées. Imines cycliques. *Compt. r.* 142 S. 1541/3.

V. BRAUN und C. MÜLLER, zyklische Imine. Versuche zur Synthese des Heptamethylenimins; — und BESCHKE, Aufspaltung des Pyrrolidins nach der Halogenphosphormethode. *Ber. chem. G.* 39 S. 4110/25.

V. BRAUN, zyklische Imine. *Ber. chem. G.* 39 S. 4347/62.

FRANZEN und ZIMMERMANN, Einwirkung von Amylnitrit auf Oxime. *J. prakt. Chem.* 73 S. 253/6.

SCHOLL, Konstitution der Nitrimine und Einwirkung von Phenylisocyanat auf Methylnitramin. *Liebig's Ann.* 345 S. 363/75.

ATKINSON and THORPE, formation and reactions of imino-compounds. Condensation of benzyl cyanide leading to the formation of 1 : 3-naphthylenediamine and its derivatives. *J. Chem. Soc.* 89 S. 1906/35.

FINGER, gechlorte Derivate des Diacetamids

SCHUPP, Einwirkung von Imidoäthern auf Amido-ester. *J. prakt. Chem.* 73 S. 153/4.

BÉIS, action des composés organomagnésiens mixtes sur les imides. *Compt. r.* 143 S. 430/2.

V. BRAUN und MÜLLER, C., Imidbromide und ihre Spaltung. *Ber. chem. G.* 39 S. 2018/22.

PICKARD, LITTLEBURY and NEVILLE, optically active carbimides. Reactions between 1-menthyl-carbimide and alcohols. *J. Chem. Soc.* 89 S. 93/105.

PIUTTI, Wirkung der Hydrate und Alkoholate der Alkalimetalle auf ungesättigte Imide. *Ber. chem. G.* 39 S. 2766/73; *Gaz. chim. it.* 36, 2 S. 364/72.

VAUBEL und SCHEUER, Triimide bezw. Azoimide der Benzidinreihe. *Z. Farb. Ind.* 5 S. 61/2.

MOREL, soudure des acides amidés dérivés des albumines. *Compt. r.* 143 S. 119/21.

HUGOUNENQ et GALIMARD, les acides diaminés dérivés de l'ovalbumine. *Compt. r.* 143 S. 242/3.

Anilin. Aniline. Vgl. Ammoniak, Farbstoffe.

JACKSON and CLARKE, action of bromine on dimethylaniline. *Chem. J.* 36 S. 409/14.

TINGLE and BLANCK, nitration of aniline and certain of its derivatives. *Chem. J.* 36 S. 605/10.

HOLLEMAN et SLUITER, nitration de l'acétanilide. *Trav. chim.* 25 S. 208/12.

KREMANN, Lösungsgleichgewicht zwischen 2,4-Dinitrophenol und Anilin. *Mon. Chem.* 27 S. 627/30.

MULDER, synthèse de quelques dérivés alkylés de la 2. 4. dinitraniline et de deux isopropyl 2. 4. 6. trinitranilines. *Trav. chim.* 25 S. 108/16.

MULDER, oxydation des 2. 4. dinitranilines avec de l'anhydride chromique. *Trav. chim.* 25 S. 117/20.

DAVIS, some thio- and dithio-carbamide derivatives of the ethyleneaniline and the ethylenetoluidines. *J. Chem. Soc.* 89 S. 713/20.

BECKURTS und FRERICHS, Thiooxyfettsäureanilide. *J. prakt. Chem.* 74 S. 25/50.

SCHMIDT, OTTO, Sulfurierung des Thioanilins. *Ber. chem. G.* 39 S. 611/6.

Anker. Anchors. Ancres. Vgl. Schiffbau 3.

New Stombaugh guy anchor. * *West. Electr.* 38 S. 201.

A simple trolley anchor. * *Street R.* 27 S. 401.

Anstriche. Paints. Peinturages. Vgl. Farbstoffe, Firnisse und Lacke, Malerei, Rost und Rostschutz.

Jahresbericht über Neuerungen in der Herstellung von Anstrichfarben. *Farben-Z.* 11 S. 949/50 F.

Anstrichmaschinen. *Asphalt- u. Teerind.-Ztg.* 6 S. 367/8.

ALFASSA, prohibition de l'emploi de la céruse. *Bull. d'enc.* 108 S. 71/85.

BRONN, neue Arbeiten über die Anwendung und den Ersatz von bleihaltigen Farben und Präparaten. *Chem. Ind.* 29 S. 105/12 F.

Frage, ob Blei- oder Zinkfarben für Anstriche aller Art vorzuziehen sind. (Versuche von HENDERSON mit Anstrichen auf Zinn, Eisen und Holz.) *Bayr. Gew. Bl.* 1906 S. 294.

Anstrich der Lokomotiven und Tender. (Vermeidung von Bleifarben, statt derselben Steinkohlenteer und Eisenmennige.) *Z. Eisenb. Verw.* 46 S. 30.

TÄUBER, Bleiweiß oder Zinkweiß? (Versuche über Deckkraft; Rissigwerden des Zinkweißes als Oelfarbe nach dem Trocknen.) *Münch. Kunstbl.* 3 S. 3/4.

Trockenmittel für Zinkweiß. (Zusammenreiben von Manganresinat oder Manganborat mit Zinkweiß und Oel.) *Farben-Z.* 12 S. 201; *Malerz.* 26 S. 482/3.

ALLEN, protective coatings and the life of riveted steel pipe. *Eng. News* 55 S. 545.

HARRISON, protective coatings for steel. (Linseed oil paints; varnish and enamel paints; carbon coatings; using solvents that dry by evaporation.) (V) *Gas Light* 85 S. 497/8; *Mech. World* 40 S. 64/5.

Innenanstriche für Dampfkessel. (Gefährlichkeit des Siderosthens mit etwa 30 pCt. leicht flüchtigen Kohlenwasserstoffen und des Innenanstrichs mit 20 pCt. Rohbenzol.) *Z. Bayr. Rev.* 10 S. 48.

STEENBERG, Vermögen verschiedener Anstrichmittel, Eisen gegen Rost zu schützen. *Farben-Z.* 11 S. 1443/6 F.; 12 S. 38/42.

BRANDOW, Untersuchung und Beurteilung von wetterfesten, rostschutzbildenden Anstrichfarben. *Z. Bierbr.* 34 S. 67/9.

ROTH, dauernd wirksamer Schutzanstrich für Zement und Eisen unter Wasser. (Zement unter Wasser; künstliche Silikate; Leinölfirnis; Anstrichmittel des Teer-Asphalttypus; Eisen unter Wasser; „Inertol".) *Wschr. Baud.* 12 S. 565/7; *Techn. Gem. Bl.* 9 S. 63; *Bet. u. Eisen-Z.* 5 S. 308; *Erfind.* 33 S. 451/3; *J. Gasbel.* 49 S. 371/2.

KÖLLE, Schutzanstriche gegen die Angriffe von säurehaltigem Wasser auf Zement und Eisen. (Versuche mit Siderosthen und Lubrose mit ROTHscher Masse, teils unter Zusatz von Schwefel und Tonerde.) *ZBl. Bauv.* 26 S. 478/80.

Schutzanstriche für Zement und Eisen gegen die Angriffe von säurehaltigem Wasser. *J. Gasbel.* 48 S. 1103/5.

Schutzanstrich für Mauerwerk, Eisen und Holz. (Aus Trinidadépuré, Steinkohlenteerpech und Teeröl usw. unter Zusatz von Schwefel bereitet.) *Asphalt. u. Teerind.-Z.* 6 S. 282/3 F.

Coal-tar paint. (Experiments with lime — Portland cement — to neutralize coal-tar, using turpentine and kerosene oil as a dryer.) *Eng. Rec.* 54 S. 112.

CUNNINGHAM, coal-tar paint. *J. Nav. Eng.* 18 S. 604/8.

Mineralöle und Kohlenwasserstoffe in der Anstreicherei. (Verfahren nach D. R. P. 141295, dem Petroleum und dem Benzin den unangenehmen Geruch zu nehmen.) *Malerz.* 26 S. 194/5.

CLERMONT, damp resisting paint. (Brushing in paint; sprinkling with ground cork.)* *Eng. Rec.* 53 S. 198; 54 S. 139/40.

Anstriche für Holz, die der Nässe widerstehen. (Vorschriften.) *Malerz.* 26 S. 84.

Wetterfeste Kalkfarben. (Bindemittel: Flußsand, Salz, abgerahmte Sauermilch, Kaseinlösung, Kalileim, Laugenleim „Lixoglutin", Zement.) *Malerz.* 26 S. 34/5 F.

Fassadenanstriche mit KEIMfarben. *Malerz.* 26 S. 106/7.

Cementol, a new paint for cement. *Sc. Am. Suppl.* 62 S. 25539.

Wodurch werden Leimfarbenanstriche scheckig? *Malerz.* 26 S. 201/2.

Feuersichere Anstriche. (Asbestfarben; Brandproben mit dem FRETZDORFFschen Asbest-Feuerschutzanstrich; zwei Anstriche übereinander: der Grundanstrich aus Kieselgur und Glaspulver, der Deckanstrich aus gemahlenem Porzellan und Steingut, gemischt mit geringen Mengen Kieselgur, werden mit Wasserglaslösung zu einer konsistenten Anstrichmasse verrieben und der getrocknete Anstrich mit Chlorcalciumlösung gehärtet.) *Ratgeber, G. T.* 6 S. 21/4.

Flammensichere Anstriche. *Farben-Z.* 12 S. 299/301.

Fireproof soapstone paint. (Soapstone reduced to a fine powder mixed with a quick drying varnish or boiled linseed oil.) *Cem. Eng. News* 17 S. 296.

Milch als Farbe. *Milch-Z.* 35 S. 137.

Kasein auf Oelgrund. (Praktische Erfahrungen von SETZ, PFISTER, STÖCKLI, EISELE, SACHS, GRUNDIN-FABRIK KÖHLER & CO. u. a.) *Malers.* 26 S. 82/3.

SOMMER, matte Anstriche ohne Wachs. (R) *Malers.* 26 S. 49.

Anstrichmasse für Leuchtfarben. (R) *Sprechsaal* 39 S. 1467.

Adozione del polverizzatore per l'imbianchimento dei locali. *Riv. art.* 1906, 1 S. 499/500.

BRIDGE, whitewashing a London tube railway. (Whitewashing machine on car.)* *Street R.* 28 S. 106/7.

TEICHERT, desinfizierende Wandanstriche in Molkereien. (Mittels Mikrosols.) *Molk. Z. Berlin* 16 S. 351/3 F.

Fabrikation von Dachöl. (Dachanstrich für Pappdächer.) (R) *Asphalt- u. Teerind.* Z. 6 S. 109.

Harz- und Harzölfarben. *Farben-Z.* 12 S. 4/5.

Farbenvertilger „Unika". (Gleiche Teile Schwefelkohlenstoff und Aceton, dem etwa 5,4 pCt. gereinigtes Erdwachs zugesetzt sind.) *Apoth. Z.* 21 S. 751.

The durability of paints. *Engng.* 81 S. 90/1.

Anthracen und Derivate. Anthracene and derivates. Anthracène et dérivés. Vgl. Farbstoffe 3 k.

LAVAUX, formule de constitution de quelques diméthylanthracènes. *Compt. r.* 143 S. 587/90.

GODCHOT, quelques dérivés hydroanthracéniques. *Compt. r.* 142 S. 1202/4.

DECKER und LAUBE, Konstitution der Alizarinmonomethyläther. *Ber. chem. G.* 39 S. 112/6.

NOELTING und WORTMANN, die Diaminoanthrachinone. *Ber. chem. G.* 39 S. 637/46.

DIENEL, das dritte (1·4-)Chinon des Anthracens. *Ber. chem. G.* 39 S. 926/33.

HASLINGER, 1·4-Anthrachinon. (Ueberführung in Chinizarin.) *Ber. chem. G.* 39 S. 3537/8.

GRAEBE, Methylierung der Oxyanthrachinone; — und THODE, Aether des Alizarins, Flavopurpurins, Oxyanthrarufins und Oxychrysazins; — und BERNHARD, Methyläther des 2- und 1-Oxyanthrachinons, des Anthrapurpurins, des Purpurins und des Xanthopurpurins. *Liebig's Ann.* 349 S. 201/31.

HELLER, Möglichkeit der technischen Darstellung von Anthrachinon aus Benzoylbenzoesäure. *Z. ang. Chem.* 19 S. 669/70.

PRUD'HOMME, les produits de réduction des oxyanthraquinones. *Bull. Soc. chim.* 3, 35 S. 71/6; *Rev. mat. col.* 10 S. 1/2.

LAGODZINSKI, Anilinverbindungen des 1·2-Anthrachinons und ein neues Oxyanthrachinon. *Liebig's Ann.* 344 S. 78/92.

SCHOLL und PARTHEY, Einwirkungsprodukte von Ammoniak auf Alizarin. *Ber. chem. G.* 39 S. 1201/6.

SCHULTZ, G. und ERBER, Derivate der Amidoalizarine. *J. prakt. Chem.* 74 S. 275/96.

Antimon. Antimony. Antimoine. Vgl. Arsen.

HAVARD, the antimony industry. (Why the price of antimony is high; valuation of antimony ores; methods of smelting; position of antimonial lead.) *Eng. min.* 82 S. 1014/5.

Stibine and the allotropic varieties of arsenic and antimony. *Chem. J.* 35 S. 287/90.

LOSSEW, Legierungen des Nickels mit Antimon.◫ *Z. anorgan. Chem.* 49 S. 58/71.

ZEMCŽUŽNYJ, Zink-Antimonlegierungen. ◫ *Z. anorgan. Chem.* 49 S. 384/99.

WILLIAMS, Antimon-Thalliumlegierungen.* *Z. anorgan. Chem.* 50 S. 127/32.

TREITSCHKE, Antimon-Cadmiumlegierungen.* *Z. anorgan. Chem.* 50 S. 217/25.

PÉLABON, les mélanges d'antimoine et de tellure, d'antimoine et de sélénium. Constante cryoscopique de l'antimoine. *Compt. r.* 142 S. 207/10.

YOCKEY, antimony in babbitt and type metals. *J. Am. Chem. Soc.* 28 S. 1435/7.

METZL, das Sulfat des Antimons, sowie dessen Doppelsalze mit Alkalisulfaten. *Z. anorgan. Chem.* 48 S. 140/55.

PFEIFFER und TAPUACH, Chlorostibanate von Dichlorsalzen. *Z. anorgan. Chem.* 49 S. 437/40.

RUFF, Darstellung und chemische Eigenschaften des Antimonpentafluorids.* *Ber. chem. G.* 39 S. 4310/27.

CHRÉTIEN et GUINCHANT, sulfure d'antimoine et antimoine. *Compt. r.* 142 S. 709/11.

BOUGAULT, un tartrate d'antimoine. *Compt. r.* 142 S. 585/6; *J. pharm.* 6, 23 S. 321/6.

BOUGAULT, le tartrate d'antimoine $C_4H_5SbO_6$ et son éther éthylique. *J. pharm.* 6, 23 S. 465/9.

CHRÉTIEN, reduction du séléniure d'antimoine. *Compt. r.* 142 S. 1339/41, 1412/3.

Kaliumquecksilberjodid als Reagens auf Phosphor-, Arsen- und Antimonwasserstoff. *Pharm. Centralh.* 47 S. 317.

CZERWEK, neue Methode zur Trennung von Antimon und Zinn. (Mittels Phosphorsäure.) *Z. anal. Chem.* 45 S. 505/12.

LOW, technical estimation of antimony and arsenic in ores, etc. *J. Am. Chem. Soc.* 28 S. 1715/8.

ROWELL, direct estimation of antimony. (V.m.B.) *Chemical Ind.* 25 S. 1181/3.

WAGNER, Bestimmung des Antimongehaltes im vulkanisierten Kautschuk. *Gummi Z.* 30 S. 638.

Antipyrin. Antipyrine. Vgl. Azolgruppe.

GARELLI e BARBIERI, composti di addizione dell' 1-fenile-2-3-dimetil-pirazolone (antipirina). *Gas. chim. it.* 36, 2 S. 168/72.

MICHAELIS und SCHLECHT, die Azobenzolderivate des Antipyrins und Thiopyrins. *Ber. chem. G.* 39 S. 1954/6.

KNORR, Darstellung der symmetrischen sekundären Hydrazine aus Antipyrinen. *Ber. chem. G.* 39 S. 3265/7.

SCHUYTEN, Viskositätsbestimmungen von wässerigen Antipyrinlösungen. *Chem. Z.* 30 S. 18.

Appretur. Finishing. Apprêt. Vgl. Baumwolle, Flachs, Gespinstfasern, Seide, Weberei, Wolle.

    1. Allgemeine Verfahren.
    2. Waschen und Walken.
    3. Rahmen, Spannen und Trocknen.
    4. Rauhen.
    5. Scheren und Sengen.
    6. Dämpfen, Krumpen (Dekatieren).
    7. Stärken usw.
    8. Mangeln, Kalandern, Lüstrieren, Gaufrieren usw.
    9. Mercerisieren.
    10. Messen, Falten, Duplieren usw.
    11. Verschiedenes.

1. Allgemeine Verfahren. General processes. Procédés généraux.

MASSOT, neue Verfahren und moderne Hilfsmittel auf dem Gebiete der Appretur. (Neuere Verfahren zur Erzielung von Glanz auf Geweben; Appretur von Wollenstoffen; Schlichten und Entschlichten; Feuersichermachen; neue Appreturmittel; maschinelle Neuerungen.)* *Färber-Z.* 42 S. 2/3 F.

CHITTICK, the processes of silk finishing. (a) *Text. Rec.* 32, 1 S. 116/8 F.

SHAW-CROSZ, der Appretur der Wolle vorhergehende Operationen. *Lehne's Z.* 17 S. 79/82.

Veredelungsverfahren für Halbwoll-Kaschmirs. (Vorappretur; Krabben oder Brennen; Sengen; Färben; Nachappretur; Waschen auf der Paddingmaschine zwecks Beseitigung des Sengstaubes mit heißem Wasser.) *D. Wollgw.* 38 S. 1127/9.

Waschen, Färben und Appretieren der Gardinen und Rouleaux. *Färber-Z.* 42 S. 815 F.

SARGENT, dyeing and finishing carriage cloths. *Text. Man.* 32 S. 349/50.

Appretur von Stoffen mit Kammgarnkette und halbwollenem oder baumwollenem Schuß. (Noppen, Stopfen, Waschen, Scheren, Nachstopfen der auf der Seite abgeschnittenen Knötchen.) *Spinner und Weber* 23 Nr. 47 S. 4 F.

AXMACHER, Ausrüstung von Deutsch-Leder, Pilot und Moleskin. (Mit Druck- und Appreturproben. Baumwollene Hosenzeuge.) *Muster-Z.* 55 S. 87/8 F.

MÜSZIGGANG, Appretur der Strich-Kammgarne, stückfarbig auch Drapé genannt, nebst Erläuterung der hierzu geeigneten Appreturmaschinen. (Waschen; Entgerbern; Konservieren der Länge auf der Tandemwalke; Breitspanpresse mit hydraulischem Druck; Entsäuern in der Strangwaschmaschine; Vulkanfiber - Hartgummi-Zentrifugentrommel von WAGNER & HAMBURGER; GESZNERS Rauhmaschine mit Postierapparat; Scheren; Schneidzeug zum Scheren.) *Text. Z.* 1906 S. 850/1, 898/9 F.

Appretur billiger halbwollener Lodenstoffe. (Walken, Entgerbern, Pressen.) *Text. Z.* 1906 S. 656/7 F.

Fabrikation geringer und mittelfeiner Unistrichware. (Richtiges Verhältnis zwischen Garnstärke, Einstellungsdichte und Webbreite; glatte zweischäftige Tuchbindung; Walken; Rauhen; Walzen; Bürsten.) *D. Wolleng.* 38 S. 1587/9.

Points on the finishing of cheviots. (Scouring and fulling; burr dyeing; rough or close finish.) *Text. Man.* 32 S. 239/40; *Text. Rec.* 30, 4 S. 94/6.

HOFFMANN, P., la teinture et l'apprêt des velours de coton. (Laineuse GROSSELIN; autoclave pour le débouillage; machines à brosser; essoreuse au large; grilloir à plaques; chambre à oxyder avec foulard d'imprégnation; machine à sécher verticale à 16 cylindres; foulard à gommer; machine à dérompre, dite casseur; machine à lustrer les velours; machine à lustrer et glacer les velours de coton; teinture en noir; machine à mater.) (a)* *Ind. text.* 22 S. 249/52 F.

DOUGLAS, bleaching and finishing cotton piece goods. (R)* *Text. Rec.* 31, 2 S. 173/6.

Procédés spéciaux d'apprêt pour les articles fantaisie. *Ind. text.* 22 S. 411/2.

Finishing of fancy cassimeres. (a) *Text. Rec.* 31, 6 S. 107/9 F.

Velvet finish on fancy cassimeres. (Depends considerably upon the fulling mill to give to the fabric the felt necessary which afterwards, by means of suitable gigging, napping, brushing, etc. is transformed into the soft velvety-feeling nap.) *Text. Man.* 32 S. 241/2.

Kirsey und seine Fabrikationsweise. (Kräftiger Köperstoff, der meistens mit Strichappretur hergestellt wird.) *Oest. Woll. Ind.* 26 S. 675/6.

CARSTAEDT, das Appretieren der Doppelpilots. (Haspel- oder Faltapparat, Dekatiermaschine.) *Text. Z.* 1906 S. 1066 F.

RUDOLPH & KÜHNE, Appretur der woll- und stückfarbigen Ratiné-Stoffe. *Oest. Woll. Ind.* 26 S. 1501/2.

Substances used in finishing. *Text. col.* 28 S. 205/6.

GLAFEY, mechanische Hilfsmittel zum Waschen, Bleichen, Mercerisieren, Färben usw. von Gespinstfasern, Garnen, Geweben u. dgl.* *Lehne's. Z.* 17 S. 33/6 F.

Die Maschinen für Bleicherei und Appretur der Gewebe auf der Internationalen Textil-Ausstellung zu Tourcoing. (Maschinen der Maschinenfabrik MORITZ JAHR; Gewebe - Mercerisiermaschine,

System EDLICH; Tasterkluppe; Dampfmangel mit Stahltrockenzylinder; Universal-Wasch-, Spül- und Trockenmaschine; Benzindestillierapparat mit Vorwärmer, „System Gerhardt"; Zentrifuge mit Schutzvorrichtung; Meß- und Aufschlagmaschine.)* *Z. Textilind.* 10 S. 37/9.

Mechanical rubber rolls. (For squeezing, starching, soaping and scouring machines.)* *Text. Rec.* 31, 2 S. 167.

Appretur und Appreturmittel der leinenen und baumwollenen Gewebe. *Muster-Z.* 55 S. 1/3.

SHAWCROSS, drugs used in wool finishing. (For the purpose of filling or weighting, stiffening, lustring and improving the handle.) *Dyer* 26 S. 29.

CROWE, finishing hosiery. (Finishing fine lisle and mercerized hosiery in blacks, tans, blues; steam press; steam brush.) *Text. Rec.* 32, 1 S. 129/31.

Appreturmittel für Wollenstoffe. (Glyzerin; Algin; Isländischmoos; Albumin; gekochte Stärke. Beschwerungsmittel: Chinaclay, Bleisalze, besonders schwefelsaures und essigsaures Blei, sowie schwefelsaurer Baryt; Walkerde, Wasserglas.) *D. Wolleng.* 38 S. 881/2.

2. Waschen und Walken. Washing, scouring and fulling. Lavage et foulage. Vgl. Wäscherei und Wascheinrichtungen.

WETZEL, Breitwaschmaschine für Gewebebahnen.* *Spinner und Weber* 23 Nr. 46 S. 1/3 F.

Die Appretur der Strichgarndiagonals. (Reine Lodenwäsche und Vermeidung zu scharfer Waschlaugen; Karbonisieren mit Säure; Rauhen; Potten der im Wasser strichgerauhten Ware; Vorschur.) *D. Wolleng.* 38 S. 129/31.

Cloth finishing. (Washing-off and straightening.) (a)* *Text. Man.* 32 S. 25/6.

MATTHEWS, scouring of silk. *Text. col.* 28 S. 173/5.

HIELD, hints on cloth scouring. *Text. Man.* 32 S. 239.

Importance of wool scouring. *Text. col.* 28 S. 361/2.

MATTHEWS, scouring of wool. *Text. col.* 28 S. 65/7 F.

HIELD, scouring woollens.* *Dyer* 26 S. 128 F.

MATTHEWS, washing as a process in wool-scouring. *Text. col.* 28 S. 33/6.

MATTHEWS, chemical nature of scouring agents. *Text. col.* 28 S. 1/4.

FRANÇOIS, Walken von Stückwaren. *Färber-Z.* 42 S. 399 F.

HIELD, fulling or milling.* *Dyer* 26 S. 168/9 F.

LUMB, WALSHAW & WHITE, fulling machine. * *Text. Man.* 32 S. 411.

Fulling mill.* *Text. Rec.* 31, 4 S. 149/50.

A fulling mill stop motion. (U.S. Pat.)* *Text. Rec.* 30, 6 S. 123/4.

KRAUS, der Filzprozeß der Schafwollgewebe und die moderne Walke.* *Mon. Text. Ind.* 21 S. 124/6.

Die Einseif- und Wringmaschine und ihre Vorteile. (Zur Erzielung guter Walke und gleichmäßiger Verfilzung.) *D. Wolleng.* 38 S. 295/6.

Verhütung der Walkschwielen.* *Spinner und Weber* 23 Nr. 6 S. 1/3.

3. Rahmen, Spannen und Trocknen. Tentering, stretching and drying. Ramage et séchage. Vgl. Trockenvorrichtungen.

HATHAWAY, the drawing-in of warps by machinery. (In the operation of the machine a worm or screw, something in the shape of a cork-screw, worms itself through the heald spring or spacer, taking a heald with it at each turn, thus giving absolute control of each separate heald.) (V) (A)* *Text. Man.* 32 S. 340/1.

Opening and stretching fabrics. (Expander rolls.)* *Text. Rec.* 32 S. 97/8.

CUTTER, what is the evaporating efficiency of a cloth dryer? *Text. Rec.* 32 S. 155/60.

COLES, art of drying. (Desiccation by hygroscopic materials; direct-heat system; vacuum system.) (V) (A) *Text. Man.* 32 S. 211/3

TOMLINSON-HAAS, Simplex - Trockenmaschine für Garne und loses Fasermaterial.* *D. Wolleng.* 38 S. 309/10.

TAYLOR's improvement to cloth tentering machines. (Having mounted a series of automatic cloth clamping devices upon the links of two endless chains, each of which travels in longitudinal tracks supported in stands.)* *Text. Rec.* 31, 5 S. 95/6.

WETZEL, Saugtrockner für Gewebe, Garn, Wolle usw. (Ausnutzung der Scheidewände zur Abführung des abgesetzten Wassers. Wasserabscheidung durch senkrechte Einstellung von halbrund gebogenen Rinnen.)* *Spinner und Weber* 23 Nr. 18 S. 1/4 F.

Importance of tentering woolen goods in drying. *Text. Rec.* 31, 3 S. 119/20.

Drying machine. (For raw cotton or yarn; a large quantity of material can be dried in a very small space, the air being forced through the stock alternately in each direction.) * *Text. Rec.* 30, 4 S. 86.

ZACHARIASEN, the HIORTH drying tower, built by the British Drying Tower Co. (Circulating the drying air current over and over again, and allowing only just enough of it to escape to carry off the moisture evaporated, the exhaust being in a highly saturated condition.) (V)* *Text. Man.* 32 S. 53/5.

GES. FÜR TROCKENVERFAHREN M. B. H., elektrischer Konditionier-Apparat. (Trocknung durch Wärme unter gleichzeitiger Entwicklung von Licht mit Hilfe des elektrischen Stromes; zwei gleiche Trockenkammern, die abwechselnd als Vortrocken- und Wägeraum dienen.)* *D. Wolleng.* 38 S. 1021/2; *Z. Textilind.* 10 S. 88/9.

WRAY, automatische Konditionier-Maschine. (Besprengen von Kopsgarnen mit Wasser.) *Oest. Woll. Ind.* 26 S. 537/9; *Uhlands T. R.* 1906, 5 S. 6.

KROELL & CO., Befeuchtungsapparat für Garne in Kops, Spulen oder Strängen. (Ohne daß die Kops usw. mit Wasser in Berührung kommen.)* *Uhlands T. R.* 1906, 5 S. 31/2.

SOCIETÀ ANONIMA COOPERATIVA IN MAILAND, Verfahren und Vorrichtung zum Konditionieren von Seide und sonstigen Textilfasern. (Die gesamte heiße Luft wird genötigt, den Stoff zu durchströmen.)* *Uhlands T. R.* 1906, 5 S. 22/3; *Ind. text.* 22 S. 94.

4. Rauhen. Raising. Lainage.

SHAWCROSS, woolen raising or gigging. *Text. col* 28 S. 41/3; *Dyer* 26 S. 14/5.

PREISZ, Bleichen und Rauhen von baumwollenen Futter- und Unterkleiderstoffen. *Muster-Z.* 55 S. 195/6.

WETZEL, Rauhmaschinen. (Antriebsvorrichtungen; Drahtbänder mit gekreuzten Diagonal-Verbindungen; RENOLDsche Zahnketten-Getriebe.)* *Spinner und Weber* 23 Nr. 31 S. 1 F.

Die Kratzenrauhmaschine in der Wollstoffappretur. *D. Wolleng.* 38 S. 1005/6.

NAHMEL, Rauheffekte auf Velour und Barchent durch Druck mit Viskose. *Muster-Z.* 56 S. 25/6.

MUNSCH, Querbürstmaschine für Genua - Cords, rippig geschnittenen Schußsamt, mit geriffelten Unterwalzen. *Oest. Woll. Ind.* 26 S. 994.

V. EYKEN, Bürstmaschine für Strähngarne. * *Uhlands T. R.* 1906, 5 S. 15/6.

Repertorium 1906.

RICHARD, über Verfilzungsrauherei. (Umstellungen ermöglichen, die Maschine im Verfilzungseffekt arbeiten zu lassen.) *Oest. Woll. Ind.* 26 S. 475; *Text. u. Färb. Z.* 4 S. 283.

KRAUS, felting and modern milling.* *Dyer* 26 S. 134/5.

The CURTIS & MARBLE CO. napper. (Providing a sliding arrangement on the machine for the carriage holding the draft roll, and thus readily permitting the machine to be changed from a single contact to a two contact napper.)* *Text. Rec.* 30, 5 S. 107/9.

5. Scheren und Sengen. Shearing and Singeing. Tondage et grillage. Vgl. Weberei 3 b.

CURTIS & MARBLE, lappet shearing machine.* *Text. Rec.* 31, 3 S. 112.

KNOWLES & SONS, Konus-Kettenschermaschine.* *Oest. Woll. Ind.* 26 S. 931.

SCHULZ, ERNST, Neuerungen an Gewebeschermaschinen. (STEVENs & SCHÜRHOLZs Maschine mit Handschutzvorrichtung, aufklappbarer Glaswand und Staubabsauger.)* *Mon. Text. Ind.* 21 S. 227/8.

Points on shearing woolens. *Text. Rec.* 31, 5 S. 102/5.

MARBLE, singeing. (V) *Text. Rec.* 31, 6 S. 96 a/96 d.

MARBLE, singeing of cotton goods. (Natural gas as a standard in estimating the caloric value; data collected from American establishments.) (V) *Text. Man.* 32 S. 349 F.

BURGHAUS, Garnsengmaschinen.* *Text. u. Färb. Z.* 4 S. 438/40.

RIVETT & OLDHAM, Fadensengmaschine. (Maschine mit BUNSENbrenner.)* *Oest. Woll. Ind.* 26 S. 1301.

WOONSOCKET MACHINE & PRESS CO., gassing machine. (Suited for both cotton and silk yarn.)* *Text. Rec.* 31, 5 S. 149.

6. Dämpfen, Krumpen (Dekatieren). Steaming, shrinking. Décatissage.

Advantages of steaming woollen yarns. *Text. Rec.* 31, 6 S. 109/11.

BLIN & BLIN, laineuse-décatisseuse.* *Ind. text.* 22 S. 420.

MATHER & PLATT, apparatus for steaming fabrics. (The steaming is effected at approximately ordinary pressure. The fabrics pass over systems of rollers.) (Pat.)* *Text. Man.* 32 S. 515/6.

SAUR, Glanzabzieh- und Dämpfmaschine. * *Oest. Woll. Ind.* 26 S. 537.

SCHMID HENRI, Dämpfapparat, kombiniert mit Trockentrommel, zum Dämpfen von Druckproben in Zeugdruckereien, in Farbenfabriken, technischen Hochschulen usw. * *Lehnes Z.* 17 S. 201/2.

Vorbereitung der Strichware für die Dekatur. (Vorschur, Pressen.) *D. Wolleng.* 38 S. 1187/8.

HIELD, roll boiling, its purpose and mechanics.* *Dyer* 26 S. 68/9.

Naßdekatur- und Naßdekatiermaschinen. (Ausführungsarten, Vorzüge.) *Text. Z.* 1906 S. 270 F.

Effect of wet decatising. *Dyer* 26 S. 71.

Einfluß der Naßdekatur auf die Qualität und den gleichmäßigen Ausfall stückfärbiger Ware. *Oest. Woll. Ind.* 26 S. 227/8.

Ueber den derzeitigen Stand des Nadelfertig- und Bügelechtmachens der Wollenstoffe. (Krumpfverfahren; Zuwassergehenlassen; feuchte Krumpfe; Krumpfen auf offenem Dampf; RUDOLPH & KÜHNEs Krumpfmaschine mit Glättrommel; Krumpfen und Bügelechtmachen mit feuchtem, spannungslosem Wasserdampf nach GESZNER.) *Oest. Woll. Ind.* 26 S. 1174/5.

SHAWCROSS, damping or sponging woollens. *Dyer* 26 S. 125.

Sponging woollen goods.* *Text. Rec.* 30, 6 S. 81/4.

SCHWEITER, Stoff-Aufrollmaschine. (Zum Glätten und Dämpfen solcher Seidengewebe, welche ohne weitere Appretur zum Verkauf gebracht werden. Sie kommen zuerst zur Putzmaschine und werden auf der Aufrollmaschine selbsttätig ausgebreitet und gedämpft.)* *Uhlands T. R.* 1906, 5 S. 58/9.

SHAWCROSS, crabbing half-silk. *Dyer* 26 S. 45.

HIELD, practical points in crabbing. (Running the fabric in hot water whilst rolled at full width on a cylinder and blowing clean through the tightly rolled fabric while on a perforated roll.)* *Dyer* 26 S. 34/5.

7. Stärken usw. Starching etc. Amidonnage etc.
Vgl. Weberei 3 b.

DORNIG, Appretur von Mieder- und Korsettgeweben. (Appretmasse.) *Färber-Z.* 42 S. 744.

SCARISBRICK, practical notes on the sizing of cotton yarns. (Sago; maize; rice flour; weight givers; deliquescents, antiseptics.) (V) (A) *Text Man.* 32 S. 29/31; *Muster-Z.* 55 S. 409/12 F.

Cotton-cloth finishing. (For thickening purposes, to impart a particular handle.) (R) *Text. Man.* 32 S. 386.

Künstliche Schlicht- und Appreturmittel. *Färber-Z.* 42 S. 678/9 F.

MASSOT, Uebersicht über die wichtigeren zur Erzeugung von Appretureffekten gebräuchlichen Mittel und Verfahren der letzten Zeit. *Z. ang. Chem.* 19 S. 177/81 F.

Tragasol, ein neues Schlicht- und Appreturmittel. (Vorschriften.) *Text. u. Färb. Z.* 4 S. 376.

GUM-TRAGASOL SUPPLY CO., apprêt à base de gomme tragasol. (R) *Ind. text.* 22 S. 187/8.

Appretur der Baumwollbuntwaren. (Bittersalzappretur.) *Färber-Z.* 42 S. 465/6 F.

AXMACHER, das Chlormagnesium und seine Verwendung in der Textil-Industrie. Gefahren bei unangemessener Verwendung. *Muster-Z.* 55 S. 171/2.

BUCHWALD, Magnesiumchlorid als Schlicht- und Appreturmittel. *Oest. Chem. Z.* 9 S. 167.

KOERNER, Chlormagnesium als Appreturmittel. *Mitt. a. d. Materialprüfungsamt* 24 S. 175/6.

GERZEDY, finishing coloured cotton linings. (Dressing for a stiff finish, especially for thin fabrics of dextrine, Glauber's salt, soaked glue, wheat starch, Turkey-red oil, magnesium chloride liquor.) *Text. Man.* 32 S. 244.

TAGLIANI, Zersetzung und Auflösung von Schlichten und Verdickungen.* *Z. Farb. Ind.* 5 S. 241/57.

HANAUSEK, Stockflecke auf gebleichtem und appretiertem Baumwollstoff. (Beschränkung von Stärkesirup als Appreturmittel; Ersatz durch Dextrin, Gummi.)* *Mitt. Gew. Mus.* 16 S. 100/1.

BURNHAM, Zusammensetzung und Eigenschaften der Baumwoll-Softening. (Seife mit Zusatz von Oel.) *Text. u. Färb. Z.* 4 S. 425.

Entappretieren mittels diastatischer Präparate. *Text. u. Färb. Z.* 4 S. 377/8.

POLLAK, diastatische Präparate und deren praktische Anwendung in der Textil-Industrie. *Muster-Z.* 55 S. 308/9.

Diastafor von der DEUTSCHEN DIAMALT-G. M. B. H. *Lehne's Z.* 17 S. 272/4.

LOHMANN, Diastafor, ein praktisches Hilfsmittel im Dienste der Färberei, Druckerei und Appretur. (Zum Entschlichten oder als Zusatz von Appreturmitteln.) *Lehne's Z.* 17 S. 158/9; *Text. u. Färb. Z.* 4 S. 168/9.

BRUMAIRE & DISS, dégommage des fibres de ramie. (Eau naturelle ou eau de mer; chlorure

de sodium, carbonate de soude; savon mou [composé d'oléine et de potasse].) *Ind. text.* 22 S. 332.

BEAUMONT PUMP WORKS, STOCKPORT, cop dyeing, bleaching and sizing machine.* *Text. Rec.* 30, 4 S. 139/40.

MASSOT, über chemische Untersuchungen von Appretur- und Schlichtemitteln. (Bemerkungen zur Ausführung der anorganischen Prüfung.) *Mon. Text. Ind.* 21 S. 255/6 F.

8. Mangeln, Kalandern, Lüstrieren, Gaufrieren usw.; Mangling, calendering, lustring, embossing etc.; Calandrage, lustrage, gaufrage etc. Vergl. Wäscherei und Wascheinrichtungen.

HIELD, cloth pressing. (Paper pressing; machine pressing.)* (a) *Text. Man.* 32 S. 24 F.

GESZNER's improvement to his rotary cloth press. (To impart to the fabric under operation a finish analogous to such as obtained by means of hydraulic plate pressing and sponging. The finish is obtained by means of providing one or two special aprons.)* *Text. Rec.* 31, 2 S. 119/20.

WHITELEY & SONS, Muldenpresse.* *Uhlands T. R.* 1906, 5 S. 15.

POHL appparatus for lustering silk threads. (Machine equipped with a heated body having a plurality of contact surfaces over which the threads pass, before coming into contact with the main beating surface.) *Text. Rec.* 30, 6 S. 96/7.

ERBAN, Eisengarn-Fabrikation. *Text. u. Färb. Z.* 4 S. 197/8.

CHANDLER, silky lustre explained. (Application of CHEVREUL's theory to vegetable fibres.) *Text. Man.* 32 S. 170/1.

ECK & SÖHNE, Verfahren zur Herstellung von Seidensamtglanz auf Geweben durch Pressen. *Uhlands T. R.* 1906, 5 S. 24.

KRAIS, Seidenapparat auf Baumwollgeweben. (Als Lösungsmittel für Nitrozellulose dient Amylformiat.) *Text. u. Färb. Z.* 4 S. 165.

SCHREINER, Finish oder Seiden-Finish. (Für baumwollene Gewebe. Pressung, feine Riffelung mittels gravierter Walzen.) (A) *Text. Z.* 1906 S. 585.

Fastening the SCHREINER finish. (Pat.) *Text. Rec.* 32 S. 125/6.

GERTER, rubbing, breaking and polishing silk mixed goods. (The process consists in imparting to the fabric the smooth lustrous finish.)* *Text. Rec.* 31, 3 S. 108/9.

SHAWCROSS, Krabben (Crabbing) von Halbseidenstoffen. *Muster-Z.* 55 S. 271/2.

Luster finish on woollens. (a) *Text. Rec.* 31, 5 S. 105/8 F; *Text. Man.* 32 S. 388 F., 421/2.

Steam brush for woollen goods. (To remove the surplus lustre and give the goods the right handle.)* *Text. Rec.* 31, 3 S. 125/6.

Astrakhan effects. (Crowding the goods into a sack and then winding a cord tightly around it in order to crumple the plush together. In this form the goods are boiled in water or subjected to the action of steam in a boiler.)* *Text. Rec.* 30, 6 S. 90.

REISER, Herstellung der Moirégewebe. (Durch besondere Appretur.) *Mon. Text. Ind.* 21 S. 47/8.

HOFFMANN, P., applications industrielles de l'action des alcalis sur les fibres, autres que le mercerisage. (Gaufrage des étoffes; lanification du jute; cotonisation du lin.) *Ind. text.* 22 S. 52/4 F.

9. Mercerisieren. Mercerising. Mercerisage.

HOFFMANN, P., mercerising. (Without stretching; mercerising yarns; static machines; automatic machines; machines with rods mounted at one end; hydraulic tension machines; machines in

which the tension is produced by centrifugal force; mercerising fabrics.) *Text. Man.* 32 S 61/3; *Oest. Woll. Ind.* 26 S. 534/6; *Mon. teint.* 50 S. 198/9 F.

HOFFMANN, P., les articles fantaisie. (Procédés sous tension avec élargissement forcé; machines à merceriser HAUBOLD, EDLICH; procédés sous tension sans élargissement forcé; rame merceriseuse DAVID; procédés THOMAS & PRÉVOST, KLEINEWEFERS, BERNHARDT, SMIRNOFF & ROSENTHAL, REICHMANN & LAGERVIST, KNOOP. Mercerisage en filature; mercerisage des chaînes. Découpage des étoffes de laine et de soie; crêpage, moiré et gaufrage des étoffes de coton et de lin; fibres artificielles; teinture par élévation progressive du niveau du liquide; projecteur à pulvérisation de liquides.) (a)* *Ind. text.* 22 S. 48/52.

OSTERMANN, Mercerisierung von Baumwollgarnen. (Ohne Spannung der Garne; Behandlung der einzelnen Fäden; das Einlaufen wird durch Aufwinden des Fadens auf einen Haspel verhindert.)* *Färber-Z.* 42 S. 354.

Substances employées pour l'apprêt final des tissus. *Mon. teint.* 50 S. 260/3.

Garnmercerisiermaschine der ZITTAUER MASCHINENFABRIK UND EISENGIESZEREI * *Text. u. Färb. Z.* 4 S. 635/6.

Streck- und Abspritzrahmen für Mercerisierzwecke der ZITTAUER MASCHINENFABRIK UND EISENGIESZEREI. * *Text. u. Färb. Z.* 4 S. 667/9.

Hydraulischer Mercerisier-Foulard der ZITTAUER MASCHINENFABRIK UND EISENGIESZEREI. * *Text. u. Färb. Z.* 4 S. 616/7.

KRAIS et BRADFORD DYERS ASSOCIATION, mode d'apprêt des tissus. (Formiate d'amyle (l'éther de l'acide. formique avec l'alcool isoamylique) pour fixer l'apprêt lustré produit mécaniquement.) *Ind. text* 22 S. 332.

Ueber Egalisierungsschwierigkeiten in der Färberei mercerisierter Garne. *Z. Textilind.* 10 S. 61/2.

Distinguishing mercerized and unmercerized cotton. (A) (R) *Text. Rec.* 32, 1 S. 146/7.

10. Messen, Falten, Duplieren usw. Measuring, folding, doubling etc. Métrage, pliage, doublage etc.

DRAPER, method of measuring warps.* *Text. Rec.* 31, 5 S. 150/1.

PARKS & WOOLSON MACHINE CO., Springfield, Vt., measuring clock for cloth perches. (Measuring or examining cloth on a perch.)* *Text. Rec.* 30, 4 S. 140/1.

HACKING & CO., Warenmeßmaschine für Baumwollwebereien. (Aus zwei ebenen Teilen bestehender Tisch.)* *Oest. Woll. Ind.* 26 S. 1055/6.

SIMONETT, kombinierte Doublier-, Ausrüste-, Meß und Legemaschine. (Einschaltung einer besonderen Ausrüstvorrichtung, durch welche ein nochmaliges Pressen umgangen werden soll.) *Oest. Woll. Ind.* 26 S. 1371.

SIMONETT, combined rigging and plaiting machine. (Cold pressing is entirely dispensed with)* *Text. Man.* 32 S. 338.

11. Verschiedenes. Sundries. Matières diverses.

Tissus blancs tachés ou jaunissant en magasin. (Emploi du borax, du phosphate de soude.) *Ind. text.* 22 S. 54/5.

Weighted silk fast to light. *Text. Rec.* 32, 1 S. 153.

Development of silk dyeing since the discovery of tin weighting. (Tin salts have the greatest affinity for silk.) *Text. Man.* 32 S. 277/8.

Ueber den nachteiligen Einfluß der Elektrizität in der Appretur der Wollenstoffe. (Magnetische Erscheinungen, indem die Stoffbahnen sich gegen-

seitig anziehen; Aufrichten der Strichdecke; elektrische Erscheinungen auf dem Scherzylinder, beim Ausspähnen nach der Presse und beim Aufwickeln zur Dekatur, infolge der hohen Temperatur in der Ware während des Pressens. Ableitung der Elektrizität, ehe sie zu der Abführwalze bezw. zu der Abtafelvorrichtung gelangt; gründliches Verkühlen der heiß aus der Trockenmaschine gekommenen Ware, ehe sie zum Scheren gelangt.) *D. Wolleng.* 38 S. 601/2; *Lehnes Z.* 17 S. 179/80.

ARNOLD, making wood carrier rolls for textile work. (Used in connection with textile finishing machines.)* *Text. Rec.* 31, 2 S. 81/2.

Analyse des apprêts sur tissus. *Mon. teint.* 50 S. 225/6 F.

KNOWLES & SONS, ROBERTSHAW patent cloth examining machine. (In which the goods may be rerolled while in process of examination.) * *Text. Man.* 32 S. 338.

BUTTERWORTH & SONS CO., SIMPSON's cloth winding machine. (The cloth is started on the wood shell, and is kept moving by coming in contact with the back drum. The centre-bar, which passes through the wood shell upon which the cloth is wound, is held by a pair of jaws.) * *Text. Rec.* 31, 6 S. 145/7.

CAMERON MACHINE CO., cloth splitting machines. * *Text. Rec.* 31, 3 S. 161/2.

KLUG, Schleif- und Poliermaschinen. (Einstellbare Schleifwalzen, welche die einzelnen Härchen zerspalten und schrägschneiden, ohne dabei den Faden des Gewebes anzugreifen, um Glätte und Weichheit der Stoffe zu erzielen.)* *Uhlands T. R.* 1906, 5 S. 48.

SCHWEITER, Bandreibmaschine. (Verreiben von Bändern ohne Unterlage mittels stumpfer, in einen Rahmen eingespannter Messer.)* *Uhlands T. R.* 1906, 5 S. 58.

Aräometer. Areometers. Aréomètres. Vgl. Instrumente 7, Laboratoriumsapparate, Messen 4, Zucker 10b.

ACKERMANN und v. SPINDLER, Aräometer. (Statt der gewöhnlichen Skala eine solche mit Millimeterteilung.) *Pharm. Centralh.* 47 S. 634.

GÖCKEL, Bürette für fehlerfreie Titration in der Wärme und bei Siedetemperatur. * *Z. Chem. Apparat.* 1 S. 99/100.

MITTLER und NEUSTADTL, Apparat zur kontinuierlichen Ermittlung des spezifischen Gewichtes von Destillaten im Fabriksbetriebe.* *Chem. Z.* 30 S. 1033/4.

REBENSTORFF, Senkwage mit Centigrammspindel.* *Chem. Z.* 30 S. 569/70

Vorrichtung zum schnellen Füllen und Entleeren von Pyknometern nach V. REINHARDSTÖTTNER.* *Apoth. Z.* 21 S. 955.

Argon. Vgl. Gase, Helium.

EWERS, Vorkommen von Argon und Helium in den Gasteiner Thermalquellen. * *Physik. Z.* 7 S. 224/5.

MOUREAU, les gaz rares des sources thermales. Détermination globale; présence générale de l'argon et de l'hélium.* *J. pharm.* 6, 24 S. 337/50; *Compt. r.* 142 S. 1155/8.

KITCHIN and WINTERSON, malacone, a silicate of zirconium, containing argon and helium. *J. Chem. Soc.* 89 S. 1568/75.

COOKE, experiments on the chemical behaviour of argon and helium.* *Proc. Roy. Soc.* 77 S. 148/55; *Z. physik. Chem.* 55 S. 537/46.

Assorbimento dell' argo col magnesio. *Gas. chim. it.* 36, 2 S. 573/5.

INGLIS, isothermal distillation of nitrogen and oxygen and of argon and oxygen.* *Phil. Mag.* 11 S. 640/58.

DEMBER, lichtelektrischer Effekt und das Kathodengefälle an einer Alkalielektrode in Argon, Helium und Wasserstoff.* *Ann. d. Phys.* 20 S. 379/97.

Arsen. Arsenic. Vgl. Antimon.

CAMPBELL and KNIGHT, paragenesis of the cobaltnickel arsenides and silver deposits of Timiskaming.* *Eng. min.* 81 S. 1089/91.

FRIEDRICH, Blei und Arsen.* *Metallurgie* 3 S. 41/52.

FRIEDRICH und LEROUX, Silber und Arsen.* *Metallurgie* 3 S. 192/5.

FRIEDRICH u. LEROUX, Zink und Arsen. (Mischungsverhältnisse.)* *Metallurgie* 3 S. 477/9.

Stibine and the allotropic varieties of arsenic and antimony. *Chem. J.* 35 S. 287/90.

DEHN and MC GRATH, arsonic and arsinic acids. *J. Am. Chem. Soc.* 28 S. 347/61.

RUFF und GRAF, Arsenpentafluorid. *Ber. chem. G.* 39 S. 67/71.

Liquor kalii arsenicosi. (Bereitung.) *Pharm. Z.* 51 S. 190.

AUGER, méthodes nouvelles de préparation de quelques dérivés organiques de l'arsenic. *Compt. r.* 142 S. 1151/3.

AUGER, éthérification de l'anhydride arsénieux par les alcools et le phénol. *Compt. r.* 143 S. 907/9.

DEHN and WILCOX, secondary arsines. *Chem. J.* 35 S. 1/54.

HAUSMANN, die von Schimmelpilzen gebildeten gasförmigen Arsenverbindungen. *Z. Hyg.* 53 S. 509/11.

WENTZKI, Reinigungsmasse zur Entfernung von Arsenwasserstoff aus rohem Wasserstoffgas. (Gemisch aus zwei Teilen trockenem Chlorkalk und einem Teil feuchten Sand.) *Chem. Ind.* 29 S. 405/6.

LOCKEMANN, Wasserstoffentwicklung im MARSHschen Apparat. (Einfluß der verschiedenen Aktivierungsmittel auf die Arsenwasserstoffentwicklung.) *Pharm. Centralh.* 47 S. 1035/6.

GAUTIER, emploi du cuivre comme excitateur dans l'appareil de MARSH. *Bull. Soc. chim.* 3, 35 S. 207/8.

DE VAMOSSY, emploi du platine et du cuivre comme activeurs dans l'appareil de MARSH. *Bull. Soc. chim.* 3, 35 S. 24/8.

BERTRAND et DE VÁMOSSY, dosage de l'arsenic par la méthode de MARSH. *Ann. d. Chim.* 8, 7 S. 523/36.

BISHOP, estimation of minute quantities of arsenic. (Determination in sulphuric acid; a mixture of hydrochloric and sulphurous acids is forced into the hot concentrated sulphuric acid. After distilling while absorbing the escaping gas in water, the distillate containing arsenious chloride, hydrochloric and sulphurous acids is oxidized with potassium chlorate, evaporated on the steambath and the MARSH test applied.)* *J. Am. Chem. Soc.* 28 S. 178/85.

MAHIN, determination of total arsenic acid in London purple. *J. Am. Chem. Soc.* 28 S. 1598/1601.

LOW, technical estimation of antimony and arsenic in ores, etc. *J. Am. Chem. Soc.* 28 S. 1715/8.

RECKLEBEN und LOCKEMANN, Reaktionen und Bestimmungsmethoden von Arsenwasserstoff.* *Z. ang. Chem.* 19 S. 275/83.

GOODE and PERKIN, the GUTZEIT test for arsenic. (V. m. B.)* *Chemical Ind.* 25 S. 507/12.

Kaliumquecksilberjodid als Reagens auf Phosphor-,

Arsen- und Antimonwasserstoff. *Pharm. Centralh.* 47 S. 317.

THOMSON, allotropic form of arsenic and the estimation of arsenic when in minute quantities. (V) *Chem. News* 94 S. 156/7.

CARLSON, das verschiedene Verhalten organischer und anorganischer Arsenverbindungen Reagenzien gegenüber, sowie über ihren Nachweis und ihre Bestimmung im Harn nach Einführung in den Organismus. *Z. physiol. Chem.* 49 S. 410/32.

TARUGI e BIGAZZI, ricerca delle minime quantità d'arsenico nelle sostanze organiche. *Gas. chim. it.* 36, 1 S. 359/64.

HUBERT et ALBA, recherche de l'arsenic, du cuivre, du plomb et du zinc dans les vins.* *Mon. scient.* 4, 20, I S. 799/802.

KLEINE, Apparat zur Arsenbestimmung. (Der Destillationsapparat besteht nur aus Destillationskolben und Kühler.)* *Chem. Techn. Z.* 24 S. 110/11; *Chem. Z.* 30 S. 585; *Stahl* 26 S. 664/5.

THORPE, application of the electrolytic method to the estimation of arsenic in wallpapers, fabrics, &c. *J. Chem. Soc.* 89 S. 408/13.

NEUMANN, B., Elektrolyse von Arsenlösungen. (Abscheidung des Arsens als Metall.) *Chem. Z.* 30 S. 33/5.

GOOCH and PHELPS, the separation of arsenic from copper as ammonium-magnesium arseniate. *Am. Journ.* 22 S. 488/92.

Mikroskopischer Arsennachweis. (Mikrochemischhistologische Untersuchungsmethode; als Arsentrisulfid.) *Pharm. Centralh.* 47 S. 510.

ROSENTHALER, Arsensäurebestimmung. *Z. anal. Chem.* 45 S. 596/9.

Asbest. Asbestos. Asbeste.

CIRKEL, Asbest, sein Vorkommen, seine Gewinnung und Verwendung. *Gummi-Z.* 20 S. 709/11 F.

Vorkommen von Asbest in Kanada. *Baumalk.* 11 S. 51/2.

Asbestos in building construction. *Iron A.* 78 S. 1393.

Asbest als Isoliermaterial. (Verwendung als Wärmeschutzmittel und in der Elektrotechnik.) *Gummi-Z.* 20 S. 630/2.

Asphalt. Asphaltum. Asphalte. Vgl. Straßenbau.

Vom Asphalt. *Asphalt- u. Teerind.- Z.* 6 S. 111.

MALENKOVIC, die Asphaltfrage, insbesondere die Nomenklaturfrage, vom Standpunkte des Hochbau- und Straßenbau-Ingenieurs. (Bitumen, Asphalt, Pech, erweichende Zusätze, Asphaltmastix; Eigenschaften von Asphalt; Untersuchung des Pechs und Bitumens; Löslichkeit in Alkohol, Fluorescenz; Fällbarkeit durch Halogenverbindungen von Schwermetallen; Schwefelbestimmung; Jodzahlen; die Maximal - Bromzahlen; Untersuchung des Goudron. Mastix und Gußasphalt; Berichtigung betr. „Fällbarkeit durch Halogenverbindungen der Schwermetalle.") *Baumalk.* 11 S. 12/5F.

Asphalt- und Teerprodukten-Kenntnisse. *Asphalt- u. Teerind.-Z.* 6 S. 574.

Asphalt, seine Fundstätten und Gewinnung. *Asphalt- u. Teerind.- Z.* 6 S. 221/2F.

Asphalt und Erdöl in Fraustadt (Posen). *Asphalt- u. Teerind.-Z.* 6 S. 400.

Asphaltlager in Afrika. *Asphalt- u. Teerind. - Z.* 6 S. 187/8.

CRAIG, die neuen Oelfelder von Trinidad. *Asphalt- und Teerind.-Z.* 6 S. 381 F.

MCDONALD, GEORGE, Asphaltablagerungen in Nigeria, Trinidad und Venesuela. *Asphalt- u. Teerind.-Z.* 6 S. 412/3 F.

CRANE, asphaltic coals in the Indian territory.

(Methods of prospecting and mining.)* *Mines and minerals* 26 S. 252/5.

VOURNASOS, griechischer Asphalt und seine technische Bedeutung.* *Dingl. J.* 321 S. 200/4.

Derna - Asphalt. (Bereitet aus Kalkstein, der mit natürlichem Bitumen getränkt ist; wird in Pulverform als Stampfasphalt verarbeitet.) *Baugew. Z.* 38 S. 28.

HOLDE und SCHÄFER, Untersuchung von Asphaltpulvern auf Bitumengehalt. *Asphalt- u. Teerind.-Z.* 6 S. 577; *Mitt. a. d. Materialprüfungsamt* 24 S. 109/14; *Chem. Rev.* 13 S. 281/2.

KÖHLER, Beitrag zum Nachweis von Verfälschungen im Naturasphalt. (Schwefelgehalt; Destillationskurve; quantitative Methoden des New York Testing Laboratory.) *Chem. Z.* 30 S. 36/37, 673/5; *Asphalt- u. Teerind.-Z.* 6 S. 56/7, 314/6 F.

MALENKOVIC, Nachweis von Verfälschungen im Naturasphalte. *Chem. Z.* 30 S. 473/4; *Asphalt- u. Teerind.-Z.* 6 S. 236/7.

AVERY and CORR, determining total soluble bitumen in paving material. *J. Am. Chem. Soc.* 28 S. 648/54.

Technical analysis of asphalt. *India rubber* 32 S. 230/1.

Some further notes on aspalt. (Melting-point of asphaltum, pitch, and similar substances; carbon tetrachloride as a solvent for differentiating bitumens; constituents of asphalts and pitches; detection of adulterants; bitumen for electrical uses.) *Builder* 91 S. 230/2.

Methode zur raschen Schmelzpunkt- (Härtegrad) Bestimmung von Asphalt- und anderen Bitumen.* *Asphalt- u. Teerind.-Z.* 6 S. 574.

Asphaltprobe. *Asphalt- u. Teerind.-Z.* 6 S. 319.

Wert von Bitumen - Bestimmungen im Mastix und Stampfasphalt. *Asphalt- u. Teerind.-Z.* 6 S. 108/9.

RICHARDSON, Zusammensetzung und physikalische Struktur des Trinidad - Asphalts. *Asphalt- u. Teerind.-Z.* 6 S. 495/6 F.; *Eng. Rec.* 53 S. 805/7.

PINKENBURG, zur Bewertung der natürlichen Asphaltkalke und dahin Gehöriges. (Herstellung von Mastix, Haltbarkeit, Zerstörung des Asphalts an den Schienen; Stampfasphalt aus Asphaltkalk vom Hils.)* *Techn. Gem. Bl.* 8 S. 337/40.

VESPERMANN, Zusammensetzung und Verwendung deutschen Asphaltmaterials. (Entgegnung zu PINKENBURGs Abhandlung, Jg. 8 S. 337/40.) *Techn. Gem. Bl.* 9 S. 145/9.

DOW, relation between some physical properties of bitumens and oils. (Classes asphalt and other apparently solid bitumens under the heading of liquids designating them hyper-viscous liquids; examination of susceptibility to changes in temperature; its ductility, and its brittleness.) (V)* *Eng. Rec.* 54 S. 185/6.

Sind Petrolasphalte für die Praxis dem natürlichen Asphalt (Trinidad-Epuré) gleichwertig? *Asphalt- u. Teerind.-Z.* 6 S. 177.

Art und Kosten der Mastixfabrikation. (Den Grundstoff bildet das Asphaltrohgestein; je höher dessen Bitumengehalt, um so weniger Zusätze erforderlich.) *Asphalt- u. Teerind.-Z.* 6 S. 377/8 F.

Asphaltpflaster. *Asphalt- u. Teerind.-Z.* 6 S. 460/1.

Granitasphalt und Straßen mit armiertem Asphalt.* *Asphalt- u. Teerind.-Z.* 6 S. 571/2.

RICHARDSON CLIFFORD, the modern asphalt pavement. *Baumatk.* 11 S. 170/2.

KAYSER, modernes Asphaltpflaster in Amerika. (Nach RICHARDSONs Buch „The Asphalt Pavement".) *Techn. Gem. Bl.* 9 S. 82/6 F.; *Asphalt- u. Teerind.-Z.* 6 S. 345/7 F.

Von dem amerikanischen Asphaltpflaster. *Asphalt- u. Teerind.-Z.* 6 S. 127/8.

TILLSON, cost and methods of repairing asphalt pavements in various cities of U.S.A. *Eng. News* 56 S. 40.

Das städtische Asphaltwerk in Pittsburg.* *Z. Transp.* 23 S. 389/91.

BROSZMANN, municipal asphalt repair plant at Pittsburg, Pa. (Steam heated asphalt knife.)* *Eng. News* 55 S. 597/8.

Teer-, Asphalt- und Holzverkohlungs - Industrie in Karada. *Asphalt- u. Teerind.-Z.* 6 S. 416.

Asphalt und Bitumen auf dem Brüsseler Kongreß. *Asphalt- u. Teerind.-Z.* 6 S. 475/6 F.

LINDENBERG, the uses of natural asphalt in the arts. (Asphalt lacquers and varnishes; the use of asphalt in painting, — in photography and photoengraving, — in the India - rubber industry.) *Sc. Am. Suppl.* 61 S. 25358/60.

Herstellung eines Asphaltlackes von Petrolasphalt. *Asphalt- u. Teerind.-Z.* 6 S. 432.

Praktische Rezepte für die Asphalt- und Teer - Industrie. (R) *Asphalt- u. Teerind.-Z.* 6 S. 24/5.

Äther und Ester. Ethers and Esters. Éthers.

GUIGUES, rectification de l'éther officinal. *J. pharm.* 6, 24 S. 204.

SCHUBERG, moderne Ätherfabrik System ECKELT.* *Z. Chem. Apparat.* 1 S. 145/7.

ODDO ed MAMELI, sull'etere etilico triclorurato 1. 2. 2. *Gas. chim. it.* 36, 1 S. 480/90.

REVERDIN et DELÉTRA, l'éther méthylique de l'acide amino-p.-diméthylaminobenzoïque. *Bull. Soc. chim.* 3, 35 S. 310/3.

SOMMELET, les éthers oxydes à fonction complexe. *Ann. d. Chim.* 8, 9 S. 484/574; *Compt. r.* 143 S. 827/8.

ABEL, Verseifung von Estern mehrwertiger Alkohole. *Z. Elektrochem.* 12 S. 681/2.

BODENSTEIN, fermentative Bildung und Verseifung von Estern. (V. m. B.) *Z. Elektrochem.* 12 S. 605/8; *Chem. Z.* 30 S. 557/8.

BRUNI e CONTARDI, reazioni di doppia decomposizione fra alcooli ed eteri composti. *Gas. chim. it.* 36, II S. 356/63.

MEYER, HANS, Säureamidbildung und Esterverseifung durch Ammoniak. *Mon. Chem.* 27 S. 31/48.

MICHAEL und WILSON, Zersetzung von gemischten Fettäthern durch Jodwasserstoffsäure. *Ber. chem. G.* 39 S. 2569/77.

PRARTORIUS, Kinetik der Verseifung des Benzolsulfosäuremethylesters. *Sitz. B. Wien. Ak.* 115, 2b S. 263/84; *Mon. Chem.* 27 S. 465/85.

BEREND und HERMS, Spaltung von Terephtalyldiacetessigester und ein Fall von Stereoisomerie. *J. prakt. Chem.* 74 S. 112/41.

FEIST, Carbacetessigester und Isodehydracetsäureester. (Frage nach ihrer Identität.) *Liebig's Ann.* 345 S 60/99.

FEIST, Tetrolsäureester. *Liebig's Ann.* 345 S. 100/16.

JOWITSCHITSCH, Synthesen der Acetessigester-Derivate. *Ber. chem. G.* 39 S. 784/8.

MEYER, HANS, disubstituierte Acetessig- und Malonsäureester. *Sitz. B. Wien. A.* 115, 2b S. 79/90; *Mon. Chem.* 27 S. 1083/96.

PICHA, neue Synthese des γ-Monochloracetessigesters. (Einwirkung von Aluminiumamalgam auf chlorierte Ester; das Aluminiumamalgam wirkt bei Gegenwart einer Spur Alkohol nicht reduzierend, sondern kondensierend.) *Mon. Chem.* 27 S. 1245/9.

SPROXTON, the esters of triacetic lactone and triacetic acid. *J. Chem. Soc.* 89 S. 1186/90.

JAEGER, sur les éthers-sels des acides gras avec la cholestérine et la phytostérine, et sur les

phases: liquides anisotropes des dérivés de la cholestérine.* *Trav. chim.* 25 S. 334/51.

BELTZER, les éthers cellulosiques des acides gras; acétates de celluloses. *Rev. chim.* 9 S. 421/9.

EMMERLING und KRISTELLER, Derivate des Propionylpropionsäureesters. (Verhalten gegen Natrium und Chloroform.) *Ber. chem. G.* 39 S. 2450/5.

COOK, metatolyl ether and derivatives. *Chem. J.* 36 S. 543/51.

TSCHITSCHIBABIN, Äthylpropenyläther.' (Beim Destillieren der $\beta\beta$-Diäthoxyisobuttersäure wie der β-Äthoxymethakrylsäure erhalten.) *J. prakt. Chem.* 74 S. 423/4.

MENSCHUTKIN, die Ätherate des Brom- und Jodmagnesiums. (Diätherate; Monoätherat.)* *Z. anorgan. Chem.* 49 S. 34/45, 206/12.

MEYER, HANS, die Äther des Kynurins. *Sits. B. Wien. Ak.* 115, 2b S. 79/90; *Mon. Chem.* 27 S. 255/66.

KIRPAL, Chinolinsäureester. *Sits. B. Wien. Ak.* 115, 2b S. 191/8; *Mon. Chem.* 27 S 363/9.

THIELE und RÜDIGER, Abkömmlinge des Indenoxalesters. *Liebig's Ann.* 347 S. 275/89.

WEISZHEIMER und SPONNAGEL, Sorbinsäureester und Natriummalonester. (Additionsvorgänge.) *Liebig's Ann.* 34 S. 227/33.

COURTOT, déshydratation des éthers β-alcoyloxy-pivaliques; — et BLAISE, déshydrations anormales d'éthers alcoyloxypivaliques. *Bull. Soc. chim.* 3, 35 S. 111/23, 217/23, 298/305, 355/73.

STRUNCK, Einwirkung von Natriummalonester auf $\beta\gamma$-ungesättigte Carbonsäureester. *Liebig's Ann.* 345 S. 233/50.

SCHUPP, Einwirkung von Imidoäthern auf Amidoester. *J. prakt. Chem.* 74 S. 154

ANSCHÜTZ und DESCHAUER, Umwandlungsreaktionen des Dicarboxyaconitsäuremethylesters. *Liebig's Ann.* 347 S. 1/16.

Ätzung. Etching. Caustique.

Vom Aetzen der Halbedelsteine und seiner Anwendung. (Bei Rundfiguren; in Federstrichmanier.) D. *Goldschm. Z.* 9 S. 417/8 a.

Aufbereitung. Ore dressing. Préparation mécanique des minérals. Vgl. die einzelnen Metalle, Bergbau, Eisen und Stahl 3, Hüttenwesen, Kohle, Zerkleinerungsmaschinen.

HOOD, CATTERMOLES Verfahren zur Aufbereitung von Erzen. *Erzbergbau* 1906 S. 689/91.

COLBY, the nodulising and desulphurisation of fine iron ores and pyrites cinder.* *Iron & Coal* 73 S. 369/70.

Ore thawing plant. (Kiln building with hot blast heating equipment.)* *Eng. Rec.* 54 S. 291/2.

MESSITER, picking belts. (Used for a preliminary hand-sorting of the ore, as received from the mine, into waste and treatable ore, or into two or more classes which are to be treated separately.)* *Eng. min.* 81 S. 1139.

CALLOW, travelling-belt screen. (Travelling band, or belt of screen cloth, over which the ore and its carrying water is spread, by means of distributing aprons, or feed soles.)* *Eng. min.* 81 S. 468/9.

BLÖMEKE, die Zentral-Erzaufbereitungsanstalt der Akt.Ges. Vieille-Montagne zu Moresnet bei Aachen. (Haupt- oder Grubenklein-System; Klärvorrichtung.) *Erzbergbau* 1906 S. 324/9.

Ore dressing by flotation. (Papers of SWINBURNE and RUDORF, — of HUNTINGTON.) *Electrochem. Ind.* 4 S. 49/52.

INGALLS, the flotation processes. Details of the new method of ore separation at Broken Hill.

(The ore, finely crushed, is charged into an acidulated bath of water in a vessel similar to the ordinary „spitzkasten“ employed in dressing works. An action takes place, however, which is precisely the reverse of what happens in the ordinary „spitzkasten“.)* *Eng. min.* 82 S. 1113/5

Zweck und Nutzen der magnetischen Aufbereitung.* *Schw. Elektrot. Z.* 3 S. 556/8.

HABNIG, die Entwicklung der elektromagnetischen Erzaufbereitung. (WETHERILL-Maschinen der MASCHINENBAUANSTALT HUMBOLDT; elektromagnetischen Erzscheider von FRIED. KRUPP, A.-G. GRUSONWERK, Magdeburg-Buckau, System ERIKSON und FORSGREN, Typen der ELEKTROMAGNETISCHEN G. M. B. H., Frankfurt a. M.) *Erzbergbau* 1906 S. 258/61 F.

Les séparateurs magnétiques. * *Electricien* 31 S. 100/3.

BLÖMEKE, über das trockene und nasse elektromagnetische Aufbereitungsverfahren der „Hernádthaler Ungarischen Eisenindustrie-Aktien-Ges.“ zu Budapest. (PRIMOSIGHs elektromagnetischer Erzscheider für schwach stark magnetische Mineralien, welcher für trockene und nasse Erzscheidung zu verwenden ist, auch für das feinste Korn — den Staub.)* *Metallurgie* 3 S. 721/5.

ROBERTSON, the magnetic concentration of iron sands from the lower St. Lawrence. *Page's Weekly* 8 S. 194/6.

The BALL & NORTON magnetic separator.* *Eng. min.* 81 S. 75; *Uhlands T. R.* 1906, 1 S. 29/30.

BRING, experimentella studier öfver sättmaskinens verkningssätt. (a)* *Jern. Kont.* 1906 S. 321/472.

NEWLAND and HANSELL, magnetite mines at Lyon Mountain, N. Y. (Description of a new mill and magnetic separator.)* *Eng. min.* 82 S. 916/8.

The DINGS magnetic separator.* *Eng. min.* 81 S. 749.

CRESSON Co, BUCHANAN's magnetischer Separator.* *Uhlands T. R.* 1906, 1 S. 8.

The FERRARIS magnetic separator. (The material to be separated is fed upon an endless belt, which presents it to the magnet drum, over which another endless belt passes. Non-magnetic material falls immediately, while the magnetic jumps across to the belt passing over the drum, and is then carried forward by the belt, finally being dropped off at the end of the machine)* *Eng. min.* 82 S. 1129.

Mechanischer Erzscheider der ELEKTROMAGNETISCHEN GESELLSCHAFT, FRANKFURT A. M.* *Elektrot. Z.* 27 S. 117.

Elektromagnetische Erzaufbereitungs-Maschine der MASCHINENBAUANSTALT HUMBOLDT, Kalk. * *Elektrot. Z.* 27 S. 117.

Magnetic separation in Wisconsin. *Eng. min.* 81 S. 218.

CANBY, SUTTON-STEELE process. (Dry concentrating table; dielectric separator.)* *Eng. min.* 81 S. 893/4.

SUTTON, STEELE L. and STEELE G., electrical separation of substances of different dielectric capacities. (Developing in the particles or components to be separated dielectric hysteretic impedance. Various modifications in the degree, periodicity and maintenance of the impedance.) *West. Electr.* 38 S. 192.

ALLEN, expériences faites à Sault-Sainte-Marie (Ont.) sur la réduction, par les procédés électrothermiques, des minerais de fer Canadiens. (Coupes du four électrique HÉROULT; four électrique de Sault-Sainte-Marie.)* *Éclair. él.* 49 S. 49/57.

HAANEL, preliminary report on the experiments made at Sault Ste. Marie under government auspices in the smelting of Canadian iron ores by the electrothermic process. (Details of the HÉROULT furnace.)* *Electr.* 57 S. 585/8; *El. Eng. L.* 38 S. 118/22; *Page's Weekly* 9 S. 10/3.

HADFIELD STEEL FOUNDRY CO., copper ore crushing machine.* *Eng.* 102 S. 510.

DE LAUNAY, le tube-mill au Transvaal. (Broyeur cylindrique à boulets, un grand cylindre fermé, animé d'un mouvement de rotation autour de son axe horizontal et contenant des instruments de broyage mobiles dans lequel on introduit à un bout des minerais destinés à être broyés finement pour les recueillir à l'autre et les soumettre ensuite aux traitements de cyanuration.)* *Nat.* 34, 1 S. 82/3.

DIVIŠ, Ingenieur HENRYs Aufbereitungsversuche mit Kohlen und sein System des hydraulischen Antriebes von Aufbereitungsapparaten.* *Z. O. Bergw.* 54 S. 305/9 F.

A revolving spiral separator. (For removing slate from anthracite coal at the TRUESDALE breaker of D., L. & W. Co.)* *Mines and minerals* 26 S. 279/80.'

Praktische Sandaufbereitung.* *Eisens.* 27 S. 838/9.

HARDY & PADMORE, sandwashing machine.* *Eng.* 102 S. 128.

DE KALB, notes on stamp mill practice. (Screens; foundations; stamp duty; mortar liners; shoes and dies; inside amalgamation; ore mixtures etc.)* *Mines and minerals* 27 S. 135/6.

NISSEN stamp mill. (Of the Boston Consolidated Mining Co., said to be the largest capacity gravity stamp mill in the world.)* *Mines and minerals* 27 S. 71.

Aufzüge. Elevators. Élévateurs. Siehe Hebezeuge 1.

Ausstellungen. Exhibitions. Expositions. Vgl. die einzelnen Industriezweige.

1. Nürnberg 1906.

MÜLLER und STRAUB, Bayer. Landes-Jubiläums-Ausstellung zu Nürnberg. (Ausstellungsgruppe des Bayer. Revisionsvereins; Dampfkesselbetrieb; Elektrotechnik; Azetylenbeleuchtung.)* *Z. Bayr. Rev.* 10 S. 138.'41 F.

OEHLENHEINZ, die Bayerische Jubiläums-Landesausstellung in Nürnberg.* *ZBl. Bauw.* 26 S. 291.

RÉE, die Bayerische Jubiläums-Landes-Ausstellung Nürnberg 1906. (V)* *Bayr. Gew. Bl.* 1906 S. 201/4 F.

SCHMIDT, die Bayerische Jubiläums-Ausstellung Nürnberg 1906. ▨ *Z. Beleucht.* 12 S. 229/31 F.; *El. Anz.* 23 S. 733/5 F.

WALLICH, die Bayerische Jubiläums-Landes-Ausstellung in Nürnberg 1906. * *Z. V. dt. Ing.* 50 S. 742/5.

WEIL, Bayerische Jubiläums-Landes Ausstellung, Nürnberg 1906. ▨ *El. u. polyt. R.* 23 S. 441/3 F.

Die Bayerische Jubiläums-Landes-Industrie-, Gewerbe- und Kunstausstellung Nürnberg 1906.* *Baugew. Z.* 38 S. 715/7 F.; *Z. Drechsler* 29 S. 374/5 F.

Von der Nürnberger Landes-Ausstellung. (Ausgestellte Uhren.) *Uhr-Z.* 30 S. 185/7.

Die kirchliche Ausstellung in Nürnberg. (Kirchliche Kunst; weltliche Kunst und Kunstgewerbe.)* *ZBl. Bauw.* 26 S. 523/6.

TIEDT, die Bayerische Jubiläums-Landes-Ausstellung in Nürnberg. (Die keramische Kunst.) *Sprechsaal* 39 S. 1186/8.

Von der Bayerischen Jubiläums-Ausstellung in Nürnberg. (Bürsten- und Kamm-Industrie Nürnbergs.) *Z. Bürsten.* 25 S. 605/7.

FRITSCHE, Bayer. Jubiläums-Landes-Industrie- und Kunstausstellung Nürnberg 1906. (Vorarbeiten für die technischen Anlagen.) *Z. Bayr. Rev.* 10 S. 17/8 F.

HENRICH, Eisenbetonbau und Beton auf der Bayerischen Jubiläums-Landesausstellung in Nürnberg 1906.* *Bet. u. Eisen* 5 S. 234/5 F.

FLURY, die Chemie auf der Bayerischen Landesausstellung in Nürnberg. *Z. ang. Chem.* 19 S. 1713/20.

UTZ, die chemische Industrie auf der Jubiläums-Landes Ausstellung in Nürnberg 1906. *Chem. Ind.* 29 S. 549/54 F.

Die Acetylen-Industrie auf der Bayerischen Jubiläums-Landes-Ausstellung zu Nürnberg 1906.* *Acetylen* 9 S. 132/7.

Die Eisenindustrie auf der Bayerischen Landesausstellung.* *Stahl* 26 S. 1171/7.

HERING, das Verkehrs- und Maschinenwesen auf der Bayerischen Jubiläums-Landesausstellung zu Nürnberg 1906. (⅙ gek. Heißdampfverbund-Schnellzugmaschine von MAFFEI; 3/5 gek. Vierzylinder-Verbund-Heißdampflokomotive S 3/5 von MAFFEI; ¹/5 gek. Vierzylinder-Verbund-Heißdampflokomotive von MAFFEI für die Pfälzischen Eisenbahnen; 3/5 gek. Personenzuglokomotive von MAFFEI; ³/5 gek. Personenzug-Heißdampflokomotive Pt ²/5 von KRAUSZ & CO.)* *Ann. Gew.* 59 S. 173/7 F.

Dampfkessel und Kraftmaschinen auf der Bayerischen Jubiläums-Landesausstellung 1906.* *Glückauf* 42 S. 1706/20.

DUBBEL, Kraftmaschinen auf der Bayerischen Landesausstellung in Nürnberg. ▨ *Z. V. dt. Ing.* 50 S. 1567/74.

MEUTH, die Wärmekraftmaschinen der Jubiläums-Landesausstellung in Nürnberg 1906.* *Dingl. J.* 321 S. 577/83 F.

Die Bayer. Jubiläums-Landes-Ausstellung Nürnberg 1906. (Plan; Wärmekraftmaschinen; Kraftübertragung.)* *Z. Bayr. Rev.* 10 S. 113/6.

MUELLER, Kondensationsanlagen, Kompressoren und Pumpen auf der Bayerischen Landesausstellung in Nürnberg. *Z. V. dt. Ing.* 50 S. 1191/2 F.

FISCHER und ZEINE, die Kreisel-Pumpen und Ventilatoren auf der Bayer. Jubiläums-Landes-Ausstellung in Nürnberg 1906. (Sechsfache SULZER-Kreiselpumpe; Hochdruck-Kreiselpumpen von KLEIN, SCHANZLIN & BECKER; zweistufige Kreiselpumpe von HILPERT.)* *Z. Turbinenw.* 3 S. 69/76.

HERING, die Turbinenpumpen auf der Bayerischen Landesausstellung in Nürnberg 1906. * *Turb.* 3 S. 29/32.

GESELL, Dampfturbinen auf der Bayerischen Landesausstellung Nürnberg 1906. (700 P.S.-ZOELLY-Dampfturbine. Einformen der Leiträder. Einsetzen der Laufradschaufeln. Turbolokomotive der Allgemeinen Dampfturbinenbau-Gesellschaft Nürnberg. SULZER Dampfturbine.)* *Z. Turbinenw.* 3 S. 425/35.

SCHLESINGER, die Werkzeugmaschinen auf der Bayerischen Jubiläums-Landesausstellung, Nürnberg 1906.* *Z. V. dt. Ing.* 50 S. 1306/10 F.

2. Mailand 1906.

Die internationale Ausstellung in Mailand 1906. * *Uhlands T. R.* 1906 Suppl. S. 51/2; *Stahl* 26 S. 667/70; *Eng. News* 55 S. 508; *Gén. civ.* 49 S. 81/7.

GENTSCH, die internationale Ausstellung in Mailand 1906. (Vorbericht.) * *Z. V. dt. Ing.* 50 S. 625/8.

HERZOG, die Mailänder Ausstellung. (Drehgestell mit zwei Normalbahnmotoren und fahrbare elek-

trisch angetriebene Luftpumpe der FELTEN &
GUILLEAUME-LAHMEYERWERKE.)* *Elektr. B.* 4
S. 597/601.

NICOU, l'exposition de Milan et le Simplon. (Chemins de fer; métallurgie; electro-métallurgie;
exposition minérale de l'Italie; appareils de soulèvement et transporteurs miniers; historique
et travaux du Simplon; perforation mécanique.)*
Bull. ind. min. 4, 5 S. 1033/1166 F.

REISCHLE, die Internationale Mailänder Ausstellung.
Z. Bayr. Rev. 10 S. 174/6.

REYVAL, exposition universelle de Milan. (Exposition de la SOCIÉTÉ WESTINGHOUSE; matériel électrique exposé par la COMPAGNIE INTER-
NATIONALE D'ÉLECTRICITÉ DE LIÈGR.) (a) ▨
Éclair. él. 49 S. 167/76 F.

REYVAL, exposition internationale de Milan. (Matériel exposé par la SOCIÉTÉ BROWN & BOVERI.)*
Éclair. él. 49 S. 294/300.

WOLFF, internationale Ausstellung in Mailand 1906.
Z. Eisenb. Verw. 46 S. 1215/20

BOLIS, die chemische Industrie auf der Ausstellung
in Mailand. *Chem. Z.* 30 S. 755.

MAYER, CARL, die Weltausstellung in Mailand.
(Neuheiten der chemischen Industrie.) *Chem. Z.*
30 S. 679/81.

PERKINS, the exposition in Milan and the electrical
undertakings of the city. * *West. Electr.* 38
S. 487/8.

L'aéronautique à l'exposition de Milan 1906. *Aérophile* 14 S. 306/8.

HERING, Nachträgliches von der Mailänder Auto-
mobilausstellung. (FIAT-Motor; FIAT-Limousine;
FIAT-Chassis; Lastwagen der SOCIETÀ ITALO-
SVIZZERA; OPEL-Châssis; OPEL-Tourenwagen.)*
Mot. Wag. 9 S. 991/8.

CASTNER, über die Kriegsmarinen auf der Ausstellung in Mailand. *Schiffbau* 7 S. 938/41 F.

DINGLINGER, die Eisenbahn auf der Mailänder
Ausstellung. *Ann. Gew.* 58 S. 212/4.

Railways at the Milan exhibition. *Mech. World* 40
S. 140/1.

Les chemins de fer et la navigation à l'exposition
de Milan. *Nat.* 35, 1 S. 51/5.

KING, locomotives at the Milan exhibition. *Eng.
Rev.* 15 S. 191/5.

STEFFAN, die Lokomotiven auf der Ausstellung zu
Mailand. (Die Lokomotiven von BORSIG, Berlin-
Tegel; 4/5-gek. Verbund-Güterzuglokomotive für
die Anatolische Bahn (Normalspur); 2/5-gek. Kranlokomotive; 2/4-gek. Heißwasserlokomotive. Die
Lokomotiven von HENSCHEL & SOHN in Cassel;
3/4-gek. Heißdampf-Schnellzuglokomotive mit
SCHMIDTschem Rauchkammerüberhitzer für die
königl. preußischen Staatsbahnen; 2/5-gek. Tenderlokomotive für die Eisenbahn Verona-Caprino-
Garda, Società Anónima, Verona; 1/4-gek. Personenzuglokomotive für die ägyptischen Staatsbahnen; 4/4-gek. Heißdampf-Güterzuglokomotive
G 8 der preußischen Staatsbahnen mit Rauchkammerüberhitzer von SCHMIDT.)* *Lokomotive* 3
S. 169/75 F.

Die Ausstellung der Wiener städtischen Straßenbahnen in Mailand. *Elt. u. Maschb.* 24 S. 725/6.

MÜLLER, ADOLF, die internationale Ausstellung in
Mailand. (Kreiselpumpenanlage mit 150 P.S. DIESEL-
motor; Dampfturbinen; Ventilator von SULZER.)*
Z. Turbinenw. 3 S. 446/51.

3. Andere Ausstellungen. Other exhibitions. Autres expositions.

Von den Ausstellungen des Jahres 1906.* *D. Baus.*
40 S. 332/6.

Die dritte Deutsche Kunstgewerbe-Ausstellung, Dresden 1906.* *Dekor. Kunst* 9 S. 393/416.

ZIMMER, die dritte deutsche Kunstgewerbeausstellung in Dresden. *Sprechsaal* 39 S. 1242/3 F.

RÜCKLIN, Deutsche Kunstgewerbe - Ausstellung,
Dresden 1906. (Allgemeine Uebersicht.) *Bad.
Gew. Z.* 39 S. 344/6 F.

SEESZELBERG, dritte deutsche Kunstgewerbe-Ausstellung in Dresden. *Zbl. Bauw.* 26 S. 413/4.

PILZ, die Dresdener Kunstgewerbe-Ausstellung und
ihre Eigenart. (Raumkunst; Handarbeit.) *D.
Goldschm. Z.* 9 S. 181a/2a.

BONSON, dritte deutsche Kunstgewerbe - Ausstellung. (Zimmereinrichtungen.)* *Techn. Z.* 23
S. 477/81.

Die dritte deutsche Kunstgewerbe-Ausstellung, Dresden 1906. (Zimmerausstattungen, Hausgeräte,
Schmucksachen.) (a) ▨ *Dekor. Kunst* 10 S. 23/48.

Die deutsch-böhmische Ausstellung Reichenberg 1906.
Wschr. Baud. 12 S. 816/21; *Text. Z.* 1906
S. 797/8.

DEMUTH, die deutsch-böhmische Ausstellung in
Reichenberg 1906.* *Z.V.dt.Ing.* 50 S. 1848/55 F.

ROHN, deutsch-böhmische Ausstellung in Reichenberg. (A)* *Z. V. dt. Ing.* 50 S. 880.

KÖRNER, die Kraftmaschinen auf der deutschböhmischen Ausstellung in Reichenberg.* *Z. V.
dt. Ing.* 50 S. 1493/8 F.

RUBRICIUS, die Kraftmaschinen der Reichenberger
Ausstellung.* *Elt. u. Maschbau* 24 S. 757/61.

KUNZE, Ausstellung Lüttich 1905.* *Wschr. Baud.*
12 S. 23/7.

GRANGER, exposition universelle de 1905 et l'industrie du pays de Liège. (Sidérurgie. Charbonnages. Les armes à feu. Grand industrie
chimique. Couleurs minérales. Céramique et
verrerie. Corps gras.) *Rev. chim.* 9 S. 1/13 F.

MAILLARD, la métallurgie à l'exposition de Liège.*
Bull. ind. min. 4, 5 S. 727/45.

SCHLESINGER, die Weltausstellung in Lüttich 1905.
(Die Werkzeugmaschinen.)* *Z. V. dt. Ing.* 50
S. 134/9.

Ausstellung für angewandte Kunst München 1905.*
Schw. Baus. 47 S. 103.

Internationale Ausstellung für Buchbindekunst.
Graph. Mitt. 24 S. 209/10.

Die Wiesbadener Ausstellung zur Hebung der Fried-
hof- und Grabmalkunst. * *Dekor. Kunst* 9
S. 185/92.

Diesjährige Architekturausstellung im Landesaus-
stellungsgebäude am Lehrter Bahnhofe in Berlin.*
Baugew. Z. 38 S. 899.

Die Ausstellung in Bombay. (Elfenbeinschmuck
und Schnitzereien, Tischgeräte, Bilderrahmen,
Möbelstücke, Zahn- und Nagelbürsten.) *Z.Drechsler*
29 S. 331.

Ausstellung für Wohnungskunst in Berlin. 11. bis
26. August 1906. (N) *Baugew. Z.* 38 S. 775.

Die allgemeine hygienische Ausstellung in Wien.
(Zündmassekochapparat; Arbeiterwohlfahrts-Ein-
richtungen, Küchenwagen der Wiener Freiwilligen
Rettungsgesellschaft.)* *Z. Gew. Hyg.* 13 S. 268/71 F.

Die Elektrizität auf der allgemeinen hygienischen
Ausstellung Wien. (Anwendungsformen der
Elektrizität, welche auch auf die Tätigkeit der
Gesundheitspflege, des Rettungs- und Sanitäts-
wesens ergänzend, fördernd und verbessernd
einwirkt) *Elektrot. Z.* 27 S. 772/3.

Ausstellung für gewerbliche Schutzvorrichtungen
und Hygiene in New-York im Jahre 1907. (Vorbericht.) *Z. Gew. Hyg.* 13 S. 487/8.

L'exposition de la Société française de physique.
Cosmos 55, 1 S. 547/9.

Allgemeine deutsche geodätisch - kulturtechnische
Ausstellung in Königsberg. (N) *Zbl. Bauw.* 26
S. 188.

Wanderausstellung der Deutschen Landwirtschafts-

gesellschaft. (14. bis 19. Juni 1906 in Berlin, Allgemeiner Ueberblick.) *Zbl. Bauv.* 26 S. 333.

REZEK, die Maschinen und Geräte auf der 20. Wanderausstellung der Deutschen Landwirtschafts-Gesellschaft zu Berlin-Schöneberg. *Landw. W.* 31 S. 251/2.

KRISCHE, Wanderausstellung der Deutschen Landwirtschafts-Gesellschaft zu Berlin-Schöneberg, 14.—19. Juni 1906. (Düngungsversuche.) *Chem. Z.* 30 S. 615/6.

The Royal Agricultural Society's show at Derby. *Mech. World* 40 S. 6 F.; *Engng.* 82 S. 6/10.

The agricultural hall show.* *Aut. Journ.* 11 S. 385/91.

Die Musik-Fachausstellung. (In den Gesamträumen der Philharmonie, Berlin, vom 5.—20. Mai 1906.)* *Mus. Inst.* 16 S. 838/9 F.

Die allgemeine photographische Ausstellung, Berlin 1906. *Phot. Wchbl.* 32 S. 298/9 F.

GAEDICKE, die allgemeine photographische Ausstellung in Berlin 1906. *Phot. Z.* 30 S. 682/5.

MEYER, allgemeine photographische Ausstellung im Abgeordnetenhause zu Berlin.* *Phot. Korr.* 43 S. 409/25 F.

CZAPEK, Eindrücke von der allgemeinen photographischen Ausstellung, Berlin 1906. *Phot. W.* 20 S 146/8 F.

SCHROEDER, Ausstellung der Royal Photographic Society in London. *Phot. Z.* 30 S. 705/6.

Internationale Automobil-Ausstellung Berlin 1. bis 12. November in Einzeldarstellungen.* *Mot. Wag.* 9 S. 847/64 F.

NUSZ, internationale Automobilausstellung, Berlin 1906.* *Uhlands T. R.* 1906 Suppl. S. 39/41 F.

BAUER, die Londoner Automobil-Ausstellung. *Z. mitteleurop. Motwv.* 5 S. 563/71.

Les progrès de l'automobilisme en 1905. (Le VIII e salon de l'automobile, du cycle et des sports.) *Gén. civ.* 48 S. 185/9 F.

The Crystal Palace show. (HUMBER cars; VINOT cars; PILAIN cars; DARRACQ cars; ROCHET-SCHNEIDER cars; ITALA cars; FIAT cars; SPYKER cars; car bodies; commercial vehicles; motor boats.) *Aut. Journ.* 11 S. 136/9.

Die Motorboot-Ausstellung im Pariser Salon 1906.* *Motorboot* 3 Nr. 20 S. 16.

Die Londoner Ausstellung für Kohlenbergbau 1906 unter besonderer Berücksichtigung der Elektrotechnik.* *El. Anz.* 23 S. 897/8 F.

FEHRMANN, Brauereimaschinen-Ausstellung der V. L. B. vom 6. bis 14. Oktober 1906. (Luftwasserweiche von SCHRADER; Grünmalztennenwender von TOPF & STAHL; Gerstenreinigungsmaschine von GEBR. SECK.)* *Woch. Brauerei* 23 S. 625/8 F.

Die internationale Textil-Ausstellung in Tourcoing 1906.* *Mon. Text. Ind.* 21 S. 239/41 F.

Automobile. Siehe Selbstfahrer.

Azogruppe. Azole. Vgl. Antipyrin.

FISCHER, OTTO, Aufspaltung des Imidazol- und Azazolringes. *J. prakt. Chem.* 73 S. 419/46.

FISCHER, OTTO und LIMMER, Benzimidazole und deren Aufspaltung. *J. prakt. Chem.* 74 S. 57/74.

VON WALTHER und KESSLER, Benzimidazole aus 2,4-Nitramidodiphenylamin. *J. prakt. Chem.* 74 S. 188/206 F.

VON WALTHER und BAMBERG, einige Chinazoline aus o-Amido-m-Xylyl-p-Toluidin. *J. prakt. Chem.* 73 S. 209/28.

BUSCH, Synthesen in der Triazolreihe. BRANDT, Triazole aus Dialkylbenzoylaminoguanidinen; Endiminotriazole. *J. prakt. Chem.* 74 S. 533/46.

DIMROTH und AICKELIN, 5-Oxy-1. 2. 3.-triazole. *Ber. chem. G.* 39 S. 4390/2.

FROMM und SCHNEIDER, Einwirkung von Phenyl-

hydrazin auf ungesättigte Disulfide. Synthese von Triazolen. *Liebig's Ann.* 348 S. 174/98.

RUHEMANN, tetrazoline. *J. Chem. Soc.* 89 S. 1268/73.

FREUND, Isopropyl-γ-Stilbazol, m-Methyl-γ-Stilbazol und m-Methyl-α-Stilbazol. *Ber. chem. G.* 39 S. 2833/7.

BAMBERGER und WILDI, Oxydation von Aminoindazolen und über eine eigentümliche Bildungsweise des Dichlor-indazols. *Ber. chem. G.* 39 S. 4276/85.

SCHMIDT, OTTO, Einwirkung von Formaldehyd auf die as- Dimethyl-p-phenylendiaminthiosulfonsäure und eine neue Bildungsweise von Benzothiazolen *Ber. chem. G.* 39 S. 2406/13.

YOUNG and CROOKES, chemistry of the amidines. 2-Aminothiazoles and 2-imino-2:3 dihydrothiazoles, 2-Iminotetrahydrothiazoles and 2-amino-4:5-dihydrothiazoles. *J. Chem. Soc.* 89 S. 59/76.

MAZZARA e BORGO, azione del cloruro di solforile sul pirazolo. *Gas. chim. it.* 36, 2 S. 348/55.

Azoverbindungen. Vgl. Chemie, organische Farbstoffe 3 c, Hydrazine.

BUSCH und BRANDT, Verhalten gewisser Azoverbindungen gegen Salzsäure. *Ber. chem. G.* 39 S. 1395/1400.

FARUP, Geschwindigkeit der elektrolytischen Reduktion von Azobenzol.* *Z. physik. Chem.* 54 S. 231/51.

MÖHLAU und ADAM, Einfluß der Kohlenstoffdoppelbindung auf die Farbe von Azomethinverbindungen. *Z. Farb. Ind.* 5 S. 377/83 F.

WIELAND, aliphatische Azokörper. (V) *Chem. Zeitschrift* 5 S. 455.

WIELAND, eine neue Bildungsweise aliphatischer Azoverbindungen und ihre Spaltung durch Alkalien. (V) (A) *Chem. Z.* 30 S. 923.

EIBNER und LAUE, gemischte Azoverbindungen. *Ber. chem. G.* 39 S. 2022/7.

WILLSTÄTTER und BENZ, Azophenole. *Ber. chem. G.* 39 S. 3492/3503.

DREYER und ROTARSKY, Konstanten des p-Azophenetols. (Physikalische Eigenschaften; Wesen der Umwandlung.)* *Z. physik. Chem.* 54 S. 353/66.

PIERRON, azocyanamidés aromatiques. *Bull. Soc. chim.* 3, 35 S. 1114/24.

PUXEDDU, riduzione dei derivati azoici degli ossiacidi aromatici con la fenilidrazina. *Gas. chim. it.* 36, 2 S. 305/13.

HEWITT and MITCHELL, azo-derivatives of 4:6-dimethylcoumarin. — of 4-methyl-α-anphthocoumarin. *J. Chem. Soc.* 89 S. 13/9.

FREUNDLER, les azoïques. Transformation des azoïques orthocarboxylés en dérivés c-oxyindazyliques. *Compt. r.* 142 S. 1153/5.

FREUNDLER, les acides azoïques orthosubstitués et leur transformation en dérivés c-oxyindazyliques. *Compt. r.* 143 S. 909/13.

CASTELLANA e D'ANGELO, sopra alcuni diazoindoli. *Gas. chim. it.* 36, 2 S. 56/62.

CAIN and NORMAN, action of water on diazo-salts. *J. Chem. Soc.* 89 S. 19/26.

EULER, Bildung von Diazotaten und Naphtochinonanilen aus Nitrosobenzol. *Ber. chem. G.* 39 S 1035/40.

HOFMANN, K. A. und ARNOLDI, Diazoniumperchlorate. *Ber. chem. G.* 39 S. 3146/8.

SILBERRAD and ROY, gradual decomposition of ethyl diazoacetate. *J. chem. Soc.* 89 S. 179/82.

MORGAN and MICKLETHWAIT, the diazo-derivates of 1:5- and 1:8-benzenesulphonylnaphthylenediamines. *J. Chem. Soc.* 89 S. 4/13.

MORGAN and CLAYTON, influence of substitution on the formation of diazoamines and aminoazo-

compounds. V. s-dimethyl-4 : 6-diamino-m-xylene.
J. Chem. Soc. 89 S. 1054/8.

MORGAN and MICKLETHWAIT, diazo-derivatives
of the mixed aliphatic aromatic ω-benzene-
sulphonylaminobenzylamines. *J. Chem. Soc.* 89
S. 1158/67.

VIGNON, diazoiques des diamines. (Phénylènes-
diamines, benzidine.) *Compt. r.* 142 S. 159/61;
Bull. Soc. chim. 3, 35 S. 126/9.

TRÖGER, WARNECKE und SCHAUB, die vermutliche Konstitutionsformel der bei der Einwirkung
von SO₂ auf Diazo-m-toluol entstehenden
Sulfonsäure, $C_{14}H_{16}N_4SO_3$. *Arch. Pharm.* 244
S. 312/20 F.

TRÖGER und SCHAUB, Einwirkung von schwefliger
Säure auf Diazo-m-toluolchlorid bezw. -sulfat; —
und FRANKE, auf Diazobenzolsulfat. *Arch. Pharm.*
244 S. 302/7.

AZZARELLO, azione del diazometano sull'etilene e
sull diallile. *Gaz. chim. it.* 36, 1 S. 618/20.

SILBERRAD and SMART, preparation of p-bistri-
azobenzene. *J. Chem. Soc.* 89 S. 170/1.

VAUBEL und SCHEUER, Aufnahme von mehr als
einem Molekül Diazo- bezw. Tetrazoverbindung
bei der Bildung von Azofarbstoffen. *Z. Farb.
Ind.* 5 S. 1/2.

B.

Bäckerei. Baking. Boulangerie. Vgl. Brot, Mehl.

BARTH, über Backen und Brauen. (Wirkungsweise
der Enzyme und Fermente.) (V) (A) *Bayr.
Gew. Bl.* 1906 S. 69.

RUTTEN, Verfahren zur Darstellung von Dauer-
brot. (Der Brotteig wird in einer Form aus
Weißblech, deren Deckel gelocht ist, in den
Ofen gebracht und gebacken, worauf die Form
herausgenommen, der durchbrochene Deckel
durch einen vollen, zur Erzielung eines luft-
dichten Verschlusses aufgelöteten Deckel ersetzt
und das Ganze ohne jede Umpackung oder
Lagenveränderung des Brotes abermals einer
Erhitzung unterworfen wird.) *Erfind.* 33 S. 390/1.

AUFSBERG, Verfahren, eisenhaltige Backwaren
herzustellen. *Erfind.* 33 S. 58/9.

Versuchs-Backofen.* *Z. Chem. Apparat.* 1 S. 582/4

Elektrischer Backofen. *Erfind.* 33 S. 499/500.

ELEKTRA, FABRIKEN ELEKTRISCHER HEIZ- UND
KOCHAPPARATE, elektrischer Backofen. (Mit
Schwülapparat.) *Uhlands T. R* 1906, 4 S. 27/8.

PAUL, Verwendung von Weinsteinsäure statt Wein-
steinrahm im Backpulver. *Chem. Z.* 30 S. 966/7.

REICHARD, Verwendung des Koks in Bäckereien.
J. Gasbel. 49 S. 680/2.

Badeeinrichtungen. Baths. Bains. Vgl. Gesundheitspflege, Hochbau 6h, Krankenmöbel.

NELKE, über Badeanstalten. (V) (A) *Z. Heiz.*
11 S. 45/6 F.

BAD, zweckmäßige Durchbildung der Wände von
Badeanstalten.* *ZBl. Bauv.* 26 S. 543/4.

BERRINGTON, design for an open-air swimming-
bath. ⊠ *Builder* 90 S. 466.

Design for an open-air swimming-bath. Liverpool
School of Architecture. * *Builder* 91 S. 394.

GÖHMANN & EINHORN, Arbeiter- und Beamten-
Badeanstalt für die Berg- und Hüttenverwaltung
Borsigwerk, O.-Schl. * *Uhlands T. R.* 1906,
2 S. 9/10.

Wasch-, Kleideraufbewahrungs- und Badeanlage
für einen Werkstättenbahnhof. * *Z. Gew. Hyg.*
13 S. 543.

SCHÜRCH, ZÜBLIN, das Volksbad in Colmar i. Els.
(Behälter in Eisenbeton mit stark aufgeteilter

Eiseneinlage um Schwindrissen zu begegnen;
die Schwimmbecken sind nur an einem Ende
unmittelbar auf den gewachsenen Boden gestellt,
während der übrige Teil auf Säulen zu stehen
kommt, welche unter der Wirkung der Ausdehnung der Beckenwände etwas pendeln können;
Hohldecken bezw. Hohlwände.)⊠ *Bet. u. Eisen*
5 S 8/10.

Schwimmbad für Darmstadt. (Wettbewerb.) (N)
Z. Arch. 52 Sp. 449.

JENNER, Stadtbadehaus zu Göttingen. (Schwimm-
halle von 8,65 m Breite und 19,5 m Länge;
Warmluftkammer; Plattenwannen mit Betonkern;
Kohlensäurebäder; Brausebäder; Schwitzbäder;
Ruhe-, Heißluft- und Brauseraum; Hundebad;
Heizung mit Niederdruckdampf; Wäscherei;
Dienstwohnungen; Decken aus Zementbeton;
Bedachung aus roten Falzziegeln; Einblick ver-
wehrt durch gewelltes oder gepreßtes Glas.)⊠
Z. Arch. 52 Sp. 257/82.

Les bains publics de la ville de Hanovre.⊠ *Gén.
civ.* 48 S. 192/5.

KOSCHEL, das Deutsche Bad in Treptow-Berlin.
(Damen- und Herrenabteilung mit Schwimmer- und
Nichtschwimmerbecken für Kinder und Er-
wachsene.)* *Baugew. Z.* 38 S. 776/7.

Volksbadeanstalten in Kiel. (25 Brausezellen,
12 Wannenbäder.)* *Techn. Gem. Bl.* 8 S. 332/4.

Ein neues Schulbad, HANSZONS System.* *Ges.
Ing.* 29 S. 794/6.

DIXON & POTTER, Reddish baths. (Containing a
swimming-bath with pond, 75' by 25' with
dressing-boxes along one side, a spectators
gallery at one end, and five slipper-baths, laundry
and boilerhouse and necessary adjuncts; fire-
station containing engine-house, watch-room.)⊠
Builder 91 S. 180.

BREITING, die städtische Badeanstalt in Tscher-
nigo im Gouvernement gleichen Namens. (Klein-
Rußland.) *Ges. Ing.* 29 S. 305/7.

RECKNAGEL, moderne Badeanstalten unter besonderer Berücksichtigung der Erzeugung künstlicher Meereswellen. Vereinigung der Badeanstalten mit Dampfzentralen. (HÖGLAUERS
Vorrichtung zur Erzielung eines rhythmischen
Wellenschlags durch die parallel zur Längswand
erfolgenden Schwingungen eines Pendels; Wellen-
erzeugung durch Verdrängungs- oder Eintauch-
körper.)* (V) (A) *Wschr. Baud.* 12 S. 193;
Ges. Ing. 29 S. 82/6.

SCHELLENBERGER, Undosa-Wellenbad in Starnberg. (Wellenerzeugende Tauchkörper.)⊠ *Bet.
u. Eisen* 5 S. 247/9 F.

SCHWIEN, die neue Badeanstalt im Plötzensee bei
Berlin. (Durch Gasmotor betriebenes Schaufel-
rad zur Erzeugung kräftigen Wellenschlags.)⊠
Baugew. Z. 38 S. 206.

Moorbad für Schleiz. (N) *Z. Arch.* 52 Sp. 343.

Chauffe-bains MOLAS à combustion isolée dans
un milieu équilibré.* *Bull. d'enc.* 108 S. 31;
Rev. ind. 37 S. 348/9.

SANITAS A.-G., Luxus-Badeeinrichtungen. (Bade-
wannen aus Gußeisen mit Porzellanstreuemaille;
dgl. aus emailliertem Stahlblech; dgl. aus Marmor
oder Fayence.)* *Uhlands T. R.* 1906 *Suppl.*
S. 126/7.

SCHÄFER, muß der Gasbadeofen im Badezimmer
stehen? *Ges. Ing.* 29 S. 205/12.

KEIL, Brausebad-Mischvorrichtung.* *Techn. Z.* 23
S. 191/2.

HIRSCH, künstliche Kohlensäurebäder. *Z. Kohlens.
Ind.* 1, S. 70/1.

HEUSER & CO., Apparat zur Bereitung kohlensaurer Bäder. (Regulierung, die jede Bedienung
überflüssig macht.)* *Aerztl. Polyt.* 1906 S. 186/7.

SCHAEFER, elektrische Lichtbäder.* *El. Ans.* 23 S. 457/8.

Elektrisches Lichtbad „Iduna".* *Arch. phys. Med.* 1 S. 353.

KATTENBRACKER, das Intensiv-Lichtbad „Polysol".* *El. Ans.* 23 S. 1172.

BIBLITZ, „Anodynon", schmerzstillender Wärmeapparat. (Wasserdampfapparat.)* *Arch. phys. Med.* 1 S. 217/8.

Bagger. Dredgers. Dragues. Vgl. Erdarbeiten, Hebezeuge, Schiffbau 6e.

Travail quotidien d'une drague moderne.* *Nat.* 34, 2 S. 97/8.

Sul regime della piaggia di Porto-Said. (Escavazioni annuali nel Canale di Suez.)⊠ *Giorn. Gen. civ.* 44 S. 31/41.

ROSSI, STATUTI, ADAMI, SASSI, VALENTINI, esperienze di draggaggio eseguite nel Po.⊠ *Giorn. Gen. civ.* 48 S. 418'25.

Proposed excavation of the Panama canal by floating dredges.* *Sc. Am.* 94 S. 68/70.

POWER, hydraulic dredging. (Also known as centrifugal hydraulic sluicing or pump dredging.)* *Eng. min.* 81 S. 759/62.

Cost of hydraulic dredging, harbor of Wilmington, Cal. (Cost of the dredging during the period from April 1 to June 30, 1905.) *Eng. News.* 56 S. 235/6.

LOW, the cost of deep-water dredging with a clamshell dredge for the Stony Point extension of the Buffalo, N. Y. breakwater. *Eng. News* 56 S. 375.

Cost of rock excavation under water on the Detroit River. (Work for deepening the channel of the Detroit River.)* *Eng. News* 56 S. 159.

SIMONS & CO., some types of steam dredgers.* *Eng.* 101 S. 166.

Ein neuer Löffelbagger System ALLIS-CHALMERS.* *Z. Transp.* 23 S. 600/1.

TOOMEY BROTHERS, a large counterbalanced dredge. (A hull about 135' long and 45' wide, with a boom 66' long on centers which carries a HAYWARD clam shell bucket of 10 cu. yd. capacity.) *Eng. Rec.* 54 S. 410/1.

BALCOCK, experience with the U. S. dredges „Manhattan" and „Atlantic" employed upon Ambrose Channel, New York harbor. (Twin-screw steamers, each with two sand-bins, two 20" centrifugal pumps [BUCYRUS CO.] pumping material through steel suction pipes; outboard bearings of propeller shafts.) *Eng. News* 56 S. 306/9.

Dredging plant for India. (A suction pump, triple-screw, canal-embanking dredger.)* *Eng.* 102 S. 34/6.

SIMONS & CO, suction and discharging dredger „Sandpiper".* *Eng.* 102 S. 653; *Mar. E.* 29, S. 156; *Pract. Eng.* 33 S. 714.

La drague porteuse à succion „Coronation".* *Gén. civ.* 49 S. 373/5.

The sand pump dredger „Foyers".* *Mar. E.* 28 S. 146/8.

Doppelschrauben-Saugbagger „Galveston" von KLAWITTER. (Zur Regelung des Hafens und Erhöhung des Geländes von Galveston.)⊠ *Masch. Konstr.* 39 S. 26/8; *Schiffbau* 7 S. 369 75.

Les nouvelles dragues du port de Liverpool.* *Cosmos* 55, 2 S. 6, 10.

New dredger for the Clyde. *Eng.* 101 S. 430.

FERGUSON BROTHERS, new dredger „Shieldhill" for the Clyde trustees *Mar. E.* 28 S. 348/9.

The bucket dredger „Fleetwood".* *Eng.* 102 S. 561.

LOW, dredging operations at Warroad, Lake of the Woods Minn, by the U. S. Government.

(Dredge of the seagoing hopper type, with stern wheel.)* *Eng. News* 56 S. 570/2.

MEINERS und TRUHLSEN, Seedampfbagger „Thor" der Weichselstrombauverwaltung. (Liegende Schiffskessel mit rückkehrenden Heizröhren; Duplexdampfpumpe zum Lenzen, die zugleich als Deckwasch-, Feuerspritz- und Ballastpumpe Verwendung findet. Zwei stehende Verbunddampfmaschinen dienen zum Antrieb der Schiffsschrauben und der Kreiselpumpen, eine dritte mit zwei Dynamomaschinen unmittelbar gekuppelt erzeugt den elektrischen Strom zum Antriebe des Oberturasses und der sämtlichen Winden.)⊠ *Z. Bauw.* 56 Sp. 493/502; *Elektrot. Z.* 27 S. 1184/8.

V. OVERBEEKE, der seetüchtige Eimerbagger „Fedor Solodoff" mit Saugrohr und schwimmender Rohrleitung.* *Z. V. dt. Ing.* 50 S. 513/5.

SCHOLER, Betriebsergebnisse des Baggers „Nikolaus", Baurat FRÜHLING, des Kaiserlichen Kanalamtes in Kiel. *ZBl. Bauw.* 26 S 279/81.

LOW, a German excavator on the New York Barge Canal. (Hydraulic dredge; built by the Lübecker Maschinenbau Ges.). *Eng. Rec.* 53 S. 503/4.

TAATZ, Klein-Bagger für Kanal- und Sammelteich-Reinigung sowie Kiesgewinnung.* *W. Papierf.* 37 S. 2654.

CHANNON CO., scraper excavator. (Digging and loading gravel for the roadbed of the electric line of the Marion & Bluffton Traction Co.⁊ *Eng. Rec.* 54 Suppl. Nr. 24 S. 49

Das Baggerrad der automobilen Gräbenzieh-(Drainage-)Maschine.* *Presse* 33 S. 78/9.

EICHEL, Maschine zum Ausheben schmaler Gräben. (Herstellung von Drainrohrgräben mit Schaufelrad.)* *Z. V. dt. Ing.* 50 S. 56/8.

HELM TRENCH MACHINE CO. ST. LOUIS, trenching machine. (With toothed cutting-edge buckets mounted on an endless chain working over sprocket wheels, the whole raised and lowered by a vertical digger handle.)* *Eng. News* 55 S. 442/3.

FEATHERSTONE FOUNDRY & MACHINERY CO., CHICAGO, 4½·cu. yd. dipper dredge with 70' boom for Florida Everglades drainage canal.* *Eng. News* 55 S. 373.

MANN, the work of a ladder dredge and belt conveyor system on the Fox River Improvement, Wisconsin. (Dredge to dig in all kinds of material except solid rock, or material equally hard, to cut the full width of the projected channel without moving the dredge sideways. Means to convey the spoil a considerable distance without rehandling, to carry the spoil in places over old dredge banks not less than 20' in height and also to distribute the spoil without forming high banks.)* *Eng. News* 56 S. 423/5.

GUARINI, Atlantic steam shovel. (American Locomotive Co, New York.)* *Pract. Eng.* 33 S. 80.

Power scraper for grading and excavation. (HAMMOND machine, having a combination of drag and wheel scraper which is equipped with mechanical appliances for dumping, etc., and is handled by lines running to the engine and an anchor, or deadman.)* *Eng. News* 55 S. 119.

JACKSON, electrically operated tunnel excavator. (Consists of four arms carrying loopshaped knives on their extremities which are attached to a revolving axle and project out in front of the machine.) *West. Electr.* 38 S. 182; *Sc. Am. Suppl.* 62 S. 25669.

JORDAN CO., railway grading, ditching and bank building machines. (Machine for spreading and

levelling material, and raising banks.)* *Eng. News*
55 S. 14/5.

Difficult excavation on the Hennepin canal. (By a
LIDGERWOOD duplex travelling cableway; transverse to the canal axis and moving parallel with
it on a pair of timber towers 650' apart from
out to out, equipped with HEYWARD orange
peel excavating bucket operated entirely from
the tower so as to descend, load itself, ascend,
travel to. the spoil bank, dump and return for
another load.) * *Eng. Rec.* 53 S. 151/2.

Steam shovels in anthracite coal mining.* *Railr.*
G. 1906, 2 S. 168.

Cost of steam shovel work on the Chicago, Burlington & Quincy Ry. (Big shoal cut-off; little
shoal cut-off.) *Eng. Rec.* 54 S. 732.

Excavation of the West Neebish channel, near
Sault Ste. Marie. (Concrete pickling vats; sixty-
five ton traction shovel with stone exceeding
three cubic yards in dipper.)* *Eng. Rec.* 53
S. 321/3.

COLEMAN, gold dredges.* *Mar. Engng.* 11 S. 12/5.

HUTCHINS, tailing disposal by gold dredges.* *Eng.
min.* 81 S. 219/23.

KERDIJK, Goldbagger für Pagoeat auf Celebes.*
Dingl. J. 321 S. 465/8.

MARKS, bucket dredges and dredging for gold in
Australia. (Dredge pontoon with hardwood frame
and outside sheathing of hardwood and inside
sheathing of pine; dredging machinery on pontoon; housing for dredge, winches; tailings elevator; elevator bucket; silt elevator; sluice box.)
(V)* *Eng. News* 56 S. 160/7.

PERKINS, gold dredging by electric power.* *El.
Eng. L.* 38 S. 226/7.

The ROBINSON gold-dredger. (Elevator type.)
Engng. 81 S. 687; *Eng. News* 56 S. 450/1; *Eng.
min.* 82 S. 201/2.

VOGT, neuer Kabelbagger zur Ausbeute von Gold-
alluviallagern, besonders von reichen Tiefschotter-
lagern.* *Prom.* 17 S. 807/11 F.

Dragage électrique de l'or. (Installation de dragage
électrique de l'or à Orville [Carlifornie].) *
Electricien 32 S. 81/2.

New Zealand gold dredges.* *Eng. min.* 81 S. 706/7.

Bahnhofsanlagen. Railway stations. Gares. Siehe
Eisenbahnwesen V.

Bakteriologie. Bacteriology. Bactériologie. Vgl.
Abwässer, Dünger, Enzyme, Gärung, Hefe, Landwirtschaft, Mikroskopie.

HAMANN, neue Litteratur. (Fortlaufende Zusammenstellung betreffend Systematik, Morphologie;
Biologie, Gärung, Fäulnis; Stoffwechselprodukte
usw.; Beziehungen der Bakterien und Parasiten
zur unbelebten Natur, Luft, Wasser, Boden;
Nahrungsmittel; Fleisch; Milch, Molkerei; Wein,
Weinbereitung; Brauerei; Wohnungen, Ab-
fallstoffe, Desinfektion usw.; Beziehungen der
Bakterien und Parasiten zu Pflanzen, Entwicke-
lungshemmung und Vernichtung der Bakterien
und Parasiten.) *CBl. Bakt.* II, 15 S. 669/71 F.

WOLF, KURT, die Bakteriologie im Jahre 1905.
(Jahresbericht.) *Chem. Z.* 30 S. 367/70.

WRZOSEK, Bedingungen des Wachstums der obli-
gatorischen Anaeroben in aerober Weise. *CBl.
Bakt.* I, 43 S. 17/30.

WELEMINSKY, Züchtung von Mikroorganismen in
strömenden Nährböden. * *CBl. Bakt.* I, 42
S. 280/2 F.

RAHN, Einfluß der Stoffwechselprodukte auf das
Wachstum der Bakterien. *CBl. Bakt.* II, 16
S. 417/29 F.

RUBNER, Beziehungen zwischen Bakterienwachstum

und Konzentration der Nahrung. (Stickstoff- und
Schwefelumsatz.) *Arch. Hyg.* 57 S. 161/92.

PÉPERE, das α-nukleinsaure Natron in der bakteriologischen Praxis als Kulturboden. *CBl.
Bakt.* Referate 38 S. 267/70.

PRÖSCHER, künstliche Züchtung eines unsichtbaren
Mikroorganismus aus der Vaccine. (Züchtung
des Pockenvirus.)⊠ *CBl. Bakt.* I, 40 S. 337/43.

PRIOR, Reinzüchtung von Mikroorganismen für
Gewerbebetriebe. (V) *Z. Bierbr.* 34 S. 221/4 F.

WUND, Feststellung der Kardinalpunkte der Sauer-
stoffkonzentration für Sporenkeimung und Sporenbildung einer Reihe in Luft ihren ganzen
Entwickelungsgang durchführender, sporenbilden-
der Bakterienspecies.* *CBl. Bakt.* I, 42 S. 97/101 F.

KOHN, EDUARD, zur Biologie der Wasserbak-
terien. (Ernährungsverhältnisse.) *CBl. Bakt.* II,
15 S. 690/708 F.

HANSEN, technische Mykologie. (V) *Woch. Brauerei* 23 S. 54/7; *Z. Brauw.* 29 S. 109/13.

GALIMARD, LACOMME et MOREL, culture de microbes en milieux chimiquement définis. *Compt.
r.* 143 S. 349/50.

ALMQUIST, Kultur von pathogenen Bakterien in
Düngerstoffen. *Z. Hyg.* 52 S. 179/98.

ANZILOTTI, besonderes Kulturverfahren für den
Tuberkelbacillus auf Kartoffeln. *CBl. Bakt.* I,
40 S. 765/8.

CONRADI, Züchtung von Typhusbacillen aus dem
Blut mittels der Gallenkultur. (V) *CBl. Bakt.*
Referate 38 Beiheft S. 55/60.

DOEBERT, Wachstum von Typhus- und Koli-Rein-
kulturen auf verschiedenen Malachitgrün-Nähr-
böden. *Arch. Hyg.* 59 S. 370/80.

Use of dry agar - agar plates for the detection of
air-borne sarcina. *Brew. Trade* 20 S. 568/9.

MEYER, ARTHUR, Apparat für die Kultur von
Bakterien bei hohen Sauerstoffkonzentrationen,
sowie zur Bestimmung der Sauerstoffmaxima der
Bakterienspecies und der Tötungszeiten bei
höheren Sauerstoffkonzentrationen.* *CBl. Bakt.*
II, 16 S. 286/98.

BECK, Fruchtäther bildender Mikrokokkus. (Micro-
coccus esterificans; in Milch, Butter und Käse.)
Arb. Ges. 24 S. 256/63.

BRÉAUDAT, nouveau microbe producteur d'acétone.
(B. macerans.) *Compt. r.* 142 S. 1280/2; *Ann.
Pasteur* 20 S. 874/6.

CHAMBERLAND et JOUAN, les pasteurella. *Ann.
Pasteur* 20 S. 81/103.

KOHN, E., saccharophobe Bakterien. *CBl. Bakt.*
II, 17 S. 446/53.

LINDNER, Weinbukettschimmel (Sachsia suaveolens).* *Wschr. Brauerei* 23 S. 258/60; *Z. Spiritusind.* 29 S. 55.

MOLISCH, die Purpurbakterien. (V) (A) *Chem. Z.*
30 S. 969.

BARTHEL, Verbreitungsgebiet der Milchsäurebakterien. *Molk. Z. Berlin* 16 S. 71/2.

WEHMER, Lebensdauer und Leistungsfähigkeit
technischer Milchsäurebakterien. *Chem. Z.* 30
S. 1033/5.

Mycoderma vini. (Aërobian and anaërobian form.)
Brew. J. 42 S. 104/5.

VAN DER LECK, aromabildende Bakterien in Milch.
CBl. Bakt. II, 17 S. 366/73 F.

GRUBER, die beweglichen und unbeweglichen aeroben Gärungserreger in der Milch. *CBl. Bakt.* II,
16 S. 654/63 F.

HOFFMANN, W., Einfluß hohen Kohlensäuredrucks
auf Bakterien im Wasser und in der Milch.
Arch. Hyg. 57 S. 379/400; *Z. Kohlens. Ind.* 12
S. 525/6.

HENNEBERG, Giftwirkung der Ameisensäure auf
verschiedene Pilze. *Z. Spiritusind.* 29 S. 34/5.

The bactericidal action of copper. (Studies by
CLARK and DE GAGE; the removal of bacteria,
B. coli and B. typhosus, by allowing a water to
stand in copper vessels for short periods, while
occasionally effective, is not sure; effects of dilute solutions of copper sulphate and colloidal
copper.) (A) *Eng. News* 55 S. 411.

WENDELSTADT und FELLMER, Einwirkung von
Brillantgrün auf Nagana - Trypanosamen. [E] *Z.
Hyg.* 52 S. 263/80.

SCHREIBER und GERMAN, baktericide Wirkung
der Quecksilberquarzglaslampe. *Med. Wochr.*
53 S. 1911/2.

HERAEUS und KROMEYER, Quarzlampe. (Zur
Tötung von Bakterien.)* *Arch. phys. Med.* 2
S. 140/3.

BERGSTEN, Trennung der Mycoderma von den
Essigbakterien im Bier durch Anhäufung. *Woch.
Brauerei* 23 S. 596/7.

HENNEBERG, Schnellessig- und Weinessigbakterien. (Beschreibung fünf neuer Essigbakterien
und des B. xylinum.)[E] *Essigind.* 10 S. 89/93;
Wschr. Brauerei 23 S. 267/72 F.; *Z. Spiritusind.* 29 S. 339/40.

HOFFMANN, W., die in den Schnellessigbildern
vorkommenden Bakterien und deren Akklimatisierung. *Essigind.* 10 S. 354/7.

ROTHENBACH, Fortzüchtung von Reinzucht-Essigbakterien und ihre Uebertragung in den Betrieb.
Essigind. 10 S. 162/3 F.

ROTHENBACH, Systematik der Essigbakterien.
Essigind. 10 S. 193/4.

WARMBOLD, Biologie stickstoffbindender Bakterien.* *Landw. Jahrb.* 35 S. 1/123; *CBl. Agrik.
Chem* 35 S. 367/74.

CHRISTENSEN, Vorkommen und Verbreitung des
Azobacter. chroococcum in verschiedenen Böden.*
CBl. Bakt. II, 17 S. 109/19 F.

HASELHOFF und BREDEMANN, anaerobe stickstoff-
sammelnde Bakterien. [E] *Landw. Jahrb.* 35
S. 380/414.

PRINGSHEIM, ein Stickstoff assimilierendes Clostridium. *CBl. Bakt.* II, 16 S. 795/800.

ŠTEFAN, Leguminosenknöllchen. (Knöllchenana-
tomie.)[E] *CBl. Bakt.* II, 16 S. 131/49.

THIELE, Einfluß der Witterung auf die Boden-
organismen. *CBl. Agrik. Chem.* 35 S. 711/2.

GAIDUKOV, die Eisenalge Konferva und die Eisen-
organismen des Süßwassers im allgemeinen. (A)
J. Gasbel. 49 S. 20/1.

KASERER, Oxydation des Wasserstoffs und des
Methans durch Mikroorganismen. *CBl. Agrik.
Chem.* 35 S. 277/8.

KASERER, Oxydation des Wasserstoffs durch Mikroorganismen.* *CBl. Bakt.* II, 16 S. 80/96 F.

NABOKICH und LEBEDEFF, Oxydation des Wasserstoffes durch Bakterien. *CBl. Bakt.* II, 17 S. 350/5.

KOSSEWICZ, Farbstoffbildung einiger Bakterien in
gezuckerten Mineralsalzlösungen. (A) *Z. Brauw.*
29 S. 166.

NEIDE, Bakterien und deren zuckerzerstörende Wirkung in der Diffusionsbatterie. (V) *Zuckerind.*
31 Sp. 1137/44 F.; *CBl. Zuckerind.* 14 S. 1098/9.

SCHÖNE, die Mikroorganismen in der Diffusion.
(V)* *CBl. Zuckerind.* 14 S. 1197/1201.

Einfluß verschiedener aus Wasser isolierter Bakterienarten auf Würze und Bier. *Wschr. Brauerei*
23 S. 62/3.

WILL, Sproßpilze ohne Sporenbildung, welche in
Brauereibetrieben und deren Umgebung vorkom-
men. *Z. Brauw.* 29 S. 241/3; *CBl. Bakt.* II, 17
S. 1/2.

FRIEDBERGER und DOEPNER, Einfluß von Schimmelpilzen auf die Lichtintensität in Leuchtbakterienkulturen nebst Mitteilung einer Methode zur ver-

gleichenden photometrischen Messung der Lichtintensität von Leuchtbakterienkulturen.* *CBl.
Bakt.* I, 43 S. 1/7.

RAHN, Paraffin zersetzender Schimmelpilz. *CBl.
Bakt.* II, 16 S. 382/4.

WOOD, recent advances in the bacteriology of
putrefaction. (V) *Chemical Ind.* 25 S. 109/12.

BIENSTOCK, bacillus putrificus. *Ann. Pasteur* 20
S. 407/15.

VON WAHL, Verderber von Gemüsekonserven. *CBl.
Bakt.* II, 16 S. 489/511.

STONE, anthrax. (Anthrax succumbs to moist at
137 degrees F., and to one per cent. solutions
of carbolic acid.) *Text. Rec.* 31, 1 S. 125/6.

FROHMANN, Morphologie, Biologie und Chemie der
in kariösen Zähnen vorkommenden Bakterien.
(V) *Mon. Zahn.* 24 S. 1/16.

STUTZER, Verhalten von Bakterien ansteckender
Viehkrankheiten gegen Säuren. *Presse* 33
S. 409/10.

TRAUTMANN, Bakterien der Paratyphusgruppe als
Rattenschädlinge und Rattenvertilger. (Zugleich
ein Beitrag zur Differentialdiagnose der Rattenpest.) *Z. Hyg.* 54 S. 104/29.

TROMMSDORFF, der Mäusetyphusbazillus und seine
Verwandten. *Arch. Hyg.* 55 S. 279/97.

WASSERMANN, OSTERTAG und CITRON, das gegenseitige immunisatorische Verhalten des LÖFFLER-
schen Mäusetyphusbazillus und der Schweinepest-
bacillen. *Z. Hyg.* 52 S. 282/6.

KUTSCHER und MEINICKE, vergleichende Untersuchungen über Paratyphus-, Enteritis- und Mäuse-
typhusbakterien und ihre immunisatorischen Beziehungen. *Z. Hyg.* 52 S. 301/92.

KOSKE, Beziehungen des Bacillus pyogenes suis
zur Schweineseuche. *Arb. Ges.* 24 S. 181/95.

LEVY, BLUMENTHAL und MARXER, Abtötung und
Abschwächung von Mikroorganismen durch che-
misch indifferente Körper. Immunisierung gegen
Tuberkulose, Rotz, Typhus. (Glyzerin, Zucker.)
CBl. Bakt. I, 42 S. 265/70.

HENNEBERG, Abtötungstemperatur der auf dem
Malze lebenden schädlichen Mikroorganismen.
(Wilde Milchsäurebakterien, Kahmhefe.) *Wschr.
Brauerei* 23 S. 188/90; *Essigind.* 10 S. 98/9 F.;
Z Spiritusind. 29 S. 393/4; *Brenn. Z.* 23 S. 3972/3.

THIELE und WOLF, KURT, Abtötung von Bakterien
im Wasser. [E] *Arch. Hyg.* 57 S. 29/54.

BOUCHARD et BALTHAZARD, action de l'émanation
du radium sur les bactéries chromogènes.*
Compt. r. 142 S. 819/23.

RUSZ, Einfluß der RÖNTGENstrahlen auf Mikroorganismen. *Arch. Hyg.* 56 S. 341/60.

KONSTANSOFF, Wesen des Fischgiftes. (Durch-
setzung des Fischkörpers mit Fäulnisbakterien gewöhnlich infolge einer Infektion.) *CBl. Bakt.*
Referate 38 S. 542/57.

MILLER, die Frage der Nützlichkeit der Bakterien
des Verdauungstraktus. (Parasitismus, Kommensalismus, Symbiose.) *Mon. Zahn.* 24 S. 289/304.

GAIDUKOV, ultramikroskopische Untersuchung der
Bakterien und die Ultramikroorganismen.* *CBl.
Bakt.* II, 16 S. 667/72.

SAITO, mikrobiologische Studien über die Soyabereitung. [E] *CBl. Bakt.* II, 17 S. 20/7 F.

KAYSER, Fixierungsmethode für die Darstellung
von Bakterienkapseln. (Kapselfärbung von Spalt-
pilzen.) *CBl. Bakt.* I, 41 S. 138/40.

PROWAZEK, Technik der Spirochäte-Untersuchung.
Z. Mikr. 23 S. 1/12.

ZETTNOW, Färbung und Teilung bei Spirochaeten.[E]
Z. Hyg. 52 S. 485/94.

ZELIKOW, quantitative Bestimmung der Bakterial-
masse durch die kolorimetrische Methode.* *CBl.
Bakt.* I, 42 S. 476/9 F.

KIRÁLYFI, Wert der Malachitgrünnährböden zur Differenzierung der Typhus- und Colibacillen. *CBl. Bakt.* I, 42 S. 276/9 F.

HILGERMANN, Nachweis der Typhusbazillen im Wasser mittels der Eisenfällungsmethoden. *Arch. Hyg.* 59 S. 355/69.

HESSE und NIEDNER, quantitative Bestimmung von Bakterien in Flüssigkeiten. *Z. Hyg.* 53 S. 259/80.

RŮŽIČKA, neue einfache Methode zur Herstellung sauerstofffreier Luftatmosphäre (als Methode zur einfachen, verläßlichen Züchtung von strengen Anaeroben). (Der Sauerstoff wird mittels eines Wasserstoffflämmchens im wesentlichen aufgezehrt und der Rest durch Pyrogallollösung absorbiert) *Arch. Hyg.* 58 S. 327/41.

GOLDING, new bottle for cultures. (Flat sided bottle)[*] *Chemical Ind.* 25 S. 677/8.

HARDEN, on VOGES and PROSKAUER's reaction for certain bacteria. (Due to acetylmethylcarbinol formed by the action the bacteria on the glucose.) *Proc. Roy. Soc.* B. 77 S. 424/5.

Anwendung getrockneter Agarplatten für den Infektionsnachweis von Luftsarcinen. *Wschr. Brauerei* 23 S. 603/4.

Barium. Baryum.

GUNTZ, préparation du baryum pur à partir de son sous-oxyde. *Compt. r.* 143 S. 339/40.

FINKELSTEIN, Dissociation des Bariumkarbonats. *Ber. chem. G.* 39 S. 1585/92.

BOEKE, Verhalten von Barium- und von Calciumkarbonat bei hohen Temperaturen. *Z. anorgan. Chem.* 50 S. 244/8.

LUHMANN, Fabrikation der Barium- und Strontiumkarbonate aus deren Sulfaten unter Anwendung von Kohlensäure. *Z. Kohlens. Ind.* 12 S. 557/9 F.

TAPONIER, action des bromures alcalins sur le carbonate de baryum. *Bull. Soc. chim.* 3, 35 S. 280/93.

ROHLAND, Erhärtung des Schwerspats. *Sprechsaal* 39 S. 1417/8.

FOOTE and MENGE, relative solubility of some difficultly soluble calcium and barium salts. *Chem. J.* 35 S. 432/45.

TRAUTZ und ANSCHÜTZ, Löslichkeitsbestimmungen an Erdalkalihalogenaten. Bariumhalogenate. *Z. physik. Chem.* 56 S. 236/42.

GAUBERT, les cristaux isomorphes de nitrate de baryte et de plomb. *Compt. r.* 143 S. 776/7.

HERBETTE, les cristaux mixtes de chlorure et de bromure de baryum. *Compt. r.* 143 S. 243/5.

DUBOIN, les iodomercurates de sodium et de baryum. *Compt. r.* 143 S. 313/4.

DUBOIN, les iodomercurates de baryum. *Compt. r.* 142 S. 887/9.

SCHOLTZ und ABEGG, Gleichgewicht bei den Reaktionen $BaSO_4 + K_2CrO_4 \rightleftharpoons BaCrO_4 + K_2SO_4$ und $BaCO_3 + K_2CrO_4 \rightleftharpoons BaCrO_4 + K_2CO_3$. *Elektrochem.* 12 S. 425/8.

STRABEL und ARTMANN, Fällung des Bariums als Sulfat zur Trennung von Calcium. *Z. anal. Chem.* 45 S. 584/95.

BENEDICT, detection of barium, strontium and calcium. (The reagents used are saturated potassium iodate solution, dilute hydrochloric acid, ammonium oxalate, and saturated ammonium sulphate solution.) *J. Am. Chem. Soc.* 28 S. 1596/8.

TARUGI e BIANCHI, nuovo processo rapido ed esatto per la determinazione dei solfati e dei sali di bario. *Gaz. chim. it.* 36, 1 S. 347/58.

LÖB, Untersuchung von Bariumsuperoxyd. *Chem. Z.* 30 S. 1275.

Barometer. Barometers. Baromètres. Vgl. Instrumente, Meteorologie.

Neues abgekürztes Barometer mit wiederherstellbarer Leere in Verbindung mit zwei Formen des abgekürzten Druckmessers nach MAC LEOD. *Mitt. a. d. Materialprüfungsamt* 24 S. 65/7.

UBBELOHDE, abgekürztes Barometer mit wiederherstellbarem Vakuum. (V)[*] *Verh. V. Gew. Sits.* B. 1906 S. 136/8; *Z. ang. Chem.* 19 S. 756/7; *Mitt. a. d. Materialprüfungsamt* 24 S. 309/12.

SCHULTZE, Vakuum-Barometer zur Kontrolle des Vakuums bei Kondensations Dampfmaschinen.[*] *Mechaniker* 14 S. 125.

Baumwolle. Cotton. Coton. Vgl. Appretur, Färberei und Druckerei, Gespinstfasern, Spinnerei.

SUPF, deutsch-koloniale Baumwoll-Unternehmungen. (Frühjahr 1906.) *Tropenpflanzer* 10 S. 355/69.

Die in Togo angebauten Arten und Formen der Baumwolle. (Sea-Island-Baumwolle [Gossypium barbadense L.]; Upland-B. [G. hirsutum L]; Bastarde von Sea-Island- und Upland-B.; die Kpandu-B.; die sog. Küstenb.) *Tropenpflanzer*, Beihefte 7 S. 188/97.

BORCHARD, le coton de l'Est Africain. *Bull. Mulhouse* 1906 S. 138/42.

ECKARDT, der Baumwollbau in seiner Abhängigkeit vom Klima an den Grenzen seines Anbaugebietes. *Tropenpflanzer* Beihefte 7 S. 1/113.

Anbau und Verarbeitung von Baumwolle in China. *Tropenpflanzer* 10 S. 398/401; *Mon. Text. Ind.* 21 Spec. Nr. S. 14/5.

COOK und STUBBS, the cotton industry. (Inventions: HEILMANN comber 1856; revolving flat card; presser; piano-feed regulator patented in 1862 by LORD; patent cross winding frame; changes in methods; spur gearing.) (V) (A)[*] *Text. Man.* 32 S. 100/3.

Engineering in cotton mills. *Eng.* 102 S. 652.

Der Kastenballenbrecher. (Staubabsaugende Tätigkeit eines Ventilators; Stellwerk zum Lenken des Wendegetriebes für die Verteilungslattentücher.)[*] *Text. Z.* 1906 S. 1088 F.

WETZEL, Auffangen von Wollflocken bei Entwollung von Baumwollsaat.[*] *Spinner und Weber* 23 Nr. 25 S. 1/3 F.

MATTHEWS, das Waschen der Baumwolle. *Mon. Text. Ind.* 21 S. 395/6.

Verfahren, der Baumwolle ein der Wolle gleiches Aussehen zu verleihen. (Elektrolytische Behandlung in wässeriger Sodalösung mit Aluminium-Elektroden) *Oest. Woll. Ind.* 26 S. 1507.

HÜBNER u. POPE, Veränderungen in der Struktur, im Färbevermögen und Glanz der Baumwollfaser unter der Einwirkung der mercerisierenden und anderer Flüssigkeiten. *Text. u. Färb. Z.* 4 S. 184/6; *Mon. teint.* 50 S. 194/6.

AXMACHER, Veredelung von Baumwoll-Barchent, Piqué usw. (Mit Farb- und Appreturproben.) *Muster-Z.* 55 S. 297/8.

Distinguishing mercerized and unmercerized cotton. (R) *Text. Rec.* 32, 1 S. 146/7.

PRATT, bleaching of cotton: ancient and modern. (V) *J. Soc. dyers* 22 S. 154/6; *Text. Man.* 32 S. 206/7.

Bleaching cotton with peroxyde. *Text. col.* 28 S. 163.

Oiling of cotton fibre. (Durable emulsions of a mixture of vegetable or animal fat with mineral oil obtained by the use of ammonia as the emulsifying alkali.) (Pat.) *Text. Man.* 32 S. 278.

DORNIG, Einwirkungen der Fabrikationsmanipulationen auf die Baumwollfaser. *Färber-Z.* 42 S. 3 F.

Tendering of sulphur blacks. (Tendering of cotton

dyed with sulphide blacks, is due to the presence of free sulphuric acid.) *Text. col.* 28 S. 301.

BURNHAM, composition and properties of cotton softeners. (To overcome the harsh effect produced by dyeing cotton yarns.) *Text. Man.* 32 S. 282; *Chemical Ind.* 25 S. 295/6.

MATTHEWS, the scouring of cotton. (Nature of impurities in cotton; theory; scouring cotton with alkalies. (V) *J. Frankl.* 162 S. 25/30; *Text. Man.* 32 S. 275/6; *Muster-Z.* 55 S. 502.

BARKER, effects of humidity on yarn. (Increasing the breaking strength of the yarn.)* *Text. Rec.* 30, 6 S. 76/8.

LEHMANN, K. B., Ursachen des verschiedenen kapillaren Wasseraufsaugevermögens dichter weißer Leinen- und Baumwollstoffe. *Arch. Hyg.* 59 S. 266/82.

HUTTON, Flecken in Baumwollwaren. (Ursprung.) *Text. u. Färb. Z.* 4 S. 469/70F.

HERZOG, wie unterscheidet man Flachs (Leinen) von Baumwolle? (Riß-, Aufdreh-, Verbrennungs-, Oel-, Schwefelsäure-, Färbeproben, Betrachtung im durchgehenden Lichte.)* *Text. u. Färb. Z.* 4 S. 328/31 F.

PILLING, Verrotten der mit Schwefelfarbstoffen gefärbten Baumwolle und die Mittel zur Verhinderung dieses Uebels. (Mischung von doppeltchromsaurem Kali und Essigsäure als Fixiermittel.) *Muster-Z.* 55 S. 68.

Fabrikation von Watten-Papier und Isolierwatten-Bändern. * *Spinner und Weber* 23 Nr. 11 S. 1.

Selbstentzündung der Baumwolle. *Text. u. Färb. Z.* 4 S. 518/20.

Baustoffe. Building materials. Matériaux de construction. Vgl. Beton und Betonbau, Elastizität und Festigkeit, Hochbau 5 a, Holz, Materialprüfung, Mörtel, Zement.

LEDUC, die Baumaterialien auf der Lütticher Ausstellung. (Kalk und Zement; Eisenbeton; HENNEBIQUE-Brücke; Herstellung von weißem Portlandzement nach FAHNEJELM, nach RANSOME, GRESLY; Steine; keramische Erzeugnisse; Steingut; Ziegelwaren; Ausstellungen von HASSELT, BIGOT, GENTIL & BOURDET.) *Baumatk.* 11, S. 206/10F.

REAVER, relative merits of cement and clay product. *Brick* 24 S. 103/5.

Bestimmung der Porosität von Baustoffen. *Asphalt-u. Teerind.-Z.* 6 S. 7/8.

HOWARD, rigidity of constructive materials. (Diagram and table.)* *Eng. Rec.* 53 S. 658.

SCHLEIER, Wasseraufnahme von Baustoffen. * *Tonind.* 30 S. 198/9.

MALETTE, note on the resistance of building stones to frost. (BRARD process; conducted by immersing a fragment of stone with sharp edges in a cold saturated solution of sodium sulphate; modifications made by VICAT, HÉRICART DE THURY and HUSSON; BRAUNs manner; calcaire marneux; calcaire lacustre; calcaire suboölithique) *Builder* 91 S. 318/9.

Durcissement des pierres tendres. (Par l'emploi de fluosilicates.) *Ann. trav.* 63 S. 189/90.

Schutzmittel „Kautschukine". (Gegen Verletzungen von Mauerflächen, Mauerecken und Verputzkanten an Gebäuden und Baulichkeiten.) *Asphalt-u. Teerind.-Z.* 6 S. 41/2.

MICHAELIS, hydraulische Bindemittel. (V) (A) *Stahl* 26 S. 1148/9.

CAPPON, a new magnesium oxy-chloride cementing material. (SOREL stone; use in wall plaster.) (Pat.) *Eng. News* 55 S. 531/2.

Praktische Steinformen. (Formvorrichtung „Eureka" von TEVONDEREN & POLLAERT.) *Bet. u. Eisen* 5 S. 207.

KING, R. P., feuerfeste Baustoffe. (Feuerfeste Ziegel für Dampfkesseleinmauerungen. Zusammensetzung des feuerfesten Tons.) *Gieß-Z.* 3 S. 469/70.

KING, feuerfestes Mauerwerk.* *Z. Lüftung (Haase's)* 12 S. 142/5.

FITZPATRICK, burnt clay as the universal building material. * *Brick* 24 S. 227/31.

VOGT, notes on different kinds of brick. (Gray and gray-speckled brick; sewer and foundation brick; salt-glazed pressed front brick; firebrick and other refractory materials; dinas brick; silica brick.) *Brick* 25 S. 275/7.

HUCKSTEP, a new shale brick. *Brick* 24 S. 193.

The 26th annual convention of the Jowa Brick & Tile Association, held at Des Moines, Ja., jan. 10—11, 1906. (MARSTON: brick versus asphalt pavements in Jowa. WILSON: drain tile. HALLET: architectural effects by judicious use of clay wares.) *Brick* 24 S. 89/97.

DORTMUNDER KUNSTMARMORFABRIK BRABÄNDER, Vorrichtung zur Herstellung von Kunstmarmor. *Asphalt-z. Teerind.-Z.* 6 S. 557.

Verfahren zur Herstellung marmorartiger glänzender Verblendplatten aus Gipsmasse. (Wird vor dem Erstarren einem starken Druck ausgesetzt.) *Erfind.* 33 S. 153/4.

Gipsestrich. (Der Gips muß vollständig geglüht und eher grob- als feinkörnig sein.) *Asphalt-u. Teerind.-Z.* 6 S. 394/5.

SCHRRER, Herstellung, Eigenschaften und Verwendung von Metallzement. (Zur Befestigung von Geländern, Gitterstützen, Verankerungsschrauben, als Maschinenfundament für Dynamos, Elektromotoren und andere Kraftmaschinen, ferner zum Verguß von Eisenbahnsignalen und Weichenvorrichtungen und auch für die Eisenteile bei elektrischen Signal-, Licht- und Kraftleitungen.) *Erfind.* 33 S. 385,7.

SCHMALZ, Beurteilung des Wertes von Kalken für die Verwendung beim Bauen. (Versuche auf der Baustelle.) *Zbl. Bauv.* 26 S. 6/8.

Verfahren zur Herstellung von Platten aus Schiefer oder Schieferabfällen. *Asphalt-u. Teerind.-Z.* 6 S. 478.

SCHWENK, Kunststeinpolierverfahren. (Wiederholtes Auftragen eines Gemisches von Weißkalk und Erdfarbe auf die mit Kalkmilch getränkten, geschliffenen Flächen und Trocknen; Härten mit Fluaten und Polieren mit Filz.) (A) *Zbl. Bauv.* 26 S. 126.

Torfsteine. (Aus einem Torfkern und einem Gipsmantel.) *Asphalt-u. Teerind.-Z.* 6 S. 433.

MONICOLE und DUPONT, Mauersteine aus Kok. *Braunk.* 5 S. 445.

LAZELL, sand-lime brick. *Eng. min.* 81 S. 374.6.

SELDIS, Chemie der Kalksandsteine. (Rohstoffe; Härteprozeß in der Kalksandsteinherstellung.) (V. m. B.) *Tonind.* 30 S. 637/9F.; *Baumatk.* 11 S. 118/9.

CRAMER, Wasseraufnahmefähigkeit der Kalksandsteine. (Untersuchungen.) (V) (A) *Baumatk.* 11 S. 117/8.

SELDIS, der Härteprozeß in der Kalksandsteinfabrikation. *Z. ang. Chem.* 19 S. 181/3.

GLASENAPP, eine neue Theorie des Härteprozesses in der Kalksandsteinfabrikation. (Erwiderung gegen SELDIS, *Z. ang. Chem.* 19 S. 181.) *Tonind.* 30 S. 469/71.

Verhalten von Kalksandsteinen im Feuer. *Töpfer-Z.* 37 S. 81.

THOMAS, Herstellung feuerfester Steine aus Sand und Kalk. *Erfind.* 33 S. 169/70.

Manufacturing sand-lime brick in Ceylon.* *Brick* 24 S. 11/3.

BUCHWALD, die Fabrikation der Sandmauersteine.* *Prom.* 17 S. 237/7 F.

SCHLEIER, Kalksandsteinherstellung mittels Niederdruckverfahrens. *Tonind.* 30 S. 1761/2.

THOMAS, Verfahren zur Herstellung feuerfester Steine, Platten u. dgl. aus Sand oder dgl. und Kalk, gegebenenfalls unter Zusatz von Ton, durch Härten mit Wasserdampf vor dem Brennen. *Erfind.* 33 S. 608/9.

Fabrication des briques silico-calcaires par les procédés RÖHRIG et KÖNIG. *Gén. civ.* 48 S. 208/10; *Riv. art.* 1906, 1 S. 493/5.

PERLS, Simplex Silosystem. (Für Kalksandsteinherstellung; der Aufbereitungsvorgang.) (V. m. B) *Tonind.* 30 S 774/9.

SCHLEIER, luftgehärtete Kalksandsteine.* *Tonind.* 30 S. 9/10.

SURMANN, Trockenpresse für gleichzeitigen Preßdruck auf zwei Seiten des Preßlings. (Trockenpresse zur Herstellung von Steinkohlenbriketts, Kalksandsteinen u. dgl., bei welcher Ober- und Unterstempel von einer gemeinsamen, mehrfach gekröpften Welle aus bewegt werden.)* *Braunk.* 5 S. 562/3.

A new rotary sand-lime brick press.* *Brick* 24 S. 67.

CIRKEL, Einrichtungen von Kalksandsteinfabriken. (Lichtbildervortrag.) *Tonind.* 30 S. 717/28.

SCHLEIER, Kalksandsteinwerke im Auslande. ' *Tonind.* 30 S. 519/21.

The Savannah Sand-Lime Brick Co., Savannah, Ga.* *Brick* 25 S. 9/11.

Sand-lime brick plant at South River, N. J.* *Eng. Rec.* 54 S. 44/6.

L'utilisation de la chaux hydraulique (chaux de ciment) pour les maçonneries et le crépissage ainsi que pour la fabrication des briques de grès calcaire.* *Mon. cér.* 37 S. 75/6 F.

SABIN, does the use of heated mixing water injure cement mortar or concrete. (Tension tests of cement mortar briquettes.) *Eng. News* 55 S. 129.

ALBRECHT, der Betonhohlstein, ein neues Baumaterial. (Nachbehandlung des ausgeformten Betonblockes; Feuerfestigkeit.)* *Bet. u. Eisen* 5 S. 303/6.

WEBER, KARL, Vorschläge zur Einführung der Betonhohlsteine in Deutschland.* *Bet. u. Eisen* 5 S. 225/7.

Zementmauersteinform. (Stahlblech-Formkasten nach JÖRGENSEN; bildet einen offenen Kasten.) (D. R. P.)* *Zem. u. Bet.* 5 S. 152/3.

Sand-cement brick and block.* *Brick* 24 S. 66.

Cast stone. (Cast stone and moulded stone; rigid moulds, dry or tamping process, wet process) *Cem. Eng. News* 18 S. 199/200.

The Coryell cement block machine. * *Brick* 24 S. 123.

PALMER, Maschine zur Herstellung hohler Betonsteine. *Uhlands T. R.* 1906, 2 S. 24.

Zementbaustein-Maschine PETTYJOHN.* *Z. Baugew.* 50 S. 126/7.

STIERSTORFER, Baumaschinen. (Auf der Baustelle angewandte Maschinen zur Herstellung von Baustoffen.)* *Bayr. Gew. Bl.* 1906 S. 137/8 F.

SCHALL, interlocking building blocks. (One-, two- and three-piece wall construction; veneer interlock with I-beams.)* *Cem. Eng. News* 18 S. 28.

Kaltglasur für Zementdachsteine. *Baumatk.* 11 S. 166.

GASPARY & CO, angebliche Nachteile des Betonsteins. (Größere Isolierfähigkeit des im Mischungsverhältnis 1 : 8 hergestellten Steins gegen Wärme und Feuchtigkeit im Vergleich mit dem gebrannten Stein.) *Baumatk.* 11 S. 179/80.

THÖRNER, Zerstörung von Zementplatten und Betonfabrikaten bei Verwendung von kohlenhaltigem Kies zur Herstellung derselben. *Asphalt- u. Teerind.-Z.* 6 S. 58/9.

Verwendung von Kaminsteinen aus Zement und Verbot ihrer Anwendung im Regierungsbezirk Minden. *Baumatk.* 11 S. 165.

ROSCHER, ALFRED, Diabaskunststeinplatten des Steinwerks Koschenberg. (Für die Berliner Bürgersteige, mit Ausschluß der inneren Stadt; Laufflächen aus Portlandzement und Diabassplittern, das übrige Beton.) *Zem. u. Bet.* 5 S. 348.

HOOD, Verwertung von Hobel- und Sägespänen zur Kunstholz- und Kunststeinfabrikation. *Asphalt- u. Teerind.-Z.* 6 S. 142/3.

Dübelsteine. (Gemisch von Sägespänen und Zement, von Sägespänen, Gips und Leimwasser.) *Tonind.* 30 S. 58/9.

Der tasmanische blaue Gummibaum als Bauholz. (Pfahlroste; Eisenbahnschwellen; Straßenpflaster.) *Uhlands T. R.* 1906, 2 S. 39.

Fußboden-Dielen aus gepreßter Holzmasse. *Papierfabr.* 4 S. 465.

Verwendungsart für Dachpappe. *Asphalt- u. Teerind.-Z.* 6 S. 5/6.

Becherwerke. Elevators. Élévateurs. S. Bagger, Hebezeuge 4, Transportwesen.

Beleuchtung. Lighting. Éclairage. Vergl. Bergbau 4 u. 5, Eisenbahnwesen III B 5, Elektrizitätswerke, Elektrotechnik, Erdöl, Krafterzeugung und -übertragung, Leuchtgas, Leuchttürme, Optik, Schiffbau 3, Spiritus.

    1. Allgemeines.
    2. Beleuchtung mit Steinkohlengas.
      a) Beleuchtung mit selbstleuchtender Flamme.
      b) Glühlicht.
      c) Anzünde- und Löschvorrichtungen.
      d) Verschiedenes.
    3. Beleuchtung mit Wassergas und anderen Gasgemischen.
    4. Acetylen-Beleuchtung.
      a) Allgemeines, Anlagen.
      b) Lampen, Brenner und Zubehör.
    5. Beleuchtung mit Petroleum, Benzin, Spiritus und ähnlichen Leuchtstoffen.
      a) Glühlicht.
      b) Verschiedenes.
    6. Elektrische Beleuchtung.
      a) Allgemeines.
      b) Bogenlichtbeleuchtung.
      c) Glühlichtbeleuchtung.
      d) Sonstige elektrische Lichterzeugung.
    7. Sonstige Beleuchtungsarten.

1. Allgemeines. Generalities. Généralités.

BLOCH, Vorschläge zur einheitlichen Beurteilung und Verfahren zur Berechnung der Straßenbeleuchtung. *Elektrot. Z.* 27 S. 493/7.

BLOCH, Beleuchtungsberechnungen. (Ein Verfahren zur Berechnung von Straßen-, Platz- und Innenbeleuchtungen wird abgeleitet und an einer Anzahl von Beispielen näher erläutert. Mit dem Verfahren kann die mittlere horizontale Beleuchtungsstärke und auch jede beliebige andere Beleuchtungsstärke in einfacher Weise berechnet werden. Die hierbei anzuwendenden Lichtstromkurven werden als Normal-Kurven und -Zahlentafeln für die hauptsächlich gebräuchlichen Lichtquellen angegeben.) * *Elektrot. Z.* 27 S. 1129/34 F.

LANSINGH, the engineering of illumination. (V) * *Gas Light* 85 S. 92/100 F.

BURROWS, practical hints on illumination.* *West. Electr.* 38 S. 224/5 F.

TAY, aus der Beleuchtungspraxis. *Z. Beleucht.* 12 S. 371/4.

SCHMIDT, die Bayerische Jubiläums-Landesaus-

stellung Nürnberg 1906. (a)▨ *Z. Beleucht.* 12 S 229/31 F.

BERTELSMANN, Fortschritte auf den Gebieten des Heizungs- und Beleuchtungswesens von Mitte 1904 bis zum Ende des Jahres 1905. (Brennstoffe; Temperaturmessung; Verbrennungserscheinungen bei Gasen; elektrisches Licht; angewandte Beleuchtung; Lichtmessung.) *Chem. Zeitschrift* 5 S. 196,8 F.

BERTELSMANN, Fortschritte auf den Gebieten des Heizungs- und Beleuchtungswesens im 1. Halbjahr 1906. *Chem. Zeitschrift* 5 S. 484/9 F.

STRACHE, Jahresbericht über die Fortschritte des Beleuchtungswesens im Jahre 1905. *Chem. Z.* 30 S. 829/32.

Die Ausstellung für das gesamte Beleuchtungswesen im K. Landesgewerbemuseum. (Elektrische Glühlampen.)* *Gew. Bl. Würt.* 58 S. 333/4 F.

Kosten der Gas-, Acetylen- und elektrischen Beleuchtung. (Aeußerungen von BRODMÄRKEL und GRAF. BRODMÄRKELs Erwiderung auf die Besprechung seiner Mitteilungen; Versuche der Physikalisch-technischen Reichsanstalt zu Charlottenburg.) *Z. Bayr. Rev.* 10 S. 18/9 F.

ABENDROTH, Beleuchtungsverhältnisse einer Saalwand bei Annahme rechteckiger Oberlichtöffnungen.* *Mitt. Gew. Mus.* 16 S. 163/80.

UPPENBORN, Einfluß der Tünchung von Schulsälen auf die darin erzielte Beleuchtung.* *J. Gasbel.* 49 S. 1055.

EDWARDS, artificial lighting of factories. (SUMPNER's table of the reflecting powers of various surfaces; inverted and regenerative incandescents; efficiency of electric incandescents.) (V) (A) *Text. Man.* 32 S. 128/9; *Mech. World.* 39 S. 188/9.

POLLITT, lighting mills and workshops. (Gas cheaper than electricity.) *J. Gas L.* 95 S. 576/7.

TOPPIN, effective shop lighting.* *El. Rev.* 58 S. 322/3.

CRAVATH and LANSINGH, the lighting of living rooms and parlors. *El. World* 47 S. 29/33.

CRAVATH and LANSINGH, the lighting of dining and bed rooms.* *El. World* 47 S. 247/52.

CRAVATH and LANSINGH, the lighting of miscellaneous rooms in residences.* *El. World* 47 S. 451/4.

CRAVATH und LANSINGH, die Beleuchtung großer öffentlicher Räume. (Versuche, eine gute Lichtwirkung auf dem Fußboden ohne blendende Helligkeit zu erreichen.)* *El. u. polyt. R.* 23 S. 397/9; *El. World* 48 S. 14/8.

CRAVATH and LANSINGH, the lighting of halls and corridors of large buildings. *El. World* 48 S. 213/4.

CRAVATH and LANSINGH, the lighting of churches.* *El. World* 48 S. 644'7.

WEEKS, the lighting of churches. (V. m. B.) *West. Electr.* 38 S. 453; *El. World* 47 S. 1188/9; *Proc. El. Eng.* 25 S. 251/6; *El. Mag.* 6 S. 197/9; *Eng. News* 55 S. 635.

MILLAR, location of lamps and illuminating efficiency.* *El. Rev. N. Y.* 49 S. 814/6.

DAVIES, light in dark rooms. (Use of whitewash for the surface of areas, adjoining and opposite walls, and interior surfaces; kinds of glass which are highly refractive; windows against the ceiling; windows made wide instead of high; restriction of back additions to houses.) *Builder* 91 S. 102/3.

ERNST, a case of indirect illumination.* *El. Mag.* 6 S. 286 7.

SCHILLING, über indirekte Beleuchtung. *J. Gasbel.* 49 S. 1069/71.

WEBER, über indirekte Beleuchtung. *Z. Beleucht.* 12 S. 313/4.

Repertorium 1906.

REIBMAYR, Beleuchtungsverhältnisse bei direktem Hochlicht.* *Arch. Hyg.* 58 S. 171/206.

Comparative distribution of light from various illuminating sources. *El. World.* 47 S. 720.

AMBÜHL, Feuersgefahr einiger moderner Beleuchtungsarten (Acetylen, Luftgas, Preßpetroleum.) (V) *Arch. Feuer* 23 S. 59/61 F; *Fabriks-Feuerwehr* 13 S. 14/5 F.

BELL, some physiological factors in illumination and photometry.* *West. Electr.* 38 S. 504/5.

HEIMANN, Berechnung der hemisphärischen Intensität körperlicher Lichtquellen.* *Elektrot. Z.* 27 S. 380/3.

MONASCH, Versuche mit Hilfsapparaten zur Bestimmung der mittleren sphärischen und der mittleren hemisphärischen Lichtstärke. *Elektrot. Z.* 27 S. 669/71 F.

ULBRICHT, die hemisphärische Lichtintensität und das Kugelphotometer.* *Elektrot. Z.* 27 S. 50/3.

UPPENBORN, Beleuchtungsmessungen. (Meßanordnung unter Benutzung der diffusen Transmission; Beleuchtungsmesser von MARTENS.) *Elektrot. Z.* 27 S. 358/60.

LAPORTE et JOUAUST, étude sur le rapport des trois lampes CARCEL, HEFNER et VERNON-HARCOURT. *Bull. Soc. él.* 6 S. 375/89.

WESTERDALE and PRENTICE, the efficiency of lamp globes. (A) (V)* *J. el. eng.* 37 S. 359/71.

BRUNN, die Bedeutung des Glasprismas in der Beleuchtungstechnik.* *Z. Beleucht.* 12 S. 278/80 F.

ZALINSKI, the effect of diffusing reflecting coatings on glass prismatic reflectors.* *El. World* 48 S. 174/5.

FOWLER, HENRY, indoor and outdoor lighting of railway premises. (Oil, acetylene, carburetted air, petrol lamps.) (V) (A)* *Pract. Eng.* 34 S. 811/3 F.; *Z. Gas L.* 96 S. 818/22.

SWINBURNE, indoor illuminants. *El. Eng. L.* 38 S. 695/7 F.

Vergleichende Beurteilung moderner Straßenbeleuchtung.* *Elt. u. Maschb.* 24 S. 514/7.

HARRISON, street lighting. (V. m. B.) *J. el. eng.* 36 S. 188/219.

KRÜSZ, Berechnung der Straßenbeleuchtung. *J. Gasbel.* 49 S. 821/6.

UPPENBORN, Berechnung und Messung der Straßenbeleuchtung.* *Z. Beleucht.* 12 S. 360/4.

KRÜSZ, Beurteilung von Beleuchtungsanlagen. *J. Gasbel.* 49 S. 949/53.

BLOCH, vergleichende Beurteilung moderner Straßenbeleuchtungen. *J. Gasbel.* 49 S. 90/4.

SCHMIEDT, vergleichende Beurteilung moderner Straßenbeleuchtungen. (BLOCH, Erwiderung.)* *J. Gasbel.* 49 S. 238/9; 425.

A comparison between arc lighting and high-pressure gas lighting for roads.* *El. Rev.* 59 S. 1014.

2. Beleuchtung mit Steinkohlengas. Lighting by coal gas. Éclairage à gaz de houille.

a) Beleuchtung mit selbstleuchtender Flamme. Self lighting flames. Éclairage à flammes autolumineuses.

CARPENTER, the ARGAND burner. (V. m. B.)* *J. Gas L.* 94 S. 886/92.

b) Glühlicht. Incandescent light. Éclairage à incandescence.

Bericht über die im Jahre 1905 auf dem Gebiete der Glühkörperfabrikation veröffentlichten wichtigsten deutschen Patente. *Z. Heis.* 10 S. 190.

BÖHM, die Fortschritte in der Gasglühlichtbeleuchtung.* *J. Gasbel.* 49 S. 983/9; 25/6 F.

DREHSCHMIDT, Stand der Glühlichtbeleuchtung. (V) *Z. Beleucht.* 12 S. 316/8; *J. Gasbel.* 49. S. 765/74.

BLOCH, Stand der Glühlichtbeleuchtung. (Erwiderung gegen DREHSCHMIDT; Erwiderung von DREHSCHMIDT.) *J. Gasbel.* 49 S. 1072/6.

PINTSCH, JULIUS, das Gasglühlicht bei seiner Verwendung in Eisenbahnwagen.* *Z. V. dt. Ing.* 50 S. 1044/6.

Gasglühlichtlampen für Eisenbahnwagen.* *Z. Beleucht.* 12 S. 101/2.

WALTHER, Beleuchtung der Verwaltungsräume der Thüringer Gasgesellschaft in Leipzig. (Beleuchtung in den Zwischensälen; halbzerstreute Beleuchtung.) *J. Gasbel.* 49 S. 953/5.

CANNING, durability and illuminating value of the incandescent mantle. (V. m. B.) *J. Gas L.* 94 S. 369/71.

LANSINGH, standardization of incandescent gas mantles. (V. m. B.) *Gas Light* 85 S. 1155/9 F.

RUBENS, Strahlung des BUNSENbrenners. (Temperaturmessungen der BUNSENflamme, Temperatur des glühenden AUERstrumpfs; Emissionsspektren.) *J. Gasbel.* 49 S. 25/30; *Z. Beleucht.* 12 S. 49/50; *J. d. phys.* 4, 5 S. 306/26; *Physik. Z.* 7 S. 186/9.

LUMMER und PRINGSHEIM, die Temperatur des AUERstrumpfes. (Bemerkungen zu der Abhandlung von Rubens.) *Physik. Z.* 7 S. 189/90.

SWINBURNE, die Strahlung des Gasglühkörpers.* *Z. Beleucht.* 12 S. 337/9; *J. Gas L.* 95 S. 523/4; *Sc. Am. Suppl.* 62 S. 25714/5.

BUHLMANN, Verfahren zur Herstellung von Glühstrümpfen. (Fäden sind aus stärkeren Einzelfasern zusammengesetzt, durch den starken Faden werden die Ungleichheiten der Einzelfasern völlig ausgeglichen.) *Z. Beleucht.* 12 S. 155.

BRUNO, Verfahren zur Herstellung von Glühkörpern für Gasglühlicht, bei welchem Kupferzellulose als Oxydträger verwandt wird. (V) *Z. ang. Chem.* 19 S. 1387/9; *Z. Beleucht.* 12 S. 211/2.

MANTLE, incandescent mantles made from artificial silk.* *J. Gas L.* 96 S. 877/9.

MÜLLER, ARTHUR, Glühkörper aus Kunstseide, sog. „Kupferzelluloseglühkörper". *Z. ang. Chem.* 19 S. 1810/2.

VON BÜLOW, Rund-Glühkörperköpfe. (Das Einkräuseln und Festlegen der Absugsöffnung und das Umlegen und Festnähen des Tüllbandes werden gleichzeitig vorgenommen.) *Z. Beleucht.* 12 S. 374.

NORDISKE AUERS GASGLÖDELYS AKTIESELSKAB, Verfahren zur Herstellung faltenloser Glühkörperköpfe.* *Z. Beleucht.* 12 S. 268.

EXPORT-GASGLÜHLICHT G. M. B. H. in Weißensee, Verfahren zum Formen und Härten von Glühkörpern. (Die Stellung des Glühkörpers zu der Flamme wird in wagerechtem Sinne nur von Zeit zu Zeit während des Arbeitsvorganges verändert.) *Z. Beleucht.* 12 S. 374.

TOEBS, Vorrichtung zum Formen und Härten von veraschten Glühkörpern.* *Z. Beleucht.* 12 S. 154.

WERTHEN, Maschine zum Veraschen und Formen von Glühkörpern.* *Z. Beleucht.* 12 S. 153/4.

Tragring für Gasglühlichtkörper der DEUTSCHEN GASGLÜHLICHT AKT. GES. (AUERGESELLSCHAFT).* *Z. Beleucht.* 12 S. 294/5.

JACOB, Glühstrumpfbefestigung. (Ring mit einer Anzahl exzentrisch zum Mittelpunkt des Brenners verlaufender Vorsprünge oder Rippen versehen.)* *Z. Beleucht.* 12 S. 294.

ROSSKOPF, Abnehmevorrichtung für Glühkörper. (Die schräge Lage der Brennerrohre bei Abbrennmaschinen gestattet eine Vorder- und eine oder mehrere Hinterreihen gleichzeitig aufzuhängen, sie zu veraschen, zu formen, zu härten und wieder abzunehmen.) *Z. Beleucht.* 12 S. 374/5.

SCHUNACK, Pallas-Glühkörperträger. (Aus Nickelblech gebogenes Röhrchen ist am oberen Ende in bekannter Weise zusammengequetscht und dann gabelförmig ausgeschnitten. Das untere Ende ist geschlitzt und federt deshalb in der Führung des Brennerkopfes, so daß es hier vollständig fest sitzt.) *Z. Beleucht.* 12 S. 365.

WASMUTH, Halter für Gasglühlichtkörper. (Kleine Röhrchen aus aluminium-plattiertem Blech mit gabelförmiger Spitze hergestellt.)* *Z. Beleucht.* 12 S. 79.

„SIRIUS" GASFERNZÜNDER A.-G., Glühstrumpf-Aufhängevorrichtung. (Diametral durch den Hals des Strumpfes wird ein Magnesiastäbchen gesteckt, derart, daß die Enden aus dem Strumpfe vorragen.)* *Z. Beleucht.* 12 S. 269.

OPPENHEIM & CO., Verfahren zum Abbrennen von Glühkörpern von Hand. *Z. Beleucht.* 12 S. 155.

Glühkörper - Abbrenn - Maschine von SENSENSCHMIDT.* *J. Gasbel.* 49 S. 853/4.

WOOD, Schutzvorrichtung für Glühkörper. (Brennerkopf wird mit einem Blechkranz versehen, in den das untere Ende des Glühkörpers hineinragt.)* *Z. Beleucht.* 12 S. 66.

HEIMBURGER, Glühstrumpf-Sparer.* *Uhlands T. R.* 1906 Suppl. S. 168.

BLOCK LIGHT CO, Gasglühlichtbrenner mit in der Höhe einstellbarem Mischrohroberteil.* *Z. Beleucht.* 12 S. 269/70.

BRAY, Neuerung an Gasbrennern. (Soll das Zurückschlagen der Flamme verhüten, konisch gewölbte Platte, die mit Löchern parallel zur Brennerachse versehen ist.)* *Z. Beleucht.* 12 S. 133; *J. Gasbel.* 49 S. 422/3.

BRAY, gelochte Kopfplatte aus Speckstein o. dgl. für Gasglühlichtbrenner. *Z. Beleucht.* 12 S. 143/4.

DARWIN, Mischvorrichtung für BUNSENbrenner. (Zweimalige Zuführung von Verbrennungsluft; zu dem Zwecke sind zwei Mischkammern hintereinander vorgesehen.)* *Z. Beleucht.* 12 S. 40/1.

FRISTER, in den Kopf von BUNSENbrennern einzusetzendes Rückschlagventil aus Glimmer.* *Z. Beleucht.* 12 S. 398.

KITCHEN, Gasglühlichtbrenner mit mehreren im Brennerkopf im Kreise angeordneten Gasaustrittsöffnungen. *Z. Beleucht.* 12 S. 143.

LUX, WITT-„Unterlicht-Brenner".* *Z. Beleucht.* 12 S. 349/50.

The „Khoma" gauzeless burner. (At the upper part of the burner is a cone deflector and the cap is made with fairly deep circular metal partitions, which get hot, and impart heat to the combustible mixture.)* *J. Gas L.* 96 S. 110.

BRANDT & CO., Luftregulierung für BUNSENbrenner. (Luftregulierdüse „Kabra".)* *Z. Beleucht.* 12 S. 328/9.

Regulierdüse der DEUTSCHEN GASGLÜHLICHT-AKT.-GES. (Die aufgeschnittene federnde Kapsel wird in einem besonderen, auswechselbaren, eingeschraubten Einsatze angeordnet.) *Z. Beleucht.* 12 S. 78.

FLEISCHHAUER, Düse für BUNSENbrenner. (Regelung der Schlitzlänge durch eine Schraube oder durch einen längsbeweglichen Kolben.)* *Z. Beleucht.* 12 S. 6/7.

JASPISSTEIN & LEMBERG, Regulierdüse für BUNSENbrenner.* *Z. Beleucht.* 12 S. 318/9.

JACOB, Schlitz-Regulier-Düse „Oekonom". (Aus einem Rohre mit verhältnismäßig großer, lichter Weite hergestellt.)* *Z. Beleucht.* 12 S 365/6.

LEHMANN, Regulierdüse mit Gleitstück und Regulierschraube. *Z. Beleucht.* 12 S. 142/3.

WERWATH, Vorrichtung zum Regeln der Menge der inneren und äußeren Verbrennungsluft bei Gasglühlichtbrennern.* *Z. Beleucht.* 12 S. 306/7.

BROSSE et ROSEMBERG, procédé d'éclairage à in-

candescence à grande puissance à l'aide de l'oxygène carburé sous pression.* *Gas.* 49 S. 301/2.

The KEITH light. (In this system the normal pressure of ordinary gas is increased by means of a compressor to about 8″ [water gauge]. The gas under pressure is then distributed to burners of a special type.) *Text. Man.* 32 S. 344.

High - pressure air supply for incandescent gas lighting. (The air is compressed by water power; compact character of the plant.)* *J. Gas L.* 95 S. 691/2.

Lighting Victoria (new) Station, L., Brighton and South Coast Ry. (Gas pressed artificially.)* *Railw. Eng.* 27 S. 203/4; *J. Gas L.* 94 S. 699/700.

WEDDING, neue Starklichtlampe System LUCAS. (Thermosäule treibt einen Elektromotor. Der Motor ist mit einem Ventilator gekuppelt, der dem aus der Leitung ausströmenden Gase Luft beimischt und das Gasluftgemisch in den Brenner preßt.)* *J. Gasbel.* 49 S. 682/6.

LUCASlampen englisches Systems. (In Verbindung mit dem das Gasluftgemisch ansaugenden Zugrohr wird ein Kernbrenner benutzt, dessen Mischrohr etwa in der Mitte eingeschnürt ist.)* *Z. Beleucht.* 12 S. 89/90.

Neuere Intensivlampen. (Nach LUCAS; die Heizwirkung der Abgase dient zur Druckerhöhung des Gasluftgemisches; Antrieb eines Elektromotors durch eine Thermosäule.)* *J. Gasbel.* 49 S. 387/8.

SUGG & CO, die „Devonport" gas lamp. (The attachment for suspending the burners carrying the mantles consists of a coil of solid drawn steel pipe, tinned inside and out, inserted between the cup and ball joint and top of the down pipe carrying the burners, which are free to swing or move in any direction.) (Pat.)* *Railw. Eng.* 27 S. 334.

Gasglühlichtlampen für Außenbeleuchtung. (Die Glühkörper sind gegen Wind und Zugkraft auch dann geschützt gelagert, wenn die Glasumhüllung für die Strümpfe zwecks deren Auswechselung oder zwecks Reinigung der Brenner und Lampenteile entfernt wird.) * *Z. Beleucht.* 12 S. 3/5.

FRISTER, INH. ENGEL & HEEGEWALDT, Gasglühlichtlaterne. (Die Glocke ist lösbar durch Bajonettverschluß an dem Reflektor angebracht, so daß nur sie allein gesenkt zu werden braucht, wenn man an den Brenner gelangen will.)* *Z. Beleucht.* 12 S. 258.

SCHÄFER, die HIMMELsche Omnia-Hochmastlaterne. (V) *J. Gasbel.* 48 S. 1031/2.

PINTSCH, Schwenkhahn für Laternen, insbesondere für Eisenbahnbeleuchtung. (An einem feststehenden Küken oder dem Hahngehäuse ist in Richtung der Kükenachse ein Specksteinbrenner senkrecht angeordnet, so daß durch eine besondere Anordnung der von der senkrechten Durchbohrung im Küken abgezweigten Kanäle beim Drehen des Hahngehäuses abwechselnd die mit diesem um die Kükenachse ausschwenkbaren Gasglühlichtbrenner oder der Specksteinbrenner gespeist werden.)* *Z. Beleucht.* 12 S. 18.

BALLNER, hygienische Beurteilung des hängenden Gasglühlichtes. *Erfind.* 33 S. 12/3; *J. Gasbel.* 49 S. 277/80 F.; *J. Gas L.* 94 S. 374/6.

SÜSZMANN, die technischen Eigentümlichkeiten des „hängenden Gasglühlichtes". (V) *J. Gasbel* 49 S. 826/30; *J. Gas L.* 96 S. 755/6.

Anwendung des hängenden Gasglühlichtes. *Z. Beleucht.* 12 S. 29/31.

Nach unten brennender Glühlichtbrenner der DEUTSCHEN GASGLÜHLICHT-AKT.-GES.* *Z. Beleucht.* 12 S. 281/2.

KLATTE, hängendes Pharos-Licht. (V) *J. Gasbel.* 49 S. 1032/3.

LIEBERMANN, Anordnung, um gleichzeitig gewöhnliches und hängendes Gasglühlicht zusammen zu verwenden.* *Z. Beleucht.* 12 S. 77/8.

VIS, nach unten gerichteter Gasglühlichtbrenner. (Infolge der Stauwirkung des Mischrohres strömt das Gasluftgemisch ohne Ueberdruck in den Glühstrumpf; Luftstrom wird dem Gasdruck selbsttätig angepaßt.)* *Z. Beleucht.* 12 S. 5.

RIEMER, Luftzuführungsvorrichtung für hängendes Gasglühlicht. (Bezweckt, die aufsteigenden Abgase abzukühlen und zu verteilen und die für den Brenner erforderliche Frischluft vorzuwärmen.)* *Z. Beleucht.* 12 S. 293.

WOOD, hängende Glühstrumpfstütze. (Besteht aus einer Anzahl Fäden aus Asbest oder einem anderen feuerbeständigen Material, welches in seinem Ausdehnungskoeffizienten von demjenigen des Strumpfes nicht wesentlich abweicht; die Fäden tragen an den unteren Enden einen Ring aus gleichem Material, der sich innerhalb des unteren Glühstrumpfendes befindet, während die Längsfäden in ihren oberen Enden so vereinigt sind, daß sie daselbst gemeinsam mit dem Strumpf aufgehängt werden können, dabei aber eine solche Lage einnehmen, daß sie den Strumpf ihrer Länge nach nicht berühren.) *Z. Beleucht.* 12 S. 79.

LIAIS, Aufhängevorrichtung für Glühkörper von Invertlampen.* *Z. Beleucht.* 12 S. 66.

PINTSCH, Glühkörperhalter für Invertglühlichtlampen. (Aufhängung der Glühkörper für Waggon-Invertlampen.)* *Z. Beleucht.* 12 S. 293/4.

Gasglühlicht - Invertbrenner von BACHNER. (Die Wärmestrahlung wird durch eine Platte oder Schale, die Wärmeleitung zur Mischkammer und Düse durch Aufhebung jeder metallischen Verbindung zwischen Mischrohr und Mischkammer verhindert.) *Z. Beleucht.* 12 S. 280.

BACHNER, invertierte Glühlichtbrenner. (Kombination des zentralen Ableitungsrohres mit einer Gaszuleitung, die aus einer Vereinigung von engen Röhren oder anderen Ausströmungskörpern besteht.)* *Z. Beleucht.* 12 S. 52/4 F.

Invertbrenner von HARDT. (Die Brennerkopfmündung ist bis auf einen Ringspalt von einer gelochten Platte bedeckt.)* *Z. Beleucht.* 12 S. 123.

Invertbrenner von HEIMANN. (Das Mischrohr ist oberhalb des Glühkörpers von einem schornsteinartigen, die aufsteigenden heißen Verbrennungsgase auffangenden Mantel umgeben.)* *Z. Beleucht.* 12 S. 65.

KIESLER, Invertbrenner mit Sieb-Lochplatte. (Gelochte Platte aus feuerfestem Stoff und unter dieser ein Drahtnetz, um das Durchschlagen der Flamme und die Zerstörung des Netzes zu verhindern.)* *Z. Beleucht.* 12 S. 292/3.

RETTICH, inverted incandescent gas-burners.* *J. Gas L.* 94 S. 30/2.

VIS, invertierte Glühlichtbrenner. (Eine Flamme von elliptischer Form des Längsschnittes bildet sich infolge der beim Austritt des Gasluftgemisches aus dem Brenner stattfindenden Umkehrung seiner Bewegungsrichtung.) * *Z. Beleucht.* 12 S. 64/5.

WARRY und WIGLEY, Brenner für Invertgasglühlicht. (Die neue Brennerform soll das Zurückschlagen der Flamme verhindern und das Gasluft Gemisch vorwärmen, so daß sich kein unverbrannter Kohlenstoff auf der Außenfläche des Brenners oberhalb des Glühstrumpfes niederschlägt.) * *Z. Beleucht.* 12 S. 280/1.

WOLFF, Brennerkopf für Invertglühlichtbrenner. * *Z. Beleucht.* 12 S. 292.

Neuere Invertbrenner. (Verschiedene Ausführungsformen.)* Z. Beleucht. 12 S. 201/2.

The „Calypso" inverted gas-burner. (Regulating
and extinguishing devices.)* J. Gas L. 95
S. 766/7.

The „Etna" inverted burner.* J. Gas L. 96
S. 103/4.

Improved inverted burner. („Nico"; improper proportions of gas and air cause considerable discoloration of the cone.)* J. Gas L. 95 S. 435/6.

KLEINHANS, Vorrichtung zum Regeln des Gas-
zuflusses für Gasglühlicht-Invertbrenner.* Z. Beleucht. 12 S. 293.

ALTMANN, Invert-Lampe. (Zur Erhöhung des Zuges
ist ein hoher Schornstein angeordnet; die Mischluft wird durch Röhren zugeführt, die unter einem
tellerförmigen Ansatz des Schornsteins endigen.)*
Z. Beleucht. 12 S. 77.

DREHSCHMIDT, Invert-AUERlicht-Lampe für Außenbeleuchtung. Z. Beleucht. 12 S. 102/3.

EISNER, Gasglühlicht-Invertlampe. (Neben der den
Glühkörper umschließenden Glasumhüllung ist
noch eine geschlossene Glocke angebracht, so
daß die äußere Verbrennungsluft nicht unmittelbar gegen den Glühkörper geführt wird, sondern
erst den Raum zwischen beiden Glasumhüllungen
durchfließt.)* Z. Beleucht. 12 S. 123/5.

Invertlampe von EISNER. (Die die Schutzglocke
tragende Schale ist nicht mit dauernd wirksamen
Absugsöffnungen versehen, sondern es sind viel-
mehr besondere Organe, wie drehbare Schieber,
Klappen oder andere Absperrvorrichtungen zur
einseitigen Verlegung der Abzugsöffnung für die
heißen Verbrennungsgase nach einer bestimmten
Richtung angewandt worden.)* Z. Beleucht. 12
S. 65/6.

Invertlampe von STEINICKE. (Vorwärmung der
Mischluft.)* Z. Beleucht. 12 S. 77.

Gasglühlicht-Invertlampen.* J. Gasbel. 49 S. 406/8.

Novel inverted gas-lamp. (The burners are adapt-
able to ordinary fittings without any auxiliary
connecting piece.)* J. Gas L. 95 S. 644/5.

The „Honec" shadowless inverted lamp.* J. Gas
L. 96 S. 237/8.

c) Anzünde- und Löschvorrichtungen Lighting and extinguishing apparatus. Allumeurs et extincteurs.

Selbsttätige Gaszünd- und Löschapparate.* Z. Beleucht. 12 S. 202/3.

Elektrische Zündvorrichtung für Gasbrenner der
AKT.-GES. FÜR AUTOMATISCHE ZÜND- UND
LÖSCH-APPARATE, in Zürich. (Selbsttätiges An-
zünden und Auslöschen von Gasflammen zu vor-
ausbestimmten Zeiten mit Benutzung elektrischer
Zündfunken, die von einem Strome geliefert werden, dessen Erzeugung auf mechanischem Wege
durch die gleiche Kraft erfolgt, die das Oeffnen
und Schließen des Gasabsperrhahns bewirkt.)*
Z. Beleucht. 12 S. 327/8.

ELEKTROFERNZÜNDER G. M. B. H., Sicherheitsvorrichtung für elektrische Gasfernzünder. (Sobald
die Leistung der als Stromquelle verwendeten
Batterie unter eine gewisse Grenze sinkt, erhält
die Leitung keinen Strom.)* Z. Beleucht. 12
S. 327.

Ueber Gasfernzündungen. (Zündung durch Uhren;
elektrische Fernzünder; Fernzünder, bei denen
Abschlußorgane durch Erhöhung bezw. Erniedri-
gung des Gasdruckes geöffnet werden.) Uhlands
T. R. 1906, 2 S. 19.

Electrical lighting of gas jets, lamps, etc.* Gas
Light 85 S. 187/8.

ARNOLD, Zünd- und Löschvorrichtung. (Zwischen
Behälter und Brennerrohr ist ein Behälter ein-

geschaltet, der das Löschen der Flamme bei
einem ganz bestimmten Drucke bewirkt und das
Brennen von kleineren Druckschwankungen im
Netze unabhängig macht.)* Z. Beleucht. 12
S. 325/6.

AUBLANT, lighting and extinguishing gas-jets from
a distance. (Movable gasholder, which has at
the bottom the gas inlet-pipe, and is furnished
with a movable pipe, one end of which is hydraulically closed or opened, as the pressure is
lowered or increased, so as to cut off the gas
or allow it to enter a fixed pipe connected
with the burner, which is furnished with a spongy
platinum igniter or some similar device.) J.
Gas L. 95 S. 40/1.

HINDEN, Vorrichtung zum selbsttätigen Zünden und
Löschen von Gaslaternen. (Dies wird durch das
Heben und Senken einer Schwimmerglocke oder
Membran infolge einer vorübergehenden Erhö-
hung oder Verminderung des Gasdrucks in der
Leitung bewirkt; Benutzung eines auswechsel-
baren Schaltkörpers mit beweglichen, die Glocke
oder Membran tragenden Greiferstangen.) Z.
Beleucht. 12 S. 5/6.

BUTZKEs GASGLÜHLICHT-A. G., Gas-Fernzündung
„Vesta".* Uhlands T. R. 1906, 2 S. 54/5.

DOWN und WIESEMANN, Zünd- und Löschapparat
für Invertbrenner.* Z. Beleucht. 12 S. 142.

ESSMANN & CO., Gaszündvorrichtung. (Leitung
für die Nebenflamme wird durch einen im Ventil-
körper selbst befindlichen Kanal gebildet, die,
je nachdem das Ventil durch die Wirkung des
Gasdruckes in die eine oder die andere Stellung
gebracht wird, geöffnet oder gesperrt ist.) Z.
Beleucht. 12 S. 326.

The HORSTMANN gas controller. Automatic daily
variation of lighting and extinguishing.* Gas
Light 84 S. 494/5.

Multiplex-Gasfernzündung. (Hahnzündung, bei
welcher der Gashahn von Hand geöffnet und die
Flamme durch Induktionsströme entzündet wird;
Schalterzündung, bei welcher das Öffnen und
Schließen des Gashahnes aus der Entfernung auf
elektrischem Wege geschieht. Feuerwahlschalter;
Verwendung der Multiplex-Fernzündung bei
hängendem Gasglühlicht; automatische Treppen-
hauszündung.)* J. Gasbel. 49 S. 1037/9; Z.
Beleucht. 12 S. 328.

NIBLSEN, Vorrichtung zur selbsttätigen Umschaltung
von Zündflammenbrennern durch den Gasdruck.*
Z. Beleucht. 12 S. 172/3.

RAUPP, Selen und seine Bedeutung für die Gastechnik. (Apparate zur automatischen Laternenzündung mittels Selenzellen.) * J. Gasbel. 49
S. 603/5.

SCHEEL, Gaszünd- und Löschvorrichtung. (Die
zur Bewegung des Zündflammenventils dienende
Kugel nimmt beim Schließen des Hahnes sofort
wieder ihre Anfangslage ein.)* Z. Beleucht. 12
S. 172.

THEUERKORN und SCHULZ, Neuerung an Pillen-
zündern. (Besteht aus einem Metallaufsatz mit
einer Einbuchtung, in welcher die Zündpille sitzt.)*
Z. Beleucht. 12 S. 328.

The RAMSDELL alcohol torch. (For lighting inverted gas lamps.)* Gas Light 84 S. 670.

Acetylen-Anzündelampe für Straßenlaternen.* J.
Gasbel. 49 S. 501; Prom. 17 S. 715/6.

d) Verschiedenes. Sundries. Matières diverses.

BEARDSLAY, hygienic effect of lighting by gas.
(V) Gas Light 84 S. 578/9 F.

HERRING, Beziehungen zwischen Leuchtkraft und

Lichteffekt von Leuchtgasen. *Z. Beleucht.* 12 S. 336/7.

ONES, Einfluß hohen Drucks auf Leuchtgas. *Z. Beleucht.* 12 S. 385/6.

ROLAND, Preßgas als Straßenbeleuchtung, unter Berücksichtigung der in Großstädten gewonnenen Erfahrungen.* *Z. kompr. G.* 9 S. 122/4.

PODMORE, umkehrbare Glocke für Gaslicht. (Besteht aus einem durchsichtigen und einem Opalglas-Kegel.) *Z. Beleucht.* 12 S. 78.

SCHILLING, Gastechnik und Beleuchtungswesen im Deutschen Museum. (In München)* *J. Gasbel.* 49 S. 1089 94.

SCHOPPER, Sicherheitsvorrichtungen gegen das Ausströmen unverbrannten Gases aus Gasbrennern.* *Gas. Ing.* 29 S. 427/8.

STURTEVANT & CO., gas boosters. (For increasing the pressure of illuminating or fuel gas in gas mains; rotary exhaust fan.) (A) *Pract. Eng.* 38 S. 354.

VOLK, Regulierungen und Regulatoren. (Für die Gasausströmung an dem Brenner.)* *J. Gasbel.* 49 S. 1102/3.

VOLK, neue Straßenlaterne. (Laternenoberteil aus einzelnen Stücken bestehend.)* *J. Gasbel.* 49 S. 424/5.

GIMPER, raising gas mains at Galveston, Texas. (— before the grade was raised.). (V) (A) *Eng. News* 56 S. 226/7.

3. Beleuchtung mit Wassergas und anderen Gasgemischen. Lighting by watergas and other mixed gases. Éclairage au gaz à l'eau et aux autres gaz mélangés.

Acetylen und Aerogengas. (Explosionen bezw. Unglücksfälle.) *Z. Beleucht.* 12 S. 19/20.

THIEM & TÖWE, Zentral-Beleuchtung für kleine Städte und Gemeinden. (Mit Luftgas, Petroleum-Destillaten, Pentan, Hexan; Benoid-Gasapparat.)* *Städtebau* 3 S. Nr. 8.

Le gaz à l'air. (Emploi du gaz à l'air en mélange dans la fabrication du gaz de houille. — Procédé CATON.) *Gaz* 50 S. 126/7.

BLAU-Gas. (Flüssiges Leuchtgas; Einzellaterne für BLAU Gas; BLAU-Gasflasche mit Niederdruckbehälter und Druckregler.)* *Gieß.-Z.* 3 S. 470/1.

4. Acetylen-Beleuchtung. Acetylene-lighting. Éclairage à acétylène.

a) Allgemeines, Anlagen. Generalities, plants. Généralités, établissements.

Acetylen und Aerogengas. (Explosionen bezw. Unglücksfälle.) *Z. Beleucht.* 12 S. 19/20.

Ueber Acetylen-Ortszentralen. (In Bayern, Baden, Württemberg und Preußen statt Ende 1904. Statistische Zusammenstellung.) *Z. Bayr. Rev.* 10 S. 240/2.

KELLER & KNAPPICH, Acetylenzentrale Velburg, Oberpfalz. *Z. Bayr. Rev.* 10 S. 131.

KELLER & KNAPPICH, Acetylenzentrale Leutershausen. (Aus galvanisierten Eisenrohren bis zu 2" Weite bestehendes Rohrnetz; BORCHARDT-Zündung; Glühlichtbrenner, System Carburylen.) *Z. Bayr. Rev.* 10 S. 49.

MAGANZINI, sulla illuminazione dei fari col gas acetilene. (Dati relativi all' applicazione dell' illuminazione ad acetilene ai fari toscani.) *Giorn. Gen. civ.* 44 S. 585/96.

Bewegliche Acetylenapparate zur Hausbeleuchtung. (In Bayern gebräuchliche bis zu 2 kg Karbidfüllung.) *Z. Bayr. Rev.* 10 S. 48.

Acetylene gas lighting on railways. (Installation at the Headcorn junction of the Kent and East Sussex Ry.)* *Pract. Eng.* 34 S. 720/2.

h) Lampen, Brenner und Zubehör. Lamps, burners and accessory. Lampes, becs et accessoire.

SUNBEAM ACETYLENE GAS CO., acetylene light. (The acetylene is controlled by water valves throughout; system of washing, cooling and purifying the gas.) *Text. Rec.* 31, 2 S. 165/6.

Acetylenentwickler der ACETYLENE LAMP CO. * *Z. Beleucht.* 12 S. 350/1.

MÜLLER & RICHTER, Acetylenerzeuger. (Für Fahrzeuglaternen bestimmt.) * *Z. Beleucht.* 12 S. 351.

BESNARD, MARIS and ANTOINE, the autoclipse acetylene lamp.* *Autocar* 16 S. 468/9.

PARSONS, acetylene lamps for mines. * *Eng. min.* 82 S. 111.

SERLO, Acetylenbeleuchtung in schlagwetterfreien Gruben. (Acetylen-Grubenlampe von der Firma FRIEMANN & WOLF.) *Braunk.* 5 S. 399/400.

SERLO, Acetylenbeleuchtung beim lothringischen Eisenerzbergbau. (Helligkeit und Gleichmäßigkeit der Flamme und die sich daraus ergebenden Vorteile bei der Aufsicht, bei der Arbeit und für die Verhütung von Unglücksfällen; Widerstandsfähigkeit und Zuverlässigkeit der Lampen; Kosten der Acetylenbeleuchtung; Brenndauer und Gewicht der Lampen.) *Glückauf* 42 S. 513/23.

Acetylen-Anzündelampe für Straßenlaternen. * *Prom.* 17 S. 715/6; *J. Gasbel.* 49 S. 501.

SUN GAS CO , the Sun dry acetylene lamp. (The gas is generated by mixing soda and powdered carbide in a generator.)* *Autocar* 17 S. 47.

BRAY, Acetylenbrenner. (Der obere Teil der Mischkammer oder das Ausströmungsrohr wird konisch oder elförmig oder wie ein halbes Rotationsellipsoid gestaltet.) * *Z. Beleucht.* 12 S. 352.

LEEDS, some incandescent acetylene burners, their behavior and illuminating power. *J. Gas L.* 94 S. 781/4.

STADELMANN & CO., Acetylenbrenner mit im Brennerkopf angeordneter schüsselförmiger Vertiefung. * *Z. Beleucht.* 12 S. 351/2.

STADELMANN, Neuerung an Acetylenbrennern aus Speckstein. (Diejenigen Stellen, welche hauptsächlich mit der Flamme in Berührung kommen und welche von ihr aus erwärmt werden, werden mit einem glas- oder emailleartigen Ueberzug versehen.) *Z. Beleucht.* 12 S. 352.

WEBER & CO., Acetylenbrenner. (An Stelle der mit Durchbrechungen oder Kanälen versehenen oberen Kappe oder Kammer finden kleine, frei und konzentrisch zur Brennerachse stehende Säulen oder Stäbchen Verwendung.)* *Z. Beleucht.* 12 S. 352.

The DUNHILL duplex lens headlight. (This acetylene lamp is constructed in one with the generator, so that a minimum of fitting is necessary.)* *Autocar* 16 S. 675.

Diffusing shade for acetylene lamps.* *Horseless age* 18 S. 343.

ACETYLENWERK „HESPERUS" in Stuttgart, Acetylenlicht- und Schweißapparat. (Explosionssicherheit, Verhütung unbeabsichtigter Gasentweichung.) * *Uhlands T. R.* 1906, 2 S. 58/9.

5. Beleuchtung mit Petroleum, Benzin, Spiritus und ähnlichen Leuchtstoffen. Lighting by petroleum, benzene, alcohol and similar lighting materials. Éclairage au pétrole, à la benzine, à l'alcool et aux matières lumineuses similaires.

a) Glühlicht. Incandescent light. Lumière par incandescence.

DENAYROUZE, Glühlichtlampe für flüssige Brennstoffe. (Die Brennflüssigkeit gelangt mittels eines

Steigrohres aus dem Brennstoffbehälter nach einem unmittelbar neben dem Glühkörper stehenden Rohr und wird in diesem zunächst vorgewärmt, dann im oberen Teile durch die von dem Glühkörper ausgestrahlte Wärme in Dampf verwandelt, während der Dampf durch ein ebenfalls von der Flamme beheiztes Rohr unter Weitererhitzung zur Brennerdüse hinabgeführt wird.) * *Z. Beleucht.* 12 S. 375/6.

ECKEL & GLINICKE, Petroleum-Glühlichtbrenner „Praktikus". * *Z. Beleucht.* 12 S. 43.

GLASKNAPP, die Behandlung von Petroleum-Glühlichtbrennern. (V) *Rig. Ind. Z.* 32 S. 51/2.

HURWITZ & CO., Petroleumglühlichtbrenner. (Zwei oder mehrere, sich gegenüberstehende, breite Luftzufuhröffnungen im äußeren und inneren Dochtrohr, welche bis an die Basis des Brenners reichen; Pumpvorrichtungen für Vergaserbrenner von WENDLER&LINDNER; Vergaserbrenner von EHRICH & GRAETZ; Vergaserbrenner mit Zuführung des Brennstoffes unter Druck von GALVAO; invertierte Glühlichtlampe für flüssige Brennstoffe von BERNT & CO., Asbestpackung für das Verdampferrohr an Spiritusdampflampen der SO-CIÉTÉ ROMANET ET GUILBERT und GUENET.) * *Z. Beleucht.* 12 S. 220/2. F.

MEENEN, Petroleum-Glühlichtlampe „Saekular". * *Techn. Gem. Bl.* 9 S. 63.

MOHR, die Petroleum-Glühlichtlampe im Hausgehrauch. *Z. Spiritusind.* 29 S. 301/2.

SCHNEIDER, HUGO, Keros-Licht. (Der Brennstoff [Petroleum] wird in besonderen, von der Flamme selbst geheizten Vergasern verdampft, um dann die Verbrennungsluft injektorartig anzusaugen.)* *Bayr. Gew. Bl.* 1906 S. 322/3.

VALENTE, experimenti d'illuminazione ad incandescenza con vapori di petrolio al faro della laterna a Genova. ⊠ *Giorn. Gen. civ.* 44 S. 401/4.

BOYER, the new lusol lamp. (Simply impure bensene obtained by distilling coal tar.) * *Sc. Am.* 95 S 484/5.

EHRICH & GRÄTZ, Spiritusglühlichtbrenner. (Das eigentliche Mischrohr über der Mischkammer, in welche die Strahldüse hineinreicht, ist mit zwei sich gegenüberstehenden eingedrückten Laschen versehen, in welche der Glühstrumpfstab mit seinen unteren gespaltenen und auseinandergebogenen Enden so eingeführt wird, daß die Enden sowohl an der Innenseite, wie an der Außenseite mit den entsprechenden Teilen des Mischrohres in enge Berührung kommen.) * *Z. Beleucht.* 12 S. 42/3.

b) Verschiedenes.   Sundries.   Matières diverses.

ALTMANN, Vorrichtung zum Anheizen von Blaubrennern mit Zylinder.* *Z. Beleucht.* 12 S. 386.

Lanterne à essence BLÉRIOT. * *France aut.* 11 S. 86.

WITTELSHOFER, alcohol illumination *Sc. Am. Suppl.* 62 S. 25855.

MOHR, Aether-Alkohol-Mischungen zu Beleuchtungszwecken. *Jahrb. Spiritus* 6 S. 16/7.

MOHR, Wirtschaftlichkeit der Petroleumbeleuchtung. *Z. Spiritusind.* 29 S. 18.

DENNSTEDT, Verhütung der Explosion von Petroleumlampen.* *Chem. Z.* 30 S. 541/2.

Petroleumlampe ohne Glaszylinder. (An Stelle des Glaszylinders tritt eine Glasschale mit einem Ansatz, welcher in die Galerie der Lampe hineinpaßt, während auf der Glasschale ein kegelförmiger Reflektor aus emailliertem Eisen sitzt.) * *Bayr. Gew. Bl.* 1906 S. 225; *Pharm. Centralh.* 47 S. 680.

6. Elektrische Beleuchtung.   Electric lighting. Éclairage électrique.

a) Allgemeines, Anlagen.   Generalities, plants. Généralités, établissements.

BURNE, electric lighting by wind power. *El. Rev.* 59 S. 647/9.

DIEPPE, some notes on gas engines for electric lighting. *El. Rev.* 58 S. 530/1.

SPAČIL, das elektrische Licht im Dienste des Krieges. *Mitt. Artill.* 1906 S. 758/78.

ZANDT, Beleuchtung der Operationssäle in den Allgemeinen Krankenhäusern Hamburgs.* *Elektrot. Z.* 27 S. 944/5.

Ueber Fabrik- und Hausbeleuchtung mittels Benzin-Dynamo. (Abgelegene Fabriken, Villen, Landhäuser. Benzinmotor, welcher eine unmittelbar gekuppelte Dynamo-Maschine zum Laden einer Akkumulatorenbatterie antreibt; Kosten.) *Text. Z.* 1906 S. 271 F.

Elektrische Beleuchtungs- und Kraftübertragungsanlage einer chemischen Fabrik. * *El. Ans.* 23 S. 1155/7.

Die Beleuchtung der Untergrundbahn-Haltestellen in New York. (Prismenreflektor.) (A) * *Ann. Gew.* 59 S. 98/9.

Residence lighting and other central station notes from Cleveland. *El.World* 48 S. 23/4.

Spreedampfer mit Dampfturbinen für die Beleuchtungsanlage. *Z. Turbinenw.* 3 S. 402.

Éclairage électrique du pont de Passy à Paris. *Gén. civ.* 49 S. 9/11.

Electric lighting of Metropolitan Railway Bridge over the Seine.* *West. Electr.* 38 S. 245.

Elektrische Bühnenbeleuchtungs-Einrichtungen. *El. Ans.* 23 S. 420/1 F.

Electric stage lighting at „New Stadt Theatre at Nürnberg". *El. Rev. N. Y.* 48 S. 385.

Electrical equipment of the „Cape Town Theatre." (Electric lighting.)* *El. Eng. L.* 37 S. 918.

BEELE, rare earths and electric illuminants. *El. Eng. L.* 37 S. 806/9.

HERZOG und FELDMANN, die elektrische Beleuchtung und Großbrände. *Ell. u. Maschb.* 24 S. 380/1.

LAURIOL, l'éclairage électrique aux diverses fréquences. *Bull. Soc. él.* 6 S. 29/43.

VAILLANT, les variations avec la température de spectres d'émission de quelques lampes électriques. (Lampe COOPER-HEWITT; lampe à filament de carbone, lampe au tantale et lampe NERNST.) *Compt. r.* 142 S. 81/3.

WILKINSON, waste in incandescent electric lighting, and some suggested remedies. (V. m. B.) *J. el. eng.* 37 S. 52/82.

Waste in incandescent electric lighting. *El. Rev.* 58 S. 592/4.

New fittings and accessories for electric lighting and heating.⊠ *El. Rev.* 59 S. 617.

Incandescent electric lamp with refractory glower.* *West. Electr.* 39 S. 31.

b) Bogenlichtbeleuchtung.   Arc-lamp-lighting. Éclairage à lampes à arc.

α) Lampen und Zubehör.   Lamps and accessory.   Lampes et accessoire.

BLONDEL, Bogenlampe. (Eine reine oder mit geringen Zusätzen von Metallverbindungen versehene negative Elektrode ist oberhalb einer mit einem starken Zusatz von solchen Verbindungen versehenen positiven Elektrode angeordnet, wobei um die negative Elektrode herum eine Schutzvorrichtung in Form einer Platte oder Schale vorgesehen ist, welche zur Zusammenhaltung der von der unteren Elektrode aufsteigenden Metalldämpfe, zur Aufrechterhaltung

einer möglichst hohen Temperatur um die Spitze der oberen Elektrode, als Stütze für den Lichtbogen und als Reflektor dient.) *Z. Beleucht.* 12 S. 219/20.

L'électricité à l'exposition de Liège. Lampe à arc de la „Société Française d'incandescence par le Gaz", système BLONDEL. * *Electricien* 31 S. 81/6.

FOURNIER, selbsttätige Regelungsvorrichtung für elektrische Bogenlampen. (Wird durch die Wärme in Tätigkeit gesetzt und zwar entweder durch diejenige, welche vom Lichtbogen selbst abgegeben wird, oder durch diejenige eines vom Strom durchflossenen Widerstandes; beruht auf dem Prinzip des Manometerrohres.) * *Z. Beleucht.* 12 S. 14/5.

GANZ & COMP., Regelungsvorrichtung für Wechselstrombogenlampen. (Bezweckt die Baulänge der Lampe möglichst ganz für die Kohlenstäbe auszunutzen.) * *Z. Beleucht.* 12 S. 14.

GENERAL ELECTRIC CO., Bogenlampe mit bei ihrer Verbrennung Rauch abgebenden Elektroden und Verdichtung des Lichtbogens durch einen Luftstrom.* *Z. Beleucht.* 12 S. 15/6.

GENERAL ELECTRIC CO., illumination secured by means of arc lamps with concentric diffusers. * *Eng. News* 56 S. 691.

GROSZ, Bogenlampe mit abwärts geneigten Kohlen. (Jede der beiden Kohlen wird von zwei Rädern vorbewegt, von denen das eine fest gelagert ist und durch die im Kopf der Lampe angeordnete, von dem einen von zwei Solenoiden bewegte Schaltvorrichtung zwangläufig gedreht wird, während das andere gegen die Kohle schwingen kann und nur als Kupplungsrad wirkt.) * *Z. Beleucht.* 12 S. 1/3 F.

SIEMENS & HALSKE AKT.-GES., Regelungseinrichtung für Bogenlampen mit abwärts gerichteten konvergierenden Elektroden. * *Z. Beleucht.* 12 S. 3.

BREMERlicht. *Schw. Elektrot. Z.* 3 S. 19/21.

Flaming arc lamp. *El. World* 47 S. 379/80.

COLLINS, the flaming arc light. *Sc. Am.* 95 S. 70/1.

MARKS and CLIFFORD, flaming arc lamps. (V) * *El. World* 48 S. 286/8; *Electr.* 57 S. 975/6.

SIEMENS flame arc lamps. *El. World* 47 S. 78.

MAHLKE, Flammenbogenlampe für Gleichstrom. *Z. Beleucht.* 12 S. 76/7.

ANDREWS, long flame arc lamps. (Magnetic control of the arc; CARBONE method of controlling the position of the arc; areas of the craters visible directly below the arc; alternating-current arcs.) (V) (a) ▣ *Pract. Eng.* 33 S. 562/4; *El. Rev.* 59 S. 354.'6; *J. el. eng.* 37 S. 4/51; *Electr.* 57 S. 51/3 F.

Long flame arc lamps.* *El. Rev. N.Y.* 48 S. 923/8.

MARKS, the flaming carbon arc lamp. * *West. Electr.* 38 S. 502/4.

JOHNSON & PHILLIPS, the „Juno" flame arc lamp.* *Electr.* 56 S. 894/5; *El. Eng. L.* 37 S. 347/8.

HARTMANN, neue Bogenlampen mit eingeschlossenem Lichtbogen.* *El. Ans.* 23 S. 607/9.

Bogenlampe. (Aehnlich wie die Dauerbrandlampe mit abgeschlossenem Lichtbogen der SIEMENS-SCHUCKERTWERKE gearbeitet; für geringere Stromstärken bestimmte Sparlampe; für Stromstärken von 3 bis 5 Ampère.) * *ZBl. Bauv.* 26 S. 340/1; *Organ* 43 S. 123/4.

SIEMENS-SCHUCKERT CO., „Liliput" und „Economy" arc lamps. (Direct-current lamp, has a restricted supply of air and is generally built for a single globe.) * *El. World* 47 S. 422.

Regina-Serienbogenlampe. * *Schw. Elektrot. Z.* 3 S. 167.

Note sur les lampes à arc différentielles à courant continu et leurs principaux montages.* *Eclair. él.* 48 S. 18/22 F.

SIEMENS-SCHUCKERTWERKE, elektrische Beleuchtung. (Doppelspannungslampe „Bivolta"; Lampen Type Dgr u. Dgs.) *W. Papierf.* 37, 2 S. 2652.

LUX, Doppelspannungslampen der SIEMENS-SCHUCKERT-WERKE. (Die Bivolta-Lampen mit vertikal übereinanderstehenden —, mit schräg nebeneinanderstehenden —, mit schrägen Kohlen.)* *Z. Beleucht.* 12 S. 119/20.

The Marquette arc lamp. * *El. World* 48 S. 341.

Lampada Oliver. (Lampada ad arco a carboni.) *Elettricista* 15 S. 74/5.

WESTINGHOUSE ELECTRIC CO., Bogenlampe mit ringförmig angeordneten Kohlenbehältern. * *Z. Beleucht.* 12 S. 120/3.

STADELMANN, elektrische Bogenlampe von hoher Leuchtkraft mit Verwendung von Leuchtkörpern aus Leitern zweiter Klasse. *Elektrot. Z.* 27 S. 423/4.

WATTIEZ, lampe à vapeur de mercure. (Histoire.) (a) * *Ind. text.* 22 S. 55/8 F.

SCHENKEL, expériences faites sur une lampe à vapeur de mercure dans un champ magnétique. (Phénomène de HALL dans une lampe à vapeur de mercure; productions de rayons cathodiques dans une lampe à vapeur de mercure.)* *Eclair. él.* 48 S. 321/33.

WEINTRAUB, the mercury arc: its properties and technical applications. (Structure of the mercury arc; properties of the cathode; starting of the mercury arc; the stability of the mercury arc; arcs in metallic vapours other than mercury; alternating-current phenomena in the mercury arc; the arc as a source of light; the mercury arc rectifier.)* *Electr.* 58 S. 92/5; *J. Frankl.* 162 S. 241/68.

SIIM-JENSEN, Anlaßvorrichtung für Quecksilberdampflampen.* *Z. Beleucht.* 12 S. 200/1.

A.E.G., Anlaßvorrichtung für Quecksilberdampflampen.* *Z. Beleucht.* 12 S. 37/8.

A.E.G., Zündvorrichtung für Quecksilberdampflampen und ähnliche Apparate.* *Z. Beleucht.* 12 S. 109.

COOPER-HEWITT ELECTRIC CO, Vorrichtung zum Anlassen elektrischer Gas- und Dampfapparate (Cooper-Hewitt-Lampe) (Zeitschmelzsicherung im Nebenschlußstromkreis angeordnet, die den Strom dauernd unterbricht, wenn Oeffnen und Schließen über eine bestimmte Zeit andauert.)* *Z. Beleucht.* 12 S. 199.

Quecksilberdampf-Lampen für Außenbeleuchtung. *El. Anz.* 23 S. 562; *Electricien* 32 S. 149.

The COOPER-HEWITT mercury-vapor lamp for industrial lighting* *El. World* 47 S. 1002/3; *Iron A.* 77 S. 1757.

THOMAS, some fundamental characteristics of mercury-vapor apparatus.* *West. Electr.* 39 S. 138/40; *El. World* 49 S. 1189/90.

The COOPER HEWITT mercury-vapor lamp. *West. Electr.* 38 S. 425; *Ind. él.* 15 S. 227/8; *Elettricista* 15 S. 114/7.

FABRY ET BUISSON, emploi de la lampe COOPER-HEWITT comme source de lumière monochromatique. *Compt. r.* 142 S. 784/5.

VON RECKLINGHAUSEN, Quecksilberdampflampe mit Kipp-Zündung. (Lampe arbeitet mit einer flüssigen und einer festen Elektrode.) *Z. Beleuchtung* 12 S. 37; *Bull. Soc. él.* 6 S. 195/202.

COOPER-HEWITT ELECTRIC CO., Schaltung für Quecksilberdampflampen. (Es wird Wechselstrom sowohl in seiner negativen als auch positiven Stromhälfte benutzt.)* *Z. Beleucht.* 12 S. 38.

COOPER-HEWITT ELECTRIC CO., Benutzung der Quecksilberdampflampe als Stromregler.* *Z. Beleucht.* 12 S. 199/200.

BASTIAN, the mercury arc, and some problems in photometry. (V) (A) *El. Rev.* 58 S. 943.

Developments in the BASTIAN mercury vapour lamp.* *El. Rev.* 59 S. 51.

The BASTIAN mercury lamp.* *El. World* 48 S. 1122/3.

GEHRCKE und V. BAEYER, die Erzeugung roten Lichtes in der Quecksilberlampe. (ARONS'sche Quecksilberlampe.) *Elektrot. Z.* 27 S. 383/4; *Z. Beleucht.* 12 S. 201.

GEHRCKE et VON BAEYER, sur la production de rayons rouges dans la lampe à vapeur de mercure. *Rev. ind.* 37 S. 229/30.

Nouvelle lampe à vapeur de mercure système HAHN.* *Électricien* 32 S. 241.

VOGEL, Metalldampf-Bogenlampe. *El. Anz.* 23 S. 267/8 F.

L'arc métallique. *Eclair. él.* 49 S. 281/94.

MOORE system of electric tube lighting.* *West. Electr.* 38 S. 219.

AXMANN, die Uviol-Quecksilberlampe. (Glas von SCHOTT U. GENOSSEN, das fast alle ultravioletten Strahlen hindurchtreten läßt; Kohlenelektroden, deren stromzuführender, ins Ende der Röhre eingeschmolzener Platindraht derart seiner ganzen Länge nach mit Glas umgeben ist, daß der Lichtbogen nicht hinter der Kohlenspitze ansetzen kann; ultraviolette Strahlen; Ozonerzeugung, Ionisierung der umgebenden Luftschicht; Fluoreszenz-Lampe; Prüfung der Echtheit von Farbstoffen; bakterientötende Kraft der Uviolstrahlen.)* *Bayr. Gew. Bl.* 1906 S. 43/4.

Uviollampe von SCHOTT U. GENOSSEN.* *Z. Chem. Apparat.* 1 S. 533/4.

KINRAIDE, ultra-violet lamp with heat-radiating qualities.* *West. Electr.* 38 S. 376.

Electric arc lamps for submarine operations.* *Mar. E.* 28 S. 561/2; *Eng.* 102 S. 430.

Submarine working by compressed air and arc light. *West. Electr.* 38 S. 426.

β) Verschiedenes. Sundries. Matières diverses.

BLONDEL, les phénomènes de l'arc chantant.* *J. d. phys.* 4, 5 S. 77/97.

SIMON, Theorie des selbsttönenden Lichtbogens. *Z. Beleucht.* 12 S. 353/4.

REICH, Größe und Temperatur des negativen Lichtbogenkraters.* *Z. Beleucht.* 12 S. 291/2.

SIMON, Dynamik der Lichtbogenvorgänge und Lichtbogenhysteresis. *Z. Beleucht.* 12 S. 73/6.

STARK, RETSCHINSKY und STAPOSCHNIKOFF, Untersuchungen über den Lichtbogen. *Z. Beleuchtung* 12 S. 210/11.

STEINHAUS, mittlere hemisphärische Lichtstärke und Beleuchtung bei Bogenlampen.* *El. Anz.* 23 S. 67/9.

BIRGE, the series luminous arc rectifier system.* *Eng. Chicago* 43 S. 642/3.

VON CZUDNOCHOWSKY, einige besondere Eigenschaften des eingeschlossenen Lichtbogens. *Z. Beleucht.* 12 S. 63/4.

ZORAWSKI, Einfluß der Kurve der elektromotorischen Kraft auf Bogenlampen. *Elektrot. Z.* 27 S. 607.

VÖLKEL, Einrichtung zur Lichtbogenbildung bei Bogenlampen für hohe Spannungen zu photographischen Zwecken.* *Z. Beleucht.* 12 S. 38.

HENDERSON, arc lighting. (Details of arc enclosure; bushings for the carbons; clutches; dashpots; short-circuiting switches; binding posts; constant-current regulating transformer for alternating-current arc lamps; direct-current multiple lamps; direct-current series lamps; alternating-current multiple lamps; alternating-current series lamps.) (a) *West. Electr.* 38 S. 402/3.

SCHALDEN, elektrische Bogenlampen und ihre Behandlung. (Reinigen der Glocken und des Lampengestänges.)* *Text Z.* 1906 S. 29 F.

PATERSON, colour appearances under the mercury vapor lamp. *Dyer* 26 S. 148/9.

POLLAK, Potentialmessungen im Quecksilberlichtbogen. *Ann. d. Phys.* 19 S. 217/48.

POLLAK, der Potentialverlauf im Quecksilberlichtbogen. *Z. Beleucht.* 12 S. 63.

SCHENKEL, the mercury vapour lamp in a magnetic field.* *Electr.* 59 S. 139/40.

THOMAS, some fundamental characteristics of mercury vapor apparatus. (Electrical characteristics of the current path in the vacuum.) (V. m. B.)* *Proc. El. Eng.* 25 S. 531/56.

Considérations sur la photométrie en général et en particulier sur la photométrie des lampes à vapeur de mercure. *Électricien* 32 S. 405/7.

Mesures faites sur l'arc au mercure fonctionnant avec une forte pression de vapeur. *Eclair. él.* 48 S. 211/9.

A.E.G., kegelförmiger Lampenreflektor mit konzentrischen Wellen.* *Z. Beleucht.* 12 S. 8/10.

GENERAL ELECTRIC CO., lighting mills by concentric diffusers.* *Text. Rec.* 31, 1 S. 150/2.

Diffusor für indirekte Beleuchtung. (Form eines Kegels, dessen Spitze nach unten gekehrt ist)* *Z. Beleucht.* 12 S. 303.

LÜBBERS, Klemmvorrichtung für den Kohlennachschub bei elektrischen Bogenlampen. (Als Hebelviereck wird ein Trapez gewählt, dessen parallele Seiten durch die Klemmhebel gebildet werden.) *Z. Beleucht.* 12 S. 13/4.

Neue Seilführungen für Bogenlampen. (Seilführungen der Fa. KÖRTING & MATHIESEN.)* *Schw. Elektrot. Z.* 3 S. 420/1.

Aufzug mit Leitungskupplung.* *El. Anz.* 23 S. 954.

Self-sustaining winch and arc lamp suspension gear.* *El. Eng. L.* 38 S. 524/6.

An improved arc lamp lowering gear.* *Electr.* 56 S. 1018/9.

REGINA-BOGENLAMPENFABRIK KÖLN-SÜLZ, Bogenlampen-Kupplung. (Doppelpolige Sicherung, um besondere Sicherungen zu sparen, für Beleuchtungsmast und parallel brennende Lampen.) *Mont. Text. Ind.* 21 S. 67.

Lamp-post designs entered in Chicago municipal art league competition.* *West. Electr.* 38 S. 213.

The manufacture of arc-lamp carbons.* *Iron & Coal.* 72 S. 880.

c) Glühlichtbeleuchtung. Glow - lamp - lighting. Éclairage aux lampes à incandescence.

a) Lampen und Zubehör. Lamps and accessory. Lampes et accessoire.

BERCKMANN, WATTIEZ, lampe à incandescence veilleuse. (Le dispositif permet à une même lampe de se mettre en veilleuse sans modification aucune apportée à un élément quelconque du circuit; la lampe porte deux filaments, l'un court et résistant donnant la lumière réduite, l'autre normal, assurant l'éclairage habituel de 16 ou de 32 bougies.)* *Ind. text.* 22 S. 17/8.

SIEMENS & HALSKE, aus einem Leiter zweiter Klasse und Metall bestehender Glühkörper für elektrische Glühlampen. *Z. Beleucht.* 12 S. 76.

BÖHM, die neueren elektrischen Glühlampen. (NERNSTlampe, Osmium-, Quecksilber-, HEWITT-,

Uviol-, Fluoreszenz-, Orthochrom-, Tantal-, Zirkon-, Iridium-, Wolfram-, KUŽEL-, Osmin- und Osram-, Graphitfadenlampe; vergleichende Oekonomie der verschiedenen Beleuchtungsarten.) *J. Gasbel.* 49 S. 709/14 F.; *Prom.* 17 S. 756/61 F.; *El. Anz.* 23 S. 821/3 F.; *Electr.* 57 S. 894,7.

NERNST lamps for the New-York terminal of the New York, Pennsylvania & Long Island Railroad Co. *El. Rev. N. Y.* 48 S. 287.

HERZ, eine Kombination zwischen NERNST- und AUERlicht. (Einem durch eine Gasflamme geheizten Glühkörper wird noch außerdem ein elektrischer Strom von geeigneter Stärke und Spannung zugeführt.) *Z. Beleucht.* 12 S. 76.

LARNAUDE, les lampes à incandescence de fabrication récente. (Lampes NERNST, AUER, tantale; lampes de hauts voltages.) * *Mém. S. ing. civ.* 1906, 2 S. 670/90.

NERNST lamp with carbon heating filament. *West. Electr.* 38 S. 263.

Die Osram-Lampe.* *Elektrot. Z.* 27 S. 749/51; *El. Anz.* 23 S. 837.

BIESKE, die Osram-Lampe. *Erfind.* 33 S. 481/2.

Die Osram-Lampe der DEUTSCHEN GASGLÜHLICHT-AKTIENGESELLSCHAFT (AUERGESELLSCHAFT.)* *Z. Beleucht.* 12 S. 245/7; *J. Gasbel.* 49 S. 914/6.

GERMAN GASGLÜHLICHT CO., the Osram lamp.* *Electr.* 57 S. 698.

LUX, Weiteres über die Osram-Lampe.* *Z. Beleucht.* 12 S. 267/8.

Support for osmium lamp filaments. (Magnesia oxides in a finely divided or powdered condition should be well ground to a paste by the addition of an organic viscous binding material as, for instance, a solution of sugar.) * *West. Electr.* 38 S. 254.

VON WELSBACH, support for osmium filaments.* *El. World* 47 S. 599.

MORRIS, experiments on carbon, osmium and tantalum lamps. (Effect of variation of voltage when lamps are supplied with direct currents; instantaneous variation of candle-power when lamps are supplied with alternate currents.) * *Electr.* 58 S. 318/22.

SHARP, new types of incandescent lamps. (110-volt Osram lamp.)* *El. Rev. N. Y.* 49 S. 938/42; *West. Electr.* 39 S. 484/6; *Proc. El. Eng.* 25 S. 809/41.

Neuere Untersuchungen der Tantallampe und der Osmiumlampe. *J. Gasbel.* 49 S. 286/90.

SIEMENS BROS., improvements in the tantalum lamp. *El. Eng. L.* 38 S. 195.

VON BOLTON, Tantal und die Tantallampe. (V) *Z. ang. Chem.* 19 S. 1537/40.

GENERAL ELECTRIC CO., tantalum incandescent lamps.* *El. World* 47 S. 1352/3; *West. Electr.* 38 S. 554/5.

WILLCOX, the tantalum lamp.* *West. Electr.* 38 S. 222.

The tantalum electric lamp.* *Mar. E.* 28 S. 18.

The properties of tungsten filaments. *Sc. Am. Suppl.* 62 S. 25714.

The tungsten lamp.* *Sc. Am. Suppl.* 62 S. 25781/2.

GENERAL ELECTRIC CO., the tungsten lamp. *El. World* 48 S. 394/6.

The HEANY tungsten lamp. *El. World* 48 S. 495/6.

JUST & FRANZ, die Wolframlampe. (Herstellung von Glühfäden aus reinem Wolfram und Molybdän.) *Z. Beleucht.* 12 S. 170/1.

JUST und HANAMANN, die Wolframlampe. *Ell. u. Maschb.* 24 S. 381/2.

UPPENBORN, die Wolframlampe. (Versuche.)* *Z. Beleucht.* 12 S. 265/7; *J. Gasbel.* 49 S. 756/9.

Linolit-Lampen. (Geradlinige Glühfäden, zwei Fassungen.) * *Z. Beleucht.* 12 S. 189/90.

The new incandescent electric lamps. (Zirconium lamps.) *Eng.* 102 S. 593/4.

Die Z-Lampe. (Neue Glühlampe des Zirkon-Glühlampenwerks in Berlin.) *J. Gasbel.* 49 S. 989/90.

BÖHM, die Metallfaden-Glühlampen. *Pharm. Z.* 51 S. 907/8 F.

KREMENEZKY, Einiges über die neuen Metallfadenlampen nach Verfahren KUŽEL. *Schw. Elektrot. Z.* 3 S. 300/1; *Ell. u. Maschb.* 24 S. 119/20.

KUŽEL, neue Metallfaden-Glühlampe. (Die Glühlampen werden aus den Kolloiden hergestellt, die eine hohe Schmelztemperatur haben; Untersuchungen; Versuche.) *J. Gasbel.* 49 S. 336/7; *Electricien* 32 S. 4/6; *West. Electr.* 38 S. 179; *Z. Beleucht.* 12 S. 39.

LIBESNY, neues aus der Beleuchtungstechnik. (Neue Metallfadenglühlampen.) *Ell. u. Maschb.* 24 S. 437/42 F.

SCHOLVIEN, Glühlampe mit Metallfaden. (Tragstützen werden zwischen den Endflächen des Traggestelles angeordnet, durch welche die frei durchhängenden Fadenteile verkürzt werden.) * *Z. Beleucht.* 12 S. 152/3.

SWINBURNE, metallic lamp filaments. (History of the incandescent lamp.) *West. Electr.* 38 S.452/3.

WILLCOX, lamps with metallised filaments. *El. Rev.* 59 S. 372/3.

Les nouvelles lampes à filament métallique.* *Eclair. él.* 47 S. 209/12; *El. Rev.* 59 S. 526/7; *Electr.* 56 S. 679; *Ind. él.* 15 S. 550/1.

Ein neuer „metallisierter" Kohlenfaden für Glühlampen.* *J. Gasbel.* 49 S. 219/20.

HOWELL, graphitische Kohlenfäden für Glühlampen. (Steigerung des Glühens der halbfertigen Fäden.) *Z. Dampfk.* 29 S. 71/2.

CANELLO-Glühlampe. (Glühfaden ist aus einem Kern von Oxyden seltener Metalle, einem mittleren kontinuierlichen Ueberzug von leitendem Metall und einem Mantel von Oxyden gebildet.) *Z. Beleucht.* 12 S. 384.

PARKER, composite incandescent lamps. (A tube of quartz is coated on its inner surface with a thin film of iridium. The middle portion of the tube is tightly packed with powdered quartz.) * *El. World* 47 S. 444.

KOHLER, SPILLER & CO., Independent-Glühlampe.* *Vulkan* 6 S. 186.

A new incandescent lamp. (Reflector lamp by the BRITANNIA ELECTRIC LAMP CO.) * *Electr.* 56 S. 561.

SCHAEFER, Glühlampen in Verbindung mit Reflektoren.* *El. u. polyt. R.* 23 S. 89/91.

Reflektor-Glühlampe. (Eine röhrenförmige Glühlampe ist in eine Glasschale eingeschraubt, deren oberer Teil mit einem spiegelnden Metallbelag versehen ist.) * *Z. Beleucht.* 12 S. 64.

CARL, Sicherheits-Handlampe.* *Schw. Elektrot. Z.* 3 S. 229.

Elektrische Sicherheitslampe mit Trockenakkumulator der Firma O. NEUPERTs NACHFOLGER in Wien.* *Z. O. Bergw.* 54 S. 441/2.

Elektrische Sicherheits-Glühlampen.* *Z. Chem. Apparat.* 1 S. 181/2.

Dispositif de sûreté pour les lampes électriques à incandescence.* *Electricien* 31 S. 149.

ROONEY ELECTRIC LAMP CO., turn-down incandescent lamp. *El. World* 47 S. 420/1.

Faßlampe der BERGMANN ELEKTRIZITÄTS-WERKE.* *Uhlands T. R.* 1906, 4 S. 12.

D'OLIER, Glühlampenfassung für freihängende Lampen. (Vermittels derer die Lampen in jeder Richtung um eine mit den Drähten zusammenfallende senkrechte Achse eingestellt werden können.)* *Z. Beleucht.* 12 S. 27/9 F.

NALINNE, für SWAN- und EDISONfassungen ver-

wendbarer elektrischer Glühlampensockel. * *Z. Beleucht.* 12 S. 395/6.

Elektromagnetische Glühlampenfassung für EDISON- und SWANlampen.* *Uhlands T. R.* 1906, 2 S. 47.

Beleuchtungskörper von NIEMANN & CO. (Entwürfe und Modelle auf dem Gebiete der elektrischen Beleuchtungskörper; Beleuchtungskörper mit Cloisonnéeverglasung.) * *Z. Beleucht.* 12 S. 191/2.

BENJAMIN ELECTRIC CO., the wireless lamp cluster. (Two light cluster.) * *El. World* 47 S. 621/2.

CRAVATH and LANSINGH, incandescent lamp clusters and bowls.* *El. World* 48 S. 1037/41.

BENJAMIN, ELECTRIC MFG. CO. two - part lamp guard.* *West. Electr.* 38 S. 163.

FRINK, portable lamp guards. * *El. World* 47 S. 748.

HOLD FAST LAMP GUARD CO., an effective lamp guard.* *Street R.* 28 S. 484/5.

Guards for incandescent lamps. * *El. World* 48 S. 615.

GREMMELS, combined lamp socket and plug. *El. World* 47 S. 490.

SCHMIDT, Einrichtung zum Anschluß elektrischer Glühlampen mittels Klemmvorrichtung an Leitungsdrähte.* *Z. Beleucht.* 12 S. 365.

SCHUCH, Wandarme und Lampenhalter fürs Freie.* *El. Anz.* 23 S. 990/1.

WALLWORK's electric lamp brackets.* *Railv. G.* 1906, 2 Suppl. Gen. News S. 54.

J-E-M shade holder. (No screws.)* *West. Electr.* 38 S. 404.

Sectional reflector for incandescent lamps. *El. World* 47 S. 69/70.

ZSCHOCKE & CO., Reflektor mit seitlicher Fassung. (Vollkommene Ausnutzung der Reflektionswirkung am wichtigsten Teile des Reflektors.) * *El. Anz.* 23 S. 473; *Electricien* 32 S. 140/1.

Automat-Reflektoren, System TARTSCH.* *El. Anz.* 23 S. 623.

The new „Poke Bonnet" reflektor.* *West. Electr.* 38 S. 60.

Prismatic reflectors for incandescent lamps. * *El. World* 47 S. 211/2.

LÖWENHERZ, elektrischer Licht-Automat. (Trockenbatterie.) * *Uhlands T. R.* 1906 Suppl. S. 168.

β) Verschiedenes. Sundries. Matières diverses.

Die neueren Fortschritte in der Glühlampentechnik und ihre Bedeutung für die elektrische Beleuchtung. *J. Gasbel.* 49 S. 385/6.

Neue Technik der Luftentleerung elektrischer Glühlampen. *Central-Z.* 27 S. 21/2 F.

BÖHM, die neueren elektrischen Glühlampen vom chemischen Standpunkt aus. *Chem. Z.* 30 S. 694/6 F.

BELL, new incandescent lamps. (Progress in methods of incandescent lighting.) *El. World* 47 S. 713.

Les lampes électriques à incandescence. *Electricien* 32 S. 122/5.

TEICHMÜLLER, Kosten der elektrischen Beleuchtung bei Benutzung der neueren Glühlampen. (Kohlen-, Tantal-, Osmium-, Zirkonkohlen-, Zirkon- und Metallfaden-Lampe [der Zukunft].) (V) *J. Gasbel.* 49 S. 444/7; *Z. Bayr. Rev.* 10 S. 130/1.

PREECE, glow lamps and the grading of voltages.* *El. Eng. L.* 38 S. 189/94; *Electr.* 57 S. 656/61; *El. Rev.* 59 S. 315/7.

LUCAS, Wattverbrauch und Lichtstärke der EDISON-Glühlampe. *Elektrot. Z.* 27 S. 524/5.

WILLCOX, the value and effect of high-efficiency incandescent lamps.* *Electr.* 57 S. 787/9 F.

WILKINSON, waste in incandescent electric lighting and some suggested remedies. *El. Eng. L.* 37 S. 295/300; *Electr.* 56 S. 722/5; *Eng.* 101 S. 590/1.* Waste in incandescent electric lighting and some suggested remedies. *Electr.* 56 S. 882/4.

CRAVATH and LANSINGH, the effect of acid frosting and enclosing globes upon the life of incandescent electric lamps. *El. World* 47 S. 567/8; *Electr.* 57 S. 293/4; *Gas Light* 84 S. 539/40.

Die ökonomische Lebensdauer von Glühlampen. *El. Anz.* 23 S. 510/12; *El. Rev.* 58 S. 539.

Wirkungsgrad und Lebensdauer der Glühlampen mit metallisierten Kohlefäden. *Mechaniker* 14 S. 61/2.

Life tests of tantalum lamps.* *El. World* 47 S. 23.

MILLAR, the testing of incandescent electric lamps. *El. World* 47 S. 1251/2.

SPINNEY, tests of incandescent lamps. *El. World* 48 S. 1149/51.

SHARP, a new method of assorting incandescent lamps according to age.* *El. World* 48 S. 18/20; *Electr.* 57 S. 624/6.

Neues Verfahren zur Untersuchung von Glühlampen hinsichtlich des Alters. * *El. Anz.* 23 S. 927/8.

Bewertung von gebrauchten Glühlampen nach ihrem Schwärzungsgrade.* *Z. Beleucht.* 12 S. 349.

HERRMANN, Glühlampenbeurteilung für die Praxis.* *El. Anz.* 23 S. 1169/71 F.

CASSUTO, studio comparativo delle lampade ad incandescenza a 110 e 220 volt. *Elettricista* 15 S. 1/2.

DOW, glow-lamp standards and glow-lamp photometry. *Electr.* 57 S. 855/7.

SHARP, the spherical reduction factor of tantalum lamps. * *Electr.* 57 S. 492/4; *El. World* 47 S. 1249/50.

DYDE and CADY, the determination of the mean horziontal intensity of incandescent lamps by the rotating lamp method.* *El. World* 48 S. 956/8.

WAIDNER and BURGESS, preliminary measurements on temperature and selective radiation of incandescent lamps.* *El. World* 48 S. 915/7.

HARTMAN, concerning the temperature of the NERNST lamp. *Phys. Rev.* 22 S. 351/6.

WILLCOX, high efficiency incandescent lamps for street lighting.* *El. Rev. N. Y.* 48 S. 854/8.

Éclairage des rues par lamps à incandescence. *Electricien* 32 S. 249/50.

GREIL, Verwendung des NERNSTschen Glühlichtes in biologischen Laboratorien nebst Bemerkungen über die photographische Aufnahme von Embryonen.* *Z. Mikr.* 23 S. 257/85.

SOLOMON, Absorption von Lampenglocken bei NERNSTlampen. *J. Gasbel.* 49 S. 370/1.

Einfluß von Lampenglocken und Reflektoren auf Lichtstärke und Lichtverteilung bei elektrischen Glühlampen.* *Z. Beleucht.* 12 S. 16,7 F.

d) Sonstige elektrische Lichterzeugung. Other electric lighting. Autre éclairage électrique.

Fehlt.

7. Sonstige Beleuchtungsarten. Other methods of lighting. Autres espèces d'éclairage.

VANINO, die Bologneser Leuchtsteine. *J. prakt. Chem.* 73 S. 446/8.

Benzol und Abkömmlinge. Benzole and derivates. Benzole et dérivés. Vgl. Chemie, organische, Phenol.

HOLLEMAN, formation simultanée des produits de substitution isomères du benzène. Nitration des dibromobenzènes. *Trav. chim.* 25 S. 183/205.

BLANKSMA, introduction d'atomes d'halogène dans le noyau benzénique pendant la réduction de corps aromatiques nitrés. *Trav. chim.* 25 S. 365/72.

GREEN, 1, 3, 5-triiod-2-chlorbenzene. *Chem. J.* 36 S. 600/4.

KLAGES, Reduktion partiell hydrierter Benzole. *Ber. chem. G.* 39 S. 2306/15; *Chem. Z.* 30 S. 981/2.

JOHNSON, determination of carbon disulphide and total sulphur in commercial benzene. *J. Am. Chem. Soc.* 28 S. 1209/20.

STAVORINUS, Bestimmung des Schwefelkohlenstoffs im Benzol. *J. Gasbel.* 49 S. 8.

RAIKOW und ÜRKEWITSCH, Erkennung und Bestimmung von Nitrotoluol in Nitrobenzol und Toluol in Benzol. *Chem. Z.* 30 S. 295/6.

Bergbahnen. Mountain railways. Chemins de fer de montagne. Siehe Eisenbahnwesen I. C. 3 a und VII 2 e und 3 e.

Bergbau. Mining. Exploitation des mines. Vgl. Aufbereitung, Gesteinbohrmaschinen, Hüttenwesen, Krafterzeugung und -übertragung, Pumpen, Sprengstoffe, Tiefbohrtechnik, Vermessungswesen.

    1. Schachtabteufen.
    2. Gruben-Ab- und -Ausbau.
    3. Förderung.
    4. Beleuchtung und Lüftung.
    5. Schlagwetter, Unfälle, Sicherheitslampen.
    6. Rettungsapparate, Sicherheitsvorrichtungen, Signalwesen.
    7. Wasserhaltung.
    8. Schiefsarbeiten.
    9. Bergwerksanlagen, Verschiedenes.

1. Schachtabteufen. Sinking pits. Fonçage des puits.

Verfahren zum absatzweisen Schachtabteufen nach dem Gefrierverfahren.* *Tiefbohrw.* 4 S. 137.

DROBNIAK, Schachtabteufen mittels des Gefrierverfahrens in Brzeszcze.⊞ *Z. O. Bergw.* 54 S. 357/62 F.; *Bohrtechn.* 13 S. 39/40.

HANIEL & LUEG, Verfahren zum absatzweisen Schachtabteufen nach dem Gefrierverfahren.* *Braunk.* 5 S. 495/6.

JOOSTEN, die Anwendung des Gefrierverfahrens beim Abteufen zweier Schächte auf der holländischen Staatsgrube B (Grube Wilhelmina) in der Provinz Limburg.* *Glückauf* 42 S. 577/84.

JOOSTEN, die Entwicklung des Gefrierverfahrens seit seiner ersten Anwendung im Jahre 1883. *Glückauf* 42 S. 703 F.

SCHMIDT, KARL, Gefrierverfahren und Einrichtung zum Abteufen von Schächten und Vortreiben von Tunnels und Strecken in schwimmenden, wasser- oder solehaltigen Gebirgsschichten. *Z. O. Bergw.* 54 S. 55.

STETEFELD, Schachtabteufung nach dem Gefrier-Verfahren.* *Z. Kälteind.* 13 S. 201/5.

TONGE, modern methods in shaft sinking. (Arrangement for handling bucket; sinking with drums; coffering; the freezing process.)* *Mines and minerals* 26 S. 311/3 F.

Gefrierrohre. (Das Innenrohr, durch das die Gefrierflüssigkeit nach unten geführt wird, ist mit einem besonderen Mantel umgeben.)* *Tiefbohrw.* 4 S. 34.

WEWETZER, das Abteufen des Schachtes Julius der Bergwerks-Aktiengesellschaft La Houve bei Kreuzwald in Lothringen.* *Glückauf* 42 S. 807/11.

HARTMANN, the HONIGMANN method of shaft sinking.* *Eng. min.* 81 S. 751; *Compr. air.* 11 S. 4141/2.

DUNSHEE, shaft sinking. (In Butte, Montana; size; timbering; blasting; plumbing; methods of sinking

through quicksand.)* *Mines and minerals* 27 S. 262/3.

EAMES, notes upon the sinking of part of a shaft by the up-over method.* *Iron & Coal* 72 S. 290/1.

PATTERSON, ALLAN shafts. (A description of the progress in sinking and the methods employed at two shafts of the Acadia Coal Co.)* *Mines and minerals* 26 S. 342/3.

PETTIT, the sinking, development, and underground equipment of deep-level shafts on the rand. (Ore bins; economical working; methods of stage winding; signals; pumping; method of handling water.)* *Page's Weekly* 8 S. 535/8; *Iron & Coal* 72 S. 627/9 F.

NELSON, re-sinking and repairing a collapsed shaft. * *Iron & Coal* 72 S. 1053/4.

SCHMERBER, sinking shafts by the cementing process. * *Eng. min.* 82 S. 926.

Schachtabteufen in wasserführendem Gebirge. (In Lens in Nordfrankreich; Einführung von Zementschlämmen durch die Rohrleitungen und die Bohrlöcher.)* *Zem. u. Bet.* 5 S. 293/7.

HABETS, shaft-sinking in wet ground by cementing. (Injection of liquid cement into the rock by means of bore-holes. (A) *Min. Proc. Civ. Eng.* 165 S. 418/9.

La cimentation appliquée comme moyen de fonçage des puits en terrains aquifères. *Gén. civ.* 49 S. 263/5 F.

HERIOT, shaft sinking through water-bearing formations. (An example of modern methods and appliances employed in German mine. The strata through which the shaft was sunk, comprise clays, shale and limestone, all of which are water-bearing.)* *Eng. min.* 82 S. 1107/10.

Steel sheet piling in a mine shaft. (Through a stratum of water bearing sand and gravel near Auburn, Mich.). *Eng. Rec.* 53 S. 138.

SCOTT & MOUNTAIN, electric sinking pump for Kent Collieres. * *El. Rev.* 59 S. 37.

2. Gruben-Ab- und Ausbau. Mine digging. Percement et élargissement des galeries.

SCHMIDT, KARL, Gefrierverfahren und Einrichtung zum Abteufen von Schächten und Vortreiben von Tunnels und Strecken in schwimmenden, wasser- oder solehaltigen Gebirgsschichten. *Z. O. Bergw.* 54 S. 55.

DAVIES, mining hard ground.* *Eng. min.* 82 S. 779/81.

SCHMERBER, le remblayage par l'eau. (Son état actuel et son avenir.)* *Gén. civ.* 49 S. 57/9 F.

HARZE, foncement des puits de mine dans les terrains boulants et aquifères. (Rénovation du système à avancements télescopiques d'un cylindre à bouclier et enveloppant le cuvelage [genre GUIBAL]). *Rev. univ.* 14 S. 101/13.

KEGEL, Abbau von Kalisalzlagerstätten in größeren Teufen. * *Glückauf* 42 S. 1309/14.

NOVÁK, Abbau mächtiger Kohlenflöze. * *Z. O. Bergw.* 54 S. 43/8.

NITSCHMANN, Spülversatz beim Kohlenbergbau. (In der Myslowitz-Grube ausgeführtes Verfahren, bei dem der eingeschlämmte Versatzstoff durch eine Rohrleitung unmittelbar den ausgekohlten Grubenabschnitten bis zur vollständigen Ausfüllung zugetrieben wird.)* *Zbl. Bauv.* 26 S. 323/6.

HUNDT, die beim Ruhrkohlenbergbau üblichen Abbaumethoden in ihrer Anwendbarkeit für Spülversatzbetriebe. * *Glückauf* 42 S. 873/9.

REINKE, neuere Erfahrungen mit maschineller Schrämarbeit in den Dortmunder Bergrevieren. (Die maschinelle Schrämarbeit in Vorrichtungsbetrieben; die EISENBEISsche Schrämmaschine

im Abbau; elektrische Schrämmaschine.) * *Glück-auf* 42 S. 1377/84.

TORNOW, die Verwendung von Baggern zur Abraumarbeit auf die Braunkohlenbergwerken der Provinz Sachsen.) * *Z. Bergw.* 54 S. 558/95.

BUSSON, Abbaumethoden im Voitsberg-Köflacher Braunkohlenreviere. ▣ *Berg. Jahrb.* 54 S. 99/166.

AHLBURG, die Abbauverfahren auf den größeren Minettegruben des Bergreviers Diedenhofen in Elsaß-Lothringen. * *Glückauf* 42 S. 1541/52.

BODIFÉE, der Abbau unter Anwendung von Versatzleinen am Hangenden und Liegenden auf der Zeche Monopol-Grillo und seine Vorteile gegenüber dem früheren Abbau ohne Versatzleinen. *Z. Bergw.* 54 S. 305/7.

Pfeilerbau mit Bergeversatz und Ausbau auf Flötz 22a — Flügel der IV. Sohle. * *Bayr. Gew. Bl.* 1906 S. 485/7.

HUNDT, Ersatz des Holzausbaues im Wilhelmschacht II. des Königl. Steinkohlenbergwerks König (Saarrevier) durch Eisen-Beton-Ausbau. * *Z. Bergw.* 54 S. 315/21; *Bet. u. Eisen* 5 S. 189/93.

BIDWELL, the outer barrier, Hodbarrow Iron mines, Millom, Cumberland. (Steel sheet piling; use of water-jet. Concrete wave breaker blocks; puddle wall; sluice culverts; closing of the barrier.) (V. m. B.) ▣ *Min. Proc. Civ. Eng.* 165 S. 156/218.

ARBENZ, die Einführung des Sandspülversatzes auf dem staatlichen Steinkohlenbergwerk Königin Luise bei Zabrze /S. *Glückauf* 42 S. 606/32.

WEGNER, die Spülversatzmaterialien der Umgebung Haltern a. d. Lippe. * *Glückauf* 42 S. 455/63.

HAMBLY, the equipment of incline-shafts. * *Eng. min.* 81 S. 270/2.

URBN, concrete stringers for tracks in mine shafts. (Mold.) * *Eng. News* 55 S. 90.

RICE, square-set timbering at Bingham, Utah. (A new method of framing.) * *Eng. min.* 82 S. 820/1.

3. Förderung. Hauling. Extraction. Vgl. Hebezeuge, Transportwesen.

Moderne Fördervorrichtungen.* *Vulkan* 6 S. 35/7.

WETHEY, hoisting methods at Butte. (Details of ore skip for original mine; cage at original mine.)* *Eng. min.* 81 S. 463/6, 514/5.

WARD LEONARD system in a german colliery. (Hoisting installation at the Zollern II colliery; system of voltage control and of an extremely heavy fly-wheel.) *El. World* 47 S. 442/3.

Endless rope surface haulage at Shilbottle Colliery.* *Iron & Coal* 72 S. 1493/6.

Notes on top and bottom endless-rope haulage on curves in practice at Bedlington Colliery. *Iron & Coal* 73 S. 588.

RANZINGER, Mitteilungen über die Fördereinrichtungen des Tatabányaer Bergbaues mit besonderer Berücksichtigung der Förderung mit Seil ohne Ende und der Schleppschachtförderung. *Z. O. Bergw.* 54 S. 583/4.

PHILLIPS, underground haulage on curved roads. (V) (a) ▣ *Iron & Coal* 72 S. 965/8.

PEELE, over-winding in hoisting operations. * *School of mines* 27 S. 118/28.

Ueber Dampfördermaschinen. (Mitteilung des Dampfkessel-Ueberwachungsvereins der Zechen im Oberbergamtsbezirk Dortmund; Bestimmung des Dampfverbrauchs)* *Glückauf* 42 S. 632/9.

A new hoisting engine.* *Iron & Coal* 73 S. 661.

Hauling engine constructed by LONGBOTHAM.* *Iron & Coal* 72 S. 2130.

SHEPPARD's „Victor" hauling engine. * *Iron & Coal* 72 S. 2133.

Haulage engine for underground work by THORNEWILL & WARHAM. * *Iron & Coal* 72 S. 2134.

Duplex tandem winding engine. *Engng.* 82 S. 80, 1.

WOERNITZ, machine d'extraction pour les mines d'or de l'east rand. (Construite par M. M. FULLERTON, HODGART & BARCLAY.)▣ *Rev. ind.* 37 S. 493/4.

Details of winding-engines, constructed by FULLERTON, HODGART, and BARCLAY. *Engng.* 81 S. 820/1.

ROSTERG, die Primäranlagen und die Hauptschachtfördermaschine der Gewerkschaft Wintershall, Heringen a. d. W.▣ *Glückauf* 42 S. 965/81.

FRÜHLING, Fördermaschinen-Verbesserungen. (Maschine von der Bernburger Maschinenfabrik mit Ventilkulissensteuerung und HOPPEscher PatentExpansionsvorrichtung; Dampfdiagramme.)* *Z. Dampfk.* 29 S. 522.

FRÜHLING, Fördermaschinen-Verbesserungen. (In den letzten 25 Jahren an den Steuerungen der Fördermaschinen eines Salzwerkes in der Provinz Sachsen behufs Einschränkung des Dampfverbrauches; KRAFTsche Knaggensteuerung; Expansionsventil.)* *Z. Dampfk.* 29 S. 445/7 F.

MAURICE, RATEAU exhaust-steam-driven threephase haulage plant. *Electr.* 57 S. 367; *Iron & Coal* 72 S. 2222/3.

MÜLLER, K. J., Regulierung der Dampfördermaschinen und Umbau älterer Dampfförderanlagen.* *Glückauf* 42 S. 558/60.

DIVIS, RENÉ, HENRYs Dampfverbrauchsversuche an Fördermaschinen.* *Z. O. Bergw.* 54 S. 93/6 F.

COURTOY, étude dynamique des machines d'extraction à rayon d'enroulement variable. *Rev. univ.* 16 S. 1/19.

ALLIS-CHALMERS CO., electrically-driven mine hoist.* *El. World* 48 S. 1124; *Eng. Rec.* 54 Suppl. Nr. 25 S. 47.

Electrically-driven main and tail haulage gears.* *Iron & Coal* 73 S. 1671.

HAMILTON, electrical mining hoists. * *Eng. Min.* 82 S. 537/40, 585/9.

KOCH, elektrisch betriebene Fördermaschinen.* *Braunk.* 4 S. 257/62, 625/30, 717/22 F.

HABETS, les machines d'extraction électriques. (Résultats. Moteur asynchrone triphasé avec rhéostat de démarrage; application du système LÉONARD; applications du groupe survolteurdévolteur.) *Rev. univ.* 15 S. 1/33.

ILGNER, neuere Ausführungen von elektrischen Fördermaschinen.* *Ell. u. Maschb.* 24 S. 681/6.

SWINGEDAUW, les machines d'extraction électriques. (V) (A)* *Rev. ind.* 37 S. 101/3.

Machine d'extraction électrique construite par la SOCIÉTÉ DE CONSTRUCTIONS MÉCANIQUES DE BELFORT pour les mines de Lens.* *Bull. d'enc.* 108 S. 678/81.

Les moteurs électriques dans les mines. (Essais de dispositifs pour leur protection contre le grisou.)* *Gén. civ.* 49 S. 44.

Das Gleichstrom-Schwungradsystem zum Antrieb der Fördermaschinen in den mexikanischen Erzbergwerken zu El-Oro. *El. Anz.* 23 S. 1197/8.

Elektrische Förderanlage im Bergbau. (Förderanlage auf Zeche „Matthias Stinnes".) ▣ *Prom.* 17 S. 229/32.

DAMM, die elektrisch betriebene Hauptschachtfördermaschine der COMPAGNIE DES MINES DE HOUILLE de Ligny-les-Aire.* *Glückauf* 42 S. 1201/15.

GRADENWITZ, electric hoisting at the Noel-Sart-Culpart collieries.* *Eng. min.* 81 S. 1095/8.

Electric main winding plant for a shale mine. *Engng.* 81 S. 412/3.

HILDEBRAND, die elektrisch betriebene Lokomotivstreckenförderung auf der Zeche Minister Achenbach bei Dortmund. * *Glückauf* 42 S. 1505/11.

SOCIÉTÉ ALSACIENNE DE CONSTRUCTIONS MÉCA-
NIQUES, 85-horse-power electric winding engine.*
Engng. 81 S. 654.

The WESTINGHOUSE converter-equalizer system
for variable loads (winding motors, rolling mills
etc). (Colliery winding plant operated by induction motor with converter-equalizer; by direct-current motor with converter-equalizer.) █
Iron & Coal 72 S. 2227.

Notes sur les machines d'extraction électriques.*
Eclair. él. 47 S. 371/80 F.; 49 S. 90/6 F.

Notes on an electrically-driven secondary haulage
at Langley Park Colliery.* *Iron & Coal* 72
S. 799/802.

MOUNTAIN, commercial possibilities of electric
winding for main shafts and auxiliary work.
Iron & Coal 72 S. 2139/40; *Pract. Eng.* 33
S. 402.

WALLICHS, Dampffördermaschinen oder elektrisch
betriebene Fördermaschinen.* *Stahl* 26 S. 751/4.

Comparaison entre les machines d'extraction à
vapeur ou électriques *Gén. civ.* 49 S. 12/3.

UNDEUTSCH, kritische Besprechung gefährlicher
Fall- und Fangergebnisse sowie der erforderlichen Unstörbarkeit des Fangapparates der
Bergwerksfördergestelle. *Z. O. Bergw.* 54 S.
106/9 (F.).

Der KARLIK - WITTEsche Sicherheitsapparat für
Fördermaschinen.* *Prom.* 17 S. 465/8.

BLEY, Fangvorrichtung mit Notbremse und elastischer Aufsetzvorrichtung.* *Glückauf* 42 S. 1491/2.

FERRARIS, the UNDEUTSCH safety catch.* *Eng.
min.* 81 S. 998/1000.

KINGSLEY, new safety catch for a mine cage.
Eng. min. 81 S. 1039.

PARSONS, safety cages. *Eng. min.* 82 S. 162.

GEBAUER, GEBR., Fangvorrichtung für Förder-
schalen.* *Ratgeber, G. T.* 6 S. 122/3.

WINTERMEYER, neuere Fangvorrichtungen im Bergwerksbetriebe.* *Braunk.* 5 S. 587/92 F.; *Ratgeber, G. T.* 6 S. 109/16.

The HANLEY hoist and cage guardian. *Iron &
Coal.* 72 S. 1054.

WORCESTER, skip hoisting. (The first and most
important advantage of the skip is its saving in
labor.)* *Eng. min.* 82 S. 387/8.

KOSZUL, freinages multiples conjugués automatiques, à main et à vapeur, avec combinaison
de ralentisseurs et d'évite-molettes pour mines
et carrières, système LABOULAIS.* *Rev. ind.* 37
S. 363/5.

Selbsttätige Entgleisevorrichtung zur Vermeidung
von Unfällen infolge durchgehender Förderwagen in Bremsbergen. (Sie besteht aus einer
gekrümmten Schiene, die unterhalb des Kreuzungs-
punktes der Wagen in dem mit drei Schienen
ausgerüsteten doppelgleisigen Bremsberg angeordnet ist. Die gekrümmte Schiene muß mindestens doppelt so lang sein, als der Abstand der
beiden Radachsen eines Förderwagens von einander beträgt, und ist so stark gekrümmt, daß
die Höhe mindestens dem Radius eines Wagen-
rades entspricht)* *Glückauf* 42 S. 791/2.

OBERSCHUIR und ALTENA, Vorrichtung zum gefahrlosen Ein- und Ausbauen von Förderkörben
und sonstigen schweren Teilen aller Art in
Förderschächten.* *Braunk.* 5 S. 525/6.

Förderkorb-Anschlußbühne auf der Zeche Werne
bei Hamm als Ersatz für Aufsatzvorrichtungen.
(Die Bühne stellt eine Verbindung zwischen den
Schienen der Füllörter und denen der Förderkörbe dar. Die äußeren Enden der Bühne ruhen
auf der Förderkorbbahn, während die andern

Enden drehbar mit dem Schienengleis im Füll-
ort verbunden sind. Die Bedienung der Bühne
erfolgt von einer Seite aus durch einen Hebel.)
Glückauf 42 S. 287/9.

SCHRÖDER, kulissenartig mittels Rolle zusammen-
schiebbare Verschlußtür für Förderkörbe.*
Braunk. 5 S. 59.

Câble d'extraction système KOEPE-HECKEL.*
Rev. ind. 37 S. 225.

PAXMANN, Neuerungen bei der KOEPEförderung.*
Z. Bergw. 54 S. 448/51.

SEIDL, die Verwendung des Flachseils bei KOEPE-
Förderungen. *Glückauf* 42 S. 910/11.

LIEBE, der Reibungswiderstand zwischen Schachtförderseil und Treibscheibe und die Wahl des
Scheibendurchmessers bei Fördermaschinen nach
dem System KOEPE und KOEPE-HECKEL.*
Glückauf 42 S. 1047/9.

KROEN, unsichere Drahtlänge, gefährdete Seillänge
und zulässige Anzahl der Drahtbrüche bei für
Mannsfahrt noch verwendbaren Seilen. *Z. O.
Bergw.* 54 S. 109/12, 145/8.

DENOËL, recherches expérimentales sur la résistance et l'élasticité des câbles d'extraction.
Rev. univ. 16 S. 20/60.

SCHMITZ, ANTON, Seilschloß für Seilförderungen,
das gegen den Zugarm drehbar ist.* *Braunk.* 5
S. 546/7.

CRADOCK's hauling clip.* *Iron & Coal* 72 S. 2035.

SCHUCK und ALT, Seilklemme mit Scharnieren
für Förderwagen.* *Braunk.* 5 S. 579.

ROSENBAUM, englischer Mitnehmer für Seilförder-
wagen. (Aus ihm eine senkrechte, in der
mittleren Längsebene des Förderwagens liegende
Achse drehbaren, an seinem freien Ende eine
starr befestigte Gabel mit senkrechten Zinken
tragenden Arm bestehend.) *Braunk.* 5 S. 281.

JOHNSON, bin car.* *Eng. min.* 81 S. 809.

WOODBRIDGE, SALOMONSON mine car. * *Eng.
min.* 81 S. 555.

HOHMANN, auswechselbarer Radsatz für Förderwagen und dgl. mit in der festen Hohlachse angebrachten Kugellagern.* *Braunk.* 5 S. 509/10.

HOLMES, intermediate skip-car trip on a power
plane. (Used at the iron mines of the Spanish-
American Iron Co., a subsidiary company of the
Pennsylvania Steel Co., at Daiquiri, Cuba. Skip-
car dumping directly into the top pocket of the
gravity incline.)* *Eng. Rec.* 53 S. 655/6.

MERCER, handlingskips and man cages. (Method
of changing one for the other on the hoisting
rope at the Trimountain mine, Painesdale, Mich.)*
Mines and minerals 27 S. 231/2

Vorrichtung zum Kippen der mit Bergen beladenen Förderwagen. (Mittels zweier an gegen-
überliegenden Seiten des Wagens befestigter
ungleich schnell bewegter Ketten.)* *Glückauf* 42
S. 255/7.

BERRENDORF, Förderbahnkette mit stabförmigen
Gliedern.* *Braunk.* 5 S. 579.

TEIWES, Entwicklung der Aufsetzvorrichtungen.
(Steilstützen; Drehstützen; Schubstützen; Anwendung und Eignung des Kniehebels zum Ab-
stützen des Riegels, Bremsung der Steuerwelle.)*
Glückauf 42 S. 383/94.

HAMILTON's selbsttätige Lademaschine für Kohlenhunde.* *Uhlands T. R.* 1906, 1 S. 24.

A conveyor for filling coal at the face.* *Iron &
Coal.* 72 S. 1231.

SCHAUBERGER, Betriebsergebnisse der Förderung mit Grubenlokomotiven. (Benzinlokomo-
tiven, Preßluftlokomotiven.) *Z. O. Bergw.* 54
S. 158/62.

4. Beleuchtung und Lüftung. Lighting and ventilation. Eclairage et ventilation. Vgl. Beleuchtung und Lüftung.

LAWSON, an improved light for miner. (It consists in securing a better supply of air for the top of the wick.) *Eng. min.* 82 S. 926.

SERLO, Acetylenbeleuchtung in schlagwetterfreien Gruben. (Acetylen-Grubenlampe von der Firma FRIEMANN & WOLF.) *Braunk.* 5 S. 399/400.

PARSONS, acetylene lamps for mines.* *Eng. min.* 82 S. 111.

Verbesserungen der Beleuchtungs-, Ventilations- und Heizanlagen für Bergwerksbetriebe. (a) *Z. Beleucht.* 12 S. 222/3 F.

Some examples of modern mine ventilation. („Sirocco" single inlet fan at West Houghton Colliery.) * *Iron & Coal* 72 S. 2041/2.

DU HELLER, l'aérage dans les mines. *Cosmos* 55, 1 S. 715/8.

The KUDERER mine ventilator. * *Iron A.* 77 S. 1260/1.

STADTMEYR, über Grubenlufttemperaturen und den Einfluß des natürlichen Wetterzuges auf die Wetterwirtschaft bei einigen tiefen Schächten des Brüxer Braunkohlenreviers. (Versuche über die natürliche Wetterführung bei verschiedenen Tagestemperatur. Proportionalitätsgesetze. Einfluß der Höhenunterschiede; der manometrische Wirkungsgrad; Depressionsvariationen durch obertägige Temperatureinflüsse; der Ventilatorbetrieb.) * *Z. O. Bergw.* 54 S. 2/6 F.

ROBINSON, mechanical mine ventilation. (A comparison of various types of fans, the Guibal screw propeller, „Sirocco", Capell, and Robinson.) *Mines and minerals* 26 S. 301/3.

BRACKETT, centrifugal ventilating machines. *Eng. min.* 81 S. 229/32.

Cambrian collieries, Clydach Vale, Llwynypia. (Ventilation by a waddle fan.) *Proc. Mech. Eng.* 1906 S. 594/7.

LAPONCHE, Studie über die Kuppelung von Ventilatoren, insbesondere für Bergwerksbetrieb. * *Turb.* 2 S. 91/4.

BOCHET, contribution à l'étude des ventilateurs centrifuges. (Résultats d'experiences; déductions tirées des ces résultats.) * *Ann. d. mines* 10 S. 451/507.

Automatic depression recorder for the scientific control of mine ventilation.* *Sc. Am.* 95 S. 52.

5. Schlagwetter, Unfälle, Sicherheitslampen. Firedamp, accidents, safety lamps. Grisous, accidents, lampes de sûreté. Vgl. Beleuchtung 5 b, Explosionen.

BEARD, mine explosions. *Eng. min.* 81 S 952/4

MYERS, explosive rock and coal. (Outbursts in different regions, local conditions by which they are probably caused.)* *Mines and minerals* 27 S. 99/100.

PICKERING, dust-danger. *Eng. min.* 81 S. 905/6.

BEARD, carbon monoxide in mines. (Dangers attending it; properties and source-percentage that will cause death; tests for determining its presence.) * *Mines and minerals* 27 S. 276/7.

DE SERRES, le grisou au congrès de Liège. *Bull. ind. min.* 4, 5 S. 411/31.

Ueber die Möglichkeit der Entzündung von Kohlenstaub durch Berührung mit elektrischen Glühlampen. *Z. Bergw.* 54 S. 362/4.

Coal-mine explosives: causes, prevention, and methods of rescue. (GUGLIELMINETTI-DRAEGER respiratory apparatus.) * *Sc. Am. Suppl.* 62 S. 25816/7.

TAYLOR HESLOP, extinguishing a mine fire. (A record of experience in dealing with an under-

ground fire at St. George's Colliery, Natal.) • *Mines and minerals* 27 S. 152/3.

HOFFMANN, Versuche mit Schlagwettern und dem Schlagwetterschutz elektrischer Antriebe. (Versuche mit Netzschutz; Versuche mit Schutz durch feste Gehäuse; Versuche mit Lochschutz; Labyrinth-, Röhren-, Flanschen-, Plattenschutz; Abschluß der funkenden Teile unter Oel; Versuche an Elektromotoren; Versuche an Schaltern und Sicherungen.)* *Z. V. dt. Ing.* 50 S. 433/41 F.

BEYLING, Versuche zwecks Erprobung der Schlagwettersicherheit besonders geschützter elektrischer Motoren und Apparate sowie zur Ermittlung geeigneter Schutzvorrichtungen für solche Betriebsmittel, ausgeführt auf der berggewerkschaftlichen Versuchsstrecke in Gelsenkirchen - Bismarck. (Zündgefährlichkeit elektrischer Anlagen; Prüfung der von elektrischen Firmen zuerst eingesandten Gegenstände; Grundversuche zwecks Ermittlung geeigneter Schlagwetterschutzvorrichtungen für elektrische Motoren und Apparate und weitere Prüfung solcher Betriebsmittel.) *Glückauf* 42 S. 1/9 F.

SAUERBREY, vergleichende Versuche mit Wettermotoren für Sonderbewetterung.* *Z. Bergw.* 54 S. 451/61.

SCHMIDT-LÜDERS, Fortschritte in der Wetterführung der Gold-Gruben von Victoria (Australien). *Ersbergbau* 1906 S. 288/91.

STEINHOFF, tödliche Verunglückung dreier Personen in matten Wettern im Ostfelde des Königlichen Steinkohlenbergwerks „König" bei Königshütte O.-S. *Z. Bergw.* 54 S. 298/9.

Der Grubenbrand und Explosion auf der Zeche Borussia bei Dortmund am 10. Juli 1905. *Z. Bergw.* 54 S. 642/70.

Kohlenstaubexplosion auf der Zeche Centrum, Schacht I/III, im Bergrevier Wattenscheid am 31. Oktober 1905.* *Z. Bergw.* 54 S. 426/9.

Explosion auf der Grube Eschweiler-Reserve im Bergrevier Düren am 7. Dezember 1905.* *Z. Bergw.* 54 S. 438.

Schlagwetterexplosion auf der Zeche Holland, Schacht I/II, im Bergrevier Wattenscheid am 28. Juni 1905.* *Z. Bergw.* 54 S. 421/6.

Schlagwetterexplosion auf der Zeche- de Wandel, Schacht Heinrich, im Bergrevier Hamm am 17. November 1905.* *Z. Bergw.* 54 S. 429/31.

Grubenbrand und Explosion auf der Zeche Werne.⊞ *Glückauf* 42 S. 138/46; *Z. Bergw.* 54 S. 431/8; *Elektrot. Z.* 27 S. 614/6.

ASHWORTH, the Courrières disaster. (Character and extent of the mines; probable cause of the explosion; rescue apparatus for use in poisonous gases.)* *Mines and minerals* 26 S. 458/9; *Eng.* 102 S. 470/1.

ATKINSON and HENSHAW, the Courrières explosion.* *Iron & Coal* 73 S. 1755/8.

CUNYNGHAME et ATKINSON, l'accident des mines de Courrières. * *Rev. métallurgie* 3 S. 709/16; *Eng. News* 56 S. 541/2.

SCHREYER, das Grubenunglück von Courrières.* *Z. O. Bergw.* 54 S. 172/5.

La catastrophe des mines de Courrières. (a)⊞ *Gén. civ.* 48 S. 429/34, 447/51.

La catastrophe des mines de Courrières. (Résultats de l'enquête de la commission anglaise.) * *Gén. civ.* 49 S. 74/6.

Betrachtungen im Anschlusse an das Grubenunglück in Courrières in Frankreich. (Abschluß der brennenden Teile der Grube; Verbindung der einzelnen durch Türen voneinander getrennten Abteile, mittels Bohrlöcher mit der Erdoberfläche und Einrichtung dieser Bohrlöcher zur Bewetterung.) *Ratgeber, G. T.* 5 S. 381/3.

Unfälle in elektrischen Betrieben der Bergwerke Preußens im Jahre 1905. *Z. Bergw.* 54 S. 439/48.

HOFFMAN, fatal accidents in coal mining in 1905. (A summary of the losses of life incident to coal-mining operations in North America.) *Eng. min.* 82 S. 1174/7.

OKORN, Unfälle bei der Befahrung von Schächten am Seile. *Z. O. Bergw.* 54 S. 58/62.

Unfallverhütung und Hygiene im Kohlenbergbau. (Persönliche Ausrüstung des Bergmanns vor der Einfahrt; Grubenlampen; Reinigungsmaschine für die Metallsiebe der Sicherheitslampen [LÜT-TICHER SICHERHEITSLAMPENFABRIK]; Maschine zum Reinigen der Lampensiebe mit elektrischem Antrieb und Staubabsaugung [LÜTTICHER SICHER-HEITSLAMPENFABRIK]; Sicherheitsvorkehrungen in den Schächten, Strecken und an den Abbau-plätzen; telegraphische und telephonische Signal-apparate.)* *Z. Gew. Hyg.* 13 S. 12/6 F.

PARKER, prevention of mine accidents. (Accidents in the coal mines of the U. St., their number and causes; exposition of safety appliances.) *Mines and minerals* 27 S. 207/8.

Die Dynamitexplosion in dem Bohrturme bei Zap-pendorf am 4. Mai 1906.* *Z. Bergw.* 54 S. 671/5.

ASHWORTH, safety lamp gauzes and flame tests for firedamp. (Flame caps produced by mixtures of air and firedamp.)* *Iron & Coal* 72 S. 293/4 F.; *Mines and minerals* 27 S. 104/5.

BENDER, Anfertigung von Zündbändern für Sicher-heitslampen.* *Uhlands T. R.* 1906, 3 S. 11/2.

HARZÉ, lampes de sûreté. (Les plus importants provinrent de ARNOULD, de GODIN et de HAR-MEGNIE.)* *Ann. d. mines Belgique* 11 S. 57/8.

Elektrische Sicherheitslampe mit Trockenakkumu-lator der Firma O. NEUBERTs Nachfolger in Wien.* *Z. O. Bergw.* 54 S. 441/2.

L'éclairage dans les mines. (Lampe DAVY, MUESELER et MARSAULT.)* *Cosmos* 55, II S. 158/61.

WATTEYNE et STASSART, quelques types récents de lampes de sûreté. (La lampe de Bochum; D'ARRAS; MULKAY Nr. 2; GRÜMER et GRIM-BERG; KOCH Nr. 3; DEMEURE.)* *Ann. d. mines Belgique* 11 S. 1099/1237.

Sicherheitslampe für feuergefährliche Räume. (Ver-wendung von Schaltern und Leuchtern mit Sicher-heitsverschluß.)* *Krieg. Z.* 9 S. 507/8.

WOLF's oil electric safety lamp, taking air below.* *Iron & Coal* 72 S. 2135.

Mineralöl für Grubenlampen. (Baumwollöl und Mineralöl zu gleichen Teilen, oder besser eine Mischung mit nur 25 pCt. Baumwollöl.) *Bohr-techn.* 13 S. 46.

GERRARD, royal commission on safety in mines. (Different kinds of oil used in the lamps, gas with colzaline, benzoline, and paraffin lamps. Arrangement for collecting dust in screen rooms; system of timbering.)* *Iron & Coal* 73 S. 1513/6.

MCLAREN, royal commission on safety in mines. (Inquests, electrical assistance, inspection by workmen, discipline in the mines, responsibility of owners, accidents, watering, ventilation, safety lamps.) *Iron & Coal* 73 S. 2016/8 F., 2085/6.

6. Rettungsapparate, Sicherheitsvorrichtungen, Signalwesen. Saving apparatus, safety ap-pliances, signalling. Appareils de sauvetage, dispositifs de sûreté, signaux. Vgl. Bergb. 3; Rettungswesen, Signalwesen.

SCHREYER, die Rettungsapparate beim Bergbau-betriebe. *Z. O. Bergw.* 54 S. 544/5.

Ueber Atmungsapparate. (Apparate mit begrenzter Be-wegungsfreiheit; Rauchhaube nach VON BREMEN; Rettungsapparate mit unbegrenzter Bewegungs-freiheit: Pneumotophore von WALCHER, GÄRT-NER, MEYER G. A., GIERSBERG, der SAUER-STOFFABRIK BERLIN und DRÄGER-WERK. Ap-parate von DESGREZ und BALTHAZARD sowie JAUBERT. Grundgedanke, die Ausatmungsluft mit festen, porösen, granulierten Superoxyden (Kaliumnatriumsuperoxyd) in Berührung zu brin-gen. Bei der sich nun abspielenden Reak-tion wird gleichzeitig mit der Entfernung der Ausatmungserzeugnisse Sauerstoff gebildet, so daß die Luft wieder atembar wird.) *Z. Gew. Hyg.* 13 S. 222/3 F.

LOUCHEUX, les appareils respiratoires dans les mines.* *Nat.* 34, 1 S. 273/5.

CREMER, the „pneumatogen" rescue apparatus for mines.* *Iron & Coal* 73 S. 11/2.

DRAEGER life-saving apparatus.* *Iron & Coal* 72 S. 2128/9.

Der WOLLENBERG-DRÄGER-Apparat zur Rettung bei Kohlenoxydvergiftungen. (Der Apparat zer-fällt in zwei durch Schraubenstöpsel verbundene Gefäße, ein Entwicklungsgefäß und ein Expan-sionsgefäß.)* *Glückauf* 42 S. 1023/4.

LLBRETON, l'appareil VANGINOT pour l'exploi-tation des milieux remplis de gaz irrespirables.* *Bull. ind. min.* 4, 5 S. 561/9.

LEBRETON, l'appareil GUGLIELMINETTI-DRÄGER pour l'exploitation de milieux remplis de gaz irrespirables.* *Bull. ind. min.* 4, 5 S. 571/9.

The FLEUSZ-DAVIS self-contained breathing ap-paratus.* *Engng.* 81 S. 480/1.

GARFORTH, a new apparatus for rescue work in mines. (V. m. B.) *Iron & Coal* 72 S. 2222.

MEYER, rescue apparatus and the experiences gained therewith at the Courrières collieries by the german rescue party. (V. m. B.) *Iron & Coal* 72 S. 2219/22.

GRAHN, Bericht über Versuche mit Rettungsappa-raten und über deren Verbesserungen. (GIERS-BERG-Helmapparat; Helmapparat des DRÄGER-werks; SHAMROCK-Type; DRÄGERS Hochdruck-Umfüll-Apparat.)* *Glückauf* 42 S. 665/79.

DÄHNE, die beim Grubenunglück in Courrières ver-wendeten Atmungsapparate.* *Ratgeber, G. T.* 5 S. 425/9.

HEFFTER, die in Courrières verwendeten Rettungs-apparate. *Braunk.* 5 S. 56/8.

ASHWORTH, the Courrières disaster. (Character and extent of the mines; probable cause of the explosion; rescue apparatus for use in poisonous gases.)* *Mines and minerals* 26 S. 458/9.

MAUERHOFER, das Rettungswesen beim Grafen Wilczekschen Bergbaubetriebe in Poln.-Ostrau.* *Z. O. Bergw.* 54 S. 267/73.

BAMBERGER, Beiträge zur Chemie und Mechanik von Rettungsapparaten. *Glückauf* 42 S. 584/90.

HANLEY, safety appliances in mining.* *Iron & Coal* 72 S. 45/6.

MACAULAY and IRVINE, safety measures in min-ing. *Page's Weekly* 8 S. 90/7.

The protection of workers in mines and factories.* *Page's Weekly* 8 S. 416/7.

Life saving apparatus in German coal mines. *Iron & Coal* 73 S. 130.

Nouveaux dispositifs de sécurité dans les mines. (Barrière automatique. Évite-molettes. Dérailleur automatique.) *Gén. civ.* 49 S. 25/7.

WINTERMEYER, moderne Sicherheitsvorrichtungen bei der Förderung im Bergwerksbetrieb. *Rat-geber, G. T.* 6 S. 209/16.

FARMER, electrical machinery for mines. (Safe-guards against fire and explosion.) *Cassier's Mag.* 30 S. 413/6.

Safety arrangements for the prevention of colliery fires and explosions of fire-damp in German

coal mines. (Tube fittings and mountings of safety sprinkling appliance.) * *Iron & Coal* 72 S. 975.

BRÄUNIG und SCHMIDT, Sicherheitsvorrichtung für ein- und ausfahrende Bergleute. * *Braunk.* 5 S. 495.

POSPISIL, Unterirdische Rettungs- bezw. Fluchtstationen bei den Gruben der k. k. priv. Kaiser Ferdinands-Nordbahn in Mährisch-Ostrau. * *Z. O. Bergw.* 54 S. 293/7.

BUQUOY, Schutzvorrichtungen beim österreichischen Bergbaubetriebe. *Z: O. Bergw.* 54 S. 261/2.

A protective gate for cages. * *Iron & Coal* 72 S. 2312.

HANLEY, the HANLEY safety appliance for cages. (V) *Iron & Coal* 73 S. 117/9.

BISCHOFF, Seilgreifer. (Welcher den am Seil Befestigten gegen Absturz schützt und Auf- und Abwärtsbewegung am Seil gestattet) *Z. Gew. Hyg.* 13 S. 20/1.

Sicherheitsstangen an Schächten. * *Z. Wohlfahrt* 13 S. 139/40.

PHILIPP, Tragbahre für in Bergwerken Schwerverletzte. *Z. O. Bergw.* 54 S. 400/5.

QUARK, Sicherheitsapparat für Kohlenbergwerke und zur Anzeige von Leuchtgasausströmung in Wohnungen. * *Erfind.* 33 S. 352/3.

WOLFF, elektrische Schachtsignalanlage auf Bahnschacht I der Herzoglich Pleßischen Gruben in Waldenburg i. Schl. * *Glückauf* 42 S. 1720/2.

HARRINGTON, the BEARD-MACKIE sight-indicator for the measurement of Marsh-gas in collieries.* *Iron & Coal* 72 S. 621.

BREYHAHN, Apparat zur Kontrolle der Grubenbewetterung.* *Glückauf* 42 S. 1345/51.

WRIGHT, controlling and extinguishing fires in pyritous mines. * *Eng. min.* 81 S. 171/2.

ASHWORTH, the royal commission on mines. *Iron & Coal* 73 S. 1921.

GERRARD, royal commission on safety in mines. (Different kinds of oil used in the lamps, gas with colzaline, benzoline, and paraffin lamps. Arrangement for collecting dust in screen rooms; system of timbering.) *Iron & Coal* 73 S. 1513/6.

MC LAREN, royal commission on safety in mines. (Accidents, watering, ventilation, safety lamps.) *Iron & Coal* 73 S. 2016/8 F; 2085/6.

7. Wasserhaltung. Drainage of mines. Épuisement des eaux. Vgl. Pumpen.

STEUER, gegenwärtiger Stand der Wasserhaltung in Erzbergwerken. * *Erzbergbau* 1906 S. 480/3 F.

VOGT, die Wassergefahr im Braunkohlenbergbau und einige Vorschläge zu deren Beseitigung. (Herstellung der Schächte; der weitere Fortgang des Bergbaues; Vorschläge.) *Braunk.* 4 S. 553/7.

Vorrichtung zum Entwässern des Gebirges über und unter Stollen und dergl. (Anwendung und Verbindung von zwei oder mehr übereinander stehenden Rohrbrunnen, derart, daß sie entweder gemeinschaftlich oder jeder für sich in den Stollen eines Bergwerks in eine dort zu legende Rohrleitung ausgießen, so daß das Wasser frei von Sand und Schlamm der unterirdischen Wasserhaltung zugeführt oder in Stollen benutzt werden kann.) *Tiefbohrw.* 4 S. 186/7.

Entwässerung des Hangenden auf der Braunkohlengrube „Friedrich Christian". *Braunk.* 5 S. 519/23.

Versuche an der Wasserhaltung der Zeche Franziska in Witten. (Bericht des vom Verein deutscher Ingenieure und vom Verein für die bergbaulichen Interessen des Oberbergamtsbezirkes Dortmund eingesetzten Versuchsausschusses.) *Z. V. dt. Ing.* 50 S. 1574/82.

Betriebsstörungen an einer Wasserhaltungspumpe.

(Stöße dadurch, daß die Luft unter den Saugventilen nicht entweichen konnte und die in den Druckwindkesseln vorhandene Luft allmählich durch das Wasser mitgerissen wurde und kein welches Kissen mehr bildete.) *Z. Dampfk.* 29 S. 96.

ABBOTT, the savage river pumping plant. * *Eng. Min.* 82 S. 590/2.

Pumping machinery for acid mine water.* *Mines and minerals* 26 S. 303/4.

Triple-expansion pumping-engine; Wilge River Station, South Africa, constructed by GLENFIELD & KENNEDY. *Engng.* 82 S. 286.

GRAMBERG, über die Anwendung von Zentrifugalpumpen.* *Braunk.* 5 S. 209/15.

WILLIAMS, the use of centrifugal pumps. (Principles of construction and points that should be considered in selecting a pump for a given work.)* *Mines and minerals* 27 S. 122/3.

KOCH, elektrisch betriebene Wasserhaltungen. (a)⊟ *Braunk.* 5 S. 49/56 F.

Electric mine drainage in Europe.* *El. World* S. 951/3.

HOOGHWINKEL, electric pumping at collieries. *El. Rev. N. Y.* 48 S. 100/2.

HALL, electrical mine pumps at the Ward Shaft Virginia City. (Pump delivering 1,600 gal. per minute against 1,550' head; five-step JACKSON centrifugal pumps, directly connected to a special WESTINGHOUSE induction motor.)* *Eng. Rec.* S. 403.

Electrical mine pumps at Virginia, Nevada.) *Electr.* 58 S. 51/2.

Electrical pumping installation at the Tywarnhaile mine, Mount Hawke, Cornwall. *El. Eng. L.* 38 S. 233.

8. Schiessarbeiten; Blasting; Abatage à la poudre. Vgl. Sprengstoffe, Sprengtechnik.

CHESNEAU, les explosifs de sûreté. (Rapport présenté à la Commission du Grisou.) *Rev. ind.* 37 S. 48/9 F.

Elektrische Schußzündung. *Erzbergbau* 1906 S. 219.

VON LAUER, dynamoelektrische Glühzündung und reibungselektrische Funkenzündung bei Minensprengungen. *Z. Schieß. u. Spreng.* 1 S. 439/40 F.

Cartouche de mine avec allumette.* *Bull. d'enc.* 108 S. 289.

BEYLING, Mitteilungen der berggewerkschaftlichen Versuchsstrecke in Gelsenkirchen. (Abziehzünder.) *Glückauf* 42 S. 1565.

9. Bergwerksanlagen, Verschiedenes. Plants, sundries. Établissements, matières diverses.

Die deutsche Bergwerksindustrie im Jahre 1905. *Glückauf* 42 S. 1659/61.

KRULL, die nordamerikanische Berg- und Hüttenindustrie im Jahre 1905. *Z. O. Bergw.* 54 S. 289/91.

MENTZEL, mit welchen Lagerungsverhältnissen wird der Bergbau in der Lippe-Mulde zwischen Dorsten und Sinsen zu rechnen haben? *Glückauf* 42 S. 1234/9.

MENTZEL, die Bewegungsvorgänge am Gelsenkirchener Sattel im Ruhrkohlengebirge. *Glückauf* 42 S. 693/702.

MEYER, HEINRICH, das flözführende Steinkohlengebirge in der Bochumer Mulde zwischen Dortmund und Camen.* *Glückauf* 42 S. 1169/86.

BÖKER, die Mineralausfüllung der Querverwerfungsspalten im Bergrevier Werden und einigen angrenzenden Gebieten.* *Glückauf* 42 S. 1065/83 F.

SCHULZ-BRIESEN, die westliche Fortsetzung des Saarbrücker Karbons in Deutsch-Lothringen und Frankreich. *Glückauf* 42 S. 737/42.

PILZ, neuere Mergelabstürze im niederrheinisch-westfälischen Steinkohlengebirge. * *Glückauf* 42 S. 502/5.

KATZER, die geologischen Verhältnisse des Manganerzgebietes von Cevljanovic in Bosnien.* *Berg. Jahrb.* 54 S. 203/44.

STEGEMANN, über die Lagerungs- und Betriebsverhältnisse im Wurm- und Inderevier.* *Glückauf* 42 S. 1405/11 F.

STEFAN, Spannungen im Gesteine als Ursache von Bergschlägen in den Pribramer Gruben.* *Z. O. Bergw.* 54 S. 253/7.

DERN, the mining and mineral resources of Utah. (The location and output of different regions; large deposits of valuable minerals of various kinds.) *Mines and minerals* 27 S. 250/2.

GOTTSCHALK, the mineral resources of Peru. (An enumeration of the principal localities of undeveloped mineral wealth.) * *Mines and minerals* 27 S. 132/4.

MÜLLNER, Bergbau der Alpenländer in seiner geschichtlichen Entwicklung. * *Berg. Jahrb.* 54 S. 167/202 F.

BEYLING, Mitteilungen der berggewerkschaftlichen Versuchsstrecke in Gelsenkirchen. *Glückauf* 42 S. 1459/60.

THIESZ, Berg-, Hütten- und Salinenwesen im Altai.* *Z. O. Bergw.* 54 S. 598/600.

WEX, Neuanlagen im Betriebe der rheinisch-westfälischen Steinkohlengruben, 1905. (Bergwerke, Schächte, Kraft- und Lichtzentralen, Dampfturbinen, Gasmotoren.) *Glückauf* 42 S. 1335/45 F.

SCHMIDT, EDUARD, die Arbeiten zur Aufschließung des zweiten Flözes auf Grube Hildegard bei Lichterfeld N.-L.* *Braunk.* 4 S. 657/61.

REDLICH, der Kiesbergbau Louisenthal (Fundul Moldavi) in der Bukowina. * *Z. O. Bergw.* 54 S. 297/300.

ANDRÉE, die Bauführungen im Stadtgebiete von Mährisch-Ostrau und der Bergbau. *Z. O. Bergw.* 54 S. 605/8.

ADREICS und BLASCHECK, die Zsyltaler Gruben der SALGÓ-TARJÁNER STEINKOHLEN-BERGBAU-AKTIENGESELLSCHAFT. (Geographische Lage; oro- und hydrographische sowie politische Beschreibung; geologische Beschreibung des Beckens; die Entstehung des Bergbaues; Qualität der Kohle; Einteilung der Kohle nach Revieren; ihre Anordnung und Beschreibung der darin aufgeschlossenen Flöze; Abbaumethoden; die Versatzarbeiten; Grubenförderung; Verladung und Separation; maschinelle Anlagen; Hilfsbetriebszweige; Telephoneinrichtungen; die Tiefbohrungen; die Leitung der Gruben und Betriebe, die Administration der Direktion; die gesellschaftlichen Arbeiter; Koloniewesen; Wohlfahrtseinrichtungen für die Arbeiter.* *Z. O. Bergw.* 54 S. 461/7 F.

Pittsburgh Coal Co.'s first pool mines.* *Eng. min.* 81 S. 516/8.

National Mining Co.'s mines. * *Eng. min.* 81 S. 459/61.

MERRILL, the mines of Planchas de Plata. (The interesting geology of an historic mining district of Sonora.) *Eng. min.* 82 S. 1111/2.

Mine no. 2, St. Louis & O'Fallon Coal Co. (A description of the equipment of a new bituminous mine of large capacity, near Belleville, Illinois.)* *Mines and minerals* 26 S. 481/4.

WOODBRIDGE, Cananea mining camp. (Mines, mills and smelter of the Greene consolidated; system of bedding the furnace charges; introduction of the caving system in the mines.)* *Eng. min.* 82 S. 623/7.

The Granby mine, British Columbia. (Steam shovel handling ore in open cut; ore-crushing and shipping bins.)* *Eng. min.* 82 S. 441/4.

PALMER, modern mining at Alta, Utah. (The revival of the old camp, famous on two continents; former history and present conditions.)* *Mines and minerals* 26 S. 438/40.

HUTCHINSON, mining in western Chihuahua.* *Eng. min.* 81 S. 418/20.

RICE CLAUDE T., mining at Tonopah.* *Eng. min.* 82 S. 156/7.

Mining and milling at Platteville, Wis.* *Eng. min.* 82 S. 541/2.

BRINSMADE, mining and milling. (At Fredericktown, Missouri; method of stopping in clay ores transportation; crushing; jigging.)* *Mines and minerals* 27 S. 149/51.

Ore milling in Wisconsin. (Joplin separating works, Galena, Ill.; roaster house tripoli mills; jigs at the highland mill.)* *Eng. min.* 82 S. 152/4.

WALKER, the Esperanza mine, Spain. (A new copper-mining enterprise in the Huelva district.)* *Eng. min.* 82 S. 1165/7.

GRANBERY, history of the SCHUYLER mine. The first copper mine operated in the U. St.* *Eng. min.* 82 S. 1116/9.

WALKER, Mitterberg copper mine in Austrian Tyrol.* *Eng. min.* 81 S. 507/8.

VIEBIG, der Spateisensteinbergbau des Zipser Erzgebirges in Oberungarn.* *Glückauf* 42 S. 9/15.

BRINSMADE, hematite mining in New York.* *Eng. min.* 82 S. 493/5 F.

GRANBERG, magnetite deposits and mining at Mineville, N. Y.* *Eng. min.* 81 S. 1130/2.

NEWLAND and HANSELL, magnetite mines at Lyon Mountain, N. Y. (The geology of an interesting district, nature of the ore, and methods of mining.)* *Eng. min.* 82 S. 863/5 F.

RUTLEDGE, Davis pyrites mine, Massachusetts (Unique deposit and some unusual methods of mining. Details of practice in stopping and pumping.)* *Eng. min.* 82 S. 673/6, 724/8.

HERBIG, Betriebsplan-Fragen. * *Glückauf* 42 S. 1577/82 F.

TRIPPE, die Entwässerung lockerer Gebirgsschichten als Ursache von Bodensenkungen im rheinisch-westfälischen Steinkohlenbezirk.* *Glückauf* 42 S. 545/58.

HUTCHINS, hydraulic mining in California.* *Eng. min.* 81 S. 939/42.

HARTS, control of hydraulic mining.* *Eng. min.* 81 S. 1045/8 F.

HUTCHINS, the rehabilitation of hydraulic mining. (Steps now in progress to restore California's gold-washing industry to its former importance, without interfering with agriculture.)* *Eng. min.* 82 S. 871/4 F.

HABETS, les mines gisements, études et procédés nouveaux. (Remblayage hydraulique; rallonges métalliques; anémomètres.) * *Rev. univ.* 14 S. 38/93 F.

CRANE, concrete mine models. (The practical application of concrete to the making of mine models for exhibition and practical purposes.) * *Mines and minerals* 27 S. 300/2.

GAY, a single-room system. (Of mining; an adaptation of the longwall method to work in thick seams; hydraulic props. By the term „single-room system" is meant a system by which the entire product from a series of entries is obtained from a single room.) * *Mines and minerals* 27 S. 325/7.

CRANE, mining methods. (In the Western interior coal fields; adaptation of typical methods to local needs.)* *Mines and minerals* 27 S. 26/7 F.

CARMICHAEL, placer mining methods. (In the

Atlin district; dams and plant for obtaining water mining and blasting before hydraulicking.) * *Mines and minerals* 27 S. 241/4.

PARSONS, colliery surveying and office methods. *Eng. min.* 82 S. 447/8.

PHILLIPS, late methods of rib drawing. (Importance of taking out a large percentage of coal; improved methods applied in the Connellsville seam.) * *Mines and minerals* 26 S. 380/2.

HOFFMANN, Kraftgewinnung und Kraftverwertung in Berg- und Hüttenwerken. *Stahl* 26 S. 824/5.

BAUM, Beiträge zur Frage der Krafterzeugung und Kraftverwertung auf Bergwerken. (Die Dampferzeugung und die Verwendung der Kraft auf Bergwerken; die Erzeugung der Betriebskraft durch Gasbetrieb; die Krafterzeugung durch Dampfbetrieb; die Verwendung von Kolbenmaschinen und Dampfturbinen zur Elektrizitätserzeugung.)* *Glückauf* 42 S. 1001/15 F.

MAVOR, practical problems of machine mining. *Iron & Coal* 72 S. 2140 c – d.

LASCHINGER, ROBESON and BEHR, steam consumption tests at the Village Deep Mine. (V) (A) *Mech. World* 40 S. 69/70.

REINKE, neuere Erfahrungen mit maschineller Schrämarbeit in den Dortmunder Bergrevieren. (Die maschinelle Schrämarbeit in Vorrichtungsbetrieben; die EISENBEISsche Schrämmaschine im Abbau; elektrische Schrämmaschine.)* *Glückauf* 42 S. 1377/84.

HANN, some notes on the mechanical equipment of collieries. (Introduction of electric power; over-winding device, which closes the throttle valve and gradually applies the brakes; horizontal four-cylinder engine.) (V) (A)* *Pract. Eng.* 34 S. 206/7, 210/11.

Einige Gesichtspunkte für die Errichtung elektrischer Anlagen auf größeren Steinkohlenbergwerken. (Mitteilung des Dampfkessel-Ueberwachungs-Vereins der Zechen im Oberbergamtsbezirk Dortmund; Stromart Polwechselzahl, Spannung, Fördermaschinen; Ventilatoren; Kompressoren; Wäsche, Werkstätten, Ketten- und Seilbahnen, Nebenproduktenanlagen, Schiebebühnen, Spills, Aufzüge, Koksausdrück-, Planier- und Stampfmaschinen; Beleuchtung über Tage; Schachtkabel; Wasserhaltungen; Seilbahnen und Kompressoren; Bohr- und Schrämmaschinen; Sonderventilatoren; Lokomotiven; Beleuchtung unter Tage; Pläne und Schaltungsschemata.) *Glückauf* 42 S. 838/45.

FARMER, electrical machinery for mines. (Safeguards against fire and explosion.) *Cassier's Mag.* 30 S. 413/6.

BEYLING, l'électricité dans les mines. (Appareils; transformateur à huile; interrupteurs; rhéostat de démarrage pour moteur à courant alternatif.)* *Ann. d. mines Belgique* 11 S. 987/1006 F.

Application of electricity in mines. *Electr.* 56 S. 990/1002.

MERCER, the use of electricity in mines. *Electr.* 56 S. 892/4.

GUARINI, some electric installations in European mines.* (Different kinds of apparatus for chain and locomotive haulage, hoisting and ventilating.)* *Mines and minerals* 26 S. 246/9.

HALLEUX, le matériel des installations électriques souterraines. (Différences de potentiel; canalisations; moteurs.) *Ann. d. mines Belgique* 11 S. 99/112.

KLEINER, Untergang einer Braunkohlengewerkschaft durch mangelhaft ausgeführte Bohrungen. *Braunk.* 5 S. 19/21.

DEMARET, genèse des gisements. * *Ann. d. mines Belgique* 11 S. 541/623.

HARRISON, imminent mine dangers. (The derangement of ventilation by electric haulage and its menace to the travelling ways.) *Mines and minerals* 27 S. 79.

Ursachen der Katastrophe in Courrières. *Z. Gew. Hyg.* 13 S. 187/9.

CROY, die Lehren von Courrières und die Sicherheitsvorkehrungen beim österreichischen Kohlenbergbau. *Z. Gew. Hyg.* 13 S. 161/2.

TANNER, the Allis-Chalmers steam shovel. * *Eng. min.* 81 S. 224/5.

Elektrischer Metall-Entdeck-Apparat. (Tau aus Telegraphendraht mit einem guten Stromleiter und einer Batterie.) * *J. Goldschm.* 27 S. 403.

Vorrichtung zur Ermittelung des Einfallens der Schichten in Bohrlöchern mittels einer festgelegten zeitweise freigegebenen Magnetnadel.* *Tiefbohrw.* 4 S. 42/3.

Neuere Strata- und Klinometer. * *Tiefbohrw.* 4 S. 201/3.

Vorrichtung zur Bestimmung des Streichens und Fallens der Schichten in Bohrlöchern. * *Tiefbohrw.* 4 S. 115/6.

SEIDENSCHNUR, Imprägnierung von Grubenhölzern. *Glückauf* 42 S. 560/3.

HEINRICH, température dans les sondages. profonds. (Résultats obtenus sur le sondage de Paruschowitz, dans la Haute-Silésie.) *Mém. S. ing. civ.* 1906, 1 S. 716/7.

TREZONA, a novel double-decked man cage. * *Mines and minerals* 27 S. 169/70.

LAKES, sketching the geological features of a mine. * *Mines and minerals* 27 S. 111.

DIXON, uses of compressed air. (In coal mines; economies rendered possible by its use; application to safety stations in mines.)* *Mines and minerals* 27 S. 83/5.

VATTIER, le Chili minier et métallurgique au point de vue le plus récent. *Mém. S. ing. civ.* 1906, 2 S. 283/308.

Versuche und Verbesserungen beim Bergwerksbetriebe in Preußen während des Jahres 1905. (Verwendung von Futter- oder Einsatzstücken in den Spülrohrleitungen bei Schlackensandspülung; Zusammendrückbarkeit von wassergetränktem Versatz. Grubenausbau; Schachtausbau; Streckenausbau; sonstiger Ausbau; Sicherheitsverschlag beim Vorbohren; Förderung und Verladung; Wetterführung; Atmungsapparate; Brikettierung; Dampfkessel- und Maschinenwesen; Sonstiges.)* *Braunk.* 5 S. 350/4, 366/8 F; *Z. Bergw.* 54 S. 222/97.

MOLL, die neue preußische Eisenbahnvorlage und der Braunkohlenbergbau. *Braunk.* 5 S. 81/4.

NITSCHMANN, Bergbau und Eisenbahnen in Oberschlesien. (V. m. B.) * *Ann. Gew.* 58 S. 143/50.

SCHORRIG, über die geschichtliche Entwicklung des deutschen Bergrechtes. *Braunk.* 5 S. 346/9.

Die montanistischen Unterrichtsanstalten Oesterreichs im Jahre 1904/05. (K. k. Montanistische Hochschulen in Leoben und Pribram; k. k. Bergschulen in Pribram und Wieliczka; Landes-Berg- und Hüttenschule in Leoben; Bergschule in Klagenfurt; Bergschule für das nordwestliche Böhmen in Dux; Bergschule in Mährisch-Ostrau; Landes-Berg- und Hüttenschule in Boryslaw.) *Berg. Jahrb.* 54 S. 415/48.

CRISTY, training of mining engineers. (Some present problems; continental and American mining schools; adaption of methods to american conditions.) *Mines and minerals* 26 S. 272/4 F.

Die großbritannische Grubensicherheitskommission (Royal Commission on Safety in Mines.) *Glückauf* 1477/88 F.

HERRICK, the American mining congress. (Pro-

ceedings of the ninth annual meeting held in Denver, Colo., October 17, 1906.) *Mines and minerals* 27 S. 201/3.

Das Berg- und Hüttenwesen auf dem internationalen Kongresse für angewandte Chemie in Rom (26. April bis 3. Mai 1906.) *Z. O. Bergw.* 54 S. 428/9.

Bernstein. Yellow amber. Ambre jaune.

BRAUN, HANS, Imitationen und Verfälschungen von Bernstein. (Preßbernstein aus Bernsteinabfällen.) *Bayr. Gew. Bl.* 1906 S. 171/2; *D. Goldschm. Z.* 9 S. 60/1.

Beryllium. Béryllium.

LEVI-MALVANO, Hydrate des Berylliumsulfats.* *Z. anorgan. Chem.* 48 S. 446/56.

PARSONS and ROBINSON, equilibrium in the system beryllium oxide, oxalic anhydride and water. *J. Am. Chem. Soc.* 28 S. 555/69; *Z. anorgan. Chem.* 49 S. 178/89.

FRIEDHEIM, zur quantitativen Trennung des Berylliums und Aluminiums. *Ber. chem. G.* 39 S. 3868/9.

GLASZMANN, quantitative Trennung des Berylliums von Aluminium. (Mittels Natriumthiosulfats; Aluminium wird quantitativ als Hydroxyd gefällt.) *Ber. chem. G.* 39 S. 3366/7.

GLASZMANN, quantitative Bestimmung des Berylliums. (Mittels 25-procentiger Kaliumjodid- und gesättigter Kaliumjodat-Lösung; Entfärben durch Natriumthiosulfatlösung und Erwärmen.) *Ber. chem. G.* 39 S. 3368/9.

PARSONS and BARNES, separation and estimation of beryllium. *J. Am. Chem. Soc.* 28 S. 1589/95.

Bestattungswesen. Funeral. Funérailles. Vgl. Desinfektion, Gesundheitspflege.

FREEMAN, cremation; its bearing on public health. (V. m. B.) (A) *Builder* 91 S. 103.

NAYLOR, proposed columbarium for the Borough council of Hampstead. (Accommodation for 136 urns.) ▣ *Builder* 91 S. 374.

Crematorium in the city of Washington. (For dead bodies of persons who died from infections diseases.) *Eng. News* 56 S. 47.

CLEVELAND ELECTRIC RY. CO, trolley funeral car in Cleveland. (Compartment arranged to accomodate two caskets; rubber padded metal brackets to prevent a side· motion of a casket.)* *Street R.* 28 S. 299/300.

A trolley funeral car for South Africa.* *West. Electr.* 39 S. 207.

Beton und Betonbau. Concrete and concrete construction. Béton et construction en béton. Vgl. Baustoffe, Brücken, Eisenbahnwesen, Hochbau, Wasserbau, Wasserversorgung, Zement.

1. Theoretische Untersuchungen, Versuche und gesetzliche Bestimmungen. Theoretical investigations, tests and rules. Recherches théorétiques, essais et instructions.

HABERSTROH, Ausführung und Berechnung von Eisenbetonkonstruktionen. (Statische Berechnung mit Beispielen.)* *Z. Baugew.* 50 S. 49/51 F.

PILGRIM, Berechnung der Betoneisen-Konstruktionen. (Mit und ohne Zug des Betons; Anwendung der entwickelten Formeln.)* *Z. Arch.* 52 Sp. 299/338.

A British investigation of reinforced concrete. (Statement issued by a joint committee representing the Royal Institute, of British Architects. Permanence and deterioration with time; resistance to fire; method of contracting; materials; carrying out of the work; safe stresses to allow in various cases.) *Eng. Rec.* 53 S. 742/3.

Cost of making and placing reinforced concrete piles at Atlantic City, N. J. (Reinforced concrete trestle of two-pile bents.)* *Eng. News* 56 S. 252.

NATIONAL INTERLOCKING STEEL SHEETING CO., Chicago, a new design of steel sheet-piling.* *Eng. News* 56 S. 388.

RAMISCH, Berechnung von exzentrisch belasteten Eisenbetonpfeilern.* *Zem. u. Bet.* 5 S. 137/41.

RAMISCH, Berechnung exzentrisch belasteter Eisenbetonsäulen.* *Zem. u. Bet.* 5 S. 314/6; *El. u. polyt. R.* 23 S. 341/2.

RAMISCH, Berechnung von Eisenbetonsohlen zum Abschluß wasserdichter Baugruben mit Rücksicht auf Grundwasserauftrieb. *Zem. u. Bet.* 5 S. 174/5.

RAMISCH, Berechnung von Betonpfeilern auf Knickfestigkeit.* *Zem. u. Bet.* 5 S. 201/3.

GÖLDEL, Berechnung zentrisch belasteter Säulen aus Eisenbeton auf Knickfestigkeit.* *Z. Baugew.* 50 S. 153/5.

SOR, Berechnung von Säulen aus umschnürtem Beton. *Bet. u. Eisen* 5 S. 96.

SALIGER, zur Berechnung doppelt und großprofilig armierter Betonträger. (Zu ELWITZ' Abhandlung Jg. 4 S. 252 u. 271. Erwiderung des Letzteren.) *Bet. u. Eisen* 5 S. 49.

BEESL, Berechnung doppelt bewehrter oder mit Profileisen versehener Betoneisenträger. (Berichtigung zum Aufsatz von ELWITZ, Jg. 4 S. 272.) *Bet. u. Eisen* 5 S. 76.

Vereinfachte Formeln für die Berechnung der biegungssteifen Eisenbetonkonstruktionen.* *Bet. u. Eisen* 5 S. 78/9 F.

RAMISCH, Berechnung von Betonplatten mit doppelter Einlage.* *Zem. u. Bet.* 5 S. 364/6.

RAMISCH, Berechnung frei aufliegender Eisenbetonplatten. (Mit den RAMISCH · GÖLDEL-Zahlentafeln.) *Baugew. Z.* 38 S. 1019.

Zahlenbeispiele zur Berechnung von Eisenbetonplatten mit den RAMISCH-GÖLDEL-Zahlentafeln. *Baugew. Z.* 38 S. 997/8.

Beitrag zur Berechnung von Eisenbetonplatten mit den RAMISCH-GÖLDEL-Zahlentafeln. *Techn. Z.* 23 S. 574/5.

DRACH, Beitrag zur Oekonomie der Plattenbalken aus Eisenbeton. (Untersuchung der einfach armierten Querschnitte, Hauptfälle, daß die nutzbare Breite der Druckzone bis an die neutrale Achse vorhanden ist, und daß früher eine Unsteifigkeit auftritt.) *D. Baus.* 40, *Mitt. Zem.·, Bet.· u. Eisenbet.bau* S. 54/6.

SALIGER, Bestimmung der wirtschaftlich günstigsten Abmessungen von Eisenbetonbalken. (Die zugarmierte Betonplatte; zug- und druckarmierte Betonplatte; Rippenbalken aus Eisenbeton.)* *Wschr. Baud.* 12 S. 426/31.

RAMISCH, Versuch einer Eisenbetontheorie, sich stützend auf die Versuche von CONSIDÈRE.* *El. u. polyt. R.* 23 S. 429/32.

FRANK, der Einfluß veränderlichen Querschnitts auf die Biegungsmomente kontinuierlicher Träger, unter besonderer Berücksichtigung von Betoneisenkonstruktionen.* *Bet. u. Eisen* 5 S. 315/8.

FROEHLICH, das Widerstandsmoment des Eisenbetonquerschnitts und seine Anwendung im Gewölbe.* *Bet. u. Eisen* 5 S. 13/4 F.

RAMISCH, Beitrag zur Berechnung der Vouten bei beiderseits eingespannten Platten.* *Zem. u. Bet.* 5 S. 153/4.

GUSKE, neue Formeln zur Berechnung von Eisenbetondecken. (Unter Zugrundelegung des BACHschen Potenzgesetzes.) (N) *Bet. u. Eisen* 5 S. 214.

HAIMOVICI, graphische Darstellung der Formeln zur Querschnittsdimensionierung und Spannungsermittlung bei auf Biegung beanspruchten Eisen-

7*

beton-Konstruktionen mit einfacher Armierung. *
D. Baus. 40, *Mitt. Zem., Bet.- u. Eisenbet.bau*
S. 58/60.
HEINTEL, Formel von CONSIDÈRE zur Berechnung
der Eisenbetonpfeiler mit spiralförmiger Eisen-
einlage und die Versuche von WAYSZ & FREY-
TAG. (Mit Entgegnung von CONSIDÈRE.) *Bet.
u. Eisen* 5 S. 232/4.
LUTEN, curves for reinforced arches. (THOMSON's,
ALEXANDER, method of designing.) * *Eng. Rec.*
53 S. 482/3.
Constructions en ciment armé. (Système PAUL
MARTIN. Formes et sections des pièces; élé-
ments de calculs des planchers.) (Pat.) * *Ann.
d. Constr.* 52 Sp. 23/8.
Reinforced-concrete bridge-floors, culverts and
abutments, Wabash Rr. (Standard designs.) (A)
Min. Proc. Civ. Eng. 163 S. 407/8.
CORRIGAN, standard concrete barrel culverts.
(Built on a branch line of the Missouri Pacific
Ry. at Springfield, Mo.) * *Eng. Rec.* 53 S. 354.
GRAFF, design and construction of reinforced con-
crete culverts. (Brought out by COLPITTS.)
(V) (A) * *Eng. News* 55 S. 6/9.
GAMANN, Berechnung von Eisenbetonplatten für
die Abdeckung von Straßendurchlässen.* *Zem.
u. Bet.* 5 S. 297/9.
Betonbrücke mit Stauschleuse. (Berechnung der
Betoneisenkonstruktion; Berechnung der Stärken
der Rollschütze; Berechnung der erforderlichen
Kraft zum Heben der Schütze.) *Techn. Z.* 23
S. 502/6.
TORRANCE, design of high abutments. (Bridge
over the Ohio River at Cairo, Ill.; 4644' total
length, with a steel approach of 17 deck PRATT
truss spans of 150' each; reinforced concrete
arches; transverse and longitudinal arches.) *Eng.
News* 55 S. 36/8.
Sewell, economical reinforced concrete floor.
(Formulas for the design.) (V) (A) *Eng. Rec.*
53 S. 336/8.
SALIGER, Berechnung der Abmessungen von
Balken aus Eisenbeton. (A) *Bet. u. Eisen* 5
S. 321.
GOODRICH, design of reinforced-concrete retaining
walls.* *Eng. News* 56 S. 511/2.
MASSART, design of reinforced-concrete retaining
walls.* *Eng. News* 56 S. 689/90.
GODFREY, design of reinforced-concrete retaining
walls. (V) (A) * *Eng. News* 56 S. 402/3.
CUTLER, discussion of reinforced-concrete beam
formulas. *Eng. Rec.* 53 S. 663.
GOLDMARK, discussion of formulas for concrete
beams. (V) (A) *Eng. Rec.* 53 S. 420/2.
WASON, comparison of formulas for concrete
beams. (Also for reinforced concrete floor slabs.)
Eng. Rec. 53 S. 568/70.
KAUFMANN, kontinuierliche Balken und statisch
unbestimmte Systeme im Eisenbetonbau. (Be-
rechnungs-Beispiele.)* *Bet. u. Eisen* 5 S. 125/8 F.
MACIACHINI, Anforderungen an armierte Beton-
konstruktionen. (Mit einer kritischen Beschreibung
des „System LUND". Innere Arbeit in der Ge-
samtkonstruktion.) * *Uhlands T. R.* 1906, 2
S. 35/7, 51/2; *Ann. ponts et ch.* 1906, 2 S. 286.
MÖLLER, MAX, Untersuchungen an Plattenträgern
aus Eisenbeton. (V) *D. Baus.* 40, *Mitt. Zem.-,
Bet.- u. Eisenbet.bau* S. 30/1.
WEISKE, Berechnung der Eisenbeton-Plattenbalken.*
D. Baus. 40, *Mitt. Zem-, Bet.- u. Eisenbet.bau*
S. 7/8.
RAMISCH, statische Untersuchung eines einfach ge-
krümmten, stabförmigen Verbundkörpers.* *Verh.
V. Gew. Abh.* 1906 S. 351/62.

SCHÜLE, le béton armé et l'influence de l'enlève-
ment des charges. *Compt. r.* 143 S. 28/30.
RAMISCH, Bestimmung der gegenseitigen Drehung
der Scheitel und der Auflagergelenke eines
Dreigelenkbogens aus Beton. * *Zem. u. Bet.* 5
S. 72/6.
FROEHLICH, Massivplatten mit kreuzweiser Eisen-
armierung. (Berechnung der Platte.) *Bet. u.
Eisen* 5 S. 205/7.
DRACH, zur Dimensionierung der beiderseits ar-
mierten Balken. (Bei denen die obere Eisen-
einlage der unteren gleich ist.) *Bet. u. Eisen* 5
S. 203/5.
HAWKESWORTH, design of reinforced concrete
beams and the location of maximum moment in
a footing. (Writer disagrees with GODFREY's
fundamental assumptions; GODFREY's reply.)
Eng. News 56 S. 209.
GODFREY, design of concrete-steel beams and
slabs. (Elongation of the concrete; calculation.)
Eng. News 55 S. 290/2.
SZLAPKA, design of reinforced concrete beams
and slabs. (Letter to GODFREY's article page
290/2; reply of GODFREY.) *Eng. News* 55
S. 501/2.
GOTTSCHALK und GOODRICH, effect of continuity
on the design of reinforced-concrete beams and
slabs. (In relation to the article of STEPHEN
p. 426.)* *Eng. News* 56 S. 574/5.
BLOCH, graphische Untersuchung des Platten-
balkens aus Eisenbeton. (Nach Z. Oest. Ing.
V. 49 S. 351/5.)* *Bet. u. Eisen* 5 S. 157.
FRANKLYN, continuity and cantilever action in
reinforced concrete beams. *Eng. News* 56 S. 689.
SEWELL, design of continuous beams in reinforced
concrete. *Eng. News* 56 S. 426.
WERENSKIOLD, notes on the stress-deformation
curve in concrete beams.* *Eng. News* 55
S. 390/1.
RAMISCH, Beitrag zur Berechnung von Beton-
platten mit Eiseneinlagen. *Z. Oest. Ing. V.* 58
S. 594/7.
TURLEY, Einfluß der Veränderlichkeit der Platten-
stärke auf die Betonspannung bei Plattenbalken
aus Eisenbeton.* *Zem. u. Bet.* 5 S. 122/4.
RAMISCH, Berechnung von Betonplatten mit dop-
pelter Einlage.* *Zem. u. Bet.* 5 S. 364/6.
TEICHMANN, Zahlenbeispiel zur Berechnung von
Plattenbalken für Brückenbauzwecke.* *Techn.
Z.* 23 S. 528/30.
PANETTI, studio statico del serbatoi cilindrici in ferro
ed in cemento armato. *Giorn. Gen. civ.* 44
S. 117/57.
RAMISCH, Bestimmung des rechteckigen Quer-
schnitts eines armierten Betonträgers* *Mit.
Artill.* 1906 S. 841/6.
CAMPBELL, formulas for reinforced concrete beams.
Eng. Rec. 54 S. 618.
PENDARIES, le calcul et la répartition des étriers
dans les poutres droites en ciment armé. (Pou-
tres calculées dans l'hypothèse d'une surcharge
générale uniformément répartie; poutre calculée
dans l'hypothèse de surcharges isolées; calcul
des étriers dans les hourdis.)* *Ann. ponts et
ch.* 1906, 3 S. 73/96.
DANA, rapid general method for the calculation
of reinforced concrete sections.* *Eng. Rec.* 54
S. 249/51.
GUIDI, Berechnung der betoneisernen Querschnitte.
(N) *Bet. u. Eisen* 5 S. 215.
BARKHAUSEN, Theorie der Verbundbauten in Eisenbeton und ihre Anwendung. (Grundgleichungen
für Beanspruchung durch Biegungsmomente und
Längskräfte; eine Druckeinlage bekannten Querschnittes ist vorhanden; Zug- und Druck-Seite

haben gleiche Einlagen; Aufnahme der Quer-kräfte; Rippenkörper.) *Organ* 43 S. 224/33 F.

HAIMOVICI, graphische Tabellen und graphisch dargestellte Formeln zur sofortigen Dimensio-nierung von Eisenbetondecken bezw. Balken. *Tonind.* 30 S. 1664/6.

Béton armé. Méthode de calcul de HOUDAILLE. (Appuyée d'expériences faites au Conservatoire des Arts et Métiers à Paris.) *Ann. trav.* 63 S. 464/70.

HOFMANN, zur Berechnung der Spannungen in ge-drückten Betonkörpern. (Beweis, daß bei Be-rechnung von reinem Beton bei Zugrundelegung des HOOKE'schen Gesetzes nahezu dasselbe sich ergibt als bei Berücksichtigung des BACH'schen Dehnungsgesetzes.) (A) *Bet. u. Eisen* 5 S. 321.

LANDMANN, Berechnung von Eisenbeton-Konstruk-tionen bei exzentrisch wirkender Normalkraft. (Gewölbe; Schornsteine und kreisrunde Pfeiler.)* *Bet. u. Eisen* 5 S. 257/9 F.

RAMISCH, Berechnung von Eisenbetongewölben, bei welchen die Zugspannungen von Eisen auf-genommen werden sollen.* *El. u. polyt. R.* 23 S. 319/21.

Some economical features of concrete construction. (Designing steelwork; proportions of ingredients; construction methods.) *Eng. Rec.* 53 S. 357.

Lesson from recent failures of reinforced concrete structures. (Methods of design; variations of material; quality of labor.) *Eng. News* 56 S. 573/4.

Knotty problem in stress-analysis; dangerous „safe stresses" in a reinforced concrete bridge. (—, which failed under 16 500-lb. traction engine twelve hours after being thrown open to traffic.)* *Eng. News* 56 S. 336/8.

Design of reinforced concrete columns.* *Eng. News* 55 S. 473.

GODFREY, design of reinforced concrete columns and footings. (V)* *Eng. News* 56 S. 30/2.

Der Eisenbeton in den Verhandlungen der VII. Inter-nationalen Architekten-Kongresses in London 1906. (System KAHN, Stützmauern, Feuerschutz, Korn-größe; Deckung der Eisenstäbe durch Beton; Hitzegrade für Versuche über Feuersicherheit; künstlerische Behandlung; Beton als bloße Um-hüllung gegen Rost und Feuer; Durchlässigkeit der Wände.)* *D. Baus.* 40, *Mitt. Zem.-, Bet.-u. Eisenbet.bau* S. 57 F.

JADWIN, results of tests made to determine the strength of concrete when cement is mixed with sand, clay and loam in varying proportions. (A) *Eng. News* 55 S. 212.

THOMPSON, SANFORD E., concrete aggregates. (Tests by FERET; strengths of mortars; FERET's formula.) (V) *Eng. Rec.* 53 S. 108/10.

Vom deutschen Beton-Verein veranlaßte Versuche über den Einfluß der Stampfarbeit auf die Festig-keit des Betons. *D. Baus.* 40, *Mitt. Zem.-, Bet.-u. Eisenbet.bau* S. 43/4.

HOMANN, zur Frage der Dehnungsfähigkeit des Betons in Verbundkörpern. (Versuche von KLEINLOGEL und RUDELOFF.) *Zbl. Bauv.* 26 S. 117/8.

OSTENFELD, Gesetze CONSIDÈRES im Lichte der Versuche KLEINLOGELs. (Aeußerung zum Auf-satze von KLEINLOGEL Jg. 4 S. 124/5, 278/9; Erwiderung von KLEINLOGEL.) *Bet. u. Eisen* 5 S. 132.

KLEINLOGEL, die Gesetze von CONSIDÈRE im Lichte der Versuche. (Zu OSTENFELDs Beur-teilung der Arbeit des Verfassers [Jg. 4 S. 124/5, 278/9.].) *Bet. u. Eisen* 5 S. 17/8.

GOLDENBERG, heavily loaded reinforced concrete. (TRUSSED CONCRETE STEEL CO. Test on

a KAHN reinforced concrete panel in St. Paul, Minn.) *Eng. Rec.* 53 S. 198.

HARDING, tests of reinforced concrete beams, Chi-cago, Millwaukee & St. Paul Ry. (TURNEAURE's tets at the University of Wisconsin; investi-gation into the liability of a tension failure in a reinforced concrete beam, caused by excessive shearing stresses.) (a) (A) (V. m. B.)* *Eng. News* 55 S. 168/74.

MÖRSCH, Scher- und Schubfestigkeit des Eisen-betons.* *Bet. u. Eisen* 5 S. 289/90.

Tests of shear in concrete. (Experiments by O'CONNELL, SHOEMAKER, SCHOELLER and SEAVERT; discussion by TALBOT.) *Eng. Rec.* 54 S. 648.

RAMISCH, Bestimmung der Belastungsgrenze, für welche bei Eisenbetonplatten zur Aufhebung der Scheerspannung Eiseneinlage nicht erforderlich ist. *Zem. u. Bet.* 5 S. 280/1.

RAMISCH, Scheerbeanspruchung bei Plattenbalken. *Zem. u. Bet.* 5 S. 280/1.

ZIPKES, Scher- und Schubfestigkeit des Eisen-betons. (Scherversuche; Versuche mit Eisen-betonkörpern; Schubfestigkeit.)* *Bet. u. Eisen* 5 S. 15/7 F.

SENFF, zur Konstruktion der Plattenbalken. (Scher-versuche und Biegungsversuche von MÖRSCH.)* *D. Baus.* 40, *Mitt. Zem.- Bet., u. Eisenbet.bau* S. 46/8.

GÖLDEL, Bestimmung der Belastungsgrenzen, für welche bei Eisenbeton-Platten besondere Eisen-einlagen zur Aufhebung der Scherspannungen nicht erforderlich sind.* *D. Baus.* 40, *Mitt. Zem.- Bet. u. Eisenbet.bau* S. 82/3.

MASEREBUW, Versuch mit einer Platte aus Beton-eisen für einen Tunnel im Rangierbahnhofe der Holländischen Eisenbahn-Gesellschaft zu Water-graafsmeer bei Amsterdam. (Stützweite 6,825 m, Breite 1 m, Höhe 0,65 m. Zugfestigkeit; Druck-festigkeit.)* *Bet. u. Eisen* 5 S. 287/8 F.

Untersuchungen von armiertem Beton auf reine Zug-festigkeit und auf Biegung unter Berücksichtigung der Vorgänge beim Entlasten. *Schw. Baus.* 48 S. 309/13.

Essais de fer-béton à la traction et à la flexion. *Ann. ponts et ch.* 1906, 4 S. 342/50.

LUTEN, empirical formulas for reinforced arches. (Tests with models.)* *Eng. News* 55 S. 718/20.

Die Bruchursachen der betoneisernen geraden Trä-ger. (Versuch von GUIDI, Turin.)* *Bet. u. Eisen* 5 S. 35/8.

DILLNER, Probebelastung zweier armierter Beton-decken. (Mitteilungen aus der Materialprüfungs-anstalt an der Kgl. Technischen Hochschule in Stockholm.)* *Baumatk.* 11 S. 10/11.

V. EMPERGER, Belastungsprobe einer Betoneisen-decke in der Skrivaner Zuckerfabrik. *Bet. u. Eisen* 5 S. 88/90.

CUMMINGS, Vorrichtung zur Ermittelung der Bruch-festigkeit von Eisenbetonbalken. (Gestattet die Prüfung verschieden langer frei aufgehängter Balken, Pressung mit Hilfe dreier unter hydrau-lischen Druck gestellter Kolben.) * *Zem. u. Bet.* 5 S. 196/8.

Two remarkable examples of concrete in tension, at Duluth, Minn. (Curbstone; concrete foun-dation.)* *Eng. News* 56 S. 460.

BACH, Druckversuche mit umschnürtem Beton. (Er-mittlung der Widerstandsfähigkeit, Belastung bei Beginn der Rißbildung, Höchstbelastung; Aeuße-rung von CONSIDÈRE zu den Versuchsergeb-nissen.) ▣ *Bet. u. Eisen* 5 S. 14/5.

Tension and compression tests of concrete. (At Columbia University; compression tests made with a RIEHLÉ machine.)* *Eng. Rec.* 54 S. 643/4.

MAYNARD, alternazioni nei cementi armati sotto l'azione dell' aria, dell' acqua dolce e dell' acqua di mare. ▣ *Giorn. Gen. civ.* 43 S. 476/83.

BARNETT, injury to concrete by soft water. (Soft Thirlmere water of the Manchester supply acted on the limestone of a 3-mile length of concrete aqueduct. Stopping the leakage by resurfacing the whole surface of the concrete with 1:1 Portland cement mortar not less than 1″ in thickness.) *Eng. Rec.* 54 S. 658.

FERET, Abhängigkeit der Haftfestigkeit von Beton auf Eisen von der Menge des zum Anmachen verwendeten Wassers. (Dem Budapester Kongreß des Internationalen Verbandes für Materialprüfung im Jahre 1901 vorgelegte Arbeit. Versuchsreihen; Ergebnisse der Untersuchungen von VON BACH; Haftversuche mit dem Registrierapparat von LE CHATELIER; Ursache der Verschiedenheit zwischen den Ergebnissen der Versuche FERETs und VON BACHs.) * *Baumatk.* 11 S. 1/5 F.

Adhesion of concrete to steel. (Experiments of BAUSCHINGER, RITTER, DE JOLY, FERET, CONSIDÈRE and HATT.) *Builder* 90 S. 719/20.

BECHTEL & BIEDENDORF, Verbindung von Betonrohren. (Prüfung der Haftfestigkeit.) (D. R. P.) * *Techn. Gem. Bl.* 9 S. 252/4.

CONDRON, tests of the bond between concrete and steel in reinforced concrete. (V) (A) *Eng. News* 56 S. 658.

KIRK and TALBOT, tests of bond between concrete and steel at the University of Illinois. (A) *Eng. Rec.* 54 S. 732/3.

DE PUY, tests of bond between concrete and steel. (High results for corrugated bars.) *Eng. Rec.* 54 S. 694.

MEYER OSWALD, Versuche über den Gleitwiderstand von Eisen- und Messingstäben in Betonkörpern. *Wschr. Baud.* 12 S. 501/4.

RAMISCH, Beitrag zur Bestimmung des Gleitwiderstandes bei Balken aus Eisenbeton. *Z. Oest. Ing. V.* 58 S. 54/7.

MEYER, die Haftfestigkeit von Eisen und Messing am Beton. *Baumatk.* 11 S. 348/51.

RAMISCH, Abhängigkeit der Haftfähigkeit von der Zugfestigkeit des Betons im Eisenbetonbauwerken. *Zem. u. Bet.* 5 S. 331/2.

MARCICHOWSKI, Beitrag zu den Versuchen mit Eisenbeton. (Bruchproben in der Mechanischen Versuchsanstalt der Technischen Hochschule in Lemberg von FIEDLER und V. THULLIE; Einlage aus Rundeisen 12 mm, die einmal oben und einmal unten mit einem Draht von 2,8 mm Dicke gebunden waren; betoneiserne Stütze mit 4 Rundeisen von 12 mm Durchmesser; Versuche mit verschiedenartig armierten Stützen.) * *Bet. u. Eisen* 5 S. 128/30.

POPPLEWELL, experiments on the strength of brickwork piers and pillars of concrete.* *Eng. News* 55 S. 9/11.

HANISCH, Versuchsergebnisse mit Beton. (Festigkeit von Betonwürfeln; Festigkeitszunahme des Betons mit wachsendem Alter.) *Mitt. Gew. Mus.* 16 S. 225/7.

ROSSI e TOMASATTI, experienze su provini di cemento armato a Venezia.* *Giorn. Gen. civ.* 43 S. 378/80.

SALIGER, Ermittelung des Eisens in einseitig gedrückten Eisenbeton-Querschnitten.* *D. Baus.* 40, *Mitt. Zem.-, Bet.- u. Eisenbet.bau* S. 39/40.

RICHARDSON und FORREST, Form zum Einschlagen von Betonprobekörpern zur Druckfestigkeitsversuchen. (Besteht aus einem Stück Eisenblech, dessen Ränder ringförmig zusammengebogen sind und durch einen gußeisernen Ring

zusammengehalten werden.) * *Baumatk.* 11 S. 124/5.

KLEINLOGEL, Zug- und Biegeversuche mit Eisenbeton, ausgeführt durch die Materialprüfungs-Anstalt in Zürich. (Untersuchung armierter Betonkörper auf reine Zugfestigkeit; Untersuchung von armierten Betonbalken mit rechteckigem Querschnitt auf Biegung; Untersuchung von armierten Betonbalken T-förmigen Querschnittes auf Biegung durch verteilte Belastung.)' *D. Baus.* 40, *Beil. Mitt. Zem.-, Bet.- u. Eisenbet.bau* S. 77/80; 87/8 F.

BRIK, Bericht über die Ergebnisse einiger Biege- und Bruchversuche mit Balken aus reinem und aus armiertem Beton. ▣ *Wschr. Baud.* 12 S. 525/33.

HOTOPP, Biegungsspannungen in staubförmigen Körpern, die dem HOOKEschen Gesetz nicht folgen, sowie in Verbundkörpern.* *Z. Arch.* 52 Sp. 281/94.

SCHÜLE, risultati di experienze sul cemento armato a tensione semplice ed a flessione, con riguardo speciale ai fenomeni che si verificano in seguito allo scaricamento. (A) *Giorn. Gen. civ.* 44 S. 373/80.

ANDERSON, Belastungsversuche mit VISINTINI-Trägern für Gleisüberführung in Dänemark. (2 Oeffnungen von 10,15 m Spannweite.)* *Bet. u. Eisen* 5 S. 200/2.

MARSTON AND REINHART, tests of concrete building blocks. *Eng. Rec.* 54 S. 535/6.

VAN ORNUM, the fatigue of concrete. (Tests for concrete of 1:3:5 mixture, by volume; standard American Portland cement; compression tests; elastic behavior; fatigue of bond of concrete to steel.) ▣ *Proc. Am. Civ. Eng.* 32 S. 972/98.

Water-tightness of concrete. (Experiments by BALDWIN-WISEMAN.) *Eng. Rec.* 54 S. 226/7.

Étanchéité du béton. (L'huile de lin, appliquée sur le béton séché en deux couches successives; lavage à l'eau de savon suivé d'un enduit avec une solution d'alun; addition d'une solution de potasse caustique avec d'alun à du mortier de ciment pour enduire les parois en béton; de la stéarine et colophane; le tout dissous dans de l'eau bouillie.) *Ann. trav.* 63 S. 1192/4.

Testing the water-proof qualities of concrete blocks.* *Cem. Eng. News* 18 S. 27/8.

Puddling effect of water flowing through concrete. (Experiments on the rate of flow of water through a specimen of concrete used in the construction of the new graving-dock at Southampton.) *Eng. Rec.* 54 S. 236.

TURNER, building departments and reinforced concrete construction; A test of a warehouse floor. („Mushroom" construction of reinforced concrete; the reinforced floor consists of only a plain slab and supporting columns; capitals of concrete columns made in cast-iron moulds.) * *Eng. News* 56 S. 361/2.

Does the use of heated mixing water injure cement mortar or concrete. (Tension tests of cement mortar briquettes.) *Eng. News* 55 S. 129.

HANDY, influence of mineral constituents of the mixing water upon the strength of Portland cement concrete. *Eng. News* 56 S. 691/2.

STANLEY, use of salt in concrete. (Tests in fresh and salt water. (V. m. B.) (A) *Eng. News* 55 S. 63.

WOOLSON und ADAMS, das Fließen von Beton unter Druck. (Versuche in der Prüfungsanstalt der Columbia-Universität in Neuyork; Untersuchungen KICK, MOHR.)* *Zbl. Bauw.* 26 S. 24.

HOWARD, concrete column tests at the Watertown Arsenal, Mass. (The tests embrace columns of

different mixtures, ranging from neat cement to those of very lean mixtures.) Reinforced material has been received from the EXPANDED METAL CO., HENNEBIQUE CONSTRUCTION CO., TRUSSED CONCRETE STEEL CO., CUMMINGS STRUCTURAL CONCRETE CO. and the CLINTON WIRE CLOTH CO.) (V)* *Eng. Rec.* 54 S. 54/6; *Eng. News* 56 S. 20/1.

Concrete and concrete-steel column tests at the Watertown Arsenal. ([Vgl. Vortrag S. 54,6.] Effect of reinforcement by longitudinal steel angle bars in the concrete columns tested.) *Eng. Rec.* 54 S. 57/8.

MÖRSCH, Versuche mit spiralarmierten Betonsäulen. (CONSIDÈRES D. R. P. 149944.)* *D. Baus.* 40, *Mitt. Zcm-, Bet.- u. Eisenbei bau* S. 1/3.

GOODRICH, concerning the reinforcement of concrete columns. (Ineffectiveness of longitudinal steel; method of determining the actual stresses.) *Eng. News* 56 S. 76.

v. THULLIE, neue Versuche mit betoneisernen Säulen in Lemberg. (Ausführung der Versuchssäulen; Bruchversuche.)* *Bet. u. Eisen* 5 S. 306/8.

JOANNINI, Entstehen von Haarrissen in Betonflächen. (Neigung bei sehr naß angemachtem Beton, reinem oder sehr fettem Zementmörtel; Versuche von BAUSCHINGER und anderen; Verhinderung durch Abbinden unter Wasser; Feuchthalten des Betons durch nassen Sand; Abreiben der Flächen des Betons mit einer scharfen Stahlbürste oder einem Zementstein und feuchtem Sande.) *Techn. Z.* 23 S. 164.

MOYER ALBERT, hair cracks, crazing or map cracks on concrete surfaces. (Keeping the surface covered with a thick layer of very wet sand, or immersing the stone in water, experiments made by SWAIN and BAUSCHINGER.) *Cem. Eng. News* 17 S. 236/7.

Cracking of reinforced concrete arches at South Pasadena, Cal. (A five-arch reinforced-concrete bridge; arches of 78—36' span; stirrups of twisted bars.)* *Eng. Rec.* 54 S. 376.

Cracking of reinforced and plain concrete arches. (Vgl. S. 376. (Cracking of concrete arches at South Pasadena, reinforcement almost entirely along the soffit of the arch and at the pier.) *Eng. Rec.* 54 S. 393.

SHIRAISHI, reinforced concrete buildings in Japan. (Cracks due to expansion and contraction by sun heat; use of hollow concrete blocks.) *Eng. News* 56 S. 463.

Einfluß von Fett und Oel auf Zement-Beton. (Entstehung von Rissen.) *Asphalt- u. Teerind.-Z.* 6 S. 24.

KIESERLING, Einrichtung zur Verhinderung schädlicher Rissebildung im Zementestrich.* *Z. Transp.* 23 S. 645/6.

WIELAND, WAGONER and SKINNER, corrosion of reinforcing metal in cinder-concrete floors. (POROUS cinder concrete with occasional voids. Corrosion, due to sulphur in the cinders.) (V) (A) *Eng. News* 56 S. 458/9; *Eng. Rec.* 54 S. 552/3.

HIMMELWRIGHT and HURLBUT, more evidence as to possible corrosion of steel embedded in cinder concrete. (Protection against the sulphuric acid in the concrete by coats of a weather proof paint.) *Eng. News* 56 S. 549/50.

HIMMELWRIGHT, concerning the corrosion of steel imbedded in cinder concrete. (Vgl. S. 458/9, 549/50.) *Eng. News* 56 S. 661.

Eisenbeton und Blitzgefahr. (Blitzsicherheit der Häuser aus Eisenbeton.) *Fabriks-Feuerwehr* 13 S. 23.

KLEINLOGEL, Blitzschutz von Eisenbetonbauten. *Bet. u. Eisen* 5 S. 84/6.

MAC FARLAND, JOHNSON, tests of the effect of heat on reinforced concrete columns. (At the Chicago Laboratory of the National Fireproofing Co. Furnace used for fire tests of reinforced concrete columns.) *Eng. News* 56 S. 316/8; *Eng. Rec.* 54 S. 329/30; *Eng. Chicago* 43 S. 706/8.

WATSON, NOBLE, KREUGER, DANA, TURNER JONSON, WASON, GOODRICH and THACHER, economical design of reinforced concrete floor systems for fire-resisting structures. (Vgl. Jg. 31 S. 625/59; lead tests; relative cost of beams reinforced with various kinds of steel; distance of the neutral axis below the top of the beam; inelastic and elastic stress-strain curve for 1:2:4 concrete.) (V. m. B.) (a)[b] *Proc. Am. Civ. Eng.* 32 S. 221/82 F.

Die Feuerfestigkeit armierten Betons. (Feuersbrunst im Staate New-Jersey 6. April 1902.) *Fabriks-Feuerwehr* 13 S. 82/3.

HIMMELWRIGHT, reinforced concrete in the San Francisco fire. (Relative merits of burned clay and concrete as fireproofing materials; unequal settlement of the column footings straining the concrete connections between columns] and girders much more than it would the connections of a steel skeleton frame, when exposed to severe fire, the steel reinforcement near the under side of beams and girders is heated, expands and weakens, with the result that the beam looses its strength; JOHNSON CO. building; Young store and loft building; embedding the steelwork deeply in the concrete systems for better securing the concrete to the steel to prevent spalling off on exposure to heat-cinder concrete of good quality instead of stone, ought to be more generally insisted on.) *Eng. News* 56 S. 333/5.

WOOLSON, investigation of the thermal conductivity of concrete and the effect of heat upon its strength and elastic properties. (Temperature rises at different points in limestone, trap, cinder and gravel concretes.) (V)* *Eng. News* 55 S. 723/4; *Eng. Rec.* 54 S. 74/6.

Der Eisenbeton in England. (Verhandlungen auf dem Londoner internationalen Architekten-Kongreß; Arbeit von GOODRICH über den Eisenbeton im Hinblick auf Feuerschutz.)* *Zem. u. Bet.* 5 S. 274/7.

MÖHRLE, Vorteile des Eisenbetonbaues bei Fabriken. (Feuersicherheit; gute Raumausnutzung und große Tragfähigkeit; Widerstandsfähigkeit gegen Erschütterungen.) *Z. Baugew.* 50 S. 173/4.

SEWELL, economical design of reinforced concrete floor systems for fire-resisting structures. (T-beams; advantages of attached web members; adhesion or bond; experiments.) (V. m. B.) (a)[b] *Trans. Am. Eng.* 56 S. 252/410.

ST. LOUIS EXPANDED METAL & FIREPROOFING CO., fire and water tests of stone-concrete and cinder-concrete floors reinforced with corrugated bars.* *Eng. News* 55 S. 115.

CAIRNS, resistance of cement and concrete conscruction to fire. (Report to the Committee on Fireproofing and Insurance.) (A) *Eng. News* 55 S. 117/9.

COUCHOT, reinforced concrete and fireproof construction in the San Francisco disaster. *Eng. News* 55 S. 622/3.

Reinforced concrete in San Francisco fire. (Letter from WIELAND, the reinforced concrete in the JOHNSON building was so defective in design that its failure should not be charged at all to

reinforced concrete construction generally.) * *Eng. News* 56 S. 474/6.

LEONARD, effect of the California earthquake on reinforced concrete. (No instance of failure on the part of reinforced concrete.)* *Eng. Rec.* 53 S. 643/4.

OSBORN, concrete construction in the San Francisco disaster. (Peeleton steel structure covered with concrete and provided with reinforced mono-lithic concrete floors and foundations.) *Cem. Eng. News* 18 S. 121.

Fireproof qualities of reinforced concrete. (Fire test in San Francisco; bell tower of the Mills seminary; Stanford University; tests made by the Bureau of Buildings of New York City of a rein-forced concrete floor; test of four hours to de-termine the effect of a continuous fire below a floor at an average temperature of 1700 degrees; fire which burnt out the mill of the Pacific Coast Borax Co. at Bayonne, N. J.: monolithic con-crete structure remained in perfect condition.) *Cem. Eng. News* 18 S. 116/7.

The effect of fire on ferro-concrete construction.[a] *Engng.* 81 S. 40.

Eisenbeton bei Erdbeben. (Panorama bei San Fran-zisko; Zertrümmerung der nicht mit Eisenein-lagen versehenen Teile.) * *Zem. u. Bet.* 5 S. 380/1.

DAY, effect of the San Francisco earthquake on a reinforced concrete floor slab. (With interme-diate reinforced concrete beam extending bet-ween box girders.)* *Eng. News* 55 S. 694.

AMWEG, effect of the San Francisco earthquake on a reinforced concrete floor slab. (Correction to article page 694; bad designing and inferior ex-ecution are causes of brick construction failure.) *Eng. News* 56 S. 76.

Supplementary report on the San Francisco build-ings by DERLETH. (Recommendation of rein-forced concrete.) *Eng. News* 55 S. 525/6.

HART, effect of the San Francisco earthquake on a reinforced concrete building. (KAHN system.) *Eng. News* 55 S. 520.

SHELLEY, effect of California earthquake on con-crete block and reinforced concrete. * *Eng. News* 55 S. 609.

HIMMELWRIGHT, durability of concrete floors. (San Francisco earthquake and fire. Concrete floors, with reference to their fire-resisting qualities, three general classes: segmental arches; short span flat slabs, and reinforced concrete construction.) *Cem. Eng. News* 17 S. 303/4.

Sui danni prodotti ai fabbricati dall' eruzione ve-suviana. (Costruzioni di ferro con voltine di calcestruzzo, trave da solaio, calcolo; trave da tetto.)* *Riv. art.* 1906, 3 S. 433/42.

HAWKESWORTH, suggested plans for reinforced concrete-resisting fireproof building construction. *Eng. News* 55 S. 584.

GALLOWAY, possible uses for reinforced concrete in earthquake proof, fire resisting building con-struction. (Letter to HAWKESWORTH' article pag. 584.) *Eng. News* 55 S. 700.

Concrete building blocks. (Uninjured by earth-quake; Alameda County two story paper box factory; church on Waller Street, San Fran-cisco.) *Cem. Eng. News* 18 S. 119.

GESTER, reinforced concrete in the earthquake. (Small damage on the reinforced concrete and litholite stone residence of the author.) * *Cem. Eng. News* 18 S. 120.

JOPKE, Beitrag zur Vereinfachung der Berechnung von Eisenbetonkonstruktionen. (Nach den in den

preußischen Vorschriften gegebenen Formeln.)* *Bet. u. Eisen* 5 S. 178/9.

V. EMPERGER, rationelle Bestimmung der Abmes-sungen von Balken. (Auf Grund der preuß. Bestimmungen vom 16. April 1904 in einem Bei-spiele dargelegt.)[b] *Bet. u. Eisen* 5 S. 48/9.

RAMISCH, Berechnung von Rippenbalken von T-förmigen Querschnitten aus Eisenbeton. (Mit Rücksicht auf das Eigengewicht auf Grund der ministeriellen Bestimmungen vom 16. April 1904.)' *Baugew. Z.* 38 S. 483/5.

V. EMPERGER, Wettbewerb des Eisenbetons mit dem reinen Eisenbau. (Beton und Eisen; eiserne Säulen; Bauvorschriften; zulässige Lasten bei Eisensäulen.) *Bet. u. Eisen* 5 S. 33/5 F.

WEISKE, statische Berechnung exzentrisch ge-drückter Eisenbetonquerschnitte auf Grundlage der preußischen Bestimmungen vom 16. April 1904.* *Bet. u. Bet.* 5 S. 22/8.

WINTER, F., Zahlenbeispiele mit RAMISCH-GOEL-DELtafeln berechnet und nach den minister'ellen Bestimmungen vom 16. April 1904 nachgeprüft. *Zem. u. Bet.* 5 S. 230/3.

RAMISCH, Beitrag zur Berechnung von Eisenbeton. (Konstanten der RAMISCH-GOELDELschen Zah-lentafeln.) *Zem. u. Bet.* 5 S. 381/2.

RAMISCH, neue Untersuchung von armierten Beton-platten. (Betonplatte, welche mit 2 Ansätzen nach unten versehen ist, zwischen denen sich eine Eiseneinlage befindet; als theoretische Grund-lage der Bestimmungen des preußischen Ministers der öffentlichen Arbeiten für die Ausführung von Konstruktionen aus Eisenbeton für Hochbauten dienende Formeln.)* *Verh. V. Gew. Abh.* 1906 S. 338/50.

PROBST, Bedeutung der Schubspannungen in Platten-balken aus Eisenbeton. (Zu den auf Grund der preußischen Bestimmungen berechneten Tabellen von KAUFMANN Jg. 25 S. 216.)* *Zbl. Bauv.* 26 S. 59/60.

KAUFMANN, Schubspannungen in Plattenbalken aus bewehrtem Beton. (Zu PROBSTs Beurteilung [S. 59/60] der amtlichen Bestimmungen über die Ausführung von Eisenbetonkonstruktionen und von KAUFMANNs Tabellen; Entgegnung von PROBST.) *Zbl. Bauv.* 26 S. 256.

STÖLCKER, zur Berechnung der Plattenbalken aus Eisenbeton. (Zu PROBSTs Aufsatz S. 59/60 über die Bedeutung der Schubspannungen in Platten-balken aus Eisenbeton.)* *Zbl. Bauv.* 26 S. 105/6.

KAUFMANN, zur Berechnung der Plattenbalken aus Eisenbeton. (Entgegnung zu den Arbeiten von PROBST und STÖLCKER in ZBl. Bauv. 1906 Nr. 8 u. 16.)* *Bet. u. Eisen* 5 S. 207/8.

LORENZ, Vorschläge zu einem (inbezug auf die preußischen Bestimmungen) vereinfachten Be-rechnungsverfahren für Platten und Plattenbalken aus Eisenbeton.* *ZBl. Bauv.* 26 S. 106/8.

WEISKE, Dimensionierung von Plattenbalken auf Grundlage der preußischen Normen. * *Bet. u. Eisen* 5 S. 46/7.

SALIGER, der Eisenbeton in Theorie und Kon-struktion. (Zum Aufsatz von WEISKE S. 46/7.) *Bet. u. Eisen* 5 S. 99.

MAYER, JOSEPH, structural design of towers for electric power-transmission lines. (Friction clamp for fastening power transmission line wires to insulators; reinforced-concrete pole with spread base.)* *Eng. News* 55 S. 2/6.

HABERKALT, Vorschriften für die Ausführung von Tragwerken in Betoneisen. (Vorläufige Bestim-mungen vom 21. Februar 1906 für das Entwerfen und die Ausführung von Ingenieurbauten in Eisenbeton im Bezirke der Eisenbahndirektion Berlin; Besprechung der Aenderungen gegen-

über dem Erlasse vom 16. April 1904.)* *Wschr. Baud.* 12 S. 573/9.

I. ABES, vorläufige Bestimmungen für das Entwerfen und die Ausführung von Ingenieurbauten in Eisenbeton im Bezirke der Eisenbahndirektion Berlin. *Zbl. Bauv.* 26 S. 331/3.

BERDROW, Anwendung des Eisenbetons bei Eisenbahnbauten. (Vgl. die Arbeit von LABES S. 331/3.) (A) *Z. Eisenb. Verw.* 46 S. 949/50.

LABES, wie kann die Anwendung des Eisenbetons in der Eisenbahnverwaltung wesentlich gefördert werden? (Verfasser empfiehlt Dauerversuche, bei denen Balken mit Rissen wiederholt jahrelang be- und entlastet werden, während zeitweilig der Nässe und den Rauchgasen der Zutritt zu den Rissen freigegeben wird; Versuche von RUDELOFF und KLEINLOGEL; Vorschlag von vorläufigen Bestimmungen; Mitteilung von KARL SEIDL über die Unterscheidung von wirklichen Rissen und sogenannten Härte- oder Lußtrissen; Probebelastungen; zulässige Zugspannungen, Gewölbe, Platten und Plattenbalken.) * *Zbl. Bauv.* 26 S. 327/31.

HAIMOVICI, zur Frage: Wie kann die Anwendung des Eisenbetons in der Eisenbahnverwaltung wesentlich gefördert werden? (Entstehung und Ursachen der Risse; Formeln des preußischen Ministerialerlasses vom 16. April 1904.) *Bet. u. Eisen* 5 S. 313/5.

Provisorische Vorschriften über Bauten in armiertem Beton auf den schweiz. Eisenbahnen. *Schw. Bauz.* 48 S. 218/20.

Instructions relatives à l'emploi du béton armé. (Circulaire ministérielle. Rapport de la commission nommée par le conseil général des ponts et chaussées dans sa séance du 15 mars 1906.) (A)* *Ann. ponts et ch.* 1906, 4 S. 271/97; *Bet. u. Eisen* 5 S. 294.

MILLER, RUDOLPH P., proper legal requirements for the use of cement constructions. (New York regulations.) (V) *Eng. Rec.* 53 S. 538/41; *Cem. Eng. News* 18 S. 29/33; *Eng. News* 55 S. 96/8; *Bet. u. Eisen* 5 S. 77.

Reinforced concrete in the new San Francisco building law. *Eng. News* 56 S. 96/7.

Instructions to inspectors on reinforced concrete arch construction. *Eng. News* 56 S. 237.

Proposed standard specifications for the manufacture of hollow concrete blocks. *Eng. News* 55 S. 153.

2. Praktische Ausführungen. Constructions.

LUFT, neuere Ausführungen von Beton- und Eisenbetonbauten; KUX, dasselbe. (V) * *Tonind.* 30 S. 1619/30.

ELMAR, was ist Beton? *Asphalt- u. Teerind.-Z.* 6 S. 316/8.

Einfluß von Ton auf die Festigkeit von Beton. *Tonind.* 30 S. 1528/9.

MC CULLOUGH, retempered mortar in concrete work. (Retempered mortar with a slight amount of lime to patch and repair old concrete.) *Eng. News* 55 S. 30/1.

THOMPSON, SANFORD E., concrete aggregates. (V. m. B.) *Eng. News* 55 S. 63.

Beton aus SIEMENS-MARTINschlacke. (Anwendung durch die Firma SIEMENS in der Nähe Londons. Ersatz des Sandes durch den beim Brechen der Schlacke entstehenden Gries.) *Bayr. Gew. Bl.* 1906 S. 99/100; *Z. Dampfk.* 29 S. 11.

ELMAR, der Sandzuschlag des Zementbetons. *Asphalt,- u. Teerind.-Z.* 6 S. 331/2 F.

THOMPSON SANFORD E., proportioning concrete. (Determination of voids in the stone; mixing sand and stone; trial mixtures of dry materials;

mixing the aggregate and cement; making volumetric tests.) (V. m. B.) *J. Ass. Eng. Soc.* 36 S. 185/97; *Sc. Am. Suppl.* 62 S. 25710/1.

ROBINSON, mixing concrete. *Eng. min.* 81 S. 130.

PAULY, Vorrichtung zum Herstellen von Wänden aus Stampfbeton.* *Zem. u. Bet.* 5 S. 157/8.

BURCHARTZ, influence of tamping on the strength of concrete. (Methods of tamping; tamping tools; weight of volume and compressive strength.) * *Eng. Rec.* 54 S. 332.

MARTENS, Einstampfvorrichtung für Betonwürfel.* *Baumatk.* 11 S. 98.

Vorrichtung zum Aufhängen von Deckenstampfformen an eiserne Träger. (An Stelle der umgebogenen Bolzen treten gewöhnliche Schraubenbolzen, welche, von der Unterseite her durch die Formhölzer hindurchgehend, mit dem Gewinde in einen auf dem unteren Flansch der I-Eisen liegenden Schuh eingeschraubt werden.)* *Zem. u. Bet.* 5 S. 13.

BIRK, Eignung des Königshofer Schlackenzements für Betoneisenbauten. (Bekämpfung der Anschauung, daß der im genannten Zement enthaltene Schwefelgehalt [weniger als 1. v. H.] auf die Eiseneinlage schädlich einwirke.) (N) *Bet. u Eisen* 3 S. 213/4.

Betonmischmaschinen. M *Bayr. Gew. Bl.* 1906 S. 468/70; *Asphalt- u. Teerind.-Z.* 6 S. 523.

ENG. AND CONTRACTING CO. in Chicago, Betonmischer für Straßenbau. * *Zem. u. Bet.* 5 S. 329/30.

JÖDECKE, Mischmaschine zur Herstellung von Betonmasse. (V. m. B.) (A) *Baumatk.* 11 S. 165/6.

ALBRECHT, die RANSOME-Betonmischmaschine. * *Beton u. Eisen* 5 S. 158/9.

Machine dressed concrete. (Concrete made up with fine sand and sawed into pieces. By simply mixing up to 10 per cent of finely powdered clay with the cement and uniformly compounding it with the cement before it is mixed with the aggregates, will enable the concrete to receive a high polish.) *Cem. Eng. News.* 17 S. 270.

FARGO, some examples of concrete mixing and delivery plant. (Plant on Muskegon River at Big Rapids, Mich.; concreting on Montreal dock work.) (V) (A) *Eng. News.* 55 S. 605/6.

Device for making straight moulding. * *Cem. Eng. News* 17 S. 268.

Forms for moulding concrete columns. * *Cem. Eng. News* 17 S. 238.

Forms for O. G. moulding. (Device for making pattern pieces, consisting of a base or moulding board with a flange on one side, which carries the sliding form in the shape of an exaggerated letter I.) *Cem. Eng. News* 17 S. 268.

GASPARY & CO., angebliche Nachteile des Betonsteins. (Größere Isolierfähigkeit des im Mischungsverhältnis 1 : 8 hergestellten Steins gegen Wärme und Feuchtigkeit im Vergleich mit dem gebrannten Stein.) *Baumatk.* 11 S. 179/80.

HARTER, ornamental products. (Casting cement stone in sand; rubber or plastic moulds.) *Cem. Eng. News* 18 S. 199.

Forms for ornamental concrete. (German methods of producing ornamental stone; gelatine or glue mould process.)* *Cem. Eng. News* 18 S. 4.

Forms for casting concrete.* *Cem. Eng. News* 17 S. 269.

Separately moulded concrete trim and frames for partitions, doors and windows.* *Eng. News* 55 S. 603.

FARGO, methods of handling concrete. (Cableway; steel cars; turntables; switches and trestle legs.) (A) *Eng. Rec.* 54 S. 589.

Verwendung des Betons zu Bauzwecken. (Erforschung der elastischen Eigenschaften des Stampfbetons. Feststellung der Abbindezeit, Raumbeständigkeit und Erhärtungsfähigkeit. Versuche über das Verhalten des Betons im Seewasser.) *Töpfer-Z.* 37 S. 26/8.

BAUER, cement plaster residence of Petermann at Düsseldorf, Germany. *Cem. Eng. News* 17 S. 296.

Concrete buildings in the U. St. * *Eng.* 101 S. 138/40.

BEERY, how to construct Portland cement sidewalks. (Cement; clean, sharp sand and clean gravel; broken stone or granite; water; forms; foundations; stamping, trowelling colored work, use of salt water in freezing weather; cement sidewalk tile; winter indoor work.) *Cem. Eng. News* 18 S. 91.

Concrete seats at Revere Beach. (For the slope in front of the terraces and bathhouse.) *Eng. Rec.* 58 S. 599.

HÜSER, Bau eines Kanaltunnels in Stampfbeton unter dem Güterbahnhof Köln-Nippes. (HÜSER & CIE.s Verfahren für den Tunnelvortrieb von Betonkanälen.) (V) * *Tonind.* 30 S. 1643/7; *D. Baus.* 40, *Mitt.*, *Zem-*, *Bet.- u. Eisenbet.bau* S. 33/4.

DEUTSCH, Uferbefestigung unter Wasser. (Anläßlich der Unterfangung der über den Hüninger Kanal führenden St. Ludwiger Brücke; Ausfüllung des hinter der Holztafel über der Kanalsohlenhöhe liegenden Hohlraums mit Schüttbeton.)* *Zem. u. Bet.* 5 S. 284/5.

Excavation for dry dock No. 4, Brooklyn Navy Yard. (Entirely of concrete construction on a pile foundation, inside dimensions 542 × 130ʲ by 40ʲ deep the length will be increased about 125ʲ by an extension beyond the caisson.)* *Eng. Rec.* 53 S. 276/9.

TWELVETREES, concrete work and plant at Dover Harbour. (Both of the piers and the breakwater are monolithic structures built entirely of concrete blocks, those in the Admiralty Pier Extension weighing 40 tonnes each and in the East Pier and Island Breatwater 30 tonnes each. The blocks are keyed together, and above high water level the joints are cemented and the blocks are faced with granite. Timber moulds for block-making concrete mixers of the MESSENT type; blocks moved by a 40-ton Goliath travelling crane; HONE grabs for excavation.)* *Bet. u. Eisen* 5 S. 7/8 F.

Run-of-crusher stone used for concrete on the Roosevelt dam. (Dam will be built of sandstone and a limestone or a dolomite limestone is used for the sand; concrete of 1 part cement, in 2 parts screenings and 5 parts broken stone.) *Eng. Rec.* 54 S. 408.

Pedlar River concrete-block dam, Lynchburg Water-Works. (500ʲ long, height of 73¹/₂ʲ. To avoid a partial vacuum under the falling water provision has been made to vent the surface by a horizontal vitrified pipe line running through the concrete close to the face of each step; spillway steps made of rock-face stones projecting into the concrete.)* *Eng. Rec.* 53 S. 584/6.

Große Beton-Futtermauer. (Begrenzungsmauer eines zukünftigen Parkes, 2 km Länge, bei einer Höhe von 6,40 m; ruht auf drei am Seeufer eingerammten Pfahlreihen, die mit ihren Köpfen etwa 25 cm in den Beton des Grundmauerwerks hineinragen.)* *Zem. u. Bet.* 5 S. 361/4.

KUX, Stützmauern aus Beton auf der Linie Hirschberg-Lähn. (Größte Höhe 14 m; Ausführung durch GEBR. HUBER.) * *Bet. u. Eisen* 5 S. 84.

Stützmauern aus Stampfbeton. (Zum Abschluß

eines um 6 m tiefer gelegten Geländes von 17,5 ha beim Hauptbahnhofe der New York Central Rr. New-York. Stampfform; Einzelheiten einer Ecke; Förderturm für die Betonmasse.) * *Zem. u. Bet.* 5 S. 132/4.

AYLETT, concrete covering for timber piles in teredo-infested waters. (Two-piece concrete pipe armouring.)* *Eng. News* 55 S. 21/2.

Zementfuß, Patent KASTLER. (Für Leitungsmasten.)* *Schw. Elektrot. Z.* 3 S. 235/6.

ALBRECHT, der Betonhohlstein, ein neues Baumaterial. (Betonblöcke in Sandformguß, Verwaltungsgebäude der Buffington-Zementfabrik; LOWRYS Betonbaublockform von 1868; PALMERS Hohlblockmaschine, Maschine für Kaminsteine und Betonblockform für Abdeck- und Simssteine; Landhaus, Mausoleum, Wartehalle; TURDY & HENDERSONS Mischung von Zement mit sehr feinem Sande oder Steinmehl unter Zusatz von trocken gelöschtem Kalk oder Asphalt; Betonbaublöcke der CENTURY CEMENT MACHINE CO.; MATHER & BOWENs Betonblöcke; TURDY & HENDERSON-Block; Hohlblock der MANDT-ZEMENTBLOCK CO.; Gußform PETTYJOHN für Gesimssteine; Maschine der AUTOMATIC BLOCK MACHINE CO.; Herstellung einer Decke; doppeltwirkender Luftkompressor; Einbau der Betonblöcke; Einzelheiten der Aufhängung der Balken.)* *Bet. u. Eisen* 5 S. 109/12 F.; *Zem. u. Bet.* 5 S. 49/55 F.

WEBER, KARL, Vorschläge zur Einführung der Betonhohlsteine in Deutschland.* *Bet. u. Eisen* 5 S. 225/7.

KUNSTMAN, suggestions on the use of hollow concrete building blocks.☒ *Zem. Eng. News* 17 S. 232/3.

BRADLEY, concrete block architecture. (Composition of the concrete.) * *Cem. Eng. News* 18 S. 191.

NEWBERRY, concrete building blocks. *Sc. Am. Suppl.* 61 S. 25126/8 F.

AMERICAN HYDRAULIC STONE CO., neue Form von Betonhohlblöcken. (Geteilte Blöcke, die miteinander im Längsverband vermauert werden; senkrechte Hohlräume in den Mauern, die mit dem Innenraume des Gebäudes bezw. mit der Außenluft verbunden sind.) * *Zem. u Bet.* 5 S. 14.

Praktische Steinformen. (Formvorrichtung „Eureka" von TEVONDEREN & POLLAERT.)* *Bet. u. Eisen* 5 S. 207.

Betonbaublöcke zur Tunnelausmauerung. (Keilförmig, 50 cm lang, 20 cm stark, am breiten Ende 22,5, am schmäleren 19 cm breit.)* *Zem. u. Bet.* 5 S. 269.

SCHALL, interlocking building blocks. (One-, two- and three-piece wall construction; veneer interlock with I-beams.) *Cem. Eng. News* 18 S. 28.

Concrete block machines.* *Sc. Am.* 94 S. 390/1.

PALMER, Maschine zur Herstellung hohler Betonsteine. *Uhland's T. R.* 1906, 2 S. 24.

CENTURY CEMENT MACHINE CO., block machine. („HERCULES" cement stone machine built without chains, cogs, bolts or springs.) *Cem. Eng. News* 18 S. 98.

GIBSON, principles of success in concrete block manufacture. * *Sc. Am. Suppl.* 61 S. 25209/10.

MEADE, selection of Portland cement to be used in the manufacture of concrete blocks. (Endurance, strength, colour.) *Cem. Eng. News* 18 S. 5/8; *Sc. Am. Suppl.* 31 S. 25362/3.

PEARSON, STEVENS, GIBSON, NEWBERRY, ANGELL, LONGCOPE, various phases of the concrete block industry. *Eng. News* 55 S. 63/4.

Betonfundierung des Postgebäudes in Cleveland (V. St. A.) (Einzelne 1,78 m breite Pfeiler, die

mit einer 0,76 m dicken, durchlaufenden Betonplatte überdeckt sind; durch die in den Pfeilern
angeordneten Hohlräume wird die Hälfte des
Betons erspart und eine geringere Belastung des
Baugrundes erreicht.) * *Baugew. Z.* 38 S. 637.
MEADE, selection of Portland cement for concrete
blocks. (Properties most requisite in Portland
cement.) *Eng. Rec.* 53 S. 155/8.
Starke Mauern aus Betonbaublöcken. (Maschinen-
haus für Ausnutzung des Wasserfalls im Des
Plaines-Tal; T-förmig; drei Steinformen, eine mit
langem, eine mit kurzem Steg und eine Eck-
form; die Hohlräume bewirken eine schnelle
Durchtrocknung des Mauerwerkes.) * *Zem. u.
Bet.* 5 S. 299/300.
House constructed in 1835 of concrete blocks.
(Built by WARD at Port Chester, New-York.) *
Eng. News 56 S. 264; *Zem. u. Bet.* 5 S. 328/9.
Mill built of cement blocks. (Flour storage and
power plant building one story high and a
lean-to, covering the wagon drive and grain
dump.) * *Am. Miller* 34 S. 33.
Mill of E. T. & H. K. Ide. St. Johnsbury, Vt. built
of concrete blocks.* *Am. Miller* 34 S. 124/5.
WOODWARD, use of cement and concrete for farm
purposes. (V) (A) *Eng. News* 55 S. 64.
MUGGIA, a concrete water tower in Italy. (For
the St. Salvi insane asylum near Florence. Tank
of the INTZE type.) *Eng. Rec.* 53 S. 371.
Talsperre aus Stampfbeton. (Aufstau der Gewässer
des Sand- und Palmietflusses.) * *Zem. u. Bet.*
5 S. 233/5.
Concrete cider reservoir. (Plastering a well with
cement mortar, the bottom being first filled
in above the water line with sand and gravel
upon this filling concrete finished with Portland
cement mortar.) *Cem. Eng. News* 17 S. 301.
CAMPBELL, concrete tile culverts in Ontario. *
Eng. News 17 S. 287/8; *Eng. Rec.* 54 S. 403/4.
RUOFF, high grade cement products. (Jointless
plastic floorings; ashes compound flooring for
factories; fire and damp proof cork ceiling con-
struktion.) * *Cem. Eng. News* 17 S. 266.
Betonkarren. (Ganz aus Eisen; halbzylindrisch;
Drehachse im Schwerpunkte des beladenen
Karrens.) * *Zem. u. Bet.* 5 S. 13/4.
WHORLEY, drop-bottom car for concrete work.
(Nashville, Chattanooga & St. Louis Ry.) * *Cem.
Eng. News* 18 S. 170/1.
Arboreal dentistry, a new use for cement. (Re-
medy consisting in filling the hollow, rotting
space of the trunk with ordinary plain concrete.)
Cem. Eng. News 18 S. 90.
WAYSS & FREYTAG A.G., der Eisenbahnbeton-
bau und seine Anwendung. (V) *Rig. Ind. Z.* 32
S. 121/6 F.
TURNER, practical notes on concrete building con-
struction. (Composition of cement brick and
concrete blocks; reliability of reinforced con-
crete as compared with steel or timber. (V)
(A) *Eng. News* 55 S. 121/2.
HENRICH, Eisenbetonbau und Beton auf der Bayerischen Jubiläums-Landesausstellung in Nürnberg 1906. * *Bet. u. Eisen* 5 S. 234/5 F.
VAIS, Beton und Eisenbeton auf der Nürnberger
Ausstellung 1906. (Eisenbeton-Bogenbrücke am
Dutzendteich in Nürnberg von MESZ & NEES;
Eiseneinlagen der Bogenrippen aus 6 Stäben von
je 22 mm Drchm., davon 2 im Obergurt und 4
im Untergurt; DYCKERHOFF & WIDMANN: Pavillon
mit Turmaufbau; Hallenbau, bestehend aus
Eisenbeton-Bindern, die sich als einfach statisch
unbestimmte bis zum Gelände herabgezogene
Bögen mit Fußgelenken darstellen; freie Stützweite 18 m, die Lichthöhe über Gelände 7,5 m,

Scheitelhöhe der Binder 0,75 m. Ausstellungs-
pavillon der Firma WAYSZ & FREITAG, Kunst-
steinfassade des Pumpenhauses von SCHWENK.) *
D. Baus. 40, *Mitt. Zem., Bet.- u. Eisenbet.bau*
S. 69'70 F; *Zem. u. Bet.* 5 S. 225/9 F; 307/11.
AMIRAS, le béton armé à l'exposition universelle
de Liège. (Tour de l'internationale Bohrgesell-
schaft; passerelle sur la dérivation de l'Ourthe
et reliant l'Exposition au parc de la Boverie:
la superstructure est en béton armé système
HENNEBIQUE et les fondations ont été établies
par compression mécanique du sol; différentes
applications du système employé par LANG
& FILS. Le système consiste en une dalle-
hourdis garnie de nervures armées de barres
rondes aussi bien en compression qu'en extension
et d'étriers en fer rond; matériaux armés et non
armés.) * *Bet. u. Eisen* 5 S. 123/5 F.
SUENSON, zur Geschichte des Eisenbetons in Dänemark. (Ausführungen der AKTIENGESELLSCHAFT
FÜR BETON- UND MONIERBAU, ferner von SCHÖL-
LER & ROTHE. Verwendung beim Bau der neuen
Eisenbahn von Kopenhagen nach Helsingör;
Durchlässe, Tunneldecken und Perronmauern;
Zugversuche mit Betonprismen von GRUT und
NIELSEN; LÜTKENs Theorie auf Grund des
parabolischen Spannungsgesetzes.) *Bet. u. Eisen*
5 S. 137/8.
EISELEN, Nutzbarmachung der bei dem Zusammen-
bruch von Eisenbeton-Konstruktionen gesam-
melten Erfahrungen für die Allgemeinheit. *D.
Baus.* 40, *Mitt. Zem., Bet.- u. Eisenbet.bau*
S. 71/2.
DOUGLAS, practical hints for concrete constructors.
(a) * *Eng. News* 56 S. 643/50.
PRICE, possibilities of concrete construction from
the stand-point of utility and art. (V) *Cem.
Eng. News* 19 S. 58/9.
Reinforced concrete. (Joint Reinforced Committee's
report upon the use of reinforced concrete in
buildings and other structures.) *Builder* 90
S. 486/7.
BYLANDER, ferro concrete. (Architectural Assoc.
Section.) (V. m. B.) * *Builder* 90 S. 433/5; *Iron
& Coal* 72 S. 1864/6.
Reinforced concrete in building construction. (Dis-
cussion by PERROT, WEBB, HEXAMER, MERRITT,
COWELL; methods of reinforcing; fire test; load
tests; computations; concrete-steel curtain dam.)
J. Frankl. 161 S. 1/41.
NOWAK, der Eisenbetonbau bei den neuen, durch
die k. k. Eisenbahnbaudirektion hergestellten
Bahnlinien der österreichischen Monarchie. (Ge-
wölbte Eisenbetonbauwerke [Brücken] für Straßen;
Untersuchung des Brückenbogens.) *Bet. u. Eisen*
5 S. 301/3.
MACIACHINI, die notwendigen Anforderungen an
armierte Betonkonstruktionen. (Mit einer kriti-
schen Beschreibung des Systems LUND.) * *Uh-
lands T. R.* 1906, 2 S. 35/7 F.
Zementwaren, Beton und Eisenbeton auf der Nürn-
berger Ausstellung. * *Tonind.* 30 S. 1492/7.
JONES, armored concrete.* *Sc. Am. Suppl.* 61
S. 25105/6 F.
Reinforced concrete. (Foundations; piles; chimneys; bridges; dams, intake walls and piers;
sewers.) (a) * *Railw. Eng.* 27 S. 7/9 F.
The reliability of reinforced concrete. *Engng.* 82
S. 700/1.
TWELVETREES, recent examples of concrete-
steel construction. * *Eng. Rev.* 14 S. 261/7.
Unsachgemäße Ausführung von Eisenbeton und ihre
Folgen. (Bei dem Zusammensturz eines Bade-
hauses aus Eisenbeton in Atlantic City, N. J.;
ungenügende Festigkeit und Verbindung der

tragenden Teile; Arbeiten bei Frostwetter.)* *Zem. u. Bet.* 5 S. 269/71.

SHEPPARD, necessity of precautions regarding reinforced concrete. (V) *Cem. Eng. News* 18 S. 169.

Schutz der Betonmasse im Winter durch einen Zusatz von Kochsalz vor dem Gefrieren. (Anwendbar bei reinfarbigen Schauflächen.) *Baumatk.* 11 S. 166.

Reinforced concrete elevated roadway. (At Oklahoma City. Asphalt pavement laid on a 6″ concrete slab reinforced with KAHN bars. The roadway is carried on concrete girders.)* *Railr. G.* 1906, 1 S. 364/5.

KOCH, FERD. W. und WAGNER, G., Pflasterplatten für städtische Straßen. (Aus Beton mit Eiseneinlage und eingebettetem Pflastermaterial, welche durch Eisenbänder zusammengehalten werden.) *Z. Baugew.* 50 S. 87/8.

RITTER, Zementbeton für Asphaltstraßen. (Die Mischung des Zementbetons ist von großer Bedeutung für die Haltbarkeit und Dauerhaftigkeit der Asphaltoberfläche.) *Asphalt- u. Teerind.-Z.* 6 S. 414/5.

REINHARDT, Anwendungsform der Eisenbeton-Bauweise als Gleisbettung für Straßenbahnen.* *Z. Transp.* 23 S. 430/3.

JORDAHL system of reinforced beam and floor construction. (Blocks reinforced with two straight bars and one bent one, which forms a loop in the middle; the blocks are firmly secured to the steel beams by driving a short steel bar through the loop.)* *Cem. Eng. News.* 17 S. 297/8.

Universal-Rüster. (In die Mauerfuge eingedrückt oder eingeschlagen; zum Tragen von Trägern und für den Eisenbetonbau.)* *Z. Baugew.* 50 S. 157/8.

STÖCKER & SCHOBERWALTER, Bimssandzementdielen. (In eisernen Formkästen hergestellt, 5 cm stark bei 1 m Länge und 33 cm Breite.)* *Zem. u. Bet.* 5 S. 245.

Poured concrete houses. (KEMPERS process of forming solid or hollow concrete walls in place by the use of two sets of metal plates or forms which are mounted on the walls.)* *Cem. Eng. News* 18 S. 72.

SNYDER & CO. and KEEFE, reconstruction of the Atlantic City „steel pier" in reinforced concrete. (Encasing the old piles and girders in concrete.)* *Eng. News* 56 S. 90/2.

HUNKIN BROTHERS & CO., hollow concrete foundation piers. (U. S. post office at Cleveland. The tops of the piers are covered with a layer concrete on which expanded metal is spread and finally the whole is filled in with concrete to form a horizontal slab.)* *Eng. Rec.* 53 S. 607/8.

Verstärkung bestehender eiserner Säulen. (In St. Louis, wo auf ein sechsstöckiges Gebäude noch vier weitere Stockwerke aufgesetzt werden sollten; Verbreiterung der aus Stampfbeton bestehenden Grundplatten; Verstärkung der gußeisernen Säulen durch je 4 kreuzweise angeordnete und an den eisernen Kerne zugekehrten Seite mit einander verbundene Eisenbetonsäulen.)* *Zem. u. Bet.* 5 S. 198/9.

CHENOWETH, gewalzte Betonmasten. (Gasrohre, am besten Streckmetall und Verstärkungen in Richtung der Röhrenachse.)* *Bet. u. Eisen* 5 S. 241.

WELLER, reinforced concrete poles. (Installed on the Welland Canal electric transmission, only where extra high poles are required.) ⊠ *Cem. Eng. News* 18 S. 97.

SCHÄFER, ein zeitgemäßer Vorschlag. (Umhüllung

der kuppel- oder pyramidenförmigen Eisengerüste der Fernsprech-Vermittlungsämter mit Beton.)* *Zem. u. Bet.* 5 S. 245/7.

Estacade en béton armé à Northfleet. (Du sy. stème HENNEBIQUE.)* *Ann. trav.* 63 S. 422/4.

Poutres creuses en ciment armé. *Cosmos* 55, 1 S. 173.

A method of manufacturing reinforced concrete piles by rolling. (Apparatus, in this there is a travelling platform between which and the roller the pile is formed.) *Eng. News* 56 S. 105.

KOETITZ, reinforced concrete casing for the protection of piles in wharf construction. (Use of casings in conjunction with a reinforced concrete top work for piers or trestle; sinking the casing over the pile to the required depth for the protection of the pile.) (V)* *J. Ass. Eng. Soc.* 36 S. 223/9.

HILGARD, über neuere Fundierungsmethoden mit Betonpfählen. (Systeme RAYMOND, HENNEBIQUE, CORRUGATED PILE CO., DULAC, GOW & PALMER.) (A) *Schw. Baus.* 47 S. 32/7 F.

SCHÜRCH, Eisenbetonpfähle und ihre Anwendung für die Gründungen im neuen Bahnhof in Metz.* *Tonind.* 30 S. 1636/43.

GAYLER, foundations of reinforced concrete arch bridges.* *Eng. News* 55 S. 389/90.

STEMPEL PILE PROTECTING CO., form for applying concrete armoring to timber piles.* *Eng. News* 55 S. 582.

Gerippte Eisenbetonpfähle. (Bei der Ausführung eines Gebäudes in Brooklyn.)* *Baugew. Z.* 38 S. 29.

Corrugated concrete foundation piles for a seven-story-building. (New York City.)* *Eng. Rec.* 54 S. 150.

Eisenbetonbauten in Rotterdam. (Eisenbetonpfähle; Uferbefestigungen; bedeckter Schiffahrtskanal; geschlossene Trogkästen aus Eisenbeton auf 5 vor der alten Kaimauer eingeschlagenen Pfahlreihen.)* *Zem. u. Bet.* 5 S. 311/3.

Pilotis en ciment.* *Bull. d'enc.* 108 S. 380/6.

GILBRETH, concrete piles on the Pacific Coast. (Comparison with timber piles; sudden shocks involve merely the use of timber fender piles.)* *Eng. Rec.* 58 S. 525.

Driving reinforced concrete piles. * *Cem. Eng. News* 18 S. 133.

Betonpfahl-Kranramme. (Bei welcher der Mäkler für den Rammbären am Kopfe des schräg ansteigenden Auslegers des kranartig ausgebildeten Rammgerüstes aufgehängt ist, und unten durch einen wagrechten Ausleger, in seiner senkrechten Lage gehalten wird.)* *Bet. u. Eisen* 5 S. 20/1.

Herstellung von Versenkungskästen aus Beton. (Gehäuse aus Blech, dessen Seiten durch ein Gitter aus Eisenbalken verstärkt sind; Versenkung von Holzformen in das Innere des Kastens und Einhüllung des Betons zwischen dem Stahlpanzer und dessen Formen; Entfernung der Formen nach Erhärten des Betons.) (N) *Baumatk.* 11 S. 208.

CHAUDY, murs de soutènement en maçonnerie avec éperons en béton armé. (Conditions de stabilité et de résistance.)* *Mém. S. ing. civ.* 1906, 1 S. 453/7.

HARPER, reinforced concrete retaining wall. (Network of transverse and longitudinal bars.) (N) *Eng. Rec.* 53 S. 523.

WENDEMUTH, Anwendung von Zementbeton bei den Hafen-Neubauten in Hamburg. (Kaimauern, Kaipfeiler mit darzwischen liegender Steinböschung.) (V) (A) *D. Baus.* 40, *Mitt. Zem., Bet. u. Eisenbet.bau* S. 14/6.

A chambered reinforced concrete retaining wall.

(In Austria. The structure has a waterproof face composed of overlapping sheets of tin, covered with cement mortar.) *Cem. Eng. News* 17 S. 270.

Kaimauern aus Eisenbeton in Rotterdam. (Kaimauer aus Schiekolk besteht aus einer Vorderwand, einer Grundplatte und 4 Stützschotten; desgl. im Eisenbahnhafen mit hohler kastenförmiger Eisenbetonmauer; neuer Typ besteht aus Eisenbetonkästen, die auf festem oder eingebrachtem Sandboden stehen, statt auf Pfählen, wie die beiden vorhergehenden.)* *Wschr. Baud.* 12 S. 381/2.

GRAFF, difficult reinforced concrete retaining wall construction on the Great Northern Ry. (Hill embankment; base, ribs face, are so tied together by the embedded reinforcement as to assure monolithic action.) (a)* *Eng. News* 55 S.483/7; *Zem. u. Bet.* 5 S. 260/6.

Heavy concrete retaining walls, Illinois Central R. (21' high and 6,250' long, on the lake front in Chicago.) *Eng. Rec.* 53 S. 90/1.

Concrete retaining walls at the New York Central terminal. (Moulds with horizontal Virginia pine planks ship-lapped; waling pieces fastened at the corners of the moulds by U-straps) to the longitudinal pieces)* *Eng. Rec.* 53 S. 25 6.

Wie man Beton sparen kann. (Dammaufschüttung für einen 60 m langen Talübergang.)* *Zem. u. Bet.* 5 S. 252/4.

BALBACH, reinforced concrete dam at Dayton, O. (Weir arched over with concrete slabs supported on steel beams.)* *Eng. Rec.* 54 S. 590.

OTIS FIBRE BOARD CO., dry test of a dam. (Concrete steel dam from 15 to 20' high across the Westfield River, Mass. by an ice stress.)* *Eng. Rec.* 58 S. 530.

CHURCH, Ueberfallwehr aus Eisenbeton. (Am. Pat. 263448; besteht aus Grundplatte, die an beiden Enden oder auch an mehreren dazwischen liegenden Stellen kammartig in den Grund des Flußbettes eingreift; durch mittels Eisenbetonbalken verbundene Stützmauern wird die Verbindung der Wehrmauer mit der Grundplatte hergestellt.)* *Zem. u. Bet.* 5 S. 79'80

Schleusenmauern aus Eisenbeton. (Im Merwedekanal bei Utrecht.)* *Wschr. Baud.* 12 S. 623.

Schützenschleuse aus Eisenbeton. (Für die Ontario Power Co. in Niagarafalls; Eiseneinlage aus wagerechten Rundeisenstäben.) *Zem. u. Bet.* 5 S. 17/21.

DE MURALT, Dünenverkleidung mit armiertem Beton. (Schutz gegen Frost durch die nicht zusammenhängenden Platten und durch die Teilung des Bodens in Erdblöcke. Die Armatur der Rahmen greift überall ineinander, so daß die Umrahmung der ganzen Verdeckung eine Monolithen bildet; Streckmetall-Verkleidungen über dem Wasser.)* *Bet. u. Eisen* 5 S. 272/4.

Ferro-concrete sea defences, Zierikzee, Holland.* *Engng.* 82 S. 519.

Prahm zum Heben und Versenken von Betonblöcken.* *Z. V. dt. Ing.* 50 S. 268/9.

BUMANN, Eisenbahntunnel aus Stampfbeton. (In der Nähe des Bahnhofes Grunewald; 50 m lang; lichte Weite von 8,62 m; eingebautes Stampfgerüst; Schutz des Holzwerkes mit Wasserglaslösung gegen Feuersgefahr.)* *Zem. u. Bet.* 5 S. 374/8.

Reinforced-concrete subways on the Chicago, Burlington & Quincy Ry. (386' and 420' long tunnel tubes; reinforcement by vertical bars extending into the concrete of the top and bottom.) *Eng. Rec.* 53 S. 345/7; *Eng. News* 55 S. 160; *Bet. u. Eisen* 5 S. 199/200.

Reinforced concrete tunnel caisson. (Construction

and sinking; man shaft and locks; lagging for arch construction; concreting arch over lower chamber.)* *Eng. Rec.* 54 S. 377/9.

Reinforced concrete and tile floors. (Concrete with cinders; combined reinforced concrete and tile; freedom from noise and annoyance to tenants in any future additions of higher stories.) *Eng. Rec.* 53 S. 62.

Unusual floor system in a car repair shop. (Site of the building is partly on a marsh and partly on a side hill; floor construction was entirely of concrete up to the top of the floor; substructure of concrete piers with out steel reinforcement carried down in sheeted pits to rock.)* *Eng. Rec.* 53 S. 450.

Unusual details of a reinforced-concrete floor. (In a three-story, reinforced concrete warehouse, built by the BAKER MFG. CO. Rods in both floor beams and slab are connected in lines extending from side to side and end to end of the building. These rods are depressed to the bottom of the slab at its center and raised to the top of the slab over the beams.)* *Eng. Rec.* 54 S. 730.

MOHL, concrete beams for floors and roofs. (T section strengthened by having a couple of longitudinal iron rods or tie-bars imbedded, one above the other, in the bottom of the „stem" or vertical web; a series of them are laid alongside one another in close contact.) (A) *Min. Proc. Civ. Eng.* 165 S. 397.

SIEGWARTbalken. (Decken. Herstellung.) (a)* *Uhlands T. R.* 1906, 2 S. 25/8.

WAYSS & FREYTAG, wasserdichte Kelleranlage im Neubau von Ensslin & Laiblin in Reutlingen (Württemberg). (Umgekehrte MONIERgewölbe, welche auf 8 m Spannweite zwischen Eisenbetonträgern gespannt sind.)* *Bet. u. Eisen* 5 S. 161/2.

LESCHINSKY, Herstellung von Eisenbetondecken.* *Techn. Z.* 23 S. 517/8.

ETHERTON, Stampfformen für Eisenbetondecken.* *Zem. u. Bet.* 5 S. 189/90.

WIEDERHOLDT, system of reinforced concrete construction without wooden forms. (Tile blocks H-shaped, the two long sides forming the inner and outer faces of the wall; the web is reduced to hold the sides together while the concrete is being placed and stamped.)* *Eng. News* 56 S. 40.

Bulbeisendecke. (Verfahren von POHLMANN; Kappengewölbe aus porigen Steinen zwischen Bulbeisen für den Erweiterungsbau der Neuen Phot. Ges. in Steglitz.)* *Z. Baugew.* 50 S. 9/12.

Deckeneinsturz in Wiener Vorstadt. (Fehlen des Druckgurts bei den der Beleuchtung hinderlichen Tragbalken.) *Bet. u. Eisen* 5 S. 294.

WARREN, reinforced concrete floors in a Chicago Warehouse. (Steel-cage frame, with brick masonry side walls and reinforced-concrete floors and roof; girders and tie beams imbedded in concrete and having expanded metal wrapped around their lower flanges.)* *Eng. Rec.* 53 S. 606.

Umbrella platforms instead of train sheds at important terminals. (Structure with moderate span roofs of reinforced concrete and with no metal exposed to corrosion.) *Eng. News* 55 S. 127.

Dachplatten aus Eisenbeton. (Gesonderte Herstellung der Dachbedeckung in hölzernen Formen; 2,90 m lange, 1,20 m breite und nicht ganz 9 cm starke Platten; Einlage aus Streckmetall.)* *Zem. u. Bet.* 5 S. 120/2.

WICKES BROS., reinforced concrete shingles for roofing. (Hand moulding machine; reinforcing wires set in place lengthwise, also the railing loops and eyes.)* *Eng. News* 56 S. 235.

Reinforced concrete shingles for roofing. (Hand moulding machine for concrete shingles.* *Gas Light* 85 S. 457.

MABEE, reinforced concrete filter bed walls and roofs, Indianapolis, Ind. (The roof consists of a 3-" concrete slab, supported by concrete beams spaced 6' 9" c. to c., which are carried by steel I-beams encased in concrete; these main girders rest upon 7-" cast-iron columns.)* *Eng. News* 55 S. 456/9.

ALPHA PORTLAND CEMENT CO., concrete roof for a stock house. (98' wide. Reinforced with steel rods and expanded metal.) *Eng. Rec.* 53 S. 528.

Dachvorrichtung aus Eisenbeton. (An einem Wiener Eckhause.)* *Zem. u. Bet.* 5 S. 29/30.

Treppe in Eisenbeton. (In einem Chicagoer Geschäftshause. Die Eiseneinlagen reichen in die Umfassungsmauern des Treppenhauses hinein und sind durch Drähte miteinander verkettet.) *Zem. u. Bet.* 5 S. 12.

Treppenstufenform „Ulmia". (Herstellung aus Eisenbeton.)* *Bet. u. Eisen* 5 S. 264/5.

Concrete steps. (The steps are formed, beginning at the top, by depositing the concrete behind vertical boards so placed as to give the necessary thickness to the risers and projecting high enough to serve as a guide in levelling off the tread. Such steps may be reinforced where is danger of cracking, due to settlement of the ground.) *Cem. Eng. News* 17 S. 250.

Kunststeintreppen. (Belastungsversuch mit einem freitragenden Treppenarm; Tabelle über Gesamtdurchbiegungen und Verdrehungen an den Enden der Stufen; bleibende Durchbiegungen an den Enden der Stufen.) *Bet. u. Eisen* 5 S. 99/101.

GUTTMANN, alte Betonbauten. (2½ m breite Treppe des in den Jahren 1879—1880 erbauten Zentralhotels, in Kappen von 12 cm Stärke und etwa 80 cm Spannweite zwischen eisernen Trägern in Kiesbeton.) *Bet. u. Eisen* 5 S. 58.

Iron protected curb and sidewalks. (Cement and stone street curbing.) *Cem. Eng. News* 17 S. 248/9.

Zementplatten für Berliner Bürgersteige. (Granitoidplatten von JANTZEN aus Portlandzement, Granitgrus und Granitschlick.)* *Zem. u. Bet.* 5 S. 257/60.

SCHAUB, Beton im Eisenbahnbau. (Langschwelle; die lose Bettung ist ersetzt durch eine feste Unterlage aus Eisenbeton, die auf einer Betonschicht aufruht. Die feste Verbindung der Schwellen miteinander und mit der Betonplatte vermitteln Gasröhren.) *Zem. u. Bet.* 5 S. 28/9.

Traverses en ciment armé et traverses mixtes pour voies de chemins de fer. (Traverses GALLOTTI, GASCARD, VOIRIN, CZIGLER ET ROSENBERG, VILLET, CHAPPUIS, ZUBIZARETTA ET CALZADA, SCHOUBOÉ, AFFLECK, MICHEL & DEVAUX, DOYLE & KIMBALL, HIETT.)* *Ann. d. Constr.* 52 Sp. 62/4 F.

Die Betoneisen-Schwellen. (Bauart KIMBALL; die Unterlage der Schiene bleibt ein Holzklotz; der Beton soll hier nur der Eisenschwelle die nötige Schwere und Einbettung geben.) *Bet. u. Eisen* 5 S. 172/3.

TIEMANN, neuere Eisenbahnschwellen aus Eisenbeton. (Ausführungen von VOITEL, von PERSIVAL, von CAMPBELL und BUHRER.)* *Zem. u. Bet.* 5 S. 55/60.

Eisenbetonschwellen. (Eisenbetonschwellen der Chicago, Lake Shore und Ost Eisenbahn; dgl. der Galveston, Houston und Henderson-Eisenbahn; Versuche mit Eisenbetonschwellen auf Tragfähigkeit.) *Baugew. Z.* 38 S. 21/2.

Eisenbahnschwelle. (System SARDA, D. R. G. M. 171889. Streckmetall-Einlage.) *Bet. u. Eisen* 5 S. 34/7.

Die Betoneisen-Schwellen. (Rete Adriatica; Betoneisenschwellentypus nach dem Vorschlage von CAIO; dreieckiger Typus mit abgestumpften Kanten, dem Scheitel nach oben; Schienenbefestigungen aus Schrauben, in hölzerne stöpselartige Einlagen, System COLLET, eingeschraubt, die ihrerseits in die Betonmasse eingelassen waren.)* *Bet. u. Eisen* 5 S. 130/1 F.

Traverse di cemento armato per le ferrovie dello stato. *Giorn. Gen. civ.* 44 S. 582.

SOR, Eisenbetonplatte. (Zu BOSCH' Aufsatz Jg. 4 S. 256/7.) *Bet. u. Eisen* 5 S. 76/7.

SWETZ, Massivplatten und Balkenplatten mit kreuzweiser Eisenarmierung.* *Bet. u. Eisen* 5 S. 286/7.

RAMISCH, Vergleich zwischen Eisenbetonplatten und Betonplatten ohne Einlage. (Geringere Durchbiegung der Eisenbetonplatten.) *Zem. u. Bet.* 5 S. 43/4.

STÖLCKER, Vergleich zwischen Eisenbetonplatten und Betonplatten ohne Einlage. *Zem. u. Bet.* 5 S. 109/11.

LUTEN, comparative advantages of hard and soft steel for reinforcing concrete. *Eng. News* 56 S. 62/4; *Engng.* 82 S. 259.

JOHNSON, steel for reinforcement. (Bars which give a mechanical bond with the concrete.) (V) (A) *Eng. News* 55 S. 63.

Reinforced concrete bar.◙ *Eng.* 101 S. 580.

Béton armé à armature rigide.* *Gén. civ.* 48 S. 212/3.

MUESER, Metalleinlage für Zement- oder dergl. Baukörper. (Mit absatzweise vorgesehenen Abflachungen gleicher Querschnittsfläche mit dem Grundquerschnitt D. R. G. M. 219798.)* *Zbl. Bauw.* 26 S. 269.

INDENTED STEEL BAR CO., indented steel bars for reinforced concrete.* *Railw. Eng.* 27 S. 165/6; *Iron & Coal* 72 S. 2046.

MONOLITH STEEL CO., form of reinforcement for concrete. (Rolling the bars with grooves, and pressing the lips of this groove together to clasp the web member.) *Eng. News* 55 S. 303.

GOLDING, Einlageeisen. (Längsgekerbte Ovaleisen, deren Kerben so tief sind, daß sie die Enden der Drahtbügel und Schlingen aufnehmen können, die dann durch Zusammenpressen der Lippen des Ovaleisens mit diesem fest verbunden werden.) *Zem. u. Bet.* 5 S. 250/1.

GENERAL FIREPROOFING CO YOUNGSTOWN, OHIO, reinforcement bar. (Cold twisted lug bar.)* *Eng. Rec.* 54 Suppl. Nr. 25 S. 47.

Forms of concrete reinforced. (General view of what is known as the JOHNSON bar; twisted bar used in the RANSOME system, section of the THATCHER bar; the KAHN bar; the universal bar; MENSCH corrugated bar.)* *Iron A.* 77 S. 193/7.

Streckmetall. (D.R.P. 84345, 89516, 91182; Streckmetall-Betondecken; Anfertigung von Fußböden; aufgehängte Putzdecken, feuersichere Streckmetall-Wände; Träger und Säulen; Streckmetall-Verkleidung für feuchte Wände)* *Z. Baugew.* 50 S. 4/6 F.

NOOLE, eine neue Bügelform. (Um die Eiseneinlagen in ihrem Abstand von der Unterfläche der Balken festzuhalten.) (Pat.)* *Bet. u. Eisen* 5 S. 13.

GOLDING, Profileisen für Betonkonstruktionen. (Soll den Anschluß von Nebenarmierungsgliedern Bügeln, Diagonalstäben u. dgl. an beliebige Stellen der Hauptzugstange ermöglichen.)* *Bet. u. Eisen* 5 S. 173/4.

Eisenbetonbauweise COIGNET. (Die Eiseneinlagen nehmen hauptsächlich die Zug-, teilweise auch die Druckspannungen auf; die Zugeinlagen sind mit den Druckeinlagen durch Bügel verbunden, die über die Zugeisen der benachbarten Deckenfelder eingehakt sind.) *Zem. u. Bet.* 5 S. 221/2.

Eisenbetonbauweise DEMAY. (Anwendung hochkantgestellter Flacheisen, die für Plattenbalken zu einem oder mehreren Gurten vereinigt sind. *Zem. u. Bet.* 5 S. 251/2.

The KAHN system reinforced concrete.⊞ *Cem. Eng. News* 18 S. 64/5.

HOWARD, notes on reinforced concrete for columns. (Concrete in compression reinforced either by the method of hooping or by the use of longitudinal bars.) *Eng. Rec.* 53 S. 165/6.

Kunststeinbauten mit Hilfe von Hartgipsformen. (Ausführung von Einfahrtsportalen; Aufstellen der Form; Einstampfen der Form; Anbringung der Eiseneinlage.)* *Bet. u. Eisen* 5 S. 49/50.

New building for Philadelphia „Bulletin". (Six stories, a mezzanine floor and a basement, fireproof structure, the skeleton being of steel columns and girders protected by concrete with wire glass.) *Printer* 38 S. 259.

Empore der evangelischen Kirche in Oberhausen. (Eisenbetonarbeiten der Fa. BRANDT, CARL.)⊞ *Bet. u. Eisen* 5 S 162.

KRUEGER, reinforced concrete buildings for Fairbanks-Morse Canadian Mfg. Co. (KAHN system of reinforcement used for the foundry, while the reinforcement of the machine shop, smith shop and power house consists of round steel bars bent to trusses.) *Eng. Rec.* 54 S. 580.

CURTIN-RUGGLES CO , reinforced concrete buildings for a paper mill. (— at Bogota N. Y. for the Traders Paper Board Co. The interior columns have circular cross-sections and, like the exterior ones, are made integral with the roof and floor girders and are connected to them by corbels forming solid-web knee-braces.) *Eng. Rec.* 54 S. 457/9.

MACIACHINI, Bauten nach System LUND. (Vergl. Jg. 4 S. 169/73; Miethäuser von Zuccarino und Fuselli in Genua.) *Bet. u. Eisen.* 5 S. 227/9.

BURNHAM & CO., steel details in the Wanamaker building, New York. (Height of 219 ¹/₂' from street level to top of cornice, thirteen stories and attic above the curb and two stories below the curb, fireproof stell-cage construction having tile floors and partitions and masonry walls supported by wall girders; flat tile roof; columns carried to bed rock by concrete piers.) *Eng. Rec.* 53 S. 795/6.

The WINTON building reinforced concrete construction. (Chicago. Three story and basement. The reinforcement consists of smooth rods of medium steel with an elastic curtain wall of pressed brick; foolings for the columns; moulds and centering.)* *Cem. Eng. News* 17 S. 243/4.

40-story building in New York City. (Building owned by SINGER & CO.; dome roof 550' above the curb, and a balcony in the lantern, 564' above the curb is the highest point in the tower accessible to the public, steel cage; HENNIBIQUE type of reinforced concrete. Tower columns are 12' on centers, and are connected in both directions by lines of 12-in. I-beam girders, doubled or reinforced by channels in those places where they serve as wind braces in addition to carrying floors; built of flat hollow tile arches with cement finish; direct-indirect radiator system heating ventilating by an exhaust system.) *Eng. Rec.* 54 S. 261/3.

Extension of the Metropolitan Life Insurance Build-

ing New York. (Steel cage fireproof construction with concrete; box girders are filled with concrete, their lower flanges protected by the slotted blocks; reinforcing with sheet metal T-bars of the RAPP type.)* *Eng. Rec.* 53 S. 310/2.

Einige Neubauten in Betoneisen, ausgeführt von der Gemeinde Rotterdam.* *Dingl. J.* 321 S. 487/90.

TUBESING, reinforced concrete suburban residence construction. (FERRO CONCRETE CONSTRUCTION CO of Cincinnati; residences WARE and ANDERSON.)* *Eng. News* 55 S. 225/6.

Warenhaus der Fairbanks Co. in Baltimore. (Ueberdeckung des Pfahlrostes durch eine Eisenbetonplatte, in welche eine Lage Streckmetall eingebettet ist; die Säulen des Kellers enthalten innerhalb ihrer vier Kanten Rundeisen, die durch Drahtschlingen gegen Ausknickung gesichert sind; Einlage für sämtliche Träger und Deckenbalken nach der UNITED CONCRETE STEEL FRAME CO. in Philadelphia, ähnlich der Bauweise HENNEBIQUE; Deckenplatte mit Streckmetall.)* *Zem. u. Bet.* 5 S. 99/101.

The Bekins Van and Storage Co., building, San Francisco. (KAHN system of reinforced concrete construction.)* *Cem. Eng. News* 17 S. 298.

MEILE-WAPF, Palace-Hôtel in Luzern. (Blechformen für die Herstellung der Rippen und Holzform für die Unterzüge; Umschnürung der Einlagestangen nach CONSIDÈRE mittels Eisenringe.)* *Zem. u. Bet.* 5 S. 161/73.

Reinforced concrete buildings at Los Angeles, Cal. (8-story Hayward Hotel building built by WHITTLESEY. Roof carried by girders 102' long and spaced 16' c. to c.)* *Eng. News* 55 S. 449.

PRINCE & MC LANAHAN, GREENHOOD, reinforced concrete and tile construction Marlborough Hotel annex, Atlantic City, N. J. (The structural framework of this building, including columns, girders and roofs, is of reinforced concrete, while the walls and floor filling are burnt clay hollow tile; two-story crescent-shaped „solarium"; length from front to rear, excluding solarium, 326'; width at wings 128'; height to top of main dome 164', and height to roof 96'. TRUSSED CONCRETE STEEL CO. tile NATIONAL FIREPROOFING CO.)* *Eng. News* 55 S. 251/5.

Construction of the Hotel Traymore at Atlantic City, N. Y. (Uninterrupted continuation of the hotel business while construction is in progress. Nine stories high; combination of reinforced concrete and hollow tile construction; crossed tiers of KAHN reinforcement bars.) *Eng. Rec.* 54 S. 523/4.

ZÖLLNER, der Eisenbeton-Kuppelaufbau des Armee-Museums in München. (MELLINGERs Entwurf, Kuppelhöhe einschließlich der mit ihrer Spitze noch 9 m hohen Laterne 57 m über dem Erdboden; innere von 8,10 m Halbmesser und äußere Kuppel. Ausführung von Heilmann & Littmann und Wayß & Freytag.)* *D. Baus.* 40, *Mitt. Zem., Bet.- u. Eisenbet.bau* S. 61F.

WELCH, reinforced concrete Bank and Office Building, Los Angeles, Cal. (Reinforced concrete throughout with the exterior finish moulded; the first two stories concrete blocks, each facing block being anchored to the main concrete structure; columns and floor reinforced with twisted bars.)* *Eng. News* 56 S. 16.

Errichtung eines modernen amerikanischen Schulgebäudes. (14klassig, vom Fundament bis zum Dach ganz aus Beton bezw. Eisenbeton.) *Wschr. Baud.* 12 S. 80.

OBMANN, concrete building, Vienna, Austria. („Säug-

lings-Schutz" or infants' shelter in Vienna.)*
Cem. Eng. News 18 S. 96.

Eisenbeton im Landhausbau. (Räume aus je 6 in entsprechenden Formen angefertigten Eisenbetonplatten, je eine für Decke und Fußboden und vier für die Wände.)* *Zem. u. Bet.* 5 S. 4/7.

Anwendung des PRÜSZschen Bausystems für landwirtschaftliche Zwecke. (PRÜSZsche Wände gebildet aus senkrecht und wagerecht in zwei verschiedenen Ebenen straff nebeneinander gespannten Bandeisen von 26 × 1¼ mm Stärke, deren Abstand voneinander 53 cm beträgt. Die so entstandenen quadratischen Felder werden mit porösen Steinen in Zementmörtel ausgemauert, und zwar so, daß das Bandeisen vollständig in Zement eingebettet ist.)* *Baugew. Z.* 38 S. 797/8.

WUCZKOWSKI, das Modelltheater. (HERMANEKs Untersuchung des Einflusses von Temperaturschwankungen auf Betoneisenkonstruktionen.)* *Bet. u. Eisen* 5 S. 25/7.

Lyric theatre, Cleveland, O. (HENNEBIQUE system.)* *Cem. Eng. News* 17 S. 231.

CUOZZO, reconstruction of San Francisco. (Reinforced concrete buildings with wide footings interlaced with steel reinforcement bars.) *Eng. News* 55 S. 501.

TWELVETREES, Güterstation in Newcastle-on-Tyne. (Nach Plänen von MOUCHEL in System HENNEBIQUE.) *Bet. u. Eisen* 5 S. 244.

BALTIMORE FERRO-CONCRETE CO., reinforced concrete work at the new railway terminal station at Atlanta, Ga. (Footings, columns, floors and roofs of reinforced concrete.) (a)* *Eng. News* 55 S. 399/401.

Eisenbeton-Hochbauten der TERMINAL CO. in New York.* *Uhlands T. R.* 1906, 2 S. 74/5.

PENN BRIDGE CO , Wärterhäuschen aus armiertem Beton. (Zu Washington; Bogendach in Eisenbeton.)* *Uhlands T. R.* 1906, 2 S. 5/6.

WELD, concrete-steel columns and connections. (Joint action of concrete and steel in a column in which the steel is a self-sustaining column in itself.) *Eng. Rec.* 53 S. 725.

Einsturz in Haltern. (Bei dem Mashoffschen Neubau, Betondecken nach MONIER; Unzuverlässigkeit des belgischen Naturzements.) *Bet. u. Eisen* 5 S. 293.

Einsturz eines Neubaues in Pforzheim. (Fehlen des den Zug in der Decke aufnehmenden Rundeisens.) *Bet. u. Eisen* 5 S. 293/4.

VON EMPERGER, Wettbewerb des Eisenbetons mit dem reinen Eisenbau. (Einstürze von Hallen aus Eisen; Vorzüge von Dächern aus Eisenbeton.) *Bet. u. Eisen* 5 S. 33/5 F.

Einsturz des Dekorationsmagazins in Bern. (Nichtausführung der vorgesehenen Abrundungen zwischen den Seiten der Wangen der Hauptträger und der Unterfläche der Querbalken (Hourdis); fehlerhafte Anordnung des Gerüstes im Kulissenraum.) *Bet. u. Eis.* 5 S. 292/3; *Engng.* 82 S. 464.

FEGLES, TURNER, the Bixby hotel failure: provision to resist shear in reinforced concrete beams. *Eng. News* 56 S. 662.

HUNTING, reinforced concrete applied to modern shop construction.* *Am. Mach.* 29, 2 S. 400/6; *Engng.* 81 S. 357/9.

BALLINGER & PERROT, Druckereigebäude in Zementeisenkonstruktion.* *Uhlands T. R.* 1906, 2 S. 37/8.

CUMMINGS, Werkstättengebäude in armiertem Beton.* *Uhlands T. R.* 1906, 2 S. 28/9.

JOLIETTE-ARENC, Mühlengebäude aus armiertem Zement. (N) *Bet. u. Eisen* 5 S. 215.

Fabrikbau Hermannshof in Rixdorf. (Baugesell-

schaft für LOLAT-Eisenbeton; Anordnung der Kellerdecken des zickzackförmigen Typenbleches D. R.-P. 151093; zwischen den Außenpfeilern sind bogenförmige Rippen angeordnet; tangential an diese ist die Dachdecke als gerade Decke ausgeführt, wie die Geschoßdecken.)* *ZBl. Bauw.* 26 S. 93/4.

GOODRICH, TUCKER & HIGGINSON, Bush Terminal Co. factory no 2. (Six-story and basement building built entirely of reinforced concrete; wall spaces between the floors and the windows filled with brick spandrel walls supported by reinforced concrete wall girders; apparatus for adjusting reinforcement bars.)* *Eng. Rec.* 53 S. 36/9, 282/4; 54 S. 6co/1.

Reinforced concrete shoe factory in Brooklyn. (Conform to the regulations of the Board of Fire Underwriters columns reinforced with KAHN bars hooped with spiral steel rods and carried on spread footings.)* *Eng. Rec.* 53 S. 78/80.

Kleinere Fabrikanlage aus Eisenbeton. (Baumwollmatratzenfabrik in Charlotte, Nord-Karolina; mit KAHNschen Stäben versehene Säulen tragen in Gemeinschaft mit den Mauerpfeilern der Längswände die Dachsparren aus Eisenbeton.)* *Zem. u. Bet.* 5 S. 182/3.

New soap factory building of Armour & Co. at Chicago. (Six stories and a basement. Reinforced concrete floors and roof, reinforced by BLOME CO.)* *Eng. Rec.* 53 S. 688/90.

FERRO-CONCRETE CONSTRUCTION CO., the reinforced concrete factory for the American Oak Leather Co., Cincinnati. (Derrick for hoisting concrete; column rods above floors.)* *Eng. Rec.* 53 S. 318/21.

PRINCE CONSTRUCTION CO., new system reinforced concrete construction. (Firestory JOHNSON GROCERY CO. office and warehouse; the wire netting is imbedded in the heavy walls of the building and carried across the floors at an angle of about 45 degrees, while other wire strands are laid across the floor space from wall to wall.)* *Cem. Eng. News* 18 S. 178.

Plant of the Fairbanks-Morse Canadian Mfg. Co. (Reinforced concrete work by KREUGER.)* *Bet. u. Eisen* 5 S. 193/4.

DILLON, the Farwell, Ozmun & Kirk Co. warehouse at St. Paul. (Has nine floors, and is 120' high; KAHN system.) *Eng. Rec.* 53 S. 517/8.

Steamship terminal with fireproof warehouses; New Orleans Terminal Ry. (Building of steel frame construction columns supported by concrete pedestals on pile clusters. The sides of the pier can be closed with tarpaulin curtains; first floor of concrete; the upper story has an 8" reinforced-concrete floor and the roof is also of reinforced concrete.)* *Eng. News* 56 S. 542/3.

The Northwestern Ohio Bottle Co.'s factory. (Main building and coal shed of the RANSOME reinforced concrete construction.)* *Eng. Rec.* 53 S. 407/9.

ERWOOD, concrete construction at the Rambler automobile works.* *Am. Mach.* 29, 2 S. 199/201.

KNOWLTON, engineering features of a recently completed boiler shop. (Works of the Robb-Mumford Boiler Co. Steel frame covered by reinforced concrete construction, walls of concrete, reinforced by round steel rods; roof of cinder concrete, reinforced with expanded metal supported by steel trusses; concrete piers for the wall foundations.)* *Eng. Rec.* 54 S. 171/5.

Construction details in a reinforced concrete hardware store at St. Paul, Minn. (Column form;

slab and girder floor form.) * *Eng. News* 56 S. 80.

KOLLOFRATH and WIBLAND, reinforced-concrete warehouses at San Francisco, Cal. (System of AMERICAN WIRE FENCE CO. Steel reinforcement of round rods supplemented by the wire netting of rectangular mesh; rods and wire of high-carbon steel.) * *Eng. News* 56 S. 331.

COAR, concrete power house at Taylors Falls, Wis.* *West. Electr.* 38 S. 327/8.

FAIRBANKS-MORSE CANADIAN MFG. CO. on Bloor St. Toronto, reinforced concrete in a Canadian machine shop plant. (Machine shop 266' long and 100' wide, columns reinforced with six 1-" round bars tied together every 12" with 1/8" wire; roof girders; bottom reinforced with round bars; arranged in rows of three each.) * *Eng. News* 56 S. 643.

FINKENSIEPER and TURNER CONSTRUCTION CO., construction and erection details in a reinforced concrete factory. (Steel frame window construction in concrete walls.) * *Eng. News* 56 S. 34.

PHELPS, a reinforced concrete locomotive coaling station on unusual construction on the Lehigh Valley Rr. (For coaling about one hundred yard engines per day.) *Eng. News* 55 S. 665/6.

Ferro-concrete coal wharf at Rochester.* *Engng.* 81 S. 659/61.

Reinforced concrete wharf, Auckland, N. Z. (Wharf built by the FERRO CONCRETE CO. of Australia.) * *Cem. Eng. News* 17 S. 299.

New hydraulic and cement testing laboratories at the University of Pennsylvania. (Floors of reinforced concrete; electricity for artificial lighting; concrete weir tanks.) * *Eng. Rec.* 54 S. 433/5.

Cadillac and Packard automobile shops of reinforced concrete. (Floors and roof of concrete, joists between which are single rows of hollow terra cotta building tile, in each of these concrete joists is a KAHN trussed bar with shear members.) * *Eng. Rec.* 54 S. 544/6.

Selbstfahrer-Verleih- und Aufbewahrungshalle aus Eisenbeton. (Im Westen New-Yorks; Umfassungswände von Ziegelmauerwerk; Dach, Decke, sowie die tragenden Säulen bestehen aus Eisenbeton; Eiseneinlagen aus geraden zylindrischen Stäben, von welchen vier innere aufwärts abgebogen sind; Bügel zur Aufnahme der Scherkräfte; Fußböden aus Zementbeton.) * *Zem. u. Bet.* 5 S. 44/6.

LUFT, eine Straßenbahn-Wagenhalle in Eisen-Beton in Nürnberg. (DYCKERHOFF & WIDMANNs Eisenbetonbauweise; Stützenentfernung in der Querrichtung 10,4 m, von Außenmitte zu Außenmitte also 10,80 m; Hallenlänge 72,35 m; die Binderentfernung 5,55 m; umschließende Säulen als Eisenbeton; Bindersystem mit Mittelstütze als Pendelstütze ausgebildet.) (V) * *D. Baus.* 40, *Mitt. Zem., Bet.- u.Eisenbet.bau* S. 17 F.; *Cem. Eng. News* 18 S. 217.

ZIPKES, Lagerhaus für Eisenwaren in Eisenbeton. (Decken als auf 4 Seiten aufgelagerte bezw. eingespannte Platten ausgebildet; Bestimmung der Anstrengungen in den Platten.) * *D. Baus.* 40, *Mitt. Zem., Bet.- u. Eisenbet.bau* S. 5/7, 17/20.

HUBER GEBR., Hanfmagazin in Eisenbeton-Konstruktion in Breslau. (Pappdach mit großen Lichtöffnungen, Dachträger mit Einlage aus Rundeisen, aus Rundeisen gebildete Verankerung der Kämpfer-Stützpunkte.)* *D. Baus.* 40, *Mitt. Zem., Bet.- u. Eisenbet.bau* S. 49/51.

Cabine de signaux de la station de Bruxelles Nord. (Dallage en béton armé.) ⊠ *Ann. d. Constr.* 52 Sp. 17/23.

Stallgebäude aus Eisenbeton. (In Brooklyn; als Einlagen dienen RANSOMEstäbe.) * *Zem. u. Bet.* 5 S. 11.

HUNDT, Ersatz des Holzausbaues im Wilhelmschacht II des Königlichen Steinkohlenbergwerks König (Saarrevier) durch Eisenbeton. (Ausführung durch die A. G. FÜR EISENBETONBAUTEN MEES & NEES.) *Bet. u. Eisen* 5 S. 189/93.

NAST, Wetterscheider aus Eisenbeton. (Auf Zeche „Nordstern" Schacht III Horst-Emscher. Wände als Platten aus einem Stück mit Rundeisennetz als Einlage mit darauf befestigtem Streckmetall; auf Zeche „Graf Schwerin" bei Castrop i. W.; Wände mit Streckmetall geputzt.)* *Bet. u. Eisen* 5 S. 217/8.

Schachtabteufen in wasserführendem Gebirge. (In Lens in Nordfrankreich; Einführung von Zementschlämmen durch die Rohrleitungen und die Bohrlöcher.) * *Zem. u. Bet.* 5 S. 293/7.

UREN, concrete stringers for tracks in mine shafts. (Mould, used at the Ahmeek copper mine near Calumet.) * *Eng. News* 55 S. 90.

Montieren von Webstühlen mit JACQUARDmaschinen auf Betonfußboden. (Aeußerungen von verschiedenen Fachleuten.) *Mon. Text. Ind.* 21 S. 262/3.

Holländertröge aus Eisengerippe und Zement. (Vergleich mit Mahlholländern. Eisen, das mit einer Zementschicht ausgekleidet ist, desgl. mit solcher aus Ziegelmauerwerk bezw. Gußeisen.) *Papier-Z.* 31, 2 S. 3108.

Holländertröge nach MONIERscher Bauweise. *Papier-Z.* 31, 2 S. 3237/9.

Aschenbehälter aus Eisenbeton. (Zur Aufnahme von Kesselasche aus Lokomotivfeuerungen; vierkantig prismatisch mit abgeschrägtem Boden; faßt 73000 kg Asche. Verstärkung durch kreuzweise verlegte Stäbe.)* *Zem. u. Bet.* 5 S. 204/5.

Müllkästen aus Eisenbeton. (Gerippe aus Winkeleisen; zwischen den Winkeleisen sind wagerechte Drähte genietet; außerdem sind die Wände mit Drahtgeflecht bespannt. Solches Eisengerüst wird mit Zementmörtel von innen und außen bekleidet.)* *Zem. u. Bet.* 5 S. 141/2.

RANK, künstlerische Durchführung an Wassertürmen und über neuere Beton- und Eisenbetonausführungen. (V) * *Tonind.* 30 S. 1658/62; *Baugew. Z.* 38 S. 1031/3 F.

Wasserbehälter und Fundament in armiertem Beton. (Eiseneinlage aus wag- und senkrechten, bezw. Ringstäben.) ▨ *Uhlands T. R.* 1906, 2 S. 20/1.

Small concrete reservoirs and valve pits. (Reinforced with plain or distorted rods in beam construction.) * *Cem. Eng. News* 17 S. 245/7.

DÜCKER & CIE., Trinkwasser-Becken in Eisenbeton von 250 cbm Inhalt für eine Nervenheilanstalt im Rheinlande. (Ueber Betonsohle hergestellte MONIERsohle; Wände als senkrechte eisenarmierte Betongewölbe ausgebildet mit äußerer und innerer Eiseneinlage.)* *D. Baus.* 40, *Mitt. Zem., Bet.- u. Eisenbet.bau* S. 3/4.

Wasserbehälter aus Eisenbeton. (In Newton-le-Willows, nach HENNEBIQUE.)* *Zem. u. Bet.* 5 S. 247/8.

AMIRAS, château d'eau de „l'Intercommunale du Centre". (Double château d'eau en béton armé. L'ossature se compose de tiges verticales et d'anneaux horizontaux, le tout en fer rond; les anneaux joints ont un espacement constant.) *Bet. u. Eisen* 5 S. 198/9.

GINI, grande serbatoio di cemento armato per l'ospedale militare die Roma. (Ossatura formata da due ordini di sbarre disposte secondo eliche cilindriche con passo variabile e· crescente per

9

ogni metro d' altezza; calcoli di stabilità.)▣ *Riv. art.* 1906, 1 S. 294/309.

VON EMPERGER, Einsturz des Reservoirs in Madrid. (Die Geschichte des Einsturzes; Nichtberücksichtigung der Temperaturverhältnisse; fehlende wagerechte Versteifungen.)* *Bet. u. Eisen* 5 S. 229/31 F.

SNELL, BARBOUR and WASON, a large reinforced concrete stand-pipe. (At Attleboro, Mass.; 100' high and 40' in diameter; waterproofing by the SYLVESTER process.) (V) (A) *Eng. News* 56 S. 319.

A reinforced-concrete reservoir at Bloomington, Ill. (300' in diameter side wall 15' high bottom is a segment of a sphere; reinforced with JOHNSON bars; wall built without expansion joints.)* *Eng. Rec.* 53 S. 285/7; *Z. Transp.* 23 S. 266/7.

Wasserturm aus Eisenbeton zu Bordentown, New-Jersey. (30 m hoher Säulen-Unterbau mit innern Hohlzylindern aus Eisenbeton, der einen 12 m hohen, und 9 m weiten eisernen Wasserbehälter trägt. Jede Säule ist durch 4 innerhalb ihrer Kanten liegende Rundeisenstäbe verstärkt; um die senkrechten Einlagen sind gebogene Stäbe gelegt.) *Zem. u. Bet.* 5 S. 129/31; *Eng. Rec.* 53 S. 39/41; *Railw. Eng.* 27 S. 369/72.

Wasserbehälter aus Eisenbeton. (In Cranleigh in der Grafschaft Surrey; Streckmetalleinlagen.)* *Zem. u. Bet.* 5 S. 291/2; *Eng.* 102 S. 151.

ST. LOUIS EXPANDED METAL CO., reinforced-concrete reservoir at Fort Meade.* *Eng. Rec.* 53 S. 153/4.

Wasserbehälter aus Eisenbeton. (Von St. Louis für 95000 cbm Wasser; Eiseneinlagen aus 22 cm starken gerippten Stäben.)* *Zem. u. Bet.* 5 S. 76/9.

VAIS, Thermalwasserbehälter in Eisenbeton.* *D. Baus.* 40 *Mitt. Zem., Bet.- u. Eisenbet.bau* S. 85/6.

SCHÜRGH, ZÜBLIN, das Volksbad in Colmar i. Els. (Behälter in Eisenbeton mit stark aufgeteilter Eiseneinlage, um Schwindrissen zu begegnen; die Schwimmbecken sind nur an einem Ende unmittelbar auf den gewachsenen Boden gestellt, während der übrige Teil auf Säulen zu stehen kommt, welche unter der Wirkung der Ausdehnung der Beckenwände etwas pendeln können; Hohldecken bezw. Hohlwände.)▣ *Bet. u. Eisen* 5 S. 8/10.

SCHELLENBERGER, Undosa-Wellenbad in Starnberg. (Pfeiler. Ueber die eingeschlagenen Pfähle sind zerlegbare Holzkästen gestülpt und in den Schlamm eingetrieben; Betonboden mit Eiseneinlagen; Einbetonieren der Zwischenwände mit Zuhilfenahme von Blechtrichtern; Verspannungsträger über die Pfeiler und Zwischenwände hinweggeführt, in welche die senkrechte Armierung der Pfeiler wie auch der Zwischenwände eingreift; wellenerzeugende Tauchkörper; zur Verspannung der Pfeiler dienender Brückenträger; Herstellung des Eisenbetonfußbodens für das Schwimmbecken mit Hilfe eines Holzfloßes.)▣ *Bet. u. Eisen* 5 S. 247/9 F.

Reinforced concrete gas-holder tank for the Key City Gas Co., Dubuque, Ja. (Floor construction, mortise and tenon joints to insure watertightness and to give a continuous beam action; scaffold frame for inside wall-forms, and pilaster mould; forms for inner face of wall.)* *Eng. News* 56 S. 134/5.

Concrete gas holder tank. (5 000 000 cb., gas holder of Central Union Gas Co. New-York City; diameter of 189' and depth of 41 1/2'; monolithic

cylindrical exterior concrete wall.)* *Eng. Rec.* 53 S. 262/4.

Getreidespeicher aus Eisenbeton. (Der Quaker Cky-Getreide-Mühlen-Gesellschaft in Philadelphia; Durchmesser der 8 Türme 4,58 m, Höhe 25,93 m; die Türme ruhen auf einer gemeinsamen, mit kreuzweise eingelegten Eisenstäben verstärkten Grundplatte; Verstärkung der Turmwände durch ringförmig gebogene Eiseneinlagen, die durch senkrechte Stäbe verbunden sind.) *Zem. u. Bet.* 5 S. 40/2.

Improvements at Quaker City Flour Mills of Philadelphia. (The storage tanks are built on a foundation of concrete with reinforced floors. The walls of the tanks are of seven inches thickness, strengthened by circular steel bands one foot apart from top to bottom.)* *Am. Miller* 34 S. 203.

MACIACHINI, Silospeicher aus armiertem Beton.ᴱ *Masch. Konstr.* 39 S. 20/1.

Cost notes on a reinforced-concrete silo. (Built at McLean, Ill., by SNOW & PALMER. Forms of T-shaped posts 28' high secured at top and bottom by a system of guy ropes and posts; reinforcement consists of iron hoops taken from an old wooden silo.)* *Eng. Rec.* 54 S. 607.

The WASHBURN-CROSBY CO. new brick elevator at Louisville, Ky. (Brick storage tanks and working house total capacity of 250000 bushels; foundation of concrete with spread footings, reinforced with steel; tank walls are 13' in thickness, made of red Louisville pressed brick. The reinforcing is open hearth steel wire, running horizontally about 16'' apart.)* *Am. Miller* 34 S. 395.

PEERLESS BRICK CO. of New York, reinforced concrete sand bins. (Self-contained structure without bracing. Monolithic mass of concrete; reinforcing with vertical and circumferential RANSOME bars.)* *Eng. Rec.* 53 S. 508/9.

Sandbehälter aus Eisenbeton. (Auf dem Kalksandsteinwerke der PEERLESS BRICK CO. in New-York; Eiseneinlagen aus senkrechten RANSOME-stäben und ringförmigen Bandeisen.)* *Zem. u. Bet.* 5 S. 217/9.

Sandsilos aus Eisenbeton. (Welche die Stadt Washington in Amerika für ihre Trinkwasser-filteranlage errichten ließ; Einlagen aus RANSOME-stäben, Schlingen und Bügel aus glattem Rundeisen.)* *Zem. u. Bet.* 5 S. 188/9.

Costruzione di una torre in calcestruzzo di cemento per il faro di la Coubre. *Giorn. Gen. civ.* 44 S. 681/2.

Cost of concrete superstructure, West Pier, Charlotte Harbor, N.Y. (Substituted for crib-work in 1903.)* *Eng. News* 56 S. 506.

Concrete culverts. (For public highways. Various kinds of reinforced concrete used in the slab covering.)* *Cem. Eng. News* 17 S. 250.

CHAMBERLAIN, concrete pipe culverts. (Continuous monolithic type; forms for moulding; reinforced concrete pipe designed by CARTLIDGE.) (V) (A)* *Eng. News* 56 S. 650/3; *Eng. Rec.* 54 S. 688/9.

GILLETTE, method and cost of constructing cement pipe in place. (Reinforced concrete factory buildings erected by RANSOME; mould made of sheet steel with an inner core 10' long.)* *Eng. Rec.* 53 S. 349/50.

CARTLIDGE, reinforced concrete culvert pipe on the Burlington. (Reinforced with corrugated steel bars.)* *Railv. G.* 1906, 2 S. 309.

V. FORESTIER, canalisation de 3,30 m de diamètre à l'usine hydro-électrique de Ture et Morge. (Calcul des directrices et des génératrices;

l'armature consiste des barres droites mesurant 11,30 m de long cintrées au moyen d'une machine spéciale et soudées. Moulage au moyen d'un mandrin extensible et de deux demi-enveloppes extérieures ou coquilles et d'un têtier en deux pièces l'une intérieure, l'autre extérieure au treillis.)* *Bet. u. Eisen* 5 S. 218/20.

LUTEN, reinforced concrete beam culvert: an inefficient structure. (Advantages of box and arch culverts in reinforced concrete.)* *Eng. News* 55 S. 570/1.

Neue Schalung für Beton und Eisenbetonkanäle.* *Z. Transp.* 23 S. 62.

BURRELL, building a flume of reinforced concrete. (Reinforcement by steel or iron rods on the under side of the floor and in the unsupported wall on the outside.) * *Am. Miller* 34 S. 974/5.

FRODSHAM, reinforced concrete siphon. (Manchester Ship Canals 180' siphon across the bed; two-pipe siphon, reinforced by steel wire netting.) *Eng. Rec.* 54 S. 432.

MERSZ & NEES, Tonnen- und Kreuzgewölbe im Eisenbeton. (Für die Gewölbe-Konstruktion der St. Martinskirche in Ebingen i. Württ.; Halbkreis von 14 m Durchmesser; Stärke 15 cm im Scheitel und 22 cm in der Bruchfuge. Die Eiseneinlage besteht aus 16 kreisrunden, der inneren Leibung folgenden, 10 mm starken Hauptstäben auf 1 m Gewölbelänge.) * *D. Baus.* 40, *Mitt. Zem., Bet.- u. Eisenbet.bau* S. 29/30.

BLAW collapsible steel centering. (For concrete culverts, drains or sewers. Made in short sections, of bent steel plate; built in two parts, which have lap joints fastened with wedges and hasps.) * *Railr. G.* 1906, 1 *Suppl. Gen. News* S. 151.

TEICHMANN, Lehrgerüste und Wölbungen von Betonbrücken.* *Techn. Z.* 23 S. 357/8.

LUTEN, funnel shaped „Horseshoe" concrete arches. (The end of the arch is a warped surface of helicoidal form; reinforcing with National Bridge Co.'s system of a single series of rods passing near the intrados over the crown and near the extrados at the horseshoe and crossing the arch ring at alternate points.) ⊠ *Railr. G.* 1906, 1 S. 402/4.

CARTLIDGE, reinforced concrete trestle on the Burlington.* *Railr. G.* 1905, 1 S. 713/8.

LEIBBRAND, Fortschritte im Bau weitgespannter, flacher, massiver Brücken. (Gelenkbrücken; Verwandlung des Bodens in Beton nach BRAUN durch Einpumpen von Zement mittels 400 mm weiter Röhren in den Kiessand des Untergrundes; Einsturz der Corneliusbrücke infolge fehlerhafter Ausrüstungsvorrichtung; Ausschalung durch Sandköpfe; Betongewölbe; Verhältnis zwischen Spannweite und Scheitelstärke. GRUN & BILFINGERS Wettbewerbsentwurf für die Mannheimer Neckarbrücke mit einer Mittelöffnung von 112 m, 9,1 m Pfeil; Liste von Flachbrücken, gedrückten Brücken, Hochbrücken, älteren massiven weitgesprengten Brücken.)⊠ *Bet. u. Eisen* 5 S. 249/52F.; *Zbl. Bauv.* 26 S. 455/8 F.

ZIPKES, Fachwerkträger aus Eisenbeton. (Fachwerke, bei welchen das aus Profileisen gebildete Eisengerippe mit Beton umhüllt ist; Anordnungen von HYATT, WAYSY & CO.; Pfostenfachwerkbrücke in Freudenstadt; ZÜBLIN, VISINTINI-Träger; Pfostenfachwerkbalken; Gesichtspunkte zugunsten des Fachwerks nach dem Viereckssystem bei Eisenbetonbalken. Bahnhofsüberführung mit 16,9 m lichter Weite in Freudenstadt mit Quer- und Hauptbalken, wobei die

ersteren durch Platten verbunden sind. Berechnung.)⊠ *Bet. u. Eisen* 5 S. 244/7 F.

MACIACHINI, neuere Bauten in armiertem Beton. (Eisenbrücken; drei Brücken nach dem MACIACHINI-WALSER-GERARDschen Verfahren unter Anwendung von umschnürtem Beton; Spannweite von 3 m; Spannweite von 11,57 m).* *Uhlands T. R.* 1906, 2 S. 2/3 F.

v. EMPERGER, Gitterträgerbrücken System VISINTINI. (Gitterträger mit durchweg geneigten Füllungsgliedern und solche mit zwei Gruppen von Streben, d. h. mit senkrechten und geneigten Füllungsgliedern.) ⊠ *Bet. u. Eisen* 5 S. 220/5.

MÖLLER, M., neue Bogenkonstruktion. (16 m Spur, Dreigelenkbogen, wobei die unteren Gelenke in statisch bestimmter Weise in den Widerlagern angeordnet worden sind, die Bewegung der Mittelgelenke jedoch durch eine durchgehende Schließe beschränkt ist.) * *Bet. u. Eisen* 5 S. 263.

Reinforced concrete bridge floor. (Consists of reinforced concrete slabs resting upon steel stringers for pans up to 25'. By the use of suitable centering, however, the concrete can be made in place in monolithic slabs extending the full width of the bridge. Another method is to build concrete arches between the stringers, in which case the tie rods should be placed at the bottom of the stringers to withstand the arch thrust.)* *Cem. Eng. News* 18 S. 33.

KITTREDGE, DUANE, BALDWIN, GANT, recent railway viaducts of reinforced concrete. (Concrete girder construction, concrete arch.)* *Eng. News* 55 S. 610.

YOUNG, an economical concrete abutment. (Arch between the truss-seats is reinforced by scrap rails.)* *Eng. News* 55 S. 296.

Reinforced concrete fish ladder. (The reinforcement consists of expanded metal imbedded on the inner or outer faces of the wall as well as the cross walls in the end walls of the basins.)* *Cem. Eng. News* 18 S. 63.

LABES, die Anwendung des Eisenbetonbaues für Eisenbahnzwecke. (V. m. B.) *Ann. Gew.* 59 S. 201/10.

KUX, einige neuere Ausführungen in Beton und Eisenbeton. (Straßenbrücke mit VISINTINIträgern über die Prosna bei Boguslaw; Stampfbeton-Futtermauer im Zuge der Eisenbahnlinie Hirschberg-Lähn; Beton-Futtermauer an der Bahnlinie Hirschberg-Lähn.)* *D. Baus.* 40, *Mitt. Zem., Bet.- u. Eisenbetbau* S. 53/4.

KRÜGER & LAUERMANN, Kerkerbachbrücke zu Heckholzhausen (Oberlahnkreis). (12 m Spw. Pfeil von 1/15 der Spw., eine Schiefe der Brückenachse zur Widerlagerflucht von 60° bei einer Breite von 4 m; das Gewölbe ist parallel zu den Leibungen und den Stirnflächen mit Rundeisen-Einlagen versehen.)* *D. Baus.* 40, *Mitt. Zem., Bet.- u. Eisenbetbau* S. 10/11.

ZIPKES, Eisenbetonbrücken mit versenkter Fahrbahn. (Die vom Verfasser in der Fa. LUIPOLD U. SCHNEIDER ausgeführten Arbeiten: Plattenbalken; Vollwand- oder Fachwerkträger; Fachwerkbrücken; Vollwandträger mit untenliegender Fahrbahn; Straßen- und Eisenbahnbrücke über den Wildwasserkanal in Heidenheim a. Brenz; Vollwandbrücke mit versenkter Fahrbahn für die Eisenbahn und einer künstlichen, in die Widerlager eingespannten Rippenbalkenbrücke für die Straße; zwischen den Querschwellen eiserne Platten, die auf Korkasphaltplatten ruhen; Längs-, Quer- und Hauptträger mit oberer Armierung, die mit dem Untergurt mittels Rundeisenbügel

verbunden ist; Brücken in Heidenheim; Berechnung der inneren Spannungen für Hauptbalken.)▣ *Bet. u. Eisen* 5 S. 140/4 F.

HEIM, Gewölbegurten für große Lasten. (Ueberwölbung des Düsselbachs mit einem halbkreisförmigen Betongewölbe; drei parabolische Bogen unter den drei deckentragenden Mauern parallel zur Straßenfront und ein gerader Sturz in der dazu normalen Richtung zur Abfangung der Trennungsmauer angeordnet, welche über die drei Bogen läuft.)▣ *Bet. u. Eisen* 5 S. 28/30.

Isarbrücke bei Grünwald. (Zwei Bögen von je 70 m Spw. und 12,8 m Pfeilhöhe; Lehrgerüste mit unmittelbarer Unterstützung durch Pfähle; Ausrüstung mit Sandtöpfen; Einbau der Gelenke; die Gelenke sitzen auf Quadern aus Eisenbeton, von denen sie durch 4 mm starke Bleiplatten getrennt sind; Einstampfen der Bögen.)* *Zem. u. Bet.* 5 S. 35/40.

COLBERG, Illerbrücken bei Kempten im Allgäu. (Nach Plänen von BEUTEL. Eine Mittelöffnung mit Betonbau ohne Eiseneinlage. Spw. 64,5 m, bei etwa 32 m Pfeilhöhe und 3 Bögen von je 21,5 m Spw.; Hauptgewölbe ist ein Dreigelenkbogen mit stählernen Gelenken im Scheitel und an den Kämpfern, spannt sich auf rund 50 m, während der Rest der Spannweite durch die Auskragung der Widerlagspfeiler erreicht wird; Eisenstützgerüst für den hölzernen Lehrbogen, bestehend in einem zweifach statisch unbestimmten Trägersystem, welches unten auf zwei provisorischen Betonpfeilern im Fluß ruhte und beiderseits zur Unterstützung der Kämpfer auskragte; im Scheitel und in den Kämpfern Stahlgelenke.) (V) (A)▣ *D. Baus.* 40 S. 219/22 F.; *Tonind.* 30 S. 1605/10.

Straßenbrücke aus Beton bei Neckargartach. (Stampfgerüst; 5 Bogen von je 40 m Spw. und mit einem Stichverhältnis von $^1/_8—^1/_{10}$; jeder Bogen hat 3 Granitgelenke.)* *Zem. u. Bet.* 5 S. 370/4.

WEIDMANN, Wegeüberführung aus Eisenbeton. (Von 22 m Länge und 5 m Breite. Ueberbrückung eines Einschnittes im Zuge der Zufuhrstraße zum neuen Bredower Friedhof, Stettin; Balkenbrücke mit beiderseitig vorkragenden Enden; Einlagen aus bogenförmigen, zur inneren Leibung konzentrischen Rund- und Bandeisen.)* *Z. Arch.* 52 Sp. 490/4.

RAPPOLD, Wallstraßenbrücke in Ulm a. d. Donau (Württemberg). (Besteht aus einem Dreigelenkbogen von 65,5 m lichter Weite und 57 m Stützweite zwischen den vorgekragten Kämpfergelenken, Pfeilhöhe $^1/_{10}$ der Stützweite; Widerlager und Bogen sind rein in Beton ausgeführt; Gelenke aus SIEMENS-MARTIN-Gußstahl.)* *Bet. u. Eisen* 5 S. 27/8.

NOWAK, der Eisenbetonbau bei den neuen, durch die k. k. Eisenbahnbaudirektion hergestellten Bahnlinien der österreichischen Monarchie. (Viadukt der Reichsstraßenüberführung in der Nähe der Station Sambor mit daranschließender Stützmauer aus Eisenbeton; Berechnung; statische Untersuchung einer Blendmauer in Eisenbeton bei der Rennbahn Montebello; Blendmauer in Eisenbeton auf der Teilstrecke Görz-Triest. Grundbau; Fundamentplatten aus Stampfbeton mit Eiseneinlagen; Eisenbetonpfähle mit einer auf diesen befindlichen Plattenbalkendecke zur Aufnahme des aufgehenden Bruchsteinmauerwerkes.)▣ *Bet. u. Eisen* 5 S. 187/9 F.

Two Austrian reinforced concrete arch bridges. (Ribbed arch bridges at Krosno, Galicia, and at Nowy Sacz, Austria; piers and abutments are solid concrete without reinforcement; each rib is

reinforced by twenty $1''$- round rods connected by $1''$-stirrups; spans of $72—90'$.)* *Eng. News* 55 S. 681.

COSYN, pont-route au-dessus de la gare de Muysen (Belgique). (De 60,06 m de portée; les culées sont exécutées en bétonnage et maçonnerie; les poutres maîtresses à membrure inférieure rectiligne et membrure supérieure parabolique; les entretoises et les contreventements sont métalliques; les massifs d'appui des poutres maîtresses, de dallage de la chaussée et les trottoirs y compris les gardecorps sont en béton armé.)▣ *Ann. d. Constr.* 52 Sp. 129/36.

FORESTIER, les ponts de chemins de fer en ciment armé. (Ponts et viaducs de Gennevilliers (Seine); dispositions de détails; essais.)▣ *Bet. u. Eisen* 5 S. 269/71.

Eisenbetonbrücke in Soissons s. Aisne. (Bauweise HENNEBIQUE, 3 Bögen von 25,25 und 24,48 m Spw.; aus gleichlaufenden, nebeneinander angeordneten Rippenplatten. Die Strom- und Landpfeiler bilden ein Rahmenwerk aus Eisenbeton, ähnlich einem reinen Holz- oder Eisenbau.)* *Zem. u. Bet.* 5 S. 213/6.

CONSIDÈRE, Anwendungen von umschnürtem Beton beim Bau der Schokoladenfabrik MENIER in Noisld sur Marne bei Paris. (Bogenbrücken, um die auf den beiden Ufern der Marne gelegenen Gebäude in der Höhe des 2. Stockes zu vereinigen.) *Bet. u. Eisen* 5 S. 297/8.

COIGNET, reinforced concrete railway viaduct in Paris. (166^l long spans; columns reinforced with round steel rods at each corner; girders with round reinforcing rods in their top and the lower portion.) *Eng. Rec.* 53 S. 370.

GORDON, MOUCHEL, ferro concrete bridge approach and road viaduct at Waterford; Great Southern and Western Ry, Ireland. (Length of $830'$; approach with maximum width of $95'$, minimum width $44'$ overall, HENNEBIQUE system; ferroconcrete piles.)* *Railw. Eng.* 27 S. 314/7.

Reinforced concrete trestlework viaduct for a Spanish mineral railway near Seville. (Total length of 117 m; bents spaced 9 m apart on centers; one loading pier.)* *Eng. News* 55 S. 531; *Zem. u. Bet.* 5 S. 277/8.

DE ZAFRA, pont d'imbarco in cemento armato sul Guadalquivir. (Altezza di m. 15,00 sul livello delle basse maree; luce di m. 9,00 fra gli assi dei costegni.)▣ *Giorn. Gen. civ.* 43 S. 425/9.

Neue Errungenschaften der Amerikaner auf dem Gebiete des Eisenbetonbaues. (Brücke 4 km östlich des Ortes Belvedere im Staate Ill. über den Kishwaukee-Fluß von LOJGAARD und WESTON; trogförmige Hohlblöcke aus Eisenbeton; vier flache Bogen von je 24,70 m Spw.; Pfeilhöhe 3,20 m. Einstampfen der Bögen; trogartige Formen aus Eisenbeton; A-förmige Rahmen zur Aufstellung der Gurtbogenformen; Portalkran zum Verlegen der Formstücke.) *Zem. u. Bet.* 5 S. 337/44; *Railv. G.* 1906, 2 S. 220/4; *Street R.* 28 S. 337/44; *Eng. News* 56 S. 215/8; *D. Baus.* 40, *Mitt. Zem., Bet.- u. Eisenbet.bau* S. 73/4.

Reinforced concrete highway bridges on the Big Four. (Reinforcing by JOHNSON corrugated steel bars.)▣ *Railv. G.* 1906, 1 S. 496/8.

Big-Muddy-River-Brücke nach ihrer Vollendung. (Drei Bogen von je 42,67 m Spw. Ausführung in Form einzelner Stücke aus Stampfbeton, die auf den Lehrgerüsten unter Anwendung von Zementsandmörtel zusammengesetzt wurden.) *Zem. u. Bet.* 5 S. 29.

CONDRON und DAWLEY, reinforced concrete

bridges on the Chicago & Eastern Ill. * *Rail. G.* 1906, 1 S. 388/90.

HACKEDORN, three-hinged concrete arch bridge, Brookside Park, Cleveland, O. (Without longitudinal reinforcement; with steel hinges; semiellipse, whose major axis is 92' and semiminor axis, 9'.) * *Eng. News* 53 S. 507/8; *Zem. u. Bet.* 5 S. 267/8.

Eisenbetonbrücke nach Bauweise KAHN. (Ueber den Charley-Creek; zwei Bögen von je 22,5 m Spw. und 5,50 m Pfeilhöhe.) * *Zem. u. Bet.* 5 S. 249/50.

Eisenbahnbrücke aus Eisenbeton in Danville. (Ueber den Vermilionfluß; mittlerer Bogen von 30,5 m, zwei seitliche Bögen von je 24 m Spw.; gekröpfte JOHNSONstäbe als Eiseneinlage.) * *Zem. u. Bet.* 5 S. 145/51; *Eng. Rec.* 53 S. 238/43; *Railr. G.* 1906, 2 S. 30/1; *Sc. Am. Suppl.* 62 S. 25582.

Third street reinforced concrete bridge, Dayton, Ohio. (MELAN arch system seven spans; 110'-middle span with rise of 9,67' and flanked by spans of 100', 90', 80'.) * *Eng. Rec.* 53 S. 386/8.

Concrete arch bridge on the Queensland State Rys., Degilbo, Queensland. (1·3·6 mixture concrete; main arch span of 80'.) * *Eng. News.* 56 S. 57; *Zem. u. Bet.* 5 S. 313/4; *Uhlands T. R.* 1906, 2 S. 93/4.

CARVER, concrete viaducts on the Key West extension of the Florida East Coast Ry. (500 reinforced concrete segmental and semi-circular arches of from 45 to 60' span. Long Key-Conch Key viaduct composed of 180 arches of 45 to 50' clear span and two abutments, one 26' in height and one 40' high.)* *Eng. Rec.* 54 S. 424/7; *Bet. u. Eisen* 5 S. 32/3.

DAVIS, arch rib bridge of reinforced concrete at Grand Rapids, Mich. (Arch of 75' span.; seven parallel, parabolic arch ribs, side by side, supporting a slab and girder floor by means of columns.) * *Eng. News* 55 S. 321/3.

Talübergang und Unterführungen aus Eisenbeton. (Ueber den Embarras Fluß in Indiana; 54 Oeffnungen von je 6,1 m. Die Fahrbahnplatte ist 4,27 m breit und wird von zwei über die Pfeiler gelegten Eisenbetonbalken getragen; Talübergang bei Lawrenceville; Betonmischanlage; Straßenüberführung in Großville; schwebendes Stampfgerüst für die Fahrbahnplatte.) * *Zem. u. Bet.* 5 S. 353/7.

Single-track four-span reinforced concrete Interurban Ry. bridge. (Piers spaced 87.5' apart on centers. The arches each have two longitudinal arch ribs, 8' 10'' apart on centers. These ribs are 2.5' wide in their entire length; reinforcing with plain round steel rods.) * *Eng. Rec.* 54 S. 237/9.

Short span concrete bridges on the Long Island R. (11' of clear span; concrete reinforced with RANSOME twisted steel bars.) *Eng. Rec.* 58 S. 633/4.

Eisenbeton-Bogenbrücke bei Los Angeles in Californien. (Spannweite 44,50 m, Pfeilhöhe 5,49 m. Die tragende Konstruktion besteht aus 3 Bogenrippen.) * *D. Baus.* 40, *Mitt. Zem., Bet.- u. Eisenbet.bau* S. 51/2.

ABRAHAM, eine amerikanische Fußgänger-Bogenbrücke in Eisenbeton. (Im Lake Park von Milwaukee überspannt eine etwa 15 m tiefe Schlucht; NEWTON ENG. CO. Milwaukee; die Versteifungen in den Bögen bestehen aus je 2 Eisenstäben nach KAHN, die an ihren Enden fest miteinander durch Spannmuttern verbunden, parallel zu beiden Leibungen geführt sind, Lehrgerüst mit senkrechten Pfosten.) * *D. Baus.* 40, *Mitt. Zem.,*

Bet.- u. Eisenbet.bau S. 9/10; *Zem. u. Bet.* 5 S. 108/9.

Straßenüberführung in Eisenbeton in Memphis, Tenn. (Balkenbrücke mit überstehenden Enden von 30,48 m Spw.; die 33 cm starke Fahrbahn ist mit I-Eisen armiert, die an den Tragrippen aufgehängt sind.)* *D. Baus.* 40, *Mitt. Zem., Bet.-u. Eisenbet.bau* S. 60; *Eng. Rec.* 58 S. 446/7.

LUTEN, reinforced concrete girder highway bridge of 40' span. (Floor reinforced at lower surface transverse to the roadway by 5/8-'' smooth steel rods; longitudinal reinforcement is employed in the arch.)* *Eng. News* 55 S. 517/8.

LUTEN, double-drum reinforced concrete arch highway bridge. (The 38' span arch consists of two thin rings or drums of concrete arranged concentrically, and with a filling of earth between, each drum having a separate footing.)* *Eng. News* 55 S. 496/7; *Zem. u. Bet.* 5 S. 333/4.

Falsework for a concrete bridge. (REINFORCED CEMENT CONSTRUCTION CO., NEW YORK, City. Reinforced by plain round bars, crossed by horizontal bars.)* *Eng. Rec.* 53 S. 484.

F. R. LONG CO., circular caisson built as a mould for the concrete pivot pier of a drawbridge at Passaic, N. Y.* *Eng. News* 55 S. 619.

LUTEN, reinforced concrete arch bridge at Peru, Indiana. (Arch rings reinforced according to the LUTEN system.)* *Eng. News* 55 S. 347/9.

Reinforced concrete arch bridge at Playa del Rey, California. (Clear span of 146', ribbed arch with hollow abutments)* *Eng. News* 56 S. 83; *Zem. u. Bet.* 5 S. 186/8.

LEONARD, Brücke von Pollasky in Kalifornien. (Ueberspannt den San Joaquinfluß in zehn 22,85 m weiten Bögen. Die Bogenübermauerungen sind mit Ausdehnungsfugen versehen. Die Pfeiler bauen sich auf Grundplatten auf, von denen jede auf Holzpfählen ruht. Als Einlagen dienen gerippte Stäbe nach JOHNSON.)* *Zem. u. Bet.* 5 S. 115/7; *Eng. Rec.* 53 S. 226.

Eine neue MELANbrücke in Amerika. (In South Bend, Ind. Ueberspannt den 150 m breiten St. Josephs-Fluß in einem Winkel von 60° mit vier elliptischen Bogen von je 33 m Spw. und Pfeilhöhen von 3,3 m, 3.75 m, 4,25 m und 4,75 m; Steigung von 1,3 v. H.) *Zem. u. Bet.* 5 S. 289/91.

Walnut Lane bridge, Philadelphia. (Main arch having a clear span of 233' with a rise of 73' and five other arches each having a clear span of 53'. The bridge floor is carried on the spandrel walls and is a combination of steel I-beams, steel reinforcing rods, and concrete.)* *Eng. Rec.* 54 S. 543/4.

Parabolic reinforced concrete arch bridge at Wabash, Ind. (Two arches carrying solid spandrel walls with earth filling between; spandrel designed as vertical cantilever slabs; their reinforcement consists of trussed bars set upright and of round longitudinal temperature bars.)* *Eng. News* 55 S. 290/2.

Development in the uses of cement. (Presidential adress of HUMPHREY before the National Association of Cement Users. Bridge over Rock Creek in Washington with voussoirs moulded separately, then airhammered, dressed and hoisted into position; reinforced concrete crib work, under the FRAZER system.) *Eng. Rec.* 53 S. 91/3.

Betonbrücke in Washington, V. St. A. (Stampfbetonbrücke, die mit sieben halbkreisförmigen Bogen von 24,6 bezw. 45 m Spw. die Connecticut Avenue in 36 m Höhe über dem Meeresspiegel des Rock-Creek hinwegführen soll; gelenklose Bögen ohne Eiseneinlagen.)* *Zem. u. Bet.* 5 S. 281/3.

Design of centers for parabolic concrete arch bridge, Washington, D. C. (Erected without a derrick, or a gin pole.)* *Eng. News* 55 S. 453.

QUIMBY, surface finish for concrete. (Flushing the face against the form, removing the form after the material has set but while it is still friable, and then washing and rinsing the surface with water.) * *Eng. News* 56 S. 656.

WEBSTER, surface finish of concrete bridge masonry in Philadelphia. (Thickness of 1"; granolithic mixture composed of cement, sand and granolithic grit.) *Eng. Rec.* 53 S. 531.

Eight-track reinforced-concrete viaduct in Winnipeg, Manitoba. (Reinforcement consisting of scrap rails bolted and trussed together to resist stress in flexure, tension and shear.) * *Eng. Rec.* 54 S. 293/4.

Kleine Brücke auf den Philippinen. (Spannweite 13,75 m bei einer Pfeilhöhe von 1,85 m; Bogen-Einlagen aus Rundeisen.) * *Zem. u. Bet.* 5 S. 131/2.

Novel design for a reinforced concrete waterworks conduit. (The ends of all bars are bent at right angles and the joint with the following bar made by lapping them 12" and wrapping with no. 16 wires; joints of the hoops staggered.)* *Eng. News* 56 S. 347/8.

BLAU, cintres métalliques pour la construction des conduites en ciment. („Blaw" collapsible steel sewer centers de Pittsburgh.) * *Ann. d. Constr.* 52 Sp. 110/1.

SCHUYLER, new water-works and reinforced concrete conduit of the City of Mexico. (Reservoir lined with masonry and covered with reinforced concrete, in the form of groined arches to support a cover of earth; electric power transmission, furnishing current to motors operating pumps, rock crushers, concrete mixers; forms, and sections of expanded metal reinforcement, handled by means of a travelling derrick.)* *Eng. News* 55 S. 435/6.

Concrete and concrete block sewers in St. Joseph, Mo. (To carry the combined domestic and stormwater flow into the Missouri River; built of concrete, reinforced concrete or concrete blocks, reinforced-concrete sewers being built according to the system of PARMLEY.) *Eng. Rec.* 53 S. 543, 555/6.

Reinforced concrete sewer at South Bend, Ind. (The arch of the sewer barrel is reinforced with steel bands, placed transversely. Cost.) * *Eng. Rec.* 53 S. 736; *Eng. News* 56 S. 618/9.

EGLESTON, some concrete work in Panama. Sanitary work at Bocas del Toro; Vulcanite cement.)* *Eng. Rec.* 53 S. 268/9.

Wasserleitung aus Eisenbeton. (Für Salt Lake City in Utah. Der Kanal liegt zum Teil in tiefen Geländeeinschnitten, zum Teil führt er oberirdisch über 4,6 m von einander entfernten Betonstützen und ist auch in einzelnen Strecken als Tunnel geplant. Einlage aus gleich langen Querstäben und parabolisch gekrümmten Stäben.)* *Zem. u. Bet.* 5 S. 193/4.

Concrete pressure pipes. (Reclamation Service at Los Angeles. Transverse bars for reinforcement)* *Eng. Rec.* 54 S. 609.

SCHUYLER, reinforced concrete and steel headgates for the Imperial Canal, Colorado River.* *Eng. News* 56 S. 675.

SALIGER, Querschnittsabmessungen von Schornsteinen aus Eisenbeton. (Bei der Berechnung wird der ganze Eisenbetonquerschnitt auf einen sehr schmalen Ring vom Halbmesser vereinigt gedacht; Beanspruchungen von dem gleichen Gesichtspunkte aus zu bemessen, der bei Balken und Gewölben maßgebend ist.) *Bet. u. Eisen* 5 S. 75/6.

SALIGER, Schornstein und Eisenbeton. (Von der WEBER STEEL-CONCRETE CHIMNEY CO. in Chicago für die Butte Reduction Works in Butte gebaut; Gesamthöhe von 107,4 m, wovon 101,3 m über dem Boden liegen, gleichbleibender Innendurchmesser von 5,49 m und Wandstärken von 13 bis 23 cm; Eiseneinlagen mit ⊥-Querschnitt.)* *D. Baus.* 40, *Mitt. Zem., Bet.- u. Eisenbet.bau* S. 25/6.

Concrete chimney of the Butte Reduction Works. (Top 352½' above the surface grade; reinforcement consisting of two layers of 20 bars each, crossing at right angles and two layers of 13 bars each, running diagonally; the inner shell has 20 reinforcement bars; and horizontal reinforcing rings.)* *J. Ass. Eng. Soc.* 36 S. 109/12; *Eng. Rec.* 53 S. 124.

KÜNZELL, Schornstein aus Eisenbeton. (Betonaufbau, in den eiserne Rohre als Einlagen nebeneinander eingebettet sind.) * *Techn. Z.* 23 S. 530.

Failure of a reinforced, concrete chimney at Peoria, Ill. (Built by the WEBER STEEL CONCRETE CHIMNEY CO., of Chicago. Carelessness of workmen in not properly mixing the concrete.)* *Eng. News* 56 S. 387.

ATLAS CONSTRUCTION CO. OF ST. LOUIS, a new type of reinforced-concrete chimney. (WIEDERHOLT system, 100' high uniform outside diameter of 7'. The lower 50' of this wall is 9" thick and the upper 50' is 6.5". The foundation is a concrete monolith; the chimney is attached to it by vertical steel rods. A thin shell of fireclay tiles is made to act, first, as a mould and as a permanent lining and surfacing; H-shaped tiles to permit the use of both vertical and horizontal reinforcing bars; JOHNSON corrugated steel bars.)* *Eng. Rec.* 54 S. 670.

Schornsteinaufsatz aus Beton. (D. R. G. M. 219487.)* *Zem. u. Bet.* 5 S. 229/30.

GRISWOLD, cement mortar linings for steel stacks. (Portland cement mortar reinforced with ¼" corrugated steel bars placed vertically and spaced about 20" apart around the stack with herringbone expanded metal lath wired to the rods.)* *Eng. Rec.* 54 S. 168.

Einfriedigungsmauer aus Eisenbeton. (Einlage eines mit Fußflaschen versehenen I-Eisens.) * *Zem. u. Bet.* 5 S. 155/7.

A reinforced concrete fence. (Consists of a vertical slab of concrete 3" thick, with a rounded moulding on the upper horizontal edge. The slab is made in sections with transverse webs at the ends at the lower edge.) * *Eng. Rec.* 54 S. 546.

Zaunpfähle aus Eisenbeton. (Herstellung in liegender Stellung.) *Baumath.* 11 S. 166.

WORMELEY, reinforced concrete fence posts. (Moulds; attachment of wire to reinforced concrete post; tool for bevelling corners of posts.) (A) * *Eng. News* 55 S. 57/9.

CABELLINI, galleggianti di cemento armato. (Barca di 90 tonn. destinata al trasporto di carbon fossile; con legature due scheletri metallici, che, ricoperti poi con malta di cemento; doppia parete.) * *Giorn. Gen. civ.* 44 S. 275/8.

INSLEY, concerning cement in contact with wood. (Question concerning decay of the wood.) *Eng. News.* 55 S. 269.

Biegen, Richten. Bending, Straightening. Cintrage, Rectification. Vergl. Blech, Holz 2, Werkzeugmaschinen.

Constructing rings from square or flat iron bent edgewise. (Paper presented at the recent convention of the International Railroad Blacksmiths Association.) (V) *Mech. World* 40 S. 138.

GROHMANN, Biegen von T-Eisen im Winkel. * *Z. Werkzm.* 10 S. 209/10.

BLACKIE, bending rails by power. (Roller railbender, each bearing against the rail being a roller, grooved about 7/8" deep to fit the ball or rail.) (V) (A) * *Mech. World* 40 S. 14/5; *Eng. News* 55 S. 616/7.

Furnace flanging machine. * *Pract. Eng.* 34 S. 99/100 F.

VAUXHALL AND WEST HYDRAULIC ENG. CO., Kümpelpresse von 500 Tonnen. (Um große Kesselbleche u. dergl. mit nur einer Operation zu kümpeln.) * *Masch. Konstr.* 39 S. 198.

HUGH SMITH & CO., Blechbiegemaschine. (Zum Biegen von Blechen von 4 m Breite und 50 mm Dicke.) * *Z. V. dt. Ing.* 50 S. 926.

BREUER, SCHUMACHER & CO., Hydraulische Blechbiegemaschine. *Z. Werkzm.* 11 S. 34/5.

WERKZEUGMASCHINEN-FABRIK SCHULER, Blechbiege- und Abkantmaschine. *Z. Werkzm.* 11 S. 20/1.

CAUSER, Blech-Wellmaschine. (Pat.) * *Uhlands T. R.* 1906, 1 S. 62/3.

Pipe bending machine. (Operated by a hand wheel consisting of four handles, which by means of the compound gearing engages the face plate upon which the bending quadrants are secured.) * *El. World* 47 S. 77.

PEDRICK & SMITH pipe bending machine. * *Eng. Chicago* 43 S. 296.

Automatic pipe-bending machine. * *Am. Mach.* 29, 2 S. 739/40.

LEBAS & CO., „perfect" pipe bender.* *Gas Light* 84 S. 628/9; *Engng.* 81 S. 550/2.

WHITLOCK COIL PIPE COMP., Biegen von weiten Rohren. * *Z. Werkzm.* 11 S. 67.

GRAYNE, cold bending of pipes for electrical wires. * *West. Electr.* 38 S. 94/5.

BADER & HALBIG, Rohrbiegesange. * *El. Anz.* 23 S. 1056.

Das Biegen von Lenkstangen der Fahrräder durch Mechaniker. *Erfind.* 33 S. 60/1.

Horizontal bending machines. (Hydraulic pressure.)* *Pract. Eng.* 34 S. 520/1 F.

DE LEEUW, design of bending rolls. (Power required for elevating.) *Mech. World* 40 S. 148/9.

ASHLEY, folding or bending dies. * *Mech. World* 39 S. 63/4.

Vom Holzbiegen. (Neutrale Schicht der Faser auf der konvexen Oberfläche des Holzes; Dämpfen; Tränkung mit einer Lösung von schwefligsauren oder unterschwefligsauren Salzen oder Aetznatron, oder basischen Natronsalzen.) *Z. Bürsten.* 25 S. 459/61.

Bienenzucht, Honig und Bienenwachs. Bee-keeping, honey, beeswax. Apiculture, miel, cire d'abeilles. Vgl. Wachs.

DOST, Bienenwohnung mit zwei Fluglöchern. * *D. i. Bienens.* 1906 S. 38/40.

HEIDENREICH, abnehmbare Abstands- und Tragebälsen. * *D. i. Bienens.* 1906 S. 6/8.

HELLER, die Kunstwabe, ihre Herstellung und Anwendung. *Landw. W.* 32 S. 170/1.

KNAPP, Verfahren zur Befestigung der Kunstwaben. (Mittels geteilter Oberteile.) * *L. Bienens.* 1906 S. 55.

ROTH, neue Wandereinrichtungen in Baden. (Wanderwagen.) *L. Bienens.* 1906 S. 5/8.

THROL, abnehmbares Flugbrett mit abnehmbaren Flugbretthaltern und gleichzeitiger Verwendbarkeit als Fluglochblende. *D. i. Bienens.* 1906 S. 177/9; *Bienens., Neue* 1906 S. 141/2.

BESTS Patent-Honigschleuder „Selbstwender." * * *Landw. W.* 32 S. 280.

BUCHNER, das indische Gheddawachs. (Analytische Daten des Wachses verschiedener Bienen.) *Chem. Z.* 30 S. 529; *Chem. Rev.* 13 S. 172.

BUCHNER, Insektenwachs. (Resultate der vorläufigen Untersuchung.) *Chem. Z.* 30 S. 1263.

DREYLING, Wachs und die wachsbereitenden Organe der Bienen. * *L. Bienens.* 1906 S. 51,3 F.

Wachsbereitung bei den Bienen. *Prom.* 17 S. 602/4.

Bier. Beer. Bière. Vgl. Bakteriologie, Enzyme, Gärung, Hefe, Hopfen, Kälteerzeugung, Schankgeräte, Spiritus.

1. Rohstoffe.
2. Herstellung des Malzes.
3. Maischen, Läutern, Hopfen.
4. Kühlung.
5. Gärung und weitere Behandlung.
6. Eigenschaften, Krankheiten und Konservierung des Bieres.
7. Untersuchung der Braumaterialien und des Bieres.
8. Abfälle und Nebenprodukte.
9. Verschiedenes.

1. Rohstoffe. Raw materials. Matières premières. Vgl. Landwirtschaft 5 b.

HAASE, die Braugerste, ihre Kultur, Eigenschaften und Verwertung. (V) *Wschr. Brauerei* 23 S. 35/40.

BERMANN, die Kneifel-Gerste. *Wschr. Brauerei* 23 S. 719/20.

WAHL, Rassengerste und deren Kultur in den Vereinigten Staaten im Hinblick auf die Auswahl und Züchtung geeigneter Braugersten. (V) *Brew. Maltst.* 25 S. 357/61.

FAIRCHILD, pure races of brewing barley. (V) *Brew. Trade* 20 S. 172/4.

NILSSON, von welcher Wichtigkeit sind die verschiedenen reinen Gerstenrassen für die Brauindustrie? *Z. Bierbr.* 34 S. 480/4.

PENZIAS, swedish barleys and malts. *Brew. Trade* 20 S. 65.

CLUSZ und SCHMIDT, JOSEF, die Gersten der österreichischen und der deutschen Reichsgartenausstellung des Jahres 1905 im Lichte wechselseitiger Bonitierung. *Wschr. Brauerei* 23 S. 382/4 F.

BERGDOLT, Putzen und Sortieren der Gerste. (V) *Z. Brauw.* 29 S. 677/80F.

FETZER, storage of barley and malt. *Brew. J.* 42 S. 449; *Brew. Maltst.* 25 S. 65/6.

KIESZLING, Versuche über Gerstentrocknung. *Z. Brauw.* 29 S. 289/91 F.

SMITH, STANLEY, oats and wheat in brewing. *Brew. J.* 42 S. 52.

SCHJERNING, die Eiweißstoffe der Gerste, im Korn selbst und während des Mälz- und Brauprozesses. *Wschr. Brauerei* 23 S. 574/6 F.; *Brew. J.* 42 S. 436/7; *CBl. Agrik. Chem.* 35 S. 850/7; *Ann. Brass.* 9 S. 505/12; *Z. Bierbr.* 34 S. 467/8.

PRIOR, die Gerstenproteïde, ihre Bedeutung für die Bewertung und ihre Beziehungen zur Glasigkeit der Gerste. *Z. Bierbr.* 34 S. 513/20 F.

SEYFFERT, Chemie der Gerstenspelzen. *Wschr. Brauerei* 23 S. 545/6.

WINDISCH und VOGELSANG, Art der Phosphorsäureverbindungen in der Gerste und deren Veränderungen während des Weich-, Mälz-, Darr- und Maischprozesses. *Wschr. Brauerei* 23 S. 516/9; *Brew. Maltst.* 25 S. 471/3 F.

BROWN, MULLEN, MILLAR und ESCOMBE, die

wasserlöslichen Polysaccharide von Gerste und Malz. *Z. Bierbr.* 34 S. 610/14.

KEIL, die vom 1. Januar bis 30. Juni 1906 untersuchten Wässer, für die Zwecke der Brauerei. *Wschr. Brauerei* 23 S. 461/4.

RICKERS, Einfluß des Brauwassers auf den Charakter des Bieres. (V) *Brew. Malzst.* 25 S. 67/9.

DOCQUIN, emploi des sucres en brasserie. *Ann. Brass.* 9 S. 280/6.

2. Herstellung des Malzes. Malting. Préparation du malt. Vgl. Chemie, physiologische.

EFFRONT, la germination des grains. *Mon. scient.* 4, 20, I. S. 5/15.

BERMANN, der Wurzelkeim. (Erfordernisse eines befriedigenden Wurzelgewächses.) *Wschr. Brauerei* 23 S. 602/3.

BODE, Einwirkung des Lichtes auf keimende Gerste und Grünmalz. *Brenn. Z.* 23 S. 3877/8; *Brew. Malzst.* 25 S. 26/8.

BLAKE, malt, good, bad and indifferent. *Brew. J.* 42 S. 106/8.

Die LANGEsche Luftwasserweiche in der Praxis. *Wschr. Brauerei* 23 S. 468.

Bedeutung des Weichwassers für die Mälzerei. *Wschr. Brauerei* 23 S. 61/2.

LINTNER, Malze mit abnorm langer Verzuckerungszeit. (V) *Z. Brauw.* 29 S. 637/42 F.

KUKLA, kurze oder lange Tennenführung im Lichte der stickstoffhaltigen Substanzen des Malzes und Bieres. *Z. Brauw.* 29 S. 46/9.

HAJEK, Vermälzung einer Gerste mit abnorm hohem Eiweißgehalte. *Z. Brauw.* 29 S. 171/2.

ELLRODT, Unterschied des Diastasegehaltes von Malzen aus großkörnigen und kleinkörnigen Gersten. *Brenn. Z.* 23 S. 3941.

SEDLMAYR, Gerste und Mälzerei in den Vereinigten Staaten. *Z. Brauw.* 29 S. 261/5.

SCHOELLHORN, pneumatische Mälzerei System TILDEN. (PRIOR, Erwiderung.) (V) *Z. Bierbr.* 34 S. 246/51; *Wschr. Brauerei* 23 S. 314/5.

SAUNDERS, modern maltings from an engineering point of view. (a) * *Brew. J.* 42 S. 47/8.

MARTENS, some remarks on the manufacture of malt. *Sc. Am. Suppl.* 62 S. 25842/3.

Practical floor malting.* *Brew. Trade* 20 S.382/5 F.

TOPF & SÖHNE, Trommelmälzerei für A. F. Jermolajews Erben in Lyskowo in Rußland. *Uhlands T. R.* 1906, 4 S. 69/70.

Selbsttätiger Kontrollapparat für Malztrommeln.* *Wschr. Brauerei* 23 S. 507/8.

The RICE system of malting. (Improvements of the apparatus used.)* *Brew. J.* 42 S. 554/6.

RÜFFER, Verwendung von Kurzmalz zur Erzeugung vollmundiger Biere. *Wschr. Brauerei* 23 S.670/1.

HENNEBERG, Abtötungstemperatur der auf dem Malze lebenden schädlichen Mikroorganismen. *Wschr. Brauerei* 23 S. 188/90; *Erfind.* 10 S. 98/9 F.; *Brenn. Z.* 23 S. 3972/3.

Neue Dreihorden-Darre, System WINTER, zur Erzeugung hellen Malzes.* *Z. Bierbr.* 34 S. 81/3.

MÜLLER & HERMANN, Darrkonstruktion mit nach zwei Richtungen verstellbarer Luftpfeife und Zwischenluftkammer.* *Alkohol* 16 S. 186/8.

KROPFF, Betrachtungen über das Darren. *Wschr. Brauerei* 23 S. 1/3.

FISCHER, BERNH., Betrachtungen über das Darren. *Wschr. Brauerei* 23 S. 28/9.

Vorrichtung zur Regulierung des Wassergehaltes und Farbegrades des Malzes beim Darren.* *Wschr. Brauerei* 23 S. 296.

Zweihordendarre.* *Z. Chem. Apparat.* 1 S. 638/41.

Vitrification. (Of malt; causes.) *Brew. Trade* 20 S. 69.

3. Maischen, Läutern, Hopfen. Mashing, filtering, hopping. Brassage, filtrage, houblonnage.

FERNBACH, influence de la composition des eaux sur la saccharification. *Ann. Brass.* 9 S. 97/101; *Brew. Trade* 20 S. 230/1.

PANKRATH, Einfluß verschiedener Brauwässer auf den Maischprozeß. *Z. Brauw.* 29 S. 680/3 F.

MAQUENNE et ROUX, quelques nouvelles propriétés de l'extrait de malt. (Autoexcitation du malt; origine des dextrines de saccharification.) *Compt. r.* 142 S. 1387/92; *Z. Spiritusind.* 29 S. 452/3.

SCHJERNING, die Proteinstoffe in der Gerste, im Korn selbst und während der Maischungsprozesse. *Z. Bierbr.* 34 S. 467/8; *Wschr. Brauerei* 23 S. 574/6 F.; *Ann. Brass.* 9 S. 505/12.

JOHNSON, attenuation, specific rotation, and secondary fermentation. *Brew. Trade* 20 S. 561/5.

Fabrication de la bière par le procédé NATHAN.* *Ann. Brass.* 9 S. 145/57.

Einfluß der letzten Maische auf die Verzuckerungszeit. *Brew. Malzst.* 25 S. 151/2.

MICHEL, Malzextraktausbeute. *Brew. Malzst.* 25 S. 28/30.

BÜHLER, Malzmühle und Malzschrot. (Wichtigkeit eines geeigneten Schrotes; Ausbeutefrage; Mühlenarten im Gebrauch.) (V) *Wschr. Brauerei* 23 S. 663/7; *Z. Bierbr.* 34 S. 549/53 F.

Ueber Maischapparate.* *Met. Arb.* 32 S. 34/5.

GÖGGL & SOHN, komplettes Doppelsudwerk für 350 Hektoliter.* *Z. Bierbr.* 34 S. 520/2.

Das Doppelsudwerk für 120 Ztr. Malzschüttung, ausgeführt von GÖGGL & SOHN, Maschinenfabrik München, auf der Bayer. Jubiläums-Landesausstellung Nürnberg 1906.* *Z. Brauw.* 29 S. 378/80.

HYDE, brewer's copper. (Consists of two chambers, the upper one open and the lower closed; the process will go on continuously, the sections being alternately partially filled and emptied; aeration.)* *Brew. J.* 42 S. 452.

EBERLE, Abdampfkochung für kleinere und mittlere Bierbrauereien. (Ueberlegenheit der mit überhitztem Dampf betriebenen Auspuffmaschine hinsichtlich des Wärmeverbrauchs der Sattdampfmaschine mit Kondensation gegenüber.) *Z. Bayr. Rev.* 10 S. 143/7; *Z. Brauw.* 29 S. 589/92 F.

Abdampfkochung für kleinere und mittlere Brauereien. *Wschr. Brauerei* 23 S. 558/60.

MALLEBRANCKE, steam boiling and boiling by direct fire. (Calculations; economy of steam boiling.) *Brew. J.* 42 S. 757/8.

TEJESSY, Dampfverbrauchsbestimmung an Bierbraupfannen.* *Z. Bierbr.* 34 S. 127/9.

WINDISCH, Würzekochen. *Brew. Malzst.* 25 S. 281/4.

MATTHEW, CANNON und FYFFE, Würzekochen. (Englische Brauereiverhältnisse.) *Wschr. Brauerei* 23 S. 326/9.

Senkböden. (Erwägungen bei Anschaffung neuer Senkböden.) *Wschr. Brauerei* 23 S. 707/8.

Neuer Läuterbottich. (La Rationelle.) Zuführung des Wassers von unten.* *Alkohol* 16 S. 26.

Combined mashing machine and grains discharger.* *Brew. J.* 42 S. 164.

MERZ, Grieß-Maischversuche zur Erhöhung der Sudhausausbeute. *Z. Brauw.* 29 S. 49/52.

HEERDE, einfaches Mittel, die Ausbeute im Sudhause zu erhöhen. (Abläutern je eines Sudes auf zwei Läuterbottichen.) *Wschr. Brauerei* 23 S. 628.

CANNON und BROWN, die Filterpresse in der Brauerei. *Z. Brauw.* 29 S. 457/60 F.; *Z. Bierbr.* 34 S. 394/9.

Die Filterpresse in Kleinbrauereien. *Z. Brauw.* 29 S. 5/7.

BROMIG, Brauereimaschinen. (Filterpressen, Kompressor, Druckregler, Luftpumpen.)* *Uhlands T. R.* 1906, 4 S. 85.

SCHOELLHORN, das Maischefilter. (V) *Z. Bierbr.* 34 S. 237/8; *Wschr. Brauerei* 23 S. 272.

4. Kühlung. Cooling. Refroidissement.

CHAPMAN, infection du mout sur le bac refroidissoir et sur le réfrigérant. *Ann. Brass.* 9 S. 387/93.

MASCHINENBAU-A.-G. GOLZERN-GRIMMA, Sterilisier-Anlage ohne Kühlschiffe. (Um das Kühlen und Lüften der Würze von der Beschaffenheit der Außenluft unabhängig zu machen.)* *Uhlands T. R.* 1906, 4 S. 19/20.

5. Gärung und weitere Behandlung. Fermentation and further treatment. Fermentation et traitement suivant.

WORSSAM and SON, new priming apparatus. (Consists of a gun-metal hand pump, equipped with suction and delivery hose.)* *Brew. J.* 42 S. 369/71.

Anwendung der Anstellhefe. *Brew. Maltst.* 25 S. 112.

GLENDINNING, das Yorkshire Gärverfahren. (Quadratische Stein- bezw. Schieferbottiche sind durch einen Deckel verschlossen, auf den noch ein zweiter Bottich aufgesetzt ist. Der untere Bottich ist mit Kühlschlangen versehen; durch den Deckel führen Kupferrohre; der obere Bottich ist für die Aufnahme der Hefe bestimmt.) *Wschr. Brauerei* 23 S. 95/7.

FRANKE, die Zukunft der Weißbierbrauerei. (Die Würze wird mit Milchsäurebakterien gesäuert, ehe sie mit Hefe angestellt wird.) *Wschr. Brauerei* 23 S. 385/6.

Bierspundung mit flüssiger Kohlensäure. *Z. Kohlens. Ind.* 12 S. 523/5 F.; *Z. Bierbr.* 34 S. 495/7 F.

Praktische Erfahrungen über Gärspunde. *Erfind.* 33 S. 102/4.

MONTAGUE, SHARPE & CO., quick chilling and carbonating process.* *Brew. J.* 42 S. 432/3.

WINDISCH, Zementgärgefäße. *Wschr. Brauerei* 23 S. 21/2; *Z. Kälteind.* 13 S. 108/10.

JANKA, Schieferbottiche als neuere Gärgefäße. *Z. Bierbr.* 34 S. 333.

WICHMANN, moderne Gärbottiche. (V) *Z. Bierbr.* 34 S. 357/61.

MADEYSKI, neues Luftfilter. (Luftfilter mit Wasser- und Staubabscheider, welches unmittelbar an dem abzufüllenden Faß mit einer Handbewegung befestigt werden kann.)* *Wschr. Brauerei* 23 S. 347/9.

VOGEL, aus der Praxis des Lagerkellerbetriebes. (V) *Z. Brauw.* 29 S. 505/16.

KASTNER, Bedeutung der Kälte für die Obergärung. *Wschr. Brauerei* 23 S. 22/4.

Das Schwitzen der Gär- und Lagerkeller und dagegen anwendbare Hilfsmittel. *Z. Bierbr.* 34 S. 364/5.

6. Eigenschaften, Krankheiten und Konservierung des Bieres. Qualities, maladies and conservation of beer. Qualités, maladies et conservation de la bière.

MOHR, Kohlensäurebildung und Schaumhaltigkeit. *Brew. Maltst.* 25 S. 219/20 F.

DOEMENS, Kohlensäuregehalt des Bieres. *Z. Kohlens. Ind.* 12 S. 256/7.

MIŠKOVSKY, die Stickstoffsubstanzen im Biere. *Z. Brauw.* 29 S. 309/12.

Böhmische | Biere. (Charakter, Herstellungsweise.) *Wschr. Brauerei* 23 S. 16/9.

FUHRMANN, Bakterienflora des Flaschenbieres.

(Pseudomonas cerevisiae.) ⊠ *CBl. Bakt.* II. 16 S. 309/28.

Einfluß verschiedener aus Wasser isolierter Bakterienarten auf Würze und Bier. *Wschr. Brauerei* 23 S. 62/3.

Die durch Sarcina hervorgerufenen Krankheiten des Bieres und deren Bekämpfung. *Brew. Maltst.* 25 S. 110/2.

WILL, Nachweis von Sarcina. (Nachweis nach den Angaben von BETTGAS und HELLER; — mittels der sog. Forcierungsmethode von RIGAUD.) *Z. Brauw.* 29 S. 577/82 F.

BETTGES und HELLER, zur Sarcinafrage. (Nachweis von Sarcina; Charakterisierung des Pediococcus, Infektionsquellen.) CLAUSZEN, Bemerkungen dazu. *Wschr. Brauerei* 23 S. 69/74, 339/42.

CLAUSZEN, Vorkommen der Bierpediokokken. *Z. Brauw.* 29 S. 397/400.

BETTGES, zur Sarcinafrage. (Erwiderung gegen CLAUSZEN.) *Wschr. Brauerei* 23 S. 311/2; *Z. Brauw.* 29 S. 403/6.

LINDNER, Weinbukettschimmel (Sachsia suaveolens).* *Essigind.* 10 S. 185/7.

BLEISCH und RUNCK, das Nachdunkeln der hellen Biere. *Z. Brauw.* 29 S. 277/82; *Brew. Maltst.* 25 S. 245/6.

BRAND, Bier und Metalle. (Verhalten gegenüber Metallen; Versuche.) *Brew. Maltst.* 25 S. 284/6.

Einfluß des Eisens beim Brauen. *Z. Bierbr.* 34 S. 465/7.

Der Eisen- oder Tintengeschmack im Bier. *Z. Brauw.* 29 S. 137/41.

Action of iron on pasteurised beer. *Brew. Trade* 20 S. 166.

BODE, Beeinflussung des Geschmackes von Bier durch die zum Umfüllen benutzten Gummischläuche. *Gummi-Z.* 20 S. 892/3.

HEINZELMANN, die Erfindungen auf dem Gebiete des Pasteurisierens von Bier in geschichtlicher Darstellung.* *Wschr. Brauerei* 23 S. 105/9 F.

PETIT, pasteurisation. *Ann. Brass.* 9 S. 459/64.

Pasteurisiermaschine „Loew New Era". (In der das Wasser zirkuliert, während die Flaschen stehen bleiben.)* *Uhlands T. R.* 1906, 4 S. 52/3.

GRONWALD, Bierpasteurisierung in Transportfässern. *Wschr. Brauerei* 23 S. 605/7.

TIEHL & SÖHNE, Neuerung im Pasteurisieren von Bier in Fässern. *Uhlands T. R.* 1906, 4 S. 58/9.

7. Untersuchung der Braumaterialien und des Bieres. Analysis of brewing materials and of beer. Analyse des matières premières et de la bière.

KEIL, über Probenahme, Verpackung und Größe der Proben bei Einsendung von Gerste, Malz, Wasser und Bier zur Untersuchung an das analytische Laboratorium der V. L. B.* *Wschr. Brauerei* 23 S. 156/9.

Ausführung der biologischen Betriebskontrolle in der Brauerei. *Wschr. Brauerei* 23 S. 586/90.

SCHIFFERER, maschinen- und feuerungstechnische Betriebskontrolle. (In der Brauerei.) (V) (A) *Wschr. Brauerei* 23 S. 24/6.

CLUSZ, Bonitierung der Braugersten. *Z. Bierbr.* 34 S. 77/81 F.

PRIOR, die Gerstenproteide, ihre Bedeutung für die Bewertung und ihre Beziehungen zur Glasigkeit der Gerste. *Z. Brauw.* 29 S. 613/5.

JALOWETZ, Beziehungen des Stickstoffgehaltes des Gerstenkornes zur Beschaffenheit des Mehlkörpers, nebst einer Methode zur raschen Orientierung über den Stickstoffgehalt der Gerstenkörner. *Z. Bierbr.* 34 S. 41/3 F.; *Z. Brauw.* 29 S. 172/5.

WIEGMANN, mehlige und speckige Gerstenkörner und der Auflösungsgrad. *Z. Bierbr.* 34 S. 371/2.

BRAND, Bedeutung der Mehligkeitsprobe für die Beurteilung des Brauwertes der Gerste. (V) *Z. Brauw.* 29 S. 661/7.

SOMLÓ, der SCHÖNJAHNsche Keimapparat. (Verbesserungen daran.) *Z. Bierbr.* 34 S. 553.

KIESZLING, Keimreife der Gersten. *Z. Brauw.* 29 S. 713/9.

KUNZ, Untersuchungen an Gersten der Ernte 1905 und an den daraus hergestellten Malzen. (Als Beitrag zur Eiweißfrage.) *Wschr. Brauerei* 23 S. 530/4.

BRAND, Getreidekontrollmappe. (Sämtliche Körner kommen auf beiden Seiten zur Betrachtung.) *Z. Brauw.* 29 S. 184.

CLUSZ, Spelzengewichtsbestimmung für Braugersten. *Z. Bierbr.* 34 S. 418/22 F.

BERGDOLT, Sortierung der Gerste im Laboratorium. (Einheitliche Normen.) *Z. Brauw.* 29 S. 157/9.

Bedeutung des Sortierens von Gerste und Malz im Laboratorium. (Relation zwischen Körnergröße und Gehalt an nutzbarer Substanz.) *Z. Brauw.* 29 S. 523/7 F.

BEAVEN, quality and yield of english malting barley. (V) *Brew. Trade* 20 S. 12/8.

WYATT, Malz- und Malzanalysen. *Brew. Maltst.* 25 S. 107/9.

BERGDOLT, Beurteilung des Malzes nach der Schnittprobe. *Z. Brauw.* 29 S. 365/6.

PRIOR, Schnittprobe und Mürbigkeitsgrad der Darrmalze. *Z. Bierbr.* 34 S. 369/71.

Apparat zum Entkeimen von Malzproben und seine Verwendung für die Betriebskontrolle.* *Z. Brauw.* 29 S. 366/8; *Alkohol* 16 S. 233/4.

DE GEYTERS, Zerkleinerung der Malzproben für die Handelsanalyse. (V) *Z. Bierbr.* 34 S. 271/8.

ELLRODT, Unterschied des Diastasegehaltes von Malzen aus großkörnigen und kleinkörnigen Gersten. *Wschr. Brauerei* 23 S. 243/6; *Z. Spiritusind.* 29 S. 209/10.

Meßplatten zur genauen Ermittelung der Blattkeimlänge in Malz, sowie zur Bestimmung von Kornlänge und Kornbreite bei Gerste und Malz.* *Z. Brauw.* 29 S. 667/70.

JAIS, Bestimmung des Wassergehaltes in Malzen und Gerste mittels des ULSCHschen Trockenschrankes. *Z. Brauw.* 29 S. 169/71.

Malzuntersuchung in geschlossenen Bechern. PANKRATH, dasselbe.* *Z. Brauw.* 29 S. 141/2, 377/8.

GLENDINNING and MAC KAY, extraction of malt with cold dilute alkali. (With the object of obtaining a correct estimate of the ready-formed soluble constituents of malt.) *Brew. Trade* 20 S. 473/4.

L'uniformité des méthodes d'analyse du malt. Son adoption en Angleterre. *Ann. Brass.* 9 S. 169/73.

MOHR, refraktometrische Extraktbestimmung bei der Malzanalyse. *Wschr. Brauerei* 23 S. 136/40.

GRAF, Extraktbestimmung in Gersten. *Z. Brauw.* 29 S. 25/6.

STOCKMEIER und WOLFS, Extraktbestimmung in Gersten und Abhängigkeit des Extraktgehaltes vom Gehalte an Stickstoffsubstanzen. *Z. Brauw.* 29 S. 252/4.

V. LAER, Festlegung einer einheitlichen Methode zur Bestimmung des Extraktgehaltes in Würzen und Zuckerstoffen, welche in der Brauerei Verwendung finden. (V) *Wschr. Brauerei* 23 S. 90.

JALOWETZ, die Extrakttabelle der k. k. Normal-Eichungs-Kommission. (Dichtebestimmungen der Rohrzuckerlösung.) *Z. Bierbr.* 34 S. 113/8.

MOHR, Verwendung des Eintauchrefraktometers zur

Untersuchung von Betriebswürzen. *Wschr. Brauerei* 23 S. 609/11.

BERMANN, Farbbestimmungen von Malzen in kürzester Zeit auszuführen. *Wschr. Brauerei* 23 S. 584/5; *Z. Bierbr.* 34 S. 540/2.

BRAND und JAIS, Farbbestimmung der Würze und des Bieres mit $^1/_{10}$ und $^1/_{100}$ Normaljodlösung. *Z. Brauw.* 29 S. 337/9.

HANOW, die Farbbestimmung der Würze nach den Vereinbarungen auf dem V. internationalen Chemiker-Kongreß zu Berlin im Vergleich zu dem früher angegebenen Farbentypus. *Wschr. Brauerei* 23 S. 238/40.

LÖWE, Diagramm zur Ermittelung der Stammwürze aus Alkohol- und Extraktgehalt. *Z. Brauw.* 29 S. 449/50.

STADLINGER, Extraktrest- und Alkoholbestimmung im Biere. *Z. Brauw.* 29 S. 624/8.

SCHMID, Verwendbarkeit der ACKERMANNschen Schnellmethode für Nahrungsmittelchemiker. (Bestimmung des Alkohol- und Extraktgehaltes von Bier.) *Chem. Z.* 30 S. 608/9; *Z. Bierbr.* 34 S. 363/4.

ACKERMANN und TOGGENBURG, refraktometrische Bieranalyse. *Z. Brauw.* 29 S. 145/7.

REINKE und WIEBOLD, Kohlensäurebestimmung im Bier.* *Chem. Z.* 30 S. 1261/2.

SCHÖNFELD, Bestimmung des Endvergärungsgrades in 24 Stunden. *Wschr. Brauerei* 23 S. 489/91; *Z. Bierbr.* 34 S. 484/5.

KRUEGER, praktische Anleitung zur Bestimmung der Vollmundigkeit des Bieres.* *Erfind.* 33 S. 564/6.

The palate as a measure of beer acidity. *Brew. Trade* 20 S. 338/9.

BAUR-BREITENFELD and MARTENS, on means of ascertaining if a beer has been pasteurised. *Brew. Trade* 20 S. 468/9.

8. Abfälle und Nebenprodukte. Waste products and byproducts. Déchets et sous-produits.

RAPP, Ausnutzung der Mälzerei- und Brauerei-Nebenprodukte. *Z. Bierbr.* 34 S. 334/7; *Brew. Trade* 20 S. 430/2.

Utilisation des produits résiduaires de la malterie et de la brasserie. *Ann. Brass.* 9 S. 329/33.

9. Verschiedenes. Sundries. Matières diverses.

SCHNEGG, Fortschritte auf dem Gebiete der Brauerei und Mälzerei. (Jahresbericht.) *Chem. Z.* 30 S. 351/4.

MOHR, Fortschritte in der Chemie der Gärungsgewerbe im Jahre 1905. *Z. ang. Chem.* 19 S. 566/9 F.

DELBRÜCK, der physiologische Zustand der Zelle und seine Bedeutung für die Technologie der Gärungsgewerbe. (V) *Wschr. Brauerei* 23 S. 513/6.

WILL, Sproßpilze ohne Sporenbildung, welche in Brauereibetrieben und deren Umgebung vorkommen. *Cbl. Bakt.* II, 17 S. 1/2.

BARTH, über Backen und Brauen. (Wirkung der Enzyme.) (V) (A) *Bayr. Gew. Bl.* 1906 S. 69.

REID, the elements of practical brewing. *Brew. J.* 42 S. 49/52 F.

WRIGHT, brewing systems. (Sidelights on the brewing systems.) *Brew. J.* 42 S. 176/7.

BLEISCH, der Bierschwand. (V) *Z. Brauw.* 29 S. 325/30; *Z. Bierbr.* S. 300/5; *Brew. Maltst.* 25 S. 324/5 F.

WYATT, das Brauen von Flaschenbier. (V) *Brew. Maltst.* 25 S. 474/6.

Fortschritte auf dem Gebiete des Brauereiwesens. (Brauerei-Maschinen-Ausstellung zu Berlin 1905.)* *Uhlands T. R.* 1906, 4 S. 50/2; *Techn. Z.* 23 S. 32/6.

BLEISCH, maschinelle Neuerungen auf dem Gebiete der Brauindustrie.* *Chem. Z.* 30 S. 785/8.

FEHRMANN, Brauereimaschinen - Ausstellung der V. L. B. vom 6. bis 14. Oktober 1906. (Luftwasserwelche von SCHRADER; Grünmalztennenwender von TOPF & STAHL; Gerstenreinigungsmaschine von GEBR. SECK. Flaschenreinigungsanlagen der MASCHINENFABRIK VORM. F. A. HARTMANN in Offenbach a. M.; Flaschen-Etikettiermaschine; Flaschenverschluß; Apparat zur Verabfolgung des Haustrunkes; Druckregler; Verschneidbock; Faßwaschmaschinen; Faßführchenverschlüsse; Faßreifen - Antreibmaschinen; Schlauchreiniger.)* *Wschr. Brauerei* 23 S.625/8 F.

PENZIAS, die Münchens Bryggerie Aktiebolag in Stockholm.* *Wschr. Brauerei* 23 S. 535/41.

PONGRATZ, moderne Brauereieinrichtungen und rationelle Arbeitsweise. *Wschr. Brauerei* 23 S. 617/21 F.

MEDINGER, Ersparnisse im Brauereibetriebe. (V) *Z. Bierbr.* 34 S. 537/40.

BARNSTEIN, Malzkeime als Futtermittel. *Presse* 33 S. 529/30.

Verwertung des Kondensationswassers der Dampfkochung zum Kesselspeisen.* *Z. Brauw.* 29 S. 161,3.

Das Brauereiwesen im Zusammenhang mit dem Heizungs- und Lüftungsfach und mit dem Feuerungswesen. *Z. Lüftung (Haase's)* 12 S. 155/7.

BODE, Untersuchung von Brauerei-Gummischläuchen. (Untersuchung der Ursache von Infektionen.) *Wschr. Brauerei* 23 S. 93/5.

Behandlung der Lagerfastagen und Gärgeschirre im Brauereibetriebe. *Wschr. Brauerei* 23 S. 63/4.

PANKRATH, Ablösung des Haustrunkes und Bierautomat.* *Wschr. Brauerei* 23 S. 362/4.

Ein neues Bierablieferungssystem. (System SPIETSCHKA.) *Erfind.* 33 S. 172/6.

Das Bottichpichen in der Praxis. *Wschr. Brauerei* 23 S. 127/31 F.

Blech. Sheet metal. Tôle. Vgl. Biegen, Dampfkessel, Eisen und Stahl, Scheren, Stanzen, Walzwerke.

BAUSCHLICHER, Bleche und Rohre als Konstruktionsmaterial für den Automobilbau. *Mot. Wag.* 9 S. 345/7 F.

LAW, brittleness and blisters in thin steel sheets.* *Iron & Steel J.* 69 S. 134/60; *Iron & Steel Mag.* 11 S. 493/503.

EICHHOFF, die angebliche Aenderungsbedürfigkeit der Würzburger Normen.* *Stahl* 26 S. 129/34.

BACH, Bildung von Rissen in Kesselblechen.* *Z. V. dt. Ing.* 50 S. 1/12, 258/9.

EICHHOFF, Risse in Kesselblechen und Aenderungsbedürftigkeit der Würzburger Normen. (Außerung zum Aufsatz von BACH. *Z. V. dt. Ing.* 50 S. 1/12, 258/9.) *Stahl* 26 S. 347/50.

BACH, zur Frage der Bildung von Rissen in Kesselblechen. (Entgegnung auf die Bildung von Rissen in Kesselblechen" von EICHHOFF.) *Stahl* 26 S. 275/7.

Risse in Kesselblechen und Aenderungsbedürftigkeit der Würzburger Normen. (Zuschriften von MARTENS, EICHHOFF und BACH.) *Stahl* 26 S. 403/4.

WIRTHWEIN, Entstehung von Rissen in Kesselblechen. *Z. V. dt. Ing.* 50 S. 1755/6.

SIMMERSBACH, die Blechwalzwerks-Anlagen der CENTRAL IRON AND STEEL CO., Harrisburg, Pa.* *Stahl* 26 S. 195/8.

THOMAS, fabrication des tôles de fer-blanc. (Usine à fers blancs; laminoir; four à réchauffer; laminoir à deux cylindres; décapeur au noir THOMAS & LEWIS; four de recuit au noir; laminoir à froid; décapage au blanc; pot d'étamage; dé graisseur.)* *Bull. d'enc.* 108 S. 886/97.

Neuere Arbeitsverfahren bei der Blechbearbeitung.* *Met. Arb.* 32 S. 399/400.

Amerikanische Blechbearbeitungsmaschinen. (Stanz- und Prägepresse mit Kurbelantrieb; Presse zum Randumlegen und Falzzudrücken; Presse zum Drahtein- und Randumlegen; Lötmaschine für Gasfeuerung; selbsttätige Doppelfalzmaschine; selbsttätige Doppelfalzverschlußmaschine; selbsttätige Abkantmaschine; selbsttätige Falzmaschine; selbsttätige Gewindedrückmaschinen; Drahtringmaschinen; selbsttätige Drahtgriffmaschine; selbsttätige Drahtformmaschine.) * *Z. Werksm.* 10 S. 438/41 F.

MOREL, le métal déployé. (Machine „Golding" servant à déployer la tôle.) * *Cosmos* 55, 2 S. 567/70.

WERKZEUGMASCHINEN-FABRIK SCHULER, Blechbiege- und Abkantmaschine. *Z. Werksm.* 11 S. 20/1.

CAUSER, Blech - Wellmaschine. (Pat.) * *Uhlands T. R.* 1906, 1 S. 62/3.

TÜMMLER, Blechbearbeitungsmaschine. (Verarbeitet bandförmig geschnittenes Blech, vermeidet aber den Walzenvorschub; Einrichtungen, um den Hub oder den Vorschubweg des Blechstreifens so einzustellen, daß d'e Erzeugnisse — beispielsweise aus Bandstahl gestanzte Zahnrädchen mit einem mittleren Loche für die Achse, oder Fahrradkettenglieder mit zwei Löchern — genau gearbeitet sind.) * *Gew. Bl. Würt.* 58 S. 174/5.

KOHL, RUBENS & ZÜHLKE, Verengung von Hohlkörpern aus Blech. (Die einzelnen Teile des verwendeten, zusammenklappbaren inneren Stempels gleiten bei der Bewegung der Presse derart an geeigneten Flächen entlang, daß die Gebrauchsstellung und das Zusammenklappen selbsttätig eintritt.) * *Z. Werksm.* 11 S. 96.

VAUXHALL AND WEST HYDRAULIC ENG. CO., Kümpel-Presse von 500 Tonnen. (Um große Kesselbleche u. dergl. mit nur einer Operation zu kümpeln.) * *Masch. Konstr.* 39 S. 198.

Blechdoppler. (Elektrischer Antrieb.) * *Stahl* 26 S. 735/6.

TOLEDO MACHINE & TOOL CO., Kniehebel-Ziehpresse. (Zum Ziehen von Zink-, Messing und Kupferblech, von Eisen, Stahl und Aluminiumblech.) * *Uhlands T. R.* 1906, 1 S. 48.

Blei und Verbindungen. Lead and compounds. Plomb et combinaisons. Vgl. Farbstoffe 1, Legierungen, Silber.

HOFMANN, neues über das Pribramer Erzvorkommen. (Silbergehalt —, Zinngehalt des Bleiglanzes; Scheelit-Vorkommen.) *Z. O. Bergw.* 54 S. 120/2.

WATSON, the lead and zinc deposits. (Of the Virginia-Tennessee region; description of the ores and the mode of occurrence; geology; methods of mining.) * *Mines and minerals* 27 S. 17/9 F.; *Trans. Min. Eng.* 36 S. 681/737.

JOHNSON, unique lead deposit.* *Eng. min.* 81 S. 794.

HAVARD, Lage des deutschen Bleihüttenwesens. *Metallurgie* 3 S. 827/31.

The Wisconsin lead and zinc district.* *Eng. min.* 81 S. 1183/6.

Lead mining in the Wisconsin — Jowa-Illinois district.* *Eng. min.* 81a S. 58/60.

WEIDMANN, Bleistein.* *Metallurgie* 3 S. 660/4.

GUILLEMAIN, theoretical aspects of lead-ore roasting. *Eng. min.* 81 S. 470/1.

PÜTZ, Vorkommen, Gewinnung und Aufbereitung der Blei- und Kupfererze des Pinar de Bédar in Süd-Spanien.* *Z. Bergw.* 54 S. 675/83.

BURRELL, zinc and lead sulphide. (Of Broken Hill, Austria; the Potter and other flotation processes of separation. *Mines and minerals* 27 S. 147/8.

MOSLARD, nouveaux procédés de désulfuration de la galène. Procédé HUNTINGTON-HEBERLEIN, procédé CARMICHAEL-BRADFORT; procédé SAVELSBERG. *Mon. scient.* 4, 20, I S. 789/97.

Der HUNTINGTON-HEBERLEIN-Prozeß. *Z. O. Bergw.* 54 S. 631/4.

DOELTZ und GRAUMANN, zur Bildung von Flugstaub und Ofenbruch im Bleihüttenbetriebe. *Metallurgie* 3 S. 441/2.

BETTS, electric lead smelting. (Electrolysis of lead sulphide dissolved in fused lead chloride.)* *Electrochem. Ind.* 4 S. 169/73; *Elektrochem. Z.* 13 S. 190/5 F.

AUERBACH, Löslichkeit von Blei in Leitungswasser. *Z. Elektrochem.* 12 S. 428/30.

KLUT, Lösungsfähigkeit des Wassers für Blei und quantitative Bestimmung kleinster Mengen Blei. *Pharm. Z.* 51 S. 534.

DANYSZ, le plomb radioactif extrait de la pechblende. *Compt. r.* 143 S. 232/4.

STÄHLI, die Radioaktivität des Bleis. *Apoth. Z.* 21 S. 1073/4.

ELSTER und GEITEL, die Abscheidung radioaktiver Substanzen aus gewöhnlichem Blei. *Physik. Z.* 7 S. 841/4.

HACKSPILL, les alliages de plomb et de calcium. *Compt. r.* 143 S. 227/9.

FRIEDRICH, Blei und Arsen.* *Metallurgie* 3 S. 41/52.

FRIEDRICH, Blei und Silber.* *Metallurgie* 3 S. 396/406.

DOELTZ und GRAUMANN, Versuche über das Verhalten von Bleioxyd bei höheren Temperaturen. *Metallurgie* 3 S. 406/8.

RUER, die verschiedenen Modifikationen der Bleioxyds. *Z. anorgan. Chem.* 50 S. 265/75.

RUER, Bleioxychloride. ⚄ *Z. anorgan. Chem.* 49 S. 365/83.

LORENZ und RUCKSTUHL, Kaliumbleichloride.* *Z. anorgan. Chem.* 51 S. 71/80.

WHITE, reactions between lead chloride and lead acetate in acetic acid and water solutions. *Chem. J.* 35 S. 217/27.

WHITE and NELSON, reactions involved in the formation of certain complex salts of lead. *Chem. J.* 35 S. 227/35.

FRIDERICH, MALLET et GUYE, nouveau procédé de préparation du peroxyde de plomb. (Utilisation du chlore.) *Mon. scient.* 4, 20, I S. 514/9.

BELLUCCI und PARRAVANO, Konstitution einiger Plumbate. *Z. anorgan. Chem.* 50 S. 107/16.

COX, Chromate von Quecksilber, Wismut und Blei.* *Z. anorgan. Chem.* 50 S. 226/43; *J. Am. Chem. Soc.* 28 S. 1694/1700.

NOYES and WHITCOMB, solubility of lead sulphate in ammonium acetate solutions. *Chem. News* 94 S. 26/9.

GAUBERT, les cristaux isomorphes de nitrate de baryte et de plomb. *Compt. r.* 143 S. 776/7.

MAYER, OTTO, Bestimmung des Bleis. (Chromatmethode.) *Pharm. Z.* 51 S. 299.

MOSER, volumetrische Bestimmung des Bleis als Jodat. *Chem. Z.* 30 S. 9.

GUESS, the electrolytic assay of lead and copper.* *Trans. Min. Eng.* 36 S. 605/9.

SNOWDON, elektrolytische Niederschläge von Blei und essigsauren Lösungen. (Anwendung einer Bleianode, der eine schnell rotierende röhrenförmige Kupferkathode gegenübersteht.) *Elektrochem. Z.* 13 S. 204.

LACROIX, Blei für Walzzwecke. (Mischung aus

Blei, Antimon und Natrium.) *Metallurgie* 3 S. 609/10.

BRONN, neue Arbeiten über die Anwendung und den Ersatz von bleihaltigen Farben und Präparaten. *Chem. Ind.* 29 S. 105/12 F.

PUSCH, über altes Bleirohr. (Blei mit Zinn und Antimon.) (Verwendung.) *Uhlands T. R.* 1906, 1 S. 15.

HART, boring capabilities of a wood-insect, with particular reference to its penetration of sheet lead.* *Chemical Ind.* 25 S. 456/8.

Bleichen. Bleaching. Blanchiment. Vgl. Chlor.

1. Bleichmittel und -verfahren. Bleaching materials and processes. Matériaux et procédés de blanchiment.

WAGNER, kritische Uebersicht der Bleichmittel für Baumwolle. *Muster-Z.* 55 S. 321/3.

KONERMANN, Bleicherei und Schlichterei von Baumwoll-Warps. *Z. Textilind.* 10 S. 49/50.

PRATT, bleaching of cotton: ancient and modern. (V) *J. Soc. dyers* 22 S. 154/6; *Text. Man.* 32 S. 206/7; *Z. Textilind.* 10 S. 87/8.

SCHOEDLER, bleaching hosiery and knit goods generally. (V) *Text. Rec.* 31, 3 S. 148/51.

DOUGLAS, bleaching and finishing cotton piece goods. (R) * *Text. Rec.* 31, 2 S. 173/6.

PICK und ERBAN, Bleichen der Baumwolle unter Zusatz von Türkischrotöl zum Chlorbade. (D. R. P. 176609.) *Text. u. Färb.-Z.* 4 S. 730/1.

ZEITSCHNER, Bleichen von Baumwolle mit gasförmigem Chlor. (D. R. P. 176089.) *Text. u. Färb. Z.* 4 S. 731/2.

PREISZ, Bleichen und Rauhen von baumwollenen Futter- und Unterkleiderstoffen. *Muster-Z.* 55 S. 195/6.

Bleaching fine counts of cotton with sodium peroxide. *Text. Rec.* 32, 1 S. 153.

AITKEN, bleaching and finishing Canton flannel. *Text. Rec.* 32 S. 156/7.

HUTTON, stains on cotton cloth. (Occurring in bleaching and dyeing.) *Dyer* 26 S. 12/3 F.

DOUGLASS, stains in bleached goods. (Causes; avoiding.) *Text. Rec.* 32, 1 S. 150/2.

GRADNER, Bleichen von Leinwand, Ramie usw. *Muster-Z.* 55 S. 425/30 F.

English process for bleaching linen and hemp fibres and fabrics. (Treating in a mixed solution of bleaching powder and permanganate of potash or permanganate of soda and then clearing or washing with an acidulated solution of bisulfite of soda.) *Text. Rec.* 31, 1 S. 159.

Neueste Reinigungs-, Bleich- und Detachiermittel. (Oxygenol, Oxygon.) *Färber-Z.* 42 S. 513/4 F.

WEGENER, Oxygenol, Perhydrol und anderes. *Färber-Z.* 42 S. 580 F.

ERBAN, use of soaps and fats in bleaching. *Text. Man.* 32 S. 26/7.

DUCKWORTH, Anwendung von elektrolytischem Chlor bei der Textilbleiche. *Z. angew. Chem.* 19 S. 624/5.

E.-G. HAAS & STAHL, Elektrolyt-Bleiche. *W. Papierf.* 37, 2 S. 2478/9.

FRAASZ, Elektrolyt-Bleiche. *Muster-Z.* 55 S. 391/2 F.

SCHRAMM und JUNGL, Tiefenausdehnung der bleichenden Lichtwirkung an gefärbten Stoffen. *Lehnes Z.* 17 S. 333/42.

ZANKER, stripping dyes. *Dyer* 26 S. 127 F.

Weiß auf Wolle. (Schwefelbleiche gegen neuere Bleichverfahren. Flatschen mit einer Lösung von Anilinviolett oder Anilinblau mittels einer Paddingmaschine.) *D. Wolleng.* 38 S. 1035/6.

White on wool. (Bleaching methods.)* *Text. Rec.* 31, 2 S. 169/71.

Das Bleichen der Wolle. (Vergleich der alten

Methode der Schwefelung mit den neueren der Oxydation.)* *Text. Z.* 1906 S. 608/9 F.

Bleichen mit Natriumsuperoxyd. *Muster-Z.* 55 S. 298/9.

Moyen de blanchir le cuir, l'ivoire, les os et la corne. (Le cuir est trempé dans la benzine, séché et blanchi avec une solution d'acide sulfurique et d'hypochlorite de sodium ou de peroxide d'hydrogène et d'ammoniaque; l'ivoire, l'os ou la corne sont blanchis par le peroxyde d'oxygène avec de l'éther ou de la benzine.) *Mon. teint.* 50 S. 6.

2. Vorrichtungen. Apparatus. Appareils.

GLAFEY, mechanische Hilfsmittel zum Waschen, Bleichen, Mercerisieren, Färben usw. von Gespinstfasern, Garnen, Geweben u. dgl.* *Lehnes Z.* 17 S. 33/6 F.

Die Maschinen für Bleicherei und Appretur der Gewebe auf der internationalen Textil-Ausstellung zu Tourcoing. (Maschinen der Maschinenfabrik JAHR, MORITZ; Gewebe-Mercerisiermaschinen, System EDLICH; Tasterkluppe; Dampfmangel mit Stahltrockenzylinder; Universal-Wasch-, Spül- und Trockenmaschine; Benzindestillierapparat mit Vorwärmer „System GERHARDT"; Zentrifuge mit Schutzvorrichtung; Meß- und Aufschlagmaschine.) * *Z. Textilind.* 10 S. 37/9.

SCHOOP, elektrische Bleichanlage.* *Färber-Z.* 42 S. 857.

SCHOOP, Bleichelektrolyser. (D. R. P.)* *Uhlands T. R.* 1906, 5 S. 77/8.

JAEGLÉ, Neuerung in der elektrolytischen Gewinnung von Bleichbädern. (Apparat „Fortschritt" zur billigen Herstellung von Hypochlorid; Elektroden: Kohle als Kathode und Platin als Anode.) WAGNER, Bemerkungen dazu. *Mon. Text. Ind.* 21 S. 20/1, 361/2.

Elektrolyt-Bleichanlage von der Elektrizitäts-Aktiengesellschaft VORM. SCHUCKERT & CO. in Nürnberg. *Uhlands T. R.* 1906, 5 S. 92/3.

BEAUMONT PUMP WORKS, STOCKPORT, cop dyeing, bleaching and sizing machine.* *Text. Rec.* 30, 4 S. 139/40.

POPPE, neue Methoden der Breitbleiche. (Bäuchvorrichtung von MATHESIUS, Vorrichtung von RIGAMONTI.)* *Text. u. Färber-Z.* 4 S. 325/7 F.

WETZEL, Bleicherei-Maschinen. (Breitbleiche unter Dampfdruck; Bleichen von Geweben in einer Dampfatmosphäre.)* *Spinner und Weber* 23 Nr. 34 S. 1/3 F.

Die mechanischen Bleich- und Färbeapparate (System B. THIES.)* *Oest. Woll. Ind.* 26 S. 226/7.

Dyeing machine adapted also for bleaching with peroxide of sodium.* *Text. Rec.* 30, 6 S. 98/100.

Blitzableiter. Lightning rods. Paratonnerres. Vgl. Elektrotechnik 5 d.

WÄCHTER, zur Statistik der Blitzschläge. (Wirksamkeit der Blitzableiter; Blitzableiter-Anlagen ohne Ableitung in das Grundwasser; Blitzschläge auf Gebäude ohne Blitzableitungen; Blitzschläge der mit Oberflächenschutz und ohne Auffangstangen hergestellten Blitzableitungen; Abschaltung der Telegraphenleitung beim Eintritt eines Gewitters von den Sprechapparaten und Anschluß an die Gebäude; Blitzableitung mittels eines biegsamen Kabels.) *Mitt. Artill.* 1906 S. 290/300.

SÜRING, Bericht des Ausschusses über den Entwurf zu Vorschriften für den Blitzschutz von Pulverfabriken und ähnlichen gefährlichen Gebäuden in Sprengstoff-Fabriken (aufgestellt vom Unterausschuß für Untersuchung über die Blitzgefahr). *Elektrot. Z.* 27 S. 576/8.

KLEINLOGEL, Blitzschutz von Eisenbetonbauten. *Bet. u. Eisen* 5 S. 84/6.

Eisenbeton und Blitzgefahr. (Blitzsicherheit der Häuser aus Eisenbeton.) *Fabriks-Feuerwehr* 13 S. 23.

Ueber mangelhaften Blitzschutz für Gebäude. (Ungenügende metal'lische Verbindung durch Umwickeln des Ableitungsdochtes um die Auffangstange.) *Z. Bayr. Rev.* 10 S. 78.

OTTO, L., Blitzableiter auf Windmühlen.* *Techn. Z.* 23 S. 468.

LORIS, ein durch Blitzschlag beschädigter Schornstein. (Mangel eines Blitzableiters.)* *Baugew. Z.* 38 S. 819/20.

Bohren. Boring and drilling. Forage et perçage. Vgl. Bergbau, Brunnen, Drehen, Gesteinsbohrmaschinen, Tiefbohrtechnik, Werkzeuge.

1. Holzbohren und dergl. Boring and drilling wood and the like. Forage et perçage de bois et de matériaux similaires.

Holzbohrer für vierkantige Zapfenlöcher der SQUARE AUGER MANUFACTURING CO.* *Prom.* 17 S. 399.

Schwellenbohrlehre. (Besteht aus zwei mit einer größeren Anzahl von Löchern versehenen Eisenplatten, die durch einen mit Grifflöchern versehenen Steg verbunden sind.) *Krieg Z.* 9 S. 161/2.

RICHTER, neue Bürstenholzbohrmaschine. (Nebeneinanderbringen zahlreicher engständiger Bohrer in einem einzigen Arbeitsgange.)* *Z. Bürsten* 26 S. 36.

Das Bohren von Weichselrohren. (Hülfsvorrichtung zum Zentrischhalten der Röhren.)* *Z. Drechsler* 29 S. 328/9.

2. Metallbohren. Metal boring and drilling. Forage et perçage des métaux.

a) Allgemeines. Generalities. Généralités.

WILLIAMS, relative merits of large and small drilling machines.* *Compr. air.* 11 S. 4142/5.

Interchangeable boring-bar cutters.* *Am. Mach.* 29, 1 S. 419/20.

b) Einspindelige Bohrmaschinen. One spindle boring- and drilling-machines. Perceuses à une bobine.

Chucking-Maschinen für Bohr- und Dreharbeiten. (Horizontale und vertikale Revolverbohrmaschinen.)* *Rig. Ind. Z.* 32 S. 64/7.

Dreh- und Bohrwerk der GISHOLT MACHINE CO. in Madison, V. St. A. *Iron A.* 77 S. 1605; *Z. Werksm.* 11 S. 105.

DRESES MACHINE TOOL CO., heavy boring, facing and tapping machine.* *Am. Mach.* 29, 1 S. 850.

BAKER BROTH., heavy drill press.* *Am. Mach.* 29, 1 S. 848/9.

DROOP & REIN, a large German armor plate boring and milling machine.* *Iron A.* 77 S. 575.

Bohrmaschine System JOST. (Selbsttätiger Vorschub.)* *Uhlands T. R.* 1906, 1 S. 9.

The COLBURN MACHINE TOOL CO. 42-inch boring mill.* *Iron A.* 78 S. 1589/90.

BURTON, GRIFFITHS & CO., automatic slot-drilling machine. *Am. Mach.* 29, 2 S. 312E.

Portable boring, drilling and milling machine.* *Am. Mach.* 29, 1 S. 363.

HALM, freistehende Bohrmaschinen, gebaut von der CINCINNATI MACHINE TOOL CO. *Dingl. J.* 321 S. 106/9.

HOLROYD & CO., broaching machine.* *Am Mach.* 29, 1 S. 429E.

KALAMAZOO RY. SUPPLY CO., design of MOORE track drill. (For use in yards and on busy roads without interrupting traffic; the upright portion carrying the crank handles can be almost

instantly lowered, without removing the lower part or the drill.)* *Eng. News.* 55 S. 154.

Pneumatic plug drill. (SULLIVAN MACHINERY CO. of Chicago.)* *Eng. Rec.* 53 Nr. 15 Suppl. S. 47.

COLLET & ENGELHARD, German electrically driven portable drilling and tapping machine.* *Am. Mach.* 29, 1 S. 372/3.

RICHARDS & CO., belt-driven boring and turning machine.* *Pract. Eng.* 34 S. 458.

TANGYE TOOL and ELECTRIC CO., heavy sensi-tive drill.* *Am. Mach.* 29, 1 S. 370 E.

RICHARDS & CO. duplex head boring and turning machine.* *Pract. Eng.* 33 S. 593.

Lochbohrmaschinen. (Kranbohrmaschine der BICK_FORD DRILL CO.)* *Z. V. dt. Ing.* 50 S. 134.

LÉVY, G., Vorrichtung zum Bohren rechtwinkliger Löcher. (Der Bohrer endet in eine dreiteilige Spitze; jede dieser drei Spitzen ist dreiseitig ausgeführt, derart, daß jede von innen aus mit einem Kreis gefräst ist, dessen Mittelpunkt die gegenüber-liegende Spitze bildet.)* *Uhlands T. R.* 1906, 1 S. 29.

A large cylinder-boring machine. * *Am. Mach.* 29, 1 S. 565.

LANG & SONS, variable-speed surfacing and boring lathe.* *Page's Weekly* 9 S. 1034/5; *Engng.* 81 S. 111/2 F.; *Z. Werksm.* 11 S. 118/9.

Wagerecht-Bohr- und Fräsmaschinen.* *Z. Werksm.* 11 S. 60/2.

Wagerechtes Dreh- und Bohrwerk von DE FRIES & CO., Düsseldorf. *Z. Werksm.* 11 S. 118.

Horizontal drilling and boring machine.* *Eng.* 101 S. 8.

The horizontal drilling, boring and tapping machine built by the BARNES CO.* *Iron A.* 78 S. 1006.

DIETRICH & HARVEY CO., wagerechte Bohr-maschine. *Z. Werksm.* 10 S. 144/5.

84" horizontal boring mill built by the NEW HAVEN MFG. CO.* *Iron A.* 78 S. 472.

POLLOCK MACNAB, horizontal boring machine.* *Eng.* 101 S. 663

SWIFT, GEORGE, horizontal boring machine.* *Am. Mach.* 29, 1 S. 429/30 E.

WOLSELEY horizontal boring machine.* *Page's Weekly* 8 S. 1444/5.

The HOEFER vertical boring and drilling machine. * *Iron A.* 77 S. 1536.

Senkrechtes Dreh- und Bohrwerk der SOCIÉTÉ ANONYME DU PHOENIX, Gent. *Z. Werksm.* 11 S. 102.

90" vertical turning and boring mill constructed by the NILES-BEMENT-POND CO.◼ *Engng.* 81 S. 71/2 F.

Ausbohrmaschine mit senkrechter Spindel BAKER BROTHERS in Toledo V. St. A.* *Z. Werksm.* 11 S. 101/2.

BUFFALO FORGE CO., vertical boring and drilling machine. (Designed for boring engine cylinders.) *Am. Mach.* 29, 1 S. 428/9.

Senkrechtes Dreh- und Bohrwerk der BULLARD MACHINE TOOL CO. in Bridgeport, Conn., V. St. A.* *Z. Werksm.* 11 S. 103/4.

Radialbohrmaschine. (Selbsttätiges Auf- bezw. Ab-wärtsbewegen des Auslegers.)* *Masch. Konstr.* 39 S. 90/1.

SCHOENING, Radial-Bohrmaschine.* *Masch. Konstr.* 39 S. 137.

Plain radial driller.* *Am. Mach.* 29, 1 S. 493/4.

A radial driller.* *Am. Mach.* 29, 2 S. 767/8.

Improved combined sensitive and radial drill.* *Am. Mach.* 29, 2 S. 140 E.

The new american radial drill, manufactured by the AMERICAN TOOL WORKS CO., Cincinnati, Ohio.* *Iron A.* 77 S. 569.

ARCHDALE & CO., improved high-speed radial drilling machine. * *Page's Weekly* 8 S. 648/9

ASQUITH, 5' radial drilling machine.* *Page's Weekly* 8 S. 989.

A new bickford radial drill, built by the BICK-FORD DRILL & TOOL CO., Cincinnati, Ohio.* *Iron A.* 78 S. 932/3.

HANNA ENG. WORKS, portable radial reamer.* *Iron A.* 78 S. 732.

NILES TOOL WORKS, Universal - Radialbohrma-schine.* *Z. Werksm.* 11 S. 49.

RICHARDS & CO., radial drilling machine.* *Pract. Eng.* 33 S. 593.

SHANKS & CO., radial drilling machine for heavy work.* *Pract. Eng.* 33 S. 48.

POLLOCK & MACNAB, machine radiale à percer et à tarauder à grande vitesse. * *Rev. ind.* 37 S. 53/4.

HEY, Schnellbohrmaschine. (Räder- und Riemen-antrieb.)* *Uhlands T. R.* 1906, 1 S. 20/1.

Schnellbohrmaschine von SCHWAB & CO. in Lüt-tich.* *Z. Werksm.* 10 S. 496.

The BIRCH suspension speed drill. * *Iron A.* 77 S. 957.

Machine à tarauder à retour rapide par BONVIL-LAIN & C. RONGERAY. * *Rev. ind.* 37 S. 485.

DEAN, SMITH & GRECE swing high - speed sur-facing and boring lathe.* *Pract. Eng.* 33 S. 689.

HETHERINGTON and SONS, a high - speed drilling, tapping and studding machine.* *Page's Weekly* 8 S. 1325; 9 S. 870.

c) Mehrspindelige Bohrmaschinen. Multiple spindleboring and drilling machines. Per-ceuses à plusieurs shabines.

Doppelausbohrmaschine für Büchsen, gebaut von MACPHERSON in Leeds.* *Z. Werksm.* 10 S. 399/400.

Maschine zum Bohren und Anfräsen der Verbin-dungsaugen an Radiatoren von COLLET und ENGELHARD in Offenbach a. M. (Zwei gegen-überstehende, wagerechte Bohrspindeln auf zwei Schlitten angeordnet.) *Z. Werksm.* 10 S. 515.

HOLMES & CO., duplex twist drill grinder.* *Am. Mach.* 29, 1 S. 341 E.

LÉVY, G., aléseuse double horizontale D'ERNAULT.* *Rev. ind.* 37 S. 73.

MILEY's MACHINE TOOL CO., duplex combined boring, planing, and facing machine. (Designed for operating on portable engine cylinders.)* *Am. Mach.* 29, 1 S. 196 E.

WEBSTER & BENNETT, two - spindle high - speed drilling machine.* *Am. Mach.* 29, 2 S. 586/7 E.

ASQUITH, three-spindle straight-thrust drilling ma-chine.* *Eng.* 101 S. 417.

Three-spindle drillhead. (BAMAG drillhead capable of simultaneously drilling three holes up to 2" in diameter.)* *Pract. Eng.* 34 S. 616/7.

SWIFT, three-spindle multiple drill.* *Page's Weekly* 8 S. 361.

CUNLIFFE & CROOM, special four-spindle horizon-tal boring machine.* *Am. Mach.* 29, 1 S. 490 E.

Four-spindle drill by WEBSTER BENNETT, Con-ventry.* *Page's Weekly* 8 S. 763.

The BAKER cylinder turret drill built by the NA-TIONAL SEPARATOR & MACHINE CO. (Four or six spindles can be furnished, with either power, hand or lever feed, or all of them.)* *Iron A.* 78 S. 1019.

SCHIESZ, six-spindle drilling.* *Eng.* 101 S. 321.

Eight-spindle multiple drilling-machine, constructed by POLLOCK & MACNAB.* *Engng.* 81 S. 472/4.

BARNES CO., mehrspindlige Bohrmaschine.* *Z. V. dt. Ing.* 50 S. 138; *Z. Werksm.* 10 S. 514.

The BAUSH No. 10 multi-spindle drill.* *Iron A.* 77 S. 1465.

Multiple spindle drill.* *Am. Mach.* 29, 1 S. 329/30.

Multiple drill-head.* *Eng.* 102 S. 561.

HABERSANG & ZINZEN, large German portable multiple radial drill. (The side walls of the girder-shaped frame are 10 m apart, and carry a cross-piece which has a vertical movement by power of 2 m.)* *Am. Mach.* 29, 1 S. 107/8 E.

JONES, POLLARD & SHIPMAN, special multiple spindle drill.* *Am. Mach.* 29, 1 S. 430 E.

The REED multiple drilling attachment.* *Iron A.* 77 S. 1683.

HOEFER, special drill. (Multiple-spindle radial drill.)* *Iron A.* 77 S. 1396.

The NILES CO. multiple drill with cross traverse to the spindles.* *Iron A.* 77 S. 1814.

d) Bohrmaschinen für besondere Zwecke (Dampfzylinder, Gewehrläufe, Kanonenrohre u. dgl.). Boring and drilling machines for special purposes (steam cylinders, barrels of guns and of cannons etc.). Perceuses pour des buts spéciaux (cylindres à vapeur, canons de fusil, bouches à feu etc.).

SOMMERMEYER & CIE., Bohrapparat für Arbeitszylinder.* *Z. Dampfk.* 29 S. 139.

A CORLISS cylinder boring machine built by the BARRETT MACHINE TOOL CO.* *Am. Mach.* 29, 1 S. 702.

Kesselbohrmaschine von COLLET & ENGELHARD. (Entfernung der Nietlöcher der Quernähte mit Hülfe von auswechselbaren Schablonen selbsttätig eingestellt.)* *Z. V. dt. Ing.* 50 S. 135.

DICKINSON & CO, horizontal drill for boiler combustion chambers. * *Am. Mach.* 29, 1 S. 103 E.

CROCKER-WHEELER CO., work of a floor-plate boring mill.* *Am. Mach.* 29, 1 S. 801/2.

Bohrmaschine. (Mit Schleifspindeln und Schleifscheiben versehen, dient zum Schleifen der kreisförmigen Türöffnungen von Geldschränken, sowie der Türen selbst.) *Z. Werksm.* 10 S. 217.

BAKER BROTHERS, car wheel boring mill. (Two changes are obtained on the countershaft by means of a shifting belt and three on the machine, making six changes in all.)* *Am. Mach.* 29, 1 S. 165.

e) Tragbare Bohrmaschinen und Bohrvorrichtungen. Portable boring and drilling machines and apparatus. Perceuses portatives et appareils de perçage.

SIEMENS-SCHUCKERT WERKE, transportable Bohrmaschinen. *Z. Werksm.* 10 S. 199/200.

The AMERICAN STEEL & WIRE Co. double twin track drill. (Portable four-spindle drill.)* *Iron A.* 78 S. 1361/2.

The MOORE track drill. (The upright and cranks are readily detachable from the lower parts, which are left in position below the top of the rail while a train is allowed to pass.)* *Railr. G.* 1906, 1 Suppl. *Gen. News* S. 184.

Drill for track work.* *Street R.* 27 S. 875.

COLLET & ENGELHARD, German electrically driven portable drilling and tapping machine. * *Am. Mach.* 29, 1 S. 372/3.

The DUNTLEY electric drills.* *Iron A.* 78 S. 76/7.

A variable speed electric drill.* *Iron & Coal* 73 S. 14.

FEIN, neue Handbohrmaschinen. (Mit elektrischem Antrieb.) *Uhlands T. R.* 1906, 1 S. 12.

Portable electric tools for rail-bonding.* *Street R.* 28 S. 890; *West. Electr.* 38 S. 296.

Magnetic drilling pillars.* *Page's Weekly* 8 S. 710/11 F.

GEORGI, Bohrmaschine für Montage.* *Z. Dampfk.* 29 S. 461.

Elektrische Bohrmaschinen für Goldschmiede. * *D. Goldschm. Z.* 9 S. 187 a.

Schnellbohrmaschine für Blech von der ELSÄSSISCHEN MASCHINENBAU-GESELLSCHAFT in Grafenstaden.* *Z. Werksm.* 10 S. 423/4.

Bohrknarre der RHEINISCHEN WERKZEUGFABRIK, G. M. B. H. in Remscheid. *Z. Werksm.* 10 S. 150

The „Little Giant" corner drill. (For drilling in close quarters and in corners.)* *Eng. Rec.* 54, Suppl. Nr. 26 S. 49.

Werkzeug zum Tiefbohren und Gewindeschneiden in tiefe Löcher. *Uhlands T. R.* 1906, 1 S. 47/8.

f) Bohrmaschinenteile. Parts of boring machines. Organes des machines à percer.

Die Befestigung von Drillbohrern. * *Central-Z.* 27 S. 20.

Verstellbare Winkelspannplatte. (Amerikanischer Bauart und bei Arbeiten auf der Hobel-, Shaping- oder Bohrmaschine verwendbar. Besteht aus einer Grundplatte, auf der die Platte unter Benutzung von Scharnieren angebracht ist.) * *Uhlands T. R.* 1906, 1 S. 93.

Spacing device for the drill press. (The table is notched on its bottom edge, 24 notches being a useful number. The indexing plunger actuated by a spring is operated by a small handle.) * *Am. Mach.* 29, 1 S. 400 E.

Interchangeable boring-bar cutters.* *Am. Mach.* 29, 1 S. 419/20.

BALL, tapping socket. (Having no projecting parts.)* *Am. Mach.* 29, 1 S. 160.

BAYARD, boring and reaming head.* *Am. Mach.* 29, 1 S. 810.

CLIFF, expanding flat drill. (A screw moves a wedge, which sets the ends of the flat drill.) * *Am. Mach.* 29, 1 S. 30.

Speed increasing drill attachment made by the GRAHAM MFG. CO.* *Iron A.* 78 S. 1159.

MARKHAM, drill jigs.* *Mech. World* 40 S. 302/3.

NOYES, design for sliding head for upright drill. (The advantage of being able to instantly change the feed while under load and to any desired degree within its limits seems to outweigh the theoretical disadvantages of possible loss of power.)* *Am. Mach.* 29, 1 S. 206/7.

PAYNE, fixture for holding cylindrical work on the drill press. (Revoluble jaws, having four different sized Vs on their periphery which gives the fixture a wide range.)* *Am. Mach.* 29, 1 S. 162.

OBERG, counterbores with interchangeable bodies and guides.* *Pract. Eng.* 34 S. 677.

QUIRE, counterbore with high-speed steel blades.* *Am. Mach.* 29, 1 S. 389.

Combination center reamer and countersink. (Made by G. R. LANG CO.)* *Am. Mach.* 29, 1 S. 396.

WESLEY, inserted tooth countersink.* *Am. Mach.* 29, 1 S. 224/5.

STIER, Bohrstange. (Die Spannschraube wird durch Drehung der gegen Längsverschiebung gesicherten Mutter auf- und niederbewegt.) *Z. Werksm.* 10 S. 149/50.

3. Gesteinsbohren. Stone boring. Forage et perçage de la pierre. Siehe Gesteinsbohrmaschinen.

4. Verschiedenes. Sundries. Matières diverses.

ENTROPY, designing a boring mill. (Boring mill details.) * *Am. Mach.* 29, 1 S. 303/6.

FREISE, über Tiefbohrloch-Lotapparate. (Lotverfahren; Einstellung von Flüssigkeitsspiegeln in Gefäßen; Verzeichnung des Standes von

schwebend oder pendelnd aufgehängten Lot-körpern.) * *Z. O. Bergw.* 54 S. 175/7 F.

PARKER, combination counterbores.* *Am. Mach.* 29, 1 S. 706 E.

Bor und Verbindungen. Boron and compounds. Bore et combinaisons.

FRANK, Borsäure-Gewinnung in Toskana. (V) *Verh. V. Gew. Sitz. B.* 1906 S 179/85.

REICHERT, die argentinischen Borkalklager. *Chem. Z.* 30 S. 150/2.

Borax mining in California.* *Eng. min.* 82 S. 633/4.

HOFFMANN, J., Gewinnung des Borsulfides aus Ferrobor, — aus Manganborid. *Z. ang. Chem.* 19 S. 1363, 2133/4.

DU JASSONNEIX, réduction du bioxyde de molyb-dène par le bore et sur la combinaison du bore avec le molybdène. *Compt. r.* 143 S. 169/72.

DU JASSONNEIX, les composés définis formés par le chrome et le bore. *Compt. r.* 143 S. 1149/51.

DU JASSONNEIX, réduction des oxydes du man-ganèse par le bore au four électrique et prépa-ration du borure de manganèse. *Bull. Soc. chim.* 3, 35 S. 102/6.

DU JASSONNEIX, réduction de l'oxyde de thorium par le bore et la préparation de deux borures ThB4 et ThB6. *Bull. Soc. chim.* 3, 35 S. 278/80.

OUVRARD, les combinaisons halogénées des bo-rates de baryum et de strontium. *Compt. r.* 142 S. 281/3.

OUVRARD, les borostannates alcalinoterreux; re-production de la Nordenskiöldine. *Compt r.* 143 S. 315/7.

TUCKER and BLISS, preparation of boron carbide in the electric furnace. *J. Am. Chem. Soc.* 28 S. 605/8.

DUKELSKI, über Borate. Gleichgewichte in den Systemen $Me_x O_y — B_2 O_3 — H_2O$ bei verschie-denen Temperaturen (Me = K, Na, Li, NH_4, Ca, Ba, Cu, Co usw.) * *Z. anorgan. Chem.* 50 S. 38/48.

ATTERBERG, die Borate der Alkalimetalle und des Ammons. *Z. anorgan. Chem.* 48 S. 367/73.

VAN'T HOFF und BEHN, die gegenseitige Verwand-lung der Calciummonoborate. *Sitz. B. Preuß. Ak.* 1906 S. 653/6.

DILTHEY, Siliconium-, Boronium- und Titanonium-salze. *Liebig's Ann.* 344 S. 300/42.

Ueber Perborate. *Erfind.* 33 S. 124/6.

REICHARD, eine neue Spezialreaktion des bor-sauren Natriums. (Reaktion mit a-Nitroso-β-Naph-tol.) *Pharm. Z.* 51 S. 298.

REICHARD, Reaktionen der Borsäure mit Opium-alkaloiden. *Pharm. Z.* 51 S. 817/8.

WOLFRUM und PINNOW, Empfindlichkeit der Bor-säure-Reaktion mit Kurkumapapier. *Z. Genuß.* 11 S. 144/54.

FENDLER, Borsäure-Nachweis. (In Fleisch und Fetten.) *Z. Genuß.* 11 S. 137/44.

JÖRGENSEN, Titration der Borsäure. *Z. Genuß.* 11 S. 154/5.

LOW, boric acid: its detection and determination in large or small amounts.* *J. Am. Chem. Soc.* 28 S. 807/23.

CASTELLANA, ricerca di alcuni acidi. (Dell' acido borico.) *Gas. chim. it.* 36, 1 S. 106/8.

VELARDI, ricerca dell' acido borico. CASTELLANA, risposta. *Gas. chim. it.* 36, 1 S. 230/6.

MANNING and LANG, determination of boric acid, alone and in the presence of phosphoric acid. *Chemical Ind.* 25 S. 397/8.

SPIEGEL, Versuche über den Einfluß von Borsäure und Borax auf den menschlichen Organismus. *Chem. Z.* 30 S. 14/5.

AZZARELLO, sulla presenza dell' acido borico nei vini genuini della Sicilia. *Gas. chim. it.* 36, II S. 575/87.

FARNSTEINER und BUTTENBERG, zur Frage des Ueberganges von Borsäure aus ·dem Futter in die Organe und das Fleisch der Schlachttiere. (Gefahr des Ueberganges liegt nicht vor.) *Z. Genuß.* 11 S. 8/10.

VAN LAER, durch Verbindungen des Bors hervor-gerufene Koagulationserscheinungen. (Agglu-tination der Hefe.) (A) *Z. Brauw.* 29 S. 165/6.

Borstenwaren. Brushes. Brosseries.

Die Fachausstellung für Bürsten- und Pinselmacherei vom 18. bis 20. August 1906 zu Dresden. *Z. Bürsten* 26 S. 3/4 F.

Die Bürstenfabrikation. (Behandlung, Gradbinden, Trocknen, Mischen der Borsten; selbsttätige Mischmaschine von BAER; selbsttätige Zupf-maschine von BAER; Aufbewahrung der Ein-zugsmaterialien; Herrichten der Kleiderbürsten-borsten und Haarbürstenzeuge; Schneiden der Borsten; Befestigung der Bündel bezw. des Ein-zugsstoffs im Bürstenkörper; Fräsen von Hölzern; KIRCHNERS Fräsmaschine mit zwei Spindeln; Lackieren und Polieren der Hölzer; Anreißen der Haarbürsten-Bohrschablonen; Bohren.) * *Z. Bürsten* 25 S. 189/90 F.

STRAHL, Herstellung von Pinseln. *Z. Bürsten* 25 S. 309/11.

Neue Bürstenhölzer-Erzeugung. (Aus Sägespänen. Beseitigung der hygroskopischen Eigenschaft durch Tränkung mit Seifenwasser und Kalkmilch, Bindung der Späne durch Wasserglas und Pressen.) *Z. Bürsten.* 25 S. 370/1.

Importance of the brush in the finishing of woollens. (Preserving the brush; straightening and stiffening the bristles.) *Text. Rec.* 4 S. 110/1.

KRAUS, Werkzeuge für die Bürstenindustrie. (Bohr-maschine; Superfix-Bohrschlitten; Haarreinigungs-wolf; Büschel- oder Stockschere; Flaschen-bürsten-Beschneidevorrichtung.) * *Z. Bürsten.* 25 S. 281/2.

Bremsen. Brakes. Freins.

1. Fahrradbremsen. Cycle brakes. Freins pour cycles. Siehe Fahrräder.

2. Für Eisenbahn- und Straßenfahrzeuge. For railway- and streetcars. Pour chemin de fer et voitures ordinaires. Siehe Eisenbahn-wesen III B 8, Selbstfahrer 7, Wagen 3.

3. Für sonstige Zwecke. Other brakes. Freins divers. Vgl. Bergbau, Geschützwesen, Hebe-zeuge, Maschinenelemente.

JONES, some notes on braking devices. * *El. Rev.* 58 S. 948/9.

NOBLE, brakes and brake design.* *Horseless age* 18 S. 629/31.

ELECTRIC CONTROLLER & SUPPLY CO. in Cleve-land, magnetische Bremse. (Für elektrisch an-getriebene Maschinen von 1 bis 100 P.S.) * *Z. Dampfk.* 29 S. 122; *Foundry* 28 S. 112/3.

LAURENCE SCOTT & CO., eine Bremsvorrichtung für Kranmotoren.* *Elektr. B.* 4 S. 380/1.

JORDAN, Kritik der Bremssysteme bei elektrisch betriebenen Hebezeugen. *Z. V. dt. Ing.* 50 S. 2011/17 F.

CHAPSAL, frein automatique de dérive. * *Nat.* 34, 1 S. 212/4.

ROST & CIE., NOWOTNYbremse. (Ein aus mehreren Windungen bestehendes Bremsband wird von einem feststehenden Gehäuse, in dem es sich ohne Spielraum leicht drehen kann, umschlossen; D. R. P. 146132, für Kräne und Winden.) * *Bayr. Gew. Bl.* 1906 S. 192/3.

REISCHLE, Vorrichtungen zum schnellen und sicheren Stillsetzen von Dampfmaschinen und Wellenleitungen. (CEJKAs Vorrichtung besteht darin, daß man mit jedem der Sicherheitsventile einer Dampfmaschine einen kleinen horizontalen Druckzylinder verbindet; desgl. mit Auslösung eines Gegengewichts durch einen Elektromagneten; desgl. von BERGER-ANDRÉ, bei dem ein Schnüffelventil in den Kondensator Luft eintreten läßt, sobald die Luftleere im Zylinder größer wird, als im Kondensator; PROELLs pneumatische Bremse; elektrische Schwungradbremse von LUCKHARDT; BAUERs und RÖMERs Fallbremsen.) (V) *Z. Bayr. Rev.* 10 S. 44/6.

European brake adjuster and indicator. (CHAUMONT brake-slack adjuster for operation by hand; for automatic operation.) * *Eng. News* 56 S. 377.

Brennstoffe. Fuel. Combustibles. Vgl. Bergbau, Erdöl, Feuerungsanlagen, Holz, Leuchtgas, Kohle, Torf.
1. Feste.
2. Flüssige.
3. Gasförmige.
4. Chemische Untersuchung.
5. Heizwert-Bestimmung.

1. Feste. Solid fuel. Combustibles solides.

LEMIÈRE, formation et recherche comparées des divers combustibles fossiles. (Etude chimique et stratigraphique.) *Bull. ind. min.* 4, 5 S. 273/349.

HOBART, burning low-grade fuel. (Heat of combustion; grate difficulty; blast; complete combustion.) *Mech. World* 40 S. 116/7.

The burning of cheap fuels. (Argand steam blower.)* *El. World* 48 S. 420/1, 855/6.

ATWATER, smokeless fuel for cities. (Its relation to the modern by-product coke oven.) * *Cassier's Mag.* 30 S. 313/21.

WURM, über Erzielung großer Heizeffekte mit geringwertiger Kohle. (V) (A) *Braunk.* 5 S. 282/5.

PEABODY, notes on the burning of small anthracite coal. *El. World* 48 S. 422/3.

BUCHNER, „Kaumazit" fuel from Bohemian brown coal. (Kept 24 hours in cokeoven retorts; the finished Kaumazit is removed from the base of the retorts and cooled.) (V) (A) *Eng. Rec.* 53 S. 538.

DIEDERICH, peat and coal mixed as fuel. *Eng. min.* 81 S. 128.

DOELTZ, Petroleumkoks für metallurgische Laboratoriumszwecke. *Chem. Z.* 30 S. 585.

BÖRNSTEIN, Zersetzung fester Heizstoffe bei langsam gesteigerter Temperatur. (Versuche.) * *J. Gasbel.* 49 S. 627/30; *Z. Dampf/k.* 29 S. 414/5; *J. Gas L.* 95 S. 836/40; *Braunk.* 5 S. 412/5.

2. Flüssige. Liquid fuel. Combustibles liquides.

Flüssige Brennstoffe. (Rentabilität; Verdampfungswert; Vorteile; Unterbringung.) *Chem. Techn. Z.* 24 S. 117; *Z. Dampf/k.* 29 S. 149.

STILLMANN, Heizöl für Lokomotiven. (Analyse.) *Chem. Techn. Z.* 24 S. 11/2 F.

Oil fuel in the navy. (Experiments carried out at Portsmouth on the torpedo-boat destroyer „Spitefull".) *Pract. Eng.* 33 S. 353/4.

LUX, Petroleum als Brennstoff für Kochzwecke und zum Beheizen von Gebäuden. * *Ges. Ing.* 29 S. 563 5.

Petroleum als Brennstoff für Kochzwecke und zum Beheizen von Gebäuden. * *Z. Beleucht.* 12 S. 329/31.

Petroleumgeruch. (Ursachen.) *Chem. Techn. Z.* 24 S. 54.

3. Gasförmige. Gaseous fuel. Combustibles gazeux. Vgl. Gaserzeuger, Leuchtgas.

M'PHERSON, flame. (Application of flame to the gas-burner of high illuminating power, to mechanical apparatus for heating, and to internal combustion motors; experiments; burners applicable to coal gas or to mixtures of coal gas and carburetted water gas.) (V. m. B.) * *J. Gas L.* 93 S. 652/5.

CHIKASHIGE, carburetted water gas in the Bunsen burner. (V. m. B.)* *Chemical Ind.* 25 S. 155/6; *J. Gas L.* 93 S. 648.

4. Chemische Untersuchung. Chemical analysis. Analyse chimique.

COUTAL, analyse des combustibles minéraux. *Bull. sucr.* 24 S. 288/301.

LEMIÈRE, formation et recherche comparées des divers combustibles fossiles. (Étude chimique et stratigraphique).* *Bull. ind. min.* 4, 5 S. 273/349.

MOHR, Brennstoffuntersuchungen im zweiten Halbjahre 1905. *Z. Spiritusind.* 29 S. 41/2.

MOHR, Brennstoffuntersuchungen im ersten Halbjahr 1906. *Z. Spiritusind.* 29 S. 310/1 F.

DE VOLDERE et DE SMET, analyse des gaz combustibles. *Rev. chim.* 9 S. 395/408.

GRAEFE, über eine schnell auszuführende Wasserbestimmung in Brennstoffen, insbesondere Braunkohlen.* *Braunk.* 4 S. 581/3.

MANZELLA, determinazione dell' umidità nei combustibili solidi naturali. *Gas. chim. it.* 36, 1 S. 109/13.

GOETZL, Schwefelbestimmung in flüssigem Brennstoff. *Stahl* 26 S. 88.

HOY, determination of phosphorus and ash in coke. *Foundry* 28 S. 155.

5. Heizwert-Bestimmung. Determination of heating power. Pouvoir calorifique. Vgl. Wärme 6.

AUFHÄUSER, die kalorimetrische Heizwertbestimmung im allgemeinen und die BERTHELOT-MAHLER'sche Bombe im besonderen. *Z. V. dt. Ing.* 50 S. 956/7; *Z. ang. Chem.* 19 S. 89/92.

KERSHAW, the MAHLER-DONKIN bomb calorimeter.* *Eng.* 102 S. 361/2.

CROSS, design of a recording calorimeter, with data obtained from its use. (Relation between the candle power and calorific value of like gases produced under the same general conditions.) (V. m. B.)* *Gas Light* 85 S. 673/5.

MILLER, a balance between calorific value and candle power in water gas. (V. m. B.) *Gas Light* 85 S. 266/70.

Heizwerte von Brennstoffen. (Im J. 1905 im Laboratorium des Bayerischen Revisionsvereines untersucht.) *Z. Bayr. Rev.* 10 S. 168/70.

HAIER, NUSZBAUM, Feuerungsuntersuchungen des Vereins für Feuerungsbetrieb und Rauchbekämpfung in Hamburg. *Techn. Gem. Bl.* 9 S. 198/200.

Fuel tests at the University of Illinois. *Eng. Rec.* 53 Nr. 21 Suppl. S. 47/8.

Heizwertbestimmung von Brennmaterialien mit dem Kalorimeter nach PARR.* *Z. Chem. Apparat* 1 S. 96/8; *J. Frankl.* 162 S. 213/4.

FERRIS, the fuel value. (Of some Tennessee and Kentucky coals; a description of the PARR calorimeter and the results obtained in using it.) * *Mines and minerals* 26 S. 345/6.

HALLBERG, fuel economy. (Relative losses of fuel, as compared with the theoretical lowest possible quantity; CO_2-recorder based on the fact that a solution of caustic potash absorbs CO_2 gas.) (V) (A) *Eng. Rec.* 54 S. 25/6.

MOHR, Zuverlässigkeit der Heizwertberechnung aus den Analysen der Brennstoffe. *Wschr. Brauerei* 23 S. 76/8; *Z. Spiritusind.* 29 S. 75/6; *CBl. Zuckerind.* 14 S. 835/6.

Verdampfungsversuche im Jahre 1905. (Saarkohle, oberbayerische Förderkohle; Stichtorf; böhmische

Braunkohle; Gemisch von Braunkohle und Holzabfällen.) *Z. Bayr. Rev.* 10 S. 105/7 F.

Verdampfungsversuche. (Des Schweizerischen Vereins unter Mitwirkung der Dampfschiffahrtsgesell-
schaft des Vierwaldstädtersees 1905.) *Z. Dampfk.*
29 S. 419/20.

Wahl des Brennstoffes. (Vergleichende Verdampfungsversuche.) *Z. Bayr. Rev.* 10 S. 73/5.

WINKELMANN, Heizwertversuche an festen Brennmaterialien. *Uhlands T. R.* 1906, 3 S. 2/3.

Heat value of coal. (Heat of combustion of
hydro-carbon gases.) *Pract. Eng.* 34 S. 259/62 F.

MANTÉ, Verdampfungsversuche mit Braunkohlen-
Briketts. *Z. Dampfk.* 29 S. 83/4.

Heizversuche mit Steinkohlenbriketten. (Aus eng-
lischen und westfälischen Kohlen. Geben mehr
Schlacke als oberschlesische Steinkohle.) *ZBl.*
Bauw. 26 S. 52.

Kohlen-Untersuchungen. (LANGBEINs Kohlenunter-
suchungen und Heizwertbestimmungen; platinierte
Bomben von LANGBEIN, KRÖKER, MAHLER;
Kalorimeter; Doppelofen für Elementar-Ana-
lysen.) *Z. Dampfk.* 29 S. 437/9.

BEMENT, testing of coal. (Volatile matter; fixed
carbon; sulphur; evaporative power; pure coal;
ash, size of coal, sampling.) (V) *Eng. Rec.* 54
S. 473/5; *Railr. G.* 1906, 2 S. 335/8.

ARTH, sur l'évaluation du pouvoir calorifique des
houilles et autres combustibles hydrogènes.
Rev. ind. 37 S. 466.

GRAEFE, die Komponenten des Heizwertes der
Braunkohle. *Braunk.* 5 S. 241/5.

SALVADORI, determinazione del potere calorifico
delle ligniti e delle torbe col calorimetro LEWIS-
THOMSEN. *Gas. chim. it.* 36, 2 S. 202/11.

PALMBERG, white moss for fuel in Sweden. *Min.*
Proc. Civ. Eng. 163 S. 455/6.

ABBOTT, some characteristics of coal as affecting
performance of steam boilers.* *Eng. News* 56
S. 276/7.

ATWATER, burning of washer slate and coke
braize. (Tests made with coal, slate and coke
braize.) *Eng. Rec.* 54 S. 577/9.

Heating value of coal and crude oil. (Tests made
in California.) *J. Frankl.* 162 S. 157.

CONSTAM und ROUGEOT, die PARRsche Methode
zur Bestimmung der Verbrennungswärme von
Steinkohlen. *Z. ang. Chem.* 19 S. 1796/1806.

JAKOB, kalorimetrische Heizwertbestimmung von
Kohle mit besonderer Berücksichtigung der
Kalorimetereichung.* *Z. Brauw.* 29 S. 533/8 F.

LANGBEIN, Heizwert von Petroleumkoks und die
Methode von BERTHIER. *Chem. Z.* 30 S. 1115/7.

WALLACE, alcohol calorimeter for coal testing.
Engng. 81 S. 527/8; *Eng.* 102 S. 619/20; *Gas*
Light 84 S. 802/3.

KERSHAW, fuel, water and gas analysis for steam
users. (The calorific valuation of fuels; applications of the test results; the approximate analysis
of feed-waters; the use of softening reagents
and the tests necessary to resultate their amount.)
El. Rev. N. Y. 48 S. 376/7 F.

DARLING, simple calorimeter for liquid fuels. *
Engng. 82 S. 404.

GLINZER, Heizwertbestimmung flüssiger Brennstoffe
mit dem JUNKERSschen Kalorimeter.* *Z. ang.*
Chem. 19 S, 1422/6.

ROSENHAIN, calorimetry of volatile liquids. (V.
m. B.) *Chemical Ind.* 25 S. 239/41.

Neuere englische Kalorimeterkonstruktionen zur
Bestimmung des Heizwertes von Gasen* *Z.*
Chem. Apparat. 1 S. 531/3.

BAIN and BATTEN, recording calorimeter for gas.
The relation of flame temperature to calorific

power.* *Chemical Ind.* 25 S. 505/7; *J. Gas L.*
95 S. 42/5.

CASAUBON, eine neue Art der Heizwertbestimmung.
(Prinzip besteht in der Messung der zur voll-
ständigen Verbrennung eines Gases erforder-
lichen Luftmenge ohne direkte Ermittelung des
Heizwertes.) (V) *J. Gasbel.* 49 S. 1056/7; *Z.*
Beleucht. 12 S. 236; *J. Gas L.* 95 S. 41/2.

Kalorimeter zur Heizwertbestimmung von Gasen
nach GRAEFE.* *Z. Chem. Apparat.* 1 S. 320/2.

LUX, das RAUPPsche Gaskalorimeter.* *Z. V. dt.*
Ing. 50 S. 1840/1; *J. Gasbel.* 49 S. 475/7; *Gas*
Light 85 S. 412/3.

WITZ, les meilleurs gas pauvres. (Calories du
gaz produit; rendement.) *Rev. ind.* 37 S. 175/7.

GRAEFE, Einfluß von wasserstoffhaltigem Sauerstoff bei der Heizwertsbestimmung. *J. Gasbel.* 49
S. 666 7.

JAEGER und VON STEINWEHR, Eichung eines
BERTHELOTschen Verbrennungskalorimeters in
elektrischen Einheiten mittels des Platinthermometers. *Ann. d. Phys.* 21 S. 23/63.

**Briefordner. Letter registrator. Appareil enregistreur
de lettres.**

BENNETT, method of filing notes. (V) *J. Ass.*
Eng. Soc. 36 S. 59.

**Brom und Verbindungen. Brome and compounds.
Brome et combinaisons.** Vgl. Chlor, Jod.

BAXTER, revision of the atomic weight of bromine.
J. Am. Chem. Soc. 28 S. 1322/35; *Z. anorgan.*
Chem. 50 S. 389/402.

LEBEAU, action du chlore sur le brome. *Ann. d.*
Chim. 8, 9 S. 475/84.

LEBEAU, sur l'existence du chlorure de brome.
Compt. r. 143 S. 589/92; *Bull. Soc. chim.* 3, 35
S. 1161/3.

LEBEAU, un nouveau composé; le fluorure de
brome. *Bull. Soc. chim.* 3, 35 S. 148/51.

RICHARDS, the existence of bromous acid (HBrO$_2$)
(V) *Chemical Ind.* 25 S. 4/5.

VON BARTAL, Kohlenoxybromid. (Darstellung
aus Tetrabromkohlenstoff durch Verseifung mit
hochprozc. Schwefelsäure.) *Liebig's Ann.* 345
S. 334/53.

PLOTNIKOW, elektrische Leitfähigkeit der Gemische von Brom und Aether. *Z. physik. Chem.*
57 S. 502/6.

BODENSTEIN und LIND, Geschwindigkeit der Bildung
des Bromwasserstoffs aus seinen Elementen.
Z. physik. Chem. 57 S. 168/92.

JANNASCH, Trennung von Chlor und Brom in saurer
Lösung durch Wasserstoffsuperoxyd.* *Ber.*
chem. G. 39 S. 3655/9.

CORMIMBOEUF, Prüfung von Bromkalium. (Bestimmung des Chlorkaliums.) *Apoth. Z.* 21
S. 432.

PŘIBRAM, Vorkommen von Brom in normalen
menschlichen Organen. (Nachweis.) *Z. physiol.*
Chem. 49 S. 457/64.

ERBAN, bromine salts as discharges. (Bromobromate.) *Text. Man.* 32 S. 63/4.

Bronze. Vgl. Gießerei, Legierungen.

FAY, manganese bronze. (Tests.) *Horseless age*
18 S. 401/2.

SPERRY, manganese bronze and its manufacture.
(Analyses of PARSONS' manganese bronzes, mak-
ing the steel alloys.) (A) *Mech. World* 39
S. 280/1.

Manganese-bronze and its manufacture.* *Am.*
Mach. 29, 1 S. 135/41.

Manganbronze. (Eisen - Manganlegierung aus
Schmiedeeisen, Ferromangan und Zinn; Mangan-

bronze zur Verwertung für Bleche, Drähte, Röhren usw.) *Bayr. Gew. Bl.* 1906 S. 325/6.

Manganese in manganese-bronze *Sc. Am. Suppl.* 62 S. 25745/6.

DEPONT, brass and bronze for the automobile. *Foundry* 28 S. 227/8.

FALKENAU, Verhalten von Stahl und Bronze in Ventil und Pumpen. (V) (A) *Gieß.-Z.* 3 S. 317/8.

HOFFMANN, schmiedbare Bronze. (Zusatz von Phosphor.) *Eisenz.* 27 S. 489/90.

Cire-perdue process at the roman bronze works.* *Foundry* 28 S. 417/22.

SPERRY, Gießen von Bronzeformen. *Metallurgie* 3 S. 804.

WHITE, H. P., fehlerhafte Bronzegüsse. *Gieß.-Z.* 3 S. 238/9.

HUDSON, microstructure of brass. (Microscopic character of copper-zinc alloys containing more than 50 per cent of copper.) (V) (A) *Mech. World* 40 S. 130.

Brot. Bread. Pain. Vgl. Bäckerei, Mehl.

COLLIN, le pain au maïs.* *J. pharm.* 6, 24 S. 481/8.

„Hardtack" the bread of all out doors. (Water biscuit or cracker, made of a dough that is stiffer than is used in making ordinary crackers, and without the addition of soda, yeast or salt.) *Am. Miller* 34 S. 35.

The leavening materials employed in bread-making. *Sc. Am. Suppl.* 62 S. 25863.

Verwendung von flüssiger Kohlensäure zur Brotbereitung. *Z. Kohlens. Ind.* 12 S. 99.

POHL, Alkoholgehalt des Brotes. *Z. ang. Chem.* 19 S. 668/9.

Brücken. Bridges. Ponts. Vgl. Beton und Betonbau, Eisenbahnwesen I B, Elastizität und Festigkeit, Erdarbeiten, Fachwerke, Pontons, Träger, Wasserbau.

    1. Theoretisches und Allgemeines.
    2. Bauausführung einschl. Gründung.
    3. Ausgeführte Brücken und Entwürfe.
      a) Feste Brücken.
      b) Bewegliche Brücken.
    4. Prüfung, Unterhaltung, Fortbewegung, Beschädigung, Einsturz.
    5. Brückenteile.

1. Theoretisches und Allgemeines. Theory and generalities. Théory et généralités. Vgl. Elastizität und Festigkeit.

MÜLLER, SIEGMUND, Beiträge zur Theorie hölzerner Tragwerke des Hochbaues. (Hänge- und Sprengwerke.)* *Z. Bauw.* 56 Sp. 678/708.

FARID-BOULAD, application de la méthode des points alignés au tracé des paraboles de dégré quelconque. (Applications pour le calcul des poutres, des arcs et des ponts suspendus.)* *Ann. ponts et ch.* 1906, 2 S. 255/68.

AURIC, calcul d'une arche en maçonnerie. (Particulier où la fibre moyenne affecte la forme d'un arc de cycloïde.) (A)* *Ann. trav.* 63 S. 216/23.

DAVIDESCO, formules employées pour déterminer l'épaisseur à la clef des voûtes en maçonnerie. (Formule nouvelle.)* *Ann. ponts et ch.* 1906, 1 S. 247/53.

LUTEN, empirical formulas for reinforced arches. (Tests with models.)* *Eng. News* 55 S. 718/20.

LUTEN, curves for reinforced arches. (ALEXANDER THOMSON's method of designing.)* *Eng. Rec.* 53 S. 482/3.

BRIK, zur Frage über die zulässige Inanspruchnahme eiserner Brückenorgane hinsichtlich des Widerstandes gegen das Zerknicken.* *Wschr. Baud.* 12 S. 121/7.

DILLEY, footing in foundations. (Shearing-stresses

in the masonry, vertical pressures; ultimate horizontal shearing-resistances.) (V)* *Min. Proc. Civ. Eng.* 163 S. 309/18.

KLIEWER, Ermittlung der Schnittpunkte bei gekreuzten Diagonalen.* *Schw. Bauz.* 47 S. 51/2.

KINKEL, Ermittlung der Schnittpunkte bei gekreuzten Diagonalen. (Zu KLIEWERS Aufsatz auf S. 51/2.)* *Schw. Bauz.* 47 S. 210.

D'OCAGNE, remarque sur la construction du rayon de gyration. (Vgl. Ann. ponts et ch. 1905, 4 S. 280.)* *Ann. ponts et ch.* 1906, 2 S. 281/2.

FRANCKE, ADOLF, einige allgemeine elastische Werte für den Kreisbogenträger. (Wirkung des Scheitelschubs; Wirkung beliebig gerichteter Einzelbelastung bei symmetrischem Angriff; besondere Werte für bestimmt gerichtete Belastung; symmetrischer Angriff zweier Biegungsmomente.)* *Z. Arch.* 52 Sp. 45/54.

NITZSCHE, über Einflußlinien. (Anwendungsbeispiele; Ermittelung der Stabspannungen in einfachen Fachwerks-Balkenbrücken mittels Einflußlinien.)* *Techn. Z.* 23 S. 397/9.

MÜLLER-BRESLAU, über parabelförmige Einflußlinien.* (Ergänzung zu Jg. 1903 S. 113/6.)* *Zbl. Bauw.* 26 S. 234.

ELWITZ, Bestimmung der Einflußlinien für die Kantenpressungen beim Vollwandbogen mit zwei und drei Gelenken.* *Zbl. Bauw.* 26 S. 154/5.

RAMISCH, Bestimmung der gegenseitigen Drehung der Scheitel und der Auflagergelenke eines Dreigelenkbogens aus Beton.* *Zem. u. Bet.* 5 S. 72/6.

MÜLLER-BRESLAU, Berechnung von Schiffbrücken mit Gelenken. (Vereinfachung bei der Ermittlung der Biegungslinien und Festpunkte.)* *Z. Bauw.* 56 Sp. 151/68.

LEBERT, ponts suspendus et ponts en arc. (Méthode de GODARD; formules de GODARD, mises en concordance avec celles de MAURICE LÉVY.)* *Ann. ponts et ch.* 1906, 1 S. 26/59.

L'évaluation graphique des dimensions des éléments d'un pont suspendu sur câbles. *Rev. belge* 30 Nr. 5 S. 116/22.

DESCANS, arcs à deux rotules et arcs encastrés (Arc à âme pleine; lignes d'influence des tensions sur les fibres extrèmes; arc en treillis; pont à béquilles; moyens de réduire les poussées sur les appuis des arcs à rotules; arc à deux rotules muni d'un tirant; arc sollicité par des forces horizontales; arc muni d'un tirant; pont à balances équilibrées; calcul approximatif d'un arc encastré à ses deux extrémités; deformations.)▣ *Ann. trav.* 63 S. 493/636.

MÖRSCH, Berechnung von eingespannten Gewölben.* *Schw. Bauz.* 47 S. 83/5 F.

Unsymmetrisch elastisch eingespannte Kämpfer. (Ermittlung der inneren Kräfte des Bogenträgers.) *Z. Arch.* 52 Sp. 54/5.

CURTIS, W., T., method of calculating bridge stresses under wheel loads. (V) (A)▣ *Eng. News* 55 S. 695/6.

Knotty problem in stress-analysis; dangerous „safe stresses" in a reinforced concrete bridge. (Which failed under 16500 lb. traction engine twelve hours after being thrown open to traffic.)* *Eng. News* 56 S. 336/8.

Moving loads on railway under-bridges.* *Engng.* 82 S. 307/8.

PACKARD, maximum bridge stresses under live load.* *Eng. Rec.* 54 S. 279/80.

BUEL, uniform live loads for railroad bridges, and shearing stress in webs of plate girders.* *Railr. G.* 1906, 2 S. 123/4.

KIRKHAM, equivalent uniform live loads for railroad bridge trusses. (Comparison of stresses

computed by wheel-load and by equivalent uniform load for five different trusses, from 106' to 200' in span.)* *Eng. News* 56 S. 278/9.

MC KIBBEN, distribution of loads on stringers of highway bridges carrying electric cars.* *Eng. News* 55 S. 422/3; *Technol. Quart.* 19 S.169/72.

KNIGHT, train load of plate girder bridges. (56 cars, carrying 44 deck plate - girders.)* *Eng. News* 55 S. 547.

WATSON, concerning the investigation of overloaded bridges. (Stresses in stringers and floorbeams of railway bridges; unit stresses in bearing of the flange rivets of built - up stringers of railway bridges examined or computed by the writer; experiments on riveted joints.) (V. m. B.) *Proc. Am. Civ. Eng.* 32 S. 326/35; *Trans. Am. Eng.* 57 S. 247/64 F., 853/8; *Eng. News* 56 S. 200/1.

ESLING, problem relating to railway - bridge piers of masonry or brickwork. (Lines of pressure at intersections of components of forces.) (V)* *Min. Proc. Civ. Eng.* 165 S. 219/30.

Bearing capacity of earth foundation beds. (CORTHELL's work in collecting and analyzing the pressure on the foundation beds of certain stable structures.) *Eng. Rec.* 54 S. 647/8.

CORTHELL, allowable pressures on deep foundations. (Date in reference to 178 works.) (V) *Min. Proc. Civ. Eng.* 165 S. 249/51; *Eng. News* 56 S. 657/81; *Eng. Rec.* 54 S. 629.

BAILY, determination of actual earth pressure from a cofferdam failure. (Excavation made between triple-lap dressed 2" sheet piling.)* *Eng. News* 56 S. 170.

RAMISCH, Berechnung von Eisenbetonsohlen zum Abschluß wasserdichter Baugruben mit Rücksicht auf Grundwasserauftrieb. *Zem. u. Bet.* 5 S. 174/5.

LÉVY, refus des pilotis. (Formule de PONCELET.) *Ann. trav.* 63 S. 1338/9.

LÉVY, G., note au sujet du refus des pilotis. (Le refus auquel on doit battre les pieux dépend de la charge qu'on veut leur imposer et qui ne doit pas dépasser 30 à 40 kilogrammes par centimètre carré.) *Ann. ponts et ch.* 1906, 2 S. 287/8.

Vorschrift des k. k. Ministeriums des Innern vom 16. März 1905 über die Herstellung von Straßenbrücken mit eisernen oder hölzernen Tragwerken. (a)* *Wschr. Baud.* 12 S. 217/24; *Mém. S. ing. civ.* 1906, 2 S. 854/5.

Standard specifications for bridges and general construction work.* *Iron & Coal* 73 S. 2.

NOBLE TWELVETREES, the Ouseburn Valley scheme Newcastle - on - Tyne. * *Eng. Rev.* 15 S. 355/64.

GUIDI, nuove osservazioni sull' influenza della temperatura nelle costruzioni murarie. (Ponte sull' Adda presso Morbegno, che fornio oggetto delle esperienze di che trattasi, é in muratura di granito ed ha 70 m di luce e 10 m di freccia.) (A) *Giorn. Gen. civ.* 44 S. 166/71.

STAVENHAGEN, Ueberwinden von Wasserläufen in kriegstechnischer Hinsicht.* *Prom.* 17 S. 417/21 F.

ÖRLEY, Eisenbahnbrücken in Gleiskrümmungen.⊟ *Wschr. Baud.* 12 S. 663/73.

2. Bauausführung, einschl. Gründung. Foundation and erection. Fondation et construction. Vgl. 3, 4, 5, Erdarbeiten, Hochbau 5 b, Rammen.

Neuere Gründungsmethoden. (Brückenwiderlager- und Pfeiler aus Beton mit eingeschlossenen eisernen Tragpfählen von ROSZMANITH.) * *Bet. u. Eisen* 5 S. 10.

LEIBBRAND, Fortschritte im Bau weitgesprengter flacher massiver Brücken. (Stein, Beton und

Eisenbeton; Ausführbarkeit von Brücken mit 100 m und mehr Spannweite; Einfluß der Temperatur bei flachen Gewölben von geringer Stärke; Vervollkommnung der Berechnung der Gewölbe, Anpassung der Gewölbeform an die berechnete Drucklinie; Anordnung von Kämpfer- und Scheitelgelenken in den Gewölben; Aussparung offener Fugen während des Wölbens in größerer Zahl über den Stützpunkten der Lehrbogen; Ausführung großer Flachbrücken, auch in Fällen, wo auf weichem Gestein oder Geschiebeschichten gegründet und der Untergrud künstlich gedichtet werden mußte unter Anwendung sogenannter verlorener Widerlager; Erleichterung des Baues durch mehrfache Benutzung der Lehrgeräte, durch Herstellung künstlichen Sandes usw.) *Bet. u. Eisen* 5 S. 249/52 F; *D. Baus.* 40 S. 588/9 F.

GAYLER, foundations of reinforced concrete arch bridges. * *Eng. News* 55 S. 389/90.

Sub-aqueous foundations, with recent examples of the use of compressed air. (a) ⊟ *Eng. Rev.* 14 S. 5/15.

HROMATKA, neue Gründungsart. (Anwendung der Gründung nach dem System „Compressol“.)⊟ *Wschr. Baud.* 12 S. 313/7.

Shallow bridge foundations. (Over the Bagmati River, in India. Fascines were woven between the piles, a shallow excavation was made inside of them and a second row of piles parallel to the first and about 6' from it was driven and sheeted like the first, a third row driven, and finally, a fourth which carried the terraced pit down to the bottom of the footing.) * *Eng. Rec.* 54 S. 544.

Use of concrete piles. (Foundation formed on the DULAC „Compressol“-system; RAYMOND pile for soft ground; Simplex pile with steel shoe, with „Alligator" shoe.)* *Railw. G.* 1906, 2 S. 238/40.

NATIONAL INTERLOCKING STEEL SHEETING CO., of Chicago, a new interlocking steel sheet pile. * *Eng. Rec.* 54 Suppl. Nr. 16 S. 48.

Standard light section of steel sheet pile section for trench work. * *Eng. Rec.* 54 Suppl. Nr. 13 S. 48.

HILGARD, über neuere Fundierungsmethoden mit Betonpfählen. (Systeme RAYMOND, HENNEBIQUE, CORRUGATED CONCRETE PILE CO.; mit schwalbenschwanzartig gefalztem Stahlblech, verstärkter „Ferroinclave"-Betonstahl vom Jahre 1900 System DULAC mit trockenem, plastischem Lehm ausgestampft, das Höhlen durch Rammen; GOW & PALMER, Ramme für „Raymond-Pfähle".) (A) *Schw. Baus.* 47 S. 32/7 F.

SCHÜRCH, Eisenbetonpfähle und ihre Anwendung für die Gründungen im neuen Bahnhof in Metz. (In Erweiterung eines Vortrages des Verfassers, gehalten in der IX. Hauptversammlung des „Deutschen Beton-Vereins" zu Berlin 1906; Eisenbetonpfahl-Gründungen für Landungs-Brücken und Kaimauern von HENNEBIQUE; Gründungsweise ZÜBLIN; Verlängerung von Eisenbetonpfählen; sechseckiger Pfahlquerschnitt; Einrichtung zur Wasserspülung D. R. P. 157170; liegende Herstellung; Herstellung stehender Form; der Kopf wird beim Rammen durch eine patentierte eiserne Schlaghaube geschützt.) (V)* *D. Baus.* 40 S. 398/401 F.

CHENOWETH, a concrete pile foundation. (CHENOWETH's method for protecting the head of the pile from jar and transmitting the blow by use of a driving cap.) *Eng. News* 56 S. 677.

Driving reinforced concrete piles. * *Cem. Eng. News* 18 S. 133.

WEFRING, Dodvikfos bridge; injection of cement-mortar into cavities in masonry piers. (Girder

bridge of three spans.) (A) *Min. Proc. Civ. Eng.* 165 S. 390/1.

Protecting piles from the teredo. (Creosote; vitrified clay pipe and sand filling; AYLETT's sectional concrete pipe.)* *Railr. G.* 1906, 2 S. 137/8.

LOCK JOINT PILE CO., Pfahlschutz. (Schutz und Befestigung von Holzpfählen am Meeresstrand; Schutzröhren aus zwei Hälften zusammengeschlossen.)* *Bet. u. Eisen* 5 S. 227.

PARKER, scarfed point for sheet piles.* *Eng. News* 55 S. 609.

RIEGER, Pfahlziehen. (Auswuchten; Pfahlziehen mittels zweier Maschinenwinden.)* *Techn. Z.* 23 S. 371/3.

LANG, Baugrubenumschließungen mit Bogenblechen. (Auf die Festigkeit, Betriebssicherheit, Verwendungsfähigkeit und Kosten usw. sich erstreckende Vergleiche zwischen Holz- und Bogenblechwand.)* *D. Baus.* 40 S. 10/4, 268/71.

MÖLLER, M., Spundwände aus Eisen. (Hohle Spundpfähle aus Weißblech. Querschnittsform von LARSZEN und KRUPP.)* *Zbl. Bauw.* 26 S. 117.

LANG, Spundwände aus Eisen. (Berichtigung zu M. MÖLLERs Abhandlung S. 117.) *Zbl. Bauw.* 26 S. 178.

LARSSEN, Spundwände aus Eisen. (Zu M. MÖLLERs Aufsatz S. 117 u. 178.)* *Zbl. Bauw.* 26 S. 446.

GRIGGS, economy of steel sheet piling for cofferdams for bridge piers. (Bridge over Paint Creek near Chillicothe, Ohio.) *Eng. Rec.* 53 S. 557.

Steel piling cofferdams for bridge piers. (Near Chillicothe, Ohio. Cofferdams made of the steel sheet piling manufactured by the U. St. STEEL PILING CO.)* *Eng. Rec.* 53 S. 505.

VANDERKLOOT STEEL PILING CO. of Chicago, new type of steel sheet piling. (Consists of integral sections, or units that are so rolled that they are double interlocked in driving and require no rivets or accessory parts.)* *Eng. Rec.* 54 Suppl. Nr. 24 S. 47.

New type of interlocking steel sheet piling. (Modified form of I-beam, with the flanges so formed that those of adjacent piles interlock with one another.)* *Eng. News* 56 S. 667.

HOWARD, plan for building cofferdams for river piers. (Construction of the Georgia, Carolina & Northern Ry. Breakwater or current deadener. *Eng. News* 56 S. 560/1.

JACKSON, extension ribs and jacks for caissons and trenches. (In the construction of the deep concrete piers.)* *Eng. News* 56 S. 117.

Restoring to the perpendicular a compressed air caisson. *Eng.* 102 S. 189.

V. LIMBACH, Stützwände. (Vergleich zwischen den vorgeschriebenen Formen und einer vorgeschlagenen Typenreihe von 1 bis 6 m hohen Winkelstützmauern.) (A) *Bet. u. Eisen* 5 S. 227.

Wiederaufrichtung einer Stützwand aus Beton für eine Straßenbrücke. (In Pueblo im Staate Colorado. Unterfangung.) *Zem. u. Bet.* 5 S. 278/9.

DUNCAN, plumbing and strengthening a leaning retaining wall and bridge abutment.* *Eng. News* 55 S. 386.

Die Anfertigung der Sinkstücke.* *Techn. Z.* 23 S. 552.

Die Anfertigung der Senkfaschinen.* *Techn. Z.* 23 S. 593/4.

Erection of bridges. (Girders, by lifting in one piece; Esla bridge; Crumlin, Meldon viaduct; Saltash bridge; temporary footbridge alongside London bridge; BRAHMANI bridge; railway spans at Mayence; plate girder bridge at Philadelphia.)* *Railw. Eng.* 27 S. 360/2 F.

WEBSTER, special details of a long plate-girder span. (Thirty-third st. highway bridge of East

Fairmont Park, Philadelphia; protected from smoke and locomotive gases by a sheathing white pine fencing lumber.) * *Eng. Rec.* 53 S. 718/9.

VON EMPERGER, Gitterträgerbrücken System VISINTINI. (Gitterträger mit durchweg geneigten Füllungsgliedern und solche mit zwei Gruppen von Streben, d. h. mit senkrechten und geneigten Füllungsgliedern.)⊞ *Bet. u. Eisen* 5 S. 220/5.

ZIPKES, Eisenbetonbrücken mit versenkter Fahrbahn. (Die vom Verfasser in der Fa. LUIPOLD U. SCHNEIDER ausgeführten Arbeiten.)⊞ *Bet. u. Eisen* 5 S. 140/4 F.

Rapid plate girder erection with a derrick car. (AMERICAN BRIDGE CO., of New York fifteen 90' deck spans of old lattice girder superstructure which were replaced by plate girders in 15 days; derrick designed by MITCHELL.) *Eng. Rec.* 53 S. 281.

Rapid construction of great bridge spans. (Pneumatic caisson foundations; concrete masonry; pin connections; cantilever method; erection of the suspended superstructure of the 1,600' Williamsburg bridge.) *Eng. Rec.* 54 S. 282/3.

SHOEMAKER & CO., gin pole erection of a long (109') span plate girder bridge. (Gin pole for unloading the girders and placing them in their final positions.)* *Eng. Rec.* 53 S. 366.

PASSONE, dei ponti di circostanza.⊞ *Riv. art.* 1906, 3 S. 353/83 F.

Rigid suspension bridges system GISCLARD.* *Eng.* 101 S. 98.

JOHNEN, Brücken über kleinere Wasserläufe. (Hölzerne Brücken, eiserne Brücken.) *Techn. Z.* 23 S. 430/3.

Fabrication of the Quebec bridge. (Anchor and main spans of 500 and 1,800' respectively are 315' deep an divided into 50' and 56' panels with their principal members varying from 50' to over 100' in length, and having maximum weights of over 100 t.)* *Eng. Rec.* 54 S. 669/70; *Sc. Am.* 95 S. 228.

Handling members in the erection of the Quebec bridge. (20 t hooks for handling girders; unloading bottom chord section with yokes and steel tackle.)* *Eng. Rec.* 54 S. 325/6.

Adjustable connection of anchor-arm lateral system, Quebec bridge. (Roller bearing of tenon girder in transverse strut. Automatic counterweights for roller adjustment.)* *Eng. Rec.* 54 S. 728/9.

Camber adjustments made in the erection of the Quebec Bridge. (Cellular steel platforms in an upper and lower separated by powerful hydraulic jacks.)* *Eng. Rec.* 54 S. 298.

SCHAPER, Ausbildung schiefwinkliger, oben offener Balkenbrücken. (Balkenbrücken ohne Zwischenstützen; Brücken mit Mittelstützen.)* *Zbl. Bauw.* 26 S. 498.

NOTT, design for a skew bridge.* *Builder* 90 S. 232/3.

VIERENDEEL, poutres métalliques à arcades. *Ann. d. Constr.* 52 Sp. 124.5.

LOGEMAN, design of plate-girder web splices. (Simplifying the design of a splice to resist both shear and bending moment.) *Eng. News* 56 S. 227/9.

MÖLLER, M, neue Bogenkonstruktion. (16 m Spw., Dreigelenkbogen, wobei die unteren Gelenke in statisch bestimmter Weise in den Widerlagern angeordnet worden sind, die Bewegung der Mittelgelenke jedoch durch eine durchgehende Schließe beschränkt ist.)* *Bet. u. Eisen* 5 S. 263.

HEIM, Gewölbegurten für große Lasten. (Ueberwölbung des Düsselbachs mit einem halbkreisförmigen Betongewölbe; drei parabolische Bogen unter den drei deckentragenden Mauern paralle¹

zur Straßenfront und ein gerader Sturz in der dazu normalen Richtung zur Abfangung der Trennungsmauer angeordnet, welche über die drei Bogen läuft.) ⊠ *Bet. u. Eisen* 5 S. 28/30.

Arch construction of the Connecticut Ave. Bridge, Washington. (Center concrete hingeless arches of 82′ and 150′ clear span without steel reinforcement; ring stones moulded in forms at the site.) * *Eng. Rec.* 53 S. 675/6.

„Horseshoe" concrete arches. (The end of the arch is a warped surface of helicoidal form.) ⊠ *Railr. G.* 1906, I S. 402/4.

Design of centers for parabolic concrete arch bridge, Washington, D. C. (Erected without a derrick, or a gin pole.)* *Eng. News* 55 S. 453.

Aufbau eines Brückenlehrgerüstes. (Ueber den Coobs Creek; Eisenbetonbrücke von 13,85 m Spw. in einem Winkel von 74 Grad zur Flußrichtung ausgeführt; Lehrgerüst aus Gitterträgern, deren jeder aus zu einem Sprengwerk vereinigten Planken bestand.)* *Zem. u. Bet.* 5 S. 199/201.

TEICHMANN, Lehrgerüste und Wölbungen von Betonbrücken.* *Techn. Z.* 23 S. 357/8.

MILBURN, form of arch centering.* *Eng. News* 56 S. 207.

KERBAUGH, erecting temporary trestles. * *Eng. Rec.* 53 S. 43.

PREUSZ, Feldscheune mit Fahrbrücke. (Fahrbrücke aus halbrunden Hölzern; Radführung aus ∟-Eisen.)* *Wschr. Baud.* 12 S. 453.

3. Ausgeführte Brücken und Entwürfe. Bridges constructed and projected. Ponts exécutés et projetés.

a) Feste Brücken. Permanent bridges. Ponts fixes.

α) Deutschland, Oesterreich-Ungarn, Niederlande, Belgien und Schweiz. Germany, Austria-Hungary, Netherlands, Belgium and Switzerland. Allemagne, Autriche-Hongrie, les Pays-Bas, le Belgique et Suisse.

Die neue Schwanentorbrücke in Duisburg. (Ueberspannt den Hafen mit einer Mittelöffnung mit vollwandigen Blechträgern von 16 m und zwei Seitenöffnungen von je 15,5 m Weite. Mittels elektrischer Kraft bewegliche Klappen mit Blechträgern; Gründung auf gemauerten, rechteckigen Brunnen; durch Konsolträger unterstützte Fußwege; zur Vermeidung elastischer Durchbiegungen der Klappenträger beim Befahren der Brücke sind in Brückenmitte zwei Riegel angebracht, die durch Handhebel bedient werden.) ⊠ *Z. Bauw.* 56 Sp. 631/42.

BOHNY, Bau der Straßenbrücke über den Rhein zwischen Duisburg-Ruhrort und Homberg.* *Zbl. Bauv.* 26 S. 312/4.

„Franzensbrücke" in Buchelsdorf bei Freiwaldau. (Fahrbahnkonstruktion aus Eisenbeton System AST & CO. 19,5 m Spw.)* *Bet. u. Eisen* 5 S. 83/4.

Isarbrücke bei Grunwald. (Zwei Bögen von je 70 m Spw. und 12,8 m Pfeilhöhe. Lehrgerüst mit unmittelbarer Unterstützung durch Pfähle; Ausrüstung mit Sandtöpfen. Die Gelenke sitzen auf Quadern aus Eisenbeton, von denen sie durch Bleiplatten getrennt sind.)* *Zem. u. Bet.* 5 S. 35/40.

Die Eisenbahnbrücke über die Gutach im Schwarzwald.* *D. Bauz.* 40 S. 595/600 F.

KRÜGER & LAUERMANN, Kerkerbachbrücke zu Heckholzhausen (Oberlahnkreis). (12 m Spw., Pfeil von 1/12 der Spw., eine Schiefe der Brückenachse zur Widerlagerflucht von 60° bei einer Breite von 4 m; das Gewölbe ist parallel zu

den Leibungen und den Stirnflächen mit Rundeisen-Einlagen versehen.) * *D. Bauz.* 40, *Mitt. Zem-, Bet.- u. Eisenbetonbau* S. 10/11.

Untere Brenzbrücke in Heidenheim.* *Z. Transp.* 23 S. 685/8.

Straßenbrücke aus Beton bei Neckargartach. (Stampfgerüst; 5 Bogen von je 40 m Spw. und mit einem Stichverhältnis von 1/8—1/10; jeder Bogen hat 3 Granitgelenke.)* *Zem. u. Bet.* 5 S. 370/4.

BENDUHN, neue Stettiner Straßenbrücken. (Bahnhofsbrücke mit 3 Oeffnungen von je 45 m mit eisernen Bogenträgern und einer Klappenöffnung von 18 m Spw., wobei die Klappen durch Druckwasser bewegt werden; Hansa-Brücke, lichte Weite zwischen den Land- und Strom[Klappen-]pfeilern auf jeder Seite 37,20 m; Klappenpfeiler mit darin unterzubringenden Hinterarmen und Gegenständen; elektrischer Antrieb der Klappen; die Baumbrücke und die Parnitz-Brücke; Stützweiten von 48 m und 32 m; Brücken in der Altdammer Chaussee; Sichelbogenträger mit angehängter Fahrbahn und durch Zugband aufgehobenem wagrechtem Schub.) ⊠ *D. Bauz.* 40 S. 119/21 F.

WEIDMANN, Wegeüberführung aus Eisenbeton. (Von 22 m Länge und 5 m Breite. Ueberbrückung eines Einschnittes im Zuge der Zufuhrstraße zum neuen Bredower Friedhof in Stettin; Balkenbrücke mit beiderseitig vorkragenden Enden.)* *Z. Arch.* 52 Sp. 490/4.

SCHÜRCH, neuere Eisenbetonbrücken, ausgeführt von der Fa. ED. ZÜBLIN in Straßburg i. E. (Brücke über den Kanal am rechten Ufer der Mosel; mittels GRIOTscher Biegungsmesser abgelesene Durchbiegungen; Flutbrücke am linken Ufer der Mosel; besteht aus 4 durchgehenden Balken mit 3 Oeffnungen von einer lichten Weite von 8,6, 12,8 und 8,6 m; Brücke über die Orne in Rombach (Loth.); der durchgehende Balken hat 7 Oeffnungen von. je 8 m Weite.) * *Bet. u. Eisen* 5 S. 117/9.

WAYSS & FREYTAG, Brücke bei Bad Tölz. (Schubfreie Plattenbalkenbrücke mit drei Oeffnungen von 13 bez. 11 m Spw.)* *Bet. u. Eisen* 5 S. 231/2.

Straßenbau im Tale der Wilden Weißeritz. (Der auskragende Fußweg am Bahnhof Edle Krone; Tragwerk, bestehend aus I-Trägern, zwischen denen Beton-Eisenplatten eingespannt sind; Weißeritz-Verlegung; Wölbbrücke über die Wilde Weißeritz; massive schiefe Brücken.)* *Techn. Z.* 23 S. 4/7.

RAPPOLD, Wallstraßenbrücke in Ulm a. d. D. (Württemberg). (Besteht aus einem Dreigelenkbogen von 65,5 m lichter Weite und 57 m Stützweite zwischen den vorgekragten Kämpfergelenken, Pfeilhöhe 1/10 der Stützweite; Widerlager und Bogen sind rein in Beton ausgeführt; Gelenke aus SIEMENS-MARTIN-Gußstahl.)* *Bet. u. Eisen* 5 S. 27/8.

SOUKUP und KOULA, über die beiden projektierten Moldaubrücken im Assanierungsrayon in Prag. (Niklasbrücke: versteifter Bogen mit zwei Kämpfergelenken, drei Oeffnungen in der Weite von 47,80 m, 53,10 m und 59,20 m.) (∇) (∧)* *Wschr. Baud.* 12 S. 64/5.

NOWAK, der Eisenbetonbau bei den neuen, durch die k. k. Eisenbahnbaudirektion hergestellten Bahnlinien der österreichischen Monarchie. (Brücken und Durchlässe.) ⊠ *Bet. u. Eisen* 5 S. 187/9 F.

PLENKNER, kritische Betrachtungen über den Wettbewerb für eine Moldaubrücke beim Rudolfinum in Prag. (7 Entwürfe.) (a) * *Wschr. Baud.* 12 S. 297/307, 648/50.

VELFLÍK, Ergebnis des Wettbewerbes für die Moldaubrücke beim Rudolphinum. (Sachliche Würdigung der eingegangenen sieben Entwürfe.) (V) (A) *Wschr. Baud.* 12 S. 78/9.

HAWRANEK, die Marchbrücke in Ungarisch-Hradisch. (a)* *Z. Oest. Ing. V.* 58 S. 541/5 F. Hilfsfußbrücke in Utrecht. (Fachwerk, 31,8 m Spw. bei 2 m Breite.)* *Wschr. Baud.* 12 S. 437.

CHAUDY, pont de commerce établi sur la Meuse, à Liège. (Construit par la SOC. JOHN COCKERILL. Pont en arc à deux travées, du type des ponts à poutres discontinues en arcs s'arcboutant. Calculs.)* *Rev. ind.* 37 S. 35/6.

COLBERG, Illerbrücken bei Kempten im Allgäu. (Nach Plänen von BEUTEL. Spw. 64,5 bei etwa 32 m Pfeilhöhe und 3 Bogen von je 21,5 m Spw.; Hauptgewölbe ist ein Dreigelenkbogen mit stählernen Gelenken im Scheitel und an den Kämpfern, spannt sich auf rd. 50 m, während der Rest der Spannweite durch die Auskragung der Widerlagspfeiler erreicht wird; Eisenstützgerüst für den hölzernen Lehrbogen, bestehend in einem zweifach statisch unbestimmten Trägersystem, welches unten auf zwei provisorischen Betonpfeilern im Fluß ruhte und beiderseits zur Unterstützung der Kämpfer auskragte; im Scheitel und in den Kämpfern Stahlgelenke.) (A) ▣ *D. Baus.* 40 S. 219/22 F.; *Tonind.* 30 S. 1605/10.

GUTZWILLER, die neue Basler Rheinbrücke. (7 steinerne Bögen von 24,5, 27,0 und 28,0 m und 10,5 m Spw.) ▣ *Schw. Baus.* 47 S. 1/6 F.; *Eng.* 101 S. 398.

MELAN, die Beton-Eisen-Brücke Chauderon-Montbenou in Lausanne.* *Z. Oest. Ing. V.* 58 S. 333/9; *Z. Transp.* 23 S. 370/2.

β) Frankreich und Italien. France and Italy. France et Italie.

LEINEKUGEL LE COCQ., pont à transbordeur sur le Port-Vieux à Marseille. ▣ *Gén. civ.* 48 S. 265/71 F.; *West. Electr.* 39 S. 4.

Pont de Montbrillant. (Il est porté par deux piles distantes de 9,70 à 10,20 m d'axe en axe. — Il est à la fois biais et en pente de 0,085; largeur de 5 m; système HENNEBIQUE.)* *Bet. u. Eisen* 5 S. 299.

BONNIN, cantilever bridge over the Seine at Passy; Metropolitan Ry of Paris. (Double-deck structures. Three spans, the middle one 177' (54 m) and the two shore spans each 95' (29 m) between center of pier and points of support on the abutment.)* *Eng. News* 56 S. 304/6.

MÜLLENHOFF, some comments on the Austerlitz Bridge for the Paris Metropolitan Ry. (To BONNIN's article Eng. News 54 S. 604/7. Three hinged arches; hangers; deck floor of sheet steel plates.) *Eng. News.* 55 S. 131, 270; *Nat.* 34, 2 S. 403/6.

DUMAS, nouveau pont en maçonnerie sur la Loire à Orléans. ▣ *Gén. civ.* 49 S. 337/45.

Eisenbetonbrücke in Soissons s/Aisne. (Bauweise HENNEBIQUE, 3 Bogen von 25,25 und 24,48 m Spw.)* *Zem. u. Bet.* 5 S. 213/6.

Der neue Steg aus Betoneisen am Bahnhofe von Bari. (Besteht aus zwei Bogen von 18 m Lichtweite mit 1,30 m Pfeil, Gewölbe aus Beton, 3 aus Zementbetonblöcken gebildete Gelenke eines jeden Bogens nach KÖPCKE; aus Beton mit Verstärkung aus Rundeisen.)* *Bet. u. Eisen* 5 S. 214.

Die Viktor Emanuel-Brücke über den Tiber in Rom. ▣ *Wschr. Baud.* 12 S. 711/4.

Die neuen Brücken aus Betoneisen über die Flüsse Santerno und Senio (Provinz Ravenna). (Aus-

führung nach Patent WALSER-GÉRARD; gerade Träger, Spannweiten von 10,65 und 11,95 m.) (N) *Bet. u. Eisen* 5 S. 215.

γ) Groß-Britannien. Great Britain. Grande-Bretagne.

ROBERTSON, bridges on the bow to East Ham Widening; London, Tilbury and Southend Ry. (The bridge consists of built-up square sections of steel flooring 15″ deep, resting on the blue brick abutments. The sections are constructed of 5,8″ top and bottom and 3/8″ vertical web plates joined at the corners, with 3¹/₂″ by 3¹/₂″ by ¹/₂″ angles. The troughs are filled with cement concrete covered with asphalt, on which the ballast is laid; parapets constructed of steel plates and angles.)* *Railw. Eng.* 27 S. 262.

„TWELVETREES", Tuckton highway bridge, Bournemouth, England. (Includes twelve segmental arches, one of 12,50 m span, eleven of 7,80 m span, and two semi-arches measuring 4,50 m and 5,00 m respectively from the springing to the abutment; superstructure formed of reinforced concrete piles; built by YORKSHIRE HENNEBIQUE CONSTRUCTION CO. from the designs of LACEY.)* *Bet. u. Eisen* 5 S. 162/4.

The Vauxhall bridge of London. (Central span of 149' 7″; clearance of 20' above high-water; two intermediate spans of 144' 4³/₄″ with clearances of 19', and two shore spans of 130' 5³/₄″, with clearances of 14' 11″.)* *Eng. Rec.* 53 S. 726/7; *Page's Weekly* 8 S. 1060/1.

Four-track deck bridge over the Tyne at Newcastle, England. (Two spans of 300' each and two spans of 191' and 231', with clear height above high water of 83'. The steelwork of each span comprises five double intersection latticed trusses; cableway spanning from bank to bank for handling material in the construction of this bridge.)* *Eng. News* 56 S. 241/2; *Eng.* 101 S. 524/6; 102 S. 46; *Railw. Eng.* 27 S. 254/5.

The Newport electric transporter bridge. ▣ *Eng.* 102 S. 263/5; *Electr.* 57 S. 846/8; *Bull. d'enc.* 108 S. 959; *West. Electr.* 38 S. 289.

GORDON, MOUCHEL, ferro-concrete bridge approach and road viaduct at Waterford, Great Southern and Western Ry. Ireland. (HENNEBIQUE system. Ferro-concrete piles.)* *Railw. Eng.* 27 S. 314/7; *Engng.* 81 S. 671/8 F.

δ) Amerika. America. Amérique.

DENICKE, neuere Eisenbahnbrücken in Nordamerika. (Ausschließlich aus Flußeisen; Blechbalkenbrücke von 30,6 m Stützweite; Netzwerkbrücke mit Hängewerken; Monongahela-Kragträgerbrücke der Wabash-Eisenbahn in Pittsburg; fest mit den Senkrechten vernietete Querträger behufs Quersteifigkeit; Fahrbahn aus einer fortlaufenden Reihe von Trögen, die von einem bis zum andern Hauptträger reichen; Klappbrücken von SCHERZER; Durchstoßen der Nietlöcher auf der Lochmaschine; Nieten durch Druckluft-Nietpressen; Niete ohne Uebergangskegel zwischen Kopf und Schaft; Abschneiden der Eisenteile durch die Schere, nur großer I-Träger durch die Säge.)* *Zbl. Bauv.* 26 S. 248/9 F.

HOROWITZ, neuere amerikanische Brücken. (Ausleger- und Hängebrücken.) (V) (A) *Wschr. Baud.* 12 S. 46.

Grade crossing elimination in the State of New York.* *Railr. G.* 1906, 2 S. 234/5.

SCHNEIDER, bridges for electric railways. (Schuylkill river bridge at falls of Schuylkill; Ohio River bridge between Newport, Ky. and Cincinnati; Ohio bridge over the Connecticut River at Northampton, Mass.; Norfolk & Western Rail-

road Co.'s bridge at Kenon, W.Va.; Second Avenue bridge over the Harlem River, New York.) * *Street R.* 28 S. 398/404.

Short span bridges on the Baltimore & Ohio Rr. (The loads are chiefly carried by steel beams and girders and the latter are entirely enclosed in concrete integral with the floor slab which at the same time affords protection against rust.)* *Eng. Rec.* 53 S. 744/5.

STRAUSS ribbed concrete-steel bridge for the Elgin-Belvidere Electric Rr. (Derrick handling sectional forms; steel mould; four arches of 81" clear opening; each span has two arch ribs 8' 10" c. to c.) ▣ *Railr. G.* 1906, 2 S. 220/4; *Street R.* 28 S. 343/6.

EARSON and MODJESKI, Bismarck bridge of the Northern Pacific. (Three 400-' double intersection through pin spans; standard loading of two 188¼-ton engines followed by a uniform train load of 5,000 lbs. per foot of track; main channel spans with curved top chords; deck-riveted lattice approach spans. Letter of M. HENRY.) * *Railr. G.* 1906, 1 S. 174/5, 197, 231/3.

MAYER, JOSEPH, the Canadean viaduct of the Buffalo & Susquehanna Ry. (754' long between abutments and 175' above water level in the stream; 100' made the maximum span to facilitating erection by derrick car and without false-work; plate-girders alternating with plate-girder and truss spans 30 to 100' long.) * *Eng. News* 56 S. 265/6.

Eisenbahnbrücke nach Bauweise KAHNs. (Ueber den Charley-Creek; zwei Bogen von je 22,5 m Spw. und 5,50 m Pfeilhöhe.) * *Zem. u. Bet.* 5 S. 249/50.

CARTLIDGE, reinforced concrete trestle on the Burlington, Ky.* *Railr. G.* 1906, 1 S. 713/4.

A 122' four-track plate girder span. (Part of the track elevation in Chester, Pa. Four pairs of girders braced together with zigzag top and bottom lateral angles and transverse frames between each pair of girders.) * *Eng. Rec.* 53 S. 605/6.

Thirty-three track bridge at Chicago. (At 51st Str. Vertical clearance of about 16' above the surface of the street, deck bridge which consists of a platform 67' wide and 433' long parallel with the axis of the street, twenty-eight center columns are about 13' high over all, and have an H-shaped cross-section; waterproofing covered with brick.) *Eng. Rec.* 53 S. 731/2.

BRECKENRIDGE and CARTLIDGE, through plate girder spans on the Chicago, Burlington & Quincy Rr. (Details of an 86' single track span; fixed bearing; cast iron shoes.) *Eng. Rec.* 53 S. 191/2.

CONDRON and DAWLEY, reinforced concrete bridges on the Chicago & Eastern Ill.* *Railr. G.* 1906, 1 S. 388/90.

Brigdes on the 40th St. Line of the Chicago Junction Ry. (Through plate-girder bridge 100' long; columns connected by latticed girders; girders of 18", 55-lb. I-beams with their flanges connected by base plates to bear on the masonry, and by cap plates to receive the girder bearings.) * *Eng. Rec.* 54 S. 209/12.

SCHAUB, foot bridge. (At the crossing of the tracks of the Chicago & North-Western; riveted steel girder bridge with concrete piers, reinforced concrete floor and stairways and a concrete protective covering for the steel work; 341' long, c. to c. of end piers and 7' 23/8" c. to c. of trusses, the walk being 6' wide in the clear made up of five spans 62' between pier

centers.) *Railr. G.* 1906, 2 S. 96; *Eng. News* 56 S. 371.

Three-hinged concrete arch bridge in Brookside Park, Cleveland. (86' 4½" span; hinges built up of structural steel plates and angles, steel shafting and cast-iron bearing plates.) *Eng. Rec.* 54 S. 323.

An all-steel open-floor railroad bridge. (Erie railroad cross over tracks of the Big Four system. 163' 11½" span at Cleveland, Ohio; trusses of the PRATT type.)* *Eng. Rec.* 53 S. 777.

Danville arch bridges of the Cleveland, Cincinnati, Chicago & St. Louis Ry. (One 100' and two 80 t' arch-spans with 40' and 30' rise; arches reinforced with JOHNSON corrugated bars.)* *Eng. Rec.* 53 S. 238/43; *Railr. G.* 1906, 1 S. 496/8, 2, S. 30/1; *Sc. Am. Suppl.* 62 S. 25582; *Zem. u. Bet.* 5 S. 145/51.

Betonbrücke. (Ohne Eiseneinlagen, in Cleveland, Ohio. Höhe 2,4 m, Gesamtbreite 5,55 m; Widerlager 27,6 m; Spw. 25,8 m; drei Gelenke aus Platten und Winkeleisen; Pfeilhöhe 1,56 m.)* *Zem. u. Bet.* 5 S. 267/8; *Eng. News* 55 S. 507/8.

Third Street reinforced concrete bridge, Dayton, Ohio. (MELAN arch system seven spans; 110' middle span with rise 9,67' and flanked by spans of 100', 90', 80'.)* *Eng. Rec.* 53 S. 386/8.

Talübergang und Unterführungen aus Eisenbeton. (Ueber den Embarras-Fluß in Indiana; 54 Oeffnungen von je 6,1 m. Die Fahrbahnplatte ist 4,27 m breit und wird von zwei über die Pfeiler gelegten Eisenbetonbalken getragen.)* *Zem. u. Bet.* 5 S. 353/7.

Eisenbetonviadukte auf der Florida-Ostküsten-Eisenbahn. (Halbkreisförmige Gewölbe von 15,25 m Lichtweite.)* *Bet. u. Eisen* 5 S. 32/3.

DAVIS, arch rib bridge of reinforced concrete at Grand Rapids, Mich. (Arch of 75' span; seven parallel, parabolic arch ribs, side by side, supporting a slab and girder floor by means of columns.)* *Eng. News* 55 S. 321/3.

Bridges and viaducts on the Guatemala Ry. (Viaduct spans from 30 to 60' in length, but when the assisted cantilever method of erection was adopted, riveted trusses were used for the viaducts with intermediate spans of about 75'. Las Vacas viaduct 733' long and 230' high from top of lowest pier to base of rail; BOGUE's six alternate plans.)* *Eng. Rec.* 54 S 638/40.

Pennsylvania Rr. bridge at Havre de Grace, Md. (PRATT truss spans 250' and 174'; fixed spans; expansion end shoe; end lifting wedge; center bearing pivot; 280' through-truss swing span; masonry piers with concrete bearing.) * *Eng. Rec.* 53 S. 526/8.

Construction method at the stone bridge at Hartford, Conn. (Bridge built entirely of granite; total length of 1,185', width of 82'; eight semi-elliptical arches with spans varying from 119' to 68', a SCHERZER rolling lift span with two leaves; timber caissons.) *Eng. Rec.* 53 S. 291/2.

Single-track four-span reinforced-concrete Interurban Ry. bridge. (Piers spaced 87,5' apart on centers. The arches each have two longitudinal arch ribs, 8' 10" apart on centers, these ribs are 2,5' wide in their entire length; reinforcing with plain round steel rods.) * *Eng. Rec.* 54 S. 237/9.

WADDELL, Sixth Street viaduct at Kansas City. (Expansion joint in pavement; length of 1,6 miles; minimum vertical clearance of 24' over all streets, alleys, and intersecting car tracks made with single-span girders; river crossing made with two 300' double intersection riveted deck spans.)* *Eng. Rec.* 53 S. 691/2.

PARET, South Canadian River bridge of the Kansas City, Mexico & Orient Ry. (50' deck plate girders concrete piers.) * *Railr. G.* 1906, 2 S. 224/6.

CARVER, concrete viaduct on the Key West extension of the Florida East Coast Ry. (500 reinforced - concrete segmental and semi - circular arches of from 45 to 60' span. Long Key-Conch Key viaduct composed of 180 arches of 45 to 50' clear span and two abutments, one 26' in height and one 40' high.)* *Eng. Rec.* 54 S. 424/7.

The Long Lake highway bridge. (Across Long Lake, N. Y. by a steel truss bridge with span of 170' and another of 525' on centers with their adjacent ends about 200' apart seated on opposite shores of a small island. The main span consists of two cantilever arms and one suspended span each 175' long.)* *Eng. Rec.* 54 S. 354/5.

Eisenbeton-Bogenbrücke bei Los Angeles in Californien. (Spw. 44,50 m, Pfeil 5,49 m.) * *D. Baus.* 40, *Mitt. Zem-, Bet.- u. Eisenbetbau* S. 51/2.

Flat span reinforced concrete bridge at Memphis. (The 100' span has a rise 4'; girders designed to act as cantilevers reinforced by 1¹/₄'' bars, placed in four horizontal rows.)* *Eng. Rec.* 53 S. 446/7; *Zem. u. Bet.* 5 S. 183/5.

HAMMOND, reinforced concrete bridge at Mishawaka, Ind. (Three spans having a total length of 402', each span is a 110' three - centered arch, with a rise of 14'; MELAN system.)* *Eng. Rec.* 54 S. 27.

ABRAHAM, amerikanische Fußgänger-Bogenbrücke in Eisenbeton. (Im Lake Park von Milwaukee, überspannt eine etwa 15 m tiefe Schlucht; die Versteifungen in den Bögen bestehen aus je 2 Eisenstäben nach KAHN, die an ihren Enden fest miteinander durch Spannmuttern verbunden, parallel zu beiden Leibungen geführt sind; Lehrgerüst mit senkrechten Pfosten.)* *D. Baus.* 40, *Mitt. Zem-, Bet.- u. Eisenbetbau* S. 9/10.

Big-Muddy - River - Brücke nach ihrer Vollendung. (Drei Bögen von je 42,67 m Spw. Ausführung in Form einzelner Stücke aus Stampfbeton, die auf den Lehrgerüsten unter Anwendung von Zementsandmörtel zusammengesetzt wurden)* *Zem. u. Bet.* 5 S. 29.

Eine eigenartige Brücke aus Eisenbeton. (Von LUTEN, nahe Muncie, Ind., besitzt zwei übereinanderliegende Bogen, Spw. von 11,5 m bei 2,25 m Pfeil. Der untere 10 cm starke Bogen stützt sich auf zwei senkrechte Betonmauern; nach ihrer Vollendung dienten letztere zur Aufstellung des Lehrgerüstes für die unteren Bögen; Bogenübermauerung bis zur Höhe des zweiten Bogens aus Beton. Der obere Bogen ruht auf der Bogenübermauerung und stützt sich gegen das abgeschrägte Bachufer.)* *Zem. u. Bet.* 5 S. 333/4.

The North Platte River bridge of the Union Pacific. (Single-track structure of 40 spans of Harriman Lines' common standard 50' deck plate girders on concrete piers with pile foundations, 2,013' 8'' long over all.)* *Railr. G.* 1906, 2 S. 524.

JOHNSON and BUSH, erection of the Miramichi River bridge, New Brunswick. (Pile falsework; scows with falsework towers.) * *Eng. Rec.* 53 S. 398/9.

CORTHELL, New Orleans railway bridge. (Total length of 2,280'; two anchorage spans of the cantilever structure are 606' 8'' long, and the central span is 1,066' 8''.)* *Eng.Rec.* 54 S. 569/71F.

Recent work on the Blackwell's Island bridge. (Across the East River in New York.) *Eng. Rec.* 54 S.12, 289/91, 480/2.

Lower chords of the island span of the Blackwell's Island Bridge.* *Eng. Rec.* 53 S. 6/7.

Main vertical and inclined posts, island span, Blackwell's Island Bridge. (630' island span connecting the cantilever arms of adjacent 1,182' and 984' river spans and having a height of about 120' above the ground.)* *Eng. Rec.* 53 S. 99/100.

Secondary members of the island span of the Blackwell's Island bridge, New York. (Chord pin packing at main and at subpanel points; vertical post and upper transverse strut connection; lateral diagonals.)* *Eng. Rec.* 53 S. 158/60.

Storage and handling of members for the island span, Blackwell's Island Bridge. (WHAY 65-ton stiff-leg steel derrick; unloading a bottom chord piece from the float.) * *Eng. Rec.* 53 S. 195/6.

Erection of the upper part of the trusses of the island span of Blackwell's Island bridge. * *Eng. Rec.* 53 S. 279/81.

Erecting the floor system and lower part of trusses, island span, Blackwell's Island bridge. * *Eng. Rec.* 53 S. 365/6.

Replacement of the Broadway bridge over the Harlem ship canal. (North approach span on trucks and barge, south approach span on oblique tracks; removing old swing span with drum and pivot suspended; lifting new swing span from falsework; north approach span on barge, truck and cribbing; successive positions of barges loading, moving and unloading new south approach span.) * *Eng. Rec.* 54 S. 116/8.

MÜLLER, WILHELM, Manhattan-Brücke in New-York. (V) * *Bayr. Gew. Bl.* 1906 S. 185/9 F.

Excavating and concreting the New York anchorage of the Manhattan-Bridge. (Inclined hoist; end bent storage; bins, trestle bents on docks.)* *Eng. Rec.* 53 S. 293/4.

New contract form, plans and specifications for the Manhattan bridge over the East River at New York. (Nickel steel in the main members of the stiffening trusses, the rivets of the chord splices and of the connections of the diagonal web members.) * *Eng. News* 55 S. 445/6; *Eng. Rec.* 54 S. 200/3; *Eng.* 101 S. 575/6.

Le nouveau grand pont suspendu du New York. (Pont de Williamsburg. Travée centrale de 488 m.) * *Nat.* 34, 2 S. 244/6.

Erection of the Moshulu Parkway bridge, New York. (Heavy lattice girders 91' long.) * *Eng. Rec.* 54 S. 690.

Bay Ridge improvement bridges. (Improvement of an existing railroad running through South Brooklyn and East New York from Bay Ridge to the Borough Line, a distance of 10 miles, Brooklyn Avenue.)* *Eng. Rec.* 54 S. 181/4.

WILGUS and BERRY, replacing an overhead highway bridge, New York City, Molt Av. (110' lattice girders.) * *Eng. Rec.* 54 S. 319.

LUTEN, reinforced concrete arch bridge at Peru, Indiana. (Consists of seven arches of spans 75, 85, 95, 100, 95, 85 und 75'; balancing of unequal spans on light piers by flattening the shorter arches; balancing thrusts by inclining each arch of shorter span upwards towards the adjacent longer span, so that at any pier the shorter arch has virtually a higher springing than the longer span; arch rings reinforced according to the LUTEN system.) * *Eng. News* 55 S. 347/9.

Double-track and four-track concrete bridges on

the Philadelphia & Reading Rr. lines. (Monolithic structure without reinforcement; five full center arches of 60' span.) *Eng. Rec.* 54 S. 396/400.

Walnut Lane bridge, Philadelphia. (Main arch having a clear span of 233' with a rise of 73' and five other arches each having a clear span of 53'. The bridge floor is carried on the spandrel walls and is a combination of steel I-beams, steel reinforcing rods, and concrete.) * *Eng. Rec.* 54 S. 543/4.

Fußgängerbrücke aus Eisenbeton. (In Playa del Rey in Kalifornien. Bogen von 44,5 m Spw. und 5,50 m Pfeil. Bogen aus 3 Rippen.) * *Zem. u. Bet.* 5 S. 186/8; *Eng. Rec.* 53 S. 419.

CRAFTS, the new Morrison Street bridge, Portland, Oregon. * *Sc. Am. Suppl.* 62 S. 25677/8.

LEONARD, the Pollasky reinforced concrete bridge. (Ten 75' arched spans; JOHNSON corrugated bars.) (a) * *Eng. Rec.* 53 S. 226; *Zem. u. Bet.* 5 S. 115/7.

CRAFTS, the new Portland bridge. (Across the Willamette River. Steel structure consisting of a 200' skew span, a 384' draw span and two 269' common spans.)* *Eng. Rec.* 53 S. 252.

Replacing viaduct girders in the reconstruction of the Poughkeepsie Bridge. (Total length of 6,767¹/₄' maximum clearance of 163' above high-water level.)* *Eng. Rec.* 54 S. 178/9.

Pont de 548 m de portée sur le Saint-Laurent, près de Québec. * *Gén. civ.* 48 S. 178/9.

Steel falsework used in the erection of the Quebec bridge. (The falsework consists of two parallel rows of rectangular 9 × 9' steel towers, 50' apart, with their centers coincident with the panel points of the trusses.) * *Eng. Rec.* 54 S. 258/60.

Progress of the Quebec Bridge. (Lifting complete assembled panels of top chord; south anchor arm, traveller and steel and wooden falsework.)° *Eng. Rec.* 53 S. 762/4; *Eng. News* 55 S. 705.

The anchor arms of the Quebec bridge. (Erection of the south anchor arm on fixed falsework; open hearth steel sub-punched and reamed for all riveted work.) ▣ *Eng. Rec.* 54 S. 594/6.

Concrete bridge over Deep Creek, Queensland Railways.* *Engng.* 82 S. 116.

Cantilever bridge of 1800' span across the St. Lawrence. *Engng.* 82 S. 1c.

The Colfax Avenue bridge, South Bend, Indiana, over the St. Joseph River. (Concrete sidewalk and arched piers; the girders of the 90' spans have webs made of 3/8 × 89³/₄'' × 30' plates with two 6 × 6 × 3/8'' angles.)* *Eng. Rec.* 53 S. 793.

Special commissioners' report on improved railway terminals and a new municipal bridge over the Mississippi River at St. Louis, Mo.* *Eng. News* 56 S. 101/5.

HART and HIMES, end panel construction of a skew bridge. (Two 135' riveted through truss spans over the Sandusky River at Fort Seneca, Ohio.)* *Eng. Rec.* 53 S. 481.

Erection of the Shenango River bridge. (Spans, 39' apart on centers, made with 7/16'' web plates in three lengths and with 8 × 8 × 5/8'' single length flange angles reinforced with three thicknesses of 18'' cover plates.) *Eng. Rec.* 54 S. 180.

HARRISON, four-span reinforced-concrete arch bridge on the Southern Ry. (Four 5-center arches of 70' span and 20' rise; reinforced with JOHNSON corrugated bars.)* *Eng. Rec.* 54 S. 315/8.

Eine neue MELANbrücke in Amerika. (In South Bend, Ind. Ueberspannt den 150 m breiten St. Josephs-Fluß in einem Winkel von 60° mit vier elliptischen Bögen von je 33 m Spw. und Pfeilhöhen von 3,3 m, 3,75 m, 4,25 m und 4,75 m; Steigung von 1,3 v. H.; MELANsystem.) *Zem. u. Bet.* 5 S. 289/91; *Eng. Rec.* 54 S. 91/4.

Reconstruction of the Susquehanna River bridge. (Traveller and suspended platform fer removing old spans.)* *Eng. Rec.* 54 S. 105/6.

Reinforced-concrete bridge at Trinidad, Col. (Two 70' arch spans of the three-centered type having a rise of 7'; arches reinforced with THACHER bars.)* *Eng. Rec.* 53 S. 167/8.

Parabolic reinforced concrete arch bridge at Wabash, Ind. (Two 75' arches of 18' rise.) * *Eng.* 55 S. 290/2.

CUNNINGHAM, concrete bridge of the Wabash over Sangamon River. (Skew of 45°; total length, out to out of abutments, is 637' 10''; four spans, the central or channel arches being 100' c. to c. of piers, and the shore spans 92' 11''; the abutments rest on piling and are fully reinforced with the 1'' corrugated bars.) * *Railr. G.* 1906, 2 S. 556.

HOWE, Wabash River bridge at Terre Haute, Indiana. (Composed of six 120' spans and one 75' draw span in the center, the six 120' spans each composed of two riveted trusses; expansion joints in roadway and sidewalks.)* *Eng. News* 55 S. 273/5.

Betonbrücke in Washington, V. St. A. (Stampfbetonbrücke, die mit sieben halbkreisförmigen Bogen von 24,6 bzw. 45 m Spw. die Connecticut Avenue in 36 m Höhe über dem Wasserspiegel des Rock-Creek hinwegführen soll; gelenklose Bögen ohne Eiseneinlagen.)* *Zem. u. Bet.* 5 S. 281/2.

Rondout viaduct on the West Shore Rr. (1,128' long and 154¹/₂' high from water level to base of rail. PRATT truss spans with undivided panels. One of them is a deck structure with revited connections and has a length of 143'. The other is a 270' pinconnected through span.)* *Eng. Rec.* 54 S. 46/9.

SMITH, G. P., new Wabash River bridge for the Lake Erie & Western. (Double-track structure composed of two through-truss river spans, 161' c to c of end pins.)* *Railr. G.* 1906, 1 S. 520.

Eight-track reinforced-concrete viaduct in Winnepeg, Manitoba. (23' 3'' center span over the double-track electric street railway is flanked by two 23' 3'' similar spans over the driveways and two 11' 10¹/₂'' full-centered spans over the sidewalks.)* *Eng. Rec.* 54 S. 293/4.

ε) Andere Länder. Other countries. Autres pays.

DE ZAFRA, ponte d'imbarco in cemento armato sul Guadalquivir. (Altezza di m. 15,00 sul livello delle basse maree; luce di m. 9,00 fragli assi dei sostegri.) ▣ *Giorn. Gen. civ.* 43 S. 425/9.

Doppelte Verladebrücke aus Eisenbeton. (In den Eisengruben von Cala bei Sevilla in Spanien; Eisenbetonpfähle, deren unteres Ende in einem eisernen Schuh steckt.)* *Zem. u. Bet.* 5 S. 277/8.

Nile bridge at Cairo. (1,755' long and 65' 7'' in clear to carry a 43¹/₄' higway and two 8' cantilever sidewalks. Part of the roadway space is occupied by two electric car tracks for a line to the pyramids; concrete piers.) ▣ *Eng. Rec.* 54 S. 588; *Engng.* 81 S. 42; 82 S. 483/6.

KRÜGER, Brücke über den Haho in Togo. (30 m lange Hängebrücke mit hölzernem Ueberbau; Widerlagsmauern aus Beton.)* *Techn. Gem. Bl.* 9 S. 223/4.

Mayor railway bridges in India. (Design; stone masonry.)* *Railw. Eng.* 27 S. 337/9.

Erection of the Ferok bridge in India. (130' through truss spans supported on cylindrical cast-iron piers filled with concrete.) *Eng. Rec.* 54 S. 251.

Renewing girders of the Jhelum and Ravi bridges, India.* *Eng.* 101 S. 212.

Kleine Brücke auf den Philippinen. (13,75 m Spw. bei einer Pfeilhöhe von 1,85 m; Bogen-Einlagen aus Rundeisen.)* *Zem. u. Bet.* 5 S. 131/2.

b) Bewegliche Brücken. Mobile bridges. Ponts mobiles.

STRAUSZ, the relative safety of swing and bascule bridges. (Preference of the swing type.) *Eng. News* 56 S. 510.

JORDAN, die Klappbrücken auf der Drahtseilstrecke der Mendelbahn (Südtirol.)* *Elektr. B.* 4 S. 574/9.

GODFREY, relative merits of rim-bearing and wedge-bearing draw spans. (Accident at the drawbridge at Atlantic City.) *Eng. News* 56 S. 662.

A temporary wooden drawbridge. (100' drawspan, draw operated by electric direct current motors.) *Eng. Rec.* 53 S. 712/3.

VAN LOENEN-MARTINET et DUFOUR, équipement de manoeuvre du pont-rail de Velsen sur le canal d'Amsterdam à la mer du Nord. (Rotation par deux moteurs à axe vertical, du type cuirassé à excitation série).* *Ann. trav.* 63 S. 692/702; *Gén. civ.* 49 S. 279/82; *Z. V. dt. Ing.* 50 S. 1009/17; *Eng.* 102 S. 391.

New electric drawbridge at Velsen, Holland. (427' draw span; 513' fixed spans.) *Railr. G.* 1906, 2 S. 173/4.

MAZOYER, pont tournant pour la circulation des trains desservant les voies de quai du port de Roanne audessus du chenal de communication du port avec la Loire. (Longueur de la culasse 6 m 386, longueur du tablier sur l'axe 16 m 2.) *Ann. ponts et ch.* 1906, 3 S. 152/8.

Elektrisch betriebene Drehbrücke über den Barrowfluß in Irland. (Spannweite 24,4 m.) *Z. Eisenb. Verw.* 46 S. 872.

Ponte levatoio per ferrovia sul fiume Cuyahoga a Cleveland.⊠ *Giorn. Gen. civ.* 44 S. 42/4.

Heavy center-bearing draw span. (270' swing span over the Harlem Ship Canal, at Kingsbridge, N. Y.; method of transferring the weight of the span to the pivot.)* *Eng. Rec.* 54 S. 245/6.

Erection of the Newtown Creek bridge, New York. (Consists of two approaches connected by a twoleaf SCHERZER draw span of about 150' clear opening.)* *Eng. Rec.* 54 S. 658.

A center bearing 284' double track draw span. (Crossing the Elizabeth River at Norfolk, Va.)* *Eng. Rec.* 54 S. 147/8.

CARTLIDGE, design of swingbridges, from a maintenance standpoint. (Rim bearing center for draw span of Illinois River bridge; center and end lift for singletrack draw span over St. Croix River near Prescott, Wis.) (V) (A)* *Eng. News* 55 S. 464/5; *Eng. Rec.* 53 S. 572/4.

WENTWORTH, design of rim-bearing turntables for swing bridges. (Letter to CARTLIDGE's article pag. 464/5.) *Eng. News* 55 S. 609/10.

STRAUSZ bascule bridges. (In this development of the fixed-trunnion bridge not only does the bridge proper move on trunnions but the counterweight as well, substituting for the rigidly-attached counterweight mass moving with the leaf, pivotally-connected counterweight mass

moving independently of the leaf.)⊠ *Railr. G.* 1906, 1 S. 286/9.

v. HANFFSTENGEL, amerikanische Klappbrücken.* *Dingl. J.* 321 S. ¹/₂ F.

Pennsylvania Rr. bridge at Havre de Grace, Md. (280' trough-truss swing span.)* *Eng. Rec.* 53 S. 526/8.

New Flushing bascule bridge connecting Jackson Av. and Broadway. (128' plate girder swing span; main girders web-connected to I-beam floor-beams.)* *Eng. Rec.* 54 S. 525/6.

GUTBROD, Auswechslung der Brücke über den Harlem River bei Kingsbridge (Newyork). (Ersatz der bestehenden Brücke durch eine zweistöckige Drehbrücke, deren untere Fahrbahn, wie bisher, dem Fußgänger- und Wagenverkehr dient, während die obere Fahrbahn für die Hochbahn bestimmt ist; Spw. von 83 m.)* *Zbl. Bauv.* 26 S. 483.

A PAGE bascule bridge at San Francisco, Cal. (The bridge is of the trunnion type, with two leaves, and has a length of 113' c. to c. of trunnions, giving a clear channel width of 75'.)* *Eng. News* 55 S. 540/1; *Eng. Rec.* 53 S. 618/9; *Z. V. dt. Ing.* 50 S. 1424/5.

New SCHERZER rolling lift bridges. (Double-track bridges, built side by side, forming a new four-track bridge at Westport Conn. and at Cos Cob, Conn. across the Housatonic River, Neponset River, replacing a double-track swing bridge for the Newburgh & South Shore Ry., at Cleveland, Ohio.) *Eng. Rec.* 53 Nr. 15 S. 492/b.

DORTMUNDER UNION, Auswechselung der Träger der Drehöffnung in der Brücke über die Elbe bei Wittenberge. (Zur Auswechselung nötige Zeit.)⊠ *Organ* 43 S. 171.

JOOSTING, Einrichtung für ungleicharmige Drehbrücken. (Hebung der Brücke mittels eines zweiarmigen Hebels.)⊠ *Organ* 43 S. 117/8.

BUZEMAN, Herrenbrücke bei Lübeck. (Besteht aus zwei gleichen drehbaren Hälften von je 27,5 m und zwei festgelagerten Leinpfadbrücken von 7,5 und 4,17 m Stützweite. Bewegungsvorrichtungen.)* *Z. V. dt. Ing.* 50 S. 1089/98; *Wschr. Baud.* 12 S. 676/8.

Neubauten der St. Pauli-Landungsbrücken in Hamburg. (Landungsbühne von 420 m Länge und 20 m Breite, die 1,80 m über dem Wasser schwimmt.) *Techn. Gem. Bl.* 9 S. 54/5.

VEYRY, Brückenmaterial. (Besteht aus zusammenlegbaren Kähnen und einer zusammensetzbaren Brückenbahn.) *Schw. Z. Art.* 42 S. 34.

Bau einer Behelfsbrücke über den Main bei Kelsterbach und die Anlage eines Brückenkopfes daselbst im Verlauf der Pionierübung 1905. (Rammfähren, Holzbalkenbrücke; Jochpfähle mit eisernen Pfahlschuhen versehen. Bandeisen, Knaggen, Rödelkeile und Rödeltaue aus geflochtenem Draht.)⊠ *Krieg. Z.* 9 S. 265/83.

Drawbridge floors and locks. (Interlocking of bridges with the signals. Notes concerning drawbridges in and near New-York City.) *Railr. G.* 1906, 2 S. 434.

4. Prüfung, Unterhaltung, Fortbewegung, Beschädigung, Einsturz. Examination, maintenance moving, damages, collapse. Examination, entretien, déplacement, dommages, écroulements.

GARAU, résultats des épreuves des tabliers métalliques de la ligne de Quillan à Rivesaltes. (Flèches des poutres principales et travail des semelles de ces poutres; étude des efforts produits par le biais des ouvrages; efforts secondaires dans les éléments du treillis.) *Ann. ponts et ch.* 1906, 1 S. 198/236.

COOPER, new facts about eye-bars. (In the execution of the superstructure of the Quebec Bridge; tests proving that the elastic limit of the eye-bar, as a whole, is reached before that of the bar proper; maximum stress is near the pin; difficulty of distortions can be overcome to a great extent by thickening.) (V. m. B.) (a) * *Proc. Am. Civ. Eng.* 32 S. 14/31 F.; *Trans. Am. Eng.* 56 S. 411/50; *Eng. Rec.* 53 S. 168/9; *Eng. News* 55 S. 412/4.

LEFEBVRE, travaux de consolidation du viaduc de la Cache exécutés en 1903—1904. (Renforcement du corps de l'ouvrage au moyen d'un appareil d'injection de ciment entre les anciennes et les nouvelles voûtes.) *Ann. ponts et ch.* 1906, 1 S. 237/47.

Restauration et consolidation des parties inférieures des piles du pont sur la Meuse, à Huy.▣ *Ann. trav.* 63 S. 429/37.

Reconstruction du pont-route de Velsen sur le canal d'Amsterdam à la mer du Nord. *Ann. trav.* 63 S. 689/91.

Repairs to St. Louis Southwestern Rr. bridge at Clarendon, Ark. (Use of a circular cofferdam of reinforced concrete sunk to a depth of approximately 8' below the river bed. The wooden dam is outer form for the concrete with steel shoe, assembled around the cylinder pier formed of wooden staves with provision for tightening.)* *Railr. G.* 1906, 2 S. 180/1.

Rebuilding the Housatonic River bridge of the New York, New Haven & Hartford et Sandy Hook, Conn.▣ *Railr. G.* 1906, 1 S. 323/7.

Rebuilding the Rondout Creek viaduct. (1,228' between abutments; plate girders; both transverse and longitudinal bracing made with stiff members and riveted connections and the columns are field spliced in two or three sections, acording to height; trestle bents used in erecting the viaduct; blocking under south end of old 60-' span; framing for main traveller.) ▣ *Eng. Rec.* 53 S. 440/4.

BIETTE, déplacement de la passerelle de Passy. (Chemins de roulement utilisés pour le déplacement de la passerelle du grand bras; le transfert de la passerelle a été opéré par des palans actionnés par des treuils à manivelle; descente de la passerelle sur des appuis provisoires constitués par les palées en charpente; levage de la passerelle par des vérins à vis et hydrauliques.) ▣ *Ann. ponts et ch.* 1906, 2 S. 235/54.

Replacing the Ashtabula viaduct. (Consists of 60'' plate girder spans carried, except for the channel span, on the old masonry piers, and on eight new steel towers; 75' river crossing.)* *Eng. Rec.* 53 S. 612/4.

Longitudinal displacement of the suspended structure of the Williamsburgh Bridge at New York N. Y. (One of the bearings at the Manhattan or west anchorage is in no good order and in consequence has a friction greater than that of any one of the other bearings; surplus expansion toward the Brooklyn end.) *Eng. News* 56 S. 319/20.

Elevation of a four-track railroad bridge. (On the line of the Mohawk Division of the New York Central & Hudson River Rr., at Schenectady. Four-track span 162¹/₂' long center three riveted through trusses and a ballasted floor, steel blocking.)* *Eng. Rec.* 54 S. 409/10; *Railr. G.* 1906, 2 S. 240/2.

Bruch einer Eisenbahnbrücke am Halleschen Ufer in Berlin. (Zerstörung einer Trägersäule durch einen Wagen.) *Baugew. Z.* 38 S. 695.

HENDORFF, Einsturz der Neckarbrücke bei Heidel-

berg. (Veranlaßt durch einen Portalaufkran während des Baues.) (V) *Z. V. dt. Ing.* 50 S. 379/80; *Ann. trav.* 63 S. 410/1.

Einsturz der im Bau befindlichen Rheinbrücke in Zurzach. (Infolge Hochwassers.) * *Schw. Baus.* 47 S. 271.

Draw-span of the Interstate bridge at Duluth-Superior, wrecked by a steamship; opening a new passage in four days. (491' span.)* *Eng. News* 56 S. 222/3; *Railr. G.* 1906, 2 S. 176.

GODFREY, relative merits of rim bearing and wedge-bearing draw spans. (Accident at the drawbridge at Atlantic City.) *Eng. News* 56 S. 662.

THOMAS ANDREW, some bridge failures during a heavy cyclone in 1906, in Gujerat, India. (A 20' arch on the Rajputana-Malwa Ry; a single-span 40' girder-bridge near Mehsana; Rajputana-Malwa railway bridge 54' span of Warren girders of the old broad-gauge type, with pin-connections the roadway being supported on the top booms; shallow wells are not safe and single wells not suitable for the foundations of abutments.) (V)▣ *Min. Proc. Civ. Eng.* 166 S. 224/8.

5. Brückenteile. Parts of bridges. Détails des ponts.

Investigations in details of bridge design. (To COOPER's paper page 168/9 entitled „New facts about eye-bars". The derangement of stresses among a number of parallel eye-bars coupled to the same pin does not create any apprehensions.) *Eng. Rec.* 53 S. 411.

Reconstructing the piers of a double track railroad bridge. (Reinforced concrete pier with pile footing.) * *Eng. Rec.* 54 S. 384/5.

Substructure of Potomac River highway bridge, Washington, D. C. (Piers 8' wide and 50' long below the coping; cut granite coping; below the granite the piers are of concrete enclosed in permanent wooden sheathing and supported on piles extending 5' into it.)* *Eng. Rec.* 53 S. 103/4.

Falsework for a concrete bridge. (Reinforced cement construction Co., New York City.)* *Eng. Rec.* 53 S. 484.

Erection of falsework and pier pedestals, Island span, Blackwell's Island bridge.* *Eng. Rec.* 53 S. 209/10.

The Manhattan bridge. (Opening the old question of eye-bars versus cables.) *Eng. Rec.* 53 S. 461.

LEWIS, table of weights of lacing for steel members. * *Eng. News* 56 S. 122.

Reinforced concrete bridge floor. (Consists of reinforced concrete slabs resting upon steel stringers, for spans up to 25'. By the use of suitable centering, however, the concrete can be made in place in monolithic slabs extending the full width of the bridge. Another method is to build concrete arches between the stringers, in which case the tie rods should be placed at the bottom of the stringers to withstand the arch thrust.) * *Cem. Eng. News* 18 S. 33.

Brunnen. Wells. Puits. Vgl. Bergbau, Bohren.

Sinking test wells with rotary boring machines. (The rotary machine is operated in connection with a regular well-drilling derrick and hoisting engine.) *Eng. Rec.* 53 S. 769/70.

Studies of fluctuations in the water level of Long Island wells. (Report of the New York Commission on additional water supply). *Eng. News* 56 S. 239.

Suction well. (Well 18' in diameter and 21' deep, built entirely of concrete.) * *Eng. Rec.* 53 S.15/6.

VAWDREY, formation of a concrete wellining by

cement-grouting under water. (V) ⊠ *Min. Proc.
Civ. Eng.* 166 S. 336/41.

MAURY, strainers for driven wells. (Strainers of
COOK, JOHNSON, MAURY.) * *Eng. News* 55
S. 260/1.

Die SCHERRERsche Fassungsmethode von Mineralquellen.* *Bohrtechn.* 13 S. 52/3.

ULLMANN, Brunnenanlage der Vorhalle des Staats-
Gebäudes. (Auf der Nürnberger Ausstellung.) *
D. Baus. 40 S. 719/21.

Nouvelle borne-fontaine pour distribution d'eau.
(À jet intermittent évitant les coups de bélier et
à purge automatique sans perte d'eau) ⊠ *Ann.
trav.* 63 S. 1174/6.

Der Leuchtbrunnen auf dem Schwarzenbergplatze
in Wien. (Elektrisch betriebene Schleuder-Pumpen-
anlage; Strahldüsen, die mit dem Wasser aus
dem Brunnenbecken auch Luft ansaugen, da die
Luftbeimengung die Strahlen weißer und sicht-
barer macht. Beleuchtung des Wasserbildes des
Nachts durch unterirdisch aufgestellte Scheinwerfer.) *Bayr. Gew. Bl.* 1906 S. 379.

BARBET, die Wasserkünste von Versailles.* *El. u.
polyt. R.* 23 S. 409/13.

PRIVAT-DESCHANEL, les puits artésiens en Australie.*
Gén. civ. 49 S. 309/12.

I pozzi artesiani in Australia.* *Giorn. Gen. civ.*
44 S. 680/1.

Buchbinderei. Book binding. Art de relier.

HIGHMARK, modern bookbinding. (Blocking and
stamping job binding; new machines of CRAW-
LEY, SMYTH, MARSH, SEYBOLD, LEWIS; applying goldleaf.) (a) *Printer* 36 S. 528/30 F.; 37
S. 42/4 F.; 38 S. 206/7 F.

VOLKMANN, das Buchgewerbe auf der Mailänder
Ausstellung. *Arch. Buchgew.* 43 S. 271/4.

Buchgewerbliche Abteilung auf der III. Deutschen
Kunstgewerbe-Ausstellung Dresden 1906. *Arch.
Buchgew.* 43 S. 352/4.

Internationale Ausstellung für Buchbinderkunst.
(Des Mitteldeutschen Kunstgewerbe-Vereins zu
Frankfurt a. M.) *Graph. Beob.* 15 S. 25/6.

BARGUM, historische Ausstellung von Bucheinbänden in Kopenhagen.* *Arch. Buchgew.* 43 S. 87/93.

Batik-Verzierung auf Bucheinbänden? (Gründe gegen
die allgemeine Einführung des Batikens in die
Buchbinderei.) *Papier-Z.* 31, 2 S. 4105.

Batik-Verzierung von Bucheinbänden. *Papier-Z.*
31, 2 S. 3923.

V. OSTINI, Münchener Buchkunst.* *Arch. Buchgew.*
43 S. 217/24.

DANNHORN, Buchbinderei im Jahre 1906. (KRAUSEs
Universal-Eckenausstoß- und Stanzmaschine; Re-
volverprägepressen; Tisch-Vergoldepresse mit
verstellbarem Heizkasten.) *Arch. Buchgew.* 43
S. 437/9.

LOUBIER, künstlerische Verleger-Einbände. (Leinen-
und Baumwollenstoffe zu Buchdeckeln; partielle
Abprägung nach ALBERT.) (V. m. B.) *Papier-Z.*
31, 1 S. 1799/1800.

Moderne englische Bucheinbände.* *Papier-Z.* 31, 2
S. 4345.

Der Goldschnitt. (Entstehung.) * *Papier-Z.* 31, 2
S. 4388/9 F.

Ziehen und Pressen von Deckeln mit angestauchtem
Bordrand.* *Papier-Z.* 31, 2 S. 4389/90.

KERSTEN, DÖRRENFELDTs Maschine für Massen-
einbände. (Zum Einreiben der Fälze fertiger
Bücher.) *Papier-Z.* 31, 1 S. 178.

SCHULZE, KARL, Maschine zum Zusammentragen
von Bogenlagen zu Buchbänden.* *Uhlands T. R.*
1906, 5 S. 88.

Einrichtung einer Sortiments-Buchbinderei. (Ver-
goldepressen, Ligroin [Benzin]-Spiritusheizappa-

rat; Eckenrundstoßmaschine; Handwerkzeug; Ver-
goldewerkzeuge; Leder; Kleister; Gallertleim;
Gelatine.) * *Papier-Z.* 31, 1 S. 307/8 F.

ZACE, mechanism and adjustment of folding machines. (Single marginal book and pamphlet
folders, double sixteen book and catalogue folders.)*
Printer 36 S. 847/51 F.; 37 S. 44/8 F.

JUNGHÄNDEL, Abziehmarmor für Bücherschnitte.
(Art der Anwendung.) *Papier-Z.* 31, 1 S. 1169.

Bühneneinrichtungen u. dgl. Stage-appliances a. the like. Scène etc. Vgl. Hochbau 6k.

LAUTENSCHLÄGER, technische Bühneneinrichtungen
der Neuzeit. (Fortschritte der Bühnentechnik etwa
von der Wiener Ringtheater-Katastrophe 1881
an; Asphaleia-Bühne in Wien; elektrische Mo-
toren-Bühne; Maschineneinrichtung der Ober-
bühne in Mannheim; Drehbühne in München;
dgl. des Wintergartens in Berlin; dgl. für Mannheim; LAUTENSCHLÄGERS drehbare Doppel-
bühne mit feuersicherer und schalldichter Ab-
schlußwand. (V) * *Bayr. Gew. Bl.* 1906 S. 333/7 F.

Die elektrischen Einrichtungen im New Yorker
Hippodrom. (Schauspielhaus.) * *El. Ans.* 23
S. 533/4.

Elektrische Bühnenbeleuchtungs-Einrichtungen. *El.
Ans.* 23 S. 420/1 F.

SEELING, das neue Stadttheater in Nürnberg. (1421
Sitzplätze; die Bühne ist in 6 Versenkungen und
7 Gitterträger geteilt, die, wie der eiserne Vorhang, durch Preßwasser von einer eigenen Druck-
zentrale betrieben werden; Bewegung der ge-
malten Dekorationen durch Hand; Wind-, Donner-
und Regenmaschine dagegen werden durch kleine
Elektromotoren betrieben; Bühneneinrichtung unter Leitung von ROSENBERG SEN. und VER.
MASCHINENFABRIK AUGSBURG UND MASCHINEN-
BAUGESELLSCHAFT NÜRNBERG; Vorhang aus
einem Gerippe von Falzeisen mit eingespannten
Wellblechtafeln; Rauchabzug im Dachstuhl mittels Tauchtasse hergestellt; elektrische Bühnenbeleuchtung nach dem Vierfarbensystem Weiß-
Rot-Moosgrün-Gelb eingerichtet; Niederdruck-
Dampfheizung; Lüftung des Hauses und der
Bühne durch Einblasen der Luftmenge mittels
Zentrifugal-Ventilatoren, welche durch unmittel-
bar gekuppelte Elektromotoren angetrieben wer-
den; elektrische Beleuchtung.)* *D. Baus.* 40
S. 91/3 F.

Butter und Surrogate. Butter and substitutes. Beurre et succédanés. Vgl. Milch.

1. Bereitung und Konservierung. Manufacture and conservation. Fabrication et conservation.

SILFVERJELM, Säuerung des Rahms bei niedriger
Temperatur. *Molk. Z. Hildesheim* 20 S. 313.

Butter- und Knetmaschine „Viktoria" von BEST-
MANN & CO. (Wirkungsweise.) * *Molk. Z.
Berlin* 16 S. 328/9.

LEWTHWAITE, appareil à débiter, calibrer, estamper, empaqueter et peser les beurres, saindoux
et margarines.* *Corps gras* 33 S. 50/1.

KAUFMANN, Butterbereitung. (Aufbewahrung unter
Abkühlung; Anwendung verschiedener Kulturen.)
Milch-Z. 35 S. 16.

HITTCHER, Ueberwachung der Butterausbeute und
eine neue Formel für deren Kontrolle. *Molk.
Z. Berlin* 16 S. 495/6 F.

KAUFMANN, Mittel, das Anhaften der Butter auf
dem Knettisch zu verhindern. (Durch Einwirkung von Salzsäure.) *Milch-Z.* 35 S. 532.

FARRINGTON, Fabrikation der Molkenbutter in den
Schweizer Käsereien von Wisconsin. *Milch-Z.*
35 S. 591/2.

KASDORF, Einlagern der Butter. *Molk. Z. Hildesheim* 20 S. 699.

TAMM, Butterfehler und ihre Ursachen. *Molk. Z. Berlin* 16 S. 585.

Bakterienfreie Butter. (Zurzeit praktisch nicht zu erreichen.) *Molk. Z. Hildesheim* 20 S. 1078/9.

2. Surrogate. Substitutes. Succédanés.

Herstellung von Margarine unter Zusatz einer Emulsion von Eigelb und Glukose. *Oel- u. Fett-Z.* 3 S. 115.

SOLTSIEN, Margarine mit unverseifbaren Zusätzen. *Chem. Rev.* 13 S. 109/10.

POLLATSCHEK, Homogenisiermaschinen. (Arbeitsweise.) *Chem. Rev.* 13 S. 5/7.

JEAN, Charakteristika der Karité-Butter. (Aus dem Samen von Bassia butyracea gewonnen.) *Chem. Rev.* 13 S. 221.

3. Untersuchung, Eigenschaften und Bestandteile. Analysis, qualities and constituents. Analyse, qualités et constituants.

VOGTHERR, gegenwärtiger Stand der Butterprüfung. (V)[a] *Ber. pharm. G.* 16 S. 5/21.

DU ROI, Veränderung des Butterfettes während der Aufbewahrung der Butter. *Molk. Z. Berlin* 16 S. 392.

CRISMER, détermination de la densité de l'alcool éthylique absolu et application à l'analyse des beurres. *Bull. belge* 20 S. 382/5.

VANDAM, détermination de la température critique de dissolution du beurre dans l'alcool à 99,1 pCt. en poids (indice CRISMER). *Bull. belge* 20 S. 374/82.

SIEGFELD, kommt Lecithin in Butterfett vor? *Molk. Z. Hildesheim* 20 S. 1321/2.

ASCHMANN und AREND, Apparat zur Bestimmung des Wassers in der Butter.[a] *Pharm. Centralh.* 47 S. 955.

PATRICK, rapid determination of water in butter. *J. Am. Chem. Soc.* 28 S. 1611/6.

WAUTERS, l'eau dans le beurre. Réglementation et dosage. *Bull. belge* 20 S. 365/73.

DOMINIKIEWICZ, vereinfachte Methode der Butteruntersuchung. (Apparat zur Trennung des Fettes von dem Nichtfett; zur Bestimmung des Wassers.)[a] *Z. Genuß.* 12 S. 274/83.

FROHNER, Butterfettbestimmung. (Die Nichtfettstoffe der Butter werden durch Erwärmen mit Ammoniaklösung auf etwa 75° in eine sehr schwach opalisierende homogene Lösung übergeführt.) *Chem. Z.* 30 S. 1250/1.

HESSE, Bestimmung des Säuregrades in der Milch, dem Rahm und der Butter. *Molk. Z. Hildesheim* 20 S. 575/6.

OLIG und TILLMANS, holländische Butter. (Untersuchung.) *Z. Genuß.* 11 S. 81/93.

SWAVING, Ursachen des Auftretens niedriger REICHERT-MEISZLscher Zahlen bei niederländischer Butter.[a] *Z. Genuß.* 11 S. 505/20.

REITZ, bakteriologische Untersuchungen mit der Stuttgarter Markt- und Handelsbutter. (Untersuchung auf Tuberkelbazillen.) *Arch. Hyg.* 57 S. 1/28; *CBl. Bakt.* II, 16 S. 193/209.

VAN DER ZANDE, Entstehung von flüchtigen Fettsäuren in Butterfetten. *CBl. Agrik. Chem.* 35 S. 552/5.

LUDWIG und HAUPT, Refraktion der nichtflüchtigen Fettsäure der Butter. *Z. Genuß.* 12 S. 521/3.

WIJSMAN und REIJST, Verfahren zum Nachweise von Kokosfett in Butter. (Differenz der Silberzahlen.) *Z. Genuß.* 11 S. 267/71; *Apoth. Z.* 21 S. 488/9.

LÜHRIG, zur Beurteilung der Reinheit des Butterfettes. (Bestimmung des Kokosfettes.) *Z. Genuß.* 11 S. 11/20.

LÜHRIG, Nachweis von Kokosfett in Butter. *Z. Genuß.* 12 S. 588/92.

ROBIN, recherche des falsification du beurre, à l'aide de la graisse de coco et de l'oléo-margarine. *Compt. r.* 143 S. 512/4.

RACINO, Kasein als Verfälschungsmittel für Butter. *Z. öfftl. Chem.* 12 S. 169/70; *Molk. Z. Hildesheim.* 20 S. 606.

C.

Cadmium.

BAXTER, HINES and FREVERT, revision of the atomic weight of cadmium. *J. Am. Chem. Soc.* 28 S. 770/86; *Chem. News* 94 S. 224/5 F.; *Z. anorgan. Chem.* 49 S. 415/31.

SAHMEN, Kupfercadmiumlegierungen.[b] *Z. anorgan. Chem.* 49 S. 301/10.

TREITSCHKE, Antimon-Cadmiumlegierungen.[a] *Z. anorgan. Chem.* 50 S. 217/25.

VOGEL, Gold-Cadmiumlegierungen.[a] *Z. anorgan. Chem.* 48 S. 333/46.

NOVAK, physikalisch-chemische Studien über Cadmiumlegierungen des bleihaltigen Zinks. *Phot. Korr.* 43 S. 24/6.

MANCHOT, Verbrennung des Cadmiums. (Der braune Rauch enthält Cadmiumsuperoxyd.) *Ber. chem.* 39 S. 1170/1.

DOELTZ und GRAUMANN, Versuche über das Verhalten von Cadmiumoxyd bei höheren Temperaturen. *Metallurgie* 3. S. 372/5.

KOHN, MORITZ, gefälltes basisches Zinkkarbonat und gefälltes Cadmiumkarbonat. (Einwirkung von Eisenchlorid-, Chrom-, Uranyl-, Aluminiumnitratlösungen.) *Z. anorgan. Chem.* 50 S. 315/7.

JANICKI, feinere Zerlegung der Spektrallinien von Quecksilber, Cadmium, Natrium, Zink, Thallium und Wasserstoff. (Das MICHELSONsche Stufengitter; Quecksilberlinien; Vergleich der gewonnenen Ergebnisse mit den bisherigen Beobachtungen; Cadmiumlinien.)[a] *Ann. d. Phys.* 19 S. 36/79.

GOLDSCHMIDT, quantitative Bestimmung von Cadmium. (Durch Kochen der Cadmiumsalzlösungen in Gefäßen von Aluminium bei Gegenwart von einer Spur Chromnitrat und Kobaltnitrat.) *Z. anal. Chem.* 45 S. 344.

BAUBIGNY, dosage du cadmium. (Transformation du sulfure de cadmium en sulfate; expériences sur le sulfure de cadmium.) *Compt. r.* 142 S. 577, 792/3.

BAUBIGNY, dosage du cadmium dans un sel volatil ou organique. *Compt. r.* 142 S. 959/61.

FLORA, estimation of cadmium as the oxide. *Chem. News* 94 S. 305/6.

FLORA, use of the rotating cathode for the estimation of cadmium taken as the chloride. *Chem. News* 94 S. 294/6.

Caesium. Césium.

RENGADE, l'oxydation directe du caesium et sur quelques propriétés du peroxyde de caesium. *Compt. r.* 142 S. 1149/51.

RENGADE, le protoxyde de caesium. *Compt. r.* 143 S. 592/4.

RENGADE, action de l'oxygène sur le caesiumammonium. *Bull. Soc. chim.* 3, 35 S. 769/75.

BILTZ und WILKE-DÖRFURT, die Sulfide des Rubidiums und Cäsiums.[a] *Z. anorgan. Chem.* 48 S. 297/318; 50 S. 67/81.

FRAPRIE, chromates of caesium.[a] *Am. journ.* 21 S. 309/16.

Calcium und Verbindungen. Calcium and compounds. Calcium et combinaisons. Vgl. Calciumcarbid, Gips, Kalk.

TUCKER and WHITNEY, preparation of metallic calcium by electrolysis.* *J. Am. Chem. Soc.* 28 S. 84/7.

DOBRMER, einige Eigenschaften des elektrolytischen Calciums. *Ber. chem. G.* 39 S. 211/4; *Z. anorgan. Chem.* 49 S. 362/3.

OHMANN, Vorlesungsversuche mit elektrolytisch dargestelltem Calcium. *Z. phys. chem U.* 19 S. 83/9.

STOCKEM, Legierungsfähigkeit des Calciums. (Calcium und Gußeisen; Calcium und Eisenoxyd; Calcium und Kupfer.) *Metallurgie* 3 S. 147/9.

HACKSPILL, les alliages de plomb et de calcium. *Compt. r.* 143 S. 227/9.

WATTS, iron and calcium. (Use of calcium in the metallurgy of iron as a substitute for the desoxidizing agents; attempts to form alloys of calcium with iron.) *J. Am. Chem. Soc.* 28 S. 1152/5.

SODDY. calcium as an absorbent of gases, and its applications in the production of high vacua and for spectroscopic research. *Chem. News* 94 S. 305.

ERLWEIN, Darstellung von Kalkstickstoff. (V. m. B.)* *Z. Elektrochem.* 12 S. 551/8.

Herstellung des Kalkstickstoffes.* *Z. Chem. Apparat.* 1 S. 745/7.

ERLWEIN, Fixierung des Stickstoffs der Luft und die praktische Anwendung der gewonnenen Körper. (Ofen für direkte Herstellung von Kalkstickstoff [direktes Verfahren SIEMENS & HALSKE]; Apparatur zur Herstellung von Ammoniak aus Kalkstickstoff.)* *Elektrochem. Z.* 13 S. 137/41 F.

JAUBERT, préparation industrielle de l'hydrure de calcium. *Compt. r.* 142 S. 788/9; *Rev. ind.* 37 S. 135.

KRULL, Hydrolith. (Calciumhydrür.) *Z. ang. Chem.* 19 S. 1233/4.

Hydrolith. (Calciumhydrür, Fabrikation, Eigenschaften, Anwendung in der Luftschiffahrt.) *Acetylen* 9 S. 109.

GÜNTZ et BASSETT, préparation des sous-sels de calcium. *Bull. Soc. chim.* 3, 35 S. 404/18.

V. FOREGGER and PHILIPP, earth alkali and allied peroxides: properties and applications. (Peroxides of calcium, strontium, magnesium and zinc.) (V) *Chemical Ind.* 25 S. 298/302.

HOFFMEISTER, Vorkommen eines gasförmigen Calciumwasserstoffes im technischen Acetylen. *Z. anorgan. Chem.* 48 S. 137/9.

CAMERON and BELL, phosphate of calcium. Superphosphate. *J. Am. Chem. Soc.* 28 S. 1222/9.

BOEKE, Verhalten von Barium- und Calciumkarbonat bei hohen Temperaturen. *Z. anorgan. Chem.* 50 S. 244/8.

DUBOIN, les iodomercurates de calcium, — et de strontium. *Compt. r.* 142 S. 395/8, 573/4.

ARTH et CRÉTIEN, dissolution du sulfate de calcium dans l'eau salée. *Bull. Soc. chim.* 3, 35 S. 778/81.

FOOTE and MENGE, relative solubility of some difficultly soluble calcium and barium salts. *Chem. J.* 35 S. 432/45.

FLANDERS, new qualitative test for calcium. (Action of potassium ferrocyanide.) *J. Am. Chem. Soc.* 28 S. 1509/11.

BENEDICT, detection of barium, strontium and calcium. (The reagents used are saturated potassium iodate solution, dilute hydrochloric acid, ammonium oxalate and saturated ammonium sulphate solution.) *J. Am. Chem. Soc.* 28 S. 1596/8.

BRUNCK, gewichtsanalytische Bestimmung des Calciums. *Z. anal. Chem.* 45 S. 77/87.

MAIGRET, titrimetrische Bestimmung von Calcium und Magnesium. (N) *Stahl* 26 S. 17.

MEADE, schnelle Bestimmung von Kalk.* *Stahl* 26 S. 1385.

WESTHAUSSER, zur Kalk- und Magnesiabestimmung, besonders in dolomitischen Kalken. (V) (A) *Chem. Z.* 30 S. 985.

Calciumcarbid. Calcium carbide. Carbure de calcium. Vgl. Acetylen, Kohlenstoff, Schmelzöfen.

VOGEL, Carbid und Acetylen in der Technik und im Laboratorium. (V) *Z. ang. Chem.* 19 S. 49/57.

Fabrikanlage des Carbidwerkes Freyung.* *Acetylen* 9 S. 140/2.

GRAF, Acetylen und Calcium-Carbid auf der Nürnberger Landesausstellung. (Acetylengasanlage, selbsttätiger Acetylenapparat „Baldur"von KELLER & KNAPPICH. KEHRs Entwickler mit Regelung der Acetylenerzeugung durch Schwimmerplatte nebst Schwimmer und Achse.)* *Z. Bayr. Rev.* 10 S. 187/9 F.

KAHN, solubilité du carbone dans le carbure de calcium. *Compt. r.* 143 S. 49/51.

Calciumcarbid als Modellpulver. *Am. Apoth. Z.* 27 S. 79.

ROTHE und HINRICHSEN, die Analyse von Calciumcarbid nach FINKENER.* *Mitt. a. d. Materialprüfungsamt* 24 S. 301/8.

Carbide. Carbides. Carbures. Siehe Acetylen, Calciumcarbid, Kohlenstoff und die einzelnen Metalle.

Cerium. Cérium. Vgl. Seltene Erden.

GARELLI und BARBIERI, Gewinnung von Thor und Cer aus Monazitsand. *Chem. Z.* 30 S. 433.

MATIGNON, les combinaisons des métaux rares du groupe cérium et sur leurs sulfates en particulier. *Compt. r.* 142 S. 394/5.

ORLOW, Reindarstellung der Ceriumverbindungen. *Chem. Z.* 30 S. 733.

Chemie, allgemeine. Chemistry in general. Chimie générale. Vgl. Physik, Wärme.

1. Allgemeine und physikalische Chemie. General and physical chemistry. Chimie générale et physique.

NORDMEYER, Fortschritte der Physik und physikalischen Chemie im Jahre 1905. (Jahresbericht.) *Chem. Z.* 30 S. 493/7.

LEWIS, review of recent progress in physical chemistry. *J. Am. Chem. Soc.* 28 S. 893/910.

HERZ, Bericht über die physikalische Chemie im II. Halbjahr 1905, — im I. Halbjahr 1906. *Chem. Zeitschrift* 5 S. 30/3; 436/8.

BAUR, Systematik der wichtigsten Konstanten der Chemie. *Chem. Z.* 30 S. 997/9.

LANDOLT, die fraglichen Aenderungen des Gesamtgewichtes chemisch sich umsetzender Körper. *Sits. B. Preuß. Ak.* 1906 S. 266/98; *Z. physik. Chem.* 55 S. 589/621; *Chem. News* 93 S. 271/4 F. Investigation to determine whether there is change in weight in chemical reaction. (LANDOLT's investigations.) *Chem. J.* 36 S. 100/3. The constancy of mass in chemical reactions. *Engng.* 82 S. 622/3.

MICHAEL, das Verteilungsprinzip. (Uebertragung aus der anorganischen auf die organische Chemie.) *Ber. chem. G.* 39 S. 2138/43.

CIAMICIAN e SILBER, azioni chimiche della luce. *Gas. chim. it.* 36, 2 S. 172/202.

REGENER, die chemische Wirkung kurzwelliger

Strahlung auf gasförmige Körper.* *Ann. d. Phys.* 20 S. 1033/46.

ROSS, chemical action of ultra-violet light. *J. Am. Chem. Soc.* 28 S. 786/93.

RAMSAY and SPENCER, chemical and electrical changes induced by ultra-violet light. (V) *Chem. News* 94 S. 77.

LUTHER und GOLDBERG, photochemische Reaktionen. Die Sauerstoffhemmung der photochemischen Chlorreaktionen in ihrer Beziehung zur photochemischen Induktion, Deduktion und Aktivierung.* *Z. physik. Chem.* 56 S. 43/56.

FRANKLAND and TWISS, influence of various substituents on the optical-activity of tartramide; — and DONE, of malamide. *J. Chem. Soc.* 89 S. 1852/69.

LE BON, dissociation de la matière sous l'influence de la lumière et de la chaleur. *Compt. r.* 143 S. 647/9.

BALY, MARSDEN and STEWART, relation between absorption spectra and chemical constitution. The iso-nitrosocompounds; BALY and TUCK, the phenyl-hydrazones of simple aldehydes and ketones. *J. Chem. Soc.* 89 S. 966/98.

COHEN and ZORTMAN, relation of position isomerism to optical activity. Rotation of the menthyl esters of the isomeric dibromobenzoic acids; — and ARMES, — of the isomeric chloronitrobenzoic acids, — of three isomeric dinitrobenzoic acids. *J. Chem. Soc.* 89 S. 47/52, 454/62, 1479/83.

WILDERMAN, galvanic cells produced by the action of light. (The chemical statics and dynamics of reversible and irreversible systems under the influence of light.) *Chem. News* 93 S. 95.

URBAIN, phosphorescence cathodique de l'europium dilué dans la chaux. Étude du système phosphorescent ternaire: chaux - gadoline - europine. *Compt. r.* 142 S. 1518/20.

KAUFFMANN, Farbe und chemische Konstitution. *Z. Farb. Ind.* 5 S. 417/21; *Physik. Z.* 7 S. 794/6; *Chem. Z.* 30 S. 919/20.

HANTZSCH, Beziehungen zwischen Körperfarbe und Konstitution von Säuren, Salzen und Estern. *Ber. chem. G.* 39 S. 3080/3102.

HANTZSCH und GLOVER, Veränderung der Farbe bei konstitutiv unveränderlichen Stoffen. *Ber. chem. G.* 39 S. 4153/74.

SILBERRAD, relationship of colour and fluorescence to constitution. Condensation products of mellitic and pyromellitic acids with resorcinol. *J. Chem. Soc.* 89 S. 1787/1811.

ROHLAND, Beziehungen zwischen der Temperatur und der Farbintensität einiger anorganischer Stoffe. *Chem. Z.* 30 S. 375/8.

V. BAEYER, Anilinfarben. (Zusammenhang zwischen Farbe und chemischer Konstitution.) *Chem. Z.* 30 S. 578/9.

LEWIS, Komplexbildung, Hydratation und Farbe. *Z. physik. Chem.* 56 S. 223/4.

STOBBE, die Farbe der Fulgide und anderer ungesättigter Verbindungen. *Liebigs Ann.* 349 S. 333/71.

KAUFFMANN und FRANCK, Verteilungssatz der Auxochrome. *Ber. chem. G.* 39 S. 2722/6.

WALDEN, Zusammenhang zwischen Molekulargröße und Drehungsvermögen eines gelösten aktiven Körpers. *Ber. chem. G.* 39 S. 658/76.

THOMAS and JONES, effect of constitution on the rotatory power of optically active nitrogen compounds. *J. Chem. Soc.* 89 S. 280/310.

KAUFFMANN, Konstitution und Körperfarbe von Nitrophenolen. *Ber. chem. G.* 39 S. 4237/42.

MÖHLAU und ADAM, Einfluß der Kohlenstoffdoppelbindung auf die Farbe von Azomethinverbindungen. *Z. Farb. Ind.* 5 S. 377/83 F.

STEWART and BALY, relation between absorption spectra and chemical constitution. The chemical reactivity of the carbonyl group. The α-diketones and quinones. The nitroanilines and the nitrophenols. The reactivity of the substituted quinones. *J. Chem. Soc.* 89 S. 489/530, 618/31.

SKRAUP, Konstitution und Synthese chemischer Verbindungen. (V) (A) *Oest. Chem. Z.* 9 S. 32/4.

ZENGHELIS, das periodische System und die methodische Einteilung der Elemente. *Chem. Z.* 30 S. 294/5 F.

RUDORF, das periodische System und die methodische Einteilung der Elemente. *Chem. Z.* 30 S. 595/6.

CZAPSKI, Atomgewichte der Elemente. (Fortlaufende Berichte.) *Z. anal. Chem.* 45 S. 72/6 F.

HINRICHS, les poids atomiques de tous les éléments chimiques sont commensurables et la matière est une. *Mon. scient.* 4, 20, I. S. 84/9.

BISHOP, a periodic relation between the atomic weights and the index of refraction.* *Chem. J.* 35 S. 84/6.

BRADBURG, relationship between the atomic weights of analogous elements. *Chem. News* 94 S. 245.

WERNER, zur Valenzfrage. (Erweiterungen der Valenzlehre.) *Z. angw. Chem.* 19 S. 1346/52.

WERNER, zur Valenzfrage. (V) *Chem. Z.* 30 S. 581/3.

ABEGG, Fähigkeit der Elemente, miteinander Verbindungen zu bilden. *Z. anorgan. Chem.* 50 S. 99/14.

TAMMANN, Fähigkeit der Elemente, miteinander Verbindungen zu bilden.* *Z. anorgan. Chem.* 49 S. 113/21.

BRÖNSTED, chemische Affinität. (Darstellung der allgemeinen Theorie der Affinität vollständig verlaufender Reaktionen; Anwendung auf konkrete, experimentell durchforschte Fälle.)* *Z. physik. Chem.* 55 S. 371/82; 56 S. 645/85.

WOODIWISS, the chemical elements; a new classification. (The inter-relationship of the chemical elements as shown by their relative weights.)* *Chem. News* 93 S. 214/5.

KAUFFMANN, fluorogene Gruppen. (Beitrag zur Theorie der Partialvalenzen.) *Liebigs Ann.* 344 S. 30/77.

FABINYI, die Eigenschaftsänderungen der Elemente, speciell des Chlors. *Physik. Z.* 7 S. 419/30.

RIEDEL, chemische Grundbegriffe und Grundgesetze in antiatomistischer Darstellung. *Z. angw. Chem.* 19 S. 2113/22.

BINGHAM, vapour pressure and chemical composition. *J. Am. Chem. Soc.* 28 S. 717/23.

LEWIS, elementary proof of the relation between the vapour pressures and the composition of a binary mixture. *J. Am. Chem. Soc.* 28 S. 569/72.

MARSHALL, vapour pressures of binary mixtures. The possible types of vapour pressure curves.* *J. Chem. Soc.* 89 S. 1350/86.

CARRARA e FERRARI, grandezza delle molecole liquide di alcuni composti organici. *Gas. chim. it.* 36, 1 S. 419/29.

BECKMANN, Molekulargrößen einiger anorganischer Körper. (Versuche mit Aluminium in siedendem und gefrierendem Brom; mit Schwefel in gefrierendem Brom; Versuche in flüssigem Chlor; — in Zinntetrachlorid, Arsentrichlorid, Phosphortrichlorid und Antimontrichlorid.)* *Z. anorgan. Chem.* 51 S. 96/115.

BECKMANN, Molekulargröße anorganischer Verbindungen in siedendem Chinolin. *Z. anorgan. Chem.* 51 S. 236/44.

WALDEN und CENTNERSZWER, Molekulargrößen

einiger Salze in Pyridin.* *Z. physik. Chem.* 55 S. 321/43.

GASCARD, Bestimmung der Molekulargewichte von Alkoholen und Phenolen mit Hilfe von Benzoesäureanhydrid. *Apoth. Z.* 21 S. 697/8.

LEWIS, applicability of RAOULTS laws to molecular weight determinations in mixed solvents and in simple solvents whose vapor dissociates. *J. Am. Chem. Soc.* 28 S. 766/70.

BLACKMAN, further experiments on a new method of determining moleculare weights.* *Chem. News* 93 S. 96/7.

HOLMES, theory of solutions. Nature of the molecular arrangement in aqueous mixtures of the lower alcohols and acids of the paraffin series. Molecular complexity in the liquid state. Theory of the intermiscibility of liquids. *J. Chem. Soc.* 89 S. 1774/86.

LEVIN, Theorie der Löslichkeitsbeeinflussung. *Z. physik. Chem.* 55 S. 513/36.

RIEDEL, Löslichkeitsbeeinflussungen.* *Z. physik. Chem.* 56 S. 243/52.

THIELE und CALBERLA, Bestimmung der Löslichkeit von Salzgemischen bei Temperaturen, die den Siedepunkt der gesättigten Lösung wesentlich überschreiten.* *Z. ang. Chem* 19 S. 1263/4.

TRAUTZ und ANSCHÜTZ, Löslichkeitsbestimmungen an Erdalkalihalogenaten. Bariumhalogenate. *Z. physik. Chem.* 56 S. 236/42.

v. ZAWIDZKI und CENTNERSZWER, retrograde Mischung und Entmischung.* *Ann. d. Phys.* 19 S. 426/31.

BÜCHNER, die beschränkte Mischbarkeit von Flüssigkeiten; das System Diphenylamin und Kohlensäure.* *Z. physik. Chem.* 56 S. 257/318.

BÖTTGER, Löslichkeitsstudien an schwer löslichen Stoffen. Löslichkeit von Silberchlorid, -bromid und -rhodanid bei 100°. *Z. physik. Chem.* 56 S. 83/94.

LUTHER und MAC DONGALL, Reaktion zwischen Chlorsäure und Salzsäure. (Kinetik der Reaktion; Reaktionsgeschwindigkeit.)* *Z. physik. Chem.* 55 S. 477/84.

KREMANN und RODINIS, Einfluß von Substitution in den Komponenten binärer Lösungsgleichgewichte. *Mon. Chem.* 27 S. 125/79.

PARSONS und ROBINSON, Gleichgewichte im System: Berylliumoxyd, Oxalsäure und Wasser. *Z. anorgan. Chem.* 49 S. 178/89.

JÄNECKE, neue Darstellungsform der wässerigen Lösungen zweier und dreier gleichioniger Salze, reziproker Salzpaare und der VAN'T HOFF'schen Untersuchungen über ozeanische Salzablagerungen.* *Z. anorgan. Chem.* 51 S. 132/57.

KREMANN, binäre Lösungsgleichgewichte zwischen Phenolen und Amiden.* *Mon. Chem.* 27 S. 91/107.

TIMMERMANS, der kritische Lösungspunkt von ternären Gemengen. (V)* *Z. Elektrochem.* 12 S. 644/7.

CALDWELL, studies of the processes operative in solutions. (The sucroclastic action of acids as influenced by salts and non-electrolytes.)* *Proc. Roy. Soc.* 78 A S. 272/95.

BLACKMAN, solution: fractional extraction. (Extraction of a substance soluble in two liquids which are themselves immiscible by using the other liquid in portions.) *Chem. News* 93 S. 72.

TIMMERMANS, les rapports de la dissociation des corps dissous et de leur réactivité. *Bull. belge* 20 S. 305/12.

BUCHANAN, method of determining the specific gravity of soluble salts by displacement in their own mother-liquor; and its application in the

case of the alkaline halides. *Am. Journ.* 21 S. 25/40.

WINKELBLECH, spezifisches Gewicht und Zusammensetzung von Lösungen, die gleichzeitig Salz und Säure desselben Anions enthalten. *Chem. Z.* 30 S. 833/4.

WALLERANT, les solutions solides. *Compt. r.* 142 S. 100/1.

WÖHLER, feste Lösungen bei der Dissociation von Metalloxyden. (V) (A) *Chem. Z.* 30 S. 954.

WÖHLER, feste Lösungen bei der Dissociation von Palladiumoxydul und Kupferoxyd. *Z. Elektrochem.* 12 S. 781/6.

BECHHOLD und ZIEGLER, Beeinflußbarkeit der Diffusion in Gallerten. *Z. physik. Chem.* 56 S. 105/21.

VÉGOUNOW, la diffusion des solutions et les poids moléculaires. *Compt. r.* 142 S. 954/7.

BUXTON und SHAFFER, die Agglutination und verwandte Reaktionen in physikalischer Hinsicht. BUXTON und TEAGUE, ein Vergleich verschiedener Suspensionen; die von den suspendierten Teilchen getragene elektrische Ladung.* *Z. physik. Chem.* 57 S. 47/89.

VAN BEMMELEN, Absorptionsverbindungen. Unterschied zwischen Hydraten und Hydrogelen und die Modifikationen der Hydrogele (Zirkonsäure und Metazirkonsäure). *Z. anorgan. Chem.* 49 S. 125/42.

CHRISTOFF, Abhängigkeit der Absorption von der Oberflächenspannung. (Absorptionskoeffizienten des H_2, N_2, CH_4 und CO für konzentrierte Schwefelsäure [Spez. Gew. 1.839].)* *Z. physik. Chem.* 55 S. 622/34.

FREUNDLICH, Absorption in Lösungen.* *Z. physik. Chem.* 57 S. 385/470.

ARMSTRONG, the origin of osmotic effects. (Theory; association in solution; association of electrolytes with water; structure in relation to hydration; explanation of peculiarities of electrolytes.) *Proc. Roy. Soc.* 78 A S. 264/71.

MORSE, FRAZER and HOPKINS, the osmotic pressure and the depression of the freezing points of solutions of glucose.† *Chem. J.* 36 S. 1/39.

MORSE, FRAZER, HOFFMAN and KENNON, redetermination on the osmotic pressure and of the depression of the freezing points of cane sugar solutions. *Chem. J.* 36 S. 39/93.

MALFITANO, pression osmotique dans le colloïde hydrochloroferrique. *Compt. r.* 142 S. 1418/21.

BARLOW, osmotic pressure of solutions of sugar in mixtures of ethyl alcohol and water. *J. Chem. Soc.* 89 S. 162/6.

THIEL, Versuch zur Demonstration der Osmose. *Z. Elektrochem.* 12 S. 229/30.

CENTNERSZWER und PAKALNEET, die kritischen Drucke der Lösungen.* *Z. physik. Chem.* 55 S. 303/14.

MAILLARD et GRAUX, l'existence des bicarbonats dans les eaux minérales, et sur les prétendues anomalies de leur pression osmotique. *Compt. r.* 142 S. 404/7.

LOTTERMOSER, die Kolloide in Wissenschaft und Technik. (V) *Z. ang. Chem.* 19 S. 369/77.

LOTTERMOSER, Kolloide. (Wesen der Kolloide.) *J. Gasbel.* 49 S. 735/6.

LOTTERMOSER, kolloidale Salze. (Bildung von Hydrosolen durch Ionenreaktionen.) *J. prakt. Chem.* 73 S. 374/82.

KURILOFF, Uebergang von kristallinischen zu kolloidalen Körpern. *Z. Elektrochem.* 12 S. 209/18.

PAULI, physikalische Zustandsänderungen der Kolloide; elektrische Ladung von Eiweiß. *B. Physiol.* 7 S. 531/47.

THE SVEDBERG, elektrische Darstellung colloidaler

Lösungen. (Kolloidale Metalle.) *Ber. chem. G.* 39 S. 1705/14.

BURTON, the properties of electrically prepared colloidal solutions. (Preparation of solutions in water; properties of these colloidal solutions; determination of the size of the particles; motion of particles in an electric field; velocities of the particles of metal solutions.)* *Phil. Mag.* 11 S. 425/47.

BURTON, the action of electrolytes on colloidal solutions. *Phil. Mag.* 12 S. 472/8.

WINKELBLECH, zur Chemie der Kolloide. (Einwirkung von Kohlenwasserstoffen auf Kolloidlösungen.) *Z. ang. Chem.* 19 S. 1954/5.

ZSIGMONDY, Kolloidchemie, mit besonderer Berücksichtigung der chemischen Kolloide. (V) (A) *Oest. Chem. Z.* 9 S. 259.

ZSIGMONDY, amikroskopische Goldkeime. Auslösung von silberhaltigen Reduktionsgemischen durch kolloidales Gold. *Z. physik. Chem.* 56 S. 65/82.

ZSIGMONDY, Teilchengrößen in Hydrosolen. (V) *Z. Elektrochem.* 12 S. 631/5.

PAULI, Beziehungen der Kolloidchemie zur Physiologie. (V) (A) *Oest. Chem. Z.* 9 S. 259/60.

MALCOLM, double refraction in colloids produced by electric endosmose. (Gelatine in capillary tubes; gelatine shallow dishes.)* *Phil. Mag.* 12 S. 548/56.

CRAW, filtration of crystalloids and colloids through gelatine: with special reference to the behavior of hoemolysins. *Proc. Roy. Soc. B.* 77 S. 311/31.

BECHHOLD, fraktionierte Filtration von Kolloiden. (V) (A) *Chem. Z.* 30 S. 921/2.

THE SVEDBERG, Eigenbewegung der Teilchen in kolloidalen Lösungen.* *Z. Elektrochem.* 12 S. 853/60, 909/10.

Colloidal solutions of metals in organic solvents. (Organosols.) *Chem. J.* 35 S. 187/9.

MALFITANO et MICHEL, cryoscopie des solutions de colloïde hydrochloroferrique. *Compt. r.* 143 S. 1141/3.

PAPPADA, sulla natura della coagulazione. *Gas. chim. it.* 36, 2 S. 259/64.

VINING, phénomènes électrocapillaires.* *Ann. d. Chim.* 8, 9 S. 272/88.

RICHARDS, electrochemical calculations. (Potential and current for mixed electrolysis; energy required for chemical work; thermochemical constants of basic elements; acid elements, acid radicals.) (V) *J. Frankl.* 161 S. 160/72.

GOUY, la fonction électrocapillaire. *Ann. d. Chim.* 8, 8 S. 291/9.

THIEL, Elektrokapillarität als Erklärung der Bewegungen sich auflösender Kristalle auf Quecksilber. (SCHAUMsches Phänomen.) *Z. Elektrochem.* 12 S. 257/9.

LOTTERMOSER, Verhalten der irreversiblen Hydrosole Elektrolyten gegenüber und damit zusammenhängende Fragen. (V) *Z. Elektrochem.* 12 S. 624/30; *Chem. Z.* 30 S. 558/9.

FORD and GUTHRIE, influence of certain amphoteric electrolytes on amylolytic action. *J. Chem. Soc.* 89 S. 76/92.

WEDEKIND, Geschwindigkeit der Autorazemisation von optisch-aktiven Ammoniumsalzen. GOLDSCHMIDT, Bemerkungen dazu. *Z. Elektrochem.* 12 S. 330/3, 416/8, 515/6.

WINTHER, katalytische Razemisierung.* *Z. physik. Chem.* 56 S. 465/511F.

HINRICHS, la mécanique de l'ionisation par solution. *Compt. r.* 143 S. 549/50.

KREMANN u. V. HOFMANN, die Beständigkeitsgrenzen von Molekularverbindungen im festen Zustande und die Abweichungen bei denselben

vom KOPP-NEUMANNschen Gesetz. *Mon. Chem.* 27 S. 109/24.

LIESEGANG, geschichtete Strukturen. (Mit reiner Kristallisation.)* *Z. anorgan. Chem.* 48 S. 364/6.

ROSANOFF, the principle of optical superposition. *J. Am. Chem. Soc.* 28 S. 525/33.

PATTERSON and KAYE, optical superposition. *J. Chem. Soc.* 89 S. 1884/99.

FISCHER, FRANZ, Verlauf chemischer Reaktionen bei hoher Temperatur.* *Chem. Z.* 30 S. 1291/5.

BERTHELOT, formation des combinaisons endothermiques aux températures élevées. *Compt. r.* 142 S. 1451/8; *Ann. d. Chim.* 8, 9 S. 163/73.

DEWAR, new low temperature phenomena. (Charcoal absorption of vapours; separation of highly concentrated oxygen from air by charcoal at low temperatures.)* *Chem. News* 94 S. 173/5F.

GOEBEL, eine Modifikation der VAN'T. HOFFschen Theorie der Gefrierpunktserniedrigung. *Z. physik. Chem.* 55 S. 315/20.

DOELTER, Bestimmung der Schmelzpunkte mittels der optischen Methode. *Z. Elektrochem.* 12 S. 617/21.

LUTHER, räumliche Fortpflanzung chemischer Reaktionen. (V. m. B.) *Z. Elektrochem.* 12 S. 596/600; *Chem. Z.* 30 S. 513.

LIESEGANG, eine scheinbar chemische Fernwirkung. (Schnelligkeit der Diffusion; Versuche.) *Ann. d. Phys.* 19 S. 395/406.

WALKER, method for determining velocities of saponification. *Chem. News* 94 S. 138/9.

BREDIG und LICHTY, chemische Kinetik in konzentrierter Schwefelsäure. (Zerfall der Oxalsäure.) *Z. Elektrochem.* 12 S. 459/63.

SMITH NORMAN, oxydations lentes en présence d'humidité. (Oxydation de l'ammoniaque; de l'azote; de peroxyde d'hydrogène.) *Bull d'enc.* 108 S. 531/2.

NAUSZ, Verbrennung fester und gasförmiger Heizstoffe. (Die Verbrennungserscheinungen.) *J. Gasbel.* 49 S. 186/92.

HOLLINGWORTH, the nature of flame. (The luminous and non luminous hydrocarbon flames produced when coal gas was burnt in an insufficient or an excessive supply of air.) (V) *J. Gas L.* 93 S. 286/8.

BARKER, theory of isomorphism based on experiments on the regular growths of crystals of one substance on those of another. *J. Chem. Soc.* 89 S. 1120/58.

WALLERANT, l'isomorphisme et la loi de MITSCHERLICH. *Ann. d. Chim.* 8, 8 S. 90/114.

VORLÄNDER, kristallinisch-flüssige Substanzen. *Ber. chem. G.* 39 S. 803/10.

MIERS and ISAAC, the refractive indices of crystallising solutions, with especial reference to the passage from the metastable to the labile condition. *J. Chem. Soc.* 89 S. 413/54.

SONSTADT, the attractive force of crystals for like molecules in saturated solutions. *J. Chem. Soc.* 89 S. 339/45.

GAUBERT, influence de matières colorantes d'une eau mère sur la forme des cristaux qui s'en déposent. (Acide phtalique.) *Compt. r.* 142 S. 219/21.

SACKUR, Passivität und Katalyse. (V) *Z. Elektrochem.* 12 S. 637/41.

RASCHIG, über Katalyse. (V. m. B.) *Z. ang. Chem.* 19 S. 1748/63.

BREDIG, über Katalyse. (Bemerkungen zu RASCHIGs Arbeit.) *Z. ang. Chem.* 19 S. 1985/7.

RASCHIG, Katalyse. Entgegnung an BREDIG und LUTHER. *Z. ang. Chem.* 19 S. 2083/7.

BREDIG, über heterogene Katalyse und ein neues

Quecksilberoxyd. (V. m. B.)* *Z. Elektrochem.* 12 S. 581/9.

BRINGHENTI, catalisi e forza elettromotrice. *Gaz. chim. it.* 36, 1 S. 187/215.

SZILARD, autocatalyse et décomposition d'un système photochimique. (La solution chloroformique de triiodométhane, soumise à l'action de la lumière, en présence de l'oxygène, se décompose; cette décomposition une fois commencée continue sa marche spontanément, même dans l'obscurité.) *Compt. r.* 142 S. 1212/4.

HOFFMANN, J. F., zwei durch chemische Gleichungen darstellbare Katalysen. (Verhärtungsvorgang des Kalkes; Sauerstoffübertragung durch Tetramethylparaphenylendiamin.) *Wschr. Brauerei* 23 S. 466/7.

ROHLAND, katalytische Wirksamkeit des Aluminiumchlorids. *Chem. Z.* 30 S. 1173/4.

MATIGNON et TRANNOY, catalyseurs oxydants et généralisation de la lampe sans flamme. *Compt. r.* 142 S. 1210/1.

SABATIER et MAILHE, emploi des oxydes métalliques comme catalyseurs d'oxydation. (Oxydation des hydrocarbures.) *Compt. r.* 142 S. 1394/5.

FOUARD, action catalytique exercée par les sels alcalins et alcalino-terreux dans la fixation de l'oxygène de l'air par les solutions de polyphénols. *Compt. r.* 142 S. 796/8.

HUDSON, hydration in solution. (The transition temperatures of hydrates; thermodynamics of hydration reactions; a method calculating the solubility of some substances that form hydrates; the influence of foreign substances on the solubility of hydrates and their anhydrides; discontinous changes of melting and polymorphism.) *Phys. Rev.* 23 S. 370/81.

JONES, annähernde Zusammensetzung der Hydrate, welche von verschiedenen Elektrolyten in wässeriger Lösung gebildet werden. *Z. physik. Chem.* 55 S. 385/434.

DENISON and STEELE, new method for the measurement of hydrolysis in aqueous solution based on a consideration of the motion of ions.* *J. Chem. Soc.* 89 S. 999/1013.

NAUMANN und RÜCKER, seitherige Verfahren zur Bestimmung der Hydrolyse. *J. prakt. Chem.* 74 S. 209/17.

NAUMANN und MÜLLER, WILH., Destillationsverfahren zur Bestimmung der Hydrolyse. *J. prakt. Chem.* 74 S. 218/21.

BLACKMAN, relative strenghts of acides. (The electrical conductivity method as a means for determining the relative strengths. *Chem. News.* 93 S. 284.

BAUER, Dissociationskonstanten schwacher Säuren. *Z. physik. Chem.* 56 S. 215/22.

EIJDMAN FILS, colorimétrie et sur une méthode pour déterminer la constante de dissociation des acides.* *Trav. chim.* 25 S. 83/95; *J. Soc. dyers* 22 S. 77.

BENRATH, Bildung saurer Salze in alkalischer Lösung. (Neutralisation von Weinsäure durch Natriumalkoholat in alkoholischer Lösung.) *J. prakt. Chem.* 73 S. 390/2.

KREMANN, Dissociation geschmolzener Körper. *Z. Elektrochem.* 12 S. 259/63.

ROSANOFF, on FISCHERs classification of stereoisomers. *J. Am. Chem. Soc.* 28 S. 114/21.

LOWRY, dynamic isomerism. Stereoisomeric halogen derivatives of camphor; — and MAGSON, isomeric sulphonic derivatives of camphor. * *J. Chem. Soc.* 89 S. 1033/53.

BOGDAN, die Polymerisation der Flüssigkeiten. *Z. physik. Chem.* 57 S. 349/56.

TAUTOMERISM and steric hindrance. (Report.) *Chem. J.* 36 S. 213/7.

MANCHOT, Autoxydation und Oxydation mit Stickoxyd. *Ber. chem. G.* 39 G. 3510/11.

LOEVENHART, Beschleunigung gewisser Oxydationsreaktionen durch Blausäure. *Ber. chem. G.* 39 S. 130/3.

HOFMANN, K. A. und HIENDLMAIER, Sauerstoffübertragung durch brennendes Kalium. *Ber. chem. G.* 39 S. 3184/7.

BRINER, equilibres hétérogènes: formation du chlorure de phosphonium, du carbamate et du sulfhydrate d'ammonium. *Compt. r.* 142 S. 1416/8.

ROHDE, Oberflächenfestigkeit bei Farbstofflösungen, lichtelektrische Wirkung bei denselben und bei den Metallsulfiden.* *Ann. d. Phys.* 19 S. 935/59.

ROBERTSON, comparative cryoscopy. The hydrocarbons and their halogen derivatives in phenol solution. *J. Chem. Soc.* 89 S. 567/70.

ROHLAND, Kristall-, Konstitutions- und Kolloidalwasser. *Chem. Z.* 30 S. 103/5.

SALM, Indikatoren. Verwendung zu Affinitätsmessungen; — in der Maßanalyse.* *Z. physik. Chem.* 57 S. 471/501.

SALM, kolorimetrische Affinitätsmessungen. (Bestimmung der Dissociationskonstanten der Indikatoren, die zu 50 % dissoziiert sind, durch Messung der Wasserstoffionenkonzentration.) *Z. Elektrochem.* 12 S. 99/101.

THOMPSON, the free energy of some halogen and oxygen compounds computed from the results of potential measurements. *J. Am. Chem. Soc.* 28 S. 731/66.

KAUFFMANN, magneto-optische Messung des Zustandes von Benzolderivaten.* *Z. physik. Chem.* 55 S. 547/62.

KASZNER, die Ionentheorie. (V) *Apoth. Z.* 21 S. 708/10 F.

MOREAU, recombinaison des ions des vapeurs salines. *Compt. r.* 142, S. 392/4.

ARNDT, die moderne Chemie technischer Gasreaktionen. (An der Hand von Wassergas, dem Schwefelsäurekontaktverfahren und dem Salpetersäuregewinnung aus der Luft. Grundgesetz für umkehrbare Reaktionen oder Massenwirkungsgesetz von GULDBERG und WAAGE; Aenderung der Gleichgewichtskonstante des Wassergases mit der Temperatur.) *Verh. V. Gew. Sits. B.* 1906 S. 24/31.

JONES, BINGHAM und MC MASTER, Leitfähigkeit und innere Reibung von Lösungen gewisser Salze in den Lösungsmittelgemischen: Wasser, Methylalkohol, Aethylalkohol und Aceton. * *Z. physik. Chem.* 57 S. 193/243 F.

WALDEN, Zusammenhang zwischen der inneren Reibung und Ionengeschwindigkeit, bezw. Diffusionsgeschwindigkeit. *Z. Elektrochem.* 12 S. 77/8; *Z. physik. Chem.* 55 S. 207/49.

JONES and MC MASTER, conductivity and viscosity of solutions of certain salts in water, methyl alcohol, ethyl alcohol, acetone and binary mixtures of these solvents. *Z. physik. Chem.* 36 S. 325/409.

MOUREU, réfraction moléculaire et dispersion moléculaire des composés à fonction acétylénique. *Ann. d. Chim.* 8, 7 S. 536/67; *Bull. Soc. chim.* 3, 35 S. 35/40.

LEDUC, culture de la cellule artificielle.* *Compt. r.* 143 S. 842/4.

DOLLFUS, action des silicates alcalins sur les sels métalliques solubles. (A propos de la note de LEDUC sur la culture de la cellule artificielle de TRAUBE.) *Compt. r.* 143 S. 1148/9.

BECK und EBBINGHAUS, Umwandlungspunkte und eine Methode zur Beobachtung derselben. (Beobachtung der Temperatur, oberhalb welcher der

Beschlag und unterhalb welcher die Loslösung der Substanz von den Gefäßwänden erfolgt zur Identifizierung von Stoffen.) * *Ber. chem. G.* 39 S. 3870/7.

ERBAN, Ueberführung zersetzlicher Körper aus Lösungen in feste Form. (Mit besonderer Berücksichtigung der Herstellung haltbarer Diazokörper und der Eindampfung von zersetzlichen und schäumenden Flüssigkeiten im Vakuum.) (V) *Oest. Chem. Z.* 9 S. 204/8.

Beziehungen zwischen dem physikalischen Verhalten und der Wirkung der Arzneistoffe. *Pharm. Z.* 51 S. 711/2.

2. Thermochemie. Thermochemistry. Thermochimie.

VAN T'HOFF, die Thermochemie. (Arten der Bestimmung der bei chemischen Reaktionen entstehenden Wärmeentwicklung mit Hilfe des Kalorimeters und der kalorimetrischen Bombe; Beziehung zwischen den bei chemischen Reaktionen entstehenden Drucken und der Wärmeentwicklung; Beziehung zwischen Wärmeentwicklung und Verwandtschaft.) (V) (A) *Wschr. Baud.* 12 S. 117/8.

FISCHER, JULIUS, thermochemische Theorie der Assimilation. * *Z. Elektrochem.* 12 S. 654/7.

DOLEZALEK und FINCKH, Thermodynamik des heterogenen hydrolytischen Gleichgewichtes. * *Z. anorgan. Chem.* 50 S. 82/100.

DE FORCRAND, les chlorures et sulfates de rubidium et de caesium. (Chaleur de dissolution, de formation, de substitution.) *Compt. r.* 143 S. 98/101.

TSCHERNOBAEFF, heat of formation of silicates. *Electrochem. Ind.* 4 S. 72/3.

MULLER, J A., chaleur de formation de l'acide carbonylferrocyanhydrique. *Compt.r.*142 S. 1516/7; *Ann. d. Chim.* 8, 9 S. 263/71.

THOMSON, JULIUS, résultats numériques de recherches systématiques sur les chaleurs de combustion et chaleurs de formation de combinaisons organiques volatiles. *Mon. scient.* 4, 20, I S. 431/4.

BOSE, Bemerkungen zu einem thermo-chemischen Satze Julius THOMSENs. (Molekulare Mischungswärmen von Aethylalkohol mit Wasser, Methylalkohol mit Wasser und von normalem Propylalkohol mit Wasser.) * *Physik. Z.* 7 S. 503/5.

THOMLINSON, thermo-chemical relations of carbon, hydrogen and oxygen. *Chem. News* 93 S. 37/8.

LEMOULT, chaleurs de combustion et de formation de quelques amines. *Compt. r.* 143 S. 746/9.

LEMOULT, chaleur de combustion et de formation de quelques composés cycliques azotés. *Compt. r.* 143 S. 772/5.

SWARTS, chaleur de formation de quelques composés organiques fluorés. *Trav. chim.* 25 S. 415/29.

LANDRIEU, thermochimie des hydrazones et des osazones, des dicétones—α et sucres réducteurs. *Compt. r.* 142 S. 580/2.

3. Elektrochemie. Electrochemistry. Electrochimie. Siehe Elektrochemie.

4. Verschiedenes. Sundries. Matières diverses.

OSTWALD, historical development of general chemistry. (V) *School of mines* 27 S. 87/117.

PENNOCK, recent progress in industrial chemistry. *J. Am. Chem. Soc.* 28 S. 1242/57.

SCHADE, some sources of impurities in c. p. chemicals. *J. Am. Chem. Soc.* 28 S. 1422/5.

CLARKE, thirteenth annual report of the Committee on atomic weights. Determinations published in 1905. *J. Am. Chem. Soc.* 28 S. 293/315; *Chem. News* 93 S. 169/71 F.

Report of the International Committee on atomic weights, 1906. *J. Am. Chem. Soc.* 28 S. 1/7;

Z. physik. Chem. 54 S. 376/82; *Z. ang. Chem.* 19 S. 57, 60; *Z. anorg. Chem.* 48 S. 129/35; *Mon. scient.* 4, 20, I S. 869/75; *Bull. Soc. chim.* 3, 35 Nr. 1 S. I/VII.

CLARKE, SEUBERT, MOISSAN und THORPE, Bericht des Internationalen Atomgewichts-Ausschusses. 1906. *Ber. chem. G.* 39 S. 6/14; *Chem. Z.* 30 S. 3/4.

Bericht der Internationalen Atomgewichtskommission 1907. *Chem. Z.* 30 S. 1233/4.

FLURY, die Chemie auf der bayerischen Landesausstellung in Nürnberg. *Z. ang. Chem.* 19 S. 1713/20.

UTZ, die chemische Industrie auf der Jubiläums-Landes-Ausstellung in Nürnberg 1906. *Chem. Ind.* 29 S. 549/54 F.

BOLIS, die chemische Industrie auf der Ausstellung in Mailand. *Chem. Z.* 30 S. 755.

RÜDIGER, die Spiritus- und Spirituspräparate-Industrie im Jahre 1905. *Chem. Ind.* 29 S. 593/8 F.

Chemie, analytische. Analytical chemistry. Chimie analytique. Vgl. Chemie, allgemeine. Laboratoriumsapparate, die einzelnen Elemente.

   1. Analyse anorganischer Körper.
      a) Qualitative Analyse.
      b) Gewichtsanalytische Methoden.
      c) Volumetrische Methoden.
      d) Elektrolytische Trennungen und Bestimmungen.
      e) Kolorimetrische Methoden.
   2. Analyse organischer Körper.
   3. Physiologische und pharmazeutische Analyse.
   4. Gasanalyse.
   5. Verschiedenes.

1. Analyse anorganischer Körper. Analysis of anorganic bodies. Analyse des corps anorganiques.

a) Qualitative Analyse. Qualitative analysis. Analyse qualitative.

MEDICUS, qualitative Analyse ohne Anwendung von Schwefelwasserstoff. (V) *Apoth. Z.* 21 S. 415.

DUCOMMUN, Schwefelnatrium mit Formalin anstatt des Schwefelammoniums. (In der Analyse.) *Am. Apoth. Z.* 26 S. 150.

DAITZ, Trennung der Metalle der Schwefelammoniumgruppe. (Bei Gegenwart von Nickel und Kobalt.) *Z. anal. Chem.* 45 S. 92/5.

NOYES, qualitative analysis including nearly all the metallic elements. *Chem. News* 93 S. 134/9 F.

NOYES and BRAY, system of qualitative analysis for the common elements. Preparation of the solution. Analysis of the silver, copper, and tin groups. *Technol. Quart.* 19 S. 191/290.

MATERNE, méthode rapide pour la détermination des métaux du groupe de l'arsenic (or et platine non compris). *Bull. belge* 20 S. 40/68.

CARLETTI, neue Methode zur Erkennung von freien Mineralsäuren in Gegenwart von organischen Säuren. (Die Reaktion zwischen Furfurol und Anilin tritt nur ein, wenn das Anilin mit organischen Säuren verbunden ist.) *Apoth. Z.* 21 S. 738.

BÖTTGER, Prüfung auf Chloride in Gegenwart komplexer Cyanide. (V) (A) *Chem. Z.* 30 S. 958/9.

SCHLICHT, Phosphormolybdänsäure als Reagens auf Kalium. *Chem. Z.* 30 S. 1299/1300.

CARON et RAQUET, marche dichotomique de séparation du baryum, du strontium et du calcium. *Bull. Soc. chim.* 3, 35 S. 1061/9.

PETERSEN, qualitativer Nachweis von Gold und Platin in der anorganischen Analyse. *Z. anal. Chem.* 45 S. 342/4.

b) Gewichtsanalytische Methoden. Quantitative methods. Analyses quantitatives.

FUNK, Trennung des Eisens von Mangan, Nickel,

Kobalt und Zink durch das Azetatverfahren. *Z. anal. Chem.* 45 S. 181/96.

JANNASCH und HEIMANN, neue Metalltrennungen im getrockneten Salzsäure-Strome. (Quantitative Trennungen.) *J. prakt. Chem.* 74 S. 473/98.

Alkalienbestimmung in Silikaten durch Aufschluß mit Calciumkarbonat. *Sprechsaal* 39 S. 811.

a) Volumetrische Methoden. Volumetric methods. Analyses volumétriques.

BRUHNS, Alkalimetrie und Azidimetrie mit Oxalsäure, Borax und Methylorange. *CBl. Zuckerind.* 15 S. 41/3.

LUTZ, Brechweinstein als Urtitersubstanz in der Jodometrie. *Z. anorgan. Chem.* 49 S. 338/40.

RIEGLER, nouvelle substance comme base de l'iodométrie et de l'alcalimétrie. Alcalimétrie au moyen de triiodate d'ammonium par voie iodométrique. *Bull. sucr.* 24 S. 528/32; *Chem. Z.* 30 S. 433.

SÖRENSEN und ANDERSEN, Anwendung von Natriumkarbonat und Natriumoxalat als Urtitersubstanz in der Azidimetrie. *Z. anal. Chem.* 45 S. 217/31.

COURTONNE, substitution de l'oxalate de potasse ou de soude à l'oxalate d'ammoniaque dans l'analyse hydrotimétrique. *Bull. Rouen* 34 S. 186/8.

ACREE and BRUNEL, new method for the preparation of standard solutions. (Running the required amount of purified hydrochloric acid gas, — of ammonia through conductivity water.) *Chem. J.* 36 S. 117/23.

WAGNER, RINCK und SCHULZE, F., vereinfachtes Verfahren zur Einstellung von Normallösungen und praktische Winke zum Arbeiten mit dem ZEISZschen Eintauchrefraktometer. (Die Reaktionsflüssigkeit der Titrationen werden eingedampft, bis zur Gewichtskonstanz getrocknet und gewogen. Aus den Gewichten der Reaktionsprodukte läßt sich der wirkliche Gehalt an Säure genau berechnen.)* *Chem. Z.* 30 S. 1181/3.

RUPP, Erweiterungen der Jodometrie. (In ätzalkalischer Lösung.) (V) *Apoth. Z.* 21 S. 826/7; *Chem. Z.* 30 S. 924.

BRUHNS, Titerstellung von Jod- bezw. Thiosulfatlösungen. *Z. anorgan. Chem.* 49 S. 277/83.

METZL, neue Modifikation der Titerstellung vor jodlösungen. (Mittels Brechweinsteins.) *Z. anorgan. Chem.* 48 S. 156/61.

DAVIES and PERMAN, back reactions in iodine titrations. *Chem. News* 93 S. 225.

BRUNCK, jodometrische Bestimmung des Schwefelwasserstoffs. *Z. anal. Chem.* 45 S. 541/51.

MOODY, iodometric determination of aluminium in aluminium chloride und aluminium sulphate. *Chem. News* 94 S. 247/8.

BRANDT, Anwendung von Diphenylkarbohydrazid als Indikator bei der Eisentitration nach der Bichromatmethode. *Z. anal. Chem.* 45 S. 95/9.

HILDEBRANDT, Brauchbarkeit einiger Indikatoren. *Essigind.* 10 S. 210/1 F.

SALM, Indikatoren. (Verwendung der Indikatoren zu Affinitätsmessungen. Verwendung der Indikatoren in der Maßanalyse.)* *Z. physik. Chem.* 57 S. 471/501.

MOSER, volumetrische Bestimmung des Bleis als Jodat. *Chem. Z.* 30 S. 9.

GERLINGER, jodometrische Bestimmung des Kupfers. *Z. ang. Chem.* 19 S. 520/2.

HETT und GILBERT, jodometrische Bestimmung von Vanadinsäure in Vanadinerz. *Z. öfftl. Chem.* 12 S. 265/6.

BRUHNS, Haltbarkeit titrierter Permanganatlösungen. *CBl. Zuckerind.* 14 S. 968/9.

KONINCK und CHESNEAU, soll man den Magantiter

einer Permanganatlösung, deren Eisentiter bekannt ist, mit einem anderen Koeffizienten berechnen, als dem, welcher durch die Reaktionsformel angezeigt wird? *Oest. Chem. Z.* 9 S. 300/2.

RUPP, Titrationen mit alkalischer Permanganatlösung. *Z. anal. Chem.* 45 S. 687/92.

KINDER, Fehlerquellen bei der titrimetrischen Bestimmung des Eisens mit Permanganat. *Chem. Z.* 30 S. 631/2.

MÜLLER, ALEXANDER, zur Bestimmung des Eisens in Eisenerzen nach der REINHARDTschen Methode. *Stahl* 26 S. 1477/84.

RUPP und HORN, Titration von Ferrosalzen mit Alkalihypojodit. *Arch. Pharm.* 244 S. 571/5.

AUPPERLE, volumetric method for the estimation of carbon in iron and steel with the use of barium hydroxide.* *J. Am. Chem. Soc.* 28 S. 858/62.

DECKERS, influence de l'ammoniaque libre et des sels ammoniacaux dans le titrage du zinc d'après le procédé de SCHAFFNER. *Bull. belge* 20 S. 164/7.

HASSREIDTER, influence des sels ammoniacaux dans le titrage du zinc d'après le procédé de SCHAFFNER. *Bull. belge* 20 S 373/4.

MURMANN, Titrierung des Zinks durch Kaliumferrocyanid. (Titration unter Zusatz von Uransalz.) *Z. anal. Chem.* 45 S. 174/81.

SASSE, volumetrische Bestimmung des Bleis. (Fällung und Uebertitrieren mit Kaliummonochromat und Bestimmung des überschüssigen K_2CrO_4 auf jodometrischem Wege.) *Pharm. Z.* 51 S. 341.

RUPP und HORN, volumetrische Bestimmung von Jodiden bei Gegenwart von Chlor- und Bromionen. *Arch. Pharm.* 244 S. 405/11.

AHLUM, modification of the volumetric estimation of free acid in the presence of iron salts. (Removing the metallic base from solution, by sodium dihydrogen phosphate.) *J. Chem. Soc.* 89 S. 470/3.

RÖMIJN, Verwendung der alkalischen Quecksilberjodidlösung als Oxydationsmittel in der Maßanalyse. *Ber. chem. G.* 39 S. 4133.

CUMMING and MASSON, volumetric estimation of cyanates *Chem. News* 93 S. 5,6 F.

SCHULZE, darf man Kalkmergel mit Schwefelsäure titrieren? *Chem. Z.* 30 S. 937/8.

MEADE, schnelle Bestimmung von Kalk. *Stahl* 26 S. 1385.

TAFEL, Titration mit Hilfe von Leitfähigkeitsmessungen. (Der Neutralisationspunkt wird durch ein Minimum der Leitfähigkeit bestimmt.) *Apoth. Z.* 21 S. 128.

DONAU, eine neue Methode zur Bestimmung von Metallen (besonders Gold und Palladium) durch Leitfähigkeitsmessungen. *Mon. Chem.* 27 S. 59/70.

SCHLOESSER und GRIMM, Messung von Titrier- und anderen Flüssigkeiten mit chemischen Meßgeräten. *Chem. Z.* 30 S. 1071/3.

d) Elektrolytische Trennungen und Bestimmungen. Electrolytic separations and determinations. Séparations et analyses électrolytiques.

STAEHLER, neuere Fortschritte in der quantitativen Elektrolyse. *Chem. Z.* 30 S. 1103/4.

DONY-HÉNAULT, les récents progrès de l'analyse électrolytique. *Rev. univ.* 14 S. 244/53.

FOERSTER, quantitative Metallbestimmungen durch Elektrolyse. *Z. ang. Chem.* 19 S. 1842/8.

FRIBOURG, dosages de différents métaux et analyses de certains alliages, bronzes et laitons, par l'électrolyse.* *Bull. sucr.* 24 S. 672/88.

HOLLARD, séparation des métaux par l'analyse électrolytique.* *Rev. métallurgie* 3 S. 137/44.

HOLLARD, l'analyse électrolytique. (Électrode;

tension électrique; classification des métaux; méthodes générales de séparation; sels complexes; dépôts des métaux à l'état de peroxydes; séparation des métaux les uns d'avec les autres.) * *Mém. S. ing. civ.* 1906, 2 S. 32/59.

WITHROW, electrolytic precipitation of gold with the use of a rotating anode. *J. Am. Chem. Soc.* 28 S. 1350/7.

PERKIN, einfache Form der rotierenden Elektrode für die elektrochemische Analyse. (Die Kathode besteht aus einer Spirale von Platindraht oder Iridium-Platindraht.) * *Elektrochem. Z.* 13 S. 143/4; *Chem. News* 93 S. 283.

PRICE and JUDGE, electrolytic deposition of zinc, using rotating electrodes. * *Chem. News* 94 S. 18/20.

FLORA, use of the rotating cathode for the estimation of cadmium taken as the chloride. *Chem. News* 94 S. 294/6.

KROUPA, elektrolytische Bestimmung des Quecksilbers bei Anwendung der rotierenden Anode.* *Z. O. Bergw.* 54 S. 26/7.

e) Kolorimetrische Methoden. Colorimetric methods. Analyses colorimétriques.

EIJDMAN FILS, sur la colorimétric et sur une méthode pour déterminer la constante de dissociation des acides.* *Trav. chim.* 25 S. 83/95; *J. Soc. dyers* 22 S. 77.

HORN, — and BLAKE, variable sensitiveness in the colorimetry of chromium. *Chem. J.* 35 S. 253/8; 36 S. 195/207.

HORN and BLAKE, variable sensitiveness in colorimetry. (Relation between sensitiveness and concentration of ammoniacal solutions of copper sulphate.) *Chem. J.* 36 S. 516/21.

MAXSON, kolorimetrische Bestimmung geringer Mengen von Gold. *Z. anorgan. Chem.* 49 S. 172/7; *Chem. News* 94 S. 257/8.

2. Analyse organischer Körper. Analysis of organic bodies. Analyse des corps organiques.

DOBRINER und OSWALD, chemische Analyse organischer Körper. (Fortlaufende Berichte.) *Z. anal. Chem.* 45 S. 57/61 F.

DENNSTEDT, vereinfachte Elementaranalyse. *Ber. chem. G.* 39 S. 1623/7.

DENNSTEDT, die vereinfachte Elementaranalyse für technische Zwecke. * *Z. ang. Chem.* 19 S. 517/20.

DENNSTEDT und HASZLER, vereinfachte Elementaranalyse für die Untersuchung von Steinkohlen.* *J. Gasbel.* 49 S. 45/7.

DENNSTEDT, vermeintliche Fehlerquellen bei der vereinfachten Elementaranalyse. *Z. anal. Chem.* 45 S. 26/31.

DENNSTEDT, über MAREKs Vorschlag zur Verwendung einer nur 5 cm langen Kupferoxyddrahtnetzrolle bei der Elementaranalyse. *J. prakt. Chem.* 73 S. 570/4.

MAREK, Verwendung einer 5 cm langen, statt der üblich langen Kupferoxyd-, bezw. Kupferoxydasbestschicht bei der organischen Elementaranalyse.* *J. prakt. Chem.* 73 S. 359/73; 74 S. 237/40.

HERMANN, die Elementaranalyse organischer Substanzen. (Erwiderung auf DENNSTEDTs Kritik.) *Z. anal. Chem.* 45 S. 236/8.

HOLDE, Erfahrungen mit einigen der neueren Apparate zur Elementaranalyse. (DENNSTEDT- und HERÄUS-Ofen.) * *Ber. chem. G.* 39 S. 1615/22.

V. KONEK, elektrische Elementaranalyse. (Elektrischer Verbrennungsofen von HERÄUS.) *Ber. chem. G.* 39 S. 2263/5.

CARRASCO e PLANCHER, sul nuovo metodo per determinare il carbonio e l'idrogeno nelle so-

stanze organiche a mezzo dell' incandescenza elettrica. * *Gas. chim. it.* 36, II S. 492/504.

MORSE and GRAY, electrical method for the simultaneous determination of hydrogen, carbon and sulphur in organic compounds. (Extension of the method of MORSE and TAYLOR.) * *Chem. J.* 35 S. 451/8.

HEYDENREICH, orientierende Versuche über die Reduktion von Kupferspiralen für die Elementaranalyse stickstoffhaltiger organischer Substanzen. *Z. anal. Chem.* 45 S. 741/5.

HAAS, occurrence of methane among the decomposition products of certain nitrogenous substances as a source of error in the estimation of nitrogen by the absolute method. *J. Chem. Soc.* 89 S. 570/8.

BERRY, estimation of halogens in organic substances. *Chem. News* 94 S. 188.

ROBINSON, combustion of halogen compounds in presence of copper oxide. *Chem. J.* 35 S. 531/3.

SCHIFF, Bestimmung von Halogen in organischen Substanzen. * *Z. anal. Chem.* 45 S. 571/2.

STEPANOW, Halogenbestimmung in organischen Verbindungen mittels metallischen Natriums und Aethylalkohols. *Ber. chem. G.* 39 S. 4056/7.

VAUBEL and SCHEUER, neue Methode zur quantitativen Bestimmung der Halogene in organischen Verbindungen. (Lösen der Substanz in konzentrierter Schwefelsäure und Erhitzen.) * *Chem. Z.* 30 S. 167/8.

V. KONEK, elementar-analytische Aschebestimmung. *Chem. Z.* 30 S. 567/8.

SEIBERT, Aschenbestimmung im elektrisch geheizten Elementar-Analysenofen. *Chem. Z.* 30 S. 965/6.

SCHAER, die Alkalinität der Pflanzenbasen und deren Bedeutung bei chemischen und toxikologischen Arbeiten. (V) (A) *Chem. Z.* 30 S. 939.

RUPP, zwei neue Apparate zur Elementaranalyse. Azotometer. Kaliapparat. * *Z. anal. Chem.* 45 S. 558/61.

RUPP, Kaliapparat. * *Z. anal. Chem.* 45 S. 560/1. Tragbares Universalstativ für die vereinfachte Elementaranalyse.* *Chem. Z.* 39 S. 1045.

HALL, MILLER and MARMU, estimation of carbon in soils and kindred substances. (Modification of the chromic acid wet combustion.) * *J. Chem. Soc.* 89 S. 595/7.

NEUMANN, FRANZ, Anwendung von Kobaltoxyd bei der Elementaranalyse der Kohlen. *Wschr. Brauerei* 23 S. 98; *Z. Spiritusind.* 29 S. 183.

BALBIANO e PAOLINI, sull' analisi degli eteri di petrolio. *Gas. chim. it.* 36, 1 S. 251/6.

GARCIA, estimation of organic matter with permanganate in acid and in alkaline liquids. (Explanation why larger quantities are obtained in an alkaline than in an acid medium.) *Chem. News* 93 S. 295; *Bull. sucr.* 24 S. 131/4.

FRANKE, direkte Bestimmung von Gerbsäuren. *Pharm. Centralh.* 47 S. 599/604.

PARKER and BENNETT, detannisation of solutions in the analysis of tanning materials. *Chemical Ind.* 25 S. 1193/1200.

PROCTER and BENNETT, present development of the analysis of tanning materials. (V. m. B.) *Chemical. Ind.* 25 S. 1203/7.

Maßanalytische Methode zur Bestimmung der Arabinsäure. (Fällen als Calciumarabinat; Berechnung aus der durch Titration gefundenen Menge Ca.) *CBl. Zuckerind.* 14 S. 1072.

WINTON und BAILEY, quantitative Bestimmung von Vanillin, Kumarin und Acetanilid. *Pharm. Centralh.* 47 S. 587.

PANCHAUD, quantitative Bestimmung des Kolchicins. *Apoth. Z.* 21 S. 762/3.

KONTO, neue Reaktion auf Indol. (Nach Zusatz von Formaldehyd und konzentrierter Schwefelsäure violettrote Farbe.) *Z. physiol. Chem.* 48 S. 185/6.

VOISENET, réaction très sensible de la formaldéhyde et des composes oxygénés de l'azote. Et qui est aussi une réaction de coloration des matières albuminoïdes. (Avec l'acide chlorhydrique ou sulfurique très légèrement nitreux, et en présence de traces d'aldéhyde formique.) *Rev. mat. col.* 10 S. 38/45.

TOCHER, Nachweis von Citraten und Tartraten. *Apoth. Z.* 21 S. 710.

STANĚK, quantitative Trennung von Cholin und Betain. *Z. physiol. Chem.* 47 S. 83/7.

STANĚK, quantitative Bestimmung von Cholin und Betain in pflanzlichen Stoffen und einige Bemerkungen über Lecithine. *Z. physiol. Chem.* 48 S. 334/46.

ROSENTHALER, Verhalten von NESZLERs Reagens gegen einige Glykoside (speziell Saponine) und Kohlenhydrate. *Pharm. Centralh.* 47 S. 581.

REICHARD, Reaktionen des Pikrotoxins. *Chem. Z.* 30 S. 109/11.

REICHARD, Glykosid-Reaktionen (Arbutin). *Pharm. Centralh.* 47 S. 555/60.

REICHARD, Alkaloid-Reaktionen. (Thebaïn). *Pharm. Centralh.* 47 S. 623/9.

PUCKNER, Bestimmung von Acetanilid und Koffein. *Pharm. Centralh.* 47 S. 656.

ALVAREZ, colour reactions of certain organic compounds. (Polyphenols and isomeres; by means of hydrate of sodium dioxide.) *Chem. News* 94 S. 297; *Chem. Z.* 30 S. 450.

DENIGÈS, quantitative Bestimmung des Thiophens. *Pharm. Centralh.* 47 S. 446.

KLASON und CARLSON, volumetrische Bestimmung von organischen Sulfhydraten und Thiosäuren. *Ber. chem. G.* 39 S. 738/42.

VAUBEL und BARTELT, Verwendung von Methylenblau zur quantitativen Bestimmung von Sulfosäuren aromatischer Amido- und Oxyverbindungen. *Z. Farb. Ind.* 5 S. 21/2.

GUERBET, neue Methode zur Trennung der Milchsäure und der Bernsteinsäure. (Fällen der Bernsteinsäure als Bariumsuccinat.) *Z. Spiritusind.* 29 S. 363.

SAVARÈ, dosaggio jodometrico dell' acido levulinico. *Gaz. chim. it.* 36, II S. 344/8.

ROMEO, quantitative Bestimmung des Citrals. (V) (A) *Chem. Z.* 30 S. 450.

KÖNIG, Bestimmung der Zellulose, des Lignins und Kutins in der Rohfaser. *Z. Genuß.* 12 S. 385/95.

GROSSMANN und AUFRECHT, titrimetrische Bestimmung des Formaldehyds und der Ameisensäure mit Kaliumpermanganat in saurer Lösung. *Ber. chem. G.* 39 S. 2455/8.

CAROBBIO, Nachweis von Spuren an Resorcin. (Durch eine gesättigte Lösung von Zinkchlorid in Ammoniakflüssigkeit.) *Apoth. Z.* 21 S. 612.

GUILLEMARD, dosage de nitriles et des carbylamines. *Compt. r.* 143 S. 1158/60.

SMITH, WATSON, quantitative determination of the carbonyl group in aldehydes, ketones, etc.[*] *Chem. News* 93 S. 83/4.

3. Physiologische und pharmazeutische Analyse. Physiological and pharmaceutical analysis. Analyse physiologique et pharmaceutique. Vgl. Harnsäure, Harnstoff.

SPIRO, auf Physiologie und Pathologie bezügliche analytische Methoden. (Fortlaufende Berichte.) *Z. anal. Chem.* 45 S. 70/2 F.

KÜHNE und MAASZ, Anwendung der Dialyse bei

toxikologischen und pharmazeutischen Untersuchungen. *Pharm. Z.* 51 S. 746/7.

GÉRARD, revue d'urologie. *J. pharm.* 6, 24 S. 501/10 F.

REICHARDT, Vorprüfung des Harnes. *Pharm. Z.* 51 S. 818/9.

ESCHBAUM, Unterscheidung der verschiedenen Arten von Zucker im Harn. (V) *Apoth. Z.* 21 S. 330/1 F.

JOLLES, Laevulosurie und Nachweis von Laevulose im Harn. *Arch. Pharm.* 244 S. 542/9; *Chem. Zeitschrift* 5 S. 455/6; *Chem. Z.* 30 S. 909.

MEILLÈRE, inosite. (Recherche de l'inosite urinaire.) *J. pharm.* 6, 24 S. 241/6.

OTORI, Phosphorwolframsäure zur Zuckerprobe. (In Harn usw.) *Pharm. Centralh.* 47 S. 383.

PORCHER, caractérisation des petites quantités de glucose dans l'urine. *Bull. sucr.* 24 S. 155/9.

WIRSLER, Zuckerbestimmung im Harn. *Z. ang. Chem.* 19 S. 1547/8.

GOLDMANN, die zur quantitativen Bestimmung des Harnzuckers empfohlenen Gärungs-Saccharometer der Neuzeit. (V)[*] *Ber. pharm. G.* 16 S. 110/18.

Rationelles Gärungs-Saccharometer zur quantitativen Untersuchung des Urins auf Zuckergehalt.[*] *Apoth. Z.* 21 S. 956.

DEHN, eine bequeme Urometer-Form und eine genaue Abänderung der Hypobromitmethode.[*] *Z. anal. Chem.* 45 S. 604/13.

KLIMON, neue Bestimmung von Blut im Harn. (Mittels Wasserstoffsuperoxyds und Aloïns.) *Apoth. Z.* 21 S. 997.

DE PILIPPI, das Trimethylamin als normales Produkt des Stoffwechsels, nebst einer Methode für dessen Bestimmung im Harn und Kot. *Z. physiol. Chem.* 49 S. 433/56.

DESMOULIÈRE, dosage des soufres urinaires. *J. pharm.* 6, 24 S. 294/300.

BÜRGI, die Methoden der Quecksilberbestimmung im Urin. *Apoth. Z.* 21 S. 368/9.

ARNOLD, neue Nitroprussidreaktion des Harns. (Nach dem Genuß von Fleisch oder Fleischbrühe.) *Apoth. Z.* 21 S. 1065/6; *Z. physiol. Chem.* 49 S. 397/405.

HILDEBRANDT, Nachweis von Chloraten im Harn. *Viertelj. ger. Med.* 32 S. 80/9.

REICHARDT, Nachweis von Nitraten im Harn. (Mittels Resorcin und Diphenylamin in Aether.) *Pharm. Z.* 51 S. 1033.

BAUER, die EHRLICHsche Aldehydreaktion im Harn und Stuhl. *Pharm. Centralh.* 47 S. 405.

BLUTH, Nachweis von Aceton im Harn. *Pharm. Centralh.* 47 S. 245/6.

BORCHARDT, Fehlerquellen bei der Bestimmung des Acetons im Harn. *B. Physiol.* 8 S. 62/6.

FORSZNER, Vorkommen von freien Aminosäuren im Harn und deren Nachweis. *Z. physiol. Chem.* 47 S. 15/24.

Nachweis von Morphin im Harn. *Pharm. Centralh.* 47 S. 609.

GRÜBLER, Phenolphthalein im Harne. (Unterscheidung von Chrysophansäureharn und Santoninharn.) *Apoth. Z.* 21 S. 965.

KÓSSA, quantitative Bestimmung der Harnsäure im Vogelharn. *Z. physiol. Chem.* 47 S. 1/4.

MERCK, qualitative und quantitative Bestimmung der Harnsäure im Harn. (Mittels Jodsäure.) *Pharm. Centralh.* 47 S. 384.

RONCHÈSE, méthode volumétrique de dosage de l'acide urique à l'acide d'une solution titrée d'iode. Application à l'urine. *J. pharm.* 6, 23 S. 336/40.

GRIMBERT et DUFAU, moyen de distinguer l'albumine vraie de la substance mucinoïde des urines. *J. pharm.* 6, 24 S. 193/9.

KUTSCHER und LOHMANN, Nachweis toxischer Basen im Harn. *Z. physiol. Chem.* 48 S. 1/8.

MAYER, OTTO, Nachweis von Indikan im Harn. *Pharm. Centralh.* 47 S. 360.

OEFELE, statische Vergleichstabellen für den Gehalt des menschlichen Kotes an schwefelhaltigen Substanzen. *Ber. pharm. G.* 16 S. 82/93.

SCHUMM, Bedeutung der Fäcesuntersuchungen, mit besonderer Berücksichtigung des Nachweises von Blutungen. *Pharm. Z.* 51 S. 1042/3.

Vergleichstabellen der flüchtigen Stickstoffverbindungen im menschlichen Kote. *Pharm. Centralh.* 47 S. 867/9.

GEORGES et GASCARD, procédé colorimétrique de dosage de la morphine en toxicologie. *J. pharm.* 6, 23 S. 513/6; *Apoth. Z.* 21 S. 489/90.

ROBERTSON und WIJNNE, toxikologische Mitteilungen. (Untersuchungen von Leichenteilen auf flüchtige und gasförmige Bestandteile.) *Apoth. Z.* 21 S. 453.

STORTENBEKER, Nachweis kleiner Mengen Jodoform in Leichenteilen. *Pharm. Centralh.* 47 S. 221.

HEFELMANN und MAUZ, Verteilung des Glykogens in den wichtigsten Muskeln des geschlachteten Pferdes. (Methodik der Untersuchung.) *Z. öfftl. Chem.* 12 S. 61/3.

HEFELMANN und MAUZ, das intrazelluläre und extrazelluläre Fett der wichtigsten Muskeln des Pferdes und Rindes. (Verfahren zur Entdeckung von Pferdefleisch in Gemischen.) *Z. öfftl. Chem.* 12 S. 63/7.

MARTIN, Nachweis von Pferde- und Fötenfleisch durch den Glykogengehalt. *Z. Genuß.* 11 S. 249/66.

UHLENHORST, Verwertbarkeit der Komplementalablenkung für die forensische Praxis und die Differenzierung verwandter Blut- und Eiweißarten. (V) *CBl. Bakt. Referate* 38 *Beiheft* S. 36/8.

GANASSINI, Ursache einer Täuschung beim toxikologischen Nachweis der Blausäure. (Die Eiweißkörper, besonders die Xanthinbasen, zersetzen sich bei direkter Erhitzung.) *Apoth. Z.* 21 S. 1065.

REUTER, Nachweis von Kohlenoxydgas im Leichenblut. *Viertelj. ger. Med.* 31 S. 240/7.

v. HOROSZKIEWICZ und MARX, Wirkung des Chinins auf den Blutfarbstoff nebst Mitteilung einer einfachen Methode zum Nachweis von Kohlenoxyd im Blut. *Apoth. Z.* 21 S. 738.

BIFFI, Nachweis des Bilirubins im menschlichen Blute. *Fol. haem.* 3 S. 189/92.

CARLSON, die Guajakblutprobe und die Ursachen der Blaufärbung der Guajaktinktur. *Z. physiol. Chem.* 48 S. 69/80.

WILLENZ, recherche du sang par les procédés chimiques. *Rev. chim.* 9 S. 69/75.

PIORKOWSKI, Verfahren zur Blutdifferenzierung. (Mischung von Hydrocelenflüssigkeit mit Milch.) *CBl. Bakt. Referate* 38 S. 752/3.

SCHLOSZ, Nachweis und physiologisches Verhalten der Glyoxylsäure. *B. Physiol.* 8 S. 445/55.

FRERICHS, Nachweis einer Veronalvergiftung. *Arch. Pharm.* 244 S. 86/90.

PRIBRAM, Vorkommen von Brom in normalen menschlichen Organen. (Nachweis.) *Z. physiol. Chem.* 49 S. 457/64.

Nachweis der freien Salzsäure im Magen nach neuer Methode. (Blaufärbung des Urins nach Genuß von Methylenblau.) *Am. Apoth. Z.* 27 S. 19.

STEENSMA, Nachweis von Indol und die Bildung von Indol vortäuschenden Stoffen in Bakterienkulturen. *CBl. Bakt.* I. 41 S. 295/8.

Zur Technik der Spermauntersuchungen. *Pharm. Centralh.* 47 S. 781/2.

CEVIDALLI, neue mikrochemische Reaktion des Sperma. (Bildung von besonderen Kristallen, wenn das Sperma mit einer Pikrinsäurelösung behandelt wird.) *Viertelj. ger. Med.* 31 S. 27/37.

IPSEN, Nachweis von Atropin. (Beeinflussung durch Fäulnisvorgänge, Verteilung und Ausscheidung desselben aus dem Menschen- und Tierkörper.) (V) *Viertelj. ger. Med.* 31 S. 308/22; *Z. ang. Chem.* 19 S. 141/2.

BOIDIN und LEVALLER, Bestimmung der in den Getreidekörnern vergärbaren Substanzen. (V) *Z. Spiritusind.* 29 S. 303.

DESMOULIÈRE, dosage du glycogène. (Dans les tissus.) *J. pharm.* 6, 23 S. 244/9 F.

GRAFE, Methodisches zur Ammoniakbestimmung in tierischen Geweben. *Z. physiol. Chem.* 48 S. 300/14.

LINDE, Verholzung. (Farbenreaktionen der verholzten Zellwände mit Schwefelsäure.) *Arch. Pharm.* 244 S. 57/62.

THOMS, Arbeiten aus dem Pharmazeutischen Institut der Universität Berlin. KOCHS, Untersuchung von Arzneimitteln, Spezialitäten und Geheimmitteln. *Apoth. Z.* 21 S. 7 F.

AUFRECHT, Untersuchungen neuerer Arzneimittel, Desinfektionsmittel und Mittel zur Krankenpflege. *Pharm. Z.* 51 S. 10, 75/6.

PANZER, forensischer Nachweis neuerer Arzneimittel. *Apoth. Z.* 21 S. 388; *Am. Apoth. Z.* 27 S. 43/4.

MÜHE, auf Pharmazie bezügliche analytische Methoden. (Fortlaufende Berichte.) *Z. anal. Chem.* 45 S. 66/70 F.

RUPP, Gehaltsbestimmungen von galenischen Präparaten des Arzneibuches. *Arch. Pharm.* 244 S. 536/42.

MANSIER, essai colorimétrique de la farine de moutarde. *J. pharm.* 6, 23 S. 565/73.

WINDAUS, Verfahren zur Trennung von tierischem und pflanzlichem Cholesterin. *Chem. Z.* 30 S. 1011.

BALTHAR, neues Verfahren zur Wertbestimmung des Safrans. (Die Kupfermenge, welche die reduzierenden Stoffe des Saffrans aus FEHLINGscher Lösung ergeben, als Maßstab.) *Pharm. Centralh.* 47 S. 874/5.

VAN DER HAAR, Bestimmung des Hydrastingehaltes von Extractum Hydrastis canadensis fluidum. *Apoth. Z.* 21 S. 1050/1.

HEYL, Extractum Hydrastis canadensis fluidum. (Vergleichende Prüfung von Proben verschiedener Herkunft.) *Apoth. Z.* 21 S. 797/9.

KLOBB et FANDRE, composition chimique de la linaire (Linaria vulgaris Trag). *Bull. Soc. chim.* 3, 35 S. 1210/20.

MANN, Strophanthus und Strophanthin. (Bestimmung des Strophanthins.) *Apoth. Z.* 21 S. 738.

REMBAUD, composition de la pulpe de tamaris. (Analyse.) *J. pharm.* 6, 23 S. 424/30.

RUPP, chemische Prüfung von Pflanzenpulvern. *Apoth. Z.* 21 S. 485/8.

RÜST, Bestimmung des Formaldehyds in Formaldehydpastillen. (Trioxymethylen.) *Z. ang. Chem.* 19 S. 138/9, 474; *Apoth. Z.* 21 S. 221/2.

THAL, Tannalbin. (Wertbestimmung.) *Apoth. Z.* 21 S. 410/1.

THAL, vergleichende Untersuchung von Ichthyol und einiger Ersatzprodukte. (Bestimmung des Trockenrückstandes; des Gesamtammoniaks; des Gesamtschwefels; des Ammoniumsulfats.) *Apoth. Z.* 21 S. 431.

VAN DER WAL, Nachweis von Enzian. *Apoth. Z.* 21 S. 513.

ZERNIK, Neu-Sidonal. (Untersuchung; Gemisch

aus Chinid und Chinasäure.) *Apoth. Z.* 21 S. 463/4.

Nachweis und Bestimmung von Nitroglyzerin. (In Pastillen.) *Apoth. Z.* 21 S. 204; *Pharm. Centralh.* 47 S. 467.

BUDDE, chemische Untersuchung chirurgischer Nähseide. *Apoth. Z.* 21 S. 464/5.

4. Gasanalyse. Analysis of gases. Analyse des gaz. Vgl. Feuerungsanlagen 8.

ALEXANDER, Fortschritte auf dem Gebiete der Gasometrie bzw. Gasmessung und Gasanalyse. * *Chem. Z.* 30 S. 657/9.

CLAUSSET, analyse industrielle des gaz. * *Bull. belge* 20 S. 335/43.

FRANZEN, Verwendung des Natriumhydrosulfits in der Gasanalyse. *Ber. chem. Ges.* 39 S. 2069/71; *Pharm. Centralh.* 47 S. 717.

TULLY, simple methods of gas analysis. (Coal gas.) (V) *Gas Light* 85 S. 498/9.

LE BLANC, analytische Bestimmung von Stickoxyd in Luft. (V) (A) *Chem. Z.* 30 S. 522.

LIDOFF, Bestimmung des Stickstoffs in Gasgemischen. (Durch metallisches Magnesium in Pulverform.) *Chem. Z.* 30 S. 432/3.

NOWICKI, über die Fortschritte auf dem Gebiete der Gasanalyse, insbesondere über die quantitative Bestimmung geringer Mengen von Kohlenoxyd. (Acidimetrische —; elektrometrische —; jodometrische —; kolorimetrische Verfahren.) * *Z. O. Bergw.* 54 S. 6/11.

GAUTIER et CAUSMANN, quelques difficultés que présente le dosage de l'oxyde de carbone dans les mélanges gazeux. *Bull. Soc. chim.* 3, 35 S. 513/9.

JENKINS, determination of total sulphur in illuminating gas. * *J. Am. Chem. Soc.* 28 S. 542/4.

DE VOLDERE et DE SMET, analyse des gaz combustibles. *Rev. chim.* 9 S. 395/408.

STOCK und NIELSEN, gasanalytische Untersuchung hochprozentiger Gase. (Das Lösungsvermögen des Wassers für Gase als prinzipielle Fehlerquelle.) * *Ber. chem. G.* 39 S. 3389/93.

THIELE, Bestimmung des Luftgehaltes des Dampfes von Dampfkesseln. * *Z. öffl. Chem.* 12 S. 185/6.

GRÉHANT, perfectionnement apporté à l'eudiomètre: sa transformation en grisoumètre. Recherche et dosage du formène et de l'oxyde de carbone. *Compt. r.* 143 S. 813/5.

GÜLICH, neuer Apparat zur Untersuchung armer Gase durch Absorption. * *Chem. Z.* 30 S. 1302.

HARDING, description of improved apparatus and of a modification of DREHSCHMIDTS method for the determination of total sulphur in coal gas. * *J. Am. Chem. Soc.* 28 S. 537/41.

HAHN, schnellwirkender ORSATapparat zur Bestimmung von Kohlensäure, Sauerstoff und Kohlenoxyd. * *J. Gasbel.* 49 S. 474/5.

HAHN, neue ORSAT-Apparate für die technische Gasanalyse. * *J. Gasbel.* 49 S. 367/70; *Z. V. dt. Ing.* 50 S. 212/5.

Neue ORSAT-Apparate für die technische Gasanalyse nach HAHN. * *Z. Chem. Apparat.* 1 S. 399/403.

STRACHE, JAHODA und GENZKEN, der Autolysator. Neuer Apparat zur fortlaufenden automatischen Gasanalyse. * *Chem. Z.* 30 S. 1128/30.

WILSON, apparatus for the analysis of flue-gases. * *Eng. min.* 81 S. 279/80.

Absorptionsgefäß für ORSATapparate. * *Stahl* 26 S. 1385.

Neue ORSAT-Apparate für die technische Gasanalyse. *J. Gasbel.* 49 S. 853.

Apparat „Zwyndrecht" zur Entnahme von Durch-

schnitts - Gasproben. * *Z. Chem. Apparat.* 1 S. 559/60.

5. Verschiedenes. Sundries. Matières diverses.

Bericht über die Fortschritte der analytischen Chemie. (FRESENIUS, allgemeine analytische Methoden, analytische Operationen, Apparate und Reagenzien. FRESENIUS und TETZLAFF, auf angewandte Chemie bezügliche Methoden, Apparate und Reagensien. DOBRINER und OSWALD, chemische Analyse organischer Körper; GRÜNHUT, spezielle analytische Methoden; auf Lebensmittel, Gesundheitspflege, Handel, Industrie und Landwirtschaft bezügliche Methoden; MÜHE, auf Pharmazie bezügliche Methoden; SPIRO, auf Physiologie und Pathologie bezügliche Methoden; CZAPSKI, Atomgewichte der Elemente.) * *Z. anal. Chem.* 45 S. 44 76F.

BRUNCK, Fortschritte auf dem Gebiete der Metallanalyse. *Chem. Z.* 30 S. 777/80.

Fortschritte der analytischen Chemie im II. Halbjahr 1905. *Chem. Zeitschrift* 5 S. 303/5F.

UTZ, Fortschritte in der Untersuchung der Nahrungs- und Genußmittel mit Einschluß der Fette und Oele im Jahre 1905. *Oest. Chem. Z.* 9 S. 77/80F.

RÜHLE, die Nahrungsmittelchemie im zweiten Halbjahr 1905. *Chem. Zeitschrift* 5 S. 149/53F.

DENIGÈS, die chronometrische Analyse in Anwendung auf die quantitative Analyse. (V) (A) *Chem. Z.* 30 S. 433.

BROWNE, report of the International Committee on Analysis to the Sixth International Congress of Applied Chemistry at Rome, 1906. *J. Am. Chem. Soc.* 28 S. 1035/47.

PETERSEN, Bezeichnungen und Berechnungen in der Maßanalyse. *Z. anal. Chem.* 45 S. 14/8, 439/41.

BRUHNS, eine neue Art, Analysenergebnisse zusammenzustellen — gleichzeitig zur Abwehr eines unpraktischen Vorschlages. (Erwiderung gegen PETERSEN.) *Z. anal. Chem.* 45 S. 204/16.

CHARITSCHKOF, Anwendung des Verfahrens der kalten Fraktionierung zur Analyse der Mineralölgemische und auf anderen Gebieten der Chemie. *Braunk.* 5 S. 493.

CHESNEAU, principes théoriques de la précipitation chimique envisagée comme méthode d'analyse minérale. (Lavage des précipités; accroissement de la grosseur des grains dans les précipités cristallins, précipités amorphes colloïdes et pseudo-solutions.) *Rev. métallurgie* 3 S. 445/61.

CHESNEAU, principes théoriques des méthodes d'analyse minérale fondées sur les réactions chimiques. *Ann. d. mines* 9 S. 139/249F.

FRESENIUS, über Schiedsanalysen. (V) *Z. anal. Chem.* 45 S. 103/12.

FANTO, Säurezahlen. (Vorschlag, die Säurezahlen oder Grade durch die maßanalytisch direkt ermittelbaren Mengen des ionisierbaren und ionisierten Wasserstoffes auszudrücken.) *Z. ang. Chem.* 19 S. 1856/7.

SCHÄPER, vergleichende Untersuchung über die Aufschließung von arsen-, antimon- und schwefelhaltigen Erzen im Chlor- und Brom-(Kohlensäure-)Strome zum Zwecke der quantitativen Analyse. * *Z. anal. Chem.* 45 S. 145/74.

Untersuchung und Beurteilung von kupfer- und schwefelhaltigen Mitteln zur Bekämpfung der Rebenkrankheiten. (Beschlüsse der agrik.-chem. Sektion des Schweizer Vereins analytischer Chemiker in der Versammlung vom 23. Sept. 1905 in Chur.) *Z. anal. Chem.* 45 S. 760/5.

LEPÈRE, über direkte und indirekte Extraktbestim-

mung. (In Zitronensaft.) *Z. öfftl. Chem.* 12 S. 1/10.

JANNASCH und GOTTSCHALK, Verwendung des Ozons zur Ausführung quantitativer Analysen. *J. prakt. Chem.* 73 S. 497/519.

GRAEFE, Anwendung des Tetrachlorkohlenstoffes im Laboratorium. (Bei der Bestimmung der Jodzahl; bei der fraktionierten Ausfällung des Paraffins.) *Chem. Rev.* 13 S. 30/2.

ALVAREZ, reaction of salts of cobalt of service in analytical chemistry. (With the hydrates of sodium and potassium they give an intense blue colour.) *Chem. News* 94 S. 306.

ROSENTHALER, Verwendung neuer Arzneimittel in der analytischen Chemie. *Am. Apoth. Z.* 27 S. 3/4.

MEDRI, determinazione quantitativa di alcune sostanze ossidanti per mezzo del solfato di idrazina. *Gas. chim. it.* 36, 1 S. 373/8.

GROSZMANN und SCHÜCK, Guanidinkarbonat, seine Bestimmung und Verwendung in der Analyse. (Guanidiniumhydroxyd als sehr starke Base; quantitative Reaktionen des Karbonats; quantitative Bestimmung des Kadmiums, des Zinks, des Mangans.) *Chem. Z.* 30 S. 1205/6.

PETROW, Darstellung des Indikators aus Rotkraut. *Pharm. Centralh.* 47 S. 362.

PIUTTI et BENTIVOGLIO, le tétrachlorure de carbone dans l'analyse des pâtes alimentaires. *Bull. d'enc.* 108 S. 672/3.

BOURQUELOT, emploi des enzymes comme réactifs dans les recherches de laboratoire. — Oxydases. *J. pharm.* 6, 24 S. 165/74.

Die Alkalinität der Pflanzenbasen und deren Bedeutung bei chemischen und toxikologischen Arbeiten. (V) *Apoth. Z.* 21 S. 816.

UTZ, Refraktometrie. (V) *Apoth. Z.* 21 S. 847/8.

MATTHES, quantitative Bestimmungen mit Hilfe des Eintauchrefraktometers. *Chem. Z.* 30 S. 101/2.

HANUŠ und CHOCENSKY, Anwendung des ZEISZschen Eintauchrefraktometers in der Nahrungsmittelanalyse. *Z. Genuß.* 11 S. 313/20.

NEWFIELD and MARX, nitrometer. (Its use in the analysis of nitrocellulose and other explosives.) *J. Am. Chem. Soc.* 28 S. 877/82.

RICHARDS, use of the nephelometer. *Chem. J.* 35 S. 510/3.

GILLOT et GROSJEAN, application de la méthode picnométrique à la détermination du poids et du volume des précipités en suspension dans les liquides. — Cas des précipités formés au sein des jus de betteraves. *Bull. belge* 20 S. 253/77; *Bull. sucr.* 23 S. 1148/66.

HAZEWINKEL, application de la méthode picnométrique à la détermination du poids et du volume des précipités en suspension dans les liquides. *Bull. sucr.* 24 S. 301/4.

V. KAZAY, photometrische Wertbestimmung galenischer Präparate.* *Pharm. Z.* 51 S. 107/9 F.

RIESENFELD und WOHLERS, spektralanalytischer Nachweis der Erdalkalien im Gange der quantitativen Analyse. (Beschreibung eines Spektralbrenners.) * *Ber. chem. G.* 39 S. 2628/31.

DITMAR, Verwendbarkeit von Gummistöpseln zur Verbrennungs-Analyse. *Gummi-Z.* 20 S. 465.

STILLMAN, chemische Analyse von Glühlichtstrümpfen. (Incandescent mantles.) *Chem. Z.* 30 S. 60.

Chemie, anorganische, anderweitig nicht genannte Verbindungen. Anorganic chemistry, compounds not mentioned elsewhere. Chimie anorganique, combinaisons non dénommées. Vgl. die einzelnen Elemente.

HOFMANN, KARL, neueste Fortschritte auf dem Gebiet der anorganischen Chemie im III. und IV. Quartal 1905. — im I., II., III. Quartal 1906. *Chem. Zeitschrift* 5 S. 25/6 F., 266/8 F., 481/4 F.

RAUTER, Stand der anorganischen chemischen Industrie am Ende des Jahres 1905. *Oest. Chem. Z.* 9 S. 47/50 F.

RAUTER, Bericht über die Fortschritte der anorganischen chemischen Industrie im zweiten halben Jahre 1905, — im ersten Vierteljahre 1906. *Chem. Zeitschrift* 5 S. 57/60 F., 341/2 F.

ALVAREZ, adoption of a system of nomenclature for designation of the condensed inorganic compounds. *Chem. News* 94 S. 297/8.

DELÉPINE, sels complexes. Action de l'acide sulfurique à chaud sur les sels de platine et d'iridium en présence du sulfate d'ammonium. *Bull. Soc. chim.* 3, 35 S. 796/801.

BELLUCCI und PARRAVANO, eine neue Reihe isomorpher Salze. (Kaliumplatina·, -Stannat und -Plumbat. Konstitution einiger Plumbate.) *Z. anorgan. Chem.* 50 S. 101/6.

ALVAREZ, per-salts. *Chem. News* 94 S. 269/71.

DE FORCRAND, comparaisons entre les oxydes alcalins et alcalino·terreux. *Ann. d. Chim.* 8, 9 S. 139/44.

DE FORCRAND, action des métaux alcalins et alcalino-terreux sur une molécule d'eau. *Ann. d. Chim.* 8, 9 S. 234/41.

V. FOREGGER and PHILIPP, earth alkali and allied peroxides: properties and applications. (Peroxides of calcium, strontium, magnesium and zinc.) (V) *Chemical Ind.* 25 S. 298/302.

MOISSAN, l'ébullition et la distillation du nickel, du fer, du manganèse, du chrome, du molybdène, du tungstène et de l'uranium. *Compt. r.* 142 S. 425.

MOISSAN, Destillation der Metalle. (V) (A) *Chem. Z.* 30 S. 432.

MOODY, hydrolysis of salts of iron, chromium, tin, cobalt, nickel and zinc in the presence of iodides and Iodades. *Am. Journ.* 22 S. 176/84; *Z. anorgan. Chem.* 51 S. 121/31.

PFEIFFER, eine neue Klasse salzbildender Metallhydroxyde. (Salzbildung durch Addition eines Säuremoleküls unter Bildung eines Oxoniumsalzes [Aquosalzes].) *Ber. chem. G.* 39 S. 1864/79.

BRUNI e PADOA, sulle condizioni di precipitazione e di soluzione dei sulfuri metallici. *Gas. chim. it.* 36, 1 S. 476/80.

DAVIS, action of nitrogen sulphide on certain metallic chlorides. *J. Chem. Soc.* 89 S. 1575/8.

ROSENHEIM und JACOBSON, Einwirkung von flüssigem Ammoniak auf einige Metallsäureanhydride. *Z. anorgan. Chem.* 50 S. 297/308.

GAUTIER, action de l'hydrogène sulfuré sur quelques oxydes métalliques et métalloïdiques à haute température. Applications aux phénomènes volcaniques et à la genèse des eaux thermales. *Bull. Soc. chim.* 3, 35 S. 939/44; *Compt. r.* 143 S. 7/12.

LEY und WERNER, Schwermetallsalze sehr schwacher Säuren und Versuche zur Darstellung kolloidaler Metalloxyde. (Kupfersuccinimid, Nickelsuccinimid, Kobaltsuccinimid, Kupferkampfersäureimid.) *Ber. chem. G.* 39 S. 2177/80.

DAVIS, studies of basic carbonates. Magnesium carbonates.☙ *Chemical Ind.* 25 S. 788/98.

PHIPSON, reduction of sulphuric acid and other substances. (By metallic sodium; carbon from carbonic acid, boron from boric acid, silicium from silica, and zirconium from zirconia.) *Chem. News* 93 S. 119.

SMITH NORMAN, slow oxidations in the presence of moisture. (Oxidation of ammonia; of nitrogen; experiments on the evaporation of water;

formation of hydrogen peroxide.) * *J. Chem. Soc.* 89 S. 473/82.

JACOBSOHN, anorganische Lösungsmittel und ihre dissoziierenden Eigenschaften. *Z. komp. G.* 10 S. 37/42 F.

Chemie, organische, anderweitig nicht genannte Verbindungen. Organic chemistry, compounds not mentioned elsewhere. Chimie organique, combinaisons non dénommées.

1. Allgemeine Reaktionen. General reactions. Reactions générales.

BENRATH, Synthesen im Sonnenlicht. *J. prakt. Chem.* 73 S. 383/9.

BERTHELOT, observations relatives aux equilibres éthérés et aux déplacements réciproques entre la glycérine et les autres alcools. *Compt. r.* 143 S. 717/8.

BERTHELOT, absorption de l'azote par les substances organiques, déterminée à distance sous l'influence des matières radioactives. *Compt. r.* 143 S. 149/52.

BETTI, sdoppiamento ottico per mezzo del glucosio. *Gas. chim. it.* 36, II S. 666/9.

BIEHRINGER und BORSUM, umkehrbare Reaktionen in der Gruppe der organischen Säurederivate. *Ber. chem. G.* 39 S. 3348/56.

BISTRZYCKI und V. SIEMIRADZKI, Kohlenoxyd-Abspaltungen im allgemeinen. (Beim Erhitzen mit konz. Schwefelsäure.) *Ber. chem. G.* 39 S. 51/66.

BLAISE et HOUILLON, les relations entre groupements fonctionnels en positions éloignées. Imines cycliques. *Compt. r.* 142 S. 1541/3.

BORSCHE, Ueberführung der Aldoxime in Säurenitrile. *Ber. chem. G.* 39 S. 2503.

BOUGAULT, action de l'acide hypoiodeux à l'état naissant sur les acides à fonction éthylénique. Lactones iodées. *Compt. r.* 143 S. 398/4co.

BRACHIN, action des dérivés organo - halogénomagnésiens sur les aldéhydes et acétones acétyléniques. Alcools acétyléniques. *Bull. Soc. chim.* 3, 35 S. 1163/79.

BUCHERER, Einwirkung schwefligsaurer Salze auf organische Verbindungen. (V) (A) *Chem. Z.* 30 S. 968/9; *Chem. Zeitschrift* 5 S. 454; *Oest. Chem. Z.* 9 S. 275F.

CHABLAY, les conditions d'hydrogénation, par les métauxammoniums, de quelques dérivés halogénés des carbures gras: Préparation des carbures éthyléniques et foréniques. *Compt. r.* 142 S. 93/7.

CLARKE and LAPWORTH, reactions involving the addition of hydrogen cyanide to carbon compounds. Action of potassium cyanide on pulegone. *J. Chem. Soc.* 89 S. 1869/82.

COURTOT, action des acides aa-diméthylés-βγ-dibromés sur les carbonates alcalins. *Bull. Soc. chim.* 3, 35 S. 657/64.

EIBNER, die GABRIELsche Umlagerung von Phtalidderivaten in Isandindione. *Ber. chem. G.* 39 S. 2202/4.

EULER, Pseudosäuren. *Ber. chem. G.* 39 S. 1607/15.

EULER, Reaktion zwischen Silbernitrat und organischen Halogenverbindungen. *Ber. chem. G.* 39 S. 2726/34.

FICHTER, Studien an ungesättigten Säuren. (Ihre große Reaktionsfähigkeit; Wechselwirkung mit Anilin und Phenylhydrazin.) *J. prakt. Chem.* 74 S. 297/339.

FISCHER, EMIL und SCHMITZ, Synthese der a-Aminosäuren mittels der Bromfettsäuren. *Ber. chem. G.* 39 S. 351/6.

FISCHER, EMIL, Synthese von Polypeptiden. *Ber. chem. G.* 39 S. 453/74; 2893/2931.

FISCHER, EMIL, Aminosäuren, Polypeptide und

Proteïne. *Ber. chem. G.* 39 S. 530/610; *Mon. scient.* 4, 20, I S. 473/513.

FISCHER, EMIL und ABDERHALDEN, Bildung eines Dipeptids bei der Hydrolyse des Seidenfibroins. *Ber. chem. G.* 39 S. 752/60.

FISCHER, EMIL und ABDERHALDEN, Bildung von Dipeptiden bei der Hydrolyse der Proteine. *Ber. chem. G.* 39 S. 2315/20.

FOSSE, réactions nouvelles de quelques hydrols. (Communication préliminaire.) *Bull. Soc. chim.* 3, 35 S. 1005/17.

FOSSE, réaction de quelques anhydrides d'acides. Nouvelle serie d'acides à noyau pyranique. *Compt. r.* 143 S. 59/61.

FOSSE et ROBYN, introduction des radicaux dinaphtopyryle et xanthyle dans les molécules électronégatives. *Compt. r.* 143 S. 239/42.

FOSSE, remplacement de l'oxhydryle de quelques carbinols par le radical éthyloïque —CH²CO²H. *Compt. r.* 143 S. 914/6.

FRANCIS, Benzoylnitrat, ein neues Nitrierungsmittel. *Ber. chem. G.* 39 S. 3798/3804.

FRANKE und KOHN, MORITZ, Darstellung von β-Glykolen aus Aldolen durch Einwirkung magnesiumorganischer Verbindungen. *Mon. Chem.* 27 S. 1097/1128.

GAUTHIER, préparation des oxynitriles ROCH²CAs. *Compt. r.* 143 S. 831/2.

GOLDBERG, Phenylierungen bei Gegenwart von Kupfer als Katalysator. *Ber. chem. G.* 39 S. 1691/2.

GOLDSCHMIDT, Verhalten von Alkyl am Stickstoff gegen siedende Jodwasserstoffsäure. *Mon. Chem.* 27 S. 849/77.

GOLDSCHMIDT und BRÄUER, Anilidbildung. *Ber. chem. G.* 39 S. 97/108.

GOLDSCHMIDT und BRÄUER, Reaktionskinetik der Kohlensäureabspaltung aus Trichloressigsäure in Anilinlösung. *Ber. chem. G.* 39 S. 109/12.

GRAEBE und KRAFT, Oxydationsschmelze. (Wirkung von stark erhitztem Alkali auf organische Verbindungen.) *Ber. chem. G.* 39 S. 794/802.

GRANDMOUGIN, Verwendung von Natriumhydrosulfit als Reduktionsmittel. (Herstellung von β-Naphtochinon aus Orange II; Darstellung von 1·4-Naphtylendiamin; Reduktion der Nitrogruppe, — der Chinone, — des Antrachinons zu Oxanthranol, des Benzils.) *Ber. chem. G.* 39 S. 3561/4.

GROSSMANN und SCHÜCK, die Verbindungen der Metallrhodanide mit organischen Basen. *Z. anorgan. Chem.* 50 S. 1/20.

HALE, MC NALLY and PATER, GRIGNARD syntheses in the furfuran group. *Chem. J.* 35 S. 68/78.

HALLER, alcoolyse des corps gras. (Saponification en milieu alcoolique renfermant de petites quantités d'acides; naissance d'un éther-sel.) *Compt. r.* 143 S. 657/61.

HANTZSCH, Pseudosäuren. (Erwiderung gegen EULER.) *Ber. chem. G.* 39 S. 2098/2112.

HANTZSCH und DENSTORFF, Anlagerung von Halogenen und Perhalogenwasserstoffsäuren an Sauerstoffverbindungen. (Perhaloide, d. h. Produkte der Anlagerung von Jod und Brom an organische Sauerstoffverbindungen, die speziell ein ätherartig gebundenes Sauerstoffatom enthalten. Hydroperhaloide, d. h. Produkte der Anlagerung von Perjod- und Perbromwasserstoff an organische Sauerstoffverbindungen.) *Liebig's Ann.* 349 S. 1/44.

HENLE, Reduktion von aβ- ungesättigten Carbonsäureestern durch Aluminiumamalgam. *Liebig's Ann.* 348 S. 16/30.

HENRY, observations au sujet du composant C(OH) des alcools tertiaires. *Compt. r.* 142 S. 129/36; *Trav. chim.* 25 S. 138/52; *Bull. belge* 20 S. 152/6.

HERRMANN, spaltende Wirkung des Chlorwasserstoffs. *Ber. chem. G.* 39 S. 3812/6.

HERZIG und TICHATSCHEK, Verdrängung der Acetylgruppe durch den Methylrest mittels Diazomethan. *Ber. chem. G.* 39 S. 1557/9.

HIBBERT, Darstellung von Trialkyl-Stibinen, -Arsinen und -Phosphinen mittels GRIGNARDs Reaktion. *Ber. chem. G.* 39 S. 160/2.

HOLLEMAN, Einfluß von Zusätzen bei der Substitution in aromatischen Kernen. *Ber. chem. G.* 39 S. 1715 6.

HOUBEN, Verfahren zur Veresterung von Alkoholen und Phenolen. *Ber. chem. G.* 39 S. 1736/53.

HUGOUNENQ et MOREL, soudure synthétique des acides amidés dérivés des albumines. *Compt. r.* 142 S. 48/9.

IRVINE and MOODIE, addition of alkyl halides to alkylated sugars and glucosides. *J. Chem. Soc.* 89 S. 1578/90.

JONES and MC MASTER, formation of alcoholates by certain salts in solution in methyl, and ethyl alcohols. *Chem. J.* 35 S. 316/26.

KEMPF, Oxydationen mit Silberperoxyd, Oxydation von p-Benzochinon. *Ber. chem. G.* 39 S. 3715/7.

KOHLER, reaction between unsaturated compounds and organic magnesium compounds. Reactions with stereoisomers, — with a. β-unsaturated nitriles, — with a-methylcinnamic acid. *Chem. J.* 36 S. 177/95, 386/404, 529/38.

KÖTZ, Synthesen mit Karbonestern cyklischer Ketone; — und MICHELS, Synthese des Isopropyl-1-cyklohexanons-2 und des m-Menthanons-2 aus Cyklohexanon. *Liebig's Ann.* 350 S. 204/16.

KREMANN, Kinetik der Abspaltung der Acylgruppen bei den Estern mehrwertiger Alkohole durch Hydroxylionen im wässerigen homogenen System. *Mon. Chem.* 27 S. 607/26.

KREMANN, Kinetik der Aetherbildung aus Dialkylsulfaten durch absoluten Alkohol. *Mon. Chem.* 27 S. 1265/73.

LAPWORTH, reactions involving the addition of hydrogen cyanide to carbon compounds. Cyanodihydrocarvone. *J. Chem. Soc.* 89 S. 945/66.

LEMOULT, nouvelles bases organiques phosphoazotées, type (RNH)$_3$ $=$ P $=$ NR. *Bull. Soc. chim.* 3, 35 S. 47/60.

LEWKOWITSCH, zur Theorie des Verseifungsprozesses. *Ber. chem. G.* 39 S. 4095/7.

MARQUIS, action des imino-éthers et des iminochlorures sur les dérivés organo-magnésiens. *Compt. r.* 142 S. 711/13.

MC KENZIE, asymmetric synthesis. Application of GRIGNARD's reaction for asymmetric syntheses. *J. Chem. Soc.* 89 S. 365/83.

MC KENZIE and WREN, asymmetric synthesis. Asymmetric syntheses from 1-bornyl pyruvate. *J. Chem. Soc.* 89 S. 688/96.

MELDOLA, new trinitroacetaminophenol and its use as a synthetical agent. *J. Chem. Soc.* 89 S. 1935/43.

VON MEYER, Umwandlungen dimolekularer Nitrile in cyklische Verbindungen. (V) *Chem. Zeitschrift* 5 S. 453/4; *Chem. Z.* 30 S. 922.

MEYER, HANS, Säureamidbildung und Esterverseifung durch Ammoniak. *Mon. Chem.* 27 S. 31/48.

MEYER, RICHARD, die Ringschließung. *Liebig's Ann.* 347 S. 17/54.

MEYER, RICHARD und TÖGEL, GRIGNARD'sche Reaktion. (Einwirkung von Kohlensäure auf Phenylmagnesiumbromid; Synthesen von Ketonsäureestern.) *Liebig's Ann.* 347 S. 55/92.

MOHR, die HOFMANNsche Reaktion. *J. prakt. Chem.* 73 S. 177/91, 228/38.

MONIER-WILLIAMS, synthesis of aldehydes by GRIGNARD's reaction. *J. Chem. Soc.* 89 S. 273/80.

MONTAGNE, les transpositions atomatiques intramoléculaires. *Trav. chim.* 25 S. 376/414.

MOUREU et LAZENNEC, amides et nitriles acétyléniques. Condensation des nitriles acétyléniques avec les alcools. — Méthode générale de synthèse de nitriles acryliques -β-oxyalcoylés-β-substitués. *Bull. Soc. chim.* 3, 35 S. 520/31; *Compt. r.* 142 S. 211/15, 338/40.

MOUREU et LAZENNEC, condensation des nitriles acétyléniques avec les amines. Méthode générale de synthèse de nitriles acryliques β-substitués β aminosubstitués. *Bull. Soc. chim.* 3, 35 S. 1179/89; *Compt. r.* 143 S. 553/5, 596/8.

MOUREU et LAZENNEC, condensation des éthers acétyléniques avec les amines Nouvelle méthode générale de passage des éthers acétyléniques aux éthers β-cétoniques. *Bull. Soc. chim.* 3, 35 S. 1190/5.

NOELTING und BATTEGAY, Ersatz von negativen Gruppen durch Hydroxylgruppen in orthosubstituierten Diazoniumsalzen. *Ber. chem. G.* 39 S. 79/86.

PADOVA, condensations avec l'anthranol. *Compt. r.* 143 S. 121/3.

PETERS, Reduktionen bei tiefer Temperatur. (Verhalten organischer Basen gegen Blausäure bei der Temperatur des Aether-Kohlensäuregemisches.) *Ber. chem. G.* 39 S. 2782/4.

PICKARD, LITTLEBURY and NEVILLE, optically active carbimides Reactions between 1-menthylcarbimide and alcohols; resolution of ac-tetrahydro-2 naphthol by means of 1-menthylcarbimide; resolution of a-phenyl a'-4-bydroxyphenylmethane by means of 1-menthylcarbimide. *J. Chem. Soc.* 89 S. 93/105, 1254/7.

PLANCHER, Polymerisation der Indolenine mit GRIGNARDlösungen. (V) (A) *Chem. Z.* 30 S. 418.

PUXEDDU, riduzione con la fenilidrazina. Nuovo metodo per preparare il 5-aminoderivato dell' acido salicilico. *Gas. chim. it.* 36, 2 S. 87/9.

RAY and NEOGI, interaction of the alkylsulphates with the nitrites of the alkali metals and metals of the alkaline earths. *J. Chem. Soc.* 89 S. 1900/5.

REYCHLER, influence retardatrice ou paralysante exercée par le chloroforme (et par quelques autres substances) sur les réactions qui donnent naissance aux combinaisons organomagnésiennes. *Bull. Soc. chim.* 3, 35 S. 803/11.

REYCHLER, réactions qui donnent naissance aux combinaisons organomagnésiennes. *Bull. Soc. chim.* 3, 35 S. 1079/88; *Bull. belge* 20 S. 249/52.

ROBSON, the methods of organic synthesis. *Dyer* 26 S. 172/3 F.

ROSENTHALER, alkalische Quecksilberjodidlösung als Reagens auf Hydroxylgruppen. *Arch. Pharm.* 244 S. 373/5.

SCHÄFER und TOLLENS, Bildung von Basen aus Acetophenon, Formaldehyd und Chlorammonium. *Ber. chem. G.* 39 S. 2181/9.

SCHOLL und STEINKOPF, Anlagerungsverbindungen organischer Halogenide an Silbernitrat. *Ber. chem. G.* 39 S. 4393/4400.

SIMON, influence de la juxtaposition dans une même molecule de la fonction cétonique et de la fonction acide. *Compt. r.* 142 S. 892/4.

STOERMER, Synthese von Aldehyden und Ketonen aus asymm. disubstituierten Aethylenglykolen und deren Aethern. *Ber. chem. G.* 39 S. 2288/306.

SÜSZKIND, Anwendung der GRIGNARDschen Reaktion auf Chloressigsäureester. *Ber. chem. G.* 36 S. 225/6.

TABOURY, quelques composés séléniés. (Réactions avec les organomagnésiens.) *Bull. Soc. chim.* 3, 35 S. 668/74.

TIFFENEAU, migrations phényliques chez les halohydrines et chez les α-glycols. *Compt. r.* 142 S. 1537/9.

TIFFENEAU, migration phénylique; structure à valences pendantes des composés intermédiaires; mode de fixation de l'acide hypoiodeux et d'élimination d'acide iodhydrique. *Compt. r.* 143 S. 684/7, 649/51.

TINGLE, GRIGNARD's reaction. (Report.) *Chem. J.* 35 S. 90/6.

TSCHELINZEFF, das Problem der Darstellung individueller magnesiumorganischer Verbindungen und Eigenschaften derselben. *Chem. Z.* 30 S. 378/9.

TSCHELINZEFF, Aetherkomplexe der magnesiumorganischen Verbindungen. *Ber. chem. G.* 39 S. 773/9.

TSCHITSCHIBABIN, Ersetzbarkeit des Aethoxyls durch Radikale. Eine Synthese von Acetalsäureestern und von homologen Aethoxyakrylsäuren. *J. prakt. Chem.* 73 S. 326/36.

VORLÄNDER, Additionsvorgänge; — und KÖTHNER, Pulegon und Natriummalonester; MAY u. KÖNIG, Pulegonessigsäure; GROEBEL, Anlagerung von Malonester an Cinnamylidenaceton und Cinnamenylcrylsäureester, STAUDINGER, Cinnamylidenacetophenon und Natriummalonester, WEISZHEIMER und SPONNAGEL, Sorbinsäureester und Natriummalonester; STRUNCK, Einwirkung von Natriummalonester auf βγ-ungesättigte Carbonsäureester; VORLÄNDER, reaktive Wirkung des ungesättigten Stickstoffs; BLAU und WALLIS, Oxydation von Ammoniakderivaten mit Permangansäure, WALLIS, Darstellung von reinem Piperidin; PEROLD, Verbindungen der Wolle mit farblosen Aminen und Säuren; LOGOTHETIS und PEROLD, Salze des Azobenzoltrimethylammoniums.) *Liebig's Ann.* 35 S. 155/314.

WEGSCHEIDER und FRANKL, Veresterung unsymmetrischer zwei- und mehrbasischer Säuren. (inaktive Asparaginsäure.) *Sits. B. Wien. Ak.* 115, 2 b S. 285/300; *Mon. Chem.* 27 S. 4⁸7/501, 777/9.

WEYL, neue Reduktionsmethode. (Mittels nascierenden Phosphorwasserstoffs.) *Ber. chem. G.* 39 S. 4340/3.

WITT und UTERMANN, ein neues Nitrierungsverfahren. (Verwendung der Essigsäureanhydrides als wasserentziehendes Mittel.) *Ber. chem. G.* 39 S. 3901/5.

WOHL, Herabsetzung der Reaktionstemperatur bei der Umsetzung organischer Chlorverbindungen. *Ber. chem. G.* 39 S. 1951/54.

WUYTS, action des disulfures organiques sur les halogénoorganomagnésiens. Méthode de synthèse de sulfures mixtes. *Bull. Soc. chim.* 3, 35 S. 166/9.

ZELINSKY und STADNIKOFF, einfache, allgemeine synthetische Darstellungsmethode für α-Aminosäuren. (Einwirkung von alkoholischem Ammoniak auf Cyanhydrine der Aldehyde und Ketone.) *Ber. chem. G.* 39 S. 1722/32.

Esterification. *Chem. J.* 35 S. 368/9.

Action of ozone on organic compounds. *Chem. J.* 35 S. 463/9.

WEDEKIND, Bericht über die Fortschritte der organischen Chemie im Jahre 1905. *Z. ang. Chem.* 19 S. 1249/60.

2. Aliphatische Verbindungen. Aliphatic compounds. Combinaisons aliphatiques.

ALBERTI und SMIRCIUSZEWSKI, Darstellung des Chlorhydrins, des Oxyds und eines ungesättigten Alkohols aus dem normalen biprimären Dekamethylenglykol (Dekan-1, 10-diol). *Sits. B.*

Wien. Ak. 115, 2 b S. 241/50; *Mon. Chem.* 27 S. 411/9.

ANSELMINO, Einwirkung von Phenolen auf Trichloressigsäure. *Ber. pharm. G.* 16 S. 390/3.

AZZARELLO, azione del diazometano sull' etilene e sul diallile. *Gaz. chim. it.* 36, 1 S. 618/20.

BARBER, Phosphorwolframate einiger Aminosäuren. (Von Glycocoll, Alanin, Asparagin und Asparaginsäure.) *Sits. B. Wien. Ak.* 115, 2 b S. 207/30; *Mon. Chem.* 27 S. 379/401.

BARGELLINI, prodotti di condensazione dell' acido rodaninico colle aldeidi. *Gaz. chim. it.* 36, 2 S. 129/42.

BARTHE, action du bromure d'éthylène sur le cyanacétate d'éthyle sodé. *Bull. Soc. chim.* 3, 35 S. 40/7.

BIDDLE, derivatives of formhydroxamic acid and the possible existence of esters of fulminic acid. *Chem. J.* 35 S. 346/53.

BLAISE et BAGARD, stéréoisomérie dans le groupe des acides non saturés αβ-acycliques. *Compt. r.* 142 S. 1087/9.

BLAISE et .GAULT, la série de pyrane. (L'acide dicétopimélique.) *Compt. r.* 142 S. 452/4.

BLANC, synthèse des ββ diméthyl et ββ-triméthyl piméliques. *Compt. r.* 142 S. 996/1001.

BLAISE et GAULT, recherches dans la série du pyrane. — GAULT, condensation de l'éther oxalacétique. *Bull. Soc. chim.* 3, 35 S. 1261/75.

BÖHM, RUDOLF, über die Reduction der Formisobutyraldol und sein Oxim. *Mon. Chem.* 27 S. 947/62.

BONDI und MÜLLER, ERNST, Synthese der Glykocholsäure und Taurocholsäure. *Z. physiol. Chem.* 47 S. 499/506.

BOUVEAULT et LOCQUIN, action du sodium sur les éthers sels des acides gras. Préparation des acyloïnes du type R—CO—CH(OH)—R. Mécanisme de la formation des acyloïnes grasses. *Bull. Soc. chim.* 3, 35 S. 629/36.

BOUVEAULT et LOCQUIN, acyloïnes de la série grasse. Hydrogénation. Préparation des glycols bisecondaires symétriques, des alcools du type R—CHOH—CH¹—R et des cétones correspondantes. Oxydation; sur quelques α-dicétones et leurs dérivés. *Bull. Soc. chim.* 3, 35 S. 637/54.

BOUVEAULT et LOCQUIN, nouveau procédé d'hydrogénation des éthers oximidés et synthèse d'une nouvelle leucine. *Bull. Soc. chim.* 3, 35 S. 965/9.

BRAUN und KITTEL, das Pinakolin aus dem Pinakon des Methyläthylketons. *Mon. Chem.* 27 S. 803/20.

BUSCH und GOLDENTHAL, Darstellung eines ungesättigten Aldehydes aus dem Formisobutyracetaldol und Versuch einer Kondensation des Formisobutyracetaldols mit Formaldehyd. *Mon. Chem.* 27 S. 1157/66.

CALLEGARI, sali di rame e di nickel di alcuni amminoacidi. (Della serie grassa.) *Gaz. chim. it.* 36, 2 S. 63/7.

COLLES, aldehydrol and the formation of hydrates of compounds containing a carbonyl group. *J. Chem. Soc.* 89 S. 1246/53.

V. CORDIER, Stereoisomerie beim Guanidin.* *Mon. Chem.* 27 S. 697/729.

COURTOT, action des acides αα-diméthyl-βγ-dibromés sur les carbonates alcalins. *Bull. Soc. chim.* 3, 35 S. 969/88.

COURTOT, déshydratation des éthers β-alcoyloxypivaliques. *Bull. Soc. chim.* 3, 35 S. 111/23, 217/23, 298/305, 355/73.

COURTOT et BLAISE, déshydratలions anormales d'éthers alcoyloxypivaliques. *Bull. Soc. chim.* 3, 35 S. 355/73.

COUTELLE, Bildung des Natriumdicarboxylglutaconsäureesters aus Malonsäureester, Natriumäthylat und Chloroform. *J. prakt. Chem.* 73 S. 49/99.

CURTISS, reaction of nitrous anhydride with ethyl malonate. *Chem. J.* 35 S. 477/86.

CURTISS, amine derivatives of mesoxalic esters. *Chem. J.* 35 S. 354/8.

DAUTWITZ, Kondensation von Tiglinaldehyd mit Aceton. *Mon. Chem.* 27 S. 773,6.

DELACRE, constitution de la pinacone et de la pinacoline. *Bull. Soc. chim.* 3, 35 S. 350/5.

DELACRE, les alcools pinacoliques secondaire et tertiaire et leur séparation. *Bull. Soc. chim.* 3, 35 S. 811/16.

DELACRE, l'acétate de l'alcool pinacolique de FRIEDEL. *Bull. Soc. chim.* 3, 35 S. 1093/4.

DESCUDÉ, préparation de l'oxyde de méthyle bichloré symétrique. *Bull. Soc. chim.* 3, 35 S. 953/62.

FISCHER, EMIL und JACOBS, Spaltung des racemischen Serins in die optisch aktiven Komponenten. *Ber. chem. G.* 39 S. 2942/50.

FRERICHS und RENTSCHLER, Einwirkung von xanthogensauren Salzen auf Derivate der Monochloressigsäure. *Arch. Pharm.* 244 S. 77/80.

FREUNDLER, chloruration de la paraldéhyde et sur le chloral butyrique. *Compt. r.* 143 S. 682/4.

FRIED, Darstellung des dem Aethoxylacetaldehyd entsprechenden Aldoles. *Mon. Chem.* 27 S. 1251/8.

GROEBEL, Anlagerung von Malonester an Cinnamylidenaceton und Cinnamenylacrylsäureester. *Liebig's Ann.* 345 S. 206/17.

HALLER et BLANC, condensation de l'éther $\beta\beta$-dimethylglycidique avec l'éther malonique sodé. Synthèse des acides térébique et pyrotérébique. *Compt. r.* 142 S. 1471/3.

HAMONET, méthoxytrichloropentanol 1.5.4. et α-trichlorométhyltétrahydrofurarane. *Compt. r.* 142 S. 210/11.

HENNICKE, Einwirkung von Senfölen auf Aminocrotonsäureester. *Liebig's Ann.* 344 S. 19/29.

HENRY, synthèse du penta-methyl-éthanol

$$(H_3C)_3 - C - C - (CH_3)_2.$$
$$|$$
$$OH.$$

Compt. r. 142 S. 1023/4.

HENRY, de quelques réactions synthétiques de la pinacoline. *Compt. r.* 143 S. 20/2.

HENRY, addition de l'acide chlorhydrique à l'oxyde d'isobutylène $(H_3C)_2. C. CH_2.$
$$O$$

Compt. r. 142 S. 493/7.

HOLLEMAN, préparation de la pinacone. *Trav. chim.* 25 S. 206/7.

JOHNSON and JAMIESON, molecular rearrangement of unsymmetrical diacylpseudothioureas to isomeric symmetrical derivatives. *Chem. J.* 35 S. 297/309.

JOVITSCHITSCH, Constitution der Knallsäure. *Liebig's Ann.* 347 S. 233/47.

KRAEMER, Oxaminessigsäure als Oxydationsprodukt des Glycylglycins. *Ber. chem. G.* 39 S. 4385/8.

KÜSTER, Konstitution der Hämatinsäuren. *Liebig's Ann.* 345 S. 1/59.

LAWRIE, constitution of the acetylidene compounds. *Chem. J.* 36 S. 487/510.

LEUCHS, Glycin-carbonsäure. *Ber. chem. G.* 39 S. 857/61.

MEYER, HANS, Verkettung von Aminosäuren. *Ber. chem. G.* 39 S. 1451/2.

MICHEL, Darstellungsverfahren für s-Tetrachloräthan und Hexachloräthan. *Z. ang. Chem.* 19 S. 1095/7.

PALAZZO e CALDARELLA, derivati azotati dell' acetil-carbinolo. *Gaz. chim. it.* 36, 1 S. 590,'5.

PALAZZO e SALVO, azione dell' idrossilammina sull' etere acetil-malonico; — e CARAPELLE, sull' etere diacetil malonico. *Gaz. chim. it.* 36, 1 S. 612/8.

PERATONER e TAMBURELLO, piridoni dall' acido piromeconico e dal maltolo. *Gaz. chim. it.* 36, 1 S. 50/7.

PERDRIX, transformation reversible du trioxyméthylène en méthanal; stérilisation par le méthanal sec aux températures élevées. *Ann. Pasteur* 20 S. 881/900.

PONZIO, sul cosidetto „ipoclorito di acetossima". Azione dell' ipoclorito sodico sulle diossime. *Gaz. chim. it.* 36, 2 S. 98/106, 338/44.

SCHOLL und NYBERG, Mercuri-aci-Nitroessigesteranhydrid. *Ber. chem. G.* 39 S. 1956/9.

SEMMLER, Darstellung von γ-, δ-, ε- usw. Glykolen und deren Derivaten aus den zugehörigen γ-, δ-, ε- usw. Lactonen. *Ber. chem. G.* 39 S. 2851/7.

SIMON, les uréides. Action de l'uréthane sur l'acide pyruvique et ses dérivés. *Ann. d. Chim.* 8, 8 S. 467/501.

SIMON et CHAVANNE, réaction caractéristique du glyoxylate d'éthyle. Action de l'ammoniaque sur cet éther et ses dérivés. *Compt. r.* 142 S. 930'3.

SIMON et CHAVANNE, action des réactifs de la fonction aldéhydique sur le glyoxylate d'éthyle. *Compt. r.* 143 S. 904/7.

STAUDINGER, Cinnamylidenacetophenon und Natriummalonester. (Additionsvorgänge.) *Liebig's Ann.* 345 S. 217/26.

STILLICH, Sulfoessigsäure. Sulfoessigsäure und aromatische Amine. *J. prakt. Chem.* 73 S. 538/44; 74 S. 51/3.

SZYDLOWSKI, Einwirkung von salpetriger Säure auf Lysin. *Mon. Chem.* 27 S. 821/30.

VOTOCEK und BULIR, Konstitution der Rhodeose. *Pharm. Centralh.* 47 S. 657.

WAHL, le dioxyimidosuccinate d'éthyle. *Compt. r.* 143 S. 56/8.

3. Karbozyklische Verbindungen. Carbocyclic compounds. Combinaisons carbocycliques.

ALBRECHT, Additionsprodukte von Cyklopentadiën und Chinonen. *Liebig's Ann.* 348 S. 31/49.

ALWAY und GORTNER, condensation of the three nitranilines with p-nitrosobenzaldehyde. *Chem. J.* 36 S. 510/5.

ANSCHÜTZ, Einwirkung von Phosphorpentachlorid und Phosphortrichlorid auf substituierte o-Phenolcarbonsäuren, substituierte Salicylsäuren, auf Methylsalicylsäuren, 2-Oxyuvitinsäure und α-Oxyβ-naphtoësäure. *Liebig's Ann.* 346 S. 286/381.

ANSCHÜTZ, Einwirkung von Benzol und Aluminiumchlorid auf freie Phenolcarbonsäurechloride. *Liebig's Ann.* 346 S. 381/91.

ASTRID und EULER, Naphtochinonanile und Derivate derselben. *Ber. chem. G.* 39 S. 1041/5.

ATKINSON and THORPE, formation and reactions of imino-compounds. Condensation of benzyl cyanide leading to the formation of 1:3-naphthylenediamine and its derivatives. *J. Chem. Soc.* 89 S. 1906/35.

AUWERS, einige neue gebromte Pseudophenole. *Liebig's Ann.* 344 S. 271/80.

AUWERS und DOMBROWSKI, einige Oxybenzylpiperidine und Dibrom-p-oxypseudocumylaniline. *Liebig's Ann.* 344 S. 280/99.

AUWERS, Beziehungen zwischen Konstitution und Beständigkeit bei den Kondensationsprodukten organischer Basen mit substituierten Oxybenzylbromiden; — und SCHRÖTER, Kondensationsprodukte von organischen Basen mit Phenolen und Pseudophenolen der Kresolreihe, der Xylenolund Hemellithenolreihe; — und KIPKE, — der

Pseudocumenolreihe; — und SCHRENK, — der Mesitolreihe; — und SCHRÖTER, — mit stark negativen Substituenten. *Liebig's Ann.* 344 S.93/270.

AZZARELLO, azione dell' idrossilammina e dell' α-benzilidrossilammina sull' etere trimetilossicomenico. *Gas. chim. it.* 36, 1 S. 621/6.

BAKUNIN, azione del cloruro di benzile sugli amidofenoli. *Gas. chim. it.* 36, 2 S. 211/27.

BAKUNIN e PARLATI, prodotti di disidratazione dell' acido fenilortonitrocinnamico e dei prodotti che accompagnano quest' acido nella sintesi del PERKIN. *Gas. chim. it.* 36, 2 S. 264/82.

BALBIANO e NARDACCI, azione dell' acetato mercurico sull' anetolo. (TONAZZI e B., sul metilcavicolo. PAOLINI, LUZZI e B., sul safrolo ed isosafrolo. BERNARDINI e B., sul metil-eugenolo e metil-isoeugenolo. CIRELLI, sull' asarone. MAMMOLA, PAOLINI e B, sull' apiolo ed isoapiolo. B. e PAOLINI, aldeidi derivanti dalla disidratazione dei glicoli ottenuti coll' ossidazione dei composti propenilici. PAOLINI, VESPIGNANI e B., azione dell' acetato mercurico sul pinene e canfene.) *Gas. chim. it.* 36, 1 S. 257/310.

BAMBERGER und KRAUS, Einwirkung von Alkalien auf Tribromdiazobenzol. *Ber. chem. G.* 39 S. 4248/52.

BAUDISCH, Einwirkung von salpetriger Säure auf p-Dimethyl- und p-Diäthylaminobenzoësäure. *Ber. chem. G.* 39 S. 4293/4300.

BECKURTS und FRERICHS, Thiooxyfettsäureanilide. *J. prakt. Chem.* 74 S. 25/50

BERG, formule de l'élatérine. (C²⁸H³⁸O⁷.) *Bull. Soc. chim.* 3, 35 S. 435/7.

BETTI, sulla reazione fra β naftolo, formaldeide e idrossilamina. *Gas. chim. it.* 36, 1 S. 388/401.

BIEHRINGER und BORSUM, die schwefelsauren Salze des o-Tolidins und die Titrierung des schwefelsauren Benzidins. *Chem. Z.* 30 S. 721/2.

BISCHOFF, Verkettungen. Umsetzungen der α-Bromfettsäure-Phenyl- und Kresyl-Ester mit Natrium-Phenolat und -Kresolaten. (Umsetzungen der α Bromfettsäure-Carvacryl- und Thymyl-Ester mit Natrium-Carvacrolat und -Thymolat; der α Bromfettsäure-Naphtyl- und -Guajacyl-Ester mit Natrium-Naphtolaten und -Guajacolaten; α-Bromfettsäure-nitrophenylester.) *Ber. chem. G.* 39 S. 3830/9.

BLANKSMA, préparation de l'hexanitro-dixylylamine symétrique. *Trav. chim.* 25 S. 373/5.

BODROUX, action de quelques éthers d'acides bibasiques sur les dérivés halogéno-magnésiens des amines aromatiques primaires. *Compt. r.* 142 S. 401/2.

BODROUX, action des éthers chloracétiques sur les dérivés halogéno-magnésiens de l'orthotoluidine. *Bull. Soc. chim.* 3, 35 S. 519/20.

BOEDTKER, dérivés du butylbenzène tertiaire. *Bull. Soc. chim.* 3, 33 S. 825/36.

BOGERT and RENSHAW, dimethyl 4-aminophthalate and certain of its acyl derivatives. *J. Am. Chem. Soc.* 28 S. 617/24.

BORSCHE und GAHRTZ, Konstitution der aromatischen Purpursäuren. Verhalten der aromatischen Purpursäuren bei der Oxydation mit Kaliumhypobromit. *Ber. chem. G.* 39 S. 3359/60.

BOUVEAULT et CHEREAU, l'α-chlorocyclohexanone et ses dérivés. *Compt. r.* 142 S. 1086/7.

BRADSHAW, orthosulphaminebenzoic acid and related compounds. *Chem. J.* 35 S. 335/46.

BRADSHAW, relative rates of oxidation of ortho, meta and para compounds. *Chem. J.* 35 S. 326/35.

BÜLOW und SCHMID, C., Synthese des NENCKI-SIEBERschen Gallaceteins, C₁₆H₁₂O₆. (Verkuppelung von 1·2·3-Trioxybenzol mit 2·3·4-

Trimethoxybenzoyl-aceton in eisessigsaurer Lösung mittels getrockneten Chlorwasserstoffgases) *Ber. chem. G.* 39 S. 850/7.

BUTLER, Umsetzung des Benzoylnitrates mit den Aminen. *Ber. chem. G.* 39 S. 3804/7.

CIUSA, azione del bromo sullo pseudocumolo. *Gas. chim. it.* 36, 2 S. 90/3.

CIUSA, sui composti di addizione dei derivati del trinitrobenzolo con alcune sostanze aromatiche contenenti la catena laterale — CH = N —. *Gas. chim. it.* 36, 2 S. 94/8.

CHABLAY, transformation de l'alcool cinnamique en phénylpropylène et alcool phénylpropylique par les métaux-ammoniums. *Compt. r.* 143 S. 829/31.

CLOUGH, condensation de benzophenone chloride with α- and β-naphthols. *J. Chem. Soc.* 89 S. 771/8.

CHUIT et BOLSING, les deux aldéhydes homosalicyliques du métacrésol. *Bull. Soc. chim.* 3, 35 S. 129/43.

COBB, the two chlorides of orthosulphobenzoic acid. *Chem. J.* 35 S. 486/508.

COHEN and ARMES, relation of position isomerism to optical activity. The rotation of the menthyl esters of the isomeric chloronitrobenzoic acids, — of the three isomeric dinitrobenzoic acids. *J. Chem. Soc.* 89 S. 454/62, 1479/83.

COHEN and DAKIN, properties of 2:3:4:5-tetrachlorotoluene. (A correction.) *J. Chem. Soc.* 89 S. 1453/5.

COHEN and ZORTMAN, relation of position isomerism to optical activity. Rotation of the menthyl esters of the isomeric dibromobenzoic acids. *J. Chem. Soc.* 89 S 47/52.

COHN, ROBERT, Entfärbung einer schwach alkalischen Phenolphtaleïnlösung durch Alkohol. *Z. ang. Chem.* 19 S. 1389/90.

CONDUCHÉ, action de l'eau sur la benzalcarbamidoxime. *Bull. Soc. chim.* 3, 35 S. 431/5.

CONE and LONG, monohalogen derivatives of triphenylcarbinol chloride. *J. Am. Chem. Soc.* 28 S. 518/24.

CROSSLEY, hydro-aromatic substances. (Supposed identity of dihydrolaurolene and dihydroisolaurolene with 1:1-dimethylhexahydrobenzene. Action of phosphorus pentachloride on trimethyldihydroresorcin; recent work on hydro-aromatic substances.) *Chem. News* 94 S. 90/1 F.

CROSSLEY and RENOUF, the supposed identity of dihydrolaurolene and dihydroisolaurolene with 1:1-dimethylexahydrobenzene. *J. Chem. Soc.* 89 S. 26/46.

CROSSLEY and RENOUF, action of alcoholic potassium hydroxide on 3-bromo-1:1-dimethylhexahydrobenze. *J. Chem. Soc.* 89 S. 1556/60.

CROSSLEY and HILLS, aromatic compounds obtained from the hydroaromatic series. The action of phosphorus pentachloride on trimethyldihydroresorcin. *J. Chem. Soc.* 89 S. 875/85.

DARZENS et LEFÉVURE, préparation d'éthers glycidiques et d'aldéhydes dans la série hexahydroaromatique. *Compt. r.* 142 S. 714/18.

DEKKER, Konstitutionsformel des Tannins. *Ber. chem. G.* 39 S. 2497/2502.

DIELS und ABDERHALDEN, Cholesterin. (Beziehungen der Alkoholgruppe zur Doppelbindung des hydrirten Ringsystems.) *Ber. Chem. G.* 39 S. 884/90.

DREYER und ROTARSKY, Konstanten des p-Azophenetols. (Physikalische Eigenschaften; Wesen der Umwandlung.) * *Z. physik. Chem.* 54 S. 353/66.

DUVAL, essais de réduction dans la série du diphénylméthane. *Compt. r.* 142 S. 341/2.

VAN EKENSTEIN und BLANKSMA, die Benzal-
derivate der Zucker und der Glukoside. *Z. V.
Zuckerind.* 56 S. 224/30; *Trav. chim* 25 S.153'61.
VAN EKENSTEIN und BLANKSMA, Benzaldehyd-
und Toluylaldehydderivate der Oxysäuren. *Z.
V. Zuckerind.* 56 S. 230/2; *Trav. chim.* 25
S. 162/4.
ERLENMEYER, isomere Phenyl-serine. *Ber. chem.
G.* 39 S. 791/4.
EULER, Bildung von Diazotaten und Naphtochinon-
anilen aus Nitrosobenzol. *Ber. chem. G.* 39
S. 1035/40.
EVANS, behavior of benzoyl carbinol towards
alkalies and oxidizing agents. *Chem. J.* 35
S. 115/44.
FABINYI und SZÉKI, Einwirkung von Salpeter- und
salpetriger Säure auf Asaronsäure. *Ber. chem.
G.* 39 S. 3679/93.
V. FELLENBERG, Einwirkung von Magnesium-
benzylchlorid auf Mesityloxyd und Phoron. *Ber.
chem. G.* 39 S. 2054/6.
FRANCIS, preparation and reactions of benzoyl
nitrate. *J. Chem. Soc.* 89 S. 1/4.
FREUNDLER, la série du cyclohexane. (Prépara-
tion de la cyclohexylacétone; dérivés du cyclo-
hexane et acide cyclohexylacétique; dérivés de
l'alcool hexahydrobenzylique, dicyclohexyléthane
et cyclohexylacétone.) *Bull. Soc. chim.* 3, 35
S. 539/51.
FRIEDMANN, Konstitution des Adrenalins. (Enthält
eine Methylimidgruppe.) *B. Physiol.* 8 S. 95/120.
FRIES, Einwirkung von Brom auf aromatische
Amine; Substitutionsprodukte und Perbromide.
Liebig's Ann. 346 S. 128/219.
GABBEL, Hordenin. (Tertiäre Base mit ausge-
sprochenem Phenolcharakter.) *Arch. Pharm.* 244
S. 435/41.
GLEDITSCH, quelques dérivés d'amylbenzène tertiaire.
Bull. Soc. chim. 3, 35 S. 1094/7.
GREEN und KING, Konstitution der Phenol- und
Hydrochinon - Phtaleïnsalze. *Ber. chem. G.* 39
S. 2365/71.
GUYOT et CATEL, préparation et propriétés de
l'ortho-dibenzoylbenzène. *Bull. Soc. chim.* 3, 35
S. 1135/40.
HAAS, condensation of dimethyldihydroresorcin and
of chloroketodimethyltetrahydrobenzene with
primary amines. Monamines. — Ammonia,
aniline, and p-toluidine. Diamines, m- and p-
phenylendiamine. *J. Chem. Soc.* 89 S. 187/205,
387/96.
HANTZSCH, Trinitromethan und Triphenylmethan.
(Analogie zwischen der Trinitroreihe und der
Triphenylreihe.) *Ber. chem. G.* 39 S. 2478/86.
HARRIES und NERESHEIMER, Ozonide hydro-
aromatischer Verbindungen und die Beständig-
keit verschiedener Ringsysteme. *Ber. chem. G.*
39 S. 2846/50.
HARTLEY und THOMAS, solubility of triphenyl-
methane in organic liquids with which it forms
crystalline compounds. *J. Chem. Soc.* 89
S. 1013/33.
HELLER, mineralsaure Salze der Phtalreihe I. *Z.
Farb. Ind.* 5 S. 265/9.
V. HEMMELMAYR, Onocerin (Onocol). (Unter-
suchungen über die Konstitution.) *Sitz. B.
Wien. Ak.* 115, 2b S. 3/20; *Mon. Chem.* 27
S. 181/98.
HENLE, Trichinoyl. *Liebig's Ann.* 350 S. 330/43.
HENLE, 3,6-Dioxychinon-bis-diazoanhydrid. *Liebig's
Ann.* 350 S. 344/67.
HENSTOCK, derivatives of 2- and 3-phenanthrol.
(Condensing together two molecules of a phenan-
throl derivative, water being eliminated.) *J. Chem.
Soc.* 89 S. 1527/32.

HERZIG und POLLAK, Brasilin und Hämatoxylin.
(Einwirkung von Phenylhydrazin.) *Ber. chem.
G.* 39 S. 265/7; *Mon. Chem.* 27 S. 743/71.
HERZIG und WENZEL, Kernalkylierung bei Phe-
nolen. *Mon. Chem.* 27 S. 781/802.
HESSE, Flechten und ihre charakteristischen Bestand-
teile. *J. prakt. Chem.* 73 S. 113/76.
HEWITT and WALKER, action of bromine on
benzeneazo-o-nitrophenol. *J. Chem. Soc.* 89
S. 182/6.
HOFMANN, K. A., und SEILER, Verbindungen von
Quecksilberchlorid und Alkoholen mit Dicyclopen-
tadien. *Ber. chem. G.* 39 S. 3187/90.
HOLLEMAN, Substitution bei aromatischen Verbin-
dungen. (Einwände gegen FLÜRSCHEIMS Hypo-
these.) *J. prakt. Chem.* 74 S. 157/60.
HOLLEMAN, les corps aromatiques fluorés. *Trav.
chim.* 25 S. 330/3.
IRVINE, constitution of salicin. Synthesis of penta-
methyl salicin. *J. Chem. Soc.* 89 S. 814/22.
JACKSON and BOSWELL, action of chloride of
iodine on pyrocatechin. *Chem. J.* 35 S. 519/31.
JACKSON and RUSSE, orthoparadibromorthophenyl-
enediamine. *Chem. J.* 35 S. 148/54.
JACKSON and RUSSE, derivatives of tetrabrom-
orthobenzoquinone. *Chem. J.* 35 S. 154/87.
JAEGER et BLANKSMA, les six tribromoxylènes
isomères. *Trav. chim.* 25 S. 352/63.
JOHNSON and MC COLLUM, some derivatives of
benzenesulphonylaminoacetonitrile. *Chem. J.* 35
S. 54/67.
JOHNSON and MEADE, ortho-, meta- und paraiod-
hippuric acids. *Chem. J.* 36 S. 294/301.
KAILAN, Veresterung der Benzoesäure durch alko-
holische Salzsäure. *Sitz. B. Wien. Ak.* 115, 2b
S. 341/98; *Mon. Chem.* 27 S. 543/600, 997/1044.
KAUFFMANN, magneto-optische Messung des Zu-
standes von Benzolderivaten.* *Z. physik. Chem.*
55 S. 547/62.
KAUFFMANN und DE PAY, Derivate des flüchtigen
Nitro-resorcins. *Ber. chem. G.* 39 S. 323/8.
KEHRMANN, Oxydationsprodukte von o-Amino-
phenolen. *Ber. chem. G.* 39 S. 134/8.
KIESZLING, Kondensation von Acetessigester mit
Phenylharnstoff. *Liebigs Ann.* 349 S. 299/323.
KLAGES, Reduktion aromatischer Carbinole. *Ber.
chem. G.* 39 S. 2587/95.
KLOBB, la phényluréthane de l'arnidiol. *Bull. Soc.
chim.* 3, 35 S. 741/4.
KNORR, Morphin, — und HÖRLEIN, das Trioxy-
phenanthren aus Oxycodeïn. *Ber. chem. G.* 39
S. 3252/5.
KONDAKOW, zur Chemie der Bornyl- und Fenchyl-
alkohole. *Chem. Z.* 30 S. 497/9.
V. KOSTANECKI, LAMPE und TAMBOR, Synthese
des Morins. *Ber. chem. G.* 39 S. 625/8.
V. KOSTANECKI und LAMPE, Catechin. (Annahme
eines Cumaran - Kernes.) *Ber. chem. G.* 39
S. 4007/14.
KÖTZ, α γ-Diketocarbonsäureester der Cyklopentan-
und Bicyklo(0, 1, 3)hexangruppe. *Liebig's Ann.*
348 S. 1013/21.
KÖTZ und MICHELS, Synthesen mit Carbonestern
cyklischer Ketone. Synthese des m-Menthanon-2
und des m-Menthanon-4 aus Methyl-1-cyklo-
hexanon-2 und Methyl 1-cyklohexanon-4. *Liebig's
Ann.* 348 S. 91/6.
KÖTZ und MICHELS, Synthese des Isopropyl-1-cyklo-
hexanons-2 und des m-Menthanons-2 aus Cyklohexanon; — und SCHÜLER, Synthese des Me-
thyl-1-isopropyl-3-cyklopentanon-2 (Dihydrocam-
phoron oder Dihydropulegenon) aus Cyklopen-
tanon-2-carbonsäureester-1; KÖTZ, Dicarbonsäureester cyklischer Monoketone. *Liebig's Ann.* 350
S. 204/46.

KÔTZ und KAYSER, zweikernige Systeme mit indirekt verbundenen Sechsringen. *Liebigs Ann.* 348 S. 97/110.

LAPWORTH, derivatives of cyanodihydrocarvone and cyanocarvomenthone. *J. Chem. Soc.* 89 S. 1819/31.

LAYRAUD, quelques nouvelles cétones obtenues au moyen de l'acide valérique normal. (Action du chlorure de n-valéryle sur le benzène en présence du chlorure d'aluminium, sur le toluène, sur les méta- et paraxylènes, sur l'éthylbenzène; cétones derivées de deux éthers oxydes du phénol: l'anisol et le phénétol.) *Mon. scient.* 4, 20, I S. 647/63.

LÉGER, constitution de l'hordénine. (Para-oxyphényléthyldiméthylamine; l'atome d'azote ne fait partie du noyau de la molécule.) *Bull. Soc. chim.* 3, 35 S. 868/72; *Compt. r.* 143 S. 916/8.

V. LENDENFELD, Kondensationen von Terephtalaldehyd mit Ketonen. *Mon. Chem.* 27 S. 969/80.

VON LIEBIG, Vereinigung von Benzil mit Resorcin. *J. prakt. Chem.* 74 S. 345/419.

LUMIÈRE et BARBIER, action du chlorocarbonate d'éthyle sur les glycines aromatiques. *Bull. Soc. chim.* 3, 35 S. 123/6.

LUTHER, Methylenverbindungen und einige andere Derivate der m-Dioxybenzole. *Arch. Pharm.* 244 S. 561/8.

MAMELI, posizione dei gruppi-NO₂-NH₂ nei mononitro-ed aminoderivati dell'aldeide e dell'acido piperonilici. *Gaz. chim. it.* 36, 1 S. 158/77.

MAMELI ed ALAGNA, azione dell'ioduro di magnesiopropile sul piperonal. *Gaz. chim. it.* 36, 1 S. 126/37.

MANCHOT und ZAHN, Thioderivate aromatischer Aldehyde und Ketone und ihre Entschweflung. *Liebigs Ann.* 345 S. 315/34.

MAUTHNER, allgemeine Darstellungsweise der Arylsulfide. (Einwirkung der Aryljodide auf die Natriummercaptide bei Gegenwart von Kupfer.) *Ber. chem. G.* 39 S. 3593/8.

MAUTHNER, Cholesterin. (Anlagerung von Chlorwasserstoff; das Drehungsvermögen einiger Cholesten- und Cholestankörper.) *Sits. B. Wien. Ak.* 115, 2b S. 131/40, 251/62; *Mon. Chem.* 27 S. 305/14, 421/31.

MECH, condensation des chlorures de benzyle o- et p-nitrés avec l'acétylacétone. *Compt. r.* 143 S. 751/3.

MEDINGER, einige Derivate des Brenzkatechinmethylenäthers. *Sits. B. Wien. Ak.* 115, 2b S. 59/68; *Mon. Chem.* 27 S. 237/46.

MEISENHEIMER und PATZIG, direkte Einführung von Aminogruppen in den Kern aromatischer Nitrokörper. *Ber. chem. G.* 39 S. 2533/42.

METTLER, elektrolytische Reduktion aromatischer Carbonsäuren. *Ber. chem. G.* 39 S. 2931/42.

MICHAEL, Konstitution des Tribenzoylenbenzols. *Ber. chem. G.* 39 S. 1908/15.

MONTAGNE, transposition atomique intramoléculaire chez les oximes faromatiques (Migration selon M. BECKMANN). Transformation de la 4. 4.' 4.'' 4.''' tétrachlorobenzopinacoline en s. 4. 4.' 4.'' 4.''' tétrachlorotétraphényléthane; en β. 4. 4.' 4.'' 4.''' tétrachlorobenzopinacoline. *Trav. chim.* 25 S. 376/414.

MOORE and CEDERHOLM, benzoyl-p-bromphenylurea: a by - product in the preparation of benzbromanide. *J. Am. Chem. Soc.* 28 S. 1190/8.

MOUREU et LAZENNEC, condensation des nitriles acétyléniques avec les phénols. — Méthode générale de synthèse de nitriles acryliques-β-oxyphénolés - β - substitués. Condensation des amides acétyléniques avec les phénols. Méthode générale de synthèse d'amides acryliques - β - substitués. *Bull. Mul-*

tuées - β - oxyphénolées. *Bull. Soc. chim.* 3, 35 S. 531/9; *Compt. r.* 142 S. 450/1, 894/5.

MULDER, préparation de quelques hexanitrodiphénylamines. *Trav. chim.* 25 S. 121/3.

NEVILLE, resolution of 2:3-dihydro-3-methylindene-2-carboxylic acid into its optically active iso-merides. *J. Chem. Soc.* 89 S. 383/7.

NOELTING und DZIEWONSKI, Rhodamine. *Ber. chem. G.* 39 S. 2744/9.

NOELTING und GERLINGER, o-hydroxylierte Triphenylmethanderivate. *Ber. chem. G.* 39 S. 2053/6.

ODDO e PUXEDDU, sui 5-azoeugenoli e la costituzione dei cosidetti o-ossiazocomposti. *Gaz. chim. it.* 36, 2 S. 1/48.

OLIVIERO, réduction de l'acide cinnamique en cinnamène par les mucédinées. *J. pharm.* 6, 24 S. 62/4.

V. OSTROMISSLENSKY, die beiden Modifikationen des o-Nitrotoluols. *Z. physik. Chem.* 57 S. 341/8.

PAAL und WEIDENKAFF, asymm. Diphenyläthylenoxyd und Diphenyläthylenglykol. *Ber. chem. G.* 39 S. 2062/4.

PANZER, LATSCHINOFFs Cholekampfersäure. (Oxydation von Cholsäure.) *Z. physiol. Chem.* 48 S. 192/204.

PARRAIN, propylgaïacol. (Communication préliminaire.) *Bull. Soc. chim.* 3, 35 S. 1098/9.

PAULY, Konstitution und Synthese des Adrenalins. *Apoth. Z.* 21 S. 793/4.

PÉRARD, action du bromure de phényl-magnésium sur les éthers des acides dialcoylamido-benzoylbenzoïques. *Compt. r.* 143 S. 237/9.

PERATONER e PALAZZO, sulla costituzione dell' acido comenico. *Gaz. chim. it.* 36, 1 S. 7/13.

PERATONER e SPALLINO, eteri alchilici dell' acido piromeconico. *Gaz. chim. it.* 36, 1 S. 14/20.

PERATONER e CASTELLANA, sulla costituzione dell' acido ossicomenico (diossi-pironcarbonico.) *Gaz. chim. it.* 36, 1 S. 21/33.

PERATONER e TAMBURELLO, sulla costituzione del maltolo. *Gaz. chim. it.* 36, 1 S. 33/50.

PERKIN, some oxidation products of the hydro-oxybenzoic acids. *J. Chem. Soc.* 89 S. 251/61.

PERKIN and STEVEN, a product of the action of isoamylnitrite on pyrogallol. (It has the constitution of a hydroxyorthobenzoquinone.) *J. Chem. Soc.* 89 S. 802/8.

PERKIN and WEIZMANN, derivatives of catechol, pyrogallol, benzophenone, and of substances allied to the natural colouring matters. (Preparation of veratrole and dimethylhomocatechol; dimethoxy-o-tolualdehyde; condensation of resacetophenone dimethyl ether with piperonal. Condensation of ethyl veratrate with resacetophenone dimethyl ether. Formation of protocatechuoylresacetophenone tetramethyl ether.) *J. Chem. Soc.* 89 S. 1649/65.

PFYL und SCHEITZ, kristallisierte Salze des Safranfarbstoffes. *Chem. Z.* 30 S. 299.

PIERRON, les azocyanamides aromatiques. *Compt. r.* 143 S. 20/4.

PIERRON, préparation des cyanamides aromatiques simples. *Bull. Soc. chim.* 3, 35 S. 1197/1204.

PONZIO, Einwirkung von Stickstofftetroxyd auf Benzaldoxim. *J. prakt. Chem.* 73 S. 494/6.

PONZIO, comportamento della benzaldossima verso il cosidetto „acido nitroso" e verso il tetrossido di azoto. *Gaz. chim. it.* 36, 2 S. 287/91.

POSNER, ungesättigte Verbindungen. (Anlagerung von freiem Hydroxylamin an Zimmtsäure. Konstitution und Derivate der β-Hydroxylamino-β-phenylpropionsäure. *Ber. chem. G.* 39 S. 3515/29.

PRUD'HOMME, transformation de cétones aromatiques en imides correspondantes. *Bull. Mul-*

house 1906 S. 213/5; *Bull. Soc. chim.* 3, 35 S. 666/8; *Rev. mat. col.* 10 S. 225/6.

PSCHORR, 9-Aethyl-phenanthren. *Ber. chem. G.* 39 S. 3128/9. ·

PUCKNER, Löslichkeit von Acetanilid in Natrium-bikarbonatlösungen. *Am. Apoth. Z.* 27 S. 131.

REISSERT und MORÉ, geschwefelte Anilide der Malonsäure, Bernsteinsäure und Phenylessigsäure und deren Umwandlungsprodukte. *Ber. chem. G.* 39 S. 3298/3308.

REVERDIN, nitration des dérivés O.-acétylé et O.-benzoylé des N.-benzoyl et N.-acétyl p-amino-phénols. *Bull. Soc. chim.* 3, 35 S. 1256/61.

REVERDIN et BUCKY, nitration de l'acide p.-acét-aminophénoxyacétique du diacetyl-p.-aminophénol et de la p.-acétanisidine. *Bull. Soc. chim.* 3, 35 S. 1099 1114.

REVERDIN et DELÉTRA, l'éther méthylique de l'acide amino-p.-diméthylaminobenzoïque. *Bull. Soc. chim.* 3, 35 S. 310/3.

REVERDIN und DELÉTRA, Nitrierung des Mono-benzoyl- und des Dibenzoyl-p-Aminophenols. *Ber. chem. G.* 39 S. 125/9; *Bull. Soc. chim.* 3, 35 S. 305/10.

REYCHLER, préparation du triphénylméthane par l'action du chloroforme, ou du chlorure du benzylidène sur le bromure de phénylmagnésium. *Bull. Soc. chim.* 3, 35 S. 737/40.

RIVIER, les chlorothiocarbonates de phényle. *Bull. Soc. chim.* 3, 35 S. 837/43.

RUDOLPH, Darstellung von Salicylsäure aus Ortho-kresol und ein neues Verfahren zur Herstellung von Aurin. (Oxydation von 1 Mol. Parakresol mit 2 Mol. Phenol.) *Z. ang. Chem.* 19 S. 384/5.

RUHEMANN, action of phenylproprionyl chloride on ketonic compounds. *J. Chem. Soc.* 89 S. 682/7.

RUHEMANN, the ethyl esters of acetonyloxalic and acetophenyloxalic acids and the action of ethyl oxalate on acetanilide and its homologues. *J. Chem. Soc.* 89 S. 1236/46.

RUPE und LIECHTENHAN, Carvon. (Einwirkung von Methylmagnesiumjodid auf Carvon.) *Ber. chem. G.* 39 S. 1119/26.

RUPE und VEIT, Kondensationsprodukte des Galla-cetophenons. (Mit den Nitrobenzaldehyden, mit Protocatechualdehyd.) *Z. Farb. Ind.* 5 S. 101/5.

SABATIER et MAILHE, synthèse de trois diméthyl-cyclohexanols secondaires. *Compt. r.* 142 S. 553/5.

SACHS und KANTOROWICZ, p-substituierte o·Ni-trobenzaldehyde. *Ber. chem. G.* 39 S. 2754 62.

SCHIMETSCHEK, Kondensation von Diphenylaceton mit p·Nitrobenzaldehyd, p·Oxybenzaldehyd, p-Chlorbenzaldehyd und o-Nitrobenzaldehyd. *Mon. Chem.* 27 S. 1/12.

SCHMIDLIN, die Magnesiumverbindung des Tri-phenylchlormethans. (Neue Darstellungsmethoden für Triphenylmethan- und Triphenylessigsäure.) *Ber. chem. G.* 39 S. 628/36.

SCHMIDLIN, das Triphenylmethyl und der drei-wertige Kohlenstoff. (Zur Konstitution des Benz-pinakolins. *Ber. chem. G.* 39 S. 4183/4204.

SCHMIDT, JULIUS und SCHALL, 2·9·10-Trichlor-phenanthren und das 2-Chlorphenanthrenchinon. *Ber. chem. G.* 39 S. 3891/5.

SCHMIDT, OTTO; Einwirkung von Formaldehyd auf die as-Dimethyl-p-phenylendiaminthiosulfonsäure und eine neue Bildungsweise von Benzthiazolen. *Ber. chem. G.* 39 S. 2406/13.

SCHULTZ, G., ROHDE und HERZOG, Umwandlungen des Hydrocyancarbodiphenylimids. *J. prakt. Chem.* 74 S. 74/91.

SEEL, Oxydationsprodukte der Aloebestandteile. (Zur Entscheidung der Frage, ob die Aloebestand-teile Anthrachinone sind.) *Oest. Chem. Z.* 9 S. 331/2.

SÉVERIN, les acides diméthyl- et diéthylamido-benzoylbenzoïques dibromés et leurs dérivés. *Compt. r.* 142 S. 1274/6.

SEYEWETZ et BLOCH, obtention des sulfamates aromatiques par reduction des dérivés nitrés avec l'hydrosulfite de soude. *Compt. r.* 142 S. 1052/4.

SHRIMPTON, condensation products of α-naphthol and benzophenone chloride. *Chem. News* 94 S. 13/4.

SILBERRAD, relationship of colour and fluorescence to constitution. (Condensation products of mel-litic and pyromellitic acids with resorcinol.) *J. Chem. Soc.* 89 S. 1787/1811.

SILBERRAD and ROTTER, action of ammonia and amines on diazobenzene picrate. *J. Chem. Soc.* 89 S. 167/9.

SLUITER, nitrosophénol ou quinoneoxime. (Struc-ture.) *Trav. chim.* 25 S. 8/11.

SMILES and LE ROSSIGNOL, aromatic sulphonium bases. *J. Chem. Soc.* 89 S. 696/708.

SPIEGEL, MUNBLIT und KAUFMANN, Aether der Aminokresole und deren Derivate. *Ber. chem. G.* 39 S 3240/51.

STALLARD, new o xylene derivatives. (3 bromo-o-xylene; sulphonation.) *J. Chem. Soc.* 89 S. 808/11.

STAUDINGER, Ketene. (Diphenylenketen.) *Ber. chem. G.* 39 S. 3062/7.

STEIN, zur Chemie des Cholesterins. (Cholesterin besteht aus fünf reduzierten Ringen, von denen einer eine Doppelverbindung, ein anderer eine sekundäre Hydroxylgruppe enthält.) (A) *Seifen-fabr.* 26 S. 333

STOBBE, Nitrophenyl dimethylfulgensäuren und ihre gelben Fulgide. *Ber. chem. G.* 39 S. 292/8.

STOERCKER und KRAFFT, Oxydation von Diphenyl-diselenid, (C₂H₅)Se₂. *Ber. chem. G.* 39 S. 2197/2201.

SUDBOROUGH and PICTON, influence of substituents in the trinitrobenzene molecule on the formation of additive compounds with arylamines. *J. Chem. Soc.* 89 S. 583/95.

TAMBACH und JAEGER, Narcein. Alkylnarceine und Alkylhomonarceine. *Liebigs Ann.* 349 S. 185/200.

THIELE und BÜHNER, Abkömmlinge des Fulvens; — und RÜDIGER, des Indenoxalesters; — und HENLE, Condensationsprodukte des Fluorens; — und BALHORN des Cyklopentadiens. *Liebigs Ann.* 347 S. 247/315; 348 S. 1/15.

THIELE und FALK, Kondensationsprodukte des o-Phtalaldehyds. *Liebigs Ann.* 347 S. 112/31.

THIELE und GÜNTHER, Darstellung der drei Phtal-aldehyde. *Liebigs Ann.* 347 S. 106/11.

THIELE und GÜNTHER, Abkömmlinge des Dicyan-hydrochinons. *Liebigs Ann.* 349 S. 45/66.

THIELE und WEDEMANN, Konstitution des Phenyl-angelikalactons und des Isoctenlactons. *Liebigs Ann.* 347 S. 132/9.

THOMS, Rottlerin. (Ursache der bandwurmabtrei-benden Eigenschaft der Kamala; C₃₃H₃₀O₇.) *Am. Apoth. Z.* 27 S. 108.

TIJMSTRA BZ. und EGGINK, Carboxylierung der Phenole mittels Kohlensäure; β-Naphtolcarbon-säure-2·1. *Ber. chem. G.* 39 S. 14/6.

TITHERLEY and HICKS, acetyl and benzoyl deri-vatives of phthalimide and phthalamic acid. *J. Chem. Soc.* 89 S. 708/13.

TORREY and GIBSON, the addition products of p-nitrosodimethylaniline with certain phenols. *Chem. J.* 35 S. 246/53.

TORREY and ZANETTI, ethyl pyromucylacetate. *Chem. J.* 36 S. 539/43.

TUTIN, constitution of umbellulone. *J. Chem. Soc.* 89 S. 1104/19.

ULLMANN und SPONAGEL, Phenylierung von Phenolen. *Liebigs Ann.* 350 S. 83/107.

VELEY, Reaktionen zwischen Säuren und Methylorange.* *Z. physik. Chem.* 57 S. 147/67.

VIAL, quelques orthobenzénolsulfonates. *Bull. Soc. chim.* 3, 35 S. 159/65.

VIGNON, copulation benzidine-aniline, diphénylbidiazoaminobenzène et diphényldiazoaminobenzène. *Compt. r.* 142 S. 582/4; *Bull. Soc. chim.* 3, 35 S. 313/5.

VINTILESCO, les glucosides des jasminées: syringine et jasmiflorine. *J. pharm.* 6, 24 S. 529/36.

VONGERICHTEN und DITTMER, Ueberführung von Morphenol in Trioxy-phenanthren. *Ber. chem. G.* 39 S. 1718/22.

VONGERICHTEN und MÜLLER, FR., d-Glucose phloroglucin und β-Glykosan. *Ber. chem. G.* 39 S. 241/5.

WALKER and SMITH, ELIZABETH, -o-cyanobenzenesulphonic acid and its derivatives. *J. Chem. Soc.* 89 S. 350/7.

VON WALTER, Phenylcarbamido-Methenyldiphenylamidin und dessen leichter Zerfall unter Abspaltung von Phenylisocyanat. *J. prakt. Chem.* 73 S. 108/12.

WEDEKIND, Santonin. (Ist ein Abkömmling des 1,4-Dimethylnaphtalins und besitzt gleichzeitig die Funktionen eines Ketons und eines Lactons.) *Arch. Pharm.* 244 S. 623/39.

WERNER, Chemie der Pseudophenole und ihrer Derivate. *Chem. Zeitschrift* 5 S. 325/32.

WERNER und PETERS, Kondensation von Phenylhydrazon mit p-Chlor-m nitro-benzoësäureester. *Ber. chem. G.* 39 S. 185/92.

WIELAND und GAMBARJAN, Oxydation des Diphenylamins. *Ber. chem. G.* 39 S. 1499/1506.

WILLSTÄTTER und GOLDMANN, Aminoderivate des Tetraphenyl-äthylens. *Ber. chem. G.* 39 S. 3765/76.

WILLSTÄTTER und KALB, Oxydation des Benzidins. *Ber. chem. G.* 39 S. 3474/82.

WINDAUS, Cholesterin. (Ueberführung in Cholestanol; Oxydation des Cholestenons mit Kaliumpermanganat.) *Ber. chem. G.* 39 S. 2008/14; 2249/62.

ZINCKE, Einwirkung von Brom und von Chlor auf Phenole: Substitutionsprodukte, Pseudobromide und Pseudochloride; und HEDENSTRÖM, Einwirkung von Brom auf o-Kresol. *Liebigs Ann.* 350 S. 269/87.

ZOPF, Flechtenstoffe. *Liebigs Ann.* 346 S. 82/127. Preparation of benzonitrile. *Chem. J.* 35 S. 87/8.

4. Heterozyklische Verbindungen. Heterocyclic compounds. Combinaisons hétérocycliques.

ANDREASCH, substituierte Rhodaninsäure und deren Aldehydkondensationsprodukte. *Mon. Chem.* 27 S. 1211/22.

ASTRE et AUBOUY, chlorhydrate et bromhydrate de pyramidon. *Bull. Soc. chim.* 3, 35 S. 856/8.

ASTRUC, benzoate et salicylate de pipérazine. *Bull. Soc. chim.* 3, 35 S. 169/71.

BAEZNER und GARDIOL, Synthese in der Acridinreihe. (Aus Nitrobenzylchloriden; als Reduktionsmittel o-Aminobenzyl-anilin.) *Ber. chem. G.* 39 S. 2623/5.

BETTI e MUNDICI, una reazione di condensazione dei pirazoloni. (Coll' aldeide β-ossinaftoica.) *Gaz. chim. it.* 36, 1 S. 178/87.

BOGERT and CHAMBERS, on 5-amino-4-ketodihydroquinazoline and 5-amino-2-methyl-4-ketodihydroquinazoline. *J. Am. Chem. Soc.* 28 S. 207/13.

BOGERT and COOK, quinazolines. Synthesis of 6-nitro-2-methyl-4-ketodihydroquinazolines from 5-nitroacetanthranil and primary amines. *J. Am. Chem. Soc.* 28 S. 1449/54.

BOGERT and HAND, preparation of 6-brom-4 keto-dihydroquinazolines from 5-brom-2-aminobenzoic acid and certain of its derivatives. *J. Am. Chem. Soc.* 28 S. 94/104.

BOGERT and SEIL, quinazolines. On a 3-aminoquinazoline, and the corresponding 3,3'-diquinazolyl from 6-nitroacetanthranil and hydrazine hydrate. *J. Am. Chem. Soc.* 28 S. 884/93.

BONIFAZI, V. KOSTANECKI und TAMBOR, Synthese des 2.2'.4'-Trioxyflavonols. *Ber. chem. G.* 39 S. 86/96.

BRISSEMORET, quelques dérivés nouveaux de la caféine et les réactions de son noyau glyoxalique. *Bull. Soc. chim.* 3, 35 S. 316/21.

BRUNNER, Indolinone. (Aus dem Ortho- und Paratolylhydrazide der Isobuttersäure dargestellt.) *Mon. Chem.* 27 S. 1183/92.

BÜLOW und SCHMID, chinoïde Benzopyranolderivate. *Ber. chem. G.* 39 S. 2027/33.

CARRÉ, formation de dérivés indazyliques à partir de l'acide o-hydrazobenzoïque. *Bull. Soc. chim.* 3, 35 S. 1275/8; *Compt. r.* 143 S. 54/6.

CASTELLANA e d'ANGELO, sopra alcuni diazoindoli. *Gaz. chim. it.* 36, 2 S. 56/62.

CHUIT et BOLSING, nouvelles coumarines et quelques-uns de leurs dérivés. *Bull. Soc. chim* 3, 35, S. 76 90.

CONRAD und ZART, 1-Phenyl-3-oxy-5-pyrazolonverbindungen. *Ber. chem. G.* 39 S. 2282/8.

CUTTITTA, sul 2-4-8-trinitro-7-metilacridone. *Gaz. chim. it.* 36, 1 S. 325/32.

DECKER, Oxoniumsynthesen der Xanthyliumreihe. (V) (A) *Chem. Z.* 30 S. 982.

DECKER, Coeroxen, seine Abkömmlinge und Isologen. *Liebigs Ann.* 348 S. 210/50.

DECKER und DUNANT, Reduktion der Cyclaminone. Darstellung von Acridin aus Acridon. *Ber. chem. G.* 39 S. 2720/2.

DUNSTAN und HEWITT, the acridine series. The methylation of chrysaniline (2-amino-5-p-aminophenylacridine.) *J. Chem. Soc.* 89 S. 482/8.

DUNSTAN and HEWITT, the acridine series. Methylation of chrysophenol. *J. Chem. Soc.* 89 S. 1472/9.

DUNSTAN und OAKLEY, einige Derivate des 9-Phenyl-acridins; einige Halogenderivate der Acridingruppe. *Ber. chem. G.* 39 S. 977/82.

DUNSTAN and STUBBS, Derivate des 9-Phenylacridins. 9-p-Bromphenylacridine. *Ber. chem. G.* 39 S. 2402/4.

EIBNER, die GABRIEL'sche Umlagerung von Phtalidderivaten in Indandione. *Ber. chem. G.* 39 S. 2202/4.

ELLINGER, Konstitution der Indolgruppe im Eiweiß. Oxydation des Tryptophans zu β-Indolaldehyd. *Ber. chem. G.* 39 S. 2515/22.

ELLINGER und FLAMAND, Einwirkung von Chloroform und Kalilauge auf Skatol. *Ber. chem. G.* 39 S. 4388/90.

EMDE, Umwandlung des Ephedrins in Pseudoephedrin. (Vergleich der durch Methylierung erhaltenen Verbindungen.) *Arch. Pharm.* 244 S. 241/55.

FICHTER und BOEHRINGER, Chindolin. *Ber. chem. G.* 39 S. 3932/42.

FISCHER, OTTO, Aufspaltung des Imidazol- und Oxazolringes. *J. prakt. Chem.* 73 S. 419/46.

FISCHER, OTTO und SCHINDLER, Oxydation des Naphtophenazins mit Chromsäure. *Ber. chem. G.* 39 S. 2238/44.

FISCHER, O., und ARNTZ, Einwirkung von Hydroxylamin auf Isorosindon und Thiorosindon, sowie Bildung von Naphtosafranol aus Isorosindon. *Ber. chem. G.* 39 S. 3807/12.

FISCHER, EMIL, und RASKE, Stereochemie der

15*

2 · 5-Diketopiperazine. *Sitz. B. Preuß. Ak.* 1906 S. 371/83; *Ber. chem. G.* 39 S. 3981/95.

FOSSE, la xanthone et la xanthydrol. *Compt. r.* 143 S. 749/51.

FOSSE et LESAGE, basicité de l'oxygène du xanthyle. Sels doubles halogénés xanthyl-métalliques. *Compt. r.* 142 S. 1543/5.

FRANZEN, N-amidierte heterocyklische Verbindungen; μ-Phenyl-n-Amido 2,3-Naphtoglyoxalin. *J. prakt. Chem.* 73 S. 545/69.

FRERICHS und HARTWIG, Einwirkung von Harnstoff auf Verbindungen der Cyanessigsäure. *J. prakt. Chem.* 73 S. 21/48.

FREUNDLER, les acides azoïques orthosubstitués et leur transformation en dérivés c-oxindazyliques. *Compt. r.* 143 S. 909/13.

FRIEDLÄNDER, schwefelhaltige Analoga der Indigogruppe. *Ber. chem. G.* 39 S. 1060/6.

FROMM, ungesättigte Disulfide; — und SCHNEIDER, Dithiobiurete; Einwirkung von Phenylhydrazin auf ungesättigte Disulfide. Synthese von Triazolen. *Liebigs Ann.* 348 S. 144/98.

GABRIEL und MASSACIU, Darstellung von Chinazolin und dessen Derivaten durch Kondensation von o-Nitrobenzaldehyd mit Amiden. *Apoth. Z.* 21 S. 246.

GARELLI e BARBIERI, composti di addizione dell' 1-fenile-2-3-dimetil-pirazolone (antipirina.) *Gas. chim. it.* 36, 2 S. 168/72.

GEHE & CO., Barbitursäurederivate. *Apoth. Z.* 21 S. 321/2.

· GRGIN, eine neue Indoleninbase. *Mon. Chem.* 27 S. 731/42.

GUYOT et CATEL, dérivés α·α'-arylès du benzo-β·β-dihydro-α·α'-furfurane. *Bull. Soc. chim.* 3, 35 S. 551/71, 1124/35.

HAARS, constitution de la corydaline. *Mon. scient.* 4, 20, I S 19/38.

HALE, MC. NALLY and PATER, GRIGNARD syntheses in the furfuran group. *Chem. J.* 35 S. 68/78.

HÜBNER, β-Phebyl-cinchoninsäure. *Ber. chem. G.* 39 S. 982/5.

JOVITCHITCH, Verbindungen, welche einen bis jetzt unbekannten Ring enthalten. (Phenyl-azdioxdiazin und Derivate.) *Ber. chem. G.* 39 S. 3821/30.

ISAY, Synthese des Purins. *Ber. chem. G.* 39 S. 250/65.

JENISCH, ein neues Indolinol. (Pr 1ⁿ 3,3-Trimethyl-2-Phenyl-Indolinol.) *Mon. Chem.* 27 S.1223/32.

JOHNSON and MC COLLUM, pyrimidines: the action of potassium thiocyanate upon imide chlorides. Formation of purines from ureapyrimidines; JOHNS and HEYL, 5-nitrocytosine and its reduction to 2-oxy-5,6-diaminopyrimidine. *Chem. J.* 36 S. 136/76.

JOHNSON and JOHNS, furfurans: on 2,5-dicarbethoxy-3,4-diketotetrahydrofurfuran. *Chem. J.* 36 S. 290/4.

JOWETT and HANN, preparation and properties of some new tropeines. (Physiological actions.) *J. Chem. Soc.* 89 S. 357/65

KEHRMANN und DUTTENHÖFER, Jodmethylat des Dimethyl-pyrons. *Ber. chem. G.* 39 S. 1299/1304.

KIRPAL, Struktur der β-Benzoylpikolinsäure. (Durch Einwirkung von Benzol auf Chinolinsäureanhydrid bei Gegenwart von Aluminiumchlorid erhalten.) *Sitz. B. Wien. Ak.* 115, 2 b S. 199/206; *Mon. Chem.* 27 S. 371/7.

KONSCHEGG, zur Konstitution der aus dem Para-Tolylhydrazon des Isopropylmethylketons dargestellten Indolinbase. *Sitz. B. Wien. Ak.* 115, 2 b S. 69/78; *Mon. Chem.* 27 S. 247/53.

V. KOSTANECKI und LAMPE, Maclurin. (Dem Leuko-

Maclurin entsprechendes Cumaranderivat.) *Ber. chem. G.* 39 S. 4014/21.

V. KOSTANECKI und TAMBOR, Synthese des Maclurin-pentamethyläthers. *Ber. chem. G.* 39 S. 4022/34.

LUDWINOWSKY und TAMBOR, Synthese des 1-Oxy-3-methyl-flavons. *Ber. chem. G.* 39 S.4037/41.

MEYER, HANS, die Aether des Kynurins. *Sitz. B. Wien. Ak* 115, 2 b S. 79/90; *Mon. Chem.* 27 S. 255/66.

MEYER, HANS, Alkylierung der Pyridone. *Mon. Chem.* 27 S. 987/96.

MICHAELIS, Untersuchungen über 3-Pyrazolone; — und KOTELMANN, Nitroso- und Amidoderivate der 3-Pyrazolone; — und DREWS, über in 4-Stellung alkylierte 3-Pyrazolone. *Liebigs Ann.* 350 S. 288/329.

MOITESSEUR, action du fluorure de sodium sur les méthémoglobines obtenues à l'aide de globine et d'hématine. *Bull. Soc. chim.* 3, 35 S. 575/6.

MORGAN and MICKLETHWAIT, residual affinity of coumarin as shown by the formation of oxonium salts. *J. Chem. Soc.* 89 S. 863/72.

MOUREU et LAZENNEC, pyrazolones. Nouvelles méthodes de synthèse des pyrazolones. *Compt. r.* 142 S. 1534/7; *Bull. Soc. chim.* 3, 35 S. 843/56.

NOELTING und WITTE, Färbeeigenschaften der Kondensationsprodukte von Chinaldin mit Aldehyden. *Ber. chem. G.* 39 S. 2749/51.

ORTOLEVA, sopra un nuovo composto, che si ottiene per azione del jodio sul benzalfenilidrazone in soluzione piridica. *Gas. chim. it.* 36, I S. 473/6.

PALAZZO, azione dell' idrossilammina sull' etere dimetil-piron-dicarbonico. *Gas. chim. it.* 36, I S. 596/611.

PERATONER, ossipirone (γ) ed alcuni suoi derivati. *Gas. chim. it.* 36, I S. 1/6.

PINNER, die sog. Pseudohydantoine. *Liebigs Ann.* 350 S. 135/40.

PSCHORR, Konstitution des Apomorphins. (Untersuchung der Abbauprodukte des Apomorphins, Derivate des Dimethoxyvinylphenanthrens.) *Ber. chem. G.* 39 S. 3124/8.

PSCHORR, Halogenderivate von Morphin und Codein und deren Abbau. (Phenanthrenderivate.) *Ber. chem. G.* 39 S. 3130/9.

PSCHORR und KARO, Darstellung und Hydrierung von N-Methyl-β-naphtindol. *Ber. chem. G.* 39 S. 3140/4.

RUHEMANN, xanthoxalanil und its analogues. *J. Chem. Soc.* 89 S. 1847/52.

SCHENK, Umlagerung der quartären Ammoniumhydroxyde der Acridylpropionsäure. *Ber. chem. G.* 39 S. 2424/7.

SCHMIDT, ERNST, Umwandlung des Ephedrins in Pseudoephedrin. *Arch. Pharm.* 244 S. 236/40.

SCHMID, ALFRED und DECKER, Methylderivate des 9-Phenyl-acridins. *Ber. chem. G.* 39 S. 933/6.

SCHOLL, Flavanthren und Synthesen hochmolekularer Ringsysteme. (V) (A) *Chem. Z.* 30 S. 968.

SENIER und AUSTIN, dinaphthacridines. *J. Chem. Soc.* 89 S. 1387/99.

STOLLÉ, Kondensation von Aldehyden mit s-Dihydrotetrazinen. *Ber. chem. G.* 39 S. 826/7.

STOLLÉ, Ueberführung von Hydrazinabkömmlingen in heterocyklische Verbindungen. Dihydrazidchloride. — und THOMÄ, Dibenzoylhydrazidchlorid. WEINDEL, Dihydrazidchloride substituierter Benzoesäuren und ihre Umsetzungsprodukte. BAMBACH, Dihydrazidchloride substituierter Benzoesäuren und der α-Naphtoesäure. *J. prakt. Chem.* 73 S. 277/300, 74 S. 1/24.

TINKLER, constitution of the hydroxides and cyanides obtained from acridine, methylacridine, and phenanthridine methiodides. *J. Chem. Soc.* 89 S. 856/62.

TRAUBE und NITHACK, Einwirkung von Aldehyden auf Orthodiamine der Pyrimidinreihe. *Arb. Pharm. Inst.* 3 S. 34/42.

ULLMANN und ERNST, neue Synthese von Phenylacridinderivaten. *Ber. chem. G.* 39 S. 308/310.

ULLMANN und MAAG, Chinacridon. *Ber. chem. G.* 39 S. 1693/6.

ULLMANN und PENCHAUD, Synthese des Euxanthons. *Liebigs Ann.* 350 S. 108/17.

VILA et PIETTRE, les fluorures et l'oxyhémoglobine. *Bull. Soc. chim.* 3, 35 S. 685/8.

VON WALTHER und ROTHACKER, Kondensation von Diazobenzolimiden mit Pyrazolonen. *J. prakt. Chm.* 74 S. 207/8.

WAGNER, ALOIS, substituierte Rhodaninsäure und ihre Aldehydkondensationsprodukte. *Mon. Chem.* 27 S. 1233/44.

WEERMAN et JONGKEES, action de l'hypochlorite de sodium, et du brome et de l'alcoolate de sodium, sur l'amide hydrocinnamique. *Trav. chim.* 25 S. 238/43.

WILLSTÄTTER, Untersuchungen über Chlorophyll; — und MIEG, Trennung und Bestimmung von Chlorophyllderivaten; Zusammensetzung des Chlorophylls.* *Liebigs Ann.* 350 S. 1/82.

WINDAUS und KNOOP, zur Konstitution des Histidins. (Entgegnung gegen FRÄNKEL.) *B. Physiol.* 8 S. 406/8.

WINTER, einige Derivate des 4·5-Diamino-6 oxy-2-thiopirimidins. *Arb. Pharm. Inst.* 3 S. 50/4.

WOKER, α-Naphtoflavonol. *Ber. chem. G.* 39 S. 1649/53.

Chemie, pharmazeutische. Pharmaceutical chemistry. Chimie pharmaceutique. Vgl. Chemie, analytische 3, Drogen, Parfümerie.

BECKURTS, Repertorium der Pharmazie. (Allgemeine und pharmazeutische Chemie. Chemie der Nahrungs- und Genußmittel sowie Gebrauchsgegenstände.) *Apoth. Z.* 21 S. 47 F.

LÜDERS, Fortschritte und Neuheiten der chemisch-pharmazeutischen Industrie im Jahre 1905. (Lokalanästhetika, Hypnotika, Antiseptika, synthetischer Kampfer, Gonorrhoe- und ähnliche Mittel, Salbenverbandstoffe, Gichtmittel, Diuretika, Stomachika-, Digestiva-Magenmittel, rheumatische Mittel, Styptika, blutstillende Mittel, Blut-, Eisen-, Nährpräparate, pharmazeutisch angewandte Alkaloide, Serumtherapie, Radiumtherapie.) *Chem. Ind.* 29 S. 244/84.

MAI, Neuerungen in der Darstellung pharmazeutisch-chemischer Präparate. (Jahresbericht) *Chem. Z.* 30 S. 169/73.

SCHOLTZ, Fortschritte auf pharmazeutischem Gebiete im Jahre 1905. *Chem. Zeitschrift* 5 S. 5/8.

FLURY, Jahresbericht über die Neuerungen und Fortschritte der pharmazeutischen Chemie im Jahre 1905. *Z. ang. Chem.* 19 S. 321/7 F.

GÖSZLING, die pharmazeutische Chemie im Jahre 1905. *Apoth. Z.* 21 S. 578/9 F.

Pharmazeutische Wissenschaft und Praxis im Jahre 1905. *Pharm. Z.* 51 S. 69/71.

SCHOLTZ, Fortschritte auf pharmazeutischem Gebiete im 1. Halbjahr 1906. *Chem. Zeitschrift* 5 S. 433/6.

GILLOT, revue annuelle de pharmacie. *Rev. chim.* 9 S. 13/21 F.

Therapeutische und toxikologische Rundschau. *Pharm. Z.* 51 S. 31 F.

Einwirkung von Licht und Luft auf pharmazeutische Präparate. *Erfind.* 33 S. 391.

FRERICHS, Vorschläge für die Neuausgabe des Deutschen Arzneibuches. *Apoth. Z.* 21 S. 937/9 F.; *Ber. pharm. G.* 16 S. 325/58.

WULFF, Neuausgaben ausländischer Arzneibücher. (V) *Ber. pharm. G.* 16 S. 147/75.

BOUGAULT, la nouvelle pharmacopée des États-Unis d'Amérique. *J. pharm.* 6, 23 S. 249/56 F.

WEIGEL, die neue amerikanische Pharmazie. *Pharm. Centralh.* 47 S. 1/6 F.

WEIGEL, die neue Niederländische Pharmakopoe. (Editio quarta.) *Pharm. Centralh.* 47 S. 371/6 F.

WEIGEL, die neue spanische Pharmakopoe. (Séptima Edición 1905.) *Pharm. Centralh.* 47 S. 575/80.

WEIGEL, die neue österreichische Pharmakopoe. (Editio octava.) *Pharm. Centralh.* 47 S. 664/8 F.

HERTING, die Chemikalien der neuen Ver. Staaten-Pharmakopoe und des deutschen Arzneibuches. *Am. Apoth. Z.* 26 S. 141/2; 27 S. 1/2.

Vorschriften zu in Hamburg gebräuchlichen Arzneimitteln, welche weder in das Arzneibuch für das Deutsche Reich noch in das Ergänzungsbuch aufgenommen sind. *Apoth. Z.* 21 S. 466/7.

KOCHS, die neuen Arzneimittel des Jahres 1905. *Arb. Pharm. Inst.* 3 S 107/42.

KOCHS, die wichtigsten neuen Arzneimittel aus dem Jahre 1905. (V) *Ber. pharm. G.* 16 S. 46/57.

MENTZEL, neue Arzneimittel. *Pharm. Centralh.* 47 S. 6/7 F.

Neue Arzneimittel und pharmazeutische Spezialitäten. *Pharm. Z.* 51 S. 54 F.

Médicaments nouveaux. (Fortlaufende Zusammenstellung.) *J. pharm.* 6, 23 S. 20/1 F.

GÖSZLING, die GRIGNARDsche Reaktion in ihrer Beziehung zur Pharmazie. *Apoth. Z.* 21 S. 1041/2.

HANAUSEK, Neuheiten in der Warenkunde (Pharmakognosie) im Jahre 1905. (Jahresbericht.) *Chem. Z.* 30 S. 373/5.

GÖSZLING, der Formaldehyd in der Arzneimittelsynthese. *Apoth. Z.* 21 S. 132/3 F.

BRUNS, Herstellung von Tinkturen und Extrakten nach dem Druckverfahren. (V. m. B.)* *Ber. pharm. G.* 16 S. 264/75.

HERZOG, Zweckmäßigkeit von Perkolation oder Mazeration zur Herstellung von Tinkturen. (V) *Ber. pharm. G.* 16 S. 359/90.

HERZOG, die verschiedenen Extraktionsmethoden für Drogen zur Gewinnung von Tinkturen und Extrakten. (V) *Arb. Pharm. Inst.* 3 S. 87/99.

HERZOG, Herstellung dickflüssiger Extrakte ohne Eindampfen. *Arb. Pharm. Inst.* 3 S. 99/104.

MERK, die Osmose im Dienste der Perkolation.* *Pharm. Z.* 51 S. 1130/40.

RATHGE, Darstellung des Bilsenkrautöles. (Extraktion des Bilsenkrautes mit Alkohol und Oel unter Zusatz von Stearinsäure) *Pharm. Centralh.* 47 S. 167.

WERR, über Reperkolation. (Die Perkolationsnachlässe werden nicht konzentriert, sondern zum Ausziehen einer frischen Portion Droge verwendet.) *Pharm. Z.* 51 S. 888.

Anwendung von Druck und Wärme für die Extraktion. (Gewinnung konzentrierter Extrakte; Extraktion von Rhabarber, Süßholz, Sennesblättern und Kaffee; Lösung von Para-Gummi in Benzin.) *Pharm. Centralh.* 47 S. 125/8.

GLOGER, Kalium tellurosum in der Medizin und Hygiene GOSIO, Bemerkungen dazu. *CBl. Bakt.* I. 40 S. 584/90; 41 S. 588/92 F.

Liquor kalii arsenicosi. (Bereitung.) *Pharm. Z.* 51 S. 190.

NYMAN, rationelle Darstellung von Borsalbe. *Pharm. Z.* 51 S. 461.

HELFRITZ, Jodoformium liquidum. (Herstellung, Wertbestimmung.) *Apoth. Z.* 21 S. 323/4; *Am. Apoth. Z.* 27 S. 117.

SCHNELL, Geschichtliches und Kritisches über die Darstellung wirksamer Mutterkorn - Präparate. *Pharm. Z.* 51 S. 413/4 F.

RAPP, vergleichende Untersuchungen über das spezifische Gewicht und den Gehalt an Trockensubstanz verschiedener Tinkturen. *Apoth. Z.* 21 S. 857/8.

WEISZ, pharmakognostische und phytochemische Untersuchung der Rinde und der Früchte von Aegiceras majus G. mit besonderer Berücksichtigung des Saponins. *Arch. Pharm.* 244 S. 221/33.

MATTHES und RAMMSTEDT, Beiträge zur Kenntnis und Wertbestimmung der narkotischen Extrakte. *Pharm. Z.* 51 S. 1031/3.

MAY, chemisch-pharmakognostische Untersuchung der Früchte von Sapindus Rarak DC. *Arch. Pharm.* 244 S. 25/35.

Fortschritte in der Bereitung der Arzneiweine. *Pharm. Z.* 51 S. 479/81 F.

GRIMBERT, vin iodotannique phosphaté. *J. pharm.* 6, 23 S. 14/5; *Apoth. Z.* 21 S. 26.

FRANKE, Chemie neuerer medizinisch wichtiger Tanninverbindungen. *Pharm. Centralh.* 47 S. 535/8.

VIGNERON, la question iodotannique. (Action de l'iode sur l'acide gallique.) *J. pharm.* 6, 23 S. 469/71.

AUFRECHT, Tannobromin. *Pharm. Centralh.* 47 S. 298.

Tannisol. (Kondensationsprodukt aus Tannin und Formaldehyd.) *Apoth. Z.* 21 S. 997.

AUFRECHT, Jodofan. (Kondensationsprodukt von Formaldehyd mit Monojoddioxybenzol; Eigenschaften; Wundantisepticum.) *Pharm. Z.* 51 S. 879.

Jodofan. *Pharm. Z.* 51 S. 856; *Apoth. Z.* 21 S. 986.

FISCHER, EMIL und V. MEHRING, eine neue Klasse von jodhaltigen Mitteln (Sajodin). (In Wasser lösliche Salze aus hochmolekularen Monojodfettsäuren und Calcium, Strontium oder Magnesium.) *Apoth. Z.* 21 S. 163; *Pharm. Centralh.* 47 S. 702.

Sapene. (Von KREWEL & CIE. als Vehikel für Arzneistoffe in den Handel gebracht. Mischungen aus Amylalkohol, Kaliseife, Arzneistoffen und Aromaticis z. B. Menthol.) *Seifenfabr.* 26 S. 1241/2.

SCHALENKAMP, Sapene-KREWEL. *Apoth. Z.* 21 S. 799.

LUDY, Sulfogenol. (Oel aus bituminösem Schieferstein hergestellt; Schwefelgehalt.) *Pharm. Centralh.* 47 S. 1051/2.

ZERNIK, Proponal. (Schlafmittel; Dipropylbarbitursäure.) *Apoth. Z.* 21 S. 524/5.

ZERNIK, Sulfopyrin. (Gemisch aus rund 86,5 T. Antipyrin und 13,5 T. Sulfanilsäure.) *Apoth. Z.* 21 S. 549/50.

ZERNIK, Migränin Höchst und einige seiner Ersatzpräparate. *Apoth. Z.* 21 S. 673/4 F.

ZERNIK, Alypin. (Lokalanästhetikum; Monochlorhydrat des Benzoyl-1·3·Tetramethyldiamino·2-äthylisopropylalkohols.) *Apoth. Z.* 21 S. 785/6.

ZERNIK, Thephorin. (Diurektikum; Theobrominnatrium-Natriumformiat.) *Apoth. Z.* 21 S. 898/9.

THOMS, Elaterin. (Als Purgans gebraucht.) *Chem. Z.* 30 S. 923.

THUMANN, Polygonum dumetorum L., ein gut wirkendes Abführmittel. *Pharm. Centralh.* 47 S. 843/7.

JOSEPH und VIETH, Behandlung der Frostbeulen. (Mit Euresol, dem Monoacetylderivat des Resorcins.) *Pharm. Centralh.* 47 S. 53/4.

PUTZE, Frostmittel. *Am. Apoth. Z.* 26 S. 145.

WIENER, Zusammenstellung aller Mittel gegen Nasenbluten. *Am. Apoth. Z.* 27 S. 53.

BLAU, p-Phenylendiamin. (Haarfärbemittel.) *Apoth. Z.* 21 S. 33.

GABLIN & CO., Neuraemin. (Verbindung von Lecithin mit Haematin und Smilacin.) *Apoth. Z.* 21 S. 412; *Pharm. Z.* 51 S. 77.

Neuraemin. *Pharm. Z.* 51 S. 77.

KOCHS, KETELS Antiscabin. (Seifenpräparat zur Behandlung der Krätze.) *Apoth. Z.* 21 S. 377.

PERKIN, Rottlerin. *Chem. Z.* 30 S. 923.

VAHLEN, Darstellung und Eigenschaften des Clavins. (Aus Mutterkorn.) *Pharm. Z.* 51 S. 668.

WÖRNER, Ovogal, ein neues Cholagogum. (Verbindung aus Rindergalle und Hühnereiweiß) *Apoth. Z.* 21 S. 441; *Pharm. Z.* 51 S. 460.

HOFMANN, C. und LÜDERS, Vesipyrin, ein neues Antirheumatikum und Harndesinfiziens. (Acetylsalol.) *Apoth. Z.* 21 S 114/5.

Citrocol. (Das zitronensaure Salz des Amidacetparaphenetidins, Antirheumaticum.) *Apoth. Z.* 21 S. 976.

DUMESNIL, un dérivé soluble de la théobromine: la théobromine lithique. *J. pharm.* 6, 23 S. 326/8.

STEIN, Linimentum terebinthinatum. (R) *Pharm. Z.* 51 S. 18.

ZIEGLER, Liquor Ammonii anisatus. (Herstellung.) *Apoth. Z.* 21 S. 989/90.

Pittylen. (Kondensationsprodukt aus Holzteer und Formaldehyd.) *Am. Apoth. Z.* 27 S. 10.

Formurol. (Zitronensaures Hexamethylentetramin-Natrium; indiziert bei Gicht;↘Wirksamkeit beruht auf der Abspaltung von Formaldehyd im Organismus.) *Apoth. Z.* 21 S. 986.

Phenosalyl. (Darstellung.) *Apoth. Z.* 21 S. 1066.

Eumydrin, ein Atropin-Ersatz. *Pharm. Centralh.* 47 S. 367.

Gadose-Stroschein. (Fett der Leber des Dorsches.) *Apoth. Z.* 21 S. 402.

CROUZEL, neues Verfahren zur Wundbehandlung. (Mittels Benzols; Lösung von Paraffin oder Guttapercha in Benzol zur Herstellung wasserdichter Verbände.) *Apoth. Z.* 21 S. 233.

ASTRUC, les fils chirurgicaux. Coefficients de traction et d'élasticité. Présentation des fils chirurgicaux aseptiques. *J. pharm.* 6, 24 S. 433/9 F.

WEDERHAKE, Herstellung von Silberkautschukseide. *Apoth. Z.* 21 S. 965.

SCHMIDT, WALTER, Quecksilberchloridgehalt und antiseptische Wirkung der in der Kaiserlichen Marine gebräuchlichen Sublimatverbandstoffe verschiedenen Alters. *Pharm. Centralh.* 47 S. 965/72 F.

BAUER, Löslichkeit des Hydrargyrum praecipitatum alb. in Essigsäure. *Pharm. Z.* 51 S. 930/1.

DUFAU, quecksilberoxydhaltige Augensalben. (Als Vehikel für Quecksilberoxyd dient Wollfett.) *Apoth. Z.* 21 S. 143; *J. pharm.* 6, 23 S. 100/3.

VITALI, Salze der Alkaloide und monomethylarseniger Säure (Arrhenal). (Darstellung.) *Pharm. Centralh.* 47 S. 7.

LUNDSTRÖM, Synthese und Prüfung des Sulfonals. *Apoth. Z.* 21 S. 331/2.

TAYLOR, Einverleibung wässeriger Flüssigkeiten in Kakaoöl behufs Herstellung von Suppositories. (Natriumstearat, Wollfett und Kakaoöl.) *Apoth. Z.* 21 S. 739; *Am. Apoth. Z.* 27 S. 88/9.

JAWORSKI, Ausschaltung des Magens vom direkten Einfluß der Arzneimittel durch Anwendung von Sebum ovile. (Als Ueberzug oder als Pillenmasse dient Hammeltalg vom Schmelzpunkt 45 bis 50°.) *Apoth. Z.* 21 S. 979.

Maisinkapseln. (Maisin wird vom Magensaft langsam, vom Pankreassaft viel leichter gelöst.) *Pharm. Centralh.* 47 S. 51.

RODWELL, komprimierte Arzneitabletten. (Erfahrungen bei der Verwendung von Kakaoöl

als Excipiens für Tabletten.) *Apoth. Z.* 21 S. 7/8 u. 34; *Am. Apoth. Z.* 27 S. 87.

SCRINI, Anwendung von Alkaloiden in Lösung von Oelen, Herstellung von sterilem Oel und Vorschriften zur Bereitung von „Augenölen". *Apoth. Z.* 21 S. 154.

HAUPT, Ersatz des offizinellen Seifenspiritus. (Arachisölseifenspiritus.) *Pharm. Centralh.* 47 S. 435/8.

BRUÈRE, application médico-pharmaceutique de la stérilisation à froid à la préparation rapide des injections stérilisées de chlorhydrate neutre de quinine à base de sérum artificiel. *J. pharm.* 6, 23 S. 277/81 F.

Darstellung von Unguentum Hebrae und Unguentum sulfuratum Wilkinsoni. *Pharm. Z.* 51 S. 30.

WEISZ, Chinaextrakte. (Anforderungen.) *Apoth. Z.* 21 S. 439/40.

GAWALOWSKI, Süßholzsaft, Extrakt und Reinglycyrrhizinate. *Apoth. Z.* 21 S. 193; *Am. Apoth. Z.* 27 S. 18.

Konzentrierte aromatische Wässer. *Pharm. Z.* 51 S. 301.

Lactobacillin. (Reinkultur von Milchsäurebakterien wirkt im Magen-Darmkanal fäulniswidrig und säuert Milch darin.) *Pharm. Centralh.* 47 S. 112.

Chemie, physiologische. Physiological chemistry. Chimie physiologique.

Vgl. Chemie, analytische 3, Chemie, pharmazeutische, Physiologie.

JOLLES, Jahresbericht über die Fortschritte auf dem Gebiete der physiologischen Chemie im Jahre 1905. *Chem. Z.* 30 S. 524/8.

ZIELSTORFF, die Agrikulturchemie im zweiten Halbjahr 1905. (Pflanzenernährung.) *Chem. Zeitschrift* 5 S. 73/5 F.

ZIELSTORFF, die Agrikulturchemie im zweiten Halbjahr 1905. (Tierernährung.) *Chem. Zeitschrift* 5 S. 123/4.

USHER and PRIESTLEY, the mechanism of carbon assimilation in green plants; photolytic decomposition of carbon dioxide in vitro. *Proc. Roy. Soc.* 77 B. S. 369/76, 78 B. S. 318/27.

STOCKLASA, die chemischen Vorgänge bei der Assimilation des elementaren Stickstoffes durch Azotobacter und Radiobacter. (V) *Z. V. Zuckerind.* 56 S. 815/25; *Chem. Z.* 30 S. 422.

OMELIANSKI, Methanbildung in der Natur bei biologischen Prozessen. *CBl. Bakt.* II. 15 S. 673 87.

DELBRÜCK, der physiologische Zustand der Zelle und seine Bedeutung für die Technologie der Gärungsgewerbe.(V) *Wschr. Brauerei* 23 S. 513/6; *Z. Brauw.* 29 S. 670/6.

EHRLICH, Verhalten racemischer Aminosäuren gegen Hefe. Eine neue biologische Spaltungsmethode. *Z. V. Zuckerind.* 56 S. 840/60.

SCHJERNING, die Proteinstoffe in der Gerste im Korne selbst und während der Maischungsprozesse. *Z. Bi. rbr.* 34 S. 467/8; *Wschr. Brauerei* 23 S. 574/6 F.; *Ann. Brass.* 9 S. 505/12.

WINDISCH und VOGELSANG, die Art der Phosphorsäureverbindungen in der Gerste und deren Veränderungen während des Weich-, Mälz-, Darr- und Maischprozesses. *Brew. Maltst.* 25 S. 471/3 F.

FÜRSTENBERG, KÖNIG u. MURDFIELD, die Zellmembran und ihre Bestandteile in chemischer und physiologischer Hinsicht. (Hemizellulosen; Inkrusten; die eigentliche Zellulose; Untersuchung der schwerlöslichen Zellmembran; Verhalten bei der Verdauung; die Rohfaser und ihre Bestandteile.) *Versuchsstationen* 65 S. 55/110.

KÖNIG, die pflanzliche Zellmembran. (Bestandteile.) *Ber. chem. G.* 39 S. 3564/70.

STOKLASA, fermentation lactique et alcoolique dans

les tissus des plantes. Enzymes qui provoquent cette fermentation. *Bull. sucr.* 24 S. 160/5.

BOKORNY, Wirkung der alkalischen Phosphate auf Zellen und Fermente. *Chem. Z.* 30 S. 1249/50.

SEBELIEN, Gehalt an Pentosan und Methylpentosan in Vegetabilien. *Chem. Z.* 30 S. 401.

MERRILL, digestibility of cereal foods. (Relative percentages of starch and dextrin in certain cereal breakfast foods; digestibility of cereal breakfast foods as determined by digestion experiments.) *Am. Miller* 34 S. 407 F.

WINTGEN, Solaningehalt der Kartoffeln. (V) *Z. Genußl.* 12 S. 113/23.

WILLSTÄTTER, Chlorophyll. (Konstitution; die Chlorophylline, entstehen durch Zersetzung mit Alkalien und sind Organomagnesiumverbindungen.) (V) (A) *Chem. Z.* 30 S. 955.

ACREE and SYME, some constituents of the poison ivy plant. *Chem. J.* 36 S. 301/21.

ALPERS, Bestandteile der Blätter von Carpinus Betulus L. (Hainbuchenblätter; enthalten einen Gerbstoff, der leicht Ellagsäure abspaltet.) *Arch. Pharm.* 244 S. 575/601.

CHARABOT et LALOUE, formation et distribution des composés terpéniques chez l'oranger à fruits doux. *Bull. Soc. chim.* 3, 35 S. 912/9.

CHARABOT et LOLOUE, formation et distribution des composés terpéniques chez l'oranger à fruits amers. *Compt. r.* 142 S. 798/801.

HÉRISSEY, existence de la prulaurasine dans le Cotoneaster microphylla Wall. *J. pharm.* 6, 24 S. 537/9.

HÉBERT, présence de l'acide cyandydrique chez diverses plantes. *Bull. Soc. chim.* 3, 35 S. 919/21.

JITSCHY, présence de l'acide cyanhydrique dans les eaux distillées de quelques végétaux croissant en Belgique. *J. pharm.* 6, 24 S. 355/8.

MONTANARI, Säuregehalt der Pflanzenwurzel. *CBl. Agrik. Chem.* S. 324/5.

SUTHERST, root-sap acidity. (Dissolving power on mineral matter.) *Chem. News* 93 S. 131/2.

VINTILESCO, recherche et dosage de la syringine dans les différents organes des lilas et des troènes. (A l'aide de l'émulsine.) *J. pharm.* 6, 24 S. 145/54.

ANDRÉ, composition des sucs végétaux extraits des racines. *Compt. r.* 143 S. 972/7.

ANDRÉ, variations de l'azote et de l'acide phosphorique dans les sucs d'une plante grasse. *Compt. r.* 142 S. 902/4.

GILBERT und LEREBOULLET, „vegetabilisches" Eisen. (Gehalt der Rumexpflanze.) *Apoth. Z.* 21 S. 592.

SERGKE, Eisengehalt des Spinats. *Pharm. Z.* 51 S. 372.

BLANCK, Aufnahme und Verteilung der Kieselsäure und des Kalis in der Tabakpflanze. *Versuchsstationen* 64 S. 243/8.

HALL and MORISON, function of silica in the nutrition of cereals. *Proc. Roy. Soc. B.* 77 S. 455/77.

BIGELOW and GORE, apple marc. (Determination whether the portion of the marc made soluble by boiling with water consists of one carbohydrate complex or of several.) *J. Am. Chem. Soc.* 28 S. 200/7.

BIGELOW, GORE and HOWARD, growth and ripening of persimmons. * *J. Am. Chem. Soc.* 28 S. 688/703.

BERTHELOT, sur les composés alcalins insolubles existant dans les végétaux vivants et dans les produits de leur décomposition, substances humiques, naturelles et artificielles, et sur le rôle de ces composés en physiologie végétale et en agriculture. Plantes annuelles, graminées. Chêne. Composés alcalins formés dans les feuilles mortes; formés par les matières organiques contenues

dans le terreau; par les substances humiques
artificielles d'origine organique. *Ann. d. Chim.*
8, 8 S. 5/51; *Compt. r.* 142 S. 249/57.

GAUTIER, coloration rouge éventuelle de certaines
feuilles et sur la couleur des feuilles d'automne.
Compt. r. 143 S. 490/1.

GORKE, chemische Vorgänge beim Erfrieren der
Pflanzen. ¯(Vergleich vom Saft erfrorener und
nicht erfrorener Pflanzen.)* *Versuchsstationen*
65 S. 149/60.

EMMETT and GRINDLEY, chemistry of flesh; the
phosphorus content of flesh. *J. Am. Chem. Soc.*
28 S. 25/63.

TROWBRIDGE and GRINDLEY, chemistry of flesh.
The proteids of beef flesh. *J. Am. Chem. Soc.*
28 S. 469/505.

SEGIN, Zusammensetzung des Gänseeies. *Z. Genuß.*
12 S. 165/7.

KRIMBERG, Extraktivstoffe der Muskeln. Vorkommen des Carnosins, Carnitins und Methylguanidins
im Fleisch. *Z. physiol. Chem.* 48 S. 412/8.

LÖBISCH, über Nukleinsäure-Eiweißverbindungen
unter besonderer Berücksichtigung der Nuklein-
säure der Milchdrüse und ihrer angeblichen Beziehung zur Kaseinbildung. *B. Physiol.* 8 S.191/209

VAN ITALLIE, Differenzierung von Eiweiß enthaltenden Körperflüssigkeiten. *Ber. pharm. G.* 16
S. 65/7.

LOEB, Blutgerinnung. *B. Physiol.* 8 S. 67,94.

PIORKOWSKI, Blutdifferenzierung. (Beruht auf der
Ablenkung hämolytischer Komplemente.) (V) *Ber.
pharm. G.* 16 S. 226/30.

VITALI, physiologische Ermittelung des menschlichen Blutes und seine Unterscheidung vom
tierischen Blute. (V) (A) *Chem. Z.* 30 S. 467.

LÉPINE et BOULUD, l'acide glycuronique des glo-
bules du sang. *Compt. r.* 142 S. 196/9.

LÉPINE et BOULUD, origine de l'oxyde de carbone
contenu dans le sang normal et surtout dans le
sang de certains anémiques. *Compt. r.* 143
S. 374/5.

LÉPINE et BOULUD, la nature de sucre virtuel du
sang. *Compt. r.* 143 S. 500/4.

LÉPINE et BOULUD, dialyse du sucre du sang.
Compt. r. 143 S. 539/42.

MARTIUS, vergleichende Untersuchungen über den
Wassergehalt des Gesamtblutes und des Blut-
serums. *Fol. haem.* 3 S. 138/49.

PATEIN, les matières albuminoïdes du sérum sanguin.
J. pharm. 6, 24 S. 16/21.

VON ZEYNEK, zur Frage des einheitlichen Hämatins
und einige Erfahrungen über die Eisenabspaltung
aus Blutfarbstoff. *Pharm. Centralh.* 47 S. 875 F.

DETERMANN, zur Methodik der Viskositätsbestimmung des menschlichen Blutes.* *Med. Wschr.* 53
S. 905/6.

GAUTRELET, le réaction du sang, fonction de la
nutrition. (Loi de physiologie générale.) *Compt.
r.* 142 S. 659,62.

ARON, Lichtabsorption des Blutfarbstoffes. (V) (A)
Chem. Z. 30 S. 988.

KÜSTER, Bildung und Zersetzung des Blutfarbstoffs.
Z. ang. Chem. 19 S. 229/33.

HUGOUNENQ et MOREL, l'hématogène et la formation de l'hémoglobine. *Compt. r.* 142 S. 805/8.

ABDERHALDEN und TERUUCHI, proteolytische Wirkung der Preßsäfte einiger tierischer Organe sowie des Darmsaftes. Proteolytische Fermente
pflanzlicher Herkunft. *Z. physiol. Chem.* 49
S. 1/14, 21/5.

ABDERHALDEN und HUNTER, proteolytische Fermente der tierischen Organe. *Z. physiol. Chem.*
48 S. 537/45.

LONDON, Chemismus der Verdauung im tierischen
Körper. Die Probleme des Eiweißabbaues im

Verdauungskanal; — und PELOWZOWA, Eiweiß-
und Kohlehydratverdauung im Magendarmkanal.
Z. physiol. Chem. 47 S. 368/75, 49 S. 324/96.

LEVITES, Einfluß neutraler Salze auf die peptische
Spaltung des Eiweißes. *Z. physiol. Chem.* 48
S. 187 91.

LEVITES, Verdauung der Fette im tierischen Organismus. *Z. physiol. Chem.* 49 S. 273/85.

STOOKEY, Eiweißpeptone. *B. Physiol.* 7 S. 590/5.

COHNHEIM, Spaltung des Nahrungseiweißes im
Darm. *Z. physiol. Chem.* 49 S. 64/71.

SCHEUNERT, Celluloseverdauung im Blinddarm und
Enzymgehalt des Caecalsekretes; — und GRIM-
MER, in den Nahrungsmitteln enthaltenen Enzyme
und ihre Mitwirkung bei der Verdauung. *Z.
physiol. Chem.* 48 S. 9/48.

LOMBROSO, Rolle des Pankreas bei der Verdauung
und Resorption der Kohlehydrate. *B. Physiol.* 8
S. 51/8.

BROWN and MILLAR, liberation of tyrosine during
tryptic proteolysis. *J. Chem. Soc.* 89 S. 145/55.

VON FÜRTH und SCHÜTZ, Einfluß der Galle auf
die fett- und eiweißspaltenden Fermente des
Pankreas. *B. Physiol.* 9 S. 28/49.

KÜSTER, Gallenfarbstoffe. *Z. physiol. Chem.* 47
S. 294/326.

KÜSTER, Blut- und Gallenfarbstoff. (V) *Ber.
pharm. G.* 16 S. 394/401.

PATEIN, présence du glucose dans le liquide l'hy-
drocèle. *J. pharm.* 6, 23 S. 239/41.

JOLLES, présence et actuel Stand unserer Kenntnis der
Fette vom physiologisch chemischen Standpunkte.
(V) *Ber. pharm. G.* 16 S. 282/91; *Pharm. Cen-
tralh.* 47 S. 909/10.

WALDVOGEL und TINTEMANN, Chemie des Je-
corins. *Z. physiol. Chem.* 47 S. 129/39.

BATTELLI et STERN, oxydations produites par les
tissus animaux en présence des sels ferreux.
Compt. r. 142 S. 175/7.

MELTZER, die hemmenden und anästhesierenden
Eigenschaften der Magnesiumsalze. *Apoth. Z.*
21 S. 46.

MICHEELS, influence de la valence des métaux sur
la toxicité de leurs sels. *Compt. r.* 143 S. 1181/2.

VANDEVELDE, Bestimmung der Giftigkeit chemischer Verbindungen durch die Bluthämolyse.
Chem. Z. 30 S. 296/7.

SACHS, tierische Toxine als hämolytische Gifte.
Biochem. CBl. 5 S. 257/68 F.

PETERS, Wirkung des Kondenswassers aus menschlicher Atemluft und aus Verbrennungsgasen
einiger Leuchtmaterialien auf das isolierte Frosch-
herz. *Arch. Hyg.* 57 S. 145/60.

EDINGER, Vorkommen und Bedeutung der Rhoïan-
verbindungen im menschlichen und im tierischen
Organismus, sowie die Verwendung derselben in
der Therapie. (V) *Apoth. Z.* 21 S. 876/7;
Chem. Z. 30 S. 987.

BOKORNY, Giftigkeit einiger Anilinfarben und
anderer Stoffe. *Chem. Z.* 30 S. 217/9.

FÜHNER, physiologischer Beitrag zur Frage der
Konstitution der Farbammoniumbasen. (Curarewirkung.) *Ber. chem. G.* 39 S. 2437/8.

VÖLTZ, Synthesen im Tierkörper mit besonderer
Berücksichtigung der Eiweißsynthese aus Amiden.
Fühlings Z. 55 S. 170/80.

WINTGEN und KELLER, Zusammensetzung von
Lecithinen. *Arch. Pharm.* 244 S. 3/11.

COUSIN, les acides gras de la lécithine du cerveau,
— de la céphaline. *J. pharm.* 6, 23 S. 225/30,
6, 24 S. 101/8.

LONG, extraction of fat from feces and the occurrence of lecithin. *J. Am. Chem. Soc.* 28 S. 704/6.

LONG and JOHNSON, the phosphorus content of
feces fat. *J. Am. Chem. Soc.* 28 S. 1499/1503.

OEFELE, Gehalt des menschlichen Kotes an freier Cholalsäure. *Z. öfftl. Chem.* 12 S. 189/90.

ABDERHALDEN und SCHITTENHELM, Gehalt des normalen Menschenharns an Aminosäuren. *Z. physiol. Chem.* 47 S. 339/45.

MALFATTI, Warum trübt sich der Harn beim Kochen? (Trübwerden nur bei Harnen, welche sekundäres Alkaliphosphat enthalten.) *B. Physiol.* 8 S. 472/80.

MOOR, Harnstoffgehalt im menschlichen normalen Harn. *Z. physiol. Chem.* 48 S. 577/9.

MÜLLER, ALEX, Bildung des Acetons im Harn. *Pharm. Z.* 51 S. 1019.

BALLAND, distribution du phosphore dans les aliments. *Compt. r.* 143 S. 969/70.

Chemische Apparate. Chemical apparatus. Appareils chimiques. Vgl. Laboratoriumsapparate.

SCHUBERG, Apparate und Maschinen aus Ton. (Wannen, Druckbirnen, Tourills, Rohrschlangen, Kühler usw.)* *Z. Chem. Apparat.* 1 S. 4/10F.

CHRISTEK, Destillations- und Rektifikationsapparat. *Landw. W.* 32 S. 195.

Neue Zerstäubungsdüse für Wasser.* *Chem. Z.* 30 S. 300.

Chinin. Quinine. Siehe Alkaloide.

Chinolin und Derivate. Quinoline and derivates. Quinoléine et dérivés.

MEIGEN, Brom-p-Amidochinolin. *J. prakt. Chem.* 73 S. 248/53.

ECKSTEIN, Chinolin-chlorhydrat und Einwirkung von Säurechloriden auf Chinolin. *Ber. chem. G.* 39 S. 2135/8.

HOWITZ und NÖTHER, Halogenderivate des o-Toluchinolins und über Nitro-o-Chinolinaldehyd. *Ber. chem. G.* 39 S. 2705/13.

PADOA e CARUGHI, trasformazione della chinolina in metilchetolo. *Gaz. chim. it.* 36, II S. 660/5.

SIMON et MAUGUIN, synthèses dans le groupe quinoléique: acide phénylnaphtoquinoléine dicarbonique et ses dérivés. Synthèsis dans le groupe quinoléique: éther dihydrophénylnaphtoquinoléine. *Compt. r.* 143 S. 427/30, 460/8.

HEPNER, Nitroderivate des β-Naphtochinolins. *Mon. Chem.* 27 S. 1045/68.

KAUFMANN und DECKER, Nitrierung des Chinolins und seiner Mononitroderivate. *Ber. chem. G.* 39 S. 3648/53.

HAID, Nitro- und Aminoderivate des α-Naphtochinolins und ihre Oxydation zur 7,8-Chinolindicarbonsäure. *Sitz. B. Wien. Ak.* 115, 2b, S. 141/66; *Mon. Chem.* 27 S. 315/40.

KIRPAL, Chinolinsäureester. *Sitz. B. Wien. Ak.* 115, 2b, S. 191/8; *Mon. Chem.* 27 S. 363/9.

WEERMAN, action du méthanal sur la tétrahydroquinoléine. *Trav. chim.* 25 S. 260/70.

Chinone. Quinones.

DIENEL, das dritte (1 · 4—) Chinon des Anthracens. *Ber. chem. G.* 39 S. 926/33.

JACKSON and RUSSE, derivatives of tetrabromorthobenzoquinone. *Chem. J.* 35 S. 154/87.

THIELE und GÜNTHER, Abkömmlinge des Dicyanhydrochinons. *Liebigs Ann.* 349 S. 45/66.

STEWART and BALY, relation between absorption spectra and chemical constitution. The reactivity of the substituted quinones. *J. Chem. Soc.* 89 S. 618/31.

Chirurgische und andere ärztliche Instrumente. Surgical instruments. Instruments de chirurgie. Siehe Instrumente 1.

Chlor und Verbindungen. Chlorine and compounds. Chlore et combinaisons. Vgl. Brom, Chloral, Chloroform, Elektrochemie 3a, Jod, Salzsäure.

DIXON and EDGAR, the atomic weight of chlorine:

an attempt to determine the equivalent of chlorine by direct burning with hydrogen. *Phil. Trans.* 205 S. 169/200.

BURGESS and CHAPMAN, interaction of chlorine and hydrogen.* *J. Chem. Soc.* 89 S. 1399/1434.

DIXON, union of chlorine and hydrogen. *Chemical Ind.* 25 S. 145/9.

RICHARDS and WELLS, revision of the atomic weights of sodium and chlorine. *Chem. News.* 93 S. 175·7F.

FABINYI, die Eigenschaftsänderungen der Elemente, speziell des Chlors. *Physik. Z.* 7 S. 63/8.

THOMAS et DUPUIS, quelques réactions du chlore liquide. *Compt. r.* 143 S. 282/5.

BRAY, Halogensauerstoffverbindungen. Zwischenreaktionen, primäre Oxydation des Jodions, Jodatbildung bei der Oxydation von Jodion. Chlordioxyd. Reaktion zwischen Chlordioxyd und Jodion. *Z. physik. Chem.* 54 S. 463/97, 569/608, 731/49.

COULERU, elektrolytische Perchlorate. (Darstellung.) *Chem. Z.* 30 S. 213/5.

LEBEAU, action du fluor sur le chlore et sur un nouveau mode de formation de l'acide hypochloreux. *Compt. r.* 143 S. 425/7; *Bull. Soc. chim.* 3, 35 S. 1158/61.

BRAY, einige Reaktionen des Chlordioxyds und der chlorigen Säure. *Z. anorgan. Chem.* 48 S. 217/50.

LUTHER und MAC DOUGALL, Reaktion zwischen Chlorsäure und Salzsäure. (Kinetik der Reaktion, Reaktionsgeschwindigkeit.)* *Z. physik. Chem.* 55 S. 477/84.

JORISSEN und RINGER, Einfluß von Radiumstrahlen auf Chlorknallgas (und auf gewöhnliches Knallgas.)* *Ber. chem. G.* 39 S. 2093/8.

STEELE, MC INTOSH und ARCHIBALD, Halogenwasserstoffsäuren als leitende Lösungsmittel.* *Z. physik. Chem.* 55 S. 129/99.

PFEIFFER und TAPUACH, Chlorostibnate von Dichlorosalzen. *Z. anorgan. Chem.* 49 S. 437/40.

PONZIO, sul cosidetto „ipoclorito di acetossima". Azione dell'ipoclorito sodico sulle diossime. *Gaz. chim. it.* 36, 2 S. 98/106.

JANNASCH, Trennung von Chlor und Brom in saurer Lösung durch Wasserstoffsuperoxyd.* *Ber. chem. G.* 39 S. 3655/9.

JANNASCH und ZIMMERMANN, Verwendung des Wasserstoffsuperoxyds zur quantitativen Trennung der Halogene. *Ber. chem. G.* 39 S. 196/7.

TATLOCK und THOMSON, Bestimmung von Chlor und Brom in Jod. *Pharm. Centralh.* 47 S. 37.

SHUTT and CHARLTON, the VOLHARD method for the determination of chlorine in potable waters. *Chem. News* 94 S. 258/60.

BERRY, estimation of halogens in organic substances. *Chem. News* 94 S. 188.

SCHIFF, Bestimmung von Halogen in organischen Substanzen.* *Z. anal. Chem.* 45 S. 571/2.

VAUBEL und SCHEUER, neue Methode zur quantitativen Bestimmung der Halogene in organischen Verbindungen. (Lösen der Substanz in konzentrierter Schwefelsäure und Erhitzen.)* *Chem. Z.* 30 S. 167/8.

REUSCH, Jahresbericht über die Industrie der Mineralsäuren, der Soda und des Chlorkalkes. *Chem. Z.* 30 S. 326/8.

LEVI ed VOGHERA, funzione del catalizzatore nel processo DEACON per la preparazione del cloro. *Gaz. chim. it.* 36, 1 S. 513/34.

LEWIS, equilibrium in the DEACON process.* *J. Am. Chem. Soc.* 28 S. 1380/95.

VOGEL VON FALCKENSTEIN, das Gleichgewicht des DEACONprozesses. *Z. Elektrochem.* 12 S. 763/4.

HUSZ, Abänderung des MAYERschen Chlorentwickelungsapparates zum Aufhellen von Pflanzen-

16

stoffen für die mikroskopische Untersuchung.* *Z. Genuß.* 12 S. 221/3.

WALLACH, einfaches kontinuierliches Verfahren zur elektrolytischen Darstellung von Kaliumchlorat.* *Z. Elektrochem.* 12 S. 667/8.

FERCHLAND, elektrolytisches Chlor, insbesondere das nach dem Elektron-Verfahren erzeugte. (Die besonderen Eigenschaften beruhen auf dem hohen Kohlensäuregehalt, dessen Quelle die Kohle der positiven Elektroden ist. Mittel, um reineres Chlor zu erzielen.)* *Elektrochem. Z.* 13 S. 114/9 F.

GEIBEL, Verwendbarkeit grau platinierter Elektroden für die Alkalichloridelektrolyse. *Z. Elektrochem.* 12 S. 817/9.

BIGGS, the HERMITE electrolytic process at Poplar. (Four double troughs or cells, placed one above the other; the liquid descends continuously by gravity.)* *El. Eng. L.* 38 S. 741/4.

VON TIESENHOLT, Zusammensetzung des Chlorkalks. *J. prakt. Chem.* 73 S. 301/26.

CHLORUS, Chlorkalk und Chlorkalkbleiche. (Herstellung von Chlorkalk im Fabrikbetriebe; Prüfung des Chlorkalks und der Chlorlauge.) *W. Papierf.* 37, 1 S. 88/90.

ASHCROFT, use of chlorine gas under moderate pressures in the chemical arts.* *Elektrochem. Ind.* 4 S. 91/4.

Chloral.

ENKLAAR, action des bases sur l'hydrate de chloral. *Trav. chim.* 25 S. 297/310.

Chloroform. Chloroforme.

TRECHZINSKI, elektrolytische Darstellung von Chloroform und Bromoform. *Pharm. Z.* 51 S. 523.

Fabrication industrielle du chloroforme. (Faisant réagir l'acétone sur le chlorure de sodium sous l'influence de l'électrolyse.) *Rev. ind.* 37 S. 396.

ROSENTHALER, die beim Mischen von Chloroform und Aether eintretende Temperaturerhöhung. *Arch. Pharm.* 244 S. 24/5.

KÖTZ und ZÖRNIG, Verhalten des Chloroforms zu Methylen- und Methenyl-Gruppen. *J. prakt. Chem.* 74 S. 425/48.

NICLOUX, dosage de petites quantités de chloroforme; son dosage; 1° dans l'air; 2° dans un liquide aqueux quelconque, en particulier dans le sang. *Bull. Soc. chim.* 3, 35 S. 321/30; *Compt. r.* 142 S. 163/5; *Apoth. Z.* 21 S. 372.

NICLOUX, dosage de l'alcool dans le chloroforme. *Bull. Soc. chim.* 3, 35 S. 330/5.

NICLOUX, sur l'anesthésie chloroformique. (Dosage du chloroforme avant, pendant, après l'anesthésie déclarée et quantité dans le sang au moment de la mort.) *Compt. r.* 142 S. 303/5.

Chrom und Verbindungen. Chrome and compounds. Chrome et combinaisons.

EDWARDS, production of Canadian chrome. *Iron & Coal* 73 S. 1340.

DONY-HÉNAULT, die Bildung von elektrolytischem Chrommetall. *Z. Elektrochem.* 12 S. 329/30.

FORCH und NORDMEYER, spezifische Wärme des Chroms, Schwefels und Siliciums sowie einiger Salze zwischen —188° und Zimmertemperatur. *Ann. d. Phys.* 20 S. 423/8.

DÖRING, chemisches Verhalten des auf aluminothermischem Wege dargestellten Chroms gegen Halogenwasserstoffsäuren. *J. prakt. Chem.* 73 S. 393/419.

MILLER, ZEEMAN-Effekt an Mangan und Chrom. *Physik. Z.* 7 S. 896/9.

SCHOLTZ und ABEGG, Gleichgewicht bei den Reaktionen BaSO$_4$ + K$_2$CrO$_4$ ⇄ Ba CrO$_4$ + K$_2$SO$_4$

und BaCO$_3$ + K$_2$CrO$_4$ ⇄ BaCrO$_4$ + K$_2$CO$_3$. *Z. Elektrochem.* 12 S. 425/8.

PFEIFFER, Hydrat-Isomerie bei Chromsalzen. *Ber. chem. G.* 39 S. 1879/96.

PFEIFFER, Coordinationsisomerie und Polymerie bei Chromsalzen. *Liebigs Ann.* 346 S. 28/81.

DU JASSONNEIX, réduction de l'oxyde de chrome par le bore. *Compt. r.* 143 S. 897/9.

DU JASSONNEIX, les composés définis formés par le chrome et le bore. *Compt. r.* 143 S. 1149/51.

BURGER, Verhalten des Chroms gegen Schwefelsäure. *Ber. chem. G* 39 S. 4068/72.

WEINLAND und FIEDERER, Verbindungen des 5-wertigen Chroms. *Ber. chem. G.* 39 S. 4042/7.

WEINLAND, Chromverbindungen, in denen das Chrom fünfwertig auftritt. (V) *Apoth. Z.* 21 S. 816/7 F.; *Chem. Z.* 30 S. 957/8.

JOST, violettes und grünes Chromchlorid. *Ber. chem. G.* 39 S. 4327/30.

LAMB, the change from green to violet in chromic chloride solution. *J. Am. Chem. Soc.* 28 S. 1710/4.

WERNER und GUBSER, die Hydrate des Chromchlorids. *Ber. chem. G.* 39 S. 1823/30.

BJERRUM, Chromchloridsulfate. *Ber. chem. G.* 39 S. 1597/1602.

WEINLAND und KREBS, zwei isomere Chromchloridsulfate. *Z. anorgan. Chem.* 48 S. 251/9.

OLIE JR., Gleichgewichte und Umwandlungen der isomeren Chromchloridhydrate.⊠ *Z. anorgan. Chem.* 51 S. 29/70.

WEINLAND und KREBS, violette Chromisulfate. *Z. anorgan. Chem.* 49 S. 157/71.

VAN DYKE CRUSER and MILLER, EDMUND H., the insoluble chromicyanides. *J. Am. Chem. Soc.* 28 S. 1132/51.

SAND und BURGER, Oxydation von Chromosalzen. *Ber. chem. G.* 39 S. 1771/9.

WERNER und HUBER, Untersuchungen über Chromsalze. (Chloro- und Bromo-Pentaquochromisalze.) *Ber. chem. G.* 39 S. 329/38.

MANCHOT, Konstitution der Chromsäure. *Ber. chem. G.* 39 S. 1352/6.

MANCHOT und KRAUS, Chromdioxyd und die Konstitution der Chromsäure. *Ber. chem. G.* 39 S. 3512/5.

COSTA, ricerche sulla esistenza degli acidi cromici per mezzo della conducibilita elettrica. *Gas. chim. it.* 36, 1 S. 535/40.

SEUBERT und CARSTENS, Chromsäure als Oxydationsmittel. *Z. anorgan. Chem.* 50 S. 53/66.

COX, on the chromates of mercury, bismuth and lead. (Conditions of existence.) *J. Am. Chem. Soc.* 28 S. 1694/1710; *Z. anorgan. Chem.* 50 S. 226/43.

GRÖGER, Chromate des Kobalts. *Z. anorgan. Chem.* 49 S. 195/206.

GRÖGER, Chromate des Nickels. *Z. anorgan. Chem.* 51 S. 348/55.

MARGOSCHES, Silbermonochromat. (Verhalten gegen Essigsäure; Ueberführung der roten in die grünschwarze Modifikation.) *Z. anorgan. Chem.* 51 S. 231/5.

SCHREINEMAKERS, Alkalichromate. (Chromate und ihre gegenseitige Umwandlung.)* *Z. physik. Chem.* 55 S. 71/98.

BRÜCKNER, Verhalten des Schwefels zu Kaliumchromat und zu Kaliumbichromat. *Sitz. B. Wien. Ak.* 11, 2a S. 21/6; *Mon. Chem.* 27 S. 199/204.

SAND, Hydrolyse der Dichromate und Polymolybdate. *Ber. chem. G.* 39 S. 2038/41.

HOFMANN, K. A., Verbindungen von Chromtetroxyd mit Aethylendiamin und Hexamethylentetramin. *Ber. chem. G.* 39 S. 3181/4.

PFEIFFER, Tetrarhodanatodipyridinchromsalze. *Ber. chem. G.* 39 S. 2115/25.

WERNER, Triamminchromisalze; — und V. HALBAN, Rhodanatochromammoniaksalze. *Ber. chem. G.* 39 S. 2656/73.

HORN, variable sensitiveness in the colorimetry of chromium. *Chem. J.* 35 S. 253/8.

ZDAREK, Verteilung des Chroms im menschlichen Organismus bei Vergiftung mit Chromsäure bezw. Kaliumdichromat. *Viertelj. ger. Med.* 31 Suppl. S. 47/54.

Cyan. Cyane.

WALLIS, Synthese des Cyans und Cyanwasserstoffs aus den Elementen. (Einwirkung des Flammenbogens auf reinen Stickstoff.) *Liebigs Ann.* 345 S. 353/62.

EWAN, manufacture of cyanogen bromide. (V) *Chemical Ind.* 25 S. 1130/3.

Gewinnung von Berlinerblau, Blutlaugensalz, Cyanalkalien aus der gebrauchten Gasreinigungsmasse. *Asphalt- u. Teerind.-Z.* 6 S. 129.

GAUDECHON, action de l'effluve sur le cyanogène. (Produits de condensation.) *Compt. r.* 143 S. 117/9.

LINDER, formation of ferrocyanides in sulphate of ammonia saturators. *J. Gas L.* 95 S. 573/6.

KOHN, MORITZ, Reduktion der blauen Eisencyanverbindungen. (Behandlung mit Natriumbisulfit bei Anwesenheit von Zinnchlorür.) *Z. anorgan. Chem.* 49 S. 443/4.

FOSTER, action of light on potassium ferrocyanide. *J. Chem. Soc.* 89 S. 912/20.

FERNEKES, potassium mercuric ferrocyanide. *J. Am. Chem. Soc.* 28 S. 87/90.

FERNEKES, ferricyanides of mercury. *J. Am. Chem. Soc.* 28 S. 602/5.

HOFMANN, K. A. und ARNOLDI, Zerfall von Hydroxylamin in Gegenwart von Ferro-Cyanwasserstoff; Bildung von kristallisiertem Eisencyan-Violett und Nitroprussidsalz. *Ber. chem. G.* 39 S. 2204/8.

LEVY and SISSON, some new platinocyanides. *J. Chem. Soc.* 89 S. 125/8.

MULLER, J. A., chaleur de formation de l'acide carbonylferrocyanhydrique. *Compt. r.* 142 S. 1516/7; *Ann. d. Chim.* 8, 9 S. 263/71.

MILBAUER, Einwirkung einiger Gase auf Sulfocyankalium bei höheren Temperaturen.* *Z. anorgan. Chem.* 49 S. 46/57.

VAN DYKE CRUSER and MILLER, EDMUND H., the insoluble chromicyanides. *J. Am. Chem. Soc.* 28 S. 1132/51.

VIRGILI, Einwirkung der Sulfide auf die Nitroprussiate. *Z. anal. Chem.* 45 S. 409/39.

GROSZMANN und SCHÜCK, die Verbindungen der Metallrhodanide mit organischen Basen. *Z. anorgan. Chem.* 50 S. 1/20.

HAWTHORNE, constitution and properties of acylthiocyanates. *J. Chem. Soc.* 89 S. 556/67.

JOHNSON, thiocyanates and isothiocyanates. *J. Am. Chem. Soc.* 28 S. 1454/61.

DIXON, chemistry of organic acid „thiocyanates" and their derivatives. *J. Chem. Soc.* 89 S. 892/912.

HANTZSCH, die Cyanursäure als Pseudosäure. *Ber. chem. G.* 39 S. 139/53.

CIAMICIAN und SILBER, Einwirkung von Blausäure auf Aldehydammoniak. *Ber. chem. G.* 39 S. 3942/59.

CLARKE and LAPWORTH, reactions involving the addition of hydrogen cyanide to carbon compounds. Action of potassium cyanide on pulegone. *J. Chem. Soc.* 89 S. 1869/82.

MC KEE, preparation of the cyanamides. *Chem. J.* 36 S. 208/13.

PIERRON, préparation des cyanamides aromatiques simples. *Bull. Soc. chim.* 3, 35 S. 1197/1204.

GROSZMANN und SCHÜCK, Additionsreaktionen des Dicyandiamids an anorganische Salze. *Ber. chem. G.* 39 S. 3591/3.

PIERRON, azocyanamidés aromatiques. *Bull. Soc. chim.* 3, 35 S. 1114/24.

ULTÉE, Keton-cyanhydrine. *Ber. chem. G.* 39 S. 1856/8.

LAPWORTH, derivatives of cyanodihydrocarvone and cyanocarvomenthone. *J. Chem. Soc.* 89 S. 1819/31.

GRESHOFF, Verteilung der Blausäure in dem Pflanzenreiche. *Arch. Pharm.* 244 S. 397/400, 665/72.

HÉBERT, présence de l'acide cyanhydrique chez diverses plantes. *Bull. Soc. chim.* 3, 35 S. 919/21.

EDINGER, Vorkommen und Bedeutung der Rhodanverbindungen im menschlichen und im tierischen Organismus, sowie die Verwendung derselben in der Therapie. (V) *Apoth. Z.* 21 S. 876/7; *Chem. Z.* 30 S. 987.

SHUTT and CHARLTON, preliminary experiments with a cyanamide compound as a nitrogenous fertilizer. *Chem. News* 94 S. 150/2.

CUMMING and MASSON, volumetric estimation of cyanates. *Chem. News* 93 S. 5/6F.

WILD, quantitative Bestimmung von Cyanaten neben Cyaniden. *Z. anorgan. Chem.* 49 S. 122/3.

POLLACCI, Bestimmung des Rhodans mit Quecksilberchlorür. (V) (A) *Chem. Z.* 30 S. 432.

KORN, Bestimmung von Phenol und Rhodanwasserstoffsäure in Abwässern. *Z. anal. Chem.* 45 S. 552/8.

KOHN-ABREST, procédé pour doser l'acide cyanhydrique provenant des graines du Phaseolus lunatus. *Mon. scient.* 4, 20, I S. 797/8.

D.

Dächer. Roofs. Toitures. Siehe Hochbau 7 e.

Dampffässer. Steam-chests. Récipients de vapeur. Fehlt. Vgl. Dampfkessel.

Dampfkessel. Steam boilers. Chaudières à vapeur. Vgl. Dampfleitung, Dampfüberhitzung, Eisenbahnwesen III A 2 b a, Feuerungsanlagen, Heizung, Schiffbau 3, Wärmeschutz.

1. Theoretisches und allgemeines.
2. Walzenkessel.
3. Flamm- und Rauchrohrkessel.
4. Wasserrohrkessel.
5. Andere Kessel.
6. Speisewasservorwärmung.
7. Speisewasserreinigung, Kesselstein.
8. Speisevorrichtungen.
9. Wasserstandsanzeiger.
10. Sicherheitsventile und -vorrichtungen.
11. Sonstige Ausrüstung.
12. Betrieb, Beschädigung, Reinigung.
13. Dampfkesselhäuser.

1. Theoretisches und allgemeines. Theory and generalities. Théorie et généralités.

Neuerungen auf dem Gebiete der Heizkessel.* *Z. Heiz.* 11 S. 121/5.

Zur Entwicklung des Dampfkesselbetriebes in Bayern während des Jahres 1905. (Anzahl der Kessel; Bauart und Heizfläche der Kessel; Dampfspannung; Bezugsquellen; Verwendung der Kessel.) *Z. Bayr. Rev.* 10 S. 176/7.

Dampfkessel und Kraftmaschinen auf der Bayerischen Jubiläums-Landesausstellung Nürnberg 1906.* *Glückauf* 42 S. 1706/20.

Das Dampfkesselwesen auf der Weltausstellung zu

Lüttich im Jahre 1905. (Mitteilung des Dampf-kessel-Ueberwachungs-Vereins der Zechen im Oberbergamtsbezirk Dortmund; Kessel von PETRY-CHANDOIR; Vorwärmer von SCHMIDT; Kessel von DE NAEYER, von MATHOT & FILS, NICLAUSSE und SOLIGNAC-GRILLE, Ueberhitzer von SZAMATOLSKI; Wasserreiniger System LE-MAIRE.) * *Glückauf* 42 S. 493/501.

Le concours de chauffeurs organisé à l'exposition universelle de Liège 1905. (Installations; em-magasinage du charbon; vaporisation; régula-teurs des niveaux.) *Rev. ind.* 37 S. 200/1 F.

Ueber die Wahl einer Kesselbauart. (Zusammen-stellung einiger Gesichtspunkte.) *Z. Dampfk.* 29 S. 38/9.

HENNIG, Wahl der Dampfkessel im Betriebe der Textilindustrie. *Spinner und Weber* 23 Nr. 20 S. 1/3 F.

DE GRAHL, die spezifische Leistung der Heiz-kessel-Heizflächen.* *Ges. Ing.* 29 S. 689/99.

CRANK, on firing of boilers on recent trial trips. (The trial of the U. S. S. „Tennessee", the me-thod of firing the boilers.) * *J. Nav. Eng.* 18 S. 102/5.

Winke für die Kohlenersparnis im Dampfkessel-betriebe.* *Vulkan* 6 S. 4/6.

ABBOTT, some characteristics of coal as affecting performance with steam boilers.* *El. Rev. N. Y.* 48 S. 411/16; *Page's Weekly* 9 S. 1212/4; *Eng. Rec.* 54 S. 276/9.

MOHR, Wärmeausnutzung der Steinkohlen in der Dampfkesselfeuerung. *Wschr. Brauerei* 23 S. 541/3.

PABST, Sparsamkeit in Dampfkesselbetrieben. (Kesselwirkungsgrad; Verdampfziffer der Kohle; Heizeffektmesser; Rauchgas - Analysator von KRELL-SCHULTZE; Ueberhitzer.) *Masch. Konstr.* 39 S. 30/2.

Schiffskessel-Versuche in der englischen Marine. (Im September 1900. Beste Ergebnisse mit in-mitten des Kesselraums aufgestellten BABCOCK. & WILCOX-Kesseln mit Ablenkung der Heizgase durch lotrechte Ablenkplatten und bei künst-lichem Zug.)* *Z. Dampfk.* 29 S. 263/4.

HEGGENHAUGEN, some practical notes on the care and preservation of the marine type of BABCOCK & WILCOX boilers.* *J. Nav. Eng.* 18 S. 1182/1205.

ZÜBLIN, Haupttypen der Kriegsschiffdampfkessel. (Weitrohrige Wasserrohrkessel; DÜRRkessel.) ⊞ *Masch. Konstr.* 39 S. 154/5 F.

CHURCHWARD, large locomotive boilers. (V. m. B.) (a) ⊞ *Proc. Mech. Eng.* 1906 S. 165/255.

Decline in locomotive boiler pressure. (Locomotive testing plant at Purdue University; disadvantages of superheating; leakage.) *Mech. World* 39 S. 70.

CONSTANTINE, steam and steam generators. *Mech. World* 39 S. 9/10; *Pract. Eng.* 33 S. 138/9.

MARKS, steam power generation. (Review of patents.) (a)* *Pract. Eng.* 33 S. 99/100F.

Boiler settings. (Arrangement by which it is not only possible to clear out the flues, but there is also a greater margin for accumulation in the flues without loss in efficiency; flue covers similar to those manufactured by POULTON, Reading.)* *Mech. World* 40 S. 39.

WING, forced draught for boilers. (V) (A) *Pract. Eng.* 33 S. 365.

BURLEY, the influence of steam consumption on the quality of steam generated in a boiler.* *El. Eng. L.* 38 S. 842/3.

DUNSING, vom Dampfkessel und seinem Baustoff. (V) (A) *Z. V. dt. Ing.* 50 S. 458.

WATERHOUSE, nickel steel and its application

to boiler construction. *Iron & Steel Mag.* 11 S. 301/7.

BACH, Widerstandsfähigkeit ebener Wandungen von Dampfkesseln und Dampfgefäßen. *Z. V. dt. Ing.* 50 S. 1940/4.

BACH, formation de fissures dans les tôles de chaudières. (Chaudière à deux tubes-foyer, sous la surveillance de l'association Wurtembergeoise pour la vérification des chaudières; chaudière à tubes de feu, sous le contrôle du Märkischen Verein; chaudière à tubes de feu sous le con-trôle du Rheinischen Dampfkessel-Ueberwachungs-vereines; chaudière·TENBRINK, sous le contrôle du Württembergischen Dampfkessel-Revisions-Ver-eines.) * *Bull. d'enc.* 108 S. 262/76.

WIRTHWEIN, Entstehung von Rissen in Kessel-blechen. *Z. V. dt. Ing.* 50 S. 1755/6; *Vulkan* 6 S. 163/4.

DÖRING, soll man Kessel-Nietlöcher wirklich nicht stanzen? * *Z. Lüftung (Haase's)* 12 S. 79/82.

GREGOR, über den Wasserumlauf in Dampfkesseln (V) (A) *Wschr. Baud.* 12 S. 213.

Circulation naturelle de l'eau dans les chaudières. *Gén. civ.* 49 S. 197/200.

Verbesserungen im Dampfkesselbetrieb durch ver-mehrten Wasserumlauf.* *Dingl. J.* 321 S. 123/5.

HANCHETT, boiler efficiency tests.* *El. World* 47 S. 454/6.

Verdampfungs - Versuch an zwei BÜTTNERschen Patent - Großwasserraumkesseln. (Mitteilung des Dampfkessel-Ueberwachungs-Vereins der Zeches im Oberbergamtsbezirk Dortmund.)* *Glückauf* 42 S. 42/4.

RITT, das Mitreißen des Wassers bei Niederdruck-Dampfkesseln.* *Z. Heis.* 10 S. 229/32.

MOHR, Bedeutung von Rauchgasanalysen bei Verdampfungsversuchen. *Wschr. Brauerei* 23 S. 390/2.

BEMENT, the suppression of industrial smoke, with particular referenc to steam boilers. * *El. Rev. N. Y.* 48 S. 668/9.

2. Walzenkessel. Cylinder boilers. Chaudières cylindriques. Fehlt.

3. Flamm- und Rauchrohrkessel. Furnace flue and fire tube boilers. Chaudières à vapeur avec tuyaux flambeurs.

EBERLE, Dampfleistung und Wärmeausnützung im Flammrohrkessel. (Versuche mit Braunkohle; Saarkohle.)* *Z. Bayr. Rev.* 10 S. 11/4.

Einiges über stehende Feuerbüchskessel. (LACHA-PELLE - Kessel. Verschützung des im Kessel steckenden, vom Dampf bespülten Rauchrohrs durch ein einzuhängendes gußeisernes Schutz-rohr; Umhüllung des Kesselmantels; Bauart eines Fundamentrahmens; Verdampfungsversuche.) *Z. Bayr. Rev.* 10 S. 62/4 F.

DANTIN, chaudière ignitubulaire à éléments amo-vibles système BOURDON. * *Gén. civ.* 49 S. 164/5.

Temperaturenhältnisse im Innern eines Zweiflamm-rohrkessels während der Anheizperiode. (Ver-suche. Wassertemperaturmessungen am Seit-flammrohrkessel. Vollständiger Temperaturaus-gleich nach zwei Stunden Heizzeit.) * *Z. Bayr. Rev.* 10 S. 93/4.

SANDOZ, Wellrohre und ADAMSONflanschen. (An einem Zweiflammrohrkessel; Anbrüche in der Mantelkrempung des Stirnbodens; nicht genü-gende Elastizität der ADAMSONflanschen.) *Z. Bayr. Rev.* 10 S. 101.

Zweiflammrohrdampfkessel mit Ueberhitzer. (MORRI-SONsche Flammrohre.) ⊞ *Masch. Konstr.* 39 S. 10/2.

Dampfkesselanlage für 12 Atm. Betriebsdruck mit

Vorwärmer, DUBIAUschen Rohrpumpen und Dampfüberhitzer. ⊠ *Masch. Konstr.* 39 S. 82/3.

MASCHINENFABR. ESZLINGEN und KUHN, Feuerrohr-Dampfkessel mit TENBRINK-Vorkessel und Ueberhitzer. ⊠ *Masch. Konstr.* 39 S. 138/9.

Flammrohrüberhitzer für Schiffskessel. * *Z. V. dt. Ing.* 50 S. 1883.

KNAUDT, über die Abweichung von der kreisrunden Form der Flammrohre mit äußerem Druck. (Beulenbildung durch zu niedrigen Wasserstand; Fettgallerte; Wellrohre; Tauchkolbenpresse zum Rundrichten.) * *Z. Dampfk.* 29 S. 455/60; *Z. V. dt. Ing.* 50 S. 1779/83; *Z. Bayr. Rev.* 10 S. 193/6.

Federung von Flammrohren mit einzelnen Wellen. (Bevorzugung der MORISONrohre vor den FOXrohren. Untersuchungen des OTTENSERNER EISENWERKS VORM. POMMÉE & AHRENS.) * *Z. Bayr. Rev.* 10 S. 36.

4. Wasserröhrenkessel. Water tube boilers. Chaudières à tubes d'eau.

Kesselwahl. (Der höhere Kohlenpreis ist kein Hinderungsgrund für die Aufstellung von Wasserröhrenkesseln.) *Z. Dampfk.* 29 S. 128/9.

Wasserrohrkessel und deren Anwendung. (Vorteile, Nachteile.) *Z. Dampfk.* 29 S. 415/6.

RUDE, Wasserrohrkessel als Kessel für hohe Beanspruchung. *Dingl. J.* 321 S. 76/9.

BAYNTUN, notes on the working of water-tube boilers. *El. Rev.* 59 S. 593/4.

SCHMIDT, die Dampfkesselanlage in der Bayerischen Jubiläuma-Landesausstellung Nürnberg 1906. (Wasserröhrenkessel System DÜRR; Wasserrohrkessel von PIEDBOEUF.) * *Elt. u. Maschb.* 24 S. 926/31 F.

SAXE, improving the boiler plant at the Stratford Hotel, Chicago. (Water-tube boilers arranged with MURPHY smokeless furnaces; experiments.) * *Eng. Rec.* 53 S. 504.

STARCK, Verdampfungsversuche mit einem Wasserrohrkessel System „Gehre". *Rig. Ind. Z.* 32 S. 1/6 F.

DEUTSCHE BABCOCK & WILCOX-DAMPFKESSELWERKE A. G. in Oberhausen, Wasserrohr-Dampfkessel mit Ueberhitzer und Kettenrostfeuerung. ⊠ *Masch. Konstr.* 39 S. 181/2; *Dingler J.* 321 S. 754/7 F; *Iron & Coal* 72 S. 2121.

Générateur à tubes d'eau. ⊠ *Portef. éc.* 51 Sp. 132/4.

Générateur aquitubulaire „Pluto". * *Gén. civ.* 48 S. 346/7.

Horizontal return tubular boilers for high pressures. (Effect of the furnace heat on the thicker metal; use of a firebrick arch sprung over the entire space beneath the shell, protecting the bottom sheets throughout their length). *Eng. Rec.* 53 S. 582, 696.

The DAVIES water-tube boiler. (Consists of the drums, combustion chamber, and upcast and down-comer tubes.) * *Pract. Eng.* 34 S. 457; *Eng.* 102 S. 20; *Engng.* 82 S. 415; *Mar. E.* 28 S. 225/9.

DAYDÉ & PILLÉ, Wasserrohrdampfkessel. (FIELD-Typus.) * *Masch. Konstr.* 39 S. 101/2.

The FRANKLIN water-tube boiler. * *Street R.* 28 S. 580/1.

GRELLERT, Wasserrohrkessel und Wasserrohre. * *Z. Heis.* 10 S. 143/5.

HORNSBY & SONS, a new upright boiler.* *Street R.* 27 S. 48/9.

KINGSLEY's water tube boiler. (With an outside and inside steel shell; the tubes are so placed as to be at right angles with the course of the burning gases and so attain the greatest possible

efficiency as steam generators.) * *Text. Rec.* 30, 4 S. 144/7.

Wasserröhrenkessel von „DE NAEYER". (Bindung der hinteren Wasserkammer mit dem Oberkessel mit Hilfe von zwei langen, geraden Rohrstutzen mit großem Querschnitte.) * *Z. Dampfk.* 29 S. 95/6; *Rev. ind.* 37 S. 275.

RILEY BROTHERS, water-tube vertical-boiler. (Pat.)* *Pract. Eng.* 33 S. 8.

VARROW ET CIE, chaudière avec portes de foyer aux deux extrémités.* *Rev. ind.* 37 S. 375,6.

Wasserrohr - Dampfkessel. (Schrägrostfeuerungen von WAGNER & EISENMANN; Führung der Heizgase; Ueberhitzer; Kessel mit Rohr-Kopfverbindung [Gliederkessel]; Wasserkammerkessel; kammerlose Wasserröhrenkessel.) * *Gew. Bl. Würt.* 58 S. 242/3 F.

YARROW & CO., double-ended water-tube boiler.* *Eng.* 101 S. 96; *Engng.* 81 S. 563.

ZÜBLIN, die moderne Ausführung des BABCOCK & WILCOX-Kessels.* *Schiffbau* 7 S. 549/55.

Frage der Bewährung von Langkesselüberhitzern bei Lokomotiven. *Ann. Gew.* 59 S. 157/8.

CHURCHWARD, large locomotive boilers. * *Eng.* 101 S. 205/6.

JUNG, Lokomotivenkessel, System BROTAN mit Wasserrohr-Feuerbüchse. * *El. u. polyt. R.* 23 S. 297/9; *Prom.* 17 S. 332/3.

The ROBERT water-tube locomotive boiler. * *Engng.* 82 S. 254.

CATHCART, water-tube boilers for marine service.* *Technol. Quart.* 19 S. 116/62.

KNOWLTON, type of marine boiler brought out by the ROBB-MUMFORD BOILER CO. *Eng. Chicago* 43 S. 523.

ROSS-SCHOFIELD, marine boiler circulator.* *Mar. E.* 28 S. 383/6.

The HAWLEY down draft furnace. (Attached to a BABCOCK & WILCOX boiler. Two separate grates, the upper of which is formed of a series of tubes opening at their ends into steel drums or heads, which in turn are connected with the boiler; this upper grate only is fired.)* *Text. Rec.* 30, 4 S. 149.

Boiler furnace tubes. (Methods adopted in welding the plain flanged rings of which the furnace tubes of Lancashire and similar boilers are built up.) * *Mech. World* 40 S. 102/3.

BARBE, coupe tubes pour chaudières tubulaires. *Portef. éc.* 51 Sp. 16.

M'LEAN, balanced draft gas producer furnace as applied to steam boilers. * *Iron A.* 78 S. 672/4.

KNAUDT, déformations des tubes de foyers à pression extérieure. * *Bull. d'enc.* 108 S. 1013/9

KEAN, review of the BELLEVILLE boiler question. (Defective circulation; automatic feeding arrangement necessary for the safe working of these boilers; express of boiler pressure over that at the engines; constant and excessive loss of feed water). (V. m. B.) (A) *Pract. Eng.* 33 S. 594/5; *Mech. World* 39 S. 213/4.

5. Andere Kessel. Other boilers. Autres espèces de chaudières.

Dampfkesseltypen. (Ausgeführt von den vereinigten Werken: MASCHINENFABR. ESZLINGEN und KUHN, Batteriedampfkessel mit Quersiedern; desgl. mit TEN-BRINK-Vorkessel und Ueberhitzer.)⊠ *Masch. Konstr.* 39 S. 137/8.

Liegende schmiedeeiserne Kessel für Dauerbrand.* *Z. Lüftung (Haase's)* 12 S. 64/5.

Gußeiserne Gliederkessel. (Verschiedene Systeme.)* *Z. Lüftung (Haase's)* 12 S. 8/10 F.

POTTHOFF, Gliederkessel. (Für Warmwasser- und

Niederdruckdampfheizungen. System KÖRTING
AKT.-GES.)* *Z. Beleucht.* 12 S. 173/5 F.
Chaudière marine BOROWSKY pour pétrole ou
charbon gras. *Gén. civ.* 48 S. 213.
Chaudière à vapeur système DEPREZ et VERNEY.
(Foyer constitué par un gazogène en forme de
cuve verticale contenant, à la partie inférieure
duquel est accolée une cuve, appelée la chambre
de combustion; les gaz brûlés dans cette chambre
servent à chauffer une chaudière quelconque.)*
Rev. ind. 37 S. 167/8.
BECHSTEIN, Abdampf-Verwertungs-Anlagen System
RATEAU. (Der Abdampf-Akkumulator soll den
unterbrochenen Auspuffdampfstrom in einen
gleichgespannten stetigen Dampfstrom verwandeln und besteht aus einem durch Scheide-
wand in zwei Teile geteilten, mit einem Dampf-
dom versehenen schmiedeeisernen Kessel, der
durch eine Anzahl von elliptisch geformten
Verteilungsröhren durchzogen wird. Diese haben
an ihren unteren Seiten Löcher, die bei man-
gelndem Dampfzufluß ein Eintreten des Wassers
bei stärkerer Dampfzuströmung ein Zurückfließen
des Wassers ermöglichen. Ferner sind die
Rohre seitlich mit kleinen Löchern versehen,
durch welche der eintretende Dampf in feinen
Strahlen in das Wasser geführt wird.)* *Dingler
J.* 321 S. 653/5; *Techn. Z.* 23 S. 247/52; *Engng.*
81 S. 848/9.
HELLER, RATEAUsches Verfahren zur Verwertung
des Abdampfes von Maschinen mit unterbrochenem
Betrieb. (Auspuffdampf in einem Gefäß sammeln
und daraus eine beliebige Niederdruck-Kraft-
maschine speisen.)* *Z. V. dt. Ing.* 50 S. 355/9.

**6. Speisewasservorwärmung. Feed-water heating.
Chauffage de l'eau d'alimentation.** Vgl. Heißwassererzeuger.

Feed-water heating.* *Eng. Chicago* 43 S. 8/13.
HOWL & TRANTERs feed-water heater and purifier.
(Pat.)* *Railw. Eng.* 27 S. 138.
MARION INCLINE FILTER & HEATER CO., feed-
water heater and purifier. (The exhaust passes
through a large horizontal oil-separator and
completely around as well as through the heating
trays.)* *Eng. Rec.* 54 Suppl. Nr. 26 S. 48/9.
THE SIMS CO. open feed-water heater and purifier.*
Eng. Chicago 43 S. 507.
SNOW, use of feed-water heaters in connection
with heating systems. (Open feed water heater;
pump, receiver and closed feed water heater.)
(V)* *Eng. News* 56 S. 101/2; *Eng. Rec.* 54
S. 212/3; *Mech. World* 40 S. 114/5.
STROHM, feed-water heating. (Coil heaters; direct
contact heaters; closed heater.) *Text. Man.* 32
S. 417 F; *El. World* 48 S. 661/2.
THORPE, combined feed-water heater and hot
well. * *Eng. Chicago* 43 S. 277.
WAKEMAN, heating water for manufacturing
purposes.* *Eng. Chicago* 43 S. 77.
DALES and BRAITHWAITE's live steam feet-water
heater.* *Pract. Eng.* 34 S. 14/5 F.
WILKINSON, live steam heated feed water. (Com-
parative trials with the economiser only and the
live steam heater.) (V) (A) *Mech. World* 40
S. 161.
Live-steam-heated feed water. *El. Eng. L.* 38
S. 122/3.
WILKINSON, live steam-heated feed-water; its effect
on the output and efficiency of steam-boilers.
(Heat transmission through boiler plates; range
of temperature in boiler water; methods of
heating feed water to approximately steam temperature; waste of coal in boiler furnaces.) (V)
(A) *Electr.* 57 S. 584/5; *El. Rev. N. Y.* 48

S. 166/9 F.; *El. Eng. L.* 37 S. 508/13 F.; *Pract.
Eng.* 34 S. 13/4.
KROESCHELL heaters.* *Eng. Chicago* 43 S. 14.
DIETZ, Gegenstrom-Vorwärmer.* *Masch. Konstr.*
39 S. 158; *Techn. Z.* 23 S. 117/8.
FRIESDORF, Gegenstrom-Vorwärmer. (Verminderung von Kesselstein durch hohe Durchfluß-
geschwindigkeit des zu erwärmenden Wassers.)*
Papierfabr. 4 S. 514.
Condensation water as boiler feed. *Eng. Chicago*
43 S. 92.
GREEN'S air heater. (In principle a fuel economizer
for heating boiler feed water with the waste
gases in the furnace is practically identical
with the air heater now 'built by the GREEN
FUEL ECONOMIZER CO.)* *Iron A.* 77 S. 274/5.
DOSCH, Größenbestimmung der durch Abgase be-
heizten Speisewasservorwärmer. *Masch. Konstr.*
39 S. 125/7 F.

**7. Speisewasser - Reinigung, Kesselstein. Puri-
cation of feed-water, incrustations. Epuration
de l'eau d'alimentation incrustations.** Vgl.
Destillation, Eisenbahnwesen V 2, Filter, Oelabscheider, Wasserreinigung.

BARDORF, moderne Kesselunterhaltung. (Hähne
mit Ablaßvorrichtung, RASMUSSEN & ERNST's
Kesselwasser - Reinigungs - Apparat „Simplex".)*
Z. Textilind. 10 S. 73/4.
BASCH, schädliche Bestandteile der Kesselspeise-
wässer. *Z. Heiz.* 10 S. 177/9 F.
DOSCH, Beeinflussung der Kesselleistung durch
innere und äußere Verunreinigungen. *Braunk.*
5 S. 471/5 F.
Praktische Erfahrungen über Kesselstein und Kes-
selspeisewasserprüfung. *Erfind.* 33 S. 558/62.
THE SIMS CO., open feed - water heater and puri-
fier.* *Eng. Chicago* 43 S. 507.
STROHM, feed - water purification. (Feed - water
filter.)* *Sc. Am. Suppl.* 62 S. 25854/5; *El.
World* 48 S. 423/4.
Ueber das Wechseln der Härte des Wassers und
die Reinigung desselben zwecks Benutzung als
Dampfkesselspeisewasser. (Zusammenstellung der
Wasser einer Reihe von Städten Deutschlands.
Ausfällung des Kesselsteinbildner aus dem Speisewasser, bevor es in den Kessel gelangt; Abblasen der als Schlamm im Kessel niederge-
schlagenen Kesselsteinbildner.) *Z. Gew. Hyg.*
13 S. 652/4 F.
Wert verschiedener Kesselsteingegenmittel. (Aus
dem Geschäftsbericht des Dampfkessel - Ueber-
wachungs - Vereins in Hannover 1905/6.) *Text.
Z.* 1906 S. 1139.
Die Verhütung von Schlammansatz und Kessel-
steinbildung.* *Z. Heiz.* 11 S. 52/3.
Arrangement for putting compound into boiler
with ordinary city water pressure without the
use of an injector or boiler feed pump.* *Gas
Light* 85 S. 316.
Water softeners in steel works. („Criton" water
softener dealing with 5000 gallons per hour by
the PULSOMETER ENGINEERING CO., LTD.)*
Iron & Coal 72 S. 1317.
SPARKS, boiler compounds. (Tests.) *Sc. Am.
Suppl.* 61 S. 25104/5.
Störungen beim Inbetriebsetzen eines Wasser-
reinigers. (Fortreißung schlammhaltigen Wassers
in den Ueberhitzer.) *Z. Bayr. Rev.* 10 S. 64/5.
Wasserreinigung. (Geschichtliches. SCHRODERs
Wasserreiniger, ohne größeres Filter mit einem
Kaltsättiger.) *Z. Dampfk.* 29 S. 218/20.
BRAUER-TUCHORZE, Erfahrungen über Kesselstein-
verhütung. (Bemessung der zuzusetzenden Menge
eines Anti-Kesselsteinmittels; Wasserreinigungs-

apparat „Simplex" mit stetiger tropfenweiser Zuführung der aufgelösten Mittel; UNRUHs D.R.P. auf Zuführung des abgehenden Fruchtwassers beim Kartoffeldämpfen im HENZEdämpfer und tägliches Abblasen des Kessels; Verhütung mittels der Abwässer aus dem Gärraum, die außer Kühlwasser auch das Spülwasser des Vormaischers mit sich führen.) *Z. Dampfk.* 29 S. 393/4.

BRUNN-LOEWENER, system for softening water. (Softening solution, which flows into the oscillating receiver through a valve which is raised at each oscillation of the receiver.)* *Text. Rec.* 31, 3 S. 162/3.

MASTER MECHANICS' ASSOCIATION, water softening for locomotive use. (Continuous, intermittent, mechanical process.) *Railr. G.* 1906, 1 S. 680/1.

ROYLE, the mechanics of water softening. (Supply of reagents; efficient means of clarifying the treated water.) (V) (A) *Text. Man.* 32 S. 317.

BASCH und BÖMER, wasserlöslicher Kesselstein. (Verhinderung mit Soda; infolge hoher Temperatur und einer forzierten Dampferzeugung; Ablagerung einer Salzkruste von wasserfreiem Natronsulfat auf den Feuerrohren.) (V) (A) *Z. Bayr. Rev.* 10 S. 61/2.

DE CEW, chemical action in boiler feed waters. (Salts that find their way into natural waters.) *Mech. World* 40 S. 88.

Kerosene as a scale preventive. (Kerosene feed pipe connected to the feed line between the heater and the boiler.)* *Am. Miller* 34 S 837/8.

BASCH, Aetznatron oder Aetzkalk zur Wasserreinigung? *Braunk.* 4 S. 571/2.

BISCHOFF, Kesselsteinlösungs- und Verhütungs-Präparat. *Elsens.* 27 S. 7.

CHEVALET, note sur l'emploi de l'aluminate de baryte pour l'épuration des eaux d'alimentation des générateurs. *Rev. ind.* 37 S. 438.

COLONNA, Wasserreinigung. (Studien von BARON. Mischung von Zuckermelasse, Soda, Kastanienextrakt.) (A) *Z. Dampfk.* 29 S. 364.

ELLMS, sulphate of iron and caustic lime as coagulants in water purification. (Estimated amounts of sulphate of aluminum, and sulphate of iron and caustic lime required for treating settled Ohio River water.) (V) *Eng. News* 56 S. 362/3; *Eng. Rec.* 54 S. 439/41.

FELD, Barythydrat gegen Kesselstein. *Z. Dampfk.* 29 S. 420.

KOYL, art of water softening. (Lime, soda, mechanical treatment.) *Railr. G.* 1906, 1 S. 589/90.

PATTON, sulphate of iron as a coagulant in water sedimentation. (V) (A) *Eng. Rec.* 54 S. 475/6.

PENJAKOW, Reinigung der für industrielle Zwecke bestimmten Wasser. (Bariumaluminat.) *Bayr. Gew. Bl.* 1906 S. 339/40.

SPARKS, boiler compounds. (Chloride of magnesium; dry sodium phosphate tannates.) (V) (A) *Pract. Eng.* 33 S. 307.

The „American" water softener manufactured under the BRUUN-LOWENER and other patents, by the AMERICAN WATER SOFTENER CO.* *El. Rev. N. Y.* 49 S 993/4.

Wasserreinigungsapparat System BREDA mit patentierter Laugenzumessung. (D. R. P. 137271.) *Uhlands T. R.* 1906, 2 S. 30/1.

BAUDRY, ununterbrochen wirkender Wasserreinigungsapparat.* *Met. Arb.* 32 S. 302/3.

BOBY, water-softener at the works of Ratcliff & Ratcliff, Great Bridge. *Iron & Coal* 72 S. 2044/5.

Water softening apparatus by BOWES, SCOTT & WESTERN.* *Iron & Coal* 72 S. 2122.

The HARRIS-ANDERSON apparatus for the protection of condenser tubes.* *Engng.* 81 S. 380.

HOREL, Wasserreinigungsapparat „Reform".* *Z. O. Bergw.* 54 S. 492/3.

HOWL & TRANTER's feed-water heater and purifier. (Pat.)* *Railw. Eng.* 27 S. 138.

MARION INCLINE FILTER & HEATER CO., feed water heater and purifier. (The exhaust passes through a large horizontal oil separator.)* *Eng. Rec.* 54 *Suppl.* Nr. 26 S. 48/9.

„Criton" water softener, constructed by PULSOMETER ENGINEERING CO.* *Iron & Coal* 72 S. 2131.

Épurateur d'eau automatique, système STEINMÜLLER. *Gén. civ.* 49 S. 421/5.

Water purifier and grease eliminator for H. M. DOCKYARD, Pembroke.* *Page's Weekly* 8 S. 1069/70.

Water softening plant, constructed by LASSER & HJORT.* *Iron & Coal* 72 S. 2129.

HARWOOD, separation of oil from feed water. (Separating by a discharge of electricity between plates immersed in the water or by mixing a chemical coagulant with the water.) *Mech. World* 39 S. 223/4.

SELDIS-Apparat zur Prüfung des gereinigten Kesselwassers.* *Tonind.* 30 S. 1481/2.

KRŽIŽAN, über ein Kesselspeisewasser und dessen Abscheidungsprodukte. (Analysen.) *Chem. Z.* 30 S. 354/6; *Z. Bierbr.* 34 S. 455/9.

8. Speisevorrichtungen. Feeding-apparatus. Appareils d'alimentation. Vgl. Eisenbahnwesen III A 2 b α und V 2, Pumpen, Wasserversorgung.

CLUSS, Kesselspeisung BRÁZDA. (Versuchsergebnisse; Speisekessel von BRÁZDA wirkt als ein Vorkessel, der das Wasser dem gespeisten Kessel in gereinigtem Zustande gleichmäßig und mit der Wärme des Wassers im Kessel zuführt.) *Organ* 43 S. 54/5.

FOOS, die rationelle Kesselspeisung mit besonderer Berücksichtigung der Brikettindustrie.* *Braunk.* 5 S. 293/9 F.

JAHR, MORITZ, alimentateur automatique pour chaudières système HANNEMANN.* *Rev. ind.* 37 S. 41/2.

Notes on the theory and working of injectors.* *Mech. World* 39 S. 110F.

CHAMBERS, an injector theory.* *Eng. Chicago* 43 S. 274.

MICHEL, Injektoren.* *Z. V. dt. Ing.* 50 S. 1944/7; *Bull. d'enc.* 108 S. 1077/82.

SELLER's restarting injector by JENKINS BROS.* *Iron & Coal* 72 S. 2128.

DAVIES & METCALFE, compound high-pressure locomotive injector.* *Eng.* 101 S. 120.

KNEASS, high pressure steam tests of an injector.* *Pract. Eng.* 34 S. 556/8; *Eng. Rev.* 15 S. 425/31.

Feed-water measuring apparatus.* *Street R.* 27 S. 800.

SPEYERER & CO, Speisewassermesser für Dampfbetriebe.* *Färber-Z.* 42 S. 306/7.

Kondenswasser - Rückleiter „Matador". (Direkte automatische Rückleitung ohne Dampfpumpe und Injektor.)* *Alkohol* 16 S. 57.

BUNDY-Apparate. (Um Dampfleitungen leicht den Dampfverlust zu entwässern, das Kondenswasser abzuleiten und als selbsttätige Kesselspeiser dieses letztere wieder in den Kessel einzuführen.)* *Bayr. Gew. Bl.* 1906 S. 313.

GRIMSHAW, changing an ordinary feed pump into a high-pressure pump. *Eng. Chicago* 43 S. 539.

BENEKE, Oekonomie der Duplexpumpe als Kesselspeisepumpe. *Z. Dampfk.* 29 S. 469/70.

9. Wasserstandszeiger. Water-gauges. Indicateurs de niveau d'eau.

RÜSTER, Neuerungen an Wasserstandsvorrichtungen. (Gesichtspunkte und Winke für ihre Beurteilung. Glashalter und Hahnköpfe.) * *Z. Bayr. Rev.* 10 S. 26/8 F.

10. Sicherheitsventile und -Vorrichtungen. Safety valves and apparatus. Appareils et soupapes de sûreté. Vgl. Dampfleitung 1, Hähne, Ventile.

Uebermäßig wirkendes Sicherheitsventil. (Hochhubventil.) *Z. Bayr. Rev.* 10 S. 121.

Hochhubsicherheitsventile. (Versuchsergebnisse an Ausführungen von SCHÄFFER & BUDENBERG, VORM. SEMPELL, SCHUMANN & CO. und DEHNE.) * *Z. Bayr. Rev.* 10 S. 163/6 F.

HÜLFERT, Hochhub- und Vollhub-Sicherheitsventile. *Z. Dampfk.* 29 S. 368.

ADAMS, water-feed regulator with automatic alarm. *Sc. Am.* 94 S. 420.

The LUNKENHEIMER improved safety water column. (An alarm is automatically sounded when the water in the boiler approaches the low or high danger limit.) * *Iron A.* 77 S. 343.

SLATER, machining a cast-iron stop-valve. (Brass toggle nut, which is held in position by two bosses, and into which two steel rods, of right and left-hand threads, are screwed, so that by turning the nut the rods are moved out or in simultaneously.) * *Mech. World* 40 S. 50/1.

11. Sonstige Ausrüstung. Other fittings. Accessoires divers. Vgl. Manometer, Hähne.

BARDORF, moderne Kesselunterhaltung. (Hähne mit Ablaßvorrichtung; RASMUSSEN & ERNSTs Kesselwasser-Reinigungs-Apparat „Simplex".) * *Z. Textilind.* 10 S. 73/4.

KELLER & CO., elektrischer Kontroll- und Alarmapparat für Dampfkessel.* *Oest. Woll. Ind.* 26 S. 1056.

STURTEVANT ENG. CO., zwei Kontrollinstrumente für den Dampfkesselbetrieb. (Selbstregistrierendes Manometer; Apparat, der den Kohlensäuregehalt der abziehenden Verbrennungsprodukte anzeigt.) * *Oest. Woll. Ind.* 26 S. 1182.

The „Ados" automatic CO$_2$ recorder for boiler furnaces.* *Sc. Am. Suppl.* 62 S. 25896/7.

PINTSCH, selbstregistrierender Gasprüfer. (Besteht der Hauptsache nach aus einer kleinen Wasserstrahlpumpe, einem Kühler, einer Absorptionsbüchse und zwei gleichen, mit Paraffinöl gefüllten Gasmessern.) * *Elt. u. Maschb.* 24 S. 780/3.

Wasserstandsregler Patent HANNEMANN.* *Z. Dampfk.* 29 S. 24/5.

Automatic boiler stop valve. (H. & M. VALVE CO, New York.) * *Eng. Rec.* 53 Nr. 15 S. 492a.

SCHÄFFER & BUDENBERG, Dampfabsperrventil. (Entlasteter Verschlußkörper; Herausziehen des als Vollkegel ausgebildeten Abschlußkörpers; aus Formflußeisen hergestellter Ventildeckel mit dem Bügel in einem Stück.) * *Z. Dampfk.* 29 S. 49/50.

Prüfapparat für Dampfmanometer. (Gewichtsprüfer, dessen Kammer unmittelbar mit dem Manometer in Verbindung steht.)* *Z. Dampfk.* 29 S. 410.

Concerning blow-off tanks. (To receive the discharge of the boilers; explosion, brought about by the shock produced in the tank being full of water.) * *Pract. Eng.* 34 S. 643/5.

HISSEN, MEUTER & HERWEG, Dampfkessel-Ablasehahn.* *Techn. Z.* 23 S. 305.

Device for injecting air or steam into water leg to produce circulation.* *Railr. G.* 1906, 1 S. 63.

Wasserumlauf-Vorrichtung für Dampfkessel Patent

ALTMAYER. (Saugewirkung, Druckwirkung.) * *Z. Dampfk.* 29 S. 537/8.

LEHMANN, GEORG, selbsttätiger KUNERTscher Gegenstrom- und Wasserumlauf-Erzeuger für Dampfkessel. (Wasserbewegung durch diejenige Kraftmenge, die auf dem Gewichtsunterschiede kommunizierender Wassersäulen beruht, deren eine durch den im Apparat aufgefangenen Dampf nach unten gepreßt wird.) * *Z. Bayr. Rev.* 10 S. 235/8.

Mannlochkonstruktionen.* *Z. Dampfk.* 29 S. 468/9.

DE GRAHL, Rauchverbrennungs-Einrichtung, Bauart MARCOTTY für Schiffskessel. (Versuche.) * *Z. Dampfk.* 29 S. 334/6.

KING, fire-brick for boiler setting. *Eng. min.* 81 S. 805.

MÜLLER, ARNO, Flugaschenabscheider. (Aeußerung zu SOLBRIGs Aufsatz S. 310/1. Flugaschenabscheider von SCHUMANN, MÜLLER.) *Z. Dampfk.* 29 S. 430/1.

12. Betrieb. Beschädigung. Reinigung. Working. Damages. Cleaning. Exploitation. Dommages. Nettoyage. Vgl. Dampfleitung 1, Explosionen, Reinigung.

Erfahrungen mit Flammrohrkesseln. (Bericht über Kesselrevisionen. Im Bezirk der Kgl. Bergwerksdirektion zu Saarbrücken im Etatsjahr 1905. Hochspeisung der Kessel; innere Abrostung der ersten unteren Mantelplatte um die Mündung des Wasserablaßstutzens herum.) *Z. Bayr. Rev.* 10 S. 111.

RUDE, Feuerungskontrolle bei Dampfkesseln. *Sprechsaal* 39 S. 1333.

GREENER, firing boilers with coke oven gases (Heat losses by charging with wet coal; improvement on Lancashire and egg-ended boilers; beehive coke-ovens; by-product coke-ovens.) (V. m. B.) (A) *Eng. Rec.* 53 S. 490.

KÖNIG, Koksfeuerung für Dampfkessel. (Zur Beseitigung der Rauchplage.) *Z. Bayr. Rev.* 10 S. 102.

PEABODY, methods of burning small anthracite coal. (In the boiler furnace.) *Eng. Rec.* 54 S. 294/5.

PLATIUS, starting a gasolene-fired boiler.* *Am. Mach.* 29, 1 S. 286/7.

BENNIS, chargement automatique des chaudières et vidange des cendres dans une usine centrale électrique du chemin de fer d'Orléans à Paris. (Pat.) * *Rev. chem. f.* 29, 1 S. 86/9; *Rev. ind.* 37 S. 25/6.

Blowing out boilers in service. *Mech. World* 39 S. 274.

DOSCH, Beeinflussung der Kesselleistung durch innere und äußere Verunreinigungen. *Braunk.* 5 S. 471/5 F.

JOHNEN, über Ersparnisse im Dampfkesselbetriebe. (Einmauerung des Kessels; Reinigung; Heizung.) *Techn. Z.* 23 S. 465/6.

FREMONT and OSMOND, boiler plate corrosion. (Corrosions taking the form of pustules or pitting, and those giving rise to striations or fissure-like marks. Micrographic investigations of iron and steel plates from four locomotive boilers of the Western Ry. of France.) *Eng. Rec.* 54 S. 376.

FRISCHER, Verhalten von chemisch gereinigtem Kesselspeisewasser im Dampfkessel und über Korrosionen von Dampfkesseln.* *Chem. Z.* 30 S. 125/7.

HÜLFERT, Korrosionen in Dampfkesseln. (In einer chemischen Fabrik. Eintreten von Kalilauge, durch Undichtheit der Hähne und Ventile und auch beim Anstellen des Dampfes, durch die Dampfleitung in die Kessel.) * *Z. Dampfk.* 29 S. 45/6.

Ursachen der Korrosion von Dampfkesseln. (Vorhandensein von Schwefel, Mangan, Schlacke usw. befördert die Korrosionswirkung.) *Eisens.* 27 S. 284/5.

Boiler priming caused by poor circulation. (Experiments by JACOBUS to demonstrate how priming in a boiler may be caused by the poor circulation of the water contained therein.) *Mech. World* 40 S. 122.

Kesselschaden infolge eines Innenanstrichs. (Bei einem engrohrigen Siederohrkessel nach MAC NICOL.) *Z. Gew. Hyg.* 13 S. 169.

Betriebsnachlässigkeiten. (Verrostungen, Beulen, Risse.) *Z. Bayr. Rev.* 10 S. 71/3.

Wasserzirkulationsfehler. (Wasserrohrkessel System STEINMÜLLER; Verschiebung des Aufsatzes über dem vorderen Wasserkammerstutzen.) *Z. Dampfk.* 29 S. 461.

Cause of failure of boiler furnaces. (Abstract of a paper before the Northeast Coast Institution. Result of oil in the feed water. With the use of high-grade mineral oils the danger is less than with low-grade oils, due to the fact that the latter emulsify and hence cannot be removed from the feed water except by chemical treatment.) *J. Frankl.* 161 S. 113.

JACOBUS, boiler priming caused by poor circulation. (Experiments. Circulation inhibited by retarders.) *Eng. Rec.* 54 S. 68.

SEE, some notes on steam boiler troubles. (Watertube boiler.) (V)* *Pract. Eng.* 34 S. 614/6.

Kesselbeulen. (Durch Oelbelag im Kessel.) * *Z. Zuckerind. Böhm.* 30 S. 463/9.

Starke Ausbeulungen an einem Dampfkessel. (Verbindung der abgesetzten Stoffe durch gallertartige Tonerde zu einer zähen Masse, die eine Ueberhitzung der Bleche hervorriefen.)* *Z. Bayr. Rev.* 10 S. 69.

Merkwürdiger Fall von Flammrohr-Einbeulungen. (Speisewasser mit schwefelsaurem Natron.) *Z. Bayr. Rev.* 10 S. 171.

Stark eingebeultes Wellrohr. (Unvollkommener Schluß des Ausblasehahns.)* *Z. Bayr. Rev.* 10 S. 38/9.

CARIO, Rostungsvorgänge in Dampfkesseln. (Angriff auf Eisen durch den im Wasser gelösten freien Sauerstoff; Entlüftung durch Sauerstoff absorbierende Mittel, wie z. B. Holzkohlenstaub; Zusatz von Natronlauge zu Cyankaliumlösung; Begünstigung des Eisenangriffs bei Berührung des Eisens mit Kupfer; Einwirkung von verschiedenen Eisensorten, die sich gegenseitig berühren; Zerstörung des Eisens; Bestandteile, die infolge der hohen Temperatur und des hohen Druckes im Kesselinnern sauer werden; Rostungen in der Umgebung des Ablaßstutzens.) *Z. Dampfk.* 29 S. 89/90 F.

WERNER, Ursachen und Verhütung der durch Wasser hervorgerufenen Eisenanfressungen und Mörtelerweichungen. (Durch die im Wasser vorhandene freie Kohlensäure und den Sauerstoff der Luft.) *Apoth. Z.* 21 S. 823.

WEINBRENNER, Rostungen von Kesselblechen und Ermittelung der Ursachen. (Prüfungen auf die meistens vorkommenden Säuren.) *Z. Dampfk.* 29 S. 264/5.

Rißbildung an Flammrohrkesseln. (Zu starre Verbindung der einzelnen Kesselteile; empfehlenswerter Ersatz des Flammrohrs durch Wellrohr.) *Z. Bayr. Rev.* 10 S. 161.

Riß in einem Kesselboden. (Bedeutende Spannung im Material oder zu rasche Abkühlung nach dem Pressen des Blechs.)* *Z. Bayr. Rev.* 10 S. 90.

BACH, Bildung von Rissen in Kesselblechen.* *Z.*

V. *dt. Ing.* 50 S. 1/12; 258/9; *Rev. métallurgie* 3 S. 297/314.

BACH, zur Frage der Bildung von Rissen in Kesselblechen. (Entgegnung auf die Arbeit „Die Bildung von Rissen in Kesselblechen" von EICHHOFF.) *Stahl* 26 S. 275/7.

EICHHOFF, Risse in Kesselblechen und Aenderungsbedürftigkeit der Würzburger Normen. (Aeußerung zum Aufsatz von BACH in derselben Zeitschrift.) *Stahl* 26 S. 347/50.

Risse in Kesselblechen und Aenderungsbedürftigkeit der Würzburger Normen. (Zuschriften von MARTENS, EICHHOFF und BACH.) *Stahl* 26 S. 403/4.

Risse in Kesselblechen und Materialprüfung. (Besprechung einer Abhandlung nach V. BACH in Z. V. dt. Ing.; Bedürfnis und Zweckmäßigkeit einer staatlichen Bindung der Normen durch das Reich.) *Z. Bayr. Rev.* 10 S. 14/7.

Risse in Kesselblechen, Materialprüfung und Dampfkesselnormen. (Erwiderung von EICHHOFF zur Abhandlung. S. 14/7.) *Z. Bayr. Rev.* 10 S. 31/4.

Kesselbodenbruch bei der Wasserdruckprobe. (Kessel der Mährisch-Ostrauer Elektrizitäts-Aktien-Gesellschaft. Unrichtige Behandlung des Bleches beim Krempen.) *Z. Dampfk.* 29 S. 413.

Bruch eines Putzlochdeckels. (In der Dampfanlage einer oberbayerischen Säge; Quersiederkessel Baurat SACHAPELLE; Riß des Deckels unter Abscherung des ganzen Dichtungsrandes, alter Bruch vielleicht infolge zu kurzen Anziehens der Bügelschraube.)* *Z. Bayr. Rev.* 10 S. 160/1.

Platzen eines Dampfrohres. (Anlage der Rohrleitungen derart, daß die Bedienung der sämtlichen dortselbst befindlichen Apparate von einer Seite aus geschehen kann. Gegenäußerung von GRAF.) *Z. Bayr. Rev.* 10 S. 59.

Jarring in steam pipes. (Caused by the intermittent current of steam; the remedy is to place near the engine a reservoir for steam as it delivered from the boiler and feed the engine with a pipe leading from this reservoir.) *Eng. Rec.* 53 S. 522/3.

Explosion eines Schürhakens. (Aus einem Eisenrohre und eingeschweißtem massivem Griff und Haken. Wasser in dem Rohre.) *Z. Bayr. Rev.* 10 S. 211.

WEILANDT, Wasserschlag bei Kesseldruckproben. (Indem durch Undichtheiten der Ventile Wasser und Dampf zusammen kamen; Notwendigkeit von Blindscheiben.)* *Z. Dampfk.* 29 S. 59.

Unfälle im Dampfkesselbetriebe. (Wasserschläge; Verschlammung von Wasserstandsrohren.)* *Z. Dampfk.* 29 S. 77/9.

Engine and boiler accidents.* *Page's Weekly* 9 S. 928/9 F.

Accidents d'appareils à vapeur survenus pendant l'année 1904. (Résumé des dossiers administratifs.) *Ann. ponts et ch.* 1906, 3 S. 159/69.

WALCKENAER, accidents d'appareils à vapeur. *Bull. ind. min.* 4, 5 S. 981/1032.

Unfälle durch Mannlochverschlüsse. (Flugblatt Nr. 2 des Magdeburger Vereins für Dampfkesselbetrieb. Exzentrischer Sitz des Deckels; Nachziehen der Schrauben.)* *Z. Dampfk.* 29 S. 381/2.

CARIO, Unfälle durch Mannlochverschlüsse.* *Vulkan* 6 S. 161/2.

Unglücksfall bei einer Wasserdruckprobe. (Bei Erprobung eines TISCHBEIN-Dampfkessels; Bildung eines Luftsackes, weil der Kessel vor der Probe nicht ganz entlüftet war.)* *Z. Dampfk.* 29 S. 37; *Oest. Woll. Ind.* 26 S. 545.

Unglücksfall bei einer Wasserdruckprobe. (Risse in Kesselblechen in einer österreichischen Kessel-

schmiede am 17. Oktober 1905.)* *Z. Bayr. Rev.* 10 S. 25/6.

Unglücksfall bei der Wasserdruckprobe. (Vgl. S. 25/6. Aeußerungen von KNAUDT und der Schriftleitung.) *Z. Bayr. Rev.* 10 S. 39/40.

Ein schwerer Unglücksfall bei der Wasserdruckprobe eines Dampfkessels. (Anbrüche in Form von Haarrissen und Blaubruch.)* *Ratgeber, G. T.* 6 S. 14/5.

Ueberwachungs-Praxis. (Flammrohr-Einbeulungen; Gefahren des Abdeckens der Roste mit Brennmaterial während der Nachtzeit; Rauchgasexplosion.) *Z. Dampfk.* 29 S. 111/2.

HAUCK, Gefahren der Dampfkesselreinigung. (Beim Verlassen des Kessels.)* *Z. Gew. Hyg.* 13 S. 104/8 F.

GEIGER, über die Reinigung der Dampfkessel. (Entleerung nach vollkommener Abkühlung des Mauerwerks.) *Z. Bayr. Rev.* 10 S. 1/2.

Reinigung der Röhrenkessel. *Papierfabr.* 4 S. 1943/4.

Kesselrohr-Reiniger.* *Met. Arb.* 32 S. 163/4.

Centrifugal boiler-tube cleaner.* *El. World.* 47 S. 169.

HENDERSON, tube cleaning machine for railway shops. (The rattling or cleaning is done in a tank of water, over this tank is erected a steel frame carrying the driving mechanism.)* *Eng. News* 55 S. 328.

METZ, Röhrenreinigungsapparat System NOWOTNY.* *Mitt. Artill.* 1906 S. 846/9.

RYERSON & SON, a new flue cleaning machine.* *Iron A.* 77 S. 271.

Verfahren zur Entfernung von innen abgelagertem Kesselstein aus Rohren mit elastischen Wandungen. *Ratgeber, G. T.* 6 S. 203/4.

VOSSBERG, pneumatischer Kesselsteinabklopfer. (Arretiervorrichtung des Verschlußstückes; Luftzuführungsdüsen.)* *Z. Dampfk.* 29 S. 440; *Oest. Eisenb. Z.* 29 S. 184/5.

13. Dampfkesselhäuser. Boiler houses. Remises pour chaudières à vapeur. Vgl. Fabrikanlagen, Eisenbahnwesen V. 4.

Boiler house of the Birmingham, Ry, Light and Power Co. (BABCOCK & WILCOX boilers provided with DUTCH oven grates; boilers provided with mechanical stokers supplied from a reinforced concrete overhead bunker; ROBINS conveyor; the ashes are discharged into steel cars; the cars are hoisted out of the tunnel by means of a „man-trolley" travelling on an I-beam runway suspended from the bottom of the coal bunkers.) *Eng. Rec.* 54 S. 688.

Unique boiler-house plant at Messrs. VICKERS, SONS & MAXIM's naval construction works; Barrowin-Furness. *El. Rev.* 58 S. 1020/1.

GRIGGS, boiler room economy. *El. World.* 48 S. 859.

ORR, central-station boiler-room losses.* *El. Eng. L.* 37 S. 625/7.

VIGNOLES, efficiency of steam plant. (Boiler-house economy, plant economy.) (V. m. B.)* *Electr.* 57 S. 457/62.

Dampfleitung. Steam piping. Conduits de vapeur. Vgl. Kondensation, Dampfüberhitzung, Dichtungen, Rohre und Rohrverbindungen, Rost und Rostschutz, Ventile, Wärmeschutz.

1. Anordnung, Sicherheitsvorrichtungen, Absperrvorrichtungen, Rohrbrüche. Arrangement, safety apparatus, stop valves, pipe fractures. Disposition, appareils de sûreté, soupapes d'arrêt, ruptures de tuyaux. Vgl. Dampfkessel 8 u. 10, Ventile.

Praktische Winke über Bau und Anlage von Hochdruckdampfleitungen. *Turb.* 2 S. 203/4 F.

SEIFFERT & CO., Fortschritte im Bau von Hochdruck-Dampfrohrleitungen. (Kugelgelenk-Kompensatoren; Selbstschlußventil für hohen Druck; Wasserabscheider; Kondenswasserpumpe; Belastungsventil; nahtlos gezogenes Stahlrohr; Stopfbüchsen mit doppelter Führung.)* *Masch. Konstr.* 39 S. 38/40; *Braunk.* 4 S. 583/7; *Papierfabr.* 4 S. 294/6.

Befestigung, Lagerung und Kompensation von Hochdruckrohrleitungen. (Mitteilung des Dampfkessel-Ueberwachungs-Vereins der Zechen im Oberbergamtsbezirk Dortmund.) * *Glückauf* 42 S. 1186/91.

Pipe range and joints used for carrying the superheated steam to the engines. * *Pract. Eng.* 34 S. 776/7.

DONNELLY, sizes of return pipes in steam heating apparatus. *Eng. Chicago* 43 S. 161.

Improved appliances for using exhaust steam. (Automatic relief valves and vacuum pump MURPHY & CO. by means of which exhaust steam can be used for heating buildings, boiling liquor, and drying materials without back pressure on the engine.)* *Text. Rec.* 31, 6 S. 152/3.

REICHELT, die konstruktive Behandlung der Heißdampfrohrleitungen mit Berücksichtigung der Materialfrage.* *Dingl. J.* 87 S. 659/62 F.

VRANCKEN, les conduites de vapeur. (Pertes de chaleur.) *Sucr. belge* 34 S. 269/85.

JOHNS-MANVILLE CO., sectional steam pipe conduit. (Conduit is water, fire and acid proof.)* *Iron A.* 77 S. 1910.

JOHNS-MANVILLE CO., conduit for underground steam and hot water pipes. (The Portland sectional conduit is a glazed tile pipe made in top and bottom sections.)* *Eng. News* 55 S. 613/4.

The flow of steam through nozzles.* *Engng.* 81 S. 139/41.

Die Dampfströmung durch Düsen. (A)* *Turb.* 2 S. 154/7.

Dampfrohrleitungen. (Normale des Vereins deutscher Ingenieure; Dichtungen; biegsame Rohre; nahtlos gezogene Metallrohre von VORM. WIZEMANN.)* *Gew. Bl. Württ.* 58 S. 116/7 F.

HALL, accidents due to faulty piping. (Sudden influx of water from steam exhaust or drip pipes, practice in piping.)* *Mech. World* 39 S. 14/5.

Unfall an einer kupfernen Dampfleitung. (Zu geringe Wandstärke des Rohres, mangelhafte Ausführung.)* *Z. Dampfk.* 29 S. 471.

Platzen eines Dampfrohres. (Anlage der Rohrleitungen derart, daß die Bedienung der sämtlichen dortselbst befindlichen Apparate von einer Seite aus geschehen kann. Gegenäußerung von GRAF.) *Z. Bayr. Rev.* 10 S. 59.

VORM. HILPERT, Rohrbruchventil. (Ohne Verwendung von Membranen, Federn, Stopfbüchsen, eingeschliffenen Kolben usw.)* *Z. Gew. Hyg.* 13 S. 195.

BODE, Sicherheitseinrichtung für Rohrbruchventile. *Ratgeber G. T.* 6 S. 140/1.

GENERLICH, Rohrbruchventile und Prüfung derselben. (Unempfindlichkeit gegen Schwankungen in der Dampfentnahme; Schluß des Ventils nach Rohrbruch.)* *Z. Dampfk.* 29 S. 137/9.

HOPKINSON-FERRANTI patent stop valve. (Development of the VENTURI meter principle of converting the pressure of the steam into velocity, and thereby being able to pass the same quantity of steam through a smaller orifice than would otherwise be necessary.) * *Pract. Eng.* 34 S. 678/9.

MISSONG, Fortschritte im Bau von Absperrorganen und die dadurch sie bewirkte Verhütung von Betriebsunfällen. (Schieber; Ventile; Hähne.)* *Z. V. dt. Ing.* 50 S. 499/502.

DENIS, étude sur les assemblages des tuyaux de vapeur. *Rev. méc.* 18 S. 34/40.

Kritische Würdigung einiger gebräuchlicher Rohraufhängungen.* *Masch. Konstr.* 39 S. 206/7.

2. Dampfwasserabscheider und Verschiedenes. Steam traps, sundries. Séparateurs d'eau et de vapeur, matières diverses.

Modern steam traps. (Features which go to form a good trap.) (a)* *Pract. Eng.* 33 S. 323/5.

DUNHAM CO., trap for radiator returns.* *Eng. Rec.* 53 Nr. 11 *Suppl.* S. 39.

GEIPEL, „rapidity" steam trap. (The valve is arranged in such a way that it is held on its seat by the steam pressure; consequently a valve of much larger area can be used than in the ordinary trap.)* *Mech. World* 40 S. 254; *Text. Man.* 32 S. 415/6; *Mar. E.* 29 S. 151/2.

GEIPEL & LANGE, the rapidity steam trap.* *Page's Weekly* 9 S. 1232/3.

GOLDEN-ANDERSON VALVE SPECIALTY CO., tilting steam trap.* *Iron A.* 78 S. 729.

The GREENAWAY steam trap.* *Iron A.* 77 S. 1749.

Modern steam traps. (Thermostatic principle; traps of HOLDER & BROOKE; those which depend for their working upon the action of a float or bucket operating a valve; those which depend for their working upon the action of a BOURDON tube; steam traps of STILLS, FLINN; return-feed systems of PRATT.)* *Pract. Eng.* 33 S. 323/5 F.

HOLLY, modern steam traps. (HOLLY's gravity return system; STRATTON separator.)* *Pract. Eng.* 34 S. 3/4 F.

KOMO steam trap. (The water flows out by its own gravity, thus obviating the waste of steam involved in traps that require steam pressure to eject the water)* *Text. Rec.* 31, 2 S. 165.

The RYAN tilting steam trap.* *Iron A.* 77 S. 1330.

STROHM, the steam trap. (Traps intended to overcome the objection of a large float combined with a small discharge area; trap of the bucket class.)* *Mech. World* 40 S. 207/8; *Text. Man.* 32 S. 271/2 F.

WAKEMAN, steam traps. (Verschiedene Ausführungen.)* *Sc. Am. Suppl.* 62 S. 25864/7.

Modern steam traps. („Columbia" manufactured by WATSON & MCDANIEL; GEIPEL steam trap.)* *Pract. Eng.* 34 S. 744/5 F.

WENCK, Dampfwasserableiter und Wasserstauer. (Verschiedene Systeme.)* *Z. Lüftung (Haases)* 12 S. 133/7 F.

YOUNGSTOWN STEAM TRAP CO. Kondenswasserableiter.* *Masch. Konstr.* 39 S. 127; *Iron A.* 77 S. 585/6.

Automatischer Dampfstauer.* *Ges. Ing.* 20 S. 755/6.

BUNDY-Apparate. (Um Dampfleitungen ohne jeden Dampfverlust zu entwässern, das Kondenswasser abzuleiten und selbsttätig wieder in den Kessel einzuführen.)* *Bayr. Gew. Bl.* 1906 S. 313.

KING, drainage of water from steam-pipes. * *El. Eng. L.* 38 S. 913.

SCHIRP, Dampfleitungen mit Fixpunkten. (Zentrale im Mansfelder Bergrevier mit 2500 P.S.-Leistung.)* *Z. Dampfk.* 29 S. 225/6.

Hebel-Entleerer.* *Ges. Ing.* 29 S. 653/4.

Dampfmaschinen. Steam engines. Machines à vapeur.

Vgl. Bergbau 3, Dampfkessel, Dampfleitung, Dampfpumpen, Dampfüberhitzung, Eisenbahnwesen III A 2, Elektrizitätswerke, Fabrikanlagen,

Krafterzeugung und -Uebertragung, Kondensation, Schiffbau 3.

1. Dampfmaschinen im allgemeinen.
  a) Theoretisches und allgemeines.
  b) Dampfzylinder.
  c) Steuerung und sonstige Triebwerksteile.
  d) Regelung.
  e) Betrieb u. dgl
2. Besondere Bauarten.
  a) Volldruckdampfmaschinen.
  b) Expansionsmaschinen.
  c) Schnellaufende Dampfmaschinen.
  d) Dampfturbinen u. dgl. Siehe Turbinen 2.
  e) Dampfmaschinen mit Ventil- und Hahnsteuerung.
  f) Dampfmaschinen mit sich drehendem Kolben, mit schwingendem Zylinder.
  g) Heißdampfmaschinen.
  h) Kaltdampfmaschinen.
  i) Verschiedenes.

1. Dampfmaschinen im allgemeinen. Steam engines in general. Machines à vapeur ou général.

Vgl. Bremsen, Geschwindigkeitsmesser, Indikatoren, Kolben, Maschinenelemente, Lager, Schmiermittel und Schmiervorrichtungen, Schwungräder, Stopfbüchsen.

a) Theoretisches und allgemeines. Theory and generalities. Théorie et généralités.

MEWES, Bestimmung der Leistung von Kraftmaschinen. (Kolben-, Dampf- und Gasmaschinen, Dampf- und Gasturbinen.) *Turb.* 2 S. 243/8.

BRIGGS and REYNOLDS, conversion of heat energy into mechanical energy. (Employment of the regenerative system of feed-water heating; application of multiple-expansion cylinders.)* *Mech. World* 40 S. 220/1.

HAEUSSLER, das spezifische Volumen des Wasserdampfes. *Turb.* 2 S. 215/9.

DUCHESNE, les phénomènes thermiques dans les machines à vapeur. *Rev. méc.* 19 S. 1/40.

SCHÜLE, Dynamik der Dampfströmung in der Kolbendampfmaschine. *Z.V.dt.Ing.* 50 S. 1934/40 F.

MELLANBY, some rival steam engine theories. *Page's Weekly* 9 S. 1208/11 F.

BAUERMEISTER, l'influence des masses en mouvement dans la machine à vapeur.* *Rev. méc.* 19 S. 105/23.

HAEUSSLER, die Arbeit des Wasserdampfes und die MOLLIERschen Entropie-Diagramme. *Turb.* 2 S. 181/4.

Torsion-indicator diagrams of marine engines. * *Engng.* 81 S. 107/10.

MAVOR, heat economy in factories. (Thermal balance sheets.) (V. m. B) (a) *Min. Proc. Civ. Eng.* 164 S. 1/38.

LORENZ, die Aenderung der Leistung von Kolbenmaschinen mit der Umlaufzahl. *Z. V. dt. Ing.* 50 S. 1277/9.

ELFERS, calculating the size of the cylinders for a multiple-expansion engine. *Mech. World* 39 S. 52/3.

Die Kraft- und Arbeitsmaschinen auf der Bayerischen Landesausstellung zu Nürnberg 1906. *Tonind.* 30 S. 1391/3 F.

RUBRICIUS, die Kraftmaschinen der Reichenberger Ausstellung.* *Elt. u. Maschb.* 24 S. 757/61.

Standardisation des machines marines. (Machines du „Duc d'Edinbourg".)* *Rev. méc.* 19 S. 169/79.

HERING, das 200jährige Jubiläum der Dampfmaschine (1706—1906).* *El. u. polyt. R.* 23 S. 265/9; *Schiffbau* 7 S. 585/6.

JOHNEN, aus der Praxis des Dampfmaschinenbetriebes. (Untersuchungen an einer größeren Verbundmaschine zwecks Ermittelung des Dampfverbrauches mit und ohne Dampfmantelheizung.)* *Techn. Z.* 23 S. 373/6.

LUHR, Untersuchungen einer Betriebsmaschine. (Kondensationsmaschine von 400 mm Zylinderdurchmesser, 800 mm Kolbenhub und 75 Um-

drehungen in der Minute mit MEYER-Steuerung.)*
Z. Dampfk. 29 S. 405/6.

Dampfverbrauchs- und Leistungsversuche an Dampfmaschinen im Jahre 1905. (Einzylinder- und
Zweizylindermaschinen mit Auspuff und Kondensation.) *Z. Bayr. Rev.* 10 S. 223/6.

Results of the official test of the engines in the
New York subway power station. (Nine of
7500 horse-power ALLIS-CHALMERS engines.)*
Am. Mach. 29, 1 S. 274/6; *Pract. Eng.* 33 S. 354;
Eng. Rec. 53 S. 51/2.

Report of the official test of the double cross-
compound engines in the Fifty-ninth Street
power station of the Interborough Rapid Transit
Co. of New York. *Street R.* 27 S. 41/3.

LASCHINGER, ROBESON and BEHR, steam consumption tests at the Village Deep Mine. (V)
(A) *Mech. World* 40 S. 69/70.

Value of the reheater in compound engines.
(HILLERs tests; coal saving; cost of the reheater
over that of the usual connecting pipe between
the cylinders; reclamation of waste.) *Mech.
World* 40 S. 104; *El. Rev.* 59 S. 197/8.

Ein Versuch im großen. (Auf der „Caronia" mit
Vierfachexpansionsmaschinen [Kolbenmaschinen]
und der „Carmania" mit Dampfturbinen System
PARSONS.) *Z. Dampfk.* 29 S. 46/7.

The maximum development of the steam engine.
El. Rev. 59 S. 476/7.

.FOSTER, superheated steam. (Forms of super-
. heaters and the use of superheat as an economy
with different types of engines.) *Eng. Chicago*
43 S. 687/8.

SINIGAGLIA, la surchauffe, appliquée à la machine
à vapeur. *Bull. Mulhouse, Procès-verbaux,*
1906 S. 259/65.

MEYENBERG, Abdampf zur Krafterzeugung, insbesondere das Verfahren von RATEAU. (RATEAUs
Kombination der Kolbendampfmaschine, derart,
daß die Kolbenmaschine die hohen Spannungen
ausnutzt und der niedriggespannte Dampf dann
in einer Turbine arbeitet; Dampfaufspeicherung
zwischen Kolbenmaschine und Turbine; Ausführungen von MASCHINENFABRIK-A. G. BALCKE
zu Bochum i. W.; SAUTTER, HARLÉ & CO.;
Anlage auf der Zeche Hibernia; Anlage auf den
Rombacher Hüttenwerken von EHRHARDT &
SEHMER; Turbinen nach dem System ZOELLY;
Anlage für die Zeche Klein-Rosseln im Saar-
gebiet.)* *Z. Dampfk.* 29 S. 105/8 F.

RUBRICIUS, Kraftgewinnung aus Abdampf. *Elt. u.
Maschb.* 24 S. 525/32

HOLEY, die praktische Verwendung des Abdampfes
einer Dampfmaschine. *Erfind.* 33 S. 438/40.

MUCHKA und MISSNIA, Abdampf gegen Frischdampf in Verbindung mit Papiermaschinenantrieb.
(Gesamtwirkungsgrad einer Auspuffmaschine mit
überhitztem Dampf in Verbindung mit einer Anlage zum Trocknen, Vorwärmen usw.)* *W.Papierf.*
37, 2 S. 3567/9.

MAVER, utilizing exhaust steam in the locomotive
works of the Grand Trunk Ry at Montreal,
Can. *Cassier's Mag.* 29 S. 407/14.

STEVENS and HOBART, the steam consumption of
reciprocating engines. *El. World* 47 S. 369/71.

The steam consumption of modern winding engines.
Eng. 102 S. 363.

Some comparisons of steam turbines and reciprocating engines. (CARNOT formula; relation between
the steam consumption and the vacuum of a
2000 kw. PARSONS turbine at different loads.)
Mech. World 39 S. 294.

Betriebskosten von Motoren. *Text. Z.* 1906 S. 729 F.

FISCHER, was beeinflußt die Kosten der Dampfkraft? (V) *Z. V. dt. Ing.* 50 S. 660/2.

Comparative economy of steam and turbine engines.
(Saving in coal computed for the turbine steamers
belonging to the Midland Ry, England, as compared with similar steamers of the same company propelled by reciprocating engines.) *J.
Frankl.* 161 S. 319; *Eng. Rec.* 54 S. 535.

GOODENOUGH, relative economy of turbines and
engines at varying percentages of rating. (V)*
Eng. Rec. 54 S. 429/31; *Eng. News* 56 S. 430.

SCHÖMBURG, the comparative cost of steam engines,
steam turbines, and gas engines for works driving.* *El. Rev.* 59 S. 367/8; *Masch. Konstr.* 39
S. 15/6.

LÉTOMBE, comparison entre les machines à vapeur
et les moteurs à gaz de grande puissance. *Électricien* 32 S. 130/3.

MATHOT, moteurs à combustion interne et machines à vapeur. *Rev. méc.* 19 S. 513/44.

BIBBINS, gas engines in commercial service. (Comparison of losses in gas and steam power
plants; heat consumption.) (V)* *Pract. Eng.*
34 S. 297/9.

Suggestions for the construction of an economical
steam engine. *Eng. Rev.* 14 S. 90/2.

Größenunterschied der Maschine eines Handels-
dampfers und eines Torpedobootes von gleicher
Leistung.* *Prom.* 17 S. 213/4.

Best plants for locating steam engines.* *Mech.
World* 40 S. 218.

BRIERLEY and ROBERTSHAW, generation of steam
in a power station. (Area of the chimney;
forced draught; advantage in using the DRUITT
HALPIN thermal storage; piping.) (V. m. B.) (A)
Pract. Eng. 33 S. 554/6.

b) Dampfzylinder. Steam cylinders. Cylindres à vapeur.

Design and construction of cylinders. (Jacketed
cylinders; pattern; foundry considerations; setting
cores; boring cylinders.)* *Mech. World* 40
S. 230/1.

Steam-engine cylinder parts. (Velocity of the piston
at the termination of each interval of 5 deg. in the
revolution of the crank; speed of steam admission to the cylinders of a triple-expansion
battleship engine; velocity curves deduced from
the valve and piston movement.)* *Pract. Eng.*
34 S. 35/8 F.

Cylinder details. (Piston valves; high pressure
cylinders of three stage expansion engines.)*
Pract. Eng. 33 S. 451/3 F.

WILLIAMS, effects of alternations to the cut-off in
the cylinders of triple-expansion and compound
engines. *Pract. Eng.* 34 S. 518/9.

Prevention of engine wrecks from cylinder water.
(Cylinders fitted with relief valves set at a point
above the highest working pressure; cylinder
head the central portion of which gives way at
a dangerous pressure.) *Eng. Rec.* 53 S. 494.

SMITH, performance of the assistant cylinders of
the „Washington".* *J. Nav. Eng.* 18 S. 907/47.

BANTLIN, der Nutzen des Dampfmantels nach
neueren Versuchen. (Vergleichgrundlagen.)* *Z.
V. dt. Ing.* 50 S. 1066/71; 1184/90.

c) Steuerung und sonstige Triebwerksteile. Steam distribution and other parts of moving apparatus. Distribution de vapeur et autres parts de l'appareil moteur. Vgl. Kolben, Maschinenelemente und Schwungräder.

PRÖLL, Kraft- und Festigkeits-Verhältnisse bei
Schiffsmaschinen - Steuerungen. (MARSHALL-
Steuerung; KLUG-Steuerung; JOY-Steuerung;
Steuerung von HEUSINGER V. WALDEGG; STEPHEN-

SONsche Steuerung; Berücksichtigung dynamischer Einflüsse des Gestänges.) ⊠ *Schiffbau* 7 S. 541/9 F.

Dampfmaschinen-Schiebersteuerung. (RICHARDSONs Konstruktion des Auslaßschiebers.)* *Z. Dampfk.* 29 S. 439/40.

MELLIN, special valve gears for locomotives. (Of GOOCH; ALLAN; HACKWORTH; WALSCHAERT; HELMHOLTZ modification; ALLFREE-HUBBELL gear attachment; YOUNG valve arrangement). (V) *Pract. Eng.* 34 S. 268/70.

KLEPAL, Dampfmaschinen mit Beharrungsregler, System KLEPAL-TRAUB. (Verwendung eines unentlasteten Muschelschiebers oder eines Kanalschiebers mit einem Beharrungsregler.)* *Masch. Konstr.* 39 S. 205.

STANFORD, direct leakage of steam through slide valves. (V) *J. Frankl.* 162 S. 467/71.

     d) Regelung. Governing. Réglage. Siehe Regler 2.

     e) Betrieb u. dgl. Working and the like. Exploitation etc.

REISCHLE, Vorrichtungen zum schnellen und sicheren Stillsetzen von Dampfmaschinen und Wellenleitungen. (CEJKAs Vorrichtung besteht darin, daß man mit jedem der Sicherheitsventile einer Dampfmaschine einen kleinen liegenden Druckzylinder verbindet; dgl. mit Auslösung eines Gegengewichts durch einen Elektromagneten; dgl. von BERGER-ANDRÉ, bei dem ein Schnüffelventil in den Kondensator Luft eintreten läßt, sobald die Luftleere im Zylinder größer wird, als im Kondensator. PROELLs pneumatische Bremse; elektrische Schwungradbremse von LUCKHARDT; BAUERs und RÖMERs Fallbremsen.) *Z. Bayr. Rev.* 10 S. 44/6.

Abstellen der Dampfmaschine. (Einrichtung zum Abstellen von jedem Raum der Fabrik aus.)* *Papier-Z.* 31, 1 S. 474.

HEMINWAY, automatic engine stops. (Automatic safety devices for steam engines and turbines; several forms.)* *El. World* 47 S. 1132/3.

The LOCKE automatic engine stop.* *Eng. Chicago* 43 S. 269/70.

Engine and boiler accidents.* *Page's Weekly* 9 S. 928/9 F.

Mill-engine breakdowns. (Steam engines. From LONGRIDGE's the chief engineer's report to the British Engine Boiler and Electrical Insurance Co.) (A) *Mech. World* 40 S. 242/3 F.

Dampfmaschinen-Unfälle. (Liegende dreistufige Vierzylinder-Kondensationsmaschine: Bruch der Kolbenstange der Mitteldruckseite im Keilloch des Kreuzkopfkonus. Liegende Kondensations-Verbundmaschine: Abreißung des Deckels des Hochdruckzylinders.) *Z. Bayr. Rev.* 10 S. 110/1.

WALCKENAER, accidents d'appareils à vapeur. *Bull. ind. min.* 4, 5 S. 981/1032.

Beschädigung einer Dampfmaschine. (Verbundmaschine mit Einspritzkondensator und Ventilsteuerung. Einschaltung eines Vorwärmers zwischen dem Niederdruckzylinder und dem Kondensator; Verschlechterung des Vakuums im Kondensator.)* *Z. Bayr. Rev.* 10 S. 86/7.

Betriebsstörung an einer Dampfmaschine. (Vgl. S. 69. Betriebsstörung, die auf mangelhaftes Arbeiten eines Wasserreinigers zurückzuführen war; übermäßige Beanspruchung des Kessels, wofür die Entbärtungsanlage nicht berechnet ist.) *Z. Bayr. Rev.* 10 S. 243.

Moteurs à vapeur surchargés. *Ind. él.* 15 S. 448/51.

Kolbenbruch. (In einem Sägewerke. Sehr niedrige Rotgußmutter mit auf die halbe Mutterhöhe unterbrochenem Gewinde.)* *Z. Bayr. Rev.* 10 S. 100/1.

Bruch des Hauptdampfrohres auf einem Hochseedampfer. (Fehlen der Stahldrahtumwicklung um das Kupferrohr; Fehlen der Sicherung der Flanschköpfe gegen Abschieben durch Nieten, Aufrollen oder Umbördeln.)* *Z. Dampfk.* 29 S. 15 F.

Mangelhafte Schaltvorrichtung. (Fangen der Absperrklinke am Schwungrade. Verfasser empfiehlt eine innerhalb des Geländers angebrachte Schaltvorrichtung der MASCHINENFABR. AUGSBURG.) *Z. Bayr. Rev.* 10 S. 191/2.

MAC MURROUGH, a mill-engine repair.* *Mech. World* 40 S. 134/5.

Schalldämpfer bei Auspuffmaschinen. *Text. Z.* 1906 S. 971; *Z. Drechsler* 29 S. 477.

     2. Besondere Bauarten. Special constructions. Constructions spéciales. Vgl. Dampfpumpen, Eisenbahnwesen III A, Fördermaschinen, Lokomobilen.

     a) Volldruckdampfmaschinen. Steam engines without expansion. Machines à vapeur sans expansion. Fehlt.

     b) Expansionsmaschinen. Expansion engines. Machines à expansion.

LUHR, Dampfmaschinen-Praxis. (Verbund-Dampfmaschine mit Kondensation, ein Dampfverbrauch von 8 kg für die P.S. und Stunde konnte bei dieser nicht erreicht werden. Wasserrohr-Kessel, Patent GEHRE; Dampfweg am Kessel. Betrachtungen von SCHOLL.)* *Z. Dampfk.* 29 S. 309/10 F.

BORSIG, stehende Zweifach-Expansionsdampfmaschine mit Niederdruckschieber System HOCHWALD. ⊠ *Masch. Konstr.* 39 S. 164.

SULZER FRÈRES, machine à vapeur à triple expansion de 6500 chvx. ⊠ *Rev. ind.* 37 S. 55/6.

Die neuen Dampfdynamogruppen der Zentrale Moabit in Berlin mit liegenden 6000 P.S. SULZER-Dampfmaschinen. (Dreifach-Expansionsmaschine mit geteiltem Niederdruckzylinder, Steuerung durch viersitzige Ventile, Gehäuse nach dem Spannwerksystem.) ⊠ *Schw. Baus.* 47 S. 213/4.

GENT, Einlaß- und Auslaßventil des Niederdruckzylinders einer 600 P.S. Zweifach-Expansions-Dampfmaschine, System SULZER - CARELS.* *Masch. Konstr.* 39 S. 208.

M'NAUGHT, compound mill engines. (Triple-expansion engines from 400 to 2000 i. H.P.)* *Text. Man.* 32 S. 21/2.

200 compound condensing engine for the Belgian State Railways. *Engng.* 81 S. 243/4.

HARRIS-CORLISS, machine à vapeur horizontale.* *Portef. éc.* 51 Sp. 33/41.

VAN DEN KERCKHOVE, new type piston-valve engine. (Piston valves which combine the advantages of both CORLISS and lifting valves; can work with saturated or superheated steam.)* *Pract. Eng.* 33 S. 8/9.

     c) Schnellaufende Dampfmaschinen. High speed engines. Machines à grande vitesse.

A STURTEVANT CO. new engine. (Vertical forced lubrication engine. Centrifugal oil guards. RITES governor; cast iron cross head equipped with adjustable shoes and a nickelsteel wrist pin.)* *Text. Rec.* 30, 5 S. 153/4.

STURTEVANT CO. horizontal engine. (For driving direct connected generators; oil pump for forced lubrication.)* *Text. Rec.* 31, 3 S. 165.

STILL, small, vertical, high speed engines. (Low pressure engine at Davenport, Ja. in a school-building. Speed is 180 rev. per min; engine driving a blower which is attached to a dry kiln; oiling system.) (V) ⊠ *J. Ass. Eng. Soc.* 36 S. 230/7.

STURTEVANT CO., schnellaufende stehende Einzylinder-Dampfmaschine mit Druckschmierung. (Achsenregler System RITES.)* *Masch. Konstr.* 39 S. 134/5.

BLUM, machine à vapeur verticale de 500 chvx. pour laminoirs, construite par M. M. DAVY FRÈRES.⊠ *Rev. ind.* 37 S. 433/4.

d) Dampfturbinen u. dgl. Steam turbines and the like. Turbines à vapeur etc. Siehe Turbinen 2.

e) Dampfmaschinen mit Ventil- und Hahnsteuerung. Steam engines with valve and cock gearing. Machines à vapeur avec détente à soupape et à robinet. Vgl. 1 c.

VOIT, Mitteilungen über Ventildampfmaschinen Bauart LENTZ.* *Bayr. Gew. Bl.* 1906 S. 5/8.

INTERBOROUGH RAPID TRANSIT CO. test of subway engines. (Twin vertical - horizontal REYNOLDS CORLISS engines, in operation at the 59 th Street station.)* *Railr. G.* 1906, 1 S. 143/4.

f) Dampfmaschinen mit sich drehendem Kolben, mit schwingendem Zylinder. Steam engines with rotary piston, with oscillating cylinder. Machines à vapeur à piston tournant, à cylindre oscillant.

WALTER, Dampfmaschinen mit umlaufendem Kolben. (Unterschied gegenüber der Dampfturbine; HULT-Motor, bei dem der Zylinder auf Rollen gelagert, sehr leicht beweglich ist, so daß er durch die Reibung des Kolbens in der Drehrichtung der Welle mitgenommen wird; MORELL - Dampfmaschine, bei der in einem kreisrunden Gehäuse exzentrisch zu dessen Mitte eine Walze befestigt ist, aus der eine schieberähnliche Platte [Druckflügel] hervortritt, welche durch seitlich angeordnete exzentrische Ringe geführt wird.)* *Z. Dampfk.* 29 S. 196/8; *Turb.* 2 S. 184/6 F.

GENTSCH, Drehkolben-Kraftmaschine. (Uebersicht über Neuerungen und Patente.) (a)⊠ *Verh. V. Gew. Abh.* 1906 S. 363/99 F.

The ROTENG CO. steam motor. (Consists of multiple cylinders radially disposed around a hollow shaft.)* *Iron A.* 77 S. 1319/20.

EGERSDÖRFER, rotierende Dampfmaschine, System EGERSDÖRFER. (Beschreibung und vergleichende Betrachtungen.)* *Turb.* 2 S. 219/23 F.

g) Heißdampfmaschinen. Superheated steam engines. Machines à vapeur surchauffée.

JACOBI und MEWES, Heißdampf in Kolben-, Turbinen- und Rundlaufkolben-Maschinen. *Turb.* 2 S. 332/3.

EARNSHAW & CO., nom. 150 P.S. - Heißdampf-Tandem - Zweifach - Expansions - Dampfmaschine.⊠ *Masch. Konstr.* 39 S. 201.

Heißdampfmaschine Patent W. SCHMIDT.* *Wschr. Baud.* 12 S. 818.

BONJOUR et DUCHESNE, machine à vapeur monocylindrique. * *Portef. éc.* 51 Sp. 18/24.

STOLZENBURG, Rückstandsbildung in Luftkompressoren und Zylindern von Heißdampfmaschinen. *Chem. Rev.* 13 S. 54/5 F.

h) Kaltdampfmaschinen. Cold steam engines. Machines à vapeur froide.

Sulphur - dioxide exhaust heat engine. (As auxiliary to the steam turbine and to the piston steam engine; JOSSE's tests.) *Pract. Eng.* 33 S. 449/51.

HELLER, RATEAUsches Verfahren zur Verwertung des Abdampfes von Maschinen mit unterbrochenem Betrieb. (Auspuffdampf in einem Gefäß sammeln und daraus eine beliebige Niederdruck-

Kraftmaschine speisen.) * *Z. V. dt. Ing.* 50 S. 355/9.

i) Verschiedenes. Sundries. Matières diverses.

BENJAMIN, small steam engines. (Of the vertical type; the vertical engine has less vibration than the horizontal one.)* *Cassier's Mag.* 30 S. 441/54.

BOOTH, small British steam engines. * *Cassier's Mag.* 31 S. 113/24.

Machine à vapeur démontable. (Construite par LA SOCIÉTÉ ANONYME DES ANCIENS ETABLISSEMENTS HERMANN-LACHAPELLE.) * *Rev. ind.* 37 S. 385/6.

DIVIS, Dampfmaschinen mit geheiztem Kolben.* *Z. O. Bergw.* 54 S. 17/21.

GAFFER, handling and machining large engine frames.* *Am. Mach.* 29, 1 S. 133/5.

Schalldämpfer für Auspuffmaschinen. (Die Schallwellen, welche das Auspuffgeräusch verursachen, werden verteilt und zerlegt.) *Z. Drechsler* 29 S. 477; *Text. Z.* 1906 S. 971.

Dampfpumpen.   Steam pumps.   Pompes à vapeur. Siehe Pumpen 2.

Dampfüberhitzung.   Steam superheating.   Surchauffage de la vapeur. Vgl. Dampfkessel, Dampfmaschinen 2 g, Eisenbahnwesen III.

LONGRIDGE, superheated steam.* *Engng.* 81 S. 164/8.

Superheated steam. (Statements regarding the use of superheated steam.) *Eng. Rec.* 54 S. 86/7.

Ueberhitzter Dampf für verschiedene Industriezwecke. (Verwendung in der Sulfitzellstoff-Fabrikation nach direktem [RITTER-KELLNER-] und nach indirektem [MITSCHERLICH-] Kochverfahren. Mängel der Heizschlangen von Hartblei; Vorzüge gezogener kupferner Röhren ohne Draht; gepreßte Rohre nach dem MANNESMANN-Verfahren.) *Z. Dampfk.* 29 S. 385/7.

SINIGAGLIA, la surchauffe, appliquée à la machine à vapeur. *Bull. Mulhouse, Procès verbaux* 1906 S. 259/65.

POULEUR, la vapeur d'eau surchauffée et son application aux machines à piston. *Rev. univ.* 13 S. 54/86.

MANN, superheated steam in the power station. (Pipe covering ; provision for expansion.) (V) *J. Frankl.* 162 S. 291/6; *Page's Weekly* 9 S. 939/40; *Pract. Eng.* 34 S. 618/20.

FRÖHLING, Kesselbetrieb mit Ueberhitzeranlagen. (Anlage auf Leopoldshall.)* *Z. Dampfk.* 29 S. 353'4.

BAUERMEISTER, influence de la vapeur à haute surchauffe sur le graissage et la déformation des distributions. *Rev. méc.* 19 S. 247/55.

La surchauffe de la vapeur et sa distribution par soupapes équilibrées. * *Gén. civ.* 49 S. 94/6 F.

Ueberhitzter Dampf im Lokomotivbetriebe. (5/5 gekuppelte Zwillings - Heißdampf - Güterzug - Tenderlokomotive mit Rauchkammerüberhitzer Patent SCHMIDT und GÖLSDORFsche Achsenanordnung; Temperatur- und Druckverhältnisse; Zugkraftleistungen; Versuchsergebnisse vom 27. Juni 1905.)* *Z. Dampfk.* 29 S. 394/8.

NOTKIN, la surchauffe appliquée aux locomotives. (Surchauffeurs SCHMIDT, NOTKIN.)* *Rev. ind.* 37 S. 304/5.

The properties of superheated steam. *Eng. Rev.* 14 S. 101/10.

HOLBORN and HENNING, specific heat of superheated steam. *Pract. Eng.* 34 S. 627.

WAGNER, FRANK, C., specific heat of superheated steam. (Experiments by GRINDLEY, GRIESSMANN, JONES, LORENZ, LINDE, KNOBLAUCH.) *Eng. Rec.* 53 S. 519; *Mech. World* 39 S. 269; *Pract. Eng.* 34 S. 257/8.

Wärme-Messung in Dampf-Ueberhitzern. (An jeder Zuleitung zu den Maschinen ist ein Thermometer anzubringen.) *Mon. Text. Ind.* 21 S. 67.

RICHTER, kann überhitzter Dampf Wasser enthalten? (Versuche mit Dampfströmung aus Düsen; Messungen am ersten Aufnehmer einer Dreifach - Expansionsmaschine; Versuchsergebnisse an Rohrleitungen mit überhitztem Dampf.)* *Z. V. dt. Ing.* 50 S. 282/8.

HERBERG, Neuerungen im Ueberhitzerbau. (Schlangen- und Kammerüberhitzer.) ⊠ *Z. Bergw.* 54 S. 183/9.

FOSTER, superheated steam. (Forms of superheaters and the use of superheat as an economy with different types of engines.) (V) *Eng. Chicago* 43 S. 687/8; *Pract. Eng.* 34 S. 555/6.

Steam superheaters.* *El. World* 47 S. 1202; *Eng.* 101 S. 532.

The FERGUSON superheater. (Pat.)* *Pract. Eng.* 34 S. 331/2.

GÖHRIG, Zentrifugal-Dampf-Ueberhitzer.* *Braunk.* 4 S. 567/70

GORDON & CO., a sectional superheater.* *El. Rev.* 59 S. 371; *Eng.* 102 S. 92.

The „Schenectady" superheater. *Engng.* 82 S. 43.

Röhrenüberhitzer von MATHOT in Chênée. (Ueberhitzerrohrbefestigung.)* *Wschr. Baud.* 12 S. 24.

FRANK, Vorteile der praktischen Verwertung des überhitzten Dampfes. *Tonind.* 30 S. 3/4.

HÜLFERT, Erfahrungen an Dampfüberhitzern.* *Dampfk.* 29 S. 35.

VAUGHAN, the SCHMIDT superheater. (Tube arrangement of the boiler; tests.)* *Railr. G.* 1906, 2 S. 124/5.

BERLINER MASCHINENBAU - A. - G. VORMALS L. SCHWARTZKOPFF, ⅓ - gekuppelte Schnellzuglokomotive mit SCHMIDTschem Rauchröhrenüberhitzer. *Z. V. dt. Ing.* 50 S. 1561.

Surchauffeur de vapeur pour chaudières tubulaires système NOTKIN. * *Portef. éc.* 51 Sp. 91/3; *Page's Weekly* 9 S. 8.

VAUGHAN-HORSEY, superheater for locomotives.* *Pract. Eng.* 33 S. 232/4.

Superheated steam on the Canadian Pacific Ry. (SCHMIDT fire tube; „Schenectady" superheater; „Field" tube type of superheater pipe.) *Railr. G.* 1906, 1 S. 423/5.

VAUGHAN, recent experience with superheated steam on Canadian Pacific Ry. locomotives. (Locomotive with Canadian Pacific Rr. superheater.) (V) (A)* *Eng. News* 55 S. 468/9.

Frage der Bewährung von Langkesselüberhitzern bei Lokomotiven. *Ann. Gew.* 59 S. 157/8.

Steam turbines and superheated steam. (Friction on its way through the turbine; STODOLA's experiments, wear of the blades due to the particles of water in the steam.) *Pract. Eng.* 33 S. 289/90.

Heat recovery and intermediate superheating for steam turbines. *Sc. Am. Suppl.* 61 S. 25319.

La surchauffe dans la marine. * *Yacht, Le* 29 S. 626/7.

Flammrohrüberhitzer für Schiffskessel. * *Z. V. dt. Ing.* 50 S. 1883.

Pipe range and joints used for carrying the superheated steam to the engines. * *Pract. Eng.* 34 S. 776/7.

Dampfwinden. Steam windlasses. Guindals à vapeur. Siehe Hebezeuge 2.

Denaturierung. Denaturalizing. Dénaturation. Vgl. Spiritus.

KLUGE, Denaturierungsmittel für Alkohol aus Exkrementen. *Am. Apoth. Z.* 27 S. 109.

German method of denaturizing alcohol. *Horseless age* 17 S. 905.

Digest of the regulations and instructions concerning the denaturation of alcohol. *Sc. Am. Suppl.* 62 S. 25754/5 F.

DUCHEMIN, la qualité des alcools destinés à la dénaturation. (Détérioration des appareils fonctionnant à l'alcool dénaturé.) * *Rev. chim.* 9 S. 437/43.

DUCHEMIN u. CARROL, zerstörende Wirkung denaturierten Alkohols auf Lampen- und Brennerteile. (V) (A) *Chem. Z.* 30 S. 421.

HEINZELMANN, die die Metalle angreifenden Stoffe im denaturierten Spiritus. *Jahrb. Spiritus* 6 S. 19/21.

Denkmäler. Monuments. Vgl. Hochbau.

Denkmalpflege und Heimatschutz in der Schweiz. *D. Baus.* 40 S. 404/6.

KOCH, die Denkmalpflege unter vorwiegender Berücksichtigung österreichischer Verhältnisse. *Z. Oest Ing. V.* 58 S. 357/64.

GRUNER, Friedhofkunst. (Grabdenkmal-Entwürfe von WEISER u. GOTTSCHALDT.) * *Baugew. Z.* 38 S. 595/6.

STIEHL, das Meßbildverfahren im Dienste der Denkmalpflege. (Herstellung von photographischen Schaubildern.) * *Z. Bauw.* 56 Sp. 77/86.

Denkmalpflege und Hochschulunterricht. (Vertiefung in die Kenntnis der Baustoffe.) *D. Baus.* 40 S. 424/6.

The tomb of Agamemnon. (V. m. B.) (A) *Builder* 91 S. 141/3.

Bemalte Denkmäler. (Roland in Bremen, JUNG, St. Peter in Straßburg.) *Kirche* 3 S. 245.

JUNG, der Sockel vom Denkmal des Großen Kurfürsten in Berlin. (Nach dem Verfasser war die Beigabe der Begleitfiguren schon gleich anfangs von SCHLÜTER geplant.) * *D. Baus.* 40 S. 99/100.

RUEMANN, Brunnendenkmal des Prinzregenten Luitpold von Bayern auf der diesjährigen Bayerischen Jubiläums-Landesausstellung in Nürnberg. ⊠ *Baugew. Z.* 38 S. 865/6 F.

HEEPKE, Bismarcksäulen und Bismarcktürme. (Feuersäulen; Säulen und Türme, die mit Feuerungsanlagen ausgerüstet und zugleich als Aussichtstürme durchgeführt sind; Türme, die nur als Aussichtstürme dienen. Bismarcksäulen in Dresden, in Kötschenbroda, in Jena, in Asch, in Darmstadt.) ⊠ *Z. Arch.* 52 Sp. 7/24.

Wettbewerb um Entwürfe für einen Bismarckturm bei Düren. (N) *ZBl. Bauv.* 26 S. 180.

SPERBER, Aufbau des Bismarckdenkmals in Hamburg. (Entwürfe von LEDERER und SCHAUDT; Trommel als Träger der Hauptfigur, Umkleidungsmauer der Trommel, Umwehrungsmauer des Denkmalplatzes und Treppenanlage; als Fundamente der Umkleidungsmauern dienen Betonpfeiler, welche oben durch Betongewölbe verbunden und mit dem Fundamente der Trommel durch eisenarmierte Zungen in Verbindung gebracht sind. Auf die Betonfundamente sind die mit Granit verblendeten Betonmauern zwischen Schalung eingestampft und durch Gurtbögen mit der Trommel verbunden. Umwehrungsmauer als Futtermauer mit Pfeilervorlagen und übergespannten Gewölben aus Beton hergestellt. Höhe der Bismarckfigur 14,80, Gesamthöhe 34,3 m.) (V) (A)* *D. Baus.* 40 S. 199/200; *ZBl. Bauv.* 26 S. 308/10, 507/8 ; *Techn. Gem. Bl.* 9 S. 108.

KRAUSE, Entwurf zu einer Bismarck-Warte für das Seebad Heringsdorf. (Aus Ziegelsteinen und Findlingen.) * *Techn. Z.* 23 S. 383.

FADRUSZ, Denkmal von Tisza zu Szegedin.* *Städtebau* 3 S. 153/4.

Statue of His Majesty King Edward VII. at King
Edward VII. school, King's Lynn.⊞ *Builder* 91
S. 602.

SIMPSON, WILLINK & THICKNESSE and ALLEN,
the Queen Victoria memorial, Liverpool.⊞ *Builder*
90 S. 232.

STEVENSON, monument in the cemetery at Largs,
Ayrshire.* *Builder* 91 S. 486.

DUBOIS, monument to Chopin at Paris.⊟ *Builder*
91 S. 544.

Monument to the late Mr. Leaning.* *Builder* 90
S. 316.

LUX, Wiener Platzanlagen und Denkmäler. *Städtebau* 3 S. 82.

TOFT, Birmingham war memorial.*⌐ *Builder* 91
S. 260.

LUNDT & KALLMORGEN, Mausoleum der Familie
Francke auf dem Georgenkirchhofe in Berlin.*
Baugew. Z. 38 S. 737.

DAMMANN und VORETZSCH, Erbbegräbnis „Herzog"
in Dresden.⊞ *Kirche* 3 S. 243/4.

VORETZSCH, Erbbegräbnis der Familie Herzog auf
dem Tolkewitzer Friedhof bei Dresden.* *D.
Baus.* 40 S. 642.

KRITZLER, Grabmal Hirsch auf dem Friedhof zu
Weißensee bei Berlin.* *D. Baus.* 40 S. 641.

KÜHNE, Grabmal auf dem Friedhof der Dresdener
Ausstellung.* *D. Baus.* 40 S. 639.

HEILMEYER, neue Münchener Grabmäler. (N) *Z.
Arch.* 52 Sp. 455.

FÜREDI, Entwurf zu einem Grabstein.⊞ *Kirche* 3
S. 222.

MARKUS, Entwurf zu einem Grabstein.⊞ *Kirche* 3
S. 223.

URBAN, Denkmal bei Kurzebrack an der Weichsel.
(Höhenmarke der Ueberschwemmung 1813.) *
ZBl. Bauv. 26 S. 441/2.

Desinfektion. Disinfection. Désinfection. Vgl. Ab-
fälle, Abortanlagen, Abwässer, Gesundheitspflege,
Konservierung, Wasserreinigung.

KAUSCH, Neuerungen auf dem Gebiete der Sterilisation und Desinfektion. (Patentliteratur.) * *CBl.
Bakt. Referate* 37 S. 567/83 F., 38 S. 102/22.

KOHN, Bedeutung der Salzsäure als Mittel zur
Desinfektion der Exkremente. *CBl. Bakt.* I, 41
S. 133/8.

MARSHALL und NEAVE, keimtötende Wirkung von
Silberverbindungen. *Apoth. Z.* 21 S. 751.

Préparation d'un désinfectant économique à base
d'hypochlorites.* *Gén. civ.* 49 S. 117/8.

Kaliummetabisulfit als Desinfektionsmittel in der
Brauerei. *Wschr. Brauerei* 23 S. 674.

GARNER and KING, germicidal action of potassium
permanganate. *Chem. J.* 35 S. 144/7; *Chem.
News* 94 S. 199/200.

GOEBEL, die desinfizierenden Eigenschaften LUGOL-
scher Jodlösungen. *CBl. Bakt.* I, 42 S. 86/91 F.

The bactericidal action of copper. (Studies by
CLARK and DE GAGE; the removal of bacteria
B. coli and B. typhosus, by allowing a water to
stand in copper vessels for short periods, while
occasionally effective, is not sure.) (A) *Eng.
News* 55 S. 411; *Eng. Rec.* 54 S. 348.

ISAJA, antiseptische Eigenschaften des Isotachyols.
Apoth. Z. 21 S. 222.

PEDRIX, transformation reversible du trioxyméthylène en méthanal; stérilisation par le méthanal
sec aux températures élevées. *Ann. Pasteur* 20
S. 881/900.

SCHNEIDER, neue Desinfektionsmittel aus Naphtolen.
Z. Hyg. 52 S. 534/8.

BLYTH, standardisation of disinfectants. (V. m. B.)
Chemical Ind. 25 S. 1183/93.

LLOYD, bacteriological testing of disinfectants.
(V. m. B.) *Chemical Ind.* 25 S. 405/9

RAPP, Wertbestimmung chemischer Desinfektionsmittel. *CBl. Bakt.* I, 41 S. 126/33.

Melioform, ein neues Desinfiziens. (Enthält als
wirksames Prinzip Formaldehyd.) *Pharm. Centralh.* 47 S. 449.

TOMARKIN, Desinfektionsversuch mittels des FLÜGGE-
schen Formaldehydapparates. *CBl. Bakt.* I, 42
S. 83/5 F.

SELTER, bakteriologische Untersuchungen über
ein neues Formalin-Desinfektionsverfahren, das
Autanverfahren. *Med. Wschr.* 53 S. 2425/7.

EICHENGRÜN, Autanpulver zur Formaldehyddesinfek-
tion. *Am. Apoth. Z.* 27 S. 103.

EICHENGRÜN, neues Formaldehyd-Desinfektions-
verfahren, das Autanverfahren. (Rapide Entwicklung der Formaldehyddämpfe und der zur
Uebersättigung der Luft notwendigen Wassermenge aus Autanpulver, einem Gemisch von
polymerisiertem Formaldehyd und Metallsuper-
oxyden.) * *Z. ang. Chem.* 19 S. 1412/5; *Pharm.
Centralh.* 47 S. 894/5; *Am. Apoth. Z.* 27 S. 138.

RUBNER, die wissenschaftlichen Grundlagen einer
Desinfektion durch vereinigte Wirkung gesättigter
Wasserdämpfe und flüchtiger Desinfektionsmittel
bei künstlich erniedrigtem Luftdruck. *Arch. Hyg.*
56 S. 241/79.

Desinfektionsverfahren. (Mittels der Luftpumpe
wird die desinfizierende Wirkung des Formaldehyds in Verbindung mit Wasserdampf bereits
bei nur 60° C. herbeigeführt.) *Seilerz.* 28 S. 680/1;
Z. Bürsten. 25 S. 153/4.

KISTER und TRAUTMANN, Desinfektionsversuche
mit Formaldehydwasserdampf. *Ges. Ing.* 29
S. 101/6.

MAGERSTEIN, Laktoformol, ein neues Antiseptikum
für Brennereien. *Landw. W.* 32 S. 107 F.

EBERLEIN, Versuche mit Formalin zur Desinfektion
von Lagerfässern. *Wschr. Brauerei* 23 S. 604/5;
Essigind. 10 S. 370/1.

BASE, formaldehyde disinfection. Determination of
the yield of formaldehyde in various methods of
liberating the gas for the disinfection of rooms.*
J. Am. Chem. Soc. 28 S. 964/93.

CHRISTEK, praktische Erfahrungen mit Karbolineum
Avenarius als Desinfektionsmittel in der Brennerei.
Landw. W. 32 S. 99.

STRÖSZNER, bactericide Kraft des Rohlysoforms.
CBl. Bakt. I, 41 S. 280/6.

SCHNEIDER, HANS, Phenole in Verbindung mit
Säuren und Gemischen mit Seifen vom chemi-
schen und bakteriologischen Standpunkte aus.
Z. Hyg. 53 S. 116/38; *Apoth. Z.* 21 S. 367/8.

VIVIEN, procédés TRILLAT de désinfection par le
sucre et les végétaux brûlés. (Propriétés micro-
bicides des produits de la combustion incomplète
du sucre.) *Sucr.* 67 S. 452/6.

V. HERFF, über den Wert der Heißwasseralkohol-
desinfektion für die Geburtshilfe wie für den
Wundschutz von Bauchwunden. *Med. Wschr.* 53
S. 1449/51.

IGERSHEIMER, bactericide Kraft 60 proz. Aethylalkohols. *CBl. Bakt.* I, 40 S. 414/9.

NEU, Verfahren und Vorrichtung zum Austrocknen
und Desinfizieren chirurgischer Hohlinstrumente.
(Das Innere der Hohlinstrumente wird von einem
durchgepreßten heißen Luftstrom bestrichen.)
Aerzt. Polyt. 1906 S. 131/2.

PRASSE, Desinfektionsanstalt der Stadt Leipzig.
(Vorrichtungen zum Desinfizieren mit Dampf
nach RIETSCHEL & HENNEBERG, mit Formalin
nach LAUTENSCHLÄGER.) * *Techn. Gem. Bl.* 9
S. 224/5.

BATTIGE, Desinfektionseinrichtungen bei Abwasser-reinigungsanlagen. *Ges. Ing.* 29 S. 154/6.

WHIPPLE, disinfection as a means of water purification. (Method of the Ostende plant. Use of peroxyde of chlorine prepared by a method of DUYK; results of bacteriological examinations.) (V) *Eng. Rec.* 54 S. 94/6.

DUFAUX, Gefäß zur sterilen Aufbewahrung elastischer Sonden und Katheter.* *Aerztl. Polyt.* 1906 S. 146.

Sterilisier- und Imprägnier-Apparate für Korke.* *Z. Chem. Apparat.* 1 S. 403/5.

The HARTMANN steriliser. (Mounted for transport; sterilisation by heat with a temperature of 220 deg. to 230 deg. Fah.; in use at a military camp.)* *Pract. Eng.* 34 S. 752/4.

Apparat zum Löschen von Brand und zur Desinfektion von Räumen. (Stahlbehälter mit Wasser, antiseptischer Lösung oder Kalkmilch und einer Röhre mit flüssiger Kohlensäure.) *Krieg. Z.* 9 S. 149.

SIEMENS & HALSKE, ozone sterilisation apparatus for bacteriological research work.* *Pract. Eng.* 34 S. 529.

FISCHER, B., Sterilisation und ihre Anwendung in der Apotheke.* *Apoth. Z.* 21 S. 179/81.

BECK, Desinfektion von Eß- und Trinkgeschirren. *CBl. Bakt.* 1, 41 S. 853/7.

HÜBS, experimentelle Beiträge zur Frage der Desinfektion von Eß- und Trinkgeschirr unter besonderer Berücksichtigung der von tuberkulösen Lungenkranken ausgehenden Infektionsgefahr. *Z. Hyg.* 55 S. 171/8.

DEBUCHY, stérilisation des tiges de laminaires. *J. pharm.* 6, 24 S. 359/62.

TANTON, Sterilisierung von Catgut. *Apoth. Z.* 21 S. 391.

KOERTING, disinfecting apparatus for railroad cars.* *Railw. G.* 1906, 1 S. 216.

Destillation. Distilling. Distillerie. Vgl. Koch- und Verdampfapparate, Laboratoriumsapparate, Spiritus.

MOISSAN, la distillation des corps simples. (Au four électrique.)* *Ann. d. Chim.* 8, 8 S. 145/81.

D'ARSONVAL et BORDAS, distillation et dessiccation dans le vide à l'aide des basses températures. *Compt. r.* 143 S. 567/70.

ERDMANN, Destillation im hohen Vakuum. *Ber. chem. G.* 39 S. 192/4.

HAEHN, Vakuumdestillierapparat für feste Stoffe.* *Z. ang. Chem.* 19 S. 1669/70; *Apoth. Z.* 21 S. 955.

UBBELOHDE, Vakuumdestillationsvorlage mit Quecksilberdichtungen.* *Z. ang. Chem.* 19 S. 757/8.

CHRIST & CO., Säulen-Destillierapparat, insbesondere zur Gewinnung von destilliertem Wasser.* *Chem. Z.* 30 S. 1302.

MÜRRLE, Wasserdestillierapparat mit direkter Feuerung. (Besteht aus Heizkessel und Verdampfungskessel. In den Heizkessel fließt kein Wasser nach; Kesselstein bildet sich nur im Verdampfungskessel.)* *Apoth. Z.* 21 S. 107/8.

Doppel-Destillier- und Verdampf-Apparat. (Für die Gewinnung von destilliertem Wasser; Heizkörper Patent WITKOWICZ.)* *Z. Chem. Apparat.* 1 S. 660/3.

SELIGMAN, distilled water supply for „works" laboratories. (Apparatus.)* *Chem. News* 93 S. 26/7.

Apparat zur Bereitung von destilliertem Wasser für eine Akkumulatoren-Anlage.* *Mon. Text. Ind.* 21 S. 99.

DE CLERCQ's feuer- und überschäumsicherer Destillationsapparat für Teer und andere entzündliche Stoffe. (D. R. P. 166723)* *Ratgeber, G. T.* 5 S. 329/31.

Nouvel alambic bruleur. *Cosmos* 55, I S. 413/4.

Diamant. Diamond. Diamant. Vgl. Edelsteine, Kohlenstoff, Schmelzvorrichtungen.

BONNEY, Entstehung der Diamanten. (In basaltischer Lava.) *Bayr. Gew. Bl.* 1906 S. 422.

KOENIG, das Diamantproblem. *Z. Elektrochem.* 12 S. 441/4.

STEHR, Diamanten und Karbone von Bahia (Brasilien) *Bohrtechn.* 13 S. 200/1.

HARGER, origin of South Africa diamonds. (The author considers that the age of the Orange River Colony pipes is Triassic (late) or Jurassic, and that the Pretoria pipes are contemporaneous.) *J. Frankl.* 161 S. 130.

WILLIAMS, mining diamonds in the Beers mines. (A) *Cem. Eng. News* 17 S. 295/6.

Künstliche Herstellung wirklicher Diamanten. (Verfahren von MOISSAN.)* *J. Goldschm.* 27 S. 74/6.

BECHSTEIN, künstliche Diamanten. *Prom.* 17 S. 348/9.

CROOKES, Einwirkung des Radiums auf den Diamanten. (Blaue Färbung durch längeren Kontakt mit Radiumbromid.) *J. Goldschm.* 27 S. 103.

Vom Diamanten. (Brutieren oder Reiben, Spalten oder Klieven, Schleifen, Brillantschliff.)* *J. Goldschm.* 27 S. 56/7.

Diazokörper. Diazeocompounds. Composés diazoïques. Siehe Azoverbindungen.

Dichtungen. Packings. Étoupages. Vgl. Rohre und Rohrverbindungen, Stopfbuchsen.

Stopfbuchsenpackung nach Patent BACH. (Versuche.) *Zbl. Bauv.* 26 S. 52.

CLASSEN & CO., Metall-Stopfbuchsenpackung „Pietralit". (D. R. P.) *Text Z.* 1906 S. 1163.

Flanschverpackung für Dampfrohre von GOETZE. *Zbl. Bauv.* 26 S. 52.

METALLIC PACKING & MFG. CO., metallic packing. (The segments of these rings are interchangeable and are held in place in the stuffingbox by a cage which is made in two sections and held in alinement by the use of screws and lugs that fit into recesses in both of the sections, or halves of the cage.) *Eng. Chicago* 43 S. 796.

MERK, bewegliche LENTZ-Metallabdichtung.* *Schiffbau* 7 S. 599/601.

CO. DES GARNITURES MÉTALL. AMÉR. in Lille, selbstdichtende bewegliche Metallpackungen.* *Masch. Konstr.* 39 S. 77/8.

WALKER & CO., „Lion" patent packings. (The pressure acts behind the lip and forces it outwards.)* *Mar. E.* 27 S. 391.

DUNBAR's balanced expansion joint.* *Pract. Eng.* 33 S. 458.

MC CULLOCH, visible-spring metallic packing. *El. Rev.* 59 S. 1029.

WAKEMAN, packing flange joints.* *Mech. World* 39 S. 134/5.

Packungen von Verschraubungen. (Nachteile des gegenseitigen Einlegens der Dichtungen innerhalb der Flanschenschrauben; Zusammenfügen von Packungsschnüren zu einem geschlossenen Ringe.)* *Z. Dampfk.* 29 S. 92/3.

CLARK, old cement joints in a 3" gas main. (Alternating of hemp packing and cement.) *Eng. News* 55 S. 129.

Cylinder packing rings. (The novelty of the packing consists in turning the rings one sixty-fourth of an inch larger than the cylinder; and cutting them into three equal sections; the joints of these sections being then faced.)* *Mech. World* 40 S. 14.

MUDD's piston packing ring. (Consists of two cast-iron rings of rectangular section bearing upon a wide surface on the junk ring and piston flange.)* *Mech. World* 40 S. 38.

COLLINGE, piston valve packing ring. (Use of a tongue piece, which is fitted at the joint of a split ring in such a way that it limits the ring to the maximum and minimum diameters, but allows a free movement between these points; it also blanks up the saw cut through the ring, so that no steam can leak past at that place, to the back of the ring.) (Pat.) *Mech. World* 40 S. 26/7.

HETZELS Rubber-Zement. (Dichtung für Rohrleitungen; hat die Eigenschaft, nie vollständig zu erhärten, sondern eine gewisse Biegsamkeit zu behalten.) *Z. Baugew.* 50 S. 54.

REEDER, hydraulic packings.* *Am. Mach.* 29, 2 S. 322/3.

Hydraulic leathers.* *Mech. World* 39 S. 18.

HARTMANN, Abdichtungsmethode für undicht gewordene Gasbehälter-Bassins. *J. Gasbel.* 49 S. 38.

KELLER, Abdichtung eines Gasbehälterbassins.* *J. Gasbel.* 49 S. 143/5.

NEBENDAHL, Abdichtung gerissener Gasbehälterbassins. *J. Gasbel.* 49 S. 873.

LENDORFF, Asphaltdichtung der Tonröhren. *Asphalt- u. Teerind.-Z.* 6 S. 89/91.

BURGEMEISTER, ältere und neuere Muffenkonstruktionen mit Gummischnur-Dichtungen.* *J. Gasbel.* 49 S. 1113/5.

UBBELOHDE, Quecksilberdichtungen für Vakuumvorlagen. (V)* *Verh. V. Gew. Sitz. B.* 1906 S. 138/40; *Mitt. a. d. Materialprüfungsamt* 24 S. 67/8; *Z. ang. Chem.* 19 S. 757/8.

Docks. Vgl. Häfen, Schiffbau 2, Wasserbau 3.

HUNTER, harbours, docks and their equipment. (V) (A) *Pract. Eng.* 33 S. 429/31.

Les grands docks flottants.* *Gén. civ.* 48 S. 324/8.

Neue elektrisch betriebene Schwimmdocks* *El. u. polyt. R.* 23 S. 25/6.

CUNNINGHAM, modern floating dry docks.* *Technol. Quart.* 19 S. 354/81.

DONNELLY, floating dry-dock construction.* *Mar. Engng.* 11 S. 449/53 F.

The naval floating dock. (Discussion RENNIE, BATERDEN, PEABODZ, COLSON and CUNNINGHAM.) ⊞ *Proc. Am. Civ. Eng.* 32 S. 1025/38.

COX, the naval floating dock. (Its advantages, design and construction.) (a) (V. m. B.)* *Proc. Am. Civ. Eng.* 32 S. 726/79.

MONCRIEFF, commercial dry docks. (Design; gate anchorage; steel dock gate; sluices and culverts; pumps; Portland cement mortar swelling by sea water.) (V) (A)* *Pract. Eng.* 33 S. 270/1 F.; *Mar. E.* 28 S. 104/10.

DIETZIUS, Vergleich der Stabilitätseigenschaften verschiedener Schwimmdocksysteme, insbesondere hinsichtlich des Einflusses der geöffneten Wasser-Ein- bezw. Ausflußöffnungen. *Schiffbau* 7 S. 823/5 F.

COLE, towing-resistance of a floating dock. (V)* *Min. Proc. Civ. Eng.* 164 S. 385/8; *Eng. News* 56 S. 380.

Towing the floating dry-dock „Dewey" from Baltimore to the Philippines. *Eng. News* 55 S. 22.

Das amerikanische Schwimmdock „Dewey". *Schiffbau* 7 S. 643/6.

Dock flottant de Cavite.* *Gén. civ.* 48 S. 337/41.

WILLEY, the Cavite dry dock.* *Sc. Am.* 94 S. 10/1.

GASK, construction of the Seaham Harbour dock works. (V) ⊞ *Min. Proc. Civ. Eng.* 165 S. 252/61.

An interesting iron floating dock at Tsingtau.* *Mar. Engng.* 11 S. 183.

JACOBS, HOLLYDAY and CONTE, new graving dock at Nagasaki, Japan. *Proc. Am. Civ. Eng.* 32 S. 32/9.

SHIRAISHI, new graving dock at Nagasaki, Japan. (V. m. B.) ⊞ *Trans. Am. Eng.* 56 S. 72/91.

V. KLITZING, Schwimmdock für die Königliche Hafenbauinspektion in Pillau, erbaut 1906 von den HOWALDTSWERKEN, Kiel. * *Z. V. dt. Ing.* 50 S. 1420/3.

VON KLITZING, Dockanlage für Torpedoboote auf der Kaiserlichen Werft Kiel. * *Z. V. dt. Ing.* 50 S. 96/9.

The Haslar floating dock for submarine boats constructed to the desings of CLARK & STANDFIELD by VICKERS SONS & MAXIM. * *Engng.* 82 S. 57.

RIGG, repairs to dock walls. (Humber dock at Hull.) (V)* *Min. Proc. Civ. Eng.* 165 S. 262/4.

Barry docks and railways. *Proc. Mech. Eng.* 1906 S. 585/9.

Excavation for dry dock No. 4, Brooklyn Navy Yard. (Entirely of concrete construction on a pile foundation, inside dimensions 542 × 130' by 40' deep; the length will be increased about 125' by an extension beyond the caisson.)* *Eng. Rec.* 53 S. 276/9.

Mountstuart dry docks, Cardiff. ⊞ *Proc. Mech. Eng.* 1906 S. 606/7.

Construction of the Charleston dry dock. * *Eng. Rec.* 53 S. 325.

New dock on the east coast of England. (1,100' square, with a bay or arm, 1,250' long by 375' wide; depth 35½' below high water at spring tides and 32' below high water at ordinary neap tides.) *Eng. Rec.* 54 S. 288.

Stuyvesant Docks of the Illinois Central Rr. at New Orleans. (Fireproof warehouse; wood in the body of metal covered automatic sliding fire doors; walls on brick footings; concrete floors; reinforced concrete roof carried by structural-steel columns and roof frames encased in concrete.)* *Eng. Rec.* 53 S. 770/4.

Chalmette docks of the New Orleans terminal. (Deep water terminal on the Mississippi River. Slip, wharves and yards; sheeted trench; portable concrete mixing plant; underwater work; pneumatic caisson; pile driver.)* *Eng. Rec.* 54 S. 88/90 F.

Penarth dock and Ely tidal harbour, Penarth. ⊞ *Proc. Mech. Eng.* 1906 S. 611/3.

Cale sèche en béton de Southampton. *Ann. trav.* 63 S. 143/5.

The new Trafalgar graving dock at Southampton.* *Mar. Engng.* 11 S. 392/3.

Draht und Drahtseile. Wire and wire ropes. Fils métalliques et cordes en f. m. Vgl. Bergbau 3, Eisen und die einzelnen Metalle, Elektrotechnik 5 f, Fernsprechwesen 4, Riemen und Seile, Telegraphie.

BOLTON, manufacture of brass wire. (Mixture of five parts copper to three parts zinc.) *Iron & Coal* 73 S. 1511/2; *Mech. World* 40 S. 232/3.

Fassen von Drahtziehsteinen.* *Z. Werkzm.* 10 S. 334.

KÜPPERS, das Ziehen von Kupferdraht.* *Z. V. dt. Ing.* 50 S. 2022/8.

CARTER, continuous wire-drawing machine.* *Eng.* 102 S. 352.

Improved wire-drawing machine. * *Iron & Coal* 73 S. 123.

Darstellung dünner Drähte mittels Elektrolyse. (Als positive Elektrode in einem elektrolytischen Bad genommen.) *Erfind.* 33 S. 69.

The deterioration of galvanised wire fencing. *Iron & Coal* 72 S. 1233.

Corrosion of fence wire. *Iron & Steel Mag.* 13 S. 138/43.

Emaildraht. (Ueberzugdecke 0,015 bis 0,025 mm.) *Zbl. Bauv.* 26 S. 180.

BENRATHER MASCHINENFABRIK, Drahthaspel. (Zum selbsttätigen Aufwickeln von Draht. Die Haspel und aämiliche Antriebsteile befinden sich unter dem Flur.) *Uhlands T. R.* 1906, 1 S. 55.

Die große Drahtstraße der A.-G. „PHÖNIX" zu Hamm i. W.[B] *Stahl* 26 S. 257/61.

BRUNTON, the heat treatment of wire, particularly wire for ropes. * *Iron & Steel J.* 70 S. 142/56; *Iron & Coal* 72 S. 1640/2.

SHEPARD, safe working strength for wire ropes. * *Eng. Chicago* 43 S. 74.

VAUGHAN, the factor of safety of winding ropes. *Eng.* 102 S. 189/99.

PERRY, winding ropes in mines. *Phil. Mag.* 11 S. 107/17.

KROEN, Versuche über die unsichere Drahtlänge bei Drahtbrüchen in Förderseilen. (Versuche nach ROCH und MEYER; an jedes Seilstück wird ein Oehr angepleißt, mit diesem wird das Seil an einen Haken gehängt und dann durch Gewichte gespannt.) *Z. O. Bergw.* 54 S. 109/112.

ZSCHUTSCHKE, Berechnung der Aufzugsdrahtseile. *Masch. Konstr.* 39 S. 6/8.

Testing wire ropes. *Iron & Coal* 72 S. 718.

DENOÉL, recherches expérimentales sur la résistance et l'élasticité des câbles d'extraction. *Rev. univ.* 16 S. 20/60.

SEYBOTH, Neuerungen in der Drahtseilfabrikation. (Hohlseil für Spül- und Bohrzwecke und Förderseil mit elektrischen Signal-, Telephon- und Lichtleitungen.) *Glückauf* 42 S. 1460.

HIRSCHLAND, die Formänderung von Drahtseilen. *Dingl. J.* 321 S. 209/11 F.

SCHÖNFELD, das neue englische Kilindo-Drahtseil. (Die Drähte in den Schäften und die Schäfie in den Seilen liegen in der gleichen Richtung.) * *Seilers.* 28 S. 387.

Drahtseilbahnen. Cable ways. Chemins de fer funiculaires. Siehe Eisenbahnwesen I C b β und VII 3 c δ u. 4. Vgl. Transportwesen.

Drechslerei. Art of turning. Art du tourneur. Vgl. Drehen.

Praktisches Verfahren, Ringe von Metallrohr abzustechen. (Einrichtung.) * *Z. Drechsler* 29 S. 351/2 F.

Vom Spiralbohrer. (Schärfen.) * *Z. Drechsler* 29 S. 399/400.

Das Bohren von Weichselrohren. (Hülfsvorrichtung zum Zentrischhalten der Rohre.) * *Z. Drechsler* 29 S. 328/9.

Westfalen und seine Pfeifen. (Holzabgüsse; Zapfenschläuche; Köpfe.) * *Z. Drechsler* 29 S. 183/4 F.

Drehen. Turning. Tournage. Vgl. Drechslerei, Holz 2, Werkzeuge, Werkzeugmaschinen.

1. Allgemeines.
2. Drehbänke.
3. Einspann- und Zentriervorrichtungen.
4. Werkzeuge, Werkzeughalter, Hilfsvorrichtungen.
5. Sonstige Teile.

1. Allgemeines. Generalities. Généralités.

STANDIFORD, roll turning: its scope and possibilities. *Mech. World* 39 S. 116/7.

Tapers and taper turning.* *Mech. World* 40 S. 302.

Das Schleifen von Stahlwalzen. (Herrichtung von Drehbänken für Schleifzwecke; Schleifsupport; Lagerung der Walzen; Schleifbank.) * *W. Papierf.* 37, 1 S. 315/9.

POPPLEWELL, shear stress and permanent angular strain. (Experiments upon the cutting action of turning tools, when operating upon steel; results.) * *Eng.* 101 S. 53/5.

2. Drehbänke. Lathes. Tours.

Einiges über Drehbänke. (Bolzen-Drehbänke; Drehbänke zur Herstellung hinterdrehter Fräser mit geraden oder gewundenen Nuten oder mit seitlicher Hinterdrehung.) *Nähm. Z.* 31 Nr. 8 S. 3, 5, 7, 9.

BIRCH & CO., Drehbank von 178 mm Spitzenhöhe mit Antriebskasten.[B] *Masch. Konstr.* 39 S. 202.

BIRCH & CO., new 7" lathe with all-gear head.* *Am. Mach.* 29, 1 S. 194/6 E.

COLNAR, the Bogert crank-shaft lathe.* *Am. Mach.* 29, 1 S. 146,8.

DRUMMOND BROS., handy treadle lathe.* *Autocar* 17 S. 130.

Deckenankerdrehbank der ELSÄSSISCHEN MASCHINENBAUGESELLSCHAFT in Grafenstaden. *Z. Werkzm.* 10 S. 385.

ERVEN UND LEMACHER, Drehbank mit drehbarem Spindelstock.* *Z. Werkzm.* 10 S. 354/5.

LOEWE & CO., Hinterdrehbank. (Die zum Hinterdrehen nötige hin- und hergehende Bewegung des Support-Oberteiles erfolgt durch auswechselbare Kurvenscheiben.) * *Schw. Elektrot. Z.* 3 S. 89.

LOEWE & CO., Façon-Drehbank. (Bett der Maschine zugleich als Sammelbecken.)* *Schw. Elektrot. Z.* 3 S. 87.

OLLIVIER, tour à chariotor et à fileter. *Portef. éc.* 51 Sp. 2/3.

ROBBINS, 16" patternmakers' lathe.* *Am. Mach.* 29, 1 S. 467.

WHEELING MOLD & FOUNDRY CO, Walzendrehbank. *Z. Werkzm.* 10 S. 368.

Tramway wheel turning lathe.* *Eng.* 101 S. 178.

FAIRBAIRN, MACPHERSON, LEEDS, axle-turning lathe. (The fast headstock has a large steel spindle running in gun-metal parallel bearings, and provided with tail pin for the end thrust.)* *Am. Mach.* 29, 1 S. 281 E.

PARKINSON & SON, shaft turning lathe.* *Am. Mach.* 29, 1 S. 704E.

SAGAR & CO., wood-turning lathe with adjustable bed.* *Am. Mach.* 29, 1 S. 135/6 E.

Motor driven projectile turning lathe in the FIRTH-STERLING STEEL CO.'s plant. * *Iron A.* 77 S. 1737/9.

HERBERT, improved hexagon turret lathe. *Am. Mach.* 29, 1 S. 765/6 E.

PRATT & WHITNEY special turret lathe. (3×36" PRATT & WHITNEY lathe, specially equipped for boring and facing gas engine cylinders.)* *Iron A.* 77 S. 335.

The new PRENTICE BROTHERS CO. turret lathe.* *Iron A.* 77 S. 1976/7.

ATELIERS DE LOCOMOTIVES ET DE CONSTRUCTIONS MÉCANIQUES DE KHARKOW, tour de 1,725 m de hauteur de pointes pour le travail des arbres coudés.* *Rev. ind.* 37 S. 205/6.

„Lo-swing" lathe. (By the Fitchburg machine works, Fitchburg, Mass.) *Page's Weekly* 8 S. 24/5.

The Niles 90" driving wheel lathe on which the tests were made at the West Albany Shops of the New-York Central Rr. Co.* *Iron A.* 77 S. 487/9.

SAGAR & CO., single copying machine. (Designed for making motor-car wheel spokes, adze, hatchet, and other handles, and similar irregular-shaped articles.)* *Am. Mach.* 29, 1 S. 369 E.

The new 36" heavy lathe built by the NEW HAVEN MFG. CO..* *Iron A.* 78 S. 999.

18*

SHANKS & CO., heavy quadruple-geared lathes. *
Pract. Eng. 33 S. 49/50.

Drehbank zum selbsttätigen Gewindeschneiden.
El. u. polyt. R. 23 S. 467/8.

Multiple spindle automatic machine. * *Eng.* 101
S. 480.

HOLROYD & CIE, tour automatique à degrossir
les essieux. ⊞ *Rev. ind.* 37 S. 413/4.

LÖWE & CO., automatische Drehbänke. *Bayr. Gew.
Bl.* 1906 S. 370/1.

LOEWE & CO., selbsttätige Revolver - Drehbank.
(Antrieb der Arbeitsspindel erfolgt abwechselnd
durch zwei im Durchmesser verschiedene Riemenscheiben in Verbindung mit Reibungskuppelun-
gen.) * *Schw. Elektrot. Z.* 3 S. 88.

POTTER AND JOHNSTON MACHINE CO., Revolver-
bänke und Halbautomaten. * *Z. Werkzm.* 11
S. 120/2.

BREITRÜCK, Universal-Revolver-Drehbank. ⊞ *Masch.
Konstr.* 39 S. 98/100.

BULLARD MACHINE TOOL CO., tour vertical à
revolver avec tête latérale. * *Rev. ind.* 37
S. 1/2.

HANSON, Revolverdrehbank. ⊞ *Masch. Konstr.* 39
S. 110.

JONES & LAMSON, Revolver-Drehbank. (Der Leit-
stock läuft auf quer gelegten Führungsgleisen,
anstatt am Bett befestigt zu sein; der Schlitten
trägt einen besonders flachen kreisförmigen
Werkzeughalter [Revolverkopf].) * *Techn. Z.* 23
S. 68/9.

The new CHAMPION TOOL WORKS CO. 14″
engine lathe. * *Iron A.* 78 S. 1158/9.

An 84″ engine lathe with long bed. * *Am Mach.*
29, 1 S. 569.

Engine lathe with tie-bar reinforcement for head.
(Built by the HENDY MACHINE CO. of Torring-
ton.) * *Am. Mach.* 29, 1 S. 427/8; *Iron A.* 77
S. 1098/9.

HOAGLAND, engine lathe on a relieving machine. *
Am. Mach. 29, 2 S. 231/6.

ARMSTRONG, WHITWORTH'S 18″ high speed
lathe. * *Eng.* 102 S. 301.

BERNER & CO., Mammut-Schnelldrehbank. (Spitzenhöhe von 250 mm; Spindelstock mit vierfacher
Stufenscheibe und doppeltem, exzentrisch aus-
rückbarem Rädervorgelege; Herzhebel zum Wechseln der Drehrichtung der Leitspindel; in Bronze-
büchsen laufende Wellen; Stufenscheibenritzel
aus Phosphorbronze.) *Masch. Konstr.* 39 S. 193.

DEAN, SMITH & GRACE high-speed sliding surfacing and screw-cutting lathe. * *Pract. Eng.*
33 S. 688/9.

DEAN, SMITH & GRACE swing high-speed surfacing and boring lathe. * *Pract. Eng.* 33 S. 689.

ERNAULT, Schnelldrehbank. (Mit Planscheiben von
680 mm Durchmesser und Spitzen von 1,54 m
Länge.) ⊞ *Masch. Konstr.* 39 S. 37.

LANG & SONS, variable-speed surfacing and boring
lathe. * *Engng.* 81 S. 111/2 F; *Mech. World* 40
S. 246.

PARKINSON & SON, high-speed lathes. * *Eng.* 101
S. 472.

PRENTICE BROTHERS CO., high-speed turret lathe.
(The turret is arranged for cross traverse.) *
Am. Mach. 29, 1 S. 793/4.

RAPER, high-speed lathe tests. * *Mech. World* 39
S. 75/7.

SCHIESZ, Radsatz - Präzisions - Schnell -Drehbank. *
Z. Werkzm. 10 S. 423.

SCHUMACHER & BOYE, lathe for use of high-speed
steel. * *Engng.* 81 S. 15.

Elektrisch betriebene Kanonendrehbank mit veränderlicher Stromspannung. * *Z. Werkzm.* 10
S. 411.

Electrically-driven high-speed lathe. * *Am. Mach.*
29, 2 S. 282/3 E.

Tour a commande électrique à grande vitesse,
construite par STIRK & SONS. ⊞ *Rev. ind.* 37
S. 481/2.

ADDY, tour à décolleter à commande électrique. *
Rev. ind. 37 S. 111.

GREENWOOD & BATLEY, electrically-driven duplex
vertical mill. (The table is driven by means of
machine-cut worm wheel. The driving motor is
mounted on a stretcher-bar carried by the uprights.) * *Am. Mach.* 29, 1 S. 19 E.

PERKINS, large electrically driven lathes. * *Iron
A.* 77 S. 34/8.

Electrically-driven all-gear lathe constructed by
POLLOCK & MC NAB. * *Engng.* 81 S. 607/9 F.

WHITWORTH & CO., electrically-driven lathe. *
Pract. Eng. 34 S. 458.

WÖRNITZ, TANGYE TOOL AND ELECTRIC CO.,
tour de 380 mm de hauteur de pointes à poulie
unique. * *Rev. ind.* 37 S. 341/2.

Drehbank mit Schleif- und Polierwerk. *Z. Werkzm.*
10 S. 143/4.

Stay-bolt threading and turning machine. * *Am.
Mach.* 29, 1 S. 601.

24″ turret head boring lathe with cross feed
to the turret, built by the DAVIS MACHINE
CO., Rochester, N. Y. * *Iron A.* 77 S. 419.

Sliding surfacing and boring lathe by REDMAN &
SONS, Halifax. * *Pract. Eng.* 33 S. 400.

Dreh- und Bohrwerk der GISHOLT MACHINE CO.
in Madison, V. St. A. * *Z. Werkzm.* 11 S. 105.

RICHARDS & CO., belt driven boring and turning
machine. * *Pract. Eng.* 34 S. 458.

Wagerechtes Dreh- und Bohrwerk von DE FRIES &
CO., Düsseldorf. * *Z. Werkzm.* 11 S. 118.

Wagerechte Dreh- und Bohrbank von JOHN LANG
& SONS in Johnstone bei Glasgow, England. *
Z. Werkzm. 11 S. 118/9.

PARKINSON & SON, tour horizontal pour essieux
de 280 mm de hauteur de pointes. * *Rev. ind.*
37 S. 293.

Senkrechtes Dreh- und Bohrwerk der BULLARD
MACHINE TOOL CO. in Bridgeport, Conn., V.
St. A. * *Z. Werkzm.* 11 S. 103/4.

Senkrechtes Dreh- und Bohrwerk mit Revolverkopf der SOCIÉTÉ ANONYME DU PHOENIX, Gent. *
Z. Werkzm. 11 S. 102.

LÉVY, G., tour vertical à deux têtes pivotantes
système BULLARD. * *Rev. ind.* 37 S. 113/4.

Machining locomotive pistons on a turret lathe. *
Eng. 101 S. 510.

CHUBB, lathe-feed mechanism. (Lathe carriage longitudinal and cross-feed mechanism.) * *Am.
Mach.* 29, 2 S. 149/50.

HANSEN, Antrieb von Drehbänken mittels fünf-
stufiger Wirtel. (Drehbänke ohne Rädervorgelege; Drehbänke mit einem Rädervorgelege;
Drehbänke mit zwei Rädervorgelegen.) * *Z. V.
dt. Ing.* 50 S. 1158/9.

SIMMONS, action of lathe spindles. *Am. Mach.* 29,
1 S. 489/90.

Converting a pattern-shop lathe. (Pattern shop
lathe converted so as to enable the slide rest to
be used.) *Mech. World* 40 S. 98.

Three new railroad shop tools. (NILES-BEMENT-
POND 300 t hydraulic wheel press; boring
machine; 79″ standard driving wheel lathe.) *
Railr. G. 1906, 1 S. 455.

**3. Einspann- und Zentriervorrichtungen. Chucks
and centering pieces. Mandrins et organes de
centrage.**

Double axle-ending and centring machine. * *Am.
Mach.* 29, 1 S. 461/2 E.

A lathe attachment for turning bolts, made by the ARMSTRONG BROTHERS TOOL CO., Chicago. * *Iron A.* 77 S. 345.

Einrichtungen zum Adjustieren großer Leitspindeln. (Adjustiermaschine von MATTHEWS.) * *Masch. Konstr.* 39 S. 37/8.

REICHEL, Einspannfutter für die Drehbank. * *Mech. Z.* 1906, S. 173/7.

4. Werkzeuge, Werkzeughalter, Hilfsvorrichtungen. Tools, tool holders, attachments. Outils, supports, organes auxiliaires.

Drehbanklünetten und Schnelldreherei mit Rapidstahl.* *Techn. Z.* 23 S. 598.

Ueber Schnelldrehstahl. (Der Schnelldrehstahl hat eine fast siebenmal größere Leistungsfähigkeit erreicht als bester Werkzeugstahl.) *Met. Arb.* 32 S. 401.

Doppelter Drehstahlhalter. (Der an jedem Ende ein aus selbsterhärtendem Stahl hergestellte Werkzeug hält.) * *Uhlands T. R.* 1906, 1 S. 86.

Cutting-off tool holder. (The base of the tool is ground in a special fixture to an angle of 15 degrees and to a height that permits the tool to cut on center when clamped in the holder.)* *Am. Mach.* 29, 1 S. 188.

Twoway offset cutting-off tool. (Lathe toolholder, which combines a right and left hand tool in one.) * *Mech. World* 40 S. 242.

QUIRE, turret lathe cutters and bars.* *Am. Mach.* 29, 1 S. 812.

Turret attachment for lathe. * *Mech. World* 39 S. 2/3.

LE CARD, bench lathe attachments.* *Mech. World* 39 S. 38/9.

ROSZ, milling-slide lathe attachment.* *Mech. World* 39 S. 223 F.

UNDERWOOD & CO., lathe attachment for boring.* *Railr. G.* 1906, 1 *Suppl. Gen. News* S. 2.

Tool for turning wristpins.* *Mech. World* 39 S. 223.

NILES-BEMENT-POND CO., New York, high-speed tools for rapid work in turning locomotive driving-wheel tires. (Driving wheel lathe.)* *Eng. News* 56 S. 280.

REYNOLDS, tool for the turret-lathe cross-slide.* *Am Mach.* 29, 1 S. 29/30.

CONWELL, cheap milling device for the lathe.* *Am. Mach.* 29, 1 S. 154.

NUTTALL, machining and grinding excentric spindle carriers.* *Mech. World* 39 S. 218.

PARKINSON & SON, Drehbank - Spindelstöcke.[5] *Masch. Konstr.* 39 S. 153, 4.

The PINKERTON CO. automatic revolving jaw chuck.* *Iron A.* 77 S. 1178.

HILL, Support mit Maßeinteilung. *Z. Werksm.* 10 S. 410/11.

MANBRAND, helical micrometer head.* *Am. Mach.* 29, 1 S. 30/1.

Vorrichtung zur Bearbeitung zweiteiliger Lagerschalen. (Anbohren und Abdecken auf der Drehbank.) * *Masch. Konstr.* 39 S. 184.

Das Drehen ovaler Hefte oder Stiele. (Ohne Ovalwerk.) * *Z. Drechsler* 29 S. 524.

PERRIGO, devices for reducing the cost of labour on machine work. (Attachment for turning the surface of spherical pieces of cast iron; forming tool.) *Mech. World* 39 S. 230 F.

5. Sonstige Teile. Other fittings. Accessoire divers.

Drehdorne und deren Herstellung.* *Z. Werksm.* 10 S. 416/7.

The CONRADSON speed box. (For driving engine lathes; speed changes obtained in steps.)* *Pract. Eng.* 33 S. 101/3.

NOYES, some turret fixtures.* *Am. Mach.* 29, 1 S. 806/7.

SENECA FALLS MFG. CO., Befestigungsvorrichtung für Wechselräder. (Einrichtung an Drehbänken, welche gestattet, das Wechselrad vom Drehzapfen abzuziehen, ohne daß die vorgeschraubte Mutter gelöst werden muß.)* *Masch. Konstr.* 39 S. 160.

Drehscheiben. Turn tables. Plaques tournantes. Siehe Eisenbahnwesen V 3.

Drogen. Drugs. Drogues. Vgl. Chemie, analytische 3, Chemie, pharmazeutische, Harze.

WEIGEL, bemerkenswerte Erscheinungen auf dem Gebiete der Drogen im Jahre 1905. (Rückblick.) *Pharm. Centralh.* 47 S. 159/62 F.

TSCHIRCH et BERGMANN, recherches sur les sécrétions. (L'heerabol-myrrhe.) *Mon. scient.* 4, 20, I. S. 754/60.

ZELLNER, zur Chemie des Fliegenpilzes. (Amanita muscaria L.) *Sits. B. Wien. Ak.* 115, 2 b S. 105/18; *Mon. Chem.* 27 S. 281/93.

HOOPER, Samen von Schleichera trijuga. (Makassar-Oel.) *Pharm. Centralh.* 47 S. 547.

POWER und BARROWCLIFF, Bestandteile der Samen von Hydrocarpus Wightiana und anthelmintica. (Chaulmoogra-Säure; Hydrocarpus-Säure.) *Pharm. Centralh.* 47 S. 13.

PECKOLT, Heil- und Nutzpflanzen Brasiliens. *Ber. pharm. G.* 16 S. 22/36 F.

HOOPER, indische Drogen. (Kaladana, Kamala, Manna, Napawsaw, Ischwarg, Gass-tenga, eßbare Erden.) *Apoth. Z.* 21 S. 918.

Die japanische Agar-Agar-Industrie.* *Pharm. Z.* 51 S. 966/7.

HOLMES, die Stammpflanze der Myrrhe. *Apoth. Z.* 21 S. 297/8.

TELLE, Kamala und Rottlerin. *Arch. Pharm.* 244 S. 441 58.

HARTWICH, Cascarillrinde. *Apoth. Z.* 21 S. 776/7.

HARTWICH, die Kolanuß. (Untersuchung.) *Pharm. Centralh.* 47 S. 938/9.

MAY, die Früchte von Sapindus Rarak. (Pharmakognostisch-chemische Untersuchung.) *Pharm. Centralh.* 47 S. 114/6.

TILDEN, latex of Dyera costulata. *Chem. News* 94 S. 102.

ROSENTHALER, die Rinde von Pithecolobium bigeminum Mart. *Apoth. Z.* 21 S. 233.

Radix Phytolaccae decandrae. *Apoth. Z.* 21 S. 400.

GAWALOWSKI, Süßholzsuccus, Extrakt und Reinglycyrrhizinate. *Apoth. Z.* 21 S. 193; *Am. Apoth. Z.* 27 S. 18.

KRAFT, Mutterkorn. (Der spezifisch wirksame Bestandteil.) *Arch. Pharm.* 244 S. 336/59.

ILJIN, die wirksamen Bestandteile der Wurzel von Polygonum bistorta. *Pharm. Centralh.* 47 S. 700.

GUIGUES, Chilch Zalou, die Wurzel von Ferula Hermonis. *Pharm. Centralh.* 47 S. 427.

GENTNER, Tabaschir. *Pharm. Z.* 51 S. 601.

MANN, Strophanthussamen und Strophanthin. (Wertbestimmung.) *Pharm. Centralh.* 47 S. 719/20.

SCHÜRHOFF, Verfälschungen von Drogenpulvern. *Pharm. Z.* 51 S. 479.

HARTWICH und BOHNY, das Digitalisblatt und seine Verfälschungen mit Berücksichtigung des Pulvers. (Digitalisarten; andere Scrophulariaceen; Labiaten; Borraginaceen; Solanaceen; Rutaceen; Kompositen.)* *Apoth. Z.* 21 S. 230/2 F.

HARTWICH, einige in neuerer Zeit vorgekommene Drogenverfälschungen. (Radix Sarsaparillae; Cascara amarga.) *Apoth. Z.* 21 S. 65/6.

TUNMANN, Folia Uvae ursi und ihre Verwechslungen. *Pharm. Z.* 51 S. 757/8.

Prüfung der Folia Uvae ursi in Bezug auf Echtheit

cuts off or rewinds at a speed from five to ten thousand per hour.) * *Printer* 38 S. 421.

FRANKE, Adressiermaschine. (Jede Adresse bildet eine einzelne Metallplatte, die in Form von endlosen Ketten zu 60—65 Stück durch kleine Stahlösen aneinander gehakt werden.) * *Uhlands T. R.* 1906 *Suppl.* S. 27/8.

STRECKER, die modernen Reproduktionsmaschinen auf lithographische Art. (Maschine der HUBER Co.: Farbwerk, Feuchtwerk.) (Pat.) * *Arch. Buchgew.* 43 S. 83.

SOMMER, eine Mehrfarbendruckmaschine. *J. Buchdr.* 73 Sp. 541/5.

b) Teile und Zubehör. Parts and accessory. Organes et accessoiré.

KRACH, über Guß und Behandlung der Buchdruckwalzen. *Arch. Buchgew.* 43 S. 175/80.

Empfindlichkeit der Walzen im Sommer. *Typ. Jahrb.* 27 S. 66.

FISCHER & KRECKE, Anlegeapparat „Auto" für Schnellpressen. (Beruht auf dem Prinzip der rauhen Fläche, hat kein Streichrad und keine Sauger; der Gummifinger berührt den Bogen nur an seiner vorderen Kante.) *Graph. Mitt.* 24 S. 235; *Graph. Beob.* 15 S. 73.

BUG, Bogenanleger „Auto". * *Papier-Z.* 31, 2 S. 2287/8.

DVORÁK, Bogenanlegeapparat. * *J. Buchdr.* 73 Sp. 538/41.

KÜHNAST, der Ersatz des Unterbandes. (Bürsten zum Halten des Bogens während des Drucks; Schutzblech an der die Bürsten tragenden Stange; verschiebbare Federn, um das Schleppen großer Formate zu verhindern.) * *Arch. Buchgew.* 43 S. 348/52.

Das Schließmaterial, seine Behandlung und Anwendung. (Schließrahmen, Stegematerial, Schließkeile, Schraubenschließzeuge, Schließplatten.) *Graph. Beob.* 15 S. 41/2 F.

HOFFMANN, ARNOLD, Plattenunterlagen und Facettenhalter. (Befestigung der Platten auf Bleistegen; Verstellung der Facettenhalter durch Schraube und durch Ausschluß; HAMPELsche Plattenform; Facettenstege mit veränderlichen Facettenhaltern; Doppelausfüllstücke von MOSIG.)⬛ *Arch. Buchgew.* 43 S. 340/5.

LAREN, Aluminiumplatten. (Zum Druck von Lesebüchern für Blinde.) *Arch. Buchgew.* 43 S. 425.

KATTENBUSCH, Fabrikation von Linoleum- und Celluloidplatten und ihre Bearbeitung. *Graph. Mitt.* 24 S. 212.

Der schräge Falzkegel der Schreibschriften.* *Arch. Buchgew.* 43 S. 354.

Echtheitseigenschaften der Druckfarben und deren Prüfung. (Durch den Drucker selbst für Wertpapiere und Urkunden. Krapplack, Grünlack, Geraniumlack.) *Uhlands T. R.* 1906, 3 S. 5.

STENGER, die Lichtechtheit und das Verhalten verschiedener Teerfarbstoffe als Druckfarben. *Z. Reprod.* 8 S. 182/4.

HANSEN, Deckkraft der Druckfarben. *Z. Reprod.* 8 S. 96/8.

Druck mit Doppeltonfarben. (Für einen illustrierten Abreißkalender auf gewöhnlichem Papier, Farbe, die nicht harzig ist und nicht die feinen Papierfasern abrupft und auf die Walzen überträgt, die nicht mit Glyzerin, Petroleumäther, Schweineschmalz, Vaseline oder Leinöl vermischt werden muß; amerikanische Doppeltonfarbe.) *Graph. Mitt.* 24 S. 139.

BÖHME, über Doppeltonfarben und ihre Verwendung in der Praxis. (Halbton, Doppelton-Schwärzen, doppeltongefärbte Schwärzen, bunte Doppeltonfarben, Lichtechtheit der Farben.)

Graph. Mitt. 24 S. 229/30; *Graph. Beob.* 15 S. 59/60.

MÜLLER, M., Doppeltonfarbe. *Arch. Buchgew.* 43 S. 58/60.

HYHKE, Steindruckfarben. (R) *Papier-Z.* 31, 1 S. 3922/3.

KÜHNAST, einiges vom Farbwerk. (Farbkasten amerikanischen Systems; verstellbare Leckwalze; Vorrichtung zum Festhalten der Farbklötze.)* *Arch. Buchgew.* 43 S. 385/7.

Stereotypplatten für Mehrfarbendruck. *Typ. Jahrb.* 27 S. 66.

MEYER, HUGO, der Original-Holzschnitt. (Schwarz-Weiß Blatt; Arbeiten mit mehreren Farbplatten; Uebertragung des Bildes auf die Holzplatte.) *Graph. Mitt.* 24 S. 153/5.

MOSIG, elektrische Heizvorrichtung für Farbwalzen in Druckerpressen. * *Elektrot. Z.* 27 S. 346/7.

RUSS, Moiré, Rasterstellung und Punktform beim Dreifarbendruck. * *Z. Reprod.* 8 S. 61/5.

ADSHEAD, parcel bundling and tying machine. (Tying up papers as they are brought from the printing machines.) * *Pract. Eng.* 33 S. 433/4.

Druck- und Saugluftanlagen. Compressed and rarefied air plants. Établissements d'air comprimé et raréfié.

Siehe Bremsen, Gebläse, Krafterzeugung und Uebertragung 4, Luft- und Gaskompressoren, Postwesen, Tunnel.

Dünger. Manure. Engrais.

Vgl. Kalium, Landwirtschaft 4, Phosphorsäure.

Fortschritte in der Düngerindustrie für das Jahr 1905. *Z. ang. Chem.* 19 S. 1390/2.

Das elektrochemische Verfahren zur Fabrikation künstlicher Düngemittel. *El. Ans.* 23 S. 1183/4.

VAN DER ZANDE, die natürlichen Veränderungen des Stalldüngers. *CBl. Agrik. Chem.* 35 S. 721/5.

STUTZER, Behandlung des Stalldüngers auf dem Hofe. * *Fühling's Z.* 55 S. 436/42.

IMMENDORF, Stallmistkonservierung und zweckmäßige Verwendung des Stallmistes. (Auf Lehm- und Sandboden.) *CBl. Agrik. Chem.* 35 S. 233/6, 725/7; *Jahrb. Landw. G.* 21 S. 49/61.

MAROUSCHEK, Düngerbehandlung auf der Düngerstätte und auf dem Felde. *Landw. W.* 32 S. 328/9.

STUTZER und VAGELER, Beziehungen zwischen der Behandlung der Jauche und deren Gehalt an wichtigen düngenden Bestandteilen. *Fühling's Z.* 55 S. 338/48.

Possible use of powdered feldspathic rock as a fertilizer. (CUSHMAN's experiments.) *Eng. News* 55 S. 15/6.

GLASENAPP, Notwendigkeit der Entwickelung der Industrie künstlicher Düngemittel in Rußland. *Rig. Ind. Z.* 32 S. 149/56 F.

SCHLANITZ, der Saturationskalk als Dünger. *Landw. W.* 32 S. 106/7.

Dynamomaschinen. Dynamos. Siehe Elektromagnetische Maschinen.

Dynamometer. Dynamometers. Dynamomètres.

Vgl. Bremsen 3, Instrumente, Mechanik, Messen 4.

COLLINS' testing brake. (The brake consists of a strip of suitable form and material, usually rope, embracing the pulley on the machine under test.) * *Iron & Coal* 73 S. 666.

KREBS, brake tests of the power of a motor. (Use in high speed engine works. Measurement of the power of petrol motors at the Panhard-Levassor works. The armature of a dynamo is connected directly to the shaft of the engine, so that the two shafts are in line with the inductor of a dynamo. When the engine is running, the inductor is subjected to tangential forces which

tead to make it rotate in the same direction as the armature, and this movement is checked by a weight at the end of the lever.) (A) *Mech. World* 40 S. 201.

DURAND, improved transmission dynamometer. * *Mech. World* 40 S. 290.

EMERY, precision dynamometer springs. (Spring milled on PRATT AND WHITNEY thread miller.) * *Am. Mach.* 29, 2 S. 702/4.

FÖRSTER, der mechanische Wirkungsgrad des Dampfmotors „Praktikus" der Breslauer Dampf-kessel- und Maschinenfabrik BOEHME. (FISCHIN-GERsches Riemen-Dynamometer mit zwei dicht nebeneinander liegenden, gegeneinander verdreh-baren Scheiben.) *Masch. Konstr.* 39 S. 197/8.

Dynamometrische Bremse für das Messen der Stärke von Motoren. *Z. mitteleurop. Motww.* 9 S. 45/6.

Le frein dynomométrique de KREBS. * *Nat.* 34, 1 S. 97/8.

MARTENS, die Meßdose als Kraftmesser. * *Z. V. dt. Ing.* 50 S. 1310/3.

NICOLAUS, ein Dynamometer für Kleinmotoren. * *Elektrot. Z.* 27 S. 945/6.

NACHTWEH, WÜSTs selbstregistrierendes Kurbel-dynamometer. * *Fühling's Z.* 55 S. 30/4 F.

NACHTWEH, die selbstzeichnende Kraftkurbel von LEUNER. * *Fühling's Z.* 55 S. 316/23 F.

PERKINs, torsion meter, for measuring the power of marine steam turbines. * *Mar. Engng.* 11 S. 488/9.

The SELLERs absorption dynamometer. (Consists of a lever on one end of which is a brake block running on small flanged wheels. This brake block is attached to a spring balance fixed on the lever.) * *Mech. World* 40 S. 86; *Pract. Eng.* 34 S. 326/7.

The SELLERS dynamometer. * *El. Eng. L.* 38 S. 168; *Eng.* 102 S. 279.

THOMSON, power required to thread, twist and split wrought iron and mild steel pipe. (Tests of pipe rings; thread cutting dies; machines for measuring power to thread and twist pipe; twisting as a test for pipe; apparatus for mea-suring power for pipe threading by hand.) * *Iron A.* 77 S. 346/9.

Measuring power at the road wheels of autocars.* *Aut. Journ.* 11 S. 257/9.

A recording transmission dynamometer designed and used at the mechanical laboratory of the Worcester polytechnic institute, Mass. * *Iron A.* 77 S. 778/9.

E.

Edelsteine. Precious stones. Pierres précieuses.
Vgl. Diamant.

REINISCH, Edelsteine und deren Erkennungsmerk-male. (V) *J. Goldschm.* 27 S. 24.

RAU, Untersuchung der Edelsteine durch das Di-chroskop. *J. Goldschm.* 27 S. 292.

Smaragdminen. (In Neusüdwales, Queensland und Condia.) *J. Goldschm.* 27 S. 391.

JOSEPH, Kunzit - Edelsteinfunde. (In den Pala-Gebirgszügen. Verstärkung der Leuchtkraft durch Einwirkung von Radiumbromid.) *J. Goldschm.* 27 S. 104.

MIETHE, Färbung von Edelsteinen durch Radium. *Ann. d. Phys.* 19 S. 633/8; *J. Goldschm.* 27 S. 278/9.

Färben von Edelsteinen durch Radium. *Prom.* 17 S. 655.

MIETHE, über die Färbung des Alexandrits. *D. Goldschm. Z.* 9 S. 364/5 a.

Vom Aetzen der Halbedelsteine und seiner An-

wendung. (Bei Rundfiguren; in Federstrich-manier.) *D. Goldschm. Z.* 9 S. 417a/8a.

RAU, Beschädigungen der Steine beim Fassen und ihre Ursachen. (Diamant; Korund; Smaragd; Halbedelsteine.) *J. Goldschm.* 27 S. 386/7.

FISCHER, WILHELM, Rubin - Reconstitué. (Unter-schiede zwischen diesem nachgemachten und dem echten Rubin.) (V) * *J. Goldschm.* 27 S. 58/60.

BERTHELOT, synthèse du quartz améthyste; re-cherches sur la teinture naturelle ou artificielle de quelques pierres précieuses sous les influences radioactives. *Compt. r.* 143 S. 477/88.

Eis. Ice. Claçe. Vgl. Kälteerzeugung.

CHRISTOMANOS, künstliches Eis. (Proben ent-halten um so mehr Salz und Bakterien, je näher sie an der Mitte liegen; Kältewirkung und Halt-barkeit; Unterschied von Klareis und Trübeis.) *Z. Kohlens. Ind.* 12 S. 359/60; *Z. Bierbr.* 34 S. 361/3.

LEDUC, chaleur de fusion de la glace. *Compt. r.* 142 S. 46/8.

LEDUC, densité de la glace. *Compt. r.* 142 S. 149/51.

SEARS, experiments on the amount of heat required to prevent ice formation on the steel lock gates of the Charles River dam. (Heating the lock gates during freezing weather; apparatus used in the experiments.) * *Eng. News* 55 S. 287/8.

Eisbrecher. Ice - breaking steamers. Vapeurs brise glaces. Vgl. Schiffbau 6 e.

VICKERS, SON & MAXIM, ice-breaker „Lady Grey" for Canadian Government. (Bow formed for mounting and breaking through green ice and for going through pack ice.) * *Pract. Eng.* 34 S. 336/7; *Eng. Rec.* 54 S. 275.

Eisen und Stahl. Iron and Steel. Fer et acier.
1. Allgemeines.
2. Eigenschaften und Prüfung.
    a) Chemische.
    b) Physikalische.
3. Erze (Vorkommen, Aufbereitung, Scheidung).
4. Roheisen (Hochöfen, Winderhitzer).
5. Gußeisen.
6. Schmiedeeisen (Schweißeisen, Flußeisen) und Stahl.
7. Elektrische Gewinnung.
8. Legierungen.
9. Verbindungen.

1. Allgemeines. Generalities. Généralités.

Eisenqualitäten und ihre Beurteilung. (Bericht des Kgl. Materialprüfungsamts Groß - Lichterfelde. Ursache der Sprödigkeit von Flußeisen, Phos-phorgehalt, Güte von Schweißungen.) (A) *Gieß.-Z.* 3 S. 207/8.

GROVES, descriptive metallurgy of iron and steel. (Ores of commerce; magnetite.) *Iron & Steel Mag.* 11 S. 287/93 F.

NEUMANN, BERNHARD, Fortschritte auf dem Ge-biete der Metallurgie und Hüttenkunde im 3. und 4. Quartal 1905. (Eisenhüttenwesen.) *Chem. Zeitschrift* 5 S. 145/9 F.

BROUGH, the early use of iron. *Iron & Steel J.* 69 S. 233/53.

BECK, Geschichte der Eisenindustrie in Wales. *Stahl* 26 S. 861/8 F.

HOESCH, Beiträge zur Geschichte des Eisens.* *Stahl* 26 S. 1256/7.

BOILEAU, l'industrie sidérurgique en Italie. *Gén. civ.* 48 S. 196.

RIVIÈRE, l'industrie sidérurgique aux États - Unis. (Étude statistique des centres d'approvisionne-ment et de production; ce qui caractérise, de-puis les exploitations de minerai jusqu'aux in-stallations de laminoirs, ce qu'on appelle les méthodes sidérurgiques américaines.) (a)* *Mém. S. ing. civ.* 1906, 1 S. 317/94.

JAKOBI, die moderne Stahlindustrie, mit besonderer

Berücksichtigung der Kruppschen Werke. (V) (A)· *Z. V. dt. Ing.* 50 S. 915/6.

OSANN, die Eisenindustrie der Vereinigten Staaten von Nordamerika. * *Z. Bergw.* 54 S. 198/221. Die amtliche Untersuchung des amerikanischen Stahltrusts. *Eisens.* 27 S. 893/5.

CARLSSON, hvad bör goras för att bär i landet åstadkomma ett billigare tackjärn? *Jern. Kont.* 1906 S. 515/43.

FALKENAU, Verhalten von Stahl und Bronze in Ventil und Pumpen. (Vortrag vor dem Franklin-Institute.) (V) (A) *Gieß.-Z.* 3 S. 317/8.

2. Eigenschaften und Prüfung. Qualities and examination. Qualités et examination. Vgl. Härten, Elastizität und Festigkeit, Material-prüfung.

a) Chemische. Chemical. Chimique.

V. JÜPTNER, aus der Chemie des Eisens. (V)* *Ber. chem. G.* 39 S. 2376/2402.

GOERENS, die Konstitution des Roheisens.* *Stahl* 26 S. 397/400.

OSMOND und CARTAUD, die Kristallographie des Eisens.* *Metallurgie* 3 S. 522/45; *Rev. métallurgie* 3 S. 653/88.

Rosten des Eisens unter Wasser. (Versuche bei Berührung der Wasseroberfläche mit der Luft u. dgl., bei Zuführung von Luft zum Wasser.) *Techn. Z.* 23 S. 450.

POECH, die Stahlsorten und die physikalischen und chemischen Vorgänge beim Härten. (V)* *Z. O. Bergw.* 54 S. 362/5.

HABER und GOLDSCHMIDT, der anodische Angriff des Eisens durch vagabundierende Ströme im Erdreich und die Passivität des Eisens. (Uebersicht der vorliegenden Verhältnisse und der gewonnenen technischen Ergebnisse; anodisches Verhalten des Eisens in Karbonat- und Bikarbonatlösungen; Verhalten des Eisens als Anode in chloridhaltigen Alkalilösungen, das Wesen des passiven Zustandes beim Eisen in Alkalilösung. Deutung durch die Vorstellung der beweglichen Poren. Messungen mit Tastelektroden in der Erde.) *Z. Elektrochem.* 12 S. 49/74.

SKRABAL, galvanische Fällung des Eisens. *Phot. Korr.* 43 S. 320/7 F.

The grading of pig iron for the foundry.* *Engng.* 82 S. 649/50.

HOFFMANN, W., Löslichkeit des Eisens in Essig. *Essigind.* 10 S. 306/7.

Ueber den Einfluß der Reihenfolge von Zusätzen zum Flußeisen auf die Widerstandsfähigkeit gegen verdünnte Schwefelsäure.* *Stahl* 26 S. 567.

BURGESS und ENGLE, Beobachtungen über die Korrosion von Eisen durch Säuren. *Metallurgie* 3 S. 602/4.

VUYLSTEKE, wrought iron, cast iron or steel. (Relative value in respect to resistance to oxydation.) *Brew. Trade* 20 S. 9/10.

The rusting of iron. (Report.) *Chem. J.* 35 S. 88/90.

Baustoff für Achsen und Schmiedeteile. (Zulässige chemische Beimengungen von Schwefel, Phosphor und Mangan.) ▣ *Organ* 43 S. 23.

MAITLAND, das Jod-Potential und das Ferri-Ferro-Potential. *Z. Elektrochem.* 12 S. 263/8.

GORDON and CLARK, polarization capacity of iron and its bearing on passivity. *J. Am. Chem. Soc.* 28 S. 1534/41.

BRING, experimentella studier öfver sättmaskinens verkningssätt. (a)* *Jern. Kont.* 1906 S. 321/472.

STEAD, mikro-metallographische Methoden. zur Entdeckung stark phosphorhaltiger Teile in Eisen und Stahl. (Erhitzung der Proben; Jod-Aetzmethode; Pikrinsäure-Aetz- und Färbe-

methode; Salpetersäure-Aetz- und Färbemethode.)* *Eisens.* 27 S. 91/2.

WÜST, über die Abhängigkeit der Graphitausscheidung von der Anwesenheit fremder Elemente im Roheisen. (Roheisen und Zinn; Roheisen und Schwefel; Roheisen und Phosphor.) *Metallurgie* 3 S. 169/75 F.

BREUIL, les aciers au cuivre. *Compt. r.* 142 S 1421/4.

WEDDING, Kupfer im Eisen.* *Stahl* 26 S. 1444/7.

DILLNER, Kupfer im Eisen. *Stahl* 26 S. 1493/5.

BARRAUD, dosage du soufre dans les fers, fontes et aciers. * *Rev. chim.* 9 S. 429/31.

JABOULAY, dosage du carbone dans les ferroalliages. *Rev. chim.* 9 S. 178/80.

MOUNEYRAT, méthode de recherche et de dosage de petites quantités de fer. *Compt. r.* 142 S. 1049/51.

Einfluß des Gehaltes an Kohlenstoff, Chrom, Wolfram, Molybdän und Silicium auf die Eigenschaften des Stahles. *Sprengst. u. Waffen* 1 S. 70/1.

HATFIELD, the influence of the condition of the carbon upon the strength of cast iron as cast and heat treated. *Iron & Coal* 72 S. 1642/3.

WATERHOUSE, influence of nickel and carbon on iron. * *Electrochem. Ind.* 4 S. 451/3 F.

BOLIS, Wirkung von Chlorkohlenstoff auf Gußeisen. *Chem. Z.* 30 S. 1117/8.

FETTWEIS, Versuche über den Einfluß des Phosphors auf das Sättigungsvermögen des Eisens für Kohlenstoff.* *Metallurgie* 3 S. 60/2.

POURCEL,· l'influence de l'azote sur les propriétés du fer et de l'acier. *Rev. univ.* 15 S. 229/36.

Effect of nitrogen on iron and steel. *Railv. G.* 1906, 1 S. 140.

BRAUNE, über die Bedeutung des Stickstoffes im Eisen.* *Stahl* 26 S. 1357/63 F.

BRAUNE, om kväfve i järn och stål. (a)* *Jern. Kont.* 1906 S. 656/762.

Einfluß des Stickstoffgehaltes auf den mechanischen Wert des Eisens. *Vulkan* 6 S. 26/7.

WÜST und PETERSEN, Beitrag zum Einfluß des Siliciums auf das System Eisen-Kohlenstoff. * *Metallurgie* 3 S. 811/20.

ADAMSON, influence of silicon, phosphorus, manganese and aluminium on chill in cast iron. *Iron & Coal* 72 S. 1626/9.

ARNOLD and KNOWLES, preliminary note on the influence of manganese on iron. *Iron & Coal* 72 S. 1622/3.

GUILLET, the influence of manganese on iron. *Iron & Coal* 72 S. 1617/8.

HIORNS, combined influence of certain elements on cast iron. (Manganese and silicon, manganese and sulphur, silicon and sulphur, phosphorus and silicon, phosphorus and sulphur.)* *Iron & Coal* 73 S. 1922/3.

CARR, open hearth steel castings. (Chemical analysis and physical tests; determination of silicon in steel; — of phosphorus in steel; — of manganese in steel; — of sulphur in steel; — of carbon in steel; — of silicon in pig iron; — of phosphorus in pig iron; — of manganese in pig iron; — of sulphur in pig iron; physical tests; relation between composition and physical properties.) *Foundry* 28 S. 399/407; *Mech. World* 40 S. 160/1 F.

The chemical composition of tool steel. (The more important characteristics of high speed tools. Analysis and· cutting speeds of various tools; experiments with by TAYLOR AND WHITE in the discovery and development of the new high speed tools. Effect upon high speed tools, as originally developed, of tungsten, chromium,

carbon, molybdenum, manganese and silicon; molybdenum as a substitute for tungsten in high speed tools; best modern high speed tools compared with original high speed tools; principal chemical changes made in best modern high speed tools over original high speed tools developed by TAYLOR & WHITE. Discovery by TAYLOR AND WHITE that small quantities of vanadium improve high speed tools.) *Iron A.* 78 S. 1668/74.

FARRINGTON, analysis of „iron shale" from Coon Mountain, Arizona. *Am. Journ.* 22 S. 303/9.

MACRI, analyses des minerais de fer et des scories. *Mon. scient.* 4, 20, I S. 18.

Bestimmung von Eisen und Aluminium in stark geglühten Gemischen. *Stahl* 26 S. 88.

CORMIMBOEUF und GROSMAN, Bestimmung des Eisengehaltes im Ferrum reductum. *Apoth. Z.* 21 S. 332/3.

BRANDT, Anwendung von Diphenylkarbohydrazid als Indikator bei der Eisentitration nach der Bichromatmethode. *Z. anal. Chem.* 45 S. 95/9.

KINDER, Fehlerquellen bei der titrimetrischen Bestimmung des Eisens mit Permanganat. *Chem. Z.* 30 S. 631/2.

KNORRE, über die Wolframbestimmung im Wolframstahl. *Stahl* 26 S. 1489/93.

RUBIN, Wolfram- und Siliciumbestimmungen im Stahl. *Stahl* 26 S. 1384.

FUNK, Trennung des Eisens von Mangan, Nickel, Kobalt und Zink durch das Formiatverfahren. *Z. anal. Chem* 45 S. 489/504.

FUNK, Trennung des Eisens und Mangans von Nickel und Kobalt durch Behandeln ihrer Sulfide mit verdünnten Säuren. *Z. anal. Chem.* 45 S. 562/71.

KOMAR, Anwendung des sauren schwefelsauren Salzes $FeH(SO_4)_2 \cdot 4H_2O$ zur Trennung des Eisens vom Zink in der Laboratoriumspraxis. *Chem. Z.* 30 S. 31/2.

NICOLARDOT, Trennung des Eisens vom Chrom und Aluminium. *Chem. Z.* 30 S. 432.

WALTERS, the use of ammonium persulphate in the determination of chromium in steel. *Iron & Steel Mag.* 11 S. 61/4.

BRAUNE, schnelle Methode für die Bestimmung des Stickstoffgehaltes im Eisen und Stahl. *Metallurgie* 3 S. 62/4.

FRICKE, Phosphorbestimmung im Eisen und Stahl *Stahl* 26 S. 279/80.

BENEDICKS, Untersuchungen über Kohlenstoffstahl. *Sprengst. u. Waffen* 1 S. 216/17.

VON JONSTORFF, BLAIR, DILLNER AND STEAD, comparison of methods for the determination of carbon and phosphorus in steel. *Trans. Min. Eng.* 36 S. 741/4.

AUPPERLE, volumetric method for the estimation of carbon in iron and steel with the use of barium hydroxide. *J. Am. Chem. Soc.* 28 S. 858/62.

OFFERHAUS, determination of carbon in ferrochrome and the EIMER carbon crucible. * *Electrochem. Ind.* 4 S. 59/61.

MCFARLANE and GREGORY, modified evolution method for the determination of sulphur in pigiron. *Chem. News* 93 S. 201.

GYZANDER, determination of sulphur in pyrites. *Chem. News* 93 S. 213/4.

REINHARDT, zur Bestimmung des Schwefels im Eisen mit besonderer Berücksichtigung des maßanalytischen Verfahrens. * *Stahl* 26 S. 799/806.

SCHULTE, zur Bestimmung des Schwefels im Eisen. *Stahl* 26 S. 985/91.

FRICKE, Apparat zur Bestimmung des Gesamt-

kohlenstoffs im Eisen und Stahl. * *Stahl* 26 S. 666.

Apparate zur Schwefel- und Kohlenstoffbestimmung.* *Stahl* 26 S. 1193/5.

SCHENCK, Reduktion des Eisenoxyduls und die drei Kohlenstoffarten. *Z. Elektrochem.* 12 S. 218/20.

b) Physikalische. Physical. Physique.

SAUVEUR, metallography applied to foundry work. (Microstructure of cast iron.) *Iron & Steel Mag.* 11 S. 119/24.

WEDDING, die Metallographie des Eisens in England.* *Stahl* 26 S. 456/63.

OSMOND et CARTAUD, cristallographie du fer. *Compt. r.* 142 S. 1530/2; 143 S. 44/6.

OSMOND und FRÉMONT, die mechanischen Eigenschaften isolierter Eisenkristalle. (Versuche.) *Stahl* 26 S. 177/8.

Sind Schnelldrehspäne ebenso aufgebaut, wie die mit den alten Messern genommenen? (Untersuchung von Schnelldrehstählen und gewöhnlichen nach KURREIN; mikrographische Spanuntersuchungen von THIME und HAUSSNER; Eisen bei niedrigem, mittlerem und bei größerem C-Gehalt.)* *Baumath.* 11 S. 60/2.

MC ARDLE, cold drawn and rolled steel in the manufacture of light machinery.* *Am. Mach.* 29, S. 179/80.

Stahl. (Zerreißversuche mit geschmiedeten Stählen von geringem Kohlenstoffgehalt, mit abgeschreckten Stählen; Schlagbiegeversuche mit eingekerbten Probestäben von geschmiedetem Stahl; Härtebestimmung nach der BRINELLschen Methode mit geschmiedeten Stählen.) *Z. Dampf k.* 29 S. 214/5.

Praktische Resultate mit Schnellbetriebsstahl. *Eisenz.* 27 S. 891.

BERLINER, Verhalten des Gußeisens bei langsamen Belastungswechseln.* *Ann. d. Phys.* 20 S. 527/62.

BENJAMIN, strength of cast-iron machine parts. (Tests on cast-iron beams; plane of fracture; corner breaks; breaking pressure.) *Mech. World* 40 S. 65.

BRECKENRIDGE and DIRKS, tests of high-speed steel on cast iron. *Iron & Steel Mag.* 11 S. 243/8.

CARPENTER, Anlaß- und Schneideversuche mit Schnelldrehstählen. *Metallurgie* 3 S. 511/22.

KRALUPPER, Studie über die molekularen Veränderungen eines durch Zug beanspruchten Stahlstabes.* *Z. O. Bergw.* 54 S. 619/23 F.

GODFREY, some tests made by SHUMAN, bearing on the design of tension members. (Rupture of a riveted steel tension member; tests made in triple cates of punched, reamed and drilled holes.) *Eng. News* 55 S. 488/9.

FALKENAU, selection of material for the construction of hydraulic machinery. (Cast-iron and steel.) (V) *J. Frankl.* 161 S. 173/8.

MARKS, wrought or finished iron. (Properties and treatment in construction; tensile tests; hot test; steel.) (a)* *Pract. Eng.* 33 S. 521/3 F.

MARKS, mechanical engineering materials, their properties and treatment in construction. (Forged and rolled steel; tensile tests; nickel steel and chrome steel; high-speed tool steel.)* *Pract. Eng.* 34 S. 43/6.

MEYER, C. W., das Schwinden des Gußeisens. (Versuche; Fremdstoffe im Eisen; Hohlwerden durch Schwindung; Graphitbildung; Anwesenheit von Mangan oder Schwefel; Bildung von CO-gas, in dem der gelöste Kohlenstoff das Eisenoxyd reduziert.)* *Gieß.-Z.* 3 S. 641/5 F.

MUIR, the overstraining of iron by tension and compression.* *Proc. Roy. Soc.* 77 S. 277/89.

MUNNOCH, heat treatment of cast iron. (Diagrams from KEEP's testing machine; direct quenching or reheating and quenching grey cast iron from high temperatures, above 870 degrees C., renders it excessively brittle and weak, but at temperatures only slightly below those, which give these unsatisfactory results, the effect of rapid cooling is to greatly increase strength and toughness.)* *Iron & Coal* 72 S. 458/9.

ROSENHAIN, deformation and fracture of iron and mild steel. *Iron & Coal* 72 S. 1643; *Iron & Steel J.* 70 S. 189/228.

STANTON und BAIRSTOW, Widerstand von Eisen und Stahl gegen alternative Beanspruchungen. *Metallurgie* 3 S. 799/802; *Min. Proc. Civ. Eng.* 165 S. 78/134; *Railw. Eng.* 27 S. 178/9.

STEAD, effects on the mechanical properties of steel. (Why pure crystallites do not separate into graduate layers.) *Iron A.* 78 S. 1008/10.

STEINHART, notes on metals and their ferro-alloys used in the manufacture of alloy steels. * *Iron & Coal* 72 S. 285/6.

STOUGHTON, effects of various impurities on pig iron. (Shrinkage; porosity; softness, workability and strength; effect of increasing combined carbon, sulphur and manganese; checking.)* *Iron A.* 78 S. 1302/6.

TURNER, Volumen- und Temperaturänderungen während der Abkühlung von Roheisen. (MALLETs Versuche; phosphorhaltiges graues Roheisen; MALLETsche Methode zur Bestimmung des spez. Gew. von Eisen bei dessen Erstarrungspunkt; Form des KEEPschen Apparates nach KEEP, MOLDENKE und WEST, welche erlaubt, die Volumänderungen eines gegossenen Stabes vom Beginn der Erstarrung bis zum vollständigen Erkalten zu beobachten; Zeigerapparat oder Ausdehnungsmesser; Kontraktions- und Temperaturveränderungen von reinem weißem Roheisen, phosphorfreiem grauem Roheisen, phosphorhaltigem grauem Roheisen, feinkörnigem gutem Gießereiroheisen.) * *Gieß.-Z.* 3 S. 617; *Engng.* 81 S. 705/7; *Iron A.* 77 S. 1671/4.

Shearing strength of structural steel. (Tests of LAVALLEY; double shear tests; elastic limit; ductility.) * *Mech. World* 40 S. 63/4.

GRÜNEISEN, das Verhalten des Gußeisens bei kleinen elastischen Dehnungen. *Physik. Z.* 7 S. 901/4.

HANCOCK, Einfluß zusammengesetzter Spannungen auf die elastische Eigenschaft von Stahl.* *Dingl. J.* 321 S. 41/4; *Phil. Mag.* 11 S. 276/82; 12 S. 418/25.

HOPKINSON und ROGERS, die elastischen Eigenschaften des Stahles bei hohen Temperaturen. *Metallurgie* 3 S. 133/5.

ARNOLD und WILLIAM, die thermischen Umwandlungen reinen Kohlenstoffstahles. (Umwandlungen gesättigten, ungesättigten und überzsättigten Stahles; Schlüssel zu den wahren Bestandteilen und deren unbestimmten Uebergangsprodukten, welche mikrographisch in Eisen und in Kohlenstoffstählen beobachtet worden sind. Andere Bestandteile und unbestimmte Ausscheidungen, welche in Eisen und Stahl beobachtet worden sind.) * *Metallurgie* 3 S. 216/22 F.

BENEDICKS, fysikaliska och fysikaliskt-kemiska undersökningar öfver kolstål. *Jern. Kont.* 1906 S. 1/107 F.

GORDON und CARK, Polarisationskapazität von Eisen und ihr Zusammenhang mit der Passivität. *Z. Elektrochem.* 12 S. 769/72.

LECHER, THOMSONeffekt in Eisen, Kupfer, Silber und Konstantan. (Untersuchung der Aenderun-

gen des THOMSONeffektes mit der Temperatur.)* *Ann. d. Phys.* 19 S. 853/67.

BEDELL and TUTTLE, the effect of iron in distorting alternating-current wave form. (V. m. B.) *Proc. El. Eng.* 25 S. 601/21; *Electr.* 58 S. 130/3.

STEINMETZ, discussion on „the effect of iron in distorting alternating-current wave-form". * *Proc. El. Eng.* 25 S. 780/808.

PARTIOT, sur quelques points obscurs de la théorie de la cémentation. (Profondeur de cémentation et loi de pénétration; céments et anti-céments.) *Rev. métallurgie* 3 S. 535/40.

BÖHLER, die molekularen Vorgänge beim Härten.* *Eisens.* 27 S. 661/2 F.

LE CHATELIER, l'essai de dureté par la méthode de la bille de BRINELL au congrès de Bruxelles. *Rev. métallurgie* 3 S. 689/700.

POECH, die Stahlsorten und die physikalischen und chemischen Vorgänge beim Härten. (V)* *Z. O. Bergw.* 54 S. 362/5.

BOYNTON, the hardness of the constituents of iron and steel. *Iron & Steel Mag.* 11 S. 521.2; *Iron & Coal* 72 S. 1647; *Iron & Steel J.* 70 S. 287/318.

CARR, steel castings: chemical analysis and physical tests. (Relation between composition and physical properties, ductility, hardness.) *Mech. World* 40 S. 160/1 F.

BANNISTER, Zusammenhang zwischen dem Bruchaussehen und dem Kleingefüge von Stahlproben.* *Metallurgie* 3 S. 297/305; *Engng.* 81 S. 770/3; *Iron & Coal* 72 S. 1635/7; *Page's Weekly* 8 S. 1165/8; *Iron & Steel J.* 69 S. 161/78.

HEYN, Bericht über Aetzverfahren zur makroskopischen Gefügeuntersuchung des schmiedbaren Eisens und über die damit zu erzielenden Ergebnisse. ⊞ *Mitt. a. d. Materialprüfungsamt* 24 S. 253/68.

KRALUPPER, die Beurteilung des Eisens aus seinem Kleingefüge.* *Z. O. Bergw.* 54 S. 162/6.

Spezifische Wärme des Eisens bei hohen Temperaturen. (HARKERs Versuche.) *Gieß.-Z.* 3 S. 122/3.

BACH, strength of mild and cast steel at high temperatures.* *Engng.* 81 S. 401/4.

BADH et BOCKERMANN, résistance des aciers doux et fondus aux hautes températures.* *Bull. d'enc.* 108 S. 467/9.

MC CAUSTLAND, effect of low temperature on the recovery of steel from overstrain. *Iron & Coal* 73 S. 373/5.

DEWAR et HADFIELD, influence des températures provoquées par l'air liquide sur les propriétés mécaniques et autres du fer et de ses alliages. *Mon. scient.* 4, 20, I S. 176/80.

DAY, mallable cast iron. * *Am. Mach.* 29, I S. 458/61.

OSMOND, mikrographische Analyse der Eisen-Kohlenstofflegierungen. (A) *Stahl* 26 S. 301/3.

SOLIMAN, les aciers spéciaux. (Propriétés physiques, — mécaniques; étude micrographique.)* *Rev. chim.* 9 S. 345/55 F.

HIORNS, über den Einfluß von Silicium, Mangan, Phosphor und Schwefel auf die Struktur von Gußeisen. *Metallurgie* 3 S. 197/8; *Chemical Ind.* 25 S. 50/4.

BREUIL, les aciers au cuivre. *Compt. r.* 143 S. 346/8, 377/80.

WEDDING, Kupfer im Eisen.* *Stahl* 26 S. 1444/7.

DILLNER, Kupfer im Eisen. *Stahl* 26 S. 1493/5.

WIGHAM, Einfluß von Kupfer auf Stahl. *Metallurgie* 3 S. 328/34; *Iron & Coal* 72 S. 1645/7.

ARNOLD and KNOWLES, preliminary note on the influence of manganese on iron. *Iron & Steel Mag.* 11 S. 510/5.

BRAUNE, Bedeutung des Stickstoffes im Eisen.* *Stahl* 26 S. 1357/63 F.

HERMS, the determination of chromium in steel. *Iron A.* 77 S. 667.

Reversals of stress in iron and steel. (Investigated by STANTON and BAIRSTOW; superiority of moderately high-carbon steels over low-carbon steels and wrought irons; comparisons with the results of WÖHLER and BAKER.) *Eng. Rec.* 53 S. 523.

HIBBARD, internal stresses and strains in iron and steel. *Page's Weekly* 9 S. 581/6; *Iron & Coal* 73 S. 383 6; *Sc. Am. Suppl.* 62 S. 25746/7.

KUSL, Blasen und Lunker in Flußeisen und Flußstahl. (Kohlenoxyd als Blasenbildner. Wasserstoff- und Stickstofftheorie; Luftblasen als Blasenbildner; Mittel zur Vermeidung unruhiger Güsse und zur Bekämpfung von Blasenbildungen und Lunkern.)* *Z. O. Bergw.* 54 S. 594/8 F.

Brittleness of mild steel. (Brittlenes due to phosphorus; heat treatment; segregation in steel.) (A) *Pract. Eng.* 34 S. 524/7.

LAW, brittleness and blisters in thin steel sheets. *Iron & Steel Mag.* 11 S. 493 503; *Engng.* 81 S. 669, 70; *Iron & Coal* 72 S. 1629/30.

LECARME, brittleness of case hardened soft steels. (A) *Iron & Steel Mag.* 11 S. 147/8.

STROMEYER, brittleness in steel. (Observations made in english boiler plate practice.) *Iron A* 78 S. 1378/9.

BURGESS, injurious effect of acid pickles on steel* *Electrochem. Ind.* 4 S. 7/11.

CORSON, a defective bar of tool steel.* *Iron & Steel Mag.* 11 S. 281/6.

Magnetic properties of electrolytic iron.* *El. World* 47 S. 1107/8; *Ind. él* 15 S. 450/2.

BURGESS and TAYLOR, magnetic properties of electrolytic iron.* *El. Mag.* 6 S. 301/3; *El. Rev. N. Y.* 48 S. 928/30; *Proc. El. Eng.* 25 S. 445/51.

COTTON et MOUTON, nouvelles propriétés magnéto-optiques des solutions colloïdales d'hydroxyde de fer. *Compt. r.* 142 S. 203/5.

ECCLES, the effect of electrical oscillations on iron in a magnetic field.* *Electr.* 57 S. 742/4.

EDLER, Beitrag zur magnetischen Eisenprüfung nach der Ringmethode.* *Mitt. Gew. Mus.* 16 S. 67/73.

FOURNEL, détermination des points de transformation de quelques aciers par la méthode de la résistance électrique. *Compt. r.* 143 S. 46/9.

FOURNEL, variations de la résistance électrique des aciers en dehors des régions de transformation.* *Compt. r.* 143 S. 287/8.

OSMOND, les recherches de FOURNEL et la limite inférieure du point. (La détermination des points de transformation de quelques aciers par la méthode de la résistance électrique. Les variations de la résistance électrique des aciers en dehors des régions de formation.)* *Rev. métalurgie* 3 S. 551/7.

FRAICHET, Untersuchungsverfahren magnetischer Metalle. (Beobachtungen der magnetischen Widerstandsänderungen eines Probestabes aus Stahl im Verlaufe seiner Zerreißprobe.) *Stahl* 26 S. 1150/1.

KANN, magnetischer Nachweis von Materialfehlern, Gußblasen u. dgl. im Eisen.* *Physik. Z.* 7 S. 526/7.

MAZZOTTO, das magnetische Altern des Eisens und die Molekulartheorie des Magnetismus. *Physik. Z.* 7 S. 262/6.

DUJARDIN, einiges aus der metallographischen Technik. (Mikroskop mit Camera nach LE CHATELIER; optische Bank mit Mikroskop und Camera; Doppelgalvanometer mit Camera nach LE CHATELIER; verbessertes SALADINsches Doppelgalvanometer)* *Stahl* 26 S. 522/8 F.

HEYN, einiges aus der metallographischen Praxis. (Sprödigkeit infolge Fehler in der Behandlung und infolge mangelhafter Materialbeschaffenheit; Zerreißfestigkeit und Bruchdehnung; besondere Erscheinungen bei Zerreiß- und Biegeversuchen; Folgen für die Verwendung des Materials; Folgen für die Probeentnahme bei chemischen Analysen.)* *Stahl* 26 S. 8/16.

HEYN, Nutzanwendung der Metallographie in der Eisenindustrie.* *Stahl* 26 S. 580/97.

HEYN, metallographische Untersuchungen für das Gießereiwesen. (Ausscheidung des Graphits im Roheisen; siliciumarme Eisen-Kohlenstoff-Legierungen; weißes Roheisen als die unterkühlte Form des Eisens; Bildung des labilen, also unterkühlten, und des stabilen Stahles. (V) (A) *Gieß. Z.* 3 S. 583/8.

V. RÜDIGER, die metallographische Untersuchung von Industriestahlsorten. (Martensite; Martensite mit Ferrit; Martensite und Troosto-Sorbite.)* *Gieß. Z.* 3 S. 593/7.

3. Erze (Vorkommen, Aufbereitung, Scheidung). Ores (occurrence, ore dressing, separation). Minerais de fer (état naturel, préparation mécanique, triage). Vgl. Aufbereitung, Bergbau 6, Hüttenwesen, Zerkleinerungsmaschinen.

Notes on iron ores. (Occurrence and composition; iron ore mining; mechanical preparation; metallurgical preparation.) *Iron & Steel J.* 69 S. 290/317.

Electrical methods for determining the location of metallic ores. (BROWN's apparatus.)* *West. Electr.* 39 S. 4/5.

Neue Erzlager in Kanada. *Eisens.* 27 S. 911.

KATZER, die geologischen Verhältnisse des Manganerzgebietes von Cevljanovic in Bosnien.* *Berg. Jahrb.* 54 S. 203/44.

STUTZER, alte und neue geologische Beobachtungen an den Kieslagerstätten Sulitelma-Röros-Klingenthal. (Die Mineralkombination; Struktur des Erzes; Aetzfiguren an Pyritwürfeln; Pyritgerölle.)* *Z. O. Bergw.* 54 S. 567/72.

BRINSMADE, hematite mining in New York.* *Eng. min.* 82 S. 493/5 F.

GRANBERY, magnetite deposits and mining at Mineville, N. Y.* *Eng. min.* 81 S. 1130/2.

NEWLAND and HANSELL, magnetite mines at Lyon Mountain, N. Y. (Description of a new mill and magnetic separator.)* *Eng. min.* 82 S. 916/8.

RUTLEDGE, Davis pyrites mine, Massachusetts. (Details of milling, shipping and general operation.)* *Eng. min.* 82 S. 771/4.

STICHT, Stand der Betriebe der Mount Lyell Mining and Railway Co. am Schlusse des Jahres 1905 *Metallurgie* 3 S. 563/8 F.

VIEBIG, der Spateisensteinbergbau des Zipser Erzgebirges in Oberungarn.* *Glückauf* 42 S. 9/15.

RATTLE & SON, sampling iron ores. (In cargoes obtaining samples also rapid and accurate methods of analyzing iron ores.) *Mines and minerals* 26 S. 318/9; *Iron & Steel Mag.* 11 S. 238/42.

COLBY, nodulizing and desulphurization of fine iron ores and pyrites cinder. (Forming finely divided metalliferous materials into nodules or lumps, by adding a binder, reducing in character, adhesive at low temperatures and volatile at moderate ones, which binder is capable of forming volatile compounds with such impurities as sulphur, arsenic, etc.) (Pat.) (V) (A) *Eng. News* 56 S. 338/9.

POOLE, kernel-roasting. *Trans. Min. Eng.* 36 S. 403/11.

WEDDING, Brikettierung der Eisenerze und die

Prüfung der Erzziegel. *Stahl* 26 S. 2/8 F.; *Z. O. Bergw.* 54 S. 181/3.

PETERS, Schmelzen kanadischer Eisenerze auf elektrothermischem Wege. (Bericht von HAANEL) *Glückauf* 42 S. 1015/17.

Das RUTHENBURG-Verfahren der Eisengewinnung. (Ausscheidung der zu Staub gemahlenen Erze mittels Magnete; Nachteil, daß bei diesem Verfahren der Eisenstaub durch Erwärmung seinen Magnetismus verliert.) * *Gieß. Z.* 3 S. 90/1.

4. Roheisen (Hochöfen, Winderhitzer). Pig iron (high furnaces, hotblast stoves). Fonte crue (hauts fourneaux, appareils à air chaud). Vgl. Gebläse, Gießerei, Hüttenwesen.

La fabrication du fer-blanc dans le Pays de Galles (Grande-Bretagne). ⊞ *Gén. civ.* 4ʃ S. 8/11.

BIRKINBINE, iron manufacture in Mexico. *Iron & Steel Mag.* 11 S. 1/7.

STICHT, das Wesen des Pyrit-Schmelzverfahrens. *Metallurgie* 3 S. 105/22 F.

LICHTE, Darstellung des Roheisens durch den Hochofenprozeß. *Vulkan* 6 S. 1/3 F.

Notes on the production of pig iron. (Blast-furnace-practice; chemical composition of pig iron; blast-furnace slags; foundry practice.) *Iron & Steel J.* 69 S. 380/420.

JOHNSON, notes on the physical action of the blast-furnace. (Blast-pressure; descent of stock and cause of slips; facts of practice explained by the critical temperature.) *Trans. Min. Eng.* 36 S. 454/88.

Verhüttung von Eisenerzstaub und dergl. im Hochofen. (Mehrere Verfahren.) *Gieß. Z.* 3 S. 250.

ATTIX, Verwendung von Feinerz und Staub im Hochofen. *Metallurgie* 3 S. 135/6.

HALL, Verhüttung feinkörniger Erze in einem Holzkohlenhochofen. (V) (A) *Gieß. Z.* 3 S. 729.

OSANN, zur Frage der Berechnung des Hochofenprofils.* *Stahl* 26 S. 1507/9.

STEVENSON, Ermittlung der Hochofendimensionen.* *Z. O. Bergw.* 54 S. 221/2; *Iron & Steel Mag.* 11 S. 7/18.

GRANBERY, the Northern Iron Co.s blast furnace.* *Eng. min.* 82 S. 98/102.

HAENIG, das neue Hochofenwerk bei Emden, Hohenzollernhütte A.-G. *Gieß. Z.* 3 S. 371/4 F.

TRAYLOR ENG. CO. of New York, new blast furnace for the Matehuala smelter.* *Eng. min.* 81 S. 1133.

Moderne Hochofen-Begichtungsanlagen, ausgeführt von der BENRATHER MASCHINENFABR.-AKT.-GES, Benrath.* *Stahl* 26 S. 1303/11.

Blast furnace charging apparatus. (Bucket filling system; horizontal turntable, located in a pit adjacent to the stock bins and below the lower end of the incline.) * *Iron A.* 78 S. 478/9.

JOHN IRVIN, blast-furnace charging.* *Eng. min.* 81 S. 126.

MÜLLER BRUNO, einige moderne Hochöfen-Begichtungsanlagen.⊞ *Gieß. Z.* 3 S. 197/204.

BAKER, rotierender Verteiler der Hochofenbegichtung.* *Stahl* 26 S. 1144/5; *Iron A.* 78 S. 214/5.

BANNISTER, a graphic method for the computation of blast-furnace charges. * *Iron & Steel Mag.* 11 S. 218/22.

SCHOLTEN, Gichtaufzug von 1000 kg Tragkraft.⊞ *Masch. Konstr.* 39 S. 59.

Ueber die Beseitigung des Hängens bei Hochöfen. *Z. O. Bergw.* 54 S. 155.

OSANN, Ursache des Zerstörens des Hochofenfutters im mittleren Teil des Schachtes und neben der Gicht. (V) (A) *Baumatk.* 11 S. 133/4.

VON SCHWARZ, Anwendung von Sauerstoff zum Oeffnen von Verstopfungen des Abstiches der

Hochöfen. *Metallurgie* 3 S. 356/9; *Eng. News* 55 S. 702/3; *Iron & Steel J.* 69 S. 125/33; *Iron & Steel Mag.* 11 S. 516/20.

Beseitigung von Hochofenverstopfungen mittels Sauerstoffs. *Vulkan* 6 S. 167.

SMITH JOHN J. removal of a salamander from a blast furnace. (Drilling the blast holes; use of dynamite; removing the pieces.) * *Am. Mach.* 29, 1 S. 235/9.

Dust catchers at the Parkgate Iron and Steel Co.s blast furnaces.* *Iron & Coal* 73 S. 1171.

Zerstörung von Hochofenformen. (Durch die oxydierende, an dem Formenrüssel vorbeigehende Gebläseluft und das aus der Rast herabtropfende, über den Rüssel fließende Eisen.) *Gieß. Z.* 3 S. 191.

SUSEWIND & CO., Anwendung von sauren Böden beim Hochofen.* *Stahl* 26 S. 1191/3.

HOFER, Ofenanlage zur Roheisenerzeugung durch Reduktion und Schmelzung der Erze in getrennten Oefen.* *Gieß. Z.* 3 S. 289/90.

CROMWELL, method of tilting open-hearth furnaces.* *Iron & Coal* 73 S. 671.

Ein neuer Roheisenmischer mit seitlicher Hebevorrichtung. (Zwischenschaltung eines Roheisenmischers zwischen Hochofen und Stahlwerk.)* *Eisens.* 27 S. 797/8.

SIMMERSBACH, über heizbare Roheisenmischer.* *Stahl* 26 S. 1234/40.

WEST, comparative designs and working of air furnaces.* *Iron & Coal* 73 S. 206/8.

CAMPBELL, the application of dry air-blast in the manufacture of iron. *Iron & Coal* 72 S. 537/8; *Iron & Steel Mag.* 11 S. 211/7.

L'emploi de l'air desséché. (D'après les résultats donnés par GAYLEY.) *Rev. métallurgie* 3 S. 61/2.

OSANN, zur Frage der Windtrocknung. (Neuere Ergebnisse des GAYLEYschen Verfahrens; der STEINBARTsche Kühlapparat für Hochofengebläsewind; Vorschlag zur Umgestaltung des GAYLEYschen Windtrocknungsverfahrens.) *Stahl* 26 S. 784/9 F.

STEINBART, new developments in dry blast.* *Iron & Steel Mag.* 11 S. 473/83.

RIETKÖTTER, Windverteilung in modernen Kupolöfen. *Stahl* 26 S. 875/7.

ROBERTS, development of blast-furnace blowing engines. (Historical; valves; gas engines; turbines.) (V) (A) * *Pract. Eng.* 34 S. 173/5; *Engng.* 82 S. 440/1.

ADAMSON, Einfluß von Silicium, Phosphor, Mangan und Aluminium auf die Abschreckung von Roheisen. *Metallurgie* 3 S. 306/17.

OUTERBRIDGE, the beneficial effects of adding high grade ferro-silicon to cast-iron. (Results of test of ferro-silicon in ladles.) *Iron & Coal* 72 S. 2313.

THOMAS, the influence of silicon and graphite on the open-hearth process. *Engng.* 82 S. 370.

WATTS, iron and calcium. (Use of calcium in the metallurgy of iron as substitute for the desoxidizing agents; attempts to form alloys of calcium with iron.) *J. Am. Chem. Soc.* 28 S. 1152/5.

RICHARME, théorie et pratique de la déphosphoration de la fonte, du fer et de l'acier. * *Bull. ind. min.* 4, 5 S. 83/201.

NAU, Reinigung des Hochofenroheisens mit Hilfe von Eisenerzen. (Heizung des Reinigers mit Hochofengas, mit heißem Gebläsewind.)* *Gieß. Z.* 3 S. 1/6.

TURNER, Volumen- und Temperaturänderungen während der Abkühlung von Roheisen.* *Metallurgie* 3 S. 317/28.

Ein neues Gießverfahren zur Herstellung von Roh-

eisenmasseln. (Hüttenwerk am Monoagahela in der Nähe Pittsburgs. Das aus dem Hochofen kommende Roheisen wird in fünf fahrbare Gießpfannen abgestochen, die etwa 15 t insgesamt fassen und, nachdem sie aneinander gekoppelt sind, von einer Lokomotive zu einer sogenannten Roheisenmaschine gezogen und daselbst entleert werden. Um das in die Masselformen eingegossene Eisen möglichst schnell zur Erstarrung zu bringen, werden die gefüllten Formen unterwegs mit Wasser besprengt.)* *Bayr. Gew. Bl.* 1906 S. 311/2.

5. Gußeisen. Cast-Iron. Fonte. Vgl. Gießerei.

Aus der Entwicklung des amerikanischen Tempergusses.* *Stahl* 26 S. 671/3.

HEYN, Vorschläge für Verbesserung des Gußeisens. (Versuche; Vorschläge von MOLDENKE. Verminderung der Kohlenstoffgehaltes durch Zusatz von Stahlstücken; Beimischung von Schwefel, Mangan, Kohlenstoff und Phosphor behufs Absonderung von Gasen.) *Gieß. Z.* 3 S. 508.

HATFIELD, influence of the condition of the several varieties of carbon upon the strength of cast iron as cast and heat treated.* *Iron & Steel J.* 70 S. 157/88.

ADAMSON, influence of silicon, phosphorus, manganese, and aluminium on chill in cast iron.* *Iron & Steel J.* 69 S. 75;105; *Page's Weekly* 8 S. 1034/6.

HIORNS, combined influence of certain elements on cast iron. (Manganese and silicon, manganese and sulphur, silicon and sulphur, phosphorus and silicon, phosphorus and sulphur.)* *Iron & Coal* 73 S. 1922/3; *Page's Weekly* 9 S. 1425/32; *Metallurgie* 3 S. 197/8.

OUTERBRIDGE, the beneficial effects of adding high grade ferro-silicon to cast iron. *Foundry* 28 S. 322/7.

RICHARME, théorie et pratique de la déphosphoration de la fonte du fer et de l'acier.* *Bull. ind. min.* 4, 5 S. 83/201.

AKERLIND, malleable cast iron, its manufacture and its physical properties. (Reverberatory furnace.) (V)* *Mech. World* 40 S. 76/7; *Railr. G.* 1906, 1 S. 602/4.

Ueber einen Fall von Schmiedbarkeit bei grauem Gußeisen.* *Metallurgie* 3 S. 786/7.

TURNER, volume and temperature changes during the cooling of cast iron.* *Iron & Steel J.* 69 S. 48/74; *Page's Weekly* 8 S. 1107/12.

MASTER MECHANICS' ASSOCIATION, specifications for cast-iron to be used in cylinders, cylinder bushings, cylinder heads, steam chests, valve bushings and packing rings. (Charging; production.) *Railr. G.* 1906, 1 S. 673.

6. Schmiedeeisen (Schweißeisen, Flußeisen) und Stahl. Malleable iron (weld iron, soft steel) and steel. Fer malléable (fer soudé, fer de fusion) et acier. Vgl. Hüttenwesen, Schmelzöfen.

JAKOBI, moderne Stahlindustrie mit besonderer Berücksichtigung der KRUPPschen Werke. *Z. V. dt. Ing.* 50 S. 1756.

JONES & LAUGHLIN STEEL CO., Talbot-Stahlwerk.* *Z. V. dt. Ing.* 50 S. 629/30.

LEWIS, the Colorado Fuel and Iron Co. (History of a great steel industry in the West.)* *Eng. min.* 82 S. 1201/4.

Neues Verfahren der Eisen-, Stahl- und Kupfergewinnung. (Frage der Erzbrikettierung; Eisenerz-Magnetit in Hematit; Methode von KJELLIN; Kohlenofen von GRÖNDAL; Methode zum pyriti-

schen Schmelzen von Kupfererz.) *Erzbergbau* 1906 S. 261/2.

Notes on the production of steel. (Carburisation of malleable iron; open-hearth process; BESSEMER process.) *Iron & Steel J.* 69 S. 435/47.

BRISKER, neues Arbeitsverfahren im Stahlwerksbetriebe. *Z. O. Bergw.* 54 S. 319/21.

SCHMIDHAMMER, Herstellungsarten des Stahles. (Vier Gruppen von Methoden: 1. Reduktion aus den Erzen, 2. Frischpresse, 3. Mischpresse, 4. Zementierprozeß.) (V) *Eisens.* 27 S. 815/7, 832/4; *Z. O. Bergw.* 54 S. 490/1.

WILLIAMS JR., open-hearth furnace comparisons. (Consumption of fuel; large gas mains desirable; valve troubles; arrangements of ports; casting methods.) *Iron & Steel Mag.* 11 S. 25/30.

MASSENEZ, Herstellung schmiedbaren Eisens aus Roheisen. *Eisens.* 27 S. 235.

Manufacture of malleable iron. *Mech. World* 39 S. 214.

BARRANGER, crucible steel. (Crucible steel furnace.)* *Foundry* 28 S. 183/91; *Iron & Coal* 72 S. 1777/8.

HOFER, Erzeugung von Eisen und Stahl im Drehrohrofen. (Mit Wassergasheizung, unmittelbar aus den Erzen.)* *Gieß.-Z.* 3 S. 225/7.

HOFER, Ofen zur direkten Erzeugung von schmiedbarem Eisen und Stahl. (Eisenerze werden mit Zuschlägen aus Kohle in einen von außen heizbaren tiegelartigen Behälter eingeführt, welcher dicht abgeschlossen wird.)* *Gieß. Z.* 3 S. 681/3.

HOFER, Ofen zur Herstellung vorgefrischten Eisens in ununterbrochenem Betriebe. (Vorfrischen flüssigen Roheisens in feststehendem, mit Regenerativfeuerung versehenem Herdofen.)* *Gieß. Z.* 3 S. 624/6.

HOFER, Flammofen zur Erzeugung von Stahl. (Anordnung der Luft- und Gaskanäle bei den Verbrennungskammern eines Flammofens nach Art der SIEMENS-MARTINöfen.)* *Gieß. Z.* 3 S. 68/70, 353/63.

BECK, zum fünfzigjährigen Jubiläum des Regenerativofens.* *Stahl* 26 S. 1421/7.

Entwicklung des SIEMENS - MARTIN - Verfahrens. *Eisens.* 27 S. 505/6 F.

Moderne und zukünftige Entwicklung des SIEMENS-MARTINverfahrens. (Versuche, die Frischzeit im MARTINofen selbst abzukürzen; vorherige Erhitzung der Zuschläge nach MONELL; Frischen nach BERTRAND und THIEL; gleichmäßig hohe Temperatur erreicht nach TALBOT und SUREYCKI) *Gieß. Z.* 3 S. 257/60.

BOSSER, les procédés de fabrication de l'acier SIEMENS-MARTIN. (Scraps et ore process, procédés THIEL-BERTRAND, TALBOT.) *Rev. univ.* 13 S. 1/30.

DESLANDES, action chimique du four MARTIN acide.* *Rev. métallurgie* 3 S. 321/30.

HOFER, Herstellung von MARTINstahl. (Aus gewöhnlichem Roheisen und Erz.) *Gieß. Z.* 3 S. 743/5.

SCHMIDHAMMER, Stahlerzeugung im basischen MARTINofen. *Stahl* 26 S. 1247/9.

THOMAS, Einfluß des Siliciums und Graphits beim sauren MARTINprozeß. *Metallurgie* 3 S. 505/8; *Pract. Eng.* 34 S. 108/9.

Entwicklungsgeschichte des BESSEMERverfahrens. (Aus BESSEMERs Autobiographie.) (A) * *Gieß. Z.* 3 S. 388/93 F.

VAN GENDT, Bedeutung der Kleinbessemerei für Eisenhüttenindustrie und Maschinenbau. (V. m. B.) * *Stahl* 26 S. 104/11.

ROTT, Bedeutung der Kleinbessemerei.* *Eisens.* 27 S. 161/2.

UNCKENBOLT, Kleinbessemerei. * *Eisens.* 27 S. 409/10 F.

ZENZES, Mitteilungen über eine „kleine" Kleinbessemerei. (Mit einem 1 t Konverter für eine Produktion von ca. 10 t Stahlguß pro Woche; Regulierventil am Konverter; Schraubenpresse zum Entfernen der verlorenen Köpfe an Stahlgußstücken) * *Gieß. Z.* 3 S. 239/44.

Einige Zusätze zum Kleinbessemerei-Kapitel. (Aeußerungen von UNKENBOLT, WEDDING und ZENZES.)* *Gieß. Z.* 3 S. 411/5.

The BESSEMER process in the U. St. (A) *Iron & Steel Mag.* 11 S. 134/8.

Kritische Betrachtungen über den Artikel „Die Kleinbessemerei und ihre Rentabilität für Eisengießereien." (Aeußerung zum Artikel in Eisenz. 1905 S. 752 ff.) *Eisens.* 27 S. 4/6 F.

ROE, the development of the ROE puddling process * *Engng.* 82 S. 537/42; *Iron & Coal* 73 S. 364/9.

ROE, manufacture and characteristics of wrought-iron (Mechanical puddling; structure of puddled iron; defects of wrought-iron.) *Trans. Min. Eng.* 36 S. 203/15.

The SCHWARTZ steel process. *Iron & Steel Mag.* 11 S. 536/7.

POECH, Fortschritte in der ununterbrochenen Flußeisendarstellung nach dem TALBOT-Verfahren. *Stahl* 26 S. 1301/3.

WILSON, the TALBOT continuous steel process and its benefits in steel-making. *Iron & Coal* 72 S. 547/8; *Iron A.* 77 S. 948/9; *Iron & Steel Mag.* 11 S. 316/22.

RICHARME, théorie et pratique de la déphosphoration de la fonte, du fer et de l'acier.* *Bull. ind. min.* 4, 5 S. 83/201.

GALBRAITH, on the manufacture of a high-class steel from phosphoric irons. *Iron & Coal* 72 S. 970; *Iron & Steel Mag.* 11 S. 532/5.

Verfeinerung des Stahles. (Gewinnung feinster Stahlsorten in Tiegeln nach HUNTSMANN. Entwicklung des Verfahrens nach KRUPP. Herstellung von Panzerplatten.) * *Gieß. Z.* 3 S. 56/7.

Die Spezialstähle. (Nickel- und Manganstähle.)* *Metallurgie* 3 S. 137/46 F.

GUILLET, the industrial future of special steel. *Iron & Steel Mag.* 11 S. 89/95.

GUILLET, aciers au nickel-silicium. (Résultats obtenus sur les aciers au nickel, au silicium.)* *Rev. métallurgie* 3 S. 558/77.

GUILLET, Quaternärstähle. (Nickel-Mangan-, Nickel-Chrom-, Nickel - Wolfram-, Nickel - Modybdän-, Nickel-Vanadium-, Nickel-Silicium-, Nickel-Aluminium-, Mangan - Chrom-, Mangan - Silicium-, Chrom-Wolframstähle.) *Metallurgie* 3 S. 581/6 F.; *Iron & Steel J.* 70 S. 1/141.

WATERHOUSE, nickel steel and its application to boiler construction. *Iron & Steel Mag.* 11 S. 301/7; *Iron A.* 77 S. 490/1.

WIGHAM, the effect of copper in steel. *Iron & Steel Mag.* 11 S. 523/4; *Page's Weekly* 8 S. 1164/5.

ZEMEK, Wooc-Damaststahl. (Direktes Herstellungsverfahren mit hinzutretender Kohlung.)* *Gieß. Z.* 3 S. 632.

Der Legierungsstahl „Tenax". (Für Automobile und andere hohe Beanspruchungen; außergewöhnliche Festigkeit, hohe Zähigkeit.) *Eisens.* 27 S. 854.

PETARD, special auto steels and their properties. *Automobile, The* 14 S. 761/2 F.

BECK, der Stahl und seine Verwendung zu Werkzeugen.* *Uhlands T. R.* 1906 *Suppl.* S. 113/4.

CLARAGE, manufacture of tool steel. *Mech. World* 40 S. 310/1 F.

HEYN und BAUER, innerer Aufbau gehärteten und angelassenen Werkzeugstahls. (Zur Aufklärung über das Wesen der Gefügebestandteile Troostit und Sorbit.) *Stahl* 26 S. 778/84 F.; *Mitt. a. d. Materialprüfungsamt* 24 S. 29/59.

TAYLOR, tool steel and its treatment. *Iron & Coal* 73 S. 2171/4.

Werkzeugstahl. (Angeblich ist das elektrische Schmelzverfahren nicht imstande, billiges Einsatzmaterial, wie Schrot und Roheisen, in einen hochwertigen Stahl zu verwandeln.) * *Z. Dampfk.* 29 S. 389.

Elektrischer Schmelztiegel für Werkzeugstahl. (Induktionstiegel; Wechselstromtransformator mit drei parallelen Schenkeln aus lamelliertem Eisen.) *Gieß. Z.* 3 S. 567/8.

Electrical steel melting at Disston plant. The pioneer American electric steel furnace.* *Iron A.* 77 S. 1811/13.

GRÖNWALL, electric melting and refining of iron. (A) *Min. Proc. Civ. Eng.* 166 S. 444/5.

RUHFUS, Vorgänge beim Stahlschmelzen.* *Stahl* 26 S. 775/7.

WATERHOUSE, burning, overheating and restoring of steel.* *Eng. min.* 81 S. 368/9 F.

WIECKE, Wärmebehandlung von Stahl in großen Massen. (Diskussion des Vortrags von J. COSMO.) *Stahl* 26 S. 42/4

High speed tool steels. (Results obtained from a series of tests.)* *Eng. Chicago* 43 S. 283.

FISCHER, HERM, Verwendung des Schnell- oder Rapid-Werkzeugstahles. *Z. Werksm.* 11 S. 87/92.

Ueber Schnelldrehstahl. (Dieser hat eine fast siebenmal größere Leistungsfähigkeit als bester Werkzeugstahl.) *Met. Arb.* 32 S. 401.

Schnellarbeitsstahl. (Schnellbetriebsstahl empfiehlt sich für die Bearbeitung harten, schieferartigen Materials.) *Eisens.* 27 S. 557/8.

THALLNER, die Entwicklung des Schnellarbeitstahles in Deutschland. ⬛ *Z. V. dt. Ing.* 50 S. 1690/7.

TODD, manipulation of high-speed steels. *Mech. World* 39 S. 384.

CARPENTER, tempering and cutting tests of high speed steels.* *Iron & Coal* 73 S. 337/8.

Einfluß des Gehaltes an Kohlenstoff, Chrom, Wolfram, Molybdän und Silicium auf die Eigenschaften des Stahles. *Sprengst. u. Waffen* 1 S. 70/1.

BENEDICKS, Untersuchungen über Kohlenstoffstahl. *Sprengst. u. Waffen* 1 S. 216/7.

HOWARD, the range in tensile properties of a low carbon steel. *Iron A.* 77 S. 1404/5.

L'azote dans le fer et l'acier. *Gén. civ.* 49 S. 312/3.

POURCEL, l'influence de l'azote sur les propriétés du fer et de l'acier. *Rev. univ.* 15 S. 229/36.

LONGMUIR, Stahlguß und die Konstitution des Stahls. *Eisens.* 27 S. 195.

A large steel ingot. (Was used on the WHITWORTH system of fluid pressure.) *Iron & Steel Mag.* 11 S. 542/3.

CARR, open hearth castings. (Materials for acid practice; refractories; fuel; alloys; ferro-silicon; iron ore; moulding materials; fire clay; furnace construction; acid and basic furnace brick work; fuel accessories.) *Iron & Steel Mag.* 11 S. 30/40, 223/31 F.

SEXTON, annealing of steel castings. *Iron & Steel Mag.* 11 S. 53/4.

HOWE, Lunkern und Seigern in Flußeisenblöcken.* *Stahl* 26 S. 1373/8 F.

KUSL, Blasen und Lunker in Flußeisen und Flußstahl. (Kohlenoxyd als Blasenbildner, Wasserstoff- und Stickstofftheorie; Luftblasen als Blasen-

bildner; Mittel zur Vermeidung unruhiger Güsse und zur Bekämpfung von Blasenbildungen und Lunkern.) *Z. Ö. Bergw.* 54 S. 594/8 F.

RIEMER, Bildung von Hohlräumen in Stahlblöcken und die Mittel zu ihrer Verhinderung. (Anwendung großer Trichter; Preßverfahren von WITWORTH und von HARMET; Regulierung der Abkühlung; Aufgießen überhitzter Schlacke auf den frisch gegossenen Block; Vorwärmung von Gas und Luft.) *Stahl* 26 S. 185/9.

WIECKE, Bildung von Hohlräumen in Stahlblöcken und die Mittel zu ihrer Verhinderung. (Aeußerug zum Aufsatz von RIEMER.) *Stahl* 26 S. 345/7.

Pressen der flüssigen Flußeisen-(Stahl-)Blöcke. (HARMETs Verfahren, Lunker zu vermeiden.) *Z. Bayr. Rev.* 10 S. 103/5.

WIECKE, das Pressen flüssigen Stahles nach dem HARMET-Verfahren, unter besonderer Berücksichtigung der Einrichtung auf dem OBERBILKER STAHLWERK. (V) *Z. V. dt. Ing.* 50 S. 1279/82.

CAPRON, compression of steel ingots in the mould.* *Engng.* 81 S. 667/8.

LEDEBUR, Einiges über das Zementieren. (Beschreibung der verschiedenen Verfahren des Zementierens mit Holzkohle, Zuckerkohle, Graphit, Diamant usw. und Vorführung neuerer Versuche.)* *Stahl* 26 S. 72/5; *Rev. métallurgie* 3 S. 222/6.

GUILLET, Einiges über das Zementieren. (Aeußerug zum Aufsatz von LEDEBUR [Seite 72]) *Stahl* 26 S. 478/9; *Rev. métallurgie* 3 S. 227/8.

PARTIOT, sur quelques points obscurs de la théorie de la cementation. (Profondeur de cémentation et loi de pénétration; cements et anti-cements.) *Rev. métallurgie* 3 S. 535/40.

LE CHATELIER, la trempe de l'acier. *Rev. métallurgie* 3 S. 211/6.

LEJEUNE, étude sur la trempe de l'acier. * *Rev. métallurgie* 3 S. 528/34.

OSMOND, les expériences du HEYN sur la trempe et le revenu des aciers; leurs résultats et leurs conséquences.* *Rev. métallurgie* 3 S. 621/32.

Ueber einen Fall von Schmiedbarkeit bei grauem Gußeisen.* *Metallurgie* 3 S. 786/7.

WICKSTEED, progress in iron and in mechanical art. (Use of thermit in welding rails; the HARMET process for casting ingots; high-speed steel and its uses.) *Iron & Steel Mag.* 11 S. 232/7.

7. Elektrische Gewinnung. Electric extraction. Extraction électrique. Vgl. Hüttenwesen 3, Schmelzöfen und -Tiegel.

PETERS, die Elektrometallurgie im Jahre 1905 und im ersten Halbjahre 1906. (Eisen; Erzeugung von Roheisen und Stahl auf elektrothermischem Wege; Induktions- oder Transformatoröfen; Widerstandsöfen; Bogenöfen; Agglomerationsverfahren; Erzeugung von Eisenlegierungen auf elektrothermischem Wege; elektrothermische Bearbeitungsmethoden; Schmelzflußelektrolyse; Eisen aus wäßrigen Lösungen; Mangan; Chrom; Wolfram; Molybdän; Silicium; Bor; Titan; Thorium und Tantal; Vanadium; Aluminium; Magnesium; Cer und verwandte Metalle; Erdalkalimetalle; Alkalimetalle; Blei; Zink, Nickel, Gold, Kupfer, Arsen, Antimon.)* *Glückauf* 42 S. 1384/91 F.

Elektrometallurgie des Eisens und der Eisenlegierungen. * *Z. Elektrochem.* 12 S. 25/31 F.

Elektrometallurgie des Eisens. (Der Prozeß HÉROULT, KELLER, HARMET. Das KJELLINsche Verfahren.)* *Elektrochem. Z.* 12 S. 213/5 F.

STASSANO, Elektrometallurgie des Eisens. (Bemerkungen über den rotierenden elektrischen

Stahlofen in den Artillerie-Bauwerkstätten von Turin.) *Elektrochem. Z.* 13 S. 60/1.

KELLER, Elektrothermie des Eisens und Stahls. (Erzeugung von Eisen und Stahl mittels des elektrischen Ofens der Livet-Werke der KELLER-LELEUX-CO) *Elektrochem. Z.* 13 S. 61/3 F.

STASSANO, elektrothermische Eisenindustrie. (Beschreibung zweier Ofentypen.)* *Elektrochem. Z.* 13 S. 151/4 F; *Sc. Am. Suppl.* 62 S. 25888/90.

v. RÜDIGER, das KJELLINsche Verfahren für Stahlerzeugung und Herstellung von Metallegierungen aller Art. (Der Ofen stellt einen elektrischen Transformator dar, welcher hochgespannten Wechselstrom in niedriggespannten umwandelt, wobei infolge elektrischer Induktion der Widerstand, eine einzige kurzgeschlossene Sekundärwindung, nämlich das Metallband in der kreisförmigen Schmelzrinne sich erhitzt und die JOULEsche Wärme bis zu 3000° zur Wirkung bringt; Betrieb; Betriebskosten.)* *Gieß. Z.* 3 S. 385/8.

THIBEAU, l'électrométallurgie de l'acier. (Classification des fours électriques industriels; procédé de GYSINCE; procédé HÉROULT; procédés GIN; dépenses d'énergie électrique; parallèle entre le four MARTIN et le four électrique; rendement du four MARTIN; rendement du four électrique; conclusions.)* *Rev. univ.* 15 S. 206/22.

Lo stato odierno dell' industria elettrica del ferro. (Forni ad arco, a resistenza, a induzione.) *Riv. art.* 1906, 2 S. 455/65.

Roheisenerzeugung im elektrischen Ofen auf Erzen. (Bericht.) *Elektrochem. Z.* 13 S. 130/1 F.

Roheisenerzeugung auf elektrischem Wege. (HÉROULT-Verfahren.) *Gieß. Z.* 3 S. 318.

GIROD, fabrication des alliages ferro-métalliques au four électrique. *Mém. S. ing. civ.* 1906, 2 S. 720/36.

CIRKEL, Herstellung von Roheisen im elektrischen Ofen. (HÉROULTscher Versuchsofen.)* *Stahl* 26 S. 868/71, 1369/73.

HAANEL, electric melting of iron ore. (HÉROULT electric furnace.)* *Electrochem. Ind.* 4 S. 265/8.

HAANEL, iron reduction at the „Soo" by the HÉROULT electric furnace process. (At Sault St. Marie) * *Electrochem. Ind.* 4 S. 124,6.

HARDEN, steel making in electric induction furnaces. *Iron & Coal* 73 S. 2012/3.

HUTTON, recent advances in the electro-metallurgy of iron and steel. * *Sc. Am. Suppl.* 62 S. 25809/11.

NEUBURGER, die weitere Entwicklung der elektrischen Verfahren zur Herstellung von Eisen und Stahl. (Ofen von SCHNEIDER & CO.)* *Ann. Gew.* 58 S. 103/11.

OTTO, elektrische Stahlerzeugung. *Z. ang. Chem.* 19 S. 561/4; *Chem. Z.* 30 S. 882/3.

SCHUEN, Gewinnung von Elektrostahl. * *El. u. polyt. R.* 23 S. 1/5 F.

Ein elektrischer Ofen zur Erzeugung von Stahl. * *Eisens.* 27 S. 831/2.

Elektrischer Schmelztiegel für Werkzeugstahl. (Der Schmelzapparat ist im wesentlichen ein Wechselstromtransformator.) *Eisens.* 27 S. 580/1.

GIN, elektrischer Stahlofen. (Raum zur Schmelzung und zur Raffinierung des Eisens durch Oxydation der Unreinheiten; Kammer zur Desoxydation und Kohlung des Eisens; Raum für die Beobachtung des fertigen Materials.) * *Gieß. Z.* 3 S. 527/9.

Fours électriques système GIN pour la fabrication de l'acier. *Cosmos* 55, I S. 631/3.

HÉROULT's furnace for melting of Canadian iron ores by the electro-thermic process. (Experiments.) *Pract. Eng.* 33 S. 817/8.

IBBOLSON, der elektrische Stahlschmelzofen von KJELLIN. * *Metallurgie* 3 S. 509/11.

STASSANO, rotating electric steel furnace in the artillery construction works, Turin. * *Page's Weekly* 8 S. 891.

8. Legierungen. Alloys. Alliages. Vgl. Legierungen, Nickel und andere Metalle.

OUTERBRIDGE, recent progress in metallurgy (High speed tool steels; output of a boring and turning machine; cutting of cast iron; ferroalloys; softening effects of ferro-silicon added to a ladle of molten metal; steel-hardening metals; nickel-vanadium steel alloys; blast furnace slag cement; production of aluminium; copper, gold, silver, other metals.) (V) * *J. Frankl.* 162 S. 345/69.

GIROD, fabrication des alliages ferro-métalliques au four électrique. ⊞ *Mém. S. ing. civ.* 1906, 2 S. 720/36.

Herstellung von Eisenlegierungen und Mangan im elektrischen Ofen. *Eisenx.* 27 S. 377 F.

ARNOLD und KNOWLES, über den Einfluß des Mangans auf das Eisen. *Metallurgie* 3 S. 343/6; *Iron & Steel J.* 69 S. 106/24.

GUILLAUME, theory of the magnetic alloys of manganese. *Electr.* 57 S. 707/8.

TAKE, magnetic manganese alloys. (HEUSLER alloys were examined by magnetometer, dilatometer and calorimeter methods.) *Electr.* 58 S. 128.

SPERRY, manganese bronze and its manufacture. (Making the steel alloys.) (A) *Mech. World* 39 S. 280/1.

ROBERTS and WRAIGHT, the preparation of carbon-free ferro-manganese. (Replacement of combined carbon by silicon; decarburising by aluminium; cementation in various oxides; bessemerisation of ferro-manganese.) *Iron & Coal* 72 S. 1643/5; *Iron & Steel J.* 70 S. 229/86.

La fabrication du ferro-manganèse en France. *Gén. civ.* 48 S. 243.

Iron-nickel-manganese-carbon alloys. (A) * *Iron & Steel Mag.* 11 S. 100/12.

SAUVEUR, die Konstituenten der Eisen-Kohlenstoff-Legierungen. * *Metallurgie* 3 S. 489/504.

SAUVEUR, the constitution of iron-carbon alloys. * *Iron & Coal* 73 S. 378/9.

WÜST, Beitrag zur Kenntnis der Eisenkohlenstofflegierungen höheren Kohlenstoffgehaltes. ⊞ *Metallurgie* 3 S. 1/13; *Iron & Steel Mag.* 11 S. 185/211.

CHARPY, das Gleichgewichtsdiagramm der Eisenkohlenstofflegierungen. (N) * *Stahl* 26 S. 426/7.

GOECKE, Fortschritte in der Metallographie der Eisen-Kohlenstoff-Legierungen. *Z. Elektrochem.* 12 S. 401/5.

GOERENS, über den augenblicklichen Stand unserer Kenntnisse der Erstarrungs- und Erkaltungsvorgänge bei Eisenkohlenstofflegierungen. * *Metallurgie* 3 S. 175/86.

RUDELOFF, Untersuchungen von Eisen-Nickel-Legierungen. (Mitteilung aus dem Königlichen Materialprüfungsamte, Groß - Lichterfelde - West. Versuche mit Nickel-Eisen-Kohlenstoff-Mangan-Legierungen; Einfluß des Mangangehaltes auf die Festigkeitseigenschaften von Eisen mit verschiedenen Kohlenstoff- und Nickel-Gehalten.) (a) * *Verh. V. Gew. Abh.* 1906, Beiheft S. 1/68.

Alloys of nickel and steel.* *Am. Mach.* 29, 1 S. 734/6.

Nickel steel. *Iron & Steel Mag.* 11 S. 40/2.

WEDDING, Kupfer im Eisen. * *Stahl* 26 S. 1444/47.

DILLNER, Kupfer im Eisen. *Stahl* 26 S. 1493/5.

PFEIFFER, über die Legierungsfähigkeit des Kupfers mit reinem Eisen und den Eisenkohlenstofflegierungen. *Metallurgie* 3 S. 281/7.

WIGHAM, der Einfluß von Kupfer auf Stahl. *Metallurgie* 3 S. 328/34; *Iron & Steel J.* 69 S. 222/32.

WOLOGDINE, les alliages de zinc et de fer. (Préparation des alliages; metallographie; résumé.) * *Rev. métallurgie* 3 S. 701/8.

VIGOUROUX, les ferromolybdènes purs. (Contribution à la recherche de leurs constituants.) *Compt. r.* 142 S. 889/91, 928/30.

VIGOUROUX, étude des ferrotungstènes purs. *Compt. r.* 142 S. 1197/9.

STOCKEM, Beiträge zur Kenntnis der Legierungsfähigkeit des Calciums. (Calcium und Gußeisen; Calcium und Eisenoxyd; Calcium und Kupfer.) *Metallurgie* 3 S. 147/9.

QUASEBART, Untersuchungen über die Legierungsfähigkeit des Eisens mit dem Calcium. *Metallurgie* 3 S. 28/9.

PÜTZ, Einfluß des Vanadiums auf Eisen und Stahl. *Metallurgie* 3 S. 635/8 F.

SMITH, J. KENT, vanadium as a steel making element. (V. m. B.) * *Chemical Ind.* 25 S. 291/5.

9. Verbindungen. Iron compounds. Combinaisons du fer.

BAXTER and HUBBARD, insolubility of ferric hydroxide in ammoniacal solutions. *J. Am. Chem. Soc.* 28 S. 1508/9.

GIOLITTI, sulla natura delle pseudosoluzioni di idrato ferrico. *Gas. chim. it.* 36, 2 S. 157,67; 433/43.

DEWAR and JONES, physical and chemical properties of iron carbonyl. *Chem. News* 93 S. 1/3 F.

HOFFMANN, E. J., the physical and chemical properties of iron carbonyl. *Chem. J.* 35 S. 469/70.

BASCHIERI, ferrato baritico. *Gas. chim. it.* 36, 2 S. 282/6.

SIBONI, Eisenphosphate. *Apoth. Z.* 21 S. 220/1.

LOTTERMOSER, einige Bemerkungen über Colloide. *Prom.* 17 S. 804/7.

MALFITANO, conductibilité électrique du colloide hydrochloroferrique. *Compt. r.* 143 S. 172/4.

MALFITANO et MICHEL, cryoscopie des solutions de colloide hydrochloroferrique. *Compt. r.* 143 S. 1141/3.

RANDALL, Verhalten von Ferrichlorid im Zinkreduktor. *Z. anorgan. Chem.* 48 S. 388/92.

TIMMERMANS, le poids moléculaire du chlorure ferrique en solution. *Bull. belge* 20 S. 16/32a.

KOMAR, Bildung eines neuen Salzes des Eisenoxydes aus schwefelsauren Lösungen, entsprechend der Zusammensetzung Fe · · · H (SO₄)₂ 4H₂O bezw. Fe₂O₃ · 4SO₃ · 9H₂O. *Chem. Z.* 30 S. 15/6.

KONSCHEGG und MALFATTI, das lösliche Eisensulfid. *Z. anal. Chem.* 45 S. 747/51.

TREITSCHKE und TAMMANN, das Zustandsdiagramm von Eisen und Schwefel. ⊞ *Z. anorgan. Chem.* 49 S. 320/35.

RYSS und BOGOMOLNY, elektrolytische Abscheidung des Eisens aus den wässerigen Lösungen seines Chlorürs und Sulfates.* *Z. Elektrochem.* 12 S. 697/703.

VANZETTI, composti siliciati del ferro. Un caso di formazione di siliciuri nel forno elettrico. *Gas. chim. it.* 36, 1 S. 498/513.

HUNDESHAGEN, künstliche Erzeugung eines typischen Magnesioferrits. *Chem. Z.* 30 S. 4/5.

Eisenbahnwesen. Railways. Chemins de fer.

I. Eisenbahnbau.
  A. Allgemeines (Entwürfe, Vorarbeiten usw.)
  B. Unterbau (Futter- und Stützmauern).
  C. Oberbau.
    1. für Dampfbahnen.
      a) Allgemeines.
      b) Schienen, Schienenbefestigung, Weichen u. dgl.
      c) Schwellen.

2. für elektrische Bahnen.
  a) Streckenbau und Zubehör.
  b) Stromzuführung.
  c) Verschiedenes.
3. für andere Bahnen.
  a) Bergbahnen (Zahnradbahnen usw.)
  b) Hängebahnen.
  c) Sonstige Bahnen.
II. Eisenbahnbetrieb.
  1. Allgemeines.
  2. Zugdienst, Fahrpläne usw.
  3. Verschubdienst.
  4. Schneeschutz, Schneebeseitigung usw.
  5. Unfälle.
III. Eisenbahnbetriebsmittel.
  A. Lokomotiven.
    1. Allgemeines.
    2. Lokomotiven mit Dampfbetrieb.
      a) Ausgeführte Lokomotiven.
      b) Einzelteile.
      c) Tender.
      d) Verschiedenes.
    3. Elektrisch betriebene Lokomotiven und elektrische, auf Schienen laufende Motorwagen.
      a) Akkumulatorenlokomotiven.
      b) Mit Stromzuführung von außen betriebene Lokomotiven.
      c) Schaltapparate.
      d) Sonstige Ausrüstung und Verschiedenes.
    4. Durch andere Mittel betriebene Lokomotiven.
  B. Eisenbahnwagen.
    1. Allgemeines.
    2. Personen- und Postwagen.
    3. Güterwagen.
    4. Bahndienstwagen.
    5. Beleuchtung, Heizung und Lüftung.
    6. Wagenachsen, Achsbuchsen, Räder, Gestelle.
    7. Andere Wagenteile und Ausrüstungen, Schutzvorrichtungen usw.
    8. Bremsen.
IV. Eisenbahn-Signalwesen.
  1. Allgemeines.
  2. Signal- und Weichenstellvorrichtungen (Zentralstellwerke).
  3. Blocksysteme und Zugdeckungseinrichtungen.
  4. Signale von der Strecke nach dem fahrenden Zuge.
  5. Signale am Zuge.
  6. Ueberwegsignale.
  7. Einzelteile.
V. Bahnhofsanlagen und Ausrüstung.
  1. Allgemeines.
  2. Wasserstationen.
  3. Schiebebühnen, Drehscheiben usw.
  4. Lokomotiv- und Wagenschuppen und Zubehör.
VI. Eisenbahnwerkstätten.
VII. Ausgeführte Eisenbahn-Anlagen.
  1. Allgemeines.
  2. Mit Dampf betriebene Eisenbahnen.
    a) Allgemeines.
    b) Hauptbahnen und Nebenbahnen.
    c) Stadt- und Vorortbahnen.
    d) Klein-, Industrie- und Feldbahnen.
    e) Bergbahnen.
    f) Straßenbahnen.
    g) Verschiedenes Bahnen.
    3. Elektrische Bahnen.
    a) Allgemeines.
    b) Haupt- und Nebenbahnen.
    c) Stadt- und Vorortbahnen.
    d) Klein-, Industrie- und Feldbahnen.
    e) Bergbahnen.
    f) Straßenbahnen.
    g) Verschiedene elektrische Bahnen (Gleislose usw.).
    4. Seil- und Kettenbahnen.
    5. Anderweitig betriebene Bahnen.
    6. Eigenartige Bahnen (Gleitbahnen usw.).

I. Eisenbahnbau. Construction of railway lines. Construction des chemins de fer.

A. Allgemeines (Entwürfe, Vorarbeiten usw.). Generalities (designs, surveys etc.). Généralités (projets, études). Vgl. Instrumente 6, Vermessungswesen.

Das Eisenbahnwesen auf der Bayerischen Landesausstellung in Nürnberg. *Z. Eisenb. Verw.* 46 S. 817/8.

Das österreichische Eisenbahnmuseum. (Pläne der verschiedenen Eisenbahnen; Sondersammlung von Schienen-Oberbauanordnungen und -Befestigungsmitteln; Maschinenteile; Eisenbahnunfälle; Eisenbahngeldzeichen.) *Z. Eisenb. Verw.* 46 S. 836/8 F.

ZINSZMEISTER, das Eisenbahnwesen auf der Welt-ausstellung in Lüttich. (Brücken, Viadukte und Tunnel in den verschiedenen Baustadien; Lokomotiven; Revisionswagen; Spezialwagen mit großer Plattform und je zwei Drehgestellen.) *Z. Eisenb. Verw.* 46 S. 25/7.

Railways at the Milan exhibition. *Mech. World* 40 S. 140/1.

Die Ausstellung der Wiener städtischen Straßenbahnen in Mailand. *Ell. u. Maschb.* 24 S. 725/6.

Les chemins de fer et la navigation à l'exposition de Milan. *Nat.* 35, 1 S. 51/5.

FRÄNKEL, die augenblicklichen Aufgaben der Elektrotechnik im Eisenbahnwesen. (Erzeugung der Zugkraft und Kraftlieferung der Hülfsmaschinen, Beleuchtung und Signale.) *Organ* 43 S. 176.

TOEPFER, die Technik im russisch-japanischen Kriege. (Leistungsfähigkeit der sibirisch-mandschurischen Eisenbahn für Truppentransporte; Fortsetzung der Bahn Sôul-Ytschshu auf Liaojang als Feldbahn; Massenleistung im Eisenbahn- und Wegebau; Kriegsbrückenbau, Nachrichtenvermittelung; Lagerbauten, Feldbefestigung.)* *Krieg Z.* 9 S. 87/92 F.

Die Entwicklung des Eisenbahnnetzes der Erde in den Jahren 1900 bis 1904. *Glückauf* 42 S. 889/92.

JUNG, Kupplungsverhältnisse der Lokomotiven. (Bezeichnungsweise.) *Z. V. dt. Ing.* 50 S. 630/1.

Die Entwickelung der Eisenbahnfahrzeuge in den letzten 25 Jahren. *Arch. Post.* 1906 S. 419/23.

DIERSCHKE, zur Frage des Vorortverkehrs. (Besprechung einer Abhandlung in der Nordd. Allg. Ztg. betreffend Ueberlassung dieses Verkehrs an private Unternehmer von elektrischen Bahnen. Vorortverkehr bei Großstädten in Bayern; Einrichtung eines Staatseisenbahnvorortverkehrs.) *Techn. Gem. Bl.* 9 S. 169/71, 209/19.

KRIEGER, zur Geschichte des Berliner Schnellverkehrs. (Unterpflasterbahnlinie „Süd-Nord" und die von der Gesellschaft für elektrische Hoch- und Untergrundbahnen beantragte Fortsetzung der bestehenden Untergrundbahn von ihrem jetzigen Endbahnhofe am Potsdamer Platz über den Leipziger Platz, den Spittelmarkt und den Alexanderplatz bis zur Schönhauser Allee und im Zuge der letzteren bis zum gleichnamigen Bahnhof der Ringbahn. Frühere Pläne der A. E. G. und von SIEMENS & HALSKE; Schema des Projektes der A. E. G.; Schwebebahn Rixdorf-Gesundbrunnen; Untergrundbahnentwürfe der GROSZEN BERLINER STRASZENBAHN zwischen der Siegesallee und dem Platz am Opernhause im Zuge der Charlottenburger Chaussee und der Straße Unter den Linden; Unterpflasterbahn zwischen der Potsdamer Brücke und der Neuen Roßstraße im Zuge der Potsdamer und Leipzigerstraße mit einer Abzweigung von der Ader der Leipzigerstraße nach der Kronenstraße und von da weiter nach dem Gendarmenmarkt.)* *Z. Eisenb. Verw.* 46 S. 77/82.

MÜLLER, die neuen Berliner Verkehrsprojekte. (Straßenbahn-Tunnelanlagen.)⊠ *Ann. Gew.* 58 S. 45/51 F.

Berliner Schwebebahn Gesundbrunnen-Rixdorf. (Ueberschreitung der Spree; elektrische Aufzüge zur Beförderung der Fahrgäste; Betrieb mittels Oberleitung; Gabelstützen.) *Z. Eisenb. Verw.* 48 S. 299/300.

MARGGRAFF, zur Vorgeschichte der bayerischen Hauptbahn Donauwörth-Treuchtlingen. (Linienführung.)* *Z. Eisenb. Verw.* 46 S. 1135/8.

STEIN, Hamburger Stadt- und Vorortbahn. (V) (A) *D. Baus.* 40 S. 256.

Eine elektrische Taunusbahn. (Linienführung.)* *Uhlands T. R.* 1906 *Suppl.* S. 135.

20*

SALUZ, die Bahnlinie Davos-Filisur.* *Schw. Bauz.* 47 S. 141/4.

MOSER, das Greina-Eisenbahn-Projekt und die östlichen Alpenübergänge. (Geologische Verhältnisse; HEIMS Gutachten.)* *Schw. Bauz.* 47 S. 55/61 F.

Lötschbergbahn. (ZOLLINGERS Vorschlag.) *Z. Eisenb. Verw.* 46 S. 689/90.

The Simplon route to Italy.* *Railw. Eng.* 27 S. 77/80 F.

PALEY, earley wooden railways. (In England in the eightenst century.)* *Railr. G.* 1906, 2 S. 140/1; *Mech. World* 40 S. 257.

BONNIN, work of superposing three lines of the Metropolitan Ry. of Paris, at the Place de l'Opera. (Plan of crossing.)* *Eng. News* 55 S. 124/5.

Eisenbahnen und Wasserstraßen Rußlands. *ZBl. Bauw.* 26 S. 69/70.

THIESS, Eisenbahnbau und Eisenbahnpläne Rußlands in Mittelasien. (Nach russischen Quellen.)* *Ann. Gew.* 58 S. 194/7.

Die Eisenbahn Alaska-Sibirien. *Z. Eisenb. Verw.* 46 S. 672/4.

SCHULZE, W. A, direkte Eisenbahnverbindungen zwischen Europa und Amerika über Sibirien und die Beringstraße. (DE LOBELs Plan.) *Z. Eisenb. Verw.* 46 S. 541/2; *Eng. News* 56 S. 516.

Die Amur-Eisenbahn. (Von Srjetensk bis Chabarowsk [1700 km].) *Z. Eisenb. Verw.* 46 S. 1393/4.

V. LEBER, Beschlüsse des internationalen Eisenbahnkongresses zu Washington im Jahre 1905. (Unterbau und Oberbau; Lokomotiven und Zugförderung; Betrieb; Güterfrachtsätze; Dauer der Arbeit; Wohlfahrts - Anstalten; Kleinbahnen; Dienst auf schwach befahrenen Vollbahnen und auf Nebenbahnen; Zugförderung mittels der Triebwagen.) *Organ* 43 Ergänzungsheft S. 355/87.

ASSELIN et COLLIN, notes de voyage en Amérique (mai-juin 1905). (Locomotives américaines, l'installation des dépôts, construction des voitures et wagons, l'installation des ateliers; dépôts; chargement du combustible; dépôts américains; enlèvement des scories; lavage et mise en pression; récupération de la chaleur perdue dans la vidange; fosses à descendre les roues; production et utilisation de l'énergie; trains de secours; wagons; voitures; frein WESTINGHOUSE; accouplement automatique à tampon central.) (a) ▦ *Rev. chem. f.* 29, 1 S. 226/76 F.

GIESE, Bemerkungen über die Bahnanlagen in Nordamerika.* *Z. Eisenb. Verw.* 47 S. 1247/51 F.

GIESE, über den Oberbau amerikanischer Bahnen. (Bettung; Schwellen; Schienen - Befestigung.) *Z. V. dt. Ing.* 50 S. 8/91.

DIXON, competition between water and railway transportation lines in the United States. (Advantages of railway over water transportation.) *Eng. News* 55 S. 329/31.

Competition between railway and river transportation in the early part of the railway era: a leaf from the history of the Hudson River Rr. (Capacity of the railroad for business.) *Eng. News* 55 S. 333/5.

Grade rectification in the Battery tunnel New York.* *Eng. Rec.* 54 S. 347/8.

KRUTISCHNITT and DARLING, ruling grades on the transcontinental lines. (Grade tables; profiles.)▦ *Railr. G.* 1906, 1 S. 451/3.

ROSS, pathfinding for Canada's new Transcontinental Ry.* *Eng. News* 55 S. 111/4.

Lincoln Corporation tramways. (Surface - contact system.)* *Electr.* 56 S. 502/3.

MACDONALD, winter works on the Transcontinental railway survey. *Eng. News* 55 S. 131/2.

SMITH, HARRY, C., Key West extension of the Florida East Coast. (Viaducts stretching over water from 10 to 30′ deep; protection from tropical storms; workmen's camps; houseboat for foremen.)* *Railr. G.* 1906, 1 S. 404/6.

DERLETH, some effects of the San Francisco earthquake on water works, streets, sewers, car tracks and buildings.* *Eng. News* 55 S. 548/54.

KURTZ, the effect of the earthquake on street car track in San Francisco.* *Eng. News* 55 S. 554.

Thief River Falls extension of the „Soo" Line.* *Railr. G.* 1906, 1 S. 82/3.

Newell grade separation of the Wabash and Chicago Southern.* *Railr. G.* 1906, 1 S. 12/3.

The Western Pacific. (Being built from Salt Lake City to San Francisco.) * *Railr. G.* 1906, 1 S. 252/3.

Die neue kanadische Pacificbahn. * *Ost. Eisenb. Z.* 29 S. 189/91.

WRIGHT, railroad construction in Northern Mexico. (Manzanillo extension of the Mexican Central Rr. Soil of volcanic origin; throughout hand labor.) *Eng. Rec.* 53 S. 264/5.

PEARSON & SON, Tehuantepec National Ry. (Present state of the route and of the railroad connections.)* *Railr. G.* 1906, 2 S. 410/2.

PAQUET, Anatolien und seine deutschen Bahnen. (V)* *Bayr. Gew. Bl.* 1906 S. 237/42 F.

BLUM und GIESE, die Eisenbahnen Vorderindiens.* *Z. V. dt. Ing.* 50 S. 233/9 F.

BENNETT, railroads and transportation in Siam. (Bridges, trestle; station; kings train.) * *Railr. G.* 1906, 1 S. 550/4.

BENNETT, Philippine Rr. projects. (Clearing; native bridge; rafting lumber with bamboo floats.)* *Railr. G.* 1906, 1 S. 21/4.

GERHARDT, Eisenbahnbau in den Dünen Afrikas. (Aeußerung zu JENTZSCH' Abhandlung in der Deutschen Kolonialzeitung von 1905 unter der Ueberschrift „Geologische Bemerkungen über Eisenbahnbau in Flugsandgebieten". Kreuzung der Dünen in der herrschenden Windrichtung; Anlage zweier Schutzstreifen auf den benachbarten Dünenrücken.)* *Zbl. Bauw.* 26 S. 287/9.

BERDROW, die Hedschasbahn. (Von Damaskus nach Mekka.) *Z. Eisenb. Verw.* 46 S. 1511/4 F.

BILDERBECK, coordinate geometry applied to problems in railroad alignement. * *Eng. Rec.* 53 S. 647/8.

Zur Theorie des Uebergangsbogens. (Uebergangsbogen bei Steilrampen.) (a)* *Z. Oest. Ing. V.* 58 S. 617/22.

SAUERMILCH, Berechnung und Absteckung langer Uebergangsbogen.* *Organ* 43 S. 96/8.

ROSS, simplified method of laying out transition curves. (Curve adapted to the cubic parabola.) (V)* *Min. Proc. Civ. Eng.* 164 S. 351/2; *Eng. News* 56 S. 502.

PUCHSTEIN, Gegenkrümmungen in Bahngleisen.* *Zbl. Bauw.* 26 S. 414/5, 442.

SPANGENBERG, Gegenbogen und Zwischengrade.* *Z. Transp.* 23 S. 87/90.

HANSEN, Gleisrichtung in Bogen. (Bestimmung der unvorschriftsmäßigen Abweichungen.)* *Zbl. Bauw.* 26 S. 94/5.

WILCKE, zweckmäßigste Richtung bei Bahnübergängen. (Für Wagen mit verschiedenem Achsstande.)* *Organ* 43 S. 14/5.

MARIÉ, les dénivellations de la voie et les oscillations du matériel des chemins de fer. * *Ann. d. mines* 9 S. 448/514.

MARIÉ, les grandes vitesses de chemin de fer. (Les oscillations du matériel et la voie. Application aux chemins de fer des calculs relatifs à l'entrée en courbe et à la sortie; choc du bou-

din des roues sur le rail à l'entrée en courbe et à la sortie; application de la théorie du gyroscope aux problèmes considérés; oscillation due à une variation brusque et anormale du rayon de courbure de la voie; expériences de la Compagnie du Nord; déraillements provenant des actions latérales des roues sur les rails; oscillations isolées, répétées, superposées; les automobiles et les virages.)* *Mém. S. ing. civ.* 1906, 1 S. 622/84.

VOGL, Widerstände der Eisenbahnzüge. *El. u. polyt. R.* 23 S. 116/7 F.

RAYMOND WILLIAM G., curve resistance. (Theory.)* *Railr. G.* 1906, 2 S. 138/40.

Energy losses on tramways. *El. Rev.* 58 S. 73/4.

The Fleming Summit loop.* *Railr. G.* 1906, 1 S. 259.

KRISER, v. HÜBL, TRUCK und PULFRICH, das stereophotogrammetrische Trassieren von Eisenbahnen. (Theodolit mit photographischer Kamera für Meßtischphotogrammetrie; Stereokomparator von PULFRICH, der ein stereoskopisches Bild mit der natürlichen Terrainplastik liefert. Ablesung der Höhen- und Lageverhältnisse durch einen im Stereokomparator angebrachten, in das Bild ragenden Maßstab) *Oest. Eisenb. Z.* 29 S. 181/2.

KOPPE, Verwertung der preußischen Meßtischblätter zu allgemeinen Eisenbahn-Vorarbeiten. *Organ* 43 S. 27/9, 61.

MACDONALD, traversing lakes and rivers with the stadia. (Surveys for the National Transcontinental Ry., the eastern end of the Grand Trunk Pacific.)* *Railr. G.* 1906, 2 S. 442/3.

CROKETT, preliminary earthwork estimation with the slide rule. (In preliminary railway location.)* *Eng. News* 56 S. 504/5.

Unit costs of railroad building. (V) (A) ⊠ *Railr. G.* 1906, 2 S. 203/6.

HOWARD, some tables and other data for railway locating engineers (STEPHENS six-chord spiral and terminal curve.)⊠ *Eng. News* 56 S. 268/71.

ALLITSCH, Ermittlung von Flächenprofil, Grunderwerb und Böschungsausmaß für allgemeine Vorarbeiten im Eisenbahnbau.* *Zbl. Bauv.* 26 S. 118/20.

BUNSEN, O. G., formulas for computing railway cross-section tables.*. *Eng. News* 56 S. 690.

Kostenveranschlagung und Baupraxis beim Eisenbahnbau in Preußen. (Normalspurige Haupt- und Nebenbahnen.)* *Techn. Z.* 23 S. 201/4 F.

B. Unterbau (Futter und Stützmauern usw.). Railroadbeds (lining walls, retaining walls etc.). Infrastructure (murs de revêtement, murs de soutènement etc.). Vgl. Beton u. Betonbau, Brücken 2, Erdarbeiten.

MALEVÈ, poussée des terres contre les murs de soutènement. (Massif terrassé supportant une voie ferrée; massif terrassé surmonté d'un remblai; tableau de la répartition des surcharges.)* *Ann. trav.* 63 S 283/305.

NEELY, cost of steam shovel work in railway betterment. (Steam shovel limitations; rainy day expenses; material moved, spreading, overhaul; raising track vs. temporary trestle.)* *Eng. News* 56 S. 142/3.

TRATMAN, foreign railway construction in sliding ground. (Paris Lyons & Mediterranean Ry.; Lons-le-Saunier & Champagnole Ry.; Lieme embankment; works at Conliège; Rochechien diversion; Albula Ry.) (V) (A)* *Eng. News* 56 S. 287/9.

MAX, Bahnbau im Rutschgebiete der Rotweinklamm. (Entwässerungsanlagen; Stützmauer;

Linienführung; Befestigung des Hangabbruches mittels Steinrippen, Flechtwerke und Akazienpflanzung; Schutz gegen die Lehnenrutschung durch Futtermauer und Steinsatz; Dammfußsicherung durch Stützmauer, Steinsatz - Hinterschüttung; graphische Untersuchung der Stützmauer.) [b] *Wschr. Baud.* 12 S. 27/31.

POLLACK, Erfahrungen im Lawinenverbau in Oesterreich. *Z. Oest. Ing. V.* 58 S. 145/52 F.

Constructing railways in India. (Brick-making; culvert; setting-out; concreting; masonry work; wing-walls.)* *Railw. Eng.* 27 S. 135/8 F.

WENZ, allgemeines und technisches vom Bau der Schantungbahn. (Brücken; Gründung auf Pfählen mit Luftdruck; Brunnen.) (V)* *Bayr. Gew. Bl.* 1906 S. 439/9 F.

v. LIMBECK, Stützwände. (Vergleich zwischen den vorgeschriebenen Formen und einer vorgeschlagenen Typenreihe von 1 bis 6 m hohen Winkelstützmauern.) (A) *Bet. u. Eisen* 5 S. 22.

CHAUDY, murs de soutènement en maçonnerie avec éperons en béton armé.* *Mém. S. ing. civ.* 1906, 1 S. 453/7.

DUNCAN, plumbing and strengthening a leaning retaining wall an l bridge abutment.* *Eng. News* 55 S. 386.

KUX, Stützmauern aus Beton auf der Linie Hirschberg—Lähn. (Größte Höhe 14 m; Ausführung durch GEBR. HUBER.)* *Bet. u. Eis.* 5 S. 84; *Eng. Rec.* 54 S. 457.

TINKER, grade separation at Cleveland, Ohio. (Concrete curtain walls completed and columns encased in concrete; temporary floor and railing for use during winter; steel columns in piers and forms in place for concreting curtain walls.)* *Railr. G.* 1906, 1 S. 299/301.

KERBAUGH, erecting temporary trestles. * *Eng. Rec.* 53 S. 43.

STEINERMAYR, Bau der zweiten Eisenbahnverbindung mit Triest. (Gerüste für die Kenlachbrücke; Fördergerüste; Fundierung der oberen Klammbrücke; verdrückter Stolleneinbau im Karawanken-Tunnel; verdrückter Eiseneinbau; Stollenweiche (übereinander); belgischer Tunnelbauvorgang; Galerie beim Doblar - Tunnel; HENNEBIQUE Galerie bei Auzza; Einbau eines auszuwechselnden Ringes im Bukovo-Tunnel; Verbruch im Bukovo-Tunnel; Steyrlingbrücke.) [a] *Allg. Baus.* 71 S. 90/110.

Neasden and Northolt Ry. (Retaining walls; bridge over London & North Western Ry.; covered way under Ealing and South Harrow Ry.) (a) [s] *Railw. Eng.* 27 S. 87/93.

Denver, Northwestern & Pacific. (Trestle bridge; tunnels cut; Boulder Canyon and tunnel; Rollins pass.)[s] *Railr. G.* 1906, 1 S. 503/8.

Reconstruction of the Cairo division of the Cleveland, Cincinnati, Chicago & St. Louis Ry. (Long reinforced concrete trestles in the line across the Lawrenceville Bottoms; concrete mixing plant; centering carried by bench walls used in building concrete culvert.)* *Eng. Rec* 54 S. 151/6.

The Omaha cut-off of the Union Pacific. (Long timber trestle over valley of Big Papillion Creek; reinforced concrete highway viaduct.) * *Railr. G.* 1906, 2 S 549/52.

The Depew Place excavation. (For the construction of the depressed yards for the new terminal of the New York Central & Hudson River Rr. Co. Falsework carrying temporary wooden deck over Depew Place excavation.) * *Eng. Rec.* 54 S. 22.

The building of the Elgin-Belvidere Electric Ry. (Pile trestle and reinforced concrete bridges; high tension transmission lines; direct current t

feeders and telephone lines carried on one pole.)*
West. Electr. 39 S. 1/2.
New low-grade freight line of the Erie Rr.
(INGERSOLL-SERGEANT steam drills; double-
track tunnel 5,300' long; steam shovel at work
in a heavy cut through glacial drift.) *Eng. Rec.*
54 S. 256/8.
Concrete retaining walls at the New York Central
terminal. (Wall made in full-height 52' long in
sections with open vertical transverse expansion
joints.)* *Eng. Rec.* 53 S. 25/6; *Zem. u. Bet.*
5 S. 132/4.
Track elevation in Chicago. (Concrete retaining
walls; false work.) ⊞ *Cem. Eng. News* 18
S. 220/1.
RANKIN, Lackawanna third-track work at Scranton,
Pennsylvania. (Retaining walls; bridges; tunnels;
wing wall.) ⊞ *Railr. G.* 1906, 1 S. 270/4.
GRAFF, difficult reinforced concrete retaining wall
construction on the Great Northern Ry. (Hill
embankment; base, ribs and face are so tied
together by the embedded reinforcement as to
assure monolithic action. Retaining wall trench
and timbering; bracing trench for retaining
wall.)* *Eng. News* 55 S. 483/7; *Zem. u. Bet.*
5 S. 260/6.
JORDAN Co., Wagen zum Einebnen und zur Herstellung von Böschungen usw. (Auf beiden
Seiten eiserne Verbindungsglieder, welche die
pflugschararigen hölzernen Platten halten, durch
die beim Fahren des Wagens die Erde seitlich
aufgeworfen wird.)* *Z. V. dt. Ing.* 50 S. 507.
ÖRLEY, Eisenbahnbrücken in Gleiskrümmungen. ⊞
Wschr. Baud. 12 S. 663/73.
SCHAPER, Verbreiterung des Bahnkörpers der
Haltestelle Jannowitzbrücke auf der Berliner
Stadtbahn. (Kragträger.)⊞ *Z. Bauw.* 56 Sp. 461/6.
The Horley-Balcombe widening; London, Brighton
and South Coast Ry. (Old level crossing; new
bridge; cutting north of Balcombe tunnel.) *
Railw. Eng. 27 S. 340/3.
CUTHBERTSON, a suggested solution of metropolitan transit. (Subways; low level; high level;
superstructure; comparison of this system with
the ones now in use; public safety; health and
recreation; economy, including convenience;
objections.) (V) *J. Ass. Eng. Soc.* 36 S. 251/71.
TWELVETREES, the Ouseburn Valley scheme New-
castle-on Tyne.* *Eng. Rev.* 15 S. 355/64.
Ardwick and Hyde Junction widenings; Great
Central Ry. (Bridges chaving a steel work
superstructure with steel columns as center
supports.) (a)⊞ *Railw. Eng.* 27 S. 386/93.
DAVISON, Western Maryland extension from Cherry
Run to Cumberland. (Bents; trestle; timber
lining; concrete abutments and bridge piers;
tunnel driving method; cantilever erection.)⊞
Railr. G. 1906, 1 S. 245/52.
ROBINSON, proposed „inner circle" system of
Chicago subway terminals. * *West. Electr.* 38
S. 244/5 F.
Track elevation at Chicago on the Pittsburgh, Ft.
Wayne & Chicago Ry. (Sand loaded into
ordinary gondola cars by steam shovel and
unloaded entirely by hand; piles driven to a
depth of 6 to 8' below the bottom of the proposed excavation for the pier and abutment
foundations; at crossings steel I-beams used for
spanning tracks.)⊞ *Eng. Rec.* 53 S. 759/60;
Railr. G. 1906, 2 S. 4/8; *Eng. News* 56 S. 6/7.
GRAVES, methods of raising an elevated railroad
structure. (In Chicago. Column extension;
manipulation of 100' radius curve; rolling old
structure over to new.)* *Eng. Rec.* 53 S. 266/7.
The Chicago & Eastern Illinois 1905 improve-

ments. (Coal, sand and ash handling plant;
concrete bridge; gravel pit; Dolton yard.)⊞
Railr. G. 1906, 1 S. 254/8.
Device for forcing ballast under low ties. (Pan
with follower; ballast-placing device.) * *Eng.
News* 55 S. 64.
ROCKWELL and ROSS, Lake Shore gravel ballast
washing plants. * *Railr. G.* 1906, 2 S. 214/6.
Grade crossing elimination in the state of New
York.* *Railr. G.* 1906, 2 S. 234/5.
Rebuilding the highland division of the New York,
New Haven & Hartford. (Cut; undercrossing;
concrete arch; bridges.) * *Railr. G.* 1906, 2
S. 33/7, 157/60.
Lowering a four-track railroad in a rock cut.
(New York, New-Haven & Hartford Rr.) *Eng.
Rec.* 54 S. 302.
Depressing a highway crossing. (Driving of four
bents of piles which were capped and received
track stringers laid in trenches dug in the
roadbed during intervals between trains. The
ties and rails were replaced on the stringers,
and being thus supported enabled an excavation.)* *Eng. Rec.* 54 S. 464.
Details of construction of the Ossining improvement on the New York Central Rr. (Four-track
tunnel of steel and concrete construction; 800'
cableways in the cut over the centers of the
new tracks to load the rock and earth on flat
cars for removal.) *Eng. Rec.* 54 S. 330/2.
The Market Street elevated railway, Philadelphia.
(Plate girder construction; column connections,
floor construction and trolley pole support;
concrete gutter expansion joints in floor.) * *Eng.
Rec.* 54 S. 158/61.

C. Oberbau. Permanent way. Voie permanente.

1. Für Dampfbahnen. For steam railways.
Pour chemins de fer à vapeur. Vgl.
IC 2 a.

a) Allgemeines. Generalities. Généralités.

FRANCKE, A., Balken mit elastisch gebundenen
Auflagern bei Unsymmetrie in Bezugnahme auf
die Verhältnisse des Eisenbahnoberbaues. (Balken
ohne und mit Zwischenstütze; Balken mit zwei
symmetrisch liegenden, ungleich wirkenden elastischen Zwischenstützen; Balken mit drei Zwischenstützen mit elastisch gebundenen Enden, drei
Radlasten und vier unsymmetrischen Zwischenstützen.) *Organ* 43 S. 143/7 F.
Engineering and maintenance of way. (Committee
reports. Ties; ballasting; desintegrated granite;
ballast cross - sections; roadway; discussion;
rules.) * *Railr. G.* 1906, 1 S. 332/41.
BASTIAN, das elastische Verhalten der Gleisbettung
und ihres Untergrundes. (Frühere Versuche von
v. WEBER; Versuche von HÄNTZSCHEL, SCHU-
BERT, BRÄUNING; Beobachtungen von WASIN-
TYŃSKI; Versuchsanordnung von FÖPPL; Versuchsanordnung in Utting am Ammersee; elastische Nachwirkung; Abhängigkeit der Formänderungen von
den Lasten; Einfluß von Form und Größe der
Druckplatten auf die Formänderungen; die Formänderung in der Umgebung der belasteten
Flächen; Verhalten einer auf den Erdboden ge-
schütteten Kiesbettung; Verteilung des Druckes
unter der belasteten Platte.) (a) * *Organ* 43
Ergänzungsheft S. 269/306.
Relation of track construction to speed and weight
of trains. (Present day practice on the Atlantic
Coast Line Ry; Baltimore & Ohio Ry; Cleve-
land, Akron & Columbus Ry; Duluth & Iron
Range Ry; Duluth, Missable & Northern Ry;
Norfolk & Western Ry; Southern Ry; Union
Pacific Ry.) *Eng. News* 56 S. 275/6.

Annual convention of the Roadmasters and Maintenance-of-Way Association. (Track maintenance for modern conditions of tonnage and speed.) *Eng. News* 56 S. 545/6.

Indianapolis track work for industrial purposes.* *Iron A.* 77 S. 1322/3.

Voie légère transportable système WEISZ.* *Rev. ind.* 37 S. 516.

Concrete road bed. (Pennsylvania Ry, bed of concrete covered with ballast, upon which the ties rest.) *Chem. Eng. News* 17 S. 233.

Construction work on the Canadian Northern Ry. system. (Tracklaying train on temporary pile bridge over the Saskatchewan River.) * *Eng. News* 55 S. 371/3.

SEYMOUR, tracklaying work on the Indiana Harbor Ry. (Machine of ROBERTS CO.) *Eng. News* 55 S. 39/40.

MARSH, proposed tracks and cableways for handling material at Culebra cut. (Return track for empty cars, out-bound track for loaded cars, and a loading track.) * *Eng. News* 56 S. 75.

Construction of the Rochester, Syracuse & Eastern Railway.* *Eng. Rec.* 53 S. 304/6.

b) Schienen, Schienenbefestigung, Weichen u. dgl. Rails, rail fastening, switches etc. Rails, montage de rails, aiguilles etc.

Railway bridge floors and the Atlantic City disaster. (Provision of inside guard rails and of flaring guard timbers and rails at the portal to guide a derailed axle or truck back toward its proper position and if possible restore it to the track by rerailing frogs.) *Eng. News* 56 S. 482/3.

FROHS, technische Neuheiten auf dem Gebiete des Oberbaues und des Verkehrs. (V) (A) *Z. Transp.* 23 S. 396/8.

BUCHWALD, die Spurweite unserer Eisenbahnen. (Entstehung.) *Oest. Eisenb. Z.* 29 S. 278.

UPCOTT, the railway-gauges of India. (V. m. B.) (a) *Min. Proc. Civ. Eng.* 164 S. 196/327; *Railr. G.* 1906, 2 S. 456/8 F.; *Railw. Eng.* 27 S. 111.

The railway gauge question in Australia, India and South Africa. *Eng. News* 56 S. 499/500.

LIEBMANN, die Spurweite von Lokal- und Kleinbahnen. *Z. Kleinb.* 13 S. 1/12F.

DE FURMAN, the first T-rail. * *Railr. G.* 1906, 1 S. 477.

Street pavements and rails. (Use of T-rails for the interurban cars; MASTER CAR BUILDERS wheel.) *Eng. Rec.* 53 S. 355/6.

The heaviest rails. (On the Belt Line Road around Philadelphia; weigh 142 pounds to the yard.) (N) *J. Frankl.* 161 S. 42.

JOB, steel rails. (Microphotographs of old and new rails, with accompanying analysis of the metal. The author believes that under the more exacting conditions BESSEMER-steel will be replaced by the harder, tougher steel of the basic open hearth process.) (V) (A) *Eng. Rec.* 54 S. 613; *Railr. G.* 1906, 2 S. 467/8.

Improvement of steel rails. (Piped rails; life, breakage of rails; drop test and shrinkage clause; chemical composition; open-hearth rails.) *Eng. News* 55 S. 391/3.

Ursachen der Schienenbrüche. (Fehler beim Walzen; Verminderung der Brüche durch ein gleichmäßiges feinkörniges Gefüge.) *Erfind.* 33 S. 119/20.

Recommended specifications for BESSEMER steel rails. (Chemical composition, drop test; drilling; straightening; branding. Minority reports.) *Proc. Am. Civ. Eng.* 32 S. 55/9.

COLBY, comparison of American and foreign rail specifications, with a proposed standard specification to cover American rails rolled for export. *Iron & Coal* 73 S. 357/62; *Iron A.* 78 S. 284/6.

Specifications for steel rails. (Adopted by the AMERICAN RY. ENG. AND MAINTENANCE OF WAY ASSOCIATION; carbon, phosphorus, silicon, manganese, sulphur.) *Railr. G.* 1906, 1 S. 280/1.

VON LUBIMOFF, Russian opinion of the quality of steel rails. (Hardness and breaking of rails; hardness and rail wear.) *Eng. News* 56 S. 135/6.

Report of the special committee on rail sections. (Results obtained in the use of rails of the sections presented to the Society in annual convention, August 2d, 1893, by a special committee.) *Proc. Am. Civ. Eng.* 32 S. 50/5.

JOB, steel rails: their composition and cross-section. (V) (A) *Eng. News* 56 S. 557/8.

CUÉNOT, les deformations des voies de chemins de fer. *Compt. r.* 142 S. 770/2; *Rev. ind.* 37 S. 140/1; *Giorn. Gen. Civ.* 44 S. 217/23.

Wave-like wear of rails. (Suggestions of HAARMANN, CAUER, SCHEIBE and SCHWABACH) (A) *Mech. World* 40 S 41.

Rail corrugations on the Boston elevated railway.* *Street R.* 28 S. 1180/1.

VON LUBIMOFF, zur Frage der Abnutzung der Eisenbahnschienen. (Herstellung der Schienen. Steigt die Bruchgefahr mit der Härte des Schienenstahles? Kann hohe Zugfestigkeit die Güte des Schienenstahles bedingen? Beobachtungen an Schienen der Nicolai-Bahn; wünschenswerte chemische und mechanische Beschaffenheit des besten Schienenstahles.) * *Organ* 43 S. 109/17.

WHINERY, MERRELL, shavings cut from the rail. (Excessive wear and shearing away of the outer rail on sharp curves in yards is due entirely to excessive superelevation of the outer rail sharp curves, capable for low speed only should have little or no superelevation.) *Railr. G.* 1906, 1 S. 245, 296/7, 322.

MELAUN, Verfahren und Vorrichtung zum Wegschneiden der abgenutzten Fahrköpfe ohne Entfernung der Schienen aus dem Gleis.* *Z. Transp.* 23 S. 9/11.

DRAKE, to prevent wear of driving wheel flanges on curves. (ELLIOTT's steam flange oiler.) *Railr. G.* 1906, 1 S. 398.

STEINER, das lückenlose Eisenbahngleis. *Wschr. Baud.* 12 S. 87/8.

STEERE, expansion and contraction of continuous rails. *Eng. News* 55 S. 339.

La longueur maxima adoptée pour les rails de la voie courante. (Situation en France dans les six grandes Compagnies et sur le réseau d'État au commencement de l'année 1906.) *Rev. chem f.* 29, 2 S. 151/3.

Schienenstuhl Patent URBANITZKY. (Für breitbasige und Reformschienen. Die nur am Kopfe unterstützten freihängenden Schienenenden sind beiderseits verstrebt durch auf Biegung beanspruchte Seitenstreben des Stuhls und werden auf ihre gemeinsame Unterlage durch Schwellenschrauben niedergepreßt, die die Schienenfüße fassen) * *Ann. Gew.* 59 S. 17; *Dingl. J.* 321 S. 168/70.

URBANITZKYs Stuhl für breitfüßige und Doppelkopfschienen. (Soll die Vorzüge des schwebenden und ruhenden Stoßes vereinigen.)* *Organ* 43 S. 98/9.

STEINER, der SCHEINIG & HOFMAN'sche Schienenschuh in seiner neuen Gestalt.* *Elektr. B.* 4 S. 449/52.

BIELSCHOWSKY, Schienenbefestigung ohne Klein-
eisenzeug auf eisernen Schwellen. (Gleis mit
aufgekrampten Schwellen, Befestigung der Schiene
durch quadratische Bügel; gewalzte Kasten-
schwelle; Montagevorgang bei Verwendung der
Handpresse.)* *Ann. Gew.* 59 S. 56/9.
V. BORINI, Schienenunterlagsplatten aus Holz mit
Eisenarmatur. (Besteht aus einem getränkten
Holzbrettchen und aus einem Metallrahmen, der
dem ersteren als Unterlage dient.) * *Wschr.
Baud.* 12 S. 400/1.
Screw spikes and wooden tie-plates for railway
track. (Pulling tests at Purdue University; screw
spikes with THIOLLIER steel lining or sleeve.)*
Eng. News 55 S. 694/5.
THIOLLIER, screw spikes for railway track. (Ar-
ticle on screw-spikes and wooden tie-plates for
railway track.) *Eng. News* 56 S. 208.
Der LAKHOWSKYsche Schraubenbolzen für Schienenbefestigung. (Schalen, welche durch eine Mutter
gegen die Wandungen des Loches angepreßt
werden.)* *Bayr. Gew. Bl.* 1906 S. 304; *Railw.
Eng.* 27 S. 329; *Electricien* 31 S. 376/9.
PERROUD, considérations générales sur la facilité
de descente des tirefonds à leur mise en place.
(Appareil d'expérimentation; compression du
bois; torsion du tirefond; influence du nombre
des enfoncements du graissage des tirefonds;
torsiomètre COLLET.) ⊞ *Rev. chem. f.* 28, 2
S. 75/85.
BAUCHAL, le joint dans les voies armées en rails
à double champignon. * *Rev. chem. f.* 29, 1
S. 431/2.
DE LA BROSSE, renforcement du joint sur les
voies armées de rails à double champignon. ⊞
Rev. chem. f. 29, 1 S. 433/5.
Rail-joints and track construction in Philadelphia.*
Engng. 82 S. 658.
GRAVENHORST, Stoßverbindung der Straßengleis-
schienen.* *Z. Transp.* 23 S. 103/4.
HAARMANN, fünf Jahre Starkstoß-Oberbau. *Ann.
Gew.* 58 S. 82/8.
KÜPPERS, neue Schienenstoßverbindungen für
Straßenbahnen. * *Z. Oest. Ing. V.* 58 S. 213/6.
JAEHN, neuere Schienenstoßanordnungen mit enger
Stoßschwellenlage. *Dingl. J.* 321 S. 401/5F.
The KOHN „Solid Base" rail joint. (Angle bar for
the joint.) * *Railr. G.* 1906, 1 S. 284/5.
The KOHN insulated rail joint. (Composed of two
rolled splice bars, which are interchangeable;
right and left, insulating bars of hickory wood.)*
Railr. G. 1905, 1 S. 716.
SPRINGER, new type of rail joint. (Object to pro-
vide for the effects of expansion and contraction,
and to keep the overlapping ends of the rails
in their fixed position without rail chairs, angle
plates etc.)* *Street R.* 27 S. 641.
STANFORD rail joint. * *Railr. G.* 1906, 1 *Suppl.
Gen. News* S. 41.
Le desserrage des vis dans les assemblages métalliques des voies de chemins de fer.* *Gén. civ.*
49 S. 326/9.
PEKEL, Schienenbruchlasche. *Wschr. Baud.* 12
S. 806.
Verstärkte Laschen. (Um die Dauer der Schienen
zu verlängern.) *Z. Eisenb. Verw.* 46 S. 659.
Spitzschienenverschluß mittels der PARAVIZINI-
schen Sicherheitsvorrichtung. *Oest. Eisenb. Z.*
29 S. 144.
Electric rail-welding in Camden. * *Street R.*
27 S. 9.
ACCUMULATORENFABRIK AKTIENGESELLSCHAFT
OF HAGEN, system of electrically welding rail-
joints.* *Street R.* 27 S. 419/20.
CLARK, soldered rail bonds.* *El. World* 48. S. 1123.

ROBINSON, improved rail bond.* *Sc. Am.* 95 S. 13.
BOOTH, renewable rail heads.* *Cassier's Mag.* 30
S. 534/7.
WÜSCHER, creeping of railway lines. (Effects
caused by the creeping of rails, especially when
running uphill with slow goods trains.) * *Pract.
Eng.* 34 S. 329/30.
Mittel zur Verhinderung der Schienenwanderung.
Z. Transp. 23 S. 584/5.
Eiserne Doppelstoßschwellen als Stoßanordnung und
Verhütung des Wanderns der Schienen. (Der
Maschinenfabrik BREUER, SCHUMACHER & CO.)*
Z. Eisenb. Verw. 46 S. 737/40.
Das Wandern der Schienen. (FORBES' patentierte
Anordnung der „Rail and Grip Nut".)* *Z. Eisenb.
Verw.* 46 S. 1418; *Eng.* 102 S. 178.
KRAUSZ, Stemmplatten aus Alteisen und andere
Mittel gegen Schienenwandern. * *Wschr. Baud.*
12 S. 99/100.
The PRENTICE rail anchor. (Anticreeper.) (Pat.)*
Railr. G. 1906, 2 S. 147/8.
HOHENEGGER, Grundsätze für den Bau der Weichen
und Kreuzungen bei der österreichischen Nord-
westbahn. (Kreuzungs-Gerade; Weichenrost; gerade Weichenzungen; Zungen aus Blockschienen;
Unterschlagung der Weichenzungenspitzen; ab-
hebbare Weichenzungen; Kreuzungen; bewegliche Kreuzungszungen.) ⊞ *Organ* 43 S. 5/6.
HROMATKA, Weichen der französischen Nordbahn
auf der Lütticher Weltausstellung. (Weiche für
vier Schienen entsprechend einer Spur von 1,435
und 1,00 m, Weiche mit 12 m langer Zunge und
einem Kreuzungswinkel tang. 0,07.)⊞ *Wschr. Baud.*
12 S. 69/70.
BLUM, GIESE, die Weichen amerikanischer Eisenbahnen.* *Z. V. dt. Ing.* 50 S. 407/11.
LORAIN STEEL CO., holding device for switch
tongues. * *Street R.* 27 S. 955; *Z. Transp.* 23
S. 454/5.
Matériel de voie exposé par la Compagnie du
Chemin de Fer du Nord à l'exposition de Liège.
(Changement à 4 files de rails pour voie normale et voie étroite; tringle élastique de manoeuvre d'aiguille; boulon de calage provisoire;
boulon de calage mod. 1903; appareil d'annu-
lation appliqué à une pedale AUBINE ordinaire;
appareils de degagement de clés de serrure
BOURÉ.) ⊞ *Rev. chem. f.* 29, 1 S. 70/80.
Changement de voie à 4 files de rails et à pointes
mobiles de la Société Nationale des chemins de
fer vicinaux Belges. (Exposé à Liège en 1905.)⊞
Rev. chem. f. 29, 1 S. 284/5.
New protected heel switch. * *Street R.* 28 S. 148.
Kletterweichen für Abzweigungen auf offener
Strecke. (Ergänzung der Kletterweiche durch
ein Kletterherzstück.) *Oest. Eisenb. Z.* 29 S. 144/5.
Pédale électrique, système GUILLAUME. (Exposé
à Liège en 1905.)⊞ *Rev. chem. f.* 29, 1 S. 285/7.
A new method of heating switches. * *Sc. Am.* 94
S. 365/6.
EINSTEIN, frogs and switches. (Weight; stub
switch; split switch; WHARTON switch; frogs
with hard centers of cast steel.) (V) *J. Ass. Eng.
Soc.* 36 S. 238/49.
MORDEN FROG & CROSSING CO. OF CHICAGO,
movable wing-rail frog in an interlocking plant.*
Eng. News 55 S. 414.
Frogs without guard rails. (CONLEY frog; frog
with elevated wheel guards.) * *Eng. News* 55
S. 287.
BLACKIE, curving rails by power : Nashville,
Chattanooga & St. Louis Ry. (Rail - bender;
mechanism for driving rail bender by power.)
(V) (A) *Eng. News* 55 S. 616/7.
HENRICOT, Vorrichtung zum Hochheben der Eisen-

bahngeleise. (Mittels der Vorrichtung kann ein Mann ein 3—5000 kg schweres Gleisstück 1 bis 14 cm hoch heben.)* *Oest. Eisenb. Z.* 29 S. 21/2.

Geleiselehre, Patent PITHART. (Mit beweglichem, durch doppelte Schneckenfedern stets nach außen gedrücktem, als Rolle ausgebildetem Anschlag.) *Oest. Eisenb. Z.* 29 S. 143/4.

REITLERs Stoßstufen-Messer für Schienenstöße. (Besteht aus zwei stählernen Teilen, einem lappen- und einem gabelförmigen, die an der äußern Schienenkopfseite mit Schrauben befestigt werden. In den beiden Schenkeln der Gabel bewegen sich lotrecht leichte Zylinder, die in der Anfangstellung beiderseits an den Lappen anstoßen und von diesem um das Maß der gegenseitigen Verschiebung der beiden Schienenenden abwärts bezw. aufwärts gehoben werden.)* *Organ* 43 S. 193/4.

FROHS, Schienennotverbandkloben. *Oest. Eisenb. Z.* 29 S. 144.

BLUM, Verwendung von alten Schienen auf den Eisenbahnen Indiens und Ceylons. (Ersatz der Stationsglocke durch ein Schienenstück; Zaunpfähle; Abschluß von Bahnsteigen und Rampen; Ueberdachungen; Hallen; Fußgänger-Brücken; Wassertürme.)⊞ *Organ* 43 S. 223/4.

e) Schwellen. Ties. Traverses.

Cross-ties purchased by the steam railroads of the United States in 1905. (Based upon statements of 770 steam railroad companies.) *Railr. G.* 1906, 2 S. 338.

A review of the railway tie situation. (Woods of inferior quality; of steel and concrete ties; number of ties per rail; preservative treatment of ties in favor of the use of creosote; life of ties.) *Eng. News* 55 S. 500/1.

CUÉNOT, sur les déformations des voies de chemin de fer. (Influence de la traverse. Expériences sur des traverses en bois, une traverse en acier en service sur le réseau de l'État et une traverse mixte [bois et acier] de DEVAUX et MICHEL.)* *Rev. ind.* 37 S. 140;1; *Giorn. Gen. civ.* 44 S. 217/23; *Compt. r.* 142 S. 142/3.

MICHEL, eine Eisenbahnschwelle aus Holz und Eisen.* *Z. Oest. Ing. V.* 58 S. 27.

Combination ties of wood and steel. (Consists of two 6 × 8″ creosoted wood blocks, 3′ long with the top grooved to receive the shallow web of a steel T-bar 5 × 1¹/₂″, 6′ long.) (Pat.) *Eng. News* 56 S. 229.

Wooden sleepers. (Hard or soft wood; antiseptic treatment.) *Railw. Eng.* 27 S. 72/7 F.

ZIFFER, Erhaltung der Oberbauhölzer auf Eisenbahnen. (N) *Z. Arch.* 52 Sp. 467.

Doppelschwellen. (Für Stoßverbindungen.) *Oest. Eisenb. Z.* 29 S. 185.

Betriebserfahrungen mit Starkstoßoberbau auf hölzernen und eisernen Schwellen. (Messung der Durchbiegungen der Schienen am Stoß und in der Mitte. Vorzüge des Starkstoßoberbaus auf eisernen Schwellen.) *Z. Eisenb. Verw.* 46 S. 290/2.

Der eiserne Oberbau. (Erörterung der Frage, ob Holz- oder Eisenschwelle.) *Stahl* 26 S. 313/8.

PORTER, metal cross ties. (Steel ties, uniform wear of rails, reduction of noise.) (V) (A) *Railr. G.* 1906, 2 S. 348.

CARNEGIE STEEL CO. steel tie. (For passenger and freight track. Experiences in the U. S.)* *Railr. G.* 1906, 2 S. 64/6.

Use of steel ties on the Bessemer & Lake Erie Rr. *Eng. Rec.* 54 S. 441/2.

LEIGHTY, deterioration of spikes in black oak ties used four years. (Inferior texture of black oak

as compared with white oak.)* *Railr. G.* 1906, 1 S. 125.

LOWRY, TRATMAN, screw spikes and wooden tie plate. (A) *Eng. News* 55 S. 106.

Schwellenschraube von LAKHOVSKY. (Versuche der französischen Staatsbahnen mit dem LAKHOVSKY-Bolzen.) (D. R. P.)* *Organ* 43 S. 177/8.

Longerons en fer forgé et acier moulé.⊞ *Rev. chem. f.* 29, 1 S. 299.

SCHAUB, Beton im Eisenbahnbau. (Langschwelle; die lose Bettung ist ersetzt durch eine feste Unterlage aus Eisenbeton, die auf einer Betonschicht aufruht. Die feste Verbindung der Schwellen miteinander und mit der Betonplatte vermitteln Gasröhren.)* *Zem. u. Bet.* 5 S. 28/9.

CHAUDY, traverse de chemin de fer en béton armé.* *Rev. ind.* 37 S. 245.

Die Betoneisen-Schwellen. (Rete adriatica; Betoneisenschwellentypus nach dem Vorschlage von CAIO.)* *Bet. u. Eisen* 5 S. 130/1 F.

Traverse di cemento armato per le ferrovie dello stato. *Giorn. Gen. civ.* 44 S. 582.

Eisenbetonschweilen. (Eisenbetonschwelle der Chicago, Lake-Shore und East-Eisenbahn, desgl. der Galveston, Houston und Henderson-Eisenbahn; Versuche mit Eisenbetonschwellen auf Tragfähigkeit.)* *Baugew. Z.* 38 S. 21/2.

Die Betoneisen-Schwellen. (Bauart KIMBALL.)* *Bet. u. Eisen* 5 S. 172/3.

TIEMANN, neuere Eisenbahnschwellen aus Eisenbeton. (Ausführungen v. VOITEL, PERSIVAL, CAMPBELL und BUHRER.)* *Zem. u. Bet.* 5 S. 55/60.

Reinforced concrete railway ties. (Laid at Galveston, Texas. PERCIVAL tie reinforced with three JOHNSON corrugated bars, two near the top and one near the bottom imbedded in the concrete. Two hardwood cushion blocks receive the rail.)* *Cem. Eng. News* 18 S. 98.

Eisenbahnschwelle. (System SARDA, D. R. G.-M. 171 889 in Verbindung mit Stuhl- und VIGNOL-schienen. Streckmetall-Einlage.)* *Bet. u. Eisen* 5 S. 31/2.

Traverses en ciment armé et traverses mixtes pour voies de chemins de fer.* *Ann. d. Constr.* 52 Sp. 62/4 F.

2. Für elektrische Bahnen. For electrical railways. Pour chemins de fer électriques. Vgl. Eisenbahnwesen VII 3.

a) Streckenbau und Zubehör. Construction of the line track and accessory. Construction de la voie et accessoire. Vgl. I C 1.

DUBS, track construction in city streets.* *Street R.* 28 S. 434/5.

Der Oberbau der Vereinigten Straßenbahngesellschaften in St. Louis. *Z. Transp.* 23 S. 736/7.

BENNETT, railroads and foreign enterprises in Korea. (Suburban line; track and overhead structure; wooden trestle over stream.) (V)* *Railr. G.* 1906, 1 S. 226/30.

Annual convention of the Roadmasters and Maintenance-of-Way Association. (Track maintenance for modern conditions of tonnage and speed.) *Eng. News* 56 S. 545/6.

NEILSON, construction and maintenance of street railway track. (T-rail; joint; macadam laid without any allowance for expansion; concrete foundation.) (V) (A) *Eng. News* 56 S. 255.

REINHARDT, neue Anwendungsform der Eisenbetonbauweise als Gleisbettung für Straßenbahnen. (WAYSZ & FREITAGS eisenverstärkte Betonplatten, Eiseneinlagen aus Rundeisen, Eisengeflechte, von denen das untere zur Aufnahme

von Zugspannungen dient, während das unter der Oberseite der Platte liegende eine feste Verbindung mit dem seitlich anschließenden Beton bewirken soll; die Zugspannungen aufnehmende Eiseneinlage ist an den Enden aufgebogen, wobei die Enden in derselben Höhenlage, in der sich jetzt die zweite obere Eiseneinlage befindet, nach außen geführt werden.) *D. Baus.* 40 S. 187/90 F.

Cost of concrete track construction in St. Louis streets. (Concrete base drills made by INGERSOLL RAND CO.; current taken from the trolley wire; track lined and surfaced by means of wooden blocks under the ties and concrete stamped in place under and around the ties.) * *Eng. Rec.* 54 S. 588.

Track construction of underground railways. (New York City Rapid Transit subway; Boston, Mass. Rapid Transit subway; Philadelphia Rapid Transit Ry., London, Metropolitan Ry., Metropolitan District Ry., Central London Ry., Baker St. & Waterloo Ry, City Street Ry. subway; Liverpool Mersey Ry.; Paris, Metropolitan Ry.; Budapest, Franz-Josef Ry.) * *Eng. News* 56 S. 113/6.

GLUCK, track construction in mines. (Double crossover or diamond switch consisting of two parallel tracks connected by circular curves.) (V) (A) *Eng. News* 55 S. 99/100.

Relation of track construction to speed and weight of trains. (Present day practice on the Atlantic Coast Line Ry.; Baltimore & Ohio Ry.; Cleveland, Akron & Columbus Ry.; Duluth & Iron Range Ry.; Duluth, Missable & Northern Ry.; Norfolk & Western Ry.; Southern Ry.; Union Pacific Ry.) *Eng. News* 56 S. 275/6.

Oberbau der „International Railway" in Buffalo (V. St. A.). * *Z. Transp.* 23 S. 560/1.

Standard street railway track construction for paved streets in Buffalo, N. Y. * *Eng. News* 56 S. 211.

MC CULLOCH, reconstruction of the Olive Street track. (Effect of blasting on concrete cable conduit; rail; ties; concreting; joints; paving; durability of track.) (V) *J. Ass. Eng. Soc.* 37 S. 48/63; *Street R.* 28 S. 883/7.

PATERSON, tramway permanent- way construction. (Packing of rails; rail-joints; cast-welding; electric-welding; „thermit" welding and „weldite"; continuous fish-plate joint; paving.) (V) * *Min. Proc. Civ. Eng.* 165 S. 238/48.

Der Oberbau der Untergrundbahnen. * *Z. Transp.* 23 S. 557/60.

Nachträgliche Unterfahrung eines in Benutzung stehenden Geschäftshauses durch die Untergrundbahn in Berlin.* *D. Baus.* 40 S. 695/700.

Track construction for underground railway. (Consideration of noise due to the trains, easy riding track; concrete floor formed with grooves of the full width of the rail, these being filled with concrete or composition after the rails are laid; rails laid upon and embedded in concrete; disadvantages of ballast.) *Eng. News* 56 S. 123/5.

Track system of the Philadelphia subway. (Track without ballast; rails mounted on cast-iron chairs, which, with the rails are completely embedded in concrete.) * *Eng. Rec.* 53 S. 139.

Die neuen Strecken der Berliner Hoch- und Untergrundbahn in Charlottenburg. * *Dingl. J.* 321 S. 129/31.

Le Métropolitain, les caissons de la place Saint-Michel. * *Cosmos* 55, 2 S. 292/5.

Bauart der Gleise auf der Untergrundbahn in Philadelphia. *Organ* 43 S. 129/30.

London tube railways permanent way. (Method of CHAPMAN for securing elasticity and permanence. Positive and negative conductor rails resting upon glazed stone; flexible bonding; concrete for the middle portion of the sleepers between chairs.) *Railr. G.* 1906, 1 *Suppl. Gen. News* S. 118/20.

Wettbewerb über die architektonische Ausbildung der Schwebebahn zu Berlin. * *Zbl. Baw.* 26 S. 550/2.

Vorschläge für die äußere Gestaltung der geplanten Schwebebahn in Berlin. * *D. Baus.* 40 S. 561/4.

Ausstellung von Schwebebahn-Entwürfen im Berliner Rathause. * *Elektrot. Z.* 27 S. 908/9.

DUBS, über Gleisbau der innerstädtischen Straßenbahnen. * *Elektr. B.* 4 S. 658/66.

KLETTE, über das Verhalten der Straßenbahnschienen in Asphaltstraßen. (Einbettung der Straßenbahngleise im Asphalt; Asphaltplatten nach Benutzung der Schienenunterlage; SCHMIDTscher Stoß mit Schutzblech; verschiedene Ausführungen von Einbettungen.) *Techn. Gem. Bl.* 9 S. 229/34 F.

KLOSE, die Anordnung der Straßenbahngleise in breiten Straßen. * *Z. Transp.* 23 S. 283/5.

Leicht nachstellbare Befestigungsvorrichtung für Straßenbahnschienen. * *Z. Transp.* 23 S. 317.8.

JOB, steel rails: their composition and cross-section. (V) (A) *Eng. News* 56 S. 557/8; *Eng. Rec.* 54 S. 613.

LORAIN STEEL CO., type of rail used in Mexico.* *Street R.* 27 S. 82.

The heaviest rails. (On the Belt Line Road around Philadelphia, weigh 142 pounds to the yard. They are ballasted in concrete and 9" girders are used to bind them.) (N) *J. Frankl.* 161 S. 42.

Das System „Romapac" zur Erneuerung der Laufschienen bei Straßenbahnen. * *Z. Transp.* 23 S. 335/7; *Electr.* 30 S. 665/6; *Page's Weekly* 8 S. 293/6; *Rev. ind.* 37 S. 221/2.

Eine neue, eigenartige Fahrschiene nebst Bettung.* *Z. Transp.* 23 S. 374/5.

The renewable rail of the improved Patent Tramrail Co. (Built up in two sections, the bottom section consisting of bed-plate and web, the top section, or renewable portion, being similar in every respect to the surface of the rails now in use.) * *Bl. Eng. L.* 37 S. 488.

Changement de voie à 4 files de rails et à pointes mobiles de la Société Nationale des chemins de fer vicinaux Belges. (Exposé a Liège en 1905.) *Rev. chem. f.* 29, 1 S. 284/5.

Eine selbsttätige Weichenstellvorrichtung für Straßenbahnen. * *Z. Transp.* 23 S. 211/2.

Automatic track switch. * *Street R.* 27 S. 575.

Kletterweichen für Abzweigungen auf offener Strecke. (Ergänzung der Kletterweiche durch ein Kletterherzstück.) *Oest. Eisenb. Z.* 29 S. 144/5.

CLARK, ballast. (Foundation for electric car tracks. Steel tie construction in concrete, laying the ties 4 to 10' apart, was stated to be cheaper than oak tie construction when white-oak ties cost 80 cts. each; life of steel tie construction; traffic of interurban car favoring a loose ballast.) (V. m. B.) (A) *Eng. News* 56 S. 429/30.

Longerons en fer forgé et acier moulé. *Rev. chem. f.* 29, 1 S. 299/301.

Steel ties for street railways in Cleveland. *Eng. Rec.* 54 S. 447.

Wood blocks for track paving. * *Street R.* 27 S. 55.

New track construction in Buffalo using steel ties and concrete foundation. * *Street R.* 28 S. 99.

HENRICOT, Vorrichtung zum Hochheben der Eisenbahngleise. (Mittels der Vorrichtung kann ein Mann ein 3—5000 kg schweres Gleisstück 1—14 cm hoch heben.)* *Oest. Eisenb. Z.* 29. S. 21/2.

AMERICAN STEEL & WIRE CO., multi-terminal rail bonds and track drills. * Street R. 28 S. 1021/2.

BUCHWALD, die Stoßverbindung der Rillenschienen elektrischer Straßenbahnen. Elektrot. Z. 27 S. 607/11.

KÜPFERS, neue Schienenstoßverbindungen für Straßenbahnen. Z. Transp. 23 S. 268. 70.

Bonding and other track improvements on the Calumet Electric Ry. * Street R. 27 S. 237/8.

Verfahren zur Herstellung stromleitender Schienenverbindungen elektrischer Bahnen. * Z. Transp. 23 S. 9.

Electrically-welded rail bonds. * Street R. 28 S. 1023.

Soldered rail bonds with perforated terminals. * Street R. 28 S. 1100.

Schienenstoßstuhl aus zwei ⌐⌐-Eisen, deren Flansche mit umgebogenen Enden den Schienenstoß umfassen. * Z. Transp. 23 S. 647.

Spitzschienenverschluß mittels der PARAVIZINIschen Sicherheitsvorrichtung. Oest. Eisenb. Z. 29 S. 144.

Negative rail insulator. Railw. Eng. 27 S. 233/5.

The electrical equipment of the West Jersey & Seashore branch of the Pensylvania Railroad. (Third-rail insulator and jumper.) * Street R. 28 S. 928/46; Eng. Rec. 54 S. 519/22.

PANTON, corrugations in rails; the causes of and remedy. (On America electric railways and tramways. Corrugations take place as soon as the motors are put in parallel; or when the full power is applied to the axle, whether running on the straight or curve; double-geared axle and motor for obviating the oblique running of the wheels.) * Pract. Eng. 34 S. 142/3.

b) Stromzuführung. Conduit systems. Transmission du courant.

a) Oberleitungssysteme. Overhead trolley system. Système de trolley.

Effect of smoke on trolley wire in joint operation. * Street R. 27 S. 863.

Notes on overhead equipment of tramways. Electr. 57 S. 210/1.

TWEEDY and DUDGEON, overhead equipment of tramways. (V. m. B.) J. el. eng. 37 S. 161/225.

BRITISH THOMSON-HOUSTON CO., overhead line materials. (The clamps for the wire are so supported as to allow practically free movement in any direction without producing unnatural curves or abrupt bends, while preserving an even path for the trolley wheel and firmly supporting the wire in position.) * El. Eng. L. 38 S. 167.

RASCH, continuous vs. sectionalized overhead systems.* Street R. 28 S. 436/8.

WILGUS, electric systems for heavy railroad service. (Comparative safety of third rail and overhead construction.) Railr. G. 1906, 1 S. 374.

Overhead catenary construction for the New York, New Haven & Hartford Rr. (Bridge to carry trolley wires for six tracks.) * Eng. Rec. 53 S. 461.

Progress of the Erie electrification work. (Catenary type overhead trolley construction comprising suspending or messenger cable of extra high strength steel from which the trolley wire is hung at intervals of 10'.) Eng. Rec. 54 S. 671.

Electric railway experimental system. (Line laid down by the OERLIKON CO. from Seebach to Wettingen.)* Pract. Eng. 33 S. 432.

Notes sur quelques récentes installations de traction électrique par courant monophasé. (Mode de suspension transversale du câble d'acier et du fil de trôlet.)* Eclair. él. 46 S. 171/4.

SCHEERER, Fahrdraht-Kraftanschlüsse bei elektrischen Straßenbahnen. * Elektr. B. 4 S. 489/92.

JOHNS-MANVILLE CO., pure copper trolley wheels. El. World 47 S. 290.

Pure copper trolley wheels. Street R. 27 S. 257.

KEYSTONE STEEL CO., an interesting trolley wheel.* Street R. 28 S. 42.

WARD, Stromabnehmer mit zwei Rollen. * Z. Transp. 23 S. 582.

An improved trolley. (Double wheel trolley.)* Sc. Am. 95 S. 119.

U-groove trolley wheel.* Street R. 27 S. 801.

G. & W. MFG. CO., overhead ball bearing trolley.* Iron A. 78 S. 779.

Improved trolley wheel and harp. * Street R. 27 S. 739.

HOLMES & ALLEN, the latest trolley head. * El. Rev. 59 S. 199/200.

CREMER, Bügelstromabnehmer für elektrische Bahnen.* Elektr. B. 4 S. 80/6.

A new form of pantagraph trolley bow on the North-Eastern Ry.* Electr. 56 S. 625.

Stromabnehmer für Oberleitungen elektrischer Bahnen.* Z. Transp. 23 S. 107/8.

Vorrichtung zur Wiederherstellung der infolge Entgleisens der Stromabnehmerrolle unterbrochenen Verbindung zwischen Rolle und Fahrdraht bei elektrischen Bahnen mit Oberleitungsbetrieb.* Z. Transp. 23 S. 394.

Detachable trolley pole.* Street R. 28 S. 578.

Testing insulators on trolley systems.* Electr. 57 S. 465.

Beim Reißen des Leitungsdrahtes augenblicklich wirkender Stromunterbrecher. * Z. Transp. 23 S. 714.

Apparecchio per riportare automaticamente sul conduttore il trolley sfuggito. * Elettricista 15 S. 66/8.

Schutzvorrichtung gegen unbeabsichtigte Berührung des Fahrdrahtes elektrischer Bahnen.* Z. Transp. 23 S. 393/4.

β) Kanalsysteme. Canal conduit systems. Système à caniveau souterrain. Fehlt.

γ) Teilleitersysteme. Surface contact systems. Systèmes à contact superficiel.

MAYER, JOSEPH, mechanical theory of the contact conductor for high-speed trains. (Appendix to the paper on „Steam versus electric railway operation".) (V)* Proc. Am. Civ. Eng 32 S. 672/83.

KINGSLAND, surface contact developments. El. Rev. 58 S. 738.

Stromzuführung auf der Karlsbrücke in Prag. (Oberflächen-Kontaktknopfsystem.)* El. Anz. 23 S. 1299/1300.

KRIZIK, surface contact system at Prague.* Electr. 57 S. 964/6.

SCHWERAK, die elektrische Bahn mit Oberflächenkontakten nach System KRIZIK auf der Karlsbrücke in Prag. Elektr. B. 4 S. 417/9.

An Austrian surface-contact system. El. Eng. L. 38 S. 451/2.

Contact superficiel pour traction électrique des tramways (plot) système de HILLISCHER de Vienne (Autriche). Rev. chem. J. 29, 1 S. 550/3.

The Lincoln electric tramways. (GRIFFITHS-BEDELL CO. surface-contact system.) El. Eng. L. 37 S. 42/5; El. Rev. 58 S. 59/60; Z. Transp. 23 S. 414/5; Rev. ind. 37 S. 127/8; Street R. 27 S. 104/5; Eng. Rev. 14 S. 116/7.

Surface-contact street-railway system at Monaco. (The contact blocks are connected by underground wiring with a series of switches of spe-

cial design, which are placed in manhole pits spaced along the track.)* *West. Electr.* 39 S. 201.

δ) Systeme mit Leitungsschiene. Third rail systems. Systèmes de rail conductrice.

Effects of a sleet storm on different types of third rail protection.* *Railr. G.* 1906, 1 S. 384/5.

Test of the effect of snow on third-rail.* *Street R.* 27 S. 288/9.

Third rail versus single phase in England. *West. Electr.* 38 S. 139.

The Farnham protected third-rail system.* *Street R.* 27 S. 45; *Rev. chem. f.* 28, 2 S. 66/7.

SMITH W. N., the power transmission line and third-rail system of the Long-Island Rr.* *Street R.* 27 S. 896/905.

Transmission and distribution system, Long Island Rr. (Arrangement of third rail at switches and cross-overs; steel transmission line; third rail guard and supports; strain insulators for transmission line cables; standard arrangement of third rail connecting cables et public crossings.)* *Eng. News* 55 S. 643/7; *West. Electr.* 38 S. 464/7; *Railr. G.* 1906, 1 S. 570/2.

c) Verschiedenes. Sundries. Matières diverses.

WINSHIP, an interurban railway distribution system.* *El. Rev. N. Y.* 48 S. 74/5.

3. Für andere Bahnen. For other railways. Pour autres espèces de chemins de fer.

a) Bergbahnen (Zahnradbahnen usw.). Mountain railways (rack r. etc.). Chemins de montagne (à cremaillère etc.).

LEVY-LAMBERT, chemins de fer à crémaillère. (Traces de lignes à crémaillère; chemin de la Jungfrau; Gornergrat, Oberland Bernois; voie et crémaillère; crémaillères RIGGENBACH, BIS-SINGER & KLOSE, ABT, STRUB, LOCHER; pieces d'entrée de la crémaillère. Machines, matériel roulant, traction électrique. Exploitation, comparaison entre les lignes à adhérence et à cré-maillère.)* *Mém. S. ing. civ.* 1906, 1 S. 506/60.

b) Hängebahnen. Suspended railways. Chemins de fer suspendus.

α) Mit einem starren System (Schiene.) With a rigid system (rail). À un système raide (rail).

Zum Entwurf einer Schwebebahn in Berlin. (Plan der KONTINENTALEN GES. FÜR ELECTRISCHE UNTERNEHMUNGEN NÜRNBERG.)* *Techn. Gem. Bl.* 8 S. 375/8.

BRADFORD, the application of mono-rails in underground tramming. (System of tramming on a single overhead rail at Langleate Deep, South Africa.)* *Page's Weekly* 8 S. 234/40; *Mines and minerals* 27 S. 9/12.

TAYLOR, LANG & CO., Vorrichtungen für den mechanischen Transport von Arbeitsgütern in Werksälen. (System laufender Deckenflaschenzüge; Hängebahnen mit Laufbolzen und fahrbaren Rollenzügen.)* *Oest. Woll. Ind.* 26 S. 1250.

β) Mit einem Drahtseil. With a wire rope. À câble métallique.

WEBBER, wire rope tramway engineering.* *Cassier's Mag.* 31 S. 142/56.

Impianto di funicolari aeree del trasporto del carboni dai porti di Genova e Savona. (Systema BLEICHERT & Co. (a)* *Giorn. Gen. civ.* 43 S. 217/34.

DIETERICH, die Erschließung der nordargentinischen Kordilleren mittels einer BLEICHERTschen Draht-

seilbahn für Güter und Personen. (35 km Länge; freie Spw. der Seile bis zu 1200 m.) *Z. V. dt. Ing.* 50 S. 1769/78 F.

Luftkabel mit selbständigen Abschnitten. (Schwebebahn für den Dienst in den Granitsteinbrüchen von Carlingford in Irland. Einrichtung, um jeden Kabelteil unabhängig von anderen auswechseln zu können.)* *Krieg Z.* 9 S. 51/2.

HUNTS automatische Bahn und HUNTS Elevator.* *Ratgeber, G. T.* 5 S. 245/9.

HENDERSON & CO., transporteur aérien.⊠ *Rev. ind.* 37 S. 146/7.

BLEICHERT & CO., Klappweiche für Hängebahnen.* *Ratgeber, G. T.* 5 S. 325/7.

ABT, über Drahtseilscheiben.* *Schw. Baus.* 48 S. 134/7.

c) Sonstige Bahnen. Sundry railways. Chemins de fer divers.

Passing of cable railways in the U. St. (Cincinnati Street Ry; Kansas City; New-York; Philadelphia; Washington; Seattle.) *Eng. News* 56 S. 305.

SHAW, counterweight device on the Balmain tramway, Sydney, New South Wales. (V)⊠ *Min. Proc. Civ. Eng.* 165 S. 282/92.

HERZOG, Isopédin, ein neues System einer Einschienenbahn.* *Z. mitteleurop. Motwv.* 9 S. 456/8.

II. Eisenbahnbetrieb. Railroad service. Exploitation des chemins de fer.

1. Allgemeines; Generalities; Généralités.

TOURTAY, quelques aspects des formules d'exploitation pour les chemins de fer d'intérêt local. *Ann. ponts et ch.* 1906, 3 S. 10/43.

DENNINGHOFF, Zugwiderstände. (Versuche von PAMBOUR, CLARK, HARDING, GOOCH, WELKNER, GOSZ, FRANK, BARBIER, LEITZMANN, V. BORRIES und der STUDIENGESELLSCHAFT FÜR ELEKTRISCHE SCHNELLBAHNEN.) *Ann. Gew.* 58 S. 223/35; *Organ* 43 S. 167/8.

SANZIN, Zugwiderstände von Lokomotiven und Wagen. *Lokomotive* 3 S. 175/80.

BOSZHARDT, Selbstkosten des Personenverkehrs. (N) *Z. Arch.* 52 Sp. 466.

SCHOTT, Transportverhältnisse auf Eisenbahnen und Wasserstraßen. *Z. V. dt. Ing.* 50 S. 1747/52.

WERNER-BLEINES, Turbine und Eisenbahn.* *Turb.* 2 S. 121/4 F.

MÜLLER, W. A., Entwicklung der elektrischen Bahnen in Deutschland und in der Schweiz.* *Elektr. B.* 4 S. 234/7 F.

STEFFAN, elektrischer Bahnbetrieb im Simplontunnel.* *Lokomotive* 3 S. 81/2 F.; *Z. V. dt. Ing.* 50 S. 265/8; *Ann. Gew.* 58 S. 176/7.

PAUL, C. A., interchange of traffic between electric lines and steam railroads. (V) *Railr. G.* 1906, 2 S. 370/1.

NITSCHMANN, Bergbau und Eisenbahnen in Oberschlesien (V. m. B.)* *Ann. Gew.* 58 S. 143/50.

Straßenbahnen in städtischer Verwaltung, mit besonderer Berücksichtigung der Straßenbahn in Manchester und der dort eingeführten Paketbeförderung. *El. Anz.* 23 S. 218/20 F.

SARRE, Mitteilungen über die American Railway Association und ihr Wirken. (Organisation; Fahrdienstvorschriften; Signalvorschriften; Wagendienst - Vorschriften.) (V. m. B.)* *Ann. Gew.* 59 S. 42/53.

LECHNER, eine Reise durch Nordamerika. (Reisegeschwindigkeit; Kosten; Unfallstatistik.) (A) *Z. Eisenb. Verw.* 46 S. 988.

BLUM und GIESE, Betrieb auf zwei- und mehrgleisigen Strecken der nordamerikanischen Eisenbahnen. (Einrichtungen zum Ueberholen von Güterzügen, Betriebsweise, Weichenverbindungen;

Uebergang vom Richtungsbetrieb zum Linien-
betrieb.)* *ZBl. Bauv.* 26 S. 4/6 F.
ANDERSON, economy in car equipments, weights
and schedules. (High-speed equipments in a
service having many stops are an economic
mistake.) (V) (A) *Eng. News* 56 S. 430/1.
New York subway and George S. RICE's views.
(Adress delivered before the New England Railroad Club at Boston.) (V. m. B.) (A) *Railr.
G.* 1906, 1 S. 406/8.
Verhalten einer elektrischen Lokomotive während
eines Schneesturms. (Verwandlung von Schnee
in Eis durch die Funken; Stromabnahme durch
einen von unten gegen die Schiene gedrückten
Schuh; Verhältnisse bei geschützten Schienen.)
Organ 43 S. 166/7.

2. Zugdienst, Fahrpläne usw. Train service, time-tables etc. Service des trains, tableaux de service etc.

BERDROW, Zusammenstellungen über die von
Eisenbahnzügen in Deutschland erreichten Ge-
schwindigkeiten. (V) (A) *Techn. Z.* 23 S. 83/4.
SCHULZE, W. A., Fahrgeschwindigkeitrekord auf
deutschen Eisenbahnstrecken. *Z. Eisenb. Verw.*
46 S. 1379.
BLUM, Geschwindigkeit der Züge in Deutschland
und Frankreich. (Abwehr gegen eine Veröffent-
lichung von KRAMER in Glasers Ann. Gew. 1905
S. 131/3.) *Z. Eisenb. Verw.* 46 S. 93/4.
SMITH, FRANK, FAIRER, speed of English and
American trains. *Railr. G.* 1906, 1 S. 33/4.
SICHLING, Fahrzeitenberechnung.* *Organ* 43
S. 56/61.
WECHMANN, Vorschläge zur Verkürzung der Zug-
folgezeit auf der Berliner Stadtbahn.* *Ann.
Gew.* 58 S. 150/6.
Zu der Frage der Zugfolgezeit auf der Berliner
Stadtbahn.* *Ann. Gew.* 58 S. 218/9.
SCHULZE, A. W., Expreßzugverkehr zwischen
London und Manchester und New York und
Philadelphia. (Geschwindigkeiten.) *Z. Eisenb.
Verw.* 46 S. 141/2.
New suburban trains; Great Indian Peninsula Ry.
(Each train consists of 6 bogie cars, each 62'
long and 10' wide, built on 6' standard steel
underframes.) *Railw. Eng.* 27 S. 259.
MARTENS, Aufstellung von Dienstplänen für den
Eisenbahnfahrdienst. (WALTERsches Verfahren;
der Zugstreifen vereinigt plastische Darstellung
der Zugfahrten und leichte Beweglichkeit im
Gruppieren der Dienstschichten.)* *Z. Eisenb.
Verw.* 46 S. 389/91.
REINDL, Isochronenkarten und ihr Wert für den
Personen- und Güterverkehr. (N) *Z. Arch.* 52
Sp. 466.
BLUM und GIESE, neuer Retriebsplan für Massen-
verkehr auf Vorortbahnen. (Wannseebahn.)* *Z.
Eisenb. Verw.* 46 S. 41/45.
Single track train operation on the Wheeling &
Lake Erie. (Chart showing extra and regular
trains.)* *Railr. G.* 1906, 2 S. 454/6.
SMITH, W. H, how best to get cars through large
terminals. *Railr. G.* 1906, 2 S. 224.
KUNTZE-MÜLLER, der Empire State Expreßzug.
(New York Central and Hudson River Rr.;
Fahrplan; Zuggewicht; Fahrt vom 12. August
1904: Aufnahme von Wasser aus den zwischen
den Schienen befindlichen Kanälen; Lokomotiv-
wechsel; Neigungen der Strecke; Krümmungs-
verhältnisse; Höchstgeschwindigkeiten; Rekord-
fahrt vom 1. Januar 1903.)* *Z. Eisenb. Verw.*
46 S. 1037/40 F.
Nochmals der Empire State Expreß. (Vgl. die
Ausführungen von DINGLINGER S. 1108 F. Aeuße-

rungen von KUNTZE-MÜLLER, SCHULZE, W. A.,
TROSKE.) *Z. Eisenb. Verw.* 46 S. 1220/2.
KETCHAM, operation of a busy railway terminal.
(Handling 29847 suburban passengers in and
out of the Hoboken [N. J.] terminal per day.)
Eng. News 55 S. 90/1.
ZIMMERMANN, Ladelehre für nach Italien über-
gehende Eisenbahnwagen.⊞ *Organ* 43 S. 119/20.

3. Verschubdienst. Arranging service. Service des manoeuvres.

Rangiereinrichtungen in Gleiwitz (Oberschlesien.)
(Einrichtungen des Ablaufberges.) *Z. Eisenb.
Verw.* 46 S. 657/8.
BUHLE, die Rangierseilbahnen der Fabrik HASEN-
CLEVER SÖHNE (Inh. Otto Langhorst) in Düssel-
dorf. (Ein neben den Geleisen bis 400 m Höhe
über dem Erdboden geführtes endloses Seil;
Seilgreifer.)* *Masch. Konstr.* 39 S. 2/3.
Summit or hump yards for gravity switching.
(Gravity switching humps in yards of the
Pennsylvania Rr. gravity switching yard, East
St. Louis.)* *Eng. News* 55 S. 340.
MILLARD, new gravity yard for the Peoria & Pekin
Ill. Union.* *Railr. G.* 1906, 1 S. 546/7.
Appareil pour le réglage de la distribution des
locomotives. (Appareil, qui se place sous les
roues motrices et permet de les isoler des rails
en les faisant reposer sur des galets.)⊞ *Rev.
chem. f.* 29, 1 S. 301/2.

4. Schneeschutz, Schneebeseitigung usw. Snow protection and removing etc. Mesures contre les neiges et écartement etc. Vgl. Schneepflüge, Straßenreinigung.

Vitrified-shale fence-posts. (A) *Min. Proc. Civ.
Eng.* 166 S. 409.
WINKEL, grid-fencing for railway-crossings. (Obviate the expense of gates, gate-house and gate-
keeper, at level crossings; „American grid", a
louvre or Venetian blind, 5' high, with vanes or
laths inclined at 45 degrees, the whole laid flat
on the ground; to prevent cattle from getting
the feet between and down on the ground beneath.) (A) *Min. Proc. Civ. Eng.* 166 S. 409.
Tests of the effect of snow on third-rail. * *Street
R.* 27 S. 288/9.
Effects of a sleet storm on different types of third
rail protection.* *Railr. G.* 1906, 1 S. 384/5.
ROOT locomotive spring snow scraper.* *Railr. G.*
1906, 1 *Suppl. Gen. News* S. 184.
KALAMAZOO RY. SUPPLY CO., snow scraper for
use on locomotives. (Scraper supported back
of the pilot wheels and raised or lowered by
means of air pressure, while any pressure can
be applied to the scraper springs to meet the
conditions of the snow, whether dry, wet or
packed.)* *Eng. News* 56 S. 146.
Schneeräumer der elektrischen Bahn von St. Gallen
nach Trogen.* *Z. Transp.* 23 S. 106/7.
Vereinigter Schneeräumer-, Kran- und Arbeits-
wagen für Straßen- und Ueberlandbahnen. * *Z.
Transp.* 23 S. 683/4.
Track cleaner used by the Rockland, Thomaston
& Camden Street Ry. (The scraper blades, of
which one is provided for each rail, are suspended directly from a wooden fender placed
in front of the wheels of the truck.)* *Street R.*
27 S. 124.
An effective ice-leveller for breaking up ice and
hardened snow.* *Street R.* 27 S. 122.
SULLIVAN, enleve-grésil. (Sert à enlever le grésil
des fils de trolley.)* *Rev. chem. f.* 28, 2 S. 68.
Snow sweepers for Lehigh Valley Traction Co.
Street R. 27 S. 291.

Snow-removing equipment for Capital Traction Co., Washington. (Short revolving broom at either end capable of a vertical adjustment.) * *Street R.* 27 S. 90.

A combination snow-sweeper, derrick and work-car. *Street R.* 28 S. 483.

SHAW, devices to keep railroad switches from becoming clogged with snow and ice. (Gas heating: pipe led to each tie space. Connected to this pipe by means of a short length of heavy hose is a $^1/_2"$ burner pipe running the full width of the switch. Oil heating by exhaust or live steam forced out through 2" pipes to the switches and is returned to be reheated.) (V) *Eng. News* 56 S. 406.

Methods of handling snow on electric railways. (Snow plow and spreader car; rotary snow plow.) * *Eng. News* 56 S. 92/4.

Rotary snow plows on the Denver, Northwestern & Pacific. (Wheel or snow screw more than 12' in diameter, equipped with knives for cutting the snow ice and cone-shaped steel scoops for catching up the loosened material and carrying it around to the funnel through which it is expelled in an oblique direction. The wheel proper is enclosed in a metal hood.) * *Railr. G.* 1906, 2 S. 578/80.

Snow-plough for Dunderland Ry., Norway. *Min. Proc. Civ. Eng.* 166 S. 410.

Schneebeseitigung mittels zweier Anhängeschnee-pflüge und eines zu einem Schneepflug umgewandelten Motorwagens, der die Gleiszone reinigt.* *Elektr. B.* 4 S. 682.

GERHARDT, Eisenbahnen in den Dünen Afrikas. (Aeußerung zu JENTZSCHs Abhandlung in der Deutschen Kolonialzeitung von 1905 unter der Ueberschrift „Geologische Bemerkungen über Eisenbahnbau in Flugsandgebieten". Kreuzung der Dünen in der herrschenden Windrichtung; Anlage zweier Schutzstreifen auf den benachbarten Dünenrücken.)* *Zbl. Bauw.* 26 S. 287/9.

Die Verbrennung von Gras und Unkraut zwischen Eisenbahngleisen. (Eisenbahnwagen mit Vorkehrungen zur Verbrennung des zwischen den Gleisen wachsenden Grases und Unkrautes.) * *Z. Transp.* 23 S. 270/1.

ST. PAUL & SAULT, STE. MARIE RY., railway weed burning devices. (Car fitted with oil burners, making a hot flame beneath a pan or apron; locomotive fitted to apply smoke box gases for weed-burning.)* *Eng. News* 55 S. 292/3.

The LAMB gasolene weed burner. (Consists of a series of generating coils into which the gasolene is forced by air pressure. To the front and rear of the coils are a row of BUNSEN burners, which give a strong, continuous flame.)* *Railr. G.* 1906, 2 S. 55.

Experimental roadbed on the Pennsylvania. (The ditch on each side is not paved or sodded, but sprinkling with crude oil has been tried in places to keep down dust and weeds; the banks above the ditch are sodded to prevent washing down.)* *Railr. G.* 1906, 2 S. 413.

5. Unfälle. Accidents.

CLAIM DEPARTMENT OF THE A., B. & C. RR., how to avoid accidents. (Rules.) (V) (A) *Railr. G.* 1906, 1 S. 14/6.

Eisenbahnunfälle in Seelze und Altona. (Infolge Nachlässigkeit beim Aussetzen von Wagen in Richtung auf das Hauptgleis anstatt in Richtung auf das Nebengleis, bezw. infolge unrichtiger Bremswirkung und dadurch verursachter Fahrt auf den hydraulischen Prellbock.) *Z. Eisenb. Verw.* 46 S. 426/7.

Schweres Straßenbahnunglück. (In Cöln auf der Uferbahnstrecke am Oberländer Ufer zwischen Flößer- und Schönhauser Straße. Zusammenstoß infolge unrichtiger Weichenstellung.) *Z. Eisenb. Verw.* 46 S. 218/9.

Eisenbahnunfälle. (Auf der Station Kurve [Wiesbaden-Mainz]; Hinausfahren über das Haltsignal. Hauptbahnhof Düsseldorf; Entgleisung von Wagen.) *Z. Eisenb. Verw.* 46 S. 523.

Eine gefährliche Frostwirkung. (Bei Oranienburg; Aufhebung der Bremswirkung infolge von Eisbildung in den Köpfen der Bremsschläuche der Vorlegemaschine.) *Z. Eisenb. Verw.* 46 S. 99.

Railroad accidents in Great Britain in 1905. *Railr. G.* 1906, 2 S. 192/3; *Rev. chem. f.* 28, 2 S. 45/54.

Accidents to railways servants in Great Britain in 1905. *Eng.* 102 S. 421/2.

Official reports on recent accidents. (a)* *Railw. Eng.* 27 S. 29/30 f.

The disaster at Charing Cross Railway Station. * *Iron & Coal* 72 S. 2225/6; *Ann. Gew.* 58 S. 73/4.

A collision at Cleckheaton. (Breaking the rules of block working.) *Railr. G.* 1906, 1 *Suppl. Gen. News* S. 65.

Die jüngsten englischen Eisenbahnunfälle. (Bei Salisbury und Grantham.) *Z. Eisenb. Verw.* 46 S. 1354/5.

The Grantham railway accident. * *Eng.* 102 S. 326/7.

Report on Grantham derailment. (The front and rear guards did not promptly discover that the train was approaching Grantham, where it was booked to stop.) *Railr. G.* 1906, 2 S. 575.

YORKE, Board of Trade report on an English railway accident: brakes for electric cars on steep grades. (Runaway of an electric car on a grade which occurred on June 23 near Highgate. Increasing the adhesion between the wheels and the rails by substituting steel-tired wheels for the chilled wheels; electromagnetic track brake operated also by hand.) *Eng. News* 50 S. 536/9.

Notes on the recent railway accident at Salisbury, England. (Car body built independently of the underframe and simply bolted to it.) *Eng. News* 56 S. 147/9; *Eng.* 102 S. 353/6.

SCHULZE, W. A., das Eisenbahnunglück bei Salisbury und Fahrgeschwindigkeit der englischen Eisenbahnen. *Z. Eisenb. Verw.* 46 S. 1170/1.

PÉRISSÉ, explosion d'une locomotive aux abords de la gare Saint-Lazare à Paris.* *Bull. d'enc.* 108 S. 36/61; *Gén. civ.* 48 S. 241/3.

Unfall auf einer Pariser Drahtseilbahn. (Zwischen der hochgelegenen Station Rue de Belleville und der Place de la République in Paris. Riß des Kabels; Versagen der Bremse.) *Z. Eisenb. Verw.* 46 S. 71.

Train accidents in the U. S. in December 1905. *Railr. G.* 1906, 1 S. 95/6.

INTERSTATE COMMERCE COMMISSION, accident bulletin. (Record of railroad accidents in the U. S. during the three months ending Dec. 31. 1905.) *Railr. G.* 1906, 1 S. 478/80.

RIDGWAY, disastrous collision at Adobe, Colo. (Day operator doing duty for the night man.) * *Railr. G.* 1906, 1 S. 315/6.

Bridge disaster at Atlantic City. (The leading car jumped the track near the entrance to the draw span of the bridge and the whole train plunged off the side of the bridge into the water of the „Thoroughfare".) *Railr. G.* 1906, 2 S. 396.

The Coroner's investigations of the Atlantic City disaster. *Eng. News* 56 S. 500/1.

STOWELL, the Atlantic City disaster. (Weak link in the operating and signal arrangement.) *Eng. News* 56 S. 510.

Railway bridge floors and the Atlantic City disaster. (Provision of inside guard rails and of flaring guard timbers and rails at the portal to guide a derailed axle or truck back toward its proper position and if possible restore it to the track by rerailing frogs.) *Eng. News* 56 S. 482/3.

Rails and rail-lifts on the „Thoroughfare" draw near Atlantic City, N. Y., Newfield branch of West Jersey & Seashore Rr. (Wedge and operating bars; rail-lift and end wedge supports; rail-guides and anti-creeping clamp; shoes.) * *Eng. News* 56 S. 514/6.

HAUSE, butting collision on the Big Four Rr. (Oct. 27. 1906.) * *Eng. News* 56 S. 549.

Accidents on the Brooklyn Elevated. (Derailing.) * *Railr. G.* 1906, 1 S. 91.

Accident at New Bank, Halifax. (Magnetic brake becoming inoperative owing to interruption of the supply of electricity from trolley wires; greasy condition of the rails; manner in which hand and magnetic brakes are fitted to the self-same wheels of the cars.) *Builder* 91 S. 4.

Eisenbahnunglück bei Portland (Colorado). (Zusammenstoß während eines heftigen Schneesturmes; eingleisige Eisenbahn.) *Z. Eisenb. Verw.* 46 S. 384.

Disastrous collision near Woodville, Indiana. (Between a westbound passenger train and an eastbound freight train.) *Railr. G.* 1906, 2 S. 436.

FISCHER, CHRISTIAN A., Vorrichtung zum Versetzen von Eisenbahn- oder Straßenbahnwagen. (Hebung entgleister Straßenbahnwagen auf die Schienen.) * *Krieg. Z.* 9 S. 50/1.

MAC ENULTY, repairs to steel freight cars. (Wrecked wood and steel cars.) (V) * *Railr. G.* 1906, 2 S. 513/6.

Bumping posts for passenger and freight use. (ELLIS bumping post for trestles; spring bumpers, rubber bumpers, concrete bumpers; method of reducing the shock transmitted to the car by a bumper; rails elevated near their extremities and covered with gravel; Gibraltar bumping post) (A) * *Eng. News* 56 S. 432/3.

Bumping post in the Lackawanna's Hoboken terminal. (It is built entirely of structural steel shapes and rests on a concrete bed to which it is anchored by 1¹/₂'' bolts.) * *Railr. G.* 1906, 2 S. 436.

Geleiseaperrbaum mit Entgleisungsschuh. *Oest. Eisenb. Z.* 29 S. 145/6.

Beschreibung des Spremberger Eisenbahnunfalls zur Benutzung beim Unterrichte des Betriebs- und Ueberwachungspersonals. * *Z. Eisenb. Verw.* 46 S. 632/4.

DE TERRA, Alkohol und Verkehrssicherheit. (Eisenbahnunfälle infolge reichlichen Genusses geistiger Getränke.) * *Oest. Eisenb. Z.* 29 S. 201/3.

III. Eisenbahnbetriebsmittel. Railway rolling stock. Material roulant des chemins de fer.

A. Lokomotiven. Locomotives.

1. Allgemeines. Generalities. Généralités.

RICHTER, das Eisenbahnwesen, mit besonderer Berücksichtigung der Lokomotiven.* *Dingl. J.* 321 S. 6/9 F.

VOGEL, einige Betrachtungen über Lokomotiv-Dampfmaschinen. *El. u. polyt. R.* 23 S. 303/4 F.

HERING, das Verkehrs- und Maschinenwesen auf der Bayerischen Jubiläums-Landesausstellung zu Nürnberg 1906. (²/₆ gek. Heißdampfverbund-Schnellzugmaschine von MAFFEI; ³/₅ gek. Vierzylinder-Verbund-Heißdampflokomotive S 3/₅ von MAFFEI; ²/₅ gek. Vierzylinder - Verbund - Heiß-

dampflokomotive von MAFFEI für die Pfälzischen Eisenbahnen; ³/₅ gek. Personenzuglokomotive von MAFFEI; ²/₅ gek. Personenzug - Heißdampfloko-motive Pt ²/₅ von KRAUSZ & CO.) * *Ann. Gew.* 59 S. 173/7 F.; *Z. Bayr. Rev.* 10 S. 183/4 F.

Die Fahrbetriebsmittel der königl. Bayerischen Staatsbahnen. *Lokomotive* 3 S. 164/5.

SRITZER, Deutsch-Böhmische Ausstellung in Reichenberg. (Zweiachsige Motordraisine; Waggonbau; Gußstahlherzen.) * *Oest. Eisenb. Z.* 29 S. 329/32.

DINGLINGER, die Eisenbahn auf der Mailänder Ausstellung. *Ann. Gew.* 58 S. 212/4.

FRY, numeri-fattori delle locomotive. (Rapporto presentato al New York Rr. Club. Tendenze attuali della pratica americana nelle costruzione delle locomotive; metodo adatto per paragonare fra di loro i principali elementi dei diversi tipi di macchine.) *Giorn. Gen. civ.* 43 S. 94/8.

Standard locomotives for India. (BELPAIRE firebox; STEPHENSON link motion; copper staybolts; steam brake; broad gage service 4-4-0 type; 0-6-0 and 4-6-0 for broad gage freigt resp. narrow gage passenger service; 4-6-0 and 4-8-0 for narrow gage freight service.) *Railr. G.* 1906, 1 S. 342/3.

RENDELL, the steam locomotive fifty years ago and now.* *Page's Weekly* 8 S. 297/302.

BERDROW, 40 Jahre auf dem Gebiete des deutschen Lokomotivbaues. (Festschrift der Lokomotivfabrik KRAUSZ & CO.) (A) *Z. Eisenb. Verw.* 46 S. 721/4.

MÜLLER, C., Entwicklung der Eisenbahnfahrzeuge in den letzten 25 Jahren. (V) ⊞ *Z. Eisenb. Verw.* 46 S. 321/7.

Links in the history of the locomotive.* *Eng.* 101 S. 82/3.

Die Anfänge des schwedischen Lokomotivbaues.* *Lokomotive* 3 S. 60;2.

ROUS-MARTEN, recent British locomotive engineering.* *Cassier's Mag.* 30 S. 68/77.

KYFFIN, the last ten years' locomotive progress. (Atlantic type; two-wheeled bogie of the MID-LAND and South-Western Ry.; Great Western Ry.; six-wheels-coupled goods engine; wagon-top boiler; two-wheeled bogie; slide-bar brackets.) * *Mech. World* 39 S. 295/6.

Heavy locomotives and the railroads of the future. (MALLET compound of the Baltimore & Ohio; displaced by the locomotives of the same type for the Great Northern. These give way to the Erie compounds to be turned out next spring; the heaviest prairie type locomotive was delivered to the Atchison, Topeka & Santa Fe.) *Railr. G.* 1906, 2 S. 422.

FRY, the steam locomotive of the future.* *Cassier's Mag.* 31 S. 216/34.

Bogenlauf der Eisenbahnfahrzeuge. (N) *Z. Arch.* 52 Sp. 466.

RAYMOND, acceleration, and some locomotive problems. *Railr. G.* 1906, 2 S. 217/20.

Baltimore & Ohio Rr. motive power. (Consolidation type; six-wheel type of switching steam locomotives; two-unit type of passenger helper electric locomotives; Pacific type passenger steam locomotives; MALLET compound.) * *Railr. G.* 1906, 1 S. 616/9.

SANZIN, Untersuchungen über die Zugkraft von Lokomotiven.* *Z. V. dt. Ing.* 50 S. 118/25.

SANZIN, das Leistungsgebiet der Dampflokomotive. (Größte Zugkraft; spezifische Leistungsfähigkeit der Heizfläche; Beziehungen zwischen Zugwirkung, Verbrennung, Verdampfung und Dampfverwertung.) (V)* *Z. Oest. Ing. V.* 58 S. 441/4 F.

EVANS, actual efficiency of a modern locomotive. (Comparison of the modern large locomotive

with the lighter ones of 20 years ago.) (V) *Railr. G.* 1906, 1 S. 460/2.

SANZIN, Vergleich der Leistungsfähigkeit einer amerikanischen und einer österreichischen Lokomotive. *Z. Oest. Ing. V.* 58 S. 99/106.

Leistung von Heißdampf-Lokomotiven. *Oest. Eisenb. Z.* 29 S. 370.

STEFFAN, gegenwärtiger Bestand und Verbreitung der Heißdampflokomotiven System SCHMIDT. *Lokomotive* 3 S. 23/4, 162/3.

MC HATTIE, comparative locomotive efficiency. (Tests. Determination of locomotive efficiencies; comparison between a simple class mogul engine, and a two-cylinder compound class mogul engine.) * *Railr. G.* 1906, 1 S. 520.

MAISON, influence de l'effort de traction sur la répartition de la charge des locomotives. (Cas de la double traction; effet du coup de frein. Influence de la hauteur du point d'application de l'effort de traction sur la charge de l'essieu d'avant des locomotives; influence de la variation de l'effort de traction sur la répartition de la charge; cas de la double traction; effet du coup de frein.) * *Rev. chem. f.* 29, 2 S. 241/55.

Distribution of weight in locomotives. (a) *Pract. Eng.* 33 S. 37/8 F.

Wheel loadings of the MALLET duplex locomotive on the Great Northern Ry. * *Eng. News* 56 S. 552.

DENNINGHOFF, Zugwiderstände der Eisenbahnfahrzeuge. *Elektr. B.* 4 S. 440.1.

SANZIN, Bestimmung der Fahrzeiten aus der Leistungsfähigkeit der Lokomotiven. (Zugkraft der ²/4 gekuppelten zweizylindrigen Verbund-Schnellzuglokomotive der österreichischen Südbahn für Fahrgeschwindigkeiten von 0 bis 100 km/st im Beharrungszustand; Aufstellung der Fahrzeiten; Berechnung der Belastungstafeln, vorteilhafte Füllungen; Bestimmung der Fahrschaubilder für einige Schnellzüge; Untersuchungen über den Betrieb sehr rascher Personenzüge auf einer Hauptbahnstrecke mit starkem Vorort- und Nahverkehr; ²/3 gekuppelte Schlepptenderlokomotive älterer Bauart; Entwurf einer 4/6 gekuppelten Tenderlokomotive.) ▣ *Verh. V. Gew. Abh.* 1906 S. 305/37.

RÜHL, Mittel zur Erhöhung der Leistungsfähigkeit von Dampflokomotiven. (Ueberhitzer, zwangläufig einstellbare Kuppelachsen, Erhöhung der Dampfspannung; Vergrößerung der Rost- und Heizfläche; Abschrägung der Rückwand der Feuerbüchse, infolgedessen Vergrößerung der Feuerbüchsdecke, BROTAN-Kessel; Ausbildung des Aschkastens; Verwendung von Zwillingsdampfmaschinen; Verbundlokomotiven; Vervollkommnung der Anfahrvorrichtungen; Vergrößerung der Triebraddurchmesser und der Zahl der gekuppelten Triebachsen; Einstellbarkeit der Lauf- und Kuppelachsen; Vorrichtungen zum zwangläufigen Einstellen von Trieb- und Kuppelachsen nach HAGANS und KLOSE; Stahlgußlokomotiven; Vorzüge des Barrenrahmens gegenüber dem Plattenrahmen; Trennung von Führer- und Heizerstand; vierachsige Tender mit zwei zweiachsigen Drehgestellen.) *Z. Eisenb. Verw.* 46 S. 155/61 F.

GREAT WESTERN RAILWAY CO, Lokomotivprüfanlage zu Swindon, England. (Anordnung des Versuchsfeldes in den Eisenbahnwerkstätten der Great Western Bahn. Bestimmung der Zugkraft, der Geschwindigkeit, des Wasser- und Kohlenverbrauchs; Aufnahme von Indikatordiagrammen; Einpassung der Lokomotivachslager.) * *Z. V. dt. Ing.* 50 S. 703/5.

GOSZ, high steam pressures in locomotive service. (Tests. Difficulties in operating under high pressures; effect of different pressures upon boiler performance; increased boiler capacity as an alternative for higher pressures.) (V) (A) * *Railr. G.* 1906, 2 S. 489/92.

LEITZMANN, Schnellfahrversuche mit 3 verschiedenen Lokomotivgattungen auf der Strecke Hannover-Spandau. (Zum Anheizen der Lokomotiven nötige Kohlenmenge; Leistungen im Beharrungszustande; Ermittelung der geeignetsten Zugstärke; Beschaffenheit der Versuchslokomotiven [4—4—2, 4—4—0]; Versuchsstrecke; Anordnung und Ausführung der Versuchsfahrten; Berechnung der Zugkraft und Leistung der Lokomotiven; Vergleich zwischen den 3 Versuchsbauarten. Vergleich mit den Versuchen der Badenschen Staatsbahn [Zeitschrift des Vereins deutscher Ingenieure 1904, Heft 39]; der Heißdampf.) (a) ▣ *Verh. V. Gew. Abh.* 1906 S. 61/109; *Organ* 43 Ergänz.heft S. 309/22; *Z. Eisenb. Verw.* 46 S. 629/32.

LEITZMANN, Ergebnisse der Versuchsfahrten mit einer ²/5 gekuppelten Vierzylinder-Lokomotive Grafenstadener Bauart. (Bauart DE GLEHN; Theorie.) ▣ *Organ* 43 S. 131/43.

LEITZMANN, Ergebnisse der Versuchsfahrten mit einer ²/4 gekuppelten Vierzylinder-Lokomotive Grafenstadener Bauart. (Vgl. Organ 1906, S. 131 u. 309. Zugbeschleunigung; Bremsversuche; Dampfentwickelung; Druckabfall; Dampfgeschwindigkeit; Rückdruck in den Niederdruckzylindern; theoretischer Dampfverbrauch; Wärme-Wirkungsgrad; günstigste Zuggeschwindigkeit; Nutzleistung; Gangart der Lokomotive.) ▣ *Organ* 43 Ergänz.-Heft S. 335/52.

Versuchsergebnisse mit der ³/5 gekuppelten Heißdampf-Schnellzuglokomotive der Preußisch-Hessischen Staatsbahnen. *Z. Eisenb. Verw.* 46 S. 1455/6.

Versuche mit Heißdampf-Lokomotiven. *Organ* 43 S. 183/5.

HEFFT, Versuche zur Ermittelung des Bewegungswiderstandes einer ²/4 gekuppelten Zwillings-lokomotive. ▣ *Organ* 43 S. 49/54.

Versuchs- und Betriebsergebnisse der Schwedischen Heißdampf-Zwillings-Schnellzuglokomotiven, System SCHMIDT. * *Lokomotive* 3 S. 19/21.

Betriebsergebnisse der Schwedischen Heißdampf-Zwillings-Schnellzuglokomotiven mit Rauchröhrenüberhitzer, System SCHMIDT. *Lokomotive* 3 S. 146.

Versuche mit leichten Lokomotiven und Motorwagen. (Probebetriebe mit Dampf- und Benzinmotorwagen; Vergleich des Dampf- [KOMAREK, DE DION BOUTON, DE TURGAU-FOY, STOLZ] Motorwagens mit der Lokomotive auf der Vorortlinie der Wiener Stadtbahn.) *Z. Eisenb. Verw.* 46 S. 650/1.

Satisfactory performance of the single expansion steam locomotive. (Tests by the Purdue laboratory. Advantage derived from high steam pressures.) * *Railr. G.* 1906, 2 S. 375.

PFLUG, Ergebnisse der Lokomotivprüfungen auf dem Versuchsstand der Pennsylvania-Bahn, Welt-Ausstellung St. Louis 1904. *Ann. Gew.* 58 S. 156/7 F.

Locomotive testing plants and the St. Louis tests. (Tests of locomotives by the Pennsylvania Rr.) *Eng. News* 55 S. 180/1.

Tests of locomotives at the St. Louis Exhibition, 1904. (Comparison of boilers, and engines; lubrication; counter-balancing, boiler performance conclusions; the locomotive as a whole.) *Eng. News* 55 S. 174/7.

Recent experience with compound locomotives. (Tests on the Chicago, Milwaukee & St. Paul Ry to determine the relative efficiency of a VAUCLAIN four cylinder two-crank compound and a simple locomotive of the same dimensions under

the conditions of freight service.) *Eng. News* 55 S. 701/2.

Betriebsergebnisse der 2 × 3/3 - gekuppelten MAL-LET - Verbund - Lokomotive der Baltimore- und Ohio-Eisenbahn.* *Lokomotive* 3 S. 5/7.

American experience with compound locomotives.* *Eng.* 102 S. 53.

THOMAS, F. W., tonnage rating for locomotive. (Tests with cars equipped with ball or roller center and side bearings.) (V) (A) *Railr. G.* 1906, 2 S. 237/8.

MAYER, JOSEPH, steam locomotive and electric locomotive power. (Tests; methods of finding the average coal consumption per horse power-hour; train resistances determining methods; DENNIS' report; experiments made in 1885 in Germany on the Breslau - Schmolz line with a dynamometer car; BALDWIN LOCOMOTIVE WORKS formula; Burlington brake tests reported by WELLINGTON; results obtained in the tests made with the new electric locomotives of the New York Central; calculation of the author.) *Railr. G.* 1906, 2 S. 428/30, 451/2.

MASTER MECHANICS' ASSOCIATION, electricity on steam railroads. (Relative costs of operating by electricity and steam; gasolene, gasolene - electric and steam motor cars.) *Railr. G.* 1906, 1 S. 677/8.

MAYER, JOSEPH, steam locomotive and electric operation for trunk-line traffic. (Comparison of costs and earnings; voltage and kind of motors; power transmission; present and future trains.) (V) *Trans. Am. Eng.* 57 S. 455/624; *Proc. Am. Civ. Eng.* 32 S. 643/71.

SPRAGUE, steam locomotive and electric operation for trunk - line traffic. (A comparison of costs and earnings.) *Proc. Am. Civ. Eng.* 32 S. 1001/10.

MUHLFELD, performance of large electric locomotives and a large steam locomotive. (Direct-current electric locomotives, supplied with current at 625 volts by a third - rail system, fed in parallel through booster stations and a storage battery by a power station which generates current at 560 volts; MALLET duplex compound steam locomotive; total weight of 334 500 lbs. for the engine; including the tender, the total weight is 479 500 lbs.) (V. m. B.) (A)* *Eng. News* 55 S. 218/20; *Railr. G.* 1906, 1 S. 175/8; *Eng. Rec.* 53 S. 227/30; *Street R.* 27 S. 307/10.

PROBERT, electric v. steam locomotives. (Comparison from experiences of the Manhattan Elevated Ry.) (V) (A) *Pract. Eng.* 33 S. 50/2.

HENDERSON, cost of locomotive operation. (Upgrade work; effect of speed and weight of train upon cost and hauling capacity.)* *Railr. G.* 1906, 1 S. 10/2 F.

DALBY, economical working of locomotives. (Locomotives of the simple type; considerations.) (V)* *Min. Proc. Civ. Eng.* 164 S. 329/48.

LIECHTY, elektrischer Bahnbetrieb in der Schweiz. (Dampflokomotiven, bei denen die nicht treibenden sog. toten Achsen elektrischen Antrieb erhalten sollen.) (V) (A) *Z. Eisenb. Verw.* 46 S. 220.

DUMAS, substitution de la traction électrique à la traction à vapeur entre les gares de Saint-Georges-de-Commiers et la Motte - d'Aveillans, sur une longueur totale de 22 k, 649 mètres. (Étude économique. Détermination du nombre des machines et du personnel de manœuvre; locomotives à vapeur; locomotives électriques; économies probables sur les dépenses d'exploitation; matériel et traction; voie et bâtiments; avantages à recueillir de la substitution de traction.)

Repertorium 1906.

tion projetée.) *Ann. ponts et ch.* 1906, 3 S. 170/91.

VULCAN FOUNDRY CO., Newton-le-Willows, crane locomotive. (o — 6 — o.)* *Railr. G.* 1906, 2 S. 203.

Motorwagen auf Eisenbahnen in Nordamerika. (Vergleiche zwischen Dampf-, elektrischem, Benzin- und Motorwagenbetrieb.) *Z. Eisenb. Verw.* 46 S. 981/2.

HURD, what can America learn from Great Britain in transportation? (Growth of the motor-train and motor - bus.)* *Cassier's Mag.* 30 S. 512/19.

JUNG, übersichtliche Bezeichnungsweise für das Kuppelungsverhältnis der Lokomotiven. (Z. B. 2 II 1 — "Atlantic"-Typ.) *Organ* 43 S. 79; *Z. V. dt. Ing.* 50 S. 630.

2. Lokomotiven mit Dampf - Betrieb und Dampfwagen. Steam worked locomotives and steam motor carriages. Locomotives et voitures automobiles à vapeur.

a) Ausgeführte Lokomotiven. Locomotives constructed. Locomotives construites.

α) Personen- und Güterzuglokomotiven. Passenger and freight locomotives. Locomotives pour trains de voyageurs et à marchandises.

RENDELL, the steam locomotive fifty years ago and now. (Main - line engines from the Manchester standpoint.) (V) * *Pract. Eng.* 33 S. 105/8.

Neue und alte Lokomotiven in Nordamerika. ("Tom Thumle" von 1830: Gewicht von einer Tonne; Geschwindigkeit 15—20 km. "St. Louis" wiegt 240 t, Geschwindigkeit 100 km.)* *Z. Dampfk.* 29 S. 16/8 F.

CARUTHERS, motive power in mines. (GRICE & LONG mine locomotive 1872; "Grand mulat" built by SMITH & PORTER; mine locomotives built at the BALDWIN WORKS.) *Railr. G.* 1906, 1 S. 116/8.

FOWLER, development of American freight locomotives. (From 1880 to 1905; growth in size steam pressure, frame) * *Railr. G.* 1906, 2 S. 344/8.

METZELTIN, die Eisenbahnbetriebsmittel auf der Bayerischen Landesausstellung in Nürnberg 1906. (Lokomotiven.)* *Z. V. dt. Ing.* 50 S. 2049/56 F.

STEFFAN, die Lokomotiven auf der Bayerischen Jubiläums-Landesausstellung zu Nürnberg. (Uebersicht der ausgestellten Lokomotiven.) *Lokomotive* 3 S. 102/3 F.

RÖSTER, die Lokomotiven auf der · Nürnberger Landesausstellung in dampftechnischer Beziehung. (Schnellzugslokomotive von MAFFEI und Maschinen von KRAUSZ; Planrost; Rost mit veränderlicher Rostfläche; selbstbeschickende Feuerungen; Feuerschirm; eiserne glatte Heizrohre; Blasrohr; Funkenfänger; Aschenkasten; Dampf-überhitzung; Rauchverzehrungseinrichtung von SLABY; Tandeminjektor von SCHÄFFER & BUDENBERG; WORTHINGTON - Speisepumpe; Wasserstandsvorrichtungen; Sicherheitsventile; Sattdampf- und Heißdampf-Zwillingsmaschinen; Heißdampf - Verbundmaschinen mit vier Zylindern.)* *Z. Bayr. Rev.* 10 S. 183/4 F.

LOTTER, die Lokomotiven und Dampfwagen auf der Bayrischen Jubiläums - Landesausstellung zu Nürnberg 1906. (2)* *Lokomotive* 3 S. 109/15 F.

22

HERDNER, les locomotives à l'exposition de Liège (1905). (a)⊞ *Mém. S. ing. civ.* 1906, 2 S. 310/487.

MALLET, observations au sujet du mémoire de HERDNER sur les locomotives à l'exposition de Liège. (Vgl. S. 310/487.) *Mém. S. ing. civ.* 1906, 2 S. 490/4.

Belgian and French locomotives at the Liège exhibition. (Ten-wheel compound locomotive with COCKERILL superheater; four - cylinder simple locomotive with SCHMIDT superheater; double piston-valve arrangement; intercepting valves of the oscillating type.)* *Eng. News* 56 S. 192/4.

SCHWARZE, Betriebsmittel für Kleinbahnen auf der Lütticher Weltausstellung. ⊞ *Ann. Gew.* 59 S. 53/6 F.

Die Lokomotiven der Belgischen Staatsbahnen auf der Ausstellung in Lüttich. (Atlantic-Bauart der SOC. ANON. COCKERILL mit Dampf - Umsteuerung; der FLAMME - ROUGY - Ueberhitzer; HEUSINGERs Steuerung.) ⊞ *Organ* 43 S. 64/5.

SCHUBERT, matériel roulant des chemins de fer à l'exposition universelle de Liège 1905. (Locomotives.) (a) ⊞ *Rev. chém. f.* 29, 1 S. 112/57 F.

STEFFAN, die Lokomotiven auf der Ausstellung zu Mailand. (Zusammenstellung der Betriebs- und Probefahrts-Geschwindigkeiten von Lokomotiven der k. k. Oesterr. Staatsbahnen; Einzelbeschreibung der ausgestellten Lokomotiven; die Lokomotiven von BORSIG, Berlin-Tegel; 4/5-gek. Verbund - Güterzuglokomotive für die Anatolische Bahn (Normalspur); 1/3 - gek. Kranlokomotive; 2/2-gek. Heißwasserlokomotive. Die Lokomotiven von HENSCHEL & SOHN in Cassel; 3/4 - gek. Heißdampf - Schnellzuglokomotive mit SCHMIDTschem Rauchkammerüberhitzer für die königl. Preußischen Staatsbahnen; 2/2 - gek. Tenderlokomotive für die Eisenbahn Verona-Caprino-Garda; Società Anónima, Verona; 1/4-gek. Personenzuglokomotive für die Ägyptischen Staatsbahnen; 4/4 gek. Heißdampf - Güterzuglokomotive Gs der Preußischen Staatsbahnen mit Rauchkammerüberhitzer von SCHMIDT.)* *Lokomotive* 3 S. 96/100 F.

BERNHEIM, le matériel des chemins de fer à l'exposition de Milan. *Bull. d'enc.* 108 S. 730/40.

KING, locomotives at the Milan exhibition. *Eng. Rev.* 15 S. 191/5.

SANZIN, die Lokomotiven auf der Internationalen Ausstellung in Mailand 1906.* *Z. Oest. Ing. V.* 58 S. 681/2.

FOWLER, noteworthy railway appliances. (Railway exhibit during the American Railway Master Mechanics and Master Car Builders' convention at Atlantic City, N. J. Various locomotive systems.)* *Cassier's Mag.* 30 S. 353/66.

Comparaison entre les locomotives américaines et les locomotives françaises. *Bull. d'enc.* 108 S. 212/5.

Compound express locomotive, Midland Ry.* *Eng.* 101 S. 243/4.

2/3-gek. Personenzuglokomotive der Siamesischen Staatsbahnen.* *Lokomotive* 3 S. 164.

New rolling stock for the Midland Ry. (4—4—0; steam rail motor car with outside cylinders and valve gear of the WALSCHAERT type.)* *Pract. Eng.* 33 S. 144/5.

RICHTER, neuere deutsche Schnellzuglokomotiven. (Geschwindigkeitsbild Hannover - Spandau; Versuchsfahrten mit drei verschiedenen Lokomotivbauarten. Schlingerdiagramme; 2/5 - gek. vierzylindrige Schnellzug - Verbundlokomotive, Bauart DE GLEHN; Anfahrvorrichtung, Bauart DE GLEHN; 2/5 - gek. vierzylindrige Verbund-Lokomotive der Bayerischen Staatsbahn.) (a)*

Lokomotive 3 S. 69/81; *Z. V. dt. Ing.* 50 S. 554/61 F.

LOTTER, neuere Lokomotiven der Bayerischen Pfalz-Bahn. (2/4-gek. Zwillings - Schnellzuglokomotive; 2/4-gek. Schnellzuglokomotive der Hessischen Ludwigsbahn; 2/5 - gek. Zwillings - Schnellzuglokomotive; 2/5-gek. Innenzylinder - Verbundlokomotive; 2/5-gek.Vierzylinder-Verbund-Schnellzuglokomotive mit PIELOCK-Ueberhitzer; 2/5-gek. Personenzug-Tenderlokomotive.) (a)* *Lokomotive* 3 S. 53/60F.

High-speed Bavarian locomotive. * *Eng.* 102 S. 98.

LAKE, new American locomotives. (4—6—2 Pacific type locomotive built for the Northern Pacific Rr., 2—6—2 Mikado type locomotive; 2 - 8 —2 Mikado type with combustion chamber; Prairie 4—6—2 type with combustion chamber.)* *Pract. Eng.* 34 S. 432/3 F.

Three new American locomotives. (Powerful „Prairie"-type express for the L. S. and M. S. Ry. [2—6—2]; ten-wheeled switching engines for the L. S. and M. S. Ry [0—10—0]; freight locomotive for the New York Central and Hudson River Rr. [2—8—0] with outside cylinders driving the third pair of coupled wheels). * *Pract. Eng.* 34 S. 240/2.

Schnell- und Personenzuglokomotiven der königl. Rumänischen Staatsbahnen. (2/4-gek. Schnellzuglokomotive; 2/5-gek.Vierzylinder-Verbund-Schnellzuglokomotive.) * *Lokomotive* 3 S. 143/45.

DOEPPNER, Schnellzuglokomotiven für die Bahn Malmö-Ystad. (Mit Bahnräumer.) * *Z. V. dt.Ing.* 50 S. 13/5.

NAGEL, Schnellzugs-Lokomotivtype Kategorie I n der Königl. Ungarischen Staatsbahnen (140 km Stundengeschwindigkeit). *Ann. Gew.* 59 S. 221/4.

Superheating four-cylinder compound locomotive Austrian state railways. * *Eng.* 102 S. 570/3.

Modern locomotive construction in Belgium. (Four-cylinder locomotive.)* *Eng.* 102 S. 235/7.

Vierzylindrige Verbund-Schnellzuglokomotive der Belgischen Staatsbahnen.* *Dingl. J.* 321 S.244/5 F.

Development and present status of the compound locomotive in the U. S. *Eng. News* 55 S. 698/9.

SISTERSON, compound locomotives. * *Eng.* 101 S. 414/5.

GAIRNS, the compound locomotive in the twentieth century. *Cassier's Mag.* 30 S. 553/6.

BUSSE, four-cylinder compound express locomotive for the Danish State.* *Railr. G.* 1906, 2 S. 533/7.

ROUS - MARTEN, latest express engines of South-Eastern and Chatham Ry. *Eng.* 102 S. 341/2.

Four-cylinder compound engine, North-Eastern Ry.* *Eng.* 101 S. 455/6.

BALDWIN WORKS, locomotives compound à quatre cylinders équilibrés. * *Rev. ind.* 27 S. 283.

Les nouvelles locomotives compound, à deux bogies moteurs de la Compagnie de Chemins du fer du Nord. * *Portef. éc.* 51 Sp. 113/19; *Cosmos* 55, I S. 121/2.

Vierzylindrige Verbund-Schnellzuglokomotive der Französischen Nordbahn.* *Dingl. J.* 321 S. 193/6F.; *Engng.* 82 S. 489; *Page's Weekly* 8 S. 1256.

Vierzylindrige Verbund-Güterzuglokomotive für die Französische Südbahn. *Dingl. J.* 321 S. 633.

Vierzylindrige Verbund-Schnellzuglokomotive der Paris—Lyon—Mittelmeerbahn. * *Dingl. J.* 321 S. 507.

Vierzylindrige Verbund-Schnellzuglokomotive der Paris—Orléansbahn. * *Dingl. J.* 321 S. 506.

Compound locomotive for the Kansei, Japan. (Eight-wheeled, two-zylinder compound tender with three pair of wheels, two set in a light diamond truck and at the front held rigidly in the pedestal.) * *Railr. G.* 1906, 2 S. 560.

Heißdampflokomotiven. (Verwendung in Amerika.)◫ Organ 43 S. 182.

Ueber die Verwendung der Heißdampf-Lokomotiven des Systems SCHMIDT, WILHELM. (Statistische Zusammenstellung vom Juni 1906.) (A) *Z. Eisenb. Verw.* 46 S. 941.

²/₅-gek. Heißdampf-Schnellzugmaschine der Preußischen Staatsbahnen mit SCHMIDTschem Rauchröhrenüberhitzer. *Lokomotive* 3 S. 146.

BERLINER MASCHINENBAU - A. - G. VORM. L. SCHWARTZKOPFF, 2/3-gekuppelte Schnellzuglokomotive mit SCHMIDTschem Rauchröhrenüberhitzer.* *Z. V. dt. Ing.* 50 S. 1561.

²/₄-gekuppelte Heißdampfschnellzuglokomotive der Preußischen Staatsbahnen, gebaut von der BRESLAUER MASCHINENBAUANSTALT. * *Z. Oest. Ing. V.* 58 S. 686.

²/₄-gekuppelte Heißdampfschnellzuglokomotive der preußischen Staatsbahnen, gebaut von HENSCHEL & SOHN in Kassel. *Z. Oest. Ing. V.* 58 S. 683/5.

Heißdampflokomotive der k. k. priv. Böhm. Nordbahngesellschaft. * *Lokomotive* 3 S. 49/52.

Personenzug-Heißdampflokomotive der Belgischen Staatsbahnen. * *Dingl. J.* 321 S. 257.

Eilgüterzug-Heißdampflokomotive der Belgischen Staatsbahnen. * *Dingl. J.* 321 S. 257.

SCHWARZE, ²/₄-gek. Heißdampflokomotive der Belgischen Staatsbahn. * *Ann. Gew.* 59 S. 37/8 F.

ASPINALL, locomotive with DRUITT HALPIN's thermal storage; Lancashire and Yorkshire Ry. (2—4—2; feed water heating coiled steam pipe.)* *Railw. Eng.* 27 S. 32/3.

²/₄-gekuppelte Schnellzuglokomotive mit Rauchröhrenüberhitzer (Bauart SCHMIDT) der Belgischen Staatsbahnen, gebaut von der COMPAGNIE CENTRALE DE CONSTRUCTION À HAINE SAINT PIERRE. * *Z. Oest. Ing. V.* 59 S. 687.

STEPHENSON, ROBERT & CO., locomotive for Imperial Chinese Rys. (4—4—0)* *Railr. G.* 1906, 2 S. 81/2.

British-built locomotives for China. (Four-wheel coupled bogie passenger locomotive for the Shanghai-Nanking Ry. 4—4—0; steam motor coach for the Great Indian Peninsula Ry.)* *Pract. Eng.* 33 S. 364.

Lake Shore four-cylinder simple inspection locomotive. (4—4—0; with WALSCHAERT valve gear; in order to admit steam to the opposite ends of a pair of cylinders simultaneously it was necessary to cross the ports for one cylinder. This was done for the inside cylinder for the reason that the passages could be better heated by the live and exhaust steam.)* *Railr. G.* 1906, 2 S. 198/9.

²/₅ gekuppelte Schnellzuglokomotive der Ägyptischen Staatsbahnen, gebaut von HENSCHEL & SOHN in Kassel. * *Z. Oest. Ing. V.* 58 S. 688/9.

New compound locomotives for the Mydland Ry. (4—4—0). * *Pract. Eng.* 33 S. 360.

DEELEY, three cylinder compound express locomotives Midland Ry. (4—4—0). ◫ *Railw. Eng.* 27 S. 151/4.

MC INTOSH and FLORY, heavy eight-wheeled passenger locomotive for the Central Rr. of New Jersey. (4—4—0). * *Railr. G.* 1906, 1 S. 56/8.

MAFFEI, die neue Bayerische Schnellbahnlokomotive. (²/₅ gekuppelt; Vergleich mit der Schnellbahnlokomotive von HENSCHEL & SOHN.) *Oest. Eisenb. Z.* 29 S. 370/1.

MAFFEI, neue Schnellzuglokomotiven der Pfalzbahn. (4—4—2. Vierzylindrige Verbund-Schnellzuglokomotiven von 1700 P.S.; an Stelle des Platten- oder Blechrahmens geschmiedeter Barrenrahmen; PIELOCK-Ueberhitzer.)* *Z. Dampfk.* 29 S. 388/9.

WEISS, EDUARD, compound express engines; Bavarian State Rys. (Of the 4—4—2 and 4—6—0 types.)◫ *Railw. Eng.* 27 S. 172/6.

La locomotive actuelle. (Machine „Atlantic" de l'État Prussien; machine du type „Prairie" de l'État Autrichien; chaudière américaine à foyer débordant et wagon-top)* *Rev. ind.* 37 S. 313/5.

Atlantic type compound express locomotives, Prussian state railway.* *Pract. Eng.* 34 S. 624/5.

Atlantic type 4-cylinder compound locomotive with LENTZ valve gear; Prussian State Rys. (Poppet valves.)* *Railr. G.* 1906, 2 S. 160/2.

METZELTIN, Lokomotiven mit Ventilsteuerung. (Gebaut von der HANNOVERSCHEN MASCHINENBAU-A.-G. VORM. GEORG EGGESTORFF; ²/₅-gekuppelte Schnellzuglokomotive auf der Ausstellung in Mailand.)* *Z. V. dt. Ing.* 50 S. 637/45 F.; *Bull. d'enc.* 108 S. 688/94; *Rev. ind.* 37 S. 264/5.

Locomotive for the Hungarian state railways. (Four cylinder compound; four coupled wheel; 4—4—2 engine.) *Engng.* 82 S. 80.

Vierzylindrige Verbund-Schnellzuglokomotive der Belgischen Staatsbahnen. (2) * *Dingl. J.* 321 S. 611/4 F.

ROUS-MARTEN, French compounds on the Great Western Ry.* *Eng.* 101 S. 105/6.

Compound locomotive of to-day. (Two-cylinder compound systems. Atlantic type, on the Hungarian State Ry.; GÖLSDORF.) *Pract. Eng.* 33 S. 81/2; 34 S. 688/90.

CHURCHWARD, four cylinder 4—4—2 express engine; Great Western Ry. * *Railw. Eng.* 27 S. 272.

BALDWIN LOCOMOTIVE WORKS, new locomotives for the Great Northern. (Atlantic [4—4—2], Pacific [4—6—2] and Prairie [2—6—2] type.)* *Railr. G.* 1906, 2 S. 371/2.

COLEMAN, British four-cylinder balanced compound „Atlantic" locomotive. * *Sc. Am. Suppl.* 61 S. 25437.

Locomotive development on the North-Eastern Ry. (Atlantic type four-cylinder compound locomotive.)* *Pract. Eng.* 33 S. 624/5.

²/₅ gekuppelte Vier-Zylinder-Schnellzug-Lokomotive für die Great Northern Bahn. *Organ* 43 S. 166.

„Atlantic" (4—4—2) type locomotives on the North British Ry. (Engine with the standard WESTINGHOUSE brakes; tender of six-wheeled pattern; aggregate weight on metals of 119 tons 16 cwt.)* *Pract. Eng.* 34 S. 112.

REID, „Atlantic" engines; North British Ry. (2)◫ *Railw. Eng.* 27 S. 289/93.

DRUMMOND, four-coupled express locomotive, L. & S.W. railway.* *Eng.* 102 S. 18.

ROBINSON, J. G., three-cylinder balanced compound „Atlantic" engines; Great Central Ry. ◫ *Railw. Eng.* 27 S. 4/6.

ROUS-MARTEN, new compound locomotive on the Great Central Ry. *Eng.* 101 S. 55.

MARSH, „Atlantic" engines; London, Brighton and South Coast Ry. *Railw. Eng.* 27 S. 141/2.

ROUS-MARTEN, new „Atlantic" type express locomotives for the London, Brighton and South Coast Ry. (Firebox WOOTEN pattern; connecting and coupling rods of girder section and of SIEMENS-MARTIN cast steel.)* *Eng.* 101 S. 185/6; *Pract. Eng.* 33 S. 144.

WORSDELL, four-cylinder balanced compound „Atlantic" type express locomotives on the North-Eastern Railway.◫ *Railw. Eng.* 27 S. 220/1; *Iron & Coal* 72 S. 1775; *Engng.* 81 S. 579/80 F.

MAFFEI, ²/₆ gek. Schnellzugs-Riesenlokomotive von 2500 P.S. Leistung. (4—4—4; Vierzylinder-

Verbund-Maschine mit innenliegenden Hoch-
druck- und außenliegenden Niederdruckzylindern;
253 qm Heizfläche für 14 At. Betriebsdruck;
Ueberhitzer System SCHMIDT; Dienstgewicht von
84,5 t.)* *Masch. Konstr.* 39 S. 145.
COLE's compound „Atlantic" express locomotive;
Pennsylvania Rr. *Railw. Eng.* 27 S. 85/6.
Experimental locomotives for the Pennsylvania Rr.
(Exhibit at St. Louis. Four-cylinder balanced
compound of the Atlantic type; Prairie type; four
cylinder balanced DE GLEHN compound.)▣ *Railr.
G.* 1906, 1 S. 16/20.
FOWLER, recent development of American passenger
locomotives. (Eight wheel passenger locomotive
[4—4— 0]; Atlantic [4—4—2] and Pacific [4— 6 —2]
types; smokebox.)▣ *Railr. G.* 1906, 1 S. 641/4.
Recent types of German locomotives. (2—6—0
six-coupled locomotive on the Siamese State
Rys.; 0—8—0 compound eight-coupled freight
engine on the Prussian State Rys.)* *Pract. Eng.*
33 S. 720/1.
Mogul-type three-cylinder compound locomotive on
the Jura-Simplon Ry. (2—6—0.)* *Pract. Eng.*
33 S. 369/70.
Four-cylinder compound six coupled locomotive
for the Austrian state railways, constructed by
the WIENER LOKOMOTIV-FABRIK-A.-G.* *Engng.*
82 S. 673.
Six-coupled passenger express locomotive; Caledonian Railway, constructed at the works of the
Company, Glasgow.* *Engng.* 81 S. 833.
Four-cylinder compound six-coupled locomotive
for the Italian Railways; Milan exhibition, constructed by the SOCIETÁ ITALIANA ERNESTO
BREDA.* *Engng.* 82 S. 456.
Mogul (2—6—0) locomotives for the Philippine Ry.
(Boiler of the straight top radical stayed type;
grate and stack arranged to burn native lignite
coal; valves of the RICHARDSON balanced type;
tender of the VANDERBILT cylindrical type.) *
Railr. G. 1906, 2 S. 439/40.
GÖLSDORF, vierzylindrige 1—3-fach gekuppelte
(2—6—2) Schnellzuglokomotive Serie 110 der
Oesterreichischen Staatsbahnen. (Prairie - Typ;
Vierzylinder-Verbundlokomotive. Eine breite, über
die Triebräder hinausragende, zum Teil von
einer Laufachse unterstützte Feuerbüchse; vier-
achsiger Drehgestell-Tender.)▣ *Organ* 43 S. 1/4.
MARESCH, Heißdampf- Zwillings - Lokomotive für
schwere Schnellzüge der Außig-Teplitzer Eisenbahn-Gesellschaft. (2—6—2; Stopfbüchsenlide-
rung aus Weißmetallringen; Kesselspeisung durch
saugende FRIEDMANNsche Strahlpumpen; auf-
zeichnender Geschwindigkeitsmesser, Bauart
HAUSZHÄLTER; dreiachsiger Tender.)▣ *Organ*
43 S. 148/52.
3/5 gekuppelte Compound-Lokomotive mit vorderem
Drehgestell der CIE. PARIS-LYON-MÉDITERRANÉE.
El. u. polyt. R. 23 S. 101/3.
3/4 gekuppelte zweizylindrige Verbund-Personenzuglokomotive der Italienischen Staatsbahnen, gebaut
von GIOV. ANSALDO-ARMSTRONG & CO. in Sampierdarena bei Genua.* *Z. Oest. Ing. V.* 58
S. 699/700.
„Adriatic" compound locomotive, state railways of
Italy.* *Eng.* 102 S. 311/2.
Four-cylinder compound 4—4—2 locomotive for
the Prussian State Rys. („Wagon-top" type,
with round-topped wide firebox; four steam
chests, fitted with suction valves.) * *Pract. Eng.*
33 S. 368.
2/5 gekuppelte vierzylindrige Verbund-Schnellzuglokomotive mit LENTZscher Ventilsteuerung der
Preußischen Staatsbahnen, gebaut von der HAN-
NOVERSCHEN MASCHINENBAU-AKTIEN-GESELL-

SCHAFT. *Z. Oest. Ing. V.* 58 S. 689/90; *Engng.*
82 S. 720.
2/5 gekuppelte vierzylindrige Verbund-Schnellzuglokomotive der Oesterreichischen Staatsbahnen,
gebaut von der ERSTEN BÖHMISCH-MÄHRISCHEN
MASCHINENFABRIK in Prag.* *Z. Oest. Ing. V.*
58 S. 697/9; *Engng.* 82 S. 798.
3/7 gekuppelte vierzylindrige Verbund-Personenzuglokomotive der Elsaß - Lothringischen Reichs-
bahnen, gebaut von der ELSÄSSISCHEN MASCHI-
NENFABRIK in Grafenstaden. *Z. Oest. Ing. V.*
58 S. 721.
2/5 gekuppelte vierzylindrige Verbund-Schnellzuglokomotive der Ungarischen Staatsbahnen, gebaut
von der MASCHINENFABRIK DER UNGARISCHEN
STAATSBAHNEN in Budapest.* *Z. Oest. Ing. V.*
58 S. 690/2.
SOLACROUP, four-cylinder compound locomotive
for the Paris-Orleans railway constructed by the
SOCIÉTÉ ALSACIENNE DE CONSTRUCTIONS MÉ-
CANIQUES, Belfort. (4 - 6 - 0 Cylinders inside the
frame, with the steam chest between them.)*
Engng. 81 S. 146.
KRAUSS & CO., 3/6 gekuppelte Personenzugloko-
motive mit Stütztender für 1000 mm Spur.* *Masch.
Konstr.* 39 S. 169/70.
Six-coupled engines on the Glasgow and South-
Western Ry.* *Eng.* 101 S. 1/3.
Four-cylinder six-coupled locomotive at the Milan
exhibition, constructed by the SOCIETÁ ITALIANA
ERNESTO BREDA, Milan.* *Engng.* 82 S. 422.
Prairie (2—6—2) type locomotive — Northern Pa-
cific Railroad.* *Eng.* 102 S. 446.
WILLE, balanced compound locomotives. (Steam
distribution; cylinders; 2-webbed crank axle;
valve of 80 t, ten-wheel VAUCLAIN balanced
compound [4 - 6 — 0].)* *Railr. G.* 1906 S. 644/8.
HENRY, four-cylinder balanced compound loco-
motives Paris, Lyons Mediterranean Rys. (4—6—0;
reversing gear; bogie.) *Railw. Eng.* 27 S. 48/56.
VAUCLAIN (4 —6—0) balanced compound locomotive
for the Chicago and Eastern Illinois Railroads.*
Engng. 82 S. 385/8.
Amerikanische 6-gekuppelte Personenlokomotive.*
Dingl. J. 321 S. 255/6.
SCHWARZE, 3/5 gek. Schnellzuglokomotive der
Französischen Ostbahn. *Ann. Gew.* 58 S. 70/2 F.
NASMYTH, WILSON & CO., 6-coupled narrow gauge
engine; Egyptian Delta Light Rys. (0—6—4
wheel arrangement.) *Railw. Eng.* 27 S. 166/7.
3/5 gekuppelte Zwilling-Heißdampf-Lokomotive der
Belgischen Staatsbahnen, gebaut von der SOCIÉTÉ
FRANCO-BELGE, LA CROYÈRE. *Z. Oest. Ing.
V.* 58 S. 702/3.
3/5 gekuppelte vierzylindrige Heißdampfschnellzug-
lokomotive der Belgischen Staatsbahnen, gebaut
von der SOCIÉTÉ ANONYME „LA MEUSE" in
Lüttich.* *Z. Oest. Ing. V.* 58 S. 701/3.
3/5 gekuppelte vierzylindrige Verbund-Schnellzuglokomotive (Bauart Prairie) der Oesterreichischen
Staatsbahnen gebaut von der WIENER LOKO-
MOTIVFABRIK - AKTIENGESELLSCHAFT FLO-
RIDSDORF.* *Z. Oest. Ing. V.* 58 S. 717/8.
3/5 gekuppelte vierzylindrige Verbund-Schnellzug-
Lokomotive der Gotthardbahn, gebaut von der
SCHWEIZERISCHEN LOKOMOTIV- UND MASCHI-
NENFABRIK in Winterthur. *Z. Oest. Ing. V.* 58
S. 715/6.
3/5 gekuppelte vierzylindrige Verbund-Schnellzug-
lokomotive der Schweizer Bundesbahnen, gebaut
von der SCHWEIZERISCHEN LOKOMOTIV- UND
MASCHINENFABRIK in Winterthur.* *Z. Oest.
Ing. V.* 58 S. 714.
3/5 gekuppelte vierzylindrige Verbund-Personenzug-
lokomotive der Belgischen Staatsbahnen, gebaut

von der SOCIÉTÉ ANONYME „LES ATELIERS MÉTALLURGIQUES" in Tubize. *Z. Oest. Ing. V.* 58 S. 703.

³/₅ gekuppelte vierzylindrige Verbund-Schnellzuglokomotive der Französischen Ostbahn, gebaut von den Eisenbahnwerkstätten in Epernay.* *Z. Oest. Ing. V.* 58 S. 713/4.

³/₅ gekuppelte vierzylindrige Verbund-Personenzuglokomotive der Belgischen Staatsbahnen, gebaut von der SOCIÉTÉ ANONYME DE SAINT LÉONARD in Lüttich. *Z. Oest. Ing. V.* 58 S. 703.

³/₅ gekuppelte vierzylindrige Verbund-Heißdampfschnellzuglokomotive der Belgischen Staatsbahnen, gebaut von der SOCIÉTÉ ANONYME JOHN COCKERILL in Seraing.* *Z. Oest. Ing. V.* 58 S. 700/1.

³/₅ gekuppelte vierzylindrige Verbund-Personenzuglokomotive der Französischen Ostbahn, gebaut von der ELSÄSSISCHEN MASCHINENFABRIK in Belfort.* *Z. Oest. Ing. V.* 58 S. 703.

³/₅ gekuppelte vierzylindrige Verbund-Schnellzuglokomotive der Paris-Lyon-Mittelmeerbahn, gebaut von SCHNEIDER & CO. in Creuzôt.* *Z. Oest. Ing. V.* 58 S. 704/5.

³/₅ gekuppelte vierzylindrige Verbund-Schnellzuglokomotive der Italienischen Staatsbahnen, gebaut von SOCIÉTÀ ITALIANA ERNESTO BREDA in Mailand.* *Z. Oest. Ing. V.* 58 S. 716/7.

COLE four-cylinder balanced compound Pacific (4-6-2) type heavy passenger locomotive for the Northern Pacific. (Crossheads of the VOGT type with top bearings; crank axle for the front drivers of high carbon steel made by KRUPP; WALSCHAERT valve; boiler extension wagontop type; tractive power, 30,340 lbs.) ▣ *Railr. G.* 1906, 2 S. 406/9.

Pacific locomotive for the Southern Ry. (Pacific type [4—6—2].)* *Railr. G.* 1906, 1 S. 714/6.

DE VOY and MANCHESTER, fast passenger locomotive for heavy service; Chicago, Milwaukee & St. Paul Ry. (Six-coupled engine of the Pacific type [4 6-2].)* *Eng. News* 55 S. 281/2.

SANZIN, 4/5 gekuppelte Verbundlokomotive der Oesterreichischen Gebirgsbahnen.* *Wschr. Baud.* 12 S. 831/5.

Consolidation locomotive for the New-York Central lines. (2—8—0.)* *Railr. G.* 1906, 1 S. 613/6.

Rebuilt 8-coupled engines, London and North-Western Ry. (2—8—0.)* *Railw. Eng.* 27 S. 256.

Duplex locomotives. (MALLET system: one group of driving axles is carried by the main frames while the other group is carried by a swiveling steam truck; MEYER system; two steam trucks, connected together by a hinge or knuckle joint; FAIRLIE system: two entirely independent steam trucks.)* *Eng. News* 56 S. 144.

Les locomotives MALLET américaines. (Locomotive BALDWIN du Great Northern; locomotive de L'AMERICAN LOCOMOTIVE CO.)* *Rev. ind.* 37 S. 461/3.

Amerikanische Lokomotivungetüme. (MALLET-Verbundlokomotiven auf der Erie-Eisenbahn. 16 Triebräder für 2000 t Güterzüge mit starken Steigungen; Zugkraft 98 000 Pf.) *Z. Eisenb. Verw.* 46 S. 1507.

French MALLET compound locomotive.* *Sc. Am.* 94 S. 254.

FAIRLIE locomotives; Bolivian Rys. (The twosix-wheeled bogies upon which the engine is carried are each driven by a pair of outside cylinders, steam to which is distributed by slide valves working above them through the medium of WALSCHAERTS' valve gear.)* *Railw. Eng.* 27 S. 243/4; *Pract. Eng.* 34 S. 368.

MALLET compound duplex locomotives for the

Guayaquil & Quito Ry. (Duplex system (0-6-6-0.)* *Eng. News* 55 S. 421.

Heavy MALLET compound freight engines: Great Northern Rr. of America. (2—6 - 6—2; weight on the coupled wheels 416,000 lbs.; boiler pressure 200 Pf. per sq." heating surface 5655 sq.'; the tender carles 8000 galls. of water and 13 t of coal.) *Railr. Eng.* 27 S. 366; *Eng. News* 56 S. 321.

MALLET articulated (0—8—8—0) compound locomotive for the Erie Rr.* *Railr. G.* 1906, 2 S. 389.

2×1/3-gek. MALLET-Verbundlokomotive der Zentral-Nordbahn von Argentinien (Spurweite 1 m, gebaut von BORSIG in Berlin.)* *Lokomotive* 3 S. 35/6.

PROSSY, 5/6-gek. Vierzylinder-Heißdampf-Verbundlokomotive, Serie 280 der k. k. Oesterreichischen Staatsbahnen. * *Lokomotive* 3 S. 89/96.

Four-cylinder compound ten-coupled locomotive; Milan exhibition, constructed by the AUSTRO-HUNGARIAN STATE RAILWAY CO.* *Engng.* 82 S. 556.

MALLET compound locomotive for the Great Northern. (Division of the power in two distinct units, the high and the low pressure, carried in two separate frames and coupled together by flexible steam connections.) (a) ▣ *Railr. G.* 1906, 2 S. 315/21.

BALDWIN, die schwerste Lokomotive der Welt. 2 × 1/4-gek. MALLET-Verbundlokomotive der Großen Nordbahn (Amerika). (Besteht eigentlich aus zwei Mogul-Lokomotiven, die gelenkig verbunden sind, deren gemeinsamer Kessel jedoch fest mit dem rückwärtigen Gestelle verbunden ist und auf dem vorderen Gestelle beweglich aufruht.)* *Lokomotive* 3 S. 189/92.

BALDWIN LOCOMOTIVE WORKS, MALLET compound locomotive for the Great Northern. (4—12—4)* *Railr. G.* 1906, 2 S. 148.

Heavy banking locomotive Belgian state railways. (Four cylinder duplex locomotive, closely imitating the MALLET system. Weight of engine, maximum load, 109,6 t.)* *Eng.* 101 S. 109.

LOTTER, die 4/5 gekuppelte Güterzug-Lokomotive der Bayrischen Staatsbahn, Klasse G 4/5.* *Lokomotive* 3 S. 1/5.

REID, goods engines; North British Ry. (0—6—0; cylinders inside the frames.)* *Railw. Eng.* 27 S. 339/40.

Six wheeled coupled goods locomotive for the London, Brighton, and South Coast Ry.* *Pract. Eng.* 33 S. 816/7.

Goods locomotive for the Caledonian Railway, constructed from the designs of M'INTOSH LOCOMOTIVE SUPERINTENDENT. (4—6—0)* *Engng.* 82 S. 299.

Six-coupled bogie goods engine.* *Eng.* 102 S. 508.

MC INTOSH, express goods engine, Caledonian Ry. (4—6—0 bogie type; steam reversing gear in which the reversing lever and notch-plate are retained; inside cylinders; metallic packing of the piston rod and stuffing boxes.)* *Railw. Eng.* 27 S. 307/8, 374/5; *Eng.* 102 S. 651; *Engng.* 82 S. 739.

COBY, express goods locomotives, 4—6—0 type; Great Southern & Western Ry. (a) ▣ *Railw. Eng.* 27 S. 63/6.

L. and N. W. Ry. converted mineral locomotive. (0—8—0 converted from compound to simple by WHALE.)* *Pract. Eng.* 34 S. 272.

STEPHENSON, ROBERT, & CO., heavy „decapod" goods engine; Argentine Great Western Ry. (2—10—0; boiler with a BELPAIRE firebox; safety valves of the „pop" type; eight wheeled [double bogie] tandem.) ▣ *Railw. Eng.* 27 S. 12/3;

Engng. 81 S. 511/3; *Lokomotive* 3 S. 36/7; *Eng.* 101 S. 467.

Delaware & Hudson freight locomotives with YOUNG valves and gear. (4—6—o.)* *Railr. G.* 1906, 1 S. 102/3.

Locomotive compound type Prairie à 4 cylindres de l'État Autrichien. (2—6—2.)⊞ *Rev. chem. f.* 29, 1 S. 403/7.

Prairie type compound engines at Milan exhibition.* *Eng.* 102 S. 542/3.

Balanced compound Prairie type (2—6—2) fast freight locomotives for the Atchison, Topeka & Santa Fe. (Tractive power of 37,840 lbs., weight on the driving wheels is 174,700 lbs.; boiler of the extended wagon top radial stay type, has a sloping throat and back head.)* *Railr. G.* 1906, 2 S. 414.

AMERICAN LOCOMOTIVE CO., mogul (2—6—o) locomotives for the Panama excavation. (Has recently been completed for the Isthmian Canal Commission.) *Railr. G.* 1906, 2 S. 58/60.

SCHWARZE, 3/4 + 3/4 gekuppelte Güterzuglokomotive der Französischen Nordbahn. *Ann. Gew.* 59 S. 210/1.

5/5-gekuppelte Verbund - Güterzuglokomotive der Württembergischen Staatsbahn. *Lokomotive* 3 S. 17/9.

METZELTIN, kurvenbewegliche Lokomotiven. (5/5-gekuppelte Güterzuglokomotive der österreichischen Staatsbahn mit GÖLSDORFscher Achsenanordnung; 5/5-gekuppelte Tenderlokomotive der Westfälischen Landesbahn, gebaut von der HANNOVERSCHEN MASCHINENBAU-A.-G. VORMALS GEORG EGGESTORFF in Linden vor Hannover.)* *Z. V. dt. Ing.* 50 S. 1217/20, 1553/5; *Lokomotive* 3 S. 216/8.

VON LITTROW, leichte Lokomotiven und Kleinzüge. (Kleinzuglokomotive Bauart GÖLSDORF; Lokomotive mit Füllfeuerung; Vorratstrichter; Feuertür mit Einguß.)* *Ann. Gew.* 58 S. 67/70.

Locomotiva senza fuoco o locomotiva ad acqua calda, sistema LAMM e FRANCQ. * *Polit.* 54 S. 473/80.

MAFFEI, steam motor car for the Bavarian State Rys. (One cylinder on each side, in which work, in opposite directions, two pistons. Each piston is respectively connected by its own cross-head and connecting rod to the front and rear pair of wheels, so that perfect balance of the reciprocating.) *Eng. News* 56 S. 505.

Heißdampf-Motorwagen, Bauart KITTEL, für die württembergischen Staatsbahnen, erbaut von der MASCHINENFABRIK ESZLINGEN. *Lokomotive* 3 S. 37/9.

HELLER, der Eisenbahnmotorwagen der MASCHINEN-FABRIK ESZLINGEN. (Lokomotivenähnlicher Bau; in der Konstruktion dem Dampferzeugers englischen Wagen ähnlich.)⊞ *Z. V. dt. Ing.* 50 S. 860/2.

JUNG, Dampfmotorwagen für Eisenbahnbetrieb. (SERPOLLET-Dampferzeuger; Kessel der MASCHINENFABR. ESZLINGEN [D. R. P. 164672], stehender Heizröhrenkessel. *Z. Dampfk.* 29 S. 321.

EDER, Dampfsirlebwagen von 40 P.S. mit Dampferzeuger von STOLTZ. (Verbund-Dampfmaschine.)⊞ *Organ* 43 S. 99/101.

Dampf-Motorwagen der Belgischen Staatsbahnen. * *Lokomotive* 3 S. 24/5.

SPITZER, Bau und Betrieb von Motorwagen auf Eisenbahnen. (KOMAREKs Dampfmotorwagen mit kombiniertem Box- und Röhrenkessel 760 mm Spur. (V) (A)* *Bayr. Gew. Bl.* 1906 S. 173; *Engng.* 82 S. 318.

GUILLERY, neueres über Triebwagen für Eisenbahnen. *Ann. Gew.* 59 S. 169/73.

Motor coaches for railways.* *Eng.* 102 S. 457/8.

Railway motor car traffic. (London and South-

Western Ry. Co. steam car; boiler of Taff Vale Ry. car; comparative costs; steam cars; comparison of details of various steam cars; Great North of Scotland Ry. boiler [COCHRAN] for steam car; boiler and pivot for L. and N. W. Ry. car; boiler for L. and Y. Ry. car; boiler for N. W. of India car; advantages of the railmotor system.) (V) (A)* *Pract. Eng.* 34 S. 234/b.

„Orion" motor omnibuses; Cambrian Rys. (Divided into two compartments and carrying 22 passengers, 12 in the main, 8 in the smoking compartment, and 2 with the driver in front. Luggage carried on the roof two horizontal cylinders opposite each other.)* *Railw. Eng.* 27 S. 203.

Dampfmotorwagen der Glasgow und South Western Ry.* *Uhlands T. R.* 1906 Suppl. S. 50

IVATT, steam rail motor cars; Great Northern Ry. (Outside cylinders; wheel-base bogie with coupled wheels.)* *Railw. Eng.* 27 S. 27.

Steam rail motor-car fo the Lancashire and Yorkshire Railway, constructed at the Horwich Works of the Company.* *Engng.* 82 S. 591.

Steam-coach for the London, Brighton, and South Coast Railway Co., constructed by BEYER, PEACOCK & CO.* *Engng.* 81 S. 195.

RICHES and HASLAM, London & North Western steam motor car. (Cylinders have balanced slide-valves; the valve motion is of the WALSCHAERTS type; lighted by means of 20-c. p. incandescent-gas lamps; Taff Vale Ry. car; Great North of Scotland Ry. car etc) (V) (A)* *Railr. G.* 1906, 2 S. 310/2.

Steam motor car for the London & South Western. (Engine mounted on the truck at one end fitted with the WALSCHAERT valve gear, motor truck built with inside frames and outside cylinders.)* *Railr. G.* 1906, 2 S. 364.

WAINWRIGHT, Motorwagen der South-Eastern and Chatham Ry. (Wagen auf zwei zweiachsigen Drehgestellen. Der Maschinenführer kann Dampfpfeife, Vakuum-, Handbremse und Regulator von beiden Wagenenden aus bedienen.) *Oest. Eisenb.* Z. 29 S. 270.

HUET, les nouvelles voitures automotrices à vapeur de la Compagnie d'Orléans. (Moteur à 4 cylindres compound montés en tandem, distribution du type STEPHENSON; chaudière du système PURREY; freins à air et à main; caisse reposant sur un châssis en acier profilé; essais de surchauffe.)⊠ *Rev. chem. f.* 29, 1 S. 358/73.

Voitures automotrices à vapeur de la Compagnie d'Orléans. ⊞ *Rev. ind.* 37 S. 206/8.

Steam motor cars of the Paris & Orleans Ry., France.* *Eng.' News* 56 S. 94/5.

VAUGHAN, steam motor car: Canadian Pacific Ry. (Combination passenger and baggage car; boiler of the marine return-tubular type with a single MORISON corrugated furnace, with a superheater; the fuel used is crude oil, and is fed to the furnace by a slot burner of the BOOTH type, the supply cock and blower being controlled by an automatic device.)* *Railr. G.* 1906, 2 S. 57; *Eng. News* 56 S. 119.

HALSEY steam rail motor car. (In Philadelphia. Water tube marine type of boiler.)* *Railr. G.* 1906, 2 S. 598/600.

Union Pacific Motor Car. (Round windows with rubber gasket seats, making them dust and waterproof; consists of two plate girders, resting at the outer ends on the body bolsters and at the inner ends on needle beams, engine with six 10" × 12" cylinders, can develop 230 H.P.)* *Railr. G.* 1906, 2 S. 437/8.

KERR STUART & CO., steam motor rail coach for the Indian North-Western (State) Ry. (Locomo-

tive forming òne bogie of the coach.) * *Pract. Eng.* 33 S. 497/8.

The KOBUSCH-WAGENHALS steam motor car. (82' 6" long over the pilot and 53' between truck centers, weight on drivers 115,600 lbs and on the trailing truck 62,960, making the total weight 178,560 lbs; tractive power 8,080 lbs; marine type water tube boiler.) * *Railr. G.* 1906, 2 S. 289/90; *Street R.* 28 S. 568/9; *Sc. Am. Suppl.* 62 S. 25886.

Steam coach for the Central South African Railways.* *Engng.* 82 S. 112/3.

β) Tender- und Verschublokomotiven. Tank and switch engines. Locomotives tender et machines pour manœuvre.

CHURCHWARD, tank engines; Great Western Ry. (2—4—2 with cylinders driving on the middle coupled axle.)* *Railw. Eng.* 27 S. 179/80.

Four-coupled bogie tank engine London and North-Western Ry.* *Eng.* 102 S. 402.

Passenger tank locomotives. (Domeless BELPAIRE firebox; 4—4—2; both direction water scoop.)* *Pract. Eng.* 33 S. 624.

¹⁄₆-gekuppelte Zwilling-Vorortzug-Tenderlokomotive der Französischen Nordbahn, gebaut von den EISENBAHNWERKSTÄTTEN IN PARIS.* *Z. Oest. Ing. V.* 58 S. 718/9.

³⁄₄-gekuppelte Tenderlokomotive der Lancashire- & Yorkshire-Eisenbahn.* *Lokomotive* 3 S. 25.

³⁄₄-gek. Verbund-Tenderlokomotive von 1 m Spurweite der Lokalbahn Innsbruck-Igls.* *Lokomotive* 3 S. 83/4.

³⁄₃-gekuppelte zweizylindrige Verbund-Tenderlokomotive der Italienischen Staatsbahnen, gebaut von der SOCIÈTÉ ANONIMA GIO. ANSALDO ARMSTRONG in Sampierdarena bei Genua.* *Z. Oest. Ing. V.* 58 S. 719/20.

SCHENECTADY WORKS, double end tank locomotive for the Kinshin Ry. Japan. (2—6—2. For heavy passenger and fast freight service. Tractive power 20,260 lbs.) * *Railr. G.* 1906, 2 S. 434.

TREVITHICK, six-wheels-coupled radial tank-engines; Japanese State Rys. (2—6—2; 0—6—2.)* *Railw. Eng.* 27 S. 294, 383/5.

¹⁄₅-gek. Tender-Lokomotive von 1 m Spurweite für die Sociedad an. de cala Bilbao in Spanien, gebaut von BORSIG, Berlin.* *Lokomotive* 3 S. 103/4.

WILLMOTT, 0—6—4 tank engines; Lancashire, Derbyshire, and East Coast Ry. ⊞ *Railw. Eng.* 27 S. 313/4, 343.

New compound tank engines; Alsace-Lorrain Ry. (4—6—4.)* *Railw. Eng.* 27 S. 196/7.

2 × 3'₃ gekuppelte Tender-Lokomotive der Belgischen Staatsbahnen. *Organ* 43 S. 166.

METZELTIN, kurvenbewegliche Lokomotiven. (2 × 3'₃gekuppelte Tenderlokomotive der Französischen Nordbahn.)* *Z. V. dt. Ing.* 50 S. 153/6 F.

Heavy Continental tank locomotives. (Six-wheel coupled double-bogie [4—6—4] SOC. ALSACI. DE CONST. MÉC.; gear of the WALSCHAERT pattern.)* *Pract. Eng.* 33 S. 816.

KLAPPER, leichte Dampflokomotive (Hydroleumlokomotive) von KOPPEL für die Industrie. (Mit Wasserrohrkessel, Wasserbehälter und Roh- oder Teerölfeuerung.) (V)* *Tonind.* 30 S. 851/8 F.

AMERICAN LOCOMOTIVE CO., switching locomotives for gravity yards. (Six-wheel engines [0—6-0], weighing 88 t.) *Eng. News* 56 S. 251.

AM. LOCOMOTIVE CO., heavy switching locomotive for the Pittsburg & Lake Erie. (0—6—0.) * *Railr. G.* 1906, 2 S. 98/9.

γ) Zahnradlokomotiven. Geared locomotives. Locomotives à roues dentées.

BORSIG, kombinierte Zahnrad- und Reibungslokomotive. (Für den Betrieb im Eifelgebiet bei Strecken mit Steigungen bis auf 60⁰/₀₀, zwei innerhalb des Rahmens liegende Zylinder treiben die drei gekuppelten Adhäsionsachsen, während zwei weitere, unter der Rauchkammer liegende die Zahnräder treiben.)* *Z. Dampfk.* 29 S. 491.

LÉVY-LAMBERT, machines à quatre cylindres et deux roues dentées motrices. (Machines du Höllenthal construites par BISSINGER.) * *Rev. ind.* 37 S. 338/9 F.

SCHWEIZ. LOKOMOT.- UND MASCHINENFABRIK IN WINTERTHUR, neue Lokomotiven der Brünigbahn für gemischten Betrieb. (Gemischte Adhäsions- und Zahnradlokomotive, sowohl die vier Zylinder als auch die zugehörigen Triebwerke sind außerhalb der Rahmen angeordnet, die Maschine arbeitet auf der Adhäsionsstrecke als Zwillingslokomotive auf der Zahnstange aber als Verbundlokomotive.)* *Schw. Baus.* 47 S. 285/8; *Lokomotive* 3 S. 21/2.

Tramway de Clermont-Ferrand au Puy de Dôme à vapeur et à mécanismes d'adhérence supplémentaire.⊞ *Gén. civ.* 49 S. 17/22.

BALDWIN LOCOMOTIVE WORKS, rack locomotive for Manitou and Pike's Peak Ry. (Two geared driving wheels, with the rear end carried on a trailing truck; oil heater, oil burning furnace; oil piping arrangement.) * *Railr. G.* 1906, 2 S. 40/2.

Four-cylinder compound rack-adhesion locomotive; Benguella Railway, Portuguese West Africa.* *Engng.* 82 S. 201.

ALLIANCE ELECTRICAL CO., London, alliance rack rail locomotive haulage system. (For coal mines; continuous-current series-wound motor mounted on a four-wheel truck.) * *Pract. Eng.* 33 S. 655/6; *Iron & Coal* 72 S. 1779/80.

b) Einzelteile. Parts of locomotives. Parts de locomotives.

α) Kessel, Feuerung und Zubehör. Boilers, furnaces and accessory. Chaudières, foyers et accessoire.

VAN ALSTYNE, some essentials in locomotive boiler design. (V. m. B.)* *Railr. G.* 1906, 2 S. 66/8; *Railw. Eng.* 27 S. 142/3.

BUSSE, Verdampfungsfähigkeit von Lokomotivkesseln. (Berechnung.) *Organ* 43 S. 177.

ZEMEK, systematischer Verdampfungsversuch bei Lokomotivkesseln. *Gieß. Z.* 3 S. 283/4.

Variable exhaust nozzle used in Père Marquette evaporation tests.* *Railr. G.* 1906, 2 S. 516.

KRAMÁR, Ermittelung der Gewichte von Lokomotivkesseln. ⊞ *Organ* 43 S. 12/4.

RODDY, care of locomotive boilers at terminals and while in service. (Experience on the Santa Fe.) *Eng. News* 56 S. 354/5.

CHURCHWARD, large locomotive boilers. (V. m. B.) (a) ⊞ *Proc. Mech. Eng.* 1906 S. 165/255; *Railw. Eng.* 27 S. 111/9; *Pract. Eng.* 33 S. 274/5; *Rev. chem. f.* 29, 2 S. 202; *Eng.* 101 S. 205/61; *Page's Weekly* 8 S. 422/7 F.

BARBIER, Güterzug-Lokomotive mit Großwasserraum - Wasserrohr - Dampfkessel, System ROBERT. (Großwasserraumdampfkessel. Wasserrohrkessel.)* *Masch. Konstr.* 39 S. 53/4.

PARR, service waters of a railway system. (Qualities; treatment.) *J. Am. Chem. Soc.* 28 S. 640/6.

NITZ, Entwurf zu einem Heißdampf-Lokomotivkessel.* *Lokomotive* 3 S. 7/11 F.

VAUGHAN, recent experience with superheated steam

on Canadian Pacific Ry. locomotives. (Locomotive with Canadian Pacific Rr. superheater.) (V) (A)* *Eng. News* 55 S. 468/9.

NOTKIN, la surchauffée appliquée aux locomotives. (Surchauffeurs SCHMIDT, NOTKIN.)* *Rev. ind.* 37 S. 304/5.

NOTKIN locomotive superheater.* *Page's Weekly* 9 S. 8.

LANGER, Dampfüberhitzer für Lokomotiv- und Lokomobilkessel.* *Lokomotive* 3 S. 180/2.

Locomotive boiler with combustion chambers. (Prairie type [2—6—2] WALSCHAERT valve gear; four-cylinder tandem compound engine of the Mikado or 2—8—2 type; WOOTTEN boiler with combustion chamber. Deep firebox with combustion chamber: Western Ry. of Guatemala; boiler with independent combustion chamber: Chicago, Burlington & Quincy Ry.)* *Eng. News* 56 S. 531/4.

JUNG, Lokomotivkessel, System BROTAN mit Wasserrohr-Feuerbüchse.* *El. u. polyt. R.* 23 S. 297/9; *Prom.* 17 S. 332/3.

LENTZ's stayless locomotive boiler.* *Engng.* 81 S. 367.

LAUGHRIDGE, BELPAIRE versus radial stayed boilers. (Advantages possessed by the BELPAIRE boiler.) (V) (A) *Railr. G.* 1906, 2 S. 66.

Designs of flexible stay bolts in general use in America.* *Eng. News* 55 S. 714.

Versuche mit Stehbolzen aus hohlgewalztem Rundkupfer für Lokomotiven. (Erlaß des Preuß. Ministers der öffentlichen Arbeiten.) *Z. Eisenb. Verw.* 46 S. 1095.

Flexible stay bolts. (Report of a committee of the Master Mechanics' Association presented at the annual convention, at Atlantic City, N. Y.) * *Pract. Eng.* 34 S. 332/5.

LEWIS, plaques de foyer en cuivre arsenical. *Rev. chem. f.* 28, 2 S. 70/1.

Bördeln der Rohre in Lokomotivkesseln. (Preßluftgerät zum Bördeln von Feuerrohren.) * *Z. Bayr. Rev.* 10 S. 91/2.

The economy of locomotive boiler-coverings. *Engng.* 81 S. 835/6.

KNEASS, high pressure steam tests of an injector. (Elementary form of injector; service form, lifting injector; non-lifting form; self-acting injector.) (V) * *J. Frankl.* 162 S. 279/90.

KNEASS, the modern locomotive injector. (V) * *Mech. World* 40 S. 43/4.

CRIDLAND, locomotive exhaust deflector. (To prevent smoke, gaseous products of combustion and steam from beating down in front of the cab windows.) (Pat.) * *Railr. G.* 1906, 2 *Suppl. Gen. News* S. 2.

LANGROD, die Größe der Lokomotiv-Regulator-Einströmöffnung.* *Ann. Gew.* 58 S. 3/5.

Comparative test of large locomotive air pumps. *Compr. air.* 11 S. 4194/9.

LUNKENHEIMER locomotive blow-off valve.* *Railr. G.* 1906, 1 *Suppl. Gen. News* S. 3.

DE LAUNAY, locomotive firing. *Page's Weekly* 9 S. 1096/8.

COOL, mechanical firing on locomotives. (V. m. B.) (A) *Eng. News* 55 S. 571.

DAY-KINCAID-STOKER CO, selbsttätige Feuerungen an Lokomotiven.⊟ *Organ* 43 S. 24.

The HAYDEN MFG. CO. mechanical stoker. (Applied to H—6—A Pennsylvania locomotive; conveyor engine; valve operating engine; operating cylinder.) * *Railr. G.* 1906, 1 S. 210/5.

Chargeur mecanique américain. (Pour foyer de locomotives.)* *Rev. chem. f.* 29, 1 S. 562/4.

SCHLEYDER, Raschverbrennung bei Lokomotiven. (Doppeltes oder dreifaches Gewölbe; Einführung

sekundärer Luft in den Heizraum, und zwar so, daß der Luftstrom nicht so stark wird, um die Verbrennungsprodukte abzukühlen; Verbindung der Rauchkammer mittels eines Rohres mit dem Heizraum.) (V. m. B.) (A)* *Wschr. Baud.* 12 S. 564/5.

Betriebserfahrungen mit dem Rauchverzehrer, System SCHLEYDER.* *Lokomotive* 3 S. 39/41.

KELLERMANN, einfache Einrichtung an Lokomobilen und Eisenbahnlokomotiven zur Beseitigung des Funkenwerfens. *Erfind.* 33 S. 1/4.

Petroleum fuel in locomotives.* *Page's Weekly* 8 S. 974/5.

GREAVEN, petroleum fuel for locomotives on the Tehuantepec National Ry., Mexico. (Supply with oil from the auxiliary station tanks in much the same way as water is supplied; pipe connections.) (V. m. B.) (a) * *Proc. Mech. Eng.* 1906 S. 265/312; *Eng. News* 56 S. 132/3; *Eng.* 101 S. 456/7; *Pract. Eng.* 33 S. 614/7; *Reilw. Eng.* 27 S. 262/6F.; *Oest. Eisenb. Z.* 29 S. 369.

Freibahnzüge. (Ohne Gleise; Leistungen; Einrichtung: Dampfmaschine mit flüssigem Heizstoff; Betriebskosten.) * *Oest. Eisenb. Z.* 29 S. 341/4.

Combustion chambers in locomotive boilers.* *Sc. Am. Suppl.* 62 S. 25753.

DINGLINGER, neue Versuche mit kupfernen Feuerbuchsen.* *Ann. Gew.* 58 S. 101/3.

MAYR, Feuerbuchs-Rohrwände aus Kupfer und Flußeisen. (Brüche der kupfernen Rohrwände; Ursache der Stegbrüche; Versuche mit KRUPPschem Flußeisen.)⊟ *Organ* 43 S. 169/70.

YUNG, Lokomotivkessel mit Wasserrohr-Feuerbuchse, System BROTAN.* *El. u. polyt. R.* 23 S. 297/9; *Prom.* 17 S. 332/3.

Wasserraum der Feuerbuchsen. (Wasserumlauf zwischen der inneren und äußeren Feuerbuchse; Versuch der BALDWINWERKE über die Dauerhaftigkeit der Stehbolzen; Wasserräume zwischen den Rohren.) *Organ* 43 S. 163/4.

MASTER MECHANIC'S ASSOCIATION, fire box for burning oil.* *Railr. G.* 1906, 1 S. 677.

MAYR, compositive fire-boxes of copper and steel. (Applied at Cologne repair shops; upper part or tube-sheet proper of soft steel and a lower part of copper.) * *Eng. News* 56 S. 517.

Feuerschirme für breite Feuerbuchsen. (Einbogige statt der früheren zweibogigen Feuerschirme.)⊟ *Organ* 43 S. 23.

BUSSE, Dichthalten der Feuerbuchsen-Bodenringe. (Festigkeit der einfachen Nietungen.) *Organ* 43 S. 147/8.

Cracked and leaky mud rings. (Prevention method of laying up firebox sheets.) *Railr. G.* 1906, 1 S. 638.

WICKHORST, fire-box steel-failures and specifications. (Variation of temperature of fire-box steel, caused by various thicknesses of scale.) (V) (A) (a)* *Eng. News* 56 S. 76/9; *Bull. d'enc.* 108 S. 1010/3.

DE VOY, repairs to wide and narrow fireboxes. (The narrow box is more economical especially in high-speed locomotives.) *Railr. G.* 1906, 2 S. 236.

β) Laufwerk (Räder, Achsen, Lager, Gestelle usw.). Running parts (wheels, axles, bearings, frames etc.). Parts courantes (roues, essieux, coussinets, cadres etc.)

Locomotive wheels and axles. (Manufacture.)* *Mech. World* 40 S. 235/6.

BUSSE, wear of wheel tires on locomotives with inside and outside-cylinders. (Engines with in-

side cylindres run 93 per cent further between two general overhauls than those with outside cylinders.)* *Railr. G.* 1906, 2 S. 83/4.

DRAKE, reducing the wear of driving wheel flanges on sharp curves. (ELLIOTT's flange-oiler; water jet.)* *Eng. News* 55 S. 658.

VANDERHEYM, l'origine de défauts internes constatés sur des bandages d'acier rompus en cours de route.* *Rev. chem. f.* 29, 1 S. 375/82.

High-speed tools for turning locomotive driving-wheel tires. (Tests.)* *Mech. World* 40 S. 170/1.

High-speed tool steel record for turning locomotive driving wheel tires. (With the NILES 90" wheel chucklog lathe.)* *Railr. G.* 1906, 1 S. 118.

Schrumpfmaß für Radreifen. *Organ* 43 S. 163.

Unterschmierung für Lokomotivstangenlager von ROMBERG in Hameln a./W.▣ *Organ* 43 S. 182.

PARK, covered trucks for motor car traffic; L. and North Western Ry. (For carrying motor cars.) *Railw. Eng.* 27 S. 203.

SYMONS cast steel trucks. (Transverse member of the truck frame, the requisite flexibility of which is effected by two $5'' \times 3'' \times 3/8''$, 9.8-lb. angles with the shorter leg up.)▣ *Railr. G.* 1906, 2 S. 74/6.

COOK, improvements in trucks for tramways and light railways. (Standard types.) (V) (A) *Pract. Eng.* 33 S. 82/3.

WREN, S., repairing of locomotive frames. (V) (A) *Mech. World* 40 S. 31/2.

Guide and frame brace for COLE four-cylinder compound locomotive. (VOGT guide in use on the Pennsylvania having a top wearing surface.) *Railr. G.* 1906, 2 S. 530.

MUSSEY, semi-elliptic springs for locomotives. (Designed by the REULEAUX formula.)* *Mech. World* 40 S. 103/4.

HAHNE, Zug- und Stoßvorrichtung für Lokomotiven mit einstellbarer hinterer Laufachse. (HENSCHEL & SOHNs D. R. P. Anwendung seitens KOPPEL, ARTHUR in Südwest-Afrika.)* *Organ* 43 S. 118/9.

     γ) Triebwerk (Dampfmaschine, Steuerung, Gegengewichte usw.). Moving apparatus (steam engine, distribution, counter weights etc.). Apparail moteur (machine à vapeur, distribution, contrepoids etc.).

STAFFORD, locomotive cylinders. (Examples of the half-saddle type.)▣ *Mech. World* 39 S. 79/80.

PENN STEEL CASTING & MACHINE CO. in Chester, Lokomotivzylinder aus Stahlguß. (Für schwere Lokomotiven.)* *Z. Dampfk.* 29 S. 115; *Railr. G.* 1906, 1 S. 416.

CARUTHERS, early valve-gears on the Pennsylvania Rr. (1849—1874.)* *Rail. G.* 1906, 2 S. 141/3.

METZELTIN, neuere Lokomotivsteuerungen. (Doppelschiebersteuerungen von BALDWIN und STEVENS; BORSIGs Doppelschieber-Anordnung bei STEPHENSONscher Schiebersteuerung; GUINOTTEsche Doppelschiebersteuerung; Steuerung von DURANT und LENCAUCHEZ, NADAL, ALLFREE-HUBBEL, HABERKORN, BONNEFOND und LENCAUCHEZ, MARSHALL; LENTZsche Ventilsteuerung; Verbrauchsversuche mit einer Lokomotive der Ilseder Hütte.)▣ *Organ* 43 S. 196/201 F.

Valves and valve gears for locomotives. (For a six-coupled tank engine; poppet valves and the LENTZ linkless valve gear; valve rod and eccentric of the LENTZ gear.)* *Pract. Eng.* 34 S. 112/3.

MELLIN, special valve gears for locomotives. (GOOCH, ALLAN motions; HACKWORTH, JOY, ALLFREE, YOUNG valve gears; ZENNER diagram.) (V)* *Railr. G.* 1906, 2 S. 102/6; *Mech. World* 40 S. 135/7.

GOOCH, valve gear on rack locomotive for Manitou & Pike's Peak Ry.* *Railr. G.* 1906, 2 S. 108.

JUNG, Geschichte der HEUSINGER-Steuerung.* *Lokomotive* 3 S. 207/8.

MELLIN and CORNELL, MARSHALL valve gear. (Adaption to locomotives wherein the disturbing effect on the lead and cut-off, due to the vertical displacement of the axle, is obviated.)* *Railr. G.* 1906, 2 S. 379; *Organ* 43 S. 123.

REHMEYER, WALSCHAERT valve gear. (Difference in the cost of maintenance over the STEPHENSON link motion.) *Eng. News* 56 S. 305.

SAUVAGE, la distribution WALSCHAERT aux État Unis. *Rev. chem. f.* 29, 2 S. 290/2.

WALSCHAERT valve gear. (Comparison with the STEPHENSON link motion, based on experience obtained from the Rock Island roundhouse at Burr Oak, Ill.) (V) (A)* *Railr. G.* 1906, 2 S. 372; *Mech. World* 39 S. 91/4, 284.

CRAWFORD, WALSCHAERT valve gear in service on the Pennsylvania Rr. *Railr. G.* 1906, 1 S. 33.

CRAWFORD, setting valves with the WALSCHAERT gear.* *Mech. World* 39 S. 171.

SISTERSON and MITCHELL, valve for compound locomotives. (To enable compounding to be effected on an engine having cylinders of equal diameter which will also reduce the compression of steam and thus obtain increased economy.)* *Pract. Eng.* 33 S. 199/200.

ZARA, balanced throttle valve; Italian State Railways.* *Railr. G.* 1906, 2 S. 552/3.

Kolbenschieber. (Vergleichende Versuche über die Dichtigkeit von Kolben- und Flachschiebern.)▣ *Organ* 43 S. 22/3.

Bruch der Blattfeder des Dampfabsperr- oder Regulatorschiebers einer Lokomotive. *Z. Dampfk.* 29 S. 104.

RAMSBOTTOM, coupling-rod bushes. (Coupling rods of locomotives with half brasses, held together in the eyes of the rod by cotters.)* *Mech. World* 39 S. 266.

     δ) Andere Teile. Other parts. Autres parts.

LEHMANN, Funkenfänger für Lokomotiven. (Soll ein Verstopfen der Durchgangsöffnungen für die Rauchgase durch bewegliche Lagerung der die Funken zurückhaltenden Teile verhindern.) *Z. Eisenb. Verw.* 46 S. 1147.

EDWARDS RAILWAY ELECTRIC LIGHT CO., elektrischer Scheinwerfer für Lokomotiven.* *Schw. Baus.* 47 S. 86.

WEHRENFENNIG, Sandstreu-Vorrichtung Bauart HAAS.▣ *Organ* 43 S. 219.

BUTCHER, disposition auxiliaire pour actionner, au moyen de la vapeur, le frein des roues motrices des locomotives.* *Rev. chem. f.* 29, 1 S. 562.

Designs for locomotive front ends recommended by Committee of the American Railway Master Mechanics' Association.* *Eng. News* 55 S. 714.

     ε) Tender. Tenders.

Coal pusher for locomotive tenders. (Labor saving device, located at the rear end of the tank coal space, for the purpose of pushing the coal toward the front end as often as the fireman needs a fresh supply.)* *Railr. G.* 1906, 1 S. 45.

     d) Verschiedenes. Sundries. Matières diverses.

MASTER MECHANICS' ASSOCIATION, locomotive front ends. (Outside, inside stacks; double draft pipes) *Railr. G.* 1906, 1 S. 676/7.

The netting and diaphragm in locomotive front-
ends. (Area of the netting made equal to the
area of the cross section of the smokebox; inserting within the smokebox a false bottom of
firebrick or of steel, for the purpose of giving
smoother lines to guide the flow of gases.)
Railr. G. 1906, 2 S. 398/9.

BATCHMAN, handling engines at the ashpit. (Care
in the use of feed water. The engine should be
brought to the pit with the boiler filled.) * *Railr.
G.* 1906, 1 S. 639.

**3. Elektrisch betriebene Lokomotiven und
elektrische, auf Schienen laufende
Motorwagen. Electric locomotives and
motor cars running on rails. Locomotives et voitures électriques courant
sur des rails.**

**a) Akkumulatorenlokomotiven. Accumu-
lator locomotives. Locomotives à
accumulateurs.**

Akkumulatoren-Lokomotive. *Elektrot. Z.* 27 S. 682/3.
SIEMENS AND HALSKE, accumulator locomotive.
Pract. Eng. 34 S. 81.

**b) Mit Stromzuführung. With current
supply device. À prise de courant.**

**α) Mit Gleichstrom betriebene Loko-
motiven. Continous-current locomotives. Locomotives à courant
continu.**

Zugförderung mit zwei elektrischen Lokomotiven.
(Jede Lokomotive ist mit zwei Ampèremetern
ausgerüstet, deren eines den Stromverbrauch der
Motoren der anderen Lokomotive anzeigt.) *Oest.
Eisenb. Z.* 29 S. 204.

Electric locomotive for the Paris—Orleans railway.
(Constructed from the designs of SOLACROUP &
LAURENT, chief mechanical engineers.)* *Engng.*
81 S. 10/1.

Traction électrique à 2400 volts sur la ligne de
Saint-Georges-de-Commiers à la Mure (Isère).
(Locomotive électrique, système THURY, en ser-
vice sur la ligne de la Mure.) * *Gén. civ.* 49
S. 65/8.

Electric locomotives on the Metropolitan Railway.
Electr. 57 S. 250/1.

Electric locomotives for London & Northwestern
cars in London.* *Street R.* 27 S. 46.

ALLIS - CHALMERS electric railway equipment:
Toledo, Port Clinton and Lakeside Ry. (Direct
current railway motor.)* *Eng. News* 55 S. 44/5.

GORDON, New York Central electric locomotives.
(Mounted on four driving axles and with a two
wheel pony truck at each end, propelled by four
gearless motors, the current being obtained
through shoes sliding on a third rail; overhead
wire where it is not practicable to have a third
rail; two-pole, direct-current, series wound motors.) * *Railr. G.* 1906. 1 S. 648/52; *El. Mag.*
6 S. 191/3.

GENERAL ELECTRIC CO. and AM. LOCOMOTIVE
CO., electric locomotives for the New York
Central. (High-speed 100 t, 2,200 H.P.)* *Railr.
G.* 1906, 2 S. 77, 580.

Locomotiva elettrica della New-York Central and
Hudson River Railroad.* *Elettricista* 15 S. 35/41.

SMITH, the electric car equipment of the Long Island Rr. * *Street R.* 28 S. 216/26; *Electr.* 57
S. 806/10.

Rotary converter substations and electric car equipment of the Long Island Rr. (Third rail electric
service including trains consisting of two to six
cars supplied with 600-volt direct current.) *
Eng. News 56 S. 322/5.

The new cars of the South side elevated railway
of Chicago. (SPRAGUE and WESTINGHOUSE
CO. controllers.)* *Electr.* 57 S. 292/3.

Heavy express car used by the Utica & Mohawk
Valley Ry. Co.* *Street R.* 27 S. 214.

La traction électrique monorail système BEHR.
Electricien 31 S. 247/8.

European mining locomotives. (A description of
some types of electric, compressed air, and
gasoline locomotives for use in mines.)* *Mines
and minerals* 26 S. 389/90.

GAIRNS, electric mining locomotives in Great
Britain.* *Eng. min.* 82 S. 15/6.

PERKINS, modern electric switching and mining
locomotives and cars.* *El. Eng. L.* 38 S. 621/5.

Locomotive de manoeuvre à moteur thermique
électro-tamponné système HENRI PIEPER. (Moteur à essence accouplé directement à une dynamo hermétique; locomotive à deux essieux
moteurs indépendants conjuguées à une transmission médiane; batterie tampon „Tudor".) *
Ind. él. 15 S. 63/4.

**β) Mit Wechselstrom betriebene Loko-
motiven. Alternating current locomotives. Locomotives à courant
alternatif.**

OSSANNA, über das Adhäsionsgewicht von Wechsel-
stromlokomotiven.* *Elektr. B.* 4 S. 229/34.

LAMME, the use of alternating current for heavy
railway service. *Street R.* 27 S. 22/7.

The development of the WESTINGHOUSE COM-
PANY's single-phase railway system. *El. World*
47 S. 876/7.

Locomotive à courant alternatif simple (10000
volts) des chemins de fer suédois. *Gén. civ.* 48
S. 243/4.

WERNICKE, Versuchsstrecke für 100000 Volt Spannung.* *Elektr. B.* 4 S. 395/7.

Die Versuche der Schwedischen Staatseisenbahnen
mit Einphasen-Wechselstrom-Betrieb. *Elektrot. Z.*
27 S. 227/31.

SMITH, twenty-thousand volt single-phase locomotive for the Swedish Railways.* *West. Electr.*
38 S. 191/2.

20000 Volt-Wechselstromlokomotive der SIEMENS-
SCHUCKERTWERKE. *Elektr. B.* 4 S. 99/100;
Lokomotive 3 S. 204/7; *Ell. u. Maschb.* 24
S. 10/1; *Electr.* 56 S. 465/6.

Einphasen - Lokomotive für 20000 Volt. *Schw.
Elektrot. Z.* 3 S. 5/7; *Eclair. él.* 46 S. 21/4.

KUMMER, Meßresultate und Betriebserfahrungen an
der Einphasenwechselstromlokomotive mit Kol-
lektormotoren auf der Normalbahnstrecke Seebach—Wettingen. * *Schw. Baus.* 48 S. 159/62;
Street R. 27 S. 305/6.

HERZOG, 15000 Volt-Einphasenwechselstrom-Loko-
motive.* *Schw. Elektrot. Z.* 3 S. 25/8 F.; *Elektr.
B.* 4 S. 21/5 F.

MASCHINENFABRIK OERLIKON, Einphasenwechsel-
strom-Lokomotive für 15000 Volt. ᴹ *Masch.
Konstr.* 39 S. 180/1 F.; *Gén. civ.* 48 S. 233/6;
Eclair. él. 46 S. 256/9.

Tests of the WARD-LEONARD-OERLIKON electric
locomotive.* *Street R.* 28 S. 1086/8.

WÜTHRICH, Oerlikon single-phase locomotives. *
El. Rev. 59 S. 406/8.

OERLIKON CO. single - phase WARD - LEONARD
converter locomotives. * *Electr.* 57 S. 849/51;
El. Eng. L. 38 S. 334/6.

ARNOLD, electric locomotives for the St. Clair
tunnel. (Single-track 6,032' long; single-phase
electric locomotive unit weighing 62 tons; system
of control.) * *Eng. Rec.* 53 S. 71/2.

Single-phase equipment for the St. Clair tunnel. * *El. World* 47 S. 160/2.

The single-phase electric locomotives and power equipment of the St. Clair Tunnel Co. * *El. Eng. L.* 37 S. 187/9; *Railr. G.* 1906, 1 S. 68/70; *Eng. News* 55 S. 59/62.

Single-phase direct-current locomotive for the New-York, New Haven & Hartford Rr. * *Street R.* 27 S. 588/95; *West Electr.* 38 S. 298/9; *Railr. G.* 1906, 1 S. 379/82.

The electric locomotives of New-York, New-Haven and Hartford railroad. * *Sc. Am.* 94 S 365.

Single-phase electric equipment for the New York terminal division of the New York, New Haven & Hartford R.R. (11,000-volt single-phase electric locomotive; two-motor truck; armature, quill and driving flanges; 62″ driving wheel.) * *Eng. News* 55 S. 342/4.

LAMME, electric locomotive for the New-York, New-Haven & Hartford Railroad. (Each of the four motors used with the locomotive is of the conductively compensated type, the field winding being arranged in two circuits: the main field coils and the compensating field coils. The compensating coils are connected permanently in series with the armature and serve to neutralize the reactance of the armature circuit and thus to increase the operating power factor. The active armature winding is one of the well-known direct-current types.) * *El. World* 47 S. 786/8.

LAMME, alternating current electric systems for Heavy Railroad Service. (New Haven & Hartford locomotive; polyphase system; trucks; single-phase system; New Haven single-phase equipment; driving wheel; step-down transformers; discussion by TOWNLEY, SPRAGUE.) * (V. m. B.) (A) * *Railr. G.* 1906, 1 S. 302/9; *Street R.* 27 S. 450/62; *El. World* 47 S. 598/9.

Combination single-phase and direct-current electric locomotive. * *Eng.* 102 S. 214/5; *Sc. Am.* 94 S. 4/5.

Spokane & Inland electric locomotive operating on single-phase alternating current. * *Railr. G.* 1906, 2 S. 162/3.

Single-phase locomotives for the Sarnia tunnel. *Street R.* 27 S. 92; *West. Electr.* 38 S. 32.

Single-phase electric locomotives and power equipment for the Sarnia tunnel. * *Street R.* 27 S. 108/10.

FELTEN & GUILLAUME-LAHMEYERWERKE, elektrische Lokomotive für Industriebahnen.* *Uhlands T. R.* 1906 Suppl. S. 80/1.

The three-phase, alternating-current electric locomotive on the Berthoud-Thoune line.* *El. Rev. N. Y.* 48 S. 679/80.

LÉVY-LAMBERT, locomotives électriques à crémaillère. (Machine courant alternatif triphasé; tramways de Lyon à deux roues dentées motrices.) *Rev. ind.* 37 S. 349/50.

KUMMER, a polyphase traction system for electric railways. *Electr.* 57 S. 626/7.

KUMMER, elektrische Zugförderungseinrichtung mit fahrbarem Umformer und Drehfeldtriebmotoren mit Kurzschlußankern.* *Elektr. B.* 4 S. 309/13.

HERZOG, der elektrische Betrieb im Simplontunnel.* *Elektr. B.* 4 S. 389/95 F.

BROWN, BOVERI & CIE., die elektrischen Lokomotiven für den Simplontunnel. (Störungen durch großen Luftdruck; starke Sättigung der Luft mit Wasserdampf; erfolgreicher Ersatz durch GANZsche elektrische Lokomotiven der Veltlinlinie.) *Z. Bayr. Rev.* 10 S. 152.

HERZOG, die Simplonlokomotiven. (System BROWN, BOVERI & CO.) *Elektr. B.* 4 S. 133/5 F.; *Turb* 2

S. 305/7 F.; *Railr. G.* 1906, 2 S. 553; *Schw. Elektrot. Z.* 3 S. 121/3 F.; *Z. Dampf/k.* 29 S. 131/2.

Elektrische Drehstromlokomotive von BROWN, BOVERI & CIE. für den elektrischen Betrieb im Simplontunnel.* *Elektrot. Z.* 27 S. 204; *Eclair. él.* 46 S. 456/8; *Gén. civ.* 48 S. 305/8; *Uhlands T. R.* 1906, *Suppl.* S. 95; *Masch. Konstr.* 39 S. 113/5; *Bohrtechn.* 13 S. 90/1; *Cosmos* 55, 1 S. 682/6.

HIRSCHAUER, the Simplon tunnel electric locomotives. (Three-phase locomotive.) * *El. Rev. N. Y.* 48 S. 40/2.

PERKINS, the new Simplon three-phase locomotives.* *El. Eng. L.* 37 S. 798/800.

SOLIER, installations de traction électrique au Simplon. [?] *Eclair. él.* 49 S. 13/9.

STEFFAN, die elektrischen Simplon-Lokomotiven. (²/₅-gek. elektrische Simplon-Lokomotive gebaut von BROWN, BOVERI & CO.) * *Lokomotive* 3 S. 115/9.

a) **Schaltapparate. Switches. Commutateurs.**

MUDGE, neues System für Zugsteuerung. (Die Motoren werden von einem beliebigen Wagen aus gesteuert.) * *El. Anz.* 23 S. 147.

RINKEL, the multiple unit system on the railway from Cologne to Bonn.* *Electr.* 58 S. 129/30.

New multiple-unit control system. *El. Mag.* 6 S. 279.

Single-wire multiple-unit system. * *Street R.* 27 S. 874.

ALLEN, the „RAYMOND-PHILLIPS" sytem of automatic train control.* *Eng. Rev.* 15 S. 291/4.

MONTPELLIER, controleur électropneumatique système BOUSCOT. (Applicable à la commande des moteurs électriques actionnant les pompes que alimentent des réservoirs à pression et à niveau constant.) *Électricien* 31 S. 7/8.

The electro-pneumatic system of train control. * *Compr. air.* 10 S. 3886/94.

RAWORTH, regenerative control. (V) (A) * *Electr.* 58 S. 290/3.

SOLIER, tramways électriques à récupération. (Tramways électriques fonctionnant avec le système RAWORTH qui permet d'effectuer la récupération automatique du courant pendant les périodes de freinage et dans les descentes; contrôleur RAWORTH.) * *Eclair. él.* 48 S. 334/9.

DURKIN CONTROLLER HANDLE CO., einfacher Kontroller zur Verhütung zu rascher Stromzuführung. * *Z. Transp.* 23 S. 43/4.

The TIERNEY-MALONE point controller.* *El. Rev.* 58 S. 33/4.

SCHEGEL, grid starting coils. * *Street R.* 28 S. 521/3.

d) **Sonstige Ausrüstung und Verschiedenes. Other equipment and sundries. Autre équipement et matières diverses.**

BERGMAN, note on the tractive effort of the single-phase commutator motor equipment. * *Electr.* 58 S. 144/5.

KAYSER, Beobachtungen über die Wirkungen von vagabundierenden Strömen der Straßenbahnen in Amerika. *Z. Transp.* 23 S. 65/8.

Operation of electric locomotive during a snowstorm. (Test of New York Central electric locomotive; condition of five types of third rail after passage of flanger.) * *Railr. G.* 1906, 1 S. 152/4.

A folding step for tramcars.* *Electr.* 56 S 961.

Zahnradschutzkasten für Bahnmotoren.* *Elektr. B.* 4 S. 105.

4. Durch andere Mittel betriebene Lokomotiven. Locomotives driven by other motive power. Locomotives à autre traction.

Selbstfahrer auf den französischen Nebenbahnen. (Versuche.) *Z. Eisenb. Verw.* 46 S. 251.

EICHEL, Automobilwagen für Bahnbetrieb.* *Elektr. B.* 4 S. 212/9.

KRAMER, Motorlokomotiven. (V)* *Z. V. dt. Ing.* 50 S. 515/23

Motor carriage for the Canadian Pacific Ry.* *Eng.* 102 S. 347.

LÉVY, locomotive à pétrole construite par la GASMOTOREN FABRIK DEUTZ. *Rev. ind.* 37 S. 458.

WOERNITZ, locomotive avec moteur à explosions construite par la GASMOTOREN FABRIK DEUTZ.* *Rev. ind.* 37 S. 458/9.

Automotrice à essence de pétrole pour voie ferrée normale.* *Gén. civ.* 49 S. 167.

KOLL, Benzinmotor - Draisinen. (Anforderungen.) *Z. Eisenb. Verw.* 46 S. 1359/60.

SCHLÜTER, die Schmalspurbahnen im Ziegeleibetriebe unter besonderer Berücksichtigung des Benzinlokomotivbetriebes. (V) *Tonind.* 30 S. 1968/70.

CLARK, some alcohol and gasoline locomotives.* *Cassier's Mag.* 30 S. 392/4.

PERKINS, alcohol and gasoline locomotives. (A description of two types of locomotives that are coming into use in German mines.)* *Mines and minerals* 26 S. 519.

Alcohol, benzol and gasoline, versus steam motor cars in Europe.* *West. Electr.* 38 S. 489.

Gasoline locomotives.* *Sc. Am.* 94 S. 412 F.

A gasoline street car.* *Street R.* 28 S. 41/2.

Motorwagen auf amerikanischen Bahnen. (Gasolinmotorwagen der Union Pacific-Bahn. 64 km Geschwindigkeit.) *Z. Eisenb. Verw.* 46 S. 641.

M'KEEN, gasolene motor cars. (Union Pacific motor cars. Tests.) *Railr. G.* 1906, 1 S. 652/3.

Gasolinmotorwagen im amerikanischen Eisenbahnbetrieb. (Versuche. Antrieb mittels Kette oder Riemen oder mittels einer Dynamo; Parallelstromgenerator; Glorio - Batterie.) *Z. Eisenb. Verw.* 46 S. 384.

Gasoline motor car of the Union Pacific Ry. (Round or oval windows for increasing the strength of the car frame.)* *Eng. News* 56 S. 536; *Railr. G.* 1906, 1 S. 410.

HILD, gasolene car for interurban service. (UNION PACIFIC's gasolene car, wherein the power output of a gasolene engine is mechanically transmitted to the car wheels; BURLINGTON's gasolene-electric car; STRANG's gasolene - electric car; comparison of motor cars; schedule speeds and train frequency; operating and maintenance costs; performances of electric and gasolene-electric cars.) (V) (A)* *Eng. News* 55 S.688/91; *Railr. G.* 1906, 1 S 556/60.

Motorwagen für Bahnbetrieb. (Kombination von Elektromotoren mit Explosionsmotoren; Versuche mit einem aus 6 Wagen bestehenden Zug in St. Petersburg; vierzylindriger Gasolinmotor von 35 P.S. mit einer BERGMANN - Dynamo.) *Z. Dampfk.* 29 S. 410/1.

Petrol electric cars on the North-Eastern Railway. *Eng. Rev.* 15 S. 307/8; *El. Rev.* 59 S. 339/41.

WOLSELEY CO., petrol-electric car. (On the Delaware and Hudson branch railway between Schenectady and Saratoga.) *Pract. Eng.* 33 S. 354/5; *Eng. Rec.* 53 S. 164; *Eng. News* 55 S. 163; *Railr. G.* 1906, 1 S. 169/70.

Benzin-elektrische Selbstfahrer im Bahnbetriebe. *Elektr. B.* 4 S. 459/62.

BIELOY, Benzin-elektrischer Zug der Firma FRESE & CO. *Elektr. B.* 4 S. 163/4.

KRIŽKO, Benzin-elektrische Selbstfahrer im Eisenbahnbetriebe. (Von DE DION - BOUTON und NORTH EASTERN RY. CO) (V) (A)* *Uhlands T. R.* 1906 *Suppl.* S. 147/8.

Benzin-elektrischer Wagen auf der Missouri & Kansas Interurban Rw. nach dem STRANG System.* *Elektr. B.* 4 S. 681.

GENERAL ELECTRIC CO., Eisenbahnmotorwagen. (Mit gemischtem Benzin- und elektrischem Betrieb; Motor von 140 P.S.)* *Z. V. dt. Ing.* 50 S. 387/90.

Gasoline-electric motor cars for an interurban railway. (Near Kansas City. Divided into engine room and passenger compartments. Six-cylinder gasoline engine, directly coupled to a 50-K.W. 250-volt direct-current generator.) *Eng. News* 55 S. 263.

Delaware & Hudson gasoline-electric car. (Trial run.)* *Railr. G.* 1906, 1 S. 126.

An experimental gasoline - electric car.* *West. Electr.* 38 S. 117.

BRILL CO., a new type of gasoline - electric car. *Street R.* 27 S. 359/60.

GENERAL ELECTRIC CO., gasoline - electric car.* *El. World* 47 S. 323/4.

Gasoline - electric railway cars. (In this car, the trucks carry the usual motors, and a gasoline engine drives the dynamo, which can furnish current direct to them or to the storage battery.)* *El. World* 48 S. 379/80; *El. Rev. N. Y.* 48 S. 315/6; *Sc. Am. Suppl.* 61 S. 25236/7.

Gasoline-electric car.* *Eng. min.* 81 S. 373/4.

Gasoline - electric car. (Seats for 42 passengers 220 H.P. gasoline engine driving a generator the system being that developed by CHASE; car operated from either end.) *Eng. Rec.* 53 S. 532.

STRANG GAS ELECTRIC CAR CO., a gaso-electric car on transcontinental trip. * *West. Electr.* 38 S. 199.

STRANG ELECTRIC RY. CAR CO., the STRANG gasolene - electric rail motor car. (Six - cylinder engine and frame; dynamo.) * *Railr. G.* 1906, 1 S. 188/9.

STRANG ELECTRIC RY. CAR CO, STRANG gasolene-electric car performance. (Engine of the four-cylinder vertical type.) * *Railr. G.* 1906, 2 S. 266.

BORSIG, feuerlose Lokomotiven für Fabrik- und Industriebahnen. (Füllung mit überhitztem Wasser.)* *Uhlands T. R.* 1906 *Suppl.* S. 148/9.

FRANK, feuerlose Lokomotiven. (Füllung mit vorgewärmtem Wasser, darauf Zuleitung von überhitztem Dampf; LAMMs Maschinen mit überhitztem Wasser; FRANCQsche Verbesserung; Verwendung.)* *Z. Dampfk.* 29 S. 365/8.

Locomotiva senza fuoco o locomotiva ad acqua calda, sistema LAMM e FRANCQ. * *Polit.* 54 S. 473/80.

KINZBRUNNER, thermal storage locomotive. (Hotwater reservoir filled with water under a high pressure and temperature.) * *Mech. World* 39 S. 258.

Kraftwagen auf den ungarischen Lokalbahnen. (Versuche mit Dampfmotoren von DE DION-BOUTON STOLZ- und Benzinelektromotoren.) *Z. Eisenb. Verw.* 46 S. 70.

Industrial compressed air railway. (Compressed air locomotives in the Anaconda Copper Mining Co.'s new reduction works.) *Compr. air* 11 S. 4075/80.

Compressed air locomotives. (Used in handling ore, limestone, coke and coal brought to the

Washoe plant of the Anaconda Copper Mining Co.) *Eng. Rec.* 54 S. 390.

ROBERTS, gas engine driven railroad cars.* *Eng. Chicago* 43 S. 402/3.

European mining locomotives. (A description of some types of electric, compressed air, and gasoline locomotives for use in mines.) * *Mines and minerals* 26 S. 389/90.

B. Eisenbahnwagen. Railway cars. Voitures de chemins de fer.

1. Allgemeines. Generalities. Généralités.

MÜLLER, C., Entwicklung der Eisenbahnfahrzeuge in den letzten 25 Jahren. (V) **⊠** *Z. Eisenb. Verw.* 46 S. 321/7.

CARUTHERS, old styles of car decoration. (PULLMANN cars from 1878 to up-to-date.)° *Railr. G.* 1906, 2 S. 443/4.

ANDERSON, economy in car equipment, weights and schedules. (V)° *Street R.* 28 S. 715/7.

KRUTTSCHNITT, comparative cost of repairing steel and wooden cars on the Harriman lines. *Railr. G.* 1906, 1 S. 604.

Car construction and cost records: Chicago, Milwaukee & St. Paul Ry. (Cars equipped with the HENNESSEY steel center - sill, construction, taking all buffing and pulling stresses.) *Eng. News* 55 S. 93/4.

RICHES and HASLAN, railway - motor - car traffic. (Comparison of both capital and running costs of steam and electricity made by the TAFF VALE Ry. CO., Cardiff.) (V) (A) *Eng. News* 56 S. 448.

CHABAL et BEAU, déplacement transversal relatif des tampons voisins de deux véhicules consécutifs d'un train. (Appareils d'essais; conditions des essais; circulations en alignement, en courbe; passage de courbe à contre - courbe; passage de courbe de petit rayon à courbe de grand rayon ou à alignement.) * *Rev. chem. f.* 29, 2 S. 345/56.

FOWLER, noteworthy railway appliances. * *Cassier's Mag.* 30 S. 353/66.

FRAHM, das Verhalten der Wagen bei dem Unfall auf der Station Hall Road der elektrischen Bahn Liverpool—Southport. * *Ann. Gew.* 58 S. 29/31.

GÉRON, das Normalprofil der Straßenbahnwagen unter besonderer Berücksichtigung der Breitenmasse. *Schw. Elektrot. Z.* 3 S. 640/2.

GÉRON, dimensions of car bodies for city service. *Street R.* 28 S. 478/9.

JAKOBS, Gelenkwagen für Eisenbahnzüge.* *Elektr. B.* 4 S. 26/8.

WEDDIGEN, Untersuchung über das unruhige Laufen von Drehgestellwagen.* *Ann. Gew.* 58 S. 236/8.

Der Bau von Eisenbahnwagen aus Stahl in den Vereinigten Staaten von Amerika. (Größere Feuersicherheit bei Zusammenstößen; Anwendung durch die Pennsylvania Railroad Co) *Baumatk.* 11 S. 51.

STUCKI, use of steel castings in car and truck building. (Can be welded.) *Railr. G.* 1906, 1 S. 600/1.

SCHUBERT, matériel roulant des chemins de fer a l'exposition universelle de Liège. (Voitures pour lignes d'intérêt général; porte-bagages en treillis de fil de fer; voiture tramway; voiture a couchettes; fourgon à bagages; fourgon système BEKA; voiture sanitaire; voitures pour lignes d'intérêt local.) *Rev. chem. f.* 28,2 S. 86/126 F.

SCHUBERT, matériel roulant des chemins de fer à l'exposition universelle de Liège 1905. (Wa-

gons; wagons belges; wagons français.) **⊠** *Rev. chem. f.* 29, 2 S. 157/80.

SCHWARZE, Betriebsmittel für Kleinbahnen auf der Lütticher Weltausstellung. *Ann. Gew.* 59 S. 53/6.

Rolling - stock at the Milan exhibition, constructed by the PARIS, LYONS, AND MEDITERRANEAN RAILWAY CO.° *Engng.* 82 S. 535/6.

2. Personen- und Postwagen. Passenger and mail cars. Voitures à voyageurs et wagons-postes.

KRUTTSCHNITT, maintenance economy of all - steel cars.° *Railr. G.* 1906, 1 S. 203.

New all steel cars.° *Street R.* 28 S. 566/8.

KAYSER, die Fahrzeuge der städtischen Vorortbahnen zu Cöln. **⊠** *Z. Kleinb.* 13 S. 503/31.

Second - class carriage for the international express service, constructed by the Société Anonyme „La Métallurgique", Nivelles. **⊠** *Engng.* 81 S. 178.

Third - class carriage for the Belgian State Railways constructed by the Compagnie Centrale de Construction, Haine St. Pierre. * *Engng.* 81 S. 444/5.

Converted coaches on the Metropolitan railway.° *Electr.* 57 S. 1004/6.

Composite carriage; East Coast Joint Stock. (Two first and three 3 rd-class compartments, connected by a side corridor with three entrance doors.)° *Railw. Eng.* 27 S. 38/9.

New cars for the Sunbury & Northumberland electric railway.° *Street R.* 28 S. 483/4.

Double-deck electric car on the municipally-owned street railway lines of Birkenhead, England. (33' 6" long over all, and width of 7' 3"; total seating capacity 76 passengers.) ° *Eng. News* 55 S. 96.

BRÜNNER, neuere elektrische amerikanische Straßenbahnwagen.* *Elektr. B.* 4 S. 415/7.

Wagons américains à gros tonnages.* *Bull. d'enc.* 108 S. 682/8.

COOK, THOMAS, P., private car „Chicago° of the Western Union Telegraph Co.° *Railr. G.* 1906, 2 S. 335.

New passenger cars for the Chicago & Milwaukee Electric Ry. *Street R.* 27 S. 44.

The new cars of the Cleveland & Southwestern Traction Co. *Street R.* 27 S. 54/5.

Steel passenger cars built by the PRESSED STEEL CAR CO. (All - steel street car of the „California" type.)° *Railr. G.* 1906, 2 S. 342/4.

PRESSED STEEL CAR CO., combination wood and steel passenger car for the Southern Ry.° *Railr. G.* 1906, 1 S. 686.

The new cars of the South Side Elevated Ry. Chicago, and their equipment. * *Street R.* 27 S. 782/7.

IVATT, new corridor trains; Great Northern Ry. (Each train consists of four corridor cars; fitted with PULLMANN vestibules and Buckeye couplers, and the underframes are all of steel and strongly trussed. The dining car has six-wheeled and the other carriages four - wheeled bogies.)° *Railw. Eng.* 27 S. 335.

Steel cars for the Greath Northern & City Ry.* *Street R.* 27 S. 43/4; *Railw. Eng.* 27 S. 35/6; *El. Rev.* 58 S. 61; 59 S. 378.

SMITH, the electric car equipment of the Long Island railroad. (Third-rail shoe, fuse and connections; electric rotary snow-plow.)° *El. Rev. N. Y.* 48 S. 210/7; *West. Electr.* 39 S. 98/101; *Iron A.* 78 S. 399/403.

New steel cars for the Long Island Rr. (Success of the all - steel passenger cars; center sills of

I-beams continuous between the platform and sills.)* *Eng. Rec.* 54 S. 189.

Observation car for the Manitou & Pike's Peat Ry. (BRILL semi - convertible type, both sash, the upper and lower, being arranged to raise into the roof, giving the entire window opening from arm-rail to letter-board, for the free circulation of air.) * *Railr. G.* 1906, 2 S. 66.

Semi-convertible cars for the Memphis Street Ry. Co.* *Street R.* 27 S. 88/9.

New all-steel passenger car for the Pennsylvania Rr. (Center mill member in the form of a central box girder.)* *Eng. Rec.* 54 S. 224; *El. Rev. N. Y.* 48 S. 256; *Railr. G.* 1906, 2 S. 146; *Iron A.* 78 S. 600/1.

Handsome interurban cars for Philadelphia & West Chester Traction Co.* *Street R.* 27 S. 769/70.

The new closed car adopted by the Schenectady Ry. Co.* *Street R.* 27 S. 714/6.

New form of convertible car for Syracuse.* *Street R.* 28 S. 146/7.

New double-deck car of the Twin City Rapid Transit Co.* *Street R.* 28 S. 504/6.

Semi-convertible parlor car for the Washington Water Power Co. *Street R.* 27 S. 57.

Denver & Rio Grande observation cars.* *Railr. G.* 1906, 1 S. 601.

BELL, vestibule trains; Great Indian Peninsula Ry. (a) 🖩 *Railw. Eng.* 27 S. 10/2, 38/9.

GIBBS, eine praktische Neuerung an Eisen- und Straßenbahnwagen. (An den Füllstücken der Dachstreben sind außer Tragleisten zur Aufnahme für die Außenbekleidung der Dachstreben auch noch Tragleisten für die Innenbekleidung der letzteren angeordnet.) * *Z. Transp.* 23 S. 688/9.

Sechsachsige Speise- und Schlafwagen der Internationalen Schlafwagen-Gesellschaft.* *Uhlands T. R.* 1906 *Suppl.* S. 160/1; *Gén. civ.* 48 S. 353/6.

Die Speisewagen der Montreux-Berner-Oberland-Bahn.* *Schw. Baus.* 48 S. 182/4.

ZEHNDER-SPÖRRY, die Speisewagen der elektrischen Montreux-Berner-Oberland-Bahn.* *Schw. Elektrot. Z.* 3 S. 533/5.

PULLMAN Co., dining and café-smoking cars for the Burlington. *Railr. G.* 1906, 1 S. 207.

PARK, composite dining cars; West Coast Joint stock.* *Railw. Eng.* 27 S. 45/8.

BRILL Co., dining car for Argentine Rr.* *Railr. G.* 1906, 1 S. 498/9.

Dining car for the Tramway Rural of Buenos-Ayres.* *Railw. Eng.* 27 S. 186/7.

BLUM und GIESE, das Reisen auf den Eisenbahnen Ceylons. (Wagen III. Klasse; Speisewagen.)* *J. Eisenb. Verw.* 46 S. 601/4.

GAIN, matériel de la compagnie des wagons-lits à l'exposition internationale de Liège, en 1905. (a) 🖩 *Rev. chem. f.* 29, 1 S. 207/25.

Sleeping car, North-Eastern Ry.* *Pract. Eng.* 34 S. 369.

Car for the Kansas Fish and Game Commission. (Fish compartment; sleeping accommodations of the car consist of four double berths; dining room.) *Railr. G.* 1906, 2 S. 532.

Bogie composite lavatory carriage for the South-Eastern and Chatham Railway. 🖩 *Engng.* 82 S. 287.

AINSWORTH, hospital car Southern Pacific Co. * *Railw. Eng.* 27 S. 27/8.

CHEVALIER, hospital car for carrying sick and delicate children to the public health establishments at Berck and Hendaye, France. (Accommodations for 42 children of 3 to 15 years of age, three nurses, two doctors and a superintendent; interior like an American sleeping

car, with seven sections on each side; can be run on any railway.) (N) *Eng. News* 56 S. 197.

LEMERCIER, transport d'enfants aux sanatoria de Berck et d'Hendaye. (Sleeping car des enfants assistés; châssis et caisse; compartiments des enfants; compartiment d'administration.) * *Rev. chem. f.* 29, 2 S. 35/44.

SOUTHERN PACIFIC RAILWAY, Eisenbahnwagen zum Befördern und Pflegen von Verwundeten. (Paarweise übereinander in Versenkungen des Wagenbodens angeordnete, durch Seilzüge emporzuwindende Bettstellen.)* *Z.V. dt. Ing.* 50 S. 1005.

Der Krankenwagen der Lehigh Valley-Eisenbahn. (Anordnungen für chirurgische Operationen; auf Drehgestellen laufender Wagen, Oefen oder Dampfheizung, Ruhebetten, Klapptische.)🖩 *Z. Eisenb. Verw.* 46 S. 283; *Organ* 43 S. 185/6; *Railr. G.* 1906, 1 S. 42.

A trolley funeral car for South Africa. * *West. Electr.* 39 S. 207.

New funeral car in Cleveland. * *Street R.* 28 S. 299/300.

COURTIN, Zellen-Wagen für Beförderung von Gefangenen. (Die Zellen enthalten hölzerne Sitzbänke, sowie umlegbare, an der Wand befestigte Klapptische, Tagesbeleuchtung durch Klappfenster, Nachtbeleuchtung durch Gaslampen, Luftsauger, elektrisches Klingelwerk, Zellentüren mit dreifachem Verschluß, Beobachtungsöffnung, Eßschalter, Luftschieber. Wagenboden aus Eichendielen, zwischen die ⊥-Eisen zur Erschwerung von Ausbruchsversuchen eingelegt sind. Dem selben Zweck dienen im Wagendache Flacheisen, welche als Träger in den Nuten der Dachverschalungsbretter liegen.)🖩 *Organ* 43 S. 189/90.

Neuerungen im Bau und in der Ausrüstung der Bahnpostwagen der Reichspost. (Wasserbehälter über dem Abort für den Fall eines Brandes; Waschvorrichtung; Niederdruck Dampfheizung, unmittelbar über dem Fußboden; Einstellung der Heizung.) *Z. Eisenb. Verw.* 46 S. 279/80.

KRUTTSCHNITT, standard all-steel 60-¹ postal car for the Harriman lines. (Two six-wheel trucks.)* *Railr. G.* 1906, 1 S. 687/8.

Standard steel coach for the Harriman lines. (Day coach; underframing similar to the standard postal car; the elliptical roof, which is without decks, and the ceiling are all steel.) * *Railr. G.* 1906, 2 S. 292.

3. Güterwagen. Freight cars. Wagons à marchandises.

ENGLER, Güterverkehr über die russische Grenze und Umsetzwagen nach System BREIDSPRECHER.* *Z. Eisenb. Verw.* 46 S. 1435/7.

NETTLETON, standard 80,000 lb. box car for the Rock Island-Frisco system.🖩 *Railr. G.* 1906, 1 S. 568/70.

SYMONS, the 50 t box car as a standard in railroad equipment. *Railr. G.* 1906, 1 S. 572/4.

AM. CAR & FOUNDRY CO. OF ST. LOUIS, box car with hatches for loading and unloading through the roof: Tehuantepec National Ry., Mexico. (Steel underframe and upper framing; plate girder of fish-belly pattern.) * *Eng. News* 55 S. 687.

6000 lbs steel underframe stock cars for the Central of New Jersey.* *Railr. G.* 1906, 2 S. 403/5.

KOPPEL, Selbstentladewagen.* *Ann. Gew.* 59 S. 224/6; *Masch. Konstr.* 39 S. 76.

Wagons-trémies de 20 t à déchargement automatique, système MALISSARD-TAZA.* *Gén. civ.* 49 S. 314/5.

MÜLLER, Güterwagen mit erhöhter Ladefähigkeit

und mit Einrichtung zur Selbstentladung. Z.
Eisenb. Verw. 47 S. 1295/6.
SCHWABE, Selbstentladung der Kohlenwagen.* Ann.
Gew. 58 S. 174/6.
SOC. BAUME & MARPENT, wagon-trémie de 35 t
à déchargement automatique. ⊞ Rev. ind. 37
S. 234/5.
Kippwagen Bauart KING-LAWSON. (Für eine Trag-
fähigkeit von 80 t; zum Kippen dienen vier paar-
weise auf beiden Seiten der Wagenmitte an-
geordnete Druckluftzylinder.) * Z. V. dt. Ing. 50
S. 1164/5; Rev. ind. 37 S. 185.
Flat floor steel dump cars of 100,000 lbs capa-
city; ST. LOUIS & SAN FRANCISCO RY. system.
(Gondola car dumping half its load.) * Eng. News
55 S. 362.
Steel gondola for the NEWBURGH & SOUTH SHORE.
(Mounted on arch bar trucks with double
I-beam bolsters and 33-'' wheels.)⊞ Railr. G.
1906, 2 S. 554/6.
All-steel drop bottom general service gondola car
for the Frisco system.* Railr. G. 1506, 1
S. 310/1.
The RALSTON steel car underframe. (A steel under-
frame used by the RALSTON STEEL CAR CO.
in repairing old gondola and flat cars.) * Iron
A. 77 S. 775; Railr. G. 1906, 1 S. 236/7.
The RALSTON side dumping car. (The flush floor
drop bottom car, built by the RALSTON STEEL
CAR CO., Columbus, Ohio.) * Iron A. 77
S. 1019/20.
WILLS contractors' steel rotary dump car.* Iron
A. 77 S. 1911/2.
GODOWIN CAR CO., evolution of the Goodwin car.
(Steel dump car; car for coal, ore and limestone.)*
Railr. G. 1906, 1 S. 289/91.
SCHROYER, ore cars for the Chicago & North-
Western. (Steel construction with a wooden
lining to minimize difficulty from the ore adher-
ing to the sides in freezing weather.) ⊞ Railr.
G. 1906, 1 S. 108/10.
35 t hopper ore-wagon, constructed by the SO-
CIÉTÉ ANONYME BAUME-MARPENT HAINE.*
Engng. 81 S. 118.
WORSDELL, 30 t ironstone wagon; North-Eastern
Ry. (Hopper wagon; four-wheeled high ca-
pacity.) * Railw. Eng. 27 S. 176/8; Iron & Coal
72 S. 120.
High-capacity wagon on the North-Eastern Ry.
(All-steel 30 t wagon.)* Pract. Eng. 33 S. 305/6.
40 t bolster rail wagons for the North-Eastern Ry.*
Iron & Coal 72 S. 1950.
New hopper wagons on the North British Ry.*
Iron & Coal 73 S. 1251/2.
Twin hopper-bottom ballast wagons, North British
Ry.* Pract. Eng. 34 S. 625.
30 t hopper iron ore wagons.* Iron & Coal 73
S. 1588.
Novel type of coal car for the Coney Island &
Brooklyn Rr.* Street R. 27 S. 639.
WHORLEY, drop-bottom car for concrete work.
(Nashville, Chattanooga & St. Louis Ry.)* Cem.
Eng. News 18 S. 170/1.
Phosphate cars for the Atlantic Coast line. (Com-
bination of a box car and a center dump hopper
car.)⊞ Railr. G. 1906, 1 S. 577/9.
25 t covered bogie wagons for high speed
services on the N. E. Ry. (Mounted on two four-
wheel bogies of the diamond-frame pattern,
supplied by the BBUSH. EL. ENG. CO. OF LONGH-
BOROUGH.) * Pract. Eng. 34 S. 16/7.
35 t boiler wagon; North Eastern Ry. (42' 11¼''
long over the buffers and 40' over the head-
stocks; N. E. Rr. bogie type.) * Railw. Eng. 27
S. 256.

New type of 40 t bogie wagon for the conveyance
of boilers and heavy machinery over the Cheshire
lines.* Iron & Coal 72 S. 2311.
IVATT, 35 t bogie wagon; Great Northern Rr.
(Bogies designed to swivel completely round,
when the check chains are off.) * Railw. Eng.
27 S. 213/4.
40 t well bogie wagon.* Eng. 101 S. 634.
GERSTL, Plateau-Waggons für Feldbahnen zum
Transporte von Dampfpflügmaschinen u. dgl. m.*
Landw. W. 32 S. 3.
HOLDEN, 8, 10 and 12 t private owners' waggons.
(New standards. Bearing springs; buffing spring
cradle, drawbar hooks and couplings; axle guards
and stays; side-door hinges; grease and oil axle
boxes.) (a) * Railw. Eng. 27 S. 353/6.
MASCHINENFABRIK DER STAATS-EISENBAHN-GE-
SELLSCHAFT in Wien, Reservoirwagen.* Lokomotive 3 S. 11/3.
A special 100 t flat car. (A 100 t steel flat car
built for the ALLIS-CHALMERS CO. by the Chicago, Milvaukee & St. Paul Railway.)* Iron
A. 77 S. 1621; Railr. G. 1906, 1 S. 456/8.
Steel flat cars for specially heavy loads. (100 t car
with 4 trucks, ALLIS-CHALMERS CO; 87 t 2 truck
car: Pennsylvania Rr.; 75 t car: Pittsburg & Lake
Erie Ry.; 60 t car: Pennsylvania Rr.; 60 t
cars: General Electric Co.) (a) * Eng. News
55 S. 572/5.
French cars for carrying large steel plates. (Plate-
girder side sills of fish-bellied pattern, with a
lighter center sill and transverse members of
I-beam section; diagonal bracing in the end
panels; devices for supporting and securing
plates.) * Eng. News 55 S. 304.
Car for handling rails and special work. Street
R. 28 S. 14.
Steel-frame 80,000 lb. box cars for the C. & E. J. ⊞
Railr. G. 1906, 1 S. 60/2.
Wagons plates-formes américains pour le transport
des lourdes charges.* Gén. civ. 49 S. 87/8.
High-capacity wagons on the Caledonian Railway.*
Iron & Coal 72 S. 1057.
High-capacity coal wagons for the Rhodesia Rail-
ways. * Iron & Coal 72 S. 1137/8.
Milk in tank cars. (Wood casks, fastened to the
floor of a covered freight car.) Railr. G. 1906,
1 S 24.
BUNDY, live poultry car. (To permit the coops to
be inserted and withdrawn from the outside, the
side frame bracing is transferred to a position
at the back of the coops over the intermediate
sill next the center sill.) * Railr. G. 1906, 2
S. 412.
MAC ENULTY, repairs to steel freight cars. (Wrecked
wood and steel cars.) (V) * Railr. G. 1906, 2
S. 513/6.

4. Bahndienstwagen. Service cars. Voitures de service.

GARDNER, interurban test-car of the university of
Illinois. (V. m. B.) (a) [a] Proc. El. Eng. 25
S. 453/63.
ASHE, interurban train testing apparatus. (Record-
ing instrument.) * Street R. 28 S. 378/82.
Track inspection car of the Baltimore & Ohio.
(Records on a moving strip of paper the sur-
face of both rails, the gage, cross-level or super-
elevation of the rails and the lurches or car
swings indicating bad alinement; electrical con-
tact of surface device; gage device.) * Railr.
G. 1906, 2 S. 390/2.
Motor-driven inspection cars for railway service.
(SHEFFIELD CAR CO.'s and OLDS gasoline motors) * Eng. News 55 S. 276/7.

HERZOG, tunnel inspection car used in the Simplon tunnel. * *Elektr.* 57 S. 734/5; *Eng. Rev.* 15 S. 298; *Elektr. B.* 4 S. 319/20.

PFLUG, Kraftdräsinen der GES. FÜR BAHNBEDARF IN HAMBURG und der KRAFTFAHRZEUG-WERKE PROTOS IN BERLIN. (Einzylinder-Anordnung mit Wasserkühlung.) ⊠ *Organ* 43 S. 35/6.

MAISTRE, Kraft-Dienstwagen für die Bahnerhaltung. (Kraftdraisine „Duplex" der GES. FÜR BAHNBEDARF IN HAMBURG von PFLUG.) *Organ* 43 S. 94/5.

Draisines légères à pétrole pour voie ferrée. * *Gén. civ.* 49 S. 116.

Tower and construction car of the Philadelphia Rapid Transit Co. * *Street R.* 28 S. 1056/8.

Derrick cars used in the reconstruction of the Poughkeepsie bridge. (Main broom of 25 t capacity, and two auxiliary side booms of 15 t capacity.) * *Eng. Rec.* 54 S. 218/9

The tunnel whitewashing machine of the Central London. * *El. Rev.* 58 S. 849.

Kanalputzwagen für die Unterleitung mit Schlitzkanal der Wiener städtischen Straßenbahnen. * *Elektr. B.* 4 S. 560/2.

5. Beleuchtung, Heizung und Lüftung. Lighting, heating and ventilation. Éclairage, chauffage et ventilation.

Éclairage des trains et des gares de la COMPAGNIE DU NORD. ⊠ *Rev. chem. f.* 29, 1 S. 189/90.

BIARD et MAUCLÈRE, éclairage au gaz à incandescence des voitures à voyageurs. (D'après les résultats obtenus à la Compagnie des Chemins de Fer de l'Est. Lanterne à brûleur, type Est, et manchon droit; lanterne à brûleur renversé, type Ouest et manchon sphérique. Études photométriques effectuées sur les deux types de manchons; voitures dans lesquelles ont été effectués les essais photométriques; voitures de 3e classe à couloir partiel; voiture mixte à bogies; influence de la teinte du plafond et des parois sur le rendement lumineux; comparaison des deux types de brûleurs et manchons au point de vue de la résistance en service et des résultats économiques.) ⊠ *Rev. chem. f.* 29, 2 S. 215/40.

PINTSCH, JULIUS, das Gasglühlicht bei seiner Verwendung in Eisenbahnwagen. * *Z. V. dt. Ing.* 50 S. 1044/6.

GERDES, Gasglühlichtbeleuchtung der Eisenbahnwagen. (Gasglühlicht-Laterne System PINTSCH; Gasglühlicht-Laterne System FARKAS.) (V. m. B.) * *Ann. Gew.* 58 S. 167/73; *J. Gasbel.* 49 S. 513/9.

Gasglühlichtlampen für Eisenbahnwagen. * *Z. Beleucht.* 12 S. 101/2.

Gasglühlichtlampen für Waggonbeleuchtung. (Lampe von PINTSCH, von LUCHAIRE und LECOMTE, von DELAMARRE; Invertlampe von PINTSCH, von DELAMARRE, von FARKAS.) * *J. Gasbel.* 49 S. 99/103.

Éclairage au gaz des voitures de l'État-Belge, usine à gaz de Bruxelles-Midi. *Rev. chem. f.* 29, 1 S. 303/4.

Éclairage au gaz des voitures de chemins de fer. (Brûleur à récupération avec injecteur vertical; lampe avec brûleur à injecteur horizontal; détendeur régulateur, système FOURNIER; modèle perfectionné à injecteur vertical; distribution pour la commande d'un groupe compresseur.) * *Rev. ind.* 37 S. 95/7.

Eisenbahnwagen-Beleuchtung mit Kohlengas auf der französischen Westbahn. (Verdichtung auf 22 At.; Gasglühlicht; Invertlampe.) *Ann. Gew.* 58 S. 5/6; *Uhlands T. R.* 1906, 2 S. 18/9.

Inverted mantle PINTSCH gas lamps. * *Railr. G.* 1906, 1 *Suppl. Gen. News* S. 87.

SPITZER, Invertbeleuchtung der Eisenbahnwagen. (Gasausströmung mit einem Drucke von 100, 120—150 mm Wassersäule; DREHSCHMIDTs Versuche betr. Absug der Verbrennungsgase; Lebensdauer der Glühstrümpfe.) (V) * *Oest. Eisenb. Z.* 29 S. 43/6 F.

SAILLOT, machine à essayer les manchons des becs renversés des voitures de la Compagnie des Chemins de Fer de l'Ouest. (Incandescence par le gaz de houille au moyen du bec renversé.) ⊠ *Rev. chem. f.* 29, 2 S. 154/6.

Elektrische Beleuchtung der Eisenbahnwagen. (Verschiedene Anordnungen der Einzelwagen- und Durchgangswagenbeleuchtung.) *Bayr. Gew. Bl.* 1906 S. 222/4.

Elektrische Zugbeleuchtung. (Statt der Gasbeleuchtung, zum Vermeiden von Bränden bei Zugunfällen.) *Z. Eisenb. Verw.* 46 S. 717.

The lighting of railway cars by electricity. * *Bl. Rev. N. Y.* 49 S. 778.

QUITTNER, die elektrische Beleuchtung der Eisenbahnzüge. *Prom.* 17 S. 497/501 F.

PRASCH, neuere elektrische Zugbeleuchtungssysteme. *Schw. Elektrot. Z.* 3 S. 305/6 F.

Die elektrischen Einrichtungen der englischen Vollbahnen. (Zunahme der elektrisch beleuchteten Wagen; STONEscher gemischter Beleuchtungsbetrieb für Einzelwagen.) *Z. Eisenb. Verw.* 46 S. 617/8

Die elektrische Beleuchtung der Bahnpostwagen. *Ell. u. Maschb.* 24 S. 827.

EDER, elektrische Beleuchtung von Personenwagen nach DICK. (Stromerzeuger; Speicher; Schaltvorrichtungen.) * *Organ* 43 S. 74/9.

Electric illumination on Chesapeake & Ohio trains. *El. World* 47 S. 1307/9.

GENERAL ELECTRIC CO., Schenectady, steam turbine train lighting sets. (15 kw. CURTIS steam turbine generator mounted on Pennsylvania Rr. Atlantic type locomotive.) *Railr. G.* 1906, 1 *Suppl. Gen. News* S. 74.

L'éclairage électrique des trains de chemins de fer. (System PIEPER-L'HOEST; système BÖSE; système DENHAM; système SIEMENS-SCHUCKERT; système LEITNER-LUCAS.) * *Eclair. él.* 46 S. 208/16.

L'éclairage électrique des trains système L'HOEST-PIEPER. *Électricien* 31 S. 17/20.

L'HOEST, éclairage électrique des trains de chemins de fer par le système L'HOEST-PIEPER. ⊠ *Mém. S. ing. civ.* 1906, 1 S. 685/702.

MARTENS, elektrische Zugbeleuchtung, Bauart L'HOEST-PIEPER. * *Dingl. J.* 321 S. 517/9.

WIKANDER, die elektrische Zugbeleuchtung von L'HOEST und PIEPER. * *Ann. Gew.* 58 S. 197/8.

PRASCH, das System LEITNER-LUCAS zur elektrischen Beleuchtung der Züge. * *El. u. polyt. R.* 23 S. 512/3 F.

Essais de l'appareil LEITNER-LUCAS pour l'éclairage des trains. *Électricien* 32 S. 404/5; *Engng.* 82 S. 520.

The LEITNER-LUCAS system of train-lighting. ⊠ *Engng.* 81 S. 210/2; *Électricien* 31 S. 195/6.

MC ELROY automatic car-lighting system. (The equipment comprises an axle dynamo, an automatic regulator for generator output lamp voltage and battery charging and a storage battery.) ⊠ *Railr. G.* 1906, 1 S. 590/2; *Z. Beleucht.* 12 S. 333/4.

Train lighting by electricity; MATHER and PLATT's system. („Axle light".) * *Railw. Eng.* 27 S. 123/6.

Éclairage des wagons par le système STONE. * *Nat.* 34, 1 S. 300.

ROLKE, die elektrische Beleuchtung der Bahnpost-

wagen. (Systeme mit Antrieb einer Dynamomaschine von der Wagenachse aus; System STONE; System der GESELLSCHAFT FÜR ELEKTRISCHE ZUGBELEUCHTUNG.) * *Arch. Post.* 1906 S. 467/89.

Elektrische Zugbeleuchtung System VERITZ-DALZIEL.* *El. Ann.* 23 S. 976/8; *Electricien* 32 S. 353/5; *Electr.* 57 S. 689'91.

DEVALBREUZE, nouveaux systèmes pour l'éclairage électrique des trains. (Système VICKERS-HALL; système DOWIR; système de la CONSOLIDATED RAILWAY ELECTRIC LIGHT CO.; système FINNEY MAC-ELROY; système BLISS.)* *Eclair él.* 48 S. 293/301.

Elektrische Zugbeleuchtung System VICKERS-HALL.* *El. Ann.* 23 S. 795/6; *El. Rev.* 58 S. 867/70, 921.

NERNST lamps for the New-York terminal of the New-York, Pennsylvania & Long Island Railroad Co. *El. Rev. N. Y.* 48 S. 287.

Zur Frage der Beheizung von Straßen- und Kleinbahnwagen.* *Z. Beleucht.* 12 S. 386/7; *Z. Transp.* 23 S. 714/5.

DUPRIEZ, le chauffage des trains sur les lignes exploitées par la Compagnie du Chemin de Fer à voie de 1 mètre Hermes à Beaumont. (Essais; vapeur à pression de 8 k, 5.)* *Rev. chem. f.* 29, 2 S. 293/305.

SCHOLTES, die Beheizung der Wagen der Nürnberg-Fürther Straßenbahn.* *Elektr. B.* 4 S. 675/7.

RITT, Heizung der Eisenbahnwagen in Frankreich.* *Ges. Ing.* 29 S. 250/2.

Dampfheizung der Abteilpersonenwagen. (An Stelle des großen Niederdruckheizkörpers in jedem Abteil deren zwei.) *Z. Eisenb. Verw.* 46 S. 264.

The PARKER system of car heating. (Absence of escaping steam at the drips, and low pressure with which effective and uniform heating of the train is accomplished.)* *Railr. G.* 1906, 2 S. 122/3.

GOLD CAR HEATING & LIGHTING CO., storage system for heating refrigeration cars. (Heating done by two storage heaters in each car, one at each end. Each storage heater consists of an iron cylinder 12" in diameter and about 6' long. The insides of the cylinders are made of sections of terra cotta brick corrugated on the surface. Steam is taken from the train pipe.)* *Railr. G.* 1906, 2 S. 275.

Chauffage des trains par la vapeur et l'eau combinées, ou par la vapeur détendue.* *Gén. civ.* 49 S. 23/6.

CONSOLIDATED CAR HEATING CO., electric heaters for New-York Central suburban cars. (Trussplank heater; CONSOLIDATED CAR HEATING Co.s double-coil cross-seat heater.)* *Railr. G.* 1906, 1 *Suppl. Gen. News* S. 40.

Electric heaters for New-York Central Rr.* *Street R.* 27 S. 215.

Electric heating and cooking in a Royal train.* *El. Rev.* 58 S. 540.

An economical air heater.* *Street R.* 27 S. 123.

STETEFELD, Kühlung ganzer Eisenbahnzüge.* *Ges. Ing.* 29 S. 279/81.

New style of refrigerator car door. (Car fitted with JOHNSON flush door and operating mechanism.)* *Eng. News* 56 S.565.

BOELL, la disposition et l'emploi des wagons réfrigérés aux États-Unis. (Le transport des denrées alimentaires; viandes, fruits, primeurs, oeufs, beurres, lait, etc.; modèle adopté par le Pennsylvania Rr.) *Rev. chem. f.* 29, 1 S. 351/7.

MARSH, 20 t refrigerator van; London, Brighton and South Coast Ry. (Bogie. The vans are provided with four refrigerators.)* *Railw. Eng.* 27 S. 317/20.

Les wagons réfrigérants aux États-Unis. (Wagon

réfrigérant à circulation forcée.)* *Cosmos* 55, 2 S. 61/2.

Baltimore & Ohio refrigerator car. (Of five layers of pine, bass wood or cypress fitted in between the sills and separated by air spaces; outside sheating layers of deadening felt, halfply „Paroid", Hercules paper three-ply Neponset paper; ice boxes and roof hatches; 70,000-lbs. capacity.) *Railr. G.* 1906, 1 S. 565/7.

Wagon réfrigérant du Santa Fe Railway, pour le transport des fruits de Californie. *Gén. civ.* 48 S. 201/5.

Lüftungsvorrichtung für Straßen- und Eisenbahnwagen mit Doppeldach.* *Z. Transp.* 23 S. 689/90.

6. Wagenachsen, Achsbuchsen, Räder, Gestelle. Axles, axleboxes, wheels, trucks. Essieux, boîtes à graisse, roues, châssis.

BOYER, objects to be sought in standardizing axles.* *Street R.* 28 S. 518/9.

CLEVELAND, advantages of crank axles for locomotives. *Sc. Am.* 95 S. 207.

LEGROS, fracture of axles originating in drilled holes. (Cracks caused by drilled holes.) (V)* *Min. Proc. Civ. Eng.* 164 S. 349/50.

BAMBER, axle bearings for heavy tonnage wagons; Indian railways.* *Engng.* 82 S. 787/8.

LAWRENCE CO., the „anti-waste grabber". (Made from copper wire, in the form of a coil. To prevent displacement of the packing waste in journal boxes; stops the grabbing action of the journal.)* *Railr. G.* 1906, 2; *Gen. News* S. 140.

Application de roulements à billes système D. W. F. à des wagons de chemins de fer. (Essais de l'État Prussien 1903). *Rev. ind.* 37 S. 64/5.

VANDERHEYM, defects in locomotive and car wheel tires. (Cavities due to pipes produced by the internal stresses which are due to too rapid and unequal reheating at the mill). (A) *Eng. News* 55 S. 568/9.

Energy expended on car-wheel acceleration. *Sc. Am. Suppl.* 61 S. 25423.

GRIFFIN, the chilled car wheel from a manufacture's standpoint. *Railr. G.* 1906, 1 S. 580/1.

Gußeiserne und stählerne Räder für Straßenbahnwagen.* *Z. Transp.* 23 S. 712/4.

ANDREWS, cast-iron and steel wheels in city service.* *Street R.* 28 S. 38a/3.

ANDREWS, cast-iron wheels and their chemical composition. *Street R.* 28 S. 1088/90; *Electr.* 58 S. 423/4.

CONNELLYs Verfahren und Maschine zum Herstellen von gußeisernen Wagenrädern. *Gieß. Z.* 3 S. 403.

Processes for car wheel manufacture. (The SHERMAN process; the Pennsylvania railway system; the JOHNSON sytem.)* *Iron & Coal* 72 S. 1655/9.

BOEDDECKER, die moderne Fabrikation der Eisenbahnräder.* *Prom.* 17 S. 577/81.

VENDEVILLE, l'usinage des roues de voitures et wagons. (Aux ateliers de la Compagnie de l'Est à Romilly-sur-Seine [Aube].) *Rev. chem. f.* 29, 1 S. 3/39.

Usinage des roues aux Ateliers de la Compagnie de l'Est à Romilly-sur Seine. (Dégrossissage; planage et polissage des fusées; alésage du moyen des corps de roues; façonnage du profil de l'agrafe sur le champ des jantes; alésage intérieur des bandages; choix des corps de roues et des bandages en vue de leur appareillage pour l'embatage.)* *Rev. ind.* 37 S. 43/4 F.

MASTER CAR BUILDERS' ASSOCIATION, cast iron wheels. (Increasing the thickness of the flange and changing the coning of the tread; advan-

24

Eisenbahnwesen III B 6—7.

tages.) *Railr. G.* 1906, 2 S. 279/80; *Railw. Eng.* 27 S. 367/8.
EYERMANN, solid rolled steel car wheels and tyres. (Method by H. W. FOWLER; rolling mill as patented by LOSS; mill at Mc. Kees Rocks.) (V)* *Pract. Eng.* 33 S. 715/7 F; *Metallurgie* 3 S. 339/43; *Iron & Steel J.* 69 S. 179/207; *Iron & Coal* 72 S. 1630/4; *Engng.* 81 S. 738/42.
NEWTON, rolled steel wheels for interurban service. *Street R.* 27 S. 948/51.
V. HIPPEL, nahtlos gepreßte Speichenräder für Eisenbahnfahrzeuge (System EHRHARDT), ihre Herstellung und ihre Eigenschaften im Vergleich zu gewalzten Scheibenrädern und geschweißten Speichenrädern.* *Ann. Gew.* 59 S. 226/31.
The bracket arch car wheel made by the LOUIS-VILLE CAR WHEEL & RY. SUPPLY CO.* *Iron A.* 78 S. 1732/3.
MASTER MECHANICS' ASSOCIATION, shrinkage and design of wheel centers.* *Railr. G.* 1906, 1 S. 674/6.
The diseases of cast iron wheels.* *Street R.* 28 S. 878/81.
Wear and tear, or diseases of car wheels. *Street R.* 28 S. 289/92.
KALAMAZOO RY. SUPPLY CO., Kalamazoo hand-car or trolley wheels. (The pressed steel at the root of flange is gathered up by means of patent machinery.) (Pat.)* *Railw. Eng.* 27 S. 167/8.
KLISSERATH, Schalldämpfung für Radreifen bei Straßenbahnwagen. (V) (A) *Elektr. B.* 4 S. 101.
The prevention of noise from tramway wheels. *El. Eng.* L. 37 S. 376.
Eine federnde Radnabe.* *Dingl. J.* 321 S. 143.
DENECKE, der Lokomotivrahmen als starrer Balken auf federnden Stützen.* *Ann. Gew.* 59 S. 141/5.
HILDEBRAND, einachsige Drehgestelle.* *Elektr. B.* 4 S. 472/7.
PRICE, new electric motor truck.* *Street R.* 28 S. 79/84.
Trucks for the Rochester, Syracuse & Eastern.* *Street R.* 27 S. 255.
CARUS-WILSON, the radial truck. (V. m. B.)* *Pract. Eng.* 33 S. 395/8; *Engng.* 81 S. 360/2.
The COOK radial truck.* *Street R.* 28 S. 274.
GOUGH, distribution of motors on trucks. (Inside-hung motors; weight on drivers with car at rest; weight on drivers when car is accelerating; both motors on one truck; motors on leading axles of each truck; outside-hung motors, one motor on each truck; two outside-hung motors mounted on one truck; effect of difference of weight on the two sets of drivers.)* *Street R.* 28 S. 514/7; *Electr.* 58 S. 141/3.

7. Andere Wagenteile und Ausrüstungen, Schutzvorrichtungen usw. Other parts of cars and equipment, safety appliances etc. Autres organes des voitures et équipement, dispositifs de sûreté etc.

HUNTER-BROWN, tramcar equipment. (V) (A) *El. Rev.* 58 S. 783/4.
BENNETT, MASTIN & PLATTS, air cushion buffers. (Pat.)* *Railw. Eng.* 27 S. 34/5.
TURTON's air-cushion buffer.* *Engng.* 81 S. 227.
Counterweight device for electric cars in Sydney, N. S. W. (Hydraulic buffer.)* *Street R.* 28 S. 1060/2.
BLISS electric train line coupler. (Application of coupler to vestibule trains.)* *Railr. G.* 1906, 2 S. 24.
BOIRAULT, description de l'attelage automatique.* *Bull. d'enc.* 108 S. 626/36; *Rev. ind.* 37 S. 322/4.
GOSS, GARSTANG and WEST, MASTER CAR BUILDERS ASSOCIATION Committee reports. (Composite

design of coupler; automatic connectors; axle limits; high speed brakes; temporary stake pockets; tank cars; gondola cars; safety valves; moven and combination wrapped and woven air-brake hose; brake beam and hangers; lever pin hole gauge; inside hung freight brake beams; transverse test; triple valve test; brake shoes.) (a)* *Railr. G.* 1906,1 S. 624/38.
Automatic couplers and either-side brakes. (Acci-dents to servants on American and British railway; feature in the question of automatic couplings and either-side brakes.) *Eng.* 101 S. 427.
Apparecchio PAVIA-CASALIS per l'agganciamento automatico dei carri ferroviari. *Giorn. Gen. civ.* 44 S. 513/7.
CARDWELL MFG. CO., friction draft gear and rocker side bearing.* *Railr. G.* 1906, 1 S. 581.
The MC CORD draft gear. (Designed on the theory that the proper way to absorb the shock of a blow is through an elastic medium rather than by friction surfaces.)* *Railr. G.* 1906, 1 S. 367/8.
PIPER, friction draft rigging. (Blocks having oppositely directed inclines with contacting wedges and springs arranged to resist their movement along the inclines.)* *Railr. G.* 1906, 1 S. 119.
OSMER, pneumatic door opener.* *Street R.* 28 S. 574/5.
SCOTT, A., sliding door for brake vans.* *Railw. Eng.* 27 S. 29.
Die Verwendung von Drahtglas für die Fenster der Wagen elektrischer Bahnen.* *Z. Transp.* 23 S. 648.
National window fixtures. (Sash balance roller, sash lock and ratchet strip and four face and two edge sash springs, made by the NATIONAL LOCK WASHER CO.)* *Railr. G.* 1906, 2 *Gen. News* S. 86/7.
National balance curtain fixtures. (With protected groove NATIONAL LOCK WASHER CO. Newark; storm lock at the bottom of the run to lock the curtain.)* *Railr. G.* 1906. 2 *Suppl. Gen. News* S. 66.
The „Acme" metallic weather-strip. (To displace rubber weather-strip.)* *Railr. G.* 1906, 1 *Suppl. Gen. News* S. 170.
Gittertür für die Plattform von Straßenbahnwagen.* *Z. Transp.* 23 S. 604.
Station platform canopies on the New York Cen-tral. (Butterfly canopy with tracks for passenger and freight traffic.)* *Railr. G.* 1906, 1 S. 495.
SJOBERG & CO., new style of vestibule with sliding sash. (Vestibule using angular steel track overhead.) *Street R.* 27 S. 52/3.
TIMMIS, patent bogie „lead" and swing bolster bearing springs.* *Railw. Eng.* 27 S. 184/6.
CHISHOLM, neuer Schienenreiniger der „Rockland, Thomaston & Camden" Straßenbahn.* *Z. Transp.* 23 S. 186/7.
Druckluft-Sandstreuer der SIEMENS-SCHUCKERT-WERKE.* *Z. Transp.* 23 S. 688.
DAYTON MFG. CO., an efficient sander. (Operated by hand, foot or air.)* *Street R.* 28 S. 303/4.
KOSCH, sanding devices for tramcars.* *El. Eng.* L. 38 S. 236/7.
Ein wirksamer Sandstreuapparat für Straßenbahn-wagen.* *Z. Transp.* 23 S. 649/50.
Sandstreuvorrichtungen für Straßenbahnfahrzeuge.* *Elektr. B.* 4 S. 353/6.
Vorrichtung zum Verhindern des Feuchtwerdens des ausfließenden Sandes bei Abfallrohren von Sandstreuern.* *Z. Transp.* 23 S. 395/6.
ANDREWS, the removal of car wheels. *Street R.* 28 S. 480/2.
FEIST, Vorrichtung zum Auswechseln der Räder

in Straßenbahnwageadepots.* *Z. Transp.* 23 S. 648/9.

Electric headlights on street cars.* *Railr. G.* 1906, 1 *Suppl. Gen. News* S. 74/5.

SABOURET, instruments for measuring the secondary movements of vehicles in motion. (Apparatus for recording secondary movements; recording divided secondary movements; differential arrangement of the apparatus for eliminating temperature errors.)* *Eng. News* 56 S. 498.

SANFORD, to protect the health of railway-travellers. (Cleansing and sterilization of cars.)* *Compr. air.* 10 S. 3843/8.

MAY, Neuerungen in Schutzvorrichtungen für Straßenbahnen. *Erfind.* 33 S. 218/20.

QUOILIN und MARKUS, eine neue selbsttätige Straßenbahnschutzvorrichtung. (Die zum Vorschnellen der Schutzvorrichtung nötige Kraft wird durch die dem Fahrzeuge innewohnende lebendige Kraft erzeugt und kommt in einem Preß- und Druckzylinder zur Wirkung.)* *Z. Transp.* 23 S. 44.

Schutzvorrichtung an Straßenbahnwagen in Sioux City V. St. A.* *Z. Transp.* 23 S. 647/8.

Selbsttätig wirkende Schutzvorrichtung für Straßenbahnwagen nach dem System MARIAGE.* *Z. Transp.* 23 S. 316/7; *Gén. civ.* 48 S. 181.

Combination fender and track scraper.* *Street R.* 28 S. 894.

8. Bremsen. Brakes. Freins.

Wirkungsweise und Verwendbarkeit verschiedener Bremssysteme bei elektrischen Bahnen. *Elt. u. Maschb.* 24 S. 1062/3.

DUDLEY, what stops a moving train? (Friction of motion; friction of rest; point of sliding; relation between the brake shoe pressure and the weight carried by the wheel; multiple retarding unit system.) (V) (A) *Railr. G.* 1906, 1 S. 521/2; *Mech. World* 40 S. 45/6.

SCHOLTES und PETIT, Bewährung, Anschaffungs- und Unterhaltungskosten der für elektrische Straßenbahnen verwendeten Bremsen. *Elektr.* 57 S. 820/3; *Schw. Elektrot. Z.* 3 S. 615/9 F.

FOX, some European brakes and their value.* *Street R.* 28 S. 407/12

MOZLEY, car brakes. (Tests.) *El. Rev. N. Y.* 48 S. 696/8; *Electr.* 57 S. 899/902; *El. Eng. L.* 38 S. 419/23.

WILLIAMS, different systems of brakes. (V) *Street R.* 28 S. 476/8.

GRAHAM, braking for electric cars. (V)* *Street R.* 28 S. 475/6.

PETIT, brake systems for electric railways. *Street R.* 28 S. 432/3.

SAYERS, brakes for tramway cars.* *Electr.* 57 S. 920 F.

SCHOLTES, Bremssysteme für elektrische Straßenbahnen. *Elektr. B.* 4 S. 696/8; *El. Mag.* 6 S. 392/4.

Le freinage des tramways électriques. *Electricien* 32 S. 396/7.

Bremsen für Straßenbahnwagen. (Handbremsen; mechanische Schienenbremsen; pneumatische Schienenbremsen; auf die Räder wirkende Luftdruckbremsen; Momentbremse; elektrische Notbremsen; elektromagnetische Scheibenbremsen; elektromagnetische Schienenbremsen.)* *Z. Transp.* 23 S. 146/50.

Zur Frage der Bremsung elektrischer Straßenbahnen. *Z. Transp.* 23 S. 394/5.

Apparat zur Prüfung der Widerstandsfähigkeit der Bremsschuhe für Straßenbahnwagen.* *Z. Transp.* 23 S. 536.

European brake adjuster and indicator. (CHAUMONT

brake-slack adjusters for operation by hand and for automatic operation.)* *Eng. News* 56 S. 377.

FÜHR, KAPTEYNs Prüfvorrichtung für Versuche mit durchgehenden Bremsen.* *Ann. Gew.* 58 S. 128/32.

Appareil KAPTEYN pour l'étude des freins continus. (Mouvement du papier; électro-aimants actionnant les crayons enregistreurs; dynamomètres; indicateur de vitesse.)* *Rev. chem. f.* 29, 1 S. 553/60; *Portef. éc.* 51 Sp. 167/71.

Zur Frage der Güterzugbremse. (Für die nicht mit Handbremsen versehenen Wagen. Neben dem Puffer liegt eine Zugstange mit Kupplungshaken, der mit dem Haken des anstoßenden Wagens durch Schaken gekuppelt wird. Die Zugstange greift an einen Winkelhebel, dessen kurzes Ende unter einen zweiten Winkelhebel faßt und diesen anhebt, sobald der auf dem Berührungspunkte der Hebel lastende Federdruck überwunden ist. Der zweite Winkelhebel trägt am senkrechten Arm einen Bremsklotz, der von der Feder dauernd angedrückt wird.)* *ZBl. Baw.* 26 S. 64/5.

Durchgehende Bremse bei Eilgüterzügen. *Lokomotive* 3 S. 186.

FELL, brakes. (Hand brakes; mechanical slipper brakes; pneumatic slipper brake; air brakes; momentum brake; emergency electric brakes; rheostatic brakes; electro-magnetic disc brakes; electro-magnetic track brakes.)* *Electr.* 56 S. 543/5 F.; *El. Eng. L.* 37 S. 56/60 F.; *Pract. Eng.* 33 S. 300/2 F.

Slipper brake used in England.* *Street R.* 28 S. 892.

Air brakes for electric cars. *West. Electr.* 38 S. 322.

FARMER, handling the air brake in passenger train service. (V) *Railr. G.* 1906, 2 S. 197/8.

Improved storage air brake system.* *Street R.* 27 S. 576.

GENERAL ELECTRIC CO., straight air-brake equipment. *Street R.* 27 S. 259; *Railr. G.* 1906, 1 S. 144.

Test of the SAUVAGE air brake. (Permits the use of 70 per cent of the loaded weight of the car; consists of a second cylinder coupled to the brake levers in such a way that it comes into action only after the piston of the first cylinder has travelled a predetermined portion of its stroke, brought the shoes to a bearing against the wheels and applied the ordinary braking pressures; SAUVAGE automatic cut-out cock.)* *Railr. G.* 1906, 1 S. 359/60.

WESTINGHOUSE AIR-BRAKE CO., comparative test of large locomotive air pumps. (General arrangement of apparatus used for comparative test of WESTINGHOUSE and New York locomotive air-pumps.)* *Railr. G.* 1906, 2 S. 47/8.

HAASE, die elektrische Steuerung der WESTINGHOUSE-Bremse, System SIEMENS. (Führerbremsschalter; Notbremsschalter; Rückschlagventil; Schlußventil.)* *Techn. Z.* 23 S. 261/4.

New WESTINGHOUSE CO. quick-acting brake.* *Engng.* 82 S. 761/2.

New WESTINGHOUSE „K" triple valve.* *Railr. G.* 1906, 1 S. 314/5.

KNORR - Schnellbremse. (Einkammer - Luftdruckbremse.)* *Masch. Konstr.* 39 S. 102/4, 110/12 F.

Rapid-acting vacuum automatic brake trials. (On the Austrian State Rys. The rapid acting valve on the last vehicle opened $2^{6}/_{31}$ seconds after the driver applied the brake on the foot plate, showing that the brake-action travelled at an

average speed of 364 m per second.) (A) *Railw. Eng.* 27 S.·333.

The „Maximus" brake applied to the vacuum system.* *Eng.* 102 S. 484.

Emergency valve and the new type of governor for air brakes.* *Street R.* 28 S. 585/6.

Is the M. C. B. air brake hose the best for all service conditions? (Recommended for railroads where the thermometer goes down to 30 and 40 deg. below zero in a moist atmosphere.) *Railw. G.* 1906, 1 S. 447/8.

KRAMER, elektromagnetische Klotzbremse für Fahrzeuge. (Auf ein Bremsgestänge wirkt ein Elektromagnet [Solenoid], welcher der Bedingung genügt, daß jeder Erregerstromstärke eine ganz bestimmte Stellung des Ankers, bezw. Kernes entspricht, und andererseits dieser Elektromagnet aus einer Stromquelle, welche von der Radachse angetrieben wird, entsprechend der Raddrehungsgeschwindigkeit erregt wird.)* *Z. Transp.* 23 S. 11.

MATTERSDORFF, elektromagnetische Hemmung auf gefährlichen Gefällen.* *Elektr. B.* 4 S. 690/2.

An electric car brake. (PFINGST power brake.)* *El. Rev. N. Y.* 49 S. 773.

Experience with magnetic brakes on electric cars in New South Wales. (Tests made at Sydney.) *Eng. News* 56 S. 503/4.

Street railway brakes. (Cars with trucks; four-wheel cars; magnetic brakes; hand brake with adequate leverage operating cast-iron shoes on the wheels; mechanical track brake with adequate leverage provided with cast iron slippers; rheostatic brake for emergencies only.) *Eng. News* 56 S. 434/5.

Magnetic brake made by the ELECTRIC CONTROLLER & SUPPLY CO.* *Iron A.* 77 S. 417.

Differential band brake. (Result of VEZIN's analysis. Table for laying out.)* *Mech. World* 39 S. 111/2.

BOYER, brake-rigging and uneven wear of brake-shoes. *Street R.* 28 S. 103/4.

CLARKE, on the control of wheeled vehicles when descending hills. (Adaption of a drag shoe for a cart.)* *J. Roy. Art.* 33 S. 198/9.

A wedge brake shoe adapted for standardization.* *Street R.* 28 S. 579.

Impact machine for testing brake-shoes.* *Street R.* 27 S. 210.

The DAVIS solid truss brake-beam. (Struts; brake-shoe heads.)* *Railr. G.* 1906, 1 S. 619.

Brake beams for 60,000, 80,000 and 100 000 lb. freight cars. *Eng. News* 55 S. 653/6.

Bremsschlitten, System SCHÖN. (Zwei durch eine federnde Stange verbundene Schuhe, von denen jeder aus einem Keilpaar, zwischen denen das Rad eingeklemmt wird, besteht) *Oest. Eisenb. Z.* 29 S. 146.

Automatic couplers and either-side brakes. (Accidents to servants on American and British railway; feature is the question of automatic couplings and either-side brakes.) *Eng.* 101 S. 427.

KRAMER, das Versagen von Straßenbahnbremsen. (a)* *Elektr. B.* 4 S. 138/44 F.

An auxiliary driver brake cylinder. (In use on the San Antonio & Aransas Pass Ry. operated by steam and used as an emergency device. Consists of a cylinder placed tandem with the ordinary brake cylinder.)* *Railr. G.* 1906, 2 S. 88.

BRILL CO., a new noiseless brake hanger.* *Street R.* 27 S. 210.

Der Einfluß des Sandstreuers auf die Länge des Bremsweges bei Straßenbahnen. ⊠ *Z. Kleinb.* 13 S. 709/12.

IV. Eisenbahn - Signalwesen.　Railway - signalling. Signaux de chemins de fer.

1. Allgemeines.　Generalities.　Généralités.

CAUER, zur deutschen Signalordnung. (Verbesserung der Haupt- und Vorsignale. Vgl. den Meinungsaustausch zwischen JAEGER und BLUM in den Jg. 1896, 1897, 1899.) *Z. Eisenb. Verw.* 46 S. 669/72 F.

ULBRICHT, zur deutschen Signalordnung. (Aeußerung zu CAUERs Ausführungen S. 669/72 F.; Entgegnung von CAUER.) *Z. Eisenb. Verw.* 46 S. 889/90.

Zur deutschen Signalordnung. (Aeußerung zu CAUERs Abhandlung S. 669/72; Erwiderung von CAUER zu BLUMs Ausführungen S. 1080/1.) *Z. Eisenb. Verw.* 46 S. 1138/9.

BLUM, zur deutschen Signalordnung. (Vgl. die Darlegungen von CAUER S. 669/72.) *Z. Eisenb. Verw.* 46 S. 1080/1.

HOFMANN, nochmals zur deutschen Signalordnung. (Wahrung einer teilweisen Priorität gegenüber CAUERs Abhandlung S. 669/72 F.) *Z. Eisenb. Verw.* 46 S. 1156.

FÖRDERREUTHER, zur Signalordnung für die Eisenbahnen Deutschlands. (Bestreben, das „weiße" Licht als „Fahrsignal" zu beseitigen und unter Beibehaltung von „rot" für „Halt am Hauptsignal" einheitliche Nachtsignale für Haupt- und Vorsignale und für das Scheibensignal 5 a einzuführen. Signalbilder für die Warnstellung der Vorsignale und als Langsamfahrsignal; von der Generaldirektion der Königl. Bayerischen Staatseisenbahnen ausgeführte Versuche.)* *Z. Eisenb. Verw.* 46 S. 209/11.

WINKLERS und BÉKÉSS, Farbensinn und Eisenbahndienst. (Blaugelb-, Rotgrün-, Ein-, Zweifarbensichtigkeit; vollständige Farbenblindheit; Ersatz der Farbensignale durch geometrische; Ersatz von Grün durch Blau, von Rotgrün durch Blaugrün.) *Oest. Eisenb. Z.* 29 S. 93/7.

WALDRON, alternating-current signal circuits in the New York subway.* *West. Electr.* 38 S. 395.

NESBER, wireless telegraphy for railway signalling. *El. Mag.* 6 S. 406.

The adaptability of electricity in foggy weather on railways.* *El. Rev.* 59 S. 1009/11.

Electric power signalling on the New York Central and Hudson River Railroad.* *El. Rev.* 59 S. 404/6.

Signaling in the electric zone of the New York central & Hudson River Railroad.* *El. Rev. N. Y.* 48 S. 1008/10.

Préparateur d'itinéraires, système FORESTIER, avec commande à distance et enclenchement des appareils de voie et des signaux. ⊠ *Gén. civ.* 49 S. 243/6.

Long burning railway signal lamp. (Suitable for semaphore, ground, disc, and other signals; to require no chimney, and to be capable of adaptation to any kind of signal lamp at small cost.)* *Eng.* 101 S. 194.

2. Signal- und Weichenstellvorrichtungen (Zentral-Stellwerke). Signal- and switch-mechanism. Appareils à manœuvre des signaux et des aiguilles (manœuvre à distance). Vgl. IC 1 b u. IC 2 a.

Consistency of proposed new signal indications. (Comparison of old and new signal indications)* *Railr. G.* 1906, 2 S. 427/8.

BIGNELL, signals for protecting train movements at stations and within yard limits. (V) (A) *Eng. News* 56 S. 70.

BODA, Ersatz der Hebel- und Unterweg-Sperre bei

den Stellhebeln der Ausfahrsignale in Stationen
und der einarmigen Signale bei Bahnabzweigun-
gen durch die bereits vorhandenen Einrichtungs-
stücke der Stellwerke. ▣ *Organ* 43 S. 89/94.
EDLER, über einige Anordnungen der Blockwerke
und Stellwerksteile zum Ersatze der Hebel- und
Unterweg-Sperre bei den Stellhebeln der Ausfahrsignale in Stationen. (Im Anschlusse an die
Abhandlung von BODA S. 89.) * *Organ* 43
S. 209/15 F.
MICHEL, ein neuer Apparat zur Signalisierung an-
kommender Züge auf der Station. * *Dingl. J.*
321 S. 574/5.
A british railway signal system. (Low pressure
pneumatic arrangement adopted extensively abroad and in the United States; dwarf signal;
pot signal; semaphore signal; relay valves and
switch cylinder.) * *Compr. air.* 10 S. 3852/61.
Automatic signalling on the underground railways
of London.* *Engng.* 81 S. 679/82 F.
GIBBS, signalling on the New York Wilson Subway.*
Railw. Eng. 27 S. 283/6.
MILLER, H. J., circuits for automatic electric signals, Chicago division, Chicago & Eastern Illinois. ▣
Railr. G. 1906, 1 S. 258.
PATENALL, three-position semi automatic signals
on the Baltimore & Ohio.* *Railr. G.* 1906, 2
S. 288/9.
Ouvrage métallique supportant la cabine de signaux
de la station de Bruxelles Nord. (Appareils
d'appui; dilatation et détail de la poutre au droit
des appuis; suspension de la passerelle.) ▣ *Rev.
chem. f.* 29, 1 S. 388/94.
Cabine de signaux de la station de Bruxelles-
Nord. ▣ *Ann. d. Constr.* 52 Sp. 17/23.
The BROWN switch stand. (Sleeve surrounding the
target staff and fastened thereto by a breakable
key, the sleeve being the hub of the main gear
of the stand.) * *Railr. G.* 1906, 1 *Suppl. Gen.
News* S. 82.
HROMATKA, selbsttätiges Universal-Stellwerk, System
Alfred MONARD.* *Z. Oest. Ing. V.* 58 S. 431/5.
KOHLFÜRST, elektromotorisches Handstellwerk für
Weichen und Signale. *Schw. Bauz.* 48 S. 41/4.
TWINING, signals for the Market Street Elevated
and Subway, Philadelphia. (Electro-pneumatic
interlocking plants.) * *Railr. G.* 1906, 2 S. 394.
YOUNG and ARKENBURG, TAYLOR all-electric
interlocking plant at Council Bluffs. ▣ *Railr. G.*
1906, 1 S. 574/7.
New switch stand for interurban railways.* *Street
R.* 28 S. 577.
KROEBER, Schaltungen elektrischer Stellwerke nach
den Bauarten SIEMENS & HALSKE und JÜDEL.
(Auflösen der Fahrstraße regelmäßig durch den
Zug; desgl. ausnahmsweise durch die Widerruf-
taste bei Fahrstraßenwiderruf, Versagen der selbsttätigen Auflösung.) (A) (V) ▣ *Organ* 43 S. 160/3.
UNION SWITCH & SIGNAL CO.'s all electric power
plant. (Machine for working points; detail of
switch movement; dwarf signal) * *Railw. Eng.*
27 S. 375/8.
New York Central all-electric signaling at New
York. (Block and interlocking signals; alternating current track circuit, with one rail given up
for signaling purposes; return; using ironless
reactance bond; alternating current track circuit,
two-rail return; iron reactance bond; connections
between rails and reactance bonds; automatic
block signal circuits; switches and signals, interlocking circuits.) ▣ *Railr. G.* 1906, 1 S. 705/11;
Eng. News 55 S. 648/50.
Interlocking of the new Barrow and Suir opening
bridges; Great Southern & Western Rr. Ireland.*
Railw. Eng. 27 S. 808/9.

Union all-electric interlocking at Eismere Junction.
(Electric motor and switch and lock movement;
motor-driven dwarf semaphore.) * *Railr. G.*
1906, 1 S. 481/4.
Interlocking on the Lackawanna at Roseville. *
Railr. G. 1906, 1 S. 330/2.
Modèle d'ensemble d'une bifurcation du réseau du
Nord à l'exposition de Liège en 1905. (Poteaux
BIFUR; table télégraphique et téléphonique.) *
Rev. chem. f. 29, 1 S. 175/8.
Track circuit in place of detector bars. (Interlock-
ing without detector bars on Lehigh Valley Rr.)
Railr. G. 1906, 1 S. 487/8.
SPANGLER, track circuits in place of detector bars.
(V) (A) *Railr. G.* 1906, 1 S. 301/2.
Signalling of the Victoria (new) station; L, Brighton
and S. C. Ray. (Locking frame; motor for
semaphore signals; ground disc; electrical point
detector; point bolt detector.) (a) ▣ *Railw. Eng.*
27 S. 214/20.
Enclenchement système GRADE pour la conjugaison
électrique des aiguilles et des signaux dans les
gares. (Matériel et objects exposé à Liège en
1905.) ▣ *Rev. chem. f.* 29, 1 S. 384/7.
Enclenchements électriques de disques et d'aiguilles
de la Compagnie du Nord. ▣ *Rev. chem. f.* 29, 1
S. 185/9.
Commande à distance des aiguilles et signaux de
chemins de fer distributeur CHAILLAUX.* *Nat.*
34, 1 S. 395/7.
Aiguillage électrique pour tramways à trolley
aérien.* *Electricien* 31 S. 373/4.
Distant switch signals on the Union and Southern
Pacific.* *Railr. G.* 1906, 2 S. 308.
Pédale électrique, système GUILLAUME. (Exposé
à Liège en 1905. La pédale est reliée par un
fil à un électro-aimant déclencheur qui varie
suivant l'appareil ou signal auquel il est adapté.) ▣
Rev. chem. f. 29, 1 S. 285/7.
Automatic track switch.* *Street R.* 27 S. 218/9.
HAYES lifting derail. (Part of an interlocking plant
at the entrance to a yard between a switch point
and a road crossing.) * *Railr. G.* 1906, 1 *Suppl.
Gen. News* S 82.
KIEL, Weichensignale unter Berücksichtigung von
Flankenfahrten.* *Z. Eisenb. Verw.* 46 S. 553/5.
Matériel de voies, et signaux pour chemins de fer
et tramways exposés à Liège en 1905. (Tableau ré-
pétiteur d'aiguilles,système DUMONT et BAIGNÈRES;
l'appareil se compose: d'un tableau en tôle sur
lequel sont figurées schématiquement les voies et
les aiguilles contrôlées; de mécanismes à double
circuit qui se placent en arrière des fenêtres
pratiquées dans le tableau en tôle.) * *Rev. chem. f.*
29, 1 S. 548/50.
Tableau répétiteur d'aiguilles système DUMONT et
BAIGNÈRES.* *Electricien* 31 S. 5/7.
OSGOOD, shapes of switch targets. (Of Central of
New Jersey and six other roads.) (V) (A) *
Railr. G. 1906, 1 S. 43.
OSGOOD, investigation of current practice respect-
ing switch targets and lights. (Single target, for
the „danger" [switch open] indication only.)
Eng. News 55 S. 47.
TOBLER, Blockapparate und Weichenverschlüsse.
(Der elektrische Block der Wiener Stadtbahn;
Weichen- und Signalverschluß mit zwangläufiger
Steuerung, System „Südbahnwerk"; Zentral-
weichenapparat.) * *Schw. Bauz.* 47 S. 191/4 F.
Serrure électrique système CORNILLON de la Com-
pagnie d'Orleans. (A pour but de s'opposer à
la manoeuvre intempestive de certains leviers
dans une cabine d'enclenchement, notamment
pour empêcher qu'on change les aiguilles de

place quand le train qui les franchit va passer.)*
Rev. chem. f. 29, 2 S. 389/92.
UNION SWITCH & SIGNAL CO.s new train staff.
(Electric high speed train staff; staff machine
with permissive and pusher attachments; siding
lock.) *Railw. Eng.* 27 S. 347/9.

3. Blocksysteme und Zugdeckungseinrichtungen. Blocksystems and devices for the protection of trains. Block systèmes et dispositifs pour la protection de trains.

The old induction telegraph and the present block
system.* *El. Rev. N. Y.* 48 S. 646/7.
GOLLMER, Blocksicherungs-Einrichtungen auf den
Preußischen Staatsbahnen. ▣ *Mechaniker* 14
S. 1/3 F.
SIEGLER, Fortentwicklung der amerikanischen Block-
signaleinrichtungen. (Durch Uhrwerke stellbare
Blocksignale; Boncho-Signale; Flügelsignale mit
Preßluft- bezw. elektrischem Betrieb und Vor-
signale.) *Z. Eisenb. Verw.* 46 S. 373/5.
Sperrvorrichtung unter den Erlaubnisfeldern für
Streckenblockung auf eingleisigen Bahnen. (Zu
KERST Abhandlung Jg. 1905 S. 622 u. f.). *ZBl.
Bauw.* 26 S. 400/1.
Combined manual and automatic block signaling
on the Cincinnati New Orleans & Texas Pacific.
(Single track. Lock and block circuits.)* *Railr.
G.* 1906, 2 S. 86/7.
TYER's absolute automatic tablet instrument. (Does
not need special operators; on arrival at a tablet
station the guard or driver will go to the in-
strument, where by means of the indicator he
will see whether a tablet is out for the section
ahead.) * *Railw. Eng.* 27 S. 304.
TYER's three-position one-wire block instrument.
(It is worked by one wire, and gives by the
position of the needle the three indications, viz.,
„line blocked“ [the normal position of the in-
strument], „line clear“ and „train on line“.)
Railw. Eng. 27 S. 271/2.
Die elektrischen Einrichtungen der englischen Vollbahnen. (Strecken mit elektrisch verriegelten
Blocksignalen, Strecken mit unverriegelten Blocksignalen; elektrisch stellbare und mit den Signal-
körpern gekuppelte Blockwerke; elektrische Zug-
stabanordnungen von WEBB & THOMSON; TYER-
sche elektrische Zugtäfelchen.) *Z. Eisenb. Verw.*
46 S. 617/8.
Power signalling at Crewe; L. and North-Western
Ry. (Worked on the „Crewe“ all-electric system
patented by WEBB and THOMPSON.) * *Railw.
Eng.* 27 S. 259/60.
ELLIOTT, signal arrangements for the New York
Central electrified zone. (Automatic electric block
system. To the engineman will be given two
warnings and two chances to stop before it will
be possible for a train to overtake another on
the same track.) (V) (A) *Railr. G.* 1906, 1
S. 36/7.
Signaling in the electric zone of the New-York
Central. *West. Electr.* 38 S. 468/9; *Street R.*
27 S. 908/15.
New York Central all-electric signaling at New York.
(Block and interlocking signals; alternating current
track circuit, with one rail given up for signaling purposes; return; using ironless reactance
bond; alternating current track circuit, two rail
return; iron reactance bond; connections between
rails and reactance bonds; automatic block signal
circuits; switches and signals; interlocking circuits.)▣ *Railr. G.* 1906, 1 S. 705/11; *Eng. News*
55 S. 648/50.
EUREKA AUTOMATIC ELECTRIC SIGNAL CO., some

recent block signal systems for electric railways.
(Eureka block signal system; junctions with block
signals at Altoona; block signal with lamp and
disk; wiring for the U. S. block signal system.)*
Eng. News 56 S. 70/2.
RÉSAL, l'„Autoloc“ de CROIZIER, dispositif de blo-
cage automatique et instantané. *Ann. ponts et
ch.* 1906, 4 S. 308/16.
UNITED ELECTRIC SIGNAL CO., automatisch wirkendes Blocksignal für elektrische Bahnen.* *Z.
Transp.* 23 S. 475/6.
A new automatic counting block signal.* *Street R.*
27 S. 953/4.
Signaux automatiques de block-système pour chemins de fer et tramways à voie normalement
ouverte et à courant intermittent, avec contrôleurs de passage à l'arrêt, système BÉRARD,
DARDEAU, DÈTROYAT. (Poste de block aérien
[sémaphore]; boîte de sémaphore aérien; poste
de block souterrain; relais; schéma d'intercom-
munication entre les postes successifs.) * *Rev.
chem. f.* 29, 2 S. 331/7.
Inseritore e disgiuntore automatico per linee tram-
viarie. (Isolamento dei sottopassaggi; blocco
automatico di linea; blocco automatico d'incro-
cio.)* *Elettricista* 15 S. 26,7.
Appareils pour le block-système. (Appareils de
la Compagnie du Nord; electro-sémaphores du
système TESSE LARTIGUE et PRUDHOM.)▣ *Rev.
chem. f.* 29, 1 S. 178/85.
GENERAL ELECTRIC CO., electro-pneumatic block
signals on the electrified line of the West Jersey & Seashore. (Third rail; automatic signals
controlled by alternating - current; track circuits
flowing through the running rails, which also
convey the return direct current of the propulsion system; air compressors run by electric
motors supplied with current from the third
rail.)* *Railr. G.* 1906, 2 S. 298/300.
MAMBRET & CIE., nouveau dispositif de block-
système.* *Electricien* 31 S. 401/5.
PARK, the flagman on block signaled railroads.
Railr. G. 1906, 2 S. 548/9.
TOBLER, Blockapparate und Weichenverschlüsse.
(Der elektrische Block der Wiener Stadtbahn;
Weichen- und Signalverschluß mit zwangläufiger
Steuerung, System „Südbahnwerk“; Zentral-
weichenapparat.) * *Schw. Bauz.* 47 S. 191/4 F.
Controlled manual block signals of the Chicago &
Eastern Ill. (Electrical control; combination of
Union Switch & Signal Co.'s electric lock with
SMART's manual signal apparatus.) * *Railr. G.*
1906, 1 S. 499.
Block signal system in Joliet.* *Street R.* 27 S. 357.
Block signalling on the great Northern & City Ry.*
Street R. 27 S. 363/4.
Appareils de block système, modèle 1903. (Exposé
à Liège en 1905.) ▣ *Rev. chem. f.* 29, 1 S. 287/96.
Vorschlag für Ergänzung der Streckenblockanlagen.
(Druckknopfsperrea; Scheibensignal vor den
nahe den Endweichen stehenden Ausfahrt-
signalen.) *Z. Eisenb. Verw.* 46 S. 681.
Block signaling for a maximum traffic. (Chart for
time-spacing block-signaled trains.) * *Railr. G.*
1906, 2 S. 73.
EPSTEIN, Signalsicherungsvorrichtungen im Eisenbahnbetriebe. (V)* *Techn. Z.* 23 S. 393/7.
VERAX, electric signalling on English railroads.*
El. Eng. L. 37 S. 918/9 F.
GOLLMER, Eisenbahn - Sicherungsanlagen mit isolierten Gleisstrecken. *Mechaniker* 14 S. 246/9 F.
FORD, control of train headway. (A track is so
aranged with electrical devices that the train
leaves behind it a zone of influence which is
effective to reduce the speed of a following

train in case such following train should pene-
trate the zone of influence, the following train
merely has its speed reduced, but is not actually
stopped.)* *El. World* 47 S. 773.

The WRIGHT telegraph railroad signal. (For use
on single track railroads, and is intended to
place the control of semaphores at the several
stations under the control of the despatcher.)
Iron A. 78 S. 139

Eine neue Zugsicherungsvorrichtung. (Von DINARO
erfundenes elektromagnetisches Zugsicherungs-
system; durch Blockschlüssel werden in beiden
Stationen elektrische Schalter gestellt, die sowohl den Stromkreis für das Abfahrtsignal der
einen Station, wie einen Blockstromkreis schließen.)* *El. Anz.* 23 S. 202/4; *Elettricista* 15
S. 2/3.

Low-pressure pneumatic power signalling installa-
tion; L. S. W. Railway, constructed by the BRI-
TISH PNEUMATIC SIGNAL CO.* *Engng.* 82 S. 419;
Compr. air. 10 S. 3852/61.

Signalling at Newcastle - on - Tyne. * *Eng.* 102
S. 574/5.

Electrically-operated points and signals at Didcot.*
Engng. 82 S. 554/5 F.

WALDRON, alternating current track circuits in
the New York subway. (Automatic signal connections and circuits.) (V)⊠ *Railr. G.* 1906,
I S. 472/3.

4. Signale von der Strecke nach dem fahrenden Zuge. Signals from line to the rolling train. Signaux de la voie au train roulant.

Zur Frage des Gefahrsignals. (Ein kurzes Wecker-
signal oder anhaltendes Wecken als Gefahr-
signal mit der Weisung beim Ertönen desselben
jedem Zuge Halt zu geben.) *Z. Eisenb. Verw.*
46 S. 781.

Zweideutigkeit des grünen Lichtes. (Vgl. Abhandlung S. 209/11. Ausprobierte Lösungen, um die
jetzige Zweideutigkeit des grünen Lichtes bei
Vor- und Hauptsignalen zu beseitigen. Einführung des grünen Blinklichts am Hauptsignal.)
Z. Eisenb. Verw. 46 S. 439.

KEPPLER, wieder ein Vorschlag zur Beleuchtung
der Nachtsignale. (Vgl. die Ausführungen von
ZEIS in Nr. 77 Jahrg. 45 zu dem Ingolstädter
Zugunfall.) *Z. Eisenb. Verw.* 46 S. 585/7.

Gestaltung der Mast- und Stocksignale. (Ein schräg
aufwärts weisender Flügel für Fahrt mit mäßiger
Geschwindigkeit, zwei solche für Fahrt mit voller
Geschwindigkeit; Blocksignale; rechteckige rote
Scheibe für Halt; runde grüne Scheibe für vor-
sichtige Fahrt; weiße Scheibe für freie Fahrt.)
Z. Eisenb. Verw. 46 S. 129/30.

WÜRTZLER, elektrisch betriebene Vorsignale.
(Einfahrtsignal mit dem am Mast desselben an-
gebrachten Magnetinduktor und
Walzenwechsel ohne Schutzdach; Motor des Vor-
signals; Vorsignal auf „Langsam"; Vorsignal auf
„Frei".)* *Z. Eisenb. Verw.* 46 S. 1089/93.

REITZINGER, das elektrische Verbindungssignal
der Schnellzüge der Deutschen und Oesterreichischen Eisenbahnen. (Anordnungen von RAYL,
PRUDHOMME, BECHTOLD und KOHN.) * *Organ*
43 S. 152/8.

MARTENS, das Ueberfahren der Haltsignale durch
Güterzüge. (Bremspfähle bei gefährlichen Bahn-
hofseinfahrten.) *Z. Eisenb. Verw.* 46 S. 1025/9.

Signalling scheme. (Committee report, Railway
Signal Association, Washington-meeting. Three
position arm; complete system of signaling for
handling of traffic.)⊠ *Railr. G.* 1906, 2 S. 368/70.

AMERICAN RY. SIGNAL CO. of Cleveland, Ohio,

the „American" electric semaphore.* *Railr. G.*
1906, I S. 312/3.

RAYMOND - PHILLIPS' system of automatic train
control. (Pneumatically operated semaphores
are fitted in the cab of an engine.)* *El. Rev.*
59 S. 84/5, 234/5; *Railw. Eng.* 27 S. 260/2;
Engng. 82 S. 53.

UNION SWITCH & SIGNAL CO.'s electric motor
signal. (Apparatus for a two - arm signal.)*
Railw. Eng. 27 S. 372/4.

NESPER, die drahtlose Telegraphie im Eisenbahn-
Sicherungsdienst. (Beschreibung der Versuche,
Schaltungsanordnung usw.) *Elektrot. Z.* 27 S.
906/10; *Electr.* 58 S. 297/8.

METHEANY - MATTHEWS, interurban railway telephone.* *West. Electr.* 38 S. 297.

STROMBERG - CARLSON, interurban railway telephone.* *West. Electr.* 38 S. 296.

Efficiency of automatic stops in signal apparatus.
(For automatically setting the brakes of a train
which is allowed to pass a signal at the „stop"
position.) *Eng. News* 56 S. 35.

BURKE, train order signal system for electric railways. (Methods of controlling the movements
of cars; BLAKE signal system; train-order signals
to indicate when cars are to be stopped for
orders.) (V) (A)* *Eng. News* 55 S. 615/6.

A simple electric signal system. (Indicates automatically the presence and direction of a car on
the block of single track by signal lights at the
tournants forming the terminals of the block.)*
Street R. 28 S. 978/9.

Automatic signalling on the district railway. *Eng.*
101 S. 57.

The BRIERLEY fog - signaling apparatus for railroads.* *Sc. Am.* 94 S. 452/3.

V. DONOP, distant signals. (In connection with the
accident at Shippea Hill, G. E. Rr., referring to
YORKE's report on the derailment at Aylesbury.
Fastening the distant signals in the „on" position.) (A) *Railw. Eng.* 27 S. 257/8.

FINK, einseitig wirkende Gleiskontakte. (Die Wirkung des Zuges auf die Unterbrechungsvorrich-
tung wird verlängert, indem letztere mit der
Druckschiene des Zeitverschlusses von ZIMMER-
MANN & BUCHLOT verbunden wird.)* *Zbl. Bauv.*
26 S. 363/4.

FROHS, technische Neuheiten auf dem Gebiete des
Oberbaues und des Verkehrs. (SENTHsche
Knall- und Lichtsignale. Knallsignallegeapparate
von CLAYTON & CO) *Oest. Eisenb. Z.* 29
S. 123/4 F.

RABIER-LEROY, avance - pétard système „RABIER-
LEROY" pour signaux d'arrêt s'adressant à
des voies parcourues dans les deux sens.* *Rev.
chem. f.* 29, I S. 81/2.

Detonateurs COUSIN.* *Rev. chem. f.* 29, I S. 296/9.

5. Signale am Zuge. Signals on train. Signaux du train.

New jack box for interurban railways. („Lima"
jack box enables the train crew to obtain instant
connection with a despatcher without the delay
of lock and key and without leaving the car.)*
Street R. 28 S. 579/80.

6. Ueberwegsignale. Street crossing signals. Signaux pour croisement de chemin.

BARNES, a signal system for railroad crossing.
(The open or closed condition of the derailing
device is indicated by a semaphore by day and
lamps at night.)* *Street R.* 28 S. 347.

7. Einzelteile (Elemente, Leitungen usw.). Parts (batteries, conduits etc.)

WRIGHT's petroleum-burning railway hand lamp.

(With a patent slide to hold the red and green glass screens.)* *Railw. Eng.* 27 S. 240.

Two English improvements in signal lamps. (COLIGNY-WELCHlamp, in which an extension projecting from the lamp case has an illuminated slot of fish-tail pattern, corresponding to the fish-tail on the semaphore arm; WELCH long-burning oil lamp.)* *Eng. News* 56 S. 98.

V. Bahnhofsanlagen und Ausrüstung. Railway stations and equipment. Gares et équipement.

1. Allgemeines. Generalities. Généralités.

SCHMIDT, HEINRICH, der Abzweigungsbahnhof „Bismarckstraße" der Berliner elektrischen Hoch- und Untergrundbahn. *Elektr. B.* 4 S. 114/7.

GOUPIL, principes adoptés pour les aménagements récents de grandes gares allemandes Wiesbaden-Hambourg. ⊞ *Ann. ponts et ch.* 1906, 4 S. 326/30.

Das neue Empfangsgebäude auf dem Hauptbahnhof in Hamburg. ⊞ *ZBl. Bauv.* 26 S. 619/22.

HEINRICH, der neue Hauptbahnhof in Leipzig, mit besonderer Berücksichtigung der Preußischen Anlagen. (V)* *Ann. Gew.* 58 S. 21/9 F.; *Oest. Eisenb. Z.* 29 S. 271.

TOLLER, Umbau der Bahnhöfe Leipzig, Sächsischer Teil. ⊞ *Organ* 43 S. 69/73.

RÉE, der Wartesaal im Nürnberger Bahnhof. (Architektonische Ausführung.) ⊞ *Dekor. Kunst* 10 S. 1/5.

GIESE, Umgestaltung der Bahnanlagen bei Spandau. *Z. Eisenb. Verw.* 46 S. 1451/4.

Wettbewerb für das Bahnhofs-Empfangsgebäude in Karlsruhe. (16 Wettbewerbsentwürfe.) (N) *Z. Arch.* 52 Sp. 342.

Neuer Entwurf für den Stuttgarter Bahnhofsumbau. (Durchgangsbahnhof.) *D. Baus.* 40 S. 255.

Umgestaltung des Stuttgarter Hauptbahnhofes. (Hauptdurchgangsbahnhof in Cannstadt; Kopfbahnhof in der früheren Lage nach Erweiterung des Gebäudes.) *D. Baus.* 40 S. 148 F.

EVERKEN, die neuen Bahnhofsanlagen in und bei Wiesbaden. ⊞ *ZBl. Bauv.* 26 S. 580/3.

HERRMANN, das neue Empfangsgebäude auf Bahnhof Worms. ⊞ *Z. Bauw.* 56 Sp. 1/10.

FISCHER, JOS., die Förderung beim Bau des Karawankentunnels (Nord.) (Ausziehgleise und Nutzgleise für die Aufstellung der aus dem Steinbruch kommenden Wagen; Verschiebebahnhof für den Betrieb mit elektrischen und Dampflokomotiven.)* *ZBl. Bauv.* 26 S. 149/51.

DE BRUYN, Hochbauten der dänischen Staats- und Privateisenbahnen. (Bahnhofsgebäude-Neubauten von WENCK; statt Wartesäle der dritten Klasse Eingangshallen; Ausladebahnhöfe Helsingör, Esbjerg und Korsör; Verwaltungsgebäude des Güterbahnhofs Kopenhagen.)* *ZBl. Bauv.* 26 S. 271/6 F.

The British system of cartage and delivery of freight at terminals. (London & North Western Ry. Steam lorry for collection and delivery work in a Hilly country district; single-horse van for collections and deliveries; two-horse lorry.)* *Railr. G.* 1906, 2 S. 452/4.

LAKE, East Ham new station; London, Tilbury and Southend Ry. (a)⊞ *Railw. Eng.* 27 S. 125/31, 144/6.

Reconstruction of Haydon Square Goods depot London and North-Western Ry. (Ground floor and first floor tracks.) (a)⊠ *Railw. Eng.* 27 S. 13/20.

Umbau der Londoner Victoria-Station. (Pläne von MORGAN, CH. L.)* *Z. Eisenb. Verw.* 46 S. 986; *Engng.* 82 S. 140/1.

Enlargement of Victoria station, London; roof over cab exit. ⊞ *Engng.* 82 S. 378/9 F.

Grand Central station buildings.* *Eng. Rec.* 53 S. 662.

Neasden, goods yard; Great Central Rr.* *Railw. Eng.* 27 S. 158/9.

Thornton Heath station; London, Brighton and South Coast Ry. (a) ⊞ *Railw. Eng.* 27 S. 39/44.

TWELVETREES, Güterstation in Newcastle-on-Tyne. (Nach Plänen von MOUCHEL im System HENNEBIQUE) *Bet. u. Eisen* 5 S. 244.

LAKE, Sudbury and Harrow Road station; Great Central Ry. (a)⊞ *Railw. Eng.* 27 S. 207/13.

DUPUIS, nouvelle halle des messageries de la Compagnie du Chemin de Fer du Nord. (Quais des voitures; plateforme; bureaux; monte-plis; quais de chargement; éclairage; wagons de groupage; service de transit; manoeuvres.) ⊞ *Rev. chem. f.* 29, 2 S. 367/78.

BENETTI, lavori di costruzione della stazione di Urbino. (a)* *Giorn. Gen. civ.* 43 S. 281/305.

DENICKE, Bemerkungen über Bahnhofshallen in Nordamerika. (Dachbinder mit genieteten Knotenpunkten; als Dreigelenkbogen ausgebildete Bahnhofshallen; Hallendach aus Fischbauchträgern; Knotenverbindungen mittels Bolzen; Kranzträger mit eingehängtem Mittelstück)* *ZBl. Bauv.* 26 S. 516/8.

Special commissioners' report on improved railway terminals and a new municipal bridge over the Mississippi River at St. Louis, Mo.* *Eng. News* 56 S. 103/5.

New station of the Southern Pacific at Alameda Mole. ⊞ *Railr. G.* 1906, 1 S. 223/5.

The Grand Trunk Passenger station at Battle Creek.* *Railr. G.* 1906, 2 S. 342.

Southern Pacific station at Berkeley, Cal.* *Railr. G.* 1906, 2 S. 194/5.

FISCHEL, der neue südliche Endbahnhof in Boston, V. St. A.* *Oest. Eisenb. Z.* 29 S. 69/72.

New Northern Pacific passenger station at Butte, Mont.* *Railr. G.* 1906, 2 S. 392.

HUGHITT, a new Chicago terminal for the Chicago & Northwestern Ry. (Located west of the river, so that the movement of trains is not subject to interruption by river traffic. The point has numerous routes of communication with the business direct of the city as well as with the regions north, west and south.)* *Eng. News* 56 S. 412/3.

Outbound freight house of the Wabash at Chicago. (Arrangement for service from the Chicago freight tunnels; two connections from the Clark Street bore, one at each end of the building, with elevators for raising and lowering the tunnel cars.)* *Railr. G.* 1906, 1 S. 400/1.

BURNHAM & Co, El Paso' union station. (Two stories, with a clerestory; waiting room. 60'×100'; expanded metal and plaster roof; heating by steam; lighting by electricity.)* *Railr. G.* 1906, 1 S. 661.

New passenger station at Grand Junction, Colorado. (Foundation of concrete resting on RAYMOND concrete piles; construction throughout fireproofed with reinforced concrete.)* *Railr. G.* 1906, 1 S. 422/3.

The Gibson Yard of the Chicago, Indiana & Southern and Indiana harbor.* *Railr. G.* 1906, 2 S. 262/3.

New passenger terminal of the Chicago & North-Western at Chicago. (Separation of passenger and freight traffic.)* *Railr. G.* 1906, 2 S. 314/5.

HURLBUT, new terminal station and ferryhouse of the Delaware, Lackawanna & Western Rr., at Hoboken, N. J. (Concrete foundation supported on piles; steel and concrete construction of the superstructure, designed with a special view to

the resistance to shock and unequal settlement; extensive use of copper as an exterior finish, methods of erection necessitated by the conditions of traffic.) (a)* *Eng. News* 56 S. 297/304.

New Hoboken freight terminal of the Lackawanna Rr.* *Eng. Rec.* 53 S. 28/9.

BYERS, East Bottoms yard of the Missouri Pacific at Kansas City.◙ *Railr. G.* 1906, 1 S. 474/6.

Atlantic Avenue terminal of the Long Island Railroad. (Of brick, concrete and steel; two stories high above the street; for elevated railroad and subway traffic only.)* *Eng. Rec.* 53 S. 288/91; *Eng. Rec.* 53 Nr. 6 Suppl. S. 44.

BLUM, die Bahnhofsanlagen der Illinois-Zentral-Bahn in Neu-Orleans.◙, *Organ* 43 S. 244/7.

Kansas City freight houses of the Missouri Pacific.* *Railr. G.* 1906, 2 S. 265.

La grande gare du New-York Central.* *Nat.* 34, 1 S. 353/5.

Goods offices, Paddington; Great Western Ry. (a)◙ *Railw. Eng.* 27 S. 69/72, 189/96.

New passenger station of the Pennsylvania Railroad in New-York City. * *West. Electr.* 38 S. 416/7.

MC KIM, MEADE & WHITE, the Pennsylvania railroad's extension to New York and Long Island. (Station waiting room; concourse and tracks.)◙ *Railr. G.* 1906, 1 S. 522/7.

Pennsylvania Rr. passenger station in New York City.◙ *Eng. News* 55 S. 567/8; *Railr. G.* 1906, 1 S. 127/32.

Replacing a railroad, New York terminal station. (Plans for handling the passenger traffic without interference with train schedules while both tracks and buildings are removed and replaced by others.) *Eng. Rec.* 53 S. 661/2.

MC KIM, MEADE & WHITE, the passenger station of the Pennsylvania Rr. in New York. (Tracks 40' below the surface of the streets; the station is divided into three levels; street, concourse and track level; main baggage room; 4,50' of frontage for the use of the transfer wagons; concourse 100' wide.)* *Eng. Rec.* 53 S. 659/60.

Western Pacific terminals. (Proposed terminals at Oakland.)* *Railr. G.* 1906, 1 S. 70/1.

Wabash Eastern improvements. (Wabash-Pittsburg terminal; Wheeling & Lake Erie; floor of wood, asphalt, rubber, tarred felt etc.)* *Railr. G.* 1906, 1 S. 427/32.

MOORE, ROBERT and PERKINS, ALBERT, freight terminal facilities at St. Louis. *Railr. G.* 1,06, 2 S. 349.

The Silvis freight yard of the Rock Island.◙ *Railr. G.* 1906, 1 S. 448/50

The new freight terminal at St. Louis of the Rock Island-Frisco lines. * *Railr. G.* 1906, 2 S. 322/3.

BLUM, Empfangsgebäude der Southern Pacific-Eisenbahn in San Antonio. (Großer Wartesaal, von dem alles andere zugänglich ist; von der das Gebäude umgebenden Bogenhalle unmittelbar zugänglicher Warteraum für Farbige.)* *D. Baus.* 40 S. 227/8.

Santa Barbara station of the Southern Pacific.* *Railr. G.* 1906, 1 S. 298.

New station of the Great Northern at Sioux Falls. (Floors of Italian marble, white enamel tile; ceilings of pressed steel; electric light and hot water heating.)* *Railr. G.* 1906, 1 S. 439.

The Grand Trunk's new freight terminal at Toronto. *Railr. G.* 1906, 2 S. 588.

KRISER, der neue Personenbahnhof in Washington.* *Oest. Eisenb. Z.* 29 S. 151/3.

Progress on the Washington terminal improvements. (Preparing the foundation for the station; use of concrete; arch trusses of 130' span,

Repertorium 1906.

erected by a tower traveller fitted with three derricks.) *Eng. Rec.* 53 S. 483/4; *Railr. G.* 1906, 2 S. 100/1.

Progress of the Washington Union station.* *Railr. G.* 1906, 2 S. 100/1.

LONG, proposed Baltimore & Ohio station at Wheeling, W. Va.* *Railr. G.* 1906, 2 S. 8.

Increased terminal facilities for the Panama Ry. *Eng. News* 55 S. 575.

Tehuantepec Ry. and the harbors at its ocean terminals.* *Eng. News* 56 S. 1/3.

Summit or hump yards for gravity switching. (A)* *Eng. News* 55 S. 340.

GIESE und BLUM, Beiträge zur Stückgutbeförderung auf amerikanischen Bahnen. (Versand-Güterschuppen; Hubtor eines Güterschuppens.)* *Z. Eisenb. Verw.* 46 S. 993/6.

BLEICH, Eisenkonstruktion der neuen Bahnhofshalle auf dem Franz Josefsbahnhofe in Prag. (Die Halle ist 227,4 m lang und 76,18 m breit und besteht aus einem Pultdach und zwei Bogendächern von je 33,25 m Spw.) (V) (A) *Wschr. Baud.* 12 S. 46.

Umbrella platforms instead of train sheds at important terminals. (Structure with moderate span roofs of reinforced concrete and with no metal exposed to corrosion.) *Eng. News* 55 S. 127.

Éclairage des trains et des gares DE LA COMPAGNIE DU NORD.◙ *Rev. chem. f.* 29, 1 S. 189/90.

2. Wasserstationen. Waterstations. Châteaux d'eau.

KLOPSCH, Wasserversorgung des neuen Haupt-Personenbahnhofes Leipzig, Preußischer Teil und des Güterbahnhofes Wahren bei Leipzig.◙ *Organ* 43 S. 11/2.

IVATT, water scoop. (Cylinder into which part of the ascending water is deflected by a hood, and puts enough pressure on the piston to offset the tendency which the water in the trough has to drag down the scoop when travelling at high speed.)* *Railr. G.* 1906, 1 *Suppl. Gen. News* S. 132.

SCHÄFER, Wasserkran für 10 cbm Leistung in der Minute.◙ *Organ* 43 S. 179,80.

Wasserbehälter und Fundament in armiertem Beton. (Wasserturm auf dem Bahnhofe zu Jekaterinodar; Behälter zu Sinelnikowo; INTZEs Form für Eisenbehälter.)◙ *Uhlands T. R.* 1906, 2 S. 20/1.

Automatic electric motor driven pumping plant. (For supplying railroad water tanks in operation on the Lake Shore & Michigan Southern at South Bend, Indiana. WORTHINGTON single-stage turbine pumps, each direct connected to a six-pole, 7'/2-H. P., three-phase, 440-volt GENERAL ELECTRIC CO. induction motor.)* *Railr. G.* 1906, 2 S. 206.

MICHTNER, Heißluftmotoren zum Betriebe von Wasserstationen.* *Lokomotive* 3 S. 62/5.

3. Schiebebühnen, Drehscheiben usw. Travelling platforms, turntables etc. Chariots transbordeurs, plaques tournantes etc.

GRADENWITZ, electrically-operated travelling platforms, turntables, and winches. * *Sc. Am. Suppl.* 62 S. 25780/1.

ARDELT & SÖHNE, Drehscheibe. (Flächenlagerung die für senkrechten Stützzapfen jeder Art, Lenkschemel, Göpelköpfe, Karusselgehänge odgl. verwendet werden kann.)* *Techn. Z.* 23 S. 517.

Drehscheiben-Antrieb der VEREINIGTEN MASCHINENFABRIK AUGSBURG UND MASCHINENBAU-GESELLSCHAFT NÜRNBERG, A.G.* *Ann. Gew.* 58 S. 2.

25

UHLENHUTH. Drehscheiben-Verlängerung auf dem Personenbahnhofe Erfurt. (Mittels auf die oberen Gurtungen der Hauptträger genieteter U-förmiger Träger.) * *Zbl. Bauv.* 26 S. 364/5.

4. Lokomotiv- und Wagenschup;en und Zubehör. Loomotive-houses and car shops and accessory. Dépôts de locomotives et de voitures et accessoire.

STUART, round house facilities. (Locomotive crane; details of doors and windows; oval and ash pits; oil house; smoke jack; sand house.)⊠ *Railr. G.* 1906, 1 S. 619/23.

MASTER MECHANICS' ASSOCIATION, engine house running repair work on locomotives. *Railr. G.* 1906, 1 S. 673/4.

MAC CART, design of yards for classifying freight cars. (Arrangements of switches; comparative profiles of humps; engine facilities at terminals.) * *Eng. News* 55 S. 283/7.

MAC CART, locomotive handling of terminals. (Ash pit arragement for a terminal yard.)* *Railr. G.* 1906, 1 S. 141.

ZIMMERMANN, der Lokomotivschuppen in Freiburg i. B. Güterbahnhof. (Zwei 51 m lange Abteilungen, zwischen denen eine 20 m lange, auf 6 Gleisen laufende, elektrisch betriebene Schiebebühne liegt.)⊠ *Organ* 43 S. 79/80.

The new Alleghany engine terminal of the P, F. W. & C. (Roundhouse; motor driven turntable accessible from three separate tracks.) * *Railr. G.* 1906, 2 S. 307.

New locomotive and car shops of the Louisville & Nashville Ry. (Concrete foundation walls and piers supported on concreted piling; buildings of steel frame construction with brick walls; freight car repair shop with corrugated iron sheathing.) * *Eng. News* 55 S. 145/8.

HITT, East Altoona engine terminal of the Pennsylvania. (Inspection pits; coal wharf; pneumatic coal chute gate; sand drying and storage plant; engine house; track stop in roundhouse; pneumatic lift doors; engine pits roundhouse floor; drop pits; heating and pipe ducts from power house and fan house.)* *Railr. G.* 1906, 1 S. 259/70.

HARPRECHT, mechanische Lokomotivbekohlungsanlagen mit besonderer Berücksichtigung der Bekohlungsanlage Grunewald und über die Staubabsaugungsanlage daselbst. (Bekohlungsanlage der Terminal Railroad Association of St. Louis; Bekohlungsanlage zu Mc Kees Rocks; HUNTsche Bekohlungsanlage für den Bahnhof Saarbrücken.)* (V. m. B.)* *Ann. Gew.* 58 S. 184/93 F.

PHELPS, a reinforced concrete locomotive coaling station of unusual construction on the Lehigh Valley R. (For coaling about one hundred yard engines per day. The dumping track is 40' above the engine coaling track.) * *Eng. News* 55 S. 665/6.

LUFT, eine Straßenbahn-Wagenhalle in Eisenbeton in Nürnberg. (DYCKERHOFF & WIDMANNs Eisenbetonbauweise; Stützenentfernung in der Querrichtung 10,4 m, von Außenmitte zu Außenmitte also 20,80 m; Hallenlänge 72,35 m; die Binderentfernung 5,55 m; umschließende Wände aus Eisenbeton; Bindersystem mit Mittelstütze als Pendelstütze ausgebildet.) (V)* *D. Baus.* 40 *Mitt. Zem., Bet.- u. Eisenbetbau* S. 17 F.

The new car house and remodeled shops of the International Ry. Co., Buffalo, N. Y. * *Street R.* 28 S. 4/14.

Car house of the Montreal Street Ry. Co. * *Street R.* 27 S. 343/4.

The fire protection of car houses. *Street R.* 27 S. 767/8.

Feuerlöscheinrichtungen in Straßenbahnwagendepots. * *Z. Transp.* 23 S. 232/4.

Car house sprinklers at Albany. (Automatic sprinkler systems, including side line, or aisle sprinkler, for extinguishing fires' in cars.) *Street R.* 27 S. 77/8.

Automatic sprinkler system in Cleveland. (Car houses with automatic sprinkler systems.) *Street R.* 27 S. 791/2.

FLORY, car cleaning. (Car cleaning yard at Communipaw terminal; Central Rr. of New Jersey.) (V) (A) * *Railr. G.* 1906, 2 S. 392/4.

DE HAAS, Einrichtung des Ausgaberaumes in einem Eisenbahn - Betriebsmaterialien - Nebenmagazin. * *Ann. Gew.* 59 S. 94/5.

VI. Eisenbahnwerkstätten. Railway workshops. Ateliers de chemins de fer.

ROTHER, Bau und Einrichtung von Eisenbahnwerkstätten. (Größenbemessung und Einzelteile der Bauausführung; Schmiede, Dreherei, Wagenmontierung; Wagenlackiererei; Tapeziererei und Sattlerei; Krafterzeugung und Uebertragung; Heizung; Beleuchtung und Lüftung.)⊠ (a) *Allg. Baus.* 71 S. 60/81.

Die neue Königliche Eisenbahn-Hauptwerkstätte in Opladen.⊠ *Techn. Z.* 23 S. 418/20F.

Car house shops and shop practices at Birmingham, Ala.⊠ *Street R.* 27 S. 696/704.

ROBINSON, carriage and wagon repairing shops; Great Central Ry.* *Railw. Eng.* 27 S. 86.

New shops of the Oakland Traction Consolidated and Key Route systems.* *Street R.* 27 S. 174/85.

LAURENT, production des ateliers des chemins de fer en Amérique. (a)⊠ *Rev. chem. f.* 29, 1 S. 411/30.

ASSELIN, COLLIN, ateliers américains. (Disposition générale; utilisation des étages; exemples d'installation; particularités de la construction des ateliers de montage, de machines outils, de chaudronnerie, de forge et de fonderie; production de la force motrice.)* *Rev. chem. f.* 28, 2 S. 3/34.

New shops of the Cincinnati, Hamilton & Dayton Ry., at Ivorydale, O. *Eng. News* 56 S. 372/3.

The new car repair shops of Fort Smith, Ark.* *Street R.* 27 S. 196/8.

New locomotive and car shops of the Louisville & Nashville Ry.⊠ *Eng. News* 55 S. 145/8; *Organ* 43 S. 180/2.

Repair shop practices of the Montreal Street Ry.* *Street R.* 27 S. 144/8.

New shops of the Canada Car Co. at Montreal.⊠ *Railr. G.* 1906, 1 S. 584/9.

Large extensions to Oaklawn shops of Chicago & Eastern Illinois.* *Railr. G.* 1906, 2 S. 388.

Repair shop practices of the Toronto Ry. (Repair pits; stands for winding armatures; racks for holding armatures.)* *Street R.* 27 S. 230/6.

GOLDMARK, Winnepeg shops of the Canadian Pacific. (Locomotive, machine and erecting shop. Clear width 160 ', divided into three equal bays; electric transfer table.)⊠ *Railr. G.* 1906, 1 S. 40/2.

CARR, the new shops of the Canadian Pacific Railway at Winnipeg.* *Eng. Chicago* 43 S. 1/4.

Japanese railway tyre works at Yawata.* *Engng.* 82 S. 520/2.

LOVELESS, electric power in the Pennsylvania railway shops at Altoona.* *Electr.* 57 S. 966/8.

Electrical equipment of the Erie Railroad shops at Hornell (Hornellsville), N. Y.* *El. Rev. N. Y.* 49 S. 894/8; *Electr.* 58 S. 287/90.

WESSLING, electrical equipment of Louisville and Nashville railroad shops.* *West. Electr.* 38 S. 175.

The electrical equipment of a Newcastle railway warehouse.* *El. Rev.* 59 S. 856/7.

MARNIER, fosse d'essais pour locomotives du Great Western Ry. à Swindon. (Installation de CHURCHWARD permettant d'essayer en fonctionnement sur place des locomotives. La méthode consiste à faire marcher la machine en lui opposant une résistance reglable.☒ *Rev. ind.* 37 S. 74/5; *Bull d'enc.* 108 S. 128/31.

An innovation in roundhouse heating. (At Parsons, Missouri, Kansas & Texas Ry. Details of the furnace; fans and piping for heating and ventilating.)* *Iron A.* 78 S. 274/5.

Wasch-, Kleideraufbewahrungs- und Badeanlage für einen Werkstättenbahnhof.* *Z. Gew. Hyg.* 13 S. 543.

VII. Ausgeführte Eisenbahn- Anlagen. Railways. Chemins de fer.

1. Allgemeines. Generalities. Généralités.

JAPIOT, les chemins de fer américains, matériel et traction.* *Ann. d. mines* 10 S. 249/401.

BLUM u. GIESE, Anlagen der Illinois-Zentral-Eisenbahn in Chicago. (Linienführung der Hauptgleise; Anlage für den Personenverkehr, Vorortverkehr, Fernverkehr und Güterverkehr; Empfangsgebäude des Fernbahnhofs.)* *Z. Bauw.* 56 Sp. 101/14.

MARTENS, Anlage und Betrieb von Fabrikbahnen. *Dingl. J.* 321 S. 9/11 F.

Comparison entre les lignes à crémaillère et à adhérence. (Les chemins à crémaillère permettent de réaliser une réduction de la longueur à construire une diminution dans l'importance des ouvrages d'art; leur exploitation est plus onéreuse et leur capacité de trafic plus restreinte) *Rev. ind.* 37 S. 304.

2. Mit Dampf betriebene Eisenbahnen. Steam worked railways. Chemins de fer à vapeur.

a) Allgemeines. Generalities. Généralités. Fehlt.

b) Haupt- und Nebenbahnen. Main and secondary railways. Chemins de fer principaux et secondaires.

ZUFFER, die offenen Strecken der neuen Alpenbahnen. (V) (A) *Wschr. Baud.* 12 S. 310/1.

Eröffnung der Wocheiner Linie der neuen Alpenbahn Salzburg -Triest. (Kurze Beschreibung.)* *D. Bauz.* 40 S. 422/4; *Z. Eisenb. Verw.* 46 S. 881.

Ardwick - Hyde Junction widening; Great Central Rr. (a)* *Railw. Eng.* 27 S. 320/9.

Widening the L., Brighton and South Coast Ry. between Earlswood and Horley. (a) * *Railw. Eng.* 27 S. 275/82.

Extension of the Chicago, Milwaukee & St. Paul Ry. to the Pacific Coast. *Eng. Rec.* 54 S. 687.

Deepwater and Tidewater Rys. (445 miles of standard-gauge single - track railroad extending from Tidewater at Norfolk, Va. across the southern part of Virginia to the West Virginia line and then northwest and north through the latter state to Deepwater at the head of navigation on the Great Kanawha River; tunnel with crossing of Widemouth Creek; tunnel portals near Kate's Creek viaduct and Guyandotte River; track laying machine; occurrence of a tunnel and viaduct together and pedestals in place for a high viaduct; derrick car used in erecting high viaducts. Concrete arch for undergrade highway crossing; concrete pier of New River bridge; SULLIVAN air compressor. Concrete

abutments and pedestals for steel viaducts; concrete tunnel linings; terminal facilities for coal traffic; ballast spreading and embankment grading machine.)* *Eng. Rec.* 54 S. 650/5 F.

KALK, Duluth extension of the Wisconsin Central. (Steel span bridges; wood piers and abutments to be replaced with concrete wooden box culverts; 85 pounds rails and BONZANO rail joints; sidings laid with ordinary angle bars)* *Railr. G.* 1906, 1 S. 484/5.

KUPKA, die neue Grand Trunk Pacificbahn. (5800 km Länge; Ausgangspunkt in Moncton, New Brunswick, am St. Lawrence Golf; Auslegerbrücke über den Lawrencestrom von 549 m Spw., mit ihren beiden Zufahrtstraßen von je 220 m Länge im ganzen 989 m lang; 45,7 m über dem höchsten Wasserstande.) *Arch. Eisenb.* 1906 S. 617/21.

The Eastern Ry. of New Mexico: Atchison, Topeka & Santa Fe Ry. system. (New route; concrete railway stations; station platforms.)* *Eng. News* 55 S. 246.8.

GIESE und BLUM, die Anlagen der Pittsburg- und Lake Erie - Eisenbahn in Pittsburg. ☒ *Z. V. dt. Ing.* 50 S. 1615/21.

The railroads of Cuba. (Single trunk line from Havana to Santiago, supplemented by transverse sea-to sea roads; long steel girder trestle.) * *Railr. G.* 1906, 1 S. 411/4.

ERBSTEIN, die panamerikanische Eisenbahn. (Linienführung; Baukosten; Mängel.) *Z. Eisenb. Verw.* 46 S. 1375/9.

KERBEY, the Trans - Andine Rr. *Railr. G.* 1906, 2 S. 107/8.

BREDT, Baugeschichte und Bauausführung der Großen Sibirischen Eisenbahn. ☒ *Arch. Eisenb.* 1906 S. 84/116.

THIESZ, technische Mitteilungen über die Sibirische Eisenbahn. (Allgemeine Linienführung; Dämme und Einschnitte; Schwellen und Schienen; Brücken; Wohngebäude; Wasserversorgung; Schneeverwehungen; Schutzwachen; Betriebsergebnisse.)* *Z. V. dt. Ing.* 50 S. 455/8.

Eröffnung der Eisenbahn nach Paknampo in Siam. (Allgemeine kurze Beschreibung; Betriebsmittel; Stationsgebäude aus Holz und mit Wellblech eingedeckt.)* *Zbl. Bauv.* 26 S. 303/4.

ASHMEAD, the Peking-Hankow railway in China.* *Eng. News* 56 S. 25/7.

Bau der Eisenbahn Peking—Kalgan. (Beginn im Juni 1905; 190 km) (V) *Arch. Eisenb.* 1906 S. 425/6.

FANSLER, new railways in the Philippine Islands.* *Cassier's Mag.* 30 S. 161/74.

c) Stadt- und Vorortbahnen. City and suburban railways. Chemins de fer métropolitains et de banlieue.

α) Allgemeines. Generalities. Généralités. Fehlt.

β) Hoch- und Untergrundbahnen. Elevated and underground railways. Chemins de fer élevés et souterrains. Fehlt.

d) Klein-, Industrie- und Feldbahnen. Light, industrial and agricultural railways. Chemins de fer industriels, ruraux et d'intérêt local.

VOIGTMANN, die „Monorail" als Industriebahn. (Nach A. LEHMANN in Wien. Ausführung in Mexiko zur Wegschaffung des Abraumes und zum Erztransport, mit Pferdebetrieb.)* *Uhlands T. R.* 1906 Suppl. S. 46/7; *Presse* 33 S. 78; *Erzbergbau* 1906 S. 219/22.

BRADFORD, monorails in underground tramming. (Hangers for monorail; overhead shunt and method of tipping truck; floor and save taking up bottom.)* *Eng. min.* 81 S. 563/6.

Einschienenbahn. (Transportmittel für die Eisenindustrie. An Wagenmaterial werden bei Handbetrieb Muldenkipper, Plattformwagen oder auch Spezialwagen verwendet.) * *Eisens.* 27 S. 71/2.

e) Bergbahnen. Mountain railways. Chemins de fer de montagne.

URBACH, Reibungs- und Zahnstangenbahn von Ilmenau nach Schleusingen. (Linienführung; Plattenzahnstange mit zwei Lamellen nach ABT; o—6—2-Zahnradlokomotive, Bauart ABT.) ⊠ *Z. Bauw.* 56 Sp. 343/60.

f) Straßenbahnen. Street railways. Tramways. Fehlt.

3. Elektrische Bahnen. Electrical railways. Chemins de fer électriques.

a) Allgemeines. Generalities. Généralités.

BENDIX, die Ausbildung der Fahrer der elektrischen Straßenbahnen. *Elektr. B.* 4 S. 93/7 F.

CARTER, technical condiserations in electric railway engineering. (V. m. B.)* *El. Rev.* 58 S. 316/7 F.; *J. el. eng.* 36 S. 231,85; *Electr.* 56 S. 596/8 F.

FELDMANN, Ideen englischer Fachleute über elektrische Bahnen.* *Elektr. B.* 4 S. 258/61.

JENKIN, the advent of single - phase electric traction. (V) *El. Eng. L.* 38 S. 227/33; *El. Rev.* 59 S. 245/7 F.; *Electr.* 57 S. 694/8; *Railw. Eng.* 27 S. 385/6; *Sc. Am. Suppl.* 62 S. 25806/8 F.

MÜLLER, W. A., Entwicklung der elektrischen Bahnen in Deutschland und in der Schweiz.* *Elektr. B.* 4 S. 234/7 F.

EICHEL, die elektrischen Bahnen der Vereinigten Staaten und ihre Sonderheiten. * *Elektr. B.* 4 S. 117,8 F.

Die Entwicklung elektrischer Vollbahnen in den Vereinigten Staaten. *Elektr. B.* 4 S. 165/7.

PAUL-DUBOIS, applications de l'électricité à l'exploitation des chemins de fer aux Etats - Unis. (a) ⊠ *Rev. chem. f.* 29, 1 S. 323/4.

PIAZZOLI, advantages and disadvantages of feeding tramway systems in isolated zones as compared with closed networks. *Electr.* 58 S. 19/20.

RICHARD, la question des chemins de fer électriques. (a) *Bull. d'enc.* 108 S. 952/4.

TAYLOR, some notes on single-phase railway working. (V. m. B.)* *J. el. eng.* 37 S. 345/58.

TOWNLEY, the single-phase system in steam line electrification and electric railway development.* *El. Rev. N. Y.* 48 S. 359/61.

Expert report on San Francisco's street traffic problems. *Street R.* 27 S. 10/19.

GONZENBACH, the economy of combined railway and lighting plants. * *West. Electr.* 38 S. 96/7.

PFORR, Stromverbrauch bei Wechselstrombahnen. (Erwiderung zu CSERHÁTIs Aufsatz Jg. 42 S. 307/8. Vergleich mit dem Stromverbrauch bei Drehstrombahnen. Erwiderung von CSERHÁTI.) *Organ* 43 S. 74.

Ersparnisse im Stromverbrauch bei den städtischen Straßenbahnen in Frankfurt a./M. *El. Anz.* 23 S. 307 9.

Der Wagenpark für die Einphasen-Wechselstrom-Bahn Wien—Baden. (Es werden die Betriebsmittel der nebenbahnähnlichen Kleinbahn Wien —Baden—Vöslau eingehend beschrieben. Diese Kleinbahn wird innerhalb der von ihr berührten Städte mit Gleichstrom und mäßiger Geschwindigkeit, auf freier Strecke dagegen mit einphasigem

Wechselstrom und hoher Fahrgeschwindigkeit betrieben. Die Betriebsmittel gehen von einem Netze auf das andere über.) ⊠ *Elektrot. Z.* 27 S. 1151/7.

HERZOG, der Kraftbedarf für den elektrischen Betrieb der Bahnen in der Schweiz. *Ell. u. Maschb* 24 S. 8/2.

WYSZLING, der Kraftbedarf für den elektrischen Betrieb der Bahnen in der Schweiz. *Elektr. B.* 4 S. 589/92 F.

Der Kraftbedarf für den elektrischen Betrieb der Bahnen in der Schweiz. *Schw. Baus.* 48 S. 189/91 F.

MONTU, il primo ideatore della utilizzazione delle forze naturali per mezzo dell'elettricità e della trazione elettrica moderna. *Riv. art.* 1906, 1 S. 347/55.

FELDMANN, Paket- und Güterbeförderung auf elektrischen Bahnen in England. *Elektr. B.* 4 S. 219 20.

Straßenbahnen in städtischer Verwaltung mit besonderer Berücksichtigung der Straßenbahn in Manchester und der dort eingeführten Paketbeförderung. *El. Anz.* 23 S. 218/20 F.

BRINCKERHOFF, elevated railways and their braring on heavy electric traction. *Street R.* 28 S. 737/40.

DAWSON, electric traction on main line railways in Europe. *Street R.* 27 S. 520/35.

La traction électrique sur le chemins de fer en Amérique. (Le système alternatif monophasé WESTINGHOUSE) *Electricien* 32 S. 278/82.

The development of the WESTINGHOUSE COMPANY's single-phase railway system. *Electr.* 57 S. 173/4; *El. World* 47 S. 876/7.

WESTINGHOUSE EL. & MFG. CO, single-phase equipment for the Sarnia tunnel. (Electrification project prepared by ARNOLD.) *Railr. G.* 1906, 1 S. 42/3.

Progrès des courants alternatifs simples dans la pratique de la traction électrique. *Ind. él.* 15 S. 125/6.

CSERHÁTI, betr. Drehstrom- und Wechselstrom-Bahnsystem. *Elektr. B.* 4 S. 31/4.

DE KOROMZAY, traction électrique par courant alternatif monophasé transformé sur la locomotive en courant continu.⊠ *Rev. chem. f.* 29, 1 S. 95/111.

Applicazioni di trazione elettrica monofase. (Ferrovia da Murnau a Oberammergau; locomotiva per le ferrovie della stato svedese, con tre motori da 110 cav. ognuno e tensione di esercizio sino a 20000 volt; ferrovia locale Vienna—Baden lunghezza 30 km; linea da Blankenese a Ohlsdorf; 6 automotrici ognuna con 3 motori da 110 cav; linea da Rotterdam a Haag e Scheveningen di lunghezza 30 km, 20 automotrici ognuna con due motori da 175 cav.) *Giorn. Gen. civ.* 44 S. 440/6.

MAZEN, traction électrique appliquée aux chemins de fer. (Exposé des différentes méthodes de la traction électrique aux chemins de fer; problèmes divers de cet ordre dont la solution a été ou pourra être fournie par l'électricité.) (a)* *Mém. S. ing. civ.* 1906, 2 S. 808/48.

Alternating-current traction in heavy railroading. (V. m. B.) *West. Electr.* 38 S. 238/9.

High tension continuous-current traction. *Electr.* 56 S. 637/8.

Electric traction for trunk lines. (Report made by DE KANDO on impressions received by him on his recent trip to America. Voltage on contact line; power of locomotives; full use of weight and adhesion; making up lost time with the single-phase system by a change of ratio of transformation.) *Railr. G.* 1906. 1 S. 414/6F.

SPRAGUE, steam locomotive and electric operation for trunk-line traffic. (A comparison of costs and earnings.) *Proc. Am. Civ. Eng.* 32 S. 1001/10

MAYER, JOSEPH and SPRAGUE, FRANK, J., steam versus electric operation of trunk lines. (Capacity and cost of electric motive power; passenger cars and locomotives saved; amount and cost of electric power; operating costs; reasons for adopting electricity; limitations of design; comparison of motors, direct current and three-phase motors; the New-York Central gearless locomotives) (V. m. B.) (A) *Railr. G.* 1906, 2 S. 464/7 F ; *Proc. Am. Civ. Eng.* 32 S. 643/71.

KUMMER, die Anfahrbeschleunigung bei elektrischen Bahnen.* *Schw. Baus.* 48 S. 227/32.

Bemessung der Anfahr- und Bremswiderstände bei elektrischen Trambahnen. *El. Ans.* 23 S. 684.

STAHL, Automobilverkehr und Straßenbahn. *Elektr. B.* 4 S. 209/12 F.

MANVILLE, the field of the electric tramway and motor 'bus. (V) (A) *Ele.tr.* 57 S. 12/6.

MEYER, M., elektrische Straßenbahnen und Motor-Omnibusse. (Vergleich der Betriebsergebnisse englischer elektrischer Straßenbahnen mit denjenigen von Motor-Omnibussen; Anwendung dieser Vergleiche auf deutsche Verhältnisse. *Elektrot. Z.* 27 S. 632/3.

Motor omnibuses and tramways. *Electr.* 57 S. 18/9.

PICTON, the electric tramway and electric omnibus in England. *El. World* 47 S. 1254/5.

The prevention of dust on electric railways. *Street R.* 27 S. 54.

b) Haupt- und Nebenbahnen. Main and secondary railways. Chemins de fer principaux et secondaires.

HERZOG, Einphasenbahn, System FINZI.* *Schw. Elektrot. Z.* 3 S. 575/8 F.

BERDROW, zur Eröffnung der Rheinuferbahn. (Zwischen Cöln und Bonn. Vollspur an einigen Stellen zweigleisig, im Bahnkörper durchweg von genügender Breite für das zweite Gleis; Rheinwerft Wesseling; Bahnhof Wesseling-Ort. Gleichstrombetrieb mit 990 Volt nach einem Entwurf der SIEMENS-SCHUCKERT-WERKE; Motorwagen mit 57 Sitzplätzen und Anhängerwagen mit bis zu 72 Plätzen.)* *Z. Eisenb. Verw.* 46 S. 241/4.

GRADENWITZ, the Rhine river electric railway.* *West. Electr.* 38 S. 455/6.

RINKEL, die Rheinuferbahn Köln-Bonn. *Elektr. B.* 4 S. 469/72 F.

Die Rheinuferbahn, eine Hochspannungs-Gleichstrom-Bahn. (Köln a. Rh. und Bonn verbindende Rheinuferbahn.) *Elektrot. Z.* 27 S. 316/9; *Eclair. él.* 47 S. 174/8; *Street R.* 27 S. 730/1 ; *Elecir.* 57 S. 53.

Projet de chemin de fer électrique à courant continu à haute tension entre Cologne et Bonn. (26 km de longueur, chacune voiture comprend deux moteurs de 130 chevaux; traction électrique pour le service des voyageurs; transport des marchandises au moyen de locomotives à vapeur.) *Rev. chem. f.* 28, 2 S. 67.

MEYER, die Versuchsbahn bei Oranienburg. *Elektr. B.* 4 S. 669/70.

Der elektrische Betrieb der Wiesentalbahn. (Untersuchungen über die Wirtschaftlichkeit des elektrischen Betriebes von Vollbahnen gegenüber dem Dampfbetrieb. Ausnutzung der Wasserkräfte.) (A) *Z. Eisenb. Verw.* 46 S. 905 7 F.

SMITH, three-conductor direct-current railway in Bohemia.* *West. Electr.* 38 S. 31/2.

HOTOPF, die elektrischen Bahnanlagen der Filderbahn. *Elektr. B.* 4 S. 269/75 F.

Chemin de fer électrique de Berthoud à Thoune.* *Eclair. él.* 47 S. 367/70.

HERZOG, elektrisch betriebene Bahn Brunnen-Morschach.* *Schw. Elektrot. Z.* 3 S. 285/7, 295/6 F.; *Elektr. B.* 4 S. 455/7 F.

Chemin de fer électrique à crémaillère de Brunnen à Morschach. *Eclair. él.* 48 S. 97/100; *Electr.* 57 S. 571/3.

DURAND, motor car and trailer freight train-Fribourg-Morat-Anet single-phase line.* *El. Rev. N. Y.* 48 S. 799/801; *Nat.* 34, 2 S. 299/302.

SCHEICHL, elektrische Bahn Murnau-Oberammergau. Betrieb mit einphasigem Wechselstrom von niederer Periodenzahl und einer Fahrdrahtspannung von 5000 V.)* *Oest. Eisenb. Z.* 29 S. 197/201 F.

KOESTER, St. Gallen-Trogen interurban railway in Switzerland.* *West. Electr.* 38 S. 113/4.

KOESTER, the electric railroad between Schleitheim and Schaffhausen, Switzerland.* *El. Rev. N. Y.* 48 S. 283/4.

GRADENWITZ, high-tension single-phase traction experiments on the .Seebach—Wettingen line. *West. Electr.* 38 S. 515/6.

Traktionsversuche mit hochgespanntem Einphasen-Wechselstrom. (Versuche der MASCHINENFABRIK OERLIKON auf der Strecke Seebach—Wettingen; Leitungsführung im Bahnhof Seebach; Einphasen-Wechselstrom-Lokomotive [15000 Volt].)* *Schw. Bauz.* 47 S. 23/4; *Elt. u. Maschb.* 24 S. 322/3; *Electr.* 57 S. 8/10; *Rev. ind.* 37 S. 296.

KOESTER, the railway system of the Sernf Valley, Switzerland.* *El. Rev. N. Y.* 48 S. 535/7.

The Sernfthal railway.* *Eng.* 101 S. 192/4.

HERZOG, der elektrische Betrieb im Simplontunnel.* *Schw. Elektrot. Z.* 3 S. 377/9 F.

La traction électrique dans le tunnel du Simplon.[a] *Gén. civ.* 49 S. 305/9; *Electr.* 57 S. 921/6; *Eclair. él.* 48 S. 486/92 F.; *Elettricista* 15 S. 321/6; *Electricien* 32 S. 321/8; *El. World* 48 S. 802/5.

ASPINALL, working of the Liverpool & Southport electric line. *Railr. G.* 1906, 2 S. 323/4.

The Great Northern, Piccadilly and Brompton Railway.* *Electr.* 58 S. 281/4 F.

Electric traction on the Lancashire and Yorkshire Railway. *El. Eng. L.* 38 S. 11/6.

Gli impianti di trazione elettrica a Londra. *Elettricista* 15 S. 201/3 F.

CROSA, la trazione elettrica sul tronco di ferrovia Pontedecimo—Busalla. *Giorn. Gen. civ.* 44 S. 447/52.

LANINO, la trazione elettrica sulle ferrovie Valtellinesf. (Impiego dell' alto potenziale sulle linea di contatto significava impiego della corrente alternativa, ed implicitamente pure l'impiego del motore trifase ad induzione.) *Giorn. Gen. civ.* 44 S. 389/93, 505.

Einphasen - Wechselstrom - Bahn Locarno - Pontebrolla - Brignasco. (Vierachsige Motorwagen mit je 4 Einphasenwechselstrom-Motoren.) *Z. Eisenb. Verw.* 46 S. 210.

La prima ferrovia monofase ad alta tensione in Europa Roma-Civita Castellana. (a)[b] *Elettricista* 15 S. 161/76; *Z. Eisenb. Verw.* 46 S. 1445.

Les tramways électriques de la campagne de Rome. (Ligne de Rome à Grotta-Ferrata. Ligne de Frascati à Genzano. Ligne de Squarciarelli à Rocca di Papa.)[b] *Cosmos* 55, 2 S. 627/31 F.

Les installations du traction électrique de Nice et du Littoral. *Eclair. él.* 47 S. 96/103.

Proposed European traction system employing rectified single-phase currents. (Paris—Lyons-Mediterranean Railway tests.)* *Street R.* 28 S. 1052/4.

Dampfbahn ersetzt durch elektrischen Betrieb.

(Bahn zwischen Sarriá und Barcelona; Motorwagen mit einem oder zwei Anhängewagen;
Stromzufuhr durch Oberleitung und Rückleitung
durch die Schienen. Als Oberleitung dient
Kupferdraht, dessen Anhängung an dem doppel-
armigen Ausleger von Stahlrohrmasten in 6 m
Höhe erfolgt.) *Z. Dampfk.* 29 S. 223.

CASSEL, HJALMAR, elektrischer Eisenbahnbetrieb
in Schweden. (Verfasser empfiehlt eine Versuchsstrecke nach dem System des Einphasen-
wechselstroms und eine Bahnstrecke Stockholm—
Upsala—Gefle—Ockelbo.) *Z. Eisenb. Verw.* 46
S. 299/300.

DAHLANDER, die Versuchsanlage der Schwedischen
Staatsbahnen für elektrischen Bahnbetrieb.* *Elektr.
B.* 4 S. 77/80 F.

Der elektrische Versuchsbetrieb auf den Schwedischen Staatsbahnen.* *El. Anz.* 23 S. 161/3 F.

Quelques récentes installations de traction électrique par courant monophasé. (Ligne expérimentale de chemins de fer de l'état Suédois;
ligne de New-York, New-Haven et Hartford.)
Eclair. él. 47 S. 213/20.

The electric railway systems of Columbus. (a) ▣
Street R. 28 S. 592/6.

Electrical equipment of the Camden and Atlantic
City Railway, U. S. A. (Three phase transmission
at 33,000 volts has been adopted, with transformation by rotaries to direct current at
650 volts. A galvanised steel cable is suspended
above the transmission line to give protection
from lightning. The track conductor is generally
a third rail, carefully protected at stations by
wooden top and side guards, and all crossings
are protected by Climax cattle guards; but
certain sections passing through streets are
equipped on the trolley system.)* *Electr.* 58
S. 402/7.

Einführung des elektrischen Betriebes zwischen
Philadelphia und Atlantic City. (Zugabstand
15 Minuten, dreiphasiger Wechselstrom wird
Unterstationen zugeführt, in denen er auf Gleich-
strom umgeformt wird.) *Z. Eisenb. Verw.* 46
S. 88.

Single-phase equipment for the Washington, Baltimore & Annapolis Ry. *Eng. News* 56 S. 401;
Street R. 28 S. 564/5.

ROBERTS & ABBOT ENG. CO., single phase equipment for the Washington, Baltimore & Annapolis
Ry. (Four-motor equipment consisting of quadruple G. E. A—603 motor equipments for direct
or alternating currents.) *Railr. G.* 1906, 2
S. 313/4.

STEENS, die elektrische Bahn Lackawanna-Wyom-
ing—Valley.▣ *El. u. polyt. R.* 23 S. 55/6 F.

Operating details of the Lackawanna & Wyoming
Valley Rr.* *Street R.* 28 S. 160/71.

LAMME, single-phase equipment for the New-York,
New-Haven & Hartford Railroad. *El. World* 47
S. 664/5; *El. Rev. N. Y.* 48 S. 460/3.

The electrification problem of the New Haven Rr.
(Alternating-current system connected with the
direct-current system of the New York Central
Rr.; use of trolley properties in connection
with steam branches.) *Eng. Rec.* 53 S. 172/3,
385; *Electr.* 56 S. 1048/9; 57 S. 10/1.

Electric equipment of the New York, New Haven
& Hartford Rr. (Power house; steam turbines;
steel cables; trolley wire; electric locomotive;
running gear consisting of two trucks, each
mounted on four 62" driving wheels, the weight
on the journal boxes is carried by semi-elliptic
springs with auxiliary coiled springs under the
ends of the equalizer bars, to assist restoring
equilibrium.)* *Eng. Rec.* 53 S. 402/4.

Die Einrichtungen für den elektrischen Betrieb der
Long Island-Bahn. (N)* *Z. V. dt. Ing.* 50
S. 547/9.

The Pennsylvania railroad's extension to New-York
and Long-Island. (The Long-Island city power
station.) *El. Rev. N. Y.* 48 S. 529/36 F.; *Railr.
G.* 1906, 1 S. 349/52 F.

SMITH, the power transmission line, and third-rail
system of the Long Island Rr. *El. Rev. N. Y.*
48 S. 907/15.

The electrical transmission system of the Long
Island Railroad. (Power station.)* *El. World*
47 S. 1183/7; *Electr.* 56 S. 635/7.

WILGUS, the present status of the electrification
of the New-York zone at the New-York Central
& Hudson River Railroad.* *El. Rev. N. Y.* 48
S 354/8.

Substations and transmission system of the New-
York Central & Hudson River Railroad.* *Street
R.* 28 S. 875/7.

Towers for the transmission line between Ballston
and Amsterdam, New-York.* *El. Rev. N. Y.* 48
S. 1036/8.

CARTER, the electric interurban railways of Ohio.*
West. Electr. 38 S. 281/8.

The rehabilitation of the Philadelphia & West
Chester Traction Co.'s properties. (a) ▣ *Street
R.* 28 S. 316/36.

Single-phase equipment for Richmond & Chesapeake
Bay Ry. Co. (Line of 15 miles; two generating
sets both operated ordinarily by water and when
necessary by electrical drive.) *Railr. G.* 1906,
1 S. 660.

DE MURALT, comparison between single-phase and
three-phase equipment for the Sarnia tunnel.
(Differences in cost of operation and efficiency
of the service; three-phase motors should be
used, instead of single-phase.)* *Street R.* 27
S. 277/81.

Spokane and Inland Railway. (Einphasen-Wechsel-
strombahn.) *Z. Eisenb. Verw.* 46 S. 1130; *Eng.
News* 56 S. 230; *El. Eng. L.* 38 S. 336/9; *El.
Anz.* 23 S. 1315/6; *El. World* 48 S. 373/4.

Single-phase railway equipment for Anderson, South
Carolina. (Cars equipped with four G. E. A.-605
[75 h. p.] single-phase motors; each car is fitted
with air-brakes, for which the motor compressors
are adapted for operation on either direct or
alternating current, furnished by the GENERAL
ELECTRIC CO.) *Railr. G.* 1906, 1 *Suppl. Gen.
News* S. 157.

65-mile interurban railway in Texas. (Between
Dallas and Sherman, Tex. Three-phase current
of the turbo-generators will be transformed in a
set of three 330-kw. air blast transformers.) *Eng.
Rec.* 54 *Suppl.* Nr. 25 S. 47.

Warren and Jamestown single-phase railway. (Track
and catenary overhead construction.)* *West.
Electr.* 38 S. 158/9; *Railr. G.* 1906, 1 S. 157/60;
El. Eng. L. 37 S. 330/3; *Street R.* 27 S. 270/5;
El. Rev. N. Y. 48 S. 270/1.

Electrification of the West Shore Rr. between
Utica and Syracuse.* *Street R.* 27 S. 787/8.

Electrification of the West-Jersey & Seashore Railroad. (Description of transmission system, third-
rail construction and car equipments.)* *El. Rev.
N. Y.* 49 S. 761/5; *Street R.* 28 S. 928/46; *Railr.
G.* 1906, 2 S. 415/9; *Sc. Am. Suppl.* 62
S. 25796/7; *Eng. Rec.* 54 S. 519/22; *Eng. News*
56 S. 467/72.

The Winona interurban railway.* *Street R.* 28
S. 962/71.

Le tramway électrique d'Alexandrie à Ramleh
(Egypte). *Electricien* 32 S. 129/30.

c) **Stadt- und Vorortbahnen. City and suburban railways. Chemins de fer métropolitains et de banlieue.**

α) **Allgemeines. Generalities. Généralités.**

Electrification of suburban railways. *Electr.* 56 S. 1050/1.

Electrification of the Paris-Orleans suburban line. *Engng.* 81 S. 8/9; *Railr. G.* 1906, 1 S. 239/40.

DURAND, tramway lines on the continent. (Mediterranean coast line, Rouen line, Rome tramways.)* *El. Rev. N. Y.* 48 S. 589/94.

SOLIER, tramways électriques des environs de Rome. *Eclair. él.* 49 S. 96/100

Baker Street & Waterloo railway of London. *D. Baus.* 40 S. 208/9; *Street R.* 27 S. 554/7; *West. Electr.* 38 S. 312.

Electrification of the District Ry. (Switch gear; switchboard; connections; triple-pole electrically-operated oil switches; oil switch mechanism; overload relay; time-limit relay.)* *Pract. Eng.* 33 S. 168/71 F.

Proposed subway system to connect the Brooklyn and Williamsburg bridges.* *Street R.* 28 S. 1010/2.

HEWITT, the Toledo & Chicago interurban single-phase railway.* *Street R.* 28 S. 556/64.

β) **Hochbahnen und Untergrundbahnen. Elevated railways and underground railways. Chemins de fer élevés et chemins de fer souterrains.**

KRIEGER, städtische Untergrundbahn Süd - Nord (Kreuzberg-Müllerstraße) in Berlin. *Z. Eisenb. Verw.* 46 S. 540/1.

WITTIG, Durchführung der Berliner Untergrundbahn unter dem Leipziger Platze. (Untergrundbahnhof „Leipziger Platz".) (A) *Techn. Gem. Bl.* 9 S. 255/6.

Die Erweiterung der Berliner Untergrundbahn nach dem Westen. (Bahnsteige aus einer zwischen den Bahnsteig Mauern eingespannten Eisenbetonplatte; Aufstellung der Eisenkonstruktion; Entfernung der Brunnen für die Wasserhaltung nach Ausführung des unteren Tunnelprofils; Aufstellung der Fachwerkwände der Unterstation Bahnhof Bismarckstraße.)* *D. Baus.* 40 S. 436/8 F.; *El. Anz.* 23 S. 79/80.

Fortführung der Berliner Hoch- und Untergrundbahn in Charlottenburg. *Elektrot. Z.* 27 S. 97/9.

Fortführung der elektrischen Hoch- und Untergrundbahn in Berlin. (Ueber den Spittelmarkt und den Alexanderplatz bis zwischen des Ringbahnhofes Schönhauser Allee. Magistratsvorlage.) *Z. Eisenb. Verw.* 46 S. 180/1.

KOCH, die Untergrundbahn in Charlottenburg.* *El. u. polyt. R.* 23 S. 209/11.

KRESS, die Untergrundbahnbauten in Charlottenburg und Westend. (V. m. B.) *Ann. Gew.* 58 S. 221/2.

SCHIMPFF, elektrischer Betrieb der Hamburger Stadt- und Vorortsbahnstrecke Blankenese-Ohlsdorf. (V) (A) *Z. V. dt. Ing.* 50 S. 785/6; *Ann. Gew.* 59 S. 81/91 F.

SCHÜLER, Hamburger Stadt- und Vorortbahnen und das Projekt der Durchbruchstraße zwischen Rathausmarkt und Schweinemarkt. (Nach den wechselnden Gelände- und Bebauungsverhältnissen als Hoch- oder Untergrundbahn verlaufende normalspurige, zweigleisige Kleinbahn [im Sinne des Preußischen Kleinbahngesetzes] unter Vermeidung aller Plankreuzungen; Kreuzung mit der Helgoländer Allee; Haltestellen Rödingsmarkt, Borgweg und Steinthordamm; Hauptbahnhof.) *D. Baus.* 40 S. 76/8 F.

Elektrische Stadt- und Vorortbahnen in Hamburg. *Elektrot. Z.* 27 S. 367/8; *Ann. Gew.* 59 S. 177/8; *Prom.* 17 S. 385/92; *Street R.* 27 S. 416/7; *Techn. Gem. Bl.* 9 S. 75/7.

ROSA und LIST, der elektrische Betrieb der Wiener Stadtbahn. (Nach dem Projekt von KRIŽIK.) *Elektr. B* 4 S. 629/33 F.; *Elt. u. Maschb.* 24 S. 88/7 F.

Der elektrische Versuchsbetrieb auf der Wiener Stadtbahn. (Querschnitte der unterirdischen Strecke der Wiener Stadtbahn; Ansicht der Lokomotive von KRIŽIK; Fahrschalter; Schaltungsplan der Lokomotive.)* *Elektrot. Z.* 27 S. 1067/71; *El. Anz.* 23 S. 1221/3.

Le chemin de fer électrique souterrain Nord-Sud de Paris.* *Gén. civ.* 48 S. 414/7; *Cosmos* 55 II S. 403/6; *Z. Eisenb. Verw.* 46 S. 1171/2; *Builder* 90 S. 279/82.

Le Métropolitain de Paris. (Situation des nouvelles lignes projetées et état des travaux des lignes en cours d'exécution.) *Gén. civ.* 48 S. 409/29; *Ann. d. Constr.* 52 Sp. 1/10 F.

Le Métropolitain de Paris, traversée de la gare d'Orléans Austerlitz.* *Nat.* 34, II S. 342/3.

Le chemin de fer Métropolitain de Paris ligne no 3, du boulevard de Courcelles à Ménilmontant. (Le matériel roulant; unités multiples THOMSON-HOUSTON.)* *Portef. éc.* 51 Sp. 65/71 F.

Nord-Süd-Linie 4 der Pariser Untergrundbahn.* *Z. V. dt. Ing.* 50 S. 385/7.

La ligne No 4 et la boucle de la ligne No 5 à la gare du Nord.* *Cosmos* 55, I S. 514/8.

Le Métropo'itain. (La ligne No 5.)* *Cosmos* 55, I S. 711/5.

Le Métropolitain. (La ligne No 6 et le viaduc de Bercy.)* *Cosmos* 55, I S. 711/3.

Le Métropolitain. (Les travaux de la Place Saint-Michel.)* *Nat.* 35, 1 S. 40/4.

HEILBRUN, Londoner Stadtbahnen.* *Schw. Elektrot. Z.* 3 S. 7/9 F.

Les moyens de transport en commun à Londres l'électrification de l'ancien réseau Métropolitain. *Gén. civ.* 48 S. 249/55.

Latest underground railway at London, England. (Deep-level tube line of the Baker St. & Waterloo Ry, 5¼ miles length. Two single-track tunnels; ventilating fans and passenger elevators on the stations.) *Eng. News* 56 S. 244/5.

The Kingsway shallow-tunnel tramway.* *Electr.* 56 S. 620/1 F.

Elektrische Hochbahn Mailand.* *Elektrot. Z.* 27 S. 941/4; *El. Anz.* 23 S. 783/4.

The single-phase FINZI-GADDA railway at the Milan exhibition. *El. Rev.* 59 S. 382/4; *Street R.* 28 S. 227/30; *Rev. chem. f.* 20, 2 S. 387/9.

FINZI, Wechselstrombahn der Mailänder Ausstellung. *Elektr. B.* 4 S. 356/8.

FUMERO, single-phase railway for the Milan exhibition, 1906. *Electr.* 57 S. 127/9.

GRADENWITZ, single-phase electric railway at Milan exhibition.* *West. Electr.* 38 S. 261.

MÜLLER, Wechselstrom-Hochbahn auf der internationalen Ausstellung in Mailand 1906.* *Z. V. dt. Ing.* 50 S. 1736/9.

DE VALBREUZE, installation de traction électrique par courant monophasé à l'exposition de Milan.* *Eclair. él.* 47 S. 331/4.

Die Untergrundstrecke der Bostoner Hochbahn.* *Z. Transp.* 23 S. 372/3.

ARNOLD, rapid transit in Chicago. (Underground conduit versus overhead construction; subways.) *Railr. G.* 1906, 2 S. 44/6.

Réseau souterrain de „L'ILLINOIS TUNNEL COMPANY" à Chicago.* *Rev. chem. f.* 29, 1 S. 173/4.

Unterirdische Güterbahn in Chicago. (Dient ledig-

lich dem Güterverkehr innerhalb der Stadt; Kanäle, deren Höhe 14 Fuß beträgt; Tunnellänge von fast 40 englischen Meilen; Beförderung von Gütern und Waren zwischen den Bahnhöfen und den Geschäften.) *Z. Eisenb. Verw.* 46 S. 1114/5; *Nat.* 35, 1 S. 76/8.

NISUS, hat sich die New Yorker Untergrundbahn bisher bewährt? (Ungenügende Asphaltdichtung; Ansammlung von Gasen.) *Uhlands T. R.* 1906 Suppl. S. 10/1.

La composition de l'air du chemin de fer Métropolitain de New-York. *Eclair. él.* 47 S. 334/40.

Progress on the Manhattan work of the Pennsylvania, New York & Long Island Rr. (Headings from intermediate shafts.)* *Eng. Rec.* 54 S. 512/5.

BURK, projected subway lines in Greater New-York. (Nineteen routes planned to complete present system.)* *Iron A.* 77 S. 410/14.

The New York Central's terminal electrification at New York. (Signal bridge; feed wires on poles; steel suburban motor car; signal tower; temporary structures for overhead working conductors; substation and battery house; iron pipe conduits for feed wires on parapet of viaduct; jumper connections.)* *Railr. G.* 1906, 2 S. 293/7; *Eng. Rec.* 54 S. 272/3; *Eng.* 101 S. 419/21.

Die elektrische Hoch- und Untergrundbahn in Philadelphia. (A) *Schw. Baus.* 47 S. 63; *Eng.* 101 S. 161/2.

KAYSER, die Gründe für die Temperaturerhöhungen in Untergrundbahnen. *Ges. Ing.* 29 S. 317/23.

γ) **Hängebahnen. Suspended railways. Chemins de fer suspendus.**
Vergl. l 3 C b und VII 4.

LICHTE, elektrisch betriebene Hängebahn. (Allgemeine Beschreibung.)* *Techn. Z.* 23 S. 125/8.

Elektrisch betriebene Schwebebahnen für Baustoffbeförderung. (N) *Z. Arch.* 52 Sp. 467.

BRADFORD, mono-rail tramming. (Description of a system of tramming on a single overhead rail, as applied to Langlaate Deep, South Africa.)* *Mines and minerals* 27 S. 9/12.

d) **Klein-, Industrie- und Feldbahnen. Light, industrial and agricultural railways. Chemins de fer industriels, ruraux et d'intérêt local.** Fehlt.

e) **Bergbahnen. Mountain railways. Chemins de fer de montagne.**

LÉVY-LAMBERT, chemins de fer à crémaillère. (Tracés de lignes à crémaillère; chemins de la Jungfrau Gornergrat, Oberland Bernois; voie et crémaillère; crémaillères RIGGENBACH, BISSINGER & KLOSE, ABT, STRUB, LOCHER; pièces d'entrée de la crémaillère. Machines, matériel roulant, traction électrique. Exploitation, comparaison entre les lignes à adhérence et à crémaillère.)* *Mém. S. ing. civ.* 1906, 1 S. 506/60; *Rev. ind.* 37 S. 88/9 F.

Jungfraubahn auf Station Eismeer. *Z. Eisenb. Verw.* 46 S. 944.

RIEHL, die Hungerburgbahn, Innsbruck. (Drahtseilbahn nach dem neuen Zweischienensystem, das auch bei der Mendelbahn in Anwendung ist, von 190 bis zu 550 °/₀₀ zunehmende Steigung; Steigung von 290 m.) *Z. Eisenb. Verw.* 46 S. 1098.

MÜLLER, ADOLF, die elektrische Bergbahn Brunnen-Morschach (Schweiz) Doppelseitige Drehstromleitung.)* *Z. V. dt. Ing.* 50 S. 768/77.

Steep-grade electric railway from Alto to La Paz, Bolivia. (Metergage; maximum grade of 6 °/₀; curves with a minimum radius of 328'; difference

in level 1390'; length of the line 6 miles; overhead trolley.) (V) (A) *Eng. News* 56 S. 204.

f) **Straßenbahnen.** Street railways. **Tramways.**

Les tramways électriques de Neuchâtel. *Electricien* 31 S. 113/4.

The Belfast tramways undertaking. *El. Rev.* 58 S. 98/103; *Street R.* 27 S. 186/93.

Ueber Drehbrücken führende Straßenbahn in Falkirk (Schottland).* *Z. Transp.* 23 S. 290/1; *Street R.* 27 S. 20/1.

Lincoln Corporation tramways. (Surface-contact system.)* *Electr.* 56 S. 502/3.

West Ham corporation tramways* *El. Eng. L.* 38 S. 582/7.

Single-phase railway in Paris. (With motors of the LATOUR type.) *Street R.* 27 S. 239.

Single-phase tramways. (Experimental tramway line 6 km long at Malakoff (Paris) with single-phase currents.) *El. Rev.* 58 S. 45/6.

Les tramways de Marseille. *Ind. él.* 15 S. 101/7.

La tramvia elettrica dei Castelli Romani.* *Elettricista.* 15 S. 81/7.

The Wellington (New Zealand) municipal electric tramways. *El. Rev.* 59 S. 542/3; *El. Rev. N. J.* 48 S. 247/50.

g) **Verschiedene elektrische Bahnen (gleislose usw.). Sundry electrical railways (trackless etc.) Chemins de fer electriques divers (sans rails, etc.).**

BUTZ, gleislose elektrische Bahnen.⊞ *Prom.* 17 S. 551/6; *Erzbergbau* 1906 S. 427/30.

CHLORUS, Transportmittel für Papier-, Zellulose- und Holzstoffabriken. (Elektrische Straßenbahnen ohne Geleise mit doppelpoliger Oberleitung; Vergleich von System SCHIEMANN mit System LOMBARD-GÉRIN; Anlage in Grevenbrück i. W)* *W. Papierf.* 37, 1 S. 741/3.

Neues Transportmittel für Papier-, Zellulose und Holzstoffabriken. (Gleislose elektrische Güterbahn. Erfolge in Wurzen i. S.) *W. Papierf.* 37, 1 S. 1617/8.

STOBRAWA, die elektrische gleislose Bahn Ahrweiler.* *Z Kleinb.* 13 S. 791/8.

Gleislose elektrische Personenbahn Neuenahr-Ahrweiler-Walporzheim. (Wagen von SCHIEMANN & CO.).* *Uhlands T. R.* 1906, Suppl. 93/4.

ELECTRIC TRACTION CO. OF MILAN, trackless trolley lines in Italy. *Eng. Rec.* 54 S. 532.

Traction électrique sans rails. (Entre la Spezzia et Portovere.) *Rev. chem. f.* 28, 2 S. 68; *Elettricista.* 15 S. 117/8.

BERNARDET, funiculaire électrique de Nancy. (Traction produite par un câble sans fin enroulé sur deux poulies; l'une, placée au sommet du plan incliné, est motrice, l'autre, placée au pied du plan incliné, opère la tension. Elle est tirée par un contrepoids, et placée sur un chariot mobile roulant sur deux rails. *Mém. S. ing. civ.* 1906, 1 S. 42/55; *Rev. chem. f.* 1 S. 394/401; *Eng. News* 56 S. 321; *Z. V. dt. Ing.* 50 S. 880/2; *Gén. civ.* 48 S. 281/3.

4. **Seil- und Kettenbahnen. Cable and chain railways. Chemins de fer à traction funiculaire ou par une chaîne.** Vgl. I C, 3 b, VII 3 c δ.

GOEBEL, Drahtseilbahn oder Kettenbahn? *Erzbergbau* 1906, S. 641/2.

WINKELMANN, die EIBENSTEINERschen Erfindungen auf dem Gebiete des Seilschienenbahn-Transportes. (Transportgefäße für Seilbahnen; Drehscheibe für Seilförderbahnen.)* *Z. O. Bergw.* 54 S. 166/7 F.

BUHLE, die Rangierseilbahnen der Fabrik HASEN-
CLEVER SÖHNE (Inh. OTTO LANGHORST) in
Düsseldorf. (Ein neben den Geleisen bis 400 mm
Höhe über dem Erdboden geführtes endloses
Seil; Seilgreifer.)* *Masch. Konstr.* 39 S. 2/3.
TWADDELL, the overhead wire cableway applied
to shipbuilding.* *Mar. E.* 28 S. 335/40F.; *Gén.
civ.* 49 S. 145/8.
TWADDELL, Helling-Seilbahn. (Nach HENDERSON's
Britischem Patent. Zwei durch Darhtseile miteinander verbundene Portalträger, die sich in Gelenken in ihren Auflagerpunkten zu drehen vermögen, geneigt aufgestellt. In Anwendung auf
der Schiffswerft von PALMER's SHIPBUILDING CO.
zu Jarrow am Tyne.)* *Z. V. dt. Ing.* 50 S. 962/4;
Eng. 101 S. 68/70; *Cosmos* 55, 2 S. 151/4.
LICHTE, Haldendrahtseilbahn. (Läßt eine Auf-
schüttung der Halden bis zu 125 m Höhe zu,
ohne daß an den Absturzstellen Arbeiter not-
wendig sind; besteht aus einer Brücke, die mit
einer, dem natürlichen Böschungswinkel der
Halden möglichst genau angepaßten Neigung
aufgestellt wird; an den beiden Seiten der Brücke
liegende Gitterträger sind durch Ober- und Unter-
gurte verbunden, derart, daß in dem zwischen
ihnen frei bleibenden Innenraume sich eine endlose Seilbahn bewegt.) (D. R. P.)* *Techn. Z.*
23 S. 236/7.
FFORDE, the new inclines of the Sao Paulo Ry,
Brazil. (5' 3'' gauge with a gradient of 1 in
9·75, endless rope. The inclines are about 6½
miles in length, and rise 2,606' in that distance;
hauling engine with two cylinders, driving direct
on to the winding gear; valve-gear of the
CORLISS type, cable-gripper for locomotive
brake-vans; cable picking and steam gear for
operating cable-grip for brake-van; automatic
gear for passing-places; steam rail-brake for
locomotive brake-van.) (V) (A)* *Min. Proc.
Civ. Eng.* 164 S. 364/73.
BERG, die Erzbahn Chilecito - Mexicana. (Moderne Drahtseilbahn im Hochgebirge.) *Erzbergbau* 1906 S. 691/3.
LICHTE, Gicht- und Drahtseilbahn „Kneuttingen-
Aumetz" zur unmittelbaren Erzförderung von der
Grube auf die Gicht der Hochöfen.* *Erzbergbau*
1906 S. 511/5.
An effective wire-rope installation. (By the BRO-
DERICK & BASCOM ROPE CO., of St. Louis.)*
Brick 25 S. 72/3.
MÜLLER, ADOLF, die Loschwitzer Berg-Schwebe-
bahn.* *Ann. Gew.* 59 S. 21/31.
RIEHL, die Hungerburgbahn, Innsbruck. (Drahtseilbahn nach dem neuen Zweischienensystem,
das auch bei der Mendelbahn in Anwendung ist,
von 190 bis zu 550 °/₀₀ zunehmende Steigung;
Steigung von 290 m; an der oberen Endstation
sind zwei Wagen derart befestigt, daß der eine
talabwärts, der andere gleichzeitig bergaufwärts
fährt; Antriebmotor für den erforderlichen Mehr-
bedarf an Kraft.) *Z. Eisenb. Verw.* 46 S. 1098.
Funiculaire électrique de Nancy (système BER-
WARDET). (Le système consiste à mettre en
circulation des voitures à 6 places; ces voitures
sont entraînées par un câble de traction sans
fin; elles se succèdent sans interruption. L'installation comprend deux stations dont la différence de niveau est de 48 mètres, et la distance
de 229 mètres. Les deux voies de roulement
ont un écartement de 0 m 75 et sont espacées
l'une de l'autre de 1 m 95; transbordeurs électriques à voitures.)▯ *Rev. chem.f.* 29, 1 S.394/401;
Eng. News 56 S. 321; *Z. V. dt. Ing.* 50 S. 880/2;
Gén. civ. 48 S. 281/3; *Mém. S. ing. civ.* 1906,
1 S. 42/55.

**5. Anderweitig betriebene Bahnen. Other-
wise driven railways. Chemins de fer
à autre traction.** Fehlt.

**6. Eigenartige Bahnen (Gleitbahnen, Stufen-
bahnen usw.). Peculiar railways (slide
ways, movable side walks etc.). Chemins de fer d'un carractère particulier
(glissoirs, trottoirs mobiles etc.).**

VON STOCKERT, gleislose Bahnen. (N) *Z. Arch.*
52 Sp. 467.
Escalier mobile système HOCQUART. * *Nat.* 34, 2
S. 225/7.
La voie roulante de Cleveland. * *Nat.* 34, 2 S. 49/50.
DRAKE, MURPHY and JAEGER, switchbacks on the
Crown King extension of the Santa Fe, Prescott
& Phoenix Ry. (2436' difference in elevation;
length of 28 miles; 10 switchbacks, with five
back-up sections of line; maximum grade 3½ °/₀
with 16 ° curves.)* *Eng. News* 55 S. 688.

**Eiweißstoffe. Albuminous matters. Matières albu-
minoides.**

SCHOLTZ, Erforschung der chemischen Konstitution
der Eiweißstoffe und die synthetischen Versuche
zu ihrer Darstellung. *Pharm. Z.* 51 S. 543/5.
FISCHER, EMIL, Synthese von Polypeptiden. *Ber.
chem. G.* 39 S. 453/74; 2893/2931.
FISCHER, EMIL, Aminosäuren, Polypeptide und
Proteine. *Ber. chem. G.* 39 S. 530/610; *Mon.
scient.* 4, 20, I S. 453/513.
FISCHER, EMIL und ABDERHALDEN, Bildung eines
Dipeptids bei der Hydrolyse des Seidenfibroins.
Ber. chem. G. 39 S. 752/60.
FISCHER, EMIL und ABDERHALDEN, Bildung von
Dipeptiden bei der Hydrolyse der Proteine. *Ber.
chem. G.* 39 S. 2315/20.
SWIRLOWSKY, Einwirkung von verdünnter Salz-
säure auf die Eiweißstoffe. *Z. physiol. Chem.* 48
S. 252/99.
OSBORNE und HARRIS, Löslichkeit des Globulins
in Salzlösungen. *Z. anal. Chem.* 45 S. 734/41.
LEVENE und WALLACE, Spaltung der Gelatine;
— und BEATTY, Fällbarkeit der Aminosäuren
durch Phosphorwolframsäure. *Z. physiol. Chem.*
47 S. 143/50.
MOREL, soudure des acides amidés dérivés des
albumines. *Compt. r.* 143 S. 119/21.
KOSSEL, die einfachsten Eiweißkörper. *Biochem.
Cbl.* 5 S. 1/8.
MAYER, ANDRÉ, les complexes de l'albumine pure.
Compt. r. 143 S. 515/6.
CHAMBERLAIN, properties of wheat proteins. *J.
Am. Chem. Soc.* 28 S. 1657/67.
SCHJERNING, die Eiweißstoffe der Gerste, im Korn
selbst und während des Mälz- und Brauprozesses.
Wschr. Brauerei 23 S. 574/6F; *Z. Bierbr.* 34
S. 467/8; *Ann. Brass.* 9 S. 505/12.
NORTON, crude gluten. (Composition; relation of
the crude gluten content to that of total protein
in wheat and flour; methods of determining the
content and quality of the gluten.) *J. Am. Chem.
Soc.* 28 S. 8/25.
LINDET et AMMANN, matières albuminoïdes solubles
du lait. (V) *Compt. r.* 142 S. 1282/5; *Bull.
sucr.* 24 S. 146/54; *Chem. Z.* 30 S. 466.
ABDERHALDEN und SCHITTENHELM, Vergleichung
der Zusammensetzung des Caseins aus Frauen-,
Kuh- und Ziegenmilch. *Z. physiol. Chem.* 47
S. 458/65.
TROWBRIDGE and GRINDLEY, chemistry of flesh.
The proteids of beef flesh. *J. Am. Chem. Soc.*
28 S. 469/505.
HUGOUNENQ, vitelline. *Ann. d. Chim.* 8, 8 S. 115/39.
HUGOUNENQ, une albumine extraite des œufs de

poisson: comparaison avec la vitelline de l'oeufs de poule. *Compt. r.* 143 S. 693/4.

PANORMOW, Eigenschaften des Columbins, eines Albumins des Eiweißes der Taubeneier, — der Enteneier. (A) *Z. Genuß.* 12 S. 665/6.

KAAS, Phosphorgehalt von Hühnereiweiß. *Sitz. B. Wien. Ak.* 115, 2b S. 231/7; *Mon. Chem.* 27 S. 403/9.

SCHULZE, E., Glutamin. *Versuchsstationen* 65 S. 237/46.

SKRAUP, Desamidoglutin. *Mon. Chem.* 27 S. 653/62.

SKRAUP und HOERNES, Desamidokasein. *Mon. Chem.* 27 S. 631/52.

SKRAUP und WITT, Peptone aus Kasein. *Mon. Chem.* 27 S. 663/84.

LONG, salts of casein. (Determinations of the equivalent weight by titration; of electrical conductivity; of optical rotation; behavior of the casein on digestion with pepsin and hydrochloric acid.) *J. Am. Chem. Soc.* 28 S. 372/84.

WEITZENBÖCK, Vorkommen von Isoleucin im Kasein. *Mon. Chem.* 27 S. 831/7.

HUGOUNENQ et GALIMARD, les acides diaminés dérivés de l'ovalbumine. *Compt. r.* 143 S. 242/3.

HUGOUNENQ et MOREL, nature véritable des leucéines et glucoprotéines obtenues par P. SCHÜTZEN-BERGER dans le dédoublement des matières protéiques. *Compt. r.* 142 S. 1426/8.

MATHEWSON, optical rotation and density of alcoholic solutions of gliadin. *J. Am. Chem. Soc.* 28 S. 624/8.

ABEL und VON FÜRTH, zur physikalischen Chemie des Oxyhämoglobins. Das Alkalibindungsvermögen des Blutfarbstoffes. *Z. Elektrochem.* 12 S. 349/59.

DE REY-PAILHADE, caractères chimiques distinctifs entre la sérum-albumine et la myo-albumine par l'hydrogène philothionique. *Bull. Soc. chim.* 3, 35 S. 1030/1.

GALIMARD, LACOMME et MOREL, la vraie nature des glucoprotéines *a* de M. LEPIERRE. *Compt. r.* 143 S. 298/300.

FRIEDEMANN, Fällungen von Eiweiß durch andere Kolloide und ihre Beziehungen zu den Immunkörperreaktionen. *Arch. Hyg.* 55 S. 361/89.

OSBORNE und HARRIS, Grenzen der Fällung mit Ammonsulfat bei einigen vegetabilischen Proteinen. *Z. anal. Chem.* 45 S. 693/702.

FRIEDMANN und BAER, physiologische Beziehungen der schwefelhaltigen Eiweißabkömmlinge. Überführung von Eiweißcystin in α-Thiomilchsäure. *B. Physiol.* 8 S. 326/31.

GUERRINI, Gleichgewichte zwischen Eiweißkörpern und Elektrolyten. Fällung des Eieralbumins durch Natriumsulfat. *Z. physiol. Chem.* 47 S. 287/93.

GALEOTTI, Gleichgewichte zwischen Eiweißkörpern und Elektrolyten. Löslichkeit des Globulins in Magnesiumsulfatlösungen. Einfluß der Temperatur. ☒ *Z. physiol. Chem.* 44 S. 473/80.

PAULI, physikalische Zustandsänderungen der Kolloide; elektrische Ladung von Eiweiß. *B. Physiol.* 7 S. 531/47.

SABBATANI, Koagulation der Eiweißstoffe enthaltenden Flüssigkeiten durch die Wärme. (V) (A) *Chem. Z.* 30 S. 423.

BIGELOW and COOK, separation of proteoses and peptones from the simpler amino bodies. *J. Am. Chem. Soc.* 28 S. 1485/99.

ACKERMANN und MEY, Untersuchung eines Eiweißfäulnisgemisches nach neuen Methoden. *CBl. Bakt.* I, 42 S. 629/32.

VOISENET, réaction très sensible de la formaldéhyde et des composés oxygénés de l'azote. Et qui est aussi une réaction de coloration des matières albuminoides. (Avec l'acide chlorhydrique ou sulfurique très légèrement nitreux, et en présence de traces d'aldéhyde formique.) *Rev. mat. col.* 10 S. 38/45.

TRILLAT et SAUTON, nouveau procédé de dosage de la matière albuminoïde de lait. (Insolubilisation des matières albuminoïdes par la formaldéhyde.) *Bull. Soc. chim.* 3, 35 S. 906/12; *Ann. Pasteur* 20 S. 991/1004.

TRILLAT et SAUTON, dosage de la matière albuminoïde non transformée dans les fromages. *Ann. Pasteur* 20 S. 962/8.

BORDAS et TOUPLAIN, dosage des matières albuminoïdes et gélatineuses au moyen de l'acétone. *Compt. r.* 142 S. 1345/6.

SCHULZ, ARTH., Technik quantitativer Eiweißbestimmungen mit Hilfe der Präzipitinreaktion. *Z. Genuß.* 12 S. 257/66.

STEENSMA, Farbenreaktionen der Eiweißkörper, des Indols und des Skatols mit aromatischen Aldehyden und Nitriten. *Z. physiol. Chem.* 47 S. 25/7.

Handelsanalyse von Eigelb für Gerbereizwecke. *Apoth. Z.* 21 S. 891.

Manufacture of casein. *J. Soc. dyers* 22 S. 332.

Gewinnung und Reinigung von Kasein. *Milch-Z.* 25 S. 195.

Elastizität und Festigkeit. Elasticity and strength. Elasticité et résistance.

Vgl. Baustoffe, Beton und Betonbau, Eisen und sonstige Metalle, Mechanik, Materialprüfung, Papier, Physik, Zement.

GEBAUER, Beitrag zur Theorie der günstigsten Trägerhöhe des Parallelträgers.* *Z. Oest. Ing. V.* 58 S. 381/4 F.

KLEIN, die Arbeiten von Heinrich HERTZ auf dem Gebiete der Elastizität und Festigkeit. *Ell. u. Maschb.* 24 S. 621/4.

HERTWIG, Entwicklung einiger Prinzipien in der Statik der Baukonstruktion und die Vorlesungen über Statik der Baukonstruktion und Festigkeitslehre von G. C. MEHRTENS. *Z. Arch.* 52 Sp. 494/515.

EHRENFEST, Bemerkungen zur Abhandlung von REISZNER: „Anwendungen der Statik und Dynamik monozyklischer Systeme auf die Elastizitätstheorie". (Ann. d. Phys. 9 S. 44.) *Ann. d. Phys.* 19 S. 210/4.

REISZNER, Anwendungen der Statik und Dynamik monozyklischer Systeme auf die Elastizitätstheorie. Erwiderung auf EHRENFESTs Bemerkung. *Ann. d. Phys.* 19 S. 1071/5.

GUILLERY, mesure de la limite élastique des métaux.* *Rev. métallurgie* 3 S. 331/9; *Iron & Coal* 73 S. 1181.

FRANK, die Analyse endlicher Dehnungen und die Elastizität des Kautschuks. (Die einfache endliche Längsspannung eines [endlichen oder unendlich kleinen] prismatischen Körpers; Querkontraktion und Elastizitätsmodul des Kautschuks; die elastischen Beziehungen in einer aufgespannten Membran.) *Ann. d. Phys.* 21 S. 602/8.

FRIESENDORFF, die BRINELL'sche Kugelprobe vom Standpunkte der Elastizitätstheorie. *Stahl* 26 S. 1025/7; *Baumatk.* 11 S. 122/4.

LUMMER und SCHAEFER, Demonstrationsversuche zum Beweise des D'ALEMBERT'schen Prinzips. *Physik. Z.* 7 S. 269/72.

HERING, note on the summation of stresses in certain structures.* *Am. Mach.* 29, 1 S. 55/6.

DE FRÉMENVILLE, influence des vibrations dans les phénomènes de fragilité. *Rev. métallurgie* 3 S. 109/28.

BACH, Versuche über die Drehungsfestigkeit von

Körpern mit trapezförmigem und dreieckigem Querschnitt.* *Z. V. dt. Ing.* 50 S. 481/3.

GRÜNEISEN, das Verhalten des Gußeisens bei kleinen elastischen Dehnungen. *Physik. Z.* 7 S 901/4·

BACH, Abhängigkeit der Bruchdehnung von der Meßlänge. (Bruchdehnung starker und schwacher Kesselbleche.) *Z. Bayr. Rev.* 10 S. 87/8.

GOY, l'élasticité des tissus organiques.* *Compt. r.* 142 S. 1158/61.

WASZMUTH, die Bestimmung der thermischen Aenderungen des Elastizitätsmoduls von Metallen aus den Temperaturänderungen bei der gleichförmigen Biegung von Stäben.* *Sits. B. Wien. Ak.* 115, IIa S. 223/305.

CHARPY, sur l'influence de la température sur la fragilité des métaux. (Évaluation numérique de la grandeur de la fragilité en mesurant le travail absorbé par la rupture d'un barreau entaillé de façon à localiser la déformation avant rupture.) *Mém. S ing. civ.* 1906, 2 S. 562/9.

MERCIER, influence de la température de l'eau dans laquelle sont conservées les éprouvettes d'essai sur leur résistance. (Résistance à la traction sur briquettes, à l'écrasement, analyse chimique, invariabilité de volume à chaud dans les 24 heures qui suivent la prise à l'air 100° pendant 3 heures.) *Ann. ponts et ch.* 1906, 1 S. 150/69.

BERGFELD, Beziehungen zwischen der Zug- und Druckfestigkeit.* *Ann. d. Phys.* 20 S. 407/22.

VIERENDEEL, pièces chargées debout, théorie nouvelle. (Pièce à âme pleine articulée aux deux extrémités; pièce en treillis chargée debout suivant ses brides et articulée aux extrémités; pièce chargée debout encastrée au pied, libre mais guidée à la tête; pièce chargée debout avec point fixe intermédiaire.)* *Ann. trav.* 63 S. 1127/59.

RAMISCH, Beitrag zur exzentrischen Druckbelastung. (Bestimmung der neutralen Achse.)* *Baugew. Z.* 38 S. 784.

RAMISCH, Berechnung von exzentrisch belasteten Eisenbetonpfeilern.* *Zem. u. Bet.* 5 S. 137/41.

KIRSCH, elementare Ableitung der Knickformel. *Mitt. Gew. Mus.* 16 S. 64/6.

HOLLENDER, einfache Ableitung der EULERschen Knickformel.* *Z. V. dt. Ing.* 50 S. 537.

KÜBLER, zur Theorie der Knickfestigkeit. (Zu HASSEs Aufsatz Jg. 51 S. 538/46; Erwiderung von HASSE.)* *Z. Arch.* 52 Sp. 189/92.

RAMISCH, das Problem der Knickfestigkeit.* *El. u. polyt. R.* 23 S. 561/2.

Knickfestigkeit eines dreiarmigen ebenen Systems.* *Z. V. dt. Ing.* 50 S. 1753/4.

NEUMANN, Beitrag zur Berechnung prismatischer Stäbe auf Knickfestigkeit. * *Wschr. Baud.* 12 S. 456,67, 637/8.

RAMISCH, Verschiebungskreise beim geraden Stabe.* *El. u. polyt. R.* 23 S. 363/4.

ZIMMERMANN, Knickfestigkeit eines Stabes mit elastischer Querstützung. (Die Untersuchung bezieht sich auf einen geraden, biegsamen Stab, der in seiner ganzen Länge ununterbrochen elastisch in der Querrichtung gestützt und mit beliebig gerichteten Kräften belastet ist.)* *Zbl. Bauv.* 26 S. 251/5.

BRIK, zur Frage über die zulässige Inanspruchnahme eiserner Brückenorgane hinsichtlich des Widerstandes gegen das Zerknicken. * *Wschr. Baud.* 12 S. 121/7.

PFEFFER, zur Frage der Dimensionierung zentrisch beanspruchter Druckorgane. (Seitens des Verfassers wird für das Intervall der unelastischen Knickung die Gerade V. TETMAJERs, für das Intervall der elastischen Knickung die kubische

Hyperbel EULERs zugrunde gelegt.) *Wschr. Baud.* 12 S. 474/7.

SOMMERFELD, die Knicksicherheit der Stege von Walzwerkprofilen.* *Z. V. dt. Ing.* 50 S. 1104/7.

FORESTIER, calcul des pièces droites soumises à des efforts de compression. (N) *Ann. ponts et ch.* 1906, 2 S. 286.

CARDULLO, on the analysis of columns. (With discussion of ROSS and reply to the criticisms of CHURCH.)* *Eng. News* 56 S. 262, 336, 464/5.

JONSON, theory of continuous columns. (Method of calculating the effect of eccentric loading, both at the floor level and at an intermediate point.) (V. m. B.)* *Trans. Am. Eng.* 56 S. 92/103; *Proc. Am. Civ. Eng.* 32 S. 2/13.

ROSS, diagrams for the strength of steel and wooden columns.* *Eng. News* 55 S. 430.

KRETZSCHMAR, Festigkeit von Trägersystemen. *Schiffbau* 7 S. 633/7 F.

WIEGHARDT, über einen Grenzübergang der Elastizitätslehre und seine Anwendung auf die Statik hochgradig statisch unbestimmter Fachwerke. (Die elastisch - isotrope Platte und ihre Spannungsfläche; Facettenflächen als Spannungsflächen regelmäßiger Dreieckfachwerke, insbesondere elastisch-isotroper Dreieckfachwerke; erste Verallgemeinerung des Grenzüberganges; eine Anwendung des Grenzüberganges auf die Statik hochgradig statisch unbestimmter Fachwerke; Herstellung von Spannungsflächen elastisch-isotroper Fachwerke aus Spannungsflächen elastisch-isotroper Platten. Beispiele: Ermittelung der Spannungen in elastisch - isotropen, hochgradig statisch unbestimmten Fachwerkbalken; analoge Anwendung des verallgemeinerten Grenzüberganges; über die Gültigkeit des ST. VENANTschen Prinzips für hochgradig statisch unbestimmte Fachwerke.)* *Verh. V. Gew. Abh.* 1906 S. 139/76.

Neue Verfahren zur Ermittlung der größten Stabkräfte im statisch bestimmten Fachwerke. *Z. Oest. Ing. V.* 58 S. 277/81.

BAUMANN, Verfahren zur graphischen Bestimmung der Stabkräfte in Fachwerkslaufkranbrücken. *Dingl. J.* 321 S. 545/8 F.

RAMISCH, Berechnung statisch unbestimmter Träger auf elementarem Wege mit Tabellen.* *Baugew. Z.* 38 S. 186.

RAMISCH, Verschiebungskugeln beim räumlichen Fachwerk. *El. u. polyt. R.* 23 S. 99/100.

LEMAIRE, calcul des planchers reposant sur poutrelles et sur celui des fermes supportant les toitures.* *Ann. trav.* 63 S. 329/55.

IHRO, recherche du moment maximum dans une poutre simple sur deux appuis. (Soumise à l'action d'une charge uniformément répartie et d'une série de charges concentrées formant convol.)* *Ann. trav.* 63 S. 1215/23.

V. MISES, die Ermittlung der Maximalbiegungsmomente an statisch bestimmten Laufkranträgern.* *Dingl. J.* 321 S. 593/5.

KULL, Träger mit kleinster Durchbiegung; Träger mit kleinstem Biegungswinkel am Ende.' *Dingl. J.* 321 S. 481/4.

HOTOPP, Biegungsspannungen in stabförmigen Körpern, die dem HOOKEschen Gesetz nicht folgen, sowie in Verbundkörpern.* *Z. Arch.* 52 Sp. 281/94.

JOHNSON, complete analysis of general flexure in a straight bar of uniform cross-section. (Numerical examples; use of the S-polygon.) (V. m. B.)⊠ *Proc. Am. Civ. Eng.* 32 S. 67/96; *Trans. Am. Eng.* 56 S. 169/96; *Eng. Rec.* 53 S. 521.

KIEFER, über den horizontalen Balken. * *Schw. Bauz.* 47 S. 218/9.

PIGEAUD, le calcul des arcs encastrés. (Arcs à fibre neutre circulaire; cas d'une élévation de température; arcs à fibre neutre parabolique; cas d'une surcharge uniformément répartie sur l'horizontale; cas d'une élévation de température; tables.) *Ann. ponts et ch.* 1906, 3 S. 97/113.

DESCANS, arcs à deux rotules et arcs encastrés. (Arc à âme pleine; lignes d'influence des tensions sur les fibres extrêmes; arc en treillis; pont à béquilles; moyens de réduire les poussées sur les appuis des arcs à rotules; arc à deux rotules muni d'un tirant; arc sollicité par les forces horizontales; arc muni d'un tirant; pont à balances equilibrées; calcul approximatif d'un arc encastré à ses deux extrémites; deformations.) (a) *Ann. trav.* 63 S. 493/636.

FRANCKE, A., Balken mit elastisch gebundenen Auflagern bei Unsymmetrie mit Bezugnahme auf die Verhältnisse des Eisenbahnoberbaues. (Balken ohne und mit Zwischenstütze; Balken mit beliebig vielen und beliebig verteilten Einzelstützen und Einzelbelastungen; Balken mit elastisch gebundenen Enden, drei Radlasten und vier unsymmetrischen Zwischenstützen.) *Organ* 43 S. 143/7 F.

DRNECKE, der Lokomotivrahmen als starrer Balken auf federnden Stützen.* *Ann. Gew.* 59 S. 141/5.

RAMISCH, Beitrag zur Berechnung der Vouten bei beiderseits eingespannten Platten.* *Zem. u. Bet.* 5 S. 153/4.

Ein Fall des eingespannten, auf Zug und Biegung beanspruchten Stabes.* *Z. Oest. Ing. V.* 58 S. 480/3.

Compound stress. (Reduction of a combined twisting and bending moment to an equivalent bending moment; RANKINE's formula.) *Pract. Eng.* 33 S. 641/2.

Unsymmetrisch elastisch eingespannte Kämpfer. (Ermittlung der inneren Kräfte des Bogenträgers.) *Z. Arch.* 52 Sp. 54/5.

FRANCKE, ADOLF, Parabelträger mit elastisch eingespannten Kämpfern.* *Z. Arch.* 52 Sp. 293/9.

SCHAFER, Nachprüfung der Berechnung von Trägheitsmomenten.* *Zbl. Bauv.* 26 S. 419.

RAMISCH, elementare Bestimmung von Durchbiegungen der Träger mit Hilfe der Momentenfläche.* *El. u. polyt. R.* 23 S. 517/20.

KOCH, Schwerpunkt, Trägheitsmoment und Widerstandsmoment der Halbellipse.* *El. u. polyt. R.* 23 S. 419/21.

ZSCHUTSCHKE, Formeln für das Trägheits- und Widerstandsmoment des kreisringförmigen Querschnittes. *Masch. Konstr.* 39 S. 95/6.

KLIEWER, fehlerhafte Widerstandsmomente.* *Z. Oest. Ing. V.* 58 S. 582/4.

RAMISCH, Untersuchung eines elastischen Bogenträgers mit zwei an den Kämpfern vorgesehenen festen Gelenken. * *Verh. V. Gew. Abh.* 1906 S. 185/203.

The carrying capacity of flat plates. (Rectangular plates of iron or steel or reinforced concrete; experiments of KIRKALDY, FAIRBAIRN, CLEBSCH and BACH.) *Eng. Rec.* 53 S. 549; *Mech. World* 39 S. 244.

SLOCUM, simple method for the calculation of the bending strength of curved pieces.* *Eng. News* 55 S. 604/5.

FRANCKE, ADOLF, einige allgemeine elastische Werte für den Kreisbogenträger. (Wirkung des Scheitelschubs; Wirkung beliebig gerichteter Einzelbelastung bei symmetrischem Angriff; besondere Werte für bestimmt gerichtete Belastung; symmetrischer Angriff zweier Biegungsmomente.) * *Z. Arch.* 52 Sp. 45/54.

DAY, stresses in the horizontal girder of an elevated tank. *Eng. Rec.* 53 S. 715/6.

RAMISCH, Beitrag zur Berechnung von Unterzügen. *Z. Oest. Ing. V.* 58 S. 471/2.

COSYN, étude pratique sur le glissement longitudinal des poutres métalliques à âme pleine. (Travail des rivures; hauteur d'âme évitant le glissement longitudinal.)* *Ann. d. Constr.* 52 Sp. 184/92 F.

PALUMBO, applicazioni di nomografia. (Abbaco dei solidi tesi o compressi assialmente; tabelle; esempi per l'uso dell' abbaco; abbaco delle travi di legno o di ferro a doppio T-appoggiate ai due estremi; esempi.) (a) *Riv. art.* 1906, 1 S. 356/408.

IZOD, behaviour of materials of construction under pure shear. (Experiments at University College engineering laboratory; cast iron; cast aluminium bronze; delta metal; rolled phosphor bronze; wolframinium; WOOD's alloy.) (V) (A)* *Pract. Eng.* 33 S. 77/9.

IZOD, shearing stresses. (Tests on cast steel, wrought iron bronzes and similar metals, and wood.) *Eng. Rec.* 53 S. 1/2.

FRÉMONT, résistance au cisaillement des aciers de construction.* *Rev. métallurgie* 3 S. 289/96.

RAMISCH, Scheerbeanspruchung bei Plattenbalken. *Zem. u. Bet.* 5 S. 280/1.

ANTHES, Versuchsmethode zur Ermittlung der Spannungsverteilung bei Torsion prismatischer Stäbe. *Dingl. J.* 321 S. 342/5 F.

GRÜBLER, der Spannungszustand in rotierenden Scheiben veränderlicher Breite.* *Z. V. dt. Ing.* 50 S. 535/7.

GRÜBLER, Versuche über die Festigkeit rotierender Scheiben. *Z. V. dt. Ing.* 50 S. 294/8.

GESZNER, die Beanspruchung freiaufliegender Träger durch Stoß mit Berücksichtigung der Schlagbiegeprobe für Gußeisen. *Z. Oest. Ing. V.* 58 S. 665/75.

SMITH, the dynamics of screw propellers. *J. Nav. Eng.* 18 S. 622/36.

Elektrische Bahnen. Electrical railways. Chemins de fer électriques. Siehe Eisenbahnwesen I C 2, III A 3, VII 3. Vgl. Elektrizitätswerke, Krafterzeugung und -Uebertragung 3.

Elektrische Beleuchtung. Electric lighting. Éclairage électrique. Siehe Beleuchtung 6.

Elektrische Heizung. Electric heating. Chauffage électrique. Siehe Heizung 5. Vgl. Eisenbahnwesen III B 5.

Elektrische Kraftübertragung. Electric transmission of power. Transmission électrique de force. Siehe Krafterzeugung und -Uebertragung 3.

Elektrische Kräne. Electric cranes. Grues électriques. Siehe Hebezeuge 3.

Elektrische Oefen. Electrical furnaces. Fours électriques. Siehe Eisen 7, Heizung 5, Hüttenwesen 3, Schmelzöfen und -Tiegel.

Elektrisches Schweißen. Electric welding. Soudure électrique. Siehe Schweißen.

Elektrizität und Magnetismus. Electricity and magnetism. Électricité et magnétisme. Vgl. Elektrizitätswerke, Elektrochemie, Elemente, Fernsprechwesen, Krafterzeugung und -Uebertragung, Telegraphie, Physik, Umformer.

    1. Elektrizität.
      a) Leitfähigkeit und Dielektrika.
      b) Beziehungen zum Licht.
      c) Beziehungen zur Wärme.
      d) Kraftstrahlen.
      e) Verschiedenes.
    2. Magnetismus und Elektromagnetismus.

1. Elektrizität. Electricity. Électricité.

a) Leitfähigkeit und Dielektrika. Conductivity and dielectrics. Conductibilité et diélectriques. Vgl. Elektrotechnik 6 d, Physik.

BROWNING, notes on electrical conductivity. (A) (V) *J. el. eng.* 37 S. 372/9.

BARMWATER, Leitvermögen der Gemische von Elektrolyten. *Z. physik. Chem.* 56 S. 225/35.

BROCA et TURCHINI, résistance des électrolytes pour les courants de haute fréquence. *Compt. r.* 142 S. 1187/9.

BAUR, die Beziehung zwischen elektrolytischer Dissociation und Dielektrizitätskonstante. *Z. Elektrochem.* 12 S. 725/6.

V. HASSLINGER, das Wesen metallischer und elektrolytischer Leitung.* *Sitz. B. Wien. Ak.* 115, 2 a S. 1521/55.

ARNDT, Leitfähigkeitsmessungen an geschmolzenen Salzen.* *Z. Elektrochem.* 12 S. 337/42.

EARHART, spark potentials in liquid dielectrics. (Experiments, in which the author extends the spark potential curves over extremely small distances in liquid dielectrics.) *Phys. Rev.* 23 S. 358/69; *Electr.* 58 S. 420/1.

GOURÉ DE VILLEMONTÉE, contribution à l'étude des diélectriques liquides. *J. d. phys.* 4, 5 S. 403/20.

JONES, LINDSAY und CARROLL, Leitfähigkeit gewisser Salze in gemischten Lösungsmitteln: Wasser, Methyl-, Aethyl- und Propylalkohol.* *Z. physik. Chem.* 56 S. 129/78; 193/243.

STENQUIST, Bestimmung der elektrischen Leitfähigkeit des Jod-, Brom- und Chlorkaliums in Aethyl- und Methylalkohol.* *Z. Elektrochem.* 12 S. 860/2.

JONES, the bearing of hydrates on the temperature coefficients of conductivity of aqueous solutions. *Chem. News* 93 S. 274/5.

LEWIS und WHEELER, elektrische Leitfähigkeit von Lösungen in flüssigem Jod.* *Z. physik. Chem.* 56 S. 179/92.

WALKER, the electric resistance to the motion of a charged conducting sphere in free space or in a field of force. (V) *Proc. Roy. Soc.* 77 S. 260/73.

WASZMUTH, Leitfähigkeit gewisser wässeriger Lösungen von Kochsalz und Natriumcarbonat. *Sitz. B. Wien. Ak.* 115, IIa S. 985/1004.

WHETHAM, die elektrische Leitfähigkeit verdünnter Lösungen von Schwefelsäure.* *Z. physik. Chem.* 55 S. 200/6.

WHETHAM, passage of electricity through liquids. *Chem. News* 94 S. 91/3.

RUPPIN, Bestimmung der elektrischen Leitfähigkeit des Meerwassers. *Z. anorg. Chem.* 49 S. 190/4.

KOHLRAUSCH und HENNING, Leitvermögen wässeriger Lösungen von Radiumbromid. *Ann. d. Phys.* 20 S. 96/167.

BECKER, die Erhöhung der Leitfähigkeit der Dielektrika unter der Einwirkung von Radiumstrahlen. *Physik. Z.* 7 S. 107/8.

BRAGG, the ionization of various gases by the *a* particles of radium. *Phil. Mag.* 11 S. 617/32.

JAFFÉ, la conductibilité électrique de l'éther de pétrole sous l'action du radium.* *J. d. phys.* 4, 5 S. 263/70.

COSTE, conductibilité électrique du sélénium. *Compt. r.* 143 S. 822/3.

Action de la vapeur et de la fumée sur les conducteurs électriques à haute tension.* *Gén. civ.* 49 S. 384.

SACKUR, Leitung der Elektrizität durch Gase. *Chem. Z.* 30 S. 751/3.

PLOTNIKOW, elektrische Leitfähigkeit der Gemische von Brom und Aether. *Z. physik. Chem.* 57 S. 502/6.

BLACKMAN, quantitative relation between molecular conductivities. *Phil. Mag.* 11 S. 416/8.

BLACKMAN, atomic conductivities of the ions. *Phil. Mag.* 12 S. 150/2.

BLACKMAN, ionic conductivities at 25°. *Chem. News* 94 S. 176.

BRYLINSKI, la résistance des conducteurs en courant variable.* *Bull. Soc. él.* 6 S. 255/300.

CAMPBELL, the electric inductive capacities of dry paper and of solid cellulose. *Electr.* 57 S. 784/7 F.

CHILD, conductivity of vapour from the mercury arc.* *Phys. Rev.* 22 S. 221/31.

DAVIDSON, Bemerkungen über die elektrische Leitfähigkeit von Flammen. (Einfluß der Temperatur und des Elektrodenmaterials; Leitfähigkeit des mittleren grünen Kegels einer BUNSENflamme ohne eingeblasene Salzlösung; Emission von Ionen aus Elektroden, welche mit Metallsalzen überzogen sind.)* *Physik. Z.* 7 S. 108/12; *Z. Beleucht.* 12 S. 302/3.

WILSON and GOLD, the electrical conductivity of flames containing salt vapours for rapidly alternating currents.* *Phil. Mag.* 11 S. 484/505.

DRUDE, Beeinflussung einer Gegenkapazität durch Annäherung an Erde oder andere Leiter. *Ann. d. Phys.* 21 S. 123/30

GATES, the conductivity of the air due to the sulphate of quinine. *Phys. Rev.* 22 S. 45/6.

JORISSEN und RINGER, Leitfähigkeit von Luft, welche sich in Berührung mit sich oxydierenden Substanzen befindet.* *Ber. chem. G.* 39 S. 2090/3.

SCHENCK, MIHR und BANTHIEN, über den die elektrische Leitfähigkeit bewirkenden Bestandteil der Phosphorluft.* *Ber. chem. G.* 39 S. 1506/21.

VOSMAER, the conductivity of ozonised air. *Electr.* 57 S. 288/9.

EWELL, conductivity of air in an intense electric field and the SIEMENS ozone generator.* *Am. Journ.* 22 S. 368/78.

DUFOUR, Leitfähigkeit der Luft in bewohnten Räumen. *Physik. Z.* 7 S. 259/62; *Z. Beleucht.* 12 S. 283/4.

KURZ, scheinbarer Unterschied der Leitfähigkeit der Atmosphäre bei positiver und negativer Ladung des Blattelektrometers. *Physik. Z.* 7 S. 771/5.

RUSSELL, the dielectric strength of air. *Phil. Mag.* 11 S. 237/76.

FISCHER, FRITZ, Widerstandsänderung von Palladiumdrähten bei der Wasserstoffokklusion. (Bestimmung des elektrischen Widerstandes, — der Längenausdehnung von Palladiumdrähten in ihrer Abhängigkeit von der Wasserstoffokklusion.) *Ann. d. Phys.* 20 S 503/26.

GUERTLER, die elektrische Leitfähigkeit der Legierungen.* *Z. anorgan. Chem.* S. 397/432.

REINGANUM, Verhältnis von Wärmeleitung zur Elektrizitätsleitung der Metalle. *Physik. Z.* 7 S. 787/9.

WEIDERT, Einfluß transversaler Magnetisierung auf die elektrische Leitungsfähigkeit der Metalle.* *Physik. Z.* 7 S. 729/40.

HOLLARD, conductibilités des mélanges d'acide sulfurique avec les sulfates; formation de complexes d'hydrogène. (Mélanges de sulfate de soude de magnésie, de zinc et de cuivre, d'ammoniaque et d'acide sulfurique.) *J. d. phys.* 4, 5 S. 654/67.

KÖNIGSBERGER and REICHENHEIM, conductivity of oxides and sulphides. *Electr.* 58 S. 100/1.

HORTON, the electrical conductivity of metallic oxides.* *Phil. Mag.* 11 S. 505/31.

STEELE, MC INTOSH and ARCHIBALD, the halogen hydrides as conducting solvents. (The vapour pressures, densities, surface energies and viscosities of the pure solvents; the conductivity and molecular weights of dissolved substances; the transport numbers of certain dissolved substances; the abnormal variation of molecular conductivity etc.)* *Phil. Trans.* 205 S. 99/167.

MALFITANO, conductibilité électrique du colloïde hydrochloroferrique. *Compt. r.* 143 S. 172/4.

KOENIGSBERGER und REICHENHEIM, Temperaturgesetz der elektrischen Leitfähigkeit fester einheitlicher Substanzen und einige Folgerungen daraus. *Physik. Z.* 7 S. 570/8.

REINGANUM, thermal and electric conductivities.* *Electr.* 58 S. 257.

THÖLDTE, die durch einen mechanischen Einfluß herbeigeführte Leitungsfähigkeit des Kohärers.* *Ann. d. Phys.* 21 S. 155/69.

Widerstand von Leitern bei variablen Strömen. (Vergleichende Uebersicht der Stromdichten bei verschiedenen Tiefen und für sinusförmigen Strom bei 150, 4000, 10 000 000 Perioden pro Sekunde.) *El. Anz.* 23 S. 1145/6.

Relations entre l'activité chimique et la conductibilité électrique. *Bull. d'enc.* 108 S. 1049/51.

The dielectric strain along the lines of force. (V) *Phil. Mag.* 11 S. 607/9.

HUMANN, Leistungsverlust im Dielektrikum bei hohen Wechselspannungen.* *Elektr. B.* 4 S. 457/9, 477/80 F.

HOLTZ, Darstellung von Kraftlinien und die Dielektrizitätskonstante. *Physik. Z.* 7 S. 258/9.

HOLTZ, vereinfachte Meßflasche und Vorlesungsapparate für die Dielektrizitätskonstante. *Z. phys. chem. U.* 19 S. 215/8.

VELEY, modified form of apparatus for the determination of the dielectric constants of nonconducting liquids.* *Phil. Mag.* 11 S. 73/81.

b) Beziehungen zum Licht. Relating to light. En relation à la lumière.

VILLARD, mécanisme de la lumière positive. (Des tubes de GEISSLER.) *Compt. r.* 142 S. 706/9.

c) Beziehungen zur Wärme. Relating to heat. En relation à la chaleur.

MELANDER, Erregung statischer elektrischer Ladungen durch Wärme und Bestrahlung. *Ann. d. Phys.* 21 S. 118/22.

d) Kraftstrahlen. Radiations.

α) Hertzsche Erscheinungen und dergl. Hertz-phenomena and similar effects. Phénomènes de Hertz et effets similaires. Vgl. Telegraphie 2.

DRUDE, über elektrische Schwingungen. *Ann. d. Phys.* S. 832/44; *Physik. Z.* 7 S. 866/71.

ECCLES, the effect of electrical oscillations on iron in a magnetic field.* *Phil. Mag.* 12 S. 109/19.

FISCHER, Methode zur getrennten Untersuchung der Schwingungen gekoppelter Oszillatoren.* *Ann. d. Phys.* 19 S. 182/90.

ROGOWSKI, Theorie der Resonanz phasewechselnder Schwingungen. (Theorie der Erscheinungen, wenn diese Schwingungen auf einen Stromkreis mit Widerstand, Selbstinduktion und Kapazität wirken.) *Ann. d. Phys.* 20 S. 766/82.

STRASSER und ZENNECK, phasewechselnde Oberschwingungen. (Man läßt die Schwingung einwirken auf ein resonierendes System, einen Kondensatorkreis, in dem sich ein Strom- oder Spannungsmesser befindet und dessen Wechselzahl variierbar und bekannt ist, und variiert die Wechselzahl stetig.)* *Ann. d. Phys.* 20 S. 759/65.

BRAUN, phase-shifted high-frequency oscillations.* *Electr.* 56 S. 546/9.

BROWN, a method of producing continuous high-frequency electric oscillations.* *Electr.* 58 S. 201/2.

VON CZUDNOCHOWSKI, Verfahren zur Erregung elektrischer Schwingungen durch oszillatorische Ladung.* *Physik. Z.* 7 S. 183/5.

MANDELSTAM und PAPALEXI, Methode zur Erzeugung phasenverschobener schneller Schwingungen.* *Phys. Z.* 7 S. 303/6.

CLINKER, wave shapes in three-phase transformers.* *Electr.* 56 S. 463/4.

DORN, Heliumröhren mit elektrolytisch eingeführtem Natrium und Kalium. *Ann. d. Phys.* 20 S. 127/32.

KALÄHNE, elektrische Schwingungen in ringförmigen Metallröhren. * *Ann. d. Phys.* 19 S. 80/115.

FLEMING, note on the theory of directive antennae or unsymmetrical Hertzian oscillators. *Proc. Roy. Soc.* 78 S. 1/8.

MARCONI, control of the direction of electric waves. * *West. Electr.* 38 S. 394/5.

MARCONI, methods whereby the radiation of electric waves may be mainly confined to certain directions, and whereby the receptivity of a receiver may be restricted to electric waves emanating from certain directions. (V)* *Proc. Roy. Soc.* 77 S. 413/21; *El. Rev. N. Y.* 48 S. 804/7; *Electr.* 57 S. 100/2.

Comando à distanza mediante le onde Hertziane.* *Elettricista* 15 S. 248/9.

V. GEITLER, Absorption und Strahlungsvermögen der Metalle für HERTZsche Wellen. *Sitz. B. Wien. Ak.* 115, IIa S. 1031/54.

MASSIE, diagram of electric wave-lengths. * *Electr.* 57 S. 826; *El. World* 48 S. 330/1.

POULSON, a method of producing undamped electric oscillations and its employment in wireless telegraphy.* *Electr.* 58 S. 166/8.

Ungedämpfte elektrische Schwingungen. (Versuche.) (V) (A) *El. Anz.* 23 S. 1131/2.

SEITZ, Wirkung eines unendlich langen Metallzylinders auf HERTZsche Wellen. *Ann. d. Phys.* 19 S. 554/66.

PAETZOLD, Strahlungsmessungen an Resonatoren im Gebiete kurzer elektrischer Wellen.* *Ann. d. Phys.* 19 S. 116/37.

ASCHKINASS, Resonatoren im Strahlungsfelde eines elektrischen Oszillators. Bemerkungen zu der Arbeit von PAETZOLD über „Strahlungsmessungen an Resonatoren im Gebiete kurzer elektrischer Wellen." *Ann. d. Phys.* 19 S. 841/52.

SCHAEFER und LAUGWITZ, Theorie des HERTZschen Erregers und über Strahlungsmessungen an Resonatoren. *Ann. d. Phys.* 20 S. 355/64.

SCHAEFER und LAUGWITZ, die bei Reflektion elektrischer Wellen an HERTZschen Gittern auftretenden Phasenverluste.* *Ann. d. Phys.* 21 S. 587/94.

BLAKE and FOUNTAIN, the reflection and transmission of electric waves by screens of resonators and by grids.* *Phys. Rev.* 23 S. 257/79.

TISSOT, on the use of the bolometer as a detector of electric waves. * *Electr..* 56 S. 848/9; *Eng.* 101 S. 231; *El. Eng. L.* 37 S. 300/4; *J. el. eng.* 36 S. 468/74.

WALTER, a method of obtaining continuous currents from a magnetic detector of the self-restoring type.* *El. Rev. N. Y.* 48 S. 921/2; *Electr.* 57 S. 175/6.

Oscillations électriques dans les tubes métalliques courbés en forme d'anneaux. *Eclair. él.* 46 S. 287/96 F.

Energie, durée, amortissement et résistance des étincelles oscillantes. *Eclair. él.* 47 S. 281/91.

β) **Kathodenstrahlen und ähnliche Strahlen.**
Cathode and similar rays. Rayons
cathodiques et rayons similaires.

GUYE, valeur numérique la plus probable du rapport $\frac{e}{\mu_0}$ de la charge à la masse de l'électron dans les rayons cathodiques.   *Compt. r.* 142 S. 833/5.

HERWEG, Beiträge zur Kenntnis der Ionisation durch RÖNTGEN- und Kathodenstrahlen. (Abhängigkeit der durch RÖNTGENstrahlen hervorgerufenen Ionisation von der Temperatur; gleichzeitige Ionisation durch RÖNTGENstrahlen und einen glühenden Draht; Einwirkung der RÖNTGEN- und Kathodenstrahlen auf das Eintreten der Glimmentladung; Versuche zur Klärung der Frage, ob bei der Ionisation durch RÖNTGENstrahlen primär Elektronen entstehen; experimentelle Darstellung der Zykloidenbahnen von Elektronen.) * *Ann. d Phys.* 19 S. 333/70.

URBAIN, phosphorescence cathodique de l'europium.   *Compt. r.* 142 S. 205/7.

VILLARD, les rayons cathodiques dans le champ magnétique.   *Bull. Soc. él.* 6 S. 45/67.

VILLARD, l'aurore boréale. (Les rayons cathodiques.) * *Compt. r.* 142 S. 1330/3.

VILLARD, sur certains rayons cathodiques. (Électrisation positive en déviant les rayons soit par un champ magenétique, soit par un champ électrique.)   *Compt r.* 143 S. 674/6.

WILLIAMS, reflection of cathode rays.   *Electr.* 57 S. 971.

WILLIAMS, the reflection of cathode rays from thin metallic films. * *Phys. Rev.* 23 S. 1/21.

γ) **X-Strahlen. X-rays. Rayons X.** Vgl. Photographie 17.

BERLEMONT, tubes à rayons X, à régulateur automatique. (Réglage automatique, en se servant de l'anticathode comme osmo-régulateur.) *Compt. r.* 142 S. 1189/90.

BROCA, durée de la décharge dans un tube à rayons X.   *Compt. r.* 142 S. 271/3.

BROCA et TURCHINI, étude photographique de la durée de la décharge dans un tube de CROOKES. *Compt. r.* 142 S. 445/7.

BRUNHES, sur les durées comparées d'une émission de rayons X et d'une étincelle en série avec le tube producteur des rayons. *Compt. r.* 142 S. 391/2.

GAIFFE, procédé pour la mesure de la quantité totale de rayons X émis dans un temps donné. *Compt. r.* 142 S. 447/9.

NOGIER, les ampoules productrices de rayons X. *Compt. r.* 142 S. 783/4.

BUMSTEAD, the heating effects produced by RÖNTGEN rays in different metals, and their relation to the question of change in the atom. *Phil. Mag.* 11 S. 292/317; *Am. Journ.* 21 S. 1/24.

ANGERER, bolometrische Untersuchungen über die Energie der X-Strahlen. 𐫱 *Ann. d. Phys.* 21 S. 87/117.

Chromoradiometer von BORDIER. (Beruht ebenfalls wie das Chromoradiometer von SABOURAUD und NOIRÉ auf der Verfärbung von Bariumplatincyanürscheibchen durch RÖNTGENstrahlen.) *Arch. phys. Med.* 2 S. 80/2.

Methoden der Experimentaluntersuchung über die Umwandlung der X-Strahlen und der daraus resultierenden Sekundärstrahlen. *Physik. Z.* 7 S. 41/50.

SEITZ, Sekundärstrahlen, die durch sehr weiche RÖNTGENstrahlen hervorgerufen werden. * *Physik. Z.* 7 S. 689/92.

BARKLA, secondary RÖNTGEN radiation. (Density, molecular weight, atomic weight of radiator;

absence of purely scattered radiation.) *Phil. Mag.* 11 S. 812/28.

BARKLA, polarisation in secondary RÖNTGEN radiation.   *Proc. Roy. Soc.* 77 S. 247/55.

HAGA, on the polarisation of RÖNTGEN rays. * *Electr.* 57 S. 1016/7.

CARTER, das Verhältnis der Energie der RÖNTGENstrahlen zur Energie der erzeugenden Kathodenstrahlen.   *Ann. d. Phys.* 21 S. 955/71.

DANNEBERG, ein RÖNTGEN-Schirm mit deutlichen Nachbildern. (Der Schwefelzink-Schirm zeigt in Bezug auf RÖNTGEN-Strahlen nicht nur die Eigenschaften des Platincyanür-Schirmes in erhöhtem Maße, sondern liefert auch ein helles Nachbild, das nach der Beobachtung leicht getilgt werden kann, so daß der Schirm sofort wieder gebrauchsfähig ist.) *Elektrot. Z* 27 S. 1021.

MARX, die Geschwindigkeit der RÖNTGENstrahlen; Experimentaluntersuchung. *Ann. d. Phys.* 20 S. 677/722.

Die Geschwindigkeit der RÖNTGENstrahlen. * *Mechaniker* 14 S. 111/4.

ROSENTHAL, eine neue Art von RÖNTGENröhren. *Physik. Z.* 7 S. 424/5.

The measurement of x-rays and of rays from radioactive bodies. * *Electr.* 57 S. 547/9.

KOCH, heutiger Stand der RÖNTGEN Elektrotechnik. (V) * *Elektrot. Z.* 27 S. 705/10.

Verschluckte Diamanten und die RÖNTGENstrahlen. *J. Goldschm.* 27 S. 391.

HAKE, Untersuchung von Zündschnüren mittels RÖNTGENstrahlen   *Schw. Z. Art.* 42 S. 36/7.

HAUPTMEYER, die RÖNTGEN-Einrichtung der Kruppschen Zahnklinik in Essen (Ruhr). (Zahnaufnahme mittels Films, Platte; RÖNTGENzimmer.) * . *Mon. Zahn.* 24 S. 433/46.

SOMMER, das RÖNTGENographische Dunkelzimmer und seine zweckentsprechende Beleuchtung. 𐫱 *Arch. phys. Med.* 1 S. 122/9.

SAGNAC, Klassifikation und Mechanismus verschiedener elektrischer Wirkungen, welche von X-Strahlen herrühren. * *Physik. Z.* 7 S. 50/6.

JENSEN, durch Radium- bezw. RÖNTGENstrahlen hervorgerufene Münzabbildungen. * *Ann. d. Phys.* 21 S. 901/12.

CHAUFFARD, dangers des rayons ROENTGEN. (Rapport à l'Academie de Médecine) (V. m. B.) *Rev. ind.* 37 S. 46 F.

WATTIEZ, rayons X et radium en thérapeutique: radiothérapie. * *Ind. text.* 22 S. 296/7 F.

δ) **Sonstige Strahlen und Verschiedenes.**
Other rays and sundries. Rayons divers
et matières diverses. Vgl. Photographie 17, Radium und radioaktive Elemente.

ASCHKINASS, neuere Untersuchungen über Radioaktivität. (Experimentalvortrag) *Z. Beleucht.* 13 S. 50, 2.

Neuere Forschungen über Radioaktivität. * *Centras. Z.* 27 S. 1/4 F.

SODDY, the present position of radioactivity. *Electr.* 56 S. 476/9.

BUNZL, die Okklusion der Radiumemanation durch feste Körper. *Sitz. B. Wien. Ak.* 115, II a S. 21/31.

TOMMASINA, die kinetische Theorie des Elektrons als Grundlage der Elektronentheorie der Strahlungen.   *Physik. Z.* 7 S. 56/62.

GRUNER, Beitrag zu der Theorie der radioaktiven Umwandlung. *Ann. d. Phys.* 19 S. 169/81.

JENSEN, durch Radium- bezw. RÖNTGENstrahlen hervorgerufene Münzabbildungen.* *Ann. d. Phys.* 21 S. 901/12.

JONES, distribution of radioactive matter and the origin of radium. (Radioactive matter in the

earth and in the air.) *El. Rev. N. Y.* 48 S. 40/2.

KOHLRAUSCH, Schwankungen der radioaktiven Umwandlung. * *Sits. B. Wien. Ak.* 115, IIa S. 673, 82.

LOEWENTHAL, Einwirkung von Radiumemanation auf den menschlichen Körper. *Physik. Z.* 7 S. 563/4.

RAYLEIGH, the constitution of natural radiation. *Phil. Mag.* 11 S. 123/7.

CAMPBELL, the radiation from ordinary materials. ⊞ *Phil. Mag.* 11 S. 206/26.

GEHLHOFF, Radioaktivität und Emanation einiger Quellensedimente. *Physik. Z.* 7 S. 590/3.

SCHMIDT und KURZ, die Radioaktivität von Quellen im Großherzogtum Hessen und Nachbargebieten.* *Physik. Z.* 7 S. 209/24.

HAUSER, Radioaktivität des Teplitz - Schönauer Thermalwassers. *Physik. Z.* 7 S. 593/4.

La radioactivité des sources thermales de Dax. *Electricien* 31 S. 22/4.

CONSTANZO und NEGRO, die Radioaktivität des Schnees. *Physik. Z.* 7 S. 350/3.

BECKER, die Radioaktivität von Asche und Lava des letzten Vesuvausbruches. *Ann. d. Phys.* 20 S. 634/8.

ELSTER und GEITEL, die Abscheidung radioaktiver Substanzen aus gewöhnlichem Blei. *Physik. Z* 7 S. 841/4.

MEYEN und V. SCHWEIDLER, Untersuchungen über radioaktive Substanzen. Die aktiven Bestandteile des Radiobleis. Versuche über die Absorption der α-Strahlung in Aluminium. *Sits. B. Wien. Ak.* 115, IIa S. 697/738.

BOLTWOOD, die Radioaktivität von Radiumsalzen. *Physik. Z* 7 S. 489/92; *Am. Journ.* 21 S 409/14.

EVE, the relative activity of radium and thorium measured by the γ-radiation. (To ascertain the relative amounts of radio-thorium in thorianite and thorium nitrate respectively, by measurement of the γ-radiations) *Am. Journ.* 22 S. 477/80.

BOLTWOOD, die Radioaktivität von Thoriummineralien und -Salzen. *Physik. Z.* 7 S. 482/9; *Am. Journ.* 21 S. 415/26.

BÜCHNER, the composition of thorianite, and the relative radio-activity of its constituents. *Proc. Roy. Soc.* 78 A S. 385/91.

DADOURIAN, the radio activity of thorium. *Am. Journ.* 21 S. 427/32.

MC COY and ROSS, the relation between the radioactivity and the composition of thorium compounds. *Am. Journ.* 21 S. 433/43.

WÄCHTER, Verhalten der radioaktiven Uran- und Thoriumverbindungen im elektrischen Lichtbogen. *Sits. B. Wien. Ak.* 115, IIa S. 1247/60.

MC COY, the relation between the radioactivity and the composition of uranium compounds. (Preparation of a standard of radioactivity; the radioactivity of uranium ores.) *Phil. Mag.* 11 S. 176/86.

WALTER, Spektrum des von den Strahlen des Radiotellurs erzeugten Stickstofflichtes. ⊞ *Ann. d. Phys.* 20 S. 327/32.

ADAMS, the absorption of α rays in gases and vapors. *Phys. Rev.* 22 S. 111/2.

BECQUEREL, Eigenschaften der von Radium oder von Körpern, die durch Radiumemanation aktiviert worden sind, ausgehenden α- Strahlen. * *Physik. Z.* 7 S. 177/80.

BRAGG, die α-Strahlen des Radiums. *Physik. Z* 7 S. 143/6, 452/3.

BRONSON, the ionization produced by α rays. * *Phil. Mag.* 11 S. 806/12.

BRONSON, the periods of transformation of radium.

(Relative amounts of ionization produced by α and β rays.)* *Phil. Mag.* 12 S. 73/82.

HAHN, Eigenschaften der α-Strahlen des Radiothoriums. (Stärke der Aktivität des Radiothoriums; Spintillationsmethode; Abnahme der Durchdringbarkeit der α-Partikel beim Durchgange durch Materie; magnetische und elektrostatische Ablenkung der α-Strahlen. Ionisationskurve eines Radiothoriumpräparats im radioaktiven Gleichgewicht. Ionisationskurve von Radiothorium allein, zeitweise befreit von allen seinen Produkten, Ionisationsbereich der α-Partikel der Thoriumemanation.) *Physik. Z.*7 S. 412/9, 456/62; *Phil. Mag.* 11 S. 793/805; 12 S. 82/93.

HAHN, Ionisationsbereich der α-Strahlen des Aktiniums. (Ionisationskurve der α-Strahlen von Aktinium X und von Radioaktinium; Ionisationsbereich der α-Partikel der Aktiniumemanation.) *Physik. Z.* 7 S. 557/63; *Phil. Mag.* 12 S. 244'54.

HUFF, the electrostatic deviation of α-rays from radio-tellurium.* *Proc. Roy. Soc* 78 S. 77/9.

KLEEMAN, the recombination of ions made by α, β, γ and X rays. *Phil. Mag.* 12 S. 273/97.

LEVIN, über die Absorption der α-Strahlen des Poloniums. *Physik. Z.* 7 S. 519/21.

LOGEMAN, the production of secondary rays by α rays from polonium. *Proc. Roy. Soc.* 78 S. 212/7.

MC CLUNG, the absorption of α rays. (Description of apparatus; method of observation; absorption of α rays by air; absorption of α rays by aluminium; comparison of the absorption by aluminium and air.)* *Phil. Mag.* 11 S. 131/42.

MEITNER, Absorption der α- und β-Strahlen. * *Physik. Z.* 7 S. 588/90.

RUTHERFORD, magnetic and electric deflection of the α rays from radium. *Phys. Rev.* 22 S. 122/3.

RUTHERFORD, Eigenschaften der α-Strahlen des Radiums. *Physik. Z.* 7 S. 137/43; *Phys. Rev.* 22 S. 123/5.

RUTHERFORD, the mass and velocity of the α particles expelled from radium and actinium.* *Phil. Mag.* 12 S. 348/71.

RUTHERFORD and HAHN, mass of the α particles from thorium. *Phil. Mag.* 12 S. 371/8.

STARK, die Lichtemission durch die α-Strahlen. * *Physik. Z.* 7 S. 892/6.

PLANCK, KAUFMANNsche Messungen der Ablenkbarkeit der β-Strahlen in ihrer Bedeutung für die Dynamik der Elektronen. *Physik. Z.* 7 S. 753/61.

ALLEN, the velocity and ratio e, m for the primary and secondary rays of radium.* *Phys. Rev.* 23 S. 65/94.

ALLEN, the velocity, and ratio e/m, for the primary and secondary β rays of radium. *Phys. Rev.* 22 S. 375/7.

CROWTHER, the coefficient of absorption of the β rays from uranium. *Phil. Mag.* 12 S. 379/92.

LAINE, Versuch, die Absorption der β-Strahlen des Radiums in den Elementen als Funktion von deren Konstanten abzuleiten. *Physik. Z.* 7 S. 419/21.

LEVIN, Ursprung der β-Strahlen des Thoriums und Aktiniums. *Physik. Z.* 7 S. 513/9; *Phil. Mag.* 12 S. 177/88.

EVE, the absorption of the γ rays of radioactive substances. *Phil. Mag.* 11 S. 586/95.

KOHLRAUSCH, Wirkung der BECQUERELstrahlen auf Wasser.* *Ann. d. Phys.* 20 S. 87/95.

FÜCHTBAUER, von Kanalstrahlen erzeugte Sekundärstrahlung und eine Reflexion der Kanalstrahlen.* *Physik. Z.* 7 S. 153/7.

AUSTIN, emission of negatively charged particles produced by canal rays. *Phys. Rev.* 22 S. 312/9.

FÜCHTBAUER, die Geschwindigkeit der von Kanalstrahlen und von Kathodenstrahlen beim Auftreffen auf Metalle erzeugten negativen Strahlen.* *Physik. Z.* 7 S. 748/50.

GEHRCKE, Hypothese über die Entstehung von Kanalstrahlen großer Masse. *Physik. Z.* 7 S. 181/2.

HERMANN und KINOSHITA, spektroskopische Beobachtungen über die Reflexion und Zerstreuung von Kanalstrahlen. *Physik. Z.* 7 S. 564,7.

RAU, Beobachtungen an Kanalstrahlen. *Physik. Z.* 7 S. 421.3.

STARK und SIEGL, die Kanalstrahlen in Kalium- und Natriumdampf. *Ann. d. Phys.* 21 S. 457,61.

STARK, die Lichtemission der Kanalstrahlen in Wasserstoff. (Träger der Linienspektra; Translationsgeschwindigkeit und Strahlungsintensität; Translationsgeschwindigkeit und Wellenlänge) *Ann. d. Phys.* 21 S. 401/56.

STRASSER und WIEN, Anwendung der Teleobjektivmethode auf den DOPPLEReffekt von Kanalstrahlen.* *Physik. Z.* 7 S. 744/8.

PILTSCHIKOFF, die MOSER-Strahlen.* *Physik. Z.* 7 S. 69 70.

MASCART, les rayons N. *Compt. r.* 142 S. 122/9.

GUTTON, expériences photographiques sur l'action des rayons N sur une étincelle oscillante. * *Compt. r.* 142 S. 145/9.

TURPAIN, à propos des rayons N. (Essais.) *J. d. phys.* 4, 5 S. 343/9.

STEPANELLI, su una pretesa sorgente di raggi N_1. *Elettricista* 15 S. 88.

DAHMS, ein Demonstrationsversuch zum Nachweis ultraroter Strahlen. *Physik Z.* 7 S. 383/4.

GIESEL, Demonstrationsversuch zum Nachweis ultraroter Strahlen. *Physik. Z.* 7 S. 35/6.

RAMSAY and SPENCER, atomic disintegration by ultra-violet light. *Electr.* 58 S. 377/8.

STARK und KINOSHITA. ultraviolette Duplets des Zinks, Kadmiums und Quecksilbers und über thermisch inhomogene Strahlung. *Ann. d. Phys.* 21 S. 470/82.

Schwerstrahlen (émission pesante). (Kritik der von BLONDLOT entdeckten Strahlen.) *Pharm. Centralh.* 47 S. 947/50.

HARTLEY, continuous rays observed in the spark spectra of metalloids and some metals. *Proc. Roy. Soc.* 78 A. S. 403/5.

e) Verschiedenes. Sundries. Matières diverses.

AECKERLEIN, Untersuchungen über eine Fundamentalfrage der Elektrooptik. (Theorie; Versuche mit Nitrobenzol; Versuche mit anderen Flüssigkeiten.) *Physik. Z.* 7 S. 594/601.

VOIGT, Fundamentalfrage der Elektrooptik. *Physik. Z.* 7 S. 811/2.

LIENHOP, über die lichtelektrische Wirkung bei tiefer Temperatur.* *Ann. d. Phys.* 21 S. 281/304.

DEMBER, lichtelektrischer Effekt und das Kathodengefälle an einer Alkalielektrode in Argon, Helium und Wasserstoff.* *Ann. d. Phys.* 20 S. 379/97.

ROHDE, Oberflächenfestigkeit bei Farbstofflösungen, lichtelektrische Wirkung bei denselben und bei den Metallsulfiden.* *Ann. d. Phys.* 19 S. 935/59.

ALGERMISSEN, das statische Funkenpotential bei großen Schlagweiten.* *Ann. d. Phys.* 19 S. 1007/15.

ALGERMISSEN, Verhältnis von Schlagweite und Spannung bei schnellen Schwingungen. (Messungen über die Beziehung zwischen Schlagweite und Spannungsamplitude bei Schwingungen.) * *Ann. d. Phys.* 19 S. 1016/29.

SCHWEDOFF, ballistische Theorie der Funkenentladung. Die Schlagweite. *Ann. d. Phys.* 19 S. 918/34.

ASELMANN, Elektrizitätsträger, die durch fallende

Flüssigkeiten erzeugt werden. *Ann. d. Phys.* 19 S. 960/84.

KOCH, Beobachtungen über Elektrizitätserregung an Krystallen durch nicht homogene und homogene Deformation. *Ann. d. Phys.* 19 S. 567/86.

BEAULARD, la déviation d'un ellipsoïde diélectrique placé dissymétriquement dans un champ électrique homogène: application à la mesure du pouvoir inducteur spécifique de l'eau.* *J. d. phys.* 4, 5 S. 165/81.

BENNDORF, die Störung des homogenen elektrischen Feldes durch ein leitendes dreiachsiges Ellipsoid.* *Sitz. B. Wien. Ak.* 115, IIa S. 391/456.

BEDELL and TUTTLE, effect of iron in distorting alternating-current wave form. (V) (A) *Electr.* 58 S. 130/3.

STEINMETZ, discussion on „the effect of iron in distorting alternating-current wave-form".* *Proc. El. Eng.* 25 S. 780/808.

L'effetto del ferro sulla forma dell'onda delle correnti alternate.* *Elettricista* 15 S. 341/6.

WILSON, effects of self-induction in an iron cylinder. (V) *Electr.* 57 S. 546/7; *Proc. Roy. Soc.* 78 S. 22/7.

BENISCHKE, der Einfluß eines sekundären Stromes auf Ueberspannung und Funkenbildung bei Stromunterbrechung. *Elt. u. Maschb.* 24 S. 923/6.

BERGWITZ, Einfluß des Waldes auf die Elektrizitätszerstreuung in der Luft. *Physik. Z.* 7 S. 696.

CONRAD, zur Kenntnis der atmosphärischen Elektrizität. Messungen des Ionengehaltes der Luft auf dem Säntis im Sommer 1905. *Sitz. B. Wien. Ak.* 115, IIa S. 1055/79.

KOHLRAUSCH, Beiträge zur Kenntnis der atmosphärischen Elektrizität. (Radiumduktion in der atmosphärischen Luft und eine Methode zur absoluten Messung derselben.) *Sitz. B. Wien. Ak.* 115, IIa S. 1321/6.

CHREE, discussion of atmospheric electric potential results at Kew from selected days during the seven years 1898 to 1904. *Phil. Trans.* 206 S. 299/334.

ELSTER und GEITEL, luftelektrische Beobachtungen während der totalen Sonnenfinsternis am 30. August 1905. *Physik. Z.* 7 S. 496/8.

HOLTZ, verschiedene Methoden zur Prüfung der Zimmerluftelektrizität.* *Ann. d. Phys.* 20 S. 587/90.

KNOLL, langsame Ionen in atmosphärischer Luft. (Versuche.) *Sitz. B. Wien. Ak.* 115, IIa S. 161/72.

LEETHAM and CRAMP, the electrical discharge in air, and its commercial application.* *El. Eng. L.* 38 S. 258/65; *Electr.* 57 S. 769/75; *Electrician* 32 S. 374/9 F.; *El. Mag.* 6 S. 411/6 F.

MC ADIE, atmospheric electricity and trees. *El. World* 47 S. 870/4; *Electr.* 57 S. 301/3.

NAIRZ, atmosphärische Elektrizität. (Historisches, Luftelektrizität, Gewitter, Arten der Blitze, Blitzdauer, Spannung, Strom, Energie, Oscillation, Donner, Wirkung, Häufigkeit, Registrierung, Elmsfeuer, Polarlicht.)⊠ *Prom.* 17 S. 513/8 F.

V. SCHWEIDLER, Beiträge zur Kenntnis der atmosphärischen Elektrizität. (Luftelektrische Beobachtungen am Ossiachersee im Sommer 1906.) *Sitz. B. Wien. Ak.* 115, IIa S. 1263/84.

SIMPSON, atmospheric electricity in high latitudes. *Phil. Trans.* 205 S. 61/97.

SIMPSON, ist der Staub in der Atmosphäre geladen? (Untersuchungen über die Elektrizität der Atmosphäre.) *Physik. Z.* 7 S. 521/2.

VERGANO, di una scarica atmosferica.* *Elettricista* 15 S. 8/9.

SCHMIDT, K. E. F., Bemerkungen zu der Notiz von WALTER: Ueber das Nachleuchten der Luft

bei Blitzschlägen. (Ann. d. Phys. 18 S. 863/6.) *Ann. d. Phys.* 19 S. 215/6.

WALTER, Bemerkungen über Blitze und photographische Blitzaufnahmen. (Das Nachleuchten der Luft bei Blitzschlägen; Ungleichheiten in den verschiedenen Partialentladungen eines Blitzschlages; Schichtenbildung in der Blitzbahn; Bestimmung der Höhe einer Gewitterwolke.) *Ann. d. Phys.* 19 S. 1032/44.

WEISS, Beiträge zur Kenntnis der atmosphärischen Elektrizität. (Beobachtungen über Niederschlagselektrizität.) *Sitz. B. Wien. Ak.* 115, IIa S. 1285/1320; *J. d. phys.* 4, 5 S. 462/6.

L'effetto dell' assorbimento atmosferico per luci di differenti lunghezze d'onda. *Elettricista* 15 S. 308/9.

L'influence de l'électricité atmosphérique sur la télégraphie sans fil.* *Cosmos* 55, I S. 598/9.

SHAW, the discruptive voltage of thin liquid films between iridio-platinum electrodes.* *Phil. Mag.* 12 S. 317/29; *Electr.* 57 S. 978/81.

Quelques experiences déja connues, considérées au point de vue de la théorie des électrons.* *Eclair. él.* 48 S. 5/18.

HERTZ, zur Elektronentheorie. *Physik. Z.* 7 S. 347/50.

HOLZMÜLLER, Orientierung über die neuesten elektrischen Theorien, besonders die Elektronentheorie. *Z. V. dt. Ing.* 50 S. 91/5 F.

LUMMER, Strahlungsgesetze. (Elektronentheorie; Strahlung im Aether [elektrische Wellen, [Licht-, Wärme, Röntgenstrahlen]; Elektronenstrahlung [Kathoden- und Radiumstrahlen]; Lichttheorie NEWTONS; Linien der Spektra; Lichtstrahlung; Unterschied zwischen Temperaturstrahlung und Lumineszenz.) (V) (A) *Verh. V. Gew. Abh.* 1906 S. 300/2.

BOSE, Widerstandsänderungen dünner Metallschichten durch Influenz. Eine direkte Methode zur Bestimmung der Zahl der negativen Leitungs-Elektronen.* *Physik. Z.* S. 373/5, 462.

POHL, Bemerkung zur Arbeit von BOSE über Widerstandsänderungen dünner Metallschichten durch Influenz. *Physik. Z.* 7 S. 500/2.

EHRENFEST, zur Stabilitätsfrage bei den BUCHERER-LANGEVIN-Elektronen. *Physik Z.* 7 S. 302/3.

EINSTEIN, Methode zur Bestimmung des Verhältnisses der transversalen und longitudinalen Masse des Elektrons. *Ann. d. Phys.* 21 S. 583/6.

GANS, Elektronenbewegung in Metallen. *Ann. d. Phys.* 20 S. 293/326.

KAUFMANN, Konstitution des Elektrons. (Versuchsanordnung bei der Aufnahme der Kurven; Meßmethoden und Messungsresultate.) (a) ⊞ *Ann. d. Phys.* 19 S. 487/553.

KOHL, Bewegungsgleichungen und elektromagnetische Energie der Elektronen. *Ann. d. Phys.* 19 S. 587/612.

BESSON, le quatrième état de la matière. (Ions et électrons; propriétés générales des corpuscules; expériences de THOMSON, J. J., WILSON, KAUFMANN.) *Mém. S. ing. civ.* 1906, 2 S. 699/719.

BLOCH, mobilité des ions produits par la lampe NERNST. *Compt. r.* 143 S. 213/5.

DENISON and STEELE, the accurate measurement of ionic velocities, with applications to various ions.* *Phil. Trans.* 205 S. 449/64.

ELSTER und GEITEL, zwei Versuche über die Verminderung der Ionenbeweglichkeit im Nebel. *Physik. Z.* 7 S. 370/1.

HURST, genesis of ions by collision and sparking-potentials in carbon dioxyde and nitrogen. *Phil. Mag.* 11 S. 535/52.

PHILLIPS, ionic velocities in air at different temperatures.* *Proc. Roy. Soc.* 78 S. 167/91.

RICHARDSON, the ionisation produced by hot

platinum in different gases. *Proc. Roy. Soc.* 78 S. 192/6.

ROSSET, expression de la période de vibration ionique et électronique et ses conséquences.* *Eclair. él.* 48 S. 84/97 F.

STARK, Zusammenhang zwischen Translation und Strahlungsintensität positiver Atomionen. *Physik. Z.* 7 S. 251/6.

THORKELSSON, Ionisation in Gasen vermittels eines ungeeichten Elektroskops bestimmt.* *Physik. Z.* 7 S. 834/5.

v. WESENDONK, Bemerkungen zur Ionentheorie der elektrischen Entladungen. *Physik. Z.* 7 S. 112/5.

BOUTY, sur une expérience de HITTORF et sur la généralité de la loi de PASCHEN. (Cas de deux ballons communiquant d'une part par un tube droit et court, d'autre part par un très long tube en spirale. Deux électrodes de platine traversent les ballons et viennent se terminer dans le tube droit à un millimètre l'une de l'autre. Quand le gaz est suffisament raréfié la décharge électrique refuse de passer par le trajet court, elle choisit le plus détourné.) *Compt. r.* 142 S. 1265/7.

BAUDUF, charge positive à distance dans un champ électrique sous l'influence de la lumière ultraviolette. *Compt. r.* 143 S. 895.

BAUDEUF, charge negative à distance d'une plaque métallique éclairée dans un champ électrique *Compt. r.* 143 S. 1139/1.

FRANCK, die Beweglichkeit der Ladungsträger der Spitzenentladung.* *Ann. d. Phys.* 21 S. 972/1000.

LÖB, chemische Wirkung der stillen elektrischen Entladung. (Verhalten der feuchten Kohlensäure, — des Aethylalkohols.)* *Z. Elektrochem.* 12 S. 282/312.

MILLOCHAU, la décharge intermittente. *Compt. r.* 142 S. 781/3.

NODA und WARBURG, Zersetzung des Kohlendioxyds durch die Spitzenentladung.* *Ann. d. Phys.* 19 S. 1/13.

POHL, Zersetzung von Ammoniak und Bildung von Ozon durch stille elektrische Entladung. (Versuchsanordnung; die Lichterscheinungen im Ozonrohr bei verschiedenen Versuchsbedingungen; Zersetzung von Ammoniak, Ozonisierung von Sauerstoff.)* *Ann. d. Phys.* 21 S. 879/900.

REIGER, Verwendung des Telephons zur Beurteilung des Rhythmus in Entladungsröhren. *Physik. Z.* 7 S. 68/9.

RUHMER, Darstellung der Ladungs- und Entladungsstromkurven von Kondensatoren mittels Glimmlichtoscillograph. *Z. phys. chem. U.* 19 S. 141/5.

SIEVEKING, Beiträge zur Theorie der elektrischen Entladung in Gasen.* *Ann. d. Phys.* 20 S. 209/36.

SWINTON, the effect of radium in facilitating the visible electric discharge in vacuo. *Phil. Mag.* 12 S. 70/3.

TOWNSEND, the field of force in a discharge between parallel plates.* *Phil. Mag.* 11 S. 729/45.

LANGEVIN, recherches récentes sur le mécanisme de la décharge disruptive. *Bull. Soc. él.* 6 S. 69/91.

TROWBRIDGE, the duration of the afterglow produced by the electrodeless ring discharge.* *Phys. Rev.* 23 S. 279/307.

Recent researches on electrical discharge. (Spark discharge.) *Electr.* 57 S. 530/1.

STARK, elektrische Ladung der Träger von Duplet- und Tripletserien. *Physik. Z.* 7 S. 249/51.

BLONDEL, les phénomènes de l'arc chantant.* *J. d. phys.* 4, 5 S. 77/97.

SIMON, zur Theorie des selbsttönenden Lichtbogens.* *Physik. Z.* 7 S. 433/45.

STARK, RETSCHINSKY und STAPOSCHNIKOFF, Untersuchungen über die Lichtbogen. *Z. Beleucht.* 11 S. 210/11.

REICH, Größe und Temperatur des negativen Lichtbogenkraters. *Physik. Z.* 7 S. 73/89.

WEINTRAUB, the mercury arc: its properties and technical applications. (Structure of the mercury arc; properties of the cathode; starting of the mercury arc; the stability of the mercury arc; arcs in metallic vapours other than mercury; alternating-current phenomena in the mercury arc; the arc as a source of light; the mercury arc rectifier.) * *Electr.* 58 S. 92/5; *J. Frankl.* 162 S. 241/68.

BORDECKER, elektrische Erscheinungen in der Praxis. (Stromentwicklung durch den Treibriemen; in Dampfkesseln, Reibung des mit Wasserteilen vermischten Dampfes an den Wänden der Ausströmröhren als Ursache der Elektrizitätsbildung.) *Z. Dampfk.* 29 S. 311.

BORGMANN, Elektrisierung eines isolierten metallischen Leiters durch einen ihn umgebenden Metallzylinder, der geerdet und von dem zu untersuchenden Leiter durch Luft getrennt ist. *Physik. Z.* 7 S. 234/40.

BROWN, investigation of the potential required to maintain a current between parallel plates in a gas at low pressures.* *Phil. Mag.* 12 S. 210/32.

KOHLSCHÜTTER und MÜLLER, RUD., kathodische Verstäubung von Metallen in verdünnten Gasen.* *Z. Elektrochem.* 12 S. 365/77.

BUCHERER, das Feld gleichförmig rotierender geladener Körper. *Physik. Z.* 7 S. 820/2.

BUCHERER, das von einem mitbewegten Beobachter wahrgenommene Feld einer rotierenden geladenen Kugel. *Physik. Z.* 7 S. 256/7.

KOHL, Unipolareffekt einer leitenden magnetisierten Kugel. *Ann. d. Phys.* 20 S. 641/76.

CAMPBELL, the electric inductive capacities of dry paper and of solid cellulose. *Proc. Roy. Soc.* 78 S. 196/211.

COEHN, Demonstration elektrischer Erscheinungen beim Zerfall von Ammonium. (Analogie zu den Erscheinungen der Radioaktivität.) (V. m. B.) * *Z. Elektrochem.* 12 S. 609/11.

COFFIN, the influence of frequency upon the self-inductance of cylindrical coils of m-layers. *Phys. Rev.* 23 S. 193/211.

DORN, Heliumröhren mit elektrolytisch eingeführtem Natrium und Kalium. *Ann. d. Phys.* 20 S. 127/32.

DRUDE, Beeinflussung einer Gegenkapazität durch Annäherung an Erde oder andere Leiter. *Ann. d. Phys.* 21 S. 123/30.

FIELD, eddy currents in slot-wound conductors.* *El. World* 48 S. 604/5.

FIELD, idle currents. *El. Rev. N. Y.* 48 S. 605/9.

GANS, physical meaning of power factor. (Significance of a power factor less than unity without phase difference; sinusoidal wave forms; no sinusoidal wave forms; pulsating continuous currents.) (V) * *J. Frankl.* 162 S. 429/48.

GENNIMATÁS, die Regel des rechten Winkels oder eine neue Regel zur Bestimmung der Richtung der in dem Leiter induzierten E.M.K. *Elt. u. Maschb.* 24 S. 363/4.

ORLIĆ, Mittel zur Bestimmung der Richtung der E.M.K. bei Generatoren und der Bewegungsrichtung bei Motoren. * *Elt. u. Maschb.* 24 S. 413.

GUNDRY, the asymmetrical action of an alternating current on a polarisable electrode. *Phil. Mag.* 11 S. 329/53.

RAGA, eine neue Methode zur Zerlegung einer periodischen Kurve in ihre Harmonischen. *Elt. u. Maschb.* 24 S. 762/3.

HELLMUND, graphical treatment of higher harmonics. *El. World* 47 S. 1338.

HILPERT, einfache graphische Ermittlung von Massenwirkungen in der Elektrotechnik nach Analogie mit solchen in der Mechanik. *Elektr. B.* 4 S. 41/3.

HOLTZ, Erscheinungen, wenn man Ströme durch schwimmende Goldfilter schickt. *Ann. d. Phys.* 21 S. 390/2.

HUBBARD, on the conditions for sparking at the break of an inductive circuit. *Phys. Rev.* 22 S. 129/58.

AIGNER, Einfluß des Lichtes auf elektrostatisch geladene Konduktoren.* *Sitz. B. Wien. Ak.* 115 IIa S. 1485/1504.

GUYE, elektrostatische Festigkeit bei hohen Drucken. *Physik. Z.* 7 S. 62/3.

JÄGER, die Gestalt eines schwerelosen flüssigen Leiters der Elektrizität im homogenen elektrostatischen Felde. *Sitz. B. Wien. Ak.* 115 IIa S. 923/40.

KENNELLY and WHITING, approximate measurement, by electrolytic means, of the electrostatic capacity between a vertical metallic cylinder and the ground.* *El. World* 48 S. 1239/41.

V. LANG, Versuche im elektrostatischen Drehfelde.* *Sitz. B. Wien. Ak.* 115 IIa S. 211/22.

MAGINI, Einfluß der Ränder auf die elektrostatische Kapazität eines Kondensators. *Physik. Z.* 7 S. 844/5.

MELANDER, Erregung statischer elektrischer Ladungen durch Wärme und Bestrahlung. *Ann. d. Phys.* 21 S. 118/22.

Rigidité électrostatique des liquides en couche mince entre des électrodes de platine iridié.* *Ind. él.* 15 S. 476/8.

KOCH, Energieentwickelung und scheinbarer Widerstand des elektrischen Funkens. *Ann. d. Phys.* 20 S. 601/5.

LECHER, Theorie der Thermoelektrizität. (Betrachtungen über die Abhängigkeit des THOMSONeffektes einiger Metalle von der Temperatur.)* *Ann. d. Phys.* 20 S. 480/502; *Sitz. B. Wien. Ak.* 115 IIa S. 173/96.

V. SCHROTT, elektrisches Verhalten der allotropen Selenmodifikationen unter dem Einflusse von Wärme und Licht. *Sitz. B. Wien. Ak.* 115, IIa S. 1081/1170.

MIE, experimentelle Darstellung elektrischer Kraftlinien.* *Z. phys. chem. U.* 19 S. 154/6.

NICHOLS, die Möglichkeit einer durch zentrifugale Beschleunigung erzeugten elektromotorischen Kraft.* *Physik. Z.* 7 S. 640/2.

OWEN, the comparison of electric fields by means of an oscillating electric needle. (Disturbance of the field due to the presence of the needle; the choice of needles; the schielding effect of dielectrics.) *Phil. Mag.* 11 S. 402/14.

PERKINS, the heating effect of the electric spark.* *El. World* 47 S. 608/9.

TOEPLER, Funkenspannungen. (Beobachtungen und Messungen.)* *Ann. d. Phys.* 19 S. 191/209.

TOEPLER, zur Kenntnis der Gesetze der Gleitfunkenbildung.* *Ann. d. Phys.* 21 S. 193/222.

PRAETORIUS, Experimente mit TESLAströmen. (V) *Oest. Chem. Z.* 9 S. 123/4.

RAYLEIGH, electrical vibrations and the constitution of the atom. *Phil. Mag.* 11 S. 117/23.

RAMSAY and SPENCER, chemical and electrical changes induced by ultraviolet light. *Phil. Mag.* 12 S. 397/418.

SCHERING, der ELSTER-GEITELsche Zerstreuungs-

27*

apparat und ein Versuch quantitativer absoluter Zerstreuungsmessung. *Ann. d. Phys.* 20 S. 174/95.

SELIGMANN-LUI, bases d'une théorie mécanique de l'électricité. *J. d. phys.* 4, 5 S. 508/50; *Ann. d. mines* 9 S. 517/47.

THERRELL, transformer efficiency of telephonic induction coils, as related to long distance transmission.* *El. World* 47 S. 1344/6.

TROUTON and SEARLE, leakage currents in the moisture co n densed on glass surfaces. (Rate of change of current with time; variation in value of initial current dependent on hygrometric state.) *Phil. Mag.* 12 S. 336/47.

WITTE, gegenwärtiger Stand der Frage nach einer mechanischen Erklärung der elektrischen Erscheinungen. *Physik. Z.* 7 S. 779/86.

Riassunto delle teorie moderne sulla elettricità e la materia. *Elettricista* 15 S. 132/4.

2. Magnetismus und Elektromagnetismus. Magnetism and electromagnetism. Magnétisme et electro-magnétisme.

HOUSTON, half a decade of progress in electricity and magnetism. *Cassier's Mag.* 29 S. 280/9.

ARLDT, die magnetischen Wirkungen stromdurchflossener ebener Flächen und die Einwirkung der durch den eisernen Schiffskörper fließenden Ströme auf das Kompaßfeld. (Stromverteilung in Flächen; das magnetische Feld stromdurchflossener Flächen.) *Elektrot. Z.* 27 S. 70/2 F.

ARLDT, die Einwirkung der durch den eisernen Schiffskörper fließenden Flächenströme auf das Kompaßfeld.* *Elektrot. Z.* 27 S. 1085/9.

LYLE and BALDWIN, experiments on the propagation of longitudinal waves of magnetic flux along iron wires and rods. *Phil. Mag.* 12 S. 433/68.

BAUCH, mathematisch-kritische Untersuchung der WORRALL-WALL'schen Arbeit „Fluxschwankungen in einem Drehstromgenerator". *El. u. polyt. R.* 23 S. 221/3.

POHL, notes on the distribution of the magnetic flux in direct-current machines with commutating poles.* *El. Eng. L.* 37 S. 546/8.

BENISCHKE, die Abhängigkeit des Hystereseverlustes von der Wellenform bei legiertem Eisenblech. *Elektrot. Z.* 27 S. 9/11.

Variazioni di isteresi magnetica studiata col tubo di BRAUN.* *Elettricista* 15 S. 4/6.

KÜHNS, Beitrag zur Untersuchung der Wirbelströme in Eisenblechen. *Elektrot. Z.* 27 S. 901/6.

THORNTON, the distribution of magnetic induction and hysteresis loss in armatures.* *El. Rev. N. Y.* 48 S. 525/8; *J. el. eng.* 37 S. 125/39; *Electr.* 56 S. 959/60; *El. Rev.* 58 S. 696/7; *El. u. polyt. R.* 23 S. 156/9 F.

WEBER, the hysteresis exponent experimentally determined.* *El. World* 48 S. 609.

BUCHERER, ein Versuch, den Elektromagnetismus auf Grund der Relativbewegung darzustellen. *Physik. Z.* 7 S. 553/7.

CHE, the production of a rotary magnetic field considered graphically.* *El. Eng. L.* 38 S. 440/1.

GANS, rotierendes elektromotorisches Feld. *Physik. Z.* 7 S. 342/7.

BUCHERER, rotierendes elektromotorisches Feld. (Bemerkungen zu der Arbeit von GANS.) *Physik. Z.* 7 S. 502/3.

GANS, rotierendes elektromagnetisches Feld. (Entgegnung an BUCHERER.) *Physik. Z.* 7 S. 657/8.

HELLMUND, the rotating magnetic field.* *El. Rev. N. Y.* 48 S. 450/3.

CAMPBELL, the use of chilled cast iron for permanent magnets.* *Electr.* 58 S. 333.

ECCLES, the effect of electrical oscillations on iron in a magnetic field.* *Electr.* 57 S. 742/4; *Phil. Mag.* 12 S. 109/19.

FRAICHET, Untersuchungsverfahren magnetischer Metalle. (Beobachtungen der magnetischen Widerstandsänderungen eines Probestabes aus Stahl im Verlaufe seiner Zerreißprobe.) *Stahl* 26 S. 1150/1.

MAZZOTTO, das magnetische Altern des Eisens und die Molekulartheorie des Magnetismus. *Physik. Z.* 7 S. 262/6.

Propriétés magnétiques du fer électrolytique.* *Ind. él.* 15 S. 450/2.

GRAY, HEUSLER's magnetic alloy of manganese, aluminium and copper. *Proc. Roy. Soc.* 77 S. 256/9.

TAKE, magnetische und dilatometrische Untersuchung der Umwandlungen HEUSLERscher ferromagnetisierbarer Manganlegierungen. (Bestimmung magnetischer Umwandlungspunkte mittels des HOPKINSONschen Schlußjoches; dilatometrische Untersuchungen; balistisch - dilatometrische Meßresultate an neuen Aluminium-Manganbronzen; Versuche an alten Aluminium-Manganbronzen; Versuche an Zinn-, Antimon- u. Wismutbronzen.) *Ann. d. Phys.* 20 S. 849/99.

DU JASSONNEIX, les propriétés magnétiques des combinaisons du bore et du manganèse. *Compt. r.* 142 S. 1336/8.

JOUAUST, étude des propriétés magnétiques des tô'es par les méthode du wattmètre. *Bull. Soc. él.* 6 S. 219/40.

LÉONARD & WEBER, sur l'application de l'almantation dissymétrique du fer en courant alternatif. (Transformateur statique, doubleur de fréquence.)* *E.lair. él.* 48 S. 81/4.

TRENKLE, das magnetische Verhalten von Eisenpulver verschiedener Dichte. (Anordnung der Versuche mit dem Magnetometer; Herstellung der Stäbe aus Eisenpulver; Berechnung der magnetisierenden Felder; Berechnung der Entmagnetisierung; Resultate der Messungen mit der Magnetometermethode; Versuche mit der Jochmethode; Abänderung der Ringmethode.)* *Ann. d. Phys.* 19 S. 692/714.

WEISZ, variation du ferromagnétisme avec la température. *Compt. r.* 143 S. 1136/9.

EMDE, Berechnung der Elektromagnete. (Von den Energiebeziehungen im quasistationären Feld; wattloser Verbrauch bei Sinusströmen; die magnetische Energie nach der Nahewirkungstheorie.) *Elt. u. Maschb.* 24 S. 945/51 F.

EDLER, Berechnung der Elektromagnetspulen für Starkstrom-Relais u. dgl.* *Elt. u. Maschb.* 24 S. 1013/20 F.

WILLARD, method of design for magnet windings.* *El. World* 47 S. 823/4.

KINZBRUNNER, graphical determination of the dimensions of magnet coils. * *El. Eng. L.* 37 S. 294/5.

LINDQUIST, alternating-current magnets.* *El. World* 47 S. 1295/7.

LINDQUIST, polyphase magnets. * *El. World* 48 S. 128/30.

LINDQUIST, characteristic performance of polyphase magnets.* *El. World* 48 S. 564/7.

Almants permanents en fonte trempée.* *Ind. él.* 15 S. 498/9.

KEMPKEN, Experimentaluntersuchungen zur Konstitution permanenter Magnete. *Ann. d. Phys.* 20 S. 1017/32.

GRUNMACH, resistance in a magnetic field. *Electr.* 58 S. 256.

FARKAS, Einfluß der Erdbewegung auf elektromagnetische Erscheinungen. *Physik. Z.* 7 S. 654/7.

GEHRCKE und V. BABYER, ZEEMAN - Effekt in schwachen Magnetfeldern. *Physik. Z.* 7 S. 905/7.

GUMLICH, die Größe der Koerzitivkraft bei stetiger und bei sprungweiser Magnetisierung. *Elektrot. Z.* 27 S. 988/9.

The dependence of coercive force on the mode of magnetisation. *Electr.* 58 S. 377.

WARBURG, die Wärmeentwickelung bei zyklischer Magnetisierung von Eisenkernen. *Ann. d. Phys.* 19 S. 643/4.

HEYDWEILLER, THOMSONsche Magnetisierungswärme; Entgegnung auf eine Bemerkung von WARBURG. *Ann. d. Phys.* 20 S. 207/8.

HONDA und TERADA, die Wirkungen der Spannung auf die Magnetisierung und ihre wechselseitigen Beziehungen zur Aenderung der elastischen Konstanten durch die Magnetisierung. *Physik. Z.* 7 S 465/71.

JAUMANN, elektromagnetische Vorgänge in bewegten Medien. *Sitz. B. Wien. Ak.* 115, IIa S. 337/90; *Ann. d. Phys.* 19 S. 881/917.

KOHL, Erweiterung der STEFANschen Entwickelung des elektromagnetischen Feldes für bewegte Medien. *Ann. d. Phys.* 20 S. 1/34.

KING, advantageous use of highly magnetic metal in radiation conductors. *El. World* 47 S. 321/2.

KREBS, rechnerischer Nachweis eines Einflusses der Sonnentätigkeit auf die erdmagnetischen Störungen vom November 1905.* *Physik. Z.* 7 S. 309/11.

LÉONARD and WEBER, on the application of asymmetric magnetisation to alternating-current apparatus.* *Electr.* 57 S. 970.

LISTER, the heating coefficient of magnet coils. (Heating curves obtained on magnet coils in air, in position, machine stationary with machine running light, and with machine fully loaded. The author concludes that the iron core has not much cooling effect, that a metal former is slightly advantageous, and that the heating coefficient drops considerably with increase of final temperature rise. A number of suggested values of the heating coefficient are given.)* *Electr.* 58 S. 410/1 F.; *El. Rev.* 59 S. 1024/6; *El. Eng. L.* 38 S. 843.

PFLÜGER, Deutung des Erdmagnetismus. (Erwiderung auf eine Bemerkung von GANS, Physik. Z. 6 S. 803/5.) *Physik. Z.* 7 S. 162/3.

WACKER, über Gravitation und Elektromagnetismus. *Physik. Z.* 7 S. 300/2.

SPILBERG, prédétermination de la courbe d'aimantation D'HOPKINSON d'une machine dynamo. *Rev. univ.* 13 S. 205/44.

V. STUDNIARSKI, die Verteilung der magnetischen Kraftlinien im Anker einer Gleichstrommaschine. *Z. V. dt. Ing.* 50 S. 1783/8.

SUMEC, POTIERS, Dreieck bei Berücksichtigung der Magnetstreuung.* *Ell. u. Maschb.* 24 S. 687.

TAYLOR, limitations of the ballistic method for magnetic induction. *Phys. Rev.* 23 S. 95/100.

WALTER, method of obtaining continuous currents from a magnetic detector of the self - restoring type. *Proc. Roy. Soc.* 77 S. 538/42.

WEBER, Magnetisierbarkeit der Mangansalze. *Ann. d. Phys.* 19 S. 1056/70.

WEDEKIND, magnetische Verbindungen aus unmagnetischen Elementen. *Physik. Z.* 7 S. 805/6; *Chem. Zeitschrift* 5 S. 454/5; *Chem. Z.* 30 S. 920/1.

Magnetische Störungen durch elektrische Bahnen im Observatorium von Cheltenham. *El. u. polyt. R.* 23 S. 568/9.

Perturbazioni dovute alla disuniformità del campo in alcuni freni elettromagnetici. *Elettricista* 15 S. 245/8.

Elektrizitätswerke. Electric works. Usines électriques.
Vgl. Beleuchtung, Eisenbahnwesen VII 3, Fabrikanlagen, Krafterzeugung und -übertragung 3, Schiffbau, Tauerei.

    1. Allgemeines.
    2. Deutschland, Schweiz und Oesterreich-Ungarn.
    3. Groß-Britannien.
    4. Frankreich.
    5. Sonstige europäische Länder.
    6. Amerika.
    7. Afrika, Asien und Australien.

1. Allgemeines. Generalities. Généralités.

PASSAVANT, die beabsichtigte staatliche Ueberwachung elektrischer Anlagen. (V) *Z. V. dt. Ing.* 50 S. 99/103.

ADAM, die Unfallgefahren elektrischer Anlagen. * *El. u. polyt. R.* 23 S. 37/40 F.

KÜBLER, die vermeintlichen Gefahren elektrischer Betriebe. (V) *J. Gasbel.* 49 S. 837/8.

MÜLLENDORF, die Gefährlichkeit elektrischer Anlagen. (V. m. B.) *Ann. Gew.* 58 S. 164/7.

Vermeidung von Unfällen in Elektrizitätswerken. (Abdeckung der gefährlichen Sammelschienen während des Arbeitens hinter dem Schaltbrett mit wollenen Decken.) *Z. Bayr. Rev.* 10 S. 232.

KOESTER, the architecture of continental power plants. (Europe.) *El. World* 47 S. 24/8.

KOESTER, some power-station development in 1905.* *El. Rev. N. Y.* 48 S. 53/6.

RUSHMORE, electrical connections for power stations. (V. m. B.) *Proc. El. Eng.* 25 S. 489/514.

Central station management. *El. World* 48 S. 20/3.

CHAPIN, electric central station advertising. *Cassier's Mag.* 29 S. 461/5.

MARSH, central station advertising. *El. World* 47 S. 713.

SHARPE, practical central-station operation. *West. Electr.* 38 S. 254.

BOWDEN and TAIT, equitable charging for the supply of energy by municipal electricity undertakings. *El. Rev.* 59 S. 323/4.

Wahl der Verbrauchsspannung für neu anzulegende Elektrizitätswerke. *J. Gasbel.* 49 S. 76/7.

WYSZLING, der Kraftbedarf für den elektrischen Betrieb der Bahnen in der Schweiz. *Schw. Elektrot. Z.* 3 S. 523/6 F.

Residence lighting and other central station notes from Cleveland. *El. World* 48 S. 23/4.

GOODALE, getting new business and holding the old as applied to electric central stations. *Cassier's Mag.* 31 S. 58/62.

KIMBALL, new business for electric central stations. *Cassier's Mag.* 30 S. 58/67.

Organisation and conduct of a new-business department suitable for central stations in cities of 50,000 population and under. *El. Eng. L.* 38 S. 386/7 F.; *El. World* 48 S. 39/44, 238/42, 871/2.

BERNARD, der wohltätige Einfluß auf die wirtschaftliche Entwickelung kleiner Städte und Orte durch die Errichtung von Elektrizitätswerken. *Ell. u. Maschb.* 24 S. 931/3.

KALLMANN, Einfluß der Elektrizitätswerke auf die Entwickelung kleiner und mittlerer Städte. *Elektrot. Z.* 27 S. 950/1.

FORSTER, in how small a town is it possible to successfully operate an electric lighting plant. (V) (A) *El. Eng. L.* 37 S. 708.

JOSSE, Kraftwerke für Privatbetriebe. *El. Anz.* 23 S. 549/50 F.

MATTHEWS, some practical notes on the commercial development of electricity supply undertakings. *El. Rev.* 59 S. 728/9, 849/50, 929/30.

Einige Betrachtungen über kleinere Elektrizitätswerke.* *El. Anz.* 23 S. 1031.

The small central station problem.[*] *El. World* 48 S. 1246/8.

STORER, the sale and measurement of electric power.[*] *Street R.* 27 S. 1018/23.

SCHÜLER, normale Bedingungen für den Anschluß von Motoren an öffentliche Elektrizitätswerke. *Elektrot. Z.* 27 S. 357/8.

CODMAN, the maximum demand system. (The demand system is based on the consumption and also upon the actual maximum load which occurs at the customers' premises.) *El. World* 47 S. 712/3.

PÖSCHL, Bestimmung des Stromkostenminimums bei kombinierten Zähler- und Pauschaltarifen. *Elt. u. Maschb.* 24 S. 71/2.

PRENGER, der neue elektrische Stromtarif der Stadt Köln und seine bisherige Einwirkung auf die Stromabgabe, insbesondere an das Kleingewerbe. *J. Gasbel.* 49 S. 85/90.

DRESZLER, der Doppeltarif in Elektrizitätswerken. *El. Ans.* 23 S. 978/9.

DETTMAR, die Erträgnisse von Elektrizitätswerken in mittleren und kleinen Städten. *Elektrot. Z.* 27 S. 968/73F.

DETTMAR, die Erträgnisse von Elektrizitätswerken in größeren Städten und ihre Beeinflussung durch die Stromlieferung für eine Bahn. *Elektrot. Z.* 27 S. 1111/5.

ELY, elektrische Stromabgabe durch Zähler und andere Apparate. (Ertrag eines Elektrizitätswerkes.) (V) *Z. V. dt. Ing.* 50 S. 340/1.

EVANS, a method for comparing the efficiencies of electricity generating stations. *El. Rev.* 59 S. 483.

HOPPE, Einfluß der gleichzeitigen Lieferung elektrischer Energie für Beleuchtungs-, Kraft- und Straßenbahnzwecke auf die Rentabilität öffentlicher Elektrizitätszwecke. *Elektr. B.* 4 S. 135/8.

Projektierung und Rentabilitätsberechnung eines kleinen Verteilungsnetzes im Anschluß an eine Hochspannungsfernleitung. *El. Ans.* 23 S. 27/8F.

PROHASKA, Rentabilitätsberechnung von Netzerweiterungen einer Ueberlandzentrale.[*] *El. Ans.* 23 S. 1066/7.

KRAMÁŘ, graphische Ermittelung der Gestehungskosten elektrischer Energie.[*] *Elt. u. Maschb.* 24 S. 1035/8.

The cost of electricity per unit from private electrical plants. *Electr.* 57 S. 22.

Calculations and requirements for central station heating.[*] *El. Rev. N. Y.* 48 S. 452/6.

GONZENBACH, the economy of combined railway and lighting plants.[*] *West. Electr.* 38 S. 96/7.

NEILSON, the efficiency of condensers and its effect on power station costs. *El. Rev.* 58 S. 980/1.

SCHÖMBURG, Berechnung eines elektrischen Kraftwerkes für Betrieb mit Dampfmaschinen, Dampfturbinen und Gasmaschinen.[*] *Elektrot. Z.* 27 S. 307/11; *El. Rev.* 59 S. 367/8.

HANCOCK, power house economics; the importance of details of operation. *Cassier's Mag.* 29 S. 491/6.

STOTT, power plant economics. (Steam engine; gas engine; steam turbine; losses on the steam engine; gain resulting from increased vacuum; diagrams of turbine and gas engine performance and the relation of fixed charges to varying load factors.) (V)[*] *Eng. Rec.* 53 S. 131/6; *West. Electr.* 38 S. 101/3 F.; *Eng. Chicago* 43 S. 191/3.

WILDA, die Kosten elektrischer Kraftübertragung. *El. u. polyt. R.* 23 S. 473/7.

WILKINSON, economy in central station operation. *El. Rev. N. Y.* 49 S. 855/7.

ASHE, the relation of railway substation design to its operation.[*] *El. Rev. N. Y.* 48 S. 186/8.

RICKER, some considerations determining the location of electric railway substations. *El. Rev. N. Y.* 48 S. 13/5; *Proc. El. Eng.* 25 S. 47/52.

Practice versus theory in electric railway substation operation.[*] *El. Rev. N. Y.* 49 S. 843/5.

PLEASANCE, practical notes on underground substations.[*] *El. Rev.* 59 S. 328/30.

RUSHMORE, design of hydroelectric power stations. (V. m. B.) *El. World* 47 S. 670/1; *Proc. El. Eng.* 25 S. 169/87.

LAUDA u. GOEBL, Verwertung der Wasserkräfte. (Schweiz, Italien, Frankreich, Bayern; Elektrizitätswerk Beznau; Kraftwerk La Coulouvrenière; Elektrizitätswerke Chèvres und Bois Noir; Druckleitung und Stauwerk zu Hauterive; Oberwasserkanal des Kraftwerkes Brieg.) (a)[⊞] *Wschr. Baud.* 12 S. 589/607.

CASSEL, design of hydro-electric installations as a whole. (Hydraulic water requirements; long distance transmission; governing.) (V) (A) *Eng. Rec.* 53 S. 791/2.

HARVEY, contracting for use of hydro-electric power on railway systems.[*] *Street R.* 27 S. 1016/18.

PERRINE, value and design of water power plants as influenced by load factor. (V) *Eng. Rec.* 54 S. 427/9.

STORER, the relation of load-factor to the evaluation of hydroelectric plants. (V. m. B.) *Proc. El. Eng.* 25 S. 163/7; *El. World* 47 S. 669/70.

Influence of load factor on hydroelectric installation.[*] *West. Electr.* 38 S. 258.

NORBERG-SCHULZ, der Belastungsfaktor elektrischer Kraftverteilungs-Anlagen.[*] *Elektrot. Z.* 27 S. 449/52.

ORR, central-station boiler-room losses.[*] *El. Eng. L.* 37 S. 625/7.

Hot water heat and electric light from a central station.[*] *Eng. Chicago* 43 S. 357/64.

HARTMANN, Wärmeentwicklung und -beseitigung in elektrischen Betriebsräumen. (Die Wärmequellen; die Berechnung der erzeugten Wärme; die zulässige Temperatur; die natürliche Wärmeabgabe durch die Wände; die künstliche Beseitigung der Wärme durch Luftwechsel; mechanische Lüftungsanlagen.)[*] *Elektr. B.* 4 S. 551/9.

HUBBARD, power and heat for office buildings. (Determination of the space to be reserved for the power and heating plant.)[*] *Eng. Rec.* 54 S. 614/6.

BATES, design of an isolated power and lighting plant. (Various economic and engineering features of isolated plants; application by an account of a specific plant.) (V) (A) *Eng. Rec.* 53 S. 351/3.

SUCHY, die Grenzen der Verwendung von Drehstrom und Gleichstrom bei Stadtzentralen. *Elt. u. Maschb.* 24 S. 819/22.

LLOYD, relation of the alternating-current motor to central-station power business. *West. Electr.* 38 S. 254/5; *El. Rev. N. Y.* 48 S. 506/8; *El. World* 48 S. 672/3.

CIE. INTERNAT. D'ÉLECTRICITÉ, installation électrique par gazogène et moteur à gaz pauvre.[*] *Rev. ind.* 37 S. 116/8.

KOESTER, modern gas engine power plants.[*] *Eng. Rec.* 53 S. 13/5.

WYER, producer gas for electric power stations.[*] *Cassier's Mag.* 29 S. 316/9.

PROHASKA, Transformatorenstationen mit hochgespanntem Drehstrom. *El. u. polyt. R.* 23 S. 111/4.

SCHRÖDER, Anwendung von selbsttätigen Zusatz-

maschinen für Elektrizitätswerke.* *Elektrot. Z.* 27 S. 252/6.

SCHRÖDER, Anwendung von Pufferbatterien bei Drehstrom. (V) *Elektrot. Z.* 27 S. 324/8.

Batteries-tampons et survolteurs.* *Ind. él.* 15 S. 306/10.

Transmissione di energia con la corrente continua.* *Elettricista* 15 S. 105/6.

Procédé de compoundage des stations électriques à courant continu.* *Eclair. él.* 47 S. 242/4.

2. Deutschland, Schweiz und Oesterreich-Ungarn. Germany, Switzerland and Austria - Hungary. Allemagne, Suisse et Autriche-Hongrie.

KOESTER, equipment of two Berlin power plants. (Moabit and Oberspree power plants.) * *Eng. Rec.* 53 S. 602.

SULZER, GEBR., engines and generators at the Moabit Central Station, Berlin.⊞ *Eng.* 101 S.625/6.

DE COURCY, Luisenstraße power house in Berlin.⊞ *West. Electr.* 39 S. 197/8.

Die Umformerstation der Hoch- und Untergrundbahnen in Charlottenburg.* *El. Ans.* 23 S. 574/5.

PERKINS, electric operation of the Teltow canal.* *El. Rev. N. Y.* 48 S. 498/501.

SÜCHTING, die Elektrizitätswerke der Stadt Bremen.⊞ *J. Gasbel.* 49 S. 929/36.

HENKE, die Drehstrom - Pufferanlage der Gewerkschaft Carlsfund in Groß-Rhüden. (Auch in Drehstromanlagen lassen sich Pufferbatterien mit Erfolg einbauen, und bieten diese die gleichen Vorteile, wie in Gleichstromanlagen. Natürlich ist von Fall zu Fall zu entscheiden, inwieweit letztere nutzbar gemacht werden können. Beim Entwurf neuer Drehstromanlagen und beim Ausbau bestehender Anlagen, insbesondere solcher auf Berg- und Hüttenwerken, sollte daher die Frage der Mitbenutzung von Akkumulatoren geprüft werden.)* *Elektrot. Z.* 27 S. 1045/9.

Application de l'électro-tamponnage à une distribution par courants triphasés de la fabrique de potasse de Carlsfund à Groß-Rhuden. (Montage de la batterie-tampon.)* *Ind. él.* 15 S. 521/4.

HIRSCHAUER, the Frankfort central station. * *El. Rev. N. Y.* 48 S. 417/20.

Elektrizitätswerk für die Hamburg-Altonaer Verbindungsbahn. (Erzeugt einphasigen Wechselstrom für Bahnzwecke.) *Z. Eisenb. Verw.* 46 S. 277.

PERKINS, the Bille central station at Hamburg, Germany.⊞ *West. Electr.* 38 S. 291/2.

New Barmbeck central station equipment at Hamburg. *El. Rev. N. Y.* 48 S. 258/9.

WERTENSON, das städtische Elektrizitätswerk Bad Kissingen.* *El. Ans.* 23 S. 481/3 F.

GERMERSHAUSEN, das städtische Elektrizitätswerk Leipzig. (Betriebsverhältnisse.) (V) *J. Gasbel.* 49 S. 939/41 F.

HÖCHTL, die elektrische Anlage im Warenhaus „Hermann Tietz" in München.* *El. u. polyt. R.* 23 S. 357/60 F.

WEIL, mechanical plant in the Tietz store in Munich. (Storage battery of the TUDOR-HAGEN type to supplement the generating units; NERNST lamps; electric elevator.)* *Eng. Rec.* 53 S. 160/1.

SCHIRMACHER, das städtische Elektrizitätswerk in Schwerin i. M.* *Elektrot. Z.* 27 S. 785/9.

Nachrichten über die Nordzentrale der Kaiserlichen Werft Wilhelmshaven. (Dampfverbrauchskurven der 350 und 700 Kw Turboalternatoren.)* *Ann. Gew.* 58 S. 115/7; *Turb.* 2 S. 124/7.

KOESTER, the installations of the VAUDOISE MOTOR POWER CO. at the lakes of Joux and Orbe, Switzerland.* *El. Rev. N. Y.* 48 S. 209/13.

DURAND, Swiss electrolytic plants. (The LA PRAZ

works; the Cheddes electrolytic works.)⊞ *El. Rev. N. Y.* 48 S. 10/2.

KILCHMANN, Elektrizitätswerk Luzern-Engelberg.⊞ *Schw. Baus.* 48 S. 13/8.

KOESTER, the hydroelectric plant at Luzerne, Switzerland.* *El. Rev. N. Y.* 48 S. 200/4.

KÜRSTEINER, die zweite Druckleitung des Elektrizitätswerkes Kubel.⊞ *Schw. Baus.* 48 S. 211/4.

HERZOG, die Akkumulierungsanlage in Ruppoldingen.* *Schw. Elektrot. Z.* 3 S. 197/9 F.

SOLIER, les usines et installations électriques de Saint-Gall.* *Eclair. él.* 48 S. 409/17.

REYVAL, les installations électriques de la ville de Schaffouse.* *Eclair. él.* 48 S. 252/8.

MEYER, K., das Elektrizitätswerk Wangen an der Aare. (Erbaut von der ELEKTRIZITÄTS-A.-G. VORM. W. LAHMEYER & CO. in Frankfurt a. M.) (a)* *Z. V. dt. Ing.* 50 S. 713/21 F.; *Eng.* 102 S. 544/6.

PETER, über das Elektrizitätswerk an der Albula. (V) (A) *Bayr. Gew. Bl.* 1906 S. 129/30.

DURAND, Hohenfurth plant in Bohemia.* *El. Rev. N. Y.* 48 S. 485/9.

HERZOG, die Kaiserwerke. (Beschreibung.) (a) ⊞ *Elt. u. Maschb.* 24 S. 133/8 F.; *Schw. Elektrot. Z.* 3 S. 453/5 F.; *Elektr.* 56 S. 480/1.

KOESTER, two interesting Tyrol hydroelectric plants. (Hydroelectric plant „Malserheide" near Glurns Tyrol; hydroelectric plant „Rienzwerke" of the city of Brixen, Tyrol.) *El. Rev. N. Y.* 48 S. 449/51.

MARTINEK, hydroelektrische Kraftzentrale der Stadt Prerau.* *Elt. u. Maschb.* 24 S. 6/10.

SIEDEK, aus unseren Hochspannungsanlagen. (Die Sillwerke; die Stubaitalbahn.) (V. m. B.)* *Elt. u. Maschb.* 24 S. 319/22.

Die Sillwerke bei Innsbruck. * *Z. V. dt. Ing.* 50 S. 753/61 F.; *Eng.* 101 S. 294/6.

BRESADOLA, l'illuminazione della città di Trieste e la sua municipalizzazione. *Polit.* 54 S. 409/16.

WITZ, Elektrizitätswerk „Feistritzhammer" des Blechwalzwerkes der Firma C. T. PETZOLD & CO. in Krieglach.⊞ *Z. Oest. Ing.* V. 58 S. 113/7.

3. Groß-Britannien. Great-Britain. Grande-Bretagne.

The first british hydro - electric power scheme.* *El. Eng. L.* 38 S. 870/6 F.; *El. World* 47 S. 108/9.

Aberaman colliery of the POWELL DUFFRYN STEAM COAL CO., Aberdare. (Power-station is about 1300 yards from the Aberaman pit equipped to deal with an average load of 1500 Kw; horizontal, cross-compound, jet-condensing engines; air pumps of the EDWARDS' type; steam is supplied from BABCOCK AND WILCOX boilers; three-phase transformers reducing the pressure to 500 volts.) *Proc. Mech. Eng.* 1906 S. 581/2.

Generating station for the Electric Railways in Belfast, Ireland.⊞ *El.World* 47 S. 317.9.

The new generating station at Birmingham, England. (Summer-Lane generating station.) ⊞ *El. Rev. N. Y.* 49 S. 800/4; *El. Rev.* 59 S. 671/5 F.; *Street R.* 28 S. 1038/43; *Eng.* 102 S. 368/70; *El. World* 48 S. 1105/7; *West. Electr.* 38 S. 349/52; *Eng. Rec.* 54 S. 459/60; *El. Eng. L.* 38 S. 510/5 F.; *Electr.* 57 S. 1600/3 F.

The Bolton distribution systems. * *El. Rev.* 59 S. 181/3.

The Brighton Corporation's new electricity works.* *Electr.* 57 S. 326/9 F.

GRAY, central heating, lighting and power plant at Bryn Mawr College. (Direct-connected units, made up of a MCEWAN engine and a WESTERN

EL. CO. direct-current generator.)* *Eng. Rec.* 53 S. 183/6.

Burslem electricity works and refuse destructor.* *El. Eng. L.* 38 S. 294/6.

Cardiff corporation electric-light and tramway departments. (Two 1100 kilovolt - ampère three-phase generators of the GENERAL ELECTRIC CO.'s make; Eldon Road electric - light station; Hayes sub - station.) *Proc. Mech. Eng.* 1906 S. 567/9.

The Caterham electricity works: Urban Electric Supply Co.* *El. Rev.* 59 S. 1038/9.

The Chelsea Electricity Supply Co. Ltd. * *El. Eng L.* 38 S. 268/9.

PERKINS, steam-turbine power station in the Clyde Valley near Glasgow.* *West. Electr.* 38 S. 71/2.

GRADENWITZ, die Kraftanlage der Clyde Valley Electrical Power Co.* *Elektr. B.* 4 S. 638/40.

The Clyde Valley Power Co. * *El. Eng. L.* 38 S. 834/7.

The electricity works of the Fulham Borough Council.* *El. Eng. L.* 38 S. 618/21.

The Gillingham electricity undertaking.* *El. Rev.* 58 S. 963/7.

Electric power and lighting installation; Great Western Ry. Co. (Park Royal generating station. Three phase supply, transmitted at 6600 volts to the substations.)* *Railw. Eng.* 27 S. 228/35; *El. Eng. L.* 38 S. 42/7.

Greenock electricity works extensions.⊞ *El. Rev.* 59 S. 178/80.

The electrical equipment at Hopkinson & Co.'s works, Huddersfield.* *El. Rev.* 58 S. 19/21.

The Lancashire electric power scheme.⊞ *El. Rev.* 58 S. 843/6 F.

Municipal generating station in London. (52,000 H.P.)* *Eng. Rec.* 54 S. 40.

Stations centrales des chemins de fer électriques de Londres.* *Electricien* 32 S. 1/4.

Die City-Elektrizitätswerke der Charing Cross Co. in London.* *Z. V. dt. Ing.* 50 S. 393/400 F.

BRIDGE, the Greenwich power station of the London County Council. * *El. Rev. N. Y.* 49 S. 972/5.

PATCHELL, the city of London works of the Charing Cross, West End, and City electricity supply company Ltd. (Electric lighting of the city of London.) (V. m. B.)⊞ *J. el. eng.* 36 S. 66/157; *El. Eng. L.* 37 S. 119/24; *Pract. Eng.* 33 S. 14/7 F.

RILEY, the London County Council tramway power-station at Greenwich.* *Engng.* 81 S. 343/4 F.

The London County Council's electric generating station and tramway system. *West. Electr.* 39 S. 58/9; *Eng.* 101 S. 561/2; *El. World* 48 S. 83/4; *Ell. u. Maschb.* 24 S. 534/6; *Electr.* 56 S. 743/5 F.; *El. Eng. L.* 37 S. 870/4; *Street R.* 28 S. 19/23; *Builder* 90 S. 609.

PEACH, Italian garden and electricity sub-station, Duke-Street, Mayfair.⊞ *Builder* 91 S. 634.

Recent extensions at the Manchester electricity works.* *Electr.* 56 S. 956/8 F.

Electrical plant at the King Edward Bridge, New-castle-on-Tyne.⊞ *El. Rev.* 59 S. 259/62.

The Newcastle and District Electric Lighting Co. *El. Eng. L.* 37 S. 763/5.

Electric lighting at Stoke Newington.* *Electr.* 57 S. 6/8.

Perth (W. A.) electricity works. * *El. Rev.* 59 S. 539/40.

The Snowdon hydro-electric installation of the North Wales Power and Traction Co. Ltd.⊞ *El. Rev.* 59 S. 911/9.

Generating station of the Fort Wayne & Wabash Valley Traction Co.* *Electr.* 58 S. 172/9.

SHEAFF & JAASTAD, Kraftstation der Whittall Carpet Mills in Worcester.* *Masch. Konstr.* 39 S. 65/6.

A sub-station for lighting on a traction system at Whittington, Chesterfield. * *Electr.* 57 S. 887/9.

Poplar electricity works. (LA COUR converters and high-tension switchgear at the southern substation.) *El. Eng. L.* 37 S. 835/9.

4. Frankreich. France.

Le matériel hydraulico-électrique de Bellegarde. *Electricien* 31 S. 129/30.

L'usine hydro-électrique de la Siagne à Saint-Cézaire (Alpes-Maritimes).⊞ *Gén. civ.* 49 S. 257/60.

DE COURCY, hydro - electric station at Champ, France.* *West. Electr.* 39 S. 57/8.

DURAND, the new St. Denis electric plant at Paris.⊞ *El. Rev. N. Y.* 48 S. 127/35.

HERZOG, die Kraftzentrale St. Denis.* *El. u. polyt. R.* 23 S. 133/6.

LAVERGNE, usine électrique de Saint-Denis de la SOC. d'ÉLECTRICITÉ de Paris. ⊞ *Rev. ind.* 37 S. 105/6 F.

PERKINS, a 60,000-kilowatt steam-turbine plant at St. Denis, France. * *West. Electr.* 38 S. 537/8.

L'usine électrique de la SOCIÉTÉ D'ÉLECTRICITÉ de Paris à Saint-Denis (Seine).⊞ *Gén. civ.* 49 S. 33/9; 49/55; *Ind. él.* 15 S. 29/37; *Rev. ind.* 37 S. 105/6; *Pract. Eng.* 33 S. 39/40; *Eclair. él.* 46 S. 216/20; *Electr.* 57 S. 46/9.

DURAND, the Entraygues (France) hydroelectric plant.* *El. Rev. N. Y.* 49 S. 933/7.

L'usine hydro-électrique d'Entraygues et la distribution d'énergie électrique dans la région de Toulon.⊞ *Gén. civ.* 48 S. 217/23.

L'usine génératrice de Liver (Isère). *Electricien* 32 S. 134/9 F.

The Moutiers - Lyons high tension direct-current transmission. (Earthing switchboard used at Sablonnieres and Chignin; constant speed regulator for THURY motors in the Rue d'Alsace Station, Lyons; regulator for controlling the Moutiers generating station.) ⊞ *El. Rev.* 59 S. 219/23.

Le régime futur de l'électricité à Paris.* *Gén. civ.* 49 S. 201/2.

DURAND, Alfortville Central Station and the system controlled by the Est-Lumière Co. (near Paris).* *El. Rev. N. Y.* 48 S. 170/5.

DE COURCY, new Metropolitan station, Paris. * *West. Electr.* 39 S. 77/8.

HIRSCHAUER, new equipment of the Paris Metropolitan system. (Details of the addition to the power-house for the Paris subway and of the substations.) *El. Rev. N. Y.* 48 S. 293/6.

Sous-station de transformation d'énergie électrique de la gare Saint-Lazare à Paris. ⊞ *Gén. civ.* 48 S. 321/4.

L'usine hydroélectrique du Plan du Var.* *Eclair. él.* 47 S. 52/4; *West. Electr.* 38 S. 192/3.

Station centrale électrique de la ville du Puy.* *Ind. él.* 15 S. 333/4.

Station centrale des Ateliers de la Société des Forges et Chantiers de la Méditerranée. * *Rev. ind.* 37 S. 355/6.

5. Sonstige europäische Länder. Other European countries. Autres pays de l'Europe.

Art and utility combined in Italian hydro-electric plant. * *West. Electr.* 38 S. 331/2.

BUDAU, die hydro-elektrischen Kraftzentralen Ober-Italiens. (V) * *Ell. u. Maschb.* 24 S. 581/7; *El. Eng. L.* 37 S. 911/3.

DE COURCY, new hydro electric plant near Bellinzona, Italy. * *West. Electr.* 39 S. 517/8.

Station hydro-électrique sur le Brembo, à Zogno (Haute-Italie). ⊞ *Gén. civ.* 48 S. 441/4; *El. World* 47 S. 865/7; *Eng.* 102 S. 142.

HERZOG, die Kraftübertragungsanlage Caffaro-Brescia. * *Electr. B.* 4 S. 614/9 F.

Impianto idroelettrico dell Caffaro. * *Elettricista* 15 S. 101/5; *Polit.* 54 S. 3/28.

La centrale elettrica a vapore di Castellanza della Società Lombarda per distribuzione di energia elettrica. *Polit.* 54 S. 353/6.

Anlage Gromo-Nembro. (Die erste Kraftübertragung in Europa mit 40000 Volt.) * *El. Ans.* 23 S. 655/8 F.

HERZOG, transport d'énergie à 36000 volts Montereale Cellina-Venise.* *Electricien* 31 S. 273/6

Hydro-electric plant at Montereale. * *Eng.* 101 S. 130/2.

L'impianto idroelettrico di Trezzo sull'Adda.* *Polit.* 54 S. 65/8 F.

Impianto idroelettrico del Tusciano. * *Elettricista* 15 S. 289/93.

Usines hydro-électriques de Vizzola et de Turbigo (Lombardie). * *Gén. civ.* 49 S. 178/83.

Impianto idroelettrico di Viterbo.* *Eletricista* 15 S. 253/4.

Gas-driven electric power-station at Madrid. ⊞ *Engng.* 82 S. 810.

LEGROS, communication concernant les essais du matériel électrique destiné à la „Società idroelettrica del Guadiaro, Sevilla" transport de force à 50000 volts. * *Schw. Elektrot. Z.* 3 S. 539/41 F.

NIETHAMMER, die 40000 Volt-Anlage in Zamora.* *Ell. u. Maschb.* 24 S. 699/700; *El. Eng. L.* 38 S. 385.

Hydro-electric plant of the city of Drammen, Norway.* *El. Rev. N. Y.* 48 S. 716/9.

The hydro-electric plant of the city of Sofia, Bulgaria. *El. World* 47 S. 195/6.

6. Amerika. America. L'Amérique.

KOLKIN, a 60,000-volt transmission line in America.* *El. Rev.* 59 S. 887/8.

PERKINS, a new hydro-electric plant in California, of extremely difficult construction. * *El. Eng. L.* 37 S. 548/50.

Hydroelectric development in the Adirondacks (Hannawa Falls). ⊞ *El. World* 47 S. 819/22.

The hydroelectric and steam equipment of the Ahens (Ga.) Electric Railway Co. (A story of modern electric railway and central station development.) ⊞ *El. Rev. N. Y.* 49 S. 1010/13.

HUTCHINSON, hydro-electric plant at Albany, Ga.* *El. World* 47 S. 1247/9.

LLOYD, the hydro-electric plant of the Animas Power and Water Co. *El. Rev. N. Y.* 48 S. 610/15.

PEEK, high head water power electric plant on the Animas River, Colo. (Static head of nearly 1,000'; electric current at 50,000 volts pressure for long distance transmission of 25 miles.) * *Eng. News* 55 S. 1/2.

The hydro-electric plant of the Baker Light and Power Co. Baker City, Ore. *El. Rev. N. Y.* 48 S. 10/13.

BALTIMORE ELECTRIC POWER CO., a model turbine power station. (Arrangement of turbine connections; steam and water connections.) * *Eng. Rec.* 54 S. 60/2.

Westport Station of the Consolidated Gas, Electric Light and Power Co. of Baltimore. * *El. World* 48 S. 403/9; *Eng. Rec.* 54 S. 330/4.

Operating results at the new Baltimore turbine power plant. (Gould St. power station of the Baltimore Electric Power Co. Steam turbine; motive power equipment.) *Eng. Rec.* 54 S. 475.

The plant of the Electro-dynamic Company, at

Bayonne, N. Y., and the „inter-pole" variable-speed motor. * *El. Rev. N. Y.* 48 S. 69/73.

Single-phase light and power plant at Belleville. (500-kw, single-phase alternator.) * *El. World* 48 S. 1235/7.

WRIGLEY, the hydro-electric plant of the Belton Power Co. * *El. World* 48 S. 1147/9.

System of the Binghamton Light, Heat & Power Co., of Binghamton, N. Y. * *El. World* 48 S. 1033/7.

SELLEW, construction of the Neals Shoals power plant on Broad River S. C. (The dam has faces of quarry-faced rubble a heart of concrete in which very large stones are embedded, and a concrete rollway; GENERAL ELECTRIC CO. revolving-field three-phase generators driven directly by VICTOR water wheels.) * *Eng. Rec.* 53 S. 270/6.

Das neue Elektrizitätswerk der Brooklyn Transit Co. ⊞ *Schw. Elektrot. Z.* 3 S. 89/90; *Uhlands T. R.* 1906, 2 S 66/7.

The electrical equipment of the Camden-Atlantic City Railway. (Westville power station.) * *El. World* 48 S. 911/4.

HUTCHINSON, a combined heating and lighting system at Canton, Ohio. * *El. Rev. N. Y.* 49 S. 756/8; *El. World* 48 S. 221/2.

DUNLAP, the Cew Falls power plant.* *Eng. Chicago* 43 S. 369.

Fisk Street station of the Commonwealth Electric Co., Chicago. *West. Electr.* 38 S. 1/6.

Latest developments in Chicago Edison and Commonwealth Electric Companies' sub-station system.* *West. Electr.* 38 S. 439/42; *Iron A.* 78 S. 199/205.

Power plant of the South Side Elevated Railway in Chicago. ⊞ *West. Electr.* 38 S. 433/6.

The plant of the American Spiral Pipe Works, Chicago. * *El. World* 48 S. 1209/11.

Central power station of the Chicago & Western Indiana Ry. (Furnishes electric power for lighting and for various other purposes in the yards, streets, subways and suburban stations etc.; coal conveying; boilers with FOSTER superheaters; STIRLING water tube boilers; chain grate stokers under boilers; WRIGHT exhaust head; two generators, one a 300 and on a 400 kw., 4,000-volt, three phase GENERAL ELECTRIC alternating-current machine; direct connected to cross compound non-condensing engines built by the FULTON IRON WORKS; double deck switchboard; grain elevator.) *Eng. Rec.* 54 S. 371/4.

Some features of the plant of the Western Electric Co., Chicago. (Coal storage; uncarburetted water-gas used in the heating and annealing furnaces; electrical machinery.) * *Eng. News* 36 S. 15.

Power plant on the Chicago drainage canal.* *Eng.* 102 S. 58/9.

Municipal steam turbine station at Columbus, Ohio. (Floors are concrete arches sprung between I-beams spanned by a 10 t PAWLING & HARNISCHFEGER hand-operated travelling crane; BABCOCK & WILCOX inclined-header water-tube boilers and three 600 H.P. WESTINGHOUSE-PARSONS turbine generating units; steam header supports; condenser equipment in pits alongside turbines.) * *Eng. Rec.* 53 S. 417/9; *El. World* 48 S. 707/12; *El. Rev. N. Y.* 48 S. 364/6.

WILLIAMS, modern central-station design as exemplified in la Crosse, Wis.* *West. Electr.* 38 S. 171/4.

Power house of Central Pennsylvania Traction Company at Harrisburg.* *El. World* 47 S. 956.

The Dutch Point Station of the Hartford Electric Light Company.* *El. World* 47 S. 447/50.

Central station operation and district supply at Hillsboro, Ill. (Distance of 15 miles over a single-phase, 16,000 volt transmission line.) * *El. World* 47 S. 460/2.

New hydro-electric station of the Holyoke Water Power Co. (Pumps furnished by the DEANE STEAM PUMP CO.; feedwater heater, supplied by NATIONAL HEATER CO.; 500 kw. CURTIS steam-turbine.) *Eng. Rec.* 54 S. 284/6F; *El. World* 48 S. 519/24.

Power plant of the Erie Rr. shops at Hornell, N. Y. (BALL & WOOD cross-compound, high-speed condensing engines, direct-connected to a WESTINGHOUSE 300 kw., direct current, 250 volt, three-wire generator running at 150 r. p. m., and one of 400 H.P. direct-connected to a similar generator of 200 kw. capacity operating at 200 r. p. m.) *Eng. Rec.* 54 S. 609/10

The Houston, Tex., Lighting and Power Company. *El. World* 47 S. 603/8; *Eng. Rec.* 53 S. 423/4.

Hydro-electric developments at Huntington, Pa.* *El. World* 48 S. 1191/4; *Eng. Rec.* 54 S. 678/81.

The American Falls Power, Light and Water Company, Limited, the Idaho Consolidated Power Company, and the American Falls Power Company.☒ *El. Rev. N. Y.* 48 S. 830/4.

The DIESEL engine installation at the traction terminal building Indianapolis, Ind.* *El. Rev. N. Y.* 48 S. 457/8.

Test of 7,500 H.P. engine of the Interborough Rapid Transit System. (Determining the friction; a continuous indicator designed by SEABROOKE.)* *El. World* 47 S. 12/3; *Sc. Am. Suppl.* 61 S. 25197/8.

Power plant of Ivorydale railroad shops.* *West. Electr.* 39 S. 158/9.

Utilisation of water powers of low head. (V) (A) (In Janesville, Wis.; account read before the recent convention of the American Institute of Electrical Engineers.) *Eng. Rec.* 53 S. 673/4.

ALLEN, l'usine génératrice de Long Island.☒ *Eclair. él.* 47 S. 296/300.

SMITH, WALTON, the Long Island city power station of the Pennsylvania Railroad.☒ *El. Rev.* 58 S. 719/23; *El. Mag.* 6 S. 273/7.

The Pennsylvania Railroad's extension to New York and Long Island—Long Island city power station.☒ *West. Electr.* 38 S. 273/5 F; *El. World* 47 S. 1183/7, 1301/3; *Rev. ind.* 37 S. 263; *Eng. News* 55 S. 591/5; *Eng. Rec.* 53 S. 453/60, 470/6; *Street R.* 27 S. 536/53; *Iron A.* 77 S. 1184/9F; *Sc. Am.* 94 S. 285/6; *El. Rev. N. Y.* 48 S. 529/36 F.

Rotary converter substations and electric car equipment of the Long Island Rr.* *Eng. News* 56 S. 322/5.

Electrical equipment of the South Louisville shops of the Louisville & Nashville. (Power house; 350 kw. ALLIS-CHALMERS „Bullock" type generators direct connected to cross-compound engines.) * *Railw. G.* 1906 1 S. 230/2.

BÖHM-RAFFAY, l'usine hydraulico-électrique de Manitou (États-Unis). *Electricien* 32 S. 268/9.

Hydraulic features of the plant of the Pike's Peak Hydro-Electric Co., Manitou. Colo. (Generating station driven by water-power and operated under a static head of 2,417'.)* *Eng. Rec.* 53 S. 621/3.

A high fall water-power plant at Pikes Peak, Colorado. *Electr.* 57 S. 578.

Oil engines in a water works and lighting plant, Menasha, Wis. (DIESEL engine two 75 H. P. units being installed driving a 1,250,000 gal.

triplex pump, while one of the engines is belted to a 59 kw. alternator for the lighting service.)* *Eng. Rec.* 54 S. 579/80.

Central station economics in Massachusetts. A study of two typical medium-sized companies. *El. World* 47 S. 39/42, 256/7.

The large hydro-electric plant near the St. Lawrence River at Massena, N. Y.☒ *West. Electr.* 39 S. 199.

Commerce Street station of the Milwaukee Electric Railway and Light Co.☒ *Eng. Chicago* 43 S. 554/60; *Street R.* 28 S. 124/37.

BURNETT, transforming and distributing substation at Montreal, Canada.☒ *El. Rev. N. Y.* 48 S. 422/7.

A large transforming and distributing substation in Montreal.* *Electr.* 57 S. 91'3.

The Grand Rapids-Muskegon 66,000 volt transmission system.☒ *El. World* 48 S. 841/2.

GALLOWAY, the hydro-electric power plant of the Nevada Power Mining & Milling Co. (Stand pipe and gate on wood stave pipe; station on Bishop Creek two 750 kw., 60 cycle, 2200 volt, three phase alternating current generator.)* *Eng. Rec.* 53 S. 784/6.

The Grand Avenue station of the Consolidated Ry. Co. at New Haven, Conn.* *Street R.* 27 S. 338/42.

Marion power station of the Public Service Corporation of New Jersey. (BABCOCK & WILCOX boilers, WARREN vertical boiler feed pumps; EDWARD's direct-driven suction valveless air pump; 100 kw. GENERAL ELECTRIC motorgenerator set consisting of three machines embracing an alternating-current synchronous motor of 600 volts, 25 cycles, supplied by static transformers, stepping down from 13,200 volts. On the same shaft is a direct-current, 125 volt and a direct-current, 500 volt machine, both interchangeable as motors and generators by the method of switching.)☒ *Eng. Rec.* 53 S. 45/7; *El. World* 47 S. 17/23; *Street R.* 27 S. 49/F.

HOLMANN, the electrical distribution system of the Public Service Corporation of. New Jersey.* *El. World* 47 S. 104/7 F.

The Newton-Boston Edison substation.* *El. World* 48 S. 602/4.

EICHEL, die Kraft- und Unterwerke für den elektrischen Betrieb der New York Zentralbahn. *Elektr. B.* 4 S. 179/81.

Substations and transmission system of the New York Central & Hudson River Railroad.* *El. World* 48 S. 799/802; *Electr.* 58 S. 245/7.

WILLIAMS, Port Morris power station of the New York Central Railroad. (A turbine station arranged on the unit system, with special hydraulic governing and most complete facilities for handling coal and ash.) *Eng. Chicago* 43 S.733/42; *Street R.* 28 S. 460/3; *Electr.* 58 S. 87/9; *El. World* 48 S. 599/602.

Yonkers power station, New York Central Ry.* *Eng.* 101 S. 419.

Essai des machines de la station génératrice du New-York subway.* *Gén. civ.* 49 S. 102/4.

BURR, the New-York rubbish incinerating plant. (Electric light plant installed by the City of New-York at the foot of Delancey Street.) * *Iron A.* 77 S. 496/9.

Power plant of the Hotel St. Regis, New York. (HEINE water-tube boilers; MC CLAVE shaking grate, NATHAN injector; exhaust steam heater; KIELEY noiseless back-pressure valve; KIELEY steam traps; 1,000 kw. generating plant, consisting of four slowspeed direct-connected

generating units; governor construction of the FLEMING engine; electrical distribution on the two wire system, all power and lighting feeders being kept separate and under distinct control at the switchboard; THOMPSON recording meters, boiler plant.)* *Eng. Rec.* 54 S. 265/8.

Electrical equipment of the new Wanamaker Store, New York. (Six 300 kw. WESTINGHOUSE slow-speed dynamos, each direct-connected to a 550-H. P. BUCKEYE cross-compound horizontal engine.)* *Eng. Rec.* 53 S. 219 22, 367/70; *El. Rev. N. Y.* 48 S. 329/35; *El. World* 47 S. 657/62.

Power plant of the new abattoir in New York City. (Piping and auxiliaries in power house basement.)* *Eng. Rec.* 54 S. 69/73.

Necaxa, Mexikos größte Elektrizitätsanlage.* *Prom.* 18 S. 193/8 F.; *Eng. Rec.* 53 S. 705/8.

BLACKWELL, the power plant of the Electrical Development Co., of Ontario. *El. Rev. N. Y.* 48 S. 138/40; *Electr.* 57 S. 746/7.

CONVERSE, the electrical plant of the Ontario Power Co.* *West. Electr.* 39 S. 498/9 F.; *Electr.* 58 S. 58/60.

Electric power developments at Niagara Falls. (110,000 horse-power plant of the CANADIAN NIAGARA POWER CO.)* *Sc. Am.* 94 S. 248/9.

BUCK, the electrical plant of the Canadian Niagara Power Co.⊞ *El. Rev. N. Y.* 48 S. 53/7; *Electr.* 57 S. 738/9.

DUNLAP, a comparison of Niagara power plants. ⊞ *Iron A.* 77 S. 1165/6.

DUNLAP, new 130,000-horse-power plant at Niagara Falls.* *Sc. Am.* 95 S. 244/5.

EGER, Niagara-Kraftanlage der Elektrizitäts-Gesellschaft von Ontario. (Fangdamm für das Niagara-Kraftwerk; Abflußkanal; Schacht für den Arbeitsstollen, Turbinenkammer, Turbinenlager.)* *Zbl. Bauw.* 26 S. 301 F.

MOODY, Canadian 60,000 volt hydro-electric plant. *El. Mag.* 6 S. 189/90.

HUTCHINSON, hydro-electric power plant and transmission lines of the North Georgia Electric Co.* *El. Rev. N. Y.* 48 S. 635/7.

UNWIN and MARTIN, Niagara Falls power stations. (Niagara Falls Power Co. on the American side; Canadian Niagara Power Co.; destruction of the falls.) (V)* *Proc. Mech. Eng.* 1906 S. 135/48.

North Mountain Power Company's hydro-electric plant. *El. World* 47 S. 71/3; *Eng. Rec.* 53 S. 26/8.

TAYLOR, electrical development in Philadelphia. (Generating plant of Philadelphia Electric Co.)* *West. Electr.* 38 S. 435/9.

Power plant of the Pittsburg Terminal Warehouse and Transfer Co. (Steel-frame fireproof structure, 90' in height containing a basement and six stories.)* *Eng. Rec.* 54 S. 349/52.

Central power plant of the Oliver Estate, Pittsburg, Pa. (WESTINGHOUSE three-wire, direct-current system of distribution; current is transmitted by lead covered cables; circuit breakers with special equalizer contacts.) *Eng. Rec.* 53 S. 774/5.

Large isolated electric plant in the heart of Pittsburg. *West. Electr.* 38 S. 528/9.

Electric lighting plant for Ridgefield, Connecticut. (Description of a small central station.)* *El. Rev. N. Y.* 49 S. 1059/61.

System of the Rockland Light and Power Company.* *El. World* 48 S. 209/12.

Power plant of the Lackawanna Light Co. of Scranton, Pa.* *El. World* 48 S. 641/3.

RICHARDSON, additional power development at Sewalls Falls, N. H. (Generators and auxiliaries

of the BULLOCK ELEC. MFG. CO.)* *Eng. Rec.* 53 S. 17/22; *Eng. News* 55 S. 69/70.

FRASER, electric power from Southern Waterfalls.⊞ *El. Rev. N. Y.* 48 S. 367/72.

Electrical features of the new Wood worsted mill at South Lawrence, Mass. (Motors of the GENERAL ELECTRIC type. All motors are planned for ceiling suspension.) *Text. Rec.* 30, 5 S. 155.

HOPKINS, Spier Falls power-house. * *El. Rev. N. J.* 48 S. 91/3.

The Springfield, Ill., Light, Heat and Power Co.'s station and system.* *El. World* 47 S. 252/6.

The power plants of the United Electric Light Co., Springfield, Mass.* *El. World* 48 S. 363/6.

The 60,000 volt sub-station and transmission line of the Syracuse Rapid Transit Co.* *Street R.* 28 S. 69/75.

Installation d'une station hydro électrique à Tepperanoc, dans un barrage en ciment armé.* *Bull. d'enc.* 108 S. 286.

Primary distribution at 4,600 volts and heating system changes at Toledo, O. *El. World* 48 S. 418.

ALLIS - CHALMERS electric railway equipment: Toledo, Port Clinton and Lakeside Ry. (Single three-phase circuit.)* *Eng. News* 55 S. 44/5.

The largest sub-station in the world. (Toronto, Canada, sub-station is to receive 30,000 kw. at about 60,000 volts from Niagara Falls.)* *Electr.* 57 S. 63/5; *El. World* 47 S. 559/63.

The Truckee River General Electric Co. plant.* *El. Rev. N. Y.* 48 S. 554/8.

Tumwater plant of the Olympia Light & Power Co. (Olympia, Wash.; two 500 kw. WESTINGHOUSE generators each direct-connected to a pair of 24″ horizontal shaft; VICTOR turbines made by the STILLWELL-BIERCE & SMITH-VAILE CO. of the inward discharge type.) *Eng. Rec.* 54 S. 637/8.

FOSTER, construction of the Utica Station of the Hudson River Electric Co. *Eng. Rec.* 53 S. 516/7.

REA, electric power plant of Vermont Marble Co.* *El. World* 47 S. 243/4.

The new power plant for railway and lighting service in Waltham.* *Street R.* 28 S. 1174/9.

19,000 kw. power house in Washington. *Street R.* 27 S. 289.

Electrification of the West Jersey and Seashore Branch of the Pennsylvania Rr. (Power house; substations and line; insulator and jumper for third rail.)* *Eng. Rec.* 54 S. 519/22; *Iron A.* 78 S. 1228/31; *Street R.* 28 S. 928/46.

MELDRUM BROS, refuse destructor combined with electric light plant at Westmount, P. Q.* *Eng. News* 55 S. 586/8; *Eng. Rec.* 54 S. 186/7.

Station of the Wilkesbarre Gas & Electric Co. at Wilkesbarre, Pa.* *El. World* 48 S. 991/3.

MOODY, Winnipeg, Manitoba, 60,000-volt hydro-electric plant. *El. World* 47 S. 1291/5.

SARGENT & LUNDY, the power house of the Winona Interurban Ry. (Building of brick and steel, with a cinder concrete roof. BABCOCK & WILCOX water-tube boilers. ALLIS-CHALMERS CORLISS engine direct-connected to a ALLIS-CHALMERS generator; engines of the horizontal, cross-compound type. DEAN jet condenser; WRIGHT cyclone exhaust heads; ELLIS bump post.)⊞ *Eng. Rec.* 54 S. 586.

The electrical works of the Allis-Chalmers Co. *El. Rev. N. Y.* 48 S. 14/8.

Electrical equipment for iron mines. (On the Lake Champlain shore at Port Henry, N. Y.; power house six miles from the mines; station built of reinforced concrete. Portland cement mixed with tailings from the mines; BABCOCK &

WILCOX boilers. CURTIS steam turbine generator which will deliver current directly to the line at a potential of 6,600 volts.) *Eng. Rec.* 54 *Suppl.* Nr. 23 S. 48.

The central station for the Armour plants.* *Eng. Chicago* 43 S. 241/6.

BROWN, BOVERI & CIE. und TOSI, Dampfturbinengruppe im Werte von 1 000 000 Franken. (Beabsichtigte Kraftverteilungsanlage in Buenos-Aires; Gesamtleistung 100 000 Kilowatt; zwei Drehstrom-Generatoren, wovon der eine für 50 und der andere für 25 Perioden in der Sekunde bestimmt ist.) *Z. Bayr. Rev.* 10 S. 201.

FEIKER, the Sao Paulo Tramway, Light and Power Co. plant. *El. Rev. N. Y.* 48 S. 378/81.

15,000 kw. steam power electric station of Los Angeles. *Eng. News* 55 S. 511.

7. Afrika, Asien und Australien.

Kraftzentrale und Unterstation für die elektrische Straßenbahn Alexandrien-Ramleh. *Schw. Elektrot. Z.* 3 S. 97/100 F.

Two-phase alternators for Johannesburg municipality. *El. Rev.* 58 S. 432/4.

The Victoria Falls power scheme.* *El. Mag.* 6 S. 435/9.

Electric power at St. Michaels, Azores.* *Electr.* 57 S. 86/7.

Jhelum River hydroelectric power installation in British India. (Description of the water wheels and generator connections.)* *El. Rev. N. Y.* 48 S. 16/7; *Pract. Eng.* 33 S. 100/1.

Installation électrique pour l'exploitation des mines de la Société des Étains Kinta à Lahat (Perak.). *Eclair. él.* 47 S. 246/58.

Electric lighting at Tientsin. *El. Rev.* 58 S. 301/4.

Largest power station in Japan.* *El. Rev. N. Y.* 48 S. 544.

BALDWIN, Kraftwerk der Tokio-Tramwaygesellschaft.⊠ *Elektr. B.* 4 S. 57/9.

Electric lighting and tramways at Fremantle, W. A. (Power station).* *El. Rev.* 59 S. 298/300.

MARTINEK und LAURI, Wasserkraft-Elektrizitätswerk der Stadt Launceston. (Tasmania.)* *Elektrot. Z.* 27 S. 672/7.

Elektrochemie. Electrochemistry. Électrochimie. Vgl.
Alkalien, Bleichen, Papier 1, Chemie, analytische 1 d, Chlor, Eisen 7, Elektrizität, Elektrotechnik, Elemente zur Erzeugung der Elektrizität.

   1. Allgemeines.
   2. Theorie.
   3. Technische Anwendungen.
     a) Anorganische Verbindungen.
     b) Organische Verbindungen.
   4. Apparate und Anlagen.

1. Allgemeines. Generalities. Généralités.

BORNS, die Elektrochemie im Jahre 1905. *Chem. Ind.* 29 S. 414/35 F.

KRÜGER, die Elektrochemie im Jahre 1905. *Elektrochem. Z.* 12 S. 228/32 F.

DONY-HÉNAULT, deux ans de progrès électrochimique 1904 – 1905. *Rev. chim.* 9 S. 329/41 F.

NEUBURGER, Entwicklung und gegenwärtiger Stand der Elektrochemie. *Elektrochem. Z.* 12 S. 210/3 F.

SPIERS, electro-chemical and electro-metallurgical progress in 1905. *El. Rev.* 58 S. 244/5 F.; *Elt. u. Maschb.* 24 S. 477/8.

KERSHAW, the electrochemical and electrometallurgical industries in 1906.* *Cassier's Mag.* 30 S. 23/36.

Electrochemistry and metallurgy in Great Britain. *Elektrochem. Ind.* 4 S. 408/10.

2. Theorie. Theoretical matters. Théory.

ABEL, Fortschritte der theoretischen Elektrochemie im Jahre 1905. *Z. ang. Chem.* 19 S. 1352/62.

LÖB, physikalisch-chemische Seiten der organischen Elektrochemie. *Z. Elektrochem.* 12 S. 2/5.

LUCAS, das elektrochemische Verhalten der radioaktiven Elemente. *Physik. Z.* 7 S. 340/2.

NERNST, über das Gebiet der Elektrochemie. (HALLsches Phänomen; Theorie der elektrolytischen Dissoziation und des osmotischen Druckes; Elektrolyse; Elektronentheorie.) (V) (A) *Wschr. Baud.* 12 S. 199.

HOLZMÜLLER, Orientierung über die neuesten elektrischen Theorien, besonders die Elektronentheorie. *Z. V. dt. Ing.* 50 S. 91/5 F.; *Eclair. él.* 46 S. 283/7.

WIEN, Elektronentheorie. (Ursprung der Elektronentheorie aus den Vorgängen der Elektrolyse.) (V) *Elt. u. Maschb* 24 S. 254./5.

Sur la constitution de l'électron.* *Eclair. él.* 47 S. 86/96 F.

Résumé des bases sur lesquelles reposent les théories modernes et, en particulier, la théorie des électrons. *Eclair. él.* 46 S. 243/52 F.

Les électrons et. la matière.* *Eclair. él.* 46 S. 401/8.

TOMMASINA, die kinetische Theorie des Elektrons als Grundlage der Elektronentheorie der Strahlungen. *Physik. Z.* 7 S. 56/62.

RICHARDS, electrochemical calculations. (Energetics of the electric current; principles of thermochemistry; FARADAY's laws; evolution of gas electrolytically; resistance capacity of vessels; transfer resistance; voltage required for chemical work; acid elements, acid radicals.) (V) *J. Frankl.* 161 S. 131/42 F.; *Chem. News* 94 S. 5/7 F.

SALLES, ions and ionization.* *Sc. Am. Suppl.* 62 S. 25622/4

DENISON and STEELE, accurate measurement of ionic velocities, with applications to various ions.* *Phil. Trans.* 205 S. 449/64.

JONES and ROUILLER, the relative migration velocities of the ions of silver nitrate in water, methyl alcohol, ethyl alcohol and acetone, and in binary mixtures of these solvents, together with the conductivity of such solutions. *Chem. J.* 36 S. 427/87.

WILSON, the velocities of the ions of alkali salt vapours at high temperatures. *Phil. Mag.* 11 S. 790/3.

PALMAER, das Gesetz der unabhängigen Wanderung der Ionen.* *Z. Elektrochem.* 12 S. 509/11.

HURST, genesis of ions by collision and sparking-potentials in carbon dioxyde and nitrogen. *Phil. Mag.* 11 S. 535/52.

BRAGG and KLEEMAN, the recombination of ions in air and other gases.* *Phil. Mag.* 11 S. 466/84.

ABEGG, Gültigkeit des FARADAYschen Gesetzes für Metalle mit verschiedenwertigen Ionen. (Mit Experimenten von SHUKOFF.)* *Z. Elektrochem.* 12 S 457/9.

BUCHBÖCK, Hydration der Ionen. *Z. physik. Chem.* 55 S. 563 88.

DAVIDSON, Ionisierung von Gasen und Salzdämpfen. Wirkung glühender Elektroden. *Physik. Z.* 7 S. 815/20.

MOREAU, ionisation des vapeurs salines.* *Ann. d. Chim.* 8, 8 S. 201/42.

PICK, Elektroaffinität der Anionen. Das Nitrition und sein Gleichgewicht mit Nitrat und N O.* *Z. anorgan. Chem.* 51 S. 1/28.

MORGAN and KANOLT, combination of a solvent with the ions.* *J. Am. Chem. Soc.* 28 S. 572/88.

DURRANT, experimental evidence of ionic migration in the natural diffusion of acids and of salts. Phenomena in the diffusion of electrolytes. *Proc. Roy. Soc.* 78 A S. 342/79.

BILLITZER, zur Bestimmung absoluter Potential-differenzen. *Z. Elektrochem.* 12 S 281/2.

GOODWIN und SOSMAN, Billitzers Methode zur Bestimmung absoluter Potentialdifferenzen. *Z. Elektrochem.* 12 S. 192/3.

LAW, electrolytic reduction. Aromatic aldehydes. (The potentiel of metal cathodes.) *J. Chem. Soc.* 89 S. 1512/9.

LEWIS, das Potential der Sauerstoffelektrode. (Gegen eine bestimmte Konzentration von Hydroxylionen.) *Z. physik. Chem.* 55 S. 465/76.

MAITLAND, das Jod Potential und das Ferri-Ferro-Potential. *Z. Elektrochem.* 12 S. 263, 8.

MAZZUCCHELLI e BARBERO, potensiale elettrolitico di alcuni perossidi. *Gas. chim. it.* 36, II S. 675/92.

SÜCHENI, über Amalgampotentiale. (Thallium-amalgam.)* *Z. Elektrochem.* 12 S. 726/32.

TAFEL, Kathodenpotential und elektrolytische Reduktion in schwefelsaurer Lösung. *Z. Elektrochem.* 12 S 112/22.

DOLEZALEK und KRÜGER, Vorlesungsversuch zur Demonstration der Ungültigkeit des Spannungsgesetzes für Elektrolyte.* *Z. Elektrochem.* 12 S. 669/70.

CARRARA, die Elektrochemie der nichtwässerigen Lösungen. (V) (A) *Chem. Z.* 30 S. 457.

WALDEN, organische Lösungs- und Ionisierungsmittel. Messen der elektrischen Leitfähigkeit. Innere Reibung und deren Zusammenhang nach dem Leitvermögen. *Z. physik. Chem.* 54 S. 129/230; 55 S. 207/49.

STEELE, MC INTOSH und ARCHIBALD, Halogen-wasserstoffsäuren als leitende Lösungsmittel.* *Z. physik. Chem.* 55 S. 129/99.

TIMMERMANS, les rapports unissant le pouvoir dissociant des dissolvants à leur structure chimique. *Bull. belge* 20 S. 96/118.

Schmelzelektrolyse nach LORENZ. *Z. Elektrochem.* 12 S. 689/91.

Wechselstrom-Elektrolyse.* *Elektrot. Z.* 27 S. 221/2. Electrolysis by alternating currents. *Engng.* 81 S. 21.

COPPADORO, elettrolisi dei cloruri alcalini colle correnti alternate. *Gas. chim. it* 36, II S. 321/8.

COPPADORO, applicazioni elettrolitiche delle correnti alternate. *Gas. chim. it.* 36, II S. 693/723.

GUNDRY, the asymmetrical action of an alternating current on a polarizable electrode. *Phil. Mag.* 11 S. 329/53.

LÖB, elektrolytische Untersuchungen mit symmetrischem und unsymmetrischem Wechselstrom. *Z. Elektrochem.* 12 S. 79/90.

GASPARINI, elektrolytische Oxydationswirkungen. (V) (A) *Chem. Z.* 30 S. 465.

KARAOGLANOFF, Oxydations- und Reduktionsvorgänge bei der Elektrolyse von Eisensalzlösungen. *Z. Elektrochem.* 12 S. 5/16; *Mon. scient.* 4, 20, I S. 841/8.

MÜLLER, ERICH und SPITZER, anodische Oxydbildung und Passivität. *Z. anorgan. Chem.* 50 S. 321/54.

LUNDEN, amphotere Elektrolyte. *Z. physik. Chem.* S. 532/68.

JOHNSTON, the affinity constants of amphoteric electrolytes. (Methyl derivatives of para-amino-benzoic acid and of glycine.) *Proc. Roy. Soc.* 78 S. 82/102.

CUMMING, the affinity constants of amphoteric electrolytes. (Methyl derivatives of ortho-and meta-aminobenzoic acids.) *Proc. Roy. Soc.* 78 S. 103/39.

WALKER, the affinity constants of amphoteric electrolytes. (Methylated amino-acids.) *Proc. Roy. Soc.* 78 S. 140/9.

HANTZSCH, Pseudosäuren und amphotere Elektrolyte. *Z. physik. Chem.* 56 S. 57/64.

BRILLOUIN, considérations théoriques sur la dissociation électrolytique. — Influence du dissolvant sur la stabilité des molécules dissoutes.* . *Ann. d. Chim.* 8, 7 S. 289/320.

BAUR, Beziehung zwischen elektrolytischer Dissociation und Dielektrizitätskonstante. *Z. Elektrochem.* 12 S. 725/6.

PALMAER, Modell und Versuch zur Demonstration der Konzentrationsänderungen während der Elektrolyse.* *Z. Elektrochem.* 12 S. 511/13.

SENTER, electrolysis of dilute solutions of acids and alkalis at low potentials dissolving of platinum at the anode by a direct current. *Electr.* 57 S. 538/40; *El. Eng. L.* 38 S. 380/3.

NORDMANN, les forces électromotrices de contact entre métaux et liquides et un perfectionnement de l'ionographe. *Compt. r.* 142 S. 626/9.

JONES, bearing of hydrates on the temperature coefficients of conductivity of aqueous solutions. *Chem. J.* 35 S. 445/50.

DENISON und STEELE, Methode zur genauen Messung von Ueberführungszahlen.* *Z. physik. Chem.* 57 S. 110/27.

BRUNNER, Elektrochemie der Jod-Sauerstoffverbindungen. *Z. physik. Chem.* 56 S. 321/47.

FARUP, Geschwindigkeit der elektrolytischen Reduktion von Azobenzol.* *Z. physik. Chem.* 54 S. 231/51.

LEWIS und JACKSON, galvanische Polarisation an einer Quecksilberkathode.* *Z. physik. Chem.* 56 S. 193/211.

WEIGERT, Wirkung der Depolarisatoren. *Z. Elektrochem.* 12 S. 377/83.

Vorläufige Mitteilung über neue Depolarisatoren. *CBl. Akkum.* 7 S. 285/6.

Zeitlicher Verlauf der Polarisation während elektrolytischer Vorgänge.* *Elektrot. Z.* 12 S. 1202/4.

KOHLSCHÜTTER, kathodische Metallverstäubung in verdünnten Gasen.* *Z. Elektrochem.* 12 S. 869/73.

SCHULZE, Verhalten von Aluminiumanoden. (Ursache des hohen Spannungsverlustes an Aluminiumanoden; Einfluß der Stromdichte; Einfluß der Elektrolyte auf die Formierung; Widerstand der wirksamen Schicht; Wirkung von Stromunterbrechungen auf den Spannungsverlust; — auf die wirksame Schicht.) *Ann. d. Phys.* 21 S. 929/54.

KIELHAUSER, Leuchten von Aluminiumelektroden in verschiedenen Elektrolyten. *Sits. B. Wien. Ak.* 115, IIa S. 1335/7.

VAN DIJK, elektrochemisches Aequivalent des Silbers; GUTHE, dasselbe.* *Ann. d. Phys.* 19 S. 249/88; 20 S. 429/32.

3. Technische Anwendungen. Technical appliances. Procédés, employés en technique.

a) Anorganische Verbindungen. Inorganic compounds. Composés anorganiques.

ENGELHARDT, technische Elektrochemie. Bericht über die Jahre 1904—05. (Gewinnung des Stickstoffes der Atmosphäre; elektrische Schmelzmethoden. Metallraffination; direkte Metallgewinnung; Metalloide und anorganische Verbindungen; Kalkstickstoff; Salpetersäure; Elektroden; Elektrolyse der Chloralkalien.) *Oest. Chem. Z.* 9 S. 218/22 F.

PETERS, die Elektrometallurgie im Jahre 1905 und im ersten Halbjahre 1906. (Eisen; Erzeugung von Roheisen und Stahl auf elektrothermischem Wege; Induktions- oder Transformatoröfen; Widerstandsöfen; Bogenöfen; Agglomerationsverfahren; Erzeugung von Eisenlegierungen auf elektrothermischem Wege; elektrothermische Bearbeitungsmethoden; Schmelzflußelektrolyse; Eisen aus wässrigen Lösungen; Mangan; Chrom; Wol-

fram; Molybdän; Silicium; Bor; Titan, Thorium und Tantal; Vanadium; Aluminium; Magnesium; Cer und verwandte Metalle, Erdalkalimetalle; Alkalimetalle; Blei; Zink, Nickel, Gold, Kupfer, Arsen, Antimon.)* *Glückauf* 42 S. 1384/91 F.

MEDICUS, Anwendung einiger elektrochemischer Verfahren in der Großtechnik. (V) *Apoth. Z.* 21 S. 1028/9.

MEWES, elektrolytische Metallgewinnung. (Aus den Halogenverbindungen.)* *Elektrochem. Z.* 13 S. 11/5.

ASHCROFT, sodium production. (Electrolyzing common salt in a fused state, with a molten lead cathode; the alloy of lead and sodium formed is transferred to the second cell, where it is used as anode with an electrolyte of fused sodium hydroxyde.) (V)* *Electrochem. Ind.* 4 S. 218/21.

CARRIER, extraction of metallic sodium. (Electrolitic processes.) * *Electrochem. Ind.* 4 S. 442/6 F.

ADDICKS, l'électrolyse du cuivre. *Ind. él.* 15 S. 203/6.

The COWPER COLES centrifugal direct process for electrically depositing copper.* *Sc. Am. Suppl.* 62 S. 25808/9.

STOEGER, elektrolytischer Kupfergewinnungsprozeß. (Elektrolytisches Verfahren zur Erzeugung von Kupfer aus seinen Erzen.) * *Metallurgie* 3 S. 820/7.

RICHTER, Versuche zur Gewinnung von Kupfer und Nickel aus Abfällen nickelplattierter Bleche. *Elektrochem. Z.* 13 S. 185/90.

BETTS, electric lead smelting. (Electrolysis of lead sulphide dissolved in fused lead chloride.) * *Electrochem. Ind.* 4 S. 169/73; *Elektrochem. Z.* 13 S. 190/5 F.

BETTS, elektrolytische Behandlung von elektrolytischem Schlamm. * *Elektrochem. Z.* 13 S. 25/34.

GIN, Behandlung der Uran-Vanadiummetalle und Verfahren zur elektrolytischen Darstellung von Vanadium und dessen Legierungen. *Elektrochem. Z.* 13 S. 119/22.

SKRABAL, galvanische Fällung des Eisens. *Phot. Korr.* 43 S. 320/7 F.

Mémoires sur l'électrométallurgie. (Résistivité électrique des fontes et des aciers à haute température; procédé de traitement des minerais de tungstène pour l'extraction de l'acide tungstique industriel; fabrication du chrome et des alliages du chrome à faible teneur en carbone; fabrication du molybdène et du ferromolybdène à basse teneur en carbone; traitement des minerais urano-vanadifères.) *Eclair. él.* 47 S. 321/30 F.

ASHCROFT, factory scale experiments with fused electrolytes. (Electrolysis of fused zinc and lead chlorides; direct electrolysis of sulphides; magnetic stirring of fusion bath; electrolysis of sodium chloride; production of alkali metals.) * *Electrochem. Ind.* 4 S. 143/6, 357/8.

PRICE and JUDGE, the electrolytic deposition of zinc using rotating electrodes. *Electr.* 57 S. 453/4.

FERRARIS, electro-metallurgy of zinc. (Experiments of CESARETTI and BERTANI; LAVAL furnace.) (V) *Mech. World* 40 S. 16/7.

TOMMASI, elektrolytische Darstellung von schwammigem Zinn. *Z. Elektrochem.* 12 S. 145/6; 13 S. 34/6; *Rev. métallurgie* 3 S. 208/9.

Preparazione elettrolitica dello stagno spugnoso sistema TOMMASI. *Elettricista* 15 S. 41/2; *Cosmos* 55, I S. 98/9.

COLEMAN, elektrolytische Reinigung von Eisen- oder Messinggegenständen beim Vernickeln. (V) (A) *Bayr. Gew. Bl.* 1906 S. 385; *Chem. News* 93 S. 167.

TIZLEY, economy of power in the electroplating room. *El. World* 47 S. 613/6.

Erzeugung dichter, auch mechanisch fester elektrolytischer Kupferniederschläge zwecks direkter Herstellung kupferner Hohlkörper. * *Metallurgie* 3 S. 37/40.

BUCHNER, Verbesserungen und Neuerungen auf dem Gebiete der Galvanoplastik und Galvanostegie. *Elektrochem. Z.* 13 S. 1/3.

CURRY, bronzage électrolytique. (En solution de tartrate alcalin.) *Bull. d'enc.* 108 S. 1000.

SONNTAG, über galvanische Prozesse. (Verfahren beim Vergolden.) *J. Goldschm.* 27 S. 274/6.

WHITE, electrolytical galvanizing. *Iron & Steel Mag.* 11 S. 125/7.

Verfahren zur Herstellung galvanischer Ueberzüge auf Aluminium. (GIROUX' Verkupferungsverfahren für Aluminium-Gegenstände; Bestimmung des im Verhältnis zur Größe des Gegenstandes geeignetsten Stromes.) *Bayr. Gew. Bl.* 1906 S. 20.

The process and apparatus employed by the U.S. ELECTRO GALVANIZING CO.* *Iron A.* 77 S. 1980/2.

Elektrolytische Metallniederschläge auf Draht, unter Zuhilfenahme einer rohrförmigen Anode. * *Met. Arb.* 32 S. 10/1.

Ein neuer Galvanisierungsprozeß auf trockenem Wege. (Eisen wird mit Zinküberzug dadurch versehen, daß es in Zinkstaub eingebettet wird, welcher auf eine den Schmelzpunkt des Zinks nicht übersteigende Temperatur gebracht wird.) *Glückauf* 42 S. 1662.

Die Metalltripelsalze „Trisalyt". (Bei der Zubereitung der alkalisch-galvanostegischen Bäder neben den eigentlichen Metallsalzen benutzt.) *Met. Arb.* 32 S. 398/9.

MÜLLER, ERICH und BAHNTJE, Wirkung organischer Kolloide auf die elektrolytische Kupferabscheidung (Glanzgalvanisation). * *Z. Elektrochem.* 12 S. 317/21.

NUSZBAUM, effect of colloids on metal deposition. *Electrochem. Ind.* 4 S. 379.

CRAMP and LEETHAM, electrical discharge in air and its commercial application. (Yield of ozone, of oxides, of nitrogen.) * *Electrochem. Ind.* 4 S. 388/95.

FRIDERICH, fabrication électrochimique de l'acide nitrique. * *Mon. scient.* 4, 20, I S. 332/40.

KAUSCH, die Darstellung von Stickstoff-Sauerstoffverbindungen aus atmosphärischer Luft auf elektrischem Wege. (Zusammenstellung.) * *Elektrochem. Z.* 13 S. 93/101.

KERSHAW, artificial production of nitrate of lime by electric discharge. *El. World* 48 S. 126/8.

NASINI e ANDERLINI, esperienze col tubo caldofreddo al forno elettrico. (Ossidazione di un gas combustibile in presenza di ossigeno e azoto, e ossidazione diretta dell'azoto in atmosfera di ossigeno col concorso della scintilla elettrica.) *Gas. chim. it.* 36, II S. 570/3.

THOMPSON, the electric production of nitrates from the atmosphere. *Electr.* 56 S. 666/70.

TRAUBE und BILTZ, Gewinnung von Nitriten und Nitraten durch elektrolytische Oxydation des Ammoniaks bei Gegenwart von Kupferhydroxyd. *Ber. chem. G.* 39 S. 166/78; *Arb. Pharm. Inst.* 3 S. 3/13.

BIGGS, the HERMITE electrolytic process at Poplar. (The fluid flows through four double troughs or cells, placed one above the other.) *El. Eng. L.* 38 S. 741/4.

KERSHAW, use of electrolytic hypochlorite as a sewage sterilizing agent in the United Kingdom. (Hypochlorite cells of WATT; HERMITE —; VOGELSANG —; ATKINS —.) *Electrochem. Ind.* 4 S. 133/6.

Elektrolytische Chlorgewinnung für Bleichzwecke. *
Elektrot. Z. 27 S. 1201/2.
LEVI e VOGHERA, formazione elettrolitica degli
iposolfiti. *Gas. chim. it.* 36, 2 S. 531/57.
WALLACH, einfaches kontinuierliches Verfahren
zur elektrolytischen Darstellung von Kaliumchlorat. * *Z. Elektrochem.* 12 S. 667/8.

**b) Organische Verbindungen. Organic com-
pounds. Composés organiques.**

Organische Elektrochemie. (Elektrolyse organischer Stoffe; elektrochemische Reduktionen.) (Zusammenstellung.) *Z. Elektrochem.* 12 S. 682/9 F.
LAW, electrolytic oxidation. (Of organic compounds.) *J. Chem Soc.* 89 S. 1437/53.
JACKSON and NORTHALL-LAURIE, behaviour of
the vapours of methyl alcohol and acetaldehyde
with electrical discharges of high frequency. *
J. Chem. Soc. 89 S. 1190/3.
SZILÁRD, elektrolytische Darstellung der Alkoholate und der Alkoholat-Carbonsäureester. *Z.
Elektrochem.* 12 S. 393/5.
CRICHTON, electrolysis of potassium ethyl dipro-
pylmalonate. *J. Chem Soc* 89 S. 929/33.
PETERSEN, Elektrolyse der Alkalisalze der organi-
schen Säuren. *Z.Elektrochem.* 12 S. 141/5.
PETERSEN, réduction de l'acide oléique en acide
stéarique par électrolyse. *Corps gras* 33 S. 132/4 F.
WALKER and WOOD, electrolysis of salts of ββ-
dimethylglutaric acid. *J. Chem.Soc.* 89 S.598/604.
LIVACHE, préparation électrolytique des résinates.
Bull. d'enc. 108 S. 355/7.
ULPIANI e RODANO, elettrosintesi nel gruppo degli
ossimido-eteri. *Gas. chim. it.* 36, 2 S. 79/86.
BRAND und STOHR, elektrochemische Reduktion
des o-Nitroacetanilids. *Ber.chem.G.* 39 S.4058/68.
TAFEL und EMMERT, elektrolytische Reduktion
des Succinimids. * *Z.physik. Chem.* 54 S. 433/50.

**4. Apparate und Anlagen. Apparatus and fac-
tories. Appareils et usines.**

SCHOOP, Bleichelektrolyser. (D.R.P.)* *Uhlands
T. R.* 1906, 5 S. 77/8.
GEIBEL, Verwendbarkeit grau platinierter Elek-
troden für die Alkalichloridelektrolyse. 817/9.
GEE, Verwendung ausbalanzierter Elektroden. *
Elektrochem. Z. 13 S. 69/79.
LOMBARDI, sopra i tipi di diaframmi più usati
nelle elettrolisi e sulle formole proposte per
calcolare i rendimenti. *Gas. chim. it.* 36, 1
S. 378/87.
MAC DONALDsche Zelle als Chlorentwickler. (Guß-
eiserner Kasten, der durch zwei aus durch-
lochtem Eisenblech bestehende Längstrennungs-
wände in drei Abteilungen unterteilt wird. Die
Innenseiten der Wände dienen als Kathode und
sind mit Asbestpapier und Asbestpappe, die
beide mit Wasserglas verbunden sind, belegt.) *
W. Papierf. 37, 1 S. 1520/1.
PERKINS, oxy-hydrogen apparatus for welding.
(Electrolytic plant for a daily production of more
than 40,000 cubic feet H and 20,000 cubic
feet O.) * *Electrochem. Ind.* 4 S. 200/2.
SACKUR, Arbeitstisch für Galvanotechnik. (Ent-
fettungs- bezw. Beizapparat; soll die Handarbeit
ersetzen.) * *Electrochem. Z.* 13 S. 91/3.
Apparatur zur Herstellung von Kalkstickstoff und
Ammonsulfat nach den Patenten der Cyanid-
gesellschaft zu Berlin. * *Oest. Chem. Z.* 9 S. 328/30.
DIGBY, two tests of electrolytic hypochlorite plants
in England. * *Electrochem. Ind.* 4 S. 96/9.

**Elektromagnetische Maschinen. Electromagnetic ma-
chines. Machines électro-magnétiques.** Vgl. Eisenbahnwesen III A 3, Elektrizität und Magnetismus,

Elektrizitätswerke, Elektrotechnik, Krafterzeugung
und -Uebertragung 3, Umformer.
 1. Gleichstrommaschinen.
  a) Theorie und Allgemeines.
  b) Ausgeführte Konstruktionen.
  c) Einzelteile und Verschiedenes.
 2. Wechselstrommaschinen.
  a) Theorie und Allgemeines.
  b) Ausgeführte Konstruktionen.
  c) Einzelteile und Verschiedenes.
 3. Betrieb.
  a) Ein- und Ausschalten.
  b) Strom-, Spannungs- und Umlaufzahlregelung.
  c) Schaltungen
 4. Verschiedenes.

**1. Gleichstrommaschinen. Continuous current ma-
chines. Machines à courant continu.**

**a) Theorie und Allgemeines. Theory and
generalities. Théorie et généralités.**

ROEHLE, Anlaufs- und Auslaufsversuch zur Bestimmung von Schwungmomenten. (Bestimmung
des Schwungmomentes von Gleichstromankern
oder von Schwungmassen, die durch Gleichstrommotoren angetrieben werden.) *Elektrot. Z.*
27 S. 77/8
HOWATT, care of direct-current motors. (Commutator dirty or rough; high, low, or loose commutator bars etc.) *Mech. World* 40 S. 68/9.
CONDICT, tests of an interpole railway motor.*
Street R. 27 S. 816/7; *El. Rev.* 58 S. 828/9.
FAY, testing large direct-current railway motors. *
El. Mag. 6 S. 417/9.
FIELD, „idle currents“. (a)⊞ *J. el. eng.* 37 S. 83/120;
Electr. 56 S. 845/8 F.
RÜDENBERG, die Verteilung der magnetischen In-
duktion in Dynamoankern und die Berechnung
von Hysterese- und Wirbelstromverlusten.* *Elek-
trot. Z.* 27 S. 109/14.
VON STUDNIARSKI, die Verteilung der magnetischen
Kraftlinien im Anker einer Gleichstrommaschine.
Z. V. dt. Ing. 50 S. 1783/8.
THORNTON, the distribution of magnetic inductions
and hysteresis loss in armatures. (V)* *El. Eng.
L.* 37 S. 344.7 F.
BRESLAUER, a study in the design of a 500 kw.
continuous-current generator.* *Electr.* 56 S. 835/8 F.
ARNOLD, Reihenparallelanker mit Aequipotential-
verbindungen. *Elektrot. Z.* 27 S. 625/31; *El.
World* 48 S. 88/91; *Electr.* 57 S. 322/4 F.
ARNOLD, Wendepolmaschinen und kompensierte
Maschinen. Zahl der Wendepole. *Elektrot. Z.*
27 S. 717/9.
FYNN, a new type of continuous-current dynamo-
electric machine with commutating poles.* *Electr.*
58 S. 238/9.
WALL and SMITH, STANLEY P., flux-distribution
in machines with commutating poles. * *Electr.*
56 S. 1003/4.
SIEBERT, Pendelerscheinungen an Gleichstrom-
maschinen mit Hilfspolen. *Elektrot. Z.* 27
S. 523/4.
OELSCHLÄGER, Betrachtungen über den Einfluß
des Wendepoles auf den Entwurf normaler
Gleichstrommaschinen. *Elektrot. Z.* 27 S. 783/5.
BEDELL, commutation poles in direct-current mo-
tors. (V) (A) *El. World* 47 S. 1134.
CATTERSON-SMITH, commutation in a four-pole
motor. (V) *El. Eng. L.* 38 S. 265/8.
KAVANAGH, the wiring and maintenance of shunt
and compound-wound motors. *El. World* 47
S. 715/6.
KENNELLY, a graphic method of determining the
ratio of speed-voltage variation in shunt motors.*
El. World 47 S. 1298/1300.
Application des moteurs à courant continu aux
appareils de levage.* *Ind. él.* 15 S. 56/61.

HILL, crane motors and controllers. (V. m. B.) *
J. el. eng. 36 S. 290/321.

ROSENBERG, Fortschritte im Bau von Gleichstrom-
maschinen für konstanten Strom. (a)⊞ Elektrot.
Z. 27 S. 1035/40 F.; Electr. 58 S. 372/3; El.
World 48 S. 918/21.

BURLEIGH, continuous current motors.* El. Rev.
58 S. 919/20.

FIGUERAS, moteur électrique portatif. Electricien
31 S. 296.

Comparison of THURY direct-current and three-
phase transmissions. West. Electr. 39 S. 207;
El. World 48 S. 93.

JOHNSON, third function of electric traction motors.
(Electrical energy regenerated from a moving
car or train and delivered to the trolley, the
third rail or the other supply conductors; thumb
switch in main controller handle.) (V) (A)* Pract.
Eng. 34 S. 712/5.

**b) Ausgeführte Konstruktionen. Constructions
carried out. Constructions exécutées.** Vgl. 4.

**α) Gleichstromdynamos. Continuous current
dynamos. Dynamos à courant continu.**
Vgl. Elektrizitätswerke, Krafterzeugung
und -Uebertragung 3.

SCHUBERG, neuere Errungenschaften auf dem Ge-
biete des Gleichstrommaschinenbaues und ihre
Bedeutung für die chemische Industrie.* Z. Chem.
Apparat. 1 S. 340/5 F.

GRADENWITZ, the evolution of marine dynamos. *
West. Electr. 38 S. 221.

Dynamos à courant continu à pôles auxiliaires.
(Distribution des lignes de force; commutation,
calcul des enroulements.)* Ind. él. 15 S. 349/52,
404/6 F.

HOBART, dynamo à courant continu à haute tension et à grande vitesse angulaire.* Ind. él. 15
S. 353/5; Electr. 57 S. 424/5.

Generator for the Collinwood shops of the Lake
Shore. (300 kw., 250 volt d. c. generator built
by the CROCKER-WHEELER CO.; runs at 150
r. p. m. with a current of 1,200 amperes;
650 H.P. cross compound BUCKEYE engines.) *
Railr. G. 1906, 2 Suppl. Gen. News S. 132.

MILCH, constant-current generator. (Has four projecting poles, but is magnetically equivalent to
a two-pole machine and the armature is provided with a two-pole winding.)* El. World
48 S. 1186.

SPRAGUE, nonsparking continuous-current machines
operated at increased potential (Continuous current apparatus; method of neutralizing armature
reaction and eliminating sparking by automatically
varying the polar resultant, or correcting the
distortion due to varying relations between
armature and field strengths in dynamo electric
machinery.)* El. World 47 S. 407/8.

Gleichstrom-Dynamo von 400 kw. der ATÉLIERS
DE CONSTRUCTIONS ÉLECTRIQUES DE CHARLE-
ROI. El. u. polyt. R. 23 S. 143/6.

Groupe électrogène à courant de la COMPAGNIE
INTERNATIONALE D'ÉLECTRICITÉ et de la SO-
CIÉTÉ JOHN COCKERILL DE SERAING. * Elec-
tricien 31 S. 25/6.

SIEMENS BROTHERS & CO., Gleichstromdynamo
mit Wendepolen.* El. Anz. 23 S. 586/7.

LIVINGSTONE, mechanical design of commutators
for direct-current generators.* Electr. 57 S.171/2 F.

NORDDEUTSCHE MASCHINEN- UND ARMATUREN-
FABRIK, of Bremen, new type of dynamo con-
struction. (Commutating machines.)* El. Eng.
L. 38 S. 520/1.

HOBART, auxiliary reversing poles for large con-

tinuous-current dynamos. * El. Rev. N. Y. 48
S. 104/7.

FELTEN & GUILLEAUME-LAHMEYERWERKE, Gleichstrommaschinen mit Kompensationspolen.* Masch.
Konstr. 39 S. 83/4.

475 kw.-Gleichstromdynamo der FELTEN & GUIL-
LEAUME-LAHMEYERWERKE, Frankfurt a. M.*
El. u. polyt. R. 23 S. 389/91.

VICKERS SONS & MAXIM, 1400 - Kilowatt - Gleich-
strom-Generator.* Masch. Konstr. 39 S. 206.

Gleichstrom-Turbogeneratoren der MASCHINEN-
FABRIK OERLIKON. Z. Turbinenw. 3 S. 514/5.

PERKINS, CURTISturbodynamos für Zugbeleuchtung*
Z. Turbinenw. 3 S. 328/9.

SCHNESSLER, Turbodynamos auf amerikanischen
Eisenbahnzügen. (Werden nicht nur für die
Wagenbeleuchtung, sondern auch für die Geleise-
beleuchtung verwendet.) * Schw. Elektrot. Z. 3
S. 516/7.

DAIMLER MOTOR CO., charging and lighting dynamo. (The field magnet only or the armature
only is not stationary, but a relative movement
may be allowed to take place between the
armature and the field magnet.)* Autocar 16
S. 430/1.

Groupe électrogène de la COMPAGNIE INTER-
NATIONALE D'ÉLECTRICITÉ DE LIÈGE et de la
SOCIÉTÉ ANONYME DES ANCIENS ÉTABLISSE-
MENTS VAN DEN KERCHOVE de Gand (Belgique).
(Dynamo à courant système PIEPER.)⊞ Electri-
cien 31 S. 1/5.

DAYTON ELECTRICAL MFG. CO., APPLE dynamo
for high tension ignition.* Automobile, The 14
S. 182.

Magneto-ignition apparatus for internal-combustion
engines, constructed by KENNEDY & SONS. *
Engng. 81 S. 207/8.

Les nouvelles magnétos d'allumage à la huitième
exposition de l'automobile, du cycle et des
sports.* Ind. él. 15 S. 64/8.

WOLF, W, praktisch brauchbare Unipolarmaschinen
für höhere Spannungen. (Unipolarmaschinen, die
Ströme dicker Stärke und Spannung liefern
und bei denen die schädliche Ankerrückwirkung
aufgehoben ist; Maschine von NOEGGERATHsche
[D. R. P. 169333 und 169334, Schw. Patentschr.
33628]; Maschine von STEINMETZ [am. Pat.
804440 und brit. Pat. 15118 vom Jahre 1904];
desgl. von WAIT [am. Pat. 806217].)⊞ Verh. V.
Gew. Abh. 1906 S. 400/16.

WOLF, neuere Ausführungsformen magnet-elektri-
scher Zündmaschinen.* Mot. Wag. 9 S. 953/7 F.

**β) Gleichstrommotoren. Continuous cur-
rent motors. Moteurs à courant continu.** Vgl. 4 und elektrische Bahnen,
Krafterzeugung- und -Uebertragung 3.

WESTINGHOUSE, electric motors.⊞ Railr. G. 1906,
1 S. 684/6.

BEDELL, the design of direct current motors.
School of mines 28 S. 101/8.

FELTEN & GUILLEAUME-LAHMEYERWERKE, Gleich-
strom-Elektromotoren.* Uhlands T. R. 1906, 1
S. 73/4.

Centrator-Elektromoto¡ der FELTEN & GUILLEAUME-
LAHMEYERWERKE, AKT. - GES., Dynamowerk-
Frankfurt a. M.* Z. Werksm. 10 S. 241/5.

BEDELL, direct-current motor design as influenced
by the use of the inter-pole. (V. m. B.)* Proc.
El. Eng. 25 S. 349/59; El. Mag. 6 S. 295/7.

CONDICT, traction motors with auxiliary poles.*
Electr. 57 S. 577/8.

WESTINGHOUSE CO., variable - speed motor with
auxiliary poles. * West. Electr. 38 S. 163; El.

World 47 S. 1155/6; *Railv. G.* 1906, 1 Suppl. Gen. News S. 64/5.

LINCOLN ELECTRIC MFG. CO., variable speed motor. (Withdrawal of the armature from the influence of the field poles, thereby decreasing the field area and magnetic flux, increasing the air gap and resistance, and therefore increasing the speed; the motor is a two-wire direct-current shunt-wound type.)* *Railr. G.* 1906, 1 S. 509/10.

LINCOLN ELECTRIC MFG. CO., moteur électrique. (À courant continu à excitation en dérivation.)* *Rev. ind.* 37 S. 316.

LINCOLN ELECTRIC MFG. CO., electric motor with variable speed. (For direct coupling to machine tools etc. motor on direct-current circuits; four-pole shunt-wound machine.) * *Pract. Eng.* 33 S. 401.

Gleichstrom - Elektromotoren mit in weiten Grenzen regulierbaren Umdrehungszahlen.* *Schw. Elektrot. Z.* 3 S. 466/9.

RIETER & CIE, Winterthur, moteur à courant continu de haute tension pour traction électrique. * *Electricien* 31 S. 61/2.

c) Einzelteile und Verschiedenes. Details and sundries. Détails et matières diverses.
Fehlt.

2. Wechselstrommaschinen. Alternating current machines. Machines à courant alternatif.
Vgl. 4.

a) Theorie und Allgemeines. Theory and generalities. Théorie et généralités. Vgl. Elektrizität und Magnetismus 1.

α) Wechselströme und Wechselstrommaschinen im allgemeinen. Alternating currents and alternating current machines in general. Courants alternatifs et machines à courants alternatifs en général. Vgl. Elektrizität und Magnetismus 1, Elektrotechnik, Umformer.

DEVAUX-CHARBONNEL, emploi de l'électro-diapason comme générateur de courants alternatifs. *Compt. r.* 142 S. 953/4.

BEDELL and TUTTLE, the effect of iron in distorting alternating-current wave form. (V. m. B.) *Proc. El. Eng.* 25 S. 601/21.

L'effetto del ferro sulla forma dell'onda delle correnti alternate.* *Elettricista* 15 S. 341/6.

WORRALL and WALL, investigation into the periodic variations in the magnetic field of a three-phase generator by means of the oscillograph. (V. m. B.)* *J. el. eng.* 37 S. 148/60; *El. Eng. L.* 37 S. 488/9; *Electr.* 56 S. 1049/50.

GUÉRY, l'utilité et les moyens d'éviter les harmoniques dans les appareils à courants alternatifs. *Bull. Soc. él.* 6 S. 101/8.

HUMANN, dielectric losses with high pressure alternate currents. *Electr.* 58 S. 170/2.

PUNGA, der plötzliche Kurzschluß von Drehstromdynamos. *Elektrot. Z.* 27 S. 827/31; *Electr.* 57 S. 765/7.

SALBERG, Ueberspannungserscheinungen in Wechselstromanlagen und Schutzvorrichtungen dagegen. (V) (A) *Z. V. dt. Ing.* 50 S. 378/9.

Direct compensation for armature reaction in alternators.* *El. Rev.* 59 S. 816/7.

v. LANG, Versuche im elektrostatischen Drehfelde.* *Sits. B. Wien. Ak.* 115, IIa S. 211/22.

LICHTENSTEIN, Theorie der Wechselstromkreise. *Dingl. J.* 321 S. 38/41 F.

ROSLING, the rectification of alternating currents. *El. Rev.* 58 S. 277/9.

SIMONS, die Entstehung und Form von Oberschwingungen durch die Zähne der Wechsel-

stromdynamos. *Elektrot. Z.* 27 S. 631/2; *Electr.* 57 S. 581.

STILL, single - phase currents from three - phase supply.* *Electr.* 58 S. 121/3.

Classification et théorie générale des moteurs à courants alternatifs simples à collecteur. *Ind. él.* 15 S. 149/56.

TYNN, the classification of alternate-current motors. *Electr.* 57 S. 204/7 F.

WITTEK, Dimensionierung der Wechselstrommaschinen mit Rücksicht auf Spannungsänderung.* *Elt. u. Maschb.* 24 S. 109/12.

Comparison of THURY and three - phase systems. *El. World* 48 S. 93; *West. Electr.* 39 S. 207.

LOMBARDI, gilt das Kreisdiagramm für asynchrone Wechselstrommaschinen auch bei Uebersynchronismus? *Elt. u. Maschb.* 24 S. 775/80.

NIETHAMMER, das allgemeine Drehstromdiagramm. (a) * *Elt. u. Maschb.* 24 S 647/52 F.; *Eclair. él* 48 S. 481/5 F.

MÜLLENDORFF, die Erzeugung einer Phasenverschiebung von genau 90° durch bloße Induktion. *Elektrot. Z.* 27 S. 1066/7.

MEADE, graphic method of showing the action of auxiliary - pole variable - speed motors. *El. World* 47 S. 566.

BERGMAN, tractive effort of the single-phase commutator motor equipment.* *Electr.* 58 S. 144/5.

DAVIES and HAWES, some points about single-phase motors. *El. Mag.* 6 S. 464/7.

LLOYD, the relation of the alternating-current motor to central station power business. *El. Rev. N. Y.* 48 S. 506/8.

LAYMAN, alternating-current motors, single phase vs. three-phase. (V) *El. World* 47 S. 713/4.

Electrolysis by alternating currents. *Engng.* 81 S. 21.

Predeterminazione della caduta di tensione sotto carico negli alternatori.* *Elettricista* 15 S. 65/6.

Prédétermination rapide des dimensions approximatives à donner aux éléments principaux d'une dynamo pour que le prix de la matière soit minimum. *Ind. él.* 15 S. 5/8.

Étude des installations à courant alternatif par la méthode des grandeurs wattées et magnétisantes.* *Eclair. él.* 47 S. 81/6 F.

GUILLEMINOT, effets moteurs des courants de haute fréquence à phases triées. Révélateur téléphonique. (Effets moteurs dans l'organisme analogues aux courants de MORTON.) *Compt. r.* 143 S. 964/6.

β) Wechselstromerzeuger. Alternators. Alternateurs.

HAEGER, Berechnung einer Verbund - Dynamomaschine für 500 kw. * *Techn. Z.* 23 S. 324/7.

Kompoundierte Wechsel- und Drehstromdynamomaschine. *Turb.* 3 S. 41/2.

HOBART and PUNGA, der Spannungsabfall von Drehstromgeneratoren.* *Elektr. B.* 4 S. 649/52 F.

Étude générale de la machine à courants alternatifs. *Eclair. él.* 48 S. 281/93.

Testing high - power alternating machines in the shop.* *West. Electr.* 38 S. 318.

BEHREND, testing alternating - current generators. (Using the BEHREND method of splitting the field coils into two sets of an equal number, excited with different field currents.)* *Eng. Chicago* 43 S. 731/2; *Electr.* 58 S. 421/2; *El. World* 48 S. 1111.

HOPKINSON, test of 1350 kw. alternators. *Engng.* 81 S. 350/1.

HOPKINSON, test of two - phase alternators.* *El. World* 47 S. 782.

29

SENSTIUS, heat tests on alternators. (V. m. B.) *Proc. El. Eng.* 25 S. 333/47.

Commutation parfaite dans les machines à courants alternatifs à collecteur. *Eclair. él.* 46 S. 441/6.

SUMEC, Ankerrückwirkung in Drehstromgeneratoren. (Spannungsdiagramm des Generators; Berechnung der Erregung; Verhalten der Maschinen beim Betrieb.) * *Elt. u. Maschb.* 24 S. 67/71 F.

SUMEC, Ankerrückwirkung in Einphasengeneratoren. *Elt. u. Maschb.* 24 S. 989/93.

HERDT, armature reaction in polyphase alternators.* *El. Rev. N. Y.* 49 S. 889/93.

HEYLAND, a direct method of compensating the armature reaction of alternators. * *Electr.* 58 S. 42/5.

Machine à courants alternatifs avec champ auxiliaire pour la compensation directe de la réaction d'induit. (Machines à courants alternatifs à flux auxiliaire combiné.,* *Eclair. él.* 49 S. 81/9.

ALEXANDERSON, a self exciting alternator. (Automatic voltage regulation accomplished by a special application of the field rheostat.) (V. m. B.)* *West. Electr.* 38 S. 221/2.

FACCIOLI, self-exciting low-frequency alternator.* *El. World* 48 S. 525/8.

WATERS, self-exitation of synchronous converters. *El. World* 47 S. 1150.

BROOKS and AKERS, self - synchronizing of alternators. *El. World* 47 S. 1187; *West. Electr.* 38 S. 476/7.

Autosynchronisation des alternateurs. *Ind. él.* 15 S. 421/3.

γ) Synchronmotoren. Synchronous motors. Moteurs synchrones.

FOWLER, synchronous converters versus motor generators.* *El. World* 47 S. 1078/80; *Electr.* 57 S. 534/6.

RAYMOND, troubles with synchronous motors. * *Eng. Chicago* 43 S. 752/3.

δ) Asynchronmotoren. Asynchronous motors. Moteurs asynchrones.

CONDICT, tests of an interpole railway motor. *El. World* 47 S. 1088/9.

MOSER, Verwertung der Belastungsaufnahmen an Drehstrommotoren. *Elektrot. Z.* 27 217/21.

GRAY, the circle diagram and design of induction motors. *El. World* 48 S. 284/5.

HELLMUND, design of induction motors. (Circle diagram of induction motor.)* *El. Rev. N. Y.* 48 S. 521/4.

MC ALLISTER, simple circle diagram of the single-phase induction motor. *El. World* 47 S. 1339/41.

STONE, circle diagram of compensated series single-phase motor.* *El. World* 47 S. 610/2.

DICK, Beitrag zum Entwurf von Einphasenserienmotoren für Bahnzwecke. (V)* *Elt. u. Maschb.* 24 S. 28/32.

FYNN, a contribution to the theory of the single-phase induction motor.* *El. World* 58 S. 203/4.

LANGDON-DAVIES and HAWES, some points about single-phase motors. (V) *Electr.* 58 S. 12/4.

MC ALLISTER, magnetic field in the single-phase induction motor.* *El. Eng. L.* 38 S. 310/3; *El. World* 48 S. 326/9; *Electr.* 57 S. 857/9; *Electr.* 58 S. 66.

M'ALLISTER, graphic representation of induction motor phenomena.* *El. World* 47 S. 825/6.

M'ALLISTER, simple circular current locus of the induction motor. (Simple circular locus of the primary and secondary currents of the motor for determining the complete performance of the machine.) *El. World* 47 S. 1077/8.

PUMPHREY, the development of single-phase motors. * *El. Rev.* 59 S. 237/9.

RAYMOND, faults in induction motors. *Eng. Chicago* 43 S. 129.

STILL, the single-phase induction motor. (Theory of the single-phase induction motor; vector diagrams of the single-phase induction motor; overload capacity of commercial induction motors; relation between torque and rotor current, as affected by the leakage field; relation of torque to speed; curves of efficiency, power factor, etc. deduced from vector diagram; circle diagrams; starting devices for induction motors.)* *El. World* 48 S. 1108/11 F.

CHAPMAN, the calculation of polyphase induction motor windings.* *Electr.* 57 S. 169.

CONNELL, the magnetism in induction motors.* *El. World* 47 S. 408/9.

HELLMUND, magnetizing currents in polyphase induction motors.* *El. World* 48 S. 329/30.

HOWE, the separation of the losses in induction motors. *Electr.* 56 S. 958/9.

LAMME, variable speed induction motor. (Polyphase induction motor; varied by changing the frequency of the current supplied to this machine.)* *El. World* 47 S. 828/9.

MC CORMICK, comparison of two and three-phase motors. (V. m. B.) *Proc. El. Eng.* 25 S. 321/32; *West. Electr.* 38 S. 523/5.

BACHE-WIIG, Messung und Berechnung der Eisenverluste in Asynchronmotoren. *Elektrot. Z.* 27 S. 106/8.

FERRARIS e LEBLANC, diagrammi dei motori asincroni monofasi. *Elettricista* 15 S. 278/81.

Diagramme rigoureux du moteur monophasé asynchrone.* *Eclair. él.* 46 S. 131/6 F.

Formula fondamentale dei motori asincroni a campo rotante.* *Elettricista* 15 S. 49/50.

Preventive resistance for alternating-current commutator motors. * *El. World* 48 S. 276.

BERGMAN, note on the tractive effort of the single-phase commutator motor equipment.* *El. World* 48 S. 713/4.

BRAGSTAD and SMITH, calculation of the characteristic curves of single-phase series commutator motors.* *Electr.* 57 S. 996/8 F.

EICHBERG, über Wechselstrom-Kommutatormotoren.* *Elektrot. Z.* 27 S. 769/72; *Electr.* 58 S. 23.

LATOUR, für übersynchronen Betrieb geeigneter Wechselstrom-Kommutatormotor mit elliptischem Felde.* *Elektrot. Z.* 27 S. 89/91.

NIETHAMMER, die Eisenverluste von Wechselstrom-Kommutatormotoren.* *Elt. u. Maschb.* 24 S. 489/92; *El. Eng. L.* 38 S. 196/7; *El. World* 47 S. 612/3.

THOMÄLEN, die Theorie der einphasigen Kommutatormotoren mit Berücksichtigung der Streuung. *Elt. u. Maschb.* 24 S. 717/20.

BRESLAUER, das Verhalten des Einphasen-Kollektormotors unter Berücksichtigung der Kurzschlußströme unter den Bürsten. (Diagramm des Reihenschlußmotors; Diagramm mit Berücksichtigung der Bürstenströme; Diagramm mit Berücksichtigung der Verluste.) * *Elektrot. Z.* 27 S. 406/13.

CZEPEK, vergleichende Untersuchungen an einem Kollektormotor.* *Elt. u. Maschb.* 24 S. 225/31.

CREDEY, methode de calcul des moteurs à répulsion. (Est basée sur l'adaptation du diagramme de cercle au moteur à répulsion, et rend l'étude d'un moteur à répulsion très analogue à celle d'un moteur d'induction, et d'une simplicité tout aussi grande.) *Eclair. él.* 48 S. 161/7.

Calcul d'un moteur à répulsion D'ATKINSON. * *Eclair. él.* 48 S. 41/50.

A method of preventing sparking in repulsion motors.* *West. Electr.* 38 S. 456.

b) Ausgeführte Konstruktionen. Constructions carried out. Constructions exécutées.

a) Wechselstromerzeuger.　　Alternators. Alternateurs.

ALEXANDER, self-exciting alternator. (Single field winding carrying a direct current fed from a multisegmental two-part rectifying commutator.) (V. m. B.)* *Pract. Eng.* 33 S. 325/6; *Proc. El. Eng.* 25 S. 29/45; *El. World* 47 S. 334; *El. Rev. N. Y.* 48 S. 297/9.

Essais récents de turbo-alternateurs.* *Eclair. él.* 48 S. 121/33.

A. E. G.-Drehstrom-Turbodynamo. (Zwischendeckel einer 1000 kw.-Drehstrom-Turbodynamo; Balanziervorrichtung für Drehstrom-Induktoren.)* *Z. Turbinenw.* 3 S. 47/9; *Turb.* 2 S. 104/5 F.

MEYER, H. S., design of turbo-alternators. *Electr.* 56 S. 498/501.

OERLIKON CO., 1500 kw. turbo-generator. (1500 kw. three-phase turbo-alternator.)* *Electr.* 57 S. 454/5.

ROSENKOTTER, Polrad-Konstruktion für Wechselstrom-Turbodynamos. (Dreiphasen-Turbodynamo für 1500 kw. der Fa. BRUCE, PEEBLES & Co.; durch eine Teilung des Magnetrades nach Art einer Klauenkupplung ist die aus flach gewundenem Kupferband hergestellte Erregerwicklung, die sich bei vierpoligen Wechselstrom-Turbodynamos vorzüglich bewährt hat, auch für mehrpolige Maschinen anwendbar.)* *Elektrot. Z.* 27 S. 987/8.

SCHULTE, Abnahmeversuch der Turbodynamoanlage auf der Zeche Courl. *Glückauf* 42 S. 909/10.

WESTINGHOUSE Turbodynamos.* *Z. Turbinenw.* 3 S. 256/7.

Turbo-alternator for Glasgow. (3000 kw. four-pole Glasgow turbo-alternator, operating at 6700 volts, 25 cycles, 750 r. p. m.)* *Street R.* 27 S. 50/2.

DUNLAP, generators of 10,000 h. p. on vertical and horizontal shafts. * *West. Electr.* 38 S. 271.

FELTEN & GUILLEAUME-LAHMEYERWERKE A.-G., neue Wechsel- und Drehstrom-Dynamo.* *Schw. Elektrot. Z.* 3 S. 167/8.

FELTEN & GUILLEAUME-LAHMEYERWERKE, kompoundierte Drehstromdynamos. (Mit HEYLANDscher Kompoundierung.)* *Techn. Z.* 23 S. 338.

Kompoundierte Drehstromdynamos, Patent HEYLAND.* *Schw. Elektrot. Z.* 3 S. 370/1; *El. Eng. L.* 38 S. 237/9; *El. Ans.* 23 S. 497/9; *Turb.* 2 S. 286/7.

HEYLAND, Wechselstrommaschine mit Hilfsfeld zur direkten Kompensierung der Ankerrückwirkung.* *Elektrot. Z.* 27 S. 1011/5.

HEYLAND, selbsttätig regulierende Wechselstrommaschine mit Hilfsfeld. (Unipolares Hilfsfeld.) *Elektr. B.* 4 S. 569/74.

GUARINI, a 120,000-period alternator.* *Sc. Am. Suppl.* 62 S. 25513/4.

High-speed, low - frequency inductor alternators. (KELSY induction alternator; RUSHMORE inductor alternator.)* *El. World* 48 S. 609/10.

Large alternators at SIEMENS BROS. Dynamo Works.* *Electr.* 56 S. 872/2 F.

Revolving-field inductor generator. (A revolving-field generator, in which although the field winding remains stationary, the magnetic field, generated by the stationary field coil, is rotated, and in passing across the stationary armature conductors generates in the armature coils an alternating current, which is so controlled by the design that the wave generated is almost iden-

tical with the true sine wave.)* *West. Electr.* 38 S. 163.

Alternateur triphasé de 1200 chevaux de l'usine génératrice de Brigue.* *Eclair. él.* 48 S. 487.

STANLEY „image current" alternators.* *El. World* 48 S. 94/6.

β) Wechselstrommotoren. Alternating current motors. Moteurs à courants alternatifs.

ARNOLD, neuere Ausführungen von Kaskadenumformern. (Kaskadenumformer der Firma KOLBEN & CO.; Kaskadenumformer der Firma BROWN, BOVERI & CO.; Kaskadenumformer von BRUCE, PEEBLES & CO.) *Elektr. B.* 4 S. 349/53.

WESTINGHOUSE electric motors.☒ *Railr. G.* 1906, 1 S. 684/6.

A variable-speed power transmission system using induction motors.* *El. World* 47 S. 995.

Large ALLIS-CHALMERS induction motors for the Washoe Smelter of the Anaconda Copper Co.* *El. Rev. N. Y.* 48 S. 228/9.

ARMSTRONG, induction motors for traction. (Independent adjustable resistances are connected in series with the secondary windings of the several motors.)* *El. World* 47 S. 400.

Motori monofasi per trazione systema FINZI. * *Elettricista* 15 S. 97/100F.

FYNN, a new single phase commutator motor. (V.-m. B.)☒ *El. Eng. L.* 37 S. 338/40 F.; *J. el. eng.* 36 S. 324/83; *Electr.* 56 S. 839/42 F.; *El. Rev* 58 S. 817/9 F.

LATOUR, non-sparking, alternating-current commutator motor. (Brushes are so arranged that no coils are short-circuited and yet the armature is not open-circuited as the brushes pass from segment to segment.) *El. World* 47 S. 327.

NIETHAMMER, Wechselstrom-Kommutatormotoren.* *Elt. u. Maschb.* 24 S. 2/6 F.

PUNGA, Einphasen-Kommutatormotor. (ATKINSONscher Repulsionsmotor.)* *Elektrot. Z.* 27 S. 267/9; *Electr.* 57 S. 27/8.

SEYFERT, double-wound alternating-current commutating motor.* *El. World* 48 S. 1187/8.

Théorie exacte de la commutation et diagrammes exactes des moteurs monophasés à collecteur. *Eclair. él.* 46 S. 81/103.

SCHNETZLER, der Einphasen-Kollektormotor der Firma BROWN, BOVERI & CIE.* *Schw. Elektrot. Z.* 3 S. 594/6 F.

Die Einphasenkollektormotoren, System FYNN-ALIOTH.* *Schw. Elektrot. Z.* 3 S. 531/3.

FYNN, self-starting, constant-speed, single-phase motor.* (V) (A) *El. World* 47 S. 667/8.

MILCH, self-starting single-phase motor.* *El. World* 47 S. 1076.

MILCH, self-starting single-phase induction motor.* *El. World* 48 S. 331.

Variable-pole self-starting single-phase induction motor. *El. Mag.* 6 S. 297/8.

Single-phase induction motors. (Self-starting motor for machinery drive.) * *Eng. Chicago* 43 S. 718/9.

MILCH, repulsion induction motor. (V. m. B.) *Proc. El. Eng.* 25 S. 61/2; *El. Rev. N. Y.* 48 S. 1033/6; *Eng. News* 55 S. 628/9.

UNION ELEKTRIZITÄTS-GES., improved compensated repulsion motor.* *Electr.* 57 S. 142.

A modified repulsion motor.* *El. Rev.* 58 S. 935/6.

Moteurs à répulsion compensés ligne de Hambourg à Altona.* *Eclair. él.* 46 S. 174/9.

The single-phase induction motor.* *El. Rev.* 58 S. 914/5.

LAHMEYER's induction motor generator; Bow generating station.* *Engng* 81 S. 101/2.

LAMME induction motor.* *West. Electr.* 39 S. 22.

LAMME, single-phase induction motor. (The main primary winding is divided into two groups of coils, which are connected in series in starting the motor and in parallel for running, the current being reversed in one portion of the winding.)* *El. World* 47 S. 400.

LAMME alternating-current motor adapted to railway service. (The neutralizing windings are connected in series with the armature winding by means of the brushes and commutator cylinder, and these series-connected windings are supplied with current from the secondary of a transformer, the primary of which is connected to conductors corresponding to one phase of a two-phase circuit, and the magnetizing field-magnet coils are supplied with current from the secondary winding of a transformer the primary of which is supplied with current from the conductors corresponding to the other phase of the two phase system.)* *West. Electr.* 38 S. 116/7; *El. World* 47 S 324.

LATOUR, variable-speed induction motor. The machine is provided with a squirrel-cage rotor secondary and with a GRAMME-ring stator-primary. The primary winding is arranged so that it may produce either four or six poles. At starting there are six complete poles; two of the poles are then omitted and the other four are gradually separated until they cover the whole periphery)* *El. World* 48 S. 1101.

MC ALLISTER, series induction motor.* *El. World* 47 S. 785; *Electr.* 57 S 66/7.

RICHTER, Wechselstrom-Reihenschlußmotoren der SIEMENS-SCHUCKERTWERKE. *Elektrot. Z.* 27 S. 537/45 F.; *Electr.* 58 S. 207/11 F.; *El. Rev.* 59 S. 969/71.

SCHOEPF, single-phase railway motors and methods of controlling them. (V. m. B.)* *El. Rev.* 58 S. 574/6; *El. Eng. L.* 37 S. 336/7; *Electr.* 56 S. 921/2; *J. el. eng.* 36 S. 637/54.

STEINMETZ's alternating-current railway motor.* *West. Electr.* 39 S. 83.

WATERS, shunt and compound-wound synchronous converters for railway work. *Electr.* 57 S. 502/3.

Single phase equipment for Milwaukee Electric Railway and Light Co. (Type of single-phase motor for Milwaukee interurban lines.)* *West. Electr.* 38 S. 201.

Moteurs monophasés compensés sans balais d'excitation.* *Eclair. él.* 49 S. 451 9 F.

BRITISH THOMSON-HOUSTON CO., homopolar single-phase machines.* *Electr.* 57 S. 21/2.

NOEGGERATH, unipolar machines as single-phase motors. *El. Rev.* 58 S. 456.

COURTOT, Einphasen - Asynchronmotor mit Einphasen-Rotor.* *El. u. polyt. R.* 23 S. 507/8; *Eclair. él.* 48 S. 401/9

FELTEN & GUILLEAUME LAHMEYERWERKE, Dynamotypen. (Asynchrone Drehstrommotoren; Anordnung der Erregermaschine.) *Z. Dampfk.* 29 S. 54/5.

ELECTRIC MFG. CO., a new type of polyphase induction motor.* *West. Electr.* 38 S. 551.

RICHARDSON, variable speed single phase alternating-current motors.* *Eng. Chicago* 43 S. 364/5.

MILCH, new type of alternating - current motor for elevator and tool work. *El. World* 47 S. 1132.

Tragbarer Elektromotor. (System FIGUERAS.)* *Masch. Konstr.* 39 S. 144.

c) **Einzelteile und Verschiedenes. Details and sundries. Détails et matières diverses.**

SIMONS, Apparat zur Vorführung verschiedener Wechselstromerscheinungen, insbesondere am Transformator. *Elektrot. Z.* 27 S. 448/9.

Testing alternating-current apparatus by the BEHREND method. (BEHREND's combination of field coils for circulating power in testing alternating current machines.) (Pat.)* *Eng. News* 56 S. 501.

3. **Betrieb. Working. Exploitation.**

a) **Ein- und Ausschalten. Intercalating and breaking of the circuit. Intercalation et disjonction.**

LATOUR, commutation in single-phase motors at starting.* *El. World* 47 S. 522/5; 48 S. 484/5.

GÖRGES, die Abstufung der Anlasser. *Elektr. B.* 4 S. 249/52.

Konstruktion und Berechnung elektrischer Regulatoren und Anlasser.* *El. Anz.* 23 S. 83/7.

Calculation of starting apparatus for single-phase induction motors. *El. Rev.* 59 S. 286/8

ALRILLAC, motor-starting rheostats for use with three - phase induction motors. *El. Rev.* 59 S. 488/9.

BERGMANN ELEKTRIZITÄTSWERKE A,-G., Tandem-Anlaß- und Regulierverfahren.* *Elektr. B.* 4 S. 359/61.

CUTLER-HAMMER self starters for alternating-current motors.* *West. Electr.* 38 S. 383; *El. Rev. N. Y.* 48 S. 744/5.

Self-starters for alternating-current motor.* *El. World* 47 S. 1003/4.

HEILMUND, starting torque of induction motors. *El. World* 47 S. 666.

HILL, crane motors and controllers. (V. m. B.)* *J. el. eng.* 36 S. 290/321; *Mar. E.* 28 S. 147/51.

RICHTER, Anlauf von Wechselstrom-Kommutatormotoren für Einphasenstrom. (Geringe Kurzschluß-Amperewindungen; hohe Erreger-Amperewindungen; Drosselspule parallel zur Erregerwicklung.)* *Elektrot. Z.* 27 S. 133/9; *Electr.* 58 S. 164/6.

WARD LEONARD system in a German colliery. (Hoisting installation at the Zollern II colliery; system of voltage control and of an extremely heavy fly-wheel.) *El. World* 47 S. 442/3.

WARD LEONARD ELECTRIC CO., overload and no-voltage release motor starter.* *El. World* 47 S. 77.

WERTENSON, vereinigte Schaltung und Bedienung von Betriebsmaschinen in elektrischen Zentralen.* *Z. V. dt. Ing.* 50 S. 576/9.

ELECTRIC CONTROLLER & SUPPLY CO., dinkey ventilated controller.* *El. World* 47 S. 1157.

REYROLLE & CO., motor - starting apparatus. (Combination of standard lever type starter with a „Berry" type „push and pull" switch fuse.)* *El. Eng. L.* 38 S. 167; *Iron & Coal* 73 S. 745.

Two-speed controller for electric light and power circuits.* *West. Electr.* 38 S. 312/3.

Étude du démarrage d'un appareil de levage entraîné par un moteur électrique à courant continu.⊠ *Eclair. él.* 48 S. 441/7.

SCHLEGEL, grid starting coils.* *Street R.* 28 S. 521/3.

b) **Strom-, Spannungs- und Umlaufzahlregelung. Regulation of current, potential and revolution. Régulation de courant, de potentiel et de tours.**

EMMET's, system for regulating turbogenerators.* *West. Electr.* 38 S. 272.

ARMSTRONG's method for the control of induction

motors for railway purposes.* *West. Electr.* 38 S. 152/3.

ECK, new methods of motor control. (An adjustable yoke between the poles whose sectional area varies so that when the yoke is adjusted to one position the magnetic lines of force will flow through that portion of the yoke having a large cross-sectional area, and when adjusted to another position the magnetic lines of force will flow through that portion of the yoke whose cross-sectional area is smaller.)* *West. Electr.* 38 S. 253.

EICHBERG's control of alternating-current motors.* *West. Electr.* 38 S. 376.

GILPIN motor-control system.* *West. Electr.* 38 S. 253.

Alternateur auto régulateur à champ auxiliaire système HEYLAND.* *Ind. él.* 15 S. 469/74.

PIRKL, Regulator mit kombiniertem Inertie- und Interferenzprinzip.* *Elt. u. Maschb.* 24 S. 631/40.

JONAS, Stufenregelung von Drehstrommotoren. *Elektrot. Z.* 27 S. 531.

SCHOEPF, single-phase railway motors and methods of controlling them.* *El. Rev.* 58 S. 574/6; *Electr.* 56 S. 921/2; *J. el. eng.* 36 S. 637/54.

SPEYER, electromagnetic control of governors.* *El. Eng. L.* 37 S. 552/3.

KELSALL, notes on booster developments. (V) (A)* *El. Eng. L.* 37 S. 699/700; *Electr.* 57 S. 16/7.

LIEBENOW, Anwendung von selbsttätigen Zusatzmaschinen für Elektrizitätswerke. (V)* *CBl. Akkum.* 7 S. 131/7.

STRONG, installing a storage battery and booster. *El. Mag.* 6 S. 305/6.

TILNEY, a new method of automatic boosting. (Automatic regulation on the shunt field, and this regulation is automatic, both when the booster is charging and discharging, the apparatus being so arranged as to provide for reversal of the shunt excitation.) (V) (A)* *Electr.* 56 S. 599/602; *J. el. eng.* 36 S. 605/23; *El. Eng. L.* 37 S. 262/4.

SCHRÖDER, Anwendung von selbsttätigen Zusatzmaschinen für Elektrizitätswerke.* *Elektrot. Z.* 27 S. 252/6; *Elt. u. Maschb.* 24 S. 313/8.

SCHRÖDER, Anwendung von Pufferbatterien bei Drehstrom. (V) *Elektrot. Z.* 27 S. 324/8; *Elt. u. Maschb.* 24 S. 337/41.

BRUNSWICK, emploi des batteries-tampons sur les réseaux à courants polyphasés.* *Electricien* 32 S. 100/6.

HENKE, die Drehstrom-Pufferanlage der Gewerkschaft Carlsfund in Groß-Rhüden. (Auch in Drehstromanlagen lassen sich Pufferbatterien mit Erfolg einbauen und bieten diese die gleichen Vorteile wie in Gleichstrom Anlagen. Frage der Mitbenutzung von Akkumulatoren)* *Elektrot. Z.* 27 S. 1045/9.

Buffer machine for storing the energy in a heavy flywheel. *Electr.* 56 S. 797/8.

TURNBULL, a reversible booster and its running. (The duties of boosters, and methods of meeting them; description of the Lancashire booster; the constant load problem; the working of the booster.) *J. el. eng.* 36 S. 591/604; *El. Eng. L.* 37 S. 92/8; *Electr.* 56 S. 682/3.

Régulateur à charbon pour la commande automatique des survolteurs.* *Electricien* 31 S. 353/5; *Electr.* 56 S. 707/8.

SWITCH GEAR CO., Birmingham, some improved electrical devices. (Circuit breaker fitted with a time limit; magnetic blow-out fuse; for use with high voltages and heavy currents; to automatically cut cells in or out of the battery as

the pressure at the lamp terminals rises or falls.)* *Pract. Eng.* 34 S. 230/1.

Selective controlling device for alternating and direct-currents.* *El. World* 48 S. 987/8.

The automatic control of rotary converters.* *West. Electr.* 38 S. 53.

BÜCHI, Verfahren der Spannungsregelung in Wechsel- und Drehstrom-Verteilungsanlagen. * *Elektrot. Z.* 27 S. 263/6.

Vorrichtung zur Regulierung der Spannung bezw. Leistung elektrischer Generatoren mit wechselnder Umlaufzahl von THE ELECTRIC & TRAIN LIGHTING SYNDICATE, LTD.* *Z. Beleuchi.* 12 S. 234/5.

SEEBER, die Regulierfähigkeit einer Nebenschluß-Gleichstrommaschine in Bezug auf Spannung bei konstanter Tourenzahl. *Z. phys. chem. U.* 19 S. 348/52. -

HINDEN, Spannungsregelung in Transformatorstationen. *Elektrot. Z.* 27 S. 401/5 F.

HOBART, the voltage regulation of the continuous-current dynamo.* *El. Rev.* 59 S. 283/6.

LEGROS, calcul des rhéostats pour le réglage de la tension des alternateurs.* *Schw. Elektrot. Z.* 3 S. 233/4 F; *Eclair. él.* 46 S. 201/8 F.

Voltage regulator for both alternating and direct-current systems.* *El. World* 48 S. 967/8.

Nouveau système de réglage de la tension pour réseaux à courants alternatifs.* *Eclair. él.* 47 S. 291/5.

JACKSON, speed control of alternating-current motors. *El. World* 47 S. 1347.

LAMME, variable-speed operation of induction motors. (Consists in supplying alternating currents of a given frequency through brushes and collector rings to the armature winding of a rotary converter, the field magnet of which is unprovided with magnetizing coils, and driving the armature at such speed between zero and synchronism as will insure the supply of currents of the desired frequency to the commutator leads.)* *West. Electr.* 38 S. 234/5.

SCOTT, methods of „changing speed" in electric motor driving.* *Iron & Coal* 72 S. 124/5.

Selbsttätige Regulatoren System THURY.* *Elektr. B.* 4 S. 640/2.

KLICPERA, Erfahrungen mit dem TIRRILLregulator im Elektrizitätswerk Wels.* *Elt. u. Maschb.* 24 S. 764/5.

STONE, automatic voltage regulators. (TIRRILL-regulator.) * *El. World* 47 S. 1257/8.

Automatischer Spannungsregulator, System TIRRILL, für Wechselstrom- und Drehstromgeneratoren.* *Schw. Elektrot. Z.* 3 S. 298/300 F.

Automatic control for motors.* *West. Electr.* 38 S. 343.

Indicateur de synchronisme et un indicateur de facteur de puissance.* *Eclair. él.* 47 S. 401/8 F.

BROOKS & AKERS, the self-synchronizing of alternators. (V. m. B.) *Proc. El. Eng.* 25 S. 439/44.

BURNHAM, the wiring and testing of synchronizing devices.* *Eng. Chicago* 43 S. 229/30.

Multiple-voltage system of motor control in cloth-printing establishments.* *West. Electr.* 38 S. 252.

c) Schaltungen. Connections. Montages.

FLEISCHMANN, über den Parallelbetrieb von Wechselstrommaschinen.* *Elektrot. Z.* 27 S. 873/5.

SCHÜLER, über Parallelschalten von Wechselstrommaschinen bei Gasmotorenbetrieb. *Gasmot.* 6 S. 47/51.

Funzionamento in parallelo di due linee trifasie a diversa tensione. *Elettricista* 15 S. 23/5.

Notes on the running of alternators in parallel,

(Speed; frequency; phase.) *Proct. Eng.* 33 S. 682/3 F.

BENISCHKE, Vorrichtung zum selbsttätigen Parallelschalten von Drehstrommaschinen.* *Elektrot. Z.* 27 S. 642/5; *Ell. u. Maschb.* 24 S. 597/601; *Electr.* 57 S. 612.

An automatic paralleling device.* *El. Eng. L.* 38 S. 200/1.

Parallel operation of synchronous motor-generators.* *El. World* 47 S. 668/9.

TAYLOR, some features affecting the parallel operation of synchronous motor-generator sets. (V. m. B.) *Proc. El. Eng.* 25 S. 121/44; *Electr.* 57 S. 134/5.

Procédé de compoundage des stations électriques à courant continu.* *Éclair. él.* 47 S. 242/4.

Sur un nouveau mode de compoundage des alternateurs.* *Éclair. él.* 48 S. 241/52 F.

Method of compounding alternators.* *El. Eng. L.* 38 S. 656/8.

STEINMETZ's arrangement for compounding alternating-current generators.* *West. Electr.* 38 S. 352.

NUTTING, eine Schaltung von Generatoren zur Erzielung von 5c00 Volt Gleichspannung. *Mech. Z.* 1906 S. 101/3.

HEYLAND, a direct method of compensating the armature reaction of alternators.* *Electr.* 58 S. 42/5.

WATERS, improvement in motor field commutation.* *West. Electr.* 38 S. 272.

4. Verschiedenes. Sundries. Matières diverses.

ARNOLD, die Untersuchung von Dynamobürsten. (Versuchsanordnung; das Verhalten einer erschütterungsfreien, mit Gleichstrom belasteten Bürste.)* *Ell. u. Maschb.* 24 S. 615/21; *El. Eng. L.* 38 S. 330/2.

MOLNAR, praktisches über Kommutatorbürsten. * *Ell. u. Maschb.* 24 S. 842/6.

SIEDEK, die Vorgänge an Kohlenbürsten. (Verminderung des Uebergangswiderstandes an Kohlenbürsten bei zunehmender Stromstärke wird dadurch erklärt, daß elementare Lichtbögen neben den Berührungsstellen und um dieselben überschlagen. Mit Kohlenbürsten wurden auf Messing-Schleifringen für kürzere Zeit 120 Amp/qm erreicht.)* *Elektrot. Z.* 27 S. 1057/60.

SCHLEGEL, importance of effective brush-holder inspection.* *Street R.* 28 S. 374/7.

ZINGELMANN, brush-holders. (Several designs.)* *El. Rev.* 58 S. 46/7.

Reaction brush-holder for dynamos and motors. (Provided with truncated cone-point set-screws)* *Pract. Eng.* 33 S. 195.

ATKINSON, heating of bearings and field magnets. *West. Electr.* 39 S. 27.

HESS-BRIGHT, dynamo ball bearing.* *El. World* 48 S. 1078/9.

Application of ball bearings to motor shafts.* *El. World* 48 S. 884.

ARNOLD, Verteilung des Kraftflusses in einer Maschine mit Wendepolen.* *Elektrot. Z.* 27 S. 261/3.

DETTMAR, Beeinflussung des Gleichstrommaschinenbaues durch Einführung der Wendepole. *Elektrot. Z.* 27 S. 23/5.

BRAGSTAD, Pulsationen der Zahninduktion in Maschinen mit Nuten im feststehenden und rotierenden Teil. (Messungen.) *Ell. u. Maschb.* 24 S. 1055/7.

FIELD, eddy currents in slot-wound conductors.* *Electr.* 58 S. 64/5.

RÜDENBERG, die Verteilung der magnetischen Induktion in Dynamoankern und die Berechnung

von Hysterese- und Wirbelstromverlusten.* *Elektrot. Z.* 27 S. 109/14.

THORNTON, die Verteilung der magnetischen Induktion und Hysteresisverluste in Armaturen. (V) (A)* *El. u. polyt. R.* 23 S. 156/9 F.; *El. Rev. N. Y.* 48 S. 525/8.

WALL and SMITH, a method for the determination of iron losses in pole shoes, due to armature teeth.* *Electr.* 57 S. 568/9.

ZIPP, Selbstinduktion oder Ankerrückwirkung? Ein Beitrag zur Vereinheitlichung der Theorien über sekundäre Gleichstrom- und Wechselstromkreise. *Elektrot. Z.* 27 S. 427/30.

BÄUMLER, Wicklungsanordnungen zur Erzeugung harmonischer elektromotorischer Kräfte.* *Elektrot. Z.* 27 S. 880/3.

BRENCHLÉ, Untersuchung der Ankerwickelung elektrischer Maschinen.* *Mechaniker* 14 S. 282/3.

DITTRICH & JORDAN CO., impregnating field and armature windings.* *El. World* 48 S. 54.

GENNIMATÁS, Berechnung der Zahl der Elementengruppen und der Spannung zwischen zwei benachbarten Kollektorlamellen bei einer in sich einfach geschlossenen Gleichstromwicklung. (Bestimmung der Zahl der Elementengruppen zwischen zwei benachbarten Kollektorlamellen) *Ell. u. Maschb.* 24 S. 269/72.

WOLF, Ausführung und Befestigung der Wickelungen bei schnelllaufenden Dynamomaschinen. *Schw. Elektrot. Z.* 3 S. 630/1 F.

DALEMONT, détermination des phases dans les transformateurs.* *Éclair. él.* 47 S. 9/14.

V. DRYSDALE, some measurements on phase displacements in resistances and transformers. (Tests on transformers.)* *Electr.* 58 S. 160/1 F.

DALBY, experiments illustrating the balancing of engines. *El. Eng. L.* 38 S. 273/5.

EMDE, Beispiele für flächennormale Felder. *Ell. u. Maschb.* 24 S. 318/9.

BAUCH, mathematisch-kritische Untersuchung der WORRALL-WALL'schen Arbeit „Flußschwankungen in einem Drehstromgenerator.* *El. u. polyt. R.* 23 S. 221/3.

Ausgleichsleitungen bei Kompoundmaschinen.* *Elektrot. Z.* 27 S. 365/6.

WINETRAUB, predetermination of the length of armature conductors. *El. World* 48 S. 371.

HOBART and ELLIS, design coefficients for dynamo-electric machines.* *El. Rev* 59 S. 736/7 F.

HORSNAILL, the design of electric generators. (The use of comparative formula in the mechanical design of electric generators.)* *Engng.* 81 S.605/6.

LIVINGSTONE, some notes on the mechanical design of electrical generators.* *El. Rev. N. Y.* 48 S. 253/4; *Electr.* 57 S. 569/71.

THOMPSON, the influence of speed upon the design of electric generators.* *Engng.* 81 S. 158/9.

FRANKENFIELD, comparison of the direct-current motor generator and the alternating-current auto-transformer.* *El. Rev. N. Y.* 48 S. 362/3.

PICHELMAYER, die Umwandlung der Energie in Dynamomaschinen. (V) *Ell. u. Maschb.* 24 S. 179/86.

Wirkungsweise der Elektromotoren und Dynamomaschinen.* *Gew. Bl. Würt.* 58 S. 52/5 F.

A reciprocating electric motor or dynamo.* *West. Electr.* 38 S. 375.

WILSON & CO, electric winding machinery.* *Eng.* 102 S. 176.

Groupe électrogèneLA MEUSE-SIEMENS-SCHUCKERT exposé à Liège.* *Éclair. él.* 46 S. 11/3.

A. E. G., elektrische Anlagen auf Gaswerken. * *Z. Dampfk.* 29 S. 42/4.

Electric motors for driving machine tools. (Energising the field magnets. Series shunt and compound

winding; starting continuous current motors; connections of starting gear for shunt wound motors; three-phase current motors; transformer; power factor; starting induction motors; applying the power to the tools; separate driving; varying the speed.)* *Railw. Eng.* 27 S. 105/8 F.

Der Elektromotor im Haushalt. (Maschinen der SIEMENS-SCHUCKERT-WERKE; Einrichtung zum Reinigen und Trocknen der Teller, elektrischer Antrieb der Kartoffelschälmaschine, Messerputzmaschine, Kraut- und Rübenschneider, Nähmaschine und Wandventilator zum Lüften der Küche.)* *Bayr. Gew. Bl.* 1906 S. 117/9.

Rules for the care and operation of motors. *El. World* 48 S. 31.

BELSEY, some notes on motor driving. *El. Rev. N. Y.* 48 S. 490/2.

KER, common errors in the use of electric motors for machine driving.* *El. Rev. N. Y.* 48 S.644/8; *El. Eng. L.* 37 S. 443/7 F.; *Mar. E.* 28 S. 120/5.

SCOTT, KILBURN, various systems of electric motor driving.* *Mech. World* 39 S. 187/8.

WERTENSON, vereinigte Schaltung und Bedienung von Betriebsmaschinen in elektrischen Zentralen.* *Z. V. dt. Ing.* 50 S. 576/9; *Z. Beleucht.* 12 S. 270.

Condotta delle machine elettriche. (Norme pratiche per la condotta degli impianti elettrici militari.)⊠ *Riv. art.* 1906, 3 S. 131/59.

Installation pour l'essai des moteurs et génératrices électriques. *Gén. civ.* 48 S. 376/8.

LEGROS, essais récents de turbo-alternateurs. * *Schw. Elektrot. Z.* 3 S.439/41.

ELLIS, steam turbine dynamos. (V. m. B.)* *J. el. eng.* 37 S. 305/44.

THOMPSON, high-speed electric machinery, with special reference to steam turbine machines. *El. Eng. L.* 38 S. 453/7 F.; *Eugng.* 81 S. 191/2.

NIETHAMMER, Ventilation von Turbodynamos.* *Elt. u. Maschb.* 24 S. 357/63.

STODOLA, Betriebsstörungen an den mit Dampfturbinen gekuppelten Dynamos. *Oest. Woll. Ind.* 26 S. 872/3.

De l'emploi des canaux de ventilation dans la construction des dynamos. *Electricien* 32 S. 300/12.

GOLDSCHMIDT, l'élévation de température des machines électriques.* *Ind. él.* 15 S. 84/8.

LOPPÉ, la mesure de l'élévation de température des enroulements des machines. *Ind. él.* 15 S. 520/1.

SIEMENS-BROTHERS and TOPLIS, an artificially-cooled commutator.* *Electr.* 57 S. 930.

EPSTEIN, selection and testing of materials for construction of electric machinery.* *El. Rev. N. Y.* 49 S. 1048/55; *El. Rev.* 59 S. 939/43; *Electr.* 58 S. 251/3 F.; *El. Eng. L.* 38 S. 769/73 F.

ZIERL, moderne Anschauungen über die Konstruktion elektrischer Maschinen. (V. m. B.)* *Elektrot. Z.* 27 S. 956/62a.

COLEMAN, design of a battery motor. (For operating railroad semaphore signals; commutator; armature; brush-holder.)* *Mech. World* 39 S. 182/3 F.

Testing the efficiency of electric motors without a dynamometer. *Mech. World* 39 S. 193/4.

TOOTE, commercial testing of electrical machinery.* *Mech. World* 39 S. 19.

FAY, testing large motors, generators, and motor-generator sets.* *El. Mach.* 6 S. 293/4.

ROGERS, the theory of shop methods of testing direct and alternating current machinery. * *El. Eng. L.* 38 S. 480/2.

Official test of the engines of the subway power station, New York. (Engine and steam readings; friction determination, electrical method.)* *Eng. Rec.* 53 S. 51/2.

WILSON, protection of alternating-current generators against reversal of energy. * *West. Electr.* 38 S. 136.

GOETZE, die Erprobung und Ermittlung von Schutzvorrichtungen an elektrischen Maschinen und Apparaten gegen die Zündung von Schlagwettern. (Allgemeines über Schlagwetter; Versuche über das Verhalten von Schlagwettern gegenüber den Wirkungen des elektrischen Stromes; Sicherheitsvorschriften.) *Elektrot. Z.* 27 S. 4/9 F.

Versuche zwecks Erprobung der Schlagwettersicherheit besonders geschützter elektrischer Motoren und Apparate.* *Z. Wohlfahrt* 13 S. 317/20.

Les moteurs électriques dans les mines. (Essais de dispositifs pour leur protection contre le grisou)* *Gén. civ.* 49 S. 44.

Das elektrische Zündungssystem der GENERAL ELECTRIC CO. (Besteht aus Magneto-Generator, Kondensator, Transformator.) *Elt. u. Maschb.* 24 S. 298/9.

LUX, Vorrichtung zum Aufzeichnen der Umlaufsgeschwindigkeit und des Ungleichförmigkeitsgrades von Maschinen.* *Elektrot. Z.* 27 S. 557/8.

HARPER, PHILLIPS & CO., commutator truing machine.* *Eng.* 101 S. 587.

Verhalten und Pflege des Kommutators im Betrieb. (Abdrehen oder Abschleifen des Kommutators; Stoff zu den Bürsten.)* *W. Papierf.* 37, 1 S. 1779/81.

LAFFARGUE, machine à rectifier les collecteurs dans les machines électriques. * *Nat.* 34, 2 S. 95/6.

Armature and field coil winding machine used in Brooklyn.* *Street R.* 27 S. 155.

HILGER & CO., Zentrator-Elektromotoren der FELTEN UND GUILLEAUME-LAHMEYERWERKE A. G, Frankfurt a. M. (Zentratorkupplung.) * *Ann. Gew.* 58 S. 89.

Elektrostatische Maschinen. Electrostatic machines. Machines électrostatiques. Vgl. Umformer.

BREYDEL, elektrostatische Maschine für technische Zwecke.* *El. Ans.* 23 S. 1314/5.

WOLF, neuere Formen und Untersuchungen von Influenzmaschinen.* *Elt. u. Maschb.* 24 S. 652/5 F.

Elektrotechnik. Electrical engineering. Science de l'application de l'électricité. Vgl. Eisenbahnwesen I C 2, III A 3, VII 3, Elektrizität und Magnetismus, Elektrochemie, elektromagnetische und elektrostatische Maschinen, Fernsprechwesen, Krafterzeugung und -Uebertragung 3, Physik und Telegraphie.

1. Elektrizitätserzeugung.
   a) Elemente.
   b) Maschinen.
2. Induktionsapparate.
3. Kondensatoren.
4. Umformer.
5. Leitung und Verteilung.
   a) Theorie und allgemeines.
   b) Verlegung und Verbindung.
   c) Schalter, Schaltbretter und Widerstände.
   d) Sicherheits- und Blitzschutzvorrichtungen.
   e) Isolation.
   f) Leitungsdrähte und Kabel.
6. Messung.
   a) Normalmaße.
   b) Spannungs- und Stromstärkenmesser.
   c) Verbrauchsmesser.
   d) Widerstandsmessung.
   e) Messung des Magnetismus.
   f) Verschiedenes.
7. Elektrizitätswerke.
8. Verschiedenes.

1. Elektrizitätserzeugung. Generators of electricity. Générateurs de l'électricité.

a) Elemente. Batteries. Piles. Siehe Elemente zur Erzeugung der Elektrizität.

b) Maschinen. Machines. Siehe elektromagnetische und elektrostatische Maschinen und Umformer.

2. Induktionsapparate. Induction-coils. Bobines d'induction. Vgl. Umformer.

BOAS, der Quecksilberstrahlunterbrecher als Umschalter. *Ann. d. Phys.* 20 S. 1047/8.

COLE, the use of the WEHNELT interrupter with the RIGHI exciter for electric waves. * *Phys. Rev.* 23 S. 238/44; *Electr.* 58 S. 21/3.

FLEMING, the construction and use of oscillation valves for rectifying high-frequency electric currents. * *Phil. Mag.* 11 S. 659/65.

GUMLICH, regelbare Drosselspule. (Für Wechselstrom stetig veränderlicher Vorschaltwiderstand mit geringem Energieverbrauch.) *Elektrot. Z.* 27 S. 719/20.

JANUCZKIEWICZ, Stromunterbrecher für RÖNTGEN-apparate. *Physik. Z.* 7 S. 423/4.

MOSLER, vom Schall beeinflußte Induktorentladungen. *Elektrot. Z.* 27 S. 291/2.

Funkeninduktor der Bauart ROPIQUET. * *Mechaniker* 14 S. 269/70.

Die Turbinen-Unterbrecher von ROPIQUET. * *Mechaniker* 14 S. 245/6.

RIES, selbsttätiger Unterbrecher. (Mit 3 Kohlenstäbchen.) *Physik. Z.* 7 S. 899.

SCHNELL, Untersuchungen am Funkeninduktor mit Quecksilberunterbrecher. (Objektive Darstellung der Stromkurven.) * *Ann. d. Phys.* 21 S. 1/22.

Magnetic vibrator. (Applied to ignition coils; CARPENTIER type; type of ARNOUX & GUERRE; a vibrator for which it is claimed that the extra vibration has been practically eliminated is the NIEUPORT vibrator; bow spring vibrator; vibrator of the CONNECTICUT TELEPHONE AND ELEKTRIC CO.)* *Horseless Age* 17 S. 668/69.

Bobines en fil d'aluminium nu. *Ind. él.* 15 S. 381/3.

3. Kondensatoren und Zubehör. Condensers and accessory. Condensateurs et accessoire.

BENISCHKE, Resonanz bei unvollkommenen Kondensatoren. *Elektrot. Z.* 27 S. 693/5.

HEYDWEILLER, Energie, Dauer, dämpfende Wirkung und Widerstand von Kondensatorfunken. *Ann. d. Phys.* 19 S. 649/91.

KRÜGER, oszillatorische Entladung polarisierter Zellen. * *Ann. d. Phys.* 21 S. 701/55.

RUHMER, Darstellung der Ladungs- und Entladungsstromkurven von Kondensatoren mittels Glimmlichtoszillographs.* *Mechaniker* 14 S. 118.

Dämpfung eines Kondensatorkreises mit einem Zusatzkreise, von NODA; mit einem Nachsatz von DRUDE. * *Ann. d. Phys.* 19 S. 715/38.

Sur l'épuration des courbes périodiques par les condensateurs. *Eclair. él.* 49 S. 441/51.

MAGINI, Einfluß der Ränder auf die elektrostatische Kapazität eines Kondensators. *Physik. Z.* 7 S 844/5.

TROWBRIDGE and TAYLOR, note on the comparison of capacities. (Instruments and method.) * *Phys. Rev.* 23 S. 475/88.

ZELENY, the capacity of mica condensers. *Phys. Rev.* 22 S. 65/79.

Les condensateurs industriels et leurs applications. * *Electricien* 32 S. 369/72 F.

Condensateurs industriels pour haute tension. * *Ind. él.* 15 S. 493/8.

GUILBERT, nouveau type de condensateurs industriels. (Production des courants déwattés;

démarrage des moteurs asynchrones monophasés; protection des reseaux contre les décharges atmosphériques; protection des moteurs de tramways; télégraphie sans fil; rayons X; haute fréquence.) *Eclair. él.* 49 S. 208/19.

CORBINO and MARESCA, aluminium electrolytic condensers. * *Electr.* 58 S. 413.

Condensatore industriale ad alta tensione (Sistema MOSCICKI). * *Elettricista* 15 S. 276/8.

PFAUNDLER, Konstruktion einer Leydenerbatterie mit Umschaltungsvorrichtung von Porzellananordnung auf Kaskadenanordnung. * *Sitz. B. Wien. Ak.* 115 IIa S. 479/80.

4. Umformer. Transformers. Transformateurs. Siehe diese.

5. Leitung und Verteilung. Conduction and distribution. Canalisation et distribution.

a) Theorie und Allgemeines. Theory and generalities. Théorie et généralités.

ADDENBROOKE, English overhead transmission lines and distribution mains. * *El. Eng. L.* 38 S. 367/71 F.

COERMANN, die Beaufsichtigung der elektrischen Anlagen. *Elektr. B.* 4 S. 559/60.

ESSON, recent practice in electrical transmission of power. * *Eng.* 102 S. 594/6.

ADAMS, voltage and costs of electric transmission lines. *Cassier's Mag.* 29 S. 430/2.

GENUARDI, l'economia nei conduttori. *Elettricista* 15 S. 309/10.

PROHASKA, Rentabilitätsberechnung von Netzerweiterungen einer Ueberlandzentrale. * *El. Anz.* 23 S. 1066/7.

Projektierung und Rentabilitätsberechnung eines kleinen Verteilungsnetzes im Anschluß an eine Hochspannungsfernleitung. *El. Anz.* 23 S. 27/8 F.

DAVID, oscillographic researches on surging in high-tension lines. * *El. Rev. N. Y.* 48 S. 17/21.

FELDMANN und HERZOG, über Schwingungen mit hoher Spannung und Frequenz in Gleichstromnetzen. * *Elektrot. Z.* 27 S. 897/901 F.

Phénomènes électriques à très hautes tensions.* *Ind. él.* 15 S. 474/6.

BLONDEL, application du principe de la superposition à la transmission des courants alternatifs sur une longue ligne. * *Compt. r.* 142 S. 1036/9.

KOLKIN, long spans for power transmission lines.* *El. Rev.* 59 S. 1048/9.

PROHASKA, Hochspannungs - Fernleitungen. * *El. Anz.* 23 S. 781/3.

Ueber Hochspannungs-Freileitungen. *El. Anz.* 23 S. 928/9.

BERNARD, Freileitung oder Kabel? *Ell. u. Maschb.* 24 S. 663/73.

THERRELL, transformer efficiency of telephonic induction coils, as related to long distance transmission.* *El. World* 47 S. 1344/6.

WILKINSON, long-distance power transmission with direct currents.* *Cassier's Mag.* 31 S. 199/210.

La distribution électrique de l'énergie à Londres. *Electricien* 32 S. 154/5.

Present status of European practice in transmission line work.* *El. World* 48 S. 1194/6.

BROOKING, cheapened methods of electrical distribution. *El. Eng. L.* 38 S. 878,81.

SPENCER, line construction for overhead light and power service.* *West. Electr.* 38 S. 521/3.

RASCH, advantages and disadvantages of feeding tramway systems in isolated zones as compared with closed networks.* *Electr.* 58 S. 219/22.

Norme amministrative per la costruzione delle conduttore elettriche. *Elettricista* 15 S. 264/6.

Normalien für Leitungen. (Gummiband- und Gummi-
ader-Leitungen; Gummiader-Schnüre; Fassungs-
adern; Pendelschnur; konzentrische, bikonzen-
trische und verseilte Mehrleiterkabel mit und
ohne Prüfdraht.) *Elektrot. Z.* 27 S. 393/5, 664/6.

Schutz der Schwachstromleitungen gegen die Hochspannungsleitungen der Ruhrtalsperrengesellschaft.
Elt. u. Maschb. 24 S. 300.

BOWIE, wind pressure on cylindrical conductors.*
El. World 48 S. 606/7.

BERRY, new method of employing twin lead-covered
wire for electric light wiring.* *El. Eng. L.*
38 S. 445/8.

FERNIE, causes and prevention of faults on direct-
current networks.* *Electr.* 57 S. 125/7.

KALLMANN, a new method of controlling the
voltage and insulation of a network.* *Electr.* 57
S. 1017/8.

FIELD, eddy currents in slot-wound conductors.*
El. World 48 S. 604/5.

FINZI, elastische Mehrleiteranordnungen.* *Elektrot.
Z.* 27 S. 283/7.

HOSMER, grounding secondary alternating-current
services. *West. Electr.* 38 S. 525/6.

GUARINI, earth as return for commercial current.
(Experiments by the CIE. DE L'INDUSTRIE
ÉLECTRIQUE ET MÉC.; trials made between
St. Maurice and Lausanne; disturbance on tele-
graph and telephone circuits.)* *Pract. Eng.* 34
S. 295/6.

The effect of earth return current on iron pipes.*
El. Rev. 59 S. 446/7.

TECH, electrolytic corrosion of structural steel.
(Grillage beams supporting columns and base
posts, which are either in the ground with a
view to determining at which of the poles corrosion occurs, and whether one pole is more
active than the other. Experiments.) (V) *Mech.
World* 40 S. 80.

ROWE, destruction of water pipes by electrolysis. (Experienced at Dayton.)* *Railr. G.* 1906,
1 S. 7/8.

Electrolysis and water pipes in New York City.
(Precautionary measures taken by the New York
City Departement of Water Supply in Man-
hattan and Bronx boroughs. *Railr. G.* 1906, 1
S. 36.

KOHLRAUSCH, Verfahren zur dauernden Ueberwachung der Straßenbahn-Erdströme. *Elektrot.
Z.* 27 S. 585/6.

SEYFFERTH, die Polizeiverordnung für die Ueberwachung elektrischer Anlagen. *El. Anz.* 23
S. 65/7 F.

SCHINDLER, Dreileitersystem für elektrische Stark-
strom-Anlagen. (Dreileiter mit zwei, drei oder
vier Dynamos, bezw. mit und ohne Akkumulatoren.)* *Techn. Z.* 23 S. 405/6.

KLEIN, die direkte Spannungsteilung in Dreileiter-
Anlagen durch Dreileiterdynamos.* *El. Anz.* 23
S. 939/41 F.

IMBERY, notes on the middle wire.* *El. Eng. L.*
38 S. 158/9.

The earthing of the middle wire. *El. Rev.* 59
S. 277/9.

MÜLLENDORFF, Bestimmung der Einzelwiderstände
in Dreileiternetzen mit ungeerdetem Mittelleiter.
Elektrot. Z. 27 S. 501/2.

PILLONEL, l'équilibre des fils électriques. Conditions de pose. *Schw. Elektrot. Z.* 3 S. 1/3 F.

RÉVILLIOD, répartition des courants électriques
dans un réseau. *Compt. r.* 142 S. 151/3.

STANLEY's system of transmitting and utilizing
low-frequency currents.* *West. Electr.* 38 S. 396.

SUMEC, Berechnung der Selbstinduktion gerader
Leiter und rechteckiger Spulen. (Mittlerer geo-

metrischer „Abstand eines Querschnittes von sich
selbst"; Selbstinduktions-Koeffizient eines Recht-
eckes, zur Definition der elektrischen Konstanten gestreckter Leiter.) * *Elektrot. Z.* 27
S. 1175/9.

WITTEK, Berechnung des Selbstinduktionskoeffizienten von in Eisen gebetteten Spulen.* *Elektrot. Z.* 27 S. 53/4.

Méthode pratique pour le calcul des lignes à courants alternatifs présentant de la self-induction
et de la capacité.* *Eclair. él.* 49 S. 121/39.

SYNDICAT DES FORCES HYDRAULIQUES à Gre-
noble, appareil limiteur du courant. *Rev. ind.* 37
S. 5/6.

TEICHMÜLLER und HUMANN, die Belastung von
verseilten, im Erdboden verlegten Mehrleiter-
Kabeln mit Rücksicht auf Erwärmung.* *Elektrot. Z.* 27 S. 1031/5.

Ausgleichsleitungen bei Kompoundmaschinen.*
Elektrot. Z. 27 S. 365/6.

Vergleich zwischen dem System THURY und Drehstrom. *El. Anz.* 23 S. 953/4.

Zu den Vorschlägen zur Definition der elektrischen
Eigenschaften gestreckter Leiter, insbesondere
von Mehrfach Leitungssystemen. *Elektrot. Z.* 27
S. 20/1.

Étude des installations à courant alternatif par la
méthode des grandeurs wattées et magnétisantes.*
Eclair. él. 47 S. 81/6 F.

Tensioni e freccie nelle linee aeree. (a)* *Elettricista* 15 S. 197/201.

Zweiseitig gespeiste elektrische Anlagen.* *El. Anz.*
23 S. 358/60.

**b) Verlegung und Verbindung. Laying and
connection. Pose et communication.**

Revision eines mehrere hundert Kilometer langen
elektrischen Leitungsnetzes eines Elektrizitätswerkes. (Standfestigkeit der Gestänge; Sicherung der Anschlußleitungen für Stromabnehmer und
die Einrichtungen zur Isolierung der die Unter-
teilungsstationen bedienenden Personen.) *Z. Gew.
Hyg.* 13 S. 52/3.

Neues auf dem Gebiete der Installationstechnik
elektrischer Anlagen.* *El. Anz.* 23 S. 722/3.

Ziehen von oberirdischen Leitungen und Legen
von unterirdischen Kabeln mit maschineller Hilfe.*
El. Anz. 23 S. 523/4.

Lignes électriques à grandes portées. (Système
de lignes aériennes, qui permet de realiser des
portées de 100 à 180 mètres avec du fil de
cuivre ordinaire, et des portées de 1,000 mètres
avec du fil de bronze dur.) * *Ann. trav.* 63
S. 458/61.

High-tension overhead lines on iron masts. * *El.
Eng. L.* 38 S. 698/700.

Steel cable and tower transmission line in Syracuse. *El. World* 48 S. 137/9.

Two forms of transmission towers in New York
state.* *Street R.* 28 S. 76/7.

Verlegung von Starkstromkabeln für 6000 Volt
Betriebsspannung. *Elektrot. Z.* 27 S. 13/4.

CRAEMER, Auslegung von Flußkabeln mit 250
Doppeladern durch die Außenalster in Hamburg.*
Arch. Post 1906 S. 65/70.

Cable laying in the Clyde.* *Electr.* 56 S. 506.

Cable-laying across the Harlem River. *Street R.*
27 S. 906.

Submarine cable laying in the Ohio River for light
and power.* *El. World* 48 S. 682.

JOHNSON & PHILLIPS, submarine cable-laying
machinery for the United States Government.
(Double combined picking-up and laying-out
machine.)* *Pract. Eng.* 33 S. 657/9; *Eng.* 101
S. 588.

30

Transmission line river crossing. (Across the Niagara River on the 12,000 volt transmission line from the Ontario Power Company's station on the Canadian side to Syracuse, N. Y.; three-phase circuits, each with aluminum conductors.) *Eng. Rec.* 53 S. 332.

STILL, three-phase power transmission by underground cables.* *El. Eng. L.* 38 S. 690/2.

AUERBACHER, wiring with wooden mouldings.* *El. World* 47 S. 258/61.

RICE, using gas pipes for carrying wires.* *Gas Light* 85 S. 232/3.

BERRY, method of employing twin lead-covered wire for electric light wiring. *El. Rev.* 59 S. 528/9; *Electr.* 57 S. 928/30.

KUHLO, conductor for house wiring* *El. Rev.* 58 S. 125/6.

Méthode de SULLIVAN pour reconnaître les positions respectives de différentes longueurs de câbles placées dans une même cuve. (Détermination de la position occupée dans la cuve par différentes longueurs de câble; recherche du bout supérieur et du bout inférieur d'une longueur de câble.) *Electricien* 31 S. 36/40.

Grounded neutrals in high-tension plants. *El. Eng. L.* 38 S. 632/3.

PREECE, the manufacture, application, and distribution of electric cables for collieries.* *Iron & Coal* 72 S. 287/90.

CHENOWETH, gewalste Betonmasten. (Gasröhre; am besten Streckmetall und Verstärkungen in Richtung der Röhrenachse.)* *Bet. u. Eisen* 5 S. 241.

KALLIR, Hochspannungsleitungen mit eisernen Masten. (V) *Ell. u. Maschb.* 24 S. 837/42 F.

WELLER, reinforced concrete poles. (Installed on the Welland Canal electric transmission.)⊞ *Cem. Eng. News* 18 S. 97.

HERZOG, eine neue Befestigung von Leitungsmasten. *El. u. polyt. R.* 23 S. 253/6; *Ell. u. Maschb.* 24 S. 1043/6.

HERZOG, Zementfuß, Patent KASTLER.* *Ell. u. Maschb.* 24 S. 569/70.

KASTLER, armierte Zementfüße.* *Elektr. B.* 4 S. 521/3.

HERZOG, der SIEGWART-Zementmast.* *Schw. Elektrot. Z.* 3 S. 623/8.

Mastensockel, Patent GUBLER.* *Schw. Elektrot. Z.* 3 S. 297.

Eiserner Mastensockel.* *Ell. u. Maschb.* 24 S. 933.

SCHMIDT, Einrichtung zum Anschluß elektrischer Glühlampen mittels Klemmvorrichtung an Leitungsdrähten.* *Z. Beleucht.* 12 S. 365.

Anschluß für Beleuchtungskörper. (Steckkontakt mit Befestigung für einen Wandarm.) *Ell. u. Maschb.* 24 S. 298.

Befestigungsschelle für Isolierrohr.* *El. Anz.* 23 S. 122.

Installationsmaterial von HARTMANN & BRAUN. (Isolierrollen für einheitliches Befestigungsmaterial; auswechselbare Rollenleisten zur Befestigung auf Schlagdübeln.) *El. Anz.* 23 S. 471/3.

CLARK ELECTRIC AND MANUFACTURING CO., standard insulator clamps.* *El. World* 47 S. 73/4.

MAYER, JOSEPH, structural design of towers for electric power-transmission lines. (Friction clamp for fastening power transmission line wires to insulators; single three-phase power transmission line.)* *Eng. News* 55 S. 2/6.

An unusual transmission line support. (Transmission-line tower on cantilever support.)* *Eng. News* 56 S. 456/7.

Anschlußklemme für Verteilungs- und Schalttafeln.* *El. Anz.* 23 S. 708/9.

Ueber Zählerprüfklemmen.* *El. Anz.* 23 S. 914/5 F.

Ground-wire clamp for telephone and telegraph work.* *West. Electr.* 38 S. 303.

HARGIS and TEUSH, telephone cable joint.* *El. Rev.* 59 S. 479/80.

HERMANNI, Erläuterungen zu den Normalien für zweipolige Steckvorrichtungen. *Elektrot. Z.* 27 S. 447.

Normalien für Steckvorrichtungen. (Zweipolig.) *Elektrot. Z.* 27 S. 456.

Rohrdübel zum Anschluß von Dosenschaltern, Steckkontakten und ähnlichen Installationsapparaten an Isolierrohrleitungen, die unter Putz verlegt sind.* *El. Anz.* 23 S. 809/10.

JESSEL, Nippel für Schnurpendel. (Besteht aus zwei längs geteilten gleichen Hälften, wovon die eine mit einem nach unten gebogenen, langen und zugespitzten Haken versehen ist. Dieser Haken wird nur durch einen Knoten der Tragschnur gesteckt und die andere Hälfte aufgelegt.)* *El. Anz.* 23 S. 888/9.

Zweiteilige Kabelmuffe, die durch auf den Schutzrohrenden sitzende Ueberwurfmuttern zusammengehalten und befestigt wird.* *El. Anz.* 23 S. 759/60.

Verbindungsmuffe für Schachtkabel.* *Elektrot. Z.* 27 S. 117.

Accouplements pour cordes et câbles.* *Portef. éc.* 51 Sp. 176.

POPPE, electroller and conduit hangers.* *El. World* 48 S. 30/1.

Method of hanging cables. *Street R.* 27 S. 823.

BOUSCOT, connexion électrique „Rapide" pour moteurs de traction.* *Electricien* 31 S. 10/1.

c) Schalter, Schaltbretter und Widerstände. Switches, switchboards and rheostats. Coupe-circuits, tableaux de distribution et rhéostats.

Die Anwendung der Transformatorenschalter (Leerlaufschalter). *El. Anz.* 23 S. 201/2.

SATTLER, einiges über die Schalt-Anlagen elektrischer Zentralen.* *El. u. polyt. R.* 23 S. 498/500 F.

SWITCH GEAR CO., Birmingham, some improved electrical devices. (Circuit breaker fitted with a time limit; magnetic blow-out fuse for use with high voltages and heavy currents, to automatically cut cells in or out of the battery as the pressure at the lamp terminals rises or falls.)* *Pract. Eng.* 34 S. 230/1.

MARCHANT and LAWSON, the operation of circuit breakers and fuses.* *Electr.* 56 S. 792/4.

Circuit-breakers with massive rollers and stationary brushes.* *West. Electr.* 39 S. 69.

SWITCHBOARD EQUIPMENT CO. of Bethlehem, Pa., circuit-breaker.* *West. Electr.* 38 S. 362.

Starkstrom-Ausschalter mit Sicherheits-Verriegelung.* *Schw. Elektrot. Z.* 3 S. 612/3.

HEWLETT, high-potential circuit-breaking apparatus.* *West. Electr.* 38 S. 304.

MOREL, les coupe-circuits pour courants de faible intensité.* *Bull. Rouen* 34 S. 404/7.

WRIGHT, electric cut-out. (For use in connection with electroliers to form a fusible connection between the circuit wires and the leads to the lamps.)* *El. World* 47 S. 492/3.

The FERRANTI-field three-phase switch. *Ewgng.* 81 S. 9.

Double-pole switch.* *Eng.* 101 S. 98.

Pendant quick-break switch.* *El. World* 47 S. 69.

BRITISH THOMSON-HOUSTON CO., automatic circuit breakers. (For use with either direct or alternating current circuits.)* *El. World* 47 S. 534.

PREUSZ, automatische Stromunterbrechung für den BOULENGÉ-Chronographen.* *Z. Schieß- u. Spreng.* 1 S. 87.

Schalterrosetten mit Druckknopfeinrichtung. * *El. Anz.* 23 S 1119.

Selbsttätige Hochspannungsölschalter.* *Schw. Elektrot. Z.* 3 S. 31/3 F.

A. E. G., selbsttätige Hochspannungs - Oelschalter. (D. R. P.)* *Uhlands T. R.* 1906, 3 S. 13/5.

KUHLMANN, selbsttätige Hochspannungs-Oelschalter für Wechselstrom. *Elektrot. Z.* 27 S. 740/5.

GENERAL ELECTRIC CO., high tension oil switches.* *El. Mag.* 6 S. 222/3.

REYROLLE three-phase oil-break switch. *El. Eng. L.* 37 S. 457/8.

WESTINGHOUSE ELECTRIC & MFG. CO., large oil circuit breaker.* *Street R.* 27 S. 121.

Three phase oil-break switches.* *Iron & Coal* 72 S. 1862.

Automatic time switch.* *El. World* 48 S. 577.

A commercial type of automatic time switch.* *West. Electr.* 38 S. 402; *El. World* 48 S. 970.

New REYROLLE apparatus. (Time-limit circuit-breaker.) *El. Rev.* 59 S. 198/9.

HARTFORD TIME SWITCH CO., automatic time switch. *El. World* 47 S. 125.

JONES ELECTRICAL CO., automatic time switch.* *El. World* 48 S. 615.

Electrification of the District Ry. (Switch gear; switchboard; connections; triple-pole electrically-operated oil switches; oil switch mechanism; overload relay; time-limit relay.) *Pract. Eng.* 33 S. 168/71 F.

WHITCHER, heavy electric switch gear. (Plug switch; plain lever switch; bridge type of switch; direct-current automatic circuit breaker.) (V) (A) *Pract. Eng.* 33 S. 141/2; *Electr.* 56 S. 469/70.

SCHMIDT, die automatischen Zeitfernschalter und deren Verwendungsweise für Beleuchtungszwecke. *El. Anz.* 23 S. 455/7.

Fernschalter für Kabelkasten. *Elektrot. Z.* 27 S. 269/70.

Switches operated at a distance without separate wires.* *El. Rev.* 58 S. 737/8.

MULTHAUF, Vorrichtungen zu Fernschaltungen ohne besondere Zuleitungen mittels Frequenzveränderungen. *Elektrot. Z.* 27 S. 119/21; *Electrician* 31 S. 355/6.

BROWN, BOVERI & CO., selbsttätiges Maximal- und Rückstromrelais.* *Elektr. B.* 4 S. 239/44.

SCHMIDT, automatische Maximal-, Minimal- und Rückstrom-Relais zum Betriebe von Hochspannungsschaltern. * *El. u. polyt. R.* 23 S. 333/6 F.

Specifications for direct current relays. (Committee report, Railway Signal Association, Washington meeting.) *Railr. G.* 1906, 2 S. 379/80.

Alternating-current overload and reverse current relay. *West. Electr.* 38 S. 553/4.

DUSCHNITZ, neue Apparate für funkenfreie Unterbrechung des elektrischen Stromes.* *El. Anz.* 23 S. 1181/3.

Ball contacts for sparkers of gas engines. (Contact is made by means of a cam passing two steel balls held in place by coiled springs; contact distributor has two cams and two sets of ball contacts, one set for the timer and the other for the distributor.) * *El. World* 47 S. 491/2.

Thermo-Blink motorless flasher.* *El. Eng. L.* 38 S. 279.

KÜBLER, vorteilhafte Art der Schalttafelausführung.* *Elektr. B.* 4 S. 376/7.

SATTLER, die Schalttafelgerüste elektrischer Anlagen.* *El. Anz.* 23 S. 119/22.

THOMPSON, switchboards and switchgear. (A) (V) *El. Eng. L.* 38 S. 808/9.

HEWLETT, modern switchboard practice with particular reference to automatic devices.* *West. Electr.* 38 S. 546/7.

SCHILDHAUER, recent design in direct-current switchboards.* *El. World* 48 S. 1046/50.

SIMPLEX CONDUITS LTD., simplex ironclad switchboard. (For colliery work and other situations where conduits are exposed to risk and damage by moisture or mechanical injury.) * *Pract. Eng.* 34 S. 524.

JAEGER and LINDECK, constancy of manganin resistances. * *Electr.* 57 S. 930; *Z. Instrum. Kunde* S. 15/27.

GROSS, zwei Quecksilber-Regulier-Widerstände mit Wasserkühlung.* *Elektrochem. Z.* 12 S. 246/52.

WALLIN, einige Untersuchungen über Wasserwiderstände.* *Elektrot. Z.* 27 S. 739/40.

KALLMANN, selbstregelnder Belastungswiderstand und seine Verwendung als Vergleichs-Kilowatt. *Elektrot. Z.* 27 S. 45/9.

KALLMANN, selbstregelnder Belastungswiderstand zur Strom-Spannungs- und Leistungsvergleichung. *Z. Beleucht.* 12 S. 151/2.

LAMME, resistance leads for commutator motors.* *El. World* 48 S. 1187.

QUEEN & CO, new resistance box and WHEATSTONE bridge. (The rheostat consists of fifty coils, ten each of tenths, units, tens, hundreds and thousands, and so arranged that all the coils in any bank can be connected in series, multiple or various combinations of the two.) * *El. World* 47 S. 748/9.

Preventive resistance for alternating-current commutator motors.* *El. World* 48 S. 276.

Multiple-voltage system of motor control in cloth-printing establishments.* *West. Electr.* 38 S. 252.

Schaltungsanordnungen mit Erläuterung für die Behandlung der Regulierwiderstände. *El. Anz.* 23 S. 229/31 F.

WARD LEONARD ELECTRIC CO., concentric shaft field rheostat.* *El. World* 47 S. 749.

Calcul des rhéostats pour le réglage de la tension des alternateurs.* *Éclair. él.* 46 S. 201/8 F.

GENERAL ELECTRIC CO., automatic feeder regulators.* *West. Electr.* 39 S. 87.

d) Sicherheits- und Blitzschutzvorrichtungen. Safety appliances and lightning arresters. Appareils de sûreté et parafoudres. Vgl. Blitzableiter, Schutzvorrichtungen.

SÜRING, Bericht des Ausschusses über den Entwurf zu Vorschriften für den Blitzschutz von Pulverfabriken und weniger gefährlichen Gebäuden in Sprengstoff-Fabriken (aufgestellt vom Unterausschuß für Untersuchung über die Blitzgefahr.) *Elektrot. Z.* 27 S. 576/8.

WOHLMUTH, die Abwendung von Blitzschäden. * *Erfind.* 33 S. 50/2.

JACKSON, recent investigation of lightning protective apparatus. (V. m. B.) (a) * *Proc. El. Eng.* 25 S. 843/62.

SMITH, JULIAN C, some experiences with lightning protective apparatus. (V. m. B.) * *Electr.* 56 S. 549/50.

OSGOOD, some experiences with lightning and static strains on a 33 000 volt transmission. (Actions of the multigap series resistance type of arrester unit, and the multigap type of arrester unit without the series resistance, experienced during the years 1904 and 1905 on a 33 000 volt transmission system operated by the NEW MILFORD POWER CO.) (V. m. B.) * *Proc. El. Eng.* 25 S. 361/75; *Eng. News* 55 S. 629/30.

Lightning arresters. (Experiences with lightning and static strains on 33,000 volt transmission

systems by OSGOOD, methods of testing protective apparatus by CREIGHTON, protective apparatus for lightning and static strains by WIRT.) (V) *El. World* 47 S. 1106/7.

CREIGHTON, methods of testing protective apparatus. (Methods of testing arresters and dielectrics.) (V. m. B.)* *Proc. El. Eng.* 25 S. 377/409.

WIRT, protective apparatus for lightning and static strains. (Experience and opinions on various elements of lightning-protection apparatus.) (V. m. B.) *Eng. News* 55 S. 630; *Proc. El. Eng.* 25 S. 411/38.

TITUS, lightning protection. (V) *Street R.* 27 203/5.

Ground connection for lightning arrester.* *Street R.* 28 S. 527/8.

BENISCHKE, Erdleitungswiderstände bei Blitzschutzvorrichtungen und Spannungssicherungen. *Elektrot. Z.* 27 S. 486/91.

BALLOU, the water tank lightning arresters for street railway circuits.* *Street R.* 28 S. 510.

THOMAS, P. H., explanation of the failure of series resistance lightning arrester on the NEW MILFORD POWER CO. system. (Value of chokecoils between arresters and machines; shunt resistance.) (V. m. B.) (A) *Eng. News* 55 S. 630.

Lightning flash through telephone wire. (Importance of earthing the telephone, and protest against the common practice of carrying the wires along cornices and elsewhere, in such a way as to be out of sight.) (A) *Min. Proc. Civ. Eng.* 165 S. 439.

BALLOIS, sur les parafoudres. (Parafoudre THOMSON-HOUSTON pour 2200 volts; parafoudres à haute tension avec éléments en V, résistances shunt et connexions multiplex THOMSON-HOUSTON.)⁰ *Eclair. él.* 48 S. 447/59.

Parafoudre et interrupteurs à vapeur de mercure système COOPER - HEWITT. * *Électricien* 32 S. 385/6.

DINA, il parafulmine a relais.* *Polit.* 54 S. 259/66.

Parafoudre anti-arc système SHAW.* *Électricien* 31 S. 161/2.

WEEKS, re-winding high-tension lightning arrester coils. *Street R.* 27 S. 238.

Circuit-breaker type lightning arrester.* *El. World* 48 S. 887/8.

A non-gap lightning arrester. (Consists of a rod of very high ohmic but noninductive resistance cut in directly between the line and the ground without any intervening air gap.)* *Street. R.* 27 S. 734/5.

A new lightning arrester. (Use of a combination in the same apparatus of the nonarcing metal cylinder arrester and the upward-blowing arrester.)* *West. Electr.* 38 S. 458/9.

New lightning arrester for trolley circuits.* *West. Electr.* 38 S. 361.

PALMER, protection from high voltages. (V) (A) *El. World* 47 S. 711/2.

Sicherheitsapparate für Ueberlandzentralen mit Hochspannung. (Blitzschutz; Unterbrechung der Strecke durch Hochspannungsausschalter, Leerlaufschalter, Vorschaltung von Induktionsspulen, Fernsprecheinrichtung zwischen Zentrale und Unterstationen.) * *Z. Dampfk.* 29 S. 18/20.

Safety system for high-tension transmission lines.* *West. Electr.* 38 S. 392.

Schutzvorrichtungen gegen Ueberspannungen und atmosphärische Entladungen. *El. Anz.* 23 S. 2/4.

SCHMIDT, Spannungs-Sicherungen, deren Konstruktions- und Wirkungsweise.* *Schw. Elektrot. Z.* 3 S. 309/11 F.

Spannungs-Sicherungen für Niederspannungs-Stromkreise. *El. Anz.* 23 S. 109/11.

Die Resultate eines internationalen Wettbewerbes für einen Sicherheitsapparat, zum Erkennen, ob elektrische Leitungen, an welchen oder in deren Nähe gearbeitet werden soll, mit der Elektrizitätsquelle ein- oder ausgeschaltet sind. (Apparate von JEANMAIRE, SCHROTTKE, KNOBLOCH, MINERALLAC-CO., TAYLOR, der INDUSTRIELLEN TELEPHONGESELLSCHAFT, von THORNTON und von MIET.)* *Z. Gew. Hyg.* 13 S. 428/31 F.

GOETZE, die Erprobung und Ermittlung von Schutzvorrichtungen an elektrischen Maschinen und Apparaten gegen die Zündung von Schlagwettern. (Allgemeines über Schlagwetter; Versuche über das Verhalten von Schlagwettern gegenüber den Wirkungen des elektrischen Stromes; Sicherheitsvorschriften.) *Elektrot. Z.* 27 S. 4/9 F.

Selbsttätige Kurzschließvorrichtung. (Besteht aus um einen Eisenkern gelegten, von dem Nutzstrom durchflossenen Windungen und einem vor dem Eisenkern federnd angebrachten Anker, dessen Verlägerung einer Anschlagklemme gegenübersteht. Wird am Anfang des zu schützenden Stromkreises hinter den gewöhnlichen Sicherungen oder einem automatischen Maximalausschalter angeordnet) * *Z. Dampfk.* 29 S. 11.

Ueber den Kurzschluß. (Sicherungssystem der SIEMENS-SCHUCKERT-WERKE.)* *Gew. Bl. Würt.* 58 S. 284/5 F.

Dispositifs de sécurité pour canalisations électriques à haute tension système NEU.* *Rev. ind.* 37 S. 83/4.

BRANLY, appareil de sécurité contre les étincelles accidentelles dans les effets de télémécanique sans fil. *Compt. r.* 143 S. 585/7; *Electricien* 32 S. 363/5.

KALLMANN, Schmelzsicherung mit zwei parallel geschalteten Leitern. *Z. Beleucht.* 12 S. 364/5.

KLEMENT, Schmelzsicherungen und ihr Einfluß auf Höchstbelastungen der Leitungen. (Erscheinung des unerwartet häufigen Durchschmelzens des Sicherungsstöpsels im normalen Betriebe.) *Elektrot. Z.* 27 S. 331/5.

Normalien für Stöpselsicherungen mit EDISON-Gewinde. *Elektrot. Z.* 27 S. 456.

BERGMANN-ELECTRICITÄTS-WERK, Stöpselsicherung mit senkrecht zur Befestigungsfläche geteiltem Sockel.* *Z. Beleucht.* 12 S. 160/1.

HEPKE und DIENER, multiple fuse plug.* *El. World* 47 S. 494.

SCHWARTZ and JAMES, aluminium fuses.* *Electr.* 56 S. 468/9.

Schutztrommel (Ueberspannungssicherung) nach ZAPF.* *Elektr. Z.* 27 S. 116/7.

Transformer fuse box.* *Electr.* 56 S. 937.

An improved indicator for enclosed fuses.* *West. Electr.* 39 S. 68.

GENERAL ELECTRIC CO., new type of high-potential fuse holder. (Consists of an insulated metallic chamber, into the upper end of which is screwed a fiber tube; that part of the fuse located in the chamber is of smaller cross-section than the remainder, to insure rupturing at that point. The expansion of the gases formed by the arc in the chamber expels the fused metal and effectually opens the circuit.)* *West. Electr.* 38 S. 404.

e) Isolation. Insulation. Isolation.

Sur la loi de disruption électrique dans les isolants solides.* *Ind. él.* 15 S. 156/8.

PUSCH, Fabrikation von Hochspannungs-Isolatoren. *Schw. Elektrot. Z.* 3 S. 61/3; *Uhlands T. R.* 1906 3 S. 7/8.

Testing high-tension insulators.* *Street R.* 28
S. 233/4.
BAUM, high-potential line insulator.* *El. World* 48
S. 1186; *West. Electr.* 39 S. 521.
HÅKANSSON, neue Bahnsisolatoren für Hoch-
spannung.* *Elektr. B.* 4 S. 549/50.
LOCKE INSULATOR MFG. CO., bus bar insulator.*
Street R. 28 S. 531.
Combined PUPIN coil and insulator.* *West. Electr.*
39 S. 518.
PROHASKA, Hochspannungs Isolatoren.* *El. u.
polyt. R.* 23 S. 562/6.
PÜSCH, Hochspannungsisolatoren. (Porzellaniso-
latoren; elektrische Prüfung.) *Tonind.* 30
S. 152/4.
The SEMENZA porcelain insulator at the Milan
exhibition. (Comparative test of old type and
SEMENZA patent insulators.)* *El. Rev.* 59
S. 338/9; *Gén. civ.* 49 S. 45; *El. World* 48
S. 299/300; *El. Rev. N. Y.* 48 S. 537.
Isolatore TOLUSSO per alte tensioni.* *Elettricista*
15 S. 42/3.
Isolateurs à haute tension. (Isolateur de l'in-
stallation de Provo (Utah) à 40000 v.; de la
Bay County Co. à 60000 v.; isolateur de la
Missouri River à Montana à 55000 v.; isolateur
de Shawinigan Falls à 50000 v.; isolateur de
Guanajuato (Mexique) à 60000 v.) * *Ind. él.* 15
S. 310/12.
BUCK, electrose high-tension insulators.* *El. World*
48 S. 680; *Street R.* 28 S. 571.
SMITH, W. N., form of insulator pin and fastening.
(„Smith-Grip" pin.) *Eng. News* 56 S. 89;
Railr. G. 1906 1 *Suppl. Gen. News* S. 185.
Grip type insulator pin.* *Street R.* 27 S. 957.
The safety bucket fire tank.* *Street R.* 27 S. 53.
GEORGE, Erläuterungen zu den Normalien für
Isolierrohre mit Metallmantel. *Elektrot. Z.* 27
S. 447/8.
MOREL, emploi des tubes isolateurs dans le mon-
tage des canalisations électriques.* *Bull. Rouen*
34 S. 122/4.
Isolateurs pour conducteurs de prise de courant
type de la SOCIÉTÉ PARISIENNE POUR L'IN-
DUSTRIE DES CHEMINS DE FER ET DES TRAM-
WAYS ÉLECTRIQUES adopté pour le Métro-
politain de Paris. *Ind. él.* 15 S. 114/6.
Einige neuere Isoliermaterialien der A. E. G. (Aus
Tenaxit; aus Vulkanasbest hergestellt.)* *Elektr.
B.* 4 S. 342/3.
ELECTRIC CABLE CO. high-potential insulating
material. *El. World* 47 S. 381.
BOLAM, oils for high-tension switches.* *Electr.*
57 S. 606/7.
KELLY, zinc oxide as an insulator. *El. World* 48
S. 1053.
TAMLYN, paper versus rubber insulation for
electric cables. (Cost; life; three-phase under-
ground cable for 6000 volt current, New York
City.)* *Eng. News* 55 S. 289.
Le papier et le caoutchouc comme isolants.
Electricien 32 S. 183.
WERNICKE, Einfluß der Politur auf die isolierenden
Eigenschaften von Holz. *Elektrot. Z.* 27 S. 471/2.
WERNICKE, Holz als Isolationsmaterial und sein
Ersatz durch künstliche Isolierstoffe. *Elektr. B.*
4 S. 181/4.
Isolationsfähigkeit von Preolit. *Elektrochem. Z.*
12 S. 235/6.
Isoliermittel aus Asphalt für die Elektrotechnik.
Asphalt- u. Teerind.-Z. 6 S. 555/6.
Une nouvelle substance isolante „la Pilite". *Elec-
tricien* 32 S. 6/7.
Indurated fiber for insulating purposes.* *Street R.*
28 S. 573; *El. World* 48 S. 1081.

Aus „Gummon" angefertigtes elektrotechnisches
Installationsmaterial. (Als Ersatz für Hartgummi
und Porzellan.) *El. Anz.* 23 S. 1283/4 F.
SCHOELLER, automatisch wirkender Isolations-
prüfer mit Gleichstrom-Magnetinduktor.* *Uhlands
T. R.* 1906, 3 S. 15/6.

**f) Leitungsdrähte und Kabel. Conducting
wires and cables. Conducteurs et câbles.**
Acetat- und Emaille-Draht der A.E.G.* *Uhlands
T. R.* 1906, 3 S. 6; *Elektrot. Z.* 27 S. 16/7; *Met.
Arb.* 32 S. 84/5.
SPERRY, Mangankupfer-Widerstandsdraht. *Metal-
lurgie* 3 S. 228/30.
Spulen aus blankem Aluminiumdraht. *El. Anz.* 23
S. 1043/4.
GARÇON, technologie chimique des fibres et fils
artificiels. *Bull. d'enc.* 108 S. 848/59.
Nouveau procédé pour le guipage des conducteurs
électriques.* *Éclair. él.* 46 S. 334/41.
MCLEAN, rubber insulated cables without lead.
El. World 47 S. 1081.
Notes on wiring with lead-covered rubber-insulated
wire. *El. Rev.* 58 S. 625/7.
BERRY, method of employing twin lead-covered
wire for electric light wiring. *El. Rev. N. Y.* 48
S. 669/70; *Electr.* 57 S. 928/30.
HOBART, the space factor of cables and con-
siderations controlling their cost.* *El. Eng. L.*
38 S. 366/7.
HENNIG, die Anfänge der Seekabel. *Prom.* 17
S. 727/31.
WILKINSON, high tension cables at the Milan ex-
hibition. *El. World* 48 S. 93/4.
BROWN, LENOX AND CO., chain and cable works,
Pontipridd.* *Proc. Mech. Eng.* 1906 S. 589/91.
JOHNSON and PHILLIPS, electric cablemaking
machinery.* *El. Eng. L.* 38 S. 279.
LANGAN, standardising rubber-covered wires and
cables. (V. m. B.) *Proc. El. Eng.* 25 S. 189/202.
DE MARCHENA, limites admissibles pour les
tensions de service des câbles armés. *Bull.
Soc. él.* 6 S. 163/82; *Electr.* 57 S. 735/6.
BROOKING, electric cable troubles. *Cassier's Mag.*
31 S. 131/7.
PROHASKA, Kabelfehler und ihre Ortsbestimmung.
El. Anz. 23 S. 547/9 F.
TEICHMÜLLER und HUMANN, die Materialkonstanten
zur Berechnung der Kabel auf Erwärmung.
Elektrot. Z. 27 S. 579/85.
The predetermination of the temperature rise in
cables.* *El. Eng. L.* 38 S. 95/6.
CLARK, comments on present underground cable
practice. (Low-tension and high-tension cables.)
(V. m. B.) *Proc. El. Eng.* 25 S. 203/11.
Échauffement des câbles souterrains. *Ind. él.* 15
S. 445/6.
Capacité et échauffement des câbles souterrains. *
Ind. él. 15 S. 245/51 F.
STOTT, underground cables. (High-tension cables;
low-tension single-conductor cables, negative
return cables of large current-carrying capacity.)
(V) (A) *Eng. News* 56 S. 430; *Street R.* 28
S. 705/7; *Electr.* 58 S. 145/6.
Cables in the Long Island electrification. (Three-
conductor, 250,000-circ.-mil. 11,000 volt sub-
marine cable.)* *Street R.* 27 S. 156/7.
Insulated wiring and underground cables. *West.
Electr.* 38 S. 358/60.
Câbles industriels à haute tension; essais d'un câble
souterrain armé de GEOFFROY et DELORE
fonctionnant à 27000 volts.* *Ind. él.* 15 S. 109/13;
Gén. civ. 48 S. 258/9; *Electricien* 31 S. 311/6.
Underground, telephone construction, with lead

coils, from Chicago to Milwaukee.* *West. Electr.* 39 S. 156/7.

Le câble télégraphique et téléphonique du Simplon. *J. télégraphique* 38 S. 80/2 F.

The London-Glasgow telegraph cable. * *Electr.* 56 S. 504/5.

BETTS, Natrium als Leitungsmaterial. (Für elektrische Starkstromleitungen Natrium-Metall an Stelle von Kupfer zu verwenden.) *El. Anz.* 23 S. 1259/60; *El. World* 48 S. 914/5.

BETTS, the use of sodium as conductor in place of copper." *El. World* 48 S. 914/5.

6. Messung. Testing. Mesure.

a) Normalmaße. Standard measures. Etalons.

JAEGER und LINDECK, die Ergebnisse der internationalen Konferenz über elektrische Maßeinheiten zu Charlottenburg vom 23. bis 25. Oktober 1905. *Elektrol. Z.* 27 S. 237/40.

DETTMAR, die Vorschriften, Normalien und Leitsätze des Verbandes deutscher Elektrotechniker. *Z. ang. Chem.* 19 S. 225/9.

STRECKER, einheitliche Formelzeichen. (Bericht des Ausschusses des Elektrotechnischen Vereins.) *Elektrol. Z.* 27 S. 457/65.

GUTHE, eine Neubestimmung elektrischer Einheiten im absoluten Maße. *Ann. d. Phys.* 21 S. 913/28.

EMDE, „technisches" und „absolutes" Maß. *Elektrol. Z.* 25 S. 302/3.

JAEGER, elektrische Normale. *Physik. Z.* 7 S. 361/6.

MUAUX, dimensions générales rationelles et réelles des quantités magnétiques et électriques. *Eclair. él.* 47 S. 5/9.

GUILLAUME, les étalons mercuriels de résistance électrique. *Bull. Soc. él.* 6 S. 7/21.

b) Spannungs- und Stromstärkemesser. Voltmeters and ammeters. Voltmètres et ampèremètres.

ABRAHAM, galvanomètre à cadre mobile pour courants alternatifs. *J. d. phys.* 4, 5 S. 576/8; *Compt. r.* 142 S. 993/4.

Some new electrical instruments. (The DUDDELL thermo-galvanometer; AYRTON-PERRY-DUDDELL twisted strip ammeter; GRASSOT fluxmeter.) * *Electr.* 56 S. 559/60.

Thermo-galvanomètre DUDDELL. * *Electricien* 31 S. 20/1; *Ind. él.* 15 S. 221/2; *Mechaniker* 14 S. 197/8.

EDELMANN, Saiten Galvanometer mit photographischem Registrier-Apparat.* *Physik. Z.* 7 S. 115/22.

EINTHOVEN, Mitteilungen über das Saitengalvanometer. Analyse der saitengalvanometrischen Kurven. Masse und Spannung des Quarzfadens und Widerstand gegen die Fadenbewegung. * *Ann. d. Phys.* 21 S. 483/514 F.

FREUDENBERGER, factors determining the design of the D'ARSONVAL galvanometer.* *El. World* 48 S. 959/60.

FRANKLIN and FREUDENBERGER, the alternating-current D'ARSONVAL galvanometer. *El. World* 48 S. 569.

FRANKLIN and FREUDENBERGER, new type of alternating-current galvanometer. * *El. World* 48 S. 718.

SHEPARD, measurement of power in three-phase systems.* *El. World* 47 S. 563/4.

SUMPNER, new iron-cored instruments for alternate-current working. (V. m. B.) * *J. el. eng.* 36 S. 421/68.

Galvanomètre enregistreur de BLONDEL et RAGONOT et ses applications à l'étude des courants alternatifs. (Description du galvano-

mètre enregistreur; applications à l'inscription strobographique des courbes des courants alternatifs.)* *Bull. Soc. él.* 6 S. 419/37.

FREUDENBERGER, factors determining the design of needle galvanometers.* *El. World* 48 S. 607/8.

GRAY, Galvanometer zur Bestimmung von Widerständen nach der Substitutionsmethode. * *Z. phys. chem. U.* 19 S. 95/8.

JAEGER, Drehspulengalvanometer. (Empfindlichkeit des Nadelgalvanometers, Drehspulengalvanometer.) *Ann. d. Phys.* 21 S. 64/86.

SMITH, damping of a ballistic galvanometer. *Phys. Rev.* 22 S. 250/1.

WHITE, every-day problems of the moving coil galvanometer. *Phys. Rev.* 23 S. 382/98.

WILSON, the theory of moving coil and other kinds of ballistic galvanometers. *Electr.* 57 S. 860/1.

ZELENY, precision measurements with the moving coil ballistic galvanometer.* *Phys. Rev.* 23 S. 399/421.

WELLS, note on the vibration galvanometer. *Phys. Rev.* 23 S. 504/6.

Das BROCAsche Galvanometer der CAMBRIDGE SCIENTIFIC INSTRUMENT CO. LTD." *Mechaniker* 14 S. 6/7.

Galvanometro telefonico* *Elettricista* 15 S. 338/40.

VICTOR, combination meter. (Reading of volts, amperes, watts and horsepower on one dial)* *El. World* 48 S. 185/6.

KALLMANN, Differential - Spannungsmesser für Gleich- und Wechselstrom (Variations-Widerstands-System.) *Elektrol. Z.* 27 S. 335/8.

KALLMANN, Verfahren zur selbsttätigen Spannungs- und Isolationskontrolle. (V. m. B.) (a)* *Elektrol. Z.* 27 S. 686/50 F.

SCHÜTZE, aperiodische Drehspul-Spannungsmesser in Taschenuhr - Form mit Vorschalt-Dose für mehrere Meßbereiche.* *Elektrol. Z.* 27 S. 1143.

RICHARD, appareils de mesure électriques à double sensibilité. (Variations de l'ampèremètre.) *Rev. ind.* 37 S. 244/5.

PAULS portable micro-ammeter and milli-voltmeter.* *Electr.* 57 S. 699.

WESTINGHOUSE CO., Hochspannungs-Oelvoltmeter.* *Elt. u. Maschb.* 24 S. 299.

Instruments de mesures électriques CHAUVIN et ARNOUX. (Ampèremètres et voltmètres électro-magnétiques à bobine fixe et à fer doux mobile et à bobine mobile et à aimant fixe; ampèremètres et voltmètres thermiques.) *Electricien* 31 S. 49/57.

Instruments de mesure RICHARD. (Voltmètres et ampèremètres à bobine mobile; voltmètres et ampèremètres enregistreurs à bobine mobile; instruments électromagnétiques à bobine fixe.) * *Electricien* 31 S. 225/9.

Instruments de mesure électriques système MEYLAN-D'ARSONVAL. (Voltmètres et ampèremètres à aimant fixe et à bobine mobile; voltmètres et ampèremètres à aimant mobile et à bobine fixe; voltmètres et ampèremètres thermiques.) * *Electricien* 31 S. 369/72.

HOLDER, two new electrolytic meters. (Form of the FARADAY gas voltameter). (V) (A)* *Pract. Eng.* 33 S. 109/10.

BÄUMLER, Trennung der Energieverluste im Voltameter. * *Z. Elektrochem.* 12 S. 481/4.

KISTIAKOWSKY, das Silbertitrationsvoltameter." *Z. Elektrochem.* 12 S. 713/5.

RIESENFELD, Knallgasvoltameter mit Ni-Elektroden und die Bildung von Nickelsuperoxyd. *Z. Elektrochem.* 12 S. 621/3.

BENISCHKE, die Abhängigkeit elektrostatischer

Spannungszeiger von Wechselzahl und Wellenform. *Physik. Z.* 7 S. 525/6.
Electrostatic voltmeter for testing.* *Street R.* 27 S. 91.
WESTINGHOUSE CO. electrostatic voltmeter. (Condenser plates and horn shaped terminals.)* *West. Electr.* 38 S. 40; *Eng. News* 55 S. 46; *El. World* 47 S. 124/5.
BENNDORF, ein mechanisch registrierendes Elektrometer für luftelektrische Messungen.* *Physik. Z.* 7 S. 98/101; *Mechaniker* 14 S. 123/5.
DOLEZALEK, hochempfindliches Zeigerelektrometer. (Elektrostatisches Voltmeter nach THOMSON. Nadel wie Schachtel in Kugelschalenform; die Quadrantenschachtel durch eine Binantenschachtel ersetzt.) (V)* *Z. Elektrochem.* 12 S. 611/13 F.
FISCHER, die elektrostatischen Spannungszeiger. Eine experimentelle Untersuchung über den Einfluß der Lade- und Entladezeit auf die Angaben der Elektrometer. *Physik. Z.* 7 S. 376/80.
COHNSTAEDT, die Empfindlichkeit des Quadrantelektrometers. *Physik. Z.* 7 S. 380.
ELSTER und GEITEL, ein transportables Quadrantelektrometer mit photographischer Registrierung.* *Physik. Z.* 7 S. 493/6; *West. Elektr.* 39 S. 497.
KURZ, Fadenablesung am Blattelektrometer.* *Physik. Z.* 7 S. 375/6.
PASCHEN, ein kleines empfindliches Elektrometer. *Physik. Z.* 7 S. 492/3.
LIPPMANN, méthode permettant de déterminer la constante d'un électrodynamomètre absolu à l'aide d'un phénomène d'induction. *Compt. r.* 142 S. 69/2.
BRYLINSKI, à propos d'un système de mesure des grandeurs énergétiques.* *Éclair. él.* 46 S. 41/50; 321/3.
JUPPONT, un système de mesure des grandeurs énergétiques. *Éclair. él.* 46 S. 281/3, 47 S. 161/6.
Remarques sur un système de mesure des grandeurs énergétiques. *Éclair. él.* 46 S. 241/2.
RASCH, Fernspannungsmessung ohne Prüfdrähte. * *Elektrot. Z.* 27 S. 805/6.
JONA, experiments with high potentials. (Experiments with high potentials on cables and aerial lines, experiment on high-tension cables; rotary spark-gap.)* *Electr.* 58 S. 125/6.
TOEPLER, Funkenspannungen. (Beobachtungen und Messungen.)* *Ann. d. Phys.* 19 S. 191/209.
Tension, différence de tension, potentiel, différence de potentiel, force électromotrice.* *Éclair. él.* 46 S. 121/31.
KNOBLOCH, Apparate zum Prüfen von Leitungen auf ihren Ladezustand. * *Mechaniker* 14 S. 88/90.
POLLAK, Potentialmessungen im Quecksilberlichtbogen ⊠ *Ann. d. Phys.* 19 S. 217/48.

c) Verbrauchsmesser. Energymeters. Compteurs d'énergie électrique.

NIETHAMMER, falsche Drehstromzählerschaltungen.* *Ell. u. Maschb.* 24 S. 247/8.
PICKARD, the measurement of received energy at wireless stations.* *El. Rev. N. Y.* 49 S. 980/1.
BAUMANN, calculateur d'électricité. * *Électricien* 32 S. 97/100.
BROCQ, les compteurs en général et plus spécialement les compteurs électriques. (Tarifs; compteurs à prépaiement, à dépassement.) *Mém. S. ing. civ.* 1906, 2 S. 22/31.
BASTIAN, electrolytic recording wattmeter.* *West. Electr.* 39 S. 487.
HOLDEN, two new electrolytic meters. (V. m. B.)* *J. el. eng.* 36 S. 393/405; *El. Rev.* 58 S. 35/7.
Electrolytic meters. (The electrolyte, a solution of caustic soda, is contained in an iron vessel, and

the current is passed through it between electrodes of nickel.)* *Eng. Chicago* 43 S. 319.
SCHWARTZ, ein neuer Gleichstromzähler. * *El. Ans.* 23 S. 1065/6.
BECKMANN, Gleichstrom-Ampèrestundenzähler mit umlaufendem Anker.* *Elektrot. Z.* 27 S. 647/50.
„Veritas", Wattstundenzähler für Gleichstrom, Form E.* *El. u. polyt. R.* 23 S. 106/7.
DUNCAN, alternating-current integrating wattmeter. * *West. Electr.* 39 S. 488.
SANGAMO, wattmeter for direct or alternating current.* *West. Electr.* 39 S. 526.
Alternating current instruments. (Wattmeter with current transformer; wattmeter with resistance coil and current transformer.)* *El. Rev.* 59 S. 152/4.
Large capacity recording wattmeters. (Threephase instrument; two pairs of series and shuntdynamometer coils connected in the manner used with ordinary wattmeters.)* *El. World* 47 S. 493/4.
FACCIOLI, a new induction watt-hour meter. *El. World* 47 S. 1266/8.
Induktionszähler für einphasigen Wechselstrom, Form KJ, und Drehstrom mit gleichbelasteten Zweigen, Form DM und DO, der A. E. G. * *Elektrot. Z.* 27 S. 497/9.
Induktionszähler für Drehstrom, Form D1 der A. E. G. *Elektrot. Z.* 27 S. 499/501.
Induktionszähler mit Glockenanker für einphasigen Wechselstrom, Formen W und WJ, hergestellt von der Fa. SIEMENS & HALSKE in Berlin und den SIEMENS-SCHUCKERTwerken in Nürnberg.* *Elektrot. Z.* 27 S. 927/8.
Induktionszähler für Wechselstrom, Form ACT, der DANUBIA A. G. für Gaswerks-, Beleuchtungs- und Meßapparate in Straßburg i. E.* *Elektrot. Z.* 27 S. 677/9.
GÖRNER, dynamometrische Wattmeter und ihre Verwendung.* *Schw. Elektrot. Z.* 3 S. 209/11.
GRADENWITZ, german prepayment meters for the sale of current.* *West. Electr.* 39 S. 41/2.
GUARINI, the testing of electric meters.* *West. Electr.* 39 S. 97/8.
JACKSON, calibration of wattmeters. *Eng. Chicago* 43 S. 103.
Integrating wattmeters on the cars of the Clinton Street Ry. *Street R.* 27 S. 705.
DE KERMOND, compteur électrique de temps pour tramways.* *Électricien* 31 S. 245.
KUBIERSCHKY, Wagenzähler für Straßenbahnen. (Elektrizitätszähler.) *Elektr. B.* 4 S. 59/61.
WATTMANN, wattmeters and other current recorders for cars. *Street R.* 28 S. 435/6.
VICTOR, combination meter. (Reading of volts, amperes, watts and horsepower on one dial.)* *El. World* 48 S. 185/6.
v. MOLO, Ablesevorrichtungen an Elektrizitäts-Gas- und Wasassermessern. (Zählwerke mit schleichenden Zeigern und nur einmaliger Uebersetzung.) * *Wschr. Baud.* 12 S. 70/4.
REVILLIOD, le compteur „Cosinus JR". *Schw. Elektrot. Z.* 3 S. 293/4.
Compteur „Cosinus" de la COMPAGNIE ANONYME CONTINENTALE pour la fabrication des compteurs (Paris). (Compteur pour courant alternatif simple; compteur pour courant alternativ simple avec distribution à trois fils; compteurs pour distributions diphasées à 3 et 4 fils; compteurs pour distributions triphasées à 3 et 4 fils.)* *Électricien* 31 S. 86/91.
WAGMÜLLER, Zeitzähler. (V) * *Elektrot. Z.* 27 S. 822/4.
Zeitzähler mit mehreren Zählwerken.* *El. Ans.* 23 S. 561/2.

Elektrizitäts-Selbstverkäufer der SIEMENS - SCHUC-KERT-WERKE.* *Prom.* 17 S. 410/3.

WRIGHT, demand indicator. * *West. Electr.* 39 S. 487.

SOLOMON, limitations of three-wire energy motor-meters. *El. Rev.* 59 S. 327/8.

Type C 6 THOMSON recording wattmeter.* *West. Electr.* 39 S. 487.

Einige Mitteilungen über Zählerprüfklemmen.* *Schw. Elektrot. Z.* 3 S. 563/4 F.

BUSCH, eine neue elektromagnetische Feldanord-nung. (Im Kraftlinienweg wird ein geschlossenes starkes Feld erzeugt, Wattstundenzähler.) *Elektrot. Z.* 27 S. 25/6.

d) Widerstandsmessung. Resistance measur-ing. Mesure de résistance.

JAEGER, vergleichende Betrachtungen über die Emp-findlichkeit verschiedener Methoden der Wider-standsmessung. (THOMSONsche bezw. WHEAT-STONEsche Brücke; Differentialgalvanometer-Methode; Kompensationsmethode; Zusammenstel-lung der Formeln; Vergleichung der verschie-denen Methoden.) *Z. Instrum. Kunde* 26 S. 69/84, 260/2.

APPEYARD, measurement of electrical conductivity of short rods. (Elimination of end-contact resi-stance; reduction of the KELVIN bridge to two parallel bridge - wires of equal length, provided with a slider and a battery - loop; diameter or mass differences; conductivity scales.) (V)* *Min. Proc. Civ. Eng.* 164 S. 389/400.

EVERHED's patent bridge - megger.* *El. Rev.* 59 S. 410/1.

LEEDS & NORTHRUP CO., slide-wire bridge. *El. Rev. N. Y.* 49 S. 995.

Tragbare Telephon-Meßbrücke.* *Erfind.* 33 S. 260/1.

Meßbrücke zur direkten Bestimmung eines Ueber-gangswiderstandes.* *El. Anz.* 23 S. 136.

BLACK, Widerstand von Spulen für schnelle elek-trische Schwingungen. (Untersuchung.) * *Ann. d. Phys.* 19 S. 157/68.

BURLEY, testing of a low resistance by means of ordinary laboratory instruments. *El. Eng. L.* 37 S. 843/5.

BERCOVITZ - TREPTOW, Isolationsmessungen an Gleich- und Wechselstromanlagen. (Dreileiter-anlagen; Wechselstromanlagen; Dreieckschal-tung; Sternschaltung.)* *Z. Dampfk.* 29 S. 72.

FRANZ, über einen neuen Isolationsprüfer. *Elek-trot. Z.* 27 S. 1126/7.

MÜLLENDORFF, Isolationsmesser für Dreileiter-anlagen mit ungeerdetem Mittelleiter.* *Elektrot. Z.* 27 S. 313, 501/2.

STEFFEN, automatisch wirkender Isolationsprüfer mit Gleichstrom - Magnetinduktor. * *Mechaniker* 14 S. 76/7.

Leakage and insulation resistance indicator for use in mines.* *Iron & Coal* 72 S. 1868.

A three-phase leakage indicator. (The apparatus consists of a milliamperemeter of the longscale type working on the induction principle, a four way switch provided with an automatic spring-back arrangement to keep it normally on the first contact, and three incandescent lamps all mounted on one board.)* *Electr.* 56 S. 802.

COHNREICH, die Bestimmung von Isolation, Wider-stand und Kapazität von Schwachstromkabeln.* *El. Anz.* 23 S. 431/4.

DE FOREST PALMER, inductance and capacity bridge.* *Phys. Rev.* 23 S. 55/63.

DIESSELHORST, MAXWELLs Methode der abso-luten Messung von Kapazitäten. *Ann. d. Phys.* 19 S. 382/94.

DEVAUX-CHARBONNEL, mesure de la capacité et

de la self - induction des lignes télégraphiques. *Compt. r.* 143 S. 112/5.

ROSA und GROVER, absolute Messungen von Selbstinduktionen.* *Elektrot. Z.* 27 S. 753/4.

WILSON, a method for the measurement of self-induction.* *Electr.* 56 S. 464.

WILSON, self-induction effects in steel rails. (Ex-periments.) *Electr.* 56 S. 757/9.

ROSS, Widerstandsänderungen dünner Metallschich-ten durch Influenz. Eine direkte Methode zur Bestimmung der Zahl der negativen Leitungs-Elektronen.* *Physik. Z.* 7 S. 373/5, 462.

BROCA et TURCHINI, résistance des électrolytes pour les courants de haute fréquence. *Compt. r.* 142 S. 1187/9.

BRYLINSKI, resistance of conductors to variable currents. *Electr.* 57 S. 970.

DIESSELHORST, thermokraftfreie Kompensations-apparate mit kleinem Widerstand. * *Z. In-strum. Kunde* 26 S. 173/84, 297/305; *Electr.* 58 S. 63/4.

Ohmmètres compensés à cadran. * *Ind. él.* 15 S. 61/3.

KORN, appareil servant à compenser l'inertie du sélénium. *Compt. r.* 143 S. 892/5.

Technische Kompensationseinrichtungen mit WES-TON-Normal-Instrumenten.* *El. Anz.* 23 S. 757/9.

GRAY, Galvanometer zur Bestimmung von Wider-ständen nach der Substitutionsmethode.* *Z. phys. chem. U.* 19 S. 95/8.

KUHN, Widerstandsbestimmung von Kohlen unter Anwendung zweier Quecksilberkontakte. (Die beschriebene Einspannvorrichtung für Kohlen gestattet bei der Widerstandsbestimmung die Verwendung zweier Quecksilberkontakte und eine möglichst vollständige Ausscheidung der Ueber-gangs- und Zuleitungswiderstände.)* *Elektrot. Z.* 27 S. 651/3.

MILNER, the use of the secohmmeter for the mea-surement of combined resistances and capa-cities. (Consists essentially of two rotary com-mutators mounted on the same axle, by the ro-tation of which rapid reyersals of the battery and galvanometer terminals of a WHEATSTONE's bridge system may be produced.) *Phil. Mag.* 12 S. 297/317; *Electr.* 58 S. 60/3.

PETRY, Vorrichtung zur Auffindung von Kurz-schlüssen und Unterbrechungen in elektrischen Leitungen.* *Z. Beleucht.* 12 S. 171/2.

RAYMOND, locating faults in induction motors. *Eng. Chicago* 43 S. 90/1.

SCHMIDT, Beiträge zur Kenntnis des Barretters. (Hitzdrahtinstrument für quantitative Arbeiten auf dem Gebiet der drahtlosen Telegraphie.)* *Phy-sik. Z.* 7 S. 642/4.

SMITH, methods of high precision for the compa-rison of resistances.* *Electr.* 57 S. 976/8.

STILL, notes on the calculation of star resistances.* *El. Eng. L.* 38 S. 654/6.

TAYLOR, limitations of the ballistic method for magnetic induction. *Phys. Rev.* 23 S. 95/100; *Electr.* 57 S. 968/9.

WILLOWS, electrical resistance of alloys. * *Phil. Mag.* 12 S. 604/9.

WILSON, effective resistance and inductance of steel rails. *Electr.* 57 S. 584.

The predetermination of the temperature rise in cables.* *El. Eng. L.* 38 S. 95/6.

Erwärmungsversuche mittels Drehstromes an Ka-beln.* *Elektrot. Z.* 27 S. 813/4.

e) Messung des Magnetismus. Measuring of magnetism. Mesure du magnétisme.

CADY, magnetischer Deklinograph mit selbsttätiger

Aufzeichnung.* *Physik. Z.* 7 S. 710/3; *Phys. Rev.* 22 S. 249/50.

CAMPBELL, the PICOU permeameter. * *Electr.* 58 S. 123/5.

HEYDEN, eine Polwaage.* *Central-Z.* 27 S. 217/8.

HILL, the irreversibility of the HEUSLER alloys. *Phys. Rev.* 23 S. 498/503.

INGERSOLL, an improved method of measuring the infra-red dispersion of magnetic rotation; and the magnetic rotatory dispersion of water. *Phys. Rev.* 23 S. 489/97.

MESLIN, mesure des constantes magnétiques.* *Ann. d. Chim.* 8, 7 S. 145/94.

YOUNG, measurements of inductance and impedance. (The measurement of inductance and impedance of telegraph and telephone circuits, including overhead wires, loops, single-wire, concentric, submarine and other cables. Eddy currents and other disturbing factors on the measurements are considered, the receiving-end and sending-end impedances and their measurement are reviewed.) *Electr.* 58 S. 398/400 F.

Testing of cast-iron and other materials by the EWING permeability bridge. *J. el. eng.* 36 S. 220/8.

f) Verschiedenes. Sundries. Matières diverses.

STEIDLE, die praktische Anwendung direkter Zeitbestimmung im Meßwesen der Schwachstromtechnik. (Prüfung der Arbeitsweise verschiedener Relaisarten; Ermittlung der Selbstinduktionskoeffizienten und Verlustwiderstände verschiedener Stromkreise.)* *Elektrot. Z.* 27 S. 763/8; *Electr.* 57 S. 971.

ZAHM, the care and maintenance of electric meters. *West. Electr.* 38 S. 384.

BREYDEL, Nutzanwendung der Elektrizität zum Auffinden von Metallen am Meeresboden sowie zur Bestimmung der Meerestemperatur in verschiedenen Tiefen. *El. Anz.* 23 S. 1284/5.

Electrical methods for determining the location of metallic ores. (BROWN's apparatus.) * *West. Electr.* 39 S. 4/5.

DIECKMANN, die zur Zeit üblichen luftelektrischen Meßmethoden.* *Prom.* 17 S. 593/8 F.

Recent development with the oscillograph.* *West. Electr.* 38 S. 218.

GENERAL ELECTRIC CO., oscillograph. * *El. World* 47 S. 578.

GRADENWITZ, das FLEMINGsche Cymometer. (Wellenmesser.)* *El. Anz.* 23 S. 227/9.

JONES, the oscilloscope.* *Electr.* 56 S. 881.

Oscillografo PAGNINI.* *Elettricista* 15 S. 134/5.

RAMSAY, oscillographs and some of their recent applications.* *Electr.* 57 S. 884/7.

ROSSET, longueur d'onde et vitesse de propagation des phénomènes électriques. *Éclair. él.* 48 S. 631/3.

STRASSER und ZENNECK, phasenwechselnde Oberschwingungen. (Folgende Methoden: Man läßt die Schwingung einwirken auf ein resonierendes System, einen Kondensatorkreis, in dem sich ein Strom- oder Spannungsmesser befindet und dessen Wechselzahl variierbar und bekannt ist, und variiert die Wechselzahl stetig.) * *Ann. d. Phys.* 20 S. 759/65.

FLEMING, the measurement of high-frequency currents and electric waves. (Measurement of frequency and resonance.) *El. Eng. L.* 37 S. 21/6, 87/9; *Electr.* 56 S. 520/2 F.; *El. Rev.* 58 S. 155/8 F.

OWENS, electric accelerometer.* *Mech. World* 39 S. 7/8.

v. DRYSDALE, accurate speed, frequency and acceleration measurements. (FARADAY speed indicator; electrically-driven tuning fork with slits; ROLLER stroboscope; acceleration tests; obser-

---

vation of cyclic irregularity or hunting; frequency measurement; measurement of slip.)* *El. Rev.* 59 S. 363/5 F.

LANGSDORF, new type of frequency meter (system BEGOLE).* *El. Rev.* 58 S. 114.

HOPPER, simple experiments with currents of high tension and frequency. * *Sc. Am. Suppl.* 61 S. 25186.

Frequenzmesser von HARTMANN & BRAUN.* *Schw. Elektrot. Z.* 3 S. 580.

DUDDELL, mesure des courants alternatifs de faible intensité et de grande fréquence. *Electricien* 31 S. 145/9 F.

GATI, measurement of feeble high-frequency currents. *El. World* 47 S. 1341/3.

PRUKERT, Verfahren zur Messung von Wechselstrom Frequenzen. (Die Periodenzahl eines Wechselstromes kann durch Wägung nach dem gleichen Verfahren bestimmt werden, nach welchem die Ermittlung von Selbstinduktionskoeffizienten geschieht. Dieses Verfahren wird besonders bei Messung hoher Periodenzahlen in Betracht kommen.) *Elektrot. Z.* 27 S. 768/9; *Electr.* 57 S. 1018/9.

SUMPNER, the theory of phasemeters. *Phil. Mag.* 11 S. 81/107.

SUMPNER, phasemeters and their calibration. * *Electr.* 56 S. 760/2.

DRYSDALE, the measurement of phase differences.* *Electr.* 57 S. 726/8 F.

Polyphase power measurement: the double-wattmeter method.* *El. Rev.* 58 S. 34.

GATI, the measurement of the constants of telephone lines. (The effective resistance, the effective reactance, the effective conductance and the effective susceptance.)* *Electr.* 58 S. 81/2.

GROSSELIN, mesures de sécurité à conseiller pour l'exploitation des réseaux à courant alternatif. (Résonance de marche normale des harmoniques; décharges et influences atmosphériques dans les réseaux aériens en totalité ou en partie.) *Bull. Soc. él.* 6 S. 343/60.

HABER und LIESE, Messung der Dichtigkeit vagabundierender Ströme im Erdreich.* *Z. Elektrochem.* 12 S. 829/52.

HARTMANN & BRAUN, A. G., Frankfurt a. M., aperiodischer Normal-Strom-, Spannungs-, Isolationsund Widerstandsmesser für Gleichstrom.* *Elektrot. Z.* 27 S. 314/5.

KRÜGER, Batterie für elektrostatische Messungen.* *Physik. Z.* 7 S. 182/3.

MEISZNER, Fehlerquelle bei thermoelektrischen Messungen. *Sits. B. Wien. Ak.* 115, IIa S. 847/57.

MESSERSCHMITT und LUTZ, Ablesevorrichtung zur Bestimmung von Mittelwerten registrierter Kurven. *Z. Instrum. Kunde* 26 S. 142/5.

MÜLLENDORFF, Neuerungen an Präzisionsinstrumenten.* *El. Anz.* 23 S. 1245/7.

MÜLLER, J. und KÖNIGSBERGER, optische und elektrische Messungen an der Grenzschicht Metall-Elektrolyt. (V) *Physik. Z.* 7 S. 796/801.

SHAW, electrical measuring-machine for engineering gauges and other bodies. * *Proc. Roy. Soc.* 77 S. 340/64; *Engng.* 81 S. 865/8; *Am. Mach.* 29, 2 S. 134/7.

POYNTING, the SHAW measuring machine.* *Eng.* 102 S. 73/4.

SPRINGER, an improved spark recorder. (Constructed by HOFF, LANG, MOWRY and PAYNE.)* *El. Eng. L.* 38 S. 208/9; *El. World* 48 S. 134.

WATSON, a simple method of measuring sparking voltages. (V. m. B.) *Electr.* 57 S. 53/4; *J. el. eng.* 37 S. 295/304.

DESSAUER, eine neue Dämpfung für elektromagne-

tische Instrumente, insbesondere für Wechselstrom-Instrumente. *El. Anz.* 23 S. 217/8.

VOEGE, Meßgerät für schwache Wechselströme. (Vakuum-Thermo-Instrument) *Elektrot. Z.* 27 S. 467/8.

Instrument zur Messung von Wechselströmen. (Hitzdrahtinstrument.) * *Dingl. J.* 321 S. 14/5.

FERRANTI - HAMILTON alternating - current meter. (Consists in employing a shunt magnet having large magnetic leakage through non-hysteretic and nonconductive material.) * *West. Electr.* 38 S. 54.

KOUBITZKI, nouvelle méthode de mesure des courants alternatifs.* *Ind. él.* 15 S. 516/9.

SUMPNER, Iron-cored alternate-current instruments. *El. Rev. N. Y.* 48 S. 301/3; *Electr.* 56 S. 641/3; *Gas Light* 84 S. 495/6.

WERTHEIM - SALOMONSON, die Messung von schwachen Wechselströmen. *Physik. Z* 7 S. 463/5.

WITTMANN, Versuche mit Wechselstromanzeigern.* *Z. phys. chem. U.* 19 S. 329/33.

WESTINGHOUSE ELECTRIC & MANUFACTURING CO., graphic recording electrical instruments. (Arranged to operate on the relay principle, the motor element actuating contacts, which in turn energize a pair of solenoids arranged to move the pen.) *El. World* 47 S. 676/7.

Apparate zur Bestimmung des Ladezustandes elektrischer Leitungen.* *El. Anz.* 23 S. 254/6.

Mesures faites sur l'arc au mercure fonctionnant avec une forte pression de vapeur. *Eclair. él.* 48 S. 211/9.

A propos des formules de correction de l'amortissement dans les appareils de mesure balistiques. *Ind. él.* 15 S. 373/6.

Portable WRIGHT demand indicator for transformer testing.* *West. Electr.* 38 S. 478.

Qualitätsmesser für RÖNTGENstrahlen von ROPIQUET.* *Mechaniker* 14 S. 257/8.

Exhibition of apparatus at the Physical Society. (CALLENDAR - GRIFFITHS self-testing - bridge; COLLIN's mercury plug contact; chronograph for recording variations in speed of engines; CAMPBELL's bifilar galvanometer; spring-suspended moving coil galvanometer; coil and suspension of spring-suspended galvanometer; SIMMANCE & ABADY's combustion recorder.)* *Electr.* 58 S. 367/9.

„Variatoren" und ihre Verwendung zu Messungen in elektrischen Zentralen.* *J. Gasbel.* 49 S. 1100/2.

ASHE, interurban train testing apparatus. (Recording instrument; line voltage, motor current, wheel revolutions, time in half seconds, and instantaneous speed.) *Street R.* 28 S. 378/82.

Die Tätigkeit der Physikalisch-Technischen Reichsanstalt im Jahre 1905. (a) *Z. Instrum. Kunde* 26 S. 109/25 F.

7. Elektrizitätswerke. Electric works. Usines électriques. Siehe diese.

8. Verschiedenes. Sundries. Matières diverses.

SEELMAN, organising the sale of electricity. (Organisation and conduct of a new business department suitable for central stations in cities of 50,000 population and under.) *El. World* S. 411/2.

HONIGMANN, die elektrotechnische Industrie im Jahre 1905. *Ell. u. Maschb.* 24 S. 43/8 F.

DE COURCY, electrical progress of 1905 on the Continent. (a). *West. Electr.* 38 S. 13/5.

Electrical industry in Great BRITAIN in 1905. *West. Electr.* 38 S. 10/3.

NORRIS, electrical progress in United States in 1905. *West. Electr.* 38 S. 6/9.

HOCHENEGG, Einfluß der Elektrotechnik. *Z. Oest. Ing. V.* 58 S. 601/6.

FRÄNKEL, die augenblicklichen Aufgaben der Elektrotechnik im Eisenbahnwesen. (Erzeugung der Zugkraft und Kraftlieferung für Hülfsmaschinen, Beleuchtung und Signale.) *Organ* 43 S. 176.

GLIER, die Amerikaner im Wettbewerb mit der deutschen Elektrizitätsindustrie auf dem Weltmarkt. *Elektrot. Z.* 27 S. 1/4.

HENNIG, neue Verwendungen der Elektrizität im Weltverkehr. *Prom.* 17 S. 625/9.

KÜBLER, die vermeintlichen Gefahren elektrischer Betriebe. *Schw. Elektrot. Z.* 3 S. 283/4.

MOREL, les dangers d'incendie par l'électricité. *Bull. Rouen* 34 S. 421/4.

NIETHAMMER, Unglücksfälle durch Elektrizität. *Ell. u. Maschb.* 24 S. 87/8.

SCHUBERTH, die elektrischen Betriebe, ihre Gefahren, Sicherheits- und Unfallverhütungsvorschriften. *Ratgeber, G. T.* 6 S. 185/90.

Unfälle in elektrischen Betrieben der Bergwerke Preußens im Jahre 1905. *Z. Gew. Hyg.* 13 S. 672/5.

Unfälle durch elektrische Leitungen. (Fehlerhafte oder unzweckmäßig gebaute Ausschalter.) *Z. Bair. Rev.* 10 S. 39.

Accidents dus à l'électricité. *Electricien* 32 S. 362/3.

Körperschädigungen durch Blitzschläge als Betriebsunfälle. *Ratgeber, G. T.* 6 S. 136/9.

WEIL, Bayerische Jubiläums-Landes-Ausstellung, Nürnberg 1906. *Z. El. u. polyt. R.* 23 S. 441/3 F.

Elektrotechnisches von der Nürnberger - Landes-Ausstellung. (Hauptschalttafel der elektrischen Zentrale; Konstantstrom-Transformator; Aufzug mit Druckknopfsteuerung für Gleichstrom, Druckknopfsteuerung mit Einphasen - Wechselstrommotor; elektrisch betriebene Hauswasserpumpe; Elektrizitäts - Selbstverkäufer; Oscillograph von SIEMENS & HALSKE; THOMPSONsche Doppelbrücke von EDELMANN; Polarisationszelle mit Eisen-Aluminium-Elektroden; „Gummon" der ISOLATOREN-WERKE MÜNCHEN; Automatzähler mit ausschaltbaren Preisrädern.) *Z. Bayr. Rev.* 10 S. 153/5.

Die Starkstromtechnik auf der Bayerischen Jubiläums-Landes-Industrie-Gewerbe- und Kunstausstellung Nürnberg 1906.* *Elektr. B.* 4 S. 436/9.

HERZOG, die Mailänder Ausstellung. (Drehgestell mit zwei Normalbahnmotoren der FELTEN & GUILLAUME-LAHMEYERWERKE; fahrbare elektrisch angetriebene Luftpumpe der FELTEN & GUILLAUME-LAHMEYERWERKE.)* *Elektr. B.* 4 S. 597/601.

REYVAL, exposition universelle de Milan. (Exposition de la SOCIÉTÉ WESTINGHOUSE; matériel électrique exposé par la COMPAGNIE INTERNATIONALE D'ÉLECTRICITÉ DE LIÈGE et la SOCIÉTÉ BROWN-BOVERI.) (a) *Eclair. él.* 49 S. 167/76F., 294/300.

Die Elektrizität auf der Allgemeinen hygienischen Ausstellung Wien. (Anwendungsformen der Elektrizität, insofern sie auf die Tätigkeit der Gesundheitspflege, des Rettungs- und Sanitätswesens ergänzend, fördernd und verbessernd einwirkt.) *Elektrot. Z.* 27 S. 772/3.

BIRKELAND, the fixation of atmospheric nitrogen in electric arcs.* *El. Rev.* 59 S. 233/4.

BREYDEL, Nutzanwendung der Elektrizität zum Auffinden von Metallen am Meeresboden sowie zur Bestimmung der Meerestemperatur in verschiedenen Tiefen. *El. Anz.* 23 S. 1284/5; *J. Goldschm.* 27 S. 403.

DIBOS, de la dispersion artificielle du brouillard par l'électricité. *Electricien* 32 S. 179/83.

Dispersione della nebbia mediante l'elettricità. *Elettricista* 15 S. 294/5.

FREUND, die Elektrizität im Berliner Dom. (Vom

BOCHUMER VEREIN FÜR BERGBAU UND GUSZ-STAHLFABRIKATION gelieferter Läutemechanismus; Personenaufzug; Ventilatoren.) *Uhlands T. R.* 1996, Suppl. S. 1.

GERLAND, Neuerungen in der Elektrotechnik. (Elektrische Beleuchtung; Telegraphie und Telephonie; Elemente und Sammler; Dynamomaschinen; Umformer und Gleichrichter; elektrische Erhitzung und Heizung; Arbeitsübertragung; elektrische Eisenbahnen; Leitungen, Isolatoren, Hilfsapparate, Sicherheitsmaßregeln; Messen und Meßgeräte.) (Jahresbericht.) *Chem. Z.* 30 S. 245/8.

GUARINI, electricity in hospitals.* *Sc. Am.* 94 S. 44/6.

KOCH, Verwendung der Elektrizität in Hüttenbetrieben.* *Schw. Elektrot. Z.* 3 S. 123/5 F.; *Z. O. Bergw.* 54 S. 417/24.

Cutting of steel piling by electricity. (In the construction of the new Hoffman House, at New York City; alternating current was utilized from the 2,500 volt, single-phase lines of the United Electric Light & Power Co.)* *Eng. Rec.* 54 S. 634/5.

KNOWLTON, extending the uses of electricity. (Its applications to domestic service.)* *Cassier's Mag.* 30 S. 99/105.

METZGER, modern electrical developments. (Central stations; load factor; price of current; motor loads; tramways; railways; accumulators.) (V) (a) *Mech. World* 39 S. 56/7 F.

MIESLER, Neuerungen auf dem Gebiete der Schwachstromtechnik mit besonderer Berücksichtigung der Eisenbahnen. (V) *Ell. u. Maschb.* 24 S. 172/3.

V. MOLTKE, Feuerwehr und Elektrizität. *Elektrot. Z.* 27 S. 601/7; *Fabriks Feuerwehr* 13 S. 50/1.

MOSCICKI, Beseitigung der durch atmosphärische Elektrizität in den elektrischen Anlagen verursachten Betriebsstörungen. *Schw. Elektrot. Z.* 3 S. 157/8 F.

VOGLER, einige Konstruktionen von Elektrisier-Automaten.* *Mechaniker* 14 S. 183/6.

Two electrical factories at Birmingham. (The manufacture of electric cooking and heating apparatus; the making of conduits for electric wiring.)* *El. Rev.* 59 S. 750/5.

Direkte Erzeugung von Musik durch Elektrizität. *El. Anz.* 23 S. 395/6.

The generating and distributing of music by means of alternators.* *El. World* 47 S. 519/21.

Elektrischer Backofen. *Erfind.* 33 S. 499/500.

Proposed utilization of heat from gas-mantle lamp to produce electric power.* *West. Electr.* 39 S. 121.

L'électricité sur les navires de guerre anglais. *Electricien* 31 S. 124/6.

Hardening and annealing by electricity. *El. Rev.* 59 S. 815/6; *Iron & Coal* 73 S. 120.

Les applications de l'énergie électrique dans l'agriculture.* *Nat.* 34, 2 S. 411/5.

New outfit for electrically thawing water pipe.* *Gas Light* 84 S. 141/2.

Elemente zur Erzeugung der Elektrizität. Batteries for generating electricity. Piles pour la production de l'électricité.

1. Primärelemente.
2. Sekundärelemente.
   a) Theorie und Allgemeines.
   b) Ausführungsformen.
3. Thermosäulen.
4. Elemente zur Erzeugung der Elektrizität direkt aus Kohle.

1. Primärelemente. Primary batteries. Piles primaires.

Moderne galvanische Elemente. *El. u. polyt. R.* 23 S. 502/3.

ARENDT, das Kupferoxyd-Zink-Element von WEDE-KIND.* *Elektrot. Z.* 27 S. 27/8; *Arch. Post* 1906 S. 151/7.

Das „WEDEKIND"-Element. (Primär-Element der Type Kupfer-Zink-Alkali.)* *Elektrochem. Z.* 13 S. 3/11.

LE BLANC, Zwitterelemente. (Verhalten des Tellurs in KOH.) *Z. Elektrochem.* 12 S. 649/54.

BRANDT, Herstellung und Wartung galvanischer Elemente. *El. u. polyt. R.* 23 S. 421/6.

CROCKER, the DECKER primary battery. (Of the two fluid type with zinc plates immersed in dilute sulphuric acid and graphite plates in a solution of sodium bichromate and sulphuric acid.)* *El. World* 48 S. 724/7; *Electr.* 58 S. 296/7; *Sc. Am. Suppl.* 62 S. 25736/7.

COLE and BARNES, aluminium magnesium cell. *Electrochem. Ind.* 4 S. 435.

GERMAIN, das französische Blockelement. (Als Erregerflüssigkeit dient Chlorammonium; als Elektroden wirken zwei Zinkplatten und eine von pulverisierter Kohle und Mangan_superoxyd umgebene Kohlenplatte.)* *Mechaniker* 14 S. 49/51.

GUTHE, new determination of the E. M. F. of the Clark- and cadmium standard cells by means of an absolute electrodynamometer. *Phys. Rev.* 22 S. 117/9.

HULETT, ein neues Normalelement. (Pole bestehen aus Kadmium und 5—15% Kadmiumamalgan; Elektrolyt ist Kadmiumsulfat.)* *Mechaniker* 14 S. 31; *CBl. Akkum.* 7 S. 251/4; *Electr.* 57 S. 861/4 F.; *Phys. Rev.* 23 S. 166/83.

HULETT, electrolytic mercurous sulphate as depolarizer for standard cells. *Phys. Rev.* 22 S. 47/51.

HULETT, mercurous sulphate and standard cells. (The question of hydrolysis; the preparation of electrolytic mercurous sulphate.) *Electr.* 57 S. 708/11; *Phys. Rev.* 22 S. 321/38.

VON STEINWEHR, Einfluß der Korngröße auf das Verhalten des Mercurosulfats in den Normalelementen. (V. m. B.) *Z. Elektrochem.* 12 S. 578/81; *Chem. Z.* 30 S. 557.

WATTIEZ et DE GROVE, piles à gaz.* *Ind. text.* 22 S. 58/60.

HABER, Gasketten bei hohen Temperaturen. *Z. Elektrochem.* 12 S. 415/6.

HABER und BRUNER, Nachtrag zu der Arbeit: Das Kohlenelement, eine Knallgaskette. *Z. Elektrochem.* 12 S. 78/9.

HABER und FLEISCHMANN, die Knallgaskette. (Theoretisches; Experimentelles; Versuche mit Porzellan als Elektrolyten; HABER und FOSTER, die Knallgaskette. Anordnung der Messungen an Porzellan; Wasserstoffkonzentrationsketten bei 860° C; Sauerstoffkonzentrationsketten; die Knallgaskette bei 860° C; Versuche bei höherer Temperatur.) *Z. anorgan. Chem.* 51 S. 245/314, 356/68.

LORENZ und HAUSER, Oxydtheorie der Knallgaskette. *Z. anorgan. Chem.* 51 S. 81/95.

BERTHIER, nouvelles piles électriques. (Pile FRIEND; élément double DE BLEY; électrode STRRET; pile WILSON; pile BEGEMANN; élément CUPRON; élément alcalin à oxyde de mercure.)* *Cosmos* 55, I S. 268/71.

HERING, DECKER primary battery for large currents. (Bichromate cell; two porous cups corrugated and three graphite plates with inside ribs, se-

cured together and to the bottom of the cell, to form mechanically a single piece; graphite plate, zinc plate; for a relatively small number of lights, small motors for fans, sewing machines, organs, piano players, dental engines, cauteries, for train lighting, launches, automobiles; comparison with a standard storage battery.) (V) (A) *J. Frankl.* 162 S. 337/44.

Sur un élément au charbon.* *Eclair. él.* 46 S. 415/20.

La pile au charbon. (Pile JACQUES au charbon.) *Cosmos* 55, I S. 126/30.

KRÜGER, oszillatorische Entladung polarisierter Zellen.* *Ann. d. Phys.* 21 S. 701/55.

WILDERMAN, galvanic cells produced by the action of light. (The chemical statics and dynamics of reversible and irreversible systems under the influence of light.) *Phil. Trans.* 206 S. 335/401.

WILSON, some concentration cells in methyl and ethyl alcohols.* *Chem. J.* 35 S. 78/84.

FISCHER, A., das DURA-Trockenelement. (Versuche. Verwendung im Ruhestrombetrieb.) (D. R. P. 157416.) *Krieg. Z.* 9 S. 254/6.

Use of regenerative primary cells on a large scale.* *West. Electr.* 38 S. 263.

2. Sekundärelemente. Secondary batteries. Piles secondaires.

a) Theorie und Allgemeines. Theory and generalities. Théorie et généralités.

ROLOFF und SIEDE, Neuerungen auf dem Gebiet der Akkumulatorentechnik im Jahre 1905. *Z. Elektrochem.* 12 S. 220/3.

WARSCHAUER, der gegenwärtige Stand der Akkumulatoren-Industrie.* *CBl. Akkum.* 7 S. 95/103.

HERKENRATH, die Heizung der Gießformen von Akkumulatoren-Gittern.* *CBl. Akkum.* 7 S. 145/7.

ROSSET, Studie über das Gitter.* *CBl. Akkum.* 7 S. 67/72 F.

ROSSET, mechanischer Widerstand der Blei-Antimon-Legierungen für Akkumulatoren-Gitter.* *CBl. Akkum.* 7 S. 159/63.

ROSSET, Methode zur schnellen Bestimmung der Reinheit von Blei-Antimon-Legierungen für Akkumulatoren-Gitter. *CBl. Akkum.* 7 S. 173/4.

Storage batteries and battery plants.* *Street R.* 28 S. 1191.

Recherches pratiques sur l'accumulateur au sulfate de zinc. *Eclair. él.* 46 S. 369/77.

Batteries-tampons et survolteurs.* *Ind él.* 15 S. 306/10.

Charge des accumulateurs utilisés comme reservoir d'énergie.* *Ind. él.* 15 S. 352/3.

Batteries d'accumulateurs avec éléments de réduction. *Ind. él.* 15 S. 377/9.

Les batteries d'accumulateurs. *Electricien* 32 S. 374.

Deterioration in storage batteries.* *West. Electr.* 38 S. 119.

ASPINAL, secondary cells: their deterioration and the causes.* *J. el. eng.* 36 S. 406/20.

VOGL, Wesen und Verwendung der Akkumulatoren. (a)* *Bayr. Gew. Bl.* 1906 S. 62/5 F.

EDLER, Gruppenladung der Akkumulatoren-Batterien. *El. u. polyt. R.* 23 S. 45/6 F.

COWPER-COLES, recent storage battery improvements. (The alkali nickel cell; various types of grids; thermo-electric and concentration effects; cut-off point of discharge; cut-off point for traction cells; defects of negative pasted plate.)* *Electr.* 58 S. 133/5 F; *Pract. Eng.* 34 S. 622; *El. Rev. N. Y.* 49 S. 858/61 F; *El. Eng. L.* 38 S. 660/4 F.

CRAWTER, storage batteries and their application to public institutions. (V)* *El. Eng. L.* 37 S. 131/3 F.; *Pract. Eng.* 33 S. 204/6; *Electr.* 56 S. 518/20; *El. Rev.* 58 S. 79/80.

GOETZE, die Benutzung von Akkumulatoren-Batterien in elektrischen Anlagen in Verbindung mit Gasmotoren.* *CBl. Akkum.* 7 S. 25/7.

SLOAN, the use of storage batteries in the electric lighting of steam passenger equipment.* *El. Rev. N. Y.* 49 S. 920/3.

STRONG, installing a storage battery and booster. *El. Mag.* 6 S. 305/6.

KNOPF, verbesserte Schalteinrichtung für die im Telegraphenbetriebe verwendeten Sammlerbatterien.* *Elektrot. Z.* 27 S. 919/23.

JACOBI, wirtschaftliche Schaltung zur Ladung von Akkumulatorenbatterien im Anschluß an 500-voltige Gleichstrombahnen.* *Elektrot. Z.* 27 S. 244/7.

SALTER, economic considerations in the employment of storage batteries. (V. m. B.) *J. el. eng.* 37 S. 228/44; *El. Eng. L.* 37 S. 528/31; *Electr.* 56 S. 1005/8; *El. Rev.* 58 S. 780/2.

COREY, charging storage batteries from alternating current circuits; the mercury arc rectifier. (Rectifier tube.) (V)* *Railr. G.* 1906, I S. 352/3.

COMMELIN et VIAU, accumulateur. (Alliage à base de cadmium et d'étain qui ne donne lieu à aucune décharge spontanée, et permet une rapide décharge volontaire.)* *Rev. ind.* 37 S. 358/9.

HERWEG, eine billige Hochspannungsbatterie für elektrostatische Messungen.* *Physik. Z.* 7 S. 663/5.

HOLLIS and ALEXANDER, the regulation of the pressure of storage of lighting batteries.* *El. Eng. L.* 37 S. 706/8 F.; *Electr.* 57 S. 216/7.

LEWIS, the potential of the oxygen electrode. *J. Am. Chem. Soc.* 28 S. 158/71.

SCHOOP, Verteilung der Stromlinien im Elektrolyten des Sammlers. *CBl. Akkum.* 7 S. 193/5 F; *Elektrochem. Ind.* 4 S. 268/71 F; *J. d. phys.* 4, 5 S. 809/26.

VICARBY, storage batteries and their electrolytes. (The author deals with the lead accumulator from the manufacturing point of view, as apart from laboratory experiments, stress is laid upon troubles due to ammonia when nitrogen plays a part in the formation, and experiences due to nitrogen compounds are related. Finally, the author claims to have discovered a new irreducible sulphate of lead, and discusses the effect of certain impurities on current-density in formation.) *Electr.* 58 S. 411/13.

LYNDON, electrolyte density in storage cells. (V) *Elektrochem. Ind.* 4 S. 214/6.

BAILEY, maximum efficiency of a storage battery.* *El. World* 47 S. 829/30.

VORREITER, Verbesserungen der Elektromobile und Akkumulatoren. *Ann. Gew.* 59 S. 152/4.

RAE, the proper size and voltage of storage battery cells for electric automobiles. *El. World* 48 S. 1151/2.

Calcul de la grandeur des éléments d'une batterie d'accumulateurs pour une capacité donnée quand la décharge s'effectue à intensité variable.* *Ind. él.* 15 S. 447/8.

Capacity of a battery of accumulators operating at variable output. *El. Rev. N. Y.* 49 S. 937.

Kapazitätsprüfung von Akkumulatorenbatterien. (Vgl. Jg. 9 S. 242.) *Z. Bayr. Rev.* 10 S. 49.

SCHMIDT-ALTWEGG, die Akkumulatorensäure und ihre Verunreinigungen. *CBl. Akkum.* 7 S. 113/7.

b) Ausführungsformen. Constructions.

BÜTTNER, Aluminiumzellen. * Z. Elektrochem. 12 S. 798/808.

DIAMANT, negative Bleischwammplatten. CBl. Akkum. 7 S. 11/2.

ZEDNER, das chemische und physikalische Verhalten der Nickeloxyd-Elektrode im JUNGNER-EDISON-Akkumulator. Z. Elektrochem 12 S. 463/73.

Chemische Zusammensetzung der Nickeloxyd-Elektrode im JUNGNER-EDISON-Akkumulator. Dingl. J. 321 S. 189.

EDISON iron-nickel storage battery. * West. Electr. 39 S. 22; El. Rev. 59 S. 450/1.

GRÄFENBERG, weitere Mitteilungen über den JUNGNER-Akkumulator. CBl. Akkum. 7 S. 13.

The making of metallic films for the EDISON storage battery. Iron A. 78 S. 150.

HUTCHINS storage batteries and battery plates. * West. Electr. 38 S. 317.

OPPERMANN, the X accumulator. Electr. 57 S. 142.

PETERS, Climax-Akkumulatoren. CBl. Akkum. 7 S. 1/2.

PREMIER ACCUMULATOR CO, accumulators.* El. Rev. 58 S. 570/2.

PREMIER CO's accumulator tests. * El. Rev. 59 S. 288/9.

Akkumulator mit allotropem Blei nach ROSSET. CBl. Akkum. 7 S. 305/8.

REID, the dynelectron. (Self-regenerating storage battery in which heat is utilized directly as the reducing agent, and iron oxide is the medium.)* West. Electr. 38 S. 59/60

ROLOFF, der alkalische Akkumulator. (V) Elt. u. Maschb. 24 S. 507/14.

SCHOOP and LIAGRE, containers for alkaline and lead accumulators. (Hard-rubber containers; containers of sheet iron or steel.) * Electrochem. Ind. 4 S. 103/4 F.

STEVENSON, test of a KITSEE storage battery.* El. World 47 S. 1089/90.

TURRINELLI, accumulatori elettrici leggeri „Fulgor".* Elettricista 15 S. 10.

Storage battery plates.* El. World 48 S. 681.

Soupape électro-mécanique pour la charge des accumulateurs par le courant alternatif. (Redresseur SOULIER.) * Cosmos 55, 1 S. 119/21.

DRY, celluloid. (Celluloid for storage battery cells and other purposes.) Horseless age 18 S. 369/70.

3. Thermosäulen. Thermo-electric batteries. Piles thermo-électriques.

LECHER, Theorie der Thermoelektrizität. * Sitz. B. Wien. Ak. 115, IIa S. 173/96.

HEIL, neuere Beobachtungen an thermo elektrisch wirkenden Körpern und Vorführung thermoelektrischer Starkstrom-Generatoren. (V. m. B.) * Elektrot. Z. 27 S. 936/8.

HEIL, Thermoelement Dynophor. (Besteht aus einem gelochten runden Gehäuse, welches innen den Brenner enthält. Ueber dem Brenner ist an acht Stahlstäbchen (in aus einer besonderen, nicht oxydierbaren Metallegierung hergestellter Heizkörper aufgehängt.) * El. Ans. 23 S. 55.

HENDERSON, the thermo-electric behavior of silver in a thermo-element of the first class. * Phys. Rev. 23 S. 101/24.

ONNES und CROMMELIN, Verbesserung des geschätzten Thermoelements; Batterie von Normalthermoelementen und ihre Anwendung zur thermoelektrischen Temperaturmessung. Z. Instrum. Kunde 26 S. 343/4.

WHITE, the constancy of platinum thermoelements, and other thermoelement problems. Phys. Rev. 23 S. 372/5.

WHITE, the constancy of thermoelements. Phys. Rev. 23 S. 449/74.

4. Elemente zur Erzeugung der Elektrizität direkt aus Kohle. Batteries for generating electricity directly from carbon. Piles à transformer directement l'énergie chimique du carbone en électricité. Fehlt.

Elfenbein. Ivory. Ivoire.

Elfenbein verschiedenartig zu färben. (R) J. Goldschm. 27 S. 169.

Email, Emaillieren. Enamel, enamelling. Émail, émaillure.

SCHMIDT, HERMANN, die Technik und Geschichte des Email und der Emailmalerei. (V) D. Goldschm. Z. 9 S. 330a/1a.

SCHRAML, Emaillierung und neuere Emaillieröfen (Patent ZAHN.)* Stahl 26 S. 37/41.

VONDRÁČEK, Chemie der Eisenemaillierung. Chem. Z. 30 S. 575/7; Sprechsaal 39 S. 1373/5.

SCHLEMMER, zur Entwicklung der Emaillierung auf Gußeisen und ähnlicher Verfahren. Stahl 26 S. 350/3.

Emaillieren von Eisenwaren unter Benutzung von Calciumphosphat. Met. Arb. 32 S. 4.

Entfernungsmesser. Rangefinders. Télémètres. Vgl. Instrumente 6, Messen und Zählen, Vermessungswesen 3, Waffen.

BALZAR, Vergleich zwischen Küstendistanzmessern mit horizontaler und mit vertikaler Basis.* Mitt. Artill. 1906 S. 887/928.

RIGHI, sulla misurazione di distanze con base verticale nelle batterie da costa. (Relazione fra distanza, quota della sezione ed angolo di sito del bersaglio; diverse specie di telemetri; parti essenziali d'un telemetro; errori di misurazione dovuti a cause perturbatrici; rettificazione d'un telemetro; limite d'impiego.) * Riv. art. 1906, 1 S. 63/109.

BROCKMANN, plastisches Sehen und stereoskopische Projektion. (Stereoskop von ZEISS; Strahlengang im Stereotelemeter; telestereoskopisches Landschaftsbild mit über der Landschaft schwebender stereoskopischer Meß-Skala; Standtelemeter; Stereokomparator.) (V) (A) Bayr. Gew. Bl. 1906 S. 123/7.

CAPRILLI, collimotore a riflessione per telemetri. Riv. art. 1906, 1 S. 116/36.

CUREY, télémètre de dépression du capitaine NETTO de l'artillerie brésilienne. (Télémètre de dépression constitué par une lunette terrestre dont on fait varier l'inclinaison au moyen d'une vis micrométrique. Essais.) Rev. d'art. 68 S. 267/77.

HENSOLDT & SÖHNE, ein neuer Entfernungsmesser.* Central-Z. 27 S. 5/6.

Entwässerung und Bewässerung. Drainage and irrigation. Dessèchement et irrigation. Vgl. Abwässer, Kanalisation, Wasserversorgung.

KENT, drainage laws. Brick 24 S. 97/100.

BABB, experiment to determine „N" in KUTTER's formula. (Current meter measurements; computation of the discharge; vertical velocity in irrigation canal near Kimball, Alberta.) * Eng. News 55 S. 122/3.

LUEDECKE, Erhöhung der Erträge durch Entwässerung und Drainage. Kulturtechn. 9 S. 1/6.

DAPPERT, sedimentation: its relation to drainage. (In the Inlet Swamp Drainage District near Amboy, Ill.; system of open ditches; scouring velocities to prevent the deposition of silt; cross section and gradient of artificial channels con-

form to that of the natural streams.) (V) (A) *Eng. News* 55 S. 105, 125/6.

MILLER, Menge und Zusammensetzung des Drainagewassers von unbebautem und ungedüngtem Land. *CBl. Agrik. Chem.* 35 S. 799/804.

CAMERON, composition of the drainage waters of some alkali tracts. *J. Am. Chem. Soc.* 28 S. 1229/33.

SCHNEIDER, Straßenentwässerung in Ortschaften ohne Kanalisation. * *Z. Transp.* 23 S. 618/21.

Drainage of earth roads. (Tile drainage; tile for agricultural drainage; formula to determine the amount of water removed by tile; surface drainage; maintenance.) * *Eng. Rec.* 53 S. 561/6.

Concrete culverts. (For public highways. Various kinds of reinforced concrete used in the slab covering.)* *Cem. Eng. News* 17 S. 250.

KAUTZ, Bedeutung der Hochmoore in der Königlichen Oberförsterei Sieber im Harz. (Das Hochmoorgebiet ist kein Wasserbehälter für die Umgebung; Vertorfung durch den sofortigen Wasserabfluß von der Hochmoor-Oberfläche; den langsamen Abfluß bewirkende Gräben gegen Vertorfung.)* *Z. Forst.* 38 S. 668/82.

Entwässerung der Domäne N. (Lösung einer gestellten Aufgabe.) * *Techn. Z.* 23 S. 197/200.

LÜHNING, Dampfschöpfwerk für den Damerow-Vehlgaster Deichverband. (Kreiselpumpe mit MEHLISZ & BEHRENS.) ▣ *Z. Bauw.* 56 Sp. 115/24.

SBRIZAJ, die Entwässerung des Laibacher Moores.* *Z. Moorkult.* 4 S. 129/38.

RIEDEL, kulturtechnische Arbeiten, ausgeführt im bosnisch-herzegowinischen Karste. (Niederschläge; Oberflächengestaltung; Abflußverhältnisse; Erhaltung bezw. Erhöhung der Schluckfähigkeit der unterirdischen Hohlräume; Verbauung der Saugschlünde; Stauweiher zum Gacko-Polje; Sperrmauer im Musica-Fluß bei Kline; Bewässerungsnetz.)* *D. Bauz.* 40 S. 211/3 F.

Operation of the Reading, England, sewage farm. (The irrigated land receives sewage three and a half years intermittently, and is then under potatoes and oats two and half years, when the rotation is complete, and rye grass is again planted after the last crop of oats.) *Eng. Rec.* 54 S. 68.

ARNDT, Entsumpfung der Niederung von Vrana. ▣ *Wschr. Baud.* 12 S. 782/9.

FRIEDRICH, kulturtechnische Wasserbauten in Norditalien. (Entsumpfungsarbeiten im Gebiete der Lagunen von Caorle; Bewässerungsanlagen an der Vettabia; Bewässerungen am Gute Massalengo bei Lodi.) ▣ *Allg. Bauz.* 71 S. 31/4.

HESSE, the HOFFMAN drainage tunnel. („Big Vein" working of the Consolidation Coal Co. Length 10679,4', 8' wide and 7' high; sinking a shaft near the center to a depth of 174' and driving heading east and west; capacity 7,000 gal. per minute.) *Eng. Rec.* 54 S. 518.

O'SULLIVAN, CREUZBAUR and ASSERSON, questions regarding changes in the contract for the Gowanus canal flushing tunnel, Brooklyn, N. Y. (Concrete and cast-iron lining proposed as alternative to 16" ring of brick.)* *Eng. News* 56 S. 512/3.

Reclaiming the Site of Grant Park, Chicago. (Derrick, suction dredge.)* *Eng. Rec.* 53 S. 746/8.

Reclaiming low land with sand pumped from a foreshore. (Southerly shore of Long Island raised from its present elevation of 2 to 15' to a uniform elevation of 10'.) *Eng. Rec.* 54 S. 320.

Concrete pressure pipes. (Reclamation service at Los Angeles. Transverse bars for reinforcement.)* *Eng. Rec.* 54 S. 609.

Levee and drainage works at Memphis. (Outlet of storm water sewer; pumping station for storm water; motor for 8" submerged pump and 20' pump and motor; 24" centrifugal pump driven by direct connected induction motor.)* *Eng. Rec.* 53 S. 496/9.

LUPFER, drainage of the Florida Everglades. (Lowering of Lake Okeechobee.) *Eng. News* 55 S. 373/5.

CAMPBELL, concrete tile culverts in Ontario. *Eng. Rec.* 54 S. 403/4; *Cem. Eng. News* 17 S. 287/8.

New drainage methods on the Pennsylvania Rr. (Ditch 10½' wide on each side of a four-track road and the bottom of the ditch 3½' below the level of the top of the tie.)* *Eng. Rec.* 54 S. 559.

FOX, sewers of reinforced concrete pipe in reclaimed land at St. Joseph, Mo. (Sewers made by the JACKSON CEMENT SEWER PIPE CO.)* *Eng. News* 55 S. 262.

MEAD and ELLIOTT, drainage of tidal and swamp lands in South Carolina. (Coastal plain and river lands.) (V) (A) *Eng. News* 56 S. 194.

CORRIGAN, standard concrete barrel culverts. (Built on a branch line of the Missouri Pacific Ry. at Springfield, Mo.)* *Eng. Rec.* 53 S. 354.

Electric motor centrifugal pumping plant for draining the Torresdale tunnel, Philadelphia. (Two high DE LAVAL electric motor centrifugal pumps.)* *Eng. News* 55 S. 98/9.

HARDESTY, Truckee-Carson project of the U. St. reclamation service. (Truckee canal for the conveyance of 1,200 sec.-ft. of water from the lower Truckee Canyon over into Carson basin and to Carson River. Truckee River dam. Truckee River diversion dam and headgates; concrete-lined sections of Truckee canal; headworks of distributing system; diversion dam on Carson River; combined fall and wasteway on main distributing canal.)* *Eng. News* 56 S. 391/401.

WHITE & CO., the Yuma (Arizona and California) project of the U. S. reclamation service. (Laguna dam 4,780' long, 19' high; headgates so arranged as to draw off only the top foot of water into the canals.) *Eng. Rec.* 53 Nr. 15 S. 492a.

PRATT, drain tile and tile drainage. *Brick* 24 S. 268.

MAEUSEL, Drain-Verbindungs- und Drain-Uebergangsrohr. * *Moorkult.* 24 S. 181/4; *Kulturtechn.* 9 S. 126/9.

LUEDECKE, Drainageventile. * *Kulturtechn.* 9 S. 199/202.

PERKINS, Entwässerung von Bouldin Island durch Kreiselpumpen.* *Z. Turbinenw.* 3 S. 204/5.

Prüfung der Kreiselpumpen für die elektrische Entwässerung der Dongepolder. (System NEUKIRCH.) *Ann. Gew.* 58 S. 158.

Sulla bonificazione idroelettrica dei Dongepolders. (Apparecchio misuratore BESTENBOSTEL.) ▣ *Giorn. Gen. civ.* 44 S. 158/65.

LUEDECKE, für künstliche Anfeuchtung von Ackerland erforderliche Wassermenge. *Kulturtechn.* 9 S. 16/21.

KRÜGER, die Notwendigkeit und Möglichkeit der Ackerbewässerung in Deutschland. *Jahrb. Landw. G.* 21 S. 405/23.

Die Ausführung der Wiesenbewässerung. * *Presse* 33 S. 622/4.

ANDERLIND, Mitteilungen über die Bewässerung der Waldungen der Ebene mittels Furchenrieselung und Grabenstaus.) (A) *Z. Forst.* 38 S. 136.

KOREN, Methode für künstliche Wässerung von Küchengärten und Gärtnereien. * *Presse* 33 S. 565/6.

MC GEEHAN, diagram to aid the location of small irrigation canals. (Plotted from tables showing longitudinal slopes of canals, carrying varying

quantities of water at different velocities.) *Eng. News* 55 S. 119/20.

Ausbau der Bewässerungsanlage im Agro Monfalconese. (Betonrohre.) *Wschr. Baud.* 12 S. 129.

MORETTA GABETTI ed VENTURA, bonificazione della bassa pianura bolognese a destra di Reno. (Nuovo ordinamento di scolo; i canali delle acque alte; collettore generale della acque del 30° e delle alte del 4° Circondario e suoi influenti; collettore generale delle acque alte del 6° e 7° Circondario e suoi influenti; i canali delle acque basse.) (a) ◨. *Giorn. Gen. civ.* 44 S. 237/67 F.

Kolmationsanlagen in der Provinz Toskana. ◨ *Allg. Baus.* 71 S. 40/3.

Irrigation of meadows and truck farms in the North Atlantic States. (Water witch carrier used for irrigation in Cumberland Co., N. J.; adjustable irrigation hydrant, used in Suffolk Co., Mass.; types of nozzles used for irrigation in the Northeast.) * *Eng. News* 56 S. 196/7.

Künstliche Bewässerung der dürren Ländereien in den amerikanischen Weststaaten. (Unter Leitung von NEWELL)* *Zbl. Bauv.* 26 S. 68; *Ann. Gew.* 58 S. 31/3.

PATCH, the Belle Fourche irrigation works, South Dakota. (Concrete diverting dam; earth dam 6500' long, 115' in maximum height.)* *Eng. News* 55 S. 210/12.

SLICHTER, underflow canal used for irrigation at Ogalalla, Nebraska. (Causes of failure of underflow canals.)* *Eng. News* 56 S. 4/6.

Construction of irrigation works by the U. S. Reclamation service. *Eng. News* 56 S. 462/3.

Okanogan irrigation project. (Bids asked by U. S. Reclamation service. Conconully dam and Salmon Lake outlet; Aulet works from Salmon Lake; concrete masonry and reinforced concrete work.)◨ *Cem. Eng. News* 18 S. 112.

GATES, irrigation works in Arizona. (Wagon road in the Canyon of the Salt River; cement plant.) (V) *J. Ass. Eng. Soc.* 37 S. 157/62.

The Salton Sea conquered. (Controlling the flow of the Colorado River into the great Salton Sink; system of canals for diverting part of the water of the Colorado River into a system of irrigating canals and thereby reclaiming for agricultural purposes)* *Railr. G.* 1906, 2 S. 420.

Irrigation and drainage investigations, U. S. Office of experiment stations. *Eng. News* 55 S. 135.

RICHARDS and MOULTON, ten year's experience with broad irrigation at Vassar College. (Analysis of the soil.) (V)* *J. Ass. Eng. Soc.* 36 S. 148/54.

VAN ROGGEN, Dreißig Millionen Francs-Projekt für eine Bewässerung in Persien. (Zur Fruchtbarmachung des Gebietes südlich von Ahwaz. Damm an den Stromschnellen des Karunflusses, bestehend aus Betonpfeilern mit beweglichen Sperrschleusen, um den Wasserspiegel des Flusses oberhalb des Dammes zu erhöhen.) *Wschr. Baud.* 12 S. 348.

Bewässerungsanlagen in Arabistan (Südwest-Persien).* *Ann. Gew.* 59 S. 154/7.

Hawaiian pumping plant for irrigation. (Duplex, double acting RIEDLER pump driven by a BULLOCK induction motor.) *Eng. Rec.* 53 S. 350.

COLLINS, irrigation in the Transvaal. (V, ◨ *Min. Proc. Civ. Eng.* 165 S. 265/81.

Der Siphon (Düker) von Sosa bei Monzon (Spanien).* (Bewässerungsanlage auf der aragonischen Hochebene; Gesamtlänge 1018 m, größte Druckhöhe 27 m, Eisenbeton-Röhren von 3,80 m Durchmesser, größte Geschwindigkeit im Rohr-

innern 1,50 m; fetter, inwendig geglätteter Mörtel ist unmittelbar auf die Blechröhre gebracht, die einen Teil der Verstärkung ausmacht; außerhalb der Blechröhre befinden sich kreisförmig gebogene und in der Achsrichtung laufende, gerade in Beton eingeschlossene T-Eisen.)* *Bet. u. Eisen* 5 S. 114/5.

REICHLE, Vorrichtung zum Aufstau von Niederwasser in Bach- oder kleineren Flußgerinnen.* *Zbl. Bauv.* 26 S. 232/4.

CRAFTS, a sand trap for irrigating ditches. *Eng. Rev.* 54 S. 150/1.

Enzyme. Enzymes.

Vgl. Bier, Gärung, Hefe, Kohlenhydrate, Spiritus, Wein.

ARMSTRONG, the nature of enzyme action. *Chem. News* 93 S 48/50.

ARMSTRONG und ORMEROD, studies on enzyme action. (Lipase.) *Proc. Roy. Soc.* 78 B S. 376/85.

BARENDRECHT, Enzymwirkung.* *Z. physik. Chem.* 54 S. 367/75.

DAWSON, Mechanismus der Enzym- und Fermentwirkung. *Z. Spiritusind.* 29 S. 94/5 F.

HERZOG, Geschwindigkeit der Fermentreaktionen. *Z. physiol. Chem.* 48 S. 365/75.

POTTEVIN, action diastasiques reversibles; formation et dédoublement des éthers-sels sous l'influence des diastases du pancréas. *Ann. Pasteur* 20 S. 901/23; *Bull. Soc. chim.* 3, 35 S. 693/6.

BERGELL, Vergleich zwischen der organischen und anorganischen Fermenten. (A) *Z. Spiritusind.* 29 S. 5.

JODLBAUER und v. TAPPEINER, Wirkung des Lichtes auf Fermente (Invertin) bei Sauerstoffabwesenheit. (Anwendung des gesamten Lichtes [sichtbares und ultraviolettes] unter Benutzung von Quarzgefäßen; Schädigung des Invertins.) *Med. Wschr.* 53 S. 653.

SCHMIDT-NIELSEN, die Enzyme, namentlich das Chymosin, in ihrem Verhalten zu konzentriertem elektrischem Lichte. *B. Physiol.* 8 S. 481/3.

CAMUS, action du sulfate d'hordénine sur les ferments solubles et sur les microbes. *Compt. r.* 142 S. 350/5; *Z. Spiritusind.* 29 S. 203.

BACH, Peroxydasen als spezifisch wirkende Enzyme. *Ber. chem. G.* 39 S. 2126/9.

BACH, Einfluß der Peroxydase auf die Tätigkeit der Katalase. *Ber. chem. G.* 39 S. 1670/2.

KLEEMANN, Untersuchungen über Malzdiastase. (Bestimmung der diastatischen Kraft; — des Fermentativvermögens nach der Jodmethode, nach der Reduktionsmethode. Abhängigkeit der Diastasebildung vom Wassergehalt der keimenden Gerste; Keimversuche unter Wasser.) *Alkohol* 10 S. 20/2 F.

FRÄNKEL und HAMBURG, Versuche zur Herstellung von Reindiastase und deren Eigenschaften. *B. Physiol.* 8 S. 389/98; *Z. Spiritusind.* 29 S. 415; *Z. Bierb.* 34 S. 405/10; *Brew. Trade* 20 S. 469/70.

SCHNEIDEWIND, MEYER und MÜNTER, über Enzyme. (Wirkung frischer Diastaselösungen und ausgefällter Produkte; Wirkung der aus dem MERCKschen Präparat hergestellten Produkte; — von Eiweiß, Pepton, Asparagin; — verschiedener Säuren; Wirkung sauer reagierender, — alkalisch reagierender Salze.) *Landw. Jahrb.* 35 S. 911/22.

SAIKI, die enzymatische Wirkung des Rettigs (Raphanus sativus L.) (Darstellung einer Diastase.) *Z. physiol. Chem.* 48 S. 469/72.

MARINO e FIORENTINO, azione idrolitica della maltase del malto. *Gas. chim. it.* 36, II S. 395/426.

FERNBACH et WOLFF., J., anti-amylocoagulase. *Ann. Brass.* 9 S. 513/4.

LESSER, Katalase. (Vergleichende quantitative

Bestimmungen über die Wirkung der Katalase verschiedener Organismen.) * *Z. Biologie* 48 S. 1/18.

VAN ITALLIE, Blutkatalasen.* *Ber. pharm. G.* 16 S. 60/5.

ALILAIRE, composition d'un ferment acétique. (Étude de matières minérales.) *Compt. r.* 143 S. 176/8; *Essigind.* 19 S. 298/9; *Z. Spiritusind.* 29 S. 343.

BUCHNER und GAUNT, das Enzym der Essigbakterien. *Essigind.* 10 S. 3/5.

HARDEN und YOUNG, the alcoholic ferment of yeast-juice. (Coferment of yeast-juice.) *Proc. Roy. Soc.* 77 B S. 405/20, 78 B S. 369/75.

HENRY und AULD, Vorkommen von Emulsin in Hefe. *Pharm. Centralh.* 47 S. 739; *Z. Spiritusind.* 29 S. 143, 403.

GROMOW, Einfluß einer starken Zuckerkonzentration auf die Arbeit der Endotryptase in den abgetöteten Hefezellen. *Z. physiol. Chem.* 48 S. 87/91.

SCHEUNERT und GRIMMER, die in den Nahrungsmitteln enthaltenen Enzyme und ihre Mitwirkung bei der Verdauung. *Z. physiol. Chem.* 48 S. 27/48.

STOKLASA, die Enzyme der Zuckerrübe. (V) (A) *Chem. Z.* 30 S. 422.

ZELLNER, das fettspaltende Ferment der höheren Pilze. *Sits. B. Wien. Ak.* 115, 2b S. 119/28; *Mon. Chem.* 27 S. 295/304.

ABDERHALDEN und TERNUCHI, proteolytische Fermente pflanzlicher Herkunft. *Z. physiol. Chem.* 49 S. 21/5.

FERMI, alte und neue Methode zum Nachweis der proteolytischen Enzyme. *CBl. Bakt.* II. 16 S. 176/91; *Z. Spiritusind.* 29 S. 221/2.

FERMI, Reagentien und Versuchsmethoden zum Studium der proteolytischen und gelatinolytischen Enzyme. *Arch. Hyg.* 55 S. 140/205.

ABDERHALDEN und TERNUCHI, proteolytische Wirkung der Preßsäfte einiger tierischer Organe sowie des Darmsaftes. *Z. physiol. Chem.* 49 S. 1/14.

ABDERHALDEN und HUNTER, proteolytische Fermente der tierischen Organe. *Z. physiol. Chem.* 48 S. 537/45.

BIERRY et GIAJA, l'amylase et la maltase du suc pancréatique. *Compt. r.* 143 S. 300/2.

LAQUER, das fettspaltende Ferment im Sekret des kleinen Magens. *B. Physiol.* 8 S. 281/4.

SCHMIDT-NIELSEN, von der behaupteten Indentität zwischen Pepsin und Chymosin. (Pepsin verdaut Eiweißstoffe, während Chymosin oder Lab Milch koaguliert.) *Apoth. Z.* 21 S. 787.

PAPASOTIRIOU, Einfluß von Bakterien auf Pepsin. *Arch. Hyg.* 57 S. 269/72.

PETRY, Einwirkung des Labferments auf Kasein. *B. Physiol.* 8 S. 339/64.

GONNERMANN, Wirkung einiger Enzyme und Darmbakterien auf einige Glykoside und Alkaloide. (Enzyme der Leber; Rübeninvertase, Tyrosinase, Myrosin des Senfsamens zu Spaltungsversuchen.) *Apoth. Z.* 21 S. 976/9F.

THÖNI, Bereitung von Käsererlab mit FREUDENREICHschen Reinkulturen. *Molk. Z. Hildesheim* 20 S. 990/1.

REICHEL und SPIRO, Beeinflussung und Natur des Labungsvorganges. *B. Physiol.* 8 S. 15/26, 365/9.

SELIGMANN, die Reductasen der Kuhmilch. *Z. Hyg.* 52 S. 161/78.

SMIDT, HENRY, über die sog. Reduktase der Milch. *Arch. Hyg.* 58 S. 313/26.

HARDEN and WALPOLE, chemical action of bacillus lactis aërogenes (Escherich) on glucose and mannitol; production of 2:3-butyleneglycol and acetylmethylcarbinol. *Proc. Roy. Soc. B.* 77 S. 399/405.

SELLIER, pouvoir antiprésurant du sérum sanguin des animaux inférieurs. (Poissons et invertébrés.) *Compt. r.* 142 S. 409/10.

GONNERMANN, Tyrosinase. *CBl. Zuckerind.* 14 S. 808/9.

POLLAK, diastatische Präparate und deren praktische Anwendung. *Chem. Z.* 30 S. 219/20; *Z. Bierbr.* 34 S. 215/8.

BOURQUELOT, emploi des enzymes comme réactifs dans les recherches de laboratoire. — Oxydases. *J. pharm.* 6, 24 S. 165/74.

VAN LAER, catalyse diastasique de l'eau oxygénée. *Ann. Brass.* 9 S. 178/80F.

Erdarbeiten. Earth-working. Travaux de terrassement.
Vgl. Bagger, Brücken 2, Eisenbahnwesen I B, Hochbau 5 b.

Novel methods of excavating building sites in Chicago. (An example of excavation, after the existing building on the site of the new structure has been partially or entirely razed, is the Majestic Theatre building, built on concrete footings carried down to rock.)* *Eng. Rec.* 53 S. 330/2.

Excavation of the West Neebish channel, near Sault Ste. Marie. (Concrete pickling vats; 65 t traction shovel with stone exceeding three cubic yards in dipper.)* *Eng. Rec.* 53 S. 321/3.

HILL, plan of excavating the Culebra Cut. *Eng. News* 55 S. 635.

SNOW, progress of excavation on the deepest part of the Culebra Cut.* *Eng. News* 55 S. 545.

WALLACE, proposed plan for excavating the Culebra Cut. (Steam shovel progress; progress diagram for lock canal; track arrangements in connection with steam shovels.)* *Eng. News* 55 S. 228/30.

PURINGTON, thawing frozen ground with hot water. (By means of hot water driven through a force pump and cotton hose and piped against the bank by means of a small fireman's nozzle.) (A) *Eng. Rec.* 53 S. 154.

BIXBY and WRIGHT, cost of canal excavation through peat and soft material. *Eng. Rec.* 53 S. 447/8.

JORDAN CO., Wagen zum Einebnen und zur Herstellung von Böschungen usw. (Auf beiden Seiten eiserne Verbindungsglieder, welche die pflugschararigen hölzernen Platten halten, die beim Fahren des Wagens die Erde seitlich aufgeworfen wird.)* *Z. V. dt. Ing.* 50 S. 507.

Erdgas. Marsh gas. Gas inflammable des marais.

BAUER, Naturgasvorkommen in Körösbánya. *Bohrtechn.* 13 S. 97/9.

Das Naturgas von Draganeasa. *Bohrtechn.* 13 S. 33/4.

Appliances used in boring for gas.* *J. Gas L.* 93 S. 170/1.

Herstellung von Gasolin aus Naturgas. (Durch Verflüssigung.) *Chem. Techn. Z.* 24 S. 61.

Erdöl. Petroleum. Pétrole.
Vgl. Asphalt, Erdgas, Erdwachs, Schmiermittel.
1. Allgemeines.
2. Vorkommen und Gewinnung.
3. Reinigung und Verarbeitung.
4. Eigenschaften, Prüfung.

1. Allgemeines. Generalities. Généralités.

ENGLER, Entstehung des Erdöls. *Chem. Z.* 30 S. 711/4; *Braunk.* 5 S. 285/6.

MARCUSSON, zur Entstehung des Erdöls. *Chem. Z.* 30 S. 788/9.

SCHORRIG, neuere Theorien über Entstehung des Petroleums. *Braunk.* 5 S. 524/5.

WALDEN, optische Aktivität und Entstehung des Erdöls. *Chem. Z.* 30 S. 391/3, 1155/8 F.

Die Entstehung von Kohlen und Petroleum nach POTONIÉ. *Chem. Techn. Z.* 24 S. 33/5.

Zur Frage der Entstehung des Erdöls. *Tiefbohrw.* 4 S. 10/2 F.

KISSLING, die Erdöl-Industrie im Jahre 1905. *Chem. Z.* 30 S. 659/62.

KLAUDY, die Mineralöle und verwandte Produkte im Jahre 1905. *Chem. Zeitschrift* 5 S. 415/9 F.

SINGER, Neuerungen auf dem Gebiete der Mineralöl-industrie im Jahre 1905. (Wissenschaftliche Untersuchungen; technische Analyse; Mineralöl-Fabrikation; Verwendung von Mineralölprodukten.) *Oest. Chem. Z.* 9 S 285/90.

LUX, Petroleum als Brennstoff für Kochzwecke und zum Beheizen von Gebäuden.[a] *Ges. Ing.* 29 S. 563/5.

Das Petroleum als Brennstoff für Kochzwecke und zum Beheizen von Gebäuden.[a] *Z. Beleucht.* 12 S. 329/31.

2. Vorkommen und Gewinnung. Occurence and extraction. Gîtes et extraction.

RICHARDSON, the petroleums of North America. (A comparison of the character of those of the older and newer fields.) (V) *J. Frankl.* 162 S. 57/70 F.

Petroleum in Texas and Louisiana. *Eng. min.* 82 S. 1167.

ENGLER, das Petroleum des Rheintales. *Chem. Techn. Z.* 24 S. 49/50 F.

MÜLLER, WILH., das Erdöl im Elsaß. (Geschichtliches; geologisches; chemische und physikalische Eigenschaften; Gewinnung; Verarbeitung des Rohöles.) *Chem. Techn. Z.* 24 S. 65/6 F.

WALTER, Petroleum am Tegernsee. *Chem. Techn. Z.* 24 S. 150/1.

BREU, Petroleumvorkommen am Tegernsee. *Chem. Techn. Z.* 24 S. 173.

Asphalt und Erdöl in Fraustadt (Posen). *Asphalt-u. Terrind. Z.* 6 S. 400.

Die bituminösen Bodenschätze Kleinasiens. *Chem. Techn. Z.* 24 S. 132.

STAHL, Lagerungsverhältnisse des Erdöls. *Chem. Z.* 30 S. 346.

Petroleum production in 1905. *Iron A.* 78 S. 1141.

Petroleum production in Germany. *Eng. min.* 82 S. 301.

BURNITE, oil pumping in California. (Central storage and distribution station Oakland; trestle tanks; tanks placed on foundations of gravel and imbedded rails; suction header.)[a] *Eng. Rec.* 53 S. 169/70.

FAUCK, Spülbohrung bei der Petroleumgewinnung. (V) *Bohrtechn.* 13 S. 220/3 F.; *Tiefbohrw.* 4 S. 149/50.

FISCHER, E., der Erweiterungsbohrer und die Bohrlochsverrohrung. *Bohrtechn.* 13 S. 3/4.

SORGE, das Spülbohren nach Erdöl.[a] *Glückauf* 42 S. 1411/9; *Tiefbohrw.* 4 S. 150/2 F; *Bohrtechn.* 13 S. 217/20.

Die Spülbohrfrage in Rumänien. *Bohrtechn.* 13 S. 26/8 F.

Zur Frage der Wasserspülung bei Petroleumbohrungen. *Tiefbohrw.* 4 S. 26/7.

Verfahren zur Gewinnung von Steinöl aus bituminösem, anstehendem Gestein. *Tiefbohrw.* 4 S. 179/80.

Die Elektrizität in Petroleumbohranlagen. *Chem. Techn. Z.* 24 S. 139.

EMINGER, Bestimmung des auf dem Boden von

Rohölbehältern angesammelten Wassers.[a] *Dingl. J.* 321 S. 429/30.

3. Reinigung und Verarbeitung. Rectification and working. Raffinage et traitement.

ADIASSEVICH, traitement des huiles de schiste. (En vue de les purifier et particulièrement de les désulfurer on chauffe l'huile sous pression, avec de l'acide sulfurique dilué, ensuite avec de l'alcali caustique et finalement avec du chlorure d'aluminium.)[a] *Corps gras* 32 S. 258/9.

SINGER, Neuerungen auf dem Gebiete der Mineralöl-Analyse und Mineralöl-Fabrikation im Jahre 1905. (Fabrikation.)[a] *Chem. Rev.* 13 S. 105/9.

THIELE, PARKER und FINKE, eine neue Methode der Petroleum-Raffinierung. (Verwendung von Salpetersäure und Reduktion der entstandenen nitrosen Verbindungen durch Kontakt mit einem metallischen Pulver.) *Chem. Techn. Z.* 24 S. 76/7.

LANDSBERG, Verfahren zur Verarbeitung von Mineralölen. *Erfind.* 33 S. 171/2.

CHARITSCHKOW, Versuche, Benzin und Kerosin von guter Qualität ohne Reinigung mit chemischen Agentien zu erhalten. (Zusatz von metallischem Natrium.) *Oel- u. Fett-Z.* 3 S. 146.

Verwendung künstlicher Kälte in Petroleumraffinerien. *Braunk.* 5 S. 561.

Neue Destilliermethode für Wietzer Rohöl. (Ein Destillationsgefäß wird auf die geeignete Temperatur erhitzt, mit einem Vakuumapparat verbunden und überhitzter Dampf eingelassen. Dann wird das Rohöl in Form eines dünnen Strahles eingespritzt.) *Chem. Techn. Z.* 24 S. 129/31.

HÄPKE, neue Destilliermethode für hannoversches Mineralöl. *Braunk.* 5 S. 494.

REARDON, production and properties of gasoline. *Horseless Age* 17 S. 687/8.

HUGO SCHNEIDER A.-G., Petroleumfilter.[a] *Z. Chem. Apparat.* 1 S. 728/9.

BRAUN, festes Petroleum. *Oel- u. Fett - Z.* 3 S. 213/4.

VAN DER HEYDEN, festes Petroleum und Benzin. (Emulsionierung mittels Leims oder Gelatine.) *Seifenfabr.* 26 S. 1009.

Festes Petroleum und Benzin. *Asphalt- u. Teerind.-Z.* 6 S. 177/8.

Procédés chimiques permettant d'obtenir la solidification des éthers et essences de pétrole et de quelques liquides très inflammables. *Cosmos* 55, I S. 14/5.

Nouvelles méthodes de désodorisation des pétroles des huiles de chiste et des huiles de goudron. *Gén. civ.* 49 S. 114/5 F.

DONATH, Reinigung der Abwässer der Mineralöl-Raffinerien. *Oest. Chem. Z.* 9 S. 5/8.

4. Eigenschaften, Prüfung. Qualities, examination. Qualités, examination.

COATES, the series $C_n H_{2n-2}$ in Louisiana petroleum. *J. Am. Chem. Soc.* 28 S. 384/8.

GRAEFE, italienisches Petroleum. *Chem. Rev.* 13 S. 279; *Braunk.* 5 S. 338.

MABERY, Zusammensetzung des amerikanischen Petroleums. (V) (A) *Braunk.* 5 S. 181.

MABERY and QUAYLE, composition of petroleum. (The sulphur compounds and unsaturated hydrocarbons in Canadian petroleum.) *Chem. J.* 35 S. 404/32; *Chem. News* 94 S. 180/3 F.

OLIPHANT, der kalorische Wert des Petroleums. *Chem. Techn. Z.* 24 S. 157/8.

RAKUSIN, Cholesteringehalt der Fette und Erdöle und der wahrscheinlich genetische Zusammenhang zwischen denselben. *Chem. Z.* 30 S. 1041/2.

RAKUSIN, das Phänomen von TYNDALL in seiner

Bedeutung für die Mikroskopie und Geologie des Erdöles. *Rig. Ind. Z.* 32 S. 6/9.

UBBELOHDE, Abhängigkeit der Siedepunkte der Erdöldestillate vom Barometerstande. *Z. ang. Chem.* 19 S. 1855/6.

WIBLEŻYŃSKI, das Boryslawer Rohöl. *Chem. Z.* 30 S. 106/9.

ZALOZIECKI und KLARFELD, Bestimmung der Korrekturen für die spezifischen Gewichte und der Ausdehnungskoeffizienten des Boryslawer und Fustanowicer Rohöles. *Chem. Rev.* 13 S. 213/6.

SINGER, Neuerungen auf dem Gebiete der Mineralöl-Analyse und Mineralöl-Fabrikation im Jahre 1905. (Analysen.) *Chem. Rev.* 13 S. 74/6.

BALBIANO e PAOLINI, sull' analisi degli eteri di petrolio. *Gas. chim. it.* 36, 1 S. 251/6.

BÖHME, Bestimmung von Petroleum, Petroldestillaten und Benzol im Terpentinöl, Kienöl und in Terpentinölersatzmitteln. *Chem. Z.* 30 S. 633/5.

CHARITSCHKOF, Anwendung des Verfahrens der kalten Fraktionierung zur Analyse der Mineralölgemische und auf anderen Gebieten der Chemie. *Braunk.* 5 S. 493.

ENELL, zur Beurteilung des Schmelzpunktes der Vaselinsorten. *Pharm. Centralh.* 47 S. 9.

ENGLER und ROSNER, Untersuchung der Crackinggase eines Baku-Rohöles. *Chem. Techn. Z.* 24 S. 66/8; *Braunk.* 5 S. 336.

GRAEFE, Anwendung der Jodzahl auf Mineralöle. *Pharm. Centralh.* 47 S. 67/9; *Chem. Z.* 30 S. 606.

GREVILLE, composition and valuation of oils used for gas-making purposes. *J. Gas L.* 96 S. 23.

STILLMANN, Heizöl für Lokomotiven. (Analyse.) *Chem. Techn. Z.* 24 S. 11/2 F.

UTZ, die Bromzahl von Petroleum. *Braunk.* 5 S. 525.

VALENTA, Verwendung von Dimethylsulfat zum Nachweis und zur Bestimmung von Teerölen in Gemischen mit Harzölen und Mineralölen und dessen Verhalten gegen fette Oele, Terpentinöl und Pinolin. *Chem. Z.* 30 S. 466/7.

Erdwachs. Ozokerite. Ozocérite.

Die Ozokerit-Ablagerungen von Utah. *Seifenfabr.* 26 S. 732/3.

Essig. Vinegar. Vinaigre. Vgl. Bakteriologie, Säuren, organische 1, Enzyme.

ROTHENBACH, Bericht über die Tätigkeit der Versuchsanstalt des Verbandes deutscher Essigfabrikanten im Jahre 1905. (Wissenschaftlich-technische Arbeiten; chemisch-analytische und biologische Arbeiten.) *Essigind.* 10 S. 65/7 F.

ROTHENBACH, Fortzüchtung von Reinzucht-Essigbakterien und ihre Uebertragung in den Betrieb. *Essigind.* 10 S. 162/3 F.

ROTHENBACH, Schnellessigbakterien. *Jahrb. Spiritus* 6 S. 190/2.

ROTHENBACH und HOFFMANN, W., Vorkommen von Bacterium xylinum in Schnellessigbildnern. *Essigind.* 10 S. 17/8.

HENNEBERG, Schnellessig- und Weinessigbakterien. (Beschreibung fünf neuer Essigbakterien und des B. xylinum.) *Essigind.* 10 S. 89/93 F.; *Wschr. Brauerei* 23 S. 267/72 F.; *Z. Spiritusind.* 29 S. 339/40 F.

HOFFMANN, W., die in den Schnellessigbildnern vorkommenden Bakterien und deren Akklimatisierung. *Essigind.* 10 S. 354/7.

Behandlung der zur Fortzüchtung bezw. zur Entwicklung von Reinzuchtessigpilzen benötigten Kulturflüssigkeiten. *Essigind.* 10 S. 345/6.

LENZE, neuer Essigbildner. (Vorteilhaftere Raumausnutzung durch quadratische Bildner.) *Chem. Z.* 30 S. 1299.

Praktische Winke zur Errichtung einer Essigfabrik. *Erfind.* 33 S. 78/81.

Automatischer Betrieb und Handgüsse bei der Essigfabrikation. *Essigind.* 10 S. 369/70.

STRUBE, Rückgüsse oder nicht; Handgüsse oder automatisches System? *Essigind.* 10 S. 44/5.

LEACH, Nachweis von Aepfelsäure im Essig. *Am. Apoth. Z.* 26 S. 163.

RICHARDSON and BOWEN, determination of mineral acids in vinegar. *Chemical Ind.* 25 S. 836/8.

SCHMIDT, EUGEN, Unterscheidung von Gärungsessig und Essigessenz. *Z. Genuß.* 11 S. 386/91.

SCHMIDT, EUGEN, Essig, sein hygienischer Wert und die Methoden der Unterscheidung des Alkoholessigs von der Essigessenzlösung. *Z. ang. Chem.* 19 S. 1610/11.

WOODMAN and SHINGLER, analyses of American malt vinegar. *Technol. Quart.* 19 S. 401/7.

Die konservierenden Eigenschaften der Essigessenz. (Verunreinigung durch schweflige Säure, Salzsäure, Säuren der gesättigten und ungesättigten Kohlenwasserstoffe, Ketone usw.) *Essigind.* 10 S. 321/2.

LUMIÈRE et BARBIER, stabilité des dissolutions aqueuse et alcoolique d'anhydride acétique. *Bull. Soc. chim.* 3, 35 S. 625/9.

Ester. Siehe Aether.

Explosionen. Explosions. Vgl. Acetylen, Bergbau 5, Sprengstoffe.

1. Dampfkessel-, Dampffässer- u. dgl. Explosionen. Boiler-, steam-chest- etc. explosions. Explosions de chaudières, récipients de vapeur etc. Vergl. Dampfkessel 12, Dampffässer.

SCHNIRCH, über Mängel und Explosionen von Dampfkesseln. (V) (A) *Wschr. Baud.* 12 S. 213.

WALCKENAER, accidents d'appareils à vapeur. *Bull. ind. min.* 4, 5 S. 981/1032.

WALCKENAER, LE CHATELIER, CHESNEAU, les explosions de chaudières. *Rev. ind.* 37 S. 230.

Accidents d'appareils à vapeur survenus pendant l'année 1904. (Résumé des dossiers administratifs.) *Ann. ponts et ch.* 1906, 3 S. 159/69.

Die Dampfkessel-Explosionen während des Jahres 1905. (Tabellen mit Konstruktionseinzelheiten, mutmaßlichen Ursachen der Explosion usw.) *Z. Dampfk.* 29 S. 460/1 F.

Dampfkesselexplosionen in Deutschland während des Jahres 1905.* *Chem. Z.* 30 S. 1011/3.

Die Dampfkesselexplosionen im Deutschen Reiche während des Jahres 1905. (Bericht des Kaiserl. Statistischen Amts.) (a)* *Z. Bayr. Rev.* 10 S. 217/8 F.

Die Dampffaßexplosionen in Preußen im Jahre 1905. *Chem. Z.* 30 S. 1235/6; *Fabriks-Feuerwehr* 13 S. 86.

Bericht des DAMPFKESSEL-UEBERWACHUNGS-VEREINS FÜR DEN REGIERUNGSBEZIRK AACHEN, Dampfkesselexplosionen. (Brüchigkeit des Kesselblechs.)* *Z. Bayr. Rev.* 10 S. 2/3.

HARTFORD BOILER INSPECTION AND INSURANCE CO., Dampfkessel-Explosionen in Amerika im Jahre 1904. (A) *Z. Dampfk.* 29 S. 112/3.

Dampfkessel-Explosionen in Amerika im Jahre 1905. (N) *Z. Dampfk.* 29 S. 159.

Kesselexplosion in Amerika. (In der Emerson-Schuhfabrik in Brockton; Ueberlappungsverbindung mit verborgenem Anbruch.)* *Gieß. Z.* 3 S. 20/5.

Eine Dampfkessel-Explosion. (Uebermäßige Dampfentwicklung mit größter einseitiger Abkühlung des Unterkessels bei längerem Offenstehen der Feuertür.)* *Ratgeber, G. T.* 6 S. 102/4.

ZUNCKEL, Dampfkessel-Explosion. (In Zopten. Stehender Feuerbuchs-Dampfkessel mit Heizröhren; Anordnung der Speisung des Kessels und der Abblasevorrichtung durch ein gemeinsames Rohr; Mangel an Aufsicht.) * *Z. Dampfk.* 29 S. 533/5.

Recent boiler explosion reports. (Explosion from the boiler of the steam drifter „Kingfisher", of Granton. Explosion from the main boiler of the s. s. „Pearl". Explosion from the main boiler of the s. s. „Enterprise".)* *Page's Weekly* 8 S. 1157/8.

Explosion from a main steam pipe on the s. s. „Silurian". * *Page's Weekly* 9 S. 346/7.

Die Dampfkesselexplosion auf dem Kanonenboote „Bennington". (Am Kessel war außer dem Lufthahn auch der Manometerhahn abgesperrt und dadurch das Manometer außer Wirkung gesetzt worden; übermäßig hohe Dampfspannung durch heftiges Feuern.) *Z. Bayr. Rev.* 10 S. 122.

Explosion d'une chaudière de locomotive aux abords de la gare Saint-Lazare, à Paris.* *Gén. civ.* 48 S. 241/3.

LE CHATELIER, explosion de locomotive de la gare Saint-Lazare à Paris. *Rev. métallurgie* 3 S. 63/6.

DUBOIS, explosion of a locomotive boiler near the Saint-Lazare station, Paris. *Page's Weekly* 8 S. 697/8; *Rev. ind.* 37 S. 147/8 F.

Explosion eines Ueberhitzers. (Im Austria-Tiefbau-Kaolin-Schacht in Zedlitz; Seitflammrohrkessel. Anlage unmittelbar hinter den ersten Zuge; unter unmittelbarer Einwirkung der Flammen.) *Z. Dampfk.* 29 S. 423.

Explosion from a cast iron pipe. (At the Willington Colliery, Willington, Durham.)* *Page's Weekly* 8 S. 1326/7.

Explosion eines Kondensationswasserableiters. (Heizungsanlage für einen Webereisaal.) * *Oast. Woll. Ind.* 26 S. 544/5.

2. Staubexplosionen. Dust explosions. Explosions de poussières.

BÉARD, mine explosions. *Eng. min.* 81 S. 952/4.
PICKERING, dust-danger. *Eng. min.* 81 S. 905/6.
SMITH, WATSON, flour mill explosions and dangerous dusts. (V. m. B.) * *Chemical Ind.* 25 S. 54/7.

3. Sonstige Explosionen. Other explosions. Explosions diverses.

FELBER, Explosion und Explosionsschutz. *Fabriks-Feuerwehr* 13 S. 77/8 F.

NOBLE, researches on explosives. *Phil. Trans.* 205 S. 201/36; 206 S. 453/80.

Schutz gegen Explosions- und Feuersgefahr in Gummiwarenfabriken. (Funkenfänger.)* *Fabriks-Feuerwehr* 13 S. 89/90 F.

PETAVEL, the pressure of explosions. (Experiments on solid and gaseous explosives.) *Phil. Trans.* 205 S. 357/98; *Sc. Am. Suppl.* 61 S. 25 172/4 F.

Feuer- und Explosionsgefahren durch Metalle, Oxyde, Säuren, Salze. (Kalium, Natrium, Calcium, Aluminium, Magnesium, Zinn, Wismut, Antimon.) *Fabriks-Feuerwehr* 13 S. 49/50 F.

Metallspäne als Explosivstoff. (Gemisch aus Aluminium- und Messingspänen; Umschmelzversuche.) *Z. Gew. Hyg.* 13 S. 82/3.

EDELMANN, Ursache und Verhütung der Explosionen in der Aluminiumbronze - Industrie. *Chem. Z.* 30 S. 925/6 F.

RICHTER, Ursache und Verhütung der Explosionen in der Aluminiumbronze-Industrie. * *Chem. Z.* 30 S. 324/6.

SCHUBERTH, Explosionen bei der Fabrikation von Aluminiumbronze. *Ratgeber, G. T.* 5 S. 329.

STOCKMEIER, Explosionen in der Aluminiumbronzefarbenindustrie. *Z. ang. Chem.* 19 S. 1665/8; *Chem. Z.* 30 S. 580/1.

Die Dynamitexplosion in dem Bohrturme bei Zappendorf am 4. Mai 1906. * *Z. Bergw.* 54 S. 671/5.

Explosion des Denitrierapparates in einer Dynamitfabrik. (Infolge gleichzeitiger Benutzung eines Montejus sowohl zur Einführung der ungereinigten Abfallsäure in die Nachscheidebottiche, als auch zur Ueberführung der gereinigten Säure in die Denitrierung.) *Z. Gew. Hyg.* 13 S. 52/3.

Die Explosion auf der Roburitfabrik Witten. *Z. Schieß. u. Spreng.* 1 S. 470/1.

Die Roburitexplosion in Witten. *Z. Gew. Hyg.* 13 S. 647/8.

War das Roburit Ursache der Explosion? (Verteidigung des Erfinders ROTH.) *Z. Gew. Hyg.* 13 S. 669/71.

Explosion eines chemischen Apparates. (Unverwendbarkeit von Gußeisen für derartige Apparate; Ueberdruck durch Verstopfungen mit Kalkschlamm; Notwendigkeit eines guten Sicherheitsventils.)* *Ratgeber, G. T.* 6 S. 79 80.

Zur Explosionskatastrophe in der Eisingerschen Fabrik in Wien. (Hinweis auf die Zündung mittels einer wie eine Sammellinse wirkenden Flasche.) *Z. Gew. Hyg.* 13 S. 246/7.

Explosion einer Destillierblase in einer Schmierölfabrik. (Beim Abdrücken des Rückstandes mittels Druckluft; Verhinderung durch Ersatz der Luft durch Kohlensäure oder Abgase der Feuerung.) *Fabriks-Feuerwehr* 13 S. 35.

Explosion von Miniumkitt. (Mit Leinölfirnis verriebene Mennige, Zersetzung des Firnisses; die Oxydationswirkung der sauerstoffreichen Mennige als Ursache der Explosion.) *Fabriks-Feuerwehr* 13 S. 38.

WOLF, K., Explosion eines Papierstoffkochers. (In einer oberfränkischen Papierfabrik durch den Bruch des einen Füllochdeckels. Zwei einander gegenüberliegende Befestigungsschrauben waren wegen Schadhaftigkeit nicht eingesetzt.) *Z. Bayr. Rev.* 10 S. 215/7.

Explosion einer Zentrifugentrommel. (In einer Textilwarenfabrik Böhmens. Absprengung des Blechmaterials von außen.) *Z. Dampfk.* 29 S. 403.

Gasexplosionen und elektrische Entzündungen in Preußen 1899 bis 1903. *Z. Dampfk.* 29 S. 122.

Gasexplosion. (In der Schweiz; infolge zu reichlichen Aufschüttens einer sehr gashaltigen Kohle bei sehr unregelmäßigem Betriebe.) *Z. Dampfk.* 29 S. 420.

Gasoline in sewers. (Explosions in manholes. Danger of pouring motor gasoline in the drainage system.) *Eng. Rec.* 53 S. 611.

HOPKINSON, the explosion of gaseous mixtures and the specific heat of the products.* *Engng.* 81 S. 777/8.

Explosions of coal gas and air. *Iron & Coal* 72 S. 715.

HOPKINSON, explosions of coal gas and air. (The explosion of homogenous mixtures of coal gas and air at atmospheric pressure and temperature is investigated by means of platinum resistance thermometers placed at various points in the explosion vessel.) (V) (A) *Mech. World* 39 S. 218/9; *Proc. Roy. Soc.* 77 S. 387/412.

HOPKINSON, explosion de mélanges de gaz d'éclairage et d'air. (Ces expériences ont pour objet l'étude de la propagation de la flamme en un mélange de gaz d'éclairage et d'air contenu dans un récipient fermé et allumé en

un point par une étincelle électrique.) * *Bull. d'enc.* 108 S. 564/7.

MASON, theories to account for the explosion of the Saratoga septic tank. (The mixture of septic gas and air, between the sewage and the roof of the tank, was ignited by the escape from the sewage of a bubble of phoshine, which burst into flame as it emerged from the sewage. KINNICUTT and BARBOUR believe that a burning match was the cause of explosion.) (V. m. B.) (A) *Eng. News* 56 S. 667/8.

BOSSHARD und HÄUPTLI, Explosion einer Sauerstoffflasche. (Ursachen.) * *Z. Kohlens. Ind.* 12 S. 7/9 F.

NOWICKI, Sauerstoffflaschen-Explosionen.* *Z. Kohlens. Ind.* 12 S. 225/7; *Z. O. Bergw.* 54 S. 31/4.

EFFENBERGER, praktische Versuche über Benzinexplosionen in Gebrauchsgefäßen und das Verfahren MARTINI & HÜNEKE.* *ZBl. Bauv.* 26 S. 267; *Ratgeber, G. T.* 5 S. 345/6; *J. Gasbel.* 49 S. 689/90.

DENNSTEDT, Verhütung der Explosion von Petroleumlampen. (Mitteilungen aus dem chemischen Staatslaboratorium in Hamburg) *Fabriks-Feuerwehr* 13 S. 42F.; *Chem. Z.* 30 S. 541/2.

CHANDLER, the bursting of metal chambers under internal air pressure. (Forged torpedo air flasks.)* *J. Nav. Eng.* 18 S. 112/22.

Unterseeische Explosionswirkungen. *Sprengst. u. Waffen* 1 S. 2/4.

HEMM, Explosion eines gußeisernen Holzdämpfers. (In einer Pappenfabrik zu Brand. Zu starkes oder ungleichmäßiges Anziehen der Verbindungsschrauben der einzelnen Schüsse)* *Papier-Z.* 31, 2 S. 3108; *Z. Bayr. Rev.* 10 S. 55/7.

Extraktionsapparate. Extraction apparatus. Appareils extracteurs. Vgl. Farbstoffe 2, Laboratoriumsapparate, Zucker 5.

KRÜGER, Extraktionsapparate. (Laboratoriums-Extraktionsapparate, — für den Großbetrieb.) * *Z. Chem. Apparat.* 1 S. 281/3.

MAMELI, nuovo apparecchio per estrazione di liquidi.* *Gas. chim. it.* 36, 1 S. 123/5.

PESCHECK, Abänderung des O. FOERSTERschen Fettextraktionsapparates. (Besonderer Einsatz nach CLAUSNITZER und ZUNTZ.)* *Z. ang. Chem.* 19 S. 1513.

Neuer Fettextraktions - Apparat. (JERWITZsche Modifikation. Der Extraktor ist seitlich mit dem Kühler verbunden; Extraktor und Kühler sind aus einem Stück verfertigt.)* *Z. chem. Apparat.* 1 S. 237/8.

BRAUNSCHWEIGISCHE MASCHINENBAU - ANSTALT, extractor for oils, fats etc.* *Eng.* 101 S. 497.

ROGERS, extraction apparatus. (For aqueous infusion.)* *J. Am. Chem. Soc.* 28 S. 194/6.

Système de lixiviation continue et d'épuisement des végétaux. Procédé STEFFEN. (Franz. Pat. 356636.)* *Sucr.* 67 S. 123/7.

WARREN, improved extraction cup. (The substance under treatment is kept at the temperature of the boiling point of the solvent employed.)* *Chem. News* 93 S. 228.

F.

Fabrikanlagen. Factory plants. Usines. Vgl. Dampfkessel 13, Eisenbahnwesen V 4, VI, Elektrizitätswerke.

1. Allgemeines. Generalities. Généralités.

MAY, WALTER J., factory arrangement. *Pract. Eng.* 33 S. 338/9.

MUNCASTER, the design of engineering workshops.* *Eng. Rev.* 14 S. 24/30 F.

Economy in mill driving. (Efficiency of power plants; comparison of three alternate schemes for effecting changes in mill driving.)* *Text. Man.* 32 S. 416.

CAMPBELL, machine shop practice. (V) *Railr. G.* 1906, 1 S. 313/4 F.

Organisation von Maschinenfabriken.* *Uhlands T. R.* 1906, 1 S. 4/5 F.

BUCH und SHEPHARD, Fabrikorganisation. (Statistisches Bureau; Lagerverwaltung.) *Uhlands T. R.* 1906, *Suppl.* S. 7/8 F.

Anordnung der Arbeitsmaschinen in der Fabrik. *Uhlands T. R.* 1906, 1 S. 48.

MÖHRLE, Vorteile des Eisenbetonbaus bei Fabriken. (Feuersicherheit; gute Raumausnützung und große Tragfähigkeit; Widerstandsfähigkeit gegen Erschütterungen.) *Z. Baugew.* 50 S. 173/4.

CUMMINGS, Werkstättengebäude in armiertem Beton.* *Uhlands T. R.* 1906, 2 S. 28/9.

HOOD, das Dach der Fabrik. (Hallenbau mit Oberlichtfenstern; Sägedächer; Drahtglas.) *Z. Gew. Hyg.* 13 S. 80/1.

RICHMOND, saw tooth roofs for factories. (V) (A) *Eng. News* 56 S. 627/8.

HANN, mechanical equipment of collieries.* *Iron & Coal* 73 S. 1506/8.

VIGNOLES, efficiency of steam plant. (Boiler-house economy, plant economy.) (V. m. B.) * *Electr.* 57 S. 457/62.

Rationelle Anlage der Dampfzuführung. (Kesselhaus in der Mitte und rechts und links auf jeder Seite je zwei Papiermaschinen. Papiersaal, BISCHOFroller, Kalander zu ebener Erde; Packraum im ersten Stock.) *W. Papierf.* 37, 2 S. 2252.

ZURFLUH, a central steam heating and power plant.* *Eng. Chicago* 43 S. 399/401.

VANCE, electric power for clay plants from an engineer's point of view. *Brick* 24 S. 280/3.

Electrical equipment of a gas engine factory. *Electr.* 57 S. 304/5.

Electrical equipment of a projectile factory.* *El. Rev.* 58 S. 910/1.

TOWNSEND, modern foundry construction. (V.) * *Mech. World* 40 S. 6/7.

Einrichtung und Betrieb moderner Gießereien.* (Gießhalle von VORM. RICHARD HARTMANN zu Chemnitz; kleine Handels- und Lohngießerei; Aufbereitung der Formmaterialien der VEREINIGTEN MASCHINENFABRIK AUGSBURG UND DER MASCHINENBAUGESELLSCHAFT A.-G., Trockenkammer für große Lehmformen; Lageplan einer Eisen- und Messinggießerei für Formmaschinenguß geringeren Gewichts.)* *Gieß. Z.* 3 S. 141/6 F.

FREYTAG, Umbau und Vergrößerung alter Gießereien.* *Gieß. Z.* 3 S. 366/71.

RIETKÖTTER, Modernisierung einer Gießereianlage. (Aufbereitungs- und Lagergebäude; Bade- und Waschraum für 250 Gießereiarbeiter.)▨ *Uhlands T. R.* 1906, 1 S. 76/7 F.

GEUB, Einrichtung mittlerer Schmiedewerkstätten.▨ *Uhlands T. R.* 1906, 1 S. 49/50.

Dampfturbinen- und Dampfmaschinen - Anlagen. (Kondensationsanlagen für Dampfturbinen. Turbinenfabrik der A. E. G.) *Turb.* 3 S. 81.

LEDUC, i mattoni di arenolite. (Disegni di un' officina, fornitigli dal s. ROEMMELT.)▨ *Giorn. Gen. civ.* 44 S. 425/32.

SCHUBERG, moderne Aetherfabrik System ECKELT.* *Z. Chem. Apparat.* 1 S. 145/7.

Weaving, bleaching, dyeing, and finishing plant. (Power for the preparatory processes supplied by an alternating current; lighting by electricity throughout.)* *Text. Man.* 32 S. 55/6.

Lagerhäuser für Textilfabriken. (Schedbau, Hochbau.) *Uhlands T. R.* 1906, 5 S. 49/50.

POLLEY, zweckmäßige Anlage von Betrieben der Dampfwäscherei, chemischen Putzerei und Färberei-Branche.* *Färber-Z.* 42 S. 796/7.

HOWE, NOEL, equipping a small underwear mill.* *Text. Rec.* 30, 6 S. 134/7.

POWELL, the requirements of a modern drain tile plant. *Brick* 24 S. 225/6.

Power in rubber manufacture. (Application of rope transmission in a rubber plant.)* *Eng. Chicago* 43 S. 699/705.

Posamentenfabrik mit Applikations- und Stickereiabteilung.◨ *Uhlands T. R.* 1906, 5 S. 22.

Engineering in cotton mills. *Eng.* 102 S. 652.

Baumwollspinnerei mit NORTHROP-Weberei. *Uhlands T. R.* 1906, 5 S. 2/3.

BRÜDER HOLZNER, Leinenweberei.◨ *Uhlands T. R.* 1906, 5 S. 41/2.

JOSEPHYs ERBEN, Tuchfabrik. (Entwürfe.)◨ *Uhlands T. R.* 1906, 5 S. 25/6 F.

EICHHORN, Neu- und Umbauten. (Hauptkraftübertragung im Erdgeschoß; Holländer im 1. Stockwerk; Apparate zur Auflösung von Alaun und Erden, Lagerraum für Zellulose, Strohstoff im zweiten Stock.)* *W. Papierf.* 37, 1 S. 1937/40 F.

DAHLHEIM, Neu- und Umbauten. (Holländer-Anlage mit der Hauptkraftübertragung; Papiermaschinenhaus, Kesselhaus, Lüftung.)* *W. Papierf.* 37, 1 S. 16/9.

Druckpapierfabrik entworfen von der MASCHINENBAU-AKT.-GES. GOMMERN-GRIMMA in Holzern i. S.◨ *Uhlands T. R.* 1906, 5 S. 93.

WITTMANN, Wichsefabrik.◨ *Uhlands T. R.* 1906, 2 S. 51.

TOPF & SÖHNE, Fassaden einer pneumatischen Mälzerei.* *Uhlands T. R.* 1906, 2 S. 57.

2. Deutschland, Oesterreich-Ungarn, Niederlande, Belgien und Schweiz. Germany, Austria-Hungary, Netherlands, Belgium and Switzerland. Allemagne, Autriche-Hongrie, les Pays-Bas, la Belgique et la Suisse.

Filzerei der Pilzfabrik G. m. b. H. in Alf a. d. Mosel.◨ *Uhlands T. R.* 1906, 5 S. 84/5.

GUARINI, the works of Wolf, R, at Magdeburg-Buckau, Germany.* *Am. Mach.* 29, 1 S. 41/2.

JAGENBERG-Werke. (Im Erdgeschoß eine Dampfmaschine von 300 P. S., welche u. a. eine Dynamomaschine von 150 P. S. antreibt; die Betriebe des zweiten Stockwerks haben elektrische Kraft.) *Papier-Z.* 31, 2 S. 346o/1.

Das neue Wernerwerk von Siemens & Halske, Akt.-Ges, Berlin. (Glühöfen und Ziehbänke in der Zieherei; Schleiferei und Schwabbelei; Schleifen im Sandstrahlgebläse; galvanische Bäder; Maschinentischlerei; Beschichtungsbühne im Induktionsstahlofen; Abstich des Induktionsstahlofens.)* *Gieß. Z.* 3 S. 484/93; *Z. Dampfk.* 29 S. 354/6 F.; *Eng.* 102 S. 624.

WITTMANN, die Gebäude der Telegraphendraht- und Kabelfabrik vorm. Schacherer, A.-G.◨ *Uhlands T. R.* 1906, 2 S. 11/2.

Fabrikanlage der Mühlenbauanstalt und Maschinenfabrik Amme, Giesecke & Konegen in Braunschweig. (2100 Arbeiter.)* *Uhlands T. R.* 1906, 2 S. 81/2.

The new rolling mill plant at the Union Works, Dortmund.* *Iron & Coal* 72 S. 1663/5.

Mühlenbauanstalt vorm. Gebr. Seck in Dresden.* *Uhlands T. R.* 1906, *Suppl.* S. 3/5.

Die Kalksandsteinfabrik von R. Guthmann in Niederlehme. *Baugew. Z.* 38 S. 619/21.

Werke der Vereinigten Maschinenfabrik Augsburg

und Maschinenbaugesellschaft Nürnberg A.-G.◨ *Gieß. Z.* 3 S. 577/93.

Fabrikbau Hermannshof in Rixdorf. (Baugesellschaft für LOLAT-Eisenbeton; Anordnung der Kellerdecken und der Dachdecke.)* *Zbl. Bauv.* 26 S. 93/4.

KÜHN & DETROY, Baulichkeiten der Fettsäure- und Glyzerinfabrik von Gebr. Krayer im Industriehafengebiet zu Mannheim.◨ *Uhlands T. R.* 1906, 2 S. 29/30; 3 S. 27/30.

SÖHNER, Fettschmelze mit Hautlager des städtischen Schlacht- und Viehhofes in Mannheim.◨ *Uhlands T. R.* 1906, 3 S. 9/10.

Die Fassaden des Bureaugebäudes der Wichsefabrik von A. Krebs in Mannheim.* *Uhlands T. R.* 1906, 2 S. 9/10.

PAUCKSCH, Brennerei-Anlage. (Für das Kgl. Preuß. Privat-Schatullgut Schildberg bei Soldin.)◨ *Uhlands T. R.* 1906, 4 S. 44.

WAGENER, A., Brennerei „Mehrenthin" bei Woldenberg.◨ *Uhlands T. R.* 1906, 4 S. 11.

BARTON, Nachod, Austria, cotton spinning mill.* *Text. Rec.* 31, 5 S. 85/7.

Mechanische Weberei Belohrad.◨ *Uhlands T. R.* 1906, 5 S. 50/1; *Text. Rec.* 32 S. 126/7.

Mechanische Weberei. (Entwurf für die Firma Karl Kopala in Turnau.) *Uhlands T. R.* 1906, 5 S. 67/8; *Text. Rec.* 30, 5 S. 89.

Die niederösterr. Lokomotivfabriken im Jahre 1905. *Lokomotive* 3 S. 184.

Die neue Fabrik landwirtschaftlicher Maschinen von Clayton & Shuttleworth, Wien-Floridsdorf. *Z. Gew. Hyg.* 13 S. 566/8.

Zubauten und Adaptierungsarbeiten im Gebäude der k. k. Hof- und Staatsdruckerei in Wien. *Wschr. Baud.* 12 S. 802/3.

GUARINI, the works of the John Cockerill Co. a Seraing, Belgium.* *Am. Mach.* 29, 2 S. 110/1

The Marcke-Lez-Courtrai roofing tile works Marcke-Lez Courtrai, Belgium.* *Brick* 24 S. 236/9

3. Frankreich und Italien. France and Italy. La France et l'Italie.

French Westinghouse works at Havre. *Pract. Eng.* 34 S. 363/4.

GUILLET, usine de la Société Electrométallurgique Française, à La Praz (Savoie).* *Gén. civ.* 49 S. 89/93 F.

Usine électrométallurgique de la Compagnie Électrothermique Keller et Leleux à Livet (Isère.)* *Gén. civ.* 49 S. 105/10 F.

SÉQUIN-BRONNER, Webereianlage.◨ *Uhlands T. R.* 1906, 5 S. 60/1.

SÉQUIN-BRONNER, Gebäude einer mechanischen Weberei.◨ *Uhlands T. R.* 1906, 5 S. 76/7.

BAHRMANN et MICHELIN, ateliers de cinématographie, rue des Alouettes, Paris. (Aérocondenseur pour chauffer; structure métallique vitrage en verre ou verre armé.◨ *Ann. d. Constr.* 52 Sp. 33/7 F.

Italian works for dyeing and printing fabrics.* *Eng.* 102 S. 364/6.

Papierfabriken von Ambrosio Binda & Co. in Mailand.* *Papier-Z.* 31, 1 S. 1058.

Papierfabrik Pirola & Co. in Corsico bei Mailand. (Elektrischer Betrieb.)* *W. Papierf.* 37, 2 S. S. 3953/8.

Pirelli & Co.'s works in Milan.* *Eng.* 101 S. 599.

Pirelli & Co.'s cable works at Spezia.* *Eng.* 101 S. 599.

4. Großbritannien, Great Britain. Grande-Bretagne.

The Rhymney Locomotive, Carriage and Wagon Works, Caerphilly. *Proc. Mech. Eng.* 1906 S. 613/6.

Melingriffith tin-plate works, Whitchurch, near Cardiff. *Proc. Mech. Eng.* 1906 S. 602/5.

Works of Ferranti Ltd., Hollinwood.* *Eng.* 102 S. 168/70; *Electr.* 57 S. 44/6 F.

Worth Valley Tool Works, Keighley.* *Eng.* 102 S. 62/3.

New factory of the Simplex - Conduits Ltd. at Garrison Lane, Birmingham. * *Pract. Eng.* 34 S. 593.

Plant of the Youngstown Sheet and Tube Co.* *Iron & Coal* 73 S. 657/9.

The Jones & Laughlin Steel Co.'s new structural mill.* *Iron A.* 78 S. 9/13; *Iron & Coal* 72 S. 1662/3.

The English Mc Kenna Process Co. Ltd. (Electrically-driven rolling mills.) ▣ *El. Eng. L.* 38 S. 474/9 F.

Leeds copper works.* *El. Eng. L.* 37 S. 733/6.

The India Rubber, Gutta Percha, and Telegraph Works Co. Ltd. Silvertown.* *El. Eng. L.* 37 S. 726/30.

Gedeckte Helgen bei Swan, Hunter & Wigham Richardson, Wallsend - on - Tyne. *Schiffbau* 7 S. 673/6.

Extension of Hornsby and Co.'s works. * *Pract. Eng.* 34 S. 144/5.

The Birmingham carbon factory.* *Electr.* 56 S. 874/6.

The Woolwich works of Siemens Bros. & Co. Ltd. *El. Rev.* 58 S. 803/7.

HOLDEN, the applications of electricity in the Royal Gun Factory, Woolwich Arsenal (V. m. B.) *J. el. eng.* 36 S. 40/63.

The municipal electrolytic hypochlorite plant at Poplar.* *El. Rev.* 58 S. 911/3.

The works of Messrs. Veritys, Ltd., at Aston. (Armature winding department; light and heavy machine shops; switch department; fan erecting and testing shops; arc lamp assembling; lamp test room; crucible foundry; motor test bed; press and turret shop; commercial office; assembling electroliers in a fittings shop; fittings stores; magnet ring of VERITYS' interpole motor; power house; motor stores; main switchboard work of VERITYS; „Cyclax" slow motion gear; arc lamp mechanism of ASTON-WORSLEY; electrical crab for „Runway" purposes.)▣ *El. Rev.* 58 S. 345/9 F.

Scott's shipbuilding - and engineering works at Greenock.* *Engng.* 81 S. 171/3.

Richardsons, Westgarth & Co. steam turbine department.* *El. Rev.* 59 S. 498/501.

KNOWLTON, the power plant of the Sherman Envelope Co., Worcester. * *Eng. Chicago* 43 S. 489/91.

ALLEN, new English turbine stations.* *Eng. Chicago* 43 S. 147/50.

The DAIMLER motor car works. * *Eng.* 101 S. 66/8.

Creswell & Maule, engineering works at Queensferry. ▣ *Builder* 91 S. 634.

CHUBB, lathe works of Dean, Smith & Grace, Ltd., Keighley, England. * *Am. Mach.* 29, 2 S. 291/5.

Chubb, Osborn's file and twist drill factories, at Sheffield, England. * *Am. Mach.* 29, 1 S. 438/44.

5. Sonstige europäische Länder. Other European countries. Autres pays de l'Europe.

Ein neues Zementwerk in Spanien. (Im Tale des Llobregat, der die zum Betrieb benötigte Kraft mittels Turbinen liefert; elektrische Beleuchtung; Kompressor zur Erzeugung der Druckluft für

die Gesteinsbohrmaschinen.) * *Zem. u. Bet.* 5 S. 219/21.

Pirelli & Co.'s works near Barcelona.* *Eng.* 101 S. 599.

6. Amerika. America. L'Amérique.

Situationspläne und Einrichtung einiger neuerer amerikanischer Maschinenfabriken. ▣ *Uhlands T. R.* 1906, 1 S. 17/8 F.

ASSELIN, COLLIN, ateliers américains. (Disposition générale; utilisation des étages; exemples d'installation; particularités de la construction des ateliers de montage, de machines outils, de chaudronnerie, de forge et de fonderie; production de la force motrice.) * *Rev. chem. f.* 28, 1 S. 3/34.

VON BOMHARD, Fabrikorganisation und Wohlfahrtseinrichtungen der National Cash Register Co. in Dayton, Ohio. (V) *Z. V. dt. Ing.* 50 S. 338/40.

Kingman Milling Co. (Mill building of brick with stone trimmings four stories high under the texas; warehouse, two stories high power plant. ALLIS-CHALMERS equipment throughout as well as 250 H. P. cross-compound engine and high-pressure boiler, and electric lighting dynamo. The milling equipment includes twelve double stands of 9×30" rolls and two double stands of 9×24" rolls.) * *Am. Miller* 34 S. 23.

Die neue Maschinenwerkstatt der New Orleans Naval Station. ▣ *Uhlands T. R.* 1906, 1 S. 9/10.

REISSNER, nordamerikanische Eisenbauwerkstätten. (Bolter Sons Structural Iron Works, Chicago; Brackett Bridge Co., Glendale bei Cincinnati; Trenton Brückenbauanstalt; Marshall Mc Clintic Construction Co., Rankin Pa. und Pottstown Pa.; Pencoyd Iron Works; Cambria Steel Co., Johnstown Pa.) ▣ *Dingl. J.* 321 S. 33/5 F.

The new shops of the Twin City Rapid Transit Co.* *Street R.* 28 S. 100.

LEWIS, the Minnequa works of the Colorado Fuel and Iron Co.* *Sc. Am.* 95 S. 214/6.

The blast furnace plant of the Federal Furnace Co.* *Iron A.* 78 S. 135/8.

Description of the new blast furnace, nut and bolt shop and rail joint plant of the Joliet Works. ▣ *Iron A.* 78 S. 1287/95.

The steel foundry at Cincinnati. * *Iron A.* 78 S. 593/4.

Construction of the Lidgerwood plant at Waverly, N. J. (Foundry power house $780 \times 120'$; erecting shop with six $250'$ wings for high and heavy tools; main aisle roof truss.) * *Eng. Rec.* 53 S. 714/5.

The Bethlehem Steel Co.'s recent extensions. (The new Saucon plant and the special shapes to be rolled.) ▣ *Iron A.* 78 S. 1142/6.

The Central Iron and Steel Co.'s plate mills at Harrisburg, Pa.* *Iron A.* 77 S. 44/54.

The Youngstown Sheet & Tube Co. The new BESSEMER steel plant and finishing mills.* *Iron A.* 78 S. 259/67.

Atlanta tin plate & sheet mill. * *Iron A.* 78 S. 725/6.

New plant of the American Spiral Pipe Works of Chicago. (High-pressure sectional water-tube boilers manufactured by MUNOZ BOILER CO.; 2-panel switchboard built by the WESTERN ELECTRIC CO.; three-phase, 250 volt WESTINGHOUSE, GENERAL ELECTRIC CO .and NATIONAL machines; COOPER HEWITT mercury arcs.) * *Eng. Rec.* 54 S. 640/1.

The works of the L. S. Starrett Co. at Athol, Mass.

(Manufacture of small tools for mechanics.) *
Am. Mach. 29, 1 S. 693/5.
New shops of the Cincinnati Machine Tool Co.*
Am. Mach 29, 2 S. 689/90.
Die neuen Werkstätten der Colburn Mach. Tool
Co. ▧ Uhlands T. R. 1906, 1 S. 43.
HOEFER MFG. CO., Werkstättengebäude in Free-
port, Ill. (Bau von Bohrmaschinen, Spiralfeder-
und Drahtziehmaschinen.) ▧ Uhlands T. R. 1906,
2 S. 57/8.
The new works of the Ingersoll-Rand Drill Co. at
Phillipsburg N. Y.* Am. Mach. 29, 1 S 84/6.
The TRAYLOR MFG. & CONSTRUCTION CO.'s new
plant.* Iron A. 77 S. 1836/7.
Organisation and construction methods used on the
Ivorydale shops of the Cincinnati, Hamilton &
Dayton Ry. (Layout and dimensions of the
buildings.) * Railr. G. 1906, 2 S. 242/4.
Wiener Co.'s new shops at Youngstown, O. (Ma-
nufacture of industrial railroad equipment.) *
Iron A. 77 S. 1896,8; Eng. Rec. 53 Nr. 15 Suppl.
S. 48/9.
KNOWLTON, Quincy Point power plant of the
Old Colony Street Railway Co.* Eng. Chicago
43 S. 85/90.
MONNETT, power plant in the Silvis shops of the
Rock Island system.* Eng. Chicago 43 S. 423/8.
BRIGHT, plant of the Ayer & Lord Tie Co., at
Carbondale, Ill.* Eng. Chicago 43 S. 599/602.
Bay view plant of the Illinois Steel Co. (Re-
rolling rails and process making various pro-
ducts in a steel plant.) * Eng. Chicago 43
S. 665/7.
Hicks locomotive and car works, of Chicago. ▧
Railr. G. 1906, 2 S. 22/4.
A modern car wheels casting plant. (The straight
floor system employed in the Chicago, Mil-
waukee & St. Paul Rr. Co.'s new foundry at
West Milwaukee, Wis.) ▧ Iron A. 78 S. 1215/21.
KNOWLTON, mechanical plant in the Motor Mart
of Boston. (Construction of motor cars. Portable
cradle for automobile used in machine shop.) *
Eng. Chicago 43 S. 271/4.
Cadillac and Packard automobile shops of rein-
forced concrete.* Eng. Rec. 54 S. 544/6.
KNOWLTON, engineering features of a recently
completed boiler shop. (Works of the Robb-
Mumford Boiler Co. Shop equipment and pro-
cesses; machine shop; light iron department;
punching, rolling and bevelling machines.) * Eng.
Rec. 54 S. 172/5; Eng. Chicago 43 S. 271/4;
801/3.
Dampfturbinenanlage der Oshkosh Gas Light Co.*
Turb. 3 S. 47/9.
Mill of the Rogers-Sear Co., Warren, Pa. (Slow-
burning construction of southern pine with crane
runways throughout.) Eng. Rec. 53 Nr. 6 Suppl.
S. 44.
The new plant of the J. D. Fate Co., at Plymouth,
O.* Brick. 24 S. 286/9.
Example of rapid building in a manufacturing plant.
(Built for the Kennedy Valve Mfg. Co., near
Elmira N. Y.; building covering an area of
about 125,000 sq. ft.; concrete piers supporting
a steel frame, with brick walls and asphalt
roof.) * Eng. News 56 S. 428; Iron A. 78
S. 1080/1.
Electrical equipment of the Erie shops at Hornell,
N. Y. (Electric drive of machine tools.) * Railr.
G. 1906, 2 S. 526/8.
The works of the Western Electric Co. of America.*
Eng. 102 S. 645/7.
KING, the Hawthorne shops of the Western Electric
Co.* West. Electr. 38 S. 417/9; El. Rev. N. Y.
48 S. 808/13; Eng. Rec. 54 Suppl Nr. 25 S. 48/9.

New works of the Canadian Westinghouse Co. at
Hamilton, Ont. (Steel frames, concrete footings,
brick walls, and reinforced concrete roofs and
gallery floors, with the exception of the pattern
shop, where concrete slab construction is used
throughout; pattern storage building and detail
building, which are of reinforced concrete construction throughout; floors of reinforced concrete; foundry.) * Eng. Rec. 54 S. 661/4.
REYNOLDS, shop extensions at the plant of the
Allis-Chalmers Co., Milwaukee, Wis.* Eng. News
56 S. 28/30; Iron A. 77 S. 1245/8; Eng. 102
S. 405/8; El. Rev. N. Y. 48 S 964/7; El. World
47 S. 839.
Electrical works of the Allis-Chalmers Co. in Cincinnati.* West. Electr. 38 S. 529/31; Iron A.
77 S. 2052/4.
CLOOS, La Crosse, Wis, steam turbine electric
plant.* Eng. Chicago 43 S. 213/8.
Test of a producer gas plant. (Supplanting steam
plant with suction gas producer outfit at Franklin
Steel Works.) Eng. Chicago 43 S. 608/10.
RICE, shops and power plant of the New York
Ship Building Co. at Camden, N. Y.* Eng. Chi-
cago 43 S. 549/53.
STANLEY, the U. St. arsenal at Frankford.* Am.
Mach. 29, 1 S. 76/80a.
The Iron-Clad Mfg. Co. * Am. Mach. 29, 2
S. 114/9.
TATNALL, a large Portland cement plant at Bath,
Pa.* Eng. Chicago 43 S. 115/20.
National-Portland-Zementwerke in Martins Creek,
Pa. ▧ Uhlands T. R. 1906, 2 S. 40.
Eine kleine amerikanische Zementfabrik bei Roose-
velt. (Selbsttätige Wägeeinrichtung für die Roh-
stoffe; Drehrohrofenanlage; Kühlturm für die
Klinker.) * Zem. u. Bet. 5 S. 2/3.
The brick plants of the Anaconda Copper Mining
Co., Anaconda, Mont.* Brick 25 S. 85/9.
The Vista Hermosa brick works, Vista Hermosa,
Mex. (ROSS-KELLER press.)* Brick 24 S. 250/2.
The Memphis Granite Brick Co., Memphis, Tenn.*
Brick 25 S. 233/4.
Silica brick plant of the American Refractories Co.
Iron A. 78 S. 728.
The Savannah Sand-Lime Brick Co., Savannah, Ga.*
Brick 25 S. 9/11.
Sand-lime brick plant at South River, N. Y.* Eng.
Rev. 54 S. 44/6.
The Ohio Ceramic Engineering Co.'s new plant at
Cleveland, O.* Brick 25 S. 15/7.
The new million-dollar pottery being built at Ne-
well, W. Va.* Brick 24 S. 213/5.
Fairbanks - Morse Canadian Mfg. Co. Ltd. (Rein-
forced concrete work by KREUGER.) * Bet. u.
Eisen 5 S. 193/4; Eng. Rec. 54 S. 580.
FERRO - CONCRETE CONSTRUCTION CO., the rein-
forced concrete factory for the American Oak
Leather Co., Cincinnati.* Eng. Rec. 53 S. 318/21.
SCHIERENS, Gerberei in Bristol, Tenn. (Jährliche
Produktion über 100000 Häute, ausschließlich
für Treibriemen. Kraft, Heizung, Licht werden
durch die eigenen Anlagen der Firma erzeugt,
das Wasser wird durch artesische Brunnen be-
schafft.)* Mon. Text. Ind. 21 Spez.-Nr. S. 108/10.
Mechanical equipment at the Joseph Campbell
food factory, Camden, N. J. (Sprinkler system
for fire protection; overhead runway and electric trolley for carrying filled cans to the process kettles; mixing dampers and ventilating
louvres.)* Eng. Rec. 53 S. 310/12.
Western Canada Flour Mills Co. Ltd. (Buildings
of brick and concrete.)* Am. Miller 34 S. 453/4.
Hubinger starch works. (Operated under the

style of the KEOKUK CEREAL CO.)* *Am. Miller*
34 S. 239.

The Wellington Starch Co.'s plants at Lititz, Pa.*
Am. Miller 34 S. 407.

KAESTNER & CO, Neubau der Brauerei der Tennessee Brewing Co. in Tenessee.* *Uhlands T. R.*
1906, 4 S. 35/6.

7. Afrika, Asien und Australien. Africa, Asia and Australia. L'Afrique, l'Asie et l'Australie.

CECIL, a noted African brick works. (Chief amongst these is the Croydon Brick Works, Faure Siding, Cape Colony. The material used in making the bricks is a sandy shale, a mixture of what is locally termed „darga", a loose plastic clay.)* *Brick* 74 S. 298.

Helling-Anlagen für die japanische Marine.* *Schiffbau* 7 S. 703/6.

Fachwerke aus Eisen und Holz. Frame works of iron and wood. Cloissonnage en fer et en bois. Vgl. Elastizität und Festigkeit, Brücken, Träger.

V. GERSTENBRANDT, Studie über das statisch unbestimmte Raumfachwerk. (SCHWEDLERsche Kuppel; Ermittlung der Unterschiede zwischen den Ergebnissen der genauen und der angenäherten Berechnungsweise; Spannungen im Hauptnetz; vierseitige Kuppel; fünfseitige Kuppel; sechsseitige Kuppel.)* *Wschr. Baud.* 12
S. 252/60.

MAUTNER, Verschiebungskreise von Fachwerksknoten. (Zu Jg. 55 Sp. 676/7 von RAMISCH; Entgegnung des letzteren.)* *Wschr. Baud.* 12
S. 39.

RAMISCH, Beitrag zur zeichnerischen Berechnung von Fachwerken. *Baugew. Z.* 38 S. 708.

SCHÜTZ, Beiträge zur Bewegungslehre der ebenen statisch bestimmten Fachwerksträger.* (a) *Z. Arch.* 52 Sp. 154/79.

Fähren. Ferries. Bacs. Vgl. Brücken 3 b, Schiffbau 6 e.

SKÖLLIN, Entwicklung der Dampffähren zwischen Warnemünde und Gjedser, (Vorzüge gegenüber dem ununterbrochenen Eisenbahntransportweg; weiterer Ausbau der Betriebsmittel) *Z. Eisenb. Verw.* 46 S. 292/3.

Der Eisenbahnfährdienst zwischen Stralsund und Rügen und das neue Fährschiff „Bergen". *Z. Eisenb. Verw.* 47 S. 1311/3.

Transporter bridge or aerial ferry at Marseilles, France.* *West. Electr.* 39 S. 4; *Cosmos* 1906, I
S. 459/63.

SWAIN, die Duluth - Schwebefähre. *Elektr. B.* 4
S. 49/50; *Cosmos* 1906, 1 S. 228/30.

Projet d'un service de ferry-boats entre la France et l'Angleterre.* *Gén. civ.* 49 S. 130/2; *Z. Eisenb. Verw.* 46 S. 1518; *Engng.* 82 S. 757/60;
Mech. World 40 S. 241.

WEBSTER, Widnes and Runcorn transporter-bridge. (One span of 1,000' between the centers of the towers, four approach - spans of 55' 6" each on the Widnes side, and one span on the Runcorn side, the total span from shore to shore being 1,305', cable suspension bridge with stiffening girders; generating station for driving the machinery and illuminating the structure.) (a) (V. m. B.)⊞ *Min. Proc. Civ. Eng.* 165 S. 87/155;
D. Baus. 40 S. 700/4.

DU BOSQUE, a fireproof ferry-boat „Hammonton". (No woodwork used; below the main deck steel plates and angles have taken the place of wooden stanchions, carlins and sheathing; ceiling and side walls covered with a material known as asbestos building lumber, a composition of asbestos and Portland cement.) (V)* *Eng. News*
56 S. 676/7.

DAVISON and BOARDMANN, car ferry lines of American railroads. (Steamers „Ukiah", „Solano", „Père Marquette and Detroit"; car float Erie.)⊞ *Railr. G.* 1906, 1 S. 593/8.

American train ferry steamers.* *Eng.* 101 S. 289/90.

ARNODIN and HAYNES, transporter bridge over the river Usk at Newport. (645' span; clear opening between faces of piers, 592 ; clear headway from high water to underside of span, 177', height of towers above level of approach roads, 242'. The foundation piers for the towers are armoured concrete walls or monoliths, mounted on steel shoes, and sunk by means of pneumatic pressure; towers of open or lattice steel construction ; frame and car are propelled by steel wire ropes wound on a drum worked by two electric motors. A lattice girder span connects the car with the shore abutment at the eastern end of the bridge.)* *Pract. Eng.* 34 S. 400/2.

The Newport electric transporter bridge.* *Electr.* 57 S. 846/8; *Proc. Mech. Eng.* 1906 S. 608/9;
Bull. d'enc. 108 S. 959; *Eng. News* 56 S. 372;
Eng. 102 S. 263/5.

Fahrräder. Cycles. Vgl. Selbstfahrer.

1. Theoretisches und Allgemeines. Theory and generalities. Théorie et généralités.

DUFAUX & CO., die Motosacoche. (Umwandlungsproblem von Fahrrad und Motorrad.) *Mot. Wag.*
9 S. 234/5.

Réparation des automobiles et des bicyclettes. Organisation de l'atelier. *Ind. vél.* 25 S. 421/2.

2. Fahrräder ohne Motor. Cycles without motors. Cycles sans moteurs.

Cycles „G. B."* *Ind. vél.* 25 S. 214/5.

La marque „Tellas".* *Ind. vél.* 25 S. 444/5.

Lévocyclette „POTELUNE".* *Ind. vél.* 25 S. 456/8.

La bicyclette „Libérator".* *Ind. vél.* 25 S. 200/2.

Bicyclette à levieres MOUREAU. * *Ind. vél.* 25
S. 441.

La bicicletta pieghevole militare italiana tipo MELLI. ⊞ *Riv. art.* 1906, 3 S. 259/61.

3. Motorfahrräder. Moto - cycles. Cycles à moteur. S. Selbstfahrer.

4. Fahrradteile und Zubehör. Parts and accessory of cycles. Organes de cycles et accessoire.

Bicyclette ovale Delta à pignon ovale. *Ind. vél.*
25 S. 177.

REEPS, Fahrrad mit Vorrichtung zum Ueberwinden von Flußläufen. (Aluminiumblech - Luftbehälter; D. R. G. M. 234314.)* *Krieg. Z.* 9 S. 352/4.

SCHILDGE, l'express-„Columbia". (Cette nouveauté consiste en quatre mignones petites pièces de métal nickelé comportant chacune une bande de caoutchouc strié et deux lames à ressorts, à l'aide desquelles on peut transformer instantanément les pédales à scies en pédales à caoutchoucs.)* *Ind. vél.* 25 S. 164.

The PEDERSEN speed gears for bicycles.* *Pract. Eng.* 34 S. 106/7.

The Hartridge tyre. (Built up of solid blocks of rubber about 1¹/₂' across the tread, each securely attached to the wheel independently of the others.) *Tyres* 3 S. 181/2.

Spring seat pillars.* *Aut. Journ.* 11 S. 1164.

Le frein à retropedalage Vigor. * *Ind. vél.* 25
S. 106.

Serrage de frein MIMARD. * *Ind. vél.* 25 S. 37/8.

Le moyeu EADIE à roue libre et frein.* *Ind. vél.*
25 S. 128.

Moyeu-frein et roue libre SCHMIDT.* *Ind. vél.* 25 S. 120.

Le moyeu à roue libre et frein „Torpedo". *Ind. vél.* 25 S. 120.

Moyeu MORROW et spécialités „Errtee".* *Ind. vél.* 25 S. 164/5.

Guidon reversible HUSSEY.* *Ind. vél.* 25 S. 165.

Les guidons reversibles P. S.* *Ind. vél.* 25 S. 251.

Guidons reversibles.* *Ind. vél.* 25 S. 372/3.

Pédalier de bicyclette „La Française".* *Ind. vél.* 25 S. 262/3.

SAUVAGE, appareils de calage par frottement. (Asservoir automatique „Titan"; levier „Fixator" pour frein de bicyclette.) * *Bull. d'enc.* 108 S. 826/34.

Manivelle à décalage HUET.* *Ind. vél.* 25 S. 427.

Cadre de cycle GUETTON-DANGON.* *Ind. vél.* 25 S. 298/9.

Selle de bicylette COUÈTOUX.* *Ind. vél.* 25 S. 202/3.

L'Antikao. (Est une suspension de selle.)* *Ind. vél.* 25 S. 126/7.

Lanterne „Colombine". (La maison Saint-Germain, qui a lancé avec succès la moto-bécane, met en vente actuellement une lanterne à acétylène.)* *Ind. vél.* 25 S. 386/7.

The „Eclair" instantaneous pump connection.* *Tyres* 3 S. 148.

Valve HUTHSTEINER.* *Ind. vél.* 25 S. 404/5.

Fallen. Traps. Pièges. Vgl. Ungeziefervertilgung.

OWENS, an improved animal trap. (The trap is spring-actuated and after each operation of catching an animal it automatically resets itself for the next victim.)* *Sc. Am.* 95 S. 179.

Färberei und Druckerei (betr. Zeug u. dgl.). Dyeing and printing (with respect to cloth and the like). Teinture et impression (à l'égard de tissus etc.). Vgl. Farbstoffe, Indigo.

1. Allgemeines.
2. Färben.
  a) Apparate.
  b) Verfahren.
  c) Angewandte Farbstoffe.
3. Drucken.
  a) Apparate.
  b) Verfahren.
  c) Angewandte Farbstoffe.
4. Beizen.
5. Prüfung.

1. Allgemeines. Generalities. Généralités.

BINZ und SCHROETER, Theorie des Färbens. (Einfluß der Stellung der Auxochrome auf das Färbevermögen.) *Z. Farb. Ind.* 5 S. 421/2.

CHROMIAN, modern requirements of dyed yarn. (Influence upon colour of sizing, polishing, milling, cross-dyeing, shower-proofing, stoving, mercerising and bleaching.) *Dyer* 26 S. 6/7 F.

GELMO und SUIDA, die Vorgänge beim Färben animalischer Textilfasern. *Sits. B. Wien. Ak.* 115, 2b S. 47/58; *Mon. Chem.* 27 S. 225/35.

MATTHEWS, the general principles of dyeing. *Text. col.* 28 S. 193/5 F.

MAYER, KARL, Grundzüge der Koloristik.* *Mon. Text. Ind.* 21 S. 358/9.

DREAPER and WILSON, reactions between dyes and fibres. *J. Soc. dyers* 22 S. 275/6.

ZACHARIAS, Chemie der Farblacke. *Z. Farb. Ind.* 5 S. 454/7.

SANDER, Veränderung der Farben bei verschiedenem Licht. (Herstellung von Farbenmischungen bei trübem Tageslicht, bei künstlichem oder klarem Tageslicht [Sonnenlicht].) *Mon. Text. Ind.* 21 S. 58/9 F.

DEBHAYES, Versuche über den Einfluß des künstlichen Lichtes beim Bemustern, besonders in der Wollfärberei. *Z. Textilind.* 9 S. 147.

Colour harmony and arrangement. (Primary colours; harmony of tints and shades; harmony in near complementaries.) * *Text. Man.* 32 S. 317/8.

WECKERLIN, die Färberei von Tuchen im Mittelalter. *Text. u. Färb. Z.* 4 S. 455/6.

JACOBUS, die Färberei von Modetönen vor 30 Jahren. *Z. Text. Ind.* 9 S. 255/6.

Italian works for dyeing and printing fabrics. * *Eng.* 102 S. 364/6.

2. Färben. Dyeing. Teinture.

a) Apparate. Apparatus. Appareils.

GLAFEY, mechanische Hülfsmittel zum Waschen, Bleichen, Mercerisieren, Färben usw. von Gespinstfasern, Garnen, Geweben udgl.* *Lehnes Z.* 17 S. 33/6 F.

KNOCHENHAUER, Färbeapparate im allgemeinen und besonders solche in der Stranggarnfärberei. *Mon. Text. Ind.* 21 S. 63.

Färbeapparat von HAUBOLD JR. (Mit Färbekessel und Kompressions- und Vakuumpumpe, nach dem Aufstecksystem gebaut.)* *Text. u. Färb. Z.* 4 S. 633/5.

MAGUIRE, apparatus dyeing. *Text. col.* 28 S. 329/30 F.

BEAUMONT's cop dyeing, bleaching and sizing machine. * *Text. Rec.* 30, 4 S. 139/40.

WETZEL, Färbereimaschinen für loses Fasergut. (Rührwerke; Schleudertrommeln; patentierte Vorrichtung, bei welcher die Farbflüssigkeit in das Fasergut gepreßt wird.)* *Spinner und Weber* 23 Nr. 27 S. 1/3 F.

PARTRIDGE, yarn dyeing machine. (Imitation of hand work)* *Dyer* 26 S. 17.

Die mechanischen Bleich- und Färbeapparate (System B. THIES).* *Oest. Woll. Ind.* 26 S. 226/7.

HUSSONG, dyeing machine. (Moving the dye-liquor through the yarn, first in one direction, then reversing the flow, thus overcoming all friction on the yarn.)* *Text. Rec.* 31, 2 S. 163/4.

Yarn dyeing machine (So constructed that the liquor is passing upward through the tubes and downward through the yarn on half the spools, while on the other half the liquor is being sucked downward through the yarn and perforated tubes.)* *Text. Rec.* 31, 5 S. 144/5.

HOFFMANN, P., la teinture et l'apprêt des velours de coton. (Chambre à oxyder avec foulard d'imprégnation; foulard à gommer; machine à lustrer et glacer les velours de coton; teinture en noir; machine à mater.) (a)* *Ind. text.* 22 S. 249/52 F.

WOLFF, A., Färbeapparat der Weisweiler Wollspinnerei. (Umlaufsbeförderung durch seitlichen Injektor.)* *Text. u. Färb. Z.* 4 S. 313/5.

Warp dyeing machine. (U. S. Pat.)* *Text. Rec.* 30, 4 S. 154/6.

Jigger. (The dye liquor is forced, in the form of a spray, against the moving cloth; no storage tank above the jigger is required. U. S. Pat.)* *Text. Rec.* 30, 4 S. 157/8.

Dyeing machine for shaded effects. (Use of three superimposed rolls pressed together by a weighting device, the lower of which consists of a number of separate disks, which run in corresponding compartments of the dye trough.)* *Text. Rec.* 30, 2 S. 154/5.

Dyeing machine adapted also for bleaching with peroxide of sodium.* *Text. Rec.* 30, 6 S. 98/100.

b) Verfahren. Processes. Procédés.

α) Allgemeines. Generalities. Généralités.

GÖHRING, Fortschritte in der Färberei von Fäden und Geweben. (V) (A) *Lehnes Z.* 17 S. 43/5.

COUTELIER, teinture en nuances changeantes sur

tissus mixtes. *Rev. chim.* 9 S. 209/15; *Text. u. Färb. Z.* 4 S. 501/2 F.

HANNART FRÈRES, Schattenfärben von Geweben und Kettengarnen. * *Text. u. Färb. Z.* 4 S. 715/8.

RUNGE, Ombre-Färbungen. * *Text. u. Färb. Z.* 4 S. 406/7.

RUNGE, Färben von ganzen Kleidungsstücken in schattenartig verlaufenden Farben. *Text. u. Färb. Z.* 4 S. 375/6.

Schattenfärberei. *Färber-Z.* 42 S. 400/1.

HIBBERT, stripping of dyed fabrics. *J. Soc. dyers* 22 S. 276/8; *Text. u. Färb. Z.* 4 S. 818/20; *Text. col.* 28 S. 297/8.

ZÄNKER, Hellermachen und Abziehen von Färbungen. *Lehnes Z.* 17 S. 120/4 F.

Abziehmittel zum Entfärben von Grundfarben oder überfärbten Stoffen. *Färber-Z.* 42 S. 137/8.

Abziehen gefärbter Waren. *Z. Textilind.* 10 S. 73.

Praktische Anleitung zum Umfärben halbseidener Ware — Baumwolle und Seide — in Schwarz. *Erfind.* 33 S. 110/2.

Kleiderfärberei. (Umfärben.) *Färber-Z.* 42 S. 64.

Egalisierungsschwierigkeiten in der Färberei mercerisierter Garne. *Z. Textilind.* 10 S. 61/2.

Verhütung von Streifenbildung beim Färben mercerisierter Garne. *Mon. Text. Ind.* 21 S. 263/4.

FRANÇOIS, Wasserkalamitäten in der Stückfärberei. (Prüfung, Reinigung.) *Färber-Z.* 42 S. 101 F.

ROBERTSON, über Kleiderfärberei. (Reinigen, Aetzmittel, Abziehbad, Einbadfärbemethode; reibechte Färbungen; lichtechte Färbungen; Steife.) (V) *Z. Text. Ind.* 9 S. 309/10 F; *Färber-Z.* 42 S. 222 F; *J. Soc. dyers* 22 S. 18/24.

ROBERTSON, Auffärben von getragenen Kleidern. *Muster-Z.* 55 S. 154/6 F.

Blau in der Kleiderfärberei. (Verfahren und Farbstoffe.) *Färber-Z.* 42 S. 320/1.

Färben mit Naphtylblauschwarz und Naphtylaminschwarz in Kombination mit Blauholz und Sumach. *Muster-Z.* 55 S. 363/4.

Batikfärberei. *Text. u. Färb. Z.* 4 S. 549/50.

SCHULZE, OTTO, über ostindische Textilkunst und Färbeverfahren. ("Batiken"; "Ikatten"; Plangittechnik.) *Bayr. Gew. Bl.* 1906 S. 232/3.

GRAEBLING, la teinture sur appareil, ses avantages, ses inconvénients et ses applications. *Rev. mat. col.* 10 S. 33/5, 139/41; *Text. u. Färb. Z.* 4 S. 218/9.

JACOBUS, Stückfärberei. (Wirkung der Walkerde; Arbeiten mit Glaubersalz, essigsaurem oder oxalsaurem Ammoniak; Hitzfalten und Knitter.) *Z. Textilind.* 9 S. 145/7.

ARNOLD, Färben von Schwefelschwarz. *Muster-Z.* 55 S. 163/4.

HANFT, Nüancieren von Schwefelfarbstoffen. *Text. u. Färb. Z.* 4 S. 198/9.

STOLLE, Färben von Schwefelschwarz auf dem COHNENapparat. *Text. u. Färb. Z.* 4 S. 134/5.

MATOS, dyeing of sulphur colours with sodium sulphide. (R) *Text. Man.* 32 S. 278/9.

Färben von Wolle, Seide und Baumwolle mit Schwefelfarbstoffen. *Text. u. Färb. Z.* 4 S. 636/7.

EPSTEIN, improvements in the method or process of dyeing and printing aniline black. *Text. col.* 28 S. 238.

ERBAN, die Vorgänge beim Chromieren von Oxydations- und Dampf - Anilinschwarzfärbungen. *Lehnes Z.* 17 S. 253/7 F.

GRANDMOUGIN, Erzeugung brauner Töne auf der Faser durch Oxydation organischer Basen. *Z. Farb. Ind.* 5 S. 141/2.

KOECHLIN, rouge paranitraniline. (Solide à la lumière.) *Bull. Rouen* 34 S. 435.

OSTERMANN, Färben und Drucken mittels alkalischer Alizarinlösungen. *Färber-Z.* 42 S. 336/7.

POMERANZ, Theorie der Bildung der Azofarbstoffe auf der Faser. *Z. Farb. Ind.* 5 S. 425/6.

MUELLER, JUSTIN, Bildung der Azofarbstoffe auf der Faser und die Wirkung der Fettkörper während dieser Bildung. (V) *Lehnes Z.* 17 S. 202/6; *Z. Farb. Ind.* 5 S. 261/2 F; *Mon. teint.* 50 S. 161/6; *Rev. mat. col.* 10 S. 202/5; *Mon. Text. Ind.* 21 S. 225/6 F.

MATOS, wool oils and their action on dyeing. *Text. Rec.* 32, 1 S. 148/50.

SCHWALBE, préparation stable, au β-naphtol, pour rouge de paranitraniline. Procédé d'application du rouge de paranitraniline sur fibre aniline. (Solution, faite avec 25 gr. β-naphtol, 65 à 70 gr de ricinoléate de soude dans un litre d'eau, appliquée sur tissu de coton.) *Bull. Mulhouse* 1906 S. 303/4.

ERBAN, Eisengarn-Fabrikation. *Text. u. Färb. Z.* 4 S. 197/8.

ERBAN, Theorie und Praxis der Garnfärberei mit den Azo Entwicklern. (Einfluß der Zusammensetzung und Konzentration des Entwicklungsbades auf Nüance, Egalität und Reibechtheit.) *Lehnes Z.* 17 S. 117/20.

ERBAN, Nitranilinrot-Verfahren der Firma READ HOLLIDAY & SONS in Huddersfield für Stückware und Garn. *Lehnes Z.* 17 S. 386/90.

MAGUIRE, cop dyeing and bleaching. *J. Soc. dyers* 22 S. 190/2 F.

Dyeing process. (Method of and apparatus for laying on and spreading over the raised pile or nap of fabrics dyes or mordants in such a manner that the pile is dyed, mordanted, in one or more colors or mordants different from the ground of the fabric.) *Text. Rec.* 30, 5 S. 102/3.

ERDMANN, theoretisches und praktisches aus der Ursolfärberei (Färben von Rauchwaren.) *Lehnes Z.* 17 S. 94/8.

KRÜGER, STOCKHAUSENs Monopolseifenöl, ein Mittel für Färbung und Avivage. *Lehnes Z.* 17 S. 87/9 F.

Influence of the developing bath on shade fastness to wear, and uniformity of azodyeings. *Dyer* 26 S. 89; *Text. col.* 28 S. 207.

Faserschwächung durch Schwefelfarbstoffe. (Verursacht durch Bildung von freier Schwefelsäure.) *Mon. Text. Ind.* 21 S. 398/9.

β) Für Baumwolle. For cotton. Pour coton.

UHLER, Färberei der Baumwollgarne in Buntwebereien mit eigener Färberei. (Mit Farbproben.) *Muster-Z.* 55 S. 381/2.

PETSCH, Färben loser Baumwolle. *Färber-Z.* 42 S. 434/5 F.

Färben der losen Baumwolle. (Apparate zum Färben; das eigentliche Färben.) *Färber-Z.* 42 S. 101.

J. P. BEMBERG A.-G., Unifärben von gemischten Geweben auf Baumwolle und Kunstseide (D. R. P. 165 218.) *Text. u. Färb. Z.* 4 S. 166.

LUDWIG, Färbungen auf Baumwollgarn zu verschiedenen Verwendungen aus Schwefelschwarzfarbstoffen einiger Fabriken. *Muster-Z.* 56 S. 2/4.

BERTHOLD, Schwarz auf Baumwollgeweben. *Lehnes Z.* 17 S. 317/9.

Echtschwarz auf baumwollener Wirkware. *D. Wollztg.* 38 S. 507/8.

Echtschwarz auf Baumwoll-Strumpfwaren. (Anilinsalzmethode, Anwendung von diazotiertem und entwickeltem Schwarz; Anwendung von Schwefelfarbstoffen.) *Muster-Z.* 55 S. 344/5.

STEIN, moderne blauschwarze Töne auf Baumwolle, Halbwolle und Wolle. *Muster-Z.* 56 S. 47/50 F.

PILLING, causes of the tendering of cotton fabrics

and yarns dyed with sulphide blacks, and some means for preventing it. (V. m. B.) *J. Soc. dyers* 22 S. 54/65; *Muster-Z.* 55 S. 208/10 F.

KERTESZ, remarks concerning the lecture of PILLING. *J. Soc. dyers* 22 S. 93/4.

BUSCH, wasch- und kochechtes Rot und Orange auf Baumwolle. *Lehnes Z.* 17 S. 67/8.

ERBAN, Fortschritte auf dem Gebiete der Indigofärberei auf Baumwolle seit der Einführung des künstlichen Indigos. *Z. Farb. Ind.* 5 S. 2/6 F; *Text. u. Färb. Z.* 4 S. 166/8 F.

La teinture du coton en indigo par foulardage. *Mon. teint.* 50 S. 182/3.

LUDWIG, Baumwoll- und Leinen-Garnfärberei und Appretur. (Mittels Alizarins.) *Muster-Z.* 55 S. 4.

VORM. MEISTER LUCIUS & BRÜNING, Färben der Baumwolle auf der Küpe. *Z. Textilind.* 9 S. 659/60.

Färben der Baumwolle auf der Küpe. *Text. u. Färb. Z.* 4 S. 565/7 F.

Färben der Alizarinfarben auf Baumwolle. *Färber-Z.* 42 S. 367/8 F.

Batik-Stoffe. (Farbenwirkungen auf Baumwollkleidung durch Wachsbehandlung.) *Spinner und Weber* 23 Nr. 34 S. 4/5.

ARNOLD, Färben mercerisierter Baumwolle. *Muster-Z.* 55 S. 341.

Allgemeines über das Färben von mercerisierten Garnen bezw. Stücken mit substantiven Farbstoffen. (Langsames Aufziehen der Farbstoffe.) (R) *Z. Text.-Ind.* 9 S. 338.

Oxydationsbraun auf Baumwolle. (Paraminbraun.) *Text. u. Färb. Z.* 4 S. 133/4.

Primulin in der Lappenfärberei. (Licht-, säure-, koch- und reibechte Färbungen.) *Färber-Z.* 42 S. 188/9.

Färben mit Dianilfarben auf Baumwollflanell. *Muster-Z.* 55 S. 240.

Färberei und Appretur der sogenannten blauen Haustuche nach KARSTAEDT. *Text. u. Färb. Z.* 4 S. 697/700.

Dyeing cotton yarn for corset goods. *Dyer* 26 S. 205.

Färben von Baumwollfutterstoffen mit Seideneffekten. *Text. u. Färb. Z.* 4 S. 584/5.

HUTTON, stains on cotton cloth. (Occurring in bleaching and dyeing.) *Dyer* 26 S. 12/3 F; *Text. col.* 28 S. 70/1 F.

γ) Für Wolle und Halbwolle. For wool and half-wool. Pour laine et mi-laine.

GELMO und SUIDA, Vorgänge beim Färben animalischer Textilfasern. (Behandlung der Wolle mit alkoholischen Säuren, mit salpetriger Säure, mit Phosphortrichlorid.) *Mon. Chem.* 27 S. 1193/8.

MORITZ, Bedeutung der Wollreinigung für die Färberei. *Text. u. Färb. Z.* 4 S. 393/4.

Fortschritte auf dem Gebiete der Wollen-Echtfärberei im Jahre 1905. *Oest. Woll. Ind.* 26 S. 353/4.

ABT, Kammzugechtfärberei. *Text. u. Färb. Z.* 4 S. 763/5.

GAVARD, Färben mit Beizenfarbstoffen auf angeblautem Kammzug. *Lehnes Z.* 17 S. 103/4.

MARTIN, Perl auf Kammzug unter Verwendung von Thioindigorot-B-Teig. *Text. u. Färb. Z.* 4 S. 426/7.

Das Echtfärben wollener Stücke. *Z. Textilind.* 9 S. 159/61.

BONN, Vorsichtsmaßregeln beim Färben von Wollstücken mit Baumwolleffekten. *Text. u. Färb. Z.* 4 S. 149.

ARNOLD, weiße und buntfarbige Baumwolleffekte in Wollstücken. (Mit Farbproben.) *Muster-Z.* 55 S. 384.

DANTZER, Fabrikation von wollenen Effektgarnen. (Herstellung der Farbtöne durch Färben und Drucken; neue Kunstgriffe in der Spinnerei oder den vorbereitenden Prozessen.) * *Text. u. Färb. Z.* 4 S. 247/50.

PETSCH, Wollgarnfärberei. *Z. Textilind.* 9 S. 4/6.

Die Wollgarnfärberei. (Teppichgarnfärberei.) *Z. Textilind.* 9 S. 19.

LAMB, dyeing and dressing of wool rugs. (V. m. B.) *Text. col.* 28 S. 8/12, 269/72.

Dyeing loose wool. *Dyer* 26 S. 65.

Gorilla yarn dyeing. (Complex mixture of wools.) *Dyer* 26 S. 69; *Mon. teint.* 50 S. 310/1.

L'apprêt final, la teinture et l'impression de la peluche de mohair. *Mon. teint.* 50 S. 343/5 F.

Krapprot auf loser Wolle und Stück. *Oest. Woll. Ind.* 26 410/1.

BRANDT, Färben der schwarzen Presidents. *Text. u. Färb. Z.* 4 S. 7/8 F.

MATOS, dyeing of black on wool. (R) *Text. Rec.* 31, 1 S. 154/6.

HEINE, dyeing wool and hair hats and hat bodies. *Text. col.* 28, S. 179.

Dyeing short wool hairs. *Dyer* 26 S. 215.

CARSTAEDT, Färben der Doppelpilots. (Schmirgeln, Scheren, Vorrauhmaschinen, Auskochen, Naturellappretur, direktfärbende schwarze Anilin-Farbstoffe, Schwefelfarben, Holzfarben oder deren Extrakte.) * *Text. Z.* 1906 S. 124/5 F.

Verbessertes Einbad-Blauholzschwarz auf Wolle. (ZÄNKERs D. R. P. 172 661 mit Verwendung von Ammonium-Doppelsalzen des Eisen- oder Kupfer-Oxalats. (D. Wolleng. 38 S. 1413/4; *Text. Z.* 1906 S. 825.

WILKINSON, single-bath method of dyeing wool fast to milling. *Dyer* 26 S. 8; *Text. col.* 28 S. 67/9; *Muster-Z.* 55 S. 198/9 F.

RICHTER, wollene buntfarbige Herrenstoffe. *Lehnes Z.* 17 S. 206/8 F.

WALKER, alte Bäder in der Wollfärberei. (Gebrauch zwecks Ersparnis an Chemikalien und Dampf.) *Text. u. Färb. Z.* 4 S. 201/2 F.

Weiterbenutzung gebrauchter Bäder in der Wollfärberei. *Muster-Z.* 55 S. 111/3; *Lehnes Z.* 17 S. 62/4; *D. Wolleng.* 38 S. 1/2.

Standing baths in wool dyeing. *Dyer* 26 S. 43.

Färben reinwollener Stücke in mehrfarbigen Effekten. (Verweben von tannierter Wolle mit gewöhnlicher weißer Wolle und Färben mit sauren oder substantiven Farbstoffen; D. R. P. 137 947.) *Text. u. Färb. Z.* 4 S. 120/1.

Moderne Brauntöne auf Wollstrickgarne auf Kaschmirbraun V und Sulfongelb. *Muster-Z.* 55 S. 94.

RICHTER, Diamantschwarz PV für wollene Ueberfärbeartikel. *Lehnes Z.* 17 S. 298/9.

Thioindigorot B auf Wolle in der Schwefelnatriumküpe. *Text. u. Färb. Z.* 4 S. 821.

Die Säureanthrazenbraun V und VT in der Wollfärberei. *Muster-Z.* 55 S. 6.

NORDMANN, Halbwollfärberei. *Z. Textilind.* 9 S. 3/4.

ARNOLD, Färben von Halbwolle mit substantiven Farbstoffen. *Muster-Z.* 55 S. 67/8.

ARNOLD, moderne Farben auf Woll- und Halbwollstoffen für die Damenkleiderfabrikation. (Mit Ausfärbungen.) *Muster-Z.* 56 S. 1/2 F.

STEIN, moderne blauschwarze Töne auf Baumwolle, Halbwolle und Wolle. *Muster-Z.* 56 S. 47/50 F.

HERZINGER, dyeing half-wool shoddy. (Use of substantive dyes for light and medium shades.) *Text. Man.* 32 S. 243.

Shoddy dyeing. (Dyeing all-wool shoddy; — cotton-wool shoddies.) *Dyer* 26 S. 9.

Färben von Shoddy oder Lumpen. *Muster-Z.* 55 S. 70/1.

BRANDT, das Moderne in der Halbwollstückfärberei. (Kaltfärberei; Aufgabe, die weiße Baumwollkette und die im Kunstwollschuß placierte weiße Baumwolle zu färben, die Kunstwolle aber möglichst wenig anzufärben.) *Text. u. Färb. Z.* 4 S. 745/8 F.

Halbwollfärberei in einem Bade. (Mittels Diaminfarbstoffe in Verbindung mit Wollfarbstoffen.) *Färber-Z.* 42 S. 450/1.

Veredelungs-Verfahren für Halbwoll - Kaschmirs. (Vorappretur, Krabben oder Brennen, Sengen, Färben, Nachappretur, Waschen auf der Paddingmaschine zwecks Beseitigung des Sengstaubes mit heißem Wasser.) *D. Wolleng.* 38 S. 1127/9.

WILSON, dyeing of wool and silk mixed goods. *Text. col.* 28 S. 181/2.

BECKER, Färben von Wolle oder Seide mit Schwefelfarbstoffen. *Text. u. Färb. Z.* 4 S. 358/9.

PILLING, Schwächung der Baumwollgarne beim Färben mit Schwefelfarbstoffen. *Text. u. Färb. Z.* 4 S. 150/3.

STRAHL, Anilinschwarz auf Wolle. (Unter D.R.P. 170 228 BETHMANN geschütztes Verfahren; Färbung mit einer Anilinklotzmischung, welche einen Chloratgehalt in der Höhe besitzt, wie ihn Anilin zu seiner Farboxydation benötigt) *Spinner und Weber* 23 Nr. 25 S, 4.

THOMAS, F. B., fast black on hosiery. (R) *Text. Rec.* 30, 5 S. 156/7.

Neue Produkte für Echtschwarz auf loser Wolle. (R) *D. Wolleng.* 38 S. 33/4.

δ) Für Seide und Halbseide. For silk and half-silk; Pour sole et mi-sole.

HURST, traitement de la soie avant et après la teinture. *Mon. teint.* 50 S. 116/8 F.

HEERMANN, Entwicklung der Seidenfärberei seit Entdeckung der Zinncharge. *Text. u. Färb. Z.* 4 S. 279/81 F.; *Text. Man.* 32 S. 277/8; *Z. Farb. Ind.* 5 S. 189/92 F.

Flecken auf seidenen Stoffen in der Kleiderfärberei. (Bei beschwerten Waren; Entfernung durch Hydraldit, Essigsäure und Wasserstoffsuperoxyd.) *Muster-Z.* 55 S. 402/3.

RISTELHUEBER, aus der Praxis der Seidenfärberei. (Zinn-Phosphat-Aluminium-Silicat-Beschwerung; die Schwarzfärberei.) *Muster-Z.* 55 S. 213/4 F.

BRAUN, bis zu welchem feinsten Titer kann man Seide färben? *Lehnes Z.* 17 S. 101/3.

Echtfarbige Seide. (Herstellung mit substantiven Farbstoffen: Chrysophonin, Diaminscharlach, Benzoechtrot usw.) *Z. Textilind.* 9 S. 90/1.

Modern silk dyeings. (Dyes used.) *Dyer* 26 S. 16.

Blacks on silk. *Text. col.* 28 S. 111.

BRAUN, L., silk yarn dyeing. *Text. Man.* 32 S. 207.

BECKER, Färben von Wolle oder Seide mit Schwefelfarbstoffen. *Text. u. Färb. Z.* 4 S. 358/9.

ARNOLD, Unifärbungen auf Woll-Seide. (Mit Färbproben.) *Muster-Z.* 55 S. 85/6.

ARNOLD, Färben von Unifarben auf Halbseide (Baumwolle und Seide). *Muster-Z.* 55 S. 173/5.

Developed blacks on half-silk. *Text. col.* 28 S. 47.

ε) Für sonstige Stoffe. For other materials. Pour autres matières.

GARDNER, bleaching and dyeing of linen, ramie, etc.* *Text. col.* 28 S. 15/6 F.

ROGGENHOFER, Schwarz auf Leinengarn. *Färber-Z.* 42 S. 305.

UHLER, Färben und Appretur von Leinenstoff zu Touristensäcken, Rucksäcken u. dgl. *Muster-Z.* 55 S. 132/3.

Modern linen dyeing. (Direct dyes; diazo dyes; sulphur colours.) *Dyer* 26 S. 51.

LAMB, Färben und Zurichten von Wollpelzen. *Text. u. Färb. Z.* 4 S. 102/4 F.

LAMB, Zurichten (Weißgerben) und Färben von Schaffellen, weiß, schwarz und farbig. *Muster-Z.* 55 S. 43/6 F.

LAMB, Färben und Reinigen von Schaffelldecken. *Färber-Z.* 42 S. 384/5 F.

Das Färben von Rauchwaren, Pelzen und Fellen. (Farbstoffe von L. CASSELLA & CO., Frankfurt a. M.) *Muster-Z.* 55 S. 27/8.

Teinture des fourrures. *Mon. teint.* 50 S. 323/5; *Dyer* 26 S. 196.

Washing and dyeing furs and skins. *Text. col.* 28 S. 69/70.

Hair dyeing and bleaching. *Dyer* 26 S. 97.

ROBERTSON, garment dyeing. *Text. col.* 28 S. 80/1 F.

SARGENT, dyeing and finishing carriage cloths. *Text. Man.* 32 S. 349/50.

WILKINSON, dyeing Manilla straw and „glanzstoff" hats with spirit colours. *Dyer* 26 S. 95; *Text. u. Färb. Z.* 4 S. 376/7; *Mon. teint.* 50 S. 148/50.

Färben der Jute. *Muster-Z.* 55 S. 158/9 F.; *Text. col.* 28 S. 39/40.

Coir yarn dyeing. (Prepared from cocoanut husks and other fibres; used for making doormats and coarse carpetings.) *Dyer* 26 S. 31.

OSTERMANN, haltbare Schwarzfärbung von Straußfedern. *Färber-Z.* 42 S. 515.

SANDER, Kunstseide. (Färben der Viscoseseide.) *Text. u. Färb. Z.* 4 S. 5/7 F.

Färberei der künstlichen Seide. (Mit basischen, substantiven und Schwefelfarbstoffen.) *Z. Textilind.* 9 S. 117/9.

EITNER, Glacélederfärberei. *Muster-Z.* 55 S. 79/80.

CROCKET, Schwierigkeiten in der Praxis des Lederfärbens. *Färber-Z.* 42 S. 62/3 F.

BUM, Lederfärben. *Lehnes Z.* 17 S. 353/4.

c) Angewandte Farbstoffe. Employed colouring matters. Matières colorantes employées.

a) Indigo. Vgl. Indigo.

ERBAN, Fortschritte auf dem Gebiete der Indigofärberei auf Baumwolle seit der Einführung des künstlichen Indigos. *Z. Farb. Ind.* 5 S. 2, 6 F.; *Text. u. Färb. Z.* 4 S. 166/8 F.

SUNDER, rongeage du bleu cuvé à l'oxalate de chaux. *Rev. mat. col.* 10 S. 3/5.

KELLER, Ansatz der Küpen für Baumwolle und Leinen in der Indigoblaufärberei. *Muster-Z.* 55 S 385.

WENDELSTADT und BINZ, Gärungsküpe. *Ber. chem. G.* 39 S. 1627/31.

Ueber Bromindigo. (Beseitigung der aus der Anwendung der Hydrosulfitküpe erwachsenden Nüance-Schwierigkeiten durch Bromindigo oder Indigo M L B R der HÖCHSTER FARBWERKE.) *D. Wolleng.* 38 S. 419/20.

RADKIEWICZ, Einwirkung der chlorsauren Salze auf den auf der Faser befindlichen Indigo. *Z. Farb. Ind.* 5 S. 422/5.

β) Krapp, Alizarin. Madder, Alizarine. Garance, Alizarine.

Theory and practice of Turkey-red dyeing. (The chief constituents are alizarin, lime, alumina and fatty acids.) *Dyer* 26 S. 7.

Turkey red dyeing. (The part played by the fatty acids.) *Text. col.* 28 S. 325.

γ) Verschiedene Farbstoffe. Various kinds of colouring matters. Matières colorantes diverses. Vgl. 2b.

VON COCHENHAUSEN, les colorants naturels en-

core employés en teinturerie et la détermination de leur valeur.* *Mon. teint.* 50 S. 3/4 F.

FEUERLEIN, Blauholzfarbe in Pulver und Teig BB und T und Brillantalizarinschwarz FEUERLEIN. *Muster-Z.* 55 S. 430/3.

MAGUIRE, logwood blacks on yarn. (a)* *Text. Man.* 32 S. 25 F.

Combinations of cochineal and coal tar dyes. *Dyer* 26 S. 33.

REVERDIN, revue des matières colorantes nouvelles au point de vue de leurs applications à la teinture. *Mon. scient.* 4, 20, I. S. 718/25.

Neue Farbstoffe. (Auszug aus den Rundschreiben und Musterkarten der Farbenfabriken.) *Lehnes Z.* 17 S. 27 F.

New colouring matters. (Zusammenstellung neuer, in der Färberei angewandter Farbstoffe.) *Dyer* 26 S. 3/5.

JACOBUS, Einbadfarben. *Z. Textilind.* 9 S. 63 F.

Einbadfärberei auf Wolle. (Die Farbstoffe.) *Färber-Z.* 42 S. 710/1.

Blauholz-Einbad-Schwarz auf tierischen Fasern. *Text. u. Färb. Z.* 4 S. 652/4.

STEIN, Beizenfarbstoffe in der Wollenechtfärberei und im Vigoureuxdruck. *Muster-Z.* 55 S. 176/80 F.

ART, noirs solides sur laine pour draperie. *Rev. mat. col.* 10 S. 302/4; *Text. u. Färb. Z.* 4 S. 804/5.

BÖTTIGER und PETZOLD, technisches Oxydationsschwarz. *Text. u. Färb. Z.* 4 S. 453/4.

RICHTER, Diamantschwarz PV für wollene Ueberfärbeartikel. *Lehnes Z.* 17 S. 298/9.

Substantive Schwarz in der Apparatefärberei. *Färber-Z.* 42 S. 238.

Noir solide pour articles de bonneterie. (Teinture avec du sel d'aniline.) *Mon. teint.* 50 S. 87/8.

Schwarz auf Herrenstoff mit Ramie-Effekten. (Säurechromschwarz RH der Farbenfabriken BAYER.) *Muster-Z.* 55 S. 256.

MARTIN, Thioindigorot B. (Zum Färben von Wolle und Baumwolle für Kattundruck. Ersatz der Imidgruppe durch Schwefel.) *Text. u. Färb. Z.* 4 S. 277/8, 325; *Z. Farb. Ind.* 5 S. 185/8.

KOCH, Thioindigorot B in der Tuchfärberei. *Lehnes Z.* 17 S. 159.

Thioindigo red. (Thioindigo red can be dyed along with the sulphur colours in one bath.) *Text. Man.* 32 S. 203/4.

WIRTHER, Thioindigorot B. (Zusammensetzung; Verwendungsart.) *Lehnes Z.* 17 S. 85/7.

Thioindigo red B. (Tinctorial properties and methods of application) *Dyer* 26 S. 83.

Thioindigorot B auf Wolle in der Schwefelnatriumküpe. *Text. u. Färb. Z.* 4 S. 821.

Thioindigorot B Teig auf Kammzug. *Lehnes Z.* 17 S. 211.

BROWN, Anwendung der Indanthrenfarbstoffe als Küpenfarben. *Text. u. Färb. Z.* 4 S. 229/32 F.

ERBAN, die Indanthrenfarbstoffe der BADISCHEN ANILIN- UND SODAFABRIK und ihre Anwendung zur Herstellung bleichechter Farben. *Lehnes Z.* 17 S. 3/6 F.

Die Indanthrene, eine neue Klasse von Farbstoffen. *Färber-Z.* 42 S. 303/4.

Indigo-Ersatzmittel. *Färber-Z.* 42 S. 467.

POMERANZ, p-Nitranilinrot. (Wirkung der Seife bei der Eisrotbildung.) *Z. Farb. Ind.* 5 S. 184/5.

SCHWALBE und HIEMENZ, Blaustich beim Paranitranilinrot. (Einfluß der in Anwendung kommenden Chemikalien.) *Z. Farb. Ind.* 5 S. 106/10; *Text. u. Färb. Z.* 4 S. 261/2.

Sauerfärbende Wollfarbstoffe auf Flaggentuchen. *Text. u. Färb. Z.* 4 S. 341/2 F.

MUELLER-JUSTIN, formation des colorants azoïques

sur la fibre et le rôle des corps gras pendant cette formation. (V) *Ind. text.* 22 S. 355./7.

NOBLTING, les matières colorantes azoïques se fixant au moyen des colorants métalliques. *Rev. mat. col.* 10 S. 161/4.

Les couleurs diamine dans la teinture des tissus mi-soie (soie et coton). *Mon. teint.* 50 S. 20/1 F.

V. KOSTANECKI, LAMPE und TRINEZI, Färbereieigenschaften des 3,2'·4'-Trioxyflavonols. *Ber. chem. G.* 39 S. 92/6.

RAUCH, Xylenrot als Egalisierungsfarbstoff. *Text. u. Färb. Z.* 4 S. 713/4.

KOECHLIN, sulfo-alizarines. (Donnant avec les mordants d'étain des rouges aussi vifs que ceux de la paranitraniline.) *Bull. Rouen* 34 S. 435.

MAUTNER, Eriochromfarbstoffe auf Herrenkonfektionsstoffe. *Text. u. Färb. Z.* 4 S. 182/3.

MENGER, Benzinfarben. *Lehnes Z.* 17 S. 33.

HALER, Entwicklung der Schwefelfarben. (Künstliche, durch Verschmelzen von organischen Substanzen mit Schwefel und Schwefelalkali erhaltene Farbstoffe, die Baumwolle ohne Beize in alkalischer, schwefelnatriumhaltiger Flotte anfärben.) *Z. Textilind.* 9 S. 2/3.

FARBWERKE VORM. MEISTER LUCIUS & BRÜNING, Thiogenfarben auf Baumwollgarn. *Text. u. Färb. Z.* 4 S. 72/4.

3. Drucken. Printing. Impression.

a) Apparate. Apparatus. Appareils.

SIMON ET WECKERLIN, appareil pour le vaporisage à la continue à haute température et en volume réduit. (Franz. Pat. 355081.)* *Rev. mat. col.* 10 S. 12/3.

LEFÈVRE, vaporisage à haute température à la continue. (Appareil système SIMON-WECKERLIN.)* *Rev. mat. col.* 10 S. 65/8.

GLAFEY, Maschine zum Bedrucken von Strähngarn.* *Lehnes Z.* 17 S. 143/5.

HAWK, Druckmaschine für Garnketten mit verlängerter Garnausspannung. * *Oest. Woll. Ind.* 26 S. 536; *Text. Rec.* 30, 4 S. 99/100.

WETZEL, Gewebemuster-Druckmaschinen. (Zweiseitiger Druck.)* *Spinner und Weber* 23 Nr. 38 S. 1/3 F.

Etwas über den Druckzylinder. (Chromleder-Ueberzug; Gehäuse zum Abhalten des durch Reibung von Holz auf Leder entstehenden Rauchs; Rauchabzug.)* *Mon. Text. Ind.* 21 S. 241/2.

ROLLIN, Ablösen der Tambourtücher aus kautschukierter Wolle. *Text. u. Färb. Z.* 4 S. 437.

PRESTAT et LABOUREUR, examen d'une étude faite par BOERINGER sur la commande électrique des machines à imprimer les tissus. *Bull. Rouen* 34 S. 349/52.

b) Verfahren. Processes. Procédés.

a) Allgemeines. Generalities. Généralités.

Fortschritte auf dem Gebiete der Druckerei im Jahre 1905. *Muster-Z.* 55 S. 358/9.

STIFEL, Drucken der Webstoffe. *Muster-Z.* 55 S. 73/4.

ATWOOD, colour thickening. * *Text. col.* 28 S. 276/7 F.

BRAUN, pflanzliche und tierische Verdickungsmittel, ihre Verwendung, Güte und Verfälschung. (Gummi arabicum.) *Z. Textilind.* 9 S. 35.

BRAUN, HANS, pflanzliche und tierische Verdickungsmittel, ihre Verwendung, Güte und Verfälschung. (Unterschied von Eieralbumin, Blutalbumin und Casein; Wert des geronnenen Albumins.) *Z. Text. Ind.* 9 S. 296/7 F.

Albumine de sang et son usage dans l'impression. *Mon. teint.* 50 S. 197/8.

SCHWALBE, alte und neue Zeugdruckverfahren. (V) *Z. ang. Chem.* 19 S. 81/6; *Mon. teint.* 50 S. 131/5 F.

GLAFEY, Bedrucken der Kettengarne.* *Lehnes Z.* 17 S. 265/7 F.

AXMACHER, Nachahmung von Zwirnstoffen durch Zeugdruck. (R) *Z. Text. Ind.* 9 S. 607/9.

BÜTOW, neue Verfahren zur Hervorbringung von Glanzmustern auf Geweben. (Uebereinanderdrucken von verschiedenfarbigen, schattenartig verlaufenden Grundmustern.) *Text. u. Färb. Z.* 4 S. 407/8.

FULTON, neue Mustereffekte auf Geweben. (Wegätzen der Wolle durch Bedrucken mit Natronlauge, oder der Baumwolle durch Bedrucken mit Aluminiumchlorid in gemischten Geweben. Französische Patentschrift 356188.) *Text. u. Färb. Z.* 4 S. 165/6.

Herstellung seidenähnlicher Effekte. (FRÄNKEL UND L. LILIENFELD D. R. P. 171450; Verwendung von in dünnen Schichten absolut weißen Molybdäntrioxyds als Pigment.) *Text. u. Färb. Z.* 4 S. 518.

NAHMEL, Rauheffekte auf Velour und Barchent durch Druck mit Viskose. *Muster-Z.* 56 S. 25 6.

ERBAN, Druckerei Spezialitäten. (Die Reversibles; Herstellung der Veloutine-Artikel.)* *Mon. Text. Ind.* 21 S. 160/2, 216/7 F.

HOFFMANN, P., imitation de vigoureux par impression pour les articles fantaisie. *Ind. text.* 22 S. 410/1.

ALLAN, battack printing in Java. (V. m. B.) *J. Soc. dyers* 22 S. 90/3; *Z. Text. Ind.* 9 S. 559/60.

ERBAN, der Batik-Druck-Artikel. (Herstellung.) *Mon. Text. Ind.* 21 S. 23/4.

BAUMANN et THESMAR, enlevage du grenat α-naphtylamine par l'hydrosulfite de soude formaldéhyde en présence du fer. *Rev. mat. col.* 10 S. 69/72, 137/8; *Lehnes Z.* 17 S. 166/7; *Z. Farb. Ind.* 5 S. 121/5, 221/3.

BAUMANN, THESMAR et HUG, enlevage sur grenat α-naphtylamine au moyen d'hydrosulfite de soudeformaldéhyde en milieu neutre. *Rev. mat. col.* 10 S. 105/6; *Mon. Text. Ind.* 21 S. 194/5.

BAUMANN, THESMAR et HUG, enlevages blancs et multicolores sur grenat α-naphtylamine au moyen de l'hydrosulfite-formaldéhyde. *Rev. mat. col.* 10 S. 329/32; *Bull. Mulhouse* 1906 S. 216/9.

BONN, Aetzen von α-Naphtylaminbordeaux bei Gegenwart von Rodogen oder Indulinscharlach. *Z. Farb. Ind.* 5 S. 257/61.

WILHELM, enlevages blancs et colorés sur bordeaux à l'α-naphtylamine. *Rev. mat. col.* 10 S. 193/5.

WILHELM, enlevages blancs sur bordeaux α-naphtylamine à l'hydrosulfite concentré. (Hydrosulfite et cétopaline.) *Rev. mat. col.* S. 362/3.

WILHELM, enlevages colorés sur bordeaux α naphtylamine avec l'hydrosulfite sec de la B. A. S. F. marquée avec la rhodamine et avec l'aetzmarineblau N.; essais avec l'indigo et le carmin d'indigo, avec nitroalizarine, nitroalizarine 20 %, avec la cétopaline. *Bull. Mulhouse* 1906 S. 77/83.

SCHEUNERT et FROSSARD, enlevage du grenat α-naphtylamine par le sulfoxylate-formaldéhyde. *Bull. Mulhouse* 1906 S. 219/20.

RITERMAN et FELLI, enlevages sur bordeaux d'α-naphtylamine. *Bull. Mulhouse* 1906 S.333/4.

SUNDER, réserve au nitrite de soude sous blanc à l'hydrosulfite de soude-formaldéhyde, enlevage sur grenat d'α-naphtylamine. *Bull. Mulhouse* 1906 S. 335/7, 364/5.

WERNER, Aetzen von α-Naphtylaminbordeaux. *Z. Farb. Ind.* 5 S. 163/4.

IWANOWSKI, Drucken von Schwefelfarbstoffen als Aetzfarbe auf α-Naphtylaminbordeaux. *Z. Farb. Ind.* 5 S. 85/6.

KÖGLER, Druck mit Schwefelfarbstoffen. *Lehnes Z.* 17 S. 6/7.

KOECHLIN, enlevage au fer sur grenat d'α-naphtylamine. *Rev. mat. col.* 10 S. 166/7.

RICHARD, M., blotch work on beta-naphthol prepared cloth. (By the aid of diphenyl black.) (R) *Text. Man.* 32 S. 64.

CABERTI, ROGGIERI and BARZAGHI, reserves under aniline black with hyraldite W and resorcin. *Dyer* 26 S. 174; *Muster-Z.* 55 S. 375/6; *Rev. mat. col.* 10 S. 164/6.

HEILMANN & CIE et BATTEGAY, enlevages et demi-enlevages sur laine au sulfite de potassium. *Bull. Mulhouse* 1906 S. 55/6; *Lehnes Z.* 17 S. 375/80; *Mon. Text. Ind.* 21 S. 164.

SCHMIDT, H., azo colour discharges. *J. Soc. dyers* 22 S. 377/80.

BLOCH et ZEIDLER, fond rouge diazo, réservant une surimpression noire. *Bull. Mulhouse* 1906 S. 229/30.

SUNDER, discharging vat blue with calcium oxalate. *Dyer* 26 S. 57; *Muster-Z.* 55 S. 89/90 F.

OSTERMANN, Färben und Drucken mittels alkalischer Alizarinlösungen. *Färber-Z.* 42 S. 336/7.

SCHWALBE, formation de noir d'aniline sur la préparation au β-naphtol. (En dissolvant le β-naphtol dans un excès de savon à l'huile ricinoléique.) *Bull. Mulhouse* 1906 S. 304/5.

TREPKA, réservages sous noir d'aniline avec sulfure de sodium-formaldéhyde. *Rev. mat. col.* 10 S 257/8.

Steaming indigo prints.* *Dyer* 26 S. 94.

Indigodruckverfahren - RIBBERT. *Muster-Z.* 55 S. 38/40.

ROLLIN, accidents de décollage des draps de rouleaux en laine caoutchoutés. *Bull. Mulhouse* 1906 S. 59/62.

MÜLLER, JUSTIN, Verbindungen des Tannins mit den Leukoderivaten der Schwefelfarbstoffe. (Druckversuche.) *Färber-Z.* 42 S. 136/7.

ERBAN, Anwendung der Monopolseife für die Druckerei von Alizarinfarben. *Z. Farb. Ind.* 5 S. 361/3.

ERBAN, Fortschritte in der Herstellung und Anwendung von Oelpräparaten im Gebiete der Druckerei. *Z. Farb. Ind.* 5 S. 288/9 F.

ERBAN, bromine salts as discharges. (Bromobromate.) *Text. Man.* 32 S. 63/4.

β) Für Baumwolle. For cotton. Pour coton.

MUELLER, JUSTIN, printing fabrics of cotton and wool. (R) *Text. Man.* 32 S. 240.

MATHER & PLATT, procédé pour fixer les colorants directs en impression. (Sur coton.) *Ind. text.* 22 S. 190/3.

MEISTER LUCIUS & BRÜNING, Klotzen von Indigo auf Baumwolle. (D. R. P. 19932.) *Text. u. Färb. Z.* 4 S. 186/7.

FAVRE, nouveau genre de fixation du violet moderne et du bleu 1900. (Imprimerie avec tannin sur coton, passage subséquent en bichromate.) *Bull. Mulhouse* 1906 S. 133/4.

RICHARD et SANTARINI, fixation de l'oxyde de chrome sur coton et applications. *Bull. Mulhouse* 1906 S. 296/302.

CABERTI, ROGGIERI et BARZAGHI, réserve sous rouge thio-indigo. (Nuances sur coton.) *Rev. mat. col.* 10 S. 353/4.

AXMACHER, Veredelung von Baumwoll-Barchend, Piqué usw. *Muster-Z.* 55 S. 331/3.
Printing of cotton velvets. (Dyes mostly used for the principal shades.) (R) *Text. Man.* 32 S. 350.
WICKTOROFF und PHILIPPOFF, Darstellung des roten Paranitranilinlackes für den Kattundruck. *Z. Farb. Ind.* 5 S. 181/4.

γ) **Für Wolle und Halbwolle. For wool and half wool. Pour laine et mi-laine.**

BONN, zweifarbige Effekte auf rein wollener Stückware. *Z. Farb. Ind.* 5 S. 62/6.
GRANDMOUGIN, Erzeugung zweifarbiger Effekte auf Wolle durch Aufdruck von Schwefelsäure. *Z. Farb. Ind.* 5 S. 223/4.
Zweifarben-Effekte auf Wolle durch Behandlung mit oder Aufdruck von Säuren. *Muster-Z.* 55 S. 259.
HEILMANN et BATTEGAY, enlevages et demienlevages sur laine au sulfite de potassium. *Mon. teint.* 50 S. 129/30.
MUELLER, JUSTIN, impression sur laine avec addition de phénol. *Bull. Mulhouse* 1906 S. 72/3.
Impression sur tissus de laine. *Mont. teint.* 50 S. 19 20 F.
Printing woolen fabrics. (R) (a) *Text. Man.* 32 S. 27/8 F.
REGEL, Wolldruck. *Z. Farb. Ind.* 5 S. 201/5; *Dyer* 26 S 115/6.
SPIESZ, Wollendruckerei zur Herstellung von gesprenkelten Garnen und Geweben. *Z. Farb. Ind.* 5 S. 125/30.
PATERSON, absorption of tin by the wool-fibre in tapestry carpet yarn printing.[*] *J. Soc. dyers* 22 S. 188/9.
DANTZER, Fabrikation von wollenen Effektgarnen. (Herstellung der Farbtöne durch Färben und Drucken; neue Kunstgriffe in der Spinnerei oder den vorbereitenden Prozessen.)[*] *Text. u. Färb. Z.* 4 S. 247/50.
MUELLER-JUSTIN, printing fabrics of cotton and wool. (R) *Text. Man.* 32 S. 240.

δ) **Für Seide und Halbseide. For silk and half-silk. Pour soie et mi-soie.**

FARRELL, method for production of photographs on silk. (V) *J. Soc. dyers* 22 S. 24/7; *Text. u. Färb. Z.* 4 S. 153/4.
REMY, Buntätzen auf Halbseide mittels Rongalit C. *Lehnes Z.* 17 S. 19.

ε) **Angewandte Farbstoffe. Employed colouring matters. Matières colorantes employées.**

STENGER, die Lichtechtheit und das Verhalten verschiedener Teerfarbstoffe auf Druckfarben. *Z. Reprod.* 8 S 182/4.
Verbessertes Einbad-Blauholzschwarz auf Wolle. (ZANKERs D. R. P. 172662 mit Verwendung von Ammonium-Doppelsalzen des Eisen- oder Kupfer-Oxalats.) *D. Wolleng.* 38 S. 1413/4.
SANSONE, les matières colorantes basiques dans l'impression des tissus de coton. *Rev. mat. col.* 10 S. 5/9; *Dyer* 26 S. 56/7; *Muster - Z.* 55 S. 164/6.
STEIN, Beizenfarbstoffe in der Wollenechtfärberei und im Vigoureuxdruck. *Muster-Z.* 55 S. 176/80 F.
KROLL, lösliche Immedialfarben für Kattundruck. *Z. Farb. Ind.* 5 S. 434/6.
KÖGLER, Druck mit Schwefelfarben. *Lehnes Z.* 17 S. 369/70.
HEILMANN & CIE. et BATTEGAY, couleurs au soufre. Applications diverses et enlevages sur azoïques ou autres. *Bull. Mulhouse* 1906 S 50/3; *Mon. Text. Ind.* 21 S. 163/4; *Mont. teint.* 50 S. 147, 8.

FAVRE, rouge de nitrosamine développé par vaporisage et à imprimer simultanément avec les couleurs au soufre et l'indigo. *Bull. Mulhouse* 1906 S. 67/8.
BURGHAUS, Paraminbraun. *Z. Farb. Ind.* 5 S. 161/2.
LANGER, Anwendung des Paraminbrauns mit besonderer Berücksichtigung des Rauchartikels.[*] *Z. Farb. Ind.* 5 S. 343/7.
STEIN, Walkgelb G, 2 G und R im Baumwolldruck. *Muster-Z.* 56 S. 5.
WICKTOROFF and PHILIPPOFF, paranitraniline lake for printing. *Text. Man.* 32 S. 387/8.
RICHARD, Anwendung von Diphenylschwarz und Violet Moderne im Druck auf mit Betanaphtol präparierten Geweben. *Lehnes Z.* 17 S. 146/9.
BROWN, the indanthrene series of vat colours. (Printing indanthrene, etc., together with an alkaline thickening and a formaldehyde compound of a hydrosulphite.) (V. m. B.) *Text. Man.* 32 S. 95/7 F.; *J. Soc. dyers* 22 S. 11/8.
Direct printing of indigo. *Text. col.* 28 S. 167/8.
Chrome blue and violet printing colours. (With a pattern sheet.) *Dyer* 26 S. 10.

4. **Beizen. Mordants.**

HEERMANN, dyeing processes. (Theories of general conditions in primary mordanting.) *J. Soc. dyers* 22 S. 282/5.
HEERMANN, Färbereiprozesse. (Lösungsmedium und Beizfähigkeit metallischer Beizen.) *Lehnes Z.* 17 S. 343/4.
Beizen der Leisten von Geweben. (Leistenbeizmaschine von GESZNER.)[*] *Text. u. Färb. Z.* 4 S. 714/5.
ALDEN, chromium and acid in single bath liquors. (Analysis; precipitation of chromium hydrate with a known quantity of alkali.) *J. Soc. dyers* 22 S. 287.
CURTIS, chrome mordants. *Text. col.* 28 S. 141/3.
BLONDEL, application du chlorure de titane. (Comme agent destructeur dans l'industrie tinctoriale.) *Bull. Rouen* 34 S. 295/6.
ERBAN, Fabrikation von Titanpräparaten und deren Verwendung in der Färberei. *Chem. Z.* 30 S. 145/6.
OXLEY, antimonine. (Lactate of antimony.) *J. Soc. dyers* 22 S. 369/70.
WILLIAMS, Antimonverbindungen als Fixierungsmittel für Tanningerbsäure. *Text. u. Färb. Z.* 4 S. 440/2; *Chemical Ind.* 25 S. 357/9.
RAMOLLO - BURATTI, le mordant B. (Phosphate d'étain.) *Rev. mat. col.* 10 S. 259 60; *Text. u. Färb. Z.* 4 S. 802/3.
KUNDT, Fixierung wasserunechter substantiver Farben auf Baumwolle. (Mittels Magnesiumbeize.) *Text. u. Färb. Z.* 4 S. 358.
BAUMANN et FROSSARD, les rongeants blanc et multicolores à l'hydrosulfite de soude. *Rev. mat. col.* 10 S. 103/4; *Mon. Text. Ind.* 21 S. 194.
PRUD'HOMME, les hydrosulfites et leurs applications à la teinture et à l'impression. (Propriétés et caractères des hydrosulfites; application des hydrosulfites.) *Gén. civ.* 49 S. 11/3.
WHITTAKER, the hydrosulphites. (Formaldehyde compounds.) *Dyers* 26 S. 165/6.
Neuerungen in der Anwendung der Hydrosulfitätzen. (Von der BADISCHEN ANILIN- UND SODA-FABRIK empfohlene Verhältniszahlen einer Aetzfarbe; BAUMANN, THESMAR und FROSSARDs Druckrezept; SIMON & WECKERLINs Apparat zum kontinuierlichen Dämpfen bei höherer Temperatur; POLLAKs Reservemischung.) *Mon. Text. Ind.* 21 S. 56/8.
Neuerungen im Aetzen mit Natriumsulfoxylat-Formaldehyd. (Zinkhydrosulfit; alkalischer —, neu-

traler Rongeant; Hydrosulfit-Formaldehyd; Naphtol R von CASSELLA; Solidogen; überhitzter Wasserdampf; aromatische Basen.) *Mon. Text. Ind.* 21 S. 324/5.

JACOBUS, Ameisensäure. (Anwendung in der Färberei.) *Z. Textilind.* 10 S. 99/100.

MORRIS, Anwendung der Ameisensäure in Färberei und Druckerei. *Muster-Z.* 55 S. 442/3.

PFUHL, Ameisensäure. (Zum Färben und Entwickeln von Chromotrop.) *Lehnes Z.* 17 S. 7.

WALTHER, weitere Versuche über die Verwendbarkeit der Ameisensäure in der Färberei. (R) *Mon. Text. Ind.* 21 S. 22/3. 162/3.

KAPFF, über die Verwendung der Ameisensäure in der Färberei und Druckerei. (Entgegnung zu WALTHERs Abhandlung.) *Mon. Text. Ind.* 21 S. 127, 196.

Process for mordanting wool. (Employment of free formic acid in combination with reducible chromates.) *Text. Man.* 32 S. 171.

DÖRING, neue Milchsäurebeize. (Nach CLAFLIN; Mischung von freier Milchsäure und neutralen Ammonsalzen.) *Lehnes Z.* 17 S. 354/5.

Untersuchung technischer Milchsäure. (Bestimmung des Gehaltes der 80 proz. Milchsäure an freier Säure und an Gesamtsäure, in 43¹/₂proz. und 50 proz. Milchsäure; Prüfung auf Schwefelsäure, auf Salzsäure) *Lehnes Z.* 17 S. 153/5.

Verwendung der Milchsäure beim Entwickeln von Chromotrop und Chrombraun. *D. Wolleng.* 38 S. 211/2.

CAUX, nouveau mordant gras oxydé pour tissus de poids lourd. *Bull. Rouen* 34 S. 400/1.

Die Ersatzprodukte des Weinsteins beim Beizen der Wolle mit Chrom. (Hilfsbeizen) *D. Wolleng.* 38 S. 713/5.

LUDWIG, neue Aetzen für Naphtylaminbordeaux. *Z. Farb. Ind.* 5 S. 453/4.

V. GEORGIEVICS, Farblacke und das Beizvermögen der Oxyanthrachinone. (V) (A) *Oest. Chem. Z.* 9 S. 124/5.

Zur Anwendung des Diastafors in der Färberei. (Beim Färben mit Diamin- und Immedialfarben.) *Mon. Text. Ind.* 21 S. 128.

5. Prüfung. Examination.

HIELD, simple tests for dyes, chemicals and fibres.[*] *Text. Man.* 32 S. 348/9, 419/20 F.

CAPRON, analyse du coton teint; recherche de la nature du colorant. (Analyse qualitative.) *Rev. mat. col.* 10 S. 129/36 F.; *Text. u. Färb. Z.* 4 S. 423/5.

PIEQUET, teinture des tissus pour fournitures militaires et les épreuves auxquelles ils sont soumis. *Rev. mat. col.* 10 S. 97/101; *Lehnes Z.* 17 S. 395/9.

YEOMAN and JONES, identification of dyestuffs on animal fibres. (V) (a) *Text. Man.* 32 S. 133/6.

KNECHT, einfache Prüfungsweise für Paranitranilinrot. (Das gefärbte oder bedruckte Muster wird einige Sekunden lang über eine kleine Gasflamme gehalten.) *Muster-Z.* 55 S. 25/6; *Mon. Text. Ind.* 21 S. 25/6; *Text. Ind.* 9 S. 246/7.

RICHARDSON, the polarimeter in dye-works laboratories. (V)[*] *J. Soc. dyers* 22 S. 125/9 F.

PATERSON, simple method of detecting a tin mordant in woollen goods. *J. Soc. dyers* 22 S. 189/90.

BÖTTIGER u. PETZOLD, technisches Anilin-Oxydationsschwarz. (Vergrünlichkeit.) *Lehnes Z.* 17 S. 17/9.

Die Echtheitseigenschaften der verschiedenen Arten Blauholzschwarz. *Lehnes Z.* 17 S. 11/2.

WHITTAKER, action of perspiration on colours. (Tests.) *Dyers* 26 S. 129.

Schweißechtheit der Färbungen. *Muster-Z.* 55 S 37/8.

Farbstoffe. Colouring-matters. Matières colorantes.
Vgl. Färberei, Indigo, Malerei.

1. Mineralfarbstoffe.
2. Farbstoffe aus dem Pflanzen- und Tierreich.
3. Künstliche organische Farbstoffe.
4. Prüfung.

1. Mineralfarbstoffe. Mineral colours. Matières colorantes minérales.

Jahresbericht über Neuerungen in der Fabrikation der Körperfarben. *Farben-Z.* 11 S. 793/5 F.

CARV, über das BISCHOF-Bleiweißverfahren. (Geschmolzenes Blei wird an der Luft zu Glätte oxydiert, dann bei 250-300° der reduzierenden Einwirkung von Wassergas unterworfen. Das gebildete Bleihydrat geht durch Kohlensäure-Aufnahme in basisches Bleikarbonat über; staubfreie Durchführung des Verfahrens ohne Handarbeit.) (V. m. B)[*] *Verh. V. Gew. Sitz. B.* 1906 S. 156/78.

RAMSAY, der BISCHOFF'sche Prozeß für die Darstellung von Bleiweiß. (V) (A) *Chem. Z.* 30 S. 416.

Empfindlichkeit des Bleiweißes gegen Schwefelwasserstoff. (Zurückgehen der Schwärzung des Bleiweißes durch das Licht; Einflußlosigkeit von freiem Schwefel auf Bleiweiß. *Münch. Kunstbl.* 3 S. 25/6 F.

RÜBENCAMP, Versuche mit Bleiweiß und Zinkweiß und das Verhalten blei- und schwefelhaltiger Farben. (Deckkraft.) *Farben-Z.* 12 S. 297/9.

WUNDER, Ultramarin. (Fabrikation.) *Chem. Z.* 30 S. 61 F.

CHABRIÉ et LEVALLOIS, étude des outremers. (Action de l'azotate d'argent; outremers substitués par des radicaux organiques; combinaisons avec les radicaux éthyléniques.) *Compt. r.* 143 S. 222/4.

HOFFMANN, JOSEF, das KNAPPsche Borultramarin. *Z. ang. Chem.* 19 S. 1089/95.

FREESE, Gewinnung der Zinklaugen für die Lithopone-Fabrikation. *Farben-Z.* 11 S. 422/3.

Lichtechte Lithopone. *Farben-Z.* 11 S. 400/1.

Bleichromate, ihre Darstellung und Eigenschaften. *Farben-Z.* 11 S. 342/3 F.

Fabrikation von Chromgelb. *Bayr. Gew. Bl.* 1906 S. 45.

Zinkgelb. (Herstellung; Benutzung; Ersatz.) *Farben-Z.* 12 S. 70/1.

Die Fabrikation des Zinnobers in China. *Prom.* 17 S. 677/8.

SCHUBERT, aus Melasse gewonnener blauer Farbstoff. (Verdünnte Melasse, Rübensäfte oder Melasseschlempen werden mit einer Lösung von molybdänsaurem Ammon gekocht und mit Schwefelsäure angesäuert. Die Farbstoffbildung beruht auf Reduktion der Molybdänsäure.) *Z. Zucker.* 25 S. 274/6.

Grüne, gelbe und blaue Mineralfarben. (R.) *Malers.* 26 S. 231/6 F.

Aluminiumfarben. *Farben Z.* 11 S. 1353/4.

AVERY, constitution of Paris green and its homologues.[*] *J. Am. Chem. Soc.* 28 S. 1155/64.

GUIGUES, cinabre et bleu de Prusse. (Falsification.) *J. pharm.* 6, 23 S. 375/7.

2. Farbstoffe aus dem Pflanzen- und Tierreich. Vegetable and animal colouring matters. Matières colorantes végétales et animales.

PFEIFFER, Fortschritte in der Chemie der natürlichen Farbstoffe vom 1. März 1904 bis 1. Juni 1906. *Chem. Zeitschrift* 5 S. 409/15.

Natürliche Farbstoffe. *Chem. Zeitschrift* 5 S. 365/6.

NIERENSTEIN, das Färbevermögen der Gerbstoffe. *Chem. Z.* 30 S. 1101/2.

PIEQUET, la noix d'arec, le bétel et le cachou. *Bull. Rouen* 34 S. 125/30.

DECKER, der Farbstoff im Safran. *Chem. Z.* 30 S. 18.

Darstellung von Bezetta coerulea und rubra. *Pharm. Z.* 51 S. 999.

FABRICIUS, Rußerzeugung aus verschiedenen Rohmaterialien.* *Farben-Z.* 11 S. 1042/4.

3. Künstliche organische Farbstoffe. Artificial organic colouring matters. Matières colorantes artificielles organiques.

a) Allgemeines. Generalities. Généralités.

BUCHERER, die Teerfarbenchemie in den Jahren 1904 und 1905. *Z. ang. Chem.* 19 S. 1169/77, 1221/31.

REVERDIN, revue des matières colorantes nouvelles au point de vue de leurs applications à la teinture. *Mon. scient.* 4, 20, I S. 718/25.

V. GEORGIEVICS, Fortschritte der Teerfarbenfabrikation. (Jahresberichte.) *Chem. Z.* 30 S. 549/54.

SCHWALBE, Farbstoffe. Bericht über den Zeitraum April-Dezember 1905, — das erste Vierteljahr 1906. Zwischenprodukte, Azofarbstoffe; Anthracenfarbstoffe; Oxazin- und Thiazinfarbstoffe; Schwefelfarbstoffe. *Chem. Zeitschrift* 5 S. 101/5 F., 347/50 F.

SÜVERN, neueste Patente aus dem Gebiete der künstlichen organischen Farbstoffe. *Lehnes Z.* 17 S. 36/8 F.

Neue Farbstoffe. (Auszug aus dem Rundschreiben und Musterkarten der Farbenfabriken.) *Lehnes Z.* 17 S. 27 F.

MARKFELDT, Anwendung der Teerfarbstoffe und ihre Wertbestimmung. *Farben-Z.* 11 S. 1167/9.

GRANDMOUGIN, Verhalten einiger künstlicher organischer Farbstoffe gegen flüssige schweflige Säure. *Z. Farb. Ind.* 5 S. 383/5; *Dyer* 26 S. 207.

V. BAEYER, Anilinfarben. (Zusammenhang zwischen Farbe und chemischer Konstitution.) (V) *Chem. Z.* 30 S. 578/9.

BOKORNY, Giftigkeit einiger Anilinfarben und anderer Stoffe. *Chem. Z.* 30 S. 217/9.

FORMÁNEK, Fluoreszenz der Farbstoffe. *Z. Farb. Ind.* 5 S. 142/6 F.

MICHAELIS, Eigenschaften der freien Farbbasen und Farbsäuren. (Verhalten gegenüber den verschiedenen Gewebselementen in der histologischen Färbetechnik.) *B. Physiol.* 8 S. 38/50.

VASSART, matières colorantes organiques artificielles. (Fabrication; colorants dérivés du di- et du triphényl-méthane; application; colorants du groupe de l'indigo; — de la quinoléine et de l'acridine; — dérivés des oxycétones, xanthones, flavones et coumarines; — thiazoliques et thiobenzényliques; matières colorantes à constitution encore inconnue.) (a) *Ind. text.* 22 S. 15/7 F.

b) Nitro- und Nitrosofarbstoffe.

SOMMERHOFF, Verhalten der Trinitrobenzolderivate mit cyklischen Aminen. *Z. Farb. Ind.* 5 S. 270/1.

c) Azo-, Azoxy- und Hydrazonfarbstoffe.

MUELLER, JUSTIN, Bildung der Azofarbstoffe auf der Faser und die Wirkung der Fettkörper während dieser Bildung. (V) *Lehnes Z.* 17 S. 202/6; *Z. Farb. Ind.* 5 S. 261/2 F.

POMERANZ, Theorie der Bildung der Azofarbstoffe auf der Faser. *Z. Farb. Ind.* 5 S. 425/6.

VAUBEL und SCHEUER, Aufnahme von mehr als einem Molekül Diazo- bezw. Tetrazoverbindung bei der Bildung von Azofarbstoffen. *Z. Farb. Ind.* 5 S. 1/2.

LEMOULT, les matières colorantes azoïques: chaleur

de combustion et formule de constitution. *Compt. r.* 143 S. 603/5.

BAUMERT, Azofarbstoffe aus der Pyridinreihe. *Ber. chem. G.* 39 S. 2971/6.

MÜLLER, HERMANN A., Sulfinazofarbstoffe. (Reduktion des Dinitrorhodanbenzols mit alkoholischen Schwefelammonium. Sulfinazofarbstoffe aus 4, 4' — Diamino — 2, 2' — dinitrodiphenyldisulfid. Reduktion des Dinitrorhodanbenzols mit Stannochlorid und Salzsäure.) *Z. Farb. Ind.* 5 S. 357/61.

GRANDMOUGIN, Spaltung von Azofarbstoffen mit Natriumhydrosulfit. *Ber. chem. G.* 39 S. 2494/7.

VAUBEL und SCHEUER, Triimide bezw. Azoimide der Benzidinreihe. *Z. Farb. Ind.* 5 S. 61/2.

d) Arylmethanfarbstoffe.

LAMBRECHT, Triphenylmethanfarbbasen und Farbsalze. (V) (A) *Chem. Z.* 30 S. 419.

VON BAEYER, Anilinfarben. (Säuresalze des Triphenylcarbinols; gefärbte Alkalisalze der Auringruppe.) (V) *Z. ang. Chem.* 19 S. 1287/92.

NOELTING und GERLINGER, Einfluß von Kernsubstituenten auf die Nuance des Malachitgrüns. *Ber. chem. G.* 39 S. 2041/53.

REITZENSTEIN und ROTHSCHILD, Einfluß, welchen Methylgruppen auf die Nuance zweier durch einen Glutakonaldehydrest verkuppelter Triphenylmethanfarbstoffe ausüben. *J. prakt. Chem.* 73 S. 192/206.

SCHMIDLIN, recherches chimiques et thermochimiques sur la constitution des rosanilines. *Ann. d. Chim.* 8, 7 S. 195/279.

SCHMIDLIN, schwefelhaltige basische Triphenylmethanfarbstoffe. *Ber. chem. G.* 39 S. 4204/16.

e) Pyron- und Phtaleïnfarbstoffe. Fehlt.

f) Acridin- und Chinolinfarbstoffe.

KÖNIG, Konstitution der Cyaninfarbstoffe. *J. prakt. Chem.* 73 S. 100/8.

BOOK, Konstitution der Cyaninfarbstoffe. *Phot. Korr.* 43 S. 14/8.

g) Oxyketonfarbstoffe.

BONIFAZI, V. KOSTANECKI und TAMBOR, Synthese des 2.2'.4'-Trioxy-flavonols; BONIFAZI, LAMPE und TRIULZI, Färbeeigenschaften des 3.2'.4'-Trioxy-flavonols. *Ber. chem. G.* 39 S. 86/96.

BIGLER und V. KOSTANECKI, das 3'.4'.-Dioxy-a-naphtoflavonol. *Ber. chem. G.* 39 S. 4034/7.

LUDWINOWSKY und TAMBOR, Synthese des 1-Oxy-3-methyl-flavons. *Ber. chem. G.* 39 S. 4037/41.

NOELTING und KADIERA, Phenylessigsäure-Ketonfarbstoffe. Trioxy-desoxybenzoin. *Ber. chem. G.* 39 S. 2056/60.

h) Oxazin- und Indophenolfarbstoffe.

FORMÁNEK, Oxazinfarbstoffe. (Bildungsweise.) *Z. Farb. Ind.* 5 S. 433/4.

GRANDMOUGIN, Kondensation von Gallocyaninfarbstoffen mit Amidosulfosäuren. *Z. Farb. Ind.* 5 S. 201.

HANTZSCH, zur Natur der Oxazin- und Thiazin-Farbstoffe. *Ber. chem. G.* 39 S. 153/9.

i) Thiazinfarbstoffe.

GNEHM und KAUFLER, Thiazine. (Untersuchung, inwieweit Mercaptane bezw. Disulfide der Thiazinreihe Schwefelfarbstoffcharakter haben.) *Ber. chem. G.* 39 S. 1016/20.

GNEHM und SCHRÖTER, Indamine und Thiazine. (Arbeiten über Sulfinfarbstoff-Darstellung.) *J. prakt. Chem.* 73 S. 1/20.

BINZ, Schwefelfarben der Methylenviolettgruppe. *Chem. Ind.* 29 S. 295/7.

GNEHM und WALDER, Methylengrün. (Durch Einwirkung von salpetriger Säure auf eine saure

34

Lösung von Methylenblau gewonnen.) *Ber. chem.*
G. 39 S. 1020/2.
GRANDMOUGIN und WALDER, Methylengrün. *Z.*
Farb. Ind. 5 S. 285/6.
HANTZSCH, zur Konstitution der Thionin- und
Azoxin-Farbstoffe. *Ber. chem. F.* 39 S. 1365/6.
HANTZSCH, zur Natur der Oxazin- und Thiazin-
Farbstoffe. *Ber. chem. G.* 39 S. 153/9.
KEHRMANN, Konstitution der Thionin- und Azoxin-
Farbstoffe. *Ber. chem. G.* 39 S. 914/26.
KEHRMANN, Methylen-Azur. *Ber. chem. G.* 39
S. 1403/8.
BERNTHSEN, die chemische Natur des Methylen-
azurs. (Entmethyliertes Methylenblau.) *Ber. chem.*
G. 39 S. 1804/9.

j) Azin- und Indaminfarbstoffe.

BARBIER et SISLEY, les sénosafranines symétriques
et dissymétriques. *Bull. Soc. chim.* 3, 35 S.858/68 ;
Rev. mat. col. 10 S. 9/12.
BARBIER et SISLEY, mode de formation des safra-
nines symétriques. Action de l'aniline sur le
paradiaminoazobenzène. *Bull. Soc. chim.* 3, 35
S. 1278/85.
FISCHER und ARNTZ, Einwirkung von Hydroxyl-
amin auf Isorosindon und Thirosindon, sowie
Bildung von Naphtosafranol aus Isorosindon.
Ber. chem. G. 39 S. 3807/12
GNEHM und SCHRÖTER, Indamine und Thiazine.
(Arbeiten über Sulfinfarbstoff-Darstellung.) *J.*
prakt. Chem. 73 S. 1/20.

k) Anthracenfarbstoffe.

PRUD'HOMME, produits de réduction des oxyan-
thraquinones. *Rev. mat. col.* 10 S. 1/2; *Bull.*
Soc. chim. 3, 35 S. 71/6.
BROWN, the indanthrene series of vat colours. (V.
m. B.) *J. Soc. dyers* 22 S. 11/8; *Text. Man.* 32
S. 95/7 F.
ERBAN, Indanthrenfarbstoffe der BADISCHEN ANI-
LIN- UND SODAFABRIK und ihre Anwendung
zur Herstellung bleichechter Farben. *Lehnes Z.*
17 S. 3/6 F.
Die Indanthrene, eine neue Klasse von Farbstoffen.
Färber-Z. 42 S. 303/4.

l) Indigo. Siehe Indigo, vgl. Färberei.

m) Thiazolfarbstoffe. Fehlt.

n) Oxythionaphtenfarbstoffe.

KNECHT, thio-indigo red: a new synthetic dyestuff.
J. Soc. dyers 22 S. 156/9.
ERBAN, roter Farbstoff der Indigogruppe. (Thio-
indigorot B von KALLE & CO.) *Lehnes Z.* 17
S. 138/9.
ALT, Thioindigorot. (Der Firma KALLE & CO.)
Lehnes Z. 17 S. 169/74.
WIRTHER, Thioindigorot B. (Zusammensetzung;
Verwendungsart.) *Lehnes Z.* 17 S. 85/7; *Rev.*
mat. col. 10 S. 213/6.
FRIEDLÄNDER, Schwefelfarbstoffe. (Bildung, Kon-
stitution und chemische Vorgänge ihrer Ent-
stehung.) *Z. ang. Chem.* 19 S. 615/9; *Mon.*
scient. 4, 20, I. S. 629/33.
Thio-indigo red. (Thio indigo red can be dyed
along with the sulphur colors in one bath.) *Text.*
Man. 32 S. 203/4.

o) Künstliche Farbstoffe verschiedener und un- bekannter Zusammensetzung. Artificial colouring matters of other or unknown composities. Matières colorantes arti- ficielles d'une composition différente ou inconnue.

GRANDMOUGIN, Anilinschwarz. (Unvergrünlichkeit.)
Z. Farb. Ind. 5 S. 286/7.
KERTESS, Anilinschwarz. (Erwiderung.) *Z. Farb.*
Ind. 5 S. 304/5.

WILLSTÄTTER, Anilinschwarz. (Schrittweise Synthese.) (V) (A) *Chem. Z.* 30 S. 955.
SÜNDER, zur Anilinschwarz-Frage. *Z. Farb. Ind.*
5 S. 400/1.
KIRPITSCHNIKOFF, schwarze Pigmente aus Anilin
und seinen Homologen. *Z. Farb. Ind.* 5 S. 41/4.
ERBAN, Lichtechtheit und Aetzbarkeit der wichtigsten Schwefelfarbstoffe. *Lehnes Z.* 17 S. 240/1.
POIRRIER et EHRMANN, nouvelles matières colorantes se fixant au moyen de mordants métalliques. (On chauffe un mélange de dinitrosorésorcine, résorcine, acide chlorhydrique ou de mo-
nonitrosorésorcine, aniline, acide chlorhydrique.)
Bull. Mulhouse 1906 S. 69/71.
ROSENSTIEHL et POIRRIER, nouvelle matière colorante bleu sulfonée, solide aux alcalis. (Dérivé
diphénylnaphthylméthane sulfoné.) *Bull. Rouen*
34 S. 44/5.
LEFÈVRE, quelques colorants nouveaux. (Condensation du tétraméthyldiaminodiphénylméthanol
avec les acides p.-sulfoniques du phénol et des
ses éthers; action de l'acide formique sur les
phénols et leurs dérivés.) *Rev. mat. col.* 10
S. 35/6.
VASSART, matières colorantes organiques artificielles. (Matières colorantes à constitution encore inconnue; colorants contenant du soufre;
mordants minéraux) (a) *Ind. text.* 22 S. 365 F.
NOELTING und WITTE, Färbeeigenschaften der
Kondensationsprodukte von Chinaldin mit Aldehyden. *Ber. chem. G.* 39 S. 2749/51.
LIEBERMANN, Xanthophansäure und Glaukophansäure. (Entstehen beim Verschmelzen von
Aethoxymethylenacetessigester mit Natracetessig-
ester.) *Ber. chem. G.* 39 S. 2071/88.
RUPE und SIEBEL, Methinammoniumfarbstoffe. *Z.*
Farb. Ind. 5 S. 301/4.
GREEN and CROSLAND, colouring matters of the
stilbene group. (Stilbene yellow [Clayton]; Mi-
kado orange [Leonhardt].) *J. Chem. Soc.* 89
S. 1602/14.

4. Prüfung. Examination.

GULINOW, Reaktionen zur Erkennung und Unterscheidung von künstlichen organischen Farbstoffen. *Z. Farb. Ind.* 5 S. 337/43.
HIELD, simple tests for dyes, chemicals, and
fibres.* *Text. Man.* 32 S. 419/20 F.
MATTHEWS, analysis of dyestuffs. (V) (Relative
colouring powers and money values; analysis of
acid dyes; strong reducing agents for the
purpose of titrating solutions of dyes.) *J.*
Frankl. 161 S. 229/34; *Text. Man.* 32 S. 132/3.
SCOTT, Prüfungen und Analysenmethoden für Blei-
weiß. *Farben-Z.* 12 S. 102/3 F.
LUDWIG, Untersuchung des in Riga verkäuflichen
Zinkweißes. (V) *Rig. Ind. Z.* 32 S. 139.
LA WALL, vergleichende Untersuchung einer
Reihe von Pflanzenfarben. *Pharm. Centralh.*
47 S. 361.
ERBAN, Lichtechtheit und Aetzbarkeit der wich-
tigsten Schwefelfarbstoffe. *Lehnes Z.* 17 S. 155/7.
MONTGOMERY, the relative fastness of dyestuffs.
Text. col. 28 S. 227/9; *Muster-Z.* 56 S. 37/9 F.
WALTHER, Belichtungsversuche mit einer künst-
lichen Lichtquelle. (Mittels der Ultraviolettqueck-
silberlampe.) *Lehnes Z.* 17 S. 65/7.
Echtheitseigenschaften der Druckfarben und deren
Prüfung. (Krapplack, Grünlack, Geraniumlack.)
Uhlands T. R. 1906, 3 S. 5.
Kalkgrün. (Kalk- und Lichtechtheit; Prüfung von
Chromgrün und Zinkgrün.) *Malers.* 26 S. 481/2.
VALENTA, Lichtechtheit und Verhalten verschie-
dener Teerfarbstofflacke als Druckfarben. *Chem.*
Z. 30 S. 901/4; *Farben-Z.* 11 S. 1479/80.

Solidité des couleurs pigmentaires. *Bull. d'enc.* 108 S. 536.

CHEESMAN, CUNNINGHAM, FORSTALL, coal tar paints. (Resistance to sun-exposure.) *Eng. News* 56 S. 174/207.

VAN COCHENHAUSEN, les colorants naturels encore employés en teinturerie et la détermination de leur valeur. *Mon. teint.* 50 S. 3/4 F.

DÉGOUL, analyse des couleurs broyées à l'huile et des peintures en général. *Mon. scient.* 4, 20, I S. 883/5.

Fässer. Casks. Tonneaux. Vgl. Bier 9, Füll- und Abfüllapparate, Schankgeräte.

EBERLEIN, Versuche mit Formalin zur Desinfektion von Lagerfässern. *Wschr. Brauerei* 23 S. 604/5.

NEUBECKER, Entpich- und Pichapparat.* *Uhlands T. R.* 1906, 4 S. 5/6.

WAGNER, drehbares Spritzrohr zur Innenbehandlung von Fässern mit Flüssigkeiten. (Ein zur Reinigung, zum Auspichen oder zu einer anderen Innenbehandlung von Fässern dienendes drehbares Spritzrohr, welches sich von den bekannten ähnlichen Vorrichtungen dadurch unterscheidet, daß es um seine senkrechte Achse nicht fortlaufend, sondern nur innerhalb eines gewissen Ausschlagwinkels drehbar ist.) *Erfind.* 33 S. 394.

Praktische Erfahrungen über Gärspunde. *Erfind.* 33 S. 102/4.

HAACK, Prüfung einer doppeltwirkenden Faßreifen-Antreibmaschine von NEUBECKER.* *Wschr. Brauerei* 23 S. 153/6.

Feilen. Files. Limes.

Automatic file-testing machine. (The file is reciprocated against the end of a test bar, which is supported on rollers and is forced lengthwise against the file by means of a weight and chain, giving a constant pressure per square " of surface filed. The bar is withdrawn during the back stroke.) *Mech. World* 40 S. 222.

Essais sur l'usure des limes.* *Gén. civ.* 49 S. 85/90.

GREINER, umlaufende Flächenfeile und Lochfeile.* *Z. Werksm.* 10 S. 277/8.

The new circular cut file.* *Mar. E.* 29 S. 147.

A filing machine. (For filing and sawing dies and similar work.) *Am. Mach.* 29, 2 S. 692.

Apparatus for restoring the cutting edges of files, made by the AMERICAN FILE SHARPENER CO.* *Iron A.* 78 S. 1300.

CHUBB, OSBORN's file and twist drill factories, at Sheffield, England.* *Am. Mach.* 29, 1 S. 438/44.

Fenster. Windows. Fenêtres. Siehe Hochbau 7 c.

Fermente. Ferments. Siehe Enzyme.

Fernrohre. Telescopes. Lunettes astronomiques. Vgl. Entfernungsmesser, Instrumente, Messen und Zählen, Optik 4, Vermessungswesen, Waffen.

BÜNGER, über die Technik der Prismen für Prismen-Doppelfernrohre mit kurzem Rückblick auf die Entstehung der letzteren.* *Central-Z.* 27 S. 87/9 F.

BÜNGER, Prismenfernrohre mit zwecks Reinigung herausnehmbaren Prismen.* *Central-Z.* 27 S. 178/9.

MARTIN, lichtstarke Prismengläser. (Prismenfernrohre.)* *Central-Z.* 27 S. 133/9.

HUMPHREYS, the possible adoption of variable power telescopes for artillery purposes.* *J. Roy. Art.* 33 S. 340/4.

LEISZ, über Zielfernrohre. (Zweck und Einrichtung.) *Mech. Z.* 1906 S. 83/5 F.

ZEISS, die beste Lage der Visierlinie und das Zielfernrohr mit gehobenem Objektiv D. R. P. 129673.

(Flugkurve [Kaliber 11,1 mm].) *Krieg. Z.* 9 S. 128/35.

BREITHAUPT & SOHN, verbesserte Feinbewegung des Fernrohres für Instrumente mit Tangentenschrauben.* *Mechaniker* 14 S. 261/2; *Z. Instrum. Kunde* 26 S. 306.

CLAUDY, the machinery of a big telescope.* *Am. Mach.* 29, 2 S. 131/4.

SCHÜTZE, Universal-Fernrohrträger mit Horizontal-, Vertikal- und Kippbewegung.* *Mechan. Z.* 1906 S. 193/5.

STEINHEIL, randaufliegende Fernrohrobjektive. *Z. Instrum. Kunde* 26 S. 84/7.

VOGEL, Spiegelteleskope mit relativ kurzer Brennweite. *Sits. B. Preuß. Ak.* 1906 S. 332/50.

Fernseher und Fernzeichner. Telescopes and telautographs. Téléscopes et télautographes. Vgl. Instrumente, Optik 4, Photographie, Telegraphie.

LUX, der elektrische Fernseher. (Lösungen von DUSSAUD, SCZEPANIK, BRONK, LUX; Versuch einer Nachbildung des menschlichen Auges.) * *Bayr. Gew. Bl.* 1906 S. 13/8.

STEPHAN, Konstruktion eines elektrischen Fernsehers. *Mechaniker* 14 S. 159/62 F.

GUGGENHEIMER, Telephotographie und Teleautographie.* *Prom.* 17 S. 315/8.

KORN, Fernphotographie. (Empfang- und Abgabestation besitzen je zwei synchronlaufende Walzen, auf denen die Schreibstifte gleiten und die Oberfläche in einer schraubenförmigen Linie abtasten.) *Bayr. Gew. Bl.* 1906 S. 89.

KORN and BELIN, electro-photography.* *J. of Phot.* 53 S. 984/5.

SCHELLENBERG, das Selen und das Problem der drahtlosen Telephonie, der elektrischen Fernphotographie und des elektrischen Fernsehens. *Central-Z.* 27 S. 45/7.

Indirekte elektrische Fernübertragung von Photographien, Bildern usw. durch Ziffertelegramme. *Mechaniker* 14 S. 283.

La vision à distance par téléphone. (Appareil de télévue.) * *Electricien* 32 S. 209/10.

Fernsprechwesen. Telephony. Téléphonie. Vgl. Eisenbahnwesen IV, Elektrizität und Magnetismus, Fernseher und Fernzeichner, Feuermelder, Phonographen, Signalwesen, Telegraphie.

1. Theorie und Allgemeines.
2. Fernsprechsysteme.
   a) Mit metallischer Leitung.
   b) Ohne metallische Leitung.
3. Vermittelungsämter.
   a) Mit Beamten.
   b) Selbsttätige.
4. Apparate und Zubehör.
   a) Geber.
   b) Empfänger.
   c) Verschiedenes.
5. Gesprächszähler und selbstkassierende Fernsprechstellen.

1. Theorie und Allgemeines. Theory and generalities. Théorie et généralités.

Beziehungen zwischen Technik und Betrieb bei den Fernsprechämtern.* *Elektrot. Z.* 27 S. 102/3.

CARTY, telephone engineering. (V. m. B.) (a) * *Proc. El. Eng.* 25 S. 95/119; *El. Rev. N. Y.* 48 S 338/42; *West. Electr.* 38 S. 182/4 F.

V. BARTH, Telephonfragen der nächsten Zukunft. *Ell. u. Maschb.* 24 S. 545/53 F.

COAR, auxiliary telephone circuits. *West. Electr.* 38 S. 62/3.

V. FRAGSTEIN und NIEMSDORFF, der Fernsprecher im Felddienst. (ZWIETUSCH & CO.s Fernsprechsystem, bei dem die als Hauptbestandteil anzusehenden tragbaren Stationsapparate sowohl auf dem Schießstand als auch im Gelände Ver-

wendung finden können; Kurzschlußsummer.)
Krieg. Z. 9 S. 197/205.

SULLIVAN, the use of the telephone in the
permanent sea coast defenses of the United
States.* *El. Rev. N. Y.* 48 S. 540/1.

HOLTZER-CABOT-ELECTRIC CO., water tight
telephone system for battleships.* *El. World* 48
S. 254/5.

FREIMARK, gebräuchliche amerikanische Verfahren
zur Bestimmung von Fehlern in Fernsprech-
leitungen. *Elektrot. Z.* 27 S. 377/80.

GÁTI, the measurement of the constants of telephone
lines. (The effective resistance, the effective
reactance, the effective conductance and the
effective susceptance.)* *Electr.* 58 S. 81/2.

Experiments on the inductive Vienna - Innsbruck
telephone line. *Electr.* 57 S. 94.

HAVELIK, neuaufgetretene Störungen in den
Telephonleitungen. *Ell. u. Maschb.* 24 S. 999.

MEYER, W., Knallgeräusche in Fernsprech-Ver-
bindungsleitungen. *Elektrot. Z.* 27 S. 266/7;
Arch. Post. 1906 S. 99/102.

HEILBRUN, allgemeine Grundsätze der Fernsprech-
technik. *Schw. Elektrot. Z.* 3 S. 379/80.

REIGER, die Verwendung des Telephons zur Beurteilung des Rhythmus in Entladungsröhren.
Physik. Z. 7 S. 68/9.

RIEFLER, Zeitübertragung durch das Telephon.
Z. Instrum. Kunde 26 S. 49/50; *Uhr. Z.* 30
S. 203/4.

SCHREIBER, die vollständig unterirdische Zuführung
der Teilnehmerleitungen in den Orts-Fernsprech-
anlagen Bayerns.* *Elektrot. Z.* 27 S. 1158/62.

The long-distance underground conduit system of
the American Telephone and Telegraph Company
between New-York, N. Y. and New-Haven, Ct.*
El. Rev. N. Y 48 S. 554/8.

Ausdehnung des Fernsprechwesens im Reichs-Tele-
graphengebiete. *Arch. Post.* 1906 S. 161/8.

Fortschritte und Neuerungen auf den Gebieten der
Telegraphie und Telephonie im IV. Quartal 1905.
El. Anz. 23 S. 319/21 F.

Fortschritte und Neuerungen auf den Gebieten der
Telegraphie und Telephonie im I. Quartal 1906.
El. Anz. 23 S. 597/8 F.

Fortschritte und Neuerungen auf den Gebieten der
Telegraphie und Telephonie im II. Quartal 1906.
El. Anz. 23 S. 975/6 F.

Fortschritte und Neuerungen auf den Gebieten der
Telegraphie und Telephonie im III. Quartal 1906.
El. Anz. 23 S. 1293/4 F.

**2. Fernsprechsysteme. Telephone-systems. Sy-
stèmes de téléphonie.**

**a) Mit metallischer Leitung. By means of
wires. Au moyen de fils.**

BERRY, a combined telephone watchman's clock
and fire alarm system. *El. World* 47 S. 878.

CARROLL, system of party ringing. (The bells
are bridged, but the exchange drop is legged
off one limb of the line to ground.) *El. World*
47 S. 831.

DEAN, harmonic party-line systems.* *El. Rev. N. Y.*
48 S. 204/7; *El. Mag.* 6 S. 289/92.

HALL and POOLE, step-by-step party-line selective
telephone system. (Consists in connecting each
station with a continuous line on one side and
with a normally broken line on the other side.)*
West. Electr. 38 S. 124/5.

DAVIS, resonant-circuit telephony. (Consists in
producing the required variations in the line
current, not by varying the resistance of a microphone contact, as in the ordinary telephone
systems, nor by inducing current in a coil by
the variation of the flux, as in a magneto trans-

mitter, but by making and breaking, gradually and
to a greater or less extent, the resonance of a
tuned circuit.)* *West. Electr.* 38 S. 165.

GILTAY, Vielfach-Telephonie mittels des Telegraphons. *Physik. Z.* 7 S. 185/6; 663.

RUHMER, Vielfach-Telephonie mittels des Telegraphons. (Bemerkung zu einer Arbeit von GIL-
TAY.) *Physik. Z.* 7 S. 601/2.

INTERNATIONAL TELEPHONE MANUFACTURING
CO., a convertible telephone system.* *El. World*
47 S. 1309/10.

METHEANY-MATTHEWS interurban railway telephone.* *West. Electr.* 39 S. 297.

STROMBERG-CARLSON interurban railway telephone.* *West. Electr.* 39 S. 296.

THERRELL transmitting circuits. (If the primary
circuit may be arranged so that it resonates with
the most prominent frequencies of the voice
currents, a very much powerful effect may be
impressed upon the line.)* *El. World* 47 S. 831.

Wiring residences for intercommunicating telephones.* *El. World* 48 S. 529/30.

**b) Ohne metallische Leitung. Without wires.
Sans fils.**

COLLINS' system of wireless telephony. (Consists
in modifying a current by means of a shunt or
by superimposing a direct or alternating current
on the arc-light circuit.) *West. Electr.* 38 S. 292;
El. World 47 S. 830/1.

HAHNEMANN, Erzeugung und Verwendung ungedämpfter Hochfrequenz-Schwingungen in der
drahtlosen Nachrichten-Uebertragung.* *Elektrot.
Z.* 27 S. 1089/91.

RUHMER, Versuche mit elektrischen Fernsprechern
ohne Draht. (Erste erfolgreiche Versuche, die
Sprache mittels ungedämpfter elektrischer Wellen
zu übertragen.) *Elektrot. Z.* 27 S. 1060/1.

SCHELLENBERG, das Selen und das Problem der
drahtlosen Telephonie, der elektrischen Fernphotographie und des elektrischen Fernsehens.
Central-Z. 27 S. 45/7.

WERNER-BLEINES, Depeschenbeförderung in Südwest-Afrika. (Kraftkarren der beweglichen Fun-
kenstationen; Telefunken; Flüssigkeits-Baretter.)
Uhlands T. R. 1906, *Suppl.* S. 26.

ROBINSON, JAMES, L., wireless troubles. *Eng. Rec.*
54 S. 563.

**3. Vermittelungsämter. Telephone exchanges.
Bureaux téléphoniques.**

**a) Mit Beamten. Worked by operators.
Avec l'aide d'opérateurs.**

Die Einrichtungen zur Herstellung der Fernver-
bindungen in den Fernsprech-Vermittlungs-
anstalten. *El. Anz.* 23 S. 39/40.

Installation d'un réseau téléphonique sans commutateur central.* *Electricien* 31 S. 385/6.

CARTY, the modern telephone switchboard.* *Sc.
Am. Suppl.* 61 S. 25316.

DANKWARDT, Vielfachumschalter für Fernsprech-
anstalten kleineren Umfangs.* *Arch. Post.* 1906
S. 497/517.

Vielfachumschalter für große Fernsprechämter.*
Arch. Post. 1906 S. 1/18.

Die Vielfachumschalter für große Fernsprechämter.
Ell. u. Maschb. 24 S. 299.

Considérations sur les commutateurs téléphoniques
multiples. *J. télégraphique* 38 S. 197/203.

GREENHAM, the transfer of the „Hop National"
telephone exchange from magneto to common
battery working. *El. Rev.* 59 S. 380/2.

SCHWILL, Zentralanrufschränke für Telegraphenleitungen.* *Arch. Post.* 1906 S. 593/607.

SUMTER TELEPHONE MANUFACTURING CO., SUM

TER unitype telephone switchboard. (Type of drop.) ⊞ *El. World* 47 S. 884.

The post office telephone system. (Designed to accommodate 14,040 subscribers.) *El. Rev.* 58 S. 139/44 F.

The new post office city telephone exchange. *Electr.* 56 S. 580/4.

KEHR, das Haupt-Telegraphenamt in Berlin. * *Arch. Post.* 1906 S. 401/19 F.

Das neue Fernsprechamt VI in Berlin. ⊞ *Elektrot. Z.* 27 Heft 37 S. XIII.

Die neuen Berliner Fernsprech-Vermittelungsämter. *Prom.* 18 S. 49/54.

KRAATZ, der Umschalter für Stadtleitungen beim Zentral-Telegraphenamt in London. *Arch. Post.* 1906 S. 578/87.

The new telephone trunk exchange in Birmingham. * *Electr.* 57 S. 324/6.

Durban telephone exchange. *El. Rev.* 58 S. 624/5.

The newest branch telephone exchange in Chicago. ⊞ *West. Electr.* 38 S. 133/4.

PEAVEY, the Hamilton, Ohio, new telephone exchange. * *El. Rev. N. Y.* 49 S. 978/9.

Modern plant of the Meridian (Miss.) Home Telephone Co.* *West. Electr.* 38 S. 518/9.

KNOBLOCH, die Entwickelung der automatischen Schloßreichengabe in Fernsprechvermittelungsämtern. *Mechaniker* 14 S. 138/40 F.

M'BERTY, supervisory signal. (The compound line relay, responding to a switch hook, will connect the line lamp in series with resistances, thus causing it to glow.)* *El. World* 47 S. 1037.

b) Selbsttätige. Automatic. Automatiques.

CARTY, the automatic telephone: its merits and its faults. *Sc. Am. Suppl.* 61 S. 25331.

KRONSTEIN, das automatische Telephon. * *Elt. u. Maschb.* 24 S. 869/72 F.

RERD, selective calling system. *El. World* 48 S. 1001/3.

L'autocommutateur téléphonique système LORIMER.* *Electricien* 31 S. 65/70 F; *Sc. Am.* 94 S. 437/8; *Cosmos* 55, I S. 255/8.

KRUCKOW, selbsttätige Vermittlungsanstalten. *Elektrot. Z.* 27 S. 311/2.

WALDMANN, Fernsprechanlagen mit Selbstanschluß. (STROWGERs System beruht auf dem Prinzip der schrittweisen Bewegung einer Welle in dem Schaltapparat.) *Bad. Gew. Z.* 39 S. 254/6.

STANTON, the telephone system of the future: the semi-automatic. *El. Rev. N. Y.* 48 S. 382/3; *Sc. Am. Suppl.* 61 S. 25399.

4. Apparate und Zubehör. Apparatus and accessory. Appareils et accessoires.

a) Geber. Transmitters. Transmetteurs.

FOURNIER, le microphone ADAMS - RANDALL. * *Nat.* 34, 2 S. 39.

LONGO, nouveaux microphones pour les transmissions à grandes distances. (Microphone de ANGELINI; microphone de MAJORANA.) *J. télégraphique* 38 S. 77/80.

La téléphonie à grandes distances, le microphone ANGELINI. *Cosmos* 1906, 1 S. 650/1.

Ein neues Mikrophon.* *Schw. Elektrot. Z.* 3 S. 642/4.

Microphone double de la SOCIÉTÉ DE TÉLÉPHONES DE ZÜRICH.* *Ind. él.* 15 S. 428/30.

Doppelt wirkendes Mikrophon. (Die Membran wird durch Federn an einen vorstehenden Absatz der Metalldose gedrückt, und so derart festgehalten, daß sie leicht schwingen kann. Vor der Membran gegen die Schallöffnung zu ist eine mit einer Oeffnung in der Mitte versehene Metallplatte am äußeren Rande der Metalldose befestigt)* *El. Anz.* 23 S. 925/6.

YAXLEY, mica diaphragms which are perforated

and are clamped in planes parallel to the faces of the electrodes upon which their edges bear.* *El. World* 47 S. 878.

New STROMBERG-CARLSON transmitter. (Both electrodes are attached to the central point of the diaphragm, thus producing a variation of distance between the electrodes of twice the amplitude of vibration of the central point of the main diaphragm.) * *West. Electr.* 39 S. 25.

Nouvelle forme du télégraphone POULSEN.* *Electricien* 32 S. 225/7.

Le secréphone.* *Bull. d'enc.* 108 S. 288.

b) Empfänger. Receivers. Récepteurs.

INTERNATIONAL TELEPHONE MFG. CO., the transmitophone. (The reproducing instrument consists of a powerful bipolar horseshoe-magnet telephone receiver specially adjusted for throwing a heavy volume of sound through a megaphone over a large area of space.)* *West. Electr.* 39 S. 78/9; *El. Mag.* 6 S. 404/6.

c) Verschiedenes. Sundries. Matières diverses.

JENSEN und SIEVEKING, Verwendung von Mikrophonkontakten für telegraphische Relais und zum Nachweis schwacher Ströme. *Mechaniker* 14 S. 199/200.

TROWBRIDGE, telephone relay. *Am. Journ.* 21 S. 339/46; *Mechaniker* 14 S. 226; *El. Rev. N. Y.* 48 S. 767/9.

POULSEN's improved method of recording telephonic messages or signals. *West. Electr.* 39 S. 78/9; *El. Mag.* 6 S. 404/6.

SIEGEL, protection of telephones from wireless disturbances.* *El. World* 47 S. 324.

STEIDLE, telephon- und telegraphentechnische Neuerungen in der Nürnberger Jubiläums-Landes-Ausstellung 1906. (Apparatentechnik; Gruppenstellensystem; selbsttätige Registrierung der Gespräche.) *Bayr. Gew. Bl.* 1906 S. 450/3 F.

TOEPFER, fahrbare Drahttrommel. (Zur Verlegung des Feldkabels.)* *Krieg. Z.* 9 S. 42.

Verwendung des STERNschen Transformators für Fernsprechämter. *Elektrot. Z.* 27 S. 414.

CRAEMER, Auslegung von Flußkabeln mit 250 Doppeladern durch die Außenalster in Hamburg.* *Arch. Post.* 1906 S. 65/70.

NOWOTNY, Beobachtungen an Telephonleitungen PUPINschen Systems. *Elt u. Maschb.* 24 S. 291/5.

Underground telephone construction, with lead coils, from Chicago to Milwaukee.* *West. Electr.* 39 S. 156/7; *Eng. News* 56 S. 251.

Le câble télégraphique et téléphonique du Simplon. *J. télégraphique* 38 S. 80/2 F.

Stabilità delle linee telegrafiche e telefoniche ad armamento misto. *Elettricista* 15 S. 215/8.

HARGIS, TRUSH, telephone cable joint.* *El. Rev.* 59 S. 479/80.

5. Gesprächszähler und selbstkassierende Fernsprechstellen. Registering apparatus for telephones and coin operated telephones. Compteur pour communications téléphoniques et distributeurs automatiques de la cabine publique.

Poste téléphonique automate pour conversations à taxe uniforme.* *J. télégraphique* 38 S. 3/6.

Téléphone automatique, appareil à paiement préalable.* *Nat.* 34, 2 S. 284/6.

Festungsbau. Fortification. Vgl. Panzer, Sprengstoffe, Sprengtechnik, Waffen und Geschosse.

KUCHINKA, General LANGLOIS über moderne Befestigungen und den Festungsangriff. (Ersatz der beständigen Befestigung durch die feldmäßige; wenige Festungen mit modernen Geschützen und reicher Munitionsausrüstung.) *Mitt. Artill.* 1906 S. 415/25.

HEATH, field enigneering in the light of modern warfare. (Fire and shelter trench combined; high command redoubt.) (V. m. B.)[S] *J. Unit. Serv.* 50 S. 302/25.

TOEPFER, Erfahrungen im Festungsbau aus den Kämpfen um Port Arthur. *Krieg. Z.* 9 S. 389/95.

v. TARNAWA, Beiträge zum Studium des Kampfes um Port Arthur. (Panzerdeckungen, Konter-eskarpekoffer, Eskarpegalerien, granatsichere Kehlgebäude, Tor- und Fensterverschlüsse, Batterien des Verteidigers.) [S] *Mitt. Artill.* 1906 S. 278/86.

Französische Verstärkungsbauten. (Forts Bois d'Oye und Ruppe.) *Krieg. Z.* 9 S. 504/5.

KÜRCHHOFF, die Befestigungen der skandinavischen Halbinsel. *Krieg. Z.* 9 S. 396/404.

BUINIZKI und TOEPFER, eine russische Ansicht über improvisierte Küstenverteidigung. (A) [S] *Krieg. Z.* 9 S. 446/55.

Contribution à l'étude de l'avant-projet d'une batterie sous-marine de torpilles automobiles pour la défense d'un fleuve à marées. (Batterie contenant 4 tubes fixes avec éjecteurs; 4 augets de chargement, 4 ou 2 réservoirs à basse pression pour l'éjection; 4 accumulateurs d'air comprimé à 100 atmosphères, 2 postes observatoires cuirassés renfermant chacun: un appareil de pointage, alidade avec cercle gradué, une planche des dérives pour deux lignes de tir, un indicateur de niveau de marée, un tuyau acoustique communiquant avec la batterie [groupe de deux tubes], un tuyau acoustique communiquant avec l'autre poste observatoire.)* *Rev. belge* 30 Nr. 4 S. 52/66.

Flüchtige Feldbefestigung. (Spatenarbeiten.) *Schw. M. Off.* 18 S. 396/400.

DUVAL, Schanzkörbe und Faschinen aus Draltgeflecht. (An Stelle der bisher üblichen Schanzkörbe und Faschinen aus Reisigstoff.) *Mitt. Artill.* 1905 S. 553.

Materiali metallici improvvisati pel rivestimento di opere fortificatorie. (4 tipi proposti per i gabbioni.)* *Riv. art.* 1906, 2 S. 150/3.

Experiences in water-proofing concrete, U. S. fortification work.* *Eng. News* 55 S. 302.

Fette und Oele. Fats and oils. Corps gras et huiles.
Vgl. Erdöl, Oele, ätherische, Säuren, organische 1, Schmiermittel, Seife, Tran, Wollfett.

1. Allgemeines und Vorkommen. Generalities and occurrence. Généralités et état naturel.

BORNEMANN, Bericht über Fette und fette Oele im zweiten Halbjahr 1905, — im ersten Halbjahr 1906. *Chem. Zeitschrift* 5 S. 222/4 F, 560/4.

HERBIG, Jahresbericht auf dem Gebiet der Fette und Oele. (Untersuchungen.) *Chem. Rev.* 13 S. 44/7.

BORNEMANN, Fortschritte auf dem Gebiete der Fettindustrie, Seifen- und Kerzenfabrikation. (Jahresbericht.) *Chem. Z.* 30 S. 399/401.

JOLLES, gegenwärtiger Stand unserer Kenntnis der Fette vom physiologisch-chemischen Standpunkte. *Ber. pharm. G.* 16 S. 282/91; *Pharm. Centralh.* 47 S. 909/10.

HOLDE, aktuelle Fragen der Fettchemie. (Aufbau des Moleküls der Glyceride; gemischte Glyceride; Di- und Monoglyceride; Fettsäuren; Abbau ungesättigter Fettsäuren durch Ozon; Chlorjodanlagerung an ungesättigte Bindungen; analytische Fortschritte; Jodzahl.) (V) *Z. ang. Chem.* 19 S 1604/10.

WEDEMEYER, Owala-Oel.* *Chem. Rev.* 13 S. 212/3.

WEDEMEYER, das Oel der Java-Oliven. *Chem. Rev.* 13 S. 308; *Z. Genuß.* 12 S. 210/2.

VAN ITALLIE und NIEUWLAND, Samen und Oel

von Moringa pterygospera. *Arch. Pharm.* 244 S. 159/60.

VON ITALLIE und NIEUWLAND, Samen und Oel der Vogelbeeren. *Arch. Pharm.* 244 S. 164.

Kopra. (Vorkommen.) *Seifenfabr.* 26 S. 207.

Oil from rice and corn. (Substitute for linseed oil in mixing paints and for making soap.) *Am. Miller* 34 S. 923.

Maisöl. (Verwendung zu Seifen.) *Seifenfabr.* 26 S. 103/4 F.

AUFRECHT, Adeps Gossypii. (Ersatz für Schweineschmalz; besteht aus den festeren Anteilen des Cottonöles.) *Pharm. Centralh.* 47 S. 562.

Zwei neue Oele. (Tropenprodukte aus dem Samen eines Kürbis, — aus den Wurzeln des Kussahgrases.) *Seifenfabr.* 26 S. 500.

Wildes Mandelöl. *Chem. Rev.* 13 S. 283.

Schleichera-Fett. *Apoth. Z.* 21 S. 562.

Cire du Japon. (Semblable aux corps gras, étant constituée par des glycérides.) *Corps gras* 33 S. 84/5.

2. Gewinnung und Behandlung. Extraction and treatment. Extraction et traitement.

TANQUEREL, procédé d'extraction par diffusion de la matière grasse des graines ou des fruits oléagineux.* *Corps gras* 32 S. 290/1.

SACHS, Exiraktion von Fettstoffen mittels flüssiger Kohlensäure. *Am. Apoth. Z.* 27 S. 67.

JÜRGENSEN, Extraktion der Oliventrester durch Schwefelkohlenstoff oder Tetrachlorkohlenstoff. *Z. ang. Chem.* 19 S. 1546/7.

Extraction des grignons d'olives par le sulfure ou par le tétrachlorure de carbone. *Corps gras* 33 S. 4/5 F.

Tetrachlorkohlenstoff als technisches Fett- und Oelexiraktionsmittel. *Seifenfabr.* 26 S. 628/30 F.

TROTMAN, selection of benzine for degreasing. (V. m. B.) *Chemical Ind.* 25 S. 1202/3.

Vervollkommnungen des Verfahrens zur Gewinnung des Baumwollsamenöles. (Enthülsen der Saat mittels Lauge.) *Oel- u. Fett-Z.* 3 S. 53/4 F.

SULFUR, Herstellung und Untersuchung des Türkischrotöles. *Muster-Z.* 55 S. 119/20 F.

BENZ, Entsäuerung und Raffination von Speiseölen. *Gew. Bl. Würt.* 58 S. 100/1.

Speisefett. (Herstellung aus Kokosöl.) *Oel- u. Fett-Z.* 3 S. 113/4.

LÖB, Abfallfette. (Von Lederabfällen, Wollabfällen, Wollfettpreßkuchen.) *Chem. Rev.* 13 S. 283/5; *Oel- u. Fett-Z.* 3 S. 183/4 F.

SANDBERG, préparation d'acides gras inodores. (Traitement des acides gras séparés de la glycérine afin d'éliminer les substances albumineuses; traitement avec 20 pCt. d'acide sulfurique concentré en abaissant la température à 25°.) *Corps gras* 32 S. 355/6.

BLOOM, Verfahren zur Herstellung leicht verdaulicher und resorbierbarer Oele oder Fette. *Erfind.* 33 S. 555/6.

KÖSTERS, haltbare wäßrige Emulsionen mit Oelen und Fetten und ihre Bedeutung für die Industrie. (Emulsion mittels der Amide der höheren Fettsäuren und der Acetylderivate aromatischer Basen; unbegrenzte Haltbarkeit derselben.) (V) (A) *Seifenfabr.* 26 S. 453; *Chem. Z.* 30 S. 418.

SCHROTT-FICHTL, Verfahren zur Herstellung von Fettemulsionen für Fütterungszwecke. (Herstellung aus Magermilch und Fett im Butterfaß bei 45—50°.) *Milch-Z.* 35 S. 591.

Ueber einige Verfahren zur Herstellung wäßriger Emulsionen von Oelen, Fetten, Wachsen und fettartigen Stoffen, unter besonderer Berücksichtigung ihrer Verwertbarkeit in der Textilindustrie. (Patentübersicht.) *Mon. Text. Ind.* 21 S. 396/8.

CONNSTEIN, fermentative Fettspaltung. (V) (A) *Chem. Z.* 30 S. 418.

FOKIN, fermentative Spaltung der Fette. *Chem. Rev.* 13 S. 130/3 F.

URBAIN, saponification des huiles à l'aide des ferments. *Corps gras* 32 S. 291/3 F.

Application industrielle du procédé TWITCHELL. *Corps gras* 32 S. 261.

Deglycérination des corps gras par le procédé TWITCHELL. (Résultats industriels.) *Corps gras* 32 S. 322/5.

HALLER, alcoolyse des corps gras. (Saponification en milieu alcoolique renfermant de petites quantités d'acides; naissance d'un éther - sel.) *Compt. r.* 143 S. 657/61, 803/6; *Bull. d'enc.* 108 S. 1002/3.

ANDÉS, Entschleimen von Leinöl. *Farben - Z.* 11 S. 679.

NIEGEMANN, Entschleimen von Leinölen. *Farben-Z.* 12 S. 71/2, 503/4, 617/8.

Verfahren zum Entschleimen von Leinöl. (Zusatz minimaler Mengen Kalkhydrat, D. R. P. 161 941.) *Farben-Z.* 11 S. 397/8.

Entschleimen von Leinöl. (Filtration durch Aluminium-Magnesium-Hydrosilikat.) *Chem. Rev.* 13 S. 60/1.

SABIN, oxidation of linseed oil. *Chemical Ind.* 25 S. 578/9.

Der Leinöltrockenprozeß. * *Z. ang. Chem.* 19 S. 2087/99.

Entfärben von Fetten und Oelen. (Behandlung im Vakuum und Absaugen der Feuchtigkeit des entfärbenden Mittels.) *Oel- u. Fett- Z.* 3 S. 106/7.

HEFTER, Methoden zur Entfernung von Riechstoffen aus Fetten. *Chem. Rev.* 13 S. 250/3.

3. Eigenschaften und Prüfung. Qualities and examination. Qualités, essais. Vgl. Materialprüfung, Milch 3.

DOW, Beziehungen zwischen einigen physikalischen Eigenschaften bituminöser Stoffe und Oele. (V) *Oel- u. Fett-Z.* 3 S. 224 F.

RAKUSIN, das optische Verhalten und einige andere Eigenschaften der wichtigsten Fette des Tierreichs. *Chem. Z.* 30 S. 143/5, 1247/9.

RAKUSIN, Verhalten der wichtigsten Pflanzenöle gegen das polarisierte Licht. *Chem. Z.* 30 S. 143/5.

SCHNEIDER, C., Konstanten animalischer Fette. *Chem. Rev.* 13 S. 221/2.

THAYSEN, Erstarrungspunkt und spezifisches Gewicht des Leinöls. *Ber. pharm. G.* 16 S. 277/9.

MITAREWSKI, Beschaffenheit des Leinöls und der Leinkuchen im Zusammenhang mit verschiedenen Lösungsmitteln und physikalischen Bedingungen. *Chem. Rev.* 13 S. 254.

FOKIN, Rolle der Metallhydride bei Reduktionsreaktionen und neue Daten zur Erklärung der Frage über die Zusammensetzung einiger Fette und Trane. *Z. Elektrochem.* 12 S. 749/62.

HERBERT und WALKER, Haltbarkeit und Gründe des Ranzigwerdens von Kokosnußöl. *Seifenfabr.* 26 S. 656/7; *Oel- u. Fett-Z.* 3 S. 83/4.

REIJST, l'huile de coco. (Contribution à l'étude des graisses et des acides gras.) *Trav. chim.* 25 S. 271/90.

TSUJIMOTO, eine neue ungesättigte Fettsäure im Japanischen Sardinenöl. *Chem. Rev.* 13 S. 278.

SCHNEIDER, C., und BLUMENFELD, animalische Fette. (Untersuchung des Fettes seltener Tiere.) *Chem. Z.* 30 S. 53/4.

FARNSTEINER, LENDRICH und BUTTENBERG, Zusammensetzung des Fettes von stark mit ölhaltigen Futtermitteln gefütterten Schweinen. *Z. Genußm.* 11 S. 1/8.

MOLINARI und SONCINI, Konstitution der Oelsäure und Einwirkung von Ozon auf Fette. *Ber. chem. G.* 39 S. 2735/44.

UTZ, Fortschritte in der Untersuchung der Nahrungs- und Genußmittel mit Einschluß der Fette und Oele im Jahre 1905. *Oest. Chem. Z.* 9 S. 77,80 F.

FAHRION, Fettanalyse und Fettchemie im Jahre 1905. *Z. ang. Chem.* 19 S. 985/93 F.

KÜHN und BENGEN, die HALPHENsche Reaktion auf Baumwollsamenöl. (Ergebnisse hinsichtlich der Stärke der Färbung; mit der Dauer des Entweichens des Schwefelkohlenstoffes verzögert sich der Eintritt der Farbenreaktion; durch rauchende Salzsäure wird Baumwollsamenöl gegen das HALPHENsche Reagens völlig inaktiv.) *Z. Genußm.* 12 S. 145/53.

KÜHN und HALFPAAP, zur Kenntnis der WELMANSschen Reaktion auf Pflanzenöle. (Reduktionsvermögen der Pflanzenöle gegenüber der Phosphormolybdänsäure; Ursachen, weshalb auch tierische Fette die WELMANSsche Reaktion zeigen können.) *Z. Genußm.* 12 S. 449/55.

SOLTSIEN, Sesamölreaktionen. (Die Furfurol- und die Zinnreaktion des Sesamöles sind nicht durch denselben Stoff bedingt.) *Chem. Rev.* 13 S. 7/9, 138.

TWITCHELL, reagent in the chemistry of fats. (Naphthalenestearosulphonic acid.) *J. Am. Chem. Soc.* 28 S. 196/200; *Seifenfabr.* 26 S. 632/3.

HALPHEN, essai des huiles. (L'huile de noix; l'huile d'olive.) *Corps gras* 32 S. 244/5 F.

HALPHEN, Nachweis von Leinöl in Nußöl. *Seifenfabr.* 26 S. 530.

HERBIG, Analyse der Türkischrotöle. *Chem. Rev.* 13 S. 187/90 F.; *Lehnes Z.* 17 S. 364/5.

PROCTER und BENNETT, examination of marine oils. *Chemical Ind.* 25 S. 798/801.

RUPPEL, Bestimmung des Fettgehaltes in Oelsamen. *Z. anal. Chem.* 45 S. 112/4.

SADTLER, sulphur in oils by the SAUER-MABERY method. *J. Frankl.* 162 S. 214/5.

Analyse du dégras. *Corps gras* 33 S. 99/100 F.; *Oel- u. Fett-Z.* 3 S. 217.

Untersuchung des Knochenfettes. *Oel- u. Fett-Z.* 3 S. 143.

DUNLOP, detection of beef fat in lard. **B** *Chemical Ind.* 25 S. 458/61; *Seifenfabr.* 26 S. 1162.

SOLTSIEN, Nachweis von Talg und Schmalz nebeneinander. *Chem. Rev.* 13 S. 240/1.

BRAUN, quantitative Bestimmung der Fettsäuren in Fetten, Fettsäuren und Seifen. *Seifenfabr.* 26 S. 127/8.

DELAITE et LEGRAND, détermination des acides gras volatils solubles. (Emploi de la capsule en porcelaine à fond plat pour effectuer la saponification du beurre.) *Bull. belge* 20 S. 230/5.

FENAROLI, determinazione ponderale dell' ozono e numero d'ozono degli olii. * *Gas. chim. it.* 36, 2 S. 292/8; *Chem. Z.* 30 S. 450.

FENDLER, Zusammensetzung und Beurteilung der im Handel befindlichen Kokosfettpräparate. *Chem. Rev.* 13 S. 244/6 F.

TSCHAPLOWITZ, Fettbestimmung im Kakao mittels rasch ausführbarer Methode. * *Z. anal. Chem.* 45 S. 231/5.

HANUŠ, Fettbestimmung in Kakao nach dem GOTTLIEB - RÖSEschen Verfahren. *Z. Genußm.* 11 S. 738/41.

ENGEL, die BAUDOUINsche Reaktion im Milchfett des Menschen.* *Z. ang. Chem.* 19 S. 283/6.

FAHRION, Fettanalyse. (Bestimmung des Fettes in der Milch; — von Wasser und Fett in der Butter; — der Gesamtfettsäuren im Butterfett,

Kokosfett und Palmkernöl; — der inneren Jodzahl.) *Chem. Z.* 30 S. 267/8.

HAUPT, Milchfettbestimmung mit besonderer Berücksichtigung der Sinacidbutyrometrie. (V) *Apoth. Z.* 21 S. 570/1.

Neues Rahm-Butyrometer für SICHLERs Acid-Rahm-Prüfung.* *Z. Chem. Apparat.* 1 S. 481/2.

WEIBULL, Bestimmung des Fettes im Käse. *Z. Genuß.* 11 S. 736/8; *Molk. Z. Berlin* 16 S. 353.

THOMS und FENDLER, zur Leinöluntersuchung. (Gegen die NIEGEMANNschen Einwände.) *Chem. Z.* 30 S. 832.

BÄNNINGER, Herstellung der WIJSEschen . Jodlösung für Jodzahlbestimmungen und Aufarbeitung der daraus erhaltenen Rückstände. *Seifenfabr.* 26 S. 735/7.

THOMSON und DUNLOP, Untersuchung von Olivenöl, Leinöl und anderen Oelen. (Bestimmung der Jodzahl nach WIJS.) *Chem. Rev.* 13 S. 280.

LEWKOWITSCH, Chrysalidenöl. (Untersuchung.) *Z. Genuß.* 12 S. 659/60.

KISSLING, Versuche mit dem DETTMARschen Oelprüfapparat.* *Chem. Z.* 30 S. 152/5.

PESCHEK, Abänderung des O. FOERSTERschen Fettextraktionsapparates. (Besonderer Einsatz nach CLAUSNITZER und ZUNTZ.)* *Z. ang. Chem.* 19 S. 1513.

Amerikanische Standards für vegetabilische Oele und aromatische Extrakte. *Seifenfabr.* 26 S. 779/81 F.

SAGE, Schildkrötenfett. (Untersuchung.) *Apoth. Z.* 21 S. 976.

JENCKEL, Spinnöl. (Veränderung im Gewebe.) *Seifenfabr.* 26 S. 177/9.

OLIG und TILLMANS, Wiedergewinnung von Jod aus den Rückständen von der Jodzahlbestimmung.* *Z. Genuß.* 11 S. 95/7.

Fettsäuren. Fatty acids. Acides gras. Siehe Säuren, organische 1.

Feuerlöschwesen. Fire-extinguishing. Service des incendies. Vgl. Fernsprechwesen, Feuermelder, Feuersicherheit, Rettungswesen 2, Telegraphie.

1. Spritzen und Zubehör. Fire-engines and accessory. Pompes à incendie et accessoire.

Mitteilungen über Automobilfahrzeuge der Feuerwehr. *Arch. Feuer* 23 S. 3/6.

VORM. BRAUN, JUSTUS CHRISTIAN, Automobil-Löschzüge. (Elektro-Automobil-Mannschafts- und Gerätewagen mit Gasspritze; elektromobile Drehleiter mit 26 m Steighöhe; Dreirad-Dampfspritze.)* *Uhlands T. R.* 1906 *Suppl.* S. 137/9.

VORM. BUSCH, Automobil-Dampfspritze. (Antriebsmaschine von 25 P.S.; Pumpmaschine, Zwillingsmaschine mit Kulissensteuerung, Kessel mit Quersiedern für 10 At. Betriebsdruck, wird mit Petroleum geheizt.) *Techn. Z.* 23 S. 37/8; *Z. Dampfk.* 29 S. 195/6.

VON LEUPOLD, Feuerlöschwesen. (Dampfspritze, mechanische Leiter, Kohlensäuregasspritze mit elektromobiler Fahrbewegung.) (V) (A) *Z. Dampfk.* 29 S. 198.

THIRION, pompe automobile à incendie.* *France aut.* 11 S. 183 4.

FLOETER, Besichtigung des automobilen Löschzugs der Schöneberger Feuerwehr. (Mit einer Gasspritze, einer mechanischen Leiter und einer Dampfspritze. Heizung mit Petroleum; stehender Dampfkessel mit Quersiedern.) (V) *Verh. V. Gew. Sits. B.* 1906 S. 108/9.

CHICAGO DOCK & CANAL CO., electrically driven fire pump.* *Eng. Rec.* 54 *Suppl.* Nr. 23 S. 47/8.

Electrically driven pump for fire protection. *Eng. Chicago* 43 S. 797; *Electr.* 57 S. 12.

KOEBE JR., Abprotzspritze.* *Arch. Feuer* 23 S. 65.

Pompe à incendie LORRAINE-DIÉTRICH.* *France aut.* 11 S. 232/3.

MERRYWEATHER's fire-boat for the Manchester Ship Canal.* *Eng.* 102 S. 277.

MERRYWEATHER's fire-boat for Venice.* *Eng.* 102 S. 275/6.

Twin-screw petrol fire-boat, constructed by MERRYWEATHER & SONS.* *Engng.* 82 S. 331.

2. Löschgeräte. Extinguishing apparatus. Appareils appliqués à l'extinction des incendies.

HÖNIG & CO., mechanically-raised long fire-ladder.* *Engng.* 81 S. 173.

MERRYWEATHER & SONS, motor fire escape.* *Aut. Journ.* 11 S. 799.

MÜLLER, Gleitleiter. (Gestattet das schnelle Herabgleiten der alarmierten Feuerwehrmannschaft aus dem Obergeschoß nach dem Geräteraum und ermöglicht den Aufstieg von unten nach oben.)* *Arch. Feuer* 23 S. 1/2.

Échelles d'incendie automobiles et automatiques.* *Nat.* 34, 2 S. 397/8.

LIEFERING, selbsttätige Feuerlösch- und AlarmEinrichtung. (Abbrennen von Bändern und Schnüren.)* *Spinner und Weber* 23 Nr. 12 S. 1; *Z. Wohlfahrt* 13 S. 140/1.

MARCK, Calcidum als Frostbau- und Feuerlöschmittel. (Hergestellt von der CHEMISCHEN FABRIK BUSSE. Hat die Eigenschaft, erst bei — 56° C zu erstarren; Schutzmittel gegen Einfrieren von Feuerlöschwasser.) * *Techn. Z.* 23 S. 164/5. .

VALOR CO., „New Era" fire extinguisher. (Generates a fire extinguishing gas at a high pressure.)* *Aut. Journ.* 11 S. 515/6.

VALOR CO., Birmingham, the „Fydrant" fire extinguisher. (Operated by striking a projecting knob at the top of the machine, which allows acid to come in contact with an alkali solution.)* *Text. Man.* 32 S. 271.

Fire-extinguishing apparatus on board ship.* *Eng.* 102 S. 246.

Apparat zum Löschen von Brand und zur Desinfektion von Räumen. (Vom französischen Kriegsministerium empfohlen. Setzt sich zusammen aus einem Stahlbehälter mit Wasser, antiseptischer Lösung oder Kalkmilch, wie auch einer Röhre mit flüssiger Kohlensäure.) *Krieg. Z.* 9 S. 149.

3. Verschiedenes. Sundries. Matières diverses.

V. MOLTKE, Feuerwehr und Elektrizität. *Elektrot. Z.* 27 S. 601/7; *Fabriks-Feuerwehr* 13 S. 50/1.

BAHRDT, Besichtigung der Anlage und des Apparates der Ost-Feuerwehr zu Charlottenburg nebst praktischer Vorführung. (V) *Verh. V. Gew. Sits. B* 1906 S. 103/7.

V. LEUPOLDT, Einrichtung und Ausführung des Feuerlöschdienstes in Charlottenburg. (V) *Verh. V. Gew. Sits. B.* 1906 S. 96/103.

HERSCHEL, fire protection in earthquake countries. (Wrought-metal force-mains, using an approved form of ball-and-socket joint, and laying the pipe in a zig-zag or wavy line.) *Eng. News* 55 S. 544.

Einige Sicherheitseinrichtungen gegen Feuersgefahr. (Schmelzpfropfen; Rauchabzüge; Regenvorrichtung.)* *Uhlands T. R.* 1906, 2 S. 45/7.

ELSNER, Feuerschutz für Fabriken. *Fabriks-Feuerwehr* 13 S. 2/3F.

SANBORN, fires and their prevention in factories. (Standard self-closing fire door on an inclined track and with a fusible link; hose and hydrant house with equipment; dry-pipe valve for auto-

matic sprinklers in cold rooms; fire at Paterson; UNDERWRITER fire-pump.) (V. m. B.)▣ *J. Ass. Eng. Soc.* 37 S. 20/38.

TAYLOR HESLOP, extinguishing a mine fire (A record of experience in dealing with an underground fire at St. George's Colliery, Natal.)* *Mines and Minerals* 27 S. 152/3.

WESTPHALEN, die Brandproben im Wiener Modelltheater. (V)* *Arch. Feuer* 23 S. 25/8 F.

Flour mill fires. (Hot journal; fires starting in elevator heads and legs; defective stove pipes and choked chimneys; crossed electric wires; engine room fires; use of calcium chloride solution in place of salt brine in fire barrels; it does not freeze except at very low temperatures, does not evaporate and does not become foul.) *Am. Miller* 34 S. 53.

Feuerschutzvorrichtung in der mechanischen Baumwollspinnerei und Weberei Augsburg. (Feuerlöschbrausen.) *Fabriks-Feuerwehr* 13 S. 15.

Car house sprinklers at Albany. (Automatic sprinkler systems, including side line, or aisle sprinklers, for extinguishing fires in cars.)* *Street R.* 27 S. 77/8.

Feuerlöscheinrichtungen in Straßenbahnwagendepôts.* *Z. Transp.* 23 S. 232/4.

Die Feuergefährlichkeit der kinematographischen Vorführungen in Theatern, Versammlungsräumen, sowie in Schaubuden auf Jahrmärkten usw. *Arch. Feuer* 23 S. 82/3.

FULLER, standards for fire hydrants and gate valves. (V. m. B.) (A) *Eng. News* 56 S. 318/9.

Setting and care of fire hydrants. (Recommendations by the NATIONAL FIRE PROTECTION ASSOCIATION.) *Eng. Rec.* 54 S. 439.

Support for fire hose.* *Sc. Am.* 95 S. 196.

Feuermelder. Fire-alarms. Avertisseurs d'incendie. Vgl. Feuerlöschwesen.

HEYNINX, télégraphes avertisseurs d'incendie de la ville de Bruxelles.▣ *Ann. trav.* 63 S. 307/11.

LIEFERING, selbsttätige Feuerlösch- und Alarmeinrichtung. (Verwendet an Stelle eines leicht schmelzenden Metalles leicht brennbare, lang ausgezogene Schnüre; Vorkehrung, den Ort der Auslösung nicht auf die Stelle an der Brause zu beschränken, sondern ihn auszudehnen und zu verbreitern.) *Ratgeber, G. T.* 5 S. 368/70; *Z. Wohlfahrt* 13 S. 140/1; *Spinner und Weber* 23 Nr. 12 S. 1.

Avertisseur thermo-manométrique d'incendie.* *Cosmos* 1906, 2 S. 550/2.

SCHÖPPE's selbsttätiger Feuermelder. (Auf jeden Grad einstellbares Metallthermometer.)* *Dingl. J.* 321 S. 430/1; *Bayr. Gew. Bl.* 1906 S. 353/5; *Wschr. Brauerei* 23 S. 652/4.

Die Verwendung des Telegraphons als Alarmapparat. (Automatische Feuermeldeapparate.) * *El. Anz.* 23 S. 1198.

Street-railway fire-alarm system. *West. Electr.* 39 S. 295.

Automatic French fire indicator. (When the temperature rises, the air in the interior of the vessel expands, the circuit is thus closed and the bell rings.)* *Am. Miller* 34 S. 834.

The MUNRO fire detector.* *El. Rev.* 58 S. 114.

RICHTER, M., und BEHM, Benzinfeuerwarner.* *Ratgeber, G. T.* 5 S. 346/7.

Feuersicherheit. Protection against fire. Protection contre l'incendie. Vgl. Füll- und Abfüllapparate, Hochbau 5e, Feuerlöschwesen.

BÖTTLER, neueste Erfahrungen über Schutzmittel und Schutzvorrichtungen gegen Feuersgefahr. * *Erfind.* 33 S. 97/100 F.

REED, report to the NATIONAL BOARD OF FIRE UNDERWRITERS on the San Francisco conflagration. (Structural conditions; fire protection data; fire proof buildings.) (A) *Eng. News* 56 S. 136/40.

HYDE, structural, municipal sanitary aspects of the central Californian catastrophe. (Statement of conditions produced by earthquake and fire and conclusions drawn from them.)* *Eng. Rev.* 53 S. 668/70 F.

PORTER, fireproof construction and prevention of casualties by fire. *Am. Mach.* 29, 1 S. 22/3.

The Fire Underwriters' laboratory plant in Chicago.* *Eng. Rec.* 54 S. 4/6.

GATEWOOD, construction of a fireproof excursion steamer „Jamestown." (Newport News Shipbuilding & Dry Dock Co. Built of steel throughout.) (V)* *Eng. News* 56 S. 678/9.

DU BOSQUE, a fireproof ferry-boat „HAMMONTON." (No woodwork used; below the main deck steel plates and angles have taken the place of wooden stanchions, carlins and sheathing; ceiling and side walls covered with a material known as asbestos building lumber, a composition of asbestos and Portland cement.) (V)* *Eng. News* 56 S. 676/7.

HARDER, Feuersicherheit und Feuerschutz bei Theatern. * *Ges. Ing.* 29 S. 109/12.

Recent fire tests in a theatre model. Vienna, Austria.* *Eng. News* 55 S. 56/7; *Gén civ.* 49 S. 59.

GARY, Feuerschutzvorhang. (Besteht aus unverbrennbarem Gewebe, z. B. Asbestleinwand.) * *Techn. Z.* 23 S. 530.

Burning of the Twenty-third Street ferry houses in New York City. (Mineral wool is not an effectual fire stop.) *Eng. News* 55 S. 44.

WOOLSEN, test of an AM. AUTOM. FIRE CURTAIN CO. (Automatic fire-proof curtain shutter; of iron and steel; aluminum rivets and grooves.)* *Eng. News* 55 S. 70/1.

GIBSON & CO., stählerne Rolläden als feuersichere Türen. (Rolladenstäbe von sichelförmigem Querschnitt. Feuer- und Wasserprobe der Brit. Feuerverhütungs-Kommission.) * *Uhlands T. R.* 1906, 2 S. 77.

Fire tests of window glass. (At the plant of the BRITISH FIRE-PREVENTION COMMITTEE. Skylight tests; squares of glass.) (A) *J. Frankl.* 161 S. 130.

Fire tests of windows of wired glass by the BRITISH FIRE PREVENTION COMMITTEE. *Eng. News* 56 S. 501.

SANBORN, fires and their prevention in factories. (Standard self-closing fire door on an inclined track and with a fusible link; nozzle piezometer consisting of a bent tube, acting as a PITOT tube; hose and hydrant house with equipment; dry-pipe valve for automatic sprinklers in cold rooms; fire at Paterson; UNDERWRITER fire-pump.) (V. m. B.)▣ *J. Ass. Eng. Soc.* 37 S. 20/38.

Feuersichere Türen System BERNER.* *Z. Chem. Apparat.* 1 S. 556/9.

WOLF, J. H. G., more lessons from the San Francisco fire. (Cast iron columns stood the test of fire better than steel, sandstone not better than granite, concrete better than any natural stone; monolithic concrete with steel reinforcement of the harbor fortification was undamaged.) *Eng. News* 55 S. 656.

SEWELL, economical design of reinforced concrete floor systems for fire-resisting structures. (T-beams; advantages of attached web members; adhesion or bond; experiments.) (V. m. B.) (a)▣ *Trans. Am. Eng.* 56 S. 252/410.

KOCH, Feuersicherheit eiserner Tragkonstruktionen. (Anläßlich des Warenhausbrandes in Gelsenkirchen. Zerstörung des Gipsmörtelputzmantels des Eisens; Holzbalkendecken, welche unmittelbar auf der Eisenkonstruktion auflagen; der Obergurt der Eisenträger war nicht in die Umhüllung einbezogen.) *Fabriks-Feuerwehr* 13 S. 65/6.

JORDAHL, system of fireproof floor construction. (Object of providing a floor in which the bottom flanges of the beams and girders are effectively protected against fire.)* *Eng. Rec.* 54 S. 280.

WOOLSON, fire resistance of concrete as influenced by composition. (Tests.) *Eng. News* 55 S. 128/9.

Comparative resistance to fire of stone concrete and cinder concrete. (Tests.)* *Eng. News* 55 S. 603.

WEIDNER, Feuersicherheit des Gipses. *Tonind.* 30 S. 901/3.

Fire test of plaster block partitions. (Plaster fiber-block partition walls erected at the Columbia Fire Testing Station, New York City.) *Eng. News* 56 S. 453/4.

WOOLSON, tests of the strength and fireproof qualities of sand lime brick. (V) *Eng. News* 55 S. 662/5.

KING, R. P., feuerfeste Baustoffe. (Zusammensetzung des feuerfesten Tons.) *Gieß. Z.* 3 S. 469/70.

HERAEUS, Schmelzpunktbestimmung feuerfester keramischer Produkte. (A) *Baumatk.* 11 S. 77.

Die feuerfesten künstlichen Steine. *D. Goldschm. Z.* 9 S. 144a/3aF.

GESTER, litholite stone fireproof. (This concrete stone passed through the San Francisco disaster.)⊞ *Cem. Eng. News* 18 S. 111.

Fireproof qualities of reinforced concrete. (Fire test in San Francisco: Bell tower of the Mills seminary; Stanford university; tests made by the BUREAU OF BUILDINGS OF NEW-YORK CITY of a reinforced concrete floor; test to determine the effect of a continuous fire of four hours below a floor at an average temperature of 1700 degrees; fire which burnt out the mill of the Pacific Coast Borax Co. at Bayonne, N. Y.: monolithic concrete structure remained in perfect condition.) *Cem. Eng. News* 18 S. 116/7.

COUCHOT, reinforced concrete and fireproof construction in the San Francisco disaster. (Academy of Sciences Museum. Alameda Borax Works; Bekin Van & Storage Co. warehouse.)* *Eng. News* 55 S. 622/3.

Reinforced concrete in building construction. (Discussion of PERROT, WEBB, HEXAMER, MERRITT, COWELL. Methods of reinforcing; fire test; load tests; computations; concrete-steel curtain dam.) (a) ⊞ *J. Frankl.* 161 S. 1/41.

Die Feuerfestigkeit armierten Betons. (Feuersbrunst im Staate New Jersey am 6. April 1902.) *Fabriks-Feuerwehr* 13 S. 82/3.

SHEPPARD, necessity of precautions regarding reinforced concrete. (V) *Cem. Eng. News* 18 S. 169.

HORNBERGER und SELLHEIM, vergleichende Untersuchungen über die Feuergefährlichkeit des Buchen- und des Eichenholzes. *Z. Forst.* 38 S. 385/97.

Zur Frage der Feuersicherheit von Dächern. *Asphalt- u. Teerind.-Z.* 6 S. 157/8.

OSTERMANN, Flammenschutz-Imprägnierung. (Imprägnierung von Holz und Dachpappe.) *Asphalt- u. Teerind.-Z.* 6 S. 38/9.

Ergebnisse der in der Prüfungsanstalt in Boston angestellten Versuche mit feuerfestem Holz.

(Entflammungspunkt; Umfang und Dauer der Flammenentwicklung; Ausbreitung der Flammen. Dauer und Wirksamkeit glühender Holzstücke; Dauer der Wirkung des Tränkverfahrens; Einfluß des Tränkens auf Anstriche.) *Techn. Gem. Bl.* 9 S. 137/9.

LÖHDORFF, unverbrennliches Holz. (Versuche von NORTON und ATKINSON mit Holz, das mit Ammoniaksalzen unter Pressung behandelt worden war.) *Bad. Gew. Z.* 39 S. 234/5.

OSTERMANN, Flammschutz-Imprägnierung. (Alaun, Borax, phosphorsaures Natron, wolframsaures Natron, schwefelsaures Ammonium, in Natronlauge aufgelöst.) *Färber-Z.* 42 S. 24.

Feuersicherer Holzschliff. (Tränkung mit schwefelsaurem Ammoniak oder Wasserglas.) *Papier-Z.* 31, 2 S. 3864.

Feuerfestmachen von Geweben. *Muster-Z.* 55 S. 148.

Flannelette. (Retarding the progress of combustion by sulphate and chloride of ammonia, water glass, borax and phosphate of soda, tungsten.) *Text. Rec.* 30, 4 S. 123.

CALICO BLEACHERS ASSOCIATION, reducing inflammability of cotton. (Insoluble magnesia fixed in the fibres.) (Pat.) *Text. Man.* 32 S. 64.

Zelluloid. (Staubabsaugung; Erwärmung des Arbeitsraumes durch den anstoßenden Raum. Anordnung von Notausgängen.) *Fabriks-Feuerwehr* 13 S. 73.

Schutz gegen Explosions- und Feuersgefahr in Gummiwarenfabriken. (Funkenfänger.)* *Fabriks-Feuerwehr* 13 S. 89/90F.; *Gummi-Z.* 20 S. 1074/6.

SCHLEYER, die Lagerung feuergefährlicher Flüssigkeiten.* *Z. mitteleurop. Motww.* 5 S. 592/4.

Absperrvorrichtung an Entlüftungsrohren von Behältern für Petroleum, Benzin und ähnliche feuergefährliche Flüssigkeiten. (Ventil, welches auf mechanischem Wege von einem beliebig entfernten Ort aus geschlossen werden kann.)* *Ratgeber, G. T.* 6 S. 64/5.

Ersatz des feuergefährlichen Petroleumbenzins durch Tetrachlorkohlenstoff. (Betäubende Wirkungen des Petroleumbenzins; Unglücksfälle.) *Z. Gew. Hyg.* 13 S. 248/9.

Explosionssichere Gefäße. *Z. mitteleurop. Motww.* 9 S. 372/5.

DE CHERCQ's feuer- und überschäumsicherer Destillationsapparat für Teer und andere entzündliche Stoffe. (D. R. P. 166723.)* *Ratgeber, G. T.* 5 S. 329/31.

EFFENBERGER, praktische Versuche über Benzinexplosionen in Gebrauchsgefäßen.* *Arch. Feuer* 23 S. 36.

FRANKL & KIRCHNER, elektrischer Faßausleuchter.* *Z. Gew. Hyg.* 13 S. 195.

AMBÜHL, Feuersgefahr einiger moderner Beleuchtungsarten. (Acetylen, Luftgas, Preßpetroleum.) *Arch. Feuer* 23 S. 59/61 F.

A. E. G., Sicherheitslampe. (Schalter und Leuchter mit Sicherheitsverschluß.)* *Uhlands T. R.* 1906, 2 S. 47.

Fireproof soapstone paint. (Soapstone reduced to a fine powder, mixed with a quick drying varnish or boiled linseed oil.) *Cem. Eng. News* 17 S. 296.

Feuersichere Anstriche. (Asbestfarben; Brandproben auf dem Feuerwehrhofe zu Danzig mit dem FRETZDORFFschen Asbest-Feuerschutzanstrich; dgl. auf dem Hofe der Feuerwache zu Kiel. D. R. P. 137971 der HAUSMÜLLVERWERTUNG G. M. B. H. in Puchheim; zwei Anstriche übereinander; der Grundanstrich aus Kieselgur und Glaspulver, der Deckanstrich aus gemahlenem

Porzellan und Steingut, gemischt mit geringen Mengen Kieselgur. Diese Stoffe werden in beiden Fällen mit einer Wasserglaslösung zu einer konsistenten Anstrichmasse verrieben und dann auf den Gegenstand aufgetragen und der getrocknete Anstrich mit Chlorkalciumlösung erhärtet.) *Ratgeber, G. T.* 6 S. 21/4.

Feuerungsanlagen. Furnaces. Foyers. Vgl. Brennstoffe, Dampfkessel, Gebläse, Gaserzeuger, Heizung, Hüttenwesen, Leuchtgas, Rauch.

1. Allgemeines.
2. Für feste Brennstoffe.
3. Für flüssige Brennstoffe.
4. Für gasförmige Brennstoffe.
5. Kohlenstaubfeuerungen.
6. Andere rauchschwache Feuerungen.
7. Zugregelung, künstlicher Zug.
8. Prüfung der Feuergase.
9. Beschickungsvorrichtungen.
10. Einzelteile (Roste, Roststäbe u. dgl.).

1. Allgemeines. Generalities. Généralités.

GRAMBERG, über Feuerungen. *Braunk.* 5 S. 407/12.

ELEZINGER, neuere Erfahrungen in Feuerungsbetrieben. (Gewinnung von Heiz- und Kraftgas durch Generatoren; Gaserzeuger mit ausfahrbarem Rost, bezw. mit zentraler Gasabführung; Halbgasfeuerung und Kessel; Stoßofen mit ausfahrbarem Rost.)* *Stahl* 26 S. 723/31.

EBERLE und ZSCHIMMER, Verlust durch Unverbranntes in den abziehenden Heizgasen. (In der Heizversuchsstation München durchgeführte Versuche; Planrost; Stufenrost mit Sekundärluft; maß- oder gewichtsanalytische Bestimmung einzelner Bestandteile; Verdampfungsversuche mit Zieditz-Haberspirker Braunkohle.)* *Z. Bayr. Rev.* 10 S. 116/8 F.

Verein für Feuerungsbetrieb und Rauchbekämpfung in Hamburg. (Versuche behufs Feststellung des Wertes regelbar erfolgender Sekundärluftzufuhr bei der gewöhnlichen Planrostfeuerung; Zufuhr von Sekundärluft von vorn durch die Feuertür, von vorn und oben längs dem Scheitel des Flammrohres [Konstruktion von TOPF & SÖHNE, Erfurt]; Zufuhr am hinteren Ende des Rostes durch die durchbrochene Feuerbrücke [Konstruktion von KOWITZKE & CO., Berlin]; Zufuhr hinter dem Rost in eine dort geschaffene besondere Verbrennungskammer [Konstruktion von SCHMIDT, E. J., Hamburg]; Arbeiten mit größerem Zug unmittelbar nach dem Aufwerfen; Sekundärluftzufuhr durch die durchbrochene Feuerbrücke.) *Z. Dampfk.* 29 S. 33/5 F.

ELDRED, regulation of the duration of combustion. (By mixing carbon dioxide 10%, oxygen 14,6%, nitrogen in air present 58,4%; free nitrogen 17%. The fuel body can be subjected to a strong forced draught which impels the gases up into the kiln before combustion is completed.) *J. Frankl.* 162 S. 201/12.

Schutz der Feuerungsanlagen vor schneller Zerstörung. (Ueberziehung der Feuerungsmaterialien und Apparate mit Karborund. Bewährung bei allen mit Gas oder Generatorgas betriebenen Feuerungsanlagen: Tiegelschmelzöfen, Schweißöfen, Zementieröfen, Härte- und Glühöfen usw.) *Ratgeber, G. T.* 5 S. 262/4.

KING, fire-brick work. *Am. Mach.* 29, 1 S. 483/5.

PALMER, influence de l'altitude sur la combustion. *Mém. S. ing. civ.* 1906, 1 S. 711/3.

Verdampfungsversuche im Jahre 1905. (Walzen- und Batteriekessel; Flammrohrkessel; Einfluß der Dampfüberhitzung auf den Dampf- und Kohlenverbrauch; Wasserrohrkessel; Lokomotivkessel; verschiedene Kessel.) *Z. Bayr. Rev.* 10 S. 105/7 F.

LECORNU, essais du foyer et de la chaudière

Marcel DEPREZ et VERNEY.* *Rev. méc.* 18 S. 213/8.

GEIPERT, Berechnung des Nutzeffektes von Feuerungsanlagen. *J. Gasbel.* 49 S. 437/44.

HUDLER, Berechnung des Nutzeffektes der Feuerungsanlagen, *J. Gasbel.* 49 S. 963/5; *Braunk.* 5 S. 543/4.

HELBIG, Berechnung des Kohlenverbrauchs, der Abgasmenge und der verbrauchten Luft aus der Rauchgas- und Rohmehlanalyse und der Elementaranalyse der Kohle. *Tonind.* 30 S. 190/2.

DOSCH, Feuerungskontrolle durch Kohlensäurebestimmung der Verbrennungsgase.* *Braunk.* 4 S. 673/85.

BENNIS, boiler house economy. *Gas Light* 84 S. 97/8.

MAVOR, heat economy in factories. (Heat balance sheet.) (V) (A) *Eng. Rec.* 54 S. 435/6.

BERMBACH, Ausnutzung der Wärme in Oefen. Vorzüge der Gasfeuerung; elektrische Heizung; Kryptolverfahren.) *Uhlands T. R.* 1906, 2 S. 6/8.

MOHR, Wärmeausnutzung der Steinkohlen in der Dampfkesselfeuerung. *Z. Spiritusind.* 29 S. 422/3.

DINGER, modern practice for firing water tube boilers in large vessels. *Mar. Engng.* 11 S. 139/40.

CORSON, fuel combustion in power plants.* *El. Eng. L.* 38 S. 222/4.

BEST, liquid versus coal fuel.* *Sc. Am. Suppl.* 62 S. 25509/11.

BEMENT, the suppression of industrial smoke.* *West. Electr.* 39 S. 341.

DE GRAHL, Koksdunst bei Heizkesseln. *Ges. Ing.* 29 S. 449/51.

JURISCH, Blausäure in Feuergasen. *Chem. Z.* 30 S. 393/4.

HEEPKE, die Feuerungen der Bismarcksäulen.* *Z. Heis.* 10 S. 239/41 F.

2. Für feste Brennstoffe. For solid fuel. Pour combustibles solides Vgl. 6.

NIES, mechanische Feuerungen. (V) *Z. V. dt. Ing.* 50 S. 178/81.

FULTON FUEL ECONOMIZER CO., Treppenrostfeuerung. (Die Unterfeuerung besteht aus einer Speise- und Brechvorrichtung, dem Roste und der Sekundärluftzuführung. Bewegung der Roststäbe und der Walze durch eine Rotationsdampfmaschine.) *Masch. Konstr.* 39 S. 128.

GEBR. RITZ & SCHWEIZER, Schlackenspaltfeuerung.* *Uhlands T. R.* 1906, 2 S. 53/4.

PEABODY, notes on the burning of small anthracite coal. *El. World* 48 S. 422/3.

ENNIS, burning soft coal. *El. World* 48 S. 1056/7.

Furnace for burning coke breeze for Scotch boilers. (Fire brick furnace using forced draught, fitted with WHITE hollow grate bars.)* *Eng. News* 55 S. 28.

BURGHARDT, Verwendung minderwertiger Brennstoffe für gewerbliche Feuerungen. (Für Torf und Braunkohle geeignete Feuerungsanlagen.)* *Stein u. Mörtel* 10 S. 33/4 F.

The burning of cheap fuels. (ARGAND steam blower.)* *El. World* 48 S. 420/1.

HOBART, burning low-grade fuel. (Boiler firing with coal containing a large percentage of ash, slate and other incombustible matter.) *El. World* 48 S. 28/30.

ABBOTT, fuel characteristics. (Some characteristics of coal screenings as affecting performance with steam boilers.) *Eng. Chicago* 43 S. 646/9.

BORDOLLO, peat fuel production.* *Eng. Chicago* 43 S. 334/5.

3. Für flüssige Brennstoffe. For liquid fuel. Pour combustibles liquides.

HEINTZENBERG, Feuerungsanlagen für flüssige

35*

Brennstoffe. (Staubfeuersystem; JOHNSTONE-Brenner; Dampfstrahl-Ausführungsform der LU-CAL LIGHT AND HEATING CO.; KÖRTINGs Zentrifugal - Zerstäuber.)* *Z. Dampfk.* 29 S. 205/6.

COURTENAY DE KALB, a simple oil-burning equipment. (The delivery of the oil to the burners under constant pressure is of the utmost importance.) * *Eng. min.* 81 S. 74.

Fuel consumption of oil engines. *El. World* 48 S. 102.

Utilisation des combustibles liquides.* *Cosmos* 55, 2 S. 688/91.

Liquid fuel for steam-raising.* *Engng.* 82 S. 69/73.

MELVILLE, liquid fuel for naval and marine uses. *Sc. Am. Suppl.* 61 S. 25158/60 F.

ANCONA, impiego dei combustibili liquidi nella navigazione. ⊠ *Giorn. Gen. civ.* 44 S. 57/76.

WILLEY, oil fuel on the Southwestern Railroads.* *Sc. Am.* 94 S. 536.

Heizöl für Lokomotiven. (Herbeiführung einer vollkommenen Verbrennung.) *Chem. Techn. Z.* 24 S. 26/8.

Oil fuel for locomotives. *Page's Weekly* 9 S. 1206/7.

GREAVEN, petroleum fuel in locomotives on the Tehuantepec National Railroad of Mexico.* *Eng.* 101 S. 456/7; *Engng.* 81 S. 597/601; *Proc. Mech. Eng.* 1906 S. 265/312.

ROMBERG, Mineralölfeuerung. *Chem. Techn. Z.* 24 S. 93.

RAKUSIN, Erdölfeuerung für Zimmeröfen.* *Rig. Ind. Z.* 32 S. 22/3.

WAYNE, crude oil burning at Eagle Mills, Newton, Mass.* *Eng. Chicago* 43 S. 462/3.

Alcohol as a fuel.* *Eng. Chicago* 43 S. 710; *Sc. Am. Suppl.* 62 S. 25584.

STODDARD, alcohol as a fuel.* *Horseless age* 17 S. 928/9.

ROTH, Verbesserung flüssiger Brennstoffe durch Acetylen. *Mot. Wag.* 9 S. 841/5 F.

4. Für gasförmige Brennstoffe. For gaseous fuel. Pour combustibles gazeux.

BRANCH, natural gas burner.* *Gas Light* 85 S. 493.

WHITHAM, natural gas under steamboilers. *Engng.* 82 S. 507/8.

5. Kohlenstaubfeuerungen. Coal dust furnaces. Foyers à charbon pulvérisé.

SÖRENSEN, coal-dust firing of reverberatory matte furnaces. (Diagram of smelting results; reverberatory furnace at Murray.)* *Eng. min.* 81 S. 274/6.

WEGNER, BAENSCH-Feuerungen zur Verfeuerung von Teer, Kohlenstaub usw. *Asphalt- u. Teerind. Z.* 6 S. 4.

6. Andere rauchschwache Feuerungen. Other smoke-consuming furnaces. Autres espèces de foyers fumivores. Vgl. 2.

BRYAN, the problem of smoke abatement. *Sc. Am. Suppl.* 62 S. 25582/4.

KERCHAW, smoke abatement. (Report on the London smoke abatement conference.) *Cassier's Mag.* 29 S. 334/41.

CARY, smokeless combustion. *Eng. Chicago* 43 S. 303/5.

NIEDERSTADT, die rauchfreie Verbrennung, deren Mittel und Wege zur Abhilfe der Rauchfrage. *Z. ang. Chem.* 19 S. 142/4.

HUDSON, simple method of preventing smoke. *Eng. Chicago* 43 S. 430.

JURISCH, Beseitigung der Rauchplage in Städten. (Gesetze, Entwickelung der Technik.) ⊠ *Ratgeber, G. T.* 5 S. 353/65.

Les fumées d'usine à Paris.* *Cosmos* 55, 1 S. 678/80.

Smoke abatement in St. Louis, Mo. (Steam jet and air blast; down draft furnaces; fire brick arches; automatic stokers; smokeless fuel.) *Eng. News* 56 S. 505/6.

Rauch- und Rußplage und die Sanierung unserer Haushaltungsfeuerungen. (SENKINGherde mit rauchverzehrender Feuerung. STIERfeuerung D.R.P. 144976. Unterbeschickfeuerung.)* *Städtebau* 3 Nr. 10; *Ges. Ing.* 29 S. 545/6.

GESELLSCHAFT FÜR INDUSTRIELLE FEUERUNGS-ANLAGEN, Hydro - Feuerung. (Bezweckt, die Kohle auf dem vorderen Teile des Rostes erst zu vergasen und diese Gase über den hintersten Teil des Rostes zur möglichst vollkommenen Verbrennung zu bringen, wodurch der Rauch fast vollständig beseitigt wird.)* *Bayr. Gew. Bl.* 1906 S. 371.

FOSTER, practical way of building smokeless furnaces. (Mixing the cool, freshly-distilled hydrocarbon gases with the hot incandescent products of combustion, allowing the surplus of air from one portion to make up for the deficiency of the other portion.) * *Chemical Ind.* 25 S. 404/5.

TEJESSY, Rauchverzehrungsapparat GANZ. (Versuche an drei TISCHBEINkesseln.) *Z. Dampfk.* 29 S. 507.

An automatic smoke preventor.* *Eng. Chicago* 43 S. 298.

BEMENT, smoke suppression. (Smoke-proof steam generator, its furnace chamber being formed by tiles covering the lower row of the tubes of the boiler.) * *El. World* 48 S. 856.

BEMENT, suppression of industrial smoke with particular reference to steam boilers. (Steam boiler and furnace for burning bituminous coal without smoke.) (V) (A)* *Eng. News* 56 S. 409/10.

DAVIES and FRYER, the removal of dust and smoke from chimney gases.* *El. Rev.* 59 S. 207/8.

PRADEL, die Elektrizität im Dienste der Rauchverzehrung. *El. Anz.* 23 S. 189/91.

7. Zugregelung, künstlicher Zug. Draught regulation, forced draught. Régulation du tirage, tirage forcé. Vgl. 5, 6 und 10.

Régulateur de tirage et de combustion. * *Nat.* 34, 2 S. 315/6.

BAILLET, pratique du contrôle permanent de la chauffe dans les foyers industriels. (Contrôle de la combustion.)* *Mon. cér.* 37 S. 1/2F.

PRADEL, elektrische Regelung mechanischer Feuerungsanlagen. * *El. Anz.* 23 S. 1247/9.

SNOW, the conditions of mechanical draught production. * *Cassier's Mag.* 29 S. 398/406.

Ueber mechanischen Kesselzug.* *Z. Heiz.* 10 S. 241/5.

Betriebsergebnisse bei Anwendung mechanischen Zuges in einer Zementbrennofenanlage. * *Masch. Konstr.* 39 S. 85/7 F.

MC PHERSON CO., cinder separation in a Portland power station. (For boilers burning saw-mill refuse; a fan draws the smoke and cinders from the boilers and forces it into a separator like that used for catching shavings in saw mills.) *Eng. Rec.* 53 S. 388.

CASMEY, application of fans for induced draught and other purposes. (V. m. B.) *J. Soc. dyers* 22 S. 362/9.

RAIMBERT, combustion dans les générateurs avec les appareils souffleurs. * *Bull. sucr.* 24 S. 90/6.

Zugstörungen bei Hauskaminen. * *Techn. Z.* 23 S. 514/6.

8. Prüfung der Feuergase. Examination of the fuel gases. Examination des produits de la

combustion. Vgl. analytische Chemie 4, Rauch und Ruß 2.

TIMM, Rauchgas-Analysen bei Drehrohröfen. *Ton-ind.* 30 S. 1010/1.

WILSON's apparatus for the analysis of flue gases.* *J. Gas L.* 93 S. 31/2.

9. Beschickungsvorrichtungen. Stokers. Chargeurs.

ATKINSON, mechanical stoking economics. *Pract. Eng.* 34 S. 77/8.

VAN NORTWICK, mechanical stokers.* *Eng. Chicago* 43 S. 540/1.

Chargeur mécanique américain. (Pour foyer de locomotives.) *Rev. chem. f.* 29, 1 S. 562/4.

DEUTSCHE BABCOCK & WILCOX-DAMPFKESSEL-WERKE, mechanische Patent-Kettenrost-Feuerung. (Besteht aus einer endlosen, aus kurzen guß-eisernen Roststabgliedern zusammengesetzten Kette)* *Bayr. Gew. Bl.* 1906 S. 338/9.

BÖTTGER & CO., Dampfkessel-Feuerungen. (Für Hand- und mechanische Beschickung. Füllrumpf aus parallel laufenden Wänden; durch Anpressen der zum Abschluß des Füllrumpfes dienenden oberen Verschlußplatte mittels eines seitlichen Hebels läßt sich der im Füllrumpf befindliche Brennstoff zurückhalten; Schrägfeuerung)* *Masch. Konstr.* 39 S. 188/90.

FRANK, die mechanischen Feuerungsapparate und die sekundäre Luftzuführung bei Dampfkessel-feuerungen.* *Z. Brauw.* 29 S. 13/7.

MARR, mechanische Rostbeschickungen und der Wirkungsgrad von Kesselanlagen.* *Z. Chem. Apparat* 1 S. 120/5 F.

Foyers à chargement automatique pour chaudières à vapeur.* *Portef. éc.* 51 Sp. 145/50.

BENNIS & CO., automatic stokers in a power house.* *Eng.* 101 S. 458.

L'USINE ÉLECTRIQUE D'IVRY DU CHEMIN DE FER d'Orléans à Paris, chargement automatique des chaudières et vidange des cendres. * *Rev. ind.* 37 S. 25/6.

Travelling grate built by the HAWLEY DOWN DRAFT FURNACE CO., Chicago.* *Iron A.* 77 S. 1984/5.

ZWICKAU, SEYBOTH, BAUMANN & CO., mechanische Rostbeschickung und selbsttätige Regelung der Brennstoff- und Luftzufuhr für Dampfkessel-feuerungen. (D. R. P.)* *Z.Dampfk.* 29 S.398/400.

10. Einzelteile (Roste, Roststäbe usw.) Parts (grates, fire-bars etc.). Parts (grilles, bar-reaux etc.).

BENNIS-MILLER-BENNETT, new patent chain-grate.* *El. Mag.* 6 S. 342/3.

HAWLEY DOWN DRAFT FURNACE CO., Wander-rost-Feuerung. (Der Rost besteht aus einem Wagen, mehreren Kettenrädern und dem sogen. Kettenroste.)* *Masch. Konstr.* 39 S. 166.

TUPPER & CO., sectional grate. (Is interchangeable; the truss bars underneath are independent of the grates and not affected by the heat; air openings result in easier steaming more perfect combustion and less clinker.)* *Text. Rec.* 30, 4 S. 143.

RAILTON, CAMPBELL & CRAWFORD, „Simplex" patent furnace bars. (Lug formed beneath each grate bar at the front end into which a lever can be made to engage.)* *Pract. Eng.* 33 S. 421.

HOOD, feuerfeste Kunststeine für Heizungen. *Bohr-techn.* 13 S. 43/4.

LA BURTHE & SIFFERLEN, Wurfschaufel. (Soll un-geübten Arbeitern erleichtern, die aufzugebende Kohle in einer möglichst breiten und dünnen Schicht einzuwerfen. Vorn an der Schaufel-fläche ist eine keilförmige Rippe eingestanzt,

durch welche dem abfliegenden Materiale eine seitliche Komponente zur Wurfrichtung erteilt wird.)* *Bayr. Gew. Bl.* 1906 S. 205.

Feuerwerkerei. Pyrotechnics. Pyrotechnie. Vgl. Geschützwesen, Rettungswesen 3, Schiffssignale, Signalwesen. Fehlt.

Filter. Filters. Filtres.

1. Wasserfilter. Water-filters. Filtres d'eau. Siehe Abwässer 1 c, Dampfkessel 7 und Wasser-reinigung 3.

2. Oelabscheider. Oil separators. Séparateurs d'huile. Siehe diese.

3. Verschiedenes. Sundries. Matières diverses.

Stufenfilter. (Filtration von Schmutzwässern.) *Chem. Z.* 30 S. 1045.

The PARRISH continuous filter. (Contribution to the problem of slime filtering.)* *Eng. min.* 81 S. 1044.

V. DRIGALSKI, Schnellfilter für Agarlösungen. * *CBl. Bakt.* I, 41 S. 298/301.

HEIM, Asbestfilter. (Zur Keimfreimachung von Flüssigkeiten) (V) *CBl. Bakt. Referate* 38 *Beiheft* S. 52/4.

RELSER, Aufsatz für Bakterienfilter bei kleinen Flüssigkeitsmengen.* *Chem. Z.* 30 S. 686.

Neues Vakuumfilter für Laboratoriums- und Haus-gebrauch mit Reinigung des Filterkörpers nach ganz neuem Prinzip.* *Z. ang. Chem.* 19 S. 95/6.

MEYER, THEODOR, das Gasfilter in der chemi-schen Industrie.* *Z. ang. Chem.* 19 S. 1313/19.

PENFIELD and BRADLEY, filter tubes for collection of precipitates on asbestos.* *Am. Journ.* 21 S. 453/6.

Filz. Felt. Feutre. Vgl. Hutmacherei.

REISER, felted goods. (Ordinary felts; woven felts.)* *Text. Rec.* 31, 4 S. 121/2.

KRAUS, der Filzprozeß der Schafwollgewebe und die moderne Walke.* *Mon. Text. Ind.* 21 S. 124/6.

Fabrikation der Filze. (Gewebte Filze; Krempeln; gedoppelte Watte; Walken.)* *Text. Z.* 1906 S. 242 F.

Filze für Papiermaschinen. (FLORINs französisches Patent auf das Verfahren, zu Schußfäden in der Filzfabrikation Garn aus tierischen Faserstoffen zu verwenden, welches durch Behandlung mit Chlor, Brom oder Jod unverkürzbar gemacht worden ist.) *Papier-Z.* 31, 1 S. 166/7.

Firnisse und Lacke. Varnishes and lacquers. Vernis et laques. Vgl. Anstriche, Fette und Oele, Harze.

Jahresbericht 1905 über Neuerungen in der Lack-fabrikation. *Farben-Z.* 11 S. 558/60.

COFFIGNIER, théorie des vernis. *Mon. scient.* 4, 20, I S. 106/7.

TIXIER, théorie des vernis. *Mon. scient.* 4, 20, I S. 726/30.

Oel- und Spiritus-Mattlacke. *Farben-Z.* 11 S. 587/8.

Ueber Lacke. (Spiritus- und Terpentinöllacke.) (R) *Z. Drechsler* 29 S. 426/7 F.

Herstellung von Buchdruck- und Lithographie-Fir-nissen. *Farben-Z.* 11 S. 915/7.

Praktische Anleitung zur Herstellung von Zelluloid-lacken. *Erfind.* 33 S. 249/50.

TRAINE, Verfahren zur Behandlung von Oelen für Lack- und Firnisbereitung. *Erfind.* 33 S. 177/8.

Herstellung eines Asphaltlackes von Petrol-Asphalt. *Asphalt- u. Teerind.-Z.* 6 S. 432.

Verwendung von Mineralölen in der Fabrikation von Lacken und Firnissen. *Farben-Z.* 12 S. 2/4.

Elastisch machende Zusätze in der Fabrikation flüchtiger Lacke. (Weichharze, Rizinusöl und

Leinölfettsäure.) *Farben-Z.* 12 S. 106/7; *Mitt. Malerei* 23 S. 119/20.
Wiedererweichen von Oellacken. (Ursachen.) *Farben-Z.* 12 S. 75/6; *Maler-Z.* 26 S. 545/6.
Farblacke aus Pflanzenfarbstoffen. (Auszüge aus den farbengebenden Hölzern, Wurzeln und Beeren.) *Malers.* 26 S. 161/2 F.
TSCHIRCH et STEVENS, recherches sur les sécrétions. La laque du Japon (Ki-Urushi). La résine, la substance vénéneuse et les maladies soi disant de la laque (Urushi-Kaburé). La gomme (gomme laque) et la laccase. *Mon. scient.* 4, 20, I S. 731/54.
La laque du Japon. *Cosmos* 55, S. 602/4.
WATT, die Lackindustrie Indiens. *Am. Apoth. Z.* 27 S. 9/10.
LEHMANN, W., bronzierende Farbwirkungen. (Verwendung solcher Azofarbstoffe, welche in einer schwerlöslichen Form Metallglanz zeigen.) *Text. u. Färb. Z.* 4 S. 278/9.
Weißlackieren. *Malers.* 26 S. 497/8 F.
Lackieren und Entlackieren von Holzbottichen und anderen Gefäßen. *Z. Bierbr.* 34 S. 423/5.
Helzkörperlackie. (R) *Farben-Z.* 11 S. 343, 618.
LIDOW, Herstellung schnell trocknender Firnisse. (Als Oxydationsmittel salpetersaures Ammonium.) *Chem. Rev.* 13 S. 283.
HILD, Herstellung der Lacke. *Malers.* 26 S.530/1 F.
Préparation de résinates et d'oléates métalliques. (Pour préparation de vernis.) *Corps gras* 33 S. 134/5 F.
Harzsaure Metallverbindungen (Resinate). (Verwendung in der Lack- und Firnisindustrie als Trockenstoffe.) *Farben-Z.* 12 S. 295/6 F.
Praktische Anleitung zur Darstellung von Manganborat. (Firnisbildende Eigenschaft des Manganborats.) *Erfind.* 33 S. 264/5.
HALL, J. WILSON, coach painting in India. (Medium fully elastic.) (V) (R) *Rotlw. Eng.* 27 S. 20/2.
NAMIAS, influence des résines dans la décoloratiqn à la lumière des vernis alcooliques. *Mon. scient.* 4, 20, I S. 265/6.
MAY, painting foundry patterns. (Instead of painting patterns varnish then with shellac and use lamp black or vermillion as colouring pigment.) *Pract. Eng.* 34 S. 195.
Das Bottichpichen in der Praxis. *Wschr. Brauerei* 23 S. 127/31 F.
Herstellung von Bohnermasse für Linoleumbelag der Parkettfußböden. *Pharm. Z.* 51 S. 555.
ANDÉS, Schuhcrèmes. (Terpentinöl-, Wassercrèmes.) *Chem. Rev.* 13 S. 133/4; *Pharm. Centralh.* 47 S. 792.
Schuhcrèmes à la Guttalin. (Bienenwachs, Hartparaffin, Nigrosin, Stearin, Terpentinöl, Schwerbenzol.) (R) *Apoth. Z.* 21 S. 504.
Schwarze Lederpolitur. (Bienenwachs, Pottasche, Leim, Zucker, Glyzerin, Nigrosin.) (R) *Apoth. Z.* 21 S. 287.
HILLIG, elektrischer Lackierofen. (D. R. P. 148 665: Trocknen solcher Stoffe, bei denen es sich um ein Erstarren oder Erhärten handelt, durch die Strahlen einer oder mehrerer Lichtquellen.) *Malers.* 26 S. 185/6 F.
LIPPERT, Terpentinöl, Leinöl und Leinölfirnis, ihre Surrogate und Verfälschungen. *Mitt. Malerei* 23 S. 91/5 F.
ANDÉS, Surrogate in der Lackfabrikation. *Farben-Z.* 11 S. 425; *Erfind.* 33 S. 316/9; *Chem. Rev.* 13 S. 9/10.
BOTTLER, Neuerungen in der Analyse und Fabrikation von Lacken und Firnissen im Jahre 1905. *Chem. Rev.* 13 S. 190/2 F.
GILL, determination of rosin in varnishes. *J. Am. Chem. Soc.* 28 S. 1723/8.

LAURIE und BAILY, mechanische Prüfung von Lacken. (Erforderlicher Druck, um den Lack mittels einer runden Stahlspitze zu kratzen.) *Malers.* 26 S. 393/4 F.
TREUMANN, Begutachtung von Leinölfirnis. *Bayr. Gew. Bl.* 1906 S. 388.
VALENTA, einfacher Apparat zur Bestimmung der Zähflüssigkeit von Firnissen.* *Chem. Z.* 30 S. 583.
Testing and valuation of oil varnishes. (Practical drying; natural drying; forced drying; air drying in presence of pigment.) *Pract. Eng.* 33 S. 784/6.
Aufsaugungsmethode zur Prüfung der Trockenkraft von Leinölfirnissen.* *Farben-Z.* 11 S. 792/3.
Untersuchung von Leinöl und Leinölfirnis. *Chem. Rev.* 13 S. 226/7.
Fischfang, Verwertung und Versand. Catching fishes, utilisation and mode of conveyance. Pêche, emploi et transport des poissons. Vgl. Netze, Schiffbau 6 e, Transport.
The British Sea Angler's Society's exhibit of sea rods, tackle, etc.* *Fish. Gas.* 53 S. 236/7.
RIEDEL, die Jagd und Fischerei auf der Welt-Ausstellung zu St. Louis. *Z. Forst* 38 S. 310/4.
Fischerei und Fischereigeräte der Naturvölker. *Fisch. Z.* 29 S. 10/1 F.
Lichtscheu des Aales. *Fisch. Z.* 29 S. 91.
DORY, the trout of the Royal Bann. *Fish. Gas.* 52 S. 331/2 F.
OTTERSTRÖM, wie sucht man den Hering auf? (Apparat, um festzustellen, wie tief man die Heringsgarne senken muß, um auf die vorhandenen Heringe zu treffen, bezw. um Wasser von 13° C zu finden, worin der Hering sich am liebsten aufhält. KOLMODINS Apparat zur Untersuchung der Krebstiermengen in verschiedenen Tiefen; besteht aus einem Metallbehälter, der offen ins Wasser hinabgelassen wird und in der gewünschten Tiefe durch einen Ruck an der Leine zu schließen ist.) *Fisch. Z.* 29 S. 24 F.
Der Lachsfang in der Weser. *Fisch. Z.* 29 S. 455.
Gordon Castle salmon fishery.* *Fish. Gas.* 53 S. 330/1.
MARSTON, salmon fishing at Kilrea on the Bann.* *Fish. Gas.* 52 S. 314/5.
WILCOCKS, the sea-fisherman. (Ground-fishing gear; cigar-shaped sinkers; booms for sea-ledgering; baits, drift-lines, etc.) (a)* *Fish. Gas.* 52 S. 5/6 F.
Das Scheerbrettnetz an der amerikanischen Ostküste. *Fisch. Z.* 29 S. 98.
An American angler on handling the fishing rod.* *Fish. Gas.* 53 S. 311.
Horsehair lines. (Pipe-leads and moulds; spinning machine or jack; knotting hair links.) *Fish. Gas.* 52 S. 144/5 F.
Drift or tideway fishing. (The lines are lightly leaded or without lead, and consequently drift or stray out with the current.) *Fish. Gas.* 52 S. 111.
BARTLEY, BENWYAN, snapping casting lines.* *Fish. Gas.* 53 S. 191/2.
The paternoster line. (Pipe-lead and trace for rod fishing.) *Fish. Gas.* 52 S. 224/5 F.
CROSSLE, casting from the reel. (a) *Fish. Gas.* 53 S. 9/10.
THOMPSON, S., prawn tackle.* *Fish. Gas.* 53 S. 326.
NEWBERRY, hooks for sea anglers.* *Fish. Gas.* 52 S. 9.
Tackle boxes with line driers combined.* *Fish. Gas.* 52 S. 267.

How to bait with living sand-eels.* *Fish. Gas.* 52 S. 128/9.

Sand-eel seine.* *Fish. Gas.* 52. S, 111.

Bass fishing at Fowey with the imitation sand-eel.* *Fish. Gas.* 52 S. 143.

PEEL & SONS new spinning baits. (Gudgeons and minnow and the brass foundation and tube.)* *Fish. Gas.* 53 S. 101.

Abschaffung des Köderbarnems. (Wegen Gefährdung des Fischbestandes.) *Fisch. Z.* 29 S. 239/40.

GARNIER, paste for roach, barbel, and bream. (Made up half of bean flour, of linseed cake, broken up and pressed through a strainer, and dry Gruyère cheese.) *Fish. Gas.* 52 S. 19.

GREEN, dry-fly fishing past and present. (A) *Fish. Gas.* 52 S. 4/5.

CROCKER, how to make a split-cane fly rod.* *Fish. Gas.* 52 S. 410.

PATCHETT's patent carrier for net or gaff, and oiler for dry flies. (Brit. Pat. 8538 of 1905.)* *Fish. Gas.* 52 S. 280.

The Gresham fly box. (Patented; invented by a member of the GRESHAM ANGLING SOCIETY.)* *Fish. Gas.* 52 S. 157.

MILLER's, J. E., fishing tackle, etc.* *Fish. Gas.* 52 S. 334/5.

The PINE straight-pull spreader sea tackle.* *Fish. Gas.* 52 S. 5.

Wink für Angler. (Reinigen der zum Angeln bestimmten Würmer.) *Fisch. Z.* 29 S. 4.

The „BERNARD-SHAW" combined fishing basket and bag.* *Fish. Gas.* 52 S. 372.

JAFFÉ and FORD, fish carriers.* *Fish. Gas.* 52 S. 249.

FRIEDRICH, Transportgefäß für lebende Fische. *Landw. W* 32 S. 130/1.

The use of algae in preserving fish alive. (BILLARD's and BRUYAND's experiments with algae and alevins, that are young trout recently hatched from the egg.) *Fish. Gas.* 52 S. 19.

Fischzucht u. dgl. Pisciculture etc.

RIEDEL, die Jagd und Fischerei auf der Welt-Ausstellung zu St. Louis. *Z. Forst.* 38 S. 310/4.

Fischzüchterische Erfahrungen. *Landw. W.* 32 S. 98/9.

FRACY, the Exe Valley fishery, Exebridge, Tiverton.* *Fish. Gas.* 52 S. 23.

The Wyresdale fishery.* *Fish. Gas.* 52 S. 300.

How fish find their way in the water. (Experiments) *Fish. Gas.* 52 S. 9/10F.

SCHIEMENZ, rationelle Bewirtschaftung unserer Bäche durch Forellenzucht. (Raubfischerei; Hechte; Krautung; Nahrung der Forellen: Sprockwürmer; Flohkrebse; Limnaea-Schnecken; Wasserasseln; Larven von Eintagsfliegen; Kolke; Wasserpflanzen. Halbwirtschaft; künstliche Ausbrütung der Forelleneier; Aussetzung der Brut. Vollwirtschaft; Wehre.) (V) *Fisch. Z.* 29 S. 90F.

DIESZNER, ist der Huchen für die deutschen Gewässer brauchbar? *Fisch. Z.* 29 S. 67/8.

PÖLZL, zur Huchenzucht. (Fang und Aufbewahrung der Zuchtfische in Kaltern [Becken, durch welche der ganze Durchstrom des Gewässers erfolgt]; Erbrütung der Eier; Aufzucht der Huchenbrut.) *Fisch. Z.* 29 S. 425/6F.

SCHIEMENZ, Aussetzen von Karpfen in wilde Gewässer (Seen). (Natürliche Nahrung.) *Fisch. Z.* 29 S. 383F.

SUSTA, einiges über das Verhalten des Karpfens im Winter. *Fisch. Z.* 29 S. 149/50F.

BIELER, über die Lebensweise des Rheinlachses und dessen natürliche und künstliche Vermehrung. *Fisch. Z.* 29 S. 109/10.

Salmon smolt marking experiments. (Marking so as to identify the salmon on its return as a grilse.)* *Fish. Gas.* 52 S. 406.

SELIGO, Störzucht. *Fisch. Z.* 29 S. 389/90.

Zucht des russischen Riesenkrebses. *Fisch. Z.* 29 S. 287.

REDDING, study of the effect of New Orleans canal waters on crab life. (Explanation for the mortality among the fish and crabs of Lake Pontchartrain. Transient aëробic changes by free oxygen in water; aëробic liquefaction and hydrolitic changes; semi-anaëробic breaking down of the intermediate dissolved bodies; complete aëration and nitrification; dissolved oxygen; required oxygen.) (V) *J. Ass. Eng. Soc.* 37 S. 151/6.

HERRICK, zur Erhaltung des Hummers. (Schutz des Hummers von mehr als 22,80 cm Länge.) *Fisch. Z.* 29 S. 403/4.

Beobachtungen über die Laichzeit verschiedener Fischarten. (Palmplötz; Spitzplötz; Barsche; Rotaugen und Güster; Karauschen; Schleie.) *Fisch. Z.* 29 S. 138/9 F.

DIESZNER, RÜCKLs Drehstrom-Apparat und Kinderstuben „Simplex". *Fisch. Z.* 29 S. 327/9.

RAVALET, über den Einfluß reichlicher Ernährung auf die Fruchtbarkeit der Fische. (Versuche.) *Fisch. Z.* 29 S. 433/4.

DIESZNER, zur Aufzucht der Forellenbrut. (Reinigen der Teiche im Herbste nach dem Abfischen, im Winter Trockenliegenlassen und wiederholtes Kalken, soviel als möglich, Zuführung von Naturfutter, Verwendung von gesundem Kunstfutter, öfters Blutauffrischung und Versorgen der Teiche mit guten Wasserpflanzen.) *Fisch. Z.* 29 S. 259/60 F.

HOWIETOWN FISHERY, on packing ova for shipment. (In trays, packed with only one layer of eggs and two layers of moss.) *Fish. Gas.* 53 S. 25.

JAFFÉ, preparing and packing fish eggs and fish.* *Fish. Gas.* 52 S. 262/3.

Die Fischfeinde aus dem Tierreiche und die Mittel zu ihrer Vernichtung. *Presse* 33 S. 530/1.

DIESZNER, ist der pechschwarze Kolbenkäfer (Hydrophilus piceus) ein Fisch- und Laichräuber? *Fisch. Z.* 29 S. 553.

LÉGER, Fischläuse und Salmonidenkultur. (Gefährlichkeit der Fischläuse.)* *Fisch. Z.* 29 S. 417/8 F.

SCHIEMENZ, fischereiliche Süßwasser-Biologie.* *Presse* 33 S. 418/9.

SCHIEMENZ, etwas über die Veränderung unserer Fischgewässer. (Temperatur, Regenverhältnisse, Strömung und Wind, Verhältnisse in Norddeutschland. Verlagerung der Flußläufe nach Osten; ober- und unterständige Verkrautung; Verhindern der Böltenbildung; Uferbefestigung.) (V) *Fisch. Z.* 29 S. 508/9 F.

SUSTA, Beitrag zur Frage des Ablaß- und Durchströmvorrichtungen. (Mönch, der das Wasser nicht unter ein bestimmtes Niveau sinken läßt. Oberflächenwasser.) *Fisch. Z.* 29 S. 221.

HENSHALLs paddle wheels for ditches. (To prevent destruction of fish by irrigating ditches. Contrivance for allowing a free flow of water in irrigation ditches while at the same time obstructing the passage of fish. With notes of MACLEAN and MALLOOTH Vol. 53 pag. 25.)* *Fish. Gas.* 52 S. 366.

GERHARDT, Fischschleuse. (Allein für die Fische; mit selbsttätigem Wechsel zwischen Ober- und Unterwasser.) *Zbl. Bauv.* 26 S. 89/90.

Reinforced concrete fish ladder. (Dam located some miles above the city of Boise on the Boise River; the ladder rises in a series of 20 basins, each 6' long by 4' wide, except the upper basin

which is 14' long and confined between 2 foot reinforced concrete .walls.)* *Cem. Eng. News* 18 S. 63.

, DIESZNER, Beitrag zur Biologie der Froschlarve. (Schädlichkeit für die Fischbrut.) *Fisch. Z.* 29 S. 357.

SOPER, pollution of the tidal waters of New York City and vicinity. (Bacterial condition of the water; bacterial condition of shellfish; shad fisheries; shellfish industries.) (V. m. B.) *J. Ass. Eng. Soc.* 36 S. 272/303.

HASENBÄUMER, Schädlichkeit von Cyanverbindungen für die Fischzucht. *Z. Genuß.* 11 S. 97/101.

DIESZNER, vernichtet Kupfervitriol die Algen in den Teichen? (Versuche.) *Fisch. Z.* 29 S. 286 F.

Zuckergewinnung nach STEFFENS, eine Hoffnung für die Flußfischerei. (Besteht darin, daß die in Scheiben von 1—2 mm geschnittenen Rüben mit nahezu siedendem Rohsaft derartig angebrüht werden, daß die Zellhäute schlaff werden und die Eiweißstoffe gerinnen. Aus diesen Rüben wird der Zuckersaft direkt ausgepreßt; dabei bleiben neben einem Teil des Zuckers auch noch die nahrhaften Eiweißstoffe in den Schnitzeln zurück; diese Zuckerschnitzel lassen sich leicht trocknen und bilden dann ein äußerst vorteilhaftes Viehfutter.) *Fisch. Z.* 29 S. 255.

HULWA, können Fische hören? (Gehörsinn nicht nachweisbar.) (V) *Fisch. Z.* 29 S. 300/1 F.

Flachs. Flax. Lin. Vgl. Gespinstfasern, anderweitig nicht genannte.

Anbau einer neuen Flachsart in Minnesota. *Seilers.* 28 S. 413/4.

WETZEL, künstliche Flachsrösten.* *Spinner und Weber* 23 Nr. 29 S. 1/3 F.

. LEHMANN, K. B., Ursachen des verschiedenen kapillaren Wasseraufsaugevermögens dichter weißer Leinen- und Baumwollstoffe. *Arch. Hyg.* 59 S. 266/82.

HERZOG, wie unterscheidet man Flachs (Leinen) von Baumwolle? (Rißproben, Aufdrehprobe, Betrachtung im durchgehenden Lichte, Verbrennungsprobe, Oelprobe, Schwefelsäureprobe, Färbeproben.) *Text. u. Färb. Z.* .4 S. 328/31 F.

. HERZOG, procédé pour distinguer le lin du coton dans les tissus. *(Plonger dans une solution tiède et alcoolique de cyanine, rincer dans l'eau et traiter par de l'acide sulfurique étendu. Ce dernier décolore complètement le coton, tandisque le lin conserve encore une coloration bleue.) *Ind. text.* 22 S. 41.

Flammensobutzmittel. Fireproof materials. Substances ignifuges. Siehe Feuersicherheit.

Flaschen und Flaschenverschlüsse. Bottles and bottle stoppers. Bouteilles et bouchons. Vgl. Schankgeräte.

PORTER, Flaschen aus Holzschliff. (Holzschliff wird auf enflosem Band zu einer Maschine geführt, die ihn um eine Form wickelt, mit welcher dann die Flaschen gebacken werden.) *Papier-Z.* 31, 1 S. 1209.

FELDTMANN, „Conicus"-Flaschen. (Konische Form und mit konisch ausgebohrtem Stöpsel.)* *Pharm. Centralh.* 47 S. 432/3.

Herstellung von Pfropfen und Spunden aus faserigem Material. (Im Innern des fertigen Pfropfens verlaufen die Fasern im wesentlichen parallel zur Längsachse des Pfropfens, während an den Außenflächen die Fasern verfilzt und verdichtet werden.) *Z. Bierbr.* 34 S. 348/9.

WELTKORK CO., Flaschenverschluß. * *Wschr. Brauerei* 23 S. 695.

Flaschenverschluß „Welt-Kork". (Besteht aus Kork

und Metallkapsel;· verwendet einen ungefähr 1 cm langen konisch geformten Kork zum Abdichten.)* *Z. Kohlens. Ind.* 12 S. 198/9.

Neue Flaschen-Verkork- und Entkorkmaschinen.* *Alkohol* 16 S. 393/4.

MANNES & KYRITZ, neue Flaschen-Verkapselungs-Maschinen.* *Apoth. Z.* 21 S. 388/9.

Flaschenzüge. Tackles. Moufles. Siehe Hebezeuge 2.

Flechten, Klöppeln, Posamenten- und Spitzenerzeugung. Braiding and lace making. Tressage, fabrication de passementeries et de dentelles. Vgl. Wirken und Stricken.

KAPPELER, Flechtmaschine ohne Gangplatte. (Deren Klöppel mittels selbsttätiger Kupplung vorübergehend an die umlaufenden Teller angeschlossen werden.)* *Uhlands T. R.* 1906, 5 S. 7/9.

KNOWLES & CO., plaiting machine.* *Text. Man.* 32 S. 411.

SANDER & GRAFF, Häkelgalonmaschine. (Unabhängig von einander seitlich verschiebbare Häkel- und Lochnadelbarren, wodurch die Musterung eine größere Mannigfaltigkeit erlangt.)* *Uhlands T. R.* 1906, 5 S. 47/8.

Flugtechnik. Technics of flying. Aviation dynamique. Siehe Luftschiffahrt 2.

Fluor und Verbindungen. Fluor and compounds. Fluor et combinaisons.

LEBEAU, action du fluor sur le chlore et un nouveau mode de formation de l'acide hypochloreux. *Compt. r.* 143 S. 425/7; *Bull. Soc. chim.* 3, 35 S. 1158/61.

LEBEAU, un nouveau composé: le fluorure de ·brome. *Bull. Soc. chim.* 3, 35 S. 148/51.

LEBEAU, action du fluor sur le chlore et sur le brome. Trifluorure de brome.* *Ann. d. Chim.* 8, 9 S. 241/63.

MOISSAN et LEBEAU, action du fluor sur les composés oxygénés de l'azote. Fluorure d'azotyle. *Ann. d. Chim.* 8, 9 S. 221/34.

FRIDEAUX, some reactions and new compounds of fluorine. (Halogen fluorides; fluorides of selenium and tellurium.)* *J. Chem. Soc.* 89 S. 316/32.

DEUSZEN, Flußsäure. (Verwendung zum Entfernen von Oxydverbindungen des Eisens.) *Apoth. Z.* 21 S. 839/40.

MOISSAN, les points de fusion et d'ébullition des fluorures de phosphore, de silicium et de bore. *Ann. d. Chim.* 8, 8 S. 84/90.

RUFF, die Fluoride des Antimons, Wolframs und Molybdäns. (Umsetzung der Chloride mit wasserfreier Flußsäure.) (V) (A) *Oest. Chem. Z.* 9 S. 274.

URBAIN, recherche des éléments, qui produisent la phosphorescence dans les minéraux. Cas de la chlorophane, variété de fluorine. (La phosphorescence de la chlorophane à l'action des rayons cathodiques est due à des terres rares.) ·*Compt. r.* 143 S. 825/7.

SAHLBOM und HINRICHSEN, Titration der Kieselfluorwasserstoffsäure. *Ber. chem. G.* 39 S. 2609/11.

SCHUCHT und MÖLLER, Analyse der Kieselfluorwasserstoffsäure. *Ber. chem. G.* 39 S. 3693/6.

HILEMAN, estimation of fluorine iodometrically. *Am. Journ.* 22 S. 383/4; *Chem. News* 94 S. 273.

HILEMAN, elimination and alkalimetric estimation of silicon fluoride in the analysis of fluorides. *Am. Journ.* 22 S. 329/38; *Z. anorgan. Chem.* 51 S. 158/70.

VILLE et DERRIEN, nouveau procédé de recherche du fluor dans les substances alimentaires. (Est basée sur la modification que le fluorure de sodium imprime au spectre d'absorption de la méthémoglobine.) *Bull. Soc. chim.* 3, 35 S. 239/46.

WOODMAN and TALBOT, etching test for small amounts of fluorides. *J. Am. Chem. Soc.* 28 S. 1437/43.

Fördermaschinen. Winding engines. Machines d'extraction. Siehe Bergbau 3.

Formerei. Moulding. Moulage. Vgl. Gießerei.

1. Allgemeines. Generalities. Généralités.

WILCKE, Einrichtung und Betrieb der Gießereien nach dem heutigen Stande der Technik. (Patentübersicht über Formmaschinen mit Druckluft- und Druckwasserantrieb.) * *Uhlands T. R.* 1906, 1, S. 74/5 F.

MOLDENKE, tendencies in the foundry industry. (Machine moulding; sand.) (V) (A) *Eng. News* 55 S. 532/3.

BUCHANAN, leaves from a moulder's notebook. (Gunpowder cases; machine moulding a spring buffer; moulding a wheel, worm, and clutch casting; moulding special pipes.) (a) * *Mech. World* 39 S. 74 F.; 40 S. 38 F.

LAKE, the pattern-maker and the moulder. *Foundry* 29 S. 94/7.

NEIL, pointers for pattern-makers. *Mech. World* 39 S. 170/1.

2. Verfahren und Ausrüstung. Methode and Equipment. Méthodes et Equipement.

FISCHER, R., Herstellung der Gußformen und die dazu verwendeten Materialien (Patentübersicht.) * *Gieß. Z.* 3 S. 193/6.

MARSHALL & CO., foundry appliances. (Dead-length core machine; compressed-air riddling machine or shaker of a self-emptying type.) * *Am. Mach.* 29, 1 S. 20/1 E.

The process as carried out at the plant of the American Car & Foundry Co. (Skilled labor dispensed with; machine moulding, sand conveying and track systems; making the drag; details of the pressure cylinders.) * *Iron A.* 77 S. 1/8.

Moulding with sweeps.* *Mech. World* 39 S. 50.

Sweeping a lathe faceplate in green sand. (Moulding in green sand by means of sweeping boards.)* *Mech. World* 40 S. 266.

MC CASLIN, sweeping cast steel slag ladle moulds.* *Foundry* 29 S. 36/9.

Moulding of propellers. (Swept-up moulds.) * *Mech. World* 40 S. 27/8 F.

Moulding of propellers.* *Mar. Engng.* 11 S. 184/8.

The preparation of moulds for steel castings. *Iron & Steel Mag.* 11 S. 48/53.

PERRAULT, das Formen von Automobil-Motor-zylindern.* *El. u. polyt. R.* 23 S. 508/10 F.; *Iron A.* 78 S. 661/4.

Moulding a gas engine piston. *Gas Light* 84 S. 365.

Einformen eines großen Wasserschiebers. (Kraftstation der Ontario Power Co. an den Niagarafällen; Form des Schiebergehäuses mit hufeisenförmigem Flansch, des Schieberdeckels, der Schieberkappe; Gußform eines Schiebergatters.)* *Gieß. Z.* 3 S. 291/4.

MC CASLIN, moulding a tank.* *Am. Mach.* 29, 2 S. 500/1.

BUCHANAN, moulding a soap boiling tank.* *Mech. World* 40 S. 278.

Moulding submarine pipe. * *Am. Mach.* 29, 2 S. 636.

SCHWIETZKE, Herstellung von Gußformen für Büchsen und Schalen.* *Eisens.* 27 S. 331/3.

Formverfahren für gußeiserne Fenster.* *Eisens.* 27 S. 349/50.

FISCHER, Verfahren zur Herstellung von Gußformen für Töpfe. (Der Unterkasten wird durch

die Formunterlage [Formtisch, Brett u. dergl.] ersetzt.) * *Gieß. Z.* 3 S. 81/4.

Le moulage mécanique des pièces de fonderie. (Classification des machines à mouler.) (a) ▦ *Gén. civ.* 49 S. 19/23 F.

MUMFORD, recent methods of machine moulding. (Jolt ramming; match plate moulding; multiple moulding.) *Iron & Coal* 73 S. 924; *Foundry* 28 S. 364/5.

A new line of moulding machine practice.* *Foundry* 29 S. 223/38.

VANDERSLICE, moulding machine equipment. (A job of pattern mounting; construction of the cope pattern and plate.) * *Am. Mach.* 29, 1 S. 110/3.

LENTZ, das BONVILLAINsche Formsystem und seine Formmaschinen.* *Stahl* 26 S. 939/45 F.; *Eisens.* 27 S. 761/3 F.

SAILLOT's Formsystem und Formmaschinen. (Kombinierte Abhebestift- und Durchzugs-Formmaschine; Zusammensetzmaschine; Herstellung der Modellplatten und der Abstreifkämme; Klischeeverfahren.) * *Gieß. Z.* 3 S. 521/7.

ZÖLLER, einiges über Poterieformmaschinen und deren Rentabilität. (Für schwachrandige Gebrauchsgegenstände. Herstellung des Unterkastens auf der Wendeplattenmaschine; Stiftabhebungsmaschine; Kurbelmechanismen zur Abbebung des Formkastens auf der Mantelmaschine; Maschine zum Einformen von Küchenbecken.) * *Gieß. Z.* 3 S. 260/6.

BERKSHIRE MFG. CO., eine amerikanische Formmaschine. (Zur Ausführung aller Arbeiten auf maschinelle Weise, so daß der Arbeiter nur nötig hat, die Formkasten auf die Modellplatte zu setzen und letztere für den Arbeitsvorgang herzurichten.) * *Gieß. Z.* 3 S. 667; *Iron A.* 77 S. 2070.

The NORCROSS moulding machine.* *Foundry* 27 S. 255.

Formpresse von SKOTTI.* *Z. Werksm.* 10 S. 353/4.

Preßformmaschinen, bei welchen das Formmaterial durch einen einmaligen Druck zusammengepreßt wird. (Rüttelformmaschine; Kernformmaschine; Formmaschine mit Kniehebelpresse; Formkästen für Doppelpressung.) * *Stahl* 26 S. 551/4.

BADISCHE MASCHINENFABRIK, Kniehebel-Formmaschine für Doppelpressung.* *Uhlands T. R.* 1906, 1 S. 20.

SCHMIDT, R., doppelseitig pressende Formmaschine für Massenartikel. (Kleinste bis mittelgroße Gußeisen- und Metallteile. Stapelartiges Uebereinanderstellen der Formkästen; zweiseitig bewirkte Pressung der Formfläche; stapelartiges Formen gemeinsamer Trichter; bessere Ausnutzung der Formflächen.) * *Gieß. Z.* 3 S. 174/7.

BADISCHE MASCHINENFABRIK, hydraulische Formmaschine für Doppelpressung.* *Z. Werksm.* 11 S. 60/1.

SCHÖNFELDERs hydraulische Preßformmaschine. (Mit beweglichem Druckwassersylinder, in dem ein Druckkolben derart gelagert ist, daß er beim Auftreten eines Widerstandes entgegen der Bewegung des Preßzylinders in diesen zurücktreten kann.) * *Gieß. Z.* 3 S. 393/7.

Hydraulic moulding-machine constructed by the LONDON EMERY WORKS CO.* *Engng.* 81 S. 481.

HALL, a crooked moulding machine job.* *Am. Mach.* 29, 1 S. 532/5.

The TABOR CO., hinged moulding machine.* *Am. Mach.* 29, 2 S. 261/3.

The BONVILLAIN rotative moulding machine.* *Am. Mach.* 29, 2 S. 236/40.

Multiple moulding machine. (System of moulding small pieces.) * *Am. Mach.* 29, 2 S. 717/8.

The RATHBONE multiple moulding machine.* *Iron A.* 78 S. 1532/4.

MIDDLETON & CO., universal moulding machine. (Consists of a frame which carries a revolving table that has two faces parallel to each other.)* *Eng.* 102 S. 662.

Handy moulding machine. (So constructed that it can be used for ramming bench work or for ramming work on small hand ramming moulding machines.) * *Foundry* 28 S. 191.

The „Leeds" hand-press moulding-machine constructed by MARSHALL & Co. * *Engng.* 81 S. 255/6.

BADISCHE MASCHINENFABR. in Durlach, Handformmaschinen mit hydraulischer Abhebevorrichtung.* *Uhlands T. R.* 1906, 1 S. 60.

FRANKENBERG, Handformmaschinen mit Schraubspindel zum Heben des Tisches. (D.R.P. 154416.) *Uhlands T. R.* 1906, 1 S. 61.

WILCKE, Handformmaschinen für Heizkörper und Heizelemente mit Rippen.* *Uhlands T. R.* 1906, 1 S. 69/70.

WILCKE, Räderformmaschinen für Handbetrieb.* *Uhlands T. R.* 1906, 1 S. 69.

Moulding a heavy balance wheel.* *Am. Mach.* 29, 2 S. 42/3.

The Pennsylvania moulding process for casting car wheels. *Iron A.* 77 S. 1542.

SPERRY, Methode, um Zahnradkörper und Schwungräder aus einzelnen Kernen zu formen. (Verfahren, ohne Modell Abgüsse herzustellen, wo man jetzt genötigt ist, zu dem umständlichen Schablonierverfahren zu greifen.) * *Eisens.* 27 S. 39.

AMERICAN-CAR & FOUNDRY CO., Maschinenformerei und Massengießerei von Wagenrädern.* *El. u. polyt. R.* 23 S. 35/7 F.

BUCHANAN, machine moulding railway chairs.* *Mech. World* 40 S. 230.

Eine Formmaschine für Winkelzahnräder.* *Eisens.* 27 S. 869/70.

Einformen einer Seiltrommel. (Verfahren der INTERSTATE FOUNDRY CO.)* *Gieß. Z.* 3 S. 151/2.

Schablonieren einer Seiltrommel.* *Stahl* 26 S. 673/4.

BADISCHE MASCHINENFABR. SEBOLDWERK, Teleskop-Riemenscheiben-Formmaschine.* *Uhlands T. R.* 1906, 1 S. 61.

Cone-pulley and other machine moulding.* *Am. Mach.* 29, 2 S. 62/3.

Stripping plate moulding machine. (Pattern up ready for the flask; pattern drawn.) * *Foundry* 28 S. 48/9.

Machine moulding a spring shoe casting.* *Am. Mach.* 29, 1 S. 744/5.

Ueber Modelle. (Ungeteilte Modelle ohne und mit Kernen; geteilte Modelle; Modelle mit Kernstücken; Schablonen und deren Kombination mit Modellen.) * *Gieß. Z.* 3 S. 227/32.

WEST, das Modellager. (Einrichtung.) * *Gieß. Z.* 3 S. 16/20.

MC CASLIN, the pattern shop. (Saving floor space.)* *Foundry* 29 S. 92/4.

SHIRLEY, the pattern shop. (Mould and core for body extension of valve; mould for valve bonnet; mould for valve gate.) * *Foundry* 28 S. 38/43.

Pattern plates and their fabrication. (Spring brackets and brake shoes; motor-cycle engine cylinder; lathe saddle; double pattern plate process; gear casting; dynamo spider.) * *Am. Mach.* 29, 1 S. 11/6.

WILSON, how the construction of a pattern may be improved by getting the moulder's ideas upon it.* *Am. Mach.* 29, 2 S. 263/5.

DAVIES & SONS, Schraubstock für die Modelltischlerei.* *Gieß. Z.* 3 S. 374/5.

TUTTLE, tool holder in the pattern shop.* *Foundry* 28 S. 168/9.

CHAMBERS, making a pattern for a spurwheel blank.* *Mech. World* 40 S. 206.

LAKE, pattern making and moulding of four cycle water cooled cylinders.* *Horseless age* 18 S. 555/7.

MC CASLIN, a piston valve cylinder pattern.* *Foundry* 29 S. 180/90.

MC CASLIN, hawser pipe patterns.* *Foundry* 28 S. 426/9.

MAY, the position of patterns in the moulds.* *Sc. Am. Suppl.* 62 S. 25520/1.

Vorrichtung zur lösbaren Verbindung vorspringender Teile mit dem Hauptmodell. (Mittels Hülsen und einen durchgesteckten, mit Ansätzen versehenen Stifts.) * *Uhlands T. R.* 1906, 1 S. 86.

MEYER, C. W., die Formkasten. (Herstellung.) * *Gieß. Z.* 3 S. 517/21 F.

Schrägwandige Formkästen. (Vorzüge.) * *Gieß. Z.* 3 S. 536/7.

MAC PHAIL, a new foundry flask.* *Foundry* 29 S. 209/10.

PAXSON CO., a new flask clamp.* *Foundry* 29 S. 210/1.

A flask pin. (With the two cam faces, which serve to lock or draw the parts together.)* *Foundry* 28 S. 349.

Wie soll ein guter Formsand beschaffen sein. *Eisens.* 27 S. 506/7.

FIELD, moulding sand. (Composition, ingredients and analysis of moulding sand.) *Iron & Coal* 72 S. 1060; *Iron A.* 77 S. 951/2; *Foundry* 28 S. 176/83; *Sc. Am. Suppl.* 61 S. 25346/7.

LONGMUIR, fireclays and moulding sands. *Iron & Coal* 72 S. 121/2; *Mech. World* 39 S. 152 F.

VINSONNEAU, sables à mouler et leur emploi en fonderie. (Formation géologique des carrières de sables à mouler de Montceaux, méthode empirique de contrôle des sables à mouler; mélanges de sables à mouler d'après les données du graphique; de la préparation des sables à mouler, en fonderie; état des sables avant et après le frottage.) * *Rev. métallurgie* 3 S. 180/95.

SCIPLE and ROSS, Formmasse für Gußformen. *Eisens.* 27 S. 817.

Formmasse für Stahlguß. *Eisens.* 27 S. 180.

Formmaterialien und ihre Aufbereitung.* *Stahl* 26 S. 353/5.

Praktische Sandaufbereitung.* *Eisens.* 27 S. 838/9.

Aufbereitungsmaschine für Formsand. (Rotierender Sandtrockenapparat; Siebmaschine; Kollergang mit Siebvorrichtung; horizontale Sandmischmaschine.) * *Met. Arb.* 32 S. 2/3.

HERMANN, Formsand-Mischmaschinen. (Schlagstiftmaschinen, Schleudermühlen, CARRsche Schlägermühle; Formsand-Mischmaschinen von VORM. G. SEBOLD UND SEBOLD & NEFF, VORM. S. OPPENHEIMER & CO. und SCHLESINGER & CO. und BRINCK & HÜBNER, AERZENER MASCHINENFABRIK ADOLPH MEYER; Desintegratoren der BADISCHEN MASCHINENFABR.; Kraftbedarf und Leistungsfähigkeit von Formsand-Mischmaschinen.) * *Gieß. Z.* 3 S. 70/6 F.

STOCKHAM, homogeneous sand mixer. * *Iron A.* 78 S. 477.

A foundry sand mixer. (By the STOCKHAM HOMOGENEOUS MIXER MFG. CO., of Piqua, O.)* *Foundry* 29 S. 133/5.

Sand grinder and mixer. * *Foundry* 29 S. 108/9.

CARR, facing sand for steel castings. (For dry sand work, the facing with a good sand should consist of sand and fire clay.) * *Foundry* 27 S. 307.

SIMONSON, Herstellung von Formen für Stahlguß.

(Formsand wird durch Mischung von 90 bis 95 pCt. Quarzsand und 3 bis 5 pCt. Ton erhalten.) *Eisenz.* 27 S. 143.

FÜRTH, die Untersuchung des Formsandes. *Stahl* 26 S. 1195/7.

RIES, the laboratory examination of moulding sand. *Foundry* 28 S. 327/43.

Study of moulding sands. *Foundry* 28 S. 411.

HEYM, Feuerbeständigkeit der Schmelzofenauskleidungen und des Formsandes. (Metalltemperaturen in den Formen.) *Gieß. Z.* 3 S. 458/61.

BUCHANAN, principles and practice of coremaking. (V) (A) *Mech. World* 39 S. 183/5.

STEELE, core making. (Emery stand for coning cores.)* *Iron A.* 78 S. 797.

MC CASLIN, multiple core moulding.* *Foundry* 28 S. 230/1.

SCHMIDT, R., Kerne und deren maschinelle Herstellung.* *Gieß. Z.* 3 S. 6/13, 299/304.

A slab core machine.* *Foundry* 28 S. 432/3.

Core coning machine. (Provided with two gauges which can be set to grind the taper on the two ends of the core.)* *Foundry* 28 S. 113/4.

Mechanical core-making machines. (MARSHALL's machine; the THOMAS and CLARE machine; WADSWORTH's machine; the LONDON EMERY WORKS CO.'s machines.)* *Iron & Coal* 72 S. 1659/61.

Amerikanische Kernform-Maschine.* *Met. Arb.* 32 S. 139.

PHILLIPS, foundry core-making machine.* *Eng.* 101 S. 227.

The THOMES core box machine.* *Foundry* 29 S. 295/8.

WADSWORTH, power driven core machine.* *Foundry* 29 S. 292/3.

HENEMANN, Kernöl und Oelkerne. *Eisenz.* 27 S. 350; *Foundry* 28 S. 20/5; *Mech. World* 39 S. 197.

FROHMAN, core sands and core binders. *Foundry* 28 S. 216/9.

KÜNZEL, Kerntrockenanlage mit Beheizung durch warme Luft.* *Uhlands T. R.* 1906, 1 S. 36/7.

A new installation of core ovens. (By the J. D. Smith Foundry Supply Co., of Cleveland, O.)* *Foundry* 29 S. 289/92.

MATHEWSON, tragbarer Koksofen. (Zum Trocknen von Formen.)* *Z. V. dt. Ing.* 50 S. 228/9.

A mould drying apparatus.* *Foundry* 29 S. 295/6.

A system for drying sand and loam moulds in the floor.* *Iron & Coal* 73 S. 1179.

BADISCHE MASCHINENFABR., Durlach, Schmelzöfen und Trockenofen für Gießereien. ⊡ *Uhlands T. R.* 1906, 1 S. 28/9.

Forstwesen. Forestry. Silviculture. Vgl. Landwirtschaft, Ungeziefer-Vertilgung.

RIEBEL, Forstwirtschaft auf der Weltausstellung zu St. Louis. (Forstwesen der verschiedenen Länder.) *Z. Forst.* 38 S. 217/37 F.

MARTIN, Mitteilungen über die forstlichen Verhältnisse Bosniens. *Z. Forst.* 38 S. 789/802.

SCHWAPPACH, forstliche Reisebilder aus den Aufforstungsgebieten Frankreichs. (Dem Gebirge, den Landes und der Sologne angehörige Gebiete; Aufforstung von unten.) *Z. Forst.* 38 S. 314/33.

JENTSCH, Forstliches aus Nordamerika. (Forstliche Technik derjenigen Waldgebiete, welche für die Holzausfuhr nach Europa zur Zeit die wichtigsten sind. Kellyaxt; Wendehaken; Ringeln und Fällen nach drei Monaten; Skidder, eine schmiedbare Laufrolle mit Haken, die an langem, schräg gespanntem Drahtseil läuft; Pullboot.) *Z. Forst.* 38 S. 357/85 F.

V. SALISCH - POSTEL und WALTHER, die Waldschönheitspflege als Aufgabe der Forstverwaltung. (V) *Z. Forst.* 38 S. 184/94.

ENGLER, Einfluß des Waldes auf den Stand der Gewässer. (Versuche seit dem 1. August 1900 im Sumiswald, Kant. Bern.) (V) (A) *Z. Forst.* 38 S. 812/13.

PONTI, indispensabilité des forêts pour fixer le sol. (V. m. B.) *Ann. ponts et ch.* 1906, 4 S. 202/3.

EMEIS, Einflüsse von Wind und Freilage auf unsere Bodenkultur. (Beeinflussung der Pflanzennährstoffe und deren Löslichkeit im Boden. Versauerung und Waldmüdigkeit infolge der Seewinde.) *Z. Forst.* 38 S. 66/7.

Das Vorwaldsystem, seine Ziele und Erfolge. (A) *Z. Forst.* 38 S. 839.

KUNZE, Einfluß verschiedener Durchforstungsgrade auf den Wachstumsgang der Waldbestände. (A) *Z. Forst.* 38 S. 630/1.

FREY, Waldrente und Bodenrente. (Vorzüge der ersteren; Aeußerung von MARTIN über die gemeinsamen Grundlagen und Ziele der Wald- und Bodenreinertragswirtschaft.) *Z. Forst.* 38 S. 238/46.

SCHWAPPACH, statistische Mitteilungen über die Erträge der deutschen Waldungen für die Jahre 1900 bis 1904. *Z. Forst.* 38 S. 688/94.

Der Waldbestand der Philippinen und seine Verwertung. (Ebenholz, Mahagoni, Teakholz.) *Z. Drechsler* 29 S. 353/4.

BECK, welche in der neuzeitlichen Literatur behandelten Fragen der forstlichen Produktionslehre sind für die Praxis beachtenswert? (Stickstoffbindung durch Mikroorganismen; ektotrophe und endotrophe Mykorhizen im Abhängigkeitsverhältnis zu Humusstoffen im Boden; frei im Boden lebende Bakterien.) (V) *Z. Forst.* 38 S. 123/6.

STÖTZER, zur Frage der Rentabilität des Mittelwaldes. *Z. Forst.* 38 S. 349.

WISLICENUS, Neuerungen in den chemischen Verwertungen der Walderzeugnisse und des Torfs. *Z. Forst.* 38 S. 128/9.

KANNGIESZER, Lebensdauer und Dickenwachstum der Waldbäume. (Pinaceen, Ulme, Linde und andere Laubhölzer.) (A) *Z. Forst.* 38 S. 632/3, 835.

WEISE, Bestands- und Waldeszuwachs. *Z. Forst.* 38 S. 4/12.

MARTIN, Folgerungen der Auffassung des Wirtschaftswaldes als eines zusammenhängenden Ganzen in Bezug auf Zuwachs, Umtriebszeit und Reinertrag. (Erwiderung auf den Artikel von WEISE. S. 4/12.) *Z. Forst.* 38 S. 77/81.

BAULE, vom Zuwachsprozent. (A) *Z. Forst.* 38 S. 281/2.

FANKHAUSER, Bestimmung und Anwendung des laufenden Massenzuwachses in der Forsteinrichtung. (A) *Z. Forst.* 38 S. 351.

RAMANN, Wassergehalt diluvialer Waldböden. (Beobachtungen für die Umgegend von Eberswalde.) *Z. Forst.* 38 S. 13/38.

CUSIO, Folgen der Dürre des Sommers 1904 für die Waldwirtschaft. (V) (A) *Z. Forst.* 38 S. 754.

KAUTZ, Bedeutung der Hochmoore in der Königlichen Oberförsterei Sieber im Harz. (Das Hochmoorgebiet ist kein Wasserbehälter für die Umgebung; Vertorfung durch den sofortigen Wasserabfluß von der Hochmooroberfläche; den langsamen Abfluß bewirkende Gräben gegen Vertorfung.)* *Z. Forst.* 38 S. 668/82.

CIESLAR, welche Veränderungen treten in den obersten Schichten eines bisher vom Kronendache eines geschlossenen Waldes beschatteten

Bodens ein, sobald eine Lockerung des Bestandesschlusses ein größeres Maß von Licht zu Boden gelangen läßt? *Z. Forst.* 38 S. 282/4.

CIESLAR, Beziehungen zwischen Lichtstärke unter dem Kronenraume und der Bodenflora. (Beobachtungen bei der Buche.) *Z. Forst.* 38 S. 350/1.

RAMANN, Vorschläge für Einteilung und Benennung der Humusstoffe. (Humus und Humusformen; Lagerstätten der humosen Stoffe; Gesteine; Schichtenfolge einiger humosen und Humusablagerungen.) *Z. Forst.* 38 S. 637/47.

BÜHRDEL, künstliche Düngung im Walde. (V. m. B.) (A) *Z. Forst.* 38 S. 127/8.

WEIN, Erfolge der künstlichen Düngung. (Düngung der Waldbäume.) *Z. Forst.* 38 S. 347/8.

BÜHRING, Waldwundtrommel. (Um den Boden auch an Hängen bei möglichster Ersparnis von Menschenkräften zu bearbeiten.) (V) (A) *Z. Forst.* 38 S. 265/7.

GREVE, Flachbearbeitungsverfahren bei Heideaufforstungen. (Abbrennen der langen Heide und schwaches Uebererden; Gründe für das Flachbearbeitungs-Verfahren. Erhaltung des Heidehumus in der obersten Bodenschicht, Entsäuerung, Mengung mit mineralischer Erde, Zerstörung des Heidewurzelfilzes; Ausführungsweisen.) *Z. Forst.* 38 S. 581/604.

CONWENTZ, die Fichten im norddeutschen Flachland. (Ursprüngliche Fichtenstandorte.) (A) *Z. Forst.* 38 S. 63/4.

Liegt der vermehrte Nadelholzanbau in Preußen im Interesse der Forstwirtschaft? (Uebertriebener Nadelholzanbau aus ehemaligem Laubholzgebiet.) (A) *Z. Forst.* 38 S. 281.

HAUSRATH, zur Frage des natürlichen Verbreitungsbezirks der Kiefer. *Z. Forst.* 38 S. 136/7.

STUBENRAUCH, die Kiefernsamen - Gewinnung. (HAACKsche Arbeiten über die Gewinnung des Kiefernsamens in den Feuerdarren.) *Z. Forst.* 38 S. 802/11.

HAACK, Keimung und Bewertung des Kiefernsamens nach Keimproben. (Untersuchungen aus dem mykologischen Laboratorium der Forstakademie zu Eberswalde.) (a) ☒ *Z. Forst.* 38 S. 441/75.

HILTNER und KINZEL, die Ursachen und die Beseitigung der Keimungshemmungen bei verschiedenen praktisch wichtigeren Samenarten. (Versuche, betr. Keimungshemmungen bei Koniferensamen.) (A) *Z. Forst.* 38 S. 209/11.

Schuppen zur Aufbewahrung von Eicheln. (12,8 m lang 5 m breit; 1,50 m hohe und 0,40 m breite Seitenwände, 1 m Tiefe kellerartig in die Erde eingelassen.)* *Z. Forst.* 38 S. 551/3.

SCHOTTE, Beschaffenheit der Kiefernzapfen und des Kiefernsamens im Erntejahre 1903/04. *Z. Forst.* 38 S. 142/2.

FRÖMBLING, die Kiefer auf ehemaligem Ackerlande. (Schädigung durch animalischen Dünger von der Ackerbaubetrieb her.) *Z. Forst.* 38 S. 169/76.

SCHELLENBERG, Absterben der sibirischen Tanne auf dem Adlisberg. (Aussichtslosigkeit des Anbaues in geschlossenen Beständen.) (A) *Z. Forst.* 38 S. 136.

THIELE, Umfang und Bedeutung der Fichtenstockrodung am Harze. (V) *Z. Forst.* 38 S. 261/3.

FRICKE, Verfahren, ausgedehnte Kiefernstände auf 1/5 ihrer Fläche auf Kiefer im Gemisch mit Laubhölzern vorzuverjüngen. (V) (A) *Z. Forst.* 38 S. 750/1.

KÖNIG, Schlagführung in Kiefern. (Schmal-, Breitschläge; Kahlschläge mit einjähriger Schlagruhe; Art und Zahl der Anhiebe; Samenschlagbetrieb.) (V) (A) *Z. Forst.* 38 S. 53/5.

KIENITZ, Kampf gegen den Kiefernbaumschwamm. (Aushieb der Schwammbäume; Entfernung der Pilzkonsolen mit Stoßeisen und Anstreichen der Abbruchstellen.) *Z. Forst.* 38 S. 114/6.

BORGMANN, Verwertung der Kiefernschwammhölzer. (Als Nutz- und Brennholz.) *Z. Forst.* 38 S. 604/15.

BODEN, der wirtschaftliche Wert der Süntelbuche (Fagus tortuosa).* *Z. Forst.* 38 S. 103/9.

RAVE, Durchforstungen von Laub- und Nadelhölzern. (Aufnahmen der Versuchsflächen; Wert des Unterholzes; Gefahr einer vorzeitigen Verjüngung.) *Z. Forst.* 38 S. 736/48.

Wachstumsleistungen von Pseudotsuga Douglasii im Sachsenwalde. *Z. Forst.* 38 S. 536/7.

GIESELER, die Ceder des Schumewaldes (Juniperus procera) als anbauwürdige Holzart für die Höhen von Usambara. *Z. Forst.* 38 S. 334/5.

PAUL, die Schwarzerlenbestände des südlichen Chiemseemoores. (A) *Z. Forst.* 38 S. 837.

HOFMANN, AMERIGO, zur Frage der Naturalisation japanischer Holzarten in Europa. (Alnus maritima; Alnus firma; Alnus incane; zur mechanischen Festigung loser und selbst flüchtiger Sandböden, sowie zu ihrer Bereicherung; Wiederaufforstung magerer steiler Hänge, namentlich im Dienste der Wildbachverbauung; bei der Aufforstung von Sandlehnen wird Lespedeza bicolor angewendet; Aufforstung von Flußverlandungen mit Pterocarya rhoifolia.) *Wschr. Baud.* 12 S. 540.

V. ESCHWEGE, die Wildäsung im Walde (Sommeräsung, Winteräsung). (V) *Z. Forst.* 38 S. 264/5.

ROCKSTROH, Waldbeschädigungen durch Insekten oder andere Tiere, Naturereignisse, Pilze usw. (V) (A) *Z. Forst.* 38 S. 751/2.

GEHRHARDT, Schälschaden in Fichtenbeständen und seine Bewertung. *Z. Forst.* 38 S. 67.

MEWES, der Kiefernspinner in Schweden 1903 und 1904. (Leimringe, Durchforstung; Entwicklungsdauer des Kiefernspinners und seines Feindes, des Anomalon circumflexum.) *Z. Forst.* 38 S. 39/45.

GRAEBNER, Beiträge zur Kenntnis nichtparasitärer Pflanzenkrankheiten an forstlichen Gewächsen. (Absterbender Fichtenbestand des Schutzbezirks Wolthöfen bei Lübberstedt; krankhafte Veränderungen an Stämmen in Moospolstern.) ☒ *Z. Forst.* 38 S. 705/19.

V. TUBEUF, Absterben ganzer Baumgruppen durch den Blitz. (Beobachtungen über elektrische Erscheinungen im Walde.) (A) *Z. Forst.* 38 S. 66.

NEY, der Eisbruch in den unteren Vogesen vom 20. November 1905. *Z. Forst.* 38 S. 150/9.

Fräsen. Milling. Fraisage. Vgl. Holz, Metallbearbeitung, Werkzeuge, Werkzeugmaschinen, Zahnräder.

1. Maschinen und Apparate. Machines and apparatus. Machines et appareils.

OESTERLEIN MACHINE CO., milling machine.* *Pract. Eng.* 33 S. 401/2.

A large German universal milling machine.* *Iron A.* 77 S. 339.

HOLROYD & CO., English beam-end milling machines. (Four large cutter-heads and four powerful clamp vises to hold the work.)* *Am. Mach.* 29, 1 S. 44/5.

YORKSHIRE MACHINE TOOL AND ENGINEERING WORKS, duplex end-milling machine.* *Am. Mach.* 29, 1 S. 225 E.

WILKINSON & SONS, special 6-spindle milling machine.* *Am. Mach.* 29, 1 S. 734 E.

LOEWE & CO., Rundfräsmaschine. (Bett winkelförmig.)* *Schw. Elektrot. Z.* 3 S. 88.

Heavy four head milling machine, built by the

BEMENT-WORKS, Philadelphia, of the NILES, BEMENT-POND CO.* *Iron A.* 77 S. 1531.

LOEWE & CO., Kopier-Fräsmaschine. (Zum Fräsen äußerer oder innerer unregelmäßiger Formen nach einem Modell mittels Kopierstifte.)* *Uhlands T. R.* 1906, 1 S. 81; *Bayr. Gew. Bl.* 1906 S. 369/70.

Portable boring, drilling and milling machine.* *Am. Mach.* 29, 1 S. 363.

BAYARD, portable key-way miller.* *Am. Mach.* 29, 1 S. 217.

UNDERWOOD & CO., portable milling machine. (For straight line work, 8' long.)* *Eng. Rec.* 53 Nr. 17 *Suppl.* S. 55; *Iron A.* 77 S. 1394.

Motor-driven plain milling machine.* *El. World* 48 S. 1165/6.

The BECKER-BRAINARD plain milling machine.* *Iron A.* 77 S. 671.

Plain milling machines built by the BROWN & SHARPE MFG. CO., Providence, R. J.* *Iron A.* 78 S. 531/2.

Nr. 5 plain milling machine. (Constructed by the CINCINNATI MILLING MACHINE CO)* *Page's Weekly* 8 S. 80/1.

Wagerecht-Bohr- und Fräsmaschinen.* *Z. Werkzm.* 11 S. 60/2.

HERBERT, Horizontal-Fräsmaschine. (Für alle gewöhnlichen Plan- und Profilfräsarbeiten.)⊠ *Masch. Konstr.* 39 S. 4/5; *Rev. ind.* 37 S. 253/4.

WEBSTER and BENNETT, improved duplex horizontal profile milling machine. (The bracket for the roller carrier is held on the bottom slide.)* *Am. Mach.* 29, 1 S. 734 E.

INGERSOLL MILLING MACHINE CO., the INGERSOLL combined horizontal and vertical spindle milling machine.* *Iron A.* 77 S. 1457/8.

WARD, HAGGAS and SMITH, slab-milling machine. (It carries a vertical spindle, 3" diam., running in conical gun metal bearings, and having vertical adjustment of 9" by hand, and arranged to be clamped in any position.)* *Am. Mach.* 29, 1 S. 224 E.

Vertical milling and profiling machine. *Engng.* 81 S. 50.

Vertikal-Langloch-Fräsmaschine. (Vertikalvorschub durch Schnecken- und Zahnstangengetriebe.)* *Schw. Elektrot.* Z. 3 S. 128.

A vertical spindle milling or profiling maschine, built by the GARVIN MACHINE CO., New York.* *Iron A.* 78 S. 89.

GREENWOOD & BATLEY, vertical milling machine.* *Am. Mach.* 29, 1 S. 311 E.

HERBERT, vertical milling and profiling machine.* *Page's Weekly* 9 S. 90/2; *Pract. Eng.* 33 S. 688; *Railway Eng.* 27 S. 22/3.

RICHARDS & CO. vertical milling machine. (Positive feed motion.)* *Pract. Eng.* 33 S. 592.

Universal milling machine by the KEMPSMITH MFG. CO.* *Page's Weekly* 9 S 980/1.

LÖWE & CO., Universal-Fräsmaschinen. (Eignen sich zum Fräsen von Schneidwerkzeugen und zum Schneiden der Zähne von Zahnrädern.)* *Bayr. Gew. Bl.* 1906 S. 369.

NUBE, Universal-Schnellfräse-Maschine.* *Bayr. Gew. Bl.* 1906 S. 9.

OWEN MACHINE TOOL CO., universal miller. (The chain drive has been eliminated and the machine is driven by intermediate gears.)* *Iron A.* 78 S. 736.

REINECKER, improved universal milling machine. (Positively-driven feeds, use of a double backgear, employment of change-gear on the spiral head for dividing, instead of dial plates, thereby preventing error in operation.)* *Am. Mach.* 29, 2 S. 347 E.

New cam-shaft milling and grinding machine.* *Am. Mach.* 29, 2 S. 343/4 E.

SCHUCHART & SCHUTTE, new cam-milling machine.* *Am. Mach.* 29, 2 S. 311 E.

WEBSTER & BENNETT, automobile cam milling machine.* *Am. Mach.* 29, 1 S. 643/4 E.

Gear cutting machines.* *Eng.* 102 S. 576.

The GLEASON automatic bevel-gear generating planer. (The method of attack is by a pair of tools which act on opposite sides of the tooth being planed.)* *Am. Mach.* 29, 1 S. 796/8.

DUBOSC bevel gear-cutting machines.* *Eng.* 102 S. 520/2.

HETHERINGTON & SONS, improved spur gear cutting machine.* *Am. Mach.* 29, 2 S. 166/7 E.

JÜTERBOCK, automatische Räderfräsmaschine.* *Mechaniker* 14 S. 141/2.

LÖWE & CO. u. BROWN & SHARPE, Kegelradfräsmaschinen.* *Bayr. Gew. Bl.* 1906 S. 138/40; *Schw. Elektrot.* Z. 3 S. 88.

LOEWE & CO., automatische Stirnräder-Fräsmaschine.* *Schw. Elektrot.* Z. 3 S. 104.

Automatische Metall-Kreissägenschärfmaschine und automatische Fräserschleifmaschine.* *Z. Werkzm.* 10 S. 284/5.

DE FRIES & CO., Keilnuten-Fräsmaschinen. (Mit selbsttätiger Ausschaltung der Senkrecht- und Längsbewegung.)* *Z. V. dt. Ing.* 50 S. 173/5.

CAMPBELL & HUNTER, marine boiler holecutting machine.* *Am. Mach.* 29, 1 S. 311/2 E.

TAYLOR, CHAS., Scharnierband-Fräsmaschine mit automatischer Zuführung.⊠ *Masch. Konstr.* 39 S. 51.

Maschine zum Fräsen von Böden und Decken für Streichinstrumente. (D.R.P. 171 769 von GRÜNER. Zur Bearbeitung eines Werkstückes kommen je zwei Fräser in Anwendung, die sich entgegengesetzt drehen, von denen der eine Fräser der Wölbung von unten nach oben folgt, während der andere sich von oben nach unten über die Wölbung der Geigendecke bewegt.) *Mus. Inst.* 16 S. 1218.

SCHLESINGER, Fräsmaschinen auf der Weltausstellung in Lüttich 1905.* *Z. V. dt. Ing.* 50 S. 168/75 F.

2. Maschinenteile. Parts of machines. Organes.

MARKHAM, milling-machine fixtures.* *Mech. World* 39 S. 266/7.

SERRA, verstellbarer Fräser.* *Z. Werkzm.* 10 S. 319/20.

Einspannvorrichtung für Vertikal Fräsmaschinen.* *Masch. Konstr.* 39 S. 79/80.

Milling cutters. (Plain and side cutters.)* *Mech. World* 39 S. 290; *Pract. Eng.* 33 S. 549/52.

TANGYE, rack-cutting attachments on milling machines. (Method of cutting racks taking advantage of the inclined sides of rack teeth.)* *Pract. Eng.* 33 S. 67/70 F.

Taper attachment for thread-milling machine.* *Am. Mach.* 29, 2 S. 652.

The HILL taper milling dog. (The tail of the dog is held in a ball sliding in an annular groove. The ball is fitted to the groove, and the tail of the dog is ground and lapped to make a gauge fit in the ball. Both ball and tail are hardened.)* *Iron A.* 77 S. 1179.

BOWERS, jig for milling keyways in fuse components.* *Mech. World* 39 S. 278 F.

The GARVIN eight-spindle index centers applied to a milling machine.* *Iron A.* 78 S. 403.

MADDISON, an auxiliary center for the miller.* *Am. Mach.* 29, 1 S. 815.

SALMON, triple centers for the milling machine.* *Am. Mach.* 29, 1 S. 25/6.

Knock-off for the automatic gear cutter. (To cut
a limited number of teeth in a wheel through
only a part of its circumference, on the automatic gear cutter, without danger of cutting
farther than desired.)* *Am. Mach.* 29, 1 S. 189/90.

TCHERNIAK, cutter-head mechanism of the thread-
milling machine.* *Am. Mach.* 29, 2 S. 495/6.

3. Verschiedenes. Sundries. Matières diverses.

Adjustable side and face milling cutters.* *Am.
Mach.* 29, 2 S. 138/9 E.

Hollow-milling an irregular face.* *Am. Mach.* 29,
1 S. 226.

EDGAR, worm milling. (Geometry of worm milling.)* *Am. Mach.* 29, 1 S. 176/7.

**Füll- und Abfüllapparate. Filling and drawing off
apparatus. Remplissage et soutirage.** Vgl. Feuersicherheit, Schankgeräte.

STARICK, welche Forderungen darf man an einen
isobarometrischen Flaschenfüllapparat stellen?
(V) *Z. Bierbr.* 34 S. 564/7.

BROMIG, Brauereimaschinen. (Bierabfüllanlage.)*
Uhlands T. R. 1906, 4 S. 85.

EFFENBERGER, praktische Versuche über Benzinexplosionen in Gebrauchsgefäßen und das Verfahren MARTINI & HÜNEKE.* *ZBl. Bauw.* 26
S. 267.

SCHLEYER, Lagerung feuergefährlicher Flüssigkeiten. (Verfahren von MARTINI & HÜNEKE.)
(V)* *Bay. Gew. Bl.* 1906 S. 155/61.

Einrichtungen zum Einfüllen, Aufbewahren und Abfüllen feuergefährlicher Flüssigkeiten.* *Ratgeber,
G. T.* 6 S. 199/201.

Vorrichtung zum verlust- und gefahrlosen Füllen
von Lampengefäßen mit verdunstbarer Flüssigkeit, (Füllung des Gasraums mit einem nicht
oxydierenden Gase.)* *Ratgeber, G. T.* 5 S.
419/20.

Vorrichtung zur Sicherung von feuergefährlichen
Flüssigkeiten gegen Entzündung und Explosionsgefahr unter Benutzung flammenerstickender
Gase. (Z. B. verdichteter Kohlensäure.)* *Ratgeber, G. T.* 6 S. 14.

Absperrvorrichtung an Entlüftungsrohren von Behältern für Petroleum, Benzin und ähnliche feuergefährliche Flüssigkeiten. (Ventil, welches auf
mechanischem Wege von einem beliebig entfernten Ort aus geschlossen werden kann.)* *Ratgeber, G. T.* 6 S. 64/5.

In ein Gefäß für feuergefährliche Flüssigkeiten
einschraubbarer Siebeinsatz. (Einsatz aus mehreren durch Schrauben zusammengehaltenen Ringscheiben, zwischen denen kleine, dünne Zwischenblättchen angeordnet sind. Diese lassen zwischen
den Ringscheiben schlitzförmige Oeffnungen frei,
durch welche die feuergefährliche Flüssigkeit
hindurchfließen, wogegen eine Flamme von außen
unmöglich hineinschlagen kann.)* *Ratgeber, G.
T.* 6 S. 84/5.

Sicherheits-Einrichtung beim Füllen der Gewehr-
patronen mit Pulver. (In der staatlichen Waffen-
fabrik Herstal. Das Pulver wird der Füllmaschine durch eine Rohrleitung zugeführt.)*
Z. Gew. Hyg. 13 S. 247.

HÖCHSTER FARBWERKE, Einrichtungen zur Beseitigung der Dämpfe beim Abfüllen von heißen
geschmolzenen Substanzen. (Einstellung der mit
langsam erstarrendem Stoffe gefüllten Gefäße in
ein Kältebad, Absaugen der im Kühlkasten entstehenden Dämpfe durch einen Ventilator.)* *Z.
Gew. Hyg.* 13 S. 271/3.

BETHÄUSER, Faßentleerer.* *Uhlands T. R.* 1906,
S. 92.

Faßfüll-Kontrollapparat.* *Alkohol* 16 S. 314.

Futtermittel. Food. Denrées fourragères. Vgl. Landwirtschaft, Nahrungsmittel, Zucker 11.

HENRY, Nährwert von ganzem Mais verglichen mit
dem von gemahlenem bei der Mästung von
Schweinen. *CBl. Agrik. Chem.* 35 S. 696/9.

HONCAMP, Nährwert und Verdaulichkeit von Hafer-
spelzen, Hirse- und Erbsenschalen. *Versuchsstationen* 64 S. 447/76.

HONCAMP, Zusammensetzung und Verdaulichkeit
der Zuckerschnitzel und ihr Wert als Futtermittel. *Versuchsstationen* 65 S. 381/406.

KELLNER-MÖCKERN, die Nährwirkung der nicht
eiweißartigen Stickstoffverbindungen des Futters.
Fühlings Z. 55 S. 537/44.

KELLNER, JUST, HONCAMP, POPP und LEPOUTRE,
Verdaulichkeit des Roggenfuttermehles. *Versuchsstationen* 65 S. 466/70.

BARNSTEIN und VOLHARD, Verdaulichkeit der
Gerstengraupenabfälle. *Versuchsstationen* 65 S.
221/36.

GIERSBERG, Nährwert des Grummet und des Heues
des ersten Schnittes. *Landw. W.* 32 S. 377.

TANGL und WEISER, zur Kenntnis des Nährwertes
einiger Heuarten. (Untersuchungen und Aus-
nutzungsversuche.) *Landw. Jahrb.* 35 S. 159/223.

FALKE, Braunheubereitung, zugleich eine Schilde-
rung der gebräuchlichsten Heubereitungsarten.
MIEHE, Selbsterhitzung des Heus. *CBl. Agrik.
Chem.* 35 S. 482/91.

Strohaufschließung zu Futterzwecken nach dem Verfahren von F. LEHMANN, (Göttingen). (BAURIEDL,
Erfahrungen über das LEHMANNsche Verfahren.
Zerlegung der Rohfaser in seine Bestandteile,
als Lignin, Pentosane und Zellulose mittels Aetz-
natronlauge. STROHMER, chemische Untersuchungen.)⊞ *Z. Zucker.* 25 S. 54/77.

„Titania" Kipp - Viehfutter - Schnelldämpfer mit
Quetsche.* *Landw. W.* 32 S. 11/2.

WEISER, Nährwert getrockneter Weintrester. (Versuche.) *Landw. Jahrb.* 35 S. 224/38.

GRIMM, Obsttrestern als Futtermittel.* *Landw. W.*
32 S. 394.

ZAITSCHEK, Nährwert des Buchenrindenmehls.
Landw. Jahrb. 35 S. 239/44.

ZAITSCHEK, Zusammensetzung und Nährwert des
Kürbis. *Landw. Jahrb.* 35 S. 245/58.

ZAITSCHEK, hat das Holzmehl einen Nährwert?
Landw. W. 32 S. 252/3.

LEHMANN, Erwiderungen auf den Artikel: „Ueber
die Nährwirkung der nicht eiweißartigen Stickstoffverbindungen des Futters" von KELLNER-
Möckern. *Fühlings Z.* 55 S. 730/6.

HEINZE, Zucker als Viehfutter. (Erfolge nach
LEHMANN und HOLDEFLEISZ.)* *Uhlands T. R.*
1906, 4 S. 40.

Wert der beim Zuckerrübenbau gewonnenen Futtermittel. *Milch-Z.* 35 S. 471.

PFEIFFER und EINECKE, Verdaulichkeit verschiedener Melasseträger. *CBl. Agrik. Chem.*
35 S. 534/8.

GIRARD, alimentation sucrée par les betteraves
desséchées. *Sucr.* 67 S. 474/9.

SCHNEIDEWIND, Wirkung der Zuckerschnitzel und
des getrockneten Rübenkrautes im Vergleich zu
Trockenschnitzeln. *CBl. Zuckerind.* 15 S. 252/4.

V. CZADEK, neue Melassefuttermittel. *Landw. W.*
32 S. 92.

HEINZE, Melassefuttermittel.* *Uhlands T. R.* 1906,
4 S. 47/8.

Zuckergewinnung nach STEFFENS, eine Hoffnung
für die Flußfischerei. (Zuckerschnitzel als Fisch-
futter.) *Fisch. Z.* 29 S. 255.

DIFFLOTH, utilisation des feuilles et collets de

betteraves dans l'alimentation du betail. *Sucr.* 68 S. 327/35.

VON NAEHRICH, bessere Verwertung der Rüben durch Trocknung der Blätter. (V) *Z. Spiritusind.* 29 S. 330/1.

HANSEN, HOFMAN, HERWEG und HÖMBERG, Topinambur als Futter für Milchkühe. *Fühlings Z.* 55 S. 794/803.

BARNSTEIN, Malzkeime als Futtermittel. *Presse* 33 S. 529/30.

LÜDER, Torfmehl - Kartoffelfutter. *Z. Spiritusind.* 29 S. 463.

BERBAUM, Giftigkeit der Ricinussamen. *CBl. Agrik. Chem.* 35 S. 759/65.

KRÜGER, Giftwirkung von Preßrückständen der Erdnußölfabrikation. *Oel· und Fett-Z.* 3 S. 193; *Chem. Z.* 30 S. 999.

SCHMIDT FRZ., Giftwirkung von Preßrückständen der Erdnußölfabrikation. *Oel· u. Fett.-Z.* 3 S. 173/4; *Chem. Z.* 30 S. 882.

DAMMANN, BEHRENS und OPPERMANN, Untersuchungen über von den Tieren verschmähte Erdnußkuchen und -Mehle. *Presse* 33 S. 269/70 F.

GUIGNARD, haricot à acide cyanhydrique. *Compt. r.* 142 S. 545/53.

ARRAGON, Blausäuregehalt der indischen Rundbohnen. (Vergiftungserscheinungen sind Fäulniserscheinungen zuzuschreiben.) *Z. Genuß.* 12 S. 530/2.

KOHN-ABREST, étude chimique sur les graines dites „Pois de Java". (Ces graines mises à macérer dans l'eau ordinaire abandonnent de l'acide cyanhydrique.) *Compt. r.* 142 S. 586/9.

Vergiftung von Viehbeständen durch einspießblausäurehaltige Bohnen. *Presse* 33 S. 517/8.

KÖNIG und SPIECKERMANN, Zersetzung der Futter- und Nahrungsmittel durch Kleinwesen; KUTTENKEULER, Zersetzung von pflanzlichen Futtermitteln bei Luftabschluß. *Z. Genuß.* 11 S. 177/205.

KÖNIG, RÖMER und SCHOLL, Veränderungen und Verluste der Futterrüben in der Miete. *CBl. Agrik. Chem.* 35 S. 826/32.

HASELHOFF und MACH, Zersetzung der Futtermittel durch Schimmelpilze. *Landw. Jahrb.* 35 S. 445/65.

MAURIZIO, Lebensweise der Milben der Familie der Tyroglyphinae in Futter und Nahrungsmitteln. (Widerstandsfähigkeit gegen Gifte, Vertilgung der Milben.) *CBl. Bakt.* II, 15 S. 723/6.

LUCKS, eine neue Milbenart in Futtermitteln.* *Versuchsstationen* 64 S. 477/80.

Futtermitteluntersuchungen. *Presse* 33 S. 539.

HANSEN, der Stärkewert als Grundlage der Futterberechnung in Kontrollvereinen. *Milch-Z.* 35 S. 181/3.

Untersuchungen über die Futtermittel des Handels, veranlaßt 1890 auf Grund der Beschlüsse in Bernburg und Bremen durch den Verband landwirtschaftl. Versuchs-Stationen im Deutschen Reiche. HALENKE und KLING, Rizinusrückstände, NEUBAUER, Lupinen, BARNSTEIN, Malzkeime. *Versuchsstationen* 64 S. 51/86, 253/95, 435/46.

SCHMIDT, FRZ., Beschaffenheit und Begutachtung von Erdnußabfällen. (V) *Z. öffentl. Chem.* 12 S. 242/6.

WOOD und BERRY, Unterschiede in der chemischen Zusammensetzung der Futterrüben. *CBl. Agrik. Chem.* 35 S. 741/3.

SCHROTT-FIECHTL, Verfahren zur Herstellung von Fettemulsionen für Fütterungszwecke. (Herstellung aus Magermilch und Fett im Butterfaß bei 45—50°.) *Milch-Z.* 35 S. 591.

SCHROTT-FIECHTL, Kälberrahm. (Herstellung einer

dauernd haltbaren Oelemulsion.) *Milch-Z.* 35 S. 13/4.

Praktische Verwertung der sich im Haushalte ergebenden Knochen. (Beifuttermittel für Hühner.) *Erfind.* 33 S. 231.

G.

Galvanoplastik. Galvanoplastics. Galvanoplastie. Siehe Elektrochemie, Verkupfern usw.

Gartenbau. Horticulture. Vgl. Landwirtschaft.

EHEMANN, der Königliche Schloßgarten in Veitshöchheim. (Lustpark aus dem 18. Jahrhundert.)🞵 *D. Baus.* 40 S. 320/1 F.

TAPP, über städtische Gartenanlagen, (Anlagen von LENNÉ, MEYER, GUSTAV; Straßenzug mit Vorgärten und Anlagenstreifen; Vorgarten- und Bürgersteigbepflanzung; Mittelspazierweg mit Bäumen) (V)* *Tech. Gem. Bl.* 9 S. 271/3 F.

TRIGGS, Italien gardens. (Pliny's garden restored by BOUCHET; formal garden plan of the Villa Imperiale at Sampierdarena, Boboli garden Florence.) 🞵 *Builder* 91 S. 1/4.

SELLE, Etagenblumenkasten.* *Presse* 33 S. 44.

Gärung. Fermentation. Vgl. Bakteriologie, Bier, Enzyme, Hefe, (Spiritus, Wein.

1. Alkoholische Gärung. Alcoholical fermentation. Fermentation alcoolique.

MOHR, Fortschritte in der Chemie der Gärungsgewerbe im Jahre 1905. *Z. ang. Chem.* 19 S. 566/9 F.

BUCHNER und MEISENHEIMER, die chemischen Vorgänge bei der alkoholischen Gärung. *Ber. chem. G.* 39 S. 3201/18.

BUCHNER, MEISENHEIMER und SCHADE, Vergärung des Zuckers ohne Enzyme. *Ber. chem. G.* 39 S. 4217/31.

SCHADE, Vergärung des Zuckers ohne Enzyme. (Spaltung durch Alkali in Acetaldehyd und Ameisensäure; Ueberführung dieser durch Rhodium als Katalysator bei 60° quantitativ in Alkohol und Kohlensäure.) *Chem. Z.* 30 S. 569.

BACH, A., Einfluß der Peroxydase auf die alkoholische Gärung. Schicksal der Hefekatalase bei der zellfreien alkoholischen Gärung. Einfluß der Peroxydase auf die Tätigkeit der Katalase. *Ber. chem. G.* 39 S. 1664/72.

HARDEN, Zymase und alkoholische Gärung. *Z. Spiritusind.* 29 S. 425F.; *Ann. Brass.* 9 S. 13/8.

FERNBACH, l'atténuation limite. *Ann. Brass.* 9 S. 25/9.

EHRLICH, die Bedingungen der Fuselölbildung. *Z. V. Zuckerind.* 56 S. 461/82.

EHRLICH, Fuselölbildung der Hefe. *Ber. chem. G.* 39 S 4072/5; *Z. V. Zuckerind.* 56 S. 1145/68.

EFFRONT, Bildung des Amylalkohols bei der Hefegärung. *Z. Spiritusind.* 29 S. 103.

PRINGSHEIM, Bildung von Fuselöl bei Acetondauerhefe-Gärung. *Ber. chem. G.* 39 S. 3713/5.

SCHANDER, Bildung des Schwefelwasserstoffs durch die Hefe. (A) *Wschr. Brauerei* 23 S. 285/7; *Z. Spiritusind.* 29 S. 238/9.

DELBRÜCK, der physiologische Zustand der Zelle und seine Bedeutung für die Technologie der Gärungsgewerbe. (V) *Wschr. Brauerei* 23 S. 513/6; *Z. Brauw.* 29 S. 670/6; *Presse* 33 S. 663/4.

KUHTZ, die Vergärung des Traubenzuckers unter Entwickelung von Gasen durch Bacterium coli commune ist an die lebende Zelle gebunden, da Bacterium coli im Gegensatz zu Hefe zur Gärung unbedingt Stickstoffnahrung nötig hat. *Arch. Hyg.* 58 S. 125/48.

KUNZ, ist die bei der alkalischen Hefegärung entstehende Bernsteinsäure als Spaltungsprodukt des Zuckers anzusehen? *Z. Genuß.* 12 S. 641/5.

PETIT, les divers procédés de fermentation haute. *Ann. Brass.* 9 S. 566/8 F.

LINDNER, einige neuere biologische Methoden im Dienste des Gärungsgewerbes. (Biologische Luftanalyse; Adhäsionskultur; das Vaselineinschlußpräparat; physiologische Gärmethode im hohlen Objektträger; Assimilationskulturen.) *Wschr. Brauerei* 23 S. 561/5.

SLATOR, fermentation. The chemical dynamics of alcoholic fermentation by yeast. *J. Chem. Soc.* 89 S. 128/42.

DEHNICKE, Reinzuchtapparate des Gärungsgewerbes.* *Z. Chem. Apparat.* 1 S. 521/8.

NATHAN, Einfluß der Metalle auf gärende Flüssigkeiten. ⊠ *CBl. Bakt.* II, 16 S. 482/8.

2. Andere Gärungen. Other fermentations. Autres fermentations. Vgl. Essig.

BUCHNER und GAUNT, die Essiggärung.* *Liebigs Ann.* 349 S. 140/84.

BUCHNER und MEISENHEIMER, die Milchsäuregärung. *Liebigs Ann.* 349 S. 125/39.

HERZOG, Milchsäuregärung. BUCHNER und MEISENHEIMER, Bemerkungen dazu. *Z. physiol. Chem.* 49 S. 482/3.

V. FREUDENREICH und JENSEN, die im Emmenthalerkäse stattfindende Propionsäuregärung. *CBl. Bakt.* II, 17 S. 529'46; *Molk. Z. Berlin* 16 S. 555/7 F.

V. FREUDENREICH und JENSEN, die im Schabzieger stattfindende Buttersäuregärung. *CBl. Bakt.* II, 17 S. 225/33.

MAURIZIO, die Gärung des Mehlteiges. (Hefe und Milchsäurebakterien.) *CBl. Bakt.* II, 16 S. 513/23.

TEICHERT, eine als Zur bezeichnete Mehlteiggärung. *CBl. Bakt.* II, 17 S. 376/8.

RODELLA, Kaseingärungen und ihre Anwendungen. ⊠ *Arch. Hyg.* 59 S. 337/54.

ULPIANI e CINGOLANI, sulla fermentazione della guanina. *Gas. chim. it.* 36, 2 S. 73/9.

WEHMER, Sauerkrautgärung. *CBl. Agrik. Chem.* 35 S. 778/82.

BROWNE, fermentation of sugar-cane products. (Enzyme action; growth of bacteria.) *J. Am. Chem. Soc.* 28 S. 453/69.

Gase und Dämpfe. Gases and vapours. Gaz et vapeurs. Vgl. Chemie, allgemeine, Chemie, analytische 4, Explosionen, Kälteerzeugung, Luft, Physik.

1. Verflüssigung. Liquefaction. Liquéfaction.

LINDE, über den jetzigen Stand der Herstellung und Verwertung der flüssigen Luft. (V) *Bayr. Gew. Bl.* 1906 S. 47/9; *Z. Kohlens. Ind.* 12 S. 105/7; *Acetylen* 9 S. 150/4.

PICTET, Entwickelung der Theorien und der Verfahrungsweisen bei der Herstellung der flüssigen Luft. (Theorie der Apparate von V. LINDE; Apparate und Verfahren von HAMPSON, TRIPLER, OSTERGREEN und BURGER zur Herstellung flüssiger Luft; flüssige Luft als Motor- und Kühlmittel.) *Z. kompr. G.* 9 S. 99/103 F.

CLAUDE, liquéfaction de l'air par détente avec travail extérieur.* *Compt. r.* 142 S. 1333/5; 143 S. 583/5; *Rev. ind.* 37 S. 255.6.

CLAUDE, l'air liquide et la séparation de l'oxygène et de l'azote. (Liquéfaction de l'air; propriétés de l'air liquide; extraction de l'oxygène; liquéfaction partielle; rectification.) * *Mon. scient.* 4, 20, I S. 859/64; *J. d. phys.* 4, 5 S. 5/24; *Cosmos* 1906, I S. 10/1.

Luftverflüssigung und industrielle Erzeugung reinen

Sauerstoffs und Stickstoffs. (CLAUDEs Versuche.)* *Uhlands T. R.* 1906, 3 S. 20/2.

Herstellung von Sauerstoff und Stickstoff aus verflüssigter Luft und die technische Verwendung der gewonnenen Gase. *Vulkan* 6 S. 66/8.

GRADENWITZ, process of liquefying air and separating oxygen.* *Pract. Eng.* 34 S. 227/8.

Die flüssige Luft und der industrielle Sauerstoff von 1900—1905. *Z. kompr. G.* 9 S. 152/3.

MIX, Verfahren zur gewerbsmäßigen Verflüssigung von Luft und anderen Gasen mit tief liegendem Verflüssigungspunkt.* *Z. Kohlens. Ind.* 12 S. 14/5.

NORLIN, flüssige Luft. (Herstellung, Eigenschaften und Anwendung; doppelwandige Kammer für medizinische Zwecke, zur Narkose von Personen mit Herzfehlern; flüssige Luft als Energieträger zur Herstellung von Stickstoff und Sauerstoff.) (V) (A) *Z. Dampfk.* 29 S. 235.

WERNER-BLEINES, Luftverflüssigung und deren Bedeutung für die Industrie und die Turbinen-Technik.* *Turb.* 2 S. 165/7 F.

LACHMANN, Verfahren zur Gasverflüssigung unter Verwendung eines Hilfsgases. *Z. Kälteind.* 13 S. 61/5.

Ein neuer Motor mit adiabatischer Entspannung zur Herstellung der flüssigen Luft. *Z. kompr. G.* 9 S. 153/4.

OLSZEWSKI, nouvelles recherches sur la liquéfaction de l'hélium. *Ann. d. Chim.* 8, 8 S. 139/44.

2. Verschiedenes. Sundries. Matières diverses.

MOISSAN, préparation des gaz purs.* *Ann. d. Chim.* 8, 8 S. 74/83.

NASINI, ANDERLINI e SALVADORI, emanazioni terrestri italiane. Gas del Vesuvio e dei Campi Flegrei, delle Acque Albule di Tivoli, del Bullicame di Viterbo de Pergine, di Salsomaggiore. *Gas. chim. it.* 36, I S. 429/57.

MOUREU et BIQUARD, présence du néon parmi les gaz de quelques sources thermales. *Compt. r.* 143 S. 180/2.

SCHMIDT, R., Spektrum eines neuen in der Atmosphäre enthaltenen Gases. (Ergebnisse von photographischen Messungen; Untersuchungen von BALY über das Xenon.) *Bayr. Gew. Bl.* 1906 S. 363/4.

FISCHER, das leichteste Gas. (Bemerkung zu der Arbeit von SCHMIDT.) *Physik. Z.* 7 S. 367/8.

BLACKMAN, quantitative relation between the specific heat of a gas and its moleculare constitution. *Chem. News* 93 S. 145.

BRAGG, ionization of various gases by the a particles of radium. *Phil. Mag.* 11 S. 617/32.

HARROP, the specific heat of gases. *J. Gas L.* 93 S. 796/8 F.

JEANS, the H-theorem and the dynamical theory of gases. *Phil. Mag.* 12 S. 60/2.

BURBURY, the H-theorem and JEANS dynamical theory of gases. *Phil. Mag.* 11 S. 455/65.

WESTMAN, development of the theory for the kinetic energy of gases. (Determination of the heat capacity and temperature when vacuum and pressure do not correspond to each other, so that the forces are alike velocity of gases.) (V) *J. Frankl.* 162: S. 317/25 F.

ZEMPLÉN, Bestimmung des Koeffizienten der inneren Reibung der Gase nach einer neuen experimentellen Methode.* *Ann. d. Phys.* 19 S. 783/806.

HAEUSSLER, die Arbeit des Wasserdampfes und die MOLLIERschen Entropie-Diagramme. *Turb.* 2 S. 181/4.

HAEUSSLER, das spezifische Volumen des Wasser-
dampfes. *Turb.* 2 S. 215/9.
HAEUSSLER, die adiabatische Zustandsgleichung
der Gase und Dämpfe. *Turb.* 2 S. 269/70.
BURNHAM, use of the pistol tube for measuring
the flow of gases in pipes.* *J. Gas L.* 93
S. 730/2.
CRIPPS, POLE's formula. (Flow of gas, at low
pressures, through pipes.) *J. Gas L.* 94 S. 101.
THRELFALL, static method of comparing the
densities of gases.* *Proc. Roy. Soc.* 77 S. 542/5.
HAHN, neue ORSAT-Apparate für die technische
Gasanalyse.* *Z. V. dt. Ing.* 50 S. 212/5.
BENDEMANN, neue ORSAT-Apparate für die technische
Gasanalyse. (Ergänzung zum Aufsatz von HAHN.)
Z. V. dt. Ing. 50 S. 454.
HABER, optische Analyse der Industriegase. (Be-
stimmungen der optischen Dichte.)* *Z. ang.
Chem.* 19 S. 1418/22.
KERSHAW, fuel, water and gas analysis for steam-
users. *El. Rev. N. Y.* 48 S. 376/7 F.
Gas analysis for steam-users. (Characteristics of
the waste gases, and taking samples; HONIG-
MAN gas sampling and testing apparatus.)*
Electr. 58 S. 162/4 F.
NOWICKI, Verwendung der Glasbehälter zum Auf-
bewahren und Transportieren der Gasproben,
und zwar speziell der in den Kohlengruben vor-
kommenden Gase.* *Z. O. Bergw.* 54 S. 62/3.
REBENSTORFF, vereinfachte Abmessung und Re-
duction von Gasen.* *Chem. Z.* 30 S. 486/7.
RECKLEBEN und LOCKEMANN, Flaschengasometer
mit absolut dichtem Gasabschluß.* *Z. Chem.
Apparat.* 1 S. 238/40; *Chem. Z.* 30 S. 1145.
MOUREAU, détermination des gaz rares dans les
mélanges gazeux naturels.* *Compt. r.* 142 S. 44/6.
LEHMANN, Aufnahme von Gasen (namentlich Am-
moniak) und Wasserdampf durch Kleidungsstoffe.
Arch. Hyg. 57 S. 273/92.
LEHMANN, Temperatursteigerung der Textilfasern
durch den Einfluß von Wasserdampf, Ammoniak,
Salzsäure und einigen anderen Gasen. *Arch.
Hyg.* 57 S. 293/312.
VAUBEL, Absorption von Gasen durch Kohle.
J. pract. Chem. 74 S. 232/6.
WINKLER, Gesetzmäßigkeit bei der Absorption der
Gase in Flüssigkeiten. *Z. physik. Chem.* 55
S. 344/54.
KASZNER, Diffusion der Gase. (Einfluß von
Wasser als Sperrflüssigkeit auf die Zusammen-
setzung der über demselben aufbewahrten Gase.)
Arch. Pharm. 244 S. 63/6.
NABL, Theorie der Diffusion der Gase. *Physik. Z.*
7 S. 240/2.
FELD, Vorrichtung zum Waschen, Reinigen, Ab-
sorbieren, Kühlen usw. von Gasen und Dämpfen.
(Die Waschflüssigkeit wird durch konzentrisch
angeordnete Trichter mittels Zentrifugalkraft ge-
hoben und tangential in den Gasdurchgangsraum
in Form eines feinen Schleiers zerstäubt.)* *Z.
Chem. Apparat.* 1 S. 725/7.
MEYER, THEODOR, das Gasfilter in der chemischen
Industrie.* *Z. ang. Chem.* 19 S. 1313/19.
BRAMKAMP, Unfallgefahren der komprimierten
Gase.* *Ratgeber, G. T.* 6 S. 161/72.

Gaserzeugung. Gasproduction. Génération de gaz.
1. **Steinkohlengas. Coalgas. Gaz de houille.**
   Siehe Leuchtgas.
2. **Oel- und Fettgas. Oil and fat gas. Gaz
   d'huile et de matières grasses.** Siehe dieses.
3. **Acetylen. Acetylene. Acétylène.** Siehe Acetylen 2.
4. **Wasser-, Heiz- und Kraftgas. Water, heating**

**and motor gas. Gaz à l'eau, à chauffage et
à force motrice.**
RUBINSTEIN, die physikalisch-chemischen Vorgänge
bei der Erzeugung des Kraft-Sauggases und die
Veränderlichkeit seiner Zusammensetzung. *Gas-
mot.* 6 S. 108/11 F.
WILE, producer gas for power and fuel. (Producer
gas is used as fuel, removal of tar and choice
of a producer.)* *Eng. Chicago* 43 S. 746/7;
Iron A. 78 S. 1016/7; *Sc. Am. Suppl.* 61
S. 25330/1.
Generatorgas für Krafterzeugung. *Dingl. J.* 321
S. 508/10.
ALLEN, modern power gas producer practice and
applications. (Natural gas in England; blast
furnace; coke oven gas; physical and chemical
properties of coal; results of dry distillation of
Gosforth coal.)* *Pract. Eng.* 34 S. 6/8 F.
Producer gas in theory and practice.* *Page's
Weekly* 9 S. 1017/9.
BRETSCHNEIDER, allgemeine und internationale
Ausstellung in Lüttich 1905. (Gasmaschinen
und Gaserzeugeranlagen.)* *Z. Dampfk.* 29
S. 1/3 F.
MILLER, a balance between calorific value and
candle power in water gas. (V. m. B.) *Gas
Light* 85 S. 266/70.
RICHARDS, metallurgical calculations. (Artificial
furnace gas; MOND gas; water gas production;
calorific power.) *Electrochem. Ind.* 4 S. 11/6.
Le gaz à l'eau. (Système KRAMERS et AARTS.)*
Gas. 49 S. 354/5.
STEGER, KRAMERS and AARTS, water-gas plant
and its use in gas-works. (V)* *J. Gas L.* 95
S. 772/4 F.
JONES, benzolized water gas. (V. m. B.) *J. Gas
L.* 96 S. 680/4.
LYNE, carburetted water gas for smaller gas
undertakings. (V. m. B.) *J. Gas L.* 94 S. 897/900.
RÖHM, Autokarburation des Wassergases zur Auf-
besserung der Wärmeeinheiten. *J. Gasbel.* 49
S. 265/70.
NORRIS, capacities of water gas sets. (V. m. B.)
Gas Light 85 S. 46/9; *J. Gas L.* 95 S. 105/6.
The use of water gas in the arts. (Form of water
gas generator built by NAGEL, New-York.)*
Iron A. 77 S. 336.
BRAUSZ, Kraftgas. (Erzeugung.) *Z. Kälteind.* 13
S. 85/9.
SABATIER, Fabrikation eines Leuchtgases mit sehr
hohem Heizwert und Fabrikation eines Kraft-
gases, bestehend aus Methan und Wasserstoff.
(Aus Wassergas und Kohlensäure oder Kohlen-
oxyd; Erzeugung von Kraftgas, bestehend aus
Methan und Wasserstoff; Ueberleiten von Wasser-
gas über reduziertes Nickel.)* *J. Gasbel.* 49
S. 483/4; *J. Gas. L.* 93 S. 290/1; *Gas.* 49
S. 199/205.
Production of gas for industrial purposes. (Hydrogen;
marsh gas or methane; carbon-monoxide; ethy-
lene; acetylene; benzene; MOND gas; water gas.)
(V) (A) *Pract. Eng.* 33 S. 331/3.
NAGEL, gaseous fuels. (Ideal composition of pro-
ducer gas [generator gas] produced with pure
oxygen, produced with dry atmospheric air.)
Electrochem. Ind. 4 S. 403/8.
SCHMIDT, PAUL und DESGRAZ, Verfahren zur Er-
zeugung von kohlensäurearmem, teerfreiem Gas.*
Braunk. 5 S. 446/7.
COLMAN, „blending" producer gas with coal gas.
(Results.) *J. Gas L.* 95 S. 754.
REINHARDT, purification of gas for gas engines.
(Economy from a formerly wasted product;
nearly 400000 h. p. of gas engines now used in

German smelting works; purity of gas the principal factor in successful working.) *Eng. min.* 82 S. 776/8.

CROSSLEY BROTHERS, suction gas producer trials. (CROSSLEY's latest type of producer; FIELDING AND PLATT'S suction gas producer; HINDLEY AND SON'S complete power plant; MERSEY suction gas plant; RAILWAY & GENERAL ENGINEERING CO.'s plant; NATIONAL GAS CO.'s suction plant; KYNOCH's suction gas producer.) * *Eng.* 101 S. 627/9 F.

Trials of suction gas plants at Derby 1906. *Eng.* 102 S. 608/11 F.

ROYAL AGRICULTURAL SOCIETY's trials of suction-gas plants. (The KYNOCH suction plant; suction plant of the Railway and General Engineering Co.; DOWSON suction producer; the FIELDING producer; plant of the Mersey Engine Works CO.; the DUDBRIDGE producer; the DAVEY, PAXMAN producer; the HINDLEY gas producer and engine; the CROSSLEY producers and engines; the National Gas-Engine Co.'s plant; the CAMPBELL suction-gas plant.) * *Engng.* 81 S. 782/7 F.; *Eng.* 101 S. 602/3.

FERNALD, endurance test of a gas producer. (St. Louis fuel testing station. Screened Illinois coal. TAYLOR producer gas plant.) *Eng. Rec.* 53 S. 614/5; *Iron A.* 77 S. 1459.

EARNSHAW, experiments on the removal of tar from water gas. (V. m. B.)* *Gas Light* 85 S. 182/4; *J. Gas L.* 95 S. 637/9.

Vorschriften für Sauggasanlagen. *Text. Z.* 1906 S. 609/10.

DALY, the economic advantages of producer gas plants. *Brew. J.* 42 S. 252F.

Kraftgasanlagen. (Entworfen von der VEREINIGTEN MASCHINENFABRIK AUGSBURG UND MASCHINEN-BAUGESELLSCHAFT NÜRNBERG.) ▣ *Masch. Konstr.* 39 S. 162/4.

Water-gas plant at Trieste. ▣ *J. Gas L.* 94 S. 111/5; *Constr. gas.* 43 pl. 13.

BIBBINS, operation, efficiency and construction of a modern producer gas power plant at Depew, N. Y. (Generation plant; cooling reservoir; piping; producer operation requiring an air gas run of 10 to 15 mins., and a water gas run from one-half to three quarters of a minute, the resulting mixture being suited to power work.) (V) (A) * *Eng. News* 56 S. 616/7.

The KRAMERS and AARTS water-gas plant at Zevenbergen gas-works.* *J. Gas L.* 95 S. 166/7.

WYER, producer gas and producers.* *Brick* 24 S. 202/4; *Pract. Eng.* 34 S. 109/10.

RUPPRECHT, Gasgeneratoren. (Steinkohlengeneratoren, DUFFs Generator, Generator mit rotierendem Aschenboden von WOOD & CO.; BILDTsche automatische Füllvorrichtung, TAYLOR-Generator mit Aschentrichter und Verschlußschieber; MORGAN-Generator mit GEORGE-Verteiler; Braunkohlen-Generatoren; RICHÉ-Generator; Holzgeneratoren System RICHÉ.)* *Braunk.* 5 S. 33/42; *Eisens.* 27 S. 107/8 F.; *Z. Dampfk.* 29 S. 425/6.

NAGEL, 75-horsepower KOERTING producer plant.* *Eng. Chicago* 43 S. 379.

The SWINDELL feed for gas producers.* *Iron & Coal* 72 S. 1320.

Kraft-Gasgeneratoranlage der LACKAWANNA STEEL CO. in Buffalo. (Pro Tag 175000 kg bituminöser Kohle vergast nach MORGAN.)* *Uhlands T. R.* 1906, 1 S. 15/6.

ALLEN, modern power gas producer practice and applications. (DOWSON producer plant; CROSSLEY type pressure gas plant; WILSON gas producer; DUFF & WHITFIELD patent gas pro-

ducers; the MOND power gas producer; thermal value of the fuel determined in a bomb calorimeter.) * *Pract. Eng.* 34 S. 358/60F.

PENNOCK, the MOND gas producer. (The plant consists of six MOND and two modified MOND producers. Use of a coal low in percentage of bitumen and inferior in cooking qualities, found in the Hocking Valley Coal fields.) * *Sc. Am. Suppl.* 62 S. 25824/5.

Gazogènes. (Concours agricole de Derby entre les constructeurs de moteurs et gazogènes. Gaz pauvre; mélange à l'air de la vapeur d'eau par les aspirations du moteur; gazogènes CROSSLEY BROTHERS, DAVEY-PAXMAN, DUDBRIDGE, FIELDING & PLATT, KYNOCH, MERSEY.) ▣ *Rev. ind.* 37 S. 273/5.

Quelques gazogènes nouveaux. (Gazogènes KYNOCH, DOWSON, FIELDING & PLATT, DUDBRIDGE; gazogène de la MERSEY ENGINE WORKS CO.; gazogènes DAVEY-PAXMAN, CROSSLEY; gazogène de la NATIONAL GAS ENGINE CO.; gazogène GENTY, GUILBAUD, KÖRTING; gazogène à grille latérale WESSELSKY; gazogène TOWNS, HALL-BROWN, TANGYE, DANIELS, GRICE, GEORGE, MORGAN, TRIUMPH, THORNYCROFT.) *Rev. méc.* 19 S. 66/87.

New designs of gas producers. (Gas producers of TOWN and of HALL-BROWN.)* *Am. Mach.* 29, 1 S. 578.

The CONE gas producer. * *Eng. min.* 82 S. 61.

FICHET and HENRTEY, a French design of gas producer. (Comprises two gas producers superposed with separate air supply and a common gas outlet.) * *Am. Mach.* 29, 2 S. 437.

Producer gas power plant of the Gould Companies at Depew. *Eng. Rec.* 54 S. 642/3.

HUGHES' mechanically-poked continuous gas producer. (Steel shell lined with fire brick; water cooled cast steel poker; poker mechanism driven by electric motors.) * *Eng. News* 56 S. 559; *Eng. Rec.* 54 *Suppl.* Nr. 21 S. 48; *Iron A.* 78 S. 1372/3.

JAHNS' patent gas producer. (The influence of the unsatisfactory initial stage is eliminated by leading the unsatisfactory gases into the incandescent charge of another generator chamber in a condition of pure gasification there to be converted into available gas.) *Sc. Am. Suppl.* 61 S. 25105.

The KYNOCH gas producer. (Consists of three chief elements, a generator in which the gas is actually produced, the vaporiser in which water is turned into vapour, and in that state passed into the fire to supply the hydrogen element in the gas, and a scrubber or purifier.) * *Page's Weekly* 8 S. 18/20.

POETTER & CO, the POETTER gas producer. * *Iron & Coal* 73 S. 1848/9.

BORMANN, Sauggasgenerator. (Bei welchem von oben her Luft, von unten her durch einen unteren Rost hindurch ein Dampfgemisch (Wasserdampf, Alkoholdampf usw.) eingesaugt wird, und das erzeugte Gas oberhalb des unteren Rostes absicht.) * *Braunk.* 5 S, 313/6.

TREGLOWN, the suction type of gas producer. (V) (A) *J. Gas. L.* 93 S. 859/60.

TARR, the suction gas producer. * *El. World* 48 S. 52/4.

ACME ENGINE CO., gas engines and suction gas producers. * *El. Mag.* 6 S. 223/5.

BOOTH, the suction gas producer. *Cassier's Mag.* 29 S. 415/26.

New suction gas producer. (TANGYE & ROBSON suction producer.)* *Eng. Chicago* 43 S. 675.

TOOKEY, modern developments in suction gas producers. (DOWSON's gas; BENIER suction

gas plant; TAYLOR's improved BENIER plant; PINTSCH suction plant; depth of fire; generator capacities; storage and distilling bells.) (V) *Mech. World* 39 S. 211/2 F; *J. Gas L.* 94 S. 236/8; *Gas Light* 84 S. 846/7.

Automatic fuel-feeder for suction gas-producers, constructed by the GRIFFIN ENGINEERING CO. * *Engng.* 81 S. 285.

NAGEL, suction gas producers. *Eng. min.* 81 S. 1081/2.

RUPPRECHT, Sauggasgeneratoren und Sauggas-anlagen. (Selbsttätige Regelung der erzeugten Gasmenge, indem durch die beim Saughub der Maschine in der Gasanlage erzeugte Luftleere nur soviel Luft und Wasserdampf durch die glühende Kohlenschicht des Generators gesaugt wird, als dem jeweiligen Vakuum entspricht.) * *Eisens.* 27 S. 233/40 F.

HORNSBY, Stockport suction gas plant. *Pract. Eng.* 34 S. 145/6.

FRANK, die Druck- und Sauggasgenerator-Anlagen. * *Z. Brauw.* 29 S. 195/8 F.

Cost of suction gas power. *El. Rev.* 59 S. 474/6.

Test of a PIERSON suction gas-producer. *J. Gas L.* 95 S. 315.

DALBY, suction-gas plants. * *El. Eng. L.* 38 S. 240/3; *El. Rev.* 59 S. 357/9; *Engng* 82 S. 205/7.

SCHÖTTLER, über Kraftgasanlagen. · (Sauggas-erzeuger.) ▣ *Elektrot. Z.* 27 S. 1105/11 F.

The „WATT" suction gas-producer.* / *J. Gas. L.* 93 S. 359.

Sauggasanlagen für Anthrazit- und Koksbetrieb. (Ergänzungen der GASMOTOREN-FABRIK DEUTZ zum Aufsatz Jg. 9 S. 235 9. Leistungen und Brennstoffverbrauch neuerer Deutzer Sauggasanlagen. Bemerkung von EBERLE.) *Z. Bayr. Rev.* 10 S. 29/30.

DIEGEL, Sauggaserzeuger für teerbildende Brennstoffe und für kleinstückigen Koksabfall. * *Stahl* 26 S. 796/9.

RUPPRECHT, Sauggasgeneratoren und Sauggas-anlagen. (Für bituminöse Kohlen, Braunkohlen, Holz und Torf.) * *Eisens.* 27 S. 143/5, 250/2.

NEUMANN, die Vergasung der Braunkohle zu motorischen Zwecken. (Vor- und Nachteile und Wirkungsweise verschiedener Generatoren. (V) *Z. V. dt. Ing.* 50 S. 722/6 F.

DE VILAR, représentation du fonctionnement des gazogènes à gaz pauvre. (L'auteur se propose d'établir les principales formules relatives au fonctionnement d'un gazogène à gaz pauvre et de montrer comment la discussion de ces formules conduit à un procédé de représentation graphique analogue aux caractéristiques de DEPREZ pour les machines dynamo-electriques.) *Mém. S. ing. civ.* 1906, 2 S. 608/23.

CRAVEN, Sauggasanlage für Verfeuerung von Braunkohlenbriketten auf dem Bahnhofe Güsten. (Für ein Kraftwerk zur Erzeugung elektrischer Arbeit; Schachtofen; die einzylindrische Gasmaschine arbeitet im Viertakt; elektrische Zündung.) ▣ *Z. Bauw.* 56 Sp. 669/74.

BLEZINGER, neuere Erfahrungen in Feuerungsbetrieben. (Verfahren, aus minderwertigen Braunkohlen in regelmäßigem Dauerbetrieb Generatorgas zu erzeugen.) (V) *Braunk.* 5 S. 151/2.

WARING, use of tar in making water gas. (V. m. B.) * *J. Gas L.* 95 S. 35/7; *Gas Light* 85 S. 49/51.

Plan and elevation sections of a SWINDELL gas producer in connection with a Portland cement rotary kiln. * *Iron A.* 77 S. 953.

Suction producer and engine used at the shops of the De La Verge Machine Co.* *Eng. Rec.* 54 *Suppl.* Nr. 23 S. 48.

Nouveaux types de gazogènes aspirants. (Gazogène pour combustibles riches en goudron; gazogène pour combustibles malgres.) *Gén. civ.* 49 S. 422/3.

Importance économique des usines génératrices avec moteurs à gaz pauvre, dans les installations de tramways et de chemins de fer d'intérêt local. *Electricien* 32 S. 244/7.

GASMOTORENFABRIK DEUTZ, Generator-Gasmaschinen-Anlagen. (Braunkohlen-Saug-Generator.) ▣ *Masch. Konstr.* 39 S. 108/10.

SWINDELL & BRS., Gasgenerator für die Portlandzement-Fabrikation. (Erzeugung von Generatorgas aus geringwertiger Kohle.) * *Uhlands T. R.* 1906, 2 S. 56.

BRAUHS, neuere Generatoren. (Unter besonderer Berücksichtigung der Brikett- und Torfgeneratoren. Ersparnis mit Torf und Braunkohle gegenüber dem Koksgenerator.) (V) (A) *Z. V. dt. Ing.* 50 S. 916/7.

RIGBY, present and future of power-gas plants. (Utilization of peat.) (V) * *J. Gas L.* 94 S. 166/8.

Braunkohlen-Generatoranlage bei GEBR. PUTZLER. *Braunk.* 4 S. 599/600.

Producer gas plant for electric drive in a modern factory. * *West. Electr.* 38 S. 307/8.

SOWTER, gas producer plant for electric generating stations. (V) (A) *Electr.* 56 S. 1010/2.

WYER, producer gas for electric power stations. * *Cassier's Mag.* 29 S. 316/9.

HOFFMANN, OTTO, Gasmaschinen und Kraftgaserzeuger unter besonderer Berücksichtigung ihrer Bedeutung für den Betrieb elektrischer Zentralen und Einzelanlagen. *Elt. u. Maschb.* 24 S. 113/9.

BORDENAVE, impiego di combustibili vegetali per la produzione da una forza motrice economica per l'agricoltura. (Esperienze fatte con un impianto di 70 cavalli, comprendente un gazogeno a colonna di reduzione, detto auto-riduttore, sistema RICHÉ ed un motore a gas povero della COMPAGNIA DUPLEX.) *Giorn. Gen. civ.* 43 S. 106/7.

Gasgeneratorenanlage. (Anwendung von Holzabfällen für die Erzeugung von Kraftgas; Vergasungsanlage nach dem System RICHÉ.) *Z. Dampfk.* 29 S. 191.

SABATIER, procédé de fabrication de gaz pour l'éclairage, le chauffage et la force motrice. (Consistant à gaséifier du carbone au moyen d'acide carbonique, à précipiter sous forme de carbone divisé, ce carbone gaséifié, à une température moyenne de 500°, en présence de nickel, cobalt, fer divisés ou réduits de leurs oxydes, et à faire réagir de la vapeur d'eau sur le mélange ainsi obtenu.) *Gas* 50 S. 164/6.

EDWARDS, uses of producer gas. (V) *J. Gas L.* 94 S. 42/3.

LEA, prospective competition of producer gas with other commercial gases. (For engine driving.) (V. m. B.) * *Gas Light* 84 S. 750/6.

NAGEL, gas producers for power purposes. (KÖRTING's pressure and suction gas producers.) * *Eng. News* 55 S. 538.

ZIFFER, power gas producers in street and interurban railway work. *Street R.* 28 S. 479.

SCHARRER & GROSS, Gasmotoren- und Kraftgasgeneratoranlage. (DOWSONs Verfahren. Der Gaserzeuger besteht aus einem Mantel mit Chamotteschacht und einem Verdampfer mit Vorverdampfer.) ▣ *Masch. Konstr.* 39 S. 194/7.

WESSELSKY, neue Fortschritte bezüglich Gas-Generatoren zu Motorbetrieben. *Gasmot.* 6 S. 133/5.

LEHMBECK, das Sauggas und seine Bedeutung im Motorbootbetriebe. * *Motorboot* 3 Nr. 11 S. 29/31.

37*

The American Graphophone Co.'s gas producer plant. * *Iron A.* 78 S. 610/1.

KALT, Ausnutzung der Strahlwärme bei Sauggasanlagen. (Rohrschlangen mit Wasser zwischen dem Füllschacht und der Ummantelung des Gaserzeugers.) * *Uhlands T. R.* 1906, 2 S. 12.

5. Verschiedenes. Sundries. Matières diverses.

SABATIER, procédé pour la fabrication d'un gaz d'éclairage à pouvoir calorifique très élevé. (Procédé et appareil industriel, permettant, en partant du gaz à l'eau d'obtenir un gaz d'éclairage à pouvoir calorifique très élevé, en faisant entrer dans la réaction une faible proportion d'acétylène purifié.) * *Gaz* 49 S. 199/205.

BRANSTON, air gas. (Process for mixing air with gas at a distance from the burner; the mixture is consumed in burners of special construction.) * *J. Gas L.* 93 S. 793.

BUSCH, Luftgasbereitung und Luftgaserzeuger. *Z. Beleucht.* 12 S. 183/5.

Gasolin- oder Luftgas für chemische Laboratorien. v. RICHTERs Luftgasapparat „Automat". * *Z. Chem. Apparat.* 1 S. 169/71.

TANNEBERGER, die Benoid-Luftgasanlage in Friedland a. d. Leine. * *Ann.Gew.* 59 S. 127/35.

GRAEFE, Schwelgas. (Zusammensetzung.) *J. Gasbel.* 49 S. 215/9.

LEE, the gas producer as an auxiliary in iron blast furnace practice. *Iron & Coal* 73 S. 383; *Engng.* 82 S. 406; *Iron A.* 78 S. 412/3.

The DIBDIN-WOLTERECK gas manufacturing process. (Experiments in gas making from oil and steam, in presence of iron.). *Gas Light* 84 S. 756/7.

WENDT, Untersuchungen an Gaserzeugern. * *Stahl* 26 S. 1184/91; *Iron A.* 78 S. 1539/41.

English gas producer tests. * *Iron A.* 78 S. 281/2.

Trials of suction gas-producer plants. *Engng.* 81 S. 307.

Test of a producer gas plant. (Supplanting steam plant with suction gas producer outfit in Franklin Steel Works.) *Eng. Chicago* 43 S. 608/10.

Gasmaschinen. Gas engines. Machines à gaz. Vgl.
Dampfmaschinen, Fahrräder, Gaserzeuger, Heiß-luftmaschinen, Selbstfahrer.

1. Allgemeines.
2. Leuchtgasmaschinen.
3. Andere Gasmaschinen (für Wasser- und Kraftgas, Acetylen, Kohlensäure und Preßluft).
4. Petroleum-, Benzin- und Naphtamaschinen.
5. Spiritus- und Schwefelkohlenstoffmaschinen.
6. Einzelteile.

1. Allgemeines. Generalities. Généralités.

Features of a gas engine factory. *Eng. Chicago* 43 S. 432/3.

BAUSCHLICHER, Betrachtungen über unsere Treibmittel. (Acetylengas.) *Mot. Wag.* 9 S. 324/7.

BONTE, Fortschritte und Erfahrungen im Bau von Großgasmaschinen.* *Z.V. dt. Ing.* 50 S. 1249/57 F.; *Engng.* 82 S. 609/13.

LOZIER, fundamental principles of gas engines and gas producers.* *Sc. Am. Suppl.* 62 S. 25656/8 F.; *West. Electr.* 39 S. 60/2.

MENZEL, über Gasmaschinen. (Nürnberger Gasmaschinen.) (V) *Ell. u. Maschb.* 24 S. 451/6 F.

Gas engine consumption and economy. *Eng. Chicago* 43 S. 126/7.

JUNGE, the evolution of gas power. *El. Rev. N.Y.* 49 S. 985/7.

MORTON, device for starting gas engine. * *Eng. Chicago* 43 S. 251.

ACME ENGINE CO., gas engines and suction gas producers.* *El. Mag.* 6 S. 223/5.

BICKERTON, gas, oil and petrol engines. (Moderate-

size gas engines; large gas engines; producer gas.) (V) (A) *Pract. Eng.* 33 S. 423/5; *Mech. World* 39 S. 124/5 F.

HUMPHREY, gas engines. *Iron & Coal* 73 S. 1512.

WINDSOR, gas engines. (Experience of the BOSTON ELEVATED RY. Co. with its two gas engine plants.) (V) *Street R.* 28 S. 707/12.

„Premier" gas engines at the works of Bayliss, Jones & Bayliss, Ltd.* *Iron & Coal* 72 S. 1955/6.

The present position of the large gas engine. *El. Rev.* 59 S. 163/6.

Some large gas-engines. *Engng.* 82 S. 10.

DESCROIX, les gros moteurs à gaz et la sidérurgie. (Développement présent de l'emploi des moteurs à gaz dans les établissements sidérurgiques et dans les charbonnages allemands. Remarques générales sur la construction des moteurs.) * *Rev. métallurgie* 3 S. 717/39.

REINHARDT, Verwendung von Großgasmaschinen in deutschen Hütten- und Zechenbetrieben. (Umfang der Verwendung von Gasmaschinen im Hütten- und Zechenbetrieb in Deutschland; Betriebserfahrungen; moderne Konstruktionen von Großgasmaschinen in Deutschland; doppeltwirkende Viertaktmaschine der GASMOTORENFABRIK DEUTZ; doppeltwirkende Viertaktmaschine der GUTEHOFFNUNGSHÜTTE OBERHAUSEN; 1200 P.S.-Tandem-Gasmaschine von SCHÜCHTERMANN & KREMER; doppeltwirkende Viertakt-Gasmaschine der DINGLERschen Maschinenfabrik.) *Stahl* 26 S. 905/15 F.; *Eng. News* 56 S. 352/4.

WESTGARTH, large gas engines built in Great Britain, and gas cleaning. * *Iron & Coal* 73 S. 340/1; *Eng. Rev.* 15 S. 196/204; *Page's Weekly* 9 S. 180/4.

HEYM, die Dampfturbine im Wettbewerb mit der Kolbendampfmaschine und der Großgasmaschine. *Turb.* 2 S. 254/5.

MOSS, formulae and constants for gas engine design. (Constants and coefficients made at the Cornell University.) *Mech. World* 39 S. 273/4.

BIBBINS, an inquiry into the operation, efficiency and construction of a typical modern industrial producer gas power plant.* *El. Rev. N. Y.* 49 S. 1013/8.

JUNGE, Berechnung, Konstruktion und Aufstellung von großen Gasmaschinen. *Gasmot.* 6 S. 20.

A large gas engine generating station. (The largest installation in America of gas engine driven generators for traction purposes.)* *Eng. Chicago* 43 S. 674/5.

MIDDLETON, power plant in a modern poultry house.* *Eng. Chicago* 43 S. 177/9.

WOOD, gas engine pumping plant.* *Eng. Chicago* 43 S. 432.

WYER, gas-producer power-plants. *Trans. Min. Eng.* 36 S. 44/53.

BOCK-METZNER, Wärme- und Verbrennungsmotoren. (2) *Mar. Rundsch.* 17 S. 274/88 F.

CLERK, internal-combustion motors. *Sc. Am. Suppl.* 61 S. 25488/90 F.

Modification in design of internal combustion engines. (Air is allowed to enter through an independent induction valve baffle plate to prevent the mingling of the air with the explosive mixture.) (A)* *Pract. Eng.* 34 S. 73.

Von der landwirtschaftlichen Ausstellung auf dem Oktoberteste zu München 1906. (Sauggasmotor für Torfgasbetrieb von LUTHER; „Ergin", Zusatz zum Spiritus der GASMOTORENFABRIK DEUTZ) *Z. Bayr. Rev.* 10 S. 184/6.

BAERSCH, die Gasmaschinen der Bayerischen Landesausstellung Nürnberg 1906. * *Gasmot.* 6 S. 105/8.

EBERLE, Verbrennungskraftmaschinen auf der Nürn-

berger Ausstellung. (Kleinmotoren; größere Motoren für flüssige Brennstoffe; DIESELmotoren; HASELWANDERmotoren; größere Gasmotoren; Gaserzeugungsanlagen.) * *Z. Bayr. Rev.* 10 S. 213/5 F.

BERTHIER, moteur DIESEL, moteur compound, moteur VOGT.* *Cosmos* 1906, 1 S. 566/8.

FESTTAG, die Gaskraftmaschinen auf der internationalen Ausstellung in Mailand 1906.* *Dingl. J.* 321 S. 595/601 F.

BRETSCHNEIDER, die allgemeine und internationale Ausstellung in Lüttich 1905. (Gasmaschinen und Gasgeneratoranlagen.)* *Z. Dampfk.* 29 S. 1/3 F.

GASMOTOREN-FABRIK DEUTZ auf der Weltausstellung Lüttich 1905.* *El. u. polyt. R.* 23 S. 187/9.

LEA, prospective competition of producer gas with other commercial gases. (For engine driving.) (V. m. B.)* *Gas Light* 84 S. 750/6.

LETOMBE, comparaison entre les machines à vapeur et les moteurs à gaz de grande puissance. *Electricien* 32 S. 130/3.

MATHOT, moteurs à combustion interne et machines à vapeur. *Rev. méc.* 19 S. 513/44.

SCHÖMBURG, vergleichende Betrachtungen über Kraftmaschinen. (Dampfmaschine; Dampfturbine; Gasmaschine.)* *Masch. Konstr.* 39 S. 15/6; *El. Rev.* 59 S. 367/8.

Development of large gas engines. (A comparison of gas and steam engines; economics in gas engine and gas plant, results at the Lackawanna plant.) *Iron A.* 77 S. 954/6.

MALCOLM, development of the two-cycle gas engine.* *Automobile* 15 S. 569/71.

Wirtschaftliche Bedeutung der Großgasmaschinen. (Gichtgasmaschinen - Zentrale der Deutsch-Luxemburger Hüttenwerke; Gasmotoren-Zentrale von 5600 P.S. des Schalker Gruben- und Hüttenvereins in Schalke-Gelsenkirchen; Gasdynamos der Elektrischen Zentrale in Scheveningen.)* *Z. Dampfk.* 26 S. 345/7.

Betriebskosten von Motoren. *Text. Z.* 1906 S. 729 F.

BIBBINS, gas engines in commercial service. (Comparison of losses in gas and steam power plants, heat consumption.) (V)* *Pract. Eng.* 34 S. 297/9; *Eng. Chicago* 43 S. 524/6.

GRAVES, the utilization of the waste heat of gas engines.* *Am. Mach.* 29, 1 S. 289/90.

HEYM, die Wirtschaftlichkeit der Großgasmaschine.* *Turb.* 2 S. 312/3 F.

JUNGE, gas power economics. (With special reference to the iron and steel industry.) *Iron A.* 77 S. 1392/3 F.

MAVOR, heat economy in factories. (Thermal balance sheets.) (V. m. B.) (a) *Min. Proc. Civ. Eng.* 164 S. 1/38.

Versuche über den Wirkungsgrad großer Gasmaschinen. *Gasmot.* 6 S. 21.

BAUER, Zylinderabmessungen und Pferdestärken der Verbrennungsmotoren.* *Yacht, Die* 2 S. 381 F.

BURNARD, measurement of friction in gas-engines.* *Engng.* 82 S. 60/1; *El. Rev. N. Y.* 48 S. 160/1.

GRADENWITZ, modern testing plant for gasoline automobile motors.* *Sc. Am. Suppl.* 61 S. 25221.

MEINECKE, einheitliche Bestimmung der Motorenleistung. *Mot. Wag.* 9 S. 62/3.

MEWES, Bestimmung der Leistung von Kraftmaschinen. (Kolben-, Dampf- und Gasmaschinen, Dampf- und Gasturbinen.) *Turb.* 2 S. 243/8.

MOSS, rational methods of gas-engine powering. (Rotative speed; mean effective pressure for average fuel; selection of compression; pressure; effect of fuel on power.) *Mech. World* 40 S. 33/4.

RICHTER, über die Berechnung der für Kraftzwecke disponiblen Gasmengen metallurgischer Oefen. *Gasmot.* 6 S. 73/6.

SPILLER, testing modern high-power gas engines. (V)* *Am. Miller* 34 S. 151/2.

WYER, the testing of gas-producers.* *Trans. Min. Eng.* 36 S. 53/78.

Efficiency tests of a producer gas engine directconnected to centrifugal pump.* *Eng. Rec.* 54 S. 560.

JOUGUET, remarques sur la thermo-dynamique des machines motrices. (Le principe fondamental de la théorie générale des machines motrices; la théorie cyclique des moteurs à gaz; les moteurs à gaz et le théorème du rendement maximum; les chaleurs spécifiques des gaz.) *Rev. méc.* 19 S. 41/56.

MAISONNEUVE, improving the thermal efficiency of explosion motors.* *Horseless age* 18 S. 599/600.

MATTESON, gas engine calorimetry. (MATTESON and ROSE calorimeter; experiments.)* *Am. Mach.* 29, 2 S. 112/3.

SANKEY, method of determining the temperature and the rate of heat-production in the cylinder of a gas-engine. (Variation of temperature during stroke; amount of heat produced during stroke.)* *Proc. Mech. Eng.* 1906 S. 317/29.

Chemistry of the combustion of gases for developing power in internal combustion engines. (Experiments of BERTHELOT, PETAVEL, MILLER, BUNTE.)* *Pract. Eng.* 33 S. 296/9.

Sur le calcul de moteurs à quatre temps. *Eclair. él.* 48 S. 103/5.

URTEL, einige Betrachtungen über den Arbeitsvorgang im Viertaktmotor.* *Mot. Wag.* 9 S. 106/10.

Some recent examples of the use of gas and gasoline engines in marine work. (Three-cylinder gas engine of 300 H.P. of UNION GAS ENGINE CO., San Francisco; three - cylinder engines; gas engine for river barge, OTTO GAS ENGINE CO., DEUTZ; German river barge with gas engine and producer plant.)* *Eng. News* 55 S. 324/6.

Sull'impiego dei motori a gas nella navigazione. (Memoria dal sig. THORNYCROFT. Impiego dei motori a gas povero, per opera principalmente del sig. CAPITAINE.) (A)[a] *Giorn. Gen. civ.* 44 S. 196/200.

The development of the CAPITAINE producer-gas marine engine. *Sc. Am.* 94 S. 5.

CAPITAINE, Verwendbarkeit von Verbrennungsmotoren für die Fortbewegung von Kriegsschiffen.[b] *Schiffbau* 7 S. 411/8 F.

CHESTER, the coming of explosive engines for naval purposes.[b] *Proc. Nav. Inst.* 32 S. 1031/41.

PHILIPPOW, Verwendbarkeit von Verbrennungsmotoren zur Fortbewegung moderner Kriegsschiffe. *Gasmot.* 6 S. 111,5 F.

TAIT, gas power for marine work.* *Mar. Engng.* 11 S. 311/5.

THORNYCROFT, gas engines for ship propulsion.* *Eng.* 101 S. 406/8; *Engng.* 81 S. 499/502; *Mar. E* 28 S. 297/9; *Bull. d'enc.* 108 S. 588/93.

ATKINSON, gas engines as applied to electric driving.* *Eng.* 101 S. 179/80; *Iron & Coal* 72 S. 370/2; *El. Rev.* 58 S. 317/9.

DIEPPE, some notes on gas engines for electric lighting. *El. Rev.* 58 S. 530/1.

HOFFMANN, OTTO, Gasmaschinen und Kraftgaserzeuger unter besonderer Berücksichtigung ihrer Bedeutung für den Betrieb elektrischer Zentralen und Einzelanlagen. *Elt. u. Maschb.* 24 S. 113/9.

REINHARDT, the application of large gas engines in the German iron and steel industries.[b] *Electr.* 57 S. 607/12 F.; *Page's Weekly* 9 S. 185/9 F.; *Iron & Coal* 73 S. 344/52; *Eng.* 102 S. 101 F.

PARSONS, phenomena of the working fluid in

internal-combustion engines. (V) (A) *J. Gas L.*
94 S. 516/8.

PINTSCH, Widerstandsfähigkeit verschiedener Metalle gegen die Einwirkung der Verbrennungsgase von Gasmotoren. *Gasmot.* 6 S. 51/4.

2. Leuchtgas-Maschinen. Lighting gas-engines. Machines à gaz d'éclairage.

Moteurs à gaz nouveaux. (Laveurs ZSCHOCKE, THIESEN, DINNENTHAL; moteur de 1,000 chevaux de CO. DEUTZ; moteur de 700 chevaux ERHARDT ET SEHMER; moteur de la GUTEHOFFNUNGSHÜTTE; moteur de SCHÜCHTERMANN ET KREMER.)* *Rev. méc.* 19 S. 359/93.

A two-cycle gas engine equipped with the RAMSEY crank mechanism.* *Iron A.* 78 S. 278/80.

BIBBINS, gas power in the operation of high speed interurban railways. (Experience of the Warren & Jamestown Ry. system; engine operating upon BEAU DE ROCHAS or four-stroke cycle tandem cylinder arrangement.)* *Eng. Rec.* 53 S. 174/8.

The BURGER self-starting internal combustion engine. (The fuel does not explode, but burns with a large flue flame, causing the air admitted at the same time under a pressure of 150 lb. to expand and maintain this pressure up to half stroke before it begins to drop; four-cylinder vertical engine.) (Pat.) *Pract. Eng.* 33 S. 778/9.

TYGARD, doppeltwirkende Viertakt-Gasmaschine. (Feststehender Kolben und beweglicher Zylinder.)* *Masch. Konstr.* 39 S. 203/4.

A heavy duty gas engine installation in the Carnegie technical schools' plant, Pittsburgh, Pa.* *Iron A.* 77 S. 1601/4.

Two large TOD engines. Recently installed in the new BESSEMER steel plant of the Youngstown Sheet & Tube Co.* *Iron A.* 78 S. 338/40.

Some features of the JACOBSON gas and gasoline engines.* *Am. Mach.* 29, 2 S. 516/8.

3. Andere Gasmaschinen (für Wasser- und Kraftgas, Acetylen, Kohlensäure und Preßluft. Other gas engines (for water and power gas, acetylene, carbonic acid and compressed air.) Autres machines à gaz (à gaz à l'eau et à force motrice, à l'acétylène, à l'acide carbonique et à l'air comprimé)

BUCKEYE ENGINE CO., design of gas engine. (Scavenging type for operation with all classes of fuel, both liquid and gases, with special reference to suction producer gas; double-acting type in either the two or the four-cycle construction. Instead of fitting the connecting rod to a cross-head bearing inside the trunk piston, the latter has a piston rod connecting through a stuffing box to a cross-head consisting of a piston working in an auxiliary cylinder next to the crank case.)* *Eng. Rec.* 54 S. 240/1.

PFEFFER, difficulties in converting gasoline engines to operate on producer gas. *Gas Light* 85 S. 495/7.

TAIT, use of producer gas for power generation. (Varying proportion of hydrogen in the gas.) *Eng. Rec.* 53 S. 623/4.

TOOKEY, management of suction gas producers. (Diameter of the fire of generators; sufficient depth of incandescent carbon exposed; depth of fire; PINTSCH gas producer providing an annular collecting space about half-way up the generator; dynamic producer with a gauze screen around and above the fuel; means for raking out ashes and clinker; separate vaporizing devices; fan used in starting.) (V) (A)* *Eng. Rec.* 53 S. 656/7; *Pract. Eng.* 33 S. 589/90 F.

WINSOR, results of operation of two small producer gas engine plants. (Medford station has WOOD gas producers and two-cycle double-acting gas engines and CROCKER - WHEELER direct current generators. Somerville station with American - CROSSLEY engines and CROCKER-WHEELER direct-current generators. (V) (A) *Eng. News* 56 S. 451.

Sauggasmotorenbetrieb in elektrischen Blockzentralen. *Z. Dampfk.* 29 S. 66/7.

GÜLDNERS Gasmotoren und Sauggaserzeuger. (GAUMERTYP, Prüfung mit dem CROSSBY-STAUSS-Indikator.)* *Z. Dampfk.* 29 S. 139/41 F.

GASMOTORENFABRIK DEUTZ, Generator - Gasmaschinen-Anlagen. (Braunkohlen-Saug-Generator; doppeltwirkende Viertaktmaschinen mit einem Zylinder und Ventilsteuerung; Regulierung durch einen Präzisions-Federregler; Umlaufverstellvorrichtungen; Strom selbst erzeugender Zündapparat mit Abreißkontakt.) ⊠ *Masch. Konstr.* 39 S. 108/10.

HAUSER, der gegenwärtige Stand der Sauggasmotorenfrage in Bayern. *Bayr. Gew. Bl.* 1906 S. 294.

New BUCKEYE engine for suction producer gas. (A two-stroke cycle engine operating under uniform compression and a constant proportion of air and gas.)* *Eng. Chicago* 43 S. 566/8.

The EHRHARDT & SEHMER gas engines.* *Iron A.* 78 S. 344/6.

FISHER, water gas practice. (Operation of water gas machines; chemical data.) (V. m. B.)* *Gas Light* 85 S. 139/43 F.

Torfgasmaschinen. (Erster 60 P. S. Gasmotor im Jahre 1904 auf Burängsbergs-Grube in Betrieb nach HUBENDICK.) *Z. Dampfk.* 29 S. 236.

A. 500 b. H. P. gas engine.* *Street R.* 27 S. 47/8.

250 H. P. KÖRTING gas engine.* *Eng.* 101 S. 498.

350 H. P. KÖRTING gas engine.* *Eng.* 101 S. 499.

Moteur à gaz pauvre système MEES. ⊠ *Rev. ind.* 37 S. 373/4.

The MUNZEL gas engine and producer.* *Iron A.* 78 S. 1661/3.

ROCHE-Gasmotor. (Benutzung der Verbrennungswärme von Benzin, um komprimierte Luft oder sonstiges indifferentes Gas zu erhitzen und den Kolben der Maschine durch diese Luft vorwärts zu treiben.) *Gasmot.* 6 S. 20.

SCHARRER & GROSS, Gasmotoren und Kraftgasgeneratoranlage. (Sauggasverfahren.) ⊠ *Masch. Konstr.* 39 S. 194/7.

STEWART & CO., the OECHELHAEUSER gas-engine.* *Engng.* 81 S. 6/8 F.

AUE, large gas engines for power purposes. (V)* *Gas Light* 85 S. 1024/9.

VER. MASCHINENFABR. AUGSBURG UND MASCHINENBAUGES. NÜRNBERG, doppelt wirkende Tandem-Ventil-Großgasmaschinen. (Leistungs-Versuche.) ⊠ *Masch. Konstr.* 39 S. 115/7 F.

WILLANS & ROBINSON, the 25—30 H. P. „Forman" engine. (A four-cylinder one, with its cylinders cast in pairs.)* *Autocar* 16 S. 600.

Neuere englische Gros-Gasmaschinen.* *Gasmot.* 6 S. 16/9 F.

Suction producer and engine used at the shops of the De La Verge Machine Co.* *Eng. Rec.* 54 *Suppl.* Nr. 23 S. 48.

Large ALLIS-CHALMERS gas engine for the Pittsburg Plate Glass Co. (Of the fourcycle double-acting NUREMBERG type producer gas.)* *Eng. Rec.* 53 Nr. 6 *Suppl.* S. 45.

BONTE, moteurs à gaz de la SOCIÉTÉ DE CONSTRUCTION DE NUREMBERG.* *Bull. d'enc.* 108 S. 1006/9.

CRAYEN, Sauggasanlage für Verfeuerung von Braunkohlenbriketts auf dem Bahnhofe Güsten.

Für ein Kraftwerk zur Erzeugung elektrischer Arbeit; Schachtofen; die einzylindrige Gasmaschine arbeitet im Viertakt; elektrische Zündung.) ▣ *Z. Bauw.* 56 Sp. 669/74.

WESTINGHOUSE MACHINE CO., the gas blowing engine plant for the Indiana Steel CO. (Gas engine, as an electric unit, will have a rated capacity on blast furnace gas of nearly 300 H. P., corresponding to a rating of 4000 H.P. on natural gas.) *Iron A.* 78 S. 205.

DUNKER, Sauggas-Lokomobilen. (Besteht aus Schachterzeuger für bituminöse Kohlen, Reiniger, Sammler und der Maschine.) * *Z. Dampfk.* 29 S. 217/8.

German practice in cleaning blast-furnace gases and coke-oven gases. (Before delivering them to the gas engine.) * *Electrochem. Ind.* 4 S. 395/9.

SOC. FRANC. DE CONSTR. MÉC, French blast-furnace gas engines. (Double action twin cylinder engines driving direct the two blast pumps which are mounted in series.) *Pract. Eng.* 33 S. 240.

HUBERT, the design of blast-furnace gas engines in Belgium.* *El. Rev. N. Y.* 48 S. 196/8; *Iron & Coal* 73 S. 341/4; *Electr.* 57 S. 573/6.

HUBERT, essai d'un moteur à gaz de haut-fourneau à quatre temps et à double effet d'une puissance de 1500 chevaux. *Rev. univ.* 16 S. 213/41.

KOESTER, modern gas engine power plants. (Blast furnace plant of the Lackawanna Steel Co. at Buffalo with KOERTING two cycle gas engines. European plants equipped with the NUREMBERG MASCHINENBAU-GES. four cycle blast furnace gas engines.) * *Eng. Rec.* 53 S. 13/5.

CROSSLEY BROS., double-cylinder double-acting gas engine.* *Eng.* 101 S. 564.

HULSHOFF, doppeltwirkende Gasmaschinen.* *Gasmot.* 6 S. 1/5 F.

Double-acting, four-cycle engine of the GASMOTORENFABRIK DEUTZ.* *Iron & Coal* 73 S. 352.

Double-acting, four-cycle engine of the MASCHINENBAU-GESELLSCHAFT NÜRNBERG.* *Iron & Coal* 73 S. 352.

Double-acting four-cycle engine by EHRHARDT & SEHMER, SCHLEIFMÜHLE.* *Iron & Coal* 73 S. 353.

Double-acting four-cycle engine by the ELSÄSSISCHE MASCHINENBAU-GESELLSCHAFT Mülhausen.* *Iron & Coal* 73 S. 353.

Double-acting, four-cycle engine, by the GUTEHOFFNUNGSHÜTTE, Oberhausen.* *Iron & Coal* 73 S. 353.

Double-acting, four cycle engine, bei FRIED. KRUPP AKT.-GES., Essen-Ruhr.* *Iron & Coal* 73 S. 353.

Double-acting four-cycle engine by the MÄRKISCHE MASCHINENBAU-ANSTALT Wetter-Ruhr.* *Iron & Coal* 73 S. 353.

Double-acting, four cycle engine, by the MASCHINENBAU-AKTIENGESELLSCHAFT UNION, Essen-Ruhr.* *Iron & Coal* 73 S. 353.

Double-acting, four-cycle engine by SCHÜCHTERMANN & KREMER, Dortmund.* *Iron & Coal* 73 S. 353.

Double-acting, four-cycle engine by the DINGLERSCHE MASCHINENFABRIK A.-G., Zweibrücken.* *Iron & Coal* 73 S. 354.

Double-acting, four-cycle engine by the DUISBURGER MASCHINENBAU-GESELLSCHAFT, VORMALS BECHEM & KEETMAN, Duisburg.* *Iron & Coal* 73 S. 354.

Double-acting two-cycle engine by KÖRTING BROTHERS.* *Iron & Coal* 73 S. 355.

VORM. GEBR. KLEIN, Zweitakt-Gasmaschine. ▣ *Masch. Konstr.* 39 S. 129/30.

KOERTING, four-stroke cycle gas engine.* *El. World* 47 S. 1068/9.

BOCHET, les moteurs à explosion et à combustion. (Les gazogènes.) * *Bull. Soc. él.* 6 S. 449/63.

STOTT, combined steam and gas engine generators. (Steam turbine between the exhaust of a reciprocating engine and the condenser; producer gas; gas engine to run at constant load, combined with a steam turbine to take all the fluctuations.) (V) (A) *Pract. Eng.* 33 S. 421/2.

WILLITS, explosive-mixture motors.* *J. Nav. Eng.* 18 S. 1035/62.

4. Petroleum-, Benzin- und Naphtamaschinen. Oil, benzine, naphta engines. Machines à pétrole, benzine, naphte.

Petrol motors. (OTTO cycle; single cylinder motors; multi-cylinder engines.)* *Autocar* 16 S 193/4 F.

Petroleum-Zweitakt-Motor, Bauart HARDT-KÖRTING, für Unterseeboote. * *Z. mitteleurop. Motwv.* 9 S. 396/8.

ADAMS, a sixteen cylinder petrol engine. (The sixteen pistons and connecting rods take effect upon eight cranks, there being one crank to each opposed pair of cylinders.)* *Autocar* 16 S. 543.

BRITANNIA CO. in COLCHESTER, Petroleum-Motor für Rohpetroleum.* *Z. Dampfk.* 29 S. 113.

BRUNNER, the problem of air-cooling petrol engines. (The theory of air-cooling; relative proportions of water and air for cooling. The Marmon inclined cylinder engine; the three-cylinder TORBENSEN motor; two opposed cylinders of the LOGAN motor with inserted copper flanges.)* *Autocar* 17 S. 292/5 F.

CLERK, rating petrol engines by cylinder dimensions. (V) (A) *Pract. Eng.* 33 S. 492/4.

MATHOT et DE THUN, essais des moteurs à gaz et à pétrole. *Rev. méc.* 18 S. 134/61.

The PARSONS marine motor. (It uses either petrol, paraffin, or alcohol as a fuel. The valve gear and the clutch are distinctive in design, and have stood the test of time.) * *Autocar* 16 S. 266/8.

RICE, current practice in petrol engine design.* *Mech. World* 40 S. 74/5.

WOLSELEY TOOL & MOTOR CAR CO, moteur à pétrole à six cylindres de 140 chvx.* *Rev. ind.* 37 S. 196/8.

A 60—70 H. P. paraffin engine.* *Eng.* 102 S. 507/8.

The KÖRTING paraffin engine. (A twelve-cylinder engine working on a special two-stroke cycle.)* *Autocar* 16 S. 583/4.

The „Monitor" gasoline engine.* *Iron A.* 78 S. 269.

Large multi-cylinder gas engine. (Sixteen-cylinder gasoline engine with cylinders placed at an angle of 90° with each other and 45° to the vertical.) *Mech. World* 40 S. 158; *Eng. Rec.* 54 S. 107.

Light-weight gasoline motors for aeronautical work.* *Sc. Am. Suppl.* 62 S. 25 833.

BROKAW, ignition system for gasoline motors, *Automobile, The* 14 S. 677/80.

CLOUGH, operation of gasoline motors at high altitudes. *Horseless Age* 17 S. 943/4.

Gasoline engine built by the GILSON MFG. CO. * *Iron A.* 77 S. 1900.

The HOWARD gasoline motors. (Automobile and marine motors.)* *Iron A.* 78 S. 1296/7.

Some features of the JACOBSON gas and gasoline engines. * *Am. Mach.* 29, 2 S. 516/8.

THORNYCROFT CO., Torpedoboot mit Gasolin-Motoren. (Schiffshaut aus Stahlblech; der Vorderteil mit den maschinellen Einrichtungen ist durch ein gewölbtes Dach geschützt; vierzylindriger Gasolinmotor.)* *Z. Dampfk.* 29 S. 103.

WALKER, heat analysis of a gasoline engine. *Eng. Chicago* 43 S. 250/1 F.

. The WHITE horizontal gasoline engine.* *Brick* 24 S. 219/20.

DE COURCY, Frensch internal-combustion engines for dynamo driving.⊞ *West. Electr.* 39 S. 392/3.

BARKER, kerosene for internal combustion motors.* *Horseless Age* 17 S. 917/20.

The „HORNSBY-AKROYD" kerosene and. fuel oil engine. (Operates on the four-stroke cycle. Cost of power and operation.)* *Railr. G.* 1906, 2 S. 84/6.

MAXWELL, the use of kerosene oil in engines built for gasoline.* *Mar. Engng.* 11 S. 486/7.

HUTCHINS, DIESEL oil engine.* *Eng. Rec.* 54 Suppl. Nr. 11 S. 51/2.

DIESEL-Motor von JOH. WEITZER.* *Wschr. Baud.* 12 S. 818.

Macchine a vapore, motori DIESEL e a gas povero. *Elettricista* 15 S. 327/8.

EBERLE, Versuche an DIESELmotoren. (Anlage des Warenhauses Tietz in München; Anlage zu 2 × 35 P. S. in dem neuen chemischen Institut der Technischen Hochschule in München.) ⊞ *Z. Bayr. Rev.* 10 S. 21/5 F.

Oil engines in a water works and lighting plant, Menasha, Wis. (DIESEL engine, two 75 H.P. units being installed, driving a 1,250,000 gal. triplex pump, while one of the engines is belted to a 50 kw. alternator for the lighting service.)* *Eng. Rec.* 54 S. 579/80.

MC CARTY, DIESEL engines for interurban railways. *West. Electr.* 39 S. 446.

Application du moteur DIESEL à la navigation. (Bateau sur le Lac Léman.) *Mém. S. ing. civ.* 1906, 2 S. 64/5.

Umsteuerbarer 100 P. S. SULZER-DIESEL Zweitakt-Bootsmotor.* *Z. mitteleurop. Motwv.* 9 S. 431/4.

Two-cycle DIESEL marine oil engine. (SULZER-DIESEL marine engine and accessories.)* *Eng.* 102 S. 381.

Some recent installations of DIESEL engines in England. *Street R.* 27 S. 736.

The DIESEL engine installation at the Traction Terminal building Indianapolis, Ind.* *El. Rev. N. Y.* 48 S. 457/8.

VAN NORTWICK, load factor and fuel consumption. (Cost with variable load factor in DIESEL oil engine.) *West. Electr.* 39 S. 28.

AGNEY, experience with small internal-combustion pumping engines running without attendance. (HORNSBY-AKROYD oil engines.) (V. m. B.) (A) *Eng. News* 56 S. 318.

BUTLER, British marine oil and spirit engines. * *Rudder* 17 S. 325/34.

KIMBERLY & CLARK PAPER CO., fuel consumption of oil engines.* *El. World* 48 S. 617.

GEBR. KÖRTING, Oel - Einspritzmotor - System TRINKLER.* *Masch. Konstr.* 39 S. 89.

LEHMBECK, der 200 P. S. Bootsmotor von GEBR. KÖRTING A.-G., Hannover.* *Motorboot* 3 Nr. 2 S. 30/3; *Sc. Am. Suppl.* 62 S. 27 589/90.

LEHMBECK, Explosionsmotoren für Motorboote. *Motorboot* 3 Nr. 5 S. 24/6.

TIMPSON, marine oil engines: their sphere of use. (V. m. B.) (A) *Pract. Eng.* 34 S. 751.

Oil tractors for commercial and agricultural purposes. (PETTER tractor; ELSTOW tractor adapted as a lurry; ELSTOW tractor employed for ploughing.)* *Pract. Eng.* 34 S. 272/4.

Verwendung von schnellaufenden Benzin-Motoren für gewerbliche Betriebe. (Versuche in der GASMOTORENFABRIK DEUTZ.) *Mon. Text. Ind.* 21 S. 298/9.

GASMOTORENFABRIK DEUTZ, Klein - Gasmotor.

(6,25 P. S. Höchstleistung für flüssige Brennstoffe, besonders Benzin.)* *Bad. Gew. Z.* 39 S. 219/20.

ROCHE-Gasmotor. (In dieser Maschine wird die Hitze der Verbrennung von Benzin dazu benutzt, komprimierte Luft oder sonstiges indifferentes Gas zu erhitzen. Der Kolben der Maschine wird durch diese Luft vorwärts getrieben.) *Gasmot.* 6 S. 20.

MÜLLER, BRUNO, FABRIQUE NATIONALE D'ARMES DE GUERRE, der Vierzylinder - Fahrradmotor. (Benzinspeisung in einem Behälter mit konstantem Flüssigkeitsspiegel; eine plötzliche Richtungsänderung des Gasstromes bringt eine innige Mischung hervor, ein Ventil regelt selbsttätig die Zufuhr von Zusatzluft bei verschiedenen Geschwindigkeiten.)* *Z. Dampfk.* 29 S. 22/4 F.; *El. u. polyt. R.* 23 S. 231/4.

Konstruktionsprinzipien für Kolben- und Kurbeltrieb des Benzin-Automobilmotors.* *Mot. Wag.* 9 S. 462/5 F.

RUMMEL, Einfluß der Vergaserdüse auf das Mischungsverhältnis bei Motoren für flüssige Brennstoffe (speziell für Automobilmotoren).* *Mot. Wag.* 9 S. 753/8 F.

Amerikanische Automobilmotoren mit Luftkühlung. *Z. mitteleurop. Motwv.* 5 S. 478/83.

Le moteur „Coq" (constructeur DECOUT-LATOUR). *France aut.* 11 S. 571.

Moteur équilibré „Edwin".* *France aut.* 11 S. 101.

The six-cylinder Mercedes engine.* *Autocar* 16 S. 345; *Automobile, The* 14 S. 628.

The eight-cylinder 120 H. P. Itala engine. (To all intents and purposes there are two separate and distinct four-cylinder engines side by side on one crank chamber.)* *Autocar* 16 S. 414.

Moteur de la PREMIER AUTOMOBILE CO. *France aut.* 11 S. 190.

MEYBACHs Sechszylinder-Motor. (Die Ein- und Auslaßventile liegen symmetrisch im Zylinderkopf und werden von oben durch eine gemeinsame Steuerwelle bewegt, welche über den Zylinderköpfen entlang geführt und auf denselben, die Zylinderachsen schneidend, parallel zur Kurbelachse gelagert ist.) *Mot. Wag.* 9 S. 260/1.

MURRAY, moteur à combustion interne.* *France aut.* 11 S. 123.

Le moteur 100 H. P. des voitures de course RENAULT.* *France aut.* 11 S. 372/3.

SABARINI, two-stroke motor.* *Autocar* 16 S. 434.

SUNSET Co. two-cylinder, two-cycle engine.* *Automobile, The* 14 S. 493.

The SWIFT two-cylinder engine.* *Autocar* 17 S. 334.

BRADBURN, 6 cyl. air-cooled engine. (Built by the STANDARD MOTOR CO; the crank chamber of the engine is open to the atmosphere through an annular slot surrounding the cylinder, and carried about halfway up, so that oil cannot be splashed up over the engine.)* *Autocar* 16 S. 753.

ANGERMANN, air-cooled revolving motor.* *Automobile* 15 S. 856.

BRENNAN MFG. CO., vertical four-cylinder engine.* *Automobile, The* 14 S. 585.

Fafnierbootsmotor mit Wendegetriebe.* *Motorboot* 3 Nr.9 S. 22/3.

The „Antoinette" engine. (Used with considerable success in the „Antoinette" boats.)* *Am. Journ.* 11 S. 542/3.

Les moteurs pour machines volantes. (Moteur „Antoinette" à huit cylindres.)* *Cosmos* 1006, 2 S. 352/5.

Eight-cylinder „Antoinette" motor for aeroplane,

constructed by the ADAMS MFG. CO.* *Engng.* 82 S. 703.

Motore LEVAVASSEUR per l'aerostave BERTELLI, a esplosione, a 4 tempi. (Potenza 22 H.P., peso 62 kg completo. 1600 giri al 1 minuto.)* *Boll. soc. aer. italiana* 3 S. 3.

5. Spiritus- und Schwefelkohlenstoffmaschinen. Alcohol and bisulphide of carbon engines. Machines à alcool et à sulfure de carbone.

DIEDERICHS, the use of alcohol as a fuel for gas engines. ▩ *Sc. Am. Suppl.* 62 S. 25568/71; *Mar. Engng.* 11 S. 264/70.

LUCKE, alcohol experimental station. (Use of alcohol in small engines.) *Eng. Rec.* 54 *Suppl.* Nr. 4 S. 47.

The PARSONS marine motor. (It uses either petrol, paraffin or alcohol as a fuel. The valve gear and the clutch are distinctive in design, and have stood the test of time.) * *Autocar* 16 S. 266/8.

WHITE, alcohol as a fuel in explosion motors. *Automobile* 15 S. 367/8.

Brennereimaschinen und Spiritusmotoren auf der Ausstellung der Deutschen Landwirtschafts - Gesellschaft in Berlin. *Z. Spiritusind.* 29 S. 275/6 F.

6. Einzelteile. Parts of gas engines. Organes des machines à gaz.

GASMASCHINENFABRIK AKT. - GES. in Amberg, Mischregler zur Erzielung eines Gasgemisches von bestimmtem spezifischen Gewicht. (Der Innenraum des als Gewichtseinheit dienenden Verdrängers steht dauernd mit der atmosphärischen Luft in Verbindung.)* *Z. Beleucht.* 12 S. 305.

Adjustable float-feed carburetter for use with gasoline or alcohol.* *Sc. Am.* 95 S. 44.

FRANKLIN, automatic carburetter.* *Automobile, The* 14 S. 794.

GAITHER, automatic carburetter, in which the compensating air inlets are of novel form. * *Automobile, The* 14 S. 632.

HEATH, rotary carburetter.* *Automobile, The* 14 S. 183.

PACKARD, automatic carburetter.* *Automobile, The* 14 S. 528.

VILLÈRE, les carburateurs; l'emploi du pétrole lampant et des huiles lourdes. * *Nat.* 34, 1 S. 226/8.

Ein Verdampfer für schwere Oele. (Die ineinander gesteckten Ventile werden gleichzeitig direkt zur Verdampfung des eingespritzten Brennstoffes benutzt.)* *Motorboot* 3 Nr. 8 S. 28/9.

Ignition practice at the shows.* *Automobile, The* 14 S. 244/9.

KÖNIG, die Zündvorrichtungen der Automobilmotoren.* *El. u. polyt. R.* 23 S. 168/71 F.

Zündapparate auf der Internationalen Automobil-Ausstellung, Berlin, Herbst 1906. * *Mechaniker* 14 S. 255/7.

BURNAND, electric ignition for gas engines.* *Mech. World* 39 S. 3/4 F.

Das elektrische Zündungssystem der GENERAL ELECTRIC CO. (Besteht aus Magneto - Generator, Kondensator und Transformator.) *Elt. u. Maschb.* 24 S. 298/9.

LÖWY, die elektrische Zündung bei Zweizylinder-V-Motoren.* *Elt. u. Maschb.* 24 S. 1020/2; *Gasmot.* 6 S. 121/3 F.

MUNRO, apparatus for electric ignition on petrol engines.* *Pract. Eng.* 34 S. 487/90.

BOLLINCKX, gas - engine cylinder construction. (Method of fastening the cylinder barrel to the head and also of fastening in the liner.)* *Pract. Eng.* 33 S. 101.

BROWN, H. S., gas - engine valve construction.* *Mech. World* 40 S. 122/3.

The flywheel of the gas engine. (Proper adjustment.)* *Gas Light* 85 S. 585/6.

HAUPTMANN, RICHARD F., Sicherheits-Andrehvorrichtung für Explosionskraftmaschinen. (Lage des Kraftangriffspunkts auf dem Schwungradumfang. D. R. P. 172 281.) * *Z. Drechsler* 29 S. 376.

Appareils pour la mise en marche automatique des moteurs à explosion. (Système MORS et SAURER.) *Cosmos* 1906, 1 S. 693/4.

RAMSEY, crank mechanism for single-acting internal combustion engines. (Devise for increasing the efficiency of single -acting internal combustion engines; differences in cylinder friction due to the RAMSEY and common crank mechanisms.)* *Eng. News* 56 S. 178/9.

The „Amac" contact-maker. (Used with petrol engines; is made by the ASTON MOTOR ACCESSORIES CO.)* *Aut. Journ.* 11 S. 15/6.

Stuffing boxes, cooled pistons, and piston rods for large gas engines. (V) (A)* *Pract. Eng.* 34 S. 264

Cooling arrangement for gasoline engines. (Cooling tank.)* *Am. Miller* 34 S. 668.

Der Indikator von MAZELIER (für Gasmotoren). (Der Apparat besteht aus einem Stück, welches am Motor direkt befestigt wird, und einem Manometer; gegenseitige Verbindung durch einen Metallschlauch.)* *Mot. Wag.* 9 S. 67/8.

Mechanical sparker for gas engines. *El. World* 47 S. 76.

Spark plug fitted with duplex attachment.* *Automobile, The* 14 S. 651.

Gas engine muffler. (Of the noise made by the exhaust of a gas engine, consists of a pipe with a reducer screwed on each end.)* *Am. Miller* 34 S. 669.

CLERK, experiments to determine the conditions in a gas engine cylinder. (Phenomena of the working fluid in the cylinder of the internal combustion. The method of experiment consists in subjecting the whole of the highly heated products of the combustion of a gaseous charge to alternate compression and expansion within the engine cylinder while cooling proceeds and observing the successive falls of pressure and temperature; four-cycle type.) (V) (A) *Eng. Rec.* 54 S. 541/2.

Gebäude. Buildings. Bâtiments. Siehe Hochbau.

Gebläse. Blowing engines. Machines soufflantes. Vgl. Druck- und Saugluftanlagen, Eisen und Stahl, Feuerungsanlagen, Hüttenwesen, Lüftung, Ventilatoren.

CONE, selection of proper air compressor. (The economic and mechanical considerations influencing the purchaser.)* *Mines and minerals* 27 S. 101/4.

Sablière à air comprimé système GRESHAM.[s] *Portef. éc.* 51 S. 43/4.

INNES, air compressors and blowing engines. (a)* *Pract. Eng.* 33 S. 35/6.

RICHARDS, selection of proper air compressor. (Valve areas of piston inlet compressors; arrangements for lubricating; automatic speed control.)* *Mines and minerals* 27 S. 217/8.

v. HUMMEL, Gebläse oder Pumpe für hohen Druck.* *Braunk.* 5 S. 263/4.

JAEGER, & CO, Kapselgebläse für hohe Drucke.* *Z. V. dt. Ing.* 50 S. 1122/3.

35" KEITH-BLACKMAN pressure blower at Olympia, constructed by the KEITH & BLACKMAN CO.* *Engng.* 82 S. 471.

STURTEVANT, high-pressure blower. (Consists of

a cast - iron shell or housing in which are two rotating members or „rotors".) *Railv. G.* 1906, 1 *Suppl. Gen. News* S. 32/3; *Iron & Coal* 72 S. 538; *Eng. News* 55 S. 134; *Masch. Constr.* 39 S. 141; *El. World* 47 S. 335/6.

AMERICAN BLOWER CO., Kreiselgebläse für heiße Gase.* *Z. Turbinenw.* 3 S. 16.

AMERICAN RADIATOR CO., the „Vento" blast heater.* *Eng. Rec.* 53 Nr. 23 *Suppl.* S. 47.

JACOBS, the KIDDIE hot - blast system for copper-smelting furnaces. * *Eng. min.* 82 S. 598/601.

RICE, gas pump for hot gases.* *Eng. min.* 82 S. 1059.

Air compressors at the Champion and Mohawk copper mines.* *Eng. min.* 81 S. 417/8.

Luftstrahlgebläse im Gießereibetrieb. * *Met. Arb.* 32 S. 279/80.

PIQUA positive foundry blower. (Made in both horizontal and vertical types and many sizes.)* *Foundry* 28 S. 241; *Iron A.* 77 S. 1908.

ROBERTS, development of blast - furnace blowing-engines. (Historical; blowing cylinder fitted with KENNEDY-REYNOLDS valve-gear; RIEDLER valves; SOUTHWARK valve; SLICK valve-gear; gas engines; turbines; ADAMSONs blowing cylinder.) (V. m. B.)* *Proc. Mech. Eng.* 1906 S. 375/401; *Iron & Coal* 73 S. 491/3; *Eng.* 102 S. 202/3; *Engng.* 82 S. 440/1; *Iron A.* 78 S. 1082/5.

SIMMERSBACH, Stahlwerks-Gebläsemaschine. (Aus der Fabrik der KÖLNISCHEN MASCHINENBAU-AKT. - GES. in Köln - Bayenthal.) ⊠ *Stahl* 26 S. 1311/2.

Gas blowing engine plant for Indiana Steel Co. (To be installed in the new steel plant at Gary, Indiana. Resemblance to the horizontale tandem heavy duty steam engine design.) *Eng. Rec.* 54 *Suppl.* Nr. 10 S. 47.

Buffalo compressed air forges.* *Iron A.* 77 S. 1763.

The Champion electric blacksmith blower.* *Iron A.* 77 S. 1249.

EMICH, Sterngebläse. * *Z. Chem. Apparat.* 1 S. 17/8.

CASMEY, practical notes on the application of fans for induced draught and other purposes. (Steam jets; air economiser; dust removal; ventilation.) (V) (A) *Pract. Eng.* 34 S. 591.

LEONARDO DA VINCI, Abhandlung von BECK. (Gebläse und Ventilatoren.)* *Z. V. dt. Ing.* 50 S. 779/82.

SNOW, the realm of the fan blower.* *Cassier's Mag.* 31 S. 63/71.

SNOW, the conditions of fan-blower design.* *Cassier's Mag.* 29 S. 219/29.

DAVIDSON, S. C., the „Sirocco" fans and blowing apparatus.* *Text. Rec.* 30, 5 S. 148/9.

STURTEVANT CO., selection of fan blowers. (Two types.) *Eng. Rec.* 54 *Suppl.* Nr. 21 S. 49.

TITUS and RATTLE, test of a turbine-driven „Sirocco" blower. (At the works of the De Laval Steam Turbine Co.) *Eng. Rec.* 53 S. 599/600.

WILLCOX, digest of the criticisms of GAYLEY's dry air blast process.* *Iron & Coal* 72 S. 1651/4.

Cylinder diameters for blowing engines. (With CORLISS steam gear when operating non - condensing.)* *Mech. World* 39 S. 6.

Geldschränke. Safes. Coffres-forts. Fehlt.

Geodäsie. Surveying. Géodésie. Siehe Instrumente 6, Vermessungswesen.

Gerberei. Tannery. Tannerie. Vgl. Leder.

1. Gerbstoffe. Tanning materials. Tannants.

FRANKE, Reindarstellung von Gerbstoffen. *Pharm. Centralh.* 47 S. 795/8.

STRAUSS und GSCHWENDNER, Gerbstoffe. (Rein-darstellung und Charakterisierung der Gerbstoffe aus Tee, Sumach, Maletto und Quebracho colorado.) *Z. ang. Chem.* 19 S. 1121/5.

EITNER, Elandbohnenwurzel, ein neues Gerbmaterial. *Gerber* 32 S. 92/3 F.

FLIESZ, die Gerberakazie. (Praktische Erfahrungen auf dem Gebiete der Gerberakazienkultur in Natal [Südafrika]). *Tropenpflanzer* 10 S. 578/84.

NIERENSTEIN, Quebrachogerbstoff. *Pharm. Centralh.* 47 S. 357.

WOLLENWEBER, Filixgerbsäure, *Arch. Pharm.* 244 S. 466/80 F.

HOLTZ, Black - Wattle - Wirtschaft in Natal. (Zur Gewinnung der Mimosarinde.) PAESZLER, Bemerkungen dazu. *Tropenpflanzer* 10 S. 445/59, 458/64.

Gerbstoffextrakte. (Verwendung der käuflichen Extrakte.) *Gerber* 32 S. 1/2 F.

Barbatimaorinde. *Pharm. Centralh.* 47 S. 786.

MANN and COWLES, examination of some Western Australian barks. *Chemical Ind.* 25 S. 831.

EITNER, zur angeblichen Verfälschung der Maletrinde. (Untersuchung von Maletrinden.) *Gerber* 32 S. 33/5.

FRANKE, die neueren chemischen Untersuchungen über das Tannin. *Pharm. Centralh.* 47 S. 983/7.

THOMS, zur Gerbstofforschung. (Zufolge dieser Versuche ist Eutannin die bekannte aus Myrobalanen isolierte Chebulinsäure.) (V) *Apoth. Z.* 21 S. 354/6.

PROCTER and BENNETT, the barium and calcium salts of gallic, protocatechuic and digallic acids. (V. m. B.) * *Chemical Ind.* 25 S. 251/4.

Einwirkung von Formaldehyd auf Gerbstoffe. *Pharm. Centralh.* 47 S. 27.

FRANKE, direkte Bestimmung von Gerbsäuren. *Pharm. Centralh.* 47 S. 599/604.

FRANKE, Gerbstoffanalyse. *Pharm. Centralh.* 47 S. 887/8.

NIERENSTEIN, qualitative tannin analysis. *J. Soc. dyers* 22 S. 381/2.

PROCTER and BENNETT, present development of the analysis of tanning materials. (V. m. B.) *Chemical Ind.* 25 S. 1203/7.

SMALL, tannin analysis. (V) *Chemical Ind.* 25 S. 296/8.

VAUBEL und SCHEUER, Bestimmung der Gerbsäure in Gerbstoffen. * *Z. ang. Chem.* 19 S. 2130/2.

VEITCH and HURT, extraction of tanning materials for analysis. *J. Am. Chem. Soc.* 28 S. 505/12.

Tests of tannin. (Comparative tests of gall nut and sumach extracts; oat, chestnut, and pine extracts.) *Dyer* 26 S. 63.

BOUDET, dosage du tannin dans les matières tannantes. *Bull. Soc. chim.* 3, 35 S. 760/2.

NIHOUL, emploi de la poudre de peau chromée dans l'analyse des tanins. *Bull. belge* 20 S. 236/40.

PARKER and BENNETT, detannisation of solutions in the analysis of tanning materials. *Chemical Ind.* 25 S. 1193/1200.

2. Gerbverfahren. Tanning processes. Procédés de tannage.

PAESZLER, Fortschritte auf dem Gebiete der Gerberei. *Chem. Zeitschrift* 5 S. 515/8 F.

AMEND, chrome tanning. *J. Am. Chem. Soc.* 28 S. 655/7; *Text. col.* 28 S. 175/6.

SCHLAGETER, neuere Maschinen und Apparate zur Lederfabrikation. (Lohmühle; Magnetapparat zwischen Mühle und Rüttelkasten; Gerbfaß mit selbsttätiger Umsteuerung für Rechts- und Linksgang; Lederwalzmaschine; Ausreck- und Ausstoßmaschine.) * *Uhlands T. R.* 1906, 5 S. 85/7

Chromgerberei. *Gerber* 32 S. 241/2 F.

EITNER, Dickermachen von Sohlleder. *Gerber* 32 S. 63. 5.

LAMB, Zurichten (Weißgerben) und Färben von Schaffellen, weiß, schwarz und farbig. *Muster-Z.* 55 S. 43/6 F.

ROGERS, new process of puering or bating hides and skins. (OAKES' process; using a bath of sulphur, glucose and yeast. U. S. Pat. 798293.) *Chemical Ind.* 25 S. 103/4.

STIASNY, Wirkungsweise der Kalkäscher. *Gerber* 31 S. 200/2 F.

EITNER, Boxcalf-Imitationen. *Gerber* 32 S. 77/8.

3. Verschiedenes. Sundries. Matières diverses.

NIERENSTEIN, das Färbevermögen der Gerbstoffe. *Chem. Z.* 30 S. 1101/2.

SMAIČ, Verhalten gemauerter Gerbgeschirre. *Gerber* 32 S. 91/2 F.

Geschosse. Projectiles. Siehe Waffen und Geschosse 4.

Geschützwesen. Guns. Canons. Siehe Waffen und Geschosse 3.

Geschwindigkeitsmesser und Umdrehungszähler. Speed and revolution indicators. Indicateurs de vitesse et compteurs de tours. Vgl. Fahrräder, Indikatoren.

BAER und REMPEL, Flüssigkeitstourenzähler. (Mittels dessen die Umdrehungszahl der Nähmaschine festgestellt wird.) *Uhlands T. R.* 1906, 5 S. 47.

Liquid tachometer. *El. World* 47 S. 1199/1200.

The BROWN recording revolution indicator.* *Iron A.* 77 S. 1261.

LUX, der FRAHMsche Frequenz- und Geschwindigkeitsmesser. (Beruht auf dem Prinzip der Resonanz.)* *Ann. Gew.* 59 S. 1/9; *Z. mitteleurop. Motwv.* 9 S. 31/6; *Gén. civ.* 49 S. 313/4.

GIESELER, Messung von Umdrehungen auf akustischem Wege.* *Prom.* 17 S. 377/9.

SAALER, tachometer. (Bi-fluid tachometer to indicate speed of rotation by the centrifugal effect upon a liquid contained in a rotating vessel, the differences in level produced thereby being magnified by employing two liquids of widely differing densities.)* *Eng. News* 56 S. 358.

A new VEEDER MFG. Co. tachometer.* *Iron A.* 77 S. 1750.

GUMLICH, magnetische Einrückvorrichtung für einen Umdrehungszähler. (Rückt elektromagnetisch einen zur Bestimmung der Umdrehungszahl einer Welle dienenden Umdrehungszähler ein und aus.) *Elektrot. Z.* 27 S. 720/1.

BECKER, Konstruktionsgrundlagen für Geschwindigkeitsmesser von Automobilen. *Z. mitteleurop. Motwv.* 9 S. 236/42.

Ueber Geschwindigkeitsmesser. (Zuschrift des Sächsisch-Thüringischen Automobilklubs.) *Mot. Wag.* 9 S. 18/20.

SCHWENKE, Geschwindigkeitsmesser auf der Herkomer-Fahrt 1906. *Z. mitteleurop. Motwv.* 5 S. 509/11.

SCHULTZE, electric speed indicator for automobiles.* *West. Electr.* 38 S. 376.

Automobilisme odotachymètre RICHARD.* *Cosmos* 55, II S. 115/7.

SMITH MFG. CO., Springfield, motometer.* *Horseless age* 18 S. 356; *Franc. aut.* 11 S. 635/6.

Tire, lamp and speedometer trials of the British Automobile Club. (ELLIOT speedmeter; KIRBY speedmeter; STAUTON's speedmeter; Vulcan odometer; Collier tire.)* *Horseless Age* 17 S. 651/5.

Speed indicators. (The O. S. speed indicator.)* *Aut. Journ.* 11 S. 1115/6.

The COWEY speed indicator and mileage recorder.* *Autocar* 16 S. 296.

The LEA speedmeter of the MOTOR CAR SPECIALTY CO. of Trenton, N. J.* *Horseless Age* 17 S. 425.

DINOIRE, indicateur de vitesse enregistreur pour machines d'extraction.* *Bull. ind. min.* 4, 5 S. 373/82.

FOLJAMBE, speed indicating and recording devices. (Speedmeters, speedrecorders and odometers of JONES, MC GIEHAN, LEA, HICKS, LORING, CHICAGO PNEUMATIC TOOL CO., ACME CO., WARNER and BULLARD.)* *Horseless Age* 17 S. 683/6, 883/7.

DRAKE, odometers and speed indicators.* *Horseless Age* 17 S. 69/71.

The WARNER magnetic speed indicator combined with a distance recorder.* *Autocar* 16 S. 303.

DOLNAR, the WARNER auto-meter and cut-meter. (An instrument that whould record either revolutions per minute or surface speeds per minute visibly and accurately, and show rate variations in the continual movement of a machine part.)* *Am. Mach.* 29, 1 S. 803/6.

MOUL & CO., cut-meter.* *Am. Mach.* 29, 1 S. 280/1 E.

The EMERSON power scale, the cut meter as a tachometer.* *Am. Mach.* 29, 2 S. 83.

V. DRYSDALE, accurate speed, frequency and acceleration measurements. (FARADAY speed indicator; electrically-driven tuning fork with slits; acceleration tests; observation of cyclic irregularity or hunting; frequency measurement; measurement of slip; ROLLER stroboscope.)* *El. Rev.* 59 S. 363/5 F.

The LANCHESTER accelerometer for the measurement of starting and brake efforts.* *Autocar* 17 S. 840/2.

FRAHM, Lokomotivgeschwindigkeitsmesser. (Durch die geringere oder größere Geschwindigkeit der Lokomotive wird in dem an der Stirnseite einer Lokomotivlaufachse befestigten Wechselstromerzeuger, dem Geber, Wechselstrom niedriger oder höherer Frequenz von etwa 3—6000 Perioden in der Minute erzeugt. Dieser Wechselstrom wird nach dem Geschwindigkeitsanzeiger, dem Empfänger, geleitet, der aus einem Kamm von 55 Zungen besteht, die innerhalb dieser Periodenzahl stufenweise abgestimmt sind.)* *Techn. Z.* 23 S. 447/8.

GUSTERANUS, Apparat zur Ueberwachung der Geschwindigkeit von Eisenbahnzügen. (Schienenkontakte in bestimmten Entfernungen, durch welche ein auf der Lokomotive befindliches Pendel mit Registriervorrichtung in Gang gesetzt wird.)* *Z. Eisenb. Verw.* 46 S. 1167/70.

SEIDEL & NAUMANN, speed measuring and recording apparatus for locomotives.* *Pract. Eng.* 33 S. 71/2.

Locomotive tachographs. (SCHMASSMAN recorder; AMSLER-LAFFAN mechanism; FLAMAN registering gear; FLAMAN tachograph; HASLER driving mechanism.)* *Eng.* 102 S. 29/30.

The FLAMAN speed indicator. (Records automatically the speed attained throughout the run; consists in rotating a wheel connected to the driving wheels during a fixed unit of time and then measuring the distance this wheel has turned through in the fixed time.)* *Railw. G.* 1906, 2 S. 250/1; *Dingl. J.* 321 S. 750/1.

The JONES instrument. (Records the speed of travelling and the distance covered.)* *Autocar* 16 S. 295.

RADIGUET et MASSIOT, indicateur de vitesse, système DENIS. (Comparaison permanente de deux mouvements à loi sinusoïdale, qui sont: d'une part, un mouvement alternatif provoqué par la rotation de l'organe à observer, et, d'autre part, le mouvement pendulaire d'un balancier soumis à un ressort constant.) *Rev. ind.* 37 S. 81/2.

L'indicateur de vitesse de DENIS.* *Bull. d'enc.* 108 S. 717/29; *Cosmos* 55, I S. 232/5; *Ind. vél.* 25 S. 61/3.

RICHARD, compteur-indicateur de vitesse.* *Rev. ind.* 37 S. 213.

STACH, registrierende Geschwindigkeits- und Volumenmessung.* *Glückauf* 42 S. 1590/7.

TROTTER, acceleration and accelerometers.* *Engng.* 81 S. 327/8.

Brake diagrams taken with a Lanchester accelerometer.* *Autocar* 17 S. 873.

STEVENS auto-kilometreur. (STEVENS odometer.)* *Horseless Age* 17 S. 186/7.

Un pédomètre kilométrique réglable à tous les pas. (Système d'accrochage.) *Cosmos* 55, I S. 596/8.

Speed recorder for dynamos and motors.* *West. Electr.* 39 S. 478.

GOOSE, Dampfgeschwindigkeits- und Belastungsmesser „Patent GEHRE".* *Stahl* 26 S. 832/4.

MURPHY, Genauigkeit von Geschwindigkeitsmessungen in Flüssen. (Versuche mit verschiedenen Flügeln an der Cornell-Universität; CIPPOLETTIsches Meßwehr.) (A)* *Zbl. Bauv.* 26 S. 81/3.

Ueber Geschwindigkeitsdiagramme von Werkzeugmaschinen. *Z. Werkzm.* 10 S. 395/6, 11 S. 73.

Apparatus for testing speedometers.* *Horseless Age* 17 S. 887/8.

Gespinstfasern, anderweitig nicht genannte, und ihre Behandlung. Textile fibres, not mentioned elsewhere and treatment. Fibres textiles, non dénommées, et traitement. Vgl. Flachs, Hanf, Spinnerei.

LOEWENTHAL, Neuerungen auf dem Gebiete der chemischen Technologie der Spinnfasern. *Chem. Z.* 30 S. 629/31.

HARRIS, analysis of textile fibres. *Text. col.* 28 S. 230/5.

HANAUSEK, Untersuchungen von Faserstoffen und Geweben. *Text. u. Färb. Z.* 4 S. 597/600F.

SAGET, Untersuchung der Gespinstfasern. *Text. u. Färb. Z.* 4 S. 391/2.

GARÇON, technologie chimique des fibres et fils artificiels. *Bull. d'enc.* 108 S. 848/59.

VIGNON, les fonctions chimiques des textiles. *Bull. Soc. chim.* 3, 35 S. 1140/3; *Bull. Mulhouse* 1906 S. 359/61; *Compt. r.* 143 S. 550/2.

LEHMANN, Aufnahme von Gasen (namentlich Ammoniak) und Wasserdampf durch Kleidungsstoffe. *Arch. Hyg.* 57 S. 273/92.

VIGNON et MOLLARD, partage des acides entre les textiles et l'eau. *Bull. Soc. chim.* 3, 35 S. 1304/14.

LEHMANN, die Temperatursteigerung der Textilfasern durch den Einfluß von Wasserdampf, Ammoniak, Salzsäure und einigen anderen Gasen. *Arch. Hyg.* 57 S. 293/312.

HIELD, simple tests for dyes, chemicals, and fibres.* *Text. Man.* 32 S. 419/20F.

Konditionierapparat. (Anwendung in der Textilindustrie, um unabhängig von dem Feuchtigkeitsgehalt der Luft das effektive Rohstoffgewicht zu bestimmen.)* *Lehnes Z.* 17 S. 311/4.

MASSOT, Faser- und Spinnstoffe im Jahre 1905. (Herstellung von Kunstseide; Karbonisieren der Wolle; Sortieren von Fasern nach ihrer Länge.) *Z. ang. Chem.* 19 S. 737/48.

LECOMTE, Verfahren, welches die Unterscheidung und das Zählen der Fäden mittels des Fadenzählers in gemischten Geweben gestattet. (Beruht auf dem Vorhandensein von Amidogruppen in Wolle und Seide, die sich diazotieren lassen und dann mit Phenolen Farbstoffe liefern.) *Apoth. Z.* 21 S. 1050.

Unterscheidung von Baumwolle und Flachs in gemischten Geweben. *Mon. Text. Ind.* 21 S. 127/8.

HERZOG, distinguishing linen from cotton. (Physical and chemical characteristics; breaking; untwisting; through-lighting; burning, sulphuric acid test; color; microscopic tests.)* *Text. Rec.* 31 S. 77/81.

WETZEL, Spinnfaser-Sortiermaschinen.* *Spinner und Weber* 23 Nr. 1 S. 1.

SCHÖNFELD, Bombay - Aloe - Faser. *Seilerz.* 28 S. 122/3.

La fibre de Borassus en Afrique. (Emploi des feuilles dans la fabrication des nattes, paniers, toitures; fibre succédané du Plassava.) *Ind. text.* 22 S. 397.

Gewebe aus Borken- oder Rindenfaser. (In Ostafrika von Braellystegia oder Fiscus.) *Oest. Woll. Ind.* 26 S. 1183.

Ueber Bromeliafasern. *Seilerz.* 28 S. 152.

Anbau und Nutzbarmachung einer neuen Textilpflanze. (Canhamo Brasiliensis Perini.) *Text. u. Färb.* 4 S. 491.

BAUR, künstliche Isolierung der Gespinstfasern, insbesondere beim Flachs (die sogen. Flachsröste), nebst den für unsere landwirtschaftliche Textilindustrie und die sozialen Verhältnisse überhaupt sonst wichtigen Konsequenzen derselben. (V) (A) *Chem. Z.* 30 S. 983/4.

AXMACHER, Leinenausrüstung. (Bezeichnungen, Appretur, Gewebe aus Rein- oder Halbleinen; Färberei.) *Text. u. Färb. Z.* 4 S. 69/70F.

DANTZER, les fils en pâte de bois. *Ind. text.* 22 S. 358/9.

Ueber Kokosnußfaser. *Seilerz.* 28 S. 444/6.

Ueber Piassava. *Seilerz.* 28 S. 356/7.

Ramie, die Textilfaser der Zukunft. (V) *Text. Z.* 1906 S. 533.

Ramie. (Dry and green treatment; wet process; removing of stems by the machines of FAURE and MICHOTTE; degumming process of MICHOTTE and URBAIN.)* *Text. Rec.* 31, 4 S. 84/7.

V. ORDODY, Verfahren zur Gewinnung von Gespinstfasern und Papierstoff aus Schilf, Binsen u. dergl. *Erfind.* 33 S. 27/8.

GIERSBERG, Düngung der Weidenkulturen und Verwertung des Weidenbastes als Textilfaserstoff.* *Presse* 33 S. 480/2.

BRICKWEDEL, neue Spinnfaser aus Weidenrinde. *Oest. Woll. Ind.* 26 S. 1507.

Japanische Faserstoffe. (Shiro - no - ki; J - gusa.) *Seilerz.* 28 S. 6/8.

Tussahseide als Ersatz für Wolle. *Text. u. Färb. Z.* 4 S. 234/5.

Verwendung der mexikanischen Zapupefaser zu Industriezwecken. (Gleicht in ihrem Aeußeren der Henequenpflanze Yukatans.) *Z. Textilind.* 9 S. 105.

Verarbeitung von Zellulose zu Garnen und Geweben. *Chem. Z.* 30 S. 1158.

Gesteinsbohrmaschinen. Stone boring and drilling machines. Perforateurs. Vgl. Bergbau 2, Brunnen, Schrämmaschinen, Tiefbohrtechnik.

Erdbohrer. (Universalbohrer von H. MEYER; zylinderförmig mit seitlich zuschiebbarem Schlitz

und abschraubbarer Ventilklappe versehen.)*
Stein u. Mörtel 10 S. 282.

Models of rock drills at South Kensington. *Eng.*
102 S. 217/8.

BRUNNBERG, rock-drilling in Swedish mines. (Pneumatic drills maintaining their superiority over electric; RAND and INGERSOLL machines; American water-jet machine, in which the piston is separated from the drill, and strikes it with great rapidity.) (A) *Min. Proc. Civ. Eng.* 166 S. 441/3.

FIEBELKORN, leicht tragbare Gesteinsbohrmaschine „Little Jap". (Mit Preßluft angetrieben.) (V)*
Tonind. 30 S. 547/9 F.

HEINE, die maschinelle Bohrung im Bosrucktunnel mit besonderer Berücksichtigung der Gesteinsbohrmaschine System GATTL ⊞ *Wschr. Baud.* 12 S. 541/5.

JAYCOX, rock drilling by horse-power. (Belted through a gear wheel to a crank.)* *Eng. News* 55 S. 579.

Electric rotary rock drill by DAVIS & SON.* *Iron & Coal* 72 S. 2124.

Electric drilling machine for boring shot-holes in coal by the DIAMOND COAL-CUTTING CO.* *Iron & Coal* 72 S. 2124.

KŠANDA, die elektrisch angetriebenen Kurbelstoßbohrmaschinen System SIEMENS & HALSKE und SIEMENS-SCHUCKERT-WERKE im Kaiser Franz Josef I-Hilfsstollen in Breth.* *Z. O. Bergw.* 54 S. 373/8 F.

TEMPLE-INGERSOLL electricair rock drill. *Mines and minerals* 27 S. 53; *Eng. Rec.* 54 Suppl. Nr. 18 S. 64; Nr. 25 S. 49.

Notes on the driving of a stone drift by means of compressed air rock drill. *Iron & Coal* 73 S. 588/9.

Pneumatic plug drill. (For quarry work SULLIVAN MACHINERY CO.) *Eng. News* 55 S. 277.

SULLIVAN pneumatic hammer drills.* *Railr. G.* 1906, 2 *Gen. News* S. 133.

KEYMER's double hammer rock drill.* *Iron & Coal* 73 S. 398.

RIX, air hammer rock drills in mining. (V) *Compr. air.* 10 S. 3836/43.

BRAMER, Bohrer zur Erweiterung von Minenlöchern. (Am Boden der Mine, wo die Explosion erfolgen soll.)* *Krieg. Z.* 9 S. 52/3.

Progress in coal prospecting. (Diamond core drill prospecting coal beds.) * *Mines and minerals* 27 S. 139.

„Stennard" hand drilling machine, by the DIAMOND COAL-CUTTING CO.* *Iron & Coal* 72 S. 2124.

„Little Diamond" shearing and undercutting machine by the DIAMOND COAL-CUTTING CO. * *Iron & Coal* 72 S. 2124.

Prospecting a gold placer. (A description of the machinery used and methods of operating and of calculating values from the results.)* *Mines and minerals* 26 S. 561/4.

Sub-aqueous rock-cutting plant for the Manchester ship canal, constructed by LOBNITZ & CO.* *Engng.* 82 S. 214.

JANSON, determination of angles of diamond drill holes.* *Iron & Coal* 73 S. 743.

Gesundheitspflege. Hygiene. Hygiène. Vgl. Abfälle, Abortanlagen, Abwässer, Badeeinrichtungen, Desinfektion, Instrumente, Krankenmöbel, Schutzvorrichtungen, Wasserreinigung.

1. Städtische Gesundheitspflege.
2. Gesundheitspflege in Bezug auf Wohnungen u. dgl.
3. Gewerbliche Gesundheitspflege.
4. Besondere Schutzmittel.
5. Verschiedenes.

1. Städtische Gesundheitspflege. Hygiene in towns. Hygiène urbaine. Vgl. Hochbau 2, 6d u. 6h.

KÖRTE, kommunale Bodenpolitik. (Einfluß auf die Wohnungs-, Gesundheits- und allgemeinen Lebensverhältnisse der Gemeindeglieder, insbesondere der weniger bemittelten Klassen.) (V) *Techn. Gem. Bl.* 9 S. 43/5.

RICHARDSON, rational extension of modern cities. (Housing of the working classes.) *Builder* 91 S. 48.

ROSENSTOCK, Aufgaben der Gemeinden im Kampfe gegen die Lungentuberkulose. (Lungenheilstätten; Tagesheilstätten; Fürsorgestellen; billige Kleinwohnungen; öffentliche Plätze und Parks.) (V) *Techn. Gem. Bl.* 9 S. 125/7.

OSTERLOH und BLASIUS, Forderungen der Gesundheitspflege an die Schulgebäude. (Bauplatz, bauliche Anordnung; Schulzimmer; Abendbeleuchtung; Decke; Wände; Fußboden; Turnhalle; Aborte; Schulhof; sonstige Schuleinrichtungen) (V) (A) *Z. Baugew.* 50 S. 17/9 F.

PRUDDEN, clean air. (Bacterial contents of air; sweeping; a large portion of the dust may be gathered and held by covering the carpets with moistened shreds of paper; vacuum process of cleaning.) *Eng. News* 55 S. 402/3.

ASHTON, sewage purification works and the health of the community. (V) (A) *Builder* 91 S. 278/9.

New Orleans mosquito prevention ordinance. (To assist in the prevention of another yellow fever epidemic, like the one at New Orleans in 1905, and also to aid in putting down malaria.) *Eng. News* 55 S. 187.

2. Wohnungsgesundheitspflege. Domestic hygiene. Hygiène domestique.

HRNICI, Allgemeines und Spezielles über den Bau und die Einrichtung von Arbeiterwohnungen. (V) *Z. V. dt. Ing.* 50 S. 952/6; *Z. Bayr. Rev.* 10 S. 178/80 F.

MANIGUET, über Arbeiterhäuser im allgemeinen und mit speziellem Hinweis auf französische Verhältnisse. (Arbeiterwohnhäuschen der Seidenweberei in Chabons; Erdgeschoß und Stockwerk der Kaserne für ganz- und halbinterne Arbeiterinnen.)* *Z. Gew. Hyg.* 13 S. 191/3 F.

HANAUER, Fortschritte der Wohnungshygiene. (WOLPERTs Untersuchungen über die Einwirkung verdorbener Luft auf den Organismus. Herabsetzung der Kohlensäureproduktion und des Stoffwechsels. Zunahme der Tuberkulose, Kindersterblichkeit.) *Baugew. Z.* 38 S. 961/2.

GEMÜND, hygienische Betrachtungen über offene und geschlossene Bauweise, über Kleinhaus und Mietskaserne. *Viertelj. Schr. Ges.* 38 S. 376/93.

SCOTT, ALBAN H., a note on housing of the working classes. (Advantages and disadvantages of block dwellings and cottage tenement, more particularly relating to towns.) (V) *Builder* 91 S. 300/1.

SCHILLING, welche Mindestforderungen sind an die Beschaffenheit der Wohnungen, insbesondere der Kleinwohnungen zu stellen? (Zugang; Umschließung; Umfang und Größe; Fenster; Aborte; Wasserversorgung und Entwässerung.) (V. m. B.) *Techn. Gem. Bl.* 9 S. 256/8.

JUILLERAT et BONNIER, la production d'oxyde de carbone dans les habitations. (A) *Ann. trav.* 63 S. 953/4.

RAMBOUSEK, Frage der Reinerhaltung der Luft in Wohnungen, insbesondere in Schlafräumen. * *Erfind.* 33 S. 100/2, 146/8 F.

3. Gewerbliche Gesundheitspflege. Industrial hygiene. Hygiène industrielle.

HARTMANN, Jahresberichte der Preußischen Regie-

rungs- und Gewerberäte und Bergbehörden für 1905. (V) (A) *Verh. V. Gew. Sitz. B.* 1906 S. 123/7.

BEEKS, welfare work-provision for physical comfort of primary importance. (Drinking fountain; locker and dressing rooms; wash rooms; seats for women; elevator service; lunch rooms; factory hospital.)* *Text. Rec.* 30, 6 S. 84/9.

Arbeiterwohnstätten und Wohlfahrtseinrichtungen beim Bau des Tauerntunnels. (Wohnhäuser; Baracken; Spitäler. Wasserleitung.) *Z. Eisenb. Verw.* 46 S. 623.

HERMANN, ständige Ausstellung für Arbeiter-Wohlfahrt im Steiermärkischen Gewerbeförderungsinstitute, Graz. (Sicherheitsvorkehrungen für den Dampfbetrieb, für Motoren und Kraftübertragungen, sowie Sicherheitseinrichtungen an Holz- und Metallbearbeitungsmaschinen, an Aufzügen und Fahrstühlen; Gewerbehygiene.) *Z. Gew. Hyg.* 13 S. 3/10 F.

PORTER, democratization of industry, or enlightened methods of treating the employed. (Devices for improving the hygienic condition of the shops.) (V) (a)⊞ *J. Frankl.* 162 S. 161/78.

Les améliorations récentes dans l'hygiène des ateliers. *Gén. civ.* 48 S. 159/61 F.

Wohlfahrts-Einrichtungen für Arbeiter. (Aus dem Berichte der Gewerbeaufsichtsbeamten für den Regierungsbezirk Magdeburg.) (a) *Z. Gew. Hyg.* 13 S. 4/6 F.

DE LANGE, die Bekleidung von Arbeitern in verschiedenen Lebensumständen. * *Arch. Hyg.* 56 S. 393/418.

LANG, die gewerbehygienischen Einrichtungen der neuerbauten Bremsstation der Adler Fahrradwerke. * *Z. Wohlfahrt* 13 S. 9/10.

RAMBOUSEK, der erste internationale Kongreß für Arbeiterkrankheiten in Mailand. *Z. Gew. Hyg.* 13 S. 327/32 F.

SHONTS, conditions on the Isthmus of Panama. (Health conditions; food and quarters; materials and supplies; working force; recreation for employés.) (A) *Eng. Rec.* 53 S. 653/5.

SCHUBERTH, gesundheitsschädliche Einflüsse und deren Beseitigung. *Ratgeber, G. F.* 5 S. 286/7.

Ueber den Wert systematischer, periodischer, ärztlicher Untersuchung der Arbeiter in gesundheitsgefährdenden Betrieben. *Z. Gew. Hyg.* 13 S. 396/8.

Feststellungen über das Sehvermögen der Betriebsbediensteten von Kleinbahnen. *Z. Eisenb. Verw.* 46 S. 1334.

WALDECK, Berufskrankheiten der Industriearbeiter. (Und deren Verhütung bezw. Behandlung.) *Z. Dampfk.* 29 S. 525 F.

LEHMANN, K. B., Aufnahmewege der Fabrikgifte. (Absorption durch die Atmungsorgane; Aufnahmefähigkeit der unverletzten menschlichen Haut für organische Fabrikgifte.) (V) (A)

Vergiftungen im Gewerbe und deren erste Hilfe. (Irritierende, neurotische, septische oder blutzersetzende Gifte.) *J. Drechsler* 29 S. 327/8 F.

KLOCKE, Bedeutung der Sauerstoffinhalationen in der Gewerbehygiene. (Aetzende Dämpfe; schweflige Säure; Schwefelwasserstoff; Arsenwasserstoff; Blausäure; Kohlensäure; Kohlenoxyd; Gefahren der Wassergasanlagen; Bereithaltung eines Zylinders mit komprimiertem Sauerstoff, Gummischlauch und Mundstück; Bergwerks- und Hüttenbetrieb; Anilinfarben- und chemische Fabriken.) *Z. Gew. Hyg.* 13 S. 559.63 F.

Nouvelle méthode de respiration artificielle. (Appareil EISENMENGER.) *Nat.* 34, 2 S. 19/20.

Erhöhung der Unfallgefahr durch übermäßigen Al-

koholgenuß. (Nachweisungen des Reichsversicherungsamts.) (A) *Baugew. Z.* 38 S. 384/5.

ROEMELT, Erfolge der bayerischen Staatsbahnverwaltung in der Bekämpfung des Alkoholismus. (Ausschank von Kaffee, Tee und Milch.) *Z. Eisenb. Verw.* 46 S. 442/3.

BURGL, über tödliche innere Benzinvergiftung und insbesondere den Sektionsbefund bei derselben. *Med. Wschr.* 53 S. 412.

GRAWITZ, Schutz gegen Bleivergiftung. (Veränderung der roten Blutzellen als Zeichen der Blutvergiftung, Blutuntersuchung bei den Bleiarbeitern.) *Ratgeber, G. T.* 5 S. 254; *Bayr. Gew. Bl.* 1906 S. 161.

LÖHNERT, Bleivergiftung in den Emaillebetrieben. (Bleikrankheit; Vorbeugung durch Milchgenuß, Baden in warmem Wasser, Bewegung in frischer Luft, Anwendung eines Respirators.) *Gieß. Z.* 3 S. 66a/3.

TISCHLER, die Akremninseife als Mittel zur Bekämpfung der Bleigefahr. *Oest. Chem. Z.* 9 S. 19/20.

CAREY, chrome poisoning. (Vgl. Text. Rec. 29, 6 S. 157/8. Experiences of medical men and practical dyers.) *Text. Rec.* 31, 1 S. 156/7.

WESSEY, chrome poisoning in English dye works. (Vgl. Text. Rec. 29, 6 S. 157/8. Official inquiries. Installation of exhaust ventilation over each preparing machine.) *Text. Rec.* 30, 4 S. 156/7.

JELLINEK, erste Hilfe bei elektrischen Unglücksfällen. *Bad. Gew. Z.* 39 S. 216/9 F.; *Gieß. Z.* 3 S. 52/4.

Wiederbelebungsversuche bei von elektrischem Strom Getroffenen. (Wie diejenigen bei Ertrunkenen.) *Papierfabr.* 4 S. 77.

Hautkrankheiten unter den Walkerei- und Färbereiarbeitern. *Z. Gew. Hyg.* 13 S. 83.

JOSEPH, Einrichtung zur Unschädlichmachung giftiger Abdämpfe beim Färben usw. (Durch Niederschlag.)* *J. Goldschm.* 27 S. 308.

LUDWIG, Hauterkrankungen der Färber und ihre Ursachen. *Z. Gew. Hyg.* 13 S. 596/7.

UHLER, Blutvergiftung durch Anilin. (Gegenmittel: Branntwein und starker schwarzer Kaffee.) *Z. Gew. Hyg.* 13 S. 167/8.

Gesundheitsgefahren bei der Anilin-Schwarzfärberei. (Vorsichtsmaßregeln zum Schutze der Arbeiter.) *Z. Gew. Hyg.* 13 S. 455/6.

Vorsicht beim Hantieren mit Anilinöl. *Z. Gew. Hyg.* 13 S. 599.

ADAM, Gesundheitsgefahren bei der Eisenverarbeitung und ihre Verhütung. *Uhlands T. R.* 1906, 1 S. 5/6 F.

Gesundheitsschädliche Einflüsse. (Einwirkungen schädlicher Dünste, Gase, Staub und bewährte gewerbehygienische Einrichtungen und Maßnahmen.) *Ratgeber, G. T.* 5 S. 297/303 F.

Wirtschaftliche und hygienische Vorteile der MORGAN-Gasgeneratoren. (Beim Aufgeben der Kohle können Gase nicht entweichen, die Arbeiter werden beim Abschlacken weder durch strahlende Hitze, noch durch Staub und schädliche Gase gefährdet.)* *Z. Gew. Hyg.* 13 S. 165.

LEHMANN, K. B., über das Gießfieber. (Schädlichkeit der Verbrennungserzeugnisse des im Messing enthaltenen Zinks.) (V) (A) *Z. Gew. Hyg.* 13 S. 515.

SIGEL, Gießfieber und seine Bekämpfung mit besonderer Berücksichtigung der Verhältnisse in Württemberg. *Viertelj. ger. Med.* 32 S. 174/87 F.

Bemerkenswerte Einrichtungen durch Verwendung bewegter Luft in einer Holz-, Horn- und Steinnußknopffabrik. (Im Tetschener Bezirke.) *Z. Gew. Hyg.* 13 S. 571/2.

Vergiftung durch Kohlenoxydgas an einer Saug-
gasanlage. (Unrichtige Einstellung eines zwischen
Gaserzeuger und Motor befindlichen Dreiweg-
hahnes.) *Z. Dampfk.* 29 S. 87.
BERT, investigations of the effect on man of high
air pressures. (Due to injudicious rapidity of
decompression. Experiments on animals. 100ᶠ
limit for practical diving; experiments SIEHE &
GERMAN; observations of HILL, SCHRÖTTER,
HALDANE and PRIESTLEY.) *Eng. Rec.* 53
S. 796/7.
Travaux à l'air comprimé. (Réglementation du
Syndicat général de garantie du Bâtiment et des
Travaux publics contre les accidents du travail.)
Ann. trav. 63 S. 1194/7; *Ann. d. Constr.* 52
S. 174.
CARNOT, le coup de pression. (Principaux acci-
dents dus à l'air comprimé.) *Ann. ponts et ch.*
1906, 3 S. 192/210.
OLIVER, the use of caissons in bridge building,
with remarks upon compressed air illness.
Page's Weekly 8 S. 1097/9 F.; *Iron & Coal* 72
S. 1772/4. .
RAZOUS, la prévention des accidents dans les
travaux par l'air comprimé. *Gén. civ.* 49 S. 91/2.
BOYCOTT, caisson-disease at the new high-level
bridge, Newcastle-on-Tyne. (Medical lock; slow
decompression.) (V)* *Min. Proc. Civ. Eng.*
165 S. 231/7.
Ueber Wollsortierung. (Staubabsaugvorrichtungen;
Sortiertische mit Platte aus Drahtgewebe; FIRTH,
CROSSLEY & CO.; von MATTHEWS & YATES.)*
Uhlands T. R. 1906, 5 S. 42/4.
BEISWENGER, durch welche praktisch durchführ-
baren Maßnahmen kann der Verbreitung des
Milzbrands aus Gerbereien vorgebeugt werden?
Ratgeber, G. T. 5 S. 282/6.
CAVAILLÉ, Gewinnung der Rauf- oder Schabwolle
von Schafhäuten (Delainage) in Mazamet, De-
partement Tarn. (Krankheit der Schaber; An-
thraxinfektion.)* *Z. Gew. Hyg.* 13 S. 38/40 F.
STONE, anthrax. (Woolsorters disease; anthrax
succumbs to moist heat at 137 degrees F., and
to one per cent. solutions of carbolic acid.
EURICH lays down the imperative necessity of
abstention from all alcoholic excesses.) *Text.
Rec.* 31, 1 S. 125/6.
Behebung der durch eine Nähmaschine verur-
sachten heftigen Vibrationen. (Antrieb der
Maschine nicht direkt von der Transmission aus,
sondern im Wege eines zirka 2 m von der
Maschine am Fußboden des Lokales montierten
Vorgeleges, welches gleich wie die Maschine
selbst auf Kautschukunterlagen aufgestellt ist.)
Z. Gew. Hyg. 13 S. 599.
TEICHMANN, Einwirkung der Dämpfe von Petro-
leumbenzin und von Tetrachlorkohlenstoff auf
den Menschen. *Text. u. Färb. Z.* 4 S. 199/201.
Ersatz des feuergefährlichen Petroleumbenzins durch
Tetrachlorkohlenstoff. (Betäubende Wirkungen
des Petroleumbenzins; Unglücksfälle.) *Z. Gew.
Hyg.* 13 S. 248/9.
BONGIOVANNI, Bedeutung der Hanfröstegruben für
die Verbreitung der Malaria. *CBl. Bakt. I.* 42
S. 605/7 F.
Terpentin zum Kesselreinigen. (Vergiftung durch
Terpentingase.) *Z. Bayr. Rev.* 10 S. 231/2.
LEHNKERING, Phosphorwasserstoffvergiftung durch
im elektrischen Ofen hergestelltes Ferrosilicium.
(V) *Z. Genuß.* 12 S. 132/5.
FRANKE, über die zum Schutze der Arbeiter in
Gummi-, Phosphor-, Streichholz- und Spiegel-
fabriken zu treffenden Einrichtungen und Vor-
kehrungen.* *Viertelj. ger. Med.* 31 S. 435/64F.
Mittel beim Verbrennen des Auges mit Seife,

Lauge usw. (Zuckerwasser.) *Seifenfabr.* 26
S. 1296.
SUNDWIK, Hilfe bei Cyankaliumvergiftungen. (Al-
kalische Lösung von Ferrosulfat.) *Pharm. Centralh.* 47 S. 519.
Vorkehrungen an Webschützen, um das Einsaugen
des Fadens mit dem Munde zu umgehen. *Z.
Gew. Hyg.* 13 S. 111.
Nasenverletzungen bei den Zementarbeitern. (Va-
selin gegen die ätzende Wirkung des Zement-
staubes.) *Z. Gew. Hyg.* 13 S. 52.
WEBER, HERMANN, Arbeitswechsel statt Arbeiter-
wechsel. (In gesundheitsgefährlichen Industrien.
Vorteile des ersteren.) *Z. Gew. Hyg.* 13 S. 564/6.
NOACK, Umbildung des Handwerkszeuges. (Bestrebungen der Großherzogl. Hessischen Hand-
werker-Zentralgenossenschaft.) (V) (A) *Bayr.
Gew. Bl.* 1906 S. 373/4.

**4. Besondere Schutzmittel. Special preserva-
tories. Préservatifs spéciaux.** Vgl. Schutzvorrichtungen.
NIESE, zweckmäßige Fußbekleidung in Gießereien.
(Zugstiefel mit Gummieinlage haben sich am
besten, die Halb- und Schnürschuhe am schlechtesten gegen Fußverbrennungen bewährt.) *Techn.
Z.* 23 S. 313.
La Steno, lunette sans verres. * *France aut.* 11
S. 761.
JAUBERT, le pneumatogène, appareil respiratoire
à oxylithe, pour l'usage des mines. * *Rev. chim.*
9 S. 169/78.
Asphyxiation by coal-gas. Its prevention and
treatment in gas-works.* *J. Gas L.* 96 S. 304/5.

5. Verschiedenes. Sundries. Matières diverses.
SCHMITZ, bakteriologische und hygienische Rund-
schau. (Untersuchungsergebnisse der letzten
Jahre.) *Pharm. Z.* 51 S. 941/4.
Gesundheitstechnisches. (Menschliche Wärmeent-
wickelung; Wärmeabgabe der Heizkörper; stünd-
liche Luftmenge; Grundluft.) *W. Papierf.* 37, 2
S. 3426/7.
BIANCHINI, die thermische Oekonomie der Häuser
und die Feuchtigkeit der Mauern. *Ges. Ing.* 29
S. 307/8.
VEREINIGTE SCHULMÖBELFABRIKEN G. M. B. H.
STUTTGART-MÜNCHEN-TAUBERBISCHOFSHEIM,
hygienische Schulräume. (18 zweisitzige Bänke
System RETTIG mit beweglicher Pultplatte und
Klappsitz; Katheder nach RIEMERSCHMID, mit
wagerechter Tischplatte, Schublade und Seiten-
schrank; Schultafel mit vier hoch und niedrig
verstellbaren Schreibflächen; Schrank für Bücher
und Kleider; Schulatzimmer, Körpermeßapparat
System STEPHANI; Personenwage, WINGENs
Helligkeitsprüfer.)* *Uhlands T. R.* 1906, *Suppl.*
S. 153/5.
V. DOMITROVICH, Hygiene des Schulzimmers. (Rein-
lichkeit, Luft, Licht, Bestuhlung.)* *Techn. Gem.
Bl.* 8 S. 308/13 F.
Kohlenoxydbestimmung. (In Aufenthaltsräumen für
Menschen. Farbbestimmungsmethode von RA-
BOURDIN; Apparat von LÉVY und PÉCOUL zur
Bestimmung des Kohlenoxydgehaltes der Luft.)
Z. Dampfk. 29 S. 213.
WAGNER, B., gesundheitstechnisches. (Luft im ge-
schlossenen Raum; CO_2-Entwickelung des Men-
schen; Luftfeuchtigkeit.) *W. Papierf.* 37 1
S. 1627/8 F.
AMICUS, die Gemeindestraßen und die Bildung ge-
eigneter Baustellen in Bayern. (Vorschläge für
ein Wegegesetz.) *Städtebau* 3 S. 64/7.
MEURER, Straßenspucknapf. (Fußt auf einer Aus-
gestaltung der Deckel der Schlammtöpfe, die den

Regenabfallrohren vorgeschaltet sind, um Staub,
Sand und Mörtel zurückzuhalten.)* *Techn. Gem.
Bl.* 9 S. 172/3.
WOLFF-EISNER, über Schiffshygiene und schiffs-
hygienische Verbesserungen. *Schiffbau* 8 S. 16/20 F.
GOODWIN, military hygiene on active service.
(Water; food; flies; dust; soil pollution.) (V.
m. B.) *J. Unit. Service* 50, 1 S. 737/65.
GUARINI, electricity in hospitals.* *Sc. Am.* 94
S. 44/6.
PERKINS, novel electrical medical treatment. (Elec-
tric motor driven vibrator for remedying the
abnormal redness of the nose by LASSAR's
method.)* *Sc. Am.* 95 S. 308.
SCHAEFER, elektrische Lichtbäder.* *El. Ans.* 23
S. 457/8.
Quecksilberdampflampe. (Mit Hebelstativ nach
HAHN u. KONRAD für Lichtheilzwecke.)* *Uhlands
T. R.* 1906, 3 S. 7.
WATTIEZ, rayons X et radium en thérapeutique:
Radiothérapie.* *Ind. text.* 22 S. 296/7 F.
La thérapeutique ionique.* *Nat.* 35, 1 S. 70/1.
LANGE, FRITZ, Schule und Korsett. (Wachstums-
hemmende Wirkung, Einschränkung der Zwerch-
fellsbewegung; unheilvoller Einfluß des Schnür-
leibs auf die Rückenmuskeln; Widerstandsturn-
apparat zur Kräftigung der Rücken- und Schulter-
muskeln; Münchener Leibchen; Münchener
Strumpfband).* *Med. Wschr.* 53 S. 597/600 F.
CRAMER, von der Frauenkleidung. (Hemd; Leib-
chen; Hose und Unterrock; Tragen der Kleider
durch die Schultern.)* *Z. Krankenpfl.* 1906
S. 413/21.
KÜPPERS, Schalldämpfer. (Herstellung einer die
Trommelfellschwingungen erschwerenden Druck-
differenz zwischen äußerem und mittlerem Ohr.
Wachskügelchen mit einem Griff aus Silberdraht
mit Seidenumwicklung.) *Med. Wschr.* 53 S. 754.
Fußschmerzen und Schuhwerk. *Schuhm. Z.* 38
S. 18.
THOMAS, GUSTAV, einiges zur Bruchbandfrage.
(Die Pelotte schließt sich an den Hüftbügel der
HOFFAschen Leibbinde, die aus dem HESSING-
schen Korsettbügel hervorgegangen ist, an.)*
Aerztl. Polyt. 1906 S. 25/8.
ALBRECHT, Beiträge zur Nasenprothese. (Hart-
kautschuk, weichbleibender Kautschuk, Obtura-
torengummi, Zelluloid und emaillierte Metalle.)
(V) *Mon. Zahn* 24 S. 104/9.
Glass for dressing wounds. (Applied to the wound
instead of a bandage.) *Cem. Eng. News* 18
S. 119.
REISEWITZ, die wissenschaftlichen Kurse über den
Alkohol. (Giftwirkung des Alkohols; Gothen-
burger System; Aufhebung der Gewerbefreiheit
für das Schankgewerbe; alkoholfreie Wirtschaften.)
Z. Eisenb. Verw. 46 S. 1139/41 F.
HELWES, Vergiftungen durch bleihaltiges Brunnen-
wasser. *Viertelj. ger. Med.* 31 S. 408/34.
LATHMAN, plumbism due to electrolyses. (In
water conducts etc.) (V. m. B.) *J. Gas L.* 93
S. 43/5.
KLEIN, Immunisierung gegen Cholera mittels Bak-
terienextrakte. *CBl. Bakt.* I, 41 S. 118/21.
JEHLE, Beobachtungen über das Auftreten der Ge-
nickstarre unter den Bergleuten. *Z. Gew. Hyg.*
13 S. 341.
Kreuzotterbisse, ihre Behandlung und Vermeidung.
Pharm. Z. 51 S. 1054.
GILLOT, traitement du Pityriasis versicolor par le
perborate de soude. *Rev. chim.* 9 S. 341/2.
Removing dandruff by vacuum.* *Sc. Am.* 95 S. 424.
HAMMERL, HELLE, KAISER, MÜLLER, P. TH. und
PRAUSNITZ, sozialhygienische und bakteriologi-
sche Studien über die Sterblichkeit der Säug-

linge an Magendarmerkrankungen und ihre Be-
kämpfung. (Statistische Erhebungen; Tempe-
raturverhältnisse in Arbeiterwohnungen; Kühl-
haltung der Milch im Hause; Streptokokken der
Milch; Einfluß der Milchkontrolle auf die Be-
schaffenheit der Milch in Graz.) *Arch. Hyg.* 56
S. 2/207.
GABRITSCHEWSKY, Versuche einer rationellen
Malariabekämpfung in Rußland. *Z. Hyg.* 54 S.
227/46.
Metallsplitter in Dosenkonserven und eventl. Schäd-
lichkeit derselben. *Erfind.* 33 S. 193/4.
SCHROMM, Bekämpfung der Seekrankheit.* *Wschr.
Baud.* 12 S. 240/1.
KAPPMEIER, Mittel gegen Seekrankheit. (Heiz-
bare feuchte Kopfkompresse.) *Techn. Z.* 23
S. 60; *El. Ans.* 23 S. 360.
FROSCH, Bekämpfung der Tollwut. (Durchführung
des Maulkorbzwangs; gegenseitige behördliche
Mitteilung beim Auftreten der Tollwut in den
Grenzorten; Schutzimpfung der Hunde; PASTEUR-
sche Behandlung; Erreger der Hundswut nach
NEGRI.) (V. m. B.) (A) *Techn. Gem. Bl.* 9
S. 201.
EBER, experimentelle Uebertragung der Tuber-
kulose vom Menschen auf das Rind, nebst Be-
merkungen über die Beziehungen zwischen
Menschen- und Rindertuberkulose. *CBl. Bakt.
Referate* 38 S. 449/61 F.
KOCH, ROBERT, über den derzeitigen Stand der
Tuberkulosebekämpfung. (Anzeigepflicht; Sta-
tionen zu unentgeltlichen Sputumuntersuchungen;
Unterbringung der im letzten Stadium der Schwind-
sucht befindlichen Kranken in Krankenhäusern;
Behandlung der in einem frühen Stadium befindlichen in Heilstätten. Fürsorgestellen nach dem
Vorbilde von CALMETTEs Dispensaires. Be-
lehrung über die Tuberkulosegefahr.) (V) (A)
Techn. Gem. Bl. 9 S. 13/4.
HORTON, prevalence and causation of typhoid
fever in Washington. (Deaths by month from
typoid fever in the district of Columbia, 1885 to
1906. Comparison of seasonal mortality from
typhoid fever with seasonal changes in temperature, relative humidity and rainfall, 1885 to
Oct. 1. 1906. Distribution and classification of
typhoid fever cases and deaths; public wells;
prevalence of typhoid fever in other localities
of the south; results of personal investigation of
a few cases of typhoid fever in the district of
Columbia.) *Eng. News* 56 S. 485/8.
Typhoid fever and water filtration at Washington,
D. C. (Investigations by HORTON, HERING,
FULLER, SEDGWICK, HAZEN, HARDY.) *Eng.
News* 56 S. 483/4, 488/9, 502.
QUICK, the Washington typhoid situation and how
the Baltimore water department has protected
its supply without filtration. (Data from a can-
vass of typhoid fever cases; necessary collection
and purification of all house sewage and factory
waste.) *Eng. News* 56 S. 569/70.
WHIPPLE, quality of the water supply of Cleveland, Ohio. (Sources of pollution of the water
of Lake Erie. Intake tunnels, pumping stations
and reservoirs; relation between floods, winds
and typhoid fever rate [epidemic of 1903/4];
quality of water at different distances from
shore; amount of chlorine in the water.) (V)
Eng. Rec. 54 S. 508/12; *Eng News* 56 S. 457/8.
FULLER, present practice'[in sewage disposal.
(Pollution of sea coast water and life of disease
germs in shellfish and coast waters; sewage
disposed by dilution.) (V) (A) *Eng. Rec.* 53
S. 97/8.

BISCHOFF, das Typhus-Immunisierungsverfahren nach BRIEGER. *Z. Hyg.* 54 S. 262/98.

VON DRIGALSKI und SPRINGFELD, Typhusbekämpfung. (V. m. B.) *Viertelj. Schr. Ges.* 38 S. 17/68.

Typhusbekämpfung. (Nach Gesichtspunkten von Prof. KOCH.)⊠ *Arb. Ges.* 24 Heft 1.

NICOLLE et MESNIL, traitement des trypanosomiases par les couleurs de benzidine. *Ann. Pasteur* · 20 S. 417/47; *Rev. mat. col.* 10 S. 289/90.

RÖSE, die Verbreitung der Zahnverderbnis in Deutschland und den angrenzenden Ländern. (Statistische Untersuchungen.) *Mon. Zahn.* 24 S. 337/54.

Getreide. Corn. Blé. Vgl. Landwirtschaft 5 b, Müllerei, Transport, Verladung, Löschung und Lagerung.

HOFFMANN, J. F. Wassergehalt des deutschen Getreides nach den Ermittlungen der Proviantämter. (V)* *Z. Spiritusind.* 29 S. 311 F.; *Wschr. Brauerei* 23 S. 339/42.

BOIDIN et LAVALLÉE, dosage des matières fermentescibles contenues dans les grains. (V) *Ann. Brass.* 9 S. 193/4.

BRUNSCHMID - KRATOCHWILL, our bread grains. (Bran; endosperm; germ.) (a)* *Am. Miller* 34 S. 60/1 F.

BUHLERT, Untersuchungen über das Auswintern des Getreides.⊠ *Landw. Jahrb.* 35 S. 837/88.

HESS WARMING AND VENTILATING CO., grain drier. (Constructed entirely of galvanized steel.)* *Am. Miller* 34 S. 722.

FRANK-KAMENETZKY, Getreideprüfer. (Enger Glaszylinder, dessen oberer Teil zu einem trichterförmigen und dessen unterer Teil zu einem kugelförmigen Gefäß erweitert ist.)* *Z. Brauw.* 29 S. 114/7.

VORMALS KAPLER, Getreidereinigungsanlagen. (Schrollenzylinder, Aspirateure, Magnetapparate, Reinigung mit bzw. ohne Wäscherei.)* *Uhlands T. R.* 1906, 4 S. 65/7.

Grain grader. (French patent.)* *Am. Miller* 34 S. 996.

Getreide - Aufschließung. (Erhitzung nach dem unter D. R. P. 168494 patentierten Verfahren von ANDERSON.) *Uhlands T. R.* 1906, 4 S. 93/4.

BRIMMACOMBE, testing and conditioning wheat. *Am. Miller* 34 S. 63/4.

SCHNEIDEWIND und MEYER, D., Backfähigkeit des Weizens. *CBl. Agrik. Chem.* 35 S. 269/73.

Effect of sulphur fumigation on wheat and flour. (Report of the medical officer of the London Local Government Board. None of the treated grains germinated; the gluten had obviously undergone a chemical change; the bread was very slimy and had a sulphite taste.) (A) *Am. Miller* 34 S. 637.

BOLLEY, nature of wheat rust.* *Am. Miller* 34 S. 457.

FRUWIRTH, das Blühen der Gerste. *Fühling's Z.* 55 S. 544/53.

BROILI, Unterscheidung der zweizeiligen Gerste — Hordeum sativum distichum — am Korne. *Wschr. Brauerei* 23 S. 477/80F.

VOGEL, Unterscheidung zwischen Malz- und Futtergerste. *Z. Brauw.* 29 S. 469/73 F.

KIESZLING, die Trocknung von Getreide mit besonderer Berücksichtigung der Gerste. *Wschr. Brauerei* 23 S. 312/4 F.

HUEPPE und KRŽIŽÁN, das Talkumieren und Schwefeln von Rollgerste, mit Vorschlägen zur gesetzlichen Regelung der Frage. *Arch. Hyg.* 59 S. 313/36.

Getreide-Lagerung und -Verladung. Corn storage

Repertorium 1906.

and handling. Dépôts de blé et manipulations. Siehe Transport, Verladung, Löschung und Lagerung.

Getriebe. Gearings. Engrenages. Vgl. Krafterzeugung und -Uebertragung 5 und 6, Maschinenelemente.

Die Bedeutung der Getriebelehre für den Uhrmacher. *Uhr-Z.* 30 S. 56.

BOCORSELSKI, noiseless gear. (Pat.)* *Iron A.* 78 S. 795.

BOURQUIN, synchrone Laufwerke. *Central-Z.* 27 S. 161/3.

Helical gearing.* *Mech. World* 39 S. 126.

BRUCE, worm contact.* *Page's Weekley* 8 S. 177/84F.

COLLIER, worm drive for use on motor cars. (The ordinary worm wheel is replaced by a disc studded on its periphery with steel balls.)* *Aut. Journ.* 11 S. 512.

SOMACH, the OERLIKON CO.'s worms gearing in electric tramcars. (Attaching the motor to the framing of the bogey, the springs thus intervening between it and the road wheels; the coupling with the worm is effected by a pair of universal joints.) *Mech. World* 39 S. 30.

JOHNEN, Schnecken- und Schrauben-Räder.* *El. u. polyt. R.* 23 S. 353/4.

KULL, Untersuchung der Eingriffsverhältnisse des Schneckengetriebes.* *Dingl. J.* 321 S. 721/4.

SCHALL, zylindrische Schraubenräder.* *Techn. Z.* 23 S. 351/2.

HOBEL, elektrische Kraftkupplungen und Getriebe.* *Turb.* 2 S. 256/7 F.

The HUMPHREY-SCOWEN gear mechanism. (Its chief features being the prevention of gear changing without declutching and the facilitation of changing.)* *Autocar* 16 S. 536/7.

HOULSON, engine barring gear.* *Mech. World* 39 S. 135 F.

KNOWLES & SONS, variables Transmissionsgetriebe mit großer Veränderlichkeit. (Besteht aus zwei in ihrem Durchmesser verstellbaren Riemenscheiben mit veränderlichen Speichen und entsprechend beweglichen Kränzen.)* *Oest. Woll. Ind.* 26 S. 1057.

MILLS, variable-speed gear box.* *Am. Mach.* 29, 1 S. 554/5.

MASCHINENFABR. PEKRUN, Globoidrollgetriebe. * *Masch. Konstr.* 39 S. 81.

V. MISES, die Ermittlung der Schwungmassen im Schubkurbelgetriebe. *Z. Oest. Ing. V.* 58 S. 577/2.

SCHWENKE, das Getriebe der Automobil-Omnibusse.* *Z. mitteleurop. Motwv.* 5 S. 574/8.

SCHWENKE, einfaches Stirnräder-Wechselgetriebe als ausreichendes Triebwerk der Wagen mit Vorderradantrieb. * *Z. mitteleurop. Motwv.* 5 S. 483/4.

SENECA FALLS MFG. CO., Befestigungsvorrichtung für Wechselräder. (Einrichtung an Drehbänken, welche gestattet, das Wechselrad vom Drehzapfen abzuziehen, ohne daß die vorgeschraubte Mutter gelöst werden muß.)* *Masch. Konstr.* 39 S. 160.

Reversing gears.* *Mar. E.* 28 S. 1/4.

SEEMANN, Zahnräder-Uebersetzungen.* *Mech. Z.* 1906 S. 181/4.

STROM, planetary gears. * *Am. Mach.* 29, 1 S. 830/2.

WITTENBAUER, dynamischer Kraftplan des Kurbelgetriebes. * *Z. V. dt. Ing.* 50 S. 951/2.

The "COATES" angle drive.* *Iron A.* 77 S. 342.

Turning gear.* *Pract. Eng.* 33 S. 358/60 F.

Momentausrückungen an Gummi- und Zelluloid-Walzwerken.* *Z. Wohlfahrt* 13 S. 86/8.

The improved Cincinnati roll bender drive.* *Iron A.* 78 S. 940/1.

Gießerei. Foundry. Fonderie. Vgl. Eisen und Stahl 5, Formerei, Gebläse, Hüttenwesen, Metalle, Schmelzöfen.

1. Allgemeines.
2. Ausgeführte und geplante Anlagen.
3. Ausrüstung.
4. Gießverfahren und Maschinen.
5. Gußstücke.

1. Allgemeines. Generalities. Généralités.

ROTT, einst und jetzt im Eisengießereibetrieb.* *Eisens.* 27 S. 472/3 F.

Fortschritte im Gießereiwesen. * *Z. Werksm.* 10 S. 353.

ESTEP, the reduction of foundry costs. *Foundry* 29 S. 239/42.

TOWNSEND, modern foundry construction. (Cross section of steel frame foundry building.)* *Foundry* 28 S. 208/11.

MALONE, heating and ventilation of foundries. *Foundry* 27 S. 258/9.

MOLDENKE, tendencies in the foundry industry. (Burning effects manifested in cupola and air furnace practice; ferro-alloys to correct the evils of piping etc.; charging with steel scrap.) (V) (A) *Eng. News* 55 S. 532/3.

JÜNGST, über die Arbeiten der Kommission für Gußeisenprüfung. (V) *Eisens.* 27 S. 744/6 F.

OSANN, Betrachtungen über den amerikanischen Gießereibetrieb unter Zugrundelegung persönlicher Eindrücke. (Konsollaufkran; wassergekühlter Gießapparat; Separator für Siebbruckstände; Schrägaufzug für Kupolöfen; Trockenkammer mit Ventilatorwind betrieben; Flammofenkonstruktion; Stahlformgußbetriebe; schmiedbarer Guß.)* *Stahl* 26 S. 89/93 F.

Einiges aus der Stahlgießerei. (MARTINwerk der Gußstahlfabrik von KRUPP; Gießen eines Stahlblocks in einem Stahlwerk nahe Pittsburg.)* *Gieß. Z.* 3 S. 282.

Die Bayerische Jubiläums-Landesausstellung in Nürnberg 1906. (Gießerei- und Hüttenwesen)* *Gieß. Z.* 3 S. 513/7 F.

LONGMUIR, cast iron in the foundry. (Composition of the charge; mould and its core; method of melting; casting temperature.) (V) (A) *Mech. World* 39 S. 285; *Iron & Coal* 72 S. 1867/8.

CARR, open-hearth steel castings. *Foundry* 28 S. 16/20, 399/407; 29 S. 31/4, 252/9.

LONGMUIR, Stahlguß und die Konstitution des Stahls. *Eisens.* 27 S. 195.

Metallgießerei.* *El. u. polyt. R.* 23 S. 114/5.

BUCHANAN, brass founding. (Founding, grinding, polishing, electroplating etc.) *Foundry* 28 S. 78/80, 220/3.

MEEKS, the foundry on a chemical basis. *Iron A.* 77 S. 20/3.

ORTHLY, die Bedeutung der Chemie für die Eisengießerei. *Métallurgie* 3 S. 446/56.

SIMONSON, a steel foundry laboratory. (Short beam balance; a handy still; filter pump; draft closet or hood; hot plate.) * *Foundry* 29 S. 51/5.

BARROWS, the influence of different ore mixtures on the resultant pig iron from the standpoint of the foundry. *Foundry* 29 S. 12/5.

HIORNS, combined influence of certain elements on cast-iron.* *Page's Weekly* 9 S. 1425/32.

OUTERBRIDGE, ferro-silicon in the foundry. *Iron & Coal* 72 S. 454/5.

Ueber die Verwendungsarten von Ferro-Silicium mit hohem Siliciumgehalt. *Eisens.* 27 S. 853.

GRINDER, the use of powdered fluor spar. (Powdered fluor spar is suitable for a flux for cleaning any brass or bronze while in a crucible or in reverberatory furnace.) *Foundry* 28 S. 49.

Magnesium in der Gelbgießerei. *Eisens.* 27 S. 542.

HEYN, metallographische Untersuchungen für das Gießereiwesen.* *Stahl* 26 S. 1295/1301 F.

Saigern und Entmischen. *Eisens.* 27 S. 702/3 F.

SCHMIDT, Herstellung von Poterie-Guß. (Geschirrguß, Bratpfannen, Kasserolen, alle Sorten Töpfe.)* *Eisens.* 27 S. 159/61 F.

CAPRON, compression of steel ingots in the mould.* *Eng.* 101 S. 533/4.

CARLSSON, hvad bör göras för att här i landet åstadkomma ett billigare tackjärn? *Jern. Kont.* 1906 S. 515/43.

CALDWELL & SON CO., making a difficult repair casting. (Casting of a half section of a 18' band wheel.)* *Iron A.* 77 S. 950.

Minimizing shrinkage stresses in balance wheels; is regular foundry practice with fly-wheels wrong? *Am. Mach.* 29, 2 S. 27/8.

2. Ausgeführte und geplante Anlagen. Plants constructed and projected. Etablissements exécutés et projetés. Vgl. Fabrikanlagen, Hochbau, Hüttenwesen 3.

Einrichtung und Betrieb moderner Gießereien. (Gießhalle von VORM. RICHARD HARTMANN zu Chemnitz; kleine Handels- und Lohngießerei; Aufbereitung der Formmaterialien der VEREINIGTEN MASCHINENFABRIK AUGSBURG und der MASCHINEN BAUGESELLSCHAFT NÜRNBERG A.-G.; Trockenkammer für große Lehmformen; Lageplan einer Eisen- und Messinggießerei für Formmaschinenguß geringeren Gewichts.)* *Gieß. Z.* 3 S. 141/6 F.

Foundry department of the Advance Thresher Co., Battle Creek, Mich.* *Foundry* 27 S. 211/5.

Amerikanische Stahlgießerei der Balt Steel Co. (MARTINofenbaus.) *Gieß. Z.* 3 S. 650/3.

Foundry of the H. W. Caldwell & Son Co., Chicago. (Gear moulding machine in foundry; ladle truck and elevator showing turntable; gallery for bench moulding; cupola and core ovens.)* *Foundry* 28 S. 201/8; *Iron A.* 77 S. 1093/5; *Am. Miller* 34 S. 291.

Plant of the Providence Steel Casting Co., Providence, R. J.* *Foundry* 27 S. 267/70.

Machine Tool Co.'s foundry department. (Brown & Sharpe Mfg. Co. of Providence.) * *Foundry* 28 S. 1/6.

Foundry department of the Ingersoll-Rand Co. Phillipsburg, N. J. (Foundry storage bins; brass foundry; flask storage; pattern shop and pattern storage; chipping and cleaning.)* *Foundry* 28 S. 129/33.

The Manufacturer's Foundry Co., Waterbury, Conn. (Core room and core oven; hydraulic testing bench for automobile cylinders; casting showing intricate core work; cylinder mould with part of the cores in place.)* *Foundry* 28 S. 279/85.

Important additions to the steel casting plant of the Scullin-Gallagher Iron and Steel Co.* *Iron A.* 78 S. 853/7.

The steel foundry at Cincinnati. * *Iron A.* 78 S. 593/4; *Foundry* 29 S. 73/8.

Foundry department of the Lunkenheimer Co., Cincinnati, O.* *Foundry* 29 S. 172/6.

A light gray iron specialty foundry. (Plant of the Ferro Machine & Foundry Co., of Cleveland, O.)* *Foundry* 29 S. 145/56.

FREYTAG, neuere Gießereien Deutschlands in den ersten Jahren des zwanzigsten Jahrhunderts. (Allgemeine Bemerkungen über Einrichtung und Art der Gießereien.) *Stahl* 26 S. 738/42 F.

JOHNSON CO.'s foundry plant. (A steel casting

showing how it could be bent cold; a large malleable casting.)* *Foundry* 28 S. 63/6.

RIETKÖTTER, Modernisierung einer Gießereianlage. (Aufbereitungs- und Lagergebäude; Bade- und Waschraum für 250 Gießereiarbeiter.)⊠ *Uhlands T. R.* 1906, 1 S. 76/7 F.;¦ *Stahl* 26 S. 546/51 F.

SCHOLTEN und WÜST, Gießerei der Firma Gebr. Scholten in Duisburg.⊠ *Uhlands T. R.* 1906, 1 S. 1/2.

TOWNSEND, modern foundry construction. (V)* *Mech. World* 40 S. 6/7.

WILCKE, Einrichtung und Betrieb der Gießereien nach dem heutigen Stande der Technik. (Formkastenlager; Geschäftshaus; Maschinen- und Kesselhaus.)⊠ *Uhlands T. R.* 1906, 1 S. 3/4 F.

FREYTAG, Umbau und Vergrößerung alter Gießereien.* *Gieß. Z.* 3 S. 366/71.

Brass founding. (Founding, grinding, polishing, electroplating etc.)* *Foundry* 28 S. 16/30.

Brass foundry department of the Westinghouse Electric & Mfg.Co., East Pittsburg, Pa.* *Foundry* 29 S. 244/7.

GREGER, Gußputzhäuser.* *Z. kompr. G.* 9 S. 189/91 F.

KOCH, Putzhäuser für Gießereien.* *Z. Wohlfahrt* 13 S. 154/5.

3. Ausrüstung. Equipment. Equipement.

REIN, welche Gesichtspunkte sind bei dem Bau von Schmelzöfen für Eisen- und Metallgießereien zu beachten? (Verfasser beschränkt sich auf die Schachtöfen, Kupolöfen, Gußeisen; Verhalten von Silicium und Mangan, Schwefel, Phosphor, Abbrand; Nachteile vom Vorwärmen des Windes; Vorherd; selbsttätige Beschickung.) (V) (A)* *Gieß. Z.* 3 S. 417/23.

CARR, open-hearth steel castings. (Furnace construction.)* *Foundry* 27 S. 273/8.

CLOVER, swinging cupola spout.* *Foundry* 27 S. 316.

COLEMAN, a plea for lower blast pressures in cupola and air furnaces. *Foundry* 29 S. 22/3.

GREINER, Kupolofenanlage der Firma KUHN.* *Stahl* 26 S. 405/14.

HOLLAND, Neuerung am Kupolofen. (In dem oberen Teil des Kupolofens eingebauter Vorwärmebehälter, durch den die Luft, bevor sie in die Düsen gelangt, hindurchstreicht.) *Gieß. Z.* 3 S. 89.

HOOD, Schmelztiegel. (Aus feuerfesten Tonen, Graphit, Magnesia.) *Gieß. Z.* 3 S. 295/6.

PORTISCH, der Flammofenbetrieb in amerikanischen Gießereien.* *Stahl* 26 S. 1165/71.

RIETKÖTTER, Windverteilung in modernen Kupolöfen. *Stahl* 26 S. 875/7.

SHED, fluxes in the cupola. *Foundry* 28 S. 319/21.

SIMONSON, converter steel castings practice.* *Foundry* 29 S. 102/7.

WEST, air furnace practice. (Advantages of an air furnace over a cupola.) (V) (A)* *Mech. World* 40 S. 62/3.

ZEMEK, Ofen für flüssiges Bennmaterial. (Temperofen, Tiegelschmelzofen.) * *Gieß. Z.* 3 S. 108/9.

Cupola blower and motor.* *Foundry* 29 S. 107.

SCHNURMANN UND JOHN, Vorrichtung zum Gießen des Kupfers aus dem Raffinierofen.* *Z. O. Bergw.* 54 S. 14.

FREYTAG, Trockenkammern der Eisengießerei. (Beschickung.)* *Gieß. Z.* 3 S. 709/12.

CROXTON, modern pipe founding. (Flasks and cores; treatment after casting; crane equipment.) (V) *Mech. World* 40 S. 89.

A flask pin. (With the two cam faces, which serve to lock or draw the parts together.)* *Foundry* 28 S. 349.

KELLY, a permanent mould.* *Foundry* 29 S. 30/1.

WEBB, multiple moulds.* *Foundry* 28 S. 359/62.

Laufdrehkrane für eine Gießerei. (Von der MASCHINENFABRIK AUGSBURG-NÜRNBERG.)* *Stahl* 26 S. 1449/51.

SAWYER, the electric crane in the foundry. *Foundry* 29 S. 78/81; *Eng. News* 56 S. 223.

PRUSS, Gießerei-Sandsiebmaschine für trockenen und nassen Sand.* *Gieß. Z.* 3 S. 270/2.

Gießwagen mit rein elektrischem Antrieb der Fa. STUCKENHOLZ A. G.* *Elektr. B.* 4 S. 622/3.

Slag car. (Power & Mining Machinery Co., Cudahy, Wis. The car is 15' long and 6½' high over all; bowl made in five sections, body on eight powerful springs resting on the main bearing boxes.)* *Eng. Rec.* 53 Nr. 20 *Suppl.* S. 47/8.

Slag car. (The bowl is made in five sections, the bottom being one piece with four quarters forming the sides.)* *Eng. News* 55 S. 461.

HAWKINS, the tumbling barrel and its uses. (For handling castings; water tumbler; dry method of tumbling; construction of tumblers.)* *Mech. World* 40 S. 3.

4. Gießverfahren und Maschinen. Foundry processes and machines. Procédés de fonderie et machines à fondre.

MEHRTENS, Herstellung großer Gußstücke ohne Modell. (Bett einer Drehbank mit Innen- und Außenkernen geformt, Gewicht 32 000 kg; Bett einer großen Hobelmaschine; Gestellteile zu Karusselldrehbänken; Bett einer schweren Lokomotiv-Radsatzdrehbank; Bett einer Blechkantenhobelmaschine; Drehbankbett; transportabler Trockenapparat.)⊠ *Gieß. Z.* 3, S. 133/9 F.

FISCHER, R., Verfahren der GUTEHOFFNUNGSHÜTTE zur Erzielung lunkerfreier Blöcke. (Dieses geht von dem Gedanken aus, den Kopf des Blockes durch ein Gas-Preß-Luftgemisch zu beheizen. Zur Erzeugung des Gases dient ein ofenartiger, mit Koks zu füllender Aufsatz, der auf die Blockform gesetzt wird und mit dieser durch Kanäle oder Oeffnungen in Verbindung steht.) (D.R.P.)* *Gieß. Z.* 3 S. 737/9.

BUCHANAN, hints on foundry practice. *Iron & Coal* 72 S. 456.

BONVILLAIN, recent processes in machine moulding practice. (Present-day practice; patternplate and stripping plate making by ordinary hand-moulding.)* *Iron & Coal* 73 S. 380/3.

BOLE, foundry practice. (Notes on foundry practice; use of scrap; requirements of castings; bad castings; flasks and outfit.) *Foundry* 28 S. 7/15.

The process as carried out at the plant of the American Car & Foundry Co. (Skilled labor dispensed with; machine moulding, sand conveying and track systems; making the drag; details of the pressure cylinders.)* *Iron A.* 77 S. 1/8.

WEDDING, Kleinbessemerei in Verbindung mit MARTINofenbetrieb. (Herstellung von Stahlgußwaren; Kleinbessemerei mit selbständigem Flußwarenbetrieb; Kleinbessemerei in Verbindung mit Graugußgießerei; Verlauf des Bessemerns; Formstoffe; getrocknete Formen.)⊠ *Gieß. Z.* 3 S. 97/104 F.

Einige Zusätze zum Kleinbessemerei-Kapitel. (Aeußerungen von UNKENBOLT, WEDDING und ZENZES.)* *Gieß. Z.* 3 S. 411/5.

Methode zur Anfertigung von Gießformen. (Vereinigung der Vorteile des Gipsmodells und der Stahlgießform.) (Am. Pat.) *Gieß. Z.* 3 S. 750/1.

39*

La fabrication de la fonte au four électrique. *Electricien* 32 S. 199/201.

Gießverfahren zur Herstellung von Roheisenmasseln. (In einem Hüttenwerk am Monongahela-Fluß.) * *Gieß. Z.* 3 S. 37/9.

RIETKÖTTER, Masselbrecher. (Masselbrecher für Riemenantrieb; fahrbarer elektrischer Masselbrecher; hydraulisch betriebener Masselbrecher.) * *Stahl* 26 S. 1068/9.

HADFIELD, Verfahren zum Gießen leichter Panzerplatten. (Bei dem die Schmiede- oder Walzarbeit fortfällt.) (Pat.) *Gieß. Z.* 3 S, 442/3; *Iron & Steel Mag.* 11 S. 542.

Röhren- und Säulenguß.* *Stahl* 26 S. 674/6.

PORTISCH, Fabrikation von Sodaschmelzkesseln. (Formvorrichtung; Vorgang beim Formen, Zusammensetzen und Gießen.) * *Stahl* 26 S. 93/5.

ECKWALDT, Verminderung des Ausschusses im Gießereibetriebe durch Gattieren nach der chemischen Analyse. (Röhrenguß.) *Gieß. Z.* 3 S. 673/7 F.

SCHRAML, Röhrenguß in rotierender Form. *Stahl* 26 S. 165/6.

DOLNAR, motor-car cylinder founding.* *Am. Mach.* 29, 2 S. 300/5, 427/9.

LAKE, moulding and pattern making of an automobile gas engine. (Comparative advantages of two-cycle and four-cycle-type-gas engines revolutionized by automobiles; why air furnace is superior to cupola and bay-wood best material for cylinder patterns; cooperation of moulders and patternmakers essential for best results.) * *Am. Mach.* 29, 2 S. 430/2.

SPERRY, Methode, um Zahnradkörper und Schwungräder aus einzelnen Kernen zu formen. (Verfahren, ohne Modell Abgüsse herzustellen, wo man jetzt genötigt ist, zu dem umständlichen Schablonierverfahren zu greifen.) * *Eisenz.* 27 S. 39.

CAR AND FOUNDRY CO., Terre Haute, Ind., ununterbrochenes Verfahren zum Gießen von maschinengeformten Wagenrädern. * *Gieß. Z.* 3 S. 167/74.

JOHNSTON, ununterbrochenes Verfahren zum Gießen von Wagenrädern. (Verwendung von zwei Formmaschinen, eine für den Ober- und eine für den Unterkasten.) * *Stahl* 26 S. 226/8.

BAUR, moderne Gießereimaschinen des kgl. Hüttenwerkes Wasseralfingen. (V) * *Z. V. dt. Ing.* 50 S. 1194/6 F.

ILLINGWORTH casting machine. * *Eng. News* 56 S. 89.

SCHMIDT, R., Umwandlung des Handformmaschinenbetriebes in einen solchen mit hydraulischen Maschinen mit Hilfe eines patentierten sog. Untersatzapparates. (Hydraulische Preßpumpe mit kleinem Akkumulator; hydraulische Formmaschinen-Anlage.) * *Eisenz.* 27 S. 89/91 F.

KOCH & KASSEBAUM, Gießtrommel.* *Eisenz.* 27 S. 912/3.

STRAUS, Gießverfahren mittels rotierender Form. *Gieß. Z.* 3 S. 13/6.

GRIMES, EILERMAN und LEGLER, Apparat zum Gießen von Metallen unter Druck. (Das Gießen unter Druck hat u. a. die Vorzüge, daß dabei alle Teile der Formen vollständig gefüllt werden und die Güsse auch weniger Unvollkommenheiten zeigen.) * *Metallurgie* 3 S. 421/2.

CAPRON, compression of steel ingots in the mould.* *Iron & Steel Mag.* 11 S. 503/9; *Iron & Steel J.* 69 S. 28/47.

WIECKE, das Pressen flüssigen Stahles nach dem HARMET - Verfahren unter besonderer Berücksichtigung der Einrichtung auf dem OBERBILKER STAHLWERK. (Zusammenpressung der erstarrten äußeren Schale, der fortschreitenden Abkühlung der inneren Massen entsprechend; schnelle Abkühlung der Stahlmasse, so daß die nur bei ganz hohen Temperaturen auftretende Saigerung keine Zeit hat, sich zu entwickeln; Oberbilker 3600 t - Presse; Rentabilitätsberechnung einer 3600 t HARMET - Preßanlage; Zerreißergebnisse.) (V) (a) * *Bayr. Gew. Bl.* 1906 S. 287/90 F.

WHITE, the prevention of porous or unsound brass castings. *Founsdry* 27 S. 238/9.

SPERRY, Gießen von Bronzeformen. *Metallurgie* 3 S. 804.

SPERRY, the production of sound copper sand castings by the use of magnesium. *Iron & Coal* 73 S. 662.

BUCHANAN, casting brass on iron.* *Foundry* 27 S. 294/5.

BEUTEL und PUGL, moderner Edelmetallguß. (Aufgekittetes Wachsoriginal und Agar - Negativ. Gipspositiv, Agar-Negativ im Holzkasten. Form zur Herstellung von Wachspositiven.) * *D. Goldschm. Z.* 9 S. 3a/4a F.

BUCHANAN, dome cover loam casting. * *Mech. World* 40 S. 182.

SCHMIDT, Herstellung von Poterie-Guß.* *Eisenz.* 27 S. 196/7 F.

5. Gußstücke. Castings. Articles en fonte.

BUTLIN, direct castings from the blast furnace.* *Cassier's Mag.* 30 S. 239/45.

KULLMANN, zur Gußrohrfrage. *Met. Arb.* 32 S. 406.

Casting locomotive cylinders in steel.* *Iron A.* 77 S. 680.

Report of a COMMITTEE OF THE MASTER MECHANIC'S ASSOCIATION, specifications for cast iron to be used in cylinders, cylinder bushings, cylinder heads, steam chests, valve bushings, and packing rings. (Metal in locomotive cylinders; testing; castings.) *Pract. Eng.* 34 S. 243/4.

Panzerplatten-Gußblock der BETHLEHEM STEEL CO. (Für eine Backbordplatte des nordamerikanischen Kriegsschiffes „Jowa". Länge 8 m, Gewicht 122,1 t für eine Panzerplatte von 27,6 t Bruttogewicht.) * *Gieß. Z.* 3 S. 123/4.

Pickling castings. *Mech. World* 40 S. 86.

DAVIS, GEORGE C., a peculiar chilled casting. (V) * *Mech. World* 40 S. 206/7.

PENN STEEL CASTING & MACHINE CO. of Chester, Pa. steel casting.* *Foundry* 28 S. 348/9.

LILIENBERG, piping in steel ingots. (Measure to obviate.) (V) * *Eng. News* 56 S. 88/9; *Iron & Steel Mag.* 11 S. 308/16.

A large steel ingot. (The ingot was cast on the WHITWORTH system of fluid pressure.) *Iron & Steel Mag.* 11 S. 542/3.

CAPRON, compression of steel ingots in the mould.* *Iron & Coal* 72 S. 1621/2; *Iron A.* 77 S. 1762/3; *Iron & Steel Mag.* 11 S. 530/9.

FISCHER, R., Ausfüllung der Lunker in frisch gegossenen Stahlblöcken. (Eintreiben einer erhitzten Stahlstange in den erstarrenden Block nach Patent HUNT.) * *Gieß. Z.* 3 S. 267/70.

GRADENWITZ, process for avoiding the formation of flaws in heavy steel castings. (Process developed at the GUTEHOFFNUNGSHÜTTE in Oberhausen for use in connection with castings up to 60 tons in weight; heating apparatus.) * *Pract. Eng.* 34 S. 656/8.

BUCHANAN, brass founding. (Gates and risers for alloys.) * *Foundry* 29 S. 46/50.

BUCHANAN, casting brass on iron.* *Foundry* 27 S. 294/5.

HAWKINS, acid dips and pickles for brass castings.* *Mech. World* 40 S. 274.

SPERRY, Gießen von Bronzeformen. *Metallurgie* 3 S. 804.

WHITE, Ursache der Entstehung poröser Messinggußstücke und Mittel zu ihrer Beseitigung. (Zur Herstellung blasenfreier Gußstücke hat man Sorge zu tragen, daß die Schmelze niemals ein freies Oxyd enthält.) *Eisens.* 27 S. 235.

WHITE, fehlerhafte Bronzegüsse. (Metall darf zur Zeit des Gusses niemals freie Oxyde enthalten.) *Eisens.* 27 S. 252/3; *Gieß. Z.* 3 S. 238,9.

HAWKINS, from rough casting to finished product.* *Foundry* 29 S. 170/1.

Sandstrahlgebläse in der Gußputzerei.* *Gieß. Z.* 3 S. 324/31.

GUTMANN, Sandstrahlgebläse in der Gußputzerei. (Äußerung zum Aufsatz S. 324/31; Entgegnung von VOGEL & SCHEMMANN.) *Gieß. Z.* 3 S. 574/5.

Cleaning castings with the sandblast. (Machine for cleaning columns, cast pipe, etc.; GUTMANN cleaning chamber.)* *Iron & Coal* 73 S. 748.

Rotationstrommel für die Gußputzerei.* *Gieß. Z.* 3 S. 631.

CARR, steel castings: chemical analysis and physical tests. (Relation between composition and physical properties, ductility, hardness.) *Mech. World* 40 S. 160/1 F.; *Foundry* 29 S. 31/4.

Die Volumen-Änderung der Gußstücke. *Techn. Z.* 23 S. 588/9.

TURNER, volume and temperature changes during the cooling of cast iron. *Iron & Coal* 72 S. 1623/6.

DEAN HART, the bells of the Denver cathedral.* *Foundry* 28 S. 80/9.

Gips. Gypsum. Plâtre. Vgl. Baustoffe, Calcium, Kalk.

BARTELETT, manufacture of plaster of Paris. (Methods whereby gypsum deposits may be easily utilized.)* *Eng. min.* 82 S. 1063/4; *Eng. Rec.* 53 Nr. 7 *Suppl.* 43.

DUMAS, procédé de fabrication du plâtre système PÉRIN.* *Gén. civ.* 49 S. 68.

KLEBE, neues aus dem ausländischen Schrifttum über Gips. (V)* *Tonind.* 30 S. 953/61.

D'ANS, Ammoniumsyngenit. (Löslichkeit von Gips in Ammoniumsulfatlösungen.) *Ber. chem. G.* 39 S. 3326/8.

MOYE, Gips. (Hydratwasserhaltige Verbindungen und anhydridische Modifikationen.) *Chem. Z.* 30 S. 544/5.

LEDUC et PELLET, influence de la température de déshydratation de l'albâtre sur la prise du plâtre obtenu. *Compt. r.* 143 S. 317/20.

MENDHEIM, Bericht über die in München angestellten Versuche über Stuckgips. (Festigkeit und Abbindefähigkeit.) *Tonind.* 30 S. 799/804 F.

PORT, über Gips. (Temperatur beim Erhärten des Gipses; Einwirkung verschieden großer Mengen Kochsalz auf die Erhärtung; Temperatur des Wassers, mit welchem der Gips angerührt wird.) (V). *Corresp. Zahn.* 35 S. 18/23.

ROHLAND, zur Erhärtung des Gipses. *Tonind.* 30 S. 1656/7.

CAMERON and BELL, the system lime, gypsum, water, at 25°. *J. Am. Chem. Soc.* 28 S. 1220/2.

DE FORCRAND, plâtre. (Chaleur de dissolution dans l'eau du gypse, de l'hémihydrate, du sulfate anhydre préparé à basse température et du sulfate anhydre obtenu au rouge.) *Bull. Soc. chim.* 3, 35 S. 781/90.

SCHÄFER, H., Gips und Portlandzement. (Bedenklichkeit des Gipszusatzes.) MOYE, Bemerkungen dazu. *Zem. u. Bet.* 5 S. 325/8, 348.

WEIDNER, Feuersicherheit des Gipses. *Tonind.* 30 S. 901/3.

KRUMBHAAR, Gips. (Untersuchungen vom praktischen Standpunkt aus; Untersuchungsmethoden.) *Tonind.* 30 S. 2173/6.

Verfahren zur Herstellung von zum Füllen von Papier u. dgl. geeignetem Gips. (Erhitzter Gips gerührt in Wasser und zwar in demselben, mit welchem er erhitzt wurde.) *Erfind.* 33 S. 268/9.

PORT, Trennung von Gipsabgüssen. (Trennflüssigkeit aus Rizinusöl, Alkohol und Eosin.) (R) *Corresp. Zahn.* 35 S. 133/4.

ROHLAND, weitere Bestätigung der Beziehung zwischen der Änderung der Löslichkeit des Gipses und seiner Abbindezeit. *Tonind.* 30 S. 492/3.

Glas. Glass. Verrerie. Vgl. Tonindustrie.
1. Rohstoffe.
2. Glasschmelzen.
3. Blasen, Gießen, Kühlen.
4. Weitere Verarbeitung und Verzierung.
5. Zusammensetzung, Eigenschaften, Prüfung.
6. Anwendung.
7. Verschiedenes.

1. Rohstoffe. Raw materials. Matières premières.

KNOBLAUCH, Sandbrennen.* *Sprechsaal* 39 S. 417/20.

KONRAD, kalzinierte Soda. (In der Glasindustrie verwendet.) *Sprechsaal* 39 S. 1459/61.

2. Glasschmelzen. Glass smelting. Fonte du verre.

GEBEL, Schmelzen mit doppeltschwefelsaurem Natron. (Erfahrungen.) *Sprechsaal* 39 S. 1173.

KNOBLAUCH, vom Brausen des Glases und über die Wirkung des Arseniks. *Sprechsaal* 39 S. 713/4.

KNOBLAUCH, Schlierenbildungen im Glase. (Ursachen.) *Sprechsaal* 39 S. 1216/7.

KNOBLAUCH, der Schmelzvorgang im Hafenofen. *Sprechsaal* 39 S. 1446/7.

WEBER, EMIL, Verfahren, Glasschmelzhäfen durch Gießen herzustellen. (Zusatz von Soda zu fein gemahlener Chamotte. (V) (A) *Verh. V. Gew. Abh.* 1906 S. 302/3.

Fehlerhaftes Glas. (Verursacht durch Sinken der Ofenwärme.) *Sprechsaal* 39 S. 259.

SCHNURPFEIL, die bei der Glasfabrikation in Betracht kommenden Schmelzofensysteme.* *Dingl. J.* 321 S. 262/4 F.

Große Glasschmelz-Hafenöfen. *Sprechsaal* 39 S. 1202/4.

Bassins monolithes en verrerie. (Fours continus à alimentation également continue.) *Mon. cér.* 37 S. 153/4.

DRALLE, Kohlenverbrauch von Oefen der Glasindustrie. (Konstruktion der WEARDALE-Wanne.)* *Sprechsaal* 39 S. 4/5 F.

Das Auslöschen der Glasöfen. *Sprechsaal* 39 S. 635/6.

Nachlegen der Hafenkränze. *Sprechsaal* 39 S. 803.

KOPPELT und SCHNIPPA, selbsttätige Blende zum Abfangen der Wärmestrahlen. (Zum Schutz gegen aus den Arbeitslöchern an Glasschmelzöfen austretende Flammen.) *Sprechsaal* 39 S. 367.

3. Blasen, Gießen, Kühlen. Blowing, moulding, annealing. Soufflage, moulage, recuit.

Neuere Einrichtungen zum raschen Aufnehmen von Glas. (Für die Blasemaschine; Maschine der TOLEDO GLASS CO.)* *Sprechsaal* 39 S. 1069/71 F.

KNOBLAUCH, Trommel- und Auftreiböfen. *Sprechsaal* 39 S. 1372/3.

KNOBLAUCH, Tafelglasfabrikation. (Schmelz- und Arbeitsfehler; Dimensionen der Häfen, fest eingemauerte Trommelringe; Beschaffenheit der Streckplatten.)* *Sprechsaal* 39 S. 1418/20.

Strecköfen in Tafelglashütten. (Der dreiteinige (Wechselofen.) *Sprechsaal* 39 S. 355.

Glasbiegen. *Sprechsaal* 39 S. 83.

4. Weitere Verarbeitung und Verzierung. Further working and decoration. Façonnage et décoration du verre.

RAIKOW, einfache Methode zum Bohren von Glas. (Mittels einer glühenden Nadel.) *Chem. Z.* 30 S. 867/8; *Sprechsaal* 39 S. 1315.

Herstellung von Lochzylindern. (Neuerdings in Amerika vorgeschlagene Apparate.)* *Sprechsaal* 39 S. 1284/6 F.

Glas zu trennen und Glasstäbe und Röhren oder Glaszapfen mit Schraubengewinde zu versehen. (Einrichtung nach Art einer Bandsäge mit einem langen Draht.) * *Z. Drechsler* 29 S. 573/5.

SCHNAPPINGER, Glasschneidetisch.* *Bad. Gew. Z.* 39 S. 420/1.

Das Glasschneiden und -bohren. (Auf der Drehbank.) *Z. Drechsler* 29 S. 329/30.

Die Schneidestube in der Tafelglasfabrikation. *Sprechsaal* 39 S. 1389/90.

FRANCHET, les dépôts métalliques obtenus sur les émaux et sur les verres. (Lustres et reflets métalliques.) *Ann. d. Chim.* 8, 9 S. 37/75.

Entwicklung der deutschen Glasmosaikindustrie. (Mosaikwerkstätten von WAGNER, AUGUST, PUHL und WIEGMANN; OFFENBURGER GLASMOSAIK-WERKE.) *Uhlands T. R.* 1906, *Suppl.* S. 103/4.

Cloisonné-Gläser oder „Zellenglas". (Bei denen die Umrisse eines Musters auf beliebiger Unterlage in erhabenen Metallstreifen nachgebildet und die dadurch entstehenden Zellen mit Email ausgefüllt werden.) *Schw. Baus.* 47 S. 76.

Eisblumenimitation an Fenstern. (R) *Malers.* 26 S. 86.

Praktische Anleitung zur Ausführung der Glasätzung in ihren verschiedenen Arten. (Aetzmittel. Die Herstellung matter und gekörnter Aetzungen auf blankem Glase.) *D. Goldschm. Z.* 9 S. 450/4 a F.

Value of annealing. (Effect on metals, glass.) *Pract. Eng.* 33 S. 146/7.

Gläserne Wand-Belagplatten und Reliefglas. (Die Glasplatte wird an der Rückseite mit widerhakenartigen Vorsprüngen versehen; Walztische.)* *Sprechsaal* 39 S. 503/5 F.

5. Zusammensetzung, Eigenschaften, Prüfung. Composition, qualities, examination. Composition, qualités, examination.

DOELTER, Silikatgläser und Silikatschmelzen. *Oest. Chem. Z.* 9 S. 76/7; *Chem. Z.* 30 S. 440.

Elektrisch leitendes Glas. (32 Teile Natriumsilikat, 8 Teile kalzinierter Borax, 1,25 Teile Flintglas.) *Sprechsaal* 39 S. 1478/9.

GREINACHER, die durch Radiotellur hervorgerufene Fluoreszenz von Glas, Glimmer und Quarz. *Physik. Z.* 7 S. 225/8.

Fire tests of window glass. (At the plant of the British Fire-Prevention Committee. Skylight tests with four squares of glass.) (A) *J. Frankl.* 161 S. 130.

6. Anwendung. Application.

Glasbausteine. (Unter besonderer Berücksichtigung der Patente von GARCHEY & FALCONNIER.) * *Uhlands T. R.* 1906, 2 S. 33/5.

SCHMIDKUNZ, Glasmosaik. (Nach Entwürfen von SELIGER, SCHAPER, BECKER, DOERINGER, MARR und ODORICO ausgeführt von PUHL & WAGNER und RAUECKER.) ▣ *Kirche* 3 S. 343/59.

7. Verschiedenes. Sundries. Matières diverses.

DRALLE, Fortschritte auf dem Gebiete der Glasindustrie. *Chem. Zeitschrift* 5 S. 11/4.

WALTER, Fabrikation des Beleuchtungs-, Hohl-

und Preßglases. (Die Beleuchtungsglashütte. Bau, Einrichtung und Betrieb.)* *Sprechsaal* 39 S. 1483/5 F.

ZACON, DEWAORIN's mechanischer Flaschentransporteur in der Glashütte von Masnières (Departement Nord). (Pat.) *Z. Gew. Hyg.* 13 S. 77/9.

Beseitigung fluorhaltiger Abgase aus Glashütten. *Sprechsaal* 39 S. 1222.

Abfallverwertung in Glashütten. *Sprechsaal* 39 S. 1228/9.

Gleichstrommaschinen. Continuous-current machines. Machines à courant continu. Siehe elektromagnetische Maschinen 1.

Glimmer. Mica.

Vorkommen von Glimmer in Kanada. *Baumat.* 11 S. 52.

COLLES, les industries des micas. *Bull. d'enc.* 108 S. 835/47.

COLLES, mica and the mica industry. (Statistics.) (V) (a) * *J. Frankl.* 161 S. 43/58 F.

GREINACHER, die durch Radiotellur hervorgerufene Fluoreszenz von Glas, Glimmer und Quarz. *Physik. Z.* 7 S. 225/8.

SMITH, GEORGE O., production of mica in 1905. *J. Frankl.* 162 S. 419/20.

Glocken. Bells. Cloches. Vgl. Gießerei, Hochbau 6 a.

HILLER, die Glocken. (Ihre Berechnung und die beim Läuten auftretenden Kraftwirkungen.) (V)* *Z. Oest. Ing. V.* 58 S. 505/9 F.

GRADENWITZ, modern bell casting.* *Sc. Am.* 95 S. 192/3.

Geläute der neuen Lutherkirche in Karlsruhe.* *Kirche* 4 S. 87/8.

Glykoside. Glucosides.

HÉRISSEY, prulaurasine, glucoside cyanhydrique cristallisé retiré des feuilles de laurier-cerise. (Isomère de l'amygdonitrileglucoside de FISCHER et de la sambunigrine de BOURQUELOT et DANJOU.) *J. pharm.* 6, 23 S. 5/14; *Pharm. Centralh.* 47 S. 133/4.

HÉRISSEY, nature chimique du glucoside cyanhydrique contenu dans les semences d'Eryobotrya japonica. *J. pharm.* 6, 24 S. 350/5.

HÉRISSEY, existence de la prulaurasine dans le Coloneaster microphylla Wall. *J. pharm.* 6, 24 S. 537/9.

Saponarin. Glykosid, gewonnen aus Saponaria officinalis.) *Pharm. Centralh.* 47 S. 812.

VAN EKENSTEIN et BLANKSMA, die Benzalderivate des Zuckers und der Glykoside. *Z. V. Zuckerind.* 56 S. 224/30; *Trav. chim.* 25 S. 153/61.

GORTER, die Baptisia-Glykoside. *Arch. Pharm.* 244 S. 401/5.

VINTILESCO, les glucosides des jasminées syringine et jasmiflorine. *J. pharm.* 6, 24 S. 529/36.

BERTRAND, la vicianine, nouveau glucoside cyanhydrique contenu dans les graines de vesce. *Compt. r.* 143 S. 832/4.

BERTRAND et RIVKIND, répartition de la vicianine et de sa diastase dans les graines de légumineuses. (Nouveau glucoside cyanhydrique.) *Compt. r.* 143, S. 970/2.

REICHARD, Glycosid-Reaktionen (Arbutin). *Pharm. Centralh.* 47 S. 555/60.

ROSENTHALER, Verhalten von NESZLERs Reagens gegen einige Glykoside (speziell Saponine) und Kohlenhydrate. *Pharm. Centralh.* 47 S. 581.

Glyzerin. Glycérine.

BERTHELOT, observations relatives aux équilibres éthérés et aux déplacements réciproques entre

la glycérine et les autres alcools. *Compt. r.* 143 S. 717/8.

BARBET und RIVIÈRE, Behandlung glyzerinhaltiger Flüssigkeiten jeder Herkunft und jedes Konzentrationsgrades. (Reinigen mittels Kieselfluorwasserstoffsäure.) *Seifenfabr.* 26 S. 107.

BARBET, Gewinnung von Glyzerin aus den Trestern der Spritbrennereien. *Chem. Z.* 30 S. 438.

GALIMARD et VERDIER, présence de l'arsenic dans les glycérines dites pures. *J. pharm.* 6, 23 S. 183/4.

Glyzerindestillations-Rückstände. (Verwertung.) *Seifenfabr.* 26 S. 729/30 F.

BANNINGER, Glyzerinbestimmungen nach der HEHNERschen Bichromatmethode und ihren Modifikationen. *Seifenfabr.* 26 S. 946/8 F.

SCHMATOLLA, Wertbestimmung des Glyzerins. *Pharm. Z.* 51 S. 363; *Pharm. Centralh.* 47 S. 758.

Bestimmung des Glyzerins durch Destillation. *Seifenfabr.* 26 S. 478.

Gold. Or. Vgl. Aufbereitung, Vergolden.

1. Vorkommen. Occurrence. Gîtes.

FRIEDRICH, Untersuchungen über den Goldgehalt von Gebirgsproben und Solen deutscher Salzlagerstätten. *Metallurgie* 3 S. 627/30.

DÉGOUTIN, étude pratique des minerais aurifères principalement dans les colonies et pays isolés.* *Bull. ind. min.* 4, 5 S. 795/928 F.

WIESLER, Goldgehalt des Meerwassers. *Z. ang. Chem.* 19 S. 1795/6.

LAKES, gold mines of the world. (Abstracts and extracts from J. H. CURLE's book. — A view of the principal gold mines and mining regions of the world.)* *Mines and minerals* 26 S. 296/300.

LAUR, présence de l'or et de l'argent dans le trias de Meurthe-et-Moselle. *Compt. r.* 142 S. 1409/12.

RICE, gold and silver at Fairview, Nev.* *Eng. min.* 82 S. 729/31.

RICE, goldfield, Nevada.* *Eng. min.* 82 S. 339/42.

RICKARD. geological distribution of gold. (Theories of the past compared with experience; dangers of generalizations; different conditions in different countries.) *Mines and minerals* 27 S. 256/7.

TOVOTE, Gold-Road, die bedeutendste Goldgrube Arizonas. *Z. O. Bergw.* 54 S. 549/50.

Gold in Madagascar. (The industry promises to become a valuable one.) *Eng. min.* 81 S. 809.

2. Gewinnung. Extraction.

KRULL, die Goldgewinnung in den letzten zwanzig Jahren. *Z. ang. Chem.* 19 S. 28/30.

CURLE, gold mining in Korea. *Eng. min.* 82 S. 296.

HUTCHINS, the rehabilitation of hydraulic mining. (Steps now in progress to restore California's goldwashing industry to its former importance.)* *Eng. min.* 82 S. 871/4 F.

Prospecting a gold placer. (A description of the machinery used and methods of operating and of calculating values from the results.)* *Mines and minerals* 26 S. 561/4.

PIETRUSKY, der gegenwärtige Stand der Goldindustrie am Witwatersrand.* *Chem. Zeitschrift* 5 S. 337/41.

DENNY, design and working of gold-milling equipment, with special reference to the Witwatersrand. (Mill foundations; „challenge" ore feeder; mill water-service; rock breakers; spitzlutte; spitzkasten for the separation of sand from slimes; filter-press; sulphuric acid treatment-tanks.) (V)⊠ *Min. Proc. Civ. Eng.* 166 S. 243/301.

EHLE, the Homestake slime plant. (Plant for

treating slimes carrying gold values of 80 cents per ton; the Merrill automatically discharged filter press.)* *Mines and minerals* 27 S. 358/63.

GÖPNER, Goldgewinnungs-Anlagen und ·Methoden in West-Australien. (Extraktionsanlage und Extraktionsmethode auf der Associated Northern Gold Mine. Erzbehandlungs-Anlage auf der Sons of Gwalia Mine.)* *Metallurgie* 3 S. 457/66F.

READ, the amalgamation of gold ores. *Mines and minerals* 27 S. 30.

Amalgamation von Golderzen. *Metallurgie* 3 S. 572.

LAMB, the stamp mill and cyanide plant of the Combination Mines Co. at Goldfield, Nevada.* *Eng. min.* 81 S. 1236/8.

DE LAUNAY, le tube-mill au Transvaal. (Broyeur cylindrique à boulets; traitements de cyanuration.)* *Nat.* 34, 1 S. 82/3.

SCHOLL and HERRICH, the gold prince mine and mill. (Method of mining on the Sunnyside Lode-concentrating mill tube mills-concrete and steel construction.)* *Mines and minerals* 27 S. 337/45.

TOVEY, gold mining in Western Siberia.* *Eng. min.* 82 S. 577/80.

VERSCHOYLE, gold mining at Wai-Hai-Wei, China. (Description of an ore deposit and mining conditions in a remote country.)* *Eng. min.* 82 S. 919/21.

Barrages de retenue des stériles de mines d'or charriés par les fleuves en Californie. *Gén. civ.* 48 S. 399/401.

HUTCHINS, frozen gold gravel. (Phenomena observed in the frozen ground of the far north; methods used in breaking and thawing it preparatory to recovering its gold contents; suggested improvements.)* *Eng. min.* 82 S. 719/22.

KERDIJK, Goldbagger für Pagoeat auf Celebes.* *Dingl. J.* 321 S. 465/8.

MARKS, bucket dredges and dredging for gold in Australia. (Dredge pontoon with hardwood frame and outside sheathing of hardwood and inside sheathing of pine; housing for dredge, winches; tailings elevator; elevator bucket; silt elevator; sluice box.) (V)* *Eng. News* 56 S. 160/7.

PERKINS, gold dredging by electric power.* *El. Eng. L.* 38 S. 226/7.

HUTCHINS, tailing disposal by gold dredges.* *Eng. min.* 81 S. 219/23.

The ROBINSON gold-dredger. *Engng.* 81 S. 687.

A new American gold dredge. (Elevator type.)* *Eng. News* 56 S. 450/1.

Dragage électrique de l'or. (Installation à Orville [Californie].)* *Electricien* 32 S. 81/2.

BOSQUI, recent improvements. (In the cyanide process; early methods; tube mills-filter presses; vacuum filters.) *Mines and minerals* 27 S. 298/9.

OXNAM, cyaniding silver-gold ores of the Palmarejo mine, Chihuahua, Mexico.* *Trans. Min. Eng.* 36 S. 234/87.

Das Cyanidverfahren für Silbergolderze in der Palmarejo-Hütte, Chihuahua, Mexiko. *Chem. Zeitschrift* 5 S. 265/6.

The electrolytic deposition of gold from cyanide solutions. *Electr.* 57 S. 741/2.

NEUMANN, elektrolytische Fällung des Goldes aus Cyanidlösungen. *Z. Elektrochem.* 12 S. 569/78; *Elektrochem. Ind.* 4 S. 297/302.

NODON, extraction électrique de l'or de la mer. *Electricien* 32 S. 139/40.

3. Prüfung. Examination. Essais.

FRIEDRICH, quantitative Bestimmung minimaler Mengen von Silber und Gold. *Metallurgie* 3 S. 586/91.

DONAU, neue Methode zur Bestimmung von Me-

tallen (besonders Gold und Palladium) durch Leitfähigkeitsmessungen. *Mon. Chem.* 27 S. 59/70.

WITHROW, electrolytic precipitation of gold with the use of a rotating anode. *J. Am. Chem. Soc.* 28 S. 1350/7.

GOLDSCHMIDT, quantitative Bestimmung von Silber und Gold. (Nickel und Kobalt als Katalysatoren.) *Z. anal. Chem.* 45 S. 87.

MAXSON, kolorimetrische Bestimmung geringer Mengen von Gold. *Z. anorgan. Chem.* 49 S. 172/7; *Chem. News* 94 S. 257/8.

HILLEBRAND and ALLEN, comparison of a wet and crucible-fire methods for the assay of gold telluride ores, with notes on the errors occurring in the operations of fire assay and parting. *Chem. News* 93 S. 100/1 F.

SCHNEIDER, Beiträge zum Goldprobierverfahren. (Die Probenahme; das Ein- und Auswägen der Proben; Bleischweren und Quartierung; Kupellation; Abtreiben; die Beschaffenheit des Kornes; Laminieren und Solvieren.) *Z. O. Bergw.* 54 S. 81/4 F.

SMITH, ERNEST, sampling of gold alloys. *Chem. News* 93 S. 225/6.

Sonderbare Eigenschaften von Goldlegierungen. (Mikrometallographie.)* *J. Goldschm.* 27 S. 335/6.

4. Verschiedenes. Sundries. Matières diverses.

COHEN, physikalisch-chemische Untersuchungen über Silber und Gold. (Vermeintliche allotrope Modifikationen.) (V. m. B.) *Z. Elektrochem.* 12 S. 589/92.

RUER, Legierungen des Palladiums mit Gold.⬛ *Z. anorgan. Chem.* 51 S. 391/6.

VOGEL, Gold-Zinklegierungen. Gold-Kadmiumlegierungen.* *Z. anorgan. Chem.* 48 S. 319/46.

VOGEL, Legierungen des Goldes mit Wismut und Antimon.⬛ *Z. anorgan. Chem.* 50 S. 145/57.

MEYER, FERNAND, combinaisons de l'ammoniac avec les chlorure, bromure et iodure aureux. *Compt. r.* 143 S. 280/2.

SCHMIDT, ERNST, Goldchlorid-Chlorwasserstoff. *Apoth. Z.* 21 S. 661/2.

WEIGAND, essigsaure Gold-Doppelsalze. Kristallisiertes Aurylhydroxyd-Barium. *Z. ang. Chem.* 19 S. 139/40.

VANINO und HARTL, Bildung kolloidaler Goldlösungen mittels ätherischer Oele. *Ber. chem. G.* 39 S. 1696/1700.

VANINO, Geschichte des kolloidalen Goldes. (Herstellung kolloidaler Goldlösungen; Gold als Arzneimittel.) *J. prakt. Chem.* 73 S. 575.

ZSIGMONDY, amikroskopische Goldkeime. Auslösung von silberhaltigen Reduktionsgemischen durch kolloidales Gold. *Z. physik. Chem.* 56 S. 65/82.

SCHMIDT, M., Herstellung von Goldpurpur. *Sprechsaal* 39 S. 1188/9.

Golddampf und Goldpurpur. (Arbeiten von MOISSAN.) *Sprechsaal* 39 S. 176/7.

MOIR, thiocarbamide as a solvent for gold. *J. Chem. Soc.* 89 S. 1345/50.

MOISSAN, distillation de l'or, des alliages d'or et de cuivre, d'or et d'étain et sur une nouvelle préparation du pourpre de Cassius. *Bull. Soc. chim.* 3, 35 S. 265.72.

THOM, Mattgold. (Herstellung.) *J. Goldschm.* 27 S. 309/10.

Ueber amerikanische Goldschmiedekunst. *D. Goldschm. Z.* 9 S. 11/2.

Feilungs-Kontrolle. *J. Goldschm.* 27 S. 338/9.

SÖHNLE, Filtriereinrichtung für die Abwässer der Goldschmiede. (Feste Filtriermasse; der Rückstand mit den übrigen Rückständen zu verarbeiten.)* *J. Goldschm.* 27 S. 76.

Grabemaschinen. Digging machines. Excavateurs. Siehe Bagger, Erdarbeiten.

Graphische Künste. Graphic arts. Arts graphiques. Siehe Druckerei, Lithographie, photomechanische Verfahren, Zeichnen.

Graphit. Graphite. Vgl. Kohlenstoff.

Graphit. (Aus der Bucht Sedimi; von der Insel Rimsky-Korsakow; von Bolschoj Chingan.) *Z. O. Bergw.* 54 S. 354/5.

Der künstliche Graphit und seine Gewinnung. *Vulkan* 6 S. 33/5.

ACHESON, artificial graphite; soft graphite made electrically. (Process for making unctuous or soft graphite, used as a lubricant, stove polish also for coating gunpowder.) *J. Frankl.* 161 S. 212; 162 S. 448.

FOERSTER, Gewinnung von künstlichem Graphit. (Aus Kohle, im elektrischen Ofen, nach ACHESON.) (V) *Bayr. Gew. Bl.* 1906 S. 189/90; *Z. V. dt. Ing.* 50 S. 377/8.

DONATH, die technische Gewinnung von Graphit und amorphem Kohlenstoff.* *Stahl* 26 S. 1249/55.

WÜST, Beitrag zur Theorie über die Graphitbildung. *Metallurgie* 3 S. 757/60.

A new test of DIXON's flake graphite. *Brick* 24 S. 247.

Graphitieren von Phonogrammwalzen. *Met. Arb.* 32 S. 35/6.

Gravieren. Engraving. Gravure.

Das moderne Gravierverfahren.* *D. Goldschm. Z.* 9 S. 412/42a.

MÜLLER, WILH., Holzfaser- und Moiré-Gravierungen.* *J. Goldschm.* 27 S. 366/8.

LEVY, G., TAYLOR, TAYLOR & HOBSON, pantograveur. (Se compose d'un pantographe réglable, portant d'un côté une touche à laquelle on fait suivre un modèle amplifié et de l'autre côté, un outil ajustable.)* *Rev. ind.* 37 S. 21/2.

MASCHINENBAU-G. M. B. H., LEIPZIG-SELLERHAUSEN, Graviermaschinen. (Selbsttätige Kopier- und Reduziermaschinen.)* *J. Goldschm.* 27 S. 261/2.

Gummi. Gum, India rubber. Gomme. Siehe Kitte, Kautschuk.

Guttapercha. Siehe Kautschuk.

H.

Häfen. Harbours. Ports. Vgl. Kanäle, Schleusen, Wasserbau.

1. Anlagen. Plants. Établissements.

WHEELER, the relations of harbors to modern shipping. (London; Liverpool; Southampton; Dover; Plymouth.) (V) (A) *Eng. News* 56 S. 254.

CORTHELL, relation of the depth of harbor channels to modern shipping. (In relation to WHEELER's paper p. 254. Channel depths at various ports.) *Eng. News* 56 S. 692/3.

HUNTER, harbours, docks and their equipment. (V) (A) *Pract. Eng.* 33 S. 429/31.

Große Hafenanlage bei Berlin. (Auf dem Gelände des Evangelischen Johannesstifts zu Plötzensee. Annahme der Magistratsvorlage.) *Z. Eisenb. Verw.* 46 S. 332.

Der geplante weitere Ausbau des Seehafens in Emden. (Nach der dem preußischen Abgeordnetenhause vorgelegten Denkschrift.)* *D. Baus.* 40 S. 56/8.

LEBER, die Emdener Hafenanlage. ⬛ *Stahl* 26 S. 513/22.

Das städtische Freihafengebiet in Hamburg.* *Z. Oest. Ing. V.* 58 S. 328/9.

Harburger Hafenanlagen. * *Z. V. dt. Ing.* 50 S. 227/8.

Der Hafen zu Harburg und dessen in Ausführung begriffene Erweiterung. ☒ *Wschr. Baud.* 12 S. 512/5; *Z. Eisenb. Verw.* 46 S. 9.

BERKENKAMP, die niederrheinischen Industriehäfen.☒ *Stahl* 26 S. 1033/40.

MIETHER, der Rheinhafen Krefeld.* *Zbl. Bauw.* 26 S. 351/2.

BERKENKAMP, die neuerbauten Hafenanlagen in Walsum a. Rh. (Des Aktienvereins für Bergbau und Hüttenbetrieb Gutehoffnungshütte; Dammschüttung von Gerüsten aus; TALBOTwagen für Verladung von Erzen; Kohlenverladung in Klappwagen; Greifer für 10 t Kohlenlasten Patent JÄGER.)☒ *Z. Bauw.* 56 Sp. 481/92.

Der neue Stettiner Verkehrshafen und das Projekt des Stettiner Industriehafens.* *Wschr. Baud.* 12 S. 727/9.

Der Schutz- und Winterhafen in Freudenau.☒ *Wschr. Baud.* 12 S. 281/87.

Die neuen Hafenbauten von Triest. (Diskussion, abgehalten in der Vollversammlung am 11. November 1905.) *Z. Oest. Ing. V.* 58 S. 5/11 F.

STÜBBEN, Entwicklung der Stadt Antwerpen ihrer Eisenbahn- und Hafenanlagen, sowie über den geplanten Schelde-Durchstich. (Erweiterung der Stadt, ihrer Eisenbahn- und Hafenanlagen.) (V) (A) (a)* *D. Baus.* 40 S. 24/6 F.

Les nouveaux agrandissements du port d'Anvers.☒ *Gén. civ.* 48 S. 330/2; *Giorn. Gen. civ.* 43 S. 505/15; *Eng.* 101 S. 364/5.

Armoured concrete quay walls at Rotterdam.* *Eng.* 102 S. 402.

Dover harbour works. The new programme of the Dover Harbour Board. * *Eng. Rev.* 15 S. 93/102 F.; *Nat.* 34, 1 S. 359/63.

Pier for the L. C. C. tramway power-station, Greenwich, constructed to the designs of FITZMAURICE. (a) ☒ *Engng.* 81 S. 272/4 F.

MATTHEWS, proposed harbour of refuge inquiry. (Refuge at Lundy Island; proposed breakwaters at Clovelly.) (V) (A)* *Eng.* 102 S. 583/4 F.

ABERNETHY, the Midland Ry. Co. harbour at Heysham, Lancashire. (Quays, roundheads; temporary lighting; lighthouses; passenger - station and goods-sheds; entrance - channel; MOND - gas electric power installation; water supply from an Artesian well by means of a pump made by TIMMINS; cranes, capstans.) (V)☒ *Min. Proc. Civ. Eng.* 166 S. 229/41.

Penarth dock and Ely tidal harbour, Penarth.☒ *Proc. Mech. Eng.* 1906 S. 611/3.

Les ports de Fishguard et de Rosslare (Angleterre)* *Cosmos* 1906, 1 S. 543/7.

The port and borough of Sunderland. * *Iron & Coal* 73 S. 2255/7.

DE RECHEMONT et DE JOLY, les ports maritimes d'Italie. (Régime administratif et tarifs des ports; digues; murs de quai; appareils de radoub; outillage spécial aux charbons; appareil BROWN pour le déchargement du charbon, outillage spécial aux pétroles; magasins à blé; phares et balises; port de Gênes; améliorations projetées du port; problème des accès du port de Gênes par voie ferrée; Gênes et Marseille; outillage du port; Lagune et port de Venise; amélioration des embouchures de la Lagune; canaux lagunaires; station maritime et port marchand de Venise; outillage du port; améliorations projetées.) ☒ *Ann. ponts et ch.* 1906, 2 S. 144/234.

Colombo harbour. (a) ☒ *Engng.* 82 S. 750/3.

Nouveaux travaux d'extension du port de Gênes.* *Gén. civ.* 48 S. 175/7; *Engng.* 81 S. 69/70; *Wschr. Baud.* 12 S. 231.

Hafen von Esbjerg auf Jütland. (Umfaßt einen Vor-, einen Dock- und einen Fischereihafen mit Molen.)* *Zbl. Bauw.* 26 S. 109/12.

Les agrandissements du port de Barcelone.☒ *Gén. civ.* 49 S. 1/6.

Ausbau des Petersburger Hafens und Vertiefung des Petersburg-Kronstädter Seekanals. (N) *Zbl. Bauw.* 26 S. 132.

Der neue Hafen von Varna, Bulgarien. ☒ *Mitt. Seew.* 34 S. 1070/4; *Giorn. Gen. civ.* 44 S. 381/3.

Harbor improvements at Ashtabula. (Cribbing; new entrance to the slip; channels and slip dredges to a depth of 21'.)* *Railr. G.* 1906, 2 S. 339.

METHVEN, the harbours of South Africa; with special reference to the causes and treatment of sand-bars. (V)* *Min. Proc. Civ. Eng.* 166 S. 4/76.

2. Ausrüstung. Equipment. Équipement.

Murs en amont de l'écluse de Humbeek. (Murs de quai et de soutènement construit en briques KLAMPSTEEN et au mortier de trass repose sur une dalle en béton renforcé par une armature en fers ronds et molles bandes.) *Ann. trav.* 63 S. 428/9.

Convention entre l'État Belge et la ville d'Anvers règlant la construction et l'exploitation des nouveaux quais. (Projets présentés; projet exécuté; embarcadère flottant; panneaux mobiles; batardeaux mobiles; échafaudages flottants; chambres à air; sas TCHOKKE, PAGNARD; remplissage des joints entre les tronçons de mure; matériaux mis en œuvre.) (a)☒ *Ann. trav.* 63 S. 10/87.

WENDEMUTH, Anwendung von Zementbeton bei den Hafen-Neubauten in Hamburg. (Kaimauern, Kaipfeiler mit dazwischen liegender Steinböschung.) (V) (A) *D. Baus.* 40 *Mitt. Zem., Bet.- u. Eisenbetbau* S. 14/6.

Kaimauern aus Eisenbeton in Rotterdam.* *Wschr. Baud.* 12 S. 381/2.

Port improvements at Hartlepool. (Entrances, spanned by a swing bridge resp. with hydraulically operated gates; fish quay; widening of the graving deck.)* *Eng.* 101 S. 662.

Improvements at the port of Hull. (New river quay.)* *Eng.* 102 S. 396.

Murs de quais du port de Gênes (Italie). (Caisson suspendu; poutres en béton armé système MELAN.) ☒ *Ann. d. Construct.* 52 Sp. 55/9.

I bacini da carenaggio di Kiel.☒ *Giorn. Gen. civ.* 44 S. 106/8.

POTTER & CO., lowering the sill of the Great Central Railway Union dock, Grimsby.* *Engng.* 82 S. 83/4.

La nouvelle forme de radoub du port de Southampton.* *Cosmos* 1906, 1 S. 572/4.

Swansea harbour. (Dock accomodation.) * *Proc. Mech. Eng.* 1906 S. 623/7.

TWELVETREES, concrete work and plant at Dover Harbour. (Both of the piers and the breakwater are monolithic structures built entirely of concrete blocks. Timber moulds for block-making concrete mixers of the MESSENT type; HONE grabs for excavation.)* *Bet. u. Eisen* 5 S. 7/8 F.

SNYDER & CO. and KEEFE, reconstruction of the Atlantic City „steel pier" in reinforced concrete. (Encasing the old piles and girders in concrete.)* *Eng. News* 56 S. 90/2.

Cienfuegos screw pile pier. (Water jet for sinking pile holes.)* *Eng. Rec.* 53 S. 80.

Solid pier construction at Baltimore harbor. (Ma-

sonry walls on pile and timber foundations, with earth filling behind the walls.)* *Eng. News* 56 S. 69.

Steamship terminal with fireproof warehouses; New Orleans Terminal Ry. (Building of steel frame construction, with the columns supported by concrete pedestals on pile clusters. The sides of the pier can be closed with tarpaulin curtains.)* *Eng. News* 56 S. 542/3.

Steel pier construction at Lome, Afrika. (Armouring of pier caps and rocker bent posts.)* *Eng. News* 55 S. 578.

Der neue Rheinhafen in Krefeld. (Handelswerft mit Lagerhaus.)* *D. Baus.* 40 S. 427/8.

Steel wharves at Manila. (Platforms of steel beams and girders carrying reinforced concrete floor slabs and supported by rows of small reinforced concrete piers with steel shells and pile foundations.)* *Eng. Rec.* 53 S. 741/2.

Ladevorrichtungen im Emdener Hafen.* *Prom.* 17 S. 693/6.

La nouvelle gare maritime de la Compagnie Générale Transatlantique, au Havre.* *Gén. civ.* 49 S. 321/6.

Steamship terminal with concrete pile piers at BRUNSWICK, GA.; ATLANTIC & BIRMINGHAM RY. (Pile reinforcement consisting of four 1 3/2" round steel rods; storehouse.) * *Eng. News* 56 S. 654/5.

Les avaries de la digue du port de Gênes.* *Cosmos* 1906, 2 S. 458/62.

Sulla costruzione d'una nuova diga di difesa del porto di Barcellona. ⊠ *Giorn. Gen. civ.* 43 S. 633/45.

INGLESE, costruzione di moli in mare aperto con grandi elementi orizzontali. ⊠ *Giorn. Gen. civ.* 44 S. 641/7.

Repair of a mole at Pillau.* *Eng.* 101 S. 164.

Danni ai moli di Zeebrugge e di Bizerta. (Danni recentemente subiti da quelle grandiose opere di difesa.)* *Giorn. Gen. civ.* 43 S. 81/5.

ARAGON, la nouvelle entrée du port de Saint-Nazaire.* *Gén. civ.* 49 S. 389/94 F.

DE ZAFRA, embarcadère en béton armé dans le Guadalquivir, près Séville. (Plateforme disposée pour recevoir un basculeur pour wagons; deux voies en viaduc pour les wagons; les pied-droits de section rectangulaire s'ensemblent aux nervures à pans coupés: la voie est posée sur longerons en pitch-pine, fixés au moyen de brides et de boulons scellés dans la plateforme en béton.)* *Bét. u. Eisen* 5 S. 12/3 F.

Sandy Bay breakwater, national harbor of refuge Cape Ann., Mass. (Projects.) * *Eng. News* 55 S. 258.

BIXBY and GAILLARD, protection of small harbors on Lake Michigan. (Plan of resisting the wave action, breakwaters.) *Eng. Rec.* 53 S. 75/8.

Harbor improvement at San Pedro and Wilmington, California. (Inner harbor at Wilmington; harbor at San Pedro; cutter head for suction dredge; breakwater of rubble stone construction; BARNHARD steam shovels with special boom and hoisting tackle substituted for the shovels.)* *Eng. News* 56 S. 155/8.

Cost of making and placing reinforced concrete piles at Atlantic City, N. J. (Reinforced concrete trestle of two-pile bents used in widening the promenade sections of the pier.)* *Eng. News* 56 S. 252.

SIEMENS BROS. AND CO., electrically-operated slipway at Dublin. (The slipway has a gradient of 1 in 16, while the carriage itself weighs about 100 t and is designed to raise up the ship

vessels up to 900 t; hauling gear.) * *Pract. Eng.* 34 S. 720.

Prahm zum Heben und Versenken von Betonblöcken.* *Z. V. dt. Ing.* 50 S. 268/9.

Hähne. Cocks. Robinets. Vgl. Dampfkessel, Pumpen, Ventile.

Abziehhahn System FORSYTH.* *Masch. Konstr.* 39 S. 72.

MILLAR, DENNIS & CO., Ausblashahn. (Das Küken wird durch eine Schraubenfeder in das Gehäuse hineingepreßt.)* *Masch. Konstr.* 39 S. 208.

Ablaßhähne der Branntwein-Sammelgefäße.* *Z. Spiritusind.* 29 S. 475.

Verwendung von Messing für Gashähne. (Mischung aus Kupfer, Zink, Blei, Zinn.) *Gieß. Z.* 3 S. 751.

Hammer- und Schlagwerke. Power hammers. Marteaux-pilons. Vgl. Schmieden.

TAUCHMANN, Hämmer- und Schlagwerke in ihrer konstruktiven und wirtschaftlichen Bedeutung.* *Z. Werkzm.* 10 S. 141/3.

The BELL new improved steam hammer. *Iron A.* 77 S. 1539.

The HAMER steam hammer.* *Iron & Coal* 73 S. 2261.

MASSEY, 12 t - Dampfhammer. (Zur Bearbeitung schwerer Schmiedestücke. Aus Stahlplatten- und -winkeln zusammengenieteter Rahmen.)* *Uhlands T. R.* 1906, 1 S. 57; *Am. Mach.* 29, 1 S. 587 E.

MOSELEY and BACON, an attempt to measure kinetic energy in steam hammers. (V) (A) *Eng. News* 55 S. 528.

BERNER & CO., Luftdruckhammer.⊠ *Masch. Konstr.* 39 S. 172.

BLUM, marteau - pilon pneumatique construit par PILKINGTON & CIE.* *Rev. ind.* 37 S. 483/5.

MASSEY, pneumatic power hammer. * *Eng.* 101 S. 586.

SHARDLOW & CO., improved pneumatic hammers.* *Am. Mach.* 29, 2 S. 617/8 E.

TRASK, pneumatic hammer.* *Am. Mach.* 29, 1 S. 369/72.

PERKINS, electrically-operated pneumatic hammers.* *Sc. Am. Suppl.* 62 S. 25870.

MÖLLER, Untersuchungen an Drucklufthämmern. (Hammer von COLLET & ENGELHARDT; Versuche mit Walzeisen bei POKORNY & WITTEKIND A. - G.; Versuche mit Schmiedeeisen bei COLLET & ENGELHARDT.)* *Z. V. dt. Ing.* 50 S. 150/7; *Z. kompr. G.* 10 S. 8/11 F.

SCHMIDT & WAGNER, Verbesserung an Dampf- und Lufthämmern. D. R. P. (SCHUBERT.)* *Ann. Gew.* 59 S. 233/4.

3000-lb. drop hammer built by the BLISS CO.* *Iron A.* 78 S. 1078.

Martinet à ressort* *Rev. ind.* 37 S. 465.

Lufthämmer- und Fallhämmer-Aufzüge. *Schw. Elektrot.* Z. 3 S. 79 F.

Riemenabheber für Fallhämmer. *Z. Werkzm.* 10 S. 355/6.

Handfeuerwaffen. Portable fire arms. Armes à feu portatives. Siehe Waffen und Geschosse 3 b.

Hanf, Jute und Ersatzstoffe. Hemp, Jute und substitutes. Chanvre, jute et succédanés. Vgl. Gespinstfasern, anderweitig nicht genannte.

BEHRENS, Einfluß äußerer Verhältnisse auf den Hanf und die Hanffaser. (Wirkung der Beschattung auf die Ausbildung der ganzen Pflanze.) *CBl. Agrik. Chem.* 35 S. 333/4.

BOBKEN, Ramie. (Beschreibung; Verwendung; Kultur; Ramie-Entholzer „Aquiles".) * *Tropenpflanzer* 10 S. 81/8.

SORGE, Aufbereitung der Sansevierenblätter. *Tropenpflanzer* 10 S. 584/97.
Färben der Jute. *Muster-Z.* 55 S. 158/9 F.
Sisalhanf in Ostindien. *Sellers.* 28 S. 237 F.
Jute dyeing. *Text. col.* 28 S. 39/40.

Hängebahnen. Suspended railways. Chemins de fer suspendus. Siehe Eisenbahnwesen I C 3 b, VII 3 c δ.

Harnsäure und Derivate. Uric acid und derivates. Acide urique et dérivés. Vgl. Chemie, analytische 3, Chemie, physiologische.
DENICKE, Oxydation der Harnsäure bei Gegenwart von Ammoniak. *Liebigs Ann.* 349 S. 269/98.
WOOD, the acidic constants of some ureides and uric acid derivatives. *J. Chem. Soc.* 89 S. 1831/9.
SCHMIDT, ERNST, Xanthinbasen. *Apoth. Z.* 21 S. 213.
TRAUBE und WINTER, Synthese des 3-Methylhypoxanthins. *Arch. Pharm.* 244 S. 11/20; *Arb. Pharm. Inst.* 3 S. 42/50.
FISCHER, EMIL und ACH, Verwandlung des Caffeins in Paraxanthin, Theophyllin und Xanthin. *Ber. chem. G.* 39 S. 423/35.
SCHWABE, Alkyl-Theophylline. *Apoth. Z.* 21 S. 213/4.
GÉRARD, neue Theobrominreaktion. (Erwärmung mit Natronlauge, Ammoniakflüssigkeit und Silbernitratlösung auf 60°; der Inhalt erstarrt beim Erkalten zu einer glashellen Gallerte.) *Pharm. Centralh.* 47 S. 932; *Apoth. Z.* 21 S. 431/2; *J. pharm.* 6, 23 S. 476/7.
GUÉRIN, dosage de l'acide urique. *J. pharm.* 6, 23 S. 516/7.
RONCHÈSE, jodometrische Bestimmung der Harnsäure. (In Boraxlösung.) *Pharm. Centralh.* 47 S. 912.

Harnstoff und Derivate. Urea and derivates. Urée et dérivés. Vgl. Chemie, analytische 3, Chemie, physiologische.
LIPPICH, Isolierung reinen Harnstoffs aus menschlichem Harne. *Z. physiol. Chem.* 48 S. 160/79.
CORRADI, Wirkung von unterbromigsaurem Natrium auf Harnstoff und Ammoniaksalze. *Apoth. Z.* 21 S. 297.
GABRIEL, Einwirkung des Broms auf α Lactylharnstoff und verwandte Verbindungen. *Liebigs Ann.* 348 S. 50/90; 350 S. 118/34.
HAAGER und DOHT, Einwirkung von salpetriger Säure auf Monotolylharnstoffe, m-Xylylharnstoff und Thiophenylharnstoff. *Sits. B. Wien. Ak.* 115, 2b S. 91/104; *Mon. Chem.* 27 S. 267/79.
DOHT, Chlorphenylharnstoffe. *Sits. B. Wien. Ak.* 115, 2b S. 35/46; *Mon. Chem.* 27 S. 213/23.
v. BRAUN und BESCHKE, Darstellung aromatischer Sulfoharnstoffe, nach der Wasserstoffsuperoxyd-Methode. *Ber. chem. G.* 39 S. 4369/78.
CHRISTOMANOS, Darstellung von Diisoamyloldiphenylsulfoharnstoff. *Chem. Z.* 30 S. 418.
DOST, Oxydationsprodukte der Thioharnstoffe und einiger ihnen isomerer Körper. *Ber. chem. G.* 39 S. 863/6.
DOST, neue Oxydationsprodukte der unsymmetrischen disubstituierten aromatischen Thioharnstoffe. *Ber. chem. G.* 39 S. 1014/6.
KOHLSCHÜTTER und RITTLEBANK, Thioharnstoffcuprosalze. *Liebigs Ann.* 349 S. 232/68.
MOORE and CEDERHOLM, benzoyl-p-bromphenylurea: a by-product in the preparation of benzbromamide. *J. Am. Chem. Soc.* 28 S. 1190/8.
SIMON, les uréides. Action de l'uréthane sur l'acide pyruvique et ses dérivés. *Ann. d. Chim.* 8, 8 S. 467/501.
SIMON et CHAVANNE, action de l'uréthane et de l'urée sur le glyoxylate d'éthyle. Nouvelle synthèse de l'allantoïne. *Compt. r.* 143 S. 51/4.
MÖHLAU und LITTER, Konstitution des Murexids und der Purpursäure. *J. prakt. Chem.* 73 S. 449/72.
MÖHLAU und LITTER, Einwirkung primärer Amine auf Alloxantin. *J. prakt. Chem.* 73 S. 472/87.
FRIEDRICH, Dialursäure. *Liebigs Ann.* 344 S. 1/18.
GLASSMANN, quantitative Bestimmung des Harnstoffs. *Ber. chem. G.* 39 S. 705/10.

Härten. Hardening. Durcissement. Vgl. Eisen und Stahl.
FLATHER, einiges über Härtung. (Härteöfen und Härtemuffeln; Anwärmemuffeln; Anwärmen und Härten. Warum ist Härtung ohne Wiedererhitzung schlecht?) (V)* *Gieß. Z.* 3 S. 164/7.
Veränderung und Veredelung der Metallegierungen durch Glühen und Abschrecken. (Versuche.) *Gieß. Z.* 3 S. 461/2.
BÖHLER, die molekularen Vorgänge beim Härten.* *Z. Werksm.* 11 S. 32/4; *Z. O. Bergw.* 54 S. 334/7; *Eisens.* 27 S. 661/4 F.
The value of annealing. (Discussion at the institute of Marine engineers introduced by the secretary.) *Mech. World* 39 S. 32.
Welchen Wert haben Härtemittel? *Met. Arb.* 32 S. 376/7.
HECKEL, Härtefehler und ihre Ursachen. *Z. O. Bergw.* 54 S. 541/4 F.
The annealing of non-ferrous metals. * *Iron & Coal* 73 S. 913/5.
The automatic annealing of metals. *Iron A.* 77 S. 1174/6.
BAKER, annealing and cristallization of steel. * *Iron A.* 78 S. 858/9.
GRIMSHAW, Bemerkungen über das Härten von Stahl. * *Z. Werksm.* 10 S. 235.
HINKENS, case-hardening wrought iron. (V) (A) *Pract. Eng.* 34 S. 623; *Railr. G.* 1906, 2 S. 202/3.
KICK, verschiedene Vorsichten und Kunstgriffe beim Härten des Stahles. (V) (A) *Z. Werksm.* 10 S. 499/501; *Z. O. Bergw.* 54 S. 450/3.
LINDSAY, tempering high speed steel. (V) (A) *Railr. G.* 1906, 2 S. 520.
POECH, die Stahlsorten und die physikalischen und chemischen Vorgänge beim Härten. (V)* *Z. O. Bergw.* 54 S. 362/5.
STOCKALL, manipulation of tool steel. (Forging with a BRADLEY hammer tempering liquid.) (V) (A) *Railr. G.* 1906, 1 S. 47/8.
TAYLOR, WILLIAM, magnetic indicator of temperature for hardening steel. (MUDFORD experiments with a magnetic induction balance.) *Mech. World* 40 S. 88; *El. Rev.* 59 S. 207.
WHEELER, some annealing methods. (For carbon or tool steel.)* *Mech. World* 40 S. 122.
Hardening and annealing by electricity. *El. Rev.* 59 S. 815/6.
COOK, pickling and annealing castings. (Process of pickling consists in treating the castings with a mixture of sulphuric acid and water.)* *Am. Mach.* 29, 2 S. 420/2.
MAY, WALTER J., tempering by means of metallic baths. (Lead and tin alloys giving the necessary temperature.) *Pract. Eng.* 33 S. 690.
Bath for blueing steel. (Solution of water, hyposulphite of soda, acetate of lead.) *Mech. World* 39 S. 274.
MAY, WALTER J., annealing under gas. (Flasks.) *Pract. Eng.* 34 S. 391.
The hardening of coal-cutter picks. (V) * *Iron & Coal* 73 S. 2259.
Härten von Schneidbacken. *Z. Werksm.* 10 S. 473/4.

MARKHAM, das Härten von kleinen Gewindebohrern, Reibahlen, Versenkern usw. *Zentral-Z.* 27 S. 8/9.

SMITH, C. S., to harden and temper thin circular saws without warping. * *Pract. Eng.* 33 S. 681/2.

Ofen zum Glühen und Oxydieren blattförmiger Eisen- und Stahlteile. * *Met. Arb.* 32 S. 303/5.

Vertical gas furnace for hardening small tools. * *Am. Mach.* 29, 1 S. 675 E.

ALLDAYS & ONIONS PNEUMATIC ENGINEERING CO., gas and oil furnaces. * *Am. Mach.* 29, 1 S. 252/3 E.

Glüh- und Härteofen. (BAUMANNs transportabler Glüh- und Härteofen; elektrischer Härteofen von HERAEUS; Glüh- und Härteofen mit elektrischer Heizung des Schmelzbades.) * *Eisens.* 27 S. 851/3 F.

COHN, L. M., Glüh- und Härteöfen mit elektrisch geheiztem Schmelzbad. (Elektrischer Härteofen von HERAEUS in Hanau; elektrisch geheiztes Schmelzbad von GEBR. KÖRTING; elektrisch geheiztes Schmelzbad mit Regelungstransformator und Schaltvorrichtung; Schmelzbad, das durch den dasselbe durchfließenden elektrischen Strom erhitzt wird.) *Elektrot. Z.* 27 S. 721/5.

Härteöfen mit elektrischer Heizung. (GEBR. KÖRTING ELEKTRIZITÄT M. B. H. in Berlin verwendet die Elektrizität indirekt zum Härten, indem sie das Schmelzbad auf elektrischem Wege erhitzt.) * *Z. Dampfk.* 29 S. 251; *Techn. Z.* 23 S. 360/1; *Gieß. Z.* 3 S. 463/4.

Electric annealing and hardening furnace. * *Eng.* 102 S. 511.

Harze. Resins. Résines.

BOTTLER, physikalische und chemische Eigenschaften der Kopale. *Chem. Rev.* 13 S. 1/5; *Pharm. Centralh.* 47 S. 323.

TSCHIRCH, System der Sekrete. *Pharm. Centralh.* 47 S. 329/33.

COFFIGNIER, quelques copals d'Amérique. (Demerara, Colombie, Brésil.) *Bull. Soc. chim.* 3, 35 S. 1143/50.

DUBOSC, le copal de Madagascar. (Analyse.) *Bull. Rouen* 34 S. 373.

GUIGUES, résines de scammonée. (Substitutions. Fraudes. Identification. Essai.) *J. pharm.* 6, 24 S. 404/7 F.

LEVY, amerikanisches Colophonium. (Darstellung und Eigenschaften der Abietinsäure.) *Ber. chem. G.* 39 S. 3043/6.

RUDLING, indices d'iode, de saponification, d'acide et d'éther de quelques résines. *Mon. scient.* 4, 20, I S. 763/5.

TSCHIRCH und WOLFF, MAX, Sandarak. (Säure- und Verseifungszahlen; trockene Destillation; Untersuchung.) *Arch. Pharm.* 244 S. 684/712.

VESTERBERG, Elemiharz. (Kristallisierende Substanzen des Elemiharzes.) *Ber. chem. G.* 39 S. 2467/72.

WEIGEL, Balsam der Hardwickia pinnata. *Pharm. Centralh.* 47 S. 773/6.

Arizona-Schellack (amerikanischer Schellack) — Sonoragummi. (Vorkommen.) *Farben-Z.* 12 S. 42/3.

ANDÉS, gebleichter Schellack. (Wassergehalt; Zusatz billigerer Harze.) *Chem. Rev.* 13 S. 166/68.

COFFIGNIER, action des phénols et du naphtalène sur les copals. *Bull. Soc. chim.* 3, 35 S. 762/7.

Einfluß des Sauerstoffes auf Kohlenwasserstoffe und Harze. *Asphalt- u. Teerind.* Z. 6 S. 92/3 F.

VOGEL, die Kopalgewinnung in Neuseeland. *Mitt. Malerei* 12 S. 192/4.

Abstammung des Stocklackes und die Gewinnung von Schellack aus demselben. *Chem. Rev.* 13 S. 227/8.

MARRE, décoloration de la colophane. *Nat.* 34, 1 S. 83.

Entfärbungs-Versuche mit rotem Akaroidharz. *Farben-Z.* 11 S. 735/6.

Schellack-Wachs (-Fett). (In Spiritus unlöslicher Teil des Schellacks.) *Farben-Z.* 12 S. 387/8.

Préparation de résinates et d'oléates métalliques. (Pour la préparation de vernis.) *Corps gras* 33 S. 134/5 F.

ANDÉS, Chlorbenzole als Lösungsmittel für Harze. *Chem. Rev.* 13 S. 32/3; *Erfind.* 33 S. 388/9.

Lösungsmittel für Harze. (Mono- und Dichlorbenzol.) *Farben-Z.* 11 S. 343/4.

BOTTLER, neuere Lösungsmittel für Harze. *Chem. Z.* 30 S. 215/7.

GOETTING, Lösung von Gummi und Gummiharzen. *Am. Apoth. Z.* 27 S. 119.

Solvents for gums. *India rubber* 31 S. 464.

UMNEY, Schellackhandelssorten und ihre Bewertung. *Farben-Z.* 11 S. 425/6.

UTZ, Bestimmung der Verseifungszahl von Balsamen. *Apoth. Z.* 21 S. 205.

UTZ, Untersuchung von Kopaivabalsam. *Apoth. Z.* 21 S. 72/3.

UTZ, Untersuchung von Harzöl. *Chem. Rev.* 13 S. 48/50; *Mon. scient.* 4, 20, I S. 761/3.

VALENTA, Verwendung von Dimethylsulfat zum Nachweis und zur Bestimmung von Teerölen in Gemischen mit Harzölen und Mineralölen und dessen Verhalten gegen fette Oele, Terpentinöl und Pinolin. *Chem. Z.* 30 S. 266/7.

WALBUM, Prüfung des Kopaivabalsams auf Kolophonium vermittels der Ammoniakprobe. *Apoth. Z.* 21 S. 953/4.

WEIGEL, Prüfung von Perubalsam und Strophanthussamen. *Pharm. Z.* 51 S. 129/30.

Surinamensischer Kopaivabalsam. (Untersuchung.) *Arch. Pharm.* 244 S. 161/4.

BEADLE and STEVENS, resin size analyses. * *Chem. News* 93 S. 155/6; *Mon. scient.* 4, 20, I S. 765/6.

KLASON und KÖHLER, chemische Untersuchungen der Säuren im Harze der Fichte. (Pinus abies L.) *J. prakt. Chem.* 73 S. 337/58; *Pharm. Centralh.* 47 S. 778.

RICHTER, PAUL, Guajakharz. (Untersuchung.) *Arch. Pharm.* 244 S. 90/119.

DIETRICH, Clarettaharz, ein neuer Kolophoniumersatz. (Von Azorella compacta gewonnen; Untersuchung.) *Farben-Z.* 12 S. 6; *Chem. Z.* 30 S. 939/40.

SCHÖNFELD und DEHNICKE, Untersuchung des Pechersatzmittels „Mammut". *Wschr. Brauerei* 23 S. 412/4.

Haupt- und Neben-Eisenbahnen. Main and secondary railways. Chemins de fer principaux et secondaires. Siehe Eisenbahnwesen VII 2 b u. 3 b.

Hausgeräte. Domestic utensils. Ustensiles de ménage.

BARR MANUFACTURING CO., electric heating iron. * *El. World* 47 S. 1200.

BUSCH & TOELLE, Reformkasten „Heureka". (Besteht aus einem beweglichen herausziehbaren inneren Schubkasten, der zur eigentlichen Aufbewahrung dient, und einem äußeren unbeweglichen Kasten.) * *Uhlands T. R.* 1906 *Suppl.* S. 84.

SCHWARTZ, C., moderne Laden- Wandschrankkonstruktionen. * *Bad. Gew. Z.* 39 S. 264.

MÜLLER, THEOPHIL, billige Möbel der Werkstätten für deutschen Hausrat. ▨ *Dekor. Kunst* 10 S. 126/8.

POPPE, Schuhanzieher „Ideal". (Erleichtert nicht bloß das Anziehen der Schuhe, sondern hebt

auch selbsttätig die Schuhkappenoberkante.) *
Schuhm. Z. 38 S. 578.

Ladies' suit and skirt hangers. (Self-adjusting.) *
Iron A. 78 S. 1129.

TAYLOR MFG. CO., Yankee can and bottle opener.*
Iron A. 78 S. 1131.

Dänische Porzellan- und Metallarbeiten. (Arbeiten
der Kgl. dänischen Porzellanfabrik von BING &
GRÖNDAHL, HENRIKSEN.) 🔲 *Dekor. Kunst* 10
S. 109/18.

Haustelegraphen, Türglocken, Alarmvorrichtungen.
Nesse telegraphs, door bells, alarms. Télégraphie
domestique, avertisseurs, appareils d'alarme. Fehlt.
Vgl. Feuermelder, Glocken, Signalwesen.

Heber. Siphons. Vgl. Wasserhebung.

MISLING, neuer Saugheber mit Momentunter-
brechung. * *Apoth.* Z. 21 S. 94.

Hebezeuge. Lifting appliances. Appareils de levage.
Vgl. Bergbau 3, Transport, Verladung, Löschung
und Lagerung, Transportbänder und Transport-
ketten.

     1. Aufzüge.
     2. Winden und Flaschenzüge.
     3. Kräne.
     4. Stetig umlaufende Hebezeuge.
     5. Sonstige Hebevorrichtungen.

1. Aufzüge. Lifts. Ascenseurs. Vgl. Bergbau 3,
Fördermaschinen.

CREWS, lifts and hoists. *Electr.* 57 S. 22/5; *J. el.
eng.* 37 S. 245/63.

Seilaufzüge Bauart FELDMANN. * *Elektrot. Z.* 27
S. 349/50.

Gichtaufzug von POHLIG. (Vorteil senkrechter
Schüttung.) * *Dingl. J.* 321 S. 609/11 F.

SCHOLTEN, Gichtaufzug von 1000 kg Tragkraft. 🔲
Masch. Konstr. 39 S. 59.

STÄTLER, Schrägaufzug für Hochöfen. (Zwang-
läufig geführter Kübel, so daß ohne auf der
Gicht keine Mannschaft nötig ist.) (D. R. P.)
Gieß. Z. 3 S. 139/41.

Les ascenseurs électriques.* *Nat.* 34, 1 S. 204/5.

GOOD, electric lifts. *El. Rev.* 58 S. 7/8.

GRADENWITZ, the Hammetschwand electric lift on
the Buergenstock summit in the alps. * *West.
Electr.* 38 S. 154/5.

Ascenseurs électriques publics à Londres.* *Rev.
ind.* 87 S. 403/6.

Ascenseurs électriques des ligues tubulaires de
Londres. * *Electricien* 32 S. 273/5.

Ascenseurs électriques pour voyageurs du Baker
Street and Waterloo Railway, à Londres. 🔲 *Gén.
cin.* 49 S. 127/8.

Hydro-electric elevator in Tudor apartments,
Chicago. (Five-story house; application of the
induction motor to the operation of hydraulic
passenger elevators.) * *Eng.. Rec.* 53 S. 225;
West. Electr. 38 S. 155/6.

KLEIN, die elektrischen Aufzugssteuerungen der
Firma KÜHNSCHERF JR. 🔲 *Elektr. B.* 4 S. 1/6 F.

PENROSE & CO., electric lift gear and controller.*
Eng. 101 S. 562.

Elevator equipment of the new Wanamaker Store,
New York. (Hydraulic pressure piping and
pumps; elevator pit pans.) * *Eng. Rec.* 53 S.
395/8.

Ordinances relating to the installation and inspection of elevators and the use of asbestos theatre
curtains in Philadelphia. *Eng. News* 56 S. 376.

Aufzugsicherungen von E. LICOT in Paris. (Aufzugstürverschluß von LICOT; elektrischer Kontakt zum LICOTschen Aufzugstürverschluß; Bodenschutzvorrichtung am Fahrstuhl; automatische
Abstellung elektrisch betriebener Aufzüge beim
Oeffnen der Schacht- oder Kabinentür von
LICOT.) * *Z. Gew. Hyg.* 23 S. 513/4.

Sicherheitsvorrichtung bei Aufzügen. (Bauart
CRUICKSHANK; die Knaggen, die zum Festhalten des Fahrkorbes dienen, werden ständig
bewegt und gelangen trotzdem nur zur Wirkung,
wenn irgend etwas an dem Aufzuggetriebe in
Unordnung gerät.) * *Z. V. dt. Ing.* 50 S. 1165;
Eng. Rec. 58 S. 631/3.

BAYARD, operating valve for an air hoist. (Single-
cylinder straight-lift type.) * *Am. Mach.* 29, 1
S. 552/3.

BRAUNE, Aufsetzvorrichtungen für Lastenaufzüge.*
Ratgeber, G. T. 6 S. 153/8.

ZSCHUTSCHKE, Berechnung der Aufzugsdrahtseile.
Masch. Konstr. 39 S. 6/8.

STROBACH, Berechnung eines Aufzuges einer Hebebühne. * *W. Papierf.* 37, 1 S. 1352/5 F.

KAMMERER, vergleichende Versuche an Aufzug-
anlagen. *Elektr. B.* 4 S. 329/32 F.

Kleideraufzugsanlage. * *Z. Gew. Hyg.* 13 S. 542.

ADAMS & CO., motor car elevator.* *Aut. Journ.*
11 S. 161.

The HANLEY hoist and cage guardian. *Iron &
Coal* 72 S. 1054.

**2. Winden und Flaschenzüge. Windlasses and
tackles. Guindals et moufles.**

A new hoisting engine.* *Iron & Coal* 73 S. 661.

A CARLIN six-drum hoisting engine.* *Iron* A. 78 S. 8.

Car hoist at New Orleans. (Consists of two
I-beams supported on four jacks operated by
worm gears.) *Street R.* 28 S. 377.

New 40 t hydraulic coal hoist.* *Iron & Coal* 73
S. 1677.

FRANKLIN MOORE CO., Acme chain hoist.
(Equipped with differential gearing, arranged so
that by throwing a pawl out of engagement
with the ratchet the lower block can be raised
or speeds increased.) * *Railw.* G. 1906, 1 S. 48.

DE FRIES, Hebezeuge Marke „Stella". * *Masch.
Konstr.* 39 S. 84/5.

INGERSOLL-RAND CO., „imperial" motor hoists. *
Eng. Rec. 54 *Suppl.* Nr. 23 S. 49.

RANSOME friction crab hoist.* *Eng. Rec.* 53
Nr. 10 *Suppl.* S. 39.

SPRAGUE ELECTRIC CO., winding drum hoist.*
El. World 47 S. 581; *Eng. Rec.* 53 Nr. 11
Suppl. S. 39; *Iron* A. 77 S. 956.

PITTOCK, a pneumatic hoist. *Compr. air.* 10 S.
311/3.

Winding engines. (Horizontal high-pressure engines
fitted with a governor and expansion gear of
LILLESHALL Co.) (a) * *Mech. World* 40 S.
258/9 F.

Duplex tandem winding engine. *Engng.* 82 S. 80/1.

Horizontal high pressure winding engines with
governors and automatic gear. *Iron & Coal* 73
S. 1425/6.

BREMNER, test of a modern winding engine.
(Compound non-condensing winding engine at
the Sherwood Colliery.) * *Eng.* 102 S. 600/2.

COLLINGHAM, weight in winding drums.* *Eng.*
101 S. 186/7.

Schraubenwinde System BAYARD.* *Masch. Konstr.*
39 S. 72.

CLARKE, CHAPMAN AND CO., capstan engines and
gear for British cruisers. (Steam - operated
capstan by CLARKE-CHAPMAN & CO.) * *Pract.
Eng.* 34 S. 80/1.

Steam consumption of winding engines.* *Eng.*
101 S. 365/7.

ILGEN, ruhiger Gang bei Dampfwinden mit Umsteuerung durch Wechselschieber.* *Z. V. dt. Ing.*
50 S. 452/4.

Electric winches for shipyards and boardship.
Mar. E. 27 S. 387/8.

Electrically-driven mine hoist. (ALLIS-CHALMERS CO. alternating-current motors.)* *Eng. Rec.* 54 *Suppl.* Nr. 25 S. 47.

CIE. INTERNATIONALE, D'ÉLECTRICITÉ, Liège, elektrisch betriebene Kranwinde und elektrisch betriebenes Spill. ⊠ *Masch. Konstr.* 39 S. 81/2.

Elektrisch betriebenes Spill, System HILLAIRET-HUGUET. * *El. Ans.* 23 S. 191/2.

PERKINS, English and American capstans and electric winches.* *Mar. Engng.* 11 S. 178/80.

Elektrisches Spill System PIEPER. * *El. Ans.* 23 S. 483/5.

SIEMENS BROS and CO., electrically-operated slipway at Dublin. (The slipway has a gradient of 1 in 16, while the carriage itself weighs about 100 t and is designed to raise up the slip vessels up to 900 t; hauling gear.) * *Pract. Eng.* 34 S. 720.

SOCIÉTÉ ALSACIENNE DE CONSTRUCTIONS MÉ-CANIQUES, 85 H. P. electric winding engine.* *Engng.* 81 S. 654.

YALE & TOWNE portable electric hoist. * *El. World* 47 S. 1091; *Text. Rec.* 31, 3 S. 164/5.

Hauling engine constructed by LONGBOTHAM. * *Iron & Coal* 72 S. 2130.

SHEPPARD's „Victor" hauling engine. * *Iron & Coal* 72 S. 2133.

Haulage engine for underground work by THORNE-WILL & WARHAM.* *Iron & Coal* 72 S. 2134.

Derrick engine. (WERNER & FLORY patented device; independent in action from the hoisting drums.) * *Eng. Rec.* 54 *Suppl.* Nr. 24 S. 48.

Revolving tower derrick for erecting buildings. (For the construction of the War College, Washington. Balanced revolving double cantilever with no outside guys.)* *Eng. Rec.* 53 S. 378/9.

Three-drum tandem LIDGERWOOD derrick engine equipped with Nr. 4 boom swinging gear. (Designed for use where it is desired to operate three hoisting lines or ropes, and needs only one man to run it.)* *Mines and minerals* 27 S. 35; *Railr. G.* 1906, 2 *Suppl. Gen. News* S. 8.

AMERICAN GENERAL ENGINEERING CO., air jack for pit work. (Pneumatically operated.)* *Street R.* 27 S. 292.

BUDA FOUNDRY & MFG. CO., lining-up jack. (Combining lifting and traversing features, all worked by one interchangeable lever.)* *Railr. G.* 1906, 2 *Suppl. Gen. News* S. 148/9.

Le cric „Millennium".* *Ind. vél.* 25 S. 141/2.

Le cric MURRAY.* *France aut.* 11 S. 122.

Le cric „Le Rigal".* *Ind. vél.* 25 S. 163/4.

PATTERSON CO, snatch-block. (With inside brace.)* *Eng. Rec.* 54 *Suppl.* Nr. 18 S. 65.

New pit jack at the shops of the International Ry. Co. * *Street R.* 27 S. 38/9.

PERLEWITZ, Spaltung der Trommel einer Drachenwinde. * *Dingl. J.* 321 S. 152/4.

3. Kräne. Cranes. Grues.

VON HANFFSTENGEL, neuere Hebezeuge.* *Dingl. J.* 321 S. 417/20 F.

BROWNING ENGNG. CO., great crane achievement. (Erected upon a stack. Height 100'; 25' radius.)* *Brick* 24 S. 263.

VORM. BECHEM & KEETMAN, Riesenkran für Montagezwecke. (Für Markham & Co. in Chesterfield, England.) *Prom.* 18 S. 155/7.

Cantilever crane at Bremen Vulcan Shipyard at Vegesack, constructed by the DUISBURGER MASCHINENBAU-ACTIENGESELLSCHAFT.* *Engng.* 81 S. 484; *Bull. d'enc.* 108 S. 599.

Ein 100 t-Kran der A.-G. TITAN in Kopenhagen.* *El. Ans.* 23 S. 745/6 F.

A Mexican home-made crane.* *Am. Mach.* 29, 1 S. 841.

Portable turntable cantilever crane.* *Eng.* 102 S. 327/8.

Portable and turntable jib-crane.* *Iron & Coal* 73 S. 744.

BUHLE, Fördergurtkrane. (Von MOHR & FEDER-HAFF; bestehen aus Brücken von 90 m Spannweite, in denen Fördergurte zur Beschickung des Lagers und je zwei Füllvorrichtungen für die den Platz umlaufende, etwa 760 m lange elektrische Hängebahn eingebaut ist.)* *Zbl. Bauv.* 26 S. 240; *Elektr. B.* 4 S. 619/20.

BÖTTCHER, Hammerwippkran für 150 t größte Last, gebaut von der DUISBURGER MASCHINEN-BAU-A.-G. VORM. BECHEM & KEETMAN.* *Z. V. dt. Ing.* 50 S. 1605/15 F.

DUISBURGER MASCHINENBAU A.-G., Kragträger-Verladekran für 3,5 t Tragfähigkeit und 86 m Arbeitsbreite. (Für Einzelantrieb durch Drehstrom von 189 Volt.)* *Masch. Konstr.* 39 S. 17.

FOERSTER, neuere Helgenkrane in England.* *Schiffbau* 7 S. 670/3.

TAYLOR & HUBBARD, yard crane.* *Mech. World* 39 S. 18.

Large derricks for the erection of steel buildings. (Derrick on the Fisher building, Chicago, for erecting an extension; stiff-leg derrick.) * *Eng. News* 56 S. 250/1.

Verladebrücke der BENRATHER MASCHINEN-FABRIK.* *Dingl. J.* 321 S. 642.

BLUM, pont roulant pour le service des fours à réchauffer. Système de la WELLMAN SEAVER ENGINEERING CO. ⊠ *Rev. ind.* 37 S. 453/4.

Verladebrücke von MOHR & FEDERHAFF.* *Dingl. J.* 321 S. 643.

Unloading bridges at Emden outer harbour constructed by the VEREINIGTE MASCHINENFABRIK AUGSBURG UND MASCHINENBAUGESELLSCHAFT NÜRNBERG. ⊠ *Engng.* 82 S. 252.

SCHUMILOW, fahrbarer eiserner Mastkran zum Versetzen von Werksteinen und zur Beförderung von Baumaterialien.* *Elektr. B.* 4 S. 280/1.

SPECHT, die Mastenkrananlage der BERLIN-AN-HALTISCHEN MASCHINENBAU-A.-G. in Berlin.* *Z. V. dt. Ing.* 50 S. 1462/6.

VOSS, fahrbarer eiserner Kranmast zum Versetzen von Werkstücken bei Hochbauten. (Besteht aus einem Gittermast, an dessen Kopfende ein drehbarer Ausleger befestigt ist.) (D.R.P.)* *D. Bauz.* 40 S. 376/7.

MAQUINISTA TERRESTRE Y MARITIMA in Barcelona, Waggonkrane. (Handbetrieb. Die Kräne schwingen um eine auf dem flachen Waggon aufgestellte Säule, um die auch das Windwerk schwingt.) *Z. Dampfk.* 29 S. 403/4.

ALLEN, locomotive cranes.* *Cassier's Mag.* 30 S. 417/31.

30 t locomotive crane for H. M. dockyard, Portsmouth, constructed by H. WILSON & CO.* *Engng.* 81 S. 122.

Lokomotivbekohlungskran der MASCHINENBAU-ANSTALT HUMBOLDT u. GUILLAUMEWERKE auf Bahnhof Waren.* *Dingl. J.* 321 S. 626.

Schwimmkran für 100 t Tragfähigkeit. (Von der Duisburger Maschinenbau-A.-G. VORM. BECHEM & KEETMANN.)* *Z. V. dt. Ing.* 50 S. 148/9.

VON PETRAVIC & CO., Schwimmkran von 25 t Tragkraft.* *Z. V. dt. Ing.* 50 S. 1404/8.

BECHEM & KEETMAN, DUISBURGER MASCHINEN-BAU-ACT.-GES., 140 t floating crane for the Tyne. (The turning points of the jib are kept so far back from the pontoon gunwale that sufficient space is left in front of them for taking up the goods.)* *Pract. Eng.* 34 S. 17/9;

Iron & Coal 73 S. 13; *Mar. E.* 28 S. 393/4;
Eng. 102 S. 291/4.
Floating derrick. (WELLMAN-SEAVER-MORGAN
Co., 10 t locomotive crane able to swing
through a complete circle.) * *Eng. Rec.* 53
S. 452.
Grue flottante avec treuil à vapeur de 60 t. *Gén.
civ.* 49 S. 71/2.
MURRAY, Einführung von Kranen auf Schiffs-
verften. *El. u. polyt. R.* 23 S. 189/92 F.; *Page's
Weekly* 8 S. 873/6; *Engng.* 81 S. 483; *Pract.
Eng.* 33 S. 528/32; *Mar. E.* 28 S. 595/6 F.
Shipbuilding berths and crane equipment.* *Iron &
Coal* 73 S. 2011.
TWADDELL, the overhead wire cableway applied
to shipbuilding.* *Iron & Coal* 72 S. 1225/7.
Installations récentes des chantiers de construction
de navires. ◫ *Cosmos* 1906, 2 S. 96/9.
Emploi des ponts roulants et des grues-tourelles
dans les chantiers maritimes.* *Gén. civ.* 49
S. 162/4.
ROUSSELET, appareil tournant et pivotant pour la
construction de jetées à la mer. (Appareil pour
blocs de 50 t; calculs à l'appui.) (N) *Ann.
ponts et ch.* 1906, 2 S. 301/6.
100 t tower crane at Dublin harbour.* *Iron &
Coal* 73 S. 124.
Rotating tower crane for the Dublin port and docks
board.* *El. Rev.* 58 S. 431/2.
40 t „Titan" crane by PEARSON & SON. (Used
on the harbour works at Coatzcoalos, Mexico.)*
Pract. Eng. 34 S. 48.
BECHEM & KEETMAN, 150 t derricking crane
at the imperial German naval base, Kiautschau,
China. (150 t lifting capacity four motors,
arranged to work on both 440 volt and 220 volt
direct current; working field lying between two
concentrical circles of 85 and 27 m.) ◫ *Pract.
Eng.* 34 S. 560/2.
Hydraulic travelling wharf-cranes for the Clyde
navigation trust, constructed by MUSKER.* *Engng.*
82 S. 492.
KULL, die Geschwindigkeit des Treibkolbens bei
hydraulischen Hebemaschinen.* *Dingl. J.* 321
S. 286/8.
SCHRADER, Turmdrehkrane.* *Dingl. J.* 321 S.
502/5 F.
Tower crane at the Bremen Vulcan Shipyard
constructed by STÜCKENHOLZ.* *Engng.* 81 S. 485.
Helgen-Turmdrehkran der DUISBURGER MASCHI-
NENBAU-A.-G. VORM. BECHEM & KEETMAN.*
Z. V. dt. Ing. 50 S. 1560/1.
Laufdrehkrane für eine Gießerei. (Von der MA-
SCHINENFABRIK AUGSBURG-NÜRNBERG.)* *Stahl*
26 S. 1449/51.
Laufkran mit Hubmagnet.* *Techn. Z.* 23 S. 516/7.
VEREINIGTE MASCHINENFABRIK AUGSBURG UND
MASCHINENBAUGESELLSCHAFT A.-G., Laufkran
mit Elektromagneten zum Verladen von Stab-
eisen.* *Stahl* 26 S. 401/3.
BERRY, electric cranes.* *Mech. World* 39 S. 43/4.
Elektrisch betriebene Riesenkrane.* *Schiffbau* 7
S. 676/80.
Neuere elektrisch betriebene Helling-Turmdreh-
krane.* *Schiffbau* 7 S. 781/6.
STOTHERT & PITT, grue électrique roulante et
pivotante de 50000 kg.* *Rev. ind.* 37 S. 93.
USINES BENRATH, grue à tourelle à commande
électrique. (Pour les chantiers de la Weser.)*
Rev. ind. 37 S. 302/3.
GRADENWITZ, some German electrically-operated
cranes.* *Sc. Am. Suppl.* 61 S. 25342.
PERKINS, electric high-power tower cranes in
German and Irish harbors. *El. Rev. N. Y.* 48
S. 605/6.

GUARINI, British electric pier cranes. (Jib cranes
installed on the Admiralty Pier, Dover.) * *Iron
A.* 78 S. 142/3.
Pont roulant électrique de 30 t de la Compagnie internationale d'Électricité de Liège.*
Gén. civ. 48 S. 210/1.
Cabestan électrique système PIEPER.* *Electricien*
31 S. 57/60.
YALE & TOWNE electric trolley hoists.* *Iron A.*
77 S. 1744/5.
WINTERMEYER, Schmiedekrane. (Erst bei Ein-
führung des elektrischen Antriebes bei Kranen
ist es gelungen, die verschiedenen Bewegungen,
die dem Werkstück beim Schmieden erteilt
werden müssen, in einfacher Weise von den
Antriebsmotoren abzuleiten.)* *Eisens.* 27 S.
701/2.
FREUND, elektrisch betriebene Lokomotivkräne.
(FELTEN-GUILLEAUME-LAHMEYER-EL.WERKE.)*
Masch. Konstr. 39 S. 75/6.
100 t electric derrick crane at Scott's Dock,
Greenock, constructed by RUSSELL & Co.*
Engng. 81 S. 554.
The SHAW electric ladle crane. * *Iron A.* 77
S. 24/5.
A NILES electric gantry crane. + *Iron A.* 77
S. 39/40.
A French electric travelling gantry crane. (At the
Quai d'Orsay, Paris. Fifteen-ton.) * *Iron A.* 77
S. 331.
GRADENWITZ, electro-magnetic travelling crane
for the loading of bar-iron.* *El. Rev.* 59 S. 325.
Le pont roulant électrique des aciéries de Chicago.*
Electricien 31 S. 342/3.
Hebezeuge und Spezialmaschinen für Hüttenwerke.
(Mitgeteilt von der DUISBURGER MASCHINENBAU-
A.-G. VORM. BECHEM & KEETMAN; elektrisch
betriebene Kräne; Gießlaufkräne; Gießwagen;
Muldenchargierkräne.) *Stahl* 26 S. 925/32 F.
SAWYER, electric crane in the foundry. *Mech. World*
40 S. 21/2; *Eng. News* 56 S. 223.
Electric derrick for shipbuilding berth constructed
by ARROL & CO.* *Engng.* 81 S. 163.
BERGMANN-E.A.G., elektrische Ausrüstungen für
Hafenkräne mit Gleichstrombetrieb. (Kontroller;
Widerstände.) * *Masch. Konstr.* 39 S. 124/5.
Transporter cranes at Purfleet.* *Eng.* 102 S. 70.
WOERNITZ, transporteur TEMPERLEY établi au
Pont Saint-Michel à Paris.* *Rev. ind.* 37 S. 165/7.
NEW JERSEY FOUNDRY & MACHINE CO., travelling
crane.* *Foundry* 28 S. 25.
FIEGEHEN, erection of an overhead traveller.*
Pract. Eng. 34 S. 746/9.
FIEGEHEN, stability of portable cranes. (Calcula-
tions; safe load indicators.) * *Mech. World* 40
S. 7/8 F.
FIEGEHEN, design of crane jibs.* *Mech. World* 39
S. 122.
Design of the WESTON load brake. (For cranes.)*
Pract. Eng. 34 S. 103/4.
Laufkatze für eine Deckenkran-Anlage.* *Schiffbau*
7 S. 832/5.
Schwenkvorrichtung für Kranpfannen. (Bildet hier
ein Zwischenglied zwischen dem Kranhaken und
dem Tragringbügel der Pfanne.)* *Eisens.* 27
S. 300/1.
ADAMS, flange bolts. (Bolts necessary to hold
down a pillar crane.) * *Pract. Eng.* 34 S. 805/7.
WINSLOW, derrick support. (Operating in a
cramped space.) * *Eng. Rec.* 53 S. 381.
JARES, schutztechnische Neuerung beim Heben und
Transport schwerer Bleche. (Selbsttätige Blech-
zwingen, welche auf dem Kranhaken aufgehängt
werden.) *Z. Gew. Hyg.* 13 S. 515.

4. Stetig umlaufende Hebezeuge. Continuously rotating lifting appliances. Appareils de levage tournant continuellement.

Bucket elevator for a mine shaft.* *Eng. min.* 81 S. 125.

A FREESE elevator.* *Brick* 24 S. 311.

A special chain which has been brought out by the JEFFREY MFG. CO. of Columbus, Ohio, to be known as the „Patnoe" stone elevator chain.* *Mines and minerals* 26 S. 363.

Three-drum tandem LIDGERWOOD derrick engine equipped with Nr. 4 boom swinging gear. (Designed for use where it is desired to operate three hoisting lines or ropes, and needs only one man to run it.) * *Mines and minerals* 27 S. 35.

BUSHNELL, electricity in elevator service. (The relative advantages of electric and hydraulic equipments.) *Cassier's Mag.* 30 S. 251/5.

COVENTRY, tightener for elevator belts.* *Am. Miller* 34 S. 116.

5. Sonstige Hebevorrichtungen. Other lifting appliances. Autres appareils de levage.

Wagenheber mit Vorgelege und Hubscheibe.* *Z. mitteleurop. Motwv.* 9 S. 376/7.

The ADAMS car elevator.* *Autocar* 16 S. 409.

BRAY, a device for removing rolls.* *Iron & Coal* 72 S. 542; *Iron A.* 77 S. 418.

KOO-SAH, device for lifting rolls from frames.* *Am. Miller* 34 S. 737.

CRADOCK's hauling clip.* *Iron & Coal* 72 S. 2035.

EASTWOOD, lifting magnets.* *Cassier's Mag.* 31 S. 91/102.

JANSSEN, Verlademagnete.* *Stahl* 26 S. 35/7.

The Palmers' docks cableway.* *Iron A.* 77 S. 678/9.

ROBERT's silt-elevator for dredges.* *Eng. min.* 81 S. 556/7.

Le cric MURRAY.* *France aut.* 11 S. 122.

Apparatus for lifting solutions by compressed air. (Friedrichsfelder Druckautomat „Ideal".)* *Electrochem. Ind.* 4 S. 157/8.

DREWS, die Hebezeuge auf der Weltausstellung in Lüttich 1905. (Laufkrane.) * *Dingl. J.* 321 S. 3/6 F.

Hefe. Yeast. Levure. Vgl. Bier, Enzyme, Gärung, Spiritus, Wein.

1. Eigenschaften und Untersuchung. Qualities and analysis. Qualités et analyse.

LEVY, origine des levures. *Bull. sucr.* 23 S. 1222/9.

BOKORNY, Bindungsvermögen der Hefe für Farbstoffe und gewisse Metallsalze. (A) *Z. Spiritusind.* 29 S. 255.

BOKORNY, Verhalten von Buttersäure und einigen verwandten Säuren gegen Hefe. *Z. Spiritusind.* 29 S. 292.

CHAPMAN and BAKER, yeasts. (Saccharomyces saturnus Baili; — Ludwigii; — Delbrücki; — farinosus; — schizo-sacch. pombe; — ortosporus; — mellacei; — membranaefaciens; — capsularis; — fragilis; — cartilaginosus; — ilicis. — zygosaccharomyces.) ⊠ *Brew. Trade* 20 S. 10 F.

JOHNSON, Saccharomyces thermantitonum. (Erträgt 84° C; Eigenschaften; Herstellung einer geeigneten Würze; Anwendung in tropischen und subtropischen Gegenden.) *Wschr. Brauerei* 23 S. 300/2.

SCHÖNFELD und ROMMEL, die Heferassen D und K der Versuchs- und Lehrbrauerei in Berlin. *Wschr. Brauerei* 23 S. 523/7 F.

REGENSBURGER, vergleichende Untersuchungen an drei obergärigen Arten von Bierhefe. ⊠ *CBl. Bakt.* II, 16 S. 289/303 F.; *Z. Brauw.* 29 S. 430/3 F.

LANGE u. LÜHDER, verschiedenartiges Verhalten

der Gärkraft von Brauerei- und Brennereihefe unter dem Einfluß hoher Temperaturen. *Jahrl. Spiritus* 6 S. 185/6.

JOHNSON, yeast and attenuation. (Origin of commercial yeast; constancy of type; yeast character and its importance in practical brewing; attenuative power, possessed by different types of yeast; action of nutrient substances upon attenuation; insufficient attenuation.) *Brew. Trade* 20 S. 385/91.

PRINGSHEIM, Einfluß der chemischen Konstitution der Stickstoffnahrung auf die Gärfähigkeit der Hefe. *Ber. chem. G.* 39 S. 4048/55.

LINDNER und STOCKHAUSEN, Assimilierbarkeit der Selbstverdauungsprodukte der Bierhefe durch verschiedene Heferassen und Pilze. *Wschr. Brauerei* 23 S. 519/23.

NATHAN und FUCHS, Beziehungen des Sauerstoffes und der Bewegung der Nährlösung zur Vermehrung und Gärätigkeit der Hefe. (Kritische Uebersicht und neue Untersuchungen.) *Z. Brauw.* 29 S. 226/34 F.; *Wschr. Brauerei* 23 S. 371/4 F.; *Brew. Trade* 20 S. 470/2.

HENNEBERG, Einfluß von zwölf Säurearten, von Alkohol, Formaldehyd und Nat. onlauge auf infizierte Brennerei- und Preßhefe. (Waschen und Reinigungsgärung der Brennerei- und Preßhefe.) *Z. Spiritusind.* 29 S. 442/3 F.; *Wschr. Brauerei* 23 S. 527/30 F.; *Essigind.* 10 S. 388/9 F.; *Brenn. Z.* 23 S. 4152/3.

SWELLENGREBEL, Zellkernteilung bei der Preßhefe. *Z. Spiritusind.* 29 S. 231.

FUHRMANN, Kernteilung von Saccharomyces ellipsoideus I Hansen bei der Sproßbildung. *Z. Spiritusind.* 29 S. 313.

KOSSOWICZ, Einfluß von Mykoderma auf die Vermehrung und Gärung der Hefen. *Brew. Maltst.* 25 S. 320/1.

MAGERSTEIN, Anregung der Gärkraft der Hefe durch Reizmittel. *Landw. W.* 31 S. 263/4.

STEINHAUS, eine neue menschen- und tierpathogene Hefeart (Saccharomyces membranogenes).* *CBl. Bakt.* I. 43 S. 49/69.

ZIKES, Anomalushefen und eine neue Art derselben (Willia Wichmanni). *CBl. Bakt.* II. 16 S. 97/111; *Z. Bierbr.* 34 S. 13/6.

VAN LAER, phénomènes de coagulation produits par les borates. Agglutination de la levure. Rapidité de la decoagulation chez certaines levures. *Ann. Brass.* 9 S. 483/90; *Bull. belge* 20 S. 277/98.

VAN LAER, durch Verbindungen des Bors hervorgerufene Koagulationserscheinungen. (Agglutination der Hefe.) (A) *Z. Brauw.* 29 S. 165/6.

OSTERWALDER, Obstweinhefen. ⊠ *CBl. Bakt.* II. 16 S. 35/52.

SCHANDER, Bildung des Schwefelwasserstoffs durch die Hefe. *Essigind.* 10 S. 195/6.

WILL und WANDERSCHECK, Schwefelwasserstoffbildung durch Hefe. *Z. Brauw.* 29 S. 73/8 F.; *CBl. Bakt.* II. 16 S. 303/9.

EHRLICH, Verhalten racemischer Aminosäuren gegen Hefe. Eine neue biologische Spaltungsmethode. *Z. V. Zuckerind.* 56 S. 840/60.

2. Züchtung und Gewinnung. Culture and extraction. Culture et extraction.

HANOW, Fortschritte in der Spiritus- und Preßhefefabrikation. *Chem. Z.* 30 S. 1067/71.

HEINZELMANN, Fortschritte und Neuerungen in der Spiritus- und Preßhefefabrikation im I, — im II. Semester 1905. *Chem. Zeitschrift* 5 S. 9/11 F.; 438/42 F.

LANGE, Neuerungen auf dem Gebiete der Hefen-

führung in Dickmaischbrennereien und Preßhefefabriken. (V) *Jahrb. Spiritus* 6 S. 199/209.

POZZI-ESCOT, mécanisme d'acclimatation de levures
à l'acide sulfureux. *Bull. sucr.* 23 S. 1021/2.

PRINGSHEIM, die sogenannte „Bios-Frage" und die
Gewöhnung der Hefe an gezuckerte Mineralsalz-
nährlösungen. *CBl. Bakt.* II. 16 |S. 111/9.

STOCKHAUSEN, Oekologie, „Anhäufungen" nach
BEIJERINCK. (Beiträge zur natürlichen Rein-
zucht.)* *Wschr. Brauerei* 23 S. 232/4 F.

Hefefabrikation nach dem alten Verfahren. *Brenn.
Z.* 23 S. 3929/30.

Das alte Verfahren mit Schlempeverarbeitung.
(Schaumhefeverfahren.) *Brenn. Z.* 23 S. 4004/5.

Gewinnung von Preßhefe alter Methode ohne Verwendung von Schlempe oder Schwefelsäure.
Brenn. Z. 23 S. 3941/2.

HAIN and REISER, production of dry yeast. (Treatment with a current of cold sterilized air under
pressure. *Brew. J.* 42 S. 316/7.

ELION, fabrikmäßige Herstellung von Reinhefe.
(Erfahrungen.) (V) *Wschr. Brauerei* 23 S.
453/4; *Chem. Z.* 30 S. 635/6; *Brew. Maltst.* 25
S. 321/2.

PFISTER, die Grundbedingungen zur Erzielung
hoher Hefeausbeute nach alter und neuer Methode. *Brenn. Z.* 23 S. 4027/8.

ZUCH, Heteführung mit Gersteersparnis. (Im
Brennereibetrieb.) *Alkohol* 16 S. 380.

BRESLER, Hefenführung in Melasse-Brennereien.
Alkohol 16 S. 298.

LANGE, Umgärung von Bierhefe in Getreidepreß-
befewürzen. *Brenn. Z.* 23 S. 4096/7.

KOSSOWICZ, Einfluß von Mykoderma auf die Vermehrung und Gärung der Hefen. *Z. Spiritusind.*
29 S. 373.

3. Verschiedenes. Sundries. Matières diverses.

DOMENICO, Hefe bei Zuckerharnruhr. *Pharm.
Centralh.* 47 S. 54.

SCHIDROWITZ und KAYE, Nutzbarmachung von Ab-
fallhefe. *Z. Spiritusind.* 29 S. 405.

DEHNE, Hefe-Form- und Teilmaschine.* *Uhlands
T. R.* 1906, 4 S. 93.

Hefemischmaschine System „Laurica".* *Brenn Z.*
23 S. 4040.

**Heißluftmaschinen. Caloric engines. Moteurs à air
chaud.** Siehe Kraftmaschinen, anderweitig nicht
genannte.

**Heißwasser-Erzeuger. Generators of hot water.
Générateurs d'eau chaude.** Vgl. Dampfkessel 6,
Koch- und Verdampfapparate.

HOFFMANN, PAUL, neuere Apparate zur Dampf-
warmwasserbereitung. *Ges. Ing.* 29 S. 77/81.

KÜNZEL, Warmwasserbereitung. (D. R. P.) (Anordnungen für häusliche und Fabrikszwecke.)*
Uhlands T. R. 1906, 2 S. 4/5.

Gegenstromapparate zur Heißwassererzeugung System LANGE & GEHRCKENS.* *Z. Heiz.* 11
S. 96/7.

Rapid current hot water heating system. (BRÜCK-
NER system.)* *Eng. News* 56 S. 535.

Warmwasserbereitungsapparat.* *Z. Gew. Hyg.* 13
S. 541.

HCK instantaneous electric water-heater.* *El.
Rev. N. Y.* 48 S. 432/3; *El. World* 48 S. 454/5.

Heißwasserbereiter mit Gasheizung im Dauerbetrieb.*
Z. Heiz. 10 S. 197/202.

Heizgas. Heating gas. Gaz de chauffage. Siehe
Gaserzeugung.

Heizung. Heating. Chauffage. Vgl. Brennstoffe,
Feuerungsanlagen, Heißwassererzeuger, Heiz-

und Kochapparate, Kälteerzeugung, Lüftung,
Rohre, Wärme.

   1. Allgemeines.
   2. Oefen und Kamine.
   3. Wasser- und Dampfheizung.
   4. Luft- Gas-, Petroleum-, Spiritus-, Acetylen-Heizung.
   5. Elektrische Heizung.

1. Allgemeines. Generalities. Généralités.

VETTER, Geschichte der Zentralheizung. (Kanal-
heizung, altrömische Heizungen, Steinluftheizung,
Steinöfenheizungen, Luftheizung, Dampfheizung,
Warmwasserheizung.) (V) (A) *Z. Dampfk.* 29
S. 174/5.

BERTELSMANN, Fortschritte auf den Gebieten des
Heizungs- und Beleuchtungswesens von Mitte
1904 bis zum Ende des Jahres 1905. (Brennstoffe; Temperaturmessung; Verbrennungserscheinungen bei Gasen.) *Chem. Zeitschrift* 5
S. 196/8 F.

BERTELSMANN, Fortschritte auf den Gebieten des
Heizungs- und Beleuchtungswesens im 1. Halbjahr 1906. *Chem. Zeitschrift* 5 S. 484/9 F.

RIETSCHEL, die nächsten Aufgaben der Heizungs-
und Lüftungstechnik. (Luftbeschaffenheit, Regelung der Wärmeerzeugung und der Wärmeabgabe, Luftdurchlässigkeit der Baustoffe, Größe
des Luftwechsels, Kühlanlagen.) (V. m. B.) (A)
Wschr. Baud. 12 S. 186/8.

GRAMBERG, vom Heizungsfach in England.* *Z.
V. dt. Ing.* 50 S. 2089/93; *Ges. Ing.* 29 S. 789/94.

Bestimmungen für die Aufstellung des Wärme-
erfordernisses von bewohnten Räumen, empfohlen
vom Oesterreichischen Ingenieur- und Architekten-
Verein.* *Z. Oest. Ing. V.* 58 S. 722/4.

CONSTAM, die Oekonomie der häuslichen Heizung.
(Kachelöfen, eiserne Regulieröfen, Zentral-
heizungen, Warmwasserheizungen, Zentralheizun-
gen mit Gaskoks, belgischen Eierbriketts.) (V)
(A) *Schw. Baus.* 47 S. 128/34; *J. Gasbel.* 49
S. 448/9.

MARZAHN, die Bestimmung der wirtschaftlichsten
Dampfanlage für Betriebe mit Bedarf an Heiz-
dämpfen. *Dingl. J.* 321 S. 529/31 F.

Rationelle Heizung von Werkstätten und Fabrikräumen. *Sprengst. u. Waffen* 1 S. 34/5.

HÄUSSER, die Wärmeübertragung der Heizkörper.
Z. Lüftung (Haases) 12 S. 141/2.

MEWES, über Heizkörper und Kesselelemente.*
Z. Heis. 11 S. 67/70 F.

RITT, Wärmeabgabe der Rippenheizflächen bei
Dampfheizkörpern.* *Ges. Ing.* 29 S. 451/2.

UBER, Kirchenheizungen. (Heizung durch Einzelöfen, Kanalheizung, Luftheizung, Heißwasserheizung, Dampfheizung, Warmwasserheizungen,
Fußbodenheizung, Gasheizung.) *Zbl. Bauw.* 26
S. 519/22 F.

Kirchenheizungen. *Z. Lüftung (Haases)* 12 S. 161/6.

Vergleichung verschiedener in Chicagoer Schulgebäuden eingerichteter Heizungs- und Lüftungsanlagen. *Ges. Ing.* 29 S. 544/5; *Eng. Rec.* 53
S. 750/1.

Das Brauereiwesen im Zusammenhang mit dem
Heizungs- und Lüftungsfach und mit dem
Feuerungswesen. *Z. Lüftung (Haases)* 12
S. 155/7.

Heizung und Lüftung von Molkereigebäuden. *Z.
Heis.* 11 S. 11/2.

RIETSCHEL, Versuche über die Wirkung von
Saugern.⊞ *Ann. Gew.* 59 S. 145/52.

SCHILLING, Verwendung von Gaskoks für Zentralheizungen. *J. Gasbel.* 49 S. 677/80.

OHMES, einiges über Stahl- oder Eisenblechkon-
struktionen für Heizungs- und Ventilationsanlagen
in den Vereinigten Staaten von Nordamerika.
Ges. Ing. 29 S. 261/5.

2. Oefen und Kamine; Stoves and chimneys. Poêles et cheminées. Vgl. 4.

ALTENDORFF, aus dem Gebiete der Kirchenheizungen. (Ofen im Mittelgange des Kirchenschiffes unterirdisch angeordnet; für eine Landkirche von 1000 cbm Innenraum.) * *Kirche* 3 S. 359/60.

BLEZINGER, neuere Erfahrungen in Feuerungsbetrieben. (Gewinnung von Heiz- und Kraftgas durch Generatoren; Gaserzeuger mit ausfahrbarem Rost; Gaserzeuger mit zentraler Gasabführung; Halbgasfeuerung und Kessel; Stoßofen mit ausfahrbarem Rost.)* *Stahl* 26 S. 723/31.

NIESZ, Erfahrungen im Feuerungsbetrieb einfacher Ofen- und Kesselheizungen. (Rauchentwicklung von englischen Gaskohlen; Wärmeverluste im Dampfkessel; Abhängigkeit der Heizfläche von ihrer Lage zum Feuerraum; Apparate zur Untersuchung der Feuergase; Anwendung regulierbarer Sekundärluft beim Planrost mit Ueberwachung des Luftüberschusses.) (V) (A) *Wschr. Baud.* 12 S. 188/9.)

Heizeinrichtungen für Haushaltungszwecke. (Heizrohr mit einem Vierwege-Einsatz dient zum Aufsetzen auf Kochherden.)* *Z. Beleucht.* 12 S. 114/5.

SNOW and BIRD, data on furnace heating. (Answers to questions prepared by a committee of the Am. Soc. of Heating and Ventilating Eng.) (V. m. B.) *Eng. Rec.* 53 S. 136/8.

MOORMANN, Verbesserung von Zimmeröfen. (Einsatzofen; über dem Roste eine aus einer senkrechten und schrägen Wand gebildete Feuerbrücke.) *Zbl. Bauv.* 26 S. 200.

RAKUSIN, Erdölfeuerung für Zimmeröfen. *Rig. Ind. Z.* 32 S. 22/3.

KEIDELs Dauerbrandofen. (Modell 1906: unter den schamottierten Feuerzylinder ist der Korbrost [Modell 1888] eingehängt und das CADEsche Verfahren des Abstechens der Schlacke in der vollen Glut für Koks und Steinkohlen angewandt.)* *Z. Baugew.* 50 S. 110.

Kachelöfen mit elektrischer Centralheizung, System GUTJAHR.* *El. u. polyt. R.* 23 S. 458/9.

Chauffe-bains MOLAS à combustion isolée dans un milieu équilibré.* *Bull. d'enc.* 108 S. 31.

KÜNZEL, Abwärmeofen. (Mantel mit Rohrschlangen für die Abgase.) *Uhlands T. R.* 1906, 2 S. 30.

Wärmeöfen neuer Bauart.* *Eisens.* 27 S. 723/5.

EHNES, mit Dauerbrandheizung für Warmwassererzeugung versehener Herd (D. R. P. 164 704). (Zugleich Dauerbrand- und Kochherd.) * *Baugew. Z.* 38 S. 798.

CARY, FRANKLIN's Pennsylvanian fireplace.* *Eng. Rec.* 53 S. 93/5; *Eng. News* 55 S. 108.

VIOLLE, grille récupératrice GUÈT.* *Bull. denc.* 108 S. 35.

3. Wasser- und Dampfheizung. Hot-water- and steamheating. Chauffage à l'eau chaude et à la vapeur. Vgl. Dampfkessel, Dampfleitung.

BRÜCKNER, die konstruktiven Grundlagen und die praktische Ausgestaltung der BRÜCKNERheizung. (Theorie.) * *Ges. Ing.* 29 S. 362/5.

The BRÜCKNER system of hot water heating. (Raising temperature in the boiler of a hot water system above 212° without evaporation, varying with the height of the rising lines and the pressure imposed thereby.) *Eng. Rec.* 54 *Suppl.* Nr. 17 S. 48/9.

GOEBEL, Berechnung von Heißwasserheizungen.* *Ges. Ing.* 29 S. 369/82.

SCHWEER, die GOEBEL-Heizung. (Besonderer Antriebskreislauf.) * *Ges. Ing.* 29 S. 266/8.

KLINGER, Rohrweiten bei Gewächshaus-Warmwasserheizung.* *Z. Heiz.* 11 S. 136/7.

SCHWEER, Vorträge über die graphische Rohrbestimmungsmethode für Wasserheizungsanlagen.* *Ges. Ing.* 29 S. 654/5.

HASENÖHRL, zur Theorie der Schnellumlauf-Warmwasserheizung.* *Ges. Ing.* 29 S. 365/9.

KRAUS, Theorie der Schnellumlaufwasserheizung. *Ges. Ing.* 29 S. 511.

EVANS-ALMIRAL hot water heating system.* *Eng. Chicago* 43 S. 33/4.

Neuere Warmwasserheizungssysteme.* *Ges. Ing.* 29 S. 296/300; *Z. Lüftung (Haases)* 12 S.6/7F.

KLINGER, Wohnungs-Warmwasserheizung (Etagenheizung).* *Z. Heiz.* 11 S. 89/93F.

OBREBOWICZ, das Mischwasser-Heizsystem.* *Ges. Ing.* 29 S. 605/8.

SNOW, use of feed-water heaters in connection with heating systems. (V) (A)* *Eng. News* 56 S. 101/2.

Hot water heat and electric light from a central station.* *Eng. Chicago* 43 S. 357/64.

Exhaust steam for heating buildings.* *Eng. Chicago* 43 S. 23/6.

BIEGELEISEN, Theorie der Abdampfheizung. *Ges. Ing.* 29 S. 233/9.

BIEGELEISEN, die Wirtschaftlichkeit der Abdampf-Fernheizung. *Ges. Ing.* 29 S. 461/4.

MAVER, utilizing exhaust steam in the locomotive works of the Grand Trunk Ry at Montreal, Can. *Cassier's Mag.* 29 S. 407/14.

OHMES, Einiges über Dampfkraftanlagen, Abdampfheizungen usw. in den Vereinigten Staaten von Nord-Amerika.* *Ges. Ing.* 29 S. 382/5.

HARTMANN, die saugende Wirkung der Niederdruckdampfheizkörper. *Ges. Ing.* 29 S. 796/7.

RITT, das Mitreißen des Wassers bei Niederdruck-Dampfheizung.* *Z. Heiz.* 10 S. 219/22.

ZYKA, Dampfdurchgang durch Regulierventile in Niederdruckdampfheizungen. 🔲 *Ges. Ing.* 29 S. 345/56, 679/80.

KAEFERLEs Patent-Niederdruckdampf-Heizkörper.* *Ges. Ing.* 29 S. 291/3.

SENFF, Standrohrvorrichtung vereinigt mit Schwimmerregulator und Sicherheits-Abblaseapparat für Niederdruckdampfkessel. (D. R. G. M.) *Ges. Ing.* 29 S. 797/8.

Die Selbstregelung der Raumtemperatur durch das Zusammenwirken eines Elektrothermometers mit dem Elektroregulierventil eines Niederdruckdampf-Injektionsofens (System KAEFERLE). (Das Elektrothermometer; das Elektroregulierventil.) *Ges. Ing.* 29 S. 293/6.

Réglage automatique de la température des appartements chauffés par la vapeur à basse pression.* *Gén. civ.* 49 S. 149.

LASKE, neue Heizanlage in der St. Nikolaikirche in Potsdam. (Niederdruckdampfheizung; Gegenstromgliederkessel, Bauart STREBEL.) 🔲 *Z. Bauw.* 56 Sp. 87/96.

Die Niederdruckdampfheizungs- und Lüftungsanlagen im neuen Rathause zu Frankfurt a. M.* *Ges. Ing.* 29 S. 221/2.

MC AVITY, heating and ventilating St. Paul's Hospital, Montreal. (Coils of the mitre type used with low pressure steam.) (V) (A)* *Eng. Rec.* 53 S. 513/4.

Heating and ventilating plant of the hotel St. Regis, N. Y. (Eighteen-story apartment and transient indirect steam heating system for all public portions and 550 guest's rooms, direct radiation having been eliminated in all portions except in the servant's dormitory upon the eighteenth floor.)* *Eng. Rec.* 54 S. 220/4.

DONNELLY, vapor-vacuum system of steam heat-

ing. (Doing away with automatic air valves;
two pipe dry return gravity system; removal of
air by an automatic relief valve.) (V) *Eng. News*
55 S. 438; *Eng. Chicago* 43 S. 285/6.

DONNELLY, sizes of return pipes in steam heating
apparatus. (V)* *Eng. Rec.* 53 S. 128/30; *Eng.
Chicago* 43 S. 161.

WILLIAMS automatic vacuum system gravity. (Return
lines by means of an air pump and a system of
automatic valves and differential regulating valves
inserted between the heating mains and returns
to prevent passage of steam from one to the
other and regulate the difference in pressure
between the two systems at various points.)*
Eng. Chicago 43 S. 38/9.

WEBSTER vacuum heating system.* *Eng. Chicago*
43 S. 36/8.

HEATH, Heizungs- und Lüftungsanlage in der New
Tacoma High School. (Kombination der unmittelbaren und mittelbaren Heizung mittels Abdampfes und Luft nach dem WEBSTERschen
Vakuumverfahren des Dampfumlaufes unter Anwendung von JOHNSONscher pneumatischer Regulierung.)* *Uhlands T. R.* 1906, 2 S. 59/62;
Eng. Rec. 53 S. 561/4.

Mechanical equipment of the Carnegie library
building extension, Pittsburg. (Involving electrical
generating, heating and ventilating, refrigerating,
elevator, vacuum sweeping, and air compressing
apparatus; WEBSTER vacuum system of steam
circulation; JOHNSON system of temperature regulation.)* *Eng. Rec.* 54 S. 436/8 F.

Heating and ventilating of the Hotel Belmont, New
York. (WEBSTER vacuum system of steam circulation control by the JOHNSON thermostatic
system; provides for a fresh cold-air supply to
the boiler room, engine room and ice-machine
room; a tempered fresh air supply to the
kitchens and laundries; a fresh warm-air supply
for the café, servant's dining rooms, and other
rooms in the basements, for the entire main
floor and its mezzanine and for a banquet room
on the parlor floor; and exhaust ventilation for all
of these rooms, and from all toilet and bath rooms
throughout the building.)* *Eng. Rec.* 53 S. 9/13 F.

Die Zentralheizungs- und maschinellen Anlagen im
Hotel Belmont in New-York.* *Ges. Ing.* 29
S. 464/8 F.

Heating system of the New Wanamaker Store, New
York. (The main floor is heated entirely by
direct radiation with the exception of the music
hall in which an indirect system will be used;
exhaust steam from the steam-using machinery
in the power plant; WEBSTER system of steam
circulation to avoid back pressure.)* *Eng. Rec.*
53 S. 339/40.

The GORTON system of steam heating. (Vacuum
system two-pipe dry return steam system fitted
with patent automatic drainage and relief valves.
The heat of each room can be controlled, independent of all others, by adjusting the amount
of steam admitted to the radiators. This is made
possible by the use of the drainage and relief
valves; arrangement of piping at boiler with
relief valve connected to the mains.)* *Eng.
News* 56 S. 238.

Central heating plant for Park College, Parkville,
Mo. (SCHOTT regulated vacuum system; steam
lines of wrought-iron; one-pipe system, the
steam entering through a motor-control valve
automatically operated; arrangement of supply
and return connections to the heating system.)*
Eng. Rec. 53 S. 600/1.

Heating and lighting plant at Parkville, Mo. (Vacuum system, in which the condensation is re-

turned by gravity to the plant.)* *West. Electr.*
38 S. 23.

Heating and ventilating plant of the Indianapolis
post office and custom house. (HEINE water
tube boilers, with HAWLEY down draft furnaces;
DEANE duplex feed pumps. The water softening
plant consists of a lime slaker, lime water tank,
a precipitation tank and a water filter; heating
by direct radiation; exhaust steam for the engines
and pumps is utilized, vacuum return pumps,
NATIONAL FOUNDRY AND MACHINE CO. single-
acting, brass fitted steam pumps, either one of
which is capable of handling the returns of the
entire building; air is preheated by tempering
coils between the blower and the air filter; air
filter of the cheesecloth type.)* *Eng. Rec.* 53
S. 709/12.

Steam-heating systems. (System of ATMOSPHERIC
STEAM HEATING CO. of London: full advantage
of steam pressure is obtained by setting up a
vacuum in the pipes.)* *Pract. Eng.* 33 S. 718.

KNOWLTON, heating plant of Calvary Church,
Pittsburg. (Seating capacity of 1,200. Combination of both direct and indirect heating; all
steam is supplied on the low-pressure gravity
return system, sectional boilers; gauges of
CROSBY pattern; wall radiators of the AMERICAN
RADIATOR CO.'s, colonial type. The indirect
system of the parish house consists of a fan
and filter room, galvanized iron shields in all
ventilation stacks to protect all the openings
from back drafts, and aspirating coils are installed in the stacks to facilitate the discharge
of vitiated air.)* *Eng. Rec.* 54 S. 194/6.

HUBBARD, heating and ventilating schoolhouses.
(Experience. Furnace heating; indirect gravity
system; operation of sashes, mixing-damper;
foot-warmers; indirect stacks for ventilation;
fan system.)* *Eng. Rec.* 54 S. 386/90.

SPANGLER, data relating to the heating of the
Edgar F. Smith house, Dormitories, university
Pennsylvania. (589 students; seventy-nine three-
room suites, two four-room suites, sixty-three
double rooms and 291 single rooms; heated
and lighted from the general station, about
1200' away. High-pressure steam for heating;
direct radiators for heating with thermo grade
valves, with an auxiliary fan system for very
cold weather; tank discharged through a tilting
meter into the general return pipe leading back
to the general station. Pressure on the heating
system regulated by a plug reducing valve;
tests of the meters.) (V) [☉] *J. Frankl.* 161
S. 179/96.

SPANGLER, heating the Edgar F. Smith dormitory,
University of Pennsylvania. (V) (A) *Eng. Rec.* 53
S. 603/4.

KENWAY, heating the University of Pennsylvania
dormitories. (To SPANGLER's paper page 603/4.)
Eng. Rec. 53 S. 664.

Heating and ventilation of the engineering building
at the University of Pennsylvania. (Steam furnished from the central power plant of the university at high pressure through underground
mains to the various buildings and there reduced
to the pressure required for the heating systems.
Radiation operated on the two pipe systems.
System of drips consisting of a bleeder connection from the base of each drop riser; pipe
coil radiators formed of 1^I wrought-iron pipe
with return bends; WAINWRIGHT feed water
heater.)* *Eng. Rec.* 54 S. 635/6.

HUBBARD, warming and ventilation of hospitals.
(Heating from a central plant. Indirect steam
radiation; warm-air ducts; method of making

the return connections; efficiency with different steam pressures.)* *Eng. Rec.* 54 S. 411/3, 724/5.

SNOW, einiges über die Heizungs- und Lüftungsanlagen im Bellevue-Stratford-Hotel zu Philadelphia. (V) *Ges. Ing.* 29 S. 413/6.

SULZER GEBR., Heizungs- und Lüftungsanlagen im Grand Hotel St. Moritz. (Für Sockel-, Erd-, Saalund Küchengeschosse, sowie für die beiden in dem südlichen Turme befindlichen Geschosse Niederdruckdampfheizung, für die Fremdenzimmer vom ersten bis zum sechsten Stock Niederdruckdampf-Warmwasserheizung; Aus- und Einströmungsöffnungen der Luft in Unterzügen der Doppeldecken; Sauglüftung für die Küchenräumlichkeiten.) *Schw. Baus.* 47 S. 115/9.

LANCHESTER and RICKARDS, Cardiff town hall and law courts, warming and ventilating apparatus. (The steam-pressure is reduced to that of the atmosphere, and the exhaust from the various pumps, after passing through the greaseseparator, mixes with the live steam from the boilers which is reduced to atmospheric pressure; vacuum system installed under the ATMOSPHERIC STEAM HEATING CO.s patents.) * *Proc. Mech. Eng.* 1906 S. 570/4.

Mechanical plant of the Ford Memorial Building, Boston. (Steel and brick building; boiler settings of the SIDNEY SMITH system with coil pipe heaters on either side of the firebox and are equipped with the SMITH smoke preventers; direct-indirect system supplemented on the lower floors by indirect heating in connection with the ventilation system; exhaust steam from the power plant is utilized; blowers for both fresh air and exhaust.)* *Eng. Rec.* 53 S. 533/7.

Mechanical plant of the First National Bank of Chicago. (Direct radiation for which exhaust steam from the power plant is provided with the WEBSTER system of steam circulation.)* *Eng. Rec.* 54 S. 312/4 F.

Heating and ventilating equipment of the Carnegie Branch Library, St. Louis, Mo. (The air supplied is washed; single-story and basement structure built of brick and stone; heating by the indirect system is accomplished by means of live steam blower driven by GENERAL ELECTRIC 500 volt, variable-speed motor.)* *Eng. Rec.* 54 S. 241/3; *Rev. ind.* 37 S. 409/10.

BREITUNG, das städtische Operntheater in Kiew. (Dampfheizung.)* *Ges. Ing.* 29 S. 608/10.

KLOPSCH, Heizung der Lokomotivschuppen. (Hochdruckdampfheizung; bei welcher der Dampf den in den Lokomotivschuppen einfahrenden Lokomotiven entnommen wird.)* *Organ* 43 S. 143.

An innovation in roundhouse heating.* *Iron A.* 78 S. 274/5.

Heating and ventilating plant for the shops of the Southern Rr. at Spencer, N. C. (Indirect steam heating system with fan blowers.)* *Eng. Rec.* 54 S. 268.

MADISON, steam heating the mill with buckwheat hulls. (Radiators supplied with drain pipes back to water inlet in the boiler through a globe valve.)* *Am. Miller* 34 S. 297.

Heating of conservatories. (The „tubal" greenhouse heater.) *J. Gas L.* 96 S. 24/5.

Combined lighting and heating station. (At Canton, Ohio.)* *El. World* 48 S. 221/2.

ZURFLUH, a central steam heating and power plant.* *Eng. Chicago* 43 S. 399/401.

WINTER, Anlagen für Dampfheizungen. *Färber-Z.* 42 S. 240.

Eine Fernheizanlage bis 2500 m Entfernung (Eglfing). *Ges. Ing.* 29 S. 57/8.

Arrangement and connections of the M'GONAGLE system of heating.* *Eng. Chicago* 43 S. 35.

Neuerungen auf dem Gebiete der Zentralheizung. (a)* *Z. Heis.* 11 S. 23/8 F.

VORM. MICHAEL, Armaturen für Zentralheizungen. (Kombinierter Dampfdruck- und Feuerungsregler für Niederdruckdampfkessel und -heizungen; Dampfstauer zum Enger- und Weiterstellen der Durchlauföffnungen in den Kondensleitungen.)* *Uhlands T. R.* 1906, 2 S. 77/9.

PERLMANN, die Dampfstauer. (Werden in die Kondensleitung der Heizkörper eingebaut und sollen dahin wirken, daß das Kondensat langsamer abfließt, damit der Dampf nicht in die Kondensleitung einzudringen imstande ist.) *Ges. Ing.* 29 S. 56/7.

AMMON, Dampfstauer oder Regulierventil. (Bemerkung zu dem Aufsatz von PERLMANN.) *Ges. Ing.* 29 S. 309/1.

NÖZEL, die Dampfstauer. (Bemerkung zu dem Aufsatz von PERLMANN.) *Ges. Ing.* 29 S. 308/9.

WENCK, Dampfwasserableiter und Wasserstauer. (Verschiedene Systeme.)* *Z. Lüftung (Haases)* 12 S. 133/7 F.

Dampfheizkörper neuer Art. (a) ⊠ *Z. Lüftung (Haase's)* 12 S. 19/22.

Heizkörper für Zentralheizungen. * *Z. Heis.* 11 S. 77/80.

NEW YORK BLOWER CO., a new hot blast heater. (Heater which, with a strong current of air circulating over the outside of pipes, would still circulate steam quick enough to keep all pipes hot.)* *Eng. Rec.* 53 Nr. 16 Suppl. S. 47.

POTTHOFF, Gliederkessel. (Für Warmwasser- und Niederdruckdampfheizungen, System KÖRTING AKT.-GES.)* *Z. Beleucht.* 12 S. 173/5 F.

Neuerungen auf dem Gebiete der Heizkessel.* *Z. Heis.* 11 S. 121/5.

Hebel-Entleerer. (D.R.P. 165430.)* *Ges. Ing.* 29 S. 653/4.

4. Luft-, Gas-, Petroleum-, Spiritus-, Acetylen-usw. Heizung. Hot air-, gas-, oil-, alcohol-, acetylene- etc. heating. Chauffage à l'air chaud, au gaz, au pétrole, à l'alcool, à l'acétylène etc.

THOMPSON, R. S., fads and fallacies in hot-air heating. (V) (A) *Mech. World* 40 S. 105; *Eng. News* 56 S. 97/8.

AMERICAN RADIATOR CO., the „Vento" blast heater.* *Eng. Rec.* 53 Nr. 23 *Suppl.* S. 47.

GREEN's air heater. (Economiser operation in steam laundries, hospitals and textile mills.)* *Text. Rec.* 30, 5 S. 150/2; *Eng. Rec.* 53 Nr. 1 *Suppl.* S. 58; *Iron A.* 77 S. 274/5.

NEW YORK BLOWER CO.'s hot blast heater. (Heater, which, with a strong current of air circulating over the outside of pipes, would still circulate steam rapidly enough to keep all the pipes hot.) * *Text. Rec.* 31, 2 S. 168.

NORWALL air line system. (With either gravity heating or an exhaust heating system. NORWALL air and vacuum valve.)* *Eng. Chicago* 43 S. 35/6.

An economical air heater. * *Street R.* 27 S. 123.

Gleichmäßige Beheizung einer großen Werkstätte. (Mittels eines die Luft durch einen mit Dampf erwärmten Kasten treibenden Ventilators. *Z. Gew. Hyg.* 13 S. 514.

Heizungsanlagen in den Werkstätten der Canadian Pacific Ry. Co. zu Montreal. (Erwärmung durch Luft nach dem von der STURTEVANT CO. angegebenen Verfahren.) * *Uhlands T. R.* 1906, 2 S. 52/3.

CARRIER, BUFFALO FORGE CO. fan system for

humidifying, ventilating and heating mills.* *Text. Rec.* 31, 1 S. 147/50.

MANFREDINI, Dampf-Luftheizungs- und Ventilations-anlage. (Erwärmung der Luft durch Dampf.) * *Uhlands T. R.* 1906, 2 S. 45.

TERAN, heating and ventilating the main auditorium of the Broadway Tabernacle, New York. (Blast system of heating with mechanical exhaust and automatic temperature control for the auditorium and direct radiators controlled by hand for the vestibules; seating capacity 1,500; filter of the „V" type; cast iron hood under seats with controlling dampers.) (V) * *Eng. Rec.* 53 S. 161/3; *Eng. News* 55 S. 115/6.

Heating and ventilating system of the New Custom house in New York. (Direct heating system except in the portion to be devoted to post office purposes, where auxiliary direct radiation is installed for heating at night when the main ventilating system is shut down; corridors heated by a secondary utilization of the air.) * *Eng. Rec.* 53 S. 649/53.

Heizungsanlage. (Für das Heizhaus auf dem Bahn-hof Parsons der Missouri Kansas & Texas Rail-way; Warmluftheizung; System von 4" aufrecht gestellten Kesselblechrohren, dessen einzelne Elemente oben und unten in Platten eingewalzt sind; ein Exhaustor saugt die Abgase aus dem Fuchse und treibt sie zum einen Teile durch den Schornstein, zum anderen durch den Kanal unter den Rost der Feuerung, damit nie eine Höchst-temperatur von 1200° überschritten werden kann.) * *Uhlands T. R.* 1906, 2 S. 83/4.

Fan heating system with gas heater. (To an engine house of the Missouri, Kansas & Texas Ry. in Kansas; gas furnace and direct air heater; equipment devised by the BUFFALO FORGE CO.) *Eng. Rec.* 54 S. 382/4.

DELAGE, nouveau procédé de chauffage au gaz par corps radio-incandescents. * *Gas.* 49 S. 322/4.

Modern gas fires and other heaters. * *J. Gas L.* 95 S. 763/6.

Thermal efficiency and hygienic value of gas-stoves. *J. Gas. L.* 96 S. 539/41.

GERHARD, a novel form of gas heating stove. * *Cassier's Mag.* 31 S. 52/6.

BRANSTON, condensing gas-stoves and flueless gas-stoves. *J. Gas L.* 93 S. 567.

Some tests on Continental gas-radiators.* *J. Gas L.* 95 S. 235/6.

MOLAS, appareil de chauffage au gaz par combustion isolée. (Le volume de mélange explosif est limité à celui de l'appareil de chauffage; l'explosion ne développe qu'une pression faible.) * *Rev. ind.* 37 S. 348/9.

M'PHERSON, flame. (Application of flame to the gas-burner of high-illuminating power, the mechanical apparatus for heating, and to internal combustion motors; experiments; burners applicable to coal gas or to mixtures of coal gas and carburetted water gas.) (V. m. B.) * *J. Gas L.* 93 S. 652/5.

NEUMANN, neue Gasheizöfen. (V) * *J. Gasbel.* 49 S. 116/8.

The STEWART combination gas furnace. * *Iron A.* 77 S. 962.

LUX, das Petroleum als Brennstoff für Kochzwecke und zum Beheizen von Gebäuden. * *Ges. Ing.* 29 S. 563/5.

LUX, Untersuchungen eines Petroleum-Heizofens der Fa. Akt.-Ges. VORM. C. H. STOBWASSER & CO. Berlin. *Z. Beleucht.* 12 S. 340/2.

MEENEN, Spiritusgasheizofen „Superator". (Spiritus-dampf gelangt mit Luft gemischt zur Verbrennung.) * *Bad. Gew. Z.* 39 S. 21/2.

Teerölheizung auf Schiffen. *Asphalt- u. Teerind.* Z. 6 S. 265/6.

ALLAN, gas-fitting. (Economical fixing, proper adjustment, and general advantages of heating rooms by gas-fires.) (V. m. B) *J. Gas L.* 93 S. 427/9.

MIX, Erläuterungen zum Verfahren zur dauernden Benutzung von Stoffen von gewöhnlicher Temperatur zu Heizzwecken im Maschinenbetriebe an Stelle der bisher gebrauchten Heizstoffe. (Verflüssigte Gase, deren Siedepunkte unter der gewöhnlichen Temperatur liegen, werden anstatt des Kesselwassers oder sonstiger Verdampfungs-flüssigkeiten verwendet.) *Z. Kälteind.* 13 S. 81/5.

5. Elektrische Heizung. Electric heating. Chauffage électrique.

AYER, electric heating for residences. (Table of cost for heating of water to different temperatures at different rates.) *Eng. News* 56 S. 355; *El. Rev.* 59 S. 486/7.

New fittings and accessories for electric lighting and heating. ⊞ *El. Rev.* 59 S. 617.

BRONN, Anwendung lose geschichteter kleinstückiger Leiter für elektrische Heizwiderstände. *Elektrot. Z.* 27 S. 213/7.

The „induced draught" system of electric heating. * *Electr.* 38 S. 95/7.

HEEPKE, das Kryptol-Heizsystem. * *Z. Heis.* 11 S. 1/5 F.

SCHUBERG, das lose geschichtete Widerstands-material „Kryptol" und die daraus hervorge-gangenen Wärme- und Heizapparate. * *Z. Chem. Apparat* 1 S. 441/6 F.

Gewebe für elektrische Heizung. * *El. Anz.* 23 S. 373/4.

Elektrische Heizung. (Für rasche Temperatur-erhöhung in Kirchen u. dgl. Firma PROME-THEUS, FRANKFURT A. M., Heizkörper aus Glimmerscheiben, auf die in ganz dünnen Schichten Edelmetalle aufgetragen werden.) *Kirche* 3 S. 220/1.

Primary distribution at 4,600 volts and heating system changes at Toledo, O. *El. World* 48 S. 418.

MOSIG, elektrische Heizvorrichtung für Farbwalzen in Druckerpressen. * *Elektrot. Z.* 27 S. 346/7.

Helium. Hélium. Vgl. Argon, Gase.

EWERS, Vorkommen von Argon und Helium in den Gasteiner Thermalquellen. * *Physik. Z.* 7 S. 224/5.

MOUREU, les gaz sources thermales. Détermination des gaz rares; présence générale de l'argon et de l'hélium. *Compt. r.* 142 S. 1155/8; *J. pharm.* 6, 24 S. 337/50.

HIMSTEDT und MEYER, G., Bildung von Helium aus der Radiumemanation. *Ber. Freiburg* 16 S. 1/3.

COOKE, experiments on the chemical behaviour of argon and helium. * *Proc. Roy. Soc.* 77 S. 148/55; *Z. physik. Chem.* 55 S. 537/46.

GIESEL, das Spektrum des Heliums aus Radium-bromid. * *Ber. Chem. G.* 39 S. 2244.

DORN, Heliumröhren mit elektrolytisch einge-führtem Natrium und Kalium. *Ann. d. Phys.* 20 S. 127/32.

DEMBER, lichtelektrischer Effekt und das Kathoden-gefälle an einer Alkalielektrode in Argon, Helium und Wasserstoff. * *Ann. d. Phys.* 20 S. 379/97.

OLSZEWSKI, nouvelles recherches sur la liquéfaction de l'hélium. *Ann. d. Chim.* 8, 8 S. 139/44.

Helium, das einzige Gas, das nicht zu verflüssigen ist. *Bayr. Gew. Bl.* 1906 S. 181.

Hobeln. Planing. Rabotage. Vgl. Holz, Metallbearbeitung, Werkzeugmaschinen.

Verbesserungen an Hobel-Maschinen. * *Met. Arb.* 32 S. 139/40; *Am. Mach.* 29, 2 S. 406/7 E.

28" back geared crank shaper built by the AMERICAN TOOLWORKS CO., Cincinnati. * *Iron A.* 77 S. 492/3.

BATEMAN's MACHINE TOOL CO. raboteuses à grande vitesse. * *Rev. ind.* 37 S. 193/4.

BUCKTON & CO., Hobelmaschine. (Bearbeitung der Längsträger von Lokomotivrahmen.) * *Masch. Konstr.* 39 S. 1/2.

BURTON, GRIFFITHS AND CO., OERLIKON automatic bevel-gear planing machine. * *Engng.* 82 S. 480.

CINCINNATI SHAPER CO., 32" shaper. (The cross-traverse screw is graduated to read to 0,001", and is equipped with variable automatic feed, which can be changed from nothing to full feed while the machine is in motion. * *Am. Mach.* 29, 1 S. 167; *Iron A.* 77 S. 415/6. The EBERHARDT crank shaper. * *Iron A.* 77 S. 42/3.

FISCHER, die Kegelradhobelmaschine der Werkstätte für Maschinenbau VORM. DUCOMMUN in Mülhausen i. E. (Nach dem Verfahren von BILGRAM arbeitend.) * *Z. V. dt. Ing.* 50 S. 359/62.

HENLEY, planer drive. (Designed to reduce the waste of energy; driving pulleys so that the driven pulley may be reduced to one-half the usual width of a single belt.) * *Pract. Eng.* 34 S. 551/2.

LEDAY, raboteuse construite par CRAVEN FRÈRES. * *Rev. ind.* 37 S. 474/5.

PRATT & CO., 14" stroke central-thrust shaping machine. * *Page's Weekly* 9 S. 23/4.

Hobelmaschine von REDDMAN & SONS in Halifax. * *Z. Werkzm.* 10 S. 369; *Pract. Eng.* 33 S. 401.

RIDDELL, Shapingmaschine mit Markiermaschine. ⊠ *Masch. Konstr.* 39 S. 52.

SHANKS & CO., planing machine. * *Pract. Eng.* 33 S. 48/9.

Hobelmaschine von SOUMAGNE & FILS in Lüttich. * *Z. Werkzm.* 10 S. 369/70.

TANGYE TOOL AND ELECTRIC CO., double-head high-speed shaper. * *Am. Mach.* 29, 1 S. 461 E.

WHITCOMB MFG. CO., Hobelmaschine. (Das erste Räderpaar durch einen Riemen ersetzt.) * *Z. V. dt. Ing.* 50 S. 138; *Mech. World* 39 S. 18/9.

Radius planing. (Rig which can be fixed upon a shaper.) * *Pract. Eng.* 33 S. 654.

DOXFORD, Schiffsschrauben-Hobelmaschine. * *Z. Werkzm.* 10 S. 354.

The VICTOR nut facing machine and collapsible tap. * *Iron A.* 78 S. 1018.

Improved high-speed electrically driven planer. * *Am. Mach.* 29, 2 S. 137 E/8 E.

Combined electric shaping and grinding machine. * *Am. Mach.* 29, 1 S. 523 E/4 E.

METZGER, Vorrichtung zum Vor- und Rückwärtshobeln mit elektromagnetischer Umsteuerung des Werkzeugstahles. * *Z. Werkzm.* 10 S. 269/70.

Electrically-driven slotter by STIRK AND SONS, Halifax. * *Pract. Eng.* 34 S. 459.

FAIRBAIRN, MACPHERSON & CO., Lokomotivrahmen-Stoßmaschine. (Aufspanntisch ist mit zahlreichen viereckigen Löchern zum Befestigen der Werkstücke versehen.) * *Lokomotive* 3 S. 184/6.

Stoßmaschine mit Zahnstangenantrieb von P. HURÉ in Paris. * *Z. Werkzm.* 10 S. 495.

SCHOENING, Stoßmaschine. (Arbeitstisch, der um eine zur Schnittrichtung parallele Achse in beliebige Stellungen gedreht werden kann.) * *Z. Werkzm.* 10 S. 227.

Stoßmaschine mit Revolverkopf von L. SOUMAGNE in Lüttich. *Z. Werkzm.* 10 S. 384.

A new GARVIN MACHINE CO., die slotting machine.' *Iron A.* 78 S. 865.

KITSON & CO., locomotive frame-plate slotting machine. ⊠ *Eng.* 102 S. 124/6.

Extra heavy slotter built by the NEWTON MACHINE TOOL WORKS. * *Iron A.* 78 S. 1438/9.

SHANKS & CO, slotting machine. * *Pract. Eng.* 33 S. 48.

Feilmaschine mit Kurbelschleifenantrieb der CINCINNATI SHAPER COMPANY. * *Z. Werkzm.* 10 S. 381/2.

Tragbare Feilmaschine von COLLET & ENGELHARD in Offenbach. * *Z. Werkzm.* 10 S. 282/3.

Handfeilmaschine der Firma JACQUOT & TAVERDON in Paris. *Z. Werkzm.* 10 S. 383.

Feilmaschine der Firma LOEWE & CO. in Berlin.' *Z. Werkzm.* 10 S. 382.

Feilmaschine für Stößelantrieb von der Firma SOCIÉTÉ ANONYME DU PHÖNIX in Gand. * *Z. Werkzm.* 10 S. 381.

Verstellbare Winkelspannplatte. (Bei Arbeiten auf der Hobel-, Shaping- oder Bohrmaschine verwendbar; amerikanische Bauart. Besteht aus einer Grundplatte, auf der die Platte unter Benutzung von Scharnieren angelenkt ist.)' *Uhlands T. R.* 1906, 1 S. 93.

FOSTER & CO., bench keyseater. (The tool-bar carrying the cutter is connected to a ram which is operated by a hand lever, one end of which forms a toothed quadrant gearing into a rack cut on the ram.) * *Am. Mach.* 29, 1 S. 136 E.

HORNER, tools employed in slotting machines. * *Mech. World* 40 S. 234 F.

Hochbau. Building. Architecture.
1. Baukunst.
2. Stadtbaupläne.
3. Zement- besw. Beton- und Zement-Eisen- besw. Beton-Eisenbau.
4. Eisenbau.
5. Bauausführung.
  a) Allgemeines.
  b) Baugrund- und Gründungsarbeiten.
  c) Rüstung.
  d) Aufbau, Fortbewegung und Zusammensturz von Bauten.
  e) Feuerschutz, Brände.
  f) Schalldämpfung.
6. Gebäude.
  a) Kirchen, Kapellen und Friedhöfe.
  b) Parlamente, Rathäuser, Gerichts- und andere Amtsgebäude.
  c) Schlösser und Burgen.
  d) Wohnhäuser.
  e) Geschäftshäuser.
  f) Unterrichtsanstalten, Bibliotheken.
  g) Museen.
  h) Krankenhäuser, Wohlfahrtsanstalten u. dgl.
  k) Theater, Konzerthäuser u. dgl. Bauten.
  l) Bankgebäude.
  m) Ställe und andere landwirtschaftliche Gebäude.
  n) Ausstellungsgebäude.
  o) Sonderbauten.
7. Gebäudeteile.
  a) Fußböden, Decken und Gewölbe.
  b) Treppen.
  c) Fenster.
  d) Türen.
  e) Dächer.

1. Baukunst. Architecture.

KOHN, MORITZ, Neuerungen im Bauwesen. (Die Baustoffe.) (V) *Oest. Chem. Z.* 9 S. 244/9.

BLOOMFIELD, studies in architecture. *Builder* 91 S. 249/51.

JACKSON, reason in architecture. *Builder* 91 S. 249/51.

SEESSELBERG, akademische und praktische Uebung der kirchlichen Kunst. (Kapitäle für eine Strand-

kirche von LÖFFLER und SIEGLING.)* *Kirche* 3 S. 106/17.

POTTER, illustrations of Roman architecture. ▣ *Builder* 91 S. 486.

BAGGALLAY, porches and approaches. (Egypt, Chaldea and Assyria, Greece, Rome, Persia, early christian, mediaeval Italy, mediaeval France English ecclesiastical gothic; English domestic gothic; English renaissance, Italian renaissance; outside staircases; steps and balustrades; courts and screens.) (V. m. B.) (2)* *Builder* 90 S. 224/31 F.

HASAK, die Farbe in der Architektur. (V) (A) *Baumatk.* 11 S. 167.

LETHABY, die Erhaltung alter Bauwerke. *Wschr. Baud.* 12 S. 647/8.

ZELLER, Gefährdung und Erhaltung geschichtlicher Bauten. (Bewohnbare Bauten und ihre Unterhaltung, Wand, oberer Mauerabschluß; Dach; die Ruinen und ihre Gefährdung; Einwirkung des Pflanzenwuchses auf Bauwerke.)* *Z. Arch.* 52 Sp. 381/420.

Inventarisation der Kunst- und Altertums-Denkmale.* *Schw. Baus.* 47 S. 237/40.

POELZIG, die Stilformen des städtischen Wohnhauses. (V) (A) *Techn. Gem. Bl.* 9 S. 153.

Der Dorfplatz in der Dresdener Kunstgewerbe-Ausstellung. *Z. Baugew.* 50 S. 181/3.

KÜHN, neuzeitlicher Dorfbau. (Zusammenlegung von Kirche und Pfarrhaus; Schule mit einem Lehrerzimmer und Lehrerwohnung.)* *Baugew. Z.* 38 S. 441/4 F.

Bestrebungen zur Wiederbelebung einer deutschen ländlichen Baukunst. (Neuzeitiger Dorfbau; ländliche Anwesen für Kleinbauern und Industrie-Arbeiter; Gutsbesitzergehöfte.) * *D. Baus.* 40 S. 355/7 F.

TIMMS, manufacturing buildings in cities.* *Iron A.* 77 S. 29/33.

NICHOLSON, CHARLES, design for a leaded steeple. (Decorative steeple faced with leadwork.)▣ *Builder* 90 S. 526.

Säle. (Ausbau hauptsächlich in modernen Formen; Entwürfe von 12 Verfassern.) (N) *Z. Arch.* 52 Sp. 455.

WIDMER, moderne Ausgestaltung der Bahnhöfe. *Schw. Baus.* 47 S. 62.

RANK, künstlerische Durchbildung an Wassertürmen und neuere Beton- und Eisenbetonausführungen. (V) * *Baugew. Z.* 38 S. 1031/3 F.

Ravenna, examples of mosaic and marble inlay. ▣ *Builder* 91 S. 430, 514/5.

Notes on mosaic and marble inlay. *Builder* 91 S. 478/9.

TIKKANEN, Arbeiten der Architekten GESELLIUS, LINDGREN & SAARINEN.* *Schw. Baus.* 47 S. 225/8.

PUDOR, schwedische Inneneinrichtungen. *Uhlands T. R.* 1906 *Suppl.* S. 71/2.

LAMBERT, l'architecture contemporaine dans la Suisse romande.* *Schw. Baus.* 47 S. 254/5 F.

STEFFEN, Alt-Augsburger Straßenbilder und Patrizierhäuser. ▣ *Wschr. Baud.* 12 S. 499/501.

BRÖSTLEIN, die Architekturabteilung auf der Großen Berliner Kunstausstellung des Jahres 1906. (2) *Zbl. Bauv.* 26 S. 428/30; *D. Baus.* 40 S. 475/80.

Die Baukunst auf der dritten deutschen Kunstgewerbe-Ausstellung in Dresden 1906. (a)* *D. Baus.* 40 S. 551/2 F.

CUNY, Antonius von Obbergen. (Danziger und Thorner Kunstbauten dieses Meisters.) * *Z. Bauwz.* 56 Sp. 419/42.

ZAAR, mittelalterliche Bauwerke in Frankfurt an der Oder. (Rathaus; Marienkirche.)* *D. Baus.* 40 S. 295/7.

KEMPF, die Tortürme der Stadt Freiburg im Breisgau.* *Zbl. Bauv.* 26 S. 423/7.

GRUBBER, das Schwarzhafnerhaus in Friesach. ▣ *Wschr. Baus.* 12 S. 225.

TAUBMANN, einiges über die bäuerlichen Schnitzereien in der näheren Umgebung Holzmindens. ▣ *Z. Baugew.* 50 S. 89/91.

NEEB, die Jupitersäule in der Steinhalle des Mainzer Museums.* *Zbl. Bauv.* 26 S. 219.

Mannheim und seine Bauten.* *D. Baus.* 40 S. 480/2 F.; *Zbl. Bauv.* 26 S. 450/3.

Hervorragende in den letzten Jahren entstandene öffentliche Bauten Münchens. (Sankt Paulskirche von V. HAUBERRISSER; Maximilians-Kirche von V. SCHMIDT; Schulhaus am Elisabethplatze von FISCHER, THEODOR; Katastergebäude.) ▣ *Allg. Baus.* 71 S. 81/2.

LAMBERT, die Architektur auf der Bayerischen Jubiläums-Landesausstellung in Nürnberg 1906. ▣ *Schw. Baus.* 48 S. 129/34 F.

RÉB, der Wartesaal im Nürnberger Bahnhof. (Architektonische Ausführung.) ▣ *Dekor. Kunst* 10 S. 1/5.

SIEGERT, Volksskunst. (Stall in Proschwitz b. Meißen; Schule in Kl. Zschachwitz b. Dresden; Lauben und Bürgerhaus in Komotau.)* *Techn. Z.* 23 S. 54/6.

RIMMELE, THEODOR FISCHER's Werke in Schwaben. (Fangelsbachschule in Stuttgart; Turnhalle.)* *Zbl. Bauv.* 26 S. 435/8 F.

POELZIG, das Löwenberger Rathaus. (Restaurierung.) ▣ *Dekor. Kunst* 10 S. 11/5.

BOND, English gothic architecture. (Practice of revived gothic in England; mediaeval church architecture of England; doors; towers.) ¡*Builder* 90 S. 1/3 F.

MUTHESIUS, über den modernen Ziegelbau in England. (V. m. B.) *Baumatk.* 11 S. 168/9.

British Medical Association's new premises.▣ *Builder* 91 S. 664.

BASSETT's entrance-porch, old Beaupré, Glamorganshire. (Renaissance architecture during the reigns of James I to Anne.) ▣ *Builder* 90 S. 409.

St. Peter-on-the Wall, Bradwell-on-Sea. (Consists merely of the small nave, but with traces of the eastern apse and western porch, originated in the VII th century.) * *Builder* 91 S. 314/6.

The gables of Broadland. (Brick architecture.)▣ *Builder* 90 S. 380/1.

Drawings of old houses, old vicarage, Burford. (1679, 1707.) * *Builder* 91 S. 664/5.

The Charterhouse Hall. (Screen.)▣ *Builder* 90 S. 352/3.

PAINE, the mansion house, Doncaster. (Said to be erected before London and York.)▣ *Builder* 90 S. 45.

Hampton Court. (Part of elevation.)▣ *Builder* 90 S. 264.

POLEY, the Lion Gates, Hampton Court.)▣ *Builder* 91 S. 144.

NATORP, sculpture groups for Hyde Park Corner.▣ *Builder* 90 S. 526/7.

BELCHER, park structure, Lancaster. (Surrounded by a terrace set up obout 70¹ above the lower level. Total height of the building 220¹ from the ground below the main stairway; six stages.)▣ *Builder* 90 S. 590.

SHAW, NORMAN, Regent's Quadrant, London. (Design for the rebuilding of the street front of Regent's Quadrant and of Piccadilly Circus.)▣ *Builder* 90 S. 481/3,496.

Clifton Maubank. (XVI century manor - house; alterations.)▣ *Builder* 91 S. 544.

Church of Monyash, Derbyshire. ⊞ *Builder* 91 S. 415/8.

MONK, interior view of Selby Abbey. ⊞ *Builder* 91 S. 485/6.

The church of Shere, Surrey. (Consists of chancel, nave, south aisle [with chapel extension on the east], central tower and spire, short worth transept, and south and west porches; restoration of 1895.) ⊞ *Builder* 90 S. 395/8, 410.

Church of Southwold. (History.) ⊞ *Builder* 90 S. 249/52, 264.

ELGOOD, Wigmore-Street premises. ⊞ *Builder* 90 S. 45.

Les concours pour le grand prix d'architecture; concours de 1905. *Gén. civ.* 48 S. 236/40.

Interior, St. Remy, Dieppe. ⊠ *Builder* 91 S. 726.

Die italienische Architektur auf der Mailänder Ausstellung. *Schw. Baus.* 47 S. 280/1; *Kirche* 3 S. 280.

EBHARDT, italienische Burgenbaukunst. (V) (A) ⊞ *Z. Baus.* 40 S. 349/52.

In the Abruzzi. (Aquila Annunziata, Solmona, Castel di Sangro.) * *Builder* 90 S. 425/8.

The Western façade of the Duomo, Borgo San Donnino. ⊞ *Builder* 91 S. 16.

The Riccardi Palace, Florence. ⊞ *Builder* 90 S. 18.

Pulpit in San Lorenzo, Florence. ⊞ *Builder* 90 S. 292.

GRACE, pulpit and screen, San Miniato, Florence. ⊞ *Builder* 90 S. 146.

Portion of roof, Milan Cathedral. ⊞ *Builder* 90 S. 16.

Palazzo del Commune, Piacenza. ⊞ *Builder* 91 S. 282.

Doorway, S. Renieri chapel, Pisa Cathedral. ⊞ *Builder* 90 S. 68.

GRACE, mosaic floor, Pompeii. ⊞ *Builder* 90 S. 649.

Pulpit in San Giovanni del Joro Ravello. ⊞ *Builder* 90 S. 292.

VIGNOLA, Palazzo Avignonesi, Monte-Pulciano, Roma. ⊞ *Builder* 90 S. 322.

ASHBY, the Via Cavour and the Imperial Fora in Rome.* *Builder* 91 S. 166/7.

RONCZEWSKI, Tablinum im „Hause der Livia in Rom". (Prunkgemach aus dem alten Rom.) ⊠ *Schw. Baus.* 47 S. 74/5.

SEDILIA, Siena cathedral. ⊞ *Builder* 90 S. 119.

Portion of façade, Siena Cathedral. ⊞ *Builder* 90 S. 18/9.

Piccolomini altar, Siena Cathedral. ⊞ *Builder* 90 S. 19.

Sketch of Palazzo Pubblico, Siena. ⊞ *Builder* 90 S. 92.

Organ-case, Vallerano. ⊞ *Builder* 90 S. 292.

GRACE, fountain, Viterbo. ⊞ *Builder* 90 S. 437.

HENDERSON, SS. Sergius and Bacchus, Constantinople. (Springing of dome; details of the upper and the lower orders; entablature of south-west exedra.) ⊠ *Builder* 90 S. 4/8.

SMITH, CECIL, the tomb of Agamemnon at Mycenae. (V. m. B.) (A) *Builder* 91 S. 141/3.

Church of S. George the Latin, Famagusta, Cyprus. ⊞ *Builder* 91 S. 473/5.

FYFE, architectural conceptions at Knossos and Phaestos. (Summary of DÖRPFELD's and MACKENZIE's views.) *Builder* 91 S. 295/6.

Recent architectural developments in Jerusalem. * *Builder* 91 S. 711/3 F.

V. SCHUBERT-SOLDERN, Karthago und die römischen Ausgrabungen in Algerien und Tunesien. *Allg. Baus.* 71 S. 43/8.

BALTZER, Architektur der Kultbauten Japans. (Tragbarer Tempelschrein, Trommelturm im Bezirk des Yeyasutempels von Nikko; Tempelhof-Umfriedigung; Quellhaus; Schatzhaus; Stallgebäude für das heilige Roß; Bronzelaternen Mitteltor von Horiuji; buddhistischer Tempel mit Irimoya-Dachform; Gedächtnistempel; Tempel im Nagare-Stil; Tempelform mit Gebetplatz; Tempeltore; Wandelgang; Bücherei; Brunnenhaus; Achteckbauten; das Haiden mit Satteldach in Irimoyaform mit chinesischem Giebel; Schintotempel; Zeitabschnitte der Schintoarchitektur; vorgeschichtliches Zeitalter und Zeit des reinen Schintostils; Einführung gekrümmter Linien und Flächen in den Tempelbau; Vermischung der schintoistischen und buddhistischen Tempelarchitektur; völlige Verschmelzung der schintoistischen mit der buddhistischen Bauweise. Die No-Bühne, für Zuschauer und Schauspieler zur Ausführung religiös-zeremonieller Tänze und Szenen.) (a) * *Z. Bauw.* 56 Sp. 33/64 F.

Architecture in Brisbane. (Queen-street, Brisbane, in 1858, in 1890; Lands Offices.) ⊞ *Builder* 91 S. 447/51. .

2. Stadtbaupläne. Maps of towns. Plans des villes. Vgl. Gesundheitspflege 1.

Bacharach. (Stadtplan. Zeichnungen abgebrannter und wiederhergestellter Häuser.)* *D. Baus.* 40 S. 267/8.

GOECKE, zur Beschaffung eines Gesamt-Bebauungsplanes für Groß-Berlin. *Städtebau* 3 S. 85/8.

SCHLIEPMANN, Zukunft des alten Botanischen Gartens in Berlin. (Verfasser empfiehlt eine Umbauung derart, daß im Innern ein mächtiger, vom Wagenverkehr abgetrennter baumbestandener Platz von künstlerischer Durchbildung, auch der umgebenden Hausfronten, freibliebe.) (V) (A) *Zbl. Bauw.* 26 S. 255.

Die künstlerische Gestaltung des westlichen Abschlusses des Pariser Platzes in Berlin. * *D. Baus.* 40 S. 573/4.

HEIMANN, E., zur Umgestaltung des Potsdamer Platzes. (Führung des Fahrverkehrs auf kürzestem Wege und derart, daß in keinem Punkte mehr als zwei Fahrtrichtungen zusammentreffen.)* *Städtebau* 3 S. 109/10.

Bauordnung und Bebauungsplan. (Die neue bremische Bauordnung, vgl. Jg. VI Nr. 20 und VIII, Nr. 5. Einwendungen gegen den Beschluß der von der bremischen Bürgerschaft niedergesetzten Kommission.) *Techn. Gem. Bl.* 8 S. 314/5.

Häuserblock am Kaiser Wilhelmplatz in Bremen. (15 Wettbewerbsentwürfe.) (N) *Z. Arch.* 52 Sp. 345.

HOHENBERG, die neue Bauordnung und die neuen Ortsgesetze für die Stadt Dresden. *ZBl. Bauw.* 26 S. 373/7.

Ausgestaltung des Bahnhofvorplatzes zu Essen (Ruhr). (3 Preisentwürfe von VENHOFEN, EMSCHERMANN und DIETZSCH.) *Städtebau* 3 S. 8/10.

GOECKE, Wettbewerb um Stadterweiterungspläne für Karlsruhe. (Pläne von BILLING, VITTALI, GIEHNE und DEINES, NEUMEISTER, WEIZEL, BRONNER, KOSZMANN und ROTH.) ⊞ *Städtebau* 3 S. 99/104.

VON THIERSCH, Stadterweiterung von Lindau im Bodensee. (Vervollständigung des Rundgangs um das ganze Stadtgebiet; Bau der neuen Lagerhäuser am Rangierbahnhofe; Entwicklung des neuen Lindauer Bahnhofes.) ⊞ *Städtebau* 3 S. 43/7 F.

BALTZER, Wettbewerb zur Erlangung eines Bebauungsplanes für das Gebiet am Holstentor in Lübeck. (Drei Lösungen.)* *ZBl. Bauw.* 26 S. 487/92.

MÜLLER, ARTHUR, Bebauung der Wernerstraße und der neuen Straße G in Ludwigsburg. *Städtebau* 3 S. 67.

PETERS, städtische Parkanlage an der Königsbrücke in Magdeburg. ⊠ *Städtebau* 3 S. 7/8.

TITTRICH, Zukunft des Augustinerstockes in München.* *D. Baus.* 40 S. 448/9.

Wettbewerb für den monumentalen Abschluß des Maximiliansplatzes in München. ⊠ *D. Baus.* 40 S. 408/12 F.

Wettbewerb um einen Bebauungsplan für die Umgebung des Schlosses zu Moers. (3 preisgekrönte Entwürfe.) ⊠ *Städtebau* 3 S. 57/8.

PAGENKOPF, die Baulandumlegung an dem Beispiele der Zusammenlegung der Rüsterlaake in Rixdorf. (Bebauungsplan; Umlegungsplan.) ⊠ *Städtebau* 3 S. 141/8.

HEYD, Bebauungsplan der Gemeinde Oppau. (Straßenquerschnitte, Blockaufteilung.) ⊠ *Städtebau* 3 S. 149/52.

GOECKE, Wettbewerb um die Umarbeitung des Bebauungsplanes für die Stadt St. Johann a. d. Saar. (11 Entwürfe.) ⊠ *Städtebau* 3 S. 127/30.

RIMMELE, Verbesserung der Wohnverhältnisse der Altstadt in Stuttgart. (Gesundungsplan von HENGERER und KATZ, RICHARD, für Geschäfts- und Fremdenverkehr.)* *ZBl. Baw.* 26 S. 320/3.

TSCHARMANN, Bebauungsplan für Hartha bei Tharandt. (Beispiel einer entstehenden Sommerfrische.) ⊠ *Städtebau* 3 S. 117/8.

SCHAUMANN, bauliche Entwicklung des Seebades Travemünde. (Bebauungsplan.) ⊠ *Städtebau* 3 S. 5/7.

Erläuterungen zu dem sich auf den Münsterplatz in Ulm a. D. beziehenden Preisausschreiben.* *Städtebau* 3 S 10/1.

Wettbewerb zur Erlangung von Entwürfen für die künstlerische Umgestaltung des Münsterplatzes in Ulm.* *D. Baus.* 40 S. 522 F.

HOFMANN, ALBERT, Wiederherstellung des Münster-Platzes in Ulm. (Vorschlag, die ehemaligen Platzverhältnisse durch Errichtung entsprechender Bauwerke und Baugruppen wieder herzustellen.) ⊠ *D. Baus.* 40 S. 311/7 F.

KÜHNE, Bebauungsplan der Villenkolonie Unterberg. ⊠ *Städtebau* 3 S. 122/3.

BAST, alte Städtebilder aus dem Lahntale. (Kornmarkt in Wetzlar; Rathausplatz in Weilburg; Hauptstraße von Lich in der Wetterau; Gießen.)* *Städtebau* 3 S. 120/2.

FROBENIUS, General-Bebauungsplan und die abgestufte Bauordnung für Wiesbaden. ⊠ *Städtebau* 3 S. 155/8.

STARY und SEMETKOWSKI, Kaiser Franz Josef-Kai in Graz. (Baugeschichte, Beurteilung der Neubauten und des amtlichen Bebauungsplanes. Lösung im Sinne des „Genius loci".) ⊠ *Städtebau* 3 S. 29/32 F.

LASNE, allgemeiner Bebauungsplan für die Stadt Kufstein. ⊠ *Städtebau* 3 S. 15/9.

POLIVKA, Alt-Prag. (V) (A) *Wschr. Baud.* 12 S. 451/2.

BALŠÁNEK, das Panorama vom Hradschin auf die Haushöhe auf der Kleinseite in Prag. (Regulierungsplan für die Kleinseite; größte Haushöhe.) (V) (A) *Wschr. Baud.* 12 S. 229/30.

LUX, Wiener Platzanlagen und Denkmäler. *Städtebau* 3 S. 82.

LELMAN, die neue Bauordnung für Amsterdam. (Entwurf von TELLE. Bedingungen hinsichtlich der gesundheitlichen Anforderungen, der Feuersicherheit und Standfestigkeit; Reihenhausbau.) *Städtebau* 3 S. 123/4.

STÜBBEN, Entwicklung der Stadt Antwerpen, ihrer Eisenbahn- und Hafenanlagen, sowie der geplante Schelde-Durchstich. (Erweiterung der Stadt, ihrer Eisenbahn- und Hafen-Anlagen.) (V) (A) (a)* *D. Baus.* 40 S. 24/6 F.

LELIMAN, aus dem Haag, (Bebauungsplan, Platzfrage für den Friedenspalast.)* *Städtebau* 3 S. 53/4.

Notes on old London. (The Thames-side between Charing Cross and Blackfriars bridges; Hungerford, Charing Cross Railway, and Waterloobridges; Victoria-embankment: 1801—1900. The Savoy before the building of Waterloo bridge and Wellington-Street etc.) ⊠ *Builder* 90 S. 12/5 F.; 91 S. 8/14.

Straßendurchbruch in London. (Welcher den „Strand" mit dem Schnittpunkte der Straßen High Holborn und Southampton Row verbindet. Straßenbahn in einem zweigleisigen Tunnel.)* *Techn. Gem. Bl.* 8 S. 331.

The Manchester Royal Exchange.* *Builder* 90 S. 642/3.

BURNHAM, planning of a City at San Francisco. *Eng. Rec.* 53 S. 551.

BAUMEISTER, HOCHEDER, STÜBBEN, HOFMANN-DARMSTADT, BERG, Städtebau. (Anordnung des Planes; Straßen; Plätze; Formen der Bebauung, Einfamilienhäuser; Bürgerhäuser, Mietkasernen, offene Bauweise für Landhausbezirke, Eigentumsverhältnisse, Kostendeckung; Plätze für öffentliche Zwecke, gerade und gekrümmte Straßen; torartige Ueberbauung von Straßenmündungen.) (V) (A) *ZBl. Baw.* 26 S. 471/4 F.

STÜBBEN, planning of cities. (V) (A) *Builder* 91 S. 99.

LUX, neue Städtegründungen nach modernen künstlerischen und sozialen Grundsätzen. — Die englischen Gartenstädte. (Arbeiterkolonien; Fabrikdorf Port Sunlight bei Liverpool; Schokoladenfabrik von CADBURY in Bournville bei Birmingham; amerikanische Arbeiterhäuser, Kolonie Agnetapark der niederländischen Preßhefe- und Spiritusfabrik van Marken bei Delft.) *Wschr. Baud.* 12 S. 494/5.

KAMPFFMEYER, von der Kleinstadt zur Gartenstadt. (Bodenreform; Besserung der Transportverhältnisse.) *Städtebau* 3 S. 134/7.

GOECKE, allgemeine Grundsätze für die Aufstellung städtischer Bebauungspläne. (V) (A) *Städtebau* 3 S. 2/4 F.

GOECKE, wie entwerfen wir unsere Stadtbaupläne? (Straßenbreite; Vermeidung langer gerader Linien; Parkanlagen, Denkmäler; Kirchen; offene oder geschlossene Bauweise.) (V) (A) *Techn. Gem. Bl.* 9 S. 152.

LUX, wie erlangt eine Stadt einen technisch und künstlerisch einwandfreien Bebauungsplan? (Grundsätze.) *Wschr. Baud.* 12 S. 376/7.

UNWIN, planning of the residential districts of towns. (V. m. B.) *Builder* 91 S. 99/100.

CLEMENS, Stadterweiterungen und Bebauungspläne. (Reihenbauweise bei Miethäusern mit unzugänglichem Wärmeschutz; öffentliche Anlagen; Bodenpolitik.) (V) (A) *Techn. Gem. Bl.* 9 S. 177/82.

GEISZLER, Fabrik- und Industrieviertel. (Krefeld: Stadtkern, sonstiges voll bebautes Stadtgebiet, in der Bebauung begriffenes Stadtgebiet; ohne Begünstigung von Fabriken, mit Begünstigung von Fabriken; mit Ausschluß von Fabriken; besseres Wohnviertel. Münchener Staffelbauordnung; Bauzone in Halle a. S. Industrieviertel in Lichtenberg, Teltow.) *Städtebau* 3 S. 51/3 F.

HOCHEDER, Torhaus und Baukasten. (Behagliche Wohnlichkeit alter Städte, auch unter freiem Himmel, ohne die Verkehrsrücksichten dabei zu vergessen; einseitige Berücksichtigung des Verkehrs bei der heutigen Städtebaukunst. Die neuzeitlichen Plätzen und Straßenzügen mangelnde Geschlossenheit ist auch zu erreichen durch eine

vorsichtige Anwendung des Torhauses an Stellen, wo früher enge Gassen mündeten.) (V) (A) *ZBl. Bauv.* 26 S. 240/1.

FABARIUS, Geschoßzahl und Baukosten städtischer Wohnhäuser. (Besprechung des Buches „Kleinhaus und Mietkasernen" von VOIGT und GELDNER. Einheitskosten bei wachsender Geschoßzahl. Verstärkung der Mauern für die oberen Stockwerke; Kosten der Wohnungsflächen.) *Techn. Gem. Bl.* 9 S. 39/41.

ZÜLCH, landhausmäßige Bebauung in den Städten. (Bauordnungen für Gumbinnen, Allenstein; Abstufung der baulichen Ausnutzbarkeit der Grundstücke nach Ortsteilen, Straßen und Plätzen; Ausscheidung besonderer Ortsteile, Straßen und Plätze für die Errichtung von Anlagen.) (V) (A) *Techn. Gem. Bl.* 9 S. 56/9 F.

OEHMCKE, Bauordnung für Großstadterweiterungen und Weiträumigkeit. (Das zukünftige Berlin und seine Gebietsausdehnung. Bürgerhaus und Massenmiethaus; Hauptmaßnahmen zur Förderung weiträumiger Bebauung; Beispiele von abgestuften Bauordnungen; einzelne Mittel der Bauordnung zur Förderung der Weiträumigkeit und bezügliche Besonderheiten in einigen Städten; Einzelheiten der Bau-Polizeiverordnung für die Vororte von Berlin vom 21. April 1903 und gebotene Ergänzungen dazu.) * *Techn. Gem. Bl.* 9 S. 49/53 F.

GOECKE, der Wald- und Wiesengürtel von Wien und seine Bedeutung für den Städtebau. (Plan des Wiener Stadtbauamtes; Gürtelanlagen; Gartenstadt bei der Ortschaft Norton, nördlich von London.)⊞ *Städtebau* 3 S. 88/92.

Der Wald- und Wiesengürtel und die Höhenstraße der Stadt Wien. (Verteilung der Gärten, Wiesen und Waldflächen in Großstädten.) (A) * *Techn. Gem. Bl.* 8 S. 291/6.

BULS, planning and laying out of streets and open spaces. (V) (A) *Builder* 91 S. 97/8.

STÜBBEN, planning of open spaces. (V) (A) *Builder* 91 S. 99.

REDLICH, Berücksichtigung von Kinderspielplätzen in den Bauordnungen.* *ZBl. Bauv.* 26 S. 444/5.

FORBÁT, Freiheitplatz und Parlamentsviertel in Budapest. ⊞ *Städtebau* 3 S. 4/5.

BRUNO, le diverse proposte per congiungere la via Cavour con la piazza Venezia in Roma. ⊞ *Giorn. Gen. civ.* 48 S. 65;73.

BRINCKMANN, zur Aesthetik des bepflanzten Platzes. *Städtebau* 3 S. 80/1.

EBE, Brücken im Stadtbilde. (Kaiserbrücke in Breslau; Augustus-Brücke in Dresden.)⊞ *Städtebau* 3 S. 159/62.

SITTE, das Schulhaus im Stadtplane. (Eckanlage; Anordnung eines umschließenden Vorgartens; Innenhofanlage; Schulhaus aus dem Stadtplane in Marienberg.)⊞ *Städtebau* 3 S. 130/3.

3. Zement-, bezw. Beton- und Zement-Eisen-, bezw. Beton-Eisen-Bau. Cement or concrete and armoured cement or concrete construction. Constructions en ciment ou en béton et en ciment ou en béton armés. Vgl. 4 und Zement. Siehe Beton und Betonbau.

4. Eisenbau. Iron construction. Construction en fer. Vgl. 5 b und Beton und Betonbau.

KLIEWER, Ermittlung der Schnittpunkte bei gekreuzten Diagonalen. (Beim Eisenhochbau.) * *Schweiz. Bauz.* 47 S. 51/2.

KINKEL, Ermittlung der Schnittpunkte bei gekreuzten Diagonalen. (Zu KLIEWERs Aufsatz auf S. 51,2.) * *Schw. Bauz.* 47 S. 210.

BENFEY, Eisen und Terrakotta.* *Tonind.* 30 S. 1458/9.

WELSCH, Wohnhaus Hohenstaufenstr. 57 in Schöneberg-Berlin. (Aus Stein und Eisen.) * *Baugew. Z.* 38 S. 302/4.

MASSON, construction de grande hauteur à l'épreuve de l'incendie aux Etats-Unis d'Amerique. (Briques poreuses; ceramique „terra-cotta"; mode de construction des maisons géantes aux Etats-Unis; rouille; expériences de BAUSCHINGER; fondations; résistance à l'action du vent; résistance à l'incendie; essais de Hambourg.) * *Ann. trav.* 63 S. 357/404.

VON EMPERGER, Wettbewerb des Eisenbetons mit dem reinen Eisenbau. (Beton und Eisen; eiserne Säulen; Bauvorschriften; zulässige Lasten bei Eisensäulen; Einstürze von Hallen aus Eisen; Vorzüge von Dächern aus Eisenbeton.) *Bet. u. Eisen* 5 S. 33/5 F., 147/8.

Construction of the Ritz Hotel, London. (Steel fram, fireproof, six story building; steel beam and concrete floors.) * *Eng. Rec.* 53 S. 130/1.

BOHNY, amerikanische Hochbauten, sogenannte Wolkenkratzer. (Skelett- oder Furnierkonstruktion.) * *Z. V. dt. Ing.* 50 S. 273/82 F.

Construction of the Hotel Traymore at Atlantic City, N. J. (Uninterrupted continuation of the hotel business while construction is in progress. Nine stories high; combination of reinforced concrete and hollow tile construction; crossed tiers of KAHN reinforcement bars.) *Eng. Rec.* 54 S. 523/4.

Mechanical plant of the Ford Memorial Building, Boston. (Eight story steel and brick building.) * *Eng. Rec.* 53 S. 533/7.

New soap factory building of Armour & Co. at Chicago. (Six stories and a basement; independent brick side walls; steel-cage frame work.)* *Eng. Rec.* 53 S. 688/90

Structural steel work in a New York office building. (Steel cage structure with extreme height of 350' above the pavement, carried up every where to a height of thirteen stories and attic 202' from curb to the surface of the roof. Cantilever girders; wall supports and cornice column splice and kneebrace.) *Eng. Rec.* 53 S. 479/81.

BURNHAM & CO, steel details in the Wanamaker building, New York. (Height of 219¹/₂' from street level to top of cornice thirteen stories and attic above the curb and two stories below the curb, fireproof steel-cage construction having tile floors and partitions and masonry walls supported by wall girders; flat tile roof; columns carried to bed rock by concrete piers.)* *Eng. Rec.* 53 S. 795/6.

Steelwork of the City Investing Co.'s building, New York. (Details of column pedestals; column and girder connection.)* *Eng. Rec.* 54 S. 603/5.

KIMBALL, WEISKOPF & STERN, GRIGGS & HOLBROOK and TUCKER, some structural features of the City Investing Co.'s building, New York. (Concerning a thirty-two-story building rising to a height of 486' above the side walk. The total weight is 86 000 t carried on columns placed on the top of the grillage of the concrete piers sunk by the pneumatic process to rock at a depth of about 80' below the Broadway curb. Superstructure of steel-cage construction supporting the walls from the columns at every story; triple-webs foundation girders. Waterproofing the column bases with lead pans, and devices which will insure their insulation against electrolytic action.) * *Eng. Rec.* 54 S. 566/8.

Structural features of the New Custom House at

New York. (140' in height; seven stories exterior walls are selfsupporting and carry adjacent floor and roof loads; hollow tile floors and roofs made with arches about 5 to 6' span, supported by a steel framework; dome and skylight.) *Eng. Rec.* 53 S. 628/30.

General features and foundation details, New Office building, New York Central Lines. (275 × 462' twenty-story steel-cage building; foundations carried to solid rock footings made with I-beam grillages; cast iron pedestals or I-beam grillages seated on reinforced concrete piers, cast iron pedestals made with $1^1/_4''$ vertical longitudinal and transverse webs.)* *Eng. Rec.* 53 S. 222/5; 54 S. 487/8.

Steelwork details of the New Office Building of the New York Central Rr. (The floor construction consists of longitudinal 15" 42 lb. I-beams which are supported on transverse plate girders of 44' span; longitudinal panel, spanned by transverse lattice girders; trusses having top chords and end posts with open rectangular cross-sections.)* *Eng Rec.* 53 S. 463/5.

Steel work in the Apthorpe apartment house, New York City. (Steel cage construction with 8" exterior limestone walls backed up with brick nowhere less than 12" in thickness; court walls faced with enameled brick.)* *Eng. Rec.* 54 S. 203/5.

HAYNES & BARNETT, eighteen-story steel-cage building, New York City. (220' above the curb; wind brace girders; foundations steel pipes filled with concrete; eight main columns in the super-structure connected by transverse girders which straddle the columns and span the full width of the building; transverse girders each made with a pair of 18" I-beams with their webs riveted across both the faces of the columns.)* *Eng. Rec.* 54 S. 333/4.

Construction of the new Plaza Hotel, New York. (Eighteen-story steel-cage fireproof structure; INGERSOLL-RAND steam drills; sheeted foundation pits; hollow tile for the protection of the beams and girders; exterior walls up to the sill course built with granite and above to the third floor with marble.)* *Eng. Rec.* 54 S. 553/5.

Construction of the Title Guarantee and Trust Co. building, New-York. (126' above the curb; six stories; provides 12 floors made with hollow tile floors and steel framework; shoring.)* *Eng. Rec.* 53 S. 376/7.

Steel foundations of the Title Guarantee & Trust Co. Building, New York. (Steel cage; height of six stories, including the mezzanine and basement stories there are twelve floors; system of longitudinal and transverse I-beams and plate girders carried by main columns; concrete footings; the grillage beams act as cantilevers.)* *Eng. Rec.* 53 S. 531/2.

The Trust Company of America Building. (Stories below street level and twenty-five stories above, carried up to a total height of 330' above the curb. Pneumatic caisson foundations carried through quicksand, gravel and hardpan to rock at a depth of about 80' below the surface. These are arranged in three longitudinal lines supporting the usual concrete piers with grillages and distributing cantilever girders above to receive the column loads and transmit them concentrically to the piers; superstructure of the standard-steel-cage construction provided with knee braces to resist the heavy wind stresses; mechanical equipment; underpinning, without entering the adjacent buildings, effected by the use of the BREUCHAUD process. Founda-

tion girders; cantilever girders connected by double-web girder; steel superstructure; transverse bracing; wind struts, solid web and detached knee braces; heavy column section.)* *Eng. Rec.* 54 S. 442,4 F.

The United States Express Co.'s building, New York City. (Twenty-two story basement and cellar building; steel cage construction with hollow-tile floors and partitions.)* *Eng. Rec.* 54 S. 108/11.

BICKEL, large railway freight house and warehouse at Pittsburg, Pa. (Steel skeleton construction with brick walls; floors of hollow tile forming vaulted arches between the beams, columns encased in brick and concrete.) * *Eng. News* 56 S. 58/62.

LITTLE, use of old rails in constructing shop buildings. (Machine shop and foundry, Union Iron Works of Los Angeles.) * *Eng. News* 55 S. 117.

5. Bauausführung. Building construction. Construction des bâtiments. Vgl. 3, 4 und 7.

a) Allgemeines. Generalities. Généralités.

MÜLLER, SIEGMUND, Beiträge zur Theorie hölzerner Tragwerke des Hochbaues. (Hänge- und Sprengwerke.) * *Z. Bauv.* 56 S. 678/708.

SHERMAN, design of ironwork resting on masonry. (Anchorage.) (V) (A) *Mech. World* 39 S. 286.

Special column and girder details in the office building of the New York Central Lines. (Three webs, the centre one being composed of two plates with milled butt joints 15" above the floor levels, spliced with field-riveted cover plates; column footing.) * *Eng. Rec.* 53 S.371/3.

Wind bracing in the Brefoort Hotel building, Chicago. (13 stories, 165' high; longitudinal rows of 12" I-beams, between which are 10 and 12" I-beams forming the floor beams.) * *Eng. News* 55 S. 420/1.

Universal-Rüster. (In die Mauerfuge eingedrückt oder eingeschlagen; zum Tragen von Trägern und für den Eisenbetonbau.) * *Z. Baugew.* 50 S. 157/8.

MANNSTAEDT & CO., Schutzschiene für Pfeilerkanten. (Mit längslaufenden Verstärkungen in der Mitte und an den Rändern. D. R. G. M. 225 107 und 225 108.)* *Zbl. Bauv.* 26 S. 278.

Haltbarkeit von Nägeln in Holz. (Kantige Nägel sind den runden vorzuziehen; von den kantigen Nägeln haben die dreikantigen die größte Haltkraft; die rechteckige Form ist der quadratischen vorzuziehen; die Haltkraft ist quer zur Faser größer, als der Faser entlang.) *Baugew. Z.* 38 S. 458.

Fenstersturz aus Stahl. (Besteht aus 2 Blechen, die als Hängewerk wirken.) * *Bayr. Gew. Bl.* 1906 S. 46.

GRETZSCHEL, Bauordnungsfragen. (Mauerstärken; Höhe der Gebäude; lichte Höhe von Wohn- und Schlafräumen; Fenstergröße; Keller- und Dachwohnungen; Aborte.) (a) *Techn. Gem. Bl.* 8 S. 369/75.

HYDE, structural, municipal and sanitary aspects of the Central Californian catastrophe. (Preliminary conclusions affecting building construction. Foundations; steel framing; masonry walls; interior walls and partitions; terra cotta blocks; granite; sandstone; brickwork; reinforced concrete; fire walls and parapets; screens, shutters and doors.)* *Eng. Rec.* 53 S. 737/40 F.

DENELL, American methods of erecting buildings. (V) *Eng. Rec.* 53 Nr. 14 *Suppl.* S. 466 a/67.

WHITE, ästhetische Möglichkeiten bei der Ver-

wendung von Tonerzeugnissen in der Baukunst.
Töpfer-Z. 37 S. 529/30.

STIEHL, vom modernen Backsteinbau. (Architektonische Wirkung; Ziegelformat.) *Tonind.* 30 S. 556/8.

MUTHESIUS, der moderne Ziegelbau in England unter Vorführung von Lichtbildern. (V) * *Tonind.* 30 S. 928/38.

American brickwork. (Bonding walls carried up independently of the front „blocking courses", instead of „toothings" and „anchors" [tie irons], being the only provision for bonding the front to the cross walls.) * *Builder* 90 S. 43/4.

RAULS, Verblendsteinbau.* *Töpfer-Z.* 37 S. 61/2.

BENFEY, Berechnen einer Verblendziegelfassade.* *Tonind.* 30 S. 1673/7.

NUSZBAUM, Beitrag zur Vervollkommnung des Ziegelbaus. (Eintauchen der Ansichtsflächen der Ziegel vor dem Vermauern in dünnflüssigen Lehmbrei, um Auswitterungen zu verhindern; fettes Mörtelgemenge aus scharfem, feinem Sand und Magermilch [statt Wasser]; wasserabweisende Verblendziegel; Ziegel mit gesinterter Haut.) *Z. Arch.* 52 Sp. 115/19.

RUBLACK, Putzbau oder Ziegelrohbau? (Größere Dauerhaftigkeit des Ziegelrohbaues; Herstellung wetterbeständiger Verblend- und Formsteine, Terrakotten.) *Techn. Z.* 23 S. 337/8.

LAUTENSACK, Putzbau oder Ziegelrohbau? (Äeußerung zu RUBLACKs Aufsatz S. 337/8. Vorteile des Putzbaus.) *Techn. Z.* 23 S. 441.

ANKE, Terrakotten als Sandstein. (Aeußerung zu RUBLACKs Aufsatz S. 337/8. Der Verfasser ist gegen alles täuschende Nachahmen. Entgegnung der Schriftleitung.) *Techn. Z.* 23 S. 423/4.

HAAHEIM, BUGGE, SONDÉN, hollow walls for buildings in Norway. (Three-quarter-brick bond, with outer skin of one-brick thickness, as recommended by the Norwegian Society of Engineers and Architects.) (A) * *Min. Proc. Civ. Eng.* 163 S. 447/53.

Fugenlose „Lugino"-Wände. (D. R. P. 132 334 und 139 062. Aus Gips- oder Zement-Beton mit Eiseneinlage; aus Gips mit Sand ohne Kalk, mit gesiebter Koks- oder Kesselasche.) * *Z. Baugew.* 50 S. 74/5 F.

Notes on mosaic and marble inlay. (History.) (a) *Builder* 91 S. 341/4.

Moderne Auftragearbeiten im Stuck. (Geschichte dieser Technik.) * *Schw. Baus.* 47 S. 203/4.

Adozione del polverizzatore per l'imbianchimento dei locali. *Riv. art.* 1906, 1 S. 499/500.

MAIONE, détermination de l'humidité des murs des bâtiments. (Moyen de déterminer la proportion d'eau hygroscopique, indépendamment de celle de l'eau de combinaison. L'auteur y est parvenu en employant l'appareil de chauffage de GLÄSSGEN, modifié par CASAGRANDI, et en opérant la dessiccation des échantillons à une température basse d'abord, et ensuite de plus en plus élevée.) *Mém. S. ing. civ.* 1906, 2 S. 68/70.

BIANCHINI, Feuchtigkeit verschiedener Mauerarten. (Experimentelle Untersuchungen.) *Arch. Hyg.* 55 S. 206/24.

WREDE, Fachwerksausfüllungen. (Wasserdichtigkeit und Feuersicherheit der Ausstakung.) * *Baugew. Z.* 38 S. 937/40.

DEISZNER, Lüftung von Kellern. (Trocknen mittels Chlorcalciums; Schwefeln und Fensteröffnen; Einbau von Luftschichten mit Locolithoder Magnesitdielen oder getränkten Luftschicht-Steinplatten.) * *Papier-Z.* 31, 2 S. 2603.

JOHNSON & WEBBER, water bar for casements.* *Builder* 90 S. 708/9.

GRUNER, Regenrohre bei Dachwohnungen. (Ein-

richtung gegen das Ausströmen übelriechender Gase aus den Dachfallrohren.) * *Baugew. Z.* 38 S. 99.

GUIDI, nuove ossevazioni sull' influenza della temperatura nelle costruzioni murarie. (Ponte sull' Adda presso Morbegno, che formó oggetto delle esperienze di che trattasi, è in muratura di granito ed ha 70 m di luce e 10 m di freccia.) (A) *Giorn. Gen. civ.* 44 S. 166/71.

MARCK, Calcidum als Frostbau- und Feuerlöschmittel. (Hergestellt von der CHEMISCHEN FABRIK BUSSE. Hat die Eigenschaft, erst bei — 56° C zu erstarren.)* *Techn. Z.* 23 S. 164/5.

v. MECENSEFFY, Untersuchungen über das Ansteigen der Sitzreihen in Versammlungsräumen.* *D. Baus.* 40 S. 619/22 F.

Der Strebepfeilersatz am Chore des Wetzlarer Domes.* *Zbl. Baus.* 26 S. 548/50.

BOGNER, traditionelles und hypothetisches im Gewölbebau des karolingischen Münsters zu Aachen. (Ⅲ) *Allgem. Baus.* 71 S. 83/8.

b) Baugrund- und Gründungsarbeiten. Fondations. Fondations. Vgl. Brücken 2, Erdarbeiten, Rammen.

Alluvium und Diluvium in der nordostdeutschen Tiefebene. (Bebauungsfähigkeit eines Geländes.) *Techn. Z.* 23 S. 304/5.

A Buffalo foundation problem. (The New-York state steel Co.'s solution.* *Iron A.* 78 S. 335/6.

BAILY, determination of actual earth pressure from a cofferdam failure. (Excavation made between triple-lap dressed 2″ sheet piling.) *Eng. News* 56 S. 170.

SEIBT, gesetzmäßig wiederkehrende Höhenverschiebung von Nivellements-Festpunkten.* *Zbl. Baus.* 26 S. 588/9.

BERNHARD, Untertunnelung eines bewohnten Geschäftshauses für die Untergrundbahn in Berlin. *Zbl. Baus.* 26 S. 607/12.

CARNOT, le coup de pression. (Principaux accidents dus à l'air comprimé.) * *Ann. ponts et ch.* 1906, 3 S. 192/210.

CHENOWETH, a concrete pile foundation. (Chenoweth's method for protecting the head of the pile from jar and transmitting the blow by use of a driving cap consisting of a cylinder of steel in which is placed a diaphragm of steel; a cushion and below this a diaphragm is placed over the top of the pile.) *Eng. News* 56 S. 677.

CORTHELL, allowable pressures on deep foundations. (Data in reference to 178 works. Experiences with foundations on sand, sand and gravel, sand and clay, alluvium and silt, hard clay and hard pan.) (V) *Min. Proc. Civ. Eng.* 165 S. 249/51; *Eng. Rec.* 54 S. 629; *Eng. News* 56 S. 657/8.

CRANFORD & MC NAMEE, underpinning Brooklyn stores.* *Eng. Rec.* 53 S. 58/9.

DILLEY, footing in foundations. (Shearing-stresses in the masonry; vertical pressures; ultimate horizontal shearing-resistances.) (V)* *Min. Proc. Civ. Eng.* 163 S. 309/18.

HILGARD, über neuere Fundierungsmethoden mit Betonpfählen. (Systeme RAYMOND, HENNEBIQUE, CORRUGATED CONCRETE PILE CO.; mit schwalbenschwanzartig gefalztem Stahlblech; verstärkter „Ferroinclave"-Betonstahl vom Jahre 1900 System DULAC, mit trockenem, plastischem Lehm ausgestampft; das Höhlen durch Rammen; GOW & PALMER, Ramme für „Raymond-Pfähle"; Säulenfundamente eines Eisenfachwerkgebäudes.) (A) *Schw. Baus.* 47 S. 32/7.

HROMATKA, neue Gründungsart. (Anwendung der

Gründung nach dem System „Compressol".) ⊠ *Wschr. Baud.* 12 S. 313/7.

HUNKIN BROTHERS & CO., hollow concrete foundation piers. (United States post office at Cleveland.)* *Eng. Rec.* 53 S. 607/8.

JACKSON, extension ribs and jacks for caissons and trenches. (In the construction of deep concrete piers.)* *Eng. News* 56 S. 117.

JOANNINI, Unterfangung von Gebäuden der Untergrundbahn in Boston.* *Techn. Z.* 23 S. 18/9.

DONGHI, KELLER, MORETTI, LAVEZZARI, Neubau des St. Markus-Glockenturmes in Venedig. (Von BELTRAMI empfohlene Umhüllung des bis auf einen festen Kern abzubrechenden Mauerwerkes mit einem kräftigen Mantel aus neuem Grundmauerwerk; in 2,8 m bis 3,6 m Abstand vom alten Pfahlrost Spundwände. Der Turmschacht des neuen Bauwerks wird aus Ziegelsteinen, die Glockenhalle und der Helm aus istrischem Kalkstein ausgeführt..)* *Zbl. Bauv.* 26 S. 15/7, 158/60; *Giorn. Gen. Civ.* 43 S. 274/5.

KOETITZ, reinforced concrete casing for the protection of piles in wharf construction. (Use of casings in conjunction with a reinforced concrete top work for piers or trestle; casing over the pile for the protection of the pile.) (V)* *J. Ass. Eng. Soc.* 36 S. 223,9.

LANG, Baugrubenumschließungen mit Bogenblechen. (Auf die Festigkeit, Betriebssicherheit, Verwendungsfähigkeit und Kosten usw. sich erstreckende Vergleiche zwischen Holz- und Bogenblechwand. Die Eisenwand besteht aus 0,60 m breiten und 3 m langen Bogenblechtafeln.)* *D. Baus.* 40 S. 10/4, 268/71.

MÖLLER, M., Spundwände aus Eisen. (Weißblechhohlpfähle. Querschnittsform nach LARSZEN und KRUPP.)* *Zbl. Bauv.* 26 S. 117.

LANG, Spundwände aus Eisen. (Berichtigung zu MÖLLERs, M., Abhandlung S. 117.) *Zbl. Bauv.* 26 S. 178.

LARSZEN, Spundwände aus Eisen. (Zu MÖLLERs, M., Aufsatz S. 117 u. 178.)* *Zbl. Bauv.* 26 S. 446.

LÉVY, G., note au sujet du refus des pilotis. (Le refus auquel on doit battre les pieux dépend de la charge qu'on veut leur imposer et qui ne doit pas dépasser 30 à 40 kilogrammes par centimètre carré.) *Ann. ponts et ch.* 1906, 2 S. 287/8. (Formule de PONCELET.)

LÉVY, G., refus des pilotis. (Formule de PONCELET.) *Ann. trav.* 63 S. 1338/9.

LOCK JOINT PILE CO., Pfahlschutz. (Schutz und Befestigung von Holzpfählen am Meeresstrand; Schutzröhren aus zwei Hälften zusammengeschlossen.)* *Bet. u. Eisen* 5 S. 227.

NATIONAL INTERLOCKING STEEL SHEETING CO., Chicago, a new design of steel sheet-piling.* *Eng. News* 56 S. 388.

NATIONAL INTERLOCKING STEEL SHEETING CO., of Chicago, a new interlocking steel sheet pile.* *Eng. Rec.* 54 Suppl. Nr. 16 S. 48.

PARKER, scarfed point for sheet piles.* *Eng. News* 55 S. 609.

PRINZ, die Trockenhaltung des Untergrundes mittels Grundwassersenkung. *Zbl. Bauv.* 26 S. 594/8.

RAMISCH, Berechnung von Eisenbetonsohlen zum Abschluß wasserdichter Baugruben mit Rücksicht auf Grundwasserauftrieb. *Zem. u. Bet.* 5 S. 174/5.

RIEGER, Pfahlziehen. (Auswuchten; Pfahlziehen mittels zweier Maschinenwinden.)* *Techn. Z.* 23 S. 371/3.

SCHÜRCH, Eisenbetonpfähle und ihre Anwendung für die Gründungen im neuen Bahnhof in Metz. (In Erweiterung eines Vortrages des Verfassers, gehalten in der IX. Hauptversammlung des „Deutschen Beton-Vereines" zu Berlin 1906. Eisenbetonpfahl-Gründungen für Landungsbrücken

und Kaimauern von HENNEBIQUE; Gründungsweise ZÜBLIN; Verlängerung von Eisenbetonpfählen; sechseckiger Pfahlquerschnitt; Einrichtung zur Wasserspülung D. R. P. 157 170; liegende Herstellung; Herstellung in stehender Form; der Kopf wird beim Rammen durch eine patentierte eiserne Schlaghaube geschützt.) (V)* *D. Baus.* 40 S. 398/401 F.

SHERMAN, design of iron work resting on masonry. (Placing of anchor bolts, bed plates and foundation castings in concrete.) (V) (A)* *Eng. News* 55 S. 137.

SMITH, J. A., some foundations for buildings in Cleveland. (Arcade, Euclid Avenue to Superior Street, Hollenden Hotel; Citizens Building structure 183' high; Guardian Trust; Kirtland Street pumping station.) (V. m. B.) *J. Ass. Eng. Soc.* 36 S. 155/84.

UNITED STATES STEEL PILING CO., of Chicago, a light steel sheet pile section for trench work.* *Eng. Rec.* 54 Suppl. Nr. 13 S. 48.

VANDERKLOOT STEEL PILING CO. of Chicago, new type of steel sheet piling. (Consists of integral sections or units that are so rolled that they are double interlocked in driving and require no rivets or accessory parts.)* *Eng. Rec.* 54 Suppl. Nr. 24 S. 47.

WELLINGTON, formula for the bearing power of piles. *Eng. News* 55 S. 499.

WOLZENBURG, Tief- und Tunnelbau.* *Z. Baugew.* 50 S. 188/91.

Lofty shoring in a brewery. (Removal of about 50' of a brick wall about 60" high and extension of the building into the courtyard beyond it.)* *Eng. Rec.* 53 S. 351.

Difficult shoring work for buildings in Chicago. (Boston Store Chicago, a steel-cage, fire proof structure built on circular concrete footings carried down to bed rock; work by sections; excavation for first sub-basement after completing superstructure; buildings in vicinity of first section supported on shoring.)* *Eng. Rec.* 53 S. 400/1.

Building and machinery foundations in quicksand. (Knickerbocker Building; steel piles driven with drop hammer; machine assisted by water jet; with a hollow piston and a weighted reciprocating cylinder, with valves and a base which caps the pile and maintains the driving apparatus in position movable; anvil which freely follows the pile under the impact of the hammer and thus delivers the full blow to the pile; CLARK & CO., reinforced concrete wall columns and grillages covered by a water-proof layer.) *Eng. Rec.* 53 S. 247/8.

Substructure for the United States Express Co.'s building. (Temporary bracing for tops of wall; column caissons; ballast boxes for sinking cofferdams; traveller tower derricks and wall column caissons.)* *Eng. Rec.* 53 S. 315/7.

General features and foundation details, New Office building, New York central lines. (275×462' twenty-story steel-cage building; foundations carried to solid rock footings made with I-beam grillages cast iron pedestals or I-beam grillages seated on reinforced concrete piers, cast iron pedestals made with 1¼" vertical longitudinal and transverse webs.)* *Eng. Rec.* 53 S. 222/5.

Steel piling foundations. (Hotel Brevoort in Chicago.)* *Eng. Rec.* 53 S. 246.

Foundations and underpinning in mud and sand. (Eight-story brick nad steel building, at 230 West St., New York.) *Eng. Rec.* 53 S. 167.

New type of interlocking steel sheet piling. (Modified form of I-beam, with the flanges so formed

that those of adjacent piles interlock with one another.)* *Eng. News* 56 S. 667.

Heaving of piles by frost. (Trestle built across one muskeg swamp on the Grand Trunk Pacific Ry.)* *Eng. News* 55 S. 493.

Underpinning old walls with steel columns. (Underpinning an old brick wall with double pipe columns.)* *Eng. Rec.* 58 S. 433/4.

Underpinning the Marshall Field building in Chicago. (Weight of each column transferred to I-beams carrying it by a cast-iron clamp; reinforced column under eight-story building; shored column.)* *Eng. Rec.* 53 S. 552/5.

Underpinning the Criterion Hotel, New York. (Seven-story; needle beams and two-story shores at corner pier; shore under main wall; supports for small window pier in rear wall.) *Eng. Rec.* 53 S. 692/4.

Underpinning the Grand Central Palace New York. (Needlebeams supporting box girders in six story wall)* *Eng. Rec.* 53 S. 798.

Travaux à l'air comprimé. Réglementation. *Ann. trav.* 63 S. 1194/7.

Foundation of the Myers Building, Albany. (Combination of needlebeams, girders and cantilever; triple pushers and needlebeam.)* *Eng. Rec.* 53 S. 802/5.

Foundation work on the Cook County building, Chicago. (Resting on 126 concrete piers put down to bed rock.)* *Eng. Rec.* 53 S. 800.

Neuere Gründungsmethoden. (Senkkasten von Eisenbeton als Unterlage für ein sechsstöckiges Wohnhaus; Betonsenkwalzen nach FEUERLÖSCHER; Absenkung einer Betonplatte mittels Sandbohrer; Brückenwiderlager- und Pfeiler aus Beton mit eingeschlossenen eisernen Tragpfählen von ROSZMANITH; Herstellung von Tunneln unter Wasserläufen; Betonpfähle System STRAUSZ; die Amerikaner SIMPLEX & RAYMOND treiben eiserne Hohlzylinder als Pfähle ein, während STRAUSZ einen artesischen Brunnen in der Weſſe herstellt, wie sie beim Bergbau zu Versuchsbohrungen üblich ist; dabei wird eine Röhre bis zum tragfähigen Boden oder dem gewünschten Niveau herabgetrieben, mit Eisenblechrohren ausgefüttert, diese Röhre wird dann ausgepumpt, schichtweise Beton eingefüllt und eingestampft unter gleichzeitiger langsamer Zurückziehung der Röhre.)* *Bét. u. Eisen* 5 S. 10 F.

Unfall bei einer Betonsenkkastengründung.* *Zem. u. Bet.* 5 S. 8/10.

Gebäudegründungen aus großen Betonblöcken. (Nähere Angaben zum Aufsatze S. 8/10.)* *Zem. u. Bet.* 5 S. 90/3.

Protecting piles from the teredo. (Creosote; vitrified clay pipe and sand filling; AGLETT's sectional concrete pipe.)* *Railr. G.* 1906, 2 S. 137/8.

Betonfundierung des Postgebäudes in Cleveland (V. St. A.)* *Baugew. Z.* 38 S. 637.

Driving reinforced concrete piles.* *Cem. Eng. News* 18 S. 133.

Concrete basement floors. (Strength; necessity of expansion joints.) *Cem. Eng. News* 18 ‘ S. 171.

Use of concrete piles. (Foundation formed on the DULAC-compressol-system; RAYMOND pile for soft ground; „Simplex“ pile with steel shoe, — with „Alligator“ shoe.)* *Railr. G.* 1906, 2 S. 238/40.

Gerippte Eisenbetonpfähle. (Bei der Ausführung eines Gebäudes in Brooklyn. Verstärkung durch einen kegelförmigen Mantel als Eisendrahtnetz, dessen kleinster Abstand von der Pfahlaußenseite 2 cm beträgt. Der längslaufende Draht ist, um den Pfahl gegen Durchbiegung wider-

standsfähig zu machen, dicker als der querlaufende Draht.)* *Baugew. Z.* 38 S. 29.

Steel sheet piling for large engine foundations. ($48 \times 60''$ engine in the plant of the New York State Steel Co. at Buffalo N. Y.)* *Eng. Rec.* 54 S. 401/2.

Long and heavy timber sheet piles. (For the condensation water conduit of a power house constructed by the SCOFIELD CO. of Philadelphia. The piles had a maximum length of 50' and in order to secure them during driving were connected to the leads with bolts engaging sliding plates.) *Eng. Rec.* 54 S. 404.

The foundation of the Trinity Annex and Boreel buildings, New York. (Twenty-one-story steel cage structure; steel caissons and wooden caisson and sectional concrete form; sheet piling and bracing; air pressure furnished by INGERSOLL SERGEANT and MC KIERNAN compressors.)* *Eng. Rec.* 54 S. 482/5.

Substructure of the Edison building. (Steel-cage structure, having a height of six stories above the ground, with provision for the future addition of six stories more; columns supported on transverse cantilever girders extending across the full width of the lot and supported by piers; caissons.)* *Eng. Rec.* 54 S. 217/8.

Corrugated concrete foundation piles for a seven-story building.* (New York City.)* *Eng. Rec.* 54 S. 150.

Concrete underpinning and ‘foundation piles. (Twelve-story and basement steel-cage building for the Richmond Realty & Construction Co. Piles of the RAYMOND type.) *Eng. Rec.* 54 .S. 158.

Special foundation methods for a small but lofty office building. (At 1 Wall St., New-York; steel-cage construction. The soil consists of sand, quicksand and some clay and gravel, with a lower stratum of hardpan on the rock, at a depth of about 70' below the curb; basement of ordinary depth throughout; steel and concrete pile foundation and reinforced concrete retaining walls prepared by CLARK & CO.; open hearth steel pile tubes.) *Eng. Rec.* 54 S. 598/9.

Sinking pneumatic caisson foundation piers with upward reactions. (For a steel cage building West 21 st. St., New York; construction of the piers was commenced in open sheeted pits carried down to rock with pumping and the concrete was built in twenty of them; the remaining four piers, located in quicksand were built by the pneumatic caisson process combined with the BRENCHAUD method of utilizing the weight of the superstructure for reactions in sinking caissons.) *Eng. Rec.* 54 S. 610/1.

Cutting of steel piling by electricity. (In the construction of the new Hoffman House, at New York City.)* *Eng. Rec.* 54 S. 634/5.

Bearing capacity of earth foundation beds. (CORTHELL's work in collecting and analysing the pressure on the foundation beds of certain stable structures.) *Eng. Rec.* 54 S. 647/8.

Underpinning a tall brewery wall on rock foundations. (Schaeffer Brewery on Park Ave., New York. Reinforced girder, I-beams and tower supporting needlebeams.)* *Eng. Rec.* 54 S. 20/1.

Substructure of the West Street building, New York. (Twenty-three-story steel cage office; concrete without reinforcement, thick enough to counterbalance the upward hydrostatic pressure of the groundwater; reinforcing the foundations by I-beams to form a continuous grillage.)* *Eng. Rec.* 54 S. 711/2.

Notes on large engine foundations.* *Mech. World* 40 S. 295 F.

Eisenbetongründungen.* *Baugew. Z.* 38 S, 1199/1201.

c) Rüstung. Scaffold. Échafaudage.

DENELL, comparison of English and American methods of building construction. (Example of English scaffolding. New Ritz Hotel.) (V. m. B.) (A)* *Eng. News* 55 S. 226/7.

MOREAU, les échafaudages rapides.* *Bull. d'enc.* 108 S. 163/73; *Ann. d. Constr.* 52 S. 106/10

SCHMERENBECK, Zimmergerüst. (Besteht aus Leitern, welche als Doppelleitern auf ebenem Boden und auf Treppen und als Anlegeleitern ausziehbar alle Stellungen ermöglichen.)* *Malers.* 26 S. 100/1.

Doppelleitern. (RHAMsche Verlängerungsleiter; Vorrichtung zum Verlängern der Stützen.) *Malers.* 26 S. 217 F.

MÜLLER, ARTHUR, Verfahren zum Aufrichten und Aufstellen von Stielen, Gerüstbalken o. dergl. (D. R. P. 160 327.)* *Techn. Z.* 23 S. 237.

LESEMEISTER, Arbeits- und Schutzgerüst „Glück-auf".* *Baugew. Z.* 38 S. 1138 9.

TANNER and BYLANDER, erection of the Mercantile Marine Co. building, London (Falsework for excavation and erection.)* *Eng. Rec.* 53 S. 432/3.

Deckenstützen und Kanalstempel aus Stahlröhren, System SOMMER. (Aus ineinander gesteckten und verschiebbaren MANNESMANN - Röhren.)* *Bet. u. Eisen* 5 S. 77/8.

d) Aufbau, Fortbewegung und Zusammensturz von Bauten. Erection, moving and collapse of buildings. Erection, déplacement et écroulement de bâtiments.

KEPPLER, über Verschiebung und Hebung von Bauwerken. *Prom.* 17 S. 712/5.

KNOWLTON, moving a house from Michigan to Massachusetts. (Brownstone mansion in Marquette, Mich., its shipment by rail and reerection at Brookline, Mass.) *Eng. Rec.* 54 S. 83/4.

CARLIN CONSTRUCTION CO., moving and raising an old wood and iron roof. (Framing used in moving.)* *Eng. Rec.* 53 S. 541/2.

Relocation of public service systems during the grade raising of Galveston, Tex. (Relocation of all public services, including water and gas pipes, sewers, street railway tracks and other public service systems; self propelled hopper dredges; houses and tracks raised for filling.)* *Eng. Rec.* 54 S. 299/302.

Einsturz in Haltern. (Bei dem Mashoffschen Neubau, Betondecken nach MONIER; Unzuverlässigkeit des belgischen Naturzements.) *Bet. u. Eisen* 5 S. 293.

Hauseinsturz in Nagold im Schwarzwald. (Ungenügendes Personal; ungenügend hohe Abspriessung des Gebäudes; sich stetig verändernde Belastung des Hauses mit 150 bis 200 Personen; Nachlässigkeit in der Uebung polizeilicher Sicherheitsmaßregeln)* *Zbl. Bauw.* 26 S. 199/200; *Baugew. Z.* 38 S. 371/2.

Einsturz eines Neubaues in Pforzheim. (Fehlen des den Zug in der Decke aufnehmenden Rundeisens.) *Bet. u. Eisen* 5 S. 293/4.

BAYER, Gebäudeschaden an der Skrivauer Zuckerraffinerie. (Brandfolgen an einer ganz aus Eisen hergestellten Fabrik. Gefährlichkeit des Eisens durch Fortpflanzung der Hitze und die aus der Erwärmung entstehende Ausdehnung.) (A) *Bet. u. Eisen* 5 S. 22.

Deckeneinsturz in Wiener Vorstadt. (Fehlen des Druckgurts bei den der Beleuchtung hinderlichen Tragbalken.) *Bet. u. Eisen* 5 S. 294.

SCHÜLE u. ELSKES, Einsturz des Theaterdekorationsmagazins in Bern am 23. August 1905. (Gutachten über die Ursachen. Zu hohe Beanspruchung der Tragkonstruktion; unzweckmäßige Anordnung der Auflager auf den Fassadenpfeilern; Mangel an Verständnis beim Ausschalen; zu schwache Rüstung; Mangel einer Kontrolle des Ausführungsplanes, welcher von dem Eingabeplan bedeutend abwich; Unterlassung der Einsendung einer statischen Berechnung; mangelhafter Verkehr zwischen Projektverfasser und Unternehmung; Fehlen irgend welcher Vorschriften im Vertrage für die Ausführung des armierten Betons. Entgegnung von LOSSIER, BOSSET und Erwiderung von SCHÜLE und ELSKES Schw. Bauz. 48 S. 115/21 F.; *Bet. u. Eisen* 5 S. 292/31.

Il terremoto delle Calabrie nel settembre 1905. (Relazione che accompagnava le norme per le nuove costruzioni e le ricostruzioni e riparazioni di edifizi pubblici e privati nelle Calabrie; sommario esame di alcune speciali proposte relative alla costruzione e ricostruzione delle case in Calabria.) ⊠ *Giorn. Gen. civ.* 44 S. 521/56.

Einsturz der Halle des Charing Cross-Bahnhofes in London. (Ungenügende Lagerung der Hallendachträger; teilweise Zerstörung des Querschnitts der Schließbinder der Deckenträger durch Rost; der in der Nähe von Charing Cross im Bau befindliche Röhrentunnel; Ueberschätzung der Wirksamkeit der Niete; mangelhafter Erhaltungszustand.) * *Bet. u. Eisen* 5 S. 18/20; *Zbl. Bauw.* 26 S. 186/7; *Railw. Eng.* 27 S. 67/9; *Eng. Rec.* 53 S. 34/5; *Cosmos* 1906, 1 S. 94/8; *Rev. ind.* 37 S. 46/66; *Giorn. Gen. civ.* 44 S. 113/6; *Gén. civ.* 48 S. 226/8.

Reinforced concrete bath house failure at Atlantic City, N. J. (Frost penetration of varying depths; poor character of the bearing walls; no bond whatever between the two outer courses of the wall.)* *Eng. News* 55 S. 396/7; *Zem. u. Bet.* 5 S. 269/71.

The Fort William wreck. (Caused by the washing out of the backfilling, or earth, which forms the lateral support for the piles.) * *Am. Miller* 34 S. 547.

HAWGOOD, RAE, MAST, LEONARD, collapse of the Bixby hotel at Long Beach, Cal, on nov. 9. 1906. (Beams and floors of the KAHN concrete in combination with hollow tile; collapse occasioned by prematurely removing part of the timbers supporting the fifth floor, and proceeding with construction of the roof before the cement beneath was properly cured.)* *Eng. News* 56 S. 555/7, 599/600, 661; *Railr. G.* 1906, 2 S. 451.

Collapse of the Parliament Buildings tower, Ottawa, Ont. (Cinder filling of large sections of the center wall; lack of bond stones; winter work.)* *Eng. News* 55 S. 419, 518.

SAVILLE, collapse of the Amsden block, South Framingham, Mass. (Greatest haste used to get the building up; no building inspection; cement and concrete had not set sufficiently to bear the strain.)* *Eng. News* 56 S. 152/3.

Some San Francisco buildings before the fire. (Effects of earthquake and fire on the City Hall and Leland Stanford University.) ⊠ *Builder* 90 S. 678.

Concrete building blocks. (Uninjured by earthquake. Buildings in Alameda County and San Francisco.) *Cem. Eng. News* 18 S. 119.

The saving of the Western Electric building at San Francisco. (This building was exposed to

Fireproofing and Insurance. (A) *Eng. News* 55 S. 117/9.

COUCHOT and AMBROSE, record of the results of earthquake and fire at San Francisco. (Steel frame building resisting earthquake and fire; all steel should be absolutely incased in concrete 2¹/₂ to 3″ outside of metal; very wide streets at internals to check a general conflagration.) * *Eng. Rec.* 53 S. 577/80.

Supplementary report on the San Francisco buildings by DERLETH. (Recommendation of reinforced concrete.) *Eng. News* 55 S. 525/6.

DONOHOE, earthquake proof buildings. (20 story ferry building in San Francisco of reinforced concrete withstood the shoeks of the earthquake. No brick nor terra cotta should be used, no wood except of the fireproof kind for doors and windows only, carpets should be lined with asbestos. Pantheon in Rome; in Old Mexico buildings using concrete.) *Cem. Eng. News* 18 S. 111.

GALLOWAY, recent earthquake in Central California and the resulting fire in San Francisco. (Building for earthquake countries should have a steel frame with deep spandrel girders riveted to columns with knee brace gusset plate; diagonal or portal bracing designed for wind at 30 lbs. per sq. ft.; mullions should have an angle running from girder to girder; walls could be made of reinforced concrete, the reinforcing to be attached to the spandrel girders; for fireproofing all columns should be cased in solid concrete, reinforced and bottom flanges of beams and girders cased with at least 3″ of concrete.) * *Eng. News* 55 S. 523/5.

HIMMELWRIGHT, reinforced concrete in the San Francisco fire. (Relative merits of burned clay and concrete as fireproofing materials. Unequal settlement of the column footings straining the concrete connections between columns and girders much more than it would the connections of a steel skeleton frame, when exposed to severe fire; steel reinforcement near the under side of beams and girders is heated, expands and weakens, with the result that the beam loses its strength. JOHNSON CO. building; Young store and loft building; imbedding the steelwork deeply in the concrete systems for better securing the concrete to the steel to prevent spalling off on exposure to heat. Cinder concrete of good quality instead of stone, ought to be more generally insisted on.) *Eng. News* 56 S. 333/5.

HOLLAND, notes on the fireproofing in San Francisco buildings after the fire. (ROEBLING concrete floor arches; concrete floors; metal ceiling; tile partitions; concrete covering on columns; hollow tile arches; column coverings of hollow tile; metal lath ceiling woodwork; metal partitions; glass; tile partitions; metallic ceiling; metal lath ceiling.) *Eng. Rec.* 53 S. 645/7.

Notes on the Californian earthquake. (LEONARD: loss to the fireproof buildings. STATE BOARD OF ARCHITECTS: pile foundation cage steel frame withstands the fire. Home Fire Insurance Co.: filters are not safe. Home Fire Insurance Co.: fillings of ground caused the greatest damages.) *Eng. Rec.* 53 S. 619/20.

OSBORN, concrete construction in the San Francisco disaster. (Sceleton steel structure covered with concrete and provided with reinforced monolithic concrete floors and foundations.) *Cem. Eng. News* 18 S. 121.

SOULÉ, comments of California engineers on the earthquake and fire. (Wrought-iron window shutters of class A would have prevented the destruction by fire.).* *Eng. Rec.* 53 S. 588/90.

Reinforced concrete in the San Francisco fire; the Johnson building. (Letter from WIELAND. The reinforced concrete in the JOHNSON building was so defective in design that its failure should not be charged at all to reinforced concrete construction generally.) * *Eng. News* 56 S. 474/6.

Fireproofing the steel work in a large office building. (Thorough protection with concrete of all the steelwork.) *Eng. Rec.* 53 S. 598/9.

SHEPPARD, necessity of precautions regarding reinforced concrete. (V) *Cem. Eng. News* 18 S. 169.

f) Schalldämpfung. Damping of the sound. Amortissement du son. Vgl. Akustik.

NUSZBAUM, Betrachtungen über die Notwendigkeit des Schallschutzes innerhalb der Großstädte. (Aufgaben des Staates und des Baumeisters.) *Z. Heiz.* 10 S. 217/8 F.; *Z. Baugew.* 50 S. 91/4.

BEHM, Schall-Isolation. (Versuche von BEHM und SIEVEKING; Tabelle zur Bestimmung der Schalldurchlässigkeit für Luftwellen.) *Bayr. Gew. Bl.* 1906 S. 41/3 F.

ADAMS, Schalldämpfungs-Konstruktionen. (Decken aus durchgehenden Platten ohne eiserne Träger, doppelte Pappunterlage unter den Trägerauflagern, sowie je eine einfache an den Seiten und auf der Oberfläche; Wechsel von festen und lockeren Baustoffen, Aufbringung weicher Stoffe auf den starren Körper, Sandschüttung auf den Massivdecken, Bekleidung der Wände mit porösen Steinen oder Korkstein.) *Techn. Z.* 23 S. 36/7.

NUSZBAUM, Verminderung der Geräuschübertragung in Musikschulen. (Die Wand muß eine im Verhältnis zur Belastung große Stärke erhalten; Inanspruchnahme ausschließlich auf Druck; der tragende Teil der Zwischendecken wird so hergestellt, daß er eine in sich innig verbundene „Platte" bildet, die mit den Wänden in geringem, mit dem Fußboden in keinem Zusammenhange steht; Korkkleinplatten zur Ausfüllung der sämtlichen Wandanschlüsse. Auf diese Platten wird eine Schicht feinen Sandes gebracht, die zum Einlegen der Lagerhölzer und zur Unterbettung der Dielen dient; Türöffnungen niedrig und klein; Flure und Gänge mit Linoleumbelag.) *Zbl. Bauv.* 26 S. 141/2.

Reinforced concrete and tile floors. (Freedom from noise and annoyance to tenants in any future additions of higher stories.) *Eng. Rec.* 53 S. 62.

Oelpflaster bei der Straßenteerung. (Der Teer wird auf den Kehricht gesprengt, diese verbinden sich zu einer schalldämpfenden Schicht.) *Asphalt- u. Teerind.-Z.* 6 S. 577.

6. Gebäude. Buildings. Bâtiments.

a) Kirchen, Kapellen und Friedhöfe. Churches, chapels, cemeteries. Eglises, chapelles, cimetières.

BRATHE, neueste Bestrebungen im protestantischen Kirchenbau. (Zu den Erörterungen auf dem Kirchenbaukongreß in Dresden. Einführung der kirchlichen Kunst in das theologische Studium.) *Zbl. Bauv.* 26 S. 532.

Zweiter Tag für den Kirchenbau des Protestantismus in Dresden 1906. (CLEMENS' Vortrag über das Verhältnis zwischen Kirche und Kunst; Vortrag von MARCH über Gestaltung und Ausstattung des Raumes: für nicht mehr als 1000 Kirchenbesucher die Saalform, bei größerem Bedürfnis Kreuzform; Begräbniskapelle; KOCHs Ausführung

über das Gesamtgebiet des protestantischen Kirchenbaues.) *D. Baus.* 40 S. 492/4 F.

BÖRGEMANN, zur Grundriß-Gestaltung protestantischer Kirchen. (Durchdringung eines Langhauses mit einem diagonal gestellten Quadrate; Lukaskirche zu Hannover; Markuskirche für Plauen i. V.)* *D. Baus.* 40 S. 463.

SCHUMACHER, protestantischer Kirchenraum.* *Schw. Baus.* 48 S. 193.

Kirchliches auf der Dresdener Ausstellung. (Katholischer und evangelischer Kirchenraum; Einzelheiten.) *Kirche* 3 S. 313/8.

SCHUMACHER, kirchlicher Vorraum.* *Schw. Baus.* 48 S. 192.

MARCH, Gestaltung und Ausstattung des Kirchenraumes. (Decke, Hörsamkeit, Grundform, Farbenstimmung, Form des Gottesdienstes, Hinzuziehung der Musik, Begräbniskapelle, ländlicher Kirchenbau.) (V) *Kirche* 4 S. 12/22

DIBELIUS und GRÄBNER, achsiale Stellung von Altar, Kanzel und Orgel. (Zentrale Stellung der Kanzel; Predigtplatz an den untersten der zum Kirchenschiff herabführenden Stufen; Orgel-Empore zugleich der Platz für den Sängerchor; Stellung von Orgel und Sängern im Gegensatz zur Kanzel; achsiale Lage von Orgel, Kanzel und Altar in der reformierten Kirche.) (V. m. B.) (A)* *D. Baus.* 40 S. 516/7 F.

HOSZFELD, Kirchenausstattung. (Empore der Kirche in Dubeningken; Kanzel der Kirche in Neustadt i. Oberschlesien; Kanzel der Kirche in Altesplathow; Kanzelaltar der neuen evang. Kirche in Bentschen; Hauptaltar der katholischen Kirche in Grunwald; Orgel der neuen evang. Kirche in Bentschen.) *Zbl. Bauv.* 26 S. 643/6 F.

SCHÖNERMARK, was bedeuten die mittelalterlichen Kirchtürme? (Hinweis auf das Jenseits.) *D. Baus.* 40 S. 393/4.

KRINNINGER, Studie zu einer Klosterkirche an einem Gebirgssee. *Kirche* 3 S. 342.

HARVEY, design for a town church. (Whole of the seating required is provided on the ground floor, two organs.) *Builder* 91 S. 726.

PÜTZER, evangelische Kirche Affolterbach i. O.* *Kirche* 4 S. 53.

MARCH, Umbau der Französischen Kirche auf dem Gendarmenmarkte in Berlin. (Der die Orgel aufnehmende Chorraum hinter der Kanzel ist noch weiter in den Verbindungsraum zwischen Kirche und Turm hineingezogen; Aufbau der Kanzel über dem Altartisch.)* *Zbl. Bauv.* 26 S. 350/1.

SCHWARTZKOPFF u. BÜRCKNER, Neubau der Taborkirche zu Berlin. (1200 Sitzplätze; dreischiffige gewölbte Hallenanlage mit dreijochigem Langschiff; 2 Joche desselben sowie das Querschiff tragen Emporen, welche außer der Orgel 350 Sitzplätze aufnehmen; Gemeindehaus enthält im Erdgeschoß einen Konfirmandensaal, der auch als Versammlungsraum für Tauf- und Traugäste dient, Küsterbureau und ein Vereinszimmer; Wohnung des Hauswarts; Bureau für die Gemeindeschwestern, während im Emporengeschoß zwei Konfirmandensäle angeordnet sind, die als einheitlicher großer Saal benutzt werden können. Altar, Orgel und Kanzel in der üblichen Lage; Treppen aus KLEINEschen Decken zwischen eisernen Trägern mit Holzbelag; Fußboden der Kirche und in den Gängen aus Zementstrich mit Korkestrich- und Linoleumbelag hergestellt; für das Gestühl dienen Holzpodien als Unterlage; Vorhallen mit Terrazzo-Fußboden.) *Kirche* 3 S. 150/4.

V. TIEDEMANN und KICKTON, evangelische Kirche in Bornim bei Potsdam. (700 Sitzplätze, außerdem eine königliche Loge und eine Loge für Patronats-Vertreter; die Decke des Kirchenschiffes wird durch eine weitgespannte spitzbogige Holztonne gebildet. Feuerluftheizung, die im unterkellerten Altarraum untergebracht ist; Gasbeleuchtung.) *D. Baus.* 40 S. 261.

Die Erlöserkirche in Breslau. (Die Orgel ist oberhalb des Altars und der in der Hauptachse des Gebäudes befindlichen Kanzel angeordnet.)* *Baugew. Z.* 38 S. 1149/50.

JÜRGENSEN & BACHMANN, Konkurrenzentwurf für die Lutherkirche in Chemnitz.* *Kirche* 4 S. 42/3.

KICKTON und SCHMID, BERNHARD, evangelische Kirche in Deutsch-Eylau. *Z. Bauw.* 56 Sp. 457/62.

VORETZSCH, Wettbewerbsentwurf für eine Kirche samt Betsaal und Pfarrhaus in Dresden-Striesen. *Kirche* 3 S. 319/20.

PÜTZER, evangelische Matthäus-Kirche in Frankfurt a. M. (Zweigeschossig und dreischiffig, im Sockelgeschoß Gemeindesaal, darüber das Hauptschiff mit Emporen und polygonalem Chor; Altar in der Hauptachse, zu beiden Seiten Kanzel, Taufstein und Orgel; Akustik erzielt durch reichgegliederte und starkbusige Gewölbe; Verkleidung der Brüstungen und Decken der Emporen mit Holz; hohlliegender, parkettierter Fußboden, der als Resonanzplatte mitschwingt; mit der Kirche unmittelbar verbunden ist das Pfarrhaus.) *D. Baus.* 40 S. 47/8 F.

Synagoge in Frankfurt a. M. 10 Wettbewerbsentwürfe. (N) *Z. Arch.* 52 Sp. 341.

Die protestantische Kirche in Gaggstatt.* *Zbl. Bauv.* 26 S. 592.

Stadtkirche zu Giengen a. Br. (Wiederherstellung nach MÜLLER, JOH.; 1500 Sitzplätze, Niederdruckdampfheizung, Terralithfußbodenbelag.) *Kirche* 3 S. 311/2.

VOSS, Kirchenneubau in Greven.* *Kirche* 4 S. 62/3.

VON TIEDEMANN, Neubau der Friedenskirche in Grünau. (Die Orgel befindet sich über der Taufkapelle, im südwestlichen Eck der Kirche.) *Kirche* 4 S. 75/83.

Die St. Michaeliskirche in Hamburg. (Geschichte)* *Zbl. Bauv.* 352/3.

Herstellung der Michaeliskirche in Hildesheim. (Herstellung der Krypta durch HEHL; Abstützungen, Verankerungen, Instandsetzung der Grundmauern des Westchores durch MOHRMANN.)* *D. Baus.* 40 S. 508.

Evangelische Kirche für Kassel. (Wettbewerbsentwurf von GERHARDT; 800 Sitzplätze, unterhalb des Kirchenraums zwei Konfirmandenzimmer für je 75 Personen und zwei Säle für je 200 Personen; für die Decke des Kirchenraumes sichtbare Dachkonstruktion, nur für den Altarraum Wölbung.) *Kirche* 3 S. 206/12.

FRITSCHE, evangelische Kirche in Königsborn. (450 Sitzplätze im Sinne einer evangel. Predigtkirche unter Vereinigung von Altar, Kanzel und Orgel nebst Sängertribüne angesichts der Gemeinde; Sängertribüne tief gelegen, 1,50 m über Chorhöhe; Gestühl in konzentrischer Lage zur Kanzel.) *Kirche* 3 S. 241/2.

BRAND, katholische Kirche für Limbach (Rheinpr.) (Dreischiffige, gewölbte Hallenkirche mit Kreuzschiff; 250 Sitzplätze für Erwachsene, 280 Kinderplätze, überdies 300 Stehplätze.) *Kirche* 3 S. 237/40.

HAUBERRISSER, Projekt für eine katholische Pfarrkirche in Milbertshofen. (Soll für ca. 3000 Personen Platz bieten u. rd. 1000 Sitzplätze für Erwachsene enthalten, drei Altäre, eine Taufkapelle, vier Beichtstühle und eine Orgelempore; Sakristei; zweigeschossig, wobei der obere Raum

43*

für nur zeitweilig in Gebrauch zu nehmende Gegenstände nötigenfalls als Oratorium benutzt werden soll; Kapelle, in welcher die Merkwürdigkeiten des alten Kirchleins untergebracht werden können.) ⊠ *Kirche* 3 S. 177/81.

BRZOZOWSKI, Umbau der Marienkirche in Mühlhausen i. Thüringen. (a) ⊠ *Z. Bauw.* 56 Sp. 251/68.

HOFMANN, ALBERT, Erhaltung der alten Augustinerkirche in München * *D. Bauz.* 40 S. 83/8.

HOFMANN, KARL und HOFMANN, LUDWIG, evangel. Dankeskirche in Bad Nauheim. (Dreieckige Vorhalle des Haupteinganges; 850 Sitzplätze, Platz für 1200 Kirchenbesucher; Altar in der Längsachse, Orgel und Kanzel zu beiden Seiten; Orgelwerk von WALCKER & CO., 46 Register, von welchen 5 in einem Fernwerk auf dem Kirchenspeicher vereinigt sind und durch den Schlußstein der Vierung herunterklingen, 3 Manuale; Winderzeugung durch einen Elektromotor der HERFORDER ELEKTRIZITÄTSWERKE BOKELMANN & KUHLO; elektrische Glocken-Läutemaschine.) ⊠ *Kirche* 3 S. 266/74.

SCHMITZ, JOSEF, die neue St. Peterskirche in Nürnberg. (Kreuzförmige, dreischiffige Anlage mit seitlicher Turmstellung und polygonal geschlossenem Chor; elektrische Beleuchtung; Erwärmung durch eine Zentral-Luftheizung.) ⊠ *Kirche* 3 S. 181/5.

SCHROTH, katholische Kirche zu Reilingen (Baden). (700 Sitzplätze; dreischiffig mit fast 11 m weitem Mittelschiff und schmalen gangbreiten Seitenschiffen; der Turm bildet mit der Taufkapelle den Zugang zu dem Kirchenschiff; ohne Emporen.) ⊠ *Kirche* 3 S. 274/8.

ESSLER, Kanzel und Altar in der kathol. Kirche zu Reilingen (Baden). ⊠ *Kirche* 3 S. 281, 283.

V. TIEDEMANN und KICKTON, evangelische Kirche in Schidlitz bei Danzig. (Zweischiffig mit seitlich gestelltem, den Hauptgiebel flankierendem Turm. Dem Chor-Anbau angegliedert sind Konfirmandensaal und Sakristei. 565 Sitzplätze zu ebener Erde und auf der Seiten- und Orgel-Empore 228 Sitzplätze. Der Fußboden hat auf einer durchgehenden Betonschicht in den Gängen, im Chorraum, in den Vorhallen sowie im Konfirmandensaal und in der Sakristei gemusterte Tonfliesen und unter dem Gestühl einen Holzfußboden auf Schwellen erhalten.) * *D. Bauz.* 40 S. 222/4.

VORLÄNDER, der Erneuerungsbau der Nikolaikirche in Siegen.* *D. Bauz.* 40 S. 559/61 F.

JÜRGENSEN & BACHMANN, evangelische Kirche für Stellingen. ⊠ *Kirche* 4 S. 84/7.

SCHNEIDER, katholische Kirche zu Tegel-Berlin. (Gesamtkosten 110 000 M.; neben dem Altarraum eine Kapelle, Sakristei mit darüber befindlichem Raum für kleinere Versammlungen, Choranlage mit Raum für die Orgel und die Sänger.) * *Baugew. Z.* 38 S. 915/6.

Katholische Pfarrkirche zu Wagshurst (Baden). (Dreischiffige Kirche mit Querschiff und Vierungsturm, faßt ohne Empore 650 Sitz- und 400 Stehplätze, bietet für 1500 Personen Platz.) ⊠ *Kirche* 3 S. 307/10.

STIEHL, über den baulichen Befund am Chore des Wetzlarer Domes.* *Zbl. Bauv.* 26 S. 228/32.

SCHILLING & GRÄBNER, Kirche zu Wiesa. ⊠ *Kirche* 4 S. 15/7.

HOFMANN, K., Wiederherstellung des Domes zu Worms. (Erneuerung und Verstärkung der Fundamente.) (V) (A) *D. Bauz.* 40 S. 545 F.; *Zbl. Bauv.* 28 S. 465/6 F.

STIER, märkische Landkirchen. (Evangelische

Kirche zu Zehlendorf bei Berlin; Orgel in den rechten Querschiffflügel gestellt, also links vom Chor; die Kirche ist mit dem danebenliegenden Pfarrhause zu einer Gesamtgruppe vereinigt; elektrische Beleuchtung; elektrisch betriebenes Glockengeläut, ebenso Orgel.) * *D. Bauz.* 40 S. 247/8 F.

STIER, Neubau der evangelischen Kirche zu Zehlendorf bei Berlin. (Kreuzförmige Anlage mit Querschiff und einem nach der halben Zehneck geschlossenen Chor, Emporen nur an einer Seite des Mittelschiffs; Orgel in enger Verbindung mit der an dem rechten Vierungspfeiler neben dem Altarraum aufgestellten Kanzel angeordnet; 600 Sitzplätze im Schiff und 350 auf den Emporen; Taufkapelle; Sakristei zugleich als Konfirmandensaal und für Gemeindeversammlungen benutzt; Pfarrhaus mit Wohnräumen, Amtszimmer und Schlafzimmer für den Pfarrer und Saal für die Gemeindevertretung; Kirchenschiff mit Gewölben; die Emporen ruhen auf Gewölben.) ⊠ *Kirche* 3 S. 266/74.

WEBER, Restaurierung und Wiederherstellung der Dekanatkirche von Aussig in Böhmen. ⊠ *Allg. Bauz.* 71 S. 49/60.

PICHLER, die Altäre der St. Stephanskirche in Braunau.* *Wschr. Baud.* 12 S. 101/2.

V. GIACOMELLI, die Restaurierung der Minoritenkirche zu Maria Schnee. (V) * *Z. Oest. Ing. V.* 58 S. 340/3.

SCHMITT, die Gotteshäuser zu Sterzing am Brenner in der Tiroler Diözese des Fürstbischofs von Brixen.* *Wschr. Baud.* 12 S. 6/12.

FUCHS, katholische Pfarrkirche am Pörtschach am See.* *Kirche* 4 S. 60/1.

DERNJAČ, die Wiener Kirchen des XVII. und XVIII. Jahrhunderts. *Z. Oest. Ing. V.* 58 S. 209/13 F.

WERNER, die Filialkirche in Zetschowitz, Bezirk Bischofteinitz. ⊠ *Wschr. Baud.* 12 S. 201/4.

Wettbewerb für eine evangel. Kirche zu Arosa.* *Schw. Bauz.* 48 S. 39 F.

CURJEL & MOSER, Neubau der Pauluskirche zu Bern. (Altar, Kanzel und Orgel hinter- und übereinander aufsteigend; Niederdruckdampfheizung, deren Heizkörper in den Fensternischen untergebracht sind; der ganze Kirchenraum umfaßt 1000 Sitzplätze, wovon drei Fünftel im untern Kirchenraum und zwei Fünftel auf den Emporen untergebracht sind; ferner bietet die Orgelempore Platz für 100 Sänger und der Konfirmandensaal für 120 Zuhörer; radiale Anordnung der Sitzreihen; Boden mit dunkelblauem Inlaid-Linoleum bedeckt.) ⊠ *Kirche* 3 S. 118/26.

CURJEL & MOSER, evangelische Kirche Straubenzell in Bruggen, St. Gallen. (Turmfundament in Eisenbeton von MAILLART & CIE., Kellermauerwerk in Beton; Altar, Orgel, Kanzel miteinander verbunden; 2 Emporen mit je 122 Sitzplätzen; im ganzen 730 feste Sitzplätze und überhaupt 862 Plätze; Sterngewölbe über der Vierung; Kreuzgewölbe über den Emporen; Niederdruck-Dampfheizung; Gestühl auf Tannenholzböden gestellt; Gänge mit Korklinoleum auf Steinholzunterlage.)* *Schw. Bauz.* 47 S. 21/3.

FATIO, chapelle de Pregny-Gd.-Saconnex. (Grande salle contenant 155 personnes, petite salle contenant 35 places, galerie avec 30 places.)* *Schw. Bauz.* 47 S. 144.

MECKEL, katholische Pfarrkirche zu Küsnacht bei Zürich. * *Schw. Bauz.* 48 S. 295.

Die katholische Pfarrkirche zu Küsnacht bei Zürich. * *Schw. Bauz.* 48 S. 309.

NICHOLSON, three chapels. (At Belclare, St. Raphaël and Curbridge.) ⊠ *Builder* 91 S. 302.

SCOTT, GILBERT, new church Bournemouth. ⊞ *Builder* 91 S. 544.

NICHOLSON, design for St. Martin's church, Epsom. ⊞ *Builder* 91 S. 634.

JEFFREY, church of St. George of the Latins, Famagusta. ⊞ *Builder* 91 S. 486.

BENTLEY, die neue römisch-katholische Westminster-Kathedrale in London. (135 m lang und 75 m breit; in frühchristlichem, byzantinischem Stil; drei Kuppel-Gewölbsysteme von etwa 18 m lichter Spw., auf die der quadratische Chor, wieder architektonisch auf das reichste gegliedert, mit anschließender Chornische folgen; Mittelschiff-Höhe von 35 m; Turm 83 m hoch.) ⊞ *D. Baus.* 40 S. 431/5.

HORSLEY, church of S. Chad, Longsdon, Staffordshire. (Will accommodate about 350 people.) ⊞ *Builder* 91 S. 260.

SMITH & MATLEY, proposed church house, Manchester. ⊞ *Builder* 90 S. 44.

SKIPWORTH, new chapel for the Community of the Resurrection, Mirfield, Yorks. ⊞ *Builder* 90 S. 678.

EASTWOOD, church of St. Joseph, Bridgford, Nottingham. ⊞ *Builder* 91 S. 94.

REED, church of St. Simon, Plymouth. ⊞ *Builder* 91 S. 664.

LEE, Hambleton church, Rutland. ⊞ *Builder* 91 S. 602.

MITCHELL, Selby Abbey from the South-East. ⊞ *Builder* 91 S. 514.

POTTER & HARVEY, new Wesleyan hall, Sevenoaks. (Heating and ventilation upon the low-pressure system.) ⊞ *Builder* 91 S. 208.

CARÖE, St. Bartholomew church, Stamford Hill. ⊞ *Builder* 90 S. 380.

Church of Steyning, Sussex. (Near Brighton; consists of chancel with side chapels, clearstoried nave- with north and south aisles, south porch and western tower.) * *Builder* 90 S. 636/8.

BATEMAN, hill church Sutton Coldfield, Warwickshire. ⊞ *Builder* 90 S. 590/1.

BATEMAN, design for Four Oaks Church, Sutton Coldfield, Warwickshire. ⊞ *Builder* 90 S. 591.

St. Leonard's church, Walton le-Dale, Lancs. ⊞ *Builder* 90 S. 200.

FARROW, Leverington church, near Wisbech. * *Builder* 91 S. 431/2.

SCHADEN, Entwurf für den Kirchenbau griechisch-orientalischen Ritus in Kliwodyn, Bukowina. ⊞ *Wschr. Baud.* 12 S. 152/4.

PRYNNE, St. Mary's church and parish hall, Johannesburg. (Aisle passages and narrow galleries are formed in the recessed arcades on either side; accommodates 1,500 adults.) ⊞ *Builder* 91 S. 302.

GLENNIE, tower for a Staffordshire village church. (Designed to complete the church of St. Paul's, Croxton.) ⊞ *Builder* 91 S. 302.

LAURENT, DUJARDIN und DAVID, Hochaltar. * *Kirche* 3 S. 260.

SCOTT, GILBERT, detail of high bay of choir, Liverpool cathedral. * *Builder* 91 S. 460.

Kanzel in der Kathedrale zu Antwerpen. * *Kirche* 3 S. 246/8.

PROTHERO, organ, Cheltenham College Chapel. ⊞ *Builder* 91 S. 350.

New font cover, Walsham-le-Willows Church, Suffolk. ⊞ *Builder* 91 S. 351.

Geläute der neuen Lutherkirche in Karlsruhe. * *Kirche* 4 S. 87/8.

Ueber elektrische Glockenläutemaschinen. (Glockenläutemaschine von PETIT & GEBR. EDELBROCK; Zentrifugal-Regler.) * *Kirche* 4 S. 22/7.

Glockenspiel der Parochial-Kirche zu Berlin. (Wird seit kurzem im Verein mit der Uhr elektrisch betrieben.) *Kirche* 3 S. 193.

Glockenspiel von OHLSSON, Lübeck. (Besteht aus 24 Glocken und ist mit Handklaviatur zu spielen. Klöppel [D. R. P.] für den Anschlag an die Glockenwände.) * *Kirche* 3 S. 192.

FREUND, die Elektrizität im Berliner Dom. (Läutemechanismus, Personenaufzug, Ventilatoren.) * *Uhlands T. R.* 1906, *Suppl.* S. 1.

Kronleuchter in der Pauluskirche zu Magdeburg. * *Kirche* 3 S. 324/5.

UBER, Kirchenheizungen. (Heizung durch Einzelöfen, Kanalheizung, Luftheizung, Heißwasserheizung, Dampfheizung; Warmwasserheizungen; Fußbodenheizung, Gasheizung.) *ZBl. Bauw.* 26 S. 519/22 F.

Die Friedhofskunst auf der Dresdener Ausstellung. *Kirche* 3 S. 322/3.

Wettbewerb für die Neubauten auf dem Frankfurter Friedhofe. (N) *ZBl. Bauw.* 26 S. 43.

Wettbewerb für Friedhofsbauten in Frankfurt a. M. (Entwurf von REINHARDT UND SÜSSENGUTH.) * *ZBl. Bauw.* 26 S. 348/50.

GROTHE, OSCAR UND JOHANNES, Friedhofanlage zu Lahr in Baden. (Leichenzellen; Raum für infektiöse Tote; Sezierraum; Aerztzimmer nebst Bad und Abort; Vorraum für Gerätschaften; Ausschmückung der Särge; Einsegnungsraum.) * *D. Baus.* 40 S. 371/2.

Friedhofshalle für Minden i. W. (10 Wettbewerbsentwürfe.) (N) *Z. Arch.* 52 Sp. 344.

HUMMEL, Friedhofshalle für Minden i. W. ⊞ *Kirche* 3 S. 305/7.

HAPP, Parentationshalle und Leichenhalle für den neuen Friedhof in Neugersdorf i. S. (6 Zellen zur Aufbewahrung der Leichen; Zimmer für gerichtliche Sektionen und für die Totengräber; Geräteschuppen.) ⊞ *Kirche* 3 S. 213/9.

RÖTHE, landschaftlicher Friedhof für Neugersdorf i. S. (Verdeckung der Gräberflächen durch dichte Pflanzungen; parkartiger Charakter der Gesamtanlage.) ⊞ *Kirche* 3 S. 187/91.

Kirchhofsanlage in Oberschöneweide bei Berlin. (Kapelle.) * *Baugew. Z.* 38 S. 659.

HEGELE, Portal des Wiener Zentralfriedhofes. ⊞ *Kirche* 3 S. 177.

b) Parlamente, Rathäuser, Gerichts- und andere Amtsgebäude. Parliaments, town halls, court houses and other official buildings. Parlements, hôtels de ville, palais de justice et autres édifices officiels.

SÄNGER, malerische Rathäuser und Marktplätze. * *Z. Baugew.* 50 S. 145/7 F.

RITSCHEN und FRITSCHE, Rathausneubau in Bielefeld. (KÖRTINGsche Niederdruckdampfheizung; elektrische Beleuchtung.) * *Techn. Gem. Bl.* 9 S. 41/2.

V. SALTZWEDEL, Kreisständehaus in Bromberg. (Betondecken mit Eiseneinlagen nach der Bauart von CZARNIKOW; Warmwasserniederdruckheizung.) * *ZBl. Bauw.* 26 S. 362/3.

REINHARDT & SÜSSENGUTH, das neue Rathaus in Charlottenburg. (Fußböden sämtlicher Arbeitsräume haben Linoleumbelag, Fußböden der Hallen aus gesinterten Platten größeren Formates.) ⊞ *D. Baus.* 40 S. 287/8 F.

OEHLMANN, das neue Rathaus in Liegnitz. (Depositorium mit Sicherung der Wände durch Einlegen von hochkantig gestellten Stahlschienen in jede Fuge des Zementklinkermauerwerks; Niederdruckdampfheizung und Warmwasserheizung; Lüftung durch Abführung der verbrauchten Luft; elektrische Glühlampenbeleuchtung.) * *ZBl. Bauw.* 26 S. 169/74 F.

Wiederherstellung des Rathauses in Ulm. *D. Baus.*
40 S. 242 F.

Wettbewerb für das Rathaus für Zeitz. (N) *Z.
Arch.* 52 Sp. 447.

THOMAS BRUMWELL, Belfast city hall.▣ *Builder*
91 S. 233.

MAC LAREN, City hall, Colorado Springs, Colorado.▣ *Builder* 90 S. 464.

DE BRUYN, NYROP, das neue Rathaus in Kopenhagen.▣ *Z. Bauw.* 56 Sp. 11/34.

BAZEL, Stiftung für Internationalismus. (Gebäude
für das internationale Schiedsgericht; Bauplatz
für den Friedenspalast.) *Städtebau* 3 S. 36/9.

Internationaler Wettbewerb zur Erlangung von
Entwürfen für einen Friedenspalast im Haag.
(Entwurf.)* *D. Baus.* 40 S. 309/10F.; *Schw.
Baus.* 48 S. 35/6.

The Peace Palace designs at the Hague. (Plan of
exhibition galleries; premiated designs). (a)*
Builder 90 S. 663/6F.

ADSHEAD, design for the Palace of Peace at the
Hague. (Semi-circular library.)▣ *Builder* 91
S. 181.

BELCHER, design for the Peace Palace at the
Hague.▣ *Builder* 90 S. 648.

CROSS's design for the Peace Palace at the Hague.▣
Builder 90 S. 734.

HARE, design for the proposed Peace Palace.▣
Builder 90 S. 620.

RUSSELL & COOPER, competition design for Peace
Palace at the Hague.▣ *Builder* 91 S. 144.

WARING and WATKINS, competition design for the
Palace of Peace at the Hague.▣ *Builder* 91
S. 350.

WILLS & ANDERSON, competition design for Peace
Palace at the Hague.▣ *Builder* 91 S. 94.

The premiated designs for the Peace Palace at the
Hague.▣ *Builder* 90 S, 706/7.

WALDOW, Ministerialgebäude in Dresden-Neustadt.
(Fußböden und Umfassungsmauern durch Zement,
Jute und Asphalt gegen das Eindringen des
Wassers geschützt; KLEINEsche Stampfbeton-
und Vouten-Decken, HENNEBIQUE-Decken, Linoleum auf Asphalt, in den Zimmern auf 2 cm
starkem Korkestrich; Hochdruck-Dampfkessel-
Anlage; Dampf-Warmwasserheizung für die
Dienstzimmer, indirekte Niederdruck-Dampfheizung für die Gänge, Aborte; Dampfluftheizung
für Eingangshallen und Treppenhäuser; Dampfluftvorwärmung für die zu lüftenden Räume,
elektrische Beleuchtung.)▣ *D. Baus.* 40 S. 1/2F.

Das neue Regierungsgebäude in Frankfurt a. d. O.
ZBl. Bauw. 26 S. 567/71.

Gemeindehaus zu Hemelingen.* *Baugew. Z.* 38
S. 1103/5.

Das neue Regierungsgebäude und Hauptsteueramt
in Koblenz. (Decken aus Betonkappen zwischen
I-Trägern; Beleuchtung der Geschäftszimmer
durch elektrisches Licht, der Flure durch Gaslicht. Heizung durch getrennt angelegte Niederdruck-Warmwasserheizungsanlagen. Fußbodenbeläge in den Küchen und Aborten aus Terrazzo;
die Repräsentationsräume mit BEMBEschen Parkettböden, alle übrigen Räume mit Linoleumbelag auf Zementestrich.)▣ *Z. Bauw.* 56 Sp.
529/50.

HANSER, das neue Amthaus in Mannheim.▣ *ZBl.
Bauw.* 26 S. 74,6; *Schw. Baus.* 48 S. 92/5F.

Das neue Regierungsgebäude (Geschäftsgebäude
der Katasterverwaltung) in Trier. (KOENENsche Voutenplatten zwischen I-Trägern, die zur
Schalldämpfung mit 5 cm starker Sandschicht
überdeckt sind. Flurgänge mit Längstonnen
gewölbt und Schwemmsteinen worüber tragende
Decke, die durch quer gespannte preußische

Kappen gebildet wird.)* *ZBl. Bauw.* 26 S.
431/2.

HINTRÄGER, das k. k. Amtsgebäude in Pottenstein
a. d. Triesting.▣ *Wschr. Baud.* 12 S. 645/6.

PISKAČ, Neubau des k. k. Amtsgebäudes an Stelle
des alten Lottoamtes im Assanierungsgebiete in
Prag. (Lüftung mittels Abzugöffnungen- und
Flügel; Flachgewölbe zwischen Eisenträgern;
über dem Flachgewölbe Kalkbeton; Holzzementeindeckung; Betonpflasterungen der Kellerräume;
Leuchtgasbeleuchtung.) *Wschr. Baud.* 12 S.
109/12.

v. FÖRSTER, neues Statthaltereigebäude in Triest.*
Z. Oest. Ing. V. 58 S. 298/300.

SKIPWORTH, Ingrave rectory, near Brentwood,
Essex.* *Builder* 90 S. 590.

HARRIS, proposed town hall, Dartmouth, Devon.▣
Builder 91 S. 486.

WEBB and DEANE, proposed new buildings Merrion-
street, Dublin. (Combined College of science
and government offices.)▣ *Builder* 91 S. 374/430.

Christ Church vicarage, Hampstead.▣ *Builder* 90
S. 146.

City chambers, Leeds.▣ *Builder* 91 S. 350/1.

BRIERLEY, County hall, Northallerton. ▣ *Builder*
91 S. 634.

SCHULTZ, R. WEIR, village hall and reading-room.
Shorne. *Builder* 91 S. 694/5.

HARRIS, design for municipal offices, Torquay.▣
Builder 90 S. 146.

TAYLER, ARNOLD S. and JEMMETT, Tottenham
municipal buildings. (Municipal offices; public
baths.)▣ *Builder* 90 S. 409/10.

ESSER, BEGGS, new public service building at
Milwaukee, Wis. (Combined office building and
interurban railway terminal station, machine shops,
physical and chemical laboratories; convention
hall; dining-rooms, and a 4,500 kw generating
plant; structure as a whole is enhanced by
hammered copper cresting which surmounts the
cornice; double door hung on gas pipe which
projects down into the floor and up into the
concrete construction above and is supported
on roller bearings; waiting room and car sheds
on first floor.)* *Eng. Rec.* 54 S. 76/80.

MÜLLER, Trauzimmer des Standesamtes der Stadt
Magdeburg.* *Schw. Baus.* 48 S. 200.

PLOCK, neuere Staatshochbauten im Kreise Bensheim in Hessen. (Amtsgericht und Oberamtsrichterwohnhaus in Lampertheim; Forstwartwohnung in Jägersburg.)* *ZBl. Bauw.* 26 S. 136/8.

SCHMALZ, das neue Land- und Amtsgericht Berlin-
Mitte. (Haupteingangshallen; Sinnbildliches.) (a)▣
Z. Bauw. 56 Sp. 267/86F.

Die neuen Polizeidienstgebäude in Danzig und in
Stettin. (Massive Netzgewölbe. KOENENsche
Plandecken; Niederdruckwarmwasserheizung;
Fernsprechanlage.)* *ZBl. Bauw.* 26 S. 63, 411/3.

Die neuen Polizeidienstgebäude in Danzig und in
Stettin.* *ZBl. Bauw.* 26 S. 395/7.

THALER, das neue Gerichtsgebäude in Darmstadt.
(RABITZinnendecken mit Stichkappen; Zwischendecken aus Stampfbeton zwischen eisernen
Trägern; Eichenholzparkett und Buchenriemenfußböden; elektrische Uhrenanlage nach dem
System WAGNER in Wiesbaden.)* *ZBl. Bauw.*
26 S. 476/7.

KRAMER, die neuen Gerichtsgebäude am Münchener
Platz in Dresden-Altstadt. (Raum- und Hofgestaltung. Gefängnis, Raum für 527 männliche
und 155 weibliche Untersuchungs-Gefangene; die
Anordnung der Zellen zu beiden Seiten der mit
Galerien versehenen durchgehenden Ganghallen,
Verbindung durch Brücken; Beleuchtung durch
Stirn- und Oberlicht; Betsaal für 100 Gefangene;

Dampfheizung; 90 Bogen- und 3200 Glühlampen, Heizanlage für Speisewärmer.)* *D. Baus.* 40 S. 27 F.

SAAL, das neue Amtsgericht in Grätz, Provinz Posen.* *Zbl. Bauv.* 26 S. 443/4.

KIRSCHKE, Dienstgebäude des Königlichen Polizei-Präsidiums zu Hannover.* *Techn. Z.* 23 S. 233/5 F.

Die Amtsgerichtsneubauten in Rendsburg. (Holzzement- und Falzziegeldach.)* *Zbl. Bauv.* 26 S. 112.

Das neue Gerichtsgebäude in Rudolstadt.* *Zbl. Bauv.* 26 S. 379/80.

Das neue Amtsgericht und Gefängnis in Westerland-Sylt.* *Zbl. Bauv.* 26 S. 339/40.

v. FÖRSTER, Bau des Strafgerichtsgebäudes am Karlsplatze in Prag. ⊞ *Allg. Baus.* 71 S. 29/30.

Salon d'architecture des artistes français de 1906. (Nouvelle préfecture de la Haute-Vienne.)* *Gén. civ.* 49 S. 209/13.

GEORGE & YEATES, Royal Exchange buildings, City. ⊞ *Builder* 90 S. 556.

The Philadelphia bourse. (Eight stories. Consists of a bourse, or general exchange, with headquarters for all the commercial organisations of the city, as well as exchange floors, buyers' headquarters and exhibition rooms, and also office building.)* *Am. Miller* 34 S. 473.

Kreissparkassen - Dienstgebäude in Steinau a. O. (Zwei Preisentwürfe von BANGEMANN und SAUER.)* *Techn. Z.* 23 S. 209/10.

KARST & FANGHÄNEL, das neue Handelskammer-Gebäude in Cassel. * *Techn. Z.* 23 S. 408.

Forsthausbauten in Darmstadt.* *Zbl. Bauv.* 26 S. 336/8.

YOUNG, W., the new War Office. ⊞ *Builder* 90 S. 16.

WEBB, ASTON, new Admiralty buildings at east end of Mall. *Builder* 91 S. 514.

Das neue Empfangsgebäude auf dem Hauptbahnhof in Hamburg. ⊞ *Zbl. Bauv.* 26 S. 619/22.

Entwurf zu einem Geschäftsgebäude für die Königliche Eisenbahndirektion in Frankfurt a. M. (Gutachten der Königlichen Akademie des Bauwesens.)* *Zbl. Bauv.* 26 S. 134/5.

EVERKEN, die neuen Bahnhofsanlagen in und bei Wiesbaden. ⊞ *Zbl. Bauv.* 26 S. 580/3.

The new public service building of the Milwaukee Electric Railway & Light Co. * *Street R.* 28 S. 58/68.

Goods offices, Paddington, Great Western Ry. (Four floors besides basement and vaults.) (a)⊞ *Railw. Eng.* 27 S. 69/72, 189/96.

The new goods station at Newcastle.* *Eng.* 102 S. 411/3.

KÖNIG, das neue Mietpostgebäude in Löhne (Westf.) am Bahnhof.* *Baugew. Z.* 38 S. 415.

Mietpostgebäude in Lübbecke (Westf.). (Wasserversorgungsanlage von HAMMELRATH & CO.)* *Baugew. Z.* 38 S. 805/6.

JOST und BAUMGART, das neue eidgen. Postgebäude in Bern. (Zwischendecken und Dachböden in Eisenbeton, System HENNEBIQUE; RABITZgewölbe.)⊞ *Schw. Baus.* 47 S. 6/9.

BIERRY, petit hôtel des postes, télégraphes et téléphones à Maule (Seine-et-Oise.)⊞* *Ann. d. Constr.* 52 Sp. 73/6.

Der Neubau für das Oberpräsidium und die Verwaltung des Dortmund-Ems-Kanals in Münster i. W. *Zbl. Bauv.* 26 S. 587/8.

SOLF & WICHARDS, das neue Dienstgebäude für das Kaiserliche Patentamt an der Gitschiner Straße in Berlin. (Deckensysteme KLEINE, HÖFCHEN & PESCHKE; Bulbeisendecken nach POHLMANN; KOENENsche Voutendecke; die Decken haben Schlackenbeton, Sandschüttung, Zemente-

strich und Linoleumbelag erhalten; in der Vorhalle liegen Lobejüner Porphyrplatten, in den Verkehrshallen Fliesen; im Plenar-Sitzungssaal und in der Präsidentenwohnung eichene Stäbe; die Säulen, Wangen und Brüstungen der Haupttreppe bestehen aus Kehlheimer Kalkstein, die Stufen aus geschliffenem Kunststein; aus Kunststein sind auch die Geschäftstreppen;Doppelfenster, an den Straßen gegen das Geräusch der Hochbahn mit Spiegelglas; von RIETSCHEL & HENNEBERG eingerichtete Heizung, eine Fernleitung aus Hochdruckdampf, der den im Keller liegenden Heizgruppen zugeführt wird; diese bestehen aus zehn Warmwasser-Hauptgruppen für Geschäftsräume, Bibliothek und Plenar-Sitzungssaal, sieben Warmwasser - Nebengruppen für Auslegehalle, Präsidentenwohnung und Beamtenwohnungen und fünf Niederdruckdampf-Gruppen für Korridore, Aborte, Akten- und Packräume.)⊞ *D. Baus.* 40 S. 275/6.

LUFT, neues Hauptzollamtsgebäude mit Niederlagshalle in Würzburg.* *D. Baus.* 40, *Mitt. Zem., Bet.- u. Eisenbetbau* S. 37/9 F.

Landes-Versicherungs-Anstalt für die Provinz Hessen-Nassau in Kassel. ⊞ *Techn. Z.* 23 S. 489/91.

DELIUS, KITSCHLER, Dienstgebäude für die Königliche Wasserbauinspektion in Oppeln. * *Zbl. Bauv.* 26 S. 315.

Das Verwaltungsgebäude der Firma Leipziger Zementindustrie Dr. Gaspary & Co. in Markranstädt bei Leipzig. (Fünfstöckig; Sandmauersteine aus Zement und Sand und mit Zementdachziegeln gedeckt; wetterbeständige Zementfarben der Firma GASPARY.)⊞ *Uhlands T. R.* 1906, 2 S. 65/6.

c) Schlösser und Burgen. Castles. Châteaux.

STEFFEN, Schloß zu Gohlis bei Leipzig. (Mit Park.)⊞ *Wschr. Baud.* 12 S. 472/3.

Die Wiederherstellung des Heidelberger Schlosses. (Gutachten von EGGERT, das eine Erhaltung der Ruine des Otto-Heinrichbaues im jetzigen Zustande für möglich erklärt.) *Schw. Baus.* 47 S. 63.

Zur Erhaltung des Otto-Heinrichsbaues im Heidelberger Schloß. (WALLOT und CRAMER empfehlen Erhaltung des Baues durch Aufbringung eines Daches, verbunden mit dem inneren Ausbau.)* *Zbl. Bauv.* 26 S. 298/300.

LÜER, Schloß Landsberg an der Ruhr. (Ausbau zu einem neuzeitlichen Herrensitz; Parkanlage von TRIP; Gesundheitseinrichtungen von VOLTZ & WITTMER und ZENTRALHEIZUNGSWERKE ZU HANNOVER.)⊞ *D. Baus.* 40 S. 191/2.

KISA, vom Mainzer Schloßbau. (Ergänzung und Ausbesserung von Ziergliedern.) *D. Baus.* 40 S. 268/74.

MARCH, Landhaus Elmenhorst bei Kiel und Schloß Torgelow bei Waren in Mecklenburg. * *Zbl. Bauv.* 26 S. 499/502.

Ausbau der Hofburg in Wien. * *D. Baus.* 40 S. 153/4 F.

Schloß Wildenstein (Baselland). (Wiederhergestellt und erweitert durch STEHLIN.)⊞ *Schw. Baus.* 47 S. 79/80.

ATKINSON, design for Bacon's ideal palace. ⊞ *Builder* 90 S. 200.

GEORGE, design for Bacon's ideal palace. ⊞ *Builder* 90 S. 172.

DAUMET, château of Saint-Germain. (V) (A) *Builder* 91 S. 76/7.

d) Wohnhäuser. Dwelling buildings. Maisons d'habitation. Vgl. Gesundheitspflege 2.

WORRESCH, Wohnungsbaukunst. (a) * *Z. Baugew.* 50 S. 33/7 F.

HEIMANN, zur Frage der Reihenhäuser. (Vorzüge gegenüber den freistehenden Häusern.) *Städtebau* 3 S. 11/2.

NUSZBAUM, Kleinhaus und Mietkaserne. (Landhausviertel für das freiliegende oder zu Gruppen zusammengefaßte vornehme Familienhaus; ähnliche Viertel für bescheidene Einfamilienhäuser, welche in geschlossener Zeile langgestreckte Gruppen bilden oder die Baublocks rings umschließen; Gebiete für das Mehrfamilienhaus; desgl. für das eigentliche Miethaus; Miethäuser in Charlottenburg auf einem Grundstück zwischen der Kaiser Friedrich- und der Wilmersdorferstraße von GELDNER.)* *Z. Arch.* 52 Sp. 25/34.

SCHILLING & GRÄBNER, Bauten zur Verbesserung der Wohnungs - Verhältnisse in Großstädten. (Häusergruppe des Dresdener Spar- und Bauvereins in Dresden-Löbtau, für Mieter aus verschiedenen Gesellschaftsklassen. Boden auf Erbpacht; Gartenanlagen und Spielplätze inmitten des ganzen Häuserblocks; Kasino; Kinderhort.)⊞ *D. Baus.* 40 S. 103/4 F.

RANK, Bauten des Vereins für Verbesserung der Wohnungsverhältnisse in München-Sendling.* *D. Baus.* 40 S. 171/4.

Grundsätze für die Aufstellung von Entwürfen und die Ausführung von Dienst- und Mitwohnhäusern für Arbeiter, untere und mittlere Beamte.* *Ratgeber, G. T.* 6 S. 145/50.

HENRICI, Allgemeines und Spezielles über den Bau und die Einrichtung von Arbeiterwohnungen. (Verbindung verschiedener Systeme von Wohnungen; rauher Mörtelbewurf der Außenwände; Wohnküche als Hauptraum; kleiner offener, von den Wohnräumen oder vom Vorplatz aus zugänglicher Platz für Schmutzeimer; Abort.) (V) *Z. V. dt. Ing.* 50 S. 952/6; *Z. Bayr. Rev.* 10 S. 189/91.

Die Arbeiterwohnhäuser auf der Bayerischen Jubiläums - Landes - Ausstellung in Nürnberg.* *Baugew. Z.* 38 S. 995/7.

MÜHLKE, Erbauung von Kleinwohnungen. (Vom Ernst-Ludwig-Verein für die Errichtung billiger Wohnungen veranstalteter Wettbewerb; Entwürfe des Vereins zur Förderung des Arbeiterwohnwesens in Frankfurt a. M.) *Zbl. Bauv.* 26 S. 419/22.

Wohn- und Geschäftshäuser.* *Techn. Z.* 23 S. 599/601.

SCHMITZ, neuere Berliner Geschäfts- und Wohnhausbauten. (Das Haus „Automat" Friedrichstraße 167/8; die Wohnhäuser in der Mommsenstraße 6 und Niebuhrstr. 78 a. 2 in Charlottenburg.)⊞ *Zbl. Bauv.* 26 S. 2/3 F.

Allgemeines und spezielles über den Bau und die Einrichtung von Arbeiterwohnungen. *Z. Bayr. Rev.* 10 S. 178/80 F.

HENRICI, Arbeiterkolonien. (Arbeiterkolonien, bei welchen als Träger des Unternehmens der Arbeitgeber auftritt und Ortschaftskolonien, in welchen die Kolonisten zu einem in sich abgeschlossenen Gemeinwesen vereinigt werden sollen. Mehrgeschossige Häuser; Einfamilienhaus mit Garten und Stall; Reihenhäuser; beschränkte Zahl der zu befahrenden Straßen; Wohnstraßen.) (V)⊞ *Städtebau* 3 S. 71/6.

PETER, Entwürfe für Arbeiterwohnhäuser. (Wandschrank, Wohnküche; Zugänglichkeit aller Räume vom Vorraum aus; Einfamilien-, Zweifamilienhaus; Doppel - Wohnhäuser.)* *Baugew. Z.* 38 S. 9/11 F.

Arbeiterwohnungen für Straßburg i. E. (Wettbewerb.) (N) *Z. Arch.* 52 Sp. 451.

COALES, design for two labourers cottages.⊞ *Builder* 90 S. 92.

Salon d'architecture des artistes français de 1906.

(Projet REY pour les habitations ouvrières Rothschild.) *Gén. civ.* 49 S. 209/13.

MANIGUET, über Arbeiterhäuser im allgemeinen und mit speziellem Hinweis auf französische Verhältnisse. (Arbeiterwohnhäuschen der Seidenweberei in Chabons; Erdgeschoß und Stockwerk der Kaserne für ganz- und halbinterne Arbeiterinnen der Seidenweberei in Chabons.)* *Z. Gew. Hyg.* 13 S. 191/3 F.

RIVOALEN, MARCHAND et LEPRINCE, petites maisons d'habitation particulière à Bois - Colombes et à Asnières (Seine). (L'une coûte 14460 fr. et l'autre 11080 fr.)⊞ *Ann. d. Constr.* 52 Sp. 181/4.

Arbeiter- und Beamtenwohnhäuser für Eschweiler, I. u. II. Teil. (Entwürfe von 13 Verfassern. (N) *Z. Arch.* 52 Sp. 344.

Arbeiter-Wohlfahrtseinrichtungen der Firma Kübler & Niethammer in Kriebstein. (Arbeiterwohnhaus für vier Familien; Burschenhaus; Kindergarten; bäuerliches Arbeiterhaus.)* *Papierfabr.* 4 S. 1841/8.

ZIEGENBEIN, zwei Entwürfe für Einfamilienhäuser.* *Techn. Z.* 23 S. 161/2.

GENSCHEL, Einfamilien - Wohnhäuser. (Kleinere eingebaute Einfamilienhäuser mit je 6 Zimmern und 2 Dielen.)* *Techn. Z.* 23 S. 442/3.

Eingebaute Einfamilien - Villen in Kassel. (Dreifamilien - Villa; Doppelvilla.) * *Techn. Z.* 23 S. 350.

Kleine eingebaute Vorstadthäuser. (Salon, Zimmer des Herren, Speisezimmer und Diele im Erdgeschoß; im Obergeschoß ein Wohnzimmer, zwei Schlafzimmer, Badezimmer und Abort; im Dachgeschoß Mädchenkammer und Trockenbodens; Küche im Kellergeschoß.)* *Techn. Z.* 23 S. 312.

LUX, Grundlagen des modernen Landhauses.* *Schw. Baus.* 47 S. 278/9.

Die Kunst im Landhausbau.* *Zbl. Bauv.* 26 S. 583/5.

Das Heim eines Symbolisten. (Villa Fernand Knopff)* *Dek. Kunst* 9 S. 158/66.

HOFFMANN, Villenbauten System PRÜSS.* *Techn. Z.* 23 S. 501/2.

A pair of cheap cottages. (Three bed rooms, one living room, scullery, bath. Built by hollow walls in cement, with local red brick facing [upper story, lime rough-cast], and roofed with old tiles. Including fencing and drainage.)* *Builder* 91 S. 627/8.

Country cottage. (6 apartments and accessories; estimated cost 750 l.)⊞ *Builder* 91 S. 208.

Aus amerikanischen Villenstädten. (Bauten von STONE, LORING & PHIPPS, NORTHEND, PATTERSON-SMITH.)⊞ *Dekor. Kunst* 10 S. 15/22.

SCHMIDT, L. F. K., Forsthäuser und ländliche Kleinwohnungen in Sachsen. * *Baugew. Z.* 38 S. 97/9 F.

Moderne Gartenhaus-Bauten von GESSNER-Berlin.* *Baugew. Z.* 38 S. 1081/2 F.

WILDE, läßt sich das alte niederländische Bauernhaus für unsere modernen Verhältnisse zurichten? (Entwickelung des wendischen, friesischen, nordisch-dänischen und niedersächsischen Bauernhauses; Strohdächer mit Ziegelbedachung um den Schornstein herum und hinter dem Schornstein bis zur Dachfirst; Feuersicherheit der Lehmwand; bessere Haltbarkeit der Futtervorräte unter einem Strohdach.)* *Baugew. Z.* 38 S.621/2 F.

OBERBECK, kleine Bauernhäuser. (3 Entwürfe.)* *Techn. Z.* 23 S. 137/8.

SCHUBERT, Wohnhaus für sechs Arbeiterfamilien auf der Königl. Domäne Steinsdorf bei Coschen-Guben.* *Baugew. Z.* 38 S. 169/71.

SCHUBERT, Stallgebäude mit Nebenanlagen für 6 Arbeiterfamilien auf der Königl. Domäne

Steinsdorf bei Coschen - Guben. * *Baugew. Z.* 38 S 196/7.

Anweisung zur Herstellung und Einrichtung von Küchenstuben.⊠ *Ratgeber, G. T.* 6 S. 151/2.

HUMMEL & FÖRSTNER, Wohn- und Geschäftshaus Fr. G. Schneider in Aalen bei Stuttgart.* *Baugew. Z.* 38 S. 876.

WILKENING, Einfamilienhaus von Hilker in Berlebeck bei Detmold. * *Baugew. Z.* 38 S. 49/50.

BAUER & BRUHN, Wohnhaus Habsburgerstr. 11 in Berlin.⊠ *Baugew. Z.* 38 S. 939.

HOFMEISTER, Wohnhaus in Berlin, Elberfelderstraße 43 a.* *Baugew. Z.* 38 S. 783/4.

KAUMANN und JATZOW, Wohn- und Geschäftshaus in Berlin, Kottbuser Damm 63/64, Ecke Weserstraße.* *Baugew. Z.* 38 S. 1211/2.

SCHIERBAUM, herrschaftliches Wohnhaus in Bielefeld.* *Baugew. Z.* 38 S. 619.

RUMMLER, Neubau eines Wohn- und Geschäftshauses von Schraepel in Blankenburg a. Harz.* *Baugew. Z.* 38 S. 898/9.

HÖGG, Diele für ein Alt - Bremer Haus mit eingebauter Treppe.* *Schw. Baus.* 48 S. 199.

KAYSER & VON GROSZHEIM, MARCH, OTTO, SCHMITZ, BRUNO, Häusergruppe in der Sophienstraße in Charlottenburg. (Dreifensterwohnhaus; Aufteilung des Geländes der ehemaligen MARCHschen Tonwarenfabrik; Einfamilienhäuser, Frontbreite von 15 m bis 10 m; um die Diele gruppieren sich Herrenzimmer, Speisezimmer und Wohnzimmer; in der Mitte der Fassade angeordneter Haupteingang.)⊠ *D. Baus.* 40 S. 152/3 F.

REIMER, Wohnhaus Charlottenburg-Berlin, Hardenbergstr. 9.⊠ *Baugew. Z.* 38 S. 819.

BOCK, Haus Castenholz auf der Rheininsel Oberwerth bei Coblenz und Villa Mayer - Alberti in Coblenz.* *D. Baus.* 40 S. 683/5.

BOCK, zwei rheinische Villen. (Haus Osterroth in Coblenz; Villa Castenholz auf der Rheininsel Oberwerth.)⊠ *Schw. Baus.* 47 S. 288.

MÜLLER, TONY, Wohnhaus Lochnerstraße, Ecke Königsplatz in Cöln - Lindenthal. ⊠ *Baugew. Z.* 38 S. 707/8.

LORIS, MÜLLER, TONY, Villengebäude des Jos. Boos in Cöln. (Abschluß einer Villengruppe, welche gegenüber dem Stadtwalde auf einem von drei Straßenzügen begrenzten Eckgelände liegt.)⊠ *Baugew. Z.* 38 S. 483.

SCHEMBS, Neubau Philipp Secker, Darmstadt, Ludwigshöhstr. 1.* *Techn. Z.* 23 S. 297/8.

PÜTZER und METZENDORF, Villen und Landhäuser in Darmstadts Umgebung. * *Baugew. Z.* 38 S. 827/8.

PÜTZER, „Haus im Loß" in Darmstadt, erbaut für die Prinzessin von Isenburg.* *Baugew. Z.* 38 S. 887/9.

ZEISING, Villa von Zeising in Döbern, N.-L.* *Baugew. Z.* 38 S. 393.

RIEMERSCHMIDT, Haus Rudolph in Dresden. (Landhaus Mailick.)* *Dekor. Kunst* 9 S. 265/300.

HACKELBERG, Wohngebäude für Tischlermeister Hentze in Eilrich (Harz). *Baugew. Z.* 38 S. 694.

PÜTZER, Villenkolonie Buchschlag bei Frankfurt a. M.* *Städtebau* 3 S. 39/40.

GUTTE, Herrenhaus für Rittergutsbesitzer Schweckendieck in Göllschau bei Haynau (Schles.).* *Baugew. Z.* 38 S. 3.

TAFEL, Doppelvilla in Görbersdorf.* *Baugew. Z.* 38 S. 913/4.

MACKENSEN und KOERKEL, Landhaus Schmeißer zu Goslar.* *Baugew. Z.* 38 S. 247/9.

Verbesserung der Wohnungsverhältnisse in Hamburg.* *Z. Oest. Ing. V.* 58 S. 4/5.

Wohnhaus für Zimmermeister Braune in Hannover.* *Techn. Z.* 23 S. 101/2.

FASTJE & SCHAUMANN, Wohnhaus in Hannover, Jacobistr. 39.* *Baugew. Z.* 38 S. 1175/6.

KÜSTER, Wohnhaus in Hannover, Fichtestr. 29.* *Baugew. Z.* 38 S. 683/4.

BLUDAU, Einfamilienhaus von E. Stümpel in Hannover, Eichendorffstraße. * *Baugew. Z.* 38 S. 1123.4.

Landhaus Brüninghaus zu Hannover. * *Techn. Z.* 23 S. 537/9.

Villa in Bad Harzburg.* *Techn. Z.* 23 S. 472.

STIER, zum Wettbewerb der Ver. deutsch. Verblendstein- und Terracotten-Fabrikanten für eine Villa in Hildesheim. *D. Baus.* 40 S. 435/6.

BRÜGNER, das neue Amtsrichter - Dienstwohnhaus in Jork bei Buxtehude.* *Zbl. Bauw.* 26 S. 507.

BLUDAU, Villa für Körting in Kirchrode bei Hannover.* *Baugew. Z.* 38 S. 761/2.

GENSCHEL, Wohnhaus in Kleefeld bei Hannover. (Verbindung der Haupträume durch Schiebetüren; Stockwerkheizung im Erd- und ersten Obergeschoß; Ofenheizung im zweiten Oberstock.)* *Baugew. Z.* 38 S. 145/6.

KÜSTER, Einfamilienwohnhaus für v. Weyhe in Kleefeld, Kantplatz 2.* *Baugew. Z.* 38 S. 212/3.

TAUT, Blick auf das Arbeiterwohnhaus der Landesversicherungsanstalt Ostpreußen in Königsberg.* *D. Baus.* 40 S. 667/8.

VOIGT, Entwurf zu einem Eckwohnhause in Leipzig an der Südstraße.* *Baugew. Z.* 38 S. 273.

BONSON, MENZEL, O., Landhäuser aus der Lößnitz.* *Techn. Z.* 23 S. 29/30.

Mietpostgebäude in Lübbecke (Westf.) (Wasserversorgungsanlage von HAMMELRATH & CO.)* *Baugew. Z.* 38 S. 805/6.

KRÜGER, FRANZ, Wohnhaus im Kloster Lüne bei Lüneburg.* *Z. Arch.* 52 Sp. 185/8.

KRÜGER, FRANZ, Wohnhaus HÖLSCHER in Lüneburg.* *Z. Arch.* 52 Sp. 58.

GENTZSCH, Villa Friederike in Meerane i. S.* *Baugew. Z.* 38 S. 495/7 F.

Wohnhaus Schütte in Nienburg a. d. W. * *Zbl. Bauw.* 26 S. 415/7.

OBERBECK, Landhaus des Herrn Topp in Ostönnen.* *Baugew. Z.* 38 S. 569.

WOLTER, Wohnhaus von Jobtzick in Plania bei Ratibor.* *Baugew. Z.* 38 S. 971.

TEICHMANN, W. & P. KIND, Wohn- und Geschäftshaus des Rixdorfer Vorschuß-Vereins in Rixdorf, Bergstr. 1.⊠ *Baugew. Z.* 38 S. 63/4.

KIND, Miet-Wohnhaus Weserstr. 57 in Berlin - Rixdorf.* *Baugew. Z.* 38 S. 669/70.

USBECK und JOHANNESSEN & HAKANSSON, neue Baugruppe, Martin Lutherstr. 74—76 in Berlin-Schöneberg.* *Baugew. Z.* 38 S. 519/20.

WEYRICH, Landhaussiedelung Zuckerschale in Schreiberhau im Riesengebirge. * *Städtebau* 3 S. 152/3.

SCHENK, Wohnhaus Henry in Siegburg. * *Baugew. Z.* 38 S. 1163.

EISENLOHR & WEIGLE, Zweifamilienhaus von Hellner am Kanonenweg in Stuttgart.* *Baugew. Z.* 38 S. 1062.

Wohnhäuser für Tilsit. (Wettbewerb.) (N) *Z. Arch.* 52 Sp. 451.

MÖHRING, Haus A. Huesgen in Traben an der Mosel. (Garten-Terrassen-Anlage.) ⊠ *D. Baus.* 40 S. 303/4 F.

MARCH, Landhaus Elmenhorst bei Kiel und Schloß Torgelow bei Waren in Mecklenburg.* *Zbl. Bauw.* 26 S. 499/502.

BECKER, Bauten auf dem Hauptgestüt Trakehnen. (Gebäude zur wohnlichen Unterbringung von Wärtern und Beamten.) ⊠ *Z. Bauw.* 56 S. 377/98 F.

SCHENK, Einfamilienhaus in Troisdorf bei Siegburg. ⊠ *Baugew. Z.* 38 S. 261/2.

RANK, Landhaus Eberhardt in Ulm a. d. Donau.▣ *D. Baus.* 40 S. 455/6.

BÄR, Landhaus für Waldhausen bei Hannover.* *Techn. Z.* 23 S. 322.

MUTHESIUS, Landhaus des Dr. v. Seefeld in Zehlendorf* *Z. Baugew.* 50 S. 174/5.

JOSS, Wohnhaus an der Habsburgerstraße in Bern.* *Schw. Baus.* 47 S. 93/4.

Wohnungsausstellung im „Modernen Heim" in Biel. (Zum Zwecke der versuchsweisen Herstellung von drei Familienhäusern, deren Preislage dem Einkommen einer mittleren bürgerlichen Familie entsprechen soll.)* *Schw. Baus.* 47 S. 169/74, 297/9 F.

Wettbewerb für Wohn- und Geschäftshäuser in Freiburg i. Ue.* *Schw. Baus.* 48 S. 18 F.

Das Haus „Helmeli" in Luzern.* *Dekor. Kunst* 9 S. 365/72.

TRIGGS, house at Chasellas, near St. Moritz, Engadine.▣ *Builder* 91 S. 180/1.

GROS, Villa „Sonnhalde" in Zürich V.* *Schw. Baus.* 48 S. 272.

OBERLÄNDER-RITTERSHAUS, Villa an der Böcklinstr. in Zürich V.* *Schw. Baus.* 48 S. 273.

OBERLÄNDER-RITTERSHAUS, Ansicht der Villa „Im Oberland" an der Hofstr. in Zürich V von Süden.* *Schw. Baus.* 48 S. 283.

OBERLÄNDER-RITTERSHAUS, Wohnhaus Boßhardt an der Krähbühlstraße in Zürich V.* *Schw. Baus.* 48 S. 269.

PFLEGHARD & HAEFELI, Ansicht der Villa „Haldegg" an der Arosastr. in Zürich V.* *Schw. Baus.* 48 S. 287.

PFLEGHARD & HAEFELI, Villa Kehl, Zürich.* *Schw. Baus.* 47 S. 127.

PFLEGHARD & HAEFELI, Doppelvilla an der Rütistr. in Zürich V.* *Schw. Baus.* 48 S. 286.

FINDLAY, Ballumbie house, N. B.▣ *Builder* 90 S. 437/8.

WIMPERIS & BEST, Beachamwell hall.▣ *Builder* 91 S. 544.

Tudor house, Broadway, Gloucestershire.* *Builder* 91 S. 321.

Cottage near Christchurch, N. Z.* *Builder* 90 S. 310.

FINDLAY, Blebo house, Fifeshire. (Scotch mansion house.)▣ *Builder* 90 S. 322/3.

GEORGE & YEATES, Busbridge hall; near Godalming.* *Builder* 90 S. 556.

NEWTON ERNEST, house, near Godstone.▣ *Builder* 90 S. 526.

Hambleton old hall. (Consists of a central hall with the living apartments of the family on one side and the servants' quarters on the other.)▣ *Builder* 91 S. 460.

SHEWELL, the old cottages, Potter Heigham and St. Olaves. (Constructed of brick resting on a rubble plinth foundation, the roof being of the usual reed thatch.)* *Builder* 90 S. 381.

VERITY, mansions and flats, Cleveland-Row, St. James's.▣ *Builder* 90 S. 734.

WHITE, HENRY, house, No 73, Harley-Street, W.▣ *Builder* 90 S. 92.

VERITY, mansion flats, 25×26, Berkeley Square, W. (Designed to create the impression of a large town house.)▣ *Builder* 91 S. 208.

WHITE, HENRY, house, No. 32 Cavendish-Square.▣ *Builder* 90 S. 92.

Mexborough house, Dover-Street, London.▣ *Builder* 90 S. 68/9.

WEATHERLEY, praemises, Maddox-Street, London.* *Builder* 91 S. 345.

WIMPERIS & BEST, house at Massingham, Norfolk.▣ *Builder* 90 S. 146.

DAVIDSON, Broomholm, Nairn.▣ *Builder* 91 S. 282.

DAVIDSON, Linkside, Nairn.▣ *Builder* 91 S. 283.

KNIGHT, Tyes, Rudgwick, Sussex. (Additional wing to an old Sussex manor-house.)▣ *Builder* 90 S. 590.

HOGG, „Redheugh" Sutton Valence, Kent. ▣ *Builder* 90 S. 438.

CASTELLAN, some entrance porches, Hare Hall, Romford and Hyde house, Bulstrode Street. ▣ *Builder* 90 S. 734.

BRUN, villa à Angers (Maine-et-Loire).▣ *Ann. d. Constr.* 52 Sp. 120/4.

MURET, villa à Fontenay-aux-Roses (Seine). ▣ *Ann. d. Constr.* 52 Sp. 136/9.

VAUCHERET, petite maison d'habitation, place Saint Jacques (XIVe arr.), à Paris. (Parcelle à peu près trapézoïdale; murs de face en briques; murs de refend en pans de fer.)▣ *Ann. d. Constr.* 52 Sp. 101/4.

BARBEROT, maison de campagne de M. B, à Saint-Amand-Montrond (Cher.) (En moellons de roche irréguliers et en pierre appareillée; au nord cuisine, garde-manger, terrasse d'été, au midi se trouvent la salle à manger, le salon et le petit salon. L'ensemble de l'habitation est chauffé par le système à vapeur à basse pression de HAMELLE.)▣ *Ann. d. Constr.* 52 S. 153/6.

Landhaus mit Atelier für den Bildhauer Carl Milles bei Stockholm. (Nordisches Blockhaus; RABITZ-Verkleidung der Innen- und brauner Anstrich mit einer Mischung von Holzteer und Leinöl an den Außenwänden; Grundmauern aus Findlingen.)* *Techn. Z.* 23 S. 260/1.

Das älteste Wohnhaus aus Eisenbeton. (Von Ward zu Port Chester, New-York.)* *Zem. u. Bet.* 5 S. 328/9.

TUBESING, reinforced concrete suburban residence construction. (FERRO CONCRETE CONSTRUCTION CO. of Cincinnati; residences Ware and Anderson.)* *Eng. News* 55 S. 225/6.

MILNE & SLADDIN, house near Cape Town. ▣ *Builder* 90 S. 649.

HALL & DODS, school and houses, Brisbane. ▣ *Builder* 90 S. 121.

SMEDLEY, DENHAM and ROSE, house in China. (Built of local bricks and Shanghai stone, roof is of Oregon pine and covered with a green glazed patent locked tile; floors in Japan oak and Singapore red wood, with tiles to the offices; inclosed verandas, with casements to the „weather" sides; each bedroom is provided with its own bath and dressing rooms.) ▣ *Builder* 91 S. 208.

e) Geschäftshäuser. Business-buildings. Magasins. Vgl. Fabrikanlagen.

DARRACH, design, installation and maintenance of the modern office building. (Drexel office building, Philadelphia; prime movers; fire protection; water-supply; elevator service; electrical service; office building of the United Gas Improvement Co., Philadelphia; sanitation; sewage disposal; ventilation; heating; refrigeration; water purification.) (V. m. B.)▣ *J. Frankl.* 162 S. 37/56 F.

HAMP, modern hotels and restaurants. (Fenestration. Italian Renaissance; Florence and Venice; English Renaissance; change in the planning of buildings.) (V. m. B.) (A) *Builder* 90 S. 200 F.

v. LASSER, moderne Restaurants und Warenhäuser. (Uebelstände.) *Uhlands T. R.* 1906 *Suppl.* S. 43/4.

Internationale Musterhotels. (De Keysers Royal Hotel in London: Palmenwintergarten; Kaiser-Hotel in Berlin: Zentralheizungsanlagen von GEBR. KÖRTING; elektrische Personenfahrstühle,

Lasten- und Speiseaufzüge von FLOHR; Hotel Baglioni in Florenz.) *Uhlands T. R.* 1906 *Suppl.* S. 8/9 F.

FRAHM, neue Gasthofbauten der englischen Eisenbahngesellschaften. (Das Nordbritische Bahnhofshotel in Edinburg; das Midland-Eisenbahnhotel in Manchester.)⊠ *Z. Bauw.* 56 Sp. 539/50.

LA ROCHE, das „Grand Hôtel de l'Univers" in Basel. (Doppelfenster nach dem System GEBRÜDER HAUSER; Niederdruck-Dampfheizung; Warmwasserversorgung der Bäder, Toiletten usw.; Gebälke aus Eisenträgern mit Betonfüllung, Treppen mit weißen Marmortritten und Marmorfüllung, Etagepodeste in Eisenbeton nach LOSSIER.)* *Schw. Baus.* 47 S. 27/9.

MEILI-WAPF, Palace-Hôtel in Luzern. (In fünf Stockwerken Fremdenzimmer, im sechsten und darüber die Angestelltenzimmer.* *Zem. u. Bet.* 5 S. 161/73.

MACKENZIE & Son, the Waldorf hotel, Aldwych. (Building of fireproof construction, floors of reinforced concrete.) *Builder* 91 S. 752.

GAUSE, Hotel „Bristol" in Warschau. (200 Fremdenzimmer.)* *Uhlands T. R.* 1906 *Suppl.* S. 92/3.

PRINCE & MC LANAHAN, GREENHOOD, TRUSSED CONCRETE STEEL CO. tile; NATIONAL FIREPROOFING CO., reinforced concrete and tile construction Marlborough Hotel annex, Atlantic City, N. J. (The structural framework of this building, including columns, girders and roofs, is reinforced concrete, while the walls and floor filling are burnt clay hollow tile; two-story crescentshaped structure; a „solarium"; length from front to rear, excluding solarium, 326′; width at wings, 128′; height to top of main dome, 164′, and height to roof 96′.)* *Eng. News* 55 S. 251/5.

FÖHRE und WIENER, Entwurf zu einem Waldrestaurant in der Nähe einer Großstadt.* *Baugew. Z.* 38 S. 89.

KRONFUSZ, Ausschank-Gebäude der Brauerei Ecken-Büttner in Bamberg. ⊠ *D. Baus.* 40 S. 9/10.

WILKENING, Restaurationsgebäude für Schnatmann, Heiligenkirchen. (Holzarchitektur.)* *Baugew. Z.* 38 S. 643/4.

SCHUTE, Café Holländer, Elberfeld. (Aus Stein, Beton und Eisen. Elektrische Beleuchtung mittels Sauggasanlage; Niederdruckdampfheizung; elektrisch betriebener Personenaufzug.)* *Baugew. Z.* 38 S. 467/9.

Apothekenbauten.* *Pharm. Z.* 51 S. 1037/40.

KAWEL, Entwurf zu einer Dorfschmiede.* *Z. Baugew.* 50 S. 109.

HUMMEL & FÖRSTNER, Wohn- und Geschäftshaus Fr. G. Schneider in Aalen bei Stuttgart.* *Baugew. Z.* 38 S. 876.

SCHMITZ, neuere Berliner Geschäfts- und Wohnhausbauten. (Haus „Automat" Friedrichstr. 167/8; Wohnhäuser in der Mommsenstr. 6 und Niebuhrstr. 78 u. 2 in Charlottenburg.)⊠ *Zbl. Bauv.* 26 S. 2/3 F.

CREMER & WOLFFENSTEIN, Warenhaus Hermann Tietz am Alexanderplatz in Berlin. (Niederdruck-Dampfheizung; elektrische Beleuchtung und Notbeleuchtung; Diesel-Motor-Licht- und Kraft-Anlage.) ⊠ *D. Baus.* 40 S. 231.

MESSEL, Warenhaus von A. Wertheim an der Leipzigerstr. in Berlin. (Großer Lichthof; Wintergarten; Teppichsaal; elektrischer Kraftbetrieb für Heiz- und Kochzwecke, Personenaufzüge, Lastenaufzüge, zu Lüftungszwecken 5 große Ventilatoren; Saugzuganlage der STURTEVANT-VENTILATORENFABRIK Berlin;

von der UNION-E. G. geliefertes Fernmeldewerk; Staubabsaugeeinrichtung.)⊠ *Z. Bauw.* 56 Sp. 67/78 F.; *Builder* 90 S. 92.

BAHRE, Geschäftshaus der Fa. Villeroy & Boch in Hamburg, Rödingsmarkt 79.* *Baugew. Z.* 38 S. 27/8 F.

MÜLLER, TONY, Haus Kinkelstraße in Cöln-Lindenthal.⊠ *Baugew. Z.* 38 S. 609/10.

HEILMANN & LITTMANN, Haus der „Münchener Neuesten Nachrichten". (Vier Geschosse, drei Fahrstühle und eine Haupttreppe.)⊠ *D. Baus.* 40 S. 359/60F.; *Zbl. Bauv.* 26 S. 244/8; *Schw. Baus.* 47 S. 150; *Dekor. Kunst* 9 S. 305/20.

LANGENBERGER, Neubau für die „Münchener Nachrichten".* *Zbl. Bauv.* 26 S. 277.

V. SEIDL, das Wohn- und Geschäftshaus der Münchener und Aachener Mobiliar-Feuer-Versicherungs-Gesellschaft.* *D. Baus.* 40 S. 600.

TEICHMANN, W. & P. KIND, Wohn- und Geschäftshaus des Rixdorfer Vorschuß-Vereines in Rixdorf, Bergstr. 1.⊠ *Baugew. Z.* 38 S. 63/4.

ZIPKES, Lagerhaus für Eisenwaren in Eisenbeton.* *D. Baus.* 40 *Mitt. Zem., Bet.- u. Eisenbetbau* S. 5/7, 17/20.

FISCHER, THEODOR, Lagerhaus in Stuttgart-Ostheim. (Für Eisenwaren. Erdgeschoß mit Dienstzimmern, Packraum und Lagerräume. Die übrigen 3 Geschosse enthalten Speicher. Reichliche Lichtzuführung mittels laternenartiger Anordnung der Fenster.)* *D. Baus.* 40 S. 131/2.

Geschäfts- und Wohnhaus in Wunstorf.* *Techn. Z.* 23 S. 597/8.

Wettbewerb für Wohn- und Geschäfthäuser in Freiburg i. Ue.* *Schw. Baus.* 48 S. 18F.

STATHAN, offices, Catherine-Street, as originally proposed.⊠ *Builder* 90 S. 558.

WOODWARD and EMDEN, front of the Piccadilly hotel. ⊠ *Builder* 90 S. 648.

MATHEW, T., SHAW and NEWTON ERNEST, the Alliance Assurance Co.'s building St. James's-Street.⊠ *Builder* 90 S. 556.

Norwich Union Life Insurance Society. (New head offices.)⊠ *Builder* 91 S. 16.

FAIRHURST, packing warehouse Manchester. (To meet the demands of large shipping merchants, the warehouse is equipped with all the latest machinery for dealing with manufactured textiles for shipment in the most efficient and expeditious manner; base and entrance doorways built of pink unpolished granite, remainder of the façades of buff terra-cotta, semi-glaced combined with Accrington facing-bricks.)⊠ *Builder* 91 S. 282.

Warenhaus der Fairbanks Co. in Baltimore. (Eisenbetongerippe.) *Zem. u. Bet.* 5 S. 99/101.

The Philadelphia bourse. (Eight stories. Consists of a bourse, or general exchange, with headquarters for all the commercial organisations of the city, as well as exchange floors, buyers' head quarters and exhibition rooms, and also office building.)* *Am. Miller* 34 S. 473.

New building for Philadelphia „Bulletin". (Six stories, a mezzanine floor and a basement, fireproof structure.)* *Printer* 38 S. 259.

DILLON, the Farwell, Ozmun & Kirk Co. warehouse at St. Paul. (Has nine floors, and is 120′ high; KAHN system.) *Eng. Rec.* 53 S. 517/8.

GIBSON, Caxton house, Westminster. (The three lower floors are entirely of skeleton steel construction, the upper 5 floors having the external walls built to take the weights without the aid of steel stanchion.)* *Builder* 91 S. 323/4.

SHARP, cotton warehouse at Kobe, Japan.* *Text. u. Rec.* 32, 1 S. 69/70.

f) Unterrichtsanstalten, Bibliotheken. Teaching-institutes, libraries. Ecoles, bibliothèques.
Vgl. Laboratorien.

OSTERLOH und BLASIUS, Forderungen der Gesundheitspflege an die Schulgebäude. (Bauplatz, bauliche Anordnung, Schulzimmer, Abendbeleuchtung, Decke, Wände, Fußboden, Turnhalle, Aborte, Schulhof, sonstige Schuleinrichtungen. (V) (A) *Z. Baugew.* 50 S. 17/9 F.

VEREINIGTE SCHULMÖBELFABRIKEN G. M. B. H. STUTTGART - MÜNCHEN - TAUBERBISCHOFSHEIM, hygienische Schulräume. (18 zweisitzige Bänke System RETTIG, mit beweglicher Pultplatte und Klappsitz; Katheder nach RIEMERSCHMID, mit wagerechter Tischplatte, Schublade und Seitenschrank; Schultafel mit vier hoch und niedrig verstellbaren Schreibflächen; Schrank für Bücher und Kleider; Schularztzimmer; Körpermeßapparat System STEPHANI; Personenwage; WINGENs Helligkeitsprüfer.)* *Uhlands T. R.* 1906, *Suppl.* S. 153/5.

HINTRÄGER, Schulhaus-Architektur in Amerika.* *Z. Oest. Ing. V.* 58 S. 97/9.

Errichtung eines modernen amerikanischen Schulgebäudes. (14 klassig, vom Fundament bis zum Dach ganz aus Beton bezw. Eisenbeton.) *Wschr. Baud.* 12 S. 80.

School of printing and binding.* *Printer* 38 S. 415.

HIRSCH in Eckernförde, Baugewerkschulbauten. (Vorschläge für die architektonische Anordnung.) *D. Baus.* 40 S. 264/5.

PLÜDDEMANN, Baugewerkschulbauten. (Als Lehrmittel für das Bauen; Breslauer Anlage.) *D. Baus.* 40 S. 367.

Institut für das gesamte Hüttenwesen in Aachen.* *Stahl* 26 S. 806/9.

Realgymnasium für Altenessen. (Wettbewerb.) (N) *Z. Arch.* 52 Sp. 448.

CREMER & WOLFFENSTEIN, das neue Gebäude der Handelshochschule zu Berlin.* *D. Baus.* 40 S. 583/6 F.; *Baugew. Z.* 38 S. 1039/40 F.

BÜTINER, Neubau der Unterrichtsanstalt des Kunstgewerbemuseums in Berlin. (Fachklassen für Malen und Modellieren einschließlich der Holzbildhauerei und Schmelzmalerei sowie für Ziselieren und Musterzeichnen; ferner die Vorbereitungsklassen sowie die Räume für Lehrmittel und die Verwaltung nebst einer Handbibliothek; Dampfluftheizung in Verbindung mit Niederdruckheizung.)* *Zbl. Bauw.* 26 S. 296/8 F.

WIENER, das neue physikalische Institut der Universität Leipzig und geschichtliches.⊞ *Physik-Z.* 7 S. 1/14.

Institut für Molkereiwesen, Garten-Obstbaukunde und Bienenzucht der Landwirtschaftlichen Akademie in Bonn-Poppelsdorf. (Molkereigebäude; Gärtnerhaus; Molkereieinrichtungen; Laboratorium, Bücherei und Sammlungen; massive KOENENsche Plan- und Voutendecken.)* *Zbl. Bauw.* 26 S. 177/8.

Realgymnasium für Boxhagen-Rummelsburg. (8 Wettbewerbsentwürfe.) (N.) *Z. Arch.* 52 Sp.343.

SPICKENDORFF, Charlottenburger Waldschule. (Soll kränklichen und schwächlichen Schülern und Schülerinnen zu einer gedeihlichen körperlichen und geistigen Entwicklung verhelfen. DÖCKERsche Baracke aus Asbestpappe und Holz mit 2 Klassenräumen und 2 Räumen für Lehrer und Lehrerinnen. Zusammenlegbare Tische und Holzstühle; Wirtschaftsbaracke; Wasch- und Baderäume.* *Zbl. Bauw.* 26 S. 526/8.

SCHÖNBERG und FRANZEN, städtische Zentralvolksschule in Dt. Krone.* *Techn. Z.* 23 S. 621/5.

Realschule für Eisleben. (Wettbewerb). (N.) *Z. Arch.* 52 Sp. 449.

SIMON, das Institut für angewandte Elektrizität der Universität Göttingen.* *Physik Z.* 7 S. 401/12.

ERBE, Navigationsschule in Hamburg.* *Zbl. Bauw.* 26 S. 448/50.

Neubau der Königlichen Bergakademie in Klausthal.* *Zbl. Bauw.* 26 S. 615/6.

FROBHLICH und SASSE, Realschule in Linden. (Reformschule nach Frankfurter System.)⊞ *Baugew. Z.* 38 S. 159/60.

BALTZER, der Neubau der Ernestinenschule in Lübeck. (23 Klassenräume für 760 Schülerinnen.)⊞ *Zbl. Bauw.* 26 S. 27 F.

PETERS, Meisterkurs·Gebäude in Magdeburg.* *Techn. Gem. Bl.* 9 S. 132/4.

FERREY, höhere Mädchen- und Mädchen-Realschule in Mannheim. (29 Klassen für 1183 Schülerinnen, 3 Handarbeitssäle, 1 Zeichensaal, 1 Gesangssaal, 1 Saal für Chemie, 1 Saal für Physik, zusammen 36 Unterrichtsräume; 2 Turnhallen, 8 Sammlungsräume und 6 Räume für die Verwaltung; Wandbrunnen im Erdgeschoß.)⊞ *D. Baus.* 40 S. 331/2.

HENZ, das neue Gebäude des großherzogl. Reuchlin-Gymnasiums in Pforzheim.* *D. Baus.* 40 S. 689/92.

MORITZ, neue Mittelschule für Knaben und Mädchen an der Baarthstraße in Posen. (Niederdruckdampfheizung durch SCHÄFFER&WALCKER; Lüftungskanäle mit oberen und unteren Jalousieklappen; Türme ohne Futter und Bekleidung an einem Blendrahmen befestigt.)* *Techn. Gem. Bl.* 9 S. 134/7.

KRESZ, die Bismarck-Schule in Feuerbach bei Stuttgart.* *Baugew. Z.* 38 S. 1187/8.

Das neue Gymnasium in Trarbach. (Riemenfußböden aus Eichenholz und Rotbuchenholz, das nach HETZERschem Verfahren behandelt worden ist; Klärung der Abortabwässer mit Aetzkalk.)* *Zbl. Bauw.* 26 S. 320.

Das neue Gymnasium gegenüber der Ernst-Ludwigs-Brücke in Worms. *Zbl. Bauw.* 26 S. 535/8.

HINTRÄGER, Mädchen-Volks- und Bürgerschule in Cilli. *Z. Oest. Ing. V.* 58 S. 345/6.

HÜNERWADEL, das neue Töchterschulgebäude in Basel. (Als Fußbodenbelag Linoleum teils auf Zement-, teils auf Terranovaestrich.)* *Schw. Baus.* 48 S. 4/5; *Zbl. Bauw.* 26 S. 360/2.

Wettbewerb für ein Primarschulgebäude in Bottmingen.* *Schw. Baus.* 47 S. 234 F.

Wettbewerb für ein Schulhaus mit Turnhalle in Reconvilier.* *Schw. Baus.* 47 S. 219/20 F.

Wettbewerb für die Höhere Töchterschule auf der Hohen Promenade in Zürich. (6 ausgewählte Entwürfe.)* *Schw. Baus.* 47 S. 92/3 F.

Wettbewerb zur Erlangung von Plänen für das Sekundarschulhaus mit Turnhalle an der Ecke der Riedtli- und Röslistraße in Zürich IV. (Kennzeichnung der Preis-Entwürfe.)* *Schw. Baus.* 47 S. 19 F.

MACKENZIE AND SON, new buildings, Marischal College, Aberdeen. (800 students; 400' in length, 60' in width, average height of 60', built entirely of light-grey granite.)⊞ *Builder* 91 S. 400/1.

CARÖE, working men's college, Camden Town. ⊠ *Builder* 90 S. 120.

Colleges, Cambridge. ⊞ *Builder* 91 S. 208.

WEBB and DEANE, proposed new buildings Merrion-street, Dublin. (Combined College of science and government offices.)⊞ *Builder* 91 S. 374.

STOKES, grammar school, Lincoln. ⊠ *Builder* 90 S. 120/1.

KNOWLES, the Armstrong college. ⊞ *Builder* 91 S. 50.

College of science and Victoria and Albert museum.*
Builder 91 S. 140/1.

CHAMPNEYS, the King Edward grammar school,
Lynn. (Roofs covered with bonding-roll tiles
and plain tiles; corridors, main hall, and the
physical and chemical laboratories and lecture-
rooms are paved with wood blocks.)⊠ *Builder*
91 S. 572/3.

The Armstrong college, Newcastle-on-Tyne.* *Eng.*
102 S. 8/10.

The Northampton institute.* *El. Eng. L.* 38
S. 202/5.

SETH-SMITH, porch of school, Chipping Norton.⊠
Builder 91 S. 302.

RUSSELL & COOPER, Rochester technical institute.⊠
Builder 90 S. 68.

New engineering building of the University of
Pennsylvania. (Heated by direct steam, each room
being fitted with steam coils supplied with exhaust
steam providing separate apparatus for individual
students; testing materials laboratory; hydraulic
laboratory; mechanical laboratory; electrical
laboratory; work shop; drawing-rooms.)* *Eng.
News* 56 S. 435/6; *West. Electr.* 39 S. 330 1;
Iron A. 78 S. 1067/73; *Am. Mach.* 29, 2 S.
525/31 F.; *El. Rev. N. Y.* 48 S. 671/5; *El. World*
48 S. 759/60.

HALL & DODS, school and houses, Brisbane.⊠
Builder 90 S. 121.

Canterbury college and museum, Christchurch,
N. Z.* *Builder* 90 S. 307/10.

HÖPFNER, Murhardsche Bibliothek der Stadt Kassel.
(Preisentwurf von HAGBERG; Bücherspeicher mit
LIPMANNschen Büchergestellen.)* *Techn. Gem.
Bl.* 9 S. 193/8.

CROUCH, Hackney library.⊠ *Builder* 90 S. 323.

WALLIS, premiated design for Public Library,
Herne Hill.⊠ *Builder* 90 S. 68.

RUSSELL and COOPER, St. Pancras Central Library,
London.⊠ *Builder* 91 S. 180.

St. Pancras library competition, London. (WIMPE-
RIS & BEST design and not of WILLS & AN-
DERSON.)⊠ *Builder* 91 S. 374.

BARBEROT, magasin-dépôt de librairie, 26, rue
Nansouty, Paris. ⊠ *Ann. d. Constr.* 52 Sp. 161/3.

Applied science reference room. (Established by
the PRATT Institute Free Library in Brooklyn.)
Eng. Rec. 53 S. 551.

Mechanical equipment of the Carnegie library
building extension, Pittsburg. (Involving electrical generating, heating and ventilating, refrigerating, elevator, vacuum sweeping and air
compressing apparatus; WEBSTER vacuum system
of steam circulation; JOHNSON system of temperature regulation. To deliver air tempered to
the normal temperatures of the rooms supplied,
heating is accomplished by direct radiation
throughout; fresh air supply; air cleansing; air-
washing equipment installed by THOMAS &
SMITH; fans and coils; tempering control; JOHN-
SON automatic thermostatic exhaust ventilation;
fans.)* *Eng. Rec.* 54 S. 436/8 F.

g) Museen. Museums. Musées.

Das neue Verkehrs- und Baumuseum in Berlin.*
Zbl. Bauv. 26 S. 648/50; *D. Baus.* 40 S. 703/4;
Baugew. Z. 38 S. 1188.

Westpreußische Gewerbehalle zu Danzig. (Ständige
Ausstellung, die hauptsächlich als Lehrmittel
dienen soll.) *Baugew. Z.* 38 S. 11.

WAGNER, das neue Landesmuseum in Darmstadt.*
Zbl. Bauv. 26 S. 622/6.

Das Kaiser-Friedrich-Museum in Magdeburg. *Zbl.
Bauv.* 26 S. 663/5.

BERGMANN, Münchener Museum für Arbeiterwohl-

fahrts-Einrichtungen auf der Nürnberger Landes-
Ausstellung. *Bayr. Gew. Bl.* 1906 S. 401/3 F.

Der Wettbewerb für das deutsche Museum in
München. *Zbl. Bauv.* 26 S. 612/4; *D. Baus.*
40 S. 623 5 F.

V. SEIDL, Museum von Meisterwerken der Naturwissenschaft und Technik oder Deutsches Museum in München. (Lokomotiven; Telegraphen-
einrichtungen.)* *Oest. Eisenb. Z.* 29 S. 17/20;
Schw. Baus. 47 S. 199; *Uhlands T. R.* 1906,
Suppl. S. 81/3 F.

WALDOW, das „Deutsche Museum" in München.
(V) (A)⊠ *D. Baus.* 40 S. 177/81 F.

WEIL, das deutsche Museum von Meisterwerken
der Naturwissenschaft und Technik in München.
El. u. polyt. R. 23 S. 542/4.

HARTMANN & CIE., das „Museum Engiadinais" in
St. Moritz. ⊠ *Schw. Baus.* 48 S. 165/6 F.

College of Science and Victoria and Albert Museum.*
Builder 91 S. 140/1.

The Cyprus Museum of prehistoric and ancient
pottery. *Builder* 90 S. 107/8.

Canterbury college and museum, Christchurch,
N. Z.* *Builder* 90 S. 307/10.

**h) Krankenhäuser, Wohlfahrtsanstalten u. dergl.
Hospitals, welfare plants and the like.
Hôpitaux, établissements du salut public et
autres bâtiments pareils.** Vgl. b u. d und
Gesundheitspflege.

AUFRECHT, Anlage und Einrichtung von Krankenhäusern.* *Z. Krankenpfl.* 1906 S. 9/15 F.

GRAEBER, Betrachtungen über Krankenhausanlagen.
(Werdegang; gedrängter Zusammenbau; Vorteile
des mittelgroßen Krankenhauses.) *Techn. Gem.
Bl.* 8 S. 305/8.

BRÖSTLEIN, neuere Kliniken in Süddeutschland und
der Schweiz. (Gesamtanordnung und Raum-
gruppenbildung, Kranken- und Operationsabtei-
lungen; Unterrichtsräume, Anordnung der sonstigen Räume; Vorschläge für Operationswasch-
einrichtungen; chirurgische Polikliniken zu Göttingen.)* *Zbl. Bauv.* 26 S. 391/4 F.

WAGNER, LOUIS, Entwurf zu einem Krankenhaus.
(Arbeit aus einem vom Stradtrat zu Oelsnitz aus-
geschriebenen Wettbewerb.)* *Techn. Z.* 23
S. 201.

KAUTZSCH, ein Beitrag zur Einrichtung physikalischer Heilanstalten.* *Arch. phys. Med.* 2 S.
143/57.

BRÖSTLEIN, Säuglingskrankenhäuser. (Brutzellen
für je 2 Kinder; Brutkammer, in der mehrere
Säuglinge gleichzeitig sich aufhalten können und
in die auch die pflegende Person eintreten kann;
Glaseinbau in einem Zimmer; Warmwasserheizung; zentrale Drucklüftung; elektrische
Heizung der Brutzellen.)* *Techn. Bauv.* 26 S. 512/6.

ALDWINCKLE, isolation in fever hospitals. (Cu-
bicle system of isolation of incoming patients,
cubicles at the South-Western Hospital.) (V)
(A) *Builder* 91 S. 103.

HURLE, isolation hospitals in rural districts. (V.
(m. B.) (A) *Builder* 91 S. 103.

WEBER, das Isolierzimmer der kleinen Krankenhäuser.* *Med. Wschr.* 53 S. 2296/8.

Die technische Ausstattung von Krankenhäusern.
Z. Heiz. 11 S. 50/1.

REICHBL und KÜHN. Leipziger Lungenheilanstalt
in Adorf i. V. (Dampfheizung; Fenster mit
Lüftungsstellvorrichtung; Fußböden aus Ton-
platten; Aerogengasbeleuchtung; Klärung der
Abfallwässer.)* *Techn. Gem. Bl.* 9 S. 110/1.

HOFFMANN, LUDWIG, Rudolf Virchow-Krankenhaus
in Berlin.⊠ *Dekor. Kunst* 10 S. 129/34; *Baugew.
Z.* 38 S. 927.

SAUERBORN, Provinzial - Hebammenlehranstalt in Elberfeld. (Dunstsauger; Ton - Eingüsse mit Messingschutzstange für Scheuerwasser; elektrische Beleuchtung; Sammel-Niederdruckdampfheizung.)* *Zbl. Bauv.* 28 S. 145/8 F.

WOLF, die neue Hebammen-Lehranstalt zu Hannover.* *Baugew. Z.* 38 S. 349/51 F.

VOBLCKER, zur Eröffnung des Institutes für experimentelle Krebsforschung in Heidelberg. (Baubeschreibung.)* *Med. Wschr.* 53 S. 1919/21.

Neubau der chirurgischen Klinik der Universität Kiel. (112 Betten, mit 115 Sitz- und 18 Stehplätzen ausgestatteter Hörsaal; Niederdruckdampfheizung; Kesselanlagen für Warmwasserbereitung und Sterilisationszwecke; elektrische Beleuchtung.)* *Zbl. Bauv.* 26 S. 165/7.

PARTZSCH, Stadtkrankenhaus „Kramers Heilstätte" zu Kirchberg, Sachs.* *Baugew. Z.* 38 S. 135/7.

Krankenhaus in Lehe.* *Techn. Z.* 23 S. 585/8.

KUBO, Hebammenlehranstalt in Mainz.* *Zbl. Bauv.* 26 S. 65/7.

SCHACHNER, das dritte Krankenhaus in München. (Für 500 Kranke; Pavillon- oder Barackensystem; Vereinigung einer dreigeschossigen Korridor- und Pavillonbau - Anlage; Säle und Zimmer mit 1—6 Betten.) *D. Baus.* 40 S. 511/3 F.

Das allgemeine Krankenhaus der Stadt Nürnberg. (Für 800 Betten.) *Zbl. Bauv.* 26 S. 430.

Auguste-Viktoria-Krankenhaus in Schöneberg. (A) *Techn. Gem. Bl.* 9 S. 260.

HACKELBERG, Sanatorium für Lungenkranke in Sülzhayn a. Harz.* *Baugew. Z.* 38 S. 221/3.

Liegehalle des Sanatoriums für Lungenkranke in Sülzhayn a. Harz.* *Baugew. Z.* 38 S. 238 F.

Knappschaftslazarett für Waldenburg. (7 Wettbewerbsentwürfe.) (N) *Z. Arch.* 52 Sp. 343.

BAUMGART, das neue Bezirksspital in Interlaken. (Vier, unter sich getrennte Abteilungen mit eigenen Eingängen und je 28 Krankenbetten; Warmlufttrocknerei; Warmwasserheizung; Heißwasserversorgung; Gas- und elektrische Beleuchtung und elektrische Uhrenanlage [System MAGNETA].)* *Schw. Baus.* 48 S. 70/1.

REUTLINGER, GEBR., Kranken- und Diakonissen-Anstalt Neumünster in Zürich.* *Schw. Baus.* 48 S. 44/7.

Das Kinderspital in Zürich.* *Schw. Baus.* 48 S. 245/51.

SCHULTZ, Holloway sanatorium: proposed male infirmary. *Builder* 91 S. 374.

EATON, Lyddington hospital, Rutlandshire. *Builder* 91 S. 460.

Crèche dite „de la Santé", rue d'Alésia à Paris. (Aération par baies garnies de croisées; cloisons vitrées séparant tous les locaux; chauffage à vapeur; pouponnière sans étage; biberonnerie avec un appareil PASTEUR de stérilisation.) *Ann. d. Constr.* 52 Sp. 10/3.

Il Policlinico „Umberto I" in Roma. (L'attuale capacità complessiva del Policlinico è di 1150 letti, di cui 350 per le Cliniche e 800 per l'Ospedale ed il Riparto delle malattie infettive.) (a) *Giorn. Gen. civ.* 44 S. 345/72.

LENNHOFF, Walderholungsstätten und Genesungsheime. (V. m. B.) *Techn. Gem. Bl.* 9 S. 226 F.

Entwurf zu einem Waisenhaus. *Techn. Z.* 23 S. 278/9.

SAXON, isolated homes for the „aged poor". (V. m. B.) (A) *Builder* 91 S. 49.

Zwei Wohnungsstiftungen in Chemnitz. (Krenkel-Stiftung, Eugen Esche-Stiftung.)* *Z. Wohlfahrt* 13 S. 15/7.

FLESCH, das Witwerheim der Aktienbaugesellschaft

für kleine Wohnungen in Frankfurt a. M. *Z. Wohlfahrt* 13 S. 47/9.

Entwurf zu einem Logierhause in Frankfurt a. M.* *Z. Wohlfahrt* 13 S. 342/3.

JENNER, Stadtbadehaus in Göttingen. (Hallenüberdeckung mit eisernen Dachbindern, welche die als Drahtputzgewölbe ausgebildete Decke tragen; Fußböden mit Mettlacher Platten belegt; Terrazzofußboden; Treppe in Beton hergestellt und mit Xylolithplatten abgedeckt; Heißluftraum; Brauseraum; Hundebad; Heizung mit Niederdruckdampf; Wäscherei; Dienstwohnungen; Decken aus Zementbeton; Bedachung aus roten Falzziegeln; Einblick verwehrt durch gewelltes oder gepreßtes Glas.) *Z. Arch.* 52 Sp. 257/82.

BERRINGTON, design for an open-air swimming-bath. *Builder* 90 S. 466.

GÖHMANN & EINHORN, Arbeiter- und Beamten-Badeanstalt für die Berg- und Hüttenverwaltung Borsigwerk, O. Schl.* *Uhlands T. R.* 1906, 2 S. 9/10.

Les bains publics de la ville de Hanovre. *Gén. civ.* 48 S. 192/5.

Design for an open-air swimming-bath. Liverpool School of Architecture.* *Builder* 91 S. 394.

DIXON & POTTER, Reddish baths. (Containing a swimming - bath with pond, 75' by 25' with dressing - boxes along one side, a spectators gallery at one end, and five slipper-baths, laundry and boiler-house and necessary adjuncts; fire-station containing engine-house, watch-room, two loose-boxes at back of engine-house, provender-room, hay and straw loft, with two sets of married men's quarters over; free library with 10000 volumes news-room, magazine-room, children's room, librarian's room, store.) *Builder* 91 S. 180.

Die Wohlfahrtseinrichtungen der Continental-Caoutchouc- und Gutta-Percha-Compagnie in Hannover.* *Z. Wohlfahrt* 13 S. 5/6.

Die Hamburger Auswandererhallen der Hamburg-Amerika-Linie.* *Uhlands T. R.* 1906, *Suppl.* S. 62/6.

Erholungshaus der Badischen Anilin- und Sodafabrik in Kirchheimbolanden.* *Z. Wohlfahrt* 13 S. 7.

Das Kölner Gesellenheim „St. Antoniushaus".* *Z. Wohlfahrt* 13 S. 311/3.

Arbeiter-Wohlfahrtseinrichtungen der Firma Kübler & Niethammer in Kriebstein. (Arbeiterwohnhaus für vier Familien; Burschenhaus; Kindergarten; bäuerliches Arbeiterhaus.)* *Papierfabr.* 4 S. 1841/8.

Neues Projekt für das Kurhaus in Lauenen. *Schw. Baus.* 47 S. 120/2.

PRASSE, Desinfektionsanstalt der Stadt Leipzig.* (Zur Desinfektion von Möbeln, Betten, Wäsche und Kleidungsstücken.)* *Techn. Gem. Bl.* 9 S. 224/5.

Das deutsche Buchgewerbehaus zu Leipzig. *Z. Wohlfahrt* 13 S. 1/2.

Das Nordamerikanische Buchdrucker-Invalidenheim.* *Graph. Mitt.* 25 S. 99/100.

HARTL, das neue Haus für den Turnverein „Jahn" in München. (20 m weite Turnhalle mit einer in großem Stichbogen gespannten RABITZdecke; von der Fußbodenfläche ist ungefähr ein Drittel als sogen. Weichboden angelegt.)* *Zbl. Bauv.* 26 S. 460/2.

MAGUNNA, neue Provinzial-Taubstummenanstalt zu Osnabrück. (Für 24 katholische und 26 protestantische taubstumme Kinder.) *Z. Arch.* 52 Sp. 1/7.

LEHMANN, Unterkunftshalle auf dem Spielplatz

Klusbügel der Stadt Osnabrück. (Zur Aufbewahrung der Gerätschaften, Fahrräder und Kleider; Tennisräume, Wirtschaftsraum, Truhen.) * *Zbl. Baw.* 26 S. 17/8.

Die Invalidenheime der Pensionskasse der Preußisch-Hessischen Eisenbahngemeinschaft. *Z. Wohlfahrt* 13 S. 100/1.

Moorbad für Schleiz. (N) *Z. Arch.* 52 Sp. 343.

Neubau der Feuerwache III in Stettin-Grabow. (Die Fußböden in der großen Fahrzeughalle und im Krankenwagenraum haben Holzpflaster in Asphalt auf Betonunterlage. Stall und Putzraum haben Klinkerplatten auf Betonunterlage, Schmiede, Schlosserei und Reservewagenremise Hochkant-klinkerpflaster und die Aborte Terrazzofußboden, alle übrigen Räume im Erd- und I. Obergeschoß haben Zement-Estrich mit Linoleumbelag.) * *Techn. Z.* 23 S. 369/71.

Sicherheits- und Wohlfahrteinrichtungen der neuen städtischen Gasanstalt in Tegel bei Berlin. (Arbeiterunterkunftshaus.) [?] *Zbl. Bauw.* 26 S. 219/22.

Trinkerheilstätte Waldfrieden.* *Z. Wohlfahrt* 13 S. 98/100.

Vereinshaus „Arbeiterheim" in Karlsbad in Böhmen.* *Z. Wohlfahrt* 13 S. 3/4.

RAMSAUER und RICHTER, Männerheim, Wien, XX. Bezirk, Meldemannstr. 27. (Errichtet von der Kaiser Franz Joseph I. Jubiläums-Stiftung für Volkswohnungen und Wohlfahrts-Einrichtungen.) [?] *Wschr. Baud.* 12 S. 759/66.

ROTHE, das Volksheim in Wien. *Z. Wohlfahrt* 13 S. 93/8.

WILD, das neue Bezirks-Greisenasyl in St. Immer.* *Schw. Baus.* 48 S. 159.

GOLDIE, Sisters wing and infirmary, St. George's Retreat, Burgess Hill.[?] *Builder* 90 S. 466.

TAYLER, ARNOLD S. and JEMMETT, Tottenham municipal buildings. (Municipal offices; public baths.) [?] *Builder* 90 S. 409/10.

Bangour Village lunatic asylum.[?] *Builder* 91 S. 544/6.

GOURY, RIVOALEN, maison de rapport, rue de l'Ourcq, à Paris. (Six étages au rez-de-chaussée et sous-sol. Chacun des cinq étages au-dessus du rez-du-chaussée comporte deux petits appartements d'inégale contenance) * *Ann. d. Constr.* 52 Sp. 163/5.

ALBRECHT, die neuerbaute Volksherberge in Mailand.* *Ges. Ing.* 29 S. 17/8.

HINTRÄGER, amerikanische Erziehungsheime für verwahrloste Kinder (Parental Schools) [?] *Wschr. Baud.* 12 S. 143/4.

Speisehaus und Kraftstation. (Connecticut. Hospital for the Insane zu Middletown. Saal für 1600 Personen. BIGELOW-Lokomotivkessel. WARRENsche Duplex-Speisepumpen; COCHRANEscher Speisewasservorwärmer; LOCKEscher Zugregler.) [?] *Uhlands T. R.* 1906, 3 S. 3/4.

Die Schutzhütte auf Island. (Kojen und Decken für 14 Mann. Proviant für die ganze Besatzung für 14 Tage, Lampen und Kochapparate, warme Kleider, Medizin, Werkzeug, Zimmer- und Tauwerk, 2 Schlitten, 2 Zelte, 1 Segeltuchboot mit Rudern, Teer und Treibholz zum Feuermachen.) *Fisch. Z.* 29 S. 184.

l) Markthallen, Schlachthäuser. Market halls, slaughtering halls. Halles, abattoirs.

Errichtung einer neuen Marktanlage am Deichtor in Hamburg. (Offene und überdachte Marktstände; unterirdische Marktkasematten; Kasematten für Groß- u. Kleinhandel und versch. Zwecke; Fruchtschuppen.) * *Techn. Gem. Bl.* 9 S. 182/5; *Zbl. Bauw.* 26 S. 538/9.

SCHILLING, neue Hauptmarkthalle in Köln. (Geschichtliche Entwicklung des Kölner Marktwesens; Baustelle; Gesamtanordnung und Raumverteilung; Konstruktionen und Baustoffe; Kühlanlage; Beleuchtung, Heizung und Lüftung, Be- und Entwässerung; Standeinrichtungen.) [?] *Z. Bauw.* 56 Sp. 209/52.

MORGENSTERN, neue Schlachthofanlage für die Stadt Kirn a. N. (Für 1560 Stück Groß-, 2000 Stück Kleinvieh und 2560 Stück Schweine. Verwaltungs-, Haupt- und Nebengebäude; Sanitätsschlachthof; Kläranlage.) *Techn. Gem. Bl.* 9 S. 267/9.

Schweine- und Hammelmarktstall auf dem Vieh- und Schlachthofe Leipzig.* *Techn. Gem. Bl.* 8 S. 315.

SÖHNER, Fassade der Talgschmelze auf dem Schlachthofe zu Mannheim.* *Uhlands T. R.* 1906, 2 S. 1.

Der neue Schlachthof in Offenbach a. M. und seine Einrichtungen. (Sämtliche Wände und Decken der Eisfabrik, des Luftkühlraumes und des Eiskellers sind mit Korkplatten isoliert, Fußbodenbelag teilweise aus Asphalt und Zement hergestellt; die mit Kork isolierten Wände des Eiskellers sind mit Draht bespannt, mit Zement verputzt und diese Putzflächen durch eichene Latten besonders geschützt; auch der Fußboden hat eichenen Lattenrost; Kühlanlage nach dem Schwefligsäure-Kompressionssystem von BORSIG; elektrische Beleuchtungs-, Heizungs-, Dampf- und Warmwasserbereitungsanlage.) [?] *Techn. Z.* 23 S. 77/80 F.; *Gén. civ.* 49 S. 193/7.

Aus nordamerikanischen Vieh- und Schlachthöfen.* *Presse* 33 S. 134/5.

Model new abattoir in New York City. (Main abattoir steel and brick steel cage frame building five stories high, adjoining which is a 47 × 98' building devoted to fat rendering and fertilizer processes and a power house building; circulation water supply for condensing purposes at the power house is obtained through a 16" salt water suction pipe; beef hoists and trolley trackage on the killing floor; filtering presses in the fat rendering plant; POWTER system apparatus for the disposal of waste.) * *Eng. Rec.* 53 S. 786/91; 54 S. 6/9.

k) Theater, Konzerthäuser und dergl. Bauten. Theatres, music halls and buildings for similar purposes. Théâtres, salles de concert et autres bâtiments pareils. Vgl. 3, 4 u. 5 e und Bühneneinrichtungen.

PFÜTZNER, die Lüftung der Theater. (Vorzüge der Aufwärts- gegenüber der Abwärtslüftung; Einfluß der Lüftungsanlage auf die Sicherheit der Theaterbesucher bei einem etwaigen Brande; Beobachtungen beim Besuche verschiedener Theater.) (V) *Techn. Gem. Bl.* 8 S. 363/6.

CONRADE, design for a theatre ceiling.[?] *Builder* 91 S. 694.

Der Bau des Neuen Schauspielhauses und des Mozartsaales am Nollendorfplatz in Berlin.* *Baugew. Z.* 38 S. 1009/10.

SEELING, das neue Stadttheater zu Nürnberg. (1421 Sitzplätze; Wasserdruck-Dampfheizung; Lüftung des Hauses und der Bühne durch Einblasen der Luftmenge mittels Zentrifugal-Ventilatoren, welche durch unmittelbar gekuppelte Elektromotoren angetrieben werden; elektrische Beleuchtung.) [?] *D. Baus.* 40 S. 91/3 F.

V. KRAUSZ und TÖLK, das Wiener Bürgertheater.* *Z. Oest. Ing. V.* 58 S. 1/4.

BERRI, das Stadtkasino in Basel.* *Schw. Baus.* 48 S. 63.

BREITUNG, das städtische Operntheater in Kiew. *Ges. Ing.* 29 S. 608/10.

Die elektrischen Einrichtungen im New Yorker Hippodrom. (Schauspielhaus.) * *El. Anz.* 23 S. 533/4.

l) Bankgebäude. Bank buildings. Banques. Vgl. 6e.

Neuere Reichsbankbauten. (In Waldenburg; Rendsburg; Holzminden; Heidenheim; Wermelskirchen; Norden; Kiel; Osnabrück; Hamm; Wilhelmshaven.) * *Zbl. Bauv.* 26 S. 372/3 F.

SCHMIDT, der Neubau der „Bayerischen Bank" in München.* *D. Baus.* 40 S. 567/8.

Sparkasse für Altenkirchen. (13 Wettbewerbsentwürfe.) (N) *Z. Arch.* 52 Sp. 342.

Gebäude für Handelszwecke, Hypothekenbank für Darmstadt. (17 Wettbewerbsentwürfe.) (N) *Z. Arch.* 52 Sp. 344.

UNGETHÜM, Landeshypothekenbank in Agram. ⊞ *Wschr. Baud.* 12 S. 557.

JOOS & HUBER, die neue Kantonalbank zu Schaffhausen. (Zurückschiebbare Scheren · Gitter-System BOSTWICK.) * *Schw. Baus.* 48 S. 77/8.

HEATHCOTE & SONS, National Provincial Bank of England, London. ⊞ *Builder* 91 S. 602

HEWITT, National Provincial Bank of England, Great Yarmouth. ⊞ *Builder* 90 S. 706.

WELCH, reinforced concrete Bank and Office Building, Los Angeles, Cal. * *Eng. News* 56 S. 16.

m) Ställe und andere landwirtschaftliche Gebäude. Stables and other agricultural buildings. Ecuries et autres bâtiments ruraux. Vgl. 3 u. Landwirtschaft 6 b.

OBERBECK, kleine Bauernhäuser. (3 Entwürfe. Verbindung der Stallgebäude mit dem Wohnhause.) * *Techn. Z.* 23 S. 137/8.

Stallgebäude aus Eisenbeton. (In Brooklyn; als Einlagen dienen RANSOMEstäbe.) * *Zem. u. Bet.* 5 S. 11.

Der Schweinestall. (Buchtenabschlußgitter; HÜTTENRAUCHs Trogablaß, bestehend aus einer pendelnden Klappe, welche durch eine Oese mit dem oberhalb befindlichen Gitter beweglich verbunden ist, einem Hebel und einer drehbaren Stellstange; Ferkeltrog aus verzinktem Eisenblech; Zinkdunstrohr; Entwurf zu einem Stallgebäude für 16—20 Mutterschweine mit einem Sammelstall und Futterplatz für abgesetzte Ferkel, ferner für 60 Mastschweine und 1 Eber. Mit dem Stall ist eine Futterküche und Wärterwohnung verbunden) * *Z. Baugew.* 50 S. 51/3 F.

SCHUBERT, Stallgebäude für 700 Schafe. (Auf Dominium Klützow bei Stargard in Pommern; zum Ausfahren des Düngers dienende Querdurchfahrten; hölzerne Decke; Bockstreben; Sockel aus Stampfbeton und zur Schonung des Schafvließes halbkreisförmig abgerundet; Umfassungswände der Futterkammer aus verbrettertem Fachwerk. Die in den beiden Hauptfronten vorgesehenen großen Fenster sind abwechselnd gußeiserne mit Lüftungs-Kippflügeln für die warme Jahreszeit und solche aus Glasbausteinen; in den Fenstersohlbänken ausmündende Luftzuführungskanäle und auf der Stalldecke verteilte Dunstschlote aus Asphaltpappe mit eingepreßtem Drahtgeflecht.) * *Baugew. Z.* 38 S. 373/5.

SCHUBERT, Stallgebäude mit Nebenanlagen für 6 Arbeiterfamilien auf der Königl. Domäne Steinsdorf bei Coschen-Guben. * *Baugew. Z.* 38 S. 196/7.

SCHUBERT, Geflügelstallgebäude für ca. 500 Stück Geflügel. (Auf Rittergut Zöschen, Fürstentum Waldeck. Auf stark fallendem Gelände in ein-

stöckiger, massiver Bauart mit höher geführtem Taubenschlag in Fachwerksbau.) *Baugew. Z.* 38 S. 431/3 F.

SCHUBERT, neuzeitige Geflügelzüchtereien für natürliche und künstliche Brut. (Brutmaschinenraum; 7 Räume für 550 Hühner; Mastraum; Auslaufhöfe.) * *Baugew. Z.* 38 S. 546/7.

BECKER, Bauten auf dem Hauptgestüt Trakehnen.⊞ *Z. Bauv.* 56 S 377/98 F.

Freitragende Feldscheunen nach System BEGER. *Presse* 33 S. 4.

Feldscheune von besonders erstrebter Dauerhaftigkeit. (Bis zu halber Höhe gemauerte Pfeiler; flache Dachung; Dachsteinpappe, Schindel mit Teer o. dergl. getränkt.) * *Wschr. Baud.* 12 S. 454.

PREUSZ, Feldscheune mit Fahrbrücke.* *Wschr. Baud.* 12 S. 453.

SCHUBERT, Diemenschuppen der Gutswirtschaft Grebenau bei Alsfeld, Hessen. (Holzbau mit Betonsockeln.) * *Baugew. Z.* 38 S. 290

SCHUBERT, Feldscheune auf der Königl. Domäne Steinsdorf bei Coschen-Guben. (Mit zwei Querdurchfahrten, zur Lagerung von Kartoffeln unterkellert; die Scheunenwände als lotrechte karbolinierte Stülpschalung ausgeführt und stehen auf einzelnen Fundament- und Sockelpfeilern, deren Zwischenräume mit karbolinierten Bohlen geschlossen sind.) * *Baugew. Z.* 38 S. 841/2.

Institut für Molkereiwesen, Garten-Obstbaukunde und Bienenzucht der Landwirtschaftlichen Akademie in Bonn-Poppelsdorf. (Molkereigebäude; Gärnerhaus; Molkereieinrichtungen, Laboratorium, Bücherei und Sammlungen; massive KOBNENsche Plan- und Voutendecken.) * *Zbl. Bauv.* 26 S. 177/8.

n) Ausstellungsgebäude. Exhibition buildings. Bâtiments d'exposition. Vgl. Ausstellungen.

TSCHARMANN, NOACK, freitragende Halle in Holzkonstruktion auf der 3. deutschen Kunstgewerbeausstellung in Dresden 1906. (Nach der Stützlinie geformte, parabolische Holzbögen; der Schub der Bögen der Mittelhalle wird durch die das Dach bildenden, wagrechten Fachwerkträger den Zwischenbauten übertragen, die unter dem Einfluß der Eigenlast etwa den gleichen Schub von den Seitenhallen erhalten.) * *D. Baus.* 40 S. 391/2.

Der Wettbewerb für den Bau einer Ausstellungshalle in Frankfurt a. M. (Entwurf von PÜTZER; Entwurf von V. THIERSCH.)⊞ *Zbl. Bauv.* 26 S. 639/41.

OELENHEINZ, Bayerische Jubiläums-Landesausstellung in Nürnberg. (Architektur, Kunstgewerbeausstellung, Hauptindustriegebäude, Verwaltungsgebäude, Staatsforstausstellung.) * *Zbl. Bauv.* 26 S. 291, 404/8; *Baugew. Z.* 38 S. 715/7 F.

Nachklänge zur Nürnberger Kunst- und Gewerbe-Ausstellung. (Ausführungen von WAYSZ & FREYTAG und des KUNSTSTEINWERKS MÜNCHEN.)* *Zem. u. Bet.* 5 S. 307/11.

Zement und Beton auf der Ausstellung in Nürnberg. *Zem. u. Bet.* 5 S. 225/9 F.

STUBBS, the Royal Horticultural Society hall, Westminster. ⊞ *Builder* 90 S. 437.

Architektonisches von der internationalen Ausstellung in Mailand.* *Zbl. Bauv.* 26 S. 492/4.

Die internationale Ausstellung in Mailand 1906. (Allgemeine Uebersicht über die Bauten.) * *Schw. Baus.* 47 S. 155/8; *D. Baus.* 40 S. 439/40.

o) Sonderbauten. Special buildings. Bâtiments d'un but spécial.

BILLING und JUNG, Melanchthon-Gedächtnishaus zu Bretten (Baden).* *D. Baus.* 40 S. 491/2 F.

MACKENSEN und KOERKEL, das Cheruskerhaus

in Göttingen. (Korpshaus.) ⊞ *Baugew. Z.* 38 S. 383/4.

KAMPMANN, Tribüne für den Rennverein Graudenz. (135 Logenplätze; 700 Sitz-, 200 Stehplätze, Ankleide-, Wasch-, Wäge- und Erfrischungsräume.)* *Techn. Z.* 23 S. 300.

WOLFF, C., die neue Rennbahn in Hannover. (Tribünen; Totalisator; Stallgebäude; Verwalterwohnhaus.) ⊞ *Z. Arch.* 52 Sp. 95/114.

ROWALD, Tiergarten der Stadt Hannover. (Zur Zucht von Hochwild; Aufseherhaus; Ausflugsort mit Saalbau; verglaste Halle; Wirtschaftsgebäude; Erwärmung durch „Germanen"-Oefen.)* *Z. Arch.* 52 Sp. 85/95.

PAULY, Wirtschaftsgebäude in der Forstbaumschule in Kiel. (Gaststube.)* *Zbl. Bauw.* 26 S. 63/4.

JANESCH, BRANG, Wandelhalle Johannisbad. (Sowohl als offene als auch geschlossene Halle benutzbar. Zwei Gewölbe, von denen das untere vom oberen getragen wird; Zinkblechdach auf einer Holzschalung, die auf den Beton mit Zwischenluftschichten aufgebracht worden ist; Verputz am äußeren Gebäude in verlängertem Portlandzementmörtel, Gipsputz an den Betondecken.) ⊞ *Bei. u. Eisen* 5 S. 115/7.

Wettbewerb für das Lutherhaus für Plauen. (9 Konkurrenzentwürfe.) (N) *Z. Arch.* 52 Sp. 342.

WOLTER, Gartenpavillon in den Schrebergärten zu Ratibor.* *Baugew. Z.* 38 S. 1011.

Die staatlichen Weinberganlagen an der Saar und der Mosel und der Zentralweinkeller in Trier. (Weinbergdomänen Ockfen und Aveler Berg bei Trier; Kellereigebäude; Weinbau-Domäne bei Serrig a. d. S.; Zentralweinkeller in Trier.)* *Zbl. Bauw.* 26 S. 85/9 F.

Das neue Clubhaus der Abteilung Berlin-Wannsee des Deutschen Motorboot-Klubs.* *Motorboot* 3 Nr. 19 S. 28/32.

DAVIS, SIDNEY, the brewers festival hall: measured drawings. *Builder* 91 S. 752.

BODE, Festplatz auf dem Wachenberge bei Weinheim a. d. Bergstraße. (Preisentwürfe von BAUER, WIENKOOP, MICHEL, FRIEDRICH.)* *Zbl. Bauw.* 26 S. 259/60.

SITTE, Stadthalle für Salzburg. (Für größere Festlichkeiten. Wahl des Bauplatzes.)* *Städtebau* 3 S. 162/3.

WARWICK & HALL, additional offices for the borough council of Holborn. ⊞ *Builder* 91 S. 94.

MAY, E. J., house, Kensington Palace-Gardens. ⊞ *Builder* 91 S. 694.

QUINTON, cricket pavilion Merton College, Oxford.* *Builder* 90 S. 615.

EIDLITZ & MC. KENZIE, enlargement of the house of the American Society of Civil Engineers. (Four story front portion, containing the library, offices and administration rooms, and a two story rear portion, containing the auditorium and a smoking or luncheon room.)* *Eng. News* 55 S. 85/7.

Selbstfahrer-Verleih- und Aufbewahrungshalle aus Eisenbeton. (Im Westen New-Yorks; Umfassungswände von Ziegelmauerwerk; Dach, Decke, sowie die tragenden Säulen bestehen aus Eisenbeton.)* *Zem. u. Bei.* 5 S. 44/6.

Bamboo mat sheds for protecting workmen in erecting a warehouse, Canton, China.* *Eng. News* 56 S. 684.

FOWLER & CO., Wohn- und Requisitenwagen. (Bei der Dampfpflügerei und -Walzerei, weit von Ortschaften, Gasthöfen usw.)* *Z. Gew. Hyg.* 13 S. 220/1.

7. Gebäudeteile. Parts of buildings. Détails de bâtiments. Vgl. Dächer, Türen.

a) Fußböden, Decken und Gewölbe. Floors, ceilings and vaults. Planchers, plafonds et voûtes. Vgl. 4 und 5, Beton und Betonbau.

Fire test of a concrete floor with bays of different aggregates. (A) *Eng. News* 55 S. 116.

Fire and water tests of stone-concrete and cinder-concrete floors reinforced with corrugated bars.* *Eng. News* 55 S. 115.

HIMMELWRIGHT, durability of concrete floors in the San Francisco earthquake. *Cem. Eng. News* 17 S. 303/4.

WATSON, NOBLE, KREUGER, DANA, TURNER, JONSON, WASON, GOODRICH and THACHER, economical design of reinforced concrete floor systems for fire-resisting structures. (Vgl. Jg. 31 S. 625/59; lead tests; relative cost of beams reinforced with various kinds of steel.) (V. m. B.) (a) ⊞ *Proc. Am. Civ. Eng.* 32 S. 221/82.

JORDAHL, system of fireproof floor construction. (Object of providing a floor in which the bottom flanges of the beams and girders are effectively protected against fire.)* *Eng. Rec.* 54 S. 280.

WARREN, reinforced concrete floors in a Chicago warehouse. (Steel-cage frame, with brick masonry side walls and reinforced-concrete floors and roof.)* *Eng. Rec.* 53 S. 606.

Streckmetall. (D. R. P. 84345, 89516, 91182; Streckmetall-Betondecken; Anfertigung von Fußböden; aufgehängte Putzdecken; feuersichere Streckmetall - Wände; Streckmetall - Verkleidung für feuchte Wände, Träger und Säulen.)* *Z. Baugew.* 50 S. 4/6 F.

SEWELL, economical design of reinforced concrete floor systems for fire-resisting structures. (T-beams; advantages of attached web members; adhesion or bond; experiments.) (V. m. B.) (a) ⊞ *Trans. Am. Eng.* 56 S. 252/410.

Dome and floor construction in the U. S. War College. (Domes and arch ceilings of GUASTAVINO construction; the dome shell of three courses of tile forming a spherical segment of 41′ clear span and 10′ rise; longitudinal floor girders of ordinary reinforced concrete construction.)* *Eng. Rec.* 53 S. 570/1.

Montieren von Webstühlen mit Jacquardmaschinen auf Betonfußboden. (Aeußerungen von verschiedenen Fachleuten.) *Mon. Text. Ind.* 21 S. 262/3.

RUOFF, high grade cement products. (Jointless plastic floorings; ashes compound flooring for factories; fire and damp proof cork ceiling construction.)* *Cem. Eng. News* 17 S. 266.

Der Fußboden der Fabrik. (Stampfbeton; Gemisch von Sand und Teer auf festgestampftem Untergrund; darüber Hölzer und auf diesen Dielen; Teer und Asphaltbeton als Unterbettung für einen Holzfußboden.) *Z. Gew. Hyg.* 13 S. 221/2; *Asphalt- u. Teerind.-Z.* 6 S. 222/3.

Unusual floor system in a car repair shop. (Site of the building is partly on a marsh and partly on a side hill; floor construction is entirely of concrete up to the top of the floor; substructure of concrete piers without steel reinforcement, carried down in sheeted pits to rock.)* *Eng. Rec.* 53 S. 450.

CHADSEY, a method of mixing and laying bituminous concrete for mill floors. (Furnace for heating sand, broken stone and tar for bituminous concrete; RANSOME mixer.)* *Eng. News* 56 S. 118.

Verwendungsart für Dachpappe. (Belag für Fußböden von Lagerkellern.) *Asphalt- u. Teerind.-Z.* 6 S. 5/6.

45

Fußböden für Spinnereien und Webereien. *Asphalt-u. Teerind.-Z.* 6 S. 41.

Gipsestrich. (Der Gips muß vollständig geglüht und eher grob- als feinkörnig sein.) *Asphalt-u. Teerind.-Z.* 6 S. 394/5.

RHODE, Terrazzo. *Asphalt- u. Teerind.-Z.* 6 S. 445.

SCHERER, praktische Erfahrungen in dem Verfahren zur Erzeugung von Glanz auf Terrazzo. (Verschiedene Mittel und Wege zur Erzeugung einer Politur auf Terrazzo.) *Asphalt- u. Teerind.-Z.* 6 S. 574/6.

Fußböden der Exerzierhäuser. (Nachteile der Lehmtennen.) *Zbl. Bauv.* 26 S. 164.

KRAMER, OTTO, fugenlose Steinholzfußböden. (Bindemittel aus SOREL zement, einer Mischung der KORKSTEIN-, STEINHOLZ- UND ISOLIERMITTELFABRIK EINSIEDEL aus gebranntem Magnesit und Chlormagnesium.) *Z. Baugew.* 50 S. 132/3.

DEUTSCHE STEINHOLZWERKE LANGUTH & PLATZ, Fußbodenbelag. *Z. Dampfk.* 29 S. 20.

Ueber die Verwendung von Buchenholz zu Dielungen. (Erlaß des preußischen Landwirtschaftsministers; Verwendung von Buchenriemen-Fußböden auf Blindböden.) *Zbl. Bauv.* 26 S. 518.

Das Verlegen von Parkett in Asphalt. (Untergrund muß gut und test sein.) *Asphalt- u. Teerind.-Z.* 6 S. 157.

Assemblage des parquets en bois. (La pointe double zert pour l'assemblage des bouts.)* *Ann. d. Constr.* 52 Sp. 175/6.

STROHMEYER, das Linoleum und die Unterboden für Linoleum. (Kork, Leinöl, Farben, Jute; Legen des Linoleums; Abnutzungsversuch der mechanisch-technischen Versuchsanstalt in Charlottenburg; der Unterboden, Gipsestrich, Magnesit, Terranova)* *Z. Baugew.* 50 S. 1/3.

Isolierung für Linoleumbelag. *Asphalt- u. Teerind.-Z.* 6 S. 416/7.

Notes on mosaic and marble inlay. (History.) (2) *Builder* 91 S. 341/4.

RAMISCH, Beitrag zur Berechnung der Vouten bei beiderseits eingespannten Platten.* *Zem. u. Bet.* 5 S. 153/4.

LEMAIRE, calcul des planchers reposant sur poutrelles et sur celui des fermes supportant les toitures.* *Ann. trav.* 63 S. 329/55.

Massive Decken für unsere Wohnräume. *Töpfer-Z.* 37 S. 185/6.

V. EMPERGER, Belastungsprobe einer Betoneisendecke in der Skrivaner Zuckerfabrik. *Bet. u. Eisen* 5 S. 88/90.

ZIPKES, Lagerhaus für Eisenwaren in Eisenbeton. (Decken als auf 4 Seiten aufgelagerte bezw. eingespannte Platten ausgebildet; Bestimmung der Anstrengungen in den Platten.)* *D. Baus.* 40 *Mitt. Zem., Bet.- u. Eisenbetbau* S. 17/20.

Die FÖRSTERdecke und FÖRSTERwand mit Eiseneinlagen.* *Presse* 33 S. 595.

Bulbeisendecke. (Verfahren von POHLMANN; Kappengewölbe aus porigen Steinen zwischen Bulbeisen für den Erweiterungsbau der Neuen Phot. Ges. in Steglitz.)* *Z. Baugew.* 50 S. 9/12.

HÜLSZNER, SIEGWARTbalkendecke. (Armierter hohler Zementbalken, in dessen Seitenwandungen Rundeisen zur Aufnahme der Zugspannungen einbetoniert sind Herstellung.)* *Uhlands T. R.* 1906, 2 S. 25/8; *Techn. Z.* 23 S. 237.

HARTMANN, Stalldecke. (Bauweise VISINTINI.)* *Bet. u. Eisen* 5 S. 86.

DEUTSCHE METALLDECKEN-FABR. (JOH. NORTHROP), gepreßte Stahl-Zimmerdecken.* *Z. Baugew.* 50 S. 63/4.

Bardo - Solive. (Vorkehrung, um die Risse im

Deckenputz unter den Flanschen der eisernen Träger und das Durchscheinen dieser Träger zu verhüten. Gurt von der Breite der Trägerflansche, der mit Streifen von Bleiblech besetzt ist; diese werden um die Unterflanschen gebogen.)* *Zbl. Bauv.* 26 S. 346.

MÖRSCH, Berechnung von eingespannten Gewölben.* *Schw. Baus.* 47 S. 83/5F.

DAVIDESCO, formules employees pour déterminer l'épaisseur à la clef des voûtes en maçonnerie. (Formule nouvelle.)* *Ann. ponts et ch.* 1906, 1 S. 247/53.

MEESZ & NEES, Tonnen- und Kreuzgewölbe in Eisenbeton. (Für die Gewölbe-Konstruktion der St. Martinskirche in Ebingen i. Württ.; Halbkreis von 14 m Durchmesser; Stärke 15 cm im Scheitel und 22 cm in der Bruchfuge; die Gewölberücken erhielten in der Längsrichtung zur Aufnahme der Holzschwellen des Dachstuhles Abstufungen.)* *D. Baus.* 40 *Mitt. Zem.-, Bet.- u. Eisenbetbau* S. 29/30.

RONCZEWSKI, die Stuckgewölbe des Kolosseums.* *Schw. Baus.* 47 S. 305/7.

b) Treppen. Stairs. Escaliers.

Treppe aus Eisenbeton. (In einem Chicagoer Geschäftshause. Die Eiseneinlagen reichen in die Umfassungsmauern des Treppenhauses hinein und sind durch Drähte miteinander verkettet.)* *Zem. u. Bet.* 5 S. 12.

Concrete steps. (The steps are formed, beginning at the top, by depositing the concrete behind vertical boards so placed as to give the necessary thickness to the risers and projecting high enough to serve as a guide in levelling off the tread. Such steps may be reinforced where is danger of cracking, due to settlement of the ground.) *Cem. Eng. News* 17 S. 250.

Treppenstufenform „Ulmia". (Herstellung aus Eisenbeton.)* *Bet. u. Eisen* 5 S. 264/5.

VON EMPERGER, Armatur von Kunststeinstufen. (Freitragende Stufen.)⊞ *Bet. u. Eisen* 5 S. 151/2.

c) Fenster. Windows. Fenêtres.

Fenestration. (Disposition of window-openings in relation to the structure; Grecian, Roman architecture and influence of glass; early Christian architecture; English Gothic windows; the Tudor period.)* *Builder* 90 S. 488/92.

The protection of window openings. (A recent fire test.) *Page's Weekly* 9 S. 981/2.

Fire tests of windows glass. (At the plant of the British Fire-Prevention Committee. Skylight tests four squares of glass.) (A) *J. Frankl.* 161 S. 130; *Eng. News* 56 S. 501.

NATIONAL VENTILATING CO. in New York, Oberlicht ohne Verkittung.* *Uhlands T. R.* 1906, 2 S. 54.

System of steel puttyless glazing construction. (Which will be installed by the New-York Central Railroad Co. in its new power stations at Yonkers and Port Morris, N. Y.)* *Iron A.* 77 S. 338.

PINGET & VIVINIS, croisée métallique. (Pat.)* *Ann. d. Constr.* 52 Sp. 31/2.

SCHÄTZKE, Ideal-Patentfenster. (Vereinigt in sich Klapp- und Schiebefenster, dessen obere und untere Hälfte übereinander stehen.)* *Techn. Z.* 23 S. 552/3.

STUMPF, Reform - Schiebefenster. (Führung der Flügel durch seitlich an den Fensterrahmen angebrachte Stifte; Metallplatten mit kreisförmigem Ausschnitt, um den umgeklappten Flügel an der Drehachse festzuhalten.) (D. R. P.) *Z. Baugew.* 50 S. 69/71.

NESBETT, window raising and locking device. *
Sc. Am. 95 S. 235.
IMHOFF, Lüftungsflügel mit Hebelbewegung. (D.
R. P.) * Kirche 3 S. 193.
Adjustable window screen. * Sc. Am. 94 S. 236.
NEUMANN, GEORG, SIMSON & CIE., REUSZ, Ober-
lichtfensterverschlüsse. (D. R. P.) * Bad. Gew.
Z. 39 S. 123/4.
MOREAU, système de fermeture en bois, de BAU-
MANN. * Bull. d'enc. 108 S. 637/46.
Fensterfeststeller. * Z. Baugew. 50 S. 158.
Holzrolladen mit Flachdrahtdurchzug. * Techn. Z.
23 S. 304.
Fensterschließrahmen. (Von der französischen Kom-
mission für Erfindungen empfohlen.) * Krieg.
Z. 9 S. 150/2.
Offene Kellerroste am Schaufenster. (Ersatz durch
einen Winkeleisenrahmen mit Prismenverglasung,
um dem Keller Licht zuzuführen und Staub fern-
zuhalten.) Papier-Z. 31, 2 S. 2251.
Das Anlaufen der Glasfläche von Schaufenstern.
(Fensterkonstruktion mit Luftkreislauf.) * J. Gold-
schm. 27 S. 323/4; Schuhm. 37 S. 56.

d) Türen. Doors. Portes.

WILCKE, Beitrag zur Herstellung und Berechnung einfacher Türen und Tore. * Baugew. Z. 38 S. 316/7.
RITTER, horizontal folding door. (For use in
freight houses.) * Railr. G. 1906, 1 Suppl. Gen.
News S. 33.
HOHENBERG, feuer- und rauchsichere Türen. (Beschränkte Feuer- und Rauchsicherheit der bisherigen Holztüren mit beiderseitigem Eisen-
beschlag durch Brandprobe im Königl. Materialprüfungsamt Groß-Lichterfelde festgestellt; KÖNIG,
KÜCKEN & CO.s Verbesserung von Holz-Eisen-
Türen, bestehend aus einem Eisenblechgerippe,
in dessen Falze die Bretter eingelegt sind, so
daß jedes Brett von dem benachbarten durch
Eisenstege getrennt ist, außerdem eine äußere
Verkleidung durch Riesenbleche; patentgepreßte
und gefalzte Metalltür von SCHWARZE; Kork-
steinausfüllung zwischen den Blechen; Patent-
türen von BERNER aus zwei Eisenblechwänden
von verschiedener Stärke, mit Zwischenlagen
aus Asbestpappe.) * Zbl. Bauv. 26 S. 190/2 F.
SCHNEIDER, zur Frage des feuersicheren Abschlusses von Türöffnungen. * Mitt. a. d. Materialprüfungsamt 24 S. 203/7.
GIBSON & CO., stählerne Rolläden als feuersichere
Türen. (Rolladenstäbe von sichelförmigem Querschnitt.) * Uhlands T. R. 1906, 2 S. 77.
Ausgangstüren. (Feuerpolizeilicher Pariser Erlaß
vom 29./11. 1904. Eine nicht empfehlenswerte
Einrichtung für das Oeffnen und Schließen von
Türen.) * Fabriks-Feuerwehr 13 S. 62.
Neue Türbeschläge. (Türschließer und Türangeln
von BARDSLEY.) * Bayr. Gew. Bl. 1906 S. 151/2.
Safety catch for doors. * Sc. Am. Suppl. 61
S. 25390.
ROUMIER & DACHET, paumelles ferme-portes.
(Paumelle dont le noeud supérieur est creusé
intérieurement de deux demigorges hélicoïdes
régnant dans le noeud lui-même resp. sur le
pivot.) (Pat.) * Ann. d. Constr. 52 Sp. 111.
TREADWELL, novel door hinge and check. (Hinge
of self-closing type.) * Sc. Am. 95 S. 368.
BURDETT-ROWNTREE, pneumatic door opener. *
Street R. 28 S. 586.
OSMER, pneumatic door opener. * Street R. 28
S. 574/5.

e) Dächer. Roofs. Toitures. Vgl. Baustoffe.
Beton und Betonbau, Schiefer, Ziegel.

Berechnung einer Dachkonstruktion. ⊠ Masch.
Konstr. 39 S. 69/72.

SCHMIEDEL, statische Berechnung der Perron-
überdachung der Querhalle auf Bahnhof Stral-
sund. ⊠ Masch. Konstr. 39 S. 42/3 F.
HOWE, graphical solution of the knee-brace
problem. (Stresses in knee braces between
columns and roof trusses.) * Railr. G. 1906, 1
S. 502/3.
LAUBER, Berechnung der Dachoberflächen. * Techn.
Z. 23 S. 210/1.
BOVENTER, Konstruktion und Berechnung eines
Glasdachbinders. * Techn. Z. 23 S. 162/4.
DEGENHARDT, Glasdachkonstruktion „Anti-Pluvius."
(Flachgelegtes ⊔-Eisen dient als Hauptsprosse
und zugleich als Notrinne; es trägt angeschraubte
Stege, welche zu beiden Seiten eine Rille haben,
um das Abfließen von Wasser über die Seiten-
schenkel des ⊔-Eisens zu vermeiden; seitliche
Zinkabdeckung eines Zargendaches; Halle des
Hauptbahnhofes in Hamburg; Traufen und
Rinnen.) * Uhlands T. R. 1906, 2 S. 89/91.
Federnde Rinnensprosse für Glasbedachung. *
Techn. Z. 23 S. 543/4.
Vergleichung zweier Scheunenbinder von 19 m
Weite. (Binderabstand 5,8 bezw. 6,3 m.) * Bau-
gew. Z. 39 S. 753/4.
HOOD, Bedachung. (Die Architektur des Falz-
ziegeldaches.) Asphalt- u. Teerind.-Z. 6 S. 144.
Pflege der Dächer von landwirtschaftlichen Ge-
bäuden. Asphalt- u. Teerind.-Z. 6 S. 59/60.
Development of iron and steel roof design.
(Crystal Palace roof; roofs for Charing Cross
and Cannon-street stations; St. Pancras station;
St. Enochs station; roof of the Central station
Manchester; American roof of the Drill Hall in
the Maryland Armoury, Baltimore; roof of
Olympia by WALMISLEY.) * Builder 91 S.
337/9 F.
WOLF, BERNH., metallene Dachlatte. (D.R.P. 167719;
anstatt der bisherigen Winkeleisen wird ein
Blechrohr mit Längsschlitz verwandt, in welchen
die Nasen der Dachplatten eingreifen.) * Techn.
Z. 23 S. 165.
New steel pier sheds on the East River, New-
York. (Length of 2000'. Roof truss 74' wide;
framework braced longitudinally by light X-brace
rods; floating derrick; piershed transferred from
old to new pier.) * Eng. Rec. 53 S. 720/1.
HINDS, saw-tooth roofs. (A semi-saw-tooth flat
roof; monitor; sky light; the advantage of the
flat roof is that it spreads out the saw-tooth
into a wider area and the snow cannot pile so
deep as in the V-form; there should be no in-
tervals between the saw-teeth; proportion of
height of window to length of span of the saw-
tooth, in the ratio of 1 to 3¹/₂ or 4 gives all the
light desirable in this [American] climate). (V.m.B.)
(A) Eng. Rec. 54 S. 626/8.
RICHMOND, saw-tooth roofs for factories. (V) (A)
Eng. News 56 S. 627/8.
Saw-toothed roof construction. (Of the Pittsburg
& Lake Erie Railrod at Mc Kees Rocks, Pa.) *
Eng. min. 81 S. 223.
HINDS, the saw-tooth skylight in roof construction. *
Iron A. 78 S. 1598/1600.
Verwertung von Holz zur Bedachung landwirt-
schaftlicher Gebäude. Asphalt- u. Teerind.-Z.
6 S. 127.
THATCHER & SON, difficult reconstruction of a
church roof. (Reformed-Church-on-the-Heights
at Pierrepont St. and Monroe Place, Brooklyn;
structure about 90 × 125' in extreme dimen-
sions; stone walls and a wooden roof.) * Eng.
Rec. 53 S. 428/9.
Isolierung von Dächern. Asphalt- u. Teerind.-Z.
6 S. 446.

45*

Hochbau 7e — Holz 2.

RITTER, Isolierung und Eindeckung von Beton-
dächern. *Asphalt- u. Teerind.- Z.* 6 S. 494/5.

ZÖLLNER, der Eisenbeton-Kuppelaufbau des Armee-
Museums in München. (Nach MELLINGER; Kuppelhöhe einschließlich der mit ihrer Spitze noch
9 m hohen Laterne 57 m über dem Erdboden;
innere Kuppel von 8,10 m Halbmesser und äußere
Kuppel.) * *D. Baus.* 40 *Mitt. Zem.-, Bet.- u.
Eisenbet.bau* S. 61 F.

V. EMPERGER, Dach des Turbinenhauses in Chèvres
bei Genf. (Das beim Brande zerstörte Eisendach
ist ersetzt durch ein Dach aus Eisenbeton seitens
der Unternehmung POUJOULAT.) ⊠ *Bet. u. Eisen*
5 S. 90/1.

Reinforced concrete for trainshed roofs, Atlanta
terminal station. (Arched steel roof 230' wide.)
Eng. News 55 S. 415/6.

WICKES BROS., reinforced concrete shingles for
roofing. (Hand moulding machine.)* *Eng. News* 56
S. 235.

ALPHA PORTLAND CEMENT CO., concrete roof for
a stock house. (387' long, 98' wide and 33'
high from the floor to the eaves.) *Eng. Rec.* 53
S. 528.

Dachplatten aus Eisenbeton. (Gesonderte Herstellung der Dachbedeckung in hölzernen Formen.)*
Zem. u. Bet. 5 S. 120/2.

Kaltglasur für Zementdachsteine. *Baumatk.* 11
S. 166.

STRAHL, Pappdächer. *Asphalt- u. Teerind.- Z.*
6 S. 524/5.

Holzzementdächer und Dachpappen bei landwirtschaftlichen Bauausführungen. *Asphalt- u. Teerind.- Z.* 6 S, 203/4.

Anschluß der Dachpappen eines Holzzementdaches
an Oberlichter. D. R. G. M. 248611 von WEHRLE.*
Asphalt- u. Teerind.-Z. 6 S. 191.

LUHMANN, Fortschritte in der Dachpappenfabrika-
tion. *Asphalt- u. Teerind.-Z.* 6 S. 393/4 F.

Die Zusammensetzung der Rohdachpappe. *As-
phalt- u. Teerind.-Z.* 6 S. 409.

LUHMANN, Bestandteile einer reellen saugfähigen
Rohpappe. (Verfälschungsmaterial sind die Mineralstoffe, welche beim Verbrennen der Pappe
als Asche zurückbleiben.) *Asphalt- u. Teerind.-*
6 S. 427 F.

Verwendung von Dachpappe als Unterlage für
Schieferdeckungen. (Bericht der Regierungs-
präsidenten in Trier und Wiesbaden. Die Pappunterlage erschwert das Auffinden undichter
Stellen, weil das eingedrungene Regenwasser
erst an Stellen zum Vorschein kommt, wo die
Dachpappe durchlöchert ist; Deckung ohne Pappunterlage auf guter, dichtschließender und trockener Schalung mit gut überdeckten Schiefer-
platten.) *Zbl. Bauv.* 26 S. 241/2; *Asphalt- u.
Teerind.-Z.* 6 S. 526.

Dach-Eindeckungen durch Dachpappenfabrikanten.
Asphalt- u. Teerind.-Z. 6 S. 237.

Fabrikation von Dachöl. (Dachanstrich für Pappdächer.) (R) *Asphalt- u. Teerind.-Z.* 6 S. 109.

Ruberoid und Dachpappe. *Asphalt- u. Teerind.-
Z.* 6 S. 430/1.

Protecteur pour toitures „le Rubéroïd". *Rev. ind.*
37 S. 95.

Schutz der Dächer gegen Stürme. (Ventile auf den
Dächern, die sich nach außen öffnen, wenn die
dünnere in Sturm bewegte Luft über die Dächer
streicht, und so der schwereren Luft der Dachböden den Austritt gestatten.) *Asphalt- u. Teerind.-Z.* 6 S. 43.

Holz. Wood. Bois. Vgl. Baustoffe, Bohren, Hobeln,
Materialprüfung, Sägen.

1. Allgemeines, Eigenschaften.
2. Mechanische Holzbearbeitung.
3. Chemische Bearbeitung und Konservierung.
4. Färben, Beizen und Polieren, Ueberzüge.
5. Nachahmungen.

**1. Allgemeines, Eigenschaften. Generalities, qua-
lities. Généralités, qualités.**

SCHORSTEIN, neuere Holzforschung. (Entgegnung
auf TUBEUFs Aeußerung Jg. 10 S. 365/6; Gegenäußerung von TUBEUF S. 93.) *Baumatk.* 11
S. 78/9.

SCHORSTEIN, zur Abwehr der v. TUBEUFschen
Polemik. (Siehe Jg. 1905 S. 93. Entgegnung
von V. TUBEUF.) *Baumatk.* 11 S. 142/3.

SCHORSTEIN, histologische Betrachtungen über die
Holzverderbnis. (Einwirkung von Schwefelsäure
auf verpilzte Hölzer; Untersuchungen von MAN-
GIN bzgl. der Mittellamellensubstanz; Betrach-
tung der Pektinkörper als Saccharo-Kolloide.)*
Baumatk. 11 S. 72/6.

GRAFE, die Holzreaktionen. (Vergl. SCHORSTEINs
Abhandlung Jg. 10 S. 316/20) *Baumatk.* 11
S. 110/1.

Standard specifications for the grading of structural timbers. (Standard defects.)* *Eng. Rec.* 54
S. 134/6.

BÜSGEN, Holzhärte und spezifisches Gewicht. *Z.
Forst.* 38 S. 251/4.

Festigkeit imprägnierten Bauholzes. (Verlust an
Festigkeit ist auf Rechnung des Dämpfprozesses
zu setzen.) *Sprechsaal* 39 S. 1333/4.

Effect of duration of stress on strength and stiffness of wood. (Studies of the Forest Service
at its timber - testing stations at Yale and Purdue Universities.) *Eng. Rec.* 54 S. 655.

BAUSCHINGER, esperienze e norme da usare nelle
prove sui legnami. *Giorn. Gen. civ.* 43 S. 130/41.

SCHILLER, optische Untersuchungen von Bastfasern und Holzelementen. *Sitz. B. Wien. Ak.*
115, I S. 1623/59.

RUSSELL, DRABBE und SCHORSTEIN, Einwirkung
der Hölzer auf die photographische Platte. (Im
Dunkeln. Chemische Wirkung der aus den Hölzern aufsteigenden Dünste.) (A) *Baumatk.* 11
S. 64/5.

SCHORSTEIN, Einwirkung der Hölzer auf die photographische Platte. (Versuche von WARD und
SCHORSTEIN.) *Baumatk.* 11 S. 114, 177.

HAWLEY, additional information on the durability
of wooden stave pipe. *Proc. Am. Civ. Eng.* 32
S. 999/1000.

ADAMS, additional information on the durability of
wooden stave pipe. (Use of 7¹/₂ miles at Astoria.) (V) *Eng. News* 56 S. 378.

REISSINGER, Verwendung des Grünfäuleholzes.
(Zu Bilderrahmen, Einlagen in Möbel usw.) *Z.
Forst.* 38 S. 348/9.

HORNBERGER und SELLHEIM, vergleichende Untersuchungen über die Feuergefährlichkeit des
Buchen- und Eichenholzes. *Z. Forst.* 38 S. 385/97.

Der tasmanische blaue Gummibaum als Bauholz.
(Pfahlroste; Eisenbahnschwellen; Straßenpflaster.)
Uhlands T. R. 1906, 2 S. 39.

Penetration de la chaleur lans le bois. *Bull. d'enc.*
105 S. 349/52.

Wie erhält man Ahornbretter und -Dickten weiß?
(Reinigung von Borke, Sägespänen; Besage-
lung der Hirnseiten mit Leisten.) *Z. Drechsler*
29 S. 55/6.

**2. Mechanische Holzbearbeitung. Mechanical wood
working. Travail mécanique du bois.**

V. DENFFER, neue Holzbearbeitungsmaschinen.*
Z. Werkzm. 10 S. 171/3, 259/60 F.; *Dingl. J.*
321 S. 11/3 F.

GRADENWITZ, some new Russian wood-working

machinery. (STELLA CO. felloe-cutting machine; internal planing machine, external planing machine for felloes.)* *Pract. Eng.* 33 S. 749/52. Holzindustrie in den Vereinigten Staaten Nordamerikas. (Möbelfabrikation; Ackergeräte; Holzbearbeitungsmaschinen.) (V) (A) *Z. Drechsler* 29 S. 501/2 F.

Universal-Holzbearbeitungsmaschine von KLEIN & STIEFEL in Fulda. (Anordnung und Arbeitsrichtung sämtlicher Werkzeuge derart, daß die Hölzer nur in einer Richtung verschoben werden.)* *Z. Werksm.* 11 S. 117/8.

KRUMREIN & KATZ, Universal-Tischler-Maschine. (Zum Abrichten, Fügen, Kehlen, von Dicke Hobeln, Langlochbohren, Sägen und Fräsen.)* *Uhlands T. R.* 1906. 2 S. 62.

Istarsien-Schneider. (Verfahren, um genaue Arbeit zu erzielen.) *Bayr. Gew. Bl.* 1906 S. 303.

IZOD, le cisaillement des métaux et des bois.* *Bull. d'enc.* 108 S. 131/5.

The PERKINS pattern - maker's bench. *Iron & Coal* 72 S. 541.

The high - speed steels for woodworking. *Mech. World* 40 S. 287.

3. Chemische Bearbeitung und Konservierung. Chemical working and preservation. Travail chimique et conservation. Vgl. Konservierung.

MALENKOVIČ, Theorie der Holzkonservierung, experimentell entwickelt. (Notwendigkeit einer neuen Theorie der Holzkonservierung; experimentelle Begründung und Fassung der Theorie. Irrtümlicher Entwicklungsgang auf dem Gebiete der Holzkonservierung.) *Baumath.* 11 S. 329/33.

MALENKOVIČ, neuere Holztränkungsverfahren. (Chemie des Holzes; pflanzliche und tierische Holzzerstörer; heutiger Stand der Tränkungswissenschaft.) *Z. Eisenb. Verw.* 46 S. 1394/6.

LEBIODA, über die große Aufgabe der Holzinjektion. *Asphalt- u. Teerind.-Z.* 6 S. 73/4 F.

Die Festigkeit imprägnierten Bauholzes. (Versuche.) *Erfind.* 33 S. 10/1.

Holzschwellen auf amerikanischen Bahnen. (Günstige Erfahrungen mit der Tränkung.) *Z. Eisenb. Verw.* 46 S. 1490.

ZIFFER, KENDRIK, HAUSSER, Konservierung der Oberbauhölzer auf Eisenbahnen. (Versuche.) (V. m. B.) (A) *Uhlands T. R.* 1906, 2 S. 71/2.

ZIFFER, Konservierung der Oberbauhölzer auf Eisenbahnen. (Kreosot als Tränkungsmittel.) (V) (A) *Bayr. Gew. Bl.* 1906 S. 22/3.

New tie and timber preserving plant of the Atchison, Topeka & Santa Fe Ry. at Somerville, Texas.* *Eng. News* 55 S. 490/3.

LÖWIT, die Konservierung des Leitungsgestänges.* *Ell. u. Maschb.* 24 S. 231.

LÖHDORFF, unverbrennliches Holz. (Versuche von NORTON und ATKINSON mit Holz, das mit Ammoniaksalzen unter Pressung behandelt worden war. Langsamere Entflammbarkeit solchen Holzes als des nicht behandelten.) *Bad. Gew. Z.* 39 S. 234/5.

Injury done to the timber fiber by the high temperatures. (Preparing artificially for the reception of the preservatives. Tests.) *Railr. G.* 1906, 1 S. 241/2.

Holzimprägnierung. (Versuche der WOOD PRESERVING ASSOCIATION mit auf etwa 105° C erhitztem Kreosot.) *Asphalt- u. Teerind.-Z.* 6 S. 145.

VON SCHRENK, fifty-year old creosoted timber. (At Wisbeck docks, England. Pinus sylvestris seasoned and dipped in a tank of creosote and allowed to soak for about one day; 50 years exposed to the air and all the changing conditions of moisture and temperature.)* *Railr. G.* 1906, 2 S. 207.

STANFORD, inspection of treatment for the protection of timber by the injection of creosote oil. (V. m. B.) *Trans. Am. Eng.* 56 S. 1/31.

HAUGH, CAMPBELL, WALKER, BOWSER and LE CONTE, inspection of treatment for the protection of timber by the injection of creosote oil. (Discussion. Transverse tests of creosoted pine stringers.)* *Proc. Am. Civ. Eng.* 32 S. 40/56.

DUNDON, experience in creosoting Douglas fir. (V) (A) *Eng. News* 55 S. 159.

KNOWLTON, timber creosoting plant at Shirley, Ind. for the Big Four Rr. Co. (Retort.) (V)* *Gas Light* 85 S. 542/4; *Eng. News* 56 S. 267/8; *Railr. G.* 1906, 1 S. 282/4; *Z. Dampfk.* 29 S. 282.

Konservierung von Telegraphenstangen in Afrika. (Kreosot wird unter Hochdruck in das Holz gepreßt.) *Asphalt- u. Teerind.-Z.* 6 S. 206/7.

CRUMP, creosoting of trolley poles. (Experiences on various lines.) (V. m. B.) *Eng. News* 56 S. 430.

STEWARD, destruction of creosoted piles. (By teredos and himnoria in the vicinity of Puget Sound.)* *Railr. G.* 1906, 1 S. 531.

Ueber Holztränkung. (Tränkung der buchenen und eichenen Schwellen mit erwärmtem Teeröle; Tränkung der kiefernen Schwellen mit beschränkter Teerölaufnahme.) *Organ* 43 S. 235/6.

Technik der Teeröl-Imprägnierung des Holzes. *Asphalt- u. Teerind.-Z.* 6 S. 523/4 F.

Die Fähigkeit verschiedener Anstrichmittel, Holz gegen Fäulnis zu schützen. (Untersuchung verschiedener Teersorten) *Farben-Z.* 11 S. 947/9.

HENSS, neue Imprägnieranlagen für Gruben-, Bau- und Nutzhölzer, System ALTENA. (Tränkung mit Teeröl, Salzlauge o. dgl. mittels Druckluft.)* *Z. Chem. Apparat.* 1 S. 502/4.

SEIDENSCHNUR, Imprägnierung von Grubenhölzern. *Glückauf* 42 S. 560/3.

HEISE, Imprägnierung von Holz mit einer beschränkten Menge Teeröl. *Z. Werksm.* 11 S. 126.

ALDERMAN, practical wood preservation. (AVENARIUS carbolineum process. Tie and pole preservation plant in Portland, Ore.) (V)* *Street R.* 28 S. 893/4.

SPRECHER & SCHUH, Verfahren zur Verlängerung der Lebensdauer von hölzernen Gestänge und Pfählen, welche im Erdreiche befestigt werden. (Bestreichen mit Teer, Einhüllung mit einem geteerten Faserstoff, darüber Metallmantel.)* *Schw. Elektrot.* Z. 3 S. 263/4 F.

Teer-, Asphalt- und Holzverkohlungs-Industrie in Kanada. *Asphalt u. Teerind.-Z.* 6 S. 416.

KLAR, Neuerungen auf dem Gebiete der Holzverkohlung. *Z. ang. Chem.* 19 S. 1319/23.

ELFSTROM, coaling of wood by superheated steam. (A) *Mech. World* 40 S. 245.

„Haskinized" wood troughing. (The HASKIN system consists in placing the raw timber in a large steel cylinder or treating chamber, and superheated air is applied under great pressure) *Electr.* 57 S. 55.

BARTLEMAN, sulphur process for the preservation of wood. *Sc. Am.* 95 S. 79.

Holzimprägnierung mittels Chlorzinks. *Erfind.* 33 S. 115/7.

Zinc-chloride process for ties. (Proper amount of chloride.) *Eng. News* 55 S. 106.

BURKHALTER, railway timber treating plants. (Organization; previous seasoning; subsequent drying in the zinc-chloride process; gondola

cars for the distribution of treated ties.) (V) (A) *Eng. News* 55 S. 107.

New tie and timber preserving plant of the Atchison, Topeka & Santa Fe Ry at Somerville, Texas. (Burnettising or zinc-chloride process or both creosoting and burnettising. Tie-car for creosoting cylinder.) * *Eng. News* 55 S. 490/3.

Imprägnierung von Holzschwellen und Pfosten nach dem Verfahren von BEAUMARTIN. (Ueberzug der mit Kupfer- oder Zinksulfat oder Natriumsilikat getränkten Hölzer mit Natriumsilikat mittels Elektrolyse.) *Asphalt. u. Teerind.-Z.* 6 S. 238.

WOHLMANN, Imprägnieren von Holz und anderen Faserstoffen. (D. R. P. 168689. Tränkung mit einer siedenden Lösung von schwefelsaurer Tonerde, Adlervitriol und Kainitlösung.) *Z. Werkzm.* 10 S. 292.

Preserving wood against white ants. (Trials of RIDLEY by the POWELL [saccharine solution] wood process.) *Pract. Eng.* 34 S. 267.

NUSZBAUM, Bekämpfung der Holzkrankheiten durch Aenderung des Austrocknungsverfahrens von Bau- und Nutzholz im Walde. (Vgl. SCHORSTEINs Aeußerung in Heft 24 des X. Jgs.; Nachteile des gegenwärtig üblichen Austrocknungsverfahrens im Walde; Durchfeuchtung der Gebälke in den Neubauten.) *Baumatk.* 11 S. 91/3.

Effect of moisture on the strength and stiffness of wood. (Study of the Forest Service.) *Cem. Eng. News* 17 S. 248.

PREUSS, Schwammbildung und ihre Bekämpfung. *Asphalt- u. Teerind.-Z.* 6 S. 3/4.

FALCK, Hausschwamm. (Die verschiedenen Standorte des Hausschwammes; echter und wilder Hausschwamm; Infektion und Prophylaxe; Abtötung der Mycelien des echten Hausschwammes durch ultramaximale Temperaturen.) *Z. Hyg.* 55 S. 478/505.

Kampf mit dem Hausschwamm. (Vorbeugungsmaßregeln; Anstrich mit einer 2%igen Antinonninlösung von FRIEDR. BAYER & CO.) *Baumatk.* 11 S. 131.

MALENKOVIČ, neue Ergebnisse in der Bekämpfung der im Hochbaue auftretenden holzzerstörenden Pilze. *Z. Oest. Ing. V.* 58 S. 81/4.

Neuere Ergebnisse in der Bekämpfung der im Hochbau auftretenden holzzerstörenden Pilze. (Bemerkungen zu dem unter obigem Titel erschienenen Aufsatz S. 81/4.) *Z. Oest. Ing. V.* 58 S. 173/4.

MALENKOVIČ, praktische Mittel zur Beseitigung des Hausschwammes. *Erfind.* 33 S. 590/1.

Vom Holzbiegen. (Neutrale Schicht der Faser auf der konvexen Oberfläche des Holzes; Dämpfen; Tränkung mit einer Lösung von schwefligsauren oder unterschwefligsauren Salzen oder Aetznatron, basischen Natronsalzen.) * *Bürsten* 25 S. 459/61.

BERRY, methods of taking samples of treated timber for analysis. *Eng. News* 55 S. 107.

4. Färben, Beizen und Polieren, Ueberzüge. Colouring, mordanting and polishing, coatings. Teinture, mordançage et polissage, enduits. Vgl. Schleifen und Polieren.

FRANÇOIS, moderne Holzfärbungen. *Färber-Z.* 42 S. 466.

KRON, Imprägnieren und Färben von Holz. (D. R. P. 169182. Abdichtung des Farbbehälters.) * *Z. Werkzm.* 11 S. 68.

Bronzieren von Holzgegenständen. (R) *Z. Drechsler* 29 S. 279/80.

ZIMMERMANN, das Beizen und Färben des Holzes.

(Anforderungen und Technik.) *Z. Baugew.* 50 S. 105/9 F.

HAMMESFAHR, Haltbarmachung und Verschönerung der Färbung gebeizter oder gefärbter Hölzer. (D. R. P. 166388. Die Hölzer werden nach dem Schwarzbeizen in einer Mischung von Kalk, Rüböl und Wasser gekocht.) *Z. Werkzm.* 10 S. 152; *Z. Drechsler* 29 S. 8.

Holzbeizen. (Wasserbeizen, Spiritusbeizen.) (R) *Mus. Inst.* 16 S. 1220/6 F.

Gefärbte Hölzer. (WILLNERs Vorrichtung zum Durchbeizen; KLAUDYs Dreilösungssystem „Trilyse".) * *Z. Drechsler* 29 S. 184/5 F.

ZIMMERMANN, Vorschläge zur Vermeidung des schädlichen Einflusses der Chromkalibeize auf die Politur. *Z. Instrum. Bau* 27 S. 124/6.

Mittel zur Reinigung und Wiederherstellung polierter und lackierter Holz- und Steinflächen. (Getreidemehl- oder Holzbrei; Chlorwasserstoff; Chlorkalk und Terpentin.) *Z. Drechsler* 29 S. 304.

ZIMMERMANN, Verstärkung der Maserwirkung bei Nadelhölzern durch Beizung; zweifarbige Effekte. *Z. Instrum. Bau* 26 S. 955/8.

HORN, Verfahren, die Poren des Holzes beim Grundpolieren mit einem durchsichtigen, den Oelausschlag verhindernden Stoff zu füllen. *Z. Werkzm.* 11 S. 126.

HILLIG, das BINDEWALDsche Holzemaillepatent. (D. R. P. 160044, 170059. Wachsleimfarbe, wobei das Wachs nachher beim Polieren in die Poren der aufgebrachten Schicht verrieben wird.) *Malerz.* 26 S. 410/1 F.

GESSLER, Schleifen mit Oel. (Um hartes Holz zu glätten und zu lackieren.) *Malerz.* 26 S. 177/8.

Erhöhung der Klangfähigkeit von Holz. (Das Sonnenlicht wird mittels Spiegel, Glaslinsen odgl. auf das Holz gesammelt.) *Mus. Inst.* 16 S. 1250/4.

5. Nachahmungen. Imitations.

Neue Bürstenhölzer-Erzeugung. (Aus Sägespänes. Beseitigung der hygroskopischen Eigenschaft durch Tränkung mit Seifenwasser und Kalkmilch, Bindung der Späne durch Wasserglas und Pressen). *Z. Bürsten.* 25 S. 370/1.

Honig. Honey. Miel. Siehe Bienenzucht.

Hopfen. Hop. Houblon. Vgl. Bier.

BERSCH, Hopfenbau auf Moorboden. *Z. Moorkult.* 4 S. 1/12; *Moorkult.* 24 S. 14/5 F.

WICHMANN, Untersuchung österreichischer Moorhopfen. *Z. Bierbr.* 34 S. 573/4.

GOSLICH, Hopfenernte auf dem Versuchsfelde der Versuchs- und Lehranstalt für Brauerei. * *Wschr. Brauerei* 23 S. 751/2.

Maschinelle und sonstige innere Einrichtung der Erweiterungsbauten und Herstellung eines neuen Hopfenmagazins im Brauhause der Stadt Wien zu Rannersdorf. *Z. Bierbr.* 34 S. 7/8.

MORITZ, Nachweis von Arsenik im Hopfen. *Wschr. Brauerei* 23 S. 31.

Horn. Corne. Vgl. Plastische Massen.

GOLODETZ, Hornsubstanz. (Löslichkeit in Resorcin, Brenzkatechin, Pyrogallol, p-Chlorphenol, Trichloressigsäure, Hydroxylamin und Chrysarobin.) *Am. Apoth.* Z. 27 S. 97.

FRANÇOIS, Schwarzfärben von Horn, Knochen und Elfenbein. (R) *Z. Drechsler* 29 S. 428.

Hufbeschlag. Horse-shoeing. Ferrage.

BERGMAN, ein schwedischer Hufbeschlag aus dem 11. Jahrhundert. *Huf.* 24 S. 25/30.

MARSCHNER, Betrachtungen über den Hufbeschlag in Holland. *Huf.* 24 S. 2/5 F.

POTTERAT, die neuen Armee-Hufeisen in der Schweiz.* *Huf.* 24 S. 201/4.

MARTH, Herstellung von Hufeisen aus T-Eisen. *Z. Werksm.* 10 S. 223.

BAUER, das „Memphis"-Hufeisen. (Trabereisen von LAKE.) *Huf.* 24 S. 75/7.

Das Stegeisen von LANDEKER & ALBERT in Nürnberg.* *Huf.* 24 S. 6.

MILDE, Hufbeschlag-Sicherheitsapparat. (Besteht aus einer an der Halfter befestigten Kette, so daß die Kette rund um Nase und Kinn des Pferdes einen Ring bildet.) *Krieg. Z.* 9 S. 149/50.

HAMILTON und ELLIOT, nagelloser Hufbeschlag. (Pat.)* *Krieg. Z.* 9 S. 305/6.

SCHADE, Hufeisen mit abgedachter Bodenfläche. *Huf.* 24 S. 204/5.

Ochsenklaueneisen „Patent ZEHETBAUER". * *Presse* 33 S. 22/3.

LUNGWITZ, das KLEMENTsche Patent-Gummi-Hufeisen. *Huf.* 24 S. 77/8.

Amerikanischer Pferdeschuh für sumpfigen Boden.* *Presse* 33 S. 108.

BROHM, einiges über Steckgriffe. *Huf* 24 S. 101/2.

BROHM, Steckgriffe mit Einschnittzapfen. *Huf* 24 S. 83.

BROHM, verbesserter Winkelstollen.* *Huf.* 24 S. 211.

LIVINGSTON NAIL CO. horse nail.* *Iron A.* 78 S. 1277.

WALTHER, ein Beitrag zur Hufeinlage gegen das Einballen von Schnee.* *Huf.* 24 S. 161/4.

Hutmacherei. Hat-manufacture. Chapellerie.

OTTO, C. A., von der Wollhutfabrikation. *Z. Textilind.* 10 S. 25/6.

GURKE, Verbesserung der Qualität bei Wollhüten. (Kurzes Schleifen oder Bimsen; Verwendung des bei der Haarhutfabrikation abfallenden Haarstaubs; Wasserlackseife.) *Z. Textilind.* 10 S. 154.

Qualitätsveredelung beim Färben weicher und gesteifter Wollhüte. *Färber-Z.* 42 S. 368.

Appretur hellfarbiger weicher Wollhüte. *Färber-Z.* 42 S. 579/80.

Hüttenwesen. Metallurgy. Métallurgie. Vgl. Aufbereitung, Bergbau, Brennstoffe, Eisen und die anderen Metalle, Feuerungen, Gießerei, Rauch.

1. Allgemeines. Generalities. Généralités.

TRAPPEN, ein Blick in ein Hüttenwerk vor sechszig Jahren.* *Stahl* 26 S. 82/7.

NEUMANN, das Eisenhüttenwesen im Jahre 1905. (Roheisenerzeugung der Welt; Eisenerze; Uebersicht über die Neuerungen in der Roheisenerzeugung; Gießerei; Flußeisen.) *Glückauf* 42 S. 879/89; *Chem. Zeitschrift* 5 S. 145/9 F.

Das Berg- und Hüttenwesen auf dem internationalen Kongresse für angewandte Chemie in Rom 26. April bis 3. Mai 1906. *Z. O. Bergw.* 54 S. 428/9.

Institut für das gesamte Hüttenwesen in Aachen.* *Stahl* 26 S. 806/9.

Die Bayerische Jubiläums-Landesausstellung in Nürnberg 1906. (Gießerei- und Hüttenwesen.)* *Gieß. Z.* 3 S. 514/7.

KAUFMANN, Fortschritte in der Metallhüttenkunde. (Aufbereitung; Metallgewinnung.) (Jahresbericht.) *Chem. Z.* 30 S. 539/41.

NEUMANN, B., Fortschritte auf dem Gebiete der Metallurgie und Hüttenkunde im ersten Quartal 1906. *Chem. Zeitschrift* 5 S. 385.

OUTERBRIDGE, recent progress in metallurgy. (High speed tool steels; output of a boring and turning machine; cutting of cast iron; ferroalloys; softening effects of ferro-silicon added to

a ladle of molten metal; steel-hardening metals; nickel-vanadium steel alloys.) (V)* *J. Frankl.* 162 S. 345/69.

RICHARDS, metallurgical calculations. (Artificial furnace gas; MOND gas; water gas production; calorific power; chimney draft; balance sheet of the blast furnace; production, heating and drying of air blast; the BESSEMER process.) *Electrochem. Ind.* 4 S. 11/6 F., 55/9 F., 383/8.

PETERS, die Elektrometallurgie im Jahre 1905 und im ersten Halbjahre 1906. (Eisen; Erzeugung von Roheisen und Stahl auf elektrothermischem Wege; Induktions- oder Transformatoröfen; Widerstandsöfen; Bogenöfen; Agglomerationsverfahren; Erzeugung von Eisenlegierungen auf elektrothermischem Wege; elektrothermische Bearbeitungsmethoden; Schmelzflußelektrolyse; Eisen aus wässrigen Lösungen; Mangan; Chrom; Wolfram; Molybdän; Silicium; Bor; Titan, Thorium und Tantal; Vanadium; Aluminium; Magnesium; Cer und verwandte Metalle; Erdalkalimetalle; Alkalimetalle; Blei; Zink; Nickel; Gold; Kupfer; Arsen; Antimon.)* *Glückauf* 42 S. 1384/91 F.

Les progrès de la métallurgie, celle du fer exceptée, en 1903, 1904 et 1905. (Four de MERTON, four de MEYER.) *Portef. éc.* 51 Sp. 156/60 F.

JAKOBI, moderne Stahlindustrie mit besonderer Berücksichtigung der KRUPPschen Werke. *Z. V. dt. Ing.* 50 S. 1756.

OSANN, die Eisenindustrie der Vereinigten Staaten von Nordamerika.* *Z. Bergw.* 54 S. 198/221.

STICHT, Stand der Betriebe der Mount Lyell Mining and Railway Co. am Schlusse des Jahres 1905. *Metallurgie* 3 S. 563/8 F.

THIESZ, Berg-, Hütten- und Salinenwesen im Altai.* *Z. O. Bergw.* 54 S. 598/600.

HOFFMANN, Kraftgewinnung und Kraftverwertung im Berg- und Hüttenwerken. *Stahl* 26 S. 824/5; *Z. Kälteind.* 13 S. 148/9.

JANSSEN, die elektrische Kraftübertragung auf Hüttenwerken. (Kosten der Energieerzeugung.) *Stahl* 26 S. 199/206.

KOCH, die Elektrizität im Hüttenwesen. *Z. O. Bergw.* 54 S. 417/24 F.; *Schw. Electrot. Z.* 3 S. 123/5 F.

DESLANDES, chemische Vorgänge im sauren Martinofen. *Metallurgie* 3 S. 641/3.

DE SCHWARZ, use of oxygen in removing blastfurnace obstructions. *Iron & Coal* 72 S. 1623; *Mar. E.* 28 S. 421/2.

SIMMERSBACH, technische Fortschritte im Hochofenwesen. (Erzbrikettierungsanlage der COLTNES IRON CO.; Entladevorrichtung des Eisenwerks „Kraft"; KRUPP'sche Anlage in Rheinhausen; Verladevorrichtung des SCHALKER GRUBEN- UND HÜTTENVEREINS; Entladevorrichtung von SPEYERER & MUTH; selbsttätiger Wagenkipper; Seilbahnbetrieb der Gewerkschaft „Deutscher Kaiser"; fahrbare Hüttenkrane der RÖCHLINGschen Eisen- und Stahlwerke; Gichtaufzug des AACHENER HÜTTEN-AKTIEN-VEREINS; STÄHLERscher Schrägaufzug; LÜRMANNscher Gichtaufzug, POHLIG'sche Begichtungsvorrichtung in Knuttingen.)* *Stahl* 26 S. 262/71 F.

WEST, air furnace practice. A comparison of designs and methods of working.* *Iron A.* 78 S. 16/9.

BUHLE, zur Frage der Bewegung und Lagerung von Hüttenrohstoffen. (Seitenentleerer; Bodenselbstentlader; Verwandlungswagen; Knüppelkippwagen; Seilrangieren unter gleichzeitiger selbsttätiger Beladung; BLEICHERTsche Koksförderung; selbsttätige Füllvorrichtung für Elektrohängebahnen; Kurvenkipper von POHLIG;

Kipper zum Beladen von Eisenbahnwagen [DODGE COAL STORAGE CO.]; hydraulischer Portalkran von DINGLINGER; fahrbarer elektrischer Portalkran mit angehängtem Drehkran von MOHR & FEDERHAFF; Hochbahnkran der BENRATHER MASCHINENFABRIK für Japan; Gurtfördererkran mit Drehkrangreifer-Betrieb von MOHR & FEDERHAFF; Gurtfördereranlage mit Türmen; Verladeschnecke von SAUERBREY; Förderrohr der LINK BELT ENGINEERING CO.; Schwingtransportrinne von GEBR. COMMICHAU; Elevator von FREDENHAGEN; Hochbagger der LÜBECKER MASCHINENBAU-GESELLSCHAFT; Einschienen-Becherwerk von BLEICHERT & CO.; JAEGERscher Greifer; Umschlagseinrichtung für Kohle und Erz in Walsum; Koksgewinnungsanlage der LACKAWANNA STEEL CO.; vierteiliger Greifer von MAYS & BAILY.)* *Stahl* 26 S. 641/54 F.; *Z. V. dt. Ing.* 50 S. 786.

DIETERICH, Schwebetransporte in Berg- und Hüttenbetrieben. (Anlage der WIGAN AND IRON CO.; Drahtseilbahn für die Imperial Continental Gas-Association, Berlin; Gaswerk in Mariendorf; Haldenbahn des Hochofenwerkes Providence; Elektroseilbahn der Moselhütte, Hängebahnstrecke mit Lauf- und Hubwerk; Kohlenverladeanlage mit Fernsteuerung.)* *Stahl* 26 S. 380/8 F.

GUILLEMAIN, theoretical aspects of lead-ore roasting. *Eng. min.* 81 S. 470/1.

2. Verfahren. Processes. Procédés.

VONDRÁČEK, über sulfatisierende Röstung der sulfidischen Erze. *Z. O. Bergw.* 54 S. 437/41.

WEDDING, die Brikettierung der Eisenerze und die Prüfung der Erzziegel. *Z. O. Bergw.* 54 S. 181/3.

Reinigung und Agglomeration von Erzstaub. *Eisenz.* 27 S. 57/8.

The electric smelting of magnetite ores at Sault Ste. Marie. *Iron & Coal* 72 S. 2046.

LEHMER, elektrisches Verschmelzen sulfidischer Erze und Hüttenprodukte unmittelbar auf Metall. (Molybdänglanz; Nickelstein. Folgerungen.) *Metallurgie* 3 S. 549/55 F.

STICHT, über das Wesen des Pyrit-Schmelzverfahrens. *Metallurgie* 3 S. 105/22 F.

The SAVELSBERG process. (The raw ore, mixed with a suitable proportion of limestone and silicious flux is blown directly in the converter.)* *Eng. min.* 81 S. 1136/7.

Dephosphorization in the BERTRAND-THIEL process. (Dephosphorising in the presence of carbon; the elimination of phosphorus explained.) *Iron A.* 78 S. 680/1.

THOMAS, der Einfluß des Siliciums und Graphits beim sauren Martinprozeß. *Metallurgie* 3 S. 505/8; *Iron & Coal* 73 S. 339/40.

Mineral PointZincCo's works. (Magnetic separation; acid scrubbers; acid filters; tanks for making fuming acid; suphuric acid plant; galena roaster; calcining furnace; acid purification tower.)* *Eng. min.* 82 S. 388/91.

STANDLEY LOW, concentration of silver-lead ores. *Eng. min.* 82 S. 349/50.

Der HUNTINGTON-HEBERLEIN-Prozeß. *Z. O. Bergw.* 54 S. 631/4; *Eng. min.* 81 S. 1005/6.

HUNTINGTON, flotation processes. (Applied in concentrating the metalliferous portion of certain tailings, produced in the treatment of the sulphide ores of Broken Hill.) *Eng. min.* 81 S. 314/7.

The POTTER flotation process. *Eng. min.* 81 S. 1000.

FULTON, cyanidation during 1905. (Treatment of slime by filter-pressing; application of the pro-

 cess to ores whose value consists chiefly in silver treatment of cupriferous gold and silver ores.) *Eng. min.* 81 S. 76/8.

SWEETLAND, treatment of silver-lead tailings by the cyanide process. (The cyanide plant; character of the ore; laboratory tests; actual working of the plant.) *Eng. min.* 82 S. 342/4.

TRACY, cyanide practice at the liberty bell mill, Telluride, Colorado.* *Eng. min.* 82 S. 149/50.

3. Werke, Oefen und Maschinen. Plants, furnaces and machines. Etablissements, fours et machines.

BLOSFELD, moderne Anlagen der Eisengroßindustrie. Transportmittel und Hochöfen; schmiedbares Eisen. *Rig. Ind. Z.* 32 S. 68/9 F.

HAENIG, das neue Hochofenwerk bei Emden, Hohenzollernhütte A.-G.* *Gieß. Z* 3 S. 371/4 F.

HECK, ein neues russisches Hochofenwerk. (An der Petschora.)* *Stahl* 26 S. 190/4.

LÜRMANN, die Hüttenwerke der Priv. Oesterreich-Ungarischen Staats-Eisenbahngesellschaft in Resicza und Anina (Ungarn). (Kohlen- und Eisensteingruben, Hochöfen, Puddel- und Walzwerke, Eisengießerei.) *Stahl* 26 S. 1363/9.

PUFAHL, the Perth Amboy plant of the American Smelting and Refining Co. (Ore smelting; copper sulphate manufacture; gold and silver parting.) *Eng. min.* 81 S..169.

The THALBOT furnaces of the Jones & Laughlin Steel Co.* *Iron & Coal* 72 S. 631.

MATHEWSON, Schachtofen.* *Metallurgie* 3 S. 574.

OSANN, die Berechnung des Hochofenprofils und ihre grundlegenden Werte. (V)* *Stahl* 26 S. 441/51.

Die größten Hochöfen der Welt. (CARNEGE STEEL CO. zu Duquerne in Pennsylvanien mit 700 cbm fassenden Hochöfen, 30 m hoch bei 4—7 m Weite.) *Gieß. Z.* 3 S. 191/2.

THOMAS, moderner Umbau eines Hochofens in Südrußland. *Stahl* 26 S. 598/602.

GRANBERG, the Northern Iron Co's blast furnace.* *Eng. min.* 82 S. 98/102.

Blast furnace charging apparatus. (Bucket filling system; horizontal turntable, located in a pit adjacent to the stock bins and below the lower end of the incline.)* *Iron A.* 78 S. 478/9; *Iron & Coal* 72 S. 2310.

The BAKER-NEUMANN rotary distributer for blast furnaces.* *Iron A.* 78 S. 214/5.

DOUGHERTY, blast furnace charging apparatus.* *Iron A.* 77 S. 1679.

IRVIN, JOHN, blast-furnace charging.* *Eng. min.* 81 S. 126.

BRINSMADE, smelter charge handling. (In the southwest; a comparison of the different methods in use at three large modern smelters in Arizona and Mexico.)* *Mines and minerals* 27 S. 273/6.

Chargeur rotatif pour haut fourneau.* *Gén civ.* 49 S. 147/8.

SHACKLEFORD, blast furnace charging apparatus.* *Iron A.* 77 S. 505.

The BAKER-NEUMANN rotary distributer for blast furnaces.* *Iron A.* 78 S. 214/5; *Iron & Coal* 73 S. 379/80.

Electrically-driven coke oven charging car.* *Iron & Coal* 72 S. 379.

SIMMERSBACH, technische Fortschritte im Hochofenwesen. (Hochofenprofile; Dämpfen der Hochöfen; Roheisengießmaschinen; GAYLEY's Windtrocknungsverfahren; Masselbrecher; Winderhitzung; Gasreinigung; BIANsche Gaskühler; Gasgebläsemaschine.)* *Stahl* 26 S. 389/96 F.

WEST, air furnace practice. (Advantages of an

air furnace over a cupola.) **(V) (A)** * *Mech. World* 40 S. 62/3.

OSANN, Gichtstaub als Ursache der Schachtzer-störung in Hochöfen. *Stahl* 26 S. 336/8; *Tonind.* 30 S. 1475/81.

Schutz der Feuerungsanlagen vor schneller Zerstörung. (Ueberziehen der Feuerungsteile und -Apparate mit Karborund. Bewährung bei allen mit Gas oder Generatorgas betriebenen Feuerungsanlagen; Tiegelschmelzöfen, Schweißöfen, Zementieröfen, Härte- und Glühöfen usw.) *Ratgeber, G. T.* 5 S. 262/4.

Use of oxygen in removing blast furnace obstructions. *Iron & Coal* 73 S. 8.

Beseitigung von Hochofenverstopfungen mittels Sauerstoffs. *Vulkan* 6 S. 167.

SMITH, JOHN J., removal of a salamander from a blast furnace. (Construction of the furnace; formation of salamanders; drilling the blast holes; use of dynamite; removing the pieces.) * *Am. Mach.* 29, 1 S. 235/9.

FREYTAG, Kupolofenhöhe und Koksverbrauch. *Stahl* 26 S. 480/1.

GREINER, Kupolofenanlage der Firma KUHN.* *Stahl* 26 S. 405/14.

TAFEL, Gasofen und Halbgasofen. *Stahl* 26 S. 134/9.

WEISHAN, Gasofen und Halbgasofen. (Aeußerung zur Abhandlung von TAFEL.) *Stahl* 26 S. 278/9.

BECK, zum fünfzigjährigen Jubiläum des Regenerativofens.* *Stahl* 26 S. 1421/7.

HUESSKNER coke oven.* *Iron & Coal* 72 S. 2140e.

Modern features of the united OTTO coke oven. (United OTTO by-product coke oven; electrically operated charging lorry at the Sparrows Point plant; electrical charging lorry at the Duluth plant; levelling machine at Lebanon, Pa.; inclined coke quenching car at the Duluth plant.) * *Iron A.* 77 S. 659/62.

MAY, WALTER, down-draught annealing ovens.* *Pract. Eng.* 33 S. 741/4.

Der WOLSELEY Muffelofen. (Zum Erhitzen von Stahlstücken, Nachlassen, Einsetzhärten usw.) * *Ratgeber, G. T.* 5 S. 348.

Side-blown converters. *Iron & Coal* 72 S. 976/7.

Electrical steel melting at Disston plant. The pioneer American electric steel furnace.* *Iron A.* 77 S. 1811/13; *Iron & Coal* 72 S. 2229.

STASSANO, the rotating electric steel furnace in the artillery construction works, Turin.* *Iron & Coal* 72 S. 1233.

STASSANO, siderurgia termoelettrica.⊞ *Polit.* 54 S. 289/311.

BENJAMIN, Schmelzofenbatterie für metallurgische Zwecke. *Metallurgie* 3 S. 574.

SÖRENSEN SEVERIN, Kupferatsinschmelzen in kleinen mit den üblichen Rostfeuerungen betriebenen Flammöfen mit einer Kohlenstaubfeuerung.* *Metallurgie* 3 S. 474/5.

MC KENZIE, COLVILLE & SONS, protecting open-hearth furnace bottoms. *Iron & Coal* 73 S. 839.

KING, fire-brick work. *Am. Mach.* 29, 1 S. 483/5.

AUBREY, refractory uses of bauxite. *Eng. min.* 81 S. 217/8.

MAY, WALTER, refractory furnace linings. (Common firebrick; silica, magnesite, and alumina bricks.) *Mech. World* 39 S. 69/70.

Hebezeuge und Spezialmaschinen für Hüttenwerke. (Mitgeteilt von der DUISBURGER MASCHINENBAU-A.-G. VORM. BECHEM & KEETMAN; elektrisch betriebene Kräne; Gießlaufkräne; Gießwagen; Muldenchargierkräne.) *Stahl* 26 S. 925/32 F.

FRÖLICH, maschinelle Einrichtungen für das Eisenhüttenwesen. *Z. V. dt. Ing.* 50 S. 1729/35 F.

HANN, the mechanical equipment of collieries.* *Page's Weekly* 9 S. 907/9.

Abschervorrichtung für Ingots. (Entfernung der den Blöcken anhaftenden Abgüsse [Knochen] der Stahlzuführungskanäle in der Schamottenunterlage der Coquillen durch Maschinenarbeit; Entfernung der „Knochen" mittels einer Druckwasservorrichtung, die aus einem Zylinder besteht, dessen Querbalken einen etwa 25 m langen, in der unteren Hälfte der Gußgrube befindlichen, aus Trägern hergestellten Rahmen um 30 cm zu verschieben vermag. In diesen Rahmen wird ein Querbalken eingehängt, durch den die „Knochen" sämtlicher eben abgegossener Ingots der betreffenden Coquillengruppe in noch zähflüssigem Zustande mit einem einzigen Hube des Kolbens abgeschert werden.) *Z. Gew. Hyg.* 13 S. 18/9.

Recent improvements in combined ingot strippers and vertical charging machines. (Vertical ingot charger; combined stripper and vertical charging machine.) * *Iron & Coal* 72 S. 1948/9.

VEREINIGTE MASCHINENFABRIK AUGSBURG UND MASCHINENBAUGESELLSCHAFT NÜRNBERG A.-G., Laufkran mit Elektromagneten zum Verladen von Stabeisen.* *Stahl* 26 S. 401/3.

The BENNETTS-JONES slag car.* *Eng. min.* 82 S. 505.

The POWER & MINING MACHINERY CO.'s slag car.* *Iron A.* 77 S. 1389.

4. Nebenprodukte. By-products. Sous-produits.

Utilisation des gaz des hauts fourneaux. Installations électriques de Portoferrajo. ⊞ *Éclair. él.* 48 S. 219/23.

HOFFMANN, H., Kraftgewinnung und Kraftverwertung in Berg- und Hüttenwerken. (Die Kraftquellen; der Dampfantrieb; die elektrische Kraftübertragung; Gasmaschinen und ihre Verwendung zum Antriebe von Dynamos, Gebläsen, Pumpen, Walzenstraßen.)* *Z. V. dt. Ing.* 50 S. 1393/1404 F.; *El. u. polyt. R.* 23 S. 291/3.

HOFFMANN, the utilization of waste gases from coke ovens and blast furnaces. *Iron A.* 77 S. 2063; *Mech. World* 40 S. 44.

REINHARDT, application of large gas engines in the German iron and steel industries. (Centrifugal purifier THEISEN for blast furnace gas; balanced double-seated valve used for large gas engines; gas engine governor for working with a constant mixture and constant compression; stuffing box designed to permit easy removal of the packing for cleaning.) (V) (A) * *Eng. News* 56 S. 352/4.

German practice in cleaning blast-furnace gases and coke-oven gases. (Before delivering them to the gas engine.) * *Electrochem. Ind.* 4 S. 395/9.

Gaswaschapparate für Hochofengichtgase. *Eisens.* 27 S. 641/2.

JUNGE, the cleaning of blast furnace gas. * *Iron A.* 78 S. 542/5 F.

Cleaning blast furnace gas at the Lackawanna works. * *Iron & Coal* 73 S. 1095.

FREYN, cost of power from blast furnace gases. (Gas cleaning; losses; saving in comparison with production of power in a steam engine.) (V) (A) *Eng. Rec.* 53 S. 53/5.

HARTSHORNE, the KURZWERNHART gas-saving process. (Arrangement for SIEMENS reversing valve; arrangement for FORTER reversing valve; arrangement for smoke process.) * *Iron & Coal* 72 S. 1946/7.

KRULL, der BIANSche Reinigungs- und Kühlapparat für Hochofengase. * *Ann. Gew.* 58 S. 91/3; *Bayr. Gew. Bl.* 1906 S. 33/4; *Prom.* 17 S. 337/41.

MEYJES, über den gegenwärtigen Stand der Gicht-
gasreinigung. * *Stahl* 26 S. 27/35.

Blast furnace gas cleaning fans. (The cleaning
action of the fan is due to the centrifugal force
throwing the particles of dust against the water-
covered surface of the interior of the fan housing. Fan for cleaning blast furnace gas by the
Buffalo Forge Co.) * *Iron & Coal* 73 S. 2014.

Dust catchers at the Parkgate Iron and Steel Co.'s
blast furnaces.* *Iron & Coal* 73 S. 1171.

ROELOFSEN, by-product coke and HUESSENER by-
product coke ovens. *Iron & Coal* 72 S. 2140d—e.

Ein wieder zu Ehren kommendes Hüttenprodukt.
(Walzensinter, welcher bei der Bearbeitung im
Walz- und Hammerwerk als eine blätterige
Masse abfällt; Verwendung beim MARTINver-
fahren zum Roheisenfrischverfahren.) *Gieß. Z.*
3 S. 177/9.

BOUDOUARD, fusibilité des laitiers de hauts-fourneaux. * *Rev. métallurgie* 3 S. 217/21.

TURNER, die physikalischen und chemischen Eigenschaften der Schlacken. (V) (A) * *Stahl* 26
S. 172/3.

Hydraulik. Hydraulics. Hydraulique.

FLIEGNER, Beiträge zur Dynamik der elastischen
Flüssigkeiten. (Bemerkungen zu Veröffentlichungen und Versuchen über den Ausströmungsvor-
gang. [Vgl. Jg. 31 S. 68, 78 u. 184; 43 S. 104
u. 140. BÜCHNERs Inauguraldissertation über die
LAVALschen Turbinendüsen].) *Schw. Baus.* 47
S. 30/2.

SCHOOFS, résolution des problèmes relatifs à
l'écoulement des liquides dans les conduites et
égouts. (D'après les nouvelles formules proposées par FLAMANT.)⊞ *Ann. trav.* 63 S. 313/27.

SIEDEK, Versuch der Aufstellung einer Geschwin-
digkeitsformel für natürliche Flußbetten. (Äußerung zur Abhandlung von MATAKIEWICZ im
Jg. 11 S. 767,78 mit Entgegnungen des letzteren.)
Wschr. Baud. 12 S. 317/24, 504/5.

ANDREWS, the computation of height of backwater
above dams. (WEISSBACH's formulas; POIRÉE
formula.) * *Eng. News* 56 S. 454/5.

ANDERSON, diagram for computing the flow of
water over weirs.* *Eng. News* 55 S. 157.

BABB, experiment to determine „N" in KUTTER's
formula. (For computing the mean velocity in
canals.) *Eng. News* 55 S. 122/3.

MEAD, hydraulic laboratory at the University of
Wisconsin. (For experiments under heads up
to 170ʹ) (A) * *Eng. Rec.* 53 S. 506/8.

JUDD and KING, some experiments of the friction-
less orifice. (For determining the coefficient of
discharge by calibration, the shape of the jet in
the vicinity of the least section, the diameter of
the jet at the least section, the effect of increase
in static pressure on the diameter at the least
section and the shape of the jet, the velocity in
the least section by use of the PITOT tube.) (V)
(A) * *Eng. News* 56 S. 326/30.

Misura della velocità dell aqua nelle condotte
forzate a mezzo del tubo di PITOT-DARCY.
Giorn. Gen. civ. 43 S. 441.

LAWRENCE and BRAUNWORTH, fountain flow of
water in vertical pipes. (Experiments to obtain
a general law for the fountain flow of water
from vertical pipes, for pipes of any size and
for any head over the crest; PITOT tube.) (V.
m. B.)⊞ *Trans. Am. Eng.* 57 S. 265/306.

Die OTTschen Flügel des eidgenössischen hydrometrischen Bureaus auf der Ausstellung in Mailand 1906. * *Schw. Baus.* 48 S. 169/73 F.

HAJÓS, hydrographischer Dienst in Ungarn. (Ge-

---

nauigkeit der Flügelmessung; mittlere Profil-
geschwindigkeit.) * *Wschr. Baud.* 12 S. 617/8.

MURPHY, Genauigkeit von Geschwindigkeitsmessungen in Flüssen. (Vergleichung der verschiedenen Meßverfahren an der Cornell-Universität in einem gemauerten Kanal. Lotrechte
Geschwindigkeitskurven. CIPPOLETTIsches Meßwehr.) (A) * *Zbl. Bauv.* 26 S. 81/3.

KRÜGER, E., über die Genauigkeit von Geschwindigkeitsmessungen in Flüssen. (Zum Aufsatze von MURPHY S. 81/3. Untersuchung von
Flügelmessungen durch den Verfasser. Lage
der mittleren Geschwindigkeit in der Lotrechten.)
Zbl. Bauv. 26 S. 276.

BORDINI, esperienze eseguite sul canale industriale
Nuova Molina derivato dal fiume Brenta. (Veri-
fiche e deduzioni sulle leggi del moto uniforme.)⊞
Giorn. Gen. civ. 48 S. 169/92.

HYDROGRAPHIC work of the U. S. Geological Survey
in New England. (Measurements of stream flow.)
Eng. News 55 S. 178.

CORTHELL, conditions hydrauliques des grandes
voies navigables du globe. (Envisagées plus
spécialement au point de vue des courants dans
leurs divers chenaux.) (a) ⊞ *Mém. S. ing. civ.*
1906, 2 S. 87/263.

LIECKFELDT, Erscheinungen bei der Fahrt eines
Schiffes. (Form der Wellen; Einsenkung;
Einfluß der treibenden Kraft; Fahrtwiderstand;
Einfluß von Grund und Ufer.) * *Zbl. Bauv.* 26
S. 438/41.

KREY, Schiffswiderstand auf Kanälen und seine
Beziehungen zur Gestalt des Kanalquerschnitts
und zur Schiffsform. (Widerstandsberechnung
und Klappversuche; Reibungswiderstand; Widerstand des Gefälles; Stoßwiderstand; Einsenkung.) *
Z. Bauw. 56 Sp. 503/28.

BÁNKI, Versuche über Strömungserscheinungen des
Wassers bei plötzlichen Richtungs- und Quer-
schnittsänderungen. * *Dingl. J.* 321 S. 817/8.

SWAIN and HANNA, depth of thread of mean
stream velocities. (Velocities in natural and in
artificial streams.)* *Eng. News* 55 S. 47, 417/8.

PARENTY, construction d'un appareil à enregistrer
les vitesses et à totaliser les débits des conduites
forcées et des canaux découverts. (Rhéomètre;
pesée automatique du piston; effort ascensionnel
exercé sur le piston; compensation de la plongée
variable de la paroi fixe annulaire dans le mercure de la rigole.)⊞ *Ann. ponts et ch.* 1906, 1
S. 170/90.

DANCKWERTS, vom Stoß des Wassers, nebst Anhang über die Wirkung der Buhnen. (Stoß-
wirkungen, die mit der Wirkung der Geschosse
eines Maschinengewehrs auf eine ruhende oder
bewegte Steinwand verglichen werden können.)⊞
Z. Arch. 52 Sp. 119/54.

MAILLET, vidage des systèmes de réservoirs.
(Deux réservoirs avec ajutages; n réservoirs
avec ajutages; n réservoirs possédant des dé-
versoirs superficiels.) *Ann. ponts et ch.* 1906,
1 S. 110/49.

KAHLE, Einwirkung von Seen im Zuge eines Fluß-
laufs auf den Abflußvorgang. * *Zbl. Bauv.* 26
S. 138/9.

Hydrazine und Derivate. Vgl. Azoverbindungen,
Chemie, organische.

KNORR und KÖHLER, das symmetrische Dimethyl-
hydrazin. *Ber. chem. G.* 39 S. 3257/65.

KNORR, Darstellung der symmetrischen secundären
Hydrazine aus Antipyrinen. *Ber. chem. G.* 39
S. 3265/7.

FRANZEN und ZIMMERMANN, neue Darstellungs-

weise der quaternären Hydrazine und deren Eigenschaften. *Ber. chem. G.* 39 S. 2566/9.

CHATTAWAY, action of light on benzaldehyde-phenylhydrazone. *J. Chem. Soc.* 89 S. 462'7.

FRANZEN und VON MAYER, Einwirkung von Hydrazinhydrat auf komplexe Kobaltsalze. *Ber. chem. G.* 39 S. 3377/80.

FINGER, Hydrazinderivate der Diamidodiphenyl-methanreihe. *J. prakt. Chem.* 74 S. 155/6.

MAURENBRECHER, Diphenylhydrazone einer Reihe von Aldehyden. *Ber. chem. G.* 39 S. 3583/7; *Z. V. Zuckerind.* 56 S. 1046/7.

ORTOLEVA, sopra un nuovo composto, che si ottiene per azione del jodio sul benzalfenilid-razone in soluzione piridica. *Gas. chim. it.* 36, 1 S. 473/6.

STOLLÉ, Ueberführung von Hydrazinabkömmlingen in heterocyklische Verbindungen. Dihydrazid-chloride; ST. und THOMÄ, Dibenzoylhydrazid-chlorid. *J. prakt. Chem.* 73 S. 277/300.

WEINDEL, Dihydrazidchloride substituierter Benzoë-säuren und ihre Umsetzungsprodukte. HAMBACH, Dihydrazidchloride substituierter Benzoësäuren und der α-Naphtoësäure. *J. prakt. Chem.* 74 S. 1/24.

WERNER und PETERS, Kondensation von Phenyl-hydrazin mit p-Chlor-m-nitro-benzoësäureester. *Ber. chem. G.* 39 S. 185/92.

Hydroxylamin. Vgl. Ammoniak.

HOFMANN, K. A. und ARNOLDI, Zerfall von Hydroxylamin in Gegenwart von Ferro-Cyan-wasserstoff; Bildung von krystallisiertem Eisen-cyan-Violett und Nitroprussidsalz. *Ber. chem. G.* 39 S. 2204/8.

RASCHIG, neue Sulfosäuren des Hydroxylamins. *Ber. chem. G.* 39 S. 245/8.

WIELAND und GAMBARJAN, substituierte Diphenyl-hydroxylamine. *Ber. chem. G.* 39 S. 3036/42.

TARUGI, preparazione dell'idrosilplatidiamminsolfato. *Gas. chim. it.* 36, 1 S. 364/9.

AZZARELLO, azione dell'idrossilammina e dell'α-benzildrossilammina sull'etere trimetilossico-menico. *Gas. chim. it.* 36 1 S. 621/6.

PALAZZO, azione dell'idrossilammina sull'etere di-metil-piron-dicarbonico. SALVO, azione dell'idros-silammina sull'etere acetil-malonico. CARAPELLE, sull'etere diacetil-malonico. *Gas. chim. it.* 36, 1 S. 596/618.

BETTI, sulla reazione fra β-naftolo, formaldeide e idrossilamina. *Gas. chim. it.* 36, 1 S. 388/401.

HAGA, hydroxylamine-α β-disulphonates. (Structural isomerides of hydroximinosulphates or hydroxyl-amine - β β - disulphonates.) *J. Chem. Soc.* 89 S. 240/50; *Chem. News* 94 S. 276/9 F.

I.

Indigo. Vgl. Färberei.

BECKMANN und GABEL, Molekulargröße des In-digos. *Ber. chem. G.* 39 S. 2611/8.

VAUBEL, Molekulargröße des Indigos. *Ber. chem. G.* 39 S. 3587/8.

DECKER und KOPP, Bildung von Indigo aus Chi-nolin. *Ber. chem. G.* 39 S. 72.

BINZ, Addition von Alkali an Indigo. *Z. ang. Chem.* 19 S. 1415/8.

MARKFELDT, natürlicher und künstlicher Indigo und ihre Rivalen. *Farben-Z.* 11 S. 1045/8.

Ueber Bromindigo. (Beseitigung der aus der An-wendung der Hydrosulfitküpe erwachsenden Nüance-Schwierigkeiten durch Bromindigo oder Indigo M L B R der HÖCHSTER FARBWERKE.) *D. Wolling.* 38 S. 419/20.

KNECHT, analysis of indigo. *J. Soc. dyers* 22 S. 330/2.

BLOXAM, analysis of indigo. *Chemical Ind.* 25 S. 735/44.

BLOXAM, method of determining indigotin. *Chem. News* 94 S. 149/50.

BERGTHEIL and BRIGGS, determination of indigotin in commercial indigo and in indigo-yielding plants. *Chemical Ind.* 25 S. 729/35.

Indikatoren. Indicators. Indicateurs. Vgl. Chemie, analytische, Geschwindigkeitsmesser, Registrier-vorrichtungen.

STAMM, Indikatoren und Druckregistrierapparate.* *Mot. Wag.* 9 S. 761/6.

Depth indicator for torpedo boats.* *Sc. Am. Suppl.* 62 S. 2570/3.

Spark and combustion indicator.* *Eng.* 102 S. 47.

Indicateur de hauteur d'eau à courant d'air continu. Marégraphe de la pointe de Grave (Gironde).* *Gén. civ.* 49 S. 154/5.

MORRISON, Simplex Indikator. (Für Verwendung an Dampfmaschinen wie an Wasserdruck- und Explosionsmaschinen geeignet.)* *Techn. Z.* 23 S. 543.

SEABROOKE, continuous recording indicator.* *Eng. Rec.* 53 S. 52.

STANLEY, G. J. ELECTRIC MANUFACTURING CO., portable maximum demand indicator.* *El. World* 47 S. 1203.

French optical high-speed gas-engine indicator. (Cards taken at 2000 revolutions per minute.)* *Am. Mach.* 29, 2 S. 693.

Der Indikator von MAZELIER (für Gasmotoren). (Der Apparat besteht aus einem Stück, welches am Motor direkt befestigt wird, und einem Manometer; die gegenseitige Verbindung wird durch einen biegsamen Metallschlauch erzielt.)* *Mot. Wag.* 9 S. 67/8.

BROWN, indicated horsepower and indicators.* *Automobile, The* 15 S. 110/4.

DINOIRE, indicateur de vitesse enregistreur pour machines d'extraction.* *Bull. ind. min.* 4, 5 S. 373/82.

DREYER, ROSENKRANZ & DROOP, German con-tinuous steam-engine indicator.* *Am. Mach.* 29, 2 S. 672.

LLOYD, an improved engine indicator.* *Sc. Am.* 94 S. 307.

LIPPINCOTT STEAM SPECIALTY & SUPPLY CO., steam indicating apparatus.* *El. World* 47 S. 957.

SHREFFLER ENGINE INDICATOR CO., continuous horse-power indicator for steam engines. (Design based upon the principle that the horse-power is the function of the speed of the piston and the difference between the mean steam and back pressures in the cylinder.)* *Eng. News* 56 S. 117; *El. World* 47 S. 289/90; *West. Electr.* 38 S. 103/4.

HALL, inertia of the piston and pencil mechanism of the steam engine indicator.* *Pract. Eng.* 34 S. 262/3.

Arbeitsdiagramme von Maschinen mit Kurbel-bewegung.* *Dingl. J.* 321 S. 497/502 F.

Der Cipollina-Doppeldiagramm-Indikator. *Dingl. J.* 321 S. 13/4.

Torsion-indicator diagrams of marine engines.* *Engng.* 81 S. 107/10.

Official test of 7,500 H.P. steam engine for the Interborough Rapid Transit Co., New York City. (Continuous indicator diagram device, designed by SEABROOKE.)* *Eng. News* 55 S. 45/6; *El. World* 47 S. 12/3.

46*

WILLARD, combining indicator diagrams.* *Eng. Chicago* 43 S. 716/7.

Bestimmungen über die Feststellung der Maßstäbe für Indikatorfedern, im Einvernehmen mit der Physikalisch-Technischen Reichsanstalt aufgestellt vom Verein deutscher Ingenieure.* *Z. V. dt. Ing.* 50 S. 709/12; *Z. Bayr. Rev.* 10 S. 96/9.

Temperatur der Indikatorfedern. *Z. Spiritusind.* 29 S. 385/6.

STREETER, calibration of indicator springs. (Device.)* *Pract. Eng.* 34 S. 549.

Indium.

THIEL, Flüchtigkeit des Indiumoxyds. *Z. anorgan. Chem.* 48 S. 201/2.

Induktionsapparate, Kondensatoren und Zubehör. Induction-coils, condensers and accessory. Bobines d'induction, condensateurs et accessoire. Siehe Elektrotechnik 2 u. 3.

Injektoren. Injectors. Injecteurs. Siehe Pumpen 5.

Instrumente, anderweitig nicht genannte. Instruments, not mentioned elsewhere. Instruments, non dénommés. Vgl. Kopieren, Laboratoriumsapparate, Lehrmittel, Messen und Zählen, Optik 4, Registriervorrichtungen.

    1. Chirurgische und andere ärztliche.
    2. Pharmazeutische.
    3. Mathematische.
    4. Zeicheninstrumente.
    5. Astronomische und nautische.
    6. Geodätische.
    7. Physikalische.
    8. Maschinentechnische.
    9. Meteorologische.
    10. Verschiedene.

1. Chirurgische und andere ärztliche. Surgical and other medical instruments. Instruments de chirurgie ou de médecine. Vgl. 7.

KRÖMER, selbsthaltendes Spekulum.* *Aerztl. Polyt.* 1906 S. 130/1.

SCHALLEHN, eine Halteplatte für Spekula.* *Med. Wschr.* 53 S. 2401/2.

FREUDENBERG, Kombinations-Kystoskop für Irrigationskystoskopie, Evakuation und Katheterismus des einen oder beider Ureteren. * *Aerztl. Polyt.* 1906 S. 102/7.

MÜLLER, selbstleuchtender Augenspiegel. (Elektrischer, nach dem Muster EVERBUSCH mit einer Einrichtung, daß vor seinem Schloch eine Reihe von Konkav- und Konvexgläsern vorbeigeführt werden kann.)* *Aerztl. Polyt.* 1906 S. 113/4.

Trochoskop. (Zu Durchleuchtungen in wagerechter Lage des Kranken.)* *Arch. phys. Med.* 2 S. 73/5.

FREUND, eine für RÖNTGENstrahlen undurchlässige biegsame Sonde. (Aus gummiartigem Stoff.) *Med. Wschr.* 53 S. 29.

Methode, mittels deren durch RÖNTGENstrahlen eine Parallelprojektion erreicht wird. (Apparat, der gestattet, die RÖNTGENröhre zu verschieben und außerdem die Projektion mittels des einen senkrechten Strahles allein aufzuzeichnen. Orthodiagraph nach BOAS, nach DESSAUER.)* *Arch. phys. Med.* 1 S. 248/68.

REICHERT, Spiegelkondensor zur Sichtbarmachung ultramikroskopischer Teilchen. *Med. Wschr.* 53 S. 2531/3.

HOLZKNECHT-KIENBÖCKscher Stuhl bei Aufnahme der obersten Halswirbel. * *Arch. phys. Med.* 1 S. 61/3.

HERZIG, Zungendrücker. * *Aerztl. Polyt.* 1906 S. 148/9, 186.

BERNSTEIN, Fieberthermometer mit Formalinbehälter. (Hülse mit innerem Siebboden, durch den die Formalindämpfe von dem Behälter aus mit dem Thermometer in Berührung treten.) *Aerztl. Polyt.* 1906 S. 98/9.

HAAK, Blutdruck-Manometer.* *Aerztl. Polyt.* 1906 S. 99/100.

BINGEL, Messung des diastolischen Blutdruckes beim Menschen. (Mittels eines von BINGEL angegebenen Quecksilbermanometers, das beim Steigen elektrische Stromkreise schließt und öffnet und dadurch einen Elektromagneten erregt.) * *Med. Wschr.* 53 S. 1246/8.

WIECK, Apparat zur Entnahme kleiner Blutmengen.* *Med. Wschr.* 53 S. 1967/8.

FROMME, Saccharometer zur Bestimmung des Zuckergehaltes in unverdünntem Harn.* *Aerztl. Polyt.* 1906 S. 179/80; *Apoth. Z.* 21 S. 106.

Das CITRONsche Gär-Saccharoskop. (Das Prinzip des Apparates beruht auf dem Gewichtsverlust, den ein zuckerenthaltender Harn nach vollständiger Vergärung erleidet.)* *Apoth. Z.* 21 S. 81/2.

Neue Gärungs-Saccharometer. (Gärungs-Saccharometer mit Glyzerin-Indikator von LOHNSTEIN zur Bestimmung des Zuckergehalts des Harns. Das Quecksilber ist durch Glyzerin ersetzt. Gärungs-Saccharometer von KÜCHLER & SÖHNE.)* *Aerztl. Polyt.* 1906 S. 136/9.

WAGNER, BERTHOLD, Gärungs-Saccharo-Manometer zur quantitativen Bestimmung des Zuckergehaltes unverdünnter Urine. * *Aerztl. Polyt.* 1906 S. 17/20.

HEUSNER, Harn-Separator für den Urin beider Nieren. *Aerztl. Polyt.* 1906 S. 65/7.

TROMP, der extravesikale Urinseparator nach HEUSNER.* *Med. Wschr.* 53 S. 1765/7.

GAUSS, Beckenmesser. * *Aerztl. Polyt.* 1906 S. 172/4; *Med. Wschr.* 53 S. 1299/1301.

SARASON, Tastzirkel-Beckenmesser.* *Aerztl. Polyt.* 1906 S. 39.

SCHUBERT, GOTTHARD, Narkosenapparat mit Dosierungsvorrichtung.* *Med. Wschr.* 53 S. 1961/3.

SCHAEFFER - STUCKERT, Technik bei der Lokalanästhesie. (Injektion an der Umschlagsfalte [Oberkiefer, Unterkiefer]; Injektion am einzelnen Zahn.) (V. m. B.)* *Mon. Zahn.* 24 S. 575/88.

GUGLIELMINETTI, appareil pour la chloroformisation. (Appareil ROTH-DROEGER; dosage d'oxygène de GUGLIELMINETTI) * *Compt. r.* 143 S. 1191/3.

V. ARLT, Instrumentarium für Lumbalanästhesie.* *Med. Wschr.* 53 S. 1660/1.

LANGER, Chemie und Technik an Sauerstoff - Atmungsapparaten.* *Z. Chem. Apparat.* 1 S. 68/73.

BRAT, Sauerstoff-Atmungsapparat. * *Aerztl. Polyt.* 1906 S. 69/70.

ZWAR, Taschen-Inhalier-Apparat. * *Aerztl. Polyt.* S. 187.

GERNSHEIMER, Inhalationsvorrichtung. (D.R.G.M. 254132. Auch zum Gebrauch seitens der Kranken vom Bett aus.) * *Med. Wschr.* 53 S. 414.

Nouvelle méthode de respiration artificielle. (Appareil EISENMENGER.) *Nat.* 34, 2 S. 19/20.

BRANDEGEE, Instrumentarium für schleunige Ohroperationen.* *Aerztl. Polyt.* 1906 S. 132/3.

Sperrhaken - Instrument mit Ohrmuschelhalter nach JAK.* *Aerztl. Polyt.* 1906 S. 30.

FREER, Instrumente zur Fenster - Resektion der Verbiegungen der Nasen-Scheidewand. * *Aerztl. Polyt.* 1906 S. 28,6.

HEERMANN, zur konservativen Behandlung der Nasennebenhöhleneiterungen. (Zange zur Eröffnung der Keilbeinhöhle und des Siebbeinlabyrinths.)* *Med. Wschr.* 53 S. 1162/5.

GEISSLER, Beitrag zum Instrumentarium für die Pubiotomie. (Schlingenförmig umgebogene Führungsnadel.)* *Med. Wschr.* 53 S 1767.

STOECKEL, Instrumente zur Pubiotomie. * *Aerztl. Polyt.* 1906 S. 56'9.

DOMMER, Urethrotom.* *Aerztl. Polyt.* 1906 S. 9/11.

HÜBSCHER, Tenotom. (Zur Ausführung der plastischen Achillotomie.) *Aerztl. Polyt.* 1906 S. 30/1.

MYLES' Antrum-Meißel.* *Aerztl. Polyt.* 1906 S. 140.

HINRICHSEN, aseptische Schutzhülse für Winkelstücke der Bohrmaschine. (V) (A) *Mon. Zahn.* 14 S. 111.

Oberkieferhöhlenstanze von ONODI.* *Aerztl. Polyt.* 1906 S. 78.

TAYLOR, MORGAN H. B., geburtshülfliche Zange.* *Aerztl. Polyt.* 1906 S. 107/8.

DÉMELIN, Geburtszange. * *Aerztl. Polyt.* 1906 S. 88'90.

PRÜSMANN, Uterushaltezange. * *Med. Wschr.* 53 S. 1967.

BOERMA, Beckenausgangszange (kurze Zange für den tiefstehenden Kopf.) * *Aerztl. Polyt.* 1906 S. 120/1.

REINECKE, Arterienklemme nach KOEBERLÉ. (Mit tangential angeordneter Sperrvorrichtung, die durch einfachen Druck ohne Voneinanderheben der Griffe gelöst wird.) * *Aerztl. Polyt.* 1906 S. 33/5.

BIRCH-HIRSCHFELD, Instrument zur Unterbindung tief liegender Gefäße.* *Aerztl. Polyt.* 1906 S. 177/8; *Med. Wschr.* 53 S. 2246/7.

REVERDIN, Unterbindungs-Klemme.* *Aerztl. Polyt.* 1906 S. 100/2.

MEYER-RUEGG, Instrument zur Stillung atonischer Blutungen nach der Geburt.* *Aerztl. Polyt.* 1906 S. 59/61.

STAUSS, Penisklemme.* *Aerztl. Polyt.* 1906 S. 24/5.

LEVISOHN, Mandelquetscher.* *Aerztl. Polyt.* 1906 S. 20/1.

JOSEPH, Messerquetsche bei der Ausführung der Gastroenterostomie und Enteroenterostomie.* *Aerztl. Polyt.* 1906 S. 86/7.

GRASER, Quetschzangen mit Nahtrinnen. (Zur Ausführung der Verschlußnaht von Magen und Darm.)* *Aerztl. Polyt.* 1906 S. 43/4.

MICHELsche Klammer.* *Aerztl. Polyt.* 1906 S. 54/5.

INGALLS, Augenlid-Pinzette. (Soll das Aufrollen der Augenlider bei Trachoma-Operationen erleichtern. Die Blätter sind gekreuzt.) * *Aerztl. Polyt.* 1906 S. 145, 185.

SCHOENEMAKERS Einfädelpinzette.* *Aerztl. Polyt.* 1906 S. 56.

BEHR, Nadelhalter „Ultra". (Hat zentrale aseptische Fadenführung.) * *Aerztl. Polyt.* 1906 S. 115/8.

KLAUSSNER, Abschlußvorrichtung für Dünndarmfisteln.* *Aerztl. Polyt.* 1906 S. 97/8.

JABOULAY, Darmknopf.* *Aerztl. Polyt.* 1906 S. 5/8.

HOLZHAUER, Darmknopf nach WENDEL.* *Aerztl. Polyt.* 1906 S. 118/20.

Die medizinischen Verbandmaterialien mit besonderer Berücksichtigung der Interessen der chirurgischen Gummiwarenbranche. *Gummi-Z.* 20 S. 366/8 F.

SCHMIDT, ALEX, Apparat zur schnellen und beinahe kostenlosen Beschaffung von sterilem Verband- und Tamponadenmaterial. * *Med. Wschr.* 53 S. 1661.

V. STALEWSKI, neue Sicherheitsnadel für Verbandzwecke. *Med. Wschr.* 53 S. 2534.

GHLULAMILA, Verwendung von Celluloid in der Chirurgie. *Celluloid* 6 S. 33/4.

BURK, Fußhalter zur Fixierung des Fußes bei Verbandanlegung.* *Med. Wschr.* 53 S. 1965,6.

KUHN, technisches zur BIERschen Stauung. (Stauungsklammer, Saugglocken.)* *Med. Wschr.* 53 S. 1020.

KROEMER, Apparat für das BIERsche Stauungs-

verfahren in der Gynäkologie.* *Aerztl. Polyt.* 1906 S. 44/5.

Heißluft-Apparate nach BIER. *Arch. phys. Med.* 1 S. 216/7.

KUHN, Lungensaugmaske. (Zur Erzeugung von Stauungshyperämie in den Lungen.) *Aerzt. Polyt.* 1906 S. 156/7.

HIRSCH, MAXIMILIAN, Instrumentarium, Technik und Erfolge der epiduralen Injektionen. * *Aerztl. Polyt.* 1906 S. 90/3.

BRONSTEIN, zur Technik der Serumgewinnung. (Apparat für intravenöse Injektionen; Gefäß zur Blutentnahme.)* *CBl. Bakt.* I, 40 S. 583/4.

WEINBERG, Sicherheitsvorrichtung für subkutane und intravenöse Injektionen. (Verhinderung des Eintritts in eine Vene.) * *Med. Wschr.* 53 S. 656/7.

REDLICH, Subkutanspritze. (Mira-Spritze.)* *Aerztl. Polyt.* 1906 S. 22/3.

LINDEMANN, Apparat für Injektionszwecke. * *Z. Mikr.* 23 S. 427/30.

KÜTTNER, Apparat zur Infusion von Kochsalzlösung mit Sauerstoff.* *Aerztl. Polyt.* 1906 S. 40/1.

Paraffinspritze nach ONODI. * *Aerztl. Polyt.* 1906 S. 4.

Salbenspritze nach RAEBIGER zur Behandlung des ansteckenden Scheidenkatarrhs der Rinder. *Presse* 33 S. 280.

BRUNS, neue Tropfflasche. (In Gang gesetzt durch eine Membran.)* *Pharm. Centralh.* 47 S. 934.

Augentropfflaschchen nach HUMMELSHEIM.* *Pharm. Centralh.* 47 S. 283.

AUBYN-FARRER, Kombination von Irrigator und Sterilisierapparat. (Behälter mit Lampe, um die Füllung zu erhitzen.)* *Aerztl. Polyt.* 1906 S. 165/6.

DÉTERT, Apparat für Paukenhöhlen-Spülungen. * *Aerztl. Polyt.* 1906 S. 139/40.

BERNSTEIN, Harnröhrenspüler. * *Aerztl. Polyt.* 1906 S. 74/7.

MATTHIESEN, Harnröhren-Spül- und Dehnapparat. *Aerztl. Polyt.* 1906 S. 157/8.

FINKELSTEIN, Urinfänger für Kinder. (Zu GROSSMANNs Mitteilung, Jg. 52 S. 2426.) *Med. Wschr.* 53 S. 82.

V. NOTTHAFFT, Spülsonden und Spüloliven.* *Aerztl. Polyt.* 1906 S. 41/2.

GUTBROD, Uterusspülkatheter. (Zinnrohr mit vier Längsrillen.) *Aerztl. Polyt.* 1906 S. 181/2.

RICHTER, PAUL, weiblicher Blasenspülkatheter. * *Aerztl. Polyt.* 1906 S. 135/6.

BLOCH, Instrument zur aseptischen Einführung von weichen Kathetern.* *Aerztl. Polyt.* 1906 S. 72/4.

OBERLÄNDER, antiseptisches Kathetertaschenetui.* *Aerztl. Polyt.* 1906 S. 87/8.

WULFF und KRAUTH, Urinhalter für Frauen zum Tag- und Nachtgebrauch.* *Aerztl. Polyt.* 1906 S. 122/3.

ROSENSTIRN, aseptischer Pulverbläser * *Aerztl. Polyt.* 1906 S. 2/3.

REINIGER, GEBBERT und SCHALL, Instrumentarium des Quantimeters. (Beruht auf dem Grundsatz, daß die Veränderungen der photographischen Schicht ein Maß für die therapeutische Dose abgeben können.)* *Arch. phys. Med.* 2 S. 75/80.

EINHORN, Radiumbehälter für den Magen, Oesophagus und das Rectum.* *Arch. phys. Med.* 2 S. 27/9.

BEEZ, elektro-medizinisches Universal-Instrumentarium.* *Arch. phys. Med.* 1 S. 345/7.

WINTERNITZ, vierpoliger Elektrodentisch. (Für Elektrotherapie.)* *Aerztl. Polyt.* 1906 S. 121/2.

SCHÜLER, zur Behandlung mit Quecksilberdampflicht. (Harnröhrenlampe von KÜCH.)* *Aerztl. Polyt.* 1906 S. 147/8.

· Vibrationsapparat mit Handbetrieb „Prospero". * *Arch. phys. Med.* 1 S. 352.

· JOHANSEN, Bauchmassage-Apparat. (Besteht aus einer in der Mitte des Bettgestells oder an einem Querarm des Fußbodengestells senkrecht gelagerten Hohlachse, in welcher eine durch Keil oder Längsnute verschiebbar geführte Achse sich befindet, die an ihrem unteren Ende den durch Bajonettverschluß aufgesteckten Massierkörper trägt.)* *Aerztl. Polyt.* 1906 S. 67/8.

KAUTZSCH, ein Beitrag zur Einrichtung physikalischer Heilanstalten. * *Arch. phys. Med.* 2 S. 143/57.

2. Pharmazeutische. Pharmaceutical instruments. Instruments pharmaceutiques.

MUNCKE, Tubenfüllapparat. * *Pharm. Z.* 51 S. 1095.

Universal-Dosen-Füllmaschine. * *Apoth. Z.* 21 S. 93/4.

RENSCH, Salmiakpastillenschneider. * *Apoth. Z.* 21 S. 389.

KAPELLA-SEVCIK-Oblaten-Trockenverschluß-Apparat.* *Pharm. Centralh.* 47 S. 49.

Darstellung von Gelatinekapseln. (Vorrichtungen.)* *Pharm. Z.* 51 S. 247.

3. Mathematische. Mathematical instruments. Instruments mathématiques. Vgl. Teilmaschinen, Vermessungswesen, Zeichnen.

LLEWELLYN, a straight-line instrument for trisecting an angle.* *Eng. News* 55 S. 16.

FRÖHLICH, straight-line instrument for trisecting an angle.* *Eng. News* 55 S. 243; *Mech. World* 39 S. 206.

HERTEL & CO., Präzisions-Ellipsograph.* *Zentral-Z.* 27 S. 91/2.

4. Zeicheninstrumente. Drawing instruments. Instruments à dessiner. Siehe Zeichnen.

5. Astronomische und nautische. Astronomical and naval instruments. Instruments astronomiques et nautiques. Vgl. Fernrohre, Kompasse, Vermessungswesen.

Astronomische Ortsbestimmungen im Luftballon. (Libellenquadrant von BUTENSCHÖN.) * *Mitt. aer.* 10 S. 116/21.

CLAUDE und DRIENCOURT, Methode der gleichen Höhen in der direkten geographischen Ortsbestimmung. Instrument für gleiche Höhen oder Prismenastrolabium.* *Z. Instrum. Kunde* 26 S. 338/40.

FISKE, the horizometer.* *Proc. Nav. Inst.* 32 S. 1043/55.

BERGET, collimateur magnétique permettant de transformer une jumelle en instruments de relèvement.* *Compt. r.* 142 S. 1143/4.

Der PULFRICHsche Kimmtiefenmesser.* *Hansa* 43 S. 521/4.

KOHLSCHÜTTER, die neuere Entwicklung der nautischen Instrumente. (V) *Mech. Z.* 1906 S. 1/6 F.

Hydrometrischer Flügel mit Kontaktanordnungen und Halter nach EPPER.* *Zbl. Bauv.* 26 S. 212.

Die OTTschen Flügel des eidgenössischen hydrometrischen Bureaus auf der Ausstellung in Mailand 1906.* *Schw. Baus.* 48 S. 169/73 F.

6. Geodätische. Geodetical instruments. Instruments géodésiques. Vgl. Vermessungswesen.

Das Gruben-Nivellierinstrument von CSÉTI und seine Modifikationen nach Prof. DOLEŽAL.* *Z. O. Bergw.* 54 S. 199/204.

BLASS, Absteckungsverfahren für gerade Linien unter Verwendung des Theodolits. *Z. Vermess. W.* 35 S. 429/34.

REEVES, einige neue Verbesserungen an Vermessungsinstrumenten. („Transit" - Theodolit.) *Z. Instrum. Kunde* 26 S. 308/9.

HAUSZMANN, der Magnettheodolit von ESCHEN-HAGEN-TESDORPF. (Der Theodolit; das Deklinatorium; das Inklinatorium; die Einrichtung zur Messung der Horizontalintensität; die Vorrichtung zur Messung der Vertikalintensität.) * *Z. Instrum. Kunde* 26 S. 2/15.

ANDREWS, adjustment of spirit-levels. (ZWICKY's patented zero-shifting adjustment.) * *Eng. News* 55 S. 489.

DOUGLAS, experience with the prism level on the U. S. geological survey. (Self-reading rod.) * *Eng. News* 55 S. 536/7.

FENNELs Prismen-Nivellier-Instrument. (Das Fernrohr weist die Form eines prismatischen Kastens auf, aus welchem der Objektivkopf und das Okularrohr herausragen, und diese Teile zeigen eine solche Stellung gegeneinander, daß ihre optischen Achsen zwei parallele Gerade bilden.)* *Mechaniker* 14 S. 5/6.

KEUFFEL & ESSER CO., hand-level, with stadia wires. (With slow-motion levelling attachment and quick-levelling base for Jacob-staff.)* *Eng. News* 56 S. 289/90.

TOWNSEND, pendulum hand level. (Brass tube, each end fitted with an eye-piece, provided with peep hole and cross hair, pivoted to a wooden staff, and a metal pendulum.) * *Eng. News* 56 S. 686.

REISS-ZWICKY, neue Libelle für geodätische Instrumente. *Central-Z.* 27 S. 92/3.

Zur Geschichte der Röhrenlibelle. *Z. Vermess. W.* 35 S. 673/8.

ZWICKY, die neue Vorrichtung zur Berichtigung der Röhrenlibelle.* *Z. Vermess. W.* 35 S. 218/20.

PAULI, C., ein Schnelltopograph. (Besteht aus dem Meßinstrument, der Meßuhr, dem Skizzierbrett nebst Tasche und dem Stativ.) * *Krieg. Z.* 9 S. 147/8.

HAYS, the plane table and stadia in railway surveys. *Eng. News* 56 S. 511.

DOLEŽAL, Planimeterstudien. (Zur Geschichte des Planimeters; Linealplanimeter; Hyperbelplanimeter; Rollplanimeter.) *Berg. Jahrb.* 54 S. 293/360 F.

GRADENWITZ, RICHARD's novel type of planimeter. (The calculating mechanism does not come into contact with the paper, to obviate the errors due to roughness in the paper.) *Am. Mach.* 29, 2 S. 372/3.

ZIMMERMANN, Konstruktion eines Flächenmessers von SEMMLER.* *Z. Vermess. W.* 35 S. 386/90.

COLLINS, method of adjusting the horizontal wire in transits used for levelling. (This adjustment is the same as that used for the adjustment of line of collimation in wye-levels.)* *Eng. News* 55 S. 181.

MILLER, W. E., levelling with a transit with the horizontal wire out of adjustment. *Eng. News* 55 S. 299/300.

SMITH, LEONARD S., suggestions on specifications for an engineer's transit and level. (Used by the University of Wisconsin.) (V) * *Eng. Rec.* 53 S. 178/81; *Eng. News* 55 S. 255/8.

CLAUDE et DRIENCOURT, niveau autocollimateur à horizon de mercure.* *Compt. r.* 143 S. 394/7.

Collimatore magnetico per trasformare un binoccule in uno strumento topografico.* *Riv. art.* 1906, 2 S. 473/4.

DOKULIL, das Tachymeter von KLINGATSCH.* *Mechaniker* 14 S. 73/6.

DOKULIL, Universal-Tachymeter System LÁSKA-ROST. *Mechaniker* 14 S. 99/101 F.

KLINGATSCH, Fadentachymeter mit Tangentenschraube. *Z. Instrum. Kunde* 26 S. 340.

Das KOCHsche Tachymeter.* *Z. Vermess. W.* 35 S. 710/4.

LALLEMAND, cercle azimutal à microscopes du service technique du cadastre. * *Compt. r.* 142 S. 1259/63.

ZIMMERMANN, Flächenzirkel.* *Z. Vermess. W.* 35 S. 272/3.

DOUGLAS, E. M., repairing engineers' field instruments. *Eng. News* 55 S. 89/90.

7. Physikalische. Physical instruments. Instruments physiques.

Vgl. 9. Barometer, Optik 4, Wagen und Gewichte, Wärme 2.

Apparecchio per misurare l'equivalente meccanico del calore.* *Elettricista* 15 S. 255/6.

ARNDT, Thermostaten. (Uebersicht.) * *Z. Chem. Apparat.* 1 S. 255/63.

LOOSER, Versuche mit dem Doppelthermoskop.* *Z. phys. chem. U.* 19 S. 333/42.

SCHRÖDER, zwei Demonstrationsapparate für Vorlesungen über physikalische Chemie. (Thermoskop zur Demonstration der Wärmeeffekte bei Lösungsvorgängen. Differentialgasthermometer zur Demonstration der anormalen Ausdehnung der Gase, in denen eine Dissoziation stattfindet.)* *Z. Chem. Apparat.* 1 S. 427/30.

SMEATON, improved colorimeter.* *J. Am. Chem. Soc.* 28 S. 1433/5.

BECHSTEIN, Flimmerphotometer mit zwei in der Phase verschobenen Flimmerphänomenen.* *Z. Instrum. Kunde* 26 S. 249/51.

MADDRILL, Kalibrierung eines Keilphotometers. *Z. Instrum. Kunde* 26 S. 58/9.

Stalagmometer von TRAUBE. (Zur Bestimmung der Oberflächenspannung einer Flüssigkeit.) * *Pharm. Centralh.* 47 S. 283.

DARTON & CO., the plesmic barometer. (Depends upon the fact that any volume of air taken at a low pressure is more compressible than an equal amount at a higher pressure.) * *Eng. News* 56 S. 39.

GALITZIN, Abänderung des ZÖLLNERschen Horizontalpendels. *Z. Instrum. Kunde* 26 S. 342/3.

KOHLSCHÜTTER, Vorschlag eines submarinen Pendelapparates zur Messung der Schwerkraft an den vom Meere bedeckten Teilen der Erdoberfläche. *Ann. Hydr.* 34 S. 339/41.

TITTMAN and HAYFORD, the Budapest conference on the International Geodetic Association. (Apparatus for determining the value of gravity at sea.) *Eng. News* 56 S. 540/1.

KANN, hydrodynamischer Vorlesungsapparat.* *Phys. sik. Z.* 7 S. 36/7.

ALLEN, hydraulic testing laboratory of the Worcester Polytechnic Institute. (For hydraulic experiments; 18" HERCULES horizontal turbine; ALDEN absorption dynamometer; experiments ascertain the loss in head due to friction of flow through the pipe line piezometer ring piped to an adjustable hook-gauge vessel; COLE-flad pitometer; VENTURI meter; apparatus for measuring head; turbine governors, weir flumes.) *Eng. Rec.* 53 S. 425/7.

KOLBE, Apparat für Reflexion und Lichtbrechung im Wasser. (Uebergang des Lichtes aus Wasser in Luft; Uebergang des Lichtes aus Luft in Wasser.) * *Z. phys. chem. U.* 19 S. 1/4.

KROPP, Apparat zum Nachweis des Auftriebes in Luft (Baroskop).* *Z. phys. chem. U.* 19 S. 361/2.

MENCL, praktisches Alkoholometer für Präparationszwecke.* *Z. Mikr.* 23 S. 423/4.

PERKIN, improved apparatus for measuring magnetic rotations and obtaining a sodium light*. *J. Chem. Soc.* 89 S. 608/18.

REBENSTORFF, eine Senkwage mit Zentigrammspindel.* *Z. phys. chem. U.* 19 S. 10, 14.

SALCHER, drei Demonstrationsapparate zur Lehre von den Schwingungen.* *Z. phys. chem. U.* 19 S. 343/5.

VOEGE, ein neues Vakuummeter. *Physik. Z.* 7 S. 498/500; *Z. Instrum. Kunde* 26 S. 343.

WEBER, Beschreibung eines Deviationsmodelles.* *Mech. Z.* 1906 S. 213,6.

Qualitätsmesser für RÖNTGENstrahlen von ROPIQUET.* *Mechaniker* 14 S. 257/8.

BURNHAM, emploi du tube de PITOT pour la détermination de la vitesse des gaz dans les tuyaux.* *Bull. d'enc.* 108 S. 136/7. *

VAMBERA und SCHRAML, direkte Messung der Geschwindigkeit heißer Gasströme mit Hilfe der PITOT-Röhren.⊟ *Berg. Jahrb.* 54 S. 1/95.

CHELLA, Apparat zur absoluten Messung des Koeffizienten der inneren Reibung der Gase. *Physik. Z.* 7 S. 196/9.

LEHMANN, Apparate für Gasdruckbestimmungen bei festen und gasförmigen Explosivstoffen nach PETAVEL.* *Z. Schieß. u. Spreng.* 1 S. 326/30.

UBBELOHDE, abgekürzter Apparat zur Druckmessung nach MAC LEOD. (Beruht auf einer Annahme des BOYLE-MARIOTTEschen Gesetzes der umgekehrten Proportionalität von Druck und Volumen der Gase.) (V)* *Verh. V. Gew. Sitz. B.* 1906 S. 131/6.

Apparatus to detect radio-activity in gases.* *West. Electr.* 39 S. 437.

8. Maschinentechnische. Mechanical engineering instruments. Instruments mécaniques.

DENNY & JOHNSON's Torsionsmesser.* *Dingl. J.* 321 S. 79/80.

Indicateur de torsion pour la mesure de la puissance des machines marines. * *Cosmos* 1906, 2 S. 339/43.

GOOSE, Dampfgeschwindigkeits- und Belastungsmesser „Patent GEHRE". *Stahl* 26 S. 833/4.

SARGENT STEAM METER CO., selbsttätiger Dampfmesser.* *Masch. Konstr.* 39 S. 72.

SANBORN, a direct reading nozzle piezometer. (This device is applied to the end of a nozzle. The pressure is transmitted to the gage by a form of PITOT tube; but instead of an exposed tube, a passage is provided through a thin piece of metal or „divider", that is $^1/_2$" thick at the center and tapers to knife-edges; thus to enter the stream and receive the pressure without seriously interfering with the flow.)* *Eng. News* 56 S. 271.

MANBRAND, micrometer radius gage. (For testing the accuracy of small eccentrics and cams.)* *Am. Mach.* 29, 1 S. 809.

SOPER, micrometer gage. (Can be adjusted by thousandths to any height within its capacity.) * *Am. Mach.* 29, 1 S. 785.

MESSWERKZEUGFABRIK KEILPART & CO., Schieblehre mit Zifferblatt.* *Z. Dampfk.* 29 S. 503.

SABOURET, apparatus for testing the vibration of rolling-stock.* *Engng.* 81 S. 393/4.

6' measuring machine constructed by the NEWALL ENGINEERING CO.* *Engng.* 81 S. 79.

Moderne Meßwerkzeuge im Maschinenbau. (Grenzlehren, Rachenlehren, Grenz - Kaliberdorn, sphärische Endmaße, Kombinationsmaß, Grenzlehren für normales Loch, Grenzlehren für normale Wellen; Werkzeuge zur Anfertigung eines normalen Loches; Werkzeuge zur Anfertigung eines normalen Bolzens; Parallel - Endmaße; Meßscheiben; Feinmeß-Maschine.)* *Eisenz.* 27 S. 55/7, 72/3.

Das Zentrieren runder, quadratischer oder acht-eckiger Gegenstände. (Zentrierwinkel; Zentrier-dorn; Gelenkparallelogramm; Radienlineal; Zen-trierfutter und -Maschine.)* Z. Drechsler 29 S. 547/8.

LE CARD, shop tools and devices.* Mech. World 39 S. 198.

HORNER, amerikanische Meßwerkzeuge. (Normal-maßstab; Messung mit Schublehren, Mikro-metern; Mikrometeranordnungen der BROWN & SHARPE MFG. CO. und ATHOL MACHINE CO.) (A)* Techn. Z. 23 S. 89/91.

Appareil à descendre les roues. (À la visite des fusées des essieux qui ont chauffé ou dont les coussinets ont besoin d'un regarnissage.)* Rev. chem. f. 29, 1 S. 560/2.

BAIRD & TATLOCK, Apparat zur Bestimmung der Exzenterlage auf der Welle.* Uhlands T. R. 1906, 3 S. 30/1.

WELLBURY's keybed locater. (Instrument for marking of the positions of cams, eccentrics etc. on shafts.)* Mech. World 39 S. 74/5.

9. Meteorologische. Meteorological instruments. Instruments de météorologie.

Neuer Windmesser.* Dingl. J. 321 S. 399/400.

KOHL, ein neuer Windmesser für direkte Ab-lesung.* Mitt. aer. 10 S. 85/7.

BECKER, Apparat zum Prüfen von Anemometern.* Z. Instrum. Kunde 26 S. 333/7.

KOHL, eine neue Windfahne. (Feststellung der Windrichtung bei Tag und Nacht und in belie-biger Entfernung von dem Standorte der Wind-fahne.)* Dingl. J. 321 S. 494/5.

ROTCH, Apparat zur Bestimmung der wahren Wind-richtung und Windgeschwindigkeit zur See.* Mitt. Seew. 34 S. 376/9.

Sulla determinazione degli elementi del vento. (Determinazione della direzione del vento; Mi-sura della forza e della velocità del vento.)* Boll. Soc. aer. italiana 3 S. 5/12 F.

V. BÚKY, Beiträge zum Verhalten der Seismo-graphen. Physik. Z. 7 S. 122/30.

The electric microseismograph.* West. Electr. 39 S. 42/3.

L'enregistrement des mouvements sismiques.* Cos-mos 1906, 1 S. 311/4.

Notes sur la sismologie. (Sismographe KILIAN-PAULIN.)* Nat. 34, 2 S. 187/90.

GRADENWITZ, methods of determining the amount of atmospheric dust.* Sc. Am. 94 S. 108.

MICHEL, Verbesserungen am Kondensationshygro-meter. (Die Füllung des Kondensators mit Aether wird mechanisch z. B. durch Druckluft bewirkt, das abziehende Aetherdampf-Luft-Gemisch wird zur Vorkühlung der in den Kon-densator eintretenden frischen Luft verwendet.) Mechaniker 14 S. 3/5.

MOULIN, les égaliseurs de potentiel. (Employés en météorologie.) Compt. r. 143 S. 884/7.

NIMFÜHR, automatische Abstellvorrichtung der Schreibfedern von Meteorographen für Registrier-ballons* Z. Instrum. Kunde 26 S. 274/8.

10. Verschiedene. Sundry instruments. Instru-ments divers.

Polymeter von LAMBRECHT.* Z. Lüftung (Haases) 12 S. 30/2.

LÖWE, neue Temperiereinrichtungen zum Eintauch-refraktometer. * Chem. Z. 30 S. 685/6; Apoth. Z. 21 S. 762.

MITTLER und NEUSTADTL, Apparat zur Entnahme von Proben aus Reservoiren und Vorlagen, so-wie zur Ermittelung des Wasserstandes in den-selben.* Oest. Chem. Z. 9 S. 19.

PLAHL, Vorrichtung zur Entfernung der Spitze an FLÜGGEschen Röhrchen.* Z. Genuß. 11 S. 335.

* Le viagraphe et la surface des routes.* Nat. 34, 2 S. 333/4.

Iridium.

DELÉPINE, sels complexes. (Action de l'acide sul-furique à chaud sur les sels de platine et d'iri-dium en présence du sulfate d'ammonium.) Bull. Soc. chim. 3, 35 S. 796/801; Compt. r. 142 S. 631/3.

DELÉPINE, sulfate double d'iridium et de potas-sium Jr² (SO₄)₃ + 3 SO₄K². Compt. r. 142 S. 1525/7.

MOISSAN, ébullition de l'osmium, du ruthénium, du platine, du palladium, de l'iridium, et du rho-dium. Bull. Soc. chim. 3, 35 S. 272/8; Compt. r. 142 S. 189/95.

J.

Jod und Verbindungen. Iodine and compounds. Iode et combinaisons. Vgl. Brom, Chlor, Jodoform.

BRUNNER, Elektrochemie der Jod-Sauerstoffverbin-dungen. Z. physik. Chem. 56 S. 321/47.

GALLO, l'equivalente elettrochimico dell' iodio. Gas. chim. it. 36, 2 S. 116/28.

MAITLAND, das Jod-Potential und das Ferri-Ferro-Potential. Z. Elektrochem. 12 S. 263/8.

BRAY, Halogensauerstoffverbindungen. (Zwischen-reaktionen, primäre Oxydation des Jodions, Jodat-bildung bei der Oxydation von Jodion. Reaktion zwischen Chlordioxyd und Jodion.) Z. physik. Chem. 54 S. 463/97, 731/49.

BODROUX, préparation rapide des solutions d'acide iodhydrique. (BaJ² + J² + SO² = 4HJ + SO₄Ba.) Bull. Soc. chim. 3, 35 S. 493/4; Apoth. Z. 21 S. 369/70; Compt. r. 142 S. 279/80.

WERNER, derivatives of polyvalent iodine. (The action of chlorine on organic iodo-derivatives, including the sulphonium and tetra-substituted ammonium iodides.) J. Chem. Soc. 89 S. 1625/39.

HAMBURGER, die festen Polyjodide der Alkalien, ihre Stabilität und Existenzbedingungen bei 25°.* Z. anorgan. Chem. 50 S. 403/38.

ABEGG, die festen Alkalipolyjodide und ihre Existenzbedingungen. (V) (A) Chem. Z. 30 S 456.

WILLGERODT und SIMONIS, orthosubstituierte Jod-verbindungen mit ein- und mehrwertigem Jod. Ber. chem. G. 39 S. 269/80.

SILBERRAD and SMART, nitrogen iodide. Action of methyl and benzyl iodides. J. Chem. Soc. 89 S. 172/9.

JAUBERT, action de l'acétylène sur l'acide iodique anhydre. Rev. chim. 9 S. 41/2.

RUPP und HORN, volumetrische Bestimmung von Jodiden bei Gegenwart von Chlor- und Brom-Ionen. Arch. Pharm. 244 S. 405/11.

ARNOLD und WERNER, Bestimmung des Gesamt-jodgehaltes in Jodvasogen und ähnlichen Prä-paraten. Pharm. Z. 51 S. 84/5.

OLIG und TILLMANS, Wiedergewinnung von Jod aus den Rückständen von der Jodzahl-Bestim-mung.* Z. Genuß. 11 S. 95/7; Seifenfabr. 26 S. 737/8.

BÄNNINGER, Herstellung der WIJSEschen Jodlösung für Jodzahlbestimmungen und Aufarbeitung der daraus erhaltenen Rückstände. Seifenfabr. 26 S. 735/7.

GRELOT, dissimulation de l'iode en présence de matières sucrées. J. pharm. 6, 24 S. 154/61.

Jodoform. Iodoform. Vgl. Jod.

JORISSEN und RINGER, Zersetzung von in Chloro-

form gelöstem Jodoform durch das Licht. *Am. Apoth. Z.* 27 S. 23.

HELFRITZ, Jodoformium liquidum. (Herstellung, Wertbestimmung.) *Apoth. Z.* 21 S. 323/4; *Am. Apoth. Z.* 27 S. 117.

STORTENBEKER, Nachweis kleiner Mengen Jodoform in Leichenteilen. *Pharm. Centralh.* 47 S. 221.

Jute. Siehe Hanf.

K.

Kabelbahnen. Cable railways. Chemins de fer à traction funiculaire. Vgl. Eisenbahnwesen I C 3 c u. VII 4.

Kaffee. Coffee. Café. Vgl. Nahrungsmittel.

SCHAER, Firnisierung von Kaffeebohnen. *Z. Genuß.* 12 S. 60/1.

KŘÍŽAN, Eiweiß - Kaffeeglasur. *Z. Genuß.* 12 S. 213/6.

Electric coffee roasting in Germany.* *El. World* 48 S. 177/8.

WOLFF, CARL, vereinfachte Kaffeinbestimmung im Rohkaffee. *Z. öfftl. Chem.* 12 S. 186/9.

Gehalt des Kaffeegetränkes an Koffein und die Verfahren zu seiner Ermittelung. *Pharm. Centralh.* 47 S. 810/1, 859.

KÜHL, bakteriologische Untersuchung verschiedener Kaffeesorten. *Pharm. Z.* 51 S. 1126/7.

Kakao. Cocoa. Cacao. Vgl. Nahrungs- und Genußmittel.

ZWINGENBERGER, die Kultur des Kakaobaumes in Kameron. *Tropenpflanzer* 10 S. 165/7.

WINKLER, die Kultur des Kokastrauches, besonders in Java. *Tropenpflanzer* 10 S. 69/81.

L'industrie des cacaos solubles. *Bull. d'enc.* 108 S. 992/5.

NEUMANN, R. O., Bewertung des Kakaos als Nahrungs- und Genußmittel. (Versuche am Menschen; Einfluß der Menge, des Fettgehaltes, des Schalengehaltes des Kakaos und der mit dem Kakao eingeführten Nahrung auf seine Resorption und Assimilation; Versuche mit verschiedenen Kakaohandelssorten; Ausnutzung des Stickstoffs und Kakaofetts.) (V.m.B.) *Arch. Hyg.* 58 S. 1/124; *Chem. Z.* 30 S. 572; *Pharm. Centralh.* 47 S. 40/1; *Z. Genuß.* 12 S. 101/13.

BECKURTS, Kakao und Schokolade. (Begriffsbestimmungen und Beurteilungsgrundsätze. Untersuchungsverfahren.) *Arch. Pharm.* 244 S. 486/516; *Chem. Z.* 30 S. 571.

MATTHES und MÜLLER, FRITZ, Kakao. (Untersuchung und Beurteilung von Kakao und Kakaowaren.) (V) *Z. Genuß.* 12 S. 88/101.

MATTHES, zur Kenntnis der Kakaowaren. *Apoth. Z.* 21 S. 440; *Pharm. Z.* 51 S. 479.

MAURENBRECHER und TOLLENS, die Kohlenhydrate des Kakaos. *Ber. chem. G.* 39 S. 3576/81; *Z. V. Zuckerind.* 56 S. 1035/43.

JENA, Beiträge zur Kenntnis des Kakaos. *Chem. Z.* 30 S. 571/2.

HANUS, Fettbestimmung in Kakao nach dem GOTTLIEB - ROSE'schen Verfahren. *Z. Genuß.* 11 S. 738/41.

KIRSCHNER, Bestimmung des Fettes in Kakao. *Z. Genuß.* 11 S. 450/1.

SCHILLER-TIETZ, Fettgehalt des Kakaos. (V) (A) *Oest. Chem. Z.* 9 S. 291.

TSCHAPLOWITZ, Fettbestimmung im Kakao mittels rasch ausführbarer Methode.* *Z. anal. Chem.* 45 S. 231/5.

BEYTHIEN, Pottasche-Gehalt der aufgeschlossenen

Kakaopulver des Handels. *Pharm. Centralh.* 47 S. 453/8.

FILSINGER, Pottaschegehalt der aufgeschlossenen Kakaopulver des Handels. *Z. öfftl. Chem.* 12 S. 246/8.

FRANKE, Bestimmung von Kakaoschalen in Kakaopräparaten. *Pharm. Centralh.* 47 S. 415/7.

LUDWIG, Bestimmung der Rohfaser im Kakao. *Z. Genuß.* 12 S. 153/9.

LÜHRIG und SEGIN, der Pentosangehalt der Kakaobohnen und seine Verwertung zum Schalennachweis im Kakaopulver. *Z. Genuß.* 12 S. 161/4.

MATTHES und MÜLLER, FRITZ, Bestimmung der Rohfaser in Kakaowaren. *Z. Genuß.* 12 S. 159/61.

BORDAS et TOUPLAIN, méthode de détermination des matières étrangères contenues dans les cacaos et les chocolats. *Compt. r.* 142, 2 S. 639/41.

Kalium und Verbindungen. Potassium and compounds. Potasse et combinaisons. Vgl. Alkalien, Elektrochemie 3 a.

JÄNECKE, Theorie des Entstehens der Kalilager aus dem Meerwasser. (V)* *Z. ang. Chem.* 19 S. 7/14; *Mon. scient.* 4, 20, I S. 241/7.

KEGEL, Abbau von Kalisalzlagerstätten in größeren Teufen.* *Glückauf* 42 S. 1309/14.

PRECHT, Entwicklung der Kaliindustrie. *Z. ang. Chem.* 19 S. 1/7.

OCHSENIUS, Kalisalze in Chile. *Bohrtechn.* 13 S. 31/2.

RICHARDS und STAEHLER, Neubestimmung des Atomgewichtes des Kaliums. *Ber. chem. G.* 39 S. 3611/25.

LORENZ und RUCKSTUHL, Kaliumbleichloride.* *Z. anorgan. Chem.* 51 S. 71/80.

JOANNIS, recherches sur le sodammonium et le potassammonium. *Ann. d. Chim.* 8, 7 S. 5/118.

DELÉPINE, sulfate double d'iridium et de potassium Ir₂(SO₄)₃ + 3 SO₄K₂. *Compt. r.* 142 S. 1525/7.

HERBETTE, isomorphisme du chlorate et du nitrate de potassium. *Compt. r.* 143 S. 128/30.

VAN'T HOFF und BARSCHALL, das gegenseitige Verhalten von Kalium- und Natriumsulfat. (Zusammensetzung von Glaserit.) *Z. physik. Chem.* 56 S. 212/4.

PAJETTA, determinazione quantitativa del potassio. (Col persolfato sodico.) *Gas. chim. it.* 36, 2 S. 150/6.

KLING und ENGELS, zur Bestimmung des Kalis in Kalisalzen und Mischdüngern nach der von NEUBAUER modifizierten FINKENERschen Methode. *Z. anal. Chem.* 45 S. 315/32.

REGEL, Bestimmung des Kaliums mittels Platinchlorwasserstoffsäure bei Gegenwart von Sulfaten der Alkalien und Erdalkalien. *Chem. Z.* 30 S. 684/5.

SCHLICHT, Phosphormolybdänsäure als Reagens auf Kalium. *Chem. Z.* 30 S. 1299/1300.

Kalk. Lime. Chaux. Vgl. Calcium, Gips, Kreide, Marmor, Mörtel.

NASKE, neuere Fortschritte in der Zement-, Kalk-, Phosphat- und Kaliindustrie.* *Z. V. dt. Ing.* 50 S. 1586/92 F.

LA BAUME, Kalkofenbetrieb und Kohlensäureausnutzung. (Bei der Zuckersaft-Reinigung.) (V) *CBl. Zuckerind.* 14 S. 1324/6.

BRINSMADE, a modern lime-burning plant. (At Glencoe, Missouri; the quarrying operations and burning kilns.)* *Mines and minerals* 27 S. 137/8.

GRUBE, Kalkschachtöfen. (Anforderungen, Betrieb.) *Töpfer-Z.* 37 S. 417/9.

WEIGELIN, Kalkschachtöfen.* *Tonind.* 30 S. 56/8 F.

CANDELOT, cement and hydraulic limes manufac-

ture, properties and use. (Kilns of FAHNEHJELM, PAAR, Rüdersdorf, Malain, Louvières, MARANS, DIETZSCH and SCHOFFER.)* *Cem. Eng. News* 18 S. 66/9 F.

JOSEF, Kalkofenanheizen nach einem längeren Stillstande. *Z. Zuckerind. Böhm.* 30 S. 552/4.

Brennen von Kalk im Drehrohrofen.* *Tonind.* 30 S. 1292/3.

Gashochofen zum Brennen von Kalk. *Stein u. Mörtel* 10 S. 17/8.

KLEHE, Versuche zur Ermittelung der Brennhitze von Magnesiakalken. (Festigkeitszahlen deutscher hydraulischer Kalke und Romanzemente.) (V. m. B.) (A) *Baumatk.* 11 S. 134/6.

PRUSS-NAPIORKOWSKI, Zusammensetzung russischer Kalksteine. *CBl. Zuckerind.* 15 S. 203.

BRUHNS, kohlensaurer Kalk im Wasser und im Saft. (Eigenschaften kalkhaltiger Wässer und Säfte.) *Zuckerind.* 31 Sp. 1409/14.

KAPPEN, kristallisiertes Kalkhydrat. *Tonind.* 30 S. 2123/4.

STEINGRABER, Bestimmung des Gedeihens von gebranntem Kalk. (Raummenge des gelöschten Kalkes.) *Tonind.* 30 S. 1851/2.

ELSNER, Festlegung der Begriffe Kalkasche und Staubkalk. (V. m. B.) (A) *Baumatk.* 11 S. 136/7.

Methode, Düngekalk zu löschen und ihn für die Maschine streufähig zu machen. *Presse* 33 S. 454/5.

Vorrichtung zur Herstellung von Kalkhydrat. (Gebrannter Kalk wird vor dem Ablöschen auf ein gleichmäßiges Korn gebracht.)* *Tonind.* 30 S. 2257/2.

Nutzbarmachung des hydraulischen Wiesenkalkes. (Bei Wasserbauten und Fundamentierungen zu Schornstein- und Hochbauten; Brennresultate.)* *Töpfer-Z.* 37 S. 37/8 F.

SCHMALZ, Beurteilung des Wertes von Kalken für die Verwendung beim Bauen. (Versuche auf der Baustelle.) *Zbl. Bauv.* 26 S. 6/8.

MEADE, schnelle Bestimmung von Kalk.* *Stahl* 26 S. 1385.

Rapid process for distinguishing fat lime from hydraulic lime. (LEDUC's method.) *Cem. Eng. News* 17 S. 266/7.

LEFÈVRE, peseur-jaugeur automatique de lait de chaux.* *Bull. sucr.* 24 S. 759/62.

DE GROBERT, cause d'erreur dans le dosage hydrométrique de la chaux appliqué aux produits sulfités. *Sucr. belge* 35 S. 59/63.

Kälteerzeugung und Kühlung. Refrigerating and cooling. Industrie frigorifique et réfrigérative. Vgl. Bier, Eis, Gase und Dämpfe, Kondensation, Lüftung, Wärme.

1. Allgemeines. Generalities. Généralités.

V. LINDE, wirtschaftliche Wirkungen der Kältetechnik. (V) *Z. V. dt. Ing.* 50 S. 1035/8.

DEWAR, new low temperature phenomena.* *Sc. Am. Suppl.* 62 S. 25728/30.

GRÜTTKE, fehlerhafte Anordnung einer Kühlanlage.* *Z. Kälteind.* 13 S. 183/5.

JOHNSON, different modes of blast refrigeration and their power requirements. *Eng.* 102 S. 305 F.

KRÄMER, das Verhalten der Dämpfe in den Verdampfern der Kältemaschinen. *Z. Kälteind.* 13 S. 21/7.

SIEBEL, die verschiedenen Zustände des Ammoniaks und deren Wichtigkeit für die Kühltechnik. *Brew. Maltst.* 25 S. 395/8.

WALKER, the electrical driving of cold-storage and ice-making plants. *El. Rev. N. Y.* 48 S. 261/5.

ZELENY, the temperature of solid carbonic acid and its mixtures with ether and alcohol, at different pressures. *Phys. Rev.* 23 S. 308/14.

2. Verfahren. Processes. Procédés.

LENZ, einfache Vorrichtung zur Kühlung mit Wasser von bestimmtem Wärmegrade.* *Ber. pharm. G.* 16 S. 279/81.

LOCKE, MAC CARTHY, WIGHTMAN, heat in the New York Subway. (Cooling by evaporation of water.) *Eng. News* 55 S. 700/1.

PENNEY, plate and can systems of refrigeration. (V) (A) *Eng. Rec.* 53 S. 210.

Refrigeration by mechanical compression of anhydrous ammonia.* *Compr. air.* 11 S. 4159/61.

3. Maschinen und Apparate. Machines and apparatus. Machines et appareils. Vgl. Luft- und Gaskompressoren und 4.

Some features of „Triumph" ice making and refrigerating machinery. *Eng. Chicago* 43 S. 470/1.

BRAUER, Leistungsversuche an einer Kältemaschine System LINDE. *Z. Kälteind.* 13 S. 45/8.

HAACK, Prüfung einer LINDEschen Kühlmaschine. *Wschr. Brauerei* 23 S. 33/5.

PARSONS, indicating the ammonia compressor. *Eng. Chicago* 43 S. 471.

FEATHERSTONE refrigerating machinery.* *Eng. Chicago* 43 S. 375/7.

GANZENMÜLLER und REDENBACHER, Umrechnung der Leistung einer Kältemaschine auf Normalverhältnisse. *Z. Brauw.* 29 S. 215/7.

GANZENMÜLLER, Vergleich der Kälteleistung einer Ammoniak-Kühlmaschine beim Ansaugen nasser und trockengesättigter Dämpfe. *Z. Brauw.* 29 S. 352/7; *Z. Kälteind.* 13 S. 65/70.

GRÜTTKE, Kritik der vergleichenden Versuche an kleinen Kühlmaschinen auf der Londoner Molkerei-Ausstellung vom Jahre 1905. *Z. Kälteind.* 13 S. 161/5.

RANSOMES & RAPIER, ice-making machine. (Ammonia absorption machine; consists of five cylinder vessels fitted with tubes screwed into the cover and afterwards expanded.) *Pract. Eng.* 33 S. 209.

KROESCHELL BROS., carbonic anhydride ice machines.* *Eng. Chicago* 43 S. 252/3.

PENNSYLVANIA IRON WORKS, machine frigorifique de 1000 chvx. (Procédé à l'ammoniaque; machine à deux compresseurs.)* *Rev. ind.* 37 S. 3/4.

Machines frigorifiques nouvelles. (Machine frigorifique des PENNSYLVANIA IRON WORKS; machines frigorifiques STERNE; machine frigorifique ENOCK; machines frigorifiques PARSONS; machine frigorifique LEBLANC au tétrachlorure de carbone; moteur VON OECHELHÄUSER.)* *Rev. méc.* 18 S. 267/90.

REIF, Kühlanlage der Dampfmolkerei Glebitsch. (Rahmkühler mit Sole und Wasserkühlung, als Flächenkühler gebaut; Refrigerator mit Eisgenerator. Die nicht isolierten Gefäßwände des Eisgenerators dienen zur Kühlhaltung des Butterlagers. Kühlanlage nach dem Kohlensäurekompressionssystem für eine stündliche Kälteleistung von 6600 Kalorien.)* *Molk. Z. Hildesheim* 20 S. 1187/8.

The REMINGTON vertical compressor.* *Eng. Chicago* 43 S. 307/8.

SCHUBERG, elektrische Kältemaschinen für chemische Laboratorien.* *Z. Chem. Apparat.* 1 S. 18/9.

The DE LA VERGNE CO. ammonia compressor.* *Eng. Chicago* 43 S. 221/2; *Compr. air.* 11 S. 4156/7.

VILTER, refrigerating machinery.* *Eng. Chicago* 43 S. 676/7.

Machine frigorifique à absorption CRACKNELL.* *Bull. d'enc.* 108 S. 469/72.

Carbonic anhydride refrigerating-machines, constructed by J. and E. HALL.* *Engng.* 82 S. 74/5. Ammonia-absorption refrigerating machinery. ⊠ *Engng.* 81 S. 341.

SOLBRIG, Kühlung von SO_2-Frischgasen für die Sulfitlaugenbereitung. (Stetige Berieselung durch Kühlwasser; Abkühlen der Schwefelöfen durch eine Konstruktion aus Gußeisen; Eintritt der abgekühlten schwefligen Säure in den Turm; Kühlverfahren von KELLNER u. FRANK) *Papierfabr.* 4 S. 1937/43.

Kühlturm für SO_2-Frischgase. (Aeußerungen zu SOLBRIGs Aufsatz S. 1937/43 von GOTTSTEIN und TÜRK.) * *Papierfabr.* 4 S. 2215/7.

4. Anlagen. Plants. Etablissements. Vgl. Bier 4.

Features of engineering interest in a large cold-storage plant.* *West. Electr.* 38 S. 413/4.

STETEFELD, elektrischer oder Dampfbetrieb der Schlachthofkühlanlagen? *Z. Kälteind.* 13 S. 141/3.

STETEFELD, Leistungsprüfung an einer Kohlensäure-Maschine in der Palmfabrik von SCHLINCK & CIE., Mannheim.* *Z. Kälteind.* 13 S. 227/9.

STETEFELD, die neue Schlachthofkühlanlage der Stadt Mähr.-Ostrau, Abnahmeprüfung derselben. ⊠ *Z. Kälteind.* 13 S. 121/8.

TORRANCE, description of a cold storage plant utilising exhaust steam. (V) * *Eng. Rec.* 54 S. 725/6.

TIEDE, Untersuchungen über die bakteriologische Wirkung der Röhrenluftkühlapparate auf dem städtischen Schlachthofe zu Bonn. ⊠ *Z. Kälteind.* 13 S. 221/6.

Gebäude der Kühl- und Eiserzeugungsanlage des Schlachthofes der Stadt Posen. (Dach nach POLONCEAU-Typus in Holz-Eisen; Flammrohr-Dampfkessel mit KOWITZKEschen Feuerungen; Ventildampfmaschinen, System SULZER-AUGSBURG; Eiserzeugungsanlage System LINDE.) ⊠ *Uhlands T. R.* 1906, 2 S. 1/2.

GES. FÜR LINDES EISMASCHINEN A.-G. IN WIESBADEN, Fleischkühl- und Eiserzeugungsanlage auf dem Schlachthofe der Stadt Posen. ⊠ *Uhlands T. R.* 1906, 4 S. 20.

Refrigeration of the model new abattoir in New-York City. (Indirect system, embracing cooling coils upon an upper floor over which air is blown by fans and delivered to the coolers through ducts, the system being made more effective by brine sprays maintained over the coils.)* *Eng. Rec.* 54 S. 41/4.

Kühlmaschinenanlage der Bierbrauerei von Louis Kohlstock in Landsberg a. W.-N. (Ausgeführt von A. BORSIG.)* *Z. Brauw.* 29 S. 421/3; *Z. Kälteind.* 13 S. 107/8.

Kühlanlage der Brauerei Hinterbräu in Kitzbühel, Tirol. (Ausgeführt von A. BORSIG.) * *Z. Brauw.* 29 S. 439/40; *Z. Kälteind.* 13 S. 105/7.

Kühlmaschinenanlage von Michael Abbt, Bierbrauereibesitzer in Donauwörth. (Ausgeführt von der L. A. RIEDINGER, Maschinen- und Bronzewaren-Fabrik A.-G. in Augsburg.)* *Z. Brauw.* 29 S. 451/4; *Z. Kälteind.* 13 S. 101/5.

Eis- und Kühlanlage der Leipziger Bierbrauerei Riebeck & Co. (Kompressor für hohe Ammoniak-Ueberhitzung, der von einem vom SIEMENS-SCHUCKERT-Werk gelieferten Elektromotor getrieben wird.) ⊠ *Uhlands T. R.* 1906, 4 S. 84/5.

MASCHINENBAU A.-G. GOLZERN-GRIMMA, Sterilisier-Anlage ohne Kühlschiff. (Um das Kühlen und Lüften der Würze von der Beschaffenheit der Außenluft unabhängig zu machen.) * *Uhlands T. R.* 1906, 4 S. 19/20.

AHLBORN, Eis- und Kühlanlage der Frankfurter Zentral-Molkerei von Heinrich Kleinböhl. (Umfaßt einen liegenden Kompressor, einen Berieselungskondensator und zwei Verdampfrohrsysteme.)* *Uhlands T. R.* 1906, 4 S. 61/2.

HELMSCH, Tiefkühlanlage für Milch. (Stetige Solebildung aus einem Gemisch von Eis und Salz; Milchkühler.) *Uhlands T. R.* 1906, 4 S. 61.

Tiefkühlanlagen. (Für die Kühlung von Milch; Kältemaschinen.)* *Milch-Z.* 35 S. 339/40.

STETEFELD, Luftkühlanlagen für Arbeitsräume, Versammlungsräume und Theater und die Luftkühlanlage in der Deutschen Bank in Berlin. *Ges. Ing.* 29 S. 4/7.

Luft-Kühl-Anlage. (In dem 22 stöckigen Gebäude der Hannover National-Bank in New-York für die Räume des Erdgeschosses und ersten Stockwerkes; Absorptions-Kühlmaschine.) (N) *Uhlands T. R.* 1906, 2 S. 69.

BUCHNER, Kühlanlage mit Eismaschine für den Haushalt. Kühlanlage der BERLINER ELEKTRIZITÄTSWERKE und der GESELLSCHAFT FÜR LINDES EISMASCHINEN. (Durch einen Elektromotor von 1,3 P.S. betrieben.) * *Bayr. Gew. Bl.* 1906 S. 23.

WUNDERLICH, Zentralkühlung von Speisekammern in Wohnräumen mittels Kohlensäure-Kühlmaschine.* *Z. Kohlens. Ind.* 12 S. 130/3; *Erfind.* 33 S. 295/300.

Zentralkühlanlagen für Wohnhäuser.* *Z. Heiz.* 11 S. 137/9.

BRETTELL, ships' refrigeration. (For maintaining even temperatures air; circulation for refrigerating engine-room of a large Australian liner; examples of an installation fitted on the latest Cunard and other steamers. Compound duplex machines each of which is connected to one chamber, each chamber having its own brine system and brine pump; CO_2 compressor; use of a mixing tank to which is led a supply of the coldest brine; arrangement applicable to the entirely closed brine system.) (V) (A) *Mech. World* 40 S. 9/10.

Kühlung ganzer Eisenbahnzüge. (Für den Obsttransport. Die Obstwagen sind an den Decken derart mit Oeffnungen versehen, daß sie an Leinwandschläuche, welche in Kühlschuppen in geeigneter Weise angebracht sind, angeschlossen werden können. Diese Schläuche dienen als Zuführungs- bezw. Absaugkanäle der Luft.) * *Bayr. Gew. Bl.* 1906 S. 172/3.

Neuerungen in Obstkühlanlagen. (Kühlung ganzer Eisenbahnzüge.) *Z. Kälteind.* 13 S. 1/3.

New style of refrigerator car door. (Car fitted with JOHNSON flush door and operating mechanism.)* *Eng. News* 56 S. 565.

HABERMANN, Kühl- und Gefrierhäuser. (Kühlhaus der Norddeutschen Eiswerke in Berlin, Köpenickerstraße. Kühlung mittels kalter Sole; Räume mit Kühlrohren und mit Tellerkühlung.) (V. m. B.) ⊠ *Verh. V. Gew. Sitz. B.* 1906 S. 80/93.

HALLESCHE MASCHINENFABR. U. EISENGIESZEREI, Kühlanlage mit Sauggasbetrieb. („Halmagis"-Maschine.) ⊠ *Masch. Konstr.* 39 S. 145/6.

A small electrically-operated refrigerating plant. (In the Gallatin hotel, at Uniontown, Pa.; consists of a 10 t ammonia compressor of a two-cylinder vertical enclosed type, built by the BRUNSWICK REFRIGERATING CO.; manufacture of ice for table purposes in the brine tank.) *Eng. Rec.* 54 S. 219.

Kühlanlage ohne Maschinenbetrieb. (Für kleinere Geschäfte. Mit Eis und einer Kältemischung gefüllte Vorrichtung.)* *Z. Baugew.* 50 S. 79.

Kampfer und Derivate. Camphor and derivatives. Camphre et dérivés. Vgl. Terpene.

BRRDT, Konstitution des Kampfers und seiner Derivate. Elektroreduktion der Camphocarbonsäure zu Borneolcarbonsäure und über Dehydroborneolcarbonsäure. *Liebigs Ann.* 348 S. 199/209.

KONDAKOW, zur Nomenklatur der Camphan- und Fenchanderivate. *J. prakt. Chem.* 74 S. 420/2.

GESELLSCHAFT FÜR CHEMISCHE INDUSTRIE ZU BASEL, Darstellung von Kampfer. (Aus Isoborneol mit Hilfe von Hypochloriten; Franz. Pat. 362 956.) *Seifenfabr.* 26 S. 1163.

BLANC, synthèse totale de dérivés du camphre. Isolaurolène, acide isaulauronolique. *Compt. r.* 142 S. 1084/6.

PERKIN and THORPE, synthesis of camphoric acid. Action of sodium and methyl iodide on ethyl dimethylbutanetricarboxylate. *J. Chem. Soc.* 89 S. 778/802.

SCHMIDT, OTTO, künstliche Darstellung des Kampfers aus Terpentinöl. *Chem. Ind.* 29 S. 241/4.

BLANC, les alcools α- et β-campholytiques. *Compt. r.* 142 S. 283/6.

HALLER et MARCH, les pouvoirs rotatoires des hexahydrobenzylidène et oenanthylidènecamphres et de leur dérivés saturés correspondants, comparés aux mêmes pouvoirs des benzylidène et benzylcamphres. *Compt. r.* 142 S. 316/19.

HALLER et BAUER, benzyl- et phénylbornéols et leurs produits de déshydration, les benzyl- et phénylcamphènes. *Compt. r.* 142 S. 677/81.

HALLER et BAUER, diphényle ou alcoylphényle camphométhane. *Compt. r.* 142 S. 971/6.

HALLER et MINGUIN, les produits de la réaction, à haute température, des isobutylate et propylate de sodium sur le camphre. *Compt. r.* 142 S. 1309/13.

BORSCHE und LANGE, Thioborneol und einige andere schwefelhaltige Derivate des Camphans. *Ber. chem. G.* 39 S. 2346/56.

FORSTER, the camphane series. Benzenediazo -ψ-semicarbazincamphor and its derivatives. *J. Chem. Soc.* 89 S. 222/39.

FORSTER and GROSSMANN, the camphane series. Nitrogen halides from camphoryl-ψ-carbamide. *J. Chem. Soc.* 89 S. 402/8.

NOYES und TAVEAU, camphoric acid: some derivatives of aminolauronic acid. *Chem. J.* 35 S. 379/86.

LOWRY, dynamic isomerism. Stereoisomeric halogen derivatives of camphor; — and MAGSON, isomeric sulphonic derivatives of camphor.* *J. Chem. Soc.* 89 S. 1033/53.

HESSE, Pinen-chlorhydrat und Camphenchlorhydrat.* *Ber. chem. G.* 39 S. 1127/55.

HOUBEN, Darstellung von Borneol und Bornylacetat aus Pinenchlorhydrat. *Ber. chem. G.* 39 S. 1700/2.

HOUBEN und DOESCHER, Hydropinensulfinsäure, Hydropinencarbithiosäure, Thioborneol und Thiocampher. *Ber. chem. G.* 39 S. 3503/9.

TINGLE and ROBINSON, action of amines on camphoroxalic acid. *Chem. J.* 36 S. 223/90.

Phenolkampher. (CHLUMSKYsche Lösung.) (physikalisch-chemische Eigenschaften.) *Pharm. Centralh.* 47 S. 565.

TILDEN and SHEPHEARD, preparation and properties of dihydropinylamine. (Pinocamphylamine.) *J. Chem. Soc.* 89 S. 1560/3.

KONDAKOW, Buccoblätterkampfer. *Chem. Z.* 30 S. 1090/1 F.

SEMMLER und MC KENZIE, Abbau und Synthese des Buccokampfers (Diosphenols) $C_{10}H_{16}O_2$. *Ber. chem. G.* 39 S. 1158/70.

ARNOST, neues Verfahren zur Bestimmung des Kampfers. (In Celluloidgegenständen; Kampfer wird mit Petroläther ausgeschüttelt und die Volumenzunahme des Petroläthers bei bestimmter Temperatur ermittelt.) * *Z. Genuß.* 12 S. 532/5.

LOTHIAN, Bestimmung des Kampfers im Kampferöl. *Apoth. Z.* 21 S. 347.

Kanäle. Canals. Canaux. Vgl. Entwässerung und Bewässerung, Kanalisation, Schleusen, Tauerei, Wasserbau.

1. Schiffbare. Navigable canals. Canaux navigables.

a) Allgemeines. Generalities. Généralités.

SCHOTT, Transportverhältnisse auf Eisenbahnen und Wasserstraßen. *Z. V. dt. Ing.* 50 S. 1747/52.

RIEDEL, Betriebsunterbrechungen bei Wasserstraßen. (Frostperioden, Hoch-, Niederwasser, Ausbesserungen, Havarien.)* *Wschr. Baud.* 12 S. 394/6.

GERHARDT, zur Bestimmung der Kanalquerschnitte nach der Tauchtiefe der Schiffe.* *Zbl. Bauv.* 26 S. 113/4.

ENGELS, Versuche über die Aufschlickung der Mündung des Kaiser-Wilhelm-Kanals bei Brunsbüttel. (Mitteilungen von HÜBBE; Versuche des Dresdener Flußbaulaboratoriums; Schwimmerversuche über die Strömungserscheinungen in der Hafeneinfahrt; Versuche über die Verlandungswirkungen der jetzigen Molen mit nur einem Unterwasserleitwerke für den Ebbestrom.) *Zbl. Bauv.* 26 S. 201/4.

b) Anlagen. Plants. Établissements.

SMERČEK, Projekt eines Donau-Oder-Kanals. *Bet. u. Eisen* 5 S. 5/6.

Großschiffahrtsweg auf dem Neckar. (Für 600 t-Schiffe mit 65 m Länge, 8,2 m Breite und 1,75 m Tauchtiefe; Vorarbeiten.) *Z. Eisenb. Verw.* 46 S. 114.

HAVESTADT und CONTAG, der Teltow-Kanal. (Vorgeschichte; Linienführung; Hauptbauwerke.) (a)⊠ *Z. Bauw.* 56 Sp. 311/22 F.; *Z. V. dt. Ing.* 50 S. 850/60 F.; *Baugew. Z.* 38 S. 535/6 F.; *Elektr.* 57 S. 842/6 F.

BLOCK, die Betriebseinrichtungen des Teltowkanals.* *Elektrot. Z.* 27 S. 513/23 F.

Zur Eröffnung des Teltow-Kanals. *D. Baus.* 40 S. 288/92.

RUBIN, über den Bau des Lateralkanales von Wranaa nach Horin.* *Z. Oest. Ing. V.* 58 S. 193/9.

KAEMMERER, der Brügger-Seekanal. (Zur Herstellung eines Hafens in Brügge, eines über Meerwasser gespeisten Schiffahrtkanales zwischen Brügge und dem Vorhafen von Heyst und zur Ueberführung der die Kanalstrecke schneidenden Eisenbahnlinien über den Kanal.)* *Z. V. dt. Ing.* 50 S. 805/10.

The future of our canals. (English and Continental canals compared.)* *Page's Weekly* 8 S. 82/5 F.

SANER, on waterways in Great Britain. (Comparative advantages of waterways and railways; improvement and reorganization of main routes; improvement of other canals.) (V. m. B.) (a) * *Min. Proc. Civ. Eng.* 163 S. 21/161.

The proposed Norwich and Yarmouth ship canal.* *Eng.* 101 S. 493/4.

LEUGNY, les perfectionnements des ponts-canaux. (Protection des ponts-canaux en maçonnerie contre les infiltrations, système ECKELT; pontcanal de Condes. Joint de la bâche avec la culée.)* *Cosmos* 1906, 2 S. 435/7.

Il canale di Corinto. (Levare la curva della diga di Poseidonia; chiudere la parte di sottovento

con palizzata. Questa palizzata deve essere formata nel posto da più file di pali conficcati nel fondo legati assieme con traversi foderati all' esterno, con ponti grossi, in modo da fornire al piroscafo, che entra in porto con fortunale, base d'appoggio alquanto elastica.) *Giorn. Gen. civ.* 43 S. 624/5.

Proposed Svea Canal between Stockholm and Gotenburg. (A) *Min. Proc. Civ. Eng.* 165 S. 402/4.

Ausbau des Petersburger Hafens und Vertiefung des Petersburg-Kronstädter Seekanals. (N) *Zbl. Bauv.* 26 S. 132.

Neue Kanalpläne in Amerika. (Verbindung der großen Seen.) *Z. Eisenb. Verw.* 46 S. 88.

Der beabsichtigte Kanal der Tausend Tonnen. (Welcher den Eriekanal ersetzen soll; 3,7 m Tiefe und Sohlenbreite von 21,35 m; für Schaluppen-Schiffe von 45.72 m Länge, 7,62 m Breite und 3,05 m Tiefgang.) *Wschr. Baud.* 12 S. 620/1.

The New York barge canal; shall its capacity be enlarged? *Eng. News* 56 S. 99/100.

FRY, progress on the New York State Barge Canal. *Eng. Rec.* 54 S. 357.

Depth of water on the Miter-sills of the locks for the New York State barge canal. *Eng. News* 56 S. 144/5.

The Sault Ste. Marie canals.* *Railr. G.* 1906, 1 S. 604/5.

HERSCHEL, a tidal lock in a sea-level canal is unnecessary. (Corinth Canal; Suez Canal; Panama Canal.) *Eng. News* 55 S. 339/40.

Probable tonnage of the Panama Canal. *Eng. News* 55 S. 447/9.

MENOCAL, GEORGE, FRANCIS, B. and PASCHKE, the Panama Canal. (Modification of the canal route, recommended by the Isthmian Canal Commission of 1899—1901, for a lock canal, by which the River Chagres may be kept under absolute control, its channel being left free to carry off the floods.) (V. m, B.)▣ *Trans. Am. Eng.* 56 S. 197/218; *Proc. Am. Civ. Eng.* 32 S. 60/6 F.

Der Panamakanal. (Wird der Panamakanal mit oder ohne Schleusentreppen gebaut werden?) *Z. Oest. Ing. V.* 58 S. 571.

Report of the Board of Consulting Engineers for the Panama Canal. (Recommends a plan of a sea-level canal with a depth of 40' width in rock a minimum bottom width of 200', in earth, in rock of 150', with a double tidal lock at Ancon, 1,000' in length and 100' in width, and with a dam at Gamboa for the control of the Chagres River.)* *Eng. Rec.* 53 S. 211/8, 328; *Eng. News* 55 S. 205/10, 580/2.

BERGGREN, the type of canal to be chosen at Panama. (Advantages of the Atlantic mean sea canal.) *Eng. News* 55 S. 102/3.

Sea level plan for the Panama Canal. (Strong points of the sea-level plan brought out by KITTREDGE; dangers of operating the six great locks of the high-level plan; accidents to lock gates on the Manchester Ship Canal; HUNTER's judgment on the earth dams of the high-level plan; time required for the construction of a sea-level canal.) *Eng. Rec.* 53 S. 667.

SHONTS, on the type of canal to be built at Panama. (85' level lock canal.) (A) *Eng. News* 55 S. 641/2.

Report of the Board of Consulting Engineers for the Panama Canal. (Comparative profiles of sea-level canal and 85' summit level lock canal; comparative cross-sections of navigaton channels of sea-level canal and lock canal.)* *Eng. News* 55 S. 202/5, 241/3, 299.

HUNTER, disputed features of the Panama Canal. (Accidents to locks; lake navigation.) *Eng. Rec.* 53 S. 680/5.

Official reports on the plans for the Panama Canal. (Recommendation of the lock canal by Präsident Roosevelt's message.)* *Eng. News* 55 S. 221/3; 56 S. 663/7.

The report of the consulting engineers for the Panama Canal. (Recommendation of a sea-level canal.) *Compr. air* 11 S. 4034.

NOBLE, ABBOT, STEARNS, RIPLEY, RANDOLPH, extracts from the minority report of the Senate Committee on the type of the Panama Canal. (Lock canal project; question of percolation; only two lockless canals; locks in flight; navigating the locks; sea-level project; safe navigation of large ships; danger from earthquakes; estimated cost; time required for building; cost of submerged lands.) *Eng. News* 55 S. 234/40, 623/7.

Questions of safety in a lock canal at Panama. (From the Minority Report. Danger of carrying away the lock gates if a ship moving at speed should strike them; damage to structures in time of war; occurrences in the Manchester Canal; duplicate or safety gates at each end of the summit lock.) *Eng. Rec.* 53 S. 362/4.

Gatun dam of the Panama lock canal project. (Extracts from the Minority Report of the Board of Consulting Engineers for the Panama Canal.) *Eng. Rec.* 53 S. 332/5.

BATES, the terminal Panama lake canal. (The author proves the superiority of the Minority's lock plan over the lake plan.) (V)▣ *J. Frankl.* 162 S. 1/23.

Adopted plan for the Panama Canal. (Lock canal project recommended by the minority of the Board. Comparative profiles of sea-level canal and 85' summit level lock canal.)* *Eng. News* 55 S. 221/2, 241/3.

CLEVELAND, new type of sixty-foot summit level canal for Panama.* *Sc. Am.* 95 S. 160.

WELCKER, zur Ausführung des Panamakanals. *Wschr. Baud.* 12 S. 623/4.

HILL, a novel plan for excavating the Culebra Cut. (Tunnel and cableway plan for excavating the Culebra Cut for the Panama Canal; bed of the St. Mary's River laid dry by cofferdams; INGERSOLL-RAND rock drills and channeler work.)* *Eng. News* 55 S. 534/5.

WALLACE, proposed plan for excavating the Culebra Cut. (Steam shovel progress; progress diagram for lock canal; track arrangements in connection with steam shovels.)* *Eng. News* 55 S. 228/30.

Present conditions on the Panama Canal works. (Report by the Chairman of the Isthmian Canal Commission. Water supply; terminal yard and track facilities; work in Culebra Cut.) (A) *Eng. News* 55 S. 541/2.

Report of the chief engineer STEVENS of the Isthmian Canal Commission. (Mechanical division; Culebra division; Panama railroad.) *Eng. News* 55 S. 11/4.

SNOW, progress of excavation on the deepest part of the Culebra Cut.* *Eng. News* 55 S. 545.

Proposed excavation of the Panama Canal by floating dredges* *Sc. Am.* 94 S. 68/70.

WALDO, Panama Rr. and the canal. (Steam drills at work in Culebra Cut; steam shovels.)▣ *Railr. G.* 1906, 1 S. 200/3.

BURKE, mechanical equipment of the Panama canal. (Typical bowlder being handled by steam shovel in Culebra Cut; typical repair shop at

Empire left by the French.)* *Eng. Rec.* 54 S. 452/4.

Concerning the Gatun dam. (In the Panama Canal work; BURR's testimony.) (V. m. B.) *Eng. News* 55 S. 358/62.

SHONTS, extracts from the annual report of the Isthmian Canal Commission for the year ending dec. 1, 1906. *Eng. News* 56 S. 679.

Canal de Suez. (Dimensions actuelles.) *Ann. trav.* 63 S. 170/1.

2. Andere Kanäle. Other canals. Autres canaux.

SÉJOURNÉ, canal d'Aragon et Catalogne. (Destiné à irriguer 104,000 hectares des provinces de Huesca et Lérida à 120 kilomètres de longueur; tube en béton avec ses moules; aqueduc de Faleva, en béton armé, constitué par une caisse à parois, raidies tous les deux mètres par des poutrelles en béton armé et reposant sur des piliers de béton armé; aqueduc de Perera, tout entier en béton; siphon en béton armé; exécution de joints; siège des tubes.)* *Ann. ponts et ch.* 1906, 3 S. 211/14.

Progress of the Chicago Drainage Canal power development.* *West. Electr.* 38 S. 211/3.

SLICHTER, underflow canal used for irrigation at Ogalalla, Nebraska. (Causes of failure of underflow canals.)* *Eng. News* 56 S. 4/6.

The Salton Sea conquered. (Controlling the flow of the Colorado River into the great Salton Sink; system of canals for diverting part of the water of the Colorado River into a system of irrigating canals and thereby reclaiming for agricultural purposes.)* *Railr. G.* 1906, 2 S. 420.

Treatment of rivers with shifting channels. *Sc. Am. Suppl.* 62 S. 25874.

Kanalisation. Sewerage. Canalisation. Vgl. Abwässer, Entwässerung und Bewässerung, Kanäle, Wasserreinigung.

1. Allgemeines. Generalities. Généralités.

SCHOOFS, résolution des problèmes relatifs à l'écoulement des liquides dans les conduites et égouts. (D'après les nouvelles formules proposées par FLAMANT.)⊠ *Ann. trav.* 63 S. 313/27.

FULLER, experimental methods as applied to water and sewage-works for large communities. (Benefits of improved sanitary works; experimental methods in America; object and advantages of experimental methods; experimental methods in Europe.) (V) *Eng. Rec.* 54 S. 80/3.

LLOYD-DAVIES, elimination of storm-water from sewerage systems. (Experiments at Birmingham; automatic water-level recorder designed for the experiments.) (V)* *Min. Proc. Civ. Eng.* 164 S. 41/67.

GREGORY, rainfall and run-off in sewerage districts. (Available data upon the subject in connection with the prominent formulas and diagrams proposed heretofore for the determination of the principal elements of the problem.) *Eng. Rec.* 54 S. 620.

GREGORY, rainfall, and run-off in storm-water sewers. (To amplify and bring together matter contained in previous discussions of this subject, and to propose a more rational method of solution; diagrams of rain storms and run-off in sewers, Sixth Avenue district, New York City.) (V. m. B.)⊠ *Proc. Am. Civ. Eng.* 32 S. 893/925.

POTTS, sewage flow at Waverly, N. Y. (Leakage; hourly readings of the flow over a triangular weir; rates for combined sanitary sewage and infiltration.) *Eng. Rec.* 54 S. 379/80.

Water supply problem. (Structural, municipal and

sanitary aspects of the Central Californian catastrophe. Opening of joint on Pilarcitos pipe line; destruction of sewer by settlement of street; effect of the earthquake on trestles.)* *Eng. Rec.* 53 S. 765/9.

DERLETH, some effects of the San Francisco earthquake on water works, streets, sewers, car tracks and buildings.* *Eng. News* 55 S. 548/54.

CONNICK, effect of the San Francisco earthquake on sewers and pavements. *Eng. News* 56 S. 312.

GEISZLER, Herstellung eines Kanals im Tunnelbau. (Kanalisation-system II von Charlottenburg; gebaut von HOLZMANN & CO.; Getriebezimmerung für den 224 m langen Tunnel.)⊠ *Techn. Gem. Bl.* 9 S. 264/7.

2. Anlagen. Plants. Etablissements.

Projekt für das Radialsystem XI., Berlin. (Von der Schönhauser Allee bis zur Lichtenberger Grenze. Profilberechnung nach der BAZINschen Formel; Tonrohre von 25—70 cm; Druckrohrleitung von 15,4 km Länge, ein 1,2 m weites Rohr; zur Dampferzeugung Koksasche aus den städtischen Gaswerken; Zwillingspumpmaschinen für Dampf-, sowie eine Zwillingspumpmaschine für Leuchtgasbetrieb.) *Techn. Gem. Bl.* 9 S. 77/8.

KLETTE, die Entwässerungsanlagen der Stadt Dresden und ihre Ausbildung für die Zwecke der Schwemmkanalisation. (MANKs Plan; Rohrnetz in den Straßen, dem allein die Klosettabgänge zugeführt werden; in jedem Hause ein Behälter, in dem die Erzeugnisse je eines Tages gesammelt werden; End-Abführung in fächerartige Gruben, um zu Poudrette verarbeitet zu werden; Lehren für die Einstampfung der Kanäle; maschinelle Ausrüstung der Arbeitsstellen; Teilung des Gesamtentwässerungsgebietes in 12 Einzelgebiete; Flutkanäle; Abfangkanäle; Einsteigehäuschen; Kahnkammer mit Kanalfahrzeug; Einfluß der Kanalwässer und der darin enthaltenen unreinen Stoffe auf die Elbe bei Niedrigwasser; Versuchs-Klär-Anlage mit einer sich drehenden siebartig durchbrochenen, Flügel tragenden Scheibe, die mit dem unteren Teile etwa zur Hälfte in das Schleusenwasser eintaucht; Versuchsanlage zur Reinigung städt. Kanalwässer nach Patent RIENSCH, Kanalkahn mit Stauplatte; Kanalfahrzeug auf Rädern, auf Rollen laufende Schilde zur Absperrung der Schmutzwasserrinne bei der Spülung.)* *D. Baus.* 40 S. 443/7 F.

HEYD, die Kanalisation für Oppau in der Rheinpfalz. *Ges. Ing.* 29 S. 521/31.

Sewerage extensions in Glasgow. *Eng. Rec.* 54 S. 124.

Bemerkenswerte Kanalbauausführungen in Brooklyn.* *Z. Transp.* 23 S. 99/100.

Sewerage system of Centerville, Jowa. (Separate system for domestic sewage; septic tanks kept above the streams into which the final effluents are discharged; sewer trench machine.)* *Eng. Rec.* 53 S. 404/7.

MYERS, new paving and sewerage work at Fort Smith, Ark. (Concrete gutters; sewers on the separate system.) *Eng. News* 56 S. 243/4.

Sewerage system of New Orleans. (Gravity mains parallel with the river carrying the flow to the pumping stations dicharging into the river; details.)* *Eng. Rec.* 53 S. 640/2 F.

Nineteenth district sewerage system in Scranton. (The sewers comprise double-ring circular or egg-shaped brick sections and vitrified pipes.)* *Eng. Rec.* 53 S. 378.

Construction of the tunnel line sewer at Syracuse, N. Y. (Separated system, taking the sewage

and stormwater con centrated at the intersection of Belle Ave and Teall Ave. Timbering; shaft.)* *Eng. Rec.* 53 S. 313/4.

3. Sielanlagen und andere Einzelheiten. Sewers and other details. Egouts et autres détails.

KRAWINKEL, über städtische Entwässerungskanäle.* *Ges. Ing.* 29 S. 485/92 F.

FREITAG, Röhrenmaterial für die Kanalisation. *Bohrtechn.* 13 S. 102/3.

Le nouveau collecteur et la station d'épuration des eaux d'égouts de Hambourg. ⌶ *Gén. civ.* 48 S. 341 3.

MANSERGH, outfall sewer at Plymouth, England. (The sewer discharges into a covered tank 1000' long, 34' wide and 35' high; discharge of the task on ebb tide.) *Eng. Rec.* 53 S. 617.

Concrete and concrete block sewers in St. Joseph, Mo. (To carry the combined domestic and storm-water flow, into the Missouri River; built of concrete, reinforced concrete or concrete blocks, reinforced-concrete sewers being built according to the system of PARMLEY.)* *Eng. Rec.* 53 S. 555/6.

Zerstörung eines Betonkanals durch schwefelsaure Moorwässer. (Hauptsammelkanal in Osnabrück.)* *Techn. Z.* 23 S. 381/3.

O'SULLIVAN, CREUZBAUR and ASSERSON, questions regarding changes in the contract for the Gowanus canal flushing-tunnel, Brooklyn, N. Y. (Concrete and cast-iron lining proposed as alternative to 16" ring of brick.)* *Eng. News* 56 S. 512/3.

HOLMES, Ingersoll run sewer at Des Moines, Ja. (950' of reinforced concrete and 1439' of brick; invert of 7' sewer; overflow.)* *Eng. Rec.* 53 S. 537/8.

REINFORCEED CONCRETE PIPE CO. OF JACKSON, MICH., reinforced concrete pipe sewers in St. Joseph, Mo. (Pipes of 36—72" diameter for a length of 5300'.) *Eng. Rec.* 53 S. 543.

Cost of a 66"-reinforced-concrete sewer at South Bend, Ind. *Eng. News* 56 S. 618/9.

HARDESTY, notes on the Los Angeles outfall sewer. (Conduit with two or three rings of brick; the interior of all sections is plastered with cement, the extrados is also covered with cement.) *Eng. News* 55 S. 651/3.

Notes on the sewers in Manhattan Borough, New York, City. (Length 515 miles, composed of vitrified pipes and brick sewers; outlets with wooden stave pipes.) *Eng. Rec.* 54 S. 660/1.

Spülverschlüsse für unbegehbare Kanalleitungen.* *Techn. Z.* 23 S. 453/4.

BOPP u REUTHER, Vorrichtung zum Abschließen von Kanälen gegen Rückstauwasser. (D.R.P.)* *Zbl. Bauw.* 26 S. 422.

PRATT & CADY CO., Riesenabsperrschieber. (Gesamtgewicht 57 200 kg; Wasserdruck von 3½ kg auf den qcm; Verstellung durch Stirnrädern.)* *Uhlands T. R.* 1906 *Suppl.* S. 141.

CORSON sewer trap. (To intercept the odorous gases; direct connection from inlet to main sewer through the hand hole in the trap.)* *Eng. Rec.* 54 *Suppl.* Nr. 18 S. 64.

MAYER, G., umlegbare Schachtabdeckung für Kanalschächte u. dgl.* *Ges. Ing.* 29 S. 300/1.

BARNARD, device for use in building circular manholes.* *Eng. News* 56 S. 33.

Geruchsverschluß für Regenwassereinläufe.* *Techn. Z.* 23 S. 165.

FENKELL, conduit construction through saw mill refuse. (Detroit laboratories of Parke, Davis & Co. Location of trench.)* *Eng. Rec.* 53 S. 574/5.

Kritische Würdigung einiger gebräuchlicher Rohraufhängungen.* *Masch. Konstr.* 39 S. 206/7.

MERCKEL, die Versenkung der Dükerrohre durch den Niederhafen und die Mündungsanlage der neuen Stammsiele in Hamburg. (V) (A)* *Z. V. dt. Ing.* 50 S. 41/6 F.

LANG, Baugrubenumschließungen mit Bogenblechen. (Auf die Festigkeit, Betriebssicherheit, Verwendungsfähigkeit und Kosten usw. sich erstreckende Vergleiche zwischen Holz- und Bogenblechwand.)* *D. Baus.* 40 S. 10/4, 268/71.

Deckenstützen und Kanalstempel aus Stahlröhren, System SOMMER. (Aus fernrohrartig in einander verstellbaren MANNESMANN - Röhren.* *Bet. u. Eisen* 5 S. 77/8.

Karborundum. Vgl. Schleifen und Polieren, Silicium.

TUCKER and LAMPEN, measurement of temperature in the formation of carborundum.* *J. Am. Chem. Soc.* 28 S. 853/8.

FITZ-GERALD, the carborundum furnace.* *Electrochem. Ind.* 4 S. 53/5.

CHESNEAU, industrielle Untersuchung von amorphem Karborundum. (V) (A) *Chem. Z.* 30 S. 451.

ROUND, carborundum as a wireless telegraph receiver.* *El. World* 48 S. 370/1.

Schutz der Feuerungsanlagen vor schneller Zerstörung. (Ueberziehung der Feuerungstelle und Apparate mit Karborund.) *Ratgeber, G. T.* 5 S. 262/4.

Käse. Cheese. Fromage. Vgl. Butter, Milch.

BALS und CARLYLE, Einwirkung von an Milchkühe verfüttertem Raps und anderem Grünfutter (Grünklee, Grünkohl, Grünmais) auf die Qualität der Käse. *CBl. Agrik. Chem.* 35 S. 556/7.

GRÄFF, räß-salzige Milch und ihre Wirkung in der Käserei. *Molk. Z. Berlin* 16 S. 173/4.

GRÄFF, kranke Milch und ihr Einfluß auf die Betriebssicherheit der Emmentaler Käserei. *Molk. Z. Hildesheim* 20 S. 26/7.

STEINEGGER, salzig-bittere Milch und ihre nachteilige Einwirkung auf die Qualität des Käses. *Molk. Z. Hildesheim* 20 S. 3/5.

JENSEN, Einfluß des Fettgehaltes der Milch auf die Emmenthaler Käse. *Molk. Z. Hildesheim* 20 S. 726/7.

WENNEVOLD, Bereitung von Käse aus pasteurisierter Milch. *Milch-Z.* 35 S. 471/2.

VON FREUDENREICH, Verwendung von Reinkulturen bei der Fabrikation von Käse. *Milch-Z.* 35 S. 316; *Molk Z. Hildesheim* 20 S. 491.

GORINI, Reinkulturen-Anwendungsmethode zur Herstellung des italienischen Grana- (Parmesan-) Käses. *CBl. Bakt.* II, 15 S. 731/3.

RODELLA, Bedeutung der streng anaëroben Fäulnisbacillen für die Käsereifung. *CBl. Bakt.* II, 16 S. 52/66; *Chem. Z.* 30 S. 439.

RODELLA, Kaseingärungen und ihre Anwendungen.[b] *Arch. Hyg.* 59 S. 337/54.

KLEIN, Ausbeute und Reifungsverlust der Milch beim Verkäsen. *Molk. Z. Berlin* 16 S. 582/3.

BOEKHOUT und DE VRIES, Edamerkäsereifung. *CBl. Bakt.* II, 17 S. 491/7.

ECKLES und RAHN, Reifung des Harzkäses. *CBl. Bakt.* II, 15 S. 726/30.

VON FREUDENREICH und JENSEN, die im Emmentalerkäse stattfindende Propionsäuregärung. *CBl. Bakt.* II, 17 S. 529/46; *Molk. Z. Berlin* 16 S. 555/7 F.

HARRISON und CONNELL, Vergleich des Bakteriengehaltes von bei verschiedenen Temperaturen gereiftem Käse. *Molk. Z. Hildesheim* 20 S. 163.

THÖNI, nachträgliche Blähungen in Emmentaler-käsen. *CBl. Bakt.* II, 16 S. 526/8.

SCHNEBBELI, nachträgliche Käseblähung. *Molk. Z. Berlin* 16 S. 435/6.

JENSEN, Einfluß des Salzens auf die im Emmentalerkäse stattfindende Lochbildung. *Molk. Z. Berlin* 16 S. 523; *Molk. Z. Hildesheim* 20 S. 1241/2.

JENSEN, Einfluß des Nachwärmens auf die Emmentalerkäse. (Untersuchung, inwieweit die Dauer des Ausrührens und die Höhe des Nachwärmens einander ersetzen können.) *Molk. Z. Berlin* 16 S. 183/4; *Molk. Z. Hildesheim* 20 S. 783/4.

KAUFMANN, Abhilfe der Fehler bei den Weichkäsen. *Milch-Z.* 35 S. 51/2.

GRATZ, das Rotwerden der Käse. *CBl. Agrik. Chem.* 35 S. 636/8.

Ursache blau- oder dunkelschnittiger Käse. *Milch-Z.* 35 S. 64.

Eine neuere Algäuer Käserei. (Die Schweizer Fabrikation nach Emmentaler Art; Genossenschaftssennerei in Engelitz.) * *Molk. Z. Hildesheim* 20 S. 811/2.

Abbrühen des Käsereisauers. *Milch-Z.* 35 S. 16.

WINKLER, Bestimmung der Labmenge bei der Käsebereitung. *Milch-Z.* 35 S. 124.

Kaltlagerung von Käse. (Versuche bei verschiedenen Temperaturen, Gewichtsverluste, Geschmacksveränderungen, Einfluß des Paraffinierens und des Einfrierens.) * *Z. Kälteind.* 13 S. 208/11.

CORNALBA, Herstellung des Caciocavallo in der Lombardei. *Milch-Z.* 35 S. 76.

Le fromage de Gruyère.* *Cosmos* 1906, 2 S. 319/22.

Port-du-Salut. (Zweiwärmiger, leicht gepreßter Käse; Herstellung.) *Molk. Z. Hildesheim* 20 S. 755/6.

JENSEN und PLATTNER, Käseanalyse. *Z. Genuß.* 12 S. 193/210.

TRILLAT et SAUTON, nouveau procédé de dosage de la caséine dans le fromage. (Séparation de la matière albuminoïde non transformée de celle qui a subi l'action des microbes et de la caséase. Insolubilisation de la caséine du lait par l'aldéhyde formique.) *Compt. r.* 143 S. 61/3; *Bull. Soc. chim.* 3, 35 S. 1207/10; *Ann. Pasteur* 20 S. 962/8; *Molk. Z. Berlin* 16 S. 585.

HAUPT, Fettbestimmung in Milchpulvern und Fettkäsen. *Z. Genuß.* 12 S. 217/21.

SJOLLEMA, Fettbestimmung im Käse. *CBl. Agrik. Chem.* 35 S. 354/5.

WEIBULL, Bestimmung des Fettes im Käse. *Z. Genuß.* 11 S. 736/8; *Molk. Z. Berlin* 16 S. 353.

HERZ, die Käsewage. (Zur Bestimmung des annähernden Fettgehaltes des luft- und wasserfrei gedachten Käses.) *Molk. Z. Berlin* 16 S. 121/2; *Molk. Z. Hildesheim* 20 S. 374.

Käsewage. *Milch-Z.* 35 S. 122/3.

WINTERSTEIN und BISSEGGER, Emmentaler Käse. Bestimmung der stickstoffhaltigen Käse-Bestandteile. *Z. physiol. Chem.* 47 S. 28/57.

Kathetometer. Cathetometers. Cathétomètres. Siehe Instrumente, Messen und Zählen.

Kautschuk und Guttapercha. India rubber and gutta-percha. Caoutchouc et gutta-percha.

1. Vorkommen und Gewinnung. Occurrence and extraction. État naturel et extraction.

Kautschuk in den deutschen Kolonien. *Gummi-Z.* 20 S. 1030/4.

BOLLE, die Kautschukproduktion Brasiliens und ihre mutmaßliche Zukunft. *Tropenpflanzer* 10 S. 435/45.

The production of rubber. *West. Electr.* 38 S. 364.

BUSSE, Kautschukkultur in Deli. *Tropenpflanzer* 10 S. 88/106 F.

JUMELLE, Vorkommen und Verbreitung von Kautschukpflanzen in Madagaskar. *Gummi-Z.* 21 S. 179/80.

KOSCHNY, Castilloakultur. *Gummi-Z.* 20 S. 347/8.

CAPUS, essais de culture d'arbres à caoutchouc. *Ind. vél.* 25 S. 22/4.

BURGESS, rubber planting in the Malay peninsula. *India rubber* 31 S. 80/3.

BERKHOUT, wie vervielfältigt man den Karetbaum (Ficus elastica). *Tropenpflanzer* 10 S. 505/16.

ZIMMERMANN, Kultur und Kautschukgewinnung von Ficus-Arten. *Gummi-Z.* 20 S. 469/73.

SOSKIN, Kickxiaerträge in Kamerun. *Tropenpflanzer* 10 S. 32/9.

GRUNER, vergleichende Zapfversuche nach verschiedenen Methoden an Manihot Glaziovii und Kickxia elastica in Misahöhe (Togo). *Tropenpflanzer* 10 S. 382/8.

STRUNK, neue Anzapfungsmethode für „Kickxia elastica". * *Tropenpflanzer* 10 S. 141/9.

Tapping knives.* *India rubber* 31 S. 624/5.

Rubber tapping methods.* *India rubber* 31 S. 38/40.

Neue Kautschukpflanzen. (Baissea gracillima Hua; Carpodinus utilis A. Chev.) *Gummi-Z.* 21 S. 153/4 F.

ENDLICH, der neue Kautschukbaum „Euphorbia elastica". *Tropenpflanzer* 10 S. 525/31.

FENDLER, Mistel-Kautschuk. *Pharm. Centralh.* 47 S. 177.

STRUNK, Latex der Kickxia (Funtumia) elastica. (V) *Ber. pharm. G.* 16 S. 214/26.

ZIMMERMANN, Lianen-, Wurzel- und Kräuterkautschuk. *Gummi-Z.* 20 S. 1307/9.

ENDLICH, Guayule rubber. *India rubber* 31 S. 18.

FENDLER, das Sekret von Butyrospermum Parkii (sogenannter Karite-Gutta; als Ersatz für Guttapercha.) *Gummi-Z.* 20 S. 868/70 F.

ANGELICO, sui principi dell' Atractylis gummifera (siciliano Masticogna). *Gaz. chim. it.* 36, II S. 636/44.

MARCKWALD, eine neue ostafrikanische Pflanzenmilch und ihre Koagulationsprodukte. *Gummi-Z.* 20 S. 491/2.

2. Verarbeitung und Verwendung. Working and application. Traitement et application.

ESCH, Fortschritte auf dem Gebiete des Kautschuks und der Guttapercha im Jahre 1905. (Jahresbericht.) *Chem. Z.* 30 S. 195/8.

ESCH, zur Geschichte der Kautschuk-Industrie. (Dr. F. LÜDERSDORFF's Arbeit über das Auflösen und die Wiederherstellung des Federharzes.) *Gummi-Z.* 20 S. 395/7.

SCHULTZE, ROBERT, die deutsche Kautschuk- und Guttaperchawarenindustrie. (Allgemein-geschichtliches; Gewinnung und Verarbeitung; geschichtliche Entwicklung in Deutschland; Fabrikate.) *Verh. V. Gew. Abh.* 1906 S. 441/64 F.

TASSILLY, manufacture de caoutchouc de PONTOUX & CIE. (Tissus caoutchoutés; joints et clapets; pièces moulées; tuyaux.) *Rev. ind.* 37 S. 3.

Schutz gegen Explosions- und Feuersgefahr in Gummiwaren-Fabriken.* *Gummi-Z.* 20 S. 1074/6.

The Avon india-rubber Co. Ltd. (Description of the works and installation.)* *India rubber* 31 S. 555/8.

SCHULZE, E., Trocknung von gewaschenem Rohgummi und anderen Rohprodukten in der Gummi-Industrie. (a)* *Gummi-Z.* 20 S.656/7 F.

Trocknen des gewaschenen Rohkautschuks. *Gummi-Z.* 20 S. 1107/8.

Bleichen von Kautschuk und Gummiwaren. *Z. Bürsten* 25 S. 430.

BRIDGE's improved automatic thread, cord, tape, and washer cutting machine.* *India rubber* 32 S. 125/7.

HARBURGER EISENWERK, heizbare Ballformen. (Runde Plattenform.) *Gummi-Z.* 20 S. 837.

Die Schlauchpresse. (Zur Verrichtung von Zwischenoperationen bei der Fabrikation technischer Gummiwaren.)* *Gummi-Z.* 20 S. 524/7.

Hartgummipressen mit glatter Oberfläche. *Gummi-Z.* 20 S. 1105/6.

DITMAR, Theorie der Kautschukvulkanisation im Lichte der HARRIESschen Kautschukformel als physiko-chemisches Problem betrachtet. *Gummi-Z.* 20 S. 1026/8.

DITMAR, vergleichende Vulkanisations-Studien mit Kautschuksorten von verschiedenem Harzgehalt. *Gummi-Z.* 20 S. 918.

DITMAR, Einfluß des Zinkoxyds, von Glasmehl auf die Dampfdruckvulkanisation und Oxydation des Kautschuks. *Gummi-Z.* 21 S. 103/4, 234/5.

DITMAR, Einfluß von Magnesia usta (schwer) auf die Festigkeit und Elastizität des Kautschuks bei der Heißvulkanisation. *Gummi-Z.* 20 S. 760.

Einfluß von Magnesia usta-Sorten auf die Festigkeit und Elastizität von heißvulkanisierten Weichgummiwaren. *Gummi-Z.* 20 S. 895.

Einfluß einerseits von Kreide, andererseits von Feuchtigkeit bei der Heißvulkanisation auf die Reißfestigkeit von Kautschuk. *Gummi-Z.* 20 S. 579/80.

Einfluß des Schwefelgehaltes auf die Reißfestigkeit bei der Heißvulkanisation. *Gummi-Z.* 20 S. 394.

Dauer der Kaltvulkanisation in ihrer Beziehung zur Reißfestigkeit und Elastizität. *Gummi-Z.* 20 S. 678/9.

Einfluß des Harzgehaltes auf die Heiß-Vulkanisation. *Gummi-Z.* 20 S. 999/1000.

Einfluß der Bleiglätte auf die Heißluft- und Wasserdampfdruck-Vulkanisation. *Gummi-Z.* 20 S. 1077/8.

Das Erzeugen von Hochglanz auf großen Hartgummi- und Zelluloid-Platten. (Kegelförmige Schleif- bezw. Pollerwalzen mit achsialer Bewegung und rotierenden zwei zylindrischen Walzen ;* Ausführung mit drei radial gestellten kegligen Arbeitswalzen, die durch ein Zahnradgetriebe gedreht werden.)* *Z. Bürsten.* 25 S. 489/90.

LEWIS, some methods of colouring rubber. (V. m. B.) *J. Soc. dyers* 22 S. 184/7; *Färber-Z.* 42 S. 662 F.

Rubber in athletics and sports* *India rubber* 31 S. 223/8.

Gummi-Sohlen und -Absätze.* *Gummi-Z.* 20 S. 1277/9.

Herstellung von Gummifliesen und deren Verlegung. *Gummi-Z.* 21 S. 2/3.

Verdichtungsplatten. *Gummi-Z.* 21 S. 130/1.

Fabrikation von Bällen. *Gummi-Z.* 21 S. 232/4.

AXELROD, Faktisse in der Kabelindustrie. (Herstellung der Mischungen.) *Gummi-Z.* 20 S. 1052/3.

Universalisolier-Kautschukmasse. *Asphalt- u. Teerind.-Z.* 6 S. 125/6.

„Rigolit"-Gummiwaren. (Schwefelfreie und ammoniak- und säurebeständige Wärmeschutzmasse.) *W. Papierf.* 37, 2 S. 3735.

Aufarbeitung (Regenerierung) von Altkautschuk. *Gummi-Z.* 21 S. 101/3 F.

3. Eigenschaften und Prüfung. Verschiedenes. Qualities and examination. Syndries. Qualités et examination. Matières diverses.

ZAHN, Jahresbericht über im Jahre 1905 erschie-

nene wissenschaftliche Arbeiten aus dem Gebiet der Kautschuk- und Guttapercha-Chemie. *Gummi-Z.* 20 S. 392/3 F.

PICKLES, chemistry of rubber. (Report.) *India rubber* 32 S. 229/30.

CASPARI, gutta-percha and balata. (Chemistry of the hydrocarbons of india-rubber and balata.)* *India rubber* 31 S. 447; *Gummi-Z.* 20 S. 582/5.

DITMAR, neue Methode der Rohkautschuk-Bestimmung. (Bestimmung der Feuchtigkeit; Veraschung; Bestimmung des Harzgehaltes; Quellen der entharzten und getrockneten Durchschnittsprobe am Rückflußkühler in Benzol; Bestimmung der organischen und unorganischen Verunreinigungen durch Zentrifugieren.) * *Gummi-Z.* 20 S. 364/6.

DITMAR, Löslichkeit des bloß mit Schwefel vulkanisierten Kautschuks und von Kautschukwaren in Pyridin; über Essig-Aether als Lösungsmittel für Kautschukharze. *Gummi-Z.* 20 S. 441.

DITMAR, neuer Balatastoff aus Deutsch-Ostafrika. (Analyse.) *Gummi-Z.* 21 S. 55/6.

DITMAR, Balata. (Halogenderivate, Abbauprodukt mit Salpetersäure; Reinigung der Balata; Nitrosit der Balata; Balata - Literatur in chronologischer Uebersicht.) *Gummi-Z.* 20 S. 522/4.

DITMAR, Balata. (Löslichkeit in verschiedenen Lösungsmitteln; Verhalten gegen Säuren; Einwirkung von Schwefelchlorür, von Chlorgas, von roter rauchender Salpetersäure auf Balagutta.) *Gummi-Z.* 20 S. 844/6.

DITMAR, die Kreide im vulkanisierten Kautschuk, eine kolloidale Verbindung. *Gummi-Z.* 20 S. 1053/4, 1076/7.

DITMAR, chalk in rubber mixings. (Influence on the properties of the vulcanised product.) *India rubber* 32 S. 21/2.

HERBST, Kreide in vulkanisiertem Kautschuk. *Gummi-Z.* 20 S. 1103/5.

DITMAR und WAGNER, Einfluß des Harzgehaltes auf den gebundenen Schwefel im vulkanisierten Kautschuk. *Gummi-Z.* 20 S. 1280/2.

DITMAR, Feststellung der Quellungsfähigkeit der Kautschukarten. *Pharm. Centralh.* 47 S. 177.

DITMAR, deterioration of rubber in sunlight. *Cem. Eng. News* 17 S. 238.

ESCH, Rohkautschuk-Untersuchungen. *Gummi-Z.* 20 S. 494/5, 529/30.

DITMAR, Prüfung des Kautschuks und der Kautschukwaren auf ihre Haltbarkeit. *Gummi-Z.* 20 S. 628/9.

BREUIL and CAMERMAN, mechanical examination and analysis of manufactured rubber. (Resistance to traction of rubber - canvas belts; elongation at the breaking points; determination of resins, substitute, free sulphur etc.) (V) (A) *Eng. News* 56 S. 551/2.

Tabelle zur Berechnung des technischen Wertes von Rohgummi. *Gummi-Z.* 20 S. 830.

THAL, Durit und die im Militär - Medizinalressort eingeführten, aus Kautschuk hergestellten, medizinischen Gebrauchsgegenstände. (Untersuchung.) *Apoth. Z.* 21 S. 623/4 F.

THAL, Analyse von Ebonitgegenständen. *Chem. Z.* 30 S. 499/501.

RAMONDT, Zugfestigkeit vulkanisierten Kautschuks. *Gummi-Z.* 20 S. 893/5.

WINNERTZ, Temperatur - Koeffizienten von Guttapercha. *Elektrot. Z.* 27 S. 1115/7.

FRANK, Analyse endlicher Dehnungen und die Elastizität des Kautschuks. *Ann. d. Phys.* 21 S. 602/8.

WAGNER, Bestimmung des Antimongehalts im vulkanisierten Kautschuk. *Chem. Z.* 30 S. 638.

Harzbestimmung im Kautschuk und kreidehaltige Kautschukproben. *Gummi - Z.* 20 S. 970/2.

Sizilianischer Kautschuk. *Gummi - Z.* 20 S. 1254/5.

Zusammensetzung des Kautschuks der portugiesischen Kolonien. *Gummi-Z.* 20 S. 1283/4.

HERBST, Einwirkung des atmosphärischen Sauerstoffs auf den Parakautschuk. *Ber. chem. G.* 39 S. 523/5.

Versuche über die Diffusion von Kohlensäure durch Kautschuk.* *Dingl. J.* 321 S. 207.

Beziehungen zwischen dem spezifischen Gewichte und dem Schwefelgehalt im bloß mit Schwefel vulkanisierten Parakautschuk. *Gummi - Z.* 20 S. 733.

ESCH, Widerstandsfähigkeit von Ceylon - Para. *Gummi-Z.* 20 S. 581.

Harzgehalt einiger Rohkautschuksorten. *Gummi-Z.* 20 S. 394/5.

DE JONG, présence de québrachite dans le latex de Hevea brasiliensis. *Trav. chim.* 25 S. 48/9.

JUNGFLEISCH et LEROUX, les principes de la gutta-percha du Palaquium Treubi. *Compt. r.* 142 S. 1218/21; *J. pharm.* 6, 24 S. 5/16.

HENRI, physikalisch - chemische Untersuchungen über Kautschukmilchsaft. *Gummi-Z.* 20 S. 1227/9.

Selection and storage of rubber goods. *India rubber* 31 S. 291/2.

Kegelräder. Bevel-wheels. Roues coniques. Siehe Zahnräder.

Kehricht. Garbage. Déchets. Siehe Müllabfuhr und Verbrennung.

Kerzen. Candles. Bougies.

BORNEMANN, Fortschritte auf dem Gebiete der Fettindustrie, Seifen- und Kerzenfabrikation. (Jahresbericht.) *Chem. Z.* 30 S. 399/401.

Kesselstein. Incrustations. Siehe Dampfkessel 7.

Ketone. Ketones. Cétones. Vgl. Chemie, organische, Öle, ätherische.

HAEHN, neue Bildungsweise der Ketone. (Einwirkung von Calciumcarbid auf die fetten Monocarbonsäuren bei höherer Temperatur.) *Ber. chem. G.* 39 S. 1702/4; *Arch. Pharm.* 244 S. 234/9.

KNOEVENAGEL und BLACH, die höhermolekularen Kondensationsprodukte des Acetons. (Alkalische Kondensation; — und BEER, saure Kondensation des Acetons.) *Ber. chem. G.* 39 S. 3451/66.

TAYLOR, constitution of acetone. *J. Chem. Soc.* 89 S. 1258/67.

BRÉAUDAT, nouveau microbe producteur d'acétone. (B. macerans.) *Compt. r.* 142 S. 1280/2; *Ann. Pasteur* 20 S. 874/9.

THOMAE, Keton - Ammoniakverbindungen. *Arch. Pharm.* 244 S. 641/64.

FROMM und ZIERSCH, Thioderivate der Ketone. *Ber. chem. G.* 39 S. 3599/9.

GLLEWITSCH und WASMUS, Einwirkung von Ammoniumcyanid auf die Ketone der Grenzreihe. *Ber. chem. G.* 39 S. 1181/94.

PRUD'HOMME, transformation des cétones aromatiques en imides correspondantes. *Bull. Soc. chim.* 3, 35 S. 666/8; *Bull. Mulhouse* 1906 S. 213/5.

SEMMLER, Verhalten des Natriumamids gegen cyclische Ketone. (Derivate des Fenchons, Camphenilons und ihre Konstitution. *Ber. chem. G.* 39 S. 2577/82.

AZZARELLO, su alcuni chetoni pirazolinizi. *Gaz. chim. it.* 36, 2 S. 50/6.

BLAISE et MAIRE, les cétones β - chloréthylées et vinylées acycliques. *Compt. r.* 142 S. 215/17.

BOUVEAULT et LOCQUIN, oxydation des acyloïnes

de la série grasse ; α-dicétones et leurs dérivés. *Bull. Soc. chim.* 3, 35 S. 630/4.

LAYRAUD, quelques nouvelles cétones obtenues au moyen de l'acide valérique normal. (Action du chlorure de n - valéryle sur le benzène en présence du chlorure d'aluminium, sur le toluène, sur les méta et paraxylènes, sur l'éthylbenzène; cétones derivées de deux éthers oxydes du phénol; l'anisol et le phénétol.) *Mon. scient.* 4, 20, I S. 647/63; *Bull. Soc. chim.* 3, 35 S. 223/35.

PASTUREAU, un dérivé tétrabromé de la méthyléthylcétone. *Compt. r.* 143 S. 967/9.

KÖTZ, Dicarbonsäureester cyklischer Monoketone. *Liebigs Ann.* 350 S. 229/46.

FREUNDLER, cyclohexylacétone. *Compt. r.* 142 S. 343/5.

KÖTZ und MICHELS, Synthesen mit Carbonestern cyklischer Ketone. (Synthese des m-Menthanon-2 und des m-Menthanon-4 aus Methyl-1-cyklohexanon-2 und Methyl - 1 - cyklohexanon - 4.) *Liebigs Ann.* 348 S. 91/6.

SCHIMETSCHEK, Kondensation von Diphenylaceton mit p - Nitrobenzaldehyd, p-Oxybenzaldehyd, p-Chlorbenzaldehyd und o-Nitrobenzaldehyd. *Mon. Chem.* 27 S. 1/12.

BALY and STEWART, relation between absorption spectra and chemical constitution; the α - diketones and quinones; — and TUCK, the phenyl hydrazones of simple aldehydes and ketones. *J. Chem. Soc.* 89 S. 502/14, 982/98.

DELACRE, les réactions de la pinacoline. *Bull. Soc. chim.* 3, 35 S. 343/8.

DELACRE, constitution de la pinacone et de la pinacoline. *Bull. Soc. chim.* 3, 35 S. 350/5.

AULD, new method for the quantitative determination of acetone. (Volumetric method depending on the formation of bromoform and its subsequent hydrolysis with alcoholic potash.) *Chemical Ind.* 25 S. 100/1.

JOLLES, quantitative Bestimmung des Acetons. (Beruht auf der Addition von Bisulfit.) *Ber. chem. G.* 39 S. 1306/7.

ZIEGLER, Acetonnachweis in Spirituspräparaten. *Apoth. Z.* 21 S. 72.

Ketten. Chains. Chaines. Vgl. Krafterzeugung und -übertragung 5.

Tests of iron for chains.* *Iron & Coal* 72 S. 1311/13.

BROWN, LENOX AND CO., chain and cable works, Pontipridd.* *Proc. Mech. Eng.* 1906 S. 589/91.

The LELONG process of chain making.* *Iron A.* 77 S. 855/6.

Maschine zur Herstellung von Ketten, System LELONG.* *Dingl. J.* 321 S. 718/20; *Rev. méc.* 18 S. 598/605; *Page's Weekly* 9 S. 735; *Rev. ind.* 37 S. 222/4; *Ind. vél.* 25 S. 369/72.

LELONG, chain-making machinery.* *Iron & Steel J.* 69 S. 208/21; *Sc. Am. Suppl.* 62 S. 25640/1; *Metallurgie* 3 S. 335/9; *Page's Weekly* 8 S. 1041/2; *Engng.* 81 S. 688/9; *Iron & Coal* 72 S. 1634/5; *Pract. Eng.* 33 S. 620/2; *Eng.* 101 S. 507/9; *Mar. E.* 28 S. 506/9.

Elektrische Schweißung von Ketten. * *Uhlands T. R.* 1906, 1 S. 6/8.

HAFFNER, gestanzte Bandkette. (Bandkette aus Doppelblechgliedern.) *Z. Werkzm.* 10 S. 334.

BOOS, aus Blech gestanztes Gelenkkettenglied. *Z. Werkzm.* 10 S. 279.

Maillons de chaîne KEYSTONE.* *Ind. vél.* 25 S. 458.

Les chaines des nouveaux paquebots Cunard. (95 mm de diamètre; chaque maillon à 0,565 m de longuer et pèse avec son étai en acier fondu environ 72,5 kg.) *Mém. S. ing. civ.* 1906, 1 S. 127/8.

BROWN LENOX & CO., a large chain cable.* *Eng.* 101 S. 22.

CHAIN BELT ENGNG. CO. OF DERBY, roller chains. (The LEY bushed chain link and link of the EWART chain.)* *Eng.* 101 S. 506.

HENRY, note sur l'emploi de la chaine de GALLE et des chaines articulées. (Types BENOIT, ZOBEL & NEUBERT. Usure, allongement; dimensions pour des appareils divers.)* *Mém. S. ing. civ.* 1906, 2 S. 691/8.

Courroie-chaîne GUITARD.* *Ind. vél.* 25 S. 359.

A special chain which has been brought out by the JEFFREY MFG. CO., of Columbus, Ohio, to be known as the „Patnoe" stone elevator chain.* *Mines and minerals* 26 S. 363.

High-speed sprocket chain. (Noiseless, does not become clogged from grease or dirt, wobbles less and requires less space than the ordinary style of sprocket chain, works within 4' centers in the smaller sizes and from 8 to 12' centers in the larger sizes.)* *Eng. News* 56 S. 653.

Kettenbahnen. Chain railways. **Chemins de fer à chaîne.** Siehe Eisenbahnwesen I C 3 b, VII 4.

Kieselsäure. Silicic acid. Acide silicique. Siehe Silicium.

Kinematographen. Kinematographes. Cinématographes. Vgl. Fernseher, Optik, Photographie 3 u. 4.

BAHRMANN, MICHELIN, ateliers de cinématographie, rue des Alouettes.[a] *Ann. d. Constr.* 52 Sp. 33/7 F.

Ein Pariser kinematographisches Atelier. (Besteht aus dem Aufnahme- und Darstellungsraum.)* *Uhlands T. R.* 1906 Suppl. S. 103

Cinematography in colours. *J. of Phot.* 53 S. 584.

Kinetoskope. Kinetoscopes. Cinéscopes. Fehlt.

Kirchen und Kapellen. Churches and chapels. Eglises et chapelles. Siehe Hochbau 6 a.

Kitte und Klebemittel. Mastics and glues. Ciments et colles. Vgl. Leim, Zahntechnik.

Jahresbericht über Neuerungen auf dem Gebiete der Klebstoff-Industrie. *Farben-Z.* 11 S. 847/8 F.

ROBINSON, report on our present knowledge of the chemistry of the gums. *Chem. News* 94 S. 9/9.

KRÜGER, Kleben und Klebstoffe. (a) *Farben-Z.* 11 S. 361/2.

STADELMANN, wasserdichte Kitte. *Asphalt- u. Teerind.-Z.* 6 S. 42.

DÜRR SÖHNE, Ledertreibriemenkitt. (Vorschrift.) *W. Papierf.* 37, 2 S. 3038.

Lederkitte. (R) *Z. Drechsler* 29 S. 378 F.

Befestigung von Leder auf Metall und umgekehrt von Metallbeschlägen usw. auf Leder. (R) *J. Goldschm.* 27 S. 89.

An Weißblech haftender Kleister. (Wasser, Tragenthpulver, Roggenmehl, Dextrin, Glyzerin, Salizylsäure.) *Seifenfabr.* 26 S. 1109.

Bindemittel zur Befestigung von Filz auf eisernen Wellen. *Mon. Text. Ind.* 21 S. 299.

RUMMLER, über Tischlerleim und Käse- oder Quarkleim, sowie über praktisches Verfahren beim Leimen an Holzarbeiten. *Baugew. Z.* 38 S. 89/90.

WEICHELT, Kasein-Leim und Klebstoffe. (Für die Buntpapier-, Tapeten- und Karton-Fabrikation; Versuche; Lösungsvorschriften.) *Papier-Z.* 31, 1 S. 1405 F.

Holzkitt. (Verwendung von mit Beize getränktem Holzmehl, Feilspänen und Leim.) *Z. Drechsler* 29 S. 352.

Kitte und Klebemittel für verschiedene Materialien. (Verbindung von Holz.) *Z. Drechsler* 29 S. 81.

Herstellung von künstlichem Gummi. (Aus Car-

ragen-Moos und Stärke.) *Pharm. Centralh.* 47 S. 29.

Neuer Klebstoff. (Gerbsaures Calcium mit Käsestoff gemischt.) *Pharm. Centralh.* 47 S. 328.

TSCHUNKE, Tschunkemetallit. (Chemische Substanz zur Beseitigung von Rissen, Sprüngen, Schönheitsfehlern u. dgl.) *Schw. Z. Art.* 42 S. 198.

Bereitung von Pflasterkitt.* *Asphalt- u. Teerind.-Z.* 6 S. 188 F., 299/300 F.

Rezepte für Kitte. (Durchsichtiger Kitt für Glas; Kitt für Glas- und Porzellanwaren; — für chemische Apparate; — für Eisengegenstände; chinesischer Kitt; Kitt zum Befestigen von Ebonit [Hartgummi] auf Metallen; gegen Oele widerstandsfähige Kitte; — für Zelluloid; — für Lederartikel, Kautschuk, Balata.) *Mechaniker* 14 S. 228 F.; *Met. Arb.* 32 S. 91/2.

Kitte für Säureleitungen u. dgl. (1 Teil Asbest, 2 Teile Wasserglas; Teer-Ton-Kitt, Leinöl-Ton-Kitt.) *Sprechsaal* 39 S. 1209.

Gummilösungen.* *Gummi-Z.* 20 S. 1204/6.

ROBINSON, gum of Cochlospermum Gossypium. *J. Chem. Soc.* 89 S. 1496/1505.

HETZELs Rubber-Zement. (Für Metall-, Schiefer- und Glasdächer; Dichtung für Rohrleitungen; hat die Eigenschaft, nie vollständig zu erhärten, sondern eine gewisse Biegsamkeit zu behalten.) *Z. Baugew.* 50 S. 54.

TOPLIS, Aufkleben von Etiketten auf Blech u. dgl. (Die Etiketten wurden zunächst auf der Rückseite mit einer dünnen Schicht Glyzerin und dann mit Kleister überzogen.) *Apoth. Z.* 21 S. 626.

KLEIN & SINGER, Flaschen-Etikettiermaschine. (Umstellbar von einer Form auf die andere.)* *Uhlands T. R.* 1906, 4 S. 92/3.

SCHREITER, rationelles Etikettieren.* *Pharm. Z.* 51 S. 1104/5.

Klammern. Clamps. Clameaux.

Klammer. (Zum Festhalten dünner, flacher Gegenstände. Besteht aus zwei gelenkig verbundenen Backen und einer Klemmschraube.) * *Uhlands T. R.* 1906, 1 S. 93.

HAMMACHER, SCHLEMMER & CO., automatic miter clamp. (For the use of woodworkers and sash.)* *Iron A.* 78 S. 778.

RILEY & CO., stenter clip. (By means of which fabrics from the thinnest to the thickest can be securely held.)* *Text. Man.* 32 S. 268/9.

Klein-, Lokal- und Feldbahnen. Light, local and industrial railways. Chemins de fer ruraux, industriels et d'intérêt local. Siehe Eisenbahnwesen VII 2 d und 3 d.

Klöppeln. Braiding. Travail au fuseau. Siehe Flechten.

Knopffabrikation. Button manufacture. Manufacture de boutons.

LUTTER, Verarbeitung der Perlmutter und Herstellung der Perlmutterknöpfe. *Erfind.* 33 S. 592/4.

Knopfsicherung. (Durch Schiebung zweier runder Platten.)* *J. Goldschm.* 27 S. 63.

Kobalt und Verbindungen. Cobaltum and compounds. Cobalt et ses combinaisons.

KRAUT, Verbreitung des Nickels und Kobalts in der Natur. *Z. ang. Chem.* 19 S. 1793/5.

FRANK, cobalt. (Vorkommen von Kobalt in Canadas Silberfeldern.)* *Mines and minerals* 27 S. 145/7.

GEORGE, the Nipissing mine, Cobalt, Ontario. (Description of occurrence and methods of prospecting and mining.)[a] *Eng. min.* 82 S. 967/8.

MILLER, the cobalt-nickel deposits of Temiskaming.* *Mines and minerals* 26 S. 540/2.

CAMPBELL and KNIGHT, the paragenesis of the cobalt-nickel arsenides and silver deposits of Temiskaming.* *Eng. min.* 81 S. 1089/91.

BAXTER and COFFIN, revision of the atomic weight of cobalt. *J. Am. Chem. Soc.* 28 S. 1580/9; *Z. anorgan. Chem.* 51 S. 171/80.

BENEDICT, trivalent cobalt and nickel. *J. Am. Chem. Soc.* 28 S. 171/7.

COPAUX, le cobalt et le nickel purs; préparation et propriétés physiques. *Rev. chim.* 9 S. 156/63.

VIGOUROUX, action du chlorure de silicium sur le cobalt. *Compt. r.* 142 S. 635/7.

FRIEDHEIM und KELLER, Kobaltimolybdate. *Ber. chem. G.* 39 S. 4301/10.

GRÖGER, die Chromate des Kobalts. *Z. anorgan. Chem.* 49 S. 195/206.

BILTZ und ALEFELD, Zusammensetzung des sauren Chloro-pentammin-kobaltisulfates. *Ber. chem. G.* 39 S. 3371/2.

RAY, FISCHER's salt and its decomposition by heat. (Potassium cobaltinitrite.) *J. Chem. Soc.* 89 S. 551/6.

TSCHUGAEFF, Kobaltidioximine. *Ber. chem. G.* 39 S. 2692/2702.

WERNER, Trichloro-triammin-kobalt und seine Hydrate. *Ber. chem. G.* 39 S. 2673/9.

WERNER und FEENSTRA, Dichlorotetrapyridin-kobaltsalze. *Ber. chem. G.* 39 S. 1538/45.

GROSSMANN und SCHÜCK, Einwirkung von Aethylendiamin auf einige Kobalt- und Platin-Verbindungen. *Ber. chem. G.* 39 S. 1896/1901.

FRANZEN und VON MAYER, Einwirkung von Hydrazinhydrat auf komplexe Kobaltsalze. *Ber. chem. G.* 39 S. 3377/80.

ROSENHEIM und MEYER, VICTOR J., Absorptionsspektra von Lösungen isomerer komplexer Kobaltsalze. *Z. anorgan. Chem.* 49 S. 28/33.

ALVAREZ, reaction of salts of cobalt of service in analytical chemistry. (With the hydrates of sodium and potassium they give an intense blue colour.) *Chem. News* 94 S. 306.

Koch- und Verdampfapparate. Boiling and evaporating apparatus. Étuves.

Vgl. Destillation, Feuerungsanlagen, Heißwassererzeuger, Küchengeräte, Laboratoriumsapparate, Zucker 7.

Versuche mit fahrenden Feldküchen. (Vierrädriger Wagen mit Kochvorrichtung, Kessel mit Wärmeschutzhülle.) *Schw. Z. Art.* 42 S. 34.

Carro-cucina russo per fanteria.* *Riv. art.* 1906 S. 16.

MATTHEUS, Dampfkochanlagen. (Massenkocheinrichtungen, Wasserbadkochkessel u. dgl.)* *Ges. Ing.* 29 S. 59/60.

Praktische Erfahrungen mit Vakuum-Kochapparaten in der Nahrungsmittel-Industrie und Konservenfabrikation. *Erfind.* 33 S. 289/90.

GREINER, das Kochen unter Leere.* *Z. Chem. Apparat* 1 S. 345/8.

NEUMANN, AUGUST, Vakuumkocher.* *Uhlands T. R.* 1906, 4 S. 95.

SIERMANN, Neuerungen an Vakuumapparaten. (Deutsche Reichs-Patente.) *Chem. Zeitschrift* 5 S. 105/7.

SCHWEINSBERG, Dampfkoch-Apparate. (Niederdruckdampf von 0,2 bis 0,5 Atm.; gußeiserne Gliederkessel; Kochvorrichtung aus Innen- und Außenkesseln, die zusammengewalzt und verlötet, vernietet und verlötet oder durch Flanschen dampfdicht miteinander verschraubt sind.)* *Z. Dampfk.* 29 S. 125/8.

Fischdämpfer. (Besteht aus einem gußeisernen Herd und einem oberen Aufsatz aus allseitig stark verzinntem Eisen mit einzelnen Horden und darunter befindlicher Dampfpfanne.) *Fisch. Z.* 29 S. 370.

Röhrwerke für Koch-, Schmelz- und Abdampfkessel.* *Z. Chem. Apparat* 1 S. 446/9.

BECK, Apparat zur schnellen und kontinuierlichen Entwicklung von Wasserdampf.* *Pharm. Centralh.* 47 S. 918.

BLOCK, evaporators in the manufacture of can ice. (For producing distilled water; LILLY evaporator.) (V) (A) *Pract. Eng.* 34 S. 140.

NEILL, marine evaporators. (Brining; evaporators of WEIR, CAIRD & RAYNER, KIRKALDY, DAVIE & HORNE, MORISON, HOCKING, NIEMEYER, WILCOX BROS; comparison of different types.)* *Pract. Eng.* 34 S. 431 F.

VINCENT, l'appareil évaporatoire de KESTNER.* *Bull. d'enc.* 108 S. 174/7.

Elektrischer Verdampfungsapparat.* *Z. Chem. Apparat.* 1 S. 93/5.

KOLLO, neue Vorrichtung zum Verdampfen kleiner Mengen weingeistiger und ätherischer Lösungen. *Erfind.* 33 S. 11/2.

ERBAN, Eindampfapparate der chemischen Technik. (Verdampfung von Diaminen; Zerstörung der Schaumblasen durch überhitzten Wasserdampf; Anwendung eines endlosen Drahtnetzes; der trockene Körper wird mittels Bürsten vom Drahtnetz entfernt und letzteres kehrt in den Trog zurück.) *Oest. Chem. Z.* 9 S. 222/4.

SCHUBERG, Schwefelsäureeindampfung System KRELL.* *Z. Chem. Apparat.* 1 S. 417/25.

Kohle und Koks. Coal and coke. Charbon et coke.

Vgl. Aufbereitung, Bergbau, Brennstoffe, Diamant, Kohlenstoff, Transport, Verladung, Löschung und Lagerung.

1. Allgemeines, Prüfung.
2. Vorkommen und Gewinnung.
3. Aufbereitung.
4. Verarbeitung.
  a) Kohlenstauberzeugung.
  b) Preßkohlenerzeugung.
  c) Gaserzeugung.
  d) Koks.
  e) Verschiedenes.

1. Allgemeines. Prüfung. Generalities, examination. Généralités, examination.

ARTH, l'évaluation du pouvoir calorifique des houilles et autres combustibles hydrogénés. *Rev. métallurgie* 3 S. 541/2; *Rev. ind.* 37 S. 466.

BEMENT, sampling of coal and classification of analytical data. *J. Am. Chem. Soc.* 28 S. 632/9.

CAMPBELL, the commercial value of coal-mine sampling. *Trans. Min. Eng.* 36 S. 341/53.

DIXON, the bituminous mining law. (Of Pennsylvania suggestions in detail for its improvement, need for which has been shown by experience.) *Mines and minerals* 27 S. 58/60.

DIXON, uses of compressed air. (In coal mines; economics rendered possible by its use; application to safety stations in mines.)* *Mines and minerals* 27 S. 83/5.

DONATH, die fossilen Kohlen. (Verschiedenheit von Braun- und Steinkohle; Verhalten gegen verdünnte Salpetersäure.) (V) *Z. ang. Chem.* 19 S. 657/68.

FERRIS, the fuel value. (Of some Tennessee and Kentucky coals; a description of the PARR calorimeter and the results obtained in using it.)* *Mines and minerals* 26 S. 345/6.

HOFFMAN, fatal accidents in coal mining in 1905. (A summary of the losses of life incident to coal-mining operations in North America.) *Eng. min.* 82 S. 1174/7.

HEIDEPRIEM, über Selbstentzündung von Mineralkohlen. *Braunk.* 5 S. 381.

HÜBNER, Schweelkohle. (Vorkommen, Zusammensetzung.) *Arch. Pharm.* 244 S. 196/215.

LEWES, die Selbstentzündung von Kohle. *Braunk.* 5 S. 381; *Eng. min.* 82 S. 65/6; *Iron & Coal* 73 S. 925/6.

MOHR, über den Heizwert von Braunkohlen. (Untersuchung von Braunkohlen.) *Braunk.* 5 S. 368/9, 381/3.

MOLL, die „Denkschrift über das Kartellwesen" und die Syndikate und Konventionen des deutschen Braunkohlenbergbaues. *Braunk.* 4 S. 641/6.

WOLFF, die zweckmäßigste Gesellschaftsform für den Braunkohlenbergbau. (V) *Braunk.* 5 S. 455/60.

OSSENDOWSKY, die fossilen Kohlen und Kohlenstoffverbindungen des fernen Ostens Rußlands vom Gesichtspunkte ihrer chemischen Bestandteile. *Z. O. Berga.* 54 S. 325/9 F.

PARR, the classification of coals. (Factors of composition which should be taken into account to obtain a practical and scientific classification.) *Mines and minerals* 27 S. 233/5; *J. Am. Chem. Soc.* 28 S. 1425/32.

PETRY, Brennstoffe in der Nürnberger Landesausstellung. (Modelle von Kohlenbergwerken; Brennstoffe zur Beheizung der Lokomotiven; Steinkohlen, Braunkohlen, Stichtorf; Modelle von Preßkohlenfabriken.) *Z. Bayr. Rev.* 10 S. 166/8.

Die Entstehung von Kohlen und Petroleum nach POTONIÉ. *Chem. Techn. Z.* 24 S. 33/5.

ROSENTHALER und TÜRK, die absorbierenden Eigenschaften verschiedener Kohlensorten. *Arch. Pharm.* 244 S. 517/36.

WOLFFRAM, Wertverluste der Kohlen beim Lagern im Freien.* *J. Gasbel.* 49 S. 433/7; *Braunk.* 5 S. 416/7.

La cuenca carbonifera de Puertollano. *Rev. min.* 57 S. 97/8.

HART, zur Chemie der Steinkohlen. (Das Jodabsorptionsvermögen.) *Chem. Z.* 30 S. 1204/5.

LÉVÊQUE, attaque des cokes par l'acide carbonique. *Bull. ind. min.* 4, 5 S. 433/51.

NEUMANN, FRANZ, Anwendung von Kobaltoxyd bei der Elementaranalyse der Kohlen. *Wschr. Brauerei* 23 S. 98; *Z. Spiritusind.* 29 S. 183.

COCHRAN, coal analysis and the coal of Colorado. *Gas Light* 85 S. 853/4.

DENNSTEDT und HASZLER, vereinfachte Elementaranalyse für die Untersuchung von Steinkohlen.* *J. Gasbel.* 49 S. 45/7.

HOLLIDAY, coal testing. (By calculation from the chemical analysis of the fuel; by combustion on a small scale [a few grains] in some form of calorimeter; by combustion on a large scale [a few tons] under a well-arranged steam boiler used as a test boiler.) *Electr.* 56 S. 1054/6.

NEUMANN, FRANZ, Schwefelbestimmung in Kohlen. *Wschr. Brauerei* 23 S. 85/7.

PELLET et ARNAUD, dosage de l'humidité et dosage des matières volatiles dans les charbons. *Bull. sucr.* 23 S. 1213/6.

SHED, the determination of sulphur in coke. *Foundry* 27 S. 234/5.

SOMERMEIER, determination of volatile combustible matter in coals and lignites. *J. Am. Chem. Soc.* 28 S. 1002/13; *Chem. News* 94 S. 308/12.

SOMERMEIER, moisture in coal. (Determination.) *J. Am. Chem. Soc.* 28 S. 1630/8.

WINKLER, Methode zur Bestimmung des Schwefels in der Kohle. (Verwendung von Kobaltoxyd.) *Stahl* 26 S. 87/8.

WUEST und WOLFF, Schwefel im Koks und sein Verhalten im Hochofen. *Eisens.* 27 S. 108.

GRAEFE, chemische Vorgänge in der Braunkohlenasche. *Braunk.* 5 S. 503/7.

HABERMANN, Versuche über die Autoxydation der Steinkohle. *J. Gasbel.* 49 S. 419/22.

TROBRIDGE, gases enclosed in coal and certain coal dusts. *Chemical Ind.* 25 S. 1129/30.

CONSTAM und SCHLÄPFER, Entgasung der hauptsächlichsten Steinkohlentypen. *J. Gasbel.* 49 S. 741/7 F.

ABBOTT, some characteristics of coal as affecting performance with steam boilers.* *Iron & Coal* 73 S. 1180; *Mines and minerals* 27 S. 319/24.

2. Vorkommen und Gewinnung. Occurrence and extraction. État naturel et extraction.

Die Gliederung der Aachener Steinkohlenablagerung auf Grund ihres petrographischen und paläontologischen Verhaltens.* *Glückauf* 42 S. 278/84.

Constitution du bassin builler de Liège.⊡ *Ann. d. mines Belgique* 11 S. 5/55.

ASHWORTH, the Crow's Nest coalfield, British Columbia. *Eng. min.* 81 S. 711/2.

BASZANGER, carbonado. (Carbonado or black diamond, is one of the hardest substances known; obtained in the province of Bahia, Brazil, in La Chapada and Lavras districts.)* *Eng. min.* 81 S. 857.

FULTON, die Kohlenfelder der Vereinigten Staaten von Nordamerika. *Stahl* 26 S. 1441/4.

GRIFFITH, the Matanuska coal field, Alaska. (An extensive area underlaid by coal of good quality — topography — analyses — possible markets.)* *Mines and minerals* 26 S. 433/7.

HEINICKE, Beschreibung der oberen miozänen Braunkohlenablagerung in den Gemarkungen der Stadt Sorau und der südlich gelegenen Ortschaften Seifersdorf, Albrechtsdorf, Kunzendorf, Ober- und Nieder-Ullersdorf, Lohs, Teichdorf in südöstlichsten Teile des Kreises Sorau (Provinz Brandenburg) und Hansdorf im Kreise Sagan (Provinz Schlesien.⊡ *Braunk.* 5 S. 113/6 F.

LAKES, Colorado anthracite. (The fields of the state and the influence of eruptive rocks in metamorphosing the bituminous deposits.)* *Mines and minerals* 26 S. 275/6.

LAKES, the Utah coal fields. (Of the Wasatch, near Grass Creek and Weber Canon; thick veins of lignitic coal with numerous faults)* *Mines and minerals* 27 S. 61/2.

LEPRINCE-RINGUET, les institutions collectives du bassin de la Ruhr.* *Bull. ind. mind.* 4, 5 S. 747/94.

MENTZEL, die Bewegungsvorgänge am Gelsenkirchener Sattel im Ruhrkohlengebirge. *Glückauf* 42 S. 693/702.

MEYER, HEINRICH, das flözführende Steinkohlengebirge in der Bochumer Mulde zwischen Dortmund und Camen.* *Glückauf* 42 S. 1169/86.

NOPPE, das Braunkohlenvorkommen und der Betrieb der Grube „cons. Preußen" bei Müncheberg in der Mark.* *Braunk.* 5 S. 555/9.

PARR, the coals of Illinois. *Eng. min.* 81 S. 86/7.

SCHULZ-BRIESEN, die westliche Fortsetzung der Saarbrücker Karbons in Deutsch-Lothringen und Frankreich. *Glückauf* 42 S. 737/42.

TRIPPE, die Entwässerung lockerer Gebirgsschichten als Ursache von Bodensenkungen im rheinisch-westfälischen Steinkohlenbezirk. *Glückauf* 42 S. 545/58.

WIGMORE, Philippine coal deposits. (Diamond drilling in the Philippines and the development of the coal deposits of Batan Island.)* *Mines and minerals* 26 S. 529/36.

FARMER, deep coal mining. *Eng. min.* 82 S. 209/10.

HANN, mechanical equipment of collieries.* *Iron & Coal* 73 S. 1506/8.

JACKSON, the operation of a coal mine. (The essential principles in regard to production, transportation, and preparation of the coal) *Mines and minerals* 26 S. 373/4.

KEIGHLEY, large coal mine outputs. (Does it pay to design and develop coal mines for very large output; some of the causes fix the limits.) *Mines and minerals* 27 S. 349/50.

PARSONS, labor-saving machinery in coal mining. *Eng. min.* 81 S. 1144/5.

WEBER, economy in the operation of coal mine power plants.* *Compr. air* 11 S. 4062/5.

Mine no. 2, St. Louis & O'Fallon Coal Co. (A description of the equipment of a new bituminous mine of large capacity near Belleville, Illinois)* *Mines and minerals* 26 S. 481/4.

Königl. Bayr. Steinkohlengrube Skt. Ingbert in der Pfalz.* *Bayr. Gew. Bl.* 1906 S. 485.

Mining at Deaverton, Ohio. *Eng. min.* 81 S. 710.

ADREICS und BLASCHECK, die Zsyltaler Gruben der Salgo-Tarjaner Steinkohlen-Bergbau-Aktiengesellschaft. (Geographische Lage, oro- und hydrographische sowie politische Beschreibung; geologische Beschreibung des Beckens; die Entstehung des Bergbaues; Qualität der Kohle; Einteilung der Gruben nach Revieren, ihre Anordnung und Beschreibung der darin aufgeschlossenen Flöze; Abbaumethoden; die Versatzarbeiten; Grubenförderung; Verladung und Separation; maschinelle Anlagen; Hilfsbetriebszweige; Telephoneinrichtungen; die Tiefbohrungen; die Leitung der Gruben und Betriebe, die Administration der Direktion; die gesellschaftlichen Arbeiten; Viktualien und Materialiengebahrung; Koloniewesen; Wohlfahrtseinrichtungen; Musikfonds.)* *Z. O. Bergw.* 54 S. 461/7 F.

ALDRICH, Alabama coal mining. (Methods of mining, hauling and screening at the mines of the Aldrich Mining Co., at Brilliant, Alabama.)* *Mines and minerals* 27 S. 128/31.

BROOKS, the outlook for coal-mining in Alaska. *Trans. Min. Eng.* 36 S. 489/507.

CRANE, coal mining in the Indian Territory.* *Eng. min.* 81 S. 658/60; *Mines and minerals* 26 S. 252/5.

CUVELETTE, note au sujet des recherches exécutées depuis 1896 pour reconnaître l'extension méridionale du bassin houiller du Pas-De Calais.* *Bull. ind. min.* 4, 5 S. 453/99.

DIXON, a new method of coal mining. (Avoiding the disadvantages and difficulties of the old methods used in Pittsburg seam.)* *Mines and minerals* 27 S. 32/5.

HANES and PARSONS, coal mining in Colorado. (The methods used in operating the largest mine in the state.)* *Eng. min.* 82 S. 973/5.

HILL and BURR, hydraulic filling of a coal seam at Lens, Pas de Calais, France. *Eng. Min.* 82 S. 543/4.

HOSEA, anthracite coal mining in Colorado.* *Eng. min.* 82 S. 399/401.

KENNEDY, lignite of northeastern Wyoming. (Extensive fields of high quality coal, which are being rapidly opened along the C. B. & Q. Rr.)* *Mines and minerals* 27 S. 294/7.

PARSONS, coal mining by open stripping in Pennsylvania.* *Eng. Min.* 81 S. 1239/40.

PARSONS, mining in the George's Creek coalfield.* *Eng. min.* 82 S. 687/91.

PARSONS, a modern coal-mining town. (A coal-mining town with modern arrangements for sanitation and comfort of employees.)* *Eng. min.* 82 S. 830/2.

PARSONS, coal mining in the Fairmontfield, West Virginia. (Geology; labor conditions; mine equipment; character of the coal.)* *Eng. min.* 82 S. 1018/20, 1070/4.

PELTIER, a modern coal mine. (Equipment and methods of Illinois Midland Coal Co.)* *Eng. min.* 82 S. 1212/5.

PELTIER, Springfield coal mine of the Peabody Coal Co., and the method of survey. (V) (A)* *Eng. News* 55 S. 261/2.

PHILLIPS, late methods of rib drawing. (Importance of taking out a large percentage of coal; improved methods applied in the Connellsville seam.)* *Mines and minerals* 26 S. 380/2.

PULTZ, Great Lakes Coal Co.'s mines.* *Eng. min.* 81 S. 650/1.

RAMAKERS, the coal fields of China. (Present production; different fields and their characteristics costs of mining, transportation, etc) *Mines and minerals* 26 S. 417.

TONGE, the Hulton colliery. (A description of the large and well-equipped Atherton pits of this colliery, situated in the Lancashire coal field.)* *Mines and minerals* 27 S. 245/50.

WOOD, electrical equipment of the U. St. Coal and Coke Co., in the Pocahontas coal field.* *Mines and minerals* 27 S. 193/7.

Entwässerung des Hangenden auf der Braunkohlengrube „Friedrich Christian". *Braunk.* 5 S. 519/23.

The hydraulic mining cartridge. (Consists of a cylinder of steel having eight small duplex rams fixed radially along it.)* *Eng. min.* 82 S. 65.

Steam shovels in anthracite coal mining.* *Railr. G.* 1906, 2 S. 168.

The Pittsburg Coal Co.'s Banning No 2 mine. (Fan and shop; rope clutch; endless rope engine; main slope.)* *Eng. min.* 81 S. 324 7.

TONGE, a new English coal cutter. (A description of the „Little Hardy" undercutting and shearing machine; method of setting and operating.)* *Mines and minerals* 26 S. 256/7.

3. Aufbereitung. Dressing. Préparation mécanique.

Kohlenaufbereitung der Kgl. Steinkohlengrube Skt. Ingbert. (Sieberei, Wäsche.)* *Bayr. Gew. Bl.* 1906 S. 487/9 F.

DIVIŠ, HENRYs Aufbereitungsversuche mit Kohlen und sein System des hydraulischen Aufbereitungsapparaten.* *Z. O. Bergw.* 54 S. 305/9 F.

Neuerungen in Separations- und Wäscheanlagen für Kohle.* *Metallurgie* 3 S. 630/5.

Kohlenseparations-Anlage.* *Uhlands T. R.* 1906, 1 S. 40.

The TRUESDALE breaker. (Breaker and washery designed to handle an output of 4000 t per day.)* *Mines and minerals* 26 S. 289/93.

A revolving spiral separator. (Apparatus which is being installed for removing slate from anthracite coal at the TRUESDALE breaker of D., L. & W. Co.)* *Mines and minerals* 26 S. 279/80.

Coal screening plant for the Cawdor and Garnant Colliery Co.* *Iron & Coal* 73 S. 2252.

GUNCKEL, oscillating roller coal screen. *Iron & Coal* 73- S. 2013.

PARSONS, coal screen. (Consists of inclined oscillating steel rollers, placed parallel and lengthwise in the direction of the travel of the coal.) (Pat.)* *Eng. min.* 82 S. 925.

WELLMAN-SEAVER-MORGAN Co., coal handling and screening plant at Duluth, Minn., for the Boston Coal Dock & Wharf Cy. (The conveyor has a bridge 306' long, of which 130' is a cantilever span, the span from the tower to the

shear-leg support at the edge of the pier being 176'.)* *Eng. News* 56 S. 118/9.

HARRIS, anthracite-washeries.* *Trans. Min. Eng.* 36 S. 610/25; *Page's Weekly* 8 S. 129/33; *Eng. min.* 81 S. 798/802.

PARSONS, recovery of water from coal washing. *Eng. min.* 81 S. 649, 1151.

A concrete breaker. (Application of reinforced concrete construction in building the Pine Hill breaker, near Minersville, Pa.)* *Mines and minerals* 26 S. 241/3.

EITLE's coal-crusher.* *J. Gas L.* 93 S. 724.

VENATOR, MAX und WILHELM, Schachttrockner für Braunkohle mit übereinander angeordneten drehbaren Heizkörpern und seitlichen Führungsblechen.* *Braunk.* 5 S. 544/5.

4. Verarbeitung. Treating. Travail.

a) Kohlenstauberzeugung. Coal dust making. Fabrication de charbon pulvérisé. Fehlt. Vgl. Kohlenstaubfeuerungen.

b) Preßkohlenerzeugung. Briquetting. Fabrication de briquettes.

HÄNDEL, Herstellung von Industriebriketts.' *Braunk.* 5 S. 161/2.

MASHEK, briquetting of fuels and minerals. (Description of the ZWOYER FUEL CO.'s process and the NEW JERSEY BRIQUETTING CO.'s plant.)⊠ *Iron A.* 77 S. 1330/3; *Gas Light* 84 S. 757/9.

VENATOR, Verfahren zur Erzielung preßfähiger Braunkohle. *Braunk.* 5 S. 430/1.

WALLER and RENAUD, lignite briquets. (System for the utilization of lowgrade coal that is now being extensively used in Germany. Briquet fuels; preparation of the lignite; pressing the briquets.)* *Eng. min.* 82 S. 637/40.

MOORE & WYMAN ELEVATOR & MACHINE CO., Torf-Brikettmaschine System LEAVITT.* *Uhlands T. R.* 1906, 3 S. 10.

RENFROW BRIQUETTE MACHINE CO., machine for briquetting waste coal.* *Eng. News* 56 S. 256.

SURMANN, Trockenpresse für gleichzeitigen Preßdruck auf zwei Seiten des Preßlings. (Herstellung von Steinkohlenbriketts, Kalksandsteinen u. dgl., bei welcher Ober- und Unterstempel von einer gemeinsamen, mehrfach gekröpften Welle aus bewegt werden)* *Braunk.* 5 S. 562/3.

Brikettpresse System VEILLON. (Pressung von beiden Seiten.)⊠ *Masch. Konstr.* 39 S. 91/3.

RICHTER, Preßstempel, dessen Arbeitsfläche zur gleichzeitigen Herstellung mehrerer Briketts mit Erhöhungen und Vertiefungen versehen ist. *Braunk.* 4 S. 558/60.

REINHARDT, die Parforcemühle.* *Braunk.* 4 S. 701/3.

KRÖGER, Dampfdruck in den Trockenöfen der Braunkohlen-Brikettfabriken. *Braunk.* 5 S. 539/43.

KUNSCH, Gegenstromkühlapparat für Brikettkohlen, bei welchem von außen verstellbare Rutschen angebracht sind.* *Braunk.* 5 S. 22/3.

Die Entstaubung in Brikettfabriken. *Braunk.* 5 S. 439/40.

CONSTAM, ROUGEOT, chemische Methoden zur Beurteilung von Steinkohlenbriketts und Brikettpech. *Glückauf* 42 S. 481/92.

c) Gaserzeugung. Gas making. Fabrication de gaz. Siehe Gaserzeugung, Leuchtgas.

d) Koks. Coke.

HAARMANN, über die Bedeutung und die Aussichten der Nebenprodukten-Industrie der Steinkohle. (Entwicklung der Destillationskokerei; die Erzeugnisse der Destillationskokerei, Teer, Benzol, Ammoniak.)* *Glückauf* 42 S. 418/26 F.

PARKER, coke making in the United States. (Recent developments to meet present and future requirements) *Iron A.* 77 S. 9/12.

LEWIS, the Colorado Fuel and Iron Co. (The history of the development of a great steel industry in the West.)* *Eng. min.* 82 S. 1201/4.

PARSONS, domestic coke manufacture.* *Eng. min.* 81 S. 1143.

Kokserzeugung mit Gewinnung der Nebenprodukte nach dem SIMON-CARVÉ-Verfahren und die damit verbundenen Gefahren. *Z. Gew. Hyg.* 13 S. 538/9.

YANG TSANG WOO, the manufacture of coke in Northern China.* *Trans. Min. Eng.* 36 S. 661/4.

A new by-product coke-oven. (Designed to coke lean coals and also non-caking fuels with the addition of oil, oil residues, coal tar etc.)* *Iron & Coal* 72 S. 123.

Coke manufacture and by-product recovery at Clay Cross works. (By-product coke ovens.) (a)⊠ *Iron & Coal* 73 S. 2314.

The Colonial Coke Co.'s plant. (Bank and block construction of bee-hive coke ovens.)* *Eng. min.* 81 S. 226/8, 267/8.

ATWATER, smokeless fuel for cities. (Its relation to the modern by-product coke oven.)* *Cassier's Mag.* 30 S. 313/21.

HERBST, Koksofenanlagen, System KOPPERS.* *Glückauf* 42 S. 1301/9.

BADDELEY, KOPPERS regenerative coke oven plant.* *Iron & Coal* 73 S. 2096/8.

Die neuesten Koksöfen von VON BAUER nebst Verladevorrichtung.* *Stahl* 26 S. 1499/1506.

v. DITTMAR, einkammeriger Ofen zum Verkohlen oder zum Trockendestillieren von Torf, Schwelkohle u. dergl., bei welchem heiße Gase durch ein in der Mitte des Verkohlungsraumes hochgeführtes Rohr eingeführt werden. (Besteht aus einer gewölbten Kammer, deren Mauerwerk außen durch mehrere eiserne Spannringe zusammengehalten wird. Die Kammer besitzt im oberen Teile eine Einfüllöffnung, welche durch das Futter gebildet und durch einen Deckel verschlossen wird.)* *Braunk.* 5 S. 85/7.

EAVENSON, beehive coke oven construction. (Plans and details showing modern practice in the Connellsville and Pocahontas regions.)* *Iron & Coal* 73 S. 1172/3; *Mines and minerals* 27 S. 80/2.

ERNST, advantages of stamping and compacting at by-product ovens. *Iron A.* 77 S. 663/4.

JUDD, coke-oven construction. (Recent practice in the building of beehive ovens; arrangement of yards for the use of coke-drawing machines.)* *Mines and minerals* 27 S. 278/83; *Eng. min.* 82 S. 877/80.

MC KINLEY, coke-oven materials. (The behavior of coke-oven brick made of different materials and in varying proportions; effect of physical conditions; crown brick; lining brick.) *Mines and minerals* 27 S. 313/4.

MOORE, by-product coke ovens in America. (Methods of operating; treatment of gas and by-products; valuable cost data.)* *Mines and minerals* 27 S. 253/5.

ROELOTSEN, by-product coke and HUSSENER by-product coke ovens.* *Page's Weekly* 8 S. 1392/3.

UNITED COKE AND GAS CO., moderne Einrichtungen von Koksöfen mit Gewinnung der Nebenprodukte. *Asphalt- u. Teerind.-Z.* 6 S. 253.

Door for retort coke ovens. (Having an internal vertical flue of zig-zag formation with an external gas admission aperture at the base and an external escape-port at the upper extremity.)* *Iron & Coal* 73 S. 660.

ARCHER, dampers for coke-oven flues.* *Eng. Min.* 82 S. 498.

WICKES, machine for drawing coke from bee-hive-ovens. * *Trans. Min. Eng.* 36 S. 353/60·

BAUMBACH, Beschreibung des Kühlapparates für Koks an Schwelöfen, mit innerhalb liegendem Kühlkörper. * *Braunk* 4 S. 600/1.

Eisenschüssiger Koks aus Kohle und Gichtstaub. (A)* *Stahl* 26 S. 475/8; *Iron & Coal* 72 S. 1862.

Nebenprodukte der Kokereien. *Asphalt- u. Teerind.-Z.* 6 S. 207.

Nebenprodukte der Steinkohle. *Asphalt- u. Teerind.-Z.* 6 S. 251/2.

HAARMANN, über die Bedeutung und die Aussichten der Nebenprodukten-Industrie der Steinkohle. (Entwicklung der Destillationskokerei; die Erzeugnisse der Destillationskokerei, Teer, Benzol, Ammoniak.) * *Glückauf* 42 S. 418/26 F.; *J. Gasbel.* 49 S. 753/6 F.

Zwischengewinne beim Bau einer Teerkokerei. *Asphalt- u. Teerind.-Z.* 6 S. 431.

Ergin. (Ein Gemenge von Benzolkohlenwasserstoffen, wie sie beim Kokereibetrieb mit Nebenproduktengewinnung erhalten werden.) *Asphalt-u. Teerind.-Z.* 6 S. 445 6.

THORP's patent rotary meter for coke oven gases.* *Iron & Coal* 73 S. 755.

Bestimmung der Koksausbeute bei Steinkohlen und Steinkohlenbriketts. *J. Gasbel.* 49 S. 874/7.

LÉVÊQUE, attaque des cokes par l'acide carbonique. *Bull. ind. min.* 4, 5 S. 433/51.

WÜST und OTT, vergleichende Untersuchungen von rheinisch-westfälischem Gießerei- und Hochofenkoks. *Stahl* 26 S. 841/4.

e) Verschiedenes. Sundries. Matières diverses.

Progress in coal prospecting. (Diamond core drill prospecting coal beds.)* *Mines and minerals* 27 S. 139.

BERTHELOT, le charbon de bois. (Analyse; action de l'acide chlorhydrique étendu; doubles décompositions salines.) *Ann. d. Chim.* 8, 8 S. 51/7.

ESCARD, les charbons électriques. (Appareil GIRARD & STREET pour la préparation industrielle des charbons électro-graphitiques; appareil ACHESON pour la transformation industrielle du carbone en graphite.)* *Éclair. él.* 48 S. 363/71.

KISSEL, Herstellung sogenannter Formklötze auf den Braunkohlengruben der Wetterau.* *Braunk.* 4 S. 689/93·

ZSCHIMMER, was ist Kyl-Kol? (Mittel, die in Wasser gelöst, zum Imprägnieren von Kohlenbrennstoffen dienen sollen. Kyl-Kol von BECKER und HAARBURGER, dgl. von HAARBURGER. Eine die Flamme gelb färbende Mischung aus rohem Kochsalz mit chlorsaurem Natrium, Schwefel und Eisenoxyd. Nach dem Verfasser ist das Mittel ohne günstigen Einfluß auf die Verbrennung, sogar gefährlich infolge seines explosiven Charakters.) *J. Bayr. Rev.* 10 S. 199/200.

Kohlenhydrate, anderweitig nicht genannte. Carbon hydrates, not mentioned elsewhere. Hydrates de carbone non dénommés. Vgl. Bier, Stärke, Zellulose, Zucker.

1. Vorkommen, Eigenschaften. Occurrence, qualities. Présence, qualités.

VON LIPPMANN, Bericht über die wichtigsten, im Jahre 1905 erschienenen Arbeiten aus dem Gebiete der reinen Zuckerchemie. Monosaccharide; Disaccharide; Trisaccharide; Konstitution der Zuckerarten; Entstehung der Zuckerarten in der Pflanze; Physiologie der Zuckerarten.) *Zuckerind.* 31 Sp. 385/90 F.; 1146/51 F.

PFEIFFER, Fortschritte in der Chemie der Kohlenhydrate. *Chem. Zeitschrift* 5 S. 553'7.

BROWN, MULLEN, MILLAR und ESCOMBE, die wasserlöslichen Polysaccharide von Gerste und Malz. *Z Bierbr.* 34 S. 610/4.

HANUŠ und BIEN, Zuckerarten der Gewürze; weißer Zimt. (Gehalt der Gewürze an Pentosanen.) *Z. Genuß.* 12 S. 395/407.

MAURENBRECHER und TOLLENS, die Kohlenhydrate des Kakaos, — der Teeblätter. *Ber. chem. G.* 39 S. 3576/81; *Z. V. Zuckerind.* 56 S. 1035/46.

ULANDER und TOLLENS, die Kohlenhydrate der Flechten. *Ber. chem. G.* 39 S. 401/9.

VONGERICHTEN und MÜLLER, FR., Opiose. *Ber. chem. G.* 39 S. 235/40.

VOTOČEK und BULIŘ, Rhodeit. Beitrag zur Kenntnis der Konfiguration der Rhodeose. *Z. Zuckerind. Böhm.* 30 S. 333/9.

TANRET, mélézitose et turanose. *Bull. Soc. chim.* 3, 35 S. 816/25; *Compt. r.* 142 S. 1424/6.

OFFER, neue Gruppe von stickstoffhaltigen Kohlenhydraten. Aminopentosen. *B. Physiol.* 8 S. 399/405.

BERTRAND et LAZENBERG, préparation et caractères de la l-idite cristallisée. *Bull. Soc. chim.* 3, 35 S. 1073/9; *Compt. r.* 143 S. 291/4.

ERNEST, Zellulose. (Beschaffenheit der durch Hydrolyse der Polysaccharide gewonnenen Zuckerkomponente.) *Z. Zuckerind. Böhm.* 30 S. 279/82.

CASTORO, Hemicellulose. *Z. physiol. Chem.* 49 S. 96/107.

BARLOW, osmotic pressure of solutions of sugar in mixtures of ethyl alcohol and water. *J. Chem. Soc.* 89 S. 162/6.

MORSE, FRAZER and HOPKINS, the osmotic pressure and the depression of the freezing points of solutions of glucose.* *Chem. J.* 36 S. 1/39.

MORSE, FRAZER, HOFFMAN AND KENNON, redetermination of the osmotic pressure and of the depression of the freezing points of cane sugar solutions. *Chem. J.* 36 S. 39/93.

PELLET et FRIBOURG, les viscosités comparées des solutions de saccharose et de sucre inverti. *Bull. sucr.* 24 S. 666/8.

JALOWETZ, Extrakttabelle der k. k. Normal-Eichungs-Kommission. (Dichtebestimmung von Rohrzuckerlösungen.) *Z. Bierbr.* 34 S. 113/8.

MOHR, die spezifischen Gewichte der Lösungen verschiedener Zuckerarten. *Z. Spiritusind.* 29 S. 5/6.

FERNBACH, saccharification. (V) *Ann. Brass.* 9 S. 265/9.

FERNBACH et WOLFF, J., transformation presque intégrale en maltose des dextrines provenant de la saccharification de l'amidon. *Compt. r.* 142 S. 1216/8; *Ann. Brass.* 9 S. 245/6.

PELLET et FRIBOURG, solubilité du saccharose dans l'eau, en présence de sucre inverti. *Bull. sucr.* 24 S. 304/15.

MATHIEU, vitesse d'inversion du saccharose dans les moûts et les vins. *Bull. sucr.* 24 S. 79/82; *Ann. Brass.* 9 S. 393/5.

NEUBERG, Spaltung der Raffinose in Rohrzucker und d-Galactose. *Z. V. Zuckerind.* 56 S. 440/53.

VAN EKENSTEIN et BLANKSMA, les dérivés benzaliques des sucres et des glucosides. *Trav. chim.* 25 S. 153/61; *Z. V. Zuckerind.* 56 S. 224/30.

STROHMER und FALLADA, Einwirkung von Chlorammonium auf wässerige Saccharose-Lösung. *Z. Zucker.* 25 S. 168/71.

WINDAUS, Zersetzung von Traubenzucker durch

Zinkhydroxyd - Ammoniak bei Gegenwart von Acetaldehyd. *Ber. chem. G.* 39 S. 3886/91.

NEUBERG u. MARX, Verwendung von metallischem Calcium zu Reduktionen in der Zuckerreihe. *Z. V. Zuckerind.* 56 S. 456/61.

PIERAERTS, l'hydrolyse chirique du raffinose. *Bull. sucr.* 23 S. 1143/6.

TRILLAT, présence de la formaldéhyde dans les produits de caramélisation. Explication de quelques faits qui en découlent. *Bull. Soc. chim.* 3, 35 S. 681/5; *Compt. r.* 142 S. 454/6.

EULER, HANS UND ASTRID, Zuckerbildung aus Formaldehyd. Bildung von i-Arabinoketose aus Formaldehyd. *Ber. chem. G.* 39 S. 39/51.

PURDIE and YOUNG, alkylation of rhamnose. *J. Chem. Soc.* 89 S. 1194/1204.

PURDIE and ROSE, alkylation of 1-arabinose. *J. Chem. Soc.* 89 S. 1204/10.

OPFER, Einwirkung von sekundären asymmetrischen Hydrazinen auf Zucker. *Mon. Chem.* 27 S. 75/80.

SCHADE, Vergärung des Zuckers ohne Enzyme. Abbau des Zuckers durch Alkali bei gleichzeitiger Einwirkung von Wasserstoffsuperoxyd.) *Z. physik. Chem.* 57 S. 1/46.

SCHOORL und VAN KALMTHOUT, Farbenreaktionen der wichtigsten Zuckerarten. *Ber. chem. G.* 39 S. 280/5.

2. Bestimmung. Determination. Dosage.

BROWNE, analysis of sugar mixtures. *J. Am. Chem. Soc.* 28 S. 439/53.

KICKTON, Versuche über die gewichtsanalytische Bestimmung des Zuckers in entfärbten und nicht entfärbten Lösungen und Nachprüfung der Formeln zur Berechnung von Fruktose und Glykose in den „Vereinbarungen" Heft I, S. 13. *Z. Genuß.* 11 S. 65/72

WIECHMANN, Elektro-Entfärbung. (In der optischen Zuckeranalyse. *Z. V. Zuckerind.* 56 S. 1056/83; *Electrochem. Ind.* 4 S. 400/3.

WAGNER, B. und RINK, neue Methode der quantitativen Zuckerbestimmung mit dem ZEISZ'schen Eintauchrefraktometer. *Z. V. Zuckerind.* 30 S. 38/9.

TOLMAN and SMITH, W. B., estimation of sugars by means of the refractometer. *J. Am. Chem. Soc.* 28 S. 1476/82.

LEFFMANN, neue Reaktion auf Saccharose und Milchzucker. (Mit Sesamöl und Salzsäure.) *Chem. Z.* 30 S. 638.

LEFFMANN, test for cane sugar in milk sugar. Reaction with sesame oil and hydrochloric acid is a satisfactory test for sucrose in lactose, being better than carbonization with sulphuric acid.) *J. Frankl.* 162 S. 374.

PIERAERTS, dosage optique des mélanges de saccharose et de raffinose. *Bull. sucr.* 23 S. 1261/5.

BAUR und POLENSKE, Trennung von Stärke und Glykogen. *Arb. Ges.* 24 S. 576/80.

JOLLES, neues Verfahren zur quantitativen Bestimmung der Pentosen. (Titrimetrische Bestimmung. Modifikation der Methode zur Aldehydbestimmung von RIPPER.) *Mon. Chem.* 27 S. 81/90; *Ber. chem. G.* 39 S. 96/7; *Z. anal. Chem.* 45 S. 196/204.

LING und BENDLE, volumetrische Bestimmung reduzierender Zucker. *Pharm. Centralh.* 47 S. 33.

CHAVASSIEU et MOREL, réaction colorée des sucres réducteurs donnée par le m-dinitrobenzène en milieu alcalin. *Compt. r.* 143 S. 966/7.

BERTRAND, dosage des sucres réducteurs. *Bull. Soc. chim.* 3, 35 S. 1285/99.

GLASSMANN, zwei neue Methoden zur quantitativen Bestimmung des Traubenzuckers. (Indirekte volumetrische Methode: mittels alkalischer Quecksilbercyanidlösung bezw. Quecksilberjodid-Jod-

kalium - Lösung. Gasvolumetrische Methode.) *Ber. chem. G.* 39 S. 503/8.

ARNOLD, zwei neue Methoden der quantitativen Bestimmung des Traubenzuckers. (Erwiderung gegen GLASSMANN.) *Ber. chem. G.* 39 S. 1227/8.

FRIBOURG, analyses de dextrose et de lévulose. *Bull. sucr.* 24 S. 292/5.

LYON, approximate determination of commercial glucose in fruit products. *J. Am. Chem. Soc.* 28 S. 505/11.

WATT, Bestimmung der Glukose nach der volumetrischen Methode. (V) *Z. V. Zuckerind.* 56 S. 201/6; *Bull. sucr.* 24 S. 628/32.

SHERMAN and WILLIAMS, the osazone tests for glucose and fructose as influenced by dilution and by the presence of other sugars. *J. Am. Chem. Soc.* 28 S. 629/32.

LAVALLE, Traubenzuckerbestimmung mit stark alkalischer FEHLINGscher Lösung. *Chem. Z.* 30 S. 17, 1301/2.

SY, examination of maple product. The lead value. (Modification of the HILL and MOSHER method.) (V) *J. Frankl.* 162 S. 71/2.

WINTON and KREIDER, determination of lead number in maple syrup and maple sugar. *J. Am. Chem. Soc.* 28 S. 1204/9.

DOPONT, rapport sur l'unification des échelles saccharimétriques et adoption d'une échelle à poids normal de 20 grammes de sucre. *Bull. sucr.* 23 S. 1275/9.

FRIBOURG, influence du sucre inverti sur le saccharomètre BRIX. *Bull. sucr.* 24 S. 492/500.

MUNSON and WALKER, unification of reducing sugar methods. *J. Am. Chem. Soc.* 28 S. 663/86.

PELLET, les réducteurs et leur dosage. (Préparation de la liqueur FEHLING. — Dosage des corps réducteurs dans les sucres et les divers produits de la sucrerie.) *Sucr.* 68 S. 229/36.

HARANG, recherche et dosage du tréhalose dans les végétaux à l'aide de la tréhalase, dans différents échantillons de tréhala. *J. pharm.* 6, 23 S. 16/20, 471/3.

GRANDMOUGIN, Ligninreaktionen. *Z. Farb. Ind.* 5 S. 321/3.

NEUBERG und MARX, Nachweis kleiner Mengen von Raffinose. *Z. V. Zuckerind.* 56 S. 453/6.

WOLFF, J., Bestimmung von Amylozellulose (unlöslicher Amylose) in natürlicher Stärke. *Z. Spiritusind.* 29 S. 303.

Kohlenlagerung und -Verladung. Coal storage and conveyance. Emmagasinage et chargement de charbon. Siehe Transport, Verladung, Löschung und Lagerung.

Kohlenoxyd. Carbonic oxid. Oxyde de carbone.

BEARD, carbon monoxide in mines. (Properties and source-percentage that will cause death-tests for determining its presence.) * *Mines and minerals* 27 S. 276/7.

WACHHOLZ, Kohlenoxydvergiftung. *Vierteilj. ger. Med.* 31 Suppl. S. 12/34.

GAUTIER, action de l'oxyde de carbone au rouge sur la vapeur d'eau, et réaction inverse de l'hydrogène sur l'acide carbonique. Applications aux phénomènes volcaniques. *Bull. Soc. chim.* 3, 35 S. 929/34; *Compt. r.* 142 S. 1382/7.

GRÉHANT, perfectionnement apporté à l'eudiomètre: sa transformation en grisoumètre. Recherche et dosage du formène et de l'oxyde de carbone. *Compt. r.* 143 S. 813/5.

GAUTIER et CLAUSMANN, quelques difficultés que présente le dosage de l'oxyde de carbone dans les mélanges gazeux. *Bull. Soc. chim.* 3, 35 S. 513/9; *Compt. r.* 142 S. 485/91.

REUTER, Nachweis von Kohlenoxydgas im Leichen-blut. *Viertelj. ger. Med.* 31 S. 240/7.

LEVY et PÉCOUL, dosage de l'oxyde de carbone dans l'air par l'anhydride iodique. *Compt. r.* 142 S. 162; *Apoth. Z.* 21 S. 370.

LÉVY, ALBERT et PÉCOUL, appareil indicateur de l'oxyde de carbone. (Indication par DITTE en présence de l'acide iodique anhydre, avec for-mation d'acide carbonique, et mise en liberté d'iode; méthode calorimétrique de RABOURDIN; appareil de LÉVY, ALBERT et PÉCOUL.) *Rev. ind.* 37 S. 85/6; *Z. Dampfk.* 29 S. 213.

Kohlensäure. Carbonic acid. Acide carbonique.

DELKESKAMP, vadose und juvenile Kohlensäure. *Z. Kohlens. Ind.* 12 S. 555/8 F.

BEHRENS, Verfahren zur Gewinnung von Kohlen-säure aus solche enthaltenden Gasgemischen. *Erfind.* 33 S. 21/3.

Neue Verfahren zur Gewinnung künstlicher Kohlen-säure. (Verwendung für Mineralwässer und Luxus-getränke; Zersetzung kohlensaurer Salze mittels Säure; Ausnutzung der Gärungsgase; Verbrennen von Koks; Gewinnung aus den Abgasen eines Sauggasmotors nach SÜRTHs Patent. Rieselappa-rate; Uebersättigungsapparate; Herstellung der moussierenden Weine.) *Uhlands T. R.* 1906, 4 S. 36/7 F.

NERNST und V. WARTENBERG, Dissociation der Kohlensäure.* *Z. physik. Chem.* 56 S. 548/57.

NODA und WARBURG, die Zersetzung des Kohlen-dioxyds durch die Spitzenentladung.* *Ann. d. Phys.* 19 S. 1/13.

Versuche über die Diffusion von Kohlensäure durch Kautschuk.* *Dingl. J.* 321 S. 207.

LANGMUIR, dissociation of water vapor and carbon dioxide at high temperatures. *J. Am. Chem. Soc.* 28 S. 1357/79.

MAILLARD et GRAUX, existence des bicarbonates dans les eaux minérales, et sur les prétendues anomalies de leur pression osmotique. *Compt. r.* 142 S. 404/7.

STÄHLI, Dampfdruck der Kohlensäure bei niedriger Temperatur. *Apoth. Z.* 21 S. 928/9; *Z. Kohlens. Ind.* 12 S. 749/51.

Verfahren zur Herstellung flüssiger Kohlensäure. (SÜRTHer System.)* *Z. Kohlens. Ind.* 12 S. 9/11.

BÜCHNER, flüssige Kohlensäure als Lösungsmittel.* *Z. physik. Chem.* 54 S. 665/88.

WERDER, Untersuchung und Beurteilung von flüssiger Kohlensäure.* *Chem. Z.* 30 S. 1021/2; *Z. Kohlens. Ind.* 12 S. 684/6.

STÄHLI, Abhängigkeit der Temperatur fester Kohlen-säure vom äußeren Druck. *Apoth. Z.* 21 S. 1006/7.

ZELENY, Temperatur fester Kohlensäure und ihrer Mischungen mit Aether und Alkohol bei ver-schiedenen Drucken. *Physik. Z.* 7 S. 716/9.

SCHMIDT, CONSTANZ, Verunreinigungen flüssiger Kohlensäure. *Wschr. Brauerei* 23 S. 10/1.

SCHMITZ, Verunreinigungen in flüssiger Kohlen-säure. *Z. Kohlens. Ind.* 12 S. 97/9.

LUHMANN, Fabrikation der Barium- und Strontium-karbonate aus deren Sulfaten unter Anwendung von Kohlensäure. *Z. Kohlens. Ind.* 12 S. 557/9 F.

BRUHNS, Kohlensäure-Bestimmung in Wassern.* *Z. anal. Chem.* 45 S. 473/8.

COLLINS, SCHEIBLER's apparatus for the deter-mination of carbonic acid in carbonates; an im-proved construction and use for accurate ana-lysis.* *Chemical Ind.* 25 S. 518/22.

HOLTSCHMIDT, Methoden zur Bestimmung der Kohlensäure.* *Chem. Z.* 30 S. 621/5.

LUNGE und RITTENER, Bestimmung der Kohlen-säure nicht so oder in Gemischen mit anderen, durch Alkalilaugen absorbierbaren Gasen (Schwe-felwasserstoff, Chlor.)* *Z. ang. Chem.* 19 S. 1849/54.

MC FARLANE and GREGORY, quantitative deter-mination of carbon dioxide and of carbon. (Ap-paratus used; absorption is produced by a minimum volume of liquid.)* *Chem. News* 94 S. 133/4.

REBBENSTORFF, Bestimmung von Kohlendioxyd.* *Chem. Z.* 30 S. 1114/5.

THEODOR, quantitative Kohlensäurebestimmung. *Chem. Z.* 30 S. 17/8.

MOODY, carbonic acid as a cause of rust. (Minute traces of carbonic acid are sufficient to set up atmospheric corrosion; experiments.) (V) (A) *J. Frankl.* 162 S. 157; *Iron A.* 77 S. 1912.

MACKENZIE, experiences of CO₂ cylinders. (Dangers in overcharging cylinders; thickness of the walls.) (V. m. B.) (A) *Pract. Eng.* 33 S. 17/8.

BOUSSE, Fabrikation der Kohlensäureflaschen. *Z. Kohlens. Ind.* 12 S. 321/3 F.

SCHROHE, Anfänge praktischer Verwertung der Kohlensäure, insbesondere der Gärungskohlen-säure zur Mineralwasserfabrikation, bis auf STRUVE. *Z. Kohlens. Ind.* 12 S. 95/7 F.

Entfernung der Kohlensäure aus geschlossenen Räumen. (Oeffnung über dem Boden, durch welche die Kohlensäure abfließen kann, entweder mittels eines Ventilators, durch Feuer, Erwärmung der Luft im Keller oder mittels ungelöschten Kalks, den man mit Wasser benetzt.) *Z. Gew. Hyg.* 13 S. 79/80.

Automatic carbon-dioxide recorder.* *West. Electr.* 38 S. 473/4.

Kohlenstaubfeuerungen. Coal dust furnaces. Foyers à charbon pulvérisé. Vgl. Feuerungsanlagen 5.

MC FARLANE, powdered coal firing for steam boilers.* *Eng. min.* 81 S. 901/2.

SÖRENSEN, coal-dust firing of reverberatory matte furnaces. (Diagram of smelting results; re-verberatory furnace at Murray.)* *Eng. min.* 81 S. 274/6.

WEGNER, BAENSCH-Feuerungen zur Verfeuerung von Teer, Kohlenstaub etc. *Asphalt- u. Teerind.* Z. 6 S. 4.

Kohlenstoff und Verbindungen, anderweitig nicht ge-nannte. Carbon and compounds, not mentioned elsewhere. Carbone et combinaisons, non denom-mées. Vgl. Calciumcarbid, Chemie, organische, Diamant, Graphit und die einzelnen Metalle.

DONATH, die technische Gewinnung von Graphit und amorphem Kohlenstoff.* *Stahl* 26 S. 1249/55.

HAHN und STRUTZ, die Abscheidung des Kohlen-stoffes aus Carbiden. (Behandlung des Calcium-carbides mit trockenem Wasserdampfe; Einwir-kung trockner Salzsäure auf Calciumcarbid; Behandlung des Calciumcarbides mit trockenem Schwefelwasserstoff; Einwirkung trockner Salz-säure auf Aluminiumcarbid, auf Mangancarbid; Behandlung des Karborundums mit trockenem Wasserdampfe.) *Metallurgie* 3 S. 727/32.

TAKAHASHI, carbo animalis. (Untersuchung; stick-stoffhaltiger alkohollöslicher Bestandteil.) *Pharm. Centralh.* 47 S. 707/9.

FARUP, Einwirkungsgeschwindigkeit des Sauer-stoffs, Kohlendioxyds und Wasserdampfes auf Kohlenstoff.* *Z. anorgan. Chem.* 50 S. 276/96.

PRING and HUTTON, direct union of carbon and hydrogen at high temperatures. *J. Chem. Soc.* 89 S. 1591/1601.

MANVILLE, variations d'état éprouvées par le car-bone amorphe sous l'influence de la température et sous l'action d'oscillations de température. *Compt. r.* 142 S. 1190/3, 1523/5.

BERTHELOT, les sous-oxydes de carbone. *Compt. r.* 142 S. 533/7; *Ann. d. Chim.* 8, 9 S. 173/8.

BUSCH, die niederen Oxyde des Kohlenstoffs. (V) *Oest. Chem. Z.* 9 S. 203.

DIELS und WOLF, BERTRAM, Kohlensuboxyd. * *Ber. chem. G.* 39 S. 689/97.

MICHAEL, Konstitution des Kohlensuboxyds. *Ber. chem. G.* 39 S, 1915/6.

New oxide of carbon, C_3O_2 · Carbon suboxide. *Chem. J.* 35 S. 534/5.

VON BARTAL, Kohlenoxybromid. (Darstellung aus Tetrabromkohlenstoff durch Verseifung mit hochprozentiger Schwefelsäure.) *Liebigs Ann.* 345 S. 334/53.

VON BARTAL, Einwirkung von Selen auf Tetrabromkohlenstoff. (Kohlenstoffselenbromide und Kohlenstoffselenide.) *Chem. Z.* 30 S. 810/2.

VON BARTAL, Selenkohlenstoff. *Chem. Z.* 30 S. 1044/5.

PONZIO, tetrabromuro di carbonio. *Gas. chim. it.* 36, 2 S. 148/50.

SMITH, NORMAN, slow combustion of carbon disulphide. *J. Chem. Soc.* 89 S. 142/5.

MACHALSKE, Betriebsergebnisse einer Anlage zur Darstellung von Kohlenstoffchloriden.* *Elektrochem. Z.* 12 S. 199/201.

GRAEFE, Anwendungen des Tetrachlorkohlenstoffes im Laboratorium. (Bei der Bestimmung der Jodzahl; bei der fraktionierten Ausfällung des Paraffins.) *Chem. Rev.* 13 S. 30/2.

Die physiologischen Wirkungen des Tetrachlorkohlenstoffs und des Petroleumbenzins. *Färber-Z.* 42 S. 270/1.

Kohlenwasserstoffe, anderweitig nicht genannte. Hydrocarbons, not mentioned elsewhere. Hydrocarbures, non dénommés. Vgl. Anthracen, Benzol, Chemie, organische, Erdöl, Paraffin.

MAILHE, neue Darstellungsweise von Aethylenkohlenwasserstoffen. (Aus den Halogenderivaten gesättigter Kohlenwasserstoffe; durch Verwendung fein verteilter Metalle und wasserfreier Metallchloride.) *Chem. Z.* 30 S. 37.

BRUNI, Additionsverbindungen der aromatischen Kohlenwasserstoffe mit Polynitroderivaten.* *Chem. Z.* 30 S. 568/9.

MÜHLHAUSEN, neue Bildungsweise des Phenylacetylens. (Erhitzen von Dibenzalacetontetrabromid.) *Ber. chem. G.* 39 S. 4146.

VORLÄNDER und SIEBERT, neue aromatische Kohlenwasserstoffe. (Tetraphenyl-allen; Umlagerung des Tetraphenyl - allen; Tetraphenyl - propylen.) *Ber. chem. G.* 39 S. 1024/35.

TILDEN, polymerisation of isoprene. *Chem. News* 94 S. 90.

CLARKE and SHREVE, isohexane and a new dodecane. *Chem. J.* 35 S 513/9.

DIECKMANN und KÄMMERER, 1·3-Diphenylpropen. *Ber. chem. G.* 39 S. 346/51.

HENRY, nouvel octane, l'hexaméthyléthane $(H_3C)_3 - C - C - (CH_3)_3$. *Compt. r.* 142 S. 1075/6.

RULE, some new derivatives of dicyclopentadiene. *J. Chem. Soc.* 89 S. 1339/45.

THIELE und BÜHNER, Abkömmlinge des Fulvens; — und BALHORN, Condensationsprodukte des Cyklopentadiens. *Liebigs Ann.* 347 S. 249/74; 348 S. 1/15.

GOMBERG und CONE, Triphenylmethyl. *Ber. chem. G.* 39 S. 1461/70, 2957/70, 3274/97.

SCHMIDLIN, das Triphenylmethyl und der dreiwertige Kohlenstoff. (Zur Konstitution des Benzpinakolins. *Ber. chem. G.* 39 S. 4183/4204.

TSCHITSCHIBALIN, Triphenylmethyl und seine Haloidverbindungen. *J. prakt. Chem.* 74 S. 340/4.

KLAGES und KLENK, Versuche zur Synthese des Phenylallens. *Ber. chem. G.* 39 S. 2552/5.

THIELE und HENLE, Kondensationsprodukte des Fluorens. *Liebigs Ann.* 347 S. 290/315.

DRUGMAN, oxidation of hydrocarbons by ozone at low temperatures. *J. Chem. Soc.* 89 S. 939/45.

KASERER, Oxydation des Wasserstoffs und des Methans durch Mikroorganismen. *CBl. Agrik. Chem.* 35 S. 277/8.

BONE and DRUGMAN, the explosive combustion of hydrocarbons. *J. Chem. Soc.* 89 S. 660/82; *J. Gas L.* 94 S. 373/4; *J. Gasbel.* 49 S. 857/8.

BONE, DRUGMAN and ANDSEW, the explosive combustion of hydrocarbons. *J. Chem. Soc.* 89 S. 1614/25.

CHEMISCHE FABRIK GRIESHEIM - ELECTRON, Verhinderung der Entzündlichkeit von Benzen durch Beimischung von Tetrachlorkohlenstoff. *Chem. Rev.* 13 S. 56; *Färber-Z.* 42 S. 172/3.

Non-inflammable benzene. (Benzene is partly converted into polychlorinated derivatives.) *Dyer* 26 S. 35.

POLACK, Benzin und seine Behandlung. (V)* *J. Gasbel.* 49 S. 337/43; *Z. V. dt. Ing.* 50 S. 539/41.

Einfluß des Sauerstoffes auf Kohlenwasserstoffe und Harze. *Asphalt- u. Teerind.-Z.* 6 S. 92/3, 192/3.

KUSNEZOW, Zerlegung gasförmiger Kohlenwasserstoffe beim Glühen in Anwesenheit fein verteilter Metalle, besonders Aluminium. *Acetylen* 9 S. 82.

KLAGES und SAUTTER, optische aktive Benzolkohlenwasserstoffe. *Ber. chem. G.* 39 S. 1938/42.

BONE and ANDREW, interaction of well-dried mixtures of hydrocarbons and oxygen. *J. Chem. Soc.* 89 S. 652/9.

COATES, the series C_nH_{2n-2}, in Louisiana petroleum. *J. Am. Chem. Soc.* 28 S. 384/8.

MABERY, composition of petroleum (— and QUAYLE, the sulphur compounds and unsaturated hydrocarbons in Canadian petroleum.) *Chem. J.* 35 S. 404/32; *Chem. News* 94 S. 180/3 F.

BALBIANO, azione della soluzione acquosa di acetato mercurico sui composti olefinici. (Costatazione della due serie degli idrocarburi C_nH_{2n}, le olefine ed il cicloidrocarburi o nafteni.) *Gas. chim. it.* 36, 1 S. 237/51.

WALLACH, Terpene und ätherische Oele. (Die einfachsten Methenkohlenwasserstoffe der verschiedenen Ringsysteme und deren Abwandlung in alicyklische Aldehyde.) *Liebigs Ann.* 347 S. 316/46.

FREUND, neues Verfahren zur Herstellung von Tetraphenylmethan. (Verhalten von GRIGNARD-Lösungen gegen Triphenylmethylbromid.) *Ber. chem. G.* 39 S. 2237/8.

ROBERTSON, comparative cryoscopy. (The hydrocarbons and their halogen derivatives in phenol solution.) *J. Chem. Soc.* 89 S. 567/70.

REX, Löslichkeit der Halogenderivate der Kohlenwasserstoffe in Wasser.* *Z. physik. Chem.* 55 S. 355/70.

REICHARD, eine Phenanthren - Reaktion. (Einwirkung von unterschwefligsaurem Natrium und Essigsäure auf Phenantrenchinon.) *Pharm. Centralh.* 47 S. 309/11.

Kolben. Pistons. Vgl. Maschinenelemente.

BACH, Versuche zur Ermittelung der Durchbiegung und der Widerstandsfähigkeit von Scheibenkolben.* *Z. V. dt. Ing.* 50 S. 366/8.

MENEGUS, manufacturing steam pistons.* *Am. Mach.* 29, 1 S. 208/9.

Making a piston-ring. (Machine used in the Napier works for grinding the outer surface of a piston-ring.)* *Aut. Journ.* 11 S. 800/1.

Vergrößerung eines Dampfkolbens. (Indem man auf Kolbenkörper und Deckel je einen schmiedeeisernen Ring aufsieht.)* *Z. Dampfk.* 29 S. 59.

Kompasse. Compasses. Boussoles. Vgl. Instrumente 5 u. 6.

CLAUDY, the compass machine.* *Am. Mach.* 29, 2 S. 1/2.

COLLINS, a mariner's compass card. *Eng.* 102 S. 640.

MARS, die Anwendung der FLINDERSstangen bei der Kompensation der Kompasse. *Ann. Hydr.* 34 S. 331/8.

MARTIENSSEN, die Verwendbarkeit des Rotationskompasses als Ersatz des magnetischen Kompasses.* *Physik. Z.* 7 S. 535/43; *Ann. Hydr.* 34 S. 540/4; *Mechaniker* 14 S. 207/11.

MELDAU, das neue Modell des Fluidkompasses von MAGNAGHI nebst Bemerkungen zur Theorie der teilweise auf Nadelinduktion beruhenden Quadrantalkorrekturen.* *Ann. Hydr.* 34 S. 27/34.

The principles of the deviation of the compass and its correction. *Proc. Nav. Inst.* 32 S. 523/38.

WEBER, Beschreibung eines Deviationsmodelles.* *Mech. Z.* 1906 S. 213/6.

The new „Hezzanith" standard binnacle* *Mar. E.* 29 S. 89/90.

Kondensation. Condensation. Vgl. Dampfleitung 2, Dampfmaschinen 1 a, b, Krafterzeugung und Kühlung.

1. Allgemeines. Generalities. Généralités.

Design of condensing plant. *Mech. World* 39 S. 26/7 F.; 40 S. 15/6, 246/7 F.

HEYM, die Kondensation des Dampfes. *Tur'.* 3 S. 69/72.

NEILSON, some notes on condensers.* *Eng. Rev.* 15 S. 253/7.

SMITH, J. A., Kondensations-Versuche. (Vor dem „Victorian Institute of Engineers" abgehaltenen Vortrag über Versuche mit Oberflächen-Kondensation.) (a) (V) (A)* *Z. Dampfk.* 29 S. 251/5 F.; *Eng. Rec.* 53 S. 735; *Rev. méc.* 18 S. 370/3.

SMITH, J. A., air in relation to the surface-condensation of low-pressure steam: an experimental study of condenser problems. *Sc. Am. Suppl.* 62 S. 25825/7 F.; *Eng.* 102 S. 75/6 F.; *Eng. Rev.* 14 S. 341/50 F.; *Mar. E.* 28'S. 188/96.

WEIGHTON, rendement des condenseurs à surface.* *Rev. méc.* 18 S. 478/90.

WRIGHT, some points on the management of condensers. *Eng. Chicago* 43 S. 73/4; *Pract. Eng.* 33 S. 306/7.

MUELLER, Kondensationsanlagen, Kompressoren und Pumpen auf der Bayerischen Landesausstellung in Nürnberg. *Z. V. dt. Ing.* 50 S. 1191/2 F.

2. Dampfmaschinenkondensatoren. Condensers of steam engines. Condensateurs des machines à vapeur.

GRAMBERG, über Kondensation bei Dampfmaschinen.* *Braunk.* 4 S. 609/13.

Kondensation bei Fördermaschinen. (Jahresbericht des Oberschlesischen Dampfkessel-Ueberwachungsvereins. Garantie. Versuche mit einer Zentralanlage.) *Z. Dampfk.* 29 S. 425/6.

A new type of steam condenser. (The exhaust steam is led into one end of the condenser, which consists of a large, cylindrical, wrought-iron chamber, divided inside by baffle plates into three separate portions.) *El. World* 48 S. 424.

Condensation of steam. (The ALBERGER condenser; Worthington barometric condenser head; jet condenser.) (a)⊞ *Eng. Chicago* 43 S. 51/63.

LAPONCHE, Kondensationsanlagen für Dampfturbinen. *Turb.* 2 S. 299/300 F.; *Turb.* 3 S. 32/4 F.

STACH, Zentralkondensationen zum Anschluß an Dampfturbinen. (Wird die Kondensation so ein-

gerichtet, daß bei der Höchstbelastung das Vakuum eingehalten werden kann, für welches die Dampfverbrauchszahlen der Turbine gelten, so wird bei Abnahme der Belastung der Dampfverbrauch günstig beeinflußt, da die Luftleere steigt.) ⊞ *Glückauf* 42 S. 1674/84.

Englische Turbinenkondensatoren.* *Dingl. J.* 321 S. 623/4.

Jet condensers for steam turbines.* *Eng. Chicago* 43 S. 275.

Kondensatoren für stehende CURTIS-Dampfturbinen. (Oberflächenkondensator, ausgeführt von ALLEN, SON & CO. Strahlkondensator)* *Z. Turbinenw.* 3 S. 253/4; *Eng.* 81 S. 515.

Surface condensing plants.* *Mech. World* 39 S. 55/6 F.

HAGEMANN, über Oberflächenkondensatoren. (Bestimmung und Dimensionierung.)* *Glückauf* 42 S. 346/8.

FOOS, Abwärme-Verwerter. (Mit demselben läßt sich einer modernen Heißdampf-Auspuffmaschine rund die 5fache und bei einer Heißdampf-Verbund-Kondensationsmaschine die 7fache Menge des in der Dampfmaschine selbst verbrauchten Speisewassers auf 98°, bezw. 55° bis 60° C erwärmen und hierdurch ein Gesamtwirkungsgrad der Dampfanlage bis zu 60% bei Auspuffmaschinen, und 59,2% bei Kondensationsmaschinen erreichen; dient als Oberflächenkondensator.)* *Z. Heiz.* 11 S. 74.

RICHARDSONS, WESTGARTH & CO., Kondensator. (Oberflächenkondensator. Der größte Teil des Kondensates, welches in der oberen Kammer gewonnen wird, fließt gleich in das Sammelgefäß, muß also nicht erst sämtliche Etagen des Kondensators durchlaufen, um zum Auslauf zu kommen.)* *Masch. Konstr.* 39 S. 207.

WEIGHTON, the efficiency of surface-condensers.* *Engng.* 81 S. 497/9 F.; *Eng. Chicago* 43 S. 603; *Eng.* 101 S. 431/4; *Iron & Coal* 72 S. 1407.

WHEELER CONDENSER & PUMP CO., high vacuum condensing outfit. (Surface condenser with a MULLEN suction valveless air pump.)* *El. World* 47 S. 76.

CAMERON STEAM PUMP WORKS in New York, Kondensator für Dampf-Senkpumpen.* *Z. Turbinenw.* 3 S. 268.

HAGEMANN, hochwertige Kondensatoren und Pumpenmaschinen. (Leistungen des Mehrzylinder-Pumpen-Systems von HAGEMANN; Kondensatoranordnung.)* *Z. Dampfk.* 29 S. 406/8.

Condenseur par mélange MAURICE-LEBLANC.* *Bull. d'enc.* 108 S. 972.

Réfrigérant multicellulaire des eaux de condensation, système BOURDON.* *Gén. civ.* 49 S. 216 7.

3. Andere Kondensatoren. Other condensers. Autres condenseurs. Vgl. Destillation, Kälteerzeugung, Laboratoriumsapparate, Leuchtgas 4.

GOLDING, new fractional condenser for steam. (To supply pure distilled water quite free from traces of metals.)* *Chemical Ind.* 25 S. 678/9.

HEISLER MFG. CO, barometric condenser.* *Iron* A. 77 S. 1333.

SOUTHWARK FOUNDRY AND MACHINE CO. of Philadelphia, barometric condenser. (Water enters the main condensing vessel and flows by gravity through a large tube mingling with the steam which enters through the exhaust pipe coming from the engine; automatic vacuum regulator which, in case the water begins to boil, admits enough air to reduce the vacuum 2" or 3", and thus stop the boiling.)* *Pract. Eng.* 34 S. 556.

RICHTER, Gegenstrom-Kondensationen. *Turb.* 3 S. 49/50 F.

The VICTOR cooling tower.* *Eng. Chicago* 43 S. 71/2.

Cooling towers. (Tray type, stack or flue, and fan type.) *Pract. Eng.* 33 S. 103/4.

Ausnutzung der Wärme des abziehenden Pfannendunstes in Brauereien. (Pfannendunstkondensator als Wasservorwärmer.) * *Wschr. Brauerei* 23 S. 706/7.

Konservierung und Aufbewahrung. Preservation, conservation. Conservation. Vgl. Bier, Desinfektion, Dünger, Holz, Milch, Nahrungsmittel.

SCHMÄHLING, Konservierung von Nahrungsmitteln. (V; *Rig. Ind. Z.* 32 S. 138/9.

KRÜGER, Probleme aus der Konservenindustrie. *Chem. Z.* 30 S. 1043/4.

BEHRE und SEGIN, Wirkung der Konservierungsmittel. (Auf die Nahrungsmittel.) *Z. Genuß.* 12 S. 461/7.

LEBBIN, Ameisensäure als Konservierungsmittel. *Chem. Z.* 30 S. 1009/11.

CRAVERIs Methode der Fleisch-Präservierung. (Einspritzung einer Lösung von 25 Teilen Kochsalz und 4 Teilen Essigsäure in 100 T. Wasser in die Venen.) *Am. Apoth. Z.* 27 S. 63.

Konservierung des Fleisches mittels Kohlensäure. *Z. Kohlens. Ind.* 12 S. 559/60.

Zulässigkeit der Borsäureanwendung für Krabbenkonserven. *Fisch. Z.* 29 S. 155.

Ein neues Eierkonservierungsverfahren. (Dextrinlösung.) *Erfind.* 33 S. 394/5.

STAHMER, Hülfsmaschinen für die Fischindustrie. (LEHRMANNs Heringsschneidemaschine, befreit die Heringe von dem Bauchlappen und dem Kopfe; JÜRGENS & WESTPHALENs Heringsschneide- und Entgrätungsmaschine; Maschine für die Heringssalzerei, die einen Teil der Kehle des Fisches aufreißt, so daß dieser ausbluten und das Salz besser eindringen kann.) *Fisch. Z.* 29 S. 527/8 F.

Fische und Fischkonserven im Lichte der Hamburger Nahrungsmittel-Kontrolle. *Fisch. Z.* 29 S. 171.

DUDZUS, wie schütze ich meine Fabrikate vor zu schnellem Verderben? (Auffrischen des Wassers.) *Fisch. Z.* 29 S. 513.4.

POWELL, needed improvements in the transportation of perishable fruits: a refrigeration problem. (Refrigeration in transit alone; cooling fruit before shipment.) (A) *Eng. News* 55 S. 20/1.

Cooling fruit for shipment. (System of cooling fruit after being loaded in cars from a cold storage plant by forcing cold air through the fruit in the car.) * *Railr. G.* 1906, 2 S. 156.

Die Ursachen des Verderbens der Apfelsinen auf dem Transport. *Z. Kälteind.* 13 S. 126/9.

WENDISCH, praktische Anleitung zur Aufbewahrung der Blattgemüse für den Winter. *Erfind.* 33 S. 86/7.

Anleitung zum Pasteurisieren der Fruchtsäfte. *Erfind.* 33 S. 302/3.

Metallsplitter in Dosenkonserven und eventl. Schädlichkeit derselben. *Erfind.* 33 S. 193/4.

Die Auflösung von Zinn durch Konserven. *Erfind.* 33 S. 256/7.

HASELHOFF und BREDEMANN, Untersuchungen über Konservenverderber. *Landw. Jahrb.* 35 S. 415/44.

GIENAPP, die Kälte als Konservierungsmittel für Maiblumenkeime und ihre Bedeutung für die gewerbliche Gärtnerei.* *Prom.* 18 S. 113/8.

GLASER, das Arbeiten mit dem Vakuumapparat. *Erfind.* 33 S. 31/2.

Konservierungsmittel für Holzstoff. (Trennung der Ligninstoffe vom Zellstoff, Behandlung des Holzschliffs mit gasförmiger schwefliger Säure oder Zusatz von Sulfitlauge.) *Papierfabr.* 4 S. 296, 749.

Konservierung von Telegraphenstangen in Afrika. (Kreosot wird unter Hochdruck in das Holz gepreßt.) *Asphalt- u. Teerind. Z.* 6 S. 206/7.

RATHGEN, Erhaltung von keramischen Altertumsfunden. *Sprechsaal* 39 S. 989/90.

Kontrollvorrichtungen. Controlling apparatus. Contrôleurs. Vgl. Feuermelder, Registriervorrichtungen, Signalwesen, Uhren.

HADDON time recorder. (Its principal feature is that it automatically sorts out all late-comers and absentees.)* *Iron & Coal* 73 S. 2010.

VOGLER, elektrische Kontrolleinrichtungen.* *Mechaniker* 14 S. 279/82.

Kopieren. Copying. Copier. Vgl. Druckerei 1 und 2.

The EVERETT-MC ADAM, continuous electric blue printing machine.* *Iron A.* 78 S. 1161.

MC ADAM, continuous electric blueprint machine.* *Eng. Rec.* 54 *Suppl.* Nr. 18 S. 63.

New form of electric blue printing machine. (Consists of a rotating glass cylinder which lies in a series of narrow belts. Within the cylinder are placed two COOPER HEWITT mercury-vapor electric lamps. The roll of paper to be printed is placed in a box on top of the machine and feeds it continuously between the belts and the cylinder; or if only a few prints are wanted, previously cut sheets of paper may be fed in directly with the tracings.)* *El. Rev. N. Y.* 48 S. 736.

HALDEN & CO., Kopiermaschine für technische Zeichnungen. (Ununterbrochen wirkend.)* *Uhlands T. R.* 1906, *Suppl.* S. 89.

HALDEN & CO., elektrischer Lichtpausapparat. *El. Anz.* 28 S. 15/6.

REVOLUTE MACHINE CO., blue-printing apparatus. * *El. World* 48 S. 888/9; *Railr. G.* 1906, 2 *Gen. News* S. 118; *Eng. News* 56 S. 500.

CRABB & CO, blue-printing from thick paper drawings. *Eng. Rec.* 53 S. 564.

BERGER, Hilfsvorrichtung zum Lichtpausen.* *Techn. Z.* 23 S. 205.

CRABB & CO., a „transparentizer" for paper drawings. (Combined bath, calender and ironer.) * *Eng. News* 55 S. 504.

Ueber die Reproduktion großer Originale in Strichmanier.* *Z. Reprod.* 8 S. 166/9.

Machine for photo-copies of long tracings.* *J. of phot.* 53 S. 108/10.

ROST, Glasldruck. *Arch. Buchgew.* 43 S. 465/7.

Fotol-Druck. (Lichtpaus-Trocken-Verfahren. Fotol-Gelatinemasse vom Chemischen Laboratorium Dr. ROKOTNITZ-Charlottenburg hergestellt.) *Typ. Jahrb.* 27 S. 18.

Kopierpapier. (Kopierverfahren für Rollenpapier.) *Papierfabr.* 4 S. 627.

LEIPZIGER MASCHINENBAU-GESELLSCHAFT in Leipzig-Sellerhausen, Gravier-Maschinen. (Reduziermaschinen nur für Verkleinerungen und Kopier- und Reduziermaschinen.) *Uhlands T. R.* 1906, 1 S. 94/5.

PLANK, Relief-Vergrößerungsapparat. * *D. Goldschm. Z.* 9 S. 167a.

LÖWE & CO., Kopier-Fräsmaschinen.* *Bayr. Gew. Bl.* 1906 S. 369/70.

STRAHL, Parallelen. (Vergleich der Kopiervorrichtungen, um mangelhaft gewordene Schriftstücke zu erneuern mit dem Kromographen, der das auf dem Klavier Gespielte auf einem Papierstreifen festhält.) * *Mus. Inst.* 16 S. 708/9 F.

Korallen. Corals. Coraux. Fehlt.

Kork. Cork. Liège.
Sterilisier- und Imprägnier-Apparate für Korke. *
Z. Chem. Apparat 1 S. 403/5.

**Krafterzeugung und -Uebertragung. Production and
transmission of power. Production et transmission
de force.** Vgl. Elektrizitätswerke, Fabrikanlagen,
Kraftmaschinen.

   1. Allgemeines.
   2. Kraftanlagen, anderweitig nicht genannte.
   3. Elektrische Kraftübertragung.
   4. Kraftübertragung durch Druckluft, Druckwasser usw.
   5. Uebertragung durch Ketten, Räder, Riemen, Seile,
      Wellen.
   6. Vorgelege.

1. Allgemeines. Generalities. Généralités.
HANCOCK, power house economics. (The importance of details of operation.) Cassier's Mag.
30 S. 85/9.
Power plant economics. (Analysis of the average
losses in the conversion of 1 lb. of coal into
electricity.) (V) (A) Street R. 27 S. 202/3.
Ueber Oekonomie der Wärme und Krafterzeugung
in Fabriken. Z. Heiz. 10 S. 175/7.
BRIERLEY and ROBERTSHAW, the generation of
steam in a power station. Page's Weekly 8
S. 1278/81; Mech. World 39 S. 220/1 F.
VIGNOLES, efficiency of steam plant. (Investigation
of the quantity of coal and water used in the
electricity works at Grimsby; steam consumption
per kilowatt) (V) (A) * Pract. Eng. 34 S. 74/7.
NOWOTNY, vergleichende Angaben über Dampfbetrieb und elektromotorischen Betrieb in der
k. k. Hof- und Staatsdruckerei in Wien. (Betriebsjahre 1903, 1904 und 1905; Betriebsaus-
lagen; Amortisation.) Wschr. Baud. 12 S. 360/1.
HOFFMANN, H., Kraftgewinnung und Kraftverwertung in Berg- und Hüttenwerken. (Die Kraftquellen; der Dampfantrieb; die elektrische Kraftübertragung; Gasmaschinen und ihre Verwendung zum Antriebe von Dynamos, Gebläsen,
Pumpen, Walzenstraßen.)* Z. V. dt. Ing. 50
S. 1393/1404 F; Uhlands T. 1906, 1 S. 95/6;
El. u. polyt. R. 23 S. 291/3; Z. Kälteind. 13
S. 148/9.
SCHÖMBURG, the comparative cost of steam en-
gines, steam turbines, and gas engines for works
driving. El. Rev. 59 S. 367/8.
GOODENOUGH, relative economy of turbines and
engines at varying percentages of rating.*
Street R. 28 S. 712/5.
JACKSON, economics to be derived from the utili-
zation of water powers of low head in the Cen-
tral West. (V. m. B.) * Proc. El. Eng. 25
S. 515/30.
VAN NORTWICK, load factor and fuel consumption.
(Fuel consumption and coal with variable load
factor in DIESEL oil engine.) West. Electr. 39
S. 28.
JUNGE, gas power economics. (With special refe-
rence to the iron and steel industry.) Iron A.
77 S. 1392/3 F.
KNOWLES, the coming power. (Gas plant.)* El.
Rev. N. Y. 48 S. 616/8.
LETOMBE, comparaison entre les machines à vapeur
et les moteurs à gaz de grande puissance.
Electricien 32 S. 130/3.
RUBRICIUS, Dampf- und Gas-Kraftmotoren. (Mo-
derne Energie-Erzeugung in Kraftwerken. Kol-
bendampfmaschine, Dampfturbine und Großgas-
maschine.) W. Papierf. 37, 1 S. 1454/7.
Betriebskosten von Motoren. Z. Kohlens. Ind. 12
S. 41/4.
EBERLE, über die Wahl der Betriebskraft. (Dampf-
maschine; Anlagen ohne Dampfverwendung zu

Heizzwecken; Anlagen mit Dampfverwendung zu
Heiz- und Fabrikationszwecken; Dampfanlage der
Pschorrbrauerei mit Dampfkochung; Tandem-
Dampfmaschine; Sauggasanlagen; DIESELmotor.)
(V) * Bayr. Gew. Bl. 1906 S. 233/5 F.
WEBER, economy in the operation of coal mine
power plants. * Compr. air 11 S. 4062/5.
STOTT, power plant economics. (Analysis of the
losses found in a year's operation; loss in ashes;
loss to stack; engine radiation losses; economy
curves for steam turbine; high-pressure reci-
procating engine with low-pressure turbine on
its exhaust; new type of plant.) (V) * Eng.
News 55 S. 148/51.
SCHAEFER, electricity v. compressed air for mine
operations. Mech. World 39 S. 173.
MANN, superheated steam in the power station.
(Provision for expansion; metal gasket pipe
joint. (V) J. Frankl. 162 S. 291/6.
RUBRICIUS, Kraftgewinnung aus Abdampf. Elt. u.
Maschb. 24 S. 525/32.
MAVER, utilizing exhaust steam in the locomotive
works of the Grand Trunk Ry at Montreal,
Can. Cassier's Mag. 29 S. 407/14
BELSEY, some notes on motor driving.* Am.
Mach. 29, 1 S. 554.
DUBBEL, Kraftmaschinen auf der Bayerischen Lan-
desausstellung in Nürnberg. ⊞ Z. V. dt. Ing. 50
S. 1567/74.
KÖRNER, die Kraftmaschinen auf der Deutsch-
böhmischen Ausstellung in Reichenberg.* Z. V.
dt. Ing. 50 S. 1493/8 F.

**2. Kraftanlagen, anderweitig nicht genannte.
Power plants, not mentioned elsewhere. Usines,
non dénommées.**
EBERLE, Dampfanlage einer Papierfabrik. (Verwendung von hochgespanntem Dampf, Wasserrohrkessel mit schmiedeeisernen Ueberhitzern
mit 12 Atm. Betriebsüberdruck; Economiser;
Elektromotor zum Rußschaberantrieb; Zurückgewinnung des aus den Trockenzylindern zurück-
fließenden Dampfwassers; Abdampf zur Decken-
heizung; Schwungraddampfpumpen zur Speisung;
Kohlenversorgung mittels am Kesselhause entlang führender Geleisebühne. Versuche. Erfolge der Anlage.) Z. Bayr. Rev. 10 S. 51/5.
SOLBRIG, über Dampfanlagen in der Zellstoff-
industrie. (Lage von Kessel- und Maschinenhaus, Wahl der Kessel, CORNWALLkessel, Wasserröhrenkessel, Flammrohrkessel; Späneverbren-
nungsverfahren; Anwendung des überhitzten mit
gesättigtem vermischten Dampfes zu Koch-
zwecken; Rostgröße und Rostlage; THOSTsche
Schrägrostfeuerung; VÖLKERscher Treppenrost;
SCHUMANNsche zwischen Kessel und Schornstein eingebaute Aschenfanganlage; Entölung des
Abdampfes; Heißdampfmaschine mit zweifacher
Expansion; Ventildampfmaschine, Patent KRON.)*
Papierfabr. 4 S. 1348/52 F.
GRAY, central heating, lighting and power plant
at Bryn Manor College. (Boilers of the horizontal return tubular shell type. * Eng. Rec. 53
S. 183/6.
NEUBURGER, die Dampfkraftanlage in Nötsch.
Z. O. Bergw. 54 S. 411/6.
HANN, some notes on the mechanical equipment
of collieries. (Introduction of electric power,
over-windig device, which closes the throttle
valve and gradually applies the brakes; hori-
zontal four-cylinder engine.) (V) (A)* Pract.
Eng. 34 S. 206/7, 210/1.
Mechanical equipment of the new residence of
senator Clark in New York. (Boiler plant;
piping; CURTIS steam turbine; generating units

of the type recently perfected by the GENERAL ELECTRIC CO.; trenches; steel plate construction throughout; waterproofing pits; blowers for the direct systems; individual motor-driven cone centrifugal fans; air filters of cheese-cloth bags, suspended in the heating chambers; indirect radiators supplied with steam from a heating main carried for the greater part in ceiling trenches.)* *Eng. Rec.* 54 S. 13/7.

JOBSON, central boiler plant of the Pullman car shops. (Automatic conveying apparatus, built by the LINK-BELT MACHINERY CO. of Chicago; automatic stokers.)* *Eng. Rec.* 54 S. 119/21.

A large BABCOCK & WILCOX boiler plant. (Boiler room of the Chelsea power station; 80 boilers with an evaportive capacity of 18,000 lb. of water per hour.)* *Pract. Eng.* 34 S. 176.

JOSSE, Kraftwerke für Privatbetriebe. (Lindenblockwerk mit Sauggasanlage mit zwei Deutzer Sauggasmotoren, Blockwerk des Walhallatheaters, mit Sauggasmaschine; Kriminalgericht zu Moabit mit DIESELmotoren; Wertheim mit Tandem-Gasdynamos, Wasserrohrkessel, 105 Elektromotoren, 520 Bogenlampen, 12000 Glühlampen, 8400 NERNSTlampen und Osmiumlampen, Kühlanlage durch zwei Eismaschinen von 70000 Kalorien bedient.) (V. m. B.) (A) *Z. Dampfk.* 29 S. 172/4.

WYER, gas-producer power-plants. *Trans. Min. Eng.* 36 S. 44/53.

L'utilisation industrielle des marées. (Installations pour l'utilisation de la force des marées; dispositif de DECOEUR qui régularise la puissance disponible.) *Ann. trav.* 63 S. 1324/30.

3. Elektrische Kraftübertragung. Electric transmission. Transmission électrique. Vgl. Elektrizitätswerke, Elektromagnetische Maschinen, Elektrotechnik, Umformer.

KÜPPERS, Vergleiche einer Kraftübertragung mittels Elektrizität und Hochofengas. *Rig. Ind. Z.* 32 S. 35/6.

Electricity and compressed air. *Compr. air* 11 S. 4231.

ADAMS, voltage and costs of electric transmission lines. *Cassier's Mag.* 29 S. 430/2.

STORER, the sale and measurement of electric power.* *Street R.* 27 S. 1018/23.

Was kann eine Fabrik heute für elektrische Kraft bezahlen? (Erzeugung durch Lokomobilen, Dampfmaschinen, Sauggasmotoren, DIESELmotoren, Heißdampflokomobilen mit Wasserkraft.) *Papierfabr.* 4 S. 1291/3.

WILDA, die Kosten elektrischer Kraftübertragung. *El. u. polyt. R.* 23 S. 473/7.

BIRKELAND, case of very cheap hydraulic power. (11 shilling per electric horse-power-year, at Notodden, Norway.) (V) (A) *Eng. News* 56 S. 212.

FRIKER, some economical aspects of the electric drive.* *Cassier's Mag.* 30 S. 543/53.

FREUND, E., Betriebskostenberechnung einer elektrischen Beleuchtungs- und Kraftübertragungsanlage. *Text. Z.* 1906 S. 681/2 F.

GONZENBACH, the economy of combined railway and lighting plants.* *West. Electr.* 38 S. 96/7.

PROHASKA, Rentabilitätsberechnung von Netzerweiterungen einer Ueberlandzentrale.* *El. Ans.* 23 S. 1066/7.

Power transmission by direct currents. (Advantages of the direct-current relative to insulation.) *Eng. Rec.* 54 S. 199.

ADAM, die Unfallgefahren elektrischer Anlagen.* *El. u. polyt. R.* 23 S. 37/40 F.

MÜLLENDORF, die Gefährlichkeit elektrischer Anlagen. (V. m. B.) *Ann. Gew.* 58 S. 164/7.

Vergleich zwischen dem System THURY und Drehstrom. *El. Ans.* 23 S. 953/4; *West. Electr.* 39 S. 207.

SCHRÖDER, Anwendung von Pufferbatterien bei Drehstrom. (V) *Elektrot. Z.* 27 S. 324/8.

HENKE, die Drehstrom-Pufferanlage der Gewerkschaft Carlsfund in Groß-Rhüden. (Auch in Drehstromanlagen lassen sich Pufferbatterien mit Erfolg einbauen, und diese bieten die gleichen Vorteile wie in Gleichstrom-Anlagen. Mitbenutzung von Akkumulatoren.)* *Elektrot. Z.* 27 S. 1045/9.

NORBERG-SCHULZ, der Belastungsfaktor elektrischer Kraftverteilungs-Anlagen.* *Elektrot. Z.* 27 S. 449/52.

Influence of load factor on hydro-electric installation.* *West. Electr.* 38 S. 258.

FISCHER, L., Ausnützung von Wasserkräften für Haupt- und Neben-(Schlepp-)bahnen. (V) *Oest. Eisenb. Z.* 29 S. 359/60.

RUSHMORE, notes on the design of hydro-electric power stations. (V. m. B.) *Proc. El. Eng.* 25 S. 169/87; *El. World* 47 S. 670/1.

HARVEY, contracting for use of hydro-electric power of railway systems.* *Street R.* 27 S. 1016/18.

Utilization of small water powers. (Cost of wheels, generators and attendance.) *Eng. Rec.* 54 S. 226.

BURNE, electric lighting by wind power. *El. Rev.* 59 S. 647/9.

BIBBINS, gas power in the operation of high speed interurban railways. (High-voltage single-phase railway system; all power for the a.-c. line is transmitted at 22,000 volts to two 300 kw transformer stations.)* *Eng. Rec.* 53 S. 174/8.

WATSON, power supply to tramway systems. * *Electr.* 57 S. 462/5.

WYSZLING, der Kraftbedarf für den elektrischen Betrieb der Bahnen in der Schweiz. *Schw. Elektrot. Z.* 3 S. 523/6 F.

ALLIS-CHALMERS Co., variable-speed water power plant with constant-current electric transmission at variable voltage and frequency. (Variable-speed water wheels; generator is rated at 300 kw, and produces three-phase current whose frequency is 60 cycles per second at the [normal] speed of 450 r. p. m.) *Eng. News* 55 S. 126.

WALKER, the capacity current and its effects on leakage indicators on three-phase electrical power service. *Iron & Coal* 72 S. 2225.

KOLKIN, long spans for power transmission lines.* *El. Rev.* 59 S. 1048/9.

THOMSON's power-transmitting device. * *West. Electr.* 38 S. 35.

WILKINSON, long - distance power transmission with direct currents. * *Cassier's Mag.* 31 S. 199/210.

Transmissione di energia con la corrente continua.* *Elettricista* 15 S. 105/6.

ROUGÉ, distribution de l'énergie électrique par courant constant. (Difficultés dans la distribution, récepteurs et transformateurs.) *Rev. ind.* 37 S. 284/6 F.

OSGOOD, some experiences with lightning and static strains on a 33,000 volts transmission. (Actions of the multigap series resistance type of arrester unit, and the multigap type of arrester unit without the series resistance, experienced during the years 1904 and 1905 on a 33,000 volt transmission system operated by the New Milford Power Company.) (V. m. B.)* *Proc. El. Eng.* 25 S. 361/75.

SAMMETT, polyphase systems of generation, trans-

mission and distribution. *El. Rev. N. Y.* 49 S. 927/9.

WERNICKE, 100,000 volts experimental transmission line.* *El. World* 48 S. 91/2; *Electr.* 57 S. 736/7.

Circa un caso speciale di distribuzione di energia elettrica per luce con corrente alternata trifase.* *Elettricista* 15 S. 261/4.

A variable-speed power transmission system using induction motors.* *El. World* 47 S. 995.

KOECHLIN, utilisation de la force motrice du Rhin pour une distribution d'électricité dans la Haute-Alsace et le Grand-Duché de Bade. *Bull. Mulhouse* 1906 S. 143/58; *Electricien* 32 S. 113/22.

SIEDEK, aus neueren Hochspannungsanlagen. (Die Sillwerke; die Stubaitalbahn.) (V. m. B.)* *Elt. u. Maschb.* 24 S. 319/22.

Hochspannungsleitung Obermatt-Luzern. (Länge von 26,830 km für die Uebertragung des Einphasen-Wechselstroms behufs Beleuchtung von Luzern.)* *Schw. Baus.* 48 S. 95/8 F.

La distribution électrique de l'énergie à Londres. *Electricien* 32 S. 154/5.

Electric power distribution in North Wales. *Electr.* 56 S. 578/80 F.

Le régime futur de l'électricité à Paris.* *Gén. civ.* 49 S. 201/2.

Projected sheme for transmission of power from the Rhone to Paris. *Electr.* 57 S. 612/3.

Les distributions d'énergie électrique dans la Côte d'Or. *Electricien* 32 S. 359/62.

Les distributions d'énergie électrique dans les Vosges. *Electricien* 32 S. 312/15.

The Moutiers-Lyons high tension direct-current transmission. (Earthing switchboard used at Sablonnieres and Chignin; constant speed regulator for THURY motors in the Rue d'Alsace Station, Lyons; regulator for controlling the Moutiers generating station.) ▩ *El. Rev.* 59 S. 219/23; *Elektrot. Z.* 27 S. 1091/4.

Les distributions d'énergie électrique dans les départements voisins de la Méditerranée. *Gén. civ.* 49 S. 379/82 F.

Direct-current transmission in competition with the three-phase alternating-current system for Milan. *El. Rev.* 58 S. 1028/9.

The hydro-electric developments at Trenton Falls, N. Y. *El. World* 47 S. 1027/30.

DUNLAP, Canadian Niagara development. (The remarkable long distance electric transmission for New-York State.)* *West. Electr.* 38 S. 151/2; *El. World* 47 S. 783/4; *Iron A.* 77 S. 753/5.

PERCY, opportunities for water power electric plants to supply railways on the Pacific coast. *Eng. News* 56 S. 360/1.

Electric power-transmission at 60,000 volts in Mexico. (From the towns of Irapuato and Guanajuato upon the River Duero. Three-phase alternators are used, each working at 2,300 volts, and 550 amperes. The current is transformed up to 60,000 volts, and transmitted about 100 miles through an overhead line.) (A) *Min. Proc. Civ. Eng.* 163 S. 439/40.

Elektrizität und Preßluft im Bergwerksbetriebe vom Standpunkt der Elektrizität und der Preßluft. *Z. kompr. G.* 9 S. 171/4.

MOUNTAIN, electricity as applied to mining. (A) *Mech. World* 39 S. 4/5.

Application of electricity in mines. *Electr.* 56 S. 999/1002.

MERCER, the use of electricity in mines. *Electr.* 56 S. 892/4.

The use of electricity in mines. *Iron & Coal* 71 S. 796.

The installation and working of electric plants at collieries. *Iron & Coal* 72 S. 1313.

Einige Gesichtspunkte für die Errichtung elektrischer Anlagen auf größeren Steinkohlenbergwerken. (Mitteilung des Dampfkessel-Ueberwachungs-Vereins der Zechen im Oberbergamtsbezirk Dortmund; Stromart, Polwechselzahl, Spannung; Fördermaschinen; Ventilatoren; Kompressoren; Wäsche, Werkstätten, Ketten- und Seilbahnen, Nebenproduktenanlagen, Schiebebühnen, Spills, Aufzüge, Koksausdrück-, Planier- und Stampfmaschinen; Beleuchtung über Tage; Schachtkabel; Wasserhaltungen; Seilbahnen und Kompressoren; Bohr- und Schrämmaschinen; Sonderventilatoren; Lokomotiven; Beleuchtung unter Tage; Pläne und Schaltungsschemata.) *Glückauf* 42 S. 838/45.

Die Londoner Ausstellung für Kohlenbergbau 1906 unter besonderer Berücksichtigung der Elektrotechnik.* *El. Anz.* 23 S. 897/8 F.

KÜPPERS, die Anwendung der Elektrizität in englischen und deutschen Bergwerken. *Schw. Elektrot. Z.* 3 S. 630 F.

Electric mine drainage in Europe.* *El. World* 48 S. 951/3.

MOUNTAIN, electric winding in main shafts considered practically and commercially. (V. m. B.) *J. el. eng.* 36 S. 499/505.

Notes sur les machines d'extraction électriques.* *Eclair. él.* 49 S. 90/6 F.

The WESTINGHOUSE converter-equalizer system for variable loads (winding motors, rolling mills etc.) (Colliery winding plant operated by induction motor with converter-equalizer and by direct-current motor with converter-equalizer.) ▩ *Iron & Coal* 72 S. 2227.

PHILIPPI, die elektrisch betriebene Abteufanlage auf Grube Wilhelmina der Holländischen Staatsminen-Verwaltung bei Heerlen, Holland.* *Elektrot. Z.* 27 S. 806/12; *Electr.* 57 S. 1008/9.

LEPRINCE-RINGUET, les expériences de Geisenkirchen-Bismarck sur les moteurs et l'appareillage électriques de sûreté pour les milieux grisouteux.* *Ann. d. mines* 10 S. 171/245.

HANN, electricity in mines. (Electrical equipment of the Bargoed, Elliot, and other collieries of the Powell-Duffryn Steam Coal Co.) *El. Eng. L.* 38 S. 595/6.

SPARKS, electrical equipment of the Aberdare collieries of the Powell Duffryn Co. (V. m. B.)* *J. el. eng.* 36 S. 477/98; *Electr.* 56 S. 932/5 F.; *Iron & Coal* 72 S. 1047/51.

Electrical equipment for iron mines. (On the Lake Champlain shore at Port Henry.) *El. Rev. N. Y.* 49 S. 971.

Electric power for the Rand mines. *Electr.* 56 S. 479/80.

Die Elektrizität in den mexikanischen Erzbergwerken zu El-Oro. *El. Anz.* 23 S. 1055/6.

Das Gleichstrom-Schwungradsystem zum Antrieb der Fördermaschinen in den mexikanischen Erzbergwerken zu El-Oro. *El. Anz.* 23 S. 1197/8.

L'électricité dans les mines de Mexico. *Electricien* 32 S. 372/4.

Hydro-electric power in Mexican mine operation.* *West. Electr.* 39 S. 495/7.

JANSSEN, die elektrische Kraftübertragung auf Hüttenwerken. (Kosten der Energieerzeugung.) *Stahl* 26 S. 199/206.

KOCH, Verwendung der Elektrizität in Hüttenbetrieben.* *Schw. Elektrot. Z.* 3 S. 123/5 F.

Electricity in steel works.* *El. Rev.* 59 S. 579/83; *Electr.* 57 S. 1019/20; *Iron & Coal* 73 S. 1335/8. KMOWLTON, electricity in the foundry.* *Cassier's Mag.* 29 S. 389/97.

Elektrisch betriebene Gießerei-Maschinen. (Metallkreissäge mit unmittelbarem elektrischen Antrieb; Formsandaufbereitungsmaschinen für Gießereien mit elektrischen Einzelbetrieben.)* *Gieß.-Z.* 3 S. 124.

Die elektrische Anlage der Burbacher Hütte. ⊠ *Elektrot. Z.* 27 Heft 42 S. XVII/XX.

PASCHING, elektrischer Betrieb von Fördermaschinen und Walzenstraßen.* *Schw. Elektrot. Z.* 3 S. 269/70 F.

STUART, electrical power in rolling mills. *Iron & Coal* 72 S. 408/9.

Der elektrische Antrieb von Reversierwalzwerken. *El. Anz.* 23 S. 53/5 F.

Electric drives in Swedish rolling mills. (At the Fagersta Ironworks; three-phase system.) *Mech. World* 40 S. 38.

LOVELESS, electric power in the Pennsylvania railway shops at Altoona.* *Electr.* 57 S. 966/8.

Electrical equipment of the Erie railroad shops at Hornell (Hornellsville), N. Y. (Electric drive of machine tools)* *Railr. G.* 1906, 2 S. 526/8; *West. Electr.* 39 S. 436/7.

The electrical equipment of a Newcastle railway warehouse.* *El. Rev.* 59 S. 856/7.

CAMPBELL, power required by machine tools, with special reference to individual motor drive. *El. Rev. N. Y.* 48 S. 367/71.

Der elektrische Einzelantrieb der Spindelbänke. (Mittel, die Anlaufgeschwindigkeit zu verringern; Aeußerung von MEYER, GUSTAV W.: CROCKER-WHEELER-System der Geschwindigkeitsregelung; Vorteile des Gruppenantriebs.) *Oest. Woll. Ind.* 26 S. 155/6.

HOLDEN, the applications of electricity in the Royal Gun Factory, Woolwich Arsenal. (V. m. B.) *J. el. eng.* 36 S. 40/63; *Electrician* 31 S. 73/5.

The electrical equipment of a projectile factory.* *El. Rev.* 58 S. 910/1.

Electrical equipment of the Eggers & Graham Lumber Co., Uniontown, Pa.* *Eng. Rec.* 54 Suppl. Nr. 11 S. 53.

The electrical equipment of a two-million-bushel grain elevator.* *El. Rev. N. Y.* 48 S. 413/6.

Electric elevators and power plant in Majestic Theatre Building, Chicago.* *West. Electr.* 38 S. 373/6; *Eng. Chicago* 43 S. 327/32.

EICHEL, elektrische Pumpwerke der Vereinigten Staaten. *Elektr. B.* 4 S. 452/5.

WILKINSON, electric pumping plant of the Schenectady waterworks.* *West. Electr.* 38 S. 351.

Electrical pumping installation at the Tywarnhaile mine, Mount Hawke, Cornwall. *El. Eng. L.* 38 S. 233.

BERGMANN-E. A. G., elektrische Ausrüstungen für Hafenkräne mit Gleichstrombetrieb. (Kontroller; Widerstände.)* *Masch. Konstr.* 39 S. 124/5.

KOOPMAN, installations électriques d'éclairage et de transbordement au port d'Amsterdam. (Partie sous la forme de courants continus, partie sous la forme de courants alternatifs triphasés.) ⊠ *Ann. trav.* 63 S. 448/54.

HERZOG, die elektrischen Anlagen am Rheintalischen Binnenkanal.* *Schw. Elektrot. Z.* 3 S. 329/31 F; *Elektr. B.* 4 S. 332/7.

PERKINS, electric operation of the Teltow canal.* *El. Rev. N. Y.* 48 S. 498/501.

SULZER GEBR., Lastdampfer mit elektrischer Arbeitsübertragung. (DIESELmotoren zum Antrieb der Schiffsschraube; diese Art, Antriebs-

motoren umzusteuern, wurde durch eine elektrische Arbeitsübertragung gelöst.)* *El. Anz.* 23 S. 1170/2.

The DEL PROPOSTO system of electrical transmission gear for the propulsion of ships by irreversible engines.* *Electr.* 57 S. 824/5.

WALKER, electricity on board ship. *Mar. E.* 29 S. 84/6.

The „Long Arm" electrically operated bulkhead door." *Mar. E.* 28 S. 465.

Die Elektrizität auf Schiffswerften. ⊠ *El. Anz.* 23 S. 681/2 F.

Die Elektrizität in Zementfabriken. *El. Anz.* 23 S. 1115/7.

STRICK, electricity in cement works. *El. Eng. L.* 37 S. 45/9.

Electrical equipment of the Bath Portland Cement Co., Bath, Pa.* *El. Rev. N. Y.* 49 S. 808/12; *Eng. Rec.* 54 S. 557/9.

The electrical equipment of a modern cement works.* *El. Rev.* 59 S. 831/5; *West. Electr.* 39 S. 394/5; *El. World* 48 S. 966/7.

Elektrische Beleuchtungs- und Kraftübertragungsanlage einer chemischen Fabrik.* *El. Anz.* 23 S. 1155/7.

Applications de l'électricité dans l'industrie sucrière par la Maison BREGUET. *Ind. él.* 15 S. 197/203.

Electricity in irrigating large sugar plantation. *West. Electr.* 38 S. 62.

FISCHER, die Bedeutung der Elektrizität für die Landwirtschaft mit besonderer Berücksichtigung der Feldbearbeitung im großen. *Presse* 33 S. 333/5 F.

Electric motor-driven farm machinery. (Motors installed on farms along the line of the Aurora, Elgin & Chicago Electric Ry. in Illinois.) *Eng. Rec.* 54 S. 299.

Electricity in cotton manufacturing. *El. World* 48 S. 513/4.

PERRY, efficiency of electric drive in cotton mills. (Alternating-current motors; statistics concerning motor drives.)* *Text. Man.* 32 S. 196/9.

Electrically-driven cotton mills. (Water-tube boilers fitted with integral superheaters with an automatic stoker of chain grate type, these being driven by electric motor; steam turbine, direct-coupled to a three-phase electric generator.) *Text. Man.* 32 S. 412/4.

BROWN, BOVERI & CIE., elektromotorischer Antrieb von Ring-Spinnmaschinen. (Verwendung von Drehstrom oder Wechselstrom.)* *D. Wolleng.* 38 S. 277/83; *Mon. Text. Ind.* 21 S. 39/41; *Oest. Woll. Ind.* 26 S. 677/9.

Der elektrische Einzelantrieb von Ringspinnmaschinen. (System RIETER.) *Oest. Woll. Ind.* 26 S. 746/7.

LARKE, textile electric driving. (Advantages pertaining to the electrical drive; use of the polyphase alternating - current system in the three-phase form, and with the motors directly connected to the shafts to be driven.)* *Text. Man.* 32 S. 232/5.

SIEMENS-SCHUCKERT-WERKE, Fortschritte im Bau elektrischer Antriebe für Spinnmaschinen.* *Uhlands T. R.* 1906, 5 S. 38.

Ueber Abhilfe beim Versagen elektrischer Abstellungen an Spinnmaschinen. (Fehler in der elektromagnetischen Maschine, der Leitung und den Arbeitsmaschinen.)* *Mon. Text. Ind.* 21 S. 143/4.

FELTEN & GUILLEAUME-LAHMEYERWERKE, elektrischer Antrieb für einen Bandwebstuhl. (Drehstrommotor.)* *Uhlands T. R.* 1906, 5 S. 41.

GRADENWITZ, electrical operation in silk facto-

ries. (Electric drive in a German silk factory at Wassenberg.)⊞ *West. Electr.* 38 S. 311.

Elektrische Kraftübertragungsanlage in der Weberei der Firma Bausch & Hützen, Odenkirchen.* *El. Anz.* 23 S. 404/7 F.

FEIKER, electricity in a large paper mill.* *West. Electr.* 38 S. 39.

SCHUSTER und BRUNN, über regulierbare elektrische Antriebe von Papiermaschinen. (Kraftbedarf; Zu- und Gegenschaltung; HOLLERTzugschaltung [LEONARDschaltung].)* *W. Papierf.* 37, 2 S. 3881/3.

Paper making by electric power. (Oil engines and an alternating - current electric system.) * *Eng. Chicago* 43 S. 769/73.

Electrical equipment of a lumber mill. (Use of belted motors.)⊞ *El. Rev. N. Y.* 48 S. 424/5.

Alternating - current motors in a large laundry.* *West. Electr.* 39 S. 241/2.

Electric ironing equipment of a modern laundry in Atlanta.* *West. Electr.* 39 S. 329.

Power and lighting features of a large lounge factory.* *West. Electr.* 39 S. 177/8.

Elektrische Anlagen auf Gaswerken.* *Uhlands T. R.* 1906 Suppl. S. 57/9; *Gasmot.* 5 S. 168/71 F.

Power plant of the new abattoir in New York City. (Piping and auxiliaries in powerhouse basement.)* *Eng. Rec.* 54 S. 69/73.

Electric drive in the manufacture of spiral riveted pipe.* *West. Electr.* 39 S. 416/7.

4. Kraftübertragung durch Druckluft, Druckwasser usw. Transmission by compressed air, water etc. Transmission par l'air comprimé, par l'eau sous pression etc. Vgl. Kraftmaschinen, anderweitig nicht genannte, Werkzeugmaschinen.

SAUNDERS, some recent advances in the application of compressed air. * *Cassier's Mag.* 31 S. 125/36.

WIGHTMAN, compressed air; its productions, transmission, and application. (Compound air compression; intercooler; after-cooler; variable cutoff steam valves; regulation; air intake valve; air discharge valve, regulation of the powerdriven air compressor plant; gas - engine - driven air compressor.) (V)* *Mech. World* 40 S. 70/1 F.; *Compr. air* 11 S. 4291/4306.

WILLARD, compressed air curves and tables. *Compr. air* 11 S. 4247/9.

Submarine working by compressed air and arc light. *West. Electr.* 38 S. 426.

DIXON, use of compressed air in coal mines. *Compr. air* 11 S. 4176/81.

Elektrizität und Preßluft im Bergwerksbetriebe vom Standpunkt der Elektrizität und der Preßluft. *Z. kompr. G.* 9 S. 171/4.

Cost of compressing air at a Colorado mine. (With a Sullivan Machinery Co. air compressor.) *Eng. Rec.* 53 S. 492 b.

SCHMITZ, die Preßluft und ihre Anwendung in der Eisenindustrie. *Vulkan* 6 S. 41/5 F.

Compressed air stone working plant.* *Compr. air* 11 S. 4099/4102.

Splitting granite by compressed air. (To create working faces or ledges; this is practiced by the North Carolina Granite Corporation.) * *Eng. min.* 81 S. 948/9; *Eng. News* 55 S. 248.

Usines d'air comprimé des tunnels du Pennsylvanian Rr., sous l'East River. *Bull. d'enc.* 108 S. 897/901.

MAISON, the force of percussion in pneumatic hammers and drills. *Compr. air* 11 S. 4009/10.

RICHARDS, recent extensions of the employment of compressed air. (Return-air pumping system;

electric-air rock drill high pressure transmission of artificial gas.) *Eng. News* 56 S. 83/4.

Applications of pneumatic power in the machine shop. *Compr. air* 11 S. 3995/4009.

SCHOFIELD, pneumatic tools as applied to ship construction and their advantages to shipbuilders and engineers.* *Mar. Engng.* 11 S. 354/8; *Compr. air* 11 S. 4257/63.

SIMON, Preßluftwerkzeuge zur Tongewinnung.* *Z. kompr. G.* 10 S. 31/2.

The REDFIELD pneumatic log sawing machine.* *Compr. air* 11 S. 4267.

WEBBER, use of tidal power for compressing air at Rockland, Me. (Construction of a dam and laying of pipe lines to the quarries of the Rockland, Rockport Lime Co., to a power house and to several cities.) *Eng. News* 56 S. 585/6.

PARSONS, sale of water - power from the Power Co.'s point of view. *Street R.* 27 S. 1023/7.

GOLWIG, Neuerungen an hydraulischen Akkumulieranlagen. (Methoden zur Wasser - Aufspeicherung, ohne unterhalb befindliche Wasserrechte zu stören.)* *Schw. Elektrot. Z.* 3 S. 583/5 F.

GRUNER, die Ausnutzung von Hochwasser bei Wasserkraftanlagen. *Z. V. dt. Ing.* 50 S. 1821/6.

CAMERER, Leistungsversuche an der Wasserkraftanlage von Mos. Löw-Beer in Sagan (Schles.).* *Z. V. dt. Ing.* 50 S. 1221/7.

KÜRSTEINER, die zweite Druckleitung des Elektrizitätswerkes Kubel ⊞ *Schw. Baus.* 48 S. 211/4

MACAULEY, coal-shipping appliances and hydraulic power-plant at the Alexandra (Newport and South Wales) Docks and Ry., Newport, Mon. (Hydraulic pumping engine; movable hoist; traverser; hoists, anti - breakage coaling crane; river-jetties; particulars of coal hoists.) (V. m. B)⊞ *Proc. Mech. Eng.* 1906 S. 435/98.

SHANNON, inlets and outlets for hydraulic machine tools. (Estimating the sizes for the pressure in exhaust pipes of hydraulic machine tools. Diameter of ram.)* *Mech. World* 39 S. 175/6.

5. Uebertragung durch Ketten, Räder, Riemen, Seile, Wellen. Chain-, wheel-, belt-, rope- and shaft transmission. Transmission par chaines, roues, courroies, cordes et arbres. Vgl. Achsen, Wellen u. Kurbeln, Maschinenelemente, anderweitig nicht genannte, Riemen und Seile, Riem- und Seilscheiben.

Wiederaufnahme von Versuchen mit Riemenketten mit veränderlichen Treibscheibendurchmessern.* *Mot. Wag.* 9 S. 608/10.

High-speed sprocket chain. (Noiseless; does not become clogged from grease or dirt, wobbles less and requires less space than the ordinary style of sprocket chain, works within 4' centers in the smaller sizes and from 8 to 12' centers in the larger sizes.) * *Eng. News* 56 S. 653.

Uebersetzung raschlaufender Motoren. (Zahnräder, von denen das kleinere Trieb entweder aus Rotmetall oder Rohhaut angefertigt wird.) *Text. Z.* 1906 S. 5.

SCOTT, KILBURN, various systems of electric motor driving. (Belting; spur gearing; worm gearing; chains; friction gearing.) * *Text. Man.* 32 S. 236/7.

Ueber neuere Papiermaschinen-Antriebe. (Antrieb mit großen kegligen Riementrommeln; Antrieb mittels eines Motors mit veränderlicher Umlaufszahl; Antrieb mit besonderem Regler.) *Papierfabr.* 4 S. 1400/3.

HORSNAILL, belt driving. (BOX' treatise on mill gearing; CAPPER's trials.) * *Pract. Eng.* 33 S. 679/81.

HUNDHAUSEN, neuere Riemengetriebe. (Anord-

nungen, in denen zwei Reibungsgetriebe miteinander vereinigt wurden; sogenanntes doppeltes Riemen- oder Reibrädervorgelege mit selbsttätiger Nachstellung.) *Z. Werkzm.* 10 S. 173/6.

WACKERMANN, horse-power transmitted by belts. *El. Mag.* 6 S. 277/8.

MEWES, KOTTECK & CO., Riemenaufleger „Quick".* *Z. Werkzm.* 10 S. 227/8.

Spezialseilbetriebe für größere Kraftübertragungen. (Amerikanisches aus einem endlosen Seil bestehendes System.)* *Oest. Woll. Ind.* 26 S. 1123/4.

Power in rubber manufacture. (Application of rope transmission in a rubber plant.)* *Eng. Chicago* 43 S. 699/705.

The MOSSBERG pull countershafts.* *Iron A.* 77 S. 1258/9.

Friktionsantrieb für Regulatoren. (An einer im Eisenwerk Longdale, Va. aufgestellten Gebläsemaschine.)* *Masch. Konstr.* 39 S. 208.

6. Vorgelege. Communicators. Communicateurs. Vgl. Getriebe.

KNOWLES & SONS, Deckenvorgelege mit ausdehnbaren Riemenscheiben.* *Masch. Konstr.* 39 S. 159 60

SCRIVEN & CHURCH-SMITH, variable-speed transmission gear. (Pair of belt-connected expanding pulleys; means by which one of the pulleys is caused to increase in diameter while the other is correspondingly reduced.)* *Mach. World* 39 S. 242.

SOSA, speed-change gears.* *Am. Mach.* 29, 1 S. 211.

Touren-Schaltwerk. (Für eine liegende Bohrmaschine.)* *Masch. Konstr.* 39 S. 208.

Vorgelege mit Kupplung von Fest- und Losscheibe. (Für raschlaufende Holzbearbeitungsmaschinen.)* *Masch. Konstr.* 39 S. 8.

Kraftgas. Motor-gas. Gaz à force motrice. Siehe Gaserzeugung 4.

Kraftmaschinen, anderweitig nicht genannte. Motors, not mentioned elsewhere. Moteurs, non dénommés. Vgl. Dampfmaschinen, Eisenbahnwesen III A, Elektromagnetische Maschinen, Gasmaschinen, Kraftübertragung, Lokomobilen, Selbstfahrer, Turbinen, Wasserkraft-, Windkraftmaschinen.

Ueber Kraftmaschinen und die Bestimmung ihrer Leistung.* *Gew. Bl. Würt.* 58 S. 20/2 F.

ZOLLER, die indizierte Leistung und der mechanische Wirkungsgrad. (Begriffsbestimmung.) (V) (A) ⊠ *Mitt. Gew. Mus.* 16 S. 182/91.

EBERLE, über die Wahl der Betriebskraft. (Dampfmaschine; Anlagen mit Dampfverwendung zu Heiz- und Fabrikationszwecken; Dampfanlage der Pschorrbrauerei mit Dampfkochung; Tandemdampfmaschine; Sauggasanlagen; DIESELmotor.) (V)* *Bayr. Gew. Bl.* 1906 S. 233/5 F.

ESSON, the industrial power problem. (Cost of power. MOND gas; suction gas; steam condensing; steam non-condensing; oil.) *Pract. Eng.* 34 S. 493/5 F.

GRAMBERG, Betriebskosten verschiedener Maschinenarten.* *Braunk.* 5 S. 619/25.

Heat motor. (Air engine operating in the four-stroke cycle; means of introducing the combustible into the engine cylinder after the compression stroke has been completed; cycles possible with combustion at constant pressure; air engine operating in a cycle adapted to higher temperature and pressure.)* *Pract. Eng.* 33 S. 806/10.

HEINRICI's Heißluftmotoren.* *Met. Arb.* 32 S. 27/8.

MICHTNER, Heißluftmotoren zum Betriebe von Wasserstationen.* *Lokomotive* 3 S. 62/5.

WOTRUBA, die Heißluftmaschine mit großer Kompression.* *Dingl. J.* 321 S. 196/9.

ALLEN, the engine works of Carels Frères.* *Page's Weekly* 8 S. 73/7 F.

BURSTALL, some future developments of heat engines. (Solar-heat machine; steam turbine; gas engines; motor engines; refrigerating machines.) (V) *Mach. World* 39 S. 199/201.

DESCHAMPS, généralités sur les moteurs et spécialement les turbines à gaz.* *Mém. S. ing. civ.* 1906, 1 S. 304/16.

Neue Wärmekraft-Maschine. (Ist als stehender Viertaktmotor ausgebildet und besitzt einen Arbeitszylinder, welcher nebst den zugehörigen Arbeitskolben zur Durchführung des Verfahrens stufenförmig aufgebaut ist, und zwar in der Weise, daß die untere Stufe den größeren und die zwei weiteren, darüber liegenden einen entsprechend kleineren Durchmesser haben.)* *El. u. polyt. R.* 23 S. 544/7 F.

Neue Kraftmaschine. (Auf den hohlen Speichen eines Rades sind feste Kolben mit darüber verschiebbaren Zylindern angeordnet, welchen in der tiefsten Stellung Druckluft zugeführt wird und welche sich in der höchsten Stellung selbsttätig entleeren.)* *Z. Kohlens. Ind.* 12 S. 163/4.

HUNTZIKER, principe d'une nouvelle machine solaire. (Emploi de l'eau et du nitrate d'ammoniaque qui, mélangés ensemble à poids égaux, donnent une solution dont la température est très inférieure à la température initiale des constituants; l'intervention de la chaleur solaire consiste à évaporer la dissolution après qu'elle a produit son effect refroidissant pour obtenir des cristaux de nitrate d'ammoniaque.)* *Mém. S. ing. civ.* 1906, 2 S. 65/8.

Hundetretwerke als Betriebskraft für kleinere Molkereien.* *Milch-Z.* 35 S. 217/8.

Dampfkessel und Kraftmaschinen auf der Bayerischen Jubiläums - Landesausstellung Nürnberg 1906.* *Glückauf* 42 S. 1706/20.

MEUTH, die Wärmekraftmaschinen der Jubiläums - Landes - Ausstellung in Nürnberg 1906. *Dingl. J.* 321 S. 369/71 F.

JOUGUET, la mécanique au congrès de Liège. (Machines à piston; turbo-machines; questions d'ordre général.)* *Bull. ind. min.* 4, 5 S. 593/725.

Wettbewerb der modernen Kraftmaschinen um Boot- und Schiffantrieb. (Nach STEIN, KAEMMERER, PHILIPPOW und MEWES.) *Turb.* 2 S. 101/2 F.

Kräne. Cranes. Grues. Siehe Hebezeuge 3.

Krankenmöbel u. dgl. Surgical furniture etc. Meuble médicaux etc. Vgl. Badeeinrichtungen, Transportwesen.

Tragbetten zur Beförderung von Kranken. (Im Bereiche der preußisch-hessischen Staatsverwaltung auf 62 Stationen.) *Z. Eisenb. Verw.* 46 S. 365.

FAWCETT, a motor ambulance for the U. St. army.* *Sc. Am.* 95 S. 172.

BRAUER, Wasserbett und Füllvorrichtung.* *Z. Krankenpfl.* 1906 S. 15/6.

v. HASE, Krankenheber für Familienpflege.* *Z. Krankenpfl.* 1906 S. 167/70.

ELEKTRIZITÄTS - GES. SANITAS, Vibrationsstuhl gegen die Seekrankheit. (Besteht aus einem Lehnstuhl, dessen federnder Sitz durch einen Elektromotor in schnelle auf- und abwärtsgehende Zitter-Bewegung versetzt wird.)* *Aerztl. Polyt.* 1906 S. 46/7; *Uhlands T. R.* 1906 Suppl. S. 37/8; *Techn. Z.* 23 S. 60; *Sc. Am.* 94 S. 72.

DE QUERVAIN, Untersuchungs- und Operations-Tische. (Gynäkologischer Untersuchungsstuhl,

Augenoperationstisch, Vorrichtung zur Becken-
lagerung.) * *Aerztl. Polyt.* 1906 S. 81/6.
Untersuchungstisch für Oesophagoskopie nach
STARCK. (Zugleich für Broncho-, Cysto- und
Rectoskopie und gynäkologische Untersuchungen
geeignet.) * *Aerztl. Polyt.* 1906 S. 21/2.
RINGLEB, Operationstisch für Bauchlage mit freier
Beckenplatte und Schamteilausschnitt am Vorder-
rand.* *Aerztl. Polyt.* 1906 S. 1/4.
BÖHLER, Zusammenlegbarer Untersuchungs- und
Operationsstuhl. (Gemeinsame Beweglichkeit
des Fuß- und Kopfstückes.) *Aerztl. Polyt.* 1906
S. 140/1.
SPIEGEL, Bemerkungen über Krankentransport-
wagen. (Rechtsseitige Unterbringung der Tragbahre im Wagen; Beleuchtung des Wageninnern,
vom Dach des Wagens aus.) *Z. Krankenpfl.*
1906 S. 53/4.
AINSWORTH, hospital car for the Southern Pacific
Ry. (Side doors; lockers below the floor for
storing the berths; operating room; ward; berth
operating mechanism.) * *Eng. News* 55 S. 32/3.
ROMMEL, Couveusenmodell für die Behandlung
frühgeborener und debiler Kinder.* *Aerztl. Polyt.*
1906 S. 150/2.

Kreide. Chalk. Craie. Fehlt. Vgl. Kalk.

Kriegsschiffe. Battle ships. Navires de combat.
Siehe Schiffbau 6 b.

Kristallographie. Crystallography. Cristallographie.
Vgl. Chemie, allgemeine 1, Mineralogie.

BOWMAN, crystallisation. (Influences which affect
crystallisation.) (V)* *Chemical Ind.* 25 S. 143/5.
SOMMERFELDT, Struktur der optisch aktiven
monoklinhemiedrischen Kristalle. *Physik. Z.* 7
S. 390/2.
VESTERBERG, künstliche Pseudomorphosenkristalle
von Ferrihydroxyd und von wasserfreiem Ferri-
oxyd nach Ferrisulfat. *Ber. chem. G.* 39 S. 2270/4.
OETTEL, merkwürdige Kristallformen. (Außer-
gewöhnliche Bromkaliumkristalle.) (V. m. B.) *Z.
Elektrochem.* 12 S. 604/5.
CARLES, les cristaux de spath fluor de Néris-les
Bains. *J. pharm.* 6, 24 S. 108/10.
GAUBERT, état des matières colorantes dans les
cristaux colorés artificiellement. *Compt. r.* 142
S. 936/8.
ÉTIENNE, cristaux liquides et cristaux plastiques.
(Substances donnant par fusion des liquides bi-
réfringents; propriétés optiques; propriétés phy-
sico-chimiques.)* *Rev. métallurgie* 3 S. 129/36.
LEHMANN, flüssige und scheinbar lebende Kristalle.
(V)* *Z. ang. Chem.* 19 S. 1637/41; *Chem. Z.*
30 S. 1/2.
WALLERANT, les cristaux liquides d'oléate d'am-
monium.* *Compt. r.* 143 S. 694/5.

**Küchengeräte. Utensils used in the kitchen. Batterie
de cuisine.** Vgl. Heißwassererzeuger, Koch- und
Verdampfungsapparate.

Die Kochkiste. (Vorteile.) *Z. Bayr. Rev.* 10 S. 30.

**Kühlvorrichtungen und Anlagen. Cooling appliances
and plants. Réfrigérateurs et installations réfrigérants.** Siehe Kälteerzeugung und Kühlung 3,
Kondensation.

Kupfer. Copper. Cuivre. Vgl. Aufbereitung, Bergbau,
Elektrizität, Hüttenwesen, Legierungen.

1. **Vorkommen, Gewinnung und Raffination. Occurrence, extraction and refining. Gîtes, extraction et affinage.**

MANN, die Kupfererzlagerstätten zwischen Graslitz
und Klingenthal im westlichen Erzgebirge. *Erzbergbau* 1906 S. 683/9.
WALTER, Mitterberg copper mine in Austrian
Tyrol.* *Eng. min.* 81 S. 507/8.

SVEDMARK, copper ore and gold quartz at Niet-
sajoki, Sweden. (A) *Min. Proc. Civ. Eng.* 165
S. 421/2.
REDLICH, der Kiesbergbau Louisenthal (Fundul
Muldavi) in der Bukowina. * *Z. O. Bergw.* 54
S. 297/300.
Kupferfund in der Bukowina. *Baumatk.* 11 S. 146.
STOEGER, die Kupfergruben und die elektrolytische
Kupferhütte in Miedzianka. * *Z. O. Bergw.* 54
S. 387/91.
WALKER, the Esperanza mine, Spain. (A new
copper-mining enterprise in the Huelva district.)*
Eng. min. 82 S. 1165/7.
WATSON, the copper deposits of Virginia. (Cha-
racter and occurrence of ores; notes on past
production.)* *Eng. min.* 82 S. 824/6.
GRANBERG, history of the SCHUYLER mine. The
first copper mine operated in the U. St. * *Eng.
min.* 82 S. 1116/9.
JUDD, the Virgilina copper belt. (A district of
unusual advantages, whose opportunities are
neglected.)* *Eng. min.* 82 S. 1005/8.
KEMP, the copper-deposits at San Jose, Tamanlipas,
Mexico.* *Trans. Min. Eng.* 36 S. 178/203.
KERSHAW, the world's copper output. (For the
past twenty-five years.) * *Cassier's Mag.* 30
S. 459/66.
JACKSON, five years of progress in the Lake
Superior copper country. *Mines and minerals*
27 S. 112/3.
BRISMADE, copper mining at Bisbee, Arizona.
(History of the discovery and development;
formations, methods of mining, and mechanical
equipment of the principal plants.)* *Mines and
minerals* 27 S. 289/93.
CRANE, drilling practice in the Lake Superior
copper mines. (The Mohawk bit; kind and
arrangement of drift and stopes.)* *Eng. min.*
82 S. 438/9.
Methode für die Zugutemachung von Kupfer-
karbonaterz. *Metallurgie* 3 S. 836.
Neues Verfahren der Eisen-, Stahl- und Kupfergewinnung. (Frage der Erzbrikettierung; Eisenerz-Magnetit in -Hematit; Methode von KJELLIN;
Kohlenofen zum GRÖNDAL; Methode zum pyri-
tischen Schmelzen von Kupfererz.) *Erzbergbau*
1906 S. 261/2; *Baumatk.* 11 S. 63/4.
The UTAH COPPER CO.s mine and mills. (The
orebody; mining system; method of milling.)*
Eng. min. 82 S. 434/7.
CRANE, ore breaking at Lake Superior. (Methods
employed in the copper mines.) *Eng. min.* 82
S. 767/70.
PÜTZ, Vorkommen, Gewinnung und Aufbereitung
der Blei- und Kupfererze des Pinar de Bédar in
Süd-Spanien.* *Z. Bergw.* 54 S. 675/83.
GMEHLING, Rösten der Kupfersteine bei Benutzung
der Röstgase zur Darstellung von Schwefelsäure
aus den Röstgasen nach dem Kontaktverfahren
zu Guayacan (Chile) und Verwendung dieser
Säure zur Extraktion des Kupfers aus armen
Erzen. *Z. O. Bergw.* 54 S. 70/3 F.
KROUPA, Verarbeitung des speisigen Schwarz-
kupfers. *Z. O. Bergw.* 54 S. 73/5 F.
GIBB and PHILP, the constitution of mattes pro-
duced in copper-smelting. *Trans. Min. Eng.*
36 S. 665/80.
HIXON, matte converting. (Applied to copper
matte.) *Eng. min.* 82 S. 197/8.
WOODBRIDGE, concentration at Cananea. ⚇ *Eng.
min.* 82 S. 965.
RICE, the WALL concentrating mill. (A dressing
works at Bingham, Utah.)* *Eng. min.* 82 S. 1009/11.
AUSTIN, recent copper smelting at Lake Superior.*
Eng. min. 81 S. 83/4.

BEASON, copper-smelting plant at Garfield.* *Eng. min.* 81 S. 509/12.

JACOBS, copper converter melting its own matte. *Eng. min.* 82 S. 440.

WOODBRIDGE, production of copper in Arizona.* *Eng. min.* 81 S. 896/7.

WOODBRIDGE, copper queen smelter.* *Eng. min.* 82 S. 242/4, 298/301.

STOEGER, elektrolytischer Kupfergewinnungsprozeß. (Erzeugung von Kupfer aus seinen Erzen.)* *Metallurgie* 3 S. 820/7.

Die Kupfergewinnung nach dem MANCHÉSverfahren. *Sprengst. u. Waffen* 2 S. 41/2.

KROUPA, Einrichtung einer amerikanischen Kupferschmelzhütte für eine tägliche Leistungsfähigkeit von 300 t Erze. (Schachtofenanlage; BESSEMERanlage.)* *Z. O. Bergw.* 54 S. 273/6 F.

SÖRENSEN, SEVERIN, Kupfersteinschmelzen in kleinen, mit den üblichen Rostfeuerungen betriebenen Flammöfen mit einer Kohlenstaubfeuerung.* *Metallurgie* 3 S. 574/5.

KELLER, Reduktion der Kupfererze im elektrischen Ofen. *Z. O. Bergw.* 54 S. 355.

Réduction des minerais de cuivre par le four électrique. *Electricien* 31 S. 276/8.

TRUCHOT, hydrométallurgie des pyrites cuivreuses. *Rev. chim.* 9 S. 202/8.

WILLEY, Tacoma copper refinery. (Blast furnace and forehearth; converters; tilting furnace for casting anodes; electrolytic vats; anodes.)* *Eng. min.* 82 S. 147.

SCHNURMANN und JOHN, Vorrichtung zum Gießen des Kupfers aus dem Raffinierofen.* *Z. O. Bergw.* 54 S. 14.

PUFAHL, the de Lamar copper refinery. *Eng. min.* 81 S. 73/4.

PLATTEN, comparison of English and American methods in the refining and manufacture of copper. (V. m. B.) *Chemical Ind.* 25 S. 449/52.

PETERS, elektrolytische Kupferfällung in Gegenwart von Gelatine oder ähnlichen organischen Stoffen. *Glückauf* 42 S. 742/4.

MARTIN, copper refinery plant for MARTIN's direct rolling process.* *Foundry* 27 S. 289/94.

The COWPER-COLES centrifugal direct process for electrically depositing copper.* *Sc. Am. Suppl.* 62 S. 25808/9; *Engng.* 81 S. 652.

VAN BRUSSEL, COWPER-COLES centrifugal process. (A novel electrolytical process for the simultaneous refining of copper and shaping the finished product.) ' *Mines and minerals* 27 S. 106/7.

BURGESS, Einfluß der Temperatur auf die Oekonomie der Kupferraffination.* *Z. Elektrochem.* 12 S. 190/1.

ADDICKS, electrolytic copper. (The multiple system of refining.) (V) *Electrochem. Ind.* 4 S. 16/9; *Ind. él.* 15 S. 203/6.

RICHTER, Versuche zur Gewinnung von Kupfer und Nickel aus Abfällen nickelplattierter Bleche. *Elektrochem. Z.* 13 S. 185/90.

MILLBERG, Kupfervitriolgewinnung aus Kiesabbränden und minderwertigen Kupfererzen. *Chem. Z.* 30 S. 511/3.

2. Eigenschaften und Untersuchung. Qualities and analysis. Qualités et analyse.

MURMANN, Atomgewichtsbestimmung des Kupfers. *Sitz. B. Wien. Ak.* 115, 2 b S. 177/90; *Mon. Chem.* 27 S. 351/61.

ADDICKS, the effect of impurities on the electrical conductivity of copper.* *Trans. Min. Eng.* 36 S. 18/27.

PAAL und LEUZE, kolloidales Kupferoxyd. Die

rote und blaue Modifikation des kolloidalen Kupfers. *Ber. chem. G.* 39 S. 1545/57.

BYK, die Absorptionsspektra komplexer Kupferverbindungen in Violett und Ultraviolett. ⊠ *Ber. chem. G.* 39 S. 1243/9.

LEBEAU, cuprosilicium. Silicure de cuivre et un nouveau mode de formation du silicium soluble dans l'acide fluorhydrique de MOISSAN et SIEMENS. *Bull. Soc. chim.* 3, 35 S. 790/6.

WÖHLER, feste Lösungen bei der Dissociation von Palladiumoxydul und Kupferoxyd. *Z. Elektrochem.* 12 S. 781/6.

DEJEAN, la solidification du cuivre. (Température de solidification du cuivre pur; influence de l'oxydule sur le point de solidification du cuivre.)* *Rev. métallurgie* 3 S. 223/42; *Z. O. Bergw.* 54 S. 459

MOISSAN, la distillation du cuivre. *Bull. Soc. chim.* 3, 35 S. 261/5.

GLOGER, Hammergarmachen von Kupfer mittels Siliciums oder Silicide. *Metallurgie* 3 S. 253/6.

HIORNS, effect of certain elements on the structure and properties of copper. (V. m. B.) *Chemical Ind.* 25 S. 616/24.

Ueber den Erstarrungsvorgang des Kupfers.* *Dingl. J.* 321 S. 636/8.

GRAY, HEUSLER's magnetic alloy of manganese, aluminium, copper. *Proc. Roy. Soc.* 77 S. 256/9.

PFEIFFER, Legierungsfähigkeit des Kupfers mit reinem Eisen und den Eisenkohlenstofflegierungen. *Metallurgie* 3 S. 281/7.

RUER, Legierungen des Palladiums mit Kupfer. ⊠ *Z. anorgan. Chem.* 51 S. 223/30.

SAHMEN, Kupferkadmiumlegierungen. ⊠ *Z. anorgan. Chem.* 49 S. 301/10.

SPERRY, Mangankupfer-Widerstandsdraht. *Metallurgie* 3 S. 228/30.

WIGHAM, the effect of copper in steel. *Iron & Steel J.* 69 S. 222/32; *Metallurgie* 3 S. 328/34.

JACOBSEN, structure microscopique de certains alliages du cuivre. *Bull. belge* 20 S. 214/30.

DIEGEL, nachträgliches Reißen kalt verdichteter Kupferlegierungen. (Kupferzinn, Kupfer-Aluminium.)* *Verh. V. Gew. Abh.* 1906, S. 177/84.

MORLEY und TOMLINSON, tensile overstrain and recovery of aluminium copper, and aluminiumbronze. *Phil. Mag.* 11 S. 380/92.

HEYN und BAUER, Kupfer und Schwefel. (Beziehungen zwischen Kupfer und seinem Sulfür. Verhalten von Kupfer gegen schweflige Säure bei höheren Wärmegraden. Kupfer, Kupfersulfür und Kupferoxydul.)* *Metallurgie* 3 S. 73/86.

HEYN und BAUER, Kupfer und Phosphor. (Untersuchungen.) *Mitt. a. d. Materialprüfungsamt* 24 S. 93/109.

VIGOUROUX, quelques siliciures de cuivre industriels; un composé défini de cuivre et de silicium. *Bull. Soc. chim.* 3, 35 S. 1233/40; *Compt. r.* 142 S. 87/9.

RÖNTGEN, zur Kenntnis der Natur des Kupfersteins. * *Metallurgie* 3 S. 479/87.

Konstitution der verschiedenen Grade von Kupferstein. *Metallurgie* 3 S. 571.

AUGER, décomposition du sulfate de cuivre par l'alcool méthylique. *Compt. r.* 142 S. 1272/4.

FOERSTER und BLANKENBERG, Cuprosulfat. *Ber. chem. G.* 39 S. 4428/36.

PÉCHEUX, nature de la decomposition d'une solution aqueuse de sulfate de cuivre par quelques alliages de l'aluminium. *Compt. r.* 142 S. 575/7.

HABERMANN, das beständige Kupferhydroxyd und das basische Salz 7CuO · 2SO$_3$ · 5H$_2$O (Brochantit.) *Z. anorgan. Chem.* 50 S. 318/9.

HACKSPILL, reduction des chlorures d'argent et de cuivre par le calcium. *Compt. r.* 142 S. 89/92.

STANSBIE, influence of small quantities of elements in copper upon its reactions with nitric acid. (V. m. B.) *Chemical Ind.* 25 S. 45/50, 1071/6.

DAWSON, the nature of ammoniacal copper solutions. *J. Chem. Soc.* 89 S. 1666/74.

HORN, cuprammonium salts. *Chem. J.* 35 S. 271/86.

GUNTZ et BASSETT, azoture de cuivre. *Bull. Soc. chim.* 3, 35 S. 201/7.

ANGEL, cuprous formate.* *J. Chem. Soc.* 89 S. 345/50.

ROSENHEIM und STADLER, Verbindungen des Thiokarbamids und Xanthogenamids mit Salzen des einwertigen Kupfers. *Z. anorgan. Chem.* 49 S. 1/12.

SLOMNESCO, action des leucomaines xantiques sur le cuivre. *Compl. r.* 142 S. 789/91.

SKINNER, copper salts in irrigating waters. (Toxicity of copper salts upon vegetation and agricultural crops.) *J. Am. Chem. Soc.* 28 S. 361/8.

Bactericidal action of copper. (Experiment of CLARK and GAGE; treatment with copper sulphate or by storing it in copper vessels.) *Eng. Rec.* 54 S. 348.

Kupfer als Wasserreiniger. *Phot. Wchbl.* 32 S. 154/5.

CANTONI et ROSENSTEIN, dosage du cuivre par volumétrie, méthode à l'iodure de potassium. *Bull. Soc. chim.* 3, 35 S. 1069/73.

CHEVRIER, Abscheidung und Bestimmung von Kupfer und Zink in gerösteten Spateisensteinen. (Ammoniakverfahren.) (V) (A) *Chem. Z.* 30 S. 466.

RHEAD, estimation of copper by titanium trichloride. *J. Chem. Soc.* 89 S. 1491/5.

PHELPS, determination of small quantities of copper in water. *J. Am. Chem. Soc.* 28 S. 368/72.

MURMANN, Bestimmung des Kupfers als Rhodanür. *Oest. Chem. Z.* 9 S. 67.

LOW, co-operative analysis of a copper slag. SMITH, THORN, criticism. *Electrochem. Ind.* 4 S. 47/8 F., 86.

HOLLARD et BERTIAUX, analyse du cuivre et du zinc industriels.* *Rev. métallurgie* 3 S. 196/207.

GERLINGER, jodometrische Bestimmung des Kupfers. *Z. ang. Chem.* 19 S. 520/2.

GUESS, the electrolytic assay of lead and copper. * *Trans. Min. Eng.* 36 S. 605/9.

FOERSTER, elektroanalytische Bestimmung des Kupfers. *Ber. chem. G.* 39 S. 3029/35.

BRADLEY, a delicate colour reaction for copper, and a micro-chemical test for zinc. (The copper haematoxylin compound is distinctly recognisable in solutions of one part of copper in 1,000,000,000 parts of water.) *Chem. News* 94 S. 189/90.

WILSON, analysis of alloys of copper. *Chem. News* 93 S. 84/5 F.

RIESZ, Nachweis von Kupfer in Gemüsekonserven und Gurken mittels Eisens. *Erfind.* 33 S. 420/1; *Essigind.* 10 S. 273/4.

Kupplungen. Couplings. Accouplements.

1. **Für Eisenbahnwagen. For railway cars. Attelages.** Siehe Eisenbahnwesen III B 7.

2. **Für Schläuche. Hose-coupling. Accouplements de tuyaux élastiques.** Siehe diese.

3. **Für Riemen und Seile. For belts and ropes. Pour courroies et cordes.** Siehe diese.

4. **Für Wellen. Shaft-coupling. Accouplements des arbres.** Vgl. Selbstfahrer.

Friction clutches and their functions. * *Automobile, The* 14 S. 1001/2.

The AKRON CLUTCH Co. friction clutch. (Two forked levers, with a drill hole through them at the centre, in which are lodged three hardened steel balls.)* *Horseless age* 18 S. 498/9; *Automobile* 15 S. 646.

HELE-SHAW friction clutch. (The clutch forms a convenient coupling for pumps, air compressors, and other mining appliances.)* *Iron & Coal* 73 S. 2012.

The HULLEY friction clutch. (Consists of an outer shell with a split friction band inside and a cover which forms one end of the shell and also holds the friction band in place.)* *Iron A.* 77 S. 1617.

KING & CO., friction clutch. (In the form of a steel band made in three segments and lined with elm blocks.) *Mech. World* 39 S. 151.

LONGBOTHAM & CO., new friction clutch. (Internal expanding type, has one double-armed driver with its boss keyed on the shaft.)* *Eng.* 101 S. 434; *Techn. Z.* 23 S. 544.

KASSON, hydraulically operated friction clutch * *Sc. Am.* 94 S. 420.

Universal joints and the shaft drive. (Fork and cross joint; slotter sleeve and trunnion block universal joint [PACKARD]; COLUMBIA STEEL CO. universal joint; BLOOD BROTHERS universal joint.)* *Horseless age* 18 S. 657/60.

HALL, universal joints.* *Horseless age* 18 S. 920/2.

COIL CLUTCH CO., a large coil clutch.* *Eng.* 101 S. 176.

RANKIN, KENNEDY & SONS, flexible elastic coupling.* *Eng. News* 56 S. 594; *Engng.* 82 S. 506.

PELTON specialties. (The PELTON flexible coupling.)* *Iron A.* 77 S. 1101.

LOVEKIN, the LOVEKIN improved inboard coupling for line and propeller shafts. (List of advantages of the lovekin improved inboard loose coupling for U. S. battleship „New Hampshire".)* *J. Nav. Eng.* 18 S. 546/52.

Drehkeilkupplung für Momenteinrückung und selbsttätige Auslösung an Exzenterpressen und Ziehpressen.* *Met. Arb.* 32 S. 67.

SCHULER, Drehkeilkupplung für Exzenter- und Ziehpressen.* *Z. Werksm.* 10 S. 397/8.

FELTEN & GUILLEAUME-LAHMEYERWERKE, Zentrator-Elektromotor. (Die Zentrator-Kupplung ist ein Reduktionsgetriebe und ein Bindeglied zwischen Elektromotor und Arbeitsmaschine.) (D. R. P.) * *Techn. Z.* 23 S. 61.

HOBEL, elektrische Kraftkupplungen und Getriebe.* *Turb.* 2 S. 256/7 F.

„Compo" pulley and clutch.* *Am. Mach.* 29, 1 S. 567.

Ausrückkupplung für Maschinenpressen. (Deren Wirkung auf der Verschiebung eines federbelasteten Gleitbolzens beruht.) * *Masch. Konstr.* 39 S. 152.

NATIONAL BRAKE & CLUTCH CO., Kork als Einlagematerial für Kupplungen. *Oest. Woll. Ind.* 26 S. 1124; *Automobile, The* 14 S. 568.

L.

Laboratorien. Laboratories. Laboratoires. Vgl. Hochbau 6 f.

MÜLLER, das neue Institut für technische Chemie der Kgl. Techn. Hochschule Berlin.* *Z. Chem. Apparat.* 1 S. 249/54 F.

WIENER, das neue physikalische Institut der Universität Leipzig und geschichtliches. ⊠ *Physik. Z.* 7 S. 1/14.

POND, the Morton memorial laboratory of chemistry of Stevens institute of technology.' *Sc. Am. Suppl.* 62 S. 25652/3.

SCRIBA, ein modernes Apothekenlaboratorium.* *Apoth. Z.* 21 S. 290/3.

CARRAKA, istituto di elettrochimica di Milano.* *Gaz. chim. il.* 36, 1 S. 401/19.

FABRE, l'institut électrochimique de l'école royale technique supérieure de Milan.* *Rev. chim.* 9 S. 317/22.

FOERSTER, das neue Laboratorium für elektrochemische und physikalische Chemie an der Technischen Hochschule zu Dresden.* *Z. Elektrochem.* 12 S. 183/6.

TUCKER, laboratory of applied electrochemistry at Columbia University.* *Electrochem. Ind.* 4 S. 175/8.

ABEGG, die neue elektrische Einrichtung des Breslauer chemischen Universitäts-Laboratoriums.* *Z. Elektrochem.* 12 S. 109/12.

JOHNSON, the electrical equipment of a D. C. test room for an electricity supply undertaking. *El. Rev.* 58 S. 117/9.

SIMON, das Institut für angewandte Elektrizität der Universität Göttingen.* *Physik. Z.* 7 S. 401/12.

The Pender electrical laboratory in University College, London. *Electr.* 58 S. 242/5.

Electrical engineering laboratories at Worcester Polytechnic Institute. *El. World* 47 S. 1252/4.

The testing room of the Worcester Electric Light Company. *El. World* 47 S. 413 4.

The National Bureau of Standards at Washington. (The physical laboratory building.)* *Am. Mach.* 29, 1 S. 663/9.

The National Physical Laboratory, Bushey House.[a] *El. Rev.* 58 S. 1004/7 F.; *Iron & Coal* 72 S. 1061.

BEARE, the new engineering laboratories, at Edinburgh University, and their equipment. *Page's Weekly* 9 S. 472/3.

The Armstrong College, Newcastle-on-Tyne. (The electrical and engineering laboratories.)* *El. Rev.* 59 S. 98/9; *Iron & Coal* 73 S. 1/2.

PIALD, le bassin d'expériences de la marine française, à Paris.* *Gén. civ.* 49 S. 289/93.

London County Council school of marine engineering. (Workshop.) *Pract. Eng.* 33 S. 272/3.

GEBERS, die Versuchsanstalt „Uebigau". *Schiffbau* 8 S. 1/9 F.

The experimental ship tank of the university of Michigan. (Object to determine resistance to motion of various forms of ships; how experiments are conducted and drawings and models prepared; calculation of the resistance of a full-sized ship.)* *Am. Mach.* 29, 2 S. 449/52.

ALLEN, hydraulic testing laboratory of the Worcester Polytechnic Institute. (For hydraulic experiments) *Eng. Rec.* 53 S. 425/7.

MEAD, hydraulic laboratory at the University of Wisconsin. (For hydraulic experiments under low and high heads.) (A)* *Eng. News* 55 S. 444/5, 506/8.

Lesley cement laboratory, University of Pennsylvania. (Crane and tank for beams; lift; bins and mixing box)* *Eng. Rec.* 54 S. 486/7.

New hydraulic and cement testing laboratories at the University of Pennsylvania. (Floors of reinforced-concrete; electricity for artificial lighting; concrete weir tanks.)* *Eng. Rec.* 54 S. 433/5.

The Northampton Institute.* *El. Eng. L.* 38 S. 202/5.

The Fire Underwriters' laboratory plant in Chicago.* *Eng. Rec.* 54 S. 4/6.

Laboratoriumsapparate. Laboratory apparatus. Appareils de laboratoire. Vgl. Chemie, analytische, Elektrochemie 4, Extractionsapparate, Instrumente, Koch- und Verdampfapparate, Photographie, Schmelzöfen.

ACREE, new apparatus. (New form of alkali apparatus; porcelain lined bomb for general laboratory use; apparatus for rapid precipitations in electrolytic analysis.)* *Chem. J.* 35 S. 309/16.

KELLER, EDWARD, labor-saving appliances in the laboratory. (Convenience for handling beakers and acids; filtering or decanting apparatus; assay-furnace tools; device for charging scorifier buttons into cupels; parting - bath; multiple tongs.) (V)[b] *J. Frankl.* 161 S. 101/12; *Trans. Min. Eng.* 36 S. 3/18; *Iron & Coal* 72 S. 1953/4.

ARNDT, Eigenschaften von Magnesiageräten. (Feuerschwindung; Widerstandsfähigkeit gegen chemische Einflüsse.) *Chem. Z.* 30 S. 211.

ZENGHELIS, Apparat für die Auflösung und Verdampfung zur Trockene.* *Z. anal. Chem.* 45 S. 758/60.

VINCENT, l'appareil évaporatoire de KESTNER.* *Bull. d'enc.* 108 S. 174/7.

Appareil pour la déstillation et la dessiccation dans le vide à l'aide des basses températures.* *Gén. civ.* 49 S. 12.

HAEHN, Vakuumdestillierapparat für feste Stoffe.* *Z. ang. Chem.* 19 S. 1669/70; *Apoth. Z.* 21 S. 955.

KEMPF, Apparat für Sublimationen im Vakuum.* *Chem. Z.* 30 S. 1250.

BECK, Apparat zur schnellen und kontinuierlichen Entwicklung von Wasserdampf.* *Z. ang. Chem.* 19 S. 758/9; *Apoth. Z.* 21 S. 955.

REISER, Schnelldampfentwickler.* *Chem. Z.* 30 S. 639.

STEIGER, neuer Gasentwicklungsapparat. (Die konzentriertere Salzlösung fließt beständig fort, während die spezifisch leichtere, kräftigere Säure einströmt.)* *Z. Chem. Apparat.* 1 S. 752/3.

SCHMIDT & Cie., neuer Gasentwickelungs-Apparat.* *Chem. Z.* 30 S. 474/5.

KÜSTER und ABEGG, Chlorwasserstoffgas - Entwicklungsapparat.* *Z. Chem. Apparat.* 1 S. 89/91.

BLITZ, Apparat zum Entwickeln von Schwefelwasserstoff etc.* *Z. anal. Chem.* 45 S. 99/103.

BROWNE and MEHLING, modified hydrogen sulphide generator. (Modification of the OSTWALD apparatus.)* *J. Am. Chem. Soc.* 28 S. 838/45.

FORD, gas generator for hydrogen sulphide, hydrogen and other gases. (Recommended for a laboratory where a steady flow of gas is required for longer or shorter periods.)* *J. Am. Chem. Soc.* 28 S. 793/5.

GREGORY, new form of gas generating apparatus. (For supplying sulphuretted hydrogen.)* *Chem. News* 93 S. 27.

BURGER und NEUFELD, Gasentwicklungsapparat. (Zur Darstellung der gerade gewünschten Menge eines giftigen Gases.)* *Z. Chem. Apparat.* 1 S. 777.

RECKLEBEN und LOCKEMANN, Gasometerschrank. (Aufbewahrung reiner Gase für das Unterrichtslaboratorium.)* *Z. Chem. Apparat.* 1 S. 663/7.

RECKLEBEN und LOCKEMANN, Flaschengasometer mit absolut dichtem Gasabschluß.* *Z. Chem. Apparat.* 1 S. 238/40.

BURKHEISER und CHRISTIE, Vorrichtung zum Einleiten von Gasen unter gleichzeitigem Umrühren der Reaktionsmassen durch eine Turbine.* *Z. Chem. Apparat.* 1 S. 158.

DITMAR, Laboratoriums - Vakuum - Trockenapparat und zugleich Oxydationsapparat für Kautschuk.* *Gummi-Z.* 20 S. 945/6.

SCHILLING, verbessertes Trockenröhrchen. (Zwischen beiden Schenkeln angebrachte Versteifung.)* *Chem. Z.* 30 S. 1146.

GORE, high vacua in the SCHEIBLER type of desiccator. (Application of the ether - sulphuric acid method to the SCHEIBLER desiccator in which the acid is contained in the bottom.) * *J. Am. Chem. Soc.* 28 S. 834/7.

Apparatus for drying in a current of coal gas.* *J. Gas L.* 93 S. 348.

Schwimmende Löseschale. (Siebartig durchlöcherter Behälter mit einer als Schwimmer dienenden Abteilung.)* *Chem. Z.* 30 S. 884.

ELDRED, percolator for use in assaying drugs * *J. Am. Chem. Soc.* 28 S. 187/8.

CLEMEN, Lösungs- und Schmelzapparat und zugleich Filterpresse.* *Chem. Z.* 30 S. 1130.

LEISER, Rührer für Flüssigkeiten verschiedenen spezifischen Gewichtes oder einen schweren Niederschlag und eine Flüssigkeit. *Z. ang. Chem.* 19 S. 1426/8.

KEMPF, Schüttelgefäß mit Innenkühlung und Gasableitung.* *Chem. Z.* 30 S. 475.

MANDL und RUSZ, Schüttelapparat. (Zur Untersuchung über die Reaktion zwischen Gasen und Flüssigkeiten.) * *Chem. Z.* 30 S. 19.

Neue Schüttelapparate für Laboratorien.* *Chem. Z.* 30 S. 1146.

PERMAN, new form of absorption-tube. (Prohibiting the absorbing liquid to be carried back in the generator flask.) * *Chem. News* 93 S. 213.

STEINLEN, automatischer Sicherheitsheber.* *Chem. Z.* 30 S. 459.

GREIL, neuer Entwässerungsapparat. (Für mikroskopische Objekte; tropfenweiser Zusatz von absolutem Alkohol; Entfernung der wasserhaltigen Flüssigkeit.) * *Z. Mikr.* 23 S. 286/301.

ESCALES, Probe-Nitrier-Apparat.* *Z. Schieß. u. Spreng.* 1 S. 23.

NOVAK, Probe-Nitrierapparat. *Z. Schieß. u. Spreng.* 1 S. 191/2.

KLEINE, neue Apparate zur Schwefel- und Kohlenstoffbestimmung. *Z. ang. Chem.* 19 S. 1711/2; *Z. O. Bergw.* 54 S. 530/1.

KLEINE, Apparat zur Arsenbestimmung. (Der Destillationsapparat besteht nur aus Destillationskolben und Kühler.) * *Chem. Techn. Z.* 24 S. 110/1.

RUPP, zwei neue Apparate zur Elementaranalyse: Azotometer, Kaliapparat.* *Z. anal. Chem.* 45 S. 58/61.

SCHÖLERs Kaliapparat. (Die Absorption wird erst über der Flüssigkeit durch Schaumbildung er zielt.) * *Pharm. Centralh.* 47 S. 508.

LOCKEMANN, Apparat zur Demonstration der Verbrennungsprodukte einer Kerze.* *Z. Chem. Apparat.* 1 S. 721/3.

Laboratoriums-Maischapparat System MARQUIER.* *Z. Chem. Apparat.* 1 S. 98/9.

BOETTICHER, ein neuer Apparat zur Bestimmung der flüchtigen Säure im Wein.* *Z. anal. Chem.* 45 S. 755/8.

Gärungsröhrchen zum Nachweis der Gärung in Fäces nach SCHMIDT-STRASZBURGER.* *Pharm. Centralh.* 47 S. 283.

GOLDMANN, die zur quantitativen Bestimmung des Harnzuckers empfohlenen Gärungs-Saccharometer der Neuzeit. (V)* *Ber. pharm. G.* 16 S. 110/8.

PENFIELD and BRADLEY, filter-tubes for collection of precipitates on asbestos.* *Chem. News* 94 S. 293/4.

STEINLEN, neuer Filtrierkonus. (In Form eines 8 oder 16 mal gefalteten Filters; in Porzellan gegossen.) * *Chem. Z.* 30 S. 40.

KRŽIŽAN, Oelpipette.* *Z. Genuß.* 12 S. 212/3.

HOGARTH, combined wash-bottle and pipette.* *Chem. News.* 93 S. 71.

REBENSTORFF, Stopfenpipette. (Abtrennung zweier auf schwimmender Flüssigkeitsschichten.) * *Chem. Z.* 30 S. 516.

SCHÜRHOFF, Pipettenglas für mikroskopische Reagentien.* *Pharm. Z.* 51 S. 931.

FRENCH, burette-filling device.* *Chem. News* 93 S. 71/2.

PANNERTZ, Bürettenanordnung.* *Z. anal. Chem.* 45 S. 751/4.

Bürettenausatz zur Absorption von Kohlensäure oder anderen Gasen.* *Chem. Z.* 30 S. 459/60.

IWANOW, neues Tropfglas. (Wird nach dem Ausfließen der Flüssigkeit der Finger von der Oeffnung gehoben, so strömt die Luft zur Ausgleichung des Druckes nicht mehr durch das Kapillarrohr, sondern durch die seitlichen Oeffnungen des Glaskörpers, wobei die Luft durch die Watte filtriert wird.)* *Chem. Z.* 30 S. 19, 272.

Konische Tropfgläser.* *Apoth. Z.* 21 S. 1099

BUSCHMANN, Wägegläschen für Flüssigkeiten.* *Chem. Z.* 30 S. 1060.

GUTTMANN, new weighing-bottle.* *J. Am. Chem. Soc.* 28 S. 1667/8.

SCHUBERT, Melassen-Pyknometer.* *Z. Zucker.* 25 S. 172.

SADTLER, flask for the determination of water in substances such as camphor. *J. Frankl.* 162 S. 216/7.

FRITSCH, Holzumhüllung für Porzellanreibschalen.* *Chem. Z.* 30 S. 1158.

GÖCKEL, neuer Laboratoriums-Ausguß. (Ausgußbecken aus Steinzeug, mit langem bis auf den Boden reichenden kegelförmigen Unterteil.)* *Chem. Z.* 30 S. 755/6.

BARNARD and BISHOP, improved condensation apparatus.° *J. Am. Chem. Soc.* 28 S. 999/1002.

GLATZEL, Intensiv-Doppelkühler mit geteilter Zuführung des Kühlwassers.* *Chem. Z.* 30 S. 330.

Glaskühler mit Kugelmundstück.* *Pharm. Centralh.* 47 S. 314.

BRYAN, delivery funnel for introducing liquids under increased or diminished pressure.* *J. Am. Chem. Soc.* 28 S. 80/4.

STANĚK, Zurichtung der Korkstopfen für Extrakteure. (Der Korkstopfen wird mit dünnem Stanniol oder Bleifolie überzogen.) *Chem. Z.* 30 S. 347.

ALEXANDER, nichtrostender Sandbadbrenner. *Z. ang. Chem.* 19 S. 1857/8.

BOLLING, blast-lamp for gasoline or city gas.* *J. Am. Chem. Soc.* 28 S. 399/401.

LENDRICH, Brenneraufsätze für BUNSEN- und TECLU-Brenner zur Erzielung von drei-, vier- und fünfteiligen Flammen.* *Z. Genuß.* 12 S. 593/8.

SCHOPPER, Sicherheitsvorrichtungen gegen das Ausströmen unverbrannten Gases aus Gasbrennern.* *Ges. Ing.* 29 S. 427/8.

ANDERLINI, pompe a mercurio a caricamento automatico ed apparati per lo studio dei gas.* *Gas. chim. it.* 36, 1 S. 458/72.

Lager. Bearings. Coussinets.

1. Allgemeines. Generalities. Généralités.

Ausführung der Lagerungen bei Verkuppelung oder Riemenantrieb der Wellen. *Masch. Konstr.* 39 S. 112.

Ueber Lagererwärmung. (Durch Staub.). *Masch. Konstr.* 39 S. 152.

WESTINGHOUSE ELECTRIC AND MANUFACTURING CO., Versuche über die Reibung in großen Wellenlagern.* *Z. V. dt. Ing.* 50 S. 924/5.

Antifriktionsmetalle. *Met. Arb.* 32 S. 393.

SUGGATE, bearing alloys.* *Eng.* 102 S. 418/9 F.

Device for casting bronze bearings.* *Street R.* 27 S. 924/5.

Machining and fitting engine shaft bearings. (Various stages which a good set of brasses for a horizontal CORLISS engine pass through in the fitting and machine shops.) *Mech. World* 39 S. 114.

TUCKER, staubsichere Schmierlochverschlüsse für Lagerdeckel. *Oest. Woll. Ind.* 26 S. 298.

2. Kugel- und Rollenlager. Ball- and roller-bearings. Coussinets à billes et à rouleaux.

BÖTTCHER, Kugel- und Walzenlager im modernen Maschinenbau. (V) (A) *Z. V. dt. Ing.* 50 S. 700. Roulements à billes, système DENIS.* *Gén. civ.* 49 S. 333.

FAY, ball and roller bearings. *Horseless Age* 18 S. 848/50.

FICHTEL & SACHS, Kugellager. (Zur Aufnahme von Tragdruck senkrecht zur Achse [D. R. P.].)* *Bayr. Gew. Bl.* 1906 S. 290/1; *Aut. Journ.* 11 S. 761; *Masch. Konstr.* 39 S. 63.

HALL & STELLS, Kugellager und Fußlager für Spindeln.* *Uhlands T. R.* 1906, 5 S. 31; *Oest. Woll. Ind.* 26 S. 612.

HESS, ball and roller bearings. (Application of ball bearings to heavy work.)* *Am. Mach.* 29, 1 S. 349/51; *Sc. Am. Suppl.* 62 S. 25760/2; *Horseless age* 18 S. 646/8.

HESS-BRIGHT non-adjustable silent ball bearing used on many high-grade touring cars.* *Sc. Am.* 94 S 34.

HESS-BRIGHT, dynamo ball bearing.* *El. World* 48 S. 1078/9.

HOFFMANN MFG. CO., the HOFFMANN ball-bearings for motor cars. (The „fixed" axle type of hub; hubs for live-axle cars; other types of automobile bearings; some general considerations.)* *Aut. Journ.* 11 S. 38/41 F.

KINZBRUNNER, application of ball bearings to electrical machinery. (Permissible loads for steel balls.)* *Mech. World* 39 S. 174/5 F.

KNIPE, ball bearing. (Intended only for thrust action; step bearing for a vertical shaft.) (Pat.)* *Mech. World* 40 S. 186.

The „thrust only" ball bearing, made by the PRESSED STEEL MFG. CO., Philadelphia.* *Iron A.* 78 S. 671.

STANDARD ROLLER BEARING CO., ball-bearings litigation.* *Automobile, The* 14 S. 644.

STRIBECK, roulements à billes D. W. F.* *Ind. vél.* 25 S. 271/2.

WILLIAMS, ball bearings on machine tools. (Ball thrust bearing of Buffalo drill.)* *Am. Mach.* 29, 2 S. 410.

Application of ball bearings to motor shafts.* *El. World* 48 S. 884.

Paliers à billes et à rouleaux.* *Gén. civ.* 49 S. 366/8.

Biegsame Rollenlager für Automobile. *Elektr. B.* 4 S. 186.

SCHÖRLING, Versuche mit Rollenlagern bei Straßenbahnwagen. *Elektr. B.* 4 S. 113/4.

Roller bearings.* *Am. Mach.* 29, 2 S. 61/2.

The friction of roller bearings. * *Eng. Rev.* 14 S. 122/3.

Coussinets à rouleaux, construits par le HYATT ROLLER BEARING CO.* *Rev. ind.* 37 S. 506.

3. Andere Lager. Other bearings. Autres espèces de coussinets.

ELEKTR. GES. ALIOTH, Lager für raschlaufende Zapfen. (Die Lagerschale ruht nur in ihrem mittleren Teil im Lagerbock auf und vermag sich deshalb beliebig einzustellen.)* *Masch. Konstr.* 39 S. 190/1.

Lager für Turbodynamos der ELEKTRIZITÄTS-GESELLSCHAFT ALIOTH.* *Z. Turbinenw.* 3 S. 422.

NIETHAMMER, Lager für hohe Zapfengeschwindigkeiten. (Turbodynamolager.)* *Z. V. dt. Ing.* 50 S. 218/9; *Eng. News* 55 S. 329; *Mech. World* 39 S. 183; *Elt. u. Maschb.* 24 S. 739/40.

FRIEDEMANN, Universal - Transmissionslager als Gießereimassenartikel.* *Eisens.* 27 S. 124/6.

NOURSE, thrust-bearings for gasoline launch engines.* *Am. Mach.* 29, 1 S. 422.

Spindelspurlager bei Vorspinnmaschinen. (Durch eine Einkerbung ringsherum im Innern des Spurlagers gebildete Kammer für das verdrängte Oel, wodurch ein Herausspritzen des Oeles beim Einsetzen der Spindel vermieden wird.) * *Mon. Text. Ind.* 21 S. 305/6.

Landwirtschaft. Agriculture. Vgl. Bakteriologie, Dünger, Forstwesen, Futtermittel, Gartenbau, Getreide, Mais, Obst, Ungeziefervertilgung, Zucker.

    1. Allgemeines.
    2. Boden-Kultur.
    3. Bodenkunde.
    4. Düngerlehre.
    5. Pflanzenbau.
    6. Tierzucht.
    7. Einrichtungen, Maschinen und Geräte.

1. Allgemeines. Generalities. Généralités.

STUTZER, die Fortschritte auf dem Gebiete der Agrikulturchemie im Jahre 1905. (Jahresbericht.) *Chem. Z.* 30 S. 313/6.

ZIELSTORFF, die Agrikulturchemie im zweiten Halbjahr 1905. (Pflanzenernährung; Tierernährung.) *Chem. Zeitschrift* 5 S. 73/5 F.

FRESENIUS, die Bedeutung der landwirtschaftlichchemischen Versuchs-Stationen unter Darlegung der Entwickelung der Versuchs-Station Wiesbaden in den 25 Jahren ihres Bestandes. *Presse* 33 S. 2/4.

FISCHER, die Bedeutung der Elektrizität für die Landwirtschaft mit besonderer Berücksichtigung der Feldbearbeitung im großen. *Presse* 33 S. 333/5 F.

Les applications de l'énergie électrique dans l'agriculture.* *Nat.* 34 S. 411/5.

SAPPER, Ackerbau auf den östlichen Canarischen Inseln. *Tropenpflanzer* 10 S. 305/11.

Bericht der Moorwirtschaft Admont. 🔳 *Z. Moorkult.* 4 S. 13/35.

REZEK, die Maschinen und Geräte auf der 20. Wanderausstellung der Deutschen Landwirtschafts-Gesellschaft zu Berlin-Schöneberg. *Landw. W.* 32 S. 251/2.

The Royal Agricultural Society's show at Derby. *Engng.* 82 S. 6/10; *Mech. World* 40 S. 6 F.; *Eng.* 101 S. 649 F.

WOODWARD, use of cement and concrete for farm purposes. (V) (A) *Eng. News* 55 S. 64.

2. Boden-Kultur. Cultivating methods. Méthodes de culture. Vgl. 4.

EMEIS, Einflüsse von Wind und Freilage auf unsere Bodenkultur. (Beeinflussung der Pflanzennährstoffe und deren Löslichkeit im Boden.) *Z. Forst.* 38 S. 66/7.

MÜNTZ et FAURE, l'irrigation et la perméabilité des sols. *Compt. r.* 143 S. 329/35.

GYÁRFÁS, Wiesenbau und -Pflege. Bewässerung überhaupt. *Kulturtechn.* 9 S. 273/303.

BERSCH, die Praxis der Moorkultur.* *Z. Moorkult.* 4 S. 139/62.

VAGELER, Bayerns Moore und ihre Kultur. *Fühlings Z.* 55 S. 401/11.

Operation of the Reading, England, sewage farm. (The irrigated land receives sewage three and a half years intermittently, and is then under potatoes and oats two and a half years, when the rotation is complete, and rye grass is again planted after the last crop of oats.) *Eng. Rec.* 54 S. 68.

3. Bodenkunde. Geonomy. Géonomie.

WEIBULL, praktische Bodenanalyse. *Chem. Z.* 30 S. 722.

MITSCHERLICH, die chemische Bodenanalyse. *Fühlings Z.* 55 S. 361/73.

    51

EGGERTZ, chemische Untersuchung des Ackerbodens. *CBl. Agrik. Chem.* 35 S. 793/9.

GUTZEIT, Bestimmung der Salpetersäure im Boden. *Versuchsstationen* 65 S. 217/9.

MICHELET und SEBELIEN, einige Analysen natürlicher Humuskörper. *Chem. Z.* 30 S. 356/8.

MURRAY, mechanical analysis of soils; long tube sedimentation process. *Chem. News* 93 S. 40/2.

FRAPS, availability of phosphoric acid of the soil. *J. Am. Chem. Soc.* 28 S. 823/34.

KUDASCHEW, Bestimmung der assimilierbaren Phosphorsäure im Boden. *CBl. Agrik. Chem.* 35 S. 506/8.

DUMONT, les composés phospho-humiques du sol. *Compt. r.* 143 S. 186/9.

HALL and AMOS, determination of available plant food in soil by the use of weak acid solvents. *J. Chem. Soc.* 89 S. 205/22.

INGLE, die verfügbare Pflanzennahrung im Boden. *CBl. Agrik. Chem.* 35 S. 148/52.

Ursprung, die Menge und die Bedeutung der Kohlensäure im Boden. *Presse* 33 S. 5/6.

KRAWKOW, Einwirkung der im Wasser löslichen Mineralbestandteile der Pflanzenreste auf den Boden. *CBl. Agrik. Chem.* 35 S. 219/20.

BREAZEALE, relation of sodium to potassium in soil and solution cultures.* *J. Am. Chem. Soc.* 28 S. 1013/25.

LANGER, Kalkgehalt des Bodens. *Landw. W.* 32 S. 124.

KADGIEN, Beziehungen zwischen dem Kalkgehalt des Bodens und der Pflanze. *Fühlings Z.* 55 S. 310/6.

BLANCK, Kalkkonkretionen. (Absorption von Kali; — von Ammoniak bezw. Stickstoff durch Kalkkonkretionen; Phosphorsäureabsorption.) *Versuchsstationen* 65 S. 471/8.

DARBISHIRE and RUSSELL, oxidation in soils and its relation to productiveness. *Chem. News* 94 S. 137.

DUMONT, absorption des carbonates alcalins par les composants minéraux du sol. *Compt. r.* 142 S. 345/7.

KOSSEWITSCH, Kleemüdigkeit des Bodens. *CBl. Agrik. Chem.* 35 S. 471/6.

STOKLASA, Biologie des Bodens. *CBl. Agrik. Chem.* 35 S. 76/8.

HEINZE, mikrobiologische Bodenkunde. *CBl. Bakt.* II, 86 S. 640/53 F.

BUHLERT und FICKENDEY, Methodik der bakteriologischen Bodenuntersuchung. *CBl. Bakt.* II, 16 S. 399/405.

KOCH und KRÖBER, Einfluß der Bodenbakterien auf das Löslichwerden der Phosphorsäure aus verschiedenen Phosphaten. *Fühlings Z.* 55 S. 225/35.

KRÜGER, Einfluß der Bodenbakterien auf die Fruchtbarkeit des Bodens. *Jahrb. Landw. G.* 21 S. 393/404.

CHRISTENSEN, Vorkommen und Verbreitung des Azobacter chroococcum in verschiedenen Böden.* *CBl. Bakt.* II, 17 S. 109/19 F.

WARMBOLD, Untersuchungen über die Biologie stickstoffbindender Bakterien.* *Landw. Jahrb.* 35 S. 1/123.

PFEIFFER und EINECKE, Festlegung des Ammoniakstickstoffs durch die Zeolithe im Boden. *CBl. Agrik. Chem.* 35 S. 510/2.

PFEIFFER, die Stickstoffbindung im Ackerboden. *Fühlings Z.* 55 S. 749/52.

HALS, die Ammoniakverdunstung aus dem Ackerboden. *Fühlings Z.* 55 S. 216/7.

DUSCHETSCHKIN, Nitrifikation im Boden. *CBl. Zuckerind.* 14 S. 749/51.

GUTZEIT, Einwirkung des Hederichs auf die Nitri-

fikation der Ackererde. *CBl. Bakt.* II, 16 S. 358/81.

MÜNTZ et LAINÉ, rôle de la matière organique dans la nitrification. *Compt. r.* 142 S. 430;5.

FRAPS, nitrification and ammonification of some fertilizers. *J. Am. Chem. Soc.* 28 S. 213/23.

STOCKLASA, die chemischen Vorgänge bei der Assimilation des elementaren Stickstoffs durch Azotobacter und Radiobacter. (V) *Z. V. Zuckerind.* 56 S. 815/25; *Oest. Chem. Z.* 9 S. 194/5; *Chem. Z.* 30 S. 422.

STOKLASA und VITEK, Einfluß verschiedener Kohlenhydrate und organischer Säuren auf die Denitrifikationsprozesse. *Z. Zuckerind. Böhm.* 31 S. 67/119.

AMPOLA e DE GRAZIA, denitrificazione nel suolo agrario. *Gaz. chim. it.* 36, II S. 893/905.

STOKLASA, treten Stickstoffverluste im Boden ein bei Düngung mit Chilisalpeter? *Z. Zuckerind. Böhm.* 30 S. 223/33; *CBl. Bakt.* II, 17 S. 27/33.

V. SEELHORST, Eindringen von Regenwasser auf einem Sandboden und auf einem Lehmboden. *CBl. Agrik. Chem.* 35 S. 499/500.

V. SEELHORST, Verdunstung eines behackten und eines nicht behackten, in der Stoppel liegenden Bodens. *CBl. Agrik. Chem.* 35 S. 499.

V. SEELHORST und MÜLLER, Wasserhaushalt im Boden und Wasserverbrauch der Pflanzen. *CBl. Agrik. Chem.* 35 S. 145/6.

RAMANN, Wassergehalt diluvialer Waldböden. (Beobachtungen in der Umgegend von Eberswalde.) *Z. Forst.* 38 S. 13/38.

RAMANN, Vorschläge für Einteilung und Benennung der Humusstoffe. (Humus- und Humusformen; Lagerstätten der humosen Stoffe; Gesteine; Schichtenfolge einiger humosen und Humusablagerungen.) *Z. Forst.* 38 S. 637/47.

HOLTSMARK und LARSEN, Fehler, welche bei Feldversuchen durch die Ungleichartigkeit des Bodens bedingt werden. *Versuchsstationen* 65 S. 1/22.

HEINZE, Schwefelkohlenstoff, dessen Wirkung auf niedere pflanzliche Organismen, sowie seine Bedeutung für die Fruchtbarkeit des Bodens. *CBl. Bakt.* II, 16 S. 329/57.

4. Düngerlehre. Maaure. Engrais. Vgl. 2, Dünger, Phosphorsäure, Physiologie 1.

KRISCHE, Wanderausstellung der Deutschen Landwirtschafts-Gesellschaft zu Berlin-Schöneberg, 14.—19. Juni 1906. (Düngungsversuche.) *Chem. Z.* 30 S. 625/6.

STRAKA, Anwendung und Wirkung der Düngemittel. *Landw. W.* 32 S. 84.

Das Düngerbedürfnis der Kulturpflanzen und Böden. *Landw. W.* 32 S. 132.

VON SEELHORST, die Ausnutzung der Düngemittel unter verschiedenen Regenmengen. (Laboratoriumsversuche, Feldversuche.) *Jahrb. Landw. G.* 21 S. 61/72.

HASELHOFF, das Düngungsbedürfnis einiger typischer hessischer Böden und Versuche zur Ermitelung desselben. *Fühlings Z.* 55 S. 73/81.

Die Düngungsversuche im Gehrener Verwaltungsbezirke (Schwarzburg-Sondershausen) im Jahre 1905.* *Presse* 33 S. 21/2.

WEIN, Erfolge der künstlichen Düngung. (Stickstoffdüngung der Obstbäume; Stickstoffdüngung im Gemüsebau. Versuche.) *Z. Forst.* 38 S. 347/8.

BACHMANN, die Verwendung von Kunstdüngerstickstoff neben Stalldünger. *Fühlings Z.* 55 S. 180/3.

VON KOZICZKOWSKI, Gründüngung und Stallmistdüngung auf leichtem Boden. *Jahrb. Landw. G.* 21 S. 384/93.

SCHNEIDEWIND, Gründüngung und Stallmistdüngung

auf besserem Boden. *Jahrb. Landw. G.* 21 S. 377/84.

SCHNEIDEWIND, MEYER und FRESE, die Wirkung frischer Gründungspflanzen (Gemisch von Erbsen, Bohnen, Wicken) und Rübenkraut im Vergleich zum Salpeter. *Landw. Jahrb.* 35 S. 923/6.

GARCKE, Gersten - Düngungsversuche. *Presse* 33 S. 167/8.

KÖCK, über Tomatendüngung. *Landw. W.* 32 S. 418.

STRUNK, Kakao - Düngungsversuche. *Tropenpflanzer* 10 S. 516/25.

WEIN, Düngung der Waldbäume. *Cbl. Agrik. Chem.* 35 S. 598/600.

STUTZER, Beobachtungen und Erfahrungen über die Wirkung von Wiesendünger. *Fühlings Z.* 55 S. 289/95.

KAVEČKA, der Salpeter in der Düngerwirtschaft. *Landw. W.* 32 S. 66.

BACHMANN, die Stickstoffdüngung der Wiesen in Form des schwefelsauren Ammoniaks. *Presse* 33 S. 59/60.

BACHMANN, einige Fragen über die Düngung mit schwefelsaurem Ammoniak. *Fühlings Z.* 55 S. 451/9.

BÖTTCHER, kann durch Beigabe von schwefelsaurem Ammoniak die Wirksamkeit der Knochenmehlphosphorsäure gesteigert werden? *Versuchsstationen* 65 S. 407/11.

BRIEM, schwefelsaures Ammoniak als Dünger für Zuckerrüben. *Landw. W.* 32 S. 202/3.

RIPPERT, Stickstoffdüngung der Wiesen in Form des schwefelsauren Ammoniaks. *Presse* 33 S. 198.

PFEIFFER, die Wirkung des Ammoniakstickstoffs als Düngemittel. *Fühlings Z* 55 S. 153/9.

LUEDECKE, Stickstoffdüngung der Wiesen in Form von schwefelsaurem Ammoniak. *Presse* 33 S. 135/6.

OSTERMAYER, Stickstoffdüngung auf Wiesen. *Landw. W.* 32 S. 399/400.

WEIN, Stickstoffdüngung im Gemüseland. *Cbl. Agrik. Chem.* 35 S. 658/60.

Die Bedeutung der Stickstoffdüngung für die Rübensamenernte. *Presse* 33 S. 311/2.

Versuche über die Wirkung des Stickstoffs im Casseler Klärschlamm, im Hefedünger und im tierischen Dungmehl. *Presse* 33 S. 355.

ARNSTADT, vergleichende Düngversuche mit Peruguano und Ammoniak - Superphosphat 9 + 9. *Presse* 33 S. 159/61.

BEHRENS, Düngungsversuche mit Kalkstickstoff. *Cbl. Agrik. Chem.* 35 S. 228/9.

BÖTTCHER, Versuche über die Wirkung des „Stickstoffkalkes". *Presse* 33 S. 289.

BRIEM, Zuckerrüben-Düngungsversuch mit Kalkstickstoff. *Landw. W.* 32 S. 51/2.

MACH, Versuche über die Wirkung des Kalkstickstoffs und Stickstoffkalkes auf Kulturpflanzen. *Fühlings Z.* 55 S. 830/47.

MILNER, Wirkung des Kalkstickstoffes auf junge Zuckerrübenpflanzen. * *Landw. W.* 32 S. 171.

OTTO, vergleichende Düngungsversuche mit Kalkstickstoff und Chilisalpeter bei Hafer. *Presse* 33 S. 275.

POZZOLI, Versuche mit Calciumcyanamid (Kalkstickstoff). (V) (A) *Chem. Z.* 30 S. 454/5.

RÖSZLER, Gefäß- und Feldversuche mit Kalkstickstoff. *Cbl. Agrik. Chem.* 35 S. 87/90.

V. SEELHORST und MÜTHER, Versuche mit Kalkstickstoff. *Cbl. Agrik. Chem.* 35 S. 156/60.

SHUTT and CHARLTON, preliminary experiments with a cyanamide compound as a nitrogenous fertiliser. *Chem. News* 94 S. 150/2.

STUTZER, Versuche in Vegetationsgefäßen über

die Wirkung von Kalkstickstoff. *Versuchsstationen* 65 S. 275/82.

GERLACH, Kalkstickstoff, Stickstoffkalk und salpetersaurer Kalk. *Presse* 33 S. 365.

Methode, Düngekalk zu löschen und ihn für die Maschine streufähig zu machen. *Presse* 33 S. 454/5.

BACHMANN, Versuche mit Thomasammoniakphosphat. *Fühlings Z.* 55 S. 808/14.

CLAUSEN, vergleichende Düngungsversuche mit Thomasmehl und Agrikulturphosphat. *Fühlings Z.* 55 S. 640/70.

V. DER CRONE, Wirkung der Phosphorsäure auf die höhere Pflanze und eine neue Nährlösung. (Aus Kaliumnitrat, Calciumsulfat, Magnesiumsulfat und Ferrophosphatmischung.) *Cbl. Agrik. Chem.* 35 S. 30/3.

HASELHOFF, Thomas-Ammoniak-Phosphatkalk, ein neuer Mineraldünger. *Fühlings Z.* 55 S. 257/64.

KUHNERT, vergleichende Düngungsversuche mit Thomasmehl und Agrikulturphosphat. *Cbl. Agrik. Chem.* 35 S. 807/9.

MAYER, Wirkung schwerlöslicher Phosphate auf Roggen durch Vermittlung von Lupinen. *Presse* 33 S. 433/4.

NAGAOKA, Wirkung verschiedener löslicher Phosphate auf die Reispflanze. *Cbl. Agrik. Chem.* 35 S. 7/12.

PRIANISCHNIKOW, zur Frage über den relativen Wert verschiedener Phosphate. (Vergleichende Versuche mit verschiedenen Phosphaten; einige Faktoren, welche die Düngewirkung der Phosphate beeinflussen.)[8] *Versuchsstationen* 65 S. 23/54; *Chem. Z.* 30 S. 438/9.

SCHNEIDEWIND, MEYER und FRESE, Phosphorsäureversuche mit verschiedenen Bodenarten.[8] *Landw. Jahrb.* 35 S. 927/36.

STUTZER, die Wirkung von WOLTERSphosphat. (Durch Zusammenschmelzen von Rohphosphat mit Sulfat, Kalk, Sand und wenig Kohle hergestellt.) *Versuchsstationen* 65 S. 283/4.

WAGNER, zeitgemäße Erörterungen über die Phosphorsäure-Düngung. *Presse* 33 S. 25/6.

Beeinflussung der Düngewirkung der Knochenmehlphosphorsäure. *Presse* 33 S. 13/4.

VON FEILITZEN, Mineraldünger („Feldspatsand" usw.). *Presse* 33 S. 242/3.

CSERHÁTI, Wirkung der Kalidüngung auf die Gerste. *Z. Zucker* 25 S 676/702.

HOFFMANN, Düngungsversuche mit Kalk. *Cbl. Agrik. Chem.* 35 S. 12 21.

LOEW, Kalkdüngung und Magnesiadüngung. *Landw. Jahrb.* 35 S. 527/40.

MERZ, Düngegips. (V. m. B.) *Tonind.* 30 S. 654/9 F.

WESTHAUSSER und ZIELSTORFF, Einfluß von Kalk- und Magnesiadüngung auf Phosphatdüngung. *Versuchsstationen* 65 S. 441/7.

WHEELER und HARTWELL, Magnesium als Dünger. *Cbl. Agrik. Chem.* 35 S. 90/100.

REMY, deutsche Nitragin- und amerikanische Nitrokulturen als Impfmittel für Hülsenfrüchte. * *Cbl. Bakt.* II, 17 S. 660/73.

5. Pflanzenbau. Cultivation of plants. Culture des plantes. Vgl. Gartenbau, Physiologie 1.

a) Allgemeines. Generalities. Généralités.

EDLER, Erhaltung und Steigerung der Ertragsfähigkeit der Kulturpflanzen. *Fühlings Z.* 55 S. 120/48.

WHEELER, Vergleich zwischen den Ergebnissen von Vegetationsversuchen, die in paraffinierten Drahtgeflechtgefäßen angestellt wurden, und denjenigen von Feldversuchen mit dem gleichen Boden. *Cbl. Agrik. Chem.* 35 S. 439/51.

SCHULZE, KARL, Einwirkung der Bodensterilisation

auf die Entwickelung der Pflanzen.⊠ *Versuchs-stationen* 65 S. 137/47.

DYMOND, HUGHES und JUPE, Einfluß der im Boden vorhandenen Sulphate auf Ertrag und Futterwert der Ernten. *CBl. Agrik. Chem.* 35 S. 594/8.

EBERHART, Versuche über die Keimungsverhält-nisse frischgeernteter Samen. *Fühlings Z.* 55 S. 583/91.

HILTNER und KINZEL, die Ursachen und die Be-seitigung der Keimungshemmungen bei verschie-denen praktisch wichtigeren Samenarten. (Ver-suche mit Koniferensamen.) (A) *Z. Forst* 38 S. 209/11.

LASCHKE, vergleichende Untersuchungen über den Einfluß des Keimbettes, sowie des Lichtes auf die Keimung verschiedener Sämereien. *Versuchs-stationen* 65 S. 295/300.

SCHARF, Keimkraft und Keimungsenergie des Rübensamens. *Presse* 33 S. 423/4.

TOWNSEND und RITTNE, Züchtungsversuche mit einkeimigen Rübensamen. *CBl. Agrik. Chem.* 35 S. 247/8.

KAMBERSKY, Einfluß der Nährsalzimprägnierung auf die Keimung der Samen. *CBl. Agrik. Chem.* 35 S. 461/3.

BRÉAL, traitement cuivrique des semences. *Compt. r.* 142 S. 904/6.

V. CZADEK, der Einfluß der Kupferkalkbrühe auf die Entwicklung der Pflanzen.* *Landw. W.* 32 S. 28.

KÖCK, Bedeutung des Formaldehyds als Pflanzen-schutzmittel, speziell als Beizmittel. *Apoth. Z.* 21 S. 822.

KÖCK, Ergebnisse mit der ISZLEIBschen Nährsalz-imprägnation. (Samenvorbehandlung.) *Z. Zucker.* 25 S. 151/8.

REGULA, Formalin-Weizen-Beize und neuere For-schungen über den Weizenflugbrand. *Landw.W.* 32 S. 91/2.

FALKE, Einfluß der Saatgutbeize auf die Keim-fähigkeit des Getreides in trockenen Jahren (1904). *CBl. Agrik. Chem.* 35 S. 468/71.

Die Wirkung von Nitrit auf Pflanzen.* *Presse* 33 S. 507/8 F.

STROSCHEIN, Karbolineum, ein neues Mittel zur Bekämpfung von Pflanzenerkrankungen parasi-tärer Natur. *Tropenpflanzer* 10 S. 149/55.

Unkrautvertilgung durch Mineraldüngerlösung. *Presse* 33 S. 336/7.

LAUBERT, Ambrosia artemisiaefolia Linné, ein interessantes eingewandertes Unkraut.* *Landw. Jahrb.* 35 S. 735/9.

Der Kampf gegen den amerikanischen Stachelbeer-meltau in Schweden. *Presse* 33 S. 552.

ADERHOLD und RUHLAND, Bakterienbrand der Kirschbäume. *Presse* 33 S. 735/6.

Schädlinge der Kautschukbäume in Kamerun. *Tropenpflanzer, Beihefte* 7 S. 186/8.

Die Krankheiten und Schädlinge des Kakaobaums und ihre Bekämpfung.* *Tropenpflanzer, Bei-hefte* 7 S. 170/86.

Ueber einige Schädlinge sonstiger Kulturpflanzen in Togo. *Tropenpflanzer, Beihefte* 7 S. 215/21.

b) Körnerfrüchte. Corns. Céréales.

ADORJÁN, Lage des Weizenkornes in der Aehre und die Auswahl des Saatgutes. (Der mittlere Teil der Aehre enthält die schwersten und kräftigsten Körner.) *CBl. Agrik. Chem.* 35 S. 173/6.

APPEL, Beurteilung der Sortenreinheit von Square-head-Weizenfeldern.* *Presse* 33 S. 465/6.

EDLER, Veränderlichkeit der Squarehead-Zuchten. *Fühlings Z.* 55 S. 601/6.

KRAMMEL, Walzen des Weizens im Frühjahr. *Landw. W.* 32 S. 122.

SOMMER, Veredlungszüchtungen mit Roggen-Landsorten in Niederösterreich. *Landw. W.* 32 S. 50/1 F.

VAGELER, anatomischer Bau des Sommerroggen-halmes auf Niederungsmoor und seine Aenderung unter dem Einfluß der Düngung. *CBl. Agrik. Chem.* 35 S. 385/7.

Kreuzungsstudien am Roggen. *Presse* 33 S 575/6

TSCHERMAK, die Blüh- und Fruchtbarkeitsverhält-nisse bei Roggen und Gerste und das Auftreten von Mutterkorn. *Fühlings Z.* 55 S. 194/9.

BIFFEN, Vererbung der Sterilität der Gerste. (Kreuzung zweizeiliger und sechszeiliger Gersten.) *CBl. Agrik. Chem.* 35 S. 465/6.

V. ECKENBRECHER, Bericht über die von der Gersten-Kulturstation des Vereins „Versuchs-und Lehranstalt für Brauerei" im Jahre 1905 veranstalteten Gerstenanbauversuche. *Wschr. Brauerei* 23 S. 365/8 F.

WAHL, Rassengerste und deren Kultur in den Ver. Staaten im Hinblick auf die Auswahl und Züchtung geeigneter Braugersten. (V) *Brew. Maltst.* 25 S. 357/61.

WEIN, Ernährung der Gerste mit Kali unter Be-rücksichtigung ihrer Qualität. *Z. Brauw.* 29 S. 26/32 F.

REITMAIR, unter welchen Umständen wirkt eine Kalidüngung proteinvermindernd auf die Brau-gerste? *CBl. Agrik. Chem.* 35 S. 295 9.

WEIN, unter welchen Umständen wirkt eine Kali-düngung proteinvermindernd auf die Braugerste. (Entgegnung gegen REITMAIR.) *Z. Brauw.* 29 S. 60/6.

HAASE, die Braugerste, ihre Kultur, Eigenschaften und Verwertung. (V) *Wschr. Brauerei* 23 S. 35/40.

V. HAUNALTER und HÄUSLER, Kultur der Brau-gerste. *Z. Bierbr.* 34 S. 262/6.

STOKLASA, läßt sich die Qualität der Braugerste durch die Düngung verbessern? *Landw. W.* 32 S. 65/6.

Société d'Encouragement de la Culture des Orges de Brasserie en France. (Rapport de BLARINGHEM) *Ann. Brass.* 9 S. 221/30F.

BÜNGER, Einfluß verschieden hohen Wassergehalts des Bodens in den einzelnen Vegetationsstadien bei verschiedenem Nährstoffreichtum auf die Ent-wicklung der Haferpflanze. ⊠ *Landw. Jahrb.* 35 S. 941/1051.

HASELHOFF, vergleichende Untersuchungen deut-scher und amerikanischer Haferkörner. *Ver-suchsstationen* 65 S. 339/47.

LIENAU und STUTZER, Einfluß der in den unteren Teilen der Halme von Hafer enthaltenen Mineral-stoffe auf die Lagerung der Halme. *Versuchs-stationen* 65 S. 253/63.

V. SEELHORST und KRZYMOWSKI, Einfluß der Bodenkompression auf die Entwicklung des Hafers. *CBl. Agrik. Chem.* 35 S. 147/8.

V. SEELHORST und KRZYMOWSKI, Einfluß, welchen das Wasser in den verschiedenen Vegetations-stadien des Hafers auf sein Wachstum ausübt. *CBl. Agrik. Chem.* 35 S. 168/73.

c) Knollenfrüchte. Bulbous plants. Plantes tuberculifères.

VON ECKENBRECHER, Anbauversuche der Deut-schen Kartoffel-Kultur-Station im Jahre 1905. *Z. Spiritusind.* 29 Ergäns. H. S. 1/45; *Jahrb. Spiritus* 6 S. 325/36.

VON ECKENBRECHER, Beurteilung des Anbauwertes der verschiedenen Kartoffelsorten. *Jahrb. Spiritus* 6 S. 151/4.

MÖLLER, Bericht über die durch F. HEINE zu Kloster Hadmersleben im Jahre 1905 ausgeführten Versuche zur Prüfung des Anbauwertes verschiedener Kartoffelsorten. *Z. Spiritusind.* 29 *Ergänz. H.* S. 47/55.

VAGELER, Einfluß der Vegetationsperiode und der Düngung auf die chemischen Bestandteile der Kartoffelknollen. (Chemische Zusammensetzung der Knollen vom Vegetationsversuche; chemische Zusammensetzung der Knollen des Düngungsversuches.) *Fühlings Z.* 55 S. 556/63.

KRZYMOWSKI, Rauhschaligkeit und Stärkegehalt der Kartoffeln. *CBl. Agrik. Chem.* 35 S. 387/9.

VON MORGENSTERN, Solaningehalt der Speise- und Futterkartoffeln und Einfluß der Bodenkultur auf die Bildung von Solanin in der Kartoffelpflanze. *Versuchsstationen* 65 S. 301/38.

WINTGEN, Solaningehalt der Kartoffeln. *Arch. Pharm.* 244 S. 360/72; *Chem. Z.* 30 S. 572.

ALBERT, Kartoffelkraut als Futtermittel und Beeinflussung der Kartoffelernte durch eine vorzeitige Krautgewinnung. *Fühlings Z.* 55 S. 159/70.

BENARY, Kartoffelbau und Kartoffelmehlfabrikation in den holländischen Veenskolonien. *Z. Spiritusind.* 29 S. 69 F.

Une nouvelle espèce de pomme de terre. (Solanum commersoni.)* *Nat.* 34, 1 S. 219/22.

APPEL, die Bakterien-Ringkrankheit der Kartoffel. *Presse* 33 S. 254.

BRETTSCHNEIDER, die Schwarzbeinigkeit der Kartoffel, ihre Ursachen und ihre Bekämpfung. *Z. Spiritusind.* 29 S. 395.

HENNEBERG, Widerstandsfähigkeit der verschiedenen Kartoffelsorten gegen Fäulnisbakterien. *Z. Spiritusind.* 29 S. 52/3.

WITTMACK, kritischer Bericht über „L. R. JONES, disease resistance of potatoes."* *Z. Spiritusind.* 29 S. 141/2.

Wie schützen wir unsere Kartoffeln vor Fäulnis? *Presse* 33 S. 763.

WOHLTMANN, Tacca pinnatifida, die stärkemehlreichste Knollenfrucht der Erde. *CBl. Agrik. Chem.* 35 S. 353/4.

d) Grasbau. Grass. Prairies.

VENEMA, Keimfähigkeitsdauer bei einzelnen Klee-, Gras- und anderen Samen für die Praxis. *CBl. Agrik. Chem.* 35 S. 733/5.

WEGNER, Anlage von Dauerweiden unter Einschränkung der sogenannten Hungerjahre. *Fühlings Z.* 55 S. 393/401.

FALKE, Bedeutung der Salpeterdüngung auf jungen Wiesen unter besonderer Berücksichtigung des Futterwertes der Heuernte. *CBl. Agrik. Chem.* 35 S. 81/7.

WEBER, C. A., der Fleisch-, Milch- und Futterertrag einiger Dauerweiden. *CBl. Agrik. Chem.* 35 S. 768/73; *Milch-Z.* 35 S. 133/6 F.

STUTZER, Gehalt verschiedener Wiesengräser an Kali und an anderen wichtigen Pflanzennährstoffen. (Untersuchungen.) *Versuchsstationen* 65 S. 264/74.

e) Sonstige Pflanzenarten. Other plants. Autres plantes.

SCHNEIDEWIND, Ergebnis der diesjährigen (1905) Lauchstädter Futterrübenanbauversuche. *CBl. Agrik. Chem.* 35 S. 389/91.

FRÖLICH, Einfluß der Standweite auf die Menge und den Gehalt der Futterrüben-Ernte. *Fühlings Z.* 55 S. 264/9.

WOHLTMANN, Erträge und Haltbarkeit der verbreitetsten deutschen, französischen und englischen Futterrübensorten. *CBl. Agrik. Chem.* 35 S. 109/18.

BRIEM, kann die Rübe in den Mieten an Gewicht zunehmen? *Fühlings Z.* 55 S. 63/6.

GROSZ, Ertragsfähigkeit von Erbsenpflanzen mit ein- und doppelhülsigen Fruchtständen. ⊞ *Z. Zucker.* 25 S. 78/88.

HILTNER, Anbauwert der Seradella, besonders unter dem Einfluß der Impfung. *CBl. Agrik. Chem.* 35 S. 603/5.

MEYER, Anzucht junger Gemüsepflanzen. *Presse* 33 S 222/3.

WALTA, der russische Leinbau und seine Rentabilität. *Fühlings Z.* 55 S. 481/92.

FERLE, Bonitierung russischer Leinsaaten.* *Versuchsstationen* 65 S. 111/36.

ZAITSCHEK, Zusammensetzung und Nährwert des Kürbis. *Landw. Jahrb.* 35 S. 245/58.

GIERSBERG, Düngung der Weidenkulturen und Verwertung der Weidenbastes als Textilfaserstoff.* *Presse* 33 S. 480/2.

V. PUTEANI, Pflanzung der Korbweide. *Landw. W.* 32 S. 42/3.

ENDLICH, die Zacatónwurzel. *Tropenpflanzer* 10 S. 369 82.

KINDT, Agaven in Deutsch-Ostafrika. *Tropenpflanzer* 10 S. 275/94

SCHAFFNIT, Schi- und Illipefrüchte und ihre Produkte *Versuchsstationen* 65 S. 449/55.

STRUNK, zur Oelpalmenkultur. *Tropenpflanzer* 10 S. 637/42.

6. Tierzucht. Zootechnics. Élevage des animaux.

a) Allgemeines. Generalities. Généralités.

SWINNING. Desinfektion und Seuchenvorbeuge. *Molk. Z. Hildesheim* 20 S. 547/8.

GERSTL, OWENs Verbesserung der Anschirrung bei Deichseln mit Brustholz. *Landw. W.* 32 S. 163.

b) Fütterung. Feeding. Alimentation. Vgl. Futtermittel.

QUILLARD, alimentation rationelle des animaux considérée au point de vue de l'alimentation hygiénique de l'homme. *Bull sucr.* 24 S. 745/7.

MALPEAUX, le sucre dans l'alimentation du bétail. *Sucr. belge* 35 S. 106/12 F.

GERLACH, Futterrationen. (Vergleichende Fütterungsversuche.) *CBl. Agrik. Chem.* 35 S. 123/7.

HEDDE, Fütterungsversuch mit Zigger (Molkeneiweiß). *Molk. Z. Hildesheim* 20 S. 1019/21.

KELLNER, KÖHLER, ZIELSTORFF und BARNSTEIN, vergleichende Versuche über die Verdauung von Wiesenheu und Haferstroh durch Rind und Schaf. *CBl. Agrik. Chem.* 35 S. 342/5.

KUHNERT, Fütterungsversuche mit Palmkernschrot. *Milch-Z.* 35 S. 218/20 F; *CBl. Agrik. Chem.* 35 S. 258/61.

MACH, Melassefütterung.* *Presse* 33 S. 389/90.

VAN DER ZANDE, vergleichender Fütterungsversuch mit Leimkuchen, amerikanischem Leinmehl, Glutenmehl und Melassekuchen. *CBl. Agrik. Chem.* 35 S. 617/8.

Fütterungsversuche mit Blutmelasse. *Presse* 33 S. 523.

Fütterungsversuche mit getrockneten Zuckerrübenblättern, Zuckerschnitzeln und Kartoffelflocken. *Presse* 33 S. 453/4.

Fütterung von überschwemmtem oder beregnetem Heu. *Presse* 33 S. 523.

GUARDUCCI, dell' alimentazione del cavallo d' artiglieria. (Razione giornaliera; esperienze di fieno, avena, mais, faverella.) *Riv. art.* 1906, 3 S. 243/50.

HOFFMANN, M., über Futterkalk und seinen Futterwert. *Molk. Z. Hildesheim* 20 S. 460/2.

BURR, Kochsalz in der Fütterung des Rindviehs. *Molk. Z. Hildesheim* 20 S. 1401/2.

ARMSBY, Methoden der Fütterung junger Ochsen. *CBl. Agrik. Chem.* 35 S. 203/7.

FINGERLING, Einfluß fettreicher und fettarmer Kraftfuttermittel auf die Milchsekretion bei verschiedenem Grundfutter. *Versuchsstationen* 64 S. 299/411.

HANSEN, Maizena als Futter für Milchkühe. *CBl. Agrik. Chem.* 35 S. 395/400.

HANSEN, HOFMANN, HERWEG und HÖMBERG, Fütterungsversuche mit Milchkühen. *Landw. Jahrb.* 35 S. 126/58; *Presse* 33 S. 214/5 F.

HOLDEFLEISZ, Fütterung in Milchkuranstalten *Molk. Z. Hildesheim* 20 S. 163.

KELLNER, die rationelle Fütterung des Milchviehes beim Abmelkverfahren und bei der Zucht. *Molk. Z. Berlin* 16 S. 1/3.

MOSER, PETER und KÄPPELI, Einfluß der Sesamfütterung auf den Milchertrag, die Qualität von Milch, Butter und Emmentaler Käse. *CBl. Agrik Chem.* 35 S. 691/3; *Apoth. Z.* 21 S. 390.

RICHTER, Fütterung des Milchviehes nach Leistung. *Milch-Z.* 35 S. 64

LIPSCHITZ, Einfluß der Hauptpflege des Milchviehs sowie Einwirkung einiger Mineralstoffbeigaben zum Kraftfutter auf Milchergiebigkeit und Beschaffenheit der Milch. *CBl. Agrik. Chem.* 35 S. 545/9; *Presse* 33 S. 337/8.

Die wirtschaftliche Bedeutung individueller Fütterung der Milchkühe. *Presse* 33 S. 357/9.

Die Fütterung der Kälber. (Nach den KELLNERschen Grundlagen zusammengestellt von POPP.) *Molk. Z. Hildesheim* 20 S. 25/6.

KRONACHER, Wert des Leinsamenmehles in der Kälberaufzucht. *Milch-Z.* 35 S. 376; *Molk. Z. Hildesheim* 20 S 813/4.

DUNSTAN, Lebertran statt Butterfetts zur Kälberaufzucht. *Molk. Z. Berlin* 16 S. 344.

Verzuckerte Stärke als Ersatz der Vollmilch bei der Kälberaufzucht. *Molk. Z. Hildesheim* 20 S. 1297/8.

BERBERICH, Fütterungsversuche von Magermilch und Fett an Kälber und Ferkel. *CBl. Agrik. Chem.* 35 S. 404/5.

DANNAT, vergleichender Fütterungsversuch mit Reisfuttermehl und Roggenschrot an Mastschweine. *Presse* 33 S. 87/8.

FALLER, Wirkung eines Futters mit engem und weitem Nährstoffverhältnis auf das Wachstum junger Schweine. *CBl. Agrik. Chem.* 35 S. 699/700.

ROSENFELD, Fütterungsversuche mit getrockneten Kartoffeln bei Schweinen. *CBl. Agrik. Chem.* 35 S. 52/3.

VON SOXHLET, Molken als Schweinefutter und zur Milchzucker-Gewinnung. (V) *Molk. Z. Berlin* 16 S. 293.

Fütterungsversuch mit Kokosöl-Emulsion in Magermilch bei Ferkeln. *Milch-Z.* 35 S. 373/4.

Schweinefütterungsversuche mit Trocken-Kartoffelpülpe, Erdnußmehl und Fischfuttermehl. *Presse* 33 S. 602/3.

Einfluß des Lebertrans auf die Qualität des Schweinefettes. *Apoth. Z.* 21 S. 1087.

KELLNER und LEPOUTRE, Fütterungsversuche mit Schafen. (Verdaulichkeit eines fettreichen Reisfuttermehles.) *Versuchsstationen* 65 S. 463/5.

V. ESCHWEGE, die Wildäsung im Walde. (Sommeräsung; Winteräsung.) (V) *Z. Forst.* 38 S. 264/5.

c) Stalleinrichtungen. Stables. Écuries. Vgl. Hochbau 6m.

BECKER, Bauten auf dem Hauptgestüt Trakehnen. (Baulichkeiten für räumliche Unterbringung und Bewegung von Pferden.) ▣ *Z. Bauw.* 56 Sp. 377/98 F.

KAUFMANN, Rindviehställe. (Einrichtung bei einem kleineren Betriebe.) *Milch-Z.* 35 S. 15/6.

Der hygienische Musterkuhstall der Firma HÜTTENRAUCH-Apolda auf der Ausstellung für Säuglingspflege in Berlin.* *Milch-Z.* 35 S. 567/9.

Der Schweinestall. (Buchtenabschlußgitter, Trogabschluß, Ferkeltrog, Zinkdunstrohr; Stallgebäude für Zucht- und Mastschweine.) *Z. Baugew.* 50 S. 51/3 F.

BERCHTOLD, Kupplungsvorrichtung nach Art eines Karabinerhakens. (Ermöglicht rasches Loskuppeln der Tiere in den Stallungen [D. R. P. 172 011].)* *Krieg. Z.* 9 S. 409/10.

Der Entkuppelungsapparat „Viehretter".* *Presse* 33 S. 79.

Paved feeding lots for cattle. (Brick pavement.) *Cem. Eng. News* 17 S. 239.

d) Pferdezucht. Horse breeding. Élevage des chevaux.

VON NATHUSIUS, Maultierzucht für unsere deutschen Verhältnisse.* *Presse* 33 S. 359/60.

e) Rindviehzucht. Cattle breeding. Élevage des bêtes bovines.

KAUFMANN, Verwendung der jungen Milchkühe zur Aufzucht. *Milch-Z.* 35 S. 75/6.

ARENDS, Milchhygiene. Ernährung, Haltung und Züchtung des Milchviehes.* *Viertelj. Schr. Ges.* 38 S. 734/83.

SCHULTZ, E., Untersuchungen über die Beziehungen der Blutbeschaffenheit (Erythrocyten, Hämoglobin) zu der Leistungsfähigkeit von Milchkühen. *Fühlings Z.* 55 S. 272/86.

PIROCCHI, Saugapparat für Kälber. (Nach ZAPPA.)* *Milch Z.* 35 S. 111/2.

Grundsätze für die Aufzucht des Kalbes. *Milch-Z.* 35 S. 303/5.

RAEBIGER, Bekämpfung der infektiösen Kälber-Ruhr durch die Serum-Impfung. *Molk. Z. Berlin* 16 S. 42.

f) Schafzucht. Sheep breeding. Élevage des moutons.

WALTA, die Zucht der Karakulschafe in Rußland. *Fühlings Z.* 55 S. 606/12.

g) Schweinezucht. Pig breeding. Élevage des porcs.

KIRSTEIN, Aufzucht von Ferkeln.* *Milch-Z.* 35 S. 86/8.

KOSKE, Schweinepest. (Eigenschaften des Bacillus suipestifer.) *Arb. Ges.* 24 S. 305/45.

CITRON, Immunisierung gegen die Bakterien der Hogcholera (Schweinepest) mit Hilfe von Bakterienextrakten. (Ein Beitrag zur Aggressinfrage.) *Z. Hyg.* 53 S. 515/21.

WEIL, Agressinimmunisierung von Schweinen gegen Schweineseuche. *CBl. Bakt.* I, 41 S. 121/5.

WASSERMANN, zur Diskussion, betreffend den Stand und die Bekämpfung der Schweineseuche, in der Hauptversammlung der D. L. G. *Presse* 33 S. 175.

h) Geflügelzucht. Poultry breeding. Élevage des volailles.

GRIMM, Fortschritte in der Geflügelzucht und Eierverwertung.* *Landw. W.* 32 S. 238.

DÜRIGEN, von der Berl n-Schöneberger (XX.) Wanderausstellung der Deutschen Landwirtschafts-Gesellschaft. (Bericht über die Abteilung Geflügel.)* *Presse* 33 S. 558/9.

Poultry house.* *Am. Miller* 34 S. 311.

TOPP, mustergültiger bäuerlicher Geflügelhof in Westfalen.* *Presse* 33 S. 493/5.

Die Schlafkrankheit der Hühner. (Durch einen Kapselstreptokokkus [Streptococcus capsulatus

gallinarum] hervorgerufene Hühnerseuche.) *Presse* 33 S. 6.

SAUBRMANN, die elektrische Brutmaschine und der elektrische Aufzucht-Apparat. * *Zentral-Z.* 27 S. 62/4 F.

Incubators and accessories. (HEARSON's „champion" incubator; PARKER's „automoto" chicken coop.) (a) ⊞ *Agr. chron.* 6 S. 277/80

BOYER, the fattening of fowls in France.* *Sc. Am. Suppl.* 61 S. 25101/3.

MÜLLERs milbensicherer Hühner-itzstangenhalter und Nestträger. * *Landw. W.* 32 S. 114/5.

SCHNEIDER, landwirtschaftliche Entenzucht. ⊞ *Presse* 33 S. 283/4.

SOKOLOWSKY, die Möglichkeit einer Straußenfarm in unserem Klima.* *Presse* 33 S. 221.

Praktische Verwertung der sich im Haushalte ergebenden Knochen. (Beifuttermittel für Hühner.) *Erfind.* 33 S. 231.

7. Einrichtungen, Maschinen und Geräte. Installations, machines and implements for working. Installations, machines et instruments aratoires.

a) Allgemeines. Generalities. Généralités.

Fortschritte der französischen Industrie im Bau von landwirtschaftlichen Maschinen und Geräten. (Transportgeräte: Zweirädriger Kippkarren von MAREY, Kühlwagen zum Transport von frischen Blumen, Früchten, Weinen und anderen Lebensmitteln.)* *Uhlands T. R.* 1906, 4 S. 72.

Agricultural machinery in Paris. ⊞ *Agr. chron.* 6 S. 134/7.

Concours général agricole de 1906. (Machines pour la préparation des terres; machines d'entretien; machines de récolte; machines pour la préparation des récoltes). (a) ⊞ *Gén. civ.* 49 S. 7/9 F.

VORM. EPPLE & BUXBAUM, neuere landwirtschaftliche Maschinen. (Reihen-Säemaschine; Getreide-Bindemähmaschine; Grasmähmaschine, Dreschmaschine, Gerstenentgranner.)* *Uhlands T. R.* 1906, 4 S. 78/80 F.

WROBEL, eine neue Einrichtung an Steuervorrichtungen für Maschinen zur Reihenkultur von SCHIMPFF.* *Fühlings Z.* 55 S. 773/4.

b) Pflüge. Ploughs. Charrues.

CHEVALLIER, les charrues d'Asie. (a) ⊞ *Mém. S. ing. civ.* 1906, 1 S. 458/84.

BOGHOS PASCHA NUBAR, der ägyptische Dampfpflug. (Maschine, bei der die Erde durch mit Messern besetzte Räder bearbeitet wird, die sich senkrecht zur Vorwärtsbewegungsrichtung des ganzen Apparates drehen und eine hackende Wirkung ausüben.)* *Schw. Baus.* 48 S. 303/6.

ALBERT, Antibalancepflug von VENTZKI in Graudenz.* *Jahrb. Landw. G.* 21 S. 311/4.

BIPPARTscher Zweischarpflug mit Grubberscharen.* *Presse* 33 S. 79.

BIPPARTs spitzes Untergrundschar für steinigen Boden. *Presse* 33 S. 187/8.

BIPPART, Zweischarpflug mit Untergrundschar an beweglichem Grindel.* *Presse* 33 S. 490.

Kombinierter BIPPART-Untergrundpflug.* *Landw. W.* 32 S. 202.

Der BRUTSCHKEsche und der FISCHER-ENGELSsche elektrische Pflug.* *Presse* 33 S. 585/6.

IRBLAND's motor cultivator design.* *Horseless age* 18 S. 372.

Implement for plowing or cultivating around trees.* *Sc. Am.* 95 S. 196.

Brabanter Pflugkarren. (Ersatz der Schraubenspindel des Stellzeuges durch Zahnstange und Rad.)* *Uhlands T. R.* 1906, 4 S. 55/6.

c) Eggen, Skarifikatoren, Extirpatoren. Harrows, scarificators, extirpators. Herses, scarificateurs, extirpateurs.

Ackereggen der Münchener Eggenfabrik FISCHER & STEFFAN in München-Pasing. *Landw. W.* 32 S. 262.

GERSTL, Pulverisieregge „Paralyzer". *Landw. W.* 32 S. 19.

PUCHNER, Sterngliederegge von HASENSTEINER. *Jahrb. Landw. G.* 21 S. 310/1.

d) Sonstige Geräte zur Bodenbearbeitung. Other implements for working the soil. Autres instruments aratoires.

BÜHRING, Waldwundtrommel. (Um den Boden auch an Hängen bei möglichster Ersparnis von Menschenkräften zu bearbeiten. (V) (A) *Z. Forst.* 38 S. 265/7.

KINDT, die BÜTTNERsche Baumrodemaschine.* *Tropenpflanzer* 10 S. 155/65.

WEBERsche Rollhacke. (Zur Bodenlockerung und Bodenmischung bis zu einer Tiefe von 30 cm; Beschwerung durch einen über den Walzen angebrachten Kasten mit Erde, Sand u. dgl.)* *Z. Forst.* 38 S. 543/51.

e) Maschinen zum Düngerstreuen und zur Saatbestellung. Machines for distributing manure and for sowing. Machines à distribution de fumier et à semis.

PUCHNER, Apparate zur Verteilung flüssiger und schlammiger Dungstoffe. (Ergebnisse eines Preisausschreibens.)* *Jahrb. Landw. G.* 21 S. 298/304.

DEHNEs Düngerstreumaschine mit schwingenden Seitenwänden.* *Landw. W.* 32 S. 27.

Semoir à nitrate „DEHNE".* *Bull. d'enc.* 108 S. 320.

FISCHER, GUSTAV, Düngerstreumaschine für Kunstdünger, Patent HOFMEISTER der POMMERSCHEN EISENGIESZEREI UND MASCHINENFABR. A.-G., Stralsund.* *Jahrb. Landw. G.* 21 S. 314/7.

Original VOSZscher Düngerstreuer.* *Presse* 33 S. 610/1.

Wagen zum Ausstreuen von Dünger. (Von CHALIFOUR & CIE., FAUL & FILS, MASSEY-HARRIS, MAURUS DEUTSCH.)* *Uhlands T. R.* 1906, 4 S. 56.

Kartoffelpflanzer und Kunstdüngerstreuer „Silicox".* *Presse* 33 S. 207/8.

SYCAMORE & SON, a new potato planter and artificial manure distributor.* *Agr. chron.* 6 S. 98.

Kombinierte Kartoffelpflanz- und Zudeck-Maschine „Parifa".* *Landw. W.* 32 S. 43.

Semoir DUNCAN. (Essais).* *Bull. d'enc.* 108 S. 330/45.

Spezial-Rübendrills mit schweren Druckrollen von KÜHNE in Moson (Ungarn.)* *Landw. W.* 32 S. 91.

Drillmaschine von SACK. (Mit zwangsläufiger Aussaat ohne Wechsel-Getriebe- oder Säeräder dargestellt mit 17 Reihen und mit Hintersteuer.)* *Landw. W.* 32 S. 123.

f) Erntemaschinen. Machines for harvest. Machines à moisson.

Amerikanische Dreschmaschinen und zugehörige Lokomobilen und Straßenlokomotiven. (Geschichte)* *Uhlands T. R.* 1906, 4 S. 14/5 F.

LESSER, Entwicklung der Dreschmaschine und ihre Anwendung. (V)* *Bayr. Gew. Bl.* 1906 S. 391/3.

ALBARET, Dreschmaschine. (Der Rahmen des Strohschüttlers ist durch einen gußeisernen, sich an den Saugstutzen des Ventilators anschließenden Kasten ersetzt.) *Uhlands T. R.* 1906, 4 S. 64.

BROUHOT ET CIE., Dreschmaschine mit doppelter Reinigung und pneumatischem Elevator.* *Uhlands T. R.* 1906, 4 S. 64.

KLINGER, Dampfdreschmaschine „Wettin". (Einriemenantrieb.)* *Uhlands T. R.* 1906, 4 S. 7/8.

Die Riesen-Dampfdreschmaschine „Marke KK" von H. LANZ, Maschinenfabrik in Mannheim.* *Presse* 33 S. 472/4.

BAMFORD's harvesting machinery.* *Agr. chron.* 6 S. 129/30.

PAUL & VINCENT, the JOHNSTON harvesting machinery.* *Agr. chron.* 6 S. 130/2.

PAUL, der Schneidapparat der Mähmaschinen.* *Presse* 33 S. 458/60

Grasmähmaschine „Deering-Ideal Nr. 10" mit selbsttätiger Messerabstellung.* *Fühlings Z.* 55 S. 743/4.

Mähmaschinen. (Automobile Grasmähmaschine nach System RANSOME's.)* *Uhlands T. R.* 1906, 4 S. 63; *Horseless age* 17 S. 679.

Lawn mowers and rollers. (SHANKS's, RANSOMES's and „Pennsylvania" lawn mowers; lawn mower grinders; STEARN's ball-bearing lawn mower; modern lawn mowers and sweeping machines; „Chain-Tennis", „Runaway" and „Go-Ahead" lawn mowers) (a)⊡ *Agr. chron.* 6 S. 2/92.

SHANKS's motor lawn mowers.* *Agr. chron.* 6 S. 201.

SUPPLEE HARDWARE CO., BARTON lawn trimmer.* *Iron A.* 78 S. 1058.

ORAN's adjustable harrow with seat.* *Iron A.* 78 S. 1206.

PRINGLE, mechanical knot-tying. (Cord-knotter of the self-binding harvester.) (V) (A)* *Pract. Eng.* 34 S. 362/3; *Text. Rec.* 31, 3 S. 119; 6 S. 124/6.

Glattstrohpresse „Badenia" mit Selbstbinde-Apparat, Preßkraft- und Schnur-Sparung. *Landw. W.* 32 S. 245.

KLINGERs Patent-Glattstrohpresse von CLAYTON & SCHUTTLEWORTH LTD. in Wien.* *Landw. W.* 32 S. 211.

LÖHNERT's Glattstrohpresse von HOFHERR & SCHRANTZ in Wien.* *Landw. W.* 32 S 171.

NACHTWEH, Langstrohpresse mit Kurzstrohgebläse von Gebrüder WELGER in Wolfenbüttel.* *Fühlings Z.* 55 S. 598/9.

SCHIEWEKs Schnellspanner für Heu- und Getreidefuder.* *Presse* 33 S 370.

CLAYTON and SHUTTLEWORTH's shaker-box. (Straw-shaking device.)* *Engng.* 81 S. 859.

FIEDLER, Kartoffelausgraber „Parifa" mit Krautentferner. *Landw. W.* 32 S. 237.

LOWRY, machine à cueillir le coton. * *Ind. text.* 22 S. 74/5.

WROBEL, Unkrautsamen-Ausleser und Kornsortierer „Perfekt 1" der KALKER TRIEURFABRIK und Fabrik gelochter Bleche in Kalk bei Köln.* *Fühlings Z.* 55 S. 774/6.

PUCHNER, Samensortiertrommel aus parallelen Stäben von LENZ.* *Jahrb. Landw. G.* 21 S. 318/20.

Schlauchstaubfilter als Ersatz der Staubkammer, System AMME, GIESECKE & KONEGEN in Braunschweig.* *Landw. W.* 32 S. 75.

ß) Sonstige Maschinen und Geräte. Other machines and implements. Autres machines et instruments.

MARTINY, Streustrohschneidemaschine „Standard" von MEYER & SCHWABEDISSEN.* *Fühlings Z.* 55 S. 68/72.

IBRUGGER, Krautungsgeräte.* *Moorkult.* 24 S. 371/6.

KRUGGE, Krautungsgeräte.+ *Kulturtechn.* 9 S. 303/8.

Orig. amerikan. Federzinkenjäter „Adler". *Landw. W.* 32 S. 154.

v. CZADEK, die Tünch- und Desinfektionsmaschine „Fix" zur Bekämpfung von Pflanzenkrankheiten.* *Landw. W.* 32 S. 369.

Lanthan. Lanthanum. Lanthane.

CZAPSKI, Atomgewichte der Elemente. (Atomgewicht des Lanthans.) *Z. anal. Chem.* 45 S. 72/6.

Leder. Leather. Cuir. Vgl. Gerberei.

Chromleder, seine Eigenschaften, seine Verbesserungen und seine Verwendbarkeit in der Technik. *Erfind.* 33 S. 337/40.

EITNER, Leder für Kleiderzwecke. (Herstellung; Beschaffung eines passenden Rohmaterials.) *Gerber* 32 S. 123/5 F.

BUM, Hundeleder. *Gerber* 32 S. 319/20.

EITNER, Bleichen von Sohlleder. *Gerber* 32 S. 49/50.

EITNER, Kalkflecke auf lohgarem Farbenleder. *Gerber* 32 S. 78/9; *Dyer* 26 S. 15.

EITNER, Glacélederfärberei. *Muster-Z.* 55 S. 79/80.

BUM, Lederfärben. *Lehnes Z.* 17 S. 353/4.

CROCKETT, über die praktischen Schwierigkeiten beim Färben von Leder. *Lehnes Z.* 17 S. 93.

LAMB, economy in leather dressing. *J. Soc. dyers* 22 S. 27/9.

EITNER, Tranausharzen aus konfektioniertem Leder. *Gerber* 32 S. 12/3.

Un progrès dans l'industrie du cuir. (Grill-cadre universelle de TOURNEUX formée de cinq réglettes télescopantes munies chacune d'une forte mâchoire destinée à maintenir le cuir.) *Cosmos* 1906, 1 S. 479/80.

Leder, welches die Sattlermeister selbst herstellen können. (Nähriemenleder, weißgares Geschirrleder.) *Erfind.* 33 S. 202/8.

Herstellung von Lederappreturen. *Farben-Z.* 12 S. 103/5.

Melasseverarbeitung in der Stiefelwichse und Schubcrème-Industrie. *CBl. Zuckerind.* 14 S 381.

Selbstanfertigen von Lederschwärze. (R) *Schuhm. Z.* 38 S. 126.

Stiefelwichse. (Herstellungsweise.) *Oel- u. Fett-Z.* 3 S. 163 F.

Wachshaltige Stiefelwichse. *Oel- u. Fett-Z.* 3 S. 223/4.

KRAHNER, das Leder beim Bau des Automobils. *Mot. Wag.* 9 S. 807/10.

HOFMANN, MAX, Leder als Schreibstoff im Altertum. *Papier-Z.* 31, 2 S. 3954 F.

Ledergeruch im Schubladen. (Vertreiben durch Sprengen mit einer Lösung von Terpentinöl und Wasser.) *Schuhm. Z.* 38 S. 77.

SICHLING, die verschiedenen Verfahren zur Herstellung künstlichen Leders. *Chem. Z.* 30 S. 484/6.

SYLVESTRE, cuir artificiel. (Pour la chaussure. Alcool, résine, benjoin, sandaraque, caoutchouc, huile de lin; alcool, mastic, benjoin, gomme nouvelle, caoutchouc, benzine, huile de lin.) (R) *Rev. ind.* 37 S. 366.

Legierungen. Alloys. Alliages. Vgl. Bronze, Zahntechnik und die einzelnen Metalle.

SUGGATE, bearing alloys.* *Eng.* 102 S. 418/9 F.

BUCHANAN, „Babbitt" metal. *Am. Mach.* 29, 2 S. 137/8.

KERN, anti-friction metals having lead and tin bases. *Chem. News* 93 S. 47.

Antifriktionsmetalle. *Met. Arb.* 32 S. 393.

LACROIX, Blei für Walzzwecke. (Mischung aus Blei, Antimon und Natrium.) *Metallurgie* 3 S. 609/10.

„Alzen", eine neue Metallegierung. (Legierung aus 2 Teilen Aluminium und 1 Teil Zink.) *Pharm. Centralh.* 47 S. 904.

MACH, le magnalium. (Mélange d'aluminium et de magnésium.) *Ind. vél.* 25 S. 65/6.

GRUBE, die Legierungen des Magnesiums mit Cadmium, Zink, Wismut und Antimon. ☒ *Z. anorgan. Chem.* 49 S. 72/92.

GUILLET, les laitons spéciaux. (Constitution des laitons spéciaux, contenant des corps étrangers.) *Compt. r.* 142 S. 1047/9.

GUILLET, étude générale des laitons spéciaux. (Laitons ordinaires; laitons à l'aluminium, au manganèse, au fer, à l'étain, au plomb, au silicium, au magnésium, à l'antimoine, au phosphore, au cadmium et laitons complexes.)* *Rev. métallurgie* 3 S. 243/88.

GUILLET, recherches récentes faites sur les alliages industriels. (De différents métaux.) * *Rev. métallurgie* 3 S. 154/79.

DEPONT, brass and bronze for the automobile. *Foundry* 28 S. 227/8.

HUDSON, microstructure of brass. (Microscopic character of copper-zinc alloys containing more than 50 per cent of copper.) * *Chemical Ind.* 25 S. 503/5; *Mech. World* 40 S. 130.

Magnesium in the brass foundry. *Foundry* 28 S. 228/9.

Verwendung von Messing für Gasbähne. (Mischung aus Kupfer, Zink, Blei, Zinn.) *Gieß. Z.* 3 S. 751.

SPERRY, die Wirkung von Arsen auf Messing. *Metallurgie* 3 S. 607.

Eisen-Nickel-Mangan-Kohlenstoff-Legierungen. (Erörterung der Abhandlungen von CARPENTER, HADFIELD und LONGMUIR.)* *Stahl* 26 S. 1054/9 F.

Herstellung von Eisenlegierungen und Mangan im elektrischen Ofen. *Eisenz.* 27 S. 377/F.

WOLOGDINE, les alliages de zinc et de fer. (Préparation des alliages; métallographie; résumé.)* *Rev. métallurgie* 3 S. 701/8.

HEINE, leichtflüssige Legierungen. *Chem. Z.* 30 S. 1139/43.

Weißes Metall für Schreibmaschinenteile. (Legierung aus Kupfer, Nickel, Zink und Aluminium.) *Metallurgie* 3 S. 609.

FRIEDRICH, Blei und Silber.* *Metallurgie* 3 S. 396/406.

BIRMINGHAM, Legierung „Pro-Platinum". (Nickel, Silber, Wismut und Gold.) (Am. Pat.) SIEBERT, Bemerkungen. *Metallurgie* 3 S.803; *J. Goldschm.* 27 S. 371/410.

Magnolia-Metall. (Legierung aus Blei, Antimon, Zinn und Kupfer.) *Metallurgie* 3 S. 607/8.

Antimon-Zinnlegierungen. *Metallurgie* 3 S. 569/70.

Pyrophore Metallegierungen. *J. Gasbel.* 49 S. 308.

Herstellung wolframhaltiger Legierungen. (Mechanische Fließvorgänge; Herstellung von Wolfram-Bleilegierungen.) *Z. Werksm.* 10 S. 430/1.

Sonderbare Eigenschaften von Goldlegierungen. (Mikrometallographie.)* *J. Goldschm.* 27 S.335/6.

Darstellung einer plastischen Metallkomposition. *Erfind.* 33 S. 5/6.

Benedict-Nickel. (Legierung aus Kupfer, Nickel, Eisen und Mangan.) *Metallurgie* 3 S. 608.

YOCKEY, rapid method of Babbitt metal analysis. *J. Am. Chem. Soc.* 28 S. 646/8.

Veränderung und Veredelung der Metallegierungen durch Glühen und Abschrecken. (Versuche.) *Gieß. Z.* 3 S. 461/2.

FRIEDRICH, einiges über das Saigern.* *Metallurgie* 3 S. 13/25.

GIOLITTI, sull' impiego di depositi metallici nell' analisi micrografica delle leghe. *Gaz. chim. it.* 36, 2 S. 142/7.

Repertorium 1906.

Das Mattbad für Messing, Neusilber und andere zinkhaltige Legierungen. *Z. Bürsten.* 25 S. 250.

BUCHANAN, fluxes for alloys. *Mech. World* 40 S. 128/9.

V. RÜDIGER, das KJELLINsche Verfahren für Stahlerzeugung und Herstellung von Metallegierungen aller Art. (Der Ofen stellt einen elektrischen Transformator dar, welcher hochgespannten Wechselstrom in niedrig gespannten umwandelt, wobei infolge elektrischer Induktion der Widerstand, eine einzige kurzgeschlossene Sekundärwindung, nämlich das Metallband in der kreisförmigen Schmelzrinne sich erhitzt und die JOULEsche Wärme bis zu 3000° C zur Wirkung bringt; Betrieb; Betriebskosten.) * *Gieß. Z.* 3 S. 385/8.

MAY, losses in making alloys. *Pract. Eng.* 34 S. 70.

GUERTLER, die elektrische Leitfähigkeit der Legierungen.* *Z. anorgan. Chem.* 51. S. 397/432.

GUILLET, traitement thermique des produits métallurgiques. (L'auteur indique la chaîne absoluement continue qui lie la théorie des solutions à celle des alliages; produits utilisés après traitement convenable. Établissement du diagramme d'équilibre des alliages.) * *Mém. S. ing. civ.* 1906, 2 S. 570/607.

MEYER, OSWALD, die Festigkeits- und Elastizitätseigenschaften, sowie die Biegungsfähigkeit verschiedener Zinklegierungen, nebst Betrachtungen, über deren Veränderlichkeit bei Aetzung und Erhitzung. (Proben bei Normalzustand, bei gebeistem, bei erhitztem Material; Mittelwerte der Koeffizienten aller Zinksorten, Elastizitätsgrenze, Proportionalitätsgrenze, Fließgrenze, Bruchbelastung, Dehnung nach Bruch, Einschnürung, Qualitätskoeffizient, Elastizitätsmodul, Biegungszahl.)* *Baumatk.* 11 S. 261.

RÜBEL, physikalische Eigenschaften von Metalllegierungen, welche auf Basis reiner Atomgewichtsverhältnisse hergestellt sind; bei gewöhnlichen und höheren Temperaturen. (V. m. B.)* *Ann. Gew.* 59 S. 9/16; *Organ* 43 S. 164.

SHEPHERD and UPTON, Zugfestigkeit von Kupfer-Zinnlegierungen.* *Metallurgie* 3 S. 29/35.

DIEGEL, nachträgliches Reißen kalt verdichteter Kupferlegierungen. (Kupferzinn, Kupfer - Aluminium.)* *Verh. V. Gew. Abh.* 1906 S. 177/84.

DE KOWALSKI und HUBER, les spectres des alliages. *Compt. r.* 142 S. 994/6.

PECHEUX, détermination, à l'aide des pyromètres thermo - électriques, des points de fusion des alliages de l'aluminium avec le plomb et le bismuth. *Compt. r.* 143 S. 397/8.

Lehrmittel. Teaching apparatus. Matériel scolaire. Vgl. Instrumente.

CARLIPP, Vorrichtung zur Veranschaulichung der Spannungen in Baukonstruktionsteilen. (Zusammensetzung des Bauteils aus Schraubenfedern und festen Teilen.) * *Bayr. Gew. Bl.* 1906 S. 341/4 F.

Leim. Glue. Colle. Vgl. Kitte und Klebmittel.

LEVENE und BEATTY, Spaltung der Gelatine mittels 25 %iger Schwefelsäure. Analyse der Spaltungsprodukte der Gelatine. *Z. physiol. Chem.* 49 S. 247/61.

LUMIÈRE, the action of alums and aluminium salts on gelatine. *J. of Phot.* 53 S. 573/4.

LUMIÈRE et SEYEWETZ, composition de la gélatine bichromatée insolubilisée spontanément dans l'obscurité. *Bull. Soc. chim.* 3, 35 S. 14/6; *Apoth. Z.* 21 S. 370.

LUMIÈRE et SEYEWETZ, phénomène de l'inso -

52

lubilisation de la gélatine dans le développement et en particulier dans l'emploi des révélateurs à l'acide pyrogallique. *Bull. Soc. chim.* 3, 35 S. 377/81.

LUMIÈRE et SEYEWETZ, insolubilisation de la gélatine par les produits d'oxydation à l'air des corps à fonction phénolique. *Bull. Soc. chim.* 3, 35 S. 600/2.

LUMIÈRE et SEYEWETZ, action des aluns et des sels d'alumine sur la gélatine. *Bull. Soc. chim.* 3, 35. S. 676/81.

LUMIÈRE et SEYEWETZ, insolubilisation de la gélatine par la formaldéhyde. *Bull. Soc. chim.* 3, 35 S. 872/9.

TRAUBE, Zusammensetzung der im Dunkeln spontan unlöslich gewordenen Gelatine. (A) *Phot. Chron.* 1906 S. 122/3.

SADIKOFF, tierische Leimstoffe. Verfahren zur Darstellung der Leimstoffe. *Z. physiol. Chem.* 48 S. 130/9.

Leimfabrikation in den amerikanischen Schlachthäusern. (Rohstoff, Auslaugen mit Säure, Klären, Eindampfen, Schneiden, Ausbeute.) *Chem. Z.* 30 S. 1118/9.

Klären und Bleichen des Leimes. *Farben-Z.* 11 S. 815/6.

SCOTT, Leim und Gelatine. (Leimrohstoffe; Knochenleim, Leimfabrikation.) *Farben-Z.* 12 S. 26/7.

RUMMLER, Tischlerleim und Käse- oder Quarkleim, sowie über praktisches Verfahren beim Leimen an Holzarbeiten. *Baugew. Z.* 38 S. 289/90.

WEICHELT, Kasein-Leim und Klebstoffe. (Für die Buntpapier-, Tapeten- und Karton-Fabrikation; Versuche; Lösungsvorschriften. *Papier-Z.* 31, 1 S. 1405F.

TROTMAN and HACKFORD, conditions affecting the foaming and consistency of glues. (V. m. B.) *Chemical Ind.* 25 S. 104/9.

Hausenblase. (Die Hausenblasensorten des Handels.) *Farben-Z.* 11 S. 1223/4.

BUTTENBERG und STÜBER, Untersuchungen von Gelatine und Leim. *Z. Genuß.* 12 S. 408/9.

ALEXANDER, grading and use of glues and gelatine. (V)* *Chemical Ind.* 25 S. 158/61; *Farben-Z.* 11 S. 1343/4.

TROTMAN & HACKFORD, Schäumungs- und Festigkeitsproben der Leime. *Farben-Z.* 11 S. 971/2F.

WINKELBLECH, Messungen von Gelatiniertemperaturen und Dichten verschiedener Leimlösungen. *Z. ang. Chem.* 19 S. 1260/62; *Farben-Z.* 12 S. 315/6.

Leuchtgas aus Steinkohlen. Lighting coal gas. Gas d'éclairage de houille. Vgl. Beleuchtung, Brennstoffe, Feuerungsanlagen, Gaserzeugung, Kohle und Koks, Oel- und Fettgas.

   1. Allgemeines, Gasanstalten.
   2. Eigenschaften, Karburierung und Prüfung.
   3. Retorten und Zubehör.
   4. Kühlung, Reinigung, Exhaustoren.
   5. Gasbehälter.
   6. Gasdruckregler, Gasmesser.
   7. Leitung.
   8. Nebenprodukte.

1. Allgemeines, Gasanstalten. Generalities, gas works. Généralités, usines à gaz.

MAISSEN, die Gasindustrie auf der Ausstellung von Mailand 1906. *J. Gasbel.* 49 S. 960/2.

Applications de l'électricité dans les usines à gaz.* *Eclair. él.* 49 S. 249/55.

A. E. G., elektrische Anlagen auf Gaswerken.* *Dampfk.* 29 S. 42/4.

BÖHM, aus der Fabrikation des Leuchtgases. (Neuerungen.) (V) *Z. ang. Chem.* 19 S. 1585/7.

GLOVER, über Kohlenvergasung. *Z. Beleucht.* 12 S. 303/5.

Progress in gas manufacture in England and America. *J. Gas. L.* 94 S. 569/70F.

BLOOR, labour-saving appliances in gas-works. (V) *J. Gas. L.* 93 S. 803/4.

MARTIN, proposition to generate gas on a large scale at coal mines and transmit it under pressure for light, heat and power. (V) (A) *Eng. News* 56 S. 357/8.

HERRING, statements showing the manufacturing costs at the Granton gas-works. *J. Gas L.* 96 S. 163/5.

KAESER, periodische Aenderungen des Gasverlustes. (Ursachen.) *J. Gasbel.* 49 S. 54/5, 193/4.

ROBB, instructions to gas distribution employees. (V) *Gas Light* 84 S. 1016/24 F.

HARROP, gas works chemistry. (V. m. B.) *Gas Light* 84 S. 533/8 F.

SCHÄFER, die angebliche Gefährlichkeit des Leuchtgases im Lichte statistischer Tatsachen.* *J. Gasbel.* 49 S. 865/73 F.

Asphyxiation by coal-gas. Its prevention and treatment in gas-works.* *J. Gas L.* 95 S. 323/5.

LIGHBODY, construction of new works. (V)* *J. Gas L.* 95 S. 323/5.

STEUERNAGEL, gemeinsame Gasanstalt für zwei oder mehrere Orte. *J. Gasbel.* 49 S. 249/50.

KNAUT, Gas- und Wasserversorgung der Stadt Stettin.⊠ *J. Gasbel.* 49 S. 489/94.

REICH, Gas- und Wasserwerke des Bades Godesberg. (V) *J. Gasbel.* 49 S. 145/8.

REINBRECHT, das städtische Gaswerk in Göttingen.' *J. Gasbel.* 49 S. 529/32.

SCHÄFER, das städtische Gaswerk in Speyer a. Rh.' *J. Gasbel.* 49 S. 69/71.

SCHÜTTE, das Gaswerk Bremen. (V)⊠ *J. Gasbel.* 49 S. 845/50.

SEEMANN, die städtischen Gasanstalten in Leipzig. (Betriebsverhältnisse.) (V) *J. Gasbel.* 49 S. 936/8.

TASCH, Licht- und Kraftversorgung von Lichtenberg b. Berlin. (Neueinrichtungen der Gasanstalt.) (V) *J. Gasbel.* 49 S. 658/64.

WICHMANN, Gas- und Wasserwerke der Stadt Oldenburg i. Gr.⊠ *J. Gasbel.* 49 S. 209/13.

Die neue städtische Gasanstalt in Tegel bei Berlin. (Galerie für die Bedienung der Teervorlagen, Beschickungsflur; Arbeitsboden hinter den Retorten, Gasbehälter; Reinigerhaus; Koksaufbereitung; Brücke über die Berlinerstraße für Hängebahnzwecke sowie Ueberführung des Hauptbetriebsrohres nach dem Ostgrundstück; Behälterraum, Kohlenkipper.)* *Zbl. Bauv.* 26 S. 205/11F.; *Gén. civ.* 49 S. 122/3.

Errichtung der neuen Gasanstalt 6 in Tegel-Wittenau.* *J. Gasbel.* 49 S. 353/9 F.

The new works of the Edinburgh and Leith gas commissioners. (Buildings and plant; ammonia products works, showing ammonia stills, heaters, and acid saturators.)* *J. Gas L.* 96 S. 155/62.

The Withernsea new gas-works.* *J. Gas L.* 94 S. 170/1.

The old and new works of the Coventry Corporation gas department.* *J. Gas L.* 94 S. 363/5.

Tavistock and its new gas-works.* *J. Gas L.* 94 S. 435/7.

The new gas-works of the Kirkby-in-Ashfield Urban District council.* *J. Gas L.* 94 S. 441/3.

Longwood and its gas undertaking.* *J. Gas L.* 94 S. 583/4.

The Salford gas-works.* *J. Gas L.* 96 S. 595/601.

ANDREWS, the Swansea gas-works. (Shot-pouch chargers for the inclined retorts; undrawing stage and hot-coke conveyor.)* *J. Gas L.* 95 S. 700/1.

FOWLER, gas works of the Charlestown Gas and

Electric Co. as remodelled in 1905 and 1906.
(V)* *Gas Light* 84 S. 444/8 F.

The Astoria gas-works of the Consolidated Gas
Co. of New York.* *J. Gas L.* 93 S. 93 F.

New works of the Milwaukee Gas Light Co. (Condensers, washers and scrubbers; purifiers; meters
and gas pumping plant; gas - holders; power
plant; laboratory; high-pressure gas distribution
system; charging and drawing machines for the
retort house.)* *Eng. News* 55 S. 25/30.

2. Eigenschaften, Karburierung und Prüfung. Qualities, carburetting and testing. Qualités, carburage et dosage. Vgl. Chemie, analytische 4.

ALLEN, high versus low grade gas. (V) *J. Gas
L.* 96 S. 601/3.

HERRING, illuminating power and lighting efficiency.
(Of gas yielded by different coals.) (V. m. B.)
J. Gas L. 95 S. 316/20.

JONES, effect of high-pressure on lighting gas.
(V) *J. Gas L.* 96 S. 448; *Gas Light* 85
S. 1152/4.

PAYET, influence of gasholders on quality of gas.
(V) *J. Gas L.* 95 S. 33/5; *J. Gasbel.* 49
S. 1056.

DICKE, Abnehmen der Lichtstärken bei Verwendung von Naphtalinwäschern. (V) *J. Gasbel.*
49 S. 495/7.

GARTLEY, delivery of uniform candle power to
the consumer through all seasons of the year.
(V)* *Gas Light* 85 S. 1112/6 F.; *J. Gas L.* 96
S. 449/51.

KORBERT und WOLFFRAM, Einfluß der Zumischung
von nicht leuchtendem Wassergas zum Kohlengas bei der Verbrennung im Glühlichtbrenner.
J. Gasbel. 49 S. 580/1.

STEGER, KRAMERS and AARTS water-gas plant
and its use in gas-works. (V)* *J. Gas L.* 95
S. 772/4 F.

HÄUSSER, Untersuchungen explosibler Leuchtgas-Luftgemische.* *Z. V. dt. Ing.* 50 S. 240/6.

HOPKINSON, explosion de mélanges de gaz
d'éclairage et d'air. (Propagation de la flamme
en un mélange de gaz d'éclairage et d'air contenu dans un récipient fermé et allumé en un
point par une étincelle électrique.)* *Bull.
d'enc.* 108 S. 564/7.

GAIR, original method of estimating naphthaline
in coal gas. *Gas Light* 84 S. 11/2.

HAHN, neue ORSAT-Apparate für die technische
Gasanalyse.* *Z. V. dt. Ing.* 50 S. 212/5.

BENDEMANN, neue ORSAT-Apparate für die technische Gasanalyse. (Ergänzung zum Aufsatz von
HAHN.) *Z. V. dt. Ing.* 50 S. 454.

HARDING, description of improved apparatus and
of a modification of DREHSCHMIDTs method for
the determination of total sulphur in coal gas. *
J. Am. Chem. Soc. 28 S. 537/41.

JENKINS, determination of total sulphur in illuminating gas.* *J. Am. Chem. Soc.* 28 S. 542/4.

MORTON, technical determination of benzene in
illuminating gas. (The concentrated sulphure
acid method.) *J. Am. Chem. Soc.* 28 S. 1728/34.

3. Retorten und Zubehör. Retorts and accessory. Cornues et accessoire.

BARNUM, thermic considerations of a retort furnace.
(V. m. B.) *Gas Light* 84 S. 575/8; *J. Gas L.*
94 S. 239/40.

SCHREIBER, der heutige Stand der Gastechnik im
Hinblick auf die Destillationskokerei. *J. Gasbel.*
49 S. 925/9.

HOLGATE, relative value of radiated and conducted heat in carbonization. *J. Gas L.* 95
S. 234.

HARTMAN, carbonization. (Thermo-chemical changes
which the coal and the gas undergo in the
retort.) (V. m. B.) *Gas Light* 85 S. 52/4.

HARTMAN, the factors that influence carbonization
results. *J. Gas L.* 95 S. 170/2.

GLOVER, the retorting or carbonization of coal.
(Merits and demerits of the present system of
carbonizing.) (V)* *J. Gas L.* 94 S. 873/8.

BREDEL, firing of retort benches by battery producers. (V. m. B.) *Gas Light* 85 S. 54/5F.

HERMANSEN, rationelle Regeneration von Retortenöfen.* *J. Gasbel.* 49 S. 1133/6.

PFLÜCKE, Neuerungen an Retortenöfen. *J.Gasbel.*
49 S. 497/9.

ZOLLIKOFER, Ofenanlage und Fernversorgung des
neuen Gaswerks von St. Gallen. (6 Oefen mit
54 Retorten zu 6 m Länge.) (V)* *J. Gasbel.*
49 S. 3/8 F.

The HUGHES gas producer. * *Eng. min.* 82 S. 1061.

BELL, improved method of operation with vertical
retorts.* *J. Gas L.* 95 S. 373/4.

BUEB, der Dessauer Vertikalofen. (V. m. B.) *J.
Gasbel.* 49 S. 955/60; *Z. V. dt. Ing.* 50
S. 198.202.

BUEB, die Dessauer Vertikal-Retortenöfen. (V. m.
B.)* *J. Gasbel.* 49 S. 553/9, 721/7; *J. Gas L.*
95 S. 23/6.

DEUTSCHE CONTINENTAL - GAS - GESELLSCHAFT,
die Dessauer Vertikalretorte.* *Z. Beleucht.* 12
S. 113/4.

Der Dessauer Vertikal - Retortenofen. *J. Gasbel.*
49 S. 1/3.

BROCKWAY, Versuchsergebnisse mit dem Vertikal-Retortenofen von SETTLE-PADFIELD. (V) *J.
Gasbel.* 49 S. 1053/4.

KÖRTING, the vertical retort from a practical point
of view. (V. m. B) *J. Gas L.* 94 S. 878/86;
Gas Light 85 S. 55/7; *Z. Beleucht.* 12 S. 396/8.

KÖRTING, vertical retort settings. (The WOODALL-DUCKHAM retort; the BUEB retort.) (V. m. B.)
J. Gas L. 94 S. 97/100; *J. Gasbel.* 49 S. 325/31.

WOODALL-DUCKHAM vertical retorts. (The bottom
of the retort is closed by a water-seal. The
rate at which the coal to be carbonized is fed
into the top of the retort is governed by the
rate at which the coke is thus taken away by
the conveyor.)* *J. Gas L.* 93 S. 789.

HERRING, vertical retorts for the production of
illuminating gas. (Working costs and ammonia
recovery.) *J. Gas L.* 93 S. 157/60, 216/7; *Gas
Light* 84 S. 222/5.

The PARKER vertical retort. (Central tube for
taking off the gas generated.)* *Gas Light* 84
S. 671; *J. Gas L.* 94 S. 294/302.

Gas making in vertical retorts.* *Eng.* 101 S. 383.

YOUNG & GLOVER's vertical retort. (The patent
specification.)* *J. Gas L.* 96 S. 305/7.

Illustration of the vertical retort-setting of YOUNG
& GLOVER.* *J. Gas L.* 94 S. 758

YOUNG, vertical retorts for the production of
illuminating gas.* *J. Gas L.* 93 S. 560/4, 714/5F.

Der Mariendorfer Ofen mit 5 m lange senkrechten
Retorten im Dezember 1905. *J. Gasbel.* 49
S. 259/60.

The vertical gas-retort. *Engng.* 82 S. 292/3.

LAURAIN, arrangement of horizontal retort-houses
with coal and coke conveying plant. (V)* *J.
Gas L.* 95 S. 38/40.

OPPERMANN, eine neue Form der alten Gaserzeugungsofens mit wagerechten Retorten.
(Retorten mit einem schmalen, eiförmigen
Querschnitt, dessen größere Achse vertikal gestellt ist.)* *J. Gasbel.* 49 S. 584/6; *J. Gas L.*
95 S. 172.

CROLL's retort-setting. (Patent taken out in 1857; the retort inclines alternately in one and then in another direction.) * *J. Gas L.* 94 S. 921.

LOVE, experiments with vertical and inclined retorts. (V. m. B.) * *J. Gas L.* 96 S. 530/4.

Inclined gas retorts of the DRORY type. (Used in the retort house of the Springfield Gas Light Co.; 20' long retorts inclined 33° in each bench.) *Eng. Rec.* 53 S. 483.

Comparison of horizontal, inclined and vertical retorts. *J. Gas L.* 95 S. 768/71.

JERRATSCH, Teilung der Retorte. (Einbau eines Retortenvorsatzmuffensteins.) (V) *J. Gasbel.* 49 S. 664/5, 1003/4, 1137/8.

JERRATSCH, Schamotte-Retorte für Gasretorten-öfen.* *Z. Chem. Apparat.* 1 S. 581/2.

JERRATSCH, a new way of building gas retorts. (Retorts are made in three pieces; an independent mouthpiece, seat or bottom of the retort, and the body or retort shaft itself.) * *Gas Light* 85 S. 454/5.

Gas-retort ascension-pipe-cleaning machine, constructed by ARROL & CO.* *Engng.* 81 S. 415/6.

ALLEN, FIDDES - ALDRIDGE stoking machine at Wavertree Works, Liverpool. (V. m. B.) * *J. Gas L.* 94 S. 900/11.

FIDDES-ALDRIDGE, discharging and charging of gas retorts at one stroke. The FIDDES-ALDRIDGE machine at Liverpool.* *Gas Light* 84 S. 315/20; *J. Gas L.* 93 S. 274/9.

HERZOG, elektrisch betriebener Füll- und Entleerungsapparat für horizontale Retorten in Gaswerken.* *Elektr. B.* 4 S. 193/5.

KÖRTING, LUBSZYNSKI, TASCH, EITLE, Erfahrungen mit maschineller Retortenbedienung. (V) *J. Gasbel.* 49 S. 697/706.

LUDBROOKE's gas-retort discharger at use at Stepney.* *J. Gas L.* 94 S. 866.

SHELTON, labour-saving machinery for medium-sized retort-houses. (Charging, discharging apparatus.) (V. m. B.) * *J. Gas L.* 95 S. 510/2; *Gas Light* 85 R. 229/32.

SMITH, A. H., DE BROUWER plant at Darwen gas works.* *J. Gas L.* 94 S. 780.

The „de BROUWER" projector and discharging ram.* *J. Gas L.* 93 S. 415/7.

Charging and discharging machinery at the Longwood gas-works.* *J. Gas L.* 94 S. 162/3.

Stoking machinery in the new gas-works at Falkirk. (Erected by DEMPSTER & SONS.) * *J. Gas L.* 93 S. 356/7.

NAPIER, DE BROUWER stoking machinery at Alloa. (V) *J. Gas L.* 95 S. 306/8.

CABRIER, automatically charging horizontal gas-retorts. (Placing at a fixed height hoppers containing a retortcharge. From these the vertical stream of coal falls on to a sheet-iron surface, which at first is inclined and then curved, forming a kind of large scoop.) * *J. Gas L.* 94 S. 926.

WEST's rotary projector and ram - discharging machine at Bristol.* *J. Gas L.* 93 S. 638/9.

WILSON, working of retort-house governors. (V. m. B.) * *J. Gas L.* 94 S. 37/40; *Gas Light* 84 S. 714/6.

Wirtschaftliche und hygienische Vorteile der MORGAN-Gasgeneratoren. (Beim Aufgeben der Kohle können Gase nicht entweichen, die Arbeiter werden beim Abschlacken weder durch strahlende Hitze, noch durch Staub und schädliche Gase gefährdet.) * *Z. Gew. Hyg.* 13 S. 165.

Opening and closing vertical retorts. (The Dessau patent arrangement.) * *J. Gas L.* 93 S. 729.

4. Kühlung, Reinigung, Exhaustoren. Cooling, purifying, exhausters. Condensation, épuration, extracteurs.

COCKERILL CO., gas purification plants. (V) (A) * *Pract. Eng.* 34 S. 270/1 F.

TWAITE gas cleaning plant. * *Pract. Eng.* 34 S. 233.

KENDRICK, purifier grids. (V. m. B.) *J. Gas L.* 93 S. 575/8.

JÄGER purifier grids.* *J. Gas L.* 95 S. 31/2; *Rev. ind.* 37 S. 315/6.

GREEN, modification of GREEN's rubber-jointed purifier arrangement.* *J. Gas L.* 96 S. 744.

JONES, Gasreiniger mit Dampfbetrieb.* *Uhlands T. R.* 1906, 2 S. 68.

CHAPHAM, purifier covers and rapid fasteners.* *J. Gas L.* 93 S. 655/6.

MILBOURNE, rapid-purifier-cover fasteners.* *J. Gas L.* 93 S. 224/5.

QUINN, removal of naphthalene. (By ammonia oil.) (V) *J. Gas L.* 94 S. 241.

WHITE and BARNES, removal of naphthalene from coal gas. (V) * *J. Gas L.* 96 S. 181/3 F.; *Gas Light* 85 S. 579/85.

YOUNG, removal of naphthalene from coal gas. *J. Gas L.* 93 S. 98/100.

A „trap" for naphthalene.* *J. Gas L.* 93 S. 359/60.

Flushing apparatus for hydraulic mains of coal gas benches. (Circulating system sending tar and liquor from hydraulic main flow into the liquor tank.) * *Gas Light* 85 S. 809.

OTT, Gasreinigung mit Ammoniak. (Entfernung der schwefligen Säure durch konzentriertes Ammoniakwasser, Einführung der Waschflüssigkeit unter recht starkem Druck, wodurch das Ammoniak sehr fein verteilt und eine innige Berührung mit dem Leuchtgas erreicht wird.) * *Z. Beleucht.* 12 S. 18/9.

SAMTLEBEN, Cyangehalt des Steinkohlengases. (Entfernung des Cyans aus dem Gase; Verlauf der Cyanbildung während der Destillation. *J. Gasbel.* 49 S. 205/9.

RICHARDS, corncobs as a substitute for shavings in oxide purifying material. (V. m. B.) *Gas Light* 84 S. 492/4 F.

Usine de Sampierdarena. (Installation d'un propulseur.) ▣ *Constr. gaz.* 43 pl. 14.

5. Gasbehälter. Gas-holders. Gazomètres.

MÜLLENHOFF, some features of modern European gas holder design.* *Eng. News* 55 S. 240.

KREKEL, Bau von großen Gasbehältern in Nordamerika.* *J. Gasbel.* 49 S. 257/9.

Gasbehälter von 150000 cbm Inhalt. (Gaswerk Mariendorf-Berlin.)* *Prom.* 17 S. 353/5.

A large concrete gas holder tank. (5,000,000 cu.' gas holder of the Central Union Gas Co., New York City, diameter of 189' and depth of 41½' monolithic cylindrical exterior concrete wall.) * *Eng. Rec.* 53 S. 262/4.

Reinforced concrete gas-holder tank for the Key City Gas Co., Dubuque, Ja. (Floor construction; mortise-and-tenon joints to insure watertightness and to give a continuous beam action; scaffold frame for inside wall-forms, and pilaster mould; forms for inner face of walls.) * *Eng. News* 56 S. 134/5.

NELSON, comparisons in gasholder design and notes on preservation of structural steelwork. (V. m. B.) * *J. Gas L.* 94 S. 304/8.

GADD, gasholder guidance.* *J. Gas L.* 93 S. 344.

DESPIERRE, bracing up a gasholder tank.* *J. Gas L.* 94 S. 924/5.

HARTMANN, Abdichtungsmethode für undicht ge-

wordene Gasbehälter-Bassins. *J. Gasbel.* 49
S. 38; *Erfind.* 33 S. 544/5.
KELLER, Abdichtung eines Gasbehälter-Bassins. *
J. Gasbel. 49 S. 143/5.
NEBENDAHL, Abdichtung gerissener Gasbehälter-
bassins. *J. Gasbel.* 49 S. 873.

**6. Gasdruckregler, Gasmesser.   Gas-regulators
and meters.   Régulateurs et compteurs de
gaz.** Vgl. Regler 5.

Gasdruckregler der AKTIEBOLAGET GASACCUMU-
LATOR. (Ein Kanal ist eingeschaltet, welcher
mit einer Einschnürung und von dieser aus mit in
der Richtung des Gasstromes sich erweiterndem
Querschnitte versehen ist.) * *Z. Beleucht.* 12
S. 54.
HERRMANN, elektrische Ferndruckregelung System
LEDIG.* *El. Anz.* 23 S. 331/3 F.
Sicherheitsregler von SCHNORRENBERG. (Oeffnet
selbsttätig den vollen Durchgangsquerschnitt, so
daß weder in der Gaserzeugungsleitung ein
Ueberdruck, noch in der Gasabgabeleitung ein
zu geringer Druck eintreten kann.) * *J. Gasbel.*
49 S. 18/9.
Druckregler neueren Systems. * *J. Gasbel.* 49
S. 319/20.
Gasbohrdruckregler. („Bamag".) * *J. Gasbel.* 49
S. 1076/7.
HOLMES, volume and pressure recording gauge.
(V. m. B.) *Gas Light* 85 S. 365/7 F.
The LANDER anemometer and gas-pressure re-
corder.* *J. Gas L.* 95 S. 828.
BYRES, gas-meters. (Wet and dry meters; from the
standpoint of a meter repairer.) (V. m. B.) *J.
Gas L.* 93 S. 426/7.
The HORSTMANN gas controller.* *J. Gas L.* 93
S. 565/6.
v. MOLO, Ablesevorrichtungen an Elektrizitäts-,
Gas- und Wassermessern. (Zählwerke mit
schleichenden Zeigern und nur einmaliger
Uebersetzung.) * *Wschr. Bauk.* 12 S. 70/4.
PINCHBECK's high-pressure wet meter.* *J. Gas L.*
95 S. 829.
ROTARY METER CO., gas meter of the rotary
type. (Turbine wheel with vanes set at an
angle of about 45°, mounted on vertical shaft
running in jeweled bearings. A worm gear on
the shaft engages and operates the recording
mechanism.) * *Eng. News* 56 S. 167.
SCHÄFER, Flügelrad-Gasmesser.* *J. Gasbel.* 49
S. 213/5.
THORP, some methods of gas measurement. (V)
J. Gas L. 93 S. 862.
BENEDICT, a method of calibrating gas meters.
Phys. Rev. 22 S. 294/9.
MESSERSCHMITT, Ursache der Zerstörungen an
trockenen Gasmessern. (Zersetzung der Im-
prägnierungsmittel der Membranen.) *J. Gasbel.*
49 S. 235/8, 687/8.
WILLIAMSON, the prepayment meter system. (V)
J. Gas L. 94 S. 512/4.
Mechanical change-giver for prepayment meter
consumers.* *J. Gas L.* 94 S. 22/3.

7. Leitung.   Conduit.   Conduite. Vgl. Beleuchtung 2, Rohre und Rohrverbindungen.

GROVER, experience with high pressure gas mains.
(V. m. B.) *Gas Light* 85 S. 935/41 F.
KARGER, Preßgassystem der AKTIEN-GESELL-
SCHAFT FÜR GAS UND ELEKTRIZITÄT in Köln.
(Anwendung rotierender Pumpen.) *J. Gasbel.*
49 S. 1028/9.
KÖRTING, die Gasfernleitungsanlage Mariendorf-
Steglitz-Wilmersdorf. * *J. Gasbel.* 49 S. 453/6;
J. Gas L. 94 S. 501/2.
RICE, high-pressure gas distribution system, operated

by the WESTERN UNITED GAS & ELECTRIC CO.,
Aurora, Ill. (19 600 consumers served by pipe
lines 431 miles in length.) (V) (A) *Eng. News*
55 S. 409/10.
RIX, economics in high pressure gas transmission.
(Cost of compressing gas determining the
proper size of pipes.) (V. m. B.) *Gas Light*
85 S. 805/8 F.
STONE, fundamental problem of distribution. (Methods of attaining suitable pressure; flow of gas
formula.) *Gas Light* 85 S. 975/8 F.
WEBBER, limitation of high pressure gas transmission. *Gas Light* 84 S. 186/7.
WESTERN UNITED GAS & ELECTRIC CO. high
(50 lb) pressure gas distribution. (Concentration
of all manufacturing at Joliet, making all consumers outside of that city dependant on the
high-pressure main.) *Eng. Rec.* 53 S. 181.
High pressure transmission of artificial illuminat-
ing gas. *Eng. News* 56 S. 84/5; *Gén. civ.* 49
S. 265/7.
HESSENBRUCH, die verschiedenen Methoden der
Gasverteilung im Gebrauche bei der LACLEDE
GAS LIGHT COMPANY in St. Louis, Mo., U. S. A.*
J. Gasbel. 49 S. 905/11.
Standards adopted by the American Gas Light
Association. (Standard straight pipe, bends,
bushings, yard drips, reducers etc.)* *Gas Light*
84 S. 6/11 F.
Gas traps.* *Gas Light* 85 S. 492/7.
BURGEMEISTER, ältere und neuere Muffenkonstruk-
tionen mit Gummischnur-Dichtungen.* *J. Gasbel.*
49 S. 1113/5.
Jointing pipes with lead. Lead vs. cement joints;
making cement joints. *Gas Light* 85 S. 1020/1.
BOUSSE, Gasrohrschweißöfen. (Mit direkter Feue-
rung.)* *Stahl* 26 S. 602/7 F.
CONGDON, protection of service pipes. (V. m. B.)*
Gas Light 84 S. 1065/9 F.
FORSTALL, protection of a large system of mains.
Gas Light 85 S. 491/2.
BULLESBY & CO., laying a submerged gas main.
(Under the Fox River from Oshkosh to South
Oshkosh. Cast-iron hub and spigot, water pipe,
lead joints, one third of which is flexible.) *
Eng. Rec. 53 S. 502/3.
Ueberführung von Gasrohrleitungen über Eisen-
bahnbrücken. *J. Gasbel.* 49 S. 405/6.
Cloth gas bag.* *Gas Light* 85 S. 1022.
HAHN, NESTLERscher Gasfinder. * *J. Gasbel.* 49
S. 1011/2.
WUNDERLICH, eine Störung in der Gasleitung.
(Eintritt von Wasser in die Gasleitung; Wasser-
rohrbruch.) *J. Gasbel.* 49 S. 647/8.
Gasverlust in Stadtrohrnetzen. *J. Gasbel.* 49
S. 1144/5.
Gasleitungsröhren aus Papier. *Prom.* 17 S. 734/5.

8. Nebenprodukte.   By-products.   Sous-produits.

GLOVER, gas-works residual products. (V. m. B.)*
J. Gas L. 96 S. 313/9.
GRONEWALDT, möglichst vorteilhafte Verwertung
der Nebenprodukte der Gaswerke. *J. Gasbel.*
49 S. 456/9.
HILGENSTOCK, manufacture of sal ammoniac
(chloride of ammonia).* *Gas Light* 85 S. 849/52.
PETERS, Neuerungen an Ammoniakgewinnungs-
anlagen. (In Gasanstalten.) * *J. Gasbel.* 49
S. 163/7.
WARTH, use of gypsum for the recovery of am-
monia as a by-product in coke making. *Chem.
News* 93 S. 259/60.
Sulphate of ammonia making at Hayward's Heath.
(Installation of direct-fired continuous sulphate
of ammonia plant.) * *J. Gas L.* 96 S. 740/1.

HAND, Cyanschlamm. (Zusammensetzung.) *J. Gasbel.*
49 S. 244/8.
LINDER, formation of ferrocyanides in sulphate of
ammonia saturators. *J. Gas L.* 95 S. 573/6.
STAVORINUS, cyanogen recovery at the Amster-
dam (West) gas-works. *J. Gas L.* 94 S. 41 F.;
J. Gasbel. 49 S. 522/3.
SAMTLEBEN, cyanogen in coal gas. (Cyanogen
removal; formation of cyanogen in the retort.)*
J. Gas L. 94 S. 445/6.
WILLOUGHBY, cyanogen recovery. (V. m. B.) *J.
Gas L.* 93 S. 352/5.
Gewinnung von Berlinerblau, Blutlaugensalz und
Cyankalium aus der gebrauchten Gasreinigungs-
masse. *Asphalt- u. Teerind.-Z.* 6 S. 129.

**Leuchttürme, Leuchtschiffe und andere Seezeichen.
Light houses, light ships and other sea-marks.
Phares, phares flottants et autres marques.** Vgl.
Beleuchtung, Schiffbau, Schiffahrt.
ALEXANDER, construction d'une tour en béton
armé de ciment pour le phare de La Coubre.
(Hauteur du plan focal au-dessus des hautes
mers 64 m; chemise armée par un quadrillage
de fers de 10 mm, à maille de 20 cm, noyée
dans un béton riche de 15 cm d'épaisseur, fonda-
tion par un massif de béton.) ⊞ *Ann. ponts et ch.*
1906, 1 S. 5/25; *Cosmos* 1906, 1 S. 235/7; *Giorn.
Gen. civ.* 44 S. 681/2.
AZZARA, il faro sulla secca Porcelli nei paraggi
di Trapani. (Progetto dall' ingegnere GHERSI.
Nel-l'interno del basamento è stata costruita una
cisterna della capacità di 15 m³ per la provvista
dell' acqua potabile.) ⊞ *Giorn. Gen. civ.* 43
S. 306/20.
COSBY, lighthouse construction in the Philippines.
(Cape Melville tower; Maniguin Island tower;
dwelling for Cape Bolinao light station, proposed lighthouse tower at outer end of Manila
breakwater.) (V. m. B.) ⊞ *Proc. Am. Civ. Eng.*
32 S. 879/92.
COZZA, illuminazione di boe a luce permanente a
petrolio con lanterne sistema WIGHAM. *Giorn.
Gen. civ.* 44 S. 550/3.
CUNNINGHAM, the buoying and lighting of navigable
channels. *Engng.* 81 S. 609/12.
MAGANZINI, sulla illuminazione dei fari col gas
acetilene. (Dati relativi all' applicazione dell'
illuminazione ad acetilene ai fari toscani.)* *Giorn.
Gen. civ.* 44 S. 586/96.
SCOTT, righting a capsized lighthouse caisson. *Sc.
Am.* 95 S. 444.
VALENTE, esperimento d'illuminazione ad incan-
descenza con vapori di petrolio al faro della
laterna a Genova. ⊞ *Giorn. Gen. civ.* 44 S. 401/4.
Der neue Leuchtturm am Cap Hatteras. (Der
Unterbau ist ein abgestumpfter Kegel aus zwei
ineinandergesteckten, 1,8 m voneinander ent-
fernten Stahlmänteln, deren Zwischenraum mit
Stampfbeton ausgefüllt ist.)* *Zem. u. Bet.* 3
S. 178/80; *Prom.* 17 S. 731/2.
Les caissons et la construction des phares.* *Nat.*
35, 1 S. 1/2.
Le phare de Beachy Head (Angleterre). ⊞ *Ann.
d. Constr.* 52 Sp. 177/81.

Linoleum.
STROHMEYER, das Linoleum und die Unterböden
für Linoleum. (Kork, Leinöl, Farben, Jute;
Legen des Linoleums; Abnutzungsversuch der
mechanisch-technischen Versuchsanstalt in Charlottenburg; Unterboden, Gipsestrich, Magnesit,
Terranova.)* *Z. Baugew.* 50 S. 1/3 F.
GARCON, l'industrie du linoléum en France. *Bull.
d'enc.* 108 S. 665/8.

RUDELOFF, Untersuchung von zwei nach verschiedenen Verfahren hergestellten Sorten Linoleum.* *Mitt. a. d. Materialprüfungsamt* 24
S. 177/203.

Lithium.
HOVEY, lithium minerals. (Sources, uses, produc-
tion, imports.) *Mines and minerals* 27 S. 31.
RUFF und JOHANNSEN, Gewinnung von metalli-
schem Lithium. (Aus Lithiumbromid mit Zusatz
von Lithiumchlorid.) * *Z. Elektrochem.* 12
S. 186/8.
GUNTZ, Lithiumsubchlorür. (V) (A) *Chem. Z.* 30
S. 440.

Lithographie. Lithography. Lithographie. Vgl.
Druckerei, Graphische Künste, Photomechanische
Verfahren.
AMERICAN LITHOGRAPHIC CO. in New York, Ro-
tationsmaschine. (Für sechsfarbigen Zink- [litho-
graphischen] und einfarbigen Buchdruck.) *Arch.
Buchgew.* 43 S. 424/5.
CHARLOTTENBURGER FARBWERKE, Rotograph.
(Rotations-Steindruckmaschine.) *Typ. Jahrb.* 27
S. 10.
HYNKE, Steindruckfarben. (R) *Papier-Z.* 31, 2
S. 3922/3.
MAI, der lithographische Negativdruck. *Z. Reprod.*
8 S. 121/4.
MAI, die lithographische Asphaltätzung. *Z. Reprod.*
8 S. 46/8 F.
MAI, JOHANN, die lithographische Gravierung und
Asphaltätzung. *Arch. Buchgew.* 43 S. 171/5.
MAI, JOHANN, der lithographische Kreidedruck.
Arch. Buchgew. 43 S. 53/8.
MAI, JOHANN, die lithographische Federzeichnung.
Arch. Buchgew. 43 S. 381/5.
MARGGRAF, wie lasse ich die Abbildungen für
Preislisten herstellen? (a) *Z. Drechsler* 29 S. 8 F.
SEATH, half-tone photo-lithography. *Process En-
graver's Monthly* 13 S. 68/9.
SEATH, three-color disabilities in lithography. *Pro-
cess Engraver's Monthly* 13 S. 113/4.
VOLKERT, vom Lithographieren auf Papier. *Münch.
Kunstbl.* 3 S. 17/8.
Steps toward colour-printing by photo-lithography.
Process Engraver's Monthly 13 S. 105/8.
Bruch eines Lithographiesteines. (Verhindert durch
Steinunterlage in der Schnellpresse.)* *Papier-Z.*
31, 1 S. 793.

Lochen. Punching. Perforation. Siehe Stanzen und
Lochen.

Lokomobilen. Lokomobiles.
Sauggaslokomobile, deren Generator mit einem
Kohlenvorratsbehälter verbunden ist. (Von den
DEUTSCHEN SAUGGAS-LOKOMOBILWERKEN, G.
m. b. H. Hannover.)* *Braunk.* 4 S. 601.
LEDAY, locomobile à gaz pauvre construite par
la Société DEUTSCHE SAUGGAS LOCOMOBIL-
WERKE.* *Rev. ind.* 37 S. 425/6.
DUNKER, Sauggas-Lokomobilen. (Besteht aus
Schachtgenerator, Reiniger, Sammler und der
Maschine.) * *Z. Dampfk.* 29 S. 217/8; *Elektrot.
Z.* 27 S. 853/4; *Techn. Z.* 23 S. 417/8.
HEILMANN, die Entwicklung der Lokomobilen von
R. WOLF. (In technischer und wirtschaftlicher
Hinsicht.) (V) * *Z. V. dt. Ing.* 50 S. 313/23 F.;
Bayr. Gew. Bl. 1906 S. 307/11 F.
LANZ, 110 P.S.-Heißdampflokomobile. (Ueber-
hitzer nach D.R.P. 167838; Kurbelwellenlage-
rung nach D.R.P. 137010 mit Kettenschmierung;
Expansions-Steuerung nach RIDER mit zwei
Schiebern.) * *Masch. Konstr.* 39 S. 150/2.
ROBEY & CO., 500-H.P. compound condensing
undertype engine.* *Eng.* 102 S. 304.

Von der landwirtschaftlichen Ausstellung auf dem Oktoberfeste zu München 1906. (Lokomobilen mit Lokomotivkessel für einen Betriebsdruck von 10 Atm.; gewellte Feuerbüchsdecken; Ersatz der Handpumpe durch einen Injektor; Kurbelwellenlagerung Patent LANZ mit Kettenschmierung; Sauggasmotor für Torfgasbetrieb von LUTHER; „Ergin"-Zusatz zum Spiritus der GASMOTORENFABRIK DEUTZ.) *Z. Bayr. Rev.* 10 S. 184/6.

Versuche an Lokomobilen. (Einzylinder-Auspuff-, Verbund-Auspuff-, Verbund-Kondensationslokomobilen.) *Z. Bayr. Rev.* 10 S. 83/5.

Lokomotiven. Locomotives. Siehe Eisenbahnwesen III A. Vgl. Selbstfahrer.

Lokomotivkräne. Locomotive cranes. Grues de locomotives. Siehe Hebezeuge 3.

Lokomotiv-Schuppen und Werkstätten. Locomotivehouses (roundhouses) and workshops. Dépôts et ateliers de locomotives. Siehe Eisenbahnwesen V₄ u. VI. Vgl. Dampfkessel 13, Fabrikanlagen.

Löten und Lote. Soldering, solders. Souder, soudure. Vgl. Schmieden, Schweißen.

Ein neues Weichlötverfahren. *Met. Arb.* 32 S. 180/1.
KÜPPERS METALLWERKE G. M. B. H., ein neues Lötverfahren. (Lötverfahren mit Tinol.)* *Z. Beleucht.* 12 S. 223/4.
CORSEPIUS, Tinol, eine Lötmasse der Firma KÜPPERS METALLWERKE in Bonn. *Verh. V. Gew. Abh.* 1906 S. 237/44; *Elektrot. Z.* 27 S. 653; *Mechaniker* 14 S. 202/3; *Braunk.* 5 S. 447/8.
SCHLOSSER, praktische Anleitung zur Darstellung der Schnell-Lote.* *Erfind.* 33 S. 55/7.
DUMESNIL, procédés de soudure autogène des métaux. (Soudure électrique; soudure oxyhydrique au moyen de hydrogène et d'oxygène; procédés oxyacétyléniques.) *Ann. trav.* 63 S. 192/3.
HERKENRATH, Bleilöten vermittels elektrischer Widerstandserhitzung.* *Elektrochem. Z.* 13 S. 47/9.
WISS, Bleilöten und Zusammenschweißen von Stahl und Eisen. (Verwendung von arsenfreiem, verdichtetem Wasserstoff zum Bleilöten und zur autogenen Schweißung.)* *W. Papierf.* 37, I S. 1364/7.
Lötmittel für Gußeisen. (Lötung mit dem Lötmittel „Ferrofix".) *Eisens.* 27 S. 907/8.
Lötung des Aluminiums. (Aluminium, Phosphor, Zink, Zinn.) (R) *Wschr. Baud.* 12 S. 437; *Eisens.* 27 S. 679/80.
FREUND, POCHWADTs neues Aluminium-Lötverfahren. *Mechaniker* 14 S. 177/8; *D. Goldschm. Z.* 9 S. 284a/5a.
GRÜNBAUM, Aluminium-Lötung. (Verbindung mit einem Flußmittel.) *Z. Dampfk.* 29 S. 230.
MAY, WALTER J., soldering aluminium. *Mech. World* 40 S. 185.
RÖRTERGARD und LIED, Löten von Konservenbüchsen. (Mittels elektrischen Stromes.) * *Z. Werkzm.* 10 S. 292.
ROSCHERs System von Gaslötöfen. (Schachtförmiger Heizraum, in den die BUNSENbrenner mündet.)* *Bayr. Gew. Bl.* 1906 S. 252; *Met. Arb.* 32 S. 93; *Eisens.* 27 S. 315.
DONNELLY, portable oil torch with four burners. (Consists of a cylindrical, vaporizing coil of varying size, according to its intended use, with a nozzle or needle valve, directing one or more jets of vapor axially through the coil, and a cylindrical lining or bushing of refractory, nonconducting material, which is slipped into the coil.)* *Iron A.* 78 S. 476.
FRIEDEN, patentierte Benzinlötlampe für Heim-

arbeiter und solche Orte, wo kein Gas u. dergl. vorhanden ist. *J. Goldschm.* 27 S. 323.
HEINZ, gasselbsterzeugende Lötpistole mit Fußtrittgebläse. (D. R. G. M.)* *J. Goldschm.* 27 S. 107.
LANG, Apparat zur Herstellung von Lötdraht.* *Metallurgie* 3 S. 424.
Neue Ringlötzange. (Scheerenartig und mit Asbestbacken versehen; feststellbare Führung.) * *J. Goldschm.* 27 S. 63.
Lötkolben mit Lötzinnbehälter. *Z. Werkzm.* 10 S. 458.
Tests of the strength of soldered joints. (Tests made at the Iowa State College. Comparing different compositions of solder; time taken to break a soldered joint.) *Eng. Rec.* 54 S. 718.

Luft. Air. Vgl. Gase, Meteorologie, Physik.

1. Verflüssigung. Liquefaction. Liquéfaction. Siehe Gase 1.

2. Verschiedenes. Sundries. Matières diverses.
LE BLANK, analytische Bestimmung von Stickoxyd in Luft. (V) (A) *Verh. V. Gew. Abh.* 1906 S. 299.
CLAUDE, l'air liquide et la séparation de l'oxygène et de l'azote. (Liquéfaction de l'air; propriétés de l'air liquide; extraction de l'oxygène; liquéfaction partielle; rectification.)* *Mon. scient.* 4, 20, I S. 859/65.
DURLEY, air flow through circular orifices at low pressures. (Investigations; formula.) (V) (A) *Pract. Eng.* 33 S. 259.
LINDE, Herstellung von Sauerstoff und Stickstoff aus verflüssigter Luft und die technische Verwertung der gewonnenen Gase. (V. m. B.) *Z. V. dt. Ing.* 50 S. 658/60.
STIX, Studie über den Luftwiderstand von Eisenbahnzügen in Tunnelröhren. * *Schw. Baus.* 48 S. 39/41.
WARBURG und LEITHÄUSER, über den Einfluß der Feuchtigkeit und der Temperatur auf die Ozonisierung des Sauerstoffs und der atmosphärischen Luft. *Ann. d. Phys.* 20 S. 751/8.
An air purifier. (Keeping dirt out of triple valves on automatic air brake equipments; for use in connection with the electro-pneumatic multiple-unit control system on the new cars for the Metropolitan West Side Elevated Ry., Chicago.)* *Street R.* 27 S. 638.

Luftbefeuchter. Humidifiers. Rafraîchisseurs. Vgl. Zerstäuber.

MEHL, die lokalen Luftbefeuchtungsapparate.* *Ges. Ing.* 29 S. 323/4.
BREDDIN, über Luftbefeuchtungsanlagen für Textilwerke. (Apparate von SCHNEIDER, KÖRTING, GEBR.; Apparate, bei denen die Luft mit beständig feucht gehaltenen Oberflächen in Berührung gebracht wird, von SCHMID & KÖCHLIN, MUNK.)* *Z. Text-Ind.* 9 S. 560/2 F.
Neuerungen in den englischen Schutzvorschriften für Flachsspinnereien. (Lüftung; Wasser zur künstlichen Luftbefeuchtung.) *Z. Gew. Hyg.* 13 S. 593/4.
BRAND & LHUILLIER, Luftbefeuchter „Aerohygrophor".* *Wschr. Baud.* 12 S. 821.
The BUFFALO FORGE CO., air washer and humidifier.* *Iron A.* 77 S. 1321.
CARRIER, BUFFALO FORGE CO. fan system for humidifying ventilating and heating mills.* *Text. Rec.* 31, I S. 147/50.
CRAMER, recent development in air conditioning. (Humidifying and air cleansing, heating and ventilation; automatic regulator electrically connected with a source of electricity to electrically

operated valves, one in connection with the humidifying system and one or more in connection with the heating system in each room; each electrically operated valve is in turn connected pneumatically to main shut-off valves in either the heating or humidifying systems.) (V) (A) *Text. Man.* 32 S. 208/10.

Luftbefeuchtungs- und Ventilations - Einrichtungen von HOWORTH & CO. (Luftbefeuchtungsapparat „Champion".)* *Z. Gew. Hyg.* 13 S. 675.

HOWORTH & CO., Luftbefeuchtungs- und Ventilations-Einrichtungen. (Wasserbehälter, dessen Inhalt durch ein Kupferrohr erwärmt werden kann, um das Wasser zu verdunsten; Mischung von Dampf- und Warmluft mittels eines Ventilators.)* *Uhlands T. R.* 1906, 5 S. 81/2.

MANFREDINE, Dampfluftheizungs- und Ventilationsanlage. (Luftbefeuchtung durch Dampfstrahleinrichtungen.)* *Uhlands T. R.* 1906, 2 S: 45.

Befeuchter der REGENERATED COLD AIR CO.* *Z. Beleucht.* 12 S. 388.

RICHTER, HUGO, Hydrophor, Luftbefeuchter für Dampfheizung.* *Städtebau* 3 Nr. 11.

SCHMIDT, Einrichtung zur Befeuchtung von Arbeitsräumen mittels warmer Luft. * *Z. Beleucht.* 12 S. 387/8.

Luftentstaubungsapparat, System STICH.* *Z. Heiz.* 11 S. 42.

STÖCKER, Regelungsvorrichtung für den Flüssigkeitszutritt zu den Verdunstungstüchern von Luftbefeuchtern.* *Z. Beleucht.* 12 S. 388/9.

WECHSLER, Luftverbrennungsvorrichtung. (Ein mit Schaufeln versehenes Rad streicht mit seinen Schaufeln durch einen mit Flüssigkeit gefüllten Behälter, wobei die Schaufeln nicht nur eine gewisse Menge der Flüssigkeit aufnehmen und bei der weiteren Drehung zur Verdunstung bringen, sondern in der Flüssigkeit auch einen elektrolytischen Vorgang bewirken, so daß Sauerstoff erzeugt und der Zimmerluft zugeführt wird.)* *Z. Beleucht.* 12 S. 388.

BUFFALO FORGE CO.'s system of purifying and humidifying the air.* *Text. Rec.* 31, 6 S. 150/1.

Humidifiers and ventilators with reference to cotton spinning. *Text. Rec.* 31, 4 S. 103/4.

Artificial regulation of atmospheric humidity and temperature. (A 24-inch air regenerator; capacity, 5,000 cubic feet per minute.)* *Sc. Am.* 94 S. 512/3.

Elektrische Luftbefeuchter. (System PRÖTT.)* *Nähm. Z.* 31 Nr. 2 S. 47 u. 49.

Lüftung, Lüftungs- und Schornsteinaufsätze, Luftbefeuchtung. *Z. Beleucht.* 12 S. 376/8 F.

Luft- und Gaskompressoren. Air and gas compressors. Compresseurs d'air et de gaz. Vgl. Luftpumpen und Kälteerzeugung 3.

Applications of pneumatic power in the machine shop. *Compr. air* 11 S. 3995/4009.

SCHAEFER, derivation of formulae for single and stage compression; also proof of conditions governing best proportioning and highest economy in stage compression. *Compr. air* 11 S. 3932/47.

Waste heat from electrical apparatus used to increase efficiency of air compressor. * *West. Electr.* 39 S. 121.

DARAPSKY und SCHUBERT, die Wirkungsweise der Preßluftpumpen. *Z. V. dt. Ing.* 50 S. 2062/8 F.

WIGHTMAN, compound air compression. (Indicator cards.)* *Am. Mach.* 29, 1 S. 144/8; *Compr. air* 11 S. 3947/57.

BERNSTEIN, hydraulische Luftkompressionsanlagen.* *Glückauf* 42 S. 933/43.

MUELLER, Kondensationsanlagen, Kompressoren

und Pumpen auf der Bayerischen Landesausstellung in Nürnberg. *Z. V. dt. Ing.* 50 S. 1191/2 F.

Untersuchungen an Kompressoranlagen. (Mitteilung des Dampfkessel - Ueberwachungs - Vereins der Zechen im Oberbergamtsbezirk Dortmund.)* *Glückauf* 42 S. 171/7.

RICHARDS, air compressing plants for the North River tunnels of the Pennsylvania Rr. (INGERSOLL CORLISS compressors with cross-compound steam cylinders and duplex air cylinders.) *Eng. Rec.* 54 S. 407/8.

Compressed air plants used in boring the East River tunnels of the Pennsylvania Rr. (Systems of air power production installed to handle the subaqueous work of the East River tunnels; 2,400,000 cu.¹ of free air per hour to be supplied by the air plants.) * *Eng. News* 56 S. 126/9; *Railr. G.* 1906, 2 S. 77/81.

THOMPSON, electrically-driven air compressors at Ouston Colliery. *Electr.* 57 S. 365/6.

WESTIN, om fördelar och oläägenheter of i Sverige använda luftkompressorer för bergshandteringen. *Jern. Kont.* 1906 S. 544/655.

ABENAQUE MACHINE WORKS, portable air compressor for bridge erectors. (Gasoline driven.)* *Eng. Rec.* 54 Suppl. Nr. 21 S. 49.

The „Boreas" portable air-compressor, constructed by LACY-HULBERT & CO.* *Engng.* 82 S. 222/3.

Portable air compressors for the Panama Canal.* *Compr. air* 10 S. 3850/2.

MOUNTAIN, portable electric air compressor. (V) (A)* *Iron & Coal* 72 S. 43.

Vertical compound two-crank inter-cooling air compressor, constructed by ALLEY & MAC LELLAN.* *Engng.* 81 S. 449/50.

ALLIS-CHALMERS CO., a new form of intercooler for air compressors. (Employ of baffle plates to thoroughly mix the air and bring it into contact with the cooling surface of the tubes.)* *Eng. News* 56 S. 441.

HAIGHT, intercoolers for air compressors.* *Am. Mach.* 29, 2 S. 271/2.

Intercoolers for air compressors.* *Compr. air* 11 S. 4270/1.

BALCKE, stehender Riemen-Verbund-Kompressor. (Mit 215 bis 470 Umdr./Min. und eingekapseltem ständig unter Oel stehenden Triebwerk.)* *Masch. Konstr.* 39 S. 191/2.

Measuring the efficiency of turbine air-compressor.* *Engng.* 82 S. 669.

Turbokompressoren.* *Glückauf* 42 S. 1560/4.

KÖSTER, Kolbenkompressor und Turbokompressor. *Glückauf* 42 S. 1722/5.

BALOG, Beitrag zur Berechnung der Turbokompressoren und Gasturbinen.* *Z. Turbinenw.* 3 S. 481.

BARBEZAT, Turbokompressor, Bauart RATEAU und ARMENGAUD. (Vielzellen-Kompressor.)* *Z. Turbinenw.* 3 S. 521/7.

BROWN, BOVERI & CO., turbine air compressor. (Of the RATEAU type.) *Eng. Rec.* 54 S. 729.

BLAISDELL MACHINERY CO., self oiling air compressor.* *Iron A.* 77 S. 588.

BRACHT, stehender Dampfluftkompressor.* *Glückauf* 42 S. 1626/8.

Air compressors of the CONSOLIDATED PNEUMATIC TOOL CO.* *Pract. Eng.* 34 S. 808/11.

COX's compressed-air computer.* *Am. Mach.* 29, 2 S. 96.

SOC. AN. JOHN COCKERILL, compresseur d'air FRANÇOIS.* *Rev. ind.* 37 S. 215/6.

The FRANÇOIS air compressor.* *Iron & Coal* 73 S. 749.

THOMPSON, electrically-driven air compressors combined with the working of the INGERSOLL-

SERGEANT heading machines and the subsequent working of the Busty Seam at Ouston Colliery.* *Iron & Coal* 72 S. 2140 b—c.

Air compressors at the Champion Copper Mine, Painesdale, Mich. (INGERSOLL-SERGEANT CO. of New York.)* *Eng. Rec.* 53 Nr. 16 *Suppl.* S. 47/8; *Iron A.* 77 S. 427; *Compr. air* 11 S. 3959/61.

INNES, air compressors and blowing engines. (a)* *Pract. Eng.* 33 S. 35/6 F.

Der KRYSZAT-Luftkompressor.* *Z. kompr. G.* 10 S. 11/2.

NATIONAL BRAKE & ELECTRIC CO., motor driven compressor. (Two-cylinder, single action type, with trunk pistons.)* *Iron A.* 78 S. 796/7.

Kompressoren von REAVELL & CO. in Ipswich.* *Z. V. dt. Ing.* 50 S. 964/5; *Masch. Konstr.* 39 S. 79.

SAUVAGE, compresseur d'air à deux phases système DUROZOI.* *Rev. ind.* 37 S. 268/70; *Bull. d'enc.* 108 S. 428.

SHEDD, hydraulic compressed air in Connecticut. (V)* *Compr. air* 11 S. 3980/95.

A new SULLIVAN air compressor. (Housing, which forms a tight enclosure about excluding dust and dirt, permitting the use of a system of self-lubrication of the principal working parts.) *Railr. G.* 1006, 2 S. 252; *Compr. air* 11 S. 4235/7; *Eng. Min.* 82 S. 499.

ROTENG ENGNG. CO., rotary air compressor.* *Compr. air* 11 S. 4288/90.

Quelques compresseurs nouveaux. (a)⊟ *Rev. méc.* 18 S. 41/66.

Die deutsche Maschinenindustrie auf der Weltausstellung zu Lüttich. (Pumpen und Gebläse. „Bibus"-Niederdruckkompressor von GUTTMANN A.-G. für Maschinenbau)* *Gieß. Z.* 3 S. 182/5 F.

Luftkompressoren. (Amerikanische Ausführungen,) (a)⊟ *Masch. Konstr.* 39 S. 149/50 F.

Die Fundierung von Luftkompressoren.* *Ersbergbau* 1906 S. 360/2.

Luftpumpen. Air pumps. Pompes pneumatiques. Vgl. Pumpen, Kondensation.

ANDERLINI, pompe a mercurio a caricamento automatico ed apparati per lo studio dei gas.* *Gas. chim. it.* 36, 1 S. 458/72.

Quecksilberpumpe von BERLEMONT und JOUARD. (Selbsttätige Quecksilberpumpe wird mittels einer Wasserstrahlpumpe betrieben, welche das Quecksilber hebt und den kontinuierlichen Betrieb ermöglicht.)* *Mechaniker* 14 S. 44/5.

GAEDE, rotierende Quecksilberluftpumpe. *Z. Beleucht.* 12 S. 135.

KAUFMANN, rotierende Quecksilberluftpumpe. (Vakuumapparat.)* *Mechaniker* 14 S. 20.

EYKMAN, Schutzvorrichtung für die KAUFFMANNsche Luftpumpe.* *Ann. d. Phys.* 19 S. 645/6.

PAULI, Verbesserung der Quecksilberluftpumpe. (Man kann ohne je die Gefahr, die Pumpe zu zertrümmern, schon beim ersten Male den Ballon völlig mit Quecksilber füllen; dass nun Luftpumpen von Apparaten wird Zeit erspart.)* *Z. Instrum. Kunde* 26 S. 251/3.

VON REDEN, eine neue Quecksilberluftpumpe.* *Mechaniker* 14 S. 267/9.

UBBELOHDE, über eine selbsttätige Quecksilberluftpumpe mit abgekürzter Quecksilberhöhe. (V)* *Verh. V. Gew. Sitz. B.* 1906 S. 127/31; *Mitt. a. d. Materialprüfungsamt* 24 S. 61/5; *Chem. Rev.* 13 S. 274/8; *Z. ang. Chem.* 19 S. 753/6.

EDWARDS-Luftpumpen. (Versuche des EDWARDS AIR PUMP SYNDICATE LTD.) *Schiffbau* 7 S. 419/22, 597/9.

FISCHER, die neue Rotations-Oelpumpe der SIE-

MENS-SCHUCKERTWERKE.* *Z. phys. chem. U.* 19 S. 73/εo.

V. IHERING, Wasserkolbenluftpumpe von SIEPERMANN-FUDICKAR.* *Chem. Z.* 30 S. 516/7; *Z. Chem. Apparat.* 1 S. 473/6 F.

WATSON's independent twin air pumps.* *Mar. E.* 28 S. 345/6.

„Carmerontype" of twin-beam air pump. *Cassier's Mag.* 30 Nr. 5 S. I/III.

Comparative test of large locomotive air pumps. *Compr. air* 11 S. 6/7.

Luftpumpenanordnung für Straßenbahnwagen.* *Z. Transp.* 23 S. 604.

Neuere Laboratoriums - Luftpumpen. * *Z. Chem. Apparat.* 1 S. 43/4.

Laboratoriums-Luftpumpen für sehr hohes Vakuum.* *Z. Chem. Apparat.* 1 S. 125/6.

„Aplex"-Luftpumpe. (Für Laboratorien. Rotierende Luftpumpe.)* *Chem. Z.* 30 S. 1158.

PRYTZ und FUESS, valveless air pump.* *Sc. Am. Suppl.* 62 S. 25544.

HOLDE, Rückstandsbildung in Schieberkästen von Luftpumpen, Dampfzylindern und in Kompressorzylindern. *Z. Dampfk.* 29 S. 6/8.

Luftschiffahrt. Aëronautics. Aéronautique.

1. Ballontechnik. Ballooning. Technique aérostatique.

a) Theorie und allgemeines. Theory and generalities. Théorie et généralités.

L'aéronautique à l'exposition de Milan 1906. *Aérophile* 14 S. 306/8.

La sezione aeronautica all'esposizione di Milano.* *Boll. soc. aer. italiana* 3 S. 126/52, 202/14.

CROCCO, il momento aeronautico. (Conferenza letta in Roma nel mese di aprile 1906. Fratelli WRIGHT, nave aerea, elicoptero DUFAUX; dirigibile LEBAUDY; l'aeronave dell'ing. JULLIOT; modello di RENARD e KREBS; elica provvisto DA SCHIO; aeroplano MAXIM; motori DAIMLER, BUCHET, LEVASSEUR; aeroplano del greco ARCHITA; esperienze di CHANUTE; maneggio aeronautico di FERBER; aeroplano ARCHDEACON.) (V)⊟ *Riv. art.* 1906, 2 S. 371/93.

DURO, la traversée des Pyrénées. *France aut.* 11 S. 55.

L'esplorazione aerostatica del capitano SCOTT nella spedizione polare antartica della „Discovery." *Boll. soc. aer. italiana* 3 S. 230.

Au pole nord en ballon dirigeable; l'expédition WELLMANN. * *Gén. civ.* 49 S. 246/50; *France aut.* 11 S. 298/9; *Rev. ind.* 37 S. 238/9.

Die Luftballon-Wettfahrten in Paris und Berlin. (Um den Gordon-Bennet-Preis für Luftschiffahrt am 30. September in Paris, des Berliner Vereins für Luftschiffahrt am 14. Oktober in Berlin-Tegel.)* *Uhlands T. R.* 1906 *Suppl.* S. 151; *France aut.* 11 S. 630/4.

The balloon race at Ranelagh.* *Aut. Journ.* 11 S. 875/8.

CAPPER, military ballooning. (Kites; captive balloons; flying machine or propelled aeroplane.) (V. m. B.) *J. Unit. Serv.* 50 S. 890/909.

Zur Luftballon - Frage. (Militärluftschiffahrt im südafrikanischen Kriege.) *Schw. Z. Art.* 42 S. 30.

Die Ballonfabrik von August RIEDINGER.* *Mitt. aer.* 10 S. 185/91.

GUIDO, i metodi idrodinamici applicati all'aeronautica.* *Boll. soc. aer. italiana* 3 S. 188/91.

YAMA-INU, metodi giapponesi per determinare la rotta seguita dagli aerostati e la loro velocità di discesa. (Apparecchio per determinare la velocità di discesa di un aerostato.) * *Riv. art.* 1906, 2 S. 153/5.

La stabilità degli aeroplani secondo il BRYAN ed FERBER. *Boll. soc. aer. italiana* 3 S. 59/61 F.

JAUBERT, Hydrolith. (Dient zur Ballonfüllung mit Wasserstoff.) *Bayr. Gew. Bl.* 1906 S. 422/3.

KRULL, Hydrolith. *Z. ang. Chem.* 19 S. 1233/4.

b) Ballons. Balloons. Ballons.

V. ZEPPELIN, über motorische Luftschiffahrt. (Tränenform des Luftschiffs; starres System; Ermittlung der Geschwindigkeit; Richtung der Fahrt, Ortsbestimmung.) (V) * *Gew. Bl. Württ.* 58 S. 299/301 F.

Die Aufstiege des Luftschiffes des Grafen V. ZEPPELIN am 9. und 10. Oktober 1906.* *Mitt. aer.* 10 S. 417/26.

L'aeronave ZEPPELIN e le forme dei dirigibili. * *Boll. soc. aer. italiana* 3 S. 267/70; *Aérophile* 14 S. 244.

LETRUFFE's airship. (This is to have good old-fashioned paddle-wheels to take it along.) *Aut. Journ.* 11 S. 948.

Eight-cylinder „Antoinette" motor for aeroplane, constructed by the ADAMS MFG. CO.* *Engng.* 82 S. 703.

GIRARD et de RONVILLE, les ballons dirigeables. (A) * *Ann. ponts et ch.* 1906, 3 S. 291/2.

SURCOUF, a new French steerable balloon.* *Automobile* 15 S. 585.

V. PARSEVAL, neues lenkbares Luftschiff. (Drachenballon. Durch Gleitflächen und Luftsäcke, deren jeder während der Fahrt mittels eines Ventilators mit atmosphärischer Luft gefüllt werden kann, soll einesteils die Stetigkeit des der festen Hülle entbehrenden Ballons erhöht und anderseits die Möglichkeit geboten werden, durch Füllung, sei es des hinteren, sei es des vorderen Ballonendes, die Fahrt nach oben oder nach unten zu richten.) * *Krieg. Z.* 9 S. 146/7.

GRADENWITZ, the PARSEVAL dirigible airship. * *Sc. Am.* 95 S. 341/2; *Mitt. aer.* 10 S. 96.

Il dirigibile militare TEMPLER. (Forma di sigaro lungo 47 m per una sezione maestra di 8 m di diametro.) (N) *Riv. art.* 1906, 2 S. 166.

Le dirigeable militaire „Patrie". *Aérophile* 14 S. 299/303.

DE LA VAULX, Lenkballon. (Ballonhülle MALLET aus kautschukgetränktem doppeltem Stoff; Länge des Ballons 35 m. Im Innern des Ballons befindet sich ein Ergänzungsballon von 120 cbm Inhalt mit automatischen Ventilen; Gondel aus leichtem Metall, trägt einen vierzylindrigen ADETmotor von 16 P.S, mit einem Luftzerteiler an der Spitze der Gondel.)* *Krieg. Z.* 9 S. 351/2; *Mitt. aer.* 10 S. 308/9; *Cosmos* 1906, 2 S. 178/82; *Boll. soc. aer. italiana* 3 S. 230/43.

Au pôle nord en ballon dirigeable. (Dirigeable mixte WELLMAN.) * *Cosmos* 1906, 1 S. 495/8; *France aut.* 11 S. 298.

WELLMAN's airship for his North Polar expedition.* *Sc. Am.* 95 S. 7/8.

Ballonluftschiff „Italia".* *Luftschiffer-Z.* 5 S. 74/5; *Nat.* 34, 1 S. 117/9.

Le nouveau dirigeable „La Ville de Paris". * *Aérophile* 14 S. 241/2, 288/90.

2. Flugtechnik. Technics of flying. Aviation dynamique.

a) Theorie und allgemeines. Theory and generalities. Théorie et généralités.

Théorie et expérience en aviation.* *Cosmos* 1906, 1 S. 491/4.

Der Einfluß des Windes auf frei in der Luft fliegende Körper.* *Mitt. aer.* 10 S. 281/2.

Zum aerodynamischen Flug. (a) * *Mitt. aer.* 10 S. 315/22.

Die meteorologischen Schwierigkeiten der Drachen aufstiege. *Mitt. aer.* 10 S. 33/40.

LUCAS-GIRARDVILLE, les appareils d'aviation expérimentés en 1905 en Europe. (Expériences DUFAUX; essais de l'hélicoptère LEGER.)⊠ *Rev. d'art.* 67 S. 369/81.

FERBER, les progrès de l'aviation par le vol plané. (Théorie de l'hélice propulsive.) * *Rev. d'art.* 69 S. 133/48.

RODET, à propos de cerfs-volants déviateurs.* *Cosmos* 1906, 1 S. 551/2.

ROE, flying fish as instructors. * *Aut. Journ.* 11 S. 229/31.

Étude et construction d'un aéroplane. (a) * *Aérophile* 14 S. 220/37.

Étude expérimentale méthodique de l'aéroplane. (Aéroplane à air comprimé, plan horizontal; aéroplane à vapeur.) * *Aérophile* 14 S. 97/105.

SEUX, la stabilité des aéroplanes et la construction rationelle des plans sustentateurs. *Compt. r.* 142 S. 79/81.

SEUX, mode de construction des plans aéroplanes, permettant d'augmenter, dans de notables proportions, leur valeur sustentatrice. *Compt. r.* 142 S. 772/3.

DE LA GRYE, sur l'atterrissage des aéroplanes. * *Rev. ind.* 37 S. 59; *Compt. r.* 142 S. 121/2.

LUCAS-GIRARDVILLE, certaines propriétés des aéroplanes. (Vérifications expérimentales; discussion des formules; machine de KITTY-HAWK.) *Rev. d'art.* 69 S. 1/20.

b) Flugmaschinen und Apparate. Flying machines and apparatus. Machines volantes et appareils d'aviation.

Aviation et aérostation. (Concours de l'aéro-club; l'aéroplane SANTOS-DUMONT; „La Ville de Paris"; le dirigeable „Patrie".) * *France aut.* 11 S. 731/3.

L'aéroplane SANTOS-DUMONT.* *Cosmos* 1906, 2 S. 228/30; *France aut.* 11 S. 474/5, 489/90 F., 947/8; *Autocar* 16 S. 46.

STROPHÉOR, considération sur l'hélicoptère SANTOS-DUMONT. *France aut.* 11 S. 26.

FOURNIER, l'hélicoptère CORNU.* *Cosmos* 1906, 2 S. 600/2.

HAWKINS, ascensional screw machine. * *Autocar* 16 S. 635.

The ADER „Avion".* *Sc. Am. Suppl.* 62 S. 25837/8.

L'aéroplane BARLATIER et BLANC. *Cosmos* 1906, 1 S. 319/21.

The BLÉRIOT aeroplane. * *Automobile, The* 14 S. 909.

Les aéroplanes BLÉRIOT et VOISIN. *Aérophile* 14 S. 295/6.

The DAVIDSON flying machine. (This machine employs two huge umbrella-shaped propellers instead of aeroplanes.) * *Aut. Journ.* 11 S. 889.

HARGRAVE's flying machine (No. 16). * *Autocar* 16 S. 787.

Some recent foreign flying machines.* *Sc. Am.* 94 S. 252/3.

ETRICH und WELS, der Motorgleitflieger.* *Luftschiffer-Z.* 5 S. 135/9.

The latest wing electro-motor driven model by FROST.* *Autocar* 17 S. 58.

Flugapparat von GILLESPIE. (Aluminium-Luftschrauben; Triebkraft von einer Gasolinmaschine mit Luftkühlung und 6 Zylindern.) *Uhlands T. R.* 1906, 3 S. 8.

MAXIM's aeroplane models. * *Autocar* 16 S. 605.

L'aéroplane MARTZOFF et VUIA.* *France aut.* 11 S. 81, 627.

Nouveaux essais de l'aéroplane VUIA. * *Aérophile* 14 S. 105/6.

VUIAs Drachenflieger. *Luftschiffer-Z.* 5 S. 187/8;

Aérophile 14 S. 242/3; *Nat.* 34, 2 S. 164/6; *Autocar* 16 S. 171.

Derniers perfectionnements connus des machines volantes WRIGHT. * *Aérophile* 14 S. 23/6; *Sc. Am.* 94 S. 291/2; *Autocar* 16 S. 44/5.

L'aéroplane Archdeacon sur le lac Genève, près d'Amphion. *Aérophile* 14 S. 10.

LANGLEY's „aerodrome" of 1896.* *Autocar* 16 S. 682 F.

Lüftung. Ventilation.

Vgl. Bergbau, Eisenbahnen, Gebläse, Heizung, Hochbau, Kanalisation, Luftbefeuchter, Schiffbau, Tunnel, Ventilatoren.

1. Allgemeines. Generalities. Généralités.

BRABBÉE, Untersuchungen über den Reibungswiderstand der Luft in langen Leitungen. (Studien an den Lüftungsanlagen beim Baue der vier großen Alpentunnels in Oesterreich; Bestimmung des Druckhöhenverlustes mittels Wassermanometers, des spezifischen Gewichtes der Luft; „Vor Ort"-Leitung.) (V. m. B) (A) *Wschr. Baud.* 12 S. 189/91.

Amount of air required for ventilation. *Mines and minerals* 27 S. 158.

Neuerungen in den englischen Schutzvorschriften für Flachsspinnereien. (Lüftung; Wasser zur künstlichen Luftbefeuchtung.) *Z. Gew. Hyg.* 13 S. 593/4.

RIETSCHEL, die nächsten Aufgaben der Heizungs- und Lüftungstechnik. (Luftbeschaffenheit, Regelung der Wärmeerzeugung und der Wärmeabgabe, Luftdurchlässigkeit der Baustoffe, Größe des Luftwechsels, Kühlanlagen) (V. m. B.) (A) *Wschr. Baud.* 12 S. 186/8.

Lüftung, Lüftungs- und Schornsteinaufsätze, Luftbefeuchtung. *Z. Beleucht.* 12 S. 376/8 F.

Das Brauereiwesen im Zusammenhang mit dem Heizungs- und Lüftungsfach und mit dem Feuerungswesen. *Z. Lüftung (Haases)* 12 S. 155/7.

DIETZ, das Problem der Schullüftung nach dem Stande neuerer Forschungen. *Ges. Ing.* 29 S. 169,76.

HOFMANN, Ueberdrucklüftung mit Ventilatorenbetrieb in Schulen.* *Ges. Ing.* 29 S. 49/56.

WAHL, Ueberdrucklüftung mit Ventilatorenbetrieb. *Ges. Ing.* 29 S. 397/400.

HOFMANN, Entgegnung auf die vorstehende Kritik des in der Nr. 4 erschienenen Artikels „Ueberdrucklüftung mit Ventilatorenbetrieb". *Ges. Ing.* 29 S. 400/2.

RITT, Ueberdrucklüftung mit Ventilatorenbetrieb in Schulen. *Ges. Ing.* 29 S. 402/3.

LOTS, Lüftung in großen Fabrikhallen. (Nicht genügende Lüftung durch eine mit Jalousien verschlossene Laterne auf dem First; Kreislauf an jeder Jalousieseite. Notwendigkeit gesonderter Oeffnungen für die Luftzufuhr und Luftabfuhr.) *Z. Dampfk.* 29 S. 91/2 F.

PFÜTZNER, die Lüftung der Theater. (Vorzüge der Aufwärts- gegenüber der Abwärtslüftung.) (V) *Techn. Gem. Bl.* 8 S. 363/6; *Ges. Ing.* 29 S. 33/43.

SCHWARTZ, Lufterneuerung in Arbeitsräumen. (Vorwärmung der Frischluft, Auffangung der Abluft an der Decke und Abführung am Fußboden.) *Z. Drechsler* 29 S. 107/8.

Entfernung der Kohlensäure aus geschlossenen Räumen. (Durch Oeffnungen am Boden, durch welche die Kohlensäure abfließen kann; mittels eines Ventilators; Erwärmung der Luft im Keller durch Feuer oder mittels ungelöschten Kalks, den man mit Wasser benetzt.) *Z. Gew. Hyg.* 13 S. 79/80.

RAMBOUSEK, Reinerhaltung der Luft in Wohn-räumen, insbesondere in Schlafräumen.* *Erfind.* 33 S. 146/8 F.

RIETSCHEL, Versuche über die Wirkung von Saugern.☒ *Ann. Gew.* 59 S. 145/52; *Ges. Ing.* 29 S. 473/80.

PLATH, die Steinzeug-Exhaustoren im Dienste der Schießwoll-Fabrikation. *Z. Schieß- u. Spreng.* 1 S. 145/7.

2. Anlagen. Plants. Etablissements.

RAMBOUSEK, Ventilation und Verhütung der Luftverunreinigung in einzelnen Industriezweigen. (Kühleinrichtung mittels „Challenge"-Luftpropeller zum raschen Abkühlen gebrannter, bezw. gerösteter Materialien, als Feigen, Kaffee, Gerste usw.; Einrichtung zum Trocknen von Federn, chemischen Produkten und anderen Materialien mittels '„Challenge"-Luftpropeller; Entnebelungsapparat System NEUWINGER.) * *Erfind.* 33 S. 600/2.

FRANKE, neue Lüftungseinrichtung für Retorten-, Kühler-, Reinigungshäuser etc. (Schichtartiger Aufbau auf dem Dach mit drehbarer Doppelklappe.) (V) *J. Gasbel.* 49 S. 1139/41.

CRAMER, recent development in air conditioning. (Humidifying and air cleansing, and heating and ventilation; automatic regulator electrically connected with a source of electricity to electrically operated valves, one in connection with the humidifying system and one or more in connection with the heating system in each room; each electrically operated valve is in turn connected pneumatically to main shut-off valves in either the heating or humidifying systems.) (V) (A) *Text. Man.* 32 S. 208/10.

CARRIER, BUFFALO FORGE CO. fan system for humidifying ventilating and heating mills.* *Text. Rec.* 31, 1 S. 147/50.

HOWORTH & CO., Luftbefeuchtungs- und Ventilations-Einrichtungen. (Mischung von Dampf- und Warmluft mittels eines Ventilators.)* *Uhlands T. R.* 1906, 5 S. 81/2.

M'AVITY, heating and ventilation. (Combined air washer and humidifier; centrifugal fan.) (V) (A) *Pract. Eng.* 33 S. 526/7.

SCHUBERTH, Patentdauerlüftung von GOLLVIA, Frankfurt. (Beruht auf der Herstellung einer ununterbrochenen Ausgleichung der verschieden starken Spannungen der frischen und der schlechten Luft.) * *Ratgeber, G. T.* 6 S. 31/2.

MEEKS, verstellbarer Fensterventilator. (Pat.) * *Krieg. Z.* 9 S. 509.

Lüftungsflügel mit Hebelbewegung.* *Kirche* 3 S. 193.

BRANDT, die Ventilationsanlage im neuen Stadttheater zu Rio de Janeiro.* *Z. Beleucht.* 12 S. 399/400.

DAHLGREEN, die Ventilationsanlage in den Hauptsälen des neuen Reichstagsgebäudes in Stockholm und ihre Betriebsergebnisse.* *Ges. Ing.* 29 S. 531/4; *Eng. News* 55 S. 123/4.

KRELL, Ueberdrucklüftung ohne Ventilatorbetrieb des Sitzungssaales der städtischen Kollegien in Nürnberg.* *Ges. Ing.* 29 S. 633/45.

LANCHESTER and RICKARDS, Cardiff town hall and law courts, warming and ventilating apparatus. (Electrically driven fans propel the air into the various rooms.) * *Proc. Mech. Eng.* 1906 S. 570/4.

SULZER GEBR., Heizungs- und Lüftungsanlagen im Grand Hotel St. Moritz. (Für Sockel-, Erd-, Saal- und Küchengeschosse, sowie für die beiden in dem südlichen Turme befindlichen Geschosse Niederdruckdampfheizung, für die Fremdenzimmer vom ersten bis zum sechsten Stock Niederdruck-

dampf-Warmwasserheizung; Aus- und Einströmungsöffnungen der Luft in Unterzügen der Doppeldecken; Sauglüftung für die Küchenräumlichkeiten.) *Schw. Baus.* 47 S. 115/9.

Heating and ventilating plant of the Hotel St. Regis, N. Y. (Eighteen-story apartment. Three-quarter-housed steel plate STURTEVANT fans, with top vertical outlets delivering to overhead lines of dust work, which supply the delivery systems on the floors above, exhaust ventilation provided for all portions of the building.) * *Eng. Rec.* 54 S. 220/4.

Heating and ventilating of the Hotel Belmont, New York. (Provides for a fresh cold-air supply to the boiler room, engine room and ice-machine room, a tempered fresh air supply to the kitchens and laundries, a fresh warm-air supply for the café, servants' dining-rooms and other rooms in the basements, for the entire main floor and its mezzanine and for a banquet room on the parlor floor, and exhaust ventilation for all of these rooms and from all toilet and bath rooms throughout the building.) * *Eng. Rec.* 53 S. 9/13 F.

SNOW, einiges über die Heizungs- und Lüftungsanlagen im Bellevue-Stratford-Hotel zu Philadelphia. (V) *Ges. Ing.* 29 S. 413/6.

Heating and ventilating equipment of the Carnegie Branch Library, St. Louis, Mo. (The air supplied is washed)* *Eng. Rec.* 54 S. 241/3.

HUBBARD, heating and ventilating schoolhouses. (Indirect stacks for ventilation; fan system.)* *Eng. Rec.* 54 S. 386/90.

WATERS, comparison of heating and ventilating plants installed in Chicago public school buildings at various periods. (Comparing the cost of installing, direct and indirect system of heating, with mechanical ventilation, heating and ventilating apparatus, consisting of sections of vertical radiators located in the basement and erected in such a manner that the air is drawn from the outside by means of a fan or blower; steam heating plant without provision to move the air for ventilating purposes by mechanical means; gravity method of air movement) *Eng. Rec.* 53 S. 750/1.

Vergleichung verschiedener in Chicagoer Schulgebäuden eingerichteter Heizungs- und Lüftungsanlagen. *Ges. Ing.* 29 S. 544/5.

HEATH, heating and ventilation of the New Tacoma high school. (Combination system of direct and indirect radiation, operated by exhaust steam with the WEBSTER vacuum system of steam circulation and JOHNSON pneumatic heat regulating apparatus; exhaust steam line; fresh air and exhaust duct work in „breathing" partition walls; consisting of hollow partition walls between the halls and class rooms.)* *Eng. Rec.* 53 S. 561/4.

Heating and ventilation of the engineering building at the University of Pennsylvania. (Mechanical ventilation; five systems, each operated by a full-housed fan in the attic.) * *Eng. Rec.* 54 S. 635/6.

TERAN, heating and ventilating the main auditorium of the Broadway Tabernacle, New York City. (Blast system, with mechanical exhaust and automatic temperature control for the auditorium, and direct radiators controlled by hand for the vestibules; air filter of the „V" type, galvanized iron, covered with wire and cheesecloth; from the filter room the air is induced through the heating stack.)* *Eng. News* 55 S. 115/6; *Eng. Rec.* 53 S. 161/3.

Chauffage et ventilation de la bibliothèque Carnegie à Saint-Louis.* *Rev. ind.* 37 S. 409/10.

Heating and ventilating plant of the Indianapolis post office and custom house. (Air is preheated by tempering coils between the blower and the air filter; air filter of the cheesecloth type.)* *Eng. Rec.* 53 S. 709/12.

Heating and ventilating system of the New Custom House in New York. (Ventilation by natural draft; air-washing apparatus; method of avoiding back drafts and of preventing cool drafts from the large window exposures; steam at low pressure; automatic dampers in window sash.)* *Eng. Rec.* 53 S. 649/53.

Mechanical plant of the Ford Memorial Building, Boston. (Blowers for both fresh air and exhaust.) * *Eng. Rec.* 53 S. 533/7.

HUBBARD, warming and ventilation of hospitals. (Various arrangements.)* *Eng. Rec.* 54 S. 411/3.

MC AVITY, heating and ventilating St. Paul's Hospital, Montreal. (Three quarter housing steel plate centrifugal fan with double discharge, driven by a direct-current motor; coils of the mitre type used with low pressure steam; air washer and humidifier.) (V) (A)* *Eng. Rec.* 53 S. 513/4.

KEITH & BLACKMAN CO., ventilating the Manchester Exchange. (By drawing the fresh air down to the basement and propelling it under pressure through the arrangements for warming or cooling into the exchange chamber, and extracting the vitiated air at a level of 30' from the floor and blowing it outside by mechanical means.) *Text. Man.* 32 S. 237.

Luft-, Wasch- und Wärmeinrichtung. (Die Heizungsanlage im Zeichenbureau der Illinois Steel Co., Chicago.)* *Uhlands T. R.* 1906, 2 S. 92; *Iron A.* 78 S. 340/1.

MARRIOTT, investigation of shop ventilation in New York City. (Determination of the carbon dioxide in the air.) *Eng. Rec.* 54 S. 638.

Die Lüftungsanlagen beim Bau der großen Alpentunnel in Oesterreich. *Ges. Ing.* 29 S. 701/2.

VICTOR TALKING MACHINE CO., Camden, N. J., Exhaustoranlage für Schleif- und Poliermaschinen.* *Z. Gew. Hyg.* 13 S. 650/1.

Ventilation of boiler and engine rooms. (Removal of the heated air from a point near the ceiling, through a duct and blower, discharging into the ash pits under the boilers and thus forcing the fires.) *Eng. Rec.* 53 S. 550.

MEHL, zur Kühlung von Fabrikräumen. (Leitung der Luft durch Kellerräume mit genäßten Pfeilern aus porösen Ziegeln.) *Z. Gew. Hyg.* 13 S. 134/5.

GREGSONs Ventilationseinrichtung „Plemim" für Sheddächer von Textilfabriken. (Besteht aus Blechröhren, die über das Sheddach hinausragen und oben einen Hut tragen; Ansaugung der Frischluft durch einen Ventilator.)* *Z. Gew. Hyg.* 13 S. 164/5; *Uhlands T. R.* 1906, 5 S. 5.

Ueber Entnebelungsanlagen. (Dampfturbinenventilatoren.) *Mon. Text. Ind.* 21 S. 165/6.

MARR, zur Frage der Entnebelung von Färbereien. (Zur Abhandlung S. 165/6. Einführung von Luft von 15—20° C in den unteren Teil der Färberei, von wo sie nach oben steigend, die heißen Wasserdünste aufnimmt.) *Mon. Text. Ind.* 21 S. 298.

Erstellung einer Entnebelungsanlage. (Durch Düsenwirkung bewegte, erwärmte und mit dem Brodem sich mischende Luft wird durch mehrere Dampfturbinenventilatoren angesaugt und über Dach geführt.) *Z. Gew. Hyg.* 13 S. 599/600.

KÜNZEL, Absaugeeinrichtung für den Wrasen aus Wasch- und Kochküchen.* *Uhlands T. R.* 1906, 2 S. 20.

Absaugung der Alkoholdämpfe in Filzhutfabriken. (Am Fußboden durch einen Schraubenflügelventilator.)* *Z. Gew. Hyg.* 13 S. 164.

Ventilating systems of the new Wanamaker store building. (Air-washing equipment; exhaust gathering system for the ventilation of the kitchen; music hall ventilation; air filter and tempering and reheating coils, with thermostatic control.)* *Eng. Rec.* 53 S. 340./3.

Heating and ventilating plant for the shops of the Southern Rr. at Spencer, N. C. (Indirect steam heating system with fan blowers.) *Eng. Rec.* 54 S. 268.

ANDRÉ, fumifuge à hélice pour garages et ateliers. (Système CRÉMOUX.)* *France aut.* 11 S. 28.

3. Ventilatoren. Ventilators. Ventilateurs. Siehe diese.

M.

Magnesium und Verbindungen. Magnesium and compounds. Magnésium et combinaisons.

ARNDT, Eigenschaften von Magnesiageräten. (Feuerschwindung; Widerstandsfähigkeit gegen chemische Einflüsse.) *Chem. Z.* 30 S. 211.

GRIMBERT, la réaction de SCHLAGDENHAUFEN. (On verse dans la solution magnésienne d'abord de l'iodure de potassium, puis, goutte à goutte, un hypochlorite.) *J. pharm.* 6, 23 S 237/9.

BELLIER, le réaction de SCHLAGDENHAUFEN. (A la solution contenant le sel de magnésium, BELLIER propose d'ajouter une solution d'iode dans l'iodure de potassium, puis de la soude étendue.) *J. pharm.* 6, 23 S. 378/81.

BERJU, indirekte Bestimmung kleiner Mengen Magnesia durch Wägung der Phosphorsäure der phosphorsauren Ammoniakmagnesia als Phosphormolybdänsäureanhydrid. *Chem. Z.* 30 S. 823/5.

DAVIS, studies of basic carbonates. Magnesium carbonates. ⊕ *Chemical Ind.* 25 S. 788/98.

DUBOIN, les iodomercurates de magnésium et de manganèse. *Compt. r.* 142 S. 1338/9.

ESCH, Magnesia usta für Kautschuk Artikel. (Die leichte und schwere Modifikation.) *Gummi-Z.* 20 S. 419.

GOODWIN and MAILEY, the physical properties of fused magnesium oxyde. *Phys. Rev.* 23 S. 22/30; *Electrochem. Ind.* 4 S. 216/7.

GRUBE, Legierungen des Magnesiums mit Kadmium, Zink, Wismut und Antimon. [a] *Z. anorgan. Chem.* 49 S. 72/92.

HABER und FLEISCHMANN, die umkehrbare Einwirkung von Sauerstoff auf Chlormagnesium.* *Z. anorgan. Chem.* 51 S. 336/47.

HAAG, neuer Apparat zur Gewinnung des Magnesiums (Elektrolytische Verarbeitung; das gewonnene Metall, Chlorgas und der Rückstand des Elektrolyten werden in getrennter Weise abgeführt.)* *Elektrochem. Z.* 12 S. 243/4.

LOUGUININE et SCHUKAREFF, étude thermique des alliages de l'aluminium et du magnésium.* *Rev. métallurgie* 3 S. 48/60.

MAIGRET, titrimetrische Bestimmung von Calcium und Magnesium. (N) *Stahl* 26 S. 17.

MELTZER, die hemmenden und anästhesierenden Eigenschaften der Magnesiumsalze. *Apoth. Z.* 21 S. 46.

MENSCHUTKIN, die Aetherate des Brom- und Jodmagnesiums. (Diätherate; Monoätherat)* *Z. anorgan. Chem.* 49 S. 34/45, 206/12.

MICHAEL and GARNER, magnesium permanganate as an oxidizing agent. *Chem. J.* 35 S. 267/71; *Chem. News* 94 S. 167/8.

MOLDENHAUER, Einwirkung von Sauerstoff und Wasserdampf auf Chlormagnesium.* *Z. anorgan. Chem.* 51 S. 369/90.

REYCHLER, réactions qui donnent naissance aux combinaisons organomagnésiennes. *Bull. Soc. chim.* 3, 15 S. 1079/88.

REYCHLER, propriétés des composés organomagnésiens. (Action du chloroforme sur le bromure de phénylmagnesium; action du chlorure de benzylidène sur le bromure de phénylmagnésium.) Réactions qui donnent naissance aux composés organo-magnésiens. *Bull. belge* 20 S. 248/52.

TSCHELINZEFF, das Problem der Darstellung individueller magnesium-organischer Verbindungen und Eigenschaften derselben. *Chem. Z.* 30 S. 378 9.

WEDEKIND, Magnesiageräte bei hohen Temperaturen. *Chem Z.* 30 S. 329.

WESTHAUSZER, zur Kalk- und Magnesiabestimmung, besonders in dolomitischen Kalken. (V) (A) *Chem. Z.* 30 S. 985.

WHEELER und HARTWELL, Magnesium als Dünger. *CBl. Agrik. Chem.* 35 S. 90/100

ZEMCZUZNYJ, Legierungen des Magnesiums mit Silber. [a] *Z. anorgan. Chem.* 49 S. 400/14.

Magnesium in der Gelbgießerei. (Kann als Metall ohne die Gefahr einer Selbstentzündung in der Luft behandelt werden.) *Gieß. Z.* 3 S. 536.

Magnesium in the brass foundry. *Foundry* 28 S. 228,'9.

Praktische Anleitung zur Herstellung von Magnesia-Chlo magnesiummassen. *Erfind.* 33 S. 606/8.

Magnesite deposits of California. (Nearly all the magnesite known in the United States is found in a belt of serpentine that extends from Southern California along the coast range to Oregon.) *Eng. min.* 81 S. 323.

Mais. Maize. Maïs. Vgl. Landwirtschaft.

GOSIO, Phenolreaktion zur Ermittelung der Veränderungen des Maises. (V) (A) *Chem. Z.* 30 S. 455/6.

Malerei. Painting. Peinture. Vgl. Anstriche, Fette und Oele, Firnisse und Lacke.

THOMSON, the chemistry of artists colors in relation to their composition and permanency. *Sc. Am. Suppl.* 62 S. 25526/7 F.

Ueber Kirchenmalerei. *Malerz.* 26 S. 362/4.

RÄHLMANN, die Maltechnik der alten Meister. (V) *Farben-Z.* 11 S. 1250 3.

STRUCK, die Geheimnisse der alten Meister. (Vertupfen der Farbe auf einer trockenen durchsichtigen Farbschicht; Anreiben der Farben; Behandlung des menschlichen Körpers als eines lichtdurchlässigen Raumes.) *Münch. Kunstbl.* 3 S. 1/3 F.

MARIS, die Maltechnik REMBRANDTs. *Münch. Kunstbl.* 3 S. 8.

Professor PH. FLEISCHERs Meisterfarben der Renaissance. (Technik der Farbenbindemittel. Farbe I hat den Charakter der Temperafarbe, die auch als Untermalung dient; Farbe II dient zum Primamalen, Lasieren und Uebermalen auch über Farbe I.) *Münch. Kunstbl.* 3 S. 10/1 F.

ADAM, J., über Tempera. (Erfahrungen. Eidotter, in Terpentinöl aufgelöstes weißes Wachs, Dammarlack, Essig, Borax.) (R) *Malerz.* 26 S. 195.

FRIEDLEIN, zum Artikel „Warum Tempera?" (Zu LAMMs Artikel in Nr. 23 und 24, Jg. II.) *Münch. Kunstbl.* 3 S. 13/4.

Tempera-Bindemittel. (Mittel, um die verlangten Eigenschaften zu erreichen; Zusammensetzung der Tempera-Bindemittel.) *Malerz.* 26 S. 281.

Der Unterschied in Licht- und Farbenmischungen. *Maler-Z.* 26 S. 513.

Malgrund von BAKENHUS. *Münch. Kunstbl.* 3 S. 6/8.

Bleiweiß oder Zinkweiß? (Beobachtungen von BAKENHUS; Anreiben von Bleiweiß und Zinkweiß mit Mohnöl, Leinöl; Lasuren mit verschiedenen Farben.) *Münch. Kunstbl.* 3 S. 16.

TÄUBER, Bleiweiß oder Zinkweiß? (Versuche über die Deckkraft; Rissigwerden des Zinkweißes als Oelfarbe nach dem Trocknen.) *Münch. Kunstbl.* 3 S. 3/4.

ROHLAND, die Ultramarine als Malerfarben. *Mitt. Malerei* 22 S. 229/31.

Innenmalerei in Kaseinfarben. *Malers.* 26 S. 57/8.

BADER, Martin Knollers Freskogemälde. (Milch- und Kaseinfarben als Wucherfeld für Pilze.) *Malers.* 26 S. 3.

Kasein auf Oelgrund. (Erfahrungen von SETZ, PFISTER, STÖCKLI, EISELE, SÄCHS. GRUNDIN-FABRIK KÖHLER & CO. u. a.) *Malers.* 26 S. 82/3.

Wetterfeste Kalkfarben. (Bindemittel: Flußsand, Salz, abgerahmte Sauermilch, Kaseinlösung, Kalileim, Laugenleim „Lixoglutin".) *Malers.* 26 S. 34/5 F.

SCHMIDT, HERMANN, die Technik und Geschichte des Emails und der Emailmalerei. (V) *D. Goldschm.* Z. 9 S. 330 a/1 a.

SCHICKANEDER, Druckverfahren für Künstler. (Zeichnen mit einer in Wasser nicht löslichen Farbe auf eine Platte, deren Grund in Wasser löslich ist. D. R. P. 161416.)* *Münch. Kunstbl.* 3 S. 14/6.

POLMANN, Schriften auf Zement. (Ausführung.) *Malers.* 26 S. 37.

KRAUTZBERGER & CO., mit Luftdruck betriebene Malgeräte.* *Papier-Z.* 31, 1 S. 1127.

Mangan. Manganese. Manganèse. Vgl. Eisen.

ARNOLD und KNOWLES, über den Einfluß des Mangans auf das Eisen. *Metallurgie* 3 S. 343/6.

ARRIVAUT, les alliages purs de tungstène et de manganèse, et sur la préparation du tungstène. *Compt. r.* 143 S. 594/6.

ARRIVAUT, alliages de manganèse et de molybdène. Les constituants. *Compt. r.* 143 S. 285/7, 464/5.

GRAY, HEUSLER's magnetic alloy of manganese, aluminium and copper. *Proc. Roy. Soc.* 77 S. 256/9.

GUILLAUME, théorie des alliages magnétiques du manganèse. (Températures de transformation; les transformations magnétiques; le magnétisme du manganèse.) *Bull. Soc. él.* 6 S. 301/8.

BAXTER and HINES, revision of the atomic weight of manganese. *J. Am. Chem. Soc.* 28 S. 1560,'80.

BAXTER und HINES, Revision des Atomgewichtes von Mangan. *Z. anorgan. Chem.* 51 S. 202/22.

KATZER, die geologischen Verhältnisse des Manganerzgebietes von Cevljanovic in Bosnien.* *Berg. Jahrb.* 54 S. 203/44.

DANTIN, les principaux gisements de manganèse du globe. *Gén. civ.* 48 S. 343/5.

BROWN, JAMES, interaction of hydrochloric acid and potassium permanganate in the presence of various inorganic salts. *Am. Journ.* 21 S. 41/57.

BAXTER, BOYLSTON and HUBBARD, solubility of potassium permanganate. *J. Am. Chem. Soc.* 28 S. 1336/43.

BRUHNS, Haltbarkeit titrierter Permanganatlösungen. *CBl. Zuckerind.* 14 S. 968/9.

DOERINCKEL, Verbindungen des Mangans mit Silicium. [bl] *Z. anorgan. Chem.* 50 S. 117/26.

DUBOIN, les iodomercurates de magnésium et de manganèse. *Compt. r.* 142 S. 1338/9.

GARNER and KING, germicidal action of potassium

permanganate. *Chem. J.* 35 S. 144/7; *Chem. News* 94 S. 199/200.

DU JASSONNEIX, réduction des oxydes du manganèse par le bore au four électrique et préparation du borure de manganèse. *Bull. Soc. chim.* 3, 35 S. 102/6.

MICHAEL and GARNER, magnesium permanganate as an oxidizing agent. *Chem. J.* 35 S. 267/71; *Chem. News* 94 S. 167/8.

MILLER. ZEEMAN-Effekt an Mangan und Chrom. *Physik. Z.* 7 S. 896/9.

WEBER, Magnetisierbarkeit der Manganisalze. *Ann. d. Phys.* 19 S. 1056/70.

PATTERSON, solubilities of permanganates of the alkali metals. *J. Am. Chem. Soc.* 28 S. 1734/6.

SPERRY, Mangankupfer-Widerstandsdraht. *Metallurgie* 3 S. 228/30.

TARUGI, determinazione di piccole quantità di manganese e sopra un nuovo metodo di formazione del glicerosio. *Gas. chim. it.* 36, 1 S. 332/47.

FUNK, Trennung des Eisens und Mangans von Nickel und Kobalt durch Behandeln ihrer Sulfide mit verdünnten Säuren. *Z. anal. Chem.* 45 S. 562/71.

PRESCHER, Bestimmung des Mangans im Trinkwasser. *Pharm. Centralh.* 47 S. 799/802.

SKRABAL und PRISS, Reaktionsmechanismus der Permanganatreduktion. Die Kinetik der Permanganat-Ameisensäurereaktion. *Sitz. B. Wien. Ak.* 115, 2 b S. 301/40; *Mon. Chem.* 27 S. 503/41.

VENATOR, die Deckung des Bedarfs an Manganerzen. *Stahl* 26 S. 65/71 F.

Manganese in manganese-bronze.* *Am. Mach.* 29, 2 S. 736.

Manometer. Manometers. Manomètres. Vgl. Dampfkessel 12.

HERING, ein neues Manometer zur Bestimmung kleiner Gasdrucke mit Anwendungen. (Versuche zur Prüfung des MC LEODschen Manometers.)* *Ann. d. Phys.* 21 S. 319/41.

UBBELOHDE, abgekürztes Manometer mit wiederherstellbarer Leere. (Für Vakuumdestillation usw.)* *Chem. Z.* 30 S. 966.

ROBERTS, a compensated micro-manometer. (Antievaporative attachment for use with volatile fluids; one should be connected in series with each side of the gauge - only one shown. A WOULFF's bottle with three necks would be a convenient substitute. Cal. chlor. tube should be used also in case of hydroscopic fluid in gauge.)* *Proc. Roy. Soc.* 78 A S. 410/2.

Manomètre de tirage PHOENIX. * *Gén. civ.* 49 S. 61.

The American gauge tester.* *Iron A.* 78 S. 74.

Dead - weight gauge tester. (Consists of a main pump cylinder kept filled with oil, the static pressure of which is determined by the weights placed upon a cylinder of accurately estimated and limited cross - sectional area.) * *El. World* 48 S. 56/7.

Bostoner Prüfapparat für Dampfmanometer. (Gewichtsprüfer, dessen Kammer mit dem zu prüfenden Manometer in Verbindung steht; Füllung des Prüfers mit einem leichten Mineralöl.)* *Oest. Woll. Ind.* 26 S. 1377.

Margarine. Siehe Butter 2 u. 3.

Markthallen. Market halls. Halles. Siehe Hochbau 61.

Marmor. Marble. Marbre. Vgl. Baustoffe, Calcium, Kalk, Kreide.

Bearbeitung des Marmors im Ural. *Baumatk.* 11 S. 35/6.

Das Färben von Marmor. *Apoth. Z.* 21 S. 169/70.

Künstlicher Marmor. (Aus Abfallmaterial der Marmorbrüche.) *Münch. Kunstbl.* 3 S. 28.

Behandlung von Carrara - Masse. (Modellplatten aus Marmorstaub.) *Gieß. Z.* 3 S. 576.

CARY, Verwitterung von Marmor. *Mitt. a. d. Materialprüfungsamt* 24 S. 14/29.

LUNDQUIST, comparative wear of Swedish and Italian marble. (Trials.) *Min. Proc. Civ. Eng.* 163 S. 453/4.

Maschinenelemente, anderweitig nicht genannte. Engine parts, not mentioned elsewhere. Organes de machines, non dénommés. Vgl. Achsen, Wellen u. Kurbeln, Eisenbahnwesen III A, Getriebe, Kolben, Krafterzeugung u. -Uebertragung 5 u. 6, Kupplungen, Lager, Lokomobilen, Nägel, Niete, Riem- und Seilscheiben, Schrauben, Schwungräder, Ventile, Zahnräder.

ADAMS, flange bolts. (Bolts necessary to hold down a pillar crane.)* *Pract. Eng.* 34 S. 805/7.

The LAKHOVSKY screw-bolt.* *Engng.* 82 S. 398.

DUFRESNE, making interchangeable crossheads, bodies and slippers.* *Am. Mach.* 29, 1 S. 212/3.

SONDERMANN, Stopfbüchse und Kreuzkopf. (Für Ventilspindeln, Schieber- und Kolbenstangen bezw. Exzenter- und Schieberstangen.)* *Masch. Konstr.* 39 S. 158/9.

Einige amerikanische Kreuzkopftypen. (Ausführungen von HARRIS, BUCKEYE ENGINE CO., MURRAY CO.)* *Masch. Konstr.* 39 S. 135.

EDLER, Berechnung von Zugfedern für elektrische und mechanische Apparate.* *Elt. u. Maschb.* 24 S. 375/80 F.

EMERY, precision dynamometer springs. (Spring milled on PRATT & WHITNEY threadmiller.)* *Am. Mach.* 29, 2 S. 702/4.

INOKUTY and BALE, formulae for helical springs. *Pract. Eng.* 33 S. 11/3, 53.

MAISONNEUVE, body springs and their action; their manufacture and attachment.* *Horseless age* 18 S. 591/3.

WIMPERIS, the strength of coil springs.* *Eng.* 102 S. 541/2.

ALLEY & MAC LELLAN, Kurbellager und Pleuelstange für einen 400 P.S. Kompressor.* *Masch. Konstr.* 39 S. 136.

BARR, manufacturing interchangeable machine parts. (Methods of duplicating parts.) *Mech. World* 40 S. 81/2 F.

BECK, Beschreibung der von LEONARDO DA VINCI angegebenen Mechanismen u. dergl. (Mathematische Instrumente; Bewegungsmechanismen; Werkzeuge und Werkzeugmaschinen; Hebezeuge und Ablaßvorrichtungen; Pressen; Mühlen; Spinnerei.)* *Z. V. dt. Ing.* 50 S. 524/31 F.

BENJAMIN, strength of cast - iron machine parts. (Tests on cast - iron beams; plane of fracture; corner breaks; breaking pressure.) *Mech. World* 40 S. 65.

BLISS CO., Kurbelstangen für Maschinenpressen. (Spannbare Schubstange mit Rechts- und Linksgewinde, desgl. mit Kugelgelenk und mit flacher Gewinde-Oberflanke.)* *Masch. Konstr.* 39 S. 160.

BRUCE, worm contact. (Nature and limitations of tooth contact; some experiments relating to worm-gears.)* *Am. Mach.* 29, 2 S. 664/7; *Page's Weekly* 8 S. 177/84 F.

BRUCE, worm gear design. *Am. Mach.* 29, 2 S. 670/1.

Leaves from a naval engineer's note book. (Reversing gear; turning gear.) (a) * *Pract. Eng.* 33 S. 41/4 F.

BURNS, keys and keyways. (Fitting; feather key.) *Mech. World* 40 S. 150.

EDLER, Studien über die Berechnung der Augen

von Gelenkstangen, Kettenlaschen, Schubstangenköpfen u. dgl.* *Mitt. Gew. Mus.* 16 S. 192.

FINCHLEY MOTOR AND ENG. CO., autoloc. (For locking together any two members of a rotating or sliding mechanism, rendering relative movement impossible.)* *Pract. Eng.* 33 S. 426/7.

GADD, truss design.* *Mech. World* 39 S. 31 F.

The GRAY & PRIOR universal joint. (Working angle is purposely limited to 30 degrees from a straight line.)* *Iron A.* 78 S. 740.

The Climax universal joint.* *Autocar* 16 S. 256.

HERRMANN, lever escapement: some modification in pallet construction. * *Pract. Eng.* 34 S. 200

HOULSON, engine barring gear. (Strength modulus of the slidebar; reversing levers and rockshaft; frame.)* *Mech. World* 40 S. 54/5 F.

ILLECK, zur Theorie der rotierenden Scheiben.* *Z. Oest. Ing. V.* 58 S. 729/36.

KULL, Bemerkung über die Beanspruchung gekröpfter Wellen. *Dingl. J.* 321 S. 218/20.

Crank mechanism for single-acting engines. (RAMSEY design.)* *Eng. Rec.* 54 S. 128/9.

Fitting keys to axles and cranks.* *Mech. World* 39 S. 111.

MARMOR, note sur le tournage d'un arbre coudé.* *Rev. méc.* 19 S. 57/65.

MURRAY, machining a shaft with eccentric end.* *Am. Mach.* 29, 1 S. 252/3.

SHERMAN, design of ironwork resting on masonry. (Anchorage.) (V) (A) *Mech. World* 39 S. 286.

STAEDEL, zur Hakenberechnung. * *Dingl. J.* 321 S. 561/2.

WILLARD, strains set up in connecting rods of Corliss engines by inertia. (Formula.) * *Pract. Eng.* 34 S. 773/4.

Notes on large engine foundations.* *Mech. World* 40 S. 295 F.

Bedplates and engine framing. (Engine framing of the British battleships „Royal Oak" and „Ramillies". The former has a framing of forged-steel front and back columns with diagonal braces both athwartship and fore and aft while in the latter the back columns are of cast steel of the ordinary inverted Y type.) (a)* *Pract. Eng.* 34 S. 291/3 F.

Large engine frame. (Engine of the horizontal rolling mill type ALLIS-CHALMERS CO.; weight 105 t for an engine whose cylinders measure 50 and 78" in diameter and have a stroke of 60". Manufacture and handling of the casting.)* *Eng. Rec.* 53 S. 799.

The Mors clutch. (In principle it is merely a shoe-brake, although it resembles an ordinary band-brake.)* *Aut. Journ.* 11 S. 95.

New tools and machine shop appliances. (A turret lathe; a variable speed gear; the clutch gears and pawl; a pneumatic wrench; a pair of pipe tongs.)* *Am. Mach.* 29, 1 S. 252/3.

Anhubvorrichtung. (Für Dampfmaschinen mit Schwungradachsen, die kurz gebaut werden mußten und deren Schwungrad knapp an einer Mauer läuft; ein Stück aus Stahlguß oder Gußeisen dient zur Wellenverlängerung, welches auf den aus dem Lager ragenden Stummel der Welle aufgekeilt wird.)* *Z. Gew. Hyg.* 13 S. 512/3.

Types of steel split pulleys made by the LATSHAW PRESSED STEEL & PULLEY CO., Pittsburgh. Pa.* *Iron A.* 78 S. 537.

Momentausrückungen an Gummi- und Celluloid-Walzwerken.* *Z. Wohlfahrt* 13 S. 86/8.

Freilaufkurbeln mit Rollen- oder Kugeleinlage.* *Masch. Konstr.* 39 S. 128.

Design of spring rings. (Methods of arriving at

the correct diameter to which a given spring ring should be turned.) *Pract. Eng.* 33 S. 719/20, Piston rings.* *Eng.* 101 S. 658.

Les vitesses critiques des arbres animés de grandes vitesses angulaires.* *Eclair. él* 47 S. 46'51.

Schaltkasten der SIDNEY MILLS für Geschwindig-keitswechsel. (Für Bohr- und Arbeitsmaschinen; Anordnung, die eine Aenderung der Geschwindig-keit in geometrischer Progression zuläßt; Schal-tung auf 16 verschiedene Geschwindigkeiten.)* *Masch. Konstr.* 39 S. 176.

Materialprüfung. Test of materials. Essai des maté-riaux.

Vgl. Baustoffe, Eisen 2, Elastizität und Festigkeit, Fette und Oele 3, Holz, Mechanik, Metalle, Mörtel, Papier, Straßenbau 2, Viscosi-metrie, Zement 2.

    1. Allgemeines.
    2. Verfahren.
      a) Metalle, Maschinen-, Baukonstruktionsteile u. dgl
      b) Baustoffe.
      c) Verschiedenes.
    3. Maschinen, Apparate und Instrumente.

1. Allgemeines. Generalities. Généralités.

Bericht über die Tätigkeit des Königlichen Mate-rialprüfungsamts der Technischen Hochschule Berlin, Groß-Lichterfelde-West bei Berlin, im Betriebsjahre 1904. *Baumatk.* 11 S. 301/6 F.; *Bit. u. Eisen* 5 S. 76 F.

KÖNIGLICHES MATERIALPRÜFUNGSAMT in Groß-Lichterfelde-West. (Jahresbericht von 1905.) *Gieß. Z.* 3 S. 683/90.

Bericht über die Tätigkeit des Königlichen Mate-rialprüfungsamts der Technischen Hochschule Berlin, Groß-Lichterfelde West bei Berlin. (a)* *Baumatk.* 11 S. 79/82 F.

ULZER und BADERLE, Tätigkeit der Versuchs-anstalt für chemische Gewerbe im Jahre 1905. (Wasseruntersuchungen; Legierungen; Metalle; Roheisen und Stahlproben; Mineralien, Salze und Säuren; Kosmetika; Gewebe und Appre-turen.) *Mitt. Gew. Mus.* 16 S. 116/37.

La recente riunione dell' Associazione italiana per gli studii sui materiali da costruzione in Pisa 16—18 aprile 1905. (a) *Giorn. Gen. civ.* 43 S. 235/63.

Congresso dell' associazione internazionale per la prova dei materiali. (Rivista dei lavori scienti-fico-tecnici presentati al congresso.) *Giorn. Gen. civ.* 44 S. 554/81.

Verhandlungen des 4. internationalen Kongresses für die Materialprüfungen der Technik in Brüssel 1906. (Haftvermögen hydraulischer Bindemittel von FERET; Vereinheitlichung der Prüfungs-Methoden von BELELUBSKY; GARYs bildliche Darstellung des Abbindevorganges von Zementen; MALÜGAs Bericht über die Normalkonsistenz hydraulischer Bindemittel; MAYNARD, Frage der Notwendigkeit, die heutige irrtümliche Art der Mörtelanalyse und der Entnahme von Proben zu ändern; BAUCHÈRE's Arbeiten „Versuche über Mörtelzersetzung infolge schwefligen Wassers sowie infolge Meerwassers".) *D. Baus.* 40 *Mitt. Zem., Bet.- u. Eisenbetbau* S. 76 F.

PRICE, the microstructure and frictional charac-teristics in bearing metals.* *Am. Mach.* 29, 2 S. 535/41.

ADAMS and COKER, investigation into the elastic constants of rocks, more especially with re-ference to cubic compressibility. (a)* *Am. Journ.* 22 S. 95/123.

2. Verfahren und Versuche. Methods and re-searches. Méthodes et recherches.

a) Metalle, Maschinen-, Baukonstruktionsteile

HEYN, einiges aus der metallographischen Praxis. (Zerreißprobe; Biegeprobe; Proben mit stoß-weiser Belastung; Schlagproben; Schlagbiege-probe mit gekerbten Stäben; Sprödigkeit infolge Fehler in der Behandlung; Sprödigkeit infolge mangelhafter Materialbeschaffenheit. Zerreißfestig-keit und Bruchdehnung.) (V)* *Z. Dampfk.* 29 S. 97/9 F.

PREUSS, zur Geschichte der Dauerversuche mit Metallen. (WÖHLER als Begründer der Dauerver-suche; WÖHLERs Maschinen; Zugbeanspruchung, Verdrehung, einseitige Biegung und Biegung ständig gedrehter Probestäbe; SPANGENBERGs Versuche; Dauerversuche von METCALF, KEN-NEDY, BAUSCHINGER, BAKER; Dauerversuche in Watertown mit Achsen von Artilleriefahrzeugen; MARTENS' Dauerversuche; Dauerversuchs-maschine des englischen National Physical La-boratory.) * *Baumatk.* 11 S. 245/9.

ANTHES, Versuchsmethode zur Ermittlung der Spannungsverteilung bei Torsion prismatischer Stäbe. *Dingl. J.* 321 S. 342/5 F.

BACH, Abhängigkeit der Bruchdehnung von der Meßlänge. (Bruchdehnung starker und schwacher Kesselbleche.) *Z. Bayr. Rev.* 10 S. 87/8.

CHARPY, sur l'influence de la température sur la fragilité des métaux. (Essais pour mesurer le travail absorbé par la rupture d'un barreau en-taillé.) *Mém. S. ing. civ.* 1906, 2 S. 562/9.

HANCOCK, Einfluß des wechselweisen Verdrehens auf die elastischen Eigenschaften von Metallen.* *Dingl. J.* 321 S. 646.

BANNISTER, the relation between type of fracture and micro-structure of steel testpieces. *Iron & Coal* 72 S. 1635/7.

LE CHATELIER, les applications pratiques de la métallographie microscopique dans les usines.* *Rev. métallurgie* 3 S. 493/517.

ROGERS, quelques effets microscopiques produits sur les métaux par l'action de efforts.* *Rev. métallurgie* 3 S. 518/27.

COOPER, new facts about eye-bars. (In the execu-tion of the superstructure of the Quebec Bridge; tests proving that the elastic limit of the eye-bar, as a whole, is reached before that of the bar proper; maximum stress is near the pin; difficulty of distortions can be overcome to a great extent by thickening.) (V. m. B.) (a) * *Proc. Am. Civ. Eng.* 32 S. 14/31 F.; *Eng. News* 55 S. 412/4.

GÉRARD, calcul de la résistance au vent des co-lonnes supportant des fermes métalliques.* *Rev. univ.* 15 S. 133/205.

HANNOVER, experimental technology of deforma-tion of materials, and its application to metal-working processes.* *Am. Mach.* 29, 2 S. 363/4, 394/8 F.

HORT, Untersuchungen über die Spannungserhöhung bei Wiederholungsversuchen. (Einfluß der Festig-keitsmaschine auf die Gestalt des labilen Fließ-gebietes im Spannungsdiagramm.)* *Z. V. dt. Ing.* 50 S. 2110/3.

IZOD, behaviour of materials of construction under pure shear. (Experiments at London University Col-lege Engineering Laboratory; gear for shear ex-periments; cast iron; cast aluminium-bronze; cast phosphor-bronze, gunmetal, yellow brass, delta metal, rolled phosphor-bronze, aluminium, alu-minium alloy, wolframinium, mild-steel and wrought-iron.) (V. m. B.) (a)* *Proc. Mech. Eng.* 1906 S. 5/55; *Pract. Eng.* 33 S. 77/9.

Shearing strength of structural steel. (Tests of LAVALLEY; double shear tests; elastic limit; ductility.) * *Mech. World* 40 S. 63/4.

JOHNSON, complete analysis of general flexure in a straight bar of uniform cross-section (Numerical examples; use of the S-polygon.) (V. m. B.) ☒ *Proc. Am. Civ. Eng.* 32 S. 67/94.

SCOBLE, strength and behaviour of ductile materials under combined stress. (Experiments made on bars subjected to bending and twisting.) (V) (A) *Pract. Eng.* 34 S. 337/8.

WHITE, electrolytic galvanizing. (Mechanical tests; chemical tests.) *Iron A.* 77 S. 260/2.

ROTHE und HINRICHSEN, die Angreifbarkeit von Metallen durch feuchte Luft bei Gegenwart von Kohlensäure und schwefliger Säure. *Mitt. a. d. Materialprüfungsamt* 24 S. 275/7.

HOWE, relative corrosion of wrought iron and steel. *Am. Mach.* 29, 2 S. 49/50.

Eisenqualitäten und ihre Beurteilung. (Bericht des Königl. Materialprüfungsamtes Gr.-Lichterfelde über das Jahr 1904; metallographische Verfahren; Einlagerung von Phosphorschnüren.) (A) *Z. Dampfk.* 29 S. 148/9.

DU BOUSQUET, essai de pièces en acier moulé par la Compagnie du Chemin de Fer du Nord. (Corps de boîtes à huile, têtes de pistons, glissières des têtes de pistons et leurs supports, pièces du mécanisme de distribution.) * *Rev. chem. f.* 29, 2 S. 287/9.

BRAUNE, undersökning utförd vid Motala Verkstad öfver kväfve i järn och stål. *Jern. Kont.* 1906 S. 763/79.

Stahl. (Zerreißversuche mit geschmiedeten Stählen von geringem Kohlenstoffgehalt, mit abgeschreckten Stählen; Schlagbiegeversuche mit eingekerbten Probestäben von geschmiedetem Stahl; Härtebestimmung nach der BRINELLschen Methode mit geschmiedeten Stählen.) *Z. Dampfk.* 29 S. 214/5.

Apparatus for determining hardness by the BRINELL ball test. * *Am. Mach.* 29, 2 S. 73/4.

Relation entre la résistance à la traction et la dureté mesurée par la méthode BRINELL.* *Gén. civ.* 49 S. 148.

FRIESENDORFF, über die BRINELLsche Kugelprobe zur Bestimmung der Härte der Metalle. (Besprechung der BRINELLschen Methode vom Standpunkte der Elastizitätstheorie aus.) *Baumatk.* 11 S. 122/4.

Bestimmung der Härte von Materialien vermittels der BRINELLschen Kugelprobe. (Einpressen einer Kugel aus gehärtetem Stahl mit einem bestimmten Druck in die Oberfläche des zu prüfenden Materials; Tabelle.) *Baumatk.* 115 S. 6/8; *Eisens.* 27 S. 457/8.

BOYNTON, hardness of the constituents of iron and steel.* *Iron & Steel J.* 70 S. 287/318.

CAMPION, notes on tensile and other tests. (35 per cent carbon steel.) (A) *Pract. Eng.* 33 S. 108/9.

CARPENTER, HADFIELD and LONGMUIR, seventh report to the Alloys Research Committee: on the properties of a series of iron-nickel-manganese-carbon alloys. (Alloys of nickel and iron; function of nickel in triplex alloys of iron, carbon and nickel; mechanical properties of nickel steel; tensile tests of the forged steels at the temperature of liquid air; modulus of elasticity; hardness; alternating-stress testing machine; mechanical properties of the cast material; physical, chemical, metallographical properties; resistivities; magnetic tests; determination of the range of solidification; critical ranges of the alloys; quenching experiments; structure of the cast alloys cooled from 900° C; cast alloys cooled to 100° C; tensile torsion test and alternating stress test with a forged bar; forging test; shock tests with notched testpieces.) (V. m. B.) (a) ☒ *Proc. Mech. Eng:* 1905, 4 S. 857/1041.

RUDELOFF, Untersuchungen von Eisen-Nickel-Legierungen. (Mitteilung aus dem Königlichen Materialprüfungsamte, Groß-Lichterfelde-West. Versuche mit Nickel-Eisen-Kohlenstoff-Mangan-Legierungen; Einfluß des Mangangehaltes auf die Festigkeitseigenschaften von Eisen mit verschiedenen Kohlenstoff- und Nickel-Gehalten.) (a) * *Verh. V. Gew. Abh.* 1906 *Beiheft* S. 1/68.

Reversals of stress in iron and steel. (Investigated by STANTON and BAIRSTOW. Superiority of moderately high-carbon steels over low-carbon steels and wrought irons; comparisons with the results of WÖHLER and BAKER.) *Eng. Rec.* 53 S. 523.

STANTON and BAIRSTOW, the resistance of iron and steel to reversals of direct stress. (Experiments by WÖHLER, BAUSCHINGER, REYNOLDs, EWING, SMITH, J. H., HUMFREY, BAKER.) (V. m. B.) (a) ☒ *Min. Proc. Civ. Eng.* 166 S. 78/134; *Metallurgie* 3 S. 799/802.

CARPENTER, tempering and cutting tests of high-speed steels. * *Engng.* 82 S. 300/4.

Tests of high-speed steels on cast iron. * *Iron & Coal* 72 S. 1143.

High-speed tool-steel tests.*. *Engng.* 82 S. 67/8.

FAY, rough tests of steel. * *Horseless age* 18 S. 548.

HADFIELD, test of mild steel. (Elongation; reduction in area; condition to resist shock; dynamic shock or notch test.) (V) (A) *Eng. Rec.* 53 S. 713.

FÖPPL, essais au matage de cylindres et de plaques de cuivre et de fer fondu et essais au chocs sur la ténacité des pierres. *Ann. ponts et ch.* 1906, 4 S. 340/2.

GODFREY, some tests, made by SHUMAN, bearing on the design of tension members. (Rupture of a riveted steel tension member; tests made in triplicates of punched, reamed and drilled holes.) * *Eng. News* 55 S. 488/9.

HEYN, Bericht über Aetzverfahren zur makroskopischen Gefügeuntersuchung des schmiedbaren Eisens und über die damit zu erzielenden Ergebnisse.* *Mitt. a. d. Materialprüfungsamt* 24 S. 253/68.

LEJEUNE, étude sur la trempe de l'acier. * *Rev. métallurgie* 3 S. 528,34.

MALLOCK, the relation between breaking stress and extension in tensile tests of steel. *Iron & Coal* 73 S. 2262.

MARKS, wrought or finished iron. (Properties and treatment in construction; tensile tests; hot test; steel.) (a) * *Pract. Eng.* 33 S. 521/3 F.

MESNAGER, rivetage en acier spécial. (Expériences et comparaison avec l'acier ordinaire.)* *Ann. ponts et ch.* 1906, 3 S. 114/37.

OLSEN, the FREMONT method of determining the fragility of iron and steel. (Tensile and bending tests of the same steels; the FREMONT testing machine.)* *Am. Mach.* 29, 1 S. 414/6.

OSMOND, les recherches de FOURNEL et la limite inférieure du point. (La détermination des points de transformation de quelques aciers par la méthode de la résistance électrique. Les variations de la résistance électrique des aciers en dehors des régions de formation.) * *Rev. métallurgie* 3 S. 551/7.

PENN STEEL CASTING & MACHINE CO., ballistic test of cast-steel cylinders. (Cast-steel locomotive cylinders for the New York Central;

one-pounder used for the first two shots and a three-pounder for the last.) *Railr. G.* 1906, 2 S. 529.

SEATON und JUDE, Schlagversuche mit Flußeisen und Stahl. *Dingl. J.* 321 S. 138/41.

HOWARD, methods of testing metals by alternate strains and thermic treatment of steels to increase their resistance. (Discussion presented before the Brussels congress of the International Association for Testing Materials.) (A) *Eng. Rec.* 54 S. 334/6.

MC KIBBEN, tension tests of steel angles with various types of end connection. (Typical fractures of tested angles.) (V) *Eng. Rec.* 54 S. 148/9; *Eng. News* 56 S. 14/5; *Technol. Quart.* 19 S. 306/13.

STROMEYER, brittleness in steel and fractures in boiler plates.* *Iron & Coal* 73 S. 1428; *Iron A.* 78 S. 1378/9.

Tests of iron for chains.* *Iron & Coal* 72 S. 1311/13.

BRUNTON, the heat treatment of wire, particulary wire for ropes. *Iron & Coal* 72 S. 1640/2.

HIRSCHLAND, die Formänderung von Drahtseilen. *Dingl. J.* 321 S. 209/11 F.

BENJAMIN, strength of cast-iron machine parts. (Tests on cast-iron beams; plane of fracture; corner breaks; breaking pressure.) *Mech. World* 40 S. 65.

HIORNS, combined influence of certain elements on cast-iron.* *Page's Weekly* 9 S. 1425/32.

HOFFMANN, C., Festigkeitsprüfung von Gußeisen.* *Techn. Z.* 23 S. 53/4.

JÜNGST, zur Frage der Prüfung des Gußeisens. (Zug- und Biegefestigkeit bei verschiedenen Temperaturen.) (V) (A) *Gieß. Z.* 3 S. 653/8.

MUNNOCH, heat treatment of cast iron. (Diagrams from KEEP's testing machine; direct quenching or reheating and quenching grey cast iron from high temperatures, above 870° C., renders it excessively brittle and weak, but at temperatures only slightly below those which give these unsatisfactory results the effect of rapid cooling is to greatly increase strenght and toughness.) * *Iron & Coal* 72 S. 458/9.

PINEGIN, Versuche über den Zusammenhang von Biegungsfestigkeit und Zugfestigkeit bei Gußeisen.* *Z. V. dt. Ing.* 50 S. 2029/30.

TURNER, changes during the cooling of cast-iron.* *Iron A.* 77 S. 1671/4.

HEYN und BAUER, Kupfer und Phosphor. (Untersuchungen.) *Mitt. a. d. Materialprüfungsamt* 24 S. 93/109.

b) Baustoffe. Building materials. Matériaux de construction.

EGER, Bauwissenschaftliche Versuche im Jahre 1904. (Hydraulische Bindemittel; Uferschälungen aus Beton mit Eiseneinlage; Verhalten der hydraulischen Mörtel im Seewasser; Erzzement; Eisenportlandzement und Portlandzement; Anstriche mit Rhusol-Linoleat; Colonialfarbe; Emaillelackfarbe und Ripolin; Japan-Emaillelack; Versuchsanstriche an Trägern; Emaillelackfarbe von PFLUG; SZERELMEYsche Steinschutzmittel und Kautscholeum; Marine-Glue von PIETZSCHKE; Sotor, Mittel gegen Bohrwurm; Imprägnierung von Holz nach HASSELMANN; Karbolineum-AVE-NARIUS-Anstrich; Beobachtungen von SCHMALZ; Verhalten hydraulischer Kalke, Verhalten bei Zusatz von Zement; Belastungsprobe mit der Massivdecke „Germania"; KOENENsche und KLEINEsche Decken; fugenlose Fußböden; Linoleumunterlage von GRÜNZWEIG & HARTMANN; verschiedene Fußbodenbeläge und Platten; Kurrholz; Manila-

taue für Brückenbeläge; Befestigung mit Rampenlack auf Lehmwegen; freitragende Wände von HÖFCHEN u. PESCHKE, VOLLBEHR u. SCHWEIGHÖFER, MEHLER, CORDES; Patentdrahtdecke von SCHULTHEISZ in Nürnberg; Dübelsteine; STUMPFsche Reformschiebebefenster; Fensterverschlüsse für hochliegende Kippflügel; Türen nach ZEYN und nach Patent SCHWARZE; Dreidreher und Druckschwengel von SPRENGLER für Fensterbeschläge; Dachdeckungen mit Ruberoid; Aabestschieberplatten; Luxfer-Verglasung.) * *Zbl. Bauv.* 26 S. 21/4 F.

Vorschriften für die Lieferung und Prüfung von Betonbaublöcken in Amerika. *Tonind.* 30 S. 393/5.

GARY, Veränderungen an Beton. *Mitt. a. d. Materialprüfungsamt* 24 S. 273/5.

GILBRETH, concrete piles on the Pacific Coast. (Camparison with timber piles; sudden shocks involve the use of timber fender piles.) *Eng. Rec.* 53 S. 525.

HEINTEL, Formel von CONSIDÈRE zur Berechnung der Eisenbetonpfeiler mit spiralförmiger Eiseneinlage und die Versuche von WAYSS & FREYTAG, A. G. (Mit Entgegnung von CONSIDÈRE.) *Bet. u. Eisen* 5 S. 232/4.

KLEINLOGEL, die Gesetze von CONSIDÈRE im Lichte der Versuche. (Zu OSTENFELDs Beurteilung der Arbeit des Verfassers [Jg. 4 S. 124/5, 278/9].) * *Bet. u. Eisen* 5 S. 17/8.

HANISCH, Versuchsergebnisse mit Beton. (Festigkeit von Betonwürfeln; Festigkeitszunahme des Betons mit wachsendem Alter.) * *Mitt. Gew. Mus.* 16 S. 225/7.

BRACH, C., Druckversuche mit umschnürtem Beton. Ermittlung der Widerstandsfähigkeit, Belastung bei Beginn der Rißbildung, Höchstbelastung; Äußerung von CONSIDÈRE zu den Versuchsergebnissen.) * *Bet. u. Eisen* 5 S. 14/5.

V. EMPERGER, Belastungsprobe einer Betoneisendecke in der Skrivaner Zuckerfabrik. *Bet. u. Eisen* 5 S. 88/90.

RICHARDSON und FORREST, Form zum Einschlagen von Betonprobekörpern zu Druckfestigkeitsversuchen. (Besteht aus einem Stück Eisenblech, dessen Ränder ringförmig zusammengebogen sind und durch einen gußeisernen Ring zusammengehalten werden.) * *Baumatk.* 11 S. 124/5.

Druckfestigkeit von Beton. (Versuchsergebnisse von RELLA & NEFFE.) *Bet. u. Eisen* 5 S. 65/6.

Tension and compression tests of concrete. (At Columbia University; compression tests made with a RIEHLÉ machine.) *Eng. Rec.* 54 S. 643/4.

BRICK, Bericht über die Ergebnisse einiger Biege- und Bruchversuche mit Balken aus reinem und aus armiertem Beton. ⊞ *Wschr. Baud.* 12 S. 525/33.

CUMMINGS, Vorrichtung zur Ermittelung der Bruchfestigkeit von Eisenbetonbalken. (Gestattet die Prüfung verschieden langer freiaufgehängter Balken, Pressung mit Hilfe dreier unter hydraulischen Druck gestellter Kolben.) * *Zem. u. Bet.* 5 S. 196/8.

MARCICHOWSKI, Beitrag zu den Versuchen mit Eisenbeton. (Bruchproben in der Mechanischen Versuchsanstalt der Technischen Hochschule in Lemberg von FIEDLER und V. THULLIE. Einlage aus Rundeisen; Versuche mit verschiedenartig verstärkten Stützen.) * *Bet. u. Eisen* 5 S. 128/30.

Die Bruchursachen der betoneisernen geraden Träger. (Versuch von GUIDI, Turin.) * *Bet. u. Eisen* 5 S. 35/8.

Bruchursachen von betoneisernen Balken. (Versuche in St. Paul; Tabellen; RANSOMEeisen, Knoteneisen, Rundeisen, KAHNeisen.) * *Bet. u. Eisen* 5 S. 66/8 F.

Zug- und Biegeversuche mit Eisenbeton, ausgeführt durch die Materialprüfungs-Anstalt in Zürich. (Untersuchung armierter Betonkörper auf reine Zugfestigkeit. Untersuchung von armierten Betonbalken mit rechteckigem Querschnitt auf Biegung; Untersuchung von armierten Betonbalken T-förmigen Querschnittes auf Biegung durch verteilte Belastung.) D. Baus. 40 Beil. Mitt. Zem., Bet.- u. Eisenbetbau S. 77/80.

CONDRON, tests of the bond between concrete and steel in reinforced concrete. (Apparatus for testing.) (V) (A) Eng. News 56 S. 658.

DE PUY, tests of bond between concrete and steel. (High results for corrugated bars.) Eng. Rec. 54 S. 694.

MEYER, OSWALD, Versuche über den Gleitwiderstand von Eisen- und Messingstäben in Betonkörpern. Wschr. Baud. 12 S. 501/4.

KIRK & TALBOT, tests of bond between concrete and steel at the University of Illinois. (A) Eng. Rec. 54 S. 732/3.

HARDING, tests of reinforced concrete beams, Chicago, Milwaukee & St. Paul Ry. (TALBOT's and TURNEAURE's tests at the Universities of Illinois and Wisconsin; investigation into the liability of a tension failure in a reinforced concrete beam, caused by excessive shearing stresses; tests of the Milwaukee & St. Paul Ry.) (V. m. B) (A) (a)* Eng. News 55 S. 168/74.

ZIPKES, Scher- und Schubfestigkeit des Eisenbetons. (Scherversuche; Versuche mit Eisenbetonkörpern; Schubfestigkeit.)* Bet. u. Eisen 5 S. 15/7 F.

JADWIN, results of tests made to determine the strength of concrete when cement is mixed with sand, clay and loam in varying proportions. (A) Eng. News 55 S. 212.

HOWARD, concrete column tests at the Watertown Arsenal, Mass. (The tests embrace columns of different mixtures, ranging from neat cement to those of very lean mixtures.) (V)* Eng. Rec. 54 S. 54/6.

Concrete and concrete-steel column tests at the Watertown Arsenal. (Vgl. HOWARDs Vortrag Eng. Rec. 54 S. 54/6. Effect of reinforcement by longitudinal steel angle bars in the concrete columns tested.) Eng. Rec. 54 S. 57/8.

MAC FARLAND, JOHNSON, tests of the effect of heat on reinforced concrete columns. (At the Chicago Laboratory of the National Fireproofing Co. Furnace used for fire tests of reinforced-concrete columns.)* Eng. News 56 S. 316/8; Eng. Chicago 43 S. 706/8.

V. THULLIE, neue Versuche mit betoneisernen Säulen in Lemberg. (Ausführung der Versuchssäulen; Bruchversuche.)* Bet. u. Eisen 5 S. 306/8.

St. Louis Expanded Metal & Fireproofing Co, fire and water tests of stone-concrete and cinder-concrete floors reinforced with corrugated bars.* Eng. News 55 S. 115.

MASEREEUW, Versuch mit einer Platte aus Betoneisen für einen Tunnel im Rangierbahnhofe der Holländischen Eisenbahn-Gesellschaft zu Watergraafsmeer bei Amsterdam. (Stützweite 6,825 m, Breite 1 m, Höhe 0,65 m; Berechnung; Zugfestigkeit; Druckfestigkeit.)* Bet. u. Eisen 5 S. 287/8 F.

ROSSI e TOMASATTI, esperienze su provini di cemento armato a Venezia.* Giorn. Gen. civ. 43 S. 378/80.

SANDEMAN, the action of sea-water upon concrete. Engng. 81 S. 1/2.

SCHÜLE, risultati di esperienze sul cemento armato a tensione semplice ed a flessione, con riguardo speciale ai fenomeni che si verificano in seguito allo scaricamento. (A) Giorn. Gen. civ. 44 S. 373/80.

Essais de fer-béton à la traction et à la flexion. Ann. ponts et ch. 1906, 4 S. 342/50.

HANISCH, Schubfestigkeit von Bausteinen. Mitt. Gew. Mus. 16 S. 157/9.

Brickwork tests. Sc. Am. Suppl. 62 S. 25 706/7; Builder 91 S. 221/3.

Druckfestigkeit von Ziegelmauerwerk. (Versuche der Gesellschaft der Britischen Architekten.) Töpfer-Z. 37 S. 557/8.

Frostproben mit Ziegeln. Tonind. 30 S. 101/2.

Anforderungen an Bausteine in den Vereinigten Staaten von Amerika. Tonind. 30 S. 1239/41.

SCHNEIDER, Prüfung von Kaminsteinen auf Feuersicherheit im baupolizeilichen Sinne.* Mitt. a. d. Materialprüfungsamt 24 S. 312/5.

Kunststeintreppen. (Belastungsversuch mit einem freitragenden Treppenarm; Tabelle über Gesamt durchbiegungen und Verdrehungen an den Enden der Stufen; bleibende Durchbiegungen an den Enden der Stufen.)* Bet. u. Eisen 5 S. 99/101.

FÖPPL, essais au matage de cylindres et de plaques de cuivre et de fer fondu et essais au chocs sur la ténacité des pierres. Ann. ponts et ch. 1906, 4 S. 340/2.

BEIL, Kalksandsteine und Ziegel im Feuer. (Brandversuch.) Tonind. 30 S. 49/50.

GARY, Kalksandsteine im Feuer.* Mitt. a. d. Materialprüfungsamt 24 S. 69/72.

WOOLSON, tests of the strength and fireproof qualities of sand lime brick. (V) Eng. News 55 S. 662/5.

CARLSEN, cement-bricks and sand-testing. Min. Proc. Civ. Eng. 165 S. 443/4.

Prüfung von Zement- und anderen Bausteinen künstlicher Art. (Zementhohlsteine, Leichtsteine, Bausteine besonderer Art.)* Baumatk. 11 S. 69/72.

Esperienze e norme da usare nelle prove sulle pietre artificiali. (Norme dettate dal BAUSCHINGER.) Giorn. Gen. civ. 43 S. 131/3.

HABERSTROH, SEIPPs abgekürzte Wetterbeständigkeitsprobe der natürlichen Bausteine, mit besonderer Berücksichtigung der Sandsteine, namentlich der Wesersandsteine. Z. Baugew. 50 S. 137/40 F.

Esperienze e norme da usare nelle prove sulle pietre naturali. Giorn. Gen. civ. 43 S. 128/30.

Esperienze e norme da usare nelle prove sui cementi. Giorn. Gen. civ. 43 S 133/7.

Zugfestigkeitsfortschritt von Portlandzement. (Argentinische Normen; Zement-Prüfungs-Normen der Republik Chile; Zugfestigkeitsversuche; Durchschnittsanalysen der Zemente.)* Baumatk. 11 S. 125/8 F.

GARY, Aufsuchung eines einheitlichen Verfahrens zur Bestimmung des feinsten Mehles im Portlandzement auf dem Wege der Schlämmung oder Windsichtung.* Mitt. a. d. Materialprüfungsamt 24 S. 72/83.

RICHARDSON, tests of Portland cement containing large percentages of gypsum. (No disintegration may be expected to arise, either in fresh or salt water, from the presence of gypsum as high as 10 per cent.) Eng. Rec. 53 S. 86.

MONCRIEFF, further tests of the effect of oil on the strength of Portland cement briquettes. (Comparative strength of briquettes immersed in water for two years; briquettes after drying for seven days in air were immersed for about six months either in oil or in water; briquettes were immersed in water the day after they were made, and

some were left there for nine weeks.) *Eng. News* 56 S. 227.

Testing building materials by sand-blast.* *Engng.* 82 S. 718/9; *Eng. Rec.* 54 S. 538/40.

BELELUBSKI, Prüfung der hydraulischen Bindemittel. (Bericht.)* *Tonind.* 30 S. 1788/92.

BLACK, comparative tests of cement mortar, showing the relative effects of three different sands.* *Eng. News* 56 S. 236.

BURCHARTZ, die Prüfung von abgebundenem (erhärtetem) Zementmörtel und -beton, sowie von Kalkmörtel auf mechanische Zusammensetzung. *Mitt. a. d. Materialprüfungsamt* 24 S. 291/301.

CARLSEN, crushing strength of cement mortar. (A) *Min. Proc. Civ. Eng.* 165 S. 442/3.

FERET, Vergleich zwischen plastischen Normalmörteln bei Verwendung von drei Sanden verschiedener Herkunft. (Versuche: Zug, Biegung, Druck.) *Baumath.* 11 S. 267/71.

MERCIER, influence de la température de l'eau dans laquelle sont conservées les éprouvettes d'essai sur leur résistance. (Résistance à la traction sur briquettes, à l'écrasement; analyse chimique.) *Ann. ponts et ch.* 1906, 1 S. 150/69.

REISER, Beurteilung von Mörtelproben. *Tonind.* 30 S. 1633/4.

MEYER, Bemerkungen zu dem Aufsatze von REISER. (S. 1633/4.) *Tonind.* 30 S. 1733/4.

BURCHARTZ und STOCK, Festigkeit von Ton- und Zementrohren. *Baugew. Z.* 38 S. 405/7.

GARY, Röhren-Prüfung. (Fabrikation und Prüfung von Steingutröhren; Vorschläge für einheitliche Prüfung von Ton- und Zementröhren.)* *Mitt. a. d. Materialprüfungsamt* 24 S. 83/92.

Prüfung von Ton- und Zementrohren. (Prüfung auf Widerstandsfähigkeit gegen inneren Druck; Wasserdichtigkeit bei Zementrohren; Verhalten gegen Säuren und Laugen; Abnutzbarkeit; Festigkeit des Rohmaterials; mechanische Zusammensetzung von Betonrohrstoff; Tabellen über die gefundenen Festigkeiten der gebräuchlichsten Rohrsorten.)* *Bet. u. Eisen* 5 S. 68/70 F.

Bursting strength of pipe fittings. (Tests.)* *Iron & Coal* 73 S. 7.

BAUSCHINGER, esperienze e norme da usare nelle prove sui legnami. *Giorn. Gen. civ.* 43 S. 139/41.

Effect of duration of stress on strength and stiffness of wood. (Studied by the U. S. Forest Service at its timber-testing stations at Yale and Purdue Universities.) *Eng. Rec.* 54 S. 655.

Resistance of wood to shock. (Studies by timber-testing station at Purdue University.) *Eng. Rec.* 54 S. 687.

KUMMER, tests of other woods than pine for paving purposes. (Creosoted black gum; mahagany, untreated; chestnut oak; karri wood laid untreated with an open joint to prevent slipping; tallow wood, with close joints.) *Eng. Rec.* 54 S. 493/4.

HOLDE und SCHÄFER, Untersuchung von Asphaltpulvern auf Bitumengehalt. *Mitt. a. d. Materialprüfungsamt* 24 S. 109/14.

IZOD, tests of the ultimate shearing strength of various materials. (Shearing strength and tensile strength.) (V) (A) *Eng. News* 55 S. 40.

c) Verschiedenes. Sundries. Matières diverses.

BREUIL and CAMERMAN, the mechanical examination and analysis of manufactured rubber. (V) (A) *Eng. News* 56 S. 551/2.

CHANDLER, bursting strength of pipe fittings. (Tests.)* *Mech. World* 40 S. 78.

DOW, Beziehungen zwischen einigen physikalischen Eigenschaften bituminöser Stoffe und Oele. (V) *Oel u. Fett-Z.* 3 S. 224 F.

KIRSCH, technisch - physikalische Prüfung der Schmierölmaterialien. *Chem. Techn. Z.* 24 S. 42/3.

HERMANN, Beitrag zur Kenntnis der Kalk-Magnesium-Orthosilikatreihe.* *Mitt. a. d. Materialprüfungsamt* 24 S. 246/52.

HIELD, simple tests for dyes, chemicals, and fibres.* *Text. Man.* 32 S. 348/9.

LECOMTE, procédé permettant de distinguer et de compter au compte-fils les fils de fibres diverses dans les tissus mélangés. *J. pharm.* 6, 24 S. 447/50.

LAURIE und BAILY, Verfahren zur mechanischen Prüfung von Lacken. (Apparat, der anzeigt, welcher Druck nötig ist, um die Lackschicht durch einen abgerundeten Stahlstift zum Zerbrechen zu bringen.)* *Farben-Z.* 11 S. 1386/7.

Mechanisches Prüfungsverfahren für Anstrichfarben gegen Abnutzung vermittelst eines Sandstrahles.* *Farben-Z.* 11 S. 1077.

LUDWIG, Handhabung der Schmelzbarkeitsprüfung. (Im DEVILLE-Ofen.) *Sprechsaal* 39 S. 1390/2.

MARSCHIK, moderne Methoden und Instrumente zur Prüfung von Textilprodukten. (Eigenschaften der Gespinste und Gewebe; Garnnumerierung zur Prüfung der Feinheit [Fadendicke]; Prüfung der Länge und Drehung der Garne; Garnwagen, Garnsortierwage; Titriermaschinen; Prüfung der Gleichmäßigkeit der Garne; HERZOGs Garnqualitäts. Meßapparat; Fühlfläche; Prüfung der Festigkeit und Dehnung der Garne; Fadenprüfer, eine verbesserte Konstruktion des RÉGNIERschen Serimeters; SCHOPPERS Festigkeitsprüfer; nach MOSCROPs Patent gebaute Maschine für Einzelprüfung der Garne; Drallapparat mit Dehnungsmesser von SCHOPPER; Prüfung der Festigkeit und Dehnung der Gewebe; Stoffdynamometer von SCHOCH & CO.; dgl. System AUMUND; SCHOPPERS Stoffprüfer; Stoßprüfmaschine der MASCHINENFABR. GOODBRAND; Prüfung des Widerstandes eines Stoffes gegen Abnutzung; Bestimmung der Luftfeuchtigkeit; LAMBRECHTsches Polymeter.)* *Z. Text. Ind.* 9 S. 401/2 F.

MASSOT, über chemische Untersuchungen von Appretur- und Schlichtemitteln. (Bemerkungen zur Ausführung der anorganischen Prüfung.) *Mon. Text. Ind.* 21 S. 255/6 F.

ROTHE, Prüfung der SEGERkegel durch die Physikalisch-technische Reichsanstalt. (Feststellung, bei welchen Graden der Celsiusskale die SEGERkegel unter verschiedenen Bedingungen erweichen.) (V) (A) *Baumath.* 11 S. 133; *Sprechsaal* 39 S. 1215/6; *Stein u. Mörtel* 10 S. 307/8 F.

ROTHE und HINRICHSEN, die Haltbarkeit von Tinte im Glase. (Die Bestimmung von Gerb- und Gallussäure; dgl. des Eisens in der Tinte; dgl. von Gerb- und Gallussäure bei Gegenwart von Eisensalzen; dgl. von Gerb- und Gallussäure bei Gegenwart organischer bei der Tintendarstellung verwendeter Stoffe.) *Mitt. a. d. Materialprüfungsamt* 24 S. 278/91.

MOSELEY and BACON, effect of a blow. (Drop and work tests.)* *Mech. World* 39 S. 210.

SCOBLE, the strength and behaviour of ductile materials under combined stress. (Previous tests and their differences from those given; separation of metals into ductile and brittle; the behaviour of brittle materials should not be judged by tests on ductile specimens; the theories of elastic strength; the yield-point selected as the criterion of strength; determination of the yield-point; the nature of the loading; the apparatus and specimens; the tests grouped; table of results; facts not included in the table; a formula for combined bending and twisting; an

explanation of the variation of the maximum shear stress.) *Phil. Mag.* 12 S. 533/47.

3. Maschinen, Apparate und Instrumente. Machines, apparatus and instruments. Machines, appareils et instruments.

DENISON & SON, new testing machine.* *Iron & Coal* 72 S. 2039.

WICKSTEED, large testing-machines in South Wales. 1829—1906. (V. m. B.)⊠ *Proc. Mech. Eng.* 1906 S. 513/58; *Pract. Eng.* 34 S. 171/3; *Engng.* 82 S. 189/90; *Mar. E.* 29 S. 53/6.

WICKSTEED, 350 t horizontal testing machine at „Lloyd's Bute Proving House".* *Page's Weekly* 9 S. 360/2.

AVERY & CO.'s impact testing machine. (Pendulum weight which is raised to a certain height and allowed to swing and strike the test piece.) * *Pract. Eng.* 34 S. 46.

HATT and TURNER, the Purdue University impact machine. (For testing materials.) * *Am. Mach.* 29, 2 S. 378/81.

STANTON, repeated-impact testing machine at the National Physical Laboratory.* *Engng.* 82 S. 33/4.

WOERNITZ, essais des métaux au choc. (Mesure de la fragilité. Appareil de GUILLERY.) * *Rev. ind.* 37 S. 114/6.

AVERY, hydraulic chain testing machine. *Page's Weekly* 9 S. 477.

New 100 tons capacity wire-rope testing machine.* *Iron & Coal* 72 S. 1487.

BRAMWELL, allowable unit loads on knife edges for testing machines and heavy weighing scales. *Eng. News* 55 S. 653.

BURCHARTZ, the sand blast for testing materials. (Apparatus.)* *Eng. Rec.* 54 S. 38/40; *Engng.* 82 S. 798/9.

GUTMANN, appareil à jet de sable pour l'essai des matériaux. *Rev. ind.* 37 S. 515/6.

FERET, Biegungsmesser. *Tonind.* 30 S. 1701.

GRUSONWERK, Biegungsfestigkeits-Maschine.* *Gieß. Z.* 3 S. 588/93.

GARY, Apparate zur Bestimmung der Abbindezeit von Zement. (Selbstaufzeichnende Apparate zur Prüfung der Abbindezeit von Portlandzement nach V. TETMAJER, MARTENS, PERIN; Versuche mit diesen Apparaten und Kritik über diese Apparate.)⊠ *Mitt. a. d. Materialprüfungsamt* 24 S. 225/35.

PROBST, machine for bending tests. (Built in accordance with the ideas of SCHÜLE, AMSLER-LAFFON.) * *Eng. Rec.* 23 S. 52/3; *Cem. Eng. News* 18 S. 3/4.

MARTENS, Dehnungsmesser für Zementproben.* *Baumatk.* 11 S. 137/8.

Dehnungsmesser für Zementproben von MARTENS.* *D. Baus.* 40 *Mitt. Zem., Bet.- u. Eisenbetbau* S. 31/2.

GOSS, MC COLL and TEAGUE, automobile testing plant of Purdue University. (Friction brake; traction dynamometer.) * *Eng. News* 55 S. 100; *Railv. G.* 1906, 1 S. 92/3.

Tire, lamp, and speedometer trials.* *Aut. Journ.* 11 S. 291/4.

Apparatus for testing pneumatic tires.* *Horseless age* 17 S. 920.

HEAL, Garnprüfungsapparat zur Ermittelung des Drehungsgrades.* *D. Wolleng.* 38 S. 1157.

SCHWENZKE, automatischer Festigkeitsprüfer (MOSCROP's Patent.) (Prüfen der Gespinste auf ihre Reißfestigkeit. Die Vorrichtung prüft die einzelnen Fäden und registriert die Prüfungswerte; sie macht von jedem Kötzer 80 Proben und stellt nach der 80. Probe selbsttätig ab.) * *Mon. Text. Ind.* 21 S. 108.

HERBERT, automatic file testing machine.* *Eng.* 102 S. 320.

Automatic file-testing machine. (The file is reciprocated against the end of a test bar, which is supported on rollers and is forced lengthwise against the file by means of a weight and chain, giving a constant pressure per square inch of surface filed. The bar is withdrawn during the back stroke.)* *Mech. World* 40 S. 222.

MARTENS, Meßinstrumente für das Königlich Preußische Material-Prüfungsamt. (Härtemesser; Messung nach dem Eindringeverfahren [BRINELL, HERTZ] und dem Ritzverfahren; Härteprüfer nach BRINELL.) (V) * *Verh. V. Gew. Sits. B.* 1906, S. 71/8.

Das Königliche Materialprüfungsamt in Groß-Lichterfelde. (MARTENSscher Ritzhärteprüfer; Fallwerk von RUDELOFFscher Pendelhammer.) * *Techn. Z.* 23 S. 298/300 F.

Maschine zur bequemen und absolut zuverlässigen Ausführung der BRINELLschen Kugelprobe. (Bruchgrenze - Bestimmungen an der Materialprüfungs-Anstalt der Technischen Hochschule in Stockholm an ausgeglühten Eisen- und Stahlproben. Vergleiche zwischen dieser Maschine und der bei der Materialprüfungs-Anstalt der Kgl. Technischen Hochschule zu Stockholm stehenden RIEHLEschen Materialprüfungsmaschine.) * *Baumatk.* 11 S. 8/10.

Essais des métaux à la dureté par la méthode de BRINELL.* (Appareil système HUBER.) * *Rev. ind.* 37 S. 76.

WOERNITZ, essais de métaux à la dureté par la méthode de BRINELL. (Appareil système GUILLERY.) * *Rev. ind.* 37 S. 107/8.

The GUILLERY hardness-testing apparatus manufactured by the SOCIÉTÉ FRANÇAISE DE CONSTRUCTIONS MÉCANIQUES of Denain.* *Engng.* 81 S. 49/50.

OLSEN, the FREMONT method of determining the fragility of iron and steel. (Tensile and bending tests of the same steels; the FREMONT testing machine.) * *Am. Mach.* 29, 1 S. 414/6.

PERROUD, appareil d'expérimentation. (Pour constater la facilité de descente des tirefonds à leur mise en place. Torsiomètre COLLET.) * *Rev. chem. f.* 29, 2 S. 75/85.

RIEHLÉ-Torsionsmaschine, Anordnung für die Verdrehung nach beiden Richtungen.* *Dingl. J.* 321 S. 647.

Testing-machine for oils, bearings and journals; Cooper's hill college.* *Engng.* 82 S. 594.

ZOBEL, NEUBERT & CO., Apparat zur Bestimmung der Biegefestigkeit von Feinblech und Draht. *Bayr. Gew. Bl.* 1906 S. 224/5.

DE PUY, apparatus for testing the bond between concrete and steel.* *Eng. News* 56 S. 658.

Machine for preparing specimens for testing in compression, constructed by the RIEHLÉ BROTHERS TESTING-MACHINE CO.* *Engng.* 81 S. 756; *Rev. ind.* 37 S. 242/3.

Machine RIEHLÉ à essayer de 270 t.* *Bull. d'enc.* 108 S. 464; *Rev. ind.* 37 S. 254/5.

SAILLOT, machine à essayer les manchons des becs renversés des voitures de la Compagnie des Chemins de Fer de l'Ouest.⊠ *Rev. chem. f.* 29, 2 S. 154/6.

SIEDENTOPF, direkte Sichtbarmachung der neutralen Schichten an beanspruchten Körpern. (Linsenkombination für eine optische Einrichtung zur Untersuchung der Spannungsverteilung von mechanisch beanspruchten Körpern im polarisierten Lichte an Glasmodellen.)* *Z. Oest. Ing. V.* 58 S. 469/71.

SUGGATE, improved stress-strain indicator. (Measuring tangential or shearing stresses in metals, wood, stone.)* *Pract. Eng.* 33 S. 259/61.

VALENTA, einfacher Apparat zur Bestimmung der Zähflüssigkeit von Firnissen.* *Phot. Korr.* 43 S. 478/9.

WEST HYDRAULIC ENGINEERING. CO., hydraulic spring-testing machine. (The movement of the counterweight on the large steelyard is regulated by screws and gears, the large wheel of which is provided with a handle and is operated by hand.)* *Am. Mach.* 29, 1 S. 101.

ZANGE, spring-testing machine.* *Am. Mach.* 29, 1 S. 322/3.

Material - Prüfungsmaschinen. (MASCHINENFABRIK AUGSBURG - NÜRNBERG: Prüfungsmaschine System WERDER, Zerreißmaschine; BRINCK & HÜBNER: Röhrenprüfungsmaschine, Säulenprüfungsmaschine.)* *Z. Dampfk.* 29 S. 59/62.

Dispositiv de MESNAGER pour l'enregistrement automatique des mesures sur les machines à leviers.* *Gén. civ.* 49 S. 6.

Détermination de la résistance à la compression des terrains de fondation du mur. (Appareil.)* *Ann. trav.* 63 S. 87/90.

Apparecchi più in uso per le prove di resistenza dei materiali. (Apparecchi dal Conti COLONNELLO; macchine CLAIR, MICHAELIS & RICHTER; macchine KIRKALDY, CURIONI, MOHR & FEDERHAFF, AMSLER LAFFON.)* *Giorn. Gen. civ.* 43 S. 124/8.

Special machines for the testing of metals.* *Iron & Coal* 73 S. 1672/3.

Apparatus for finding the collapsing pressure of tubes.* *Pract. Eng.* 34 S. 12.

The cut indicator.* *Am. Mach.* 29, 1 S. 847/8.

Organization and equipment of the Office of Public Roads, United States department of Agriculture. (Testing laboratory consisting of an impact machine for testing paving brick, binding power of rock dust, toughness of rock; OLSEN testing machine for tensile and compression tests; RIEHLÉ testing machine for testing tensile cross-bending and compressive strengths etc.). * *Eng. Rec.* 54 S. 205/7.

Mechanik. Mechanics. Mécanique. Vgl. Brücken 1, Elastizität und Festigkeit, Fachwerke, Maschinenelemente, Reibung, Träger.

LORENZ, die Mechanik in ihrer Bedeutung für den Maschinenbau. (V) *Z. V. dt. Ing.* 50 S. 651/7.

HERTWIG, Entwicklung einiger Prinzipien in der Statik der Baukonstruktion und die Vorlesungen über Statik der Baukonstruktion und Festigkeitslehre von MEHRTENS.* *Z. Arch.* 52 Sp. 494/515.

EHRENFEST, Bemerkung zur Theorie der Entropiezunahme in der „Statistischen Mechanik" von GIBBS. *Sits. B. Wien. Ak.* 115, IIa S. 89/98.

LUMMER und SCHAEFER, Demonstrationsversuche zum Beweise des D'ALEMBERTschen Prinzips. *Physik. Z.* 7 S. 269/72.

VIEILLE et LIOUVILLE, influence des vitesses sur la loi de déformation des métaux. *Compt. r.* 142 S. 1057/8.

SCHÜTZ, Beiträge zur Bewegungslehre der ebenen statisch bestimmten Fachwerksträger. (Kinematische Ersatzbauwerke und ihre Benutzung zur Herleitung von Einflußlinien; Polzusammenstellungen, die Nebenbedingungen unterworfen sind.)* *Z. Arch.* 52 Sp. 154/79.

DIXON, force of a blow. *Mech. World* 40 S. 201.

KIEFER, Notiz über Kräftepaare.* *Schw. Baus.* 47 S. 162/3.

RAMISCH, elementare Bestimmung von Trägheits- und Zentrifugalmomenten mit Beispielen.* *Techn. Z.* 23 S. 358/60.

SHARP, the drawing of force-diagrams for framed structures.* *Engng.* 82 S. 275.

STIEGHORST, zeichnerisch-rechnerisches Verfahren zur Bestimmung der Querbeanspruchungen. [8] *Schiffbau* 7 S. 857/61 F.

RAMISCH, Verschiebungskreise beim geraden Stabe.* *El. u. polyt. R.* 23 S. 363/4.

RAMISCH, Verschiebungskugeln beim räumlichen Fachwerk. *El. u. polyt. R.* 23 S. 99/100.

KLIEWER, fehlerhafte Widerstandsmomente. * *Z. Oest. Ing. V.* 58 S. 582/4.

WEYRAUCH, Erddruck-Trajektorien von B. SAFIR. (Zuschriften zu SAFIRs Aufsatz Jg. 51 Sp. 463/74; Entgegnung von SAFIR; Erwiderung von WEYRAUCH.) *Z. Arch.* 52 Sp. 534/6.

LÜHKEN, Methode der Erddruckberechnung. (Ohne Berücksichtigung der Reibung an der Spundwand; mit Berücksichtigung der Reibung an der Spundwand. Graphische Bestimmung des ermittelten Erddruckes; graphische Bestimmung des Erddruckes unter Berücksichtigung der Böschung 1:1.)* *Techn. Z.* 23 S. 420/1.

MALEVÉ, poussée des terres contre les murs de soutènement. (Massif terrassé supportant une voie ferrée; massif terrassé surmonté d'un remblai; tableau de la répartition des surcharges.)[E] *Ann. trav.* 63 S. 283, 305.

LINK, zur Frage der Standsicherheit von Staumauern. (Angebliche Irrtümer in der von ATCHERLEY und PEARSON aufgestellten Staumauertheorie.)* *Zbl. Bauv.* 26 S. 267/9.

MATTERN, neue Gesichtspunkte für die Beurteilung der Standsicherheit von Sperrmauern. (Aeußerung gegen LINKs Abhandlung S. 267/9.) *Zbl. Bauv.* 28 S. 301/2.

Zur Frage der Standsicherheit der Stützmauern. (Zuschriften von LINK und TH. SCHÄFFER zu den Veröffentlichungen in Nr. 20, 42 und 47)* *Zbl. Bauv.* 26 S. 432/3.

SERBER, stability of sea walls. * *Eng. News* 56 S. 198/200.

GUYOU, effet singulier du frottement. (Un globe de verre sensiblement sphérique et rempli d'eau, dans lequel on a introduit une certaine quantité d'une substance solide réduite en particules très petites, est animé d'une rotation très rapide; groupement des particules.) *Compt. r.* 142 S. 1055/6.

LECORNU, sur l'extinction du frottement. (Substitution est remplacé par un roulement.) *Compt. r.* 143 S. 1132/3.

GRAVENHORST, die Wechselwirkung zwischen Rad und Straße und die Radlinie. (Das gezogene Rad; Perambulator; Bremswirkung; Drehung um einen beweglichen Punkt; Drehung um einen festen Punkt; homogene Fahrbahn.)* *Z. Arch.* 52 S. 423/44 F.

DIETZSCHOLD, la cinématique appliquée à l'horlogerie. *J. d'horl.* 31 S. 11/3.

BOURQUIN, synchrone Laufwerke. *Central-Z.* 27 S. 161/3.

SZARBINOWSKI, Spannungen des Winkelringes am Flachboden des Wasserbottichs bei eisernen Gasbehältern.* *J. Gasbel.* 49 S. 261/3.

NELSON, comparisons in gasholder design and notes on preservation of structural steelwork. (V. m. B.)* *J. Gas L.* 94 S. 304/8.

WILCKE, Inhaltsberechnung von Fässern. (Umdrehungskörper mit einer Parabel als Leitlinie.)* *Z. Arch.* 52 Sp. 179/84.

Meerschaum. Sea foam. Ecume de mer.

Meerschaumproduktion in Kleinasien. *Z. Drechsler* 29 S. 84.

Meerschaum and its manufacture into pipes. * *Sc. Am.* 94 S. 348/9.

Mehl. Flour. Farine. Vgl. Bäckerei, Brot, Getreidelagerung, Müllerei.

MAGDEBURG, flour for baker's use. (V) *Am. Miller* 34 S 999

ARRAGON, Bestimmung der organischen Phosphorsäure in Mehlen und Teigwaren. (Versuche mit direkten Ausziehungen.) *Z. Genuß.* 11 S. 520/1.

Determining the water-absorbing power of flour. *Am. Miller* 34 S. 545.

MILNAR, flour testing. (Use of two thermometers, one in the grain bin and the other in the hopper; moisture content; KEDZIE's farinometer.)* *Am. Miller* 34 S. 373 F.

COLLIN, examen microscopique des farines et recherche du riz dans les farines de blé. *J. pharm.* 6, 24 S. 385/95.

GASTINE, nouveau procédé d'analyse microscopique des farines et la recherche du riz dans les farines de blé. *Compt. r.* 142 S. 1207/10.

THATCHER, method of separating gluten. (Substitution of a proper sieve for the hand in holding the dough during the washing out of the starch, etc.) *Am. Miller* 34 S. 971/2.

CHIDLOW, fermenting period of flours. (The fermenting period of a flour is determined by the amount of gluten and its quality; bleaching.) *Am Mi'ler* 34 S. 659/60.

BREMER, Einwirkung von Müllereierzeugnissen auf Wasserstoffsuperoxyd. (Parallelismus der Backfähigkeit der Mehle und ihrem Sauerstoffabspaltungsvermögen.) *Z. Genuß.* 11 S. 569/77.

FLEURENT, the bleaching of flour. (Bleaching gases; products which are capable of being bleached; keeping qualities of the bleached product; hygienic aspect of bleaching.) (V) *Am. Miller* 34 S. 62/3 F.; *Bull. Soc. chim.* 3, 35 S. 381/96; *Compt. r.* 142 S. 180/2; *Rev. ind.* 37 S. 1232/3; *Uhlands T. R.* 1906, 4 S. 49; *Sc. Am. Suppl.* 61 S. 25263/4.

The EYBERT process for the improving and bleaching of flour. (Gasometer for carbonic acid gas; the gas is supplied to the reels, plansifters and to the break and reduction apparatus.)* *Am. Miller* 34 S. 231.

Flour bleaching with the aid of electricity.* *Electr.* 57 S. 287/8.

Recent bleaching patents. (MITCHELL-PARKS machine for subjecting air to electrical discharges; LEETHAM patent apparatus for bleaching and sterilizing flour and other products which combines both the silent and sparking electrical discharge.) * *Am. Miller* 34 S. 377.

AGNER, flour bleacher and purifier. (U. S. Pat.) * *Am. Miller* 34 S. 227.

ZIMMERMANN, OTTO, bleaching process. (D. R. P.) *Am. Miller* 34 S. 725.

Flour bleaching with the aid of electricity.* *Electr.* 57 S. 287/8.

Bleaching flour with light rays. (Bleacher composed of a chamber in which is produced a powerful light preferably rich in chemical rays such as that produced by electric lamps.)* *Am. Miller* 34 S. 29/30.

SHAW, examining bleached flour. *J. Am. Chem. Soc.* 28 S. 687/8.

KIRKLAND, gluten in bleached flours. (Determining the changes in the physical character of flour caused by bleaching experiments; constituent in flour which is really affected in colour by the bleaching; colour effect was due almost wholly to the change in colour of the gluten.) *Am. Miller* 34 S. 653.

Effect of sulphur fumigation on wheat and flour. (Report of the medical officer of the London Local Government Board. Harmfull effect of the fumigation.) (A) *Am. Miller* 34 S. 637.

Coloured spots and bleaching. (JAGO's theory that in the bleaching process an acid and base are employed in order to generate the bleaching gas; the chemicals used are nitric acid and ferrous sulphate [proto-sulphate of iron].) *Am. Miller* 34 S. 117.

BERNHART, quantitative Bestimmung des Mutterkornes im Mehl. *Z. Genuß.* 12 S. 321/40.

WATKINS, ropiness in flour and bread and its detection and prevention. (V. m. B.) *Chemical Ind.* 25 S. 350/7.

Chestnut flour in Corsica. (The fruit is first placed in a species of kiln, consisting of a clay platform, under which a fire is kept lighted. When dried the outer skin drops of and the fruit is ready for grinding.) *Am. Miller* 34 S. 227.

Messen und Zählen. Measuring and counting. Mesurage et numération. Vgl. Entfernungsmesser, Instrumente.

1. Längenmessungen.
2. Flächenmessungen.
3. Raummessungen.
4. Andere Messungen.
5. Zählen.
6. Verschiedenes.

1. Längenmessungen. Measuring of length. Mesurage de longueurs.

LEISZ, Positions-Lamellenmikrometer.* *Mech. Z.* 1906 S. 133/4.

RICHARD, note sur quelques jauges et calibres. (Micromètres BROWN & SHARPE, SLOCOMB, BELLOWS, SPALDING, des ateliers WESTINGHOUSE; micromètres différentiels NEWALL, micromètre limite WOLSELEY; tiges-calibres LOEWE; comparateur.)* *Rev. méc.* 19 S. 124/51.

SHAW, electrical measuring machine for engineering gauges and other bodies. (Calibration of micrometer screws.) *Proc. Roy. Soc.* 77 S. 340/64.

SOPER, micrometer gauge. (Can be adjusted by thousandths to any height within its capacity.) * *Am. Mach.* 29, 1 S. 785.

Mikrometertaster der Firma STRASSER & RHODE, Glashütte.* *Mechaniker* 14 S. 270/1.

DRAPER CO., warp length indicator. (The pulley around which the chain warp makes half-a-turn is utilised to actuate the measuring mechanism. This pulley gives sufficient surface contact, so that there is no appreciable slip as with a small measuring roller.)* *Text. Man.* 32 S. 303.

DREYSPRING, Reform-Federmaßstab. * *Bad. Gew. Z.* 39 S. 47.

DURFEE, sensitive portable extensometer.* *Eng. News* 56 S. 204.

FLURY, Untersuchungen über einige Baumhöhenmesser. (A) *Z. Forst* 38 S. 135/6.

GRADENWITZ, Feinmeßmaschine der SOC. GENER. POUR LA CONSTR. D'INSTRUMENTS.* *Mechaniker* 14 S. 53/4.

HAHN, Meßtrommel mit Spiralnut als Uebertragungsprinzip zur sicheren Ablesung kleiner Größen. (Streckungsfaktor von Skalengrößen durch die Uebertragung auf die Meßtrommel mit Spiralnut.) *Krieg. Z.* 9 S. 500/4.

HEIL, RANGS akustischer Brunnensenkel. (Zum Festlegen des Tiefenlage des Wasserspiegels in Brunnen, Bohrlöchern, Behältern usw.)* *Z. Vermess. W.* 35 S. 648/52.

KEILPART & CO., direct-reading slide gauge. (Length is read on dials.)* *Am. Mach.* 29, 2 S. 705 E.

LAWSON, indicator for wheat bins. (To ascertain the amount of wheat in bin.)* *Am. Miller* 34 S. 305.

PARKS & WOOLSON MACHINE CO., Springfield, Vt., measuring clock for cloth perches. (Measuring or examining cloth on a perch.)* *Text. Rec.* 30, 4 S. 140/1.

Comparateur SHAW. (Cet appareil est destiné à la vérification de jauges et calibres étalons; il est fondé sur l'application du principe que cette vérification doit être fait entre pointes et non entre surfaces de contact avec les touches du comparateur, que ces touches ne doivent rien supporter du poids des calibres, et que leur pression doit être la plus faible possible.)* *Bull. d'enc.* 108 S. 577/84.

Apparat zur genauen und raschen Bestimmung der Länge von Stauchzylindern.* *Z. Schieß. u. Spreng.* 1 S. 309.

Meßplatten zur genauen Ermittlung der Blattkeim-länge im Malz, sowie zur Bestimmung von Korn-länge und Kornbreite bei Gerste und Malz.* *Z. Brauw.* 29 S. 667/70.

2. Flächenmessungen. Surface measuring. Me-surage de surfaces. Vgl. Vermessungswesen.

Das Schneidenradplanimeter von FIEGUTH. (Ver-fahren beim Ausmessen von Indicator-Diagram-men; Verfahren beim Ausmessen größerer Flächen; Verfahren beim Ausmessen mit innenliegendem Pol.)* *Prom.* 17 S. 564/7.

DOLEŽAL, Planimeterstudien. (Zur Geschichte des Planimeters; Linealplanimeter; Hyperbelplani-meter; Rollplanimeter.) *Berg. Jahrb.* 54 S. 293/360 F.

MENZIN, tractigraph, an improved form of hatchet planimeter. (Theory.)* *Eng. News* 56 S. 131/2.

The RICHARD perfected planimeter. (Integration based on the use of a roll laminated between two discs held together by a spring and re-volving in opposite directions.)* *Eng. Rec.* 54 Suppl. Nr. 7 S. 47/8; *Rev. ind.* 37 S. 157.

WILDA, Diagramm- und Flächenmesser. Voll-ständiger Ersatz für das Planimeter zum schnellen und genauen Ausrechnen beliebig begrenzter Flächen, Dampfdiagramme usw. *Z. Instrum. Kunde* 26 S. 340/1.

3. Raummessungen. Measuring of capacity. Cu-bage.

SCHLOESSER und GRIMM, Messung von Titrier-und anderen Flüssigkeiten mit chemischen Meß-geräten. *Chem. Z.* 30 S. 1071/3.

SCHUBERT, Melassen-Pyknometer.* *Z. Zucker* 25 S. 172.

STACH, registrierende Geschwindigkeits- und Vo-lumenmessung.* *Glückauf* 42 S. 1590/7.

WOLFF, Apparat zur Bestimmung des Fassungs-vermögens von Patronenhülsen.* *Z. Schieß- u. Spreng.* 1 S. 353.

TRUMP, Meß- und Mischmaschine für feinkörniges Material. (Kreisender Tisch.)* *Uhlands T. R.* 1906, 2 S. 23/4, 31/2.

To investigate the contents of a petrol tank.* *Aut. Journ.* 11 S. 66.

Flache Meßgeräte.* *Z. Chem. Apparat.* 1 S. 45.

4. Andere Messungen. Other measurements. Autres espèces de mesurages.

REITLERs Stoßstufen-Messer für Schienenstöße. (Besteht aus zwei stählernen Teilen, einem lappenförmigen und einem gabelförmigen, die an der äußeren Schienenkopfseite mit Schrauben befestigt werden. In den beiden Schenkeln der Gabel bewegen sich lotrecht leichte Zylinder, die in der Anfangstellung beiderseits an den

Lappen anstoßen und von diesem um das Maß der gegenseitigen Verschiebung der beiden Schienenenden abwärts bezw. aufwärts gehoben werden.)* *Organ* 43 S. 193/4.

DEVAUX CHARBONNEL, mesure de temps très courts par la décharge d'un condensateur. *Compt. r.* 142 S. 1080/2.

KIESZLING, Versuche über verschiedene Kornzähl-methoden. *Z. Brauw.* 29 S. 17/22 F.

PRINSEP, deflection and slide rule for artillery, for all field purposes. (For determining the angle of sight for the battery, the displacement angle, switch angles.)* *J. Roy. Art.* 33 S. 373/6.

STEPHANI, Körpermeßapparat. (Meßstuhl, dessen fester Punkt in der Sitzplatte liegt.)* *Aerzil. Polyt.* 1906 S. 182/5.

5. Zählen. Counting. Numération. Vgl. Rechen-maschinen.

BATDORFs Geldzähl- und -Rollmaschine.* *Papier-Z.* 31, 1 S. 1845.

COLLINS, electro-mechanical coin counting and wrapping machine.* *Sc. Am.* 95 S. 6.

BROCQ, les compteurs en général et plus spéciale-ment les compteurs électriques. (Tarifs; comp-teurs à prépaiement, à dépassement.) *Mém. S. ing. civ.* 1906, 2 S. 22/31.

SELLERS & CO., Addiermechanismus für Stanz-maschinen.* *Masch. Konstr.* 39 S. 132.

Zählapparat für beladene Wagen.* *Töpfer-Z.* 37 S. 230/2.

V. MOLO, Ablesevorrichtungen an Elektrizitäts-, Gas- und Wassermessern. (Zählwerke mit schlei-chenden Zeigern und nur einmaliger Ueber-setzung.)* *Wschr. Baud.* 12 S. 70/4.

6. Verschiedenes. Sundries. Matières diverses.

GÖCKEL, Behandlung der Meßgeräte. (V) *Z. Chem. Apparat.* 1 S. 305/15.

TOWNE, our present weights and measures and the metric system. *Iron & Coal* 73 S. 2257/8.

BOYE, System „JOHANNSSON" Normal-Meßblöcke.* *Met. Arb.* 32 S. 312.

Metalle, allgemeines. Metals, generalities. Métaux, généralités. Vgl. Legierungen und die einzelnen Metalle.

BOUDOUARD, métallographie microscopique.* *Bull. Soc. chim.* 3, 35 N. 13/4 S. I/XX.

EILENDER, Wesen und Ziele der Metallographie. (V. m. B.) (A) *Z. V. dt. Ing.* 50 S. 459/61.

HEYN, die Nutzanwendung der Metallographie in der Eisenindustrie. (V) (A) *Z. V. dt. Ing.* 50 S. 786.

CHARPY, sur l'influence de la température sur la fragilité des métaux. (Essais.) *Mém. S. ing. civ.* 1906, 2 S. 562/9; *Mech. World* 40 S. 161.

EWING, the structure of metals. *Sc. Am. Suppl.* 62 S. 25695.

FAWSITT, relation of solution pressure to surface condition in metals. (V) *Chemical Ind.* 25 S. 1133/4.

GUILLERY, mesure de la limite élastique des mé-taux.* *Rev. métallurgie* 3 S. 331/9.

KREFTING, Korrosion metallischer Antiquitäten. (Gegenwart von Chloriden.) *Pharm. Centralh.* 47 S. 180.

LECHER, THOMSONeffekt in Eisen, Kupfer, Silber und Konstantan. (Untersuchung der Aenderungen des THOMSONeffektes mit der Temperatur.)* *Ann. d. Phys.* 19 S. 853/67.

LOTTERMOSER, das Wesen der Kolloide; speziell der Kolloidalmetalle. *Z. Beleucht.* 12 S. 179/80.

MOISSON, ébullition et distillation du nickel, du fer, du manganèse, du chrome, du molybdène, du tungstène et de l'uranium. *Bull. Soc. chim.* 3, 35 S. 944/9.

READ, cooling curves of metallic solutions.* *Iron & Steel Mag.* 11 S. 96/9.

TURNER, behaviour of metals whilst cooling. (Viscosity of liquid, solidifying point; semi - solid state.) (V) (A) *Pract. Eng.* 33 S. 364.

TAYLOR, FRED W., on the art of cutting metals. (Tool; cutting speed; feed.) (V. m. B.) *Eng. News* 56 S. 580/5.

Oxydation des métaux à l'air et dans l'eau. *Gén. civ.* 48 S. 347/8.

La résistance des métaux aux efforts alternatifs. (Expériences de STANTON et BAIRSTOW.) *Rev. ind.* 37 S. 295/6.

BERTHELOT et ANDRÉ; recherches sur quelques métaux et minerais trouvés dans les fouilles du Tell de l'Acropole de Suse, en Perse. *Ann. d. Chim.* 8, 8 S. 57/74.

FRAICHET, Untersuchungsverfahren magnetischer Metalle. (Beobachtungen der magnetischen Widerstandsänderungen eines Probestabes aus Stahl im Verlaufe seiner Zerreißprobe.)* *Stahl* 26 S. 1150/1.

HOLLARD, séparation des métaux par l'analyse électrolytique.* *Rev. métallurgie* 3 S. 137/44.

Vergrößerung der Geschwindigkeit bei der elektrolytischen Bestimmung von Blei und Kupfer in Hüttenlaboratorien. *Metallurgie* 3 S. 571/2.

Ursache des nachträglichen Reißens kalt verdichteter Kupferlegierungen. *Metallurgie* 3 S. 568/9.

Metallbearbeitung, chemische, anderweitig nicht genannte. Metal working, chemical, not mentioned elsewhere. Traitement chimique des métaux, non dénommé.

STOCKMEIER, Fortschritte der chemischen Metallbearbeitung und verwandter Zweige. (Galvanotechnik; Metallfärbung; Blattmetall- und Bronzefarbenfabrikation.) (Jahresbericht.) *Chem. Z.* 30 S. 343/6.

Use of calcium in metal refining. (Process invented by BRANDENBURG and WEINS; employs calcium in form of turnings, instead of large lumps, and mixing with turnings or small fragments of one or more metals. This mixture of various metals in a solid form, e. g., brick, is placed in the liquid metal.) *J. Frankl.* 162 S. 424.

GUILLET, traitement thermique des produits métallurgiques. (L'auteur indique la chaîne absolument continue qui lie la théorie des solutions à celle des alliages; produits utilisés après traitement convenable. Les traitements chimiques sont ceux dans lesquels interviennent des réactions chimiques et, par conséquent, des changements dans la composition chimique du produit initial; les traitements thermiques sont ceux dans lesquels la variation de température entre seule en jeu; la trempe, le recuit et le revenu. Considérations physico-chimiques — loi des phases. Établissement du diagramme d'équilibre des alliages.)* *Mém. S. ing. civ.* 1906, 2 S. 570/607.

BATES & PEARD, automatisches Ausglühen von Metallen ohne Oxydation. (Unter Luftabschluß.)* *J. Goldschm.* 27 S. 402.

Oxydieren und Kohlen von flüssigem Eisen. (Verschiedene Verfahren.) *Gieß. Z.* 3 S. 152.

DRAIS, Oxydieren, bezw. Schwarzbeizen von Stahlwaren. (In der Schweiz zum Oxydieren der Stahl-Uhrgehäuse angewandtes Verfahren.) *Bayr. Gew. Bl.* 1906 S. 163.

Praktische Anweisung zur Metall-Lackierung durch Tauchen. *Erfind.* 33 S. 61/2.

Ueber chemische Metallfärbungen. (Färben von Messinglegierungen.) (R) *J. Goldschm.* 27 S. 163/4.

Russisches Niello (Tula). (R) *J. Goldschm.* 27 S. 372.

BAYER, A. H., Gelbbrenne. (Anforderungen an den Raum; Abbrennschüsseln, Mattbrenne; Abschwenkgefäße; Abbrennherd.)* *Z. Gew. Hyg.* 13 S. 403/4.

Das Mattbad für Messing, Neusilber und andere zinkhaltige Legierungen. *Z. Bürsten.* 25 S. 250.

Bronzieren und Vergolden von Stahl und Eisen. *D. Goldschm. Z.* 9 S. 237.

BARKER and LANG, deteriorating effect of acid pickle on steel rods, and their partial restoration on baking. *Chemical Ind.* 25 S. 1179/80.

HAWKINS, acid dips and pickles for brass castings.* *Mech. World* 40 S. 274; *Pract. Eng.* 33 S. 356/7.

MAY, W. J., annealing metals. *Pract. Eng.* 33 S. 553.

Value of annealing. (Effect on metals, glass.) (A) *Pract. Eng.* 33 S. 146/7.

Metallbearbeitung, mechanische, anderweitig nicht genannte. Metal working, mechanical, not mentioned elsewhere. Travail mécanique des métaux, non dénommé.

GUILLET, traitement thermique des produits métallurgiques. (Traitements mécaniques, représentés par le laminage, le martelage, l'étirage, le tréfilage, etc.)* *Mém. S. ing. civ.* 1906, 2 S 570/607.

HORT, die Wärmevorgänge beim Längen von Metallen.* *Z. V. dt. Ing.* 50 S. 1831/40.

IZOD, le cisaillement des métaux et des bois. * *Bull. d'enc.* 108 S. 131/5.

THOMSON, power required to thread, twist and split wrought iron and mild steel pipe. (Improvements in the form of the dies; tests of pipe rings; thread cutting dies; twisting as a test for pipe; power for threading measured by hand.) (V)* *Gas Light* 84 S. 181/4.

KOHL, RUBENS & ZÜHLKE, Verengung von Hohlkörpern aus Blech. (Die einzelnen Teile der verwendeten, zusammenklappbaren inneren Stempels gleiten bei der Bewegung der Presse derart an geeigneten Flächen entlang, daß die Gebrauchsstellung und das Zusammenklappen selbsttätig eintreten.)* *Z. Werkzm.* 11 S. 96.

LEHMBECK, hydraulische Metallpressung nach HUBER. (Anregung zu ihrer Verwendung im Automobilbau.) *Z. mitteleurop. Motorw.* 9 S. 302/4.

The seamless pressed steel bathtub.* *Iron A.* 78 S. 923/4.

HUNDHAUSEN, Verfahren zur Herstellung von Handgriffen aus Draht.* *Dingl. J.* 321 S. 314/8 F.

PUDOR, Damascener Arbeiten in Japan. *Uhlands T. R.* 1906 *Suppl.* S. 83/4.

THOMAS, the manufacture of tin-plates. * *Engng.* 82 S. 183/7.

How to polish metal. (Spanish whiting, gasoline, oleic acid.) (R) *Pract. Eng.* 33 S. 425.

JOSEPH, das Mattieren mit dem Sandstrahlgebläse.* *J. Goldschm.* 27 S. 353/4.

Meteorologie. Meteorology. Météorologie. Vgl. Barometer, Instrumente 9.

1. Theoretisches und allgemeines. Theory and generalities. Théorie et généralités.

KOZÁK, meteorologische Beobachtungen. (Bestimmung der Luftfeuchtigkeit [Hygrometrie]; Ermittlung des spezifischen Gewichtes der Luft.) *Mitt. Artill.* 1906 S. 606/75.

KELLER, H., Niederschlag, Abfluß und Verdunstung in Mitteleuropa. (Abflußverhältnis, Beziehungen zwischen Abfluß und Niederschlag.) *Zbl. Bauw.* 26 S. 279.

HERGESELL, Temperatur- und Feuchtigkeitsver-
hältnisse sowie Luftströmungen in sehr großen
Höhen der Atmosphäre über dem freien Meere.
„Ballons sondes"- Fahrten von Bord der „Prin-
zesse Alice". *Bayr. Gew. Bl.* 1906 S. 355.

Sulla determinazione degli elementi del vento.
(Determinazione della direzione del vento;
misura della forza e della velocità del vento.) *
Boll. soc. aer. italiana 3 S. 5/12 F.

Mesure de la direction du vent.* *Nat.* 34, 1
S. 109/10.

VILLARD, l'aurore boréale. (Les rayons cathodiques.) * *Compt. r.* 142 S. 1330/3.

SCHUBERT, Wald und Niederschlag in Westpreußen
und Posen. (Beeinflussung der Regen- und
Schneemessung durch den Wind.)* *Z. Forst.*
38 S. 728/35.

Farbe der Cumulus - Wolken. (Untersuchungen
über den Zusammenhang zwischen der Farbe der
Gewitterwolken und ihrer elektrischen Ladung.)
Bayr. Gew. Bl. 1906 S. 355.

BRACKE, densité de la neige. (Variabilité de la
densité de la neige; observations.) *Ann. trav.*
63 S. 1269/97.

GRADENWITZ, methods of determining the amount
of atmospheric dust. * *Sc. Am.* 94 S. 108.

HENRY, weather forecasting from synoptic charts.
(U. S. Weather Bureau, Washington.) (V) * *J.
Frankl.* 162 S. 297/316.

**2. Instrumente und Apparate. Instruments and
apparatus. Instruments et appareils.** Siehe
Instrumente 9.

Mikrometer. Micrometers. Micromètres. Siehe Instrumente, Messen und Zählen.

Mikroskopie. Microscopy. Microscopie. Vgl. Bakteriologie, Instrumente, Optik 3.

BEHN und HEUSE, Demonstration der ABBE'schen
Theorie des Mikroskops.* *Physik. Z.* 7 S. 750/3.

WINKELMANN, Demonstration der ABBEschen
Theorie des Mikroskopes. * *Ann. d. Phys.* 19
S. 416/20.

PORTER, the diffraction theory of microscopic
vision.* *Phil. Mag.* 11 S. 154/66.

MALASSEZ, évaluation de la puissance des objectifs
microscopiques. *Compt. r.* 142 S. 773/5.

MALASSEZ, évaluation des distances focofaciales
des objectifs microscopiques. *Compt. r.* 142
S. 926/8.

LEBRUN, application de la méthode des disques
rotatifs à la technique microscopique.* *Z. Mikr.*
23 S. 145/73.

GAIDUKOV, die neuen ZEISSschen Mikroskope.
Z. Mikr. 23 S. 59/67.

LATOUR, le microscope nouveau de ZEISS à
lumière ultra-violette.* *Cosmos* 1906, 1 S. 540/3.

KUSCHINKA, das Mikrophotoskop. (Eine Kartenlupe.)* *Phot. Korr.* 43 S. 74/5.

BOUDOUARD, métallographie microscopique.* *Bull.
Soc. chim.* 3, 35 Nr. 13/14 S. 1/20.

V. RÜDIGER, die metallographische Untersuchung
von Industriestahlsorten. (Mikroskop von LE
CHATELIER auf optischer Bank montiert; photo-
mikrographische Camera.)* *Gieß. Z.* 3 S. 593/7;
Iron & Coal 73 S. 664.

The ROSENHAIN metallurgical microscope.* *Railw.
Eng.* 27 S. 108/9; *Iron & Coal* 73 S. 2262; *Eng.*
101 S. 304; *Engng.* 81 S. 251/2.

SCHNEIDER und KUNZL, Spinnfasern und Färbungen im Ultramikroskope. *Z. Mikr.* 23 S.
393/409.

MICHAELIS, Ultramikroskop und seine Anwendung
in der Chemie.* *Z. ang. Chem.* 19 S. 948/53.

PAULY, ein einfaches Kompensatorokular. *Z. Mikr.*
23 S. 38/41.

SCHORR, Modell eines einfachen beweglichen Ob-
jekttisches. *Z. Mikr.* 23 S. 425/7.

ZWINTZ und THIEN, elektrisch heizbarer Objekttisch für Mikroskope.* *CBl. Bakt.* I, 42 S. 179/81.

STEINACH, Mikroskop-Stativ. (Für die große Einstellung wurde die übliche Zahn- und Trieb-
bewegung verwendet. Für die feine Einstellung
wurde eine einfache, solide Schlittenführung
konstruiert.) * *Z. Mikr.* 23 S. 308/12.

Ein neues großes Mikroskopstativ System REI-
CHERT.* *Central-Z.* 27 S. 7/8.

METZ, Vervollkommnungen der LEITZschen Mikro-
skop-Stative.* *Z. Mikr.* 23 S. 430/9.

SIEDENTOPF, ein neues physikalisch-chemisches
Mikroskop (Mikroskopie bei hohen Temperaturen). (V) * *Z. Elektrochem.* 12 S. 593/6.

TISCHUTKIN, Beschreibung eines Apparates für
gleichzeitige Bearbeitung vieler mikroskopischer
Schnitte und über Anwendung desselben für Bearbeitung feiner histologischer Objekte. (Embryonen, Eier usw.) * *Z. Mikr.* 23 S. 45/58.

HUBER, rapid method of preparing large numbers
of sections. *Z. Mikr.* 23 S. 187/96.

OLT, Aufkleben mikroskopischer Schnitte. (Verfahren beim Aufkleben der Zelloidinschnitte;
das Aufkleben der Paraffinschnitte.) *Z. Mikr.*
23 S. 323/8.

Glyzerin-Gelatine für mikroskopische Präparate.
Farben-Z. 11 S. 785.

DE VECCHI, la fotossilina sciolta in alcool meti-
lico come mezzo d'inclusione. *Z. Mikr.* 23
S. 312/5.

GREIL, ein neuer Entwässerungsapparat.* *Z. Mikr.*
23 S. 286/301.

ASSMANN, über eine neue Methode der Blut- und
Gewebsfärbung mit dem eosinsauren Methylenblau.* *Med. Wschr.* 53 S. 1350/1.

STUDNIČKA, Anwendung der Methode von BIEL-
SCHOWSKY zur Imprägnation von Bindegewebs-
fibrillen, besonders in Knochen, Dentin und
Hyalinknorpel. *Z. Mikr.* 23 S. 414/20.

MICHAELIS, Eigenschaften der freien Farbbasen
und Farbsäuren. (Verhalten gegenüber den verschiedenen Gewebselementen in der histologischen Färbetechnik.) *B. Physiol.* 8 S. 38/50.

GLASENAPP, die Bedeutung der SPITZERtypie für
die Reproduktion von Mikrophotographien.* *Z.
Mikr.* 23 S. 174/82.

HANSEN, einige Farbfilter, sowie einige histologische Färbungen für mikrophotographische Aufnahmen. *Z. Mikr.* 23 S. 410/4.

RÖTHIG, Wechselbeziehung zwischen metachroma-
tischer Kern- und Protoplasmafärbung der Gan-
glienzelle und dem Wassergehalt alkoholischer
Hämatoxylinlösungen. *Z. Mikr.* 23 S. 316/8.

TOMASELLI, modificazione al metode del DONAG-
GIO, per la colorazione delle cellule nervose. *Z.
Mikr.* 23 S. 421/2.

STOELTZNER, einfache Methode der Markscheiden-
färbung. *Z. Mikr.* 23 S. 329.

ORSZÁG, einfaches Verfahren zur Färbung der
Sporen mittels Natriumsalicyllösung, Karbol-
fuchsinlösung und 1proz. Schwefelsäure. *CBl.
Bakt.* I, 41 S. 397/400.

TOBLER, die Brauchbarkeit von MAGINs Ruthe-
niumrot als Reagens für Pektinstoffe. *Z. Mikr.*
23 S. 182/6.

BEST, Karminfärbung des Glykogens und der
Kerne. *Z. Mikr.* 23 S. 319/22.

GAIDUKOV, ultramikroskopische Untersuchung der
Bakterien und die Ultramikroorganismen.* *CBl.
Bakt.* II, 16 S. 667/72.

GALESESCU, une nouvelle méthode pour colorer les granulations du bacille diphtérique. (Coloration avec une solution aqueuse de violet de gentiane.) *Z. Mikr.* 23 S. 67/9.

FREUND, Apparat zur Massenfärbung mikroskopischer Präparate von HELLIGE & CO. *Z. Mikr.* 23 S. 197/8.

KJER-PETERSEN, Objektträgerkorb zum Färben von 12 Objektträgern auf einmal.* *CBl. Bakt.* II, 16 S. 191/2.

SOMMERFELDT, mikroskopische Beobachtungen über Bildungsweise und Auflösung der Kristalle. *Z. Mikr.* 23 S. 26/35.

BENDER, Beleuchtungsapparat für Lupenpräparation und Mikroskopie.* *Z. Mikr.* 23 S. 35/8.

HANAUSEK, technisch-mikroskopische Untersuchungen. (Ausgeführt für die Versuchsanstalt für chemische Gewerbe. Fleckenbildung auf einem Militärmantel durch Schimmelpilze; Beseitigung durch volles Sonnenlicht.)* *Mitt. Gew. Mus.* 16 S. 99/115.

STOELTZNER, der Einfluß der Fixierung auf das Volumen der Organe. *Z. Mikr.* 23 S. 14/25.

SACHS-MÜKE, Apparat zur Wiederauffindung bestimmter Stellen in mikroskopischen Präparaten.* *Med. Wschr.* 53 S. 1258/9.

Milch. Milk. Lait. Vgl. Butter, Käse, Landwirtschaft, Nahrungs- und Genußmittel, Schleudermaschinen.

1. Allgemeines. Generalities. Généralités.

RÜTERS, Genossenschaftsmolkerei Schlawe in Pommern. (Erbauung einer modernen Molkerei.)* *Milch-Z.* 35 S. 327/9.

Molkerei „Schloß Schönhausen" in Berlin-Niederschönhausen. ⊠ *Uhlands T. R.* 1906, 4 S. 95/6.

Verwendung der Elektrizität in kleinen Molkereibetrieben. *Milch-Z.* 35 S. 603/4.

Die beste Betriebskraft für die Molkerei? *Molk. Z. Hildesheim* 20 S. 49/50.

Die Niederösterreichische Molkerei in Wien.* *Molk. Z. Hildesheim* 20 S. 1267/9 F.

KOCH, ROBERT, Rolle der Milch bei der Uebertragung der Tuberkulose auf Menschen. (V) *Molk. Z. Berlin* 16 S. 37/8.

BURR, Einfluß von Futtermitteln auf Milch und Molkereiprodukte. (Abfälle der Oelfabrikation; Grünfutter.) *Molk. Z. Hildesheim* 20 S. 341,3 F., 753/5 F.

FINGERLING, Einfluß fettreicher und fettarmer Kraftfuttermittel auf die Milchsekretion bei verschiedenen Grundfutter. *Versuchsstationen* 64 S. 399/411.

HANSEN und GEIST, Wirkung von rohen Kartoffeln, Trockenkartoffeln und Kartoffeldauerfutter auf die Milchproduktion. *CBl. Agrik. Chem.* 35 S. 476/80.

JENSEN, Einfluß der Mineralbestandteile des Futters auf die Milch. *CBl. Agrik. Chem.* 35 S. 193/5.

LEGRAND, die galaktogenen Eigenschaften des Baumwollsamenextrakts. *Am. Apoth. Z.* 27 S. 12.

MORGEN, BEGER und FINGERLING, weitere Untersuchungen über die Wirkung der einzelnen Nährstoffe auf die Milchproduktion. *Versuchsstationen* 64 S. 93/242.

MOSER, PETER und KAPPELI, Einfluß der Sesamkuchenfütterung auf den Milchertrag, die Qualität von Milch, Butter und Emmentalerkäse. *Apoth. Z.* 21 S. 390; *CBl. Agrik. Chem.* 35 S. 691/3.

PFEIFFER, Einfluß des Asparagins auf die Milchproduktion. *CBl. Agrik. Chem.* 35 S. 48/51.

PFEIFFER, SCHNEIDER und HEPNER, Einfluß des Asparagins auf die Milch und ihre Bestandteile. *Molk. Z. Hildesheim* 20 S. 1455.

VIETH, Einwirkung von Mohnkuchenfütterung auf den Fettgehalt der Milch. *Molk. Z. Berlin* 16 S. 306/7.

TURNER und BEACH, Wirkung von Silofutter auf den Säuregrad der Milch. *CBl. Agrik. Chem.* 35 S. 555/6.

LIPSCHITZ, Einfluß der Hautpflege des Milchviehs sowie Einwirkung einiger Mineralstoffbeigaben zum Kraftfutter auf Milchergiebigkeit und Beschaffenheit der Milch. *CBl. Agrik. Chem.* 35 S. 545/9.

FISCHER, Rasse, Individualität und Abstammung in der Produktion von Kuhmilch.* *Landw. Jahrb.* 35 S. 333/79.

HÖFT, Einfluß des Laktationsstadiums der Kühe auf die Entrahmungsfähigkeit der Milch. *CBl. Agrik. Chem.* 35 S. 550/2.

PLEHN, Wert der Milch als Nahrungsmittel. *Molk. Z. Berlin* 16 S. 413/4.

Neuere Arbeiten über die Milchbildung, das Melken und die Kälberaufzucht. *Molk. Z. Hildesheim* 20 S. 1347/9.

2. Gewinnung, Aufbewahrung und Verarbeitung. Production, conservation and employ. Production, conservation, emploi.

a) Apparate. Apparatus. Appareils. Vgl. Schleudermaschinen.

Die Maschinen und Geräte auf der 20. Wanderausstellung der Deutschen Landwirtschafts-Gesellschaft, Berlin-Schöneberg. (Molkereimaschinen.) *Molk. Z. Hildesheim* 20 S. 725/6.

FREUND, neue „Astra"-Separatoren des BERGEDORFER EISENWERKS.* *Presse* 33 S. 15.

TIEMANN, Prüfungen von Handzentrifugen an der Versuchsstation und Lehranstalt für Molkereiwesen zu Wreschen.* *Molk. Z. Hildesheim* 20 S. 217/9.

Prüfung der Handzentrifuge „Westfalia". *Presse* 33 S. 441.

Vorprüfung von Alfa-Separatoren auf der 20. Wanderausstellung der D. L. G. *Molk. Z. Berlin* 16 S. 303/6 F.

Astra-Rahmreifer. (Besteht aus einem isolierten Bassin, in welchem der Rahm durch eine sich drehende Temperierschnecke zu gleicher Zeit langsam bewegt und schnell erwärmt oder abgekühlt wird.)* *Molk. Z. Hildesheim* 20 S. 784.

Entrahmungsmaschinen.* *Milch-Z.* 35 S. 363/4.

MARTING, Neuerungen auf dem Gebiete des landwirtschaftlichen Maschinenwesens. (Tiefkühlanlagen nach Patent HELM von ALEXANDERWERK A. VON DER NAHMER.)* *Fühlings Z.* 55 S. 529/33.

AHLBORN, Eis- und Kühlanlage der Frankfurter Zentral-Molkerei von Heinrich Kleinböhl.* *Uhlands T. R.* 1906 4 S. 61/2.

DOUGLAS & SONS, Milch-Kühleinrichtung. (Pat.)* *Uhlands T. R.* 1906, 4 S. 16.

HELMSCH, Tiefkühlanlagen für Milch. (Stetige Solebildung aus einem Gemisch von Eis und Salz; Milchkühler.)* *Uhlands T. R.* 1906, 4 S. 61.

REIF, Kühlanlage der Dampfmolkerei Glebitsch. *Molk. Z. Hildesheim* 20 S. 1187/8.

Tiefkühlanlagen. (Für die Kühlung der Milch; Kältemaschinen.)* *Milch-Z.* 35 S. 339/40.

HART, application of mechanical refrigeration to ice cream manufacture. (Cream ripening machines of the CREAMERY PACKAGE CO., THOMPSON, EMORY; brine freezer.) *J. Frankl.* 162 S. 397/403.

AHLBORNs neuer Universalmilcherhitzer. (Berieselungs-Rückkühlerhitzer.)* *Molk. Z. Hildesheim* 20 S. 1189/90.

JORDAN, Universal-Milchküche nach BROSIO. (Zur

Erhitzung, Entkeimung und nachträglicher Kühlung loser, sowie in Flaschen gefüllter Milch.)* *Milch-Z.* 35 S. 232/3.

LAVES, Apparat zum Erhitzen der Milch im Haushalt. (Zwei ineinander passende Kochtöpfe, der kleinere mit Milch gefüllt.) *Pharm. Centralh.* 47 S. 898.

MÜLLER, ERICH, Apparat zum Kochen oder Pasteurisieren von Kindermilch.* *Ges. Ing.* 29 S. 272/3.

SCHÖNEMANN & CO, offener Hochdruck-Milcherhitzer „Blank". (Flächen - Berieselungskühler für Wasservor- und Tiefkühlung; Rahmkippbassin; Butterkneter.)* *Molk. Z. Hildesheim* 20 S. 872/3.

VIETH, Milcherhitzungseinrichtungen. (Versuche mit der FLIEGELschen und AHLBORNschen Einrichtung.) *Molk. Z. Hildesheim* 20 S. 487/9.

SCHMITZ, neuer Temperier-Apparat für Rahm. *Molk. Z. Berlin* 16 S. 400/1.

SCHMUCKER, Milch-Sterilisier-Apparate für Säuglingsheime, Kinderkliniken und Molkereibetriebe.* *Aerstl. Polyt.* 1906 S. 11/2.

Stérilisateur du lait par l'électricité. *Electricien* 31 S. 153/4.

FIEDLERs Patent-Milchfilter.* *Landw. W.* 32 S. 270/1.

FUNKEs Faltenmilchsieb.* *Milch-Z.* 35 S 206; *Molk. Z. Berlin* 16 S. 235; *Molk. Z. Hildesheim* 20 S. 492.

Versuche mit HUBNERs Stall- und Molkereisieben.* *Molk. Z. Hildesheim* 20 S. 1159/61.

An improved milking machine. (The teats are engaged by a series of rollers which press them against a pair of compression plates.)* *Sc. Am.* 95 S. 368.

Milk in tank cars. (Wooden casks, fastened to the floor of a covered freight car.) *Railv. G.* 1906, 1 S. 24.

VUTZ, Versuche mit einem Niederdruck-Dampfreiniger für Milchtransportkannen. *Molk. Z. Berlin* 16 S. 608/9.

b) Verfahren. Processes. Procédés.

HÖFT, Betriebskontrolle in Molkereien. (V) *Molk. Z. Hildesheim* 20 S. 1133.

LEUZE, moderne Milchhygiene. (V) *Z. öffl. Chem.* 12 S. 432/46 F.

POETTER, Milchversorgung der Städte, mit besonderer Berücksichtigung der Säuglingsernährung. (Pasteurisieren; Tiefkühlung; Reinhaltung des Stalles; Löbner Säuglingsmilchanstalt.) (V. m. B.) *Techn. Gem. Bl.* 9 S. 201/4.

BACKHAUS, aseptische Milchgewinnung. *Milch-Z.* 35 S. 169/71.

STRITTER, hygienisch einwandfreie Milchgewinnung. *Prom.* 17 S. 461/3.

TIEMANN, die Milchhygiene in ihrer Anwendung auf die Praxis. (V) *Molk. Z. Hildesheim* 20 S. 101/4.

ARENDS, Milchhygiene. Ernährung, Haltung und Züchtung des Milchviehes.* *Viertelj. Schr. Ges.* 38 S. 734/83.

DAMMANN, Gewinnung hygienisch einwandfreier Milch. (V) *Molk. Z. Berlin* 16 S. 436/7.

KUNTZE, aseptische Milchgewinnung und bakteriologische Betriebskontrolle. *Milch-Z.* 35 S. 481/3 F.

SCHROTT-FIECHTL, Versuche über die Gewinnung keimarmer Milch auf der Ausstellung für Säuglingspflege in Berlin. *Molk. Z. Berlin* 16 S. 207/8 F.

Nutriciaverfahren. (Das Euter der Kuh wird vor dem Melken desinfiziert, der Melker reinigt sich Hände und Unterarm gründlich.)* *Milch-Z.* 35 S. 325/7 F.

KÜHN, neuere Erfahrungen über die Verwendung von künstlicher Kälte in der Meiereitechnik. *Molk. Z. Berlin* 16 S. 110/1; *Molk. Z. Hildesheim* 20 S. 161/3.

VIETH, die Verfahren zur Frischerhaltung der Milch. *Fühling's Z.* 55 S. 113/20.

BANDINI, Wirksamkeit des Formalins und des Wasserstoffsuperoxyds in der Milch. (Vergleich.) *Cbl. Bakt.* I. 41 S. 271/9 F.

GERBER und HIRSCH, Einwirkung ultravioletter Strahlen auf Milch. (Bakterizide Wirkung.) *Molk. Z. Hildesheim* 20 S. 163/4; *Molk. Z. Berlin* 16 S. 52.

SIEGFELD, Labwirkung. *Molk. Z. Hildesheim* 20 S. 1349 F.

SMELIANSKY, Einfluß verschiedener Zusätze auf die Labgerinnung der Kuhmilch. *Arch. Hyg.* 59 S. 187/215.

REISZ und BUSCHE, Herstellung von Sahne mit einem willkürlichen Prozentsatz Fett. *Milch-Z.* 35 S. 28/9.

SCHROTT-FIECHTL, Herstellung von Fettemulsionen für Fütterungszwecke. (Fette Magermilch wird erzeugt, indem man eine hochgradige Emulsion, einen Rahm, herstellt, den man dann beliebig mit Magermilch verdünnt.) *Milch-Z.* 35 S. 591.

MUCH, Perhydrase-Milch. (Geringer Zusatz von Wasserstoffsuperoxyd und Entfernung dieses Mittels durch Zusatz eines aus entbluteter Rindleber gewonnenen Ferments.) *Molk. Z. Hildesheim* 20 S. 1049.

MEYER, Ernährungsversuche mit V. BEHRINGs Perhydrasemilch. (Darstellung.) *Molk. Z. Berlin* 16 S. 572.

LUNDE, Lüftung des Rahms. (Einwirkung auf die Qualität der Butter.) *Molk. Z. Hildesheim* 20 S. 666.

TIEMANN, Milchverwertung. (V) *Molk. Z. Hildesheim* 20 S. 1402/3.

KRULL, ein neues Milchpräparat. (HATMAKERsches Milchpulver.)* *Z. ang. Chem.* 19 S. 467/71.

KRULL, das JUST-HATMAKERsche Verfahren zum Trocknen von Milch.* *Milch-Z.* 35 S. 25/8.

HOFFMANN, W., werden bei der Herstellung der Trockenmilch nach dem JUST-HATMAKERschen Verfahren Rindertuberkelbazillen abgetötet?* *Arch. Hyg.* 59 S. 216/23.

Neues Verfahren zum Trocknen von Milch. (Einrichtungen der Firma R. HATMAKER.)* *Z. Chem. Apparat.* 1 S. 65/8; *Erfind.* 33 S. 313 4.

BUCKA, HANSEN und WIMMER, Verfahren zur Herstellung eines Milchpulvers aus Vollmilch. *Erfind.* 33 S. 106/8.

MOLL, alkalisierte Buttermilch. *Pharm. Centralh.* 47 S. 340.

VON SOXHLET, Molken als Schweinefutter und zur Milchzucker-Gewinnung. (V) *Molk. Z. Berlin* 17 S. 293.

NIEDERSTADT, Kefir, seine Entstehung und Beschaffenheit. *Pharm. Z.* 51 S. 555.

REISZ und BUSCHE, gewerbliche Bereitung des Kefirs. *Molk. Z. Hildesheim* 20 S. 1429/30.

Städtische Kindermilchanstalt in Bergisch-Gladbach. (Milchbereitung nach BIEDERTschem System. Präparier- und Sterilisieranstalt.)* *Techn. Gem. Bl.* 8 S. 347/8.

3. Eigenschaften, Untersuchung. Qualities, analysis. Qualités, analyse.

SIEGFELD, die Chemie der Milch und der Molkereiprodukte im Jahre 1905. (Jahresbericht.) *Chem. Z.* 30 S. 469/72.

CROWTHER, Schwankungen in der Zusammensetzung der Kuhmilch. *Cbl. Agrik. Chem.* 35 S. 833/9.

DROSTE, Beurteilung von Milch. (Frische Vollmilch; Verfälschungen; Konservierungsmittel.) *Apoth. Z.* 21 S. 91/3 F.

HERMES, die neuesten englischen Untersuchungen über die Schwankungen in der Zusammensetzung der Kuhmilch. (Zusammenstellung von CROWTHER.) *Molk. Z. Hildesheim* 20 S. 635/7 F.

SHERMAN, seasonal variations in the composition of cow's milk. *J. Am. Chem. Soc.* 28 S. 1719/23.

SIEGFELD, die täglichen Schwankungen der an die Molkerei gelieferten Milch. *Molk. Z. Hildesheim* 20 S. 1239/41.

STRITTER, Milch verschiedener Tierarten. *Prom.* 17 S. 487/9.

COMTE, le lait des brebis Corses. (Analyse.) *J. pharm.* 6, 24 S. 199/204.

WAGNER, Fettgehalt von Eselinmilch. *Z. Genuß.* 12 S. 658/9.

WEDEMEYER, Zusammensetzung von Hundemilch. *Molk. Z. Berlin* 16 S. 513.

LAUTERWALD, Verhalten der fettfreien Trockensubstanz bei gebrochenem Melken. *CBl. Agrik. Chem.* 35 S. 562/3.

BONNEMA, haben die Fettkügelchen der Milch eine Eiweißhülle? *CBl. Agrik. Chem.* 35 S. 630/2.

NÖRNER, Empfindlichkeit der Milch gegen Gerüche. *Milch-Z.* 35 S. 279.

BORDAS et TOUPLAIN, rapidité d'absorption des odeurs par le lait. *Compt. r.* 142 S. 1204/5.

MUCH und RÖMER, Einfluß der Belichtung der Milch auf ihren Geruch und Geschmack. *Molk. Z. Berlin* 16 S. 376/8 F.

Licht und Milch. (Einwirkung der ultravioletten Strahlen.) *Milch-Z.* 35 S. 497.

V. BEHRING, experimentelle Ergebnisse, betreffend die Veränderung der Nährstoffe und Zymasen in der Kuhmilch unter dem Einfluß hoher Temperaturgrade. *Molk. Z. Berlin* 16 S. 135/6.

HARTWICH, Methode zur Unterscheidung gekochter und ungekochter Milch. (Beruht darauf, daß sich aus ungekochter Milch das Fett schneller an der Oberfläche sammelt, als aus gekochter.) *Pharm. Z.* 51 S. 900.

SELIGMANN, Nachweis stattgehabter Erhitzung von Milch. *Z. ang. Chem.* 19 S. 1540/6.

RUBNER, spontane Wärmebildung in Kuhmilch und die Milchsäuregärung. *Arch. Hyg.* 57 S. 244/68.

Milchsäurebestimmungsapparat nach REITZ-MOLLENKOPF.* *Milch-Z.* 35 S. 541/2.

HESSE, Bestimmung des Säuregrades in der Milch, dem Rahm und der Butter. *Molk. Z. Hildesheim* 20 S. 575/6.

Bestimmung des Säuregrades der Ablaufmolke. *Milch-Z.* 35 S. 531/2.

ADAM, les laits traités par l'eau oxygénée. (Réactions.) *J. pharm.* 6, 23 S. 273/7; *Bull. Soc. chim.* 3, 35 S. 247/50.

CHESTER und BROWN, Einfluß des Formaldehyds auf Milch. *Molk. Z. Berlin* 16 S. 187.

TICE und SHERMAN, proteolysis in cows milk preserved by means of formaldehyde. *J. Am. Chem. Soc.* 28 S. 189/94.

COMANDUCCI, Oxydationsindex (Oxydationszahl) der Milch. *Chem. Z.* 30 S. 504.

PETER, Klassifizierung und bildliche Darstellung der Gärprobeergebnisse der Milch. *Molk. Z. Berlin* 16 S. 435.

LAM, Prüfung der Marktmilch. (V) (A) *Chem. Z.* 30 S. 467.

V. RAUMER, Erfahrungen auf dem Gebiete der Milchkontrolle. *Z. Genuß.* 12 S. 513/21.

RULLMANN und TROMMSDORFF, milchhygienische Untersuchungen. *Arch. Hyg.* 59 S. 224/65.

LINDET et AMMAN, matières albuminoïdes solubles du lait. *Bull. Soc. chim.* 3, 35 S. 688/93; *Compt.*

r. 142 S. 1282/5; *Chem. Z.* 30 S. 466; *Bull. sucr.* 24 S. 146/54.

TRILLAT et SAUTON, dosage de la matière albuminoïde du lait. (Étude d'un nouveau procédé; repose sur la propriété que possède la formaldéhyde d'insolubiliser les matières albuminoïdes.) *Ann. Pasteur* 20 S. 991.1004; *Compt. r.* 142 S. 794/6; *Bull. Soc. chim.* 3, 35 S. 906/12; *Chem. Z.* 30 S. 504.

POPP, Stickstoffbestimmung in der Milch. *Apoth. Z.* 21 S. 476.

KOCH, Lecithingehalt der Milch. *Z. physiol. Chem.* 47 S. 327/30

PATEIN, unification des méthodes de dosage du lactose dans le lait. *Bull. Soc. chim.* 3, 35 S. 1022/30; *Bull. sucr.* 23 S. 1415/8.

SEBELIEN, über die in der Milch vorkommenden Zucker. (Kleine Unstimmigkeiten von Doppelanalysen beweisen, daß noch mehr unbekannte Kohlenhydrate in der Milch vorhanden sind.) *Molk. Z. Berlin* 16 S. 501/2.

AUFRECHT, neuere Schnellmethode zur Milchfettbestimmung. *Pharm. Z.* 51 S. 878/9.

BURR, Fettbestimmung in unverdünntem Rahm nach der Azid-Rahm-Methode von SICHLER. *Molk. Z. Hildesheim* 20 S. 1324.

GERBER'S CO., die „Sal"-Methode. Neues säurefreies Verfahren zur schnellen Fettbestimmung aller Milcharten. *Molk. Z. Berlin* 16 S. 39/40; *Molk. Z. Hildesheim* 20 S. 104/5; *Milch-Z.* 35 S. 37/8; *Pharm. Centralh.* 47 S. 91/2.

LÜHRIG, Erfahrungen mit der „Sal"-Methode zur Bestimmung des Fettgehaltes der Milch. *Molk. Z. Hildesheim* 20 S. 401/3.

RUSCHE, zur „Sal"-Methode. (Abänderungsvorschlag.) *Molk. Z. Hildesheim* 20 S. 869/71 F., 1075/7.

SIEGFELD, die „Sal"-Methode. *Molk. Z. Hildesheim* 20 S. 371/3.

SICHLERS verbesserte Sinacidbutyrometrie und ihre Beziehungen zur „Sal"-Methode. *Milch-Z.* 35 S. 171/2.

KUTTNER und ULRICH, neue Schnellmethode zur Milchfettbestimmung. („Sal"-Methode nach WENDLER) *Z. öfftl. Chem.* 12 S. 4:/58.

WENDLER, zur „Sal"-Methode. (Die Ablesung.) *Pharm. Centralh.* 47 S. 174.

WIESKE, die „Sal"-Methode zur Fettbestimmung der Milch. (V) *Ber. pharm. G.* 16 S. 79/82.

HAUPT, die Milchfettbestimmung mit besonderer Berücksichtigung der Sinacidbutyrometrie. (V) *Apoth. Z.* 21 S. 570/1.

SIEGFELD und RINTELEN, Fettbestimmung in der Milch. *Molk. Z. Hildesheim* 20 S. 309/10.

SIEGFELD, Fettbestimmung in Rahm, *Molk. Z. Hildesheim* 20 S. 1375/6.

LOTTERHOS, einfaches und schnelles Verfahren zur Fettbestimmung im Rahm. (Zerlegung des Rahms in Fett und Nichtfett. Ermittlung des spezifischen Gewichts des Rahms aus den Fett-Volumenprozenten und den Nichtfett-Volumenprozenten. Umrechnung der Fett-Volumenprozente in Gewichtsprozente.) *Molk. Z. Berlin* 16 S. 245/6; *Molk. Z. Hildesheim* 20 S. 633/4.

KÜTTNER und ULRICH, einfaches Rahmfettbestimmungsverfahren nach SICHLER & RICHTER. (Der Rahm wird im Butyrometer mit Wasser verdünnt und wie Milch nach dem Schwefelsäureverfahren behandelt.) *Z. öfftl. Chem.* 12 S. 162/6.

SIEGFRIED und POPP, einfaches und schnelles Verfahren zur Fettbestimmung in Rahm. *Milch-Z.* 35 S. 255/6.

RUSCHE, praktische Erfahrungen und Studien bei der Fettbestimmung in Rahm. *Molk. Z. Hildesheim* 20 S. 129/30 F.

JENSEN, Milchpulver. (Zusammensetzung der nach JUST-HATMAKER, nach EKENBERG hergestellten Milchpulver.) *Milch-Z.* 35 S. 97/8.

PLEHN, Milchpulver. (Nährwert, Geschmack, Preis.) *Milch-Z.* 35 S. 433/4.

HAUPT, Fettbestimmung in Milchpulvern und Fettkäsen. *Z. Genuß.* 12 S. 217/21.

GORDAN, Versuche mit dem von RÖHRIG abgeänderten GOTTLIEB-RÖSE-Apparat. *Apoth. Z.* 21 S. 390.

RIETER, neuer Apparat zur Milchfettbestimmung nach GOTTLIEB-RÖSE.* *Chem. Z.* 30 S. 531.

RÖHRIG, Milchfettbestimmungen nach GOTTLIEB-RÖSE.* *Molk. Z. Hildesheim* 20 S. 957/9.

LOHNSTEIN, Galakto-Lipometer. (Apparat zur Bestimmung des Fettgehaltes der Milch.)* *Aerztl. Polyt.* 1906 S. 50/2.

WENDLER, GERBERs Original-Apparate.* *Milch-Z.* 35 S. 397/401.

BUTTENBERG, Untersuchung der pasteurisierten Milch. *Z. Genuß.* 11 S. 377/85; *Molk. Z. Berlin* 16 S. 220/2 F.

FARRINGTON, Zusammensetzung der gefrorenen Milch. *Molk. Z. Hildesheim* 20 S. 637.

v. WISSELL, Untersuchung geronnener Milch. (Bestimmung von Fett, Trockensubstanz und spezifischem Gewicht.) *CBl. Agrik. Chem.* 35 S. 273/4.

BRUÈRE, comprimés enzymoscopiques pour le contrôle rapide des laits pasteurisés. *J. pharm.* 6, 24 S. 488/93.

BURRI und DÜGGELI, bakteriologischer Befund bei einigen Milchproben von abnormaler Beschaffenheit. *CBl. Bakt.* II, 15 S. 709/22.

GRUBER, die beweglichen und unbeweglichen aëroben Gärungserreger in der Milch. *CBl. Bakt.* II, 16 S. 654/63 F.

SLACK, microscopic estimate of bacteria in milk. *Technol. Quart.* 19 S. 37/40.

WEBER, Fäkalstoff- und Bakteriengehalt der Milch. *Chem. Z.* 30 S. 1035/6.

BERTRAND et WEISWEILLER, action du ferment bulgare sur le lait. *Ann. Pasteur* 20 S. 977/90

FARNSTEINER, Verfälschungen von Buttermilch. *Molk. Z. Berlin* 16 S. 38.

FASCETTI, Zusammensetzung und Nährwert der Molken. *CBl. Agrik. Chem.* 35 S. 59/60.

ALLEMANN, kryoskopische Milchuntersuchung. *Molk. Z. Berlin* 16 S. 49/50.

UTZ, refraktometrische Untersuchung der Milch. *Molk. Z. Berlin* 16 S. 109/10.

UTZ, Verwendbarkeit von Labessenz bei der refraktometrischen Milchuntersuchung. *Chem. Z.* 30 S. 844/5; *Molk. Z. Berlin* 16 S. 424/5.

Zusammensetzung der Champagnermilch Adsella. *Molk. Z. Berlin* 16 S. 7.

HASHIMOTO, Zusammensetzung der Asche abnormer Milch. *CBl. Agrik. Chem.* 35 S. 406/8.

REISZ, eine schnellere und billigere Ausführung der Alkoholprobe in den Milchhandlungen. *Molk. Z. Hildesheim* 20 S. 50/1.

RULLMANN, die TROMMSDORFFsche Milcheiterprobe. *Milch-Z.* 35 S. 157/8; *Molk. Z. Berlin* 16 S. 411/2.

HESSE, bittere Butter. (Ursachen.) *Molk. Z. Hildesheim* 20 S. 279/80.

Prüfung von Milchprüfschleudern.* *Molk. Z. Hildesheim* 20 S. 1351/2.

SADTLER, use of modified COCHRAN flasks. (For determining the percentage of fat in milk) *J. Frankl.* 162 S. 215/6.

BERNSTEIN, Milchschmutzprober. * *Chem. Z.* 30 S. 441.

Milchsäure. Lactic acid. Acide lactique. Siehe Säuren, organische 3. Vgl. Färberei, Gärung.

Mineralogie. Mineralogy. Minéralogie. Vgl. Edelsteine, Kristallographie.

BLAKE, origin of orbicular and concretionary structure.* *Trans. Min. Eng.* 36 S. 39/44.

CAMPBELL, application of metallography to opaque minerals.* *School of mines* 27 S. 414/22.

DAY und ALLEN, der Isomorphismus und die thermischen Eigenschaften der Feldspate. *Z. physik. Chem.* 54 S. 1/54.

SPIELMANN, origin of jet. *Chem. News* 94 S. 281/3.

DAY and SHEPHERD, the lime-silica series of minerals.* *Am. Journ.* 22 S. 265/302; *J. Am. Chem. Soc.* 28 S. 1089/1114.

ALLEN and WHITE, W. P., wollastonite and pseudowollastonite, — Polymorphic forms of calcium metasilicate.* *Am. Journ.* 21 S. 89/108.

ELSCHNER, Vorkommen von Silikatedelsteinen und anderen selteneren Mineralien auf den Hawaiischen Inseln. *Chem. Z.* 30 S. 1119.

KITCHIN and WINTERSON, malacone, a silicate of zirconium, containing argon and helium. *J. Chem. Soc.* 89 S. 1568/75.

GANS, Zeolithe, ihre Konstitution, Herstellung und Bedeutung für Technik und Landwirtschaft. *Zuckerind.* 31 Sp. 1669/71.

STOKLASA, chemische Vorgänge bei der Eruption des Vesuvs im April 1906. (Analyse der Lava, Lapillen, Asche etc.) *Chem. Z.* 30 S. 740.

HENRICH, Versuche mit frisch geflossener Vesuvlava, ein Beitrag zur Kenntnis der Fumarolentätigkeit. *Z. ang. Chem.* 19 S. 1326/8.

GUILD, notes on some eruptive rocks in Mexico.* *Am. Journ.* 22 S. 159/75.

HARTLEY, description and spectrographic analysis of a meteoric stone. *J. Chem. Soc.* 89 S. 1566/8.

ROGERS, determination of minerals in crushed fragments by means of the polarizing microscope. *School of mines* 27 S. 340/57.

HEADDEN, some phosphorescent calcites from Fort Collins, Colo., and Joplin, Mo. *Am. Journ.* 21 S. 301/8.

HIDDEN and WARREN, yttrocrasite, a new yttrium-thorium-uranium titanate. *Am. Journ.* 22 S. 515/9.

VON FRAYS, der Speckstein und seine industrielle Verwendung. *Acetylen* 9 S. 137/40.

HILLEBRAND, a new mercury mineral from Terlingua, Texas. (Representative of a class of compounds hitherto unknown in nature, viz., mercur-ammonium salts.) *J. Am. Chem. Soc.* 28 S. 122.

CUSHMAN, rock decomposition under the action of water. *Chem. News* 93 S. 50/3.

Mineralöl. Mineral oil. Huile minérale. Siehe Erdöl.

Mineralwässer. Mineral waters. Eaux minérales. Vgl. Nahrungs- und Genußmittel, Wasser.

MÜLLER, F., die SCHERRERsche Methode der Mineralquellenfassung. *J. Gasbel.* 49 S. 172/3.

Die SCHERRERsche Fassungsmethode von Mineralquellen.* *Bohrtechn.* 13 S. 52/3.

ASCHOFF, Radioaktivität der Heilquellen. * *Z. öffl. Chem.* 12 S. 401/9.

HENRICH, Thermalquellen von Wiesbaden und deren Radioaktivität.* *Mon. Chem.* 27 S. 1259/64.

SCHMIDT, W., die radioaktiven Bestandteile von Quellwasser. *Apoth. Z.* 21 S. 738.

GRAUX, proportionnalité directe entre le point cryoscopique d'une eau minérale de la classe des bicarbonatées et la composition de cette

eau exprimée en sels anhydres et en mono-
carbonates. *Compt. r.* 142 S. 166/8.

Herstellung der Mineralwässer. (Einrichtungen,
deren Benutzung das Vorhandensein von flüssiger
Kohlensäure in Stahlflaschen voraussetzt; Mischapparate.) * *Uhlands T. R.* 1906, 4 S. 43/4.

Die Anfänge praktischer Verwertung der Kohlen-
säure, insbesondere der Gärungskohlensäure zur
Mineralwasserfabrikation bis auf STRUVE. *Z.
Kohlens. Ind.* 12 S. 95/7 F.

HAENLE, bakteriologische Studien über künstliches Selterswasser. *CBl. Bakt.* I, 40 S. 609/13.

Schwefelwasserstoffbildung in Mineralwässern. *Z.
Kohlens. Ind.* 12 S. 101/2.

Mischgas. Dowsongas. Gaz mixte. Siehe Gaserzeugung 4.

Mischmaschinen. Mixing machines. Machines à mêler.

MAGER, Schnellmischmaschine für Hand- und Maschinenbetrieb, zum staubfreien Mischen pulverisierter und griesiger trockener Stoffe.* *Rig.
Ind. Z.* 32 S. 208; *Chem. Z.* 30 S. 379.

RAPS, neuer Apparat zur Mischung großer Mengen
trockener Stoffe. (D.R.P. 173453; besteht aus
einer kegelförmig ausgebildeten Trommel; im
Innern ist sie mit feststehenden, schraubenförmig
verlaufenden Seitenwänden besetzt; die hintere
größere Wand ist geschlossen. Entleerung der
Trommel durch Umkehrung der Drehungsrich-
tung.) * *Z. Chem. Apparat.* 1 S. 718/20.

SNELL, Mischmaschine für Handbetrieb. (Wobei
das Mischgut während des Mischvorgangs beobachtet werden kann.) * *Zem. u. Bet.* 5 S. 190/1.

TRUMP, Meß- und Mischmaschinen für feinkörniges
Material. (Kreisender Tisch, über dem ein nach
beiden Seiten hin offener Zylinder angebracht
ist, aus dem der Stoff nachfließen kann.) * *Uhlands T. R.* 1906, 2 S. 23/4, 31/2.

Mehl-Mischmaschine.* *Uhlands T. R.* 1906, 4 S. 49.

Apparatus for mixing different grades of rice.* *Sc.
Am.* 95 S. 288.

Hefemischmaschine System „Laurica".* *Brenn. Z.*
23 S. 4040.

POLLATSCHEK, Homogenisiermaschinen. (In der
Margarinefabrikation; Arbeitsweise.) *Chem. Rev.*
13 S. 5/7.

HERMANN, Formsand - Mischmaschinen. (Schlag-
stiftmaschinen, Schleudermühlen, CARRsche Schlä-
germühle; Formsand-Mischmaschinen von VORM.
G. SEBOLD UND SEBOLD & NEFF, VORM. S.
OPPENHEIMER & CO. UND SCHLESINGER & CO.
BRINCK & HÜBNER, AERZENER MASCHINEN-
FABRIK ADOLPH MEYER; Desintegratoren der
BADISCHEN MASCHINENFABR.; Kraftbedarf und
Leistungsfähigkeit von Formsand-Mischmaschi-
nen.) * *Gieß. Z.* 3 S. 70/6 F.

STOCKHAM homogeneous sand mixer.* *Iron A.* 78
S. 477.

Betonmischmaschinen. ▩ *Bayr. Gew. Bl.* 1906
S. 468/70.

Betonmaschinen des Kgl. Bayer. Hüttenamtes Sonthofen. (Nach KUNZ hergestellt; doppeltwirkend.) *
Uhlands T. R. 1906, 2 S. 79/80.

Concrete mixing machinery.* *Sc. Am.* 04 S. 388/9.

Combined batch and continuous concrete mixer.*
Eng. Rec. 53 Nr. 8 *Suppl.* S. 41.

ALBRECHT, die RANSOME - Betonmischmaschine.*
Bet. u. Eisen 5 S. 158/9.

CEMENT MACHINERY CO. OF JACKSON, MICH.,
systematic concrete mixer.* *Cem. Eng. News*
17 S. 248.

CHADSEY, method of mixing and laying bituminous
concrete for mill floors. (Furnace for heating
sand, broken stone and tar for bituminous concrete; RANSOME mixer.) * *Eng. News* 56 S. 118.

ENG. AND CONTRACTING CO. in Chicago, Betonmischer für Straßenbau. * *Zem. u. Bet.* 5
S. 329/30.

JÖDECKE, Mischmaschine zur Herstellung von Betonmasse. (V. m. B) (A) *Baumatk.* 11 S. 165/6.

LARKIN, concrete mixing machinery.* *Sc. Am.
Suppl.* 61 S. 25413/5.

OWENS, concrete-mixers.* *Engng.* 81 S. 197/200.

UNITED CONCRETE MACHINERY CO. concrete
mixer.* *Eng. Rec.* 53 Nr. 7 *Suppl.* S. 45.

BERNSDORFER EISEN- UND EMAILLIERWERK
UHLICH, staubfreies Mischwerk System RUBE.*
Uhlands T. R. 1906, 3 S. 10/1.

PERIN, le mélangeur à fonte dans le service direct
du fourneau à l'aciérie THOMAS. *Rev. univ.* 13
S. 115/48.

Gas fired tilting pig-iron-mixers.* *Iron & Coal* 73
S. 1929/30.

SIMMERSBACH, über heizbare Roheisenmischer.*
Stahl 26 S. 1234/40.

FOLLOWS AND BATE, paint mixing and grinding
machine.* *Eng.* 102 S. 455.

Rührwerke für Koch-, Schmelz- und Abdampfkessel.* *Z. Chem. Apparat.* 1 S. 446/9.

KRÜGER, Rühr- und Mischapparate in Anlehnung
an die technische Darstellung des Sulfonals.* *Z.
Chem. Apparat.* 1 S. 553/6 F.

Molybdän. Molybdenum. Molybdène.

ANDREWS, molybdenum. (Ores of molybdenum-
(a)molybdenite; molybdite; wulfenite; preparation
of metallic molybdenum; methods of concentration.) *Iron & Coal* 73 S. 578/9.

LEHMER, elektrisches Verschmelzen sulfidischer
Erze und Hüttenprodukte unmittelbar auf Metall.
(Molybdänglanz; Nickelstein.) *Metallurgie* 3
S. 549/55 F.

BILTZ und GÄRTNER, Gewinnung von geschmol-
zenem Molybdän. *Ber. chem. G.* 39 S. 3370/1.

GIN, fabrication du molybdène et du ferromolybdène à basse teneur en carbone. *Rev. ind.* 37
S. 370/1.

ARRIVAUT, alliages de manganèse et de molybdène. Les constituants. *Compt. r.* 143 S. 285/7,
464/5.

DU JASSONNEIX, réduction du bioxyde de molybdène par le bore et sur la combinaison du bore
avec le molybdène. *Compt. r.* 143 S. 169/72.

SAND und BURGER, Reduktion von Molybdänsäure
in rhodanwasserstoffsaurer Lösung. *Ber. chem.
G.* 39 S. 1761/70.

CHILESOTTI, elektrolytische Reduktion der Molybdänsäure in saurer Lösung. *Z. Elektrochem.* 12
S. 146/66 F.

GUICHARD, réduction de l'acide molybdique, en
solution, par le molybdène et titrage des solutions réductrices par le permanganate. *Compt.
r.* 143 S. 745/6.

FRIEDHEIM und KELLER, Kobaltimolybdate. *Ber.
chem. G.* 39 S. 4301/10.

ROSENHEIM und KOSS, die Halogenverbindungen
des Molybdäns und Wolframs. *Z. anorgan. Chem.*
49 S. 148/56.

ROSENHEIM, Darstellung von Molybdänsäuredihy-
drat. (Berichtigung.) *Z. anorgan. Chem.* 50
S. 320.

COPAUX, étude chimique et cristallographique des
silicomolybdates. *Ann. d. Chim.* 8, 7 S. 118/44.

VERDA, Verhalten der Phosphormolybdänsäure zum
Aether. *Chem. Z.* 30 S. 329/30.

SAND, Hydrolyse der Dichromate und Polymolybdate. *Ber. chem. G.* 39 S. 2038/41.

WATTS, über ein neues Molybdänsilicid. *Metallurgie* 3 S. 604/5.

VIGOUROUX, les ferromolybdènes purs: contribu-

tion à la recherche de leurs constituants. *Compt.* *r.* 142 S. 889/91, 928/30.

GILBERT, Analyse von Molybdänglanz. *Z. öffl.* *Chem.* 12 S. 263/5.

Mörtel. Mortar. Mortier. Vgl. Baustoffe, Materialprüfung, Mischmaschinen, Zement.

SCHMALZ, Beurteilung des Wertes von Kalken für die Verwendung zum Bauen. *Töpfer-Z.* 37 S. 13/5.

FERET u. BLACK, Vergleich zwischen plastischen Normalmörteln bei Verwendung von drei Sanden verschiedener Herkunft. (Versuche: Zug, Biegung, Druck.)* *Baumatk.* 11 S, 267/71; *Eng.* *News* 56 S. 236.

Neat Portland cement mortar. (Without sand will not prove sound in actual work after hardening.) *Chem. Eng. News* 18 S. 137.

REISER, Beurteilung von Mörtelproben. (Verhältnis Sand + Lehm; Gewichtsverhältnis; Volumenverhältnis.) *Chem. Z.* 30 S. 585.

Effect of clay in Portland cement mortar. (On the tensile strength. Investigations.) *Chem. Eng.* *News* 18 S. 115.

Bestimmung des feinsten Mehles in Portland-Zement. (Prüfung auf Zugfestigkeit und Feinheit; Prüfung des Mörtels auf Zugfestigkeit; Ergebnisse der Schwebeanalyse; SPACKMANsche Methode.) *Baumatk.* 11 S. 107/9.

MALETTE, analyse chimique des chaux et des ciments. *Mon. cér.* 37 S. 26/8 F.

CRAMER, Haftfähigkeit des Mörtels an Kalksandsteinen. (V. m. B.) *Tonind.* 30 S. 779/82 F.

WINKLER, Haftfähigkeit des Mörtels an Ziegeln und Kalksandsteinen.* *Tonind.* 30 S. 1843/4.

CARLSEN, crushing strength of cement mortar. (A) *Min. Proc. Civ. Eng.* 165 S. 442/3.

ELLMS, some experiments on the permeability of cement mortars to water under pressure. (Relative permeability of cement mortars of different compositions to water under a pressure of 50 lbs per square inch; approximate maximum pressure applied without causing an appreciable amount of water to pass through the mortar.) *Eng. Rec.* 54 S. 467/8.

MERCIER, influence de la température de l'eau dans laquelle sont conservées les éprouvettes d'essai sur leur résistance. (Rapidité du durcissement des agglomérants hydrauliques; ciments Portland; analyse chimique, invariabilité de volume à chaud dans les 24 heures qui suivent la prise à l'air de 100° pendant 3 heures; pâtes pures; mortier plastique; chaux hydrauliques). *Ann. ponts et ch.* 1906, 1 S. 150/69.

KLEHE, hydraulische Kalke. (Brennhitze der stark magnesiahaltigen Kalke; Stellung in der Mörteltechnik.) (V. m. B.) *Tonind.* 30 S. 581/8 F.

VAN DER KLOES, Traß und Meerwasser. (Verhalten von Puzzolanen in Meerwasser; grob gemahlener Traß von alten Bauwerken; fein gemahlener Traß heutiger Bauten; vergleichende Versuche mit Traß von Soerabaja; vergleichende der Wirkung des Meerwassers mit Fettkalk, hydraulischer Kalk von Gembong, Proben mit zusammengemahlenen Gemischen von Puzzolanzement, Traß und Kalk; Vorteil im maschinellen Mischen oder Durcheinandermahlen von Traß und Kalk zu Puzzolanzement.) *Baumatk.* 11 S. 41/8 F.

GALLAUS, Trockenmörtel und seine zweckmäßige Verwendung in der Bauindustrie. *Tonind.* 30 S. 234/5.

GRANBERY, tempering mortar. *Eng. min.* 81 S. 88.

FERET, die Mörtel mit Taninzusatz. (Ergebnisse bei der Behandlung des Tons mit tanninhaltigen

Stoßen bezüglich der Bildsamkeit und Festigkeit.) *Baumatk.* 11 S. 24/9 F.

NUSZBAUM, die zum Versetzen von Werkstücken geeigneten Mörtel. (Portlandzement, Gips- und Traßmörtel; Zusatz von Magermilch zum Kalkmörtel.) *Z. Baugew.* 50 S. 94/6.

Ausbildung des Mörtelputzes beim Neubau des Land- und Amtsgerichts I in Berlin. (Gleichmäßige Farbe des natürlichen Wasserkalks; Einfluß des Kalks auf die Farbe des Putzes; Einfluß des schnellen oder langsamen Trockneus auf die Farbe; Einfluß des Alters.) *Zbl. Baw.* 26 S. 76/9.

WEHNER, die Sauerkeit der Gebrauchswässer als Ursache der Rostlust und Mörtelzerstörung und die Mittel zu ihrer Beseitigung. (Gehalt der Wässer an freier Säure und an gelöstem Sauerstoff.) (V) *Z. Braw.* 29 S. 185/7; *W. Papierf.* 37, 2 S. 2096/8; *Zbl. Bauw.* 26 S. 156.

Teermörtel (Für Alleen und Terrassen, private Wege, Gartenanlagen, Promenaden, Schulen, Hospitäler.) *Asphalt- u. Teerind.-Z.* 6 S. 429 F.

Isoliermörtel. (WUNNERsche Bitumenemulsion; Einfluß auf die Festigkeit des Mörtels.) *Tonind.* 30 S. 1601/2

Sprengkörper in Putzkalk. (Totgebrannte Kalktonerdesilikate.) *Stein u. Mörtel* 10 S. 334 F.

Motorwagen. Motor-carriages. Voitures automobiles. Siehe Eisenbahnwesen III A, Selbstfahren.

Mühlen. Mills. Moulins. Vgl. Zerkleinerungsmaschinen.

1. Für Getreide. For corn. Moulins de blé. Siehe Müllerei.

2. Für andere Zwecke. For other purposes. Pour autres buts.

LUTHER, A. G., maschinelle Einrichtungen zur Salzvermahlung. (Kreiselwipper; Sortierrost; Lesebänder; Glockenmühle; Schüttelsiebe; Walzenstühle oder auch Mahlgänge; Desintegrator.)* *Uhlands T. R.* 1906, 3 S. 25/7.

Müll-Abfuhr und -Verbrennung. Removal and combustion of refuse. Écartement et incinération des ordures. Vgl. Abfälle.

THIESING, Müllbeseitigung und Müllverwertung. (Dreiteilungsverfahren.) (V. m. B.) *Viertelj. Schr.* *Ges.* 38 S. 147/73; *Ges. Ing.* 29 S. 7/10 F.; *Z.* *Oest. Ing. V.* 58 S. 38/44; *Z. Transp.* 23 S. 162/4.

KINCHEN und FRANK, Frage der Müllverbrennung. (Für Berlin. Charlottenburger Dreiteilungssystem: ein Fach für Asche, das andere für Knochen, Lumpen, Papier, Glas, Konservenbüchsen usw. und das dritte für Speiseabfälle.) (V. m. B.) *Verh. V. Gew. Sits. B.* 1906 S. 147.51.

DÖRR, die Beseitigung von Hausmüll. (Preßkohlen aus Kehricht; Versenkung des Mülls ins Meer; Verbrennung des Mülls.) (V)* *Z. Oest. Ing. V.* 58 S. 465/8 F.

DÖRR, Müllverbrennung in den Städten. (V) *J.* *Gasbel.* 49 S. 626/7.

FIX, Müllverbrennungsanlagen. (Ofen der HORSFALL DESTRUCTOR CO., Anlage von GODDAY, MASSAY & WARNERS mit BABCOCK - WILCOXKessel; von HUGHES & STIRLING gebaute Verbrennungsöfen mit Dampfkesseln und Dreifachexpansions - Dampfmaschinen zur Stromerzeugung.)* *Z. Dampf/k.* 29 S. 201/2.

LAGNY, l'incinération des ordures ménagères. (Systèmes adoptés en Angleterre; système dit d'Assistance Mutuelle, avec une „Twin - Cell“, grill continue, chaudière avec un appareil appelé régénérateur; résultats obtenus en Angleterre; l'incinération des ordures ménagères aux points

de vue pécuniaire et sanitaire; chargement par le sommet; — à la pelle par l'avant; — mécanique.)* *Ann. d. Constr.* 52 Sp. 125/8 F.

Landwirtschaftliche und industriell-gewerbliche Müllverwertung. *Ges. Ing.* 29 S. 277/9 F.

Verwendung der Müllverbrennung zu militärischen Zwecken. (Müllverbrennungsofen in Verbindung mit einem Krematorium und einer elektrischen Kraftanlage gibt die Möglichkeit, alle Abfälle zu beseitigen, die Toten zu verbrennen und die gewonnene Wärme in elektrische Kraft umzusetzen.) *Krieg. Z.* 9 S 48/9.

Müllbeseitigungs - Verfahren der MASCHINENBAU-ANSTALT HUMBOLDT, Kalk bei Köln. * *Z. Transp.* 23 S. 26/7, 227/31.

Müllverbrennungsanstalt unter Beseitigung der Hausabfälle und des Klärschlammes in Frankfurt a. M. (N) *Z. Arch.* 52 Sp. 466.

Müllverbrennungsanstalt. (In Wiesbaden. Ofen von DÖRR, HORSFALL-Ofen; Vermeidung der Flugaschenbildung; Temperaturen bis zu 1500° und nicht unter 1000°; mechanische Beschickungsvorrichtung; Wasserrohrkessel; Drehstrom-Turbogenerator.) *Z. Dampfk.* 29 S. 414.

BERLIT, der Bau der Kehrichtverbrennungsanstalt in Wiesbaden. (Versuchsbetrieb mit dem Ofen von DÖRR und Folgerungen aus den Versuchsergebnissen.)* *Ges. Ing.* 29 S. 537/44.

GOODRICH, extent both of refuse destructors and utilization of heat from refuse in Great Britain. (Relative numbers of British refuse destructors combined with electric, water and sewage works.) (A)* *Eng. News* 56 S. 381/2.

BOURDOT, die Kehricht - Verbrennungs-Anlage der Landeshauptstadt Brünn. * *El. u. polyt. R.* 23 S. 331/3; *Ind. él.* 15 S. 479.81.

KANDER, die Müllverbrennungs-Anlage der Stadtgemeinde Brünn.* *Ell. u. Maschb.* 24 S. 721/5.

WEDDING, H., Müllverbrennungsanstalt in Brüssel. (V) *Verh. V. Gew. Sits. B.* 1906 S. 145/7.

BURR, the New - York rubbish incinerating plant. (Electric light plant installed by the City of New York at the foot of Delancey Street.)* *Iron A.* 77 S. 496/9.

Rubbish incinerator plant in Brooklyn. (Steam production; building of steel and wooden frame construction with corrugated - iron sheathing; boiler and furnace settings; incinerator furnace of PIPER and WALKER; STIRLING water - tube boiler; basket grate, ash skip and conveyor.)* *Eng. Rec.* 54 S. 214/7; *Z. Transp.* 23 S. 601/4.

GREGORY, report on garbage and refuse collection and disposal at Columbus, O. (Engineering estimates of the cost of providing a city with a complete plant for the collection and disposal of garbage and rubbish, and of the yearly cost of maintaining and operating such a plant; separate collection of garbage and rubbish; adding to the refuse the necessary fuel; evaporation 0,5 lb. of steam per pound of refuse.) *Eng. News* 55 S. 304/6; *Eng. Rec.* 53 S. 319/90.

DE PARSONS, B., disposal of municipal refuse, and rubbish incineration. (The writer contributes date and a description of the rubbish incinerating plant built on Delancey Slip, Borough of Manhattan, together with a description of the adjoining electric lighting station, which utilizes the heat produced from the incineration of the rubbish to light the Williamburgh bridge.) (V. m. B.)☒ *Proc. Am. Civ. Eng.* 32 S. 288/325; *Trans. Am. Eng.* 57 S. 45/82.

Rubbish incinerating plant for lighting Williamsburgh bridge in New-York. * *West. Electr.* 38 S. 215.

TRIBUS und FETHERSTON, refuse disposal in the

Borough of Richmond, New York. (Calorimeter tests made in the Lederle Laboratories. Destructor buildings of reinforced concrete; tipping the refuse behind closed doors into a storage hopper capable of holding 120 cu. yd. or 60 t of refuse. It will be shoveled from the hopper directly into the cells, clinkering at the front and dropping the hot clinker through the floor to a lower level. It is proposed to use the heat abstracted from the clinker in raising the temperature of the air required for combustion. The products of combustion pass to a water - tube boiler, placed at a lower level than the cells, and thence to the stack.)* *Eng. Rec.* 54 S. 628/9; *Z. Transp.* 23 S. 6/9.

CROMWELL, specifications for refuse destructor, Borough of Richmond, New York City. * *Eng. News* 56 S. 592/4.

PIERSON, sewage purification and refuse incineration plant, Marion, Ohio. (Sludge incinerator located adjacent to the grit chamber; furnace operating with a down draft; all the odorous gases pass through fire.)* *Eng. Rec.* 53 S. 358/62; *Z. Transp.* 23 S. 243/6.

PRATT, combined septic tanks, contact beds, intermittent filters and garbage crematory, Marion, O. (Details of WALKER's patent garbage and refuse crematory, Marion, O.; natural gas fuel.)* *Eng. News* 55 S. 197/201.

Ash handling plants at railway ash pits. (Locomotive terminal of the Pittsburg & Lake Erie Ry. at Mc Kees Rocks, Pa.) * *Eng. News* 55 S. 332/3.

Ash handling plant for the Santa Fe Rr. *Eng. Rec.* 54 S. 269.

Watseka coal, ash and water plant of the Chicago & Eastern Ill. Rr. (Concrete ash pit.)* *Eng. Rec.* 53 S. 485/6.

Combined municipal refuse destructor and electric generating station. (Town of Westmount, Canada. Destructor built by MELDRUM BROS.; storage hopper over charging doors.)* *Eng. Rec.* 54 S. 186/7; *Eng. News* 55 S. 586/8; *Z. Transp.* 23 S. 387/8.

WEYL, Müllentladestellen in Wohnquartieren.* *Viertelj. Schr. Ges.* 38 S. 345/56.

Müllabfuhrwagen mit selbsttätiger Kippvorrichtung.* *Z. Transp.* 23 S. 602/3.

GEMÜND, Müllbeseitigung n städtischen Arbeiterwohnungen. (Müllgrube; Müllschächte; unter die untere Oeffnung der Müllschächte gestellter Behälter.)* *Techn. Gem. Bl.* 9 S. 69/73.

Müllkästen aus Eisenbeton.* *Zem. u. Bet.* 5 S. 141/2.

Aschenbehälter aus Eisenbeton. (Zur Aufnahme von Kesselasche aus Lokomotivfeuerungen; vierkantig prismatisch mit abgeschrägtem Boden; faßt 73 000 kg Asche.)* *Zem. u. Bet.* 5 S. 204/5.

CLERO, die Zerkleinerung des Hausmülls. (Schleudermühle.) *Ges. Ing.* 29 S. 132.

Müllerei. Millery. Meunerie. Vgl. Bäckerei, Brot, Getreidelagerung, Mehl, Wasserkraftmaschinen, Windkraftmaschinen, Zerkleinerungsmaschinen.

1. Allgemeines und Anlagen.
2. Vorbereitung des Getreides.
   a) Reinigen, Waschen, Trocknen.
   b) Schälen, Putzen, Entkeimen
3. Vormahl- und Mahlmaschinen.
4. Behandlung der Mahlerzeugnisse.
   a) Sichtmaschinen.
   b) Verschiedenes.

1. Allgemeines und Anlagen. Generalities and plants. Généralités et établissements.

Die Müllerei der Gegenwart. (Müllerei mit drei oder vier Schrotungen, Hochmüllerei.)☒ *Uhlands T. R.* 1906, 4 S. 74/5 F.

Flour milling to-day. (Flour mill and silo at Dunston-on-Tyne.)* *El. Rev.* 59 S. 794/5.

Simplicity in mill building. (Plan how a mill can be arranged in relation to elevator, power, mill and shipping room.)* *Am. Miller* 34 S. 312/3.

DINKUN, British views of an American flow sheet.* *Am. Miller* 34 S. 666.

SIMONS, a new corn milling process. (Method by which the entire kernel, germ and all, is ground, and the product so treated that the incorporated germ, with its high percentage of oil, will not cause the meal to become rancid.) *Am. Miller* 34 S. 238.

A 150-barrel rye mill. (Flow sheet.)* *Am. Miller* 34 S. 490/1.

Automatisch arbeitende Mühlenanlage für 35000 kg täglicher Leistung. (Für Turbinenantrieb.) ᴱ *Masch. Konstr.* 39 S. 5/6.

APOSTOLOFF's U. S. patent on a combined system of milling and baking. (The invention consists in a moist process of extraction whereby the entire floury constituent of the middlings is separated from the bran, or insoluble constituent, by means of water and in utilizing the resulting solution, after fermentation with yeast and straining, in the kneading apparatus)* *Am. Miller* 34 S. 745.

SIMON, BÜHLER & BAUMANN, automatische Weizen- und Roggenmühle der Germania-Mühlenwerke in Mannheim und Neckargemünd.* *Uhlands T. R.* 1906, 4 S. 25/6.

The Hogan Milling Co.'s new mill. (Power furnished by electric motor of 175 H.P. capacity, taking current from the wires of the Electric Railway, Light and Power Co., of Junction City.)* *Am. Miller* 34 S. 583/4.

Kingsmann Milling Co. (Four Universal Bolters, seven purifiers, two Eureka wheat cleaners and one Eureka corn cleaner, one PRINZ & RAU scourer, seven „Perfection" dust collectors, six flour and feed packers.) *Am. Miller* 34 S. 23.

Smithfield Milling Co. (4 stories dynamo and electrifier for bleacher; NORDYKE & MARMON 9 × 18" rolls on breaks; STEVENS rolls on germ stock and first middlings, NORDYKE & MARMON CO. rolls; two „Invincible" flour and bran packers; corn roll; purifier on fine middlings, stock hopper and dust collectors for purifiers; swing sifters, doing the scalping and bolting; round reel for dusting middlings; ALSOP process for bleaching.)* *Am. Miller* 34 S. 397.

Border queen mill. (NORDYKE & MARMON equipment throughout, with MONARCH CORLISS engine and 75,000 bushel elevator.) *Am. Miller* 34 S. 369.

Die Gebäude der „Sun" Mühle.* *Uhlands T. R.* 1906, 2, S. 73/4.

Solomon Valley Milling Co. (GREAT WESTERN MFG CO. purifiers, roll exhaust fan and „Perfection" dust collector for same; center-drive square sifter of NORDYKE & MARMON CO.'s make, GREAT WESTERN MFG. CO.'s rotary bolters. „Twin City" tandem compound condensing CORLISS engine.)* *Am. Miller* 34 S. 971.

A Southern wheat and corn mill. (YATES & DONELSON CO. in Memphis, Tenn. Has a daily capacity of 1,000 barrels of flour, 2,000 barrels of meal, 400 barrels of grits and 100 barrels of hominy.)* *Am. Miller* 34 S. 537.

Western Canada Flour Mills Co. Ltd. (Buildings of brick and concrete. The plant consists of the mill proper, a warehouse and packing room, tank storage and working elevator.)* *Am. Miller* 34 S. 453/4.

AMME, GIESECKE & KONEGEN, Mühlenanlage in Tunis. ᴮ *Masch. Konstr.* 39 S. 130/1.

2. Vorbereitung des Getreides. Preparation of corn. Préparation du blé. Vgl. Nahrungsmittel.

a) Reinigen, Waschen, Trocknen. Purifying, washing, drying. Nettoyage, lavage, séchage.

Method of removing garlic from wheat. (By freezing of the bulblets they become dry and are then blown out.)* *Am. Miller* 34 S. 372/3.

A vetch separator.* *Am. Miller* 34 S. 662.

Middlings purifier. (Resembles the „Cyclone" dust collector.)* *Am. Miller* 34 S. 305.

Plan of improved middlings purifier. (Hopper through which the middlings reach the swinging sieve.)* *Am. Miller* 34 S. 28/9.

THOMPSON, C. G., grading purifier.* *Am. Miller* 34 S. 293.

VORMALS KAPLER, Getreide - Reinigungsanlagen. (Schrollenzylinder, Aspirateure, Magnetapparate, Reinigung mit bezw. ohne Wäscherei.)* *Uhlands T. R.* 1906, 4 S. 65/7.

MILNAR, quicklime in milling. (For cleaning of smutty wheat. Hopper at the bottom of which is a small, slowly revolving conveyor, which carries the lime dust in a very small stream into another rapidly moving conveyor mixes the previously cleaned, aspirated and separated wheat with the lime dust and conveys the wheat and lime dust into two successive scouring machines.) *Am. Miller* 34 S. 204/5.

The BEALL rotating receiving separator.* *Am. Miller* 34 S. 125.

HUNTLEY MFG. CO., „Monitor" dustless milling separator.* *Am. Miller* 34 S. 204.

PRINZ & RAU MFG. CO., the Prinz automatic receiving and milling separator. (The grain is spread out on a wide sieve, which allows the coarse offal to rise quickly to the top of the stream and requires but a very short travel to make a perfect separation.)* *Am. Miller* 34 S. 460.

HOWES CO., the „Eureka" perfected milling separator. (Non-clogging, automatic feed box; feed divider.)* *Am. Miller* 34 S. 459.

British magnetic separator. (Consists of powerful electric magnets with pole pieces, so placed that the grain is carried through a strong magnetic field. An endless belt, fitted with cross strips, continuously passes over the pole faces and removes the attached material, delivering it to a spout on the side of the machine)* *Am. Miller* 34 S. 293.

HOLMES, wheat cleaner.* *Am. Miller* 34 S. 916.

CAREY, duster for wheat. (To take out dust that is loosened after the wheat leaves the smutter.)* *Am. Miller* 34 S. 314/5.

BEALL rotating corn and oats cleaner.* *Am. Miller* 34 S. 376.

COVENTRY, feed or bran hopper.* *Am. Miller* 34 S. 63.

ALIBERT wheat washer and dryer.* *Am. Miller* 34 S. 398/9.

b) Schälen, Putzen, Entkeimen. Hulling, polishing, degerminating. Mondage, polissage, dégermage.

Kopperei für 200 Zentner Getreide in 24 Stunden.* *Uhlands T. R.* 1906, 4 S. 91.

HERMANN, das Schälen des Reises und neuere Reisschälmaschinen.* *Uhlands T. R.* 1906, 4 S. 41/3.

OSTHEIM, Spitz- und Schälmaschine sowie Ge-

treide-Vorreinigungsmaschine mit Schüttelsieb.*
Uhlands T. R. 1906, 4 S. 89/91.
ALLIS-CHALMERS CO., improved scalpers.* *Am. Miller* 34 S. 972.
BARTLETT & SNOW CO, triumph improved corn sheller.* *Am. Miller* 34 S. 68/9.
HOLTZHAUSEN & CO., Spitz- und Schälmaschine mit rotierenden Schmirgelscheiben in Schmirgeltrögen.* *Uhlands T. R.* 1906, 4 S. 28.
Getreide-Schälmaschinen KAPLERscher Bauart.* *Uhlands T. R.* 1906, 4 S. 66.
HUNTLEY MFG. CO., monitor two-high, single-fan scourer. (A double scouring and polishing machine with a single fan.)* *Am. Miller* 34 S. 122.
BAKER, the first detacheur. (Consists of an endless belt of canvas or duck passing around two rollers, and combined with a floor, table or guide frame, provided with a set of corrugated rubbers and rakes for rubbing the floury particles off the bran and germ.)* *Am. Miller* 34 S. 45.
NORDYKE & MARMON continuous feed degerminator.* *Am. Miller* 34 S. 321/2.

3. Vormahl- und Mahlmaschinen, Mahlverfahren. Grinding and milling machines and processes. Machines et procédés de mouture.

Ueber Walzenstühle. (Zwei- und Vierwalzenstuhl.)🅐 *Masch. Konstr.* 39 S. 17/20
THE ALLIS-CHALMERS style „A" roller mill.* *Am. Miller* 34 S. 205/6.
MASCHINENFABR. GEISLINGEN, Cron-Walzenstuhl.* *Uhlands T. R.* 1906, 4 S. 9.
The PRENZEL automatic force roll. (Consists of a conical roll tapered at both ends, the head end being provided with feeding blades, which force the stock upon the roll surface.)* *Am. Miller* 34 S. 121.
Quetschwalzenstühle bei Roggenvermahlung. *Uhlands T. R.* 1906, 4 S. 57/8.
DRAVER scroll mill. (The improvement consists in dispensing with the weight and levers and substituting a spring; the rod upon which is located the handwheel for compressing the spring passes through a heavy, hollow steel shaft and connects with a ball bearing which receives the end thrust or end pressure of the shaft.)* *Am. Miller* 34 S. 29.
BAKER, Hartguß-Mühlsteine.* *Uhlands T. R.* 1906, 4 S. 11.
FULDAER MASCHINEN- U. WERKZEUGMASCHINEN-FABRIK WILH. HARTMANN, Aufgebevorrichtung für Schrot- und Mahlmühlen. (Die ein gleichmäßiges Einlaufen der Getreidemengen zwischen die Mahlscheiben ermöglicht.)* *Uhlands T. R.* 1906, 4 S. 40.
The GERARD roll feeder. (Corrugated feed rolls; gate supported by rods passing through the top of the hopper.)* *Am. Miller* 34 S. 806.
ABERNATHEY, spouting. (a)* *Am. Miller* 34 S. 28 F.
BALKEMA, substitute for a swinging spout.* *Am. Miller* 34 S. 316/7.
HOFHERR & SCHRANTZ, Patent-Maiskolben-Schrotmühle mit Rüttelsieb, für Dampfbetrieb.* *Landw. W.* 32 S. 253.
BETOW, care and repair of rolls.* *Am. Miller* 34 S. 807.
PHILLIPS, electric alarm for a roller feed mill. (When the weight of grain is on the apron the circuit is open, but when the apron is released the bar drops and closes the circuit, and the alarm is given.)* *Am. Miller* 34 S. 727.
BRUNSCHMID-KRATOCHWILL, the millstone.* *Am. Miller* 34 S. 310/1 F.;

BRUNSCHMID-KRATOCHWILL, handling the millstone. (Driving irons; globe bales.)* *Am. Miller* 34 S. 827/8 F.

4. Behandlung der Mahlerzeugnisse. Treatment of milling products. Traitement des produits de la mouture.

a) Sichtmaschinen. Sifting machines. Blutoirs.
HOERDE & COMP., Plansichter.* *Uhlands T. R.* 1906, 4 S. 73.
AMME, GIESECKE & KONEGEN, Plansichter System KONEGEN. *Uhlands T. R.* 1906, 4 S. 17/8.
LUTHER, Plansichter.* *Uhlands T. R.* 1906, 4 S. 33;4.
Zentrifugalsichtmaschine. 🅐 *Masch. Konstr.* 39 S. 188.
Sichtmaschine von HECHT.* *Uhlands T. R.* 1906, 4 S. 91.
THOS. MC FEELY CO., oscillator. (This sifter has no balance wheel for the reason that it is double and self-balancing.)* *Am. Miller* 34 S. 375.
Aufhängung und Antrieb für einen Plansichter. 🅐 *Masch. Konstr.* 39 S. 118/9.
CANADIAN, the purifier. (Supersession by gravity aspirators and separations on the sifter.) *Am. Miller* 34 S. 369.
VEATCH, pumping air into reels and sifters. (By using a small rotary fan, and with a light pressure pump air into the reels and sifters it would whiten the stock and increase the bolting capacity and cool the stock.)* *Am. Miller* 34 S. 561.
Balancing sifters. *Am. Miller* 34 S. 375.

b) Verschiedenes. Sundries. Matières diverses.
Tempering process. (Process intended to convey steam heat to roller mills from first break to finishing roll, and it is to be applied just before and after starting up a cold mill.)* *Am. Miller* 34 S. 826.
POLANEK, electricity on wheat. (Heat generated by electricity and applied to the middlings.) *Am. Miller* 34 S. 370.
Sortiermaschine.* *Uhlands T. R.* 1906, 4 S. 34/5.

Münzwesen. Minting. Monnayage.
The new Denver mint. (Description of the equipment and the operative methods, many of which are novel.)* *Mines and minerals* 27 S. 1/4 F.
HOITSEMA und VAN HETEREN, die Metallographie als Hilfsmittel zur Unterscheidung falscher Münzen.* *Metallurgie* 3 S. 128/30.

Musikinstrumente. Musical instruments. Instruments de musique. Vgl. Akustik, Phonographen usw.

1. Allgemeines.
2. Orgeln, Harmoniums und Zubehör.
3. Klaviere und Zubehör.
4. Streichinstrumente, Zithern und Zubehör.
5. Blasinstrumente und Zubehör.
6. Sonstige Musikinstrumente und Zubehör.

1. Allgemeines. Generalities. Généralités.

Musikinstrumente und Musik bei den Naturvölkern. (Flöten mit diatonischer Tonleiter; Saiteninstrumente; Trommeln.) *Mus. Instr.* 16 S. 494/6.
SPANDOW, Musikinstrumente auf der Dresdener Dritten Deutschen Kunst-Gewerbe-Ausstellung 1906.* *Mus. Instr.* 16 S. 1057/9.
Die Musikinstrumente auf der Mailänder Ausstellung 1906.* *Mus. Instr.* 16 S. 1157/8 F.
Die Musikinstrumente auf der Nürnberger Ausstellung.* *Mus. Instr.* 16 S. 1321/2 F.
Die Musik-Fachausstellung. (In den Gesamträumen der Philharmonie, Berlin vom 5.—20. Mai 1906.)* *Mus. Instr.* 16 S. 838/9 F.
The generating and distributing of music by means

of alternators.* *El. World* 47 S. 519/21; *El. u. polyt. R.* 23 S. 136/9.

STRAHL, Parallelen. (Berührungspunkte, welche Bezug auf die Technik des Webereimaschinen- baues und des Musikinstrumentenbaues haben; Ver- gleich zwischen der Jacquardmaschine und dem Patent 168760 [ORIGINAL-MUSIKWERKE PAUL LOCHMANN]; Vergleich der Kopiervorrichtungen, um mangelhaft gewordene Muster zu erneuern, mit dem Kromarographen, der das, was auf dem Klavier gespielt wurde, auf einem Streifen Papier festhalten soll.)* *Mus. Instr.* 16 S. 708/9 F.

2. Orgeln, Harmoniums und Zubehör. Organs, harmoniums and accessory. Orgues, harmo- niums et accessoire.

Neuerungen an pneumatischen Musikinstrumenten. (Patentübersicht.) *Mus. Inst.* 16 S. 686.

HICKMANN, Ersatz der Orgel-Zinnpfeifen durch Holzpfeifen. *Z. Instrum. Bau* 26 S. 676/7.

RUPP, die orchestrale Tendenz im modernen Orgel- bau. *Z. Instrum. Bau* 26 S. 290/1 F.

RUPP, die Orgel der Zukunft. *Z. Instrum. Bau* 27 S. 91/2 F.

SAUER, Dom-Orgel. (Vier Manuale und 6000 Pfeifen. Anblasemechanismus mit elektrischem Antrieb.) *Mus. Instr.* 16 S. 948/50.

HILDEBRAND und SILBERMANN, die Orgel in der katholischen Hofkirche in Dresden. *Z. Instrum. Bau* 26 S. 479/80.

Die Orgel in der Regler-Kirche zu Erfurt.* *Z. Instrum. Bau* 26 S. 410/2.

Die Orgel der neuen Lutherkirche in Hamburg. * *Z. Instrum. Bau* 26 S. 930.

Die Orgel der durch Brand zerstörten Michaelis- kirche im Hamburg.* *Z. Instrum. Bau* 26 S. 901/2.

Die alte Orgel im Presbyterium der Franziskaner Hofkirche in Innsbruck. * *Z. Instrum. Bau* 27 S. 253/6.

RÖVER, die neue Orgel im Dom zu Magdeburg. * *Z. Instrum. Bau* 26 S. 1093/6.

Die neue Konzertorgel im Saalbau des Industrie- und Kulturvereins zu Nürnberg. *Z. Instrum. Bau* 26 S. 703/5.

Die große Orgel im Dom zu Paderborn.* *Z. Instrum. Bau* 26 S. 735/40.

FERCH, die neue Orgel der Wallfahrtskirche zu Maria-Radna in Ungarn. * *Z. Instrum. Bau* 26 S. 349/50.

VEGEZZI-BOSSI, die neue Orgel in der Kirche von Caravaggio. *Z. Instrum. Bau* 26 S. 1021/2.

3. Klaviere und Zubehör. Pianos and accessory. Pianos et accessoire.

The art of piano making.* *Sc. Am.* 94 S. 416/8 F.

The MATHUSHEK piano.* *Sc. Am.* 95 S. 217.

Moderne Flügel- und Piano-Gehäuse.* *Mus. Instr.* 16 S. 1158/9.

AHLHEIT, ein neues selbstklingendes Klavierpedal.* *Z. Instrum. Bau* 26 S. 322.

SIMPLEX PIANO PLAYER CO., mechanische Piano- Spielvorrichtung. (Tempohebel, mit dem man jede gewünschte Temposchattierung erhält; Ver- wendung eines Feder- anstatt des Windmotors.)* *Mus. Instr.* 16 S. 407/8.

4. Streichinstrumente, Zithern und Zubehör. Stringed-instruments and accessory. Instru- ments à cordes et accessoire.

RIDGEWAY, zur Urgeschichte der Saiteninstrumente. (Der Panzer einer Landschildkröte als Resonanz- boden; Flaschenkürbis als Resonanzboden.) *Mus. Instr.* 16 S. 1308/10.

Neuerungen im Geigen- und Zitherbau. (Ueber- sicht von Gebrauchsmustern.) * *Mus. Instr.* 16 S. 685/6.

HERING, über die Luftmasse in der Geige und anderes. *Z. Instrum. Bau* 26 S. 292/3.

Der MALMSsche Resonanzplatten-Stimmstock für Streichinstrumente. *Z. Instrum. Bau* 26 S. 865/7.

Kinnstütze für Streichinstrumente. (Die bei ver- schiedenen Violinen u. dgl. zu verwenden sind.)* *Mus. Instr.* 16 S. 382.

Neuer Kinnhalter für Violine und Viola.* *Z. Instrum. Bau* 26 S. 1093.

Eine wirklich praktische Verbesserung des Geigen- wirbels. * *Z. Instrum. Bau* 26 S. 381.

Darmsaiten. (Herstellung.)* *Seilerz.* 28 S. 123/5.

5. Blasinstrumente und Zubehör. Wind-Instru- ments and accessory. Instruments à vent et accessoire.

ALEXANDER, GEBR., ein neues Doppelhorn. *Z. Instrum. Bau* 27 S. 124.

Ein neues musikalisches Automobil-Horn. * *Z. Instrum. Bau* 26 S. 639/40.

6. Sonstige Musikinstrumente und Zubehör. Other musical instruments and accessory. Instru- ments de musique diverses et accessoire.

MOTZ, neues Verfahren zur Herstellung von durch- lochtem Notenpapier für Musikwerke und Klavier- spielapparate. (Löcher und Schlitze werden schon bei der Erzeugung des Papiers angebracht.)* *Z. Instrum. Bau* 26 S. 640.

WELIN, mechanische Spielvorrichtung. (Zwei Spielbälge für jeden Ton, von denen nur der eine oder beide wirken, je nachdem der Ton mit gewöhnlicher oder mit größerer Kraft ange- schlagen werden soll.) (D. R. P. 167152). *Mus. Instr.* 16 S. 460.

N.

Nadeln. Needles. Epingles. Fehlt. Vgl. Nähmaschinen.

Nägel. Nails. Clous.

WIKSCHTRÖM & BAYER, Drahtstiftmaschine. (Gleich- zeitig zwei Drahtstifte aus einem Draht ohne Abfall mit Spitze und Kopf herzustellen.)* *Z. V. dt. Ing.* 50 S. 418/21; *Stahl* 26 S. 299/300.

Nähmaschinen. Sewing machines. Machines à coudre.

NACHTWEH, mein erster Besuch in Bielefeld. (Ueberblick über die dortige Nähmaschinen-In- dustrie.) (a)* *Nähm. Z.* 31 Nr. 1 S. 7, 9, 11 F.

LIND, die Rotunda-Maschine der Maschinenfabrik GRITZNER in Durlach. (D. R. P. 165204, auf dem umlaufenden Fadengeber beruhend.) *Nähm. Z.* 31 Nr. 1 S. 3 u. 5.

BAER & REMPEL, Schnellnähmaschine. (Mit um- laufendem Fadenaufnehmer und Fadengeber, frei kreisendem Greifer.) * *Uhlands T. R.* 1906, 5 S. 47.

Schnellnähmaschine Nr. 23 der Bielefelder Maschi- nenfabrik VORM. DÜRKOPP & CO. (Antrieb der Greiferwelle nebst Greifer; Stoffschieber nebst Stichstellung; Antrieb der Nadelstange; Stoff- presser; Fadengebung; Garnrollenstift und Leitung des Oberfadens, Oberfadenspannung nebst Aus- lösung.)* *Nähm. Z.* 31 Nr. 10 S. 5/9.

Sackstopf- und Flicknähmaschine mit elektrischem Antrieb von KOCH & CO., Bielefeld.* *Nähm. Z.* 31 Nr. 10 S. 11/3.

Neuerungen der Pfälzischen Nähmaschinen- und Fahrräder-Fabrik VORM. GEBR. KAYSER in Kai- serslautern. (Ringgreifermaschinen.)* *Nähm. Z.* 31 Nr. 7 S. 1.

TIMEWELL sack sewing machine. (Pat.)* *Am. Miller* 34 S. 973.

LIND, die Stichbildungswerkzeuge. (Spulen- und

Spulengehäusesicherungen; Ringgreifer; Fadensteuerungs-Einrichtungen.)* *Nähm. Z.* 31 Nr. 2 S. 1 u. 3 F.; Nr. 6 S. 5 F.

Spul-Automat von KOCH & CO., Bielefeld, zum vollkommen selbsttätigen Aufspulen von Spulen zu Sackstopf- und Flicknähmaschinen.* *Nähm. Z.* 31 Nr. 10 S. 13.

Die Schlingenfänger.* *Nähm. Z.* 31 Nr. 8 S. 1/3 F.; 9 S. 1, 3, 5 F.

WILLCOX & GIBBS SEWING MACHINE CO., hook or looper of the Overlock machine. * *Text. Rec.* 31, 5 S. 149/50.

WITTLER & CO, Nähmaschinenmöbel. (Biegsamer Muldenboden. Beim Versenken des Oberteils drückt sich der Stoff wieder in seine muldenförmige Lage, so daß der Oberteil gegen Staub geschützt ist.)* *Nähm. Z.* 31 Nr. 11 S. 55, 57.

Nahrungs- und Genußmittel, anderweitig nicht genannte. Food, not mentioned elsewhere. Denrées alimentaires, non dénommées. Vgl. Futtermittel, Kälteerzeugung, Konservierung.

BECKURTS, Chemie der Nahrungs- und Genußmittel sowie Gebrauchsgegenstände. *Apoth. Z.* 21 S. 182.

RÜHLE, die Nahrungsmittelchemie in zweiten Halbjahr 1905, im ersten Vierteljahr 1906 usw. (Fleisch, Fleischwaren und diätetische Nährmittel; Milch und Käse; Butter, Speisefett und Oele; Mehle und Backwaren; Obst, Beerenfrüchte und Fruchtsäfte; Gewürze.) *Chem. Zeitschrift* 5 S. 149/53 F., 370/3 F.

Fortschritte auf dem Gebiete der Nahrungsmittelchemie im Jahre 1905. *Pharm. Z.* 51 S. 380/3 F.

UTZ, Fortschritte in der Untersuchung der Nahrungs- und Genußmittel mit Einschluß der Fette und Oele im Jahre 1905. *Oest. Chem. Z.* 9 S. 77/80 F.

LÜDERS, die künstlichen Nährpräparate und Anregungsmittel. (Eiweißpräparate aus Fleisch, Milch, Eiern und Pflanzen. Kohlenhydrate. Fettpräparate. Präparate, welche eine vollständige Nahrung repräsentieren. Anregungsmittel aus Fleisch- und aus Pflanzen-Extrakten. Milchpräparate. Diversa: Nährsalze und Phosphoreiweißverbindungen.) *Chem. Ind.* 29 S. 30/7 F.

BECKMANN, physikalisch-chemisches aus der Nahrungsmitteluntersuchung. *Chem. Z.* 30 S. 484.

ANDRÉ et VANDERVELDE, méthodes suivies en Autriche pour l'analyse des denrées alimentaires. *Rev. chim.* 9 S. 85/90 F.

WILEY und BIGELOW, die in den Vereinigten Staaten üblichen Methoden zur Analyse von Nahrungsmitteln. (Nachweis von Farbstoffen.) *Lehnes Z.* 17 S. 93/4.

PIUTTI e BENTIVOGLIO, sull'impiego del tetracloruro di carbonio nella ricerca delle materie coloranti proibite dalla legge sanitaria nelle paste alimentari. *Gaz. chim. it.* 36, II S. 385/91; *Bull. d'enc.* 108 S. 672/3.

BALLAND, distribution du phosphore dans les aliments. *Compt. r.* 143 S. 969/70.

DUBOIS, determination of salicylic acid in canned tomatoes, catsups etc. *J. Am. Chem. Soc.* 28 S. 1516/9.

PERRIER, présence du formol (méthanal) dans certains aliments. *Compt. r.* 143 S. 600/3.

COLLIN, falsification des substances alimentaires au moyen des balles de riz.* *J. pharm.* 6, 23 S. 561/5.

GRESHOFF, Zusammensetzung indischer Nahrungsmittel. *Chem. Z.* 30 S. 856/8.

·HANSTEEN, nordische Flechten als Nahrungsmittel. (Entfernung der Cetrarsäure.) *Chem. Z.* 30 S. 638.

HANUŠ und CHOCENSKÝ, Anwendung des ZEISZ-

schen Eintauchrefraktometers in der Nahrungsmittelanalyse. *Z. Genuß.* 11 S. 313/20.

SPÄTH, Nachweis und die Bestimmung der Salizylsäure. (In Nahrungs- und Genußmitteln.) *Pharm. Centralh.* 47 S. 241/2.

HLADIK, ist frisch geschlagenes Ochsenfleisch genießbar und der Gesundheit zuträglich? *Z. Hyg.* 54 S. 130/46.

BAUR und BARSCHALL, Fleischextrakt. (Bernsteinsäure im Fleischextrakte; Verteilung des Stickstoffs; Reduktion der Asparaginsäure durch Glukose.) *Arb. Ges.* 24 S. 552/75.

KUTSCHER, LIEBIGs Fleischextrakt. (Zusammensetzung. Analyse mittels der Goldverbindungen.) *Z. Genuß.* 11 S. 582/4.

PLAHL, flüssiges Sitogen und seine Haltbarkeit. *Z. Genuß.* 11 S. 320/34.

ROSENFELD, der Wert der Fischnahrung. *Fisch. Z.* 29 S. 370.

Fische und Fischkonserven im Lichte der Hamburger Nahrungsmittel-Kontrolle. *Fisch. Z.* 29 S. 171.

FARNSTEINER und BUTTENBERG, zur Frage des Ueberganges von Borsäure aus dem Futter in die Organe und das Fleisch der Schlachttiere. (Die Gefahr des Ueberganges liegt nicht vor.) *Z. Genuß.* 11 S. 8/10.

V. RAUMER, Wirkung der Verwendung von Bindemitteln bei der Wurstfabrikation. *Z. Genuß.* 11 S. 335/7.

WIEDEMANN, chemical engineering in the packing house. (Food factory. Dried blood; pepsin; pancreatin.) *Eng. Rec.* 54 S. 502/3.

BEHRE und SEGIN, Wirkung der Konservierungsmittel. (Auf die Nahrungsmittel.) *Z. Genuß.* 12 S. 461/7.

KICKTON, Aufnahme von schwefliger Säure durch in schwefligsäurehaltiger Luft aufbewahrtes Fleisch. *Z. Genuß.* 11 S. 324/8.

HOLLEY, the amount of sodium sulphite recoverable from food products as a basis for the estimation of the amount originally present. *J. Am. Chem. Soc.* 28 S. 993/7.

MENTZEL, Bestimmung der schwefligen Säure im Fleisch. *Z. Genuß.* 11 S. 320/4.

PAAL und MEHRTENS, gravimetrische Bestimmung des Salpeters in Fleisch. *Z. Genuß.* 12 S. 410/6.

VILLE et DERRIEN, nouveau procédé de recherche du fluor dans les substances alimentaires. (Est basée sur la modification que le fluorure de sodium imprime au spectre d'absorption de la méthémoglobine.) *Bull. Soc. chim.* 3, 35 S. 239/46.

BUTTENBERG und STÜBER, Sardellenbutter. (Zusammensetzung der käuflichen Sardellenbutter.) *Z. Genuß.* 12 S. 340/4.

SEGIN, Zusammensetzung des Gänseeles. *Z. Genuß.* 12 S. 165/7.

BEYTHIEN und WATERS, Ei-Konserven und Ei-Surrogate. *Z. Genuß.* 11 S. 272/4.

KRZIZAN, Ei-Konserve. (Untersuchungen.) *Z. Genuß.* 12 S. 224/6.

ARRAGON, Untersuchung von Griesen und Eierteigwaren. *Z. Genuß.* 12 S. 455/61.

MATTHES, die Beurteilung der Eierteigwaren unter Berücksichtigung der neueren Arbeiten über die Zersetzlichkeit der Lecithinphosphorsäure. *Chem. Z.* 30 S. 250/1.

PIUTTI und BENTIVOGLIO, Methode zur Ermittelung der zum Färben der Teigwaren verwendeten gelben Farbstoffe. *Chem. Z.* 30 S. 503/4.

UTZ, Nachweis einer Färbung von Eierteigwaren. *Pharm. Centralh.* 47 S. 611/2.

LEPÈRE, Zersetzungsvorgänge bei Teigwaren. (Abnahme der Lecithinphosphorsäure.) *Z. öfftl. Chem.* 12 S. 226/33.

KRZIZAN, Talkbestimmung. (In Reis und Graupen usw.) *Z. Genuß.* 11 S. 641/50.

Praktische Anleitung zur Herstellung von Makkaroni. *Erfind.* 33 S. 347/9.

Farbe und Färbung der Nahrungsmittel. (Physiologische Wirkung.) *Essigind.* 10 S. 6/7.

BENARY, Kartoffelbau und Kartoffelmehlfabrikation in den holländischen Veenskolonien. *Z. Spiritusind.* 29 S. 69F.

PAROW, der gegenwärtige Stand und Umfang der Kartoffeltrocknerei in Deutschland. (V) *Jahrb. Spiritus* 6 S. 210/26.

HARTWICH, Pfeffer. (Korngewicht des Pfeffers; eine fremde Piperaceenfrucht im schwarzen Pfeffer; Verunreinigung des schwarzen Pfeffers; künstlich gefärbter schwarzer Pfeffer.) *Z. Genuß.* 12 S. 524/30.

LÜHRIG und THAMM, Gewürze. Pfeffer und Zimt. (Beurteilung, Zusammensetzung.) *Z. Genuß.* 11 S. 129/34.

SPRINKMEYER und FÜRSTENBERG, Gewürze. Pfeffer, Zimt, Piment, Nelken. (Untersuchungsergebnisse.) *Z. Genuß.* 12 S. 652/8.

THAMM, Gewürze; Piment, Nelken und Cardamom. (Untersuchung.) *Z. Genuß.* 12 S. 168/72.

SPAETH, Nachweis von Zucker in Macis und in Zimt. *Z. Genuß.* 11 S. 447/50.

HANUŠ und BIEN, Zuckerarten der Gewürze; weißer Zimt. (Gehalt der Gewürze an Pentosanen.) *Z. Genuß.* 12 S. 395/407.

HOCKAUF, Paprikapulver und Nachweis geringer Mengen von Mehl oder Stärke in demselben. *Pharm. Centralh.* 47 S. 861.

KRZIZAN, gefärbter Paprika. *Z. Genuß.* 12 S. 223/4.

STILLWELL, analyses of Spanish paprika. *J. Am. Chem. Soc.* 28 S. 1603/5.

KOSSOWICZ, Zersetzung von Speisesenf durch Mikroorganismen. *Essigind.* 10 S. 289/90F.

MARPMANN, Zersetzung des Tafelsenfes durch Bakterien. *Pharm. Centralh.* 47 S. 697.

ROTHENBACH, Senffärbung. *Essigind.* 10 S. 5/6.

NESTLER, Frucht von Capsicum annuum L. (Untersuchung; Kristalle der Sekretdrüsen; Eiweißkristalle; oxalsaurer Kalk.) ⊞ *Z. Genuß.* 11 S. 661/6.

NORTON, discoloration of fruits and vegetables put up in tin. *J. Am. Chem. Soc.* 28 S. 1503/8.

RIESZ, Nachweis von Kupfer in Gemüsekonserven und Gurken mittels Eisens. *Erfind.* 33 S. 420/1.

SCHOTTELIUS, giftige Konserven. (V) (A) *Oest. Chem. Z.* 9 S. 330/1.

Giftige Bohnen. *Pharm. Centralh.* 47 S. 673/4.

VELARDI, sulla tossicità delle mandorle amare che vennero sottoposte all' azione del calore. *Gas. chim. it.* 36, 2 S. 70/3.

WINTGEN, Solaningehalt der Kartoffeln. *Arch. Pharm.* 244 S. 360/72; *Chem. Z.* 30 S. 572.

Herstellung von Dörrweißkohl. *Pharm. Centralh.* 47 S. 1017.

JUCKENACK, BÜTTNER und PRAUSE, 1906er Fruchtsäfte. (Beurteilung.) *Z. Genuß.* 12 S. 735/41.

LUDWIG, Untersuchung und Beurteilung von Fruchtsäften. *Z. Genuß.* 11 S. 212/22.

BUTTENBERG, Untersuchungen von Himbeersäften und -syrupen. *Z. Genuß.* 12 S. 722/5.

HEMPEL und FRIEDRICH, 1906er Himbeersäfte. (Untersuchungen.) *Z. Genuß.* 12 S. 725/9.

HEFELMANN, MAUZ und MÜLLER, F., Himbeerrohsäfte aus dem Jahre 1905. *Z. öfftl. Chem.* 12 S. 141/55.

KRŻIŻAN, Veränderung des Himbeersaftes beim Lagern. *Z. öfftl. Chem.* 12 S. 323/8.

KRŻIŻAN, böhmische Himbeersäfte des Jahres 1906. (Zusammensetzung.) *Z. öfftl. Chem.* 12 S. 342/9; *Pharm. Centralh.* 47 S. 409/10.

KAYSER, Säuren des Himbeersaftes. (Analyse.) *Essigind.* 10 S. 282.

KOBER, Beurteilung von Himbeermarmeladen. *Z. Essigind.* 12 S. 393/8.

BEYTHIEN, Zitronensaft. (Beurteilung.) *Z. Genuß.* 11 S. 101/5.

BEYTHIEN, BOHRISCH und HEMPEL, Zusammensetzung der 1905er Zitronensäfte. *Z. Genuß.* 11 S. 651/61.

FARNSTEINER, der Faktor für die Mineralstoffe bei der indirekten Extraktbestimmung wässeriger Zitronensäurelösungen. *Z. Genuß.* 12 S. 344/51.

KÜTTNER und ULRICH, Zusammensetzung von naturreinen Zitronensäften. *Z. öfftl. Chem.* 12 S. 202/7F.; *Z. Kohlens. Ind.* 12 S. 433F.

LEPÈRE, über direkte und indirekte Extraktbestimmung. (In Zitronensaft.) *Z. öfftl. Chem.* 12 S. 1/10.

LESKE, Zitronensaft. (Untersuchung, Grenzzahl.) *Z. Kohlens. Ind.* 12 S. 432/3.

LUHRIG, Zitronensaft. (Untersuchung.) *Z. Genuß.* 11 S. 441/7.

HASSE, Berechnung des Stärkesirups in Fruchtsäften und Marmeladen. *Pharm. Z.* 51 S. 815/6.

VOLY, Verfahren zur Herstellung konzentrierter Fruchtsäfte und Fruchtextrakte. (Vollkommen getrennte Behandlung der Fruchtsäfte.) *Erfind.* 33 S. 450/1.

FORMENTI und SCIPIOTTI, Zusammensetzung italienischer Tomatensäfte. *Z. Genuß.* 12 S. 283/95.

STÜBER, Zusammensetzung der Tomate und des Tomatensaftes. *Z. Genuß.* 11 S. 578/81.

WESTREZAT, Bestimmung der Apfelsäure und einiger fixer Säuren in gegorenen und nicht gegorenen Fruchtsäften. *Z. Spiritusind.* 29 S. 343/4.

Ameisensäure enthaltende Fruchtsäfte. *Pharm. Z.* 51 S. 667/8.

MESTREZAT, dosage de l'acide malique et de quelques acides fixes dans le jus des fruits, fermentés ou non. *Compt. r.* 143 S. 185/6; *Apoth. Z.* 21 S. 795/6.

BODE, alkoholfreie Getränke. (Untersuchungsergebnisse.) *Wschr. Brauerei* 23 S. 359/62.

FUCHS, neues Verfahren zur Herstellung alkoholfreien Bieres. *Erfind.* 33 S. 220/1.

GLASER, moderne Betriebsweise zur Massenfabrikation alkoholfreier Getränke aus frischen Früchten. *Z. Kohlens. Ind.* 12 S. 393/6F.

JACOBSEN, Herstellung von alkoholfreien Getränken aus frischen Früchten. *Z. Kohlens. Ind.* 12 S. 291/3F.

OTTO und KOHN, S., Untersuchungen alkoholfreier Getränke. *Z. Genuß.* 11 S. 134/6.

LOHMANN, Brauselimonaden. (Das Wesen der Brauselimonaden.) *Z. öfftl. Chem.* 12 S. 126/30.

MAY, Verwendung von Saponinen in Brauselimonaden. (Physiologische Wirkung.) *Pharm. Centralh.* 47 S. 223/6.

SCHAER, Verwendung von Saponinen bei brausenden Getränken. (V. m. B) *Z. Genuß.* 12 S. 50/2.

UTZ, Limonadenessenzen. (Anforderungen; Befunde.) *Z. öfftl. Chem.* 12 S. 12/3.

ULE, Verwendung von Palmenfrüchten am Amazonenstrome zu erfrischenden Getränken. *Tropenpflanzer* 10 S. 219/21.

NIEDERSTADT, Kefir, seine Entstehung und Beschaffenheit. *Pharm. Z.* 51 S. 555.

REISZ und BUSCHE, gewerbliche Bereitung des Kefirs. *Molk. Z. Hildesheim* 20 S. 1429/30.

MEYER, Ernährungsversuche mit v. BEHRINGs Perhydrasemilch. *Molk. Z. Berlin* 16 S. 572.

SAITO, mikrobiologische Studien über die Soyabereitung. ⊞ *CBl. Bakt.* II, 17 S. 20/7F.

TRILLICH, welche Mindestforderungen sind an Malz

für Malzkaffee zu stellen? *Wschr. Brauerei* 23 S. 80/1.

Malzkaffee bei Truppenverpflegung. (Versuche von KOLJAGO. Vorteile gegenüber dem Tee.) *Z Krankenpfl.* 1906 S. 217.20.

FRÄNKEL, neues trockenes Nahrungsmittel aus Malz. *Erfind.* 33 S. 170/1.

HERZFELD, Erzeugung des Kunsthonigs. (V) *Zuckerind.* 31 Sp. 1988/90.

MURREL, Stärkesirup als vorzügliches Nahrungsmittel. *Z. Spiritusind.* 29 S. 163.

MATTHES und MÜLLER, FRITZ, Nachweis und quantitative Bestimmung von Stärkesirup unter Berücksichtigung der steueramtlichen Methode. *Pharm. Centralh.* 47 S. 833/4.

Naphtalin und Derivate. Naphthalene and derivatives. Naphtaline et dérivés. Vgl. Chemie, organische, Leuchtgas, Säuren, organische.

v. BOGUSKI, Dibenzylnaphtalin. *Ber. chem. G.* 39 S. 2866/9.

NEIL, Dinaphtylendioxyd. *Ber. chem. G.* 39 S. 1059/60.

PONZIO, sulla formola di costituzione della „1,2-dinitrosonaftalina". *Gas. chim. it.* 36, 2 S. 313/6.

BERGER, action du perchlorure de phosphore sur le β-naphtol. — Préparations de l'oxyde de β-naphtyle et du naphtalène β-chloré. *Bull. Soc. chim.* 3, 35 S. 29/32.

BETTI, sulla reazione fra β-naftolo, formaldeide e idrossilamina. *Gas. chim. it.* 36, 1 S. 388/401.

HEWITT and MITCHELL, mobility of substituents in derivatives of β-naphthol. *J. Chem. Soc.* 89 S. 1167/73.

FRIES und HÜBNER, 1-Methyl-2-naphtol und chinoide Abkömmlinge desselben. *Ber. chem. G.* 39 S. 435/53.

RIBNER und LÖBERING, über Chinonaphtalon. *Ber. chem. G.* 39 S. 2215/8.

CLOUGH, condensation of benzophenone chloride with α- and β-naphthols. *J. Chem. Soc.* 89 S. 771/8.

SHRIMPTON, condensation products of α-naphthol and benzophenone chloride. *Chem. News* 94 S. 13/4.

ORCHARDSON and WEIZMANN, derivatives of naphthoylbenzoic acid and of naphthacenequinone. *J. Chem. Soc.* 89 S. 115/21.

PICKARD and YATES, optically active reduced naphthoic acids. (The resolution of the tetrahydronaphthoic acids. Relative catalytic effect of bases on the compounds of Δ¹-dihydro-1-naphthoic acid.) *J. Chem. Soc.* 89 S. 1101/4, 1484/91.

GRANDMOUGIN, Einwirkung von Diazoverbindungen auf die α-Oxydinaphtoesäure. *Ber. chem. G.* 39 S. 3600/11.

WEIZMANN and FALKNER, ethyl β-naphthoylacetate. *J. Chem. Soc.* 89 S. 122/5.

BARGELLINI, derivati solfonici dell' anidride naftalica. *Gas. chim. it.* 36, 2 S. 106/16.

BETTI e MUNDICI, sull' aldeide β-ossinaftoica. *Gas. chim. it.* 36, II S. 655/60.

ASTRID und EULER, Naphtochinonanile und Derivate derselben. *Ber. chem. G.* 39 S. 1041/5.

FICHTER und GAGEUR, peri-Aminonaphtol. *Ber. chem. G.* 39 S. 333¹/9.

MELDOLA, derivatives of α-N-alkylated naphthylamine. *J. Chem. Soc.* 89 S. 1434/7.

Natrium und Verbindungen. Sodium. Vgl. Alkalien, Soda.

RICHARDS and WELLS, revision of the atomic weights of sodium and chlorine. *Chem. News* 93 S. 175/7 F.

ASHCROFT, sodium production. (Electrolyzing common salt in a fused state, with a molten lead cathode; the alloy of lead and sodium formed is transferred to the second cell, where it is used as anode with an electrolyte of fused sodium hydroxide.) (V)* *Electrochem. Ind.* 4 S. 218/21; *El. Rev.* 59 S. 371/2; *Iron & Coal* 73 S. 129.

CARRIER, extraction of metallic sodium. (Electrolitic processes)* *Electrochem. Ind.* 4 S. 442/6 F.

Electrolytic manufacture of sodium hypochlorite. *El. Rev.* 59 S. 436/7.

BETTS, Natrium als Leitungsmaterial. (Als Material für elektrische Starkstromleitungen Natrium-Metall an Stelle von Kupfer.) *El. Anz.* 23 S. 1259.60.

JANICKI, feinere Zerlegung der Spektrallinien von Quecksilber, Cadmium, Natrium, Zink, Thallium und Wasserstoff. (Das MICHELSONsche Stufengitter; Quecksilberlinien; Vergleich der gewonnenen Ergebnisse mit den bisherigen Beobachtungen; Cadmiumlinien.)* *Ann. d. Phys.* 19 S. 36/79.

v. MOSENGEIL, Phosphoreszenz von Stickstoff und von Natrium.* *Ann. d. Phys.* 20 S. 833,6.

MATHEWSON, Natrium-Aluminium-, Natrium-Magnesium- und Natrium-Zink-Legierungen.* *Z. anorgan. Chem.* 48 S. 191/200.

MATHEWSON, Natrium-Blei-, Natrium-Cadmium-, Natrium-Wismut- und Natrium-Antimonlegierungen.* *Z. anorgan. Chem.* 50 S. 171/98.

JOANNIS, recherches sur le sodammonium et le potassammonium. *Ann. d. Chim.* 8, 7 S. 5/118.

ERBAN, Herstellung von Aetznatron für die Zwecke der Textilindustrie und speziell der Bleicherei.* *Oest. Woll. Ind.* 26 S. 1368/71.

WEGSCHEIDER, die Dichten von Soda- und Aetznatronlösungen. *Mon. Chem.* 27 S. 13/30.

ALCOCK, Nitrit in Aetznatron. (Schädlichkeit in Präparaten.) *Apoth. Z.* 21 S. 501.

SKINNER, determination of black alkali in irrigating waters and soil extracts. *J. Am. Chem. Soc.* 28 S. 77/80.

PIESZCZEK, zur Natur des blauen Steinsalzes. *Pharm. Z.* 51 S. 700/1.

PAAL, kolloidales Chlornatrium. (Möglichkeit des Auftretens eines Benzolsols des Chlornatriums.) *Ber. chem. G.* 39 S. 1436/41.

PAAL und KUHN, Organosole und Gele des Chlornatriums; des Bromnatriums. *Ber. chem. G.* 39 S. 2859/66.

RICHARDS und WELLS, Umwandlungstemperatur des Natriumbromids. Ein neuer dezimierter Punkt für die Thermometrie.* *Z. physik. Chem.* 56 S. 348/61.

VAN'T HOFF und BARSCHALL, das gegenseitige Verhalten von Kalium- und Natriumsulfat. (Zusammensetzung von Glaserit.) *Z. physik. Chem.* 56 S. 212/4.

D'ANS, zwei saure Natriumsulfate. (Trinatriumhydrosulfat; Trinatriumhydrosulfatmonohydrat.) *Ber. chem. G.* 39 S. 1534/5.

DUBOIN, les iodomercurates de sodium et de baryum. *Compt. r.* 143 S. 313/4.

BRINDLEY and VON FOREGGER, fused sodium peroxide for regeneration of air. (V) *Electrochem. Ind.* 4 S. 226/7.

BAUER, Natriumsuperoxydhydrat. (Durch Einwirkung von Natriumsuperoxyd auf Borsäure gewonnen.) (V) (A) *Chem. Z.* 30 S. 983; *Z. ang. Chem.* 19 S. 1674/5.

LASEKER, Analyse von Natriumsuperoxyd. *Oest. Chem. Z.* 9 S. 164/6; *Text. u. Färb.* 4 S. 442/4.

RICHAUD, rôle physiologique, pathologique et thérapeutique du chlorure de sodium. *J. pharm.* 6, 24 S. 205/11.

Nautische Instrumente. Naval instruments. Instruments nautiques. Siehe Instrumente 5. Vgl. Kompasse, Schiffahrt.

Netze. Nets. Filets. Vgl. Fischfang, -Verwertung und Versand.

FREESE, Netzkonstruktion und Netzimprägnierung. (Zugnetz mit patentierten Stäben, womit die mit Wasserpest besetzten Gewässer von Anfang Dezember bis Ende Mai mit Erfolg befischt werden können; Zugnetz, welches dem Wasser sehr ähnlich präpariert ist, damit im Winter ein Zusammenfrieren und Entzweibrechen von Netzgarn, Angelschnüren, Leinen unmöglich wird; selbststellbare Aal- und Fischfangreuse, auch als Zugnetz in schnellfließendem Flusse verwendbar; Stacheldrahtnetz, um die Wasserpest, Unkraut usw. zu entfernen. Zugnetz für einen Mann als Bedienung, um die Teiche von Unkraut, grünem Schlamm und Fröschen zu säubern.) *Fisch. Z.* 29 S. 414.

Die LIESsche Hand-Netzstrickmaschine.* *Fisch. Z.* 29 S. 521/2.

Die OHLSsche Netzknüpfmaschine. *Fisch. Z.* 29 S. 638.

Nickel und Verbindungen. Nickel and compounds. Nickel et combinaisons. Vgl. Eisen 7, Kobalt, Legierungen, Vernickeln.

KRAUT, Verbreitung des Nickels und Kobalts in der Natur. *Z. ang. Chem.* 19 S. 1793/5.

CAMPBELL and KNIGHT, the paragenesis of the cobalt-nickel arsenides and silver deposits of Timiskaming.* *Eng. min.* 81 S. 1089/91.

MILLER, the cobalt-nickel deposits of Temiskaming. (Extensive deposits of minerals unique among those in North America.)* *Mines and minerals* 26 S. 540/2.

HESSE, Versuche zum Verblasen von Nickelstein auf Nickel mittels sauerstoffreichen Windes. (Versuche über die Reaktion von NiO auf NiS. Verblaseversuche im Konverter mit angereichertem Winde.)* *Metallurgie* 3 S. 287/92 F.

LEHMER, elektrisches Verschmelzen sulfidischer Erze und Hüttenprodukte unmittelbar auf Metall. (Molybdänglanz; Nickelstein; Folgerungen.) *Metallurgie* 3 S. 549/55 F.

OXFORD COPPER CO., Elektrolyt-Nickel. (Das Nickel wird mit Hilfe des elektrischen Stromes auf einem Nickelblech abgesetzt, welches vorher mit Graphit überzogen worden ist.)* *Metallurgie* 3 S. 643.

RICHTER, Versuche zur Gewinnung von Kupfer und Nickel aus Abfällen nickelplattierter Bleche. *Elektrochem. Z.* 13 S. 185/90.

Traitement des minerais de nickel de la Nouvelle-Calédonie et fabrication électrométallurgique du nickel par les procédés GIN. (Préparation du sulfate ou de l'oxyde de nickel.) *Electricien* 31 S. 380/2.

BENEDICT, trivalent cobalt and nickel. *J. Am. Chem. Soc.* 28 S. 171/7.

ÇOPAUX, le cobalt et le nickel purs; préparation et propriétés physiques. *Rev. chim.* 9 S. 156/63.

LOSSEW, Legierungen des Nickels mit Antimon. ⊞ *Z. anorgan. Chem.* 49 S. 58/71.

Alloys of nickel and steel.* *Am. Mach.* 29, 1 S. 734/6.

VIGOUROUX, action du chlorure de silicium sur le nickel. *Compt. r.* 142 S. 1270/1.

THIEL und WINDELSCHMIDT, periodische Erscheinungen bei der Elektrolyse von Nickelsalzen. *Z. Elektrochem.* 12 S. 737.

RIESENFELD, Knallgasvoltameter mit Ni-Elektroden und die Bildung von Nickelsuperoxyd. *Z. Elektrochem.* 12 S. 621/3.

BELLUCCI ed CLAVARI, sull'ossido superiore del nichelio. *Gaz. chim. it.* 36, 1 S. 58/106.

GUERTLER und TAMMANN, die Silicide des Nickels.⊞ *Z. anorgan. Chem.* 49 S. 93/112.

GRÖGER, die Chromate des Nickels. *Z. anorgan. Chem.* 51 S. 348/55.

TSCHUGAEFF, empfindliches Reagens auf Nickel. (α-Dimethylglykoxim.) *Pharm. Centralh.* 47 S. 66.

REICHARD, Metallreaktionen. Eine neue Reaktion des Nickels. (Entwässertes Nickelsulfat und trockenes Methylaminchlorhydrat.) *Chem. Z.* 30 S. 556/7.

GROSZMANN und SCHÜCK, neue empfindliche Nickelreaktion. Nickel-dicyandiamidin. *Ber. chem. G.* 39 S. 3356/9.

ARMIT and HARDEN, quantitative estimation of small quantities of nickel in organic substances. *Proc. Roy. Soc. B.* 77 S. 420/3.

FUNK, Trennung des Eisens und Mangans von Nickel und Kobalt durch Behandeln ihrer Sulfide mit verdünnten Säuren. *Z. anal. Chem.* 45 S. 562/71.

Fabrication des tôles plaquées de nickel.* *Gén. civ.* 49 S. 75/6.

Niete und Nietmaschinen. Rivets and riveting machines. Rivets et machines à river.

Riveuse par pression à main système ARNODIN.* *Portef. éc.* 51 Sp. 127/8.

CHARPY, emploi d'aciers spéciaux dans le rivetage. *Compt. r.* 143 S. 1156/7.

Large horizontal riveter installation, built by CHESTER ALBREE IRON WORKS CO.* *Iron A.* 78 S. 1223.

Horizontal boiler riveter installation. (Steel trestle built up of standard channels, a 10' 6'' gap compression riveter, suspended horizontally from the trestle by a hand crane, and a truck for carrying the boiler during the riveting.)* *Eng. News* 56 S. 473.

Nietmaschinen von der GÜLDNER-MOTOREN-GES. PIAT & SÖHNE. (Preßluftantrieb.) ⊞ *Masch. Konstr.* 39 S. 193/4.

LEIPZIGER MASCHINENBAU-GES., hydraulischer Nieter und Prägepresse. (Arbeiten ohne Pumpe, ohne Akkumulator und Rohrleitung.)* *Uhlands T. R.* 1906, 1 S. 25/6; *Mech. World* 39 S. 63.

Double-stroke, open-die rivet heading machine, built by the MANVILLE MACHINE CO. (Change of the dies without having to remove a heavy die block.)* *Iron A.* 78 S. 467/9.

MESNAGER, rivetage en acier spécial. (Expériences et comparaison avec l'acier ordinaire.)* *Ann. ponts et ch.* 1906, 3 S. 114/37.

Vernietungen für Dampfkessel und Dampfgefäße. (Berechnung)* *Masch. Konst.* 39 S. 174/5 F.

Nieten von Stahlblechen. (Bericht der leitenden Ingenieure der Association de Propriétaires d'Appareils à Vapeur.)* *Z. Dampfk.* 29 S. 356, 61.

Vernieten feiner Gelenkbolzen metallener Scharniere.* *Z. Werkzm.* 11 S. 67.

Phoenix spring foot press.* *Iron A.* 78 S. 802.

Niob. Niobium.

WEINLAND und STORZ, Halogenosalze von Nioboxychlorid (NbOCl₃) und von Niob-oxybromid. *Ber. chem. G.* 39 S. 3056/9.

WARREN, the estimation of niobium and tantalum in the presence of titanium. *Am. Journ.* 22 S. 520/1.

Nitro- und Nitrosoverbindungen. Nitro- and nitroso-compounds. Composés nitrés et nitriques. Vgl. Ammoniak, Chemie, organische, Salpetersäure, salpetrige Säure, Stickstoff, Zellulose.

v. GEORGIEVICS, Konstitution und Körperfarbe von Nitrophenolen. *Ber. chem. G.* 39 S. 1536/8.

HANTZSCH, Konstitution und Körperfarbe von Nitrophenolen. *Ber. chem. G.* 39 S. 1084/1105, 3072/80.

KAUFFMANN, Konstitution und Körperfarbe von Nitrophenolen. *Ber. chem. G.* 39 S. 1959/66, 4237/42.

BALY, EDWARDS and STEWART, the relation between absorption spectra and chemical constitution. Nitroanilines and nitrophenols. Isonitrosocompounds. *J. Chem. Soc.* 89 S. 514/30, 966/82.

FRANCIS, Benzoylnitrat, ein neues Nitrierungsmittel. *Ber. chem. G.* 39 S. 3798/3804.

WITT und UTERMANN, ein neues Nitrierungsverfahren. (Verwendung des Essigsäureanhydrides als wasserentziehendes Mittel.) *Ber. chem. G.* 39 S. 3901/5.

PONZIO, nuovo metodo di preparazione dei cosidetti dinitroidrocarburi primari. *Gaz. chim. it.* 36, II S. 588/99.

HOLLEMAN et SLUITER, nitration de l'acétanilide. *Trav. chim.* 25 S. 208/12.

BAMBERGER, ein neues Reduktionsprodukt des o-Nitro-benzaldehyds. (Zwischenstufe von o-Nitrobenzaldehyd und o-Hydroxylaminobenzaldehyd.) *Ber. chem. G.* 39 S. 4252/76.

HELLER, eine neue Reduktionsstufe der Nitrogruppe. (Es lagern sich zunächst zwei Wasserstoffatome an, und aus diesen entsteht Dihydroxylaminderivat.) *Ber. chem. G.* 39 S. 2339/46.

CIAMICIAN und SILBER, Reduktion des Nitrobenzols durch aliphatische Alkohole im Licht. *Ber. chem. G.* 39 S. 4343/4.

BRAND, Schwefelammonium und die Sulfide des Natriums als partielle Reduktionsmittel für aromatische Dinitro- und Polynitroverbindungen. *J. prakt. Chem.* 74 S. 449/72.

GRANDMOUGIN, Reduktion von Nitro-azokörpern mit Natriumhydrosulfit. *Ber. chem. G.* 39 S. 3929/32.

GOLDSCHMIDT und ECKARDT, Reduktion von Nitrokörpern durch alkalische Zinnoxydullösungen.* *Z. physik. Chem.* 56 S. 385/452.

GOLDSCHMIDT und SUNDE, Reduktion von Nitrokörpern durch Zinnhalogenüre. *Z. physik. Chem.* 56 S. 1/42.

MEISENHEIMER und PATZIG, Reduktion aromatischer o- und p-Dinitroverbindungen. Direkte Einführung von Aminogruppen in den Kern aromatischer Nitrokörper. *Ber. chem. G.* 39 S. 2526/42.

MEISENHEIMER und SCHWARZ, aliphatische Polynitroverbindungen. *Ber. chem. G.* 39 S. 2543/52.

BEWAD, symmetrische tertiäre α-Dinitroparaffine. *Ber. chem. G.* 39 S. 1231/8.

NOELTING und SOMMERHOFF, Molekularverbindungen von Nitrokörpern mit Aminen. *Ber. chem. G.* 39 S. 76/9.

VON OSTROMISSLENSKY, die beiden Modifikationen des o-Nitrotoluols. *Z. physik. Chem.* 57 S. 341/8.

WEGSCHEIDER, Veresterung der 4-Nitrophtalsäure. *Mon. Chem.* 27 S. 777/9.

BLANKSMA, nitration du nitro-métaxylène symétrique. *Trav. chim.* 25 S. 165/82.

BORSCHE und HEYDE, Methylpikraminsäure. (Ist 1-Methyl-4-amido-2·6-dinitrophenol-3.) *Ber. chem. G.* 39 S. 4092/3.

Repertorium 1906.

HANTZSCH und AULD, Mercuri-Nitrophenole. *Ber. chem. G.* 39 S. 1105/17.

VERMEULEN, la structure des dinitranisols. *Trav. chim.* 25 S. 12/31.

MELDOLA and STEPHENS, dinitroanisidines and their products of diazotisation. *J. Chem. Soc.* 89 S. 923/8.

BLANKSMA, préparation de l'hexanitro-dixylylamine symétrique. *Trav. chim.* 25 S. 373/5.

BRUNI, die Additionsverbindungen der aromatischen Kohlenwasserstoffe mit Polynitroderivaten.* *Chem. Z.* 30 S. 568/9.

HANTZSCH, Trinitromethan und Triphenylmethan. (Analogie zwischen der Trinitroreihe und der Triphenylreihe.) *Ber. chem. G.* 39 S. 2478/86.

MELDOLA, new trinitroacetaminophenol and its use as a synthetical agent. *J. Chem. Soc.* 89 S. 1935/43.

CUTTITTA, sui 2-4-8-trinitro-7-metilacridone. *Gaz. chim. it.* 36, 1 S. 325/32.

GRANDMOUGIN und LEEMANN, Hexanitro·azobenzol. *Ber. chem. G.* 39 S. 4384/5.

SACHS und HILPERT, Nitro-stilbene. *Ber. chem. G.* 39 S. 899/906.

PFEIFFER und MONATH, Nitro-stilbene. *Ber. chem. G.* 39 S. 1304/6.

KREMANN, Lösungsgleichgewicht zwischen 2,4-Dinitrophenol und Anilin. *Mon. Chem.* 27 S. 627/30.

REITZENSTEIN und ROTHSCHILD, Einwirkung von Pyridin auf 1,5-Dichlor-2,4-dinitrobenzol. *J. prakt. Chem.* 73 S. 257/76.

ALWAY und GORTNER, condensation of the three nitranilines with p-nitrosobenzaldehyde. *Chem. J.* 36 S. 510/5.

TAVERNE, les acides monosulfobenzoïques et leurs nitrodérivés obtenus par l'action de l'acide nitrique réel. *Trav. chim.* 25 S. 50/74.

SUDBOROUGH and PICTON, influence of substituents in the trinitrobenzene molecule on the formation of additive compounds with arylamines. *J. Chem. Soc.* 89 S. 583/95.

Löslichkeit der Pikrinsäure. *Apoth. Z.* 21 S. 74.

FEDER, quantitative Bestimmung der Pikrinsäure. *Z. Genuß.* 12 S. 216.

RAIKOW und ÜRKEWITSCH, Erkennung und Bestimmung von Nitrotoluol in Nitrobenzol und Toluol in Benzol. *Chem. Z.* 30 S. 295/6.

TILDEN and SHEPHEARD, action of magnesium methyliodide on dextro-limonene nitrosochlorides. *J. chem. Soc.* 89 S. 920/3.

PONZIO, sulla formola di costituzione della „1,2-dinitrosonaftalina". *Gaz. chim. it.* 36, 2 S. 313/6.

KOHN, MORITZ, und WENZEL, Nitrosoverbindungen der zyklischen Acetonbasen. *Mon. Chem.* 27 S. 981/6.

Nutstoßmaschinen. Key-groove-machines. Machines à mortaiser. Siehe Fräsen, Hobeln, Holz, Werkzeugmaschinen.

O.

Obst und Obstbau. Fruits and culture of fruits. Fruits et culture des fruits. Vgl. Landwirtschaft, Nahrungsmittel, Wein.

GROSZ, neuere Erfahrungen und Richtungen im Obstbau. *Fühlings Z.* 55 S. 442/51.

Der deutsche Obstbau und seine Aussichten. *Presse* 33 S. 567/8.

SAJO, Fortschritte im Obstverkehre.* *Prom.* 17 S. 705/9.

HEINRICY, Kultur des Beerenobstes. *CBl. Zuckerind.* 15 S. 91/2.

57

EWERT, Blütenbiologie und Tragbarkeit unserer Obstbäume.* *Landw. Jahrb.* 35 S. 259/87.

HOTTER, Zucker-, Säure- und Tanningehalt verschiedener Aepfelsorten. *Pharm. Centralh.* 47 S. 975/6.

MOLZ, die Bedingungen der Entstehung der durch Sclerotinia fructigena erzeugten Schwarzfäule der Aepfel. ⊠ *CBl. Bakt.* II. 17 S. 175/88.

NORTON, discoloration of fruits and vegetables put up in tin. *Chem. News* 94 S. 312/3.

STECHER, Dörrobst. (Untersuchung.) *Z. Genuß.* 12 S. 645/52.

KÖCK, einiges über Chlorosebekämpfung der Obstbäume. *Landw. W.* 32 S. 131/2.

MAROUSCHEK, einfache Vermehrung und Veredlungsmethode bei Zwetschgen- und Pflaumenbäumen. *Landw. W.* 32 S. 43.

Oefen. Furnaces. Fours. Siehe Schmelzöfen und -Tiegel. Vgl. Heizung 2, Tiegel.

Oelabscheider. Oil separators. Séparateurs d'huile. Vgl. Dampfkessel 5, Schmiermittel und Schmiervorrichtungen.

Séparateur d'huile, système BAKER.* *Gén. civ.* 48 S. 244.

BUNDY-Oelabscheider. (Beruht auf dem Grundgedanken der Haarröhrchenkraft.)* *Bayr. Gew. Bl.* 1906 S. 314/5.

GREENAWAY CO., oil separator. (The combined head and wet plates may be removed without interfering with the steam pipe fittings.)* *Iron A.* 77 S. 1906.

Oil separator and steam trap manufactured by the GREENAWAY CO., Detroit, Mich.* *Eng. Chicago* 43 S. 298.

FRIESDORF, Zylinderöl-Destillator. (D.R.P. 148197.)* *Papierfabr.* 4 S. 515/6.

Oil filtering system in the Mt. Vernon Street power house of the Philadelphia Rapid Transit Company. (The oil is fed to the bearings by gravity from an overhead oil reservoir.)* *El. World* 48 S. 257.

BÖHM-RAFFAY, vollständige Abscheidung des Oeles aus dem Kondenswasser.* *El. Anz.* 23 S. 1134/5.

KÜHL, Oelabscheidung aus dem Condensat.* *El. u. polyt. R.* 23 S. 309/11.

HARWOOD, separation of oil from feed water. *El. Rev.* 58 S. 580/2.

WILLETS, improvements in methods of extracting oil from feed water for marine boilers.* *Iron A.* 78 S. 666/7.

Extracting oil from feed water for marine boilers. (Venting oil accumulations in boilers; extracting the oil from the exhaust steam before it reaches the condensers; extracting the oil from the water of condensation as it passes from the condensers to the feed tanks; extractor for use in the extracting oil from the feed water as it passes through the feed pipes to the boilers.)* *Mech. World* 40 S. 210/1.

Séparateurs d'huile de l'eau de condensation pour chaudières marines. *Gén. civ.* 49 S. 132.

Purifying exhaust steam. (Oil separation; AUSTIN vacuum oil separator; BAUM oil separator; BUNDY steam and oil separator; COCHRANE separators; the CRANE oil separator; the COOKSON separator; the CURTIS oil separator; DETROIT separators; eclipse receiver separator; LIPPINCOTT separators; MOSHER separator and grease extractor; PATTERSON separator and oil extractor; SWEET separator; WATSON and M'DANIEL separator; WEBSTER separator.)* *Eng. Chicago* 43 S. 44/51.

CARY, removing oil from exhaust steam. *Eng. Chicago* 43 S. 638/9.

FRIESDORF, Abdampf-Entöler. (D. R. P. 163278.) Zentrifugalprinzip mit Stoßwirkung.)* *Papierfabr.* 4 S. 514/5.

PILZ, Abdampfentöler zur Zurückgewinnung von heißem, kesselsteinfreiem Speisewasser und Zylinderschmieröl. *Papierfabr.* 4 S. 1357.

REICHLING & CO., Dampf-Entöler.* *Masch. Konstr.* 39 S. 166/7.

Oele, ätherische. Essential oils. Huiles essentielles. Vgl. Chemie, organische, Parfümerie, Terpene.

ROCHUSSEN, Fortschritte auf dem Gebiete der Terpene und ätherischen Oele. (Jahresbericht.) *Chem. Z.* 30 S. 185/9; *Z. ang. Chem.* 19 S. 1926/8.

SCHMIDT, R. und WEILINGER, neue ätherische Oele. (Oel aus der Rinde von Ocotea usambarensis Engl.; von Piper Volkensii.) *Ber. chem. G.* 39 S. 652/8.

ASAHINA, das japanische Kalmusöl. *Apoth. Z.* 21 S. 987.

BAKER und SMITH, Eukalyptus Staigeriana und dessen ätherisches Oel. *Pharm. Centralh.* 47 S. 699/700.

CARETTE, l'essence de rue. (Fournie par le Rata graveolens; renferme environ 90 p. 100 de méthylnonylcétone.) *J. pharm.* 6, 24 S. 58/62.

EYKEN, l'essence du bois de Gonystylus Miquelianus, T & B. *Trav. chim.* 25 S. 44/7.

RODIÉ, essence de „Juniperus phoenicea". *Bull. Soc. chim.* 3, 35 S. 922/5.

RODIÉ, les essences de genévriers. *Rev. chim.* 9 S. 44/50 F.

UMNEY und BENNETT, Oleum Backhousiae citriodorae. *Apoth. Z.* 21 S. 432.

POWER and TUTIN, constituents of the essential oil from the fruit of Pittosporum undulatum. *J. Chem. Soc.* 89 S. 1083/92; *Apoth. Z.* 21 S. 571, 810/1.

SCHINDELMEISER, russisches Pfeffermünzöl. *Apoth. Z.* 21 S. 927/8.

LEWINSOHN, Myrrhenöl. *Arch. Pharm.* 244 S. 412/35.

KEIMATSU, das ätherische Oel von Cinnamomum Loureirii Nees. (A) *Apoth. Z.* 21 S. 306.

HANSON und BABCOCK, conifer oils. (Analyses.) *J. Am. Chem. Soc.* 28 S. 1198/1201.

SEMMLER, Zusammensetzung des ätherischen Oels der Eberwurzel. (Carlina acaulis L.) *Ber. chem. G.* 39 S. 726/31.

SEMMLER, Bestandteile ätherischer Oele. Aufspaltung des bicyclischen Trioceansystems im Sabinen und Tanaceton. Eine neue Reihe von Terpenen (Cyclopentadiëne.) *Ber. chem. G.* 39 S. 1414/28.

Hagebuttenöl. (Bericht von Heinrich HAENSEL.) *Apoth. Z.* 21 S. 285.

PÉPIN, l'huile de cade: sa préparation et ses caractères distinctifs. *J. pharm.* 6, 24 S. 49/58, 248/59; *Apoth. Z.* 21 S. 601/2.

BELLONI, Vorhandensein von 1-Borneol in den Knospen von Pinus maritima, Mill. *Apoth. Z.* 21 S. 316.

BIRCKENSTOCK, influence de l'époque de la distillation et de l'hybridation sur la composition de quelques huiles essentielles. *Mon. scient.* 4, 20, I. S. 352/6.

EYKEN, présence de guajol dans un bois odorant de la Nouvelle Guinée. *Trav. chim.* 25 S. 40/3.

EBERHARDT, mode nouveau d'extraction de l'huide de badiane. (Cueillette des feuilles.) *Compt. r.* 142 S. 407/8.

ZEITSCHEL, Nerol und seine Darstellung aus Linalool. *Ber. chem. G.* 39 S. 1780/92.

VON SODEN und TREFF, Identität des künstlichen

und natürlichen Nerols. *Ber. chem. G.* 39 S. 1792/3.

Muskon. (Träger des Moschusgeruchs.) *Am. Apoth. Z.* 27 S. 37.

MAC KAY CHACE, determination of citral in lemon oils and extracts. *J. Am. Chem. Soc.* 28 S. 1472/6.

SCHIMMEL & CIE., Wertbestimmung von Pomeranzen- und Nelkenöl. *Pharm. Z.* 51 S. 931/2.

Amerikanische Standards für vegetabilische Oele und aromatische Extrakte. *Seifenfabr.* 26 S. 779/81 F.

KOBERT, die antiseptische Wirkung ätherischer Oele. *Pharm. Z.* 51 S. 945.

Oele, fette. Fat oils. Huiles grasses. Siehe Fette und Oele.

Oel und Fettgas. Oil and fat gas. Gaz d'huile et de graisses. Vgl. Gaserzeugung, Leuchtgas.

LÜHNE, Vorrichtung zur Erzeugung von Gas aus flüssigen Brennstoffen. (Einbauung einer Fixierkammer im Innern der Vergasungskammer zum Zwecke der Permanentmachung des Gases.) *Z. Beleucht.* 12 S. 305/6.

GREVILLE, composition and valuation of oils used for gas-making purposes. *J. Gas L.* 96 S. 23.

GREVILLE, manufacture of oil gas. *J. Gas L.* 96 S. 739/40.

ROSS and LEATHER, composition and valuation of gas oils. *J. Gas L.* 94 S. 785/6, 95 S. 825.

Optik. Optics. Optique. Vgl. Beleuchtung, Elektrizität 1, Entfernungsmesser, Fernrohre, Instrumente, Mikroskopie, Photographie 3, Physik, Spektralanalyse.

1. Theoretisch-Wissenschaftliches. Theoretical and scientific matters. Théorie et matières scientifiques.

AECKERLEIN, Untersuchungen über eine Fundamentalfrage der Elektrooptik. (Theorie; Versuche mit Nitrobenzol; Versuche mit anderen Flüssigkeiten.) *Physik. Z.* 7 S. 594/601.

ALEFELD, eine neue Lichtwirkung und ihre photographische Anwendung. (Hervorrufen einer Bewegung, Diffusion durch Licht; unter dem Einfluß des Lichtes wandern die in den aufgestrichenen Lösungen enthaltenen gelösten Körper von den nicht vom Licht getroffenen nach den belichteten Stellen.) *Chem. Z.* 30 S. 1087/90.

CARTMEL, the optical properties of exceedingly thin films. *Phys. Rev.* 22 S. 115.

CLARK, optical properties of carbon films.* *Phys. Rev.* 23 S. 422/43.

LIPPMANN, des divers principes sur lesquels on peut fonder la photographie directe des couleurs. Photographie directe des couleurs fondée sur la dispersion prismatique. Remarques générales sur la photographie interférentielle des couleurs. *Compt. r.* 143 S. 270,4.

LUTHER und GOLDBERG, photochemische Reaktionen. Die Sauerstoffhemmung der photochemischen Chlorreaktionen in ihrer Beziehung zur photochemischen Induktion, Deduktion und Aktivierung.* *Z. physik. Chem.* 56 S. 43/56.

PONSOT, photographie interférentielle; variation de l'incidence; lumière polarisée. *Compt. r.* 142 S. 1506/9.

BATES, Spektrallinien als Lichtquellen in der Polarimetrie. *Z. V. Zuckerind.* 56 S. 1047/50.

SCHÖNROCK, optischer Schwerpunkt von Lichtquellen in der Polarimetrie.* *Z. V. Zuckerind.* 56 S. 217/24.

KOLÁČEK, Polarisation der Grenzlinien der totalen Reflexion. *Ann. d. Phys.* 20 S. 433/79.

CHAUDIER, polarisation elliptique produite par les liqueurs mixtes. *Compt. r.* 142 S. 201/3.

BRASS, über die Doppelbrechung.* *Central-Z.* 27 S. 192 4' 232/4.

HAVELOCK, artificial double refraction, due to aeolotropic distribution, with application to colloidal solutions and magnetic fields. *Proc. Roy. Soc.* 77 S. 170/82.

HESS, Modification der PULFRICHschen Formel, betreffend das Brechungsvermögen von Mischungen zweier Flüssigkeiten unter Berücksichtigung der beim Mischen eintretenden Volumänderung. *Sitz. B. Wien. Ak.* 115 IIa S. 459/78.

PROCTOR, on the measurement of the refractive index by the interferometer. *Phys. Rev.* 23 S. 245.

SHEDD and FITCH, on the measurement of the index of refraction by the interferometer. *Phys. Rev.* 22 S. 345/50.

SMITH, the general determination of the optical constants of a crystal by means of refraction through a prism. *Phil. Mag.* 12 S. 29/36.

RAMAN, unsymmetrical diffraction-bands due to a rectangular aperture.* *Phil. Mag.* 12 S. 494/8.

DAVIES, the solution of problems in diffraction by the aid of contour integration. *Phil. Mag.* 12 S. 63/7.

BRASS, der SCHEINERsche Versuch. *Central-Z.* 27 S. 163/5.

CIAMICIAN e SILBER, azioni chimiche della luce. *Gaz. chim. it.* 36, 2 S. 172/202.

CIAMICIAN und SILBER, hydrolysierende Wirkung des Lichtes. *Phot. Korr.* 43 S. 279/80.

DAY and SHEPHERD, the lime-silica series of minerals.* *Am. Journ.* 22 S. 265/302.

EINSTEIN, Theorie der Lichterzeugung und Lichtabsorption. *Ann. d. Phys.* 20 S. 199/206.

HOUSTOUN, Untersuchungen über den Einfluß der Temperatur auf die Absorption des Lichtes in isotropen Körpern. ⊞ *Ann. d. Phys.* 21 S. 535/73.

MÜLLER, Untersuchungen über die Absorption des Lichtes in Lösungen.* *Ann. d. Phys.* 21 S. 515/34.

ESTANAVE, le relief stéréoscopique en projection par les réseaux lignés.* *Compt. r.* 143 S. 644/7.

GLEICHEN, die Messung des stereoskopischen Sehvermögens. *Mechaniker* 14 S. 231/4.

FABRY et BUISSON, emploi de la lampe COOPER-HEWITT comme source de lumière monochromatique. *Compt. r.* 142 S. 784/5.

GLEICHEN, über die wichtigsten Fehler des monochromatischen Strahlenganges durch zentrierte Systeme und die Mittel zu ihrer Hebung. *Mechaniker* 14 S. 135/8 F.

GRIMSEHL, Vorlesungsversuche zur Bestimmung des Verhältnisses der Lichtgeschwindigkeit in Luft und in anderen brechenden Substanzen.* *Physik. Z.* 7 S. 42/5.

GROSZMANN, Drehungsvermögen farbiger Lösungen. (Einwirkung alkalischer Kupferlösungen auf das Drehungsvermögen der Zucker, höherer Alkohole und Oxysäuren.) *Z. V. Zuckerind.* 56 S. 1025/35.

GROSZMANN und WIENEKE, Einfluß der Temperatur und der Konzentration auf das spezifische Drehungsvermögen optisch-aktiver Körper. *Z. physik. Chem.* 54 S. 385/427.

WALDEN, Drehungsvermögen optisch-aktiver Körper. *Z. physik. Chem.* 55 S. 1/63.

WINTHER, zur Theorie der optischen Drehung.* *Z. physik. Chem.* 55 S. 257/80, 56 S. 703/18.

SOMMERFELD, Theorie der optisch zweiachsigen Kristalle mit Drehungsvermögen. *Physik. Z.* 7 S. 266.

SOMMERFELDT, ein neuer Typus optisch zweiachsiger Kristalle. *Physik. Z.* 7 S. 207/8.

VOIGT, das optische Verhalten von Kristallen der hemiëdrischen Gruppe des monoklinen Systems.* *Physik. Z.* 7 S. 267/9.

MACLAURIN, numerical examination of the optical properties of thin metallic plates. * *Proc. Roy. Soc.* 78 A. S. 296/341.

MÜLLER, J. und KÖNIGSBERGER, optische und elektrische Messungen an der Grenzschicht Metall-Elektrolyt. (V) *Physik. Z.* 7 S. 796/801.

MESLIN, les colorations des franges localisées dans une lame mince limitée par un réseau. * *Compt. r.* 143 S. 35/7.

NAKAMURA, Wirkung einer permanenten mechanischen Ausdehnung auf die optischen Konstanten einiger Metalle. *Ann. d. Phys.* 20 S. 807/32.

NICHOLS and MERRITT, the decay of phosphorescence in sidot blende. * *Phys. Rev.* 22 S. 279/93.

SCHEFFER, über Schärfentiefe und eine Beziehung zwischen Einstell- und Blendenskalen an Kameras mit festem Auszug. *Prom.* 17 S. 761/5.

PEROT, mesure des pertes de phase par réflexion. * *Compt. r.* 142 S. 566/8.

RAMSAY and SPENCER, chemical and electrical changes induced by ultra-violet light. (V.) *Chem. News* 94 S. 77.

ROSS, chemical action of ultra-violet light. *J. Am. Chem. Soc.* 28 S. 786/93.

STÄHLI, ultramikroskopische Untersuchungen über Steinsalzfärbungen. (Die Steinsalzfärbungen werden durch ultramikroskopische, meist nadel- oder blättchenförmige, metallische Natriumkriställchen verursacht.) *Apoth. Z.* 21 S. 203/4.

RUBENS, Strahlung des Auerbrenners. (Temperaturmessungen der Bunsenflamme, Temperatur des glühenden Auerstrumpfs; Emissionsspektren.) *J. Gasbel.* 49 S. 25/30.

SWINBURNE, radiation from incandescent mantles. *J. Gas L.* 95 S. 523/4.

Die Lichtemission der Elemente. *Central-Z.* 27 S. 57/60 F.

Die Licht- und Wärmestrahlung in Theorie und Praxis. * *Central-Z.* 27 S. 175/6 F.

SEITZ, Beugung des Lichtes an einem dünnen, zylindrischen Drahte. *Ann. d. Phys.* 21 S. 1013/29.

SIRDENTOPF, über direkte Sichtbarmachung der neutralen Schichten an beanspruchten Körpern. (Linsenkombination für eine optische Einrichtung zur Untersuchung der Spannungsverteilung von mechanisch beanspruchten Körpern im polarisierten Lichte an Glasmodellen.) * *Z. Oest. Ing. V.* 58 S. 469/71.

STARK, optische Effekte der Translation von Materie durch den Aether. *Physik. Z.* 7 S. 353/5.

Optische Resonanz. * *Central-Z.* 27 S. 29/31.

BRASS, die Zusammensetzung von Linsensystemen. * *Central-Z.* 27 S. 31/3.

WILSING, über die zweckmäßigste Wahl der Strahlen gleicher Brennweite bei achromatischen Objektiven. *Z. Instrum. Kunde* 26 S. 41/8.

MORRIS-AIREY, the resolving power of spectroscopes. *Phil. Mag.* 11 S. 414/6.

2. Lichtmessung. Photometry. Photométrie.

LOCKMANN, Beleuchtungstabellen. (Die einzelnen Zahlenwerte für verbrauchten Brennstoff, entwickelte Wärme und Kohlensäure; die verschiedenen Lampenarten in der Reihenfolge der Höhe ihrer Unterhaltungskosten.) *Z. ang. Chem.* 19 S. 1763/4.

WEBER, geschichtliche Bemerkung zur Photometrie. *Z. Beleucht.* 12 S. 325.

BELL, some physiological factors in illumination and photometry.* *West. Electr.* 38 S. 504/5; *El. Rev. N. Y.* 48 S. 971/3; *El. World* 47 S. 1243/5.

HENDERSON, recent advances in our knowledge of radiation phenomena and their bearing on radiation pyrometry. * *El. Rev. N. Y.* 48 S. 422/3; *Electr.* 57 S. 700/1; *El. Rev.* 59 S. 356/7.

KRÜSS, photometry of high-power lights. *J. Gas L.* 94 S. 172/4 F.; *J. Gasbel.* 49 S. 109/13 F.

LINDEMANN, lichtelektrische Photometrie und die Natur der lichtelektrisch wirksamen Strahlung des Kohlenbogens. *Ann. d. Phys.* 19 S. 807/40.

NUSZBAUM, die relative Photometrie. *Ges. Ing.* 29 S. 425/6.

SATORI, Untersuchungen auf dem Gebiete der Photometrie. (V. m. B) * *Ell. u. Maschb.* 24 S. 248/54.

TUFTS, photometric measurements on a person possessing monochromatic vision. *Am. Journ.* 22 S. 531/3.

WHITE, application of photometric data to indoor illumination.* *El. Mag.* 6 S. 455/9.

WILD, some causes of error in photometry * *Electr.* Photometers.* *Page's Weekly* 8 S. 470/1.

BASTIAN, observations on the mercury arc and some resultant problems in photometry. *Electr.* 57 S. 131/3; *El. Rev.* 58 S. 943.

KÜCH und RETSCHINSKY, photometrische und spektralphotometrische Messungen am Quecksilberlichtbogen bei hohem Dampfdruck.* *Ann. d. Phys.* 20 S. 563/83.

Considérations sur la photométrie en général et en particulier sur la photométrie des lampes à vapeur de mercure. *Electricien* 32 S. 405/7.

BECHSTEIN, Flimmerphotometer mit zwei in der Phase verschobenen Flimmerphänomenen. * *Z. Instrum. Kunde* 26 S. 249/51; *J. Gasbel.* 49 S. 386/7.

KRÜSZ, zur Flimmerphotometrie. * *J. Gasbel.* 49 S. 512/3; *J. Gas L.* 95 S. 103/4.

WILD, flicker photometer.* *J. Gas L.* 95 S. 233.

BENJAMIN ELECTRIC MFG. CO., tests on „BENJAMIN" clusters.* *El. World* 48 S. 911.

COLLINS, improved photoped for the table photometer.* *J. Gas L.* 93 S. 162.

BLOCH, a spherical photometer.* *Electr.* 56 S. 1057/8; *El. Rev.* 58 S. 445/7.

HEIMANN, Berechnung der hemisphärischen Intensität körperlicher Lichtquellen.* *Elektrot. Z.* 27 S. 380/3.

MONASCH, determination of mean spherical candle-power. *Electr.* 58 S. 179.

MONASCH, Versuche mit Hilfsapparaten zur Bestimmung der mittleren sphärischen und der mittleren hemisphärischen Lichtstärke. *Elektrot. Z.* S. 669/71.

STEINHAUS, mittlere hemisphärische Lichtstärke und Beleuchtung bei Bogenlampen. * *El. Anz.* 23 S. 67/9.

BLOCH, das BRODHUNsche Straßenphotometer. *Mechaniker* 14 S. 37/9.

CATON, work with illumination and street photometers. (V. m. B.)* *J. Gas L.* 93 S. 649/51.

HARRISONs street photometer. * *Gas L.* 93 S. 343.

Straßenphotometer. (Instrumente von HARRISON, SIMMANCE-ABADY.)* *Z. Beleucht.* 12 S. 169.

A compactly-arranged street photometer.* *Electr.* 56 S. 625/6.

Street photometers. * *Page's Weekly* 8 S. 471/2.

BLONDEL, über integrierende Photometer, Mesophotometer und Lumenmeter. (Bedeutung des Lichtstroms bei Beleuchtungsuntersuchungen.) *Z. Beleucht.* 12 S. 129/32.

Mesophotometer zur direkten Messung des Lichtstroms.* *Z. Beleucht.* 12 S. 256/7.

COLLINS, Photometerkopf mit drehbarem Schirm. (Zur Ausmittelung der Leuchtkraft des Gases in den Gasanstalten.)* *Z. Beleucht.* 12 S. 129.

CORSEPIUS, Ausführungsform des ULBRICHTschen Kugelphotometers.* *Elektrot. Z* 27 S. 468/71.

PRESSER, die Theorie der ULBRICHTschen Kugel.* *El. Anz.* 23 S. 885/6 F.

ULBRICHT, die hemisphärische Lichtintensität und das Kugelphotometer.* *Elektrot. Z.* 27 S. 50/3.

COUSIN, comparateur d'impressions: appareil de photométrie photographique.* *Bull. Soc. phot.* 2, 22 S. 471/8.

DOW, glow lamp standards and photometry. *El. Mag.* 6 S. 401/2.

ELLIOTT, standard oil-lamp for gas-works photometry.* *J. Gas L.* 93 S. 97/8.

ELLIOTT, new standard photometric oil-lamp. (Tencandle oil-lamp.)* *J. Gas L.* 94 S. 578/9.

LAPORTE et JOUAUST, étude sur le rapport des trois lampes CARCEL, HEFNER et VERNON-HARCOURT. *Bull. Soc. it.* 6 S. 375/89.

PEROT et LAPORTE, valeur relative des étalons lumineux CARCEL, HEFNER et VERNON-HARCOURT. *Compt. r.* 143 S. 743/4.

Effect of humidity on pentane lamp standard and correction chart. (V)* *Gas Light* 84 S. 49.

KLUMP, effect of humidity on the pentane lamp. (V) *J. Gas L.* 93 S. 162/3.

LIEBENTHAL, photometrische Versuche der Physikalisch-Technischen Reichsanstalt über den Lichtstärkenverhältnis der HEFNERlampe zu der 10-Kerzen-Pentanlampe und der CARCELlampe. (V) *J. Gasbel.* 49 S. 559/61; *J. Gas L.* 95 S. 102/3; *Braunk.* 5 S. 281.

Versuche der Physikalisch-Technischen Reichsanstalt über das Lichtstärkenverhältnis der HEFNERlampe zu der 10-Kerzen-Pentanlampe und der CARCELlampe. *Z. Beleucht.* 12 S. 209/10

DOW, colour phenomena in photometry. *Phil. Mag.* 12 S. 120/34; *Electr.* 57 S. 747/50; *Builder* 90 S. 610/1; *El. Rev. N. Y.* 48 S. 501/5.

FRANKLIN and ESTY, photometry. *El. World* 48 S. 216/7.

FRIEDBERGER und DOEPNER, Einfluß von Schimmelpilzen auf die Lichtintensität in Leuchtbakterienkulturen nebst Mitteilung einer Methode zur vergleichenden photometrischen Messung der Lichtintensität von Leuchtbakterienkulturen. * *CBl. Bakt.* 1, 43 S. 1/7.

DESLANDRES et BERNARD, photomètre spécial destiné à la mesure de la lumière circumsolaire. Emploi pendant l'éclipse totale du 30 août 1905.* *Compt. r.* 143 S. 152/7.

HARMS, photoelektrisches Photometer und Beobachtungen mit demselben während der totalen Sonnenfinsternis vom 30. August 1905. *Physik. Z.* 7 S. 585/7.

Photoelektrisches Photometer.* *Z. Beleucht.* 12 S. 383/4.

HYDE und BROOKS, Wirkungsgrad-Messer für elektrische Glühlampen.* *Z. Beleucht.* 12 S. 300/2 F.

TORDA, neues tragbares Glühlampen-Photometer.* *El. Anz.* 23 S. 646/8; *Electr.* 56 S. 1042/5.

LUX, das Photometrieren von elektrischen Glühlampen.* *Z. Beleucht.* 12 S. 97/9 F.

Einfluß von Lampenglocken und Reflektoren auf Lichtstärke und Lichtverteilung bei elektrischen Glühlampen.* *Z. Beleucht.* 12 S. 85/7.

LUX, photometrische Untersuchung von Reflektoren der Glasfabrik „Marienhütte".* *Z. Beleucht.* 12 S. 61/3.

PRENTICE and WESTERDALE, the efficiency of lamp globes. *Electr.* 56 S. 1017/8; *J. el. eng.* 37 S. 359/71.

ZALINSKI, the effect of diffusing reflecting coatings on glass prismatic reflectors. * *El. World* 48 S. 174/5.

MADDRILL, Kalibrierung eines Keilphotometers. *Z. Instrum. Kunde* 26 S. 58/9.

Helligkeitsprüfer (Franz PLEIER, Karlsbad), (Beruht auf der Leseprobe.) *Z. Gew. Hyg.* 13 S. 337.

SATORI, einige Untersuchungen an einem WEBERschen Photometer. *Elt. u. Maschb.* 24 S. 859/60.

UPPENBORN, Beleuchtungsmessungen. (Meßanordnung unter Benutzung der diffusen Transmission; Beleuchtungsmesser von MARTENS.)* *Elektrot. Z.* 27 S. 358/60; *Z. Beleucht.* 12 S. 159/60; *Electr.* 57 S. 173.

EL. MECH. WERKSTÄTTE IN MAINZ, Selenphotometer.* *El. Anz.* 23 S. 1053/4; *Central-Z.* 27 S. 336/7.

Wat photometer. (Of WILSON and HARDINGHAM.) *Page's Weekly* 8 S. 472.

3. Optische Instrumente. Optic instruments. Instruments optiques.

SCHEFFER, über Linsenfehler. * *Phot. Rundsch.* 20 S. 136/40.

BRASS, die Linsenfassungen. *Central-Z.* 27 S. 15/7.

LUCKE & ANDRÉ, eine neuartige Fassung für Staargläser.* *Central-Z.* 27 S. 202.

Die BRÜCKEsche Dissektionsbrille und die BERGERsche stereoskopische Lupe. *Mechaniker* 14 S. 29/31.

FEILCHENFELD, periskopische Gläser bei der Korrektur starker Kurzsichtigkeit. *Mechaniker* 14 S. 87.

CERMAK, das „Kombinar" und das „Solar", neue photographische Objektive aus dem optischen Institute REICHERT in Wien. (V)* *Phot. Korr.* 43 S. 70 4.

DETTO, ein neues Gleitlineal. * *Z. Mikr.* 23 S. 301/7.

DIXEY & SON, ein neuer Centrierapparat zum Gebrauch der Optiker und der Augenärzte. * *Central-Z.* 27 S. 28.

DOKULIL, rationelle Teilung einer Distanzplatte für ein mit einem Fadenmikrometer versehenes Fernrohr. *Mechaniker* 14 S. 25/6 F.

STEINHEIL, randauflegende Fernrohrobjektive. *Z. Instrum. Kunde* 26 S. 84/7.

GELONEK, Zeichen-Vergrößerungsapparate. (Episkopische Projektion, d. h. Vergrößerung undurchsichtiger Gegenstände.)* *Malers.* 26 S. 33/4 F.

WOLLNERs Projektions- oder Zeichenapparat für die Musterateliers von Textilfabriken. (Diese Vorrichtung wird an die Wand gehängt und spiegelt das in der Kammer untergebrachte Bild unmittelbar auf die Tischplatte.) *Oest. Woll. Ind.* 26 S. 545.

GLEICHEN, Instrument zum Zeichnen des gebrochenen Strahles. * *Mechaniker* 14 S. 220/1.

GROSZMANN, Beleuchtungsquelle für Saccharimeter. (NERNST-Projektionslampe.) * *Z. V. Zuckerind.* 56 S. 1022/4.

JOSSE, colorimètre à lame prismatique teintée et sur un étalon colorimétrique. (Application aux produits de sucrerie.) (V. m. B.) *Sucr. belge* 35 S. 37/45.

KAISERLING, Modell eines Universal-Projektionsapparates von LEITZ, Wetzlar. * *Z. Mikr.* 23 S. 440/8.

KUCHINKA, das Mikrophotoskop. (Eine Kartenlupe.)* *Phot. Korr.* 43 S. 74/5.

LAMBERT, dispositif permettant de mettre simultanément plusieurs prismes au minimum de déviation.* *Compt. r.* 142 S. 1509/11.

LEPPIN & MASCHE, das Spiegelmegaskop. (Projektion horizontaler undurchsichtiger Gegenstände.) * *Central-Z.* 27 S. 203/4.

LIESEGANG, automatischer Lichtbilder-Wechsel-
apparat.* *Phot. W.* 20 S. 47.
NEUMANN, Blendeneinrichtung für Satzobjektive.
Mech. Z. 1906 S. 113/4.
Das Refraktiometer von PERLMANN. (Instrument
zur Refraktions- und Visusbestimmung.)* *Me-
chaniker* 14 S. 19/20.
Das Eintauchrefraktometer ZEISS-Jena. *Z. Chem.
Apparat.* 1 S. 207/11.
RICHARDSON, the polarimeter in dyeworks labora-
tories. (V)* *J. Soc. dyers* 22 S. 125/9 F.
ŠTEFÁNIK, héliomètre à réflexion. *Compt. r.* 143
S. 106/7.
WILSING, die Bildebenung bei Spektrographen Ob-
jektiven. *Z. Instrum. Kunde* 26 S. 101/7.
WORMSER, le créoscope. (Un appareil basé sur
le principe du kaléidoscope, mais spécialement
perfectionné pour son application à l'industrie
au point du vue de l'art décoratif)* *Bull. Soc.
phot.* 22 S. 329/30.
ZEISS, Koinzidenz-Telemeter mit einer Basis von
1 m.* *Mechaniker* 14 S. 249/50.
Un conformateur pour la figure.* *Nat.* 34, 2 S. 43.
Der FINCHklemmer und seine Abkömmlinge. *
Central-Z. 27 S. 273.
ROHR, die optischen Systeme aus J. PETZVALs
Nachlaß.* *Phot. Korr.* 43 S. 266/76.

Orthopädie. Orthopaedy. Orthopédie. Vgl. Turn-
geräte.
BÄHR, Apparat zur Mobilisierung des Schulter-
gelenks.* *Aerztl. Polyt.* 1906 S. 161/5.
SCHANZ, Extensionsstuhl. * *Aerztl. Polyt.* 1906
S. 174/5.
MAYER, ERNST, Apparat zum Strecken der Beine
und Spreizen der Füße. * *Aerztl. Polyt.* 1906
S. 168/70.
MAYER, ERNST, Schiebeapparate zu orthopädischen
Zwecken.* *Aerztl. Polyt.* 1906 S. 170/2.
SCHANZ, Modellierstuhl. (Für orthopädische Ap-
parate [Gehvorrichtung, Hülsenapparat u. dgl.].)*
Aerztl. Polyt. 1906 S. 180/1.
Rationelle Behandlung des Plattfußes.* *Schuhm. Z.*
38 S. 187.
BRACCO, Orthopädie des Bauches. (3 Kegelstümpfe
mit der in Form von zwei 8en um sie gewundenen
Binde. Gegen Vorwärtsbeugung der schwangeren
Gebärmutter, schweren Vorfall der Baucheln-
geweide, Nierenvorfall usw.)* *Med. Wschr.* 53
S. 362/5.
Fußkorsett. (Für Kinder mit schwachen Knöcheln.)*
Schuhm. Z. 38 S. 465/6.
Orthopädischer Korkkeilstiefel für Kurzbeinige. *
Schuhm. Z. 38 S. 232/3.

Osmium. V₂l. Beleuchtung 6c.
MOISSAN, ébullition de l'osmium, du ruthénium, du
platine, du palladium, de l'iridium et du rhodium. *Bull. Soc. chim.* 3, 35 S. 272/8; *Compt.
r.* 142 S. 189/95.
WERNER und DINKLAGE, Nitrilo-bromo-osmonate.
Ber. chem. G. 39 S. 499/503.

Oxalsäure. Oxalic acid. Acide oxalique. Vgl. Chemie,
organische, Säuren, organische.
RUHEMANN, the ethyl esters of acetonyloxalic and
acetophenyloxalic acids and the action of ethyl
oxalate on acetanilide and its homologues. *J.
Chem. Soc.* 89 S. 1236/46.

Ozon. Ozone. Vgl. Sauerstoff.
HARRIES, Darstellung des Ozons. (Einfluß der
Durchgangsgeschwindigkeit des Sauerstoffstroms,
Einfluß der Neben- oder Hintereinanderschaltung
der BERTHELOT - Röhren auf die Konzentration
des Ozons.) *Ber. chem. G.* 39 S. 3667/70.
CHASSY, influence de la pression et de la forme

de la décharge sur la formation de l'ozone.
Compt. r. 143 S. 220/2.
COAR, improved ozone generator.* *Sc. Am.* 95
S. 229/30.
CRAMP and LEETHAM, electrical discharge in air
and its commercial application. (Yield of ozone,
of oxides, of nitrogen.) * *Electrochem. Ind.* 4
S. 388/95.
EWELL, electrical production of ozone. (Parallel
nickel-plated wire electrodes, alternate wires pro-
jecting on each side and being joined to the ex-
ternal electrode.) (A) *Eng. Rec.* 53 S. 542;
Phys. Rev. 22 S. 111, 232/44.
POHL, Zersetzung von Ammoniak und Bildung von
Ozon durch stille elektrische Entladung. (Ver-
suchsanordnung; die Lichterscheinungen im Ozonrohr bei verschiedenen Versuchsbedingungen;
Zersetzung von Ammoniak; Ozonisierung von
Sauerstoff.)* *Ann. d. Phys.* 21 S. 879/900.
RUSS, Einfluß des Gefäßmateriales und des Lichtes
auf die Bildung von Ozon durch stille elektrische
Entladung.* *Z. Elektrochem.* 12 S. 409/12.
WARBURG und LEITHÄUSER, Darstellung des Ozons
aus Sauerstoff und atmosphärischer Luft durch
stille Gleichstromentladung aus metallischen Elek-
troden. *Ann. d. Phys.* 20 S. 734/50.
The generation of ozone by means of ultraviolet
light.* *Sc. Am. Suppl.* 61 S. 25111.
FISCHER, FRANZ und BRAEHMER, Bildung des
Ozons durch ultraviolettes Licht. (Bei Aufsau-
gung ultravioletten Sonnenlichts durch unsere
Erdatmosphäre.) *Bayr. Gew. Bl.* 1906 S. 66.
FISCHER, FRANZ und MARX, thermische Bildung
von Ozon und Stickoxyd in bewegten Gasen.*
Ber. chem. G. 39 S. 2557/66.
FISCHER, FRANZ und MARX, die thermischen Bil-
dungsbeziehungen zwischen Ozon, Stickoxyd und
Wasserstoffsuperoxyd. *Ber.chem. G.* 39 S. 3631/47.
PRIDEAUX, production of ozone by electrolysis of
alkali fluorides. *Chem. News* 93 S. 47.
KINZBRUNNER, Darstellung und Verwendung von
Ozon. *El. Ans.* 23 S. 445/6 F.
KAUSCH, neue Apparate zur Erzeugung von Ozon.*
Elektrochem. Z. 12 S. 201/5 F.
JANNASCH und GOTTSCHALK, Verwendung des
Ozons zur Ausführung quantitativer Analysen. *J.
prakt. Chem.* 73 S. 497/519.
JAHN, Zerfallsgeschwindigkeit des Ozons bei ver-
schiedenem Druck. * *Z. anorgan. Chem.* 48
S. 260/93.
LADENBURG, high percentage ozone gas (Ab-
sorption spectrum.) *Chem. News* 94 S. 137/8.
LADENBURG und LEHMANN, Versuche mit hoch-
prozentigem Ozon.* *Ann. d. Phys.* 21 S. 305/18.
ERLWEIN, apparatus for the sterilization of water
by means of ozone. * *Sc. Am. Suppl.* 61 S.
25309: 10.
LE BARON et SÉNÉQUIER, stérilisation de l'eau par
l'ozone. (Application des procédés OTTO à la
stérilisation par l'ozone des eaux d'alimentation
de la ville de Nice.)* *Rev. chim.* 9 S. 45/58.
FENAROLI, determinazione ponderale dell' ozono e
numero d'ozono degli olii. * *Gas. chim. it.* 36,
2 S. 202/8.
FISCHER, FRANZ und MARX, Nachweis des Ozons
mit Tetramethyldi-p-diamidodiphenylmethan. *Ber.
chem. G.* 39 S. 2555/7.
THIELE, Ozonnachweis durch Silber. *Z. öffl.
Chem.* 12 S. 11/2.

P.

Palladium.
NERNST und V. WARTENBERG, Schmelzpunkt des
Platins und Palladiums.* *Z. Beleucht.* 12 S. 134/5.

MOISSAN, ébullition de l'osmium, du ruthénium, du platine, du palladium, de l'iridium et du rhodium. *Bull. Soc. chim.* 3, 35 S. 272/8; *Compt. r.* 142 S. 189/95.

WÖHLER und KÖNIG, die Oxyde des Palladiums. *Z. anorgan. Chem.* 48 S. 203/4.

WÖHLER, feste Lösungen bei der Dissociation von Palladiumoxydul und Kupferoxyd. *Z. Elektrochem.* 12 S. 781/6.

RUER, Legierungen des Palladiums mit Kupfer.[E] *Z. anorgan. Chem.* 51 S. 223/30.

RUER, die Legierungen des Palladiums mit Silber.[E] *Z. anorgan. Chem.* 51 S. 315/9.

RUER, die Legierungen des Palladiums mit Gold.[b] *Z. anorgan. Chem.* 51 S. 391/6.

DONAU, die kolloidale Natur der schwarzen, mittels Kohlenoxyd erhaltenen Palladiumlösung. *Mon. Chem.* 27 S. 71/4.

MÖHLAU, Doppelsalze des Palladichlorids mit cyclischen Nitrilen. *Ber. chem. G.* 39 S. 861/3.

GUTBIER und WOERNLE, Halogensalze des Palladiums. *Ber. chem. G.* 39 S. 4134/9.

GUTBIER und KRELL, Verbindungen der Palladohalogenide mit aliphatischen Basen. *Ber. chem. G.* 39 S. 1292/9.

GUTBIER und KRELL, Derivate des Palladosammins. *Ber. chem. G.* 39 S. 616/21.

GUTBIER und WOERNLE, die Aethylen- und Propylen-Diaminverbindungen des Palladiums. *Ber. chem. G.* 39 S. 2716/20.

FISCHER, FRITZ, Widerstandsänderung von Palladiumdrähten bei der Wasserstoffokklusion. (Die Bestimmung des elektrischen Widerstandes in seiner Abhängigkeit von der Wasserstoffokklusion; die Längenausdehnung von Palladiumdrähten in ihrer Abhängigkeit von der Wasserstoffokklusion.) *Ann. d. Phys.* 20 S. 503/26.

DONAU, eine neue Methode zur Bestimmung von Metallen (besonders Gold und Palladium) durch Leitfähigkeitsmessungen. *Mon. Chem.* 27 S. 59/70.

Panzer. Armour plates. Blindage. Vgl. Geschützwesen, Schiffbau 6 b, Sprengstoffe, Torpedos.

Armour protection for ships and guns.* *Page's Weekly* 9 S. 1085/90.

The development of battleship protection.* *Page's Weekly* 9 S. 1203/5.

CHLADEK, Deformation von Geschossen und Panzerplatten unter dem Einflusse von Hauptschubspannungen und Transversalschwingungen.* *Mitt. Seew.* 34 S. 267/85.

HADFIELD, Verfahren zum Gießen leichter Panzerplatten. (Bei dem die Schmiede- oder Walzarbeit fortfällt.) (Pat.) *Gieß. Z.* 3 S. 442,3.

Guß einer großen Panzerplatte. (Gießen eines großen Stahlblockes aus zwei Gießpfannen von je 40 t Inhalt in dem MARTINwerk der Gußstahlfabrik von KRUPP.)* *Gieß. Z.* 3 S. 57/9.

Drehbare Panzer - Dachkuppel mit Kugel- oder Rollenlagerung des Kugelrandes. *Sprengst. u. Waffen* 1 S. 202.

Power - operated hatches. (Means for raising and lowering the hatch plate of protective decks.)* *Pract. Eng.* 34 S. 208.

Panzerschiffe. Ironclads. Cuirassés. Siehe Schiffbau 6 b β.

Papier und Pappe. Paper and paste board. Papier et carton. Vgl. Druckerei, Gespinstfasern, Tapeten, Zellulose.

　1. Roh- und Halbstoffe.
　2. Herstellung und Verarbeitung des Papiers.
　3. Anwendung.
　4. Prüfung.
　5. Verschiedenes.

1. Roh- und Halbstoffe. Raw materials and intermediate products. Matières premières et produits intermédiaires.

WIEDE, die Papyruspflanze und das Papier der Alten. (Papierbereitung.)[B] *Papierfabr.* 4 S. 1294/6.

SELLEGER, die moderne Verarbeitung von Papyrus.* *Papierfabr.* 1906 S. 2770/1.

KORSCHILGEN und SELLEGER, die ältesten Papiermacher und ihre Rohstoffe.* *Papierfabr.* 1906 S. 2543/5.

CREMER, Papierstoff aus Bambus. *Papier-Z.* 31, 2 S. 2240.

SINDALL, Papier aus Bambus. (Versuche.) *W. Papierf.* 37, 2 S. 2496.

Verwendbarkeit von Bambus zur Papierfabrikation in Indien. (SINDALLs Versuche.) *Papierfabr.* 4 S. 1303/4.

KORSCHILGEN, Herstellung und Verarbeitung von Zellstoff aus Laubholz. (Herstellung und Wert des Laubholzzellstoffs; Schälen des Holzes, Spalten; Fabrikation von Papier aus Laubholzzellstoff.) *Papierfabr.* 4 S. 343/6 F.

Papierstoff aus Laubholz. (Versuche mit Hickory-, Kastanien-, Pine-, Eichen-, Buchenholz usw.) *Papier-Z.* 31, 1 S. 1440.

Betrachtungen über den Braunholzstoff „Lignit“. (Chemische Vorgänge bei der Herstellung.) *Papierfabr.* 4 S. 1289/90.

Sulfitstoff-Aeste. (Eignung der Aeste zu Packpapier; Bearbeitung.) *W. Papierf.* 37, 2 S. 2651.

Splitter des Holzschliffes. (Verarbeitung von abgelegenem und trockenem Holz; — von Tannenholz anstatt Fichte und rotfaulem Holze; Wirkungen der Satinage; Probe auf Splitterhaltigkeit.) *W. Papierf.* 37, 2 S. 3331/2.

KNÖSEL, Herstellung und Verarbeitung von Strohstoff, Esparto und ähnlichen Faserstoffen. (Zum Aufsatz in Jg. 3 S. 1545/8. Gelbes Strohpapier; Verpackung des Strohs; Anwendung eines kombinierten Sulfat- und Sulfitverfahrens; Ablaugen beim Sulfatverfahren bezw. Natronverfahren; Ausbeute; Entgegnungen.) *Papierfabr.* 4 S. 231/6.

KRAUSE, Chemie der Sulfitzelluloseablauge. *Chem. Ind.* 29 S. 217/27.

Strohstoff. (Herstellung.) *Papierfabr.* 4 S. 903.

Paper from cotton stalks. *J. Soc. dyers* 22 S. 285; *Papier-Z.* 31, 2 S. 2315.

V. ORDODY, Verfahren zur Gewinnung von Gespinstfasern und Papierstoff aus Schilf, Binsen u. dgl. *Erfind.* 33 S. 27/8.

Papier aus Heidekraut. (Aeußerung von GODSKE-NIELSEN. 25 v. H. Zellstoff.) *Papierfabr.* 4 S. 359.

Papierstoff aus Maisstengeln, Zuckerrohr u. dgl. (Am. Pat. 811419.) *Papier-Z.* 31, 2 S. 2632.

Einiges über Torfpappe. (Torfschlamm; Torfmoos.) *Papierfabr.* 4 S. 789/90.

SELLEGER, Beurteilung wenig bekannter Faserarten. (Adansonia-, Bagasse-, Kokosfasern udgl. Gestalt der Fasern, Koch- und Bleichbarkeit derselben, Ergebnis nach erfolgter Kochung und Bleiche.) *W. Papierf.* 37, 2 S. 2786/8 F.

Die Pappenfabrikation. (Sortieren der Hadern und Sortiereinrichtungen; Entstaubungsanlage; Trommelhadernschneider; Hadernschneider von VOITH; Kochen der Hadern; Halbzeugholländer.) (a)* *W. Papierf.* 37, 1 S. 1042/6 F.

Hadernreinigung. *Papierfabr.* 1906 S. 2714/8.

WETZEL, Zerfaserung von Hadern. (Versuchsmaschine mit Stoffabstreifern; Zerfaserungsmaschinen, bei welchen die zugeführten Stoffteilchen mit umlaufenden Armen schlagend bearbeitet werden.)* *Papierfabr.* 4 S. 285/9.

KIRCHNER, Hadernhalbstoff. (Von STAFFEL, Witzenhausen gegründeter Großbetrieb für Hadernhalbstoffbereitung.) *W. Papierf.* 37, 1 S. 319/21.

CREMER & NEVEN, Hadernhalbstoff. (Zu KIRCHNERs Bericht S. 319/21.) *W. Papierf.* 37, 1 S. 562.

BUHL, GEBR., Altpapier in Neupapier. (Umwandlung nach SCHMIDT und KLAPROTH, Verfahren der Wattmühle bei Ettlingen, dgl. nach MASSON; KOOPS' englisches Patent Nr. 2392 vom 28. 4. 1800.) *W. Papierf.* 37, 1 S. 22.

Altpapier in Neupapier. (Herstellung nach KLAPROTH.) *W. Papierf.* 37, 1 S. 234/5.

HAAS, weißer Papierstoff aus bedrucktem Papier. *Papier-Z.* 31, 2 S. 2436; *Typ. Jahrb.* 27 S. 74.

Schmiedeiserner Holzdämpfer mit innerer Kupferverkleidung. (Zerfressungen dadurch, daß der Kocher nach Beendigung des Kochens sofort geöffnet wurde; fördernder Einfluß des Luftsauerstoffs auf die Zerstörung des Kupfers durch die organischen Säuren.) *Z. Bayr. Rev.* 10 S. 220.

KIRCHNER, Holzschleiftheorie. (Holzschleif-Diagramm der Drucke auf die Schleiffläche.) (V)* *W. Papierf.* 37, 2 S. 2174/9, 2505/7.

KIRCHNER, Arbeitsverbrauch beim Holzschleifen. *W. Papierf.* 37, 2 S. 4055/6.

SCHUMANN, Grob- und Feinschliff. „Schmierig" und „rösch". (Wichtigkeit guten Holzschliffs für die Papiergüte.) *W. Papierf.* 37, 1 S. 409/11.

Holzschleiftheorie. (Behandlung der Frage, warum sich ein röscher Stoff nicht durch den Mahlvorgang eines Holländers oder einer Stoffmühle schmierig machen läßt; Vorzüge des Warmschleifverfahrens.) *W. Papierf.* 37, 2 S. 2405/6.

Holzschliff. (Holz/Kraftbedarf.) *W. Papierf.* 37, 2 S. 3730/2.

Moderne Holzschliff- und Papiertechnik. (Warum ist hoher Druck bei wenig Wasser für den Schleifprozeß am günstigsten?) *W. Papierf.* 37, 2 S. 4056/7.

Holzschleif-Praxis. (VOITH'scher Schleifer; Rundsiebmaschine zum Entwässern des Schliffes.) *W. Papierf.* 37, 2 S. 3724/5.

Feuersicherer Holzschliff. (Tränkung mit schwefelsaurem Ammoniak oder Wasserglas.) *Papier-Z.* 31, 2 S. 3864.

Neue Verwendungsgebiete und Erfolge des SCHNITZERschen Walzenschleifapparates. (Bei Kupfergautschpreßwalzen; Papierwalzen der Kalander.) *Papierfabr.* 4 S. 1123.

Großkraftschleifer von VOITH.* *W. Papierf.* 37, 2 S. 2938/9.

Vorschlag für einen neuen vertikalachsigen Schleifapparat. (Anbringen von Schleifpressen auf der unteren Fläche des Schleifsteines, womöglich mit hydraulischem Hochdruck. Dadurch würde erreicht: Entlastung des Spurlagers, lange Faser durch Längsschliff, Kraftersparnis, weniger Raffineurstoff, Ersparnis der Anlagekosten, des Arbeitslohnes und des Raumes.) *W. Papierf.* 37, 1 S. 1618/9.

Herstellung von Holzschliff nach dem Quetschverfahren.* *Erfind.* 33 S. 359/62.

Verluste beim Holzschälen. *W. Papierf.* 37, 2 S. 3723.

KIRCHNER, WIEDES Patent - Langholz - Schälmaschine.* (D.R.P. 83675; Leistungen.) *W. Papierf.* 37, 2 S. 3578/9.

Etwas über Feinmahlen, Leimen und Färben. *Papierfabr.* 4 S. 570/1.

Holländer. (Leistung von Mahlscheiben gegenüber Grundwerk-Holländern. Angaben über den Kraftverbrauch.) *W. Papierf.* 37, 2 S. 2403/4.

Zellstoffverarbeitung bei der Massenfabrikation.

(Wichtigkeit der Holländerarbeit.) *W. Papierf.* 37, 2 S. 3253/4.

EREKY, Holländer. (Vgl. Jg. 34 S. 2799/2802F. Arbeitsweise des Stampfwerkes, Zerfaserungskräfte unter dem Stampfer; der Holländer als Schlagmaschine; Zerfaserungsmaschine D.R.P. 166651; im Holländer zur Zerreißung der Fasern notwendige Kraft; Mahlvorgang.)* *W. Papierf.* 37, 1 S. 163/6 F.; *Papier-Z.* 31, 2 S. 3862/4 F.

KIRCHNER, Ganzzeugholländer. (Verhältnis des Kraftverbrauchs für das Umtreiben der Leerwalze, für Bewegung des Stoffes und für Mahlen; Tabelle.) *W. Papierf.* 37, 1 S. 162.

SCHULTZ, G., Holländer-Betrachtungen. (Zu KIRCHNERs Angaben S. 162. Kraftverbrauch des Holländers; D.R.P. 162957 von SCHULTZ, G.) *W. Papierf.* 37, 1 S. 483/4.

Holländer-Betrachtungen. (Zu den Angaben über den Kraftverbrauch im Holländer S. 483, Kraftmessungen an verschiedenen Holländern; theoretische und praktische Betrachtungen.)* *W. Papierf.* 37, 2 S. 2323/7.

Holländerbetrachtungen vom praktischen Standpunkt. (Fragen bei Beurteilung eines Holländers oder bei Vergleich des einen mit dem anderen System.) *W. Papierf.* 37, 2 S. 3175/7.

Der moderne Holländersaal. (Die Kocherei für die Bereitung des Harzleimes, der Farben, die Zubereitung der Mineralien, schwefelsauren Tonerde, des Tierleims, gekauften ARLEDTER- und Gerbleims, der Stärke, Viskose usw.; melierte Fasern aus Wolle und Chlorlauge; elektrische Bleiche, Halbzeugbereitung; Ganzstoffverarbeitung zum Mahlen.) *W. Papierf.* 37, 2 S. 2090/1.

Holländersaal. (Lage der Ganzzeugholländer in bezug auf die Papiermaschine in wagrechter und senkrechter Richtung; Aufstellung der Holländer zu einander und Anlegung der Transmission; Halbzeugbereitung.)* *W. Papierf.* 37, 2 S. 3488/91.

CHLORUS, Holländersaal. (Vgl. den gleichbenannten Aufsatz S. 3488/91. Berichtigung.) *W. Papierf.* 37, 2 S. 3722.

Eigenartiger Mischholländer. (In der Nähe von Edinburg. Der gemahlene Stoff fließt vom zweiten Stockwerk auf einer breiten langen Rinne — ähnlich wie auf dem Papiermaschinensandfang — langsam in einen unteren Behälter; von dort wird der Stoff wieder nach oben gepumpt.) *W. Papierf.* 37, 1 S. 1048.

MATHER & PLATT, Verbund-Holländer. (Verbindung eines vervollkommneten Halbzeug- mit einem Ganzzeugholländer.)* *Uhlands T. R.* 1906, 5 S. 72.

PORPHYRE, Holländer. (Wegfall des Hand- und mechanischen Rührens und Bauart von Holländer-Trögen.)* *Papier-Z.* 31, 2 S. 2591/2F.

WRIGLEYS Selbstarbeiter oder genaue Selbsteinstellung der Ganzzeugholländerwalze. (Vorzüge und Nachteile.)* *W. Papierf.* 37, 2 S. 3564/5.

Holländertröge aus Eisengerippe und Zement. (Vergleich mit solchen aus Gußeisen bezw. aus Eisenblech, das mit Zement ausgekleidet, bezw. solchen aus Ziegelmauerwerk.) *Papier-Z.* 31, 2 S. 3108.

Holländertröge nach MONIERscher Bauweise. *Papier-Z.* 31, 2 S. 3237/9.

Transport der Halbstoffe. (Beförderung des Halbstoffes zu den Holländern; Heraufpumpen aus der Zell- oder Holzstoffabrik bezw. aus den Bleichholländern; nachteilige Folge des Pumpsystems.) *W. Papierf.* 37, 2 S. 3491/2.

CROSS & BEVAN, Fortschritte der Zellstoff-Industrien in den letzten 5 Jahren. *Papier-Z.* 31, 2 S. 2845/6F.

KLEIN, Fortschritte der Zellstoffabrikation 1905/6. *Chem. Z.* 30 S. 1259/61.

EBERT, Zellulose und Zellstoff. Holzfaser und verholzte Faser. (Kennzeichnung.) *Papierfabr.* 4 S. 2099/2103.

BAUDISCH, Zellulose und Zellstoff. Holzfaser und verholzte Faser. *Papierfabr.* 4 S. 2322/5.

KLEIN, die chemischen Vorgänge bei der Bildung von Pflanzen-Zellulosen und beim Sulfitkochprozesse. (Fabrikation von Zellstoff aus Nadelholz, wobei Bisulfite der Erdalkalien oder alkalischen Erden als Reagenzien dienen.) (V) *Papier-Z.* 31, 1 S. 167/8 F.

HOFMANN, HANS, Veränderung des Zellstoffs durch Trocknung. (Ergebnisse. Sulfitstoff und Papier werden durch Trocknen bei erhöhter Temperatur chemisch verändert.) (V) *Papier-Z.* 31, 2 S. 4331/2.

HERZBERG, Harzgehalt von Zellstoffen. (Prüfung gebleichter und ungebleichter Zellstoffe.) *W. Papierf.* 37, 1 S. 883/4; 37, 2 S. 3566.

BASTL, Harzentfernung aus Sulfitstoff. (Vorrichtung.)* *W. Papierf.* 37, 2 S. 2641.

MORTERUD, Wiedergewinnung von SO₂ aus der Sulfitlauge.* *Papier-Z.* 31, 2 S. 3819.

SOLBRIG, mangelhafter Ausfall indirekter Kochungen der Sulfitzellulose. (Infolge vorzeitiger Dampfzuführung in die Kocherheizschlangen noch während des Laugenauflassens in die Kocher bei Anwendung kupferner Heissschlangen gegen die Angriffe der schwefligen Säure. Kocherbeschüttung; ungleichmäßiger Druck; vorzeitiges Abgasen; Uebertreiben der Gase; Anbringung der Manometer, Thermometer; Kupferrohre mit zuviel Schwefelgehalt; Verbesserung S. 1783.) *Papierfabr.* 4 S. 1726/30.

UNGERER-Zellstoff. (Erfahrungen.) *Papier-Z.* 31, 2 S. 3909.

Stoßmahlung für Feinpapier. (Beispiel einer Mischung aus MITSCHERLICH - Sulfitzellulose, Rohstoff und Stärke.) *W. Papierf.* 37, 1 S. 1123/4.

HOFMANN, HANS, Pergamyn. (Frage, ob die Bildung von Zellstoffschleim ein rein mechanischer Vorgang ist oder ob der Zellstoff sich auch chemisch etwa durch Wasseraufnahme verändert.) (V)* *Papier-Z.* 31, 2 S. 4190/2.

KNÖSEL, Sulfit- oder Sulfat-Zellstoff. (Vergleich.) *W. Papierf.* 37, 2 S. 2791/3.

Knotenbildung in Sulfit-Zellulose. (Durch verfilzte Faserbündel verursacht; unreine Zellulose.) *Papierfabr.* 4 S. 1836/7.

EBERT, Beiträge zu den verschiedenen Bleichmethoden. (Chlorkalklösung, auf elektrolytischem Wege hergestellte Lauge; Untersuchung des Chlorkalkes; Gegenüberstellung der zwei Bleichmethoden in einem Beispiel. Besondere Ausscheidung der andern Verunreinigungen; Herstellung einer gebrauchsfertigen Bleichflüssigkeit; Behälter für die Bleichlösung; Absatzkästen, Stoßbütten.) *Papierfabr.* 4 S. 787/9 F., S. 1621/2 F.

KLEIN, Bleichmaterialien und das Bleichen von Holzzellstoffen. (Mitteilungen des Vereins der Zellstoff- und Papierchemiker.) *W. Papierf.* 37, 1 S. 1195/1200; 37, 2 S. 2639/40.

EBERT, Beiträge zu den verschiedenen Bleichmethoden. (Zu KLEINs Aufsatz in W. Papierf. 37 S. 2639; Frage der höheren Bleichwirkung des Chlors in Form von auf elektrolytischem Wege hergestellter Natriumhypochlorit-Lösung; Bleichen von Hadernhalbstoffen.) *Papierfabr.* 4 S. 2048/50, 2545/7.

Verkohlung des Zellstoffes? (Zum Aufsatz von KLEIN in W. Papierf. 37, 1 S. 1195/1200. Bildung

eines roten Farbstoffes beim Bleichen von Sulfitzellstoffen, der durch weitere Oxydation zerstört wird.) *Papierfabr.* 4 S. 1507/8.

SCHACHT, wie ist flüssiges Chlor am besten für Papierstoffbleiche zu verwenden? (V) *Papier-Z.* 31, 2 S. 4378/80 F.

Bleichen von Nadelholz-Sulfitstoff. (Bekämpfung der Ansicht, daß durch zu starke Erhitzung der abziehende Dampf die Bleichgase dem Stoffe zu rasch entziehe; Unzulässigkeit der Anwendung von Säuren beim Bleichen.) *W. Papierf.* 37, 1 S. 1448.

Bleichen von Nadelholz-Sulfitstoff. (Entgegnung zum Aufsatz S. 1448) *W. Papierf.* 37, 1 S. 1614/5.

KNÖSEL, Bleichen von Nadelholz-Sulfitstoff. *W. Papierf.* 37, 2 S. 3100/3.

Elektrische Bleichung von Papierstoffen. *Erfind.* 33 S. 319/21.

KIRCHNER, Elektrolyt - Bleiche. (Bleichelektrolyseur, Patent HAAS & OETTEL.) (V)* *Papierfabr.* 4 S. 1738/40.

Elektrolyt-Bleiche. (Erfahrungen von E. G. HAAS & STAHL; Bleichelektrolyseur, Patent HAAS & OETTEL; Wände der Apparate, Gefäße und Rohre aus Tonmasse.) (V)* *W. Papierf.* 37, 2 S. 2248/50.

HAAS & OETTELs System der Elektrolyt-Bleiche. (Als Schaltungsweise das System der doppelpoligen Elektroden, Salzauflöser; Wegfall des Auflösens der großen Chlorkalkmengen und der Beseitigung der Kalkrückstände; alkalienfreie elektrische Bleichlauge.) (D. R. P.)* *W. Papierf.* 37, 1 S. 1853/6 F., 2098, 2478.

AHLIN, Elektrolyt-Bleiche. (Entgegnung zu den Aufsätzen S. 1853 und 2098 und Erwiderung zu HAAS & STAHL S. 2478/9.) *W. Papierf.* 37, 2 S. 2402/3 und 2719/20.

AHLIN, Elektrolyt-Bleiche. (Zu OETTELs Entgegnung S. 2794; zu AHLINs Aeußerung S. 2719/20. Erfahrungen des Verfassers: Vorzüge der einpoligen gegenüber der von OETTEL empfohlenen doppelpoligen Schaltung. Kalkhydratzugabe bei Chloratherstellung.) *W. Papierf.* 37, 2 S. 3024.

OETTEL, Elektrolyt-Bleiche. (Vgl. AHLINs Aufsatz S. 3024. Einfluß der doppelpoligen Schaltung auf die Kathoden.) *W. Papierf.* 37, 2 S. 3254/5.

Elektrolytische Bleichanlagen. (Anwendung in der Papierstoffbleiche.) *Papierfabr.* 4 S. 571/3.

SCHOOP, der Bastardelektrolyser. (Die Salzlösung passiert den eigentlichen Elektrolyser solange, bis sie den gewünschten Gehalt an Bleichchlor erreicht hat; Zersetzerbatterien aus Graphitkohle und Platin-Iridium.)* *W. Papierf.* 37, 2 S. 3643/5.

Konservierungsmittel für Holzstoff. (Trennung der Ligninstoffe vom Zellstoff, Behandlung des Holzschliffs mit gasförmiger, schwefliger Säure oder Zusatz von Sulfitlauge; nordische Holzstoff-Magazine aus starken Brettern; Magazine mit gutem Luftwechsel; nicht lagern auf Zement- oder Steinböden.) *Papierfabr.* 4 S. 296, 749.

2. Herstellung und Verarbeitung des Papiers. Fabrication and working. Fabrication et travail.

BRIQUET, praktische Aufschlüsse über das Papier. (Geschichtliches über die verwandten Rohstoffe und die Herstellungsweisen.) *W. Papierf.* 37, 1 S. 11/4.

KRAUSE, die Entwicklung des Papiers und seine Herstellung vor 1000 Jahren. (Zugrundelegung einer von der amerikanischen Papierfabrik NIAGARA PAPER MILLS über dieses Thema

herausgegebenen Broschüre.) (V) (A) *Graph.
Mitt.* 24 S. 101.
WEICHELT, Kasein-Leim und Klebstoffe. (Für die
Buntpapier-, Tapeten- und Karton-Fabrikation;
Versuche; Lösungsvorschriften.) *Papier-Z.* 31,
1 S. 1405 F.
FAUST, Harzleim oder Gerbleim? (Aeußerung zu
Jg. 3 S. 2701/2.) *Papierfabr.* 4 S. 400.
Harzleim oder Gerbleim? (Chemische Zusammen-
setzung des Wassers; Anwendung der Harzmilch;
Verbindung mit Kasein, Oel oder Fett bezw.
Tierleim zur Erhöhung der Leimwirkung;
Mischung der Masse im Holländer; Gang der
Papiermaschine; Hitzegrad der Zylinder für Frei-
harz; Auspressung der Papierbahn vor dem
Uebergang zu den Trockenzylindern; Stoff-
mischung und Mahlung.) *Papierfabr.* 4 S. 791.
Harzleim. (Herstellung.) *Papier-Z.* 31, 2 S. 2590.
Harzleimung. (Erfahrungen bei Holzpapieren.)
Papier-Z. 31, 2 S. 2673/4.
Freiharzleimung. (Trocknung unter höheren Wärme-
graden; möglichst starke Auspressung des
Papierblattes in den Pressen.) *W. Papierf.* 37,
2 S. 3820/1.
Stärkezusatz bei der Leimung. *W. Papierf.* 37,
2 S. 3721.
Praktische Harzkochung. (Beschreibung des Ver-
fahrens.) *W. Papierf.* 37, 2 S. 2641/2.
Praktische Harzkochung. (Vgl. S. 2641/2. Koch-
verfahren von GEBAUER.) *W. Papierf.* 37, 2
S. 3421; *Papier-Z.* 31, 2 S. 2889/90.
POSTL, praktische Harzkochung. (Aeußerung zum
Aufsatz S. 2642.) *W. Papierf.* 37, 2 S. 2944/5.
Harzleimungen früher und jetzt. (Vorschriften von
1868; spätere Ausführungen; GEBAUERs Ein-
richtung für schwere Harzkochgefäße.) *W. Papierf.*
37, 2 S. 3884/6.
Harzleim nach System GEBAUER. *W. Papierf.* 37,
2 S. 2803.
Praktische Harzkochung. (Apparate von HAMPEL
und ARLEDTER.) *W. Papierf.* 37, 2 S. 3975.
KLEMM, der Alaunüberschuß bei der Harzleimung.
W. Papierf. 37, 1 S. 14/6.
Der Alaunüberschuß bei der Harzleimung. (Zu
KLEMMs Aufsatz S. 14/6.) *W. Papierf.* 37, 1
S. 959/60.
Schwefelsäurezusatz bei der Harzleimung. (Aeußerung zum Aufsatz S. 959/60.) *W. Papierf.* 37, 1
S. 1517/8.
KLEMM, Regelung des Alaunbedarfs. (Alaunzusatz
muß so hoch sein, daß die Summe der im Papierstoff einer Reaktion mit Alaun fähigen Basen
dem Alaun nicht soviel Schwefelsäure zu ent-
ziehen fähig ist, daß drittelsaure basisch-schwefel-
saure Tonerde entstehen kann.) *W. Papierf.* 37,
1 S. 738/40.
KLEMM, Alkaligehalt des Harzleims und Alaun-
bedarf. (Vgl. Artikel „Regelung des Alaunbedarfs" S. 738/40. Berechnung des Alkali-
gehalts.) *W. Papierf.* 37, 1 S. 1770/1.
Zur Leimung des Papieres. (Mahlung des Stoffes;
Leimsätrke; frischer Fichtenschliff als Leim-
träger.) *W. Papierf.* 37, 2 S. 3571.
Etwas über Feinmahlen, Leimen und Färben.
Papierfabr. 4 S. 570/1.
WEICHELT, bunte Teigfarben. (Dunkel-brillant
grün, elastischer Prägelack.) (R) *Papier-Z.* 31,
1 S. 832/3.
Entfärbung des Papiers auf der Papiermaschine.
(Auflösen von Anilinfarben durch Uebergießen
mit Warmwasser; rascheres Austrocknen der
Papierbahn an den Seiten.)* *Papier-Z.* 31, 2
S. 2466/7.
MARLIN, dyeing of paper pulp. *Text. col.* 28
S. 356/8.

Farbenauflöser „System POSTL". (Für Papierfär-
bung.) *Papierfabr.* 4 S. 2050.
SOLBRIG, Stoffaufarbeitungs-Anlage. (DIETRICHsche
Patentknetmaschine, bei der zwei Arme den Stoff
von außen nach innen drängen, während zwei
Knethände den Zellstoff von innen nach außen
drücken; Rührbütte; Entwässerungsmaschine;
Dampfdruckregler; Längsschneider mit drei Paar
Tellermessern; Lagern des Zellstoffs; Trocken-
gehaltsbestimmungen, gelbe und bräunliche Färbung; Stoffängergrube; Verdünnung der Ablaugen in den Kläranlagen.) 🖾 *Papierfabr.* 4
S. 8/10 F.
Erfahrungen eines Papierfabrikanten. (Holzschliff-
Karton; Schleifholz; Schnellgang von Druckpapier; Walzenbruch; Rollmaschinentempo; amerikanische Schnelläufer; einseitig glattes Tapetenpapier; Schnitzerschleifapparat; Uebergang auf
andere Farbe; Filze; Siebe; Verdrücken der
Papierbahn.) *Papier-Z.* 31, 2 S. 2355/6F.
Maschinenführers Erfahrungen. (Aeußerungen eines
nordischen Papiermachers.) (a) *Papier-Z.* 31,
1 S. 166 F.
KLEIN, Beitrag zur Entwicklungsgeschichte des
Papiermaschinenbaues. (Seit dem Ende des
18. Jahrhunderts.)* *W. Papierf.* 37, 2 S. 3958/63.
KOTHEN, Strohpappen-Fabrikation im 19. Jahrhundert. (Pappenmaschinen, Entwässerung des
Rohstoffes durch Langsiebmaschinen, Kasten-
fänger, Anordnung von Gautsche und Obersieb,
Registrierwalzen, Saugkästen, Siebtische, Gautsche,
Siebschüttelung; Naßpressen; Naßpartie; Trockenanlagen; Explosionsgefahr; Druckminder- und
Sicherheitsventile; Manometer; SEYBOLDs patentierte Trockenzylinder; schnelle Ableitung des
Kondenswassers mittels Tauchrohre; Verwerf-
lichkeit der mittelbaren Heizung einzelner Zylinder mit dem Abdampf und unmittelbar geheizter Trockenzylinder; Kondenstöpfe; Trockenvorrichtungen; amerikanische langsame Trocknung; Kaschiereinrichtungen; Geschwindigkeits-
regler; Löftung in Papier- und Pappen-
maschinensälen; Maschinen von BANNING &
SETZ; FÜLLNERsche Langsiebpappenmaschine;
Kaschieren; Beklebevorrichtung; geklebte Stroh-
pappen einschl. Satinierens und Schneidens; Na-
tronwasserglas zum Kleben; Klebmaschine;
Glättwerk; Wellpappen und Dessinieren; Maschinen zur Herstellung ungeklebten Wellpapiers)*
Papierfabr. 4 S. 171/4 F.
Zu KOTHENs Artikel: Die Strohpappenfabrikation
im 19. Jahrhundert S. 171/4 F. (Erfahrungen beim
Trocknen. Erwiderung von KOTHEN auf S. 902.)
Papierfabr. 4 S. 791/2.
KIRCHNER, Papiermaschine der Firma H. FÜLLNER
zu Ammendorf-Radewell b. Halle. (2600 mm breit
arbeitend; 160 m/min; Antrieb der Apparate und
der eigentlichen Papiermaschine durch Sekundär-
dynamomaschinen von 40 bis 280 P. S.) *W.
Papierf.* 37, 2 S. 3638/40.
KIRCHNER, Papiermaschine der Papierfabrik Reisholz in Reisholz b. Düsseldorf. (Arbeitsgeschwin-
digkeit von 150 m/min.) *W. Papierf.* 37, 2
S. 3638.
Largest paper-making machine of the Swedish
Paper Mill Co. (Fills a shed 185' long. The
paper is to be run through the machine at the
speed of 500' per minute. The entire machine
weighs 550 t, and is driven by a 200 H. P.
steam engine.) *J. Frankl.* 162 S. 158.
HERA, Selbstabnahme-Papiermaschine. (Bütte, Sandfang; Knotenfänger, Streudüsen gegen Schaumblasen; Siebpartie; Schnellschwalzen, Preßwalzen;
Obertuch; Naßfilz; Trockenpartie, Schneidzeug;
Dampfmaschine.) *Papier-Z.* 31, 2 S. 3818 F.

Raschlaufende Papiermaschinen. (Rohstoffe und Mahlung, Verfilzung und Entwässerung; Pressen und Trocknen.) *Papier-Z.* 31, 1 S. 1874/5 F.

MARSHALL & CO., Miniatur-Papiermaschine. (Für Unterrichts- und Versuchszwecke.)* *Graph. Mitt.* 24 S. 257/8.

OECHELHÄUSER-Maschine. (Holzschliffhaltiges Papier; Explosionslöcher, Obertuch.) *Papier-Z.* 31, 2 S. 3912.

MEURER, neuere Papiermaschinen-Antriebe. (Dampfmaschine mit veränderlicher Umlaufzahl.)* *W. Papierf.* 37, 2 S. 2864/6.

ZACE, mechanism and adjustment of folding machines. ⊗ *Printer* 38 S. 204/5 F.

Einrichtung an Falzmaschinen zur Vermeidung von Quetschfalten.* *Papier-Z.* 31, 2 S. 4147.

Hülse aus Holz „System BELANI". (Für das Aufrollen von Papierbahnen.)* *W. Papierf.* 37, 2 S. 3038.

A new perforating machine. (Instantly adjustable to any length of sheet; spacing between lines of perforation easily carried out.)* *Am. Mach.* 29, 2 S. 568/71.

Einfluß des Stoffes auf den Ausfall der Produktion. (Bessere Güte erzielt durch Vordruckwalze, langsamen Gang, feines Sieb.) *Papierfabr.* 4 S. 848/9.

JOACHIM & SOHN, Rundsieb- oder Zylinder-Papiermaschine. (Für Versuchszwecke, um ein Urteil für die Herstellung im Großbetriebe zu gewinnen.)* *Uhlands T. R.* 1906, 2 S. 64.

Sparsames Arbeiten einer Rundsiebpappenmaschine. (Sofortige Wiederverwertung des Abwassers.) *W. Papierf.* 37, 1 S. 246/7.

STANISLAS-PORPHYRE, Rundsiebzylinder für Papiermaschinen. (Versuche in Angoulême bezüglich der Gleichförmigkeit von auf Zylindersieben gefertigten Papierbahnen.)* *Papier-Z.* 31, 1 S. 83.

LEONHARDT, Rundsieb-Entwässerungs-Maschinen. (Federdruck; Hebeldruck; Filzauspressung; Ersatz der Filzschlägerholzleisten durch Messingrohre; hydraulische Anpressung der Preßwalzen; Bewegung der Preßspindel mit Schneckenrad und Schnecke; Schonung von Zylinder und Filz; deutsche Patente.)* *W. Papierf.* 37, 2 S. 3640/3.

Schüttelung bei Langsiebpapiermaschinen. (Zu BAUDISCHs Aufsatz Jg. 36, 2 S. 3736 und 3978.) *W. Papierf.* 37, 1 S. 740.

CARSTANJEN, Siebdauer und Siebnaht. (Zu Jg. 36, 2 S. 2347 und 2738. Erfahrungen aus Nordamerika und Kanada.) *W. Papierf.* 37, 1 S. 1124.

KNÖSEL, Siebdauer und Siebnaht. (Vgl. die Mitteilungen von CARSTANJEN in W. Papierf. 1906 S. 1124.)* *Papierf.* 4 S. 1066/7.

Entwicklung der pendelnden Siebpartie von BANNING & SETZ.) (D. R. P.)* *Papierfabr.* 4 S. 1508/10.

Die Entwässerung des Papieres durch die Pressen. *W. Papierf.* 37, 1 S. 20/2.

Kleben der Papierbahn an den Naßpressen. (Ungenügende und mangelhafte Entwässerung der Papierbahn infolge zu schnellen Arbeitens der Preßwalzen; Vorzüge des Hartgummischabers gegenüber dem hölzernen.) *W. Papierf.* 37, 1 S. 560/2.

Kleben der Papierbahn an den Naßpressen. (Zum Aufsatz S. 560/2. Verfasser empfiehlt einen Schaber aus halbharter Bronze; eine Neigung des Schabers mit der Tangente an die Preßwalze von 12—15°.)* *W. Papierf.* 37, 1 S. 1035/6.

Kleben der Papierbahn an der Naßpresse. (Aeußerungen zum Aufsatz S. 560/2; Zellulosepapiere oder stark holzschliffhaltige Papiere mit einem Zusatze von 25—30 pCt. Sulfitzellulose; ungenügende Mahlung; Verhütung durch starken wolligen Haarüberzug; Verminderung der Leimung; Nei-

gung zum Kleben bei der Anwendung von Viskose oder Kasein in Verbindung mit Harzleim; Ankleben zu röschen Stoffs an den Pressen.) *W. Papierf.* 37, 1 S. 1514/7 F.

Einseitig glatte Papiere. (Herstellung. Schaber des großen Zylinders, Kleben der Papierbahn an der Presse.) *Papier-Z.* 31, 1 S. 3/4 F., 1960.

Kleben der Papierbahn an den Naßpressen. (Bekämpfung durch Stein- und feinpolierten Holzwalzen, Filzsauger.) *Papier-Z.* 31, 1 S. 122.

Kleben der Papierbahn an den Naßpressen. (Vgl. S. 122. Erfahrungen eines Werkführers; Seidenpapier, Tissueseidenstoff; Sulfat-Kraftpapier; Rotationsdruck; dünnes Packpapier aus Braunholz und Sekunda-Zellstoff, Dünndruck; Braunschliff-Pappe; Rostpapier; Affichenpapier; Saugpapiere; Illustrationsdruck; imitiertes Pergament; Schnelläufer-Arbeit; Rollendruckpapier.) *Papier-Z.* 31, 1 S. 1655/6.

KORSCHILGEN, Entwässern und Trocknen von Papier und Pappen. (Einfluß der Rohstoffe; Entwässerung des Stoffs auf der Papier- und Pappenmaschine; Sauger und Luftpumpen; selbsttätige KAUFMANNsche Sauger mit mehrfach wirkenden Luftpumpen; Filttrockner; Erscheinungen beim Trocknen der Papierbahn; Lufttrocknung.) *Papierfabr.* 4 S. 2153/5 F.

FÜLLNER-Filter in Verbindung mit Waschvorrichtung und Stoff-Regenerator „System TITTEL". (Was das FÜLLNER-Filter war und was es jetzt ist in Papierfabriken, in Zellulosefabriken; Leistung eines Zellulosefilters.) *W. Papierf.* 37, 2 S. 3502/3.

Das neue FÜLLNERsche Trommelfilter. (Nutzbarmachung eines derart hohen, natürlichen hydrostatischen Druckes, daß die Filtrierwirkung auch durch die sich allmählich auf dem Filterstoff absetzende Faserstoffschicht hindurch ihren ungestörten Fortgang nimmt, und bei welcher der endlose Filterstoff auf seinen normalen Zustand zurückgeführt wird.)* *Papierfabr.* 4 S. 1837/9.

Das FÜLLNER-Filter in Verbindung mit Waschvorrichtung und Stoff-Regenerator (System „TITTEL"). *Papierfabr.* 1906 S. 2659/60.

FÜLLNER-Filter. (Erfahrungen in Papierfabriken, Holzschleifereien, Zellstoffabriken.) *Papier-Z.* 31, 2 S. 3954/5.

Antrieb und Trockner von Papiermaschinen. (Papier- und Kartonmaschine von VOITH.)* *Papier-Z.* 31, 2 S. 2430.

Schadet die Zylindertrocknung der Festigkeit der Zellulose? (Frage verneint.) *W. Papierf.* 37, 1 S. 88.

TÜRK, schadet die Zylindertrocknung der Festigkeit der Zellulose? (Zu S. 88; bedeutend geringere Reißlänge von zylindergetrocknetem Stoff gegenüber feucht gearbeitetem) *W. Papierf.* 37, 1 S. 408/9.

Stofftrocknung und Trockengehalt. (Aeußerung zu TÜRKs Abhandlung in W. Papierf. 37 S. 408/9: „Schadet die Zylindertrocknung der Festigkeit der Zellulose?") *Papier-Z.* 31, 1 S. 783.

Papierprüfung. (Wert der Reißlänge und Falzzahl; zur Abhandlung S. 88 und zu TÜRKs Ausführungen S. 408/9, betr. Schädlichkeit der Zylindertrocknung gegenüber Zellulose; Festigkeitsverminderung der Zellulose bei Zylindertrocknung; Nachteile der Chlorbleiche.) *W. Papierf.* 37, 1 S. 807/9.

Der „MITCHEL"-Walzensack. (Zum Bekleiden der Gautschwalzen. Vorteil.) *Papierfabr.* 4 S. 1781.

Abdampf- gegen Frischdampfheizung in Verbindung mit Papiermaschinenbetrieb. (Bauart der mit Abdampf geheizten Papiermaschinen; Vor-

teile der Frischdampfheizung; elektrischer Antrieb.) *W. Papierf.* 37, 2 S. 2713/6.

LOTTES, Schaber an Trockenzylindern in Amerika. (Zu EICHHORNs Reisebericht aus Amerika Jg. 36, 1 S. 16/8 F.) *W. Papierf.* 37, 1 S. 407/8.

Schaber. (Stahl- und Bronzeschabermesser.) *W. Papierf.* 37, 2 S. 3973/4.

Sauger-Arbeit. (Größerer Verlust an Saugkraft bei schmierigen Stoffen als bei röschen.) *W. Papierf.* 37, 1 S. 321.

Saugerarbeit. (Zu der Aeußerung S. 321; Wirkung des Saugers nach KIRCHNER.)* *W. Papierf.* 37, 1 S. 1033/5.

Filzsauger. (Vorzüge: Entziehung des Wassers zur gleichmäßigen Trocknung und Reinhaltung des Filzes.) *W. Papierf.* 37, 1 S. 1448/9.

Luftpumpensauger im Dienste der modernen Massenfabrikation. *W. Papierf.* 37, 2 S. 2793/4.

KORSCHILGEN, das Pressen von Handpapier und Wickelpappe. *Papierfabr.* 4 S. 1566/7.

KLEINEWEFERS SÖHNE, Kalander für die Papierfabrikation.* *Uhlands T. R.* 1906, 5 S. 93/4.

Kalanderwalzen. (Halbringverschluß, Kegel-Ringverschluß.) *W. Papierf.* 37, 1 S. 168/70.

Endverschlüsse für Papierwalzen usw. (Halbringverschluß mit kegliger Schnittfläche.)* *W. Papierf.* 37, 1 S. 1518/20.

Der Rollen-Kalander. (Der vielwalzige Kalander; Breite des Kalanders; Papierwalzen; Antrieb des Kalanders; Aeußerung zu den Angaben in der Fortsetzung S. 868.) *Papier-Z.* 31, 1 S. 739 F.

GEBAUER, Rollen-Kalander mit 10 Walzen. *Papierfabr.* 1906 S. 2834.

Kalander-Walzen. (Endverschlüsse für Papier-, Asbest-, Baumwoll-, Gewebe-Walzen usw.; besondere Eindrehung, in welcher ein gegen Druck, höchste Hitze, Nässe, Säure, Dämpfe usw. widerstandsfähiges Dichtungsmittel eingelegt wird, wie Klingerit, Asbestonit, Durit, getränktes Asbestgeflecht, Leder, Vulkanfiber usw.)* *W. Papierf.* 37, 1 S. 2019/20.

WESTERMANN, Kalander-Walzen. (Aeußerung gegen den Aufsatz S. 2019/20. Oeldichte Verschlüsse.)* *W. Papierf.* 37, 2 S. 2252.

Oeldichte Verschlüsse von Kalander-Walzen. (Vgl. S. 2019. Nach KLEINEWEFERS' Ausbildung dieser Zwischenwalzen als Kugellager.) *W. Papierf.* 37, 2 S. 2725/6.

BOSTELL und HENCKELS, Kalanderwalzen. Oeldichte Verschlüsse. (Oeldichtigkeit des von WESTERMANN dargestellten Verschlusses.)* *W. Papierf.* 37, 2 S. 3338/9.

WESTERMANN, Kalanderwalzen. Erwiderung zu Seite 3338/39 betreffs öldichter Verschlüsse.) *W. Papierf.* 37, 2 S. 3654.

BOSTELL, Kalanderwalzen. Oeldichte Verschlüsse. (Erwiderung zum gleichnamigen Aufsatz von WESTERMANN, Seite 3654; D. R. P. 177279.) *W. Papierf.* 37, 2 S. 3886/7.

Waschung der Kalanderwalzen. (Fehlerhafte Ausführung des Waschens.) *W. Papierf.* 37, 1 S. 1449.

Papierwalzen zum Glätten von Pergamynpapier. (Asbest- und Seidenpapierwalzen.) *Papier-Z.* 31, 1 S. 2038/9.

BEADLE, sizing paper with viscose. *Chem. News* 94 S. 127/30.

Satinieren. (Zu Jg. 3 S. 2583/5; Ursachen der Satinierfehler; Feuchter; Sieb; Naßpressen; Trockengehalt; Gautschpresse.) *Papierfabr.* 4 S. 5/7.

Satinage und Feuchtung. (Abhängigkeit der Feuchtung vom Aschengehalt.) *W. Papierf.* 37, 1 S. 1616/7.

Metalltücher und deren Behandlung. *W. Papierf.* 37, 1 S. 322/3.

Ueber die Herstellung von Filzleitwalzen. *Papierfabr.* 4 S. 792/3.

Herstellung hölzerner Filzleitwalzen für Pappenmaschinen. *Papierfabr.* 4 S. 1780/1.

Filzwaschmaschinen. *Papierfabr.* 1906 S. 2826/8.

Papier-, Asbest- und Baumwollwalzen mit innerer natürlicher Luftzirkulation.* *W. Papierf.* 37, 2 S. 2406.

Festrollen von Papierbahnen. (Gleichbleibende Zuggeschwindigkeit der Papierbahn; Andrücken der um eine Rolle gezogenen Papierbahn; Druckregelung mit aus Papier gerollten Walzen; Vorrichtungen zum Anheben der Andruckwalze.)* *Papierfabr.* 4 S. 1994/6 F.

CAMPBELL & CO., „Paragon" paper-cutters and parts.* *Printer* 38 S. 272.

Querschneider der Reichsdruckerei. *Ratgeber, G. T.* 5 S. 311.

Zerschneiden von in Bewegung befindlichen Papierbahnen. (Schneidvorrichtungen, bei welchen die Messer auf einer bestimmten Stelle verbleiben, wobei der Durchhang nach der Zuggeschwindigkeit der Papierbahn hergestellt wird; Messer mit geraden Schneiden; gezahnte Messer.)* *Papierfabr.* 4 S. 1235/8.

STRAUSZ, Rollenpapier-Abschneider „Teck". (Revolverapparat.)* *Papier-Z.* 31, 1 S. 1251.

Sollen an einer BISCHOF-Rollmaschine die Schneidrädchen angetrieben oder nicht angetrieben werden? *W. Papierf.* 37, 2 S. 2650.

Karton-Abschrägmaschine. (Zum Aufziehen von Photographien.)* *Uhlands T. R.* 1906, 5 S. 8.

RASCH-KIRCHNER-Kraftstoff und Kraftersparnis. (Herstellung.) *W. Papierf.* 37, 2 S. 3492/3.

KORSCHILGEN, Kraftpapier. (Kraftpapier aus Haderzellstoff, aus Holzzellstoff; Mahlung; Zeugbütten, Sand- und Knotenfänge; Papiermaschine; Leimung und Trocknen.)* *Papierfabr.* 4 S. 1617/20 F.

Deutsche Kraftpapiere. (Herstellung.) *W. Papierf.* 37, 2 S. 2560.

Schwedisches Kraftpapier. (Herstellung.) *Papierfabr.* 4 S. 740.

KORSCHILGEN, Herstellung von Normalpapier. (Rohstoffe, Kochen und Bleichen, Halbzeugmahlen, Ganzzeugmahlen, Verfilzung.) *Papierfabr.* 4 S. 3/5 F.

EBBINGHAUS, Dokumentenpapier. (Radieren und Verhalten des ungeleimten Papiers gegenüber Farb- oder Tintenflüssigkeit; Vorzüge ungeleimten Papiers für Urkunden gegenüber geleimtem.) *W. Papierf.* 37, 1 S. 809 10.

Bombay Mill. (Ueberseeisches Briefpapier, das in außereuropäischen Ländern sehr verbreitet ist, hauptsächlich von österreichischen, aber auch von englischen und deutschen Fabrikanten; für Journalisten und Schriftsteller.) *W. Papierf.* 37, 2 S. 2254/5.

Herstellung von Metallpapier. (Elektrolytischer Niederschlag einer Metallhaut.) *Elektrochem. Z.* 12 S. 236/7.

Aluminiumpapier. (Zur Haltbarmachung von Nahrungsmittel. Papier, das mit Aluminiumpulver überzogen ist.) *Bayr. Gew. Bl.* 1906 S. 45.

Lackierfähiges Papier. (Herstellung.) *Papier-Z.* 31, 1 S. 1001.

SINDALL, Fabrikation und Gebrauch des Kunstdruck- oder Streichpapiers. (Verwendete Stoffe; Eigenschaften von Streich- oder Kunstdruckpapier; Rohpapier für Streichpapier; Fehler im Kunstdruckpapier; Einfluß der mineralischen Bestandteile auf den Druck.) (V) (A) *W. Papierf.* 37, 2 S. 3030/2.

KORSCHILGEN, Bilderdruckpapiere. (Herstellung. Wertzeichenpapiere; photographische Papiere, Kupferdruckpapiere, Chromo- oder Mehrfarbendruckpapiere, Illustrationsdruckpapiere; Verhütung des Anklebens des Stoffs an den Naßpressen der Papiermaschine.)* *Papierfabr.* 4 S. 897/900 F.

Photographisches Rohpapier. (RIVES - Rohstoff; Celloidinpapier.) *W. Papierf.* 37, 2 S. 3330/1.

Photographische Papiere. (Herstellung metallfreien Rohstoffs für dieselben mittels Magnete; Behandlung des Schwerspats mit verdünnter Schwefelsäure; Herstellung photographischer Rohpapiere in Frankreich.) *W. Papierf.* 37, 1 S. 1940.

Photographische Packpapiere. (Zur Verpackung von Trockenplatten und Kopierpapieren, Holzstoff als Rohmaterial; Abwesenheit von schwefligsauren und unterschwefligsauren Salzen, Tannin und Stoffen, die eine Reduktion von Silbersalzen bewirken.) *W. Papierf.* 37, 2 S. 2173.

BAUER, Verarbeitung von Kunstdruck- und Chromopapier. (Rupfen der gestrichenen Papiere; Temperatur des Druckraumes; Färbung des Papiers; Leimung des Papiers; Verarbeitung gestrichener Papiere.) *Graph. Mitt.* 24 S. 241/2F.

HESZ, Behandlung der Chromopapiere. *Papier-Z.* 31, 2 S. 3645/6.

Zigarettenpapier. (Herstellung aus dem haschischhaltigen Hanf; Fabrikationswasser und Rohstoffe; Arbeit auf der Papiermaschine.) *Papier-Z.* 31, 1 S. 210.

Zigarettenpapier. (Herstellung aus Sulfit-Zellstoff, Esparto, Ramie mit geringem Zusatz von gebleichtem Sulfatzellstoff; Langsiebpapiermaschine; Steinwalze.) *W. Papierf.* 37, 2 S. 2716.

Etwas über dünne Papiere. (Anforderungen bei der Anfertigung.) *Papierfabr.* 4 S. 790/1.

Kopierpapier. (Papiermaschine mit 5 bis 6 Zylindern.) *Papierfabr.* 4 S. 627.

Japanisches Kopierpapier. (Erzeugung.)* *Papier-Z.* 31, 1 S. 822/3.

Kopierpapier. (Anwendung von Stoffmühlen nach dem Holländern.) *Papierfabr.* 4 S. 627.

Verfahren zur Herstellung wolkenähnlich gefärbter Papiere auf der Papiermaschine. *Erfind.* 33 S. 123/4.

ANDÉS, praktische Anleitung zur Herstellung leuchtender Papiere. *Erfind.* 33 S. 117/9.

BEADLE, Herstellung von Wasserzeichen. (Gerippte Decke für geripptes Papier; Anbringung der Wasserzeichenfiguren; Drahtgewebe für Velinpapiere; Eintauchen der Form in den Trog; Unterschied zwischen Wasserzeichen in Hand- und Maschinenpapieren; das „Korn" in Maschinen-Wasserzeichen; Einfluß der Fasern und das Mahlens; Natur der Oberfläche; Abdrücke von Wasserzeichen; erste Herstellung von Wasserzeichen auf Maschinenpapieren; Egoutteur; Scheck-Papiere; Beschaffenheit alter Schöpfformen; Banknoten; MULREADY-Umschläge; Herstellung farbiger Wasserzeichen; die ältesten bekannten Wasserzeichen.)* *Papierfabr.* 4 S. 2054/8F.; *Printer* 37 S. 527/30.

WÜST, Papiere mit natürlichen Wasserzeichen und Wertpapierausstattung. (Anfertigung.) *W. Papierf.* 37, 2 S. 2871/2.

Saugpapiere. (Löschpapier aus Lumpen; aus Ersatzstoffen; Pergament-Rohstoff; Filtrierpapier; Kopierpapier.) *Papier-Z.* 31, 2 S. 2630/2F.

Lösch- oder Fließpapier. (Herstellung.) *Papierfabr.* 4 S. 456.

EXNER, japanisches „absorbing paper". (Herstellung.) *W. Papierf.* 37, 2 S. 3104.

Papier zum Einwickeln von Früchten. (Auf-

saugungsfähigkeit; Einfluß des ozonhaltigen Schliffes.) *Papierfabr.* 4 S. 456/7.

3. Anwendung. Application.

SCHUBERT, die Asphaltpappe und ihre Verwendung in der landwirtschaftlichen Baukunst. *Fühling's Z.* 55 S. 378/90.

GLASZ, Verfahren zur Herstellung eines festen und dauerhaften Materiales aus Pappe, Papier u. dgl. (Tränkung mit Kalk, Gips, Zink usw. in einer aus 90 % Wasser und 10 % Schwefelsäure udgl. bestehenden Flüssigkeit, worauf ein Trocknen und ein Pressen zwischen heißen Walzen oder Platten erfolgt.) *Erfind.* 33 S. 367/8.

Einlegesohlen aus Pappe. (Herstellung.) *Papier-Z.* 31, 2 S. 2401/2.

Kartonnagen für Blumen. *Papier-Z.* 31, 1 S. 1575/6.

Zementsäcke aus Papier. *Apoth. Z.* 21 S. 1008.

THÜMMES, Fabrikation von Maschinen-Tüten und Beuteln. (Klebung, Papierführungs- oder Leitwalze, Messerbewegung der Schneidevorrichtung für Spitztüten-Maschinen; Umlegen des Klebstreifens.)* *Papier-Z.* 31, 2 S. 3872/4 F.; *Papier-Z.* 31, 2 S. 3116/9F.

Maschine zur Herstellung von flachen Papiersäcken, System QUENARD FRÈRES & FILS.* *Uhlands T. R.* 1906, 5 S. 32.

HERZBERG, Quittungskarten-Karton. (Für die Invaliditäts- und Altersversicherung; Vorschriften für die Stoffzusammensetzung, Färbung, Festigkeit usw.) *Papierfabr.* 4 S. 683/4.

SCHREITER, Fabrikation von Ostereiern. (Pressen aus Pappe.)* *Papier-Z.* 31, 1 S. 176/7.

PARKER, Paraffinpapier gegen Rost. (Ueberdeckung des Anstrichs. Versuche der Am. Soc. for Testing Materials.) *W. Papierf.* 37, 2 S. 3035; *Techn. Z.* 23 S. 473.

CRABBE, Papierweste als Kälteschutz. (Pat.) *Papier-Z.* 31, 1 S. 223.

Englische Papierwaren. (Damenhüte aus gekrepptem Seidenpapier, Geflechte aus drei oder mehr Streifen, Blumentopfhüllen, Fächer, Fliegenwedel, Tischläufer.) *Papier-Z.* 31, 1 S. 962/3.

DANTZER, les fils en pâte de bois. *Ind. text.* 22 S. 358/9.

SÄCHSISCHE KUNSTWEBEREI CLAVIEZ, spinning paper yarn. (Finished paper is moistened and cut into strips the width of which corresponds with the spinning number of the yarn to be manufactured.) (D.R.P.)* *Text. Man.* 32 S. 208.

4. Prüfung. Examination. Vgl. Materialprüfung.

FAVIER, essais mécaniques et analyse du papier. (V) (A) *Rev. ind.* 37 S. 275/6.

Vergleichende Untersuchungen von alten und neueren Schreibpapieren. *Papierfabr.* 4 S. 1121/2.

Einfluß verschiedener Arbeitsweise auf die Eigenschaften von Papier. *W. Papierf.* 37, 2 S. 3247.

Rotationsdruck unter 40 g/qm. (Mahlung; Lumpensortierung; Beimischung von Mineralien; Härte des Papiers.) *W. Papierf.* 37, 1 S. 1615/6.

HANSEN, von der Widerstandsfähigkeit des Papiers. *Z. Reprod.* 8 S. 94/5.

Beziehungen zwischen den Werten für Reißlänge, Dehnung und Widerstand gegen Falzen bezw. Zerknittern. *W. Papierf.* 37, 2 S. 3247.

SELLEGER, Mikroskop und Mahlung. (Beurteilung einer Halb- und Ganzzeugmahlung; Wertbestimmung des Haderhalbstoffes; Halbstoff aus schäbenhaltigen Leinen; durch übermäßig lange Mahlung erzeugte Viscoin oder Zellstoffschleim und starkes Quetschen der ungeschützten Fasern.)* *Papierfabr.* 4 S. 509/11 F.

DALEN, Halbstoff - Beurteilung. (Mitteilungen des kgl. Materialprüfungsamtes 1905, S. 279/85.) W.

Papierf. 37, 2 S. 2087/92, Papier - Z. 31, 2 S. 2939/41.

Prüfung von Hadernhalbstoff. Papier - Z. 31, 2 S. 3678/9.

SCHWALBE, Unterscheidung von Sulfit- und Natronzellstoff. W. Papierf. 37, 2 S. 2640.

Ueber Ligninreaktionen. (GRANDGMOUGINs Angaben über das Verhalten einer größeren Anzahl von Aminen und Phenolen als Reagentien auf Holzstoff.) W. Papierf. 37, 2 S. 3178.

BERGÉ, nouveau réactif permettant de déceler la présence de pâte de bois mécanique. (Paranitro-aniline en solution acide.) Bull. belge 20 S. 158/9.

KLEMM, holzfreies Papier. (Substanz der Faser.) Arch. Buchgew. 43 S. 141/2.

KLEMM, neuer Vorschlag zur Leimfestigkeitsprüfung. (Prüfung nach TÉCLU, indem man das zu untersuchende Papier mit einer 0,2 prozentigen Lösung von Neublau befeuchtet und nach einer gewissen Zeit der Einwirkung mißt, wie weit die Färbung im Querschnitt des Papiers eingedrungen ist. KOLLMANN benutzt eine Phenolphtaleinlösung und Natronlauge, die beide farblos sind, aber bei ihrer Begegnung eine karminrote Farbe entstehen lassen. Fehler der KOLLMANNschen Methode, daß seine Reagenzien Harz angreifen.) W. Papierf. 37, 2 S. 2637/8.

KOLLMANN, Leimfestigkeit von Papier. (Verfahren zur scharfen Bestimmung derselben.)* Papier-Z. 31, 2 S. 2714.

KLEMM, Leimfestigkeit von Papier. (Entgegnung zu KOLLMANNs Aufsatz S. 2714; Entgegnung des letzteren S. 3061/2.) Papier-Z. 31, 2 S. 2937/8.

SELLEGER, Leimfestigkeit der Papiere. (Probe mit Gallussäure und Eisenchlorid; KOLLMANNs Prüfungsweise.) Papierfabr. 4 S. 2213/5.

HERZBERG, Leimfestigkeit einseitig glatter Papiere. (Prüfung. Verhalten von Schrift auf einseitig glattem Packpapier; Einzylindersystem; Vielzylindermaschinen; Beseitigung von Ungleichheiten durch röschen Stoff.)* Mitt. a. d. Materialprüfungsamt 24 S. 214/8; W. Papierf. 37, 1 S. 88a/3, 1693/4; 37, 2 S. 3717/21; Papierfabr. 1906 S. 738/9, 2718/20.

KORSCHILGEN, Leimfestigkeit einseitig glatter Papiere. (Zu HERZBERGs Aufsatz S. 739; Frage über die Zusammensetzung des untersuchten Papiers und der Füllstoffe.) Papierfabr. 4 S. 1011/3.

Leimfestigkeit einseitig glatter Papiere. (Antwort auf die Briefkastenfrage S. 637 über die einseitige Leimfestigkeit einseitig glatter Briefumschlag-Papiere.) W. Papierf. 37, 1 S. 1200/1.

Einseitig glatte Papiere. (Chinesisches Urteil über deren Druckfähigkeit. Mit Bemerkungen von KIRCHNER über die durch Dampf hervorgerufene Porosität und die Störung der Leimung.) W. Papierf. 37, 1 S. 1447/8.

Einseitige Leimung. (Vgl. die Bemerkungen KIRCHNERS S. 1447/8 über die Ursachen der schlechteren Leimung bei einseitig glatten Papieren; Abschwächung der Wirkung des Harzleims durch Anwendung von Stärke.) W. Papierf. 37, 1 S. 1937.

Zum Kapitel „Papierleimung". (Vgl. in dem Aufsatz S. 1937 über „Einseitig glatte Papiere" die Aeußerung über die Schädlichkeit des Stärkezusatzes für die Harzleimung.) W. Papierf. 37, 2 S. 3329/30.

Welches ist die beste Maschinenglätte und richtige Leimung für ein gutes Streich- und Tapetenpapier? Erfind. 33 S. 23/4.

Leimfestigkeit dünner Papiere. (Güte des Holzes, Schleifen des Holzes, Art der Herstellung auf der

Papiermaschine; Harz-, Gerb- und Tierleim.) W. Papierf. 37, 1 S. 484/6.

HERZBERG, Harzgehalt von Zellstoffen. (Prüfung auf Harz.) Papierfabr. 1906 S. 2491; Papier-Z. 31, 2 S. 3819.

REBS, Nachweis der Harzleimung. Papier-Z. 31, 1 S. 2158.

SELLEGER, Bestimmung des Füllstoffgehalts von Papier. Papierfabr. 1906 S. 2600/2.

SCHACHT, Normen für Kauf und Prüfung von Füllstoffen der Papierfabrikation. (V) W. Papierf. 37, 2 S. 4047/50; Papier-Z. 31, 2 S. 4234/5.

REIMANNs Aschenwage. (Zur Bestimmung des Aschengehaltes von Papier; Vergleichsbestimmungen durch Veraschen im Platintiegel.) W. Papierf. 37, 1 S. 883.

Feuchtigkeitsgehalt des Papiers und der Zellstoffe. (Abhängigkeit der Festigkeit vom Wassergehalt; Preußische Prüfungsbedingungen.) Papier-Z. 31. 1 S. 867.

Trockengehaltsdifferenzen. (Schleifer [défibreurs]; Entwässerungsmaschine; Naßpressen; Jahreszeit.) W. Papierf. 37, 1 S. 84/6.

HERZBERG, Gewichtsspielraum bei Zeichenpapier. W. Papierf. 37, 1 S. 1613/4; 37, 2 S. 3812/6; Papier-Z. 31, 2 S. 4380.

PAPIERPRÜFUNGS-ANSTALT WINKLER, Feuchtigkeit in Kaolin. (Als Füllstoff für Papier.) Papier-Z. 31, 1 S. 825.

HERZBERG, Erfahrungen mit dem SCHOPPERschen Falzer. (Aus Mitteilungen aus dem Königlichen Materialprüfungsamt zu Groß-Lichterfelde 1904; Klagen über mangelhaftes Arbeiten des SCHOPPERschen Falzers; Ergebnisse der Prüfung; günstige Gesamterfahrungen.) (a) Papierfabr. 4 S. 119/24 F.; Papier-Z. 31, 1 S. 1115.

Falzen des Papiers. (Wesen; Bedeutung der Anzahl Doppelfalzungen eines Papiers; Anzahl der Doppelfalzungen.)* W. Papierf. 37, 2 S. 3326/8.

Erfahrungen mit dem SCHOPPERschen Falzer. Papier-Z. 31, 1 S. 84.

KLEMM, Ideal eines Druckpapiers. (Grundlagen für die Beurteilung eines Papiers in seine Bedruckbarkeit.) Arch. Buchgew. 43 S. 81/83.

KLEMM, Wechselwirkungen zwischen Druckpapier und Druckfarbe. (Ungeleimtes, mit Harz geleimtes Papier.) Arch. Buchgew. 43 S. 168/70.

Normalpapier und dessen Zweck. (Prüfung auf Reißlänge, Dehnung und Widerstand gegen Knittern. Zeitdauer der Untersuchung mit dem SCHOPPERschen Falzer.) W. Papierf. 37, 1 S. 241/2.

Wert der Normalien für die Lebensdauer der Dokumentenpapiere. (Halbstoffvorbehandlung; Reißlänge, Falzzahl; Helligkeiten; SCHOPPERscher Falzer; Mahlart des Ganzstoffes; Trocknung des Papiers auf der Papiermaschine.) Papierfabr. 4 S. 229/31 F.

HERZBERG, Löschpapiere. (Abstufung der Löschpapiere nach ihrer Saughöhe nach KLEMM; Bestimmung des Saugvermögens nach FAVIER; Beurteilung der Löschfähigkeit nach BEADLE und STEVENS; Prüfung auf Reißlänge, Dehnung und Saughöhe.) Papierfabr. 4 S. 681/3; W. Papierf. 37, 1 S. 1285/8; Papier-Z. 31, 1 S. 991/2; Am. Apoth. Z. 27 S. 37.

SELLEGER, Saugfähigkeit und Festigkeit der Löschpapiere. (Faserform; Nadelholzzellstoff; Laubholzzellstoff; Herstellung des Löschpapiers.)* Papierfabr. 4 S. 1833/6 F.

LUHMANN, Bestandteile einer reellen saugfähigen Rohpappe. (Verfälschungsmaterial sind die Mineralstoffe, welche beim Verbrennen der Pappe als Asche zurückbleiben.) Asphalt- u. Teerind.-Z 6 S. 427 F.

HERZBERG, Quittungskarten-Karton. (Vorschriften.) *W. Papierf.* 37, 1 S. 881/2.

VANDEVELDE, Säuregehalt des Papiers. (Ursache des raschen Verblassens von Tintenschrift.) *W. Papierf.* 37, 2 S. 2642/3.

BARTSCH, Einwirkung schwacher Alkalilösungen auf Pergamentpapier. (Versuchsausführung.) *Mitt. a. d. Materialprüfungsamt* 24 S. 59/60.

HERZBERG, Instandhalten von Papier - Prüfungs- apparaten. *Papierfabr.* 4 S. 348/9; *W. Papierf.* 37, 1 S. 311.

5. Verschiedenes. Sundries. Matières diverses.

SCHÄFFER, JACOB CHRISTIAN und KELLER, FRIEDRICH GOTTHOLD, die Erfinder des Holz- stoffes. *Papierfabr.* 4 S 183/4.

Etwas über Feinpapier. (Fernhaltung von Staub, geschlossene Fenster; im Stoffhaus nur Holz- spaten, damit kein Rost an den Stoff gelangt; Kollerstoff in Kästen zu leeren, die mit Zement oder Steinplatten ausgelegt sind.) *Papierfabr.* 4 S. 174/5.

Reinheit der Schreibpapiere. (Sandfänge; An- ziehungskraft des Zellstoffschleims für allerhand Schmutz und Farbteile; Schädlichkeit von Rohr- leitungen, Regulierkästen, Pumpen, Hähnen und Ventilen; Schaumbildungen durch Färbung mit Ultramarin.) *W. Papierf.* 37, 1 S. 166/8.

DALÉN, Flecke im Papier.* *Mitt. a. d. Material- prüfungsamt* 24 S. 235/45.

Weiße Punkte in schwarzem Papier. (Aus Nadel- holzzellstoff und Braunschliff; Chinaclay; Reini- gung der Stoffleitungen; Sand- und Knotenfänge.) *Papier-Z.* 31, 2 S. 3495.

Roststreifen und deren Verhütung. (Beschaffenheit des Alauns; fein polierte Hartwalzen als Preß- walzen, an welchen sich nicht so leicht Rost bildet.) *W. Papierf.* 37, 1 S. 1201.

CAMPBELL, the electric induction capacities of dry paper and of solid cellulose. *Electr.* 57 S. 784/7 F.

KAUFMANN, das Welligwerden von Pappen. (JAC- QUARDpappen, Brandpappen, Preßspan.) *Papier- fabr.* 4 S. 7/8.

Amerikanischer Schnellauf verkehrt angewendet. *W. Papierf.* 37, 1 S. 246.

Schnelläufer. (Zum Artikel „amerikanischer Schnell- lauf verkehrt angewendet" S. 246. Geeignete Geschwindigkeit der Maschine.) *W. Papierf.* 37, 1 S. 1362/3.

Rändeln von Zigarrenkisten. (Bekleben mit bunten Papierstreifen. Einfaßmaschine.) *Papier-Z.* 31 1 S. 9.

DAHLHEIM, Neu- und Umbauten. (Holländer-An- lage mit der Hauptkraftübertragung; Papier- maschinenhaus, Kesselhaus, Lüftung.)* *W. Pa- pierf.* 37, 1 S. 16/9.

Paraffin. Paraffine. Vgl. Erdöl, Kohlenwasser- stoffe.

FISCHER, TH., Erstarrungsgrad von Paraffin. *Z. ang. Chem.* 19 S. 1323/6.

SPIEGEL, praktische Bedeutung des Schmelzpunktes von Paraffin und Mischungen von solchem mit hochschmelzenden Stoffen. (Beurteilung der Güte eines Kerzenmaterials.) *Chem. Z.* 30 S. 1235.

MITTLER und LICHTENSTERN, transparente und milchige Paraffine. *Chem. Rev.* 13 S. 104/5.

NEUSTADTL, Transparenz des Paraffins.* *Chem. Z.* 30 S. 61/2.

BEWAD, symmetrische tertiäre α-Dinitroparaffine. *Ber. chem. G.* 39 S. 1231/8.

Reinigung des Paraffins. *Chem. Techn. Z.* 24 S. 156/7.

Bleichen von Ozokerit und Paraffin. (Mittels Meer-

schaums oder künstlich dargestellter kieselsaurer Magnesia.) *Oel- u. Fett-Z.* 3 S. 153.

ULZER und SOMMER, Nachweis und Bestimmung des Paraffins in Mischungen mit Ceresin. *Chem. Z.* 30 S. 142/3.

NEUSTADTL, Bestimmung des Oelgehaltes in Pa- raffinschuppen. *Chem. Z.* 30 S. 38.

Parfümerie. Perfumery. Parfumerie. Vgl. Chemie, pharmazeutische, Oele, ätherische, Seife.

JEANCARD et SATIE, chimie des parfums en 1905. *Rev. chim.* 9 S. 117/24.

Praktische Anleitung zur Darstellung von Präpa- raten aus Pferdekammfett. (Als Haarkonser- vierungsmittel.) *Erfind.* 33 S. 112/3.

Kosmetika usw. (Eau de Lavande II; Eau de Cologne.) (R) *Seifenfabr.* 26 S. 475 F.

ERDMANN, p-Phenylendiamin als Kosmetikum und „Eugatol" als sein Ersatz. *Z. ang. Chem.* 19 S. 1053/4.

VON FOREGGER, Sauerstoff abgebende Toiletten- artikel. *Apoth. Z.* 21 S. 181.

WALBAUM, das natürliche Moschusaroma. (Eigen- schaften; Bestandteile.) *J. prakt. Chem.* 73 S. 488/93.

Künstlicher Moschus. (R) *Seifenfabr.* 26 S. 707/8.

Fabrikation der Essenz (Néroli) und des Blüten- wassers aus Orangenblüten. (PIVERscher Ab- scheider.)* *Uhlands T. R.* 1906, 3 S. 1/2.

Pegel. Water mark posts. Echelles d'eau. Vgl. Registriervorrichtungen.

KAYSER, selbsttätiger Differenzenpegel zur Messung des Spiegelgefälles von Flüssigkeiten.* *Zbl. Bauw.* 26 S. 616/7.

Der Präzisions-Wasserstands-Fernmelder von RITT- MEYER in Thalwil.* *Schw. Elektrot. Z.* 3 S. 635/7.

Wassermessungen mittels selbstaufzeichnender Pe- gel.* *Techn. Z.* 23 S. 446/7.

AURIC, appareil enregistreur à niveau d'eau système CHÂTEAU FRÈRES & CIE. (Transmetteur qui ferme un circuit électrique toutes les demi- heures; récepteur qui utilise le courant ainsi envoyé pour la mise en marche d'une plume.)* *Ann. ponts et ch.* 1906, 1 S. 261/5.

MARINI, der Hochseepegel von MENSING. Me- thoden zur Bestimmung des Druckes im Meer. Selbstregistrierende unterseeische Stationen. *Z. Instrum. Kunde* 26 S. 312/5.

Pelzwaren. Furs. Pelleterie. Fehlt. Vgl. Fär- berei 2 b ε.

Perlen. Pearls. Perles. Fehlt.

Perlmutter. Mother of pearl. Nacre.

Perlmutter-Intarsia. (Herstellung.)* *Z. Bürsten.* 25 S. 576/8 F.

Petroleum. Siehe Erdöl.

Pflasterung. Paving. Pavage. Siehe Straßenbau und Pflasterung.

Phenole und Abkömmlinge. Phenols and derivatives. Phénoles et dérivés. Vgl. Chemie, organische.

REUTER, Verhütung der Rotfärbung der Karbol- säure. (Zusatz von schwefliger Säure.) *Pharm. Centralh.* 47 S. 10.

ANSELMINO, Einwirkung von Phenolen auf Tri- chloressigsäure. *Ber. pharm. G.* 16 S. 390/3.

BARGELLINI, azione del cloroformio e idrato sodico sui fenoli in soluzione nell'acetone. *Gaz. chim. it.* 36, II S. 329/38.

ZINCKE und SIEBERT, Einwirkung von o-Nitro- benzaldehyd auf Phenole bei Gegenwart von Salzsäure. *Ber. chem. G.* 39 S. 1930/8.

ZINCKE und SUHL, Einwirkung von Tetrachlor-

kohlenstoff und Aluminiumchlorid auf p-Kresol und p-Kresolderivate. *Ber. chem. G.* 39 S. 4148/3.

ZINCKE, Einwirkung von Brom und von Chlor auf Phenole. Substitutionsprodukte, Pseudobromide und Pseudochloride. (Ein Hexabrompseudobromid des p-Isopropylphenols; — und HUNKE, Einwirkung tertiärer Amine auf Tetrachlor-p kresolpseudobromid; — und BÖTTCHER, Tetrachlor-p-kresolpseudochlorid; — und GRIBEL, Bromderivate des p-Oxystilbens; — und HEDENSTRÖM, Einwirkung von Brom auf o-Kresol.) *Liebigs Ann.* 349 S. 67/123, 350 S. 269/87.

HANTZSCH und AULD, Mercuri-Nitrophenole. *Ber. chem. G.* 39 S. 1105/17.

SCHNEIDER, HANS, Phenole in Verbindung mit Säuren und Gemischen mit Seifen vom chemischen und bakteriologischen Standpunkte aus. *Z. Hyg.* 53 S. 116/38; *Apoth. Z.* 21 S. 367/8.

BOKORNY, quantitative Giftwirkung der Karbolsäure, verglichen mit der anderer Gifte. *Chem. Z.* 30 S. 554/6.

GASCARD, détermination des poids moléculaires des alcools et des phénols à l'aide de l'anhydrique benzoique. *J. pharm.* 6, 24 S. 97/101.

KORN, Bestimmung von Phenol und Rhodanwasserstoffsäure in Abwässern. *Z. anal. Chem.* 45 S. 552/8.

Phonographen. Phonographs. Phonographes. Vgl. Fernsprechwesen, Telegraphie.

Neuerungen an Phonographen. (Patentübersicht.) *Mus. Inst.* 16 S. 660/6.

KÖHLER, die Duplex-Sprechmaschine. * *Erfind.* 33 S. 301.

Nouvelle forme du télégraphone POULSEN. * *Electricien* 32 S. 225/7; *Ell. u. Maschb.* 24 S. 341/2.

MARCONI im Dienst der Sprechmaschine. (Uebertragung von dem Fernsprecher auf die Sprechmaschinenmembran nach D. R. P. 173053 der AMERICAN GRAPHOPHONE Co.) *Mus. Inst.* 16 S. 1295/6.

SCHWABE, Sprechmaschinen der Gegenwart. (Maschinen, Walzen und Platten der COLUMBIA PHONOGRAPH CO ; Sprechmaschinen der DEUTSCHEN TELEPHONWERKE.) (a) *Uhlands T. R.* 1906 *Suppl.* S. 5/6 F.

GRADENWITZ, the kromarograph, an automatic music- recording apparatus.* *Sc. Am.* 95 S. 159.

Phosphor und Verbindungen. Phosphorus and compounds. Phosphore et combinaisons. Vgl. Dünger, Landwirtschaft 4, Phosphorsäure.

WEYL, Einwirkung von Wasserstoffsuperoxyd auf Phosphor. *Ber. chem. G.* 39 S. 1307/14.

GIRAN, l'existence des sulfures de phosphore. *Compt. r.* 142 S. 398/400.

BOULOUCH, l'existence des sulfures de phosphore mixtes de phosphore et de sesquisulfure de phosphore. *Compt. r.* 142 S. 1045/7.

BOULOUCH, l'inexistence du trisulfure de phosphore. *Compt. r.* 143 S. 41/4.

STOCK, Reaktion zwischen Phosphorpentasulfid und Ammoniak; Thiophosphate und Thiophosphorsäuren. *Ber. chem. G.* 39 S. 1967/2008.

HEYN und BAUER, Kupfer und Phosphor. (Untersuchungen.) *Mitt. a. d. Materialprüfungsamt* 24 S. 93/109.

BERTHAUD, nouveau mode de formation de composés organiques du phosphore. (Action directe du phosphore blanc sur les alcools, en tube scellé, à une température d'eau moins 250°.) *Compt. r.* 143 S. 1166 7.

BESSON et ROSSET, chlorazoture de phosphore. *Compt. r.* 143 S 37/40.

BRINER, équilibres hétérogènes: formation du chlorure de phosphonium, du carbonate et du sulfhydrate d'ammonium. *Compt. r.* 142 S. 1416/8.

LEMOULT, nouvelles bases organiques phosphoazotées, type (RNH)3 -P = NR. *Bull. Soc. chim.* 3, 35 S. 47/60.

LEMOULT, phosphites acides d'amines cycliques primaires. *Compt. r.* 142 S. 1193/5.

ROSENHEIM, STADLER und JACOBSOHN, Molekulargröße der Unterphosphorsäure. *Ber. chem. G.* 39 S. 2837/44.

PICKARD and KENYON, chemistry of oxygen compounds. The compound of tertiary phosphine oxides with acids and salts. *J. Chem. Soc.* 89 S. 262/73.

SIEMENS, roter Phosphor. (Bestimmung kleinster Mengen von gelbem Phosphor; Veränderung des roten Phosphors durch Erschütterung und Verreibung; Gleichgewicht zwischen grobem und fein verteiltem rotem Phosphor in Benzollösung; Unterschiede im Verhalten der Lösungen von gelbem und rotem Phosphor; Potentialunterschiede zwischen gelbem Phosphor, grobem und fein verteiltem, rotem Phosphor.) *Arb. Ges.* 24 S. 264/300.

SIEMENS, Phosphor und Schwefelphosphorverbindungen. (Nachweis von geringen Mengen des gelben Phosphors im roten und in den Schwefelphosphorverbindungen.) *Chem. Z.* 30 S. 263/4 F.; *Z. Zündw.* 1906 Nr. 409.

Kaliumquecksilberjodid als Reagens auf Phosphor-, Arsen- und Antimonwasserstoff. *Pharm. Centralh.* 47 S. 317.

MAURICHEAU-BEAUPRÉ, une réaction qualitative du phosphore. (Propriété de dépolir le verre.) *Compt. r.* 142 S. 1206/7.

ENELL, quantitative Bestimmung des Phosphors im Phosphoröl. *Pharm. Centralh.* 47 S. 28.

SCHENCK und SCHARFF, Nachweis sehr kleiner Mengen von weißem Phosphor. (Benutzung der Tatsache, daß weißer Phosphor die Luft ionisiert während bei Sesquisulfür keine Leitfähigkeit auftritt.)* *Ber. chem. G.* 39 S. 1522/8.

Phosphorsäure, Phosphate. Phosphoric acid, phosphates. Acide phosphorique, phosphates. Vgl. Dünger, Phosphor.

Fortschritte in der Düngerindustrie für das Jahr 1905. *Z. ang. Chem.* 19 S. 1390/2.

NASKE, neuere Fortschritte in der Zement-, Kalk-, Phosphat- und Kaliindustrie. * *Z. V. dt. Ing.* 50 S. 1586/92 F.

Aufschließkammern für Düngerfabriken.* *Z. Wohlfahrt* 13 S. 138/9.

JANNASCH und HEIMANN, die quantitative Verflüchtigung der Phosphorsäure aus ihren Salzen. *Ber. chem. G.* 39 S. 2625/8.

CAMERON and BELL, phosphates of calcium. Superphosphate. *J. Am. Chem. Soc.* 28 S. 1222/9.

GROGNOT, le phosphate d'alumine naturel et son traitement chimique. *Rev. chim.* 9 S. 149/51.

CAVALIER, les composés pyrophosphoriques. (Éthers pyrophosphoriques; poids moléculaires.) *Compt. r.* 142 S. 885/7.

LEMOULT, quelques dérivés de l'acide phosphorique pentabasique P(OH)5 *Bull. Soc. chim.* 3, 35 S. 60/6.

LEMOULT, les dérivés arylamidés de l'acide orthophosphorique. *Bull. Soc. chim.* 3, 35 S. 66/71.

TUTIN and HANN, relation between natural and synthetical glycerylphosphoric acids. *J. Chem. Soc.* 89 S. 1749/58.

BOKORNY, Wirkung der alkalischen Phosphate auf Zellen und Fermente. *Chem. Z.* 30 S. 1249/50.

KÖHLER, HONCAMP und EISENKOLBE, Untersuchungen über die Assimilation der Phosphorsäure und des Kalkes aus Kalkphosphaten durch wachsende Tiere. *Versuchsstationen* 65 S. 349/80.

SCHOLZE, THOMAS-Ammoniak-Phosphatkalk. (Für einmalige Bodendüngung; Patent W. O. LUTHER Nr. 129034; Fabrikation.) (V. m. B.) *Zuckerind.* 31 Sp. 849/55.

DE MOLINARI und LIGOT, die zitratlösliche Phosphorsäure der THOMASmehle. *CBl. Agrik. Chem.* 35 S. 291/2.

SCHUCHT, analytisches aus der Superphosphatindustrie. (Bestimmung der freien Säure im Superphosphat. Analyse der technischen Kieselflußsäure, des technischen Kieselfluornatriums.) *Z. ang. Chem.* 19 S. 183/7.

ROHM, Bestimmung der wasserlöslichen und der gesamten Phosphorsäure in Superphosphaten. *Chem. Z.* 30 S. 542/3.

SCHUCHT, Titration der Phosphorsäure. *Z. ang. Chem.* 19 S. 1708/11.

SCHMITZ, Bestimmung der Phosphorsäure als Magnesiumpyrophosphat. *Z. anal. Chem.* 45 S. 512/22.

JÖRGENSEN, neue Modifikation der Phosphorsäurebestimmung als Magnesiumammoniumphosphat, mit besonderer Rücksichtnahme auf die Düngemittel. *Z. anal. Chem.* 45 S. 273/315.

GRAFTIAU, dosage rapide de l'acide phosphorique par la pesée du phosphomolybdate d'ammoniaque. *Bull. sucr.* 24 S. 315/20.

PELLET, dosage général de l'acide phosphorique sous forme de phosphomolybdate d'ammoniaque. *Bull. sucr.* 24 S. 525/8.

GUERRY et TOUSSAINT, causes d'erreur dans l'application de la méthode citro-mécanique au dosage de l'acide phosphorique dans les phosphates naturels et les scories de déphosphoration. *Bull. belge* 20 S. 167/70.

SCHENKE, Bestimmung der Phosphorsäure nach der Zitratmethode. (Nachschrift). *Versuchsstationen* 64 S. 87/91.

HASENBÄUMER, Abscheidung der Kieselsäure bei der Bestimmung der zitronensäurelöslichen Phosphorsäure. *Chem. Z.* 30 S. 665/6.

AHLUM, determination of the sodium phosphates. *J. Am. Chem. Soc.* 28 S. 533/7.

HAUSZDING, Versuche mit dem elektrischen Tiegelofen von HERAEUS-Hanau bei Phosphatanalysen.* *Chem. Z.* 30 S. 60/1.

SCHLIEBS, Verwendung von Druckluft bei Superphosphatanalyse. *Chem. Z.* 30 S. 584.

Photographie. Photography. Photographie.

1. Allgemeines.
2. Photochemie.
3. Photographische Optik.
4. Kamera.
5. Kamera-Zubehör.
6. Lichtempfindliche Schicht, Platten, Films, Papiere usw.
7. Negativprozeß.
8. Positivprozeß.
9. Vergrößerung und Verkleinerung.
10. Kolorierung der Bilder.
11. Eingebrannte Photographien.
12. Farbenphotographie.
13. Mikrophotographie.
14. Atelier und Laboratorium.
15. Instrumente, Geräte und Maschinen.
16. Künstliches Licht.
17. Photographie mit X-Strahlen u. dgl.
18. Sonstige Anwendungen und Verschiedenes.

1. Allgemeines. Generalities. Généralités.

BAIRD, photography and health. (Sunlight, plenty of fresh water, fresh air.) *Phot. News* 50 S. 898/9.

STOLZE, die in der Photographie möglichen Be-

einflussungen der Verhältnisse des menschlichen Körpers. (Drehung der Objektivachse gegen die Verbindungslinie von Objektiv und Person um einen horizontalen Winkel; Hebung oder Senkung der Objektivachse gegen die horizontale, vom Objektiv zur stehenden Figur gezogene Linie um einen rechten Winkel; Verfahren zur gleichzeitigen absoluten Vergrößerung und Verkleinerung der oberen, bezw. unteren, gegenüber den unteren bezw. oberen Teilen der menschlichen Figur; Effekte, die sich nur auf dem Wege über ein Diapositiv erzielen lassen.) *At. Phot.* 13 S. 118/24.

SURAND, zur Psychologie der photographischen Aufnahme. *Phot. Z.* 30 S. 714/5.

Die Photographie als Lehrgegenstand. *Phot. Wchbl.* 32 S. 341/2.

EMMERICH, über den Wert des systematischen Fachschulunterrichts in der Photographie. *Phot. Wchbl.* 32 S. 70/2 F.

CZAPSKI, der Wert der Photographie für die wissenschaftliche Forschung. (V) *Phot. Korr.* 43 S. 561/79.

VALENTA, die Fortschritte auf dem Gebiete der Photochemie und Photographie im Jahre 1905. *Chem. Z.* 30 S. 1007/9.

SCHAUM, Fortschritte auf dem Gebiet der wissenschaftlichen Photographie. *Chem. Zeitschrift* 5 S. 77/80.

GRANGER, revue de photographie. (Développement et révélateurs; procédés négatifs, positifs; réducteurs et renforçateurs; virages; orthochromatisme; chimie photographique.) *Mon. scient.* 4, 20, I S. 401/18 F.

The 24. National Convention of the Photographers' Association of America. *Wilson's Mag.* 43 S. 385/400.

KNEBEL, über den Wert oder Unwert der Photographie in der wissenschaftlichen Länderkunde. *Phot. W.* 20 S. 172/3.

Photographisches aus Bombay. *Phot. Wchbl.* 32 S. 181/2.

OLIVER, photographic considerations of pictorial elements.* *Wilson's Mag.* 43 S. 461/7.

DUCE, de la tonalité générale et des valeurs relatives de l'épreuve photographique. *Bull. Soc. phot.* 2, 22 S. 401/6.

SEBERT, répertoire sur fiches, à classification décimale, pour épreuves photographiques. *Bull. Soc. phot.* 22 S. 374/82.

STOLZE, wie man in verschiedenen Breiten und Klimaten exponieren und entwickeln soll, und welche Plattenarten sich am besten dafür eignet. (Beeinflussung des Lichtes; Abhängigkeit des Lichtes vom Sonnenstande; vom Sonnenstande unabhängige Beeinflussungen des Lichtes; Belichtung und Entwickelung der Platten; Plattenwahl.) *Phot. Chron.* 1906 S. 527/30 F.

SCHEFFER, die Bestimmung photographischer Belichtungszeiten.* *Prom.* 17 S. 586/9.

WALTHER, das Licht, seine Eigenschaften und Wirkungen in Beziehung zur Photographie. *Phot. W.* 20 S. 113/6.

KUHFAHL, Licht und Schärfe im Bilde. *Phot. Rundsch.* 20 S. 199/201.

STOLZE, was versteht man unter geschnittener Schärfe? *Phot. Chron.* 1906 S. 479/83.

CARNEGIE, exposure in pinhole photography.* *J. of Phot.* 53 S. 484/6.

The action of plants on a photographic plate in the dark.* *J. of Phot.* 53 S. 966/9.

STRAUSS, renaissance of portraiture by photography. *Wilson's Mag.* 43 S. 446/8.

Porträts im Sonnenlicht. *Phot. Wchbl.* 32 S. 203/4.

Winterlandschaften. *Phot. W.* 20 S. 177/8.

Firmen-Aufdruck der Photographen. *Phot. Wchbl.* 32 S. 21/2.

Copying daguerreotypes. *Wilson's Mag.* 43 S. 90/2.

2. Photochemie. Photo-chemistry. Photochimie.

EDER, die Photcchemie. (Wirkungen des Lichtes.) (V) *Oest. Chem. Z.* 9 S. 232/3.

LÜPPO-CRAMER, neue Untersuchungen zur Theorie der photographischen Vorgänge. (Rote Modifikation des Silbers; Analogien zum Vorstehenden bei den Halogeniden des Quecksilbers und Schluß-folgerungen; Widerstandsfähigkeit der latenten Bilder im Gegensatz zu der Zerstörbarkeit der direkt sichtbaren photochemischen Veränderungen; Auffassung der hypothetischen Subhaloide des Silbers als einer festen Lösung von Silber in Bromsilber.) *Phot. Korr.* 43 S. 27/8 F.

LIESEGANG, umkehrbare photochemische Prozesse. *Pharm. Centralh.* 47 S. 413.

The interpretation of sensitometric tests.* *J. of Phot.* 53 S. 126/8.

SHEPPARD und MEES, Theorie des photographischen Prozesses: die chemische Dynamik der Entwicklung.* *Phot. Korr.* 43 S. 129/31 F.

MENTER, über chemische Lichtwirkungen. *Phot. Korr.* 43 S. 311/20.

CIAMICIAN und SILBER, hydrolysierende Wirkung des Lichtes. *Phot. Korr.* 43 S. 279/80.

EDER, die Natur des latenten Lichtbildes. (Einfluß der Salpetersäure auf das latente Bromsilber-kollodiumbild; Belichtung des Bromsilberkollo-diums hinter silbernitrathaltiger Salpetersäure vom spez. Gew. 1,30; Verhalten des stark überbelichteten, solarisierten Bromsilbers gegen Salpetersäure; Trennung eines Restes des latenten Lichtbildes vom normalen Bromsilber durch Thiosulfat. Eigenschaften des latenten, primär fixierten Lichtbildes.)* *Phot. Korr.* 43 S. 81/3 F.

TRAUBE, über die Natur des latenten Lichtbildes. (Besprechung verschiedener Theorien.) *Phot. Chron.* 1906 S. 115/6.

MENTER, die chemischen Vorgänge bei der Belichtung und Entwicklung unseres Aufnahmematerials. *Phot. Rundsch.* 20 S. 235/9.

VOJTĚCH, die Vorgänge beim Belichten des Asphalts. (N) *Phot. Korr.* 43 S. 284/5.

Einfluß der Gaslicht-Atmosphäre auf Pigmentpapier. *Phot. Chron.* 1906 S. 630/1.

SCHLOBMANN, die Lichtempfindlichkeit, die Solarisation und das latente Bild des Bromsilbers in Kieselsäure-Gel. (Darstellung einer kolloidalen Kieselsäurelösung; Darstellung von Bromsilber-kieselsäure-Platten.)* *Phot. Korr.* 43 S. 466/76; *Phot. Wchbl.* 32 S. 434/6.

WEISZ, Solarisation in Bromsilberschichten. *Z. physik. Chem.* 54 S. 305/52.

Das latente, solarisierte Bromsilberbild nach primärem Fixieren mit Thiosulfat. *Phot. Korr.* 43 S. 482/3.

Verhalten des latenten, primär fixierten Lichtbildes auf Bromsilberkollodium gegen Salpetersäure. *Phot. Korr.* 43 S. 480/2.

LÜPPO-CRAMER, Bedeutung der Korngröße für die direkte photochemische Zersetzung der Silberhalogenide. *Phot. Korr.* 43 S. 28/33.

TRAUBE, Bedeutung der Korngröße für die direkte photochemische Zersetzung der Silberhalogenide. *Phot. Chron.* 1906 S. 203/4 F.

LUPPO-CRAMER, Bildung von Halogensilber in Gallerten. *Phot. Korr.* 43 S. 485/7.

LUMIÈRE u. SEYEWETZ, Zusammensetzung der mit Kaliumbichromat getränkten und durch Licht unlöslich gemachten Gelatine und die Theorie dieser Gerbung. (Versuche über die Bildung von Chromchromat; Bildung von Chromchromat

aus gefälltem Chromsesquioxyd; Bestimmung der Zusammensetzung der unlöslich gemachten Gelatine; Einfluß der Konzentration der Bichromatlösung; Einfluß der Belichtungsdauer und Maximalmenge des von der Gelatine festgehaltenen Chroms.) *Phot. Korr.* 43 S. 75/7 F.

LUMIÈRE und SEYEWETZ, über die Gerbung der Gelatine bei der Entwicklung, besonders der mit Pyrogallol. *Phot. Wchbl.* 32 S. 109/12.

LUMIÈRE und SEYEWETZ, über die Gerbung der Gelatine durch die an der Luft entstehenden Oxydationsprodukte der Phenole. *Phot. Wchbl.* 32 S. 233/5.

LUMIÈRE & SEYEWETZ, über die Gerbung der Gelatineschicht von photographischen Platten oder Papieren im Fixierbade. *Phot. Wchbl.* 32 S. 401/4.

LIESEGANG, eine Eigentümlichkeit der trocknenden Gelatine. *Phot. Wchbl.* 32 S. 4/5.

LUMIÈRE et SEYEWETZ, phénomène de l'insolubilisation de la gélatine dans le développement et en particulier dans l'emploi des révélateurs à l'acide pyrogallique. *Bull. Soc. chim.* 3, 35 S. 377/81.

LUMIÈRE et SEYEWETZ, insolubilisation de la couche gélatinée des plaques ou des papiers photographiques dans le bain de fixage. *Bull. Soc. phot.* 2, 22 S 306/11.

LUMIÈRE et SEYEWETZ, sur l'insolubilisation de la gélatine par la formaldéhyde. (Décomposition de la gélatine formolisée; dosage de la formaldéhyde; composition de la gélatine formolisée; stabilité à la chaleur de la gélatine formolisée.) *Bull. Soc. phot.* 22 S. 364/73.

LUMIÈRE und SEYEWETZ, über die Zusammensetzung der im Dunkeln von selbst unlöslich gewordenen Bichromat-Gelatine. *Phot. Wchbl.* 32 S. 2/3; *Rev. phot.* 28 S. 120/1.

LUMIÈRE und SEYEWETZ, die Wirkung der Alaune und Tonerdesalze auf die Gelatine. *Phot. Wchbl.* 32 S. 242/4; *Bull. Soc. phot.* 2, 22 S. 267/72.

WALL, the action of alums on gelatine. *Phot. News* 50 S. 495.

LUMIÈRE und SEYEWETZ, über die Verwendung der Alaune, der Tonerde und des Chroms in den Tonfixierbädern. *Phot. Wchbl.* 32 S. 429/30.

REEB, Borsäure im Fixierbade. *Phot. Wchbl.* 32 S. 136/8.

LUPPO-CRAMER, Beschleunigung der Eisenentwicklung durch Fixiernatron. *Phot. Wchbl.* 32 S. 443/4.

LUMIÈRE und SEYEWETZ, Beitrag zum Studium der Rolle der Alkalien in den organischen Entwicklern. *Phot. Wchbl.* 32 S. 249/57.

HOMOLKA, Untersuchungen über die Wirkung der Bromalkalien in der Bromsilbergelatine. *Phot. Korr.* 43 S. 216/8.

LUMIÈRE, A. et L., nouvelle méthode photographique permettant d'obtenir des préparations sensibles noircissant directement à la lumière et ne contenant pas de sels d'argent solubles. *Mon. scient.* 4, 20, I S. 174/5.

LUMIÈRE et SEYEWETZ, emploi comme révélateurs des combinaisons des bases développatrices avec l'acide sulfureux. *Bull. Soc. chim.* 3, 35 S. 1204.7; *Bull. Soc. phot.* 2, 22 S. 433/7.

BALAGNY, application du diamidophénol en liqueur acide au développement des projections sur plaques au chlorure d'argent (tons chauds) à émulsion lavée. *Bull. Soc. phot.* 22 S. 390/5 u. 396/97.

LUMIÈRE und SEYEWETZ, Zusammensetzung der mit verschiedenen Metallsalzen getonten Silberbilder. *Phot. Korr.* 43 S. 245/8.

BABOROVSKÝ und VOJTĚCH, photographische Un-

wirksamkeit des Ammoniumamalgams. *Physik.*
Z. 7 S. 846.
VALENTA, Pinachrom und Pinacyanol als Rot-
sensibilisatoren. *Phot. Korr.* 43 S. 132/4.
FRIEDLÄNDER, Pinachrom und Pinacyanol als
Rotsensibilisatoren. (A) *Phot. Z.* 30 S. 453/4.
MONPILLARD, essais du pinacyanol et de la di-
cyanine des FARBWERKE HOECHST. (V)* *Bull.*
Soc. phot. 2, 22 S. 132/43.
SMITH, J., pinacyanol : a new sensitiser.* *Process*
Engraver's Monthly 13 S. 3/4.
Pinachrom und Pinacyanol. (Angabe der Bäder
mit Alkohol) (R) *Phot. Mitt.* 43 S. 186.
NAMIAS, Zusammensetzung und Eigenschaften des
flüssigen Natriumbisulfites des Handels und sein
Gebrauch in der Photographie. *Phot. Chron.*
1906 S. 201/3.
TURNER, sulphites and metabisulphites. *Wilson's*
Mag. 43 S. 449/51.
GAEDICKE, Sulfit und Sulfid, eine verwirrende
Nomenklatur. *Phot. Wchbl.* 32 S. 281.
BOULOUCH, ein Subjodür des Phosphors. *Phot.*
Wchbl. 32 S. 125.
Ueber Chlorkohlenstoff. *Phot. Wchbl.* 32 S. 223/4.
BUISSON, schwefelbariumhaltiger Baryt, die wahr-
scheinliche Ursache des raschen Verderbens
einzelner Sorten Celloidinpapiers. *Phot. Wchbl.*
32 S. 62.
HOOD, Herstellung von Tapeten-Druckwalzen auf
photochemischem Wege. *Phot. Wchbl.* 32 S. 202.
LIESEGANG, über die Ursache von Fleckenbildung
auf Kopien. *Phot. Wchbl.* 32 S. 112/3.

3. Photographische Optik. Photographic optics. Optique de photographie.

SCHIFFNER, Fortschritte auf dem Gebiete der
photographischen Optik.* *Phot. Korr.* 43 S. 331/8.
Interference bands, graphic optics, and sensito
metry at the ROYAL PHOTOGRAPHIC SOCIETY.*
J. of Phot. 53 S. 806/7.
ROHR, die optischen Systeme aus J. PETZVALs
Nachlaß.* *Phot. Korr.* 43 S. 266/76.
DENHAM, a note on correction and distortion.*
Phot. News 50 S. 792/3.
HARTING, depth of focus. *Phot. News* 50 S. 348/9
PIPER, depth of focus simplified. *Wilson's Mag.*
43 S. 111/2 F.
MASSON, détermination de la distance focale des
objectifs symétriques. *Bull. Soc. phot.* 2, 22
S. 275/6.
Graphic method of marking focussing scales.*
J. of Phot. 53 S. 422/3.
MARTIN, Einfluß der Brennweite auf die Perspek-
tive. *Phot. Rundsch.* 20 S. 92/3.
HERTZSPRUNG, Scharfeinstellung und Abblendung.*
Phot. Mitt. 43 S. 219/25.
SCHEFFER, über die Naheinstellung auf Unendlich.*
Phot. Rundsch. 20 S. 163/5.
SPYKER, über photographische Objektive. (Brenn-
weite; Betrachten der Bilder; Bestimmung der
Brennweite eines Objektivs.) *Phot. Mitt.* 43
S. 118/20 F.
Reinigen von Objektiven. *Phot. Chron.* 1906
S. 445/6.
SCHEFFER, die Schärfentiefe des Objektivs.*
Phot. Mitt. 43 S. 128/33 F.
FLORENCE, relative und absolute Lichtstärke der
photographischen Objektive. *Phot. Chron.* 1906
S. 249/52.
FLORENCE, über die Reproduktionsobjektive. *Z.*
Reprod. 8 S. 18/20.
JOË, die Bildwinkelfrage und das Teleobjektiv.
Phot. Wchbl. 32 S. 209/11.
MARTIN, das neue Teleobjektiv Bis-Telar F : 9.*
Phot. Mitt. 43 S. 102/5.

FLORENCE, das Bis-Telar und seine Leistungen.
Phot. Chron. 1906 S. 431/3.
SCHMIDT, über das „Walkar", ein neues photo-
graphisches Objektiv. *Phot. Wchbl.* 32 S. 442.
GRAESER, das photographische Objektiv des Ama-
teurs. *Phot. Mitt.* 43 S. 315/21.
TAYLOR, Verbesserung von Objektiven durch An-
laufen. *Phot. Wchbl.* 32 S. 144.
CERMAK; das „Kombinar" und das „Solar", neue
photographische Objektive aus dem optischen
Institute REICHERT in Wien. (V)* *Phot. Korr.*
43 S. 70/4.
Objektivfassungen. (Bajonettverschlußartige; RO-
DENSTOCKs Schnellfassung).* *Phot. W.* 20
S. 2/3.
Objektive mit beweglichen Linsen. (Zur Erzeu-
gung einer auf die Fläche verteilten milden Un-
schärfe bei Portraitobjektiven.) *Phot. Rundsch.*
20 S. 35/6.
The perspective of the aerial image formed by a
lens. * *J. of Phot.* 53 S. 583.
The choice and use of lenses. *Wilson's Mag.* 43
S. 156/9.
STEWART, lens stops and the iris diaphragm.
Wilson's Mag. 43 S. 345/6.
PUYO, properties of anachromatic lenses. * *J. of*
Phot. 53 S. 185/6.
CLAUDY, why good lenses are expensive. * *Phot.*
News 50 S. 306/7.
SCHEFFER, über Linsenfehler.* *Phot. Rundsch.*
20 S. 136/40.
A new ALDIS lens. (Simple construction and one
of the simplest forms of modern anastigmats.) *
Phot. News 50 S. 806.
Testing the lens for three color work. *Process*
Engraver's Monthly 13 S. 103.
Pinhole photography. (The pinhole, as a sub-
stitute for the lens, possesses the merit of
cheapness.) *Phot. News* 50 S. 769.
Die neue Flüssigkeitslinse „Ophtalchromat". *Phot.*
W. 20 S. 17/8.
BARLET, MAYERINGsche Flüssigkeitslinse. *Phot.*
Wchbl. 32 S. 31/3.
JOË, Erhöhung der Lichtstärke der Objektive bei
gleichem Oeffnungsverhältnis. *Phot. Wchbl.* 32
S. 29/31.
NAUMANN, die Blendengröße und ihre Einwirkung
auf das Bild. *Phot. Mitt.* 43 S. 531/5.
MARTIN, zur Frage eines einheitlichen Blenden-
systems.* *Phot. Mitt.* 43 S. 289/90.
WENZ, stereoskopische Aufnahmen mit großer
Basis. *Phot. Wchbl.* 32 S. 145/6.
BAUM, Umschwung in der Stereoskopie (Stereo-
Umkehrapparate erzeugen automatisch auf opti-
schem Wege richtige Stereo-Diapositive und
Stereo - Positiv - Bromsilberbilder.) *Erfind.* 33
S. 586/7.
D'HÉLIÉCOURT, stereoskopische Aufnahmen mit
einem Objektiv. *Phot. Wchbl.* 32 S. 456/7.
SCHEFFER, Korrektionsformel für mikrostereo-
skopische Aufnahmen sowie eine Verallgemeine-
rung der stereoskopischen Korrektionsformel.
Phot. Mitt. 43 S. 465/71.
Contribution à l'étude de la photographie stéréo-
scopique des objets rapprochés. *Bull. Soc.*
phot. 2, 22 S. 407/11.
BAUM, der Stereo-Umkehr-Apparate von ERNE-
MANN. *Phot. Wchbl.* 32 S. 389/91.
ROESL, das „Umdrehen" der Stereobilder. *Phot.*
Wchbl. 32 S. 56/7.
THORNE-BAKER, un appareil spectroscopique pour
la photographie orthochromatique et la photo-
graphie des couleurs.* *Rev. phot.* 28 S. 161/7.
KUCHINKA, das Mikrophotoskop. (Eine Karten-
lupe.)* *Phot. Korr.* 43 S. 74/5.

59*

PREOBRAJENSKY, courbe de solarisation et ses points critiques, photomètre à solarisation et autres applications. (V) * *Bull. Soc. phot.* 2, 22 S. 124/32, 281/6.

WALLON, le kalloptat de KRAUSS. (Anastigmat symétrique; le diamètre relatif de pleine ouverture est f: 5,5.) *Bull. Soc. phot.* 2, 22 S. 186/7.

JOË, Einfluß des Ultravioletts im Aufnahmeverfahren. *Phot. Wchbl.* 32 S. 193/5.

KIESER, eine zweckmäßige Farbtafel. *Phot. Wchbl.* 32 S. 169/71.

SCHMIDT, HANS, praktische Winke zur Herstellung von farbenempfindlichen Badeplatten. (Die Farbstoffe; das Baden; das Trocknen; Rezepte und Platten.) *Phot. Wchbl.* 32 S. 101/3.

LANGE, über Gelbfilter. (Ueberzug von Zaponlack mit Auramin O.) *Phot. Mitt.* 43 S. 3/7 F.

BAKER, Rotfilter. (Mit Crocein-Scharlach R und Tartrazin.) *Phot. Rundsch.* 20 S. 108.

NOVAK, Rapidlichtfilter für Dreifarbenphotographie. *Phot. Korr.* 43 S. 285/7.

VAVAK, Farbstoff zur Herstellung von Kontrastfiltern. *Phot. Korr.* 43 S. 384/5.

WOOD, the intensification of glass diffraction gratings and the diffraction process of colour photography. *Phil. Mag.* 12 S. 585/8.

4. Kamera. Camera. Chambre noire.

Interessantes über die deutsche Kamera-Fabrikation. *Phot. W.* 20 S. 174.

The interior of the camera. *J. of Phot.* 53 S. 903.

ROCKWELL, facing the camera. *Wilson's Mag.* 43 S. 527/8.

RICHARD, Stereoskopkamera aus neuem Material. *Phot. W.* 20 S. 137.

ZEISZ, der Stereo-Palmos 9:12 cm und der Minimum-Palmos 6:9 cm.* *Phot. Wchbl.* 32 S. 131/2; *Phot. Rundsch.* 20 S. 91/2.

CZAPEK, Handkamera und Taschenkamera. *Phot. W.* 20 S. 129/30.

STEINHEIL SÖHNE, Klapp-Taschen-Kodaks.* *Phot. W.* 20 S. 166.

Schnell-Fokus-Kamera der Firma KODAK.* *Phot. W.* 20 S. 135.

Die neue GOERZ-ANSCHÜTZ-Klapp-Kamera.* *Phot. W.* 20 S. 74/5; *Phot. Wchbl.* 32 S. 94/6.

BLOCH, Spezialkamera mit doppelt beweglichem Objektiv-Rahmen und Säulenführung.* *Erfind.* 33 S. 291/5.

DAUBRESSE, a new panoramic camera.* *J. of Phot.* 53 S. 1029/30.

KRAUSS, appareil photographique panoramique à tour d'horizon complet.* *Bull. Soc. phot.* 2, 22 S. 430/3.

HÖFER, die Spiegel-Reflex-Kamera 9×12 und 12×16,5 cm. (V)* *Phot. Z.* 30 S. 763/6.

MÜLLER, EUGEN, die „NETTEL"-Kamera des Süddeutschen Kamerawerkes KÜRNER & MAYER, Sontheim a. N. (V) * *Phot. Z.* 30 S. 829/33 F.

GAEDICKE, die Alpin-Kamera von VOIGTLÄNDER. *Phot. Wchbl.* 32 S. 113/4.

BAUM, Zwei-Verschluß-Kameras. *Erfind.* 33 S. 241/2.

HABERKORN, Kamera für Dreifarbenaufnahmen nach der Natur.* *Phot. Korr.* 43 S. 430/2.

LUMIÈRE, Dreifarbenkamera. *Phot. Wchbl.* 32 S. 205.

SCHMIDT, HANS, über Kameras für Dreifarbenphotographie.* *Phot. Korr.* 43 S. 531/5, 579/82.

5. Kamera-Zubehör. Accessory of camera. Accessoire de la chambre noire.

STOLZE, Prüfung der Geschwindigkeit von Momentverschlüssen. *At. Phot.* 13 S. 135/9 F.

KRÜGENER, Fragen über Sektorenverschlüsse. *Phot. Wchbl.* 33 S. 222/3.

DU BOIS-REYMOND, Einstellsucher für Handkameras. (Zwei Sucher, die zusammen einen Entfernungsmesser bilden) *Phot. Rundsch.* 20 S. 259/60.

STALEY & CO., a new distance-finder or telemeter.* *J. of Phot.* 53 S. 994.

GILLES, le bascular. (Il permet d'éviter les déformations qui se produisent nécessairement quand, pour photographier un monument ou trop élevé ou trop en contre-bas, on est amené à incliner l'appareil.) * *Bull. Soc. phot.* 2, 22 S. 73/6.

GRAVILLON, le „Lynx" viseur niveleur pour appareils photographiques.* *Bull. Soc. phot.* 22 S. 336/8.

BÜCHNER, welche Kassetten soll man für die Reise benutzen? *Phot. Mitt.* 43 S. 241/4.

GEIGER, Minimum-Touristen-Stativ. (Läßt sich auf kleinster und unregelmäßiger Basis z. B. auf schmaler Mauer, einem Holzpflock aufstellen.) *Phot. W.* 20 S. 179.

Metallrohrstativ Columbus. *Phot. W.* 20 S. 134.

GRAVILLON, le chronopose et l'autophotographe. (Le chronopose est un déclencheur pneumatique muni d'un dispositif qui permet de le régler pour des poses variant de ¹/₁₀ de seconde à 5 secondes. Avec le chronopose l'opérateur n'a donc, après avoir réglé l'appareil, qu'à agir sur le piston pour obtenir le temps de pose qu'il a choisi. Avec l'autophotographe, il n'a plus même cette peine.) * *Bull. Soc. phot.* 22 S. 332/5.

BAUM, die Stereo-Umkehr-Apparate von ERNEMANN. *Phot. Wchbl.* 32 S. 389/91.

6. Lichtempfindliche Schicht, Platten, Films, Papiere usw. Sensitive surface, plates, films, papers etc. Surface sensible, plaques, bandes de film, papiers, etc.

Photographisches Rohpapier. (RIVES-Rohstoff; Celloidinpapier.) *W. Papierf.* 37, 2 S. 3330/1.

Photographische Papiere. (Herstellung metallfreien Rohstoffs für dieselben.) *W. Papierf.* 37, 1 S. 1940.

SCHNEEBERGER, Selbstherstellung der Pigment-Papiere. *Phot. Rundsch.* 20 S. 89/91; *Phot. Wchbl.* 32 S. 129/30; *Phot. W.* 20 S. 84/6.

Modifizierte OSBORNsche Methode zur Präparation von Pigmentpapieren. *Phot. W.* 20 S. 157.

Anwendung von Aceton in der Präparation von Pigmentpapier. (R) *Phot. Chron.* 1906 S. 186.

Selbstentwickelnde Platten. *Phot. W.* 20 S. 134/5.

LUMIÈRE ET SES FILS, „Takis". (Photographisches Papier, das sich sowohl auskopieren als auch ankopieren und dann entwickeln läßt.) *Phot. W.* 20 S. 135/6; *Phot. Wchbl.* 32 S. 221/2; *Bull. Soc. phot.* 22 S. 373.

GAEDICKE, die „EPAG"-Bromsilberpapiere. *Phot. Wchbl.* 32 S. 245/6.

VALENTA, Bromsilber-Auskopierpapiere. *Phot. W.* 20 S. 186/7; *Phot. Korr.* 43 S. 283/4.

Bromsilber-Auskopierpapier. *Phot. W.* 20 S. 169.

Ueber Bromsilberplatten. *Phot. W.* 20 S. 145/6.

TRAUBE, photographisches Auskopierpapier ohne Ueberschuß löslicher Silbersalze. *Phot. Chron.* 1906 S. 83/4.

LUMIÈRE, haltbares Auskopierpapier. (Direkt kopierende Präparationen, die keine löslichen Silbersalze enthalten; Verwendung von Resorcin.) *Phot. Z.* 30 S. 552/4.

FLORENCE, über Gaslichtpapiere. *Phot. Chron.* 1906 S. 575/7.

TRANCHANT, improvisiertes Gaslichtpapier. (Boden von Chlorsilberpapier in einer Lösung von Kaliumbromid, Kaliumjodid, Kupfersulfat, Wasser.) *Phot. Rundsch.* 20 S 143/4.

Zigas. (A new gaslight paper by ILLINGWORTH
& Co.). *Phot. News* 50 S. 737.

Satrap-Gaslichtpapier „Spezial". Gibt auch von
kräftigen Negativen gut modulierte Abdrücke.
Phot. W. 20 S. 159.

GAEDICKE, die Satrap - Gaslicht - Papiere. *Phot.
Wchbl.* 32 S. 49/50.

On working „art velox" (gaslight) paper. *J. of
Phot.* 53 S. 887/8.

BARTLETT, supplementary illumination. (Flashing
method; experiments toward producing a uranium paper, very sensitive to the action of
artificial light.) (V) *J. Frankl.* 162 S. 473/6.

SMITH und MERKENS, direkt in Farben kopierendes
Papier (Uto-Papier.) (V) *Phot. Korr.* 43 S. 385/8:
Phot. Rundsch. 20 S. 193.

STENGER, Uto-Papier von SMITH & CO. *Phot.
Chron.* 1906 S. 475/7.

GAEDICKE, das Lentapapier L und M. der N.P.G.
Phot. Wchbl. 32 S. 369/70.

SCHMIDT, Trichrome-Papier. *Phot. Rundsch.* 20
S. 249/52.

THURG, goldona manipulation. (Goldona is a self-
toning paper.) *Phot. News* 50 S. 771.

GILIBERT, les nouvelles plaques à tons chauds de
la maison LUMIÈRE (plaques au citrate d'argent)
(V) *Bull. Soc. phot.* 2, 22 S. 173/8.

Some new KODAK papers. *Phot. News* 50 S. 739.

GAEDICKE, das N. P. G.-Celloidinpapier. *Phot.
Wchbl.* 32 S. 201.

RANFT, über Matt-Albuminpapier. *Phot. Chron.*
1906 S. 408/10.

SICHEL & CO., Platinpapier „Platinochrom". *Phot.
W.* 20 S. 140/1.

ABNEY, platinum printing-out paper. *Wilson's
Mag.* 43 S. 41/2.

THOMSON, watertone sepia printing paper. *Sc.
Am. Suppl.* 61 S. 25091.

STENGER, vergleichende Untersuchung photographischer Gelatineplatten in Bezug auf die Farben-
wiedergabe.* *Z. Reprod.* 8 S. 34/45 F.

Amauto-Platten. (Selbstentwickelnde Platte, worin
die Entwicklersubstanz enthalten ist; wird in
10 prozentiger Sodalösung entwickelt.) *Phot.
Wchbl.* 32 S. 196.

GAEDICKE, die Flavinplatte-HAUFF. *Phot. Wchbl.*
32 S. 89.

VON HÜBL, über rotempfindliche Platten.* *At. Phot.*
13 S. 6/8 F.; *J. of Phot.* 53 S. 147/8.

GAEDICKE, die Agfa-Chromoplatte. *Phot. Wchbl.*
32 S 61.

Die Erfindung der orthochromatischen Platte. *Phot.
Rundsch.* 20 S. 95/6.

BAKER, the orthochromatic plate and screen in
practice. *Phot. News* 50 S. 533/4.

FLORENCE, die orthochromatische Platte in der
Porträtpraxis. *At. Phot.* 13 S. 44/7.

MEES, SMITH, orthochromatic plates and filters.
(V) * *J. of Phot.* 53 S. 430/1.

Hochempfindliche orthochromatische Trockenplatten
von der Trockenplattenfabrik von LOMBERG.
Phot. Rundsch. 20 S. 107/8.

BULL, orthochromatic work and the bathed plate.
J. of Phot. 53 S. 965/6.

SMITH, J., bathed plates. (Dry plates bathed in
one of the sensitising dyes, such as pinacyanol,
pinachrome, or pinaverdol.)* *Process Engraver's
Monthly* 13 S. 19/21.

A visit to a dry plate manufactory. (Cleaning the
glass; coating, drying and packing; light filters;
a works laboratory; works research.) *J. of Phot.*
53 S. 1004/5.

Auffrischen von Trockenplatten. (Mittels Brom-
kaliums.) *Pharm. Centralh.* 47 S. 789.

Die Auffrischung von Trockenplatten. (Erneue-
rungsbad.) *Phot. Rundsch.* 20 S. 286/7.

GAEDICKE, Abkürzung des Auswaschens von
Trockenplatten. *Phot. Wchbl.* 32 S. 41/2.

HOMOLKA, der Randschleier der Trockenplatten.
Phot. Wchbl. 32 S. 65.

BAKER, sur la sensibilisation des plaques sèches
aux couleurs et la détermination de leur sensibilité. *Rev. phot.* 18 S. 257/63.

GEHLHOFF, Vergleich von RÖNTGENtrocken-
platten.⁵⁰ *Arch. phys. Med.* 1 S. 197/202.

MENTE, über photomechanische Trockenplatten.
Z. Reprod. 8 S. 78/81.

FUNGER, photomechanische Platten, abziehbare
Platten, Schrift auf Negativen. *Phot. Chron.*
1906 S. 34/5.

Farbenempfindliche Films. *Phot. Mitt.* 43 S. 267/9.

GAEDICKE, die Astra-Rollfilms. *Phot. Wchbl.* 32
S. 470/1.

Ueber rotempfindliche Kollodiumemulsionen und
ihre Verarbeitung. *Z. Reprod.* 8 S. 104/5.

TSCHÖRNER, rotempfindliche Kollodiumemulsionen.
Phot. Korr. 43 S. 342/3.

CASTELLANI, Emulsionen mit Merkuro-Oxalat. (R)
Phot. Korr. 43 S. 281/3.

JARMAN, gelatino chloride emulsion for gaslight
developing paper. *Sc. Am. Suppl.* 62 S 25827.

Transparentlack für Negativpapiere. *Apoth. Z.* 21
S. 626.

MANLY's oil azobrome. *J. of Phot.* 53 S. 969/70.

Strahlungsähnliche Erscheinungen auf photographischen Platten, verursacht durch Aluminium-
kassettenschieber. (Untersuchung von WÜNSCHE.)
Phot. Chron. 1906 S. 362/3.

MC DOWALL, cause of the fogging of plates in
tropical climates. (Due to vapours which are
occluded in the wood at ordinary temperatures.)
Chem. News 94 S. 209.

ROENIUS, Schnelltrocknen von feuchten Gelatine-
schichten. (Durch Auftragen raschflüchtiger
Flüssigkeiten; Trocknen durch hygroskopische
Substanzen; Austrocknen der nassen Schicht
durch Heizvorrichtungen; Trocknen durch mechanische Bewegung) *Phot. Z.* 30 S. 427/31; *J. of
Phot.* 53 S. 554/5.

WALL, testing ortho plates. *Phot. News* 50 S. 231.

TRAUBE, ultramikroskopische Untersuchungen un-
belichteter und belichteter Bildschichten. *Phot.
Chron.* 1906 S. 41/2.

7. Negativprozeß. Negative process. Procédé négatif.

a) Entwickeln. Development. Développement.

SHEPPARD und MEES, Theorie des photographischen Prozesses: die chemische Dynamik der
Entwicklung.* *Phot. Korr.* 43 S. 129/31 F.

ZIMMERMANN, some new ideas as to exposures
and development. (Precept and practice); different types of negatives, all good; plates and
results; a question of development; the same
results with slow plates; dilute developer.) *Phot.
News* 50 S. 713.

FORESTIER, le développement lent. (R) *Bull. Soc.
phot.* 22 S. 354.

Developing unknown exposures. (R) *Phot. News*
50 S. 343/4.

Warm-Entwickelung unterexponierter Platten. *Phot.
W.* 20 S. 170.

WALL, the development of under-exposed plates.
(R) *Phot. News* 50 S. 191.

CLUTE, Entwickeln bei erhöhter Temperatur. (Von
unterbelichteten Platten.) *Phot. Rundsch.* 20
S. 140/1.

Development without rocking. *J. of Phot.* 53
S. 884/5.

BALAGNY, ein Entwickler im Gefängnis. *Phot. Wchbl.* 32 S. 258.

Der Optima-Brillant-Entwickler von BUISSON. *Phot. Wchbl.* 32 S. 54.

Entwicklung nach dem Fixieren. (R) *Phot. W.* 20 S. 29.

BÜCHNER, zur Planliege - Entwickelung.* *Phot. Rundsch.* 20 S. 276/7.

Plane development. *Phot. News* 50 S. 903.

Developing holiday exposures. (Development on tour, development in bulk, stand development, all-night development, over-and under-exposure.) *Phot. News* 50 S. 707/8.

HEWITT, timing development. *Phot. News* 50 S. 105.

BENNETT, is time development desirable? (Time methods; the question of contrast; modifications in development; discussion; the case „against"; varied views; the reply.) *J. of Phot.* 53 S. 985/7.

GRAVIER, le développement automatique. *Bull. Soc. phot.* 22 S. 387/8.

CLUTE, Entwickelung ohne Schale. (Man feuchtet nach der Exposition zuerst die Platten an und überstreicht sie dann mit einem Baumwollbausche oder einem in den Entwickler getauchten Pinsel.) *Phot. W.* 20 S. 183.

SHEPPARD, theory of alkaline development, with notes on the affinities of certain reducing agents. *J. Chem. Soc.* 89 S. 530/50.

Ueber organische Entwickler. *At. Phot.* 14 S. 5/7.

LUMIÈRE, the action of alkalis in organic developers. *J. of Phot.* 53 S 246/8; *Bull. Soc. phot.* 2, 22 S. 32/43.

LUMIÈRE et SEYEWETZ, le développement au diamidophénol en liqueur acide et en liqueur alcaline en présence d'alcalis ou de leurs succédanés. (V) *Bull. Soc. phot.* 2, 22 S. 76/85; *Phot. Chron.* 1906 S. 275/6.

TURNER, acetone in the developer. *Wilson's Mag.* 43 S. 109/10.

BUNEL, Tropenentwickler mit Aceton. (R) *Phot. Chron.* 1906 S. 512; *Phot. Wchbl.* 32 S. 336/7; *Bull. Soc. phot.* 2, 22 S. 209/12.

CRAMERS Pyroaceton-Entwickler. (R) *Phot. Rundsch.* 20 S. 44.

LUMIÈRE, die Wirkung des Acetons an Stelle von Alkalien in sulfithaltigen organischen Entwicklern. *Phot. Korr.* 43 S. 48.

WALL, a new sulphite preservative. *Phot. News* 50 S. 843.

PAGEL, Eisenentwickler für Chlor-Bromsilber-Papiere. *Phot. Wchbl.* 32 S. 35/6.

FORESTIER, préparation et développement d'un papier au chlorure d'argent. *Bull. Soc. phot.* 22 S. 398/9.

BALAGNY, application du diamidophénol en liqueur acide au développement des projections sur plaques au chlorure d'argent (tons chauds) à émulsion lavée. *Bull. Soc. phot.* 22 S. 390/5; *J. of Phot.* 53 S. 1029.

LAEDLEIN, rapport sur une communication de BALAGNY relative à l'application du diamidophénol en liqueur acide au développement des projections sur plaques au chlorure d'argent (tons chauds). *Bull. Soc. phot.* 22 S. 396/7.

Saurer Entwickler für Bromsilberbilder. (Amidol-Entwickler; BOCANDÉs Vorschrift.) *Pharm. Centralh.* 47 S. 200.

HEWITT, bromide in the developer. *Phot. News* 50 S. 325.

MACLEAN, pyro for bromide paper. (R) *Phot. News* 50 S. 308.

LUMIÈRE, the tanning of gelatine during development, especially with pyro. *J. of Phot.* 53 S. 285/6.

Die Gerbung der Gelatine bei der Entwicklung mit Pyrogallussäure. (a) (A) *Phot. Chron.* 1906 S. 374/6.

LUMIÈRE et SEYEWETZ, le phénomène de l'insolubilisation de la gélatine dans le développement et en particulier dans l'emploi des révélateurs à l'acide pyrogallique. (V) *Bull. Soc. phot.* 2, 22 S. 178/83.

HARVEY, Farbschleier bei Pyrogallus-Entwickelung. (Vermeidung und Beseitigung desselben.) (R) *Phot. Rundsch.* 20 S. 118.

Standentwickelung mit Pyrogallussäure. (R) *Phot. W.* 20 S. 28.

BARCZEWSKI, Standentwickler für Rollfilms. *Phot. Wchbl.* 32 S. 236/7.

Apparat für Standentwickelung von Rollfilms. (Langes Rohr.)* *Phot. Mitt.* 43 S. 244/9.

VAINWRIGHT, Eikonogen stand development. (R) *Phot. News* 50 S. 741.

WALMSLEY, Entwickler in Pulverform. (Eikonogen, Hydrochinon, Natriumsulfit, Lithiumkarbonat.) *Phot. Rundsch.* 20 S. 22.

Double carbonates as developers. *J. of Phot.* 53 S. 847/8.

GOLDSMITH, Hydrochinon-Rodinal. (R) *Phot. Mitt.* 43 S. 140

Metol, Glycin und Hydrochinon. *Phot. Rundsch.* 20 S. 284/5.

KITTO, Adurol als Entwickler für warme Töne. (Für Bromsilberbilder.) *Phot. Korr.* 43 S. 47/8.

Neuer Entwickler „Tylol". *Phot. Rundsch.* 20 S. 144.

JARMAN, Sepia-Entwickler für Platinpapier. (R) *Phot. Z.* 30 S. 575.

Wirkung von Kaliumchlorid im Eisenentwickler. (Erzeugung von verschiedenen Tönen auf Bromsilberpapier.) (R) *Phot. Rundsch.* 20 S. 23/4.

LÜPPO-CRAMER, the action of hypo in the ferrous oxalate developer. *J. of Phot.* 53 S. 1030.

REEB, note sur le développement au diamidophénol en liqueur acide. *Rev. phot.* 18 S. 255/6.

WILLCOX, a short talk on developing gaslight paper. (Straight prints, methods of work, make up your own solutions.) *Phot. News* 50 S. 840/1.

DROUILLARD, application d'un révélateur glycériné à l'hydro-quinone au développement des positifs. (V) *Bull. Soc. phot.* 2, 22 S. 313/6.

VAUGHTON, Phosphoreszenz bei der Entwicklung. *Phot. Wchbl.* 32 S. 174.

ROUSSEAU, Konservierung der Entwicklerlösungen. *Phot. Wchbl.* 32 S. 215/6.

Künstlerische Effekte bei Entwicklungsbildern. *Phot. Wchbl.* 32 S. 86/7.

b) Verstärken, Abschwächen. Intensification, reduction. Renforcement, affaiblissement.

BAKER, the theory and practice of intensification.* *J. of Phot.* 53 S. 264/6.

WILSON, intensification: theory and formulae. *Wilson's Mag.* 42 S. 102/6.

Local intensification of negatives. (R) *J. of Phot.* 53 S. 223.

Leicht ausführbare, sichere und wirksame Verstärkungsmethode. (Mit Kaliumbichromat und Salzsäure.) *Phot. W.* 20 S. 182/3.

WELLINGTON, physikalische Verstärkung. (R) *Phot. Z.* 30 S. 575/6.

Verstärkung mit Schwefelnatrium. *Phot. Rundsch.* 20 S. 141/3.

PONTING, sulphide method of intensifying negatives. (R) *Phot. News* 50 S. 226.

SMITH, mercury-sulphide intensifier. (R) *Phot. News* 50 S. 692.

STOLZE, Negativ- und Diapositivverstärkung mit Sublimat-Ammoniak. *At. Phot.* 13 S. 91/2.

The use of permanganates for intensification. (R) *Wilson's Mag.* 43 S. 44/5.

Verstärken mit Anilinfarben. *Phot. Rundsch.* 20 S.166.

Verstärker für nasse Platten. (Mit Kupfer und Silber, Quecksilber und Ammoniak, Quecksilber und Natriumsulfit, Quecksilber und 'SCHLIPPE-schem Salz, Quecksilber und Schwefelammonium, Blei und Schwefelnatrium, Kupfer und Eisen, Bichromat und Schwefelammonium, Quecksilber und Cyansilber.) (R) *Z. Reprod.* 8 S. 50/1.

Verstärken und Abschwächen mit Kaliumpermanganat. (R) *Phot. Rundsch.* 20 S. 166.

Ein neues Abschwächungsmittel, das Sanzol. *Phot. Chron.* 1906 S. 185/6.

BARTLETT, application of FARMER's method of reduction by which the shadows are preserved and only the high lights reduced. (V) *J. Frankl.* 162 S. 73/5.

WURTZ, lokale Abschwächung von Negativen. *Phot. Wchbl.* 32 S. 144/5.

Der Ammoniumpersulfat-Abschwächer. *Phot. Rundsch.* 20 S. 193/4.

SMITH, Kobalt-Abschwächer. (R) *Phot. Rundsch.* 20 S. 194.

LUMIÈRE, the action of the relative weights of alkali and reducer. *J. of Phot.* 53 S. 270/1.

PERKINS, the reduction of prints by FARMER's reducer. *Phot. News* 50 S. 819.

e) Fixleren, Waschen. Fixing, washing. Fixage, lavage.

GAEDICKE, rationelles Fixieren. *Phot. Wchbl.* 32 S. 449/50.

LUMIÈRE et SEYEWETZ, insolubilisation de la couche gélatinée des plaques ou des papiers photographiques dans le bain de fixage. *Bull. Soc. phot.* 2, 22 S. 306/11.

GAEDICKE, das Agfa-Schnell-Fixiersalz. *Phot. Wchbl.* 32 S. 461/2.

ZIMMERMANN AND CO., Agfa fixing salt. *J. of Phot.* 53 S. 975.

„Fixolene", LUMIÈRE fixing salt. *J. of Phot.* 53 S. 975.

Chromiertes Fixiersalz von LUMIÈRE. *Phot. Wchbl.* 32 S. 367/8.

LUMIÈRE ET SEYEWETZ, l'emploi des aluns d'alumine et de chrome dans les bains de virage-fixage combinés. *Rev. phot.* 18 S. 194/205.

Härtet Eure Negative. (Indem man Alaunlösung dem Fixierbade zusetzt, oder dem Fixierbade ein Alaunbad folgen läßt.) *Phot. W.* 20 S. 136.

Gelbschleier verursacht durch zu kaltes Fixierbad. *Phot. W.* 20 S. 156.

CRESTIN, unvollständige Fixierung von Papierbildern. *Phot. Wchbl.* 32 S. 25/6.

HEWITT, the acid fixing bath. (R) *Phot. News* 50 S. 509; *Wilson's Mag.* 43 S. 344/5.

REEB, l'acide borique dans l'hyposulfite de soude. (V) *Bull. Soc. phot.* 2, 22 S. 163/7.

TURNER, acid hypo v. plain hypo. (Dry hypo; plain and acid hypo; advantages of the alum-acid bath; cheapness of the acid bath.) *Phot. News* 50 S. 779.

GAEDICKE, Abkürzung des Auswaschens von Negativen. (Das ausfixierte Negativ ist fünf Minuten in eine 10 prozentige Chlorammoniumlösung zu legen.) *Phot. Mitt.* 43 S. 116.

Auswässern von Trockenplatten. *Phot. Chron.* 1906 S. 447.

WALL, curtailing the washing of plates. *Phot. News* 50 S. 131.

d) Verschiedenes. Sundries. Matières diverses.

COUSTET, Erhaltung der Negative. *Phot. Wchbl.* 32 S. 36/7.

SCHLEGEL, Winke zur Aufsuchung der Ursachen mangelhafter Negative. *Phot. W.* 20 S. 131/4 F.

Verbesserung mangelhafter Negative. (R) *Phot. Rundsch.* 20 S. 36.

BURTON, zersprungene Negative, bei welchen die Schicht selbst nicht gelitten hat, zu retten. *Phot. Chron.* 1906 S. 564/5.

MIX, the handling of faulty negatives. *Wilson's Mag.* 43 S. 149/50.

BENNETT, improving the negative. (Causes of imperfect results; negatives that require chemical treatment; special precautions; negatives that require reduction; negatives that require both reduction and intensification; negatives stained in development; negatives stained after development.) *Wilson's Mag.* 43 S. 511/6.

Fleckenbildung bei Negativen. (Beseitigung.) (R) *Phot. Z.* 30 S. 201/2.

Mittel zur Erzielung eines brauchbaren Negativs bei Unterexposition. (Mit Quecksilber verstärken; auf die Schichtseite wird ein reines schwarzes Papier gelegt, und von der Glasseite aus in guter Vorderbeleuchtung mit der Kamera eine Reproduktion gemacht.) *Phot. Rundsch.* 20 S. 120.

CLAUDY, drying negatives and prints.* *Phot. News* 50 S. 650/1.

Making enlarged negatives from prints.* *Phot. News* 50 S. 423/4.

HEWITT, enlarged negatives on negative paper. *Phot. News* 50 S. 45.

Aufbewahrung fertiger Gelatine-Negative. *Pharm. Centralh.* 47 S. 765.

JARMAN, removing and transferring gelatine-films from cracked negatives. *Wilson's Mag.* 43 S. 250/2.

BAILEY, stripping films from cracked negatives. (R) *Phot. News* 50 S. 267.

Removing films from spoilt plates. *Photographic Monthly* 13 S 121.

ROENIUS, methods for the rapid drying of gelatine films and negatives. (Drying with volatile liquids; the use of hygroscopic substances; drying by means of heat; — by mechanical movement.) *J. of Phot.* 53 S. 554/5; *Phot. Z.* 30 S. 427/31.

Negativ-Retusche durch Anfärben. *Phot. Wchbl.* 32 S. 44/5.

DEBENHAM, the rules of retouching. *Photographic Monthly* 13 S. 133/4.

WHITING, retouching negatives of interiors. *J. of Phot.* 53 S. 224/5.

WHITING, retouching landscape negatives. *J. of Phot.* 53 S. 266/7.

Paper negatives. (Bromide paper, exposure, development, enlarged paper negative by contact.) *Phot. News* 50 S. 875/6.

GLOVER, post card negatives. *Wilson's Mag.* 43 S. 175/6.

Duplikatnegative auf Diapositivplatten und Planfilms. *Phot. Z.* 30 S. 366/8.

Herstellung von Duplikatnegativen. (Mit Ammoniumpersulfat.) *Phot. Chron.* 1906 S. 374; *Phot. Z.* 30 S. 574/5.

STÜRENBURG, Anwendung der Chromsäure zur Herstellung direkter Positive und zur Negativreproduktion. *Phot. W.* 20 S. 21/3 F.

VALENTA, Negativkalilacke mit Tetrachlorkohlenstoff. *Phot. Korr.* 43 S. 178/9; *Phot. Wchbl.* 32 S. 175/6.

MENTE, Kollodiumemulsion oder nasses Verfahren? *Z. Reprod.* 8 S. 125/6 F.

STOLZE, Einzelheiten zum nassen Kollodionverfahren. (Vorpräparation der Glasplatten; Kollodionieren und Silbern der Platten; doppelte

Silberbäder; Hervorrufen der nassen Platten.) *Z. Reprod.* 8 S. 4/8.

LOCKETT, stump and blacklead: their application to the photographic negative. *Phot. News* 50 S. 126/7.

Hinterkleiden von Platten. (Mit Zeitungsdruckfarbe.) *Phot. Chron.* 1906 S. 446.

STOLZE, Randschleier. *At. Phot.* 13 S. 38/41.

Grobes Korn der Negative im Sommer. *Phot. Wchbl.* 32 S. 263/4.

Wie soll der Arzt seine RÖNTGEN-Negative aufbewahren? *Arch. phys. Med.* 1 S. 204/5.

8. Positivprozeß. Printing process. Procédé positif. Vgl. 12.

a) Allgemeines. Generalities. Généralités.

BERNHEIM, Positive in der Kamera. *Phot. Wchbl.* 32 S. 285.

COUSTET, Phototegie, ein Verfahren, ein Positiv direkt in der Kamera zu machen. *Phot. Wchbl.* 32 S. 183/4.

HAUBERRISSER, Herstellung von Pigmentdiapositiven. *Phot. Wchbl.* 32 S. 465; *Phot. Rundsch.* 20 S. 143.

Diapositive für Vergrößerungszwecke. (Metol als Entwickler.) *Phot. W.* 20 S. 181.

Diapositive auf Bromsilbergelatineplatten. *Phot. W.* 20 S. 184/5.

Belichtung der Diapositivplatten. *Phot. Mitt.* 43 S. 139/40.

BUSZ, zur Technik des Gummidruckes. *Phot. Korr.* 43 S. 259/66.

D'ARCY-POWER, zur Technik des Gummidruckes. (A) *Phot. Chron.* 1906 S. 238/9.

JOË, Gummi- oder Pigmentdruck. *Phot. Wchbl.* 32 S. 132/4.

MENTE, der Gummidruck in der Praxis des Berufsphotographen. *At. Phot.* 13 S. 8/12.

HIECKE, Gummidruck in direkter Vergrößerung. *Phot. Wchbl.* 32 S. 224/6.

Multiple-gum. (Infinite latitude, modification during printing, pictorial definition, control of values, excessive granularity, yellow stains on the print, injury of the paper.) *Phot. News* 50 S. 749.

Water colour in multiple gum printing. *Wilson's Mag.* 43 S. 59/62.

DILLAYE, Verwendung von Wasserfarben beim Kombinations-Gummidruck. (R) *Phot. Rundsch.* 20 S. 43/4.

GRIFFIN, modified gum bichromate process. (Indirect pigment image.) *J. of Phot.* 53 S. 89/90.

SAUSER, quelques mots sur la pratique du procédé à la gomme bichromate. (Procédé combiné.) *Rev. phot.* 28 S. 102/11.

STÜRENBURG, Anwendung der Chromsäure zur Herstellung direkter Positive und zur Negativreproduktion. *Phot. W.* 20 S. 21/3 F.

Cyanotypien auf Glas oder Porzellan. *Pharm. Centralh.* 47 S. 491.

EMANUEL, SPITZERtypie. (Verfahren der Autotypie, das mit jedem gewöhnlichen Negativ, ohne Zuhilfenahme eines Rasters ausgeübt werden kann.) *Phot. Wchbl.* 32 S. 510.

Kallitypie. *Phot. Wchbl.* 32 S. 65.

NICOL, vereinfachter Kallityp-Prozeß. *Phot. Korr.* 43 S. 545.

MANLY, le procédé ozobrome. (Procédé sans transfert; procédé avec transfert.) *Bull. Soc. phot.* 2, 22 S. 411/3.

MANLY, „Ozobrom" ein neuer Pigmentprozeß. *Phot. Wchbl.* 32 S. 266.

SCHNEEBERGER, Anleitung zur Selbstherstellung der Pigmentpapiere. *Phot. Z.* 30 S. 541/3.

ABEL, rasche Sensibilisierung von Pigmentschichten. *l'hot. Wchbl.* 32 S. 158/9.

RANFT, Vermeidung von Mißerfolgen beim Pigmentdrucken und Erklärungen dafür. (a) *Phot. Chron.* 1906 S. 383/7.

PETRASCH, die beim Pigmentverfahren auftretenden Fehler und deren Behebung. *Phot. Rundsch.* 20 S. 39/41.

Das Oeldruckverfahren von RAWLINS. *Phot. Chron.* 1906 S. 629/30.

WALL, printing-out platinotype. *Phot. News* 50 S. 655.

SAUZER, la platinotypie. (A) *Bull. Soc. phot.* 2, 22 S. 212/7.

BENNINGTON, platinum printing. *Wilson's Mag.* 43 S. 522/7.

RANFT, über Platindruck. *At. Phot.* 13 S. 53/5.

MORRIS, platinotype printing. *Wilson's Mag.* 43 S. 254/6.

JARMAN, carbon prints on daguerreotype plates and aluminium. *Wilson's Mag.* 43 S. 150/4.

JARMAN, Platinbilder von schwachen Negativen. *Phot. Wchbl.* 32 S. 426; *Wilson's Mag.* 43 S. 318/20.

JARMAN, sepia platinum prints. *Phot. News* 50 S. 326/7; *Wilson's Mag.* 43 S. 123/7.

BELL, the working up of platinotypes. *Wilson's Mag.* 43 S. 342/3.

MARTON, progress of carbon printing in America. *Wilson's Mag.* 43 S. 528/9.

HOBBS, carbon effects on gaslight papers. *Phot. News* 50 S. 29.

JARMAN, sensitizing celluloid for printing purposes. *Wilson's Mag.* 43 S. 218/22.

JARMAN, printing-out transparency plates by the gelatine process. *Wilson's Mag.* 43 S. 53/7.

NAMIAS, quelques défauts observés sur les copies au bromure d'argent. *Rev. phot.* 28 S. 10/4.

SOMERVILLE, the prevention of faults and failures in bromide printing. *Wilson's Mag.* 43 S. 326/31.

MONTON und PELITOT, Belichtung und Entwicklung von wenig empfindlichem Bromsilberpapier. (R) *Phot. Rundsch.* 20 S. 22.

HOPPE, eine epochemachende Erfindung im Pigment-Verfahren. (Kohledruck auf einem Bromsilberdruck.) *Phot. W.* 20 S. 161/2.

HAUBERRISSER, Haltbarkeit von Silberkopien. *Phot. Chron.* 1906 S. 69/71.

BLAKE SMITH, Bromsilberkopien von häßlichem Farbenton. (Umwandlung in gute, schwarze Abdrücke; Bleichen mit Kaliumferricyanid und Bromkalium und mit einem Metolentwickler behandeln.) *Phot. Rundsch.* 20 S. 94.

LITTMANN, künstlerische Wirkung der Bromsilberdrucke. *Phot. Mitt.* 43 S. 125/8.

Entwickler für Bromsilberpapiere. (Natriumsulfit, Diamidophenol, Ameisensäure und Natrium-Karbonat.) *Phot. W.* 20 S. 141.

Die modernen Kopierpapiere und ihre Behandlung. *At. Phot.* 13 S. 22/4.

JOË, über die Verarbeitung von Gelatine-Auskopierpapier. *Phot. Wchbl.* 32 S. 301/3.

LUMIÈRES neue Auskopierpapiere ohne lösliche Silbersalze. *Phot. Mitt.* 43 S 44/5.

Die Herstellung großer photographischer Kopien. *Phot. Z.* 30 S. 758,63.

BUSZ, das Kasoidinpapier. *Phot. Wchbl.* 32 S. 462/3.

ALDRIDGE, toning platinum papers. (R) *Phot. News* 50 S. 108.

FAIRMAN, the manipulation of plain paper. *Wilson's Mag.* 43 S. 362/6.

FLORENCE, die Gummidruckpapiere. *At. Phot.* 13 S. 100/4.

TURNER, the working of development papers. *Wilson's Mag.* 43 S. 179/81 F.

TURNER, peculiarities of development papers. *Wilson's Mag.* 43 S. 271/3 F.

ARCHIBALD, mounting photographic prints on cloth. *Wilson's Mag.* 43 S. 296/8.

JARMAN, silver prints on linen and other fabrics. (Preparing, sensitising, printing, toning and fixing.) (R) *Phot. News* 50 S. 206/7.

JARMAN, printing photographs upon canvas. *Phot. News* 50 S. 511.

JARMAN, printing upon silk with the salts of silver and iron. *Wilson's Mag.* 43 S. 338/9.

Drucken auf Seide mit Silber- und Eisensalzen. (Die lichtempfindliche Mischung besteht aus Ferriammoniumcitrat, Zitronensäure, Silbernitrat und Wasser.) *Phot. W.* 20 S. 156.

FARRELL, method for the production of photographs on silk. *Wilson's Mag.* 43 S. 181/5; *J. of Phot.* 53 S. 167/9.

Papierpositive als Fensterbilder oder durchscheinende Stereoskopbilder. (Mit Oelen durchscheinend machen.) *Phot. Rundsch.* 20 S. 120.

BROWN, the size and shape of stereoscopic prints.* *Phot. News* 50 S. 712.

IVESsche Parallax-Stereogramme. *Phot. Rundsch.* 20 S. 196/7.

BEACH, machine printing of drawings and film negatives. (Printing from flexible negatives.)* *J. of Phot.* 53 S. 13/4.

RONDINELLA's photo-printing machine. (For producing photographic prints in continuous form from tracings or other flexible transparencies of unusual length.)⊞ *J. Frankl.* 161 S. 71/8.

b) Kopieren, Fixieren, Tonen, Verstärken, Vollenden. Printing, fixing, toning, intensification, finishing. Tirage, fixage virage, renforcement, achèvement.

GÜNTHER, über die Anfertigung von Latern-Diapositiven. *Phot. W.* 20 S. 3/7.

FLORENCE, über das Entwickeln von Diapositivplatten. *Phot. Chron.* 1906 S. 491/3.

FRIEDLÄNDER, über Projektions-Diapositive. (R) *Phot. Z.* 30 S. 297/9.

GILBERT, Diapositivplatten zum Auskopieren. *Phot. Wchbl.* 32 S. 96/7.

Japanisches Kopierpapier. (Erzeugung.)* *Papier-Z.* 31 S. 822/3.

Herstellung großer photographischer Kopien. *Phot. Wchbl.* 32 S. 229/33.

KOENIG, Kopieren bei künstlichem Licht. *Phot. Mitt.* 43 S. 29/37.

Kopien mittels Entwicklung auf Auskopierpapieren. *Phot. Mitt.* 43 S. 99/102.

VALENTA, Verwendung des Bromsilbers im Auskopierprozesse. *At. Phot.* 14 S. 2/4.

STOLZE, zur Behandlung der silbernitrathaltigen Auskopierpapiere. *Phot. Chron.* 1906 S. 503/7.

LUMIÈRE, Methode, direkt kopierende Präparationen ohne lösliche Silbersalze herzustellen. *Phot. Rundsch.* 20 S. 273/5.

BARTLETT, Kopieren mit Kupfersalzen. (Chromotypie.) *Phot. Rundsch.* 20 S. 265/6.

STRUCK, Einfluß der Wärme beim Kopieren von Pigment- und Gummidruckpapieren.* *Phot. Mitt.* 43 S. 459/65.

STRUCK, Einfluß der Wärme beim Kopieren von Chromatschichten. *Phot. Wchbl.* 32 S. 436/7.

NAMIAS, die Punkte und lichten Flecken auf den direkt geschwärzten Kopien. Ursachen und Gegenmittel. *Phot. Z.* 30 S. 532/3; *Phot. Korr.* 43 S. 112/8.

Fixieren von Bleistift- oder Kreideretouche auf Bromsilberdrucken. *Pharm. Centralh.* 47 S. 593.

Retouchefixierung auf Bromsilberbildern. Durch einen gegen die Oberfläche des Abdrucks geleiteten Dampfstrahl.) *Apoth. Z.* 21 S. 626.

Repertorium 1906.

Der Gebrauch von Tonfixierbädern. *Phot. Mitt.* 43 S. 147/50.

PETRASCH, Tonung von Diapositivplatten durch erneute Entwicklung. *Phot. Rundsch.* 20 S. 160/2.

WILL, Belichtung und Tiefe der Tonung.* *Phot. Mitt.* 43 S. 388/92.

A new toning bath. (a) *Wilson's Mag.* 43 S. 452.

Das neutrale Optima-Tonsalz von BUISSON. *Phot. Wchbl.* 32 S. 55.

Warme Alauntonung. (R) *Phot. Rundsch.* 20 S. 141.

BAKER, le virage des papiers au gélatino-chlorure. *Rev. phot.* 28 S. 245/54.

HORSLEY-HINTON, emploi d'un sel d'aluminium dans le virage. (R) *Bull. Soc. phot.* 2, 22 S. 326/7.

WALL, sulphide toning. *Phot. News* 50 S. 675.

SPENNITHORN, simple sulphur toning. (R) *Wilson's Mag.* 43 S. 81/3.

CHAPMAN, Schwefeltonung. *Phot. Wchbl.* 32 S. 184.

Schwefeltonung von Auskopierpapieren. *Phot. Wchbl.* 32 S. 163/4.

Schwefeltonungsprozeß von Bildern auf Auskopierpapieren. *Phot. W.* 20 S. 184.

Tonen von Aristo- und Zelloidinpapier. *Pharm. Centralh.* 47 S. 450.

SCHMIDT, Tonung von Entwicklungspapieren. (Erklärung der chemischen Reaktionen.) (R) *Phot. Rundsch.* 20 S. 113/7.

SEDLACZEK, die Tonungsverfahren von Entwicklungspapieren. (A) *Phot. Chron.* 1906 S. 467/70.

PIPER, WELBORNE, ein Tonungsverfahren für Laternbilder. (Mit Quecksilberchlorid u. Jodkalium.) *Phot. W.* 20 S. 76/7.

Toning lantern slides. (Colours by development or toning, slides for toning, sulphide-, uranium-, toning, judge the effect on the screen, blue tones, purple tones, green tones, ready-made toners.) *Phot. News* 50 S. 895/6.

REDDY, warm-toned lantern slides. (R) *Wilson's Mag.* 43 S. 37/8.

GRAVES, Schwefeltonung für Laternbilder. (R) *Phot. Rundsch.* 20 S. 44/5.

WALL, green tones on bromide paper. *Phot. News* 50 S. 883.

SOMERVILLE, green tones on bromides by vanadium. *Photographic Monthly* 13 S. 265/7.

Warm tones on bromide papers by development. (R) *Wilson's Mag.* 43 S. 131/4.

Toning of bromide prints. (R) *J. of Phot.* 53 S. 624/5 F.

Tonbäder für Bromsilberpapier. (R) *Phot. Rundsch.* 20 S. 118/9.

BAKER, sur le virage des épreuves au bromure d'argent. (R) *Bull. Soc. phot.* 2, 22 S. 249/52.

Blaue Töne auf Bromsilber- und Gaslichtpapieren. *Phot. W.* 20 S. 156.

Blautonung von Bromsilberbildern. *Phot. Wchbl.* 32 S. 287.

KESZLER, Braunfärbung von Bromsilberdrucken durch Schwefeltonung. *Phot. Mitt.* 43 S. 260; *Phot. Korr.* 43 S. 229/31.

BRANDLEY, Kupfertonung für Bromsilberkopien. (R) *Phot. Mitt.* 43 S. 139; *Phot. Wchbl.* 32 S. 165.

Sulphide toning of silver prints. (R) *J. of Phot.* 53 S. 28.

MACLEAN, Pyro-Metol für Bromsilberpapiere. (Zur Erzielung farbiger Töne.) *Phot. Mitt.* 43 S. 259.

CORKLE, Urantonung für Platinbilder. *Phot. Wchbl.* 32 S. 384.

JARMAN, Sepiatonung von Platindrucken. (R) *Phot. Mitt.* 43 S. 188.

Sepiafarbene Platindrucke. (R) *Phot. Chron.* 1906 S. 374.

GRAVES, the use of toned papers. *Phot. News* 50 S. 881.

HADDON, self-toning papers. *Phot. News* 50 S. 428.

JARMAN, Silberverstärker. (R) *Phot. Mitt.* 43 S. 260.

BRIGHAM, finishing carbon prints without subsequent mounting. *Wilson's Mag.* 43 S. 15/6.

Making platinum prints from thin negatives. *Phot. News* 50 S. 820.

Verbesserung von Platinbildern. (Ammonium-Bichromat als Zusatz zum Entwickler [gesättigte Lösung von Kalium-Oxalat].) *Phot. Z.* 30 S. 49.

HOLCROFT, notes on the colour and permanence of gum-bichromate prints. *Process phot.* 13 S. 300/3.

BUTCHER, photographic reproduction of blueprints. (Diagram showing relative sensitiveness of dry plates to light from different parts of the spectrum.)* *Eng. News* 55 S. 414.

THOMPSON, schwarze Drucke mittels Kallitypie. (R) *Phot. Chron.* 1906 S. 96/7.

JARMAN, citro-chloride celluloid for gas-light printing. *Wilson's Mag.* 43 S. 538/42.

VALENTA, Lackieren von Platindrucken. (R) *Phot. Korr.* 43 S. 69.

TRAUBE, Lackieren von Platindrucken. (R) *Phot. Chron.* 1906 S. 227/8.

LUMIÈRE, alum in the combined bath. (The novel idea is the addition of bisulphite of soda, which prevents the decomposition of the alum and the hypo, so that a perfectly clear bath is obtained.) *Phot. News* 50 S. 735; *Bull. Soc. phot.* 2, 22 S. 323/5; *Phot.Wchbl.* 32 S. 429/30.

MANLY's Ozobrom-Verfahren. *Phot. Rundsch.* 20 S. 263/4.

TRANCHANT, Pigmentbilder ohne Uebertragung. *Phot. Wchbl.* 32 S. 5.

Photographien als Vorlagen für Druckstöcke. (Photographische Papiere von VAN BOSCH; Mattpapiere.) *Papier-Z.* 31, 1 S. 264/5.

STOLZE, Aufziehen von Bildern mit Hilfe der Satiniermaschine. *At. Phot.* 13 S. 74/6.

DOWDY, das Aufkleben von Stereoskopbildern. *Phot. Rundsch.* 20 S. 69/70.

Die Wiederherstellung von alten Daguerreotypien. *Phot. Korr.* 43 S. 66/9; *Wilson's Mag.* 43 S. 28/30.

9. Vergrößerung und Verkleinerung. Enlargement and reduction. Agrandissement et réduction.

HAUBERRISSER, etwas über Vergrösserungen. (Paupapier für direkte Vergrößerungen.) *Phot. Chron.* 1906 S. 547/8.

TRUTAT, procédés d'agrandissement. *Rev. phot.* 28 S. 93/101.

CADBY, Vergrößern ohne Zuhilfenahme der Kamera. (Anwendung von Cristoidfilms, die sich im Entwicklungsbade beträchtlich ausdehnen.) *Phot. Rundsch.* 20 S. 68.

HOPKINS, calculating enlargements without tables. *Phot. News* 50 S. 89.

Light for enlarging. (The size of exhibition pictures; daylight enlargers; artificial light; limelight; jets.) *Phot. News* 50 S. 767/8.

Enlarging by daylight. *Phot. News* 50 S. 857.

FLORENCE, direkte Pigmentvergrößerungen. (In eine für diesen Zweck hergestellte Lösung aus Kaliumbichromat, Kaliumferricyanid, Bromkalium und Alaun wird ein Blatt des MANLY-Pigmentpapieres gelegt, einige Minuten darin belassen und darauf einen gut eingeweichten Bromsilberdruck aufgequetscht; darauf Entwicklung des Pigmentbildes nach etwa einer halben Stunde.) *At. Phot.* 13 S. 132/5.

HIECKE, direkte Vergrößerungen in Gummidruck mit besonderer Berücksichtigung des Dreifarbendruckes.* *Phot. Korr.* 43 S. 170/6.

Direct enlargements in monochrome and three-colour in gum bichromate.* *J. of Phot.* 53 S. 305/7.

WALL, direct enlargements on bi-gum paper. *Phot. News* 50 S. 311/2.

HEWITT, direct enlarging on bromide paper. *Phot. News* 50 S. 5.

PARKINSON, bromide enlarging and toning. (R) *Phot. News* 50 S. 429.

NIXON, factorial enlargement. (Focussing enlarged negatives, exposure.) *Phot. News* 50 S. 878/9.

HAWKES, rapid enlargements. (R) *Phot. News* 50 S. 68.

TRUTAT, les projections. *Rev. phot.* 28 S. 125/37 F.

Epidiaskopischer Ansatz für Projektions-Apparate zur Projektion im auffallenden Licht.* *Phot. W.* 20 S. 179.

KRÜSS, Doppel-Projektionsapparat zur gleichzeitigen Projektion von zwei Bildern mittels einer Lichtquelle.* *Phot. W.* 20 S. 142/3.

Making enlarged negatives from prints.* *Phot. News* 50 S. 423/4.

The „Salex" enlarger.* *Phot. News* 50 S. 864.

10. Kolorierung der Bilder. Colouring the prints. Coloration des épreuves.

SCHMIDT, W., kolorierte Photogramme. *Phot. Mitt.* 43 S. 178/84.

ABT, kolorierte Projektionsbilder. *Phot. Mitt.* 43 S. 82/8.

KOPPMANN, übermalte Photographien. Dreifarben-Photographien. (Hauptvorzug bei der Wiedergabe der Farben ist die treue Wiedergabe der Form, deren Fehlen der größte Fehler der übermalten Photographien ist.) *Phot. Wchbl.* 32 S. 282/4.

WALL, colouring lantern slides and transparencies. *Phot. News* 50 S. 799.

11. Eingebrannte Photographien. Photo-enamels. Photo-émails.

DOLESCHAL, vereinfachtes Verfahren zur Herstellung einbrennbarer Photographien. *Phot. Chron.* 1906 S. 403/4.

HENDERSEN, Photo-Emaillen. *Phot. Wchbl.* 32 S. 34/5.

12. Farbenphotographien. Photography in colours. Photographie des couleurs.

Zur Farbenphotographie (Pinatypie). *Phot. Wchbl.* 32 S. 92/4.

KRÜSS, Vorschlag zu einem neuen Farbenkopierverfahren. *Phot. Wchbl.* 32 S. 465/6.

Kunstlicht und Farbenphotographie. *Phot. Chron.* 1906 S. 89/90.

Colour photography. (Tri-colour work with a single exposure camera.) *J. of Phot.* 53 S. 145/6.

Colour-correct ("ortho-" or "iso-") photography. *Photographic Monthly* 13 S. 155.

Three-colour and four-colour photography.* *J. of Phot.* 53 S. 693.

Testing the lens for three-colour work. *Process Engraver's Monthly* 13 S. 103.

BRAHAM, trichrome carbon printing. *J. of Phot.* 53 S. 566.

Trichromie und Tetrachromie. *Phot. Korr.* 43 S. 477/8.

AARLAND und FICHTE, die Dreifarbenphotographie. (Kritik des Artikels von KÖNIG: „Aus der Praxis der Dreifarbenphotographie" Jahrg. 42.) *Phot. Mitt.* 43 S. 63/5.

KÖNIG, Erwiderung auf den Artikel „Die Dreifarbenphotographie" von AARLAND und FICHTE. *Phot. Mitt.* 43 S. 89/91.

BLOCHMANN, Schwierigkeiten der Dreifarben-Photographie. *Phot. Rundsch.* 20 S. 87/9.

ERBE, Photographie der Farben. *Phot. Rundsch.* 20 S. 107.

GRAVIER, la photographie des couleurs. *Bull. Soc. phot.* 22 S. 385/7.

HÖCHSTER FARBWERKE, Pinatypie. (Indirektes Verfahren der Farbenphotographie.) *Uhlands T. R.* 1906 *Suppl.* S. 59/60.

VON HÜBL, Beiträge zur Dreifarbenphotographie. (Unterschiede zwischen additiver und subtraktiver Farbenmischung; Bedeutung der YOUNGschen Theorie für die Dreifarbenphotographie; Grundfarben der Dreifarbenphotographie; additive und subtraktive Filter; Abstimmen der Aufnahmefilter.)* *At. Phot.* 13 S. 63/9 F.

HUTCHINSON, Farben-Photographie. *Phot. Z.* 30 S. 653/6.

IVES, improvements in the diffraction process of colour photography. (Method of making the improved diffraction pictures; diffraction chromoscope of IVES, F. E. for observing diffraction pictures.) (V)* *J. Frankl.* 161 S. 439/49; *Phys. Rev.* 22 S. 339/44.

KÖNIG, einige Verwendungsarten der Pinatypie. (Herstellung einfarbiger Diapositive, monochromer Papierbilder und umgekehrter und Duplikatnegative.) *Phot. Mitt.* 43 S. 133/5.

LIPPMANN, new process of colour photography. *Sc. Am.* 95 S. 304; *Sc. Am. Suppl.* 62 S. 25711; *Wilson's Mag.* 43 S. 545.

LIPPMANN, des divers principes sur lesquels on peut fonder la photographie directe des couleurs. (Photographie directe des couleurs fondée sur la dispersion prismatique. Remarques générales sur la photographie interférentielle des couleurs.) *Compt. r.* 143 S. 270/4.

LUMIÈRE, Farbenphotographie. *Phot. Wchbl.* 32 S. 398.

Colour photography. (The LIPPMANN and LUMIÈRE processes.) *J. of Phot.* 53 S. 125/6.

METZ, pinachromy and pinatype: new processes of colour photography. *Chemical Ind.* 25 S. 676/7; *Sc. Am. Suppl.* 62 S. 25631.

MEYER, BRUNO, die Farbenphotographie in der Berliner Kunstakademie. *Phot. Z.* 30 S. 857/9.

NEWTON, three-colour photography. (General principles; method of recording colour; additive and subtractive processes; printing inks.) *J. of Phot.* 53 S. 910/1.

QUENTIN, über den Farbenprozeß von JOLY. *Phot. Wchbl.* 32 S. 104/5.

RAYMOND, Farbenphotographie. *Phot. Wchbl.* 32 S. 455/6.

Three-colour transparencies by the pinatype process. (Investigation by MEISTER, LUCIUS and BRÜNING.) *J. of Phot.* 53 S. 6/7.

Three-colour transparencies by the SANGER-SHEPHERD process. *J. of Phot.* 53 S. 506.

SCHMIDT, three-colour prints by the carbon-film process. (V) (A) *J. of Phot.* 53 S. 469/70.

SMITH, MERCKENS, la photographie en couleurs. (V) *Rev. phot.* 28 S. 149/54.

Photographie des couleurs procédés du SMITH. *Cosmos* 1906, 2 S. 322/4.

STENGER, Anwendungsgebiete der Pinatypie. *At. Phot.* 13 S. 86/90.

TRUTAT, la photographie des couleurs. *Rev. phot.* 28 S. 18/22 F.

TRUTAT, le repérage dans les photographies trichromes. *Impr.* 43 S. 692.

WISKI, die Photographie in natürlichen Farben in der Hand des praktischen Amateurs. *Phot. Mitt.* 43 S. 321/7 F.

WOOD, the intensification of glass diffraction grat-

ings and the diffraction process of colour photography. *Phil. Mag.* 12 S. 585/8.

WOREL, direkte Farbenphotographie. Utopapier. *Phot. Wchbl.* 32 S. 329/30.

La photographie des couleurs par dispersion spectrale prismatique.* *Nat.* 34, 2 S. 401/3.

HOFFMANN, die Dreifarbenphotographie zur Darstellung von Projektions-, Fenster- und Stereoskopbildern in natürlichen Farben. *Phot. Z.* 30 S. 312/4 F.

VON HUBL, the photography of coloured objects. (V)* *J. of Phot.* 53 S. 446/8; *Phot. Korr.* 43 S. 157/67.

EISIG, die photographische Wiedergabe farbiger Gegenstände in den richtigen Tonverhältnissen. *Phot. Rundsch.* 20 S. 187/91 F.

NEUDOERFL, künstliche Lichtquellen in der photographischen Farben-Reproduktion. *Z. Reprod.* 8 S. 137/9.

CHERON, photography in colours by prismatic dispersion.* *J. of Phot.* 53 S. 904/7.

BUTLER, colour photography. Tri-colour work with a single-exposure camera. *Wilson's Mag.* 43 S. 177.9.

HABERKORN, Kamera für Dreifarbenaufnahmen nach der Natur.* *Phot. Korr.* 43 S. 430/2.

LUMIÈRE, Dreifarbenkamera. *Phot. Wchbl.* 32 S. 205.

SCHMIDT, HANS, über Kameras für Dreifarbenphotographie.* *Phot. Korr.* 43 S. 531/5, 579/82; *Mechaniker* 14 S. 198/9.

The pinatype camera. (The repeating back in which the colour filters are carried is actuated by a pneumatic release. The plates are carried in single metal slides, and the shutters of all three slides are withdrawn.) *J. of Phot.* 53 S. 105.

THORNE-BAKER, un appareil spectroscopique pour la photographie orthochromatique et la photographie des couleurs.* *Rev. phot.* 28 S. 161/7.

BAKER, la préparation des écrans orthochromatiques.* *Rev. phot.* 28 S. 48/52.

BAKER, orthochromatic screens or light-filters.* *Photographic Monthly* 13 S. 80/3.

BAKER, Rotfilter im Dreifarbenprozeß. (Mit Crocein-Scharlach R und Tartrazin.) *Phot. Z.* 30 S. 534; *Phot. Rundsch.* 20 S. 108.

NOVAK, Rapidlichtfilter für Dreifarbenphotographie. *Phot. Korr.* 43 S. 285/7; *Phot. Wchbl.* 32 S. 241.

NOVAK, Farbstoff zur Herstellung von Kontrastfiltern. *Phot. Korr.* 43 S. 384/5.

NEUHAUSZ, Ausbleichverfahren. *Phot. Rundsch.* 20 S. 15/8.

SMITH, MERKENS, ein Ausbleichverfahren. (V) (A) *Phot. Rundsch.* 20 S. 166/8.

The SZCZEPANIK bleach-out process of colour photography. (The paper consists of three coloured films, each of which is capable of being completely bleached.) *J. of Phot.* 53 S. 26/7.

LIPPMANN, la photographie des couleurs sur plaques sensibilisées aux sels de chrome. *Bull. Soc. phot.* 2, 22 S. 287/8.

LÉGIER, le „photochrome" de la SOCIÉTÉ DU PHOTOCHROME.* *Bull. Soc. phot.* 2, 22 S. 184/6.

Direct enlargements in monochrome and three-colour in gum bichromate.* *J. of Phot.* 53 S. 305/7.

NEWTON, pigments for three-colour processes.* *J. of Phot.* 53 S. 406/8.

MONPILLARD, essais du pinacyanol et de la dicyanine des FARBWERKE HOECHST. (V)* *Bull. Soc. phot.* 2, 22 S. 132/43.

GRAVIER, méthode d'impression en couleurs; la quadrichrome ZANDER. (V) *Bull. Soc. phot.* 2, 22 S. 273/4.

The ZANDER complementary color process. (Four fundamental colours can be grouped into two pairs of complementary colours, viz: red and green; yellow and blue.) * *Process Engravers Monthly* 13 S. 5/7 F.

KOPPMANN, übermalte Photographien. Dreifarben-Photographien. (Hauptvorzug bei der Wiedergabe der Farben ist die treue Wiedergabe der Form, deren Fehlen der größte Fehler der übermalten Photographien ist.) *Phot. Wchbl.* 32 S. 282/4.

DOLESCHAL, Verfahren zur Herstellung photographischer, Oelbildern ähnlicher Porträts. *Phot. Chron.* 1906 S. 613/5.

13. Mikrophotographie.

CULMANN, la microphotographie au moyen des radiations ultra-violettes. (V) * *Bull. Soc. phot.* 2, 22 S. 85/9; *Rev. phot.* 28 S. 119.

DIECK, mikrophotographische Aufnahmen mit ultravioletten Strahlen. (Bedeutung für die Untersuchung der Hartgewebe von Zahn und Knochen.) (V. m. B.) (a) * *Mon. Zahn.* 24 S. 16/37.

PIGG, photo-micrography with ultra-violett rays. *J. of Phot.* 53 S. 45/6.

The KOEHLER apparatus for photo-micrography.* *J. of Phot.* 53 S. 46/7.

LENZ, Demonstration eines Apparates für Mikrophotographie. (V) * *Z. öffil. Chem.* 12 S. 425/30.

14. Atelier und Laboratorium. Studio and laboratory. Atelier et laboratoire.

The reception room. (Good quiet wall-covering, artistic artificial light fittings and wood-work, whilst the furniture should be solid, substantial, and good, but not in any way gaudy.) *J. of Phot.* 53 S. 963.

DÜHRKOOP, the ordinary room as the professional studio.* *J. of Phot.* 53 S. 907/8.

An up-to-date studio. *Wilson's Mag.* 43 S. 509/10.

RÖSL, über ein neues Ateliersystem mit künstlichem Licht.* *Phot. Wchbl.* 32 S. 90/2.

VON DER LIPPE, photographisches Kunstlichtatelier „Lumen candens". (Anwendung von im Raume verteilten elektrischen Glühlampen.) *Phot. Korr.* 43 S. 235/8.

BLOCHMANN, Abblendungsgardinen in photographischen Ateliers.* *At. Phot.* 13 S. 18/9.

POULENC FRÈRES, pied pliant pour appareils d'atelier.* *Bull. Soc. phot.* 2, 22 S. 317/8.

HARTMANN, Atelierbeheizung. *Phot. Z.* 30 S. 109/12.

MEYER, G. M., praktische Dunkelzimmereinrichtung.* *Phot. W.* 20 S. 155.

SCHUCH, hängende elektrische Dunkelzimmerlampe mit Flüssigkeitsfiltern. (Zwei Glasglocken, zwischen welchen sich die gefärbte Filterflüssigkeit befindet.) * *Phot. Chron.* 1906 S. 285/6.

STOLZE, Gefahren des Dunkelzimmers. *At. Phot.* 13 S. 50/2.

GOOS, a rocker for the dark room. * *J. of Phot.* 53 S. 1012/3.

15. Instrumente, Geräte und Maschinen. Instruments, apparatus and machines. Instruments, appareils et machines.

Schnellphotographie-Apparat „Mars". (Viereckiger Holzrahmen, der die photographische Aufnahmekamera, den optischen Schnellkopierapparat und die Entwicklungsvorrichtung enthält. Dieser Apparat bildet auch die Dunkelkammer selbst.) *Phot. W.* 20 S. 158/9.

GRAVILLON, le chronopose et l'autophotographe. (Le chronopose et un déclencheur pneumatique muni d'un dispositiv qui permet de le régler pour des poses variant de $^1/_{10}$ de seconde à 5 secondes. Avec le chronopose l'opérateur n'a

donc, après avoir réglé l'appareil, qu'à agir sur le piston pour obtenir le temps de pose qu'il a choisi. Avec l'autophotographe il n'a plus même cette peine.) * *Bull. Soc. phot.* 22 S. 332/5.

LÖWE, neues Stativ zu Handspektroskopen. *Phot. Wchbl.* 32 S. 370/1.

GEIGER, Pickelklammer Simplex. (Bezweckt, den Eispickel als Stativ zu verwenden.) *Phot. W.* 20 S. 179.

STOLZE, Schlitz-Momentverschlüsse. *Phot. Chron.* 1906 S. 458/9.

STOLZE, axial sich öffnende und schließende Objektivverschlüsse. *Phot. Chron.* 1906 S. 463/4.

v. BASSUS, Prüfung von Momentverschlüssen mittels eines durch einen Elektromotor betriebenen Zimmerventilators. * *Bayr. Gew. Bl.* 1906 S. 131.

SCHEIMPFLUG, der Photoperspektograph und seine Anwendung. * *Phot. Korr.* 43 S. 516/31.

CHAUX, le photochrone; tableau automatique des temps de pose.* *Bull. Soc. phot.* 2, 22 S. 245/7.

MOLTENI, un chercheur économique. (Un petit instrument pour se rendre compte de l'aspect qu'une vue présentera sur la glace dépolie, pour voir si le paysage y sera convenablement inscrit, et chercher le meilleur emplacement où l'appareil devra être installé.) * *Bull. Soc. phot.* 22 S. 352/3.

Kopierrahmen. *Phot. W.* 20 S. 188.

Ein Kopierrahmen aus alten Platten. *Phot. Wchbl.* 32 S. 26.

Universal-Kopierrahmen der Firma Emil WÜNSCHE. *Phot. W.* 20 S. 158.

Zeitsparende Kopiervorrichtung. *Phot. Wchbl.* 32 S. 285/6.

Machine for photo-copies of long tracings.* *J. of Phot.* 53 S. 108/10.

BUTCHER AND SON, the straight-edge lantern-slide printing frame.* *J. of Phot.* 53 S. 974.

CALLAWAY, a simple actinometer.* *Phot. News* 50 S. 881.

HANSEN, Aetzmaschine.* *Z. Reprod.* 8 S. 177,8.

BRESLAUER, der Lackier-Apparat „Ganodot".* *Phot. Z.* 30 S. 770/2.

DALODIER, gouttières suppléant les intermédiaires.* *Bull. Soc. phot.* 2, 22 S. 413/4.

REISZ, un nouveau châssis-presse. (Ce châssis-presse permet aux photographes de faire un nombre illimité de copies, possédant toutes la même intensité et la même teinte.)* *Rev. phot.* 28 S. 15/7.

MAI, photographische Schalen aus Karton.* *Phot. Chron.* 1906 S. 563/4.

Ueberziehen von Schalen. (Mischung von Guttapercha mit Paraffin.) *Phot. Rundsch.* 20 S. 156.

MERRETT's automatic trimming desk. * *Phot. News* 50 S. 759.

WHITE BAND CHEMICAL CO., pakols. (Pakols are neatly filled little packets of developers, toners, intensifiers, reducers, etc. possessing many outstanding qualities that should render them invaluable to amateur photographers at home or on tour.)* *Phot. News* 50 S. 759.

LOCKETT, exhibition frames. (Avoiding damage in transit, frames or no frames, a suggestion, frame backs, advantages, cost, effect) *Phot. News* 50 S. 750/1.

MÜLLER, Neuheiten aus LECHNERs Fabrik photographischer Apparate in Wien. (a) (F)* *Phot. Wchbl.* 32 S. 295/8.

SIEMENS-SCHUCKERT-WERKE, Scheinwerfer für Reproduktionsphotographie. * *Z. Reprod.* 8 S. 179/80.

Selbstherstellung von roten Scheiben. *Phot. Wchbl.* 32 S. 125.

AMSTUTZ, Akrograph, Apparat, um Photographien

in Linienmanier in Hochdruckformen zu verwandeln. *Phot. Wchbl.* 32 S. 186/7.

16. Künstliches Licht. Artificial light. Eclairage artificiel.

BLAKE, lumière du jour et lumière artificielle combinées. *Rev. phot.* 28 S. 179; *Photographic Monthly* 13 S. 135/8.

Kunstlicht und Farbenphotographie. *Phot. Chron.* 1906 S. 89/90.

KIESER, das Zeitlicht, seine Geschichte,, seine Eigenschaften und seine Anwendungsgebiete. (Die magnesiumfreien Mischungen; das magnesium- oder aluminiumhaltige Zeitlicht; das orthochromatische und das panchromatische Zeitlicht.) *Phot. Korr.* 43 S. 57/64 F.

Das Magnesiumlicht in der Photographie. (Aufnahme farbiger Objekte mit Tip Top-Kunstlicht; Fächerblitz; Zeitlichtkerze; Sonnenblitz) (V)* *Phot. Korr.* 43 S. 19/24.

CLUTE, rasches Abbrennen von Magnesium-Pulver. *Phot. Wchbl.* 32 S. 175.

CRABTREE, magnesium powder in photography. *Photographic Monthly* 13 S. 6/10.

CRABTREE, magnesium compound in photography.* *Photographic Monthly* 13 S. 41/4.

WESTON, the „magnesium wand" for home portraiture.* *Photographic Monthly* 13 S. 75/8.

SCHROEDER, Mitteilungen über Blitzlicht-Photographie und über die Hintergrund-Wechsel-Vorrichtung. (V) *Phot. Z.* 30 S. 773/4.

Beurteilung verschiedener Blitzlichtgemische. *Phot. Rundsch.* 20 S. 275/6.

Blitzlicht-Photographie bei Nacht im Freien. *Phot. Wchbl.* 32 S. 257.

RAYMER, skylights. *Wilson's Mag.* 43 S. 301/3.

STAUDENHEIM, mein Blitzlicht. *Phot. Wchbl.* 32 S. 23/24.

SPITZER, Blitzlampe Veauv.* *Phot. Z.* 30 S. 775.

KREBS, panchromatische Zeitlichtpatronen und Pulver. (Um ohne Gelbfilter die Helligkeitswerte für alle Farben, selbst für das tiefste Rot, vollkommen richtig zu bekommen.)* *Arch. phys. Med.* 1 S. 348/9.

STENGER, panchromatisches Blitzlicht.* *At. Phot.* 13 S. 20/2.

GRAYDON, working the limelight. (Limelight jets, lighting up, getting an even disc, gas cylinders.)* *Phot. News* 50 S. 841.

Die elektrische Bogenlampe im Atelier. *Phot. Z.* 30 S. 76/9.

Electric light installations *J. of Phot.* 53 S. 1023/4.

Enclosed arc lamps in photography.* *J. of Phot.* 53 S. 164/7.

GREIL, Verwendung des NERNSTschen Glühlichtes in biologischen Laboratorien nebst Bemerkungen über die photographische Aufnahme von Embryonen.* *Z. Mikr.* 23 S. 257/85.

KERP, die Hg-Lampe der Firma SCHOTT & GEN., Jena.* *Phot. Z.* 30 S. 524/5.

Hg-Lampe. (Mit Quecksilber gefüllte Röhren, durch welche elektrischer Strom geleitet wird.)* *Phot. W.* 20 S. 116/7.

HÜTTIG & SOHN, Dresden, Spiritusglühlampe „Venus". *Phot. Mitt.* 43 S. 46.

GRAYDON, home shows with the lantern. *Phot. News* 50 S. 795/6.

The management of Rembrandt lighting. (Normal „Rembrandt" lighting; side-face „Rembrandt" portraits; line lighting.) *J. of Phot.* 53 S. 930/1.

RÖSL, ein neues Ateliersystem mit künstlichem Licht.* *Phot. Wchbl.* 32 S. 90/2.

Dunkelkammerbeleuchtung für orthochromatische Platten. *Phot. Wchbl.* 32 S. 64/5.

HABERKORN, Dunkelkammerbeleuchtung für sehr rotempfindliche Kollodionemulsionen. *Phot. Wchbl.* 32 S. 286/7; *Phot. Korr.* 43 S. 344/6.

Dunkelzimmer-Laterne „Osmi". (Man kann verschiedene Farben-Effekte erzielen.)* *Phot. W.* 20 S. 134.

KOENIG, das Kopieren bei künstlichem Licht. *Phot. Mitt.* 43 S. 29/37.

17. Photographie mit X-Strahlen u. dgl. Photography with X-rays and the like. Photographie à rayons-X etc. Vgl. Elektrizität 1 d γ und 1 d δ.

ALEXANDER, plastische RÖNTGEN-Photographie. *Apoth. Z.* 21 S. 1023.

SCHULTZ, das N. P. G.-RÖNTGENpapier. (V) *Phot. Z.* 30 S. 446/8.

WALTER, photographische Aufnahmen von Radiumkörnchen im eigenen Licht. *Ann. d. Phys.* 19 S. 1030/1.

18. Sonstige Anwendungen und Verschiedenes. Other applications and sundries. Applications et matières divers.

ETZOLD, die Photographie in der Astronomie. *Phot. Wchbl.* 32 S. 149/53.

MORGENSTERN, astronomische Photographie. *Phot. Rundsch.* 20 S. 111/2; *Rev. phot.* 28 S. 5/9.

HAUDIÉ, détermination, au moyen d'un appareil photographique, du grossissement et du champ des lunettes astronomiques ou galiléiques. (V)* *Bull. Soc. phot.* 2, 22 S. 62/9.

MAUNDER, photography in the work of Greenwich observatory. (Registration of magnetic movements; magnetic disturbances and their characteristics; photographs of the sun's surface.) *J. of Phot.* 53 S. 926/30 F.

COUSTET, photographie céleste. (A) *Rev. phot.* 28 S. 178/9.

MENGARINE, die Sonnencorona in farbiger Photographie. *Phot. Wchbl.* 32 S. 287.

SCHMUCK, Wolken- und Sonnenaufnahmen. *Phot. Mitt.* 43 S. 154/8.

WALTER, Bemerkungen über Blitze und photographische Blitzaufnahmen. (Nachleuchten der Luft bei Blitzschlägen; Ungleichheiten in den verschiedenen Partialentladungen eines Blitzschlages; Schichtenbildung in der Blitzbahn; Bestimmung der Höhe einer Gewitterwolke.) *Ann. d. Phys.* 19 S. 1032/44.

ROY, curieux effet de foudre. *Bull. Soc. phot.* 22 S. 383/4.

DIMMER, photographing the fundus of the eye. (V) (A)* *J. of Phot.* 53 S. 251.

ARCO, Fernphotographie. *Phot. Wchbl.* 32 S. 171/4.

KORN, Fernphotographie. (Empfang- und Abgabestation besitzen je zwei synchronlaufende Walzen, auf denen die Schreibstifte gleiten und die Oberfläche in einer schraubenförmigen Linie abtasten.) *Bayr. Gew. Bl.* 1906 S. 89; *Phot. Z.* 30 S. 79/82.

KORN, elektrische Fernphotographie.* *Ell. u. Maschb.* 24 S. 219/22.

KORN and BELIN, electro-photography.* *J. of Phot.* 53 S. 984/5.

SCHELLENBERG, das Selen und das Problem der drahtlosen Telephonie, der elektrischen Fernphotographie und des elektrischen Fernsehens. *Central-Z.* 27 S. 45/7.

Sull'effetto fotoelettrico del selenio. *Elettricista* 15 S. 33/4.

LAUSSEDAT, tentatives poursuivies dans la marine allemande pour utiliser la photographie dans les voyages d'exploration. (Stéréométrophotographie.)* *Compt. r.* 142 S. 1313/9.

Ballonphotographie. *Phot. Rundsch.* 20 S. 42/3;

Phot. Mitt. 43 S. 66/7; *Phot. Korr.* 43 S. 118/22; *At. Phot.* 13 S. 30/2; *Phot. Chron.* 1906 S. 189/90.

BAUM, neues über Ballonphotographien. *Phot. Wchbl.* 32 S. 9/10.

MIETHE, die Technik der Ballonphotographie. (V) (A) *Phot. Wchbl.* 32 S. 50/4.

MITTAG, photographie en ballon.* *Rev. phot.* 28 S. 53/7.

KLEINTJES, über die Wahl des Aufnahmematerials im Hochgebirge. *Phot. Rundsch.* 20 S. 135/6.

SCHMIDT, HANS, kritische Betrachtungen über die Technik bei Schneelandschaftsaufnahmen. *Phot. Mitt.* 43 S. 56/8.

Eine Photographie von fallendem Schnee. *Phot. Wchbl.* 32 S. 226/7.

Autumn seascapes. (Marine moods, exposures) *Phot. News* 50 S. 787.

SEYMOUR, Photographieren von Früchten und Blumen. *Phot. Rundsch.* 20 S. 93/4.

SCHNEIDER, Pflanzenstudien in der Natur. *Phot. Mitt.* 43 S. 77/82.

SCHOENBECK, wie photographiert man Pferde? * *Phot. Mitt.* 43 S. 234/7.

DEMOLE, nouvelle méthode pour la photographie des médailles. *Compt. r.* 142 S. 1409.

SCHNEICKERT, photographische Aufnahme von Handschriften zu gerichtlichen Zwecken. *Phot. Chron.* 1906 S. 410/11.

HASSACK, Aufnahme von Innenräumen und technischen Objekten. (A) *Phot. Chron.* 1906 S. 343/4.

VEEDER, les photographies de la pensée. (Photographier ·les ondes émanant du cerveau.) (A) *Rev. phot.* 28 S. 117/8.

HOCHSTETTER, Verfahren zur photographischen Aufnahme von Schallschwingungen. (Elektrischoptisches Verfahren.)* *Mechaniker* 14 S. 259.

ZENNECK, einfaches Verfahren zur Photographie von Wärmestrahlen.* *Physik. Z.* 7 S. 907/9.

ALEFELD, eine neue Lichtwirkung und ihre photographische Anwendung. (Hervorrufung einer Bewegung, Diffusion, durch Licht; unter dem Einfluß des Lichtes wandern die in den aufgestrichenen Lösungen enthaltenen gelösten Körper von den nicht vom Licht getroffenen nach den belichteten Stellen.) *Chem. Z.* 30 S. 1087/90.

VOJTĚCH, Vorgänge beim Belichten des Asphalts. (V) (A) *Phot. Chron.* 1906 S. 351/2.

TRAUBE, Photographie im Bakterienlicht. (Nach einem Vortrage von JENČIČ.) *Phot. Chron.* 1906 S. 262/5.

KLEINTJES, nächtliche Aufnahmen. *Phot. Rundsch.* 20 S. 159/60.

DOLESCHAL, Anleitung zur Herstellung von farbigen photographischen Ansichtskarten mit Perlmutterunterlage. *Phot. Z.* 30 S. 7/11.

DUNKMANN, das Uebermalen von Photographien. (Oelfarbenstifte von RAFFAELLI.) *Phot. Chron.* 1906 S. 129/30.

Etchograph-Platten. (Celluloidplatten, die mit einem roten durchsichtigen leicht ritzbaren Ueberzug versehen sind.) *Phot. Wchbl.* 32 S. 299.

SCHORSTEIN, Einwirkung der Hölzer auf die photographische Platte. (Versuche von WARD.) *Baumath.* 11 S. 177.

MAI, wie reinigt man alte Stiche usw. für photographische Zwecke? *Phot. Woch.* 20 S. 162/3.

COUSTET, TRAUBE, Verwendung alter Films. (Für künstliche Beleuchtung; zur Herstellung von Lack.) (A) *Phot. Chron.* 1906 S. 239.

LEHMANN, die Verwertung photographischer Rückstände. *At. Phot.* 13 S. 142/5; *Phot. Chron.* 1906 S. 142/5.

STANSFIELD, observations and photographs of

black and grey soap films.* *Proc. Roy. Soc.* 77 S. 314/23.

HARRISON, the desirability of promoting county photographic surveys. (Origin of the photo-survey movement; progress of photo - survey work in Britain; objects of photo-survey work; „district" surveys and „subject" surveys; base of the british photo - survey; promotion of the „survey" movement.) *J. of Phot.* 53 S. 924/5.

LOCKETT, measuring and surveying by photography. (Finding height of distant object; ascertaining distance of object from camera; finding horizon line; calculating distances from print; measurement by means of two photographs; apparatus for photographic surveying; method adopted in surveying; construction or expansion of prints.)* *J. of Phot.* 53 S. 1024/7.

HARTLEY, application of photography to the solution of problems in chemistry. (Problems connected with the composition of the atmosphere; spectrographic analysis of alloys by means of the spark, by means of the oxyhydrogen flame; examination of atmospheric dust.) *Chem. News* 94 S. 161/4; *Bull. d'enc.* 108 S. 995/8.

JARMAN, transferring collodion and gelatine positives to patent leather. *Wilson's Mag.* 43 S. 469/72.

HORSLEY-HINTON, photographie sur métal. *Bull. Soc. phot.* 2, 22 S. 325/6.

FARRELL, Herstellung von Photographien auf Seide. *Text. u. Färb. Z.* 4 S. 153/4; *J. Soc. dyers* 22 S. 24/7.

DOWDY, an introduction to stereoscopic photography. *Phot. News* 50 S. 751.

ESTANAVE, stéréophotographie par les procédés des réseaux. (V)* *Bull. Soc. phot.* 2, 22 S. 226/30.

LEHMANN, Bemerkung zur Abhandlung von PFAUNDLER Bd. 15 S. 371: „Ueber die dunklen Streifen, welche sich auf den nach LIPPMANNs Verfahren hergestellten Photographien sich überdeckender Spektren zeigen. (ZENKERsche Streifen.) *Ann. d. Phys.* 20 S. 723/33.

PFAUNDLER, Bemerkung zu LEHMANNs Abhandlung über die ZENKERschen Streifen.* *Ann. d. Phys.* 21 S. 399/400.

WALL, the photo-perspectograph. (Apparatus for reproducing photographs, its objects being to copy obliquely and thus solve problems of perspective.) *Phot. News* 50 S. 755.

LEWIN, MIETHE et STENGER, sur des méthodes pour photographier les raies d'absorption des matières colorantes du sang. *Compt. r.* 142 S. 1514/6.

MILLOCHAU, la photographie du spectre infrarouge. *Compt. r.* 142 S. 1407/8.

RITZ, photographie des rayons infrarouges. *Compt. r.* 143 S. 167/9.

STOLZE, photographische Glasradierungen. *Phot. Chron.* 1906 S. 395/7.

COUSIN, comparateur d'impressions: appareil de photométrie photographique.* *Bull. Soc. phot.* 2, 22 S. 471/8.

WIEDEMANN, Photographie von Handschriften und Drucksachen. (A)* *Phot. Korr.* 43 S. 179/81.

ERNEMANN, photographische Apparate für die Tropen. (Kamerakasten aus Magnolium; Objektivbrett aus Magnolium und Aluminium.) *Arch. phys. Med.* 1 S. 353/4.

Windmills and a camera.* *Phot. News* 50 S. 732.

Photographs with apparent relief. *J. of Phot.* 53 S. 962.

Die photographische Möbeldekoration. *Phot. Wchbl.* 32 S. 189.

Bromsilber-Bilder als Zimmer-Hygrometer. *Pharm. Centralh.* 47 S. 327.

Rote Flecke auf Celloidinpapier. *Phot. W.* 20 S. 173/4.

Handgriff beim Aufziehen der Bilder.* *Phot. Wchbl.* 32 S. 246.

MAI, feuchte Hände. *Phot. Chron.* 1906 S. 633/4.

Liebhaberphotographie. (Das Notwendigste einer zweckmäßigen Einrichtung und praktische Ratschläge.) *Gew. Bl. Würt.* 58 S. 3/5 F.

NEEDELL, simple frame-making for amateur photographers.* *Phot. News* 50 S. 879.

PARZER-MÜHLBACHER, die Photokeramik für den Amateur. *Phot. Wchbl.* 32 S. 321/3.

Umschau auf dem photographischen Markt. *Phot. Wchbl.* 32 S. 354/7.

CZAPEK, Eindrücke von der Allgemeinen Photographischen Ausstellung Berlin 1906. *Phot. W.* 20 S. 146/8 F.

Ausländische Rundschau. (Baumbildnisse, Birmingham in der Geschichte der Photographie, Unlöslichwerden des Asphalts, Vesuveruption, Tageslicht im Schachte, Dreifarbenphotographie in einer Aufnahme, Organ für Farbenphotographie, Anachronismus.) *Phot. Rundsch.* 20 S. 207/9.

Photomechanische Verfahren. Photomechanical processes. Procédés photomécaniques. Vgl. Druckerei, Lithographie, Photographie.

AUERBACH, Fortschritte in den photomechanischen Verfahren. (Photo - Xylographie; Zinkätzung; Lichtdruck; Tiefdruck.) (V) (A) *Papier-Z.* 31, 2 S. 4341/2.

MENTE, über photomechanische Trockenplatten. *Z. Reprod.* 8 S. 78/81.

Nature-printing from wood-grain blocks. *Process Engraver's Monthly* 13 S. 86.

AMSTUTZ, the basis of acrography. (To combine the principal advantages of wood-engraving with those of half-tone.) *Process Engraver's Monthly* 13 S. 81/5.

Direct positives on zinc, for the calico-printing trade. (R) *Process Engraver's Monthly* 13 S. 85/6.

Press photography. (Glossy or smooth matt surface prints are the best for reproduction.) *Phot. News* 50 S. 748.

SEATH, planography. *Process Engraver's Monthly* 13 S. 40/2.

HESSE, Bleiprägeverfahren und Eisengalvanoplastik. *Z. Reprod.* 8 S. 8/9.

Ozobromdruck. *Pharm. Centralh.* 47 S. 839.

MANLY's Ozobrom-Verfahren. *Phot. Rundsch.* 20 S. 263/4.

ALBERT, neuere Heliogravüreverfahren. *Phot. Korr.* 43 S. 338/42.

ROST, Gisaldruck. *Arch. Buchgew.* 43 S. 465/7.

The SWAN process. (Production and machine-printing of an intaglio plate.) *Process Engraver's Monthly* 13 S. 17/8.

LEVINGSTONE, machine printing from intaglio plates.* *Process Engraver's Monthly* 13 S. 24.

WILHELM, eignet sich die Tiegeldruckpresse für guten Autotypiedruck? *Graph. Mitt.* 25 S. 54/5.

ZIMMERMANN, zum Kapitel Illustrationsdruck auf der Tiegeldruckpresse. *Graph. Mitt.* 25 S. 80.

Line-zinco: the four-way powdering method. *Process Engraver's Monthly* 13 S. 90/3.

Line-zinco: the rolling-up method. *Process Engraver's Monthly* 13 S. 108/10.

SCHNAUSS, das Oeldruckverfahren in seiner jetzigen Gestalt. *Phot. Chron.* 1906 S. 121/2.

RAWLINS, das Oeldruckverfahren in seiner jetzigen Gestalt. *Phot. Rundsch.* 20 S. 45/6.

Oil printing. (V) (A) *Wilson's Mag.* 43 S. 79/80.

ALBERT, der typographische Lichtdruck. (BRANNECK & MAIERs Verfahren des gleichzeitigen Druckes einer Lichtdruckplatte und von Buchdrucklettern; VIDAL's Verfahren; Durchbildung des Lichtdrucks durch die „SOCIÉTÉ ANONYME DES ETABLISSEMENTS J. VOIRIN; Lichtdruck von Aluminiumplatten; Tiegelpressen mit feststehendem Fundament, abstellbarem Tiegel und Zylinder-Färbewerk [GALLsystem].) *Typ. Jahrb.* 27 S. 75/8.

Ueber die Luftfeuchtigkeit beim Lichtdruck. *Z. Reprod.* 8 S. 118/20.

Zinkplatten für Lichtdruck. *Z. Reprod.* 8 S. 99/100.

BYK, die photomechanischen Reproduktionsverfahren vom Standpunkte der photographischen Entwicklung. *Z. Reprod.* 8 S. 169/71.

UNGER, der derzeitige Stand der Reproduktionsverfahren. (V) *Z. Oest. Ing. V.* 58 S. 273/7 F.

Reproductions by litho-photogravure. *J. of Phot.* 53 S. 691/2.

JOE, Reproduktion von Papierpositiven. *Phot. Wchbl.* 32 S. 361/3.

Ein praktisches Zink-Aetzverfahren.* *J. Buchdr.* 73 Sp. 990.

SPITZER, ein neues Aetz-Verfahren. *Typ. Jahrb.* 27 S. 10.

ALBERT, Fortschritt im Aetzverfahren. (Aetzstriegel, ein Apparat, in welchem die Aetzflüssigkeit mittels eines hin- und herbewegten Kammes [Striegel] in stete Bewegung versetzt wird.) *Typ. Jahrb.* 27 S. 74; *Graph. Mitt.* 24 S. 289.

FLECK, eine neue Aetzmethode. (ALBERTs Aetzstriegel.)* *J. Buchdr.* 73 Sp. 626/8.

MENTE, ALBERTs Aetzstriegel. *Z. Reprod.* 8 S. 102/4.

JARMAN, etching photographs upon steel plates by electricity. *Wilson's Mag.* 43 S. 1/6.

LEVY, LOUIS EDWARD, etching by machinery. (Half-tone process shown by IVES, MEISENBACH method, the author's invention of the engraved line screen in 1887, its practical perfection by the author's brothers MAX and LEVY in 1891; the author's acid blast method of etching.) (V)* *J. Frankl.* 161 S. 59/69.

SCAMONI, the LEVY etch - powdering - machine. (Automatisch wirkende Aetzmaschine.)* *Phot. Korr.* 43 S. 288/92.

SPITZERtype. (Direkt von Halbtonnegativen durch Aetzung herstellbare Platten für Hochdruck und Tiefdruck.) *Phot. Z.* 30 S. 200/1.

Révolution dans l'art de la photogravure, la SPITZERtype.* *Cosmos* 1906, 1 S. 36/8.

DANZ, die SPITZERtyple. (V) (A) *Graph. Mitt.* 24 S. 159.

DEFREGGER, SPITZERtyple. *Papier-Z.* 31, 1 S. 210/1.

MENTE, über SPITZERtyple. *Z. Reprod.* 8 S. 2.

AARLAND, Autotype und SPITZERtyple. ⊠ *Arch. Buchgew.* 43 S. 140/1.

Die lithographische Autotype. *J. Buchdr.* 73 Sp. 12/3.

GOLDBERG, die Arbeiten von AMSTUTZ über Autotyple.* *Z. Reprod.* 8 S. 171/7 F.

TURNER, Autotype mittels des Asphaltprozesses. (A) *Z. Reprod.* 8 S. 50.

RUSS, zur Wahl des Metalles für Autotyple. *Z. Reprod.* 8 S. 139/41.

LEWY, Einstaubmaschine für Autotype. *Z. Reprod.* 8 S. 12.

UNGER, der Dreifarbendruck. (Entwicklung und hauptsächlich geübte Durchführung des gesamten Dreifarbendruck-Verfahrens; direkte Methoden der Farbenphotographie; indirekte Methoden der Farbenphotographie und Dreifarbendruck; Ausbleichverfahren; Dreifarben - Kopiermethoden; Gummidruck; Herstellung der Dreifarben-Auto-

typieklischees; Strahlenfilter und Sensibilatoren; Emulsionsplatten; Vierfarbendruck mit den HE-RINGschen Grundfarben.)* *Arch. Buchgew.* 43 S. 254/62 F.

RUSS, die Druckfolge beim Dreifarbendruck. *Z. Reprod.* 8 S. 10/1.

RUSS, Moiré, Rasterstellung und Punktform beim Dreifarbendruck.* *Z. Reprod.* 8 S. 61/5.

NEUDOERFL, die Wiedergabe von Naturfarben-aufnahmen mittels des photomechanischen Mehr-farbendruckes. *Z. Reprod.* 8 S. 3/4, 45/6.

Dreifarbenautotypie oder Chromolithographie. *J. Buchdr.* 73 Sp. 7/8.

SEATH, die Schwächen des Dreifarbendruckes vom Standpunkt des Lithographen. *Z. Reprod.* 8 S. 145/8.

Ein praktisches Farbendruck-System. (Beschränkung auf möglichst wenig Farben.) *Typ. Jahrb.* 27 S. 1/3.

MIETHE, Studienapparat für Dreifarbenhochdruck.* *Arch. Buchgew.* 43 S. 461/3.

FLORENCE, über die Druckfarbe in den photomechanischen Verfahren. *Z. Reprod.* 8 S. 110/2.

STENGER, Lichtechtheit und Verhalten verschiedener Teerfarbstoffe als Druckfarben. *Z. Reprod.* 8 S. 182/4.

Citochromiedruck. (ALBERTs dem Vierfarbendruck angepaßtes Verfahren und dazu geeignete Rasterstellung; Zurichtung.) *Papier-Z.* 31, 1 S. 9/11 F.

Fotoldruck. *Pharm. Centralh.* 47 S. 551.

Kohledrucke auf japanischem Papier. *Pharm. Centralh.* 47 S. 368.

GLASER, über Sublimationskorn und Sublimationskorn-Raster. *Z. Reprod.* 8 S. 185/7.

HUSNIK, das natürliche Korn. (Anwendung und Herstellung von Rastern.) *Phot. Korr.* 43 S. 1/9.

SCHMIDT & CO., Utopapier, ein direkt in Farben kopierendes Auskopierpapier. (Ausbleichverfahren.) *Pharm. Centralh.* 47 S. 922.

AMSTUTZ, physical characteristics of relief engravings, especially relating to half-tones. (Results relating especially to the negatives; negative, high lights, grouping of beams of light in forming graded screen line shadows) (a)* *Printer* 36 S. 841/5 F.; 37 S. 38/42 F.; 38 S. 219/26 F.; *J. of Phot.* 53 S. 331/4, 451/2, 507/10.

ENESS, analysis of overlays. (Patentübersicht.)* *Printer* 37 S. 33/6.

RUSS, Grundregeln für die Leitung von chromographischen Betrieben. *Z. Reprod.* 8 S. 90/3.

WALTER, die chemigraphischen Anstalten in Amerika. *Z. Reprod.* 8 S. 25/9.

MARGGRAF, wie lasse ich die Abbildungen für Preislisten herstellen? (Abziehbare Moment-trockenplatten; Holzschnitt; Autotypie.) (a) *Z. Drechsler* 29 S. 8 F.

Physik. Physics. Physique.
Vgl. Akustik, Chemie, allgemeine, Elektrizität, Gase und Dämpfe, Instrumente 7, Optik, Wärme.

1. Theoretisches und allgemeines. Theory and generalities. Théorie et généralités.

Die Tätigkeit der Physikalisch-Technischen Reichsanstalt im Jahre 1905. (a)⊞ *Z. Instrum. Kunde* 26 S. 109/25 F.

NORDMEYER, Fortschritte der Physik und physikalischen Chemie im Jahre 1905. (Jahresbericht.) *Chem. Z.* 30 S. 493/7.

ASCHKINASS, neuere Untersuchungen über Radioaktivität. (Experimentalvortrag.) *Z. Beleucht.* 12 S. 50/2.

SAGNAC, relation possible entre la radioactivité et la gravitation. *J. d. phys.* 4, 5 S. 455/62.

BUNZL, die Occlusion der Radiumemanation durch

feste Körper. *Sits. B. Wien. Ak.* 115, IIa S. 21/31.

MAKOWER, the effect of high temperatures on radium emanation. *Proc. Roy. Soc.* 77 A S. 241/7.

EHRENFEST, zur PLANCKschen Strahlungstheorie. *Physik. Z.* 7 S. 528/32.

RUBENS, le rayonnement des manchons à incandescence. *J. d. phys.* 4, 5 S. 306/26; *Z. Beleucht.* 12 S. 49/50.

AMAR, osmose gazeuse à travers une membrane collotdale.* *Compt. r.* 142 S. 779/81, 872/4.

ARMSTRONG, the origin of osmotic effects. (Theory of osmotic effects; association in solution; association of electrolytes with water; structure in relation to hydration; theory of osmotic effects; explanation of peculiarities of electrolytes; origin of osmotic effects.) *Proc. Roy. Soc.* 78 A. S. 264/71.

BARLOW, the osmotic pressures of alcoholic solutions. *Phil. Mag.* 11 S. 595/607.

BATTELLI und STEFANINI, die Natur des osmotischen Druckes. *Physik. Z.* 7 S. 190/6.

BERKELEY and HARTLEY, the determination of the osmotic pressures of solutions by the measurement of their vapour pressures. (V)* *Proc. Roy. Soc.* 77 S. 156/69.

BERKELEY and HARTLEY, the osmotic pressures of some concentrated aqueous solutions. *Proc. Roy. Soc.* 78 S. 68; *Phil. Trans.* 206 S. 481/507; *Chem. News* 94 S. 5.

HUDSON, the freezing of pure liquids and solutions under various kinds of positive and negative pressure and the similarity between osmotic and negative pressure.* *Phys. Rev.* 22 S. 257/64.

SPENS, the relation between the osmotic pressure and the vapour pressure in a concentrated solution. *Proc. Roy. Soc.* 77 S. 234/40.

ALLIAUME, influence de la tension superficielle sur la propagation des ondes parallèles à la surface d'une lampe liquide. *J. d. phys.* 4, 5 S. 826/37; *Compt. r.* 143 S. 30/5.

FLAMANT, sur la propagation des ondes liquides dans un tuyau élastique. *Rev. méc.* 18 S. 101 3.

GRIMSEHL, Demonstrationen zur Wellenlehre.* *Z. phys. chem. U.* 19 S. 271/7.

AMAGAT, la pression interne des fluides et l'équation de CLAUSIUS.* *J. d. phys.* 4, 5 S. 499/55.

COSTANZO, Methode, den Ausdehnungskoeffizienten von Flüssigkeiten zu bestimmen.* *Physik. Z.* 7 S. 505/7.

ABNEY, modified apparatus for the measurement of colour and its application to the determination of the colour sensations. *Phil. Trans.* 205 S. 333/55.

GARNETT, colours in metal glasses, in metallic films, and in metallic solutions. (a)* *Phil. Trans.* 205 S. 237/88.

ANGENHEISTER, eine Notiz über Staubfiguren.* *Physik. Z.* 7 S. 366/7.

COOK, the velocity of sound in gases at low temperatures and the ratio of the specific heats. *Phys. Rev.* 22 S. 115/6.

COOK, the velocity of sound in gases and the ratio of the specific heats, at the temperature of liquid air. (Apparatus and measurement of the velocity of sound in oxygen; determination of the density of air at the temperature of liquid air; calibration of platinum thermometers in the air thermometer bulbs; determination of the relative density of air at the temperature of liquid air; determination of the ratio of the specific heats and the ratio of the internal to the external energy of the molecules; determination of the velocity of sound at temperatures between the temperature of the room and the temperature of liquid air.) *Phys. Rev.* 23 S. 212/37.

Eine neue Verwendungsweise der KÖNIGschen Flammen. (Auf dem Gebiete der Akustik und der Phonetik.) * *El. Ans.* 23 S. 1106/7.

MARBE, objektive Bestimmung der Schwingungszahlen KÖNIGscher Flammen ohne Photographie. *Physik. Z.* 7 S. 543/6.

MESLIN, les interférences produites par un réseau limitant une lampe mince. (a) * *J. d. phys.* 4, 5 S. 725/48.

MIKOLA, Methode zur Erzeugung von Schwingungsfiguren und absoluten Bestimmung der Schwingungszahlen. (Kann zu Demonstrations-, wissenschaftlichen und praktischen Messungen benutzt werden.) * *Ann. d. Phys.* 20, S. 619/26.

TERADA, über den durch die Schwingungen eines Flüssigkeitstropfens hervorgebrachten Pfeifton und seine Anwendung. (Der Einfluß der Neigung und der Tropfengröße; der Einfluß der Abmessungen der Tülle; der Einfluß der Natur der Flüssigkeit; der Einfluß des Druckes.) * *Physik. Z.* 7 S. 714/6.

ADAM, der Ausfluß von heißem Wasser. * *Z. V. d. Ing.* 50 S. 1269/73.

BRINER, équilibres hétérogènes sous des pressions variables. * *Compt. r.* 142 S. 1214/6.

BECQUEREL, variations des bandes d'absorption d'un cristal dans un champ magnétique. *Compt. r.* 142 S. 775/9, 874/6.

BECQUEREL, théorie des phénomènes magnéto-optiques dans les cristaux. *Compt. r.* 143 S. 769/72.

BECQUEREL, les modifications dissymétriques de quelques bandes d'absorption d'un cristal sous l'action d'un champ magnétique. *Compt. r.* 143 S. 1133/6.

HAVELOCK, artificial double refraction due to aeolotropic distribution, with application to colloidal solutions and magnetic fields. *Proc. Roy. Soc.* 77 S. 170/82.

LEHMANN, die Farbenerscheinungen bei fließenden Kristallen. *Physik. Z.* 7 S. 578/84.

LEHMANN, flüssige und scheinbar lebende Kristalle. *Physik. Z.* 7 S. 789/93.

LEHMANN, O., fließend-kristallinische Trichiten, deren Kraftwirkungen und Bewegungserscheinungen. *Ann. d. Phys.* 19 S. 22/35.

LEHMANN, O., Homöotropie und Zwillingsbildung bei fließend-weichen Kristallen. *Ann. d. Phys.* 19 S. 407/15.

LEHMANN, O., Struktur der scheinbar lebenden Kristalle.* *Ann. d. Phys.* 20 S. 63/76.

LEHMANN, O., Kontinuität der Aggregatzustände und die flüssigen Kristalle. *Ann. d. Phys.* 20 S. 77/86.

FUCHS, Bemerkungen zu LEHMANNs Aufsatz: Die Kontinuität der Aggregatzustände und die flüssigen Kristalle. *Ann. d. Phys.* 21 S. 393/8.

LEHMANN, Erweiterung des Existenzbereichs flüssiger Kristalle durch Beimischungen. *Ann. d. Phys.* 21 S. 181/92.

SOMMERFELDT, ein neuer Typus optisch zweiachsiger Kristalle. *Physik. Z.* 7 S. 207/8.

SOMMERFELDT, Theorie der optisch zweiachsigen Kristalle mit Drehungsvermögen. *Physik. Z.* 7 S. 266.

SOMMERFELDT, die Struktur der optisch aktiven monoklinhemiëdrischen Kristalle. *Physik. Z.* 7 S. 390/2.

SOMMERFELDT, Beobachtungen an optisch-aktiven Kristallen. *Physik. Z.* 7 S. 753.

TAMMANN, die Natur der „flüssigen Kristalle". * *Ann. d. Phys.* 19 S. 421/5.

VORLÄNDER, neue Erscheinungen beim Schmelzen und Kristallisieren. ▣ *Z. physik. Chem.* 57 S. 357/64.

VORLÄNDER, kristallinisch flüssige Substanzen. (Mit Lichtbildern.) *Physik. Z.* 7 S. 804.

WEINBERG, theoretische Möglichkeit der Existenz von flüssigen Kristallen. *Physik. Z.* 7 S. 831/2.

LEHMANN, die Gestaltungskraft fließender Metalle.▣ *Physik. Z.* 7 S. 722/9.

MEZGER, die Dampfkraft als Ursache der Grundwasserbildung. (Entstehung des Grund- und Quellwassers.) *Gas. Ing.* 29 S. 569/76.

BECKMANN, ebullioskopisches Verhalten aliphatischer Säuren mit anomalen Dampfdichten. *Z. physik. Chem.* 57 S. 129/46.

LEHMANN, Dampf- und Lösungstension an krummen Flächen. *Physik. Z.* 7 S. 392/5.

LÖWENSTEIN, Dampfdichtebestimmungen nach der MEYER NERNSTschen Methode. *Z. physik. Chem.* 54 S. 707/14.

REIFF, Demonstration des BOYLE-MARIOTTEschen Gesetzes. (V) (A) *Physik. Z.* 7 S. 803/4; *Chem. Z.* 30 S. 986.

REBENSTORFF, Wirkungen des Dampfdruckes von Aether. *Z. phys. chem. U.* 19 S. 352/5.

TROUTON, the vapour pressure in equilibrium with substances holding varying amounts of moisture. *Proc. Roy. Soc.* 77 S. 292/313.

BOUSFIELD, ionic size in relation to the physical properties of aqueous solutions. *Proc. Roy. Soc.* 77 S. 377/87; *Phil. Trans.* 205 S. 101/59.

BRAGG and KLEEMAN, the recombination of ions in air and other gases.* *Phil. Mag.* 11 S. 466/84.

DAVIDSON, Bemerkungen über die Ionisierung von Gasen und Salzdämpfen. Die Wirkung glühender Elektroden. *Physik. Z.* 7 S. 815/20.

JOSLIN, the contemporaneous variations of the nucleations and the ionization of the atmosphere of Providence. *Phys. Rev.* 23 S. 154/65.

PRZIBRAM, Kondensation von Dämpfen in ionisierten Gasen. (V) *Oest. Chem. Z.* 9 S. 321/2.

PRZIBRAM, die Kondensation von Dämpfen in ionisierter Luft. *Sitz. B. Wien. Ak.* 115 IIa S. 33/8.

TUFTS, the phenomena of ionization in flame gases and vapours. (A saturation current not possible in the combustion cones of the ordinary BUNSENflame; electrical conductivity of the different cones of the BUNSENflame; relation between the character of combustion in a gas flame and its electrical conductivity; relation of flame conductivity to rate of consumption of gas; conductivity imparted to a flame by salt vapor; relation between salt conductivity and the rate of supply of salt to the flame; relation between luminosity and conductivity imparted to a flame by the vapour of a salt.) *Phys. Rev.* 22 S. 193/220.

BARUS, distributions of colloidal nuclei and of ions in dust-free carbon dioxide and in coal gas. *Phys. Rev.* 23 S. 31/6.

BROWN, investigation of the potential required to maintain a current between parallel plates in a gas at low pressures.* *Phil. Mag.* 12 S. 210/32.

BURNHAM, use of the PITOT tube for measuring the flow of gases in pipes.* *J. Gas L.* 93 S. 730/2.

CRIPPS, POLE's formula. (Flow of gas, at low pressures, through pipes.) *J. Gas. L.* 94 S. 101.

The flow of steam through nozzles.* *Engng.* 81 S. 139/41.

CUTHBERTSON and PRIDEAUX, the refractive index of gaseous fluorine. *Phil. Transp.* 205 S. 319/31.

GREBEL, abaques pour le calcul des conduites de gaz et d'eau. *Gas.* 49 S. 359/61 F.

JEANS, the H-theorem and the dynamical theory of gases. *Phil. Mag.* 12 S. 60/2.

BURBURY, the H theorem and JEAN's dynamical theory of gases. *Phil. Mag.* 11 S. 455/65.

KESTNER, l'atomisation des liquides et ses appli-

cations au traitement des liquides et des gaz.*
Bull. d'enc. 108 S. 741/65.

LANGROD, synthetische Untersuchung der Gasströmung mit Berücksichtigung der Widerstände. *Dingl. J.* 321 S. 116/8.

LANGROD, zur Theorie des STODOLA'schen Gasstoßes. *Z. Turbinenw.* 3 S. 234/6.

SCHACHT, Demonstrationen über die Druckverhältnisse bei Gasströmen.* *Z. phys. chem. U.* 19 S. 345/8.

SCHÜKAREW und TSCHUPROWA, Untersuchungen über den Zustand „gasförmig-flüssig".* *Z. physik. Chem.* 55 S. 99/112, 125/7.

SKINNER, comparative observations on the evolution of gas from the cathode in helium and argon. *Phil. Mag.* 12 S. 481/8.

POINCARÉ, réflexions sur la théorie cinétique des gaz. (a) *J. d. phys.* 4, 5 S. 369/403.

VON SMOLUCHOWSKI, kinetische Theorie der BROWNschen Molekularbewegung und der Suspensionen. *Ann. d. Phys.* 21 S. 756/80.

TRAUTZ und HENNIG, die WINKLERsche Beziehung zwischen innerer Reibung und Gasabsorption.* *Z. physik. Chem.* 57 S. 251/4.

WALDEN, organische Lösungs- und Ionisierungsmittel. Innere Reibung und deren Zusammenhang mit dem Leitvermögen. *Z. physik. Chem.* 55 S. 207/49; *Z. Elektrochem.* 12 S. 77/8.

ZEMPLÉN, Bestimmung des Koeffizienten der inneren Reibung der Gase nach einer neuen experimentellen Methode.* *Ann. d. Phys.* 19 S. 783/806.

CHELLA, Messung des inneren Reibungskoeffizienten der Luft bei niedriger Temperatur.* *Physik. Z.* 7 S. 546/8.

DUNSTAN, innere Reibung von Flüssigkeitsgemischen.* *Z. physik. Chem.* 56 S. 370/80.

FISCHER, Beitrag zur Reibungstheorie. (Gleitende Reibung zwischen geschmierten Flächen.) *Physik. Z.* 7 S. 425/8.

LAMPA, über einen Reibungsversuch.* *Sitz. B. Wien. Ak.* 115 IIa S. 871/80.

BOUTY, passage de l'électricité à travers des couches de gaz épaisses. Loi de PASCHEN. Application à la haute atmosphère. *J. d. phys.* 4, 5 S. 229/41.

WARBURG und LEITHÄUSER, über den Einfluß der Feuchtigkeit und der Temperatur auf die Ozonisierung des Sauerstoffs und der atmosphärischen Luft. *Ann. d. Phys.* 20 S. 751/8.

CLAUDE et LEVY, production des vides élevés à l'aide de l'air liquide. *Compt. r.* 142 S. 876/7.

BAKKER, die Kontinuität des gasförmigen und flüssigen Zustandes und die Abweichung vom PASCALschen Gesetz in der Kapillarschicht. *Ann. d. Phys.* 20 S. 981/94.

BAKKER, Theorie der Kapillarschicht. (Beobachtung von NEWTON; der Druck in der Kapillarschicht; der Mittelwert p des Druckes p_1 parallel der Oberfläche der Kapillarschicht im Zusammenhang mit den theoretischen Isothermen; Eigenschaften des Punktes im Innern der Kapillarschicht, wo das thermodynamische Potential denselben Wert hat wie in den homogenen Phasen der Flüssigkeit und des Dampfes; der Wert des Druckes p_2, parallel der Oberfläche der Kapillarschicht von Punkt zu Punkt.)* *Ann. d. Phys.* 20 S. 35/62; *J. d. phys.* 4, 5 S. 99/115; *Phil. Mag.* 12 S. 557/69; *Z. phys. Chem.* 56 S. 95/104.

GERRIT-BAKKER, la pression hydrostatique et les deux équations d'état de la couche capillaire. *J. d. phys.* 4, 5 S. 550/6.

KOHLRAUSCH, die Bestimmung einer Kapillarkonstante durch Abtropfen. *Ann. d. Phys.* 20 S. 798/806.

LOHNSTEIN, Theorie des Abtropfens mit besonderer Rücksicht auf die Bestimmung der Kapillaritätskonstanten durch Tropfversuche. *Ann. d. Phys.* 20 S. 237/68, 606/18; 21 S. 1030/48.

OLLIVIER, influence de la compressibilité sur la formation des gouttes. *Compt. r.* 142 S. 836/8.

BURRARD, on the intensity and direction of the force of gravity in India. *Phil. Trans.* 205 S. 289/318.

CRÉMIEU, recherches expérimentales sur la gravitation. *J. d. phys.* 4, 5 S. 25/39.

LEHFELDT, acceleration of gravity at Johannesburg. *Phil. Mag.* 12 S. 479/81.

MORRIS, CHARLES, the problem of gravitation. (Electric and magnetic forces; phenomena of repulsion and attraction.) (V) *J. Frankl.* 161 S. 115/29.

SCHOTT, the electron theory of matter and the explanation of fine spectrum lines and of gravitation. *Phil. Mag.* 12 S. 21/9.

WACKER, über Gravitation und Elektromagnetismus. *Physik. Z.* 7 S. 300/2.

BERTIN, du travail emmagasiné dans la boule trochoïdale. *Compt. r.* 143 S. 565/6.

BOSE, Widerstandsänderungen dünner Metallschichten durch Influenz. (Methode zur Bestimmung der Zahl der negative Leitungselektronen.)* *Physik. Z.* 7 S. 373/5, 462.

MAURAIN, dichroïsme, biréfringence et conductibilité de lames métalliques minces obtenues par pulvérisation cathodique. *Compt. r.* 142 S. 870/2.

BACON, phenomena observed in CROOKES' tubes. *Am. Journ.* 22 S. 310/12.

RUBENS, zur Temperatur des AUERstrumpfes.* *Phys. Z.* 7 S. 186/9.

LUMMER und PRINGSHEIM, die Temperatur des AUERstrumpfes. (Bemerkungen zu der Abhandlung von RUBENS.) *Physik. Z.* 7 S. 189/90.

LUMMER und PRINGSHEIM, Emissionsvermögen des AUERstrumpfes. *Physik. Z.* 7 S. 89/92.

WIEBE, die Beziehung des Schmelzpunktes zum Ausdehnungskoeffizienten der starren Elemente. *Ann. d. Phys.* 19 S. 1076/8.

ZENGHELIS, Verdampfung fester Körper bei gewöhnlicher Temperatur. *Z. physik. Chem.* 57 S. 90/109.

BINGHAM, relation of heat of vaporization to boiling-point. *J. Am. Chem. Soc.* 28 S. 723/31.

GROSS, die Methode zur Bestimmung der Aequivalenz von Wärme und Arbeit. (Die allgemeinen Voraussetzungen, auf denen sie beruhen und die Schlüsse, die aus ihnen abgeleitet sind.) *Elektrochem. Z.* 13 S. 195/9 F.

JEANS, the thermodynamical theory of radiation. *Phil. Mag.* 12 S. 57/60.

KISTIAKOWSKY, eine der Regel von TROUTON für die latente Verdampfungswärme analoge Regel für die kapillaren Erscheinungen. *Z. Elektrochem.* 12 S. 513/4.

KOENIGSBERGER, über den Temperaturgradienten der Erde bei Annahme radioaktiver und chemischer Prozesse. *Physik. Z.* 7 S. 297/300.

LEDUC, chaleur de fusion et densité de la glace.* *J. d. phys.* 4, 5 S. 157/65.

STEEL, temperature of solutions heated by open steam.* *Chem. News* 93 S. 42/4.

WILDERMANN, Bestimmung der Gefrierpunkte verdünnter Lösungen. (Antwort an NERNST und HAUSRATH, Band 17 S. 1018/20.) *Ann. d. Phys.* 19 S. 432/8.

ZELENY, die Temperatur fester Kohlensäure und ihrer Mischungen mit Aether und Alkohol bei verschiedenen Drucken. *Physik. Z.* 7 S. 716/9.

TRAVERS and USHER, the behaviour of certain substances at their critical temperatures. *Proc.*

Roy. Soc. 78 A S. 247/61; *Z. physik. Chem.* 57 S. 365/81.

YOUNG, opalescence in fluids near the critical temperature. *Proc. Roy. Soc.* 78 A S. 262/3; *Chem. News* 94 S. 149.

BERTRAND et LECARME, l'état de la matière au voisinage du point critique. *Ann. d. Chim.* 8, 7 S. 279/88.

TIMMERMANS, de quelques progrès récents faits dans la connaissance des états critiques.* *Bull. belge* 20 S. 386/417.

BRILL, Dampfspannungen von flüssigem Ammoniak. *Ann. d. Phys.* 21 S. 170/80.

PERMAN, some physical constants of ammonia: a study of the effect of change of temperature and pressure on an easily condensible gas. *Proc. Roy. Soc.* 78 A S. 28/42.

BLONDEL, les phénomènes de l'arc chantant.* *J. d. phys.* 4, 5 S. 77/97.

SIMON, zur Theorie des selbsttönenden Lichtbogens.* *Physik. Z.* 7 S. 433/45; *Z. Beleucht.* 12 S. 353/4; *Electr.* 57 S. 580/1.

BECHHOLD u. ZIEGLER, Niederschlagsmembranen in Gallerte und die Konstitution der Gelatinegallerte.⊠ *Ann. d. Phys.* 20 S. 900 18.

BATSCHINSKI, Abhandlungen über Zustandsgleichung. Abh. I: Der orthometrische Zustand. *Ann. d. Phys.* 19 S. 307/9.

BATSCHINSKI, Abhandlungen über Zustandsgleichung; Abh. II.: Aufstellung der Gleichung für Isopentan. *Ann. d. Phys.* 19 S. 310/32.

BATSCHINSKI, Abhandlungen über Zustandsgleichung; Abh. III: Modifizierte VAN DER WAALS»che Gleichung an Aethyloxyd geprüft. *Ann. d. Phys.* 21 S. 1001/12.

BINGHAM, viscosity and fluidity. *Chem. J.* 35 S. 195/217.

SCHMIDT, die Erweiterungen des DOPPLERschen Prinzips.* *Physik. Z.* 7 S. 323/9.

SCHÖNROCK, Breite der Spektrallinien nach dem DOPPLERschen Prinzip. (Linienbreite bei der Annahme, daß alle Moleküle gleiche Geschwindigkeit haben; Linienbreite bei Zugrundelegung des MAXWELLschen Geschwindigkeitsverteilungsgesetzes; experimentelle Bestimmung der Halbweite einer Linie; theoretische Berechnung der Halbweite; wirksame Breite einer Linie; die Versuche von MICHELSON; Vergleichung unter der Annahme, daß die Moleküle die Träger der Emissionszentren sind; Vergleichung unter der Annahme, daß die Atome die Träger der Emissionszentren sind; Vergleichung für die schwer verdampfbaren Metalle; Berechnung der Temperaturen aus den beobachteten Halbweiten; Temperatur im Falle der Erregung des Leuchtens durch elektrische Schwingungen.) *Ann. d. Phys.* 20 S. 995/1016.

STARK, HERMANN und KINOSHITA, der DOPPLER-Effekt im Spektrum des Quecksilbers. *Ann. d. Phys.* 21 S. 462/9.

CANTOR, Strahlung des schwarzen Körpers und das DOPPLERsche Prinzip. *Ann. d. Phys.* 20 S. 333/44.

NERNST, die Helligkeit glühender schwarzer Körper und ein einfaches Pyrometer. *Physik. Z.* 7 S. 380/3.

DEBIERNE, les phénomènes de phosphorescence. *Compt. r.* 142 S. 568/71.

GREINACHER, die durch Radiotellur hervorgerufene Fluoreszenz von Glas, Glimmer und Quarz. *Physik. Z.* 7 S. 225/8.

NICHOLS, fluorescence and phosphorescence. (Curve of luminescence; fluorescence spectra; energy curve of the spectrum of an acetylene flame.) (V)* *J. Frankl.* 162 S. 219/38.

NICHOLS and MERRITT, studies in luminescence. (Experiments on the decay of phosphorescence in Sidot blende and certain other substances.) *Phys. Rev.* 23 S. 37/54.

WOOD, Fluoreszenz und LAMBERTsches Gesetz. *Physik. Z.* 7 S. 475/9; *Phil. Mag.* 11 S. 782/8.

GREINACHER, Fluoreszenz und LAMBERTsches Gesetz. (Bemerkung zur Arbeit von WOOD.) *Physik. Z.* 7 S. 608/9.

WOOD, fluorescence and magnetic rotation spectra of sodium vapour, and their analysis. *Phil. Mag.* 12 S. 499/524; *Physik Z.* 7 S. 105/6.

RAYLEIGH, on the interference - rings, described by HAIDINGER, observable by means of plates whose surfaces are absolutely parallel. *Phil. Mag.* 12 S. 489/93.

WINKELMANN, Untersuchung einer von ABBE gezogenen Folgerung aus dem Interferenzprinzip. *Ann. d. Phys.* 21 S. 270/80.

WOOD, interference colours of chlorate of potash crystals and a new method of isolating heat waves. *Phil. Mag.* 12 S. 67/70.

Neuere Messungen der Längenänderung fester Körper mit der Temperatur. (Nach der Interferenzmethode SCHEEL, RANDALL, AYRES, SHEARER; Methode von FIZEAU; deren Ausbildung durch PULFRICH, SCHEEL u. a.)* *Bayr. Gew. Bl.* 1905 S. 404/6.

WALTER, die Bildungsweise und das Spektrum des Metalldampfes im elektrischen Funken. *Ann. d. Phys.* 21 S. 223/8.

SCHAEFER, die Gesetzmäßigkeiten der Spektren und der Bau der Atome.* *Z. V. dt. Ing.* 50 S. 937/42.

VOIGT, sogenannte innere konische Refraktion bei pleochroitischen Kristallen * *Ann. d. Phys.* 20 S. 108/26.

VOIGT, Bemerkungen zur Theorie der konischen Refraktion. *Ann. d. Phys.* 19 S. 14/21.

NICHOLSON, the diffraction of short waves by a rigid sphere. *Phil. Mag.* 11 S. 193/205.

CHMYROW und SLATOWRATSKY, diffuse Zerstreuung polarisierten Lichtes von matten Oberflächen. *Physik. Z.* 7 S. 533/5.

EINSTEIN, Theorie der Lichterzeugung und Lichtabsorption. *Ann. d. Phys.* 20 S. 199/206.

GRIMSEHL, Vorlesungsversuche zur Bestimmung des Verhältnisses der Lichtgeschwindigkeit in Luft und in anderen brechenden Substanzen.* *Physik. Z.* 7 S. 472/5.

HÖNIGSBERG, Einrichtung für Versuche an beanspruchten durchsichtigen Körpern in polarisiertem Licht.* *Z. Oest. Ing. V.* 58 S. 489/95.

HOUSTOUN, Untersuchungen über den Einfluß der Temperatur auf die Absorption des Lichtes in isotropen Körpern.⊠ *Ann. d. Phys.* 21 S. 535/73.

SEITZ, Beugung des Lichtes an einem dünnen, zylindrischen Drahte. *Ann. d. Phys.* 21 S. 1013/26.

TRAUTZ und ANSCHÜTZ, Einfluß des Lichtes auf das Kristallisieren übersättigter Lösungen. *Z. physik. Chem.* 55 S. 442/8.

WUNDT, SCHMIDTsche Theorie der Entstehung des scharfen Sonnenrandes. *Physik. Z.* 7 S. 387/90.

MÜLLER, W. J., optische und elektrische Messungen an der Grenzschicht Metall - Elektrolyt. (V) (A) *Chem. Z.* 30 S. 920.

TROLLE, Berechnung der Farben, die eine senkrecht zur Achse geschnittene Platte eines Apophyllitkristalls in weißem, konvergentem, polarisiertem Licht zeigt, vermittels der KÖNIGschen Farbentabelle. *Physik. Z.* 7 S. 700/10.

HALLWACHS, über die lichtelektrische Ermüdung. *Physik. Z.* 7 S. 766/70.

TUFTS, the relative conductivities imparted to a

flame of illuminating gas by the vapors of the salts of the alkali metals. *Phys. Rev.* 22 S. 113/4.

WILDERMANN, galvanic cells produced by the action of light. (The chemical statics and dynamics of reversible and irreversible systems under the influence of light.) (V) (A) *Proc. Roy. Soc.* 77 A S. 274/6.

COLLINGRIDGE, analyses of the motion of the simple pendulum.* *J. of Phot.* 53 S. 350/1.

PREY, Konvergenzuntersuchungen zum Gesetze der Amplitudenabnahme bei Pendelbeobachtungen. *Sitz. B. Wien. Ak.* 115, IIa S. 649/72.

KOPPE, zum FOUCAULTschen Pendel. (Theoretische Anschauungen.)* *Physik. Z.* 7 S. 604/8, 665/6.

TESAŘ, Theorie der relativen Bewegung und des FOUCAULTschen Pendelversuches. (Zu DENIZOTs Abhandlung Ann. d. Phys. 18 S. 299.) *Ann. d. Phys.* 19 S. 613/32.

DENIZOT, zur Theorie der relativen Bewegung, mit Bezug auf die Bemerkungen von RUDZKI und TESAŘ. (Vgl. Ann. d. Phys. 18 S. 1070 und 19 S. 615/32.) *Ann. d. Phys.* 19 S. 868/73.

TESAŘ, Theorie der relativen Bewegung und ihre Anwendung auf Bewegungen auf der Erdoberfläche. *Physik. Z.* 7 S. 199/207.

DENIZOT, Theorie des FOUCAULTschen Pendels. (Erwiderung auf die Bemerkung von TESAŘ.) *Physik. Z.* 7 S. 507/10.

Relative Bewegungen auf rotierenden Scheiben.* *Prom.* 17 S. 501/9.

CARPENTER and BISBEE, the equal arm balance. (Derivation of the general equation of equilibrium.) *Phys. Rev.* 22 S. 31/44.

DUNOYER, la loi de KIRCHHOFF. *Ann. d. Chim.* 8, 9 S. 30/7.

Eine neue Bestimmung der Moleküldimensionen von EINSTEIN. (Die Beeinflussung der Bewegung einer Flüssigkeit durch eine sehr kleine in derselben suspendierte Kugel; Berechnung der Reibungskoeffizienten einer Flüssigkeit, in welcher sehr viele kleine Kugeln in regelloser Verteilung auspendiert sind; das Volumen einer gelösten Substanz von im Vergleich zum Lösungsmittel großem Molekularvolumen; die Diffusion eines nicht dissoziierten Stoffes in flüssiger Lösung.) *Ann. d. Phys.* 19 S. 289/306.

EHRENFEST, Bemerkung zu einer neuen Ableitung des WIENschen Verschiebungsgesetzes. *Physik. Z.* 7 S. 527/8.

JEANS, Bemerkung zu einer neuen Ableitung des WIENschen Verschiebungsgesetzes. (Erwiderung auf EHRENFESTs Abhandlung.)* *Physik. Z.* 7 S. 667.

EHRENFEST, Bemerkungen zur Abhandlung von REISSNER: „Anwendungen der Statik und Dynamik monozyklischer Systeme auf die Elastizitätstheorie.“ (Ann. d. Phys. 9 S. 44.) *Ann. d. Phys.* 19 S. 210/4.

REISSNER, Anwendungen der Statik und Dynamik monozyklischer Systeme auf die Elastizitätstheorie. Erwiderung auf EHRENFESTs Bemerkung. *Ann. d. Phys.* 19 S. 1071/5.

FOTTINGER, diagrammes de torsion des arbres d'hélices. (Recherches sur la torsion.)* *Bull. d'enc.* 108 S. 251/6.

RANKINE, the decay of torsional stress in solutions of gelatine.* *Phil. Mag.* 11 S. 447/55.

FRANK, Versuche zur Ermittelung der Abhängigkeit des Luftwiderstandes von der Gestalt der Körper.* *Z. V. dt. Ing.* 50 S. 593/602.

FUCHS, Wirkungsradius der Molekularkräfte. (Es soll gezeigt werden, daß der Quotient aus der Oberflächenspannung und der Verdampfungswärme einer Flüssigkeit angenähert den Radius

der Anziehungssphäre der Moleküle der Flüssigkeit bestimmt.)* *Ann. d. Phys.* 21 S. 825/31.

FUCHS, die VAN DER WAALSsche Formel. *Ann. d. Phys.* 21 S. 814/24.

LECHER, Bestimmung des PELTIEReffektes Konstantan-Eisen bei 20° C.* *Sitz. B. Wien. Ak.* 115, 2a S. 1505/20; *Physik. Z.* 7 S. 34/5.

GRUNMACH, experimentelle Bestimmung der Oberflächenspannung von verflüssigtem Sauerstoff und verflüssigtem Stickstoff. *Physik. Z.* 7 S. 740/4.

LYNDE, the effect of pressure on surface tension.* *Phys. Rev.* 22 S. 181/91.

ROHDE, Oberflächenfestigkeit bei Farbstofflösungen, lichtelektrische Wirkung bei denselben und bei den Metallsulfiden.* *Ann. d. Phys.* 19 S. 935/59.

SHORTER, the surface elasticity of saponine solutions. *Phil. Mag.* 11 S. 317/28.

ZEMPLÉN, Oberflächenspannungen wässeriger Lösungen.* *Ann. d. Phys.* 20 S. 783/97.

ZICKENDRAHT, die Oberflächenspannung geschmolzenen Schwefels. *Ann. d. Phys.* 21 S. 141/54.

GUÉBHARD, explication énergétique simple de quelques vieilles observations dites d'actions chimiques de la lumière. *J. d. phys.* 4, 5 S. 39/52.

HAHN, über Gasdruckmessung. *Z. Schieß- u. Spreng.* 1 S. 70/2.

NERNST, Mitteilung der Maßeinheiten-Kommission, den numerischen Wert der Gaskonstante betreffend. *Z. Elektrochem.* 12 S. 1.

HAPPEL, Theorie und Prüfung der Zustandsgleichung. (Abänderung einer BOLTZMANNschen Methode zur Ermittelung der Volumkorrektion. Formeln für a_1 und a_2; Bestimmung des Koeffizienten a_2; Prüfung der Zustandsgleichung an einatomigen Stoffen und Folgerungen; zur Zustandsgleichung mehratomiger Stoffe, Unterschiede in den Druck-, Volumen- und Temperaturflächen für ein- und mehratomige Substanzen.) *Ann. d. Phys.* 21 S. 342/80.

HOLTZ, schöne Metallbäume durch innere Ströme nach besonderer Methode. *Physik. Z.* 7 S. 660/1.

HOLTZ, Erscheinungen, wenn man Ströme durch schwimmende Goldflitter schickt. *Ann. d. Phys.* 21 S. 390/2.

KERBER, Theorie der schiefen Büschel (dritter Beitrag). (Vgl. Jg. 24 S. 236.) *Z. Instrum. Kunde* 26 S. 218/22.

HAAS, die Beziehungen zwischen dem NEWTONschen und dem COULOMBschen Gesetze. *Physik. Z.* 7 S. 658,60.

HOFFMANN, Diffusion von Thorium X.* *Ann. d. Phys.* 21 S. 239/69.

MACHE, Diffusion von Luft durch Wasser. *Physik. Z.* 7 S. 316/8.

NABL, Theorie der Diffusion der Gase. *Physik. Z.* 7 S. 240/2.

SANO, elektrische Kraft an irgend einem Punkte in einer Flüssigkeit, in welcher ein Diffusionsprozeß vor sich geht. *Physik. Z.* 7 S. 318/23.

WINKELMANN, Bemerkungen zu der Abhandlung von RICHARDSON, NICOL und PARNELL über die Diffusion von Wasserstoff durch heißes Platin. (Phil. Mag. 8 S. 1.) *Ann. d. Phys.* 19 S. 1045/55.

JACOBSOHN, anorganische Lösungsmittel und ihre dissoziierenden Eigenschaften. *Z. kompr. G.* 10 S. 37/42 F.

OHMANN, Schlagwirkungen bei chemischen Elementen, insbesondere bei Leichtmetallen. *Ber. chem. G.* 39 S. 866/70.

LANG, neuere Vorstellungen über den Aufbau der Atome. (A) *Elektrot. Z.* 27 S. 1031/3.

LEHMANN, molekulare Drehmomente bei enantiotroper Umwandlung. *Ann. d. Phys.* 21 S. 381/9.

LEHMANN, Bemerkung zur Abhandlung von PFAUNDLER „Ueber die dunklen Streifen, welche sich auf den nach LIPPMANNs Verfahren hergestellten Photographien sich überdeckender Spektren zeigen (ZENKERsche Streifen)". (Ann. d. Phys. 15 S. 371.) *Ann. d. Phys.* 20 S. 723/33.

PFAUNDLER, Bemerkung zu LEHMANNs Abhandlung über die ZENKERschen Streifen. * *Ann. d. Phys.* 21 S. 399/400.

MORROW, the lateral vibration of bars subjected to forces in the direction of their axes. *Phil. Mag.* 12 S. 233/43.

NICHOLSON, the symmetrical vibrations of conducting surfaces of revolution. *Phil. Mag.* 11 S. 703/21.

RAYLEIGH, instrument for compounding vibrations, with application to the drawing of curves such as might represent white light. *Phil. Mag.* 11 S. 127/30.

RAYLEIGH, the production of vibrations by forces of relatively long duration, with application to the theory of collisions. *Phil. Mag.* 11 S. 283/91.

TERADA, die Schwingungen eines Stabes, der auf einer Flüssigkeitsoberfläche schwimmt. *Physik. Z.* 7 S. 852/5.

Die wirbelnde Bewegung, die gewisse Körper auf der Oberfläche des Wassers zeigen. *Pharm. Centralh.* 47 S. 378/9.

NIMFÜHR, Verfahren zur photographischen Fixierung der Aufzeichnungen von Stimmgabeln, der Fallkörper von Fallmaschinen, von Meteorographen usw.* *Ann. d. Phys.* 19 S. 647/8.

NIPPOLDT, Einfluß der totalen Sonnenfinsternis vom 30. August 1905 auf die erdmagnetischen Variationen.* *Physik. Z.* 7 S. 242/8.

LOHMANN, Beiträge zur Kenntnis des ZEEMAN-Phänomens. *Physik. Z.* 7 S. 809/11.

MILLER, ZEEMAN-Effekt an Mangan und Chrom. *Physik. Z.* 7 S. 896/9.

PORTER, the inversion-points for a fluid passing through a porous plug and their use in testing proposed equations of state. *Phil. Mag.* 11 S. 554/68.

PRANDTL, zur Theorie des Verdichtungsstoßes. *Z. Turbinenw.* 3 S. 241/5.

QUINCKE, the transition from the liquid to the solid state and the foam-structure of matter. *Proc. Roy. Soc.* 78 A S. 60/7.

REBENSTORFF, Acidimetrie durch Wasserstoffmessung. *Z. phys.-chem. U.* 19 S. 201/13.

REIGER, die Gültigkeit des POISEUILLEschen Gesetzes bei zähflüssigen und festen Körpern.* *Ann. d. Phys.* 19 S. 985/1006.

ROHLAND, Hinweis auf eine Deutung des DULONG-PETITschen Gesetzes. *Physik. Z.* 7 S. 832/3.

SCHALL, die Zähigkeit von unterkühlten Lösungen in Thymol. *Physik. Z.* 7 S. 645/8.

SUTHERLAND, the molecular constitution of aqueous solutions. *Phil. Mag.* 12 S. 1/20.

STARK, Zusammenhang zwischen Translation und Strahlungsintensität positiver Atomionen. *Physik. Z.* 7 S. 251/6.

STÖRMER, trajectoires des corpuscules électriques dans l'espace sous l'influence du magnétisme terrestre, avec application aux aurores boréales et aux perturbations magnétiques.) *Compt. r.* 143 S. 140/2, 460/4.

STROMAN, die schiefe Ebene auf der Wage. *Z. phys.-chem. U.* 19 S. 157/8.

TRAVERS, the law of distribution in the case in which one of the phases possesses mechanical rigidity: absorption and occlusion. *Proc. Roy. Soc.* 78 A S. 9/22.

VOLKMANN, Versuche zur Erläuterung astronomischer Bewegungen.* *Z. phys.-chem. U.* 19 S. 283/5.

WEDEKIND, eine mit grüner Chemilumineszenz verbundene Reaktion. *Physik. Z.* 7 S. 805.

Die Veränderlichkeit des spezifischen Gewichtes. *Dingl. J.* 321 S. 15.

2. Apparate. Apparatus. Appareils. Siehe Instrumente 7.

Physiologie. Physiology. Physiologie. Vgl. Bakteriologie, Chemie, physiologische, Landwirtschaft.

1. Pflanzen - Physiologie. Physiology of plants. Physiologie végétale.

BACH, processus d'oxydation dans la cellule vivante. *Mon. scient.* 4, 20, I. S. 321/31 F.; *Wschr. Brauerei* 23 S. 414/7 F.

USHER and PRISTLEY, mechanism of carbon assimilation in green plants. *Proc. Roy. Soc.* 77 B S. 369/76; *CBl. Agrik. Chem.* 35 S. 660/3.

LÖB, Assimilation der Kohlensäure. (Versuche.) *Landw. Jahrb.* 35 S. 541/78.

BLACKMAN und MATTHAEI, quantitative Untersuchung der Kohlensäure-Assimilation und der Blattemperatur bei natürlicher Beleuchtung. *CBl. Agrik. Chem.* 35 S. 433/6.

PALLADIN, verschiedener Ursprung der während der Atmung der Pflanzen ausgeschiedenen Kohlensäure. *Essigind.* 10 S. 20.

LUBIMENKO, action directe de la lumière sur la transformation des sucres absorbés par les plantules du Pinus Pinea. *Compt. r.* 143 S. 516/9.

KIESEL, Veränderungen, welche die stickstoffhaltigen Bestandteile grüner Pflanzen infolge von Lichtabschluß erleiden. *Z. physiol. Chem.* 49 S. 72/80.

STRAKOSCH, Einfluß des Sonnen- und des diffusen Tageslichtes auf die Entwicklung von Beta vulgaris. (Zuckerrübe.)* *Z. Zucker.* 25 S. 1/11.

BODE, Einwirkung des Lichtes auf keimende Gerste und Grünmalz. *Z. Spiritusind.* 29 S. 9/10.

BECQUEREL, action de l'acide carbonique sur la vie latente de quelques graines desséchées. *Compt. r.* 142 S. 843/5.

EFFRONT, la germination des grains. *Mon. scient.* 4, 20, I. S. 5/15; *Wschr. Brauerei* 23 S. 87/90 F.; *Z. Spiritusind.* 29 S. 354/5 F.

LUBIMENKO, influence de l'absorption des sucres sur les phénomènes de la germination des plantules. *Compt. r.* 143 S. 130/3.

GREEN und JACKSON, Vorgänge bei der Keimung von Rizinussamen. *Woch. Brauerei* 23 S. 749/51.

KAMBERSKY, Einfluß der Nährsalzimprägnierung auf die Keimung der Samen. *CBl. Agrik. Chem.* 35 S. 461/3.

LESAGE, actions indirectes de l'électricité sur la germination. *Compt. r.* 143 S. 695/7.

MAYER, ADOLF, Konservieren des Keimvermögens. *Z. Spiritusind.* 29 S. 202.

PUCHNER, Variabilität der Keimungsenergie und deren willkürliche Beeinflussung. *CBl. Agrik. Chem.* 35 S. 607/12.

Hat die Keimfähigkeit süß gewordener Kartoffeln gelitten? (Unterschied zwischen Süßwerden und dem erst bei — 3° eintretenden Erfrieren.) *Z. Spiritusind.* 29 S. 83.

WASSILIEFF, Bedeutung der Eiweißstoffe der Blätter bei der Bildung und Anhäufung der Eiweißstoffe beim Reifen der Samen. *CBl. Agrik. Chem.* 35 S. 818/9.

Wanderung des Stickstoffes aus dem Endosperm nach dem Embryo während der Keimung auf der Tenne. *Wschr. Brauerei* 23 S. 720/1.

POSTERNACK, chemische Zusammensetzung und Be-

Physiologie 1—2.

deutung der Aleuronkörper. (Als Reservestickstoffsubstanz der Samen und als vollständiges mineralisches Nährmittel.) *CBl. Agrik. Chem.* 35 S. 33/5.

JAMIESON, utilisation of nitrogen in air by plants. *Chem. News* 94 S. 102/4.

PFEIFFER, EINECKE, SCHNEIDER, W. und HEPNER, die Kali- und Natronaufnahme der Pflanzen. *CBl. Agrik. Chem.* 35 S. 457/61.

WEIN, die Kali- und Natronaufnahme der Gerstenpflanze. *Z. Brauw.* 29 S. 142/5.

WINDISCH und VOGELSANG, Art der Phosphorsäureverbindungen in der Gerste und deren Veränderungen während des Weich-, Mälz-, Darrund Maischprozesses. *Wschr. Brauerei* 23 S. 6/9.

DUNSTAN, HENRY and AULD, cyanogenesis in plants. Occurrence of phaseolunatin in common flax (Linum usitatissimum); in cassava (Manihot aipi and Manihot utilissima) *Proc. Roy. Soc. B.* 78 S. 145/58.

PICTET, Bildungsweise der Alkaloide in den Pflanzen. *Arch. Pharm.* 244 S. 389/96.

SCHULZE, Abbau und Aufbau organischer Stickstoffverbindungen in den Pflanzen. *Landw. Jahrb.* 35 S. 621/66.

TREUB, Rolle der Blausäure in den grünen Pflanzen. *CBl. Agrik. Chem.* 35 S. 331/3.

HESSE, Veränderung des Stärkegehaltes der Kartoffeln im Herbste. *Z. Spiritusind.* 29 S. 19.

LEFÈVRE, épreuve générale sur la nutrition amidée des plantes vertes en inanition de gaz carbonique. *Compt. r.* 142 S. 287/9.

BERTHELOT, sur les composés alcalins insolubles existant dans les végétaux vivants et dans les produits de leur décomposition, substances humiques, naturelles et artificielles, et sur le rôle de ces composés en physiologie végétale et en agriculture. Plantes annuelles, graminées. Chêne. Composés alcalins formés dans les feuilles mortes; — formés par les matières organiques contenues dans le terreau; — par les substances humiques artificielles d'origine organique. *Ann. d. Chim.* 8, 8 S. 5/51; *Compt. r.* 142 S. 249/57.

LIESEGANG, das Erfrieren der Pflanzen. *Apoth. Z.* 21 S. 687/8.

MOLISCH, Heliotropismus, indirekt hervorgerufen durch Radium. *Am. Apoth. Z.* 27 S. 124.

RIVIÈRE et BAILHACHE, physiologie de la greffe. Influence du portegreffe sur le greffon. *Compt. r.* 142 S. 845/7.

RANDA, Reizwirkung einiger Metallsalze auf das Wachstum höherer Pflanzen. *CBl. Agrik. Chem.* 35 S. 211/2.

SCHULZE, KARL, Beobachtungen über die Einwirkung der Bodensterilisation auf die Entwickelung der Pflanzen. ⊞ *Versuchsstationen* 65 S. 137/47.

BOKORNY, Giftmenge, welche zur Tötung einer bestimmten Menge lebender Substanz nötig ist. (Versuche mit Preßhefe.) *Pharm. Centralh.* 47 S. 121/4 F.

COUPIN, action de quelques alcaloïdes à l'égard des tubes polliniques. *Compt. r.* 142 S. 841/3.

ROTHERT, Verhalten der Pflanzen gegenüber dem Aluminium. *Apoth. Z.* 21 S. 247.

SKINNER, copper salts in irrigating waters. (Toxicity of copper salts upon vegatation and agricultural crops.) *J. Am. Chem. Soc.* 28 S. 361/8.

VERSCHAFFELT, Bestimmung der Wirkung von Giften auf die Pflanzen. *CBl. Agrik. Chem.* 35 S. 612/4.

Soluble heavy metals and plant life. *Brew. Trade.* 20 S. 69/70.

2. Tierphysiologie. Physiologie of animals. Physiologie animale.

ABDERHALDEN und RONA, Eiweißassimilation im tierischen Organismus. *Z. physiol. Chem.* 47 S. 397/403.

HENRIQUES und HANSEN, Eiweißsynthese im Tierkörper. *Z. physiol. Chem.* 49 S. 113/23.

VÖLTZ, Synthesen im Tierkörper mit besonderer Berücksichtigung der Eiweißsynthese aus Amiden. *Fühling's Z.* 55 S. 170/80.

VÖLTZ, Einfluß des Lecithins auf den Eiweiß. umsatz ohne gleichzeitige Asparaginzufuhr und bei Gegenwart dieses Amids. *CBl. Agrik. Chem.* 35 S. 57/8.

KAUFFMANN, Ersatz von Eiweiß durch Leim im Stoffwechsel. *CBl. Agrik. Chem.* 35 S. 186/9.

v. STRUSIEWICZ, Nährwert der Amidsubstanzen. *CBl. Agrik. Chem.* 35 S. 189/92.

VÖLTZ, Bedeutung des Betains für die tierische Ernährung. *CBl. Agrik. Chem.* 35 S. 250/3.

MÜLLER, MAX, eiweißspannende Wirkung des Asparagins bei der Ernährung. *CBl. Agrik. Chem.* 35 S. 340/2.

PFEIFFER, Einfluß des Asparagins auf die Milchproduktion. *CBl. Agrik. Chem.* 35 S. 48/51.

KELLNER, Bedeutung des Asparagins und der Milchsäure für die Ernährung der Pflanzenfresser. *CBl. Agrik. Chem.* 35 S. 45/8.

VOGT, der zeitliche Ablauf der Eiweißzersetzung bei verschiedener Nahrung. *B. Physiol.* 8 S. 409/30.

VÖLTZ, Einfluß verschiedener Eiweißkörper und einiger Derivate derselben auf den Stickstoffumsatz, mit besonderer Berücksichtigung des Asparagins. *CBl. Agrik. Chem.* 35 S. 53/7.

SAWJALOW, Muskelarbeit und Eiweißumsatz. *Z. physiol. Chem.* 48 S. 85/6.

CHAUVEAU, rapports simples des actions statiques, actions dynamiques du muscle avec l'énergie qui les produit. *Compt. r.* 142 S. 977/82, 1125, 30

COMESSATTI, Aenderung der Assimilationsgrenze für Zucker durch Muskelarbeit. *B. Physiol.* 9 S. 67/73.

GUILLEMARD et MOOG, variations des échanges nutritifs sous l'influence du travail musculaire développé au cours des ascensions. *Compt. r.* 143 S. 133/5.

LETULLE et POMPILIAN, nutrition: bilan de l'azote et du chlorure de sodium. *Compt. r.* 143 S. 1188/91.

SLOWTZOFF, Wirkung des Lecithins auf den Stoffwechsel. *B. Physiol.* 8 S, 370/88.

HALLE, Bildung des Adrenalins im Organismus. *B. Physiol.* 8 S. 276/80.

VON HOESSLIN, Abbau des Cholinsim Tierkörper. *B. Physiol.* 8 S. 27/37.

LOHRISCH, Bedeutung der Cellulose im Haushalte der Menschen. *Z. physiol. Chem.* 47 S. 200/52.

RICHET, effets reconstituants de la viande crue après le jeûne. *Compt. r.* 142 S. 522/4.

MILLER, die Frage der Nützlichkeit der Bakterien des Verdauungstraktus. (Parasitismus, Kommensalismus, Symbiose.) *Mon. Zahn.* 24 S. 289/304.

BLOCH, Umwandlung der Purinkörper im Säugetierorganismus. *Biochem. CBl.* 5 S. 521/9 F.

HEINSHEIMER, experimentelle Untersuchungen über den Einfluß von Alkalien und Bittersalzen auf die Magensaftsekretion. (A) *Apoth. Z.* 21 S. 513.

COHNHEIM, der Energieaufwand der Verdauungsarbeit. *Arch. Hyg.* 57 S. 401/18.

ARTHAUD, les variations de la masse du sang chez l'homme. *Compt. r.* 143 S. 782/5.

SCHULTZ, E., Beziehungen der Blutbeschaffenheit

(Erythrocyten, Hämoglobin) zu der Leistungsfähigkeit von Milchkühen. *Fühling's Z.* 55
S. 272/86.

NICLOUX, élimination du chloroforme par l'urine.
J. pharm. 6, 24 S. 64/5.

DAVIDESEN, Ausscheidung des Quecksilbers aus
dem Organismus. *Apoth. Z.* 21 S. 1099.

JONESCU, Antipyrinausscheidung aus dem menschlichen Organismus. (V) *Ber. pharm. G.* 16
S. 133/40.

NEUBAUER, Wirkung des Alkohols auf die Ausscheidung der Acetonkörper. *Med. Wschr.* 53
S. 791/3.

REISS, Ausscheidung optisch aktiver Aminosäuren
durch den Harn. *B. Physiol.* 8 S. 332/8.

FAUVEL, influence du chocolat et du café sur
l'acide urique. *Compt. r.* 142 S. 1428/30.

BOUFFARD, injection des couleurs de benzidine
aux animaux normaux. (Étude expérimentale
et histologique.) *Ann. Pasteur* 20 S. 539/46.

CAMUS, action du sulfate d'hordénine sur la circulation. *Compt. r.* 142 S. 237/9.

KISCH, kombinierte Verordnung von Arzneimitteln.
(Erhöhte physiologische Wirkung.) *Apoth. Z.*
21 S. 34.

SPIEGEL, Versuche über den Einfluß von Borsäure und Borax auf den menschlichen Organismus. *Chem. Z.* 30 S. 14.'5.

Die physiologischen Wirkungen des Tetrachlorkohlenstoffs und des Petroleumbenzins. *Färber-
Z.* 42 S. 270/1.

STRÖHMBERG, Giftigkeit von Holzgeist. *Pharm.
Centralh.* 47 S. 1075/6.

UHLER, Blutvergiftung durch Anilin. (Gegenmittel: Branntwein und starker schwarzer Kaffee.)
Z. Gew. Hyg. 13 S. 167/8.

ZELAREK, Verbreitung des Chroms im menschlichen Organismus bei Vergiftung mit Chromsäure bezw. Kaliumdichromat. *Viertelj ger. Med.*
31 *Suppl.* S. 47/54.

NICLOUX, sur l'anesthésie chloroformique. Dosage
du chloroforme avant, pendant, après l'anesthésie
déclarée et quantité dans le sang au moment de
la mort. *Compt. r.* 142 S. 303/5.

TISSOT, les proportions de chloroforme contenues
dans l'organisme au cours de l'anesthésie
chloroformique. *Compt r.* 142 S. 234/7.

CIESZYŃSKI, Anästhesie mit spezieller Berücksichtigung von Alypin und Novokain. (Versuche; Dauer der Anästhesie.) *Mon. Zahn.* 24
S. 197/221.

FISCHER, GUIDO, lokale Anästhesie (Kokain,
Nirvanin, Tropakokain, Stovain, Novokain.)
(Versuche.) *Mon. Zahn.* 24 S. 305/36.

HENKING, Erfahrungen über Lumbalanästhesie mit
Novokain. *Med. Wschr.* 53 S. 2428/30.

DE TERRA, Erfahrungen mit verschiedenen Injectionsanästheticis. (Adrenalin-Kokain; Eusemin;
Suprarenin.) *Corresp. Zahn.* 35 S. 92/3.

EULER, über Chloräthylnarkose. (10jährige Anwendung.) (V) *Corresp. Zahn.* 35 S. 147/57.

BUSCH, über allgemeine Betäubung und lokale
Anästhesie zum Zwecke der schmerzlosen Zahn-
extraktion.* *Mon. Zahn.* 24 S. 409/18.

BOKORNY, physiologische Wirkung des Acidols
und der freien Säuren. (Betainchlorhydrat.)
Chem. Z. 30 S. 800/1.

CALMETTE et BRETON, effets de l'ingestion de
bacilles tués par ébullition sur les cochons
d'Inde. (A) *Rev. ind.* 37 S.119.

GRÉHANT, comment se comporte un animal qui
respire des mélanges titrés d'air et d'acide carbonique à 5 et à 10 pour 100? *Compt. r.* 143
S. 104/6.

SAUERBRUCH, die ersten in der pneumatischen

Kammer der Breslauer Klinik ausgeführten Operationen. (Unterdruckverfahren, Ueberdruckver-
fahren; Minderwertigkeit des letzteren.)* *Med.
Wschr.* 53 S. 1/4.

LETULLE et POMPILIAN, chambre respiratoire
calorimétrique.* *Compt. r.* 143 S. 932/3.

SCHILLING, günstige Beeinflussung der chronischen
Bronchitis und des Bronchialasthmas durch
RÖNTGENstrahlen. *Med. Wschr.* 53 S. 1805/7.

IMBERT et MARQUÈS, pigmentation des cheveux
et de la barbe par les rayons X. *Compt. r.*
143 S. 193/3.

Piperidin. Pipéridine. Vgl. Chemie, organische.

WALLIS, Darstellung von reinem Piperidin. *Liebigs
Ann.* 345 S. 277/88.

AUWERS und DOMBROWSKI, einige Oxybenzylpiperidine und Dibrom-p-oxypseudocumylaniline.
Liebigs Ann. 344 S. 280/99.

SPIEGEL und UTERMANN, Reduktion des o, p-
Dinitrophenyl - piperidins. *Ber. chem. G.* 39
S. 2631/8.

GABRIEL und COLMAN, einige tertiäre und quar-
täre Basen aus Piperidin. *Ber. chem. G.* 39
S. 2875/88.

Planimeter. Planimeters. Planimètres. Siehe Messen
und Zählen 2. Vgl. Instrumente 6.

**Plastische Massen. Plastic materials. Matériaux
plastiques.** Vgl. Horn, Zellulose.

DITMAR und DINGLINGER, über Faktis. (Oxydation von Faktis und Einfluß auf den Kautschuk.)
Gummi-Z. 21 S. 285/6.

ROULAND, le celluloïd et la caséine. (Fabrication;
galalithe.) *Rev. ind.* 37 S. 350/1.

Practical results in the preparation of plastic material. *Sc. Am. Suppl.* 62 S. 25790/1.

Platin und Platinmetalle. Platinum. Platine. Vgl.
Iridium, Osmium, Palladium.

STORTON, Gewinnung von Platin. *Metallurgie* 3
S. 831/3.

Platinum production in 1905. (Decline in Russian
production; deposits of platinum; mining methods.) *Iron A.* 78 S. 1160.

How platinum is extracted in Russia. *Sc. Am.
Suppl.* 62 S. 25812/3.

NERNST und V. WARTENBERG, Schmelzpunkt des
Platins und Palladiums.* *Z. Beleucht.* 12 S. 134/5.

MOISSAN, ébullition de l'osmium, du ruthénium, du
platine, du palladium, de l'iridium et du rhodium. *Compt. r.* 142 S. 189/95; *Bull. Soc. chim.*
3, 35 S. 272/8.

DELÉPINE, dissolution du platine par l'acide sulfurique. *Bull. Soc. chim.* 3, 35 S. 10/4.

DELÉPINE, sels complexes. Action de l'acide sulfurique à chaud sur les sels de platine et d'iridium en présence du sulfate d'ammonium. *Bull.
Soc. chim.* 3, 35 S. 796/801; *Compt. r.* 142
S. 631/3; *Chem. News* 93 S. 108/9.

QUENNESSEN, l'attaque du platine par l'acide sulfurique. *Compt. r.* 142 S. 1341/3; *Mon. scient.*
4, 20, I S. 570; *Bull. Soc. chim.* 3, 35 S. 619/21;
Chem. News 93 S. 271.

THOMPSON und MILLER, EDMUND H., platinum
silver alloys.* *J. Am. Chem. Soc.* 28 S. 1115/32.

JÖRGENSEN und SÖRENSEN, eine neue, mit MAG-
NUS' grünem Salze isomere, rote Verbindung.
(Platodiammin-Platochlorid.) *Z. anorgan Chem.*
38 S. 441/5.

LEVY and SISSON, some new platinocyanides. *J.
Chem. Soc.* 89 S. 125/8.

BORDIER et GALIMARD, régénération et récupération du platino-cyanure de baryum des écrans
brunis. (In den durch RÖNTGENstrahlen oder

Hitze gebräunten Leuchtschirmen.) *Arch. phys. Med.* 1 S. 344.

RAMBERG, Platosalze einiger schwefelhaltigen organischen Säuren. *Z. anorgan. Chem.* 50 S. 439/45.

GROSSMANN und SCHLÜCK, Einwirkung von Aethylendiamin auf einige Kobalt- und Platin-Verbindungen. *Ber. chem. G.* 39 S. 1896/1901.

JÖRGENSEN, Konstitution der Platinbasen. s-Plato-äthylendiamin-Aethylenchlorid. *Z. anorgan. Chem.* 48 S. 374/88.

TARUGI, preparazione dell' idrossilplatidiammin-solfato. *Gas. chim. it.* 36, 1 S. 364/9.

RICHARDSON, ionisation produced by hot platinum in different gases. *Proc. Roy. Soc.* 78 A S. 192/6.

WINKELMANN, Bemerkungen zu der Abhandlung von RICHARDSON, NICOL und PARNELL über die Diffusion von Wasserstoff durch heißes Platin. *Ann. d. Phys.* 19 S. 1045/55.

ORLOW, zur Technik der Analyse von Platinmetallen. (Reaktion des' Wasserstoffperoxydes auf Osmium; Wirkung des Jodsilbers auf Palladiumchlorid) *Chem. Z.* 30 S. 714/5.

Plüsch. Plush. Peluche. Siehe Appretur, Weberei.

Pontons. Pontoons. Pontons. Vgl. Brücken.

MÜLLER-BRESLAU, Berechnung von Schiffbrücken mit Gelenken. (Schiffbrücke, gebildet aus zweischiffigen Gliedern; Ermittlung der Biegungslinien und Festpunkte.)* *Z. Bauw.* 56 Sp. 151/68.

Porzellan. Porcelain. Porcelaine. Siehe Tonindustrie 4.

Posamentiererei. Laceworking. Passementerie. Siehe Flechten.

Postwesen. Mail. Service des postes. Vgl. Briefordner, Stempel und Stempeln, Transport usw.

Einrichtung und Nutzen der Postschließfächer (letter boxes). *Uhlands T. R.* 1906 *Suppl.* S. 107/8.

BRUNNER, die Post auf der Jubiläums-Landes-Ausstellung in Nürnberg 1906. (Postwertzeichen, Stempeln, Briefkasten, Postwagen.) *Bayr. Gew. Bl.* 1906 S. 425/9.

JEFFREY MFG. CO , mail conveying apparatus at the New Chicago post office building. (Receiving and weighing hoppers and 36'' belt conveyor for mail bags.)* *Eng. News* 55 S. 383/5.

WEIBEZAHL, die Rohrpostmaschinenstation beim Postamt 2 (Goethestr. 3 in Charlottenburg.) 🖾 *Arch. Post* 1906 S. 285/93.

Pneumatic tube system. (For the Postal Telegraph Co. 2¼'' tubes to each point 6,000' in all; the carriers travelling in one direction only in each tube; motor-driven blower with time limit mechanism.)* *Eng. Rec.* 33 S. 686/8.

Test of underground mail-conveying system in Chicago.* *West. Electr.* 38 S. 179.

Elektrische Schnellpostbeförderung.* *El. Anz.* 23 S. 1018/9.

Simple canceling machine. (For the use of postal authorities to cancel mail matter; is designed to take the place of the usual hand stamp. The device is self-inking, and is provided with regulating means, whereby a clear impression can always be made.)* *Sc. Am.* 95 S. 196.

Brieftauben bei der italienischen Kavallerie. (Reisekäfige aus Weidengeflecht mit zwei oder drei Abteilungen übereinander, welche nach der Seite geöffnet und mittels Tragriemen auf dem Rücken des Reiters befestigt werden; Ruhekäfig.) *Krieg. Z.* 9 S. 99/102.

Pressen. Presses.

1. Oel-, Obst- und Weinpressen. Oil-, fruit- and wine-presses. Presses pour fruit, huile, vin. Fehlt.

2. Biegepressen. Bending presses. Presses à cintrer. Siehe Biegemaschinen.

3. Schmiedepressen. Forging presses. Presses à forger. Siehe Schmieden.

4. Stanz- und Lochpressen. Stamping and punching presses. Presses à estamper et perforer. Siehe Stanzen und Lochen.

5. Andere Pressen. Other presses. Presses diverses.

Exzenterpresse mit selbsttätigem Druckregler.* *Z. Werksm.* 10 S. 409/10.

Seiher-Drehpressen und Compoundpressen.* *Seifenfabr.* 26 S. 948/50.

Hydraulic broaching and bushing presses.* *Eng.* 101 S. 532/3.

Selbsttätige Komprimier-Maschinen, Patent DÜHRING.* *Z. Chem. Apparat.* 1 S. 367/71.

HAULICK, Pressen mit großem Hub und dennoch kleinen Abmessungen. *D. Goldschm. Z.* 9 S. 145a.

KILIAN, selbsttätige Komprimiermaschine. (Für chemische Präparate, mit ständig rotierender Matrizenscheibe und doppeltwirkendem Stempel.)* *Z. Chem. Apparat.* 1 S. 20/1.

Hydraulische Schmiedepresse.* *Z. Werksm.* 10 S. 328/9

Presse à comprimer les lingots d'acier.* *Gén. civ.* 49 S. 203/4.

Die Schlauchpresse. (Zur Verrichtung von Zwischenoperationen bei der Fabrikation technischer Gummiwaren.)* *Gummi-Z.* 20 S. 524/7.

Hydraulische Strohhut-Säulenpressen für Gas-, Dampf- und Ofenheizung.* *Bayr. Gew. Bl.* 1906 S. 467/8.

BILLINGS & SPENCER double triple-geared trimming press.* *Iron A.* 78 S. 869.

The BLISS CO. automatic press for wired can tops.* *Iron A.* 77 S. 257/8.

A BLISS CO. special feed press.* *Iron A.* 77 S. 1329.

BLISS CO., triple action drawing press.* *Iron A.* 77 S. 867.

COLLINs Exzenter- und Ziehpresse. (Vereinigt in sich eine einfache Exzenterpresse, eine Stoßpresse, ersetzt eine Presse mit stellbarem Tisch und, mit Blechhalter, eine Ziehpresse.)* *Z. Werksm.* 10 S. 176/9.

The FAMOUS CO. scrap busheling press. *Iron A.* 77 S. 1397.

JACOBIWERK, Kapselpresse.* *Uhlands T. R.* 1906, 2 S. 39.

KIRCHEIS, Zargen-Bördelpresse.* *Z. Werksm.* 10 S. 298/9.

LEIPZIGER MASCHINENBAU-GES, hydraulischer Nieter und Prägepresse. (Arbeiten ohne Pumpe, ohne Akkumulator und Rohrleitung.)* *Uhlands T. R.* 1906, 1 S. 25/6.

MUSIOL, Fortschritte im Räderziehpressenbau. (Mängel der Exzenterziehpressen mit bewegtem Tisch und Mittel zu deren Beseitigung; neue Bewegungsmechanismen; Trimobilziehpresse, „Adriance"-Ziehpresse.)* *Z. Werksm.* 10 S. 311/5.

PHILADELPHIA DRYING MACHINERY CO., an improved cloth press. (Steel beam construction for the top and bottom bed plates which naturally take the thrust in pressing.)* *Text. Rec.* 31, 1 S. 146.

SCHMIDT, die Herstellung des Bleimantels und die Bleikabelpresse.* *Z. Beleucht.* 12 S. 91/4 F.

VAUXHALL AND WEST HYDRAULIC ENG. CO., 500 t flanging press.* *Eng.* 102 S. 21.

HANKEL, die Membranfilterpresse.* *Z. ang. Chem.* 19 S. 1712/3.

JÄGER, Einspannvorrichtung für Filterpressen.* *Uhlands T. R.* 1906, 4 S. 22/3.

SIERMANN, Neuerungen an Filterpressen. (Deutsche Reichs-Patente.) *Chem. Zeitschrift* 5 S. 180/1.

A new rotary sand-lime brick press.* *Brick* 24 S. 67.

DORSTENER EISENGIESZEREI UND MASCHINEN-FABRIK, Schlagstempelpresse. (Zur Fabrikation von Kalksandsteinen.)* *Uhlands T. R.* 1906, 2 S. 72.

SURMANN, Trockenpresse für gleichzeitigen Preßdruck auf zwei Seiten des Preßlings. (Trockenpresse zur Herstellung von Steinkohlenbriketts, Kalksandsteinen u. dgl., bei welcher Ober- und Unterstempel von einer gemeinsamen, mehrfach gekröpften Welle aus bewegt werden.)* *Braunk.* 5 S. 562/3.

VOLKERSEN, Klinkerpresse. (Drehtischpresse „Atlas".) (V) (A) *Baumatk.* 11 S. 119.

PAPE, die hydraulische Presse nach EICHENTOPF. (Nachgiebige Patrize; Bleieinlagen nach JACOBSBERG; Einhüllen der nicht zu prägenden Teile, z. B. Klammern und Drahtbrücken, in Wachs.) *Mon. Zahn.* 24 S. 101/4.

KRUPP, Hydraulische Presse zur Herstellung von schnur-, band- und röhrenförmigem Pulver. *Z. Schieß- u. Spreng.* 1 S. 295,6.

VAUXHALL & WEST HYDRAULIC ENG. CO., presse pour cartouches.* *Rev. ind.* 37 S. 133.

KEMPE, Heizung von Stereotypie-Trockenpressen. (Elektrische Trockenpresse, Gastrockenpresse, Dampftrockenpresse.)* *Papier-Z.* 31, 1 S. 1965/7.

FALKENAU, selection of material for the construction of hydraulic machinery. (V) *Mech. World* 39 S. 57/8; *Am. Mach.* 29 S. 6/7.

Einrücksicherung an Exzenterpressen mit Drehkeilkupplung.* *Z.Werksm.* 10 S. 356/7.

Propeller. Propellers. Propulseurs. Siehe Schiffbau 4.

Pumpen. Pumps. Pompes. Vgl. Dampfkessel 8.

1. Allgemeines.
2. Kolbenpumpen.
3. Kapsel- und Flügelpumpen.
4. Schleuderpumpen.
5. Strahlpumpen und Pulsometer.
6. Druckluftpumpen.
7. Luftpumpen.
8. Stoßdruckheber.
9. Schöpf- und Eimerwerke.
10. Andere Pumpen.
11. Pumpenteile.

1. Allgemeines. Generalities. Généralités.

GOLDSTEIN, die kleinste mögliche Umlaufzahl von Pumpwerken.* *Z. V. dt. Ing.* 50 S. 253/8.

Pumpen. (Nachteile von Pumpen mit unterbrochener Bewegung; Verminderung der Stöße; Beeinflussung der Gleichförmigkeit durch die Stellung der Kurbeln.)* *W. Papierf.* 37, 2 S. 3104/5.

RABBE, pumping engines and pumping machinery. (Review of the various types.) *Mech. World* 39 S. 89.

Water supply. (Pumps; steam pumps; rotary pumps; centrifugal pumps; power pumps; triplex; valves; small reservoirs and valve pits; private fire supplies from public mains.) (A) *Eng. News* 55 S. 614/5.

Die Pumpen auf der Nürnberger Jubiläums-Ausstellung. (Simplexpumpe, Unapumpe, Verbundpumpe von der MASCHINEN- UND ARMATURFABRIK VORM. KLEIN, SCHANZLIN & BECKER, Frankenthal; Hochdruck-Zentrifugalpumpe; Fontäne-Pumpe; Pumpen für die Wasserversorgung von der ARMATUREN- UND MASCHINENFABRIK, A.-G., VORM. J. A. HILPERT - NÜRNBERG.)* *Eisens.* 27 S. 743/4 F.

MUELLER, Kondensationsanlagen, Kompressoren und Pumpen auf der Bayerischen Landesausstellung in Nürnberg. *Z. V. dt. Ing.* 50 S. 1191/2 F.

EICHEL, elektrische Pumpwerke der Vereinigten Staaten. *Elektr. B.* 4 S. 452/5.

FALKENAU, Verhalten von Stahl und Bronze in Ventil und Pumpen. (Vortrag vor dem Franklin-Institute.) (V) (A) *Gieß. Z.* 3 S. 317/8.

FALKENAU, selection of material for the construction of hydraulic machinery. (Pumping machinery; hydraulic press; material for packing; mine pumps.) *Am. Mach.* 29 S. 6/7; *Mech. World* 39 S. 57/8.

HAGUE, foundations for pumping engines. *Cassier's Mag.* 31 S. 42/51.

2. Kolbenpumpen. Piston pumps. Pompes à piston.

HAGEMANN, Pumpen für Gase, Erdöle und chemische Produkte.* *Ann. Gew.* 59 S. 91/4.

RICE, a gas pump for hot gases.* *Eng. min.* 82 S. 1059.

Dampfmaischpumpe mit Rädervorgelege.* *Met. Arb.* 32 S. 52.

MARSH-Simplex-Kesselspeisepumpen. (Handspeisepumpe; Pumpe mit außenliegenden Plunger-Stopfbüchsen zum Pumpen von heißem Kesselspeisewasser.)* *Masch. Konstr.* 39 S. 25/6.

BOPP & REUTHER, freistehende Zwillings-Preßpumpe. (Zu beiden Seiten des als Ständer ausgebildeten Maschinenrahmens sind konsolartig die beiden einfachwirkenden Pumpzylinder angebracht, deren Tauchkolben von den an der Antriebswelle sitzenden beiden Stirnkurbeln mittels Kurbelstangen angetrieben werden.)⊠ *Masch. Konstr.* 39 S. 187/8.

The twin duplex vertical compound hydraulic pumps recently designed and built by the CANTON PUMP CO.* *Iron A.* 78 S. 866.

DUNHAM, pompe double à double effet à commande par courroie.* *Rev. ind.* 37 S. 120.

A compact triple electric mine pump. (Constructed by the GOODMAN MFG. CO. of Chicago.) *Pract. Eng.* 34 S. 304.

Electric pump equipment for a deep mine shaft. (Installed at the Ward Shaft on Comstock Lode, Virginia City, Nevada; 3,200 gals. per min., against a total head of 1,550'; pumps of the KNOWLES express type: duplex double acting pumps with plungers; electric current supplied by the WESTINGHOUSE plant and is taken down the shaft at 2,240 volts over a three-conductor lead covered steel-armoured cable of 400,000 c. m. capacity.) *Eng. News* 56 S. 387.

Neue Duplex-Steuerung an direktwirkenden Dampfpumpen.* *Dingl. J.* 321 S. 271/2.

WOERNITZ, pompe à commande électrique pour refoulement à hauteur variable système SINCLAIR.* *Rev. ind.* 37 S. 353.

The CLARKE-CHAPMAN horizontal direct-acting pump, with outside packed ram (WOODESON's patents).* *Iron & Coal* 73 S. 1174.

The Mullan vertical wet vacuum pump.* *Eng. Chicago* 43 S. 207/8.

Pump capable of exerting a pressure of 5000 lb. to the sq. " built by the CANTON PUMP CO.* *Iron A.* 78 S. 1015.

The ANKER pedal pump. (Cast in one piece and fixed standing on barrow.)* *Pract. Eng.* 33 S. 556.

BECKER, Rohrbrunnenpumpen.* *J. Gasbel.* 49 S. 1141/4.

PUCHNER, Jauchepumpen. (Ergebnisse eines Preisausschreibens.)* *Jahrb. Landw. G.* 21 S. 284/97.

Schmutzfänger für Dampfpumpen. (Nutzen). *Z. Dampfk.* 29 S. 25.

3. Kapsel- und Flügelpumpen. Rotary pumps. Pompes rotatives.

CONNERSVILLE BLOWER CO, large rotary pump plant. * *Am. Mach.* 29, 1 S. 103/4.

Pompes SAMAIN. (Pompe rotative à palettes.) *Ann. ponts et ch.* 1906, 3 S. 261/3.

THOMET & CO., Flügelpumpe System SAMAIN. * *Masch. Konstr.* 39 S. 77.

4. Schleuderpumpen. Centrifugal pumps. Pompes centrifuges.

LORENZ, Theorie und Berechnung der Zentrifugal-Ventilatoren und -Pumpen. *Z. Turbinenw.* 3 S. 309/14.

SCHÜTT, Wirkungsgrade von Ventilatoren und Zentrifugalpumpen. * *Z. Turbinenw.* 3 S. 441/6; *Z. V. dt. Ing.* 50 S. 1715/9.

EICKHOFF, Veranschaulichung der Vorgänge in Turbinen und Kreiselpumpen. (Formeln für die Schraubenturbine.) * *Z. Turbinenw.* 3 S. 460/3 F.

GASS, construction of centrifugal pumps. (V) (A)* *Mech. World* 40 S. 278/80; *Page's Weekly* 9 S. 1309/15 F.; *Pract. Eng.* 34 S. 780/3 F.

BÁNKI, Stufenzahl der Zentrifugalpumpen. * *Z. Turbinenw.* 3 S. 457/8.

PRÁŠIL, die Bestimmung der Kranzprofile und der Schaufelformen für Turbinen und Kreiselpumpen.* *Schw. Baus.* 48 S. 277/80 F.

Abschlagen von Zentrifugalpumpen. (A)* *Z. V. dt. Ing.* 50 S. 546/7; *Z. Turbinenw.* 3 S. 207.

BERGMANS, Auftreten von Axialdrucken bei Hochdruck-Kreiselpumpen. * *Z.V.dt.Ing.*50 S. 1719/20.

Testing high-pressure centrifugal pumps. (Working efficiency. Case divided through its horizontal flanges so that its top half can be freed and lifted off without disturbing either the suction or discharge connections; double cup leather packing.* *Pract. Eng.* 34 S. 582/5.

DEGAN and LEA, centrifugal pump tests.* *Eng. Rec.* 54 S. 562.

WATTS, tests of circulating pumps. * *Horseless age* 18 S. 601.

DENTON, test of a two-stage centrifugal pump. (Method of testing for capacity and efficiency.)* *Eng. Chicago* 43 S. 685/7; *Z. Turbinenw.* 3 S. 468.

DENTON, tests of a new centrifugal pump. (Consists of two shrouded runners mounted on the same shaft in a double case.)* *Eng. Rec.* 54 S. 352/3.

HARRIS, test of a three-stage, direct-connected centrifugal pumping unit. (Vgl. Jg. 31 Dezember 1905.) (V. m. B.)* *Proc. Am. Civ. Eng.* 32 S. 161/3 F.

HARROUN, test of a three-stage, direct-connected, centrifugal pumping unit. (Efficiency) (V. m. B.) ▣ *Trans. Am. Eng.* 56 S. 144/68; *Eng. min.* 81 S. 698/700.

Prüfung der Kreiselpumpen für die elektrische Entwässerung der Dongepolder. (System NEUKIRCH.) *Ann. Gew.* 58 S. 158.

SCHULZE-PILLOT, Versuche an Steinzeug-Zentrifugalpumpen. * *Z. ang. Chem.* 19 S. 420/30.

HAMMER, über das Vergleichen von Kreiselpumpen-Angeboten. *Z. Turbinenw.* 3 S. 409/11.

GRAMBERG, über die Anwendung von Zentrifugalpumpen.* *Braunk.* 5 S. 209/15.

HAMMER, Vorteile bei Anwendung von Turbinenpumpen. *Z. Turbinenw.* 3 S. 65/6.

SPAČIL, Hochdruck-Zentrifugalpumpen. (Vorzüge dieser Pumpen für die Speisung von Druckwasserakkumulatoren für Bedienung von Ge-

schützen, Panzerständen usw.) *Mitt. Artill.* 1906 S. 227/30.

Hochdruck-Zentrifugalpumpe der Ausstellung Nürnberg. * *Papierfabr.* 1906 S. 2271/2; *Prom.* 18 S. 177/82.

Turbinen-Pumpen. * *Vulkan* 6 S. 162.

HERING, die Turbinenpumpen auf der Bayerischen Landesausstellung in Nürnberg 1906. * *Turb.* 3 S. 29/32.

HEYM, Hochdruck-Turbinenpumpen. *Turb.* 3 S. 13/5.

MÜLLER, ADOLF, die Internationale Ausstellung in Mailand. (Kreiselpumpenanlage mit 150 PS DIESELmotor; Dampfturbinen; Ventilator von SULZER, GEBR.) * *Z. Turbinenw.* 3 S. 446/51.

PASSELECO et RICHIR, les turbines à vapeur et pompes centrifuges installées au Charbonnage de Baudour. * *Rev univ.* 15 S. 288/325.

FISCHER und ZEINE, die Kreiselpumpen und -Ventilatoren auf der Bayer. Jubiläums-Landesausstellung in Nürnberg 1906. (Sechsfache SULZER-Kreiselpumpe; Hochdruck-Kreiselpumpen von KLEIN, SCHANZLIN & BECKER; zweistufige Kreiselpumpe von HILPERT.) * *Z. Turbinenw.* 3 S. 369/76; *J. Gasbel.* 49 S. 877/9.

Neuere Zentrifugalpumpen. (Unter besonderer Berücksichtigung der Turbinenpumpen von BEIGE & KUENZLL.)* *Masch. Konstr.* 39 S. 105/6.

BROOKS, centrifugal pump with a novel form of runner. (The runner is a hollow piston with impellers formed within it, and having two slots or openings in the shell; the curve representing the resultant of the thrust and the centrifugal force is kept within the pump.)* *Eng. News* 55 S. 414; *Iron & Coal* 72 S. 1396.

Turbine pumps with balanced impellers. (Test results of two turbine pumps brought out by the BUFFALO STEAM PUMP CO.)* *Eng. News* 55 S. 378/9.

Compound tandem engine and centrifugal pump, constructed by BUMSTED & CHANDLER.* *Engng.* 82 S. 165.

EICKHOFF, über Kreiselpumpen.* *Z. Turbinenw.* 3 S. 501/2.

FEEG, über Zentrifugalpumpen. *Z. Turbinenw.* 3 S. 28/9.

ENKE, Zentrifugalpumpe mit veränderlicher Leistung.* *Z. Turbinenw.* 3 S. 116.

LEA and DEGEN, centrifugal pump designed for use with a wide range of heads. (Consists of two shrouded wheels, mounted on the same shaft in a double case; tests.) * *Eng. News* 56 S. 332.

MATHER & PLATT, turbo-pompe multicellulaire à grand débit.* *Rev. ind.* 37 S. 187/8; *Engng.* 81 S. 154; *Z. Turbinenw.* 3 S. 146/7.

MOSSAY and BROWN, G. M., centrifugal pumps. (Theory; pump constructed by SULZER BROTHERS.) (V) (A) *Mech. World* 40 S. 247/8 F.

RUSSMANN, neuere Schleuderpumpen. * *Ell. u. Maschb.* 24 S. 156/9 F.

SIEMENS-SCHUCKERT WERKE G. M. B. H., Zentrifugalpumpe.* *Braunk.* 5 S. 262/3.

HERZOG, SULZER, GEBR., Hochdruck-Zentrifugalpumpen.* *Ell. u. Maschb.* 24 S. 53/6 F.; *Masch. Konstr.* 39 S. 161/2 F.

ZIEGLER, SULZER, GEBR., Hochdruckkreiselpumpen im praktischen Betriebe. *Z. O. Bergw.* 54 S. 185/7.

WEBBER, some types of centrifugal pumps. * *Page's Weekly* 8 S. 801/8.

WEBBER, Kreiselpumpe mit vollkommenem Druckausgleich. * *Z. Turbinenw.* 3 S. 257/8.

WILLIAMS, centrifugal pumps. * *Eng. Min.* 82 S. 544/5.

Turbine pump of the Montreal water-works. (Built under the WORTHINGTON patents designed by

BROWN, WILLIAM and CLINTON. Water pumped amounted to 2,725,000 imp. gal. against an average pressure of 107,2 lb.)* *Eng. Rec.* 54 S. 488.

Pumpwerk mit Kreiselpumpen für die Entwässerungsanlage eines Bezirks in Hampton.* *Z. Turbinenw.* 3 S. 32.

PERKINS, Entwässerung von Bouldin Island durch Kreiselpumpen.* *Z. Turbinenw.* 3 S. 204/5.

Kreiselpumpen-Wasserwerk in Schenectady.* *Z. Turbinenw.* 3 S. 69.

5. Strahlpumpen und Pulsometer. Jet pumps and pulsometers. Pompes à jet et pulsomètres. Vgl. Gebläse.

Dampfstrahlpumpe (Ejektor). (Als Feuerspritze bis zu 15 m Druckhöhe und als Hebevorrichtung für Säuren und Laugen zu benutzen.)* *Masch. Konstr.* 39 S. 167/8.

Doppeltwirkende kolbenlose Dampfpumpe für Förderhöhen bis ca. 50 m. (Hochdruck-Pulsometer der GEBR. KÖRTING, AKT.-GES.)* *Met. Arb.* 32 S. 179/80.

KÖRTING, GEBR., Hochdruck-Pulsometer.* *Masch. Konstr.* 39 S. 175/6.

WATERHOUSE, GOODYEAR, Vorrichtung zum Steuern von Pulsometern mit Luftzuführung.* *Braunk.* 5 S. 278/81.

6. Druckluftpumpen. Compressed air pumps. Pompes à air comprimé.

FRIEDRICH, air-lift pumping. (Submergence and efficiency; capacity and pipe sizes; submergence and air need.) (V) *Pract. Eng.* 33 S. 783.

The LATTA-MARTIN pneumatic pumping system.* *Iron A.* 77 S. 1460/1; *J. Gasbel.* 49 S. 688/9.

RICHARDS, return air and pumping system. (The compressed air is conveyed to the pump by pipes direct from the compressor to each chamber and each pipe also leads the air after work of water expulsion is done, back to the compressor.)* *Compr. air* 11 S. 4138/40.

SMALL, municipal water supply pumping plant at Des Plaines, Ill. (Compressed air lift system of the CHICAGO PNEUMATIC TOOL CO. with return pipes.)* *Compr. air* 11 S. 4146/7.

BAYLES, compressed air pump with water-heated reheater. *Compr. air* 11 S. 4072/3; *Eng. min.* 81 S. 747.

7. Luftpumpen. Air pumps. Pompes pneumatiques. Siehe diese.

8. Stoßdruckheber. Hydraulic rams. Béliers hydrauliques.

BECK, LEONARDO DA VINCIs Wasserhebemaschinen.* *Z. V. dt. Ing.* 50 S. 777/8.

PUCHNER, hydraulischer Widder mit selbsttätigem Antrieb und selbsttätiger Regulierung von GEBR. ABT. *Jahrb. Landw. G.* 21 S. 320/5.

9. Schöpf- und Eimerwerke. Elevator pumps, norias. Pompes à chapelet, norias. Fehlt.

10. Andere Pumpen. Other pumps. Pompes diverses.

CARLIN MACHINERY & SUPPLY CO., portable pumping outfit for contractors. (Diaphragm pump; gasoline engine.)* *Eng. Rec.* 54 Suppl. Nr. 10 S. 47.

Molkerei-Schlauchpumpe, zur gleichzeitigen Förderung mehrerer, aus dem Molkereibetriebe resultierender, nach Wert, Eigenschaften und Menge verschiedener Flüssigkeiten. (D.R.G.M. 249347.)* *Milch-Z.* 35 S. 14/5.

BELL, a combined starting handle and tyre pump.† *Autocar* 17 S. 184.

11. Pumpenteile. Parts of pumps. Organes des pompes. Vgl. Ventile.

A pump drive. (Spiral spring tending to throw the bracket, which receives the spring outward, bringing a friction against the surface of the drive pulley.)* *Eng. min.* 81 S. 1186.

Pyridine. Pyridines. Vgl. Chemie, organische.

v. ZAWIDZKI, einige physikalische Konstanten des reinen Pyridins. *Chem. Z.* 30 S. 299.

WERNER & FEENSTRA, Dichlorotetrapyridinkobaltsalze. *Ber. chem. G.* 39 S. 1538/45.

BAUMERT, Azofarbstoffe aus der Pyridinreihe. *Ber. chem. G.* 39 S. 2971/6.

LADENBURG, Isoconiin und die Synthese des Coniins. *Ber. chem. G.* 39 S. 2486/91.

PERATONER e TAMBURELLO, piridoni dall' acido piromeconico e dal maltolo. *Gaz. chim. it.* 36, 1 S. 50/7

Pyrometer. Siehe Wärme.

Pyrrol.

KÜSTER, Constitution des Hämopyrrols. *Liebigs Ann.* 346 S. 1/27.

CASTELLANA, trasformazione dei pirroli in derivati del pirazolo. *Gaz. chim. it.* 36, 2 S. 48/50.

PADOA, prodotti di idrogenazione del pirrolo a mezzo del nickel ridotto. *Gaz. chim. it.* 36, 2 S. 317/21.

v. BRAUN und BESCHKE, Aufspaltung des Pyrrolidins nach der Halogenphosphormethode. *Ber. chem. G.* 39 S. 4119/25.

Q.

Quarz. Quartz. Vgl. Silicium.

MÜLLER, W. J., zur Bildung von Quarz und Silikaten aus wässeriger Lösung. (V) (A) *Chem. Z.* 30 S. 956.

BUISSON, les variations de quelques propriétés du quartz. *Compt. r.* 142 S. 881/3.

WITT, starre Flüssigkeiten und die Kinder des Quarzes. (V) *Prom.* 17 S. 209/13 F.

JOFFÉ, elastische Nachwirkung im kristallinischen Quarz. (Piezoelektrische Quarzplatten.) *Ann. d. Phys.* 20 S. 919/80.

BERTHELOT, synthèse du quartz améthyste; recherches sur la teinture naturelle ou artificielle de quelques pierres précieuses sous les influences radioactives. *Compt. r.* 143 S. 477/88.

GREINACHER, die durch Radiotellur hervorgerufene Fluoreszenz von Glas, Glimmer und Quarz. *Physik. Z.* 7 S. 225/8.

Quecksilber. Mercury. Mercure. Vgl. Blei, Silber.

SPIREK, das Quecksilberhüttenwesen, seine Geschichte und Entwickelung und die Bergwerke in dem Quecksilbergebiete am Monte Amiata. (V) (A) *Chem. Z.* 30 S. 452.

Der Quecksilber-Bergbau in der Pfalz. *Prom.* 17 S. 283/5.

BOOTH, Reduktion von Quecksilbererz. *Metallurgie* 3 S. 835/6.

JANICKI, feinere Zerlegung der Spektrallinien von Quecksilber, Kadmium, Natrium, Zink, Thallium und Wasserstoff. (Das MICHELSONsche Stufengitter; Quecksilberlinien; Vergleich der gewonnenen Ergebnisse mit den bisherigen Beobachtungen; Kadmiumlinien.)* *Ann. d. Phys.* 19 S. 36/79.

STARK, HERMANN und KINOSHITA, der DOPPLER-Effekt im Spektrum des Quecksilbers. *Ann. d. Phys.* 21 S. 462/9.

DE WATTEVILLE, le spectre de flamme du mercure. *Compt. r.* 142 S. 269/70.

SMITH, MC PHAIL, constitution of amalgams. *Chem. J.* 36 S. 124/35.

GUNTZ et ROEDERER, les amalgames de strontium. *Bull. Soc. chim.* 3, 35 S. 494/503.

KNOX, Ionenbildung des Schwefels und Komplexionen des Quecksilbers. *Z. Elektrochem.* 12 S. 477/81.

V. STEINWEHR, Einfluß der Korngröße auf das elektromotorische Verhalten des Merkurosulfates. (V) (A) *Chem. Z.* 30 S. 557.

HULETT, mercurous sulphate and standard cells. (The question of hydrolysis; the preparation of electrolytic mercurous sulphate.) *Electr.* 57 S. 708/11.

BREDIG, über heterogene Katalyse und ein neues Quecksilberoxyd. (V. m. B.)* *Z. Elektrochem.* 12 S. 581/9; *Chem. Z.* 30 S. 523/4.

BRÜCKNER, Einwirkung von Jod auf Quecksilberoxydul- und Quecksilberoxydsulfat. *Sits. B. Wien. Ak.* 115, 2b S. 167/76; *Mon. Chem.* 27 S. 341/9.

DUKELSKI, neue Art der Entstehung von Quecksilberoxychloriden. (Einwirkung von wässerigen Boraxlösungen.) *Z. anorgan. Chem.* 49 S. 336/7.

FOOTE and LEVY, double salts of mercuric chloride with the alkali chlorides and their solubility. *Chem. J.* 35 S. 236/46.

ATEN, Löslichkeit von HgCl₂ in Aethylacetat und Aceton. *Z. physik. Chem.* 54 S. 121/3.

MASCARELLI e DE VECCHI, di alcuni sali doppi che i derivati jodilici formano col cloruro e col bromuro di mercurico. *Gas. chim. it.* 36, 1 S. 217/30.

MASCARELLI, due forme del joduro mercurico. *Gas. chim. it.* 36, II S. 880/93.

ORLOW, einige Reaktionen des Quecksilberjodids. (Mit Palladiumchlorür, Silberchlorid, Thalliumchlorür usw.) *Chem. Z.* 30 S. 1301.

BAUER, Löslichkeit des Hydrargyrum praecipitatum alb. in Essigsäure. *Pharm. Z.* 51 S. 930/1.

HOLDERMANN, Quecksilberoxycyanid. (Konstitution; Darstellung.) *Arch. Pharm.* 244 S. 133/6.

V. PIEVERLING, Hydrargyrum oxycyanatum. (Verwertung als Antisepticum.) *Arch. Pharm.* 244 S. 35/6.

RUPP, Quecksilberoxycyanid. (Umsetzungsverhältnisse.) *Arch. Pharm.* 244 S. 1/2.

Hydrargyrum oxycyanatum und Hydrargyrum praecipitatum album. (Konstitution.) *Pharm. Centralh.* 47 S. 459/60.

FERNEKES, ferricyanides of mercury. *J. Am. Chem. Soc.* 28 S. 602/5.

DUBOIN, les iodomercurates de sodium et de baryum. *Compt. r.* 143 S. 313/4.

DUBOIN, les iodomercurates de baryum. *Compt. r.* 142 S. 887/9.

DUBOIN, les iodomercurates de calcium. *Compt. r.* 142 S. 395/8.

DUBOIN, les iodomercurates de calcium et de strontium. *Compt. r.* 142 S. 573/4.

DUBOIN, les iodomercurates de magnésium et de manganèse. *Compt. r.* 142 S. 1338/9.

BALBIANO, azione della soluzione acquosa di acetato mercurico sui composti olefinici. *Gas. chim. it.* 36, 1 S. 237/51.

FRANÇOIS, combinaisons de l'iodure mercurique et de la monométhylamine libre. *Compt. r.* 142 S. 1199/1202; *J. pharm.* 6, 24 S. 21/5.

HANTZSCH und AULD, Mercuri Nitrophenole. *Ber. chem. G.* 39 S. 1105/17.

HOFMANN, K. A. und SEILER, Verbindungen von Quecksilberchlorid und Alkoholen mit Dicyclopentadiën. *Ber. chem. G.* 39 S. 3187/90.

SCHOLL und NYBERG, Mercuri-aci-Nitroessigester-anhydrid. *Ber. chem. G.* 39 S. 1956/9.

TAFEL, merkwürdige Bildungsweise von Queck-

silberalkylen. (Bei der elektrolytischen Reduktion von Ketonen an Quecksilberkathoden.) *Ber. chem. G.* 39 S. 3626/31.

Die Quecksilbersalze der Cholsäure. *Apoth. Z.* 21 S. 254.

CASTAÑARES, quantitative Trennung von Quecksilber- und Wismut. (Ausfällung des Bi mittels Ammoniumkarbonats in salpetersaurer Lösung.) (V) (A) *Chem. Z.* 30 S. 465.

KROUPA, die elektrolytische Bestimmung des Quecksilbers bei Anwendung der rotierenden Anode. *Z. O. Bergw.* 54 S. 26/7.

RUPP, volumetrische Bestimmung des Quecksilbers. *Ber. chem. G.* 39 S. 3702/4.

BÜRGI, die Methoden der Quecksilberbestimmung im Urin. *Apoth. Z.* 21 S. 368/9.

R.

Räder. Wheels. Roues. Siehe Eisenbahnwesen III, Maschinenelemente, Riem- und Seilscheiben, Wagen, Zahnräder. Vgl. Uhren, Wellen.

Radium und radioaktive Elemente. Radium and radioactiv elements. Radium et éléments radioactifs. Vgl. Elektricität 1 d d.

MEYER, STEFAN, die neueren Ergebnisse und die Methoden der radioaktiven Forschung. (V) (A) *Oest. Chem. Z.* 9 S. 35/6.

SODDY, the present position of radioactivity. *Electr.* 56 S. 476/9.

KOHLRAUSCH, Schwankungen der radioaktiven Umwandlung.* *Sits. B. Wien. Ak.* 115 II a S. 673/82.

GRUNER, Beitrag zu der Theorie der radioaktiven Umwandlung. *Ann. d. Phys.* 19 S. 169/81.

RAYLEIGH, the constitution of natural radiation. *Phil. Mag.* 11 S. 123/7.

CAMPBELL, the radiation from ordinary materials.³ *Phil. Mag.* 11 S. 206/26.

Neuere Forschungen über Radioaktivität.* *Central-Z.* 27 S. 1/4 F.

CONSTANZO und NEGRO, die Radioaktivität des Schnees. *Physik. Z.* 7 S. 350/3.

BECKER, Radioaktivität von Asche und Lava des letzten Vesuvausbruches. *Ann. d. Phys.* 20 S. 634/38.

ASCHOFF, Radioaktivität der Heilquellen.* *Z. öffl. Chem.* 12 S. 401/9.

CURIE et LABORDE, radioactivité des gaz qui proviennent de l'eau des sources thermales. *Compt. r.* 142 S. 1462/5.

DIENERT et BOUQUET, radioactivité des sources d'eau potable. *Compt. r.* 142 S. 449/50, 883/5.

SCHMIDT, W., die radioaktiven Bestandteile von Quellwasser. *Apoth. Z.* 21 S. 738.

HENRICH, Thermalquellen von Wiesbaden und deren Radioaktivität.* *Mon. Chem.* 27 S. 1259/64; *Chem. Z.* 30 S. 320/2.

SCHMIDT und KURZ, die Radioaktivität von Quellen im Großherzogtum Hessen und Nachbargebieten.* *Physik. Z.* 7 S. 209/24.

SAHLBOM und HINRICHSEN, Radioaktivität der Aachener Thermalquellen. *Ber. chem. G.* 39 S. 2607/8.

HAUSER, Radioaktivität des Teplitz-Schönauer Thermalwassers. *Physik. Z.* 7 S. 593/4.

La radioactivité des sources thermales de Dax. *Electricien* 31 S. 22/4.

GEHLHOFF, Radioaktivität und Emanation einiger Quellensedimente. *Physik. Z.* 7 S. 590/3.

EVE, the radioactive matter in the earth and the atmosphere.* *Phil. Mag.* 12 S. 189/200.

JONES, distribution of radioactive matter and the

origin of radium. (Radioactive matter in the earth and in the air.) *El. Rev. N. Y.* 48 S. 40/2.

DANYSZ, le plomb radioactif extrait de la pechblende. *Compt. r.* 143 S. 232/4.

ELSTER und GEITEL, Abscheidung radioaktiver Substanzen aus gewöhnlichem Blei. *Physik. Z.* 7 S. 841/4.

STRUTT, on the distribution of radium in the earth's crust (and on the earth's internal heat). *Chem. News* 93 S. 235/7 F.; *Proc. Roy. Soc.* 78 S. 150/3.

RUTHERFORD and BOLTWOOD, the relative proportion of radium and uranium in radio-active minerals. *Am. Journ.* 22 S. 1/3.

SCHLUNDT and MOORE, chemical separation of the radio-active types of matter in thorium compounds.* *Chem. News* 93 S. 7/9 F.

JONES, the atomic weight of radium and the periodic system. *Chem. News* 93 S. 301/2.

RAMSAY, un nouvel élément, le radiothorium, dont l'émanation est identique à celle du thorium. (V) *Mon. scient.* 4, 20, I S. 58/60.

ASCHKINASS, neuere Untersuchungen über Radioaktivität. (Experimentalvortrag.) *Z. Beleucht.* 12 S. 50/2; *Z. V. dt. Ing.* 50 S. 259/60.

KLATT, Radioaktivität und Radiographie. *Phot. Z.* 30 S. 314/7 F.

PRECHT, Strahlungsenergie von Radium. *Ann. d. Phys.* 21 S. 595/601.

BOLTWOOD, radio-activity of the salts of radium. *Am. Journ.* 21 S. 409/14; *Physik. Z.* 7 S. 489/92.

BOLTWOOD, Radioaktivität von Thoriummineralien und -Salzen. *Physik. Z.* 7 S. 482/9; *Am. Journ.* 21 S. 415/26.

RUTHERFORD and HAHN, mass of the α particles from thorium. *Phil. Mag.* 12 S. 371/8.

BÜCHNER, composition of thorianite, and the relative radio-activity of its constituents. *Proc. Roy. Soc.* 78 A S. 385/91.

WÄCHTER, Verhalten der radioaktiven Uran- und Thoriumverbindungen im elektrischen Lichtbogen. *Sits. B. Wien. Ak.* 115, IIa S. 1247/60.

DADOURIAN, radio-activity of thorium. *Am. Journ.* 21 S. 427/32.

MC COY and ROSS, relation between, the radioactivity and the composition of thorium compounds. *Am. Journ.* 21 S. 433/43.

BOLTWOOD, production of radium by actinium. *Am. Journ.* 22 S. 537/8.

KOBERT, Radium und Radioaktivität. (Wirkungen der radioaktiven Substanzen; Fluoreszenz- und Phosphoreszenzwirkungen; chemische Wirkungen; physiologische Wirkungen; Natur der α-, β- und γ-Strahlen; induzierte Radioaktivität.) *Z. Krankenpfl.* 1906 S. 401/6, 438/43.

BRONSON, the periods of transformations of radium. (Relative amounts of ionization produced by α and β-rays.)* *Phil. Mag.* 12 S. 73/82.

CROOKES, on radio-activity and radium. (Origin of the heat given out by radium.) *Chem. News* 94 S. 125.

EVE, the relative activity of radium and thorium, measured by the γ-radiation. (To ascertain the relative amounts of radio-thorium in thorianite and thorium nitrate respectively, by measurement of the γ-radiations.) *Am. Journ.* 22 S. 477/80.

HUGGINS, the spectrum of the spontaneous luminous radiation of radium. (Extension of the glow.) *Proc. Roy. Soc.* 77 S. 130/1.

MACHE und RIMMER, die in der Atmosphäre enthaltenen Zerfallprodukte des Radiums. *Physik. Z.* 7 S. 617/20.

BRONSON, effect of high temperatures on the rate of decay of the active deposit from radium.

(Apparatus and method; results obtained by CURIE and DANNE; results of the present research; decay curve of the excited activity from radium.) *Phil. Mag.* 11 S. 143/53.

MAKOWER, the effect of high temperatures on radium emanation. *Proc. Roy. Soc.* 77 S. 241/7.

MERCANTON, Explosionsgefahr bei Radium und die Undurchdringlichkeit des erhitzten Glases für die Radiumemanation.* *Physik. Z.* 7 S. 372/3.

PRECHT, Explosionsgefahr bei Radium. *Physik. Z.* 7 S. 33/4.

CURIE, Zeitkonstante des Poloniums und Nachtrag dazu. *Physik. Z.* 7 S. 146/8, 180/1.

MEYER und SCHWEIDLER, die Zeitkonstante des Poloniums. (Bemerkung zu der Mitteilung von Frau CURIE.) *Physik. Z.* 7 S. 257/8.

EWERS, von Polonium und Radiotellur ausgesandte Strahlungen.* *Physik. Z.* 7 S. 148/52.

GIESEL, β-Polonium. *Ber. chem. G.* 39 S. 780/2; *Chem. News* 93 S. 145/6.

LEVIN, the absorption of the α-rays from polonium. (Measurements by the scintillation method; by the electrical method)* *Am. Journ.* 22 S. 8/12.

MARCKWALD, über Polonium und Radiotellur. *Physik. Z.* 7 S. 369/70.

MEYER und V. SCHWEIDLER, Untersuchungen über radioaktive Substanzen. Radium F (Polonium). Die aktiven Bestandteile des Radiobleis. Versuche über die Absorption der α-Strahlung in Aluminium. *Sits. B. Wien. Ak.* 115 IIa S. 63/88, 697/738.

LEVIN, Eigenschaften des Aktiniums. *Physik. Z.* 7 S. 812/5.

Ueber einige Eigenschaften des Aktiniums. *Physik. Z.* 7 S. 14/6.

HAHN, ein neues Produkt des Actiniums. (Radioactinium.) *Ber. chem. G.* 39 S. 1605/7; *Physik. Z.* 7 S. 855/64.

HIMSTEDT und MEYER, G., Bildung von Helium aus der Radiumemanation. Spektralanalyse des Eigenlichtes von Radiumbromidkristallen. *Ber. Freiburg* 16 S. 1/5; *Chem. Z.* 30 S. 953/4.

GIESEL, l'emanium. (Spectre de phosphorescence; concentration de l'emanium; emanium X.) *Mon. scient.* 4, 20, I S. 540/1.

BECQUEREL, quelques propriétés des rayons α émis par le radium et par les corps actives par l'émanation du radium. *Compt. r.* 142 S. 365/71; *Physik. Z.* 7 S. 177/80.

BLANC, Untersuchungen über ein neues Element mit den radioaktiven Eigenschaften des Thors. (Ausscheidung des unter dem Namen Thorium X bekannten Produkts; durch kürzere Einwirkung der Emanation induzierte Aktivität; Trennung der beiden als Thorium A und Thorium B bekannten Produkte.) *Physik. Z.* 7 S. 620/30.

BRAGG, die α-Strahlen des Radiums. *Physik. Z.* 7 S. 143/6.

V. LERCH, Trennungen des Radiums C vom Radium B.* *Sits. B. Wien. Ak.* 115 IIa S. 197/208; *Ann. d. Phys.* 20 S. 345/54.

RUTHERFORD, some properties of the α-rays from radium. (Complexity of the rays; explanation of BECQUEREL's experiment; increase of the radius of curvature of the path of the rays in air.) *Phil. Mag.* 11 S. 166/76; *Physik. Z.* 7 S. 137/43.

RUTHERFORD, retardation of the α-particle from radium in passing through matter.* *Phil. Mag.* 12 S. 134/46.

RUTHERFORD, the mass and velocity of the α-particles expelled from radium and actinium.* *Phil. Mag.* 12 S. 348/71.

SCHMIDT, Zerfall von Radium A, B und C. (Versuchsanordnung; die von RaC ausgehende α- und

β-Strahlung; die Ra B-Strahlen und die β- und γ-Strahlen von Ra C; die α-Strahlen von Ra C und Ra A; magnetische Ablenkbarkeit der Ra B-Strahlen; Abhängigkeit der Abklingungskurven von der Aktivierungszeit.) *Ann. d. Phys.* 21 S. 609/64.

MC COY and GOETTSCH, absorption of the α-rays of uranium. *J. Am. Chem. Soc.* 28 S. 1555/60.

MC COY, the relation between the radioactivity and the composition of uranium compounds. (Reparation of a standard of radioactivity; the radioactivity of uranium ores.) *Phil. Mag.* 11 S. 176/86.

MARCKWALD, radio-activity of the uranyl double salts. *Chem. News* 93 S. 98.

KUČERA und MAŠEK, Strahlung des Radiotellurs. Die Sekundärstrahlung der α Strahlen. *Physik. Z.* 7 S. 337/40, 630/40 F.

BUNZL, Occlusion der Radiumemanation durch feste Körper. *Sits. B. Wien. Ak.* 115 II a S. 21/31.

LUCAS, das elektrochemische Verhalten der radioaktiven Elemente. *Physik. Z.* 7 S. 340/2.

BRAGG, ionization of various gases by the α-particles of radium. *Phil. Mag.* 11 S. 617/32.

BECKER, Erhöhung der Leitfähigkeit der Dielektrika unter der Einwirkung von Radiumstrahlen. (Dielektrika.) *Physik. Z.* 7 S. 107/8.

CROOKES, Einwirkung des Radiums auf den Diamanten. (Blaue Färbung durch längeren Kontakt mit Radiumbromid.) *J. Goldschm.* 27 S. 103.

MIETHE, Färbung von Edelsteinen durch Radium. *J. Goldschm.* 27 S. 278/9; *Ann. d. Phys.* 19 S. 633/8.

THOMSON, action of radium and certain other salts on gelatin. *Proc. Roy. Soc.* 78 A S. 380/4.

SIEGL, Demonstrationsversuch über die Fluoreszenzwirkung der durch Radium erzeugten Sekundärstrahlen.* *Physik. Z.* 7 S. 106/7.

DANYSZ, action du radium sur le virus rabique. *Ann. Pasteur* 20 S. 206/8.

TIZZONI und BONGIOVANNI, Heilwirkung der Radiumstrahlen bei der durch Straßenvirus verursachten Wut. *CBl. Bakt.* I, 40 S. 745/7.

TIZZONI et BONGIOVANNI, l'action du radium sur les virus rabique. (Réponse. Vgl. u. a. Ann. Pasteur 19 Nr. 3.) *Ann. Pasteur* 20 S. 682/8.

LOEWENTHAL, Einwirkung von Radiumemanation auf den menschlichen Körper. *Physik. Z.* 7 S. 563/4.

WATTIEZ, rayons X et radium en thérapeutique: Radiothérapie.* *Ind. text.* 22 S 296/7 F.

Bergkristall zur Fassung von Radium. *Arch. phys. Med.* 1 S. 69/70.

Rammen. Pile-drivers. Sonnettes. Vgl. Brückenbau 2, Hochbau 5 b.

Betonpfahl-Kranramme. (Bei welcher der Mäkler für den Rammbären am Kopfe des schräg ansteigenden Auslegers der kranartig ausgebildeten Rammgerüstes aufgehängt ist, und unten durch einen wagerechten Ausleger, in seiner senkrechten Lage gehalten wird.)* *Bel. u. Eisen* 5 S. 20/1.

Pile driving. (Function of a pile hammer; skin friction added to point resistance.) *Eng. Rec.* 53 S. 383.

Rathäuser. Town halls. Hotels de ville. Siehe Hochbau 6 b.

Rauch und Ruß. Smoke and soot. Fumée et suie.

1. Allgemeines. Generalities. Généralités.

Rauch- und Rußplage und die Sanierung unserer Haushaltungsfeuerungen. (SENKINGherde mit rauchverzehrender Feuerung. STIBRfeuerung D.R.P. 144976. Unterbeschickfeuerung.)* *Städtebau* 3 S. 10.

Removal of dust and smoke from chimney gases. (Accomplished at the works of Rowntree & Co., York, England, by the air-washing process.) *Rev. Rec.* 54 S. 272; *El. Eng. L.* 38 S. 205/8.

ASCHER, der Kohlenrauch, seine Schädlichkeit und seine Abwehr. *Viertelj. Schr. Ges.* 38 S. 365/75.

CARY, prevention of smoke. (Economy in fuel following the suppression of smoke; determining the density of smoke by the RINGELMAN chart, composed of six squares the first being perfectly white and the sixth entirely black; grate surface; furnace design; scientific methods of hand firing.) (A) *Eng. Rec.* 53 S. 514/6; *Text. Man.* 32 S. 160/3.

DE GRAHL, Rauchverbrennungs-Einrichtung Baurat MARCOTTY für Schiffskessel. (Versuche.)* *Z. Dampfk.* 29 S. 334/6.

JURISCH, Beseitigung der Rauchplage in Städten. (Gesetze; Entwickelung der Technik.)⊟ *Ratgeber, G. T.* 5 S. 353/65.

PRADEL, historische Betrachtungen über die Unterbeschickung von Feuerungen. (Äeußerung zum Aufsatze von JURISCH S. 353/65; WEGENERsche Feuerung.)* *Ratgeber, G. T.* 5 S. 413/6.

MARTIN, coal conservation, power transmission, and smoke prevention. (V. m. B.) *J. Gas. L.* 94 S. 26/30.

RUBNER, über trübe Wintertage nebst Untersuchungen zur sog. Rauchplage der Großstädte. *Arch. Hyg.* 57 S. 323/78.

MÜLLER, Rauchabsaugung von Polsterfeuern in der Kesselschmiede zu Witten.* *Ann. Gew.* 59 S. 234/5.

Neue Vorschriften über die Verhinderung von Rauch-, Ruß- und Staub-Belästigung in München. *Z. Bayr. Rev.* 10 S. 150/1.

Smoke abatement in St. Louis, Mo. (Steam jet and air blast; down draft furnaces; fire brick arches; automatic stokers; smokeless fuel.) *Eng. News* 56 S. 505/6.

Verein für Feuerungsbetrieb und Rauchbekämpfung in Hamburg. (Versuche behufs Feststellung des Wertes regelbarer Sekundärluftzufuhr bei der gewöhnlichen Planrostfeuerung; Zufuhr von Sekundärluft von vorn durch die Feuertür, von vorn und oben längs dem Scheitel des Flammrohres [Konstruktion von TOPF & SÖHNE, Erfurt]; Zufuhr am hinteren Ende des Rostes durch die durchbrochene Feuerbrücke [Konstruktion von KOWITZKE & CO., Berlin]; Zufuhr hinter dem Rost in eine dort geschaffene besondere Verbrennungskammer [Konstruktion von SCHMIDT, E. J., Hamburg]; Arbeiten mit größerem Zug unmittelbar nach dem Aufwerfen; Sekundärluftzufuhr durch die durchbrochene Feuerbrücke.) *Z. Dampfk.* 29 S. 33/5 F.

A centrifugal cinder separator for PORTLAND CONSOL. RY. CO's. power-plant smoke. (550 t per day of saw-mill refuse fuel and wood ground up in the log.)* *Eng. News* 55 S. 411.

SOLBRIG, Flugaschenabscheider. (Vorzüge der SCHUMANNschen Apparate.) *Z. Dampfk.* 29 S. 310/1.

ZEITZER DAMPFKESSELFABRIK, Flugaschenabscheider. (Der ganze Querschnitt des zum Schornstein abziehenden Gasstromes wird durch den Einbau von Fängerelementen in eine Anzahl Streifen zerlegt.) *Text. Z.* 1906 S. 1163.

Rauchverbrennungs-Einrichtungen auf der Ausstellung Nürnberg. (MÜNKNER & CO. [D.R.P. 169795]. SPARFEUERUNGS-GES., Düsseldorf; Kettenroste von BABCOCK & WILCOX; desgl. System DÜRR.) *Z. Dampfk.* 29 S. 447/8.

2. Rauchuntersuchung. Smoke analysis. Analyse de la fumée. Vgl. Feuerungsanlagen 8.

WISLICENUS, Rauchschadenfrage. (Feststellung von Rauchschäden durch Untersuchung der Blattorgane; OSTsche Barytlappenprobe behufs Feststellung der Konzentration der Säuren des Schwefels in den Abgasen.) (V) *Z. Forst* 38 S. 123.

Gas analysis for steam-users. (Characteristics of the waste gases, and taking samples; HONIGMAN gas sampling and testing apparatus.)* *Electr.* 58 S. 162/4 F.

DOSCH, Kohlensäuregehalt und Abgangstemperatur der Kesselgase. *El. u. polyt. R.* 23 S. 91/2 F.

Analysing and recording apparatus of the SARCO SO₂ automatic recorder.* *Pract Eng.* 34 S. 392.

SCHULTZE, Apparat zur selbsttätigen Feststellung und Registrierung des Kohlensäuregehaltes von Rauchgasen. (Füllt man eine Standröhre mit Rauchgas und läßt ihr unteres Ende mit einer Manometerdose kommunizieren, an die ein Flüssigkeits-Mikrometer angeschlossen ist, so gibt der Ausschlag der Flüssigkeitssäule einen Maßstab für das Gewicht des Gases, das, wie durch Versuche festgestellt ist, dem Kohlensäuregehalt des Gases tatsächlich proportional ist.)* *Glückauf* 42 S. 221/2.

The UEHLING gas-composimeter.* *Street R.* 28 S. 583/4.

WILSON, portable apparatus for the analysis of flue gases. (Consists of a eudiometer, in which the gases are measured, connected by a capillary tube with a „laboratory vessel" in which the absorptions take place.)* *Mech. World* 40 S. 3/4.

Rechenmaschinen. Calculating machines. Machines à calculer. Vgl. Instrumente, Messen.

LENZ, die Rechenmaschinen. (Addier-Maschinen, bei denen der Multiplikand auf dem Tastenbrette eingestellt werden muß von GOLDMAN, BURROUGH; Rechenmaschinen, bei denen das Addierwerk quer zu den Antriebsorganen verschiebbar ist nach OHDNER [Brunsviga], THOMAS, WERTHEIMBER, SELLING, STEIGER, BOLLÉ, BALDWIN und RECHNITZER.)* *Verh. V. Gew. Abh.* 1906 S. 111/38; *Rev. méc.* 18 S. 568/85.

CROSSLEY, an inch-dwt. calculator. (Multiplication and division.)* *Eng.* 102 S. 561/2.

DAVIS & SON, premium calculator.* *Eng.* 101 S. 590.

DAVIS & SON, circular calculating machine. (Gauss calculator.)* *Eng.* 102 S. 304.

SCHULZ, die HAMANNsche Rechenmaschine „Gauß".* *Z. Instrum. Kunde* 26 S. 50/8.

Die Rechenmaschine „Gauß" und ihr Gebrauch.* *Z. Vermess. W.* 35 S. 10/14 F.

GOUDIE, the design and construction of mechanical calculators.* *Eng. Rev.* 15 S. 258/65 F.

KENNEDY, an ingenious calculating machine. (A machine which with any digit multiplier requires but one turn of the crank to obtain the product.)* *Am. Mach.* 29, 2 S. 555/63.

Machines à calculer. (Machine Gab-Ka; machine Oméga.)* *Cosmos* 1906, I S. 687/90.

Calculating machine.* *Eng.* 102 S. 47.

Règle à calcul raccourcie système ANDERSON.* *Gén. civ.* 49 S. 60/1.

ANDERSON's slide rule. *Eng.* 102 S. 10.

BOURQUIN, der THOMAS-Arithmometer. *Central-Z.* 27 S. 261/3 F.

DICKINSON AND SHIELDS, an adding machine.* *Eng.* 102 S. 180.

TAYLOR, instrument for adding and subtracting fractions.* *Eng.* 102 S. 455.

PROELL, Rechentafel für Federberechnungen.* *Z. V. dt. Ing.* 50 S. 1076/7.

Verwendung des logarithmischen Rechenschiebers in der Hanfspinnerei und Bindfadenfabrik.* *Seilers.* 28 S. 66/7 F.

HAMMER, neuer Rechenschieber von NESTLER. *Z. Vermess. W.* 35 S. 44/5.

RIETZ, Rechenschieber. (D. R. G. M. 272915.)* *Uhlands T. R.* 1906 *Suppl.* S. 166.

MARTINY, ein neues Rechenverfahren für Rechenstäbe. *Mech. Z.* 1906 S. 143/5.

COLLINS, electro-mechanical coin counting and wrapping machine.* *Sc. Am.* 95 S. 6.

Registriervorrichtungen, anderweitig nicht genannte. Recording apparatus, not mentioned elsewhere. Appareils enregistreurs, non dénommés.

AMADE, jaugeage de la rigole de COURPALET au moyen du jaugeur automatique de PARENTY. (Jaugeur consistant en un barrage vertical muni d'une jauge rectangulaire noyée sur les deux faces.)* *Ann. ponts et ch.* 1906, 1 S. 191/7.

PARENTY, construction d'un appareil à enregistrer les vitesses et à totaliser les débits des conduites forcées et des canaux decouverts. (Rhéomètre; mécanisme d'horlogerie.)⊞ *Ann. ponts et ch.* 1906, 1 S. 170/90

HADDON time recorder. (Its principal feature is that it automatically sorts out all late-comers and absentees.) *Iron & Coal* 73 S. 2010.

BRISTOL's mechanical time recorder. (Records the rate of motion and position of sluice gates, turbine or engine governors, gate valves etc. It is also adapted for recording the rise and fall of liquids in tanks, rivers, reservoirs, and forebays.)* *Mines and minerals* 27 S. 235; *Iron A.* 77 S. 1401, 78 S. 1308; *Eng. News* 56 S. 542; *Street R* 28 S. 952/3.

GEESTERANUS, Apparat zur Ueberwachung der Geschwindigkeit im Eisenbahnzuge.* *Z. Eisenb. Verw.* 46 S. 1167/70.

The FLAMAN speed indicator. (Records automatically the speed attained throughout the run; consists in rotating a wheel connected to the driving wheels during a fixed unit of time and then measuring the distance, this wheel has turned through in the fixed time.)* *Railr. G.* 1906, 2 S. 250/1.

Appareil KAPTEYN pour l'étude des freins continus. (Mouvement du papier; électro-aimants actionnant les crayons enregistreurs; dynamomètres; indicateur de vitesse.)* *Rev. chem. f.* 29, 1 S. 553/60.

SABOURET, instruments for measuring the secondary movements of vehicles in motion. (Apparatus for recording secondary movements; recording combined and divided secondary movements; differential arrangement of the apparatus for eliminating temperature errors.) * *Eng. News* 56 S. 498.

Track inspection car of the Baltimore & Ohio. (Records on a moving strip of paper the surface of both rails, the gauge, cross-level or superelevation of the rails and the lurches or car swings indicating bad alinement; electrical contact of surface device, gauge device.)* *Railr. G.* 1906, 2 S. 390/2.

Autographic recording apparatus used in SAUVAGE brake tests.* *Railr. G.* 1906, 1 S. 360.

FRIEDRICH, Zuwachsautograph. (Wird an den betr. Stamm festgeschraubt und zeichnet dann selbsttätig in Verbindung mit einem Uhrwerk den Gang des Zuwachses auf.) *Z. Forst* 38 S. 69.

SCHMIDT, Apparat zur photographischen Registrie-

rung und gleichzeitigen Skalenbeobachtung.* *Z. Instrum. Kunde* 26 S. 269/74.

Registraturapparat für Negative. (Besteht aus scharfen, aus Blei gestanzten Ziffern, welche bei der Aufnahme auf die Platten gelegt werden. Die Bleiziffern dienen gleichzeitig als Schleiermarken.) *Arch. phys. Med.* 1 S. 65/6.

SEABROOKE, continuous recording indicator.* *Eng. Rec.* 53 S. 52.

STAMM, Indikatoren und Druckregistrierapparate.* *Mot. Wag.* 9 S. 761/6.

VAWTER, a recording instrument. (To be used with voltmeters, ammeters, wattmeters, gauges, pyrometers, thermometers, tachometers, dynamometers and, in fact, any meter having an index which is arranged to move over a scale.)* *El. World* 48 S. 881/2.

WESTINGHOUSE ELECTRIC & MANUFACTURING CO., graphic recording electrical instruments. (Arranged to operate on the relay principle, the motor element actuating contacts, which in turn energize a pair of solenoids arranged to move the pen.) *El. World* 47 S. 676/7; *Eng. Rec.* 53 Nr. 13 *Suppl.* S. 39; *Iron A.* 77 S. 1110.

Automatic depression recorder for the scientific control of mine ventilation.* *Sc. Am.* 95 S. 52.

Automatic recorder for high temperatures.* *Iron & Coal* 73 S. 1258.

Wassermessungen mittels selbstaufzeichnender Pegel.* *Techn. Z.* 23 S. 446/7.

Le viagraphe et la surface des routes.* *Nat.* 34, 2 S. 333/4.

The calculagraph. (Print on a card the time of commencing an operation, or of finishing it or both of them.)* *Am. Mach.* 29, 1 S. 698/701.

Regler. Regulators. Régulateurs. Vgl. Feuerungsanlagen 7.

1. Theorie und allgemeines.
2. Dampf- und Gasmaschinen-Regler.
3. Turbinen-Regler.
4. Druck-Regler.
5. Wärme-Regler.
6. Andere Regler.

1. Theorie und allgemeines. Theory and generalities. Théorie & généralités.

Forderungen, die an einen guten Regulator gestellt werden.* *Turb.* 2 S. 98/101 F.

2. Dampf- und Gasmaschinen-Regler etc. Steam- and gas engine-governors etc. Régulateurs de machine à vapeur et à gaz etc. Vgl. Dampfmaschinen 1 d, Gasmaschinen, Selbstfahrer 7.

Application du régulateur de vitesse système BOUVIER à la station centrale électrique de Trouville.* *Eclair. él.* 46 S. 50/6.

HOLLIGDRAKE & SON, improved engine governor. (Steam cut-off attachment which shuts off the steam supply in the event of the governor belt breaking.) (Pat.)* *Mech. World* 40 S. 19; *Pract. Eng.* 34 S. 10.

KLEPAL, Dampfmaschinen mit Beharrungsregler, System KLEPAL-TRAUB. (Verwendung eines unentlasteten Muschelschiebers oder eines Kanalschiebers mit einem Beharrungsregler.)* *Masch Konstr.* 39 S. 205.

UHLIG, Neuerungen an Lokomotiven. (Regler innerhalb und außerhalb des Dampfdomes.) *Techn. Z.* 23 S. 211/2.

WARKEMAN, reversing shaft governor engines.* *El. World* 48 S. 225/9; *Sc. Am. Suppl.* 62 S. 25672/4.

WILLIAMS governor and its design.* *Eng. Chicago* 43 S. 121/2.

Trottle valve governor for high-speed engines.* *Mech. World* 39 S. 98/100 F.

DIETERICH, the principles of speed control for gasoline automobiles. *Horseless Age* 17 S. 58/9.

GOLDEN and LANDAU, governors for gasoline motors.* *Horseless Age* 18 S. 614/7.

MATHOT, mode de réglage des cycles et construction des moteurs à combustion interne. *Rev méc.* 18 S. 441/77.

MEES, über Regelungsverfahren für Explosionskraftmaschinen.* *Gasmot.* 6 S. 41/7 F.

3. Turbinen-Regler. Turbine-governors. Régulateurs de turbine. Vgl. Turbinen, Wasser- und Windkraftmaschinen.

CAMERER, Regulierwiderstand bei FINKscher Turbinenregulierung.* *Z. V. dt. Ing.* 50 S. 2030/1.

JANSSON, Regelung mehrstufiger Dampfturbinen. (RATEAU-Turbinen; einstufige RIEDLER-STUMPF-Turbine; mehrstufige RIEDLER-STUMPF-Turbine; CURTIS-Turbine; ELECTRA-Turbine; Ueberdruck-Turbinen. Einstellung verschiedener Leistungen bei einer Turbine.)* *Z. Turbinenw.* 3 S. 463/5 F.

HOLYOKE MACHINE CO. of Worcester, Mass., Holyoke water-wheel governor. *Eng. Rec.* 54 *Suppl.* Nr. 18 S. 64.

LOMBARD GOVERNOR CO., water wheel governor.* *Eng. Rec.* 54 *Suppl.* Nr. 2 S. 47.

LUDLOW VALVE MFG. Co., new design of water-wheel governors. (Introduction of poppet valves for the control of the main cylinder, while an enclosed rack is used for operating the governor shaft.)* *Eng. Rec.* 54 *Suppl.* Nr. 10 S. 48.

Hydraulischer Turbinen-Regulator der LUTHER AKTIENGESELLSCHAFT, Braunschweig.* *Eisen.* 27 S. 746/7.

NATIONAL WATER WHEEL GOVERNOR CO., Akron, Ohio, water wheel governor. (Has no pawls, ratchets, trips or slides. A double ended cone clutch and two outer friction cones are mounted on the pulley shaft. The desired gate movement is then effected by pressing the cone against one or the other of the outer clutches.)* *Text. Rec.* 30, 5 S. 152/3; *Am. Miller* 34 S. 206.

REPLOGLE, water-wheel regulation and efficiencies. (LOMBARD-REPLOGLE governor with spherical variable-speed friction gear; STURGESS governors of the hydraulic class; HENNRY hydraulically-operated relief valve for protecting the penstock.) (V) (A) *Eng. News* 55 S. 529.

SCHMIDT, HENRY F., automatic multi-stage turbine governor.* *Pract. Eng.* 33 S. 266/7.

Speed-control of hydraulic turbines. (Control circuits.)* *Eng. Rec.* 54 S. 111/2.

Water wheel governors. (Governor for producing rotary motion; admission controlled by poppet valves; governor for producing oscillatory motion.)* *El. World* 48 S. 450.

Erfahrungen mit dem TIRILL-Regulator für Wasserkraftwerke.* *Z. Turbinenw.* 3 S. 454/5.

4. Druck-Regler. Pression regulators. Régulateurs de pression. Vgl. Leuchtgas 8.

Selbsttätiger Bierdruckregler.* *Uhlands T. R.* 1906, 4 S. 58.

5. Wärme-Regler. Heat governors. Régulateurs de chaleur. Vgl. Wärme 2 b.

DE GRAHL, zur Regelung der Wärmeabgabe bei Warmwasserheizungen. *Ges. Ing.* 29 S. 333/5.

Die Selbstregelung der Raumtemperatur durch das Zusammenwirken eines Elektrothermometers mit dem Elektroregulierventil eines Niederdruckdampf-Injektionsofens (System KAEFERLE). (Das Elektrothermometer; das Elektroregulierventil.) *Ges. Ing.* 29 S. 293/6.

KUNTZE, Thermostat für niedrige Temperatur.* *CBl. Bakt.* II, 17 S. 684/8.

MEHL, selbsttätige Raumtemperatur-Regler.* *Dingl. J.* 321 S. 698/700.

AMERICAN RADIATOR CO., Chicago, damper regulator for water boilers and tank registers. (Depends on the expansion and contraction of a chemical which is sensitive to slight changes of temperature, the chemical being scaled air tight in one of the two bellow members.)* *Eng. Rec.* 54 *Suppl.* Nr. 12 S. 47.

6. Andere Regler. Other governors. Autres espèces do régulateurs. Vgl. Feuerungsanlagen 7.

BOUÉRY, device for regulating the discharge of water from a reservoir.* *Eng. News* 56 S. 427.

Ein neuer Wasserstandsregler. (HANNEMANN nimmt den Gewichtsunterschied einer Dampf- und einer Wassersäule in einem Standrohre zu Hilfe.)* (D. R. P.) *Z. Bayr. Rev.* 10 S. 107/8.

v. IHERING, selbsttätige Regelungsvorrichtung an Zentrifugalventilatoren und Pumpen der ELLING COMPRESSOR CO. in Christiania. (Fangvorrichtung; Abdichtung der Leitschaufeln.)* *Z. Turbinenw.* 3 S. 59/61 F.

KAUFFMANN & BRANDT, American feed governor.* *Am. Miller* 34 S. 724.

KIRCHNER, REEVES-Geschwindigkeitsregler. (Grundgedanke, daß man eine Seilscheibe mit achsial verstellbaren halben kegelförmigen Scheibenkörpern versieht. Je nach größerer oder geringerer Entfernung der Scheibenhälften wird der Zugseil-Durchmesser an der betreffenden Scheibe kleiner oder größer; armierter REEVES-Regler.)* *W. Papierf.* 37, 1 S 481/2.

POLYSIUS, Umdrehungsregler für Werkzeugmaschinen. (D. R. P.)* *Techn. Z.* 23 S. 177.

SHUKER, hydraulic governor for engines or motors. (Double-acting pump, the rod of which is connected with any reciprocating part of the engine; return action of the plunger by a dead weight.)* *Pract. Eng.* 33 S. 711.

SPEYER, electromagnetic control of governors.* *El. Eng. L.* 37 S. 552/3; *El. Rev.* 59 S. 523/4.

Reibung. Friction. Vgl. Mechanik, Zahnräder.

LIEBE, der Reibungswiderstand zwischen Schachtförderseil und Treibscheibe und die Wahl des Scheibendurchmessers bei Fördermaschinen nach dem System KOEPE und KOEPE - HECKEL.* *Glückauf* 42 S. 1047/9.

WESTINGHOUSE ELECTRIC AND MANUFACTURING CO., Versuche über die Reibung in großen Wellenlagern.* *Z. V. dt. Ing.* 50 S. 924/5.

Reinigung. Cleaning. Nettoyage. Vgl. Abwässer 1, Appretur 2, Dampfkessel 7 u. 12, Staub, Straßenreinigung, Wäscherei, Wasserreinigung.

The „Bradford Ferret" water main cleaner. (Turbine-like head, which causes cutters to make their way through the obstructions in the pipe.)* *Pract. Eng.* 34 S. 165/6.

Gas-retort ascension-pipe-cleaning machine constructed by ARROL & CO.* *Engng.* 81 S. 415/6.

METZ, Röhrenreinigungsapparat System NOWOTNY. (Besteht aus vier Körpern.)* *Mitt. Artill.* 1906 S. 846/9.

TREWBY-BIGGART pipe-cleaning machine. (Rectangular framework of plates and angles, carried on axle brackets of cast steel.)* *J. Gas L.* 94 S. 433/4.

Method for cleaning rusty pipes. (Steel wire casting brushes.) *Text. Man.* 32 S. 57.

RYERSON & SON, flue cleaning machine. (Pat.)* *Railr. G.* 1906, 1 *Suppl. Gen. News* S. 24; *Iron A.* 77 S. 271.

SEBELIEN, Korrosion und die Reinigung metallischer Antiquitäten. *Chem. Z.* 30 S. 56.

DE CAVEL, emploi de la sableuse à air comprimé. (Pour le décapage des surfaces métalliques; prix de revient par mètre carré décapé.)* *Ann. trav.* 63 S. 1261/7.

DENIL, défense des charpentes en métal contre la rouille. (Sableuses , MATHEWSON - TILGHMAN, WARREN, GUTMANN, NEWHOUSE & SCHAFFER; le jet air-sable; travail de sablage; décapage au jet de sable; décapage chimique; décapage acide; procédés caustiques.) (a)* *Ann. trav.* 63 S. 1009/1123.

Hausreinigung durch Dampf. (Reinigung der Fassaden.)* *Tonind.* 30 S. 884.

FLORY, car cleaning. (Car cleaning yard at Communipaw terminal; Central Rr. of New Jersey. Cleaning by soap and water, oxalic acid, oil emulsion with a corn broom with a little oil on it, vacuum or compressed air system.) (V) (A)* *Railr. G.* 1906, 2 S. 392/4.

SANFORD, to protect the health of railway-travellers. (Cleaning and sterilization of cars.)* *Compr. air* 10 S. 3843/8.

Nettoyage des voitures par le vide. (Machines SOTERKENOS.)* *Rev. chem. f.* 29, 1 S. 82/6.

Tunnel whitewashing machine. (In use on the Central London Ry.; contained within a motor car; at the end of the car is a circular frame carrying the heads of flexible pipes, each head being fitted with a Y-pipe forming two nozzles.) *Eng. News* 56 S. 146; *Railr. G.* 1906, 1 S. 481.

CZAPLEWSKI, weitere Versuche mit hygienischen Geschirrspülmaschinen.* *Gas. Ing.* 29 S. 409/13.

Flaschenreinigungsbürsten. (Ohne federnde Teile. D. R. P. 168 289 von LANGFRITZ und 167 797 von KNÖLLNER.) *Z. Bürsten.* 25 S. 461.

Kammreiniger. (Maschine mit zwei sich in entgegengesetzter Richtung drehenden Bürstenwalzen, zwischen welche der Kamm eingeführt wird.) *Z. Bürsten.* 25 S. 402.

Reinigen gebrauchter Lack-, Oel- usw. Gefäße. *Farben-Z.* 12 S. 381/3.

Electric shoe-blacking machine. (Cleaning device utilizing a partial vacuum; brushes secured to the spindle at the end of a flexible shaft.)* *Sc. Am.* 93 S. 424.

EDISON, Vorrichtungen zur elektrolytischen Reinigung metallischer Oberflächen, insbesondere von Metallstreifen.* *Met. Arb.* 32 S. 186.

Elektrolytische Reinigung von Eisen- oder Messinggegenständen beim Vernickeln. *Central-Z.* 27 S. 221/2; *Mechaniker* 14 S. 203/4.

Reinigen polierter Gegenstände aus Kupfer, Bronze, Messing usw. (R) *Bayr. Gew. Bl.* 1906 S. 10/1; *Met. Arb.* 32 S. 4/5.

ERNST, chemische Wäscherei. *Lehnes Z.* 17 S. 385/6.

Recettes pour enlever les taches. (Encre; rouille; sang; couleurs d'aniline.) *Mon. teint.* 50 S. 69.

Neueste Reinigungs-, Bleich- und Detachiermittel. (Oxygenol; Oxygon.) *Färber-Z.* 42 S. 513/4 F.

Wasserstoffsuperoxyd als Detachiermittel. *Färber-Z.* 42 S. 320 F.

Dry cleaning. *Dyer* 26 S. 183.

Die Wäscherei. (Reinigen weißer Kleider.) *Färber-Z.* 42 S. 483 F.

Procédé pour le nettoyage des ombrelles. *Mon. teint.* 50 S. 243/4.

BERTRAM, cleaning waste and wiping cloths. (Plant depending on the great affinity of benzine for grease. Heat applied by passing steam through the coils, and a dense vapour arises from the benzine combining with the oil and grease contained in the cloths.) *Eng. Rec.* 54 S. 469.

63

Reklame- und Schaustellungswesen. Advertising. Réclame.

HILARIUS, das Wesen des künstlerischen Plakats. (V) *Papier-Z.* 31, 1 S. 918/9.

MARGGRAF, wie lasse ich die Abbildungen für Preislisten herstellen? (a) *Z. Drechsler* 29 S. 8 F.

SCHWARTZ, C., moderne Laden-Wandschrankkonstruktionen.* *Bad. Gew. Z.* 39 S. 264.

SCHWARTZ, C., moderne Schaufensterkonstruktionen. (Zwei in einem Winkel zusammentreffende Schaufensterspiegelscheiben, die durch eine runde Mahagoniholzsäule festgehalten werden.)* *Bad. Gew. Z.* 39 S. 200/1.

Preventing frost in shop windows.* *J. Gas L.* 93 S. 425; *Gas Light* 84 S. 93/4.

Vereinigte Uhrenfabriken von GEBR. JUNGHANS & THOMAS HALLER A. G. in Schramberg, Schaufensterreklame-Uhr „Akrobat".* *Uhr-Z.* 30 S. 75.

Schaufenster-Dekorationen. (Gummi- und Asbest-Artikel.)⊠ *Gummi-Z.* 20 S. 608/9.

Reklame - Apparat zur Vorführung wasserdichter und antimagnetischer Taschenuhren im Schaufenster.* *Uhr-Z.* 30 S. 92.

Aus elektrischen Glühlampen gebildetes Reklame-Zifferblatt. (Glühlampen-Wechselbild zur Zeitangabe.)* *Uhr-Z.* 30 S. 74.

Moderne Schaufensterbeleuchtung. *Central-Z.* 27 S. 337/8.

Das Riesenrad als Schaufenster-Auslage.* *Uhr-Z.* 30 S. 350/1.

Illuminations et décorations électriques. *Électricien* 31 S. 97/100.

IMFELD, das Stereorama. (Enthält das mit einem modellierten Vordergrund versehene Rundgemälde auf der Außenseite eines aufrechten Zylinders. Die Beschauer können sich in einem konzentrischen Kreis um denselben gruppieren; Reliefperspektive des Stereoramas; Stellung des Stereoramas zu Relief- und Rundpanorama.)⊠ *Schw. Baus.* 47 S. 242/5; *Bayr. Gew. Bl.* 1906 S. 430/2.

Rettungswesen. Life saving. Sauvetage. Vgl. Bergbau 6.

1. Allgemeines. Generalities. Généralités.

MEYER, GEORGE, die Entwickelung und zukünftige Ausgestaltung des Rettungs- und Krankenbeförderungswesens. *Viertelj. Schr. Ges.* 38 S. 641/62.

Mittel zur Rettung aus hohen Gebäuden. (Statistische Zusammenstellung von Unglücksfällen, um die Notwendigkeit solcher Hülfsmittel nachzuweisen.) *Fabriks-Feuerwehr* 13 S. 18.

2. Rettung aus Feuersgefahr. Saving from fire. Sauvetage d'incendie. Vgl. Feuerlöschwesen.

The „Evertrusty Shamrock" life-saving apparatus for collieries.* *Iron & Coal* 72 S. 972.

DÄHNE, die beim Grubenunglück in Courrières verwendeten Atmungsapparate.* *Ratgeber, G. T.* 5 S. 425/9.

The FLEUSS-DAVIS self-contained breathing apparatus.* *Engng.* 81 S. 480/1.

A new respiratory apparatus for use in fires and mines.* *Sc. Am. Suppl.* 62 S. 25768.

Rettungsapparate. (Regenerierung der ausgeatmeten Luft durch GIERSBERGs Sauerstoffapparat nach FLEUSS. Hochdruck-Umfüllapparat für Sauerstoff; Patrone aus Aetzkalistangen; Prüfung der Patrone; nach dem System von BAMBERGER und BÖCK gebaute Rettungsapparate „Pneumatogen" mit Erzeugung des Sauerstoffs in dem Apparat selbst, wobei als Regenerator Natriumkaliumsuperoxyd $NaKO_3$ benutzt wird; MEYERS Brusttype Shamrock; Apparat FLEUSS-DAVIS verwendet kaustische Soda [Aetznatron] als Regenerierungsmittel; Versuche mit verschiedenen Apparaten; Aeußerungen von RÖSSNER und DRÄGER; Richtigstellung und Ergänzung von DRÄGER, BERNH. und DRÄGER, HEINRICH.)* *Z. Dampfk.* 29 S. 209/11 F.

SCHÖNICH & LANGER, aufrollbare Stahlleitern.* *Bayr. Gew. Bl.* 1906 S. 364.

Rettungsvorrichtung für Fabriken. (D. R. P. 159506 von POSSEKEL in Verbindung mit besonderen Drehfenstern nach POSSEKELs D. R. P. 160075.)* *Fabriks-Feuerwehr* 13 S. 43.

Apparat zur Rettung aus Feuersgefahr. (In Arizona erfunden. Besteht aus einem Gebäuse, einem Seil mit Trommel und Sperrvorrichtung.) *Krieg.*

Sicherheitslampe für feuergefährliche Räume. (Verwendung von Schaltern und Leuchtern mit Sicherheitsverschluß.)* *Krieg.* Z. 9 S. 507/8.

3. Rettung aus Wassersgefahr. Saving from water. Sauvetage maritime.

FAWCETT, the apparatus of the U. St. life-saving service.* *Sc. Am.* 95 S. 488.

FORBIN, nouvel appareil de sauvetage.* *Nat.* 34, 2 S. 384.

FREUND, neuere Rettungsbojen. (Acetylen-Nacht-Rettungsboje von WIESE mit BRUNSWIGschen Rettungsringen.)* *Uhlands T. R.* 1906 *Suppl.* S. 69/71.

MELLER, Tag- und Nachtrettungsbojen (System MELLER). *Hansa* 43 S. 56/7.

Ausschwingvorrichtung für Rettungsboote. *Hansa* 43 S. 140/1.

Canot automobile insubmersible. *Nat.* 35, 1 S. 5 6.

The U. S. government's gasoline lifeboats.* *Sc. Am.* 94 S. 233/4.

Riemen und Seile. Belts and ropes. Courroies et cordes. Vgl. Draht und Drahtseile, Riem- und Seilscheiben.

1. Allgemeines. Generalities. Généralités.

Seil- und Riementriebe. (Erfahrungen, Hanfseile, Drahtseile, Leder- und Balatariemen.) *W. Papierf.* 37, 1 S. 242/4.

KURTZ, Seil- und Riementriebe. (Gummiriemen mit Baumwolleinlage, Segeltuchriemen, Haarriemen, Klauenverbinder HARRY.) *W. Papierf.* 37, 1 S. 244/5.

Accouplements pour cordes et câbles.* *Portef. éc.* 51 Sp. 176.

KRULL, Riemen und Riemenbetriebe. (Oekonomisch vorteilhafte Ausführung eines Riemenbetriebes.) *Gummi-Z.* 20 S. 552/5.

Antriebsmaschinen für Holzbearbeitungs- und andere schnellaufende Maschinen. (Erfahrungen bei der Bestimmung von Riemen und Riemscheiben für schnellaufende Maschinen.) *Z. Drechsler* 29 S. 57.

2. Riemen. Belts. Courroies.

Wahl und Behandlung der Treibriemen. (Vorzüge des Leder- und Baumwolltreibriemens; Prüfung des Leders.) *Text. Z.* 1906 S. 537/8 F.

EDLER, Einfluß der Riemendicke auf das Uebersetzungsverhältnis beim Riementrieb. *Mitt. Gew. Mus.* 16 S. 238/45.

LIEBERT & CO., Plattengurt-Treibriemen. *Färber-Z.* 42 S. 122.

Verschiedenes über Spagatgurten-Produktion. (Berechnung des Gewichts von Kette und Schuß in einer Rolle Spagatgurte; Reißkraft der Gurte.) *Seilers.* 28 S. 177/8.

Treibriemen aus Kunstmasse. (Kunstleder aus mehreren mit Zelluloidmasse getränkten und zusammengepreßten Stofflagen. Bei einem anderen Verfahren werden auf der Spinnkrempel verarbeitete Fasern durch Klebmittel verbunden.)

Bayr. Gew. Bl. 1906 S. 181; Sprechsaal 39 S. 1033.

MEWES, KOTTECK & CO., Riemenaufleger „Quick".* Z. Werkzm. 10 S. 227/8.

Ueber Riemen-Auslösungen. (Auslösung beim Vorgelege.) (N) Masch. Konstr. 39 S. 8.

Feststellbare Riemen-Ausrückvorrichtungen. (Bei den mittels Fußhebel ein- und auszurückenden Schnellpressen.)* Z. Gew. Hyg. 13 S. 626.

Selbsttätiger Riemenrücker.* Ratgeber, G. T. 5 S. 436.

MOSSBERG WRENCH CO., Riemenausrücker.* Masch. Konstr. 39 S. 168.

The SCRIVEN belt shifter.* Mech. World 40 S. 138.

The GARFITT belt-punch. (Hollow, semicircular cutter.)* Mech. World 40 S. 254.

SELIG, SONNENTHAL & CO., Maschine zum Verbinden von Treibriemen. (Durch Drehen an den Kurbeln wird in die Enden der eingesetzten Riemen eine Spirale aus Draht eingezogen und flach gepreßt.)* Oest. Woll. Ind. 26 S. 933.

Der „Clipper" Riemen-Verbinder.* Dingl. J. 321 S. 188.

KLINGE, Behandlung von Treibriemen. (Riemenspanner; Endlosmachen der Ledertreibriemen; Binderriemen; Doppelriemen; Nähriemen; Verbinder; weitere Behandlung und Konservierung der Ledertreibriemen.)* W. Papierf. 37, 1 S. 1053/5.

ZIMMERMANN, Konservieren von Treibriemen. Zuckerind. 31 Sp. 697/8.

3. Seile. Ropes. Cordes.

Herstellung der Hanfseile mit besonderer Berücksichtigung der Transmissionsseile. (Hechel; Spinnen der Seilfäden; Kettenstreckwerke von COMBE, BARBOUR & CO.; KENNEDYs patentierte Kettenstrecke; Schraubenstrecke; kombinierte Anlege und Strecke; selbsttätige Seilfaden-Spinnmaschine.)* Seilers. 28 S. 237/9 F.

Das Rundspinnen.* Seilers. 28 S. 328/9.

Runde und Gegenrunde. (Zusammenhang der Fasern zum Faden.)* Seilers. 28 S. 101/1.

Einrichtung zum Aufstoßen von Seilfäden.* Seilers. 28 S. 209/10.

Anlage zum Selbstabseilen von Strängen und Leinen etc.* Seilers. 28 S. 471.

Nachhängerkasten. (Doppelte Hängerstange für 2 Hänger.)* Seilers. 28 S. 529/30.

Von der Bayerischen Jubiläums-Landes-Ausstellung in Nürnberg. (Seilergewerbe.)* Seilers. 28 S. 501/2 F.

Darmsaiten. (Herstellung.)* Seilers. 28 S. 123/5.

WENTWORTH, gut cords for textile work. Text. Rec. 31, 4 S. 151.

SEIDL, die Verwendung des Flachseils bei KOEPE-Förderungen. Glückauf 42 S. 910/1.

SCHMITZ, ANTON, Seilschloß für Seilförderungen, das gegen den Zugarm drehbar ist.* Braunk. 5 S. 546/7.

SCHUCK und ALT, Seilklemme mit Scharnieren für Förderwagen.* Braunk. 5 S. 579.

KROEN, Versuche über die unsichere Drahtlänge bei Drahtbrüchen in Förderseilen.* Z. O. Bergw. 54 S. 109/12.

Riem- und Seilscheiben. Pulleys. Poulies, molettes. Vgl. Kraftübertragung, Maschinenelemente, Schwungräder, Riemen und Seile, Zahnräder.

HEY, Stahlblech-Riemenscheiben. (Kranz mit einem nach innen gerichteten Bördel.)* Masch. Konstr. 39 S. 24.

LATSHAW PRESSED STEEL AND PULLEY CO., steel split pulley. (Built in halves and therefore applicable without stripping the shafting.)* Text. Rec. 31, 6 S. 153/4.

Schäden bei Rohgüssen von Riemscheiben. (Vorzüge der krummen Speichen.) Uhlands T. R. 1906, 1 S. 21.

Notwendigkeit des Ersatzes gußeiserner Riemenscheiben durch schmiedeeiserne oder hölzerne. (Begründet durch einen infolge blättriger und krystallinischer Stellen im Gußeisen eingetretenen Unfall.) Z. Gew. Hyg. 13 S. 20.

Ueber Holzriemenscheiben. (Vorteile, Anhaftung des Riemens, leichter Ersatz für eine gebrochene eiserne Scheibe.) Papierfabr. 4 S. 1241/2.

HOLLINGDRAKE & SON, wood pulleys.* Mech. World 40 S. 302; Prakt. Eng. 34 S. 743/4.

ABT, über Drahtseilscheiben.* Schw. Baus. 48 S. 134/7.

La poulie universelle. (Poulie entourant un oeillet à vis et qui peut prendre toutes les positions autour de la circonférence de l'oeillet, à l'exception de celles correspondant à la tige filetée.)* Ann. trav. 63 S. 470/1.

Leather-covered pulleys. (Design.)* Mech. World 39 S. 111.

WHITCOMB, a composite pulley. (Consisting of a light-weight metal wheel with a wood rim of sufficient thickness to permit pockets to be formed for the reception of cork inserts.)* Am. Mach. 29, 1 S. 820.

KUPKE, Doppelübersetzungs-Riemenscheibe für Motorräder.* Uhlands T. R. 1906, 1 S. 87.

MASON und WHITE, Losscheiben.* Masch. Konstr. 39 S. 64.

Rebushing loose pulleys. (Repairing when worn in the bearings.)* Mech. World 39 S. 279.

Selbstschmierende Losscheibe, System BOSSERT.* Masch. Konstr. 39 S. 96.

NOYES, making countershaft drums at the works of the LANDIS TOOL CO. (Used for driving the emery wheels on the grinding machines.)* Am. Mach. 29, 1 S. 247/8.

Changement de vitesse à poulies extensibles système SCRIVEN & SMITH.* Rev. ind. 37 S. 281.

Rohre und Rohrverbindungen. Pipes and pipe joints. Tuyaux et joints. Vgl. Dichtungen, Gießerei, Kupplungen, Maschinenelemente, Rost und Rostschutz, Wärmeschutz, Wasserversorgung.

1. Theorie und allgemeines.
2. Dampfleitung.
3. Gasleitung.
4. Wasserleitung.
5. Andere Rohre.
6. Rohrverbindungen.
7. Herstellung.
8. Bearbeitung.
9. Prüfung und Zubehör.

1. Theorie und allgemeines. Theory and generalities. Théorie et généralités.

SCHWEER, Vorträge über die graphische Rohrbestimmungsmethode für Wasserheizungsanlagen.* Ges. Ing. 29 S. 654/5.

FORCHHEIMER, Verjüngung der Rohrweite bei Hochdruckleitungen.* Z. V. dt. Ing. 50 S. 1954/5.

MAYER, JOSEPH, designing a large pipe to resist deformation. Eng. News 55 S. 466.

MAYER, JOSEPH, stability of an 18' diameter buried water pipe. Eng. News 55 S. 467/8.

ADAMS, additional information on the durability of wooden stave pipe. (Use of 7½ miles at Astoria.) (V) Eng. News 56 S. 378.

KELLNER, Leitsätze für Ausführung von Zementrohrleitungen. (V) Tonind. 30 S. 1506/15.

BAUSCHLICHER, Bleche und Rohre als Konstruktionsmaterial für den Automobilbau. ⊞ Mot. Wag. 9 S. 345/7 F., 486/90.

SCHULTZ, Verwendung schmied- und gußeiserner

Röhren. (Versuche; Bettung in reinem Kies mit Sand, Kies mit Lehm, Lehm aus der Bogenhausener Lehmgrube, Lehm von 0,50 bis 1,60 m Tiefe; Einfluß der Bodenarten auf die Rostbildung.) *Bayr. Gew. Bl.* 1906 S. 413/4.

Geschweißtes Schmiedeeisenrohr für Kanalisations-, Wasser- und Gasleitungen. *Met. Arb.* 32 S. 262/3.

Holzkohlen- und Koksroheisen. (Vergleich der Dauer schmied- und flußeiserner Röhren mit derjenigen von Gußröhren.) *Gieß. Z.* 3 S. 609/11.

STIERSTORFER, Mahnruf an unsere Gußröhrenindustrie. (Vgl. Aufsatz S. 609 über Versuche von SCHULTZ. Ansichten von SCHULTZ, DIETRICH, STIERSTORFER und WACKER über die Dauer schmied- und gußeiserner Röhren.) (V) (A) *Gieß. Z.* 3 S. 658/62.

SPELLER, Stahlrohre (Korrosion.) (Schlechte Rohrverbindungen infolge der Benutzung unzweckmäßig ausgebildeter Drehstähle. Hauptursachen des Rostens und Anfressens: galvanische Wirkung, elektrolytische Wirkung, Anhäufung der Korrosionsstoffe in Luft und Wasser.) (V) (A)* *Z. Dampfk.* 29 S. 160.

HAGUE, standard specifications for cast-iron pipe. (Committee on Water-Works Standards.) (a)* *Eng. News* 56 S. 65/7.

Zur Frage der Zerstörungsursachen kupferner Hauswasserleitungen. *Z. Heiz.* 10 S. 167/8.

HABER, die vagabundierenden Straßenbahnströme und die durch sie bedingte Gefährdung des Rohrnetzes in der Stadt Karlsruhe i. B. * *J. Gasbel.* 49 S. 637/47; *J. Gas L.* 95 S. 578/80

Electrolysis investigations by the Metropolitan Water and Sewerage Board. (Insulation joints; set on the electrically positive side of the Charles and Mystic rivers, for the purpose of reversing the polarity of the pipes submerged under those rivers.) *Eng. Rec.* 54 S. 318/9.

ROWE, destruction of water pipes by electrolysis. (Experienced at Dayton.)* *Railr. G.* 1906, 1 S. 7/8.

Electrolysis and water pipes in New York City. (Precautionary measures taken by the New York City Departement of Water Supply in Manhattan and Bronx boroughs.) *Railr. G.* 1906, 1 S. 36.

BATES, the electrolysis of pipes. (Double trolley is the remedy for this source of destruction to sub-surface pipes.) *Eng. Rec.* 54 S. 114.

The effect of earth return current on iron pipes. * *El. Rev.* 59 S. 446/7.

BUMP, electrolysis of gas-mains. (V) *J. Gas. L.* 95 S. 182/3.

COLE, electrolytic action and gas-mains. (V) *J. Gas L.* 93 S. 660/1.

WESTINGHOUSE, CHURCH, KERR & CO., electrolysis in power plants. (The remedy to prevent electrolysis consists in providing a shunt circuit between the incoming water pipes and the condenser flume. In order to neutralize the effect of such current as may leak past the insulating joints, a small booster generator is provided, its positive pole being connected to the heavy grounded shunt cable and its negative pole to seven points on each condenser, with an adjustable rheostat in each of these branches of the negative circuit.) *Eng. Rec.* 53 S. 725/6.

HABER und GOLDSCHMIDT, der anodische Angriff des Eisens durch vagabundierende Ströme im Erdreich und die Passivität des Eisens. (Uebersicht der Verhältnisse und der technischen Ergebnisse. Messungen mit Tastelektroden in der Erde.) *Z. Elektrochem.* 12 S. 49/74.

BATES, guarding against electrolysis of underground pipes. (Tests on a water system, to determine the presence and direction of flow of leakage currents between the tracks of the trolley company and the gas mains, water mains, hydrants and service pipes.) *Eng. Rec.* 54 S. 122/4.

DANN, some data on thawing water pipes. *Eng. Chicago* 43 S. 249.

ORR, thawing frozen water pipes by electricity. (Self-exciting alternating-current generator direct-connected to a gasoline engine; rubber-covered and braided cable.) *Eng. Rec.* 53 S. 32.

2. Dampfleitung. Steam pipes. Tuyaux de vapeur. Siehe diese.

3. Gasleitung. Gas pipes. Tuyaux de gaz. Siehe Beleuchtung und Leuchtgas 7.

4. Wasserleitung. Water pipes. Tuyaux à eau. Siehe Wasserversorgung 3.

5. Andere Rohre. Other pipes. Autres espèces de tuyaux.

TALBOT and SLOCUM, sewer pipe: its properties and requirements.* *Brick* 24 S. 221/4.

6. Rohrverbindungen. Pipe joints. Joints de tuyaux.

Rohrverbindungen für Leitungen mit geringen Druckspannungen. (Für Schwemmsiele und Wasserleitungen.)* *Techn. Z.* 23 S. 351.

MAEUSEL, Drain-Verbindungs- und Drain-Uebergangsrohr. *Moorkult.* 24 S. 181/4.

MILLER, ACTON, concerning the use of wrought iron pipe bends instead of cast fittings in piping. (Joint with loose flanges; divided flange.)* *Eng. News* 55 S. 67; *Eng. min.* 81 S. 278.

SIMON, gußeiserne Muffenrohrverbindungen.* *Stahl* 26 S. 155/61.

HERSCHEL, fire protection in earthquake countries. (Wrought-metal force mains, using an approved form of ball-and-socket joint, and laying the pipe in a zig-zag or wavy line.) *Eng. News* 55 S. 544.

Jointing pipes with lead. (Lead vs. cement joints; making cement joints.)* *Gas Light* 85 S. 1020/1.

Lead wool and solid pipe-joints. *J. Gas L.* 94 S. 568/9.

WATERWORK EQUIPMENT CO., New York, large power-driven pipe-tapping machine with special sleeve and valve connection. (Making a 30" connection with a 30" water main at Trenton, N. J.)* *Eng. News* 55 S. 412.

Das Aneinanderschweißen schmiedeeiserner Rohre nach dem GOLDSCHMIDTschen aluminothermischen Verfahren.* *Z. Heiz.* 11 S. 48/50.

BECHTEL & BIEDENDORF, neue Verbindung von Betonrohren. * *D. Baus.* 40 Beil. *Mitt. Zem., Bet.- u. Eisenbet.-bau* S. 83/4.

SALIGER, neue Verbindung von Betonrohren. (D. R. P. a. von BECHTEL & BIEDENDORF; Versuche zur Prüfung der Haftfestigkeit der Rohre sowie der erzielten Dichtigkeit der Verbindung; Asphaltrillendichtung.)* *Bet. u. Eisen* 5 S. 300/1; *Techn. Gem. Bl.* 9 S. 252/4.

Dehnungsbogen.* *Z. Heiz.* 11 S. 46/8.

Joint élastique pour conduites d'eau sous pression en grès, système OUSTEAU. *Gén. civ.* 48 S. 316/7.

Längenausgleicher für Hochdruckrohrleitungen.* *Z. Chem. Apparat.* 1 S. 35/8.

Verstärkungsstücke für Rohrverbindungen.* *Ratgeber, G. T.* 5 S. 311/2.

Pipe hangers, (Attachment to a I-beam; hanger on T-rails.)* *Mech. World* 40 S. 135.

7. Herstellung. Manufacture. Fabrication.

NAU, notes on pipe foundries and suggestions on metal mixers. *Foundry* 27 S. 221.

CROXTON, modern pipe foundry. (Flasks and

cores; treatment after casting.) (V) *Mech. World* 40 S. 89.

Röhren- und Säulenguß.* *Stahl* 26 S. 674/6.

EAST JERSEY PIPE CO.'s lock-bar pipe plant. (Machinery for the manufacture of large steel pipes without riveted longitudinal joints, patent lock-bar joint, which is made with a heavy H-shape bar closed down on the upset longitudinal edges of the plates, thus avoiding all punching, drilling, reaming etc. in the longitudinal joints.) *Eng. Rec.* 53 S. 265/6.

The LOEW-VICTOR pipe machine.* *Iron A.* 77 S. 1112.

ISAACS, rifled pipe for pumping heavy crude fuel oil. (Rifling machine.)* *Railr. G.* 1906, 1 S. 606/7; *Sc. Am. Suppl.* 62 S. 25668/9.

Vorrichtung zum Pressen von Rohrverbindungs-stücken aus nahtlosen Rohrstücken, die über einen Dorn gesteckt und in einem Gesenk einem Stirn-druck unterworfen werden.* *Vulkan* 6 S. 73.

Längswalzen von nahtlosen Röhren u. dgl. über einen Dorn.* *Z. Werkzm.* 10 S. 291/2.

Verfahren zur Herstellung von versteiften Rohren. *Z. Werkzm.* 10 S. 334.

The ESCO CO. tubing made from a continuous metal strip.* *Iron A.* 77 S. 2045/6.

Standard templates for pipe flanges. (Templates of thin steel plate.) *Pract. Eng.* 33 S. 748.

GILLETTE, method and cost of constructing cement pipes in place. (Mould made of sheet steel with an inner core 10' long.)* *Eng. Rec.* 53 S. 349/50.

Herstellung von Asphaltröhren und deren Verwendung. *Asphalt- u. Teerind.-Z.* 6 S. 313/4.

WYCKOFF & SON CO., wood pipe. (Adapted for conveying water; tightly wound on the outside with steel hoops or wire, and then coated with a mixture of asphaltum and pitch for protecting the steel bands against corrosion.)* *Railr. G.* 1906, 1 *Suppl. Gen. News* S. 24.

8. Bearbeitung. Working. Façonnement. Vgl. Werkzeuge.

THOMSON, power required to thread, twist and split wrought iron and mild steel pipe. (Tests of pipe rings; thread cutting dies; machines for measuring power to thread and twist pipe; twisting as a test for pipe threading by hand; apparatus for measuring power for pipe threading by hand.) * *Iron A.* 77 S. 346/9; *Eng. Chicago* 43 S. 256/8.

BULLARD AUTOMATIC WRENCH CO., new automatic wrench.* *Street R.* 27 S. 799.

ELLERSIECK, Rohrschneider. (Das als Kreissäge ausgebildete Schneidwerkzeug wird mittels einer Knarre mit besonderem Knarrenhebel absatzweise gedreht, während das das Schneidwerkzeug tragenden Teile und das Werkstück stillstehen)* *Techn. Z.* 23 S. 578.

A power driven rolling pipe and tube cutter made by the BIGNALL & KEELER MFG. CO.* *Iron A.* 78 S. 1233.

A 12" motor driven pipe cutting and threading machine, built by the STOEVER FOUNDRY & MACHINE CO.* *Iron A.* 78 S. 1152/3.

Standard WIELAND pipe threading and cutting machine.* *Railr. G.* 1906, 1 S. 168.

Concerning steel pipe. (Machine threading; chaser for steel pipe.) (V) (A) *Pract. Eng.* 33 S. 498/9.

WHITLOCK COIL PIPE COMP., Biegen von weiten Rohren.* *Z. Werkzm.* 11 S. 67.

BADER & HALBIG, Rohrbiegezange.* *El. Anz.* 23 S. 1056.

GRAYNE, cold bending of pipes for electrical wires.* *West. Electr.* 38 S. 94/5.

PEDRICK & SMITH, pipe-bending machine.* *Eng. min.* 81 S. 856.

Universal pipe flanging expander.* *Mar. E.* 28 S. 542/3.

LOVERKIN, modern methods of pipe flanging by machinery.* *J. Nav. Eng.* 18 S. 830/44.

9. Prüfung und Zubehör. Examination and accessory. Examination et accessoire.

BURCHARTZ, Prüfung von Ton- und Zementrohren. (Prüfung auf Widerstandsfähigkeit gegen inneren Druck; Wasserdichtigkeit bei Zementrohren; Verhalten gegen Säuren und Laugen; Abnutzbarkeit; Festigkeit des Rohmaterials; mechanische Zusammensetzung von Betonrohr-Stoff; Tabellen über die gefundenen Festigkeiten der gebräuchlichsten Rohrsorten.) * *Bet. u. Eisen* 5 S. 68,70 F.; *Eng. Rec.* 54 S. 190/3.

GARY, Röhren-Prüfung. (Fabrikation und Prüfung von Steingutröhren; Vorschläge für einheitliche Prüfung von Ton- und Zementröhren.)* *Mitt. a. d. Materialprüfungsamt* 24 S. 83/92.

BANNISTER, the relation between type of fracture and microstructure of steel test-pieces.* *Engng.* 81 S. 770/3.

STEWART, collapsing pressures of BESSEMER steel lap welded tubes. (Hydraulic test apparatus for collapsing tests on tubes.)* *Iron A.* 77 S. 1472/9; *Eng. News* S. 528; *Pract. Eng.* 34 S. 10/2.

Apparatus for finding the collapsing pressure of tubes.* *Pract. Eng.* 34 S. 12.

Bursting strength of pipe fittings. (Tests to ascertain the bursting strength of pipe fittings.)* *Iron & Coal* 73 S. 7.

Rost und Rostschutz. Rust and rust prevention. Rouille et préservatifs. Vgl. Anstriche, Firnisse, Rohre und Rohrverbindungen 1.

Verrostungsversuche mit Schweiß- und Flußeisen. (Versuche des Internationalen Verbandes der Dampfkessel-Ueberwachungsvereine.)* *Gieß. Z.* 3 S. 76/81.

HOWE, relative corrosion of wrought iron and steel. (Results of experiments.) *Mech. World* 40 S. 53; *Iron A.* 77 S. 2047; *Iron & Coal* 73 S. 129/30; *Eng. News* 55 S. 715.

MOORMANN, Druckwirkung des Rostes. (Vergrößerung des Rauminhalts des Eisens durch den Rostüberzug; die bei der Rostbildung tätigen Kräfte.) *Zbl. Bauv.* 26 S. 442.

MOODY, carbonic acid as a cause of rust. (Experiments.) *J. Frankl.* 162 S. 157; *Iron A.* 77 S. 1912; *J. Chem. Soc.* 89 S. 710/30.

V. PITTIUS, Untersuchungen über die Rückstände rauchlosen Pulvers und deren Einfluß auf die Rostbildung in Handfeuerwaffen. (V) (A) *Mitt. Artill.* 1906 S. 551/3.

WEHNER, Sauerkeit der Gebrauchswässer als Ursache der Rostlust und Mörtelzerstörung und die Mittel zu ihrer Beseitigung. (V) (A) *Zbl. Bauv.* 26 S. 156.

A curious case of corrosion.* *El. Eng. L.* 38 S. 704.

Corrosion of fence wire. *Iron & Steel Mag.* 11 S. 138/43.

The corrosion of pipe in coal mines.* *Iron A.* 78 S. 80/1.

HABER and GOLDSCHMIDT, the corrosion of iron electrodes by earth currents.* *Electr.* 57 S. 931.

HIMMELWRIGHT, concerning the corrosion of steel imbedded in cinder concrete. *Eng. News* 56 S. 458/9, 549/50, 661.

WAGONER, SKINNER and NORTON, corrosion of steel in cinder concrete. (Action of sulphur in cinder concrete on steel reinforcement. Experiments; Coating the metal with a paint of neat cement or dipping the metal in a thin grout.) *Eng. Rec.* 54 S. 552/3.

WIELAND, WAGONER and SKINNER, the corrosion of reinforcing metal in cinder concrete floors. (Porous cinder concrete with occasional voids. Corrosion, due to sulphur in the cinders.) (V) (A) *Eng. News* 56 S. 458/9.

THOMSON, W., ironmoulding of cloth in the loom. (Methods of oxidising and eliminating the iron. Table showing the influence of different substances in producing rusting of the reeds.) *Text. Man.* 32 S. 352.

THWAITE, über das Rosten und die Konservierung von Eisen und Stahl. (Portlandzement als Konservierungsmittel.) *Eisenz.* 27 S. 473/4.

Roststreifen und deren Verhütung. (Beschaffenheit des Alauns; fein polierte Hartwalzen als Preßwalzen, an welchen sich nicht so leicht Rost bildet.) *W. Papierf.* 37, 1 S. 1201.

Schutzüberzug für unter Wasser befindliche Teile von Schiffen, Pfählen u. dergl. (Besteht aus einer Schwefelschicht, welche vor Fäulnis, Korrosion und Ansetzen von Lebewesen schützen soll.) (V) *Wschr. Baud.* 12 S. 437.

Metallseifen als Rostschutzmittel. *Farben-Z.* 11 S. 1075.

„Mars oil" v. salt water. (To prevent rust caused by salt water. Testimonials from German naval officers.) *Fish. Gaz.* 53 S. 137.

ALLEN, protective coatings and the life of riveted steel pipe. *Eng. News* 55 S. 545.

COWPER-COLES, electro-positive coatings for the protection of iron and steel from corrosion. (V) *El. Eng. L.* 38 S. 296/301; *Electr.* 58 S. 52/5 F.

DENIL, défense des charpentes en métal contre la rouille. (Sableuse MATHEWSON - TILGHMAN, WARREN, GUTMANN, NEWHOUSE & SCHAFFER; le jet air-sable; travail de sablage; décapage au jet de sable; décapage chimique; décapage acide; procédés caustiques.) (a) * *Ann. trav.* 63 S. 1009/1123.

HARRISON, protective coatings for iron and steel. (V) *Mech. World* 40 S. 64/5.

HARTL, MANNESMANN-Röhren für Wasser- und Gasleitungen. (Widerstandsfähigkeit gegen Rost, wenn sie einen Teerüberzug haben, der durch Bewickeln mit heißasphaltierten Jutestreifen gesichert ist.) *Techn. Z.* 23 S. 180.

JOB, Schutz der eisernen Bauwerke gegen Rost. (Erfahrungen der PHILADELPHIA & READING RR. CO. mit ihren 3 Normalbrückenanstrichfarben.) *Baumatk.* 11 S. 106/7.

MAYER, JOSEPH, designing the 18' steel pipe of the Ontaria Power Co., Niagara Falls. (Protection from rust and the probable life of riveted steel pipe; to guard against electrolysis the finished pipe is connected by wires to the rails of the trolley line and by them to the negative poles of the dynamos.) *Eng. News* 55 S. 465/6.

PARKER, Paraffinpapier gegen Rost. (Ueberdeckung des Anstrichs.) *W. Papierf.* 37, 2 S. 3035.

Papier als Rostschutz für Eisenkonstruktionen. (Versuche der Am. Soc. for Testing Materials, welche die rostschützende Wirkung von Paraffinpapier ergaben.) *Techn. Z.* 23 S. 473.

KÖLLE, Schutzanstriche gegen die Angriffe von säurehaltigen Wasser auf Zement und Eisen. (Versuche mit Siderosthen und Lubrose; mit ROTHscher Masse, teils unter Zusatz von Schwefel und Tonerde.) *Zbl. Bauv.* 26 S. 478/80.

STEENBERG, Vermögen verschiedener Anstrichmittel, Eisen gegen Rost zu schützen. *Farbenz.* 11 S. 1443/6 F.

TOCH, Schutz von Eisenkonstruktionen gegen Rost mittels Oelfarbenanstriches. (Untersuchung des Anstriches der Eisenkonstruktion bei der New-Yorker Untergrundbahn.) *Bayr. Gew. Bl.* 1906 S. 312/3.

Method for cleaning rusty pipes. (Steel wire casting brushes.) *Text. Man.* 32 S. 57.

DEUSZEN, Flußsäure. (Zum Entfernen von Oxydverbindungen des Eisens.) *Apoth. Z.* 21 S. 839/40.

Rubidium.

BILTZ und WILKE-DÖRFURT, die Sulfide des Rubidiums und Cäsiums.* *Z. anorgan. Chem.* 48 S. 297/318, 50 S. 67/81.

RENGADE, action de l'oxygène sur le rubidium-ammonium. *Compt. r.* 142 S. 1533/4; *Bull. Soc. chim.* 3, 35 S. 775/8.

Ruß. Soot. Suie. Siehe Rauch und Ruß.

Ruthenium.

MOISSAN, ébullition de l'osmium, du ruthénium, du platine, du palladium, de l'iridium et du rhodium. *Compt. r.* 142 S. 189/95; *Bull. Soc. chim.* 3, 35 S. 272/8.

S.

Saccharin. Saccharine. Fehlt.

Sägen. Sawing. Sciage. Vgl. Eisen, Holz, Metallbearbeitung, Schleifen, Schutzvorrichtungen, Werkzeuge, Werkzeugmaschinen.

  1. Handsägen.
  2. Sägemaschinen.
    a) Gattersägen.
    b) Bandsägen.
    c) Kreissägen.
    d) Bogen- und Laubsägen.
    e) Quersägen.
    f) Zylindersägen.
  3. Schränk- und Schärfvorrichtungen.
  4. Verschiedenes.

1. Handsägen. Hand-saws. Scies à main.

ELLIN, hack-saw frame. (Detachable handle.) * *Mech. World* 39 S. 134.

2. Sägemaschinen. Sawing machines. Scies mécaniques.

a) Gattersägen. Gate-saws. Scies de marqueterie.

Maschinen für Sägewerke und Holzbearbeitung. (Beteiligung des Kgl. Hüttenamtes Sonthofen an der bayerischen Jubiläums-Landes-, Industrie-, Gewerbe- und Kunstausstellung zu Nürnberg 1906. Ortfestes Walzenvollgatter; doppelter Spaltgang; Tischkreissäge und Fräsmaschine mit senkrechter Kreisspindel; Kreissägewelle mit geschweifter Grundplatte und Ringschmierung; Kreissägewellen mit gerader Grundplatte und Fettschmierung mit Läuferbüchsen.)* *Bayr. Gew. Bl.* 1906 S. 457/61 F.

Horizontalgatter. (Rundhölzer oder rohe Baumstämme werden auf einer Kufe befestigt und mit dieser von den Walzen vorgeschoben.) *Z. Werksm.* 10 S. 161/2.

HOFMANN, F. W., schnelllaufendes Vollgatter mit Oberantrieb.* *Uhlands T. R.* 1906, 2 S. 55/6; *Z. Werksm.* 11 S. 20.

b) Bandsägen. Band-saws. Scies à rubans.

A modern band-saw.* *Cassier's Mag.* 30 Nr. 5 S. III/IV.

The „Crescent" angle band - saw. * *Iron A.* 77 S. 1173.

CRESCENT MACHINE CO., schräg einstellbare Bandsäge.* *Uhlands T. R.* 1906, 2 S. 70/1.

COGHLAN STEEL & IRON CO., hot swing saw. (The pendulum frame is carried independently of the countershaft and yet swings round its centre, thus ensuring uniform tension of the saw belts.) * *Eng.* 101 S. 150.

KRUMREIN & KATZ, selbstfahrende Säg- und Spaltmaschine. (Benzinmotor.)* *Uhlands T. R.* 1906, 2 S. 88.

LUMSDEN MACHINE CO., band re-sawing machine.* *Am. Mach.* 29, 1 S. 615 E.

Band-saw for ripping deck-planks, constructed by RANSOME & CO.* *Engng.* 82 S. 621/2.

Scie à ruban pour bois en grume. (Construite par la SOCIÉTÉ ANONYME DES ANCIENS ÉTA-BLISSEMENTS PANHARD ET LEVASSOR)⊡ *Rev. ind.* 37 S. 393/5.

Electrically-driven band-saw for metal constructed at the KHARKOW LOCOMOTIVE AND ENGINEER-ING WORKS.* *Engng.* 81 S. 338/9; *Rev. ind.* 37 S. 475/6.

RAMSONE & CO., automatischer Zuführungsapparat für Bandsägen.* *Uhlands T. R.* 1906, 2 S. 22.

c) Kreissägen. Circular saws. Scies circu-laires.

GLOVER and LEEDS, an improved handy pattern shop saw bench.* *Page's Weekly* 8 S. 17.

HIGH DUTY SAW & TOOL CO., a new design metal saw. (For sawing 13″ square 0,60 carbon steel billets into convenient lengths for forging into locomotive driving axles; the bearings of the main driving shaft are provided with phos-phor bronze bushings. The spindle is a high carbon steel forging.)* *Railr. G.* 1906, 1 S. 368; *Iron A.* 77 S. 1168/9.

AMERICAN LOCOMOTIVE CO., high-duty saw.* *Am. Mach.* 29, 1 S. 466/7.

JOHNEN, Universal-Kreissäge für Holz.* *Z. Werksm.* 10 S. 425.

A new NUTTER-BARNES cutting-off machine.* *Iron A.* 78 S. 342.

BIRCH & CIE., scie à métaux à froid à deux lames.* *Rev. ind.* 37 S. 399.

CARTER & WRIGHT, cold iron saw with sharpener.* *Am. Mach.* 29, 1 S. 489/90 E.

The ESPEN-LUCAS structural iron cold saw.* *Iron A.* 78 S. 21.

NEWTON MACHINE TOOL WORKS, Philadelphia, cold saw cutting-off machine. (Carries two TAYLOR-NEWBOLD inserted tooth saw blades for cutting off and slotting.)* *Railr. G.* 1906, 2 *Suppl. Gen. News* S. 54; *Iron A.* 77 S. 947; *Am. Mach.* 29, 1 S. 788.

SAW & TOOL CO., the paragon high duty cold sawing machine.* *Iron A.* 78 S. 1528.

TINDEL, high-speed cold saw for cutting heavy billets.* *Eng. News* 55 S. 395.

The THOR air driven portable saw.* *Iron A.* 77 S. 1978.

DUCHÊNE, einstellbares Spaltmesser für Kreis-sägen.* *Z. Gew. Hyg.* 13 S. 281.

GERSTL, Schutzvorrichtung an Zirkular-Sägen. *Landw. W.* 32 S. 83.

SMITH, C. S., to harden and temper thin circular saws without warping. *Pract. Eng.* 33 S. 681/2.

d) Bogen- und Laubsägen. Bow- and scroll-saws. Scies à arc à chantourner.

NUBE, Feil- und Säge-Maschine. (Zum Aussägen von Schablonen, Verzierungen, Auflagen usw.)* *Bayr. Gew. Bl.* 1906 S. 35/6.

PÖLTL, Sägemaschine „Aleman".* *Bayr. Gew. Bl.* 1906 S. 191; *Z. Werksm.* 10 S. 185/6.

Vertical double power saw built by the ROBERT-SON MFG. CO., Buffalo, N. Y.* *Iron A.* 78 S. 546.

The ROBERTSON rapid cut power saw. (The head is a large hub forming the support or bearing for the slide bar bearings, connecting the saw frame and having a guide bar extended at the top.)* *Iron A.* 78 S. 1441.

e) Quersägen. Cross cut saws. Scies de travers.

Kaltsägemaschine der NEWTON-MACHINE TOOL WORKS in Philadelphia.* *Z. Werksm.* 10 S. 399.

f) Zylindersägen. Cylindrical saws. Scies cylindriques. Fehlt.

3. Schränk- und Schärfvorrichtungen. Setting and sharpening devices. Contournage et affûtage.

FLECK SÖHNE, selbsttätige Universal-Sägezahn-schleifmaschine.* *Uhlands T. R.* 1906, 2 S. 15/6.

FONTAINE & CO., Sägeschärfmaschine mit Schmirgel-Schleifrädern. ⊡ *Masch. Konstr.* 39 S. 148/9; *Dingl. J.* 321 S. 383/4.

Automatic saw sharpener manufactured by the HANCHETT SWAGE WORKS, Big Rapids, Mich.* *Iron A.* 78 S. 935.

4. Verschiedenes. Sundries. Matières diverses.

Bietet die Kreissäge oder die Bandsäge die größeren Vorteile? *Z. Bürsten* 26 S. 697/8.

BRANDT, Prüfstation für Sägen. (Beabsichtigte Versuchsstation von DOMINICUS & SOEHNE. Sägeverlust; Energiemenge für die Zerteilung der Stämme.) *Z. Drechsler* 29 S. 80/1 F.

V. ERNST, Säge ohne Zähne zum Kaltschneiden von Eisen. *Z. O. Bergw.* 54 S. 137/8.

DE FRÉMINVILLE, essai d'une scie sans dents pour le sectionnement d'aciers durs ordinaires et d'aciers à outils.* *Rev. métallurgie* 3 S. 423/5.

SEWALL, scie à froid sans dent. (A) *Rev. mé-tallurgie* 3 S. 67/8; *Mech. World* 39 S. 40/1.

OLIAS, verstellbarer Mauersägeapparat.* *Baugew. Z.* 38 S. 1189/90; *Zbl. Bauv.* 26 S. 585/6.

OUDET, les scieries américaines et leur outillage. (Scies à refendre et à tronçonner; scie à lames de parquet ALLIS; les lames de scie, leur pré-paration et leur affûtage; machine à affûter; ma-chine à donner la tension; machines à donner de la voie ou à refouler la denture; brasage des lames.)* *Rev. méc.* 18 S. 321/52 F.

Salicylsäure. Salicylic acid. Acide salicylique.

RUDOLPH, Darstellung von Salicylsäure aus Ortho-kresol und ein neues Verfahren zur Herstellung von Aurin. (Oxydation von 1 Mol. Parakresol und 2 Mol. Phenol.) *Z. ang. Chem.* 19 S. 384/5.

ZERNIK, Salicylsäurederivate mit besonderer Be-rücksichtigung des Benzosalins. *Apoth. Z.* 21 S. 962/4.

EARLE and JACKSON, action of pyrimidine on salicyl chlorides. *J. Am. Chem. Soc.* 28 S. 104/14.

MC CONNAN and TITHERLEY, labile isomerism among acyl derivatives of salicylamide. *J. Chem. Soc.* 89 S. 1318/39.

PUXEDDU, riduzione con la fenilidrazina. Nuovo metodo per preparare il 5-aminoderivato dell' acido salicilico. *Gaz. chim. it.* 36, 2 S. 87/9.

VITALI, Nachweis von Salicylsäure in Wein und Nahrungsmitteln. (Toluol als Extraktionsmittel.) *Apoth. Z.* 21 S. 976.

SPÄTH, Nachweis und Bestimmung der Salicylsäure. (In Nahrungs- und Genußmitteln.) *Pharm. Cen-tralh.* 47 S. 241/2.

DUBOIS, determination of salicylic acid in canned tomatoes, catsups, etc. *J. Am. Chem. Soc.* 28 S. 1616/9.

Salinenwesen. Salt industry. Salines. Vgl. Berg-bau, Salz.

L'industrie du sel en Chine. (L'extraction du sel de l'eau de mer élevée au moyen de moulins à vent dans des bassins ou elle s'évapore sous l'action

mit einer Acetylensauerstoffflamme.) (V) (A) *Wschr. Baud.* 12 S. 198/9.

WISS, Verwendung von verdichtetem Wasserstoff und Sauerstoff. (Für Luftschiffahrtszwecke; autogene Schweißung.)* *Z. Kohlens. Ind.* 12 S. 333/4 F.

Schweißverfahren mittels der Sauerstoff - Azetylenflamme.* *Gieß. Z.* 3 S. 109/16.

Nouveaux emplois de l'oxygène en métallurgie. *Nat.* 34, 2 S. 395/9.

DE SCHWARZ, use of oxygen in removing blast-furnace obstructions. *Iron & Coal* 72 S. 1623; *Iron A.* 77 S. 1608/9; *Mar. E.* 28 S. 421/2; *Eng. News* 55 S. 702/3.

Use of oxygen in removing blast furnace obstructions. *Iron & Coal* 73 S. 8; *Engng.* 81 S. 743; *Eng. Rec.* 53 S. 719.

CHRISTOMANOS, Reaktion auf Sauerstoff. (Beruht auf der Einwirkung von PBr_3 auf Kupfernitrat.) (V) (A) *Chem. Z.* 30 S. 450.

NOWICKI, über Sauerstoffflaschen-Explosionen.* *Z. O. Bergw.* 54 S. 31/4.

FRAENKEL, elektrolytischer Sauerstoff. (Explosion einer mit elektrolytischem Sauerstoff gefüllten Stahlflasche von 25 pCt. Wasserstoffgehalt.) *Mitt. Gew. Mus.* 16 S. 160/1.

ROYER, la construction des réservoirs à haute pression. (Bouteilles pour le transport de l'oxygène comprimé, de l'acide carbonique liquide, etc.; réservoirs à air comprimé des torpilles; réservoirs accumulateurs d'air comprimé des tramways; réservoirs des stations génératrices, etc.) (a)* *Rev. méc.* 18 S. 533/50.

Säulen. Colums. Colonnes. Siehe Hochbau 3, 4, 7.

Säuren, organische, anderweitig nicht genannte. Organic acids, not mentioned elsewhere. Acides organiques, non dénommés. Vgl. Chemie, organische, Essig, Harnsäure, Oxalsäure, Phenol, Salicylsäure.

1. Fettsäuren.
2. Einbasische ungesättigte Säuren.
3. Einbasische Oxy- und Ketonsäuren.
4. Zweibasische Säuren.
5. Zweibasische Oxysäuren.
6. Drei- und mehrbasische Säuren.
7. Einbasische aromatische Säuren.
8. Einbasische aromatische Oxy- und Ketonsäuren.
9. Mehrbasische aromatische Säuren.
10. Organische Sulfosäuren.
11. Verschiedene Säuren.

1. Fettsäuren. Fatty acids. Acides gras.

DUVILLIER, acide diméthylamino - α - butyrique. *Bull. Soc. chim.* 3, 35 S. 156/9.

SWARTS, acide difluorchloracétique. *Trav. chim.* 25 S. 244/52.

FISCHER, EMIL, Spaltung der α-Aminoisovaleriansäure in die optisch aktiven Componenten. *Ber. chem. G.* 39 S. 2320/8.

FISCHER, EMIL und CARL, Zerlegung der α-Bromisocapronsäure und der α - Bromhydrozimmtsäure in die optisch-aktiven Komponenten. *Ber. chem. G.* 39 S. 3996/4003.

RAMBERG, Gewinnung der optisch-aktiven Formen der α - Brompropionsäure. *Liebigs Ann.* 349 S. 324/32.

BULL, Trennung der Fettsäuren des Dorschleber-Oels. *Ber. chem. G.* 39 S. 3570/6.

DREYMANN, Verfahren zur Reinigung von Fettsäuren. *Erfind.* 33 S. 222/3.

HIRZEL, kontinuierliche Destillation von Fettsäuren. *Chem. Rev.* 13 S. 266/8.

GROSSMANN und AUFRECHT, titrimetrische Bestimmung des Formaldehyds und der Ameisensäure mit Kaliumpermanganat in saurer Lösung. *Ber. chem. G.* 39 S. 2455/8.

2. Einbasische ungesättigte Säuren. Monobasic unsaturated acids. Acides monobasiques non saturés.

MOLINARI and SONCINI, Konstitution der Oelsäure und Einwirkung von Ozon auf Fette. *Ber. chem. G.* 39 S. 2735/44.

PETERSEN, réduction de l'acide oléique en acide stéarique par électrolyse. *Corps gras* 33 S. 132/4 F.

BLAISE et COURTOT, constitution des acides diméthylvinylacétiques. *Bull. Soc. chim.* 3, 35 S. 151/6.

FICHTER und MÜLLER, HERMANN, Affinitätsmessungen an einbasischen ungesättigten Fettsäuren. *Liebigs Ann.* 348 S. 256/9.

HARRIES und THIEME, das Ozonid der Oelsäure. *Ber. chem. G.* 39 S. 2844/6.

HARRIES und TÜRK, die Spaltungsprodukte der Oelsäure-ozonide. *Ber. chem. G.* 39 S. 3732/7.

WEYL, Bindung von Ozon durch Oelsäure. (Historische Notiz.) *Ber. chem. G.* 39 S. 3347/8.

TSUJIMOTO, eine neue ungesättigte Fettsäure im japanesischen Sardinenöl. *Chem. Rev.* 13 S. 278.

Olein. (Zum Einfetten der Wolle benutzt; Analysendaten.) *Chem. Rev.* 13 S. 60.

3. Einbasische Oxy- und Ketonsäuren. Monobasic hydroxy- and ketonic-acids. Acides alcools et acétones monobasiques.

BLAISE et COURTOT, acides aldéhydes. *Bull. Soc. chim.* 3, 35 S. 989/1004.

HABERMANN, Vorkommen der Milchsäure im Tausendgüldenkraut. *Chem. Z.* 30 S. 40/1.

IRVINE, resolution of lactic acid by morphine. *J. Chem. Soc.* 89 S. 935/9.

JUNGFLEISCH et GODCHOT, le dilactide de l'acide lactique gauche. *Compt. r.* 142 S. 637/9.

JUNGFLEISCH et GODCHOT, l'acide lactique gauche. *Compt. r.* 142 S. 515/8.

COURTOT, déshydratation des acides β-alcoyloxypivaliques. *Bull. Soc. chim.* 3, 35 S. 217/23.

BLAISE et COURTOT, lactonisation des acides α diméthylés β γ non saturés. Déshydratation anormales d'éthers alcoyloxypivaliques. Transpositions des alcoyles et du carboxyle. *Bull. Soc. chim.* 3, 35 S. 580/600.

GRÜN, Ricinolsäure. (Darstellung einer Dioxystearinsäure aus der Ricinolsäure.) *Ber. chem. G.* 39 S. 4400/8.

ALVAREZ, Farbenreaktionen der Brenztraubensäure mit α- und β-Naphtol. *Pharm. Centralh.* 47 S. 361.

DE JONG, transformations des sels de l'acide pyruvique. *Trav. chim.* 25 S. 229/32.

LOCQUIN, préparation de l'acide méthyléthylpyruvique et de ses dérivés. *Bull. Soc. chim.* 3, 35 S. 962/5.

PERATONER e PALAZZO, sulla costituzione dell' acido comenico. *Gaz. chim. it.* 36, 1 S. 7/13.

PERATONER e CASTELLANA, sulla costituzione dell' acido ossicomenico (diossi-pironcarbonico). *Gaz. chim. it.* 36, 1 S. 21/33.

TSCHITSCHIBABIN, Ersetzbarkeit des Athoxyls durch Radikale. Eine Synthese von Acetalsäureestern und von homologen Aethoxyakrylsäuren. *J. prakt. Chem.* 73 S. 326/36.

BOEHRINGER, testing commercial lactic acid. *Dyer* 26 S. 131.

Untersuchung technischer Milchsäure. (Bestimmung des Gehaltes der 80°/₀ Milchsäure an freier Säure und an Gesamtsäure, in 43¹/₂°/₀ und 50°° Milchsäure; Prüfung auf Schwefelsäure, auf Salzsäure.) *Lehnes Z.* 17 S. 153/5.

4. Zweibasische Säuren. Bibasic acids. Acides bibasiques. Siehe auch 9.

CROSSLEY and RENOUF, separation of α α- and

$\beta\beta$-dimethyladipic acids. *J. Chem. Soc.* 89 S. 1552/6.

FEIST und BEYER, β-Methylglutaconsäuren und $\alpha\beta$-Dimethylglutaconsäure. *Liebigs Ann.* 345 S. 117/26.

FICHTER und SCHWAB, β-Methylglutaconsäuren. *Liebigs Ann.* 348 S. 251/6.

WALKER and WOOD, electrolysis of salts of $\beta\beta$-dimethylglutaric acid. *J. Chem. Soc.* 89 S. 598/604.

FICHTER und SCHLAEPFER, α, γ Dimethyl- und α-Aethyl-Itaconsäure. *Ber. chem. G.* 39 S. 1535/6.

VAN DORP, W. A. et VAN DORP, G. C. A., les chlorures des acides fumarique et maléique et sur quelques-uns de leurs dérivés. *Trav. chim.* 25 S. 96/103.

HIGSON and THORPE, method for the formation of succinic acid and of its alkyl derivatives. *J. Chem. Soc.* 89 S. 1455/72.

LOSSEN, halogenierte aliphatische Säuren; MENDTHAL, Monobrombernsteinsäure; Bromfumar- und Brommaleinsäure; BERGAU, Tribrombernsteinsäure; TREIBICH, Acetylendicarbonsäure; BERGAU, Einwirkung von Chlor auf Acetylendicarbonsäure, sowie über die Einwirkung von Chlor und Brom auf acetylendicarbonsaures Natrium. *Liebigs Ann.* 348 S. 261/72 u. 308/46.

MEYER, RICHARD und BOCK, Isobernsteinsäure. *Liebigs Ann.* 347 S. 93/105.

WOOD, bromo- and hydroxy-derivatives of $\beta\beta\beta'\beta'$-tetramethylsuberic acid. *J. Chem. Soc.* 89 S. 604/8.

WEGSCHEIDER und FRANKL, Veresterung unsymmetrischer zwei- und mehrbasischer Säuren. (Inaktive Asparaginsäure.) *Sitz. B. Wien. Ak.* 115, 2b S. 285/300; *Mon. Chem.* 27 S. 487/501.

5. Zweibasische Oxysäuren. Bibasic oxy-acids. Acides alcools bibasiques.

CANTONI et BASADONNA, solubilité du malates alcalino-terreux dans l'eau. *Bull. Soc. chim.* 3, 35 S. 727/37.

LOSSEN, halogenierte aliphatische Säuren; SCHÖRK und NIEHRENHEIM, Monochloräpfelsäure; DUECK und LEOPOLD, Monobromäpfelsäure; Fumarylglycidsäure. *Liebigs Ann.* 348 S. 273/308.

BOUGAULT, le tartrate d'antimoine C4H5SbO6 et son éther éthylique. *J. pharm.* 6, 23 S. 321/6, 465/9; *Compt. r.* 142 S. 585/6

SULLIVAN and CRAMPTON, the crystalline appearance of calcium tartrate as a distinctive and delicate test for the presence of tartaric acid or tartrates.[Bl] *Chem. J.* 36 S. 419/26.

MESTREZAT, Bestimmung der Apfelsäure und einiger fixer Säuren in gegorenen und nicht gegorenen Fruchtsäften. *Z. Spiritusind.* 29 S. 343/4.

MESTREZAT, dosage de l'acide malique et de quelques acides fixes dans le jus des fruits, fermentés ou non. *Compt. r.* 143 S. 185/6; *Apoth. Z.* 21 S. 795/6.

CARLES, dosage de l'acide tartrique industriel. *Bull. Soc. chim.* 3. 35 S. 171/4, 571/5; *Rev. chim.* 9 S. 197/9; *Chem. News* 93 S. 107/8.

6. Drei- und mehrbasische Säuren. Tri- and polybasic acids. Acides tri- et polybasiques.

ROGERSON and THORPE, mode of formation of aconitic acid and citrazinic acid, and of their alkyl derivatives, with remarks on the constitution of aconitic acid. *J. Chem. Soc.* 89 S. 631/52.

LÜHRIG, Zitronensaft. (Untersuchung.) *Z. Genuß.* 11 S. 441/7.

BEYTHIEN, BOHRISCH und HEMPEL, Zusammensetzung der 1905er Zitronensäfte. *Z. Genuß.* 11 S. 651/61.

7. Einbasische aromatische Säuren. Monobasic aromatic acids. Acides aromatiques monobasiques.

KAILAN, Veresterung der Benzoesäure durch alkoholische Salzsäure. *Sitz. B. Wien. Ak.* 115, 2 b S. 341/98; *Mon. Chem.* 27 S. 543/600.

PAJETTA, sulla solubilità di alcuni benzoati nell' acqua e sul benzoato di stronzio. *Gaz. chim. it.* 36, 2 S. 67/70.

PAJETTA, Löslichkeit einiger benzoesaurer Salze in Wasser und benzoesaures Strontium. *Apoth. Z.* 21 S. 737/8.

FISCHER, EMIL und SCHMITZ, Phenylbuttersäuren und ihre α-Aminoderivate. *Ber. chem. G.* 39 S. 2208/15.

MAY und KÖNIG, Pulegonessigsäure. *Liebigs Ann.* 345 S. 188/205.

ERLENMEYER, räumlich isomere Zimmtsäuren. *Ber. chem. G.* 39 S. 285/92.

ERLENMEYER und BARKOW, stereoisomere Zimmtsäuren.[*] *Ber. chem. G.* 39 S. 1570/85.

HERZ und MYLIUS, Geschwindigkeit der Addition von Brom an Zimmtsäure. *Ber. chem. G.* 39 S. 3816/20.

HOUBEN und BRASSERT, Alkylierung und Arylierung der Anthranilsäure. *Ber. chem. G.* 39 S. 3233/40.

BOUGAULT, l'acide cinnaménylparaconique. *Compt. r.* 142 S. 1539/41.

SUDBOROUGH and JAMES, α-chlorocinnamic acids. *J. Chem. Soc.* 89 S. 105/15.

MICHAEL and GARNER, cinnamylideneacetic acid and some of its transformation products. *Chem. J.* 35 S. 258/67.

8. Einbasische aromatische Oxy- und Ketonsäuren. Monobasic aromatic oxy- and ketonic acids. Acides alcools et acétones aromatiques monobasiques.

ANSCHÜTZ, Einwirkung von Phosphorpentachlorid und Phosphortrichlorid auf substituierte o-Phenolcarbonsäuren, substituierte Salicylsäuren, auf Methylsalicylsäuren, 2-Oxyuvitinsäure und α-Oxy-β naphtoesäure. *Liebigs Ann.* 346 S. 286/381.

PERKIN, some oxidation products of the hydroxybenzoic acids. *J. Chem. Soc.* 89 S. 251/61.

KUNCKELL und KNIGGE, Brom- und Brom-nitro-Derivate der o-Benzoyl-benzoesäure. *Ber. chem. G.* 39 S. 194/6.

SÉVERIN, les acides diméthyl- et diéthylamidobenzoylbenzoïques dibromés et leurs dérivés. *Compt. r.* 142 S. 1274/6.

PRAXMARER, Brenzkatechincarbonsäuren. *Mon. Chem.* 27 S. 1199/1209.

ZINCKE, Oxytoluylsäure; — und FISCHER, 4-Oxy-1,2-toluylsäure. *Liebigs Ann.* 350 S. 247/68.

FISCHER, EMIL und CARL, Zerlegung der α-Bromisocapronsäure und der α-Bromhydrozimmtsäure in die optisch-aktiven Komponenten. *Ber. chem. G.* 39 S. 3996/4003.

DREAPER and WILSON, absorption of gallic acid by organic colloids. *Chemical Ind.* 25 S. 515/8.

PROCTER and BENNETT, the barium and calcium salts of gallic, protocatechuic and digallic acids. (V. m. B.)[*] *Chemical Ind.* 25 S. 251/4.

PUXEDDU, riduzione dei derivati azoici degli ossiacidi aromatici con la fenilidrazina. *Gaz. chim. it.* 36, 2 S. 305/13.

9. Mehrbasische aromatische Säuren. Polybasic aromatic acids. Acides aromatiques polybasiques.

NOELTING und GACHOT, die vic. Aminoisophtalsäure. *Ber. chem. G.* 39 S. 73/6.

NEVILLE, optically active dihydrophthalic acid. *J. Chem. Soc.* 89 S. 1744/8.

MÜLLER, HERMANN, β-Benzal-glutarsäure. *Ber. chem. G.* 39 S. 3590/1.

DEHN and THORPE, the anhydride of phenyl-succinic acid. *J. Chem. Soc.* 89 S. 1882/4.

SIMON, Cetrarsäure. (Formel $C_{20}H_{18}O_9$; Mono-methylester einer Dicarbonsäure.) *Arch. Pharm.* 244 S. 459/66.

STOBBE und NOETZEL, a-Methyl-γ, γ-Diphenyl-itaconsäure. *Ber. chem. G.* 39 S. 1070/2.

JESSEN, Truxillsäurederivate. (Substitutionsprodukte.) *Ber. chem. G.* 39 S. 4086/9.

10. Organische Sulfosäuren. Organic sulphonic acids. Acides sulfoniques organiques.

GRAEBE und KRAFT, Verhalten der Sulfonsäuren in der Oxydationsschmelze. *Ber. chem. G.* 39 S. 2507/12.

SCHWALBE, Reduktion von aromatischen Sulfo-säuren zu Mercaptanen vermittels Alkalisulf-hydrats. *Ber. chem. G.* 39 S. 3102/5.

RASCHIG, neue Sulfosäuren des Hydroxylamins. *Ber. chem. G.* 39 S. 245/8.

TRÖGER, WARNECKE und SCHAUB, die vermutliche Konstitutionsformel der bei der Einwirkung von SO_3 auf Diazo-m-toluol entstehenden Sulfon-säure, $C_{14}H_{16}N_4SO_3$. *Arch. Pharm.* 244 S. 312/20 F.

SCHULTZ, G. und KOHLHAUS, Konstitution der GRIESSschen Benzidin-disulfosäure. *Ber. chem. G.* 39 S. 3341/5.

FISCHER, EMIL, Löslichkeit des β-naphtalinsulfo-sauren Natriums in Wasser und Salzsäure. *Ber. chem. G.* 39 S. 4144/5.

SCHULTZ, G., Amido-phenol-sulfosäuren und Amido-kresol-sulfosäuren. *Ber. chem. G.* 39 S. 3345 7.

GNEHM und KNECHT, Nitrophenolsulfonsäuren. *J. pract. Chem.* 73 S. 519/37, 74 S. 92/111.

TAVERNE, les acides monosulfobenzoïques et leurs nitrodérivés obtenus par l'action de l'acide nitrique réel. *Trav. chim.* 25 S. 50/74.

SCHROETER, Acylierung von Anilinsulfosäuren. (Chloridbildung aus Anilinsulfosäuren, in welchen die Amingruppen durch Acylierung oder Alky-lierung geschützt sind.) *Ber. chem. G.* 39 S. 1559/70.

WALKER and SMITH, ELIZABETH, o-cyanobenzene-sulphonic acid and its derivatives. *J. Chem. Soc.* 89 S. 350/7.

BRADSHOW, orthosulphaminebenzoic acid and re-lated compounds. *Chem. J.* 35 S. 335/46.

11. Verschiedene Säuren. Other acids. Acides divers.

ECHTERMEIER, Chinasäure. *Arch. Pharm.* 244 S. 37/57.

KIRPAL, Struktur der β-Benzoylpikolinsäure. (Durch Einwirkung von Benzol auf Chinolinsäureanhy-drid bei Gegenwart von Aluminiumchlorid er-halten.) *Sitz. B. Wien. Ak.* 115, 2b S. 199/206; *Mon. Chem.* 27 S. 371/7.

Schankgeräte. Bar fittings. Ustensiles de cave et articles pour le débit de boissons. Vgl. Bier, Fässer, Flaschen und Flaschenverschlüsse. Füll- und Abfüllapparate.

KNÖLLNER, Flaschenreinigungsmaschine. * *Uh-lands T. R.* 1906, 4 S. 58; *Z. Bürsten.* 25 S. 461.

RICHARD, Kohlensäure-Schankvorrichtung für glas-weisen Ausschank von Champagner. (D. R. P.)*. *Z. Kohlens. Ind.* 12 S. 133/5.

Bierzapfhahn mit Kohlensäureeintritt von unten. * *Z. Kohlens. Ind.* 12 S. 197/8.

Scheinwerfer. Searchlights. Projecteurs. Vgl. Be-leuchtung 6 a, Schiffbau 3.

EDWARDS RAILWAY ELECTRIC LIGHT CO., elektri-scher Scheinwerfer für Lokomotiven. * *Schw. Baus.* 47 S. 86.

SCHARLACH, Scheinwerfer für Acetylengasent-wickler. (Nach dem Saugsystem.) *Uhlands T. R.* 1906, 1 S. 88.

SIEMENS-SCHUCKERT-WERKE, Scheinwerfer für photographische Zwecke. * *Bayr. Gew. Bl.* 1906 S. 453.

SPAČIL, das elektrische Licht im Dienste des Krieges. *Mitt. Artill.* 1906 S. 758/78.

Scheren. Shears and shearing machines. Cisailles et machines à couper. Siehe Schneidwerkzeuge und -Maschinen.

Schiebebühnen. Travelling-platforms. Chariots trans-bordeurs. Siehe Eisenbahnwesen V 3.

Schiefer. Slate. Ardoise.

DALE, variety of Maine slate. (Constituents: muscovite, quartz, chlorite, pyrite, and graphite, with accessory tourmaline, zircon and rutile.) *J. Frankl.* 161 S. 196.

Verfahren zur Herstellung von Platten aus Schiefer oder Schieferabfällen. *Asphalt- u. Teerind.-Z.* 6 S. 478.

Schienen. Rails. Siehe Eisenbahnwesen I C 1 b, I C 2 a.

Schiffbau. Ship building. Constructions navales. Vgl. Beleuchtung, Dampfkessel, Dampfmaschinen, Docks, Elektrizität, Leuchttürme, Lüftung, Pumpen, Rettungswesen, Signalwesen.

1. Theoretisches (Standfestigkeit, Schiffswiderstand, Wasserverdrängung usw.) und allgemeines.
2. Konstruktion, Bau und Ausbesserung.
3. Ausrüstung und innere Einrichtung.
4. Treib- und Steuervorrichtungen.
5. Stapellauf.
6. Ausgeführte Schiffe.
    a) Handelsschiffe.
    b) Kriegsschiffe.
    c) Yachten.
    d) Boote.
    e) Schiffe für Sonderzwecke und besonderer Bauart.

1. Theoretisches (Standfestigkeit, Schiffswider-stand, Wasserverdrängung usw.) und allgemeines. Theory (stability, ship-resistance, displacement etc.) and generalities. Théorie (stabilité, ré-sistance des navires, déplacement etc.) et gé-néralités.

TROMP, errors in naval engineering calculations. * *Mar. Engng.* 11 S. 320/1.

DIETZIUS, Vergleich der Stabilitätseigenschaften verschiedener Schwimmdocksysteme, insbesondere hinsichtlich des Einflusses der geöffneten Wasser-Ein- bezw. Ausflußöffnungen. *Schiffbau* 7 S. 523/5 F.

GIBSON, the effect of the gyroscopic action of turbine rotors on torpedo boat design. *Eng. Rev.* 14 S. 401/6.

KREY, Schiffswiderstand auf Kanälen und seine Beziehungen zur Gestalt des Kanalquerschnitts und zur Schiffsform. (Widerstandsberechnung und Schleppversuche; Reibungswiderstand; Widerstand des Gefälles; Stoßwiderstand; Ein-senkung.)* *Z. Bauw.* 56 Sp. 503/28.

SCHLICK, gyroskopischer Einfluß rotierender Schwungräder an Bord von Schiffen. (V)* *Z. V. dt. Ing.* 50 S. 1466/8; *Bayr. Gew. Bl.* 1906 S. 478/82; *Bull. d'enc.* 108 S. 1071/7.

SCHLICK, Einbau von Kreiseln gegen Schiffs-schlingerbewegung. (Besteht aus einem durch Dampfturbine oder Elektromotor angetriebenen, schnellumlaufenden Schwungrade, dessen Achse in einem als Pendel im Schiffskörper hängenden Rahmen gelagert ist.) *Techn. Z.* 23 S. 60.

BENJAMIN, der SCHLICKsche Kreisel. *Hansa* 43 S. 413/5.

RADUNZ, der SCHLICKsche Schiffskreisel.* *Prom.* 17 S. 219/20.

SCHLICK, Versuche mit dem Schiffskreisel.* *Z. V. dt. Ing.* 50 S. 1929/34.

SMITH JOHN, stresses in ships. *Engng.* 82 S. 436/9

STIEGHORST, zeichnerisch-rechnerisches Verfahren zur Bestimmung der Querbeanspruchungen. ⊠ *Schiffbau* 7 S. 857/61 F.

WEITBRECHT, Konstruktion der Querkurven eines Schiffes für die Stabilitätsrechnung unter Verwendung des Integraphen und Konstruktion der Schottkurve. *Schiffbau* 7 S 497/501.

GARNETT, the stability of submarines.* *Cassier's Mag.* 31 S. 235/41.

WHITE, the stability of submarines. *Proc. Roy. Soc.* 77 A S. 528/37; *Page's Weekly* 9 S. 25/8: *Sc. Am. Suppl.* 62 S 25616/7; *Mar. E.* 28 S. 526/30; *Mitt. Seew.* 34 S. 853/68.

LIECKFELDT, Erscheinungen bei der Fahrt eines Schiffes. (Form der Wellen; Einsenkung; Einfluß der treibenden Kraft; Fahrtwiderstand; Einfluß von Grund und Ufer.)* *Zbl. Bauv.* 26 S. 438/41.

FOURNIER, diminution de la vitesse et changement d'assiette des navires par l'action réflexe de l'eau sur le fond. *Compt. r.* 142 S. 1500/3.

Depth of water and speed of ships.* *J. Nav. Eng.* 18 S. 259/66; *Engng.* 81 S. 155/6.

PAULUS, Einfluß der Wassertiefe auf die Geschwindigkeit von Torpedobootzerstörern. (Aus Vorträgen von YARROW u. MARRINER.) (V) (A)* *Z. V. dt. Ing.* 50 S. 332/7; *Mitt. Seew.* 34 S. 530/50.

DE THIERRY, Fahrwassertiefe und Fahrgeschwindigkeit. *Schiffbau* 7 S. 935/8.

Speed of vessels in shallow water. (Investigations by RASMUSSEN, ROTA, THORNYCROFT, BARNABY. Relation of speed to depth of water.) *Eng. Rec.* 53 S. 478.

FROUDE, Modellschleppversuche mit hohlen und geraden Wasserlinien. (V) *Schiffbau* 7 S. 308/11.

TECHEL, zur FROUDEschen Theorie des Schiffswiderstandes. (Eine Erwiderung.) *Motorboot* 3 Nr. 20 S. 23/4.

PIAUD, le bassin d'expériences de la marine française, à Paris.* *Gén. civ.* 49 S. 289/93.

The experimental ship tank of the University of Michigan. (Object to determine resistance to motion of various forms of ships; how experiments are conducted and drawings and models prepared; calculation of the resistance of a full-sized ship.)* *Am. Mach.* 29, 2 S. 449/52.

EGER, DIX, SEIFERT, Versuchsanstalt für Wasserbau und Schiffbau in Berlin. (Wasserstandswechsel; Ausführung der Versuche und Beobachtungen im einzelnen.) ⊠ *Z. Bauw.* 56 Sp. 123/52 F.

Ship-model experimental tank at the Clydebank Shipyard. (Model cutting machine; model weighing machine and apparatus for making propellers.)* *Engng.* 81 S 541/5.

WOODWARD, methods of conducting speed trials. *J. Nav. Eng.* 18 S. 465/532.

Sull' aumento dell' immersione delle navi in rotta.* *Giorn. Gen. civ.* 43 S. 619/23.

MATTHAEI, die neuen Bauvorschriften des Germanischen Lloyds. *Schiffbau* 8 S. 117/20.

DONALDSON, the dimensions, proportions and forms of ships. *Eng. Rev.* 15 S. 173/9.

New method of fairing ships' lines.* *Mar. E.* 29 S. 111/3.

Anwendung von Korrektionskurven zur Richtigstellung des Konstruktionsplanes eines Schiffes.* *Mitt. Seew.* 34 S. 463/6.

ILGENSTEIN, die technischen Fortschritte in der Handels- und Kriegsmarine im letzten Jahrzehnt. (Schiffsformen; Einführung des dritten Bodens;

Türschließvorrichtung; elektrisch betriebene Einrichtungen: Beleuchtung, Signalwesen, Kraftübertragung; Druck- und Sauglüfter; Maschinen- und Rudertelegraphen; Kommando- und Zeichenapparate, drahtlose Telegraphie; Unterwasserschallapparat; Anwendung der Dampfturbine.) (V) *Z. V. dt. Ing.* 50 S. 998/1002.

Shipbuilding and marine engineering in 1905.* *Engng.* 81 S. 12/3.

MEYER, der deutsche Schiffbau im Jahre 1905. *Schiffbau* 7 S. 325/31 F.

PIESCHEL, der Schiffbau in den Vereinigten Staaten. *Bayr. Gew. Bl.* 1906 S. 179/80.

BOWLEY und WOOD, wages in the engineering and shipbuilding industry in the 19th century. * *Iron & Coal* 72 S. 791/2.

CASTNER, die Kriegsmarinen auf der Ausstellung in Mailand. *Schiffbau* 7 S. 938/41 F.

Les chemins de fer et la navigation à l'exposition de Milan. *Nat.* 35, 1 S. 51/5.

The Olympia show. (Descriptions of four and six cylinder motors exhibited.) *Horseless Age* 18 S. 811/9.

LAKE, the submarine versus the submersible.* *J. Nav. Eng.* 18 S. 533/45.

OLDHAM, absolute safety at sea.* *Cassier's Mag.* 31 S. 19/24.

ROWELL, oil-tight work in ships of light construction.* *Engng.* 81 S. 802/7.

SICARD, Gewichte der Maschinenanlage. (A) *Schiffbau* 8 S. 84/6 F.

Electricity in shipbuilding yards.* *Page's Weekly* 8 S. 7/10.

Die radiale Veränderung der Durchtrittsgeschwindigkeit des Wassers bei Schraubenpropellern.* *Schiffbau* 7 S. 334/6.

Schutzüberzug für unter Wasser befindliche Teile von Schiffen, Pfählen u. dgl. (Schwefelschicht, welche vor Fäulnis, Korrosion und Ansetzen von Lebewesen schützen soll.) (N) *Wschr. Baud.* 12 S. 437.

2. Konstruktion, Bau und Ausbesserung. Construction and repair. Construction et réparation.

GABELLINI, galleggianti di cemento armato. (Barca di 90 t destinata al trasporto di carbon fossile; con legature due scheletri metallici, che ricoperti poi con malta di cemento; doppia parete.)* *Giorn. Gen. civ.* 44 S. 275/8.

WILLS, lengthening of the steamer „Hamilton".* *Mar. Engng.* 11 S. 224/8.

Outil à calfater. *Gén. civ.* 48 S. 333.

Anwendung von Caissons im Schiffsbau. (Zur Wiederinstandsetzung von Schlachtschiffen, in dem das Caisson an die Schiff.wand angepreßt wird, wobei die dichte Anlagerung durch Leinewandkissen mit Hanfpackung erzielt wird.)* *Techn. Z.* 3 S. 329.

3. Ausrüstung und innere Einrichtung. Equipment, internal installations. Équipement, installations intérieures. Vgl. Scheinwerfer, Schiffbau 4 u. 6.

ANCONA, impiego del combustibili liquidi nella navigazione. ⊠ *Giorn. Gen. civ.* 44 S. 57/76.

ZÜBLIN, Haupttypen der Kriegsschiffdampfkessel. (Weitrohrige Wasserrohrkessel; DÜRRkessel.) [×] *Masch. Konstr.* 39 S. 154/5 F.

Torpedoboot- und Handelsschiffmaschinen. (Maschinen des Passagierdampfers „Kronprinzessin Cecilie" und eines ebenfalls auf der Germaniawerft im Bau begriffenen Torpedoboots.)* *Z. Dampfk.* 29 S. 5/6.

Marine engine erection. (a) *Mech. World* 39 S. 207 F.; 40 S. 4/5 F.

BRAGG, investigation of the pressures upon the main bearings and crank pins of marine engines. *J. Nav. Eng.* 18 S. 22/42.

DINGER, care and operation of naval machinery. (Boilers: trying engine; general oversight and watch; heating; oiling; internal lubrication; priming; water in cylinders; jackets; vacuum; air pump; circulating pump; operation of feed and bilge pumps; economical performances; racing; stopping and waiting; coming into port, shutting down.) *Mech. World* 40 S. 106/7 F.; *J. Nav. Eng.* 18 S. 553/603.

DINGER, suggestions for the care and operation of naval machinery in the enginer department U. S. navy. *J. Nav. Eng.* 18 S. 123/62.

Water consumption of main and auxiliary engines. (Trials)* *Pract. Eng.* 33 S. 131/3 F.

Leaves from a naval engineer's note book. (Reversing gear; water consumption.) *Pract. Eng.* 33 S. 41/4 F.

SMITH, W. W., performance of assistant cylinders, with special reference to those on the U. S. cruiser „Washington". (Curves of maximum loads on the valve gear.) (A)* *Eng. News* 56 S. 539/40.

LAHR, Unfall an einer Schiffsmaschine. (Abfliegen des Niederdruckzylinderdeckels. Zu kleine Luftpumpe.) *Z. Dampfk.* 29 S. 336.

FÖTTINGER, über kombinierte Kolbenmaschinen- und Turbinenanlagen für Schiffe.* *Z. Turbinenw.* 3 S. 297/302; *Schiffbau* 7 S. 973/8.

JANSON, charakteristische Gesichtspunkte für den Entwurf und die Anordnung von Schiffsturbinen und Turbinenpropellern. (Umlaufsgeschwindigkeit; der Turbinenpropeller.)* *Turb.* 3 S. 59/62 F.

SADLER, present status of the turbine as applied to marine work. (DE LAVAL, PARSONS, CURTIS turbines; balance and twisting moment; commercial vessel „King Edward", „Amethyst" cruiser; CUNARD CO.'s experiments with the „Caronia" and „Carmania".) (V) *J. Ass. Eng. Soc.* 36 S. 83/95; *Mech. World* 40 S. 28/9 F.

Turbinenschiffe der deutschen Marine. *Z. Turbinenw.* 3 S. 32.

Dampfturbinen in der französischen Marine. *Z. Turbinenw.* 3 S. 390.

Turbinenschiffe in den Tropen. *Z. Turbinenw.* 3 S. 33.

The steam turbine in marine engineering. („Emerald" 1903; „Turbinia" 1904; „Virginian", „Caronia", „Carmania" 1905; „Dreadnought", „Great Eastern", „Lusitania" and „Mauretania" 1906.) *Eng. News* 56 S. 205/7.

BILES, ship propulsion by the steam turbine.* *Mar. E.* 28 S. 157/8.

CURTIS, CURTISturbinenschiffe. *Z. Turbinenw.* 3 S. 205.

Die PARSONSturbine als Schiffsmaschine. (V) (A)* *Z. Turbinenw.* 3 S. 499/500.

SOTHERN, die Schiffsdampfturbine.* *Turb.* 3 S. 21/3 F.

SPEAKMANN, Entwurf und Berechnung der Schiffs-Dampfturbine. *Z. Turbinenw.* 3 S. 79/81 F.

TOUSSAINT, die ZOELLY-Turbine im Wettbewerb mit der PARSONS-Turbine zum Schiffsantrieb. *Turb.* 3 S. 62/3.

Dampfturbinenanlage des transatlantischen Schnelldampfers „Carmania". (Turbine mit Hebegetriebe; Wellenabdichtung der Turbinen; Dampfdruck - Meßvorrichtung; doppelte WEIR - Luftpumpe.)* *Z. Turbinenw.* 3 S. 169/74 F.; *Masch. Konstr.* 39 S. 46/8.

Spreedampfer mit Dampfturbinen für die Beleuchtungsanlage. *Z. Turbinenw.* 3 S. 402.

Some recent examples of the use of gas and ga-

soline engines in marine work. (Three-cylinder gas engine of 300 H.P. of UNION GAS ENGINE CO.; San Francisco; OTTO GAS ENGINE CO., Deutz; German river barge with gas engine and producer plant.)* *Eng. News* 55 S. 324/6.

THORNYCROFT, gas-engines for ship propulsion. *J. Gas L.* 95 S. 580/2; *Page's Weekly* 8 S. 761 F.; *Engng.* 81 S. 499/502; *Sc. Am. Suppl.* 61 S. 25472/3.

Sull'impiego dei motori a gas nella navigazione. (Memoria dal THORNYCROFT. Impiego dei motori a gas povero, per opera principalmenti dal CAPITAINE) (A) Giorn. Gen. civ. 44 S. 196/2co.

PHILIPPOW, Verwendbarkeit von Verbrennungsmotoren zur Fortbewegung moderner Kriegsschiffe. *Gasmot.* 6 S. 111/5 F.

The KOERTING 200 H. P. valveless twocycle petroleum engine for submarine boats.* *Sc. Am. Suppl.* 62 S. 27589/90.

Fafnierbootsmotor mit Wendegetriebe.* *Motorboot* 3 Nr. 9 S. 22/3.

LEHMBECK, das Sauggas und seine Bedeutung im Motorbootbetriebe.* *Motorboot* 3 Nr. 11 S. 29/31.

Barge fitted with a suction gas-producer plant.* *Sc. Am. Suppl.* 61 S. 25152/3.

Application du moteur DIESEL à la navigation. (Bateau pour transport de marchandises de la Compagnie Générale de Navigation sur le Lac Léman.) *Mém. S. ing. civ.* 1906, 2 S. 64/5.

SULZER, GEBR., Lastdampfer mit elektrischer Arbeitsübertragung. (DIESELmotoren zum Antrieb der Schiffsschraube; diese Art Arbeitsmotoren umzusteuern, wurde durch eine elektrische Arbeitsübertragung gelöst.) * *El. Ans.* 23 S. 1170/2.

L'électricité sur les navires de guerre anglais. *Electricien* 31 S. 124/6.

WALKER, electricity on board ship. *Mar. E.* 29 S. 84/6.

The DEL PROPOSTO system of electrical transmission gear for the propulsion of ships by irreversible engines.* *Electr.* 57 S. 824/5.

Passagierräume der „Amerika".* *Uhlands T. R.* 1906 Suppl. S. 77/80.

V. BERLEPSCH-VALENDÀS, Bodenseedampfer „Lindau". (Ausstattung der inneren Räume.) (N) *Z. Arch.* 52 Sp. 347/8; *Dekor. Kunst* 9 S. 221/4.

DARY, fermeture électrique des cloisons étanches à bord des navires.* *Cosmos* 1906, 2 S. 32/5.

Long-arm system of operating bulkhead doors, etc., at the Marine Engineering building Annapolis, U. S. A.* *Pract. Eng.* 33 S. 273; 34 S. 618; *El. World* 47 S. 579/80; *Mar. E.* 28 S 465.

Prüfungen von elektrisch betriebenen wasserdichten Schottüren.* *Schiffbau* 7 S 521/4.

MILLER, a new sea anchor for coaling at sea. (Experiments and conclusions regarding sea anchors employed in marine cableways for coaling at sea.) * *Iron A.* 78 S. 1452/4.

RATH, Beitrag zur Konstruktion von Ankereinsrichtungen. *Schiffbau* 7 S. 509/12 F.

The WOLLIN quadrant davit.* *Mar. E.* 28 S. 489/91.

OLSEN, Diagramm für hölzerne Ladebäume. *Schiffbau* 7 S. 588.

Electric winches for shipyards and boardship. *Mar. E.* 27 S. 387/8.

LOVEKIN, the LOVEKIN inboard coupling for line and propeller shafts. (List of advantages of the LOVEKIN inboard loose coupling for U. S. battleship „New Hampshire".) * *J. Nav. Eng.* 18 S. 546/52.

RADUNZ, Schraubentunnel für Schiffe mit geringem Tiefgang. (Anordnung nach dem YARROWschen Patent.) * *Techn. Z.* 23 S. 118.

Protection of ships against torpedoes and mines.*
Eng. 102 S. 388/9.

4. Treib- und Steuervorrichtungen. Propellers and stearing apparatus. Propulseurs et gouvernails.

ACHENBACH, Beitrag zur Konstruktion von Schiffsschrauben. (Nach den Abhandlungen von DURAND in „Marine Engineering" bearbeitet.)*
Schiffbau 7 S. 630/3; *Z. V. dt. Ing.* 50 S. 1956/8.

ACHENBACH, der „Niki"-Propeller und seine Bedeutung für die Zukunft.* *Turb.* 3 S. 1/5.

BARNABY, note on the cavitation of screw-propellers. (Showing speeds at which cavitation commences with; cavitaiing - speeds of three-bladee screws.) (V) *Min. Proc. Civ. Eng.* 165 S. 299/308.

NORMAND, propulsive power of screws necessary to avoid cavitation. (V) *Min. Proc. Civ. Eng.* 165 S. 293/8.

BURNS, machining a propeller. *Mech. World* 40 S. 244/5.

DURAND, experimental researches on the performance of screw propellers.* *Mar. Engng.* 11 S. 58/64.

DREIHARDT, Berechnung von Schraubenpropellern.* *Turb.* 2 S. 239/43 F.

GATEWOOD, remarks on screw propulsion. *Proc. Nav. Inst.* 32 S. 165/71.

FUMANTI, l'application aux bateaux des helices sous voûte. (V. m. B.) (A) *Ann. ponts et ch* 1906, 4 S. 267/70.

Zur Frage der Schrauben und der Manövriervorrichtungen bei Bootsmotoren. (Vorzug einer Flügelumsteuerung vor einem Wendegetriebe.) *Motorboot* 3 Nr. 14 S. 29/30.

Bootsmotoren. (Der CLIFTmotor.)* *Motorboot* 3 Nr. 8 S. 25/8.

MEISZNER, umsteuerbare Schiffsschraube.* *Masch. Konstr.* 39 S. 141/2.

Reversing propellers.* *Mar. E.* 28 S. 33/4.

SCHWENKE, Motorbootsschrauben. (Mit Entgegnung von HELLING, Motorboot 3 Nr. 8 S. 24/5.) *Motorboot* 3 Nr. 6 S. 11/2; Nr. 8 S. 23/4.

The „Motogodille", a motor device for propelling small boats.* *Sc. Am. Suppl.* 61 S. 25140.

HOWDEN, the screw propeller controversy.* *Mar. E.* 28 S. 136/40 F.

JANSON, characteristics in design and arrangement of marine turbines and propellers. (PARSONS system; diagrammatic sketch showing steam and vane velocity.) *J. Nav. Eng.* 18 S. 866/906.

MEWES, über Turbinenpropeller. (Man kann aus verschiedenen Gründen einen hydraulischen Pro peller den Schiffsschrauben oder Schaufelrädern vorziehen.)* *Turb.* 3 S. 11/3, 72/7 F.

PREIDEL, screw propeller. (New form of blade.) (V. m. B) (A) *Pract. Eng.* 34 S. 622/3; *Page's Weekly* 9 S. 1189/91.

SEATON, the screw propeller. *Mar. E.* 29 S. 2/4.

SKENE, multiple screw propulsion for launches.* *Rudder* 17 S. 84/6.

SMITH, the dynamics of screw propellers. *J. Nav. Eng.* 18 S. 622/36.

STEVENS, some problems in ferryboat propulsion.* *Mar. Engng.* 11 S. 64/5.

TRUSS' patent propeller.* *Mar. E.* 29 S. 40.

The WALTER propeller.* *Mar. E.* 28 S. 165/7.

Feathering propeller of the „R. C. Rickmers", with the blades thrown parallel with the keel for sailing.* *Sc. Am.* 95 S. 250.

The moulding of propellers.* *Mar. Engng.* 11 S. 184/8; *Mech. World* 40 S. 27/8 F.

EDGECOMBE, rudder for steamships. (Suitable for turbine-propelled vessels where the area of the propellers is small.)* *Pract. Eng.* 33 S. 133/4.

ROBERT's turbine-driven steering gear and rudder brake.* *Mar. E.* 28 S. 454.

SKEENE, on steering and manoeuvering of power boats.* *Rudder* 17 S. 335/8.

Combined double rudder and steering gear.* *Eng.* 102 S. 428.

5. Stapellauf. Launch. Lancement.

The launch of the „Lusitania". *Engng.* 81 S. 753/4.

The launch of the „Mauretania".* *Page's Weekly* 9 S. 636/7.

M'PHERSON, launch of turbine steamer „Viper".* *Mar. Engng.* 11 S. 321/3.

The launch of the „Empress of Britain".* *Mar. Engng.* 11 S. 16/8.

Launch of the White Star liner „Adriatic".* *Mar. E.* 29 S. 86.

La mise à l'eau des navires géants.* *Nat.* 35, 1 S. 72/4.

Probefahrtsergebnisse des deutschen Turbinenkreuzers „Lübeck".* *Z. Turbinenw.* 3 S. 511/14.

Trials of the new armoured cruiser „Natal".* *Pract. Eng.* 34 S. 208/9.

Trials of H. M. S. „Dreadnought". *Eng.* 102 S. 367/8.

6. Schiffe. Ships. Bateaux. Vgl. Bagger, Dampfmaschinen.

a) Handelsschiffe. Merchant ships. Bateaux de commerce.

α) Dampfschiffe. Steamers. Bateaux à vapeur.

BARNETT, steam - yachts: some comparisons.▣ *Engng.* 81 S. 583/4.

BLAISDELL, the Western River steamboat. (Feed pump; engines of the U. S. snag-boat „H. G. Wright". Barges of the Mississippi Valley Transportation Co.; steamer „Mississippi" lines; equivalent girder; tests of „Mississippi"; snag-boat „C. R. Suter".) (V)* *J. Ass. Eng. Soc.* 37 S. 117/36.

GATEWOOD, construction of a fireproof excursion steamer „Jamestown". (Newport News Shipbuilding & Dry Dock Co.)* *Eng. News* 56 S. 678/9.

WILLS, the fire-proof excursion steamer „Jamestown". *Mar. Engng.* 11 S. 419/26.

GOURLAY BROS. and CO., L. & S. W. channel steamer „Princess Ena".* *Eng.* 102 S. 568.

GRAEMER, Salon - Schraubendampfer „Berlin" erbaut von NÜSCKE & CO., ACT. GES.* *Schiffbau* 8 S. 9/12 F, 50/1.

BUCHHOLZ, Truppentransportdampfer „Borussia". (Gebaut von Friedr. KRUPP GERMANIAWERFT KIEL, zum Befördern von 1500 Mann.)* *Z. V. dt. Ing.* 50 S. 969/76.

HILDEBRANDT, der Truppentransportdampfer „Borussia".* *Schiffbau* 7 S. 457/63, 503/9.

HOGG, London County Council passenger steamers.* *Pract. Eng.* 33 S. 398/9; *Mor. E.* 28 S. 201/2.

KAEMMERER, flachgehender Personen- und Frachtdampfer für Trinidad. (Gebaut von J. J. THORNYCROFT & CO. in Chiswick.)* *Z. V. dt. Ing.* 50 S. 252/3.

KIRBY and MILLARD, the „Hendrick Hudson". (Is 400' long, 82' broad and draws 7' 6"; capacity for 5,000 passengers.)* *Railr. G.* 1906, 2 S. 197.

THOMAS S. MARVEL SHIPBUILDING CO., Flußdampfer „Hendrick Hudson". (Durch sieben wasserdichte Querschotte in 9 Abteilungen zerlegt, mit 6 Verdecken.)* *Z. V. dt. Ing.* 50 S. 1043.

MC PHERSON, new Atlantic liner „Empress of Ireland".* *Mar. Engng.* 11 S. 335/8.

WORKMAN, CLARK & CO., Royal Mail steamer „Araguaya".* *Pract. Eng.* 33 S. 784; *Eng.* 102 S. 623/4; *Mar. E.* 29 S. 116.

Die neuen Dampfer der Navigazione Generale Italiana für die La Plata-Linie.* *Schiffbau* 7 S. 607/9.

New Southern Pacific steamer „Creole". (Tonnage about 7,000 t, displacement, 10,600 t.) * *Railr. G.* 1906, 2 S. 396; *Turb.* 3 S. 51/2 F.; *Mar. Engng.* 11 S. 379/90.

The Holland-America liner „Nieuw-Amsterdam".* *Mar. Engng.* 11 S. 207/14.

Le paquebot „La Provence" de la Compagnie Générale Transatlantique.* *Gén. civ.* 48 S. 369/72 F.; *Mar. Engng.* 11 S. 221/3, 342/6.

Southern Pacific steamship „Momus".* *Railr. G.* 1906, 2 S. 564.

The China Navigation Co.'s steamer „Huichow". *Engng.* 81 S. 241.

Le steam-yacht de 432 t „Primavera" (ex-Andria) à Empain.* *Yacht, Le* 29 S. 9.

Le steam-yacht de 178 t „Caroline". *Yacht, Le* 29 S. 639.

KAEMMERER, der Doppelschraubendampfer „Kaiserin Auguste Victoria". (Erbaut von der Stettiner Maschinenbau-A.-G. Vulcan.) (a) ▣ *Z. V. dt. Ing.* 50 S. 1049/57.

Der Doppelschrauben-Passagier- und Frachtdampfer „Kaiserin Auguste Victoria" der Hamburg-Amerika-Linie, erbaut von der STETTINER MASCHINENBAU-AKT.-GES. „VULCAN". *Schiffbau* 7 S. 743/5 F.; *Elt. u. polyt. R.* 23 S. 243/4 F.; *Uhlands T. R.* 1906 Suppl. S. 118/21 F.

The P. and O. twin-screw steamer „Mooltan" built by CAIRD & CO. ▣ *Engng.* 81 S. 304/6 F.

SCOTT SHIPBUILDING AND ENGINEERING CO., twin screw steamer „Cassandra".* *Eng.* 102 S. 249.

The Canadian Pacific Railway Co.'s twin-screw steamer „Empress of Britain".* *Engng.* 82 S. 95; *Mar. Engng.* 11 S. 16/8.

Twin-screw mail steamer „Amazon".* *Mar. E.* 28 S. 516/7.

Twin-screw ferry steamers for India.* *Eng.* 102 S. 636.

Triple-screw steamer „Londres". *Mar. E.* 29 S. 142/4.

HERNER, Erztransportdampfer nach dem Turretsystem. *Schiffbau* 7 S. 287/90.

HERNER, der Erzdampfer „Narvik". (Erbaut von KRUPP-GERMANIAWERFT, Kiel; Anordnung von Ballasttanks.) * *Z. V. dt. Ing.* 50 S. 695/9.

KAEMMERER, die Turmdeckdampfer „Queda" und „Wellington", gebaut von William DOXFORD & SONS in Sunderland. (Zum Befördern von Massengütern.) * *Z. V. d. Ing.* 50 S. 483/7.

OSTERTAG, Lastdampfer „Venoge" auf dem Genfersee. (Länge 35 m, Breite 6 m, Tiefgang bei voller Ladung 1,9 m; Tragkraft 125 t. Zwillings-DIESEL-Motor, Bauart SULZER, gekuppelt mit einer Gleichstrom-Dynamo. Der erzeugte Strom wird an den Elektromotor, der auf der Schraubenwelle sitzt, abgegeben.) *Schw. Baus.* 48 S. 153/6.

WILLIAMS RALPH D., ship building on the great lakes. (10,000 t ore freighters „Henry B. Smith"; „William P. Snyder"; 11,000 t freighter „Harry Coulby"; 12,000 t freighters „Edward Y. Townsend; „Henry H. Rogers.") * *Railr. G.* 1906, 2 S. 365/8.

View of the new cargo steamship „Teucer" built by HAWTHORN, LESLIE & CO.* *Iron & Coal* 72 S. 1958; *Sc. Am. Suppl.* 62 S. 25805.

The new cargo carrier „Bellerophon".* *Mar. Engng.* 11 S. 235.

Dampfturbinenschiffe im überseeischen Verkehr. (Abfälliges Urteil des Norddeutschen Lloyds im Geschäftsbericht 1905; gegenteilige Ansicht der englischen Cunard-Linie; Anordnung bei der „Carmania", „Lusitania" und „Mauretania"; Hochdruck- und Niederdruckturbine.) *Z. Bayr. Rev.* 10 S. 132.

Neue englische Turbinenschiffe.* *Z. Turbinenw.* 3 S. 282.

BROWN & CO., Irish channel turbine steamer „St. David".* *Mar. E.* 28 S. 36/7.

Die irischen Turbinendampfer „St. David" und „St. Patrick".* *Z. Turbinenw.* 3 S 362/3.

CORTHELL, increase in size of ocean steamships. (Vessels of the Cunard fleet from 1840 to 1905.) ▣ *Railr. G.* 1906, 1 S. 458/9.

BROWN & CO., the new turbine liner „Carmania".* *Mar. Engng.* 11 S. 1/6.

HURD, the largest steamship in the world. (The „Carmania" of the Cunard line.) * *Cassier's Mag.* 29 S. 179/91.

KAMMERER, transatlantischer Turbinendampfer „Carmania". (Gebaut von BROWN & CO.) * *Z. V. dt. Ing.* 50 S. 15/20.

PIAUD, le paquebot à turbines „Carmania" de la Compagnie Cunard. ▣ *Gén. civ.* 48 S. 153/8; *Nat.* 34, 1 S. 163/4.

BROWN & CO., Turbinen-Schnelldampfer „Lusitania". *Z. Turbinenw.* 3 S. 290/2; *Pract. Eng.* 33 S. 784; *Mar. Engng.* 11 S. 291/4; *Mar. E.* 28 S. 502/5; *Pract. Eng.* 33 S. 748/9; *Eng.* 101 S. 584/5; *Engng.* 81 S. 729/31, 753/4; *Sc. Am. Suppl.* 61 S. 25486; *Eng. Rev.* 15 S. 8/8 B; *Uhlands T. R.* 1906 Suppl. S. 105/6.

Les paquebots géants de la Compagnie Cunard „Lusitania" et „Mauretania". ▣ *Gén. civ.* 49 S. 137/40; *Mém. S. ing. civ.* 1906, 1 S. 995/1001.

TAYLOR, the new Cunarder „Mauretania".* *Mar. Engng.* 11 S. 437/41; *Engng.* 82 S. 345; *Mar. E.* 29 S. 79/81; *Z. Turbinenw.* 3 S. 401/2; *Eng.* 102 S. 288/91; *Sc. Am.* 95 S. 320 F.; *Z. Bayr. Rev.* 10 S. 205/7; *Pract. Engng.* 34 S. 464; *Eng. News* 56 S. 340/1.

GRADENWITZ, the turbine-propelled steamer „Kaiser".* *Mar. Engng.* 11 S. 473/5.

Der Turbinenschnelldampfer „Kaiser" der Hamburg-Amerika-Linie.* *Turb.* 2 S. 227/30; *Z. Turbinenw.* 3 S. 162/4; *Z. Dampfk.* 29 S. 121/2.

The Irish mail turbine steamer „Viper".* *Mar. E.* 28 S. 180/1; *Eng.* 101 S. 268/9; *Mar. Engng.* 11 S. 321/3.

Khedive's turbine yacht „Mahroussa". ▣ *Eng.* 102 S. 497/8; *Yacht, Le* 29 S. 622.

Two new turbine steamers. („Kingfisher", „Duchess of Argyll".) *Eng.* 101 S. 533.

Ocean steamers with steam turbines. („Virginia" of the Allan Line [Montreal and Liverpool], „Carmania", „Caronia".) * *Eng. News* 56 S. 189/91.

Der belgische Turbinen-Postdampfer „Princesse Elisabeth", erbaut von der SOCIÉTÉ ANONYME JOHN COCKERILL in Seraing-Hoboken. ▣ *Z. V. dt. Ing.* 50 S. 1441/50 F.

The turbine steamers for the Fishguard and Rosslare service.* *Engng.* 82 S. 106/7.

Der neue Bayerische Bodenseedampfer „Lindau" und die Entwicklung der Bodenseedampfschifffahrt.* *Uhlands T. R.* 1906 Suppl. S. 25/6; *Dekor. Kunst* 9 S. 221/4.

Neue Schnellfahrten nach Aegypten und die Dampfschiffahrt auf dem Nil.* *Uhlands T. R.* 1906 Suppl. S. 161/2.

HRESCH, Radschleppdampfer „Kaiser Wilhelm II." der Vereinigten Elbeschiffahrts-Gesellschaften Akt.-Ges., Dresden-A.* *Schiffbau* 7 S. 667/70.

Passenger paddle steamer „Viena".* *Eng.* 102 S. 556/7.

OSTERTAG, die Salonboote „Montreux" und

„Général Dufour" auf dem Genfersee. (Raddampfer; GEBR. SULZERs Verbund-Schiffsmaschine, schräg gestellte Dampfzylinder, auf der Hochdruckseite Ventilsteuerung Bauart SULZER.) ⊞ *Schw. Baus.* 48 S. 65/70.

BOHNSTEDT, die Dampfer der Kieler Hafenrundfahrt-A.-G. ⊞ *Schiffbau* 8 S. 79/84.

β) **Segelschiffe. Sailing vessels. Bateaux à voiles.** Vgl. 6 c.

LAAS, Entwickelung und Zukunft der großen Segelschiffe. *Hansa* 43 S. 585/9.

Les plus grands navires à voiles du monde. („R. C. Rickmers" longueur 134,50 m, largeur 16,15 m et tirant d'eau maximum 8,15 m; le tonnage brut est de 5548 t, le port en lourd est de 8000 t et le déplacement au tirant d'eau maximum de 11360 t.) *Mém S. ing. civ.* 1906, 2 S. 746/7.

La goélette américaine „Helen J. Feitz". * *Yacht, Le* 29 S. 42/4.

h) Kriegsschiffe. Battle ships. Vaisseaux de guerre.

a) Allgemeines. Generalities. Généralités.

HILBRAND, die Aufstellung der schweren Artillerie auf den neuen Linienschiffen. *Schiffbau* 8 S. 20/4.

SCHMIDT, M., Bau und Bewaffnung der heutigen Schlachtschiffe unter besonderer Berücksichtigung des Torpedowesens. (V) (A) *Z. V. dt. Ing.* 50 S. 917/8; *Bayr. Gew. Bl.* 1906 S. 397/401.

Beitrag zur Bestückungsfrage von Schlachtschiffen und Panzerkreuzern. * *Mitt. Seew.* 34 S. 344/64.

Uniform armament of battleships. (Unification of calibre; 12" gun; 6" quick firers.) *Pract. Eng.* 33 S. 514.

Der Rohrverschluß vom Standpunkte der Armierung neuer Schlachtschiffe. *Mitt. Seew.* 34 S. 669/85.

The development of battleship protection. * *Page's Weekly* 9 S. 1203/5.

Armour protection for ships and guns. * *Page's Weekly* 9 S. 1085/90.

Der taktische Wert der Linienschiffsgeschwindigkeit. * *Mar. Rundsch.* 17 S. 1337/46.

The composition and arrangement of ships' batteries. * *Page's Weekly* 9 S. 1029/31.

Le cuirassé de l'avenir; déplacement et dimensions. *Yacht, Le* 29 S. 535/6.

PHILIPPOW, Verwendbarkeit von Verbrennungsmotoren zur Fortbewegung moderner Kriegsschiffe. *Gasmot.* 6 S. 12/5 F.

β) **Panzerschiffe. Iron clads. Cuirassés.**

Les cuirassés allemands de la classe „Deutschland". * *Yacht, Le* 29 S. 797/8.

Die Probefahrten S. M. Schiffe „Erzherzog Karl" und „Sankt Georg". ⊞ *Mitt. Seew.* 34 S. 1 8.

Les nouveaux cuirassés de la marine française. ⊞ *Gén. civ.* 49 S. 65/8.

The French battleship „République". * *Eng.* 102 S. 316/7, 532.

BORN, das englische Linienschiff „Dreadnought". * *Prom.* 17 S. 820/2.

Linienschiff „Dreadnought". *Z. V. dt. Ing.* 50 S. 304; *Yacht, Le* 29 S. 654; *Mar. Engng.* 11 S. 461/3; *Prom.* 17 S. 401/4; *Cassier's Mag.* 30 S. 134/42; *Eng.* 102 S. 118, 342, 367/8; *Nat.* 35, 1 S. 56/8; *Sc. Am.* 95 S. 138; *Engng.* 81 S. 187 9, 462 3; *J. Nav. Eng.* 18 S. 1206 13; *Z. Turbinenw.* 3 S. 100; *Eng. Rev.* 15 S. 384/7; *Pract. Eng.* 34 S. 133/4.

The battleships „Dreadnought" and „South Carolina". * *Sc. Am.* 95 S. 303/4.

Battleship „Agamemnon", constructed by BEARDMORE & CO. * *Engng.* 81 S. 831/2, 862; *Eng.* 101 S. 648.

The launch of H. M. battleship „Lord Nelson", constructed by PALMER'S SHIPBUILDING AND IRON CO. * *Engng.* 82 S. 326; *Mar. E.* 29 S. 84; *Eng.* 102 S. 242; *Pract. Eng.* 34 S. 464/5.

Steam trials of H. M. battleship „Africa". * *Engng.* 81 S. 753.

BOWEN and GREGORY, trial performance of United States battleship „Virginia". * *Mar. Engng.* 11 S. 83/9.

Contract trials of U. S. battleship „Virginia". *J. Nav. Eng.* 18 S. 163/7; *Yacht, Le* 29 S. 604/5.

U. S. battleship „New Jersey". (Descriptions; official trial.) *J. Nav. Eng.* 18 S. 845/65; *Mar. Engng.* 11 S. 247/8.

ALEXANDER, U. S. s. „St. Louis", description and official trial. *J. Nav. Eng.* 18 S. 669/740.

BOWEN and GREGORY, contract trial performance of the United States battleship „Louisiana". * *Mar. Engng.* 11 S. 165/74.

The U. S. battleship „Louisiana". (Description and trials.) ⊞ *J. Nav. Eng.* 18 S. 171/226.

CRENSHAW, U. S. battleship „Nebraska". (Description and trials.) ⊞ *J. Nav. Eng.* 18 S. 999/1018.

GREGORY, dock trial of the United States battleship „Minnesota". * *Mar. Engng.* 11 S. 468/9.

HALL, U. S. s. „Minnesota". (Description and official trial.) * *J. Nav. Eng.* 18 S. 1143/81.

JESSOP, U. S. s. „Milwaukee". (Description and official trial.) ⊞ *J. Nav. Eng.* 18 S. 1063/77.

LEAVITT, description and official trials of the U. S. s. „Washington". (a) ⊞ *J. Nav. Eng.* 18 S. 761/801.

SMITH, performance of the assistant cylinders of the „Washington". * *J. Nav. Eng.* 18 S. 907/47.

LEE, U. S. battleship „Georgia". (Description and trials.) (a) ⊞ *J. Nav. Eng.* 18 S. 802/29.

LOVELL, U. S. battleship „Rhode-Island". (Description, official trial). ⊞ *J. Nav. Eng.* 18 S. 1/21.

The Japanese battleship „Kashima". * *Engng.* 81 S. 491/2; *Eng.* 101 S. 369.

The Japanese battleship „Katori". (a) ⊡ *Engng.* 81 S. 614/7; *Yacht, Le* 29 S. 521/2; *Eng.* 101 S. 464/5; *Mar. E.* 28 S. 389/90.

γ) **Kreuzer. Cruisers. Croiseurs.**

HELDT, Betrachtungen zur Kreuzerfrage. * *Yacht, Die* 2 S. 316/9.

Die Ergebnisse der Probefahrten des kleinen Kreuzers „Lübeck". * *Z. V. dt. Ing.* 50 S. 2080/4; *Mar. Rundsch.* 17 S. 1353/67; *Z. Turbinenw.* 3 S. 364.

English armoured cruiser „Black Prince". * *Mar. Engng.* 11 S. 363.

FAIRFIELD SHIPBUILDING AND ENGINEERING CO., H. M. scouts „Forward" and „Foresight". * *Engng.* 81 S. 448.

FITZ GERALD, the new scouts „Forward" and „Foresight". * *Pract. Eng.* 33 S. 490/1.

FITZ-GERALD, the new scouts. („Adventure", „Forward", „Patrol", „Sentinel".) * *Mar. E.* 28 S. 249/52.

L'éclaireur d'escadre anglais „Forward". * *Yacht, Le* 29 S. 289.

H. M. s. third-class cruiser „Amethyst" fitted with turbine machinery, including cruising turbines. * *Mar. E.* 28 S. 93.

The English scout cruiser „Attentive". * *Mar. Engng.* 11 S. 341; *Eng. Rev.* 14 S. 110/2.

Steam trials of H. M. armoured cruiser „Cochrane". *Engng.* 82 S. 43.

Armoured cruiser „Duke of Edinburgh" fitted with standardised machinery. * *Engng.* 81 S. 571/4 F.

H. M. S. armoured cruiser „Natal". * *Eng.* 102 S. 201/2.

French „Dreadnoughts". (Proposed French battle-ship-cruisers.)* *Eng.* 101 S. 549/50.
PELTIER, French armoured cruisers.* *Mar. Engng.* 11 S. 125/8.
The armoured cruiser „Jules Ferry".* *Mar. Engng.* 11 S. 367.
French armoured cruiser „Ernest Renan".* *Eng.* 101 S. 403/4.
The Russian armoured cruiser „Rurik". * *Engng.* 82 S. 656/8; *Mar. E.* 29 S. 152/3.
BALDT, trial performance of United States cruiser „St. Louis".* *Mar. Engng.* 11 S. 294/302.
KENNEY, U. S. armoured cruiser „Tennessee". ⊠ *J. Nav. Eng.* 18 S. 385/464.
Trial trip of armoured cruiser „Washington".* *Mar. Engng.* 11 S. 258/9.
The Peruvian cruiser „Almirante Grau", constructed by VICKERS SONS & MAXIM.* *Engng.* 82 S. 434; *Mar. E.* 28 S. 232.

d) Kanonenboote. Gunboats. Canonnières.
Le monitor des États-Unis „Florida".* *Yacht, Le* 29 S. 39/40.

e) Torpedoboote und Torpedobootjäger. Torpedo-boats and torpedo-boat destroyers. Torpilleurs et contre-torpilleurs. Vgl. Waffen und Geschosse 4.
Some accidents, repairs, etc., to the vessels of the torpedo-boat flotilla (november, 1901 to january, 1903) and of the first torpedo flotilla (january, 1903 to april, 1904). *J. Nav. Eng.* 18 S. 741/60.
HURD, the future of torpedo craft.* *Cassier's Mag.* 29 S. 300/15.
Types of French torpedo boats. ⊠ *Eng.* 102 S. 250.
A 300 H.P. motor torpedo boat. * *Autocar* 16 S. 104/5.
Die Erfahrungen mit dem ersten für die deutsche Marine gebauten Turbinen-Torpedoboot. *Z. V. dt. Ing.* 50 S. 839/40.
VEITH, Erfahrungen mit dem ersten für die deutsche Marine gebauten Turbinen-Torpedoboot „S. 125". (A) *Turb.* 2 S. 258/9.
Bericht über die Betriebsergebnisse des Turbinen-Torpedobootes „S. 125". (Abnahmefahrten; allgemeine Beurteilung der Turbinenanlage.) *Z. Turbinenw.* 3 S. 292/4; *Mitt. Seew.* 34 S. 688/91.
EDGE, a motor torpedo boat. (This speedy boat is engined with five 60 H.P. YARROW-NAPIER petrol motors.)* *Autocar* 17 S. 229.
THORNYCROFT CO, Torpedoboot mit Gasolin-Motoren. (Schiffshaut aus Stahlblech; der Vorderteil mit den maschinellen Einrichtungen ist durch ein gewölbtes Dach geschützt; vierzylindriger Gasolinmotor.)* *Z. Dampfsch.* 29 S. 103.
HARDING, the development of the torpedo-boat destroyer. ⊠ *Sc. Am. Suppl.* 61 S. 25262/3 F.; *Mar. Engng.* 11 S. 96/103.
PAULUS, Einfluß der Wassertiefe auf die Geschwindigkeit von Torpedobootzerstörern. (Aus Vorträgen von YARROW und MARRINER.) (V) (A)* *Z. V. dt. Ing.* 50 S. 332/7.
Le nouveau destroyer anglais „Gadfly", à turbines PARSONS, construit par THORNYCROFT & CIE.* *Yacht, Le* 29 S. 718; *Eng. News* 56 S. 497.
The French torpedo-boat destroyer „Claymore" constructed by NORMAND & CO. * *Engng.* 82 S. 469.
FRANK, das Unterseeboot. (Geschichtlicher Rückblick.) ⊠ *Prom.* 17 S. 241/6 F.
GARNETT, the stability of submarines.* *Cassier's Mag.* 31 S. 235/41.
LAKE, submarine versus submersible boats. *J. Nav. Eng.* 18 S. 533/45; *Eng.* 101 S. 645/8.
NOVOTNY, über Unterseeboote.* *Mitt. Seew.* 34 S. 46/66.

POULEUR, torpilleurs et sous-marins. (Différents problèmes que soulèvent la construction et l'utilisation des torpilles.) (V) (A) *Rev. belge* 30 Nr. 5 S. 55/74.
WHITE, the stability of submarines. *Proc. Roy. Soc.* 77 S. 528/37; *Mar. E* 28 S. 526/30; *Mitt. Seew.* 34 S. 853/68; *Page's Weekly* 9 S. 25/8; *Sc. Am. Suppl.* 62 S. 25616/7.
Die neue Entwickelung des Unterseebootes und das Unterseeboot für die deutsche Marine. * *Prom.* 18 S. 25/9.
Englische Unterseeboote. (A- und B-Klasse. Wasserverdrängung von 300 t; Untertauchen mittels eines Horizontalruders.) *Uhlands T. R.* 1906 *Suppl.* S. 12/3.
Submarine boats. (Sinking of the „Lutin"; necessity of dry-docking all submarines which happen to run aground.) *Mech. World* 40 S. 193.
Apparatus for supplying air to submarine torpedo boats.* *Compr. air* 10 S. 3906/8.
DEVAUX, submarine torpedo boat controlled by HERTZ waves. *Electr.* 57 S. 661.
Unterseeboot ohne Bemannung durch elektrische Wellen vom Lande aus angetrieben.* *Prom.* 17 S. 719.
Depth indicator for torpedo boats.* *Sc. Am. Suppl.* 62 S. 25703.
SIMPSON, high-speed vedette pinnaces. * *J. Nav. Eng.* 18 S. 106/11.

c) Yachten. Yachts.
Kreuzeryacht mit Hilfsmotor von ARENHOLD.* *Wassersp.* 24 S. 706.
BARNEY, sixty-two-foot auxiliary schooner.* *Rudder* 17 S. 413/4.
LANDSBERG, stählerne Segelyacht mit Hilfsmotor.* *Yacht, Die* 2 S. 288/9.
Motor-Kreuzeryacht für Binnengewässer, entworfen und gebaut von OERTZ.* *Yacht, Die* 2 S. 249.
VERTENS, Dampf- oder Motoryacht mit Takelage, oder Segelyacht mit Hilfsmaschine?* *Motorboot* 3 Nr. 5 S. 10/3.
WYCKOFF, 64' water line auxiliary yawl.* *Rudder* 17 S. 73.
Entwürfe der Auxiliaryachten „Clara" und „Veritas".* *Motorboot* 3 Nr. 18 S. 18.
Kleine Segelyacht mit Hilfsmotor. (Von der „Neptuns Werft" in Rummelsburg-Berlin auf der internationalen Automobilausstellung zu Berlin, Herbst 1906, ausgestellt.)* *Yacht, Die* 2 S. 318.
Le yacht à moteur auxiliaire „Red Riding Hood". *Yacht, Le* 29 S. 523.
Le bateau norvégien „Gjoa" à moteur auxiliaire à pétrole.* *Yacht, Le* 29 S. 524/5.
Le yacht anglais de 110 tx, à moteur auxiliaire „Ketch".* *Yacht, Le* 29 S. 587; *Motorboot* 3 Nr. 11 S. 34/6.
„Feinsliebchen III" und „Teltow".* *Yacht, Die* 2 S. 339/42.
Rennyacht „Hai" von 7,15 S. l. von Köchert, Wien.* *Yacht, Die* 2 S. 52.
Le yacht de course de un-tonneau „Clairette".* *Yacht, Le* 29 S. 779.
CROWNINSHIELD, twenty-two-foot knock about.* *Rudder* 17 S. 449/50.
MOWER, construction plan of racing catboat.* *Rudder* 17 S. 138.
Die Linien der „Vim" und der deutschen Sonderklassenboote. *Yacht, Die* 2 S. 237/8.
GARDNER, „Vim", amerikanische Sonderklassenyacht. * *Wassersp.* 24 S. 718.
Neue amerikanische Sonderklassenyacht von CROWNINSHIRLD.* *Wassersp.* 24 S. 303/4.
CROWNINSHIELD, „Sumatra", amerikanisches Sonderklassenboot.* *Wassersp.* 24 S. 585.

„Alecto", amerikanisches Sonderklassenboot von HOGDSON.* *Wassersp.* 24 S. 668.

Die amerikanischen Sonderklassenyachten „Auk" und „Caramba". ▣ *Yacht, Die* 2 S. 312/3.

„Windrin Kid", amerikanisches Sonderklassenboot von BROTHERS. *Wassersp.* 24 S. 670/1.

SMALL BROTHERS, „New Orleans", amerikanisches Sonderklassenboot.* *Wassersp.* 24 S. 584; *Yacht, Le* 29 S. 555.

OERTZ, „Wannsee" (ex „Peter Hans"), deutsche Sonderklassenyacht.* *Wassersp.* 24 S. 719; *Yacht, Le* 29 S. 697.

Segelyacht Tilly VI.* *Yacht, Die* 2 S. 284/5.

Die Rennkreuzeryachten „K", „Y" und „C" des Kaiserlichen Yacht-Clubs. *Yacht, Die* 2 S. 558/60.

Entwürfe von Acht-Meter-Yachten nach dem neuen Meßverfahren.* *Wassersp.* 24 S. 694.

Projet de deux yachts de 8 mètres pour la nouvelle jauge internationale.* *Yacht, Le* 29 S. 666.

Entwurf einer 7 Meter-Yacht nach dem Internationalen Meßverfahren. *Wassersp.* 24 S. 238.

Kleine Kreuzeryacht „Ingrid". * *Wassersp.* 24 S. 98/9.

Die Kreuzeryacht „Problem".* *Yacht, Die* 2 S. 444.

Yacht „Sally", Besitzer Augsburg. *Yacht, Die* 2 S. 369/72.

Kreuzeryacht von 6 Segellängen, entworfen und gebaut auf der Yachtwerft von HEIDTMANN-Hamburg-Uhlenhorst.* *Yacht, Die* 2 S. 372/3.

CORDES, yawlgetakelter Kreuzer von 7.5 S.L. * *Yacht, Die* 2 S. 291/6.

KLUGE, Schwertkreuzer von 8 Segellängen. * *Wassersp.* 24 S. 128/30.

„Rhe", Clubyacht des S.-C. „Rhe" Königsberg. (10 S.-L. Kreuzer.) *Yacht, Die* 2 S. 417.

63 t-Kreuzeryacht „Banba III". ▣ *Yacht, Die* 2 S. 394.

BETCKE, S. M. Rennyacht „Meteor". ▣ *Techn. Z.* 23 S. 149/53.

Le yacht anglais de la classe de 24 rating „Syringa", à Greenhill.* *Yacht, Le* 29 S 528.

Le cotre de course de 2 tx ½. „Yvonne, construit à Nantes sur les plans de BERTRAND.* *Yacht, Le* 29 S. 763.

Le 10 tx. „Rose France".* *Yacht, Le* 29 S. 732.

Preisgekrönter französischer Entwurf einer Yacht für den Kampf um den Pokal von Frankreich.* *Wassersp.* 24 S. 739.

Le cotre de 35 t „Thaïs, (ex-„Banba II".)* *Yacht, Le* 29 S. 623.

Die holländische Kreuzeryacht „Albatross".* *Yacht, Die* 2 S. 400/2.

FLINK, twenty-foot water line yawl.* *Rudder* 17 S. 74.

HADDOCK, twenty-four-foot water line yawl.* *Rudder* 17 S. 75/6.

SCHOCK, twenty-five-foot yawl.* *Rudder* 17 S. 27.

Twenty-five-foot water line cruising sloop.* *Rudder* 17 S. 28;

HAND, twenty-eight-foot water line cruising yawl. *Rudder* 17 S. 25.

Thirty-six-foot sloop.* *Rudder* 17 S. 546/9.

SMALL BROS, sail plan of forty foot yawl „Lila".* *Rudder* 17 S. 124; *Wassersp.* 24 S. 726.

SMITH CARY & FERRIS, sixty-seven-foot trunk cabin cruiser.* *Rudder* 17 S. 757/8.

HUNTINGTON MFG. CO., plans of yawl „Tamerlane", winner of Brooklyn Yacht Club ocean race 1905.* *Rudder* 17 S. 129.

Le sloop américain „Mary" de la baie Gravesend.* *Yacht, Le* 29 S. 538/9.

Le sloop américain „More - Trouble".* *Yacht, Le* 29 S. 36/7.

La goëlette américaine „Amorita".* *Yacht, Le* 29 S. 527/8.

Kleines amerikanisches Schwertboot. ▣ *Wassersp.* 24 S. 820/1.

Gedeckte Segel - Jolle, entworfen und gebaut von v. HACHT. *Yacht, Die* 2 S. 315.

JAEKEL, „Glückauf IV". *Yacht, Die* 2 S. 353/4 F.

Die Rennsharpie „Glückauf IV". * *Yacht, Die* 2 S. 326.

Segelriß der Kreuzeryacht „Argo" des C. Volckmann.* *Yacht, Die* 2 S. 366/7.

Moderne Bootsbesegelungen, ihre Einzelheiten und Eigenschaften.* *Yacht, Die* 2 S. 373/8 F.

d) Boote. Boats. Bateaux. Vgl. c.

Fourth international motor exhibition at Olympia. (Motor boats.)* *Mar. E.* 27 S. 379/82.

Die Motorboot-Ausstellung im Pariser Salon 1906.* *Motorboot* 3 Nr. 20 S. 8/16.

Eine Meßformel für Motorboote. * *Yacht, Die* 2 S. 324/5.

Geschwindigkeit von Motorbooten und ihre Vermessung für Rennen. *Schiffbau* 7 S. 801/4.

Monaco motor boat meeting. * *Aut. Journ.* 11 S. 480/3.

British international cup race. * *Aut. Journ.* 11 S. 1046/7.

HAENTJENS, der Wert der Modellschleppversuche für schnelle Motorboote.* *Yacht, Die* 2 S. 322/3.

Motor Yacht Club's reliability trials.* *Aut. Journ.* 11 S. 1010/21.

Der Rückwärtsgang der Motorboote. ▣ *Yacht, Die* 2 S. 342/7.

Kreuzer für die amerikanischen Seen.* *Motorboot* 3 Nr. 6 S. 27/8.

Motor boating. (Motor yacht club fixtures, British motor boats for India and Russia.)* *Aut. Journ.* 11 S. 543/4.

Moderne Motoryachten. (Zweischrauben - Motoryacht, Länge über alles 25 m. Ausgerüstet mit zwei DAIMLER - Motoren zu je 90 P.S.; erbaut von der Werft PITRE & CO.)* *Motorboot* 3 Nr. 1 S. 15/9.

The SIMPSON and STRICKLAND steam launches and motor boats.* *Aut. Journ.* 11 S. 316/7.

SMITH, A., high - speed motor boats.* *Sc. Am. Suppl.* 62 S. 25552/5; *Engng.* 81 S. 516/20.

SMITH, JAMES A., the design and construction of high speed motor boats.* *Aut. Journ.* 11 S. 461/2; *Page's Weekly* 8 S. 981/3.

CRANE, problems in connection with high speed launches.* *Mar. Engng.* 11 S. 89/93.

HOPE, the speed of motor boats and their rating for racing purposes.* *Aut. Journ.* 11 S. 463/4 F.

BAUER, das Motorboot und die Tetraederschiffsform.* *Motorboot* 3 Nr. 1 S. 12/4.

FALK, Hydromobil.* *Motorboot* 3 Nr. 6 S. 32.

HUNTINGTON MFG. CO., ninety-seven-foot cruising launch. ▣ *Rudder* 17 S. 132.

LEIN, hydroplane „Antoinette." * * *France aut.* 11 S. 549/50.

LEVASSEUR & LEIN, a new form of motor boat.* *Autocar* 17 S. 331.

PICKFORDS' new motor barge „Wasp". (Driven by a 24 H.P. singlecylinder KROMHOUT motor.)* *Aut. Journ.* 11 S. 633.

ROTHSCHILD's 180 H.P. NAPIER motor boat „Siola".* *Aut. Journ.* 11 S. 633.

SIMPSON, STRICKLAND & CO., the steam launch „Rose en Soleil".* *Eng.* 102 S. 42.

STAEMPFLI, FRÈRES, canot automobile démontable. *France aut.* 11 S. 748.

STAEMPFLI, le Naïdah, canot automobile démontable.* *France aut.* 11 S. 140.

TECHEL, das Motorboot „Undine".* *Motorboot* 3 Nr. 17 S. 17/9.

A THORNYCROFT boat. (The engine is a standard

65*

24 H. P. THORNYCROFT, fitted with a paraffin carburetter.)* *Autocar* 16 S. 328; 17 S. 212.

THORNYCROFT, the „Spider" and the „Sandfly", two shallow draught motor boats. (Fitted with internal combustion engines.)* *Aut. Journ.* 11 S. 283/4.

THORNYCROFT, British built heavy oil boat for Russia.* *Aut. Journ.* 11 S. 996/7.

WELLS, canot à transmission horizontale.* *France aut.* 11 S. 140.

WHITAKER, gasoline motor boats. *J. Nav. Eng.* 18 S. 609/14.

Ein neuer Typ für ein kleines Bereisungs - Motorboot.* *Yacht, Die* 2 S. 192.

Einrichtungspläne und Linienriß der Motor-Kreuzeryacht „Charlotte". (Entworfen und gebaut von Schiffswerft „Anker", Rummelsburg bei Berlin.)* *Yacht, Die* 2 S. 319.

Motor-Kreuzeryacht „Evy".* *Yacht, Die* 2 S. 380/1.

Trainierboot „Gardner".* *Yacht, Die* 2 S. 293/4; *Schiffbau* 8 S. 201.

Die Motor-Kreuzer-Yacht „Hansa".* *Motorboot* 3 Nr. 17 S. 20/4.

Motor-Kreuzeryacht „Marienfelde".* *Yacht, Die* 2 S. 274/5.

Die Probefahrten der „Marienfelde".⊞ *Motorboot* 3 Nr. 20 S. 30/2.

Schnelles Tourenboot „Mark". (Entworfen und gebaut von dem Motorenwerk HOFFMANN & CO, Potsdam.) * *Yacht, Die* 2 S. 320.

„Mercedes W. N." das erste deutsche Rennboot in Monaco.* *Motorboot* 3 Nr. 2 S. 29/30.

Trainingboot „Neptun II" für den Ruderklub „Hansa", Hamburg. Erbaut auf der Schiffswerft Neptun, Länge ü. A. 6,50 m, Breite 1,35 m, Rumpf aus 1 mm Stahl. Motor 4 zyl. 16 P.S., Geschw. 26,5 km.* *Motorboot* 3 Nr. 9 S. 26.

Einrichtungspläne der „Nereid". * *Motorboot* 3 Nr. 19 S. 15.

YARROW-NAPIER, the latest high-speed motor boat.* *Aut. Journ.* 11 S. 319/20.

Englischer Tourenkreuzer „Napier major". *Motorboot* 3 Nr. 5 S. 15/7.

Le bateau glisseur „Forlandini".* *Yacht, Le* 29 S. 634/5.

Vedette à vapeur à grande vitesse.* *Yacht, Le* 29 S. 617/8.

Canot automobile insubmersible. *Nat.* 35, 1 S. 5/6.

Das neue Motor-Beiboot der GESELLSCHAFT FIAT-MUGGIANO in Spezia.* *Schiffbau* 7 S. 869/71.

Das Aufklärungs-Motorboot von FIAT-MUGGIANO.* *Motorboot* 3 Nr. 18 S. 25/6.

Amerikanische Motoryacht „Dreamer III".* *Motorboot* 3 Nr. 5 S. 17/9.

Sixty-two-foot cruising launch.* *Rudder* 17 S. 747.

„Raduga", amerikanischer Tourenkreuzer.* *Yacht, Die* 2 S. 378/9.

The „Motogodille", a motor device for propelling small boats.* *Sc. Am. Suppl.* 61 S. 25140.

Motorkreuzeryacht „Tarasph".* *Yacht, Die* 2 S. 19/20.

Einrichtungspläne der „Frances". * *Motorboot* 3 Nr. 19 S. 16.

Seemotorboot, 20 m lang, mit 160 P.S. CHARRON, GIRARDOT & VOIGT-Motor, einer der schönsten modernen Motorkreuzer. * *Motorboot* 3 Nr. 1 S. 18/9.

e) Schiffe für Sonderzwecke und besonderer Bauart. Ships for especial purposes and of especial construction. Vaisseaux d'un but et d'une construction spéciale. Vgl. Fähren, Eisbrecher.

ARCHDEACON, l'avvenire degli idroplani. (Esperimento dal PICTET sul lago di Ginevra; fenomeno dello slittamento; battello dal DE LAM-

BERT. L'idroplano e un battello alquale sia state aggianta una serie di piani convenientemente inclinati.) * *Riv. art.* 1906, 1 S. 159/61.

ALBRECHT, the German marine research boat „Planet". *Sc. Am.* 95 S. 464.

FALK, Pontonschiffe. (Eine Reihe mit Ketten verbundener Pontons liegt im Wasser, auf oben angebrachten Rädern liegt das Schiff mittels Schienen und schiebt sich durch Eingriff in die Ketten weiter, welche die Pontons verbinden.) * *Bayr. Gew. Bl.* 1906 S. 242.

The harbour service vessel „Wyvern", constructed by FERGUSON BROTHERS.* *Engng.* 82 S. 248.

FIELD, curiosities of naval architecture round ships and globular vessels.* *Sc. Am.* 94 S. 368/9.

GRAY & CO., Board of Trade lightship tender „Carnarvon". (Length 185'; moulded breadth, 29'; and depth to upper deck, 14' 6".) *Pract. Eng.* 34 S. 592; *Engng.* 82 S. 555.

GRÄSSNER, Herrichtung von deutschen Flußschiffen zum Verwundetentransport. (Königsberger Wittinne; offener Pregelkahn; Tilsiter Boydank; WILLHÖFTs System; Rheinschleppkahn als Lazarettschiff nach DÖRR.) * *Z. Krankenpfl.* 1906 S. 361/8.

HERNER, Erztransportdampfer nach dem Turretsystem. *Schiffbau* 7 S. 287/90.

HOLTHUSEN, das Hamburger Staatsschiff „Desinfektor". (Mit einer im Inneren angebrachten Heizvorrichtung, sowie einer Ventilationsvorrichtung mit Zu- und Abluft-Oeffnungen, damit vor Einlassen des strömenden Dampfes die im Apparate befindliche und mit Keimen durchsetzte Luft abgesaugt und dadurch eine Luftverdünnung innerhalb desselben herbeigeführt wird, so daß der Dampf bis in die feinsten Poren der Gegenstände eindringt.) * *Schiffbau* 7 S. 910/13 F.

Desinfektions-, Rattenvertilgungs- und Feuerlöschfahrzeug für Dar-es-Salam.* *Schiffbau* 8 S. 159/61.

Doppelschrauben-Kabeldampfer „Großherzog von Oldenburg, erbaut von SCHICHAU.* *Schiffbau* 7 S. 627/30; *Jacht, Le* 29 S. 835.

Cable gear for a new Japanese cable ship.* *Electr.* 56 S. 916/7.

JOHNSON & PHILLIPS, the equipment of the U. S. cable steamer „Burnside".* *El. Rev.* 58 S. 704/5.

Schiffe mit Rudderrädern von LEONARDO DA VINCI.* *Z. V. d. Ing.* 50 S. 782/4.

DU BOSQUE, a fireproof ferry-boat „Hammonton". (No woodwork used; below the main deck steel plates and angles have taken the place of wooden stanchions, carlins and sheathing; ceiling and side walls covered with a material known as asbestos building lumber, a composition of asbestos and Portland cement.) (V)* *Eng. News* 56 S. 776/7.

Petrol - motor - driven ferry - boat „Swallow", constructed by MC GRUER, Barrow - in - Furness.* *Engng.* 81 S. 182/3.

The proposed channel ferry service.* *Engng.* 82 S. 757/60.

Der Eisenbahnfährdienst zwischen Stralsund und Rügen und das neue Fährschiff „Bergen". *Z. Eisenb. Verw.* 47 S. 1311/13.

American train ferry steamers.* *Eng.* 101 S. 289/90.

Fire-float for the Hamburg fire brigade.* *Engng.* 81 S. 575.

MERRYWEATHER's fire-boat for the Manchester Ship Canal.* *Eng.* 102 S. 277.

MERRYWEATHER's fire-boat for Venice.* *Eng.* 102 S. 275/6.

Twin-screw petrol fire-boat, constructed by MERRY-WEATHER & SONS.* *Engng.* 82 S. 331; *Aut. Journ.* 11 S. 1121/2.

GEBR. SACHSENBERG, die türkischen Zollkreuzer

„Ismir" und „Beyrouth". (2 Masten mit Segeltakelage; Räume für den Kapitän und die Offiziere; Munitionsräume; Dreiflammen-Feuerrohr; Dreifach-Expansionsmaschine.)* *Masch. Konstr.* 39 S. 73.

VICKERS, SON & MAXIM, ice-breaking steamer. (Built for the Canadian Government. Bow formed to mount and break through green ice and for going through pack ice.) *Eng. Rec.* 54 S. 275; *Pract. Eng.* 34 S. 336/7.

Ein neues Bünnsystem. (Ersatz der Bünnlöcher durch zwei Ventile; Herstellung des Wasserumlaufs durch eine Motorpumpe.) *Fisch. Z.* 29 S. 150.

Heringsboot und Quatze vereint. (Boote mit durchlöchertem Boden und abnehmbarem Schornstein zum Fischen auf Schollen. Hieraus wird ein Heringsboot gemacht, indem man den Schornstein abnimmt und Korkpfropfen in die Löcher der Bünn schlägt.) *Fisch. Z.* 29 S. 4.

Ketch de pêche allemand à moteur pour la mer du Nord.* *Yacht, Le* 29 S. 28/9.

Seefischerei-Fahrzeuge und -Boote ohne und mit Hilfsmaschinen.* *Motorboot* 3 Nr. 19 S. 24/6.

Der neue Hochseefischkutter „Präsident Herwig".* *Motorboot* 3 Nr. 12 S. 27/8.

Le vapeur de pêche américain „J. M. Gifford". *Yacht Le* 29 S. 46.

The government's gasoline lifeboats.* *Sc. Am.* 94 S. 233/4.

Kohlenleichter zur Bekohlung von Kriegsschiffen.* *Schiffbau* 7 S. 513/5.

PERKINS, the new floating coal depot in Portsmouth harbor. (Floating coal depot.) * *Mar. Engng.* 11 S. 406/7.

THAMES IRONWORKS SHIPBUILDING CO., Kohlenverladeleichter.* *Z. V. dt. Ing.* 50 S. 792/3.

The „Express" coal bagging depôt is a craft provided with various appliances for the speedy filling of bags with coal without having to resort to shovelling, and for rapidly transporting the bags when filled to vessels alongside.* *Iron & Coal* 72 S. 711.

Coal-bagging lighter.* *Eng.* 101 S. 230.

The 1000 t coal-bagging lighter. *Eng.* 102 S. 402/3; *Mar. E.* 28 S. 406/9.

La drague porteuse à succion „Coronation".* *Gén. civ.* 49 S. 373/5.

ROUSSELET, chaland pour immersion de blocs artificiels de 40 à 50 t. (Exécution d'une jétée pendant les marées hautes; appareil de suspension à déclic.) * *Rev. ind.* 37 S. 14/5.

Prahn zum Verlegen von Steinblöcken.⊞ *Masch. Konstr.* 39 S. 117/8.

Neue elektrisch betriebene Schwimmdocks.* *El. u. polyt. R.* 23 S. 25/6.

New 140 t floating crane for the Tyne.* *Mar. E.* 28 S. 393/4.

The floating club house of the Motor Yacht Club. (A vessel, the „Enchantress", which was being rigged out for the use of their members as a regular floating club-house.)* *Aut. Journ.* 11 S. 598/601; *Motorboot* 3 Nr. 6 S. 17/20.

Italienische Schiffsbaracke.* *Z. Krankenpfl.* 1906 S. 174/6.

Schiffahrt. Navigation. Vgl. Rettungswesen, Schiffbau 1.

Il X° congresso internazionale di navigazione a Milano nel settembre 1905. *Giorn. Gen. civ.* 43 S. 449/75 F., 40 S. 3/10.

BLÜMCKE, historique de la navigation, principalement de la navigation à vapeur, des chalands et des bateaux à vapeur. (V. m. B.) *Ann. ponts et ch.* 1906, 4 S. 260/7.

CLEMENS, Mittagsbestimmung durch korrespondie-

rende Sonnenhöhen mittels des BAMBERGschen Sonnenspiegels.* *Z. Instrum. Kunde* 26 S. 137/9.

REUTER, die Azimutdiagramme und ihre Verwendung zur Lösung nautischer Aufgaben.* *Ann. Hydr.* 34 S. 72/84.

BOYD's automatic tide signals.* *Mar. E.* 28 S. 540.

SHENEHON, submarine sweeps for locating obstructions in navigable waters. (Sweep 130' long, with bars of flat rolled iron suspended by chains from a raft, and raised and lowered by windlasses; HASKELL's steel pontoon speed sweep; three-section pontoon bar sweep.) * *Eng. News* 56 S. 462/4.

Lotapparate für Wassertiefen bei hartem und schlickhaltigem Grunde. (System SCHRÖDER.) * *Hansa* 43 S. 225/6.

Influence de la profondeur de l'eau sur la marche des navires.* *Gén. civ.* 48 S. 288/9.

WAHL, l'utilisation des bateaux sur les voies fluviales, navigables à faible mouillage, et l'application de la traction mécanique à la navigation sur les canaux ou voies navigables similaires. (V. m. B.) *Ann. ponts et ch* 1906, 4 S. 254/60.

Schiffshebewerke. Ship canal lifts. Ascenseurs de canaux pour bateaux. Vgl. Hafen, Kanäle, Schleusen.

PRÜSMANN, Ergänzung zur „Vergleichung von Schleusen und mechanischen Hebewerken". (Vgl. Cbl. Bauv. 1906 S. 581. Berechnung der wirtschaftlich günstigsten Hubhöhe.)⊞ *Z. Bauw.* 56 Sp. 359/74.

UMFAHRER, Studie über die Systeme, welche zum Ausgleiche der großen Höhenunterschiede zwischen den Kanalhaltungen geeignet sind. (Auf dem internationalen Schiffahrtskongreß in Mailand 1905 vorgelegte Berichte. Schiffshebewerk zu Peterboro.) * *Wschr. Baud.* 12 S. 172/4.

FRANCIS, two hydraulic lift locks at Peterborough and Kirkfield, on the Trent Canal. (Peterborough 65' lift, 50' lift at Kirkfield.) (V) (A) *Eng. News* 55 S. 161.

FRIEDRICH, zur Trockenbettung der Kanalschiffe.⊞ *Wschr. Baud.* 12 S. 265/70.

JEBENS, über Schleusentreppen und Schiffshebewerke.* *Ann. Gew.* 58 S. 34/6.

RIEDLER, über Schiffshebewerke.* *Z. Oest. Ing. V.* 58 S. 405/9 F.

SMRČEK, der internationale Wettbewerb für ein Kanalschiffs-Hebewerk von 35,9 m Hubhöhe. (Betrachtungen zur Hebewerksfrage auf Grund der Beschlüsse des Mailänder Kongresses.)⊞ *Bet. u. Eisen* 5 S. 3/4.

SMRČEK, Leistungsfähigkeit und Bedeutung der einzelnen Schiffshebewerkstypen mit Rücksicht auf die österreichischen Schiffahrtskanäle. (V) (A) *Wschr. Baud.* 12 S. 482/3.

Ascenseur pour bateaux, à mouvement hélicoïdal, système OELSHAFEN-LÖHLE.⊞ *Gén. civ.* 48 S. 256/8; *Giorn. Gen. civ.* 44 S. 201/2.

Schiffshebung und -Bergung. Raising and salvage of ships. Levage et sauvetage des navires.

BOEDDECKER, Verfahren zur Hebung gesunkener Schiffe. (MATOGNONsches Verfahren.) * *Prom.* 17 S. 618/9.

JOHNSON, apparatus for marking sunken vessels.* *Sc. Am.* 94 S. 256.

Le renflouage des navires système HURSY. *Electricien* 31 S. 70/1.

Floating a wrecked ship with compressed air. („Bavarian" impaled on Wye Rocks, in the St. Lawrence River, floated by LESLIE's plan, to force the water out with compressed air;

stopping the leaks with temporary plating.) *Eng. Rec.* 54 S. 672/3.

DIBOS, phases d'essais de renflouage du cuirassé „Montagu". (Procédé de l'air comprimé dans les compartiments de la machine et des chaudières; application d'une série de caissons étanches dits chameaux, rapportés et fixés invariablement sur les bordages aux endroits convenables après enlèvement des plaques de blindage.) *Mém. S. ing. civ.* 1906, 2 S. 794/807.

Die Bergungsarbeiten auf dem gestrandeten englischen Schlachtschiffe „Montagu".* *Mitt. Seew.* 34 S. 1046/59; *Eng.* 102 S. 85/9; *Nat.* 34 S. 340/2; *Engng.* 82 S. 617/8.

Raising the German torpedo boat „S. 126".* *Eng.* 102 S. 443.

Die Hebung des russischen Kreuzers „Varjag" im Hafen von Tschemulpo. *Mitt. Seew.* 34 S. 457/63; *Nat.* 34, 2 S. 385/7.

Schiffskräne. Ship cranes. Grues de bateaux. Siehe Hebezeuge 3.

Schiffsmaschinen. Marine engines. Machines navales. Siehe Dampfmaschinen und Schiffbau 3.

Schiffssignale. Naval signalling. Signaux nautiques. Vgl. Feuerwerkerei, Signalwesen.

BARBER, night signalling at sea. (Dispenses with the MORSE dot and dash letters, consists in fixing a large white sheet by tackle to any part of the masts and then with a series of slides, with their combinations of letters or signs, to project these by means of a lantern.)* *Pract. Eng.* 33 S. 392.

BERLINER APPARATEBAU-GESELLSCHAFT, SIEMENS-SCHUCKERTWERKE, Sirene mit elektrischem Antrieb. (Elastische Kupplung mit einem Elektromotor.)* *Techn. Z.* 23 S. 401.

BOYD's automatic tide signals.* *Mar. E.* 28 S. 540.

Das schwedische Signallot (SJÖSTRAND Patent).* *Hansa* 43 S. 148/50.

Heutiger Stand der Unterwasser-Signalmittel. *Mitt. Seew.* 34 S. 655/69.

MILLET, submarine signalling by means of sound. (Pneumatic submarine signalling bell; receiving tank, fastened to interior of ship's hull, containing receiving microphone; indicator box for determining location of bell.) *Eng. News* 56 S. 38; *Electr.* 57 S. 135/7; *Mar. E.* 28 S. 387/9 F.

SUBMARINE SIGNAL CO., signaux sous-marins. (Appareil; signaux acoustiques envoyés, par des cloches placées sous l'eau, à des navires en pleine marche; expériences de HOGEMANN.) *Rev. ind.* 37 S. 230.

Signaux sous-marins. (Poste récepteur complet à bord d'un navire.) *Cosmos* 1906, 1 S. 704/6.

Signaux sonores sous-marins.* *Nat.* 34, 2 S. 124/6.

Schlächterei. Butchery. Boucherie. Vgl. Hochbau 6i.

Aus nordamerikanischen Vieh- und Schlachthöfen.* *Presse* 33 S. 134/5.

Les abattoirs publics. *Nat.* 34, 2 S. 307/10.

MAYNER, model municipal slaughtering establishment at Berlin; a lesson in sanitary meat dressing.* *Sc. Am.* 95 S. 68/9.

Schlachthäuser. Slaughtering halls. Abattoirs. Siehe Hochbau 6i.

Schlacken. Slags. Scories.

BOUDOUARD, les laitiers des hauts-fourneaux. (Utilisation; composition chimique; fusibilité, températures d'affaissement.)* *Rev. chim.* 9 S. 137/48; *Rev. métallurgie* 3 S. 217/21.

FULTON, the calculations of assay slags. (Methods for ores of a basic nature and for those of an acid nature; the principles involved.)* *Mines and minerals* 27 S. 330/1.

COX and LENNOX, tests of titaniferous slags. *Electrochem. Ind.* 4 S. 490/5.

TURNER, die physikalischen und chemischen Eigenschaften der Schlacken.* *Metallurgie* 3 S. 164/5; *Stahl* 26 S. 172/3.

KASSEL, die Reduktion von Eisenschlacken durch Kohlenoxyd und Wasserstoff. *Stahl* 26 S. 1322/3.

JESSER, Beziehungen der hydraulischen Eigenschaften wassergekörnter Hochofenschlacken zu ihrer chemischen Zusammensetzung. *Tonind.* 30 S. 739/42.

HIXON, slag granulating and conveying device.* *Eng. Min.* 82 S. 553.

HOFER, Verfahren zum Zerstäuben flüssiger Hochofenschlacke.* *Gieß. Z.* 3 S. 559/61.

PEARCE, improved method of slag-treatment at Argo * *Trans. Min. Eng.* 36 S. 89/100.

Behandlung von Schlacken. (An Stelle der bisherigen 20 bis 25 cm hohen Schlackenkästen werden schwach konisch geformte, nur 10 cm hohe, bodenlose Formen, welche auf zweirädrige Plattformwägelchen gestellt werden, verwendet.) *Z. Gew. Hyg.* 13 S. 515.

The BENNETTS-JONES slag car.* *Eng. Min.* 82 S. 505; *Trans. Min. Eng.* 36 S. 223/6.

JOHNSON, new apparatus to determine the melting points of slags.* *Electrochem. Ind.* 4 S. 262/3.

Schläuche. Hoses. Outres. Vgl. Kautschuk, Rohre 6.

ZULAUF & CIE., Schlauch-Einbindevorrichtung. (Besteht aus einem Einspanndorn, einem Drahthalter und einer Handgabel.)* *Fabriks-Feuerwehr* 13 S. 22; *Uhlands T. R.* 1906, 1 S. 23/4.

ZULAUF & CIE., „Kaiser-Einbinder". (Um die Handarbeit beim Schlaucheinbinden zu ersetzen.)* *Bayr. Gew. Bl.* 1906 S. 236.

DE HOFFMANN, Kupplungsvorrichtung für den Anschlußstutzen lösbarer Schlauchleitungen.* *Z. Beleucht.* 12 S. 7/8.

Schleifen und Polieren. Grinding and polishing. Emoulage, aiguisage et polissage. Vgl. Gebläse, Holz 4, Karborundum, Schutzvorrichtungen, Staub.

1. Maschinen und Zubehör. Machines and accessories. Machines et accessoires.

JOHNSON, R. D. O., mill experiences.* *Eng. min.* 81 S. 319/20.

NOYES, cost of grinding.* *Mech. World* 40 S. 235.

HORNER, modern grinding. (Methods and machines.)* *Cassier's Mag.* 30 S. 113/24.

PESCHKE, Schleifarbeiten und Schleifwerkzeuge. *Gieß. Z.* 3 S. 49/52.

Moderne Schleifmaschinen. (Rundschleifmaschinen; Stangen- und Walzenschleifmaschinen; Hohl- und Planschleifmaschine; Schleifmaschine für Drehbankkörnerspitzen.) *Nähm. Z.* 1 Nr. 8 S. 9, 11, 13.

DARBYSHIRE, selection and use of grinding wheels.* *Mech. World* 40 S. 195/7.

The shops and some of the methods of the NORTON GRINDING CO. (Stone rolls for chocolate; testing and limits of error; finishing automobile crankshafts.) * *Am. Mach.* 29, 1 S. 265/9 E.

NORTON, roll grinding. (Errors due to journals.)* *Mech. World* 40 S. 99/100.

SCHLESINGER, Schleifmaschinen auf der Weltausstellung in Lüttich 1905.* *Z. V. dt. Ing.* 50 S. 369/76 F.

Die Schleifmaschinen der NAXOS-UNION CO. auf der Ausstellung Lüttich 1905. *Z. Werkzm.* 10 S. 339/44.

NAXOS UNION CO., Spiralbohrer-Schleifmaschine. *Z. Werkzm.* 10 S. 258/9.

SCHMALTZ, Schleifmaschinen. ▣ *Masch. Konstr.* 39 S. 73/4.

LOEWE & CO., LUDWIG, Werkzeug-Schleifmaschine. (Zum Schleifen gehärteter Werkzeuge in jedem beliebigen Winkel mit Bohrung oder Schaft, gleichviel ob mit geraden, links- oder rechts-spiralförmig gewundenen Zähnen.)* *Uhlands T. R.* 1906, 1 S. 41/3.

SCHLESINGER, Schleifmaschinen für Werkzeuge. (Schleifmaschine für Spiralbohrer von MAYER & SCHMIDT; Sägenschärfmaschinen von FONTAINE & CO.)* *Z. V. dt. Ing.* 50 S. 1022/6.

Electrically-driven portable grinding machine of the BRITISH THOMSON-HOUSTON CO.* *Am. Mach.* 29, 1 S 282 E.

Universal tool grinder. (By the Cincinnati Milling Machine Co)* *Page's Weekly* 8 S. 249.

The WILMARTH & MORMAN combination grinder. (Combines means for sharpening drills, milling cutters and reamers.)* *Iron A.* 78 S. 474/5.

HOLMES & CO., twist-drill grinder. *Mech. World* 40 S. 174.

MAYER's twist drill grinder.* *Am. Mach.* 29, 2 S. 223/4.

SCHMALTZ, automatic twist drill grinder.* *Am Mach.* 29, 2 S. 375/6 E.

Einfachstes Verfahren, die Spiralbohrer genau zu schleifen. (Auf der Bohrmaschine.) *Z. Bürsten* 26 S. 64/5.

FONTAINE & CO , Maschine zum Schleifen gerade genuteter hinterdrehter Fräser.* *Masch. Konstr.* 39 S. 149.

BURTON, machine à meuler. (Machine frontale.)* *Rev. ind.* 37 S. 241/2.

COURTIAL, machines à affûter. (Forets américains; scies circulaires; fraises cylindriques, hélicoïdales, d'angle et en bout.)* *Rev. ind.* 37 S. 125.

Heavy pattern toolroom grinder. (The machine has hand longitudinal feed operated by a crank at either end of the platen and band-screw feed by means of worm.)* *Am. Mach.* 29, 1 S. 37/9.

HAUFF, Schleifvorrichtung für Hobelmaschinenmesser. (D. R. P. 170256. Kühlung der Messer durch einen mit der Schleifscheibe verbundenen Ventilator.)* *Z. Werkzm.* 10 S. 373; *Erfind.* 33 S. 389/90.

Verwendung der Schmirgelscheiben zum Schleifen der Werkzeuge. (Abrichten mit einem spitzen Stück glühenden Eisens; Abrichtevorrichtung aus einem Hefte aus Eisen, in dessen vorn befindlicher Gabel vier aus ganz hartem Stahl bestehende sternförmige Rädchen, welche untereinander durch dazwischenliegende runde Scheiben getrennt sind, sich befinden. Zwei hinter der Gabel befindliche Ansätze gestatten das sichere Auflegen auf die nahe an die Scheibe gestellte Auflage der Drehbank.) *Z. Drechsler* 29 S. 104/5.

FONTAINE & CO , Sägeschärfmaschine mit Schmirgel-Schleifrädern. ▣ *Masch. Konstr.* 39 S. 148/9.

The TINDEL high duty saw grinding machine. * *Iron A.* 77 S. 1538.

Automatische Metall-Kreissägenschärfmaschine und automatische Fräserschleifmaschine.* *Z. Werkzm.* 10 S. 284/5.

Automatic knife grinder built by S. A. WOODS MACHINE CO.* *Iron A.* 78 S. 1440.

HOFFMANN, Wahl, Aufstellung und Behandlung von Schmirgelschleifmaschinen. (Es ist bei Anschaffung von Schmirgelscheiben stets geboten, außer den genauen Angaben über die Dimensionen, wie Durchmesser, Stärke, Lochweite, Profil und Form auch solche über das zu schleifende Material zu machen.) *Eisens.* 27 S. 906/7.

ROYAL MFG. CO., alundum grinding machines.* *Iron A.* 78 S. 1057.

GARBE, LAHMEYER & CO., Doppel-Schmirgel-Schleifmaschine mit elektrischem Antrieb. * *Uhlands T. R.* 1906, 1 S. 33.

LUMSDEN, machine à meuler. (Comprenant la meule d'émeri dégrossisseuse et le disque finisseur.)* *Rev. ind.* 37 S. 283/4; *Uhlands T. R.* 1906, 1 S. 87.

Emery disc grinding machine. (Device for sand removing.)* *Mech. World* 40 S. 171.

A new BRIDGEPORT SAFETY EMERY WHEEL CO., motor driven grinder.* *Iron A.* 78 S. 1743.

CHUBB, English special rod-grinding machine of RENOLD, Manchester. (For grinding mild steel chain rods from 0,325 to 0,8" diameter.)* *Am. Mach.* 29, 2 S. 229/31.

BEYER, PEACOCK & CO., expansion link grinding machine.* *Am. Mach.* 29, 1 S. 163/4 E.

The combination dry and wet grinder built by the BRIDGEPORT SAFETY EMERY WHEEL CO.* *Iron A.* 78 S. 1237.

MITCHELL'S EMERY WHEEL CO., combined wet and dry grinder. * *Am. Mach.* 29, 2 S. 438 E.

Naßschleifen zylindrischer Arbeitsstücke. *Z. Werkzm.* 10 S. 180/1.

Schleifsteinschärfer, der es ermöglicht, die wegen des Steinstaubes so schädliche Arbeit des Schärfens naß zu verrichten. (Besteht aus einem scharfzahnigen Stahlrädchen, das in einem Eisenhebel angebracht ist, mit dem es gegen den Stein gedrückt wird.) *Z. Gew. Hyg.* 13 S. 84.

The MURRAY disk sharpener. (Cutting apparatus consists of a pair of tongs with a roller on one jaw and a knife socket on the other.)* *Iron A.* 77 S. 1320.

NOYES, machine for grinding concave friction disks.* *Am. Mach.* 29, 2 S. 657/8.

DRONSFIELD BROTHERS ATLAS WORKS, Oldham, grinding machine for calender bowls.* *Text. Man.* 32 S. 87/8.

KÜSTNER, Schleifscheiben - Abrichter. * *Z. Werkzm.* 11 S. 124.

HIELD, setting and grinding cutting machines. (Grinding lathe for blades and cylinders.) (a)* *Text. Man.* 32 S. 131/2 F.

Bench grinder made by the ATHOL MACHINE CO. * *Iron A.* 78 S. 1307.

Automatic vertical cylinder grinder. (For grinding the bores of small engine cylinders, and in fact for all internal grinding jobs that cannot be swung.)* *Am. Mach.* 29, 2 S. 346/7 E.

HEALD MACHINE CO., cylinder grinder.* *Iron A.* 77 S. 1264/6.

Vorteile beim Schmirgeln der Schleiftamboure. * *Z. Textilind.* 10 S. 113/4.

BURTON, GRIFFITHS & CO., cam-shaft milling and grinding machine.* *Am. Mach.* 29, 2 S. 343/4 E.

WEBSTER & BENNETT, motor cam shaft grinding machine.* *Am. Mach.* 29, 2 S. 648 E.

PRATT & WHITNEY, Schleifmaschine. (Zum Abschleifen von Ringen, z. B. für Geschosse größten Kalibers.)* *Masch. Konstr.* 39 S. 153.

Making a piston-ring. (Machine used in the NAPIER WORKS for grinding the outer surface of a piston-ring.)* *Aut. Journ.* 11 S. 800/1.

Piston ring grinder. (For finishing particulary automobile and gas engine rings.)* *Mech. World* 40 S. 242.

GRAHAM MFG. CO., piston-ring grinder. * *Am. Mach.* 29, 2 S. 650/1; *Iron A.* 78 S. 862/3.

The HEALD ring and surface grinder.* *Iron A.* 77 S. 1740/1.

The GARDNER improved double disk grinder. *
Iron A. 77 S. 1109.

DIAMOND MACHINE CO., GORTON disk grinder.
(Sliding bearing on the right hand head.)* *Iron
A.* 78 S. 790.

NORTON car wheel grinder. (The uprights for supporting the car axles are movable parallel to
the axis of their centers.)* *Iron A.* 78 S. 787/8.

Schleifvorrichtung. (Zum Schleifen dünner, flacher
Scheiben.) * *Z. Werksm.* 10 S. 207/8.

A home-made pulley grinder with dust guards
open. * *Am. Mach.* 29, 2 S. 11.

PRATT & WHITNEY Co, grinding machine for
large ball races.* *Am. Mach.* 29, 1 S. 703/5.

WESTERN's patent ball grinding mill.* *Iron &
Coal* 72 S. 2122.

SCHNITZER-Schleifer und seine Behandlung. W.
Papierf. 37, 2 S. 3572/3.

Maschine zum Schleifen und Polieren von Blechen.*
Z. Werksm. 10 S. 273/4.

Kulissenschleifmaschine von MAYER & SCHMIDT.
(Arbeitsspindel wagerecht.) * *Z. V. dt. Ing.* 50
S. 411/2.

Kulissen- und Büchsenschleifmaschinevon SCHMALTZ.
(Arbeitsspindel senkrecht.) * *Z. V. dt. Ing.* 50
S. 412.

Machine à passer au papier de verre. *Nat.* 34, 1
S. 257/8.

Bohrmaschine. (Mit Schleifspindeln und Schleifscheiben versehen, dient zum Schleifen der
kreisförmigen Türöffnungen von Geldschränken
sowie der Türen selbst.) *Z. Werksm.* 10 S. 217.

Polieren mittels Schüttelfässer.* *J. Goldschm.* 27
S. 368/9.

LAHNE, Schleifmaschine zur Beseitigung von Unebenheiten der Schienenkopfflächen. * *Z. Transp.*
23 S. 234/5.

Schleifen von Gummiwalzen. (Abschleifen des
Gummis der unteren Preßwalze an der fest-
gestellten oberen.) *W. Papierf.* 37, 2 S. 3572.

Schleifen von Gummiwalzen. (Vgl. die Ausführungen auf S. 3572.) *W. Papierf.* 37, 2 S. 3819.

Schleifen von Gummiwalzen (früher und jetzt.)
(Vgl. S. 3572.) *W. Papierf.* 37, 2 S. 3820.

Schleifen der Gummiwalzen. (Mittel, um das An-
schleifen von Flächen in die Zylinderfläche der
Hartwalzen zu verhindern; Umlegen schmier-
barer Bremszäume um einen oder um beide
Zapfen der oberen Hartwalze.) *W. Papierf.* 37,
2 S. 3645.

Automatische Scheuerwerke für die Massenartikel
der Kammbranche. (Scheuerfaß- und Rollfaß-
anlagen von WACKER & HILDENBRAND.) *Z.
Bürsten.* 25 S. 490/2 F.

FRIEDERICHS, Einspann- und Schutzvorrichtungen
für Schmirgelscheiben. (V. m. B.) *Z. V. dt. Ing.*
50 S. 662/3.

Clutch for holding thin pieces for grinding.* *Am.
Mach.* 29, 1 S. 62.

Zerspringen einer Schmirgelscheibe. (Zu große
Umfangsgeschwindigkeit, ungenügende Befesti-
gung auf der Schleifwelle.) * *Ratgeber, G. T.* 6
S. 13.

The COATES CLIPPER CO. surface grinding planer
attachment. * *Iron A.* 78 S. 1377.

A motor driven grinding attachment made by the
COATES CLIPPER CO, Worcester, Mass. * *Iron
A.* 77 S. 1248.

DAWSON, grinding rig for rotary planer cutters. *
Am. Mach. 29, 1 S. 451.

HALL, machining a grinding machine spindle.
(V) * *Mech. World* 40 S. 182/3.

Schleifscheiben für die Holzpfeifenfabrikation.
(Ueberspannen der Holzscheibe mit Glasleln-
wand über eine aufgeleimte Unterlage von Tuch

oder Leder; Filzscheiben) *Z. Drechsler* 29
S. 277.

NOYES, design for a headstock for a grinding
machine.* *Am. Mach.* 29, 2 S. 150/2.

Automatic feed for grinding machines.* *Iron &
Coal* 73 S. 1426.

**2. Schleifmittel und Verschiedenes. Grinding
materials and sundries. Substances algui-
santes et matières diverses.**

VEREINIGTE SCHMIRGEL- UND MASCHINENFABRI-
KEN HANNOVER-HAINHOLZ, Corubin, ein neues
künstliches Schleifmittel. (Dieses wird nach dem
aluminothermischen Verfahren gewonnen und besteht fast ganz aus reiner Tonerde von außer-
ordentlich hartem kristallinischem Gefüge.) *Gleß.
Z.* 3 S. 730/1.

GESSLER, Schleifen mit Oel. (Um hartes Holz zu
glätten und zu lackieren.) *Malers.* 26 S. 177/8.

How to polish metal. (Spanish whiting, gasoline,
oleic acid.) (R) *Pract. Eng.* 33 S. 425.

HANAUSEK, ein Pilz als Abziehmittel. (Für feine
Schneidewerkzeuge. Birkenschwamm; Feuer-
schwamm.) *Mitt. Gew. Mus.* 16 S. 162.

Cleaning corundum. („Muller" or „chaser" causing
each grain of corundum to rub against another.)
Pract. Eng. 34 S. 305.

Schleudermaschinen. Centrifuges. Vgl. Butter 1,
Milch 22, Trockenvorrichtungen, Zucker 8.

FUCHS, Zentrifuge. (Beseitigung der verwickelten
mechanischen Sperrvorrichtungen durch einen
Druckwasser-Verschluß.)* *Z. Zuckerind. Böhm.*
30 S. 545/50.

KAEHL, Schleuder-Einrichtung, insbesondere für
die Stärkefabrikation. (D. R. P. 155 562.) * *Uhlands T. R.* 1906, 4 S. 78.

KÖRNER, neue Zentrifuge für Laboratorien. (Entleerung der getrennten Flüssigkeiten während
des Ganges durch ein eingeführtes Röhrchen.)*
Pharm. Centralh. 47 S. 997/8.

MASCHINENFABRIK SELWIG & LANGE, Neuerungen
an Nitrierzentrifugen. (Nitrierzentrifuge mit Tauch-
vorrichtung, Säurezirkulation und abnehmbarem
Säurebehälter.)* *Z. Chem. Apparat.* 1 S. 693/5.

Schleusen. Sluices. Ecluses. Vgl. Häfen, Kanäle,
Schiffshebewerke, Wasserbau.

KRESNIK, einfache Formeln für die Zeitdauer des
Füllens und Entleerens von Kammerschleusen
mit Sparbecken und Beziehung auf die Wasser-
ersparnis. *Z. Oest. Ing. V.* 58 S. 84/91.

PRIETZE, zweckmäßigste Schleusenart bei einer
Flußkanalisierung. (Schleusendauer der Doppel-
zugschleuse; Schleusungsvorgang; Reisegeschwin-
digkeiten des Doppel- und des Einzelzuges.)*
Zbl. Bauw. 26 S. 367/70 F.

CHEVALLIER, vannes équilibrées du bassin de
chasse du Crotoy. (Système STONEY consistant
à fermer chaque pertuis par une vanne unique
ayant une hauteur égale à celle de la tranche
d'eau à retenir.)⊞ *Ann. ponts et ch.* 1906, 1
S. 254/60.

JEBENS, Trogschleusen auf Walzen. * *Ann. Gew.*
58 S. 89/91.

JEBENS, über Schleusentreppen und Schiffshebewerke.* *Ann. Gew.* 58 S. 34/6.

PRÜSMANN, Sparbecken für steile Schleusentreppen
mit kurzen Kanalhaltungen. *Zbl. Bauw.* 26 S.
153; *Z. Bauw.* 56 Sp. 375/6.

Rapports de HERMANN, PRÜSMANN, VERNON-
HARCOURT, SCHROMM, SMRCEK, GENARD, LE-
FEBVRE, SYMONS, BOVET, GIROLA, COOL, VON
PANHUYS, CRUGNOLA sur un canal destiné à
recevoir des bateaux de 600 t. (Comparaison
des écluses avec les ascenseurs à flotteurs; les

plans inclinés transversaux; les plans inclinés longitudinaux.) (V. m. B.) *Ann. ponts et ch.* 1906, 4 S. 212/53.

PRÜSMANN, Ergänzung zur „Vergleichung von Schleusen und mechanischen Hebewerken". (Vgl. Zbl. Bauv. 1905 S. 581/3 u. Z. Bauw. 55 Sp. 499/528 F. Berechnung der wirtschaftlich günstigsten Hubhöhe.)⊞ *Z. Bauw.* 56 Sp. 359/74.

GERDAU, choix à faire entre les engins mécaniques et les écluses étagées. (Élévateur à sas indépendants; élévateur à sas jumeaux.) (V. m. B.) *Ann. ponts et ch.* 1906, 4 S. 210/1.

Betonbrücke mit Stauschleuse. (Berechnung der Betoneisenkonstruktion; Berechnung der Stärken des Rollschützes; Berechnung der erforderlichen Kraft zum Heben des Schützes.)* *Techn. Z.* 23 S. 502/6.

Schleusenmauern aus Eisenbeton. (Im Merwedekanal bei Utrecht.)* *Wschr. Baud.* 12 S. 623.

Schützenschleuse aus Eisenbeton. (Für die Ontario Power Co. in Niagarafalls; Eiseneinlage aus wagerechten Rundeisenstäben.) *Zem. u. Bet.* 5 S. 17/21.

SCHUYLER, reinforced concrete and steel headgates for the Imperial Canal, Colorado River.* *Eng. News* 56 S. 675.

BUDAU, Doppelschleuse mit hydrodynamischer Wasserüberführung. (Bemerkungen von PLENKNER und BUDAU, zu dem Berichte in der „Neuen Freien Presse" vom 1. Mai 1906, Nr. 14974 über einen Vortrag von BUDAU über seine Entwürfe einer Doppelschleuse m. h. W.) *Wschr. Baud.* 12 S. 477; Z. Oest. Ing. V. 58 S. 517/22, 529/35.

ROYERS et DE WINTER, construction de la nouvelle écluse maritime du Nord, Anvers. (Caissoncloche; chalands; estacade; éjecteur; verrou de sûreté pour la manoeuvre des clapets de gaine; porte roulante; pont de soulèvement.)⊞ *Ann. trav.* 63 S. 91/129.

GERHARDT, Fischschleuse. (Allein für die Fische, in welcher sich der Wechsel zwischen Ober- und Unterwasser selbsttätig vollzieht.)* *Zbl. Bauv.* 26 S. 89/90.

v. FÖRSTER, Einlaßschleuse zum Bewässerungskanal Villoresi.⊞ *Allg. Baus.* 71 S. 34/6.

HERSCHEL, a tidal lock in a sea-level canal is unnecessary. *Eng. News* 55 S. 339/40.

Abaissement du seuil de l'écluse d'entrée d'un bassin à Grimsby.* *Ann. trav.* 63 S. 1321/4.

SEARS, experiments on the amount of heat required to prevent ice formation on the steel lock gates of the Charles River dam. (Heating the lock gates during freezing weather; apparatus used in the experiments.)* *Eng. News* 55 S. 287/8.

Schlitten u. dgl. Sledges u. th. l. Traineaux etc. Vgl. Sport. Fehlt.

Schlösser und Schlüssel. Locks and keys. Serrures et clefs.

FINNE, elektrische Schloßsicherung „Greif".* *Uhlands T. R.* 1906 Suppl. S. 72.

RUSSELL & ERWIN MFG. CO., hotel lock with indicator.* *Iron A.* 78 S. 1278.

Schmelzöfen und -Tiegel. Melting furnaces and crucibles. Fours à fondre et creusets. Vgl. Gießerei, Schweißen.

BECK, zum fünfzigjährigen Jubiläum des Regenerativofens.* *Stahl* 26 S. 1421/7.

LE CHATELIER, le contrôle scientifique de la marche des fours industriels. *Rev. métallurgie* 3 S. 343/60.

COLLENS, principles of resistance furnace design. (V)* *Electrochem. Ind.* 4 S. 212/4.

ECKWALDT, Fortschritte im Gasofenbau. (Mischung von Gas und Luft nach WEARDALE, indem die Verbrennungsluft unter Druck zugeführt und das Gas wie beim BUNSENbrenner gleichfalls unter Druck in die Verbrennungsluft hineingepreßt wird; Kohlen-Ersparnis beim WEARDALE-Ofen.) *Gieß. Z.* 3 S. 558/9.

REIN, welche Gesichtspunkte sind bei dem Bau von Schmelzöfen für Eisen- und Metallgießereien zu beachten? (V) (A)* *Gieß. Z.* 3 S. 417/23, 482/4.

WEST, comparative designs and working of air furnaces. (Camel back air furnace. Pittsburg type air furnace.)* *Foundry* 28 S. 206/8; *Iron & Coal* 73 S. 206/8; *Mech. World* 40 S. 62/3.

Blast furnace. (By the TRAYLOR ENGINEERING CO.)* *Eng. min.* 82 S. 254.

Air furnace for melting cast iron. (For Welsh bituminous coal; interior coated with blue fireclay.)* *Pract. Eng.* 33 S. 489.

BADISCHE MASCHINENFABR., Durlach, Schmelzöfen und Trockenöfen für Gießereien.⊞ *Uhlands T. R.* 1906' 1 S. 28/9.

The BUSEY Babbitt melter. (The air enters the burner tube at the base and is warmed by the radiated heat before mixing with the gas.)* *Gas Light* 85 S. 586/7; *Iron A.* 78 S. 347.

CARR, open-hearth steel castings. (Furnace construction.)* *Foundry* 27 S. 273/8.

ECKARDT, Schmelzöfen mit Generator-Gasfeuerung für schmiedbaren Guß ohne Tiegelbenutzung. *Eisens.* 27 S. 362/3.

Leuchtgasschmelzgestell. (Mit einem Fußtrittgebläse.)* *J. Goldschm.* 27 S. 89.

MONARCH ENGINEERING CO., Schmelzöfen.* *Metallurgie* 3 S. 198.

SCHRAML, Schmelzöfen und zugehörige Einrichtungen. (Schachttiegelöfen.)* *Stahl* 26 S. 742/4.

SHED, improved air furnaces.* *Foundry* 27 S. 227/30.

SÖRENSEN, coal-dust firing of reverberatory matte furnaces. (Diagram of smelting results; reverberatory furnace at Murray.)* *Eng. min.* 81 S. 274/6.

CLOVER, swinging cupola spout.* *Foundry* 27 S. 316.

COLEMAN, high and low blast pressures in the cupola. (V) (A) *Mech. World* 39 S. 6/7.

HOLLAND, Neuerung am Kupolofen. (In den oberen Teil des Kupolofens eingebauter Vorwärmebehälter, durch den die Luft, bevor sie in die Düsen gelangt, hindurchstreicht.) *Gieß. Z.* 3 S. 89.

MASCHINENFABRIK ESSLINGEN, Kupolofenanlage.⊞ *Uhlands T. R.* 1906, 1 S. 90/1.

ZELDE, hot blast cupola.* *Foundry* 28 S. 387/8.

HOOD, Schmelztiegel. (Aus feuerfesten Tonen, Graphit, Magnesia.) *Gieß. Z.* 3 S. 295/6.

MAY, WALTER, care and use of crucibles. *Mech. World* 39 S. 150/1.

BAUMANN, Vorwärmer-Tiegelofen.* *Z. Werkzm.* 10 S. 483/5.

FRIEDRICH, über einen Gastiegelofen für metallographische Untersuchungen.* *Metallurgie* 3 S. 206/9.

SMITH-FOUNDRY SUPPLY CO., Tiegelofen.* *Metallurgie* 3 S. 198.

Fritten von Glasurmasse im Tiegelofen. (Verbesserte Schmelztiegelöfen.)* *Töpfer-Z.* 37 S. 269/70.

MONARCH ENGINEERING AND MFG. CO., Tiegelkippofen.* *Metallurgie* 3 S. 422.

The „Empire" crucible tilting gas furnace.* *Iron & Coal* 73 S. 1259.

Kippbarer Schmelzofen mit getrenntem Brennschacht und Schmelzraum.* *Met. Arb.* 32 S. 130.

CROMWELL, method of tilting open hearth furnaces. (Secures rotation about a definite center and also has the advantage that there is no variation in the strains while the furnace is tilted.)* *Iron A.* 78 S. 213.

WILLIAMS, Kippofen.* *Metallurgie* 3 S. 199.

Electrical smelting of Canadian iron ores. (Experimental electric furnace; the smelting of magnetite; the use of charcoal as a reducing agent.)* *Sc. Am. Suppl.* 62 S. 25794/5; *Page's Weekly* 9 S. 10/3.

1000 ampere MOISSAN electric furnace constructed by MARRYAT AND PLACE.* *Engng.* 81 S. 381.

Electrical steel melting at Disston plant, U. S. A.* *Iron & Coal* 72 S. 2229.

Elektrischer Schmelztiegel für Werkzeugstahl. (Der Schmelzapparat ist im wesentlichen ein Wechselstromtransformator.) *Eisens.* 27 S. 580/1.

ARSEM, the electric vacuum furnace. (Special type of resistance furnace enclosed in a vacuum chamber.)* *J. Am. Chem. Soc.* 28 S. 921/35.

Fours électriques système GIN pour la fabrication de l'acier.* *Cosmos* 1906, 1 S. 631/3; *Electricien* 32 S. 17/18; *Iron & Coal* 72 S. 1407/8.

HAUSZDING, Versuche mit dem elektrischen Tiegelofen von HERAEUS-Hanau bei Phosphatanalysen.* *Chem. Z.* 30 S. 60/1.

Elektrisch zu heizende Oefen für Temperaturen bis 1200° C für chemische Laboratorien. (Elektrischer Muffelofen von HERAEUS.)* *Z. Chem. Apparat.* 1 S. 73/6.

HIORTH, elektrischer Induktionsofen für kontinuierliche Schmelzung.* *El. Anz.* 23 S. 634; *Eng.* 102 S. 347; *Electricien* 32 S. 133/4.

HUTTON, the electric furnace and its applications to the metallurgy of iron and steel. *Engng.* 82 S. 779/81.

IBBOTSON, the KJELLIN electric steel furnace. *Page's Weekly* 9 S. 310/1; *Iron & Coal* 73 S. 356; *Electr.* 57 S. 737; *El. Eng. L.* 38 S. 159/60.

MINET, les conditions de marche et de rendement du four électrique. À propos des expériences de MOISSAN sur la volatilisation des métaux. *Mon. scient* 4, 20, 1 S. 709/17.

Electric furnaces of NERNST electrolytic conductors.* *Engng.* 81 S. 158.

PERKINS, the STASSANO electric furnace.* *El. Mag.* 6 S. 335/6.

PERKINS, a new and unique Italian electric furnace.* *West. Electr.* 39 S. 181.

STASSANO, the electrothermal metallurgy of iron. (The STASSANO rotating furnace.)* *Electr.* 57 S. 810/4; *Electricien* 32 S. 65/70F.; *Eclair. él.* 48 S. 395/400F.; *Cosmos* 1906, 2 S. 680/3; *El. Eng. L.* 37 S. 521; *Polit.* 54 S. 289/311.

SCHUBERG, das lose geschichtete Widerstandsmaterial „Kryptol" und die daraus hervorgegangenen Wärme- und Heizapparate.* *Z. Chem. Apparat.* 1 S. 441/6F.

Schoop, neuer elektrischer Ofen mit Kryptolheizung.* *Elektrochem. Z.* 12 S. 221/3.

SIMONIS, der Lichtbogen zu pyrometrischen Bestimmungen. SEGER-Kegel bis zum Schmelzpunkt der Tonerde. (Lichtbogenofen.)* *Sprechsaal* 39 S. 1283/4.

SIMONIS u. RIEKE, elektrische Versuchsöfen mit kleinstückiger Kohlewiderstandsmasse. *Z. ang. Chem.* 19 S. 1231/3; *Sprechsaal* 39 S. 589/91F.

WATTS, elektrischer Ofen zum Erwärmen von Schmelztiegeln für Laboratoriumszwecke.* *Electrochem. Ind.* 4 S. 273/5; *Z. Chem. Apparat.* 1 S. 695/7.

Elektrischer Schmelztiegel für Werkzeugstahl. (Schmelzung mit Wechselströmen.) *Gieß. Z.* 3 S. 567.

AUSTIN, recent copper smelting at Lake Superior.* *Eng. min.* 81 S. 83/4.

JACOBS, the KIDDIE hot blast system for coppersmelting furnaces.* *Eng. min.* 82 S. 598,601.

WOODBRIDGE, copper queen smelter.* *Eng. min.* 82 S. 298/301.

GORDON, the LUNGWITZ process of zinc smelting. *Eng. min.* 81 S. 795/7.

QUENEAU, composite metallurgical vessels. (Zinc retorts and refractory crucibles.)* *Eng. min.* 82 S. 677/9.

FITZ GERALD, the carborundum furnace.* *Electrochem. Ind.* 4 S. 53/5.

AUBREY, bauxite as a material for the manufacture of fire brick. *Eng. News* 55 S. 133.

HEYM, Feuerbeständigkeit der Schmelzofenauskleidungen und des Formsandes. *Gieß. Z.* 3 S. 458/61.

MAY, WALTER, refractory furnace linings. (Common firebrick; silica, magnesite, and alumina bricks.) *Mech. World* 39 S. 69/70.

Versuche im Vereinslaboratorium zur Erforschung des Schmelzvorganges im DEVILLEschen Gebläseofen. *Baumatk.* 11 S. 134.

TUCKER, vertical arc furnaces for the laboratory. (MOISSAN furnace of graphite, arranged vertically; the charge is brought nearer to the source of heat.)* *Electrochem. Ind.* 4 S. 263/4.

Eine nutzbare Verwendung für alte Schmelztiegel.* *Met. Arb.* 32 S. 288; *Gieß. Z.* 3 S. 507/8.

Schmieden, Ziehen usw. Forging, drawing etc. Forgeage, tirage etc. Vgl. Draht und Drahtseile, Löten und Lote, Schweißen.

Einrichtung mittlerer Schmiedewerkstätten. (Ausführungen der Firma GEUB. Hochdruck-Ventilator mit Stahlblechgehäuse; die Flügelräder der Exhaustoren haben radial gestellte Schaufeln mit seitlich begrenzenden Ringen; Rauchabsaugung.) *Uhlands T. R.* 1906, 1 S. 57/9F.

Werksschmiede. (Entwurf für eine derartige Einrichtung, daß darin sowohl Großschmiede- als auch Kleineisenarbeiten, und zwar nebeneinander, ausgeführt werden können.) *Uhlands T. R.* 1906, 1 S. 81/3F.

BAYARD, forge for heating rivets. (Installed on the battery system.)* *Am. Mach.* 29, 1 S. 188/9.

BUFFALO FORGE CO., compressed air forge. (The air passes through a needle valve and a double nozzle and passes an iron mixer nozzle.)* *Eng. Rec.* 53 Nr. 22 *Suppl.* S. 63; *Eng. News* 55 S. 691.

The BURKE CO. oil forge.* *Iron A.* 77 S. 1323.

CAPRON, les presses à forger.* *Bull. d'enc.* 108 S. 584/8.

The DAVY, 336,000 pound rapid-action forging press.* *Sc. Am. Suppl.* 61 S. 25237.

150 t rapid-action forging-press constructed by DAVY BROTHERS.* *Engng.* 81 S. 48.

DAVY BROS., combined steam and hydraulic forging press. (Base plate and entablature; method of driving; controlling gear for steam hydraulic intensifier; hydraulic stuffing box.)* *Pract. Eng.* 34 S. 176/9F.

Hydraulic forging press designed by LOSS.* *Pract. Eng.* 33 S. 819.

Hydraulische Schmiedepresse.* *Z. Werkzm.* 10 S. 328/9.

NICHOLSON, machine à souder et à forger.* *Rev. ind.* 37 S. 138.

RYDER, Schmiedepresse.* *Uhlands T. R.* 1906, 1 S. 6; *Pract. Eng.* 33 S. 689.

1200 t forging press.* *Eng.* 101 S. 633/4.

UREN, dies for forging machines. (Dies and headers for making swing hangers; crown bars; target connecting rods.) (V) (A).* *Pract. Eng.* 33 S. 134/5.

WATERMANN, home-made straightening press.* *Am. Mach.* 29, 1 S. 219.

ROLF, aus der Praxis der Eisen-Zieherei und -Kaltwalzerei. (Ergebnisse bei Anwendung eines Bandeisens aus SIEMENS-MARTIN-Flußeisen.) *Stahl* 26 S. 334/6.

MUSIOL, Fortschritte im Räderziehpressenbau. (Mängel der Exzenterziehpressen mit bewegtem Tisch und Mittel zu deren Beseitigung; neue Bewegungsmechanismen; Trimobilziehpresse; Adrianceziehpresse.)* *Stahl* 26 S. 271/5 F.

Three new railroad shop tools. (NILES-BEMENT-POND 300 t hydraulic wheel press; boring machine; 79" standard driving wheel lathe.)* *Railr. G.* 1906, 1 S. 455.

NILES-BEMENT-POND CO., a 600 t 90" hydraulic wheel press. (Four tension bars are used instead of two, and the post is arranged so that the weight is entirely removed from the tension bars; the ram is counterweighted for quick return, when the release valve is open.)* *Railr. G.* 1906, 2 S. 273.

TOLEDO MACHINE & TOOL CO., Kniehebel-Ziehpresse. (Zum Ziehen von Zink-, Messing und Kupferblech, von Eisen, Stahl und Aluminiumblech.)* *Uhlands T. R.* 1906, 1 S. 48.

Ziehpresse.* *Uhlands T. R.* 1906, 1 S. 8.

Schmiermittel und Schmiervorrichtungen. Lubricants and lubricators. Lubrifiants et lubrificateurs. Vgl. Erdöl, Fette und Oele, Spinnerei 5 h δ.

1. Schmiermittel. Lubricants. Lubrifiants. Vgl. Oelabscheider.

BROOKER, theory and practice of lubrication. (Rolling versus sliding friction; phenomena of seizing, greases; graphite; testing lubricants; volatility; setting or freezing point; effect of heat on lubricants; smoky exhaust.) (V) (A) *Mech. World* 40 S. 58/9; *Horseless Age* 17 S. 903/5.

CLAUDE, Schmierung von Maschinen, die bei niedrigen Temperaturen arbeiten. (Kohlenwasserstoffe zur Schmierung von Maschinen.) *Erfind.* 33 S. 415/6.

CRAMER, some features of engine lubrication and gasoline feed at the A. C. A. show at New York. *Horseless Age* 18 S. 851/2.

KEITH, methods of internal lubrication.* *Eng. Chicago* 43 S. 682/5.

MASTER MECHANICS' ASSOCIATION, locomotive lubrication. (Proper lubricant for high steam pressure and superheated steam; oil allowance; grease as a lubricant on locomotives.) *Railr. G.* 1906, 1 S. 678/9.

FRIBOURG, appréciation des huiles de graissage.* *Bull. sucr.* 24 S. 114/31.

LEASH, oils for lubrication. *Page's Weekly* 9 S. 141/4.

LIDOW, konsistente Schmieren aus Wollfett. *Oel- u. Fett-Z.* 3 S. 44/5.

Das Fetten von Maschinen- und Transmissionslagern mittels konsistenter Substanzen und zwangläufiger Schmierapparate. (Schmierpumpen von ROSS & CO. zum Verbrauch fester Fettpräparate, welche durch Druck den Lagern zugetrieben werden müssen.)* *Oest. Woll. Ind.* 26 S. 618.

URBANEK, Verfahren zur Herstellung eines mit Wasser eine bleibende Emulsion bildenden Schmiermittels. *Erfind.* 33 S. 225.

Allerhand schmieriges. (Vgl. Jg. 36, 2 S. 2422 und

2814, über das „wie" und „womit" man schmiert.) *W. Papierf.* 37, 2 S. 2945/6.

Spindelöl. (Darstellung. Gewinnung von reinem Paraffin.) *Oel- u. Fett-Z.* 3 S. 135.

Vermeidung nutzloser Reibung. (Ersatz des Schmierfettes durch Schmieröl.) *Text. Z.* 1906 S. 125.

Chemische Gesichtspunkte in der Schmierölfrage. (Reinheit; Wassergehalt; Benzinprobe; Amylalkoholprobe; veraltete Prüfungen auf Reinigungsgrad; Vereinbarungen über physikalische Prüfungen; Zähigkeit, Kältepunkt; Flammpunkt, Verdampfungsprobe; spezifisches Gewicht und Brennpunkt; Abgrenzung der Prüfungsverfahren; neue Gebiete für Vereinbarung von Prüfungen und Bezeichnungen.) *Baumatk.* 11 S. 101/6.

THURSTON, suitability of lubricants. *Text. Rec.* 32 1 S. 141/2.

GOSS, graphite lubrication tests. *Horseless Age* 17 S. 593.

KIRSCH, über die technisch-physikalische Prüfung der Schmiermaterialien. (Maschinelle Oelprüfung im allgemeinen; Vorgänge im geschmierten Lager; in Betracht kommende Eigenschaften des Schmiermittels; maschinelle Oelprüfung im speziellen; Maschinen von KAPFFS, DETTMAR, GEBR. KÖRTING-ELEKTRIZITÄT, Berlin; KIRSCHs Apparat mit stehender Welle; Zuführung des Oeles durch Schmiernuten; Abschrägung der Lauffläche von der Schmiernut weg; Regelung der Temperatur des Fußlagers mittels elektrischer Heizung; Umlaufzähler von GRADENWITZ; Arbeiten mit diesem Apparat; Einfluß der Form des Versuchszapfens auf Verunreinigungen; Grenzwerte der spezifischen Schmierarbeiten.)* *Mitt. Gew. Mus.* 16 S. 5/51 F.; *Z. Dampfk.* 29 S. 130/1.

KISSLING, Konstanten in der Mineralschmieröl-Analyse. *Chem. Z.* 30 S. 932/3; *Chem. Rev.* 13 S. 302/3.

LUNGWITZ, Untersuchung der Schmiermittel. (Untersuchung der Mineralschmieröle; Gehalt an Teersorten; Harze, Kautschuk, Nitronaphtalin und Anilinfarben, Nitrobenzol zur Beseitigung des Fettgeruches; Nachweis von Leim; Prüfung auf schwefelsaures Natrium; mechanische Verunreinigungen; Asphalt; Pech; Ceresin; Prüfung des Angriffsvermögens auf Lagermetall; physikalische Untersuchung; Flüssigkeitsgrad; Verdampfbarkeit; Flammpunkt; Feuergefährlichkeit; Entzündungstemperatur; Siedepunkt; Fließvermögen in der Kälte, optisches Verhalten; spezifischer Ausdehnungskoeffizient; Untersuchung der konsistenten Schmiermittel.) *Text. Z.* 1906 S. 367 F.

MARCUSSON, die Bestimmung des Flamm- und Brennpunktes von Schmierölen im offenen Tiegel. (Apparat zur Flammpunktsbestimmung von Wagenölen — mit mechanischer Flammenführung; Apparat zur Bestimmung des Flamm- und Brennpunktes von Maschinen- und Zylinderölen mit mechanischer Flammenführung.) *Mitt. a. d. Materialprüfungsamt* 24 S. 218/24; *Chem. Z.* 30 S. 1183/4.

PARISH, engineering value of lubricating oils. (Tests.) (V. m. B.) *Mech. World* 39 S. 33/4, 225/6; *Text. Man.* 32 S. 23 F.; *Iron & Coal* 72 S. 886/7.

PARISH, influence of lubrication upon power. (Tests.) *Text. Man.* 32 S. 199/200.

WILLITS, government tests of lubricating oils. (Device for testing the gumming tendency of oil; apparatus for making gumming tests.)* *Iron A.* 77 S. 332/3.

WILLITS, tests of lubricating oils. (Frictional test on an oil testing machine; viscosity at different temperatures.) *Mech. World* 40 S. 306/7.

Schmiermittel-Prüfung.* *Z. Dampfk.* 29 S. 75/6.

FEIN, Oelprüfungsapparat. (Besteht aus einem

Elektromotor, dessen Kräfteverbrauch von der Schmierfähigkeit des Oeles abhängt.) * *Masch. Konstr.* 39 S. 62.

WOERNITZ, appareil à essayer les huiles. (Construit par E. A. G. LAHMEYER & CO.) * *Rev. ind.* 37 S. 34/5.

GRANT, the purification of lubricating oil. * *El. World* 48 S. 1053/5.

2. Schmiervorrichtungen. Lubricators. Lubrificateurs.

ALWARD, distribution of lubricating oil in a steam plant.* *Eng. Chicago* 43 S. 347.

Quelques graisseurs nouveaux. (Graissage BELLE-VILLE; graissage forcé des machines de „l'Africa"; graisseur à déplacement ALLEN; graisseurs HODGES, MICHALK, BELL, HJORTH, VICKERS & MAXIM, THURSTON, HOGHESAND, FLETCHER ET BUTTERWORTH; graisseur au graphite COMSTOCK, SWOYER; graisseurs PATTERSON, JOHNSON.)* *Rev. méc.* 19 S. 152/69.

Graissage des cylindres et des boîtes à vapeur.* *Portef. éc.* 51 Sp. 59/62.

DIETZ, high-pressure automatic lubricator.* *Eng. Chicago* 43 S. 112.

DIETZ, high pressure automatic lubricator for automobiles.* *Horseless Age* 17 S. 599.

FORCED LUBRICATION CO., Druckschmierverfahren. (Mit eigner Schmierpumpe für jede Schmierstelle.)* *Masch. Konstr.* 39 S. 199.

MASTER MECHANICS' ASSOCIATION, lubricators versus pumps. *Railr. G.* 1906, 1 S. 679.

The LAVIGNE CO. mechanical oil pump.* *Horseless Age* 17 S. 927.

LUNKENHEIMER CO., mechanical oil pump. (Driving mechanism of the ratchet type.) * *El. World* 48 S. 577.

Schmierpressen der Heißdampflokomotiven nach MICHALK und RITTER, W. *Z. Eisenb. Verw.* 46 S. 314.

Unterschmierung für Lokomotivstangenlager von RÖMBERG in Hameln a. W. *Organ* 43 S. 182.

PREMIER LUNKENHEIMER CO., gas engine cylinder lubricator.* *Mines and minerals* 27 S. 14; *Iron A.* 78 S. 78.

PATTON, lubrication of gas engine cylinders.* *Eng. Chicago* 43 S. 705.

TOWLE, lubrication systems for gas engines.* *Rudder* 17 S. 729/34.

Gas engine lubricator.* *Eng. Chicago* 43 S. 610.

Graisseur à bille système BORDES. (Fermeture du godet qui permet la rentrée de l'air à une pression intérieure convenable.)* *Rev. ind.* 37 S. 36; *Ind. vél.* 25 S. 77.

CALVIN, Zentralschmiervorrichtung (D. R. P. 139080). (Ein Schwimmerventil regelt den Zufluß des Oeles zu dem Speisebehälter in der Weise, daß darin eine gleichbleibende Oelhöhe erhalten wird.)* *Z. Dampf/k.* 29 S. 8/9.

LUNKENHEIMER CO., an improved oil gauge. (For registering the amount of oil in the journal box oil receptacle.)* *El. World* 48 S. 257.

DRAKE, to prevent wear of driving wheel flanges on curves. (ELLIOTT's steam flange oiler.) *Railr. G.* 1906, 1 S. 398.

EDGE, lubrication of spring joints. * *Horseless Age* 17 S. 920.

FOSTER, Spindelschmierung bei Spulmaschinen für die Weberei. (Schmierung von der abgeschlossenen Oelkammer aus, wo das Schmieröl zwischen Lager und Spindel niedersickert.)* *Uhlands T. R.* 1906, 5 S. 69; *Text. Man.* 32 S. 126/8.

OBERNESSER & SCHLICK, selbsttätige Schmiervorrichtung für sich drehende Wellen, insbesondere für Spindeln.* *Text. Z.* 1906 S. 920/1.

GEDDES' pulsator oil trap.* *Mar. E.* 28 S. 369/70.

KEITH, methods of internal lubrication. (Belted type of lubricator; injector lubricator; steam driven impulse type of lubricator; impulse lubricator to be connected to one end of the cylinder; rack and gear oil pump.) * *Eng. Chicago* 43 S. 807/8.

MC CARTY, modern scientific lubrication. (Use of grease. Fitting of brasses in journal boxes; metal in journal bearings.)* (V) (A)* *Railr. G.* 1906, 2 S. 118/9.

STILL, concerning a method of automatic lubrication for small high-speed engines. (Gravity flow, the oil being lifted before by a pump to the top of the frame; the oil dripping down falls on a cloth hanging below the crank and above the oil reservoir.) (V) (A) *Eng. News* 56 S. 380; *Mech. World* 40 S. 260.

STREBEL, Schmiervorrichtungen für Schiffsmaschinen.* *Z. V. dt. Ing.* 50 S. 1701/9 F.

STROHM, steam engine lubrication. (Positive lubrication of the guides of a CORLISS engine; oil cup; method of oiling the crosshead pin; use of wipers; crankpin oiler.)* *Text. Man.* 32 S. 92/3; *Mech. World* 39 S. 27/8.

TUCKER, sight feed oil cup. (For small bearings supporting high speed shafting. The cups have two ports which serve the double purpose of making it handy to fill and permitting the escape of air when filling with oil; feed by capillary attraction.)* *Text. Rec.* 30, 4 S. 148.

VICKERS, appliances for preserving and lubricating tail-shafts.* *Engng.* 81 S. 595.

MAIZE, oil cup for railway work.* *Street R.* 27 S. 290/1.

WAKEMAN, oiling systems for electric engines.* *El. World* 47 S. 1135/6; 48 S. 26/8.

Oiling systems for electric engines. (SKINNER engine; „White Star" oiling system; sight feed oiler; oil guards; oil pump; piping.) *Mech. World* 40 S. 126/7.

Tank lubricator for engines. * *Am. Miller* 34 S. 1001.

Automatic forced lubrication system.* *Am. Mach.* 29, 2 S. 312E/3 E.

AMERICAN LUBRICATOR CO., „Columbia" lubricator.* *Automobile, The* 14 S. 182/3.

GRAYBER and KARRIGAN, lubricator for steam engine cylinders. * *Sc. Am.* 95 S. 472.

Schmucksachen. Jewelry. Bijouterie.

Deutsche Kunstgewerbe-Ausstellung in Dresden. (a) * *J. Goldschm.* 27 S. 180/9.

Von der Bayerischen Jubiläums-Landes-Ausstellung Nürnberg 1906.* *J. Goldschm.* 27 S. 269/71.

Jubiläums-Kunstgewerbe-Ausstellung in Karlsruhe.* *J. Goldschm.* 27 S. 305/7.

Dänische Metallarbeiten. (Schmuckarbeiten von SLOTT-MÖLLER, MICHELSEN und BALLIN.) *Dekor. Kunst* 10 S. 116/7.

Schmucksachen von ADLER, Friedrich, München.* *Dekor. Kunst* 9 S. 334/5.

RÜCKLIN, das Doublé. *D. Goldschm. Z.* 9 S. 107 8.

JOSEPH, Herstellung fugenloser Röhren und Trauringe.* *J. Goldschm.* 27 S. 289/90.

Das Ziehen der Kettenglieder. (Zur Befreiung der Kettenösen von dem anhaftenden Sud.) * *J. Goldschm.* 27 S. 240.

Entstehung des Jetts. (Gagatkohle, Lagerstätten am Teltowkanal in der Nähe von Groß-Lichterfelde und in der Ziegelei Lübars bei Hermsdorf, Berlin; Gagatisierungsvorgang.) *Z. Drechsler* 29 S. 254/5.

Neue Schleifmethoden beim Diamanten.* *J. Goldschm.* 27 S. 276.

Das Schleifen mit dem Schieferschleifstein. (Schleifen goldener Sachen, flacher Medaillons.) *J. Gold-schm.* 27 S. 240.

Schneckenräder. Worm-wheels. Roues hélices. Siehe Zahnräder.

Schneepflüge. Snow-ploughs. Charrues à neige. Vgl. Eisenbahnwesen II 4, Straßenreinigung.

A combination snow-sweeper, derrick and work car. *Street R.* 28 S. 483.

Schneidwerkzeuge und -Maschinen. Cutting tools and -machines. Outils et machines tranchantes. Vgl. Sägen, Stanzen und Lochen, Werkzeuge, Werkzeugmaschinen.

HONEY, analysis of the cutting-off machine.* *Am. Mach.* 29, 1 S. 611/2.

TAYLOR, FRED. W., on the art of cutting metals. (Tool; cutting speed; feed.) (V. m. B.) *Eng. News* 56 S. 580/5.

Neuere Bestrebungen für unfallsichere Einrichtung der Papierschneidmaschine.* *Z. Wohlfahrt* 13 S. 69/75.

The „Granville" patent gutter-cutter. (Reversible to four different cutting positions. A spring is provided in the sleeve carrying the cutting tool for the purpose of allowing the latter to ride over the hard places of castings.)* *Builder* 90 S. 28.

CAMPBELL & CO., „Paragon" paper-cutters and parts.* *Printer* 38 S. 272.

The EBERHARDT BROS. automatic pinion cutting machine. *Iron A.* 78 S. 1150/1.

ENDE, machine à tailler les engrenages coniques de CHAMBON ET CIE. à Lyon. (Principe de la fraise hélicoïdale à pas superposés; construction et utilisation de la fraise.)* *Rev. méc.* 19 S. 446/55.

Machine GLEASON à tailler les pignons coniques.* *Rev. méc.* 18 S. 374/80.

KNOWLES & SONS' cloth-cutting machine. *Text. Man.* 32 S. 376.

Improved chaff-cutter for colliery horses. (Chaffcutter by RICHMOND & CHANDLER, Ltd.)* *Iron & Coal* 73 S 2014.

BIGNALL & KEELER MFG. CO., rolling pipe cutter.* *Railr. G.* 1906, 2 *Gen. News* S. 118; *Iron A.* 78 S. 1233.

A 12" motor driven pipe cutting and threading machine, built by the STOEVER FOUNDRY & MACHINE CO.* *Iron A.* 78 S. 1152/3.

Standard WIELAND pipe threading and cutting machine.* *Railr. G.* 1906, 1 S. 168.

Shearing press. (With automatic feed for cutting off bar stock from 3/8 to 5/8" diameter in lengths from 6" to 4'.)* *Am. Mach.* 29, 1 S. 788.

A new HILLES & JONES lever shear. (Has knives 16" long by 6" deep. Its normal speed is 26 strokes per minute and it is driven by a 20 H.P. motor.) *Iron A.* 77 S. 422.

BUFFALO FORGE CO., continuous shear, punch and bar cutter.* *Iron A.* 77 S. 769.

High-speed shears. (Latest types of high-speed shearing machines constructed by RHODES & SONS.)* *Eng.* 101 S. 379.

Reversible angle shear. (For angle irons.)* *Am. Mach.* 29, 1 S. 306/7.

Hydraulische Blechscheren.* *Stahl* 26 S. 1255/6.

Type of hydraulic shear for plates of 2' maximum thickness and 14' breadth by BREUER, SCHUMACHER & CO., Kalk.* *Iron & Coal* 73 S. 201.

Billet shears at German rolling-mills, constructed by BREUER, SCHUMACHER & CO.* *Engng.* 82 S. 311.

CLEVELAND PUNCH AND SHEAR CO., an odd motor application. (A big shear operated by a motor at the top.)* *Am. Mach.* 29, 1 S. 775.

DAMPFKESSEL- UND GASOMETERFABRIK A. G. of Brunswick, novel German shears.* *Am. Mach.* 29, 1 S. 673E.

The EXCELSIOR TOOL & MACHINE CO. double geared squaring shear.* *Iron A.* 78 S. 1534.

The No. 8 F. universal trimmer manufactured by the FOX MACHINE CO. (The cut is made by the knife shearing against the point of a gauge which is made to swing in the arc of a circle.)* *Iron A.* 78 S. 1433/4.

HASENCLEVER SÖHNE, Schere. (Anschlagvorrichtung, die es möglich macht, Metallstücke mit beiderseits rechtwinkligen Scherflächen zu erhalten.)* *Z. V. dt. Ing.* 50 S. 417/8.

JOHN's improved shearing machines.* *Iron & Coal* 72 S. 1401/2.

KLUSZMANN, neuere Blechscheren.* *Mech. Z.* 1906 S. 204.

A self-propelling JOHNS beam shear with motor drive, built by PELS & CO., New-York.* *Iron A.* 78 S. 599.

PELS & CO., JOHNS' patent joist shear and angle and T-bevel cropper.* *Iron & Coal* 73 S. 1254.

RHODES & SONS, high-speed shearing machine with cropping attachment. (A novel feature is the addition of a cropping attachment at the back of the machine.)* *Am. Mach.* 29, 1 S. 339/40E.

SELLERS & CO., für Schrägschnitt verwendbare Winkeleisenschere.* *Uhlands T. R.* 1906, 1 S. 63/4.

WILKE & CO., Profileisenschere. *Z. Werksm.* 10 S. 162.

A combination plate and angle shear, built by WAIS, Cincinnati, Ohio.* *Iron A.* 77 S. 863.

Universal shear by the WAIS MACHINE CO.* *Am. Mach.* 29, 1 S. 493.

WATTIEZ, cisaille coupe-échantillons. (RENAUT, deux formes bien distinctes, l'une vraie machine d'atelier, l'autre rendue portative, destinée à être l'outil de la maison autant que de l'usine.)* *Ind. text.* 22 S. 253/4.

Blechschere „Fortschritt" der WERKZEUGFABRIK JOH. ABELE in Esslingen. *Z. Werksm.* 11 S. 111/2.

V. ERNST, Säge ohne Zähne zum Kaltschneiden von Eisen. *Z. O. Bergw.* 54 S. 137/8.

Electrical cutting of steel beams and girders. (Carried out at the University of California.) *Iron A.* 78 S. 750.

The „Ballard" electric cloth cutter. (The operator cuts round the pattern desired while the overhead wiring enables a large area to be worked over.)* *Text. Man.* 32 S. 412.

BERTRAMS, improved electrically-driven shearing machines.* *Am. Mach.* 29, 2 S. 496E/7E.

SCHWARZE, a German electric bloom shear.* *Iron A.* 77 S. 578/81.

BURR, cutting of steel by the combustion process. JOTTRAND's process depending upon the union of oxygen and iron.) *Mech. World* 40 S. 267; *Iron A.* 78 S. 1148/9; *Iron & Coal* 73 S. 1764.

Schornsteine. Chimneys. Cheminées. Vgl. Feuerungsanlagen.

RICHARDS, metallurgical calculations. (Chimney draft and forced draft.) *Electrochem. Ind.* 4 S. 55/9F.

Capacity of chimneys. *Mech. World* 39 S. 298.

SALIGER, Querschnittsabmessungen von Schornsteinen aus Eisenbeton. (Bei der Berechnung wird der ganze Eisenbetonquerschnitt auf einen

sehr schmalen Ring vereinigt gedacht; die Beanspruchungen sind von dem gleichen Gesichtspunkte aus zu bemessen, der bei Balken und Gewölben maßgebend ist.) *Bet. u. Eisen* 5 S. 75/6.

PORTER, chimney draughting and connecting flues in chemical works. (V. m. B.)* *Chemical Ind.* 25 S. 1/4.

PORTER, chimneys and flues.* *Eng. min.* 81 S. 950/1.

CHRISTIE, recent American chimney practice.* *Cassier's Mag.* 29 S. 267/79.

RITT, Schornsteine für Zentralheizungen und Koksdienst.* *Z. Heis.* 11 S. 135/6.

Lokomotivschuppenrauchrohre. * *Techn. Z.* 23 S. 281.

Zugstörungen bei Hauskaminen.* *Techn. Z.* 23 S. 514/6.

JOHNS-MANVILLE CO., fire and acid proof smoke stacks.* *Railr. G.* 1906, 1 *Suppl. Gen. News* S. 50.

RAULS, Vorteile der Schornsteine aus Verblendziegeln. (Verminderter Wärmeverlust.) *Töpfer-Z.* 37 S. 125/6, 164/7.

Radialziegel für Schornsteine. *Stein u. Mörtel* 10 S. 199 F.

Verwendung von Kaminsteinen aus Zement und Verbot ihrer Anwendung im Regierungsbezirk Minden. *Baumatk.* 11 S. 165.

LANDMANN, Schornsteine und kreisrunde Pfeiler aus Eisenbeton. (Berechnung.) * *Bet. u. Eisen* 5 S. 284/6.

KÜNZELL, Schornstein aus Eisenbeton. (Betonaufbau, in den eiserne Rohre als Einlagen nebeneinander eingebettet sind.) * *Techn. Z.* 23 S. 530.

WESTINGHOUSE, CHURCH, KERR & CO., straightening a 250' chimney at the Detroit, Mich. works of the Solvay Process Co. (Circular brick, foundation built of concrete. Extension footings of concrete outside the masonry foundation bonded to the main structure by cutting slots into the latter into which the concrete extensions are grouted with steel reinforcement.) *Eng. Rec.* 54 S. 727.

GRISWOLD, cement mortar linings foor steel stacks. (Portland cement mortar reinforced with $^1/_4''$ corrugated steel bars placed vertically and spaced about 20'' apart around the stack with herringbone expanded metal lath wired to the rods.) * *Eng. Rec.* 54 S. 168.

ATLAS CONSTRUCTION CO. OF ST. LOUIS, a new type of reinforced-concrete chimney. (WIEDERHOLT system 100' high uniform outside diameter of 7'. The lower 50' of this wall is 9'' and the upper 50' is 6.5'' thick.) * *Eng. Rec.* 54 S. 670.

Schornstein aus Eisenbeton mit rohrförmigen Eiseneinlagen. *Vulkan* 6 S. 189.

Danger of high chimneys in earthquake regions. (Short stacks; forced or induced draft.) *J. Frankl.* 162 S. 370.

STAFFORD, tall chimney construction. (In connexion with the Isis Portland Cement Works at Clitheroe, Lancashire. 156' high, 7' 6'' and 15' outer diameters on the top and the ground line; firebrick chamber, erected to a height of 30' with a cavity round it.) * *Builder* 91 S. 298/300.

LINDEMAN, 350' brick chimney for acid chemical gases. (At the chemical works of the Heller & Merz Co., at Newark, N. J.; the concrete extends 4' below the original ground surface, having a 1' grip on pile heads; the stack is constructed of perforated radial brick of the CUSTODIS pattern; lining bricks of the radial

perforated type; lightning rod point of retort graphite.) * *Eng. News* 55 S. 165/6.

SALIGER, Schornstein aus Eisenbeton. (Von der WEBER STEEL - CONCRETE CHIMNEY CO. in Chicago für die Butte Reduction Works in Butte vollendet. Gesamthöhe von 107,4 m, wovon 101,3 m über dem Boden liegen, gleichbleibender Innendurchmesser von 5,49 m und Wandstärken von 13 bis 23 cm; Eiseneinlagen mit $_l$-Querschnitt.)* *D. Baus.* 40, *Mitt. Zem., Bet. u. Eisenbetbau* S. 25/6; *J. Ass. Eng. Soc.* 36 S. 109/12; *Eng. Rec.* 53 S. 124.

Failure of a reinforced concrete chimney at Peoria, Ill. (Built by the WEBER STEEL CONCRETE CHIMNEY CO., of Chicago; carelessness of workmen in not properly mixing the concrete.)* *Eng. News* 56 S. 387; *West. Electr.* 39 S. 288; *Zem. u. Bet.* 5 S. 378/80.

Risse in Schornsteinen. (Ringspannungen; mangelhafter Stoff; Ausbröckeln der Fugen; mangelhafte Arbeit; Sturm und Erdbeben; Ausbesserung.) *Z. Dampfk.* 29 S. 156/7 F.

SÜDDEUTSCHE BAUGESELLSCHAFT FÜR FEUERUNGSANLAGEN UND SCHORNSTEINBAU in Mannheim, Schornsteinabtragung. (Mittels einer Lutte und eines luftdichtgeschlossenen gußeisernen Kastens gebildetes Luftkissen.) * *Z. Dampfk.* 29 S. 239.

Lüftung, Lüftungs- und Schornsteinaufsätze, Luftbefeuchtung.* *Z. Beleucht.* 12 S. 376/8 F.

MEHL, BÜCHNERscher Schornsteinaufsatz.* *Dingl. J.* 321 S. 190.

Verbesserter JOHNscher Schornsteinaufsatz.* *Presse* 33 S. 793.

Schornsteinaufsatz aus Beton. (D. R. G. M. 219487.)* *Zem. u. Bet.* 5 S. 229/30.

HOPPES MANUFACTURING CO., cast-iron exhaust head.* *El. World* 47 S. 1201.

HOUZER, Schornstein- und Fuchsanlagen auf der Bayerischen Jubiläums - Landes - Ausstellung zu Nürnberg. (Haupt- und Nebenfüchse sind nach oben abgewölbt, und das Gewölbe des Hauptfuchses ist durch I-Träger entlastet; Schornstein von 50 m Höhe, an der Mündung eine lichte Weite von 2,5 m; Fundament aus Zementbeton; der Kopf ist gleich dem Schafte in Radialsteinen ausgeführt.) * *Uhlands T. R.* 1906, 2 S. 67/8.

THOSTscher Fuchsschieber mit luftdichtem Gehäuse.* *Z. Baugew.* 50 S. 22/3.

Chimney with water tank attachment.* *Eng.* 101 S. 506.

MARCKS, Schornsteineinsatz zum Schutz der Rauchausmündung gegen Störung durch den Wind. (D. R. P.' 167 633; zwangsweise Wirkung von Klappen auf den von Wind und Rauch zu nehmenden Weg, so daß der Schornstein garnicht mehr über benachbarte Dachfirste usw. hinausgeführt zu werden braucht.) *Städtebau* 3 Nr. 5.

SCHUHMANN, Konstruktion eines Flugaschenabscheiders. *Erfind.* 33 S. 250/3.

SEIDEL, neues Kehrgerät für Schornsteine.* *Erfind.* 33 S. 8/9.

Schräm- und Schlitzmaschinen. Holing and cutting-machines. Machines à entailler les couches et à couper la couche. Vgl. Bergbau 2, Bohren, Fräsen, Gesteinbohrmaschinen.

Mechanical coal cutting. (Report of the committee upon mechanical coal cutting.) *El. Rev.* 59 S. 330/1.

REINKE, neuere Erfahrungen mit maschineller Schrämarbeit in den Dortmunder Bergrevieren. (Die maschinelle Schrämarbeit in Vorrichtungsbetrieben; die EISENBEISsche Schrämmaschine im

Abbau; elektrische Schrämmaschine.)* *Glückauf* 42 S. 1377/84.

TÜBBEN, Verwendung von Schrämmaschinen beim Kohlenbergbau in Ruhrkohlenbezirk, in Nord-Frankreich und in England. *Z. Bergw.* 54 S. 321/62.

Verwendung von Schrämmaschinen in Großbritannien im Jahre 1905. *Glückauf* 42 S. 1239/43.

CHARLTON, coal-cutting machines of the bar type. (V. m. B.) *Iron & Coal* 72 S. 455/6.

Chain coal-cutters. (V. m. B.) *Iron & Coal* 73 S. 2179/80.

HOPKINSON, chain coal-cutting machines. *Iron & Coal* 73 S. 1765/7.

MAVOR & COULSON, three-phase coal-cutter.* *El. Rev.* 59 S. 37/8.

The MOIR coal-cutting machine.* *Iron & Coal* 72 S. 291.

SCOTT & MOUNTAIN disc-type coal-cutter.* *Iron & Coal* 72 S. 42.

Central-disc SCOTT & MOUNTAIN coal-cutter mounted on skids.* *Iron & Coal* 72 S. 43.

TÜBBEN, Bohr- und Schrämmaschine mit Kernbohrwerkzeug.* *Glückauf* 42 S. 206/9.

Schrauben und Muttern. Screws and nuts. Vis et écrous.

1. Herstellung (Maschinen, Werkzeuge usw.). Fabrication (machines, tools etc.). Fabrication (machines, outils etc.).

Improved thread rolling machinery. (History. Thread roller of the MANVILLE MACHINE CO.)* *Iron A.* 78 S. 148/50.

Herstellung von Schneidbacken.* *Z. Werksm.* 10 S. 305/7.

Vertikale Gewinde-Schneidmaschine.* *Z. Werksm.* 10 S. 189/90.

Portable hand-power screwing machine.* *Am. Mach.* 29, 2 S. 376 E.

CONSOLIDATED PNEUMATIC TOOL CO.'s screwing machine. (Operates on ¹/₂ to 12" pipes.)* *Mar. E.* 29 S. 155/6.

„Helios" die stock.* *Mar. E.* 28 S. 7.

La fabrication des écrous sans déchet. *Gén. civ.* 49 S. 384.

Cutting a long square thread screw without a lathe or a die. *Am. Mach.* 29, 2 S. 94/5.

Making nuts and rings without waste. (Method of making nuts by bending a piece of bar stock around a mandrel; punching nuts from blanks sheared from a flat bar; forging and punching nuts from blanks sheared from a round bar; upsetting and punching method, using bar stock the diameter of the bore of the nut.)* *Iron A.* 77 S. 2048/51; *Mech. World* 40 S. 86/8.

ACME LATHE AND PRODUCTS CO., simplex automatic screw machine. (4-spindle.)* *Am. Mach.* 29, 1 S. 106/107 E.; *Iron A.* 77 S. 198.

BRIDGE & CO., improved automatic thread, cord, tape, and washer cutting machine.* *Pract. Eng.* 34 S. 134/5; *Mech. World* 40 S. 55/6.

BURTON, GRIFFITHS & CO., multiple-spindle automatic turret machine.* *Am. Mach.* 29, 1 S. 340/1 E.

CLARK's ENG. AND MACHINE TOOL CO., automatic screw-cutting capstan-lathe.* *Am. Mach.* 29, 1 S. 703/4 E.

CONSOLIDATED PNEUMATIC TOOL CO., type of screwing machine.* *Page's Weekly* 9 S. 756/8.

DANIELL, portable hand-power bolt-screwing machine. (For threading by hand bolts and nuts up to 1 in. diam.) *Am. Mach.* 29, 1 S. 224 E.

DEAN, SMITH & GRACE high-speed sliding surfacing and screw-cutting lathe.* *Pract. Eng.* 33 S. 688/9.

DRON AND LAWSON, automatic screwing machine.

(To cut parallel or taper threads with ordinary parallel dies.) *Am. Mach.* 29, 2 S. 617 E.

GÖBEL, Gewindeschneidemaschine.* *Z. Werksm.* 10 S. 398/9.

GÖTZEN, das Gewindeschneiden auf Leitspindel-Drehbänken ohne Wechselräder. (Vorrichtung.)* *Organ* 43 S. 15.

POLLOCK & MACNAB, machine radiale à percer et à tarauder à grande vitesse.* *Rev. ind.* 37 S. 53/4.

Taper threading attachment as applied to the 6×48" thread milling machine built by the PRATT & WHITNEY CO.* *Iron A.* 78 S. 1306.

SCHNEIDER, LUDWIG, Neuerung an der WALWORTHschen Gasrohrgewindeschneidekluppe zur Herstellung von Doppelnippel.* *Bad. Gew. Z.* 39 S. 183.

Tour automatique multiple à fileter, système SPENCER.⊠ *Rev. ind.* 37 S. 218/9.

UNIVERSAL MACHINE SCREW CO., automatic screw machine. (It is driven by three belts from the countershaft; two are used to drive the spindles the third belt drives the cam shaft through a worm and worm gear.)* *Am. Mach.* 29, 1 S. 168/9; *Iron A.* 77 S. 403/5.

WATERBURY FARREL FOUNDRY & MACHINE CO., reciprocating screw-thread rolling machine.* *Railr. G.* 1906. 1 S. 215.

WILSON lathe threading tool.* *Iron A.* 77 S. 1901.

WINN & CO., improved tube screwing machine. (For screwing iron and steel tubes up to 9" internal diameter.)* *Am. Mach.* 29, 2 S. 678 E.

GEOMETRIC TOOL CO., opening taper-threading die and a collapsing pipe-tap.* *Am. Mach.* 29, 1 S. 338/9.

WATERWORKS EQUIPMENT CO., NEW-YORK, large power-driven pipe-tapping machine with special sleeve and valve connection. (Making a 30" connection with a 30" water main at Trenton, N. J.)* *Eng. News* 55 S. 412.

Automatic safety attachment for screwcutting, constructed by JOHNSON, ROBERTS & CO.* *Engng.* 81 S. 769.

Werkzeug zum Tiefbohren und Gewindeschneiden in tiefe Löcher.* *Uhlands T. R.* 1906, 1 S. 47/8.

LOACH, attachment for the nut facer. (For facing semi-finished cold pressed nuts.)* *Am. Mach.* 29, 1 S. 256/7.

2. Sicherungen. Nut locks. Arrêts de sûreté.

The positive locking washer. (Securing bolt nuts and set screws where great vibration is in force, especially for motors, tramways and railways.)* *El. Rev.* 58 S. 667.

MINNE, desserrage des écrous. (Rondelle GROWER. Résultats dans les chemins de fer.)* *Mém. S. ing. civ.* 1906, 2 S. 17/21.

Schraubensicherung System STINNER. *Z. mitteleurop. Motww.* 9 S. 536/7.

3. Verschiedenes. Sundries. Matières diverses.

ASSOCIATION OF LICENSED AUTOMOBILE MANUFACTURERS, standards for screw threads and bolts of high-grade steel.* *Eng. News* 56 S. 401.

CAMINER, Vorrichtung zur Aufhebung des toten Ganges an Mutter- und Schraubengewinden.* *Mechaniker* 14 S. 271/3.

FISCHER & WINSCH, Schraubenkontroll-Lehre.* *Bayr. Gew. Bl.* 1906 S. 57.

PRATT, modification of the differential screw. (The action is such, that when opening the jaws or when closing them to take up the slack only one screw acts, the differential action coming into play after the jaws have closed on the work.)* *Am. Mach.* 29, 1 S. 486/7.

RAYLWAY LOCK-NUT CO., „Bull-Dog" lock-nut.* *Railr. G.* 1906, 1 Suppl. Gen. News S. 184/5.

THORNE, vice clamp for screws.* *Am. Mach.* 29, 1 S. 705E.

Some objections to the commercial fillister and flat-head screws.* *Am. Mach.* 29, 1 S. 59/60.

Schraubenschlüssel. Screw-wrenches. Clefs à vis. Siehe Werkzeuge.

Schraubenzieher. Screw-drivers. Tourne-vis. Siehe Werkzeuge.

Schreibmaschinen. Type writers. Machines à écrire. Vgl. Telegraphie 1 b a.

SCHMIDT, HANS, Schreibmaschinen und deren besondere Vor- und Nachteile. *Papier-Z.* 31, 2 S. 3599/3601.

Schreibmaschinen und deren besondere Vor- und Nachteile. (Entgegnung zum Aufsatz von SCHMIDT, S. 3599/3601.) *Papier-Z.* 31, 2 S. 3742.

DOYLE, typewriter ribbons. (Tests to show the quality of the ribbon fabric, to ascertain the nature of the ink, and of writing.) *J. Am. Chem. Soc.* 28 S. 706/14; *Chem. News* 94 S. 202/5.

GRADENWITZ, a shorthand-writing machine.* *Sc. Am. Suppl.* 62 S. 25845/6.

HOWARD, geschichtliches über die Schreibmaschine. (SCHWALBACHs Anordnung, bei der die Taster in vier Reihen übereinander verteilt und die Hebel durch Einschaltung eines Zwischenhebels verkürzt sind.)* *Papier-Z.* 31, 1 S. 1887.

ESPITALLIER, la „Lambert" machine à écrire.* *Nat.* 34, 1 S. 136/7.

Schreibtischgeräte. Writing table appliances. Ustensiles de bureau. Vgl. Schulgeräte, Zeichnen 2.

ENGELHARDT, Federhalter. (Von solcher Form, daß er zwischen dem leicht gekrümmten Zeige- und Mittelfinger sicher liegt)* *Papier-Z.* 31, 1 S. 267.

CAW's Füllfederhalter.* *Papier-Z.* 31, 2 S. 3926.

Behandlung von Füllfedern. *Papier-Z.* 31, 2 S. 3465.

MAGINNIS, reservoir-, fountain-, and stylographic pens. (a)* *Sc. Am. Suppl.* 61 S. 25312/4F.

SIEMENS & HALSKE, tantalum pens.* *Eng. min.* 81 S. 367.

Praktische Anleitung zur Herstellung von Tintenlöschern. *Erfind.* 33 S. 375.

NUESE, Federreiniger „Perfekt". (Federnder Bügel mit Backen, in welche Bürsten eingelassen sind.) (D. R. G. M. 246 178.)* *Uhlands T. R.* 1906 *Suppl.* S. 140.

The WRIGHT pencil sharpener. *Iron A.* 78 S. 1131.

Schuhmacherei. Shoe making. Cordonnerie.

ROLAND, wie werden heute Schuhe und Stiefel hergestellt? (Gradiermaschine; Stanzeisen, Spalt- und Egalisiermaschine, Stempelmaschine, Agraffen-Einsetz-Maschine, Umnähmaschine; KEATS' Pechdraht-Steppstich-Maschine; Zwicken; Verbindung des Schafts mit dem Boden; Herstellung von KEATS' Rahmenschuhwerk; Rahmenegaliermaschine; Grabenziehapparat; KEATS' Steppstich-Rahmenschuhwerk; Sohlenausschneidemaschine; Rißöffnungsmaschine; KEATS' Doppel-Maschine; Rißschließ-Maschine.)* *Schuhm. Z.* 38 S. 482/3 F.

Unsere Leisten. (Anfertigung. Sohlenteil, Vorderteil.)* *Schuhm. Z.* 38 S. 111/2 F.

STRUNCK, Entwerfen des Grundmusters nach der Leistenkopie.* *Schuhm. Z.* 38 S. 148/9.

Uebertragung des Hackenwinkels von Leisten auf das Muster. *Schuhm. Z.* 38 S. 127.

RUFFANUS, wie erhält man einen dünnen, anliegenden und haltbaren Gelenkschnitt? *Schuhm. Z.* 38 S. 161.

ROTHE, das Walken mittels Maschine. (Maschine von MÄDLER. Die Walkausschnitte werden

über auswechselbare Holzblöcke gezogen; Bau der Maschine aus schmalen Stahl- und Eisenschienen.) *Schuhm. Z.* 38 S. 451/2.

Das Aufzwicken. *Schuhm. Z.* 38 S. 281.

RUDZKI, Bruchlinie des Zwickelstiefels.*. *Schuhm. Z.* 38 S. 64/5.

PETERS, der Kropfstiefel mit Seitennähten und aufgelegtem Kropf. (Anfertigung.)* *Schuhm. Z.* 38 S. 27/8.

PETERS, Kropfstiefel-Modell.* *Schuhm. Z.* 38 S. 63/4.

Der Schaftstiefel mit Seitennähten. (Einarbeiten des Futters; Bestechen der Seitennähte; Einsetzen der Kappen; Einsetzen der Uebersteppe.) *Schuhm. Z.* 38 S. 220/1.

CHMIELUS, Herstellung steifer Vorderkappen. *Schuhm. Z.* 38 S. 640.

ROTHE, die Schärfmaschine und ihr Wert für das Maßgeschäft. *Schuhm. Z.* 38 S. 640.

Vorsichtsmaßregeln beim Anstrich elektrischer Werke. (Schuhe mit Kautschuksohlen.) *Malers.* 26 S. 457/8.

NIESE, zweckmäßige Fußbekleidung in Gießereien. (Zugstiefel mit Gummieinlage haben sich am besten, die Halb- und Schnürschuhe am schlechtesten gegen Fußverbrennungen bewährt.) *Techn. Z.* 23 S. 313; *Ratgeber, G. T.* 5 S. 401/2.

ROTHE, Fußleiden und naturgemäße Fußbekleidung. (Im Zehenteil strahlenförmig nach außen sich breiternde Anlage; Umriß des mit dem Körpergewicht belasteten Fußes.) *Schuhm. Z.* 38 S. 184/5.

EGGERS, moderne Beschuhung für Kurzbeinige. (V)* *Schuhm. Z.* 38 S. 449/51 F.

Orthopädischer Korkkeilstiefel für Kurzbeinige.* *Schuhm. Z.* 38 S. 232/3.

Gummi-Sohlen und -Absätze.* *Gummi-Z.* 20 S. 1277/9.

CUMMINGS CO. OF WORCESTER AND BOSTON, cushion sole for shoes. (Comprises a sock lining consisting of an upper layer of duck and a lower layer of leather cut to the shape of a shoe sole and sewed along their edges.) (Pat.)* *Sc. Am.* 94 S. 76.

KLAUS, Aluminium-Draht-Einlegesohlen.* *Schuhm. Z.* 38 S. 294/5.

Wie verhütet man das Knarren der Schuhe? (Sohlenaufleg-Zement; feste Verbindung aller Teile.) *Schuhm. Z.* 38 S. 412.

Praktische Winke für Schuhmacher. (Haltbarmachen derben Oberleders mit Rizinusöl; Putzen farbiger Schuhe mit roher Milch und Terpentin.) *Schuhm. Z.* 38 S. 498.

KOLLER, über Sohlenschutzmittel. (Rezepte zu verschiedenen Mitteln, um den Sohlen eine größere Dauer zu verleihen.) *Erfind.* 33 S. 52/4.

Electric shoe-blacking machine.* *Sc. Am.* 95 S. 424.

Schulgeräte. School utensils. Utensiles scolaires. Vgl. Hausgeräte, Schreibtischgeräte, Zeichnen 2.

LICKROTH & CIE., schwellenlose Kombinationsschulbank. (Nicht miteinander verbundene Vollbänke, die zwischen Tisch und Sitzbank durch ein gebogenes U-förmiges Eisenstück vereinigt sind.)* *Techn. Gem. Bl.* 8 S. 303/4.

Schutzvorrichtungen, gewerbliche. Safety appliances. Dispositifs de sûreté. Vgl. Feuerlöschwesen, Gesundheitspflege 3 u. 5 und die einzelnen Gewerbzweige.

BERGMANN, Münchener Museum für Arbeiterwohlfahrtseinrichtungen auf der Nürnberger Landes-Ausstellung. (Einrichtungen für die Unterbringung von Acetylen; Schutzvorrichtungen an Motoren und Transmissionen. Sicherung gegen Feuers- und Explosionsgefahr; Schutzvorrich-

tungen an Metallbearbeitungsmaschinen; Sicherung von Aufzugsanlagen; kraftschlüssige Verbindung zwischen Fahrstuhl und Steuerzug; Schutzvorrichtungen für maschinelle Holzbearbeitung.) *Bayr. Gew. Bl.* 1906 S. 401/3 F.

Schutztechnik auf der Deutschböhmischen Ausstellung in Reichenberg. (Sicherung des Zentrifugenantriebriemens; Aufzugsverschlußsystem PADOUR und SPERLING; Schachtverschluß System GASCH; Saugtrichter für Absprengzeuge mit Stellvorrichtung; Auslaufventil System MARR; Haube für Bürstenzeuge.) * *Z. Gew. Hyg.* 13 S. 533/8.

Betriebsunfälle und Schutz der Arbeiter vor Gefahren. (Statistik.) *Ratgeber, G. T.* 5 S. 273/82 F.

JACKSON, Aufzugssicherung mit zwangsweisem Türenverschluß. *Oest. Woll. Ind.* 26 S. 618.

Aufzugssicherungen von E. LICOT in Paris. (Aufzugstürverschluß von LICOT; elektrischer Kontakt zum LICOTschen Aufzugstürverschluß; Bodenschutzvorrichtung am Fahrstuhl; automatische Abstellung elektrisch betriebener Aufzüge beim Oeffnen der Schacht- oder Kabinentür von LICOT.) * *Z. Gew. Hyg.* 13 S. 513/4.

A protective gate for cages. * *Iron & Coal* 72 S. 2312.

Sicherheitseinrichtung für Aufzüge. (Die es den in dem Fahrkorb sich befindenden Personen ermöglicht, im Falle einer Betriebsstörung, wenn der Fahrkorb zwischen zwei Stockwerken stehen geblieben ist, ohne jegliche Hilfe von außen aus dem Fahrkorbe ins Freie zu gelangen.) * *Ratgeber G. T.* 5 S. 434/6.

Sicherheitsstangen an Schächten. * *Z. Wohlfahrt* 13 S. 139/40.

Sicherung eines Bremsaufzuges. (Für Dampfziegeleien, um die frisch gepreßten Ziegel in die ein oder zwei Stockwerke über dem Ringofen angelegten Trockenräume zu heben und nach Trocknung mit einem Bremsaufzuge, zwecks Einfahrens in den Ofen, wieder herabzulassen)* *Z. Gew. Hyg.* 13 S. 540.

STUCKENHOLZ, Sicherheitsvorrichtung an Gießkränen. (Die Gießpfanne setzt während des Gießens in beliebig vielen verschiedenen Höhenlagen auf untergeklappte oder untergeschobene Riegel auf, so daß die Huborgane und die Hubwerksbremsen vollständig entlastet sind.* *Ratgeber, G. T.* 6 S. 83/4.

HEMINWAY, automatic safety devices for steamengines, turbines and motors. (V. m. B.) * *Proc. El. Eng.* 25 S. 557/63.

HEMINWAY, automatic engine stops. (Several forms of safety devices for steam engines and turbines.)* *El. World* 47 S. 1132/3.

Schutzvorrichtungen für Werkzeugmaschinen. (Ingangsetzen nach Auslösung eines Sperrhakens durch einen Elektromagneten.) * *Ratgeber, G. T.* 5 S. 230/1.

Schutzvorrichtungen an Schleudermaschinen. (Verschlüsse in den Zuckerfabriken Grimschleben und Michaelisdonn; in Rastenburg, Helmsdorf, Kosten, Löbau und Schwittersdorf.)* *Ratgeber, G. T.* 6 S. 105/7.

MASSARELLI, Schutzvorrichtungen und Sicherheitsmaßnahmen für Zentrifugen. (Auszug aus einer Veröffentlichung der ASSOCIAZIONE DEGLI INDUSTRIALI D'ITALIA. Verbindung des Schutzdeckels und der Riemengabel des Vorgeleges, Handhabung des Schutzdeckels mittels der Zentrifugenbremse.)* *Z. Gew. Hyg.* 13 S. 48/51 F.

Schutzvorkehrungen für Friktionsfallhämmer mit niedrigen Fallhöhen des Bären.* *Z. Gew. Hyg.* 13 S. 278.

REVERCHON, billiger Fallschutz für Turmuhrgewichte. *Uhr-Z.* 30 S. 29.

Augenschutzvorrichtung an Achsendrehbänken. (In Rahmen eingesetzte Glasscheiben.) * *Ratgeber, G. T.* 6 S. 85.

Gesichtsschutzmaske nach EICHENTOPF. (Besteht aus durchsichtigem dünnen Zelluloid; um Aerzte gegen Ansteckung zu schützen.) * *Med. Wochr.* 53 S. 1968.

ADAM, GEORG, über Gesundheitsgefahren bei der Eisenverarbeitung und ihre Verhütung. (Asbestschutzschirme; Luftschleier; Wasserschleier; mit Wasser berieselte Schutzbleche; Verhinderung des Austritts giftiger Gase durch Dampfstrahlen.) *Z. Gew. Hyg.* 13 S. 139/40 F.

PRADEL, Schutzvorrichtung an Feuerungsanlagen. (Gegen die Strahlungswärme und das Austreten heißer Gase; Einrichtungen an den THOST-CARIO-Feuerungen; Vorrichtung KRIDLO; Festhaltung der Gase in dem vorderen Ofen nach GAETCKE.) *Z. Dampfk.* 29 S. 215; *Ratgeber, G. T.* 5 S 337/42.

OTTO, Maßnahme zur Verhinderung einer Vergiftung infolge Einatmung von Kohlensäure bei der Bedienung der Kalköfen. (In der Zuckerfabrik Schladen; Nachweis von Kohlensäure durch Erlöschen von Lampen.) *Ratgeber, G. T.* 6 S. 104/5.

BOESE, Absaugung der Säuredämpfe in einer Metallbeizerei (sogen. Gelbbrenne). (Durch den Dampfschornstein unter Vermittlung einer oberirdisch verlegten Tonrohrleitung.)* *Ratgeber, G. T.* 5 S. 227/9.

FELBER, Explosion und Explosionsschutz. *Fabriks-Feuerwehr* 13 S. 77/8 F.

In ein Gefäß für feuergefährliche Flüssigkeiten einschraubbarer Siebeinsatz. (Einsatz aus mehreren durch Schrauben zusammengehaltenen Ringscheiben, zwischen denen kleine dünne Zwischenblättchen angeordnet sind. Diese lassen zwischen den Ringscheiben schlitzförmige Oeffnungen frei, durch welche die feuergefährliche Flüssigkeit hindurchfließen, wogegen eine Flamme von außen unmöglich hineinschlagen kann.) * *Ratgeber, G. T.* 6 S. 84/5.

DECOSTER, Kreissägenschutzvorrichtung. * *Z. Gew. Hyg.* 13 S. 273/7.

GERSTL, Schutzvorrichtung an Zirkularsägen. *Landw. W.* 32 S. 83.

ROZET, Zirkularsäge-Schutzvorrichtung. * *Z. Gew. Hyg.* 13 S. 482/4.

FROIS, Zirkularsägen-Schutzvorrichtung. (Sicherung durch eine die Sägezahnung deckende sichelförmige Stahlklinge.)* *Z. Gew. Hyg.* 13 S. 81/2.

SCHAUB, Schutzvorrichtung für Kreissägen zum Schneiden von Querholz (Brennholz). *Ratgeber, G. T.* 5 S. 403/4.

Zur Hygiene der manuellen Holzlaubsägearbeit. (Vorrichtung, um das Werkstück in einer höheren Lage als die gewöhnliche Tischebene zu halten.)* *Z. Gew. Hyg.* 13 S. 487.

Schutzvorrichtung an Dickten-Hobelmaschinen. *Z. Gew. Hyg.* 13 S. 626/7.

Schutzvorrichtung an Fräs- und Hobelmaschinen. * *Z. Drechsler* 29 S. 7 F.

TURNER, LUKE & SPENCER, neue Schutzgehäuse für Schleifsteine. (Eng. Pat.) * *Ratgeber, G. T.* 6 S. 45/7.

MAMY, nouveaux protecteurs pour meules artificielles. (Protecteur - ventilateur - collecteur de poussières, système PATOUREAU). * *Gén. civ.* 48 S. 240/1.

FRIEDERICHS, Einspann- und Schutzvorrichtungen für Schmirgelscheiben. (V. m. B.) *Z. V. dt. Ing.* 50 S. 662/3.

67

LUKE & SPENCER, emery-wheel guards.* *Am. Mach.* 29, 1 S. 164 E.

MITCHELL'S EMBRY WHEEL CO., emery wheel guard. (A wrought iron bracket is fastened to the back of the machine and carries a plain strap which passes round the back to the top of the wheel.)* *Am. Mach.* 29, 1 S. 136 E.

PATOURBAU, Schutzvorrichtung und Staubabsaugung für Schmirgelsteine.* *Z. Gew. Hyg.* 13 S. 568/70.

Automatic safetty attachment for screw-cutting, constructed by JOHNSON, ROBERTS & CO.* *Engng.* 81 S. 769.

CARSTENS, Sicherheitswelle für Abrichtmaschinen. (Ueberdeckung der Vierkantquerschnitte der Messerwellen durch abrundende, auf die Vierkante aufgeschraubte Beilagen.)* *Uhlands T. R.* 1906, 2 S. 71.

SCHLENKER, Sicherheitsvorrichtungen für übereinanderstehende Kollergänge.* *Tonind.* 30 S. 1972/3.

FLEISCHER & GÖRG, Arbeiterschutzvorrichtung für Pressen, Stanzen und ähnliche Maschinen.* *Ratgeber G. T.* 6 S. 201/3.

Schutzvorrichtungen an Reibungs- und Exzenterpressen. (Im Regierungsbezirk Düsseldorf.) * *Z. Gew. Hyg.* 13 S. 278/80.

Schutzvorrichtung an Exzenterpressen für Metallhülsen von SCHAURTE & KLEINE in Lüdenscheid.* *Z. Wohlfahrt* 13 S. 51/2.

Schutzvorrichtung an Rotationspressen der vereinigten Bautzener Papierfabriken.* *Z. Wohlfahrt* 13 S. 55/7.

Schutzvorrichtungen an Tiegeldruckpressen zur Verhütung von Handverletzungen.* *Ratgeber, G. T.* 5 S. 377/80.

Schutzvorrichtung an Spindelpressen.* *Ratgeber, G. T.* 5 S. 402.

Schutzvorrichtung an Seifenpressen.* *Z. Gew. Hyg.* 13 S. 628.

Schutzvorrichtung an horizontalen Steinpressen von BRÜCK, GRÄTSCHEL & CO. in Osnabrück.* *Z. Wohlfahrt* 13 S. 52.

REINOLD, neuere Bestrebungen für unfallsichere Einrichtung der Papierschneidmaschinen. (A)* *Ratgeber, G. T.* 5 S. 383/6.

WROBEL, Sicherheitsvorrichtungen an landwirtschaftlichen Maschinen auf der 20. Wanderausstellung der Deutschen Landwirtschaftsgesellschaft zu Berlin-Schöneberg 1906.* *Ratgeber, G. T.* 6 S. 38/44.

Schutzvorrichtungen an Dreschmaschinen und an Vorbau-Häckselmaschinen. (Gebogenes Schutzblech, welches ebensoweit von dem Gestell absteht, wie die Antriebsscheibe selbst.)* *Z. Gew. Hyg.* 13 S. 83/4.

SCHIRMER, Schutzvorrichtungen an Dreschmaschinen.* *Ratgeber, G. T.* 5 S. 225/7.

VORM. EPPLE und BUXBAUM, Sicherheitseinlegevorrichtung an Dampfdreschmaschinen.* *Z. Gew. Hyg.* 13 S. 597/8; *Z. Wohlfahrt* 13 S. 124/5.

HAUBOLD JR., Schutzvorrichtung an Teigwalzwerken und Teigknetmaschinen. (Knet- und Mischmaschinen von WERNER & PLEIDERER, DRAISWERKE in Mannheim-Waldhof; Reversierteigwalzmaschinen für Vor- und Rücklauf des auszuwalzenden Teiges; Handschutzvorrichtungen von WERNER & PLEIDERER; Teigwalzwerk für Riemenbetrieb von SCHEFFUS mit Sicherheitseinrichtung zu beiden Seiten der Oberwalze.)* *Bad. Gew. Z.* 39 S. 246/7; *Z. Gew. Hyg.* 13 S. 627/8.

Schutzvorrichtungen an Papierschneidmaschinen.

(Papp- und Kartonscheren; Hebelschneidmaschinen.) *W. Papierf.* 37, 2 S. 3732/5.

HÜTT, Erfolge der Bestrebungen zur Aufstellung von Normalien für Schutzvorrichtungen an Papierschneidemaschinen. (V)* *Ratgeber, G. T.* 5 S. 218/22.

Unfallverhütungsvorschriften der Papiermacher-Berufsgenossenschaft. *Ratgeber, G. T.* 5 S. 303/4.

Vorrichtung zum gefahrlosen Einführen der zu bedruckenden Papierbahn zwischen den Schön- und Widerdruckzylinder von Rotationsmaschinen.* *Ratgeber, G. T.* 5 S. 231/2.

MANN, Schutzvorrichtung an Rotationsmaschinen. (Führt die Papierbahn zwischen Schön- und Widerdruckzylinder auf mechanischem Wege ein.) (D. R. P.)* *D Buchdr. Z.* 33 S. 34.

SCHULZ, ERNST, Ausrückersicherungen bei Textilmaschinen. (Ausführungen von MACPHERSON und dem Verfasser.)* *Mon. Text. Ind.* 21 S. 4/6.

Safety devices for carding engines. (WITHAM & LORD's THOMSON, R. & SONS, CATLON, MARSDEN & DUNN's and VERSEY's arrangements.)* *Text. Man.* 32 S. 379/80.

CRABTREE, safety appliances in cotton mills. *Engng.* 82 S. 143/4.

CRABTREE, safety appliances for cotton spinning mules. *Engng.* 81 S. 4/5.

French safety device to the lap head of scutchers. (Effecting the regular coiling of the lap without the operative having to touch the lap roller with his hands.)* *Text. Rec.* 31, 3 S. 118/9.

Schutzvorrichtung an einem dreiwalzigen Kalander.* *Mon. Text. Ind.* 21 S. 329/30.

Schutzvorrichtungen an Maschinen der Textilindustrie. (Bericht der technischen Aufsichts-Beamten der Leinenberufsgenossenschaft für Elsaß-Lothringen. Schutzvorrichtung an Drossel- und Zwirnmaschinen, Ausrückersicherung für Vorspinnmaschinen, Schutzvorrichtung gegen das Hineingreifen in die Messer der Schermaschinen.) (A)* *Z. Gew. Hyg.* 13 S. 507/10.

Hygienische Einrichtungen und Schutzmaßnahmen von SIMONIS in Verviers bei ihren Zwirnmaschinen.* *Z. Gew. Hyg.* 13 S. 273.

MAUZ, Schutzvorrichtungen gegen das Herausspringen von Webschützen an mechanischen Webstühlen (Schützenfänger). (Schutzvorrichtungen seitlich am Stuhl; dgl. am Ladendeckel; schwingende Schützenfänger.)* *Gew. Bl. Würt.* 58 S. 140/1 f.

HAMMER & WEBER, Schutzvorrichtung für Dampfmangeln. (Selbsttätige Ausrückung im Augenblicke der Gefahr für die zwischen die Walzen geratenen Hände.)* *Ratgeber, G. T.* 6 S. 82/3.

BEAL, safety set-screw for shaft collars, etc. (No possible chance for the operator to get caught by the set-screw, nor can belts or chains when leaving pulley or sprocket wheel get caught on the set screw.)* *Am. Miller* 34 S. 458.

GEHLHOFF, Vergleich von RÖNTGEN-Schutzstoffen.* *Arch. phys. Med.* 1 S. 202/4.

Schutzvorkehrungen für den Arzt bei RÖNTGEN-Untersuchungen. *Arch. phys. Med.* 1 S. 64/5.

REINIGER, GEBBERT & SCHALL, RÖNTGEN-Schutzhaus.* *Aerztl. Polyt.* 1906 S. 149/50.

KRAUSE, PAUL, über Schutzmaßnahmen gegen Schädigungen innerer Organe durch RÖNTGENbestrahlung. (Schutzhäuschen aus Holz, Blendenkasten, Schutzgummimantel, Schutzhandschuhe, Bleischutzbrillen.)* *Aerztl. Polyt.* 1906 S. 154/6; *Med. Wschr.* 53 S. 1745/9.

MÜLLER, C. H. F., WICHMANröhre für RÖNTGENschutz.* *Arch. phys. Med.* 1 S. 221/2.

ALSBERGs Schutzmasse für RÖNTGENbestrahlung. *Arch. phys. Med.* 1 S. 64.

Trench guard and lantern holder.* *Eng. Rec.* 53 Nr. 23 *Suppl.* S. 48.

Schwebebahnen. Suspended railways. Chemins de fer suspendus. Siehe Eisenbahnwesen I C 3 b, VII 3 c δ.

Schwefel. Sulphur. Soufre. Vgl. Schwefelsäure, Schwefelverbindungen, schweflige Säure.

KRAUS and HUNT, occurrence of sulphur and celestite at Maybee, Michigan.* *Am. Journ.* 21 S. 237/44.

ROSSI, Zugutemachen der Schwefelgewinnungs-rückstände. (Gründet sich auf die Löslichkeit des Schwefels in Schwefelkohlenstoff.) (V) (A) *Chem. Z.* 30 S. 417.

TRUMBULL, sulphur mining and refining. (In Wyoming. Genesis of the deposits; apparatus und methods used in handling and preparing for market.)* *Mines and minerals* 27 S. 314/6.

THOMLINSON, sulphur in its relations to other elements. *Chem. News* 94 S. 152/3.

FORCH und NORDMEYER, spezifische Wärme des Chroms, Schwefels und Siliciums sowie einiger Salze zwischen —188° und Zimmertemperatur. *Ann. d. Phys.* 20 S. 423/8.

KNOX, Ionenbildung des Schwefels und Komplexionen des Quecksilbers. *Z. Elektrochem.* 12 S. 477/81.

HOFFMANN, FR. und ROTHE, Zustandsänderung des flüssigen Schwefels.* *Z. physik. Chem.* 55 S. 113/24.

ZICKENDRAHT, die Oberflächenspannung geschmolzenen Schwefels. *Ann. d. Phys.* 21 S. 141/54.

MATTHIES, die Dampfdrucke des' Schwefels.* *Physik. Z.* 7 S. 395/7.

SMITH, ALEXANDER und HOLMES, amorpher Schwefel. Wesen des amorphen Schwefels und die Einflüsse fremder Körper auf die Vorgänge bei der Unterkühlung geschmolzenen Schwefels. *Z. physik. Chem.* 54 S. 257/91.

BRÜCKNER, das System Schwefel, schwefelsaure Salze. *Mon. Chem.* 27 S. 49/58.

HEYN und BAUER, Kupfer und Schwefel. (Beziehungen zwischen Kupfer und seinem Sulfür. Verhalten von Kupfer gegen schweflige Säuren bei höheren Wärmegraden. Kupfer, Kupfersulfür und Kupferoxydul. Umwandlung von Kupfersulfür durch Wasserstoff in Kupfer und Schwefelwasserstoff.)* *Metallurgie* 3 S. 73/86.

BERGER, nouveau dosage du soufre libre. (Par l'acide azotique fumant, additionné d'un peu de bromure de potassium.) *Compt. r.* 143 S. 1161.

BARRAUD, dosage du soufre dans les fers, fontes et aciers.* *Rev. chim.* 9 S. 429/31.

DENNSTEDT und HASZLER, Schwefelbestimmung im Pyrit. *Z. ang. Chem.* 19 S. 1668/9.

GYZANDER, determination of sulphur in pyrites. *Chem. News* 93 S. 213/4.

HINTZ und WEBER, Bestimmung des Schwefels in Pyriten. *Z. anal. Chem.* 45 S. 31/44.

RASCHIG, Schwefelbestimmung im Pyrit. *Z. ang. Chem.* 19 S. 331/4.

MC FARLANE and GREGORY, modified evolution method for the determination of sulphur in pig-iron. *Chem. News* 93 S. 201.

LUNGE und STIERLIN, Bestimmung des Schwefels in zinkhaltigen Abbränden und analogen Fällen. *Z. ang. Chem.* 19 S. 21/7.

WINKLER, Methode zur Bestimmung des Schwefels in der Kohle. (Verwendung von Kobaltoxyd.) *Stahl* 26 S. 87/8.

GOETZL, Schwefelbestimmung in flüssigem Brennstoff. *Stahl* 26 S. 88.

Schwefelsäure. Sulphuric acid. Acide sulfurique.

1. Herstellung. Fabrication.

REUSCH, Jahresbericht über die Industrie der Mineralsäuren, der Soda und des Chlorkalkes. *Chem. Z.* 30 S. 326/8.

ERBAN, moderne Prozesse in der Schwefelsäurefabrikation. *Oest. Chem. Z.* 9 S. 238,9.

FEIGENSOHN, moderne Prozesse in der Schwefelsäurefabrikation. (Entgegnung gegen ERBAN.) *Oest. Chem. Z.* 9 S. 277/9.

FEIGENSOHN, die Schwefelsäure-Fabrikation der Gegenwart. *Chem. Z.* 30 S. 851/3 F.

Industrie de l'acide sulfurique. (Procédé de contact.) *Nat.* 34, 1 S. 106/8.

HARTMANN und BENKER, mechanische Röstöfen beim Bleikammerprozeß.* *Z. ang. Chem.* 19 S. 1125/34 F.

GMEHLING, Rösten der Kupfersteine bei Benutzung der Röstgase zur Darstellung von Schwefelsäure aus den Röstgasen nach dem Kontaktverfahren zu Guayacan (Chile) und Verwendung dieser Säure zur Extraction des Kupfers aus armen Erzen. *Z. O. Bergw.* 54 S. 70/73 F.

WINTLER, Verbesserungen im Abrösten von Feinkiesen. (Zur Schwefelsäurefabrikation.)* *Chem. Z.* 30 S. 467/9.

Otenanlage in einer Schwefelsäurefabrik. (Mit Schamotte ausgefütterte Eisenzylinder, in denen mit gegeneinander versetzten Oeffnungen versehene Röstplatten etagenförmig angeordnet sind. Die automatisch zugeführten Kiese werden durch über die Röstplatte streichende Rührarme abwärts befördert ohne Belästigung der Arbeiter durch austretende Gase.) *Z. Gew. Hyg.* 13 S. 600.

MEYER, THEODOR, neueste Fortschritte im Bleikammerprozeß. *Z. ang. Chem.* 19 S. 523/5.

NEUMANN, M., zur Theorie des Gloverturmprozesses und über die Möglichkeit der Herstellung der Schwefelsäure in Türmen.* *Z. ang. Chem.* 19 S. 1702/8; *Chem. Z.* 30 S. 598.

RASCHIG, théorie du procédé des chambres de plomb. *Mon. scient.* 4, 20, I S. 91/106.

LITTMANN, praktische Beiträge zur Bleikammertheorie.* *Z. ang. Chem.* 19 S. 1177/88.

RAMBOUSEK, Fortschritt beim Bleikammerprozeß und sein Einfluß auf die Oekonomie der Schwefelsäuregewinnung. *Erfind.* 33 S. 49/50.

LUNGE, die Vorgänge im Gloverturm und in den Bleikammern. *Z. ang. Chem.* 19 S. 1931/3.

LUNGE und BERL, Stickstoffoxyde und der Bleikammerprozeß. (Rolle der Nitroxylschwefelsäure.)* *Z. ang. Chem.* 19 S. 807/19 F.; *Chem. Z.* 30 S. 399.

HEMPEL, Bestimmung des Stickoxyduls. (Salpeterverbrauch in der Bleikammer. Temperaturen und Konzentrationen, bei denen der alte Bleikammerprozeß am besten gelingt. Herstellung des stöchiometrischen Gemisches von O, SO₂ und H₂O durch Zersetzung der berechneten Menge H₂SO₄ in einem glühenden Rohr.) (V. m. B.) *Verh. V. Gew. Abh.* 1906 S. 299/300; *Z. Elektrochem.* 12 S. 600/4.

INGLIS, loss of nitre in the chamber process. (V. m. B.)* *Chemical Ind.* 25 S. 149/55.

KLAUDY, die Frage der technischen Ueberführung nitroser Gase in Salpetersäure oder salpetersaure Salze. (Verwendung der nitrosen Luft als Ersatz des Salpeters in der Bleikammer bei der Schwefelsäuredarstellung; Ueberführung der Stickoxyde in konzentrierte Form; Verarbeitung nitroser Luft auf Dünger.) (V. m. B.) *Verh. V. Gew. Abh.* 1906 S. 296/9; *Z. Elektrochem.* 12 S. 545/51.

COLEMAN, graphical method of recording the work

of vitriol chambers. (V. m. B.)* *Chemical Ind.* 25 S. 1201/2.

HEINZ, Füllmaterial für Schwefelsäuretürme. GUTTMANNsche Hohlkugeln. *Z. ang. Chem.* 19 S. 705/7.

LIEBIG, Turmfüllungen. * *Z. ang. Chem.* 19 S. 1806/10.

HARTMANN und BENKER, Stellung des Ventilators und einige neuere Fortschritte beim Bleikammerprozeß.* *Z. ang. Chem* 19 S. 132/7.

NIEDENFÜHR, zweckmäßigste Plazierung des Ventilators beim Schwefelsäurekammerverfahren. *Z. ang. Chem.* 19 S. 61/5.

HARTMANN und BENKER, Konzentration von Schwefelsäure. *Z. ang. Chem.* 19 S. 564/6.

SCHUBERG, Schwefelsäureeindampfung System KRELL.* *Z. Chem. Apparat.* 1 S. 417/25.

WÖHLER, FOSS und PLÜDDEMANN, der Schwefelsäure-Kontaktprozeß. *Ber. chem. G.* 39 S. 3558/49. The manufacture of sulphuric acid by the contact process.* *Sc. Am. Suppl.* 62 S. 25857/8.

Fabrication de l'acide sulfurique par les nouveaux procédés de contact, aux États-Unis. *Gén. civ.* 49 S. 27.

WINTELER, Darstellung von Oleum von der CONTACT-PROCESS CO. ausgeübt.* *Chem. Z.* 30 S. 87/90.

Schädlichkeit des Arsens beim Platinkontaktverfahren. Entgegnung der BADISCHEN ANILIN-UND SODA-FABRIK, Ludwigshafen a. Rh., auf die Abhandlung von WINTELER. *Chem. Z.* 30 S. 189/91.

WILKE, the contact process for manufacturing sulphuric acid of the VEREIN CHEMISCHER FABRIKEN, Mannheim. (V) *Chemical Ind.* 25 S. 4.

Schädlichkeit des Arsens beim Platinkontaktverfahren. Aeußerung der Akt.-Ges. für Zink-Industrie VORM. WILHELM GRILLO. * *Chem. Z.* 30 S. 268/70.

LITTMANN, Verhalten des Selens im Schwefelsäurebetriebe. *Z. ang. Chem.* 19 S. 1039/44 F.

2. Prüfung und verschiedenes. Examination and sundries. Dosage et matières diverses.

D'ANS, saure Sulfate. Zwei saure Sulfate des Natriums. *Z. anorgan. Chem.* 49 S. 356/61.

TOWER, Löslichkeit von Stickoxyd und Luft in Schwefelsäure. *Z. anorgan. Chem.* 50 S. 382/8.

HOLLARD, conductibilités des mélanges d'acide sulfurique avec les sulfates; formation de sels complexes d'hydrogène. *Bull. Soc. chim.* 3, 35 S. 1240/55.

WHETHAM, elektrische Leitfähigkeit verdünnter Lösungen von Schwefelsäure. *Z. physik. Chem.* 55 S. 200/6.

BRUHNS, Bestimmung kleiner Mengen von Schwefelsäure, namentlich in Wässern. *Z. anal. Chem.* 45 S. 573/84.

RASCHIG, Bestimmung der Schwefelsäure im Trinkwasser. (Mittels Benzidinlösung.) *Z. ang. Chem.* 19 S. 334.

LEFFMANN, determination of sulphates. (Volumetric method.) (V) *J. Frankl.* 162 S. 372/4.

WOGRINZ und KITTEL, Verfahren zur raschen Bestimmung des Kupfersulfat- und Schwefelsäuregehaltes in galvanoplastischen Bädern. (Die DE HAËNsche Methode und Ermittlung der freien Schwefelsäure durch Titration mit Lauge; Kongopapier als Indikator.) *Chem. Z.* 30 S. 1300/1.

Schwefelverbindungen, anderweitig nicht genannte. Sulphur compounds, not mentioned elsewhere. Soufre, combinaisons non dénommées.

POLLACCI, Veränderungen, welche der Mineralkermes und der Goldschwefel erleiden. *Apoth. Z.* 21 S. 710.

SPRING, un hydrate de soufre. *Trav. chim.* 25 S. 253/9.

FROMM und DE SEIXAS PALMA, die Oxyde des Schwefelwasserstoffes. *Ber. chem. G.* 39 S. 3317/26.

SCHUBERG, Darstellung des Schwefelkohlenstoffes nach System J. L. C. ECKELT.* *Z. Chem. Apparat.* 1 S. 10/4.

HEINZE, Schwefelkohlenstoff, dessen Wirkung auf niedere pflanzliche Organismen, sowie seine Bedeutung für die Fruchtbarkeit des Bodens. *Cbl. Bakt.* II, 16 S. 329/57.

BRUNCK, jodometrische Bestimmung des Schwefelwasserstoffs. *Z. anal. Chem.* 45 S. 541/51.

JOHNSON, determination of carbon disulphide and total sulphur in commercial benzene. *J. Am. Chem. Soc.* 28 S. 1209/20.

GAUTIER, action de la vapeur d'eau sur les sulfures au rouge Production de métaux natifs. Applications aux phénomènes volcaniques. *Compt. r.* 142 S. 1465/70; *Bull. Soc. chim.* 3, 35 S. 934/9.

GAUTIER, action de l'hydrogène sulfuré sur quelques oxydes métalliques et métalloïdiques à haute température. Applications aux phénomènes volcaniques et à la genèse des eaux thermales. *Bull. Soc. chim.* 3, 35 S. 939/44; *Compt. r.* 143 S. 7/12.

PÉLABON, les sulfures, séléniures et tellurures d'étain. *Compt. r.* 142 S. 1147/9.

VIRGILI, Einwirkung der Sulfide auf die Nitroprussiate. *Z. anal. Chem.* 45 S. 409/39.

HEYN und BAUER, Kupfer und Schwefel.* *Metallurgie* 3 S. 73/86.

BAUBIGNY, conditions de précipitation et de redissolution des sulfures métalliques. *Compt. r.* 143 S. 678/9.

BLONDEL, analyse du sulfure de sodium commercial. (Avec une solution titrée de sulfate de Zn, sulfate de cadmium comme indicateur.) *Bull. Rouen* 34 S. 99/101.

FRIEND, reaction between hydrogen peroxyde and potassium persulphate. *J. Chem. Soc.* 89 S. 1092/1101.

LEVI e MIGLIORINI, scomposizione dei persolfati. *Gas. chim. it.* 36, II S. 599/619.

PAJETTA, comportamento del persolfato potassico con alcune soluzioni saline. *Gas. chim. it.* 36, II S. 298/304.

PRICE, CARO's permonosulphuric acid. *J. Chem. Soc.* 89 S. 53/8; *Mon. scient.* 4, 20, I S. 306/8.

GREEN, neue Untersuchungen über Hydrosulfite. (Konstitution der Hydrosulfite.) (V. m. B.) *Z. Text. Ind.* 9 S. 339/40; *J. Soc. dyers* 22 S. 9/11.

STIEGELMANN, Hydrosulfit. (Entstehung und Konstitution.) *Z. V. Zuckerind.* 56 S. 1009/11.

GRANDMOUGIN, formation des hydrosulfites. *Bull. Mulhouse* 1906 S. 351/6.

BUCHERER und SCHWALBE, Aldehyd-Bisulfite und Hydrosulfite. *Ber. chem. G.* 39 S. 2814/23.

GRANDMOUGIN, Verwendung von Natriumhydrosulfit als Reduktionsmittel. (Herstellung von β-Naphtochinon aus Orange II; Darstellung von 1′4-Naphtylendiamin; Reduktion der Nitrogruppe, der Chinone, des Anthrachinons zu Oxanthranol, des Benzils.) *Ber. chem. G.* 39 S. 3561/4.

HÜBENER, Natriumthiosulfat. (Bestimmung von Thiosulfat und Sulfit in Lösungen.)* *Chem. Z.* 30 S. 58/60

LEVI e VOGHERA, formazione elettrolitica degli iposolfiti. *Gas. chim. it.* 36, II S. 531/57.

YOUNG und BURKE, hydrates of sodium thiosulphate. (New hydrates; observations upon the supercooling, superheating and transitions of the various substances.) *J. Am. Chem. Soc.* 28 S. 315/47.

KLASON und CARLSON, volumetrische Bestimmung

von organischen Sulfhydraten und Thiosäuren. *Ber. chem. G.* 39 S. 738/42.

ASHLEY, Analyse von Dithionsäure und von Dithionaten. *Z. anorgan. Chem.* 51 S. 116/20; *Chem. News* 94 S. 223/4.

GUTMANN, Einwirkung von Cyankalium auf Natrium-Tetrathionat und ·Dithionat. *Ber. chem. G.* 39 S. 509/13.

SEYEWETZ et BLOCH, nouveau procédé de dosage de l'acide hydrosulfureux dans les hydrosulfites et leurs combinations avec la formaldéhyde. (Réduction du chlorure d'argent.) *Rev. mat. col.* 10 S. 101/3; *Bull. Soc. chim.* 3, 35 S. 293/7.

HOLMBERG, Thiocarbonate. *J. prakt. Chem.* 73 S. 239/48.

ROSENHEIM und STADLER, Verbindungen des Thiokarbamids und Xanthogenamids mit Salzen des einwertigen Kupfers. *Z. anorgan. Chem.* 49 S. 1/12.

ROSENHEIM und MEYER VICTOR, J., Thiokarbamidverbindungen zweiwertiger Metallsalze. *Z. anorgan. Chem.* 49 S. 13/27.

WUYTS, action des disulfures organiques sur le halogénoorganomagnésiens. Méthode de synthèse de sulfures mixtes. *Bull. Soc. chim.* 3, 35 S. 166 9.

SCHMIDT, OTTO, Verbindungen von Thioschwefelsäure mit Aldehyden. *Ber. chem. G.* 39 S. 2413/9.

BÜLMANN, organische Thiosäuren. *Liebigs Ann.* 348 S. 120/43.

O'DONOGHUE and KAHAN, thiocarbonic acid and some of its salts. *J. Chem. Soc.* 89 S. 1812/8.

DIXON, chemistry of organic acid „thiocyanates" and their derivatives. *J. Chem. Soc.* 89 S. 892/912.

FROMM, ungesättigte Disulfide; — und SCHNEIDER, Dithiobiurete; Einwirkung von Phenylhydrazin auf ungesättigte Disulfide. Synthese von Triazolen. *Liebigs Ann.* 348 S. 144/98.

JOHNSON, thiocyanates and isothiocyanates. *J. Am. Chem. Soc.* 28 S. 1454/61.

HINSBERG, Isomeriefälle bei ar. Thioverbindungen. *Ber. chem. G.* 39 S. 2427/36.

MANCHOT und ZAHN, Thioderivate aromatischer Aldehyde und Ketone und ihre Entschwefelung. *Liebigs Ann.* 345 S. 315/34.

DAVIS, some thio- and dithio-carbamide derivatives of ethyleneaniline and the ethylenetoluidines. *J. Chem. Soc.* 89 S. 713/20.

MAUTHNER, allgemeine Darstellungsweise der Arylsulfide. (Einwirkung der Aryljodide auf die Natriummercaptide bei Gegenwart von Kupfer.) *Ber. chem. G.* 39 S. 3593/8.

HAGA, hydroxylamine-αβ-disulphonates. (Structural isomerides of hydroximino-sulphates or hydroxylamine-ββ-disulphonates.) * *Chem. News* 94 S. 276/9F.

RAMBERG, Platosalze einiger schwefelhaltigen organischen Säuren. *Z. anorgan. Chem.* 50 S. 439/45.

JOHNSON and JAMIESON, molecular rearrangement of unsymmetrical diacylpseudothioureas to isomeric symmetrical derivatives. *Chem. J.* 35 S. 297/309.

GNEHM und SCHRÖTER, Indamine und Thiazone. (Arbeiten zum Studium der Sulfinfarbstoffdarstellung.) *J. prakt. Chem.* 73 S. 1/20.

SMILES und LE ROSSIGNOL, aromatic sulphonium bases. *J. Chem. Soc.* 89 S. 696/708.

FRY, new synthesis of ethyl methyl xanthic ester. *J. Am. Chem. Soc.* 28 S. 796/8.

WILLCOX, reactions between acid chlorides and potassium ethylxanthate. *J. Am. Chem. Soc.* 28 S. 1031/4.

DESMOULIÈRE, dosage des soufres urinaires. *J. pharm.* 6, 24 S. 294/300.

LUNDSTRÖM, Synthese und Prüfung des Sulfonals. *Apoth. Z.* 21 S. 331/2.

KRÜGER, Rühr- und Mischapparate, in Anlehnung an die technische Darstellung des Sulfonals. (Darstellung des Merkaptols, — Sulfonals.) * *Z. Chem. Apparat.* 1 S. 657/60.

Schweflige Säure. Sulphureus acid. Acide sulfureux. Vgl. Schwefelverbindungen.

BUCHERER, Einwirkung schwefligsaurer Salze auf organische Verbindungen. (V) *Chem. Zeitschrift* 5 S. 454.

KICKTON, Aufnahme von schwefliger Säure durch in schwefligsäurehaltiger Luft aufbewahrtes Fleisch. *Z. Genuß.* 11 S. 324/8.

WALBAUM, Gesundheitsschädlichkeit der schwefligen Säure und ihrer Verbindungen unter besonderer Berücksichtigung der freien schwefligen Säure. *Arch. Hyg.* 57 S. 87/144.

JACOBJ und WALBAUM, Grenze der Gesundheitsschädlichkeit der schwefligen Säure in Nahrungsmitteln. *Apoth. Z.* 21 S. 286.

MENTZEL, Bestimmung der schwefligen Säure im Fleisch. *Z. Genuß.* 11 S. 320/4.

KUPTSCHE, Bestimmung der schwefligen Säure im Wein. (Die schweflige Säure wird mit Brom oxydiert und als Schwefelsäure bestimmt.) *Pharm. Z.* 51 S. 438.

MATTHIEU, étude comparative des procédés de dosage de l'acide sulfureux. (V) *Ann. Brass.* 9 S. 194/5; *Essigind.* 10 S. 315; *Z. Spiritusind.* 29 S. 354.

MORTERUD, Wiedergewinnung von SO₂ aus der Sulfitlauge.* *Papier-Z.* 31, 2 S. 3819.

SOLBRIG, Kühlung von SO₂-Frischgasen für die Sulfitlaugenbereitung. (Stetige Berieselung durch Kühlwasser; Abkühlen der Schwefelöfen durch eine Konstruktion aus Gußeisen; Eintritt der abgekühlten schwefligen Säure in den Turm; Kühlverfahren von KELLNER u. FRANK.) *Papierfabr.* 4 S. 1937/43.

Kühlturm für SO₂-Frischgase. (Aeußerungen zu SOLBRIGs Aufsatz von GÜTTSTEIN & TURK.) * *Papierfabr.* 4 S. 2215/7.

Schweißen. Welding. Soudure. Vgl. Löten, Pressen, Schmieden.

Verfahren zur Schweißung von Aluminium. *Met. Arb.* 32 S. 114/5; *Sprengst. u. Waffen* 1 S. 156.

Verfahren von COWPER-COLES zur Schweißung von Aluminium. (Für die Verbindung von Drähten, Stäben und Röhren oder ähnlicher gezogener und gewalzter Querschnitte.) * *Gieß. Z.* 3 S. 281/3.

Autogene Aluminiumlötung nach dem Verfahren von SCHOOP. *Elektrochem. Z.* 13 S. 141/2.

Autogene Schweißung. (Verwendung des Acetylengases an Stelle des Wasserstoffgases bei der autogenen Schweißung.) *Eisens.* 27 S. 2/4, 214/5.

Ueber die autogene Schweißung der Metalle. *Braunk.* 5 S. 427/8.

Welding with the oxy-acetylene flame. *Iron A.* 78 S. 1149.

Autogenous welding. (Description of the oxy-acetylene blowpipe welding outfit provided with an „epurite" oxygen generator.) * *Horseless Age* 18 S. 354.

BLUMBERG, die Elektrolyse des Wassers und die autogene Schweißung mit Wasser- und Sauerstoff. (V. m. B.) *Z. V. dt. Ing.* 50 S. 220/1.

BELTZER, autogenous welding of metals by the oxy-acetylene blowpipe.* *Electrochem. Ind.* 4 S. 284/5.

BURR, autogenous welding with the oxy-acetylene flame. *Iron A.* 78 S. 1437.

KUCHEL, autogene Schweißung mittels Acetylens und Sauerstoffs. (V) *Acetylen* 9 S. 207/12.

MICHAELIS, das Schweißen mit der Sauerstoff-Acetylenflamme.* *Schiffbau* 8 S. 120/3 F.

Schweißverfahren mittels der' Sauerstoff-Acetylenflamme.* (Schweißen einer Kesselnaht; Einschweißen eines Kesselbodens; Schweißstücke der autogenen Schweißwerke PREYARDIEN & CO., geprüft auf 150 Atm. Druck; Brenner FOUCHÉ; Vorbereitung der Schweißstücke für den Brenner FOUCHÉ)* *Gieß. Z.* 3 S. 109/16; *Z. Dampfk.* 29 S. 79/82.

SAUBERMANN, Fortschri te bei der Gewinnung von industriellem Sauerstoff mit besonderer Berücksichtigung der modernen Schweißverfahren. (Bariumoxyd-Verfahren; Gewinnung von Sauerstoff aus flüssiger Luft; FOUCHÉS Schweißverfahren mit einer Acetylensauerstofflamme.) (V) (A) *Wschr. Baud.* 12 S. 198/9.

SCHLÜTER, autogene Schweißung von Metallen. (V) (A) *Z. V. dt. Ing.* 50 S. 423.

WISS, autogene Schweißung der Metalle. (Wassergasschweißung, mit der Wasserstoff-Sauerstoffbezw. der Acetylen-Sauerstofflamme; Anwendung.) *Bayr. Gew. Bl.* 1906 S. 133/7 F.; *Z. Bayr. Rev.* 10 S. 48/9; *Z. V. dt. Ing.* 50 S. 47/53; *Pract. Eng.* 33 S. 257/9; *Prom.* 17 S. 433/7 F.

WISS, Bleilöten und Zusammenschweißen von Stahl und Eisen. (Verwendung von arsenfreiem, verdichtetem Wasserstoff zum Bleilöten und zur autogenen Schweißung.)* *W. Papierf.* 37, 1 S. 1364/7.

CATANI, acetylenothermische Schweißung des Rahmengestells von Lokomotiven.* *Acetylen* 9 S. 118/20.

SANDERSON, welding locomotive frames. (Thermit process.) (V) (A) *Railr. G.* 1906, 2 S. 42/4; *Pract. Eng.* 34 S. 242/3.

Thermit welding. (Welds of engine frames; tests made with the thermit metal.) *Railr. G.* 1906, 2 S. 489.

Welding broken dredge bucket arms in the field.* (Thermit process.)* *Eng. Rec.* 54 S. 235.

Große Schweißungen mittels Erwärmungsmasse Marke „Thermit", besonders bei Reparaturen im Schiffbau.* *Schiffbau* 8 S. 12/6F.

HEYNEMANN, a thermit repair at San Francisco. (Upon a large forged steel dredge bucket.) *J. Frankl.* 161 S. 394/5.

A variation in thermit rail-welding applied by the Cleveland Electric Ry.* *Street R.* 28 S. 110.

LANGE, das GOLDSCHMIDTsche Thermitverfahren. (Zur Darstellung von Metallen und zum Schienenschweißen.) (V) *Z. V. dt. Ing.* 50 S. 421/2.

MELAUN, Zusammenschweißen von Eisenbahnschienen. *Z. Werksm.* 10 S. 237.

STAHL, Schienenschweißverfahren. (Das GOLDSCHMIDTsche Verfahren; das elektrische Verfahren der AKKUMULATORENFABRIK BERLIN.) *Stahl* 26 S. 1023/5.

Electric welding. (THOMSON electric welding machines.)* *Iron & Coal* 73 S. 397/8.

Elektrische Schweißung von Ketten.* *Uhlands T. R.* 1906, 1 S. 6/8.

GUARINI, l'état actuel de la soudure électrique. *Rev. univ.* 16 S. 285/92.

SCHUEN, elektrisches Schweißen.* *El. u. polyt. R.* 23 S. 199/203.

Elektrische Schweißvorrichtungen.* *Z. Werksm.* 10 S. 285/6.

Elektrischer Schweißapparat, Type 1 A A. (Zum Schweißen von Kupferdrähten bis 10 qmm und Eisendrähten bis 30 qmm; für die Schweißung sind 1500 Watt Wechselstrom von 50 Perioden erforderlich bei Spannungen von 100 bis 300

Volt. Der Schweißapparat besteht aus einem eisernen Gestell und einem Transformator.)* *Krieg. Z.* 9 S. 505/6.

Improved arc welding apparatus.* *West. Electr.* 38 S. 469.

PERKINS, oxy-hydrogen apparatus for welding. (Electrolytic plant for a daily production of more than 40,000 cubic feet H and 20,000 cubic feet O.)* *Electrochem. Ind.* 4 S. 200/2.

NICHOLSON, machine à souder et à forger.* *Rev. ind.* 37 S. 138.

PERKINS, pneumatische Rohrschweißmaschine. (Zwei pneumatische Hämmer nebeneinander auf einen gußeisernen Fuß montiert; die Luft zum Betriebe des Hammers wird durch ein Rohr mittels eines innerhalb des Maschinenfußes befindlichen Ventiles zugeführt.)* *Lokomotize* 3 S. 44/5.

BOUSSE, Gasrohrschweißöfen. (Oefen mit direkter Feuerung.)* *Stahl* 26 S. 602/7 F., 1313/22.

Schwungräder. Fly-wheels. Volants. Vgl. Riemen- und Seilscheiben, Wellen.

CARLE, fly-wheels for single-cylinder steam engines. (Calculation; formula presented by STANWOOD.)* *Mech. World* 40 S. 90.

HALL, gas-engine flywheels. (Relationship between weight in rim of wheel and fluctuation of speed or rate at which engine is running; angular oscillation.)* *Pract. Eng.* 34 S. 679.

STODDARD, the flywheel for automobile engines. *Horseless Age* 18 S. 581/3.

The flywheel of the gas engine.* *Gas Light* 84 S. 670/1.

Schwungrad-Andrehvorrichtungen von EGELING und GOTTSCHALD & GAURELT.* *Z. Gew. Hyg.* 13 S. 224/6.

MADDOCK, minimizing shrinkage stresses in balance wheels.* *Am. Mach.* 29, 1 S. 742/3.

Minimizing shrinkage stresses in balance wheels; is regular foundry practice with fly-wheels wrong? *Am. Mach.* 29, 2 S. 27/8.

Schwungradexplosionen. (Berichte der Gewerbeaufsichtsbeamten für den Regierungsbezirk Arnsberg.) *Z. Gew. Hyg.* 13 S. 433.

Flywheel accident in plant of Mansfield (Ohio) Railway, Light and Power Co.* *West. Electr.* 38 S. 393.

Berstung eines Dampfmaschinen-Schwungrades. (In einer chemischen Fabrik in Mannheim. Durchgehen der Maschine nach Bruch des Regulatorriemens.) *Z. Bayr. Rev.* 10 S. 229/31.

Seide. Silk. Soie. Vgl. Färberei 2 bδ, 3 bδ, Gespinstfasern, Plüsch.

1. Natürliche Seide. Natural silk. Soie naturelle.

Versuche über Züchtung der Seidenraupe in Südwestafrika. *Text. u. Färb. Z.* 4 S. 654/6.

BUCCI, Untersuchungen mit verschiedenen Seidenraupenrassen, über den Verbrauch und die Beschaffenheit der Maulbeerblätter, sowie die Qualität und Quantität der produzierten Seide. *CBl. Agrik. Chem.* 35 S. 263/9.

GIANOLI, die chemischen und kommerziellen Eigenschaften der rohen Seiden. *Text. u. Färb. Z.* 4 S. 421/3; *Rev. mat. col.* 10 S. 199/201.

BUDDE, chemische Untersuchung chirurgischer Nähseide. *Apoth. Z.* 21 S. 464/5.

HURST, treatment of silk before and after dyeing. (Paper read before the Society of Dyers and Colorists at Bradford, Engl.) (V) *Text. Rec.* 30, 6 S. 153/7.

Bleichen der Seide. *Muster-Z.* 55 S. 356/7.

SCHMID, PETER, degumming silk. (The cloth is

passed through soap lather by which the silk
is softened and the sericin covering the silk
filaments is dissolved.) (Pat.) * *Text. Rec.* 32
S. 151/2.
SANSONE, ANTONIO ET RAFFAELLE, perlage ou
effilochage des soies teintes.* *Rev. mat. col.* 10
S. 354/62.
REDON, Entbasten, Beschweren und Färben der
Seide. *Muster-Z.* 55 S. 5/6.
Tussahseide als Ersatz für Wolle. (Fabrikation von
Wollenstoffen, insbesondere von Tweeds und
ähnlichen Fabrikaten; Verspinnung von Tussah
zu Chappegarnen; Mischungen von Tussah und
Ramie.) *D. Wolleng.* 38 S. 371/2; *Text. Man.*
32 S. 318/9.
GNEHM und DÜRSTELER, Untersuchung beschwerter
Seide. *Lehnes Z.* 17 S. 217/20 F.
PERSOZ, Bestimmung der Seidenbeschwerung.
Text. u. Färb. Z. 4 S. 788/90 F.; *Rev. mat. col.*
10 S. 321:8.
MEISTER, mit Zinn beschwerte, der Lichteinwirkung
widerstehende Seide. *Text. u. Färb. Z.* 4
S. 470/1; *Bull. Mullhouse* 1906 S. 131/3.
Schutz von mit Zinn beschwerter Seide durch Am-
moniumsulfocyanat. *Muster-Z.* 55 S. 416.
MASSOT, die gegenwärtigen Ansichten über die
Fleckenbildung auf Seidenstoffen. (Einfluß des
Chlornatriums bezw. Einwirkung des chlor-
natriumhaltigen Schweißes auf die mineralisch
beschwerte Seide; MEISTERs Beobachtungen,
daß es sich bei der Einwirkung des Chlornatriums auf die Seide um eine durch katalytische Reaktion herbeigeführte Abspaltung von
Chlor handle; Angabe von GIANOLI, daß sich
kleine Mengen von Kupfer jederzeit auf der gefärbten Seide vorfinden können, daß Spuren von
Kupfer sogar stets auch in den Rohseiden vorhanden sind; GIANOLIs Versuche.) *Mon. Text.
Ind.* 21 S. 24.

2. Ersatzmittel. Substitutes. Succédanés.

BERNARD, verschiedene Ersatzstoffe der natür-
lichen Seide. *Z. ang. Chem.* 19 S. 86/9.
HOFFMANN, P., soies artificielles. (Historique de
l'invention.) (a) *Ind. text.* 22 S. 210/4 F.
LEHNER, Kunstseide. (Geschichtlich.) (V) *Chem.
Z.* 30 S. 579; *Z. ang. Chem.* 19 S. 1581/5.
BELLET, les différents procédés de fabrication de
la soie artificielle. *Rev. ind.* 37 S. 428/30.
Kunstseide. (CHARDONNET- oder Kollodiumseide;
Glanzstoff, erhalten durch Lösung von Zellulose
in Kupferoxydammoniak [PAULYseide]; Glanzstoff,
erhalten durch Lösung von Zellulose in Chlor-
zink; Viscoseseide, gewonnen aus einer mit
Schwefelkohlenstoff behandelten Alkalizellulose.)*
Uhlands T. R. 1906, 5 S. 28/30.
WEDERHAKE, Silberkautschukseide. *Pharm. Centralh.* 47 S. 862.
MASSOT, Faser- und Spinnstoffe im Jahre 1905.
(Herstellung von Kunstseide; Karbonisieren der
Wolle; Sortieren von Fasern nach ihrer Länge.)
Z. ang. Chem. 19 S. 737/48.
French process of manufacturing artificial silk
economically. (A solvent mixture suited to the
nature of the nitrocellulose which it is desired
to dissolve, that is to say, a mixture of ethylic
alcohol, methylic alcohol, and sulfuric ether, to
which is added a certain quantity of castor-oil,
palm-oil or glycerin.) * *Text. Rec.* 31, 5 S. 96/7.
Neuerungen in der Kunst-Seidenindustrie. (Als
Druckmittel an Stelle des Wassers ein Lösungsmittel für Nitrozellulose, Amylacetat; drehbare
Spinndüse; Garnwinde; Waschmaschine für auf
Spulen gewickelte Kunstfäden.) *Uhlands T. R.*
1906, 5 S. 36.

HERZOG, das optische Verhalten der Gelatineseide.
Oest. Chem. Z. 9 S. 166.

Seife. Soap. Savon. Vgl. Fette und Oele, Kerzen.

1. Allgemeines. Generalities. Généralités.

Zweckmäßige Anlage moderner Seifenfabriken.
Seifenfabr. 26 S. 180/1 F.
V. HÜNERSDORFF NACHF., hygienischer Seifen-
sparer. (Seifenpulver-Ausgeber.) * *Uhlands T.
R.* 1906 *Suppl.* S 112.
Der Sapindusbaum, ein Ersatz für Seife. (Ver-
arbeitung der Früchte.) *Seifenfabr.* 26 S. 37/8;
Sc. Am. Suppl. 62 S. 25674.

**2. Rohstoffe, Herstellung, besondere Seifen. Raw
materials, fabrication, special soaps. Matières
premières, fabrication, savons spéciaux.**

BORNEMANN, Fortschritte auf dem Gebiete der
Fettindustrie, Seifen- und Kerzenfabrikation.
(Jahresbericht.) *Chem. Z.* 30 S. 399/401.
Das Harz in der Toiletteseifen-Fabrikation. *Seifen-
fabr.* 26 S. 873/4.
Rohfette für abgesetzte Seifen und deren Fabrika-
tion. *Seifenfabr.* 26 S. 78/9 F.
Maisöl. (Verwendung zu Seifen.) *Seifenfabr.* 26
S. 103/4 F., 1031/2 F.
Verwendung der Terpineols in der Seifenindustrie.
(Rückstand von der Herstellung der Terpineols.)
Seifenfabr. 26 S. 1083/4.
Neutrale Harzseifen mit Terpentinöl. *Seifenfabr.*
26 S. 328/9.
Harzleimseifen nebst Kalkulation. *Seifenfabr.* 26
S. 250/2 F.
Sieden von abgesetzten Harzkernseifen auf Leim-
niederschlag. *Seifenfabr.* 26 S. 1211/3.
Helle Oranienburger Kernseife mit besonderer Be-
rücksichtigung der Verarbeitung des Leimkerns.
Seifenfabr. 26 S. 1082/3 F.
Den Kernseifen ähnliche Seifen auf halbwarmem
Wege hergestellt. *Seifenfabr.* 26 S. 777/8.
Leimniederschlagbildung bei den abgesetzten Kern-
seifen. *Seifenfabr.* 26 S. 655/6.
Normale Vermehrung der Kernseifen. *Seifenfabr.*
26 S. 326/8.
Naturkernseifen. *Seifenfabr.* 26 S. 5/6 F.
Harte Riegelseifen für Textilzwecke aus Neutral-
fett und Fettsäuren. *Seifenfabr.* 26 S. 298/301.
Kalkulation und rationelle Herstellung von Mott-
ledseifen. *Seifenfabr.* 26 S. 828/9 F.
Karbonatverseifung bei Silberschmierseifen und
Kalkulation. *Seifenfabr.* 26 S. 705/7 F.
Walkkernseife mittels Karbonatverseifung hergestellt,
und ihre Kalkulation. *Seifenfabr.* 26 S. 1290/3.
Herstellung von Schaum- und Rasierseifen. *Seifen-
fabr.* 26 S. 1005/6.
Rasierseifen. *Seifenfabr.* 26 S. 249/50 F.
Silberwaren-Polierseifen. (R) *Seifenfabr.* 26 S. 383.
Grundseifen der pilierten Seifen. *Seifenfabr.* 26
S. 826/8.
Verseifung des Kokosöls speziell bei Kokosseifen.
Seifenfabr. 26 S. 527/8 F.
Palmölkernseifen und ihre Kalkulation. *Seifenfabr.*
26 S. 950/1 F.
JULKE, kreidehaltige Seife. (Seifenpulver und ge-
mahlener kohlensaurer Kalk.) *Seifenfabr.* 26
S. 38.
HEILBRONNER, Toiletteseife auf halbwarmem Wege
hergestellt. *Seifenfabr.* 26 S. 96/7.
LIDOW, Naphthenseife. (Als Desinfektionsmittel.)
Pharm. Centralh. 47 S. 49.
DESHAYES, savons au pétrole et à la gazoline.
Corps gras 32 S. 227; *Seifenfabr.* 26 S. 379.
Spezialseifen. (Neutrale schwimmende Seife; Sal-
miak-Terpentin-Kernseife; wasserarme oder was-

serfreie Seife; gebläute Petroleumseife; Meerschaumseife.) (R) *Seifenfabr.* 26 S. 450/2.

HILMER, Spezialseifen. (Fleckseife; Universal-Putzseife; kosmetisch - medizinische Spezialseife; Terralinseife.) (R) *Seifenfabr.* 26 S. 179/80.

TISCHLER, die Akremninseife als Mittel zur Bekämpfung der Bleigefahr. *Oest. Chem. Z.* 9 S. 19/20.

KREBITZ, das Münchener Glyzeringewinnungs- und Verseifungsverfahren. (Umsetzung einer Kalkseife durch Kochen mit Natriumkarbonat; Herstellung einer lockeren, porösen Kalkseife; Auswaschung des Kalkschlammes durch kochendes Wasser.) *Seifenfabr.* 26 S. 525/7.

HOLUBECK, procédé et appareil pour le moulage rapide du savon.* *Corps gras* 32 S. 274/5.

STRASZBURG, zerlegbarer Seifenstanzkasten.* *Seifenfabr.* 26 S. 406/7.

Form- und Kühlmaschine für Seifenplatten mit auswechselbaren Formrahmen. *Seifenfabr.* 26 S. 151/3.

FISCHER, M., procédé et dispositif pour la fabrication de savon de résine dur.* *Corps gras* 32 S. 370/1.

3. Prüfung und Eigenschaften. Examination and properties. Analyse et propriétés.

COHN, ROBERT, Hydrolyse von Seifen. *Z. öffl. Chem.* 12 S. 21/7; *Seifenfabr.* 26 S. 606.

BOULEZ, l'état des phases d'équilibre et le contrôle chimique de la liquidation du savon. *Corps gras* 33 S. 67/8.

KOCHS, Untersuchung verschiedener Seifen (des Handels). *Apoth. Z.* 21 S. 17/8.

FAHRION, zur Analyse der Seifen. (Bestimmung des Wassers, des Gesamtfettes.) *Z. ang. Chem.* 19 S. 385/8; *Seifenfabr.* 26 S. 301/3.

Bestimmung des freien Alkalis in Seife. (Mittels alkoholischer Stearinsäurelösung und Zurücktitrieren mit Natronlauge.) *Seifenfabr.* 26 S. 927.

BRAUN, quantitative Bestimmung der Fettsäuren in Fetten, Fettsäuren und Seifen. *Seifenfabr.* 26 S. 127/8.

KRÜGER, Fettsäurebestimmung in Textilseifen. *Chem. Z.* 30 S. 123.

Fettsäurebestimmung in Textilseifen. (Wachskuchenmethode.) *Pharm. Centralh.* 47 S. 655.

Schnelle Fettsäurebestimmung im Betriebe. (In der Seife.) *Seifenfabr.* 26 S. 157/8.

HUSSEIN, qualitative Prüfung auf Kieselsäure in Seifen. *Seifenfabr.* 26 S. 406.

Praktischer Nachweis von Natriumsilikat in Seifen. *Seifenfabr.* 26 S. 11/2.

VANWAKES, Nachweis von mit Schwefelkohlenstoff extrahierten Olivenölen in Seifen. *Erfind.* 33 S. 230.

DAVIDSOHN, quantitative Bestimmung von Calciumoxyd, Calciumsulfat und Natriumsulfat in der Seife. *Chem. Rev.* 13 S. 222.

DAVIDSOHN und WEBER, Bestimmung des Schwefels in der Seife. *Seifenfabr.* 26 S. 877/8.

SEIDELL, determination of mercury and iodine in antiseptic soaps. *J. Am. Chem. Soc.* 28 S. 73/7.

Seile. Ropes. Cordes. Siehe Riemen und Seile 3. Vgl. Draht u. Drahtseile.

Seilerei. Rope making. Corderie. Siehe Riemen und Seile 3.

Seilscheiben. Pulleys. Poulies et molettes. Siehe Riemenscheiben.

Selbstentzündung. Spontaneous ignition. Combustion spontanée.

HEIDEPRIEM, Selbstentzündung von Mineralkohlen. (Versammlung des Internationalen Verbandes der Dampfkessel-Ueberwachungs-Vereine 1905. Versuche von RICHTERS und TATLOCK; Fähigkeit der Kohle, aus der atmosphärischen Luft den Sauerstoff aufzunehmen und an ihrer Oberfläche zu verdichten; Schütthöhe; Lutten; Vorbeugung durch Entlüftungsvorrichtungen.) (V)* *Z. Bayr. Rev.* 10 S. 67/8 F.

LEWES, spontaneous ignition of coal. *J. Gas L.* 94 S. 33/4; *Mém. S. ing. civ.* 1906, 2 S. 747/50 F.

REICHELT, Selbstentzündung von Steinkohlen und die Mittel zur Verhütung derselben. (V) *Sprechsaal* 39 S. 715/7.

BING, Ergebnisse der Untersuchungen über die Selbstentzündung von mit verschiedenen Flüssigkeiten und in wechselnder Menge getränkten Textilstoffen. (V) *Rig. Ind. Z.* 32 S. 139/40.

Entzündbarkeit der Baumwolle. (Selbstentzündung mit Geschirrfirnis getränkter Abfälle und von Petroleumdochtabfällen.) *Oest. Woll. Ind.* 26 S. 359/60.

Selbstfahrer. Motor carriages. Voitures automobiles. Vgl. Eisenbahnwesen III, Gasmaschinen, Sport.

   1. Wettfahrten und allgemeines.
   2. Wagen mit elektrischem Betrieb.
   3. Dampfwagen.
   4. Wagen mit Petroleum-, Benzin- und Spiritusbetrieb.
   5. Wagen mit Gas- und Luftbetrieb.
   6. Räder und Reifen.
   7. Andere Teile.

1. Wettfahrten und allgemeines. Races and generalities. Courses et généralités.

Le circuit européen. *France aut.* 11 S. 53/4.

Das große französische Geschwindigkeitsrennen. *Mot. Wag.* 9 S. 16/8.

Internationale Tourist-Trophy-Race auf der Insel Man. *Mot. Wag.* 9 S. 282/3.

Le circuit de la Sarthe.* *France aut.* 11 S. 402/9.

GASTON, der Circuit de la Sarthe, ein Zweitagerennen. *Mot. Wag.* 9 S. 110/2.

WASTON, from Glasgow to London by motor cab.* *Aut. Journ.* 11 S. 1053/5.

The race for the Milan gold cup.* *Aut. Journ.* 11 S. 630.

La coupe d'or de Milan.* *France aut.* 11 S. 113/4.

HERKOMER-Konkurrenz 1906. (Vom 5. bis 13. Juni 1906) *Mot. Wag.* 9 S. 174/6.

Der zweite HERKOMER-Wettbewerb. *Mot. Wag.* 9 S. 435/6.

HERKOMER cup winner. (HORCH & CIE. in Zwickau, Saxony. (Aluminium crank chamber; apron shaped top half of the crank chamber; spring washer on the valve spindle supported by a disc slipped in place; transmission to the rear axle by a shaft with Cardan joints.)* *Horseless Age* 18 S. 21/2.

Le circuit austro-allemand de la coupe HERKOMER.* *France aut.* 11 S. 18.

HERKOMER trophy.* *Aut. Journ.* 11 S. 707/9.

The HERKOMER Trophy competition. (Proceedings at Frankfort-on-Maine.)* *Autocar* 16 S. 740/3 F.

LUTZ, Geschwindigkeitsbewertung im HERKOMER-Wettbewerb 1906. *Mot. Wag.* 9 S. 571/9.

MANVILLE, a try for the HERKOMER trophy.* *Aut. Journ.* 11 S. 260/3.

PÖGE, Zur Geschwindigkeitsbewertung im HERKOMER Wettbewerb 1906.* *Mot. Wag.* 9 S. 678/81.

REGNI, die Bestimmung der Maschinenleistung bei Touren-Rennen. *Mot. Wag.* 9 S. 220/2.

RUMPLER, Vorschlag zur Bewertung von Rennwagen. *Mot. Wag.* 9 S. 732/3; 781/6.

Zur Geschichte des Automobils. *Prom.* 18 S. 118/20.

La genèse de l'automobile.* *Ind vél.* 25 S. 259/61.

Les véhicules industriels automobiles. *Ind. vél.* 25 S. 157/9.

BUCH, ein Fortschritt in der Verwendung von Einheitstypen.* *Mot. Wag.* 9 S. 172/3.

BÜRNER, Entstehung, Entwicklung und wirtschaftliche Bedeutung des Automobils. (V) (A) *Z. V. dt. Ing.* 50 S. 917.

MATSCHOSZ, aus der Jugendzeit des Automobils.* *Z. V. dt. Ing.* 50 S. 1257/64.

DOMINIK, die Entwicklung des Motorrades. *Mot. Wag.* 9 S. 387/8.

DUFAUX & CO., die Motosacoche. (Umwandlungsproblem von Fahrrad und Motorrad.) *Mot. Wag.* 9 S. 234/5.

KOCH, der heutige Stand der Motorfahrräder.* *Dingl. J.* 321 S. 294/8 F.

LAVERGNE, revue de l'automobilisme (châssis et caisses.) * *Rev. ind.* 37 S. 383/5 F.

Entwicklung und heutiger Stand der französischen Motorwagen-Industrie. *Mot. Wag.* 9 S. 48/9.

Motor car progress in France.* *Eng.* 101 S. 10/12.

Development of the French automobile industry. *Eng.* 102 S. 607/8, 625.

The motor workshops of Italy and the lessons they teach. (ZUST works at Intra; ZUST engines; ZUST chassis; junior chassis.) * *Aut. Journ.* 11 S. 1175/7 F.

Entwicklung des Automobilwesens in Aegypten. *Mot. Wag.* 9 S. 390/1.

Verhältnisse des Automobilmarkts und Aussichten für Automobileinfuhr in den Vereinigten Staaten von Amerika. *Mot. Wag.* 9 S. 1007/8.

AVERY, experiments with motor vehicles in the Quartermaster's department, U.S.A. *Horseless Age* 17 S. 6.

HURD, what can America learn from Great Britain in transportation? (Growth of the motor-train and motor-bus.)* *Cassier's Mag.* 30 S. 512/19.

WAGNER, ein Rückblick auf das verflossene Jahr der amerikanischen Automobil-Industrie. (Schräge Ventile im Zylinderkopf; Motor mit eingegossenen Stahlblechrippen für Luftkühlung.)* *Mot. Wag.* 9 S. 490/8.

HAINES, automobiling in Cuba.* *Horseless Age* 17 S. 416/7 F.

ELLIS, motor car in India.* *Horseless Age* 18 S. 198/201.

Indian motor trials.* *Aut. Journ.* 11 S. 165/8.

Scottish reliability trials.* *Aut. Journ.* 11 S. 757/73.

The Irish reliability trials. * *Aut. Journ.* 11 S. 774/9.

FEHRMANN, Wirtschaftlichkeit schwerer Motor-Lastwagen.* *Wschr. Brauerei* 23 S. 109/15.

MILLS, the commercial motor-vehicle in Great Britain.* *Cassier's Mag.* 30 S. 221/31.

SIMON, Mitteilungen aus dem Gebiete der Geschäfts- und Lastwagen.* *Mot. Wag.* 9 S. 836/9.

HUDDY, taxing automobiles. *Horseless Age* 17 S. 407.

SARCY, carrosseries légères. *France aut.* 11 S. 731.

Der Motorwagen im städtischen Dienst.* *Z. Transp.* 23 S. 410/1.

BRODIE, motor vehicles for municipal work. (Wheels; axles; boilers; trailers; comparison between operations of horse-drawn vehicles and motor wagons; street watering.)* (V) (A) *Pract. Eng.* 34 S. 8/10.

HOFMANN, Vergleich verschiedener Betriebsarten im motorischen Personenverkehr auf Landstraßen. *Mot. Wag.* 9 S. 71/2.

MACDONALD, motor car services in relation to tramways. (V. m. B.) *Pract. Eng.* 33 S. 651/3.

STAHL, Automobilverkehr und Straßenbahn. *Z. mitteleurop. Motwv.* 9 S. 209/14; *Elektr. B.* 4 S. 209/12 F.

STOBRAWA, Vergleich verschiedener Betriebsarten im motorischen Personenverkehr auf Landstraßen. *Mot. Wag.* 9 S. 4/6.

VORREITER, die Motordroschken und deren Betriebskosten. *Elektr. B.* 4 S. 289/92 F.

Motor omnibuses and tramways. *Electr.* 57 S. 18/9.

Service régional d'omnibus automobiles sur la côte normande.* *Gén. civ.* 49 S. 228/32.

HOFFMANN, Betriebsergebnisse von Automobilomnibuslinien. (Ergebnisse der Linie Semmenstedt-Wolfenbüttel; Kostenzusammenstellung der Automobil-Verkehrs-A.-G. Wolfenbüttel für den Zeitraum vom 1. Mai 1905 bis 31. März 1906.)* *Mot. Wag.* 9 S. 425/9 F.

MARKHAM, motor omnibuses for public passenger service.* *Cassier's Mag.* 30 S. 3/16.

MEYER, Betriebsergebnisse der Automobilomnibus-Linien in London und die Bedeutung derselben für Berlin. *Mot. Wag.* 9 S. 350/3.

SIGALA, l'omnibus automobile. (En Angleterre; en France.) *France aut.* 11 S. 770/1.

VELLGUTH, die heutigen Kosten des Automobil-Omnibusbetriebes. (Betriebe: Dettmannsdorf-Marlow mit DAIMLER-,Bussen", Partenkirchen-Mittenwald-Walchensee-Kochel, Sonthofen-Hindelang, mit London-Benzin-„Autbussen"; Hastings, Birmingham und Bath; allgemeine Verwaltung.) *Arch. Eisenb.* 1906 S. 893/923.

MANVILLE, the field of the electric tramway and motor'bus. (V) (A) *Electr.* 57 S. 12/6.

MEYER, M., elektrische Straßenbahnen und Motor-Omnibusse. (Vergleich der Betriebsergebnisse englischer elektrischer Straßenbahnen mit denjenigen von Motor-Omnibussen; Anwendung dieser Vergleiche auf deutsche Verhältnisse.) *Elektrot. Z.* 27 S. 632/3.

PICTON, the electric tramway and electric omnibus in England. *El. World* 47 S. 1254/5.

Kraftwagen als Ersatz für Eisenbahnen. (Vorschlag von REA.) *Z. Eisenb. Verw.* 46 S. 717.

Kraftwagen auf den ungarischen Lokalbahnen. (Versuche mit Dampfmotoren von DE DION-BOUTON, STOLZ und Benzinelektromotoren.) *Z. Eisenb. Verw.* 46 S. 70.

Freibahnzüge. (Ohne Gleise. Leistungen; Einrichtung; Dampfmaschine mit flüssigem Brennstoff; Betriebskosten.) *Oest. Eisenb. Z.* 29 S. 341/4.

Der Freibahnzug und sein militärischer und wirtschaftlicher Wert.* *Prom.* 17 S. 769/72.

Das Lastautomobil im Heeresdienst. (Versuche in England, Frankreich, Italien.) *Schw. Z. Art.* 42 S. 319/22.

CAREY, some notes on motor cars for military purposes. *J. Roy. Art.* 33 Nr. 8 S. 213/21.

PASETTI, automobili per trasporti militari. *Riv. art.* 1906, 2 S. 249/74.

L'automobile aux manoeuvres. * *France aut.* 11 S. 545/7.

WOLF, ROBERT, automobile Fahrzeuge bei den österreichisch-ungarischen Manövern im Jahre 1905. (Personenautomobile, Lastautomobile, Motorräder.) *Mitt. Artill.* 1906 S. 354/78.

WATTS, preparing automobiles for shipment.* *Horseless Age* 18 S. 251/3.

Mitteilungen über Automobilfahrzeuge der Feuerwehr. *Arch. Feuer* 23 S. 3/6.

THIESS, die geplante Einführung des Automobilbetriebes für die Löschzüge der Berliner Feuerwehr. *Dingl. J.* 87 S. 684/6.

Motor fire engines. (For fire extinction.)* *Horseless Age* 18 S. 155/7 F.

LEDAT, Versuche der französischen Postverwaltung mit der Verwendung von Automobilen.* *Arch. Post.* 1906 S. 70/7.

MEYER, das Automobil in der Landwirtschaft. * *Z. mitteleurop. Motwv.* 9 S. 267/8.

The motor car as road improver.* *Aut. Journ.* 11 S. 883.
The destruction of San Francisco and the helpful motor car.* *Aut. Journ.* 11 S. 615/7.
BUSCH, automobile sur glace. (Porte à la place des roues, quatre vis à axe horizontal.) * *Ann. trav.* 63 S. 949/50.
DE LEYMA, l'automobile en hiver. *Ind. vél.* 25 S. 100/2.
Portable charging stations for automobiles. *El. World* 48 S. 251/2.
KAMPE, Einstellhallen für Motorwagen. (Ausführungen in Holz oder Mauerwerk.)* *Techn. Z.* 23 S. 65/6.
Konstruktionsprinzipien für Kolben- und Kurbeltrieb des Benzin-Automobilmotors.* *Mot. Wag.* 9 S. 462/5 F.
Typical machine operations in automobile construction.* *Horseless Age* 18 S. 588.
The rating of motor car engines. (Origin of horse power; limitations; piston speed; two-cycle engines.)* *Autocar* 16 S. 385/6 F.
Overheating in gasoline engines. *Horseless Age* 17 S. 354/5.
Some recent British novelties. (Method of water cooling.)* *Horseless Age* 17 S. 722/3.
Alcohol versus petrol. (A national question.) *Aut. Journ.* 11 S. 1123/4.
What is horse-power? (An elementary explanation of a much-misunderstood unit.)* *Aut. Journ.* 11 S. 915/6 F.
Hill climbs and engine rating. (Power depends on engine speed; power proportional to fuel.)* *Aut. Journ.* 11 S. 904/11.
Die Sicherung der Wagenlenkung und die Normalisierungs-Bestrebungen im Automobilbau.* *Mot. Wag.* 9 S. 66/7.
Die Anwendung des Motors als Bremsmittel für Motorwagen.* *Mot. Wag.* 9 S. 966/7.
BARKER, change speed gears of the sliding type; the DYER patents.* *Horseless Age* 17 S. 498/9.
BAUSCHLICHER, Betrachtungen über unsere Treibmittel. (Acetylengas.) *Mot. Wag.* 9 S. 324/7.
BOURDON, some notes on valve setting and ignition timing. *Autocar* 17 S. 115/6 F.
CLARKSON, steam as a motive power for public-service vehicles.* *Engng.* 82 S. 709/14; *Eng.* 102 S. 534/5.
CLOUGH, dangers attending the use of gasoline automobiles. *Horseless Age* 17 S. 853/4.
CLOUGH, does crystallization occur in motor parts? *Horseless Age* 18 S. 226/7.
CROMPTON, some unsolved problems in motor engineering.* *Aut. Journ.* 11 S. 235/7.
D'EMILIO, sul treno automobile a voltata esatta sistema NOVARETTI. (Costituito da una locomotiva stradale a vapore od a petrolio, munita di un congegno differenziale per poter seguire le vie tortuose carri articolati agli estremi e formanti nel loro complesso un poligono articolato.) *Riv. art.* 1906, 2 S. 425/8.
GASTON, über die heute übliche Bezeichnungsart von Automobilmotoren nach Pferdekräften. *Mot. Wag.* 9 S. 409/11.
GASTON, Fortschritte in der Konstruktion der französischen Tourenwagen. (Ausbildung der Details und Anordnung aller Organe.) *Mot. Wag.* 9 S. 1/3.
GASTON, zur Frage der Schmierung von Automobilmotoren. *Mot. Wag.* 9 S. 164/6.
GASTON, über Aufhängung und Gewichtsverteilung bei Rennwagenkonstruktionen. *Mot. Wag.* 9 S. 676/7.
GASTON, Einfluß der äußeren Form auf die Ge-

schwindigkeit von Rennwagen. *Mot. Wag.* 9 S. 967/70.
GERSTER, les chocs dans la transmission. * *France aut.* 11 S. 92/4.
HARSEL, up to date shop methods in automobile construction.* *Horseless Age* 17 S. 585/6 F.
HUTH, zur Frage der Federdämpfung. *Mot. Wag.* 9 S. 434/5.
KELVIN, das seitliche Schleudern der Kraftfahrzeuge. * *Mot. Wag.* 9 S. 887/9.
KLOTZ, Morituri? (Frage des Gleitens von Motorwagen.)* *Mot. Wag.* 9 S. 297/8.
RUMPLER, Quo Vadis? (Wann beginnt ein Wagen zu gleiten?)* *Mot. Wag.* 9 S. 94/100.
MARTINY, das Seitwärtsgleiten der Hinterräder. *Mot. Wag.* 9 S. 432/4.
LEECHMAN, the insurance of motor cars. (Damage by accident; damage by fire; theft; personal injuries.) *Autocar* 16 S. 211/2 F.
v. LÖW, das mechanische Anlassen der Automobilmotoren. *Mot. Wag.* 9 S. 559/60.
v. LÖW, technische Betrachtungen über die Entwickelung des Adler-Automobils. *Z. mitteleurop. Motwv.* 9 S. 69/70.
LUTZ, zur Bremsberechnung von Kraftfahrzeugen. *Mot. Wag.* 9 S. 266/71.
MEINECKE, einheitliche Bestimmung der Motorenleistung. *Mot. Wag.* 9 S. 62/3.
NOBLE, gearless cars. *Horseless Age* 18 S. 145/6.
PUDOR, Aesthetik der Automobilformen. *Uhlands T. R.* 1906, 1 *Suppl.* S. 88/9.
REGNI, leitende Konstruktionsprinzipien im modernen Automobilbau. *Mot. Wag.* 9 S. 201/3 F.
ROMEISER, Doppel-Lenkung.* *Mot. Wag.* 9 S. 714/8.
SABOURET, instruments for measuring the secondary movements of vehicles in motion. (Recording secondary movements; recording combined and divided secondary movements.)* *Eng. News* 56 S. 498.
SCHWENKE, die Wirkung des Differentialwerkes auf das Schleudern der Wagen. (Vorderräderantrieb ist besser als der übliche Hinterräderantrieb.)* *Z. mitteleurop. Motwv.* 9 S. 39/40.
SMITH, transmissions and the relation of change speed gearing to transmission systems.* *Horseless Age* 18 S. 574/7.
STERNBERG, die Lenkung der Kraftwagen.* *Mot. Wag.* 9 S. 653/6.
VORREITER, der Vorderrad-Antrieb. (Vorteil des Vorderradantriebes.) *Z. Oest. Ing. V.* 58 S. 91/2.
WALSH, automobile improvements. (Securing greater reliability and endurance.)* *Cassier's Mag.* 30 S. 124/7.
Special steels for motor car parts. *Iron & Coal* 72 S. 1869.
Die Verwendung von Spezialstahl im französischen Automobilbau.* *Ann. Gew.* 59 S. 108/11.
BAUSCHLICHER, Bleche und Rohre als Konstruktionsmaterial für den Automobilbau. *Mot. Wag.* 9 S. 345/7 F.
GUILLET, metals and alloys employed in automobile construction. *Horseless Age* 18 S. 541.7; *Eng. Rec.* 54 S. 563/4.
KRAHNER, das Leder beim Bau des Automobils. *Mot. Wag.* 9 S. 807/10.
PETARD, special auto-steels and their properties. *Automobile, The* 14 S. 761/2 F.
TUCKER, vanadium steel for motor work. (V) *Iron & Steel Mag.* 11 S. 55/6.
Réparation des automobiles et des bicyclettes. Organisation de l'atelier. *Ind. vél.* 25 S. 421/2.
Sur la réparation des motocyclettes. *Ind. vél.* 25 S. 392/4.
Prüfstelle für Kraftfahrzeuge der Kgl. Sächs. Me-

chan. Techn. Versuchsanstalt in Dresden. *Z. mitteleurop. Motwv.* 9 S. 388/92.

Testing plant for automobiles.* *Eng.* 102 S. 430.

The automobile testing plant of Purdue University.* *Am. Mach.* 29, 1 S. 190/2; *Eng. News* 55 S. 100.

Internationale Prüfungsfahrt für leichte Tourenwagen. (Wien—Graz und zurück, 12. und 13. Mai 1906) *Mot. Wag.* 9 S. 176/7.

Test run of an air-cooled motor. (CARRICO aircooled 20-H.P. motor.)* *Automobile* 15 S. 353.

Internationale Automobil-Ausstellung Berlin 1906.* *Z. mitteleurop. Motwv.* 9 S. 101/5; *Techn. Z.* 23 S. 102/4 F.

Internationale Automobil-Ausstellung Berlin 1. bis 12. November in Einzeldarstellungen.* *Mot. Wag.* 9 S. 847/64 F.

HELLER, die Internationale Automobilausstellung Berlin 1906. (Motorbauarten.) *Z. V. dt. Ing.* 50 S. 264/5 F.

HUTH, technisches aus der Berliner Ausstellung. (Mercedes-Motor; Kuppelung von JACOBSON & CO.; hydraulischer Antrieb System V. PITTLER.)* *Mot. Wag.* 9 S. 916/24.

V. LÖW, der Stand der Automobiltechnik nach der internationalen Ausstellung zu Berlin 1906.* *Gasmot.* 6 S. 5/12 F.

PFLUG, internationale Automobilausstellung in Berlin. (Vom 3. bis 18. Februar 1906.) *Z. Eisenb. Verw.* 46 S. 391/2.

ROMBISER, kritische Betrachtungen über Chassis- und Karosseriekonstruktionen auf der Berliner Ausstellung. *Mot. Wag.* 9 S. 835 6F.

VOGEL, die Motorräder auf der intern. Automobil-Ausstellung, Berlin.* *Z. mitteleurop. Motwv.* 5 S. 586/92 ; *Dingl. J.* 321 S. 772/5 F.

BAUSCHLICHER, technisches von der Frankfurter Automobilausstellung.⊞ *Mot. Wag.* 9 S. 6/12 F.

Von der V. internationalen Automobilausstellung Wien 1905. (Vergaser der PEUGEOTwagen, bei denen selbsttätig mit der Drosselung des Gasgemenges nicht allein die Luftzufuhr vermindert wird, sondern auch die Menge des einströmenden Benzins; magneto-elektrische Zündung; Bienenkorbkühlung; elektrischer Krankenwagen LOHNER-PORSCHE mit Vorderradantrieb; elektrisches Automobil LOHNER-PORSCHE mit Oberleitungsstromzuführung System STOLL; Motorboot der LOZIER MOTOR CO.) *Krieg. Z.* 9 S. 93/8.

Novelties at the Paris automobile show.* *Sc. Am. Suppl.* 61 S. 25133/5.

ADERS, technisches von der Pariser Automobilausstellung. (BOLLÉE-Pneumatikpumpe; MORS-Anlaßvorrichtung; Doppelriemen als versuchsweiser Ersatz für das Differential.)* *Mot. Wag.* 9 S. 100/3.

KÖNIG, die internationale Automobilausstellung im Pariser Salon 1905.* *El. u. polyt. R.* 23 S. 73/4 F.

Paris salon, 1906. (a)* *Aut. Journ.* 11 S. 1679/91.

LAVERGNE, le salon de 1905. (Moteurs; carburateurs; distribution; régulation; embrayages; direction; roues; suspension; châssis; voiturette; voiture pétroléo-électrique PIEPER; voitures à vapeur.) (a)* *Rev. ind.* 37 S. 42/3 F.

MEYAN, le salon de 1906. *France aut.* 11 S. 33/4, 786/87.

PETARD, 1906 models at the Paris salon. (Rough sketch PEUGEOT carburetter.)* *Automobile, The* 14 S. 6/10.

RUMMEL, die VIII. Internationale Automobilausstellung in Paris 1905/6. *Dingl. J.* 321 S. 81/4.

The ninth automobile salon at Paris ⊞ *Horseless Age* 18 S. 913/9.

Sixth annual Am. Car. Ass. show. (Complete car exhibits.)* *Horseless Age* 17 S. 123/46.

Seventh annual show of the Automobile Club of America. *Horseless Age* 18 S. 777/8.

CRAMER, some features of engine lubrication and gasoline feed at the A. C. A. show. *Horseless Age* 18 S. 851/2.

Die amerikanische Motorwagen-Industrie auf der Januar-Ausstellung in New-York. *Mot. Wag.* 9 S. 148/9.

SCHAEFFERS, technisches von den New Yorker Ausstellungen 1906. (Kupferblech-Wassermantel des CADILLAC-Motors; Regulator des FRANKLIN-Wagens; Motor mit Luftkühlung; Federbandkupplung; Dreischeibenkupplung; HAYNES-Kardan; Federband-Kupplung mit Schraubenband; Exzenter-Wasserpumpe; leichter NORTHERN MOTOR CAR CO.-Wagen.)* *Mot. Wag.* 9 S. 144/7.

Chicago automobile show.* *West. Electr.* 38 S. 136/7.

Motor exhibition at Olympia. (CHENARD WALCHER CO.s petrol-driven car; EUSTON MOTOR CO.'s Courier light cars with two seats; DE DIETRICH's racer; duplex motors; HITCHON GEAR AND AUTOMOBILE CO.'s four-speed gear with reverse; sparking plug shown by RIPAULT & CO.) *Mech. World* 40 S. 250.

Motor car exhibition at Olympia. (Duplex two-stroke petrol engine; LLOYD cross roller change-speed gear; ROLLS-ROYCE six-cylinder Pulman Limousine.) (a) ⊞ *Eng.* 102 S. 524/6 F.; *Pract. Eng.* 34 S. 653/4 F.; *Am. Mach.* 29, 2 S. 554 E/9 E.

Fourth annual Boston automobile and power boat show. (HARVARD engine; ROSS steamer; WOODWORTH detachable tread; iron tire pneumatic wheel; shock absorber of the HILL MOTOR CAR CO. of Haverhill, Mass.)* *Horseless Age* 17 S. 428/31.

STEPHENS and CARMICHAEL, London Power Omnibus Co.'s large motor omnibus house and shops. (250' in length by 90' wide in which 150 double-deck cars can easily be stored; roof of wrought iron in one span with a hot-air heating system and electric lighting.) *Eng. Rec.* 53 Nr. 1 *Suppl.* S. 59.

2. Wagen mit elektrischem Betrieb. Electric carriages. Voitures électriques. Vgl. Eisenbahnwesen III 3.

Elektromobile. (Vorzüge gegenüber den durch Explosionsmotoren angetriebenen Kraftwagen.) *Bayr. Gew. Bl.* 1906 S. 46.

Progress with the electric automobile. *Sc. Am.* 94 S. 23.

The „electrobus" and its financial prospects. (Running costs; re-charging expenses, battery changing.)* *Aut. Journ.* 11 S. 517/9.

Compagnie française de voitures electromobiles.* *Ind. vél.* 25 S. 343/4.

Les omnibus électriques à Londres.* *Eclair. él.* 48 S. 56/62.

ALLGEMEINE BETRIEBS-AKT.-GES. FÜR MOTORFAHRZEUGE in Köln a. Rh., elektrische Postautomobile. (Briefträgerwagen nach KRIÉGERS Bauart, der gleichzeitig 18 Briefträger aufnehmen kann.)* *Uhlands T. R.* 1906 *Suppl.* S. 106/7.

BARY, voiture électrique Védrine.* *Ind. él.* 15 S. 37/41.

BENEKE, das Elektromobil. *El. u. polyt. R.* 23 S. 342/3.

CHURCHWARD, energy consumed by electric automobiles. *Automobile, The* 14 S. 92/3.

CHURCHWARD, electric automobile motors and controllers. *Horseless Age* 17 S. 53.

EICHEL, schwere Elektromobile in Nordamerika. *Elektr. B.* 4 S. 261/2 F.

FAVARY, accumulators for electric automobiles and electric ignition. *Horseless Age* 18 S. 32/6.

VAN HEYS, Elektromobile.* *Z. mitteleurop. Motwv.* 9 S. 451/4.

JEANTAUD, electric vehicles. (V) *Horseless Age* 18 S. 516/7.

LANDAU, electric vehicle motors.* *Horseless Age* 18 S. 346/8.

MÜLLER, das Elektromobil in seiner heutigen Gestalt. *El. u. polyt. R.* 23 S. 84/5 F.

SCHWENKE, die Elektromobile auf der Berliner Automobil-Ausstellung 1906, 3.— 18. Februar. *CBl. Akkum.* 7 S. 54/7.

SIEG, elektrische Kraftwagen. (Einzelheiten des Fahrschalters von HAGEN; Untergestell einer BEDAG-Droschke; Untergestell eines viersitzigen Personenwagens; Einzelheiten der Motor-Aufhängung und der Lenkung.) * *Elektrot. Z.* 27 S. 1017/21.

TAMÉ, automobiles to be driven by liquid electricity. (The reservoir of liquid being itself the accumulator, and the force is conveyed by wires.) *Autocar* 16 S. 431.

VORREITER, Verbesserungen der Elektromobile und Akkumulatoren. *Ann. Gew.* 59 S. 152/4.

WAGNER, elektrische Automobile.* *Mot. Wag.* 9 S. 889/95.

L'auto-mixte voiture pétroléo-électrique. *Ind. vél.* 25 S. 384/5.

The auto-mixte petrol-electric car. (In the auto-mixte system it is the dynamo itself which is occasionally used as a motor [in conjunction with accumulators], when the engine needs temporary assistance.) * *Aut. Journ.* 11 S. 12/4.

Petrol-electric buses and their financial prospects. (The automixte and FISCHER systems; accumulators; advantages of petrol-electric systems.) *Aut. Journ.* 11 S. 544/5.

KRIŽKO, benzinelektrische Selbstfahrer im Eisenbahnbetriebe. (V) * *Z. Oest. Ing. V.* 58 S. 346/52.

The Mercedes petrol electric car. (LOHNER-PORSCHE system.) * *Autocar* 17 S. 833.

L'auto-mixte, voiture thermo-électromobile, système HENRI PIEPER.* *Ind. él.* 15 S. 10/6.

TRACY, steam, electric and combination cars at the Paris show.* *Horseless Age* 17 S. 2/3.

3. Dampfwagen. Steam carriages. Voitures à vapeur. Vgl. Eisenbahnwesen III A 2, Lokomobilen.

Steam motor coach N.W.R., India.* *Eng.* 102 S. 64.

Benzinmotor-Waggons. Dampfmotor-Waggons und Dampflokomotive.* *Landw. W.* 32 S. 337/8.

BEYER, PEACOCK & CO., 40 H.P. steam lorry * *Eng.* 101 S. 217.

BOLSOVER, steam motor wagons of 1906.* *Page's Weekly* 8 S. 1439 F.

FLETCHER, two recent types of American traction engines. (Coal-burning engine with short cab; boiler of the locomotive type; hollow axle and counter-shaft; has no studs or bolts below the water line; barrel of the boiler made of one plate with a longitudinal seam double riveted.) * *Pract. Eng.* 33 S. 464/5 F.

MANNS PATENT STEAM CART AND WAGON CO., 2 t steam wagon.* *Eng.* 102 S. 16.

PFLUG, neuere französische Dampfwagen für Personenbeförderung. (Wagen von GARDNER-SERPOLLET; Dampfwagen von WEYHER & RICHEMOND; Wagen von CHABOCHE.) * *Z. mitteleurop. Motwv.* 9 S. 414/21.

DROUIN, automobile à vapeur des établissements WEYHER ET RICHEMOND, à Pantin.* *Gén. civ.* 49 S. 17/9.

Les voitures à vapeur WEYHER & RICHEMOND.* *Ind. vél.* 25 S. 488/91.

STANLEY, steam-driven automobils. (127,66 miles per hour; the engine has two cylinders; boiler of the round tubular type.) *Eng. News* 55 S. 136.

Dampfmotorwagen von WHITE. *Z. Dampfk.* 29 S. 382/3.

Dampfmotorwagen für städtische Zwecke. * *Z. Transp.* 23 S. 159/60, 285/7.

Pariser Dampfomnibus nach dem System GARDNER-SERPOLLET. *Schw. Elektrot. Z.* 3 S. 80/1; *Masch. Konstr.* 39 S. 41/2.

Les omnibus GARDNER-SERPOLLET. * *Ind. vél.* 25 S. 162/3.

HELLER, Personen- und Güterbeförderung mit schweren Motorwagen. (Dampfmotor von GARDNER-SERPOLLET; Dampfomnibus von CLARKSON LTD.) * *Z. V. dt. Ing.* 50 S. 761/8 F.

KÜRCHHOFF, Dampfstraßenlokomotiven für Heeresdienst. (BOYDELL-Räder; Pedrailräder; Dampfstraßenlokomotive als Vorspann für Panzerlaffetten; Panzerzug; Zug mit Anwendung der Winde und des Drahtseils; FOWLERs Straßenlokomotive.) ▣ *Schw. Z. Art.* 42 S. 170/84.

SPITZER, Bau und Betrieb von Motorwagen auf Eisenbahnen. (KOMAREKs Dampfmotorwagen mit kombiniertem Box- und Röhrenkessel.) (V) (A) *Bayr. Gew. Bl.* 1,06 S. 173.

ALLEY and MAC LELLAN, 70 P.S.-Dampflastautomobil System „Sentinel".▣ *Masch. Konstr.* 39 S. 122/3; *Eng. Rev.* 15 S. 214/9; *Eng.* 101 S. 245/7.

STAMM, ein neuer Dampfwagen für gewerbliche Zwecke.* *Mot. Wag.* 9 S. 542/4.

Automobile Feuerspritze.* *Mot. Wag.* 9 S. 970/3 F.

VORM. BUSCH, Automobil-Dampfspritze. (Antriebsmaschine von 25 P.S.; Pumpmaschine, Zwillingsmaschine mit Kulissensteuerung; Kessel mit Querstedern für 10 At. Betriebsdruck, wird mit Petroleum geheizt.) *Techn. Z.* 23 S. 37/8.

BURCH, automobile destinée spécialement à courir sur la glace. (Moteurs à vapeur.) *Cosmos* 1906, 1 S. 701/2.

CLARKSON, steam as a motive power for public service vehicles. (Burner with starter CLARKSON; feed-water regulator or by-pass; thermogovernor; pressure regulator working; differential gear and case; steam omnibus [CHELMSFORD]; steering gear; differential brake gear; brakes; lubrication.) (V) * *Pract. Eng.* 34 S. 654/5 F.; *Page's Weekly* 9 S. 1139/45 F.

The CLARKSON steam system. (Diagram of the CLARKSON system.) * *Aut. Journ.* 11 S. 1594/5.

DAVEY, PAXMAN & CO., steam traction engine. (Locomotive tubular boiler; steam jacketed cylinder; „trick type" slide valve; gearing of crucible steel; slip-winding drum; MOORE steam pump.) * *Pract. Eng.* 34 S. 203.

SERPOLLET, steam generators and steam motors applied to automobiles. *Horseless Age* 18 S. 2/4; *Autocar* 16 S. 107/9.

VORREITER, Dampfkessel für Dampfautomobile. (Als Flammenrohrkessel gebaute „Zwergkessel" und Wasserrohrkessel „Blitzkessel" genannt; Vorzüge des Zwergkessels.) *Z. Dampfk.* 29 S. 420.

4. Wagen mit Petroleum-, Benzin- und Spiritusbetrieb. Oil, benzine and alcohol worked carriages. Voitures à pétrole, à benzine et à alcool. Vgl. 5 u. 7, Eisenbahnwesen III A 4.

Petrol motors. (OTTO cycle; single cylinder motors; multi-cylinder engines.) * *Autocar* 16 S. 193/4 F.

ACME CO. cars.* *Horseless Age* 17 S. 662/4.

1906 MOLINE CO. car.* *Horseless Age* 17 S. 570/2.

TINCHER CO. 80 H.P. car.* *Horseless Age* 17 S. 572/4.

The „Iris" six-cylinder motor-car. *Engng.* 82 S. 627/30.

The 14—22 H.P. GERMAIN chainless car.* *Autocar* 16 S. 426/8

The 10—12 H.P. COVENTRY-HUMBER car.* *Autocar* 16 S. 735/7.

The Fiat commercial vehicles. (Especially those used for public service work.)* *Aut. Journ.* 11 S. 35·7.

The 16 H P. RUSSEL car a Canadian petrol vehicle.* *Aut. Journ.* 11 S. 1142/6.

30 H.P. motor omnibus.* *Eng.* 101 S. 302/3.

Tri-car „Jog". (À châssis rigide.)* *Ind. vél.* 25 S. 91.

Voitures GLADIATOR.* *Ind. vél.* 25 S. 236/9.

Voitures PIVOT. *Ind. vél.* 25 S. 225.

The 6-cylinder 40—50 H P. ROLLS-ROYCE cars.* *Aut. Journ.* 11 S. 1654/6.

American MORS CO. 24—32 H.P. chassis.* *Horseless Age* 18 S. 413.

New KNOX CO. shaft driven car.* *Horseless Age* 18 S. 440/2.

20 H.P. British-built TALBOT car. * *Autocar* 16 S. 70/3.

A detachable „Limousine" touring car. * *Sc. Am.* 94 S. 31.

NORTHERN MOTOR CAR CO. 1906 four cylinder touring car. * *Horseless Age* 17 S. 508/12.

New vehicles and parts. (Mercedes 1906 model.)* *Horseless Age* 17 S. 205/7.

New vehicles and parts. (1906 CADILLAC CO. cars. CLEVELAND MOTOR CAR 30—35 H.P. car. ARIEL CO. four cylinder car. CARRICO engine.)* *Horseless Age* 17 S. 235/52.

New vehicles and parts. (CARTER friction driven automobile; APPERSON model; BRENNAN four cylinder motor; Aster Limousine; convertible two and four cycle engine.)* *Horseless Age* 17 S. 320/6.

1906 MOON CO. touring car.* *Horseless Age* 17 S. 596/8.

1907 MORA CO. cars.* *Horseless Age* 18 S. 296/9.

The auto-mixte petrol-electric car. (In the auto-mixte system it is the dynamo itself which is occasionally used as a motor [in conjunction with accumulators] when the engine needs temporary assistance.) * *Aut. Journ.* 11 S. 12/4.

L'auto-mixte voiture pétroléo électrique. *Ind. vél.* 25 S. 384/5.

The Austrian Mercedes petrol-electric cars. * *Aut. Journ.* 11 S. 1651/3.

Petrol-electric buses and their financial prospects. (The automixte and FISCHER systems; accumulators; advantages of petrol electric systems.) *Aut. Journ.* 11 S. 544/5.

Petrol-electric omnibuses in Paris. * *El. Rev.* 58 S. 846.

Motor omnibuses and garage of the London Power Omnibus Co. (Feeding by underground pipes and flexible hose with petrol; removing or neutralising the petrol fumes in the carhouse by 18 000 cu' of air per min.) *Eng. News* 55 S. 31.

The ADAMS-HEWITT car. (A single-cylinder engine is placed horizontally beneath the seat, and the rear axle is driven by one chain.)* *Aut. Journ.* 11 S. 797/8 F.; *Autocar* 16 S. 660/1 F.

ANDRÉ, roulottes automobiles. (Roulotte L. TURGAN; „Limousine"-roulotte DELAUNAY-BELLEVILLE.)* *France aut.* 11 S. 757/8 F.

The AUSTIN petrol cars. (Leading characteristics of the cars, constructional details.)* *Aut. Journ.* 11 S. 536/8 F.

AUSTIN 25—30 H.P. car. * *Autocar* 16 S. 534/5.

The AUSTIN car. (The exhaust elbow stuffing box;

the inlet and exhaust valve tappet motion; the ignition tappet motion; the ignition timing gear.)* *Autocar* 16 S. 572/4.

Voitures BAILLEAU. *Ind. vél.* 25 S. 224/5.

A 6-cylinder BAYARD-CLEMENT racer.* *Aut. Journ.* 11 S. 1190.

BERKSHIRE touring car. (Change gear with cover removed.)* *Horseless Age* 17 S. 347/9.

The BERLIET petrol cars. (Economy of petrol consumption.)* *Aut. Journ.* 11 S. 912/3.

The BRAYTON engine cycle.* *Autocar* 16 S. 229.

Details of the BROTHERHOOD motor car, constructed by the SHEFFIELD-SIMPLEX MOTOR WORKS.* *Engng.* 82 S. 723.

The DE LA BUIRE cars. (Each of these cars has four-cylinder engines.)* *Autocar* 16 S. 626/9.

The CADILLAC single-cylinder light touring car. * *Sc. Am.* 94 S. 30.

The latest 4-cylinder CADILLAC car.* *Aut. Journ.* 11 S. 1191.

The 10 H.P. CADILLAC car. * *Aut. Journ.* 11 S. 1244/7 F.

La voiture CADILLAC.* *France aut.* 11 S. 665/7.

The four cylinder CADILLAC. (Having a vertical engine in addition to the single-cylinder vehicle.)* *Aut. Journ.* 11 S. 448/50.

Voiturette CHARLON. (La transmission par courroie appliquée aux voitures légères.)* *Ind. vél.* 25 S. 114/9.

CHÉRIÉ, les voiturettes. (La voiturette LACOSTE et BATTMANN; la Prima.) * *France aut.* 11 S. 43/4 F.

CHÉRIÉ, la voiturette „Lion". * *France aut.* 11 S. 746/7.

CHÉRIÉ, les nouveaux modèles GERMAIN. (La chainless 6 cylindres; les chassis d'omnibus.) * *France aut.* 11 S. 790/2.

CHÉRIÉ, la voiturette „Alcyon" de 6 chevaux. * *France aut.* 11 S. 25 F.

CLÉMENT-BAYARD, a new six-cylinder racer. * *Autocar* 17 S. 373.

The CLEMENT-TALBOT petrol cars.* *Aut. Journ.* 11 S. 566/9 F.

La voiture CORNU.* *France aut.* 11 S. 683/4.

Les voitures COTTIN ET DESGOUTTES. * *France aut.* 11 S. 391/5.

The 16 H.P. CRAWSHAY-WILLIAMS petrol car. * *Aut. Journ.* 11 S. 324/6.

The CRITCHLEY-NORRIS petrol bus. (Special features; „Kitchen" radiator-tubes; the radiator; the main clutch.)* *Aut. Journ.* 11 S. 348/50 F.

The 40 H.P. CROSSLEY-CRITCHLEY car.* *Autocar* 16 S. 132/4.

The new 45 H.P. DAIMLER car. * *Autocar* 16 S. 702/4.

DAIMLERWERKE in Marienfelde, neue Automobilomnibusse in Berlin. *Uhlands T. R.* 1906 *Suppl.* S. 68/9.

The 12—16 H. P. DECAUVILLE. * *Autocar* 17 S. 76/9.

La voiture DELAMARE-DEBOUTTEVILLE.* *France aut.* 11 S. 462.

DE DION-BOUTON & CIE., Motorwagen, Modell 1905.* *Masch. Konstr.* 39 S. 9/10

La voiture DE DIETRICH. *Ind. vél.* 25 S. 211/2.

The 60 H.P. DE DIETRICH chassis.* *Autocar* 16 S. 262; *Aut. Journ.* 11 S. 254.

EDGE, the 18 H.P. four-cylinder Regent car. * *Autocar* 17 S. 258/60.

ELMORE MFG. CO., two-cycle vertical-engine cars.* *Automobile, The* 14 S. 17/9.

The 30 H.P. ENFIELD car.* *Autocar* 16 S. 324/6.

Les voitures automobiles construites par la FABRIQUE ITALIENNE D'AUTOMOBILES DE TURIN. *Gén. civ.* 49 S. 273/5.

FABRIQUE NATIONALE CO. OF BELGIUM, four cylinder motor - cycle. * *Horseless Age* 18 S. 211/2.

Motocyclette FARCOT.* *Ind. vél.* 25 S. 309/10.

FOUR - WHEEL DRIVE WAGON CO., MILWAUKEE, powerful motor wagon with four driving wheels. (Driving by connecting the front and rear axles by a main shaft, which by means of bevel gears drives the shaft located within the hollow axles; gasoline engine; wheels of wood, with a wooden face reinforced by iron inserts.)* *Eng. News* 56 S. 37.

FRANKLIN 1907 models. *Horseless Age* 18 S. 235/7.

La voiture FRAYER - MILLER. * *France aut.* 11 S. 619/20.

FULLER POWER VEHICLE CO , the FULLER power vehicle. (The initial power is a gasoline engine carried on the vehicle and direct-connected to a dynamo.)* *El. World* 47 S. 677.

La voiture GERMAIN chainless 14 chevaux. * *France aut.* 11 S. 440/2.

Voitures GILLET-FOREST.* *Ind. vél.* 25 S. 150/3.

GULICK, the 40 H.P. two cycle American simplex car.* *Horseless Age* 17 S. 540/2.

1906 HAYNES cars. * *Horseless Age* 17 S. 512/5.

La voiturette HELBÉ. * *France aut.* 11 S. 262/3.

HELLER, Personen und Güterbeförderung mit schweren Motorwagen. (DAIMLER-Motoromnibus für die Allgemeine Berliner Omnibus - A - G.; DAIMLER Wechselgetriebe; feststellbares DAIMLER-Ausgleichgetriebe.) (V)* *Z. V. dt. Ing.* 50 S. 688/95 F.

The 1906 HOTCHKISS cars. *Aut. Journ.* 11 S. 510/2.

The HOTCHKISS cars. (The HOTCHKISS cars are made in two powers 25—29 H.P. and 30—35 H.P. the smaller-powered car having straight frame members, while the 30—35 H.P. has its longitudinal members inswept at the dashboard to afford ample steering lock for town work, and upswept over the rear axle.)* *Autocar* 16 S. 566/7; *France aut.* 11 S. 136

Voitures HOTCHKISS 120 chevaux.* *France aut.* 11 S. 309/10.

The HUMBER petrol cars. (Four and six-cylinder models; the gear box; the universal-joints; footbrake; clutch; engine; ignition; lubrication and cooling; carburetter.)* *Aut. Journ.* 11 S. 343/6 F.

35—40 H.P. motor-car at the Olympia exhibition, constructed by JAMES & BROWNE. * *Engng.* 82 S. 690.

The 20 H.P. four-cylinder LANCHESTER. (The engine is a four-cylinder vertical type. The valves are arranged horizontally, and are mechanically operated by means of side levers arranged vertically, and enclosed in cam boxes, which form oil reservoirs.)* *Autocar* 16 S. 26/8.

28 H.P. motor-car at the Olympia exhibition, constructed by the LANCHESTER MOTOR CO.* *Engng.* 82 S. 691.

LAVAGNA, cavalli ad avena e cavalli a benzina. (Nel sistema benzo-pneumatico il motore a benzina è affatto indipendente dalle ruote dell' automobile e serve solo a comprimere aria per mezzo di un compressore speciale; l'energia e trasmessa alle ruote motrici mediante quest'aria compressa, la quale, quando la resistenza diminuisce, si accumula in parte in apposito serbatoio tubolare e quando invece la resistenza aumenta, concorre a vincere la resistenza cresciuta.) *Riv. art.* 1906, 3 S. 181/91.

LEGROS and KNOWLES, the 25—30 and 35—40 H.P. Iris cars. * *Autocar* 16 S. 462/6; *Aut. Journ.* 11 S. 730/1.

DE LEYMA, les tricars. (La voiturette BOLLÉE; motor CONTAL; mototricycle AUSTRAL; tri-car BRUNEAU; tri-car STIMULA; tri-car LURQUIN-COUDERT; tri-car LE RAPPEL.) * *Ind. vél.* 25 S. 47/8 F.

LUCAS, car with a valveless motor.* *Autocar* 16 S. 250/1.

MAXWELL-BRISCOE MOTOR CO., four cylinder MAXWELL car.* *Horseless Age* 18 S. 180/3.

La voiture MORS 28 chevaux. * *France aut.* 11 S. 507/9 F.

The 1906 six-cylinder NAPIER cars. (The success of such engines is absolute synchronism between cylinder and cylinder; the transmission gear; the 40 H.P. models.) * *Aut. Journ.* 11 S. 33/4 F.

The 35 H.P. NAPIER petrol bus.* *Aut. Journ.* 11 S. 513/4.

The gearless NAPIER car.* *Aut. Journ.* 11 S. 573.

NEUE AUTOMOBIL - GESELLSCHAFT IN BERLIN, Automobil-Gesellschaftswagen in Berlin. * *Uhlands T. R.* 1906 *Suppl.* S. 122.

The OLDSMOBILE CO. two-cycle and four-cycle touring cars.* *Sc. Am.* 94 S. 30 F.

Vertical type ORION bus. * *Aut. Journ.* 11 S. 1249.

PACKARD, 30 H.P. 1907 model. (Made in the form of either a standard touring car or as a luxurious limousine)* *Horseless Age* 18 S. 178/80.

PAGE runabout. (Timer; engine; change speed gear.) * *Horseless Age* 17 S. 480/1.

PAWYS LYBBE's six - cylinder STANDARD car. * *Autocar* 16 S. 392/3.

The new 30 H.P. PEUGEOT car. * *Autocar* 16 S. 270/1.

PHILLIPS, the new „Wolseley" four-cylinder chassis.* *Eng. Rev.* 15 S. 285/7.

La voiture PICCARD, PICTET ET CIE. *Ind. vél.* 25 S. 381/3.

The „PIEPER" petrol-electric system of automobiles. *Electr.* 56 S. 807/8; *Gén. civ.* 49 S. 171/2.

Les voitures PILAIN type 1907.* *France aut.* 11 S. 713/6.

GEBR. REICHSTEIN, Motor-Zweiräder Modell 1906.* *Uhlands T. R.* 1906, 1 S. 38.

The 10—14 H.P. RENAULT car. * *Aut. Journ.* 11 S. 1172/4 F.

The RICHARD-BRASIER cars of 1906. * *Autocar* 16 S. 45 F.

The ROCHET-SCHNEIDER cars. (All are chain-driven cars with the exception of the smallest.)* *Aut. Journ.* 11 S. 699/701.

ROSE BROS., the 3-cylinder „National" car.* *Aut. Journ.* 11 S. 158/60.

Tricar RONTEIX.* *Ind. vél.* 25 S. 428/30.

RUGGLES' double seated safety motorcycle. * *Horseless Age* 18 S. 417.

RYKNIELD ENGINE CO., 12 P.S.-Geschäfts-Petroleumautomobil. ▨ *Masch. Konstr.* 39 S. 41.

SAINT-GERMAIN, la Moto-Bécane. (Une bicyclette ordinaire sur laquelle on a placé un moteur de 1 ch. ¼ et un réservoir.) * *Ind. vél.* 25 S. 130.

Der Tourenwagen von SCHULZ, G, Magdeburg. * *Z. mitteleurop. Motwv.* 9 S. 16/20.

Petrol motor tramcars by the SCOTTISH ENG. CO.* *Aut. Journ.* 11 S. 287.

La voiture SELDEN.* *France aut.* 11 S. 421/2.

The SIDDELEY 30 H.P. motor-car. *Engng.* 82 S. 623/6.

The 32 H.P. SIDDELEY car.* *Autocar* 16 S. 840/3 F.

30—35 H.P. six-cylinder motor-car at the Olympia exhibition, constructed by the SIMMS MANUFACTURING CO. * *Engng.* 82 S. 693.

SMITH AUTOMOBILE CO. 1906 models. * *Horseless Age* 17 S. 543/6.

SMITH's runabout.* *Horseless Age* 18 S. 86.

The 1906 SPYKER cars. (Silence in the running of the engine and transmission, and dustlessness in the motion of the car.)* *Aut. Journ.* 11 S. 125/7.

The 50 H.P. STANDARD six-cylinder car. (Detail of the valve lifter; exhaust pipe expansion joint; foot brake; change speed gear; steering axle detail; steering gear.)* *Autocar* 17 S. 300, 4.

STURTEVANT vertical cylinder car. * *Horseless Age* 17 S. 478/9.

The 1906 THORNYCROFT models.* *Aut. Journ.* 11 S. 9.

45 H.P. six-cylinder touring-car, constructed by the THAMES IRON WORKS, SHIPBUILDING AND ENGINEERING WORKS.* *Engng.* 82 S. 726.

Gasolin-Motorwagen der UNION PACIFIC RAILROAD CO. (Umrisse gleich denen eines umgekehrten Bootes.) * *Uhlands T. R.* 1906 *Suppl.* S. 121/2.

VÉTÉRAN, les voitures PEUGEOT. (L'embrayage; le changement de vitesse; le différentiel; le dispositif de graissage.) * *France aut.* 11 S. 153/4 F.

VÉTÉRAN, les voitures ADER.* *France aut.* 11 S. 775/8.

VÉTÉRAN, la 35 ch. RENAULT.* *France aut.* 11 S. 728/31.

VÉTÉRAN, les voitures ROSSEL 1907.* *France aut.* 11 S. 744/6.

Les voitures VINOT-DEGUINGAND.* *France aut.* 11 S. 295/7.

Model F. of the WAYNE AUTOMOBILE CO.* *Horseless Age* 17 S. 450/3.

WAYNE models K and H. (This four cylinder car is one of those in which the engine, the clutch and the transmission form a unit, and are mounted on a three point support.)* *Horseless Age* 17 S. 476/8.

Motocyclettes et tri-cars WERNER.* *France aut.* 11 S. 331/3.

The 30 H.P. WESTINGHOUSE car.* *Autocar* 16 S. 662; *France aut.* 11 S. 103/6.

WIENER-NEUSTÄDTER DAIMLER FABRIK, Panzerautomobil. (Vollgummireifen; versenkbarer Sitz für den Lenkker; Vierräderantrieb.) *Uhlands T. R.* 1906 *Suppl.* S. 14/5.

The 30 H.P. WOLSELEY bus (vertical type).* *Aut. Journ.* 11 S. 540/1.

WOLSELEY TOOL and MOTOR-CAR-CO. 30 P.S.-Motorwagen. ⊕ *Masch. Konstr.* 39 S. 83.

Voitures de guerre. (La voiture de guerre c. g. v.; automobile blindée Opel-Darracq.)* *France aut.* 11 S. 99/101.

Das Panzerautomobil. (Untergestell nach dem Mercedes-Typ von der DAIMLER-MOTOREN-GESELLSCHAFT gebaut. Der Wagen ist mit Stahlblech gepanzert, das Getriebe und die auf Luftreifen laufenden Räder sind durch Schutzschilde gesichert; Vierräderantrieb; Vollgummireifen; Ersatz des Panzerautomobils durch das Motorzweirad.) * *Krieg. Z.* 9 S. 81/7.

Das EHRHARDTsche Panzerautomobil mit Schnellfeuergeschütz zur Verfolgung und Bekämpfung lenkbarer Luftschiffe.* *Mitt. aer.* 10 S. 426/30.

The 4- and 6-cylinder question.* *Aut. Journ.* 11 S. 71/2.

Six-cylinder Mercedes engines.* *Aut. Journ.* 11 S. 347.

American motor sled for Wellman polar expedition.* *Automobile, The* 14 S. 778.

Amerikanische Automobilmotoren mit Luftkühlung. *Z. mitteleurop. Motorw.* 5 S. 478/83.

MILLER motor.* *Horseless Age* 17 S. 699.

Motor fire engines.* *Horseless Age* 18 S. 165/8.

BALLOCCO, transmission in gasoline cars.* *Horseless Age* 18 S. 169/71.

BOURDON, some notes on valve setting and ignition timing. *Autocar* 17 S. 115/6 F.

BRENNAN, MFG. CO., vertical four-cylinder engine.* *Automobile, The* 14 S. 585.

CLOUGH, air cooling of gasoline vehicle engines. *Horseless Age* 17 S. 48/50.

DIETERICH, the principles of speed control for gasoline automobiles. *Horseless Age* 17 S. 58/9.

FAWCETT, a motor ambulance for the U. St. army.* *Sc. Am.* 95 S. 172.

FEHRMANN, Spiritusbetrieb für Kraftfahrzeuge.* *Mot. Wag.* 9 S. 271/5 F.; *Horseless Age* 17 S. 872/6.

GIOVANNI, explosion motors. (Types of motors; exhaust opening; compression; the combustible mixture; automatic carburetters; timing of ignition; Fiat automatic ignition advance.) * *Horseless Age* 18 S. 40/3.

Le moteur de course GRÉGOIRE 70 chevaux.* *France aut.* 11 S. 389.

JAKOB, air cooled two cycle motor.* *Horseless Age* 18 S. 333/4.

LAMPLOUGH, an 18 H. P. six-cylinder rotary petrol engine.* *Autocar* 16 S. 374/6.

The MEISELBACH gasoline motor trucks.* *Horseless Age* 17 S. 894.

MAISONNEUVE, improving the thermal efficiency of explosion motors.* *Horseless Age* 18 S. 599/600.

Le moteur PETTERSON.* *France aut.* 11 S. 379.

Le moteur 100 H. P. des voitures de course RENAULT.* *France aut.* 11 S. 372/3.

Essieu- moteur RENAULT.* *France aut.* 11 S. 555/6.

ROBERTS, the three port, two cycle motor. *Horseless Age* 17 S. 47/8.

RUMMEL, der Einfluß der Vergaserdüse auf das Mischungsverhältnis bei Motoren für flüssige Brennstoffe (speziell für Automobilmotoren). *Mot. Wag.* 9 S. 1020/4 F.

SHARP, balancing of petrol engines. (Balancing a single rotating mass.)* *Autocar* 16 S. 102/3 F.

SOC. ANONYME DES ATELIERS CARELS FRÈRES, 500 P.S.-DIESELmotor.* *Masch. Konstr.* 39 S. 74/5.

Six-cylinder motor and clutch, constructed by the STANDARD MOTOR CO.* *Engng.* 82 S. 722.

SUNSET CO , two - cylinder, two - cycle engine.* *Automobile, The* 14 S. 493.

36 H. P. six-cylinder motor at the Olympia exhibition, constructed by THORNYCROFT & Co.* *Engng.* 82 S. 695.

THORNYCROFT & CO., British military gasoline motor tractors.* *Horseless Age* 17 S. 734/5.

TYGARD, moteur à piston fixe. (La particularité la plus saillante est, que bien que fonctionnant sur le cycle à quatre temps, il a un temps utile par tour, et qu'au lieu que le piston se meuve dans le cylindre, c'est ce dernier qui se déplace par rapport au piston qui est fixe.)* *France aut.* 11 S. 471.

WESTERFIELD 22-24 H. P. motor. * *Horseless Age* 17 S. 727/8.

WOLSELEY, 140 H. P. railroad car motor.* *Automobile, The* 14 S. 1/3.

WRIGHT two cycle motor.* *Horseless Age* 17 S. 728.

5. Wagen mit Gas- und Luftbetrieb. Gas and air motor carriages. Voitures à gaz et à air.
Vgl. 4 und 7, Eisenbahnwesen III A. 4, Kraftmaschinen anderweitig nicht genannte.

STODDARD, two cycle gas engine.* *Horseless Age* 17 S. 558/9 F.

WIDMER, compressed air for automobile service.* *Horseless Age* 18 S. 603/4.

L'aéro-voiturette du capitaine FERBER.* *France aut.* 11 S. 616.

6. Räder und Reifen. Wheels and tires. Roues et bandages. Vgl. Fahrräder 4.

Der Wettbewerb der elastischen und federnden Räder. *Z. mitteleurop. Motwv.* 9 S. 246/7.

New spring wheels. (Wheel with floating hub suspended by coiled springs from the rim; wheel fitted with sectional tire and special spring supported hub; wheel with an internal spring driving wheel; a novel dashboard ignition outfit.)* *Sc. Am.* 94 S. 36.

American pneumatic wheel.* *Automobile, The* 14 S. 766.

Eiserne Pneumatiks. (Von BORCHERS hergestelltes federndes Rad.)* *Prom.* 17 S. 281/3.

Indestructible steel wheel for heavy trucks. * *Horseless Age* 18 S. 357.

La roue Soleil. *Cosmos* 1906, 1 S. 176/7.

Roue libre „Pygmée."* *Ind. vél.* 25 S. 64/5.

Roue libre G. R. (Se compose: d'une couronne dentée, d'un noyau formant axe, de 6 cliquets dont 3 sont constamment en prise, d'une plaque de recouvrement, et, sous cette plaque, d'un plateau-ressort qui a pour but d'éviter le moindre jeu dans l'appareil.) *Ind. vél.* 25 S. 103.

La roue élastique E. L.* *France aut.* 11 S. 842/3.

Elastic wheel trials. (The HALLÉ, the LEVY, the SOLEIL, the YBERTY and MÉRIGOUX, the GARCHEY; the MONNIN-DAMIDOT.)* *Autocar* 16 S. 544/5.

The vaned flywheel on the engine of the Unic car. (Used in place of the more usual draught-inducing fan.)* *Autocar* 16 S. 406.

La roue Securitas.* *France aut.* 11 S. 266.

Roue élastique à moyeu pneumatique.* *France aut.* 11 S. 571/2.

Roue ARBEL.* *Ind. vél.* 25 S. 89/90.

The BELL pneumatic steel hub.* *Horseless Age* 18 S. 930.

BLIGHT, spring wheel. (The distortion of the circular springs is progressive, and a bearing is taken on the shoes all round the wheel.)* *Autocar* 16 S. 456.

Roue élastique COSSET.* *Ind. vél.* 25 S. 78.

Roue flexible à ressorts COYMAT. *Ind. vél.* 25 S. 213/4.

DANEO, ruote elastiche. (Sistema di ruote elastiche PAPONE, brevettato in tutti gli stati; esperienze ufficiali.) ▣ *Riv. art.* 1906, 1 S. 409/17.

FERRUS, elastic wheels. (The LONET elastic wheel; metallo-elastic tire; Edmond LEVY wheel; GUIGNARD-AMELOT wheel; the HALLÉ wheel; BOURGINE & LEBON wheel; DE CADIGNAN wheel; MONNIN-DAMIDOT wheel; COYMOT wheel; COSSET wheel; BRILLIÉ wheel.)* *Horseless Age* 18 S. 351/3 F.

Roue élastique GUIGNARD-AMELOT* *Ind. vél.* 25 S. 90/1.

La roue élastique GARCHEY.* *France aut.* 11 S. 264; *Ind. vél.* 25 S. 427/8.

Ma roue à ressorts HALLÉ.* *France aut.* 11 S. 265.

The HAWKSLEY pneumatic wheel.* *Aut. Journ.* 11 S. 128/9.

HILGER spring wheels. (Flexible tire.)* *Horseless Age* 18 S. 302.

Roue élastique de HORA.* *France aut.* 11 S. 489.

La roue libre HYDE.* *Ind. vél.* 25 S. 138/9.

The JACKSON resilient hub. (JACKSON spring wheel.)* *Autocar* 17 S. 237.

DE JARNETTE spring wheel for automobiles.* *Automobile, The* 14 S. 973; *Horseless Age* 17 S. 955.

LA GARE PATENT TYRE AND WHEEL CY, roue à rayons bois tangents.* *France aut.* 11 S. 235.

La roue suspendue LÉVY, EDMOND.* *France aut.* 11 S 263.

La roue à ressorts MONNIN-DARNIDOT.* *France aut.* 11 S. 266.

NEATE and WILLS, the Spherola spring wheel. (When meeting obstacles all the springs, instead of only a few of them, are equally utilised for absorbing the shock.)* *Aut. Journ.* 11 S. 1112/4.

DE LA PENA, la roue élastique.* *France aut.* 11 S. 779/80.

The PRADBAU wheel. (Its resiliency is obtained by a set of helical springs arranged radially between the inner and outer members.)* *Aut. Journ.* 11 S. 383; *Autocar* 16 S. 292.

ROBINSON, the Empire spring wheel.* *Aut. Journ.* 11 S. 346.

SALSBURY, roues à bandage en bois.* *France aut.* 11 S. 746.

Roue SCHWARTZ.* *France aut.* 11 S. 90.

La roue SOLEIL, à moyeu élastique.* *France aut.* 11 S. 264.

La roue auxiliaire STEPNEY. (Destinée à remplacer une réparation de fortune du pneumatique crevé d'une voiture.) *Ind. vél.* 25 S. 106/7; *France aut.* 11 S. 778.

STEVENSON, a readily detachable spare wheel.* *Autocar* 17 S. 240.

The SWINEHART solid type. (Concave sides from which a high degree of resiliency is obtained.)* *Aut. Journ.* 11 S. 839.

The VIBO resilient wheel. (The space between the outer and the inner rims is packed with rubber rollers.)* *Autocar* 17 S. 280.

The VIEO flexible wheel. (Consists of a floating wooden rim, surmounted by a weldless steel tread, perforated round its periphery by holes fitted with wooden plugs.) * *Eng.* 102 S. 218.

The WARLEY spring wheel. (The springs are arranged radially to the hub.) * *Aut. Journ.* 11 S. 1080/1.

La roue élastique YBERTY-MÉRIGOUX.* *France aut.* 11 S. 267.

La roue YBERTY.* *France aut.* 11 S. 830.

Die abnehmbare Hansa-Patentfelge. *Z. mitteleurop. Motwv.* 9 S. 462/4; *Mot. Wag.* 9 S. 703/4.

Detachable rims. (Continental detachable rim; the cave rim; the collier detachable flange; the DOLITTLE tire rim; the BURNHAM detachable rim.) (a) * *Aut. Journ.* 11 S. 1631/3.

La jante démontable „Le Rève".* *France aut.* 11 S. 830.

The detachable rim in the Grand Prix. (The wooden felloe carries a flat steel rim. The tyre is mounted and carried fully inflated on the latter.) * *Autocar* 17 S. 13.

The BAILLIE detachable rim.* *Aut. Journ.* 11 S. 1756.

La jante amovible CHRISTIE. * *France aut.* 11 S. 602.

Jante double de GRAVIGNY.* *Ind. vél.* 25 S. 443.

La jante démontable HOUDET.* *France aut.* 11 S. 217.

Les jantes démontables MICHELIN. * *France aut.* 11 S. 425/6, 798/803.

SALSBURY, les jantes démontables anglaises. (Jantes COLLIER, DOLITTLE, CAVE, BURNHAM.)* *France aut.* 11 S. 778/9.

La jante TURQUAND.* *France aut.* 11 S. 602.

La jante démontable VINET. (Cette jante ne comporte sur sa périphérie intérieure aucune partie saillante susceptible de s'opposer à son emboîtement sur la jante fixe.) * *France aut.* 11 S. 166; *Autocar* 17 S. 201.

Solid tires and crystallization of axles. *Horseless Age* 17 S. 720.

„Anti-rubber" tire.* *Horseless Age* 18 S. 116.
Pneumatic tires of the clincher type.* *Automobile,*
The 15 S. 169/72.
Le pneu „Constrictor". (Est constitué par deux
tubes recouverts non pas d'une toile collée
comme tous les pneus existants, mais de deux
couches de fils superposés en sens contraire,
c'est-à-dire que les fils d'une couche croisent
les fils de l'autre couche sans entrer les uns
dans les autres, comme un tissu quelconque.) *
Ind. vél. 25 S. 129.
„Continental" solid tires. *Aut. Journ.* 11 S. 1134/5.
Le pneu „Continental" extrafort plat.* *Ind. vél.* 25
S. 140.
Le pneu „Continental" extrafort rond.* *Ind. vél.* 25
S. 89.
Démonte-pneu circulaire.* *France aut.* 11 S. 749.
Tires in the Ardennes race. (A series of illustra-
tions showing the extremely important part tires
play in a long distance race, and how quick
changes of tires are effected.) * *Autocar* 17
S. 265.
The „Gaulois" tires.* *Autocar* 16 S. 254.
AVELING & CO., snow tires for motor trucks.*
Horseless Age 17 S. 475.
CONTINENTAL TYRE AND RUBBER CO., a giant
tire.* *Autocar* 16 S. 282.
CROMBIE, pneumatic tires for motor vehicles.
(Their selection, management, repair, and manu-
facture.) *Aut. Journ.* 11 S. 296/7 F.
DURYEA, tires. (Pneumatic tire, thread tire, ulti-
mate tire, tire protectors.) *Horseless Age* 17
S. 81/3.
FOLJAMBE, commercial vehicle tires.* *Horseless
Age* 18 S. 4/6 F.; *Mot. Wag.* 9 S. 581/3 F.
Le pneumatique LITCHFIELD.* *France aut.* 11
S. 73.
Le pneu MICHELIN à semelle.* *France aut.* 11
S. 126.
Le moyeu pneumatique MIDDLETON.* *Ind. vél.*
25 S. 418.
MOREL, le pneumatique métallo-élastique.* *Cosmos*
1906, 1 S. 398/9.
Bandage élastique PATIN. *Ind. vél.* 25 S. 76, 455/6.
PIRELLI, pneumatics and other tires for automobile
wheels.* *Horseless Age* 18 S. 322/6.
Bandage RUTHERFORD.* *France aut.* 11 S. 330.
SHARP, some notes on pneumatic tires. (How
a pneumatic tire supports a load; determination
of tires.)* *Autocar* 17 S. 131/2 F.
TALBOT, bandage pneumatique.* *Ind. vél* 25 S. 502.
WOLFF, der Luftreifen. (Technik und Geschichte.)
Z. mitteleurop. Motwv. 9 S. 272/7.
Appareil MACQUAIRE pour le gonflement des pneus.*
Ind. vél. 25 S. 395/6.
The T. and M. tire gauge. (Some timely comments
on correct inflation versus undue depreciation.)*
Aut. Journ. 11 S. 1117/8.
A renewable tire tread.* *Autocar* 16 S. 57.
Machine à essayer les pneumatiques.* *France aut.*
11 S. 603.
BOAS, RODRIGUES ET CIE., raccord de pneumatique.
(Permet, tout en se trouvant à distance d'un
compresseur de gaz ou d'air, de procéder au
gonflement d'un pneumatique jusq'à la pression
voulue indiquée par un manomètre, sans néces-
siter l'arrèt ou une manoeuvre quelconque au
compresseur.)* *Ind. vél.* 25 S. 20.
The CONNELL tire lever * *Aut. Journ.* 11 S. 487/8.
Leviers DESCHAMPS. (Sont indispensables pour
réparer seul, sans aide et sans peine, un pneumatique.)* *Ind. vél.* 25 S. 19/20.
LACOSTE's „Helena" tire outfit. (Mounting the
cover; inserting the tube; dismounting the
cover.) * *Aut. Journ.* 11 S. 381/2 F.

LAVERGNE, gonflage des pneus. (Gonfleur auto-
matique MICHELIN.) * *Rev. ind.* 37 S. 235/6.
MICHELIN tire levers.* *Autocar* 16 S. 513/4, 553;
Ind. vél. 25 S. 155/6; *France aut.* 11 S. 158, 174/5.
LONG & MANN, tire adjuster.* *Horseless age* 17
S. 832.
The PULLMAN tire lever.* *Autocar* 16 S. 75.
The SOUTHALL tire gauge. (Consists of a tho-
roughly good indicator, which shows on the dial
in the usual way the pressure in lbs. to the
square inch, but it is not connected with the
tire pump.) * *Autocar* 17 S. 41.
Protecteur PRUNGNAUD.* *Ind. vél.* 25 S. 154/5.
Le protecteur WALLWORK.* *France aut.* 11 S. 182.
Du dérapage des véhicules automobiles.* *Cosmos*
1906, 2 S. 605/8.
LAVERGNE, le dérapage. (Études de BOULET et
RÉSAL.) *Rev. ind.* 37 S. 225/6.
L'antidérapant „Continental" type I.* *Ind. vél.* 25
S. 63/4.
BEAU, bandes antidérapantes.* *France aut.* 11
S. 235.
Antidérapant BUCHILLET.* *Ind. vél.* 25 S. 405/6.
Antidérapant GOFFIN.* *Ind. vél.* 25 S. 324/5.
L'antidérapant HEDGES.* *France aut.* 11 S. 122.
LAVERGNE, protecteurs et antidérapants. (Anti-
dérapant PARSONS; enveloppe „Perfecta"; pro-
tecteur anti-dérapant de FORNIER; protecteurs
antidérapants DALILA, LE MARQUIS; pneu-cuir
SAMSON; cerclevitesse HÉRAULT.) * *Rev. ind.*
37 S. 185/7 F.
SALSBURY, antidérapant amovible.* *France aut.*
11 S. 623.
DE SARCY, les antidérapants. (L'auto-protecteur
de FORNIER.)* *France aut.* 11 S. 763/4.
The repairing of pneumatic tires.* *Automobile* 15
S. 333/6.
AUTO GOODS CO., Cinch tire repair kit.* *Hor-
seless Age* 17 S. 636.
FROST & CO., permanent tire repair, on the road.
(Portable vulcanizer for motorists; the apparatus
itself; the method of operation; preparing the
tire; vulcanizing the repair.)* *Aut. Journ.* 11
S. 255/6 F.
HUNTINGTON AUTOMOBILE CO., tire repair patches.
Horseless Age 17 S. 636.
MICHELIN, reparations improvisees. (Manchon-
guetre.)* *Ind. vél.* 25 S. 190/2.
DE SARCY, bouton réparateur de crevaison.*
France aut. 11 S. 57.
BRODERICK, non-skidding tire.* *Sc. Am.* 94 S. 519.
Detachable anti - skid tire devices. * *Automobile,*
The 14 S. 457/8.
An all rubber „non-skid". (The band, including
studs, is made entirely of rubber.) * *Tyres* 3
S. 37/8.
DULLYE & KREBS, Gleitschutzdecken aus Leder.
Mot. Wag. 9 S. 1014.
DUNCUFF, non-skid attachment. (Consists primarily
of a linked metal tread, every second link being
formed with an eye on either side, through which
is passed a steel cable. By means of the roller
attachments and hand adjusters the tension on
the cable can be increased until the tread is
held securely round the outer cover of the tire.)*
Autocar 17 S. 965.
New HARTFORD non - skid tire. * *Automobile* 15
S. 619.
The MOSELEY non - skid antislip rubber retread.*
Autocar 16 S. 224.
OTTO, novel non - skid device. * *Aut. Journ.* 11
S. 539.
WHITE, the debatable problem of side slip.* *Auto-
mobile* 15 S. 637/8 F.
SOCIÉTÉ DAIMLER - MOTOREN - GES., commande

69

pour roues d'avant directrices.* *France aut.* 11 S. 604/5.

V. PALLER, über den Antriebsmechanismus von Automobilen und deren Bereifung. (V) (A)* *Bayr. Gew. Bl.* 1906 S. 165/9.

Spring wheel trials in Europe. (PRADEAU spring wheel.)* *Horseless Age* 17 S. 703.

Tire, lamp and speedometer trials of the British Automobile Club. (ELLIOTT speedmeter; KIRBY speedmeter; STAUNTON's speedmeter; COWEY speedmeter; VULCAN odometer; COLLIER tire.)* *Horseless Age* 17 S. 651/5.

7. Andere Teile. Other parts. Autres parts.
Vgl. 2, 3, 4.

Interessante Automobil- und Motoren - Konstruktionen. (Motor von BOUDREAU-VERDET; WESTINGHOUSE-Vergaser; Doppelluftventil von WESTINGHOUSE; „Xenia"-Vergaser.)* *Mot. Wag.* 9 S. 248/51.

Einige neuere Automobil- und Motoren - Konstruktionen. (Spule von GIANOLI; Wasserpumpen; SADGERsche Sperrvorrichtung; aus Blech gepreßte Rahmen)* *Mot. Wag.* 9 S. 276/8.

Der Vorderradantrieb der Kraftwagen. (Ausführungen von KRIEGER, ALLG. BETRIEBS-A.-G. FÜR MOTORFAHRZEUGE IN KÖLN A. RH., HELLMANN.)* *Masch. Konstr.* 39 S. 157/8.

Inwieweit kann die Anordnung des getrennten Vorder- und Hinterwagens (Balanziersystem) auf die Konstruktion der automobilen Fahrzeuge des Feldheeres ihre Anwendung finden? *Krieg. Z.* 9 S. 342/6.

Connecting rods and other parts.* *Horseless Age* 17 S. 565 6.

„Ever ready" motor starter. * *Horseless Age* 17 S. 147.

Friction clutches and their functions.* *Automobile, The* 14 S. 1001/2.

AKRON friction clutch for automobile service.* *Automobile* 15 S. 646.

Cork insert for clutches. (Using cork for producing friction between the members of a clutch or between the drum and the band of a brake.)* *Automobile, The* 14 S. 568.

Operating positions of the PLEUKHARP transmission.* *Automobile* 15 S. 740.

Wiederaufnahme von Versuchen mit Riemenketten mit veränderlichen Treibscheibendurchmessern.* *Mot. Wag.* 9 S. 608/10.

Vorrichtungen zum Anlassen des Motors vom Fahrersitz aus. (Anlaßvorrichtung CORNILLEAU-SAINTE-BEUVE; Anlaßvorrichtung von BUISSON und RENARDY; Anlaßvorrichtung MORS; Anlaßvorrichtung CINOGÈNE (Isnard); Anlaßvorrichtung von SAURER; Anlaßvorrichtung RENAULT; Anlaßvorrichtung von PELLORCE.) *Z. mitteleurop. Motww.* 9 S. 193/200.

La direction irréversible COMIOT. * *Ind. vél.* 25 S. 212/3.

Mise en marche CORNILLEAU SAINTE-BEUVE. * *Ind. vél.* 25 S. 77/8.

The NAPIER spring.* *Aut. Journ.* 11 S. 897.

The check spring arrangement adopted on the ARIES touring cars.* *Autocar* 16 S. 396/7.

The GNAVITER petrol injection tap.* *Autocar* 16 S. 684.

The gate change. (The lever works in a quadrant of the well-known „gate" type, with two or more slots and a central neutral position.) * *Autocar* 16 S. 6/7.

The Climax universal joint.* *Autocar* 16 S. 256.

Transmission hélicoïdale „globoid".* *France aut.* 11 S. 652/3.

NORTHWAY engine and transmission gears.* *Horseless Age* 18 S. 152/4.

Leerlauf an Motorrädern.* *Erfind.* 33 S. 57/8.

ARGUIA, dérivation de courant. * *France aut.* 11 S. 330.

The AUSTIN exhaust device. * *Aut. Jour t.* 11 S. 288/90.

AYTON, a novel geared contact maker. (The idea consists primarily of gear wheels only.)* *Autocar* 17 S. 206.

BALLOCCO, transmission in gasoline cars.* *Horseless Age* 18 S. 149/51 F.

BELL, a combined starting handle and tire pump.* *Autocar* 17 S. 184.

BERNARD, PATOUREAU, Federung für Automobile. (Luftkissen an den Enden der Automobilfedern.)* *Ann. Gew.* 58 S. 58.

BISHOP, an improved starting handle. (The sleeve is furnished at its rear end with a feather, upon which the clutch box, with its attachments, freely slides. This sliding movement allows for the handle to be pushed out of engagement with the engine by a spring in the usual way, and enables it to be pushed into engagement readily, whilst keeping the case always in rigid engagement laterally with the sleeve.) * *Autocar* 16 S. 555.

The BOSCH rotary armature magneto.* *Horseless Age* 18 S. 387/8.

BROWN and BARLOW, petrol gauge. (Consists of a glass tube mounted between two other tubes of brass.)* *Aut. Journ.* 11 S. 1149/50

CARUS - WILSON, the radial truck. (V. m. B.)* *Pract. Eng.* 33 S. 395/8.

CLOUGH, spring overhauling. *Horseless Age* 17 S. 495/6 F.

Entrainement hélicoïdal COLLIER.* *France aut.* 11 S. 331.

COLLIER, worm drive for use on motor cars. (The ordinary worm wheel is replaced by a disc studded on its periphery with steel balls.)* *Aut. Journ.* 11 S. 512.

EVELAND, automobile axles and bearings.* *Horseless Age* 17 S. 65/6.

FAY, motor piston pins.* *Horseless Age* 17 S. 367/8.

SCHWARZ, piston pins.* *Horseless Age* 17 S. 486.

FOLJAMBE, automobile frames.* *Horseless Age* 17 S. 195/7.

FULMER, the „invincible" timer. * *Horseless Age* 17 S. 455.

GASTON, über die Plazierung der Zündstelle an Automobilmotoren. *Mot. Wag.* 9 S. 295/7.

GLASER, adjustment of quick-acting trembler coils.* *Autocar* 16 S. 8/9.

GRAICHEN, Lenkstangen - Abfederung. * *Uhlands T. R.* 1906, 1 S. 88.

Courroie-chaine GUITARD.* *Ind. vél.* 25 S. 359.

HALL, cams.* *Horseless Age* 17 S. 437/9.

HAYNES CO., three-speed sliding gear transmission * *Automobile, The* 14 S. 112.

HAYNES CO., constricting band clutch, showing forks to engage flywheel lugs.* *Automobile, The* 14 S. 112.

HARROUN, spring bumper. (A spring buffer for automobiles.) * *Horseless Age* 17 S. 702.

Transmission HEDGELAND.* *France aut.* 11 S. 90.

HELDT, springs and spring checks.* *Horseless Age* 17 S. 71/4.

HERZ & CO., the J.-G. high speed trembler. (Used on the GUENET spark coils.)* *Horseless Age* 17 S. 701.

HIGH TENSION CO., two electrical fittings. (Ebonite block, carrying three terminals; terminal for attaching to high-tension wires.)* *Aut. Journ.* 11 S. 701.

1

HOFFMANN MFG. CO., the HOFFMANN ball-bearings for motor cars. (The „fixed" axle type of hub; hubs for live-axle cars; other types of automobile bearings; some general considerations.)* *Aut. Journ.* 11 S. 38/41 F.

KITCHEN, un nouveau radiateur.* *France aut.* 11 S. 74.

Steuerbare Nabe für Automobile von A. KNUBEL.* *Z. mitteleurop. Motwv.* 9 S. 277.

KUPKE, Doppelübersetzungs - Riemenscheibe für Motorräder.* *Uhlands T. R.* 1906, 1 S. 87.

DE LEYMA, les cylindres. *Ind. vél.* 25 S. 249/50.

LUTZ, Automobilachsen.* *Dingl. J.* 321 S. 531/5 F.

MAISONNEUVE, body springs and their action; their manufacture and attachment.* *Horseless Age* 18 S. 591/3.

NAPOLEON counteracting auto spring of the OIL TEMPERING SPRING CO.* *Horseless Age* 17 S. 516.

V. PALLER, über den Antriebsmechanismus von Automobilen und deren Bereifung. (V) (A)* *Bayr. Gew. Bl.* 1906 S. 165/9

PFITZNER, die Plazierung der Zündstelle an Automobilen.* *Mot. Wag.* 9 S 509/10.

The PHILLIPS free-wheel hub and the HEDGELAND axle.* *Aut. Journ.* 11 S. 491.

Mise en marche PILAIN.* *Ind. vél.* 25 S. 417/8.

La mise en marche RENAULT FRÈRES.* *France aut.* 11 S. 42/3.

The RENAULT self-starting device.* *Aut. Journ.* 11 S. 1751/2.

La direction RENOUF.* *France aut.* 11 S. 749/50.

RICHMANN, dispositif pour la mise en marche.* *France aut.* 11 S. 380.

ROLLET & CIE., levier à soulever le ressort d'échappement.* *Ind. vél.* 25 S. 21.

SABARINI, a clutch pedal footrest.* *Autocar* 17 S. 376; *France aut.* 11 S. 686/7.

DE SAUNIER, concerning radiators and their functions.* *Automobile* 15 S. 609/10.

SCHNEIDER & HELMBCKE, crank chamber drainer.* *Horseless Age* 17 S. 475.

Motorwagen mit Vorderantrieb System SCHWENKE. (Kugelachsköpfe, die im Innern die Kardangabel des Antriebes aufnehmen und die Lenkausschläge der gesteuerten Vorderräder ermöglichen.)* *Masch. Konstr.* 39 S. 76/7.

SCHWENKE, das Getriebe der Automobil-Omnibusse.* *Z. mitteleurop. Motwv.* 5 S. 574/8.

SECURUS-MOBILBAU, MAX ORTMANN, Antritt für Motordreiräder mit Leerlauf und zwei Geschwindigkeiten.* *Uhlands T. R.* 1906, 1 S. 32.

SIMPSON, STRICKLAND, reversing-gear.* *Aut. Journ.* 11 S. 944.

SMITH, DEMPSTER M., gearing at the shows. (Orient transmission; HAYNES gearing; gearless transmission.)* *Horseless Age* 17 S. 154/6.

The SPARKS - BOOTHBY clutch. (Principles of an hydraulic system; action of the clutch; details of construction.)* *Aut. Journ.* 11 S. 314/5 F.

STARLEY, an early live axle. (This axle has features which practically cover those now obtaining in car building, even down to the ball bearings.)* *Autocar* 16 S. 521.

The STOTT MILLINGTON patent safety starting handle.* *Autocar* 16 S. 20.

TOQUET, purpose of spring checks.* *Horseless Age* 17 S. 568.

VORREITER, der Vorderradantrieb. (Ausführungen von KRIÉGER, LOHNER - PORSCHE und HELLMANN.) (A) *Bayr. Gew. Bl.* 1906 S. 212.

WAITE, automatic regulation in steam cars.* *Horseless Age* 18 S. 585/7.

The WELLER light engage gear. (The light engage gear is a combination of two well-known gear

box features, namely, the sliding sleeve and the all-mesh principle, in which any pair of toothed wheels always in engagement are locked up to their respective shafts by means of sliding dog clutches.)* *Autocar* 16 S. 52.

The WEST clutch. (Plate clutches.)* *Aut. Journ.* 11 S. 425.

Radiateurs „nids d'abeilles."* *Ind. vél.* 25 S. 7/8.

Radiateur à ailettes LORTHIOY.* *Ind. vél.* 25 S. 311.

FEDDERS square tube radiator.* *Horseless Age* 17 S. 702.

The timer.* *Horseless Age* 18 S. 305/6.

MILWAUKEE timer.* *Horseless Age* 17 S. 728.

DOW ball bearing timer.* *Horseless Age* 17 S. 600.

DOMINICK timer.* *Horseless Age* 17 S. 636.

PROVIDENCE SPARK COIL CO.'s plug and timer.* *Horseless Age* 17 S. 869/73.

Spark coil. (There are essentially two methods of electric ignition for hydrocarbon motors, viz., jump spark ignition and touch spark or make and break ignition.)* *Horseless Age* 17 S. 560/1 F.

Spark plug fitted with duplex attachment.* *Automobile, The* 14 S. 651.

CHARTER spark plug.* *Horseless Age* 18 S. 12.

HOBSON, a novel sparking plug.* *Autocar* 16 S. 254.

MC CANNA, air-cooled spark plug.* *Automobile* 15 S. 388.

MOSLER, „spitfire" Vesuvius plug and protector. *Horseless Age* 18 S. 835.

MOSLER, spark plug protector.* *Horseless Age* 18 S. 836.

UNITED MOTOR INDUSTRIES, the Crown ignition plug.* *Aut. Journ.* 11 S. 16.

VIQUEOT CO., Oleo spark plugs.* *Horseless Age* 17 S. 455.

Speed changing gears; the sliding gear. (Three speed and reverse sliding gear transmission with direct drive on the high speed.)* *Automobile, The* 15 S. 512.

Speed changing gears, planetary system.* *Automobile, The* 15 S. 105/7.

COTTA change gear. (Manufactured by CHAS. COTTA of Rockford, Ill.)* *Horseless Age* 18 S. 184.

FORT WAYNE change speed gear.* *Horseless Age* 18 S. 115.

Changement de vitesse „New Mobile".* *France aut.* 11 S. 316/7.

Changement de vitesse BERLIET.* *Ind. vél.* 25 S. 406/7.

BRAMLEY-MOORE, change speed gear. (Is to enable four speeds forward and two reverses to be obtained with the same number of gear wheels as are used to provide three speeds forward and one reverse in gear boxes of the ordinary type.)* *Autocar* 16 S. 448/9.

Changement de vitesse CORNIL.* *Ind. vél.* 25 S. 441/2; *France aut.* 11 S. 683.

Le changement de vitesse CRÉPET.* *France aut.* 11 S. 76/7.

Changement de vitesse DRESSE-REY.* *Ind. vél.* 25 S. 407/8 F.

DURHAM, CHURCHILL & CIE., changement de vitesse „Champion."* *France aut.* 11 S. 711/2.

HENRIOD, l'essieu transformateur de vitesse.* *France aut.* 11 S. 249/52.

Levier de changement de vitesses système HÉRISSON.* *France aut.* 11 S. 349.

Changement de vitesse KANE.* *France aut.* 11 S. 102.

Changement de vitesse LANSAC ET BOULIER.* *France aut.* 11 S. 267.

Changement de vitesse LAZERGES.* *Ind. vél.* 25 S. 35/6.

Changement de vitesse LECAIME. (Permet d'obtenir
avec un seul levier de manoeuvre la mise en
marche ou l'arrêt d'un véhicule, ainsi que le
changement de vitesse dans les deux sens,
avant ou arrière, de leur marche.) * Ind. vél.
25 S. 128/9.
Le changement de vitesse LLOYD.* France aut.
11 S. 9/10.
Changement de vitesse ROBERGEL.* Ind. vél. 25
S. 272/4.
Changement de vitesse à poulies extensibles système
SCRIVEN & SMITH.* Rev. ind. 37 S. 281.
Moteur à 3 cylindres FARCOT.* Ind. vél. 25 S. 286.
Moteurs à deux temps à double effet Victoria.*
Ind. vél. 25 S. 179/80.
The six-cylinder Mercedes engine.* Autocar 16
S. 345.
A valveless motor. Autocar 16 S. 109.
Le moteur DARRACQ de 200 chevaux, à 8 cylindres,
de la voiture D'HÉMERY.* France aut. 11 S. 4.
Moteurs BALLOT.* Ind. vél. 25 S. 349.
Moteurs BOUDREAUX-VERDET à actions multiples.*
Ind. vél. 25 S. 345/9.
CAPLET, le moteur Triplex.* Ind vél. 25 S. 177/8.
GREEN, moteur et radiateur combinés.* France
aut. 11 S. 352/3.
Le moteur rotatif LAMPLOUGH.* France aut. 11
S. 280/4.
Essieu moteur NICLAUSSE.* Ind. vél. 25 S. 21/2.
STODDARD, two cycle gas engine.* Horseless Age
17 S. 586/9.
The new 9—10 H.P. SWIFT engine.* Aut. Journ. 11
S. 1147/8.
The latest WHITE generator.* Autocar 16 S. 174/5.
The LACOSTE high-tension magneto, 1906 type.*
Aut. Journ. 11 S. 1441/2.
Commande OLÉO pour magnéto. * Ind. vél. 25
S. 442/3.
The LACOSTE magneto.* Autocar 16 S. 120.
ALBION MOTOR CAR CO., low tension magneto.
(Not only the armature but the permanent mag-
nets are also stationary.) * Autocar 16 S. 730/2.
BASSÉE-MICHEL high-tension magneto 1907 type.*
Aut. Journ. 11 S. 1536/7.
GODIN, the Hydra high-tension magneto.* Autocar
17 S. 806/7.
HOLLEY high-tension magneto.* Automobile, The
14 S. 124/6.
The E.J.C. high-tension distributer.* Autocar 17
S. 57.
The Castle high-tension distributer.* Autocar 16
S. 683.
UNITED MOTOR INDUSTRIES, high tension distri-
buter.* Autocar 16 S. 785.
Double jet carburetter.* Horseless Age 18 S. 821/2.
Multiple jet carburetter. Horseless Age 17 S. 309/10.
PACKARD automatic carburetter.* Automobile, The
14 S. 528.
The DEASY automatic carburetter.* Aut. Journ. 11
S. 1628.
BREEZE carburetter.* Horseless Age 17 S. 188.
Petrol level adjustment in DE DION carburetters.*
Autocar 17 S. 257.
Fishback non-float carburetter.* Horseless Age 17
S. 185.
Supremus carburetter.* Horseless Age 18 S. 11/2.
The new „Xenia" carburetter. (As the trottle-
valve is opened, and the suction in the mixing-
chamber increases, the main-air-valve is auto-
matically drawn open and the effective size of
the petrol jet enlarged.) * Aut. Journ. 11 S. 192/3;
Autocar 16 S. 237.
ALLEN, carburetter design.* Horseless Age 17
S. 276.

Le carburateur BAVEREY à réglage automatique.*
France aut. 11 S. 156/7.
The BERLIET carburetter.* Autocar 16 S. 205/7.
BICKFORD, jet carburetters. * Horseless Age 18
S. 227/9.
BOSTON MECHANICAL CO., MENNS carburetter.*
Horseless Age 17 S. 454.
The MENNS carburetter.* Automobile, The 14
S. 646.
Carburateur le BUIRE.* France aut. 11 S. 397/8.
Carburateur CORNILLEAU STE BEUVE.* Ind. vél.
25 S. 35.
DECHAMPS, französische Automobilvergaser. (Zu-
satzluftventil; Vergaser von CLÉMENT-BAYARD;
GAMET; DECAUVILLE; Volta-Vergaser von Léon
LEFEBVRE; Vergaser „Xenia"; FEUGEOT-Ver-
gaser; Vergaser MICROS, EVENO, HENNEBUTTE.)*
Mot. Wag. 9 S. 63/6F.
DECHAMPS, neuere Bestrebungen im Vergaserbau
und der ADLER-Vergaser 1906.* Mot. Wag. 9
S. 538/9F.
ESNAULT - PELTERIE, carburateur mécanique. *
France aut. 11 S. 750/1.
FRANKLIN clutch and carburetter.* Horseless Age
17 S. 210; Automobile, The 14 S. 794.
GAITHER, automatic carburetter, in which the com-
pensating air inlets are of novel form.* Auto-
mobile, The 14 S. 632; Horseless Age 17 S. 547/8.
GIRAUDET ET RUINART, carburateur à pétrole
lourd automatique.* France aut. 11 S. 573/4.
GRÉGOIRE, carburateur régulateur.* France aut.
11 S. 364.
GROUVELLE & ARQUEMBOURG carburetter.* Auto-
car 16 S. 706/7.
HEATH rotary carburetter.* Automobile, The 14
S. 183.
The HOTCHKISS carburetter.* Autocar 16 S. 567/8;
France aut. 11 S. 137.
MARIENFELDE DAIMLER WORKS alcohol car-
buretters. (LONGUEMARE alcohol carburetter.)*
Horseless Age 18 S. 83/5.
MORGAN's improved carburetter.* Horseless Age
17 S. 189.
The MOSS kerosene carburetter, a novel sugges-
tion.* Aut. Journ. 11 S. 1757/8.
Cross section of NEWCOMB CO. carburetter.*
Automobile, The 14 S. 617; Horseless Age 17
S. 166.
MENZEL, Beitrag zur Kenntnis der neueren Re-
gister- und Kombinations-Vergaser. (Vergaser
von RENAULT.) * Mot. Wag. 9 S. 33/5.
Der „direkte Eingriff" und Vergaser von RE-
NAULT. * Z. mitteleurop. Motwv. 9 S. 41/3;
France aut. 11 S. 380.
SCHWENKE, moderne Vergaser und Zündvor-
richtungen für Automobile. (V) Z. mittel-
europ. Motwv. 9 S. 136/41.
SHAIN's ball spray carburetter. * Horseless Age
18 S. 357.
STAMM, neue LONGUEMARE-Vergaser für Benzin
und Spiritus.* Mot. Wag. 9 S. 691/3.
VILLÈRE, les carburateurs; emploi du pétrole
lampant et des huiles lourdes.* Nat. 34 1
S. 226/8.
WALKER's carburetter.* Horseless Age 17 S. 184.
The WHITE & POPPE carburetter. * Autocar 17
S. 810.
The „Ivel" vapouriser. * Aut. Journ. 11 S. 977.
The WESTMACOTT paraffin vapouriser. (It is of
that type in which the oil is drawn up through
a mixing-chamber by the main volume of the
entering air, and in which the mixture thus
formed is caused to pass through a heated chamber
before being led to the induction-valves of the
engine.) * Aut. Journ. 11 S. 227/8.

Ignition practice at the shows. * *Automobile, The* 14 S. 244/9.

Duplex ignition attachment. * *Horseless Age* 17 S. 576/7.

DE LUXE ignition plug. * *Horseless Age* 17 S. 868/9.

Magnetic vibrator. (Applied to ignition coils; CARPENTIER type. Type of ARNOUX & GUERRE; a vibrator for which it is claimed that the extra vibration has been practically eliminated is the NIEUPORT bow spring vibrator; vibrator of the CONNECTICUT TELEPHONE AND ELECTRIC CO.)* *Horseless Age* 17 S. 668/9.

Allumage mixture CARPENTIER. * *Ind. vél.* 25 S. 102/3.

The „E. C." ignition plug. (The automatic cleansing action is derived from a current of fresh air admitted to one of the hollow sparking terminals.) * *Aut. Journ.* 11 S. 193.

The new POGNON plug. (Made for high tension magneto ignition.) * *Autocar* 16 S. 854.

HOLLEY ignition outfit.* *Horseless Age* 18 S. 49/50.

Allumeur ATTWATER. * *France aut.* 11 S. 103.

High-tension magneto ignition systems. (The EISENMANN high-tension magneto (1906 model); the „Castle" system; the armature, the coil and its connections; timing the ignition; the electrical connections.) * *Aut. Journ.* 11 S. 10/1 F.

HELLER, Zündvorrichtungen und Vergaser auf der internationalen Automobil-Ausstellung Berlin 1906. * *Z. V. dt. Ing.* 50 S. 426/30 F.

KÖNIG, die Zündvorrichtungen der Automobilmotoren.* *El. u. polyt. R.* 23 S. 168/71 F.

LITTLE, electric ignition for motor cars. *El. Eng. L.* 37 S. 267/8.

v. LÖW, vereinigte Abreiß- und Hochspannungszündung. * *Z. mitteleurop. Motwv.* 5 S. 484.

MASON, automobile construction. (Gear box and details; ignition systems.) * *Am. Mach.* 29, 1 S. 8/9, 315/6.

TOMES, ignition timing and power production. (Compression effect on ignition; why we advance the ignition; economy in consumption.) * *Autocar* 16 S 540/1.

Allumage TURCAT-MÉRY.* *Ind. vél.* 25 S. 454/5.

Chambre de combustion de l'Auto-tracteur.* *Ind. vél.* 25 S. 104/5.

REARDON, ideal combustion in the gas engine cylinder. *Horseless Age* 17 S. 307.

Cooling systems in water-cooled cars. * *Automobile, The* 14 S. 350.

Water-cooling systems for motors. * *Automobile, The* 14 S. 933/6.

Air-cooling systems for motors.* *Automobile, The* 14 S. 961/2.

Refroidisseur LE BRUN-LECOMTE. * *Ind. vél.* 25 S. 178/9.

Refroidissement par air système RANKIN-KENNEDY.* *France aut.* 11 S. 567/8.

Refroidisseur GRENET.* *Ind. vél.* 25 S. 358/9.

KENNEDY, cooling cylinders by the exhaust gases. (How to utilise the exhaust; best arragement of the cooling gills; amount of air required for efficient cooling; position of exhaust pipe discharge.) * *Autocar* 17 S. 228/9.

LANDAU, water cooling systems at the show in the Grand Central Palace, New-York. * *Horseless Age* 18 S. 842/6.

ROBISCH, Rapid-Kühler. (Vorrichtung zum Zuführen von Kühlluft.) * *Uhlands T. R.* 1906, 1 S. 39.

Le silencieux BIZEUL. * *France aut.* 11 S. 780/1.

KARMELI, nouveau silencieux. (Dans lequel les gaz d'échappement effectuent un parcours aussi long que possible à l'intérieur d'un tube ondulé ou plissé de façon que ces gaz ne sortent à l'air libre qu'après avoir perdu leur tension.) * *France aut.* 11 S. 24.

WOOD, the radio silencer. (Consists of seven tubes; six encircling the central tube, with a clear air space around each tube for its whole length.)* *Autocar* 16 S. 77.

Shock dampers. (The „Edo" shock-damper.) * *Aut. Journ.* 11 S. 941/3.

„Edo„ shock absorber. (Four-threaded screw supported at either end by a phosphor-bronze fitting, one of these being fitted to the chassis and the other to the front axle.)* *Pract. Eng.* 33 S. 426.

A shock-shifter hub and new solid tire for motor cars. (Hub filled with steel-balls, loosely packed.) * *Pract. Eng.* 34 S. 711/2.

Frictional spring retarding devices. (Toquet shock absorber.) * *Horseless Age* 17 S. 456.

The „Metallurgique" shock absorber.* *Autocar* 16 S. 405.

WEEBER shock reliever. * *Horseless Age* 18 S. 184/5.

Amortisseur de chocs, système DUMOND. (Montage de l'amortisseur DUMOND sur les ressorts d'avant d'une automobile.) * *Gén. civ.* 49 S. 116/7.

HERCULES AUTO SPECIALTY MFG. CO. Hercules shock absorber.* *Horseless Age* 18 S. 301.

HOTCHKIN, shock absorber with interior exposed.* *Automobile, The* 14 S. 617.

Amortisseur pneumatique B. P. * *Ind. vél.* 25 S. 187/8.

Amortisseur „DUTRIEUX". *Rev. ind.* 37 S. 448.

Amortisseur GARDY-BATAULT.* *Ind.vél.* 25 S. 240/1.

L'amortisseur Simplex.* *France aut.* 11 S. 284.

Amortisseur le Stable.* *France aut.* 11 S. 310/2.

Amortisseur DAULAUS. * *Ind. vél.* 25 S. 33/4.

L'amortisseur KELSEY.* *France aut.* 11 S. 284.

KREBS, amortisseur de suspension. (Conditions d'établissement et d'application d'un amortisseur progressif à la suspension des véhicules sur route.) *Rev. ind.* 37 S. 44/5; *Cosmos* 1906, 1 S. 316/7.

L'amortisseur POTRON. * *France aut.* 11 S. 586.

Amortisseur de suspension SHEDDAN. (Consiste en un cylindre fermé aux deux bouts, dans lequel agit un piston.)* *France aut.* 11 S. 134.

Amortisseur SHIPPEY. * *France aut.* 11 S. 586.

New expanding ring brakes and clutches.* *Automobile, The* 14 S. 905.

Embrayage HELE-SHAW. * *Ind. vél.* 25 S. 175/6.

Le frein à rétropédalage „Vigor".* *Ind. vél.* 25 S. 106.

A ratchet brake.* *Aut. Journ.* 11 S. 994.

ALLEN, front wheel brakes. * *Autocar* 17 S. 253.

ANDRÉ, les nouveaux embrayages. (Embrayages à cône de friction; embrayages à frictions cylindriques; l'embrayage JULIEN; embrayage automatique MICHEL; embrayage SIZAIRE et NAUDIN; embrayage BROUHUT; embrayage à ruban de la maison MORS; embrayage à disques GLADIATOR; embrayage ROSSEL; embrayage CLÉMENT-BAYARD; embrayage MARCHAND; embrayage ARIÈS; embrayage HELE-SHAW; embrayage ROLIER; embrayages à liquide; embrayage hydraulique MARTIN; l'embrayage HÈRISSON; embrayage SOCIÉTÉ LA MÉTALLURGIQUE; embrayage hydraulique de la WEGSCHEIDER CO.)* *France aut.* 11 S. 44/6 F.

FAY, air brakes for motor cars.* *Horseless Age* 18 S. 604.

HENRIOD ET DELPOUS, l'embrayage hydro-pneumatic.* *France aut.* 11 S. 220/1.

Embrayage métallique HERISSON.* *Ind. vél.* 25 S. 263/5.

LUTZ, Automobilbremsen. (Bremse und Kupplung von CHENARD & WALCKER; Bandbremse der Neuen Automobil-Gesellschaft; ältere Bandbremse von DÜRKOPP & CO.; Bandbremse von PANHARD & LEVASSOR; Bremse von HENRIOD; Lagerung der Bremsbacken an einer Kurbel; Anordnung der Bremsscheibe bei Kettenwagen; Backenbremse von DE DIÉTRICH & CO; DAIMLERsche Getriebebremse; Bremse von A. HORCH & CIE.; Schlüsselbremse; Bremse von BENZ & CIE.; Bremse von CROSSLEY BROTHERS; Bremse von DE DIÉTRICH & CO.; Schlüsselbremse der ADLER-FAHRRADWERKE; Bremse von ARIÈS; Bremse von GERMAIN.) * Z. V. dt. Ing. 50 S. 246/51.

Embrayage automatique et progressif MICHEL. * Ind. vél. 25 S. 261.

PARDET, brakes of various types and their use. Automobile, The 14 S. 10/2.

STURTEVANT, automatic brake. * Automobile, The 14 S. 614.

VÉTÉRAN, l'embrayage ROSSEL. * France aut. 11 S. 762/3.

The NAPIER valve adjustment. * Aut. Journ. 11 S. 1134.

Toggle action automatic inlet valve. * Horseless Age 17 S. 215.

A simple valve gear. * Autocar 17 S. 56.

Valve spring remover. (The lifter consists of a fork pivoted on a foot, similar to some now being sold for springs fitted with collars and cotters.) * Autocar 17 S. 39.

Valve HUTHSTEINER. * Ind. vél. 25 S. 404/5.

PANDOW, Einlaßventil für mit flüssigem Brennstoff betriebene Motoren. (Spiritusmotoren, die im Viertakt arbeiten.) * Techn. Z. 23 S. 69.

The PARSONS compression valve.* Aut. Journ. 11 S. 11.

PHILLIPS, DURYEA valve.* Aut. Journ. 11 S. 34.

The SOAMES and LANGDON-DAVIS throttle-valve.* Aut. Journ. 11 S. 382.

Indicateur de vitesse: Le SPRINGFIELD.* France aut. 11 S. 635/6.

The COWEY speed indicator and mileage recorder. * Autocar 16 S. 296.

FOLJAMBE, speed indicating and recording devices. (JONES odometer; JONES speedometer; MC GIBHAN speedmeter; LEA speedistimeter; auto-log; HICKS speedmeter; LORING speedmeter.)* Horseless Age 17 S. 683/6.

Au concours d'odotachymétres. (L'appareil JUNG-HANS et son indicateur genre taximètre; l'odotachymétres KRAUSS commandé par le différentiel.) * France aut. 11 S. 313/4.

L'odotachymétre SCHULZE, OTTO. * France aut. 11 S. 423.

Indicateur de vitesse LUC DENIS.* Ind. vél. 25 S. 61/3.

SCHWENKE, Geschwindigkeitsmesser auf der Herkomer-Fahrt 1906. Z. mitteleurop. Motwv. 5 S. 509/11.

SOUTHALL, the GIBSON indicator. (An interesting test of an engine.) * Autocar 16 S. 539.

The WARNER magnetic speed indicator combined with a distance recorder. * Autocar 16 S. 303.

SMITH MFG. CO., SPRINGFIELD motometer.* Horseless Age 18 S. 356.

JANNEY, STEINMETZ & CO., bi-magnet liquid indicator. (Is a device for indicating at a glance the amount of liquid in the tank, and has been applied specially to automobile gasoline tanks.) * Horseless Age 17 S. 869.

Indicateur de niveau MURPHY.* Ind. vél. 25 S. 48/9.

Le manographe O. SCHULZE. * France aut. 11 S. 553/5.

The POPE-TRIBUNE mechanical lubricator.* Autocar 17 S. 305.

The WINTON lubricator. (Designed to force oil under pressure direct to any number of bearings with which it may be connected.) * Aut. Journ. 11 S. 100.

Pompe à deux corps. * France aut. 11 S. 265.

BELL, tire pump. (Easily adapted.)* Aut. Journ. 11 S. 977.

Double pompe de BOISSE à eau et à huile.' France aut. 11 S. 218/9.

CHÉRIÉ, raccord de pompe instantané.* France aut. 11 S. 422.

CURTIS & WATERHOUSE, exhaust operated pump.* Horseless Age 17 S. 548; France aut. 11 S. 538.

Avertisseur à huit sons.* France aut. 11 S. 90.

Ein neues musikalisches Automobil Horn. * Z. Instrum. Bau 26 S. 639/40.

Timbre sirène avertisseurs DOUÉ.* France aut. 11 S. 122.

UNCAS SPECIALTY CO., the LEAVITT siren horn.' Horseless Age 17 S. 454.

The „WAGNER" electric horn. (The sound being produced by the vibrations of a thin metal disc or diaphragm, these vibrations being set up by means of an electro-magnet.) * Aut. Journ. 11 S. 1248; Autocar 17 S. 378.

SAINT-GERMAIN, lanterne „Colombine". (Lanterne à acétylène.)* Ind. vél. 25 S. 386/7.

Lanterne „Condor".* Ind. vél. 25 S. 119.

Headlights. (Autoclipse lamp; BREWER lamp.)* Aut. Journ. 11 S. 608/9.

Motor-car head lights. El. Rev. 58 S. 75/7.

BLÉRIOT, oxyhydrogen searchlight at the Paris automobile show. * Sc. Am. Suppl. 61 S. 25135.

Lanterne à essence BLÉRIOT. * France aut. 11 S. 86.

CENTRAL MOTOR GARAGE, electric tail lamp indicator. * Autocar 16 S. 839.

PORTABLE ACCUMULATOR CO., a back light telltale. (To enable the driver of a car, or other occupant of the front seat, to ascertain if the electric tail lamp is burning.)* Autocar 16 S. 697.

ARENBERG, coupe-vent et para-pluie.* France aut. 11 S. 378.

Suspension EDO.* Ind. vél. 25 S. 214.

Suspension LITHOS pour motocyclettes. Ind. vél. 25 S. 214.

Levier à suspension ABT.* Ind. vél. 25 S. 91/2.

Suspension BALDWIN.* France aut. 11 S. 135.

VAN DEN BERGH, suspension of motor buses. (The ordinary steel springs are made weaker than usual, and are supplemented by rubber buffers which only come into play at heavy loads.)* Aut. Journ. 11 S. 944.

Support automatique BOURCART.* Ind. vél. 25 S. 385/6.

LAVERGNE, suspension. (Revue de l'automobilisme. L'acier au tungstène; disposition POULAIN de ressort; suspensions „Stabilia"; LINDECKER, SURCOUF; amortisseur KREBS; développement des rampes hélicoïdales; ressorts de suspension se freinant eux-mêmes; ressorts de suspension freinés par un ressort supplémentaire; antivibrateur POTRON; amortisseur BOISARD; amortisseurs à air comprimé TWOMBLY, AÉROS, BERNARD & PATOUREAU, SIMPLEX, GARNIER, SHEDDAN, KILGORE; pneumo-suspension AMANS; suspension de BONNECHOSE; amortisseurs FOSTER, ROOSEVELT, RENAULT, GARDY-BATAULT, HOTCHKIN; amortisseurs à friction TRUFFAULT, HARTFORD, DIEZEMANN, SANS, VESTAL, KELSBY.)* Rev. ind. 37 S. 281/2 F.

TURCAT and MÉRY, suspensory methods. (Appli-

cable to automobiles and other road vehicles, and serving to provide greater freedom of movement between the frame and the axles, and to distribute the load in a constant and predetermined manner.) * *Autocar* 16 S. 665.

Suspension WERNER.* *France aut.* 11 S. 135.

Clés BULLARD AUTOMATIC.* *Ind. vél.* 25 S. 202.

Nouveau materiel de montage. (Le levier à bascule; le levier à béquille; le levier fourche; la fausse valve.)* *Ind. vél.* 25 S. 142/3.

Le cric Millennium. * *Ind. vél.* 25 S. 141,2.

L'auto-clé.* *Ind. vél.* 25 S. 60/1.

GARTLAND locking device. (Intended as a substitute for split pins, check nuts, etc.)* *Horseless Age* 17 S. 702.

Bulldog lock nut. (Self locking nut.) * *Horseless Age* 18 S. 86.

HAMILTON, autoloc. (By which levers are held in definite positions.) * *Aut. Journ.* 11 S. 424/5; *Gén. civ.* 49 S. 96/9.

The JONES instrument. (Records the speed of travelling and the distance covered.) * *Autocar* 16 S. 295.

La clef LACORE. * *France aut.* 11 S. 183.

Apparatus for testing pneumatic tires. * *Horseless Age* 17 S. 920.

Amerikanische Meßwerkzeuge in der Automobiltechnik. *El. u. polyt. R.* 23 S. 468/9 F.

Zündapparate auf der internationalen Automobil-Ausstellung, Berlin, Herbst 1906. * *Mechaniker* 14 S. 255/7.

HOEBENER, die Elektrotechnik auf der Berliner Automobil-Ausstellung. *El. Anz.* 23 S. 357/8 F.

RUMMEL, technisches von der Pariser Automobilausstellung. (Versuche zur Verbesserung der Federung; gedämpfte freie Schwingung; federnde Räder.) * *Mot. Wag.* 213/20 F.

Tire, lamp and speedometer trials of the British Automobile Club. (ELLIOT speedmeter; KIRBY speedmeter; STAUNTON's speedmeter; „Vulcan" odometer; COLLIER tire.)* *Horseless Age* 17 S. 651/5.

Selen. Selenium. Sélénium.

MARC, allotrope Formen des Selens. *Ber. chem. G.* 39 S. 697/704.

PELLINI, isomorfismo fra il tellurio ed il selenio. *Gas. chim. it.* 36, II S. 455/64.

OECHSNER DE CONINCK, sélénium. (Production de sélénium rouge brique, amorphe.) *Compt. r.* 143 S. 682.

PALMER, selenium. *Eng. min.* 81 S. 752.

NAIRZ, das Selen. *Prom.* 18 S. 9/11.

OECHSNER DE CONINCK, l'anhydride sélénieux. *Compt. r.* 142 S. 571/3.

CHRÉTIEN, réduction du séléniure d'antimoine. *Compt. r.* 142 S. 1339/41, 1412/3.

STOECKER und KRAFFT, Oxydation von Diphenyldiselenid, (C_6H_5) Se_2. *Ber. chem. G.* 39 S. 2197/2201.

VON BARTAL, Selenkohlenstoff. *Chem. Z.* 30 S. 1044/5.

VON BARTAL, Einwirkung von Selen auf Tetrabromkohlenstoff. (Kohlenstoffselenbromide und Kohlenstoffselenide.) *Chem. Z.* 30 S. 810/2.

TUTTON, ammonium selenate and the question of isodimorphism in the alkali series.* *J. Chem. Soc.* 89 S. 1059/83.

LENHER and MATHEWS, nitrosyl selenic acid. *J. Am. Chem. Soc.* 28 S. 516/8.

TABOURY, quelques composés séléniés. (Reactions avec les organomagnésiens.) *Bull. Soc. chim.* 3, 35 S. 668/74.

COSTE, conductibilité électrique du sélénium. *Compt. r.* 143 S. 822,3; *Electricien* 32 S. 398.

CARPINI, photoelektrischer Effekt am Selen. *Physik. Z.* 7 S. 306/9; *Z. Beleucht.* 12 S. 209.

HESEHUS, Lichtempfindlichkeit des Selens. *Physik. Z.* 7 S. 163/8.

MARC, Verhalten des Selens gegen Licht und Temperatur. Die allotropen Formen des Selens. Einfluß von Beimengungen auf die Leitfähigkeit des Selens und die Einstellung des Gleichgewichtes $Se_A \underset{\longleftarrow}{\overset{\longrightarrow}{\rightleftharpoons}} Se_B$. *Z. anorgan. Chem.* 48 S. 393/426, 50 S. 446/64.

v. SCHROTT, elektrisches Verhalten der allotropen Selenmodifikationen unter dem Einflusse von Wärme und Licht. *Sitz. B. Wien. Ak.* 115, IIa S. 1081/1170.

LITTMANN, Verhalten des Selens im Schwefelsäurebetriebe. *Z. ang. Chem.* 19 S. 1039/44 F.

Selenium and its uses. *El. Rev.* 58 S. 233.

REINGANUM, eine neue Anordnung der Selenzelle. *Physik. Z.* 7 S. 786/7.

VOGLER, Herstellung einer Selenzelle und eines Apparates zum Nachweis ihrer Lichtempfindlichkeit.* *Mechaniker* 14 S. 147/9.

RAUPP, Selen und seine Bedeutung für die Gastechnik. (Automatische Laternenzündapparate mittels Selenzellen.)* *J. Gasbel.* 49 S. 603/5.

Seltene Erden. Rare earths. Terres rares. Vgl. Cerium, Lanthan, Thorium, Zirkonium.

WYROUBOFF et VERNEUIL, la chimie des terres rares. *Ann. d. Chim.* 8, 9 S. 289/361.

WAEGNER, die wissenschaftliche und technische Bedeutung der seltenen Erden. (V) *Oest. Chem. Z.* 9 S. 119/23.

BÖHM, Monazitsand. (Vorkommen; Zusammensetzung; Handelsverhältnisse.) *Chem. Ind.* 29 S. 2/7.

BÖHM, Geschichte der Entdeckung der seltenen Erden. *Chem. Ind.* 29 S. 172/6 F.

BÖHM, Vorkommen der seltenen Erden. *Chem. Ind.* 29 S. 320/32 F.

HALLERBACH, seltene Erden. *Prom.* 18 S. 81/3.

SCHAEFFER, Salze der seltenen Erden in verschiedenen Lösungsmitteln.* *Physik. Z.* 7 S. 822/31.

MATIGNON, les sulfates des métaux rares. *Compt. r.* 142 S. 276/8.

BAXTER and GRIFFIN, the carrying down of ammonium oxalate by oxalates of the rare earths. (Atomic weight determinations.) *J. Am. Chem. Soc.* 28 S. 1684/93.

FEIT und PRZIBYLLA, Bestimmung des Atomgewichtes der Elemente der seltenen Erden. *Z. anorgan. Chem.* 50 S. 249/64.

LANGLET, die Absorptionsspektra der seltenen Erden.* *Z. physik. Chem.* 56 S. 624/44.

FOUARD, une réaction de type oxydasique présentée par les composés halogénés des terres rares. (Fixation de l'oxygène libre par les solutions aqueuses de polyphénols.) *Compt. r.* 142 S. 1163/5.

CROOKES, effect of calcium in developing the phosphorescence of some rare earths.* *Chem. News* 93 S. 143/4.

Die wirtschaftliche Verwendung der seltenen Elemente. *Am. Apoth. Z.* 27 S. 86/7.

BEELE, rare earths and electric illuminants. *El. Eng. L.* 37 S. 806/9.

HÉBERT, toxicité de quelques terres rares; leur action sur diverses fermentations. *Compt. r.* 143 S. 69/71; *Bull. Soc. chim.* 3, 35 S. 1299/1303.

MATIGNON, le chlorure de néodyme. *Ann. d. Chim.* 8, 8 S. 243/83.

MATIGNON et TRANNOY, action du gaz ammoniac sur le chlorure de néodyme anhydre. *Compt. r.* 142 S. 1042/5; *Ann. d. Chim.* 8, 8 S. 284/8.

HINRICHS, le poids atomique absolu du dysprosium.
Compt. r. 143 S. 1143/5.
URBAIN et DEMENITROUX, poids atomique du
dysprosium. Compt. r. 143 S. 598/600.
URBAIN, phosphorescence cathodique de l'europium.
Compt. r. 142 S. 205/7.
URBAIN, phosphorescence cathodique de l'europium
dilué dans la chaux. Étude du système phos-
phorescent ternaire: chaux-gadoline-europine.
Compt. r. 142 S. 1518/20.
URBAIN, spectres de phosphorescence cathodique
du terbium et du dysprosium dilués dans la
chaux. Compt. r. 143 S. 229/31; Chem. News
94 S. 79/80.
URBAIN, l'isolement et les divers caractères ato-
miques du dysprosium. Compt. r. 142 S. 785/8.
URBAIN, poids atomique et spectre d'étincelle du
terbium. Compt. r. 142 S. 957/9.
HINRICHS, le poids atomique absolu du terbium.
Compt. r. 142 S. 1196/7.
EBERHARD, spektroskopische Untersuchung der
Terbiumpräparate von URBAIN. Sitz. B. Preuß.
Ak. 1906 S. 384/404.
MATIGNON et CAZES, un nouveau type de com-
posé dans le groupe des métaux rares. (Chlorure
samareux.) Compt. r. 142 S. 83/5.
MATIGNON, préparation des chlorures anhydres
des métaux rares; le chlorure de praséodyme;
de samarium; — et GAZES, le chlorure samareux;
MATIGNON, le chlorure de lanthane; d'yttrium;
d'ytterbium. Ann. d. Chim. 8, 8 S. 364/443.
CROOKES, ultra-violet spectrum of ytterbium. Chem.
News 94 S. 37.
v. WELSBACH, die Elemente der Yttergruppe.
Mon. Chem. 27 S. 935/45.
MARC, über die Phosphorescenzspektra (Kathodo-
luminescenzspektra) der seltenen Erden und die
3 neuen CROOKESschen Elemente Ionium, In-
cognitum und Victorium. (Die Phosphorescenzspektra sind ein zur Charakterisierung eines
Elementes wenig geeignetes Mittel.) Ber. chem.
G. 39 S. 1392/5.

Serum. Sérum. Vgl. Physiologie 2.

JACOBY, Nomenklatur und einige Ergebnisse der
Serumforschung. Chem. Z. 30 S. 964/5 F.
KRAUS, Fortschritte der Immunitätsforschung. (V)
CBl. Bakt. Referate 38 Beiheft S. 1/11.
BANG und FORSSMAN, Hämolysinbildung. B. Physiol.
8 S. 238/75.
LÜDKE, Hämolyse durch Galle und Gewinnung
eines die Gallenhämolyse hemmenden Serums.
CBl. Bakt. I, 42 S. 455/62 F.
WOLFF-EISNER, Eiweißimmunität und ihre Bezie-
hungen zur Serumkrankheit. CBl. Bakt. I, 40
S. 378/82.
BUZZA, Untersuchungen über Blutserum. (V) (A)
Chem. Z. 30 S. 439.
PFEIFFER und FRIEDBERGER, antagonistische
Serumfunktionen. CBl. Bakt. I, 41 S. 223/9.
WOLFF-EISNER, die Aggressinlehre. (Zusammen-
fassende Uebersicht.) CBl. Bakt. Referate 38
S. 641/9 F.
RÉMY, sérums hémolytiques. (Dosage des sub-
stances actives dans les sérums hémolytiques.)
Ann. Pasteur 20 S. 1018/48.
SHIBAYAMA, Wirkung der bakteriologischen Heil-
sera bei wiederholten Injektionen. CBl. Bakt.
I, 41 S. 571/6.
LANDSTEINER und BOTTERI, Verbindungen von
Tetanustoxin mit Lipoiden. CBl. Bakt. I, 42
S. 562/6.
EISENBERG, Mechanismus der Agglutination und
Präzipitation.* CBl. Bakt. I, 41 S. 96/108 F.

CARINI, Filtrierbarkeit des Vaccinevirus. CBl.
Bakt. I, 42 S. 325/8.
NEGRI, Filtration des Vaccinevirus. Z. Hyg. 54
S. 327/46.
NIJLAND, Abtötung von Bakterien in der Impf-
lymphe mittels Chloroform. Arch. Hyg. 56
S. 361/79.
JANSEN, Resistenz des Tuberkulins dem Licht
gegenüber.* CBl. Bakt. I, 41 S. 677/80.
DIESING, Gewinnung von Lymphe in den Tropen.
CBl. Bakt. I, 42 S. 658/60.
BERGELL und MEYER, FRITZ, neue Methode zur
Herstellung von Bakteriensubstanzen, welche zu
Immunisierungszwecken geeignet sind. (Die
Bakterienaufschwemmung in Kochsalzlösung wird
mit wasserfreier Salzsäure behandelt.) Apoth. Z.
21 S. 334/5.
Extrahierung der Antikörper in den Immunseris.
Apoth. Z. 21 S. 965.
CALMETTE et GUÉRIN, vaccination contre la
tuberculose par les voies digestives. Compt. r.
142 S. 1319/22.
LANNELONGUE, ACHARD et GAILLARD, traitement
de la tuberculose pulmonaire par la sérothérapie.
Compt. r. 142 S. 1479/82.
FRIEDBERGER, aktive Immunisierung des Menschen
gegen Typhus. (V) CBl. Bakt. Referate 38
Beiheft S. 102/7.
BISCHOFF, das Typhus-Immunisierungsverfahren
nach BRIEGER. Z. Hyg. 54 S. 262/98.
MACFADYEN, Eigenschaften eines von Ziegen ge-
wonnenen Antityphusserums. CBl. Bakt. I, 41
S. 266/71.
MACFADYEN, Anticholeraserum. CBl. Bakt. I, 42
S. 365/71.
FRIEDBERGER, die spezifischen Serumveränderungen
bei Cholerabazillenzwischenträgern. CBl. Bakt.
I, 40 S. 405/9.
CARINI, Einfluß hoher Temperaturen auf die Viru-
lenz trockener und glycerinierter Kuhpocken-
lymphe. CBl. Bakt. I. 41 S. 32/40.
FLEXNER, experimentelle Cerebrospinalmeningitis
und ihre Serumbehandlung. CBl. Bakt. I, 43
S. 99/112.
VAILLARD et DOPTER, sérum antidysentérique.
Ann. Pasteur 20 S. 321/52.
GESSARD, sérum antioxydasique polyvalent. Compt.
r. 142 S. 641/5.
NITSCH, die PASTEURsche Methode der Schutz-
impfungen gegen Tollwut. CBl. Bakt. I, 42
S. 647/58 F.
KLEINE und MÜLLERS, ein für Trypanosoma
Brucei spezifisches Serum und seine Einwirkung
auf Trypanosoma gambiense. Z. Hyg. 52 S. 229/37.
BOLTON, Spezifizität und Wirkung des Gasstrotoxins
in vitro. CBl. Bakt. Referate 38 S. 577/90.
CITRON, Immunisierung gegen die Bakterien der
Hogcholera (Schweinepest) mit Hilfe von Bakterien-
extrakten. (Ein Beitrag zur Agressinfrage.) Z.
Hyg. 53 S. 515/22.
MALLANNAH, therapeutische Versuche mit einem
Pestimpfstoff bei Versuchstieren. CBl. Bakt. I, 43
S. 471/5 F.
LÖFFLER, wirksames Schutzserum gegen die Maul-
und Klauenseuche. Milch-Z. 35 S. 553/5.
LÖFFLER, Stand des Immunisierungs-Verfahrens
gegen die Maul- und Klauenseuche. Molk. Z.
Berlin 16 S. 581/2.
Wirksames Schutzserum gegen die Maul- und
Klauenseuche. Milch-Z. 35 S. 553/5.

Siebe. Sieves. Cribles.

CALLOW, travelling-belt screen. (The fundamental
principle of this machine is a travelling band,
or belt, of screen cloth, over which the ore

and its carrying water is spread, by means of distributing aprons or feed soles.)* *Eng. min.* 81 S. 468/9.

FORREST, sifting machine for sand and stone. (Construction and results.) (V) (A) *Eng. Rec.* 54 *Suppl.* Nr. 19 S. 44 a.

PRUSS, Gießerei-Sandsiebmaschine für trockenen und nassen Sand.* *Gieß. Z.* 3 S. 270/2.

PARSONS, coal screen. (Consists of inclined oscillating steel rollers, placed parallel and lengthwise in the direction of the travel of the coal.) (Pat.)* *Eng. min.* 82 S. 925.

Patent - Reformmischsieb mit schlangenförmiger Lochung.* *Landw. W.* 32 S. 2/3.

DOINET, Herstellung von Schutzgittern. (Gegen Insekten. D. R. P. 164286. Man befestigt das Gewebe unmittelbar in gespanntem Zustande in dem Rahmen, in welchem es endgültig verbleiben soll oder man spannt es zwischen Hüllen aus Papier usw. ein und befestigt es mit diesen Hüllen in dem Rahmen.)* *Z. Werkzm.* 10 S. 208/9.

Signalwesen. Signalling. Signaux. Vgl. Telegraphie, Uhren.

1. Eisenbahnsignalwesen. Railway signalling. Signaux de chemins de fer. Siehe Eisenbahnwesen IV.

2. Feuermelder. Fire-alarms. Avertisseurs d'incendie. Siehe diese.

3. Haustelegraphen, Alarmvorrichtungen. House telegraphs, alarms. Télégraphie domestique, avertisseurs. Siehe diese.

4. Schiffssignale. Naval signalling. Signaux maritimes. Siehe diese.

5. Bergwerkssignale. Mining signalling. Signaux des mines. Siehe Bergbau 6.

6. Verschiedenes. Sundries. Matières diverses.

DUSCHNITZ, neue elektrische Signalapparate. *El. Anz.* 23 S. 509/10.

MARTINY, Fern- und Signal-Thermometer. *El. Anz.* 23 S. 1/2 F.

STADELMANN, Einrichtung zum Geben von Signalen, Kommandos usw. *El. Anz.* 23 S. 864/5.

Indicateur d'échauffement d'organes mécaniques. Système BUARD. (Est basé sur l'utilisation de la dilatation linéaire amplifiée d'un petit barreau métallique.)* *Bull. Rouen* 34 S. 222/3.

Emploi des pigeons voyageurs dans la cavalerie. (Panier de transport; panier de repos; dispositions préconisées par DE BENOIST pour le transport.)* *Rev. belge* 30 Nr. 5 S. 91/106.

Code de signaux pour l'artillerie de campagne.* *Rev. d'art.* 68 S. 225/42.

Direzione del tiro di una batteria a mezzo di segnalazioni ottiche. (Vantaggi delle segnalazioni ottiche sugli altri sistemi di trasmissione degli ordini; sistema per trasmettere i segnali alla batteria.) *Riv. art.* 1906, 1 S. 317/21.

Nuovo apparecchio per segnalazioni ottiche. (Potenza straordinaria, la cura si ottiene da una miscela di ossigeno e di gas acetilene in combustione.) *Riv. art.* 1906, 1 S. 165.

Pallone cero-volante impiegato per segnalazioni.℗ *Riv. art.* 1906 S. 18.

Tank gauge with electric alarm. (Float is attached to a chain, which runs over a pulley, and then to the dial or gauge placed on the side of the tank.)* *Am. Miller* 34 S. 837.

Silber und Verbindungen. Silver and compounds. Argent et combinaisons. Vgl. Aufbereitung, Blei, Hüttenwesen.

1. Vorkommen und Gewinnung. Occurrence and extraction. Gîtes et extraction.

HOFMANN, das Pribramer Erzvorkommen. (Silber-

Repertorium 1906.

gehalt; Zinngehalt des Bleiglanzes; Scheelit-Vorkommen.) *Z. O. Bergw.* 54 S. 120/2.

LAUR, présence de l'or et de l'argent dans le trias de Meurthe-et-Moselle. *Compt. r.* 142 S. 1409/12.

CAMPBELL and KNIGHT, the paragenesis of the cobalt-nickel arsenides and silver deposits of Timiskaming.* *Eng. min.* 81 S. 1089/91.

RICE, gold and silver at Fairview, Nev.* *Eng. min.* 82 S. 729/31.

FOX, FRANCKE tina process for the reduction of silver ores, as carried on at Caylloma, Peru. (Stamp batteries; three-hearth reverberatory furnace; amalgamating pan; tinas, made of Oregon pine.) (V)℗ *Min. Proc. Civ. Eng.* 163 S. 324/33.

BRINSMADE, a wet silver mill at a Montana mine. (Construction of mill-machinery used. (Method of treating the ore.) *Mines and minerals* 26 S. 492/7.

OXNAM, cyaniding silver-gold ores of the Palmarejo mine, Chihuahua, Mexico.* *Trans. Min. Eng.* 36 S. 234/87; *Chem. Zeitschrift* 5 S. 265/6.

2. Verarbeitung, Eigenschaften und Prüfung. Working, qualities and examination. Traitement, qualités et examination.

Lysargin. (Mit Hilfe der Protalbin- und Lysalbinsäure dargestelltes kolloidales Silber.) *Pharm. Centralh.* 47 S. 631/2.

GUYE et TER-GAZARIAN, poids atomique de l'argent. *Compt. r.* 143 S. 411/3.

V. WARTENBERG, Molekulargewicht des Silberdampfes. (Die Dampfdichte des Silbers wurde nach der von- NERNST angegebenen Methode bestimmt; zur Temperaturmessung diente das Pyrometer von WANNER.)* *Ber. chem. G.* 39 S. 381/5.

VAN DIJK, das elektrochemische Aequivalent des Silbers. *Ann. d. Phys.* 19 S. 249/88; 21 S. 845/7.

GUTHE, das elektrochemische Aequivalent des Silbers. *Ann. d. Phys.* 20 S. 429/32.

LECHER, THOMSONeffekt in Eisen, Kupfer, Silber und Konstantan. (Untersuchung der Aenderungen mit der Temperatur.)* *Ann. d. Phys.* 19 S. 853/67.

HENDERSON, the thermo electric behaviour of silver in a thermo-element of the first class.* *Phys. Rev.* 23 S. 101/24.

COHEN, physikalisch - chemische Untersuchungen über Silber und Gold. (Vermeintliche allotrope Modifikationen.) (V. m. B.) *Z. Elektrochem.* 12 S. 589/92.

LEWIS, Silberoxyd und Silbersuboxyd. (Zersetzungsdruck von Silberoxyd bei 25°.)* *Z. physik. Chem.* 55 S. 449/64; *J. Am. Chem. Soc.* 28 S. 139/58.

WATSON, silver dioxide and silver peroxynitrate. *J. Chem. Soc.* 89 S. 578/83.

PÉLABON, le sulfure, le séléniure et le tellurure d'argent. *Compt. r.* 143 S. 294/6.

BARLOW, solubility of silver chloride in hydrochloric and in sodium chloride solutions. *J. Am. Chem. Soc.* 28 S. 1446/9.

HACKSPILL, reduction des chlorures d'argent et de cuivre par le calcium. *Compt. r.* 142 S. 89/92.

BÖTTGER, Löslichkeitsstudien an schwer löslichen Stoffen. Löslichkeit von Silberchlorid, -bromid und -rhodanid bei 100°. *Z. physik. Chem.* 56 S. 83/94.

LEFELDT, Löslichkeit von Chlorsilber in Höllensteinlösung. *Apoth. Z.* 21 S. 643.

SCHOLL und STEINKOPF, Anlagerungsverbindungen organischer Halogenide an Silbernitrat. *Ber. chem. G.* 39 S. 4393/4400.

MARGOSCHES, Silbermonochromat. (Verhalten gegen Essigsäure; Ueberführung der roten Modifikation

70

des Silbermonochromats in die grünschwarze Modifikation.) *Z. anorgan. Chem.* 51 S. 231/5.

FRIEDRICH, Blei und Silber. * *Metallurgie* 3 S. 396/406.

FRIEDRICH und LEROUX, Silber und Arsen.* *Metallurgie* 3 S. 192/5.

FRIEDRICH und LEROUX, Silber und Schwefelsilber.* *Metallurgie* 3 S. 361/71.

PETRENKO, Silber-Zinklegierungen.* *Z. anorgan. Chem.* 48 S. 347/63.

PETRENKO, die Legierungen des Silbers mit Thallium, Wismut und Antimon. ⊠ *Z. anorgan. Chem.* 50 S. 133/44.

RUER, die Legierungen des Palladiums mit Silber. ⊠ *Z. anorgan. Chem.* 51 S. 315/9.

THOMPSON and MILLER, EDMUND, H., platinum silver alloys.* *J. Am. Chem. Soc.* 28 S. 1115/32.

VONDRÁČEK, théorie de l'amalgamation de l'argent. *Rev. univ.* 13 S. 105/14.

ZEMCZUZNYJ, Legierungen des Magnesiums mit Silber.⊠ *Z. anorgan. Chem.* 49 S. 400/14.

ZSIGMONDY, Auslösung von silberhaltigen Reduktionsgemischen durch kolloidales Gold. *Z. physik. Chem.* 56 S. 77/82.

FRIEDRICH, zur quantitativen Bestimmung minimaler Mengen von Silber und Gold. *Metallurgie* 3 S. 586/91.

HOITSEMA, Bestimmung des Feinsilbers in großen Quantitäten silberner Münzstücke.* *Z. anal. Chem.* 45 S. 1/14.

GOLDSCHMIDT, quantitative Bestimmung von Silber und Gold. (Nickel und Kobalt als Katalysatoren.) *Z. anal. Chem.* 45 S. 87.

WELLS, estimation of opalescent silver chloride precipitates. *Chem. J.* 35 S 99/114, 508/9.

Silicium und Verbindungen. Silicium and compounds. Silicium et combinaisons. Vgl. Quarz.

Onyxbrüche im nördlichen Mexiko. (Onyxmarmor.) *Baumatk.* 11 S. 211.

FORCH und NORDMEYER, spezifische Wärme des Chroms, Schwefels und Siliciums sowie einiger Salze zwischen — 188° und Zimmertemperatur. *Ann. d. Phys.* 20 S. 423/8.

MYLIUS und GROSCHUFF, α- und β-Kieselsäure in Lösung. *Ber. chem.* G. 39 S. 116/25.

DUFOUR, action de l'hydrogène sur le silicium et la silice. *Ann. d. Chim.* 8, 9 S. 433/74.

JORDIS, Chemie der Silikate. (V) *Z. ang. Chem.* 19 S. 1697/1702.

MC NEIL, constitution of certain natural silicates. *J. Am. Chem. Soc.* 28 S. 590/602.

DOELTER, Reaktionsgeschwindigkeit in Silikatschmelzen. *Z. Elektrochem.* 12 S. 413/4.

DOELTER, Schmelzpunkte der Silikate. (Untersuchungsmethoden.) ⊠ *Sitz. B. Wien. Ak.* 115, I S. 1329/46; *Mon. Chem.* 27 S. 433/64.

KOCHS, weitere Beiträge zur Berechnung des Schmelzbarkeitsgrades tonerdehaltiger Silikate. *Z. ang. Chem.* 19 S. 2123/9.

TSCHERMAK, Metasilikate und Trisilikate. (Dritte Mitteilung über die Darstellung der Kieselsäuren.) S. 217/40.

TSCHERNOBAEFF, heat of formation of silicates. *Electrochem. Ind.* 4 S. 72/3.

CAMPBELL, Einfluß der Chloralkalilösungen auf Doppelsilikate des Calciums und Aluminiums.* *Versuchsstationen* 65 S. 247/52.

DOLLFUS, action des silicates alcalins sur les sels métalliques solubles. *Compt. r.* 143 S. 1148/9.

LEBEAU, cuprosilicium. Siliciure de cuivre et un nouveau mode de formation du silicium soluble dans l'acide fluorhydrique de MOISSAN et SIEMENS. *Bull. Soc. chim.* 3, 35 S. 790/6; *Compt. r.* 142 S. 154/7.

HÖNIGSCHMID, le siliciure de zirconium Zr Si₃ et le siliciure de titane TiSi₂. *Compt. r.* 143 S. 224/6; *Mon. Chem.* 27 S. 1069/81.

HÖNIGSCHMID, un siliciure de thorium. *Compt. r.* 142 S. 157/9.

VIGOUROUX, quelques siliciures de cuivre industriels; un composé défini de cuivre et de silicium. *Bull. Soc. chim.* 3, 35 S. 1233/40; *Compt. r.* 142 S. 87/9.

VANZETTI, composti siliciati del ferro. Un caso di formazione di siliciuri nel forno elettrico. *Gaz. chim. it.* 36, 1 S. 498/513.

DOERINCKEL, Verbindungen des Mangans mit Silicium.⊠ *Z. anorgan. Chem.* 50 S. 117/26.

GUERTLER und TAMMANN, die Silicide des Nickels.⊠ *Z. anorgan. Chem.* 49 S. 93.'112.

COPAUX, étude chimique et cristallo-graphique des silicomolybdates. *Ann. d. Chim.* 8, 7 S. 118/44.

STEINAU, das Wasserglas. (Fabrikmäßige Bereitung.) *Malers.* 26 S. 26.'7.

DILTHEY, Siliconium-, Boronium- und Titanoniumsalze. *Liebigs Ann.* 344 S. 300/42.

REYNOLDS, silicon researches. Silicon thiocyanate, its properties and constitution. *J. Chem. Soc.* 89 S. 397/401.

BOUDOUARD, les silicones. *Compt. r.* 142 S. 1528/30; *Bull. Soc. chim.* 3, 35 S. 710/5; *Rev. métallurgie* 3 S. 485/8.

PACKARD, silicon as a wireless detector.* *El. World* 48 S. 1100/1.

KNIGHT und MENNEKE, determination of silica. *Chem. News* 94 S. 165/6.

SAHLBOM und HINRICHSEN, Titration der Kieselfluorwasserstoffsäure. *Ber. chem.* G. 39 S. 2609/11.

SCHUCHT und MÖLLER, Analyse der Kieselfluorwasserstoffsäure. *Ber. chem.* G. 39 S. 3693/6.

HINDEN, Aufschließen von Silikaten mittels Flußsäure und Salzsäure. *Z. anal. Chem.* 45 S. 332/42.

Alkalienbestimmung in Silikaten durch Aufschluß mit Calciumcarbonat. *Sprechsaal* 39 S. 811.

Soda. Carbonate of soda. Carbonate de soude. Vgl.
Alkalien, Chemie, analytische 1, Natrium.

REUSCH, Jahresbericht über die Industrie der Mineralsäuren, der Soda und des Chlorkalkes. *Chem. Z.* 30 S. 326/8.

SCHREIB, Fortschritte in der Ammoniaksoda-Industrie. *Chem. Z.* 30 S. 1099/1100.

JURISCH, aus der Praxis der Ammoniaksoda-Industrie. *Chem. Z.* 30 S. 681/3 F.

ROHLAND, Bildung von Estrichgips im Kolonnenapparat einer Ammoniaksodafabrik. *Z. ang. Chem.* 19 S. 1895/7.

Kryolitsoda in den Vereinigten Staaten von Amerika. (Behandlungsmethode von THOMSEN.) *Seifenfabr.* 26 S. 853/4.

Einfluß von Soda auf Portlandzementmörtel. (Versuche; Erhärtung; Zugfestigkeit; Frostschutz. *Wschr. Baud.* 12 S. 82.

Spektralanalyse. Spectrum analysis. Analyse spectrale. Vgl. Elektrizität 1 a, Optik, Zucker 10.

1. Theoretisches und allgemeines. Theory and generalities. Théorie et généralités.

BELIN, méthode spectro-sensitométrique. (V)⊠ *Bull. Soc. phot.* 2, 22 Nr. 7 *Suppl.* S. 25/32; *J. of Phot.* 53 S. 630/2.

BYK, die Absorptionsspektra komplexer Kupferverbindungen im Violett und Ultraviolett. ⊠ *Ber. chem.* G. 39 S. 1243/9.

COBLENTZ, infra-red emission spectra. (Infra-red emission spectra of metals; chlorides of metals infra-red emission spectra of gases in vacuum tubes; radiation from a black body when heated to 100° C; temperature of gas in the vacuum tube.) * *Phys. Rev.* 22 S. 1/30.

COBLENTZ, infra-red absorption and reflection spectra. *Phys. Rev.* 23 S. 125/53.

INGERSOLL, the FARADAY and KERR effects in the infra-red spectrum.* *Phil. Mag.* 11 S. 41/72.

CROOKES, the ultra-violet spectrum of ytterbium. *Proc. Roy. Soc.* 78 A S. 154/6.

DALY und DESCH, Beziehungen zwischen ultra-violetten Absorptionsspektren und physikalisch-chemischen Vorgängen.* *Z. physik. Chem.* 55 S. 485/501.

DUFOUR, les spectres de l'hydrogène. *Ann. d. Chim.* 8, 9 S. 361/432.

DYSON, determinations of wave-length from spectra obtained at the total solar eclipses of 1900, 1901 and 1905. *Phil. Trans.* 206 S. 403/52.

FABRY et BUISSON, mesures de longueurs d'onde dans le spectre du fer pour l'établissement d'un système de repères spectroscopiques. *Compt. r.* 143 S. 165 7.

EXNER und HASCHEK, Linienverschiebungen in den Spektren von Ca, Sn und Zn. *Sitz. B. Wien. Ak.* 115 IIa S. 523/45.

HARTLEY, absorption spectra in relation to the chemical structure of colourless and coloured substances. (V) *Chem. News* 94 S. 29/31 F.

ROSENHEIM und MEYER VICTOR J., die Absorptionsspektra von Lösungen isomerer komplexer Kobaltsalze. *Z. anorgan. Chem.* 49 S. 28/33.

FREDENHAGEN, spektralanalytische Studien. (Diskussion der bisherigen Versuche und Ansichten über die Ursache der Flammenspektren; Experimentelles; die Emissionsspektren in der trockenen Kohlenoxydflamme; die Emissionspektren in der Chlorwasserstofflamme; Vergleich der Spektren der Bunsen- und der Chlorwasserstofflamme; die Leitfähigkeiten der Gase der trockenen Kohlenoxyd-, der Bunsen- und der Chlorwasserstofflamme; thermodynamisches.) *Ann. d. Phys.* 20 S. 133/73.

GEHRCKE und V. BAEYER, Anwendung der Interferenzpunkte an planparallelen Platten zur Analyse feinster Spektrallinien. ⊞ *Ann. d. Phys.* 20 S. 269/92.

HIMSTEDT und MEYER, G., Spektralanalyse des Eigenlichtes von Radiumbromidkristallen. *Ber. Freiburg* 16 S. 1/5; *Chem. Z.* 30 S. 953/4; *Physik. Z.* 7 S. 762/4.

HUGGINS, the spectrum of the spontaneous luminous radiation of radium. (Extension of the glow.) *Proc. Roy. Soc.* 77 A S. 130/1.

HULL, investigation of the influence of electric fields on spectral lines. *Proc. Roy. Soc.* 78 A S. 80/1.

JANICKI, feinere Zerlegung der Spektrallinien von Quecksilber, Kadmium, Natrium, Zink, Thallium und Wasserstoff. (Das MICHELSON'sche Stufengitter; Quecksilberlinien; Vergleich der gewonnenen Ergebnisse mit den bisherigen Beobachtungen; Kadmiumlinien.) * *Ann. d. Phys.* 19 S. 36/79.

de KOWALSKI und HUBER, les spectres des alliages. *Compt. r.* 142 S. 994/6.

NASINI e ANDERLINI, osservazioni spettroscopiche ad altissime temperature. *Gas. chim. it.* 36, II S. 561/70.

RAMAN, unsymmetrical diffraction-bands due to a rectangular aperture.* *Phil. Mag.* 12 S. 494/8.

RUBENS, Emissionsvermögen und Temperatur des AUERstrumpfes bei verschiedenem Gergehalt. *Ann. d. Phys.* 20 S. 593/600.

SCHAEFER, die Gesetzmäßigkeiten der Spektren und der Bau der Atome.* *Z. V. dt. Ing.* 50 S. 937/42.

SCHMIDT, R., Spektrum eines neuen in der Atmosphäre enthaltenen Gases. (Ergebnisse von photographischen Messungen; Untersuchungen von BALY über das Xenon.) *Bayr. Gew. Bl.* 1906 S. 363/4.

SCHNIEDERJOST, das Spektrum des elektrischen Hochspannungslichtbogens in Luft. *Ann. d. Phys.* 21 S. 848.

WALTER, das Spektrum des elektrischen Hochspannungslichtbogens in Luft. *Ann. d. Phys.* 19 S. 874/6.

SCHÖNROCK, Breite der Spektrallinien nach dem DOPPLERschen Prinzip. (Linienbreite bei der Annahme, daß alle Moleküle gleiche Geschwindigkeit hätten; Linienbreite bei Zugrundelegung des MAXWELLschen Geschwindigkeitsverteilungsgesetzes; experimentelle Bestimmung der Halbweite einer Linie; theoretische Berechnung der Halbweite; wirksame Breite einer Linie; die Versuche von MICHELSON; Vergleichung unter der Annahme, daß die Atome oder die Moleküle die Träger der Emissionszentren sind; Vergleichung für die schwer verdampfbaren Metalle; Berechnung der Temperaturen aus den beobachteten Halbweiten; Temperatur im Falle der Erregung des Leuchtens durch elektrische Schwingungen.) *Ann. d. Phys.* 20 S. 995/1016.

STARK, zur Kenntnis des Bandenspektrums.* *Physik. Z.* 7 S. 355/61.

STARK und HERMANN, Spektrum des Lichtes der Kanalstrahlen in Stickstoff und Wasserstoff.* *Physik. Z.* 7 S. 92/7.

WALTER, Spektrum des von den Strahlen des Radiotellurs erzeugten Stickstofflichtes. ⊞ *Ann. d. Phys.* 20 S 327/32.

THOMSON, some applications of the theory of electric discharge to spectroscopy.* *Chem. News* 94 S. 197/9 F.

URBAIN, spectra of the cathodic phosphorescence of terbium and dysprosium diluted in lime. *Chem. News* 94 S. 79/80.

WALTER, die Bildungsweise und das Spektrum des Metalldampfes im elektrischen Funken. *Ann. d. Phys.* 21 S. 223/8.

WATTS and WILKINSON, on the „Swan" spectrum. *Phil. Mag.* 12 S. 581/5.

WOOD, Fluoreszenzspektren und Spektren magnetischer Drehung des Natriumdampfes, und ihre Analyse.* *Physik. Z.* 7 S. 873,92; *Phil. Mag.* 12 S. 329/36, 499/524.

A kinematical explanation of groups of spectrum lines with constant frequency - difference. *Phil. Mag.* 12 S. 579/80.

2. Apparate. Apparatus. Appareils. Vgl. Instrumente, Optik 3.

CHÉNEVEAU, das FÉRYsche Spektrorefraktometer für Flüssigkeiten.* *Z. Instrum. Kunde* 26 S. 349/50; *J. d. phys.* 4, 5 S. 649/54.

HARTMANN, der Spektrokomparator.* *Z. Instrum. Kunde* 26 S. 205/17.

KRÜSS, Spektroskop mit veränderlicher Dispersion. *Z. Instrum. Kunde* 26 S. 139/42.

MORRIS-AIREY, resolving power of spectroscopes. *Phil. Mag.* 11 S. 414/6.

WALL, the use of the spectroscope.* *J. of Phot.* 53 S. 364/6 F.

LÖWE, Stativ zu Handspektroskopen.* *Phot. Chron.* 1906 S. 380/1.

LEISZ, spektroskopische Vorrichtungen. (Handspektrophotometer; Handspektroskop für Untersuchungen im Ultraviolett.)* *Z. Instrum. Kunde* 26 S. 307.

LEHMANN, Spektrograph für Ultrarot. *Z. Instrum. Kunde* 26 S. 353/60.

LÖWE, neuer Spektrograph für sichtbares und

ultraviolettes Licht. * *Z. Instrum. Kunde* 26 S. 330/3.

SIEGL, Spektrograph. *Mech. Z.* 1906 S. 201.

LÖWE, Natriumbrenner. * *Z. Chem. Apparat.* 1 S. 291/2.

Natriumbrenner von ZEISZ, Jena.* *Chem. Z.* 30 S. 835.

RIESENFELD und WOHLERS, Spektralbrenner. (Elektrolytische Zerstäubung; das Elektrolysiergefäß ist in das Innere des Bunsenbrenners verlegt.)* *Chem. Z.* 30 S. 704/5.

RIESENFELD und WOHLERS, spektralanalytischer Nachweis der Erdalkalien im Gange der quantitativen Analyse. (Beschreibung eines Spektralbrenners.)° *Ber. chem. G.* 39 S. 2628/31.

DE WATTEVILLE, nouveau dispositif pour la spectroscopie des corps phosphorescents. (Un conducteur mobile provoque la décharge d'un condensateur en passant à quelque distance de conducteurs fixes en relation avec les armatures.)* *Compt. r.* 142 S. 1078/80.

Spiegel. Mirrors. Miroirs. Vgl. Optik, Metalle 2.

Eisen als Spiegelbelag. (Eisen wird durch den elektrischen Strom zum Glühen gebracht, und es verstäubt hierbei im luftleeren Raum so viel Eisen, daß sich ein Teil desselben in Form einer spiegelnden Fläche auf der Glasplatte niederschlägt.) *Malers.* 26 S. 172.

Spinnerei. Spinning. Filature. Vgl. Appretur, Baumwolle, Gespinsfasern anderweitig nicht genannte, Flachs, Hanf, Jute und Ersatzstoffe, Luftbefeuchter, Schutzvorrichtungen, Seide, Trockenvorrichtungen, Wäscherei, Weberei, Wolle.

    1. Allgemeines.
    2. Erste Vorbereitungen.
      a) Von Flachs.
      b) Von Hanf, Jute und Ersatzstoffen.
      c) Von Baumwolle. (Egreniermaschinen, Schlagmaschinen, Oeffner u. s. w.)
      d) Von Wolle.
    3. Kämmen.
    4. Krempeln.
    5. Spinnen und Zwirnen.
      a) Allgemeines.
      b) Selbstspinner.
      c) Andere Spinnmaschinen.
      d) Triebwerk.
      e) Spulen und Zubehör.
      f) Streckvorrichtungen.
      g) Selbstspinnerwagen.
      h) Spindeln und Zubehör.
      i) Andere Teile zur Fadenführung.
      k) Verschiedene Einzelteile und Zubehör.
    6. Spulmaschinen und Zubehör.

1. Allgemeines. Generalities. Généralités.

AMAT, calculs graphiques relatifs à l'industrie textile. (Numéro d'un fil.)* *Ind. text.* 22 S. 421/6.

Längenverlust der Garne. (Durch Haspeln, Bleichen, Färben, Winden, Scheren, Spulen.) *Z. Text-Ind.* 9 S. 256/7.

Kalkulationen von Spinn-Plänen für die Baumwoll-Spinnerei.* *Mon. Text. Ind.* 21 S. 1/4.

Draft as applied to cotton yarn preparatory machinery. (Draft between the feed and the delivery. point. (a)* *Text. Rec.* 30, 6 S. 115/7 F.

Twist in cotton spinning. *Text. Rec.* 32, 1 S. 102/3.

MARSCHIK, moderne Methoden und Instrumente zur Prüfung von Textilprodukten. (Garnnumerierung zur Prüfung der Feinheit [Fadendicke]; Drehung; Untersuchung von Gespinsten; Prüfung der Länge, der Feinheit der Garne; Garnwagen, Garnsortierwage, Titriermaschinen; Prüfung der Gleichmäßigkeit der Garne; HERZOGs Garnqualitäts-Meßapparat; Fühlfläche; Prüfung der Festigkeit und Dehnung der Garne; Fadenprüfer; eine verbesserte Konstruktion des

RÉGNIERschen Serimeters; SCHOPPERs Festigkeitsprüfer; nach MOSCKOFs Patent gebaute Maschine für Einzelprüfung der Garne; Drallapparat mit Dehnungsmesser von SCHOPPER; Prüfung der Festigkeit und Dehnung der Gewebe; Stoffdynamometer von SCHOCH & CO.; desgl. System AUMUND; SCHOPPERs Stoffprüfer; Stoffprüfmaschinen der MASCHINENFABR. GOODBRAND; Prüfung des Widerstandes eines Stoffes gegen Abnutzung; Bestimmung der Luftfeuchtigkeit; LAMBRECHTsches Polymeter.)* *Z. Text. Ind.* 9 S. 401/2 F.

COOK und STUBBS, Entwicklung der Textilindustrie in England in den letzten 50 Jahren. (V) (A) *Oest. Woll. Ind.* 26 S. 866/9.

ROHN, Textilmaschinen mit Berücksichtigung der jüngsten Ausstellungen. (In St. Louis, Reichenberg i. B., Tourcoing, Lüttich usw.)* *Z. V. dt. Ing.* 50 S. 1026/32 F.

Les machines textiles à l'exposition internationale des industries textiles de Tourcoing. (Égreneuse à scies DOBSON & BARLOW; peigneuses OFFERMANN-ZIEGLER, DELETTE; dessuinteuse MALARD; bobinoir-doubleur à mouvement de va-et-vient rapide DOBSON & BARLOW; détails de l'intersecting GRÜN; intersecting vide-pots de la SOCIÉTÉ ALSAC. DE CONSTR. MÉC.; DOBSON & BARLOW: métier continu à filer le coton, actionné par moteur électrique, métier continu à retordre pour retordage au mouillé, machine à faire la ficelle tubulaire, broche à cloche rotative exposée par la SOCIÉTÉ DES PEIGNAGES ET FILATURES DE BOURRES DE SOIE; métiers de préparation de tissage.) (a)* *Ind. text.* 22 S. 298/313; *Text. Man.* 32 S. 160/1 F.

BRÜLL, Rückblick auf die internationale Textilausstellung in Tourcoing. *Text. Z.* 1906 S. 1111/2.

HENNIG, Herstellung eines tadellosen Gespinstes in der Spinnerei. (Aufbauen; Zusammenstellen der Spinnereimaschinen; Beschlagen, Schleifen und Stellen der Krempeln und Behandlung der Kratzen.) *Z. Textilind.* 9 S. 33/5.

PRIESTMAN, principles of wool spinning. (a)* *Text. Man.* 32 S. 15 F.

ASA LESS & CO., Verbesserungen an den Spinnmaschinen. (Exhaustöffner mit Schlagmaschine; Wickelapparat; Speiseregulator; Bremsentlastungsvorrichtung; Deckelschleifapparat; Selfaktoren; Compoundseilbetrieb; Kettenantrieb für die Quadranten der Selfaktoren als Ersatz des Quadrantenseiles; Ringzwirnmaschine.)* *Uhlands T. R.* 1906, 5 S. 44/6.

TOMSON, L. A. W., spinning woollens and shoddy yarns. (Scribbling machine consisting of rollers and cylinders of varying dimensions, covered with fine wire teeth called card clothing, revolving in opposite directions, or at different speeds, which turn over and disentangle the wool; balling system for blends where much crossing and doubling is desirable; condenser; wire teeth of the clothing; condensing, drawing out and twisting the threads produced on the condenser into yarn; self - acting mule.) (a)* *Text. Man.* 32 S. 3/4.

SCHULZ, ERNST, Neuerungen an den Maschinen der Flachs-, Hanf- und Jute Spinnerei. (SEYDEL & CO.'s Hechelmaschine für Flachs und Hanf; Speisevorrichtung; SCHIMMELsche Außegemaschine; YOUNG und WADDELs Maschine zur Herstellung des Vließes; Krempel - Speisesystem.)* *Mon. Text. Ind.* 21 S. 339/44 F.

Practical points on cotton spinning. (Fly frames; worn rolls; bad and uneven roving; long and bad piecings; empty and full bobbins; speeds of

spindles; management of bobbins on creel; oiling.) (a) *Text. Rec.* 31, 4 S. 105/9.

COOK and STUBBS, the cotton industry. (Inventions: HEILMANN comber 1856; revolving flat card; presser; piano-feed regulator patented in 1862 by LORD; patent cross winding frame; changes in methods; spur gearing.) (V) (A)* *Text. Man.* 32 S. 100/3.

Vorteile im Vorbereitungsprozeß der Baumwolle. (Ringspindel; Putzereimaschinen; Stapelmischung; verbesserter Kardierflügel (KIRSCHNER); Rücklauf der marschierenden Oberdeckel; dreimaliges Umschlingen des Fadens um den Preßfinger bei groben und mittleren Nummern; zwei- und dreimaliges Umwinden des Vorgarns.) *Z. Textilind.* 10 S. 139/40.

HENNIG, Verwertung der Abfälle im Betriebe der Spinnerei. (Tambourpelze.) *Spinner und Weber* 23 Nr. 14 S. 3/4.

CARSTAEDT, aus der Praxis der Baumwoll-Abfall-Spinnerei. (Putzwolle; lose Wolle zum Verspinnen; Schießbaumwolle; Fadenklauber; Oeffner; Mischwolf.) *Text. Z.* 1906 S. 054 F.

BELLIN, mechanics of flax spinning. (Wet spinning frame; arrangement for traversing the rove bar across the face of the rollers; dry spinning frame; moistening during the twisting process; doubling or twisting machine.) (a)* *Text. Man.* 32 S. 8/9 F.

Ramie. (Dry treatment; green treatment; wet process; removing of stams by the FAURE, MICHOTTE machine; separating the ramie from the gums that surround it; degumming process of MICHOTTE and URBAIN.)* *Text. Rec.* 31, 4 S. 84/7.

Fabrikation der Besatztuche. *D. Wolleng.* 38 S. 777/9.

REINSHAGEN, Vorbereitungsmaschinen für die Bandweberei. (Spulmaschinen für Eisengarne; Schußspulmaschinen; Kettenschergeräte; Kettenscherbock; Kettenteil-, Umspinn-, Garnfett- und Garnklopfmaschine.)* *Uhlands T. R.* 1906, 5 S. 33/5.

2. Erste Vorbereitungen.   First preparations. Préparations premières.

a) Von Flachs, Hanf, Jute und Ersatzstoffen. Of flax, hemp, jute and substitutes. Du lin, du chanvre, du jute et des succédanés. Vgl. diese.

DANTZER, les chargeuses automatiques pour matières textiles. (Repasseuse-étaleuse MATUREL pour lin; chargeuse automatique pour laine de HETHÉRINGTON; chargeuses WALKER, TATHAM, LIEBSCHER, MARCHAND; chargeuse-mélangeuse de la SOCIÉTÉ ALSACIENNE; chargeuses DANTZER [coton]; chargeuse brise-balles HOWARD & BULLOUGH; chargeuse avec étaleur automatique de HOWARD & BULLOUGH; chargeuse pour ouvreuse de HOWARD & BULLOUGH.)* *Ind. text.* 22 S. 61/70 F.

MACKIE & SONS, BRAIDWATER lapper. (The flax tow having been mixed and weighed in a room adjacent to the lapper, the material is spread on an inclined sheet, from which it is removed by a shell feed roller, and subjected to the striking action of the coarse pins on a revolving cylinder.)* *Text. Man.* 32 S. 341/2.

STRAHE, Neuerungen in der Bearbeitung von Flachs, Hanf und Jute. (LIEBSCHER D. R. P. 165750; Maschine zum Brechen, Schwingen und Reinigen von Spinnfasern enthaltenden Stengeln D. R. P. 164156; Verfahren zur Erleichterung der Trennung der Holzteile von den Fasern der Gespinstpflanzen beim Brechen und Pochen D. R. P. 167712.) *Spinner. und Weber* 23 Nr. 18 S. 4.

b) Von Baumwolle (Egreniermaschinen, Schlagmaschinen, Oeffner usw.). Of cotton (Cotton gins, batting-machines, openers etc.). Du cotou (Machines à égrener, batteurs, machines à ouvrir etc.). Vgl. Baumwolle.

DOBSON & BARLOW, Baumwoll-Egrenier- und Packanlagen.[⊠] *Uhlands T. R.* 1906, 5 S. 9/10.

GREENHALGH & SONS, Schlagwolf. (Speisevorrichtung; Absauge-Einrichtung zur Entfernung des Schmutzes und Abfalles aus der Maschine.) *Oest. Woll. Ind.* 26 S. 802/3.

GREENHALGH AND SONS VULCAN IRONWORKS, OLDHAM, willowing machine. (Machine continuously fed by a regular lattice, the willowing taking place intermittently. This lattice can either be fed directly by hand or it can be coupled up to a lattice conveyer; blowpipe exhaust, or other transferring device.)* *Text. Man.* 32 S. 17/8.

HILL, gill box aprons. (Their relation to drafts. Test on a twospindle gill box; draft; weight per knock-off and per yard.)* *Text. Rec.* 31, 2 S. 95/6.

HOWARD & BULLOUGH, CRIGHTON opener. (For short-stapled cotton. The vertical beater is composed of a number of discs of varying diameters, each carrying steel arms, the whole being carefully balanced.)* *Text. Man.* 32 S. 267; *Uhlands T. R.* 1906, 5 S. 91/2.

Speise-Apparat für Oeffner und Schlagmaschinen. (Regulierung des Wickelgewichtes; Krallen- oder Kämmwalze.)* *Z. Text. Ind.* 9 S. 295/6.

Ginning and linting of seed cotton. (Linting machine patented by CONTINENTAL GIN CO., OF BIRMINGHAM, ALABAMA.)* *Text. Rec.* 30, 4 S. 92/4.

c) Von Wolle. Of wool. De la laine. Vgl. diese.

HIELD, tentering woollens.* *Dyer* 26 S. 208/10.

3. Kämmen. Combing. Peignage.

Wool sorting and combing regulations of the Secretary of State. *Text. Man.* 32 S. 31/2.

Practical points on combing. (Size of flutes; curling of the fibres; regulation of waste, setting and timings.) *Text. Rec.* 31, 1 S. 110/2 F.

Neuerungen an Kämmaschinen. (Kämmtrommel für HEILMANNsche Kämmaschinen von der ELSÄSSISCHEN MASCHINENBAU-GESELLSCHAFT IN MÜHLHAUSEN; Einschlagvorrichtung für NOBLEsche Kämmaschinen von HEY ISHMAEL; Kämmaschine der ELSÄSSISCHEN MASCHINENBAU-GES.) *Uhlands T. R.* 1906, 5 S. 83/4 F.

WENNING und GEGAUFF, improved HEILMANN comber. (Device in which the waste is automatically pressed down in the box.)* *Text. Rec.* 31, 1 S. 124/5.

PRINCE SMITH & SOHN, ball winding machine for NOBLE's comb. (Balling or punch machine in which the spindle is withdrawn automatically, and the binding plate also eased to effect the easy withdrawal of the ball.)* *Text. Man.* 32 S. 337.

RHOADES double dent slasher comb. (Gives twice the separation of the ordinary comb by use of the double-prong offset dents preventing the threads from sticking, rolling over, and crossing.) (Pat.)* *Text. Rec.* 31, 3 S. 163.

Improvement to wool-combs, gill-boxes, etc. (For mounting the fluted rollers in NOBLE combs, gill-boxes, etc., for the purpose of adjusting these rolls nearer to or farther apart from each other, either together or separately, at the same time enabling the side frames or top frames sup-

porting the bearings for the rollers to be readily removed.* *Text. Rec.* 31, 4 S. 98/9.

Worsted yarns. (Combing.) *Text. Rec.* 31, 2 S. 124/6.

BINGHAM, NOBLE worsted comb. (Working parts; circles; rollers.)* *Text. Rec.* 31, 2 S. 114/20.

Guide for worsted combs. (Pat.)* *Text. Rec.* 32, 2 S. 122/3.

Attachment for worsted gill boxes. (To set the fibre as it comes from the gill box in the combing room and thus make it possible to proceed with the subsequent processes of drawing. (Pat.)* *Text. Rec.* 31, 5 S. 116/7.

4. Krempeln. Carding. Cardage.

SIDDLE, English and foreign wool carding and spinning machinery. (V) (A)* *Text. Man.* 32 S. 377/8.

Étude sur le cardage du coton. (Cardes HÉTHÉRINGTON, HOWARD & BULLOUGH, BROOKS & DOXEY; comparaison des cardes à chapelet et des autres systèmes de cardes à coton.) (a)* *Ind. text.* 22 S. 19/21.

Du cardage des déchets de laine, des déchets de coton, des poils de chameaux et des laines cachemires. (a)* *Ind. text.* 22 S. 38a/8 F.

GARNETT-Vorkrempel für Reißkrempeln.* *Oest. Woll. Ind.* 26 S. 1435/6.

BRICK & DÉFOSSÉ, perfectionnements à l'alimentation et à l'appareil diviseur de la carde fileuse.* *Ind. text.* 22 S 95.

WOONSOCKET MACHINE AND PRESS CO., FISHER card feed.* *Text. Rec.* 30, 6 S. 147/8.

SCHIMMEL & CO., Bandübertragung mit Querfaserspeisung für Krempeln für Wolle, Kunstwolle, Baumwolle usw. * *D. Wolleng.* 38 S. 1541/2.

Attachment for card feeds. (To prevent fine ends on woolen cards.)* *Text. Rec.* 31, 4 S. 149.

Die HOWARD & BULLOUGHsche Krempel. (Hackerblatt; Hackergehäuse, Streckwerk, Borstenbürste Ausputzen des Staubes, Deckelrichten.) *Text. Z.* 1906 S. 1040.

GESSNER, Patent-Doppelflorabnehmer mit Florausgleichvorrichtung System BRAUN und Florteiler mit vier Nitschelwerken.* *Uhlands T. R.* 1906, 5 S. 1/2.

Wirkungsweise und Arbeitsleistung der Doppel-Flor-Krempel. (Vorteile des Zwei-Peigneur-Krempelsystems.) *Text. Z.* 1906 S. 170 F.

TATHAM & CO., condenser carding engines. (Spacing the rings equally on the doffer, and in addition to these an extra ring, is placed at each end so as to allow all irregular sliver to be doffed by the comb in the usual manner, while preventing it from passing forward through the rubbers.)* *Text. Man.* 32 S. 375.

BECKMANN, stripping apparatus for revolving flat cards. * *Text. Man.* 32 S. 51/2.

Deckel - Putzvorrichtung. (Für Reinigung der Deckel, ohne daß dabei die Deckelbeschläge oder Garnituren beschädigt werden können.) * *Text. Z.* 1906 S. 217/8.

Perfectionnement aux pots de cardes. (On adapte au pot une anse en fer plat, fixée par deux rivets aux extrémités d'un diamètre de la circonférence extérieure du pot.)* *Ind. text.* 22 S. 138.

Vorteile beim Aufziehen und Schleifen von Kardengarnituren. *Z. Textilind.* 10 S. 25.

FINNE, Schleifholz. (Mit auswechselbarem Schmirgelbezug.) *Uhlands T. R.* 1906, 5 S. 46/7.

NOGET, fermeture automatique de la porte placée devant le gros tambour des cardes à chapelet.* *Bull. Rouen* 34 S. 216/8.

5. Spinnen und Zwirnen. Spinning and twisting. Filage et retordage.

a) Allgemeines. Generalities. Généralités.

WETZEL, Drehluftstrom zum Verspinnen von Fasern. (Um die Versiehung der Fasern in der Länge des Fadens zu erleichtern. Drehbewegung des Luftstromes durch Umdrehung des Ventilators.)* *Spinner und Weber* 23 Nr. 21 S. 1/3 F.

TEMPLEMAN, a ring spinning problem. (Calculation of the force with which the traveller presses against the ring.)* *Text. Man.* 32 S. 75/6.

SIDDLE, English and foreign wool carding and spinning machinery. (V) (A)* *Text. Man.* 32 S. 377/8.

WETZEL, Spinnmaschinen. (Spinntrommeln und Kapseln, reibungslose oder selbstkühlende Lager; reibungslose Drehung der Spindeln und Trommeln mittels Druckluft; Gegenzugriemen zur Beseitigung des einseitigen Andruckes im Lager; Vorkehrung für gleichmäßige Zuggeschwindigkeit und Drehung des Fadens.)* *Z. Text-Ind.* 9 S. 269/71 F.

BRICK & DÉFOSSÉ, renvideur. (Pour empêcher l'irrégularité de la torsion du fil. Piston amortisseur de la contre-baguette qui empêche le choc de cette dernière contre les fils pendant le dépointage.) * *Ind text.* 22 S. 95/6.

Particularités du renvideur DOBSON & BARLOW. (Dispositif pour le raccourcissement de la chaîne de dépointage; commande de la broche à l'empointage; commande du chariot, les cylindres étant débrayés; commande des cylindres à la torsion supplémentaire.) * *Ind. text.* 22 S. 225/8.

BRICK & DÉFOSSÉ, deux continus à filer. (L'un est construit de façon à pouvoir filer de la laine peignée d'un côté et de l'autre côté; l'autre est construit pour filer la laine cardée avec fausse torsion; continu à faire les fils fantaisie.)* *Ind. text.* 22 S. 97/8.

Eine spinntechnische Neuerung. (Verfahren, dem von den Lieferwalzen stetig arbeitender Spinnmaschinen kommenden Faden unter gleichzeitig fortwährendem Zug Draht, bezw. Vordraht zu erteilen, bevor er zur Aufwindevorrichtung, Spindel, Spule usw., gelangt.)* *Z. Text-Ind.* 9 S. 323/4.

Aus der Praxis der Mulespinnerei. (Wechsel der Perioden in der Selbstspinnertätigkeit; Höhenstellung der Straßen; Richten der Trommeln.) *Mont. Text. Ind.* 21 S. 344/6 F.

CRAVEN, einige Fragen über Ringspinnerei. (Vergleich der Drehung des Ringgarns mit dem Selbstspinnergarn.) (V) (A) *Oest. Woll. Ind.* 26 S. 24/5.

BROWN, BOVERI & CIE., elektrischer Antrieb von Ringspinnmaschinen. (Ausführungen.) (A)* *Mon. Text. Ind.* 21 S. 39/41.

Ueber Abhilfe beim Versagen elektrischer Abstellungen an Spinnmaschinen. (Fehler in der elektromagnetischen Maschine, der Leitung und den Arbeitsmaschinen.)* *Mont. Text. Ind.* 21 S. 143/4.

HEIM, über das Einsetzen der Nummerwechsel. * *Mon. Text. Ind.* 21 S. 279/80.

b) Selbstspinner. Selfactors. Renvideurs.

Studie über Selfaktor-Produktion. (Berechnung der Wagenausfahrtsdauer; das Abschlagen der Fäden und Einfahren des Wagens.)* *Mon. Text. Ind.* 21 S. 175/6.

CRAVEN, Ringspinnmaschine und Selfaktor. (Unterschiede zwischen den Garnen vom Selfaktor und von der Ringspinnmaschine, in bezug auf

Elastizität, Festigkeit und Gleichmäßigkeit der Drehung.) (V) (A) *D. Wolleng.* 38 S. 1321/3.

TAYLOR, LANG & CO, Streichgarn-Selfaktor mit drei Geschwindigkeiten.* *Oest. Woll. Ind.* 26 S. 1245.

Das Nachmontieren der Selfaktoren. (Regulierung des Aufwinders.) *Text. Z.* 1906 S. 944 F.

Abhilfe vorkommender Fehler in der Selfaktor-spinnerei. (Vom Streckwerk herrührende Fehler; Schleifen; Nachlassen der Ein- und ·Auszug-seile.) *Z. Textilind.* 9 S. 17/8.

e) Andere Spinnmaschinen. Other spinning engines. Autres espèces de métiers à filer.

CRAVEN, Ringspinnmaschine und Selfaktor. (Unterschiede zwischen den Garnen vom Selfaktor und von der Ringspinnmaschine, inbezug auf Elastizität, Festigkeit und Gleichmäßigkeit der Drehung. (V) (A) *D. Wolleng.* 38 S. 1321/3.

WETZEL, Ringspinnmaschinen. (Regelung des Unterschieds in der Umdrehung der Spindel und der Laufgeschwindigkeit des Läufers; Führung des Läufers durch verschiedene Ringe [Stellringe]; Vergrößerung der Fadenzuggeschwindigkeit bei verminderter Umlaufzahl.) *Spinner und Weber* 23 Nr. 14 S. 1/3 F.

Ring spinning machine with vibrating rolls.* *Text. Rec.* 30, 4 S. 122/3.

Neue Versuche zur Lösung des Problems, weichgedrehte Schußgarne auf der Ringspinnmaschine zu erzeugen. (Ringspinnmaschine mit schwingender Ringbank, WINTGENS' [D. R. P. 168864]; Antrieb der Drehringe zur Erleichterung der Umdrehung des Fadenleiters nach BURKHARD [D. R. P. 167920].) *Oest. Woll. Ind.* 26 S. 355/6, 1176/9.

WEBER, MÜLLER, ERNST und KESTNER, neue Versuche zur Lösung des Problems, weichgedrehte Schußgarne auf der Ringspinnmaschine zu erzeugen. (Vorrichtung D. R. P. 167 520.)* *Oest. Woll. Ind.* 26 S. 613.

MAYER, P. A., ring spinning frame for soft wefts. (Spindle carrier arranged so as to be inclined, when the thread guide has to exert the least resistance, and to be vertical, when a greater resistance is required.)* *Text. Man.* 32 S. 270/1.

WETZEL, Flügelspinnmaschinen. (Verwendung von zwei in sich verschiebbaren Glocken nach D R.P. 165979; Fadenführung ohne Bremsung und Schleifung; Vorrichtungen zur Verstellung des Fadenführers)* *Z. Text. Ind.* 9 S. 337/8 F.

TAYLOR, LANG & CO., improved woollen mule. (For the spinning of cotton waste yarns.)* *Text. Man.* 32 S. 269; *Uhlands T. R.* 1906, 5 S. 92.

HETHERINGTON & SONS, cotton waste and shoddy mule. (A method of moving the strap from one pulley to the other when changing speed; backing-off motion which changes the backing-off spring, when the carriage is about a third of the way out, taking all the strain off the carriage and bands at the end of the draw.)* *Text. Man.* 32 S. 159.

WEBB, machine for spinning horse-hair. (Can be made into a continuous thread. Hairs are picked or selected from a bunch and spliced together into a continuous thread by lapping or binding them around with a cotton or other fine yarn. Preferably two lapping or binding yarns are employed, wound in opposite directions, and a reinforcing or core thread is also by preference employed.)* *Text. Man.* 32 S. 195; *Oest. Woll. Ind.* 26 S. 1303/4.

d) Triebwerk. Moving apparatus. Appareil moteur.

Antrieb für Maschinen der Baumwollspinnerei. (Ringspinnmaschinen von TWEEDALES & SMALLEY; die Tambourwelle jeder Maschine ist für das Ankuppeln der Turbine besonders abgeändert.) *Oest. Woll. Ind.* 26 S. 479.

Construction of driving cylinders for spinning, twisting and winding machinery. (Short cylindrical lengths made from tin, iron or sheet metal sheets, are coupled together and carry the band·, which transmit motion to the whirl of the spindles.)* *Text. Rec.* 30, 4 S. 106/11 F.

SCHIMMEL & CO., Vorgarnzylinder-Antrieb für Selbstspinner (Selfaktoren).* *Text. Z.* 1906 S. 1210.

Spindle drive for spinning machinery. (For applying a very high speed to the spindle without complicating the general construction of the frame.)* *Text. Rec.* 31, 3 S. 107/8.

Der elektrische Einzelantrieb der Spindelbänke. (Mittel, die Anlaufsgeschwindigkeit zu verringern; Äußerung von MEYER, GUSTAV, W.) *Oest. Woll. Ind.* 26 S. 155/6.

Bemerkungen über Spindelschnuren (Spindelsaiten).* *Text. Z.* 1906 S. 339/40 F.

WENTWORTH, gut cords for textile work. *Text. Rec.* 31, 4 S. 151.

COOK & CO., Antriebsringe für die Putzwalzen der Ringspinn- und Ringzwirn-Maschinen.* *Oest. Woll. Ind.* 26 S. 1435.

Einiges über Konoide bei Banc à broches und über Differentialwerke. (HOULDWORTHES Differentialwerk. Berechnung.)* *Text. Z.* 1906 S. 774 F.

e) Spulen und Zubehör. Spools and accessory. Bobines et accessoire. Siehe Spulerei.

f) Streckvorrichtungen. Drawing apparatus. Appareils d'étirage.

Worsted yarns. (Drawing.) *Text. Rec.* 31, 2 S. 126/8.

Die Streckwerke der Selfaktoren. *Oest. Woll. Ind.* 26 S. 991/3 F.

FRASER & SONS, Ring-Streckwerk. ⊞ *Mon. Text. Ind.* 21 S. 379/83 F.

GUION & WRIGLEY, perfectionnements aux machines à étirer.* *Ind. text.* 22 S. 419/20.

WESTCOTT & POTTER sliver drawing machine. (Subjecting the slivers previous to their entering the regular set of the three pairs of drawing rolls of the machine, to the action of an evener roll.)* *Text. Rec.* 32 S. 108/12.

Die Strecke.* *Text. Z.* 1906 S. 2 F.

g) Selbstspinnerwagen. Selfactor-carriages. Chariots des renvideurs. Fehlt.

ASA LEES & CO., Selfaktorwagen aus Eisen.* *Oest. Woll. Ind.* 26 S. 230.

h) Spindeln und Zubehör. Spindles and accessory. Broches et accessoire.

SAILER, Spindel mit Flügel ohne Gewinde.* *Oest. Woll. Ind.* 26 S. 1245.

WETZEL, armierte Spinnflügel. (|_|-Form; ⊥-Rippenform; keglige Röhren zur Beseitigung des Luftriebes; Verankerungen der Flügelenden; Feststellung der Ankerketten an der vorderen Seite der Spindel; Stützung der Flügel von beiden Seiten durch dünne Drahtstäbe; Ersatz der Spinnflügel durch Zylinder; Verbindung der Flügelenden mit einem Kreisring.)* *Spinner und Weber* 23 Nr. 16 S. 1/4 F.

SMITH, W. T., verbesserte Flyerspindel.* *D. Wolleng.* 38 S. 1445/6.

SMITH, W. T., verbesserte Ringspindel.* *Uhlands T. R.* 1906, 5 S. 82.

Einiges über die Ringspindel mit Zentrifugal-Hülsen-
festhalter. (Ausführungen von BRITISH NORTH-
ROP LOOM CO. und RIETER & CO.) *Oest. Woll.
Ind.* 26 S. 293.
HALL & STELLS. Kugellager und Fußlager für
Spindeln.* *Uhlands T. R.* 1906, 5 S. 31.
STRAHL, Neuerungen in der Spinnerei. (Vorrich-
tung zum Oelen der Spindeln [D. R. P. 167186];
Ausrückvorrichtung für Dublier- und ähnliche
Maschinen [D. R. P. 166300]; Spulenbrems- und
.-Abstellvorrichtung [D.R.P. 166803]; Vorrichtung
für Spulmaschinen zur Regelung der Faden bezw.
Drahtspannung und zum Ausrücken des Antriebs
bei Fadenbruch [D.R P. 165886]). *Spinner und
Weber* 23 Nr. 11 S. 1/4 F.

**i) Andere Teile zur Fadenführung. Other
parts for guiding threads. Autres organes,
servant à guider le fil.**

WHITIN thread guide for spinning and twisting
machinery. (Constructed so as to guard it
against any accumulation of „fly", etc.)* *Text.
Rec.* 31, 2 S. 128.
PIERCE, thread guide for spinning machinery. (To
do away with the necessity of having to thread
these guides by hand, the present form of thread
guide being so constructed, that when it becomes
necessary to piece up an end of yarn on the
bobbin as soon as the finger board is swung
forward, the yarn revolved by the bobbin is
caught by the guide and conducted to its eye.)*
Text. Rec. 30, 6 S. 149.
Thread guide for spinning frames.* *Text. Rec* 32
S. 128.
English thread guide for spinning frames. (Means
for the ready adjustment of the guide eye in
relation to the spindle.)* *Text. Rec.* 31, 1
S. 100.
Der PALEYsche Brems-Ring. (Herstellung weicher
Garne auf der Ringspinnmaschine; Vermeidung
des Ballons.)* *Text. Z.* 1906 S. 1160F.
Importance of adjustable thread guides to ring
spinning.* *Text. Rec.* 32 S. 100/2.
English attachment for wool spinning· machines.
(To assist in producing a finer and sounder
thread by means of increasing the number of
alternate stretchings given to the roving at each
revolution of the twisting head.)* *Text. Rec.*
30, 5 S. 103/4.
WETZEL, Wickelmaschinen mit Fadenschmiervor-
richtung. (Umwickelung des Fadens von einer
Weife auf eine Spule; umlaufende Gefäße oder
Kapseln, in welchen die eingelegten Wachs-
oder Paraffinstückchen um den durchziehenden
Faden herumgewälzt werden; Patent- Faden-
schmiervorrichtungen für feste Schmiermittel, bei
welchen das Schmiergefäß ein Umdrehungskörper
ist; Umschließung eines ziehenden Fadens mit
festem Schmiermittel durch Schleuderkraft.)*
Spinner und Weber 23 Nr. 36 S. 1/3 F.

**k) Verschiedene Einzelteile und Zubehör.
Several parts and accessory. Organes
divers et accessoire.**

WETZEL, Wagenhemmung bei Selbstspinnern. (Vorrichtungen, um ein stoßfreie Einfahrt der Wagen
zu erzielen; Preßluft; Vorrichtung, bei welcher
die Druckspannung durch einen Hahn geregelt
werden kann.)* *Spinner und Weber* 23 Nr. 43
S. 1/3 F.
HETHERINGTON & SONS, neuer Ring und neue
Ringschiene (HARDMAN, Brit. Pat. 15248/04)
für Ringspinnmaschinen. * *Oest. Woll. Ind.* 26
S. 229; *Uhlands T. R.* 1906, 5 S. 60.
Separator für Ringspinnmaschinen. (Die Ballon-
bildung wird auf der ganzen Strecke verhindert;

die Vorrichtung wird außer Tätigkeit gesetzt, sobald
sie nicht mehr nötig ist.) (D. R. P.)* *Oest.
Woll. Ind.* 26 S. 745/6.
BROADBENT, ring frame builder motion. (Mechanism
which regulates the formation of the bobbin;
warp builder; filling builder.)* *Text. Rec.* 32
S. 109/12.
LOMAX & CO, oil filler for ring frames.* *Text.
Man.* 32 S. 52.
Einiges über Exzenter bei Ringzwirnmaschinen.
(Konische Bewicklung; Aenderung der Kegel-
höhe bezw. der Exzentrizität des Exzenters.)*
Text. Z. 1906 S. 122F.
Vorteile der HARRISONschen Abstellvorrichtung
für Zwirnmaschinen.* *Text. Z.* 1906 S. 1064.
BOWKER, Antrieb der Sperräder für die Abschlag-
und Aufwindebewegung bei Selfaktoren.* *Oest.
Woll. Ind.* 26 S. 1053.
GREEN, Sicherung für die Wechselräder der
Spinnmaschinen.* *Oest. Woll. Ind.* 26 S. 1052.
Gassing of yarns. (Gassing machines; for bringing the thread near a gas jet of flame for the
purpose of removing fine fibres standing off
from the surface.)* *Text. Rec.* 32 S. 100.
MASON, top-roll clearers for spinning frames.*
Text. Rec. 32 S. 102/4.
Points on fly frames (Machines, the cotton is
subjected to after leaving the drawing frame
and where the fibres, composing the sliver, have
been cleaned and straightened and thus two of
three specific objects to be obtained before the
spinning process is accomplished; the third
object to reduce for spinning purposes being
the object of the fly frames.) *Text. Rec.* 32
S. 104/8.
FISON & CO., doffing motion for fly frames.
(ARNOLD-FORSTER's patent.)* *Text. Man.* 32
S. 304.
Flier for roving frames. (Provided with differential
pressure device for exerting a variable leverage
on its legs, in order to exert a uniform pressure
upon the bobbin as the latter is gradually built
up.)* *Text. Rec.* 30, 6 S. 100/1.
BROOKS & DOXEY, nettoyeur toursant breveté de
BROWN pour étirages, bancs à broches en gros,
intermédiaires et en fin.* *Ind. text.* 22 S. 265/7.
HOWARD & BULLOUGH, brass roller coupling for
doubling frames. (Pat.) *Text. Man.* 32 S. 341.
COOK & CO., metal lappet with adjustable snarl
catcher. (Metal hinge. A small screw, on the
underside of the lappet, enables the thread guide
to be adjusted in any direction. The lappet,
being composed of few parts, offers no projections for the accumulation of fly.)* *Text.
Man.* 32 S. 343.
HEAL, twist testing machine.* *Text. Man.* 32
S. 164.

**6. Spulmaschinen und Zubehör. Spooling ma-
chines and accessory. Machines à bobiner et
accessoire.** Siehe Spulerei.

Spiritus. Commercial alcohol. Alcool du commerce.
Vgl. Alkohol, Bier, Denaturierung, Gärung,
Hefe, Wein.

1. Rohstoffe.
2. Herstellung der Maische.
3. Gärung.
4. Destillation, Rektifikation und Reinigung.
5. Spirituose Getränke.
6. Nebenprodukte.
7. Prüfung.
8. Verschiedenes.

**1. Rohstoffe. Raw materials. Matières pre-
mières.**

Erfahrungen mit der umschichtigen Luftwasserweiche.
Alkohol 16 S. 4.

Wasseraufnahme beim Weichen der Gerste. *Alkohol* 16 S. 388.

EFFRONT, Keimung von Getreidekörnern. (Bedingung, unter welcher man in der Spiritus- und der Maltosefabrikation ein an Amylase reiches Malz bekommt.) *Z. Bierbr.* 34 S. 21/3.

BRAUER, Sterilisierung des Malzes. *Chem. Z.* 30 S. 529/30.

BRAUER, Mälzversuche ohne besonderen Quellprozeß. *Brenn. Z.* 23 S. 4034/5.

HESSE, Veränderungen des Stärkegehalts der Kartoffeln im Herbste. *Z. Spiritusind.* 29 S. 19.

BRAUER, Verfahren zur Malzbereitung durch Bazillot. (Teerdestillationsprodukt, gewonnen durch Auflösung von Teerölen in Seife, zur Erzielung eines bakterienfreien Malzes.) *Brenn. Z.* 23 S. 4046/7.

KOLOCZEK, Verarbeitung von Roggen als Schrot oder Grünmalz. *Brenn. Z.* 23 S. 4058.

CHRISTEK, die Grünmalzquetsche in der Brennerei.* *Landw. W.* 32 S. 377.

BOHLE, Spiritus-Bereitung aus Melasse unter Zuhilfenahme von Molken als Verdünnungsmittel. *CBl. Zuckerind.* 15 S 68/70.

Molken als Verdünnungsmittel bei der Spiritusgewinnung als Melasse. *Milch-Z.* 35 S. 592/3.

GARBARINI, préparation des mélasses pour la fermentation. *Bull. sucr.* 24 S. 321/3.

MANN, possible new commercial source of alcohol. (Xanthorrhoea preissii, grass tree.) (V)* *Chemical Ind.* 25 S. 1076/8.

LISZMANN, Herstellung von Alkohol aus Maishalmen. *Alkohol* 16 S. 340.

Alkohol from sawdust. *Sc. Am. Suppl.* 62 S. 25508/9.

The production of alcohol from carbide. *El. Rev. N. Y.* 48 S. 641.

2. Herstellung der Maische. Manufacture of the mash. Fabrication des moûts.

CHRISTEK, Anwendung von Schwefelsäure in der Kartoffelbrennerei. (BÜCHERLER'sches Verfahren; Freimachen der organischen Säuren in der Hefemaische.) *Landw.W.* 32 S. 137/8.

HEISSNER, Zentrifugal-Maisch- und Kühlapparat.* *Uhlands T. R.* 1906, 4 S. 70.

BOHM, Maische-Entschaler.* *Uhlands T. R.* 1906, 4 S. 59/60.

3. Gärung. Fermentation.

LANGE, Anwendung des Formaldehyds in Dickmaischbrennereien. (Zusatz zur Hefenmaische.) *Jahrb. Spiritus* 6 S. 186/8; *Essigind.* 10 S. 18/20; *Z. Spiritusind.* 29 S. 1/2.

FRITSCHE, Versuche mit Anwendung von Formaldehyd unter Zusatz von Milch. (In der Brennerei; Zusatz zum abgekühlten Hefengut vor dem Zusatz der Mutterhefe.) *Jahrb. Spiritus* 6 S. 61/2.

LANGE, Neuerungen auf dem Gebiete der Hefenführung in Dickmaischbrennereien und Preßhefefabriken. (V) *Jahrb. Spiritus* 6 S. 199/209.

EFFRONT, Gärung mit Kolophoniumzusatz. *Brew. Maltst.* 25 S. 25/6.

WOLF, Vergärung schlechten Maischmaterials mit Hefeextrakt. *Alkohol* 16 S. 100.

Verwendung von Ameisensäure zur Verarbeitung (Vergärung) kranker Kartoffeln. *Z. Spiritusind.* 29 S. 2; *Jahrb. Spiritus* 6 S. 58/61.

FREDE, Bekämpfung der Schaumgärung. *Z. Spiritusind.* 29 S. 76.

FOTH, die verschiedenen Arten des Antriebs der beweglichen Gärbottichkühlung. *Z. Spiritusind.* 29 S. 191 F.

Apparat zur Regulierung der Gärtemperaturen. (In der Brennerei.)* *Z. Chem. Apparat.* 1 S. 150/4.

4. Destillation, Rektifikation und Reinigung. Distilling, rectifying and purification. Distillation, rectification et purification. Vgl. Destillation.

NAUMANN, kontinuierlicher Spiritus-Rektifizier-Apparat System STRAUCH.* *Alkohol* 16 S. 137/8.

ECKERT AKT.-G., Spiritus-Rektifikationsanlage.* *Uhlands T. R.* 1906, 4 S. 4/5.

KESTNER, application des évaporateurs à grimpage à la concentration des vinasses de distillerie et à la récupération des sousproduits. (V) *Bull. sucr.* 23 S. 1254/61.

Kombinationsverfahren zur ununterbrochenen Rektifikation Alkohol enthaltender Flüssigkeiten.* *Met. Arb.* 32 S. 82/3.

HEINZELMANN, Verbesserung des Geschmackes eines aus Bierhefe und Faßgeläger gewonnenen Branntweines. (Einwirkung von Oxydationsmitteln.) *Jahrb. Spiritus* 6 S. 22.

Abscheiden der Vorlaufprodukte aus Spiritus.* *Met. Arb* 32 S. 212/3.

5. Spirituose Getränke. Spirituous liquors. Boissons alcooliques.

KUNZE, Geschichte des Branntweins und seiner Erzeugung. *Brenn. Z.* 23 S. 4022/3.

SEIFERT, die Veredlung des Gelägerbranntweines. (Branntweinbrennapparat, SEITZscher Zylinderfilter.)* *Weinlaube* 38 S. 100/4.

Wacholderbranntweine. *Brenn. Z.* 23 S. 3894.

6. Nebenprodukte. By-products. Sous-produits.

SULTAN et STERN, procédé pour la production d'huiles de fusel et de ses composants. *Bull. sucr.* 24 S. 764/7.

7. Prüfung. Examination.

DE LA COUX, contrôle bactériologique, asepsie et courbes du travail microbien en distillerie. *Rev. chim.* 9 S. 37/41.

BOIDIN, contrôle bactériologique, asepsie et courbes du travail microbien en distillerie. *Rev. chim.* 9 S. 194/7.

GONGORA, contrôle chimique en distillerie de mélasses de cannes. *Bull. sucr.* 23 S. 884/91.

BARBET, rapport sur l'uniformisation des méthodes de dosage des principaux éléments étrangers dans les alcools et les eaux-de-vie. *Bull. sucr.* 23 S. 1286/1306.

TOLMAN et TRESCOT, methods of the determination of esters, aldehydes and furfural in whisky. *J. Am. Chem. Soc.* 28 S. 1619/30.

Quantitative Bestimmung der ätherischen Oele in Likören. *Alkohol* 16 S. 106.

8. Verschiedenes. Sundries. Matières diverses.

HANOW, Fortschritte in der Spiritus- und Preßhefefabrikation. *Chem. Z.* 30 S. 1067/71.

HEINZELMANN, G., Fortschritte und Neuerungen in der Spiritus- und Preßhefefabrikation im 1. und 2. Semester 1905. *Chem. Zeitschrift* 5 S. 9/11 F., 438/42 F., 457/64.

MOHR, Fortschritte in der Chemie der Gärungsgewerbe im Jahre 1905. *Z. ang. Chem.* 19 S. 566/9 F.

SIDERSKY, Alkoholausbeute aus vergorenem Rübenzuckersaft. *Z. Spiritusind.* 29 S. 365/6.

Emploi de l'alcool en Allemagne. *Rev. ind.* 37 S. 376.

Die Spiritus-Industrie auf der Ausstellung der D. L. G. in Berlin. *Brenn. Z.* 23 S. 4009/10.

Brennereimaschinen und Spiritusmotoren auf der Ausstellung der Deutschen Landwirtschafts-Gesellschaft in Berlin.* *Z. Spiritusind.* 29 S. 275/6 F.

Uebermäßiger Dampfverbrauch eines Brennerei-Montejus. *Z. Bayr. Rev.* 10 S. 231.

RÜDIGER, die Spiritus- und Spirituspräparate-Industrie im Jahre 1905. *Chem. Ind.* 29 S. 593/8 F.

Spitzen. Laces. Dentelles. Siehe Flechten.

Sport. Vgl. Fahrräder, Schlitten, Selbstfahrer, Turnapparate.

Patins et patinage automobiles.* *Nat.* 34, 2 S. 154/5; *Cosmos* 1906, 1 S. 149/50.

CONSTANTINI, Motorstiefel. (Motorischer Rollschuh mit Gasolinmotor und Batterie; zwischen den beiden Rollschuhen eine das unwillkürliche Auseinanderspreizen der Füße verhindernde feste Verbindung.)* *Schuhm. Z.* 38 S. 282/3; *Autocar* 16 S. 252; *France aut.* 11 S. 72/3.

Costume de natation de DEVOT. *Cosmos* 1906, 1 S. 5/6.

American motor sled for the WELLMAN polar expedition.* *Automobile, The* 14 S. 778.

La propulsion par hélice sur la glace.* *Nat.* 35, 1 S. 79/80.

BURCH, automobile destinée spécialement à courir sur la glace. (Moteurs à vapeur.) *Cosmos* 1906, 1 S. 701/2.

LUXTON, an ice automobile.* *Sc. Am.* 94 S. 174.

WELLMAN's motor bicycle sled.* *Sc. Am.* 94 S. 500.

Hand - propelled automobile „Exer-Ketch" for children.* *Sc. Am.* 95 S. 472.

GLASCOCK, tandem racer. (Children's hand car.)* *Iron A.* 78 S. 1424.

LINDSEY, a mechanical prizefighter.* *Sc. Am.* 95 S. 13.

Mechanical and electrical automaton. (Figure which walks and writes automatically.)* *Sc. Am.* 94 S. 46, 57, 58.

LEHMANN, Unterkunftshalle auf dem Spielplatz Klusbügel der Stadt Osnabrück. (Zur Aufbewahrung der Gerätschaften, Fahrräder und Kleider; Tennisräume, Wirtschaftsraum, Truhen.)* *Zbl. Bauv.* 26 S. 17/8.

WOLFF, C., die neue Rennbahn in Hannover. (Tribünen; Totalisator; Stallgebäude; Verwalterwohnhaus.)⊡ *Z. Arch.* 52 Sp. 95/114.

Rubber in athletics and sports.* *India rubber* 31 S. 223/8.

Sprengstoffe. Explosives. Explosifs. Vgl. Bergbau 8, Explosionen, Sprengtechnik, Torpedos, Waffen und Geschosse.

WILL, technische Methoden der Sprengstoffprüfung. (Wärmeentwickelung bei der Explosion in der kalorimetrischen Bombe nach BERTHELOT; Druck- und Geschwindigkeitsmessung; Empfindlichkeit gegen Schlagwetter und Gefrierbarkeit.) (V. m. B.) (A) * *Verh. V. Gew. Abh.* 1906 S. 303/4; *Z. Elektrochem.* 12 S. 558/68 F.; *Chem. Z.* S. 523.

KAST, über den Gefrier- und Schmelzpunkt des Nitroglycerins. *Z. Schieß- u. Spreng.* 1 S. 225/8.

BICKEL, wettersichere Sprengstoffe. (Chlorammonium und eine diesem äquivalente Menge von Kali- und (oder) Natronsalpeter.) *Sprengst. u. Waffen* 2 S. 14/5.

NOBEL & CO., Untersuchung von Sicherheitssprengstoffen. (NOBELs Wetterdynamit II; Nobelit; ungefrierbares Nobelit, Donarit; Astralit; Fulmenit; Wetter-Astralit; Wetter-Fulmenit.) *Z. Schieß- u. Spreng.* 1 S. 4/7 F.

NOBLE, researches on explosives. (V) * *Phil. Trans.* 205 S. 201/36, 453/80; *Proc. Roy. Soc.* 7/8. 218/24.

Étude des explosifs de sûreté. (Chaleur dégagée; pression produite; mode d'action de l'explosif.) *Mon. scient.* 4, 20, I S. 595/610.

ROEWER, ungefrierbare Nitroglycerinsprengstoffe. *Z. Schieß- u. Spreng.* 1 S. 228/31.

VENDER, ungefrierbare Pulver und Dynamite. (V) (A) *Chem. Z.* 30 S. 453; *Riv. art.* 1906, 2 S. 486.

WILL, die Herstellung schwer gefrierbarer Nitroglycerine. *Z. Schieß- u. Spreng.* 1 S. 231/2.

LENZE, Erfahrungen mit der Fallhammermethode bei Versuchen zur Bestimmung der Empfindlichkeit von Sprengstoffen gegen mechanische Einwirkungen. *Z. Schieß- u. Spreng.* 1 S. 287/93.

METTEGANG, zur Empfindlichkeitsprüfung von Sprengstoffen vermittels des Fallhammers. *Z. Schieß- u. Spreng.* 1 S. 293.

BERGER, Spreng- und Schießversuche mit brisanten Sprengstoffen in Norwegen. *Z. Schieß- u. Spreng.* 1 S. 150/2, 169/72.

FREYSTEDT, Sprengversuche mit dem neuen Chloratsprengstoffe „Cheddit". *Ratgeber, G. T.* 5 S. 304/8.

PETAVEL, method of testing explosives. (Most of the experiments were carried out with cordite fired in a closed vessel, the rise of pressure during the combustion of the explosive being recorded by means of a gauge.) (V) (A)* *Iron & Coal* 72 S. 1856.

WILL, Frage der Prüfung von Sprengstoffen auf Transportsicherheit. *Z. Schieß- u. Spreng.* 1 S. 209/14.

Verkehr mit Sprengstoffen. (Bekanntmachung des Kgl. Bayer. Staatsministeriums des Innern.) *Fabriks-Feuerwehr* 13 S. 38/9.

PETAVEL, the pressure of explosions. (Experiments on solid and gaseous explosives.) *Phil. Transp.* 205 S. 357/98.

EXLER, über Ladungszündungen. *Z. Schieß- u. Spreng.* 1 S. 245/9.

DAUTRICHE, les vitesses de détonation des explosifs. *Compt. r.* 143 S. 641/4.

Mesure de la vitesse de détonation des explosifs au moyen d'un cordeau chronométré.* *Gén. civ.* 49 S. 77.

Sprengstoff - Explosionen. *Sprengst. u. Waffen* 2 S. 50/1.

BICHEL, les explosions sous-marines. (Instrument pour mesurer l'explosion sous - marine; essais sous-marins.) * *Mon. scient.* 4, 20, I S. 849/58; *Sprengst. u. Waffen* 1 S. 2/4.

SCHARR, eine Eisensprengung mit Bohrladungen. *Z. Schieß- u. Spreng.* 1 S. 110/3.

EXLER, über rauchschwache Kriegspulver. *Z. Schieß- u. Spreng.* 1 S. 85/6, 127/9.

Eigentümlichkeiten des rauchschwachen Pulvers M./89. („Poudre Wetteren I.³ª.) *Schw. Z. Art.* 42 S. 35.

V. HÖSSLIN, Vorzüge des losen Sandbesatzes bei Sprengschüssen im Sinne der Unfallverhütung. (V)* *Ratgeber, G. T.* 6 S. 113/6.

SAPOSCHNIKOFF, japanische Pulver und Sprengstoffe. (Japanisches rauchloses Pulver für Feld- und Berggeschütze.) *Z. Schieß- u. Spreng.* 1 S. 69/70.

KRAUSE, was wissen wir zur Zeit über die Verbrennungsgeschwindigkeit moderner, rauchschwacher Pulver? *Z. Schieß- u. Spreng.* 1 S. 129/31.

DE VRIES, die Fortschritte der Schieß- und Sprengstoff-Industrie. *Chem. Z.* 30 S. 893/5.

ROHNE, Einfluß der Fortschritte der Pulverfabrikation und der Sprengstofftechnik auf die Entwicklung der Artillerie. *Z. Schieß- u. Spreng.* 1 S. 330/2.

CRONQUIST, alte und neue Studien über Pulver und Sprengstoffe. (Mikroskopische Untersuchung von Pulver.) *Z. Schieß- u. Spreng.* 1 S. 53/5, 105/7.

JANNOPOULOS, Prüfung der chemischen Stabilität der rauchlosen Pulver und Einfluß, welchen die Lösungs- oder Gelatinierungsmittel bei der Prüfung derselben nach den Methoden von GUTTMANN - SPARRE und der deutschen mit Jodzink-

stärkepapier haben können. *Z. Schieß- u. Spreng.* 1 S. 349/50.

BURLAND, ignition of nitro compound explosives in small arm cartridges. (V. m. B.) *Chemical Ind.* 25 S. 241/51.

RECCHI, die modernen Kriegspulver und deren Einwirkung auf Gewehrläufe und Geschützrohre. *Z. Schieß- u. Spreng.* 1 S. 285/7.

EPHRAIM, Verfahren zur Herstellung von Gewehr- und Geschützpulver. *Sprengst. u. Waffen* 2 S. 25/6.

BRAVETTA, Abriß der Formeln für innere Ballistik von MATA, mit einigen Anwendungen auf das italienische Ballistit. *Z. Schieß- u. Spreng.* 1 S. 214/6, 249 51.

v. PITTIUS, Untersuchungen über die Rückstände rauchlosen Pulvers und deren Einfluß auf die Rostbildung in Handfeuerwaffen. (V) (A) *Mitt. Artill.* 1906 S. 551/3.

Beseitigung der Nachschläge in den mit Nitratpulver beschossenen Gewehren durch das Ballistol-Oel KLEYER. *Krieg. Z.* 9 S. 421/5.

Ueber die modernen Sprengstoffe und Pulverarten. (Trinitrotoluol, Pertit, Lyddit, Hathamit, Maximit, Dunit, deren Grundstoff Pikrinsäure ist; Ammonal, Ekrasit, das ist nitrokresylsaures Ammonium; SCHIMOSEs Sprengstoff, ein Pikrinsäurepräparat; Langgranaten; Schrapnels; Nitroglyzerin; Nitrozellulose; Ballistit aus Nitrozellulose und Nitroglyzerin; Kordit aus Nitroglyzerin, Nitrozellulose und Vaseline.) *Schw. Z. Art.* 42 S. 267/76.

ESCALES, zur Geschichte der Ammoniaksalpeter-Sprengstoffe. *Z. Schieß- u. Sprengst.* 1 S. 456/7.

HAEUSZERMANN, zur Kenntnis der Pyroxyline. *Z. Schieß- u. Spreng.* 1 S. 305.

HAEUSZERMANN, Nitrierung der Pyroxyline. *Sprengst. u. Waffen* 1 S. 263/5.

Der Sprengstoff Ammonal. (Zusammengesetzt aus Ammonsalpeter und pulverisiertem Aluminium und manchmal noch Holzkohle oder einem ähnlichen Stoff. Diese Zusammensetzung erlaubt, die bedeutende, aus der Verbrennung herrührende Wärmemenge auszunützen.) *Schw. Z. Art.* 42 S 497/8.

ASHWORTH, inquiry on „Bobbinite". (By British Home Office; caracteristics of various flameless explosives; tests of Bobbinite and other explosives)* *Mines and minerals* 27 S. 159/61.

Bobbinite in coal mines. *Iron & Coal* 72 S. 1490/1, 1668/70.

HATHAWAY, Hathamit. (Versuche.) *Sprengst. u. Waffen* 1 S. 96/7.

SIEDER, Oxyliquit. *Z. Schieß- u. Spreng.* 1 S. 87/9.

Explosivstoff Prométhée. (Zwei Hauptbestandteile, einen festen und einen flüssigen; für sich genommen, ist jeder derselben unschädlich.) *Sprengst. u. Waffen* 1 S. 19/20.

L'esplosivo „pierrite". (Composizione: clorato di potassa, mononitronaftalina, olio di ricino, acido picrico.) *Riv. art.* 1906, 1 S. 169.

Verfahren der Roburitfabrik Witten zur Herstellung von Sprengstoffen. (Kaliumperchlorat und andere Perchlorate, Eigenschaft leichter Zerlegbarkeit in Verbindung mit Salzen der Ferro- oder Ferricyanwasserstoffsäuren oder Gemischen dieser Salze.) *Sprengst. u. Waffen* 2 S. 38.

MUNDT, Erfahrungen mit Roburitsprengungen. (V) *Tonind.* 30 S. 899/900.

Nouvel explosif la vigorite. *Nat.* 34, 2 S. 326.

HOLMGRENs Sprengstoff. (Bei annähernd gleicher Sprengwirkung wie Dynamit erweist sich eine abgeschwächte Explosionswirkung im Rohre.) (N) *Schw. Z. Art.* 42 S. 198.

ROHNE, Vigorit und HOLMGRENs Sprengstoff. (Versuche mit diesen beiden Sprengstoffen.) *Z. Schieß- u. Spreng.* 1 S. 109.

SEIBT, praktische Erfahrungen bei der Wahl der Sprengstoffe in Steinbrüchen. *Erfind.* 33 S. 341/5.

SEIBT, moderne Sprengmittel in Steinbruch-Betrieben. *Z. Schieß- u. Spreng.* 1 S. 383.

HOFMANN, explosive Quecksilbersalze. *Sprengst. u. Waffen* 1 S. 155.

BOOTH, the manufacture of high explosives.* *Cassier's Mag.* 30 S. 291/309.

BICHEL, effets de l'addition de la poudre d'aluminium aux explosifs. *Rev. d'art.* 69 S. 204/5; *Sprengst. u. Waffen* 1 S. 239/40; *Z. Schieß- u. Spreng.* 1 S. 26/7.

GOEBEL, die Sprengmittel der russischen Revolutionäre. *Z. Schieß- u. Spreng.* 1 S. 381.

MÜLLER-JACOBS, Verfahren zur Herstellung von Sprengstoffen. (Besteht darin, daß auf die Oberfläche eines Sprengmittels z. B. von Nitrozellulose mit Hilfe von Druckvorrichtungen Chemikalien aufgedruckt werden, welche, wie z. B. pikrinsaure Salze, Chlorat und dergleichen bekanntermaßen geeignet sind, die Explosionskraft und Explosionsgeschwindigkeit des Sprengstoffes zu beeinflussen und zwar zu erhöhen oder zu erniedrigen.) *Sprengst. u. Waffen* 1 S. 277.

HOUGHs Verfahren zur Herstellung von Nitroverbindungen der Kohlenhydrate. *Sprengst. u. Waffen* 1 S. 213/4.

SAPOSCHNIKOFF, zur Theorie der Nitrierung von Zellulose. *Z. Schieß- u. Spreng.* 1 S. 453/6.

BUSCH, neue Methode zur Bestimmung des Stickstoffgehalts der Nitrozellulose. (Kochen von Nitrozellulose mit Natronlauge bei Gegenwart von überschüssigem Wasserstoffperoxyd.) *Z. ang. Chem.* 19 S. 1339; *Chem. Z.* 30 S. 596.

BUSCH und SCHNEIDER, Methode zur Bestimmung des Stickstoffgehaltes der Nitrozellulosen. *Z. Schieß- u. Spreng.* 1 S. 232/3.

LUNGE, das Verdrängungsverfahren von THOMSON, W. und J. M. zur Herstellung von Nitrozellulosen. (Die Entfernung der Nitriersäuren wird nach Beendigung der Nitrierung ohne die Anwendung irgend welcher Maschinen, wie Pressen, Walzen, Vakuumapparate oder Zentrifugen bewerkstelligt. In demselben Gefäße, in dem die Nitrierung vorgenommen worden ist, wird gleich darauf die Säure aus der Nitrozellulose durch Verdrängung mit Wasser entfernt, bloß durch den Wasserdruck, ohne Anwendung eines Vakuums oder dergleichen.)* *Z. Schieß- u. Spreng.* 1 S. 2/4.

MONNI, Zusatz von Kohle zu Nitrozellulose-Nitroglyzerin-Pulvern. *Z. Schieß- u. Spreng.* 1 S. 305/9.

SILBERRAD and FARMER, hydrolysis of „nitrocellulose" and „nitroglycerine". *J. Chem. Soc.* 89 S. 1759/73.

SILBERRAD and FARMER, decomposition of nitrocellulose. *J. Chem. Soc.* 89 S. 1182/6.

PLEUS, Bestimmung von Kohlenstoff in der Schießbaumwolle. *Sprengst. u. Waffen* 2 S. 61/2.

Manufacture of gun-cotton. *Sc. Am. Suppl.* 61 S. 25394/5.

ABEL, komprimierte Schießbaumwolle. *Sprengst. u. Waffen* 1 S. 179.

THE NEW EXPLOSIVES COMPANY, Verfahren zum Formen und Pressen von Schießbaumwolle. *Z. Schieß- u. Spreng.* 1 S. 233/5.

BELL, das Formen von Schießbaumwollblöcken.* *Sprengst. u. Waffen* 1 S. 286/9.

ERBAN, die Reinigung der zum Nitrieren bestimmten Baumwolle.* *Z. Schieß- u. Spreng.* 1 S. 433/7.

ROBERTSON, purifying and stabilising guncotton. (V. m. B.) *Chemical Ind.* 25 S. 624/7.

Schießbaumwolle als Sprengladung für Granaten. *Sprengst. u. Waffen* 2 S. 2.

Fabrication du coton-poudre par déplacement des acides au moyen de l'eau. (Appareils appliqués.)* *Gén. civ.* 49 S. 153/4; *Riv. art.* 1906, 3 S. 279/84.

CROSFIELD & SONS, Darstellung und Eigenschaften des Dynamit-Glycerins. *Z. Schieß- u. Spreng.* 1 S. 21/23.

STILLMAN et AUSTIN, analyse chimique des dynamites gélatine. *Bull. Soc. chim.* 3, 35 S. 373/6.

I.UNGE, die Darstellung des Nitroglyzerins nach NATHAN, THOMSON und RINTOUL.* *Z. Schieß- u. Spreng.* 1 S. 393/5.

SILBERRAD, PHILLIPS und MERRIMAN, direkte Bestimmung des Nitroglycerins im Cordit. *Z. ang. Chem.* 19 S. 1601/4; *Chemical Ind.* 25 S. 628/30; *Chem. News* 94 S. 80/2.

SCHACHTEBECK, neues Verfahren zur Herstellung gelatinöser Nitroglyzerin-Sprengstoffe. (Beruht auf der Verwendung von trockenem Leim, Dextrin oder Stärke in Verbindung mit dieser feuchten Kollodiumwolle zur Dynamitfabrikation.) *Sprengst. u. Waffen* 1 S. 225.

Die Behandlung des Dynamits. *Sprengst. u. Waffen* 1 S. 6/7.

Thawing dynamite. (Proper methods to be employed; plant for constructing a thawing house and other cheaper arrangements.)* *Mines and minerals* 27 S. 24/5.

BLAŽEK, elektrischer Dynamit-Auftauapparat. *Z. O. Bergw.* 54 S. 51/2.

VOLPERT, Dinitroglycerin. *Z. Schieß- u. Spreng.* 1 S. 167/9.

Neuerungen bei der Herstellung von Nitroglycerin und Dinitroglycerin. (Man wendet nicht Wasser zur Abkühlung an, sondern kombinierte Gase, die durch ihre Expansion die Abkühlung bewirken, ohne jedoch in Berührung mit dem Inhalte des Nitrierungsgefäßes zu kommen.) *Sprengst. u. Waffen* 1 S. 19.

Sprengtechnik. Blasting. Procédés d'éclatement. Vgl. Bergbau 8, Sprengstoffe, Waffen und Geschosse.

Die Sprengtechnik im Kriege der Zukunft. *Z. Schieß- u. Spreng.* 1 S. 10/2.

WACHTEL, Berechnungsgrundsätze für frei anliegende Sprengladungen bei Holz und Eisen.* *Z. Schieß- u. Spreng.* 1 S. 194/5.

HAKE, Untersuchung von Zündschnüren mittels RÖNTGENstrahlen. *Schw. Z. Art.* 42 S. 36/7; *Sprengst. u. Waffen* 1 S. 6.

RENTNER, Bedeutung einer brauchbaren Detonationszündschnur für die militärische Sprengtechnik.* *Z. Schieß- u. Spreng.* 1 S. 417/8.

Neue Zündschnur in Frankreich. (Besteht aus einer Zinnröhre mit eingelagertem Melinitpulver.) *Mitt. Artill.* 1906 S. 476.

Cartouche de mine avec allumette.* *Bull. d'enc.* 108 S. 289.

Bohrer zur Erweiterung von Minenlöchern. (Am Boden der Mine, wo die Explosion stattfinden soll.)* *Krieg. Z.* 9 S. 52/3.

VON LAUER, dynamoelektrische Glühzündung und reibungselektrische Funkenzündung bei Minensprengungen. *Z. Schieß- u. Spreng.* 1 S. 439/40F.

SCHUERMANN, form of electric exploder for blasting. (The absolute electrical resistance of the bridge wire can be determined and regulated by test.)* *Eng. News* 55 S. 88; *Iron & Coal* 72 S. 2034.

MAURICE, electric blasting apparatus, with special reference to its use in coal mines. *Electr.* 57 S. 166/8 F.

Bemerkenswerte Sprengoperationen in Schieferbrüchen. *Sprengst. u. Waffen* 1 S. 45/6.

WALDMANN, die elektrische Minenzündung bei den russischen Ingenieurtruppen. (Die elektrischen Minenzünder; Zündapparate; Leitungsdrähte; Feld - Elektrizitätsmeßapparat und die Probebatterie.)* *Mitt. Artill.* 1906 S. 836/41.

L'ascensione delle mine per mezzo delle onde acustiche. (Risuonatore tubulare.)* *Riv. art.* 1906, 3 S. 272/4.

DENKER, Sicherheitsmaßnahmen beim Schnür-, Lassen- und Kesselschießen mit losem Pulver. *Z. Schieß- u. Spreng.* 1 S. 444/6.

CAHÜC, Verfahren zum Laden und Besetzen von Sprengbohrlöchern. *Sprengst. u. Waffen* 1 S. 202/3.

DENKER, Verhalten bei Versagern von Sprengschüssen. (Explosionsverzug [Spätzündung]; nachträgliche Beseitigung eines Versagers bei elektrischer Zündung.) *Z. Schieß- u. Spreng.* 1 S. 466/7.

HOFFMANN, Anwendung der Sprengarbeit im Salzbergbau. (Ausführungen von SCHORRIG über denselben Gegenstand S. 420/2.) *Z. Schieß- u. Spreng.* 1 S. 334.

NEUDECK, unterseeische Explosionswirkungen. (A)* *Sprengst. u. Waffen* 1 S. 30/2.

HAENIG, Unterseeminen und ihre Wirkungen. (Schwimmende Minen und Grundminen.)* *Z. Schieß- u. Spreng.* 1 S. 441/3F.

OP TEN NOORT, ein neues Minenbausystem. (Rahmen aus gebogenen im Scheitel gelenkig verbundenen Wellblechplatten und einem T-Eisen als Schwellenstück zum Absprengen der Seitenwände.) *Krieg. Z.* 9 S. 161/8; *Schw. Z. Art.* 42 S. 379.

BLEYL, Bericht über die Sprengung des Turmes der Kirche in Hainichen. *Z. Schieß- u. Spreng.* 1 S. 131/3.

Schornsteinsprengung. (In Hamburg. Eine elektrische Batterie dient zur gleichzeitigen Zündung der eingemauerten Patronen.)* *Z. Dampfk.* 29 S. 129.

LORENZ, Sprengung eines Schornsteines. *Z. Schieß- u. Spreng.* 1 S. 175/6.

SCHARR, Sprengung einer vom Hochwasser unterspülten Wegunterführung. *Z. Schieß- u. Spreng.* 1 S. 61/2.

STAVENHAGEN, über Eissprengungen. *Z. Schieß- u. Spreng.* 1 S. 43/6.

CUNNINGHAM, the blowing up of the s. s. „Chatham" in the Suez Canal. ☙ *J. Roy. Art.* 33 S. 73/5.

Springbrunnen. Fountains. Jets d'eau. Vgl. Brunnen, Wasserversorgung. Fehlt.

Spulerei. Spooling. Bobinage. Vgl. Spinnerei.

1. Spulmaschinen. Spooling machines. Machines à bobiner.

Neuerungen an Spulmaschinen. (BARBIER's Friktionsantrieb für Kreuzspulmaschinen; Spulen-Brems- und Abstellvorrichtung; GERSTENBERGERS Selbstabstellung bei vollgewordener Bewicklung für Schußspulmaschinen.) (D.R.P.)* *Uhlands T. R.* 1906, 5 S. 38/9.

The DRAPER spooler. (Double belt and chute spoolers used in connection with the RHOADES side discharge bobbin holder.)* *Text. Rec.* 31, 6 S. 151/2.

Amerikanische Spulmaschinen System DRAPER der ELSÄSS. MASCHINENBAU-GES. IN MÜLHAUSEN.* *Uhlands T. R.* 1906, 5 S. 17.

BLUEN & CO., Spulmaschinen für Farbbänder.* *Papier-Z.* 31, 2 S. 3382.

Neue Spulmaschine nach amerikanischem Typus gebaut. (Statt einer Maschine von 6×1 m treten an deren Stelle sechs Maschinen von 1×1 m Grundfläche, von denen jede 12 Spindeln gleichzeitig zu arbeiten gestattet.)* *Z. Textilind.* 10 S. 125/6.

GOSLING & CO., warp winding machine. (To run warp-dyed yarns back on to bobbins.)* *Text. Man.* 32 S. 159/60.

SCHÄRER-NUSZBAUMER, Spulmaschine. (Für geschlossene Kreuzbewicklung kegliger Schußspulen mit Gegenzwirn für Seide, Baumwolle, Wolle, Leinen usw.).* *Uhlands T. R.* 1906, 5 S. 74/6.

VOIGT, RUDOLPH, Präzisions-Kreuzspulmaschine.* *Uhlands T. R.* 1906, 5 S. 81.

HETHERINGTON & SONS, Fadenführer für Kreuzspulmaschinen. *Uhlands T. R.* 1906, 5 S. 49.

WILSON & LONGBOTTOM, Kops-Spulmaschine für Garne aus Kokosfasern.* *Uhlands T. R.* 1906, 5 S. 82 3.

INTERNATIONAL WINDING CO., bobinoir. (Dit „Universel", pour faire des bobines coniques.)* *Ind. text.* 22 S. 98.

SCHWEITER, Windemaschine. (Mit Haspeln, die unter dem Tisch gelagert sind.) *Uhlands T. R.* 1906, 5 S. 57.

LOWELL MACHINE SHOP, camless winder. (Each spindle is independent and equipped with a simple stop motion, tension and slub catching device, adjustable for various counts of yarn.)* *Text. Rec.* 31, 2 S. 162/3.

SCHWEITER, Umlauf-, Umfahr- oder Trankaniermaschine. (Zum Aufspulen der Reste gleichgefärbter Garne, besonders von Seide.)* *Uhlands T. R.* 1906, 5 S. 57/8.

2. Spulen und Zubehör. Spools and accessory. Bobines et accessoire.

THIERING, zur Technologie des Spulens. (Spule, Fadenführer, Drehbewegung, Achsialbewegung, Flachwindung, Steilwindung, Spulen mit zylindrischen Schichten und Flachwindung, mit zylindrischen Schichten und Steilwindung, mit kegligen Schichten und Steilwindung, mit kegligen Schichten und gemischter Windung, Knäuelspulen.)* *Mon. Text. Ind.* 21 S. 73/6.

STUBBS, steel bobbin boxes for winding frames and gassing frames.* *Text. Man.* 32 S. 88/9.

Spindle for silk winding machinery.* *Text. Rec.* 32 S. 112.

Verbesserung an den Spindelbänken. (Befestigung der Kegel-Rädchen auf den wagerechten Wellen in Spindel- und Spulenwagen.)* *Oest. Woll. Ind.* 26 S. 1119.

Fastening the heads to the barrel of jack-spools.* *Text. Rec.* 32 S. 99/100.

Spulenlagerung und Einstellvorrichtung für die Flügel. (Von Spinn- und Zwirnmaschinen mit fester Spindel und vom Faden mitgenommener Spule.)* *Uhlands T. R.* 1906, 5 S. 10/1.

Ueber fehlerhaftes Produkt am Flyer, oder Banc-à-broches. (Erzeugung ungleich konischer Spulen; das Ueber- und Unterwinden der Flügelspulen; Fehler beim Abziehen der fertigen Spulen; falsche Zylinderstellung.)* *Z. Text. Ind.* 9 S. 215/6 F.

3. Besondere Vorrichtungen und Zubehör. Special apparatus and accessory. Appareils spéciaux et accessoire.

SCHWEITER, Trame-Putzmaschinen.* *Uhlands T. R.* 1906, 5 S. 58.

SCHWEITER, Doublier- oder Fachtmaschine für Seide und Baumwolle.* *Uhlands T. R.* 1906, 5 S. 57.

LESTER, Präzisionssortierweife.* *Oest. Woll. Ind.* 26 S. 1117/8.

RUSSELL & SONS, machine for twisting hanks. (Of yarn into a form convenient for packing.) * *Text. Man.* 32 S. 196.

Stadt- und Vorortbahnen. City- and suburban railways. Chemins de fer métropolitains et de banlieue. Siehe Eisenbahnwesen.

Stanzen und Lochen. Stamping and punching. Estampage et perforation. Vgl. Blech, Bohren, Pressen, Schneidewerkzeuge und -Maschinen, Schutzvorrichtungen, Werkzeugmaschinen.

Design of a combined punching and shearing machine. (Calculations for size of pin.)* *Am. Mach.* 29, 1 S. 52/5.

Kugel-Handpresse. (Um kleinere Schmucksachen zu pressen [prägen] und auszuhauen.)* *J. Goldschm.* 27 S. 387.

PHOENIX CO. spring foot press. * *Iron A.* 78 S. 802.

Safety device for punch press. (In the sketch is a 3/8" round rod connected with the clutch on the punch press and cut of and drilled crosswise at the end for a round pin which is driven in; the pin has a square head so that it can be turned one quarter way around when worn down.)* *Am. Mach.* 29, 1 S. 296.

A perforating press.* *Am. Mach.* 29, 1 S. 825/6.

Manhole-punching machine.* *Pract. Eng.* 34 S. 647/8 F.

BACHMANN, some progress in simple press work. (Die for punching without waste.) * *Pract. Eng.* 34 S. 166/8.

BARLET, poinçonneuse au marteau.* *France aut.* 11 S. 86.

BERRY & SONS, a fish-plate punching machine.* *Eng.* 101 S. 204; *Mech. World* 40 S. 162.

DENIS, machine à estamper à effets multiples.* *Rev. méc.* 18 S. 586/97.

DONOVAN & CIE., machine à poinçonner à répétition.* *Rev. ind.* 37 S. 361/3.

The new DOTY CO. double end punch and shear.* *Iron A.* 77 S. 1337.

EXCELSIOR TOOL & MACHINE CO., automatic multiple punching machine.* *Iron A.* 77 S. 859/60.

The GARFITT belt-punch. (Hollow, semicircular cutter.) * *Mech. World* 40 S. 254.

HETHERINGTON & SONS, improved locomotive frame slotting machine. *Am. Mach.* 29, 1 S. 766/7 E.

HUNDAUSEN, Nutenstanzmaschinen für elektrische Ankerblechscheiben. *Z. Werksm.* 11 S. 45/7.

TOLEDO MACHINE & TOOL CO., presse de grande puissance (600 t) à deux bielles. (Pour le découpage des tôles employées dans la construction des machines électriques.)* *Rev. ind.* 37 S. 173.

KRAUSE, KARL, Einrichtung an Ausstanzmaschinen für Papier, Pappe und dergl. zum leichten Bewegen des Tisches.* *W. Papierf.* 37, 2 S. 2879.

MARKHAM, punch and die work.* *Mech. World* 40 S. 75/6 F; 219/20.

SCHWARZ, selbsttätige Lochmaschine für Bleche. *Z. V. dt. Ing.* 50 S. 1870/4.

SELLERS & CO., Lochstanze mit einer größeren Zahl von Lochstempeln. (Nicht nur die Lochteilung quer zum Arbeitsstück, also auch die Einstellung gewisser Lochstempel, sondern zugleich auch der Vorschub in der Längsrichtung des Arbeitsstückes wird durch einen und denselben Papierstreifen bestimmt.)* *Z. V. dt. Ing.* 50 S. 1084/6; *Am. Mach.* 29, 1 S. 469/72.

SELLERS & CO., automatische Reihen-Stanzmaschine. (Welche das Anreißen der Platten,

Bleche usw. unnötig macht)* *Masch. Konstr.*
39 S. 121/2 F.
SUTTON, adjustable die-head.* *Mech. World* 40
S. 110.
TAYLOR & CHALLEN, notching press. (During
the time of punching the ratchet wheel is secu-
rely locked, so preventing any variation in the
sheets notched.)* *Am. Mach.* 29, 1 S. 704 E.
WITTLINGER, Exzenterpressen mit selbsttätigem
Druckregler. (D.R.G.M. 28:971.)* *J. Goldschm.*
27 S. 337/8 F.
YANKEE, press tools for pole punchings.* *Am.
Mach.* 29, 1 S. 781.

Stärke. Starch. Fécule. Vgl. Bier, Gärung, Kohlen-hydrate, Spiritus.

1. Eigenschaften und Verschiedenes. Qualities, sundries. Qualités, matières diverses.

DEMOUSSY, les propriétés des acides de l'amidon.
Compt. r. 142 S. 933/5; *Apoth. Z.* 21 S. 454;
Z. Spiritusind. 29 S. 383; *Brew. Trade* 20
S. 289/90.
PADOA e SALVARÈ, sulla natura del ioduro
d'amido. *Gas. chim. it.* 36, 1 S. 313/21.
ROUX, rétrogradation et composition des amidons
naturels autres que la fécule. *Rev. mat. col.* 10
S. 36/7.
MAQUENNE und ROUX, Rückbildung und Zu-
sammensetzung der natürlichen Stärken ver-
schiedener Herkunft. (A) *Z. Spiritusind.* 29
S. 45.
TOLLENS, Verhalten der Stärke bei der Hydrolyse
mit ziemlich concentrierter Schwefelsäure. *Ber.
chem. G.* 39 S. 2190/3; *Z. V. Zuckerind.* 56
S. 664/9.
BOIDIN, liquéfaction des empois de fécule et de
grains. *Compt. r.* 143 S. 511/2.
WOLFF, J. et FERNBACH, influence de quelques
composés minéraux sur la liquéfaction des empois
de fécule. *Compt. r.* 143 S. 363/5; *Ann. Brass.*
9 S. 361/2; *Brew. Trade* 20 S. 468.
FERNBACH et WOLFF, J., mécanisme de l'influence
des acides, des bases et des sels dans la liquéfaction des empois de fécule. *Compt. r.* 143
S. 380/3; *Ann. Brass.* 9 S. 385/7; *Brew. Trade*
20 S. 510/1.
PETIT, quelques actions liquéfiantes et sacchari-
fiantes sur l'empois d'amidon. *Rev. mat. col.*
10 S. 37/8. .
MAQUENNE et ROUX, la saccharification diastasique. (Saccharification de l'empois; influence
du temps sur la production du maltose; changements de réaction spontanés du malt.) *Compt.
r.* 142 S. 1059/65.
MAQUENNE, l'amidon et la saccharification diastasique. *Bull. Soc. chim.* 3, 35 Nr. 18/9
S. I/XV; *Ann. d. Chim.* 8, 9 S. 179/219; *Apoth.
Z.* 21 S. 1043/4; *Wschr. Brauerei* 23 S. 632/4 F.
MAQUENNE und ROUX, neuestes über Stärke.
(Studien über die Stärke.) *Erfind.* 33 S.
398./403.
WOLFF, J., les travaux les plus récents sur
l'amidon. *Ann. Brass.* 9 S. 1/7; *Brew. Trade*
20 S. 342/4.
HESZ, einige tropische Stärkesorten. *Apoth. Z.*
21 S. 57; *Pharm. Centralh.* 47 S. 365.
PANTEL, Capillairzucker-Sirup und seine Ver-
wendung. *Z. Spiritusind.* 29 S. 71.
MURREL, Stärkesirup als vorzügliches Nahrungs-
mittel. *Z. Spiritusind.* 29 S. 163.

2. Gewinnung. Manufacture. Fabrication.

HANOW, Fortschritte in der Stärkefabrikation.
Chem. Z. 30 S. 933/5 F.
Dextrinfabrik System UHLAND. ▣ *Uhlands T. R.*
1906, 4 S. 6.

UHLAND, Anlage und Betrieb der Stärkefabriken.
(a) * *Uhlands T. R.* 1906, 4 S. 6/7.
KAEHL, Schleuder-Einrichtung, insbesondere für
die Stärkefabrikation. (D.R.P. 155562.)* *Uhlands T. R.* 1906, 4 S. 78.

3. Prüfung und Bestimmung. Examination and determination. Examination et dosage.

Die Kartoffelwage nach PAROW in der Praxis.
Z. Spiritusind. 29 S. 113 F.
FOTH, richtige Benutzung der REIMANNschen
Wage zur Ermittlung des Stärkegehaltes der
Kartoffeln. *Z. Spiritusind.* 29 S. 392/3.
Kartoffelwage nach VON DER HEIDE. * *Z. Spiri-
tusind.* 29 S. 473.
PAROW, fabrikmäßige Bestimmung der Stärke-
ausbeute in einer Kartoffelstärkefabrik. *Z.
Spiritusind.* 29 S. 51/2.
MATTHES und MÜLLER, FRITZ, Nachweis und
quantitative Bestimmung von Stärkesyrup unter
besonderer Berücksichtigung der steueramtlichen
Methode. *Z. Genuß.* 11 S. 73/81.
GSCHWENDNER, Stärkeabbau durch Osmose und
Hydrolyse unter erhöhter Temperatur. (Eine
Vereinfachung der Stärkebestimmung.) *Chem.
Z.* 30 S. 761/3.

Staub. Dust. Poussière. Vgl. Explosionen, Lüftung, Schutzvorrichtungen, Straßenbau und Pflasterung 2, Straßenreinigung.

BRUNNER, MOND & CO., the dust question. *Auto-
car* 16 S. 671.
PALTAUF, die hygienische Bedeutung des Staubes.
Z. Transp. 23 S. 534/5.
RAMBOUSEK, modernes über Staubbeseitigung.
Erfind. 33 S. 529/31.
Neue Vorschriften über die Verhinderung von
Rauch-, Ruß- und Staub-Belästigung in München.
Z. Bayr. Rev. 10 S. 150/1.
Neuere Erfolge der Staubbekämpfung in England.
Z. Transp. 23 S. 392/3.
Staubbekämpfungsversuche in Farnham (England).
Z. Transp. 23 S. 264/6.
Die Staubbekämpfung in Frankreich. *Z. Transp.*
23 S. 5/6.
Die Staubplage auf unseren Verkehrsstraßen. *Ges.
Ing.* 29 S. 326/8 F.
The prevention of dust on electric railways.
Street R. 27 S. 54.
La suppression de la poussière. (Arrosage à
l'eau; arrosage aux huiles bitumineuses solubles
dans l'eau; arrosage avec des sels déliques-
cents; goudronnage à chaud ou à froid.) *France
aut.* 11 S. 557/9.
Neuere Teerungsversuche auf städtischen Straßen.
Z. Transp. 23 S. 139/40.
Englische Erfahrungen bei Straßenverbesserung.
Asphalt- und Teerind.-*Z.* 6 S. 397.
Dustless roads for motor traffic. *Sc. Am. Suppl.*
62 S. 25782/3.
STAUB, report of the British Royal Commission
on Motor Cars. (Subject of dust, speed limit;
emissi on of smoke.) *Eng. News* 56 S. 197.
JEBB and BLACKWALL, some British highway
problems. (Making a road, the binding material
of which will not be drawn out by large pneumatic tires, with the use of „tarmac“ or some
similar combination of the waterproof and
unfriable properties of tar with a material which
will absorb and hold the tar without crushing
under traffic or becoming slippery. „Tarmac“ is
made by plunging iron slag, hot from the
furnace, into tar.) (V) (A) *Eng. Rec.* 54
S. 673.
Roads and tires. (Reports from oil or tar-treated

macadam, reached by cushioned wheel with a metallic tread; rubber tire.) *Eng. Rec.* 54 S. 87.

Road and street dust prevention in England. (Statement by the Borough Engineer of Dunstable regarding the tar painting of the Holyhead road. COTTERELL's statements regarding methods and costs of dust prevention.) *Eng. News* 56 S. 211.

HUTCHINSON, use of coal tar to lay dust on macadam roadways. (See p. 211; experiments at Washington.) *Eng. News* 56 S. 360.

COTTERELL, macadamised roads and dust. (Experiments with dust preventing solutions in Coronation Road; cost of 0,0086 of a penny per square yard for watering; according to RATHBONE's paper cost of treating with oil 0,0022 of a penny per square yard per day.) (V) (A) *Builder* 91 S. 232/3.

Experiments with tar and oil for roads at Jackson, Tenn. (Under a hot sun, with the road surface thoroughly compact, clean and dry and with the tar heated to the boiling point, the road will absorb all of it in 8 or 10 hours; light coating of clean sand is rolled in with a steam roller.) *Eng. Rec.* 53 S. 800/2; *Eng. News* 56 S. 3.

Dustless road experiments abroad. *Automobile* 15 S. 584.

FOSTER, prevention of dust on roads and railway tracks by sprinkling with „Westrumite". (Experiment made in Chicago on the south drive of the Midway Plaisance.) *Eng. News* 55 S. 201/2.

BENNETTS, à lutte contre la poussière. (Essais d'Akonia; goudron de houille.)* *Ann. trav.* 63 S. 915/6.

HEIM, Bekämpfung des Staubes im Hause und auf der Straße. (Oberflächliche Tränkung durch Teer, Oel, Asphaltin usw. und völlige Durchtränkung der Schotterdecke mit elastisch zähem Stoff von teer- oder asphaltartiger Grundlage; Westrumitierung; Staubabsaugung.) (V. m. B.) *Techn. Gem. Bl.* 9 S. 239/41 F.; *Wschr. Baud.* 12 S. 746/51.

MARUSSIG, Teer als Staubverhütungsmittel im Dienste des Hochbauwesens. (Tränkungen von Lehmestrich und Ziegelpflaster mit Teer; Fugenverstreichung von Steinpflasterungen mit einem Gemische von Teer, Pech und Sand.) *Wschr. Baud.* 12 S. 128/9.

SMITH, H. W., use of tar for roads. *J. Gas L.* 95 S. 375/6.

GUGLIELMINETTI, Teerung der chaussierten Straßen als Mittel zur Staubverhütung. *Asphalt- u. Teerind.-Z.* 6 S. 2/3 F.

GUGLIELMINETTI, die vierjährigen Erfolge der Straßenteerung gegen die Staubentwickelung. (Aeußerungen von HEUDE, SIGAULT, VASSEUR, ARNAUD.) *Baumatk.* 11 S. 310/1; *Asphalt- u. Teerind.-Z.* 6 S. 234/5; *Gas Light* 85 S. 143/5; *J. Gasbel.* 49 S. 499/500; *Z. Transp.* 23 S. 288/9; *J. Gas L.* 95 S. 443, 4.

Tar paved roads at Scarborough, England. (Three separately rolled coats of limestone gravel and asbestos. The surface is painted with cold tar, sprinkled with fine gravel and limestone chips, and rolled.) *Eng. News* 55 S. 656/7.

Teeren von Landstraßen in Frankreich. *Asphalt- u. Teerind.-Z.* 6 S. 205/6; *Chem. Tech. Z.* 24 S. 93/4; *Sc. Am.* 95 S. 188.

Risultati della cilindratura e della incatramatura sulle strade nazionali francesi. (A) *Giorn. Gen. civ.* 44 S. 283/9.

Die zweckmäßigsten Apparate zur Teerung der

Straßen und Wege in Frankreich.* *Z. Transp.* 23 S. 334/5.

Oiling of roadbeds on the Brooklyn Rapid Transit system. (To prevent oil from getting on the running rails, rail guards of metal shields with the ends slightly rounded up.)* *Eng. Rec.* 54 S. 152; *Street R.* 28 S. 333.

Oelpflaster bei der Straßenteerung. (Der Teer wird auf den Kehricht gesprengt; dieser verbindet sich mit dem Teer zu einer schalldämpfenden, staubbindenden Schutzschicht.) *Asphalt- u. Teerind.-Z.* 6 S. 577.

Beton- und Asphaltbeläge. (Einölung oder Besprengung; Teermakadam; Granit-Asphaltpflaster; KIESERLINGs Basaltzementsteinpflaster.) *Text. Z.* 1906 S. 801/2 F.

Teermörtel. (Für Alleen und Terrassen, private Wege, Gartenanlagen, Promenaden, Schulen, Hospitäler.) *Asphalt- u. Teerind.-Z.* 6 S. 429 F.

COTTERELL, macadamised roads and dust. (Dressing the roads with dust preventing solutions [calcium chloride, tar etc.].) (V. m. B.) (A) *Builder* 91 S. 47.

HOUZEAU et LE ROY, emploi des sels déliquescents pour combattre la poussière des routes. *Bull. Rouen* 34 S. 353/72.

BRUNNER, MOND & CO, calcium chloride road sprinkling solution. *Horseless Age* 17 S. 935.

CARBONDALE CHEMICAL CO., calcium chloride for dust laying.* *Horseless Age* 18 S. 272.

Improving roads by oiling and by calcium chloride treatment. *Sc. Am. Suppl.* 62 S. 25711.

ANDRÉS, Stauböle. (Pflanzenöle, Mineralöle, Mischungen.) *Oel- u. Fett-Z.* 3 S. 203.

Mittel gegen Fußbodenstaub. (Holzsägemehl mit Paraffin imprägniert; Emulsionen fetter Kohlenwasserstoffe; Seealgen; mit gemahlenem Stroh vermischter Holzbrei.) *Oel- u. Fett-Z.* 3 S. 95.

LISTER, dust preventer for public roads. (Adoption of coal tar.) (V. m. B.) *Gas Light* 85 S. 587/8; *J. Gas L.* 95 S. 698/700.

Oelgasteer für Straßen. *Braunk.* 5 S. 523/4.

Oiling and tarring of improved roads. (Cleaning of dust from the entire road surface, application of heated tar.) *Eng. Rec.* 54 S. 197.

Heiße und kalte Straßenteerung. *Asphalt- u. Teerind.-Z.* 6 S. 283/4.

KRÜGER, über die Herstellung, Befestigung und Unterhaltung ländlicher Automobilstraßen. (Verminderung der Staub- und Schmutzplage auf den Steinschlagbahnen; Teerung mit vorausgehender Oelung; Westrumitbesprengung.) *Techn. Gem. Bl.* 9 S. 33/9.

STEJNAR, über Pietrafitstraßen. (SCHEFFTELs Pietrafitmasse [Magnesiazement] wird in einem Wagenkessel heiß und flüssig gemacht, aus diesem in blecherne Handeimer abgezapft und auf die festgewalzte Schotterschicht derart aufgegossen, daß nicht allein alle zwischen den Steinen vorhandenen Fugen ausgefüllt werden, sondern die Pietrafitmasse über der Schotterschichte eine geschlossene Deckfläche bildet.) *Mitt. Artill.* 1906 S. 70/3.

„Emulsifix", dust layer. *Autocar* 16 S. 852.

The suppression of dust on roads by oil sprinkling. *Engng.* 82 S. 51/2.

Oil-gas tar for improving road surfaces. *J. Gas L.* 95 S. 106.

WARING, oil tar as a dust layer and weed destroyer. (V.) *Gas Light* 85 S. 667/70.

Ueber Verfahren zur Entstäubung mittels Luft. (Reinigung durch Preßluft allein, durch Saugluft allein, durch Saug- und Druckluft, indem Druckluft von etwa 6 At. Ueberdruck eingeführt und so in dem Mundstück ein Vakuum hergestellt

wird oder indem nicht alle Preßluft durch die Düse ausströmt, sondern ein Teil durch die Lippen des Mundstückes unmittelbar auf das Gewebe geführt wird, um hier den Staub erst aufzuwirbeln, worauf er durch die saugende Wirkung des zweiten Rohres abgeführt wird.)* *Uhlands T. R.* 1906, 3 S. 31/2.

Neue Mittel zur Beseitigung des Bohrstaubes. (Auf die Bohrstange wird ein Behälter aus einem biegsamen oder elastischen Stoff aufgesteckt, in welchen die in dem Bohrloche vorhandenen Staubteilchen durch einen Luftstrom hineingetrieben werden, der durch eine Bohrung des Meißels gegen die Bohrlochsohle geblasen wird.)* *Ratgeber, G. T.* 5 S. 290/1.

Der BORSIGsche Preßluft-Entstäuber. * *Prom.* 18 S. 72/4.

ANDRAE & FELLGNER, Saug- und Druck-Schlauchfilter. (Der Exhaustor saugt außerhalb des Schlauches die Luft ab.)* *Uhlands T. R.* 1906, 4 S. 18/9.

Apparat für Staubabsaugung und -vertilgung, System MÜLLER, EMIL OTTO und RATH & CO.* *Uhlands T. R.* 1906, 3 S. 16.

Entstäubung in Gußputzereien. (Oeffnungen an den Putztischen, vor denen sich unterhalb der Tischfläche trichterartige Anschlüsse befinden; Sauger an den Trichtern.) *Techn. Z.* 23 S. 188.

NEGRI, Aspirations-Anlagen in Mühlen. (Entstäubung durch Schlauchfilter.) *Uhlands T. R.* 1906, 4 S. 2/3, 9/10.

WILLBUR, inexpensive roll exhaust. (Metal galvanized iron fan of the STURTEVANT type and metal wind trunks.)* *Am. Miller* 34 S. 43/4.

Methods of dust extraction in factories. (Arrangement proposed by KEITH AND BLACKMAN CO. for removing dust from flax cards; BLACKMAN exhaust fans.) *Text. Man.* 32 S. 414/5.

BELLON, Entstäubung der Holzbearbeitungsmaschinen. (Mittels örtlicher Absaugung. Rohrleitungen; Absaugung nach dem Schraubenflügelsystem; PRANDTLs Manometer; das Sammeln des Staubes und der Späne; Zyklonseparator; Vorteile der örtlichen Staubabsaugung.)* *Z. Gew. Hyg.* 13 S. 479/81 F.

Zur Staubabsaugung an Schleif- und Poliersteinen. (Zentral- und Einzelabsaugung; Aufsaugung des Staubes mittels Polierpulvers, wobei er durch die von der Polierscheibe erzeugte Luftströmung fortgeschafft wird.)* *Z. Gew. Hyg.* 13 S. 40/2.

GIFFORD & CO., Exhaustoranlage für Schleif- und Poliermaschinen. (In der Anlage der VICTOR TALKING MACHINE CO., Camden, N. J.)* *Uhlands T. R.* 1906, 1 S. 86.

Dust removal from foundry tumblers. (BUFFALO FORGE CO. exhaustor equipment.)* *Eng. Rec.* 54 S. 670.

PRUDDEN, clean air. (Bacterial contents of air; sweeping; a large portion of the dust may be gathered and held by covering the carpets with moistened shreds of paper; vacuum process of cleaning.) *Eng. News* 55 S. 402/3.

MEYER, Entstäubung der Eisenbahn-Personenwagen mittels Vakuum-Reiniger-Anlagen. *Uhlands T. R.* 1906, *Suppl.* S. 66/7.

GUILLERY, Staubsauger. (Zum Absaugen von Staub aus Polstern, Teppichen usw. auf dem Betriebsbahnhofe in Cöln.)* *Ann. Gew.* 58 S. 214/8; *Z. Eisenb. Verw.* 46 S. 1407/9.

MILLER, EDWARD F., tests on a vacuum sweeper.* *Technol. Quart.* 19 S. 173/80.

Enlèvement des poussières. Laineuses de BERTEL FRÈRES. (Couvre-brosse pare-poussière ou coffre de débourrage, système DESTAILLEURS.)* *Bull. Rouen* 34 S. 215/6.

BENDER, die Staubentwicklung bei der Verarbeitung von Hadern. * *Z. Wohlfahrt* 13 S. 328/35 F.

Staubbeseitigung auf Lumpenböden. (Erfahrungen mit Staubabsaugungsanlagen.) *Papier-Z.* 31, 2 S. 3539.

HEYMACH, Fliehkraft-Staubsammler. * *Braunk.* 5 S. 447.

KNICKERBOCKER CO., Fliehkraft-Staubsammler mit tangentialem Lufteintritt und spiralförmiger Führung der Luft. * *Braunk.* 5 S. 415/6.

FRIEDRICH, Studie über die Verdichtung des Hüttenrauches. (Die Vorrichtungen zum Auffangen von Flugstaub und zur Verdichtung von metallischen Dämpfen auf trockenem Wege gründen sich auf Abkühlung, Flächenberührung, Erschütterung, Verminderung der Geschwindigkeit des Gasstromes, scharfe Brechung der Zugrichtung und damit verbundenem plötzlichem Wechsel in der Geschwindigkeit.)* *Metallurgie* 3 S. 747/57 F.

EMONDS, Verfahren und Vorrichtung zur Entstäubung der bei der Braunkohlenbrikett-Fabrikation entweichenden Wrasen. * *Braunk.* 4 S. 633/4.

Die Entstäubung in Brikettfabriken. *Braunk.* 5 S. 439/40.

Staubbeseitigung in den Gipsfabriken. (Staubsammler oberhalb der Kocher; Staubabscheidung hinter den Kochern; Verbesserungen beim Entleeren der Kocher und beim Absacken.) *Z. Gew. Hyg.* 13 S. 51/2.

Entstäubungsanlagen an Holz- und Hornbearbeitungsmaschinen. (Im Regierungsbezirk Düsseldorf.)* *Z. Gew. Hyg.* 13 S. 277/8.

JURISCH, Fabrikation von bleihaltigen Anstrichfarben in England. (Vorkehrungen zur Beseitigung des Staubes.)▣ *Ratgeber, G. T.* 5 S. 393/400.

DOELTZ und GRAUMANN, zur Bildung von Flugstaub und Ofenbruch im Bleihüttenbetriebe. *Metallurgie* 3 S. 441/2.

FABER, doppelwandige, mit Wasserkühlung versehene Flugaschen-Abführungsrinnen. * *Braunk.* 4 S. 572/3.

Hintanhaltung von bleihaltigem Staub in einer Kachelofenfabrik. (Auf die Ware wird zuerst die Emailfarbe aufgetragen und diese nach dem Eintrocknen mit einem Gemisch von Wachs und Talg überstrichen.) *Z. Gew. Hyg.* 13 S. 289/2.

Entstäubungseinrichtungen in der Flachsspinnerei von Angers, Frankreich. (Oertliche Lüftung der Krempel, der Tische und Strecken.)* *Z. Gew. Hyg.* 13 S. 370/2.

Zur Verhütung der Staubentwicklung beim Reinigen der Beläge von Baumwollkarden. (Staubkappe.)* *Z. Gew. Hyg.* 13 S. 433.

Staubentwicklung bei Spulmaschinen. (HÄMIGsche Putzvorrichtung; Luftbefeuchtung.) *Oest. Woll. Ind.* 26 S. 617.

Luftentstäubungsapparat, System STICH. * *Z. Heiz.* 11 S. 42.

Improving a balky dust collector. * *Am. Miller* 34 S. 973/4.

Steinbearbeitung. Stone working. Travail de la pierre. Vgl. Gesteinbohrmaschinen, Sägen, Schleifen, Straßenbau und Pflasterung, Werkzeuge, Zerkleinerungsmaschinen.

DALLET CO., stone dressing machine. (Of the sliding-arm type. By taking off two nuts at the top the valve-box, valve, piston and barrel can be removed.)* *Eng. Rec.* 53 Nr. 12 *Suppl.* S. 39.

HOYT, strength of stone as affected by different methods of quarrying. (Crushing and sheering strength; breaking by blasting or wedging along the natural lines of clearage and be means of channeling machines.) *Eng. News* 56 S. 147/8.

Splitting granite by compressed air. (To create working faces or ledges; practiced by the North Carolina Granite Corporation.) * Eng. min. 81 S. 948/9; Eng. News 55 S. 248; Eng. Rec. 53 S. 462.

Marble cutting for the New York Public Library building. (Location of tools in marble cutting shop.) * Eng. Rec. 53 S. 249/50.

Stempel und Stempeln. Stamps and stamping. Poinçons et poinçonnage. Vgl. Postwesen, Druckerei.

BRUNNER, die Post auf der Jubiläums-Landes-Ausstellung in Nürnberg 1906. (Postwertzeichen, Stempeln.) Bayr. Gew. Bl. 1906 S. 425/9.

ALTEMUS, hosiery stamping machine. (The automatical operation takes the full set of stamps required on the hose, any size or style, and can be readily changed and set to any size desired immediately.) * Text. Rec. 30, 6 S. 139.

WEHRHAHN, a turret head for steel stamps. * Am. Mach. 29, 1 S. 253.

Appareil imprimeur - distributeur - contrôleur de billets de chemins de fer. ⊠ Portef. éc. 51 Sp. 177/85.

Herstellung der Kautschukstempel. * Gummi-Z. 20 S. 1000/1.

Simple canceling machine. (For the use of postal authorities to cancel mail matter; is designed to take the place of the usual hand stamp. The device is self-inking, and is provided with regulating means, whereby a clear impression can always be made.) * Sc. Am. 95 S. 196.

Stereoskopie. Vgl. Photographie 3, Optik.

BROCKMANN, plastisches Sehen und stereoskopische Projektion. (Stereoskop von ZEISS; Strahlengang im Stereotelemeter; telestereoskopisches Landschaftsbild mit über der Landschaft schwebender stereoskopischer Meß-Skala; Standtelemeter; Stereokomparator.) (V) (A) ⊠ Bayr. Gew. Bl. 1906 S. 123/7.

BROWN, the size and shape of stereoscopic prints.* Phot. News 50 S. 712.

DOWDY, an introduction to stereoscopic photography. Phot. News 50 S. 751.

Spiegel-Stereoskop. (Stereoskop ohne Prismen oder Linsen, bei dem die Bilder durch gewinkelte Spiegel betrachtet werden.) Phot. Wchbl. 32 S. 502.

Sternwarten. Observatories. Observatoires. Vgl. Fernrohre, Hochbau 6 f, Meteorologie.

La section magnétique de l'observatoire de l'Èbre. (Les deux pavillons magnétiques de l'observatoire de l'Èbre; inclinomètre à induction terrestre.)* Cosmos 1906, 1 S. 291/5.

The Tortosa astronomical observatory.* Sc. Am. Suppl. 62 S. 25725/6.

Stickerei. Embroidery. Broderie. Vgl. Wirken, Weberei.

LEIGHTON MACHINE CO., automatic racking and pineapple stitch machine. (For knitting the plain rib royal and pineapple stitches and by an automatic arrangement it is possible to change from one stitch to the other as desired.)* Text. Rec. 30, 6 S. 132/4.

Double thread overstitching looper.* Text. Rec. 31, 2 S. 153.

ORTHMANN, braiding machine. (Comprises two concentric series of six-armed carriers, having inter-connected races with which is combined a third series of carriers.) * Text. Man. 32 S. 376/7.

Stickstoff und Verbindungen, anderweitig nicht genannte. Nitrogen and compounds, not mentioned elsewhere. Azote et combinaisons, non dénommées. Vgl. Ammoniak, Azoverbindungen, Dünger, Landwirtschaft, Salpeter, Salpetersäure, salpetrige Säure.

GUYE, das Atomgewicht des Stickstoffs. Ber. chem. G. 39 S. 1470/6; Chem. News 93 S. 4/5 F.

The atomic weight of nitrogen. (Report.) Chem. J. 35 S. 458/63.

ERDMANN, Eigenschaften des flüssigen Stickstoffs. Ber. chem. G. 39 S. 1207/11; Chem. Z. 30 S 293/4; Am. Apoth. Z. 27 S. 30.

ALT, Verdampfungswärme des flüssigen Sauerstoffs und flüssigen Stickstoffs und deren Aenderung mit der Temperatur. (Verdampfungsapparat, Druckmessung und Regulierung, elektrischer Meßapparat.) * Z. kompr. G. 9 S. 179/84 F.; Ann. d. Phys. 19 S. 739/82.

GRUNMACH, experimentelle Bestimmung der Oberflächenspannung von verflüssigtem Sauerstoff und verflüssigtem Stickstoff. Sitz. B. Preuß. Ak. 1906 S. 679/86.

V. MOSENGEIL, Phosphoreszenz von Stickstoff und von Natrium.* Ann. d. Phys. 20 S. 833/6.

GRAY, a possible source of error in STAS' nitrogen ratios. J. Chem. Soc. 89 S. 1173/82.

THOMAS and JONES, effect of constitution on the rotatory power of optically active nitrogen compounds. J. Chem. Soc. 89 S. 280/310.

HERMANN, Spektroskopie des Stickstoffs (DOPPLER-Effekt, positive Stickstoffionen). Physik. Z. 7 S. 567/9.

INGLIS and COATES, densities of liquid nitrogen and liquid oxygen and their mixtures. J. Chem. Soc. 89 S. 886/92.

LINDE, Herstellung von Sauerstoff und Stickstoff aus verflüssigter Luft und technische Verwendung der gewonnenen Gase. Z. Kälteind. 13 S. 70/1; Vulkan 6 S. 66/8.

INGLIS, the isothermal distillation of nitrogen and oxygen and of argon and oxygen.* Phil. Mag. 11 S. 640/58.

STOCK und NIELSEN, Mischungen von flüssigem Sauerstoff und Stickstoff. (Aus einer Mischung von flüssigem Sauerstoff und Stickstoff läßt sich der Stickstoff durch Absieden völlig entfernen.)* Ber. chem. G. 39 S. 3393/7.

CLAUDE, liquéfaction de l'air et ses applications à la fabrication de l'oxygène et de l'azote. J. d. phys. 4, 5 S. 5/24.

Luftverflüssigung und industrielle Erzeugung reinen Sauer- und Stickstoffes. (CLAUDEs Versuche.)* Uhlands T. R. 1906, 3 S. 20/2.

PICK, Elektroaffinität der Anionen. Das Nitrit-Ion und sein Gleichgewicht mit Nitrat und NO.* Z. anorgan. Chem. 51 S. 1/28.

FISCHER und BRAEHMER, die Umwandlung des Sauerstoffs in Ozon bei hoher Temperatur und die Stickstoffoxydation. (Verbrennungserscheinungen in verflüssigten Gasen; elektrisches Erhitzen innerhalb flüssiger Luft oder flüssigen Sauerstoffs.) Physik. Z. 7 S. 312/16; Ber. chem. G. 39 S. 940/68.

YELLINEK, Zersetzungsgeschwindigkeit von Stickoxyd und Abhängigkeit derselben von der Temperatur. Z. anorgan. Chem. 49 S. 229/76.

NERNST, Gleichgewicht und Reaktionsgeschwindigkeit beim Stickoxyd. (V) Z. Elektrochem. 12 S. 527/9; Verh. V. Gew. Abh. 1906 S. 293/5.

DANNEL, Stickstoffverbrennung in explodierenden Gemischen.* Z. Elektrochem. 12 S. 444/8.

FÖRSTER, über die bisherigen technischen Methoden der Stickstoffverbrennung. (Uebersicht

über die älteren Versuche von PRIESTLEY und CAVENDISH, CROOKES, RAYLEIGH, MAC DOUGAL und HOWLES, MUTHMANN und HOFER.) (V. m. B.) * *Verh. V. Gew. Abh.* 1906 S. 295/6; *Chem. Z.* 30 S. 522; *Z. Elektrochem.* 12 S. 529/41.

HÄUSSER, über die Verbrennung des Stickstoffs in explodierenden Leuchtgas-Luftgemischen. (Gleichgewicht des Stickstoffs mit Luft bei 1800 ° C.; VAN'T HOFFsche Gleichung; Ermittlung der Explosionsdrucke; Bestimmung der Stickoxydausbeute.) * *Verh. V. Gew. Abh.* 1906 S. 37/55.

NERNST, Bildung von Stickoxyd bei hohen Temperaturen.* *Z. anorgan. Chem.* 49 S. 213/28; *Chem. Z.* 30 S. 513.

BIRKELAND, oxidation of atmospheric nitrogen in electric arcs. (V) * *Electr.* 57 S. 494/500; *Engng.* 82 S. 21; *El. Eng. L.* 38 S. 20/2 F.; *El. Rev.* 59 S. 233/4.

DE COURCY, devices for the electrical production of nitrogen.* *West. Electr.* 38 S. 459.

CRAMP and LEETHAM, electrical discharge in air and its commercial application. (Yield of ozone, of oxides, of nitrogen.) * *Electrochem. Ind.* 4 S. 388/95.

BERTHELOT, synthèse directe de l'acide azotique et des azotates par les éléments, à la température ordinaire. *Ann. d. Chim.* 8, 9 S. 145/63.

ANGELUCCI, sintesi del carbonato ammonico dall'acetilene e ossido di azoto ad elevata temperatura. *Gas. chim. it.* 36, II S. 517/22.

GUNTZ et BASSETT, azoture de cuivre. *Bull. Soc. chim.* 3, 35 S. 201/7.

WHITE and KIRSCHBRAUN, the nitrides of zinc, aluminium and iron. *J. Am. Chem. Soc.* 28 S. 1343/50.

SILBERRAD and SMART, nitrogen iodide. Action of methyl and benzyl iodides. *J. Chem. Soc.* 89 S. 172/9.

MOUREU et LAZENNEC, condensation des nitriles acétyléniques avec les amines. Méthode générale de synthèse de nitriles acryliques β-substitués β-aminosubstitués. *Bull. Soc. chim.* 3, 35 S. 1179/89.

MOISSAN et LEBEAU, action du fluor sur les composés oxygénés de l'azote. Fluorure d'azotyle. *Ann. d. Chim.* 8, 9 S. 221/34.

MANCHOT und ZECHENTMAYER, die Ferroverbindungen des Stickoxydes *Liebigs Ann.* 350 S. 368/89.

LUBLIN, Dinitrile und Amylnitrit. *J. prakt. Chem.* 74 S. 499/531.

Effect of nitrogen on iron and steel. *Railr. G.* 1906, I S. 140.

BRAUNE, om kväfve i järn och stål. (a) * *Jern. Kont.* 1906 S. 656/762.

CARO, einheimische Stickstoffquellen. (V) *Z. ang. Chem.* 19 S. 1570/80; *Z. V. Zuckerind.* 56 S. 983/1008.

HEINZE, die Stickstoffassimilation durch niedere Organismen. *Landw. Jahrb.* 35 S. 889/910.

PFEIFFER, die Stickstoffbindung im Ackerboden. *Fühlings Z.* 55 S. 749/52.

FOERSER, was bedeutet „Aktivierung von Stickstoff"? (V) *Z. Elektrochem.* 12 S. 525/7.

FISCHER, FRANZ und MARX, thermische Bildung von Ozon und Stickoxyd in bewegten Gasen.* *Ber. chem. G.* 39 S. 2557/66.

FISCHER, FRANZ und MARX, die thermischen Bildungsbeziehungen zwischen Ozon, Stickoxyd und Wasserstoffsuperoxyd. *Ber. chem. G.* 39 S. 3631/47.

AUSTERWEIL, utilisation de l'azote de l'air.* *Rev. chim.* 9 S. 101/8 F.

ERLWEIN, Fixierung des Stickstoffs der Luft und die praktische Anwendung der gewonnenen

Körper. (Ofen für direkte Herstellung von Kalkstickstoff [direktes Verfahren SIEMENS & HALSKE]; Apparatur zur Herstellung von Ammoniak aus Kalkstickstoff) * *Elektrochem. Z.* 13 S. 137/41 F.

FRANK, die direkte Verwertung des Stickstoffes der Atmosphäre für die Gewinnung von Düngemitteln und anderen chemischen Produkten. (V) *Oest. Chem. Z.* 9 S. 140/2.

GLASENAPP, das Problem der technischen Verwertung des Luftstickstoffs. (V) *Rig. Ind. Z.* 32 S. 189/90.

GUYE, the electro-chemical problem of the fixation of nitrogen. (V. m. B.) *Chemical Ind.* 25 S. 567/78; *Electr.* 57 S. 500/2 F.; *Electrochem. Ind.* 4 S. 136/8; *Chem. Ind.* 29 S. 85/8.

KAUSCH, die Darstellung von Stickstoff-Sauerstoffverbindungen aus atmosphärischer Luft auf elektrischem Wege. (Zusammenstellung.) * *Elektrochem. Z.* 13 S. 93/101.

LEMAIRE, utilisation de l'azote atmosphérique. (Fabrication de l'ammoniaque; fabrication de l'acide azotique et des azotates; synthèse du bioxyde d'azote, au moyen de l'air atmosphérique.) *Gén. civ.* 48 S. 308/12 F.

MUTHMANN, technische Methoden zur Verarbeitung des atmosphärischen Stickstoffes. (V) * *Z. dt. Ing.* 50 S. 1169/76; *Stahl* 26 S. 824; *Vulkan* 6 S. 106/7; *Z. Kälteind.* 13 S. 147/8.

NEUBURGER, Apparate zur Verwertung des Luftstickstoffs.* *Z. ang. Chem.* 19 S. 977/85.

RAMSAY, la fixation de l'azote de l'air. *Electricien* 31 S. 356/9.

THOMPSON, the electric production of nitrates from the atmosphere. *Eng.* 101 S. 165.

VIBRANS, Nutzbarmachung des Luftstickstoffes. *Erfind.* 33 S. 87/8.

WITT, Nutzbarmachung des Luftstickstoffes. (Nach dem Verfahren von BIRKELAND und EYDE.) (V) *CBl. Agrik. Chem.* 35 S. 508/10; *Z. V. Zuckerind.* 56 S. 429/45; *Uhlands T. R.* 1906, 3 S. 17/8; *Bayr. Gew. Bl.* 1906 S. 175/8.

Die Gewinnung des Stickstoffs für die Landwirtschaft im 20. Jahrhundert. *Presse* 33 S. 452/3.

La nitrification électrique par fixation de l'azote atmosphérique. (La cyanamide et les électronitrates; usine de Notodden.) *Ind. él.* 15 S. 301/6 F.

La fixation de l'azote atmosphérique et sur la comparaison des différents engrais azotés. *Bull. d'enc.* 108 S. 766/7.

Fixation of atmospheric nitrogen. *Iron & Coal* 73 S. 743; *Engng.* 81 S 89/90; *Eng.* 102 S. 285/6; *Sc. Am. Suppl.* 62 S. 25763/4; *Pract. Eng.* 34 S. 803/5; *Eclair. él.* 46 S. 297/9.

The artificial production of nitrates from the atmosphere.* *Eng.* 101 S. 265/7; *Eng. Rev.* 14 S. 321/4; *Electrochem. Ind.* 4 S. 126/7.

La fissazione dell'azoto e l'elettrochimica. *Elettricista* 15 S. 69/73.

Production of nitrogen oxides from atmospheric air. *Electrochem. Ind.* 4 S. 256/8 F.; *West. Electr.* 38 S. 197.

ERLWEIN, Darstellung von Kalkstickstoff. (V. m. B.) * *Z. Elektrochem.* 12 S. 551/8; *Verh. V. Gew. Abh.* 1906 S. 296.

KERSHAW, artificial production of nitrate of lime by electric discharge. *El. World* 48 S. 126/8.

Herstellung des Kalkstickstoffes.* *Z. Chem. Apparat.* 1 S. 745/7.

HAHN, Verwertung des Luftstickstoffes. (Ueberleiten des Stickstoffes über erhitztes Calciumkarbid nach FRANK und CARO behufs Aufsaugung des Stickstoffs; Verfahren von BIRKELAND und EYDE: Salpetersäuresynthese durch

Verwendung des elektrischen Flammenbogens.)
Bayr. Gew. Bl. 1906 S. 97/8.

Apparatur zur Herstellung von Kalkstickstoff und Ammonsulfat nach den Patenten der CYANID-GESELLSCHAFT in Berlin. *Presse* 33 S. 606.

A proposito della calciocianamide alcune nuove idee sulla chimica dell' azoto. *Elettricista* 15 S. 189/91.

VAN DAM, dosage de l'azote dans les salpêtres. *Trav. chim.* 25 S. 291/6.

LE BLANC, analytische Bestimmung von Stickoxyd in Luft, sowie über die dabei eintretenden Reaktionen. (V. m. B) *Z. Elektrochem.* 12 S. 541/5; *Verh. V. Gew. Abh.* 1906 S. 299.

HEMPEL, Nachweis des Stickoxydulgases in Bleikammergasen. (V. m. B.)* *Z. Elektrochem.* 12 S. 600/4; *Verh. V. Gew. Abh.* 1906 S. 299/300.

LIDOFF, Bestimmung des Stickstoffs in Gasgemischen. (Ausschließlich durch metallisches Magnesium in Pulverform). *Chem. Z.* 30 S. 432/3.

Stopfbüchsen. Stuffing boxes. Boîtes à étoupes.
Vgl. Dampfmaschinen, Dichtungen, Maschinenelemente.

Stopfbüchsenpackung nach Patent BACH. (Versuche.) *Zbl. Bauv.* 26 S. 52.

BUFFALO STEAM PUMP CO., Stopfbüchse. (Für die Druckseite der Zentrifugalpumpen.) *Masch. Konstr.* 39 S. 168.

SONDERMANN, Stopfbüchse und Kreuzkopf. (Für Ventilspindeln, Schieber- und Kolbenstangen bezw. für Exzenter- und Schieberstangen.)* *Masch. Konstr.* 39 S. 158/9.

Stoßen. Percussion. Siehe Hobeln, Stanzen.

Straßenbahnen. Street railways. Tramways. Siehe Eisenbahnwesen.

Straßenbau und Pflasterung. Road making and paving. Construction des routes et pavage. Vgl. Staub, Steinbearbeitung, Zerkleinerungsmaschinen.

1. Allgemeines. Generalities. Généralités.

TOEPFER, die Technik im russisch-japanischen Kriege. (Massenleistung im Eisenbahn- und Wegebau; Kriegsbrückenbau.)* *Krieg. Z.* 9 S. 87/92F.

BROMLEY, construction of mountain pass roads in Cape Colony, South Africa. (Retaining walls; culverts.)* *Eng. News* 56 S. 107/8.

PINKENBURG, die verschiedenen Arten des Straßenpflasters vom hygienischen Standpunkte aus. *Viertelj. Schr. Ges.* 38 S. 511/26F.; *Z. Transp.* 23 S. 659/61, 703/7.

BAKER, benefits of pavements. (Disadvantages of pavements; apportionment of the cost.) *Brick* 24 S. 151/2.

LOVEGROVE, attrition tests and petrological descriptions of British road-making stones.* *Eng. News* 56 S. 513/4.

OXHOLM, comparative merits of different street pavements. (Maximum grade; slipperiness, cleanliness.) *Eng. News* 55 S. 365.

MAC CARTHY, comparative merits of different street pavements. (Table showing values of pavements used in Holyoke, Mass.) *Eng. News* 55 S. 240.

Die wichtigsten Pflasterarten für Stadt- und Landstraßen mit besonderer Berücksichtigung der ökonomischen Gesichtspunkte. *Z. Transp.* 23 S. 2/5.

CUSHMAN, development of the test for the cementing value of road material. (V) *Eng. Rec.* 53 S. 760/2.

RITTER, die Landstraße in Vergangenheit, Gegenwart und Zukunft. *Asphalt- u. Teerind.-Z.* 6 S. 446/7F.

BLACKWALL, country roads for modern traffic. (Heavy road; light road.) (V. m. B.)* *Min. Proc. Civ. Eng.* 165 S. 8/85.

CROSBY, construction of low-cost country roads. (Macadamizing; grading; drainage; bridge work, culverts; guard rails; for light traffic screened gravel, the stone of which corresponds in size to the stone used in macadam construction; comparison between trap rock for macadam roads and mica schist.) *Eng. Rec.* 54 S. 515 6.

PHILLIPS, construction and maintenance of rural roads. (V. m. B.) (A) *Builder* 91 S. 47.

OWEN, road repairs. (Process of deterioration; displacement of the surface due to automobiles by a grinding action of the wheel and a kicking action, throwing the loosened material to the side.) (A) *Eng. Rec.* 53 S. 110.

SCHNEIDER, Entwässerung der Steinstraßen. (Mittels eines in Beton gebetteten Sohlsteins an der Bordschwelle.)* *Techn. Gem. Bl.* 8 S. 354/8.

SCHECH, Entwässerung der Steinstraßen. (Vgl. Jg. 8 S. 356/7; Verfahren zur Aufsuchung des Punkts der Wasserscheide zwischen zwei Straßeneinläufen.) *Techn. Gem. Bl.* 9 S. 24.

Drainage of earth roads.* *Eng. Rec.* 53 S. 564/6.

Englische Erfahrungen bei Straßenverbesserung. *Asphalt- u. Teerind.-Z.* 6 S. 397.

GRAVENHORST, das gezogene und das ziehende Rad. Die Wechselwirkung zwischen Rad und Straße und die Radlinie. (Steinschlagbahnen; Pflasterbahnen; die Radlinie.)* *Z. Arch.* 52 Sp. 518/34.

Wear of roads by automobiles. (Report of the Massachusetts State Highway Commission. Injuries due to the weight of these vehicles and the rapid speed at which they are operated.) *Railr. G.* 1906, 2 S. 262.

Einfluß der Automobil-Radreifen auf die Landstraßendecken. *Z. Transp.* 23 S. 473/4.

HEISKELL and CHITTENDEN, concerning wide tires and road improvement. (Tractive force; limit of loads for different width of tire.) *Eng. News* 55 S. 158/9.

KRÜGER, über die Herstellung, Befestigung und Unterhaltung ländlicher Automobilstraßen. (Verminderung der Staub- und Schmutzplage auf den Steinschlagbahnen; Teerung mit vorausgehender Oelung; Westrumitbesprengung; Querrinnen; Krümmungshalbmesser; Entwässerung; Beanspruchung durch gummibereifte, eisenbereifte Räder; Befestigungsart; Teermakadam; Kleinpflaster; Zementmakadam.) *Techn. Gem. Bl.* 9 S. 33/9.

KENNON, mountain road curves. (Force of traction of a team; widths at points of deflection, to allow the team to swing.)* *Eng. Rec.* 53 S. 695/6.

PARSONS, W. B., Zickzack-Fahrwege für steile städtische Straßen in San Francisco.* *Zbl. Bauv.* 26 S. 212.

STÜBBEN, planning of streets. (V) (A) *Builder* 91 S. 98/9.

Einiges über Berliner Pflasterverhältnisse. * *Z. Transp.* 23 S. 327/9, 615/6.

SCHNEIDER, das sogenannte Mainzer Profil. (Anlage einer Chaussee derart, daß sie dem späteren Pflaster als Unterlage dient.)* *Z. Transp.* 23 S. 407/10.

Der Wald- und Wiesengürtel und die Höhenstraße der Stadt Wien. *Schw. Baus.* 48 S. 59/61.

KAYSER, die straßenmäßige Einteilung der Bismarckstraße in Charlottenburg und ihre Verlängerung.* *Z. Transp.* 23 S. 203/7.

Straßenpflaster in Wien. (Pflasterung der stark befahrenen Straßen mit Granit oder Asphalt, Be-

72*

handlung der weniger befahrenen mit Teer.)
Asphalt- u. Teerind.-Z. 6 S. 190.

OWEN, highway construction. (Rules giving good results; trouble arising from the dust; application of tar in France.) (V) *Eng. Rec.* 54 S. 455/7.

Nouvelles avenues à Londres. (Avenues Kingsway et Aldwych. Tramway souterrain; tunnels déstinés aux canalisations; égouts et caves sous les trottoirs.)* *Ann. trav.* 63 S. 143.

Straßendurchbruch in London. (Welcher den „Strand" mit dem Schnittpunkte der Straßen High Holborn und Southampton Row verbindet. Straßenbahngleise in einem zweigleisigen, in der Straßenachse angeordneten Tunnel.)* *Techn. Gem. Bl.* 8 S. 331.

Straßenunterführungen in Eisenbeton der Chicago-, Burlington- und Quincy-Eisenbahn. ⊞ *Z. Transp.* 23 S. 179/80.

Recent work on the extension of Riverside Drive, New York. (Following the east shore of the Hudson River; carriage road about 58' wide, flanked by an 18' bridle path and two 15' sidewalks separated by 5' strips of parking roadway; average height of 60' above the adjacent tracks of the New York Central & Hudson River Rr. which lie between it and the river.)* *Eng. Rec.* 54 S. 295/7.

Relocation of public service systems during the grade raising of Galveston, Tex. (Relocation of all public services, including water and gas pipes, sewers, street railway tracks and other public service systems; self-propelled hopper dredges; houses and tracks raised for filling.)* *Eng. Rec.* 54 S. 299/302.

Eisenbahngleise und Straßenbahngleise. *Asphalt. u. Teerind.-Z.* 6 S. 443/4.

Der Straßenbau in seiner Anwendung auf Gleisverlegung im Straßenkörper. *Z. Transp.* 23 S. 550/1.

PATERSON, tramway permanent-way construction. (Paving.) (V)* *Min. Proc. Civ. Eng.* 165 S. 238/48.

GIBBON, steel tracks for highways. (Consist of a rail of T-section, having the vertical web carried in grooves in cast-iron chairs connected transversely by tie-bars.) (Pat.)* *Eng. News* 55 S. 461.

Eiserne Straßengleise für Landstraßen.* *Z. Transp.* 23 S. 315.

DERLETH, some effects of the San Francisco earthquake on water-works, streets, sewers, car tracks and buildings.* *Eng. News* 55 S. 548/54.

CONNICK, effect of the San Francisco earthquake on sewers and pavements. *Eng. News* 56 S. 312.

2. Ausführungen, Prüfung und Versuche. Exécutions, examination and trials. Exécutions, examination et essais. Vgl. Materialprüfung 2b.

The 26 th annual convention of the IOWA BRICK & TILE ASSOCIATION, held at Des Moines, Ia., jan. 10—11, 1906. (MARSTON, brick versus asphalt pavement in Iowa. WILSON, drain tile. HALLETT, architectural effects by judicious use of clay wares.) (V) *Brick* 24 S. 89/97.

Verfahren zur Herstellung von Steinstraßen und Straßen mit Kopfsteinpflaster. *Z. Transp.* 23 S. 433/4.

Versuche mit Lavastraßenpflastersteinen. (Probesteine mit sehr dichtem Gefüge, dgl. mit gleichmäßiger Verteilung von zahlreichen großen und kleinen Löchern, dgl. mit einer mittleren Dichtigkeit, dgl. mit sehr grobem Gefüge.) *Techn. Gem. Bl.* 8 S. 332.

Die Herstellung und Verwendung von Pflaster-

material aus Hochofenschlacke.* *Z. Transp.* 23 S. 621/3.

SOUKUP, Straßenpflaster. (Aus Kunststein, Granit u. dgl. Steinen mit Kantenschutzeinlagen in den Fugen.)* *Asphalt- u. Theerind.-Z.* 6 S. 112/3; *Z. Transp.* 23 S. 207/8.

Iron protected curb and side-walks.* *Chem. Eng. News* 17 S. 248/9.

Das Pflastern mit der Kelle. (Versetzung der Pflastersteine auf einer durch Ueberschwemmung mit Wasser und Stampfen gefestigten Sandlage unter Ausgleichung der noch gebliebenen Unebenheiten mit der Kelle.) *Z. Transp.* 23 S. 447.

ORTON, the rattling test as a safe method of disclosing the permissible absorption of paving brick. *Brick* 24 S. 305/8 F.

SPOON, construction of sand-clay and burnt-clay roads. (V) (A) *Eng. News* 56 S. 460; *Eng. Rec.* 54 S. 555/6.

BRECHT, paving brick and pavements.* *Brick* 24 S. 100/3.

Keramitsteine. (Gebrannte Steine aus Ton als Pflasterstoff. Zusammensetzung.) *Sprechsaal* 39 S. 946.

MYERS, brick paving at Canton, O. (Foundations of gravel and sand, concrete and broken stone.) (V) (A) *Eng. News* 56 S. 591.

MYERS, new paving and sewerage work at Fort Smith, Ark. (Pavements of brick, with sand filler, on a 4" of Arkansas River sand; macadamized country roads.) *Eng. News* 56 S. 243/4.

HELMICK, cost of brick pavement in Helena, Mont.* *Eng. Rec.* 53 S. 449.

Brick paving in New Haven, Conn.* *Brick* 24 S. 209.

Vitrified brick for paving purposes. (Concrete foundation; sand cushion, brick laying; expansion joint next to be filled two-thirds of its depth with pitch, the top one-third being filled with sand.) *Eng. Rec.* 53 S. 489/90.

TOTTEN and DOUGLASS, a Washington terrace. (Of about 25' to overcome a rise. Paving with vitrified brick.) *Eng. Rec.* 53 S. 379.

NESTOR, wood block paving. (Laboratory and service tests.) (V) (A) *Eng. News* 55 S. 109/7.

Erfahrungen mit Holzpflaster aus amerikanischem Kiefernholz. *Z. Transp.* 23 S. 369.

KUMMER, tests of other woods than pine for paving purposes. (Creosoted black gum; mahogany, untreated, chestnut oak; karri wood laid untreated with an open joint to prevent slipping, tallow wood, with close joints.) (A) (V) *Eng. Rec.* 54 S. 493/4; *Eng. News* 56 S. 497/8.

Creo-resinate wood-blocks for paving.* *Street. R.* 27 S. 365.

KUMMER, recent developments in wood block paving. (Long-leaf yellow, gum wood; joints between wood paving blocks; length and depth of blocks; light sprinkling before sweeping; mortar bed as a substitute for the sand cushion.) *Eng. News* 56 S. 158/9; *Eng. Rec.* 54 S. 207/8.

Pariser Holzpflaster. (Am besten eignet sich für Pflasterungen das Kiefernholz des Landes und Rohtannenholz aus Skandinavien.) *Asphalt u. Teerind.-Z.* 6 S. 542.

KUMMER, development of wood block pavements in the U.S. (Roadway of Williamsburg bridge.) (V. m. B.) ⊞ *J. Ass. Eng. Soc.* 37 S. 137/48.

CRANDALL, wood pavements in New York. (Experience: the plank roadway should be substituted for the wood block.) (A) *Eng. Rec.* 53 S. 661. *Asphalt. u. Teerind.-Z.* 6 S. 333.

Piastra BORINI per gli armamenti delle strade ferrate. (Composta di due parti, una tavoletta di legno e un' armatura metallica, che serve a

tenere a freno la tavoletta.) *Giorn. Gen. civ.* 43 S. 628.

Wood blocks for track paving.* *Street R.* 27 S. 55.

Die Entwässerung des Holzpflasters.* *Z. Transp.* 23 S. 617/8.

Erfahrungen mit Asphaltpflaster. *Asphalt- u. Teerind.-Z.* 6 S. 21/2 F.

VESPERMANN, Zusammensetzung und Verwendung deutschen Asphaltmaterials. (Entgegnung zu PINKENBURGs Abhandlung Jg. 8 S. 337/40.) *Techn. Gem. Bl.* 9 S. 145/9.

TILLSON, cost and methods of repairing asphalt pavements in various cities of U.S.A. *Eng. News* 56 S. 40.

Asphaltpflaster. (Der ungenannte Verfasser empfiehlt Maschinen für die Herstellung der Schotter-Betonunterlage, wobei die Motoren den Triebstrom von den Stromzuleitungen der elektrischen Straßenbahnen erhalten.) *Asphalt- u. Teerind.-Z.* 6 S. 460/1.

Early (1838) asphalt pavements in London. (ROBINSON's Parisian bitumen blocks; CLARIDGE's Leyssel asphalt.) *Eng. Rec.* 53 S. 592.

RICHARDSON CLIFFORD, the modern asphalt pavement. (Die in Nordamerika hauptsächlich verwendeten Asphaltsorten; physikalische und chemische Eigenschaften.) *Baumatk.* 11 S. 170/2. Von dem amerikanischen Asphalt-Pflaster. *Asphalt- u. Teerind.-Z.* 6 S. 127/8.

KAYSER, modernes Asphaltpflaster in Amerika. (Nach Clifford RICHARDSONs Buch „The modern asphalt pavement". Unterbau der Asphaltstraßen; Zwischenlage; Stoffe, welche die Asphaltmischung der Oberfläche bilden. Natürliches Bitumen im Dienste der Asphaltindustrie. Technologie des Asphaltpflasters; Herstellung der Zwischenlage und der Asphaltdecke auf der Straße; physikalische Eigenschaften der Asphaltoberfläche; Herstellung von Asphaltpflaster und Vorzüge derselben; Kosten; Ursachen der Zerstörung der Asphaltoberfläche.) *Techn. Gem. Bl.* 9 S. 82/6 F.; *Asphalt- u. Teerind.-Z.* 6 S. 345/7 F.

Asphaltieren von Straßen in Amerika. *Asphalt- u. Teerind.-Z.* 6 S. 75.

Die Verwendung von Asphaltbeton zu Pflasterungszwecken in den Vereinigten Staaten. *Z. Transp.* 23 S. 100/1.

RITTER, Zementbeton für Asphaltstraßen. (Die Mischung des Zementbetons ist von großer Bedeutung für die Haltbarkeit und Dauerhaftigkeit der Asphaltoberfläche.) *Asphalt- u. Teerind.-Z.* 6 S. 414/5.

WICHT, Vorteile und Herstellung der Stampfasphaltplattenbeläge. *Z. Transp.* 23 S. 639/40.

Verfahren zur Herstellung von Zementplatten mit Asphaltdecke.* *Z. Transp.* 23 S. 309.

Armierter Asphalt und Asphaltgranit. *Chem. Techn. Z.* 24 S. 62/3.

MAISONNEUVE, the roads of the future. (French main road [„macadam road"]; pressed block pavement, consisting of a mixture of granite and asphalt.)* *Horseless Age* 18 S. 429/30.

Kunstgranit und Asphaltgranit im Straßenbau. (Zementgranitplatten, Granitoidplatten.) *Asphalt- u. Teerind.-Z.* 6 S. 476/7 F.

La pavimentazione delle strade con granito-asfalto e con asfalto-armato. (Pavimentazione applicata a Parigi sulle piazze degli arrivi delle stazioni.)* *Giorn. Gen. civ.* 43 S. 159/60; *Asphalt- u. Teerind.-Z.* 6 S. 571/2.

MEYER, FRIEDR., Granitoid-Pflastersteine. (Herstellung; Trommelsieb; Kniehebelpresse; Druck-

wasser-Plattenpresse; Schleifmaschine; Rüttelmaschine.)* *Zem. u. Bet.* 5 S. 321/5.

Granitoidplatten. *Asphalt- u. Teerind.-Z.* 6 S. 191.

PINKENBURG, zur Bewertung der natürlichen Asphaltkalke und dahin gehöriges. (Herstellung von Mastix, Haltbarkeit und Zerstörung des Asphalts an den Schienen.)* *Techn. Gem. Bl.* 8 S. 337/40.

Straßenbahngleise im Asphalt.* *Asphalt- u. Teerind.-Z.* 6 S. 93/4, 161/2.

REINHARDT, Anwendung der Eisenbetonbauweise bei der Gleisunterbettung der Straßenbahnen in Asphaltstraßen. * *Asphalt- u. Teerind.-Z.* 6 S. 297/9 F.

KLETTE, über das Verhalten der Straßenbahnschienen in Asphaltstraßen. (Einbettung der Straßenbahngleise in Asphalt; Asphaltplatten nach Benutzung als Schienenunterlage. SCHMIDTscher Stoß mit Schutzblech; verschiedene Ausführungen von Einbettungen.) *Techn. Gem. Bl.* 9 S. 229/34 F.

MARKFELD, Herstellung von Bürgersteigen unter Mitverwendung von Steinkohlenteerasphalt. *Asphalt- u. Teerind.-Z.* 6 S. 491.

Pflasterung nach System „HIRST & SON" in Cleckheaton. (Verlegung eines Metallstreifens zwischen die Fugen des Blockpflasters, um die Kanten der Blöcke zu schützen.)* *Z. Transp.* 23 S. 447/8.

Anschluß des Asphaltes an Holzpflaster, mit besonderer Berücksichtigung der Berliner Straßenverhältnisse. * *Z. Transp.* 23 S. 263/4.

Pechmakadam. *Asphalt- u. Teerind.-Z.* 6 S. 110/1.

Asphalt vs. brick in Binghamton, N.Y. (Asphalt inferior to brick paving on account of its excessive laying and maintenance costs.)* *Brick* 25 S. 97/100.

REICHLE, über einen Versuch mit Teermakadam. (In der Hopfenstraße zu Karlsruhe.) *Techn. Gem. Bl.* 8 S. 353/4.

JEBB and BLACKWALL, road construction and tar paving. *J. Gas L.* 96 S. 453.

Straßen mit Teermakadam. *Asphalt- u. Teerind.-Z.* 6 S. 193.

Verfahren zur Herstellung von Teer-Makadam. *Asphalt- u. Teerind.-Z.* 6 S. 557/8.

KER, specifications for tar macadam, Ottawa, Ont. (Tar macadam is nearly equal to bitultific pavement or macadam and only half as expensive.) *Eng. News* 56 S. 213; *Z. Transp.* 23 S. 597/8.

Paving of Rockford. (Asphalt brick macadam; tar-macadam; brick pavement laid on macadam foundation.) (V) (A) *Eng. News* 55 S. 105/6; *Z. Transp.* 23 S. 119.

WARRENs Asphalt - Makadam.* *Z. Transp.* 23 S. 246/8.

Ueber die Herstellung von bituminösen Schotterpflasterungen in den Vereinigten Staaten. *Z. Transp.* 23 S. 666,7.

BURCHELL, Teerverwendung im Straßenbau und die Dorritsteine. *Asphalt- u. Teerind.-Z.* 6 S. 158/60.

Teermakadam zur Ausbesserung des Asphaltpflasters. (Aus Kleinschlag, Steinkohlenteer und Steinkohlenpech hergestellt.) *Asphalt- u. Teerind.-Z.* 6 S. 318.

Teermörtel. (Für Alleen und Terrassen, private Wege, Gartenanlagen, Promenaden, Schulen, Hospitäler.) *Asphalt- u. Teerind.-Z.* 6 S. 429 F.

COTTERELL, macadamised roads and dust. (Dressing the roads with dust preventing solutions [calcium chloride, tar etc.]; experiments in Coronation-road.) (V. m. B.) (A) *Builder* 91 S. 47, 232/3.

Oiling of roadbeds on the Brooklyn Rapid Transit system.* *Stre·t R.* 28 S. 333.

Heiße und kalte Straßenteerung. *Asphalt· u. Teer·ind.-Z.* 6 S. 283/4.

Die zweckmäßigsten Apparate zur Teerung der Straßen und Wege in Frankreich. * *Z. Transp.* 23 S. 334/5.

Oelgasteer für Straßen. *Braunk.* 5 S. 523/4.

Beton-Straßen und ihre Herstellung aus Materialien neuerer Zeit. *Z. Transp.* 23 S. 119/21.

Concrete pavements in Worcester. (HASSAM's methods.) (Pat.) *Eng. Rec.* 53 S. 625.

Concrete pavements in Chicago. (For alleyways, railroad yards and driveways. Pavement laid on a rolled clay soil cinder base layer of sand and crushed stone aggregate mixed fairly wet and tamped into place.) * *Eng Rec.* 53 S. 719.

Concrete pavements in Denver. (3" base of 1 : 3 : 7 and a 3" top of 1 : 2 : 4 concrete.) *Eng. Rec.* 53 S. 416.

EGLESTON, concrete work in Panama. (Road construction.)* *Eng. Rec.* 53 S. 268/9.

Betonpflaster zwischen den Gleisen von Straßenbahnen. *Z. Transp.* 23 S. 246.

Zementplatten für Berliner Bürgersteige. (Granitoidplatten von JANTZEN aus Portlandzement, Granitgrus und Granitschlick.)* *Zem. u. Bet.* 5 S. 257/60.

SCHMEDES, Zinkräumasche. (Zum Aufsatze von BLAU, Jahrg. 1905, S. 624. Eine Mischung von Zinkräumasche mit Kalk ergibt einen festen und zuverlässigen Beton nur dann, wenn die Masse gegen das Eintreten von Grundwasser gesichert ist; als Wegebaustoff ungeeignet.) *Zbl. Bauv.* 26 S. 20.

Basalt-Zementstein-Straßen System KIESERLING. *Z. Transp.* 23 S. 121.

Diabas-Zementstein-Straßen des Diabas-Kunststeinwerkes Koschenberg. *Z. Transp.* 23 S. 141/4.

KOCH, FERD. W. und WAGNER, G., Pflasterplatten für städtische Straßen. (Aus Beton mit Eiseneinlage und -Einfassung und eingebettetem Pflastermateriale.) *Z. Baugew.* 50 S. 87/8.

Straßenbau im Tale der Wilden Weißeritz. (Auskragender Fußweg am Bahnhof Edle Krone: Tragwerk, bestehend aus I-Trägern, zwischen denen Beton - Eisenplatten eingespannt sind; Weißeritz-Verlegung; Wölbbrücke über die Wilde Weißeritz; massive schiefe Brücken) * *Techn. Z.* 23 S. 4/7.

Reinforced concrete elevated roadway. (At Oklahoma City. 24' in width; consisting of 4" of asphalt pavement laid on a 6" concrete slab, reinforced with KAHN bars. The roadway is carried on concrete girders.) * *Railr. G.* 1906, 1 S. 364/5.

REINHARDT, Anwendungsform der Eisenbeton-Bauweise als Gleisbettung für Straßenbahnen.* *Z. Transp.* 23 S. 430/3.

ENG. AND CONTRACTING CO. in Chicago, Betonmischer für Straßenbau.* *Zem. u. Bet.* 5 S. 329/30.

Aufbrechen des Betonpflasters. *Asphalt- u. Teerind.-Z.* 5 S. 507/8.

Building a marsh highway near New York. (Filling across a salt meadow covered by turf peat and fibrous vegetable matter.)* *Eng. Rec.* 53 S. 250 1.

Good road work of the Chicago & Alton Ry. (Drag for maintaining earth roads, consists of the halves of a 12" log 7 to 9' long.) * *Eng. Rec.* 53 S. 230/1.

Materiale d'inghiaiamento stradale. (Prove di resistenza con l'apparecchio DEVAL.) *Giorn. Gen. civ.* 43 S. 131.

GENZMER, Wirkung der DREHLINGschen Dampf-

straßenwalze im Vergleich mit den englischen Konstruktionen. *Z. Transp.* 23 S. 427.

BARFORD & PERKINS, water-ballast motor roller. (Petrol motor.)* *Pract. Eng.* 34 S. 592/3; *Uhlands T. R.* 1906, 2 S. 6.

A gasoline-motor propelled roller.* *Sc. Am. Suppl.* 61 S. 25172.

HOSSE, Dampfstraßenwalze und Straßenaufreißer. (Von der MASCHINENBAU-GES. HEILBRONN.)* *Techn. Z.* 23 S. 321/2.

Straßenaufreißer von John FOWLER & CO. in Magdeburg. (Die Reißstahlhalter sind auf einer gemeinsamen Achse gegen einander beweglich und je für sich abgefedert)* *Z. Transp.* 23 S. 686.

FOWLER & CO., Straßen- und Wegebau-Vorrichtung zum Feststellen und Lösen der Halteketle der Reißstähle eines Straßenaufreißers. * *Z. Transp.* 23 S. 549.

JOCKMANS, appareil pour ameublir les pistes cyclables à recharger. (Charrue dont on a enlevé le soc pour le remplacer par une herse trapézoïdale.) * *Ann. trav.* 63 S. 166/8.

Massachusetts State highways. (Commission report for 1905. Methods of road construction; gravel road surfaced with trap rock; continuous repair of the road surface together with resurfacing; experience in tree planting along the roads.) *Eng. Rec.* 53 S. 478.

KING, the road split-log drag for improving earth roads. (For smoothing the road surface.)* *Eng. News* 55 S. 666/7.

STOLBERG & CO., Maschine zum Einrammen von Pflastersteinen.* *Uhlands T. R.* 1906, 2 S. 81/2.

EICHTAL, Vorrichtung zur Herstellung einer nicht zusammenhängenden Pflasterdecke aus formbarem Material (D. R. P. 170153). (Die die Fugen bildenden Wände werden nicht im Pflaster gelassen, sondern wieder benutzt, um ein regelmäßiges Zellensystem zu ermöglichen.)* *Z. Transp.* 23 S. 226/7.

Straßenlokomotiven. Street locomotives. Locomotives routières. Siehe Eisenbahnwesen III A, Selbstfahrer.

Straßenreinigung. Road cleaning. Service de la voirie. Vgl. Staub.

NIER, Näherungsformel zur Berechnung von Straßenreinigungskosten.* *Techn. Gem. Bl.* 8 S. 321/5.

HEIM, Bekämpfung des Staubes im Hause und auf der Straße. *Wschr. Baud.* 12 S. 746/51.

Neuere Erfolge der Staubbekämpfung in England. *Z. Transp.* 23 S. 392/3.

Staubbekämpfungsversuche in Farnham (England). *Z. Transp.* 23 S. 393/4.

Die Staubbekämpfung in Frankreich. *Z. Transp.* 23 S. 5/6.

NIER, über Straßenkehrmaschinen mit Kehrichtaufladevorrichtung. (Vorzüge; Sammelkehrmaschinen der KEHRMASCHINENGESELLSCHAFT SALUS in Rath und von VON BÄHR und HÄNDEL.)* *Techn. Gem. Bl.* 9 S. 161/6.

Straßenbesprengung in Leipzig. (Sprengwagen von REICHEL und MILLER; Sprengwagen mit Turbine, bezw. Brauserohr.) *Techn. Gem. Bl.* 9 S. 200.

Zentrifugal - Sprengwagen für die Straßenbahnen Mailands.* *Z. Transp.* 23 S. 435/6.

Straßenkehrmaschine der Wiener Straßenbahnen.* *Schw. Elektrot. Z.* 3 S. 603/4.

PUM, Straßenkehrmaschine mit Blechen, welche die Kehrbürste nach außen abschließen. (Arbeitet mit einem heb- und senkbaren Bürstenbande, das den Kehricht in einen Behälter schafft. Die Maschine ist von Blechen umschlossen, die mit

Fransen besetzt sind.) (Pat.)* *Z. Transp.* 23 S. 227.

POGGENSEE, Straßenreinigungsmaschine mit Ventilator zum Absaugen und Rieselwerk zum Niederschlagen des Staubes.* *Z. Transp.* 23 S. 528/9.

Der Motorwagen im städtischen Dienst.* *Z. Transp.* 23 S. 410/1.

MULLER DE CARDEVAR, Straßenreinigungsautomobil. (Die Bürstenwalze und die Schaber liegen innerhalb des von den Rädern begrenzten Rechtecks.)* *Z. Transp.* 23 S. 577/8; *Ind. vél.* 25 S. 34.

Handkarren mit Kippvorrichtung zu Straßenreinigungszwecken.* *Z. Transp.* 23 S. 727.

Randsteine mit Einrichtung zum Besprengen der Straßen.* *Z. Transp.* 23 S. 159.

WOODWARD, utilisation of pits etc., for rubbish. (V. m. B.) *Builder* 91 S. 49.

Streichhölzer. Matches. Allumettes. Siehe Zündwaren.

Stricken. Knitting. Tricotage. Siehe Wirken.

Strontium. Vgl. Barium, Calcium.

GUNTZ et ROEDERER, préparation et propriétés du strontium. *Compt. r.* 142 S. 400/1.

GUNTZ et ROEDERER, les amalgames de strontium. Préparation et propriétés du strontium métallique. *Bull. Soc. chim.* 3, 35 S. 494/513.

ROEDERER, action de l'ammoniac sur le strontium. Strontium-ammonium. *Bull. Soc. chim.* 3, 35 S. 715/27.

DUBOIN, les iodomercurates de calcium et de strontium. *Compt. r.* 142 S. 573/4.

PAJETTA, sulla solubilità di alcuni benzoati nell' acqua e sul benzoato di stronsio. *Gaz. chim. it.* 36, 2 S. 67/70.

Stufenbahnen. Movable platforms. Plate-formes mobiles. Siehe Eisenbahnwesen VII 6.

T.

Tabak und Zigarren. Tobacco and cigars. Tabac et cigares.

KISZLING, Fortschritte auf dem Gebiete der Tabakchemie. (Jahresbericht.) *Chem. Z.* 30 S. 483/4.

BLANCK, Beitrag zur Kenntnis der Aufnahme und Verteilung der Kieselsäure und des Kalis in der Tabakpflanze. *Versuchsstationen* 64 S. 243/8.

TÓTH, Bestimmung der Gesamtmenge der organischen Säuren in Tabak. *Chem. Z.* 30 S. 57/8.

PICTET, les alcaloïdes du tabac. *Bull Soc. chim.* 3, 35 Nr. 11/2 S. I/XXIII; *Arch. Pharm.* 244 S. 375/89.

From the tobacco leaf to the cigar.* *Sc. Am.* 95 S. 10/3.

Tantal. Tantalum. Tantale.

HINRICHSEN und SAHLBOM, Atomgewicht des Tantals. *Ber. chem. G.* 39 S. 2600/6.

NORDENSKJOLD, production and properties of tantalum. *Eng. min.* 81 S. 174.

CHABRIÉ et LEVALLOIS, les gaz observés dans l'attaque de la tantalite par la potasse. *Compt. r.* 143 S. 680/1.

Applications industrielles du tantale. *Nat.* 35, 1 S. 34/5.

V. BOLTON, Tantal und die Tantallampe. (V) *Z. ang. Chem.* 19 S. 1537/40.

TIGHE, estimation of tantalum by MARIGNAC's method. *Chemical Ind.* 25 S. 681/2.

WARREN, the estimation of niobium and tantalum in the presence of titanium. *Am. Journ.* 22 S. 520/1; *Chem. News* 94 S. 298/9.

Tapeten. Paper hangings. Papiers de tentures, tapisseries. Fehlt. Vgl. Papier und Pappe.

Tauchergeräte. Diving material. Matériel pour les scaphandriers.

HOTOPP, Tauchen, Tauchvorrichtungen und ihre Verwendung bei Gründungs- und ähnlichen Arbeiten. (V) (A) *Z. V. dt. Ing.* 50 S. 541; *Z. Arch.* 52 Sp. 39/44.

Submarine working by compressed air and arc light. *West. Electr.* 38 S. 426.

Tauerei und Kettenschiffahrt. Towing and haulage by means of an immersed chain. Touage et halage au moyen d'une chaîne submergée. Vgl. Kanäle, Kraftübertragung, Schiffbau.

Electrical towing on canals.* *Electr.* 56 S. 1008.

BÖRNER, elektrische Kanaltreidelei.* *El. Anz.* 23 S. 873/5 F.

RUDOLPH, elektrischer Schiffszug.* *Zbl. Bauw.* 26 S. 666.

SCHROEDER, telphérage électrique.* *Électricien* 32 S. 177/8.

Electrical canal towage in Germany.* *El. World* 48 S. 281/4.

BLOCK, Ergebnisse eines Betriebsversuches an einer elektrischen Schlepplokomotive beim Teltow-Kanal.* *Ann. Gew.* 59 S. 212/4.

PERKINS, electrical equipment of the Teltow canal in Germany.* *West. Electr.* 33 S. 475/7; *Iron A.* 77 S. 567/8.

Le halage électrique des bateaux sur le canal de Teltow, près de Berlin.* *Gén. civ.* 49 S. 357,62; *Electr.* 57 S. 879/83 F.; *Sc. Am.* 95 S. 266/7 F.

KÖTTGEN, das amerikanische Schleppschiffahrts-System WOOD und das zweigleisige Lokomotiv-System.* *Elektrot. Z.* 27 S. 746/9.

EGER und SYMPHER, elektrischer Schiffzug in Amerika. (Von der International Towing and Power Co. eingerichteter Schiffzug am Erie-Kanal nach WOODS. Die Schleppzuganlage besteht aus einer einschienigen, etwa 1 m über dem Leinpfad errichteten Bahn, auf der die elektrische Lokomotive mit zwei hintereinander liegenden Rädern läuft, während zwei weitere Räder gegen die Unterfläche des die Bahn bildenden I-Trägers mittels Federn angepreßt werden; von der GENERAL ELECTRIC CO. in Schenectady erbaute Lokomotiven.)* *Zbl. Bauw.* 26 S. 495/7.

Elektrische Schleppschiffahrt auf dem Eriekanal in Nordamerika.* *Ann. Gew.* 59 S. 231/3.

Electrical rope - tightening device for telpher system.* *West. Electr.* 38 S. 531.

Towing the floating dry-dock „Dewey" from Baltimore to the Philippines. (Naval tug „Potomac" and two - colliers „Caesar" and „Brutus". Bittheads fastened to the top and out-board side of a section.) *Eng. News* 55 S. 22.

Tee. Tea. Thé. Vgl. Nahrungs- und Genußmittel.

NANNINGA, Einfluß des Bodens auf die Zusammensetzung des Teeblattes und der Qualität des Tees. *CBl. Agrik. Chem.* 35 S. 427/8.

MAURENBRECHER und TOLLENS, Tee. (Pentosan-Bestimmung; Wasser-Extraktion; Hydrolyse.) *Ber. chem. G.* 39 S. 3581/2.

MAURENBRECHER und TOLLENS, die Kohlenhydrate des Kakaos und der Teeblätter. *Z. V. Zuckerind.* 56 S. 1035/46.

WAHGEL, Teegärung. *Am. Apoth. Z.* 26 S. 158.

Teer. Tar. Goudron. Vgl. Leuchtgas 8.

GRAEFE, die Braunkohlenteerindustrie im Jahre 1905. *Chem. Z.* 30 S. 691/4.

RUSSIG, die Industrie der Teerprodukte. (Bericht über die Fortschritte bis Ende April 1906. *Chem. Zeitschrift* 5 S. 271/4 F.

MARKFELDT, was wird aus der Teerindustrie am Ende des 20. Jahrhunderts? *Asphalt- u. Teerind.-Z.* 6 S. 250/1.

Teer-, Asphalt- und Holzverkohlungs - Industrie in Kanada. *Asphalt- u. Teerind.-Z.* 6 S. 416.

Asphalt- und Teerprodukten-Kenntnisse. *Asphalt- u. Teerind.-Z.* 6 S. 574.

KUHN, Apparat zur Teerdestillation für Laboratoriums-Zwecke. *Z. Chem. Apparat.* 1 S. 19/20.

Teerkocher für Dacharbeiten.* *Asphalt- u. Teerind-Z.* 6 S. 191/2.

Zwischengewinne beim Bau einer Teerkokerei. *Asphalt- u. Teerind.-Z.* 6 S. 431.

Farbloser Teer. (Herstellung.) *Pharm. Centralh.* 47 S. 14.

Teer. (Die stärkste Menge Teer erhält man aus der Steinkohle auf dem Wege der trockenen Destillation, wogegen die Gewinnung bei der Leuchtgasfabrikation bedeutend geringer ist.) *Asphalt- u. Teerind.-Z.* 6 S. 6.

GRAEFE, Einwirkung von Licht und Luft auf Braunkohlenteeröle. *Braunk.* 5 S. 571/7.

GRAEFE, zur Unterscheidung des Braunkohlenteerpeches von anderen Pechen. *Asphalt- u. Teerind.-Z.* 6 S. 176 F.; *Chem. Z.* 30 S. 298/9.

Some further notes on asphalt. (Ascertaining the melting - point of asphaltum, pitch, and similar substances, carbon tetrachloride as a solvent for differentiating bitumens; constituents of asphalts and pitches; detection of adulterants in natural asphaltum; bitumen for electrical uses.) *Builder* 91 S. 230/2.

Der Wassergehalt des Steinkohlenteeres. *Asphalt- u. Teerind.-Z.* 6 S. 160/1.

BÖRNSTEIN, Steinkohlenteere. (Untersuchung; Reinigung; Isolierung von Methylanthracen; Eigenschaften des Kohlenwasserstoffs CRACKEN $C_{14}H_{18}$) *Ber. chem. G.* 39 S. 1238/42.

TOOMS, disposal of gas tar. (V. m. B.) *J. Gas L.* 95 S. 321/2.

WARING, oil tar as a dust layer and weed destroyer. (V) *Gas Light* 85 S. 667/70.

GUGLIELMINETTI, use of tar for roads. *J. Gas L.* 95 S. 443/4.

Straßen mit Teermakadam. *Asphalt- u. Teerind.-Z.* 6 S. 193.

Verfahren zur Herstellung von Teer-Makadam. *Asphalt- u. Teerind.-Z.* 6 S. 557/8.

Teermakadam zur Ausbesserung des Asphaltpflasters. (Aus Kleinschlag, Steinkohlenteer und Steinkohlenpech hergestellt.) *Asphalt- u. Teerind.-Z.* 6 S. 318.

Teermörtel. (Für Alleen und Terrassen, private Wege, Gartenanlagen, Promenaden, Schulen, Hospitäler.) *Asphalt- u. Teerind.-Z.* 6 S. 429F.

Teilmaschinen. Dividing machines. Diviseurs.

GUÉNEAU, poupée diviseur universelle avec diviseur satellite.* *Rev. ind.* 37 S. 22/4.

HEYDEs selbsttätige Kreisteilmaschine.* *Prom.* 18 S. 169/71.

HURÉ, Teilstock. (Der Rapport der Teilung ist unabhängig von der Geschwindigkeit des Dorns.)* *Uhlands T. R.* 1906, 1 S. 52/3.

Telegraphie. Telegraphy. Télégraphie. Vgl. Eisenbahnwesen V, Elektrizität, Fernseher und Fernzeichner, Fernsprechwesen, Feuerlöschwesen, Phonographen, Signalwesen.

1. Telegraphie mittels metallischer Leitung.
  a) Allgemeines.
  b) Systeme.
  c) Apparate.
    α) Schreibtelegraphen.
    β) Drucktelegraphen.
    γ) Telautographen.

  d) Leitung, Schalt- und Schutzvorrichtungen, Stromquellen.
  e) Kabeltelegraphie.
2. Telegraphie ohne metallische Leitung.
  a) Allgemeines.
  b) Apparate.

1. Telegraphie mittels metallischer Leitung. Telegraphy by means of wires. Télégraphie au moyen de fils.

a) Allgemeines. Generalities. Généralités.

Fortschritte und Neuerungen auf den Gebieten der Telegraphie und Telephonie im IV. Quartal 1905 und im I., II. u. III. Quartal 1906. *El. Anz.* 23 S. 319/21 F.

STEIDLE, telephon- und telegraphen - technische Neuerungen in der Nürnberger Jubiläums-Landes-Ausstellung 1906. *Bayr. Gew. Bl.* 1906 S. 440/3 F.

Die Regulierung des österreichischen Telegraphenliniennetzes. *Elt. u. Maschb.* 24 S. 848/50.

DEVAUX-CHARBONNEL, the experimental study of telegraphic transmission. *Electr.* 57 S. 969/70; *Compt. r.* 143 S. 215/8.

KEHR, das Haupt-Telegraphenamt in Berlin.* *Arch. Post.* 1906 S. 401/19 F.

Einrichtung der Wiener Telegraphen-Zentralstation. *Elt. u. Maschb.* 24 S. 909/10.

TOBLER, la station de l'Eastern Telegraph Co. à Alexandrie.* *J. télégraphique* 38 S. 149/51 F.

b) Systeme. Systems. Systèmes.

The London - Glasgow underground telegraph system.* *El. Rev.* 58 S. 43/4 F.

I sistemi di trasmissione telegrafica a corrente continua.* *Elettricista* 15 S. 295/6.

MAVER, multiplex telegraphy.* *Cassier's Mag.* 31 S. 167/70.

PUPIN's application of resonance to multiplex telegraphy.* *West. Electr.* 39 S. 129.

c) Apparate. Apparatus. Appareils.

α) Schreibtelegraphen. Writing telegraphes. Télégraphes écrivants.

Télégraphe MORSE-BOGNI.* *Ind. él.* 15 S. 499/502.

STEIDLE, telephon- und telegraphentechnische Neuerungen in der Nürnberger Jubiläums-Landes-Ausstellung 1906. (Apparatentechnik.) *Bayr. Gew. Bl.* 1906 S. 450/3 F.

β) Typendrucker. Printing telegraph. Télégraphe imprimeur.

BARCLAY, printing telegraph. *El. World* 47 S. 399/400.

HANSEL, ein System für wechselseitige Mehrfachtelegraphie mittels HUGHES - Apparaten. (a) *Elt. u. Maschb.* 24 S. 206/9 F.

KORDA, télégraphe rapide système POLLAK & VIRAG.* *Bull. Soc. él.* 6 S. 465/76; *Eclair. él.* 49 S. 486/92 F.

The MURRAY automatic printing telegraph system. *El. Eng. L.* 37 S. 632/3; *Electr.* 57 S. 93/4; *El. Rev.* 58 S. 739.

The MURRAY automatic page-printing telegraph; its history and its progress. (Installed in the head telegraph office between St. Petersburg and Moscow.)* *Sc. Am.* 95 S. 178; *El. Eng. L.* 37 S. 917.

ROUSSEL's system of typewriting telegraphy. (Consists of a transmitter, MORSE register and electrically operated typewriter. The messages can be transmitted in both the MORSE signals and ordinary letters, the typewriter printing the telegrams ready for delivery upon receipt, while the MORSE register records the signals on a tape.)* *West. Electr.* 38 S. 214/5.

Nouveau système de télégraphe imprimeur à l'usage des particuliers. (Appareil STELJES et HIGGINS.) *Cosmos* 1906, 1 S. 64/6.

γ) **Telautographen. Telautographs. Télautographes.**

Indirekte elektrische Fernübertragung von Photographien, Bildern usw. durch Ziferntelegramme. *Mechaniker* 14 S. 283.

d) **Leitung, Schalt- und Schutzvorrichtungen, Stromquellen. Lines, switches, protecting apparatus, current generators. Lignes, intercalateurs, appareils protecteurs, générateurs du courant.** Vgl. 1 b.

The London—Glasgow telegraph cable.* *Electr.* 56 S. 504/5.

Le câble télégraphique et téléphonique du Simplon. *J. télégraphique* 38 S. 80/2 F.

Fertigstellung der Telegraphenkabelverbindung zwischen Nordamerika und Asien. (Beendigung durch die Kabellegung zwischen Kalifornien über Hawai und die Midway-Inseln nach Guam und Japan.) *Wschr. Baud.* 12 S. 610.

TOEPFER, fahrbare Drahttrommel zur Verlegung des Feldkabels.* *Krieg. Z.* 9 S. 42.

Stabilita delle linee telegrafiche e telefoniche ad armamento misto. *Elettricista* 15 S. 215/8.

KNOPF, verbesserte Schalteinrichtung für die im Telegraphenbetriebe verwendeten Sammlerbatterien.* *Elektrot. Z.* 27 S. 919/23.

SCHWILL, Zentralanrufschränke für Telegraphenleitungen. *Arch. Post.* 1906 S. 593/607.

e) **Kabel - Telegraphie. Submarine telegraphy. Télégraphie sous-marine.**

WINKFIELD, a modification of the cable zero conductor resistance test for submarine cables.* *Electr.* 57 S. 212.

2. **Telegraphie ohne metallische Leitung. Telegraphy without wires. Télégraphie sans fils.** Vgl. Elektrizität 1 c a.

a) **Allgemeines. Generalities. Généralités.**

A revolution in wireless telegraphy. (POULSON's system.) (V)* *El. Mag.* 6 S. 429/34.

FRANKE, die Entwicklung der drahtlosen Telegraphie. (V. m. B.) *Elektrot. Z.* 27 S. 1002/9.

PRASCH, Neuerungen auf dem Gebiete der Wellentelegraphie. (Fritter von SCHNIEWINDT, TISSOT, MASKELYNE; der heiße Oxydfritter von HORNEMANN; Wellenanzeiger von HÁRDÉN; der elektrolytische Wellenanzeiger der DE FOREST WIRELESS TELEGRAPH CO.; Wellenanzeiger von ARNO; magnetischer Wellenanzeiger PEUKERT; elektromagnetischer Wellenanzeiger von TISSOT; Wellenanzeiger von KARPEN; Dynamometer für schnelle elektrische Schwingungen von PAPALEXI; bolometrischer Wellenanzeiger von TISSOT; Wellenmesser von DE FOREST und IVES.)* *Dingl. J.* 321 S. 154/6 F.

NAIRZ, Fortschritte auf dem Gebiete der Funkentelegraphie. (a)▣ *Dingl. J.* 321 S. 395/7 F.

FESSENDEN, interference in wireless telegraphy and the international telegraph conference. *El. Rev.* 59 S. 38/40 F.

SOUCHON, die internationale Regelung der Radiotelegraphie. *Mar. Rundsch.* 17 S. 1346/52.

ERSKINE-MURRAY, recent advances in wireless telegraphy. (V) (A) *J. el. eng.* 36 S. 384/92.

NESPER, die drahtlose Telegraphie im Eisenbahn-Sicherungsdienst. (Beschreibung der Versuche, Schaltungsanordnung usw.) *Elektrot. Z.* 27 S. 906/10; *Electr.* 58 S. 297/8; *El. Mag.* 6 S. 406.

ALIQUÒ-MAZZEI, la telegrafia senza filo ed il suo impiego militare. (Radiotelegrafia.) (V) (A) *Riv. art.* 1906, 3 S. 222/42.

Funkentelegraphie. (Feldmäßige Uebung im Raume

Preßburg—Znaim – Korneuburg.) *Schw. Z. Art.* 42 S. 377/8.

Wireless telegraphy in the navy. *Electr.* 57 S. 507/9.

Wireless telegraphy and telephony in the Japanese navy. *Sc. Am.* 95 S. 226.

Wireless telegraphy in war.* *Page's Weekly* 9 S. 1253/5.

KOVARIK, der Nachrichtenapparat im ersten russischjapanischen Kriege. (Leitungslose Telegraphie.) *Schw. Z. Art.* 42 S. 141/54.

Sistema di telegrafia senza fili ARTOM.* *Elettricista* 15 S. 213/4.

BRANDES, Abweichungen vom OHMschen Gesetz, Gleichrichter-Wirkung und Wellenanzeiger der drahtlosen Telegraphie. * *Elektrot. Z.* 27 S. 1015/7.

BRANLY, établissement, entre un poste transmetteur et un des postes récepteurs d'une installation de télémécanique sans fil, d'une correspondance exclusive, indépendante de la syntonisation. *Compt. r.* 143 S. 676/8; *Electricien* 32 S. 365/6.

BRANLY, a protective device against accidental sparking in wireless telemechanisms.* *Electr.* 58 S 298/9.

Appareil de sécurité contre les étincelles accidentelles dans les effets de télémécanique sans fil. *Electricien* 32 S. 363/5.

SIEGEL, protection of telephones from wireless disturbances.* *El. World* 47 S. 324.

Directed wireless telegraph messages. *El. Mag.* 6 S. 203/4.

BRAUN, on directed wireless telegraphy.* *Electr.* 57 S. 222/4 F.

ROUND, directed wireless telegraphy. * *El. World* 48 S. 567/8.

COLLINS, BRAUN's new method of directing wireless messages. *Sc. Am* 94 S. 110/1.

MARCONI, methods whereby the radiation of electric waves may be mainly confined to certain directions, and whereby the receptivity of a receiver may be restricted to electric waves emanating from certain directions. * *El. Rev. N. Y.* 48 S. 804/7; *Electr.* 57 S. 100/2.

Nuovi esperimenti di MARCONI sulla dirigibilità delle onde elettriche.* *Elettricista* 15 S. 145/8; *Electr.* 57 S. 303; *El. Anz.* 23 S. 496/7.

SCHMIDT, Bemerkungen zu MARCONIs Versuchen über Richtung in der drahtlosen Telegraphie. * *Elektrot. Z.* 27 S. 852/3; *Electr.* 58 S. 55; *Physik. Z.* 7 S. 661/3.

Controlling the direction of space-telegraph signals. *West. Electr.* 38 S. 295/6.

BROWN, a method of producing continuous high-frequency electric oscillations.* *Electr.* 58 S. 201/2.

HAHNEMANN, Erzeugung und Verwendung ungedämpfter Hochfrequenz-Schwingungen in der drahtlosen Nachrichten-Uebertragung.* *Elektrot. Z.* 27 S. 1089/91; *Electr.* 58 S. 256.

La production des ondes électriques permanentes de très grande fréquence et leur application à la radiotélégraphie système POULSEN. * *Ind. él.* 15 S. 541/4.

POULSEN, ein Verfahren zur Erzeugung ungedämpfter elektrischer Schwingungen und seine Anwendung in der drahtlosen Telegraphie.* *Elektrot. Z.* 27 S. 1040/4; *El. Rev.* 59 S. 776/7; *El. Eng. L.* 38 S. 776/7; *Electr.* 58 S. 166/8.

NAIRZ, ungedämpfte Schwingungen in der drahtlosen Telegraphie.* *Prom.* 18 S. 145/55 F.

BURSTYN, Einfluß des Gegengewichtes auf die Dämpfung des Luftdrahtes in der drahtlosen Telegraphie.* *Elektrot. Z.* 27 S. 1117/8.

COLLINS, the DE FOREST syntonic system of wireless telegraphy.* *Sc. Am. Suppl.* 61 S. 25169/71.

HETTINGER, supplement to the limiatting factors

73

of syntonic wireless telegraphy. *El. Eng. L.* 37 S. 8/9.

DEVAUX, commande électrique à distance par les ondes hertziennes. Application à la commande d'un sous-marin torpilleur. * *Bull. Soc. él.* 6 S. 309/14.

MONTPELLIER, la commande à distance sans fil d'un bateau sous-marin.* *Electricien* 32 S. 49/51.

La commande à distance sans fil d'un bateau sous-marin.* *Electricien* 31 S. 289/92.

FAWCETT, wireless telegraphie by means of kites.* *El. Rev. N. Y.* 48 S. 518/9.

The BELL tetrahedral kite in wireless telegraphy.* *Sc. Am.* 94 S. 324.

FESSENDEN, wireless telegraphy. *El. Rev.* 58 S. 744/6 F.

FLEMING, theory of directive antennae or unsymmetrical hertzian oscillators. * *Electr.* 57 S. 455/7.

FLEMING, the electric radiation from bent antennae. (Quantitative experiments with such antennae. In the case of antennae partly vertical and partly horizontal [Γ shape] the directive effect is found to increase with the ratio of horizontal part to vertical part (down to a certain limit). The direction of minimum radiation is at an angle of 105 deg. to 110 deg. to the antenna. This minimum is much more marked if the upper part of the antenna slopes downwards instead of being horizontal.) (V) (A)* *Electr.* 58 S. 416/20; *Phil. Mag.* 12 S. 588/604.

DE FOREST, wireless telephony and telegraphy. (Telephone transmitter; telegraph receiver.)* *El. World* 48 S. 1107.

GOLLMER, die Polarisationszelle als Wellendetektor.* *Mechaniker* 14 S. 221/3.

PACKARD, silicon as a wireless detector. * *El. World* 48 S. 1100/1.

GRADENWITZ, space telegraphy on seagoing steamships. * *West. Electr.* 38 S. 353.

KING, Funkenstrecken. (Erhöhung des Wirkungsgrades der Funkenstrecken von Sendern für drahtlose Telegraphie.) *Central-Z.* 27 S. 4/5.

MAGINI improvements in practical telegraphy. *El. Mag.* 6 S. 403/4.

MAJORANA, la telegrafia senza filo con onde persistenti. *Elettricista* 15 S. 293/4.

PIERCE, experiments on resonance in wireless telegraph circuits. (The direct coupled type of sending circuit; resonance curves with the direct coupled sending station and various forms of receiving circuit; experiments to test the image theory of the action of the ground.)* *Phys. Rev.* 22 S. 119/20, 159/80.

TISSOT, résonance des systèmes d'antennes dans la télégraphie sans fil.* *Ann. d. Chim.* 8, 7 S. 320/523; *J. d. phys.* 4, 5 S. 326/43.

PIZZARELLO, Versuche über drahtlose Fernübertragung von Signalen. *Mechaniker* 14 S. 7.

ROBINSON, JAMES L., wireless troubles. *Eng. Rec.* 54 S. 563.

RUHMER, Versuche mit elektrischer Wellentelephonie.* *Mechaniker* 14 S. 243/5.

ROUND, wave lengths in wireless telegraphy. * *El. World* 48 S. 528/9; *El. Mag.* 6 S. 461/3.

WIEN, über die Abstimmung funkentelegraphischer Sender. (Die SLABYschen Versuche und die bisherige Theorie; die SLABYsche Berechnung der ausgesandten Wellenlängen; die Messung der Wellenlänge mit dem Multiplikationsstab; Verstimmung gekoppelter Systeme; weitere experimentelle Untersuchungen in der Abhandlung SLABYs.) *Elektrot. Z.* 27 S. 837/41.

SLABY, die Abstimmung funkentelegraphischer Sender. *Elektrot. Z.* 27 S. 973/6; *Electr.* 56 S. 595/6.

TISSOT, methods of measurement in wireless telegraphy. *Electr.* 58 S. 21.

Bolometric measurements in wireless telegraphy. *Sc. Am.* 95 S. 79.

Les méthodes de mesure dans la télégraphie sans fil.* *Bull. Soc. él.* 6 S. 319/42.

TISSOT, ordre de grandeur des forces électromotrices mises en jeu dans les antennes réceptrices. *J. d. phys.* 4, 5 S. 181/7.

WALLING, a synthetic wireless apparatus. *Proc. Nav. Inst.* 32 S. 645/54.

WALTER, method of obtaining continuous currents from a magnetic detector of the self-restoring type. *Electr.* 57 S. 175/6; *El. Rev. N.Y.* 48 S. 921/2; *Proc. Roy. Soc.* 77 A S. 538/42; *El. Eng. L.* 38 S. 205.

WIEN, die Intensität der beiden Schwingungen eines gekoppelten Senders. * *Physik. Z.* 7 S. 871/2.

WILDMAN, transmitting distance in wireless telegraphy. *El. World* 47 S. 320.

Effect of atmospheric conditions on transmitting distance in wireless telegraphy. *Electr.* 56 S. 1009.

Wireless telegraphy in German South-West Africa. *El. Rev.* 58 S. 473/4.

Wireless telegraphy from the Andaman Islands to the Mainland of Burma. *Electr.* 57 S. 49/51.

L'influence de l'électricité atmosphérique sur la télégraphie sans fil.* *Cosmos* 1906, 1 S. 598/9.

Vorführung von Apparaten der GESELLSCHAFT FÜR DRAHTLOSE TELEGRAPHIE System Telefunken. *El. Anz.* 23 S. 1054/5.

Metodi per aumentare l'energia trasmettente nella radiotelegrafia.* *Elettricista* 15 S. 205/6.

Radiotelegraphy and the Telefunken system.* *Engng.* 82 S. 788/92 F.

Radiotelegraphy by continuous electrical oscillations. *Engng.* 82 S 734/5.

Appareil de démonstration pour la télégraphie sans fil.* *Nat.* 34, 1 S. 92/4.

The human body as a wireless telegraph transmitter and receiver. *Sc. Am.* 94 S. 154.

b) Apparate. Apparatus. Appareils.

Variazioni di isteresi magnetica studiata col tubo di BRAUN.* *Elettricista* 15 S. 4/6.

The CERVERA wireless telegraph. * *Sc. Am. Suppl.* 61 S. 25306.

COLLINS, the design and construction of a 100 mile wireless telegraph set.* *Sc. Am. Suppl.* 62 S. 25712/4.

POULSEN's wireless telegraphy. (MASKELYNE apparatus based upon the phenomenon of the singing arc.) (V) (A) *Pract. Eng.* 34 S. 707.

Le système radiotélégraphique POULSEN. *Electricien* 32 S. 312.

The elevated conductor in wireless telegraphy. *El. World* 48 S. 176/7.

SOLFF, Beschreibung der neuesten Form von Stationen für drahtlose Telegraphie nach dem System Telefunken. *Elektrot. Z.* 27 S. 875/80.

NAIRZ, die Riesenstation der Gesellschaft für drahtlose Telegraphie in Nauen.* *Prom.* 18 S. 97/101.

SIEWERT, die funkentelegraphische Großstation Nauen.* *Elektrot. Z.* 27 S. 965/8.

Groß-Station Nauen. (Drahtlose Telegraphie System Telefunken.)* *El. Anz.* 23 S. 1091/4; *Electr.* 58 S. 84/6; *Uhlands T. R.* 1906 *Suppl.* S. 162/4; *El. Rev.* 59 S. 791/4.

MONCKTON, notes on a wireless telegraph station. (Between Port of Spain and the sea in the direction of Tobago; the LODGE-MUIRHEAD system.)* *Electr.* 56 S. 514/7.

WERNER-BLEINES, tragbare Funkstation der GE-SELLSCHAFT FÜR DRAHTLOSE TELEGRAPHIE, Berlin.* *Mechaniker* 14 S. 103/5.

A portable wireless telegraph outfit. (Of the GES. FÜR DRAHTLOSE TELEGRAPHIE.)* *Electr.* 57 S. 214/6.

Sul calcolo di stazioni di radiotelegrafia sintonica.* *Elettricista* 15 S. 181/4.

MONTEL, sul calcolo di stazioni di radiotelegrafia sintonica per distanze notevoli. *Elettricista* 15 S. 238/40.

NAIRZ, tragbare Stationen für Funkentelegraphie.* *Prom.* 17 S. 657/60.

AUSTIN, the electrolytic wave detector. *Phys. Rev.* 22 S. 364/5.

ARMAGNAT, les détecteurs électrolytiques et leur emploi dans les mesures électriques. *J. d. phys.* 4, 5 S. 748/62.

DE VALBREUZE, sur les détecteurs d'ondes électrolytiques. (Expériences avec courants alternatifs de basse fréquence; expériences avec des ondes électriques.)* *Eclair. él.* 49 S. 201/7.

BRAUN, Wellenanzeiger. (Unipolar - Detektor.) [Aeltere Beobachtungen des Verfassers, unipolare Leitung in festen Körpern betreffend, Anwendung derselben zur Herstellung eines bequemen und empfindlichen Wellenanzeigers.) *Elektrot. Z.* 27 S. 1199/1200.

Mercury-vapor wireless detector. (DE FOREST wireless detector.) *El. World* 48 S. 1186; *Eclair. él.* 49 S. 333/8.

TISSOT, the use of the bolometer as a detector of electric waves.* *J. el. eng.* 36 S. 468/74; *Eng.* 101 S. 231; *El. Eng. L.* 37 S. 300/4; *Electr.* 56 S. 848/9.

PICKARD, the carborundum wireless detector.* *El. World* 48 S. 994/5.

ROUND, carborundum as a wireless telegraph receiver.* *El. World* 48 S. 370/1.

Ricevitore elettrocapillare sistema ARMSTRONG-ORLING.* *Elettricista* 15 S. 135/7.

DE FOREST, the audion, a new receiver for wireless telegraphy.* *Proc. El. Eng.* 25 S. 719/47; *West. Electr.* 39 S. 355/7; *Electr.* 58 S. 216/8; *El. Mag.* 6 S. 460/1.

PUPIN, discussion on „the audion; a new receiver for wireless telegraphy". *Proc. El. Eng.* 25 S. 863/76.

Commutateur automatique d'antenne.* *Electricien* 31 S. 71/3.

COLLINS, the POULSEN selective system of wireless telegraphy. (Hydrogenic arc emitter.)* *Sc. Am.* 95 S. 450.

KOEPSEL, ein neuer Resonator für drahtlose Telegraphie. (Offene Resonatoren.) *Elektrot. Z.* 27 S. 139/40.

LOHBERG, Selbstgegenfritter (Autoantikohärer). *Mechaniker* 14 S. 13/4.

MASSIE wireless telegraph system.* *El. World* 47 S. 867/9; *Electr.* 57 S. 295/7; *West. Electr.* 38 S. 35.

SULLIVAN, call relay for wireless telegraphy. (Consists of a permanent magnet and suspended moving coil; spring contacts.) *El. Rev.* 58 S. 225; *Electr.* 56 S. 590.

SULLIVAN, relai d'appel pour installations de télégraphie sans fil. *Electricien* 31 S. 91/2.

Telegraphen and Telephonograph. Telegraphene and Telephonograph. Télégraphene et Téléphonographe. Siehe Fernsprechwesen; Phonographen.

Telephonie. Telephony. Téléphonie. Siehe Fernsprechwesen.

Tellur. Tellurium. Tellure.

NORRIS, elementary nature and atomic weight of tellurium. *J. Am. Chem. Soc.* 28 S. 1675/84.

KUČERA und MAŠEK, Strahlung des Radiotellurs. Die Sekundärstrahlung der α-Strahlen.* *Physik. Z.* 7 S. 337/40, 630/40 F.

PELLINI, isomorfismo fra il tellurio ed il selenio. *Gaz. chim. it.* 36, II S. 455/64.

LE BLANC, Zwitterelemente. (Verhalten des Tellurs in KOH.) *Z. Elektrochem.* 12 S. 649/54.'

GLOGER, Kalium tellurosum in der Medizin und Hygiene. GOSIO, Bemerkungen dazu. *CBl. Bakt.* I. 40 S. 584/590; 41 S. 589/82 F.

Terpene und Terpentinöl. Terpenes and turpentine oil. Terpènes et térébenthène. Vgl. Chemie, organische, Kampher, Oele, ätherische.

PFEIFFER, Fortschritte in der Chemie der Terpene von Juni 1904 bis Mai 1906. *Chem. Zeitschrift* 5 S. 291/3 F.

ROCHUSSEN, Fortschritte auf dem Gebiete der Terpene und ätherischen Oele. (Jahresbericht.) *Chem. Z.* 30 S. 185/9; *Z. ang. Chem.* 19 S. 1926/8.

WALLACH, Terpene und ätherische Oele. (Neue Verbindungen aus β-Terpineol; neue heptacyklische Verbindungen; Beobachtungen aus der Pinenreihe; Verbindungen der Cyklohexanonreihe; über Isocarvoxim und die Constitution des Carvolins, nebst Bemerkungen über den Isomerisationsverlauf bei Oximen; die einfachsten Methankohlenwasserstoffe der verschiedenen Ringsysteme und deren Abwandlung in alicyklische Aldehyde.) *Liebigs Ann.* 345 S. 127/54; 346 S. 220/85; 347 S. 316/46.

WALLACH, Terpene und ätherische Oele. Terpinen, seine Verbindungen, seine Reindarstellung und seine Konstitution. *Liebigs Ann.* 350 S. 141/79.

LAPWORTH, reactions involving the addition of hydrogen cyanide to carbon compounds. Cyanodihydrocarvone. *J. Chem. Soc.* 89 S. 945/66.

FRANKFORTER and FRARY, the chlorhydrochlorides of pinene and firpene. *J. Am. Chem. Soc.* 28 S. 1461/7.

PERKIN, synthesis of the terpenes. (Synthesis of tertiary menthol (p-menthanol-4) and of inactive menthene (Δ3-p-menthene), of the optically active modifications of KAY and PERKIN, Δ3-p-menthenol (8) and Δ3.8(9)-p-menthadine.) *J. Chem. Soc.* 89 S. 832/56.

KAY and PERKIN, syntheses of the terpenes. Preparation of cyclo pentanone-4-carboxylic acid and of cyclo hexanone-4-carboxylic acid (δ-keto-hexahydrobenzoic acid.) *J. Chem. Soc.* 89 S. 1640/8.

AHLSTRÖM und ASCHAN, die Pinen-Fraktionen des französischen und amerikanischen Terpentinöles. *Ber. chem. G.* 39 S. 1441/6.

ASCHAN, die Terpene der finländischen Fichten- und Tannen-Harze. *Ber. chem. G.* 39 S. 1447/51.

FRANKFORTER, the pitch and the terpenes of the Norway pine and the Douglas fir. *J. Am. Chem. Soc.* 28 S. 1467/72.

KONDAKOW und SCHINDELMEISER, das schwedische Terpentinöl. *Chem. Z.* 30 S. 722/3.

SUNDVIK, durch trockene Destillation dargestelltes Terpentinöl (Kienöl.) *Chem. Rev.* 13 S. 309/10; *Pharm. Centralh.* 47 S. 1009/10.

WALKER, WIGGINS und SMITH, EDWARD, Destillationsprodukte des Fichtenholzes. *Seifenfabr.* 26 S. 606.

KLASON und PERSON, Raffinierung des bei der Sulfatcellulose-Fabrikation erhaltenen Terpentinöles (sog. Sulfatterpentin.) *Papierfabr.* 1906 S. 2840/1.

Terpentingewinnung in Indien und Eigenschaften des indischen Terpentins. *Pharm. Centralh.* 47 S. 324.

The manufacture of turpentine. *Sc. Am.* 94 S. 431.

VON SODEN und TREFF, Darstellung des reinen Nerols. *Ber. chem. G.* 39 S. 906/14.

SEMMLER, Bestandteile ätherischer Oele. Aufspaltung des bicyclischen Triaceansystems im Sabinen und Tomaceton. Eine neue Reihe von Terpenen. (Cyclopentadiene.) *Ber. chem. G.* 39 S. 4414/28.

CHARABOT et LALOUE, formation et distribution des composés terpéniques chez l'oranger à fruits amers. *Compt. r.* 142 S. 798/801.

CHARABOT et LALOUE, formation et distrubtion des composés terpéniques chez l'oranger à fruits doux. *Bull. Soc. chim.* 3, 35 S. 912/9.

HANSEN, über Terpentin und seinen Ersatz (Durch Petroleum- und Steinkohlenteerdestillate unter Zusatz von Harz, ferner durch Wachholder, Taxus, Yewtree.)* *Uhlands T. R.* 1096, 3 S. 5/6.

LIPPERT, Terpentinöl, Leinöl und Leinölfirnis, ihre Surrogate und Verfälschungen. *Mitt. Malerei* 13 S. 91/5 F.

SPÄTH, Terpentinöl-Ersatzmittel. (Hergestellt aus Borneoöl.) *Farben-Z.* 12 S. 140/4.

BOTTLER, Neuerungen in der Analyse und Fabrikation von Lacken und Firnissen im Jahre 1905. Terpentinöl und Terpentinöl-Ersatzmittel. *Chem. Rev.* 13 S. 268/71 F.

HERZFELD, Terpentinöluntersuchung. *Farben-Z.* 11 S. 792.

UTZ, Nachweis von Petroleumdestillation in Terpentinöl. *Apoth. Z.* 21 S. 399/400.

UTZ, Untersuchung von Terpentinöl. *Chem. Rev.* 13 S. 161/3.

VALENTA, Verwendung von Dimethylsulfat zum Nachweis und zur Bestimmung von Teerölen in Gemischen mit Harzölen und Mineralölen und dessen Verhalten gegen fette Oele, Terpentinöl und Pinolin. *Chem. Z.* 30 S. 266/7.

Prüfung der Terpentinöle. *Pharm. Centralh.* 47 S. 643/6.

BÖHME, Bestimmung von Petroleum, Petroldestillaten und Benzol in Terpentinöl, Kienöl und in Terpentinölsatzmitteln. *Chem. Z.* 633/5.

NIEGEMANN, Terpentinöle des Handels. (Untersuchung, Bromzahl; Refraktometer - Angaben.) *Farben-Z.* 11 S. 764/5.

SMITH CRUICKSHANK, examen industriel de la térébenthine. *Corps gras* 32 S. 183/5.

VAUBEL, Terpentinöle des Handels. (Die Bromierungsmethode zur Gehaltsbestimmung; Verbesserungen derselben.) *Farben-Z.* 11 S. 586/7, 855; *Pharm. Z.* 51 S. 257; *Z. öffl. Chem.* 12 S. 107/8.

Thallium.

JANICKI, feinere Zerlegung der Spektrallinien von Quecksilber, Kadmium, Natrium, Zink, Thallium und Wasserstoff.* *Ann. d. Phys.* 19 S. 36/79.

CHIKASHIGÉ, Wismut-Thalliumlegierungen.* *Z. anorgan. Chem.* 51 S. 328/35.

WILLIAMS, Antimon-Thalliumlegierungen.* *Z. anorgan. Chem.* 50 S. 127/32.

DOERINCKEL, die Legierungen des Thalliums mit Kupfer und Aluminium.* *Z. anorgan. Chem.* 48 S. 185/90.

RABE, Thalliumoxyde.* *Z. anorgan. Chem.* 50 S. 158/70, 427/40

THOMAS, les combinaisons halogénées du thallium. *Compt. r.* 142 S. 838/41.

MAITLAND und ABEGG, die Thalliumjodide, ihre Existenzbedingungen und ihre Wertigkeit. Ein Fall von anorganischer Tautomerie. *Z. anorgan. Chem.* 49 S. 341/55.

SUCHENI, über Amalgampotentiale. (Thalliumamalgam.)* *Z. Elektrochem.* 12 S. 726/32.

Theater. Theatres. Théâtres. Siehe Bühneneinrichtungen, Feuersicherheit, Hochbau 6 k.

Thomasschlacken. Siehe Phosphorsäure. Vgl. Dünger, Schlacken.

Thorium. Vgl. Seltene Erden.

DIESELDORFF, die brasilianischen Monazitsandlagerstätten. *Chem. Ind.* 29 S. 411/4.

BÖHM, monazite sand. (A) *J. Gas L.* 93 S. 430/1; *Eng. min.* 81 S. 842.

BÖHM, die Thoriumindustrie. *Chem. Ind.* 29 S. 450/62 F.; *Z. Beleucht.* 12 S. 125/6.

BÖHM, Qualität der Thorpräparate des Handels. *Oest. Chem. Z.* 9 S. 317/9.

Monazitsand und Thorium. (Vorkommen und Aufbereitung abbauwürdiger Monazitmineralien.) (A) *J. Gasbel.* 49 S. 153.

GARELLI und BARBIERI, Gewinnung von Thor und Cer aus Monazitsand. *Chem. Z.* 30 S. 433.

MOISSAN et HÖNIGSCHMID, préparation du thorium. *Ann. d. Chim.* 8, 8 S. 182/92; *Mon. Chem.* 27 S. 685/96.

JASSONNEIX, réduction de l'oxyde de thorium par le bore et la préparation de deux borures ThB4 et ThB6. *Bull. Soc. chim.* 3, 35 S. 278/80.

HÖNIGSCHMID, über ein Silicid des Thoriums und eine Thoriumaluminiumlegierung. *Sitz. B. Wien. Ak.* 115, 2b S. 27/34; *Mon. Chem.* 27 S. 205/12; *Compt. r.* 142 S. 157/9. 280/1.

MULLER, ARTHUR, das Hydrosol des Thoriumoxydhydrats. *Ber. chem. G.* 39 S. 2857/9.

SZILARD, un composé colloïdal du thorium avec de l'uranium. *Compt. r.* 143 S. 1145/7.

DADOURIAN, die Radioaktivität von Thorium. *Physik. Z.* 7 S. 453/6; *Am. Journ.* 21 S. 427/32; *Phys. Rev.* 22 S. 251/2.

ELSTER und GEITEL, Radioaktivität des Thoriums. *Physik. Z.* 7 S. 445/52.

Radio-activity in thorium and other rare metals. *J. Gas L.* 93 S. 221/2.

BOLTWOOD, the radio-activity of thorium minerals and salts. *Am. Journ.* 21 S. 415/26.

BÜCHNER, composition of thorianite, and the relative radio-activity of its constituents. *Proc. Roy. Soc.* 78 A S. 385/91; *Chem. News* 94 S. 233/5.

WÄCHTER, Verhalten der radioaktiven Uran- und Thoriumverbindungen im elektrischen Lichtbogen. *Sitz. B. Wien. Ak.* 115, IIa S. 1247/60.

MC COY und ROSS, relation between the radioactivity and the composition of thorium compounds. *Am. Journ.* 21 S. 433/43.

EVE, the relative activity of radium and thorium, measured by the γ-radiation. (To ascertain the relative amounts of radio-thorium in thorianite and thorium nitrate respectively, by measurement of the γ-radiations.) *Am. Journ.* 22 S. 477/80.

BRAGG, the α particles of uranium and thorium. *Phil. Mag.* 11 S. 754/68.

RUTHERFORD and HAHN, mass of the α particles from thorium. *Phil. Mag.* 12 S. 371/8.

HAHN, Eigenschaften der α-Strahlen des Radiothoriums. (Ionisationskurve eines Radiothoriumpräparats im radioaktiven Gleichgewicht. Ionisationskurve von Radiothorium allein, zeitweise befreit von allen seinen Produkten, Ionisationsbereich der α-Partikeln der Thoriumemanation.) *Physik. Z.* 7 S. 456/62; *Phil. Mag.* 11 S. 793/805, 12 S. 82/93.

HOFFMANN, Diffusion von Thorium X.* *Ann. d. Phys.* 21 S. 239/69.

Tiefbohrtechnik. Deep drilling. Sondage. Vgl. Bergbau, Bohren, Brunnen, Gesteinsbohrmaschinen.

Neuerungen in der Tiefbohrtechnik. *Bohrtechn.* 13 S. 194/6.

URSINUS, über den gegenwärtigen Stand des Tief-
bohrwesens. (V)* *Bayr. Gew. Bl.* 1906 S. 266/71.
WENZEL, Tiefbohrungen nach verschiedenen
Systemen. *Bohrtechn.* 13 S. 1/3 F.
Prospecting a gold placer. (Description of the
machinery used and methods of operating and
of calculating values from the results.)* *Mines
and minerals* 26 S. 561/4.
HULBERT, work of STAR DRILLING MACH. CO.,
Akron, well-drilling machines on the Pennsyl-
vania Rr. low-grade freight line. (Drilling ca-
pacity of 250 to 400′, for 4¹/₂ to 6″ holes.)*
Eng. News 55 S. 419/20.
HILL & CO., submarine drilling in the Clyde River
near Glasgow. (Drilling holes of 8′ average
depth through a maximum depht of water of 30′
for blasting and removing rock. INGERSOLL-
RAND drills.) *Eng. Rec.* 53 S. 542.
SCHAEFER, submarine drilling in the Clyde near
Glasgow.* *Compr. air.* 11 S. 4070/1.
Hydraulische Tiefbohrvorrichtung mit einem den
Bohrmeißel tragenden, durch Druckwasser abwärts
getriebenen und selbsttätig emporschnellenden
Kolben.* *Tiefbohrw.* 4 S. 1/2; 174/5.
Tiefbohrvorrichtung mit oberhalb des Meißels
innerhalb des Hohlgestänges angeordnetem hy-
draulischem Motor. (Werkzeug wird durch einen
vom Spülwasser angetriebenen hydraulischen
Motor bewegt, dessen Zylinder innerhalb des
Hohlgestänges gelagert ist.)* *Tiefbohrw.* 4
S. 9/10.
Tiefbohrmeißel mit Spülkanälen und Spülung durch
das Grundwasser.* *Tiefbohrw.* 4 S. 57.
Schachtbohrspreize mit mehreren Bohrern an einer
Spannstrebe.* *Tiefbohrw.* 4 S. 66.
Tiefbohrvorrichtung, bei der der Arbeitskolben
durch den Wasserschlag abwärts bewegt und
nach Freilegung von Ausflußöffnungen für das
Wasser durch eine Feder aufwärts geschleudert
wird.* *Tiefbohrw.* 4 S. 81.
Schachtbohrer mit stoßend wirkenden Einzelbohrern
und mit Abführung des Bohrschmandes durch
Wasserspülung.* *Tiefbohrw.* 4 S. 89/90.
Tiefbohrvorrichtung, bei der das Bohrseil von der
Nachlaßtrommel über einen Flaschenzug geführt
wird, dessen mit dem Antrieb verbundene lose
Rolle sich in einer Geradführung verschließt.*
Tiefbohrw. 4 S. 178/9.
Erdbohrer „Triumph". (Schneidet die zu bohren-
den Stoffe erst los und nimmt sie dann auf.)*
Z. Baugew. 50 S 46/7.
FISCHER, E., der Erweiterungsbohrer und die Bohr-
lochsverohrung. *Bohrtechn.* 13 S. 3/4.
KOSTER, ein neuer elastischer Bohrschwengel.*
Tiefbohrw. 4 S. 194/5.
MEYER, Universal-Erdbohrer. (Mit seitlich zuschieb-
barem Schlitz und mit einer an- und abschraub-
baren Ventilklappe.) *Braunk.* 5 S. 72; *Moor-
kult.* 24 S. 188/9; *Uhlands T. R.* 1906, 2 S. 40;
J. Gasbel. 49 S. 465/6; *Presse* 33 S. 262.
Eine neue Tiefbohrvorrichtung, System RACKY.*
Tiefbohrw. 4 S. 185/6.
SCOTT & MOUNTAIN, electric sinking pump for
Kent Collieries.* *El. Rev.* 59 S. 37.
Röhrenabschrauber.* *Bohrtechn.* 13 S, 14/5.
THURANDT, Schlammbüchse mit Deckel.* *Tief-
bohrw.* 4 S. 195.
Instrument zur Prüfung von Bohrlochtiefen. (Aus
photographischen Darstellungen eines in einem
Hohlzylinder aufgehängten Gradbogens und eines
Kompasses kann man die Neigung der Bohrung
an der beobachteten Stelle ermessen.) *Bohr-
techn.* 13 S. 185,6.
PORTER, instrument for surveying deep bore

holes. (A) (V)* *El. Rev.* 58 S. 117; *Page's
Weekly* 8 S. 86/8.
Stratameter und Bohrlochneigungsmesser. *Bohr-
techn.* 13 S. 157/60 F.
FREISE, die Entwicklung der Stratameter. (Einführung eines neuen Grundgedankens; Apparat
von ZABEL; Stratameter von GOTHAN; Strata-
meter von MEINE; Stratameter von THU-
MANN; Apparat der NORDDEUTSCHEN TIEF-
BOHR-AKTIENGESELLSCHAFT in Nordhausen a. H.;
Zusammenfassung bezüglich des gegenwärtigen
Standes der Bohrlochorientierung nach Streichen
und Fallen.)* *Z. O. Bergw.* 54 S. 527/30 F.
FREISE, über Tiefbohrloch - Lotapparate. (Lot-
verfahren; Einstellung von Flüssigkeitsspiegeln
in Gefäßen; Verzeichnung des Standes von schwe-
bend oder pendelnd aufgehängten Lotkörpern.)*
Z. O. Bergw. 54 S. 175/7 F.
Vorrichtung zur Führung von Apparaten, welche
zur Ermittelung des Abweichens von Bohrlöchern
von der Senkrechten dienen.* *Tiefbohrw.* 4
S. 49/50.
Vorrichtung zur Ermittelung des Einfallens der
Schichten in Bohrlöchern.* *Tiefbohrw.* 4 S. 90/1,
115/6.
SLOTWINSKI, Vorrichtung zur Vermeidung von
Gestängebrüchen.* *Tiefbohrw.* 4 S. 129.
HEINRICH, température dans les sondages pro-
fonds. (Résultats obtenus sur le sondage de
Paruschwitz, dans la Haute-Silésie.) *Mém. S. ing.
civ.* 1906, 1 S. 716/7.
TECKLENBURG, Ausnützung nicht fündiger Bohr-
löcher zu Mineralquellen. (V) *Z. Kohlens. Ind.*
12 S. 654/6F.; *Bohrtechn.* 13 S. 208/12 F.

Tiegel. Crucibles. Creusets. Siehe Schmelzöfen
und Tiegel.

Tinten. Inks. Encres. Vgl. Schreibtischgeräte.
Praktische Anleitung zur Herstellung von Schreib-
maschinentinten- und Farben. *Erfind.* 33 S. 446/7.
Ueber Anthrazentinten. (R) *Erfind.* 33 S. 395/6.
Merktinten auf Basis von salzsaurem Anilin. *Erfind.*
33 S. 374/5.
ROTHE und HINRICHSEN, die Haltbarkeit von Tinte
im Glase. (Bestimmung von Gerb- und Gallussäure; — des Eisens; — von Gerb- und Gallussäure
bei Gegenwart von Eisensalzen und bei Gegenwart organischer bei der Tintendarstellung verwandter Stoffe.) *Mitt. a. d. Materialprüfungsamt* 24 S. 278/9.
VANDEVELDE, chemische Betrachtungen über Papiere und Tinten. (Säuregehalt des Papieres
die Ursache der Zerstörung.) *Apoth. Z.* 21
S. 698/9.
HINRICHSEN und KEDESDY, Untersuchung von
Eisengallustinten. *Chem. Z.* 30 S. 1301.
MUNSON, examination of writing inks. *J. Am.
Chem. Soc.* 28 S. 512/6.

Titan. Titanium. Titane.
MOISSAN, distillation du titane et sur la tempéra-
ture de soleil. *Bull. Soc. chim.* 3, 35 S. 950/3;
Compt. r. 142 S. 673/7.
GROSSMANN, einige Reaktionen des dreiwertigen
Titans. *Chem. Z.* 30 S. 907; *Sprechsaal* 39
S. 1467.
RENZ, Darstellung des Titantetrachlorids und Zinn-
tetrachlorids. (Einwirkung von Tetrachlorkohlen-
stoff auf die erhitzten Oxyde.) *Ber. chem. G.* 39
S. 249/50.
MANCHOT und RICHTER, Autoxydation — Oxydation
des dreiwertigen Titans. *Ber. chem. G.* 39
S. 320/3, 488/92.
HÖNIGSCHMID, le siliciure de zirconium $ZrSi_2$ et le

siliciure de titane $TiSi_2$. *Compt. r.* 143 S. 224/6; *Mon. Chem.* 27 S. 1069/81.

DILTHEY, Siliconium-, Boronium- und Titanonium-salze. *Liebigs Ann.* 344 S. 300/42.

COX and LENNOX, tests of titaniferous slags. *Electrochem. Ind.* 4 S. 490/5.

ERBAN, Fabrikation von Titanpräparaten und deren Verwendung in der Färberei. *Chem. Z.* 30 S 145/6.

BLONDEL, application du chlorure de titane. (Comme agent destructeur dans l'industrie tinctoriale.) *Bull. Rouen* 34 S. 295/6.

WARREN, the estimation of niobium and tantalum in the presence of titanium. *Am. Journ.* 22 S. 520/1.

Tonindustrie. Clay Industrie. Céramique. Vgl. Glas, Steinbearbeitung, Trockenvorrichtungen, Ziegel.

    1. Rohmaterialien und Untersuchung derselben.
    2. Verarbeitung der Rohstoffe.
    3. Trocknen und Brennen.
    4. Porzellan.
    5. Steingut, Fayence und andere Töpferwaren.
    6. Glasuren und Farben.
    7. Verschiedenes.

1. Rohmaterialien und Untersuchung derselben. Raw materials and analysis. Matières premières et analyse.

ROLFE, geology of clays. *Brick* 25 S. 194/211.

Klinkertone. *Töpfer-Z.* 37 S. 150/2.

Verwendung des Birkenfelder Felsitporphyrs. (Masse-Versätze.) *Sprechsaal* 39 S. 901/2.

ROBERTSON, die Rohmaterialien in der feuerfesten Industrie. *Töpfer-Z.* 37 S. 393/5.

ROHLAND, die Talke. (Verwendung in der Tonwaren- und Porzellanfabrikation.) *Sprechsaal* 39 S. 673/4.

STRASZMANN, Tone von Bunzlau in Schlesien und Umgegend. (Analysen.) *Tonind.* 30 S. 1303/6 F.

Testing clays.* *Brick* 25 S. 244/8.

BURCHARTZ, testing of clay and concrete pipes. (KGL. MATERIAL PRÜFUNGSAMT in Groß-Lichterfelde. Specimens for testing resistance against internal pressure; hydraulic press used for compression tests; testing for permeability; clay pipe tested in sand blast.) * *Eng. Rec.* 54 S. 190/3.

FISCHER, F., Wichtigkeit der richtigen Prüfung der Tone. *Tonind.* 30 S. 985/7.

HERAEUS, Schmelzpunktbestimmungen feuerfester keramischer Produkte. (Berechnet auf den Wert von 1780° für den Platinschmelzpunkt.) *Z. ang. Chem.* 19 S. 65/6; *Baumatk.* 11 S. 77.

PHILLIPS, clay analysis. *Brick* 25 S. 157/8.

Das spezifische Gewicht der Tone.* *Tonind.* 30 S. 1957/9; *Sprechsaal* 39 S. 1474/5.

CUSHMAN, the useful properties of clays. *Chem. News* 93 S. 160/3 F.

GIORGIS e GALLO, studio della pozzolana e del suo valore tecnico. * *Gaz. chim. it.* 36, 1 S. 137/58.

MANZELLA, sui metodi per determinare il valore idraulico delle pozzolane vulcaniche. *Gaz. chim. it.* 36, 1 S. 113/23.

ROHLAND, das Faulen der Tone und die Ursachen ihrer Plastizität. *Chem. Ind.* 29 S. 297/300.

ROHLAND, die Halbdurchlässigkeit der Tone. *Sprechsaal* 39 S. 129/31.

SIMONIS, Verhalten von Tonen und Magerungsmitteln gegen Elektrolyte. *Sprechsaal* 39 S. 1167/9 F.

WAGSTAFFE, chemical and physical valuations of some clays and shales, for brickmaking, chiefly from East Cheshire. (V) *Chemical Ind.* 25 S. 101/3.

WOLF, LORENZ, die Bildsamkeit der Tone.* *Tonind.* 30 S. 574/8.

2. Verarbeitung der Rohstoffe. Working of the raw materials. Travail des matières premières.

The clay-mining apparatus of the CHESTERFIELD BRICK CO.* *Brick* 25 S. 178/9.

LAMOCK, die Kraftmaschinen in der Zement-, Kalk- und Ziegel-Industrie. *El. u. polyt. R.* 23 S. 256/7.

The RUST clay feeder.* *Brick* 24 S. 53.

VORM. SEBOLD-G. UND SEBOLD & NEFF, Naßkollergänge.* *Uhlands T. R.* 1906, 2 S. 94/6.

The WHITE brick press.* *Brick* 24 S. 166/9.

BOCK, mechanische Ausscheidung von Steinen und dergl. aus Ton. (V) *Tonind.* 30 S. 988/92; *Baumatk.* 11 S. 170.

CRAMER, wieweit müssen Kalkeinlagerungen im Ton zerkleinert werden, um in Ziegeln unschädlich zu sein? (V)* *Tonind.* 30 S. 976/8; *Baumatk.* 11 S. 169.

MÖLLER, Unschädlichmachung von Kalkeinlagerungen im Ton auf maschinellem Wege. (Tauchen; Zerkleinern des Tones im getrockneten Zustande, Entfernung der Kalkstücke aus dem nassen Ton, Zerkleinern der Kalkeinlagerungen im feuchten Ton.) (V. m. B.) (A) *Baumatk.* 11 S. 168/9; *Tonind.* 30 S. 972/6.

FOERSTER, über das Gießen des Tons. *Bayr. Gew. Bl.* 1906 S. 419/21.

SIMONIS, Entmischung der Gießmassen und deren Vermeidung. *Sprechsaal* 39 S. 169/71.

ROHLAND, Mittel zur Aenderung des Plastizitätsgrades der Tone. *Sprechsaal* 39 S. 1371/2.

3. Trocknen und Brennen. Drying and burning. Séchage et cuisson.

A waste-heat drier plan.* *Brick* 24 S. 175/6.

TRAUTWEIN, the mechanical utilization of waste heat from burning kilns. (Theory of drying.)* *Brick* 24 S. 144/5.

The RAYMOND system of open-air drying.* *Brick* 24 S. 259.

FORD's process for watersmoking and burning clay wares. *Brick* 25 S. 224/5.

Brennen von feinen, keramischen Produkten im HOFFMANNschen Ringofen.* *Töpfer-Z.* 37 S. 1/2.

FLEMING, methods of firing a potters kiln: effects of high temperatures on clay. *Chemical Ind.* 25 S. 680/1.

GRIMM, Rauchverminderung und Kohlenersparnis bei der Porzellanbrennerei.* *Sprechsaal* 39 S. 171/2.

UNGER & ABICHT, rauchverzehrender Porzellanbrennofen. (Kritik des Aufsatzes von GRIMM.) *Sprechsaal* 39 S. 358.

HANCOCK, temperature observations during the burning of fire-clay goods. (V. m. B.) *Chemical Ind.* 25 S. 615/6.

WYER, applica*t*ions of gas engineering to the brick industry. *Brick* 24 S. 186/8 F.

TURNER, the various stages of burning clay goods. (Slow fire or tanning stage; driving the water out.) *Brick* 24 S. 262/3 F.

The SWIFT kiln furnace. (Will burn slack clay throughout the burn from start to finish, obviates the possibility of cracking of the ware.)* *Brick* 24 S. 130.

WEIGELIN, Rundöfen.* *Tonind.* 30 S. 106/10.

WOLF, LORENZ, Brennöfen für Tonwaren. *Stein u. Mörtel* 10 S. 65/6 F.

Elektrisch geheizter Muffelofen von HERAEUS. *Z. O. Bergw.* 54 S. 100/3.

SIMONIS und RIEKE, elektrische Versuchsöfen der chemisch-technischen Versuchs-Anstalt bei der

Königlichen Porzellan-Manufaktur Berlin. *Sprechsaal* 39 S. 589/91 F.

Ofenanlagen mit Naphtafeuerung.* *Tonind.* 30 S. 1948/9.

The MARCK steam trap.* *Brick* 24 S. 177.

RIEKE, Einwirkung von Marmor auf Kaolin. (Einfluß auf die Brennschwindung.) *Sprechsaal* 39 S. 1295/7 F.

4. Porzellan. Porcelain. Porcelaine.

Die Meißener Porzellanmanufaktur und die Gegenwart. *Dekor. Kunst* 9 S. 146/57.

OFEN- UND PORZELLANFABRIK ERNST TEICHERT, Meißner Schamotte-Porzellan-Oefen.* *Z. Baugew.* 50 S. 118/9.

Die Porzellanindustrie auf der Nürnberger Ausstellung. *Tonind.* 30 S. 1421/4.

A new porcelain. (Details of the manufacture of the new Sèvres porcelain.) *Brick* 25 S. 60/1.

LOUTH and VOGT, a new porcelain. *Brick* 24 S. 175.

REBUFFAT, Porzellan von Neapel. (Analysenergebnisse.) *Sprechsaal* 39 S. 555; *Bull. d'enc.* 108 S. 222/3.

PUSCH, Hochspannungsisolatoren. (Porzellanisolatoren; elektrische Prüfung.) *Tonind.* 30 S.152/4.

5. Steingut, Fayence und andere Töpferwaren. Stone ware and other potteries. Faïences et autres poteries.

Steingutmasse für kleinere Artikel. *Sprechsaal* 39 S. 1321.

Terrakotten. (Wesen der Terarkotten; Herstellung.) *Töpfer-Z.* 37 S. 213/4.

BERDEL, Steinzeugtechniken für Sk. 1—3. (Der Scherben; die Glasur; Unterglasurfarben; Engoben; Laufglasuren.) *Sprechsaal* 39 S. 461/3 F.

BJÁLAWENETZ, die Herstellung der Kacheln.* *Tonind.* 30 S. 1342/8.

DIERGART, Terra sigillata. (Frage nach der Brenntemperatur.) (V) (A) *Sprechsaal* 39 S. 259/60.

RICHARD, italienische Fayence. (Zusammensetzung.) *Sprechsaal* 39 S. 1222; *Mon. cér.* 37 S. 161 F.

Keramitsteine. (Pflastermaterialien; Zusammensetzung.) *Sprechsaal* 39 S. 946; *Töpfer-Z.* 37 S. 201/3.

Selbstanfertigung der Ofensteine in Glashütten. (Erprobte Sätze.) *Sprechsaal* 39 S. 591/3.

KNOBLAUCH, vom Hafenmachen.* *Sprechsaal* 39 S. 849/51 F.

SCHNURPFEIL, Anfertigung der feuerfesten Ziegel, Blöcke und Platten für Glashütten. *Tonind.* 30 S. 1519/21.

ZERNDT, handgearbeitete und gegossene Häfen. (Wahl des Tones; richtige Behandlung beim Durcharbeiten des eingemachten Tones; Trocknen des Hafens.) *Sprechsaal* 39 S. 463 F.

Drainageröhren. *Töpfer-Z.* 37 S. 554.

HOFFMANN, Beschaffenheitsunterschiede zwischen Tonröhren und Steinzeugröhren. *Tonind.* 30 S. 2004/5.

The Wellsville pottery at Wellsville, O.* *Brick* 24 S. 155/6.

6. Glasuren und Farben. Glazes and colours. Glaçures et couleurs.

Matte Glasuren. (Herstellung; Bestandteile.) *Sprechsaal* 39 S. 714/5.

Scharffeuerfarben für Hartporzellan. (Verwendbarkeit der seltenen Erden.) *Sprechsaal* 39 S. 353/4.

Bläschenbildung in der Porzellanglasur bei Verwendung von grünen Scharffeuerfarben. *Sprechsaal* 39 S. 1485/6.

Glasierte Ziegel und Terrakotten. (Herstellung einer weißen Glasur ohne Begußmasse; Herstellung einer schönen roten Glasur.) *Töpfer-Z.* 37 S. 397/9.

Chinesische rote Glasur für Irdenwaren. (Zusammensetzung.) *Töpfer-Z.* 37 S. 33.

RENOUL, préparation des couleurs et fondants céramiques par précipitation. *Mon. cér.* 37 S. 131

SCHEFFLER, Lauf- und Mattglasuren für Steinzeug für S.-K. 4, im besonderen unter Verwendung von Basalt, Toneisenstein und Magneteisenerz. *Sprechsaal* 39 S. 213/5 F.

SCHEFFLER und GERZ-HÖHR, die Fehler der blauen Smalte im Salzfeuer und die Mittel zu ihrer Verhütung. (Bemerkungen dazu.) *Sprechsaal* 39 S. 420/2, 508, 636.

Hintanhaltung von bleihaltigem Staub in einer Kachelofenfabrik. (Auf die Ware wird zuerst die Emailfarbe aufgetragen und diese nach dem Eintrocknen mit einem Gemisch von Wachs und Talg überstrichen.) *Z. Gew. Hyg.* 13 S. 19.

GREIFENHAGEN, die Bleifrage in der Steingutfabrikation. (Herstellung und Verwendung bleihaltiger Steingutglasur, — von ungiftiger Steingutglasur.) *Sprechsaal* 39 S. 1152/6.

PUKALL, die Bleifrage. (Auskochung der Glasuren; Prüfung mit Hülfe von Vergleichsflüssigkeiten.) *Sprechsaal* 39 S. 938/40.

KOERNER, bleihaltige, im Sinne des Gesetzes ungiftige Glasuren. (Verhalten bleihaltiger Glasuren; Grenzen der Zulässigkeit.) *Sprechsaal* 39 S. 2/4 F.

RISCHER, Herstellung von Bleiglasuren. (V) (A) *Baumatk.* 11 S. 188.

FRANCHET, Lüster-Dekoration. (Bildung von metallischen Reflexen (Lüster) auf keramischen Erzeugnissen; Verfahrungsweisen der Araber zur Erzielung metallischer Reflexe auf der Glasur.) *Sprechsaal* 39 S. 675/6.

Maschinelle Vorrichtung zum Anbringen von Druckdekorationen auf Flachgeschirr. *Sprechsaal* 39 S. 12.

FLECK, Keramo-Gravüre. (Autotypische Tiefdruckmethode in Schwarz und Weiß.) *Sprechsaal* 39 S. 218.

7. Verschiedenes. Sundries. Matières diverses.

BAKER, a few points on clay and clay manufacture. *Brick* 24 S. 30/3.

FITZPATRICK, burnt clay as the universal building material.* *Brick* 24 S. 227/31.

ALPHONSE DELECOURT, brick manufacturer, aux ecluses, at Deulemont and Marquette, department du Nord, France.* *Brick* 24 S. 181/4.

BANKS, the clay products of Ancient Babylonia. (Clay sling-balls from Bismya, dating from 4500 B.C.; clay vases Bismya; decorated clay vase from Babylonia; probable data 3800 B.C.; statuette of clay from earliest Babylonian period.)* *Brick* 25 S. 1/5.

ROWE, the Montana clay industry.* *Brick* 24 S. 1/3 F., 137/9.

RUGE, CLARA, amerikanische Keramik.* *Dekor. Kunst* 9 S. 167/76.

Die Tonindustrie auf der Nürnberger Ausstellung.* *Tonind.* 30 S. 1393/8 F.

ROBERTSON, fire brick manufacture. (Raw materials used in the manufacture of fire brick. Fire clays.) *Brick* 25 S. 62/4 F.

RIEKE, mixtures of magnesite and Zettlitz kaolin. *Brick* 25 S. 30/1 F.

VANCE, electric power for clay plant from an engineer's point of view. *Brick* 24 S. 265/7 F.

CONVERSE, is the running of a brick machine injurious to the brick? *Brick* 24 S. 165.

RICHARDSON, controlling clay working operations.

(ABNEY level and clinometer. Geologist's compass. Aneroid barometer. LOCKE's hand level.)* *Brick* 24 S. 294/6 F.

Garnierrisse. (Schwindungsverhältnisse der Tonmasse.) *Sprechsaal* 39 S. 1501/2.

The saving of waste. (The effecting of economics in the different departments of clayworking plants.)* *Brick* 25 S. 41/2.

Uralte Briefumschläge. (In den Ruinen von Bismya bei Babylon. Aus Ton.) *Papier-Z.* 31, 1 S. 2132.

Torf. Peat. Tourbe. Vgl. Brennstoffe.

WEBER, C. A., Entstehung der Moore. *Z. Bayr. Rev.* 10 S. 5/8.

Trials of peat fuel. (Trials in the office of the Swedish Surveyor-General of Public Buildings.) (A) *Min. Proc. Civ. Eng.* 163 S. 455.

KORNELLA, Torf als Heizmaterial für Lokomotiven. (Versuche über die Eignung des Torfes zur Verwendung auf den Eisenbahnen Galiziens.) *Z. Moorkult.* 4 S. 171/87.

TACKE, die Bewertung von Torfstreu. (Bohrer für Probenahmen von Torfstreu aus Ballen.)* *Moorkult.* 24 S. 26/9.

Swedish trials of coaling peat in heaps. (A) *Min. Proc. Civ. Eng.* 165 S. 447/9.

MÜLLER, Torfverwertung. *Techn. Z.* 23 S. 565/7.

Fortschritte auf dem Gebiete der Torfverwertung. (Herstellung von Baumaterialien, Röhren, Fliesen und Kunstmasse.) *Chem. Techn. Z.* 24 S. 125/6.

MÜNTZ et LAINÉ, utilisation des tourbières pour la production intensive des nitrates. (En déversant par intermittences une solution de sel ammoniacal.) *Compt. r.* 142 S. 1239/44.

SCHWERINs Verfahren zum Trocknen von Torf mit Hilfe von Elektrizität. (Elektrischer Strom wird durch den auf einem Drahtsieb liegenden und mit einer Bleiplatte bedeckten Torf geleitet.) *Erfind.* 33 S. 124.

Die Brenntorfgewinnung mit Hilfe der Osmoseapparate. (Zu diesem Zwecke wird der zerkleinerte Rohtorf in einer Schicht von zirka 50 mm in dem Osmoseapparate ausgebreitet und alsdann der Einwirkung des elektrischen Stromes ausgesetzt.) *Z. O. Bergw.* 54 S. 80.

WISLICENUS, Neuerungen in den chemischen Verwertungen der Walderzeugnisse und des Torfs. (VON SCHWERINs durch Elektro-Osmose [Wasserentziehung] aus Torf hergestelltes, der Braunkohle ähnliches „Osmon". Verwertung zu Webstoffen, Wärmeschutzmassen.) *Z. Forst.* 38 S. 128/9.

Les fils mixtes et les flanelles de tourbe. *Ind. text.* 22 S. 412/3.

THAULOW und WOLFF, L. C., Torfgewinnung in Kanada und anderen Ländern. (Torfstechmaschine von BROSOWSKI. Torfgewinnungsanlage von ÅKERMANN; RECKs Spaltofen; Füllofen von CRISTENSEN; STEENBERGs Halbgasvorfeuerung auf Sparkjaer; Torfgas zur Feuerung von Dampfkesseln; Nebenerzeugnisse des Torfgases; Preßkohlenherstellung)* *Z. Dampfk.* 29 S. 171/2 F.

WILK, Torfbrikett- und Formtorfgewinnung in Nordamerika. *Z. Moorkult.* 4 S. 229/36.

MOORE & WYMAN ELEVATOR & MACHINE CO., Torf-Brikettsmaschine System LEAVITT. * *Uhlands T. R.* 1906, 3 S. 10.

V. DITTMAR, einkammeriger Ofen zum Verkohlen oder zum Trockendestillieren von Torf, Schwelkohle u. dgl., bei welchem heiße Gase durch ein in der Mitte des Verkohlungsraumes hochgeführtes Rohr eingeführt werden. (Besteht aus einer innen gewölbten Kammer, deren Mauerwerk außen durch mehrere eiserne Spannringe zusammengehalten wird. Die Kammer besitzt im

oberen Teile eine Einfüllöffnung, welche durch das Futter gebildet und durch einen Deckel verschlossen wird.)* *Braunk.* 5 S. 85/7.

ZAILER, die Einrichtung von Torfstreuwerken. ⊞ *Z. Moorkult.* 4 S. 76/121.

Der Torfmull und seine Bedeutung für den Verkehr mit den Tropen. *Z. Moorkult.* 4 S. 188/9; *Presse* 33 S. 609.

Einiges über Torfpappe. (Torfschlamm; Torfmoos.) *Papierfabr.* 4 S. 789/90.

BIXBY and WRIGHT, cost of canal excavation through peat and soft material. *Eng. Rec.* 53 S. 447/8.

Torpedoboote. Torpedo boats. Torpilleurs. Siehe Schiffbau 6 b s.

Torpedos. Torpedoes. Torpilles. Vgl. Waffen und Geschosse 4.

Bedeutung des Torpedos und Mittel zur Erhöhung seiner motorischen Leistungsfähigkeit. * *Dingl. J.* 321 S. 535/7.

SCHMIDT, MAX, Bau und Bewaffnung der heutigen Schlachtschiffe unter besonderer Berücksichtigung des Torpedowesens. (V) (A) *Bayr. Gew. Bl.* 1906 S. 397/401.

WHITE, the development of torpedoes and submarines. *Iron & Coal* 73 S. 663/4.

L'engin porte-torpille sous-marin et les expériences d'Antibes. *Cosmos* 1906 1, S. 466/8.

La nouvelle torpille automobile américaine.* *Nat.* 34, 2 S. 81/2.

Träger. Girders. Poutres. Vgl. Beton und Betonbau Brücken 1, Elastizität und Festigkeit, Fachwerke Hochbau 4, Mechanik.

MÜLLER-BRESLAU, über parabelförmige Einfluß-linien. (Ergänzung zu Jg. 1903 S. 113/6.)* *Zbl. Bauv.* 26 S. 234.

RAMISCH, elementare Bestimmung von Durchbiegungen der Träger mit Hilfe der Momentenfläche.* *El. u. polyt. R.* 23 S. 517/20.

KULL, Träger mit kleinster Durchbiegung; Träger mit kleinstem Biegungswinkel am Ende.* *Dingl. J.* 321 S. 481/4.

RAMISCH, Berechnung statisch unbestimmter Träger auf elementarem Wege mit Tabellen.* *Baugew. Z.* 38 S. 186.

FRANK, der Einfluß veränderlichen Querschnitts auf die Biegungsmomente kontinuierlicher Träger, unter besonderer Berücksichtigung von Betoneisenkonstruktionen.* *Bet. u. Eisen* 5 S. 315/8.

SEWELL, design of continuous beams in reinforced concrete. *Eng. News* 56 S. 426.

WAGNER, E., continuous beams or shafts having three supports. (Calculation.)* *Eng. News* 56 S. 370/1.

WEDER, Berechnung von Blechträgern.* *Techn. Z.* 23 S. 327/9.

The design of plate girders. * *Eng.* 102 S. 190/2.

Standard plate girders on the Chicago, Milwaukee & St. Paul Ry. (Shallow floor bridge; 70′ deck girder span; ballast floor for deck girders.)* *Eng. Rec.* 53 S. 74/5.

MÖLLER, MAX, Untersuchungen an Plattenträgern aus Eisenbeton. (V) *D. Baus.* 40 *Mitt. Zem*, *Bet.- u. Eisenbetbau* S. 30/1.

GEBAUER, Beitrag zur Theorie der günstigsten Trägerhöhe des Paralleltägers.* *Z. Oest. Ing. V.* 58 S. 381/4 F.

RAMISCH, Untersuchung eines elastischen Bogenträgers mit zwei an den Kämpfern vorgesehenen festen Gelenken.* *Verh. V. Gew. Abh.* 1906 S. 185/203.

Two-hinged arch trusses for the new Livestock Pavilion, Chicago.* *Eng. News* 55 S. 716/7.

FRANCKE, ADOLF, Parabelträger mit elastisch ein-
gespannten Kämpfern.* *Z. Arch.* 52 Sp. 293/9.
Reibung an den Stützpunkten von Eisenträgern.
(Versuche.) *Techn. Z.* 23 S. 93.
SOMMERFELD, die Knicksicherheit der Stege von
Walzwerkprofilen.* *Z. V. dt. Ing.* 50 S. 1104/7.
HERTWIG, Betrachtungen über I-Profile. * *Z. V.
dt. Ing.* 50 S. 1098/1104.
SMITH, economical proportions in I-beam sections.*
Eng. 102 S. 463/5.
New structural shapes of the BETHLEHEM STEEL
CO. (Bethlehem special I- and girder beams.)*
Eng. Rec. 54 S. 692/4.
Design of steel roof trusses. (Question whether to
use pin or riveted connections at the joints.)
Eng. Rec. 53 S. 550.
COSYN, les rivures dissymétriques des poutres en
treillis. (L'auteur montre que la rivure con-
stitue une disposition défectueuse.)* *Ann. d.
Constr.* 52 Sp. 104/6.

Tran. Train-oil. Huile de baleine.
BULL, Trennung der Fettsäuren des Dorschleber-
Oels.* *Ber. chem. G.* 39 S. 3570/6.
THOMSON und DUNLOP, Prüfung von Lebertran
und anderen Fischleberölen. *Apoth. Z.* 21 S. 106/7.
TOLMAN, American cod liver oils. (Difference from
Norwegian oils.) *J. Am. Chem. Soc.* 28 S. 388/95.

Transformatoren. Transformers. Transformateurs.
Siehe Umformer.

Transmission. Siehe Krafterzeugung und -Ueber-
tragung.

**Transport, Verladung, Löschung und Lagerung (Speicher,
Silos). Conveyance, loading, unloading and storage
(bins, silos). Transport, chargement, déchargement
et emmagasinage (dépôts, silos).** Vgl. Bergbau,
Eisenbahnwesen, Fischfang, -Verwertung und
-Versand, Hebezeuge, Postwesen, Transportbänder
und -Ketten, Wagen (Fuhrwerke).

1. Allgemeines. Generalities. Généralités.
SIEBMANN, Neuerungen an Transportvorrichtungen.
(Patentliteratur.) *Chem. Zeitschrift* 5 S. 298/9 F.
BUHLE, Neuerungen im Massentransport. (Einzel-
förderung in verhältnismäßig kleinen Mengen:
KOPPELsche Plateauwagen; Spezialwagen für
Mörtel- und Kalktransport; Schiffsentlade-Anlage
für die Baggerei-Ges. m. b. H. in Hamm a. L.
[BLEICHERT & CO.]; beliebig gerichtete Einzel-
förderung; fahrbarer Turmdrehkran [Patent von
FLOHR]; Kreisbahn-Kran 45 m Spannweite, 15 m
Ausladung von POHLIG; Fördergurt-Kräne; 2,5 t-
Bockkran der BENRATHER MASCHINENFABRIK;
BLEICHERTsche Drahtseilverladebahnen; Mittel
für stetige Förderung: Gurtförderer; Bretter-
transportanlage; in einen Tunnel verlegte Rollen-
bahn; senkrecht oder bei starker Neigung
stetig arbeitende Maschinen; Becherwerke; För-
dermittel, welche stetig nach beliebiger Richtung
wirken; Bagger; Lagermittel; Bodenspeicher; Silospeicher; Hub- und Katzenfahrwerk; „Orange-
peel"-Greifer der LINK-BELT-ENG. CO.; Kreis-
lager.) (V) ⊞ *D. Baus.* 40 S. 240/5 F.
BUHLE, neuere Förder- und Lageranlagen in
Bremen. (Gebaut von AMME, GIESECKE & KO-
NEGEN, Braunschweig.) (V) (A) * *Z. V. dt. Ing.*
50 S. 21/3.
BUHLE, Fördergurtkräne. (Von MOHR & FEDER-
HAFF; bestehen aus Brücken von 90 m Spannweite, in denen Fördergurte zur Beschickung des
Lagers und je zwei Füllvorrichtungen für die
den Platz umlaufende etwa 760 m lange elektrische Hängebahn eingebaut sind.)* *Zbl. Bauv.*
26 S. 240.
STEPHAN, Massentransporteinrichtungen. (Endloser

Gurt mit Bechern von UNRUH & LIEBIG. Trans-
portband von BOUSSE, vereinfacht von SCHENCK.)⊞
Masch. Konstr. 39 S. 35/7 F.
DIETERICH, moderne Massentransportseinrichtungen.
(Pfeilergründung für die Landungsanlage mit
Drahtseilbahn in Thio, Neukaledonien; Kohlen-
transportanlage, Drahtseilbahn für die Argentini-
sche Regierung von BLEICHERT & CO.) (V) *
Bayr. Gew. Bl. 1906 S. 49/51 F.
VON HANFFSTENGEL, Neuerungen im Bau von Trans-
portanlagen in Deutschland. (Trogförderer der
BERLIN-ANHALTISCHEN MASCHINENBAU-AKT.-
GES.; Koksförderer, rostartige Koksförderkette,
Koksförderer, Bauart der BERLIN-ANHALTISCHEN
MASCHINENBAU-AKT.-GES. nach MARSHALL,
Koksrinne Bauart MERZ, Koksförderer, Kratzer-
rinne von MERZ; Antriebsvorrichtungen; Schlepp-
kettenantrieb; Füll- und Entladevorrichtungen.) *
Dingl. J. 321 S. 273/5 F.
VON HANFFSTENGEL, Neuerungen im amerikani-
schen Transportmaschinenbau. (Förderband der
MEAD MFG. CO.; Gurtförderer der RIDGWAY BELT
CONVEYER CO.; Pfannenförderer mit Zwischen-
abwurf, Becherentleerung, einziehbarer Elevator,
Becherwerk mit Entleertrommel, Becherwerk für
wagerecht-senkrecht-wagerechte Förderung und
Schaukelbecherwerk der LINK BELT ENGINEER-
ING CO.; Einketten-Becherwerk; Laufrollenschmie-
rung; Dreiseilkatzen; Hochbahnkran der WELL-
MAN-SEAVER-MORGAN CO; Laufkatze und Winde
für eine Verladebrücke der C. W. HUNT CO.;
Laufkatze von HOOVER & MASON.)* *Z. V. dt.
Ing.* 50 S. 1345/52 F.
WEHRENFENNIG, Bemerkungen über den Trocken-
transport bei Schiffseisenbahnen. ⊞ *Wschr. Baud.*
12 S. 234/5.
WHINERY, développement des moyens de transport
aux États-Unis. (V) (A) *Ann. ponts et ch.*
1906, 4 S. 177/80.
GIESE und BLUM, Beiträge zur Stückgutbeförderung auf amerikanischen Bahnen. (Versand-
Güterschuppen; Hubtor eines Güterschuppens.)*
Z. Eisenb. Verw. 46 S. 993/5.
Kansas City freight houses of the Missouri Pacific. *
Railr. G. 1906, 2 S. 265.
SCHOTT, Transportverhältnisse auf Eisenbahnen
und Wasserstraßen. *Z. V. dt. Ing.* 50 S. 1747/52.
Competition between railway and river transpor-
tation in the early part of the railway era: a leaf
from the history of the Hudson River Rr. (Ca-
pacity of the railroad for business.) *Eng. News*
55 S. 333/5.
DIXON, competition between water and railway
transportation lines in the United States. (Ad-
vantages of railway-transportation over lake-,
river- and canal-transportation.) *Eng. News* 55
S. 329/31.
VOIGTMANN, die „Monorail" oder Einschienenbahn.
(Verwendung als Feld- und Industriebahnen.) *
Uhlands T.R. 1906, *Suppl.* S. 46/7; *Presse* 33
S. 78.
VOIGTMANN, die „Monorail", ein neues Transport-
mittel für den Erzbergbau.* *Erzbergbau* 1906
S. 219/22.
BRADFORD, mono rails in underground tramming.
(Hangers for mono rail; overhead shunt and
method of tipping truck; special truck body to
clear floor and save taking up bottom.)* *Eng.
min.* 81 S. 563/6.
Ueber Seetransporte und Ausschiffungen. (In der
deutschen Armee; Einrichtungen für die Truppen-,
Geschütz- usw. Beförderung, sowie das Ein- und
Ausschiffen.) ⊞ *Mitt. Artill.* 1906 S. 541/7.
MAXIMOFF, transports mixtes en Russie. (V) (A)
Ann. ponts et ch. 1906, 4 S. 174/6.

TAVERNIER, avantages des transports mixtes. (Développement que certaines améliorations leur permettraient de prendre et les moyens qui s'offrent pour réaliser ces améliorations.) (V) (A) *Ann. ponts et ch.* 1906, 4 S. 180/93.

EICHEL, elektrisch betriebene Transportvorrichtungen mit endlosem Bande. (Verlademaschine der SPENCE REGISTERING CONVEYOR CO.; bewegliche Fahrstraße für Fuhrwerksverkehr.) * *Elektr. B.* 4 S. 6/8.

RITCHIE, electric conveying machinery, with special reference to the Zambesi gorge. (V. m. B.) (A) * *J. el. eng.* 37 S. 121/4.

DE HAVEN, cost of iron bands compared with rope. *Text. Rec.* 30, 5 S. 87.

ROBINS CONVEYING BELT CO., Vorrichtung zur Verhinderung des seitlichen Ablaufens eines Förderbandes von seinen Tragrollen. * *Papierfabr.* 4 S. 2161.

BATEY, MICKLEY conveyer. (Is a long shallow tub.) * *Eng. min.* 81 S. 652/3.

BRUNN, Förderrohr zum Horizontaltransport von Massengütern. (SUESS' D. R. P. Schnellförderung von grobkörnigen bis mehlfeinen Stoffen. Besteht aus einem einfachen Lauf von quadratischem Querschnitt, dessen Wände in der Regel aus Eisenblech gebildet sind. Diese Wände tragen an der Innenseite schräg gestellte Leitrippen als Führungen, welche nicht die ganze Breite der Wände, sondern nur etwa die Hälfte derselben bedecken; das Förderrohr besitzt an geeigneten Stellen Tragringe, die bei der Rotation des quadratischen Laufes auf Rollen laufen.) * *Ann. Gew.* 59 S. 75/6; *Stein u. Mörtel* 10 S. 82/3; *Ratgeber, G. T.* 5 S. 432/4; *Z. Chem. Apparat* 1 S. 263/6.

The GIBBON's-REED tubular framework band conveyer, as applied to a flat band. * *Iron & Coal* 72 S. 1150.

GIBBON's self-lubrication steel guide rollers for band conveyers. * *Iron & Coal* 72 S. 2125/6.

Conveyeurs à godets et chaînes. * *Rev. méc.* 18 S. 104/33.

RICHARD, notes sur les convéyeurs. (Convéyeurs à chaînes.) (a) * *Rev. méc.* 18 S. 353/69.

HUNTs automatische Bahn und HUNTs Elevator. * *Ratgeber, G. T.* 5 S. 245/9.

The British system of cartage and delivery of freight at terminals. (London & North Western Ry. Steam lorry for collection and delivery work in a hilly country district; single-horse van for collections and deliveries; two-horse lorry.) * *Railv. G.* 1906, 2 S. 452/4.

TAYLOR, LANG & CO, Vorrichtungen für den mechanischen Transport von Arbeitsgütern in Werksälen. (System laufender Deckenflaschenzüge; Hängebahnen mit Laufbolzen und fahrbaren Rollenzügen.) * *Oest. Woll. Ind.* 26 S. 1250.

HENDERSON & CO., transporteur aérien. ⊞ *Rev. ind.* 37 S. 146/7.

TWADDELL, Anwendung von Kabel- und Schwebebahnen auf Schiffswerften. * *El. u. polyt. R.* 23 S. 223/6 F.; *Engng.* 81 S. 503/5; *Mar. E.* 28 S. 335/40 F.

WILLEY, adaptations of electrically driven conveyers. (Electrically driven conveyers at work unloading and warehousing ships cargoes.) * *El. Rev. N. Y.* 49 S. 752/3.

The PALMERS' docks cableway. * *Iron A.* 77 S. 678/9.

Shipbuilding cableway. * *Eng.* 101 S. 68/70.

RATH, Vorrichtung zum Beladen von Wagen. (Beim Heben und Senken des Fördermittels stellt die Rutsche sich in die für den Ablauf des Gutes

geeignetste Neigung selbsttätig ein.) * *Ratgeber, G. T.* 5 S. 250/2.

Ladevorrichtungen im Emdener Hafen. * *Prom.* 17 S. 693/6.

Verladebrücken im Außenhafen zu Emden. * *Z. V. dt. Ing.* 50 S. 175/8.

PERKINS, appareils pour la manutention rapide des matières pondéreuses dans les ports. (Appareil hydraulique à décharger les wagons de la Compagnie du Sikuko Railway (Japon) et de Princess Dock à Glasgow; appareils automatiques HULETT pour le déchargement des navires à Lorain, sur le lac Érié (Ohio, É.-U.); appareils automatiques HULETT à décharger les navires des U. S. Steel Corporations Docks à Conneaut, sur le Lac Érié (Ohio, É.-U.); type anglais de la grue hydraulique mobile des ports charbonniers). (a) ⊞ *Gén. civ.* 48 S. 169/72.

Portable CLARK freight unloading machine as mounted on the deck of a vessel. * *Iron A.* 78 S. 1729/30.

Transporteurs par vis D'ARCHIMÈDE, système MORET. * *Rev. ind.* 37 S. 346.

Moteur transportable sur brouette ou sur chariot système PESSORT. * *Portef. éc.* 51 Sp. 62/4.

Waggon-trémie de 20 t, à déchargement automatique système MALISSARD-TAZA. * *Portef. éc.* 51 Sp. 161/3.

SOC. POETTER & CIE., distributeur automatique. (Le chargement du combustible se fait à la partie supérieure par une trémie avec cône de fermeture. L'air arrive dans la cuve au centre du foyer par une conduite verticale dont l'orifice supérieur est protégé par un champignon, et à la périférie par une série de grilles.) * *Rev. ind.* 37 S. 365.

PRICE, way of making a conveyer box. (12" conveyer of wooden strips.) * *Am. Miller* 34 S. 375.

The DRYMORE system's no. 8 truck. * *Brick* 24 S. 40.

HOHMANN, auswechselbarer Radsatz für Förderwagen udgl. mit in der festen Hohlachse angebrachten Kugellagern. * *Braunk.* 5 S. 509/10.

New steel tipple. (Of A. L. KEISTER & CO., at the Lincoln Mine, Waltersburg, Pa. method of handling the cars. Devices for the economical transportation and handling of materials.) * *Mines and minerals* 27 S. 352.

Packing of American goods. (Metal band made of malleable or wrought iron. The metal does not rust by contact with water or dampness, as do ordinary iron straps.) * *Text. Rec.* 30, 5 S. 83/7.

SCHUBERG, Förderkörper für feste oder breiige Stoffe mit Heizungs- oder Kühleinrichtung, nach BESEMPFELDER. * *Z. Chem. Apparat.* 1 S. 225/30.

2. Kohlen, Erze, Schlacken, Asche usw. Coal, ores, slags, ash etc. Charbon, minerais métalliques, scories, cendre etc.

KAMMERER, Versuche an der Kohlenumladeanlage in Breslau. (Versuch durch aufzeichnende Wattmesser.) * *Z. V. dt. Ing.* 50 S. 1057/65.

ANGUS, coal and coke handling plants. (V. m. B.) * *J. Gas L.* 96 S. 173/7.

Mechanical coal handling appliances in South Yorkshire. * *Eng.* 101 S. 36.

Coal loading facilities of the Chicago Freight tunnels. (Covered chutes; track beams over coal chutes in Chicago & Alton yards.) * *Railv. G.* 1906, 1 S. 408/9.

JACKSON, coal handling in the Chicago subway. (Gravity coal handling and storage plant in the downtown freight yards of the Chicago & Alton Ry.) * *Eng. Rec.* 53 S. 414/6.

Watseka coal, ash and water plant of the Chicago

& Eastern Ill. Rr. (Coal handling plant is of the belt-conveyer type; steel framework set on concrete footings; concrete ash pit).* *Eng. Rec.* 53 S. 485/6.

FREUND, die Kohlen- und Aschen - Förderungsanlage im Kraftwerke der Untergrundbahn New York.* *Elektrot. Z.* 27 S. 789/92.

HITT, East Altoona engine terminal of the Pennsylvania. (Coal wharf; pneumatic coal chute gate; sand and storage plant; track stop in roundhouse; pneumatic lift doors; engine pits; roundhouse floor; drop pits.)* *Railr. G.* 1906, 1 S. 259/70.

Coal handling and storage plant of the Erie Rr. (Screening house; storage building.)* *Eng. News* 56 S. 590/1.

A conveyer for filling coal at the face. * *Iron & Coal* 72 S. 1231.

Transporteur aérien à chariot électrique automoteur. (Du type à rail suspendu et sert à la manutention de tout le charbon nécessaire à l'usine, qu'il prend dans les bateaux pour le déposer dans une série de douze trémies-magasins disposées sur trois rangées.) * *Gén. civ.* 49 S. 142/4.

Electric telpher for conveying coal constructed by SIEMENS BROTHERS & CO. (The coal is conveyed from barges over a large mill and ware house to a set of hoppers.) ⊞ *Engng.* 82 S. 44/6.

Cableway system of coal storage. (Device for automatically locking the carriage to the cableway while the load is being hoisted and lowered and releasing the carriage from the cable and locking the bucket to it when the latter is being traversed in either direction.) * *Eng. Rec.* 54 S. 207/8.

Rapid coal-handling cranes at Purfleet.* *Iron & Coal* 73 S. 197.

SMITH, AUGUSTUS, Narragansett Bay coal depot. (Main wharf and travelling towers; framing of side and end walls, upper tracks and walkways; storage building; double-valve gates; hydraulic rams.) (V. m. B.) ⊞ *Trans. Am. Eng.* 57 S. 204/26; *Proc. Am. Civ. Eng.* 32 S. 453/72; *Gén. civ.* 49 S. 186/7.

HULETT car dumping machine. (The loaded cars are moved by a gravity track to the edge of the incline approach to the machine. Here the car is engaged by a mule car propelled by a cable; after pushing the loaded car on the cradle, the mule car runs back down the incline, so that loaded cars can pass over and in front of the mule car.) * *Railr. G.* 1906, 2 S. 356/7.

HULETT coal handlers at Duluth. (Two HULETT coal handling conveyer bridges at Boston coal dock, Duluth, Minn, showing cantilever of one bridge raised.) * *Iron A.* 77 S. 1669.

PÓTHE, mechanische Bekohlung der Schiffe.* *Uhlands T. R.* 1906 *Suppl.* S. 2/3.

REE, mechanical appliances used in the shipping of coal at the Bute docks, Cardiff. (Anti-breakage coal-box [THOMAS]; quick-opening and closing stop - valve [RICHES and GOLDING]; tandem compound condensing hydraulic pumping engine [TANNETT, WALKER & CO.]; elevation; hydraulic-pressure pipe for movable tips; return-water pipe). (V. m. B.) ⊞ *Proc. Mech. Eng.* 1906 S. 403/33; *Iron & Coal* 73 S. 493.

RICHES, HEYWOOD et MACAULAY, embarquement des charbons aux docks de Penarth et de Newport. (Basculeur FIELDING & PLATT; basculeur TANNETT-WALKER de 25 t; nouveau basculeur fixe ARMSTRONG de Newport; basculeur ABBOT.)* *Bull. d'enc.* 108 S. 869/86; *Pract.*

Eng. 34 S. 300/3; *Page's Weekly* 9 S. 248/51; *Engng.* 82 S. 152/3, 363/9; *Iron & Coal* 73 S. 493/4.

MACAULAY, coal-shipping appliances and hydraulic power-plant at the Alexandra (Newport and South Wales) Docks and Ry, Newport, Mon. (Hydraulic pumping engine; movable hoist; traverser; hoists; anti-breakage coaling crane; river-jetties; particulars of coal hoists Tests.) (V.m.B.) ⊞ *Proc. Mech. Eng.* 1906 S. 435/98; *Iron & Coal* 73 S. 575/6.

WELLMAN-SEAVER-MORGAN CO., coal handling and screening plant at Duluth, Minn., for the Boston Coal Dock & Wharf Cy. (The conveyer has a bridge 306' long, of which, 130' is a cantilever span, the span from the tower to the shear-leg support at the edge of the pier being 176'.)* *Eng. News* 56 S. 118/9.

1,000 t coal bagging lighter.* *Mar. E.* 28 S. 406/9.

THAMES IRONWORKS SHIPBUILDING CO., Kohlenverladeleichter.* *Z. V. dt. Ing.* 50 S. 792/3; *Bull. d'enc.* 108 S. 387/8.

PERKINS und KAEMMERER, schwimmender Kohlenspeicher für 12 000 t der TEMPERLEY TRANSPORTER CO. für den Hafen von Portsmouth.* *Z. V. dt. Ing.* 50 S. 126/9; *Mar. Engng.* 11 S. 406/7; *Gén. civ.* 49 S. 33/8.

WILLEY, electrically operated floating fuel dépôt for coaling warships. *West. Electr.* 38 S. 93.

WOERNITZ, transporteur TEMPERLEY établi au Pont Saint-Michel à Paris.* *Rev. ind.* 37 S. 165/7; *Cosmos* 1906, 1 S. 404/6.

Kohlenleichter zur Bekohlung von Kriegsschiffen.* *Schiffbau* 7 S. 513/5.

Apparatus for the coaling of warships.* *Sc. Am.* 95 S. 381.

Die letzten Ergebnisse des LEUEschen Bekohlungsapparates. *Schiffbau* 7 S. 549.

MILLER, a new sea anchor for coaling at sea. (Experiments and conclusions regarding sea anchors employed in marine cableways for coaling at sea.)* *Iron A.* 78 S. 1452/4.

Impianto di funicolari aeree pel trasporto dei carboni dai porti di Genova e Savona. (Sistema BLEICHERT & CO.) (a)* *Giorn. Gen. civ.* 43 S. 217/34.

Kaulen-[Braunkohlen-Tagebau] Transportwagen der ZITTAUER MASCHINENFABRIK UND EISENGIESZEREI.* *Text. u. Färb. Z.* 4 S. 703.

New coal tips at Garston docks. * *Eng.* 101 S. 279.

WILLSON, a modern coal tipple. (Equipment and methods of sizing the coal.)* *Eng. min.* 82 S. 1021/2.

Automatic coal drop. * *Mar. E.* 28 S. 145/6.

RIGG's automatic anti-breakage coal „drop".* *Pract. Eng.* 33 S. 167/8.

ALLEN & CO's automatic coal measurer. * *Iron & Coal* 72 S. 2120.

„Express" coal bagging dépôt. (A craft provided with various appliances for the speedy filling of bags with coal without having to resort to shovelling, and for rapidly transporting the bags when filled to vessels alongside.)* *Iron & Coal* 72 S. 711.

Anthracite coal storage. (The DODGE COAL STORAGE CO. system of storing anthracite consists of two stationary trimmers, which are conveyers supported by shear trusses, for piling the coal, and a conveyer working in a tunnel between the trimmings for transferring the coal back from the piles to the cars.)* *Railr. G.* 1906, 2 S. 435/6.

Coal storage plant of the DODGE COAL STORAGE CO. of Philadelphia.* *J. Gas L.* 93 S. 794/5.

COMMICHAU, GEBR., Transportanlagen für Asphalt-

fabriken, Dachpappenfabriken, Kokswerke, Gasanstalten.* *Asphalt- u. Teerind.- Z.* 6 S. 77/8.

LAURAIN, arrangement of horizontal retort-houses with coal and coke conveying plant. (V)* *J. Gas L.* 95 S. 38/40.

ZIMMER, mechanical handling of hot coke. (TOOGOOD equalizing-gear; coke-oven conveyer at Dumbrick Pavell; hot-coke conveyers of MARSHALL, BRONDER, DE BROUWER, DEMPSTER.) (V)⊞ *Min. Proc. Civ. Eng.* 163 S. 334/52; *J. Gas L.* 95 S. 372/3.

Die Förderanlagen der städtischen Gasanstalt in Tegel bei Berlin. (Uebersichtsplan, Verladeanlage am Hafen nebst Hängebahn, Kohlenkippen, Kokslagerplatz mit Absturzbrücke und Greiferkran.)* *Zbl. Bauv.* 26 S. 213/5.

DIETRICH, Schwebetransporte in Berg- und Hüttenbetrieben. (Anlage der WIGAN AND IRON CO.; Drahtseilbahn für die Imperial Continental Gas-Association Berlin; Gaswerk in Mariendorf; Haldenbahn des Hochofenwerkes Providence; Elektroseilbahn der Moselhütte; Hängebahnstrecke mit Lauf- und Hubwerk; Kohlenverladeanlage mit Fernsteuerung.)* *Stahl* 26 S. 380/8F.

Elektrische Anlagen auf Gaswerken.* *Uhlands T. R.* 1906 *Suppl.* S. 57/9.

Mechanische Kohlen-Entlade- und Beschickungseinrichtung der COVENTRY ELECTRICITY WORKS.* *Uhlands T. R.* 1906, 3 S. 18/9.

PERKINS, the coal-handling plant of the London Metropolitan electric supply station.⊞ *El. Rev. N. Y.* 48 S. 849/51; *Sc. Am. Suppl.* 62 S. 25565/6; *El. Eng. L.* 37 S. 768/9; *Mar. Engng.* 11 S. 406/7; *Electr.* 56 S. 585; *Rev. ind.* 37 S. 321/2.

Coal handling plant at Greenwich power station.* *Eng.* 102 S. 177.

DENIS, la manutention moderne. (Schéma du dispositif pour le déchargeur du charbon à l'usine de Saint-Denis de la Société d'Électricité de Paris; convoyeur à tablier métallique.)* *Nat.* 34, 2 S. 39/41.

Mechanical handling of coal, ashes and clinker at the electricity station Ivry, of the Paris Orleans Ry.* *Iron & Coal* 72 S. 1783/4.

Le transporteur BENNIS. (Pour charbon; basculeur-compteur automatique; chargement des chaudières.)* *Rev. ind.* 37 S. 233/4; *Iron & Coal* 72 S. 127/8.

PARSONS, conveying coal to the boilers.* *Eng. min.* 82 S. 303/4.

Installations de chargement mécanique du charbon dans les dépôts de locomotives.⊞ *Gén. civ.* 49 S. 225/8.

Chargeur mécanique américain. (Pour foyer de locomotives.)* *Rev. chem. f.* 29, 1 S. 562/4.

HARPRECHT, mechanische Lokomotivbekohlungsanlagen mit besonderer Berücksichtigung der Bekohlungsanlage Grunewald und über die Staubabsaugungsanlage daselbst. (Bekohlungsanlage der Terminal Railroad Association of St. Louis; Bekohlungsanlage zu McKees Rocks; HUNTsche Bekohlungsanlage für den Bahnhof Saarbrücken.) (V. m. B.)* *Ann. Gew.* 58 S. 184/93 F.

Installations mécaniques pour la manutention du combustible sur les chemins de fer allemands. (Installations de Grunewald, Wahren, Francfort sur Main.)⊞ *Rev. chem. f.* 29, 2 S. 392/7.

KLOPSCH, Lokomotivbekohlungsanlage auf dem Güterbahnhofe Wahren. (Greiferbetrieb.)⊞ *Organ* 43 S. 55/6.

MEYER, C. W., Brennmaterialfragen. (Wertverminderung durch unrichtige Lagerung und Behandlung; Untersuchungen von GRUNDMANN,

VARRENTRAPP und RICHTER über trockene Destillation unter Tage und bei nahezu gänzlichem Luftabschluß, hohem Druck und gesteigerter Temperatur; Zersetzung der Kohle über Tage; Wirkung des Wassers; stark oxydierende Wirkung von Wasserstoffsuperoxyd; Nachteile der Lutten; Vermeidung unnötiger Zerkleinerung der Kohlen, der Lagerung an warmen Plätzen; Anordnung der Lagerräume.)* *Z. Dampfk.* 29 S. 52/4 F.; *Gieß.-Z.* 3 S. 33/7 F.

KRÁTKY, Versuch, die Kohle von Aussig nach Prag auf dem Wasserwege zu transportieren. (Mittels eines Kahns von 435 t Tragfähigkeit.) (V. m. B.) (A) *Wschr. Baud.* 12 S. 482/3.

THIESS, Flößerei auf den Wasserstraßen Weißrußlands und des oberen Dnjeprgebietes. *Wschr. Baud.* 12 S. 447/8.

BUHLE, zur Frage der Bewegung und Lagerung von Hüttenrohstoffen. (Seitenentleerer; Boden-Selbstentlader; Verwandlungswagen; Knüppelkippwagen; Seilrangieren unter gleichzeitiger selbsttätiger Beladung; BLEICHERTsche Koksförderung; selbsttätige Füllvorrichtung für Elektrohängebahnen; Kurvenkipper von POHLIG; Kipper zum Beladen von Eisenbahnwagen [DODGE COAL STORAGE CO.]; hydraulischer Portalkran von DINGLINGER; fahrbarer elektrischer Portalkran mit angehängtem Drehkran von MOHR & FEDERHAFF; Hochbahnkran der BENRATHER MASCHINENFABRIK für Japan; Gurtfördererkran mit Drehkrangriefer-Betrieb von MOHR & FEDERHAFF; Gurtfördereranlage mit Türmen; Verladeschnecke von SAUERBREY; Förderrohr der LINK BELT ENGINEERING CO.; Schwingtransportrinne von GEBR. COMMICHAU; Elevator von FREDENHAGEN; Hochbagger der LÜBECKER MASCHINENBAU-GESELLSCHAFT; Einschienen-Becherwerk von BLEICHERT & CO.; JAEGERscher Greifer; Umschlagseinrichtung für Kohle und Erz in Walsum; Koksgewinnungsanlage der LACKAWANNA STEEL CO.; vierteiliger Greifer von MAYS & BAILY.)* *Stahl* 26 S. 641/54 F.

KOLBEN, Transporteinrichtungen in Hütten- und Walzwerken.* *Elektr. B.* 4 S. 592/7.

MÜLLER, BRUNO, einige moderne Hochöfen-Begichtungsanlagen. (Winde mit zwei gekuppelten umsteuerbaren Verbundmotoren; Kübelkatze mit zwangläufig geführtem Kübel; doppelter Gichtaufzug mit gerader Aufzugsbahn; Gichtseilbahnen; Koksaufführungsanlagen; Kübelwagen.)⊞ *Gieß.-Z.* 3 S. 197/204.

WILLEY, the latest ore-handling machinery on the great American lakes.* *Cassier's Mag.* 30 S. 159/211.

LICHTE, Gicht- und Drahtseilbahn „Kneuttingen-Aumetz" zur unmittelbaren Erzförderung von der Grube auf die Gicht der Hochöfen.* *Erzbergbau* 1906 S. 511/5.

Verladeeinrichtungen der „Gutehoffnungshütte" in Walsum am Rhein. (Nur die Wagenkasten werden bewegt, indem die Eisenbahnwagen aus einem Untergestell bestehen, welches je 4 abhebbar angeordnete Klappkasten trägt.) *Z. Eisenb. Verw.* 46 S. 775; *Glückauf* 42 S. 781/3.

PEEBLES - LA COUR motor converter installation at Manchester. (Telpher line.)* *El. Rev.* 59 S. 541.

WELLMAN-SEAVER MORGAN CO., the automatic HULETT ore unloader at the Buffalo docks of the Pennsylvania Rr.* *Eng. Rec.* 54 *Suppl.* Nr. 20 S. 48; *Iron & Coal* 73 S. 1932; *Iron A.* 78 S. 1295; *Eng. News* 56 S. 550/1; *El. World* 48 S. 969.

HARRISON, storage and shipment of iron ore at Almeria, Spain. (Alquife Co.'s pier; method of

regulating the discharge of ore) (V)* *Min. Proc. Civ. Eng.* 163 S. 300/8.

Doppelte Verladebrücke aus Eisenbeton. (In den Eisengruben von Cala bei Sevilla in Spanien.)* *Zem. u. Bet.* 5 S. 277/8.

FUNKE & CO., Einrichtung zum Transport schwerer Blöcke vom Wärmofen nach der Walzenstraße. *Z. Gew. Hyg.* 13 S. 281.

Convoyeur électrique de minerais système Américain.* *Electricien* 31 S. 34/6.

Electric bucket trolley for handling granulated slag at the blast furnaces of the REPUBLIC IRON & STEEL CO.* *Iron A.* 78 S. 1444/5.

New slag car. (Of the AMERICAN SMELTING & REFINING CO.; 15′long and 6¹⁄₂′ high.)* *Electrochem. Ind.* 4 S. 196/7.

SETZER, „never-leak" bin. (Built of lumber.)* *Am. Miller* 34 S. 455.

Ashhandling plant for locomotives installed for the Pennsylvania Rr. at Dennison, Ohio, by the CASE MFG. Co.* *Iron A.* 78 S. 1012.

ROBERTSON, ash handling plants at railway ash pits. (Locomotive terminal of the Pittsburg & Lake Erie Ry. at Mc Kees Rocks, Pa.)* *Eng. News* 55 S. 332/3.

BABCOCK & WILCOX, „Silent" gravity bucket conveyers for coal, coke, ashes, ores, and other material.* *Iron & Coal* 72 S. 2120/1.

The CASE MFG. CO. ash handling bucket. (An narrow gauge track is placed at the bottom of the pit, on which run trucks for holding the buckets. This arrangement allows the bucket to be positioned at any part of the pit, after the locomotive has been brought to a stand over the pit, and if the latter is of sufficient length, two locomotives coupled together may discharge their ashes without moving the train.)* *Iron A.* 78 S. 1222.

Ash-handling plant of the Santa Fe at Argentine. (75 t reinforced concrete cinder bin, ATCHISON, TOPEKA & SANTA FE.)* *Railr. G.* 1906, 1 S. 656.

Ash bin. *Eng. News* 55 S. 594.

3. Getreide und andere Nahrungs- und Genußmittel. Corn and other food and stimulants. Blé et autres denrées alimentaires et stimulants.

SÉE, calcolo delle pareti dei silos per grani. (Metodo per determinare il limite massimo della pressione que i grani possono esercitare contro le pareti dei silos.)* *Giorn. Gen. civ.* 43 S. 98/103.

JAMIESON, concerning the design of grain elevators and other storage bins. *Eng. News* 55 S. 270/1.

PLEISZNER, Versuche zur Ermittlung der Boden- und Seitenwanddrücke in Getreidesilos. (a)* *Z. V. dt. Ing.* 50 S. 976/86 F.

Cost notes on a reinforced-concrete silo. (Built at Mc Lean, Ill., by SNOW & PALMER; forms of T-shaped posts 28′ high secured at top and bottom by a system of guy ropes and posts; reinforcement consists of iron hoops taken from an old wooden silo.)* *Eng. Rec.* 54 S. 607.

Große Silospeicheranlagen.⊠ *Rig. Ind. Z.* 32 S. 77/81.

BAUGESELLSCHAFT FÜR LOLAT-EISENBETON, Getreide-Silo von 7000 m³ Fassung. ⊠ *Bet. u. Eisen* 5 S. 62/3.

MACIACHINI, Silospeicher aus armiertem Beton.⊠ *Masch. Konstr.* 39 S. 20/1.

Die Gebäude der „Sun"-Mühle. Der Cooperative Wholesale Society in Manchester. (Silospeicher.)* *Uhlands T. R.* 1906, 2 S. 73/4.

Getreidespeicher in Genua. (Türme mit Saugrohren zum Aufsaugen des Getreides aus den Schiffen.)* *Z. Arch* 52 Sp. 33/40.

Getreidesilo in Venedig. (9 stöckig, faßt 9000 t Getreide, das in dünnen Schichten aufbewahrt und umgeschaufelt werden kann.) *Wschr. Baud.* 12 S. 374.

CANADIAN PACIFIC RY. CO., Getreidesilospeicher.⊠ *Uhlands T. R.* 1906, 4 S. 26/7.

Getreidespeicher aus Eisenbeton. (Die Quaker City-Getreide-Mühlen-Gesellschaft in Philadelphia; Durchmesser der 8 Türme 4,58 m, Höhe 25.93 m.)* *Zem. u. Bet.* 5 S. 40/2; *Am. Miller* 34 S. 203.

Failure of a steel tank grain elevator at Fort William, Ont.* *Eng. News* 55 S. 643.

HUBER, GEBR., Hanfmagazin in Eisenbeton-Konstruktion in Breslau. (Papp-Dach mit großen Lichtöffnungen, Dachträger mit Einlage aus Rundeisen, aus Rundeisen gebildete Verankerung der Kämpfer-Stützpunkte.)* *D. Baus.* 40, *Mitt. Zem., Bet.- u. Eisenbet. bau* S. 49/51.

FETZER, Lagerung von Malz und Gerste. (V) *Brew. Maltst.* 25 S. 65/6.

BARNARD & LEAS MFG. CO., the VICTOR packing auger. (Extra flight 3″ wide extending the whole width of the auger, overlapping the lower flight by about 1¹⁄₂″ and underlapping the upper flight the same distance.)* *Am. Miller* 34 S. 641.

A power package hand packer and how it originated. (For the filling of small parcels with flour, meal, grits, etc.)* *Am. Miller* 34 S. 296/7.

DODGE, Mexican bagging. (Ixtle or ixtle fibre commercially known as „tampico"; magnay fibre.)* *Text. Rec.* 30, 6 S. 78/81.

WYCKOFF, cut-off and bag holder for grain spouts.* *Am. Miller* 34 S. 993.

BRUEMMER, attachment for bag truck. (Designed to be placed on a bag truck so that two bags may be carted at a time.)* *Am. Miller* 34 S. 542.

CASE, tying the sacks. (Three balls of four-ply jute twine are tied together and put into the box, which is screwed upon the post of the scale, so that it is under the beam. The end of the twine comes out at the back of the box and is guided by screw eyes so that the twine hangs on the left-hand side, standing in front of the scale.)* *Am. Miller* 34 S. 37.

Fast loading of grain steamers. (198,000 bushels of wheat were put on board in 1 hr. and 57 min by the Great Northern elevator at Duluth.) *Railr. G.* 1906, 2 S. 528.

BOELL, la disposition et l'emploi des wagons réfrigérés aux États-Unis. (Le transport des denrées alimentaires, viandes, fruits, primeurs, oeufs, beurre, lait, etc.; modèle adopté par le Pennsylvania Rr.) *Rev. chem. f.* 29, 1 S. 351/7.

FRIEDRICH, Transportgefäß für lebende Fische. (Niedere Temperatur durch Eis oder Einhüllen des Gefäßes in nasse Tücher; stetige Filtrierung des Transportwassers; motorische Vorrichtung, welche das Transportwasser in den Filtriertrog hebt, durch die den Sauerstoff zuführenden Zerstäuber treibt und auf die Rieselanlagen leitet.) *Fisch. Z.* 29 S. 493/5.

POWELL, needed improvements in the transportation of perishable fruits: a refrigeration problem. (Refrigerating in transit alone; cooling fruit before shipment.) (A) *Eng. News* 55 S. 20/1.

Ueber das Einmieten von Kartoffeln. *Uhlands T. R.* 1906, 4 S. 88.

Fortschritte der französischen Industrie im Bau von landwirtschaftlichen Maschinen und Geräten. (Transportgeräte, zweirädriger Kippkarren von MABRY. Kühlwagen zum Transport von frischen

Blumen, Früchten, Weinen u. a. Lebensmitteln.) *
Uhlands T. R. 1906, 4 S. 72.

4. Sonstige Stoffe und Gegenstände. Other matter and objects. Autres substances et objets.

LAMOCK, die Transportfrage in der Ton-, Zement-
und Kalkindustrie. *Tonind.* 30 S. 1544/8.
Conveyers for finished cement at Marquette Cement
Works. (Belt conveyer 372' long.) * *Eng. Rec.*
53 S. 807.
Belt conveyer plant for handling concrete and
concrete materials. (For handling the concrete
materials to the mixers and the mixed concrete
from the mixers.) * *Eng. News* 55 S. 380.
Entladevorrichtungen für Ziegelsteine vom Schiff
auf das Landfahrzeug.* *Töpfer-Z.* 37 S. 513/5.
THE WASHBURN-CROSLY CO., new brick elevator
at Louisville, Ky. (Brick storage tanks and
working house total capacity of 250,000 bushels;
foundation of concrete with spread footings,
reinforced with steel tank walls.) * *Am. Miller*
34 S. 395.
Sandbehälter aus Eisenbeton. (Auf dem Kalksandsteinwerke der PEERLESS BRICK CO. in New
York.) * *Zem. u. Bet.* 5 S. 217/9.
Sandsilos aus Eisenbeton. (Welche die Stadt
Washington in Amerika für ihre Trinkwasser-
filteranlage errichten ließ.) * *Zem. u. Bet.* 5
S. 188/9.
WILLEY, the automatic conveyer in lumbering.*
Sc. Am. 94 S. 364/5.
STARKE & CO., Spänetransportanlagen. (Absau-
gung.) * *Uhlands T. R.* 1906, 2 S. 38.
RICHARDS, the American cotton bale. (Causes of
fire.) *Text. Rec.* 31, 4 S. 125/8.
WEST VIRGINIA PULP & PAPER CO., extensible
belt conveyer. (For handling pulp wood, wood
chips and soda ash and lime.) * *Eng. News* 55
S. 703.
DIETERICH, elektrische Transporte in chemischen
Fabriken.* *Z. Chem. Apparat.* 1 S. 193/200 F.
Beförderung von Schwefeläther in Kesselwagen.
(Weiß oder hellgrau gestrichenes Brettersonnen-
dach, in einem Abstande von mindestens 80 mm
vom Kessel.) *Z. Eisenb. Verw.* 46 S. 412/3.
Säuretransportwagen. (Der Anilinfabrik in Mainkur
bei Frankfurt a. M. für den Verkehr innerhalb
der Fabrik.) * *Z. Gew. Hyg.* 13 S. 280.
SCHLEYER, Lagerung feuergefährlicher Flüssig-
keiten. (Verfahren von MARTINI & HÜNEKE.)
(V) * *Bayr. Gew. Bl.* 1906 S. 155/61.
DIRTRICHSTEIN & MENSDORFF, explosionssichere
Transport-Lagergefäße und -Kannen für feuergefährliche und explosible Flüssigkeiten System
HENZE. *Z. Gew. Hyg.* 13 S. 367.
ISAACS, method of pumping heavy crude fuel oil
or other thick viscous fluid. (Rifling machine;
the rifling of the pipe causes the entire liquid
mass to whirl; water lubrication between the oil
and the pipe, greatly reducing the friction and
allowing the plug or core of oil to glide through
the pipe readily.) * *Eng. News* 55 S. 640/1.
Pneumatic tube system for delivering blueprints,
orders, etc., at the General Electric Works.*
Am. Mach. 29, 1 S. 751/2.
Elektrische Schnellpostbeförderung.* *El. Anz.* 23
S. 1018/9.
Test of underground mail-conveying system in
Chicago.* *West. Electr.* 38 S. 179.
SUERTH, electric coin carrier for store service.
West. Electr. 39 S. 42.
JOSEPH, Reform des Krankentransportwesens.*
Viertelj. ger. Med. 31 *Suppl.* S. 149/95.
Improvisierte Transportmittel für Verunglückte.*
Z. Gew. Hyg. 13 S. 645/7.

FREY, zur Regelung des Verkehrs auf dem Potsdamer Platz in Berlin. (Anordnung der Schutzinseln; Zerlegung der Platzfläche in einzelne
Straßen für die verschiedenen Fahrrichtungen
durch Anlage von Trennungsinseln, die zugleich
als Schutzinseln wirken.) * *Zbl. Bauv.* 26 S. 92.
GROVE, zur Regelung des Verkehrs auf dem Potsdamer Platze in Berlin. (Befahrung in der Richtung nach rechts.) * *Zbl. Bauv.* 26 S. 79/80.

**Transportbänder, -Ketten udgl. Belt-, chain-conveyers
etc. Transporteurs à courroie, à chaîne etc.**
Siehe Transport, Verladung, Löschung und Lagerung.

**Transportwesen. Conveyance of goods. Industrie des
transports.** Siehe Transport, Verladung, Löschung
und Lagerung.

**Trockenvorrichtungen, anderweitig nicht genannte.
Drying appliances not mentioned elsewhere. Appareils sécheurs non dénommés.** Vgl. Appretur 3,
Holz, Schleudermaschinen, Wäscherei und Wascheinrichtungen, Wolle.

MANIGUET, über Trockenanlagen. (Trocknen durch
direkte Heizung; Trocknen mittels erwärmten
Luftstromes allein. Trockenanlage für unterbrochenen Betrieb mit zwei Kammern; dgl. mit
einer senkrechten Kammer; dgl. mit Einschieber-
rahmen; Trocknung mittels warmen Luftstromes,
kombiniert mit unmittelbarer Heizung der Kammer.)
(A) * *Z. Gew. Hyg.* 13 S. 135/8 F.
KÜNZEL, Kerntrockenanlage mit Beheizung durch
warme Luft.* *Uhlands T. R.* 1906, 1 S. 36/7.
MARR, vom Trocknen. ⊠ *Ges. Ing.* 29 S. 749/54 F.
COLES, art of drying. (Direct-heat system; vacuum
system.) (V) (A) *Text. Man.* 32 S. 211/3.
HOFFMANN, J. F., Trocknungsversuche mit dem
Trockner-System VON SCHÜTZ, Zoppot, Westpr.
Z. Spiritusind. 29 S. 217/8.
A drier for rice. (Test in one of the mills at
Crowley, La.) *Am. Miller* 34 S. 239/40.
BOBRINGER, séchage des pièces imprimées au
rouleau. *Bull. Mulhouse* 1906 S. 17/37.
PAROW, der gegenwärtige Stand und Umfang der
Kartoffeltrocknerei in Deutschland. (V) *Jahrb.
Spiritus* 6 S. 210/26.
SCHWARTZ, Trocknen frisch geschnittener Hart-
hölzer. (Langsame Trocknung, überdachter
Lagerort, Umfassungswände aus Latten; An-
streichen der Hirnenden mit einer Lösung starken,
heißen Leims; Aufrechtstellung der Bretter,
nachher Aufstapelung.) *Z. Drechsler* 29 S. 229/30.
WITT, Austrocknung feuchter Wände durch Wärme.*
Wschr. Baud. 12 S. 515/9.
Laboratoriums-Einzel-Trockenschrank für gleich-
bleibende Temperaturen über 100 °.* *Z. Chem.
Apparat.* 1 S. 156/8.
Grundsätze für Trocken- und Schlichtzylinder. (Erlaß des Kgl. Preuß. Ministeriums für Handel und
Gewerbe.) *Fabriks-Feuerwehr* 13 S. 37/8.
Die Zylindertrockenmaschine. (Konstruktion, Her-
stellung und Wartung.) (a) ⊠ *Masch. Konstr.*
39 S. 170/2.
Drying machine. (For raw cotton or yarn; a large
quantity of material can be dried in a very
small space, the air being forced through the
stock alternately in each direction.) * *Text. Rec.*
30, 4 S. 86.
Maschinenanlage einer Cichoriendarre. ⊠ *Uhlands
T. R.* 1906, 4 S. 55.
BLÖMEKE, über die THOMSENsche Trockentrommel,
auch Schnelltrockner genannt.* *Metallurgie* 3
S. 645/9.
COHNEN, Patentwalzen-Trockenmaschine. (Für lose
Stoffe, als Baumwolle, Wolle etc.; Oeffnen der

durch Zentrifugieren gebildeten Klumpen vor dem Trocknen)* *Spinner und Weber* 23 Nr. 26 S. 1.

GES. FÜR TROCKENVERFAHREN, Berlin, conditioning apparatus. (Consists of two perfectly identical drying chambers, in which the material, placed on suitable supports, remains util constant weight is indicated by the balance mounted on the top of the apparatus. Each chamber serves alternately as a rough drying and also as a weighing chamber.)* *Text. Man.* 32 S. 309/10.

HESS WARMING AND VENTILATING CO., grain drier. (Constructed of galvanized steel.)* *Am. Miller* 34 S. 722.

JAHR, Woll-Karbonisier- und Trocknungsmaschinen.* *Uhlands T. R.* 1906, 5 S. 39/40.

JUNGHANNS, elektrischer Konditionierapparat. (Trockenverfahren zum Trocknen der verschiedensten Substanzen, welches auf elektrischem Wege stets unter gleichzeitiger Lichtentwicklung erzeugte Strahlungsenergie benutzt)* · *El. Anz.* 23 S. 1044/5.

Trockenapparate der A.-G. für Gas und Elektrizität, VORM. VON KOEPPEN & CIE. (Für den Gießereibetrieb.)* *Schw. Elektrot. Z.* 3 S. 128.

NAGEL & KAEMP, Getreide - Trockenapparat. (Mittels warmen Luftstroms; die Körner wechseln ihren Platz während des Trocknens durch die schrägen Stellungen der Gleitwände und die eigenartigen Lochungen derselben.)* *Alkohol* 16 S. 82.

REED, sand dryer.* *Eng. min.* 81 S. 903/4; *Street R.* 27 S. 491/4.

SCHUBERG, Vakuumtrockenapparate. (Für die chemische Industrie.)* *Z. Chem. Apparat.* 1 S. 113/20.

TOMLINSON-HAAS, Simplex - Trockenmaschine für Garne und loses Fasermaterial.* *D. Wolleng.* 38 S. 309/10.

VENATOR, MAX und WILHELM, Schachttrockner für Braunkohle mit übereinander angeordneten drehbaren Heizkörpern und seitlichen Führungsblechen.* *Braunk.* 5 S. 544/5.

WALTER, Trockenapparate für Getreide und Hülsenfrüchte. (Trockenapparat von RASCH, Getreidetrockenapparat System KÖNIG, Trockenapparat von NOLTING; Getreide- und Samentrockenapparat von SOEST & CO.) *Jahrb. Landw. G.* 21 S. 275/83.

WEISZ, Rübenschnitzeltrockenapparat „Imperial". (Betriebsresultate; besteht aus einer feststehenden geheizten Mulde, einem rotierenden Heizröhrenbündel, welches gleichzeitig die Schaufeln zum Bewegen des Materials trägt, einer die Antriebsscheibe tragenden Welle mit Schlagkreuzen und einer mit Klappen versehenen Abdeckung.) (V) *Zuckerind.* 31 Sp. 817/20 F.

LAFFORGUE, application du sécheur HUILLARD, à la dessiccation de la bagasse.* *Bull. sucr.* 23 S. 875/80.

WENDEL, Röhrentrockner mit in die Trockenröhren hineinragenden Innenröhren.* *Braunk.* 5 S. 199/200.

WETZEL, Saugtrockner für Gewebe, Garn, Wolle etc. (Ausnutzung der Scheidewände zur Abführung des abgesetzten Wassers. Wasserabscheidung durch senkrechte Einstellung von halbrund gebogenen Rinnen.)* *Spinner und Weber* 23 Nr. 18 S. 1/4 F.

ZACHARIASEN, the HIORTH drying tower built by the BRITISH DRYING TOWER CO. (Circulating the drying air current and allowing just enough of it to escape to carry off the moisture evaporated, the exhaust being in a highly satu-

rated condition.)* *Text. Man.* 32 S. 53/5; *J. Soc. dyers* 22 S. 3/9.

Tunnel. Vgl. Bergbau, Betonbau, Eisenbahnwesen I B.

1. Allgemeines. Generalities. Généralités.

STEINER, Beitrag zur Theorie der Röhrentunnel kreisförmigen Querschnittes. (Biegungsverhältnisse eines Röhrenelementes; Einfluß der äußeren Belastung einer Röhre durch Erddruck.)* *Wschr. Baud.* 12 S. 403/15.

STIX, Studie über den Luftwiderstand von Eisenbahnzügen in Tunnelröhren.* *Schw. Baus.* 48 S. 39/41.

The construction of a tube railway. (Break - up chambers; headings; timbering; tunnelling with a shield.)* *Builder* 91 S. 174/5 F.

WOLZENBURG, Tief- und Tunnelbau.* *Z. Baugew.* 50 S. 188/91.

HENNIGS, einspurige und zweispurige Alpentunnel. (Lüftungsstollen als Sohlstollen; Vorteile des Unterstollens.) *Schw. Baus.* 47 S. 290/3.

WAGNER, einspurige und zweispurige Alpentunnel. (Zur Abhandlung von HENNIGS S. 290/3; Entgegnung von R. WEBER.) *Schw. Baus.* 48 S./5/7 F.

BRANDAU, Zweitunnel-Baumethode. (Bekämpfung von HENNIGS' Vorschlag, künftige große Alpentunnel zweispurig zu bauen.)* *Schw. Baus.* 48 S. 141/6.

RICHARDS, method of rock tunneling under city streets. (Operation of breaking out the face for the advance of the heading by cutting a central vertical channel in the heading. „Radialaxe" channelling machine in Belmont tunnels, New York City.)* *Eng. News* 55 S. 376/8.

FITZPATRICK, method of tunnel construction by sinking caissons end to end. (Method of bracing; cutting edge of the caisson; temporary bulkheads; rough trusses across the bottom.)* *Eng. News* 55 S. 181/2.

A reinforced concrete tunnel caisson. (Doubletrack subway; pneumatic caisson. The caisson is symmetrical about the longitudinal axis and consists of a monolithic mass of concrete containing upper and lower chambers with solid concrete masonry around them filling the remaining cylindrical top and bottom surfaces; separating the upper and lower chambers are duplicate three-centered arches having a span and rise of 37^l and $11^1/_2^l$ at the wide end of the caisson, and 18^l and 9^l at narrow end.)* *Eng. Rec.* 54 S. 340/3 F.

LOW, caisson system of submarine tunnel construction in 1901. (Excavating a ditch, back - filling the same with rubble-stone, floating the cribs in place and sinking them.)* *Eng. News* 55 S. 339.

Subaqueous shield tunnelling. (On the Baker St. & Waterloo Ry. in London. Shield forced forward by hydraulic pressure for length corresponding to the size of the iron segments forming the tunnel rings.) *Eng. Rec.* 53 S. 362.

Tunnel shields and the use of compressed air in subaqueous works.* *Page's Weekly* 8 S. 1265/8.

UNITED ENGINEERING & CONTRACTING CO., handling spoil from city tunnel workings. (Transfering the material directly from the tunnel cars to wagons in the street for removal without dumping from the skip to the wagons)* *Eng. Rec.* 53 S. 749/50.

Track construction for railway tunnels. (Baltimore & Ohio; New York Central & Hudson River; Norfolk & Western; Pennsylvania; Philadelphia & Reading; Southern Pacific; Grand Trunk; English railways.)* *Eng. News* 56 S. 310/2.

Track construction and maintenance in railway tunnels. (Use of ballast; ties of wood, concrete

steel; maintenance of way in tunnels.) *Eng. News* 56 S. 314/5.

2. Ausgeführte und geplante Tunnel; Tunnels constructed and projected. Tunnels exécutés et projetés.

HAUPT, notes on great tunnels. (Hoosac tunnel, Mass. 1854—1876 average progress of 5.5' per day. Mt. Cenis, 1857—1871. progress 8,00' per day. Surto tunnel 1869—1878 progress per day 10,24'. St. Gothard 1872—1881 daily progress, 14,6'. Arlberg tunnel 1880—1884 progress 27.8' per day; the Simplon 1893—1905 12¼ miles long 29' per day. Sub-aqueous passages; aqueducts; drainage tunnels.) (V)* *J. Frankl.* 161 S. 401/12.

BUMANN, Eisenbahntunnel aus Stampfbeton. (In der Nähe des Bahnhofes Grunewald; 50 m lang; lichte Weite von 8,62 m; eingebautes Stampfgerüst; Schutz des Holzwerkes mit Wasserglaslösung gegen Feuersgefahr.) *Zem. u. Bet.* 5 S. 374/8.

HÜSER, Bau eines Kanal-Tunnels unter dem Güterbahnhof Cöln-Nippes. (HÜSER & CIE.s Verfahren für den Tunnelvortrieb bei Herstellung von Betonkanälen; Brustschild; Schächte werden an den Straßenkreuzungen abgesenkt; der Vortrieb erfolgt dann nach beiden Seiten, so daß die Tunnelstrecken in Straßenmitte zusammentreffen; innere Schalung aus eisernen Lehren, gebogenen С Eisen und konischen Schalbrettern; der untere Teil der Tunnelwand wird dann in lotrechter Richtung eingestampft, der obere und der Scheitel in wagrechter Richtung; die Leibung wird mit Klinkern verblendet; Durchführung des großen Vorort-Ringsammlers in Cöln unter den Schnellzuggleisen der Strecke Cöln-Neuß-Holland auf dem Güterbahnhof Cöln-Nippes.) (V) (A)* *D. Baus.* 40 *Mitt. Zem., Bet.- u. Eisenbet.bau* S. 33/4; *Tonind.* 30 S. 1643/7.

FISCHER, JOS., Sohlstollenvortrieb bei dem Bau des Karawankentunnels (Nord).⊠ *Wschr. Baud.* 12 S. 353/60.

FISCHER, JOS., die Förderung beim Bau des Karawankentunnels (Nord). (Vorortförderung auf einer eingleisigen, schmalspurigen Lokomotiveisenbahn; Bahnhof für das Auslaufen der aus dem Tunnel kommenden Züge; Ausziehgleise und Nutzgleise für die Aufstellung der aus dem Steinbruch kommenden Wagen; Verschiebebahnhof für den Betrieb mit elektrischen und Dampflokomotiven.)* *Zbl. Bauv.* 26 S. 149 51.

FISCHER, JOS., Vollausbruch beim Baue des Karawankentunnels (Nord).⊠ *Wschr. Baud.* 12 S.613/6.

BLODNIG, Schwierigkeiten beim Baue des Bosrucktunnels, schlagende Wetter und Wassereinbrüche. (Ersatz der Wassereinbrüche verursachenden Wasserkraft durch Dampfmaschinen.) (V) (A)* *Wschr. Baud.* 12 S. 211/2; *Z. Oest. Ing. V.* 58 S. 369/74.

HEINE, die maschinelle Bohrung im Bosrucktunnel mit besonderer Berücksichtigung der Gesteinsbohrmaschine System GATTI.⊠ *Wschr. Baud.* 12 S. 541/5.

Bau des Tauerntunnels. (Bau der zweiten 22 km langen Teilstrecke der Tauernbahn.) *Z. Eisenb. Verw.* 46 S. 11.

Eisenbahntunnel durch den Kleinen Belt. (Zwischen Fünen und Jütland; aus Eisen und Beton; nur so tief unter dem Meeresspiegel, daß er kein Hindernis für die Schiffahrt bildet.) *Z. Eisenb. Verw.* 46 S. 679.

BERDROW, der Simplontunnel. *Z. Eisenb. Verw.* 47 S. 1279/82 F.

The Simplon tunnel. (The longest tunnel in the world; difficulties encountered in driving; description of some of the power plants used.)* *Mines and minerals* 26 S. 282/3; *Gén. civ.* 49 S. 114/20 F.

PFLUG, der Bau des Simplontunnels.* *Ann. Gew.* 58 S. 112/5 F.

WAGNER, C. J., Bau des Simplontunnels (1. Januar 1905 bis 1. Januar 1906). (Geologische Verhältnisse; Wasserverhältnisse; Gesteinswärme; Nordseite, Gebäude und Maschinen; Südseite; Gebäude und Maschinen; Arbeiten im Tunnel, Nordseite, Südseite; Wohlfahrtseinrichtungen.) *Wschr. Baud.* 12 S. 337/46.

PRESSEL, die Bauarbeiten am Simplontunnel. (Gewölbe in gebrächem Gebirge; Stolleneinbau in blähendem Gebirge; Hochdruck-Spritzdüsen; Luftleitung; Hülfsstation mit Eiswagen; Durchschlagstelle; Ausweichestelle in Tunnelmitte; Rohrleitungen und Pumpen zur Trockenlegung von Stollen; Arbeitsvorgang bei Ausbruch und bei Mauerung der Sohle und der beiden Widerlager; eiserne Kappen aus der Druckpartie der Südseite; Kühlanlage, Wasserfassung; Wasserführung und Ventilation in Stollen I und II; Preßwasserbeschaffung.) (a)⊠ *Schw. Baus.* 47 S. 249/53 F.

WAGNER, C. J., Bau des Simplontunnels und dessen Bedeutung. (Hydraulische Bohrmaschine von BRANDT, Modell 1897; Lüftung; Abkühlungsapparate.)* *Oest. Eisenb. Z.* 29 S. 1/6 F.

KELLER, die Quellen im Simplontunnel und die Zweitunnel-Bauweise.* *Zbl. Bauv.* 26 S. 194/7; *Rev. chem. f.* 29, 2 S. 337/9

La galleria di Sempione e le linee di accesso. (a)⊠ *Giorn. Gen. civ.* 44 S. 648/79.

STEIN, Fertigstellung des Simplon-Tunnels. (V) (A)* *D. Baus.* 40 S. 112/6.

Eröffnung des Simplon-Tunnels und dessen Bedeutung für den Verkehr. *D. Baus.* 40 S. 325/6.

VOLANTE, die hygienischen und sanitären Verhältnisse während der Arbeiten bei dem Durchstich des Simplon.* *Ratgeber, G. T.* 6 S. 129/34.

HERZOG, Tunnelrevisionswagen für den Simplontunnel. *Schw. Elektrot. Z.* 3 S. 281/3.

NICOU, l'exposition de Milan et le Simplon. (Chemins de fer; métallurgie; électro-métallurgie; exposition minérale de l'Italie; appareils de soulèvement et transporteurs miniers; historique du Simplon; les travaux du Simplon; perforation mécanique.)* *Bull. ind. min.* 4, 5 S. 1033/1166 F.

The electrification of the Simplon tunnel.* *Engng.* 82 S. 683/5.

Street improvement with street railway subway at London, England. (New street with subways; tube tunnels.) *Eng. News* 56 S. 36/7.

London tramway subway. (Close to the surface of the street.)* *Railw. G.* 1906, 1 S. 132/3.

SANDMANN, der Rotherhithe-Themsetunnel. * *Zbl. Bauv.* 26 S. 552/3.

Rotherhithe tunnel. (Cut-and-cover tunnel is entered covering a length of 549'; tubular tunnel, lined with cast-iron segments, for distance of 271' to shaft Nr. 2, which is situated about 60' from the river front.) (Length 3,741', under river portion 1,500'.)⊠ *Builder* 91 S. 506/8; *Pract. Eng.* 34 S. 389/90.

Stepney and Rotherhithe tunnel. (Under the Thames River; tunnel and its approaches are 1⅓ miles long.) *Eng. Rec.* 53 S. 644.

Severn tunnel, Great Western Ry. (Is 4 miles 28 chains in length.) *Proc. Mech. Eng.* 1906 S. 617/9.

New works of the Paris subway. (Caisson sunk by compressed air.)* *Pract. Eng.* 33 S. 167/9.

Le Métropolitain: les caissons de la Place Saint-Michel.* *Cosmos* 1906, 2 S. 292/5.

POLLET, sur les revêtements céramiques des sta-

tions souterraines du Métropolitain de Paris et leurs dépendances. (Briques émaillées; opaline; porcelaine commune; pierre de verre; grès cérame.) [B] *Ann. ponts et ch.* 1906, 4 S 317/25.

Le tunnel sous la Manche. (Historique.) *Rev. chem. f.* 29, 2 S. 322/31.

Le project du tunnel sous La Manche. (Ses conditions techniques d'exécution.) * *Gén. civ.* 49 S. 294/6; *Nat.* 34, 1 S. 331/4; *Eng.* 102 S. 465/6.

SARTIAUX, à propos du tunnel sous La Manche. (Le but de la présente note est de résumer brièvement l'état de la question et d'examiner ce que, dans l'état actuel de la science, on pourrait faire aujourd'hui pour tracer le tunnel sousmarin, pour le construire et pour l'exploiter.) (V) [B] *Rev. chem f.* 29, 1 S. 309/22; *Giorn Gen. civ.* 44 S. 597/605; *Eng. News* 55 S. 650/1; *Bayr. Gew. Bl.* 1906 S. 494/7; *Eng. Rec.* 54 S. 565.

SARTIAUX, der Tunnel unter dem Aermelkanal. (Ausschließlich für Personenverkehr. Große Länge; starke Steigungen ermöglicht durch elektrische Zugförderung; Handelsstatistik; Reise- und Güterverkehr.) (V) (A) *Z. Eisenb. Verw.* 46 S. 267, 557, 985.

HAGUET, Tunnel unter dem Aermelkanal. *Z. Eisenb. Verw.* 46 S. 1545/6.

Der französisch-englische Kanaltunnel und die französische Nordbahn. (51,1 bezw. 54.4 km Länge zwischen Vissant und Dover bezw. Folkestone.) *Z. Eisenb. Verw.* 46 S. 235.

A channel ferry or tunnel. (Across the English Channel.) *Mech. World* 40 S. 241.

Relining the Allegheny tunnel, Pennsylvania Rr. (Brick masonry.) * *Eng. Rec.* 53 S. 597/8.

CARSON, Washington St. tunnel of the Boston Subway system. (The roof consists of steel I-beams imbedded in concrete and supported on the side walls and a row of center columns.) * *Eng. News* 55 S. 438/41; *Railr. G.* 1906, 1 S. 86/91.

Reinforced-concrete subways on the Chicago, Burlington & Quincy Ry. (386' and 420' long; reinforcement by vertical bars extending into the concrete of the top and bottom.) * *Eng. Rec.* 53 S. 345/7; *Eng. News* 55 S. 160.

The Chicago freight subway. (Built to transport freight between railroads; has no railroad connection.) *Railr. G.* 1906, 1 S. 454.

Lowering the three tunnels under the Chicago River. (To give a depth of 26' of water [instead of 17'] in the river.) * *Eng. News* 56 S. 272/4; *Eng. Rec.* 54 S. 73.

FOWLER, building the Brooklyn subway. (Double track tunnel timbering; underpinning building foundations; supports of elevated railroads.) * *Railr. G.* 1906, 1 S. 274/80.

Recent tunnel construction of the Rapid Transit Rr. in Brooklyn. (Double track rectangular reinforced concrete structure and single-track brick-lined tunnels, which connect the concrete portion with the single-track cast-iron tubes extending under the river; roof of a flat slab of reinforced concrete.) [B] *Eng. Rec.* 53 S. 593/7.

RICE, report on the defects of the Brooklyn tunnels of the New York Rapid Transit Ry. *Eng. News* 55 S. 611/2.

CUSHING, removal of Bulger tunnel. (Making instead a 90' deep open cut for four tracks.) [B] *Railr. G.* 1906, 1 S. 462/4.

The proposed tunnel under the Detroit River for the Michigan Central Rr. * *Compr. air* 11 S. 4036/43; *El. Rev. N. Y.* S. 268/9.

Proposed tunnel under the Detroit River for the Michigan Central Rr. (Depositing concrete; steel

forms; wooden forms; shield method.) * *Eng. News* 55 S. 182/6.

WILLGUS, CARSON and KINNEAR, Detroit River twin railway tunnel of the New York Central Lines. (Trench excavated in the river, and refilling the excavation with concrete with two steel tubes imbedded therein; tubes reinforced on the outside with concrete and built on land and floated on scows in sections about 267' long and lowered in place, section after section, and connected by sleeves at the end of each tube, one sleeve being slipped over the other and bolted together by flanges on the sleeves with a rubber gasket inserted between the flanges.) * *Eng. Rec.* 53 S. 193/4, 292; *Railr. G.* 1906, 1 S. 149/52 F.; *Cem. Eng. News* 17 S. 241/2.

DEYO, the New York subway, New York Interborough Ry. (a) * *Railw. Eng.* 27 S. 244/50.

New York's new subways. (Seven new subways in the Boroughs of Manhattan, Bronx and Brooklyn.) * *Eng. News* 56 S. 681.

The Pennsylvania tunnels under the East River. (Jacks and hydraulic erectors; shield, working chambers; cast steel cutting edge; iron tunnel lining.) [B] *Railr. G.* 1906, 2 S. 11/7 F.

The East River tunnels for the New York City terminals of the Pennsylvania and Long Island Rr. (Double air lock for Long Island City tunnel shaft; yard and plant at Long Island City; shield and erectors used in East River headings; automatic pressure reducing valve.) * *Eng. Rec.* 54 S. 11/2 F.

Construction of the East River division of the Pennsylvania, New York and Long Island Rr. Co.'s tunnels. (Building tunnel drums in caisson.) * *Eng. Rec.* 54 S. 32/4 F.

Tunnel work of the Pennsylvania Railroad under the East River. (Provisions for compressed air workers; shaft construction; shield work.) * *Eng. News* 56 S. 43/6; *Cosmos* 1906, 2 S. 255/8; *Rev. ind.* 37 S. 423/4 F.

Compressed air plants used in boring the East River tunnels of the Pennsylvania Rr. (Systems of air power production installed to handle the subaqueous work of the East River tunnels. 2,400,000 cu.' of free air per hour to be supplied by the air plants.) * *Eng. News* 56 S. 126/9.

Notes on the Battery tunnel, New York. (Construction of the twin tubes; air pressure in the tunnel 40 lb.; air locks provided with special locked exhaust valves to regulate automatically the escape of the pressure and make it impossible to open the lock in less than 20 minutes when the pressure is 40 lb. Fresh air is supplied by a pipe from which it passes through a heating coil, thus raising the low temperature caused by the expansion.) *Eng. Rec.* 54 S. 689/90.

Freezing process in the Battery tunnel New York. (Absorption refrigerating machines of the CARBONDALE type; brine coolers at top of shaft.) * *Eng. Rec.* 54 S. 656/7.

Grade corrections in the Battery Tunnel, New York. (Crossing the East River from Battery Park to the foot of Joralemon St.; length 6,750' of parallel single-track tubes 26 and 28' apart on centers, with segmental cylindrical cast-iron shells lined with concrete.) * *Eng. Rec.* 53 S. 671/2.

FORGIE, construction of the Pennsylvania Rr. tunnels under the Hudson River at New York City. (Design, shields and plant; two single-track cast-iron concrete lined circular tubes; segmental gate pivoted on an axis parallel to the face

of the shield bulkhead; door balanced in all positions; shield with sliding platforms moved by rams independent of the shoving rams; hood; shield ram pocket; erector pivot; movable bolting platform; material lock for bulkhead.) (a)* *Eng. News* 56 S. 603/14.

Hudson River tunnel of the Pennsylvania Rr. (Completion of the first stage.) *Eng. Rec.* 54 S. 395.

Steel sheet pile cofferdam for a Hudson River tunnel shaft.* *Eng. Rec.* 53 S. 685/6.

HOUGH, the Pennsylvania tunnels across Manhattan Island. (Methods and plant used in driving the tunnels under 32 d and 33 d Streets from the shaft at First Avenue to the terminal station at Seventh Avenue about one mile; double track tunnel; shafts divided by a temporary longitudinal wall of reinforced concrete; telpher runway at river shafts; electric locomotives; LAIDLAW-DUNN-GORDON, two-stage air compressor, direct connected to a 480 H.P. WAYNE motor; lowering a skip to wagon; loading and unloading skips at the dock; twin tunnels east of Fifth Avenue.)* *Railr. G.* 1906, 2 S. 380/4.

Progress on the Manhattan work of the Pennsylvania, New York & Long Island Rr. (Headings from intermediate shafts.)* *Eng. Rec.* 54 S. 512/5.

Reconstruction of the Ossining tunnel, New York, Central Rr. (Four-track structure 400' long, rock cut protected with a solid concrete facing, wall with transverse vertical expansion joints, refuge niches and buttresses to provide seats for electric transmission poles.)* *Eng. Rec.* 53 S. 254/6.

The Pennsylvania tunnels under the North River. (Across the Hackensack meadows from a point; cast iron lined tube tunnels which join the cut-and-cover excavation for the approach tracks to the station west of Tenth Avenue on Manhattan Island.) (a)▣ *Railr. G.* 1906, 2 S. 582/8.

New York & Long Island Rr. tunnel.* *Eng. Rec.* 53 S. 259/61.

Unterpflasterröhre aus Eisenbeton in Gallesburg, Ill. (Tunnelröhre der Chicago-Burlington- und Guiney-Eisenbahn.)* *Bet. u. Eisen* 5 S. 199/200.

Construction of the Gallitzin tunnel on the Pennsylvania Rr. (Rubble masonry side walls and concrete roof arch; the tunnel is driven without shafts from top headings at both ends; ventilating by an apparatus, consisting of sheet-iron hood and a STURTEVANT blower delivering air to the tunnel portal.)* *Eng. Rec.* 53 S. 567/8.

ALLEN, Kaw River tunnel of the Kansas City water works. (Shafts 161' and 113' deep, tunnel 1,125'; cofferdam used in sinking the south shaft.)* *Eng. Rec.* 54 S. 538/41.

FRANCIS and DENNIS, the Scranton tunnel of the Lackawanna and Wyoming Valley Rr. (4717' long, 1300' solidrock section, 750' masonry lined and 2700' timber lined; double-track; excavation: top heading was taken out to the full size of the section and the length carried on in advance of the bench varied from 50 to 800'; the bench was afterward split in two lifts; concrete masonry lining; permanent timber lining of voussoir ribs, 5' on centers, with a 4-" lagging.) (V. m. B.) (a)▣ *Trans. Am. Eng.* 56 S. 219/51; *Proc. Am. Civ. Eng.* 32 S. 168/90; *Railr. G.* 1906, 1 S. 34/6; *Compr. air.* 11 S. 4263/5.

PHILIPS, Bergen Hill tunnel of the Lackawanna. (Shaft and shaft house; open cut.)* *Railr. G.* 1906, 1 S. 356/7.

Construction of Indigo tunnel, Western Maryland Rr. (Single-track 4,332' long; method of driving the lower heading first and then taking the

remainder of the tunnel above that in a single lift.) *Eng. Rec.* 53 S. 95/6.

THRASHER & CO., Lookout Mountain tunnel, Southern Ry. (Double-track 3,540' long; the power plant comprises INGERSOLL-SERGEANT air compressors and rock drills, an AJAX MFG. CO. drill sharpener, a BULLOCK dynamo, a CAMERON pump operated with compressed air etc.) *Eng. Rec.* 53 S. 674/5.

SPOONER, difficult subaqueous tunnel work. (Short tunnel to carry water and gas pipes under a narrow canal, through freely water-bearing gravel containing boulders of all sizes up to 10 or 12' in length; use of compressed air.) (V) (A) *Eng. News* 56 S. 319.

HESSE, the HOFFMAN drainage tunnel. („Big Vein" working of the Consolidation Coal Co. Length 10,679.4' 8' wide and 7' high; sinking a shaft near the center to a depth of 174' and driving heading east and west; capacity 7,000 gal. per minute.) *Eng. Rec.* 54 S. 518.

Tunnel lining work in the far west. (Relining the Hodges Pass tunnel; method of putting in concrete invert; concrete side walls; portable arch centering; timbering.)* *Eng. News* 56 S. 586/7.

DOLL, the Gunnison, Utah, tunnel of the Uncompahgre irrigation project.* *Compr. air* 11 S. 4281/8.

3. Lüftung. Ventilation.

BRABBÉE, Untersuchungen über den Reibungswiderstand der Luft in langen Leitungen. (Studien an den Lüftungsanlagen beim Bau der 4 großen Alpentunnel in Oesterreich.) (V. m. B.) (A) *Wschr. Baud.* 12 S. 189/91.

Die Lüftungsanlagen beim Baue der großen Alpentunnels in Oesterreich. *Ges. Ing.* 29 S. 701/2.

CHURCHILL, ventilation of tunnels. (Vgl. Engng. 78 S. 799/803. Data as to the condition of the air in some subways and tunnels in the United States and Europe.) (V. m. B.)* *Proc. Am. Civ. Eng.* 32 S. 440/52 F.; *Trans. Am. Eng.* 57 S. 227/46; *Railr. G.* 1906, 2 S. 246/9; *Eng. Rec.* 15 S. 276/84.

RICE and BOLTON, ventilation of tunnels. (Discussion.) *Proc. Am. Civ. Eng.* 32 S. 859/65.

HAAS, die Lüftungsanlage des Kaiser-Wilhelm-Tunnels bei Cochem. (Zwischen Coblenz und Trier, 13776' lang.) (V)* *Ann. Gew.* 59 S. 61/74; *Railr. G.* 1906, 2 S. 443.

Lüftung der Pariser Stadtbahn. (Luftschächte; während der Nacht Ersatz der Türen durch Gitter.) *Z. Eisenb. Verw.* 46 S. 220.

Ventilating the New York subway. (Reports by SOPER and RICE; RICE's decision to exhaust the air at points midway between the stations; removing the air by means of louvers that will open outward only when the interior air pressure is greater than that outside.) *Eng. Rec.* 53 S. 439; *Eng. News* 55 S. 263/4, 619/22; *El. Rev. N. Y.* 48 S. 628/31; *Z. Eisenb. Verw.* 46 S. 82.

Air power plants for the East River tunnels of the Pennsylvania Rr. (Duplex feed pumps of the outside packed plunger pattern, brass fitted throughout, and each provided with a pump governor; forced draft; air compressors made by the INGERSOLL-RAND CO.; low air pressure machines of duplex CORLISS type with cross-compound steam cylinders designed to operate condensing, and simple duplex air cylinders discharging into their individual after-coolers.)▣ *Railr. G.* 1906, 2 S. 77/81; *Eng. Rec.* 54 S. 407/8.

Turbinen. Turbines. Vgl. Dampfmaschinen 2 f, Elektrizitätswerke, Krafterzeugung und -Uebertragung 2, Wasserkraftmaschinen, Windkraftmaschinen.

1. Wasserkraftturbinen. Water turbines. Turbines hydrauliques.

a) Anlagen. Plants. Établissements.

Vgl. Elektrizitätswerke, Krafterzeugung und Kraftübertragung, Wasserbau, Wasserkraftmaschinen.

Ueber Turbinenanlagen. *Papierfabr.* 1906 S. 2828/32.

Wasserkraftanlage für stark wechselnde Wassermengen. *Z. Turbinenw.* 3 S. 99.

Schutz der Wasserrad- und Turbinenkammern gegen Frost. (Einrichtung zum Auskrauten der Wassergräben; Abdecken der Wassergräben mit Dachlatten, darüber mit Holzwolle oder Stroh und Drahtgeflecht.)* *Papierfabr.* 4 S. 2155/7.

ALLIS-CHALMERS CO., variable-speed water power plant with constant-current electric transmission at variable voltage and frequency. (Variable-speed water wheels; generator is rated at 300 kw, and produces three-phase current whose frequency is 60 cycles per second at the [normal] speed of 450 r. p. m.) *Eng. News* 55 S. 126, 270.

HEYM, der Synchronismus in Drehstrom-Wasserkraftwerken. *Z. Turbinenw.* 3 S. 412/3.

RUSHMORE, notes on hydro-electric power plants. (Velocities in flumes; pipe lines, impulse-wheels of the PELTON type; turbine wheels; vertical shafts; erosion in ditches.) (V) (A) *Eng. Rec.* 53 S. 451/2.

Wasserkraftanlage der Münchener Elektrizitätswerke bei Moosburg. (FRANCIS-Turbinen von 3600 bis 6000 P.S.; Leitung von 50 000 Volt auf 57,5 km in einer oberirdischen Leitung nach München.) *Z. Bayr. Rev.* 10 S. 202.

STAMM, Turbinenanlage der Isarwerke bei München.* *Z. Turbinenw.* 3 S. 505/7 F.

CAMRER, Leistungsversuche an der Wasserkraftanlage von Mos. Löw-Beer in Sagan (Schles.)* *Z. V. dt. Ing.* 50 S. 1221/7.

NEESER, der hydro-mechanische Teil der „Sillwerke" der Landeshauptstadt Innsbruck. (Wehranlage; Druckleitung; Rohrleitung der Sillwerke; die Verteilleitung und das Maschinenhaus; automatische Geschwindigkeits- und Druckregulierung.)* *Z. Turbinenw.* 3 S. 7/10F.

Wasserkraftanlage Laufenburg a. Rh. (Zur Ausnutzung der Wasserkraft müssen gebaut werden: Ein Stauwehr, eine Turbinenanlage, Erweiterung des Rheins.) *Z. Turbinenw.* 3 S. 389/90.

Turbinenanlage Bergün (Albulatal) von VORM. RIETER & CIE. (PELTON-Löffelräder; Regulator mit nachgiebiger Rückführung.)⊞ *Masch. Konstr.* 39 S. 29.

Wasserkraftanlage Schaffhausen. *Z. Turbinenw.* 3 S. 31.

ZODEL, große moderne Turbinenanlagen. (Für das Elektrizitätswerk Wangen a. d. Aare; FRANCIS-turbinen mit drehbaren Schaufeln im Leitapparat; Preßöl erzeugt mittels horizontalachsiger GIRARD-Turbinen und dreizylindriger Oelpumpen, System ESCHER, WYSS & CIE.)* *Schw. Baus.* 47 S. 167/9F.

Wasserkraftanlage Wangen. *Z. Turbinenw.* 3 S. 32.

Wasserkraftwerk für 50 000 P. S. in der Schweiz. *Z. Turbinenw.* 3 S. 329.

Zwei neue Wasserkraftwerke bei Genf. *Z. Turbinenw.* 3 S. 534/5.

Wasserkraftanlage für die Gotthardbahn. *Z. Turbinenw.* 3 S. 353.

Wasserkräfte im Tessin (Schweiz) für den elektrischen Betrieb der Gotthardbahn. *Z. Turbinenw.* 3 S. 515/7.

Wasserkraftwerk am Tessin in Italien. *Z. Turbinenw.* 3 S. 390.

28 000 kw-Wasserkraftanlage an der Adda. *Z. Turbinenw.* 3 S. 390.

BORDINI, esperienze eseguite sul canale industriale Nuova Molina derivato dal fiume Brenta. (Verifiche e deduzioni sulle leggi del moto uniforme.)⊞ *Giorn. Gen. civ.* 43 S. 169/92.

Hydraulic turbines by RIVA MONNERT & CO., of Milan.* *Eng.* 101 S. 468.

Die Wasserkräfte von Schweden und Norwegen. *Z. Turbinenw.* 3 S. 535.

KINNEY, construction of a power plant under difficulties. (At Gothenburg, Neb.) (V) *J. Ass. Eng. Soc.* 36 S. 118/22.

ATELIERS DE CONST MÉC., Vevey, Switzerland, water turbine driving in textile mills. (1200 I. H. P.)* *Text. Man.* 32 S. 375/6.

GÜNTHER & SONS, water turbines for a Yorkshire woollen mill. (Mixed flow type with horizontal shaft; 75 B. H. P. with 24' fall.)* *Text. Man.* 32 S. 128.

Einzelantrieb von Spinnereimaschinen durch Wasserturbinen. (Der AT. DE CONSTR. MÉC., Vevey. Baumwollspinnerei von Feltrinelli & Cie. in Campione.)* *Mon. Text. Ind.* 21 S. 376/7.

Wasserkraftanlage am Sioulefluß, zur Versorgung der Stadt Clermont-Ferrand (Frankr.)* *Turb.* 2 S. 129/31F.

MÜLLER, WILH., große Krafteinheiten im amerikanischen Wasserturbinenbau.* *Z. Turbinenw.* 3 S. 345/8.

Quelques installations à turbines hydrauliques en Amérique.* *Cosmos* 1906, 2 S. 355/7.

ALLIS-CHALMERS CO., turbines in the new power station at Sewalls Falls. (Of the FRANCIS central discharge type.)* *Eng. Rec.* 53 S. 44.

RICHARDSON, additional power development at Sewalls Falls, N. H.* (Canal and tailrace; station reinforced concrete foundation or substructure; substructure of brick with pilastered walls; rack built up on a structural steel frame resting on a reinforced concrete flooring; gates and hoisting apparatus; turbines.)* *Eng. Rec.* 53 S. 17/22.

BALTIMORE ELECTRIC POWER CO., a model turbine power station. (Arrangement of turbine connections; steam and water connections.) * *Eng. Rec.* 54 S. 60/2.

CRAVEN, Madison River Power Co. plant. (Dam 236' long and 57,4' high; intake of the flume; spillway; wooden sluice gates; ultimate output 10 000 H. P.) (V) *J. Ass. Eng. Soc.* 36 S. 113/7.

GALLOWAY, the hydro-electric power plant of the Nevada Power Mining & Milling Co. (Stand pipe and gate on wood stave pipe; steel pipe 24" in diameter of lap welded steel.)* *Eng. Rec.* 53 S. 784/6.

GIESLER, 10,000 H. P. single-wheel turbine at Snoqualmie Falls, Wash. (270' fall; FRANCIS type.) (a)* *Eng. News* S. 352/5.

Turbine hydraulique de 10 000 chevaux de l'usine de Snoqualmie Falls (États-Unis). *Gén. civ.* 49 S. 120/2; *Portef. éc.* 51 Sp. 129/32; *Bull. d'enc.* 108 S. 473/8.

IDE, hydro-electric station of the GREENVILLE CAROLINA POWER CO. (A low-head water-power development supplying electric power for municipal, railway and/ industrial purposes. Dam constructed of ballasted concrete. The power house is a brick structure of mill type set on staggered piers of concrete; crane of 15,000 lb. capacity travels the length and breadth of the generator room; four pairs of 33" turbines; power house equipment arranged for the generation of 2,600

kw, 13,200-volts, 3-phase current.) * *Eng. Rec.*
54 S. 368/71.

PFEK, hydraulic power development of the ANIMAS
POWER AND WATER CO. (Stone and timber dam
750' long and 55' high; wooden flume 8,800'
long. 8' overhung PELTON wheels with 3000
H. P. each at 300 r. p. m.) * *Eng. Rec.* 53
S. 486/7.

SELLEW, construction of the Neals Shoals power
plant on Broad River S. C. (The dam has faces
of quarry-faced rubble a heart of concrete in
which very large stones are embedded, and a
concrete rollway; General Electric revolving-field
three-phase generators driven directly by VIC-
TOR water wheels.) * *Eng. Rec.* 53 S. 270/6.

WRIGLEY, hydro-electric plant of the BELTON
POWER CO. (Inward flow turbines; dam and
headworks; tail race.) * *Eng. Rec.* 54 S. 659/60.

The new water power plant of the BLACKSTONE
MFG. CO. * *Eng. Rec.* 54 S. 165/8.

Wasserkraftanlage bei Chattanooga. (Turbinen-
anordnung für wechselnde Wassermengen.) * *Z.
Turbinenw.* 3 S. 31/2.

Wasserkraftanlage für 40000 P. S. in Colorado. *Z.
Turbinenw.* 3 S. 352.

New hydro-electric station of the Holyoke Water
Power Co. (Pumps furnished by the DEANE
STEAM PUMP CO.; feed-water heater, supplied
by NATIONAL HEATER CO.; 500 kw CURTIS
steam-turbine.) * *Eng. Rec.* 54 S. 284/6 F.

Hochdruck-Wasserkraftanlage in Kalifornien. * *Z.
Turbinenw.* 3 S. 467.

Warriors Ridge hydro-electric plant at Huntingdon,
Pa. (Reinforced-concrete dam, with a maximum
height of 27½'; JOHNSON corrugated bars for
reinforcement; structure above the main floor
built entirely of reinforced concrete with the exception of the east wall of the generator room
and the portion of the west wall above the dam
wall in front of the turbines which are formed
by vertical I-beam columns with expanded metal
and plaster on both sides; RANSOME bars for
wall and for reinforcement; GENERAL ELECTRIC
CO. four 50 kw., 3 phase, 60 cycle generators,
of the horizontal shaft, revolving-field type of
the WORTHINGTON counter-current, surface type.) *
Eng. Rec. 54 S. 678/81.

Works of the Mexican Light & Power Co. (Necaxa dam sufficient to conserve 2,4500000000 cu. '
of water 2,600' long and 66' high at its highest
point, 2,100' head; Tescapa reservoir; pipes
imbedded in concrete; material for the power
house transported in steel-framed cages, sliding
on cables and operated by compressed air plants
at the top each. The power is generated in six
vertical units, operated by individual impulse
waterwheels, wheels are 100" in diameter.) *
Eng. Rec. 53 S. 705/8.

PEARSON and BLACKWELL, the Necaxa plant of
the Mexican Light and Power Co. (Hydraulic
apparatus; electric apparatus; sub-stations.)
(V. m. B.) ⊞ *Proc. Am. Civ. Eng.* 32 S. 838/51.

Niagara-Wasserkraftwerk der Ontario Power Co.
(11340 P.S. Niagara-Doppelturbine.) * *Z. Turbinenw.* 3 S. 14/5.

Ausnutzung der Wasserkräfte in Peru. *Z. Turbinenw.* 3 S. 455.

GILKES & CO., hydro-electric installation at Mau-
ritius. (Power to light 1,000 sixteen-candle power
public lamps, energy obtained from a stream in
which there is an available head of 70' about
four miles distant from the town; TRENT-type
turbine; switchboard.) * *Pract. Eng.* 34 S. 784/6.

HOMBERGER, Wasserkraftanlagen in Ostindien. *Z.
Turbinenw.* 3 S. 124/6.

b) Bau. Construction.

CAMERER, experimentelle Bestimmung des günstigsten Drehpunktes von Turbinendrehschaufeln. *
Z. V. dt. Ing. 50 S. 54/6.

KOBES, Theorie und Berechnung der Vollturbinen
und Kreiselpumpen. * *Z. V. dt. Ing.* 50 S. 579/80.

KOBES, die Druckverhältnisse in einer um eine
horizontale Achse rotierenden Wassermasse und
der achsiale Schub bei FRANCIS-Turbinen mit
liegender Welle. * *Z. Oest. Ing.* V. 58 S. 129/36.

KOBES, Studien über den Druck auf den Spurzapfen der FRANCIS-Turbinen mit lotrechter
Welle. (Druckverhältnisse in einer um eine vertikale Achse rotierenden Wassermasse; Zusammensetzung des Druckes auf den Spurzapfen.) *
Z. Oest. Ing. V. 58 S. 17/24 F.

LÖWY, Beiträge zur Charakteristik der FRANCIS-
turbine. (Uebersicht über Turbinen.) * *Elt. u
Maschb.* 24 S. 333 6.

POHL & SÖHNE, Laufrad für Löffelturbinen. *
Papierfabr. 4 S. 2002.

PRÁŠIL, Bestimmung der Kranzprofile und der
Schaufelformen für Turbinen und Kreiselpumpen. *
Schw. Bauz. 48 S. 277/80 F.

VOGDT, die Wirkung des Wassers in den Turbinen. * *El. u. polyt. R.* 23 S. 477/9 F.

ZAHIKJANZ, Prinzipien der Wasserturbinen. (Ausfluß des Wassers; Wesen der „Reaktion".) *Turb.*
3 S. 34/6 F, 225/7 F.

SWAIN, the FRANCIS turbine, a misnomer. (Author
gives the credit of invention to BOYDEN and
HOWD.) *Eng. News* 55 S. 300.

Wasserturbinen. (FRANCISturbine, FOURNEYRON-
turbine, SCHWAMKRUGturbine; Turbinenregelung;
Untersuchung der Turbinen, Wassermessung.) *
W. Papierf. 37, 1 S. 93/4 F.

MORRIS CY. roue PELTON de 10500 chvx. *Rev.
ind.* 37 S. 421/3.

PELTON water-wheel, constructed by PITMAN. *
Engng. 82 S. 98; *Masch. Konstr.* 39 S. 127/8;
Eng. Chicago 43 S. 249; *Iron A.* 77 S. 876/7;
Mines and minerals 27 S. 151.

High-pressure PELTON water wheel. *Eng.* 101
S. 280; *Vulkan* 6 S. 3/4.

A curious PELTON wheel paradox. (Although a
greater quantity of water is being delivered from
the nozzle per minute, as the nozzle area is increased, yet the velocity of efflux of this is
being diminished, due to the greater nozzle area
and to greater frictional losses, until a point is
reached, at which any further opening of the
nozzle causes a decreased supply of kinetic
energy in the issuing water and a consequent
reduction in the speed of the turbine.) *Mech.
World* 40 S. 17.

Buse de distribution à section variable pour roue
PELTON. * *Gén. civ.* 48 S. 197.

PITMAN's tangential water wheel, with adjustable
nozzle. (Variable-discharge.) * *Pract. Eng.* 33
S. 44/5.

WHITE, 10,500 HP. turbine with volute casing. *
Am. Mach. 29, 2 S. 170/3.

2. Dampf-, Gasturbinen und dergleichen. Steam-, gas-turbines and thelike. Turbines à vapeur, à gaz etc.

AUSTIN, a chat about steam turbines. *El. Rev.*
59 S. 432/4 F.

Stimmen über Dampfturbinen auf der Jahresver-
sammlung der Schiffbautechnischen Gesellschaft.
Turbinen und Panzerkreuzer. Der technische
Handel und die Einführung von Dampfturbinen.
Turb. 3 S. 78/81.

Amerikanischer Bericht über Dampfturbinen. *Z.
Turbinenw.* 3 S. 315/7.

RATEAU, Mitteilungen über Dampfturbinen.* *Z. V. dt. Ing.* 50 S. 1505/11 F.

RIALL SANKEY, note on steam turbines.* *Engng.* 81 S. 2/4

SANKEY, note on steam-turbines. (Diagrams illustrate the production of motion energy in steam-turbines of various types, and the conversion of this energy into mechanical work.)* *Sc. Am. Suppl.* 61 S. 25232; *Rev. méc.* 18 S. 176/205.

STEVENS et HOBART, les turbines à vapeur.* *Rev. méc.* 18 S. 490/512.

The ways of steam turbines. *El. Rev.* 59 S. 325/6.

The development of the steam turbine.* *Page's Weekly* 8 S. 356/60.

RIEDLER, Entwicklung und Bedeutung der Dampfturbine. (V) (A) *Stahl* 26 S. 823/4; *Masch. Konstr.* 39 S. 107/8 u. 119/20; *El. u. polyt. R.* 23 S. 277/80F.; *Z. Kälteind.* 13 S 143/7; *Z. Bierbr.* 34 S. 345/8; *Z. O. Bergw.* 54 S. 405/8F.

RIEDLER, über Dampfturbinen. (V) *Z. V. dt. Ing.* 50 S. 1209/17; *Vulkan* 6 S. 81/90; *Turb.* 2 S. 151/4F.

BURT and CHRISTENSEN, tests of 500 kw steam turbines. *Street R.* 27 S. 771.

Tests of a 500 kw steam-turbine unit.* *Engng.* 82 S. 11.

Test of 5000 kw steam turbine in Fisk Street Station.* *West. Electr.* 38 S. 554.

LEGROS, essais récents de turbo-alternateurs.* *Schw. Elektrot. Z.* 3 S. 439/41.

OERLIKON CO., a 1500 kw turbo-generator. (A three-phase turbo-alternator.)* *Electr.* 57 S. 454/5.

Steam turbines and superheated steam. (Friction on its way through the turbine; STODOLA's experiments; wear of the blades due to the particles of water in the steam.) *Pract. Eng.* 33 S. 289/90.

STANTON, experiences with steam turbines. (V) (A) *Pract. Eng.* 34 S. 79; *Street R.* 27 S. 676/7; *Sc. Am. Suppl.* 61 S. 25422/3.

GESELL, Dampfturbinen auf der Bayerischen Landesausstellung Nürnberg 1906. (700 P.S.-ZOELLY-Dampfturbine. Einformen der Leiträder. Einsetzen der Laufradschaufeln. Turbolokomotive der ALLGEMEINEN DAMPFTURBINEN-BAU-GESELLSCHAFT NÜRNBERG. SULZER-Dampfturbine.)* *Z. Turbinenw.* 3 S. 425/35.

HERING, die Dampfturbinen auf der Bayerischen Landesausstellung in Nürnberg.* *Turb.* 2 S. 329/31 F; 3 S. 16/21.

Steam turbines at the Nürnberg exhibition.* *Eng.* 102 S. 393/4.

MÜLLER, ADOLF, die Internationale Ausstellung in Mailand. (Kreiselpumpenanlage mit 150 P.S. DIESELmotor; Dampfturbinen; Ventilator von SULZER.)* *Z. Turbinenw.* 3 S. 446/51.

GIBSON, the steam turbine. (Its present status and future development.) *Cassier's Mag.* 31 S. 36/41.

WERNER-BLEINES, Turbine und Eisenbahn.* *Turb.* 2 S. 121/4 F.

GOODENOUGH, relative economy of turbines and engines at varying percentages of rating. (V)* *Eng. Rec.* 54 S. 429/31; *Eng. News* 56 S. 430.

GOODENOUGH, relative economy of engines and steam turbines (V) (A) *Eng. Rec.* 54 S. 535; *West. Electr.* 39 S. 401/2.

HEYM, die Dampfturbine im Wettbewerb mit der Kolbendampfmaschine und der Großgasmaschine. *Turb.* 2 S. 254/5.

SCHÖMBURG, Kraftwerk mit Dampfturbinen im Vergleich mit Dampf- und Gasmaschinen. *Z.*

Turbinenw. 3 S. 236/8; *El. Rec.* 59 S. 367/8; *Masch. Konstr.* 39 S. 15/16.

STEVENS and HOBART, the economy of steam turbines compared with that of reciprocating engines.* *El. World* 47 S. 410/12.

Some comparisons of steam turbines and reciprocating engines. (CARNOT formula, relation between the steam consumption and the vacuum of a 2000 kw PARSONS turbine at different loads.) *Mech. World* 39 S. 294.

Comparative economy of steam and turbine engines. (Saving in coal computed for the turbine steamers belonging to the Midland Ry, England, as compared with similar steamers of the same company propelled by reciprocating engines.) *J. Frankl.* 161 S. 319.

STEVENS and HOBART, the effect of admission pressure on the economy of steam-turbines.* *Engng.* 82 S. 743/5F.; *J. Nav. Eng.* 18 S. 43/101; *Z. Turbinenw.* 3 S. 79/81F.; *Schiffbau* 7 S. 713/6 F.; *Sc. Am. Suppl.* 61 S. 25112/3 F.; *Mar. Engng.* 11 S. 50/8.

STOTT, économie des grandes stations motrices. (Turbines à vapeur dans les grandes stations centrales d'électricité.)* *Bull. d'enc.* 108 S. 375/80.

STOTT, combined steam and gas engine generators. (Steam turbine between the exhaust of a reciprocating engine and the condenser; producer gas; gas engine to run at constant load, combined with a steam turbine to take all the fluctuations.) (V) (A) *Pract. Eng.* 33 S. 421/2.

Steam turbines and the gas engine.* *Eng. Chicago* 43 S. 193/4.

SPEAKMAN, the development and present status of the steam-turbine in land and marine work. *Engng.* 82 S. 743/5F.; *J. Nav. Eng.* 18 S. 43/101; *Z. Turbinenw.* 3 S. 79/81F.; *Schiffbau* 7 S. 713/6 F.; *Sc. Am. Suppl.* 61 S. 25112/3 F.; *Mar. Engng.* 11 S. 50/8.

STONEY, recent advances in steam turbines in land and marine. *El. Rev.* 59 S. 208/9 F.; *Electr.* 57 S. 699/700; *El. Eng. L.* 38 S. 271/3.

The steam turbine in land and marine work. *Eng.* 102 S. 473/4.

5,000 kw in steam turbines ready for shipment. *West. Electr.* 38 S. 60.

BILES, ship propulsion by the steam turbine.* *Mar. E.* 28 S. 157/8.

HART, développement de l'application des turbines à vapeur à la propulsion des navires. (Objections faites à l'emploi des turbines marines; historique sommaire de l'application des turbines à la propulsion des navires; avantages de l'abaissement du nombre de tours; installations et résultats obtenus par chacun des types de turbines en Angleterre, France et Allemagne.) (a)⊞ *Mém. S. ing. civ.* 1906, 1 S. 56/117.

JANSON, charakteristische Gesichtspunkte für den Entwurf und die Anordnung von Schiffsturbinen und Turbinenpropellern. (Umlaufsgeschwindigkeit; der Turbinenpropeller.)* *Turb.* 3 S. 59/62 F.

Progress of the marine steam-turbine. *Engng.* 81 S. 697; *J. Nav. Eng.* 18 S. 614/7.

The development of the marine steam turbine.* *Eng. Rev.* 15 S. 342/54.

Marine turbines in service. (Advantages; disadvantages.) *Mech. World* 40 S. 224/5.

The steam turbine in marine engineering.* *Iron & Coal* 73 S. 1253.

Les turbines à vapeur à bord des navires.* *Yacht, Le* 29 S. 727/8.

Les turbines à vapeur. (Applications des turbines à vapeur dans la marine, spécialement pour les grands paquebots transatlantiques et les navires de guerre.) (a)⊞ *Rev. méc.* 19 S. 545/86.

Comparison of a turbine and a reciprocating engine for the U. St. navy.* *Sc. Am.* 95 S. 340.

Dampfturbinen in der französischen Marine. *Z. Turbinenw.* 3 S. 390.

VEITH, Turbinenanlage für Torpedoboote. (a) ▣ *Mar. Rundsch.* 17 S. 581/593.

Ein Versuch im großen. (Auf der „Caronia" mit Vierfachexpansionsmaschinen [Kolbenmaschinen] und der „Carmania" mit Dampfturbinen System PARSONS) *Z. Dampfk.* 29 S. 46/7.

Ocean steamers with steam turbines. („Virginia" of the Allan Line [Montreal and Liverpool], „Carmania", „Caronia".) * *Eng. News* 56 S. 189/91.

The steam turbine in marine engineering. („Emerald" 1903; „Turbinia" 1904; „Virginia"; „Caronia", „Carmania" 1905; „Dreadnought", „Great Eastern", „Lusitania" and „Mauretania" 1906.) *Eng. News* 56 S. 205/7.

The history of the marine turbine. (From the „Turbinia" of 1894 to the „Carmania" of 1905.)* *Sc. Am. Suppl.* 61 S. 25320/2.

Dampfturbinenanlage des transatlantischen Schnelldampfers „Carmania". (Turbine mit Hebegetriebe; Wellenabdichtung der Turbinen; Dampfdruck - Meßvorrichtung; doppelte WEIR - Luftpumpe.) * *Z. Turbinenw.* 3 S. 169/74 F.

Turbine of the triple-screw steamer „Viper" constructed by the FAIRFIELD SHIPBUILDING AND ENGINEERING CO.* *Engng.* 81 S. 320.

SOTHERN, die Schiffsdampfturbine. (DE-LAVAL-Turbine; PARSONS - Turbine) *Turb.* 3 S. 21/3, 42/4 F.

Dampfturbinen für Fischereifahrzeuge. *Z. Turbinenw.* 3 S. 469.

The first ALLIS-CHALMERS steam turbine. (At the Washington Street power-house of the Utica Gas & Electric Co.)* *Am. Mach.* 29, 1 S. 178/9.

Die ALLIS-CHALMERS-Dampfturbine. * *Z. Turbinenw.* 3 S. 83/4; *El. World* 47 S. 1090; *Electr.* 56 S. 510; *Eng. Chicago* 43 S. 104/5; *Z. Dampfk.* 29 S. 170/1; *Page's Weekly* 8 S. 38/41.

Turbogenerator der ALLIS-CHALMERS-Turbinen.* *Z. Turbinenw.* 3 S. 177.

5,500 kw ALLIS-CHALMERS turbine unit.* *El. World* 47 S. 1047/8.

9000 P.S. ALLIS-CHALMERS-Dampfturbine. *Z. Turbinenw.* 3 S. 16.

Starting up of an ALLIS-CHALMERS steam turbine. *El. Rev. N. Y.* 48 S. 746/7.

CHRISTIE, erection of two large steam turbines. (Methods followed in the installation of two ALLIS-CHALMERS units in Brooklyn.) *Eng. Rec.* 54 S. 581/2; *Mech. World* 40 S. 268/9.

Dampfturbinen- und Dampfmaschinen-Anlagen. (Kondensationsanlagen für Dampfturbinen. Turbinenfabrik der A. E. G.) *Turb.* 3 S. 81.

The steam-turbine of the A. E. G. Berlin. * *Engng.* 82 S. 675/9; *Turb.* 2 S. 104/5 F.

LASCHE, der Dampfturbinenbau der ALLGEMEINEN ELEKTRICITÄTS-GESELLSCHAFT, Berlin. (V)* *Z. V. dt. Ing.* 50 S. 1289/1306.

GRADENWITZ, the steam turbine in Germany. (A. E. G. turbines; „Electra" turbine of KOLB; parts of turbine.)* *Pract. Eng.* 33 S. 73/5 F.; *Rev. ind.* 37 S. 13/4.

Elektra-Dampfturbine. * *Z. Turbinenw.* 3 S. 49; *Schw. Elektrot. Z.* 3 S. 67/8 F.; *West. Electr.* 39 S. 23.

GUTERMUTH, „Elektra" - Dampfturbinen. (Untersuchung mit überhitztem Dampf) *Wschr. Baud.* 12 S. 401.

Dampfturbine Bauart BACKSTROM-SMITH. * *Z. Turbinenw.* 3 S. 453/4; *El. World* 47 S. 1198/9; *Electr.* 57 S. 421; *Iron A.* 77 S. 1680/1; *Street R.* 27 S. 828/9.

BADISCHE GESELLSCHAFT ZUR UEBERWACHUNG

VON DAMPFKESSELN ZU MANNHEIM, Dampfturbinen. (Garantieversuche.) *Z. Dampfk.* 29 S. 448/9.

CORSEPIUS, Turbinendynamo der MASCHINENBAU-A.-G. ESSEN-RUHR für 300 P.S. ▣ *Elektrot. Z.* 27 S. 114/6.

STANTON, operating experience with four-stage CURTIS turbines. (V) (A) *Eng. Rec.* 54 S. 726/7.

Bauart neuerer CURTISturbinen. * *Z. Turbinenw.* 3 S. 164.

Abdampf-CURTISturbinen. *Z. Turbinenw.* 3 S. 268.

PHILADELPHIA RAPID TRANSIT CO, Abdampf-CURTISturbine. *Z. Turbinenw.* 3 S. 85.

Test of a 1500-kw CURTIS turbine. *El. World* 47 S. 651/2; *Electr.* 56 S. 788.

Test of a 5000 - kw CURTIS steam turbine.* *El. World* 48 S. 55/6; *Street R.* 27 S. 1034/5; *El. Rev. N. Y.* 48 S. 4; *Eng. Chicago* 43 S. 444.

Test of a CURTIS turbine at Waterloo, Iowa. *El. World* 47 S. 991.

DIMAN, test of a CURTIS marine turbine. *J. Nav. Eng.* 18 S. 227/58; *Eng. News* 56 S. 33.

CURTIS, marine applications of the CURTIS steam turbine. *Mar. Engng.* 11 S. 19/20; *Am. Mach.* 29, 2 S. 224/5.

CURTIS, CURTISturbinenschiffe. *Z. Turbinenw.* 3 S. 205.

Les turbines à vapeur. (Turbines de la GENERAL ELECTRIC CO.; le réglage D'EMMET; réglage CALLAN ET BOYD; réglage THOMSON, ELIHU; arrêt CALLAN; turbine EHRHART, ARNOLD, WAGENHORST; accumulateur EMMET; turbine SANKEY; drainage WILLIAMS ET ROBINSON; réglage LENTZ; turbine ODDIE, MELMS, PPENNINGER ET SANKEY; réglage WILKINSON; turbine WESTINGHOUSE; récupérateur RATEAU des „Hallside Works"; turbine RICHTER, PARSONS; garniture DUNLOP ET BELL, HOPKINSON.)* *Rev. méc.* 19 S. 264/92.

EGLIN, MOULTROP, ANDREW, MOORE and DUNHAM, the present status of the steam turbine. (Investigations during the past year into the development of steam turbines of CURTIS, WESTINGHOUSE, PARSONS and ALLIS - CHALMERS.) *Eng. Rec.* 53 S. 732/5.

Aus der Praxis der PARSONS-Turbine. (Stehender Einspritz-Kondensator mit Zahnradantrieb; liegender Einspritz - Kondensator für eine 5000 P.S.-Turbine; LENNE-ELEKTRIZITÄTS- UND INDUSTRIE-WERKE, Plettenberg; Turboalternator von 5000 P.S. im Städt. Elektrizitätswerk Frankfurt a. M.)* *Turb.* 2 S. 102/4 F.

BAILIE, the PARSONS steam turbine. (Double parallel flow PARSONS turbine; single parallel flow turbine, turbo fan, steam turbo pump, marine steam turbine, turbo-blower.)* *Iron & Coal* 73 S. 2006/8.

HOLDEN, the PARSONS turbine. (V. m. B.)* *J. Gas L.* 95 S. 445/8.

FRANK, Dampfturbinen. (PARSONSsche Dampfturbine; ZOELLY-Turbine.) *Papier - Z.* 31, 1 S. 211/2 F.

GESELL und GERCKE, Neuerungen bei der Schaufelbefestigung an PARSONSturbinen.* *Z. Turbinenw.* 3 S. 278/9.

PARSONS and STONEY, the steam turbine. (Early history; theory.) (V. m. B.)* *Min. Proc. Civ. Eng.* 163 S. 167/239; *Mech. World* 40 S. 90/2 F.

Die PARSONS-Turbine als Schiffsmotor. (Torpedoboot „S 125", Turbinenkreuzer; Hoch- und Niederdruckturbine.)* *Techn. Z.* 23 S. 19/21 F.; *Z. Turbinenw.* 3 S. 499/500; *Mar. E.* 29 S. 117/21 F.

PARSONS und WALKER, die Entwicklung der Schiffsturbine.* *Z. Turbinenw.* 3 S. 435/8; *Mar. Engng.*

11 S. 476/80; *Page's Weekly* 9 S. 748/50; *Sc. Am. Suppl.* 62 S. 25904/6.

LUDWIG & CO., brake tests of a 500 - kw - WES-TINGHOUSE - PARSONS turbine.* *Eng. Rec.* 53 S. 630.

Dampfverbrauchsversuche an einer 500 kw - WES-TINGHOUSE-PARSONSturbine. *Z. Turbinenw.* 3 S. 223/4; *El. Rev. N. Y.* 48 S. 542/3; *Pract. Eng.* 31 S. 721/2.

The WILLANS-PARSONS steam turbine. *Electr.* 57 S. 213.

Steam turbine for the Metropolitan electric supply Co. (3,000 kw WILLANS - PARSONS steam tur-bine unit; direct coupled to a DICK-KERR 2-phase alternator.)* *Pract. Eng.* 34 S. 304.

BAYNES, steam turbines. (The PARSONS turbine; the BRUSH - PARSONS turbine; the WILLANS-PARSONS turbine; the WESTINGHOUSE turbine; CURTISturbine; RATEAU turbine; the ZOELLY turbine; the DE LAVAL turbine.) *Electr.* 57 S. 372/9 F.

SADLER, present status of the turbine as applied to marine work. (DE LAVAL - PARSONS, CUR-TIS turbine; balance and twisting moment com-mercial vessel „King Edward", „Amethyst" cruiser, CUNARD CO.'s experiments with the „Caronia" and „Carmania".) (V) *J. Ass. Eng. Soc.* 36 S. 83/95; *Mech. World* 40 S. 28/9 F.; *Sc. Am. Suppl.* 62 S. 25566/7.

TITUS and RATTLE, test of a turbine-driven Sirocco blower. (At the works of the DE LAVAL STEAM TURBINE CO.; nozzle method of measuring the steam consumption in the turbine.) *Eng. Rec.* 53 S. 599/600.

Steam turbine for driving cotton machinery. (In-stalled by FOTHERGILL & HARVEY; turbine of DE LAVAL type.)* *Text. Man.* 32 S. 311.

Kraftverteilung in Turbo-Maschinen. (Geschwindig-keit der LAVAL-Turbine; Bestimmung der Form der Scheibe gleicher Festigkeit.)* *Turb.* 2 S. 169/70 F.

BROWN, steam turbines. (V) *Page's Weekly* 9 S. 1421/4.

BROWN BOVERI & CIE., 10000 P.S. Dampftur-bine. (Arbeitet mit Dampf von 11 Atm. Ueber-druck und 300° C Ueberhitzung.)* *Gieß. Z.* 3 S. 89/90.

BROWN, BOVERI & CIE. und TOSI, Dampfturbinen-gruppe im Werte von 1 000 000 Franken. (Fünf Dampfturbinen von je 11 000 P.S.) *Z. Bayr. Rev.* 10 S. 201.

13500 P.S.-Dampfturbinen für Buenos Aires. (Fünf Turbogeneratoren System BROWN, BOVERI-PAR-SONS; vier der Turbinen mit je einem Dreh-strom-Generator.) *Z. Dampfk.* 29 S. 460/1.

Abnahmeversuche an Dampfturbinen. (Abnahme-versuche an den Dampfturbinen der Nordsen-trale; Bauart BROWN, BOVERI-PARSONS mit einer maximalen Dauerleistung von je 700 kw und zwei ebensolchen Maschinensätzen mit einer Leistung von je 350 kw.)* *El. Anz.* 23 S. 28/30.

Steam turbine in a brewery. (For a BROWN-BOVERI - PARSONS turbo - dynamo. The turbine consists of a rotating multiple - step horizontal drum, being encompassed by a double statio-nary housing.)* *Pract. Eng.* 33 S. 111.

BALDWIN, performance of the two turbine gene-rator sets installed in the tannery of the American Oak & Leather Co. of Cincinnati. (A) *Eng. News* 56 S. 364.

BÁNKI, Grundlagen zur Berechnung der Dampf-turbinen.(Aktionsturbinen; Aktionsturbine mit meh-reren Geschwindigkeitsstufen; RIEDLER-STUMPF-Turbine; Turbinen mit mehreren Druck- und Ge-schwindigkeitsstufen; mehrstufige Ueberdruck-

turbinen.)* *Z. Turbinenw.* 3 S. 73/7 F.; *Z. V. dt. Ing.* 50 S. 229/30.

BIBBINS, steam turbine station of Baltimore Electric Power Company. *El. World* 48 S. 85/7.

HOLZWARTH, Verwendung von Dampfturbinen für den Antrieb raschlaufender Fahrzeuge, insbeson-dere für den Antrieb von einzelnen Eisenbahn-wagen an Stelle von Elektromotoren. *Z. Tur-binenw.* 3 S. 458/60 F.

HAMILTON-HOLZWARTH-Dampfturbine. (Wellenab-dichtung; Achsenregler.)* *Z. Turbinenw.* 3 S. 279/81; *Rev. ind.* 37 S. 401/3.

RATEAUsche Abdampfturbinenanlagen in Großbri-tannien. (Abdampfturbinenanlage der Hallside-Werke; Abdampfturbinenanlage der Hucknall-Torkard-Grube.)* *Z. Turbinenw.* 3 S. 341/3.

HUNDT, Verwertung des Abdampfes in Nieder-druck-Turbinen-Anlagen auf Bergwerken. (RA-TEAU-Akkumulator; Betriebsergebnisse auf Rom-bacher Hütte; Betriebsergebnisse zu Glasgow; Abdampfverbrauchszahlen für 500 kw-Leistung.)* *Glückauf* 42 S. 306/19.

Recent developments in the utilisation of exhaust steam for driving steam turbines. *Eng. Rev.* 15 S. 365/6.

LAPONCHE, Kondensationsanlagen für Dampftur-binen. *Turb.* 2 S. 299/300 F.

Condensing machinery for steam turbines.* *Engng.* 81 S. 514.

Englische Turbinenkondensatoren.* *Dingl. J.* 321 S. 623/4.

STACH, Zentralkondensationen zum Anschluß an Dampfturbinen. (Wird die Kondensation so ein-gerichtet, daß bei der Höchstbelastung das Va-kuum eingehalten werden kann, für welches die Dampfverbrauchszahlen der Turbine gelten, so wird bei Abnahme der Belastung der Dampfver-brauch günstig beeinflußt, da die Luftleere steigt.)ꟾ *Glückauf* 42 S. 1674/84.

SCHARBAU, mehrstufige Dampfturbine. (Berechnung einer Druckturbine mit 15 Stufen.)* *Turb.* 2 S. 211/5 F.

JANSSON, Regelung mehrstufiger Dampfturbinen. (RATEAUturbinen; einstufige RIEDLER-STUMPF-turbine; mehrstufige RIEDLER - STUMPFturbine; CURTISturbine; „Elektra"-Turbine; Ueberdruck-turbinen. Einstellung verschiedener Leistungen bei einer Turbine.)* *Z. Turbinenw.* 3 S. 463/5 F.; *Z. V. dt. Ing.* 50 S. 215/8.

The KERR steam turbine. (Built on the principle of the PELTON wheel.) *Eng. Rec.* 53 Nr. 8 *Suppl.* S. 41; *Z. Dampfk.* 29 S. 402; *Am. Mach.* 29, 1 S. 89/90.

KRULL, Dampfturbinen-Kraftwerk in St. Denis an der Seine. (Schaufelbefestigung; Schaufelverstei-fung.)* *Z. Turbinenw.* 3 S. 77/9 F.

LAFFARGUE, les turbo-alternateurs à l'usine d'élec-tricité de Saint-Denis (Seine.)* *Nat.* 34, II S. 349/50.

MASCHINENBAU A.-G. UNION-Dampfturbinen.* *Ell. u. Maschb.* 24 S. 164/6.

Turbines à vapeur „Union" construites par la MASCHINENBAU-GESELLSCHAFT, D'ESSEN-SUR-RUHR.* *Gén. civ.* 48 S. 289/91.

SCHRÖTER, 500 kw-Dampfturbine. Bauart MELMS & PFENNINGER.* *Z. V. dt. Ing.* 50 S. 1811/21 und 1955/6.

Dampfturbine von MELMS & PFENNINGER.* *Z. Turbinenw.* 3 S. 482/5.

RECKE, Druck- und Geschwindigkeitsverhältnisse des Dampfes in Freistrahl-Grenzturbinen. (Einfluß der Zentrifugalkraft; Ermittlung der Schaufel-profile; Bestimmung der Drucke in den Zwischen-punkten des Profils; theoretisch richtiges Profil; Längenprofil der Schaufel; mehrfache Schaufeln;

Profilierung der Düsenaustrittsmündung; Einfluß der Reibungs- und Ueberhitzungswärme auf den thermischen Vorgang in den Düsen.) *Z. Turbinenw.* 3 S. 261/4 F.

Dampfturbine der SKODAwerke.* *Wschr. Baud.* 12 S. 818.

SULZER BROTHERS, 1200 H. P. steam turbine.* *Eng.* 102 S. 393; *Masch. Konstr.* 39 S. 204/5.

Essais de consommation d'une turbine à vapeur du type ZOELLY. *Ind. él.* 15 S 526; *Z. Dampfk.* 29 S. 362/3.

The ZOELLY turbine.* *Iron & Coal* 73 S. 1847; *Page's Weekly* 8 S. 583/5.

TOUSSAINT, die ZOELLY-Turbine im Wettbewerb mit der PARSONS - Turbine zum Schiffantrieb. *Turb.* 3 S. 62/3.

The compound-reaction steam-turbine.* *Engng.* 82 S. 511/2 F.

DE MARCHENA, application des turbines à vapeur aux stations centrales d'électricité. *Rev. ind.* 37 S. 325/6.

Dampfturbinen in den Berliner Elektrizitätswerken. *Z. Turbinenw.* 3 S. 328.

A 10 000 H. P. steam turbine. (Installed at the Rhenanian Westphalian Electricity Works. The turbine is of the single-cylinder type and has two bearings, one of which serves at the same time as a bearing to the alternator.) *J. Frankl.* 161 S. 41/2.

Die Dampfturbinenanlage der Städtischen Elektrizitätswerke Wien, ausgeführt von der ERSTEN BRÜNNER MASCHINENFABRIKS-GESELLSCHAFT Brünn.* *Z. Turbinenw.* 3 S. 249/53.

GRADENWITZ, die Dampfturbinen in dem Kraftwerk Carville.* *Z. Turbinenw.* 3 S. 29/30.

PERKINS, steam-turbine power station in the Clyde Valley near Glasgow.* *West. Electr.* 38 S. 71/2

Dampfturbinenkraftwerke in Schottland von der CLYDE VALLEY ELECTRICAL POWER CO.* *Z Turbinenw.* 3 S. 115/6.

1500 kw. steam-turbine for Islington Electric Power Station.* *Engng.* 82 S. 501.

Wyoming Avenue Turbine Station of the Philadelphia Rapid Transit Co.* *Eng. Chicago* 43 S. 231/3.

Municipal arc lighting [from steam turbine power. (The city plant at Columbus, Ohio.)* *El. Rev. N. Y.* 48 S. 364/6; *Eng. Rec.* 53 S. 417/9.

The steam turbine in American power station.* *Page's Weekly* 8 S. 1333/5.

Turbinenkraftwerk in Long Island bei New York.* *Z. Turbinenw.* 3 S. 255/6.

Abnahmeversuche an Dampfturbinen der Kaiserlichen Werft Wilhelmshaven.* *Z. Turbinenw.* 3 S. 81/3.

Die Dampfturbinenanlage in der Nordzentrale der Kaiserlichen Werft Wilhelmshaven.* *Elektr. B.* 4 S. 399/400.

Dampfturbinen-Kraftwerk der Pennsylvania Railroad Co. *Z. Turbinenw.* 3 S. 454.

Turbine plant for railway lighting and power service, Portsmouth, O.* *Eng. Chicago* 43 S. 459/62.

Dampfturbinenkraftwerk für Bahnbetrieb.* *Z. Turbinenw.* 3 S. 15/6.

PASSELECO et RICHIR, les turbines à vapeur et pompes centrifuges installées au Charbonnage de Baudour.* *Rev. univ.* 15 S. 288/325.

SCHULTE, Abnahmeversuch der Turbodynamoanlage auf der Zeche Courl. *Glückauf* 42 S. 909/10.

THOMPSON, high-speed electric machinery, with special reference to steam turbine machines. *El. Eng. L.* 38 S. 453/7 F.

Turbine plant of the Oshkosh Gas Light Co.* *Eng. Chicago* 43 S. 299/302; *Turb.* 3 S. 47/9.

Steam-turbine for driving cotton machinery. *Engng.* 82 S. 313/5.

Starting up a large steam turbine. (5,500 kw installed in the Kent Ave.; power house of the Brooklyn Rapid Transit Co.) *Eng. Rec.* 53 Nr. 19 *Suppl.* S. 63; *Eng. min.* 81 S. 1092/3.

PERKINS, Betriebsunfall einer 5500 kw-Dampfturbine. (An der Kent Avenue Station der Brooklyn Rapid Transit Co.)* *Z. Turbinenw.* 3 S. 317.

BAUMANN, zur Ausführungsmöglichkeit von Gasturbinen. (Zahlentafeln; adiabatische Expansion bei isotherm. Kompression; Wirkungsgrad ohne Regulator; Wirkungsgrade für adiabatische Expansion in isothermische Kompression mit Regenerator.)* *Z. Turbinenw.* 3 S. 43/6 F.

Die Möglichkeit der Gasturbine. *Z. Turbinenw.* 3 S. 497/8.

The problem of the gas turbine. *Sc. Am. Suppl.* 61 S. 25154/6.

MEWES, wichtige Fragen der Theorie der Gasturbinen. *Turb.* 2 S. 94/6 F.

The gas-turbine and the turbine compressor. *Engng.* 82 S. 600/1.

BALOG, Beitrag zur Berechnung der Turbokompressoren und Gasturbinen.* *Z. Turbinenw.* 3 S. 481.

BARBEZAT, Turbo-Compresseur système RATEAU et ARMENGAUD.* *Schw. Bauz.* 48 S. 235/9

Die Gasturbine. (Es wird die Mischung von Dampf mit den heißen Verbrennungsgasen befürwortet, um die Schwierigkeiten mit den hohen Temperaturen in der Turbine zu umgehen, ebenso eine Kombination von Kolbenmaschine mit Turbine.) *Gasmot.* 6 S. 21; *Sc. Am. Suppl.* 61 S. 25137/8.

ARMENGAUD, the gas turbine. (Practical results with actual operative machines in France.) * *Cassier's Mag.* 31 S. 187/98.

ARMENGAUD, REY, HART, LETOMBE, BOCHET, SÉKUTOWICZ, STODOLA, DESCHAMPS, discussion sur les turbines à gaz. [Vgl. S. 195—300.] Brevets de principes et de réalisation appartenant à la SOCIÉTÉ DES TURBOMOTEURS, SYSTÈME ARMENGAUD & LEMALE; essais; compresseur ventilateur RATEAU - ARMENGAUD; calcul du rendement pratique d'une turbine à gaz à compression; même calcul en tenant compte de l'action des réfrigérants. Note de HART. Notes de LETOMBE, BOCHET, SÉKUTOWICZ, STODOLA, DESCHAMPS.)⊡ *Mém. S. ing. civ.* 1906, 1 S.754/820.

SÉKUTOWICZ, les turbines à gaz. (Étude thermodynamique; détails de construction.) (A) *Rev. ind.* 37 S. 110/1; *Mém. S. ing. civ.* 1906, 1 S. 195/203.

BECO, les turbines à gaz. *Eclair. él.* 48 S. 133/9 F.

Turbine à gaz DE CHASSELOUP-LAUBAT.* *Rev. méc.* 19 S. 457/9.

Turbine à gaz FULLAGAR.* *Rev. méc.* 19 S. 461.

Turbine à gaz de la GENERAL ELECTRIC Co.* *Rev. méc.* 19 S. 463.

Turbine à gaz GREENWOOD ET ANDERSON. *Rev. méc.* 19 S. 459.

HEYM, die Gas-Turbine. *Turb.* 2 S. 284/5.

SAXTON, the gas turbine. (Products of combustion mixed with steam; joining the two pistons by a rigid cage, in which the single connecting rod works.) (Pat.) * *Pract. Eng.* 33 S. 40/1.

STOLZE gas turbines. (A) *Mech. World* 39 S. 58.

WOERNITZ, les turbines à gaz. (Discours de CLERK, DUGALD.) *Rev. ind.* 37 S. 15/6.

LUCKE, neuere Versuche über die praktische Wirkung der Gasturbine.* *Turb.* 2 S. 337/40 F.; 3 S. 36/9.

Praktische Versuche an Gasturbinen. *Z. Turbinenw.* 3 S. 533/4.

Versuche mit einem Generator mit konstantem Druck für Gasturbinen. *Z. Turbinenw.* 3 S.465/7.

DESCHAMPS, généralités sur les moteurs et spécialement les turbines à gaz. (Supériorité de la turbine à gaz sur le moteur à gaz à piston.) *Ann. trav.* 63 S. 686/7; *Mém. S. ing. civ.* 1906, 1 S. 304/16.

3. Zubehör und Verschiedenes. Accessory and sundries. Accessoire et matières diverses. Vgl. Regler 2.

Herstellung von Leit- und Laufradschaufeln für Dampf- und Gasturbinen.* *Z.Werkzm.* 10 S.335.

BÁNKI, Versuche mit Turbinenschaufeln.* *Z. Turbinenw.* 3 S. 4/7.

KAPLAN, theoretische Untersuchungen und deren praktische Verwertung zur Bestimmung rationeller Schaufelformen für Schnelläufer. (Schematische Darstellung des Aufrisses eines Schaufelplanes; perspektivische Skizze zur Erklärung des Entstehungsgesetzes der Schaufelfläche; isogonale Trajektorien auf Wulstflächen; isogonale Trajektorien auf Kegelflächen; isogonale Trajektorien auf Zylinderflächen; praktische Grundlagen.)* *Z. Turbinenw.* 3 S. 2/4 F.

KOTZUR, die Bestimmung der Schaufelzahl für Löffelräder.* *Z. Turbinenw.* 3 S. 53/5.

MELMS & PFENNINGER, Herstellung von Turbinenschaufeln.* *Z.Werkzm.* 11 S. 67/8.

Herstellung U-förmiger Schaufeltaschen für Dampf-, Gas- oder andere Turbinen der MASCHINENFABRIK GREVENBROICH.* *Z.Werkzm.* 10 S.335.

BRAUER, einheitliche Bezeichnungen im Turbinenbau. *Z. Turbinenw.* 3 S. 153/4.

CAMERER, einheitliche Bezeichnungen im Turbinenbau. (Maßsystem, Indices, Formelzeichen.) * *Z. Turbinenw.* 3 S. 21/5, 393/6.

Einheitliche Bezeichnungen im Turbinenbau.* *Wschr. Baud.* 12 S. 835/7.

CAMERER, détermination expérimentale du centre de rotation le plus favorable des aubes du vannage des turbines.* *Bull. d'enc.* 108 S. 258/62.

CAMERER, Regulierwiderstand bei FINKscher Turbinenregulierung.* *Z. V. dt. Ing.* 50 S. 2030/1.

EMMET's system for regulating turbogenerators.* *West. Electr.* 38 S. 272.

LYNDON, speed control of hydraulic turbines. *El. World* 47 S. 877/8.

EICKHOFF, Veranschaulichung der Vorgänge in den Turbinen und Kreiselpumpen. (Formeln für die Schraubenturbine.)* *Z.Turbinenw.* 3 S.460/3F.

FLEISCHBERGER, steam jet experiments. (ROSENHAIN's experiments; empirical formulae for the velocity of the steam.)* *Pract. Eng.* 33 S. 196/8 F.

Jet condensers for steam turbines.* *Eng. Chicago* 43 S. 275.

HERING, Verfahren zur Erzeugung der gekrümmten Kanäle von Dampf- oder Gas-Turbinenrädern.* *Z.Werkzm.* 10 S. 335.

LORENZ, Folgerungen aus den neuen Grundlagen der Turbinentheorie. *Z. Turbinenw.* 3 S. 105/10.

NADROWSKI, Nutzen der Zwischenheizung (System v. KNORRING-NADROWSKI) bei Turbinenanlagen verschiedener Größe. (Dampf- und Kohlenverbrauchskurven.) *Z. Turbinenw.* 3 S. 333/8.

Turbinen für Torpedogeschosse. *Z. Turbinenw.* 3 S. 177.

Kraftverteilung in Turbo - Maschinen. *Turb.* 2 S. 334/7 F.

Türen. Doors. Portes. Siehe Hochbau 7 d.

Turngeräte. Gymnastical apparatus. Appareils de gymnastique. Fehlt. Vgl. Sport.

U.

Uhren. Clocks and watches. Horloges et montres.

1. Allgemeines.
2. Gewöhnliche Uhren.
3. Elektrische Uhren.
4. Eigenartige Uhren.
5. Uhrteile.
6. Werkzeuge, Maschinen und Bearbeitung.

1. Allgemeines. Generalities. Généralités.

Die Historische Uhren-Ausstellung in Nürnberg.* *Uhr-Z.* 30 S. 6/7 F.

Von der Nürnberger Landes-Ausstellung. (Ausgestellte Uhren.) *Uhr-Z.* 30 S. 185/7.

KUCKUCK, zur Geschichte der Schwarzwälder Uhrenindustrie. *Gew. Bl. Würt.* 58 S. 249/52.

Bericht über die neunundzwanzigste, auf der Deutschen Seewarte abgehaltene Wettbewerb - Prüfung von Marine-Chronometern (Winter 1905—1906). *J. Uhrmk.* 31 S. 274/8.

ROTTOK, Transportversuche mit Chronometern. *Ann. Hydr.* 34 S. 583/7.

RIEFLER, Zeitübertragung durch das Telephon. *Uhr-Z.* 30 S. 203/4; *J. d'horl.* 30 S. 358/61.

Fernzünder für Straßenuhren.* *Uhr-Z.* 30 S. 345.

CHRÉE, experiments on the effects of change of barometric pressure on the rates of watches and their discussion.* *Horol. J.* 48 S. 91/5 F.

Gangdifferenzen der Pendeluhren bei Veränderung des Standortes. *Erfind.* 33 S. 59/60.

Protection des montres contre l'aimantation.* *Cosmos* 1906, 2 S. 372/3.

Die Bedeutung der Getriebelehre für den Uhrmacher. *Uhr-Z.* 30 S. 56.

2. Gewöhnliche Uhren. Common clocks and watches. Horloges et montres ordinaires.

Fabrikation von goldplattierten Taschenuhrgehäusen in Deutschland. *Uhr-Z.* 30 S. 137/8.

TRILKE, Zimmeruhren mit einfachem elektrischen Aufzuge, gleichzeitig für Geh- und Schlagwerk wirkend. *Uhr-Z.* 30 S. 41/2.

BERRIDGE, the clock synchronizing apparatus at the Leamington gas-works. (Synchronized by means of a temporary increase of gas pressure in the mains.) (V. m. B.)* *J. Gas L.* 96 S. 319/21.

Stutzuhr mit Chronometergang und Halbsekundenpendel.* *Uhr-Z.* 30 S. 141.

3. Elektrische Uhren. Electric clocks. Horloges électriques.

BIGOURDAN, moyen de contrôler un système d'horloges synchronisées électriquement. (Une aiguille aimantée reproduit chaque battement de seconde de la pendule directrice. On lui fait marquer une seconde déterminée de chaque minute.) *Compt. r.* 142 S. 866/7; *Rev. ind.* 37 S. 162/3.

MASCART, contrôle des horloges synchronisées électriquement. *Rev. ind.* 37 S. 249; *Compt. r.* 142 S. 1263/5.

RIEFLER, elektrische Ferneinstellung von Uhren. *Z. Instrum. Kunde* 26 S. 107/9; *Uhr-Z.* 30 S. 167/8.

Régulateurs et pendules électriques système SALLIN. *Électricien* 31 S. 8/10.

VIGREUX, Verfahren zur Regelung des Ganges von Nebenuhren mittels elektromagnetisch beeinflußter Pendel, deren Elektromagnete in einer Leitung parallel geschaltet sind und periodisch durch ein Pendel oder eine Primäruhr Stromstöße erhalten.* *J. Uhrmk.* 31 S. 152/3.

BOWELL, elektrische Nebenuhr mit spiralartig am Umfang abgeschnittenem Scheibenanker. * *J. Uhrmk.* 31 S. 360/1.

BOWELL's electric clocks.* *El. Rev.* 59 S. 197.

GENT & CO., an electrical clock system.* *Page's Weekly* 8 S. 619/20.

76

MÜLLER, elektrische Uhr mit einem zwischen Elektromagneten schwingenden Anker, dessen Hin- und Herbewegung mittels eines doppelten Zahnsektors und eines Doppelsperrades in eine umlaufende Bewegung zum Aufziehen des Triebwerkes verwandelt wird.* *J. Uhrmk.* 31 S. 218/9.

REINIGER, GEBBERT & SCHALL, Kontaktuhrwerk für Strom-Unterbrechung. (Der Strom wird selbsttätig nach Ablauf der festgesetzten Zeit abgestellt.)* *Aerztl. Polyt.* 1906 S. 61/2.

SCHNEIDER, Stromschlußvorrichtung für elektrische Uhren zum Hervorbringen von Stromstößen wechselnder Richtung. *J. Uhrmk.* 31 S. 235.

SCHNEIDER & WESENFELD G. m. b. H. in Langenfeld, elektrische Uhren „Korrekta" und „Simplex".* *Uhr-Z.* 30 S. 188/9.

SCHWARZENBERGER, elektrische Zimmeruhr. (Eigentümliche Kontaktvorrichtung.)* *Uhr-Z.* 30 S. 124.

SIEGL, neues Prinzip einer elektrischen Präzisionsuhr. (Ergänzung zu Jg. 1904 S. 61 bzgl. des Einflusses der Schwankungen der Lichtschwingungsquelle usw. auf die Schwingungsdauer des Pendels.)* *Mech. Z.* 1906 S. 123/4.

Umänderung eines gewöhnlichen Turmuhr-Gehwerks in ein elektrisch ausgelöstes Zeigerlaufwerk.* *Uhr-Z.* 30 S. 5.

SCHWANs Zimmeruhr mit elektrischem Aufzug. (D. R. P. 168442.)* *Elektrot. Z.* 27 S. 883; *Uhr-Z.* 30 S. 57; *J. Uhrmk.* 31 S. 72/3.

Elektrische Wächter-Kontrolluhr von HAHN in Leipzig.* *J. Uhrmk.* 31 S. 138/9.

SIMPLEX TIME RECORDER CO., Wächter-Kontrolluhr. (Die von dem Wächter hervorgerufene Markierung wird mittels eines elektrischen Stromes auf die Zentrale übertragen.)* *Uhlands T. R.* 1906, 3 S. 15.

4. Eigenartige Uhren. Special clocks and watches. Horloges et montres spéciales.

DELPORTE, installation des pendules à l'Observatoire Royal de Belgique. (Pendules de l'ancienne installation DE DENT, ROUMA, HOHWÜ, HIPP; cave à température constante; synchronisation; pendules fondamentales de premier et second ordre; remontage; milliampèremètres; parleurs; relais et chronographes à bande; batteries formées d'accumulateurs; circuit d'eclairage à 110 volts; tableau resumant les calculs; l'heure de précision à Bruxelles.) (a) ⊞ *Ann. trav.* 63 S. 231/82.

FADDEGON, l'horloge astronomique D'ORONCE FINE.* *Rev. chron.* 52 S. 2/6F., 50/4F.

FELDHAUS, Sonnenblumen-Uhr. *Uhr-Z.* 30 S. 137.

GUÉLAT, Blumenuhr. *Uhr-Z.* 30 S. 301.

LÖSCHNER, über Sonnenuhren. (Ausführungen an Kirchen in Scripu, Griechenland, Loschwitz, an dem Gerichtsgebäude in Meran, an einem Schulgebäude in Graz.) * *Kirche* 4 S. 3/11.

HEUSER, Uhren für Straßenbahnwagen, Eisenbahnwagen, Automobile usw. in gegen Erschütterungen gesichertem Gehäuse mit einem oder zwei Zifferblättern.* *J. Uhrmk.* 31 S. 26/7.

HORWITZ, neue Kontrolluhren und Signaluhren.* *Alkohol* 16 S. 2F.

MOND und WILDERMANN, neuer verbesserter Chronograph. (Verminderung der Arbeit der Uhr bei jeder Umdrehung; nur die leichte Spindel mit der Schreibfeder wird bewegt; Anwendung von Reibungsrädern oder Kugeln; Ausgleichung des beweglichen Teils des Instrumentes.) ⊞ *Z. physik. Chem.* 54 S. 294/304; *Phil. Mag.* 11 S. 393/402.

SATTLER, Kalenderwerk.* *J. Uhrmk.* 31 S. 359/60.

Horloges sans roues et sans échappement. (L'horloge-mère.) * *Cosmos* 1906, 1 S. 288/90.

Un concours de montres décimales. (Montre DESPREY; montre décimale système SARRAUTON.)* *Cosmos* 1906, 1 S. 427/9.

Vereinigte Uhrenfabriken von GEBR. JUNGHANS & THOMAS HALLER A.-G. in Schramberg, Schaufensterreklame-Uhr „Akrobat".* *Uhr-Z.* 30 S. 75.

Reklame-Apparat zur Vorführung wasserdichter und antimagnetischer Taschenuhren im Schaufenster.* *Uhr-Z.* 30 S. 92.

Eine sprechende Uhr. (Sprechuhr mit einem Grammophon, dessen Platte für Meldung der Zeit mit menschlicher Stimme eingerichtet ist; das Laufwerk des Grammophons kann durch einen Hammer gelöst werden, der von einem zu den auszurufenden Zeitpunkten vom Gehwerk der Uhr auslösbaren Räderwerk bewegbar ist und einen Sperrhebel außer Eingriff mit einem Sperrad des Grammophonlaufwerkes bringen kann.)* *Erfind.* 33 S. 392.

5. Uhrteile. Furnitures. Fournitures.

DIETZSCHOLD, zwei Hemmungen mit konstanter Kraft, ausgeführt von TIEDE in Berlin. *J. Uhrmk.* 31 S. 186/7 F., 362/4.

Chronometerhemmung von HIMMELHEBER in Barcelona.* *J. Uhrmk.* 31 S. 376.

TÜRCK, Hemmung für Uhrwerke mit einem das Gangrad zeitweise festhaltenden Sperrorgan.* *J. Uhrmk.* 31 S. 361/2.

Échappement à bascule sans ressort.* *J. d'horl.* 30 S. 361/3.

Rechenanordnung an englischen Schlaguhren. * *Uhr-Z.* 30 S. 58/9.

GUILLAUME, Kompensationsvorrichtung für das Aufhängemittel und die Schwungmasse von Torsionspendeln. *J. Uhrmk.* 31 S. 198/9; *J. d'horl.* 30 S. 233/8.

HALL, arrangement for zinc and steel compensation pendulums.* *Horol. J.* 49 S. 37/9.

LE MAIRE, arrangement for a compensated mercurial pendulum for regulators.* *Horol. J.* 49 S. 22/4.

Das Nickelstahl-Kompensationspendel von STRASSER.* *Uhr-Z.* 30 S. 318/9.

Pendule à répétition de l'heure et des quarts. *Rev. chron.* 52 S. 33/7.

TRILKE, elektrische Kontaktvorrichtung für Uhren oder dergleichen.* *J. Uhrmk.* 31 S. 199/200.

TRILKE, elektrische Aufziehvorrichtung für Uhren mit Gewichtshebeln für Gehwerk und Schlagwerk.* *J. Uhrmk.* 31 S. 361.

BLEI, Stundenschlag für Viertelwerke.* *Uhr-Z.* 30 S. 93.

DIETZSCHOLD, die Zapfenlagerung. *J. Uhrmk.* 31 S. 121/2.

GLAUSER-PERRIN, Aufzieh- und Zeigerstellvorrichtung an Remontoiruhren mit geteilter Aufziehwelle.* *J. Uhrmk.* 31 S. 198/9.

KÖHLER, Anker mit beweglichen Klauen für Uhren mit geräuschlosem Gang. *J. Uhrmk.* 31 S. 235.

LEROY, écrans paramagnétiques. *Rev. chron.* 52 S. 65/8.

REVERCHON, billiger Fallschutz für Turmuhr-Gewichte. *Uhr-Z.* 30 S. 29.

Die Spiralfeder und das Regulieren. *J. Uhrmk.* 31 S. 25/6.

Mechanical time recorder. (For recording the rate of motion and the position of sluice gates, turbine governors, gate valves and for recording the rise and fall of liquids in tanks; rivers, reservoirs and fore bays.) * *Eng. News* 56 S. 542.

Neue Seitenschraube für Regulateure.* *Uhr-Z.* 30 S. 334.

6. Werkzeuge, Maschinen und Bearbeitung. Tools, machines and working. Outils, machines et travail.

Uhrmacher-Werkstatt. (Werktische; Sessel; Schraub-stöcke; Schleifsteine; Abziehplatte; Aetherdose; Arbeitslampe; Universaaldrehstuhl; Zugfeuten, Triebe, Räder.) *Bad. Gew. Z.* 39 S. 313/4 F.
Zangen zum Festhalten der Taschenuhrzeiger beim Aufreiben ihres Loches * *Uhr·Z.* 30 S. 335.
Elektromechanischer Regulier-Apparat für Taschen-uhren.* *Uhr·Z.* 30 S. 331.

Umdrehungszähler. Revolution indicators. Compteurs de tours. Siehe Geschwindigkeitsmesser.

Umformer und Zubehör. Transformers and accessory. Transformateurs et accessoire. Vgl. Elektro-magnetische Maschinen.

    1. Ruhende Umformer.
      a) Theorie und allgemeines.
      b) Ausführungsformen.
    2. Umlaufende Umformer.
      a) Theorie und allgemeines.
      b) Ausführungsformen.
    3. Chemische, schwingende und verschiedene Umformer.
    4. Unterbrecher und verschiedenes.

1. Ruhende Umformer. Stationary transformers. Transformateurs stationnaires.

a) Theorie und allgemeines. Theory and gene-ralities. Théorie et généralités.

CURTIS, the current transformer. (V. m. B.)* *Proc. El. Eng.* 25 S. 707/18.
DINA, Transformator mit Eigenkapazität. Versuche bei hoher Frequenz. (Versuche an einem 80 KVA-Oeltransformator für 100000 V.) *Elektrot. Z.* 27 S. 191/7.
FRANK, Hochspannungs - Prüftransformatoren. * *Elektr. B.* 4 S. 28/9.
HOLROYDE, large transformer units for power distribution. ⊞ *El. Eng. L.* 37 S. 114/9 F.
LÉONARD und WEBER, Verwendung der asym-metrischen Magnetisierung für eine Frequenz-transformator. (Statischer Frequenzumformer unter Benutzung der asymmetrischen Wechsel-strom-Magnetisierung.) * *El. Ans.* 23 S. 1260.
CLINKER, wave shapes in three - phase transfor-mers.* *Electr.* 56 S. 463/4.
FISH and SHANE, load and power factor relations in two-phase to three - phase transformers. *El. World* 48 S. 175/6.
Portable wright demand indicator for transformer testing.* *West. Electr.* 38 S. 478.
MORRIS and LISTER, the testing of transformers and transformer iron. * *El. Rev. N. Y.* 48 S. 851/3; *Electr.* 57 S. 61/3, 98/9; *El. Eng. L.* 37 S. 776/9.
ROGERS, the theory of shop methods of testing single and polyphase transformers. * *El. Eng. L.* 37 S. 633/5 F.
SCHMIDT, Transformator-Innenstationen, deren Ein-richtung und Wirkungsweise. *El. u. polyt. Z.* 23 S. 446/7 F.
WEISZ, Wechselstrom-Gleichstrom-Umformung. *El. Ans.* 23 S. 707/8 F.
WILD, series transformers for wattmeters. *Electr.* 56 S. 705/6.
Sugli impianti a trasformatori monofasi alimentati da generatori trifasi. * *Elettricista* 15 S. 229/30.

b) Ausführungsformen. Constructions.

NAGEL, Neuerung an Hochspannungstransforma-toren der SIEMENS-SCHUCKERTWERKE. *Elektr. B.* 4 S. 275/8.
NIETHAMMER, Transformator mit Kühlrippen. * *Elt. u. Maschb.* 24 S. 431/3.
PIKLER, core type transformers for high tension power transmission. *El. World* 47 S. 67/9.
Oil insulated transformers. * *Street R.* 28 S. 891/2.

ALLIS-CHALMERS oil-insulated transformers. * *El. Rev. N. Y.* 49 S. 781/2; *West. Electr.* 39 S. 342/3.
Oil-insulated water-cooled transformers. * *El. World* 48 S. 883.
„Konstantstrom Transformator" für Bogenlampen in Reihenschaltung. * *Elektrot. Z.* 27 S. 1200/1.

2. Umlaufende Umformer. Rotary transformers. Transformateurs rotatifs.

a) Theorie und allgemeines. Theory and generalities. Théorie et généralités.

DALEMONT, détermination des phases dans les transformateurs.* *Éclair. él.* 47 S. 9/14.
V. DRYSDALE, some measurements on phase dis-placements in resistances and transformers. (Tests on transformers.) * *Electr.* 58 S. 160/1 F.
KORNDÖRFER, die Berechnung von Transforma-toren. *Elektrot. Z.* 27 S. 287/91.
WIKANDER, die Abstufung der Transformatoren mit veränderlichem Uebersetzungsverhältnis. * *Elektr. B.* 4 S. 529/30.
KLEIN, Einanker-Umformer. (Elektrische Eigen-schaften der Einanker-Umformer; der Kaskaden-Umformer; Gegenüberstellung der Eigenschaften des Einanker-Umformers mit denen des Motor-generators.) *El. Ans.* 23 S. 305/7 F.
REYNOLDS, three to six transformation and con-nections to rotary converters. * *El. World* 47 S. 1034.
SMITH, the rotary converter substations of the Long-Island railroad. *El. Rev. N. Y.* 48 S. 1000/7 F.; *Street R.* 27 S. 968/83; *Sc. Am. Suppl.* 61 S. 25470/1.
WATERS, shunt- and compound-wound synchronous converters for railway work. (V. m. B.) *Proc. El. Eng.* 25 S. 257/61; *Electr.* 57 S. 502/3; *West. Electr.* 38 S. 477.
SCHMIDT, J., Schaltungsanordnungen zur Vermei-dung bezw. Verringerung der Leerlaufsarbeit bei Ein- und Mehrphasen Wechselstrom-Transfor-matoren. *Elt. u. Maschb.* 24 S. 393/7 F.
FOWLER, synchronous converters v. motor gene-rators. * *Electr.* 57 S. 534/6; *El. World* 47 S. 1078/80.
WALKER, rotary converters v. motor generators. (Starting; parallel running; variation of voltage; hand regulation of voltage, compounding; ccm-mutation; power factor.) (V) * *Pract. Eng.* 34 S. 718/9 F.; *El. Rev. N. Y.* 49 S. 1006/9; *El. Mag.* 6 S. 450/4; *Electr.* 58 S. 328/31.
STILL, notes on the regulation of rotary conver-ters. * *El. Rev.* 58 S. 579/80.
The automatic control of rotary converters. * *West. Electr.* 38 S. 53.

b) Ausführungsformen. Constructions.

ILGNER-Umformer der FELTEN & GUILLEAUME-LAHMEYERWERKE.* *El. Ans.* 23 S. 1224/5.
Der LA COURsche Motor-Umformer. * *El. Ans.* 23 S. 695/6.
LETHEULE und WELLNER, die Drehfeldumformer der SOCIÉTÉ ANONYME ÉGYPTIENNE D'ÉLEC-TRICITÉ auf der Weltausstellung in Lüttich. * *Elektr. B.* 4 S. 692/6.
Permutatrices pour traction système ROUGÉ et FAGET.* *Ind. él.* 15 S. 544/50.

3. Chemische, schwingende und verschiedene Um-former. Chemical, oscillating and other trans-formers. Chimiques, oscillants et autres transformateurs.

JOLLEY, observations on alternating-current recti-fiers.* *Electr.* 57 S. 998/1000.
ROSLING, the rectification of alternating currents. (Electrolytic rectifier.) * *Electr.* 56 S. 677/9; *J. el. eng.* 36 S. 624/36.

Gleichrichter zur Aufladung kleiner Akkumulatorenbatterien durch Wechselstrom. (Das Prinzip des Gleichrichters beruht darauf, daß die Schwingungen einer Telephonmembran synchron mit dem Strom in seiner Magnetisierungsspule verlaufen.)* *El. Anz.* 23 S. 97/8.

Soupape électro - mécanique pour la charge des accumulateurs par le courant alternatif. (Redresseur SOULIER.)* *Cosmos* 1906, 1 S. 119/21.

WEHNELT, ein elektrisches Ventilrohr. (Dient zur Umformung von Ein- und Mehrphasenwechselströmen, d. h. elektrischen Schwingungen beliebiger Frequenz im pulsierenden Gleichstrom, ähnlich wie dies die auf ganz anderen Grund, sätzen beruhenden Umformer von HEWITT [Quecksilberdampfumformer] und von GRÄTZ [Aluminiumgleichrichtezellen] tun.)* *Ann. d. Phys.* 19 S. 138/56.

BARSTOW, mercury arc rectifier system with magnetite lamps for street illumination. *West. Electr.* 38 S. 472/3.

BIRGE, the series luminous arc rectifier system.† *West. Electr.* 39 S. 316/7.

BRITISH THOMSON-HOUSTON CO, automobile mercury-arc rectifier set. *El. World* 47 S. 335.

COLLINS, mercury arc rectifier for charging storage batteries.* *Sc. Am.* 94 S. 148/9.

The COOPER-HEWITT single-phase converter.* *El. World* 47 S. 332/3.

COREY, charging storage batteries from alternating current circuits; the mercury arc rectifier. (Rectifier tube.) (V)* *Railr. G.* 1906, 1 S. 352/3.

LIBESNY, Stromwandlung durch Quecksilber - Vakuum-Apparate.* *Elt. u. Maschb.* 24 S. 783/7 F.

THOMAS, Gleichrichter nach Art der Quecksilberdampflampe mit mehreren Anoden. *Z. Beleucht.* 12 S. 374, 384/5.

The mercury - arc rectifier for telephone work.* *West. Electr.* 38 S. 143.

Mercury arc rectifier operating in multiple with motor-generator. *West. Electr.* 38 S. 195/6.

4. Unterbrecher und verschiedenes. Interrupters and sundries. Interrupteurs et matières diverses. Vgl. Elt. 2.

ZENNECK, Quecksilberstrahlunterbrecher als Umschalter.* *Ann. d. Phys.* 20 S. 584/6.

Interrupteur automatique à action différée de la SOCIÉTÉ BROWN, BOVERI & CIE.* *Ind. él.* 15 S. 332/3.

STEINMETZ, transformation of electric power into light. (V. m. B.) *Proc. El. Eng.* 25 S. 755/79; *El. Rev. N. Y.* 49 S. 924/6 F.

Verwendung des STERNschen Transformators für Fernsprechämter. *Elektrot. Z.* 27 S. 414.

SIMONS, Apparat zur Vorführung verschiedener Wechselstromerscheinungen, insbesondere am Transformator. *Elektrot. Z.* 27 S. 448/9.

Nordamerikanische Transformatorenanlagen.* *El. u. polyt. R.* 23 S. 215 F.

PROHASKA, Transformatorenstationen mit hochgespanntem Drehstrom. *El. u. polyt. R.* 23 S. 111/4.

BERNARD, die Vorteile der Transformatoren - Einbaustation. *Elektrot. Z.* 27 S. 812/3.

HINDEN, Spannungsregelung in Transformatorstationen. *Elektrot. Z.* 27 S. 401/5 F.

Ungeziefer-Vertilgung. Destruction of vermins. Destruction de la vermine. Vgl. Fallen, Landwirtschaft, Wein, Zucker.

WASHBURN, valuable points in fumigation. (Hydrocyanic acid gas; time elapsing between dropping the bundle of cyanide into the acid contents of a jar and the first giving off of deadly gas.) *Am. Miller* 34 S. 811.

WASHBURN, hydrocyanic acid gas treatment for the Mediterranean flour moth. (V)* *Am. Miller* 34 S. 228/9.

BIMELER, successful experience in mill fumigation. (Against the Mediterranean flour moth with hydrocyanic acid gas.) *Am. Miller* 34 S. 370.

Zerstäuber für desinfizierende und zerstörende Stoffe. (Fahrbare Zerstäuber von AUDIGUEY, VERMOREL, GOUDICHEAU.)* *Uhlands T. R.* 1906, 4 S. 56.

BERRY, experiments in the use of culicide for mosquito destruction. (Vapour produced by heating a mixture of carbolic acid and camphor.) *Eng. News* 55 S. 403/4.

Darstellung von Mottenvertilgungspulver „Antimottein". *Erfind.* 33 S. 473/4.

Biting apparatus of the mosquito. *Sc. Am. Suppl.* 61 S. 25432.

WAHL, der Rapsglanzkäfer und seine Bekämpfung. (Rapsglanzkäfer-Fangapparat.)* *Landw. W.* 32 S. 158.

Bekämpfung schädlicher Insekten durch Züchtung ihrer natürlichen Feinde, Obstkulturenschutz in Californien. *Presse* 33 S. 401/2 F.

RAEBIGER und SCHWINNING, Versuche mit Ratin, einem neuen Ratten tötenden Bacillus. *Presse* 33 S. 355; *Apoth. Z.* 21 S. 454/5.

Rattenvertilgung mit Ratin. *Tropenpflanzer* 10 S. 319/21.

TRAUTMANN, Bakterien der Paratyphusgruppe als Rattenschädlinge und Rattenvertilger. (Zugleich ein Beitrag zur Differentialdiagnose der Rattenpest.) *Z. Hyg.* 54 S. 104/29.

Desinfektions-, Rattenvertilgungs- und Feuerlöschfahrzeug für Dar-es-Salam.* *Schiffbau* 8 S. 159/61.

SONDÉN, ridding ships of rats. (Mixture of carbonic and carbonic oxide gases.) (A) *Min. Proc. Civ. Eng.* 165 S. 429/30.

PELISSIER, über das Kaninchen. (Vergiftung durch Schwefelkohlenstoff.) (V) (A) *Z. Forst.* 38 S. 58.

Maulwurfsschleife.* *Presse* 33 S. 264.

BAER, Dioryctria splendidella H. S. und abietella S. V. (Fichtenzapfenzünsler). (Mitteilung aus dem zoologischen Institute der Forstakademie Tharandt.) *Z. Forst.* 38 S. 631.

MEWES, der Kiefernspinner in Schweden 1903 und 1904. (Leimringe, Durchforstung ; Entwicklungsdauer des Kiefernspinners und seines Feindes, des Anomalon circumflexum.) *Z. Forst.* 38 S. 39/45.

NÜSZLIN, der Fichtenborkenkäfer, Tomicus typographus L., im Jahre 1905 in Herrenwies und Pullendorf. (Generationsdauer des Käfers, Gegenmittel; Reinhalten der Bestände von absterbendem oder kränkelndem Material; systematisches Fällen von Fangbäumen und Entrinden zur Vernichtung der Bruten.) *Z. Forst.* 38 S. 64/6.

ROTHE, Engerlingfraß in den norddeutschen Kiefernforsten. (Sammeln der Käfer; Isoliergraben; Entfernen der Bodendecke; Beunruhigung durch Weidevieh in der Flugzeit; Verwendung von künstlichem Dünger [Kainit u. dgl.]) (A) *Z. Forst.* 38 S. 279/81.

SCHALK, zur Bekämpfung der Kiefernschütte. (Bordelaiser Brühe, Düngung mit Thomasmehl, Kainit, Chilisalpeter und Lupine.) *Z. Forst.* 38 S. 68.

ZIELASKOWSKI, Hylobius abietis an 1jährigen Kiefern. (Auslegen und Absuchen von Fanghölzern im Nachsommer.) *Z. Forst* 38 S. 254/5.

GESCHER, Schädlingsbeobachtungen. (Eichenwickler). *Weinbau* 24 S. 458.

Die Krankheiten und Schädlinge des Kakaobaums und ihre Bekämpfung.* *Tropenpflanzer, Beihefte* 7 S. 170/86.

Ueber einige Schädlinge der Kautschukbäume in Kamerun. *Tropenpflanzer, Beihefte* 7 S. 186/8.
Die Krankheiten und Schädlinge der Baumwolle. *Tropenpflanzer, Beihefte* 7 S. 202/14.
Ueber einige Schädlinge sonstiger Kulturpflanzen in Togo. *Tropenpflanzer. Beihefte* 7 S. 215/21.
STRUNK, chemische Mittel zur Bekämpfung der Rindenwanze des Kakaobaumes in Kamerun. *Tropenpflanzer* 10 S. 726/30.
A plague of butterflies (Mourning cloak; cutting off and burning the small branches and spraying the worms with Paris green.)* *Am. Miller* 34 S. 820.
SCHAFFNIT, Auftreten der Ephestia figulilella im Reisfuttermehl. (Schaden und Maßnahmen zur Vernichtung.)* *Versuchsstationen* 65 S. 457/62.
SCHLANITZ, Vertilgung der Fliegen in den Ställen. *Landw. W.* 32 S. 187/8.
Vertilgung der Fliegen in den Ställen. *Molk. Z. Hildesheim* 20 S. 699/700.
Die Vertilgung des schwarzen Kornwurmes.* *Presse* 33 S. 503.
TORKA, zur genaueren Kenntnis des Pissodes validirostris Gyll. = strobili Redtb. (Entwicklung. Unterscheidungsmerkmale gegenüber Pissodes notatus Fabr.)* *Z. Forst.* 38 S. 116/8.
WASHBURN, the frit fly.* *Am. Miller* 34 S. 286/7.
Indian meal moth. Plodia interpunctella. (The grain weevils; bisulphide of carbon for destroying the insect life in the wheat in store.)* *Am. Miller* 34 S. 906, 912/3.
Bekämpfungsversuche gegen die rote austernförmige Schildlaus. *Presse* 33 S. 553.
JOHNSON, answers to queries and notes on insects injurious in mills. (Flour moth, the most troublesome pests, meal snout-moth, flour beetle.)* *Am. Miller* 34 S. 44 F.

Unterrichts-Anstalten. Teaching-Institutes. Institute d'école. Siehe Hochbau 6 f.

Uran. Uranium. Urane. Vgl. Elektrizität 1 d, Optik, Photographie, Radium.
TOVOTE, das Pechblende-Vorkommen in Gilpin-County, Colorado.* *Z. O. Bergw.* 54 S. 223/4.
KROUPA, Darstellung von Ammoniumvanadat und Natriumuranat. *Z. O. Bergw.* 54 S. 232/4.
SZILARD, un composé colloïdal du thorium avec de l'uranium. *Compt. r.* 143 S. 1145/7.
GIOLITTI e LIBERI, fenomeni di equilibrio fragili idrati del solfato uranoso. Esaidrato, pentaidrato e solfati basici. *Gaz. chim. it.* 36, II S. 443/50.
BACH, Einwirkung des Lichtes auf Uranylacetat. *Ber. chem. G.* 39 S. 1672/3.
LEVIN, radioaktive Eigenschaften des Uraniums. (Chemische Reaktionen; elektrolytische Versuche; Erhitzungsversuche; Adsorptionsversuche; Versuche mit fraktionierter Kristallisation.) *Physik Z.* 7 S. 692/6.
MARCKWALD, Radioaktivität der Uranyl-Doppelsalze. *Ber. chem. G.* 39 S. 200/3; *Chem. News* 93 S. 98.
WÄCHTER, Verhalten der radioaktiven Uran- und Thoriumverbindungen im elektrischen Lichtbogen. *Sits. B. Wien. Ak* 115, II a S. 1247/60.
CROWTHER, the coefficient of absorption of the β rays from uranium. *Phil. Mag.* 12 S. 379.
GOETTSCH, absorption coefficients of uranium compounds. *J. Am. Chem. Soc.* 28 S. 1541/55.
BRAGG, the α particles of uranium and thorium. *Phil. Mag.* 11 S. 754/68.
MC COY and GOETTSCH, absorption of the α-rays of uranium. *J. Am. Chem. Soc.* 28 S. 1555/60.
MOORE and SCHLUNDT, some new methods for separating uranium X from uranium. *Phil. Mag.* 12 S. 393/6.

MC COY, the relation between the radioactivity and the composition of uranium compounds. (Preparation of a standard of radioactivity; the radioactivity of uranium ores.) *Phil. Mag.* 11 S.176/86.
FINN, determination of uranium and vanadium. *J. Am. Chem. Soc.* 28 S. 1443/6.

V.

Vanadin. Vanadium.
A new occurrence of vanadium in Peru. *Iron & Coal* 73 S. 1094.
OHLY, utilizing vanadiferous sandstone. (A commercial process for the production of sodium uranate and ammonium vanadate.) *Mines and minerals* 26 S. 249/51.
Reduction plant of the Vanadium Alloys Co. (Crushing and roasting with a salt; leaching with water and precipitating, by means of ferrous sulphate a vanadate of iron; reduction of this vanadate in the electric furnace.)* *Electrochem. Ind.* 4 S. 195/6.
GIN, Behandlung der Uran-Vanadiummetalle und ein Verfahren zur elektrolytischen Darstellung von Vanadium und dessen Legierungen. *Electrochem. Z.* 13 S. 119/22.
MARINO, elektrolytische Darstellung der Vanadosalze und Eigenschaften der Vanado- und Vanadisalze. *Z. anorgan. Chem.* 50 S. 49/52.
RUTTER, elektrolytische Darstellung und Eigenschaften der Vanado- und Vanadisalze. *Z. Elektrochem.* 12 S. 230/1.
GAIN, préparation de l'acide hypovanadique hydraté. *Compt. r.* 143 S. 823/5.
KROUPA, Darstellung von Ammoniumvanadat und Natriumuranat. *Z. O. Bergw.* 54 S. 232/4.
GAIN, quelques sulfates de vanadium tétravalent. *Compt. r.* 143 S. 1154/6.
STAFFORD, the use of vanadium in steel manufacture. (V) *Am. Mach.* 29, 2 S. 469/70.
SMITH, J. KENT, vanadium as a steel making element. (V. m. B.)* *Chemical Ind.* 25 S.291/5.
PÜTZ, Einfluß des Vanadiums auf Eisen und Stahl. *Metallurgie* 3 S. 635/8 F.
FINN, determination of uranium and vanadium. *J. Am. Chem. Soc.* 28 S. 1443/6.
HETT und GILBERT, jodometrische Bestimmung von Vanadinsäure in Vanadinerz. *Z. öffl. Chem.* 12 S. 265/6.

Vanille. Vanilla. Vanille.
VON LIPPMANN, Vorkommen von Vanillin. (In Dahlienknollen.) *Ber. chem. G.* 39 S. 4147.
LA WALL, Verhalten des Vanillin gegen die Reagentien auf Formaldehyd. *Pharm. Centralh.* 47 S. 426.
WINTON und BAILEY, quantitative Bestimmung von Vanillin, Kumarin und Acetanilid. *Pharm. Centralh.* 47 S. 587.

Vaselin. Vaseline. Fehlt.

Ventilation. Siehe Lüftung.

Ventilatoren. Ventilators. Ventilateurs. Vgl. Bergbau 4, Gebläse, Heizung, Hüttenwesen 3, Lüftung.
Berechnung und Konstruktion der Schraubenventilatoren.* *Z. Heis.* 10 S. 168/70.
LORENZ, Theorie und Berechnung der Schraubenventilatoren.* *Z. Turbinenw.* 3 S. 321/5.
Theorie und Berechnung der Zentrifugal-Ventilatoren und -Pumpen. *Z. Turbinenw.* 3 S. 309/14.
HOLMBOE, Beitrag zur Theorie der Schraubenventilatoren.* *Z. V. dt. Ing.* 50 S. 911/4.
FRÖHLICH, Beitrag zur Ventilatorfrage. *Ges. Ing.* 29 S. 249/50.

SCHÜTT, Wirkungsgrade von Ventilatoren und Zentrifugalpumpen.* *Z. V. dt. Ing.* 50 S. 1715/9; *Z. Turbinenw.* 3 S. 441/6.

Conditions of fan blower design. *Mech. World* 40 S. 221.

Vorschriften über die Leistungen von Ventilatoren. *Ges. Ing.* 29 S. 281/2.

BOCHET, contribution à l'étude des ventilateurs centrifuges. (Expériences et déductions.)* *Ann. d. mines* 10 S. 451/507; *Compt. r.* 142 S. 990/2.

FISCHER und ZEINE, die Kreisel-Pumpen und Ventilatoren auf der Bayer. Jubiläums-Landes-Ausstellung in Nürnberg 1906.* *Z. Turbinenw.* 3 S. 369/76.

MÜLLER, ADOLF, die Internationale Ausstellung in Mailand. (Kreiselpumpenanlage mit 150 P.S. DIESELmotor; Dampfturbinen; Ventilator von SULZER.)* *Z. Turbinenw.* 3 S. 446/51.

Turbinen-Ventilatoren und TERRI-Lufterhitzer von MAELGER in Berlin. (Wasserturbine; Dampfturbine; Gegenstrom - Lufterhitzer.)* *Uhlands T. R.* 1906, 2 S. 68/9.

Humidifiers and ventilators with reference to cotton spinning. *Text. Rec.* 31, 1 S. 103/4.

WING MFG. CO., the wing fan and steam turbine. (Combination of the fan and the steam jet system. For forced draft, humidifying the air, drying textile materials and removing foul air.) *Text. Rec.* 31, 2 S. 167.

RULF, FRÈRES, ventilateur pour filatures, tissages et teintureries directement accouplé à une turbine à vapeur.* *Ind. text.* 22 S. 142.

Economical ventilation. (BLACKMAN fan is of the reciprocal type and has four pistons requiring no packing.)* *Text. Rec.* 31, 6 S. 154/5.

DAVIDSON, S. C., the „Sirocco“ fans and blowing apparatus. (Radially short 64 blades of curved form; inlet and outlet approximately equal in diameter to the wheel itself.)* *Text. Rec.* 30, 5 S. 148/9.

STURTEVANT CO., the selection of fan blowers. (Two types.) *Eng. Rec.* 54 *Suppl.* Nr. 21 S. 49.

STURTEVANT CO., ventilateurs rotatifs pour haute pression. (Deux arbres parallèles portant des aubages mobiles emprisonnant des volumes gazeux constants à chaque tour; enveloppe à laquelle aboutissent une tubulure pour l'aspiration et une autre pour le refoulement.)* *Rev. ind.* 37 S. 301/2.

BURT MFG. CO. ventilator. (Glas top or metal top. The ventilator is particularly adapted to boiler and engine rooms.)* *Am. Miller* 34 S. 206.

BURT MFG. CO., ventilator. (Provided with a glass or metal top and a cylindrical damper operated by a cord and pulley.)* *Eng. Rec.* 53 Nr. 9 *Suppl.* S. 141.

JOHNSON, centrifugal fans. (Straight paddle blade.) (V)* *Mech. World* 39 S. 195/6.

AMERICAN BLOWER CO., ventilating fans. (The motor being supported on the enclosing case.) *El. World* 47 S. 626.

DIEHL MANUFACTURING CO.'s, fans. (Ceiling and universal fan.)* *El. World* 47 S. 627.

TONGE, underground fans. (As main ventilators; conditions under which they may prove more economical than fans at surface.) *Mines and minerals* 27 S. 154/6, 368/9.

The largest fan in existence. (Comparison tests.)* *Mines and minerals* 26 S. 351/2.

The KUDERER mine ventilator.* *Iron A.* 77 S. 1261/2.

Ventilator mit Druckwasser - Betrieb. (Leitungswasser.) *Techn. Z.* 23 S. 338.

V. ESMARCH, der Federkraftventilator. *Ges. Ing.* 29 S. 192/4.

The WADDLE fan with casing and horizontal discharge.* *Iron & Coal* 72 S. 2122.

PLATH, die Steinzeug-Exhaustoren im Dienste der Schließwoll-Fabrikation. *Z. Schieß- u. Spreng.* 1 S. 145/7.

GENERAL ELECTRIC CO., fan motors for 1906. (Direct-current wall bracket fan, alternating-current desk fan, GENERAL ELECTRIC CO. ceiling fan, telephone BOOTH fan.)* *El. World* 47 S. 629/30.

JANDUS fans. (JANDUS desk fan and „Gyrofan“, both for direct and alternating currents.)* *El. World* 47 S. 627.

PEERLESS ELECTRIC CO.'s direct-current fans.* *El. World* 47 S. 625.

CENTURY ELECTRIC CO., Pillsbury, alternating-current ceiling fan.* *El. World* 47 S. 625.

ECK DYNAMO & MOTOR WORKS' oscillating fan. (New carbons if necessary, can be fitted without disconnecting any wires. When the carbon wears too short, the fan stops and the holder can never come into contact with the commutator.)* *El. World* 47 S. 623.

STAR ELECTRIC CO., „Star“ fans. (Swivel type, swivel and trunnion type and oscillating type.)* *El. World* 47 S. 625/6.

EMERSON ELECTRIC MFG. CO.'s, fans. (Convertible bracket base.)* *El. World* 47 S. 622/3.

KNAPP ELECTRICAL NOVELTY CO., „Kenco“ battery fan. (Drum type with winding in six slots.)* *El. World* 47 S. 626.

SPRAGUE ELECTRIC CO.'s, fans. (Ceiling bracket and desk fan.)* *El. World* 47 S. 624/5.

WESTERN ELECTRIC CO.'s, universal fan motor. (The brush holders, which are of the cartridge type, are designed to avoid the possibility of excessive brush pressure on the commutator and are fitted with carbon brushes.)* *El. World* 47 S. 623/4.

WESTINGHOUSE ELECTRIC & MANUFACTURING CO.'s, 1906 electric fans. * *El. World* 47 S. 624.

V. IHERING, selbsttätige Regelungsvorrichtung an Zentrifugalventilatoren und Pumpen der ELLING COMPRESSOR CO. in Christiania. (Fangvorrichtung; Abdichtung der Leitschaufeln. D. R. P. 159431.)* *Z. Turbinenw.* 3 S. 59/61 F.

LAPONCHE, Studie über die Kuppelung von Ventilatoren, insbesondere für Bergwerksbetrieb.* *Turb.* 2 S. 91/4.

V. BAVIER, Geräuschdämpfung bei Ventilatoren.* *Z. Turbinenw.* 3 S. 148.

Ventile. Valves. Soupapes. Vgl. Dampfkessel, Dampfleitung, Dampfmaschinen, Hähne, Pumpen 9.

GOUDIE, application of calculating charts to slide valve design. (V)* *Mech. World* 39 S. 50 F.

BAUMANN, Versuche zur Ermittelung der Ausflußziffer bei Pumpenventilen.* *Z. V. dt. Ing.* 50 S. 2103/8.

FALKENAU, Verhalten von Stahl und Bronze in Ventil und Pumpen. (Vortrag vor dem Franklin-Institute.) (V) (A) *Gieß. Z.* 3 S. 317/8.

The abuse of valves.* *Brick* 25 S. 37/8.

Abuse and misuse of brass valves. (Reasons why brass valves leak after being placed in the lines.) *Mech. World* 39 S. 163/4.

An improved blow-off valve.* *Mines and minerals* 27 S. 334.

Automatic sewage controlling valve. * *Eng.* 101 S. 481.

Ventile an Gasgebläsemaschinen. (Gebläse-Ringventil der SOCIÉTÉ COCKERILL in Seraing.)* *Masch. Konstr.* 39 S. 78/9.

Reversing valves for regenerative furnaces. (Valves of CZEKALLA —, NAEGEL —, FISCHER —,

SCHILD —, DYBLIE and FORTER —.)* *Iron & Coal* 72 S. 1648/51.

Emergency valve and the new type of governor for air brakes.* *Street R.* 28 S. 585/6.

„Vanguard" equilibrium valves.* *Eng.* 102 S. 485.

Piston and slide valves. (a)* *Pract. Eng.* 33 S. 675/8 F.

The ANDERSON automatic float valve.* *Iron A.* 78 S. 867.

BAILEY's „full-gate" parallel slide blow-off valve.* *Iron & Coal* 72 S. 2121.

BODE, Sicherheitseinrichtung für Rohrbruchventile. *Ratgeber, G. T.* 6 S. 140/1.

BUAUNE, kombiniertes Absperr- und Sicherheitsventil an Gaskompressoren.* *Z. Wohlfahrt* 13 S. 335.

BUTLER, admission and exhaust valves used in petrol, gas and oil engines.* *Eng. Rec.* 15 S. 266/72 F.

CRUSE CONTROLLABLE SUPERHEATER CO., wrought steel steam valves.* *Eng.* 101 S. 190.

HAGEMANN, Stauventile an Umkehrmaschinen.* *Z. O. Bergw.* 54 S. 515/6.

HOPKINSON's dead-weight safety valve; general view and section.* *Iron & Coal* 72 S. 2127.

The HOPKINSON-FERRANTI steam-valve constructed by HOPKINSON & CO.* *Engng.* 81 S. 851; *Page's Weekly* 9 S. 1031.

LAGONDA MFG. CO., automatic boiler cut-off valve.* *Street R.* 28 S. 111.

LUEDECKE, Drainageventile.* *Kulturtechn.* 9 S. 199/202.

The LUNKENHEIMER improved pop safety valve.* *Iron A.* 78 S. 1674.

MISSONG, Fortschritte im Bau von Absperrorganen und die durch sie bewirkte Verhütung von Betriebsunfällen. (Schieber; Ventile; Hähne.)* *Z. V. dt. Ing.* 50 S. 499/502.

Universal-Absperrschieber System MISSONG.* *Met. Arb.* 32 S. 146/7.

The POWELL „Union" disk valve. *Iron A.* 77 S. 1180.

STURM, Ventile raschlaufender Pumpen System GUTERMUTH. *Elt. u. Maschb.* 24 S. 795/8.

PRATT & CADY CO., large gate valves. (Of 9′ water-way.)* *Am. Mach.* 29, 1 S. 142/3.

The VICTOR gate valve. (For high-pressure steam piping, made entirely of bronze.)* *Eng. Rec.* 54 *Suppl.* Nr. 25 S. 48.

Schlußbericht der Kommission zur Prüfung von Dampfdruck-Verminderungseinrichtungen. (Darstellung und Beschreibung der Arbeitsweise verschiedener Typen von Druckminderventilen; Minderventile mit unmittelbar wirkender Regulierung; Reduzierventile mit mittelbar wirkender Regulierung; Einfluß der Arbeitsweise auf Leistungsfähigkeit und Regulierungsvermögen; Ergebnisse der Versuche; Versuche im praktischen Fabrikbetriebe.) ⊠ *Z. Dampfk.* 29 S. 453/5 F.

CARIO, DUNSING, EGGERS, VOGT, L., Bau und Betrieb der Reduzierventile. *Z. Dampfk.* 29 S. 521/2.

BOPP & REUTER, Druck-Reduzierventil für Wasserleitungen. *Uhlands T. R* 1906, 2 S. 70.

KÄFERLEs Präzisions-Dampfdruckminderer.* *Z. Chem. Apparat.* 1 S. 528/30.

Reducing valve. (On the yoke are fastened two brass washers and between them a rubber disk, which presses upon the seat closing it, until the pressure falls; the spring will then open and the valve begin to work again.)* *Am. Mach.* 29, 1 S. 60.

CRAIG, machining a stop-valve body. (V)* *Mech. World* 40 S. 134.

FERRIER, jigs and tools for machining stop-valve body. (V)* *Mech. World* 40 S. 115/6.

MC CASLIN, pattern for a throttle valve body.* *Foundry* 27 S. 217/21.

WAKEMAN, repairing gate valves.* *Pract. Eng.* 34 S. 138.

de ROHAN CHABOT, soupape parhydrique. (Pour éviter les retours d'eau, lorsque l'on fait le vide au moyen de la trompe à eau; est constituée par un flotteur légèrement concave à la partie supérieure et recouverte d'une membrane.) *Compt. r.* 142 S. 153/4.

Verbleien. Leading. Plombage. Fehlt. Vgl. Blei.

Verfälschungen. Adulterations. Falsifications. Vgl. Bier, Butter, Fette, Milch, Nahrungsmittel, Wachs.

RACINO, Kasein als Verfälschungsmittel für Butter. *Z. öffl. Chem.* 12 S. 169/70.

REISZ, mechanische Verfälschung der Kaffeesahne. (Homogenisierung nach GAULIN.) *Z. Genuß.* 11 S. 391/2.

MAYER, ADOLF, Verfälschungen von Leinkuchen. (Zusatz von Mineralöl; — von Harnsäure.) *Milch-Z.* 35 S. 4/5.

MANNICH, mit Parachloracetanilid verfälschtes Phenazetin. (V) *Ber. pharm. G.* 16 S. 57/60.

GALLOIS, une falsification du lycopode. *J. pharm.* 6, 23 S. 242/4.

COLLIN, falsification des substances alimentaires au moyen des balles de riz. *J. pharm.* 6, 23 S. 561/5.

TRUFFI, Verfälschung von schwarzem Pfeffer in Körnern. *Apoth. Z.* 21 S. 796.

KÖHLER, Nachweis von Verfälschungen im Naturasphalt. *Chem. Z.* 30 S. 36/7, 673/5.

Vergolden. Golding. Dorage. Vgl. Gold.

HERRMANN, Verfahren zur Vergoldung auf nassem Wege. (Ueberzug größerer Glasoberflächen mit einem spiegelnden Goldbelag; Bildung eines unsichtbaren Goldspiegels mittels eines gewöhnlichen Goldsalzes; zweite Vergoldung mittels einer Lösung von Goldoxydalkali, die auf die vorher präparierte Glasfläche einwirkt. Goldspiegel, mittels dessen man einen geschlossenen, beleuchteten Raum beobachten kann, ohne selbst wahrgenommen zu werden.) (V. m. B.) *Verh. V. Gew. Sits. B.* 1906 S. 7/16.

Bronzieren und Vergolden von Stahl und Eisen. *D. Goldschm. Z.* 9 S. 237.

SONNTAG, galvanische Prozesse. (Das Verfahren beim Vergolden.) *J. Goldschm.* 27 S. 274/6.

BAUER, galvanische Vergoldungs- und Versilberungs-Einrichtung mit Batterie und Stromregler.* *J. Goldschm.* 27 S. 355/6.

SONNTAG, Auflösung von Gold zum Vergoldungsbad. *J. Goldschm.* 27 S. 276.

JOSEPH, das Entgolden. (Entgoldungsvorrichtung; Anhängerhaken.)* *J. Goldschm.* 27 S. 257.

Verkaufs-Automaten. Coin freed apparatus. Distributeurs automatiques.

Nouveau savon et appareil destiné à le distribuer.* *Corps gras* 33 S. 82.

D'ESTERRE, prepayment gas-meter attachment to take various coins.* *J. Gas L.* 96 S. 446/7.

Mechanical change-giver for prepayment meter consumers.* *J. Gas L.* 94 S 22/3.

GRIMSHAW, automatic apparatus for selling postage stamps, post cards, and newspapers.* *Sc. Am.* 95 S. 445.

Elektrizitäts-Selbstverkäufer der SIEMENS-SCHUKKERT-WERKE.* *Prom.* 17 S. 410/3.

VOGLER, einige Konstruktionen von Elektrisier-Automaten.* *Mechaniker* 14 S. 183/6.

Verkehrswesen. Traffic. Trafic. Siehe Eisenbahnwesen, Fernsprechwesen, Postwesen, Telegraphie,
Transport, Verladung, Löschung und Lagerung.

Verkupfern. Coppering. Cuivrage. Fehlt. Vgl. Elektrochemie 3 b, Kupfer.

**Verladung und Löschung. Loading and unloading.
Chargement et déchargement.** Siehe Transport,
Verladung, Löschung und Lagerung.

Vermessungswesen. Surveying. Géodésie pratique.
Vgl. Eisenbahnwesen I A, Instrumente 6.

**1. Theorie und allgemeines. Theory and gene-
ralities. Théorie et généralités.**

Berechnung rechtwinkliger Koordinaten für Poly-
* gon- und Kleinpunkte.* *Techn. Z.* 23 S. 345/50.
HAMMER, Diagramm der idealen Genauigkeit des
mit dem mittlern Richtungsfehler $\pm m''$ über n
fehlerfrei gegebene Punkte rückwärts einge-
schnittenen Neupunkts. *Z. Vermess. W.* 35
S. 382/6.

Nivellierfehler beim geometrischen Nivellement.
Techn. Z. 23 S. 527/8.

LÖSCHNER, Anschluß von selbständigen Triangu-
lierungen an solche höherer Ordnung. *Z.Vermess.
W.* 35 S. 377/82.

TITTMANN and HAYFORD, the Budapest conference on the International Geodetic Association. (Simplon tunnel measurement; apparatus
for determining the value of gravity at sea;
harmonic analysis of the variation of latitude
made by KIMURA; relative gravity determinations; study by HELMERT of the curvature of
the geoid along certain meridians and parallels.)
Eng. News 56 S. 540/1.

KOPPE, Verwertung der preußischen Meßtischblätter
zu allgemeinen Eisenbahn-Vorarbeiten. *Organ*
43 S. 27/9, 61.

HARRISON, the desirability of promoting county
photographic surveys. (Origin of the photo-survey
movement; progress of photo-survey work in
Britain; objects of photo-survey work; „district"
surveys and „subject" surveys; base of the British photo-survey; promotion of the „survey"
movement.) *J. of Phot.* 53 S. 924/5.

LOCKETT, measuring and surveying by photography. (Finding height of distant object; ascertaining distance of object from camera; finding horizon line; calculating distances from print;
measurement by means of two photographs; apparatus for photographic surveying; method
adopted in surveying; construction or expansion
of prints.)* *J. of Phot.* 53 S. 1024/7.

HORTON, error in levelling caused by waving the
levelling rod.* *Eng. News* 56 S. 35.

CHRISTIAN, argument in favour of cross-section
books for taking topography. *Eng. News* 56
S. 509/10.

2. Aufnahme u. dergl. Surveys a. th. l. Levés etc.

BEACH, water triangulation. (Foremost of the survey steamer used for a triangulation station.)
Eng. Rec. 53 S. 41.

SEIBT, Feinnivellement durch das Wattenmeer
zwischen dem Festlande und Sylt.* *Zbl. Bauv.*
26 S. 388/90.

BAKER & CO., locating soundings in shallow
water with the aid of a cable. *Eng. News* 55
S. 157.

Hydrographic work of the U. S. Geological Survey
in New England. (Measurements of stream flow,
surveys of important streams and the preparation
of plans and profiles thereof, surveys of lakes
and ponds to determine the possibility of water
storage.) *Eng. News* 55 S. 178.

SPOFFORD, the northern boundary of Massachusetts.
(V. m. B.) *J. Ass. Eng. Soc.* 37 S. 1/19.

STEWART, field methods of triangulation in the
plains country in Montana. (Signals with targets
of cloth.) (V) (A)* *Eng. News* 55 S. 407/9.

BERG and PELTIER, Springfield coal mine of the
Peabody Coal Co., and the method of survey.
(V) (A)* *Eng. News* 55 S. 261/2, 391.

FITCH, public land surveys by government engineers in Indian Territory. *Eng. News* 55
S. 151/2.

Survey of the boundaries of the Yava-Supai Indian
reservation, Arizona.* *Eng. News* 55 S. 49.

WAINWRIGHT, a long wire sweep for soundings.
(Dragging wire supported by three large buoys,
one at each end and one in the middle, and at
intermediate points by small buoys.) (V) *Eng.
Rec.* 53 S. 83/4.

CARIO, Schornstein - Höhenmessung. (Mit dem
Winkelspiegel.)* *Z. Dampfk.* 29 S. 108/9.

SCHELLENS, die Zentrierung des Strahlenknoten-
punktes beim BAUERNFEINDschen Prisma und
die Anwendung auf das Doppelprisma.* *Z.
Vermess. W.* 35 S. 457/63.

SEIBT, Grundzüge für die Einrichtung von Fest-
punkten für wasserbautechnische Feinnivelle-
ments. (Betonkörper, deren Fuß sich in der
Erde befindet, Nivellementskugelbolzen von BREIT-
HAUPT & SOHN; Kugelbolzen aus schmiedbarem
Gußeisen oder weichem Grauguß mit breitem
Tellerfuße zum unmittelbaren Einsetzen in be-
sondere Betonkörper.)* *Zbl. Bauv.* 26 S. 528/9.

RÖTHLISBERGER, die Verwendung der Präzisions-
tachymetrie bei den Katastervermessungen im
Berner Oberland.* *Z. Vermess. W.* 35 S. 233/41.

MILLER, W. E., levelling with a transit with the
horizontal wire out of adjustment. *Eng. News*
55 S. 299/300.

DOUGLAS, experience with the prism level on the
U. S. geological survey. (Self reading rod.)*
Eng. News 55 S. 536/7.

Die Schrägmessung mit Latten. *Z. Vermess. W.*
35 S. 60/6.

KITCHIN, method of setting and marking preliminary survey stakes.* *Eng. News* 55 S. 44.

SHENEHON, submarine sweeps for locating obstructions in navigable waters. (Sweep 130'
long, with bars of flat rolled iron suspended by
chains from a raft, and raised and lowered by
windlasses, HASKELL's steel pontoon speed sweep;
three-section pontoon bar sweep.)* *Eng. News*
55 S. 462/4.

**3. Instrumente und Zubehör. Instruments and
accessory. Instruments et accessoire.** Siehe
Instrumente 6. Vgl. Entfernungsmesser.

Vernickeln. Nickeling. Nickelage. Vgl. Nickel.

Elektrolytische Reinigung von Eisen- oder Messing-
Gegenständen beim Vernickeln. *Mechaniker* 14
S. 203/4.

BLANET, schwarze Vernickelungen. (Bad.) (R)
Bayr. Gew. Bl. 1906 S. 394/5.

The ZUCKER & LEVETT & LOEB plating apparatus.
(Revolving hexagonal cylinder which contains
the material to be plated.)* *Iron A.* 77 S. 1405.

Versilbern. Silvering. Argentage. Vgl. Silber.

BAUER, galvanische Vergoldungs- und Versilberungs-Einrichtung mit Batterie und Stromregler.*
J. Goldschm. 27 S. 355/6.

HOFBAUER, Versilbern von Metallen in gebrauchten Fixierbädern. *Phot. Wchbl.* 32 S. 182/3.

Verzinken. Zinking. Zincage. Vgl. Zink.

COWPER-COLES, Verfahren zur Verzinkung von
Eisen und Stahl. („Sherardisation": Eisen und

Stahl erhalten einen gleichmäßigen Zinküberzug bei einer Temperatur, welche mehr als 100° C unter dem Schmelzpunkt des Zinkes liegt; Benutzung von Zinkstaub.) *Bayr. Gew. Bl.* 1906 S. 225/6; *Gieß. Z.* 3 S. 310/2; *Eng. News* 55 S. 99.

Herstellung eines schmelzflüssigen, aluminiumhaltigen Zinkbades zur Erzeugung hochglänzender Zinküberzüge. *Met. Arb.* 32 S. 5.

Mechanische Verzinkung langgestreckter Gegenstände im Blei- und Zinkbad.* *Met. Arb.* 32 S. 254.

The ZUCKER & LEVETT & LOEB plating apparatus. (Revolving hexagonal cylinder which contains the material to be plated.)* *Iron A.* 77 S. 1405.

WHITE, electrolytical galvanizing. (Electrolytic zinking; mechanical tests; chemical tests.) *Iron A.* 77 S. 260/2.

LOMBARDI, la zincatura elettrolitica.* *Polit.* 54 S. 29/44.

Electro galvanising.* *Electr.* 57 S. 533.

The deterioration of galvanised wire fencing. *Iron & Coal* 72 S. 1233.

Verzinnen. Tinning. Étamage. Vgl. Zinn.

Verzinnen kleiner Messing- und Kupferwaren. (Lösung von Wasser, Aetzkali und Zinnchlorid.)* *Metallurgie* 3 S. 423.

BASSE & FISCHER, Verzinnen von Aluminiumgegenständen auf elektrolytischem Wege. *Met. Arb.* 32 S. 116.

ROBERTS, Apparat zum Verzinnen von Kupferblech.* *Metallurgie* 3 S. 199/200.

Viscosimetrie. Viscosimetry. Viscosimétrie. Vgl. Elastizität.

TROUTON, the coefficient of viscous traction and its relation to that of viscosity.* *Proc. Roy. Soc.* 77 A S. 426/40.

DETERMANN, zur Methodik der Viskositätsbestimmung der menschlichen Blutes.* *Med. Wschr.* 53 S. 905/6.

SCHNYTEN, Viskositätsbestimmungen von wässerigen Antipyrinlösungen. *Chem. Z.* 30 S. 18.

Amerikanische Viskosimeter.* *Z. Chem. Apparat.* 1 S. 606/10.

VALENTA, einfacher Apparat zur Bestimmung der Zähflüssigkeit von Firnissen.* *Chem. Z.* 30 S. 583.

Vorgelege. Communicators. Communicateurs. Siehe Kraftübertragung 6.

W.

Wachs. Wax. Cire. Vgl. Bienenzucht, Erdwachs.

BOHRISCH und RICHTER, Untersuchung von gelbem Wachs. *Pharm. Centralh.* 47 S. 201/13 F.

DREYLING, Wachs und die wachsbereitenden Organe der Bienen.* *L. Bienens.* 1906 S. 51/3 F.

Wachsbereitung bei den Bienen. *Prom.* 17 S. 602/4.

SCHWITZER, das wirkliche punische Wachs des PLINIUS und das Parkettbodenwachs von E. BERGER in München. (Das Wachs nach PLINIUS ist nach dem Verfasser das mit Wasser nicht emulgierbare Gemenge von Myricin mit Seifen der Cerotinsäure ev. mit wechselnden Mengen freier Cerotinsäure.) *Mitt. Malerei* 23 S. 27/39.

Künstliches Wachs. (Paraffin, japanisches Pflanzenwachs, Harz, Pech, Talg, Ceresin, Wachsparfüm.) *Chem. Techn. Z.* 24 S. 79.

Verwertung von Petroleumwachs. *Chem. Techn. Z.* 24 S. 63.

Ein neues Wachs für Grammophonzylinder. (Aus Rafiafaser.) *Mus. Instr.* 17 S. 276.

Ueber einige Verfahren zur Herstellung wässeriger Emulsionen von Oelen, Fetten, Wachsen und fettartigen Stoffen, unter besonderer Berücksichtigung ihrer Verwertbarkeit in der Textilindustrie. (Patentübersicht.) *Mon. Text. Ind.* 21 S. 396/8.

Waffen und Geschosse. Arms and projectiles. Armes et projectiles. Vgl. Festungsbau, Panzer, Schiffbau 6 b, Sprengstoffe, Sprengtechnik, Torpedos.

1. Allgemeines.
2. Hieb-, Stich- und Wurfwaffen.
3. Schußwaffen.
   a) Ballistik.
   b) Handfeuerwaffen.
   c) Geschütze.
     α) Bauarten.
     β) Geschützaufsätze, -Teile und verschiedenes.
     γ) Lafetten.
4. Patronen und Geschosse.

1. Allgemeines. Generalities. Généralités.

CHLADEK, Deformation von Geschossen und Panzerplatten unter dem Einflusse von Hauptschubspannungen und Transversalschwingungen.* *Mitt. Seew.* 34 S. 267/85.

Die Brandwirkung moderner Geschosse. *Mitt. Seew.* 34 S. 564/77.

TREPTOW, der Wettstreit zwischen Geschütz und Panzer.* *Dingl. J.* 321 S. 246/9 F.

HAENIG, Kriegswaffen auf der Lütticher Weltausstellung 1905. (Marine- und Küstengeschütze; 5,7 cm Kaponnierenschnellfeuerkanone; 12 cm Haubitzen; 7,5 cm Schnellfeuergeschütz M/05. Die Panzerplatten und der neue belgische Lappenschild. CIE. DES FORGES ET ACIÉRIES À SAINT-CHAMOND, Küsten- oder Bordgeschütze, Feldgeschütze, sowie Gebirgs- und Landungsgeschütze.) *Z. Art.* 42 S. 17/28 F.

Précision du tir dans la marine anglaise. (Resultats obtenus par le cuirassé anglais King-Edward VII distance 5 km, 486.) ⊠ *Rev. d'art.* 68 S. 457.

BALZAR, russische Erfahrungen und Urteile über Bewaffnung im ostasiatischen Kriege. (Säbel; Piken; Infanteriegewehr M. 1891; Schnellfeuerkanonen; Handgranate; Schrapnell, Rohrrücklaufkanonen M. 1902; der 6-zöllige [15 cm] Feldmörser, schwere Geschütze; Handgranate; Luftballon, Scheinwerfer und Fernsprecher.) *Mitt. Artill.* 1906 S. 59/70.

V. TARNAWA, Beiträge zum Studium des Kampfes um Port Arthur. (Panzerdeckungen, Kontereskarpekoffer, Eskarpgalerien, granatsichere Kehlgebäude, Tor- und Fensterverschlüsse, Batterien des Verteidigers.) ⊠ *Mitt. Artill.* 1906 S. 278/86.

Equipaggiamento del soldato di fanteria giapponese. ⊠ *Riv. art.* 1906, 1 S. 155/9.

V. SCHEDA, feldmäßiger Kapselschießplatz auf dem Uebungsplatze des k. u. k. Eisenbahn- und Telegraphenregiments. (Einrichtung und Wirkungsweise von Schwarmlinien- und beweglichen Figurenscheiben.) ⊠ *Mitt. Artill.* 1906 S. 209/17.

Versuche mit Handfeuerwaffen und Munition. *Sprengst. u. Waffen* 1 S. 189/90.

Die Artillerie, ihre Verwendung und ihr Zusammenwirken mit der Infanterie bei den Kaisermanövern 1905. (Mit Schutzschilden versehene Artillerie im Kampfe gegen starke Infanterie.) *Schw. Z. Art.* 42 S. 30/1.

DUVAL, Schanzkörbe und Faschinen aus Drahtgeflecht. *Schw. Z. Art.* 42 S. 378.

Handbeil. (Mit einer im hohlen Stiel angeordneten Säge in Verbindung mit einer zangenartigen Drahtschneidevorrichtung gegen Hindernisse aus

77

Draht oder Drahtflechtwerk.) *Schw. Z. Art.* 42 S. 36.

Das Panzerautomobil. (Untergestell nach dem Mercedes-Typ von der DAIMLER-MOTOREN-GESELLSCHAFT gebaut. Wagen, Getriebe und Räder sind gepanzert bezw. durch Schutzschilde gesichert; Vierräderantrieb; das Maschinengewehr bezw. die Maschinenkanone ist in einer drehbaren nach SCHUMANN gebauten Panzerkuppel untergebracht; Vollgummireifen; Ersatz des Panzerautomobils durch das Motorzweirad. Von der Firma OPEL-DARRACQ 1906 in Berlin ausgestelltes und von E. A. SCHMIDT konstruiertes mit seitlichem Panzerschutz versehenes Personenautomobil, das mit einer Anzahl von Schußwaffen versehen ist.) * *Krieg. Z.* 9 S. 81/7.

Die Aufbewahrung von blanken Waffen und Stahlwaren. *Sprengst. u. Waffen* 1 S. 278.

KNOBLOCH, Bekämpfung von Fesselballons durch Artilleriefeuer. (Mit schweren weittragenden Kanonen.) *Schw. Z. Art.* 42 S. 41/8.

2. Hieb-, Stich- und Wurfwaffen. Arms for cut and thrust, missiles. Armes tranchantes, à pointe et à lancer.

Seitengewehr S. G. 98/05 für Fußartillerie, Pioniere und Telegraphentruppen. (Dient, auf das Gewehr 98 aufgepflanzt, nicht nur als Stoßwaffe für den Nahkampf, sondern kann auch mit seiner Klinge, die an der Rückseite mit einer doppelt gezahnten Säge versehen ist, als Hilfswerkzeug zum Hauen, Schneiden und Sägen für verschiedene Kriegszwecke Verwendung finden.) *Krieg. Z.* 9 S. 406.

PUDOR, Damaszener Arbeiten in Japan. *Uhlands T. R.* 1906 *Suppl.* S. 83/4.

3. Schußwaffen. Fire arms. Armes à feu.

a) Ballistik. Ballistics. Balistique.

SCHWABACH, kinematische Schußtheorie. (Anfangszustand der Geschoßbewegung; Anwendung auf die bestehenden Lafettensysteme und auf die Verschwindlafetten.) * *Krieg. Z.* 9 S. 171/81.

DÄHNE, Betrachtungen über den Einfluß der Schwerpunktslage der Geschosse auf die Flugbahngestaltung. (Abnahme der Seitenablenkungen der Geschosse mit der Verlängerung der Geschosse und mit einer Verlegung des Schwerpunktes des Geschosses nach hinten bei Rechtsdrall. Schießliste der Gußstahlfabrik FRIEDRICH KRUPP. Methode von NEESEN, die Fallwinkel und Umdrehungszahlen sowie die Geschoßgeschwindigkeiten auf verschiedenen Entfernungen photographisch festzulegen.) * *Krieg. Z.* 9 S. 105/17.

BRUSSE, Theorie der Kopfwelle bei fliegenden Gewehrgeschossen. (Weite der Bemerkbarkeit der Kopfwelle für Stromunterbrecher; Frage, ob die Kopfwelle in den großen Entfernungen auch noch durch akustische Stromunterbrecher angedeutet werden kann.) * *Krieg. Z.* 9 S. 313/20.

RADAKOVIC, Bemerkungen zu der experimentellen Bestimmung des Verlaufes der Geschoßgeschwindigkeit. (Messung der Geschoßgeschwindigkeit nur an einer Stelle der Bahn; Anwendung von Gitterabständen.) *Mitt. Artill.* 1906 S. 1/10.

WOLFF, die Geschoßgeschwindigkeit nahe vor der Gewehrmündung. *Z. Schieß- u. Spreng.* 1 S. 252/4.

Sul modo di valutare le deviazioni longitudinali *Riv. art.* 1906, 3 S. 81/90.

V. SCHEVE, Förderung der Flugbahn-Berechnungen. *Z. Schieß- u. Spreng.* 1 S. 55/6.

HAHN, über Flugzeitenmessung. (Bestimmung der Geschoßgeschwindigkeit.) *Z. Schieß- u. Spreng.* 1 S. 40/1.

PREUSZ, Apparat zum Messen der Entwicklungszeit des Schusses.* *Z. Schieß- u. Spreng.* 1 S. 41/2.

SEGRE, di una speditiva forcella a tempo.* *Riv. art.* 1906, 2 S. 394/9.

BRAVETTA, Abriß der Formeln für innere Ballistik von MATA, mit einigen Anwendungen auf die italienische Ballistik. *Z. Schieß- u. Spreng.* 1 S. 214/6, 249/51.

HIRSCH, die Vorgänge im Innern des Gewehres beim Schuß. (Ballistik für Nichtmathematiker.) *Krieg. Z.* 9 S. 226/39.

SOREAU, nouveaux types d'abaques, la capacité et la valence en nomographie. (Tir fait avec observations télémétriques; épaisseur des tuyaux et cylindres; rayon moyen d'un canal; faux tronc de pyramide; alignement multiple; vitesse initiale d'un projectile; abaques à alignement par équerre dont le sommet est sur une échelle.) ▣ *Mém. S. ing. civ.* 1906, 1 S. 821/80.

BROWNING, angular width of single battery targets. (The greatest angular extent of target which can be engaged by a single battery at a given range.) *J. Roy. Art.* 33 S. 122/3.

DE VONDERWEID, il tiro a salve di mezza batteria della batterie da costa. (Utilizzazione dei due telemetri di una stessa batteria; tabelle grafiche ad uso del telemetrista; squadra-regolo.) ▣ *Riv. art.* 1906, 2 S. 198/216.

Appareil électrique pour les exercices de tir en chambre.* *Rev. d'art.* 69 S. 87/95.

MÜLLER, P., procédés de pointage. (Comment on peut se servir de l'équerre à prisme.) ▣ *Rev. d'art.* 69 S. 43/60.

MALTESE, circa un impiego telemetrico dell'alzo delle artiglierie. ▣ *Riv. art.* 1906, 3 S. 91/101.

Ueber die Berechnung einer Visiertabelle zum Schießen auf Luftballons.* *Z. Schieß- u. Spreng.* 1 S. 332/4.

PENN STEEL CASTING & MACHINE CO., ballistic test of cast steel cylinders.* *Railr. G.* 1906, 2 S. 529.

LISSAK, methods of measuring velocities of projectiles and pressures in cannon. *Sc. Am. Suppl.* 62 S. 25744/5.

LEHMANN, Apparate für Gasdruckbestimmungen bei festen und gasförmigen Explosivstoffen nach PETAVEL.* *Z. Schieß- u. Spreng.* 1 S. 326/30.

DEUTSCHE WAFFEN- UND MUNITIONSFABRIKEN. Vorrichtung zum Messen des beim Abfeuern einer Patrone entstehenden Gasdruckes. *Sprengst. u. Waffen* 2 S. 17/18.

EXLER, Aenderungen der Anfangsgeschwindigkeit und Gasspannung bei Kriegsfeuerwaffen. *Z. Schieß- u. Spreng.* 1 S. 376/81.

SOLLIER, l'efficacia del tiro a shrapnel. *Riv. art.* 1906, 1 S. 181/91.

WOLFF, Höhe des normalen Gasdruckes einer Beschußpatrone zur Prüfung von Gewehrläufen. *Z. Schieß- u. Spreng.* 1 S. 165/7.

HEYDENREICH, die Fortpflanzung der Entzündung bei Geschützladungen. *Z. Schieß- u. Spreng.* 1 S. 148/9.

MARETSCH, über Rückstoß-Messungen. *Z. Schieß- u. Spreng.* 1 S. 294/5.

Apparat zur Bestimmung des Rückstoßmomentes bei Gewehren. *Z. Schieß- u. Spreng.* 1 S. 150.

Reducing gun recoil. (Reaction due to the expanding powder gases has been utilised in the MC LEAN invention to reduce the recoil.) *Pract. Eng.* 34 S. 79.

ROHNE, die Steigerung der Wirkung der Gewehre als Folge der Fortschritte in der Explosivstoff-Fabrikation. *Z. Schieß- u. Spreng.* 1 S. 187/91.

WACHTEL, die Ladungsberechnung für feldmäßige

Holz- und Eisensprengungen mit brisanten Sprengstoffen.* *Z. Schieß- u. Spreng.* 1 S. 356/60.

MINA, preparazione del toro dell' artiglieria nell' assedio delle piazze forti. (a)* *Riv. art.* 1906, 3 S. 161/80.

CAMPEGGI, circa l'aggiustamento del tiro e la distribuzione del fuoco colle artiglierie d'assedio.⊠ *Riv. art.* 1906, 2 S. 348/70.

JOUINOT, tir de côte contre un but réel à vitesse fictive. (Tir des canons de gros calibre avec pointage automatique; tir à distance mesurée des canons de gros et moyen calibre à l'aide d'un télémètre unique pour toute la batterie; tir de circonstance.)⊠ *Rev. d'art.* 68 S. 27/43.

RIGHI, sulla misurazione di distanze con base verticale nelle batterie da costa. (Relazione fra distanza, quota della sezione ed angolo di sito del bersaglio; errori di misurazione dovuti a cause perturbatrici.)* *Riv. art.* 1906, 1 S. 63/109.

CWIK, über das Orientieren von Küstengeschützen. (v. GELDERNs Verfahren, von außen her in die Kanone hineinzuarbeiten, indem das Geschütz mit einem Winkelmeßinstrumente verglichen wird, bei welchem an Stelle der optischen Achse die Rohrachse tritt. Diese wird beim Orientieren und Justieren, bezw. beim Ueberprüfen des Geschützes mit der optischen Achse eines Winkelmeßinstrumentes (Theodoliten) gegenseitig eingestellt; Vorbereiten des Geschützrohres; Ermittlung der Prüfungspunkte.)* *Mitt. Artill.* 1906 S. 779/85.

GARBASSO, impiego del regoletto di direzione nel puntamento indiretto.* *Riv. art.* 1906, 2 S. 400/1.

JOUINOT, le jeu de la guerre appliqué au tir de côte. ⊠ *Rev. d'art.* 67 S. 324/46.

Le tir masqué. (Enseignements de la guerre russo-japonaise; tir par dessus un couvert; observation des coups et appréciation du sens des écarts.)* *Rev. d'art.* 68 S. 112/38.

CHALLÉAT exécution du tir masqué.* *Rev. d'art.* 69 S. 21/42.

BROWNE, suggestion for the simplification of procedure in laying out lines of fire and switches from concealed positions.* *J. Roy. Art.* 33 S. 157/63.

BUFFI, casi speciali di puntamento indiretto per le batterie campali. ⊠ *Riv. art.* 1906, 3 S. 102/30.

DUCHESNE, tir de siège sur objectif invisible de tout observatoire terrestre. *Rev. d'art.* 68 S. 153/65.

MATTEI, del tiro d'assedio contro bersagli coperti. (a)* *Rev. art.* 1906, 3 S. 5/65.

DE WATTEVILLE, shooting by map in the German siege and position artillery. *J. Roy. Art.* 33 Nr. 8 S. 222/3.

Refraktionserscheinungen auf dem Truppenübungsplatz Lechfeld und deren Einfluß auf unser infanteristisches Schießen. (Wirkung der Strahlenbrechung; Feuchtigkeitsgehalt der Luft; Wind; Barometerstand.)* *Krieg. Z.* 9 S. 475/88.

FERRUS, le tir réduit et sa précision. (Tir des armes a feu de calibre réduit [5,5—6 mm]; conditions à réaliser dans l'essai d'une arme; appareil MÉNESSIER à essayer le fusil; fabrication des munitions; cibles; comparaison des resultats obtenus dans le tir réduit des différentes armes à 20 m; tir silencieux; prix de revient des cartouches de tir réduit.)⊠ *Rev. d'art.* 67 S. 401/38.

v. SCHEVE, wie ist der Einfluß der Entfernungsfehler auf das Massenfeuer der Infanterie zu bestimmen?* *Krieg. Z.* 9 S. 374/88.

b) Handfeuerwaffen. Portable fire arms. Armes à feu portatives.

Das deutsche Infanteriegewehr 98 und die S-Munition.* *Prom.* 17 S. 538/9.

ANGIER, die russische und japanische Infanteriewaffe. (MOSSIN-Gewehr M. 91; ARISAKA-Gewehr M. 97; Munition; ballistische Eigenschaften.) (a)* *Krieg. Z.* 9 S. 9/22 F.

Fusil modèle 1903 de l'armée des États - Unis. (Arme à verrou tournant, à fermeture symétrique, avec magasin fixe approvisionné au moyen d'une lame - chargeur calibre 7,62 mm.) ⊠ *Rev. d'art.* 67 S. 347/66; *Nat.* 34, 2 S 319/20; *Riv. art.* 1906, 2 S. 301/10.

Le nouveau fusil des États - Unis. *Rev. belge* 31 Nr. 1 S. 156/8.

LAUBERs Mehrladegewehr. *Sprengst. u. Waffen* 1 S. 119/20.

STEVENSON und RYLAND, Magazingewehr mit unter dem Laufe liegendem Rohrmagazin und auf diesem verschiebbarem Handgriff. *Sprengst. u. Waffen* 1 S. 83/4.

Selbstladegewehre. (Das automatische Jagdgewehr von BROWNING; REXER - Gewehr; HALLÉ - Gewehr; MAUSERs Patente auf Rückstoßlader; Sicherungen gegen vorzeitiges und unbeabsichtigtes Abfeuern.)* *Krieg. Z.* 9 S. 240/54.

FRIQUE, fusil automatique BANG mod. 1903. (Mécanismes de culasse, de départ, de fonctionnement automatique.) ⊠ *Rev. d'art.* 68 S. 184/98.

v. KROMAR, Selbstlade - Infanteriegewehr System v. MANNLICHER M. 1904. (Lauf, Verschlußgehäuse, Rahmen, Lauffeder, Verschlußstück, Zündstift, Zündstiftsperre und Zündstiftfeder, Verschlußfeder, Führungsbolzen und Bolzenhalter, Riegel, Schloß mit der Sicherung, Magazin, Schaft, Munition, Handhabung des Gewehrs, Zerlegen und Zusammensetzen.)⊠ *Mitt. Artill.* 1906 S. 125/38.

Carabine Winchester 35 automatique modèle 1905. (Mécanisme de fermeture, composé d'un bloc à mouvement rectiligne, sans calage ni verrouillage, calibres 8 mm, 12 et 8 mm, 88.)⊠ *Rev. d'art.* 68 S. 360/8.

v. STUMMER, Selbstladepistole 1904 für die deutsche Marine und Modell 1900 für die Schweiz.⊠ *Mitt. Artill.* 1906 S. 539/41.

Pistolet automatique SCHOUBOE, Danske Rekylriffel Syndikat mod. 1906. (Fonctionne par récupération du recul; c'est une arme à canon fixe, à fermeture rectiligne sans calage de la fermeture sur le canon. Balle en aluminium de 4 g, 1 diamètre de 11 mm, 47 à une très grande vitesse [450 m], au moyen d'une charge de 0 g, 7 de poudre J 3 française.)⊠ *Rev. d'art.* 68 S. 278/88.

Die automatische WEBLEY- und SCOTT - Pistole. *Sprengst. u. Waffen* 2 S. 3.

HAGEN, neues Repetiergewehr. (Mit einer in Höhe des Laufes anhebbaren, durch Herabsenken mit dem Magazin in Verbindung zu bringenden Patronenkammer.) *Sprengst. u. Waffen* 1 S. 46.

SCHÜLER, Mehrlauf-Repetierpistole.* *Sprengst. u. Waffen* 2 S. 51/2.

SUHR-SCHOUBOE, Abzugsvorrichtung für selbsttätige Feuerwaffen zur Ermöglichung von Einzel- und Magazinfeuer. *Sprengst. u. Waffen* 1 S. 144/5.

MAUSER, Abzugsvorrichtung für selbsttätige Handfeuerwaffen. *Sprengst. u. Waffen* 1 S. 33/4.

CHARLIN und SANTIOT, zweiläufiges Jagdgewehr mit Einabzug. *Sprengst. u. Waffen* 1 S. 215.

Eine neue Umstellvorrichtung für Dreiläufgewehre mit Einabzug. *Sprengst. u. Waffen* 1 S. 17/18.

Neuerungen an Kipplaufgewehren. *Sprengst. u. Waffen* 1 S. 59/60.

Hilfsvorrichtung zum Halten des Gewehrs im Anschlag.* *Krieg. Z.* 9 S. 354/5.

KÜRCHHOFF, Gewehrstütze für den liegenden Anschlag im Gefecht.* *Krieg. Z.* 9 S. 495/500.

Armstütze für Schützen. (Wird dem Mann angeschnallt.)* *Krieg. Z.* 9 S. 160.

Die GRÖGERsche Gewehrlauf - Reinigungspumpe. *Sprengst. u. Waffen* 1 S. 4/5.

Beseitigung der Nachschläge in den mit Nitratpulver beschossenen Gewehren durch das Ballistol-Oel KLEYER. *Krieg. Z.* 9 S. 421/5.

c) Geschütze. Guns. Canons.

a) Bauarten. Construction.

Matériels modernes de campagne. (Affûts rigides à bêche rigide, à bêche élastique; affûts à déformation à lien élastique et bêche de crosse; frein hydraulique; cas des canons courts ou obusiers de campagne; qualités balistiques des canons de campagne; l'armement des artilleries de campagne étrangères.)* *Rev. d'art.* 68 S. 5/26.

Französische Stimmen über die schwere Artillerie des Feldheeres. (Aeußerungen von LANGLOIS und aus La France mil.) *Schw. Z. Art.* 42 S. 193/5.

Materiali d'artiglieria all' esposizione internazionale di Liegi. *Riv. art.* 1906, 2 S. 133/50.

CASTNER, Artilleriematerial auf der Ausstellung in Mailand 1906. *Krieg. Z.* 9 S. 361/73.

PINTO, rapport de la commission portugaise chargée du choix d'un matériel de campagne 1904. (Caractéristiques des matériels SCHNEIDER-CANET et KRUPP, expériences complémentaires exécutées en Portugal; conclusions en faveur du matériel SCHNEIDER-CANET.) (a)* *Rev. d'art.* 68 S. 373/454.

Mittelalterliche Geschützfabrikation im Siegerlande und Dilltale. (Fabrikation von Hinterladegeschützen [Kammerbüchsen] aus Schmiedeeisen.) *Schw. Z. Art.* 42 S. 77/8.

BAKER and HOLDEN, shot guns. (Number of pellets in the 30″ circle at 40 yards; relative distribution at various distances; cone of dispersion of the pellets.) (V. m. B.)* *J. Roy. Art.* 33 S. 205/26.

RUSCH, die Drallfrage bei den Schiffsgeschützen.* *Mitt. Seew.* 34 S. 29/46.

BETHELL, the German quick firing field gun 1905 pattern. (Breech action; breech mechanism; buffer and springs; shield.) ⊠ *J. Roy. Art.* 33 S. 277/84.

Oesterreichische neue 10 cm Feldhaubitze M. 99. *Schw. Z. Art.* 42 S. 32/4.

Neue Feldgeschütze in England. (Neben dem Rohre angeordnete Rücklaufbremse.) *Schw. Z. Art.* 42 S. 35/6.

Le canon français de 75.* *Nat.* 34, 1 S. 151/4.

Frankreich. Feldgeschütz. (Feststellung durch einen Sporn am Lafettenschwanz und Hemmschuh an den Rädern.) *Schw. Z. Art.* 42 S. 75/6.

CUREY, matériel de campagne russe modèle 1900. (a) ⊠ *Rev. d'art.* 67 S. 233/58.

Das russische Feldgeschütz M. 1902. (Rohrrücklaufgeschütz mit hydraulischer Bremse und Vorholfedern; gleiches Kaliber und dieselbe Munition wie jenes M. 1900; Richtmittel.) ⊠ *Mitt. Artill.* 1906 S. 457/64.

BETHELL, the 1903 pattern Russian quick firing field gun.⊠ *J. Roy. Art.* 33 S. 285/90.

HUNT, heavy gun making at the South Boston Iron Works.* *Am. Mach.* 29, 1 S. 73/4.

V. WITZLEBEN, das neue amerikanische Feldgeschütz. *Sprengst. u. Waffen* 1 S. 262/3.

V. MORENHOFFEN, das neue 4,7″ (12 cm) Belage-

rungsgeschütz der Vereinigten Staaten.* *Krieg. Z.* 9 S. 488/95; *Eng.* 102 S. 649.

Le nouveau canon de siège Américain à tir rapide. *Gén. civ.* 49 S. 241/3.

BAHN, Drahtkanonen. (Rohrkrepierer bei japanischen Drahtkanonen; zu große Weichheit des elastischen Zwischenmaterials zwischen Kernrohr und Mantel [Drahtwicklungen] gegenüber dem hohen Innendruck beim Schuß, Verengerung der Seele und dadurch ein Nachlassen der Drahtspannung infolge der Verlängerung des Seelenrohres.)* *Krieg. Z.* 9 S. 1/9.

VICKERS, SONS & MAXIM, Drahtkanonen. ⊠ *Mitt. Artill.* 1906 S. 314/5.

VICKERS-MAXIM, 12″ breech-loading wire-wound gun.* *Sc. Am.* 94 S. 440.

7,5 cm Gebirgsgeschütz in hydraulischer Rohrrücklauflafette, System EHRHARDT, Modell 1905. (Geschützrohr; Verschluß; Lafette.) ⊠ *Krieg. Z.* 9 S. 29/37.

SIMPSON C. C. D., recent developments in the rôle of mountain artillery. (Japanese mountain equipment; China mountain artillery.)* *J. Roy. Art.* 33 S. 166/72.

SCHWEEGER, zur Wahl von Küstengeschützen. (Fernkampfgeschütze; mittlere Kaliber; Geschütze zum Kampfe gegen Torpedoboote.)* *Mitt. Artill.* 1906 S. 879/86.

ZELL, zur Frage der Armierung moderner Landfestungen im Manövterrain. (Gegensturmgeschütze, schwere Flachbahnkanonen, Steilfeuergeschütze.) *Schw. Z. Art.* 42 S. 63/75 F.

Konstruktionsgrundsätze der Feldhaubitze. (10, 12 und 15 cm Rohrrücklaufhaubitze System EHRHARDT.) ⊠ *Schw. Z. Art.* 42 S. 257/9 F.

Die EHRHARDTschen Haubitzen. (10,5 cm Feldhaubitze; 11 cm Gebirgshaubitze M/1905; 11,43 cm Feldhaubitze; 12 cm Haubitze M/1904; 15 cm leichte und schwere Haubitze M/1905; 21 cm Haubitze M/1905; Protzen; Munition.) ⊠ *Schw. Z. Art.* 42 S. 298/305.

Obici da campagna sistema EHRHARDT mod. 1904 e 1905. *Riv. art.* 1906, 2 S. 312/8.

Erfahrungen mit schweren Feldgeschützen. (In Schweden. Versuche mit KRUPPschen 15 cm Haubitzen-Modell 1902.) *Schw. Z. Art.* 42 S. 35.

BETHELL, field gun of 1906. (Field gun; field howitzer; mountain gun; ammunition.) ⊠ *J. Roy. Art.* 33 S. 89/112.

Obici da campagna della ditta belga COCKERILL. *Riv. art.* 1906, 2 S. 319/22.

Le canon RIMAILHO. * *Nat.* 35, 1 S. 3/4.

155 mm RIMAILHO Haubitze. (Besitzt ein beringtes Stahlrohr von 155 mm Kaliber und eine hydropneumatische Bremse; zerlegbar; 4 bis 5 Schuß in der Minute.) *Schw. Z. Art.* 42 S. 441/6.

Batteries d'obusiers et batteries lourdes de l'artillerie de campagne. *Rev. belge* 31 Nr. 1 S. 29/50 F.

Les mitrailleuses. (Historique; principe des principaux systèmes de mitrailleuses, différents genres de tir; essais effectués en 1900—1901 à l'aide d'une mitrailleuse HOTCHKISS; opinions diverses émises au sujet des mitrailleuses.) *Rev. belge* 30 Nr. 6 S. 85/96 F.

Stato presente della questione delle metragliatrici. (Sistemi di mitragliatrici e caratteristiche dell'impiego di queste armi; impiego delle metragliatrici nelle guerre più recenti; ordinamento ed impiego delle metragliatrici nei vari eserciti; metragliatrici automobili.) ⊠ *Riv. art.* 1906, 1 S. 139/52.

NOREL, les mitrailleuses. (Rôle de la mitrailleuse dans l'offensive; l'usage par les Japonais, les Russes.) *Rev. belge* 31 S. 55/65.

Das Maxim-Maschinengewehr und seine Verwendung.* *Prom.* 17 S. 321/2 F.

Canons automatiques. (Le pom-pom anglais fonctionne par le recul du canon et de la fermeture, cette dernière ayant une course plus grande que celle du canon; observations.)* *Rev. d'art.* 69 S. 158/84.

SPAČIL, die elektromagnetische Kanone. (BIRKE-LANDs Patent der Ausnutzung der Saugwirkung stromdurchflossener Drahtspulen [Solenoide] als Triebkraft zum Ausschleudern von Geschossen.) (Pat.) ▣ *Mitt. Artill.* 1906 S. 21/37; *Riv. art.* 1906, 2 S. 485/6.

The FOSTER electro-magnetic gun. (The projectile is impelled by the magnetic action of a solenoid, the sectional coils of which are supplied with current through devices actuated by the projectile itself.)* *Sc. Am.* 95 S. 286.

CADOUX, catapult. (Gun, the recoil of which is to be absorbed on the carriage and used subsequently to bring the gun into the firing position for the following round.)* *J. Roy. Art.* 33 S. 369/72.

β) Geschützanfsätze, Teile und verschiedenes. Gun back sights, parts and sundries. Apparells de pointage, parts et matières diverses. Vgl. Entfernungsmesser.

ZEISS, die beste Lage der Visierlinie und das Zielfernrohr mit gehobenem Objektiv D. R. P. 129673. (Zielfernrohr mit gehobenem Objektiv; Flugkurve [Kaliber 11,1 mm].)* *Krieg. Z.* 9 S. 128/35.

ROSKOTEN, die unabhängige Visierlinie bei Feldgeschützen. (Richteinrichtung des franz. Feldgeschützes M/97; KRUPPsche Konstruktion der unabhängigen Visierlinie.)* *Schw. Z. Art.* 42 S. 7/16.

v. CZADEK und REIF, Visiervorrichtungen mit unabhängiger Visierlinie. (Anforderungen, Bedienung und Beschreibung einiger aufgeführter Konstruktionen unabhängiger Visierlinien für Feldgeschütze und jene der 8 cm Minimalschartenkanone M. 5.) ▣ *Mitt. Artill.* 1906 S. 193/208.

HUMPHREYS, the possible adoption of variable power telescopes for artillery purposes.* *J. Roy. Art.* 33 S. 340/4.

LEISZ, über Zielfernrohre. (Zweck und Einrichtung.) *Mech. Z.* 1906 S. 83/5 F.

HAHN, Verkürzung der Aufsatzstange bei Fernrohraufsätzen.* *Krieg. Z.* 9 S. 37/9; *Schw. Z. Art.* 42 S. 48/50, 103/4.

Apparecchio fotografico GOERZ per esercitare e classificare i puntatori d'artiglieria. (Permette di rilevare con tutta esattezza com' e puntato un pezzo, e può quindi servire ad esercitare ed a classificare i puntatori, senza che occorra eseguire il tiro.) ▣ *Riv. art.* 1906, 2 S. 470/1.

Pointage électrique des pièces de côte. * *Electricien* 31 S. 177/9.

PARST, die S-Munition und das Korn KOKOTOVIĆ. *Krieg. Z.* 9 S. 426/33.

RUSZITZKA, bemerkenswerte Erfolge des Universalkornes KOKOTOVIĆ. (Dem früheren Spitzkorne gegenüber durch leichtes und rasches Anvisieren feldmäßiger Ziele, sowie durch Ueberlegenheit im Streufeuer ausgezeichnet.) *Schw. M. Off.* 18 S. 211/3.

QUADRIO, misura della distanze coll' alzo. ▣ *Riv. art.* 1906, 3 S. 204/10.

ADLER, Fernrohraufsatz der deutschen 10 cm Kanonen. ▣ *Mitt. Artill.* 1906 S. 145/6.

V. REICHENAU, Konsequenzen des Rohrrücklaufgeschützes. (Steigerung der Munitionsausrüstung;

Vereinfachung des Schießverfahrens; Panzerdeckung; Verkleinerung des Kalibers.) *Schw. Z. Art.* 42 S. 155/6.

Erfolg des ständiglangen Rohrrücklaufs bei Feldhaubitzen. (Räderlafette mit Schildzapfen am Bodenstück; SCHNEIDER-CANETs ständiglanger Rohrrücklauf bei Steilfeuergeschützen, KRUPPsche Feldhaubitzen mit ständiglangem Rohrrücklauf; Ausgleichfeder, welche sich mit zunehmender Rohrerhöhung entspannt.) ▣ *Schw. Z. Art.* 42 S. 432/9.

SCHWEEGER, Indikatoren für hydraulische Geschützbremsen. * *Mitt. Artill.* 1906 S. 602/5.

KRUPP AKT.-GES., Geschützflüssigkeitsbremse mit durch einen Drehschieber und ein Rückschlagventil beeinflußtem Uebertritte der Flüssigkeit von einer auf die andere Kolbenseite. *Sprengst. u. Waffen* 1 S. 157/8.

Feder- oder Luftvorholer an Feldgeschützen? (Vorteile des Federvorholers) *Schw. Z. Art.* 42 S. 29.

HAUSSNER, Kraftsammler für Rohrrücklaufgeschütze. *Sprengst. u. Waffen* 2 S. 29.

BETHLEHEM STEEL CO., Vorrichtung zum Abfeuern von Geschützen auf elektrischem Wege.* *Sprengst. u. Waffen* 2 S. 64/5.

Electrical mechanism for firing guns. * *West. Electr.* 38 S. 252.

SOC. SCHNEIDER ET CIE, SCHWEEGER, Munitionsaufzug samt Ladevorrichtung für Turmgeschütze. (D. R. P.) ▣ *Mitt. Artill.* 1906 S. 383/6.

SCHMIDT, JOHANN, Batterierichtkreis System BAUMANN. (Theoretische Grundlage; Beschreibung des Richtkreises; Gebrauch des Richtkreises für das einzelne Geschütz.) ▣ *Mitt. Artill.* 1906 S. 426/56.

Der Richtkreis der französischen Fußartillerie. * *Mitt. Artill.* 1906 S. 850/3.

Der Rohrverschluß vom Standpunkte der Armierung neuer Schlachtschiffe. *Mitt. Seew.* 34 S. 669/85.

Rückblicke auf die Konstruktions-Veränderungen der Schutzschilde der Feldgeschütze. (Schilde der französischen 75 mm Feldkanone; Schildgeschütze der RHEINISCHEN METALLWAREN- UND MASCHINENFABRIK [EHRHARDT].) *Schw. Z. Art.* 42 S. 332.

FOSSAT, influence du bouclier sur le développement du matériel de campagne et la tactique de l'artillerie. (Conclusions de VON REICHENAU en faveur du bouclier.)* *Rev. d'art.* 68 S. 293/325.

Circa la corazzatura della metragliatrici-automobili. *Riv. art.* 1906, 2 S. 471/2.

DRIVER und NORMAN, Verfahren zum Prüfen von Schußwaffenläufen und anderen rohrförmigen Gegenständen. *Sprengst. u. Waffen* 1 S. 156/7.

LUGER, Vorrichtung an Schußwaffen zum Anzeigen des Ladezustandes. *Sprengst. u. Waffen* 1 S. 69/70.

SCHMID, in der Schußlinie verschiebbare Schießscheibe. * *Erfind.* 33 S. 349/52.

YONES, a long range target for garrison artillery. (The superstructure consists firstly of three uprights of deal, which are bolted to the centre longitudinal plank of the float. These uprights are stayed in position by means of light galvanized iron wire stays. They are joined top and bottom by pairs of planks; enamelled white and fixed at an angle of 45 ° with the uprights. The remaining space between these top and bottom planks is filled in with seven rows of sails made of white „doosootie", two in each row.)* *J. Roy. Art.* 33 S. 195/7.

PETERS, GEORGE, A., selbstanzeigende Schießscheibe. * *Uhlands T. R.* 1906 *Suppl.* S. 155/6; *Engng.* 82 S. 219.

MERRILL, apparecchio per telegrafia ottica diurna. (Per trasmattere segnali dalle batterie da costa al rimorchiatore dei bersagli durante le esercitazioni di tiro a mare.)▣ *Riv. art.* 1906, 2 S. 310/1.

WING, notes on balloon observation of fire. (Observation of fire from captive balloons.) *J. Roy. Art.* 33 S. 191/2.

LEVITA, balloons for field artillery. *J. Roy. Art.* 33 S. 291/6.

CADELL, the captain's cart. (Light cart for things necessary for the command of a quick firing battery in modern war field.) * *J. Roy. Art.* 33 S. 202/4.

ORTON's ray ruler. (Instrument for military sketching; with one setting of the board. Rays can be drawn to any point through an arc of 180°; compass; using of ray ruler with advantage as a prismatic compass.) * *J. Roy. Art.* 32 S. 273/6.

γ) Lafetten. Gun carriages. Affûts. Fehlt.

4. Patronen und Geschosse. Cartridges and projectiles. Cartouches et projectiles.

V. WITZLEBEN, die modernen Geschoßarten der Artillerie. (Geschichtlicher Rückblick; Merkmale der heutigen Geschoßarten.) *Schw. Z. Art.* 42 S. 185/93; *Prom.* 17 S. 598/602; *Z. Schieß- u. Spreng.* 1 S. 58/60.

THURNWERTH, the action of capped armour-piercing shell.* *Am. Mach.* 29, 2 S. 164/7.

CASTNER, die Geschosse der Feldartillerie und ihre Entwickelung zum Einheitsgeschoß. (RICHTERscher Zeitzünder; deutscher Schrapnellzünder 83 mit Bolzenschraube 83; deutscher Doppelzünder 85 mit Doppelzündschraube 85; Brisanzschrapnell System EHRHARDT-VAN ESSEN mit rohrsicherem Doppelzünder, System EHRHARDT M./1905; Brisanzstreugeschoß System EHRHARDT mit Doppelzünder; KRUPPsche Schrapnellgranate mit kürzerem Granatteil; KRUPPsche Schrapnellgranate mit längerem Granatteil.) * *Prom.* 18 S. 120/4 F.

Die Entwicklung zum Einheitsgeschoß. ▣ *Z. Schieß-u. Spreng.* 1 S. 90/5.

Zur Geschoßfrage der Feldartillerie. (Neue Bestrebungen. Mängel der Schrapnells; Entwicklung zum Einheitsgeschoß; EHRHARDTsches Brisanzstreugeschoß; KRUPPsche Schrapnellgranate.)▣ *Schw. Z. Art.* 42 S. 164/70.

EMBRY, das Brisanzgeschoß. (Eine Ausbildung des Explosivgeschosses, derart, daß der Hauptteil der Sprengladung nur von einer dünnen Geschoßwand umhüllt, im vorderen Teile des Geschosses sich befindet und erst zur Explosion kommt, wenn die Sprengladung unmittelbar am Ziele anliegt, wobei der hintere stärker gehaltene Teil des Geschosses mit Wucht nachdrängt.) *Sprengst. u. Waffen* 1 S. 250/1.

Circa i proietti dei cannoni da campagna. (Shrapnel dirompente modello EHRHARDT.) (a) * *Riv. art.* 1906, 3 S. 445/61.

HÜBNER, die Mängel des Schrapnells und die Mittel zu deren Beseitigung. *Z. Schieß- u. Spreng.* 1 S. 74/6.

Geschoß. (Versuche mit einem Geschoß, welches gleichzeitig als Schrapnell und Sprenggranate dienen kann.) *Schw. Z. Art.* 42 S. 235.

GOBBEL, eine weitere Entwicklung zum Einheitsgeschoß. *Z. Schieß- u. Spreng.* 1 S. 265/8.

Flügelgeschoß in Form eines Rundgeschosses. (Verwandelt sich während seines Fluges in ein Flügelgeschoß und ist zur Uebermittlung von hörbaren Signalen an entfernt stehende Truppenkörper bestimmt. *Sprengst. u. Waffen* 1 S. 4.

WING, necessity for a high explosive shell for field artillery.* *J. Roy. Art.* 33 S. 271/3.

La fabbricazione delle cartucce negli stabilimenti di Karlsruhe e di Groetzinger. *Riv. art.* 1906, 3 S. 269/72.

„MANUFACTURE LIÉGEOISE D'ARMES À FEU" à Liège, les cartouches MANGON, à diaphragme de sécurité.* *Z. Schieß- u. Spreng.* 1 S. 309/10.

VAUXHALL & WEST HYDRAULIC ENG. CO., presse pour cartouches.* *Rev. ind.* 37 S. 133.

Ein Verpackungsgefäß für Kartuschen mit besonderer Schutzhülse für jede Kartusche. *Sprengst. u. Waffen* 1 S. 20.

STANLEY, the U. St. arsenal at Frankford. (Fabrication of 30-caliber cartridges.) * *Am. Mach.* 29, 1 S. 1/6.

CUBILLO and HEAD, manufacture of cartridge-cases for quick-firing guns. (Description of the new plant recently completed at the Royal Spanish Arsenal at Trubia, near Oviedo Spain, for the manufacture of brass cartridge-cases from 3″ to 6″ diameter, the machinery for which was acquired under the direction of CUBILLO. (V. m. B.)▣ *Proc. Mech. Eng.* 1905, 4 S. 791/853.

Patronenhülsen-Anfertigung für Schnelladekanonen von 7,5 bis 15 cm Kal. (Im Kgl. spanischen Arsenal in Trubia.)▣ *Masch. Konstr.* 39 S. 12/4.

Fabrication des douilles de cartouches pour canons.* *Gén. civ.* 48 S. 174/5.

Nuovi tipi di cartucce per fucili da guerra. (Cartuccia francese con pallottola d. Cartuccia con pallottola s del fucile germanico. Le polveri inglesi e la cartuccia 375—303.) *Riv. art.* 1906, 3 S. 265/8.

SCHWARZLOSE's Patrone für Feuerwaffen. *Sprengst. u. Waffen* 2 S. 38/9.

Ueber Handgranaten. (Verwendung durch die Engländer im Sudan. Herstellung aus Terracotta oder Bledgewood mit Sprengladung aus Schießwolle, dazu Magnesiumsterne. Zündung mittels einer temperierbaren Friktionsröhre.) *Schw. Z. Art.* 42 S. 331.

CUREY, les grenades a main. (Utilisation dans la guerre de Mandchourie. Grenades à main françaises et russes; boîte à balles ou à caffûts grenade à main avec appareil percutant et bâton de lancement; appareil MOISSON; boîte à balles ou à caffûts.) * *Rev. d'art.* 69 S. 65/85.

OHL, Geschosse mit über den Umfang hervorragenden drehbaren Kugeln. *Sprengst. u. Waffen* 2 S. 39.

HEAD, fabbricazione di bossoli per munizioni di cannoni. ▣ *Riv. art.* 1906, 1 S. 485/90.

EXLER, die Infanteriehartgeschosse. *Z. Schieß- u. Spreng.* 1 S. 193/4.

Schrotpatrone. (Ist in einen dehnbaren, mitzuverfeuernden Einsatzzylinder eingeschlossen.) *Sprengst. u. Waffen* 1 S. 216.

MARETSCH, Hohlladungen für Schrotpatronen. *Z. Schieß- u. Spreng.* 1 S. 415/7.

SCHWARZLOSE, Patronenzuführung für Maschinenwaffen. (Das Zuführungsrad besorgt nicht nur das schrittweise Heranziehen des Patronengurtes, sondern dient auch dazu, die aus dem Gurte herausgezogene Patrone in die Ladestellung hinter den Lauf zu bewegen.) *Sprengst. u. Waffen* 1 S. 226/7.

COHEN, Treib- und Schmierpfropfen für Patronen. *Sprengst. u. Waffen* 1 S. 278/9.

V. STUMMER, die neue Patrone für das deutsche Gewehr M. 98. (Geschoßwirkung gegen Holz, Eisen, Eindringungstiefe in Sand und Erde.)▣ *Mitt. Artill.* 1906 S. 139/41.

Contribution à l'étude de l'avant-projet d'une batterie sous-marine de torpilles automobiles pour la défense d'un fleuve à marées.* *Rev. belge* 30 Nr. 4 S. 52/66.

NEUDECK, Torpedo gegen Schiffsböden. *Z. Schieß-u. Spreng.* 1 S. 96/7.

HAENIG, der neue BLISS-LEAVITT-Torpedo. *Z. Schieß- u. Spreng.* 1 S. 76/9.

CHANDLER, the bursting of metal chambers under internal air pressure. (Forged torpedo air flasks.)* *J. Nav. Eng.* 18 S. 112/22.

Turbinen für Torpedogeschosse. *Z. Turbinenw.* 3 S. 177.

MOLA, spoletta a percussione, tipo centrifugo, sistema WATSON. (Movimento delle parti, sollecitate della forza centrifuga, avviene in un piano normale all' asse della spoletta, anziché in un piano assiale.) ▣ *Riv. art.* 1906, 3 S. 251/6.

BORLAND, ignition of nitro-compound explosives in small-arm cartridges. (V. m. B.) *Chemical Ind.* 25 S. 241/51.

FREETH, notes on fuze designing. (Percussion fuzes; base time fuzes; mechanical time fuzes.)* *J. Roy. Art.* 33 S. 13/24.

Ueber mechanische Zeitzünder. (Neuere Konstruktionen von KEESON [1894], HANEL & SCHEMBER, FLOTH und PATZELT, MERK D. R. P. 113756; Doppelzünder von THOMPSON, J. C. [MAXIM-NORDENFELT], MAUBEUGE; Zeitzünder von BURIAN, MEIGS und GATHMANN; Doppelzünder von V. RISCH, KLUMAK; Zeitzünder von Ashton; Doppelzünder von MC EVOY, KOSTRON, BÄKER; Zeitzünder von ROSSBACH, VETTER; Flüssigkeitszünder von SMITH, WILLIAM JOHN.) ▣ *Mitt. Artill.* 1906 S. 38/58.

Aufschlagzünder der AKTIEBOLAGET BOFOR's NOBELKRUT in Bofors, Schweden. *Sprengst. u. Waffen* 1 S. 227/8.

CLAESSENs Verfahren zur Herstellung von Zündsätzen. *Sprengst. u. Waffen* 1 S. 97.

Zündschnur. (Aus einer Zinnröhre mit eingelagertem Melinitpulver bestehende Detonations-Zündschnur der französischen Armee.) *Schw. Z. Art.* 42 S. 195/6.

Wagen. Carriages. Voitures.

1. Eisenbahnwagen. Railway cars. Voitures de chemins de fer. Siehe Eisenbahnwesen III B.

2. Selbstfahrer. Motor carriages. Voitures automobiles. Siehe diese.

3. Andere Fuhrwerke. Other carriages. Voitures diverses.

VOGL, Berechnung der Spannungen der Radteile durch das warme Aufziehen der Reifen.* *El. u. polyt. R.* 23 S. 407/9.

Le musée des coches royaux à Lisbonne. ▣ *Nat.* 34, 2 S. 135/8.

Der automatische Kippwagen der ANBURN WAGON CO. *Presse* 33 S. 14.

FOWLER & CO., Wohn- und Requisitenwagen.* *Z. Wohlfahrt* 13 S. 39/40.

RAMSAY, revolvable car dump. (Device for unloading trains of mine cars at one operation.)* *Eng. min.* 82 S. 734/7.

Electric dump car. (Consists of a structural steel truck or frame, upon which is mounted a steel hopper. The truck is provided with such electrical equipment as the required duty demands.)* *Eng. min.* 82 S. 353/4.

Slag car. (By the POWER AND MINING MACHINERY CO., of Cudahy, Wis.)* *Eng. min.* 81 S. 847.

GEO. P. CLARK CO., mill trucks.* *Text. Rec.* 31, 2 S. 166.

Wagenrad aus Blech. (Die Speichen und Radkranz von zusammengebogenem Blech mit U-förmigem Querschnitt.) * *Krieg. Z.* 9 S. 160/1.

DANEO, ruote elastiche. (Sistema di ruote elastiche PAPONE, brevettato in tutti gli stati; esperienze ufficiali.) ▣ *Riv. art.* 1906, 1 S. 409/17.

Eine federnde Radnabe.* *Dingl. J.* 321 S. 143.

JOHNSTON, ununterbrochenes Verfahren zum Gießen von Wagenrädern. (Verwendung von zwei Formmaschinen, eine für den Ober- und eine für den Unterkasten.)* *Stahl* 26 S. 226/8.

Wagen und Gewichte. Scales and weights. Balances et poids.
Vgl. Instrumente 7, Laboratoriumsapparate, Physik 1.

LAWACZECK, Beitrag zur Theorie und Konstruktion der Wage, mit besonderer Berücksichtigung der n-fach übersetzten Hebelwage. * *Dingl. J.* 87 S. 664/9 F.

VERBEEK, zur Bestimmung der Trägheitsmomente von Wagebalken. *Central-Z.* 27 S. 231/2.

ARNDT, Neuerungen im Präzisions-Wagenbau für die chemische Industrie.* *Z. Chem. Apparat.* 1 S. 14/7 F.

Selbsttätige Laufgewichtswage für beliebige Lasten. (Ermöglicht das Wägen sehr verschiedener Lasten in der Hälfte der bisher erforderlichen Zeit.)* *Z. Dampfk.* 29 S. 27/8.

WILLIAMS, modified WESTPHAL balance for solids and liquids. (Determination of the specific gravity of solids.)* *J. Am. Chem. Soc.* 28 S. 185/7.

BLAKE-DENISON, weighing machine. (Gives a positive check and record of the weight of the ores at the different stages of their treatment at the NEW KLEINFONTEIN MINING CO.)* *Eng. min.* 82 S. 158.

HAMPL, Flüssigkeitswage. (Zum Abwägen des Rohsaftes, wie derselbe von der Diffusionsbatterie über den Pulpenfänger abgezogen wird.) (V)* *Z. Zuckerind. Böhm.* 30 S. 488/97.

AM. STEAM GAGE & VOLVE MFG. CO., dead weight gauge tester.* *Railv. G.* 1906, 2 *Suppl. Gen. News* S. 42/3.

Die automatische Registrierwage „Libra" und die Absackwage „Libra" der AUTOM. WAGEN-GESELLSCHAFT ZU GLIESMARODE. * *Presse* 33 S. 624; *Am. Miller* 34 S. 918.

SCHUERMANN, secret weighing machine for furnace charging, etc.* *Iron & Coal* 72 S. 2034/5.

AVERY, weighbridge for motor cars.* *Aut. Journ.* 11 S. 73.

POOLEY AND SON, 160 t weighbridge. (Constructed on the POOLEY self-contained system; the machine is constructed to take the full load of 160 t on a wheel base of 5' 6" at any part of the weighing rails.) * *Railw. Eng.* 27 S. 366/7.

ZEIDLERS Einzelrad-Wägevorrichtung mit gemeinsamer Hubvorrichtung zur Ermittelung der Raddrucke von Eisenbahnfahrzeugen, besonders Lokomotiven. ▣ *Organ* 43 S. 73/4; *Masch. Konstr.* 39 S. 63/4; *Oest. Eisenb. Z.* 29 S. 22/3.

AVERY's automatic weighbridge. (For use in collieries.)* *Iron & Coal* 72 S. 2120.

AVERY's automatic weighing machine for hot rails.* *Iron & Coal* 72 S. 1647.

Säuglings-Wage. (Mit pendelnder Brücke.)* *Aerstl. Polyt.* 1906 S. 12/3.

ALLEN, design of knife-edge bearings. (For heavy scales; series of experiments conducted by MENDENHALL; knife-edge as used on the pendulum for measuring the attraction of gravity.) *Eng. News* 55 S. 303/4.

BRAMWELL, allowable unit loads on knife-edges for testing machines and heavy weighing scales. (Defective practice in fitting pivots to levers of testing machines, particularly those designed to carry a heavy load, and those upon which the weigh-table of the machine rests, is to cast the pivots in the body of the lever, using square tool-steel pivots for cores.) *Mech. World* 40 S. 50; *Eng. News* 55 S. 653.

MC DOWALL, new system of zero for chemical balances.* *Chem. News* 94 S. 104.

GÖCKEL, Bergkristallgewichte. *Z. Chem. Apparat* 1 S. 76/7.

Walzwerke. Rolling mills. Laminoirs. Vgl. Draht.

1. Allgemeines. Generalities. Généralités.

FRÖHLICH, die beim Walzvorgange auftretenden Kräfte und Elemente.* *Stahl* 26 S. 922/5.

RIETKÖTTER, Bemerkungen zur Walzenfabrikation.* *Stahl* 26 S. 1257/61.

ROBERTSON, the design of rolling mills.* *Iron & Coal* 72 S. 1322; *Mech. World* 39 S. 282/3.

Some notes on modern German rolling mills.* *Iron & Coal* 72 S. 283/5.

A British engineer on American rolling mills. *Iron A.* 77 S. 958/9.

The earning power of British rolling stock from 1894 to 1904.* *Eng.* 101 S. 136/7.

GERKRATH, Antriebsarten von Walzenstraßen. (V) *Stahl* 26 S. 451/6F.

Antriebsarten von Walzenstraßen. (Besprechung des Vortrags von GERKRATH Nr. 9 S. 533 derselben Zeitschrift.) (V. m. B.)* *Stahl* 26 S. 607/15.

JANSSEN, der elektrische Antrieb der Walzenstraßen. (Aeußerung zum Aufsatz von GERKRATH.) *Stahl* 26 S. 852/4.

KÖTTGEN, Antriebsarten von Walzenstraßen. (Aeußerung zum Aufsatz von GERKRATH.) *Stahl* 26 S. 737.

ORTMANN, über neuere Konstruktionen an Walzwerksantrieben und Zwischengliedern. (Älter Blockwalzen - Antrieb; neuerer Blockwalzen-Antrieb; Kammerwalzen - Antrieb für Feinstraßen; neuer Ständer mit Kupplung für Fein- und Drahtstraße; Kammerwalzen - Antrieb mit Angriffskupplung.)* *Stahl* 26 S. 17/27; *Mech. World* 39 S. 247F.; *Iron A.* 77 S. 1250/3.

WILD, über den Antrieb von Walzenstraßen. (Aeußerung zu dem Vortrage von ORTMANN „Ueber neuere Konstruktionen an Walzwerksantrieben und Zwischengliedern.") *Stahl* 26 S. 153.

GRAUBNER, der elektrische Antrieb von Walzenstraßen.* *Z. O. Bergw.* 54 S. 239/40.

HOFMANN, elektrischer Antrieb von Triowalzwerken. (Betriebsergebnisse von zwei elektrisch angetriebenen Triowalzwerken des Peiner Walzwerkes.)* *Stahl* 26 S. 654/7.

WEIDENEDER, elektrischer Antrieb von Reversierwalzstraßen im Wettbewerbe mit Dampfmaschinenantrieb mit und ohne Abdampfturbinen.* *Stahl* 26 S. 150/3, 338/45; *El. Ans.* 23 S. 53/5F.

Walzen von Profileisen. (Es bleibt nicht nur der Abnahme-Koeffizient konstant, sondern auch das Verhältnis der Stärke des Steges zu der mittleren Stärke eines jeden Flansches, wie es das fertige Profil angibt, bleibt konstant.) *Z. Werksm.* 10 S. 201/3.

Längswalzen von nahtlosen Röhren udgl. über einen Dorn.* *Z. Werksm.* 10 S. 291/2.

EYERMANN, solid rolled steel car wheels and tyres. (Method by H. W. FOWLER; rolling mill as patented by LOSS; MC. KEES ROCKS mill.) (V)* *Pract. Eng.* 33 S. 715/7F.; *Bull. d'enc.* 108 S. 677/8.

HOLZWEILER, zur Frage der Kalibrierung breitflanschiger I-Träger.ᴱ *Stahl* 26 S. 1428/31.

TAFEL, Verfahren zum Walzen von Rundeisen aus Führung.* *Stahl* 26 S. 1240/7; *Iron A.* 78 S. 1664/6.

THOMAS, the manufacture of tinplates.* *Iron & Coal* 73 S. 496/500.

YORK, improvements in rolling iron and steel.* ┊

Iron & Coal 73 S. 362/4; *Engng.* 82 S. 401/3; *Iron A.* 78 S. 207/12.

2. Anlagen und Maschinen. Plants and machines. Installations et machines.

Heavy duty rolling mill engines. (Description of the three engines installed in the Jones & Laughlin Steel Co.'s structural mill by the C. & G. COOPER CO.)* *Iron A.* 78 S. 1139/40.

New types of rolling mill gearing.* *Iron & Coal* 72 S. 459/60.

The MANNING cylinder drain and relief valve applied to a rolling mill engine.* *Iron A.* 78 S. 1374/5.

ACME MACHINERY CO., rotary thread rolling machine.* *Railr. G.* 1906, 1 S. 113; *Iron & Coal* 72 S. 622.

BECHEM & KEETMAN, Rollgang mit Kurbelantrieb.* *Uhlands T. R.* 1906, 1 S. 39/40.

BADGER STATE MACHINE CO., plate bending rolls.* *Iron A.* 77 S. 757/8.

CINCINNATI PUNCH & SHEAR CO., plate bending rolls. (The machine is triple geared and the three rolls are arranged in pyramidal position.)* *Iron A.* 77 S. 1469.

Large NILES motor driven bending rolls.* *Iron A.* 77 S. 1606.

Universal-Dicht- und Flanschenaufwalzmaschine von der Firma MEWES, KOTTECK & CO., Berlin.* *Z. Werksm.* 10 S. 315/6.

ORTMANN, de quelques constructions nouvelles dans la commande et la transmission des laminoirs. (A)* *Rev. métallurgie* 3 S. 428/39.

WADAS, Dornstangen-Zieher.* *Stahl* 26 S. 368/9.

WATERBURY FARREL FOUNDRY & MACHINE CO. reciprocating screen thread rolling machine. * *Railr. G.* 1906, 1 S. 215.

Reversierwalzwerk mit elektrischem Antrieb. (Die Strecke besteht aus vier Gerüsten von 750 mm mittlerem Walzendurchmesser und dient zum Verwalsen von 2 t schweren Blöcken zu Knüppeln, Dopp.-T-Trägern bis 45 cm Höhe, Eisenbahnschienen usw.). *Eisens.* 27 S. 703/4.

Elektrisch angetriebene Reversierstraße. (Auf der Hildegardgrube der Riesenwerke Trzynietz.) *Z. Dampfk.* 29 S. 369.

Rail mill of DOMINION IRON AND STEEL CO., Ltd., Sydney, Cape Breton. (The rail mill is what is called a three-high, three stands, 28" mill, having three stands of roll housings with three 28" diameter rolls in each.)* *Iron & Coal* 73 S. 1925/6.

A new English rail mill. (Works of the International Steel Rail Syndicate.) *Iron A.* 78 S. 1242/3.

The ILLINOIS STEEL CO.'s universal plate mill and rail mill.* *Iron & Coal* 73 S. 209.

REPUBLIC IRON AND STEEL CO. in Youngstown (Ohio), Schienenwalzwerk. (BESSEMERwerk; das Luppenwalzwerk und das Vorwalzen; das eigentliche Schienenwalzwerk.)* *Uhlands T. R.* 1906, 1 S. 55/6.

SPANNAGEL, einige neuere amerikanische Walzwerke. (Das kombinierte Knüppel- und Platinenwalzwerk von DUQUESNE. Die neuesten Anlagen der Bethlehem Steel Co. einschließlich der GREY-Walzwerke.)* *Stahl* 26 S. 1378/80F.

Universalwalzwerk von der UNITED ENGINEERING & FOUNDRY CO., in Pittsburgh.* *Uhlands T. R.* 1906, 1 S. 96.

The new rolling mill plant at the UNION WORKS, Dortmund.* *Iron & Coal* 72 S. 1663/5.

Cold rolling mill built at the WALZMASCHINEN-FABRIK AUGUST SCHMITZ, Düsseldorf.* *Iron A.* 77 S. 1893/4.

Rebuilding a large rolling mill engine.[*] *Eng. Chicago* 43 S. 393/7.

Stanniol-Walzwerk der Akt.-Gesellschaft für Maschinenbau- und Eisengießerei Ferdinand FLINSCH in Offenbach a. M.[*] *Z. Werkzm.* 10 S. 216/7.

SIMMERSBACH, die Blechwalzwerks-Anlagen der CENTRAL IRON AND STEEL CO., Harrisburg, Pa.[*] *Stahl* 26 S. 195[18]; *Iron A.* 77 S. 44/54; *Iron & Coal* 72 S. 205/6.

Wärme. Heat. Chaleur. Vgl. Chemie, allgemeine, Gase, Physik, Regler 6, Wärmeschutz.

1. Theoretisches.
2. Wärmemessung.
3. Aenderung des Aggregatzustandes.
4. Spezifische Wärme und deren Messung.
5. Verbreitung und Uebertragung.
6. Bestimmung der Wärmemenge.
7. Heizwertbestimmung.
8. Verschiedenes.

1. Theoretisches. Theory. Théorie.

ALT, Verdampfungswärme des flüssigen Sauerstoffs und flüssigen Stickstoffs und deren Aenderung mit der Temperatur.[*] *Ann. d. Phys.* 19 S. 739/82; *Z. kompr. G.* 9 S. 179/84 F.

HENNING, die Verdampfungswärme des Wassers zwischen 30 und 100° C. *Ann. d. Phys.* 21 S. 849/78.

BUCKINGHAM, elementary notes on thermodynamics: the plug experiment.[*] *Phil. Mag.* 11 S. 678/85.

LAUE, Thermodynamik der Interferenzerscheinungen.[*] *Ann. d. Phys.* 20 S. 365/78.

BYK, Zustandsgleichungen in ihren Beziehungen zur Thermodynamik. [*] *Ann. d. Phys.* 19 S. 441/86.

BRIGGS and REYNOLDS, conversion of heat energy into mechanical energy. (Superheating of the steam; reheating; jacketing of the cylinders with boiler steam.) (V) *Mech. World* 40 S. 183/4 F.

EINSTEIN, Theorie der BROWNschen Bewegung. (Ein Fall thermodynamischen Gleichgewichtes; von der Wärmebewegung verursachte Veränderungen des Parameters a.) *Ann. d. Phys.* 19 S. 371/81.

HARKER, the Kew Observatory scale of temperature and its relation to the international hydrogen scale. *Proc. Roy. Soc.* 78 A S. 225/40.

HICKS, experimental investigation as to dependence of gravity on temperature. [*] *Proc. Roy. Soc.* 78 A S. 392/403.

KENNELLY, the resistivity temperature-coefficient of copper. *El. World* 47 S. 1343/4.

KOENIGSBERGER, über den Temperaturgradienten der Erde bei Annahme radioaktiver und chemischer Prozesse. *Physik. Z.* 7 S. 297/300.

LECHER, THOMSONeffekt in Eisen, Kupfer, Silber und Konstantan. (Untersuchung der Aenderungen des THOMSONeffektes mit der Temperatur.)[*] *Ann. d. Phys.* 19 S. 853/67.

SIEGERT, Einfluß der Ortshöhe auf die Verbrennung. (Abnahme der Verdampfungsziffer in größerer Meereshöhe; Geschwindigkeit der Verbrennung nach PALMER; Rücküge der Unterwindgebläse gegenüber den Saugventilatoren sowie zu starkem Kaminzug.) *Z. Bayr. Rev.* 10 S. 186/7.

Die Licht- und Wärmestrahlung in Theorie und Praxis.[*] *Central-Z.* 27 S. 175/6 F.

The internal heat of the earth and the thickness of the earth's crust. *Sc. Am. Suppl.* 62 S. 25650/1.

RUBENS, Bestimmung des mechanischen Wärmeäquivalents.[*] *Physik. Z.* 7 S. 272/6; *Z. Kälteind.* 13 S. 89/92.

ISHERWOOD, low pressures: The death of matter.

(Low temperatures; absolute zero; difficulties of ascertaining the temperature.) *J. Frankl.* 162 S. 375/82.

2. Wärmemessung. Thermometry. Thermométrie.

a) Allgemeines. Generalities. Généralités.

CLOUGH, methods of determining the heat of automobile fuels. *Horseless Age* 18 S. 619/21.

HOLBORN und VALENTINER, Temperaturmessungen bis 1600° mit dem Stickstoffthermometer und mit dem Spektralphotometer. *Sits. B. Preuß. Ak.* 1906 S. 811/7.

LADENBURG, die Temperatur der glühenden Kohlenstoffteilchen leuchtender Flammen. [*] *Physik. Z.* 7 S. 697/700.

Vergleich des Widerstandes von Gold- und Platindraht, ausgeführt von MEILINK.[*] *Z. kompr. G.* 9 S. 163/8 F.

NORTHRUP, measurement of temperature by electrical means. (Electrical resistance thermometry; methods of reading resistance thermometers; use of dial or decade WHEATSTONE bridges; KELVIN double-bridge method; thermoelectric pyrometry.) (V. m. B.) *Proc. El. Eng.* 25 S. 219/50; *El. World* 47 S. 1191.

THWING, Messungen der inneren Temperaturgradienten bei gewöhnlichen Substanzen.[*] *Physik. Z.* 7 S. 522/5; *Phys. Rev.* 23 S. 315/20.

BÜRGEL, über die Temperatur der Sonne. (Sonnenmotor; POUILLETs Instrument zum Aufnehmen und Anzeigen der Sonnenwärme; Bestimmung der Solarkonstante nach SCHEINER.) [*] *Bayr. Gew. Bl.* 1906 S. 407/10.

WUNDT, die Bestimmung der Sonnentemperatur. *Physik. Z.* 7 S. 384/7.

Schmelzpunktbestimmung feuerfester keramischer Produkte.[*] *Z. Heis.* 10 S. 231/2.

RICHARDS und WELLS, Umwandlungstemperatur des Natriumbromids. Ein neuer definierter Punkt für die Thermometrie.[*] *Z. physik. Chem.* 56 S. 348/61.

SIMONIS, der Lichtbogen zu pyrometrischen Bestimmungen. SEGER-Kegel bis zum Schmelzpunkt der Tonerde. (Lichtbogenofen.) [*] *Sprechsaal* 39 S. 1283/4.

ZELENY, die Temperatur fester Kohlensäure und ihrer Mischungen mit Aether und Alkohol bei verschiedenen Drucken. *Physik. Z.* 7 S. 716/9; *Phys. Rev.* 23 S. 308/14.

RICHARDS und JACKSON, neue Methode der Eichung von Thermometern unter 0°. (Die durch gegebene Zusätze von Salzsäure hervorgerufene Depression des Gefrierpunktes dient als Normalmaßstab.) *Z. physik. Chem.* 56 S. 362/5.

KRELLSEN, Empfindlichkeit der Thermometer. *Z. Heis.* 11 S. 33/7 F.

b) Apparate. Apparatus. Appareils.

α) Quecksilberthermometer. Mercury-thermometers. Thermomètres à mercure.

GRÖSCHE & KOCH, Patent-Hülse zum raschen, mühelosen Zurücktreiben des Quecksilberfadens nach dem Gebrauch.[*] *Aerztl. Polyt.* 1906 S. 63.

Neue Vorrichtung an ärztlichen Thermometern von GRÖSCHE & KOCH. (Thermometerhülse trägt an ihrem offenen Ende eine flach gewickelte Spiralfeder.) [*] *Mechaniker* 14 S. 165/6.

Aufbewahrung feiner Thermometer. [*] *Z. Chem. Apparat.* 1 S. 266.

β) Luftthermometer. Air thermometers. Thermomètres à air. Fehlt.

γ) Pyrometer. Pyrometers. Pyromètres.

Anwendung des Pyrometers. *Met. Arb.* 32 S. 19/21.

Pyrometers for metallurgical purposes. [*] *Engng.* 82 S. 92/3.

BALLOIS, la mesure de hautes températures. (Pyromètre CARPENTIER; télescope pyrométrique FÉRY; lunette pyrométrique FÉRY; lunette pyrométrique MESURÉ et NOUEL.) * *Eclair. él.* 46 S. 484/92.

BALLOIS, sur les pyromètres thermo - électriques. (Pyromètres CARPENTIER; pyromètres CHAUVIN & ARNOUX; pyromètres BRISTOL.)* *Eclair. él.* 48 S. 372/6.

LE CHATELIER, nouveaux pyromètres thermo-électriques industriels.* *Ind. él.* 15 S. 228/32; *Brick* 24 S. 13.

Recent electric pyrometer applications. *El. Rev.* 59 S. 198.

„Sentinel"-Pyrometer der Firma THOMAS FIRTH & SONS in Riga. (Besteht aus Stoffen, die sofort flüssig werden, sobald die bestimmte Temperatur erreicht ist, bezw. überschritten wird.)* *Eisens.* 27 S. 580/1; *Z. Werksm.* 10 S. 458.

Pyrometer WANNER. (Gesetz, nach welchem die Aenderung der Stärke der Lichtstrahlen, in den einzelnen Farben, mit der Steigerung der Temperatur durch eine Gleichung verbunden ist, ermittelt durch experimentelle Untersuchungen von PASCHEN, WANNER, LUMMER, PRINGSHEIM, WIEN und PLANCK.) * *Bayr. Gew. Bl.* 1906 S. 147/50.

WHIPPLE, resistance and radiation pyrometers. (V)* *Electrochem. Ind.* 4 S. 438/41.

HENDERSON, pyromètres à radiation de FÉRY et HOLBORN & KURLBAUM. * *Electricien* 32 S. 401/2.

NORTHRUP, direct - reading electric thermometer. (Ratlometer.) (V)* *Electrochem. Ind.* 4 S. 286/7.

Electrical pyrometers. (SCHÄFFER & BUDENBERGs electrical pyrometer.)* *Iron & Coal* 72 S. 1861.

The CROMPTON & CO. electrical pyrometer. (Of the thermoelectric type.)* *Electr.* 56 S. 808/9.

BRISTOL, low resistance thermoelectric pyrometer and compensator.* *El. Rev. N. Y.* 48 S. 732/4; *J. Nav. Eng.* 18 S. 636/9; *Sc. Am.* 94 S. 415; *Iron A.* 77 S. 1610/2; *Eng. News* 55 S. 159; *Foundry* 28 S. 252/8; *Iron & Coal* 72 S. 2039.

BRISTOL, thermo - electric recording pyrometer. (Smoked chart used in the recording pyrometer.)* *Eng. News* 56 S. 480; *Sc. Am. Suppl.* 62 S. 25801; *Eng. Chicago* 43 S. 821/2; *Mines and minerals* 27 S. 382; *Iron A.* 78 S. 1232/3; *Eng. min.* 82 S. 982.

An electric recording pyrometer. * *El. World* 48 S. 929/30.

PECHEUX, détermination, à l'aide des pyromètres thermo - électriques, des points de fusion des alliages de l'aluminium avec le plomb et le bismuth. *Compt. r.* 143 S. 397/8.

PILLIER, nouveaux pyromètres thermo - électriques industriels.* *Bull. Soc. él.* 6 S. 183/94.

LAMPEN, electrical resistance furnace for the measurement of higher temperatures with the optical pyrometer; — and TUCKER, measurement of temperature in the formation of carborundum.* *J. Am. Chem. Soc.* 28 S. 846/58.

Das optische Strahlungspyrometer von FÉRY.* *J. Gasbel.* 49 S. 500/1; *Bayr. Gew. Bl.* 1906 S. 394.

Optische Pyrometer.* *Z. Beleucht.* 12 S. 164/5.

HIRSCHSON, registrierende Galvanometer für pyrometrische Zwecke.* *Chem. Z.* 30 S. 1093/4; *Z. Dampfk.* 29 S. 249/50.

JOHNSON, new apparatus to determine the melting points of slags. * *Electrochem. Ind.* 4 S. 262/3.

ROTHE, Prüfung von SEGERkegeln. *Stein u. Mörtel* 10 S. 307/8 F.; *Tonind.* 30 S. 1473/5.

TAYLOR, a magnetic indicator of temperature for hardening steel. (V) (A) *El. Rev.* 59 S. 207;

Electr. 57 S. 739; *Pract. Eng.* 34 S. 337; *El. Eng. L.* 38 S. 237; *Mech.World* 40 S. 88.

ð) Sonstige Thermometer. Other thermometers. Autres thermomètres.

BRUGER, registrierendes elektrisches Widerstandsthermometer, welches für graphische Aufzeichnung von Fiebertemperaturen verwendbar ist. *Physik. Z.* 7 S. 775/9; *Elektrot. Z.* 27 S. 531/4.

JAEGER und V. STEINWEHR, Anwendung des Platinthermometers bei kalorimetrischen Messungen.* *Z. Instrum. Kunde* 26 S. 237/49.

JAEGER, Empfindlichkeit der Widerstandsthermometer. *Z. Instrum. Kunde* 26 S. 278/84.

MARTINY, Fern- und Signal-Thermometer. *El. Anz.* 23 S. 1/2 F.

STOCK und NIELSEN, einfaches und empfindliches Thermometer für tiefe Temperaturen. (Bestimmung der Tension einer kleinen Menge flüssigen Sauerstoffs.)* *Ber. chem. G.* 39 S. 2066/9.

NORTHRUP, electrical methods of measuring temperatures. (V) (A) *Eng. Rec.* 54 S. 394/5.

A new temperature recorder. (By the Physical Society of London.)* *Page's Weekly* 8 S. 191.

3. Aenderung des Aggregatzustandes. Change of the state of aggregation. Changement de l'état d'agrégation.

DOELTER, Bestimmung der Schmelzpunkte mittels der optischen Methode. *Z. Elektrochem.* 12 S. 617/21.

4. Spezifische Wärme und deren Messung. Specific heat and measurement. Chaleur spécifique et mesurage.

AMAGAT, discontinuité des chaleurs spécifiques à saturation et courbes de THOMSON. *Compt. r.* 142 S. 1120/5.

AMAGAT, discontinuité des chaleurs spécifiques à saturation et application aux chaleurs spécifiques de la loi des états correspondants.* *J. d. phys.* 4, 5 S. 637/49.

BERNINI, spezifische Wärme und die latente Schmelzwärme des Kaliums und des Natriums. *Physik. Z.* 7 S. 168/72.

CLERK, DUGALD, the specific heat of, heat flow from, and other phenomena of the working fluid in the cylinder of the internal combustion engine.* *Proc. Roy. Soc.* 77 A S. 500/27.

FORCH und NORDMEYER, spezifische Wärme des Chroms, Schwefels und Siliciums sowie einiger Salze zwischen — 188° und Zimmertemperatur. *Ann. d. Phys.* 20 S. 423/8.

MONNORY, calcul élémentaire des valeurs des chaleurs spécifiques d'un liquide et de sa vapeur saturée à la température critique. *J. d. phys.* 4, 5 S. 421/4.

RICHARZ, Wert des Verhältnisses der beiden specifischen Wärmen für ein Gemisch zweier Gase, insbesondere für ozonhaltigen Sauerstoff. *Ann. d. Phys.* 19 S. 639/42.

WAGNER, specific heat of superheated steam. (Experiments by GRINDLEY, GRIESSMANN, JONES, LORENZ, LINDE, KNOBLAUCH.) *Eng. Rec.* 53 S. 519; *Pract. Eng.* 34 S. 257/8; *J. Nav. Eng.* 18 S. 617/22.

Spezifische Wärmen von Kochsalz und Chlorcalcium-Lösungen.* *Z. Kälteind.* 13 S. 185/6.

5. Verbreitung und Uebertragung. Propagation, transmission.

BIEGELEISEN, die Wärmetransmissionsberechnung in Amerika und bei uns. *Ges. Ing.* 29 S. 713/6 F.

MEITNER, Wärmeleitung in inhomogenen Körpern. *Sits. B. Wien. Ak.* 115, IIa S. 125/37.

RICHARDS, metallurgical calculations. (Conduction

and radiation of heat.) *Electrochem. Ind.* 4 S. 99/103.

SWINBURNE, temperature and efficiency of thermal radiation. (V) (A) *Gas Light* 84 S. 935/6.

Pénétration de la chaleur dans le bois. *Bull. d'enc.* 108 S. 349/52.

KIRSCH, Methode zur Bestimmung der Wärmedurchlässigkeit von Baumaterialien. (Apparat.) *Mitt. Gew. Mus.* 16 S. 52/63.

WOOLSON, investigation of the thermal conductivity of concrete and the effect of heat upon its strength and elastic properties. (Temperature rise at different points in limestone, trap, cinder and gravel concretes.) (V. m. B) * *Eng. News* 55 S. 723/4, 725/6; *Eng. Rec.* 54 S. 74/6.

REINGANUM, Verhältnis von Wärmeleitung zu Elektrizitätsleitung der Metalle. *Physik. Z.* 7 S. 787/9.

RUBNER, Eindringen der Wärme in feste Objekte und Organteile tierischer Herkunft. *Arch. Hyg.* 55 S. 225/78.

RUBNER, Erwärmung poröser Objekte durch gesättigte Wasserdämpfe bei künstlich erniedrigter Siedetemperatur. *Arch. Hyg.* 56 S. 209/40.

6. Bestimmung der Wärmemenge. Calorimetry. Calorimétrie.

BOYS, Gaskalorimeter. (Hat den Vorteil, daß es in wenig Minuten auseinandergenommen werden kann.) (V) * *Z. Instrum. Kunde* 26 S. 260/2; *Proc. Roy. Soc.* 77 A S. 122/30; *Braunk.* 5 S. 1/6; *Z. Beleucht.* 12 S. 90/1; *Eng. Rec.* 53 S. 258; *Gasmot.* 6 S. 54.

GRAY, improved from of the THOMPSON calorimeter.* *Chemical Ind.* 25 S. 409/11.

ROSENHAIN's form of the THOMSON calorimeter. *Railw. Eng.* 27 S. 86.

WERGIEN, Vervollkommnungen des JUNKERschen Kalorimeters. (V) *J. Gasbel.* 49 S. 477/8.

Roland WILD calorimeter.* *J. Gas L.* 96 S. 99.

SCHÜKAREW, Korrektur für die Wärmestrahlung bei kalorimetrischen Versuchen. *Z. physik. Chem.* 56 S. 453/60.

THOMSEN, méthodes expérimentales calorimétriques. (A) * *Mon. scient.* 4, 20, I S. 81/90.

THOMSEN, JULIUS, critique de la valeur absolue des méthodes calorimétriques; combustion des combinaisons halogénées. *Mon. scient.* 4, 20, I S. 161/8.

7. Heizwertbestimmung. Determination of heating power. Pouvoir calorifique. Siehe Brennstoffe 5.

Wärmeschutz. Jackets. Revêtements isolants. Vgl. Asbest, Dampfkessel, Dampfleitung, Kälteerzeugung.

DALY, theory and practice of insulation. *Brew. Trade* 20 S. 341/2.

BENISCH und ANDERSEN, kalorimetrische Untersuchungen von Wärmeschutzmitteln.* *Z. V. dt. Ing.* 50 S. 1655/63.

Neuere kalorimetrische Untersuchungen von Wärmeschutzmitteln. *Z. V. dt. Ing.* 50 S. 2045/6.

COURTIN, Versuche mit Wärmeschutzmitteln an Lokomotivkesseln. (Versuchsanordnung; Lichtmantel als Schutzmittel, erdige Schutzmittel, Asbestmatratze; Versuche auf der Lokomotive; Einfluß höherer Dampfspannung; Beziehungen zum Gesetz über Wärmedurchgang von JOULE; Wirkungsgrade.) ▣ *Organ* 43 S. 6/10F.

GESELLSCHAFT FÜR WÄRME- UND KÄLTESCHUTZ, LEUBEN-DRESDEN, Calorit. (Versuche; Kieselguhr; Verwendung an der Hauptdampfleitung einer mit ca. 450° C arbeitenden, im Laboratorium der kgl. technischen Hochschule zu Dresden aufgestellten Turbinenlokomobile.) *W. Papierf.* 37, 2 S. 3581/2.

KIRSCH, Methode zur Bestimmung der Wärmedurchlässigkeit von Baumaterialien. (Apparat.) *Mitt. Gew. Mus.* 16 S. 52/63.

WOOLSON, investigation of the thermal conductivity of concrete and the effect of heat upon its strength and elastic properties. (Temperature rise at different points in limestone, trap, cinder and gravel concretes.) (V) * *Eng. News* 55 S. 723/4; *Eng. Rec.* 54 S. 74/6.

Flaschen mit Wärmeschutz „Thermos" von BURGER. (Doppelte Glaswände, zwischen welchen luftleerer Raum; Silberüberzug der inneren Gefäßwände gegen Wärmestrahlung.) *Bayr. Gew. Bl.* 1906 S. 110.

CRABBE, Papierweste als Kälteschutz. (Pat.) *Papier-Z.* 31, 1 S. 223.

HUTTEN und BEARD, Wärme-Isolation, mit besonderer Berücksichtigung der beim Ofenbau verwendeten Materialien.* *Elektrochem. Z.* 12 S. 206/10.

WARNER, revêtements calorifuges pour chaudières et conduites de vapeur. (V) (A) *Rev. ind.* 37 S. 286; *Mech. World* 39 S. 69.

Isolierplatten mit Juteeinlage. *Asphalt- u. Teerind.-Z.* 6 S. 281/2.

Wärmeschutz im Dampfbetrieb. (Kieselgur, Asbestkieselgur in Mörtel und in trockenen Fassonstücken, Kieselgur und Asbest in Gestalt einer Schnur; Schlackenwolle, Korkmehl, Korkschrot, Pflanzenmark, Moos, Torf.) *Z. Dampfk.* 29 S. 261/3.

Rigolit-Gummiwaren. (Schwefelfreie und ammoniakund säurebeständige Wärmeschutzmasse.) *W. Papierf.* 37, 2 S. 3735.

Asbest als Isoliermaterial. (Verwendung als Wärmeschutzmittel und in der Elektrotechnik.) *Gummi-Z.* 20 S. 630/2.

Wärmeschutzmittel für Dampfrohre. (Vergleichswerte.) *Sprechsaal* 39 S. 1160/1.

Wäscherei und Wascheinrichtungen. Washing and apparatus. Lavage et appareils. Vgl. Appretur, Baumwolle, Flachs, Gespinstfasern, Reinigung, Trockenvorrichtungen, Wolle.

ROMAGNOLI, Einwirkung wasserglashaltiger Waschmittel auf das Gewebe. *Bayr. Gew. Bl.* 1906 S. 371/2.

FLEISCHER, der selbsttätige Dampfwaschapparat „Schonia". (Gegenstromwäscher. Die Wäsche wird durch fortwährende durch stetigen Dampfstrom und Gegenstrom hervorgerufene Spülung mit heißem Wasser gereinigt.) * *Z. Gew. Hyg.* 13 S. 368.

GLAFEY, mechanische Hülfsmittel zum Waschen, Bleichen, Mercerisieren, Färben usw. von Gespinstfasern, Garnen, Geweben u. dgl.* *Lehnes Z.* 17 S. 33/6F.

ROHN, die technischen Hülfsmittel der mechanischen Wäschereinigung. (Hammer - Waschmaschine; Quirl - Waschmaschine; Waschwiege; Schüttelmaschinen; Trommel - Waschmaschine; Waschtrommel mit Spülvorrichtung; Doppeltrommel; Innentrommel aus Drahtgewebe; Waschmaschine mit selbsttätiger Kippvorrichtung; Waschmaschine mit geteilter Innentrommel; Kippbarer Wäschekocher mit Berieselung; Wäscheschleuder; Plättwalzenmangel; Mehrmuldenmangel; Einrichtungen von Waschanstalten.) * *Z. V. dt. Ing.* 50 S. 157/63 F.

THIEL, Verbesserung von Waschmaschinen. (Schraubengewindeartig ausgebildete Trommel-Stäbe.) * *Färber-Z.* 42 S. 368/9.

VOSS BROS. MFG. CO., automatic washing machine.* *Iron A.* 78 S. 1130.

Electrical equipment of a modern steam laundry.[*] *El. Wold* 48 S. 882; *El. Rev. N. Y.* 49 S. 783.
Electric ironing equipment of a modern laundry in Atlanta.[*] *West. Electr.* 39 S. 329.

Wasser. Water. Eau. Vgl. Abwässer, Dampfkessel, Eis, Entwässerung, Mineralwässer, Wasserreinigung, Wasserversorgung.

1. Allgemeines. Generalities. Généralités.

HENRY, l'état moléculaire de l'eau, sa constitution chimique et la valeur relative des deux unités d'action chimique de l'atome de l'oxygène. *Trav. chim.* 25 S. 124/37.
BREDIG und FRAENLE, antikatalytische Wirkungen des Wassers. *Ber. chem. G.* 39 S. 1756/60.
ROHLAND, die katalytische Wirkung des Wassers. *Chem. Z.* 30 S. 808/10.
V. WARTENBERG und NERNST, Dissociation von Wasserdampf.[*] *Z. physik. Chem.* 56 S. 513/47.
LANGMUIR, dissociation of water vapour and carbon dioxyde at high temperatures. *J. Am. Chem. Soc.* 28 S. 1357/79.
GAUTIER, action de l'oxyde de carbone, au rouge, sur la vapeur d'eau, et de l'hydrogène sur l'acide carbonique. Application des ces réactions à l'étude des phénomènes volcaniques. *Compt. r.* 142 S. 1382/7.
MIERS and ISAAC, temperature at which water freezes in sealed tubes. *Chem. News* 94 S. 89/90.
SPRING, sur l'origine des nuances vertes des eaux de la nature et sur l'incompatibilité des composés calciques, ferriques et humiques en leur milieu. *Trav. chim.* 25 S. 32/9.
Remarkable experience with pond water. (Relation between the carbonic acid and dissolved oxygen in water and the growth of microscopic organisms; destruction of the fish due to the sudden exhaustion of oxygen in the water by the decay of the algae.) *Eng. Rec.* 54 S. 629/30.

2. Untersuchung. Water analysis. Analyse des eaux.

GROSSE-BOHLE, Prüfung und Beurteilung des Reinheitszustandes der Gewässer. *Z. Genuß.* 12 S. 53/60.
BASCH, zur Deutung technischer Wasseranalysen. *Z. ang. Chem.* 19 S. 92/5.
KIRKOR, Konservieren des Wassers, das für chemische Untersuchung bestimmt ist. (V) *Zucker-ind.* 31 Sp. 857/60.
Vorrichtungen zur Entnahme von Wasserproben für Untersuchungen. (N) *Z. Arch.* 52 Sp. 463.
RASCHIG, Bestimmung der Schwefelsäure im Trinkwasser. (Mittels Benzidinlösung.) *Z. ang. Chem.* 19 S. 334.
SHUTT and CHARLTON, the VOLHARD method for the determination of chlorine in potable waters. *Chem. News* 94 S. 258/60.
PRESCHER, Bestimmung des Mangan im Trinkwasser. *Pharm. Centralk.* 47 S. 799/802.
Amerikanische Wasseruntersuchungsmethoden. *J. Gasbel.* 49 S. 447/8, 894/6.
KRAUSZ, Fortschritte auf dem Gebiete der Trinkwasseruntersuchung. *Apoth. Z.* 21 S. 846/7.
KERSHAW, fuel, water and gas analysis for steam users. (Approximate analysis of feed-waters; use of softening reagents and the tests necessary to resultate their amount.) *El. Rev. N. Y.* 48 S. 376/7 F.
MAGNANINI, determinazione della durezza delle acque. *Gas. chim. it.* 36, 1 S. 369/73.
WHIPPLE, value of pure water. (Hardness; temperature; effect of contamination; effect of turbidity; colour, and odour.) *Eng. Rec.* 54 S. 303/5.
WHIPPLE and SEDGWICK, value of pure water.

(Pure and wholesome water; sanitary qualities; attractiveness.) (V) *Eng. Rec.* 54 S. 269/71 F.
SCHLOESING, étude chimique des eaux marines. *Compt. r.* 142 S. 320/4.
SELDIS-Apparat zur Prüfung des gereinigten Kesselwassers.[*] *Tonind.* 30 S. 1481/2.
Nachweis des Einfließens von Schleusenwasser in Brunnenwasser. (Mittels Saprols.) *Pharm. Centralk.* 47 S. 907/8.
Fluorescein in the study of underground waters. (Fluorescein is apparent with the fluoroscope in a dilution of 1 part in 10,000,000,000 parts of water.) (V) (A) *Eng. Rec.* 54 S. 730/1.
FARNSTEINER, Verunreinigung von Grundwasser durch die Abwässer einer Harzverarbeitungsanlage. (Untersuchung des Grundwassers.) *Z. Genuß.* 11 S. 729/35.
WHIPPLE, Mikroskopie des Trinkwassers. (A) *J. Gasbel.* 49 S. 464/5.
SCHIEMENZ, Beurteilung der Reinheitsverhältnisse der Oberflächenwässer nach makroskopischen Tieren und Pflanzen. *J. Gasbel.* 49 S. 706/9.
UTZ, Bestimmung der organischen Substanzen im Wasser. *Chem. Z.* 30 S. 299/300.
KLUT, Nachweis von Humussubstanzen im Wasser. *Pharm. Z.* 51 S. 777/8.
LIVERSEEGE, a method of determining the turbidity of water. (V. m. B.) *Chemical Ind.* 25 S. 45.
GUILLEMARD, culture des microbes anaérobies appliquée à l'analyse des eaux. Le rapport aérobie, anaérobie critérium du contage. *Ann. Pasteur* 20 S. 155/60.
HILGERMANN, Verwendung des Bacillus prodigiosus als Indikator bei Wasseruntersuchungen. *Arch. Hyg.* 59 S. 150/8.
HILGERMANN, Nachweis der Typhusbazillen im Wasser mittels der Eisenfällungsmethoden. *Arch. Hyg.* 59 S. 355/69.
SPALDING, new rapid presumptive test for bacillus coli in water. (The „indented plate"; glass plate with sixty-four small indentations.)[*] *Technol. Quart.* 19 S. 167/8.

Wasserbau. Hydraulic architecture. Architecture hydraulique. Vgl. Bagger, Beton und Betonbau, Brücken, Entwässerung, Häfen, Kanäle, Schleusen, Turbinen 1, Wasserkraftmaschinen 1, Wasserversorgung.

  1. Allgemeines.
  2. Strombau.
    a) Hochwasserverhältnisse.
    b) Stromregulierung.
    c) Uferbefestigung.
    d) Dämme.
    e) Wehre.
  3. Seebau.

1. Allgemeines. Generalities. Généralités.

UMFAHRER, Einfluß der Zerstörung der Wälder und der Trockenlegung der Sümpfe auf den Lauf und die Wasserverhältnisse der Flüsse. (Auf dem internationalen Schiffahrtskongreß in Mailand 1905 vorgelegte Berichte.) *Wschr. Baud.* 12 S. 174/9.
Streiflichter über die Bewegungsformeln des Wassers im Dienste des Wasserbaues.[*] *Wschr. Baud.* 12 S. 629/36.
EGER, DIX und SEIFERT, Versuchsanstalt für Wasserbau und Schiffbau in Berlin. (Große Versuchsrinnen für das Eichen der Flügel und Flußmodellversuche; Gleisanlage mit 6 m Spur; Werkstatt; kleine Versuchsrinne; Zuleitungskanal; elektrisch betriebene Kreiselpumpe; Geräte und Einrichtungen für die Versuche der Wasserbauabteilung; Wasserstandsanzeiger; Geschwindigkeitsmesser; Profilzeichner mit Vorrichtung zum Verkürzen der Längen; Siebmaschine; Schraubenaufmeßvorrichtung.)[*] *Z. Bauw.* 56 Sp. 123/52 F.

DÜSING, Mitteilungen über die Saale und ihre Schiffahrt. (Geschichtliche Entwicklung.) *Zbl. Bauv.* 26 S. 100/1.

HANNA, depth of thread of mean velocity in rivers. *Eng. News* 55 S. 47.

CUÉNOT, aménagement des rivières à fond mobile. *Ann. trav.* 63 S. 927/31.

KELLER, travaux entrepris sur les fleuves du Nord de l'Allemagne. (Influence du déboisement et du dessèchement des marais sur le débit des cours d'eau, influence des oscillations climatériques.) (V) (A) *Ann. ponts et ch.* 1906, 4 S. 195/6.

SHOOLBRED, the tidal régime of the River Mersey, as effected by the recent dredgings at the bar in Liverpool Bay. *Proc. Roy. Soc.* 78 A S. 161/6.

ADAMS, the diversion of water from Niagara. *El. World* 47 S. 875/6.

2. Strombau. River architecture. Travaux d'art en rivières.

a) Hochwasserverhältnisse. High water. Crues.

CORTHELL, conditions hydrauliques des grandes voies navigables du globe. (Envisagées plus spécialement au point de vue des courants dans leurs divers chenaux.) (a)⊞ *Mém. S. ing. civ.* 1906, 2 S. 87/263.

HONSELL, VON TEIN, MAILLET, étude hydrologique de la Moselle les crues et leurs prévisions. (Effet des affluents sur les crues de la Moselle.)⊞ *Ann. ponts et ch.* 1906, 3 S. 44/52; *Wschr. Baud.* 12 S. 423/6.

MAILLET, les grandes crues de la saison froide dans les bassins de la Seine et de la Loire. (Leur prevision au 1er novembre.) *Ann. ponts et ch.* 1906, 3 S. 53/72.

Wolkenbruch im Gebiete der unteren Sazawa am 17. Juni 1906. (Niederschlagshöhen; Wasserstände der Sazawa, Moldau und Elbe.) *Wschr. Baud.* 12 S. 505/6.

MURPHY, flood frequency in the U. S. (Drainage area of each stream; flood observations; rate of flow; largest range of stage during the period of observation.) *Eng. Rec.* 53 S. 170.

OCKERSON, the Atchafalaya River Louisiana. (Some of its peculiar physical characteristics; widths and depths on contiguous wide, narrow sections and physical features.) (V)⊞ *Proc. Am. Civ. Eng.* 32 S. 684/94.

RICHARDSON, HENRY B., DABNEY and KERR, the Atchafalaya River. (Some of its peculiar physical characteristics.) *Proc. Am. Civ. Eng.* 32 S. 1011/24.

HERSCHEL, twenty years' run-off, at Holyoke, Mass., of the Connecticut River. *Proc. Am. Civ. Eng.* 32 S. 926/30.

BELLAMY, on the rainfall of central Queensland and floods in the Fitzroy basin. (V) ⊞ *Min. Proc. Civ. Eng.* 163 S. 289/99.

RIEDEL, Betriebsunterbrechungen bei Wasserstraßen. (Frostperioden, Hoch-Niederwasser, Ausbesserungen, Havarien.) * *Wschr. Baud.* 12 S. 394/6.

b) Stromregelung. River improvements. Amélioration des rivières. Vgl. Wasserversorgung 4.

v. HORN, Bemerkungen zu der Anlage von Regulierungswerken auf Tideströmen. (Einbaue; Parallelwerke; Leitdämme.) ⊞ *Wschr. Baud.* 12 S. 249/52.

Verbesserung der Schiffbarkeit der Bayerischen Donau und die Durchführung der Großschiffahrt bis nach Ulm.⊞ *Wschr. Baud.* 12 S. 37/9.

Tätigkeit der Landeskommission für Flußregulie-

rungen im Königreiche Böhmen bis Ende des Jahres 1905.⊞ *Allg. Baus.* 71 S. 111/25.

Tätigkeit der Kommission für die Kanalisierung des Moldau- und Elbeflusses in Böhmen im Jahre 1905.⊞ *Wschr. Baud.* 12 S. 439/45.

STECHER, neue Bauweise für Stromregelungen an der oberen Elbe. (Anschüttung von Sandsteinschwellen aus 25—30 cm-Würfeln; auf diese und die dazwischen liegende Schotterschicht werden Schwellen aus Granitbruchsteinen aufgebracht und schließlich die Zwischenräume dieser Schwellen mit Baggermassen ausgefüllt.)* *Zbl. Bauv.* 26 S. 338/9.

Rheinverbesserung von Mannheim bis Straßburg. (Bildung eines Niedrigwasserbettes innerhalb des 240 m breiten Sommerhochwasserbettes; Einengung in den Stromübergängen und Verbreiterung in den Krümmungsscheiteln mittels Einbaue [Buhnen], Grundschwellen, Parallelwerke und Baggerungen, um die Fahrtiefe zu vergrößern.) (A) *Wschr. Baud.* 12 S. 183.

STERN, Gewässerregulierung in Oberösterreich. (Leitwerk aus hinterfüllten, einfachen Heiderfächern [Flechtzäunen]; Uferbruchverbauung oberhalb der Brücke in Thalham; Baustufe unterhalb Ader; Furt im Durchstich bei Ader; Durchstich mit Betonmauer und Betonplatten.) * *Wschr. Baud.* 12 S. 53/8.

RYBIČKA, Regulierung der Traun auf Kleinwasser in der Strecke Ebelsberg-Kleinmünden bis Traunmündung, km 110.0 bis km 118.0. ⊞ *Wschr. Baud.* 12 S. 387/92.

v. MORLOT, Flußkorrektionen und Wildbachverbauungen in der Schweiz im Jahr 1905. *Schw. Baus.* 47 S. 98/9.

Verbesserung des oberen Mississippi von den Quellen bis zur Mündung des Missouri.* *Wschr. Baud.* 12 S. 392/4.

Die Verbesserung des unteren Mississippi von der Mündung des Missouri bis zum Golf von Mexiko.* *Wschr. Baud.* 12 S. 1/6.

v. HORN, Verbesserung des Südwestpasses an der Mississippimündung für die große Schiffahrt. (Leitdämme, deren Unterbau aus übereinanderliegenden Sinkstücken mit Steinschüttung und deren Oberbau über H. W. aus einem Betonkörper besteht. Als Unterlage dient eine Abdeckung des Seebodens mit Sinkstücken, deren Breite für die ersten 5100 m des östlichen und 3300 m des westlichen Leitdammes 30 m und deren Länge 60 m beträgt. Die Sinkstücke bestehen aus einem oberen und unteren Rahmwerk mit gleichlaufenden Reihen von Doppelzangen in der Längsrichtung; zwischen den Doppelzangen stehen senkrechte Pfosten; auf das untere Rahmwerk und zwischen die Pfosten werden Faschinen verlegt. Auf dieser Faschinenfüllung liegt das obere Rahmwerk.) * *Zbl. Bauv.* 26 S. 162/4.

The Salton Sea conquered. (Controlling the flow of the Colorado River into the great Salton Sink; system of canals for diverting part of the water of the Colorado River into a system of irrigating canals and thereby reclaiming for agricultural purposes.)* *Railr. G.* 1906, 2 S. 420; *Eng. News* 55 S. 216/8, 671/4.

Rate of filling the Salton Sink basin by the diversion of the Colorado River. (Prism without gates constructed at a point on Mexican soil, the scouring effect of the water was sufficient to keep the canal open.) * *Eng. News* 55 S. 512.

DE THIERRY, der geplante Scheldedurchstich. (Entwürfe von TROOST, BOVIE und DUFOURNY.)* *D. Baus.* 40 S. 127/8.

Projet de régularisation de l'Euphrate près de Babylone.* *Gén. civ.* 48 S. 312/3.

LÖSCHNER, über Löschungsanlagen bei Flußregulierungen. (Gerade Strecken haben gleiche Neigung der Ufer; in den Bogen werden die Konkavufer flacher angelegt, um dem erhöhten Wasserangriff Rechnung zu tragen.) * *Wschr. Baud.* 12 S. 557/8.

JESOVITS, Anwendung von mit Portland-Zement gebundenen Klaubsteinen bei Flußregulierungen. (Der Baukern wird bis 30 cm unter der zukünftigen Außenfläche geschlichtet, hierauf kommt eine 10 cm-Betonschicht, darauf eine 20 cm hohe Klaubsteinschicht, worauf das Ganze mit Mörtel vergossen wird.) (A) * *Bet. u. Eisen* 5 S. 22.

c) Uferbefestigung. Embankments. Défense des rives.

FLETCHER, works for the control of the Wag Water River.* *Eng. Rec.* 53 S. 323/4.

V. MORLOT, Flußkorrektionen und Wildbachverbauungen in der Schweiz im Jahre 1905. *Schw. Baus.* 47 S. 98/9.

HEIM, über die Verbauungen am Flibach.* *Schw. Baus.* 48 S. 251/3.

Ueber die Verbauungen am Flibach. (Erwiderung auf den Artikel von HEIM S. 231.) ▣ *Schw. Baus.* 48 S. 295/8.

RIEDEL, kulturtechnische Arbeiten, ausgeführt im bosnisch-herzegowinischen Karste. (Sperrmauer im Musica-Fluß bei Kline.)* *D.Baus.* 40 S. 211/3 F.

Uferbefestigung am unteren Mississippi mit „spurdikes". ▣ *Wschr. Baud.* 12 S. 681/2.

Protection des rives du NIAGARA.* *Gén. civ.* 48 S. 317.

SCHULZ, W., die Längsbauten in Flüssen. (Parallelwerke; Uferdeckwerke.)* *Techn. Z.* 23 S. 421/3.

LUFT, die neue Ufermauer am Prinzregentenufer in Nürnberg.* *D. Baus.* 40 S. 656/7.

Protection des berges au moyen des revêtements VILLA. (Rideau de briques reliées entre elles par des fils de fer recouverts d'une gaine de plomb.)* *Ann. trav.* 63 S. 920/7.

DEUTSCH, Uferbefestigung unter Wasser. (Anläßlich der Unterfangung der über den Hüniger Kanal führenden St. Ludwiger Brücke; Ausfüllung des hinter der Holztafel über der Kanalsohlenhöhe liegenden Hohlraums mit Schüttbeton.)* *Zem. u. Bet.* 5 S. 284/5.

Die Anfertigung der Sinkstücke.* *Techn. Z.* 23 S. 552.

Die Anfertigung der Senkfaschinen. *Techn. Z.* 23 S. 593/4.

HOWE, mattress revetments on the Mississippi River.* *Eng. Rec.* 54 S. 180.

HROMATKA, Betonsenkwalze nach der Bauweise FEUERLÖSCHER. (An den Enden zigarrenförmig zugespitzt, wobei in eine aus Drahtgewebe und Jute bestehende Umhüllung Beton eingestampft wird. Solche Senkwalze ist im Stadium der Vollendung noch elastisch und kann sich somit den Unebenheiten der Flußsohle leicht anpassen; Verstärkung mit Streckmetall.) ▣ *Wschr. Baud.* 12 S. 97/9.

CHAUDY, murs de soutènement en maçonnerie avec éperons de béton armé.* *Mém. S. ing. civ.* 1906, 1 S. 453 7.

Große Beton-Futtermauer. (Begrenzungsmauer eines zukünftigen Parkes, 2 km Länge, bei einer Höhe von 6,40 m, ruht auf drei je Seeufer eingerammten Umhüllung Beton eingestampft mit ihren Köpfen etwa 25 cm in den Beton des Grundmauerwerks hineinragen.) *Zem. u. Bet.* 5 S. 361/4.

DANCKWERTS, vom Stoß des Wassers, nebst Anhang über die Wirkung der Buhnen. (Stoßwir-

kungen, die mit der Wirkung der Geschosse eines Maschinengewehrs auf eine ruhende oder bewegte Steinwand verglichen werden können. Uebungsaufgabe über die Wirkung von Buhnen in einem Fluß.) ▣ *Z. Arch.* 52 Sp. 119/54.

ENGELS, steile und flache Buhnenköpfe. Versuche zum Vergleich der H. W.-Verlandung zwischen flach- und steilköpfigen Buhnen. (Begünstigung der H. W.-Verlandung durch die Kolke an den Buhnenköpfen; Verhinderung der Kolkbildungen durch Befestigung der Sohle; flachköpfige Buhnen empfehlen sich, wenn man durch Befestigung der Flußsohle vor den Köpfen und unterhalb dieser Auskolkungen verhindert.) *Z. Bauw.* 56 Sp. 674/8.

d) Dämme. Dams. Digues. Vgl. 2 e und 3.

Determination de la résistance à la compression des terrains de fondation du mur. (Appareil.) * *Ann. trav.* 63 S. 87/90.

ANDREWS, the computation of height of backwater above dams. (WEISBACH's formulas; POIRÉE's formula) * *Eng. News* 56 S. 454/5.

DABNEY, design of dams and embankments on permeable foundations with special reference to the Gatun dam.* *Eng. News* 55 S. 546/7.

Concerning the Gatun dam. (In the Panama Canal work; BURR's testimony.) (V. m. B.) *Eng. News* 55 S. 358/62.

A dry test of a dam. (Concrete steel dam from 15 to 20' high across the Westfield River, Mass. and a similar dam 28' high at Cairo, N. Y., tested by an ice stress.) * *Eng. Rec.* 53 S. 530.

SCHUYLER, recent practice in hydraulic-fill dam construction. (Lake Frances dam; hydraulic-fill dam in Crane Valley, California; hydraulic-fill and rock-fill dams on Snake River, Idaho; Hawaiian combination dam, recently finished; combination dam in New Mexico; terrace dam, Alamosa River, Colorado; hydraulic-fill dams of the Mexican Light and Power Co.; projected hydraulic-fill dam on Wichita River, Texas; hydraulic-fill dam in Brazil; failure of the Snake Ravine hydraulic-fill-dam; Tyler, Texas, hydraulic-fill dam; la Mesa dam; the proposed Lake Como hydraulic-fill dam in Montana.) (V. m. B.) ▣ *Proc. Am. Civ. Eng.* 32 S. 780/837; *Eng. Rec.* 54 S. 505, 691/2.

HARTS, control of hydraulic mining in California by the Federal Government. (Use of hose and nozzles, and of steel pipes and monitors for directing powerful streams against the tertiary gravel banks of higher elevations; help for damage done to the streams and lower country by the mining, by impounding dams, log crib dams, brush debries dams; protection of the navigable rivers; variation of flow in the Yuba River during the flood of January 1906; yardage in the streams.) (V. m. B.) (a) ▣ *Proc. Am. Civ. Eng.* 32 S. 95/124 F.

GRAFF, design and construction of reinforced concrete culverts. (Brought out by COLPITTS.) (V) (A) * *Eng. News* 55 S. 6/9.

BAINBRIDGE, a good type of wooden dam. (Consists of a plank face, supported by stringers, and these in turn held by supports carried to the rock.) (V) (A) ` *Am. Miller* 34 S. 399.

KÜPPERS, die Talsperrenanlage des Queis bei Marklissa (Schlesien.) *Rig. Ind. Z.* 32 S. 341/9.

Blackbrook dam, Loughborough, Eng. (Masonry and concrete structure 525' long, 65' thick at the brook level, 14' thick at the intended water level and 108' high measured from the bottom of the foundation trench to the top of the parapet.) *Eng. Rec.* 54 S. 585.

Ein kleiner Stampf-Betondamm in Manchester,

Iowa. (Auf eine Länge von ungefähr 30,5 m beträgt die Höhe des Dammes 2,10 bis 3,30 m.)* *Zem. u. Bet.* 5 S. 158/9.

PEEK, high head water power electric plant on the Animas River, Colo. (Static head of nearly 1,000'; dam of earth with a concrete core and a concrete retaining wall at the toe.)* *Eng. News* 55 S. 1/2.

WALTER, the Belle Fourche dam, Belle Fourche project, South Dakota. (6,500' long at the 115' in maximum height, capacity of 65,000,000,000 gallons; earth faced with a 12" layer of loam; paving on upstream slope; gate houses; waste weir and channel.)* *Eng. Rec.* 53 S. 307/10.

PATCH, the Belle Fourche irrigation works, South Dakota.* *Eng. News* 55 S. 210/12.

FERGUSON, construction of the Charles River dam and basin at Boston. (Temporary highway bridge; coffer; dredging and foundations for lock Boston marginal conduit; pile driver with outrigged gins; delivering concrete from mixer driven by gasoline engine directly into place.)* *Eng. Rec.* 53 S. 300/4.

HOLMES. Construction work of the Charles River dam and basin at Boston, Mass. (Coffer dams; dogs for holding piles in extension gins [patented by ROLLINS]; marginal conduit.)* *Eng. News* 55 S. 243/6.

Construction of the Trap Falls dam Bridgeport, Conn. (Cyclopean masonry 900' long, with a maximum height of 48'.)* *Eng. Rec.* 53 S. 391/2.

U. S. STEEL PILING CO., steel sheet pile cofferdam for an intake of a power station at Brooklyn. *Eng. Rec.* 53 S. 370/1.

Heavy concrete retaining walls Illinois, Central Rr. (21' high and 6,250' long, on the lake front in Chicago.)* *Eng. Rec.* 53 S. 90/1.

Cross River dam in the Croton watershed. (Maximum height of 164' from the lowest point in the foundations to the crest of the dam, 17' wide at the top and about 114' maximum width at the base earthen dam with concrete core; weir built of monolithic concrete, reinforced with vertical 1" twisted steel rods.)* *Eng. Rec.* 53 S. 728/31.

Completion of the New Croton dam. (300' high, reservoir 18 miles long 32,000,000,000 gallons of water of solid granite ashlar and rubble, except that the extension is backed with cyclopean concrete.)* *Eng. Rec* 53 S. 7/9.

Pointing ashlar masonry on the new Croton dam.* *Eng. Rec.* 53 S. 257/8.

The new Croton dam. (Gate houses; balanced valve in a gate house.) (a)* *Eng. News* 56 S. 343/6.

BALBACH, reinforced concrete dam at Dayton, O. (Weir arched over with concrete slabs supported on steel beams. Slots are provided for drop boards to close this waste weir during cold weather.)* *Eng. Rec.* 54 S. 590.

A temporary dam. (Miami River, Dayton, Ohio. As an anchorage for the dam structure dam is built on top of these, a row of sheet piling driven on the upper side of the dam to a depth of two or three feet; the dam was covered with tin and matched flooring on top of this; straw sunk along the upper edge of the dam and covered with a layer of earth for several feet upstream.)* *Eng. Rec.* 54 S. 534.

LEDOUX, the Indian Creek [Pa.] dam. (Masonry structure 650' long, between the faces 1 : 3 : 5 Portland cement concrete is used as a hearting; cate house.)* *Eng. Rec.* 53 S. 96/7.

Damming the Mississippi River. *Eng. Rec.* 54 S. 139.

Construction of the Alfred dam on the Mousam River. (Constructed of dry rubble, the downstream face being built with split stone and the three lower and three upper courses laid in Portland cement; dry masonry; total length 995' with a spillway of 580', height 39'). *Eng. Rec.* 53 S. 325/6.

ROBERTS, Oregon Short Line ice pond, at Humphrey, Idaho. (Length of the earth dam is about 1,800'; highest point above the ground 12'; the grade of the roadbed forms a buttress for the dam; timber sunk for the crest with supporting posts behind it and riprap, laid by hand.)* *Eng. Rec.* 53 S. 353.

Saranac River dam. (Concrete dam with 55' height and length of 400'; crib coffer dam filled with rocks, sheeted on the inside and puddled and drained by centrifugal pumps.)* *Eng. Rec.* 53 S. 335/6.

WADE, cataract dam, Sydney, New South Wales. (The main bulk of the dam consists of cyclope and rubble masonry and concrete in proportion of 65 : 35.)* *Eng. News* 56 S. 579/80.

Failure of a canal embankment at North Chelmsford. (Runway cut in the embankment.) *Eng. Rec.* 53 S. 72.

Failure of the Santa Catalina dam near Durango, Mex. (Composed of rubble embedded in concrete, and faced with concrete; height of the dam 13 m up to the wasteway.) *Eng. News* 56 S. 427.

e) Wehre. Weirs. Barrages. Vgl. 2 d.

Wettbewerbausschreibung für Konstruktion beweglicher Wehre in Flüssen. *Wschr. Baud.* 12 S. 511/2.

CHURCH, Ueberfallwehr aus Eisenbeton. (Am. Pat. 263448; besteht aus Grundplatte, die an beiden Enden oder auch an mehreren dazwischen liegenden Stellen kammartig in den Grund des Fußbettes eingreift. Wehrmauer mit Grundplatte verbunden durch Stützmauern, die durch Eisenbetonbalken versteift sind.)* *Zem. u. Bet.* 5 S. 79/80.

Wehranlage in der Oder im Harz.* *Dingl. J.* 321 S. 731.

GERHARDT, Rechenwehr im Freiwasserkanal bei Storkow. (Der Rechen ist oben breiter als unten; die Oeffnungen zwischen je zwei Balken erweitern sich nach unten, um das Festklemmen von Gegenständen in den Zwischenräumen zu vermeiden.)* *Zbl. Bauv.* 26 S. 469/70.

Stauwehr aus Eisenbeton in Amerika. (Bauweise der AMBURSON HYDRAULIC CONSTRUCTION CO.; aus einer flachgeneigten Platte, die auf senkrechten Stützmauern aufliegt, so daß nach vorn offene Kammern, entstehen; Wehr der MISSISQUOI PULP CO. in Sheldon Springs, Vermont.)* *Zem. u. Bet.* 5 S. 194/6.

Barrage de la Salt River (États-Unis).* *Gén. civ.* 48 S. 245.

Installation d'une station hydro-électrique à Teppecanoc, dans un barrage en ciment armé.* *Bull. d'enc.* 108 S. 286.

VAN OTTERBEK, alteration of an irrigation weir in the Progo River, Java. (A) *Min. Proc. Civ. Eng.* 165 S. 402.

3. Seebau. Sea buildings. Constructions maritimes. Vgl. 2 d.

SERBER, stability of sea walls.* *Eng. News* 56 S. 198/200.

ENGELS, Versuche über die Aufschlickung der Brunsbütteler Hafeneinfahrt (Kaiser Wilhelm-Kanal), angestellt im Flußbaulaboratorium der

Technischen Hochschule Dresden. (V) (A) *Z. V. dt. Ing.* 50 S. 538.

DE MURALT, Dünenverkleidung mit armiertem Beton. (Schutz gegen Frost durch die nicht zusammenhängenden Platten und durch die Teilung des Bodens in Erdblöcke. Die Armatur der Rahmen greift überall ineinander, so daß die Umrahmung der ganzen Verdeckung einen Monolithen bildet; Streckmetall-Verkleidungen über dem Wasser.)* *Bet. u. Eisen* 5 S. 272/4; *Gén. civ.* 49 S. 121/4.

ALLANSON-WINN, prevention of coast erosion by chain cable groynes. (To encourage the deposit and retention of material over areas of the sea, to a chain is firmly attached in unbroken line either a succession of crates or trees and shrubs one end of this chain is fastened to a pile the other end is anchored out to sea.) *Pract. Eng.* 33 S. 360/1.

CASE, submarine groyning. (Deep sea erosion; extending groynes below low-water mark.) (V) (A) *Pract. Eng.* 33 S. 754/5.

GERHARDT, Befestigung der Ostseeküste bei Kranz. (Buhnen; durchbrochenes Pfahlwerk mit Faschinen- und Steinfüllung.)⊗ *Z. Bauw.* 56 Sp. 95/102.

JULICH, hölzernes Bollwerk am linken Swine-Ufer zu Swinemünde. (Erleichterung des Rammens durch Wasserspülung.)⊗ *Techn. Z.* 23 S. 58/60.

KREY, Schutzbauten zur Erhaltung der ost- und nordfriesischen Inseln. (Von FÜLSCHER vorgeschlagene und ausgeführte Bauten; die Geest- und Düneninseln, Marschinseln und Halligen und die Felseninsel Helgoland. Schwere Steinbuhnen mit mehreren Pfahlreihen, Dünenschutzwerk, Faschinenspreitlagen ohne Steinbedeckung, Pfahlschutzwerke, pflasterartige Böschungsmauern; freistehende Mauer mit annähernd senkrechter Vorderfläche.) *Zbl. Bauw.* 26 S. 343/6.

PAPKE, Schutzbauten zur Erhaltung der ost- und nordfriesischen Inseln. (Zu FÜLSCHERs Beurteilung dieser Schutzbauten Jg. 55 Sp. 708/9.)* *Z. Bauw.* 56 Sp. 167/8.

SICCAMA, sea-coast defence-works in the Netherlands. (Matting, fascines, hurdle-stakes; riprap; groynes.) (V)* *Min. Proc. Civ.Eng.*164 S. 374/84.

Armoured concrete quay walls at Rotterdam. * *Eng.* 102 S. 402.

Seeböschung von armiertem Beton. (Angelegt an den Seedeichen der Deichgrafschaft Schouwen, Provinz Seeland, Holland. Pfähle von armiertem Beton werden in Zwischenräumen von 50–60 cm eingesetzt. In jedem Betonpfahl ist exzentrisch ein Stäbchen von ¼″ Dicke angebracht, das bis zur Deichkappe reicht; dann wird die Platte von Streckmetall auf den Pfählen festgelegt; Verfahren von DE MURALT.)* *Bet. u. Eisen*5 S. 186/7.

Ferro-concrete sea defences, Zieriksee, Holland. * *Engng.* 82 S. 519.

PABST, Erfahrungen an den Seedämmen bei der Dünamündung und die Anwendung von eisernen, mit Beton gefüllten Schutzpfählen. *Rig. Ind. Z.* 32 S. 93/7.

BECH, LILLELUND, DE BRUYN, Seemolen bei Vorupôr und Hanstholm an der Westküste von Jütland. (Unterbau aus Betonkörpern, die an den wasserbenetzten Flächen mit angegossener Granitbekleidung versehen sind; Berme aus Betonblöcken, die an den wasserbenetzten Flächen mit Granit zu bekleiden sind; zur Herstellung der Betonkörper dienen schmiedeeiserne, mit Betonblöcken zu füllende und mit Zement auszugießende Kästen.)* *Zbl. Bauw.* 26 S. 174/6.

Sulla costruzione d'una nuova diga di difesa del porto di Barcellona.⊠ *Giorn. Gen. civ.* 43 S. 633/45.

LATTA, a new sea wall at Annapolis. (Concrete wall built on piles, without any cribbing or caisson work, riprap slope in front of the wall; concrete forms built in sections fastened together at the top with a cap piece and at the bottom by a wire to keep them from spreading, with a brace to hold them apart.) (A)* *Eng. Rec.* 54 S. 305/6.

The outer sea barrier at the Hodbarrow iron mines. (Outer bank of limestone, an inner bank of iron slag limestone, and a filling of clay between these two banks with steel sheets piling the outer limestone bank is provided with a coating of large lumps of rough limestone.)* *Eng. Rec.* 54 S. 631/4.

Herstellung von Versenkungskästen aus Beton. (Für Wellenbrecher, Hafenmauern usw., welche, mit Wasser belastet, ins Meer hinausgebracht, dort untergetaucht und mit Beton gefüllt werden.) (N) *Baumatk.* 11 S. 208.

ROUSSELET, appareil tournant et pivotant pour la construction de jetées à la mer. (Appareil pour blocs de 50 t; calculs à l'appui.) (N) *Ann. ponts et ch.* 1906, 2 S. 301/6.

Prahm zum Heben und Versenken von Betonblöcken. * *Z. V. dt. Ing.* 50 S. 268/9.

ROUSSELET, chaland pour immersion de blocs artificiels de 40 à 50 t. (Exécution d'une jetée pendant les marées hautes; appareil de suspension à déclic.) * *Rev. ind.* 37 S. 14/5.

Wasserdichtmachen. Waterproofing. Imperméabilisation. Vgl. Anstriche.

Waterproofing. (Treatment with liquids.)* *Text. Man.* 32 S. 383/5.

OSTERMANN, Wasserdicht-Imprägnierungen. (Alaun, Firnis, Wachs in Terpentinöl, Teer, Seife, Unschlitt, Albumin, Zusätze von Harz zu trockenen Oelen usw.) *Färber-Z.* 42 S. 531/2.

Mit Kork imprägnierte Gewebe. (Satins, Tweeds, Seide, Baumwollgewebe. Vereinigung der Dichtungsmittel durch Druck.) *Oest. Woll. Ind.* 26 S. 1123.

Herstellung wasserdichter Stoffe, resp. das Imprägnieren der Gewebe. (Fortschritte der neuen Maschinen und das Trocknen der Gewebe.)* *Oest. Woll. Ind.* 26 S. 674/5 F.

STRAHL, Wasserdichtmachen von Geweben. (Verfahren zum Porös-Wasserdichtmachen; Arbeiten mit in flüchtigen Lösungsmitteln, wie Benzin, Benzol, Aether usw., zerteilten Tränkungsmitteln; wasserlösliche Oele; Methode zur Fixierung von Oel oder Fettstoffen auf der Faser [D. R. P. 166350].) *Spinner und Weber* 23 Nr. 15 S. 5.

THEDE, Wasserdichtmachen von Geweben. (Mittels chemisch reinen essigsauren Kalks.) *Lehnes Z.* 17 S. 370/1.

POMERTZEFF, Wasserdichtmachen von Gewebe und Papier. (Mit einer Lösung von Tierleim in Essigsäure, welcher essigsaure Tonerde oder Tonerdehydrat zugefügt worden ist.) (Pat.) *Papier-Z.* 31, 1 S. 571/2.

SHAWCROSS, waterproofing woollens. *Dyer* 26 S. 114.

Procédé pour rendre imperméables les corps de chapeaux de laine. (R) *Mon. teint.* 50 S. 118/9.

Procédé pour rendre imperméable la toile fine de coton. (Méthodes au sulfate d'ammoniaque cuprique et à l'acétate d'alumine.) (Text. col.) *Mon. teint.* 50 S. 181.

BOURDU & CIE., procédé d'imperméabilisation de la toile pour emballages. *Ind. text.* 22 S. 214/5.

Waterproofing transmission rope. (Experiments by UPRIGHT.) * *Eng. Rec.* 53 Nr. 15 S. 492 b.

Praktische Erfahrungen über Isolierungen gegen Feuchtigkeit. *Asphalt- u. Teerind.-Z.* 6 S. 540/1.

Innovation in waterproofing. (Application of thin layers of cork; subjecting the cork sheets to prolonged immersion in spirits of turpentine with small additions of alcohol and sulphuric ether, thus effecting solution of the natural resins and gums.) *Dyer* 26 S. 74/5.

PHILIPPE, de l'humidité dans les constructions. (Ruberoid; bitume; ciment; asphalte; vernis imperméables; cartons feutres). * *Ann. d. Constr.* 52 Sp. 13/6.

Trockenschutz der Stallwände. (Asphaltstoffe haben sich an Innen- und Außenflächen der Stallmauern als Nässeschutz bewährt.) *Asphalt- u. Teerind.-Z.* 6 S. 175/6 F.

Concrete waterproof elevator well. (Waterproofing by asphalt between the inner and outer walls of concrete.)* *Cem. Eng. News* 17 S. 300.

Isolierplatten mit Asphaltfilzeinlage. *Asphalt- u. Teerind.-Z.* 6 S. 444 F.

WOLFF, J. H. G, method of waterproofing concrete roof to a battery, San Francisco harbor fortifications. (Concrete mopped with a coat of roofing asphaltum, then covered with the heaviest grade roofing felt laid 3 ply and made 4 ply in the gutter.)* *Eng. News* 55 S. 473.

Waterproofing a printing office floor. (In Brooklyn. Use of waterproofing papers, Hydrex felt cemented together with Hydrex compound.)* *Eng. Rec.* 53 S. 324.

SAVAGE and BEAVER, waterproofing of a concrete passenger subway under railway tracks at Jamaica, Long Island. (Layers of „Hydrex" felt cemented together by hot Hydrex compound; on top of the waterproofing a 1 to 2" coat of cement mortar and then the concrete proper.)* *Eng. News* 55 S. 409.

Waterproofing the substructure of the West Street building, New York. (Concrete and „Siaster" fabric, consisting of burlap saturated with asphalt pitch.) *Eng. Rec.* 53 S. 601.

Schutzanstrich für Mauerwerk, Eisen und Holz. („Black-Varnish", welcher aus Trinidadépuré, Steinkohlenteerpech und Teeröl usw. unter Zusatz von Schwefel, bereitet wird.) *Asphalt- u. Teerind.-Z.* 6 S. 282/3 F.

TAYLOR PURVES, methods of testing cement for waterproofing properties. (Methods involving the use of bitumenous compounds with or without the addition of paper or felt; surface washes applied to the surface of the hardened concrete, compounds added to the cement or concrete in mixing and hence forming an integral part of the concrete itself; apparatus for making permeability tests.) (V)* *Cem. Eng. News* 18 S. 172/3.

Testing the water-proof qualities of concrete blocks. * *Cem. Eng. News* 18 S. 27/8.

ELLMS, some experiments on the permeability of cement mortars to water under pressure. (Relative permeability of cement mortars of different compositions to water under a pressure of 50 lbs per square inch; approximate maximum pressure applied without causing an appreciable amount of water to pass through the mortar.) *Eng. Rec.* 54 S. 467/8.

BALDWIN-WISEMAN, Dauerversuche über die Wasserdurchlässigkeit von Beton. (Vom Ingenieur-Laboratorium der Hartley Universität in Southampton; Wasserdurchtritt bei gleichmäßigem Drucke ziemlich umgekehrt proportional der ver-

flossenen Zeit.) *D. Baus.* 40 *Mitt. Zem., Bet.- u. Eisenbetbau* S. 52; *Eng. Rec.* 54 S. 226/7.

Experiences in water-proofing concrete, U. S. fortification work. (Concrete covered with hot coal tar, on this layers of two-ply tarred paper coated with hot coal tar, on this sheet copper, with folded lap joints, soldered on the outside of the fold.) * *Eng. News* 55 S. 302; 56 S. 252/4.

Étanchéité du béton. (L'huile de lin, appliquée sur le béton séché en deux couches successives, lavage à l'eau de savon, suivi d'un enduit avec une solution d'alun; addition d'une solution de potasse caustique et d'alun à du mortier de ciment pour enduire les porois en béton; de la stéarine et colophone; aux matériaux employés pour la fabrication du ciment; le tout dissous dans de l'eau bouillie.) *Ann. trav.* 63 S. 1192/4.

Waterproofing reinforced concrete roofs. (Cement mortar containing Medusa water-proof compound applied as a coating directly on the reinforced concrete roof.) *Cem. Eng. News* 17 S. 239.

UNNA, wie schützt man Bauten vor Feuchtigkeit und Nässe? (Wasserdichter Mörtel aus Traß mit Kalk oder Zement und Sand.) *Techn. Z.* 23 S. 66/7.

Impermeable embankments. (Hope Reservoir of the Providence, R. J. water works search for the leak by means of a red colouring substance, concrete as a protection against percolation.) *Eng. Rec.* 53 S. 698/9.

WEFRING, Dodvikfos bridge; injection of cement-mortar into cavities in masonry piers. (A) *Min. Proc. Civ. Eng.* 165 S. 390/1.

Injections de ciment pratiquées dans le souterrain de Limonest (Rhône) sur la ligne de Lozanne à Givors. (Appareil; exécution.) * *Rev. chim. f.* 29, 1 S. 529/39.

VAWDREY, formation of a concrete well-lining by cement-grouting under water. (V) ▣ *Min. Proc. Civ. Eng.* 166 S. 336/41.

Durable protective coating for cement and iron under water. *Iron & Coal* 72 S. 2044/5.

Grouting a leaky tunnel on the Paris, Lyons & Mediterranen Ry. (Method to pump cement grout through holes in the arch, apparatus employed consisting of a steam engine operating an air compressor and two closed horizontal cylindrical pressure tanks, in which the grout is placed alternately.) * *Eng. News* 56 S. 374/5.

Waterproofing at the Subway power house New York. (Wall covered with a liquid wash and then with hydrolithic coating on the inner surface by a pneumatic tool) * *Eng. Rec.* 53 S. 182.

DE KNIGHT and GREENE, mistakes in waterproofing. (Elasticity; leading of water; use of burlap to prevent cracking of cement coatings.) (V) (A) *Eng. Rec.* 54 S. 187/8, 251, 391/2; *Railr. G.* 1906, 2 S. 146/7.

CAPPON, a new magnesium oxy-chloride cementing material. (SOREL stone; use in wall plaster. (Pat.) *Eng. News* 55 S. 531/2.

Wie beseitigt man feuchte Wände? („Kautschukin-Steinkitt" aus „Kautschukin-Anstrich" und gewöhnlicher trockener Schlemmkreide.) *Städtebau* 3 Nr. 6.

WAYSS & FREYTAG, wasserdichte Kelleranlage im Neubau von Ensslin & Laiblin in Reutlingen (Württemberg). (Umgekehrte MONIERgewölbe, welche auf 8 m Spannweite zwischen Eisenbeton-trägern gespannt sind.) * *Bet. u. Eisen* 5 S. 161/2.

Um Mauerfeuchtigkeit festzustellen. (Ueberlegen eines dünnen Blatts Gelatine.) *Molers.* 26 S. 37.

Wassergas. Watergas. Gaz à l'eau. Siehe Gaserzeugung 4.

Wasserhebung. Raising water. Élévation de l'eau.
Vgl. Bergbau 7, Pumpen 6, Wasserversorgung.

KELLY, raising of water by compressed air at Preesall, Lancashire. (Experiments. Rate of working wells by compressed air at which the maximum efficiency is obtained.) (V) (A) *Min. Proc. Civ. Eng.* 163 S. 353/78; *Eng. Rec.* 54 S. 243/5.

Use of compressed air for raising water. (Experiments by KELLY to ascertain whether the action of the compressed air in an air lift is similar to that of a piston in a cylinder or whether the air forms an emulsion with the water.) (V) (A) *Pract. Eng.* 34 S. 1/2.

FRIEDRICH, air-lift pumping. (300' deep well lately tested; the water being elevated above the surface 85'. (V) *Mech. World* 40 S. 32.

Air-lift system for artesian wells. (Mammoth air-lift pump manufactured by the PULSOMETER ENG. CO.) * *Pract. Eng.* 34 S. 78/9.

Usine élévatoire de Messein pour l'alimentation de la ville de Nancy en eau filtrée.* *Gén. civ.* 48 S. 356/61.

COWAN, emergency air-lift equipment for wells, Marion City (O) Water Co.* *Eng. News* 56 S. 618.

Wasserkraftmaschinen. Hydraulic machinery. Machines hydrauliques. Vgl. Krafterzeugung und Kraftübertragung 4, Turbinen 1, Wasserbau 2d, Wasserversorgung 4.

1. Allgemeines und theoretisches, Anlagen. Generalities, theory, plants. Généralités, théorie, établissements. Vgl. Turbinen 1 a.

Energiebestimmung einer Wasserkraft.* *El. Anz.* 23 S. 1207/9.

PERRINE, the value and design of water power plants as influenced by load factor. (V) *J. Frankl.* 162 S. 269/78.

PARSONS, sale of water-power from the Power Co.'s point of view. *Street R.* 27 S. 1023/7.

OPL, Wasserkraft-Umformer und seine Anwendung in der chemischen Industrie. (Gestattet größere Wassermengen von kleinem Gefälle in kleinere von größerem Gefälle und umgekehrt zu verwandeln.) * *Z. Chem. Apparat.* 1 S. 689/93.

Utilisation of water powers of low head. (In Janesville, Wis.; account read before the convention of the American Institute of Electrical Engineers.) (V) (A) *Eng. Rec.* 53 S. 673/4.

GRUNER, die Ausnutzung von Hochwasser bei Wasserkraftanlagen. *Z. V. dt. Ing.* 50 S. 1821/6.

LAUDA und GOEBL, Verwertung der Wasserkräfte. (Schweiz, Italien, Frankreich, Bayern; Elektrizitätswerk Beznau; Kraftwerk La Coulouvrenière; Elektrizitätswerke zu Chèvres und Bois Noir; Druckleitung und Stauwerk Hauterive; Oberwasserkanal des Kraftwerkes Brieg) (a)⊡ *Wschr. Baud.* 12 S. 589/607.

GRUNER, die Wasserkräfte des Oberrheins von Neuhausen bis Breisach und ihre wirtschaftliche Ausnützung.* *Schw. Baus.* 47 S. 228/33; *Z. Eisenb. Verw.* 46 S. 1093/5.

SCHLEGEL, Ausnutzung der Wasserkraft der kanalisierten Saar am Nadelwehr zu Saarbrücken.* *Glückauf* 42 S. 463/6.

KECH, EDWIN, Verwertung der oberrheinischen Wasserkräfte. (Von Neuhausen bis Breisach; Kraftwerke Laufenburg, Wyhlen-Augst, Rheinau, Mülhausen.) *Z. Eisenb. Verw.* 46 S. 1093/5.

EDSTEN, power development at St. Croix Falls for the Minneapolis General Electric Co. (Dam composed of rubble concrete, mixers are of the SMITH type; 50' in height, total length of the spillway 650'.) * *Eng. Rec.* 53 S. 297/9.

V. FORESTIER, canalisation de 3,30 m de diamètre à l'usine hydro-électrique de Ture et Morge. (Calcul des directrices; calcul des génératrices, chacune considérée comme une poutre de 0,10 de portée encastrée à ses deux extrémités et supportant la pression exercée sur une surface de 0,10 × 0,11.)* *Bet. u. Eisen* 5 S. 218/20.

Gerinne-Ueberführung in Eisenkonstruktion. (Ueberführung des Werkgrabens einer Fabrik über einen tieferliegenden Flußlauf; Berechnung der Eisenkonstruktion.) * *Techn. Z.* 23 S. 114/7.

Hydro-electric generating station at South Bend, Ind. (On the St. Joseph River about 11½ miles from the plant. Reinforced-concrete retaining walls; PARKER-TAINTOR hydraulic gates placed in concrete settings built across the headrace, 150' below the dam, to control the flow through the headrace; power-house with a reinforced-concrete sub-structure of a steel-frame super-structure, having concrete block side walls independent of the steel frame. Its roof is of hollow tile carried by T-irons on steel-truss frames and covered with roofing felt and gravel laid in tar.) * *Eng. Rec.* 54 S. 35/6.

Rapid construction of an industrial plant. (Methods followed at the St. Croix Paper Co.'s Works, Sprague's Falls.) * *Eng. Rec.* 53 S. 4/5.

Power plant of the Chicago drainage canal. (Construction.) * *Eng. News* 55 S. 52/6; *Eng. Rec.* 53 S. 187/91.

2. Turbinen. Turbines. Siehe Turbinen.

3. Wasserräder. Water wheels. Roues hydrauliques.

Subterranean water wheel installation. (On the head of Defeated Creek, Tenn.) * *Am. Miller* 34 S. 725.

4. Kolbenmotoren, verschiedenes. Piston motors, sundries. Moteurs à piston, matières diverses. Fehlt.

Wasserkräne. Water - cranes. Grues hydrauliques. Siehe Eisenbahnwesen V 2.

Wassermesser. Water-meters. Compteurs à eau. Vgl. Messen, Wasserversorgung.

Bestimmungen für die Normalisierung der Wassermesser von 2—20 cbm Durchlaßfähigkeit (10 bis 40 mm Durchmesser). *Met. Arb.* 32 S. 26.

Water gauge or well tell-tale. (TERRY's well tell-tale.) * *Eng.* 101 S. 352.

MANBRAND, machining turbine heads for water meters.* *Am. Mach.* 29, 1 S. 779.

Wassermesser für Dampfkessel- und Fabrikanlagen. (Mit geteiltem und ungeteiltem Trockenläufer und Naßläufer der LUXschen INDUSTRIE-WERKE in Ludwigshafen.) * *Z. Dampfk.* 29 S. 417/9 F.

Compteur à eau chaude.* *Gén. civ.* 49 S. 100.

WILCOX, liquid measuring device. (For evaporative boiler tests.)* *Pract. Eng.* 34 S. 38/9; *Eng. News* 55 S. 528/9.

HENOCHSBERG, selbsttätiger Wassermengenmesser System HENOCHSBERG-FUESZ. * *J. Gasbel.* 49 S. 686/7.

The Eureka water meter. (Of the velocity or inferential type.) * *Gas Light* 85 S. 632.

Compteurs d'eau de KELVIN.* *Bull. d'enc.* 108 S. 1061/6.

LEA, a graphic water recorder.* *Eng.* 102 S. 612.

V. MOLO, Ablesevorrichtungen an Elektrizitäts-, Gas- und Wassermessern. * (Zählwerke mit schleichenden Zeigern und nur einmaliger Uebersetzung.) * *Wschr. Baud.* 12 S. 70/4.

LEA, over-registration of two 4" water meters on test. *Eng. News* 55 S. 299.

Phénomènes d'électrolyse dans les compteurs d'eau. *Bull. d'enc.* 108 S. 256/7.

Wasserreinigung. Water purification. Épuration des eaux. Vgl. Abwässer, Dampfkessel 7, Desinfektion, Entwässerung, Filter, Kanalisation, Wasser.

　1. Allgemeines.
　2. Enteisenung.
　3. Reinigung durch Filter.
　4. Reinigung durch andere Mittel.

1. Allgemeines. Generalities. Généralités.

OELWEIN, Reinigung des Wassers in größeren Mengen zu Zwecken der Versorgung größerer Städte mit Trink- und Nutzwasser. (V) (A) *Z. Transp.* 23 S. 287/8.

THUMM, die Abwasserreinigung mit Rücksicht auf die Reinhaltung der Wasserläufe, vom hygienisch-technischen Standpunkt. *Ges. Ing.* 29 S. 325/6.

VANDEVELDE et LEFERRE, l'autoépuration des eaux de rivière. *Bull. belge* 20 S. 343/7.

v. COCHENHAUSEN, Beaufsichtigung der Wasserreinigungsanlagen. *Z. ang. Chem.* 19 S. 1987/92.

2. Enteisenung. Removal of iron. Précipitation du fer.

SCHWARZ, über Grundwasserenteisenung.* *Z. Heiz.* 10 S. 188/90.

SCHREIBER, Enteisenung bei Einzelbrunnen nach dem Verfahren von DESENISS & JACOBI in Hamburg. (Enteisenungspumpe.) *Techn. Gem. Bl.* 8 S. 381; *Z. Arch.* 52 Sp. 463.

Wasser-Enteisenung. (Enteisenungsverfahren nach LINDE-HESS.) *Papierfabr.* 1906 S. 2378/80; *Oest. Woll. Ind.* 26 S. 414/5.

KLUT, Enteisenung von Wasser für Haus- und Straßenbrunnen. (Durch Sauerstoffzuführung.) *Pharm. Z.* 51 S. 952/3.

ORSTEN, Grundwasser-Enteisenung. (An die Durchlüftung des Wassers über dem Hochbehälter schließt sich zunächst die Aufsammlung in diesem und erst an dritter Stelle folgt die Filtration.)* *Chem. Z.* 30 S. 583/4; *Z. V. dt. Ing.* 50 S. 1114/6; *J. Gasbel.* 49 S. 481/3; *Techn. Z.* 23 S. 513/4.

SCHWARZ, PAUL, Grundwasserenteisenung. (Oxydaiton durch kreuz und quer angeordnete Bretter, die eine innige Berührung des Wassers mit der Luft bewirken; Rieselanlagen; Filtriervorrichtungen.)* *Z. Baugew.* 50 S. 25/8; *Uhlands T. R.* 1906, 2 S. 13/5.

SIEG-RHEINISCHE HÜTTEN-A.-G. FRIEDRICH WILHELMSHÜTTE, Apparat, der den aus der Vorwärmung überflüssigen Abdampf durch Luftkühlung als Reinwasser wieder gewinnt und bei welchem gleichzeitig durch Luftzirkulation die Enteisenung des Wassers bewirkt wird. *Dingl. J.* 321 S. 765/6 F.

WEISE, Entfernung von Eisen und Huminstoffen aus Trinkwasser nach WERNICKE und MERTENS. (Mischung des oberflächlichen eisenhaltigen Grundwassers mit dem im braunen Wasser enthaltenen Huminstoffe im Gegenwart von Luftsauerstoff.) *J. Gasbel.* 49 S 630/1.

WERNICKE, Enteisenungsversuche mit Pbsener Grundwasser. (Versuche von WERNICKE und MERTENS. Mischung des braunkohlenhaltigen Wassers mit dem oberflächlichen, eisenhaltigen Grundwasser, infolge dessen ein Bodensatz aus den Eisensalzen und den Humusstoffen der gemischten Wasser entsteht.) (V) (A) *Techn. Gem. Bl.* 9 S. 123.

Removal of iron from the water supply of Reading, Mass. (Iron treatment, aeration, subsidence and filtration; experiments with electrolytic iron device.) *Eng. Rec.* 54 S. 601/2.

LICHTHEIM, Trinkwasser durch Zentrifugieren zu enteisenen. *J. Gasbel.* 49 S. 314.

3. Reinigung durch Filter. Purification by filters. Épuration par filtres.

ROTTMANN, mechanische Klärung und Filterung in Wasserreinigungsapparaten.* *Z. Chem. Apparat.* 1 S. 769/74 F.

GEISZLER, Tropffilter-Anlage in Kiel - Wik. (Sandfang und Vorklärkammern aus Zementbeton erbaut im Inneren mit glattgebügeltem Putz aus reinem Zement wasserdicht gemacht.)* *Zbl. Bauv.* 26 S. 102/4.

FLETCHER, sand filter for the home. (Style intended for service when the water supply is handled by pail from a well, cistern or running stream; style adapted to situations where the water is supplied through an aqueduct pipe.) (A) * *Eng. News* 56 S. 141/2.

BOLZE, Agga-Verbundfilter für größere Wassermengen. (A. G. FÜR GROSZFILTRATION UND APPARATENBAU. Filtration durch eine Schicht von Sand und darunter liegenden, festen, künstlichen Filterstein, während die Reinigung der Filter durch Rückspülung geschieht.)* *Papierfabr.* 4 S. 457/61.

ROTTMANN, Schnellfilter-Konstruktionen.* *Z. Chem. Apparat.* 1 S. 577/81.

GRIMMER, Wasserreiniger. (Filterapparate der Maschinenfabrik BREUER & CIE.; Filtereinsätze werden mit Asche oder Sägespänen beschickt; Simplex-Schnell-Filter von der Maschinenfabrik KYLL, System DESRUMEAUX, dient zur Reinigung von mit Schmutz versetztem Fluß- und Abwasser, sowie zur Ausscheidung von Fettstoffen aus Kondensationswässern; aus Silex bestehendes Filtermaterial nach MORGENSTERNs Anordnung, um beliebig geformte Wasserbehälter in einen Wasserreiniger umzubauen. Reiniger von SCHUMANN & CIE arbeitet mit oder ohne Anwärmevorrichtung und mit Reagentien in gelöstem Zustande; mit nur einem Fällungsmittel [calcinierte Soda] arbeitender Reiniger System GUTTMANN bauen die „DEUTSCHE BABCOCK & WILCOX DAMPFKESSELWERKE.")* *Dingl. J.* 21 S. 7037/11 F.

Selbsttätiger Wasserreinigungsapparat System BREUER. (Besteht aus dem durch Zwischenwände in drei Abteilungen geteilten Hochbehälter, dem Klärbehälter, dem Kalkwassersättiger, dem Sodareguliergefäß und dem unter dem Klärbehälter angeordneten BREUER-Filter.) * *Dingl. J.* 321 S. 763/4.

The official Prussian tests of the JEWELL water filter. (JEWELL EXPORT FILTER CO.'s experimental plant at the Mueggel Lake station. Experiments by SCHREIBER and GIESBLER; treatment of plankton with a dose of sulphate of alumina; HILGERMANN's supplementary bacteriological, chemical and biological investigations; sulphate of alumina; influence of rapid filtration on bacteria; chemical and physical aspects of rapid filtration; method of subsidence.) (A) *Eng. Rec.* 53 S. 499/502.

HILGERMANN, Wert der Sandfiltration und neuerer Verfahren der Schnellfiltration zur Reinigung von Flußwasser bezw. Oberflächenwasser für die Zwecke der Wasserversorgung. *Viertelj. ger. Med.* 32 S. 336/83.

HILGERMANN, Sandfiltration und Schnellfiltration mit JEWELL-Filtern. (Versuchsanlage der JEWELL-FILTER COMP.) *J. Gasbel.* 49 S. 989; *Z. Arch.* 52 Sp. 463.

SCHREIBER, Bericht über Versuche an einer Versuchsanlage der JEWELL EXPORT FILTER CO. *Techn. Gem. Bl.* 8 S. 382.

KRANEPUHL, Versuche an einer Versuchsanlage

der JEWELL-EXPORT-FILTER-CO. *J. Gasbel.* 49 S. 408/9.

Konstruktion, Anlage- und Betriebskosten der Filter der Amsterdamer Dünenwasserleitung.* *J. Gasbel.* 49 S. 519/21.

Filtration sur sable des eaux alimentaires. Installation de Nanterre. (Filtres dégrossisseurs PUECH.) 🔲 *Ann. trav.* 63 S. 1187/91; *Gén. civ.* 49 S. 50/4; *Nat.* 34, 2 S. 120/3.

DE VARONA, the Baiseleys, Springfield, Forest Stream and Hempstead filter plants, Borough of Brooklyn, New York. (Mechanical filters of the gravity type; slow sand beds; washing the surface of the beds; cost of cleaning the beds.) *Eng. News* 56 S. 195.

BISHOP and VERMUELE, cleaning the old sand water filters at Hudson. (Washing the sand, gravel and stone; rotary screen.)* *Eng. Rec.* 53 S. 69/70.

SWAN, contractors' plant and methods of the construction of the Pittsburg filtration plant. (The capacity of each of the sedimentation bassins is 65,000,000 gallons and that of the receiving basin 20,000,000 gallons; cableways; gravel screen and storage bins; tramway for conveying concrete materials; clam-shell derricks for hoisting sand and gravel from barges.) 🔲 *Eng. News* 56 S. 566/9; *Eng. Rec.* 54 S. 622/6 F.

WASTENEYS, surface-water filtration in Queensland. (Sand and gravel; plain sand filter; sand and ashes; destroying algol growths by copper sulphate.) (V) (A) *Min. Proc. Civ. Eng.* 166 S. 449/51.

HAZEN and HARDY, works of the purification of the water supply of Washington, D. C. (Underdrainage system; sand filtration plant; floor blocks and inverted groined arches; main pipe lines; walls and vaulting; pure-water reservoir; sand piping in a filter before placing filtering materials; sand washer box; reinforced concrete VENTURI meter; movable ejector; movable sand washer; sand hopper; stationary sand washers; pumping station.) (V. m. B.) (a) 🔲 *Trans. Am. Eng.* 57 S. 307/454; *Proc. Am. Civ. Eng.* 32 S. 586/642; *Eng. News* 56 S. 476/80; *Eng. Rec.* 53 S. 445/6.

WENTZKI, Reinigung des Trinkwassers durch Natur-Steinfilter, System LANZ.* *J. Gasbel.* 49 S. 1013/5.

Esperienze sui filtri per la epurazione dell' acqua piovana di alimentazione del Rifornitore della stazione di Monopoli. (Filtri di pietra naturale o artificiale.) 🔲 *Giorn. Gen. civ.* 43 S. 337/42.

Water filters at Lawrence, Mass. (Semi-elliptical groined arches; main collector is a concrete arched drain from which terra cotta laterals run.) *Eng. Rec.* 53 S. 611.

FUERTES, the water filter of the Jacob Tome Institute. (Reinforced concrete washing; aerating trays; sliding wall gauges indicating the loss of head due to clogging of the filter and the rate of discharge to the distribution mains. For the primary filters 10′ vertical stand-pipes are connected with the under drains and the filter surface and in them are suspended copper floats balancing the gauge boards which have a free vertical movement with their adjacent edges in contact.) *Eng. Rec.* 54 S. 572/3.

BAUDRY, ununterbrochen wirkender Wasserreinigungsapparat.* *Met. Arb.* 32 S. 302/3

Klärzylinder des Wasserreinigers „Automat" der Maschinenfabrik KYLL. (Beruht darauf, den Wasserstrom durch Einbauten zu teilen und dadurch die Klärfähigkeit zu erhöhen.)* *Dingl. J.* 321 S. 795/6.

KABRHEL, Filtrationseffekt der Grundwässer.🔲 *Arch. Hyg.* 58 S. 345/98.

GRIMMER, Wasserreiniger der Firma REICHLING & CO. (Besteht aus einem schmiedeeisernen Zylinder mit zwei Abteilungen, dem Mischraum und dem Setzraum.)* *Dingl. J.* 321 S. 793/5.

Wasserreiniger System SCHEID von der Apparate- und Maschinenfabrik J. GÖHRING.* *Dingl. J.* 321 S. 822/3.

SMREKER, selbsttätiger Wasserreiniger (Patent M. SCHROEDER).* *Dingl. J.* 321 S. 795.

Filterstation zu Youngstown (Ohio). (Die in 24 Stunden 10 000 000 Gallonen Wasser zu filtern vermag. Niederdruck - Zentrifugalpumpen der WILLIAM TOD CO.) 🔲 *Uhlands T. R.* 1906, 2 S. 47/8.

Ausführungen und Verfahren der Firma DESENISS & JACOBI. (Schwengelpumpe mit eingebautem Filter.)* *Dingl. J.* 321 S. 815.

4. Reinigung durch andere Mittel. Purifloation by other means. Épuration par d'autres moyens.

Various forms of stationary and portable water sterilizing apparatus.* *Sc. Am.* 94 S. 456/7; *Page's Weekly* 9 S. 1092/3.

RIETSCHEL & HENNEBERGs Trinkwasserbereiter. (Dampfsterilisierkessel, Kühler und Durchmischer mit keimfreier Luft und Filter aus Bimsstein und Knochenkohle.)* *Prom.* 17 S. 481/7.

HAEFCKE, stationärer Trinkwasserbereiter von RIETSCHEL & HENNEBERG für Krankenhäuser, Kasernen, isoliert gelegene Gehöfte, Fabrikbetriebe etc.* *Ges. Ing.* 29 S. 677/9.

Production of fresh water from sea water. (Sextuple effect apparatus, consists of six vertical vessels or pans, the lower part of each forming a steam drum containing a large number of vertical brass heating tubes about 5′ long, expanded into mild steel tube plates at each end.)* *Eng.* 102 S. 99.

WHIPPLE, disinfection as a means of water purification. (Method of disinfection of the Ostende plant. Use of peroxyde of chlorine prepared by a method of DUYK; rusults of bacteriological examinations.) (V) *Eng. Rec.* 54 S. 94/6.

SIEG-RHEINISCHE HÜTTEN A.-G. FRIEDRICH WILHELMSHÜTTE, Apparat, der den aus der Vorwärmung überflüssigen Abdampf durch Luftkühlung als Reinwasser wieder gewinnt und bei welchem gleichzeitig durch Luftzirkulation die Enteisenung des Wassers bewirkt wird. *Dingl. J.* 321 S. 765/6 F.

PATERSON ENGINEERING CO., condensation water purifier and grease eliminator.* *El. Mag.* 6 S. 226/7.

HATCH, sterilized water supply at Leavesden Asylum. (Difference in temperature between the incoming and outgoing waters should not exceed 20° F. The apparatus consists of three independent units, each dealing with 3,000 gallons of water per hour, the water being boiled by the injection of live steam only. Each unit, consists of a heat-interchange vessel, similar in form to a surface-condenser; and a boiling-vessel of mild steel plate.) (V)* *Min. Proc. Civ. Eng.* 166 S. 302/15.

FOSTER-BARHAM, tropical waters and their purification. (V. m. B.) *J. Gas L.* 95 S. 309/15.

WESTON, water purification plant at Paris, Ky. (Coagulating basin; aerating pans; strainer and collector system.)* *Eng. News* 55 S. 494/5.

WESTON, American system of filtration at Mansourah, Egypt. (The plant consists of steel filters of the JEWELL gravity type, a filtered

water well, one low-lift pump, three high-lift pumps and three masonry coagulation and subsidence basins.)* *Eng. Rec.* 53 S. 146/8.

OELWEIN, Reinigung des Wassers in größeren Mengen zu Zwecken der Versorgung größerer Städte mit Trink- und Nutzwasser. (Anlagen mit Reinigung durch Mischung des Rohwassers mit 6 % Alaun und durch JEWELL-Schnellfilter.) (V) *Z. Oest. Ing. V.* 58 S. 225/9.

Mechanical filtration. (UNITED WATER IMPROVEMENT CO., Pennsylvania, Building, Philadelphia. (Filters to remove all suspended matter, colour, dyestuffs and industrial wastes from the water. Filtration is downward specially; prepared sand constitutes the filter bed; device that prevents the strainer system from becoming choked and thus causing the filter bed to be filled with mud; alum or other suitable coagulant is used.)* *Text. Rec.* 32, 1 S. 139/40.

BASCH, Aetznatron oder Aetzkalk zur Wasserreinigung? *Braunk.* 4 S. 571/2.

REISERT, Verwendung von Baryumkarbonat zur Wasserreinigung. *Pharm. Centralh.* 47 S. 137/8.

HETSCH, Trinkwassersterilisation durch Chemikalien. Ferrochlor-Verfahren von DUYK.) *J. Gasbel.* 49 S. 966.

MILLER & CO., Wasserreiniger System ROTTMANN. (Die zur Ausfällung erforderliche Sodalösung fließt in das Sodameßgefäß und von hier durch den Hahn in die darunter befindlichen Mischraum, in welchem sie mit dem Rohwasser und Kalklösung vermischt wird.)* *Dingl. J.* 321 S. 823.

Das Kupfer als Wasserreiniger. *Phot. Wchbl.* 32 S. 154/5.

RETTGER and ENDICOTT, use of copper sulphate in the purification of water. (Action of copper sulphate studied on B. coli communis, B. typhi abdominalis, bacillus of dysentery, the spirillum of asiatic cholera, and the bacilli of fowl and of hog cholera.) *Eng. News* 56 S. 425/6.

Experiments with copper-iron sulphate for water purification at Marietta, O. (Numbers of bacteria; alkalinity; turbidity; colour, chlorine and iron tests; amount and cost of chemicals.)* *Eng. Rec.* 53 S. 392/4.

KEMNA, copper sulphate for water filtration. (V. m. B.) *J. Gas L.* 96 S. 813/7.

Prevention of the growth of algae in water supplies. (By crystallized copper sulphate.) *Eng. Rec.* 54 S. 263/4.

Mangansaurer Kalk als Wasserreinigungsmittel. *Seifenfabr.* 26 S. 13.

Mittel zur Reinigung des Trinkwassers von Algen und schädlichen Bakterien. (Verwendung von Schwefelpulver.) *Bohrtechn.* 13 S. 86/8 F.

Water filtering and softening works at Columbus, O. (Raw river water treated with a saturated solution of lime water; solution of soda ash is applied to reduce the sulphate hardness; settling basins; use of magnesium hydrate as a coagulant; solution of sulphate of iron or of sulphate of alumina may be added to the partially settled water.)* *Eng. Rec.* 53 S. 202/8.

PATTON, sulphate of iron and caustic lime as a coagulant in water sedimentation. (Experiences in the Catlettsburg, Kenova & Ceredo and Ashland Companies.) (V) *Eng. News* 56 S. 363/4.

ELLMS, sulphate of iron and caustic lime as coagulants in water purification. (Cost of treating water with sulphate of iron and caustic lime. (Amounts of aluminium sulphate and sulphate of iron and caustic lime required for successful purification of subsided Ohio River water at Cincinnati.) (V) *Eng. Rec.* 54 S. 439/41.

BLAGDEN, filtration works for supplying the town

of Alexandria with potable water. (Settling-tanks; filters; wash-water tank for washing the filters; filter-house; sulphate of alumina coagulant feed; main pumping station; recording-instruments.) (V) *Min. Proc. Civ. Eng.* 166 S. 316/35.

BRUNN-LOEWENER, system for softening water. (Softening solution, which flows into the oscillating receiver through a valve which is raised at each oscillation of the receiver.)* *Text. Rec.* 31, 3 S. 162/3.

ROYLE, the mechanics of water softening. (V. m. B)* *Chemical Ind.* 25 S. 452/6.

Water softening plant constructed by LASSEN & HJORT.* *Iron & Coal* 72 S. 2129.

DION, electrical water purifier for household purposes.* *West. Electr.* 38 S. 97.

SCHREIBER, zur Beurteilung des Ozonverfahrens für die Sterilisation des Trinkwassers. (Nachweis der Wirksamkeit des Verfahrens an dem Paderborner Ozonwasserwerk.) *Techn. Gem. Bl.* 8 S. 381/2; *Ges. Ing.* 29 S. 403/6.

ERLWEIN, Einzelanlagen zur Sterilisation von Trink- und Industriewasser durch Ozon.* *Ges. Ing.* 29 S. 106/9; *Prom.* 17 S. 345/8.

Ozon zur Sterilisierung von Trinkwasser. * *Ges. Ing.* 29 S. 561/2; *J. Gasbel.* 49 S. 813/5; *Nat.* 34, 2 S. 55/8; *El. Rev.* 58 S. 582/3.

Reinigen des Trinkwassers von Krankheitserregern durch Ozon.* *Zbl. Bauw.* 26 S. 572/3.

ERLWEIN, apparatus for the sterilization of water by means of ozone. *Sc. Am. Suppl.* 61 S. 25309/10.

CZONAIRE CO., portable ozone generator. (Pat.)* *El. Rev.* 58 S. 666.

SIEMENS & HALSKE, transportable ozone plant for military purposes.* *Pract. Eng.* 34 S. 528.

PERKINS, SIEMENS-SCHUCKERT CO.'s ozone water-sterilizing equipment. * *El. Rev. N. Y.* 48 S. 329/30.

KULLMANN, Trinkwasserreinigung durch Ozon. (V) *Z. V. dt. Ing.* 50 S. 422/3.

LE BARON et SÉNÉQUIER, stérilisation de l'eau par l'ozone. (Application des procédés OTTO à la stérilisation par l'ozone des eaux d'alimentation de la ville de Nice.* *Rev. chim.* 9 S. 45/58.

STEENS, sterilization of water by ozone. (MARMIER & ABRAHAM: concentration of the ozone and producing a mixture of the ozone with the water of such an intimate nature as to assure the destruction of all the germs.)* *Eng. Rev.* 53 S. 31/2.

Wasserrechen mit selbsttätiger Reinigung. (Zur selbsttätigen Entfernung der im Wasser enthaltenen mechanischen Verunreinigungen Stoffe. Anlagen in Minworth und Cole Valley bei Birmingham von JOHN SMITH & CO. Mit Gegenäußerung auf S. 810 von PFARR über die Nachteile des obigen Rechens gegenüber dem stillstehenden.) *W. Papierf.* 37, 1 S. 636/7.

Selbstreinigung der Flüsse. (Durch das Sonnenlicht.) *Papierfabr.* 4 S. 1950/1.

Wasserstandszeiger. Water level indicators. Indicateurs de niveau d'eau.

1. Für Dampfkessel. For steam boilers. Pour chaudières à vapeur. Siehe Dampfkessel 9.

2. Pegel. Water mark posts. Echelles d'eau. Siehe diese.

3. Andere Wasserstandszeiger. Other water level indicators. Autres indicateurs de niveau d'eau.

CLAUDY, machine which prophesies. (Engine which can and does predict the time of high and low tide for a given locality.)* *Am. Mach.* 29, 1 S. 171/2.

FORDE's pneumatic water-level indicator. (Indi-

cates the water head in tanks situated at any level above or below the indicator, as in locomotive tender tanks, roof tanks etc.) * *Railw. Eng.* 27 S. 336.

KELLER & CO., Wasserstandsmelder. (Metallgehäuse mit Wasser- und Dampfanschlußstutzen. Fällt der Wasserstand im Kessel, so kommt ein Quecksilberröhrchen mit dem Dampf, der immer heißer ist, als das Wasser, in Berührung und schließt einen elektrischen Strom.) * *Chem. Z.* 30 S. 1145.

LÉVY, G., indicateur de niveau système MURPHY. (Niveau de liquide contenu dans les réservoirs de voitures automobiles.)* *Rev. ind.* 37 S. 16.

Wasserstoff und Verbindungen. Hydrogen and compounds. Hydrogène et combinaisons. Vgl. Gaserzeugung, Wasser.

DUFOUR, les spectres de l'hydrogène. *Ann. d. Chim.* 8, 9 S. 361/432.

JANICKI, feinere Zerlegung der Spektrallinien von Quecksilber, Kadmium, Natrium, Zink, Thallium und Wasserstoff.* *Ann. d. Phys.* 19 S. 36/79.

DEMBER, lichtelektrischer Effekt und das Kathodengefälle an einer Alkalielektrode in Argon, Helium und Wasserstoff. * *Ann. d. Phys.* 20 S. 379/97.

STARK, die Lichtemission der Kanalstrahlen in Wasserstoff. (Träger der Linienspektra; Translationsgeschwindigkeit und Strahlungsintensität; bezw. Wellenlänge.) *Ann. d. Phys.* 21 S. 401/56.

PENTSCHEFF, Spannungsabfall in der positiven Schicht in Wasserstoff. *Physik. Z.* 7 S. 463.

WINKELMANN, Bemerkungen zu der Abhandlung von RICHARDSON, NICOL und PARNELL über die Diffusion von Wasserstoff durch heißes Platin. *Ann. d. Phys.* 19 S. 1045/55.

WITKOWSKI, Ausdehnung des Wasserstoffs. * *Z. kompr. G.* 9 S. 124/8 F.

OLSZEWSKI, étude du point critique de l'hydrogène. *Ann. d. Chim.* 8, 8 S. 193/201.

BONE and WHEELER, combination of hydrogen and oxygen in contact with hot surfaces. *Phil. Trans.* 206 S. 1/67; *J. Gas L.* 96 S. 39/40; *Proc. Roy. Soc.* 77 A S. 146/7.

FALK, ignition temperatures of hydrogen-oxygen mixtures. *J. Am. Chem. Soc.* 28 S. 1517/34.

PRING and HUTTON, direct union of carbon and hydrogen at high temperatures. *J. Chem. Soc.* 89 S. 1591/1601.

FISCHER, FRANZ und MARX, die thermischen Bildungsbeziehungen zwischen Ozon, Stickoxyd und Wasserstoffsuperoxd. *Ber. chem. G.* 39 S. 3631/47.

BURGESS and CHAPMAN, interaction of chlorine and hydrogen.* *J. Chem. Soc.* 89 S. 1399/1434.

DIXON, union of chlorine and hydrogen. *Chemical Ind.* 25 S. 145/9.

JORISSEN und RINGER, Einfluß von Radiumstrahlen auf Chlorknallgas (und auf gewöhnliches Knallgas).* *Ber. chem. G.* 39 S. 2093/8.

ALLAIN, action conservatrice des chlorures de sodium et de calcium sur l'eau oxygénée médicinale. *J. pharm.* 6, 24 S. 162/5; *Am. Apoth. Z.* 27 S. 95.

FRIEND, reaction between hydrogen peroxyde and potassium persulphate. *J. Chem. Soc.* 89 S. 1092/1101.

MERK, Verfahren zur Darstellung von Wasserstoffsuperoxyd. *Erfind.* 33 S. 145/6.

MATHEWSON and CALVIN, determining hydrogen peroxide and ferrous salts and other reducing agents. *Chem. J.* 36 S. 113/7.

KASERER, Oxydation des Wasserstoffes durch Mikroorganismen.* *CBl. Bakt.* II, 16 S. 681/96 F.

NABOKICH und LEBEDEFF, Oxydation des Wasserstoffes durch Bakterien. *CBl. Bakt.* II, 17 S. 350/5.

GAUTIER, action de l'oxyde de carbone, au rouge, sur la vapeur d'eau, et de l'hydrogène sur l'acide carbonique. Application des ces réactions à l'étude des phénomènes volcaniques. *Compt. r.* 142 S. 1382/7; *Bull. Soc. chim.* 3, 35 S. 929/34.

LOCKEMANN, die Wasserstoffentwicklung im MARSHschen Apparate. (Kupfer oder Platin als Aktivierungsmittel für Zink.) *Z. ang. Chem.* 19 S. 1362.

WENTZKI, Reinigungsmasse zur Entfernung von Arsenwasserstoff aus rohem Wasserstoffgas. (Mittels eines Gemisches von zwei Teilen trockenen Chlorkalks und einem Teil feuchten Chlorkalks.) *Chem. Ind.* 29 S. 405/6.

WISS, Verwendung von verdichtetem Wasserstoff und Sauerstoff. (Für Luftschiffahrtszwecke; autogene Schweißung; autogenes Bleilötverfahren.) * *Z. Kohlens. Ind.* 12 S. 333/4 F.

JAUBERT, Hydrolith. (Verbindung von Wasserstoff mit Kalzium, gewonnen durch die Einwirkung von metallischem Kalzium auf ein Metallsalz; im übrigen geheim gehalten; dient zur Füllung von Ballons. *Bayr. Gew. Bl.* 1906 S. 422/3.

Wasserversorgung. Water supply. Alimentation d'eau. Vgl. Beton und Betonbau, Dampfkessel 8, Eisenbahnwesen V 2, Entwässerung und Bewässerung, Pumpen, Rohre, Wasser, Wasserbau, Wasserkraftmaschinen 1, Wassermesser, Wasserreinigung.

1. Allgemeines.
2. Ausgeführte und geplante Anlagen.
3. Wasserleitungen (im engeren Sinne).
4. Sammelbehälter und Talsperren.

1. Allgemeines. Generalities. Généralités.

Stand der hydrologischen Wissenschaft. *Bohrtechn.* 13 S. 197/9 F.

Evaporation of water. (Experiments made at the Twin Falls experimental farm.) *Cem. Eng. News* 17 S. 249.

Evaporation of ground water. (Experiments made by SLICHTER, when the water is within 1' of the surface and the water table lies at a depth of 3'.) *Eng. Rec.* 54 S. 605.

DIENERT, de la minéralisation des eaux souterraines et des causes de sa variation. *Compt. r.* 142 S. 1113/5.

MEZGER, die Dampfkraft als Ursache der Grundwasserbildung. (Entstehung des Grund- und Quellwassers.) *Ges. Ing.* 29 S. 569/76.

LAFOSSE, influence des forêts sur la formation des pluies. (Les forêts sont des condenseurs et des régulateurs.) (V. m. B.) *Ann. ponts et ch.* 1906, 4 S. 200/2.

LOKITINI, l'influence du deboisement sur le dessèchement des cours d'eau. (Dessèchement du sol par les racines; rendement de l'eau par la pluie.) (V) (A). *Ann. ponts et ch.* 1906, 4 S. 203/4.

RIEDEL, effets du déboisement des forêts. (V. m. B.) *Ann. ponts et ch.* 1906, 4 S. 197.

LAUDA, lois du volume des eaux tombées, absorbées et écoulées. (V) (A) (B) *Ann. ponts et ch.* 1906, 4 S. 196/7.

BELLAMY, on the rainfall of central Queensland and floods in the Fitzroy River. (V) *Min. Proc. Civ. Eng.* 163 S. 289/99.

WOLFSCHÜTZ, conditions du régime de l'écoulement des eaux. (Répartition de la quantité de pluie tombée en eau évaporée et en eau s'écoulant superficiellement ou pénétrant par filtration

dans le sol.) (V. m. B.) *Ann. ponts et ch.* 1906, 4 S. 198/200.

KRESNIK, Wasserbewegung durch Boden. (Versuche Filtriergeschwindigkeit; relatives Druckgefälle.) ⊠ *Wschr. Baud.* 12 S. 137/43.

WISEMAN, flow of underground water. (Experiments on the rate of flow of water through moderately large blocks of stone; variation of hydraulic pressure within a rock at various depths from the pressed surface; relative porosity and retentivity of rock and sand; investigation of the statistics of pumping- and filtration-plants.) (V)* *Min. Proc. Civ. Eng.* 165 S. 309/52.

KÖNIG, Entstehung und Speisung der Grundwässer. *J. Gasbel.* 49 S. 1033/7 F.

The yield of driven wells. (SLICHTER's methods of investigating subsurface water; experiments of HOARDLEY; electrical method of testing the flow of ground water horizontally and vertically.) *Eng. Rec.* 53 S. 438/9.

LAWRENCE and BRAUNWORTH, fountain flow of water in vertical pipes. (Experiments to obtain a general law for the fountain flow of water from vertical pipes, for pipes of any size and for any head over the crest; PITOT tube.) (V. m. B.) ⊠ *Trans. Am. Eng.* 57 S. 265/306; *Proc. Am. Civ. Eng.* 32 S. 473/508.

Studies of fluctuations in the water level of Long Island wells. (Report of the New York Commission on additional water supply.) *Eng. News* 56 S. 239.

FRANZIUS, zur Wünschelrutenfrage. (Zeugnisse von VOGELER, BÖKEMANN, BUSCH.) *Zbl. Bauv.* 26 S. 90/1.

KULLMANN, Beobachtungen betr. die „Wünschelrute". *J. Gasbel.* 49 S. 75/6.

SIEGERT, das Quellensuchen mit der Wünschelrute. (Mitteilung über den Münchener Quellenfinder BERAZ und dessen Sensibilität.) *Z. Bayr. Rev.* 10 S. 9/10.

FRANZIUS und BEYERHAUS, zur Wünschelrutenfrage. (Versuch einer wissenschaftlichen Erklärung.)* *Zbl. Bauv.* 26 S. 380/2; *J. Gasbel.* 49 S. 402/4.

EHLERT, wider die Wünschelrute. (Vgl. Veröffentlichung von FRANZIUS im Zbl. Bauv. 1905 S. 13/9.) *Techn. Gem. Bl.* 8 S. 296/9; *J. Gasbel.* 49 S. 71/5.

WEBER, wider die Wünschelrute. (Entgegnung gegen HEIM, Jg. 48, S. 1091/6.) *J. Gasbel.* 49 S. 229/33.

WOLFF, WILHELM, wider die Wünschelrute. *J. Gasbel.* 49 S. 727/32.

Ausnützung nicht fündiger Bohrlöcher zu Mineralquellen. (V) *Bohrtechn.* 13 S. 208/12 F.

Austrocknung der Flüsse durch die Kultur. *Bohrtechn.* 13 S. 162/3.

DERLETH, some effects of the San Francisco earthquake on water-works, streets, sewers, car tracks and buildings.* *Eng. News* 55 S. 548/54.

BALDWIN-WISEMAN, puddling effect of water flowing through concrete. (Apparatus used in the experiments; table showing the variation in the amount of water percolating through the 6" thickness of Portland cement concrete.) (V)* *Min. Proc. Civ. Eng.* 163 S. 319/23.

DETIENNE, eaux alimentaires de Liège. (Eaux d'arènes; eaux fournies par des puits; eaux du terrain crétacé; captation par machines des eaux souterraines de la Hesbaye: le puits régulateur en communication occulte avec les galeries Dumont.) (a) ⊠ *Ann. trav.* 63 S. 795/899.

Captation des eaux à forte profondeur. (Projets d'extension des ouvrages de captation et d'ad-

duction de la ville de Liège par BROUHON; puits régulateur D'AWANS; considérations hydrologiques; conditions d'alimentation des galeries creusées dans la craie de Hesbaye; détermination du coefficient de perméabilité; débit du puits régulateur.) ⊠ *Ann. trav.* 63 S. 743/93.

Water supply problem. (Structural, municipal and sanitary aspects of the Central Californian catastrophe. Opening of joint on Pilarcitos pipe line; destruction of sewer by settlement of street; effect of the earthquake on trestles.)* *Eng. Rec.* 53 S. 765/9.

Hydrographic work of the U. S. geological survey in New England. (Measurements of stream flow; surveys of lakes and ponds to determine the possibility of water storage.) *Eng. News* 55 S. 178.

The Illinois State water survey. *Eng. News* 55 S. 98.

FORCHHEIMER, Voruntersuchungen für Wasserversorgungen. *Z. Oest. Ing. V.* 58 S. 200/3.

BLAKISTON, waste of water and its prevention. *J. Gas L.* 96 S. 883/4.

ADAMS, principles governing the valuation for ratefixing purposes of water works under private ownership. (Fundamental factors influencing value.) (V) (a) *J. Ass. Eng. Soc.* 36 S. 37/56.

Some features of the estimation of values of water supplies. (Estimate made by a commission of engineers for the City of New York.) *Eng. Rec.* 54 S. 170/1.

AMADE, jaugeage de la rigole de Courpalet au moyen du jaugeur automatique de PARENTY.* *Ann. ponts et ch.* 1906, 1 S. 191/7.

WHIPPLE, formulas for computing the cost of impure water supplies.* *Eng. News* 56 S. 508/9.

PARSONS, C. E., sale of water-power from the Power Co.'s point of view.* *Eng. Rec.* 54 S. 161/4.

Water supply. (Pumps; steam pumps; rotary pumps; centrifugal pumps; power triplex pumps; valves; small reservoirs and valve pits; private fire supplies from public mains.) *Eng. News* 55 S. 614/5.

FULLER, representation of wells and springs on maps. (V) (A)* *Eng. News* 56 S. 279.

STEARNS, development of water supplies and water-supply engineering. (Spot Pond reservoir; Fells reservoir.) (V) ⊠ *Trans. Am. Eng.* 56 S. 451/63; *Eng. Rec.* 54 S. 23/5; *Eng. News* 55 S. 705 7.

HAGUE, growth of the pumping station. (Limits of steam economy; boiler horse-power required for each pump horse-power; steam turbine; gas engine.) (V) *Eng. Rec.* 54 S. 50/4.

REESE, Entwicklung der Betriebsmaschinen für Wasserwerke. (V. m. B.) *J. Gasbel.* 49 S. 797/803.

RICHARDS, subterranean water supply. (Development of high-pressure centrifugal pumps on the Pacific Coast; stage pumps of GEBRÜDER SULZER of Switzerland.) (V)* *J. Ass. Eng. Soc.* 36 S. 29/36.

STACY, working a pumping engine without an air chamber. (Running a BLAKE 3,000000 gallon compound duplex pumping engine; air water hammer in consequence of driving water through 1,500' of force-main with no air in the air chamber.) (V) (A) *Eng. News* 56 S. 318.

Einrichtung, Betrieb und Ueberwachung öffentlicher Wasserversorgungsanlagen. (Anleitung des Reichsgesundheitsamts.) *J. Gasbel.* 49 S. 779.

Gutes Trinkwasser für Fabriken und Werkstätten. (Mischung mit Kohlensäure und Fruchtsäften.) *Z. Gew. Hyg.* 13 S. 110.

BASCH, freie Schwefelsäure im Speisewasser. (Aus-

laugen der Schichten der im Tagbau abgebrannten Kohle und der mit Braunkohle durchsetzten Tonmassen; schwefelkieshaltiger Boden.) *Z. Dampfk.* 29 S. 62/3.

VANCL, remarkable influx of iron and manganese into the underground water supply of Breslau, Germany. *Eng. News* 56 S. 350/1.

WHIPPLE, quality of the water supply of Cleveland, Ohio. (Sources of pollution of the water of Lake Erie. Intake tunnels, pumping stations and reservoirs; relation between floods, winds and typhoid fever rate; quality of water at different distances from shore; amount of chlorine in the water.) *Eng. Rec.* 54 S. 508/12.

GERHARD, regulations governing the submission of water supply projects for the approval of the Prussian Government. *Eng. News* 56 S. 57/8.

Anleitung für die Einrichtung, den Betrieb und die Ueberwachung öffentlicher Wasserversorgungsanlagen, welche nicht ausschließlich technischen Zwecken dienen. *Z. öffil. Chem.* 12 S. 266/72 F.

Gesundheitschädliche Gefährdung vom Einzugsgebiete her. (Fehlen der filtrierenden Kraft im Kalk-, Dolomitgebirge und unbewaldeten Schiefergebirge.) *Techn. Z.* 23 S. 205.

SEDGWICK, railways and water pollution, with special reference to the water supply of Seattle. *Eng. News* 56 S. 684.

ALLEN, Beurteilung, Beaufsichtigung und Schutz von Wasserversorgungsanlagen. (Entdeckung der Gesundheitsschädlichkeit einer Wasserversorgung; Sicherung des Versorgungswassers vor Gesundheitsschädigungen.) (V) *J. Gasbel.* 49 S. 532/6 F.

SELIGO, Opferstrecken. (Für die Beseitigung des in die Gewässer geschwemmten Unrates und für welche die sonstige Wassernutzung, soweit sie reines Wasser beansprucht, ausgeschlossen wird; nach dem Vorschlage von WEIGELT.) *Fisch. Z.* 29 S. 499/500 F.

WEISE, WERNICKE und MERTENS, Wasserversorgung von Städten. (Entfernung der braunen Färbung des braunkohlenhaltigen Wassers der größeren Tiefen. wenn man das oberflächliche eisenhaltige Grundwasser, am besten gleich nach seiner Gewinnung, mit dem braunen Wasser mischt. Dann entsteht aus den Eisensalzen und den Huminstoffen beider Mischungen ein schlammiger Bodensatz.) (V) *Zbl. Bauv.* 26 S. 260/2.

WILSON, rural water supplies; PHELPS, water supply in a dairy district. (V. m. B.) *J. Gas L.* 95 S. 237/47.

FULLER, experimental methods as applied to water and sewage-works for large communities. (Benefits of improved sanitary works; experimental methods in America; object and advantages of experimental methods; experimental methods in Europe.) (V) *Eng. Rec.* 54 S. 80/3.

BIEGA, Wasserversorgungen aus dem Bodensee und die Beschaffenheit des Seewassers. *J. Gasbel.* 49 S. 281/4.

2. Ausgeführte und geplante Anlagen. Plants constructed and projected. Etablissements exécutés et projetés.

Nouvelle borne-fontaine pour distribution d'eau. (À jet intermittent évitant les coups de bélier et à purge automatique sans perte d'eau.) *Ann. trav.* 63 S. 1174/6.

KELLER, travaux entrepris sur les fleuves du Nord de l'Allemagne. (Influence du déboisement et du dessèchement des marais sur le débit des cours d'eau, influence des oscillations climatériques.) (V) (A) *Ann. ponts et ch.* 1906, 4 S. 195/6.

Wasserversorgungsanlagen in Bayern. (Bayreuth;

Zürndorf; Simbach; Ochsenfurt; Eßweiler; Acholshausen usw.) *Techn. Gem. Bl.* 9 S. 254.

ANKLAM, die Wasserversorgung Berlins bisher und in Zukunft. *Viertelj. Schr. Ges.* 38 S. 589/608.

ANKLAM, die Wasserversorgung von Berlin, die Grundwassergewinnung und Enteisenung. (V. m. B.)* *J. Gasbel.* 49 S. 977/83 F.

v. BOEHMER, Wasserversorgung des Bodenheimer Gebietes.* *J. Gasbel.* 49 S. 8/18.

WOY, Störung der Breslauer Wasserversorgung durch Mangansulfat. *Z. öffil. Chem.* 12 S. 121/5.

SCHEVEN, Wasserwerk der Stadt Celle. (Benutzung von Grundwasser; Sammelbrunnen, dem Filterrohrbrunnen das Wasser durch Heber zu bringen.) *Uhlands T. R.* 1906, 2 S. 49/51 F.

SCHEVEN, Hochbauten des Wasserwerkes der Stadt Celle. (Wasserturm.) *Uhlands T. R.* 1906, 2 S. 49/51.

v. EHMANN, die Filder-Wasserversorgung. (Für 18 Ortschaften mit einer Einwohnerzahl von 24500; Grundwasser des Neckars; Sauggasmotor.)* *Gew. Bl. Würt.* 58 S. 324/5.

REICH, Gas- und Wasserwerke des Bades Godesberg. (V) *J. Gasbel.* 49 S. 145/8.

SCHERTEL, die Versorgung Hamburgs mit Grundwasser.* *J. Gasbel.* 49 S. 1022/8.

WAHL, Erfahrungen beim Bau des neuen Wasserwerks der Stadt Köln in Hochkirchen. *J. Gasbel.* 49 S. 1045/50.

BAMBERGER, das städtische Wasserwerk in Leipzig. (Betriebsverhältnisse.) (V) *J. Gasbel.* 49 S. 938/9.

KLOPSCH, Wasserversorgung des neuen Haupt-Personenbahnhofes Leipzig, preußischer Teil, und des Güterbahnhofes Wahren bei Leipzig. *Organ* 43 S. 11/2.

HEEPKE, Erweiterung des Wasserwerks der Stadt Mittweida i. Sa.* *J. Gasbel.* 49 S. 1094/1100.

WICHMANN, Gas- und Wasserwerke der Stadt Oldenburg i. Gr. *J. Gasbel.* 49 S. 209/13.

HOFMANN, das städtische Wasserwerk zu Oppeln. (V)* *J. Gasbel.* 49 S. 167/71.

The gas engine pumping station at Posen. (To deliver 3,800,000 gal. in 24 hours against a head of 230', with a suction lift of 21,4'; the distribution pipes are connected directly to the force main so that the water-works system is essentially one of the direct-pumping type.) *Eng. Rec.* 53 S. 196.

v. BOEHMER, Wasserversorgungswesen im Großherzogtum Hessen mit besonderer Berücksichtigung der Gruppenwasserversorgungen in der Provinz Rheinhessen. *J. Gasbel.* 49 S. 94/8 F.

STROHBACH, das Wasserwerk der Stadt Salzwedel. (Wasserfassung; Betriebsanlage; Enteisenungsanlage.) *Ges. Ing.* 29 S. 227/9.

KNAUT, Gas- und Wasserversorgung der Stadt Stettin. *J. Gasbel.* 49 S. 489/94.

SCHULTZE, Verbesserung des Stralsunder Wasserwerks. (Vorfilter und Gradierwerk.) * *Techn. Gem. Bl.* 9 S. 149/51.

GRAHN, Wasserversorgung der Stadt Worms.* *J. Gasbel.* 49 S. 331/6 F.

EGGERT, Grundwasserversorgung der Stadt Worms. (Vorerhebungen von LEMPELIUS und BERNDT; Sauggasmaschinen; von KÖRTING gelieferte Viertakt-Gasmaschinen; Zentrifugalpumpen von SULZER; KÖRTINGscher Wasserstrahlejektor.)* *Techn. Gem. Bl.* 8 S. 325/8.

Pumpmaschine der neuen Budapester Wasserwerke. *El. u. polyt. R.* 23 S. 20/1 F.

ZDENKO, für eine einheitliche Wasserversorgung in Karlsbad. *Ges. Ing.* 29 S. 440/1 F.

KRÁTKÝ, Betrachtungen über die Wasserversorgung von Prag. (Stromrichtung des Grundwassers,

Durchflußmenge, Durchlässigkeitsmodul s; Berechnung der Ergiebigkeit der einzelnen Gruppen der ganzen Entnahmsreihen.) (V. m. B.) (A) *Wschr. Baud.* 12 S. 148/50.

OELWEIN, zweite Kaiser Franz Josef-Hochquellenleitung von Wien. (V) *Z. Oest. Ing. V.* 58 S. 393/6.

Wasserversorgung von Amsterdam in Kriegszeiten.* *J. Gasbel.* 49 S. 194/7.

Usine élévatoire de Messein pour l'alimentation de la ville de Nancy en eau filtrée.* *Gén. civ.* 48 S. 356/61.

BARBET, eaux de Versailles; installations mécaniques et étangs artificiels destinés à alimenter d'eau la région de Versailles.* *Rev. méc.* 18 S. 5/33.

V. FÖRSTER, Aquaedukt de Ferrari Galliera zur Wasserversorgung von Genua und dessen Nebenanlagen.⊠ *Allg. Baus.* 71 S. 36/40.

PRIESTLEY, Cardiff Corporation water works. (Llanishen reservoir, and „HEATH" filters; Taff Fawr works; Cantreff reservoir.) *Eng.* 1906 S 574 81.

Carlisle's new water works.⊠ *Eng.* 102 S. 192/4.

LEDOUX, the new water supply for Charleston, S. C. (Analysis of artesian well waters; earth dam; spillway; sedimentation basin.) * *Eng. News* 55 S. 636/40.

BENZENBERG, water-works of Cincinnati. (Washing the mechanical filters by forcing the washwater through the gravel and sand at about $2^1/_2$ t the customary rate) (V) (A) *Eng. News* 56 S. 364.

The new Cincinnati water works. (Improvements by MANAHAN. Conditions governing filtration; type of filtration; the method of treatment consists of subsidence for two or three days, coagulation and sedimentation and filtration.) *Eng. Rec.* 54 S. 413/5.

HOPSON, fire protection afforded by the water works improvements at Fort Meade, S. D. (Small size of mains; mains not connected in circuit.) *Eng. News* 55 S. 132/3.

FULLER, new water supply of Franklin, N. H. (Sand and air intercepting chamber; largest well constructed of concrete blocks, and 60" in diameter, reservoir, built of boulder concrete. Vulcanite Portland cement used in the wall, and SAYLOR's Portland cement in the roof; pointing with cement mortar where necessary.)* *Eng. Rec.* 54 S. 468/9.

FRENCH, relay pumping station for the Hackensack Water Co. (V) (A) * *Eng. News* 56 S. 315/6.

HARDESTY, underground water supply of the city of Los Angeles, Cal. (Infiltration gallery; main supply conduit of concrete; deep shaft centrifugal pump run by a gas engine.)* *Eng. News* 55 S. 595/7.

Wasserversorgungen im Staate Massachusetts. Jahresbericht des Gesundheitsamts von Mass.) *Techn. Gem. Bl.* 9 S. 187/8.

DE VARONA, notes on the water supply of New York. (Possibilities of additional water from Long Island.) *Eng. News* 56 S. 277.

Progress on the Catskill Mountain water supply for New York City. *Eng. Rec.* 54, S. 157, 405/7.

Water hazards of New York City. (Population and water consumption; additional supply of water from the Catskill mountain; depletion of reservoirs and total reservoir capacity.)* *Eng. Rec.* 53 S. 41/3.

Salt-water intake for the New York high-pressure water system. (For fire protection only. Rein-

forced concrete suction chamber and screen chamber.) * *Eng. Rec.* 54 S. 672.

SHERRERD, flood control and conservation of water applied to Passaic River. (Storage on Pompton Plains by the Mountain View dam.) (V) *Eng. Rec.* 54 S. 605/6.

WINANS and ALLEN, reconstruction of the Ottumwa, Ia., water works. (Laying two 24" pipes under the Des Moines River; pump and generator units, both with steam turbines; FLANDERS pumps.) * *Eng. Rec.* 53 S. 430/1.

Hydraulic features of the plant of the Pike's Peak Hydro-Electric Co., Manitou, Colo. (Storage reservoir from which the distribution mains of the water-works system of Colorado Springs are supplied by gravity; high-pressure pipe joint.) * *Eng. Rec.* 53 S. 621/3.

MC KINSTRY, DURYEA, BOGUE and DALZELL BROWN, water supply of San Francisco. (Installation of two pumping stations on solid ground, one at the base of Telegraph Hill and the other at the base of Rincon Hill.) *Eng. Rec.* 53 S. 722.

MILLHOUSE, Scarborough corporation water-works.* *J. Gas L.* 95 S. 178/81.

High pressure service turbo pumping station at Toronto. (Governor operating as an automatic safety stop; centrifugal pumps direct connected to steam turbines.) *Eng. Rec.* 53 Nr. 10 *Suppl.* S. 39.

Das neue Wasserwerk der Stadt Washington.* *Masch. Konstr.* 39 S. 185/6.

MC FARLAND, district pumping station at Washington. (For forcing water to high parts of the District of Columbia.)* *Eng. Rec.* 53 S. 64/6.

RUTTAN, water-works of Winnipeg, Man. (Deep well system; artesian supply; pneumatic caisson for sinking the well; water softening by carbonates of lime, sodium and magnesium, sulphates of magnesium and sodium and chloride of sodium.) (V) (A) *Eng. Rec.* 53 S. 488/9.

SCHUYLER, new water-works and reinforced concrete conduit of the City of Mexico. (Reservoir lined with masonry and covered with reinforced concrete, in the form of groined arches to support a cover of earth; three-stage centrifugal pumps; electric power transmission, furnishing current to motors operating pumps, rock crushers, concrete mixers; forms and sections of expanded metal reinforcement, handled by means of a travelling derrick; aqueduct.) * *Eng. News* 55 S. 435/6.

INGHAM, water-works improvements for Port Elizabeth, Cape of Good Hope, S. A. (Height of 25' to the top of the parapet wall; total length of the structure 398'; the dam is protected from sliding by square iron rods, extending into the solid rock and carried up 12" into the dam; rubble concrete dam; mechanical filter plant of the pressure type; steel pipe line; kloofs crossed by supporting the pipes on masonry piers, on arched girders of from 20 to 30' span; and on straight girder bridges of 30' span.)* *Eng. Rec.* 53 S. 118/9; *Eng. News* 55 S. 139/40; *Bohrtechn.* 13 S. 283/4.

DORPFELD, Entwässerung und Wasserversorgung von Athen im Altertum. (Aus dem VI. Jahrhundert v. Chr. durch PEISISTRATOS Stadtbrunnen mit neun fließenden Röhren; Behälter; Tonrohr-Leitung.) *Schw. Baus.* 47 S. 175.

Wasserversorgung von Athen, Piraeus und die attische Ebene. (3 Entwürfe.) *Wschr. Baud.* 12 S. 563/4.

Wasserversorgung von Coolgardie. (Kurze An-

gaben über die ganze Anlage.) *Schw. Baus.* 47
S. 23.

3. Wasserleitungen (im engeren Sinne). Water conduits. Conduites d'eau. Vgl. Rohre und Rohrverbindungen.

Welche Wassergeschwindigkeit ist bei Berechnung
von Wasserleitungsnetzen maßgebend? *Techn.
Z.* 23 S. 424/5.

YASSUKOVITSCH, graphische Untersuchungen bei
den Wasserversorgungsanlagen. (Graphische Berechnung der Rohrleitungen.)* *J. Gasbel.* 49
S. 911/4.

La limitation automatique du débit dans les bornes-
fontaines et robinets. (Distributeur GROC.)* *Gén.
civ.* 48 S. 255/6F.

METZGER, Erfahrungen mit Heberleitungen.* *Ges.
Ing.* 29 S. 185/92.

FREY, HEINR., die Gefahr des Berstens der Röhren
bei Wasserkraftanlagen.* *Schw. Elektrot. Z.* 3
S. 185/6.

ANDERSON, automatic valve and water column.
(Protection against breakage or a drop of the
spout.)* *Railr. G.* 1906, 1 S. 654.

Wasserversorgungs-Anlagen ohne Hochbehälter von
HAMMELRATH & CO.* *Z. Chem. Apparat.* 1
S. 641/2; *Städtebau* 3 Nr. 11.

KIRCHWEGER, Material für Dorfwasserleitungen.
J. Gasbel. 49 S. 851/3.

BAKER, HERSCHEL and HENNY, additional information on the durability of wooden stave pipe.
(Discussion; moist climate, evaporation from
the surface is less to be feared than contact with
soil; better results would have been obtained if
at least the light-pressure portions of the pipe
had been constructed above ground.)* *Proc.
Am. Civ. Eng.* 32 S. 939/44.

HAWLEY, additional information on the durability
of wooden stave pipe. *Proc. Am. Civ. Eng.* 32
S. 999/1000.

Pipe line of the new gravity water supply of
Lynchberg, Va. (110000' long, consists of approximately 99000' of wood stave pipe, 7000' of lock-
bar steel pipe and 4000' of cast-iron pipe.)
Eng. Rec. 54 S. 228/9.

KULLMANN, zur Gußrohrfrage. *Met. Arb.* 32 S. 406.

Deckenstütze und Kanalstempel aus Stahlröhren,
System SOMMER. (Aus fernrohrartig in einander
verstellbaren MANNESMANN-Röhren. * *Bet. u.
Eisen* 5 S. 77/8.

Zur Frage der Zerstörungsursachen kupferner
Hauswasserleitungen. *Z. Heiz.* 10 S. 167/8.

ORSENIGO, einige Notizen über die Resultate der
Wasser-Leitungen aus armiertem Zement. (Ant-
worten auf eine Nachfrage von GARY, Beton-
röhren mit Einlagen aus gedehnten Blechplatten.)
(A) *Bet. u. Eisen* 5 S. 323.

Wasserleitung aus Eisenbeton. (Für Salt Lake
City in Utah. Der Kanal liegt zum Teil in tiefen
Geländeeinschnitten, zum Teil führt er ober-
irdisch über 4,6 m zu einander entfernte Beton-
stützen und ist auch in einzelnen Strecken als
Tunnel geplant.)* *Zem. u. Bet.* 5 S. 193/4.

JOHNS-MANVILLE CO., conduit for underground
steam and hot water pipes. (The Portland
sectional conduit is a glazed tile pipe made in
top and bottom sections.)* *Eng. News* 55
S. 613/4.

Conduit for the water supply of Vienna, Austria.*
Eng. News 56 S. 376.

Long steel aqueduct for the water works system
of Leeds, England. *Eng. Rec.* 54 S. 107.

HUMPHREYS, laying a submerged water main.
(Under the Ouse River at York, England, from

a heavy cableway strung across the stream.)*
Eng. Rec. 54 S. 292; *J. Gas. L.* 95 S. 513/6.

LIDY, captage de sources. (Dispositif adopté a
Brest. Puits construits en maçonnerie de moellons hourdée au mortier de ciment.)* *Ann.
ponts et ch.* 1906, 2 S. 275/80.

Details of the Catskill aqueduct, New York. (Cut-
and cover sections; sections in earth and rock.)*
Eng. Rec. 54 S. 517/8.

Flanged water main. (Washington Street; casting
77' long; joints made with rubber gaskets; the
outside of which is surrounded by a collar of
cement mortar.)* *Eng. Rec.* 53 S. 564.

HALL, laying a submerged water-main in the
River South Esk, at Montrose. (V. m. B.)* *J.
Gas L.* 96 S. 817/8.

Lowering 500' of 36" water main. (Method of
lowering the pipe vertically in place without
disturbing the original connections.) *Eng. Rec.*
54 S. 297.

Laying a 43" water main at Wilmington, Del.
(10,500" distributing and forcing main 8,700"
long, with lock bar longitudinal joints and
riveted butt strap transverse joints.)* *Eng. Rec.*
53 S. 261.

FENKELL, conduit construction through saw mill refuse. (Detroit laboratories of Parke, Davis &
Co.)* *Eng. Rec.* 53 S. 574/5.

Rohrverbindung für Wasserleitungsrohre mit zwei
Dichtungskammern für flüssigen Zement.* *Z.
Transp.* 23 S. 529/30.

PRATT AND CADY CO., Riesenabsperrschieber. (Gesamtgewicht 57 200 kg; Wasserdruck von 3½ kg
auf den qcm; Verstellung durch Stirnräder.)*
Uhlands T. R. 1906 Suppl. S. 141.

Kritische Würdigung einiger gebräuchlicher Rohraufhängungen.* *Masch. Konstr.* 39 S. 206/7.

DANN, some data on thawing water pipes. *Eng.
Chicago* 43 S. 249.

New outfit for electrically thawing water pipe.*
Gas Light 84 S. 141/2.

4. Sammelbehälter und Talsperren. Reservoir and water stop walls. Reservoirs et barrages. Vgl. Wasserbau 2 d, Wasserreinigung.

PANETTI, studio statico dei serbatoi cilindrici in ferro
ed in cemento armato. ▣ *Giorn. Gen. civ.* 44
S. 117/57.

STÄHLER, Wasser-Hochbehälter für 550 cbm Inhalt
mit eisernem Standgerüst. (Statische Berechnung.) ▣ *Masch. Konstr.* 39 S. 146/8.

MATTERN, neue Gesichtspunkte für die Beurteilung
der Standsicherheit von Sperrmauern. (Beurteilung der in der Abhandlung von ATCHERLEY.
PEARSON in Engng. 80 S. 35/6 aufgestellten
Staumauertheorien.)* *Zbl. Bauw.* 26 S. 129/32.

LINK und SCHÄFFER, zur Frage der Standsicherheit von Staumauern. (Angebliche Irrtümer in
der von ATCHERLEY und PEARSON aufgestellten
Staumauertheorie.)* *Zbl. Bauw.* 26 S. 432/3.

MATTERN, neue Gesichtspunkte für die Beurteilung
der Standsicherheit von Sperrmauern. (Zu LINKs
Ausführungen S. 267/9. Nach dem Verfasser ge-
nügen die statischen Gleichgewichtsbedingun-
gen allein nicht für eine vollkommen genaue
Berechnung der Sperrmauern.) *Zbl. Bauw.* 26
S. 301/2.

JACQUINOT, über Talsperrenbauten. (Erwiderung
auf die Gegenbemerkungen von MATTERN und
EHLERS Jg. 25 S. 319 u. 569/72 zu *Gén. civ.* 46
S. 270/2.)* *Zbl. Bauw.* 26 S. 503/5.

ZIEGLER, neue Gesichtspunkte für die Beurteilung
von Sperrmauern. (Bemängelung der von AT-
CHERLEY und PEARSON aufgestellten Theorie.)
Bet. u Eisen 5 S. 152/3.

GRUNER, die Ausnutzung von Hochwasser bei Wasserkraftanlagen. *Z. V. dt. Ing.* 50 S. 1821/6.

INTZE, die geschichtliche Entwicklung, die Zwecke und der Bau der Talsperren. (V)* *Z. V. dt. Ing.* 50 S. 673/87 F.

GRIGGS, cost of clearing and grubbing a reservoir site. (V) *Eng. Rec.* 54 S. 597/8.

NUSZBAUM, Wassergewinnung durch Talsperren. *Viertelj. Schr. Ges.* 38 S. 569/77.

NUSZBAUM, Beitrag zur Anlage von Stauseen. (Vorschlag, zunächst mit dem Bau der wirtschaftlich wertvollsten Anlagen vorzugehen und dann die weniger einträglichen zu bauen; Bau der Staumauern in Traßbeton mit Feinsand.) *Z. Arch.* 52 Sp. 419/24.

GOLWIG, Neuerungen an hydraulischen Akkumulieranlagen. (Methoden zur Wasser-Aufspeicherung, ohne unterhalb befindliche Wasserrechte zu stören.)* *Schw. Elektrot. Z.* 3 S. 583/5 F.

STÄHLER, Wasser-Hochbehälter.* *Masch. Konstr.* 39 S. 139/40 F.

Die Absteckung bogenförmiger Talsperren.* *Zbl. Bauv.* 26 S. 540/1.

LIECKFELDT, Lebensdauer der Talsperren. (Der Standfestigkeitsnachweis allein genügt nicht, es ist auch die Elastizität zu berücksichtigen.) *Zbl. Bauv.* 26 S. 167/8.

STEINER, vibrations in large gates for deep reservoirs. (Trembling of dams caused by a partial vacuum under the jet with interruptted access of air.) *Eng. News* 55 S. 269.

BRANDSTETTER, Hochbehälter der Gemeindewasserleitung Weier i. Tal, Kreis Colmar, Els. (Drei parallele Tonnengewölbe, auf die sich ein den Verbindungsgang über der Mittelmauer überspannendes, kleineres Gewölbe quer aufsetzt. In der Mitte ist ein mit Glassteinen abgedeckter Lichtschacht eingebaut; Treppen aus Stampfbeton; zum Schutze gegen Witterungseinflüsse ist der Behälter mit einer Erdschicht umgeben.)* *Techn. Z.* 23 S. 227/8.

INTZE, Talsperre bei Gemünd i. Eifel. (Die Sperrmauer hat eine Länge von 250 m, eine Höhe von 58 m und ist am Fuß 50,50 m breit; die Talsperre bezweckt Schutz gegen Ueberschwemmungsgefahr, Nutzbarmachung der gewonnenen Kraft mittels 8 Turbinen von je 2000 Pferdekräften; Anlage von Wasserleitungen.)* *Techn. Z.* 23 S. 333/4

KÜPPERS, die größte Talsperre Europas bei Gemünd (Eifel) und hydraulische Kraftstation.* *Turb.* 2 S. 96/8.

BACCARINI, Turmbehälter für Trinkwasser der Stadt Forli (Romagna). (Nach LUIPOLD ausgeführte Konsolen, welche die Zinnen tragen.) (A) *Bet. u. Eisen* 5 S. 323.

Die Queis-Talsperre. *Bohrtechn.* 13 S. 4/5.

Gothaer Talsperre bei Tambach. (MAIRICHs Entwurf für ein Stauwerk von 775 000 cbm Inhalt. In Cyklopenmauerwerk aus Porphyr mit Zementverputz und zweimaligem Siederosthen-Lubrose-Anstrich-Mörtel aus Zement, Fettkalk und Sand.) *Techn. Gem. Bl.* 9 S. 269/70.

WADE, Cataract dam, Sydney, New South Wales. (Dam impounding 25,700,000,000 U.S. gals, the main bulk of which consists of cyclopean rubble masonry formed of sandstone blocks weighing from 2 to 4½ t set in cement mortar and packed in with concrete.)* *Eng. News* 56 S. 579/80.

GROHMANN, die Moritz-Sperre. *Z. Oest. Ing. V.* 58 S. 73/5.

Construction of the Alfred dam at Alfred. (Constructed of dry rubble downstream built with split stone and the three lower and three upper courses laid in Portland cement; dry masonry;

total length 995' with a spillway of 580' height 39'.) *Eng. Rec.* 53 S. 325/6.

L'alimentation d'eau de New-York.* *Nat.* 34 S. 337/40.

The Croton dam. (Reservoir 20 miles long with 38,000,000,000 gal. capacity.)* *Eng. Rec.* 53 S. 448/9.

Vollendung des neuen Crotondammes.* *Zbl. Bauv.* S. 433/4.

GOWEN, changes at the new Croton dam. (Foundation; excessive height, narrow base, and unstable foundation of the embankment; the great height of the core-wall; the means afforded water to reach the core-wall; comparative profiles of New Croton and Titicus Dams.) (V. m. B.) *Trans. Am. Eng.* 56 S. 32/72.

HILL and STEARNS, changes at the new Croton dam. Discussion. (Vgl. Jg. 31 Dez. 1905.) (V. m. B.) *Proc. Am. Civ. Eng.* 32 S. 154/61 F.

Pointing ashlar masonry on the new Croton dam.* *Eng. Rec.* 53 S. 257/8.

Cross River dam in the Croton watershed. (Maximum height of 164' from the lowest point in the foundations to the crest of the dam, 17' wide at the top and about 114' maximum width at the base. Earthern dam with concrete core; weir built of monolithic concrete, reinforced with vertical 1" twisted steel rods.)* *Eng. Rec.* 53 S. 728/31.

The new Croton dam. (Gate houses; balanced valve in a gate house.) (a)* *Eng. News* 56 S. 343/6.

WALTER, the Belle Fourche dam, South Dakota. (6,500' long at the 115' in maximum height, capacity of 65,000,000,000 gallons; earth faced with a 12" layer of loam; paving on upstream slope; gate houses; waste weir and channel.)* *Eng. Rec.* 53 S. 307/10.

AMERICAN PIPE MANUFACTURING CO., Hagerstown reservoir. (Shale and sandstone formations; capacity of 96,000,000 gal., depth of water 52'; method of opening the 30" blow-off valve of the spillway.)* *Eng. Rec.* 53 S. 243/4.

LEDOUX, the Indian Creek dam. (Masonry structure 650' long, between the faces 1:3:5 Portland cement concrete is used as a hearting, gate house.)* *Eng. Rec.* 53 S. 96/7.

The Wachusett dam. (Length of the masonry in the dam is 1476', made up of 452' of wasteweir, 971' of main dam and terminal structures, and 53' of core wall.)* *Eng. Rec.* 54 S. 374/5.

SCHUYLER, the Mercedes dam, Mexico. (Extreme height from the lowest foundations to the crest of 40,5 m of which 8,5 m [27,88'] is below the original creek bed. The thickness of the wall at the top is 3,5 m; at the level of the creek bed, 22,2 m; and at extreme base it is 25,75 m. Length at base 13' at the creek bed, it is 102' long; 66' above the creek bed it is 256' long, and at the crest its total length is 535'; rheolite stone at the dam site is of volcanic origin.)* *Eng. News* 56 S. 445/7.

A large water tank with vertical bracing and top stiffening ring. (The tank is of wrought iron, 150×20', inside dimensions, and has a capacity of 2,650,000 gals. It is strengthened against internal pressures by 24 vertical braces and its top is stiffened by a lattice girder ring.)* *Eng. News* 56 S. 499.

HÄRTEL, Wasserturm in Kleinburg bei Breslau. (60 m hoch, Dach aus Eisen mit Biberschwänzen gedeckt, Aussichtsturm mit elektrischem Aufzug; gemauerte Säule, welche die eisernen Röhren für das hinauf- und hinabzubefördernde Wasser einhüllt.)* *Baugew. Z.* 38 S. 169.

AMIRAS, château d'eau de „l'Intercommunale du

Centre." (Double réservoir souterrain en maçonnerie et deux châteaux d'eau métalliques du système INTZE sur tour en maçonnerie; GRONDEL FRÈRES réservoirs souterrains en maçonnerie et double château d'eau construit en béton armé.) ⊞ *Bet. u. Eisen* 5 S. 198/9.

MOORE, earthquake effects at Santa Clara, Palo Alto and San Jose, Cal. (Steel and timber water towers.)* *Eng. News* 55 S. 526/7.

NICOLET, elevated wooden water tanks. (Failure of a wooden tank at La Salle. (V) (A) *Eng. News* 55 S. 105.

WEBER, C., der II. Hochbehälter zur Wasserversorgung Nürnbergs. (Entwurf, bei dem die Nordwand des Behälters von der Südwand etwa 53 m entfernt und Ost- und Westwand 75 m von einander entfernt bleiben und dieser bei 3¹/₂ m Wassertiefe minus der Behälterwand einen Inhalt von etwa 12,000 m³ Raum bietet; aus Stampfbeton unter Verwendung von rheinischem Traß.) (V) (A) *Bet. u. Eisen* 5 S. 119/21.

MUGGIA, a concrete water tower in Italy. (For the St. Salvi insane asylum near Florence. Tank of the INTZE type.) *Eng. Rec.* 53 S. 371.

FERGUSON, construction of the Charles River dam and basin at Boston. (Temporary highway bridge; coffer dam; dredging and foundations for lock; Boston marginal conduit; pile driver with outrigged gins; delivering concrete from mixer, driven by gasoline engine directly into place.)* *Eng. Rec.* 53 S. 300/4.

Impermeable embankments. (Hope reservoir of the Providence, R. J. water works; search for the leak by means of a red colouring substance, concrete as a protection against percolation.) *Eng. Rec.* 53 S. 698/9.

LACKLAND, concrete reservoir at St. Helens. (V. m. B.) *J. Gas L.* 93 S. 109/10.

Talsperre aus Stampfbeton. (Welche die Gewässer des Sand-River und des Palmiet-River aufstaut. Die Talsperrenwand ist, in der Höhe des Ueberlaufes gemessen, 117 m lang; Breite des Dammes in der Talsohle 11,4 m, die ganze Höhe 16,5 m.)* *Zem. u. Bet.* 5 S. 233/5.

Talsperre aus Stampfbeton. (Bei Port-Elizabeth in der Kapkolonie.)* *Tonind.* 30 S. 598/9.

BAUMSTARK, Hochbehälter in Eisenbeton, 1000 m3 Nutzinhalt, der Stadt Iserlohn in Westfalen. (Als Doppelbehälter hergestellt, dessen eine Kammer das Trink- und Gebrauchswasser für die Stadt zu liefern hat, während die andere als ständige Reserve für Feuerlöschzwecke und bei Reinigung der ersten Behälters dienen soll; doppelte Stahleinlage zur Aufnahme der Ringkräfte; Auflagerring.) ⊞ *Bet. u. Eisen* 5 S. 63/5.

SNELL, BARBOUR and WASON, a large reinforced-concrete standpipe. (100′ high and 40′ in diameter, Attleboro water-works. CROSBY clips used in tying together the ends of the rods in each ring placed at each joint. (V. m. B.) (A)* *Eng. Rec.* 54 S. 344/7; *Eng. News* 56 S. 319.

Wasserbehälter aus Eisenbeton. (In Cranleigh in der Grafschaft Surrey; Streckmetalleinlagen.)* *Zem. u. Bet.* 5 S. 291/2.

Wasserbehälter aus Eisenbeton. (In Newtonle-le-Willows, nach HENNEBIQUE, mittlerer Turm von 34,25 m Gesamthöhe und quadratischem Grundrisse. In 19,5 m Höhe über dem Erdboden umschließt diesen Turm ein ringförmiger Wasserbehälter, der teils von dem Turm, teils von 24 Säulen getragen wird.)* *Zem. u. Bet.* 5 S. 247/8.

GINI, grande serbatoio di cemento armato per l'ospedale militare di Roma. (Ossatura formata da due ordini di sbarre disposte secondo eliche cilindriche con passo variabile e crescente per

ogni metro d'altezza; calcoli di stabilità.) ⊞ *Riv. art.* 1906, 1 S. 294/309; *Bet. u. Eisen* 5 S. 215.

Die Wasserleitung von Messina. (Der betoneiserne Behälter „Torre Vittoria".) (A) *Bet. u. Eisen* 5 S. 53.

A reinforced-concrete reservoir at Bloomington, Ill. (300′ in diameter and 15′ high botton is a segment of a sphere, reinforced with JOHNSON bars; wall built without expansion joints.).* *Eng. Rec.* 53 S. 285/7; *Z. Transp.* 23 S. 266/7.

Reinforced-concrete water tower at Bordentown, N. J. (Formed by columns and a hollow concrete cylinder built concentric with the circle on which the columns are spaced, and joined to them by the floors of three balconies.)* *Eng. Rec.* 53 S. 39/41.

Pedlar River concrete-block dam, Lynchburg Water-Works. (500′ long, height of 73¹/₂′. To avoid partial vacuum under the falling water provision has been made to vent the surface by a horizontal vitrified pipe line running through the concrete close to the face of each step; spillway steps made of rock-face stones projecting into the concrete.)* *Eng. Rec.* 53 S. 584/6.

St. Louis Expanded Metal Co., Trinkwasserbehälter in Eisenbeton für Fort Meade, V. St. A. (Für das befestigte Lager der amerikanischen Bundesregierung Fort Meade; die Sohle ist durch einen aus 18 mm dicken, sich rechtwinklig kreuzenden Eisenstangen bestehenden Rost versтärkt, die Stäbe kreuzen sich; Stützen mit vier 18 mm dicken Rundeisen.) *Bet. u. Eisen* 5 S. 146/7; *Eng. Rec.* 53 S. 153/4.

Small concrete reservoirs and valve pits. (Reinforced with plain or distorted rods in beam construction.)* *Cem. Eng. News* 17 S. 245/7.

Wasserbehälter aus Eisenbeton. (Von St. Louis. Für 95000 cbm Wasser; Eiseneinlagen aus 22 cm starken gerippten Stäben.)* *Zem. u. Bet.* 5 S. 76/9.

Burraga dam. (The LLOYD COPPER CO, New South Wales, length of the crest 425.58′ greatest height 41 width at the crest being 2′, and at the base 25,32′; concrete footing heart of the dam was built of blocks of stone set in concrete; pipeline 16,890′ in length; each pipe is fitted with a welded and rolled socket shrunk on riveted and caulked spigots, formed by welding the pipe end to make it seamless.) *Eng. Rec.* 53 S. 347/9.

MAILLET, vidage des systèmes de réservoirs. *Ann. ponts et ch.* 1906, 1 S. 110/49.

BOUÉRY, device for regulating the discharge of water from a reservoir.* *Eng. News* 56 S. 427.

Einsturz eines Wasserbehälters in Madrid. (Mangel an Vorkehrungen gegen die Einwirkung der Wärmeausdehnung der wagerechten, über zwei Abteilungen durchlaufenden 178 m langen Balken bei großer Hitze und Kälte; geringer Querschnitt und umgegende Befestigung und Versteifung der Säulen.)* *Zbl. Bauv.* 26 S. 48/9

VON EMPERGER, Einsturz des Reservoirs in Madrid. (Die Geschichte des Einsturzes; Nichtberücksichtigung der Temperaturverhältnisse; fehlende wagrechte Versteifungen.)* *Bet. u. Eisen* 5 S. 229/31 F.

Weberei. Weaving. Tissage. Vgl. Appretur, Flechten, Luftbefeuchtung, Schutzvorrichtungen, Spinnerei, Wirken und Stricken, Wolle.

1. Allgemeines.
2. Webeverfahren und Gewebe.
3. Vorbereitung.
  a) Spulvorrichtungen.
  b) Scheren, Schlichten und Leimen, Bäumen.
4. Webstühle.
5. Webstuhlmechanismen und Teile.
6. Maschinen zur Herstellung von Webstuhlteilen.
7. Behandlung der Gewebe.

1. Allgemeines. Generalities. Généralités.

AMAT, calculs graphiques relatifs à l'industrie textile. (Numéro d'un fil composé.)* *Ind. text.* 22 S. 421/6.

Ueber die „Berechnung des Schußmaterials" und die „Einarbeitung". *Mon. Text. Ind.* 21 S. 9/10.

Vorteile bei der Materialberechnung in Weberei-betrieben, sofortige Ermittlung unbekannter Ganghöhe eines Blattes usw. *Z. Textilind.* 9 S. 647/8.

Berechnung des Garnbedarfes für Frottierhand-tücher. *Oest. Woll. Ind.* 26 S. 1505/6.

CRABTREE, reduction of yarn breakages in weav-ing. (Excessive friction; excessive or uneven strain; position in which the reed is fixed; friction caused by the lay itself; weight of fabric to be woven; size of shuttle; width of loom; position of the reed with the shuttle entering the shed; formula; setting of the pick; data for accurate construction of a tappet.) (a)* *Text. Man.* 32 S. 5/6 F.

MÜLLER, FR., einiges über Vorteile und Hilfs-mittel aus der Weberei-Praxis. (Mechanisches Auseinanderschneiden der Kragenschoner; federn-der Schlagfänger; Leistenanordnung. Faden-zähler zur Ermittelung von Blattdichten, Gang-höhen von Warenproben; Holzgestell zur Auf-bewahrung von JACQUARDvorrichtungen.)* *Text. Z.* 1906 S. 631 F.

Praktisch erprobte Webereivorteile (Unreine Bil-dungsflächen bei JACQUARDgeweben; Ketten-material, Schwingbaum, Kette, Schuß, Andrehen der Kette.) *Z. Text. Ind.* 9 S. 622/3 F.

Fabrikation geringer und mittelfeiner Unistrich-ware. (Richtiges Verhältnis zwischen Garn-stärke, Einstellungsdichte und Webbreite; glatte zweischäftige Tuchbindung; Walken, Rauhen, Walzen, Bürsten.) *D. Wolleng.* 38 S. 1587/9.

STRAHL, Parallelen. (Berührungspunkte welche Bezug auf die Technik der Webereimaschinen und der Musikinstrumente haben; Vergleich zwischen der JACQUARDmaschine und dem Patent 168760 [ORIGINAL-MUSIKWERKE PAUL LOCH-MANN].) *Mus. Inst.* 16 S. 708/9 F.

THOMSON, ironmoulding of cloth in the loom. (V. m. B.) *Chemical Ind.* 25 S. 157/8.

WOODHOUSE, MILNE und KLOSE, Jute- und Leinen-weberei. (a)* *Text. Z.* 1906 S. 3/4 F.; *Text. Man.* 32 S. 7/8 F.; *Ind. text.* 22 S. 298/313.

Konstruktion der in der Gummiwarenfabrikation verwandten Gewebe.* *Gummi-Z.* 20 S. 946/7 F.

BECK, Maschine von LEONARDO DA VINCI. (Tuch-fabrikation.)* *Z. V. dt. Ing.* 50 S. 645/51 F.

COOK und STUBBS, Entwicklung der Textilindustrie in England in den letzten 50 Jahren. (V) (A) *Oest. Woll. Ind.* 26 S. 866/9.

ROHN, Textilmaschinen mit Berücksichtigung der jüngsten Ausstellungen. (In St. Louis, Reichen-berg i. B., Tourcoing, Lüttich usw.)* *Z. V. dt. Ing.* 50 S. 1026/32.

Les machines textiles à l'exposition internationale des industries textiles de Tourcoing. (Métiers de préparation de tissage; métier à tisser NORTHROP pour draperie légère; métier à tisser muni du casse-chaîne électrique PICK.) * *Ind. text.* 22 S. 298/313.

BRÜLL, Rückblick auf die internationale Textil-ausstellung in Tourcoing. *Text. Z.* 1906 S. 1111/2.

WETZEL, das Reinigen von Wolle mit Kieselsegur oder dgl. ohne Staubentwicklung.* *Z. Textil-ind.* 10 S. 1/3.

Mould spots on woollens. (Protection by car-bonisation, soap.) *Text. Rec.* 32, 1 S. 86/8.

Montieren von Webstühlen mit Jacquardmaschinen auf Betonfußboden. (Aeußerungen von ver-schiedenen Fachleuten.) *Mon. Text. Ind.* 21 S. 262/3.

2. Webeverfahren und Gewebe. Processes and webs. Procédés et tissus.

OPENTEX, cellular fabrics.* *Text. Rec.* 32, 1 S. 82/3.

Winke für die JACQUARDweberei. (a) *Text. Z.* 1906 S. 969 F.

DONLEVY, rolling selvages. (Drawing the selvage threads on two separate harnesses, or on a list-ing motion.) *Text. Rec.* 31, 4 S. 120/1.

Blanket manufacture. (Woollen bed-coverings.) * *Text. Man.* 32 S. 174.

Construction of pile fabrics. (The pile threads are fastened to the ground fabric by sewing.)* *Text. Rec.* 30, 6 S. 97/8.

BRAUN, LUDWIG, aus der Praxis der Samtfabri-kation. *Mon. Text. Ind.* 21 S. 150/2.

Verfahren zur Herstellung von Kettenflorgewebe in einfacher, doppelter oder zweiseitiger Flor-ware mittels Fadenrutenschüsse und Hilfskette. (Ermöglicht, gezogene Kettenflorgewebe, z. B. Brüsseler sowie Tapestrieteppiche bezw. Sammet und Plüsch unter Verwendung von Fadenruten-schüssen und einer Hilfskette in der Weise her-zustellen, daß die Hilfskette von Drähten ge-bildet wird, die im Hinterfach befestigt sind, bis vor den Brustbaum reichen und unmittelbar auf dem Gewebegrund aufliegen, wo sie den Fadenruten-schüssen eine solche Stützung darbieten, daß die Noppenbildung gleichmäßig wird.) *Z. Textilind.* 9 S. 661/2.

REISER, Technik der Gewebestoffe des Aachener Karlsschreines. (Gobelin - Stickmanier; Web-weise.) *Mon. Text. Ind.* 21 S. 349/51.

CONVERSE, manufacture of handkerchiefs.* *Text. Rec.* 31, 3 S. 121/4.

Verhütung unreiner Fachbildung beim Weben von Leinen. *Mon. Text. Ind.* 21 S. 63.

FRISSELL, manufacture of elastic webs. (V) *Text. Man.* 32 S. 247.

FLORIN, textures de tissus basés sur l'allongement stable à volonté des fils de textile animal. *Ind. text.* 22 S. 421.

HATHAWAY, drawing-in of warps by machinery. (Separating of the warp ends; selecting of the harness eye.) (V)* *Text. Rec.* 31, 6 S. 94/6.

REISER, Herstellung von Plissé- oder Falten-, Relief- sowie Créponstoffen.* *Mon. Text. Ind.* 21 S. 214/7.

REISER, Herstellung der Moirégewebe. (Durch Weberei; dgl. durch besondere Appretur.) *Mon. Text. Ind.* 21 S. 47,8.

Kirsey und seine Fabrikationsweise. (Kräftiger Köperstoff, der meistens mit Strichapparat her-gestellt wird.) *Oest. Woll. Ind.* 26 S. 675/6.

Fabrikation von Uniform-Kammgarnserges. *Oest. Woll. Ind.* 26 S. 922/3.

Verschiedenes über Spagatgurten-Produktion. (Be-rechnung des Gewichts von Kette und Schuß in einer Rolle Spagatgurte; Reißkraft der Gurte.) *Seilerz.* 28 S. 177/8.

Fabrikation der Besatztuche. *D. Wolleng.* 38 S. 777/9.

SANO, seamless bag. (Bag that can be used with either side out.) * *Text. Rec.* 31, 4 S. 128/9.

HOLTZHAUSEN, das Verhältnis der verschiedenen Gespinste zu einander und ihre Verwendung in gemischten Geweben.) *Mon. Text. Ind.* 21 S. 207/9.

Causes of imperfections in worsteds. *Text. Man.* 32 S. 354/5.

Ueber Gewebemusterung. *Uhlands T. R.* 1906, 5 S. 37.

3. Vorbereitung. Preparation. Opérations préparatoires.

a) **Spulvorrichtungen. Apparatus for spooling; Appareils de bobinage.** Siehe Spulerei.

b) **Scheren, Schlichten und Leimen, Bäumen. Warping, dressing and sizing, beaming. Ourdissage, encollage, montage.** Vgl. Appretur 5 und 7, Bleichen, Färberei, Reinigung, Trockenvorrichtungen, Wäscherei, Wascheinrichtungen.)

HALL & SONS, sectional warping machine.* *Text. Man.* 32 S. 123/4.

COHNEN, Sektional-Scher- und Bäummaschine. (Gestattet die in Teilen geschorene Garnkette ganz ohne Holzspulen [Blocks] oder Hülsen unmittelbar auf dem Kettenbaum herzustellen.) (D. R. P.) * *Uhlands T. R.* 1906, 5 S. 51/2.

KONERMANN, die Bleicherei und Schlichterei von Baumwoll-Warps. *Z. Textilind.* 10 S. 49/50.

SCARISBRICK, the sizing of cotton yarns. (Sizing substances; object of fermenting flour; object of steeping with chloride of zinc; wheaten flour; softeners; weight givers; deliquescents; antiseptics; moisture.) (V) *Text. Rec.* 31, 5 S. 117/20 F.; *Oest. Woll. Ind.* 26 S. 804/5.

BARR, sizing warps. (R) *Text. Rec.* 31, 3 S. 131/2.

Sizing machine. (The size is heated under steam pressure without bringing the steam in direct contact with the sizing material.) * *Text. Rec.* 31, 4 S. 147/8.

Étude sur le tissage des toiles de lin ou de jute. (Encollage.) (a) * *Ind. text.* 22 S. 70/1 F.

HOFFMANN, P., affaiblissement par l'encollage des chaînes de coton et de lin. *Ind. text.* 22 S. 413.

THOMSON, WILLIAM, Entstehung von Rostflecken auf dem Webstuhl. (Uebermäßiger Gehalt der Schlichte an Chlormagnesium oder Chlorzink.) *Text. Z.* 1906 S. 243.

Beseitigung des Anklebens von Garn am großen Trockenzylinder der Schlichtmaschine. *Mon. Text. Ind.* 21 S. 27.

Vorteilhafteste Schlichtmethode für Baumwoll-Buntweberei. (Aeußerungen von Fachmännern.) *Mon. Text. Ind.* 21 S. 168.

VACUUM PROCESS CO., Methode zur Erhöhung der Trockenfläche von Trommelschlichtmaschinen.* *Oest. Woll. Ind.* 26 S. 1438.

Schlichte für Woll- und Baumwollketten mit eigener Bereitung des Zusatzes. *Oest. Woll. Ind.* 26 S. 92/3.

Schlichte für schwarz und weiße Ketten. (R) *Mon. Text. Ind.* 21 S. 366.

Herstellung von gefärbten bunten Garnketten. *Text. Z.* 1906 S. 123/4.

Chlorkalk-Ersatz zur Herstellung flüssiger Schlichte. (Borax, Salzsäure, Oxalsäure.) *Mon. Text. Ind.* 21 S. 166.

ELSÄSS. MASCHINENBAU - GES. in Mülhausen, Apparat zum Kochen der Schlichte. * *Uhlands T. R.* 1906, 5 S. 27.

Grundsätze für Trocken- und Schlichtzylinder. (Erlaß des Preuß. Ministeriums für Handel und Gewerbe.) *Fabriks-Feuerwehr* 13 S. 37/8.

ATTENBOROUGH, beaming machine for smallwares.* *Text. Man.* 32 S. 412.

Amerikanische Zettelmaschine System DRAPER der ELSÄSS. MASCHINENBAU-GES. IN MÜLHAUSEN. (Mittels Handkurbel kann die Arbeiterin allein die gefüllte Zettelwalze abnehmen.) * *Uhlands T. R.* 1906, 5 S. 17/8.

4. Webstühle. Looms. Métiers à tisser.

Der Handwebstuhl in der heutigen Sammet- und Seidenindustrie. (Herstellung von Schirmstoffen, Futterstoffen für die Herrenkonfektion; Krawattenstoffen; Kragensammeten.) *Z. Textilind.* 9 S. 673/4.

CROMPTON-THAYER LOOM CO., silk loom. (With a bat wing picking motion capable of weaving silks of the heaviest weight and most difficult pattern.) (N) *Text. Rec.* 30, 6 S. 149.

JACQUARDmaschine für Ober-, Mittel- und Unterfach. *Uhlands T. R.* 1906, 5 S. 42.

BRUCK & SÖHNE, Doppelplüsch-JACQUARDmaschine. *Uhlands T. R.* 1906, 5 S. 42.

HACKING & CO , JACQUARD-Webstuhl. (Englische Aufstellung mit offener Gallierung, bei welcher das Prisma mit der Karte sich hinten parallel zur Lade befindet.) * *Uhlands T. R.* 1906, 5 S. 51.

REISER, Vorschlag für eine JACQUARDmaschine zur Herstellung von Damast in drei verschiedenen Bindungsarten. * *Mon. Text. Ind.* 21 S. 244/5.

VERDOL - Maschine in Leinendamastwebereien. (Feinstichmaschinen.) *Text. Z.* 1906 S. 1065.

WM. SMITH & BROS, Leinen-Webstuhl mit Broschierlade.* *Uhlands T. R.* 1906, 5 S. 25.

HALL & SONS, mechanischer Kalikostuhl. (BLACKBURN-Type.)* *Oest. Woll. Ind.* 26 S. 930/1.

VORM. HARTMANN, RICH., mechanischer Webstuhl zum Weben von Axminsterteppichen.* *Oest. Woll. Ind.* 26 S. 931.

Mechanischer Webstuhl mit Schußzuführungsautomaten (ENTWISTLES Patent.)* *Oest. Woll. Ind.* 26 S. 1246/7; *Text. Man.* 32 S. 1244/5.

Automaten-Webstuhl mit selbsttätiger Schußgarnerneuerung (System GABLER und KUNZ). * *Oest. Woll. Ind.* 26 S. 1436.

Automatenstuhl System WÄCHTLER von der Großenhainer Webstuhl- und Maschinenfabr. *Uhlands T. R.* 1906, 5 S. 4/5.

WEMYSS & CO , mechanischer Webstuhl mit Standspule und doppelfädigem Schußeintrag. (Unterbringung des Schußmateriales an ortsfester oder stabiler Stelle, außerhalb des eintragenden Flugschützens.) * *Oest. Woll. Ind.* 26 S. 996.

WORMAN, automatic loom. (The double journey of the lever at each change of shuttle will prevent the loom running at a high speed, yet the simplicity of the change motion is such which will recommend itself to heavy or wide looms. Use of feeler devices which, until the shuttle is empty, prevent the automatic shuttling devices coming into action.)* *Text. Man.* 32 S. 89/91.

HAAST, Bandwebstuhl. (Mit Schußeintragung durch Nadeln in Schleifenform.)* *Uhlands T. R.* 1906, 5 S. 84.

HATTERSLEY & SONS' smallware loom. (Each loom of two shuttles is self-contained, and thus works independently; consequently when it stops no other shuttles are compelled to stand idle.)* *Text. Man.* 32 S. 267/8; *Oest. Woll. Ind.* 26 S. 1179/80.

WILSON & LONGBOTTOM, Gurtenbandstuhl. (Für schwere Gurten.)* *Uhlands T. R.* 1906, 5 S. 61.

MAXSTEDT & BEDNALL, Bandwebstuhl mit vertikaler Schützenbewegung.* *D. Wolleng.* 38 S. 897; *Oest. Woll. Ind.* 26 S. 805.

Neue Wechselstühle. (Wechselstuhl System COVA & GRIVELLI für Buntware aus Baumwolle mit einseitigem Schützenwechsel; Schützenwechsel von HOLLINGSWERTH in Dobcross.) * *Uhlands T. R.* 1906, 5 S. 65/7.

Loom for weaving fabrics on the bias. (For weaving fabrics with their texture inclined at an angle. The batten is placed and operated, to and fro, in the new loom in an oblique position

and consequently the filling interlaced with its warp threads at an angle corresponding to the angle of position of the batten in the loom.) * *Text. Rec.* 31, 2 S. 119.

BARBER & COLMAN's warp tying machine. (Adaptability for tying knots in the ordinary range of yarns no special, if any, changes are needed to change the machine operating on warps containing various numbers of threads per inch; it makes no difference as to the number or kind of healds used; it displaces in a great extent the ordinary hand process.) * *Text. Man.* 32 S. 304/7.

BALLOU, loom for weaving Swiss fabrics. (Whereby the spots may be dropped, and still the number of shafts required will not be materially increased. The method consists in employing depressing healds for carrying the warp threads of the pattern weave to the lower side of the shed, so as to prevent the undesirable repetition of the pattern as called for by the pegs of the pattern chain.) (U. S. Pat.) *Text. Man.* 32 S. 379.

MAXSTED & BENDELL, tape loom. (The vertical motion of the shuttles has advantages up to 2" tape.) * *Text. Man.* 32 S. 87.

5. Webstuhlmechanismen und Teile. Mechanisme of looms and parts. Mécanismes de métiers et parts.

Behandlung der vorrätigen vollen Kettenbäume, der Webgeschirre und der Webblätter. *Mon. Text. Ind.* 21 S. 314/5.

Kettenbaumbremse für sehr dichten Schußeinschlag. (Die Bremse schließt nur während des Schußanschlages.) * *Oest. Woll. Ind.* 26 S. 1437.

KRAUS, Warenbaumregulator für Handwebstühle. (Einrichtung, welche bewirkt, daß nicht mehr Ware aufgewickelt wird, als fertig gestellt ist.) * *Mon. Text. Ind.* 21 S. 11/2.

Verhütung des Aufrollens der Leisten an baumwollenen Satin-, Croisé- und Barchent-Tüchern. (Einrichtungen.) *Mon. Text. Ind.* 21 S. 26.

Warenbaum-Attachement zu Gewebe-Meß- und Legemaschinen. (Einrichtung zur unmittelbaren Unterbringung des Warenwickels, um gleich von diesem abmessen zu können.) * *Oest. Woll. Ind.* 26 S. 1056.

Ueber Webgeschirre. (Zusammenstellung der auf dem Gebiet der Webgeschirre bekannt gewordenen Neuerungen; aus zwei nebeneinandergelegten Drähten gebildete Litze, mehrere D. R. G. M.) * *Mon. Text. Ind.* 21 S. 82/3F.

Geschirr bei endlosen Köpergeweben. * *Seilers.* 28 S. 94/6.

STRAHL, Neuerungen an Schaftmaschinen. (Einrichtung an der CROMPTONmaschine, welche das Hängenbleiben einzelner Platinen verhüten soll, indem diesen eine zwangläufige Bewegung gegeben wird; VORMALS HARTMANN, RICH., Vorkehrung für eine ruhige stoßfreie Bewegung des Oberfachmessers; SCHOENHERRs Verbindung der Kartenprisma-Wendeeinrichtung mit dem Schußwächter.) *Spinner und Weber* 23 Nr 1 S. 1/3.

REINSHAGEN, Neuerungen an Bandstühlen. (Sperrrad-Regulator; Schneckenregulator; Antrieb mit Hilfe eines Kettengetriebes; Ladenkonstruktion.) * *Uhlands T. R.* 1906, 5 S. 3/4.

TAYLOR, J., Webstuhlregulator ohne Wechselrad.* *Oest. Woll. Ind.* 26 S. 1436/7.

Reeds and harness. (Handling.) *Text. Man.* 32 S. 318.

Crochetierlade nach gezahntem Blättersystem. * *Oest. Woll. Ind.* 26 S. 1054/5.

HUGELIN, appareil a gaze crochetée pour metier mécanique. (Peigne en deux parties, comprenant

une partie supérieure pour les fils de tour et une partie inférieure pour les fils fixes.) * *Ind. text.* 22 S. 32/5.

DANTZER, arrangement of the cards on JACQUARD loom.* *Text. Rec.* 31, 2 S. 140/3.

Changement automatique de carton sur armure NUYTS, système SERVIN.* *Ind. text.* 22 S. 183/5.

WETZEL, Kettenspannung bei Webstühlen. (Elastische Kettenspannung durch eine um den Kettenbaum geschlungene Schnur; schwingender Streichbaum; Bewegung des Streichbaumes durch die hin- und hergehende Lade; zweiter drehbarer Streichbaum behufs gleichmäßiger Kettenspannung.) * *Spinner und Weber* 23 Nr. 40 S. 1/3F.

Warp tension device. (To provide an additional brake mechanism to the regular tension device [conditional let off] of a loom, in order to introduce more picks into the cloth weaving.) * *Text. Rec.* 31, 4 S. 99/100.

KELLER MACHINE CO. of New-York, tension device for warp beams.* *Text. Rec.* 30, 5 S. 106.

HATHAWAY, Maschine zum Einziehen der Webketten. (Maschine der AMERICAN WARP DRAWING MACHINE CO. in Boston.) (V) (A)* *D. Wolleng.* 38 S. 1557/8.

SÄCHSISCHE WEBSTUHLFABRIK IN CHEMNITZ, Vorrichtung zum selbsttätigen Auswechseln der Schußspulen für mechanische Webstühle.* *Text. Z.* 1906 S. 921/2.

STRAHL, Neuerungen in der Weberei. (Kettenwächterschützen, welcher den Stuhl bei Eintritt eines Kettenfadenbruches aussetzen soll [D. R. P. 168443]; Webstuhl [D.R.P. 169115], bei welchem nach erfolgtem Schützenschlag der Antrieb ausgerückt wird und so lange in Ruhe verharrt, bis der Schützen den jenseitigen Kasten erreicht hat. Sicherung des Bandschützens in seiner Schützenbahn, D. R. P. 169 073; Drehergeschirr für Bandstühle, welches ganz ohne Anwendung von Schäften arbeitet, Fadenzugregister D. R. P. 166554) *Spinner und Weber* 23 Nr. 23 S. 4/5F.

SCHWEITER, Fadenwächter. (Der bei Fadenbruch jede einzelne Spindel abstellt.) *Uhlands T. R.* 1906, 5 S. 57/8.

Elektrischer Kettenfadenwächter. (System KIP-ARMSTRONG CO.). (Beruht auf dem Grundgedanken eingehängter Lamellen, Plättchen oder Platinen, bei denen es nicht darauf ankommt, ob sie in einer, zwei oder mehr Kolonnen angebracht werden.) * *Oest. Woll. Ind.* 26 S. 1053.

LE MIRE, casse-chaîne pour métier à tisser.* *Ind. text.* 22 S. 468/70.

Neuerungen an Webschützen. (Uebersicht über Neuerungen und Patente.) * *Uhlands T. R.* 1906, 5 S. 68/9F.

PRINGLE, positive Schützenbewegung für Webstühle. (Ersparnis an Kraft; Möglichkeit, beliebig breite Ware herstellen zu können; vollkommene Sicherheit wegen sicherer Ueberwachung der Schützenbewegung; geräuschloses Arbeiten, billige Anschaffung und geringe Unterhaltungskosten.) * *D. Wolleng.* 38 S. 1461/2.

TOUSSAINT, de la marche de la navette au métier à tisser. (Fouet vertical; commandes diverses.) * *Ind. text.* 22 S. 27/32F.

HÜFFNERsche Schützenfänger für Webstühle.* *Z. Wohlfahrt* 13 S. 53/5.

LAFORÊT, Schützenhalter „Bloque Navette".* *Uhlands T. R.* 1906, 5 S. 90/1.

MAUZ, Schutzvorrichtungen gegen das Herausspringen von Webschützen an mechanischen Webstühlen (Schützenfänger.) (Schutzvorrichtungen seitlich am Stuhl; dgl. am Ladendeckel; schwingende Schützenfänger.)* *Gew Bl.Würt.* 58 S. 140/1 F.

MOULLOT, pare-navette.* *Ind. text.* 22 S. 418/9.

Vorkehrungen an Webschützen, um das Einsaugen des Fadens mit dem Munde zu umgehen. *Z. Gew. Hyg.* 13 S, 111.

Shuttle for automatic looms. (Means provided in the shuttle for catching and holding the bobbin while in the former.)* *Text. Rec.* 31, 2 S. 124.

Shuttle for silk looms. (Device for securing the spool position. The locking device is flexible and thus serves as a device for equalising the tension on the thread during the operation of weaving.) (U. S. Pat.)* *Text. Rec.* 30, 6 S. 122/3.

Self threading shuttle.* *Text. Rec.* 31, 4 S. 100/1.

SCHROERS, Schützenauswechslung für Webstühle.* *Uhlands T. R.* 1906, 5 S. 36/7.

Schützenwechsel beim Band-Mühlenstuhl.* *Seilers.* 28 S. 151/2.

Schlagriemen und Picker. (Güte des Riemens; Art der Befestigung des Riemens an dem Picker und dem Schlagriemen.)* *Mon. text. Ind.* 21 S. 83/4.

Picking motion. (Device to guide the picker stick during its movement in such a manner that the point of contact between its picker and the point of the shuttle remains the same throughout the interval of the stroke.)* *Text. Rec.* 32, 1 S. 93/5.

Picker mechanism for knitting machines. (For „two-and-one" work, for which during the widening process two raised needles are lowered by each drop picker action and one raised by a lifter picker on the reverse movement.)* *Text. Rec.* 31, 6 S. 155.

Picker check. (Which produces an increasing resistance on the return or backward stroke of the stick, at the same time practically doing away with said resistance on its forward stroke, the check thus preventing the picker-stick from rebounding.)* *Text. Rec.* 32 S. 92.

Tarred-rope lug-strap. (Connection with the picking motion proper of the loom.)* *Text. Rec.* 32 S. 94.

Selvage beddle for dobby or JACQUARD looms. (To weave two or more fabrics, side by side, in one loom, each fabric having its own selvages.)* *Text. Rec.* 32, 1 S. 97/8.

MUNSCH, Warenbreithalter für Webstühle auf besonders schwere Ware. *Oest. Woll. Ind.* 26 S. 994.

Harness motion for DRAPER looms. (To impart on „plain" or 2-harness looms a smooth and positive acting motion to the harness frames, effecting the raising and lowering of the latter without the customary straps, bands or other flexible connections.)* *Text. Rec.* 30, 5 S. 109/10.

TAYLOR, J., take-up motion. (Device which will operate without the necessity of employing change wheels, but which can be adjusted to suit any number of picks required to be placed in the cloth per inch.)* *Text. Man.* 32 S. 303.

SCHROERS, Ausrückvorrichtung für mechanische Broschierwebstühle.* *Uhlands T. R.* 1506, 5 S. 20.

Warp let-off motion. (For warp threads that are under a different tension from the rest of the warp.)* *Text. Rec.* 30, 4 S. 121/2.

Construction of a flexible fork for side stop motions.* *Text Rec.* 32, 1 S. 101, 2.

WENTWORTH, gut cords for textile work. *Text. Rec.* 31, 4 S. 151.

TILLIE, SORET, peigne pour métier à tisser.* *Ind. text.* 22 S. 408/9.

6. Maschinen zur Herstellung von Webstuhlteilen.

Machines for making parts of looms. Machines pour fabriquer les organes de métiers.

CHAMPION, tracé des platines au métier renvideur.* *Ind. text.* 22 S. 218/20.

CAPPER, stamping JACQUARD cards by means of electrically operated punches. (Device whereby the stamping or punching is effected from the sheet or card on which the design is painted. This punching mechanism is attached to a peg hole punching and lacing machine to produce a complete set of cards.)* *Text. Rec.* 30, 4 S. 98/9.

JARDINE, JACQUARDkarten-Ausschlag-Piano- oder Clavismaschine für die Bobbinetindustrie.* *Oest. Woll. Ind.* 26 S. 1053/4.

7. Behandlung der Gewebe. Treatment of webs. Traitement des tissus. Siehe 3b.

Wechselstrommaschinen. Alternators. Alternateurs. Siehe elektromagnetische Maschinen 2.

Wein. Wine. Vin. Vgl. Gärung, Hefe, Nahrungsmittel, Pressen, Ungeziefervertilgung.
  1. Reben und Trauben.
  2. Feinde der Reben und deren Bekämpfung.
  3. Weinbereitung und Behandlung, Krankheiten des Weines.
  4. Untersuchung.
  5. Obstweine u. dgl.
  6. Verschiedenes.

1. Reben und Trauben. Vines and grapes. Vignes et raisins.

Rebenveredlung und Zweckmäßigkeit derselben.* *Presse* 33 S. 125/6.

KUBART, das Aufblühen von Vitis vinifera L.* *Weinlaube* 38 S. 1/3.

MEISZNER, das Tränen der Reben. *Weinlaube* 38 S. 254/5.

2. Feinde der Reben und deren Bekämpfung. Enemies of the vines. Ennemis de la vigne.

MUTH, Bekämpfung der Peronospora, — durch pulverförmige Kupfermittel. *Weinbau* 24 S. 284/5, 301/2, 430.

VERNET, zur Bekämpfung von Peronospora und Oidium. *Weinlaube* 38 S. 230.

ZATZMANN, Beobachtungen über das Auftreten der Peronospora im Jahre 1906 und die daraus zu ziehenden Lehren. *Weinbau* 24 S. 367.

Erfahrungen bei der Bekämpfung der Peronospora viticola. *Presse* 33 S. 576/7.

GESCHER, die Hauptsache in der Schädlingsbekämpfung. (Mittel, Zeitpunkt und Methode der rationellen Schädlingsbekämpfung.) *Weinbau* 24 S. 133/4.

CERCELET, die Anthraknose und ihre Behandlung. *Weinlaube* 38 S. 61/2.

PFEIFFER, die Gelbsucht der Reben und ihre Bekämpfung. *Weinlaube* 38 S. 285/8.

Der Springwurmwickler (Pyralis vitana). *Weinbau* 24 S. 343/4.

ZSCHOKKE, der Springwurmwickler in Trauben? *Weinbau* 24 S. 369/70.

Die Elektrizität im Kampfe gegen die Reblaus. *Weinlaube* 38 S. 217/8; *Presse* 33 S. 307.

BENESCHOVSKY, die Eigenschaften der Schwefel- und Kupfervitriolschwefelsorten, die im Görzischen zur Bekämpfung von Rebenkrankheiten verwendet werden. *Weinlaube* 38 S. 25/8.

Anwendung und Wirkung der Bordeauxbrühe (Kupfervitriolkalkbrühe.) *Weinlaube* 38 S. 187/8.

DÜMMLER, versagt die Kupferkalkbrühe bei der Bekämpfung der Blattfallkrankheit der Reben? *Weinlaube* 38 S. 416/9.

Untersuchung und Beurteilung von kupfer- und schwefelhaltigen Mitteln zur Bekämpfung der Rebenkrankheiten. (Beschlüsse der agrik.-chem. Sektion des Schweizer Vereins analytischer Che-

miker in der Versammlung vom 23. Sept. 1905 in Chur.) *Z. anal. Chem.* 45 S. 760/5.

3. Weinbereitung und Behandlung, Krankheiten des Weines. Manufacture and treatment, maladies. Fabrication et traitement, maladies.

MÉNARD - NAUDIN, dauernd arbeitende fahrbare Weinkelter. *Uhlands T. R.* 1906, 4 S. 63/4.

Hydraulische Keltern und Spindelkeltern. (Die Zusammensetzung des Mostes in den einzelnen Preßstadien. *Weinbau* 24 S. 331.

Die neue Sektkellerei von DEINHARDT & CO. in Coblenz. (Weinlese, Keltern, Verschneiden, Abziehen auf Flaschen, Degorgieren mittels des WALFARDschen Gefrierverfahrens [D. R. P. 60351].)* *Uhlands T. R.* 1906 *Suppl.* S. 129/31.

BARBET, industrialisation de la fermentation des vins et des cidres. (Amélioration des crus; vineries agricoles travaillant toute l'année; destillation des vins; essor de l'exportation; sous-produits.) *Mém. S. ing. civ.* 1906, 1 S. 485/506.

FORTI - ASTI, alkoholische Gärung des Weines. (Verlauf) (V) (A) *Chem. Z.* 30 S. 248.

HAHN, Gärung des Traubenmostes in warmen Klimaten unter besonderer Berücksichtigung der Weinbereitung in Südafrika. *Chem. Z.* 30 S. 436.

WORTMANN, Einfluß der Temperatur auf Geruch und Geschmack der Weine. *Landw. Jahrb.* 35 S. 741/836.

MÜLLER-THURGAU, Verhalten der Pilzflora in Obst- und Traubenweinen während der Gärung. *CBl. Agrik. Chem.* 35 S. 415/7.

HAMM, die sogenannte Bräune des Rotweins *Arch. Hyg.* 56 S. 380/91.

MALVEZIN, Rolle und Einfluß der Diastase auf die Krankheiten der Weine. (V) (A) *Chem. Z.* 30 S. 436/7.

KAYSER et MANCEAU, la maladie de la graisse des vins. *Compt. r.* 142 S. 725/8.

MANCEAU, la graisse des vins. *Compt. r.* 143 S. 247/8.

Das Schleimig- und Zähewerden des Weines *Weinlaube* 38 S. 230/2; *Essigind.* 10 S. 265/6.

Die Verbesserung fehlerhafter Weine und die Umgärung. *Weinbau* 24 S. 125/6.

Le vieillissement artificiel des vins. (L'appareil MALVEZIN pour le vieillissement artificiel des vins par le procédé de la pasteuroxyfrigorie.)* *Gén. civ.* 48 S. 179/81; *Uhlands T. R.* 1906, 4 S. 21.

Sterilisierung und Veredelung von Weinen und Spirituosen durch Ozon.* *Pharm. Centralh.* 47 S. 783/4.

MÜLLER-THURGAU, Einfluß der schwefligen Säure auf Entwickelung und Haltbarkeit der Obstweine. *CBl. Bakt.* II, 17 S. 11/9.

SEIFERT, freie und azetaldehydschweflige Säure und deren Wirkung auf verschiedene Organismen *Weinlaube* 38 S. 582/4 F.

SCHUCH, Patent-Schweflungs-Apparat „Dr. WEDINGER-SCHIMBS" als Ersatz des Schwefels und der Sulfite in der Kellerwirtschaft.* *Weinlaube* 38 S. 437/41.

BURNAZZI, Kasein als Klärmittel des Weines. *Milch-Z.* 35 S. 76.

MÜNTZ, Gebrauch von Kasein zum Klären des Weins. *Milch-Z.* 35 S. 110/1.

POSSETTO, Zubereitung und Färbung von Marsalawein. *Erfind.* 33 S. 24/5.

4. Untersuchung. Analysis. Analyse.

ROCQUES, analyse des vins. *Bull. sucr.* 24 S. 783/9.

ROOS, exposé critique des méthodes d'analyse des vins. *Bull. sucr.* 24 S. 767/77.

MATHIEU, interprétation des analyses de vin. *Bull. sucr.* 24 S. 648/53.

BARAGIOLA, chemische Untersuchungen an Moselweinen. (V) *Z. Genuß.* 12 S. 135/41.

CARI-MANTRAND, nouvelles bases d'appréciation dans les calculs d'analyse des vins. Evaluation du mouillage, sucrage et vinage. *Bull. Soc. chim.* 3, 35 S. 174/81.

Ueber eine neue Bewertung der Analysen von Süßweinen. *Weinlaube* 38 S. 218/9.

HUBER, das spezifische Gewicht und die indirekte Extraktbestimmung des Weines. *Apoth. Z.* 21 S. 581.

MATHIEU, applications de la polarimétrie aux vins. *Ann. Brass.* 9 S. 395/7.

ZECCHINI, Verwendung der Polarisationsapparate bei der Beurteilung der Weine. *Chem. Z.* 30 S. 436.

BOETTICHER, ein neuer Apparat zur Bestimmung der flüchtigen Säure im Wein.* *Z. anal. Chem.* 45 S. 755/8.

ROETTGEN, Bestimmung des Alkoholgehaltes bei essigstichigen Weinen. *Z. Genuß.* 12 S. 598/9.

GAUTIER, application aux vins de Perse de la règle caractérisant le mouillage: somme alcool acide. *J. pharm.* 6, 24 S. 403/4.

LECOMTE, les vins de Perse; vins de Hamadan. (Analyses.) *J. pharm.* 6, 24 S. 246/7, 539/42.

WEIWERS, unvergärbarer Zucker im Wein. *Apoth. Z.* 21 S. 763.

HALPHEN, recherche des fraudes de vins. *Bull. Soc. chim.* 3, 35 S. 879/906.

VON LIEBERMANN, Natur- und Kunstwein zu einander verglichen in ihrer hygienischen Bedeutung. *Weinlaube* 38 S. 13/7.

Berechnung des Zuckerzusatzes zu Most und Wein. *Weinlaube* 38 S. 300/3.

MANGEAU, caractères chimique des vins provenant de vignes atteintes par le mildew. *Compt. r.* 142 S. 589/90.

MATHIEU, rapport alcool-glycérine dans les vins. (V) *Bull. sucr.* 23 S. 1411/5; *Ann. Brass.* 9 S. 196,8.

BILLON, neue Methode zur Bestimmung des Glyzerins im Wein. (Eindampfen mit Kalkmilch, Aufnehmen mit Alkohol, Ausfällung der Fremdsubstanzen mit Essigäther.) *Essigind.* 10 S. 226; *Ann. Brass.* 9 S. 199/200.

KRUG, Nachweis von Zitronensäure im Wein. *Z. Genuß.* 11 S. 155/6.

MAYER, JULIUS, Nachweis von Zitronensäure im Wein. KRUG, Entgegnung. *Z. Genuß.* 11 S. 394.

VITALI, Nachweis von Salicylsäure in Wein und Nahrungsmitteln. (Toluol als Extraktionsmittel.) *Apoth. Z.* 21 S. 976.

Salicylsäure, ein natürlicher Bestandteil des Weines. *Weinbau* 24 S. 310.

MÜNTZ et LAINÉ, les matières pectiques dans le raisin et leur rôle dans la qualité des vins. *Mon. scient.* 4, 20, I S. 221/7; *Ann. Brass.* 9 S. 157/63 F.

PLANCHER ed MANARESI, sui lecitani nel vino. *Gaz. chim. it.* 36, II S. 481/92.

CARI-MANTRAND, procédé pratique d'extraction de la matière colorante des vins rouges. Emploi de l'oenocyanine au relèvement de la couleur des vins chaptalisés. *Bull. Soc. chim.* 3, 35 S. 1017/22.

CASAMANDA, Bestimmung von Gerbsäure im Wein. *Apoth. Z.* 21 S. 297.

KICKTON, über verdächtige Farbstoffreaktionen dunkeler Weine. *Z. Genuß.* 12 S. 172/6.

ROSSI e SCURTI, riduzione dei nitrati nei mosti e nei vini. *Gaz. chim. it.* 36, II S. 632/5.

Die Feststellung von Nitraten im Weine. *Weinlaube* 38 S. 188/9.

AZZARELLO, sulla presenza dell' acido borico nei

vini genuini della Sicilia. *Gaz. chim. it.* 36, II S. 575/87.

KUPTSCHE, Bestimmung der schwefligen Säure im Wein. (Die schweflige Säure wird mit Brom oxydiert und als Schwefelsäure bestimmt.) *Pharm. Z.* 51 S. 438.

HUBERT et ALBA, recherche de l'arsenic, du cuivre, du plomb et du zinc dans les vins.* *Mon. scient.* 4, 20, I S. 799/802.

REISCH und TRUMMER, die chemische Zusammensetzung der verschiedenen beim Pressen gewonnenen Mostpartien und der daraus hervorgegangenen Weine.* *Weinlaube* 38 S. 401/4 F.

SEIFERT, Einfluß der Mostgewinnung, Gärung und Behandlung des Jungweines auf die Beschaffenheit desselben. *Weinlaube* 38 S. 377/80 F.

MALVEZIN, essai des vins au point de vue de leur vieillissement.* *Bull. sucr.* 24 S. 523/5.

SCHAFFER, Alkalität der Weinasche. *Z. Genuß.* 12 S. 266/74.

5. Obstweine udgl. Fruit wines a. th. l. Vin de fruits etc.

ARAUNER, Medizinalweine. (Definierung des Begriffes; Gewinnung und Darstellung.) *Pharm. Z.* 51 S. 459/60.

FORTNER, Cider. (Definition des Begriffes, Untersuchung.) *Z. öftl. Chem.* 12 S. 222/6.

Wermutwein. (Untersuchung; Berechnung.) *Pharm. Centralh.* 47 S. 484.

ADAM, Tamarinden und Tamariodenweine. *Pharm. Centralh.* 47 S. 357.

Bereitung der Beerenobstweine. *CBl. Zuckerind.* 15 S. 313/4.

MÜLLER-THURGAU, Einfluß der schwefligen Säure auf Entwicklung und Haltbarkeit der Obstweine. *CBl. Agrik. Chem.* 35 S. 420/3.

Kirschwein. *Pharm. Centralh.* 47 S. 675.

6. Verschiedenes. Sundries. Matières diverses.

Die staatlichen Weinberganlagen an der Saar und der Mosel und der Zentralweinkeller in Trier. (Weinbergdomänen Ockfen, Aveler Berg bei Trier; Kellereigebäude; hydraulische Kelterpressen; Weinbau-Domäne bei Serrig a. d. S.; Zentralweinkeller in Trier.)* *Zbl. Bauv.* 26 S. 85/9 F.

Die Ahrweine, ein heimischer Ersatz der Bordeauxweine, am Krankenbette. (Analysen.) *Pharm. Centralh.* 47 S. 514/9.

CLUSZ, der Wein in seiner physiologischen Wirkung. *Weinlaube* 38 S. 37/9 F.

BEHRENS, Wirkung des vorzeitigen Entblätterns der Reben im Herbst und der Fäulnis auf die Zusammensetzung des Traubensaftes. *CBl. Agrik. Chem.* 35 S. 336/7.

Weinsäure. Tartaric acid. Acide tartarique. Siehe Säuren, organische 4.

Wellen. Shafts. Arbres. Siehe Achsen, Wellen und Kurbeln.

Werkzeuge, anderweitig nicht genannte. Tools not mentioned elsewhere. Outils non dénommés. Vgl. Bohren, Drehen, Feilen, Fräsen, Hammerwerke, Hobeln, Instrumente, Sägen, Schrauben, Uhren, Werkzeugmaschinen, Zahntechnik.

Some dogs and drivers. (Style of dog used occasionally in the grinding department on small work type of driver used on a coarser grade of work, which does not run at a high speed.) *Mech. World* 40 S. 187.

High-speed tools for turning locomotive drivingwheel tyres. (Tests.)* *Mech. World* 40 S. 170/1.

„Blitz"-Schnellspanner von HAGENMÜLLER. (Zum Einspannen von Arbeitsstücken. Besteht aus einem festen Backen mit Leitschiene, auf welcher

der mit Exzenter versehene bewegliche Backen hin- und hergeschoben werden kann.)* *Bayr. Gew. Bl.* 1906 S. 161.

Vorrichtung zur Verbindung von Riemen. (Bei der die Riemenenden zuerst rechtwinklig beschnitten, dann gelocht und genau gegeneinander stoßend eingespannt werden, so daß durch die Löcher eine Schnur oder ein Draht von Hand hindurchgezogen werden kann.)* *Bad. Gew. Z.* 39 S. 91/2.

MÖBIUS, Werkzeug zum seitlichen Durchlochen von hochkantig stehenden Treibriemenenden. (D. R. P. 162903.)* *Bad. Gew. Z.* 39 S. 92/3.

Das Abstechen der Heftzwingen. (Werkzeug.)* *Z. Drechsler* 29 S. 451.

Ringklemmen. (Zur Trauring-Herstellung, Aenderung der Weite.)* *J. Goldschm.* 27 S. 339/40.

Werkzeug zum Gravieren von Schildpatt, Perlmutter- und Elfenbeinerzeugnissen der KammIndustrie. (Für Gravierarbeit und für das Säubern von gepreßten Verzierungen; Bohrarbeiten beim Zusammensetzen von Hut- und Haarschmuck.)* *Z. Bürsten.* 25 S. 665/6.

Bördeln der Rohre in Lokomotivkesseln. (Preßluftgerät zum Bördeln von Feuerrohren.)* *Z. Bayr. Rev.* 10 S. 91/2.

LE CARD, shop tools and devices. *Mech. World* 39 S. 198.

CEDAR RAPIDS MFG. CO., the neverslip nail puller. * *Iron A.* 77 S. 477.

KLOPP, combination belt tool and belt lacing.* *Am. Miller* 34 S. 977.

KÜHNAST, verstellbarer Körner.* *Z. Werksm.* 10 S. 165.

SCHOFIELD, pneumatic tools as applied to ship construction and their advantages to shipbuilders and engineers. * *Mar. Engng.* 11 S. 354, 8.

BAUERs Diamantwerkzeuge. *Uhlands T. R.* 1906, Suppl. S. 159/60.

STRONG & PAIGE TOOL CO., diamond tool holder. * *Am. Mach.* 29, 2 S. 586 E.

Cutting-off tool holder. (The base of the tool is ground in a special fixture to an angle of 15 degrees and to a height that permits the tool to cut on center, when clamped in the holder.)* *Am. Mach.* 29, 1 S. 188.

Involute wrench. (The name is derived from the nature of the curve of the jaws and the angle of the teeth to the fulcrum, these being tangent to the jaw.)* *Gas Light* 85 S. 542.

BULLARD AUTOMATIC WRENCH CO., praktischer Rohrschlüssel.* *Z. Transp.* 23 S. 474/5; *Street R.* 27 S. 799.

The HOBSON wrench. (Used on all kinds of machinery and in locations inaccessible to a sidegrip wrench.)* *Railr. G.* 1906, 2 Suppl. Gen. News S. 22.

IRVING MFG. & TOOL CO., combination wrench and plier. * *Iron A.* 78 S. 1058.

PEDERSEN wrench.* *Horseless Age* 17 S. 871.

SCHIETRUMPF, Casco-Schraubenzieher. (Hält die Schraube fest, so daß sie an schwer zugänglichen Stellen leicht eingeschraubt werden kann.)* *Bad. Gew. Z.* 39 S. 100/1; *Ratgeber, G. T.* 6 S. 32/33.

SCHIETRUMPF & CO., Casco - Schraubenschlüssel.* *Ratgeber, G. T.* 6 S. 33.

SCHIETRUMPF & CO., Moment-Spannzwinge.* *Ratgeber, G. T.* 6 S. 33.

DAUCHER & MANZ, Spannzwinge mit Exzenterverschluß.* *Bad. Gew. Z.* 39 S. 32/3.

Toolmakers' vise and soldering plate.* *Am. Mach.* 29, 1 S. 123/4.

Portable bench and vice.* *J. Gas L.* 94 S. 376.

DAVIES & SONS, Schraubstock für die Modelltischlerei.* *Gieß.-Z.* 3 S. 374/5.

EMMERTZ, Schraubstock für Modellschreiner. (Pat.)* *Bayr. Gew. Bl.* 1906 S. 21/2.

JEIDEL, ein neuer Parallelschraubstock. (Die bewegliche Vorderbacke wird, wie gewöhnlich, von der Spindel und einer darunter liegenden Führungsstange geführt; aber diese gehen erstens in ungewöhnlich langen, glatten Bohrungen des Schraubstockkörpers und zweitens wird ihr hinteres Ende noch besonders geführt, indem ein an der unteren Führungsstange befestigtes Querstück, das dem hinteren Ende der Spindel als Lager dient, an einer festen Führungsstange entlang gleitet, die vorne am Schraubstockkörper und hinten an einer besonderen Stütze befestigt ist.) * *Mech. Z.* 1906 S. 126/7; *Z. Dampfk.* 29 S. 278/9.

Étau quadruple système LONDGREN. * *Portef. éc.* 51 Sp. 32.

TAYLOR, Parallelschraubstock. (Die Mutter hängt an einer an der Klemmhülse angeordneten Schiene, so daß die Klemmhülse bei der Verschiebung der Spindel nach dem Ausklinken des Gewindes mit verschoben werden kann.) *Z. Werksm.* 10 S. 220.

UNION STANDARD MACHINE CO, combination of a revolving parallel vice with a tube vice.* *Pract. Eng.* 33 S. 457.

BECK, der Stahl und seine Verwendung zu Werkzeugen.* *Uhlands T. R.* 1906 Suppl. S. 113/4.

CLARAGE, manufacture of tool steel. *Mech. World* 40 S. 310/1 F.

FISCHER, HERM., Verwendung des Schnelloder Rapid-Werkzeugstahles. *Z. Werksm.* 11 S. 87/92.

STOCKALL, the handling of tool steel. (High speed tools; tempering with lower heats.) *Iron A.* 77 S. 342.

Werkzeugkasten für Modellschreiner. *Gieß.-Z.* 3 S. 127.

PERRIGO, devices for reducing the cost of labour on machine work. (Attachment for turning the surface of spherical pieces of cast iron.) *Mech. World* 39 S. 230 F.

Werkzeugmaschinen, anderweitig nicht genannte. Machine tools, not mentioned elsewhere. Machines outils, non dénommées. Vgl. Bohren, Drehen, Fräsen, Hobeln, Metalle 2, Sägen, Schleifen, Schmieden, Schneidwerkzeuge und Maschinen, Schrauben, Werkzeuge, Zahntechnik.

FISCHER, HERMANN, zur Entwicklungsgeschichte der Werkzeugmaschinen. (Fräser und Fräsmaschinen.) * *Z. V. dt. Ing.* 50 S. 473/8.

RUPPERT, Aufgaben und Fortschritte des deutschen Werkzeugmaschinenbaues. (V)* *Z. V. dt. Ing.* 50 S. 569/76 F.

Die deutsche Maschinenindustrie auf der Weltausstellung zu Lüttich. (Werkzeugmaschinen.) * *Gieß.-Z.* 3 S. 182/5 F.

Werkzeugmaschinen. (Kaltsägemaschine der NEWTON MACHINE TOOL WORKS in Philadelphia; Doppelausbohrmaschine für Büchsen von MACPHERSON; Ausbohrmaschine für Verbundzylinder von SELLERS & CO.; Zylinderbohrmaschine der NEWTON MACHINE TOOL WORKS.) * *Z. Dampfk.* 29 S. 237/9.

MARKHAM, milling-machine fixtures. *Mech. World* 39 S. 266/7.

A filing machine (For filing and sawing dies and similar work.) * *Am. Mach.* 29, 2 S. 692.

Furnace flanging machine.* *Pract. Eng.* 34 S. 99/100 F.

Amerikanische Blechbearbeitungsmaschinen. (Stanzund Prägepresse mit Kurbelantrieb; Presse zum Randumlegen und Falzzudrücken; Presse zum

Drahtein- und Randumlegen; Lötmaschine für Gasfeuerung; selbsttätige Doppelfalzmaschine; selbsttätige Doppelfalzverschlußmaschine; selbsttätige Abkantmaschine; selbsttätige Falzmaschine; selbsttätige Gewindedrückmaschinen; Drahtringmaschinen; selbsttätige Drahtgriffmaschine; selbsttätige Drahtformmaschine.) * *Z. Werksm.* 10 S. 438/41 F.

Some modern British machine tools. (Brassfinishers' turret lathe by SMITH & COVENTRY; vertical milling machine by WARD & CO.) *Pract. Eng.* 33 S. 336/8 F.

Phoenix spring foot press.* *Iron A.* 78 S. 802.

Neue Holzbearbeitungsmaschinen. *Z. Werksm.* 10 S. 171/3.

Universal-Holzbearbeitungsmaschine von KLEIN & STIEFEL in Fulda. (Anordnung und Arbeitsrichtung sämtlicher Werkzeuge derart, daß die Hölzer nur in einer Richtung verschoben werden.)* *Z. Werksm.* 11 S. 117/8.

Mechanische Herstellung von Stahlstempeln für Bijouteriearbeiten. (HAELBIG & SOHN, rundarbeitende Maschinen für Korpussachen, Brotkörbe, Schippen, Auftragebretter etc. Walzenmaschinen für selbsttätige Tieffräsung von Tapeten-, Linkrusta- und Goldleisten-Walzen. Besteckstanzmaschinen. Gesenkmaschinen für die Herstellung von Stanzen. Selbsttätige Reduziermaschine zum Verkleinern von Modellen zwischen 1/9 und 5/6 der Originalgröße.) * *Uhlands T. R.* 1906 Suppl. S. 141/3.

Machine for making sheet-metal segments for large dynamos. (Double crank press.)* *Am. Mach.* 29, 1 S. 180/1.

Automatic spool head gluing machine. (To spread the glue rapidly and correctly over the surface of wooden discs used for building spool heads or flanges to prevent their checking.) * *Text. Rec.* 30, 4 S. 142/3.

The Niagara turret double seamer.* *Iron A.* 78 S. 613.

Improved wire-drawing machine.* *Iron & Coal* 73 S. 123.

English results with high-speed steel. (Forty horsepower milling machine; high speed drilling machine.) * *Am. Mach.* 29, 1 S. 270/2.

Three new railroad shop tools. (NILES-BEMRNT-POND 300 t hydraulic wheel press; boring machine; NILES BEMENT-POND CO. 79'' standard driving wheel lathe.)* *Railr. G.* 1906, 1 S. 455.

Micrometer stops. (Micrometer gauge on a drill press.)* *Am. Mach.* 29, 1 S. 294/5.

Keyseat broaching machine.* *Am. Mach.* 29, 1 S. 198/9.

Apparatus of restoring the cutting edges of files, made by the AMERICAN FILE SHARPENER CO.* *Iron A.* 78 S. 1300.

BANDY, electrically-driven steel plate engraving, imprinting and embossing machine.* *El. World* 48 S. 1164/5.

BLISS CO., automatic notching presses. *El. World* 47 S. 79.

BLISS CO., power press. (For fastening a sheet metal part to one of some other material.) * *Iron A.* 78 S. 807.

BRIDGE & CO., improved automatic thread, cord, tape, and washer cutting machine.* *Pract. Eng.* 34 S. 134/5.

CAMPBELLS & HUNTER, Rund- und Oval-Lochschneidmaschine.* *Masch. Konstr.* 39 S. 129.

CARTER, continuous wire-drawing machine.* *Eng.* 102 S. 352.

DEAN, SMITH & GRACE, high-speed sliding surfacing and screw-cutting lathe.* *Pract. Eng.* 33 S. 688/9.

DEAN, SMITH & GRACE, swing high-speed surfacing and boring lathe.* *Pract. Eng.* 33 S.689.

VON DENFFER, neue Holzbearbeitungsmaschinen. (Zylindersäge und Fräse.) * *Dingl. J.* 321 S. 11/3 F.; *Z. Werkzm.* 10 S. 259/60 F.

A combined drill, grinder, vise, anvil and forge made by the DETROIT TOOL CO., Detroit, Mich.* *Iron A.* 77 S. 423.

DUBOSC bevel gear-cutting machines.* *Eng.* 102 S. 520/2.

Gear cutting machines.* *Eng.* 102 S. 576.

PARKINSON & SON, improved automatic spur gear-cutting machine.* *Am. Mach.* 29, 2 S. 524 E.

FAWCUS MACHINE CO, Abstechmaschine. (Zum Abstechen und Zentrischbohren von Stahlachsen für Schnellbetrieb.) * *Uhlands T. R.* 1906, 1 S. 65.

Machine GLEASON à tailler les pignons coniques.* *Rev. méc.* 18 S. 374/80.

HERBERT, vertical milling and profiling machine. (For machining details in locomotive works.) * *Railw. Eng.* 27 S. 22/3.

A 30" TINDEL double rotary slotting machine built by the HIGH DUTY SAW & TOOL CO., Eddystone, Pa.* *Iron A.* 77 S. 184/5.

HORNER, machine-shop work. (WHITWORTH planing machine, with reversing or „Jim Crow" toolbox.) * *Mech. World* 39 S. 7 F.

HORNER, machine-shop work. (Slotter by SMITH, G. F. of Halifax; planer tools.) (a) * *Mech. World* 40 S. 18/9 F.

ISAACS, rifled pipe for pumping heavy crude fuel oil. (Rifling machine.)* *Railv. G.* 1906, 1 S. 606/7.

JOHNEN, neuere Maschinen zum Richten und Ankörnen von Wellen für das Abdrehen. * *El. u. polyt. R.* 23 S. 520/2.

JOHNSON and PHILLIPS, electric cablemaking machinery.* *El. Eng. L.* 38 S. 279.

LAFFARGUE, machine à rectifier les collecteurs dans les machines électriques.* *Nat.* 34, 2 S. 95/6.

The LASSITER bolt-turning machine.* *Am. Mach.* 29, 2 S. 128/9.

LELONG, chain-making machinery. * *Iron & Coal* 72 S. 1634/5; *Pract. Eng.* 33 S. 620/2.

LÉVY, GEORGES, machine à rainer à porte-fraise oscillant système LUBIN.* *Rev. ind.* 37 S. 261/2.

LEWIS, Federnbiegemaschine.* *Z. Werkzm.* 10 S. 190/2.

LOEWE & CO., Horizontal-Stoßmaschine mit Zahnstangenbetrieb.* *Schw. Elektrot. Z.* 3 S. 104.

LOEWE & CO., Abstechmaschinen.* *Bayr. Gew. Bl.* 1906 S. 371.

Machine à poser les brides des tuyaux métalliques système LOVEKIN.* *Portef. éc.* 51 Sp. 49/53.

LUMSDEN MACHINE TOOL CO., new wood trimmer. (The appliance is mounted on a stand and can be swung and clamped in any position without the use of a spanner.)* *Am. Mach.* 29, 2 S, 468 E.

Double-stroke, open-die rivet heading machine, built by the MANVILLE MACHINE CO. (Change the dies without having to remove a heavy die block.) * *Iron A.* 78 S. 467/9.

MASCHINENFABRIK MÜNCHEN, Universal-Werkzeugmaschine. (Beliebige Einstellbarkeit der Arbeitsspindel bezw. des Spindelgestelles, sowie deren veränderliche Geschwindigkeit ermöglicht die Verwendbarkeit der Maschine zu Bohr-, Dreh-, Fräs-, Schleif- und Sägearbeiten.) * *Z. Werkzm.* 10 S. 245/7.

MELAUN, Vorrichtung zum Feilen, Hobeln oder Fräsen der im Gleis liegenden Schienen. * *Z. Transp.* 23 S. 164/5.

VON MOLO, Apparate zur automatischen Herstellung von Rechnungen an Elektrizitätszählern und anderen Messern. * *Elt. u. Maschb.* 24 S. 533/4.

MÜSCHENBORN & CO, Drahtzange.* *Z. Werkzm.* 10 S. 289.

The OSGOOD oil grooving machine for bearing bushings. (Machine for cutting oil grooves in bearing bushings.)* *Iron A.* 78 S. 75.

The PINKERTON CO. automatic revolving jaw chuck.* *Iron A.* 77 S. 1178.

SHANNON, inlets and outlets for hydraulic machine tools. (Estimating the sizes for the pressure and exhaust pipes of hydraulic machine tools. Diameter of ram.)* *Mech. World* 39 S. 175/6.

Machine à roder automatique construite par SELIG, SONNENTHAL & CO.* *Rev. ind.* 37 S. 465/6.

SHARKS & CO., some modern British machine tools.* *Pract. Eng.* 33 S 48/50.

SPECKBÖTEL, Boden- und Deckel-Aufstiftmaschine.* *Uhlands T. R.* 1906, 2 S. 56.

STANDARD TOOL CO., spring coiling and grinding machines.* *Am. Mach.* 29, 2 S. 24/5 E.

VALENTIN, Spezial-Werkzeug-Maschinen für Automobil- und Motorenbau. (Horizontalbohrwerk von WEBSTER & BENNET; zweispindlige Horizontalbohrmaschine von LOEWE & CO., vertikale Schleifmaschine von SCHMALTZ; Horizontal-Zylinderschleifmaschine von MEYER & SCHMIDT; Bearbeitung der Kolbenringe; Herstellung der Nockenwellen.)⊞ *Mot. Wag.* 9 S. 322/4 F.

The WADSWORTH foot power core coning machine. (For making stock cores a need has arisen for some means of tapering the ends to form the print true and to size.)* *Iron A.* 77 S. 1021.

WERKZEUGMASCHINEN-FABRIK SCHULER, Blechbiege- und Abkantmaschine. *Z.Werkzm.* 11 S. 20/1.

WILKINSON & SONS, automatic notching machine.* *Am. Mach.* 29, 2 S. 83 E.

The WORD drill sharpener.* *Eng. min.* 82 S. 487.

WOBRNIER, machine à tailler les engrenages droits, construite par PARKINSON & FILS. * *Rev. ind.* 37 S. 501/4.

YORKSHIRE MACHINE TOOL CO, two-spindle centring machine. (Each spindle bears a rack in which gears a single pinion, one rack being on each side of it. Movement of the handle in one direction drives one spindle forward simultaneously with withdrawal of the other while with reverse movement reverse action occurs.)* *Am. Mach.* 29, 1 S. 399 E.

Ueber Geschwindigkeitsdiagramme von Werkzeugmaschinen.* *Z. Werkzm.* 10 S. 395/6; 11 S. 73.

Design of hydraulic machine tools. (Methods of design.) * *Pract. Eng.* 33 S. 367/8 F.

CAMPBELL, power required by machine tools, with special reference to individual motor drive. *El. Rev. N. Y.* 48 S. 367/71.

CODRON, expériences sur le travail des machines-outils.* *Rev. méc.* 19 S. 431/45 F.

SCHLESINGER, die Werkzeugmaschinen auf der Bayerischen Jubiläums-Landesausstellung, Nürnberg 1906. *Z. V. dt. Ing.* 50 S. 1306/10 F.

Machine tools at the engineering and machinery exhibition, Olympia. * *Engng.* 82 S. 410/1; *Mech. World* 40 S. 138/40 F.; *Am. Mach.* 29, 2 S. 344/6 E.

Weltausstellung in Lüttich 1905. (Ausstellung der Maschinenbauanstalt KIRCHNER & CO. in Leipzig-Sellerhausen.) * *Z. Werkzm.* 10 S. 155/61, 200/1.

BRETSCHNEIDER, die allgemeine und internationale Ausstellung in Lüttich 1905. (Werkzeugmaschinen; BRADLEY - Hammer; FÉTU - DEFIZE - Drehwerk; SCHMALTZ-Zylinderschleifmaschine.)* *Z.Dampfk.* 29 S. 70/1.

Winddruck. Wind pressure. Pression du vent. Vgl. Meteorologie.

Winddruck auf Gasbehälter.* *J. Gasbel.* 49 S.77/8.

SCHMIDT, H., auf Gasbehälter-Kuppeln ausgeübter Winddruck. HEINEKEN, Erwiderung.* *J. Gasbel.* 49 S. 127/8.

Winden. Windlasses. Guindeaux. Siehe Hebezeuge 2.

Windkraftmaschinen. Wind motors. Moteurs à vent. Vgl. Müllerei.

BURNE, wind power.* *Cassier's Mag.* 30 S. 325/36.

WENZEL, Windmotoren und deren Systeme. *Chem. Techn. Z.* 24 S. 4/5 F.

LATTIG, Erzeugung von Elektrizität mittels Wind. *El. Anz.* 23 S. 1184/5.

Wind-power electricity. *El. Mag.* 6 S. 385/6.

JUNGLÖW, Verwertung der Windkraft. (Förderung wässeriger Schlammassen auf 12 m Höhe. Windturbinenanlage durch die DEUTSCHEN WINDTURBINENWERKE BRAUNS, RUDOLPH. Windturbine mit verzinkten Stahlblechflügeln, Zentralschmierung, selbsttätiger Regelung nach Windrichtung und Windstärke.)* *Techn. Gem. Bl.* 9 S. 9/10; *Zbl. Bauw.* 26 S. 153/4.

RINGELMANN, rendement des aeromotors. (Appareil pour relever régulièrement l'intensité du vent, de façon à pouvoir établir une relation entre cette donnée et le nombre de tours effectués par l'appareil.) *Ann. trav.* 63 S. 190/2.

RINGELMANN, sul lavoro meccanico fornito dai molini a vento. *Giorn. Gen. civ.* 43 S. 626/7.

Wirken und Stricken. Hosiery and knitting. Bonneterie et tricotage. Vgl. Spulerei, Weberei 4.

1. Allgemeines. Generalities. Généralités.

HERINGTON, production and efficiency of knitting machines. (Method of calculating the theoretical production of a knitting machine, and comparing it with actual production.)* *Text. Man.* 32 S. 98/9.

WILLKOMM, Ware und Wirkmuster an Rundstühlen. (Ware mit verschränkten Maschen [Twistware]; Petinetmuster; Werfmuster; Deckmaschinenmuster; schlauchförmige Ware am Rundkettenstuhl; reguläre Ware am Rundstuhl [Rundstrickmaschine]; Patentübersicht.)* *Mon. Text. Ind.* 21 S. 17/20 F.

Gebrauchsmuster im Gebiete der Wirkerei, eingetragen in Deutschland während der Jahre 1904 und 1905. (a) *Text. Z.* 1906 S. 560 F.

WILLKOMM, Wirkwaren mit Schuß- und Kettenfäden. (Patentübersicht.)* *D. Wirk. Z.* 26 S. 463/4 F.; *Oest. Woll. Ind.* 26 S. 996/7.

WILLKOMM, plattierte Wirkwaren. (Bildung einer Masche aus zwei in der Richtung der Warenstärke aufeinanderliegenden Fäden.)* *D.Wirk. Z.* 26 S. 719/20 F.

WILLKOMM, gewirkte Glühstrümpfe. (Herstellung auf Rundkettenstühlen; Patentübersicht.) *D.Wirk. Z.* 26 S. 207/8.

2. Maschinen. Machines.

Neuerungen an französischen Rundwirkstühlen. (Patentübersicht. OERTELs D.R.P. 167 111; Abschlag- oder Stehplatinen; Verfahren zur Herstellung durchbrochener Wirkware auf französischen Rundwirkstühlen nach HEYGEN & CO. [D.R.P. 152 205]; MÜLLER & SCHWEIZER's Verfahren zur Herstellung durchbrochener Ware auf einem französischen Rundwirkstuhle.)* *Uhlands T. R.* 1906, 5 S. 46.

MC MICHAEL & WILDMAN MFG. CO., Rundränderwirkmaschine mit Hakennadeln.* *Uhlands T. R.* 1906, 5 S. 31.

STANDARD MACHINE CO. IN PHILADELPHIA, Neuerungen an Wirkmaschinen. (D.R.P. 170 192;

Am. Pat. 484 137 und 538 518. Selbsttätige Ausschwenkung des Fadenführers; Bewegung der Zungen-Nadelspitzen in einer Ebene; Stillsetzung der Maschine.) *Oest. Woll. Ind.* 26 S. 1181/2.

WILLKOMM, Zungenöffner in Wirkmaschinen.* *D. Wirk. Z.* 26 S. 551.

HEMPHILL's „Banner" hosiery knitting machine.* *Text. Rec.* 31, 3 S. 151/2.

MELLOR & SONS, Flacher Wirkstuhl. (Zur Herstellung von durchbrochener Ränierware.)* *Uhlands T. R.* 1906, 5 S. 13/4.

SCOTT & WILLIAMS, knitting machine. (Circulation seamless hosiery machine, which knits first the rib top, then automatically changes to a plain stitch for the leg portion, then automatically knits the heel, foot and toe complete and starts again automatically on the rib top of the second stocking, leaving several slack courses between the pieces.) (N) *Text. Rec.* 30, 6 S. 137.

STAFFORD & HOLT, Strickmaschine.* *Uhlands T. R.* 1906, 5 S. 93.

GROSSER MACHINE CO., combined ribber and footer. (For finishing a stocking, including the ribbed top, etc., on one machine.)* *Text. Rec.* 30, 4 S. 131/2.

STEBER MACHINE CO., diamond ribbed fleecing machine. (For the purpose of making an improved fleece-lined knitted fabric.)* *Text. Man.* 32 S. 343/4.

WILDT & CO., hosiery machine. (For striping in two or in two to four colours.)* *Text. Man.* 32 S. 125/6.

3. Maschinenteile und Zubehör; Parts of machines and accessory. Organes des machines et accessoire.

WILLKOMM, einzeln bewegliche Preßnadeln. (Patentübersicht.) *D. Wirk. Z.* 27 S. 79/80 F.

DODGE NEEDLE CO., lock back shank knitting needle. (To prevent the displacement of the bent over part of the needle, which causes the needle to bind in the slot, and results in much loss from broken needles.) (Pat.)* *Text. Rec.* 30, 5 S. 132/3.

Knitting needle. (To prevent the bent-over portion from getting out of position during the process of tempering or while in use for knitting; steps of forming the needle.)* *Text. Rec.* 30, 4 S. 132/3.

Changing needle cylinders. (Means for reversing the ribbers.) (U.S.A. Pat.)* *Text. Rec.* 30, 4 S. 129/30.

Fashioning device for circular machines. (Method of raising and lowering the needles at the end of each oscillation when knitting heel or toe piece of a stocking)* *Text. Rec.* 32, 1 S. 131/2.

WILLKOMM, Mittel zum Pressen der Wirkstuhlnadeln. (Patentübersicht.) *D. Wirk. Z.* 27 S. 156 F.

WILLKOMM, Ringel-Apparate in Wirkmaschinen. (Patentübersicht.) *D. Wirk. Z.* 26 S. 325/6 F.

TOMPKINS, stop motion for knitting machines. (Device to actuate the stop motion when the cloth leaves the needles, thus preventing the accumulation of waste yarn on the needles and the frequent resulting damage.)* *Text. Rec.* 30, 6 S. 139/41.

Knitting stop motion. (Intended to affect only the feeder where the break occurs.) (Pat.) *Text. Rec.* 32 S. 141/2.

Transferring device for knitting machines. (Transferring stitches on a knitting machine so as to change from rib to plain knitting without dropping stitches.) (Pat.)* *Text. Rec.* 32 S. 139/41.

Wismut und Verbindungen. Bismuth and compounds. Bismuth et combinaisons.

HINRICHS, détermination du poids atomique absolu du bismuth. *Mon. scient.* 4, 20, I S. 169/74.

ALOY et FRÉBAULT, bismuth. (Quelques combinaisons du bismuth.) *Bull. Soc. chim.* 3, 35 S. 396/400.

CHIKASHIGÉ, Wismut - Thalliumlegierungen. * *Z. anorgan. Chem.* 51 S. 328/35.

GUTBIER und BÜNZ, die Peroxyde des Wismuts. Oxydation von Wismutverbindungen durch gasförmiges Chlor bei Gegenwart von Kalilauge, die sogen. „Wismutsäure" und das sogen. „Wismuttetroxyddihydrat". Oxydation von Wismutoxyd durch elektrolytisch entwickeltes Chlor bei Gegenwart von Kalilauge und das sogen. „Kaliumwismutat". *Z. anorgan. Chem.* 48 S. 162/84, 294/6.

GUTBIER und BÜNZ, die Peroxyde des Wismuts. Oxydation von Wismutverbindungen mittels Kaliumpersulfat in alkalischer Suspension und das sogen. „wasserfreie Wismut-Tetroxyd". *Z. anorgan. Chem.* 49 S. 432/6.

GUTBIER und BÜNZ, Peroxyde des Wismuts. Oxydation von Wismutoxyd mit Kaliumferricyanid bei Gegenwart von Kalilauge und das sogen. „Wismuttetroxyd". *Z. anorgan. Chem.* 50 S. 210/16.

ROSENHEIM und VOGELSANG, einige Salze und Komplexsalze des Wismuts. *Z. anorgan. Chem.* 48 S. 205/16.

MOSER, Einwirkung von Wasserstoffsuperoxyd auf Wismutsalze. *Z. anorgan. Chem.* 50 S. 33/7.

VANINO und HARTL, Einwirkung von höherwertigen Alkoholen auf Wismutsalze und Darstellung von Wismutsalzen mittels Wismutnitrat-Mannitlösung. *J. prakt. Chem.* 74 S. 142/52.

VANINO und HARTL, einige neue organische Doppelsalze mit Wismutchlorid. *Arch. Pharm.* 244 S. 216/20.

CASTANARES, quantitative Trennung von Quecksilber- und Wismut. (Ausfällung des Bi mittels Ammoniumcarbonats in salpetersaurer Lösung) (V) (A) *Chem. Z.* 30 S. 465.

MOSER, gravimetrische Bestimmung des Wismuts als Phosphat und die Trennung desselben von Kadmium und Kupfer. *Z. anal. Chem.* 45 S. 19/26.

STAEHLER et SCHARFENBERG, dosage du bismuth et sa séparation d'avec le cadmium, le mercure et l'argent. *Mon. scient.* 4, 20 I S. 767/71.

SALKOWSKI, dosage du bismuth à l'état de phosphate et la séparation d'avec les métaux lourds. *Mon. scient.* 4, 20, I S. 771.

Wolfram und Verbindungen. Tungsten and compounds. Tungstène et combinaisons. Vgl. Eisen.

Entdeckung von Wolframerz. (In Montana.) *Gieß. Z.* 3 S. 59.

VAN WAGENER, Wolfram in Colorado. *Metallurgie* 3 S. 417/20.

JOSEPH, tungsten ore in Washington. *Eng. min.* 81 S. 409.

DIETZCH, recent practice in the treatment of tintungsten-copper ores. (V) *Electrochem. Ind.* 4 S. 167/8.

ARRIVAUT, les alliages purs de tungstène et de manganèse, et sur la préparation du tungstène. *Compt. r.* 143 S. 594/6.

ROSENHEIM und KOSS, die Halogenverbindungen des Molybdäns und Wolframs. *Z. anorgan. Chem.* 49 S. 148/56.

BARBER, Phosphorwolframate einiger Aminosäuren.

Sits. B. Wien. Ak. 115, 2 b S. 207/30; *Mon. Chem.* 27 S. 379/401.

KNORRE, über die Wolframbestimmung im Wolframstahl. *Stahl* 26 S. 1489/93.

DONATH, Trennung von Wolfram und Zinn. *Z. ang. Chem.* 19 S. 473/4.

Wolle. Wool. Laine. Vgl. Appretur, Bleicherei, Färberei, Gespinstfasern, anderweitig nicht genannte, Spinnerei, Wäscherei, Weberei.

1. Gewinnung und Waschen. Production and washing. Production et lavage.

CAVAILLÉ, Gewinnung der Rauf- oder Schabwolle von Schafhäuten (Delainage) in Mazamet, Departement Tarn. (Geschichte der Verarbeitung.) * *Z. Gew. Hyg.* 13 S. 38/40 F.

Mohair. (Production; uses.) *Text. Man.* 32 S. 389.

Die Wolle im Betriebe der Textilindustrie. (Sortierung.) *Z. Text. Ind.* 9 S. 571/2 F.

Wool sorting and combing regulations of the Secretary of State. *Text. Man.* 32 S. 31/2.

Ueber Wollsortierung. (Anlage FIRTH, CROSSLEY & CO. in Bradford; Zyklon-Sauge-Staubsammler; Anlage mit einem Staubsammler von MATTHEWS & YATES in Manchester; Sortiertische mit Drahtgewebe-Platten.) * *Z. Gew. Hyg.* 13 S. 451/3; *Uhlands T. R.* 1906, 5 S. 42/4.

Points on the mixing of fibres in the manufacture of woollen goods. (a) *Text. Rec.* 30, 4 S. 101/5; *Text. Man.* 32 S. 65/6.

Tier-Wollen und Haare. *Z. Bürsten* 25 S. 222/3 F.

Wollwaschmaschinen. (Einweichapparat von MALARD; Waschmaschinen von WORDWORTH & CO, der ELSÄSZ. MASCHINENBAU-GES. in Mühlhausen; Waschmaschine mit schwingenden Gabeln von MC NAUGHT; Waschmaschinen mit stetig bewegtem „Ketteneggen"-Rechen von PETRI JUN.; Waschmaschine nach dem Schwingrechensystem; Kufe mit Schwingrechen und zwei folgenden Badekufen mit Kettenrechen; EASTWOOD & AMBLERs patentierte Maschine; Ausführung von MEHL.) * *Uhlands T. R.* 1906, 5 S. 54/5 F.

M'NAUGHT, improvements in wool-washing machinery. (Small supplementary rake which only affects the extreme delivery end of the tank; heavily weighted upper squeeze.) * *Text. Man.* 32 S. 18/9.

THURM, neue Wollwaschvorrichtung. (Kombination, Anwendung von Seife, Alkalien, Wasser und flüchtigen Lösungsmitteln) * *Text. u. Färb. Z.* 4 S. 342/3.

Speisevorrichtung an Wollspülmaschinen System BASTIN. * *Uhlands T. R.* 1906, 5 S. 21.

BASTIN, appareil pour ploger la laine dans les bains du „Leviathan". * *Ind. text.* 22 S. 94/5.

WETZEL, Maschinen zur Entfettung und Reinigung von Wolle auf trockenem Wege. (Mit fettaufsaugenden erdigen Stoffen, wie Ton, Kreide, Kalk usw., Wärme und Luft. Zuteilung des Materials; Stellung der Zuführungswalzen; Staubsammler; Erwärmung der Fasern durch Zumischung von erwärmtem, erdigem Stoff und Pressung durch Walzen; Erwärmung des erdigen Materials mittels Dampfheizung. *Spinner und Weber* 23 Nr. 3 S. 1 F.

Ein neues Wollwasch-Verfahren. (Wiedergewinnung des Wollfetts.) (Pat.) * *Oest. Woll. Ind.* 26 S. 352/3.

Einfluß von alkalischen Waschmitteln auf die Festigkeit von Wollgarnen. *Z. Textilind.* 9 S. 175.

Importance of wool scouring. (Action of ammonium carbonate, sodium carbonate, soap,

WYANDOTTE textile soda.) *Text. Rec.* 32 S. 95/7.

Cleaning wool for manufacture. (Cleaning with naphtha; carbon-bisulphide, benzine; extraction of wool fat.) *Text. Man.* 32 S. 391/2.

Removal of colouring matter from woollen rags. *Text. Man.* 32 S. 279.

LORIMER's wool dryer. (Manner in which the endless aprons are supported in the machine.) * *Text. Rec.* 31, 2 S. 120/2.

Verhütung der Walkschwielen. * *Spinner und Weber* 23 Nr. 6 S. 1/3.

2. Weitere Verarbeitung. Further treatment. Traitement suivant.

a) Mechanische. Mechanical. Mécanique. Siehe Spinnerei.

b) Chemische. Chemical. Chimique.

SCHLANGE, welche Mittel und Wege gibt es, um die Beschaffenheit und die Verwertung der deutschen Wolle zu verbessern? *Presse* 33 S. 175/7.

MATTHEWS, Einfluß der Entfettungsmittel auf die Festigkeit der Wollfaser. *Färber-Z.* 42 S. 353.

Dégraissage de la laine par le silicate de soude. *Mon. teint.* 50 S. 24/5.

Carbonising woollens. *Text. col.* 28 S. 43 F.

Cloth carbonising machine. (Manner in which the cloth is carried through the machine and exposed to the circulation of hot air; suction fans so arranged as to produce a continued circulation of air through the heaters and through the carbonising chamber.)* *Text. Rec.* 30, 5 S. 157/8; *Text. Man.* 32 S. 91.

FIEBIGER, Chlorieren der Wolle. *Muster-Z.* 55 S. 17/9.

KNECHT, chlorination of wool. (Criticism of the speculations put forward by VIGNON and MOLLARD.) *J. Soc. dyers* 22 S. 370/1.

VIGNON et MOLLARD, chlorage de la laine. *Bull. Mulhouse* 1906 S. 254/62; *Rev. mat. col.* 10 S. 226/9; *Compt. r.* 142 S. 1343/5; *Text. u. Färb. Z.* 4 S. 785/8; *Bull. Soc. chim.* 3, 35 S. 696/702.

SHAWCROSS, Karbonisieren der Wolle. *Text. u. Färb. Z.* 4 S. 410/1.

JAHR, Woll-Karbonisier- und Trocknungsmaschinen.* *Uhlands T. R.* 1906, 5 S. 39/40.

FIEBIGER, composition et propriétés de la laine chlorinée. *Mon. teint.* 50 S. 21/3 F.

GRANDMOUGIN, gechlorte Wolle. (Lockerung der die Wollhaare umhüllenden Hornzellen, Freilegung der Rindensubstanz.) *Z. Farb. Ind.* 5 S. 397/400.

Effect of tannin on wool. (Wool treated with boiling solutions of tannin loses most of its affinity for dyes.) *Dyer* 26 S. 113.

ETTWEIN, Wollspickmittel. *Färber-Z.* 42 S. 337/8.

ÖL-UNION, „Spiccolit", ein neues Wolleinfettungsmittel. *Oest. Woll. Ind.* 26 S. 25/6.

SHAWCROSS, waterproofing woollens. *Text. col.* 28 S. 239/40.

BONN, Veränderung der Aufnahmefähigkeit von Wolle für Farbstoffe. (Behandeln mit Schwefelsäure von mehr als 62° Bé. und dann mit immer schwächer werdender Schwefelsäure. D. R. P. 168026.) *Text. u. Färb. Z.* 4 S. 181/2.

3. Verschiedenes. Sundries. Matières diverses.

Unterscheidungsmerkmale der wichtigeren Naturwollen und neueren Garne. *Uhlands T. R.* 1906, 5 S. 59/60.

Waste in woollen mills. *Text. Man.* 32 S. 389/90.

IRELAND, felting of wool. (Microscopical investigation; experiments, showing that the pelt ends

fulled first.) *Text. Man.* 32 S. 66/7; *Text. Z.* 1906 S. 78/9.

WICKARDT, Filzen der Wolle.* *Text. u. Färb. Z.* 4 S. 213/5.

The felting of woollen yarns. *Text. col.* 28 S. 363.

MATOS, wool oils and their action on dyeing. *Text. Rec.* 32, 1 S. 148/50.

PEROLD, Verbindungen der Wolle mit farblosen Aminen und Säuren. *Liebigs Ann.* 345 S. 288/302.

Fabrikation von Watten-Papier und Isolierwatten-Bändern.* *Spinner und Weber* 23 Nr. 11 S. 1.

Ateliers de triage des laines. (Mesures contre l'insalubrité du triage des laines; installation par MATTHEWS & YATES.) ⊞ *Ann. d. Constr.* 52 Sp. 28/31.

Wollfett. Grease. Suint.

Cleaning wool for manufacture. (Extraction of wool fat.) *Text. Man.* 32 S. 391/2.

Extracting grease from wool. (Process for obtaining grease from wool in bales without breaking the packs, so as to utilise the packs as filters to retain solid and non-soluble matters, and incidentally to clean the packs and render them fit for re-use with scoured wool.) (Pat.)* *Text. Man.* 32 S. 172/4.

LIFSCHÜTZ, Zerlegung des Wollfettes in einen Wasser leicht und einen Wasser schwer absorbierenden Teil. *Erfind.* 33 S. 176/7; *Am. Apoth. Z.* 27 S. 23.

KÖSTERS, haltbare wässerige Emulsionen mit Oelen und Fetten und ihre Bedeutung für die Textilindustrie. (Herstellung einer Wollfett-Emulsion für den Kämm- und Spinnprozeß.) (V) *Mon. Text. Ind.* 21 S. 196, 362/4.

HERBIG, Untersuchung des Wollfettes. (Bestimmung der Säurezahl, -Verseifungszahl.) *Chem. Rev.* 13 S. 303/4.

UTZ, Untersuchung von Wollfett. *Chem. Rev.* 13 S. 249/50 F.

X.

X-Strahlen. X rays. Rayons x. Siehe Elektrizität 1 d γ, 1 d δ. Vgl. Photographie 17, Radium und radioaktive Elemente.

Y.

Yachten. Yachts. Siehe Schiffbau 6 c.

Z.

Zahnräder. Toothed wheels. Roues dentées. Vgl. Getriebe, Krafterzeugung und -Uebertragung 5 und 6, Riem- und Seilscheiben.

Practical notes on gear cutting. (a) * *Mech. World* 40 S. 174/5 F., 222 F.

Formeln für die Gewichtsberechnung des Kranzes und der Zähne der Zahnräder. *Gieß. Z.* 3 S. 493/9.

Design of power gears.* *Eng.* 101 S. 571/2 F.

BOSTOCK, designing spiral gears.* *Am. Mach.* 29, 1 S. 106/8.

BRUCE, worm contact. (Nature and limitations of tooth contact; some experiments relating to worm gears.)* *Am. Mach.* 29, 2 S. 664/7; *Eng.* 101 S. 98/100 F.; *Mech. World* 39 S. 39/40 F.; *Pract. Eng.* 33 S. 136/8 F.

BRUCE, worm gear design. *Am. Mach.* 29, 2 S. 670/1.

EDGAR, worm milling. (Geometry of worm milling.)* *Am. Mach.* 29, 1 S. 176/7; *Mech. World* 40 S. 294/5.

Herstellung von Zahnradkränzen. (Herstellen der

Hälfte des ganzen Zahnkranzes in Form einer geraden Zahnstange, wobei alle oder wenigstens mehrere Zähne auf einmal gefräst oder gehobelt werden, und im nachherigen Biegen dieser Stange zum richtigen Bogen mittels einer Presse.)* *Bayr. Gew. Bl.* 1906 S. 215.

BOISARD, Herstellung von Kegelrädern. *Z. Werksm.* 10 S. 222/3.

CITROËN, HINSTIN ET CIE, engrenages à chevrons taillés. * *Rev. ind.* 37 S. 508/9.

The FOGARTY detachable rim gear.* *Iron A.* 77 S. 2061.

Konische Räder System GRANT. (Das Kegelrad trägt an Stelle der Zähne keglige Stifte, die mit den entsprechenden Zahnkurven des anderen Kegelrades zusammenarbeiten.)* *Techn. Z.* 23 S. 473.

Knock-off for the automatic gear cutter. (To cut a limited number of teeth in a wheel through only a part of its circumference, without danger of cutting farther than desired.)* *Am. Mach.* 29, 1 S. 189/90.

The Gleason automatic bevel-gear generating planer. (The method of attack is by a pair of tools which act on opposite sides of the tooth being planed.)* *Am. Mach.* 29, 1 S. 796/8; *Iron A.* 77 S. 1967/70.

DUBOSC, Kegelräderschneidemaschine. ⊡ *Masch. Konstr.* 39 S. 68/9.

Machine à tailler les engrenages; système FELLOW. *Rev. ind.* 37 S. 381/3.

JANVIER, machine à tailler les cames. * *Rev. ind.* 37 S. 145.

LOEWE & CO. u. BROWN & SHARPE, Kegelradfräsmaschinen. * *Bayr. Gew. Bl.* 1906 S. 138/40.

PEDERSEN, spur-gear cutting machine. (Works at the shaper system, a link motion rocking the tool on the return stroke.) *Pract. Eng.* 34 S. 41.

SCHLESINGER, Maschinen zur Herstellung von Kegelrädern auf der Weltausstellung in Lüttich 1905. (Räderhobelmaschine der GLEASON WORKS; Räderfräsmaschine nach WARRENS Patent; dgl. nach BEALES Patent.)* *Z. V. dt. Ing.* 50 S. 193/8F.

WEINLAND, laying out cams on the castings. * *Am. Mach.* 29, 2 S. 71/3.

Hints on repairing broken spur wheels. * *Mech. World* 40 S. 187/8.

Zahntechnik. Dentistry. Chirurgie dentaire. Vgl. Instrumente 1.

BRANDT, Beiträge zur Chirurgie der Mundhöhle. (V) (a)* *Corresp. Zahn.* 35 S. 209/15.

DE TERRA, Erfahrungen mit verschiedenen Injectionsanästheticis. (Adrenalin-Kokain; Eusemin; Suprarenin; Kokain.) *Corresp. Zahn.* 35 S. 92/3.

SCHRODER, Verwendung der Aspirationstechnik in der Zahnheilkunde. (Aspirationsverfahren zur Behandlung chronisch-eitriger Prozesse in der Mundhöhle; Alveolar-Schröpfkopf.) * *Mon. Zahn.* 24 S. 357/65.

MILLER, die Behandlung des empfindlichen Zahnbeins mit besonderer Berücksichtigung des Druckverfahrens. * *Mon. Zahn.* 24 S. 645/54.

HAUPTMEYER, die RÖNTGEN-Einrichtung der Kruppschen Zahnklinik in Essen (Ruhr). (Zahnaufnahme mittels Films, mittels Platte; RÖNTGENzimmer.) *Mon. Zahn.* 24 S. 433/46.

JONES, how artificial teeth are made.* *Sc. Am.* 94 S. 288.

OLLENDORFF, Gußmethode. (V) *Mon. Zahn.* 24 S. 110/1.

PORT, über Gips. (Versuche. Temperatur beim Erhärten des Gipses; Einwirkung verschieden großer Mengen Kochsalz auf die Erhärtung;

Temperatur des Wassers, mit welchem der Gips angerührt wird.) *Corresp. Zahn.* 35 S. 18/23.

PORT, Trennung von Gipsabgüssen. (Trennflüssigkeit aus Rizinusöl, Alkohol und Eosin) (R) *Corresp. Zahn.* 35 S. 133/4.

JUNG, altes und neues über die Kombination von Metall und Kautschuk. (Zur Herstellung von Zahnersatz; Metallbasis im allgemeinen; Aluminium und Magnalium als Basis; Kombination von Kautschuk und Metall in Rücksicht auf tiefen Biß; Metallauflagen; Metalleinlagen; Metallkauflächen.)* *Corresp. Zahn.* 35 S. 119/32.

RUDOLPH, Ursachen der Formveränderung der Amalgame und deren Beseitigung. (V) *Mon. Zahn.* 24 S. 109/10, 588/91.

WACHTL, Amalgamstopfer. (Das Stopfende ist nicht schräg, wie bisher, sondern senkrecht zum Handgriff bezw. zur Druckrichtung angebracht.) * *Mon. Zahn.* 24 S. 521/2.

VAHLE, Asbestspitzen als Wurzelfüllungsmittel, namentlich für Frontzähne. *Mon. Zahn.* 24 S. 222.

DE TERRA, Porzellanfüllungen. (Anbringung eines Trenngummistreifens zwischen Füllung und Nachbarzahn; LYNTON-, HARVARD- und ASCHER-Zement.) *Corresp. Zahn.* 35 S. 93/5.

FISCHER, GUIDO, Verankerungsmethode für gebrannte Porzellanfüllungen. (V)* *Mon. Zahn.* 24 S. 461/83.

DE TERRA, die Verwendung der Moldine bei Porzellaneinlagen.* *Mon. Zahn.* 24 S. 690/2.

MAMLOK, Porzellankronen. (Herstellung.) *Mon. Zahn.* 24 S. 99/100.

JUNG, Verarbeitung der strengflüssigen Porzellanmassen von ASH & SONS. (Kleiner elektrischer Ofen nach MITCHELL, mit aufmontiertem Pyrometer. Gasolinofen für Emailarbeit; Pyrometer-Element; Präparation der Stanze zur Herstellung eines umgebogenen Randes an der Platte; Versteifung unterer Platten durch kantige Drähte oder lingualwärts angeordnete Blechstreifen; Aufstellen der Zähne; Aufbringen der Porzellanmasse; Platten mit freier Gaumenfläche; partielle Stücke, Blöcke usw.; Kronen- und Brückenarbeiten; Ausbesserungen.)* *Corresp. Zahn.* 35 S. 1/18.

KIRCHHOFF, über HERBSTsche Kapselbrücken. (Eigene Erfahrungen, nebst Vorführung der Herstellung.) *Mon. Zahn.* 24 S. 112/5.

HERBST, System der Anomalien und der Behandlungsarten unter spezieller Berücksichtigung der passiven Zahnregulierungen. * *Corresp. Zahn.* 35 S. 41/55.

HERBST, aktiv und passiv wirkende Regulierungsapparate sowie Prophylaxe und Retention. (V) *Corresp. Zahn.* 35 S. 326/32.

HERBST, Regulierungsapparate, z. T. nach eigener Methode. (V) (a)* *Mon. Zahn.* 24 S. 37/64.

HEYDENHAUS, über den heutigen Stand meines Regulierungssystems. (V) *Corresp. Zahn.* 35 S. 332/6.

KUNERT, Beiträge zur Frage der Kieferregulierungen. (Die Modelle einiger erfolgreich behandelter Regulierungen; Verwendung natürlicher Hilfskräfte des Organismus [Kaudruck und Unterkieferluftdruck] Gummiringe; federnder Klavierdraht.) (V) (a)* *Mon. Zahn.* 24 S. 65/99.

HARTH, Behandlung eines geplatzten Unterkiefers. * *Corresp. Zahn.* 35 S. 73/83.

SCHRÖDER, Unterkiefer-Resektions-Prothetik. (V) (A) *Mon. Zahn.* 24 S. 111.

LIPSCHITZ, Beitrag zur Unterkieferresektionsprothese. * *Mon. Zahn.* 24 S. 509/16.

ΛΕΥΚΑΙΛΑ, prothetische Behandlung von Pharynxstrikturen. * *Mon. Zahn.* 24 S. 597/607.

Zäune und sonstige Einfriedigungen. Fences and other enclosures. Clôtures et autres enceintes.

PLOBERGER, Verbinden von sich durchdringenden Profileisen. (D. R. P. 170 194.) * *Techn. Z.* 23 S. 376/7.

Standard right-of-way wire fences with wooden posts. (Specifications adopted by the American Railway Engineering and Maintenance of Way Association.) *Cem. Eng. News* 18 S. 55.

Zaunpfähle aus Eisenbeton. (Herstellung.) *Baumatk.* 11 S. 166.

WORMELBY, reinforced concrete fence posts. (A)* *Eng. News* 55 S. 57/9.

A reinforced concrete fence. (Consists of a vertical slab of concrete 3" thick, with a rounded moulding on the upper horizontal edge; on the inner side, buttresses to provide stability.) * *Eng. Rec.* 54 S. 546.

Vitrified-shale fence-posts. (A) *Min. Proc. Civ. Eng.* 166 S. 409.

Zeichnen. Drawing. Dessin. Vgl. Instrumente, Kopieren, Schreibtischgeräte, Werkzeuge.

1. Allgemeines. Generalities. Généralités.

VORLAENDER, Unterricht im freihändigen Zeichnen und die Pflege der Ornamentik an den Baugewerkschulen. (Beziehungen von Zweck, Material und Technik.) *Baugew. Z.* 38 S. 39/41 F.

SPINNEY, how to become a mechanical draughtsman. (a) * *Mech. World* 40 S. 2/3 F.

MOSES, shop hints for structural draftsmen. (Erection plan of a plate girder bridge; the draftsman and the bridge-shop.) ⊞ *Eng. News* 55 S. 326/8 F.

SPRINGER, against the templet system of fabricating steel work. (Articles of MOSES, see vol. 55 S. 326/8 F.; entitled „Shop hints for draftsmen".) *Eng. News* 56 S. 175/6.

JACOBS, draughting - office system. (Size and arrangement of tracings; provision for changes; storing of drawings; arranging the general index.) * *Mech. World* 40 S. 110/2.

MC CULLOUGH, filing methods for engineers in private practice. (Filing of maps; numbering and designing.) *Eng. News* 55 S. 142.

BECK, mechanical drawing. (a) * *Am. Miller* 34 S. 143.

Mechanical draughting in the gas plant.* *Gas Light* 85 S. 941/2.

BRÜCKNER, das Skizzieren in der Praxis. *Typ. Jahrb.* 27 S. 11/2.

BLAIR, panorama versus contoured sketches.* *J. Unit. Serv.* 50 S. 1511/6.

MARTIN, Einfluß der Brennweite auf die Perspektive. *Phot. Rundsch.* 20 S. 92/3.

BURMESTER, die geschichtliche Entwicklung der Perspektive. (V) (A) *Schw. Baus.* 47 S. 62/3.

REDDY, design of billet and bar passes. (Drawing the reduction diagram; direction of laying out billet grooves.) * *Mech. World* 39 S. 279/80.

COLLARD, paper models of buildings.* *Builder* 90 S. 22.

LUBBE, Verfahren für das Verzeichnen der Höhen in schaubildlichen Darstellungen mit Hilfe des Rechenschiebers.* *D. Baus.* 40 S. 490.

2. Werkzeuge und Geräte. Instruments and apparatus. Instruments et appareils.

BUCHHOLTZ, Universalzirkel von PILSATNEEK.* *Mech. Z.* 1906 S. 202/3.

ZIMMERMANN, Flächenzirkel.* *Z. Vermess. W.* 35 S. 272/3.

HARLING's parallel bow compass.* *Mech. World* 39 S. 134.

ORTON's ray ruler. (Instrument for military sketching; with one setting of the board. Rays can

be drawn to any point through an arc of 180°; compass; using of ray ruler with advantage as a prismatic compass.)* *J. Roy. Art.* 33 S. 273/6.

MC ALPINE, handy drafting instrument. (Angle articulated to a base resting against the T-square.)* *Eng. News* 56 S. 509.

SIMPSON & CO, adjustable set square. (For draughtmen.) * *Mech. World* 40 S. 27.

Règle à hachures système PIGUET.* *Rev. ind.* 37 S. 45.

A floor-beam scale in parallel coordinates.* *Eng. News* 55 S. 612/3.

WOLLNER, ein deutscher Projektions- oder Zeichenapparat für die Musterateliers von Textilfabriken. (Diese Vorrichtung wird an die Wand gehängt und spiegelt das in der Kammer untergebrachte Bild unmittelbar auf die Tischplatte, wo es nachgezeichnet werden kann.) *Oest. Woll. Ind.* 26 S. 545.

STANLEY & CO.'s linear standards. (Use of „invar" and nickel steels of low coefficient of expansion.) * *Pract. Eng.* 33 S. 295.

WILLIAMS, BROWN & EARLE, folding drawing stand. (Trestle of iron tubes telescoping into each other.) * *Eng. News* 55 S. 617; *Eng. Rec.* 53 Nr. 21 *Suppl.* S. 47.

HEINZE, Winkeldreiteilung. (Annähernde Lösung auf konstruktivem Wege.) * *Techn. Z.* 23 S. 380.

Zellulose und Zelluloid. Cellulose, Celluloide. Vgl. Baumwolle, Holz, Papier, Sprengstoffe.

GREEN and PERKIN, constitution of cellulose. *J. Chem. Soc.* 89 S. 811/3.

BAUDISCH, Zellulose und Zellstoff. — Holzfaser und verholzte Faser. *Papierfabr.* 1906 S. 2322/5.

EBERT, Zellulose und Zellstoff. Holzfaser und verholzte Faser. (Kennzeichnung.) *Papierfabr.* 4 S. 2099/2103.

ERNEST, zur Kenntnis einiger Zellulosen. (Durch hydrolytische Spaltung erhaltene Zuckerarten.) *Ber. chem. G.* 39 S. 1947/51; *Z. Zuckerind. Böhm.* 30 S. 279/82.

KÖNIG, die pflanzliche Zellmembran. (Bestandteile.) *Ber. chem. G.* 39 S. 3564/70.

SCHILLER, optische Untersuchungen von Bastfasern und Holzelementen. *Sitz. B. Wien. Ak.* 115, I S. 1623/59.

BELTZER, les éthers cellulosiques des acides gras; acétates de celluloses. *Rev. chim.* 9 S. 421/9.

MARSDEN, Acetyl-Zellulose. *Färber-Z.* 42 S. 172 F.

OST, Zelluloseacetate. *Z. ang. Chem.* 19 S. 993/1000.

KLEIN, Fortschritte der Zellstoffabrikation 1905/06. *Chem. Z.* 30 S. 1259/61.

KLEIN, die chemischen Vorgänge bei der Bildung von Pflanzen-Zellulosen und beim Sulfitkochprozesse. (Fabrikation von Zellstoff aus Nadelholz, wobei Bisulfite der Erdalkalien oder alkalischen Erden als Reagenzien dienen.) (V) *Papier-Z.* 31, 1 S. 167/8 F.

TÜRK, Zellulosefabrik und Abwässerfrage. *W. Papierf.* 37, 1 S. 884/7.

Feuchtigkeitsgehalt des Papiers und der Zellstoffe. (Abhängigkeit der Festigkeit vom Wassergehalt; Preußische Prüfungsbedingungen.) *Papier-Z.* 31, 1 S. 867.

Harzgehalt von Zellstoffen. (Prüfung gebleichter und ungebleichter Zellstoffe.) *W. Papierf.* 37, 1 S. 883/4.

KNÖSEL, Sulfit- oder Sulfat-Zellstoff. (Vergleich.) *W. Papierf.* 37, 2 S. 2791/3.

KRAUSE, Chemie der Sulfitzelluloseablauge. *Chem. Ind.* 29 S. 217/27.

DUBOSC, Auflösung der Zellulose in den alkalischen

Sulfocyanverbindungen. *Muster-Z.* 55 S. 19; *Färber-Z.* 42 S. 157 F.

NORMANN, Kupferalkalizellulose. *Chem. Z.* 30 S. 584/5.

MARGOSCHES, die Viskose, ihre Herstellung, Eigenschaften und Anwendung für textil-industrielle Zwecke. *Z. Textilind.* 9 S. 61/2.

Viskose. (Alkalisalz der Alkalizellulosexanthogensäure-Herstellung; chemisches Verhalten; Anwendung.) *Farben-Z.* 11 S. 1097/8 F.

Verarbeitung von Zellulose zu Garnen und Geweben. *Chem. Z.* 30 S. 1158.

KÖNIG, Bestimmung der Zellulose, des Lignins und Kutins in der Rohfaser. *Z. Genuß.* 12 S. 385/95.

MATTHES und ROHDICH, vergleichende Untersuchungen über die Bestimmung der Rohfaser; Versuche mit Zellulose und Kakao. *Pharm. Centralh.* 47 S. 1025/8.

LUNGE, das Verdrängungsverfahren von J. M. und W. THOMSON zur Herstellung von Nitrozellulosen. (Entfernung der Nitriersäuren durch Verdrängung mit Wasser.)* *Z. Schieß- u. Spreng.* 1 S. 2/4.

JACQUÉ, des causes de décomposition des nitrocelluloses et des méthodes employées pour déterminer leur degré d'instabilité. *Z. Schieß. u. Spreng.* 1 S. 205/8, 395/8.

SILBERRAD and FARMER, décomposition of nitrocellulose. *J. Chem. Soc.* 89 S. 1182/6.

SILBERRAD and FARMER, hydrolysis of „nitrocellulose" and „nitroglycerine". *J. Chem. Soc.* 89 S. 1759/73.

SILBERRAD and FARMER, gradual deterioration of nitrocellulose on storage. *Chemical Ind.* 25 S. 961/73.

BUSCH und SCHNEIDER, Methode zur Bestimmung des Stickstoffgehalts der Nitrozellulosen. *Z. Schieß- u. Spreng.* 1 S. 232/3.

HAUESZERMANN, zur Kenntnis der Xyloidine. *Z. Schieß- u. Spreng.* 1 S. 39.

HAEUSZERMANN, die Nitrierung der Pyroxyline. *Sprengst. u. Waffen* 1 S. 263/5.

HAEUSZERMANN, zur Kenntnis der Pyroxyline. *Z. Schieß- u. Spreng.* 1 S. 305.

LUNGE, Kolloidionwolle. (Herstellung; Zeitdauer der Nitrierung; Zähflüssigkeit der Lösungen.) *Z. ang. Chem.* 19 S. 2051/8.

Neuerungen des Jahres 1905 auf dem Gebiete der Herstellung von Zelluloid, ähnlichen Massen und künstlichen Faserstoffen. *Celluloid* 6 S. 55.

WILL, Untersuchungen über Zelluloid. (Verhalten von Zelluloid und Zelluloidwaren gegenüber den bei der Lagerung in Betracht kommenden Einflüssen; Bedingungen, unter welchen Zelluloid zu Explosionen Veranlassung geben kann.)* *Z. ang. Chem.* 19 S. 1377/87.

VOIGT, Stabilität des Zelluloids. *Z. ang. Chem.* 19 S. 237.

ROULAND, le celluloïd et la caséine. (Fabrication; galalithe.) *Rev. ind.* 37 S. 350/1.

DUBOVITZ, Analyse des Zelluloids. *Chem. Z.* 30 S. 936/7; *Celluloid* 6 S. 25/6.

DEY, celluloid. (Celluloid for storage battery cells and other purposes.) *Horseless Age* 18 S. 369/70.

BÖCKMANN, neuere praktische Anwendungsformen von Zelluloid. *Erfind.* 33 S. 345/7.

GHLULAMILA, Verwendung von Zelluloid in der Chirurgie. *Celluloid* 6 S. 33/4.

Bedrucken von Zelluloid. *Celluloid* 6 S. 27/8.

Zelluloidhohlkörper-Erzeugung. (Aus einem Zelluloidrundstab wird eine an einem Ende geschlossene Röhre erzeugt und diese dann in einer Form aufgeblasen.)* *Z. Drechsler* 29 S. 548/9.

Imitationen aus Zelluloid. (Ersatz für Elfenbein und Schildpatt; Metallinkrustationen; Florentiner Mosaikimitationen.) *Z. Drechsler* 29 S. 131/2 F.

Erzeugen von Zelluloid-Futteralen und -Hülsen für die Kammbranche. (Französische Einrichtung mit Scheiben, die von runden Stäben abgeschnitten sind.)* *Z. Bürsten.* 25 S. 521/2.

Das Erzeugen von Hochglanz auf großen Hartgummi- und Zelluloid-Platten. (Einrichtung englischen Ursprungs, wobei vier kegelförmige Schleif- resp. Polierwalzen mit achsialer Bewegung und rotierenden zwei zylindrischen Walzen angewandt sind; Ausführung mit drei radial gestellten kegligen Arbeitswalzen, die durch ein Zahnradgetriebe gedreht werden.)* *Z. Bürsten.* 25 S. 489/90.

Zelte. Tents. Tentes.

Bras de banne. (Système MERCADIER.) (Pat.)* *Ann. d. Constr.* 52 Sp. 94/5.

Zement. Cement. Ciment. Vgl. Baustoffe, Beton u. Betonbau, Kalk, Mörtel, Materialprüfung.

1. Herstellung. Fabrication.

The manufacture of Portland cement.* *Engng.* 82 S. 76/8.

Die hydraulischen Kalke und Krebszemente. *Tonind.* 30 S. 2071/3.

Erzzement. (Ersetzung der Tonerde durch Eisenoxyd.) *Tonind.* 30 S. 1987/9.

V. ARLT, Fortschritte der technologischen Forschung auf dem Gebiete der Zementfabrikation. *Oest. Chem. Z.* 9 S. 16/9.

BLOUNT, recent progress in the cement industry. (V. m. B.) *Chemical Ind.* 25 S. 1020/32.

BOTTON, les ciments et les chaux hydrauliques. *Bull. ind. min.* 4, 5 S. 205/72.

JESSER, Sinterungsverlauf der Portlandzementrohmasse. *Tonind.* 30 S. 2037/9.

MICHAELIS, hydraulische Bindemittel. (V) (A) *Stahl* 26 S. 1148/9.

POHL, Herstellung von Zement durch Mischen von feuerflüssigen, kalkarmen Schmelzen mit vorgewärmtem Kalk oder Kalk und Zuschlägen, wie Tonerde, Alkali u. dgl. *Erfind.* 33 S. 223/5.

STONE, manufacture of hydraulic cements.* *Sc. Am. Suppl.* 61 S. 25232/4.

CAPPON, cemento a base di calce dolomitica e cloruro di calcio. *Giorn. Gen. civ.* 44 S. 382/4.

CAYEN, emploi des écumes de sucrerie pour la fabrication du ciment Portland artificiel. *Sucr. belge* 34 S. 227/36.

Manufacture of cement from blast furnace slag.* *Iron & Coal* 73 S. 121.

DE SCHWARZ, ciments de laitier; perfectionnement de leur fabrication et développement de leur emploi. *Mon. cér.* 37 S. 18.

Amerikanisches Schlackenzementwerk.* *Tonind.* 30 S. 317/8.

Eine kleine amerikanische Zementfabrik bei Roosevelt. (Selbsttätige Wägeeinrichtung für die Rohstoffe; Drehrohrofenanlage; Kühlturm für die Klinker.)* *Zem. u. Bet.* 5 S. 2/3.

Ein neues Zementwerk in Spanien. (Im Tale des Llobregat, der die zum Betrieb benötigte Kraft mittels Turbinen liefert; elektrische Beleuchtung, Kompressor zur Erzeugung der Druckluft für die Gesteinsbohrmaschinen.)* *Zem. u. Bet.* 5 S. 219/21.

HETHERINGTON, a modern Puzzolan cement work.* *Cem. Eng. News* 17 S. 234/5.

TATNALL, a large Portland cement plant at Bath, Pa.* *Eng. Chicago* 43 S. 115/20.

The electrical equipment of a modern cement works.* *El. Rev.* 59 S. 831/5; *El. World.* 48 S. 966/7.

Maschinelle Einrichtung der Zementfabriken. (Auf

bereitung der Rohstoffe, trockene Aufbereitung, Schachtöfen, Trockentrommel System FELLNER & ZIEGLER, Walzwerk, Schraubenmühlen, nasse Aufbereitung, Pressen, Vermahlung, Lagerung des Zementes.)* *Techn. Z.* 23 S. 41/3 F.

FULLER-LEHIGH CO., Zementmühle. (Kugelmühle.)* *Uhlands T. R* 1906, 2 S. 96.

MEADE, FULLER LEHIGH CO. fine grinding machine for cement mills.* *Eng. News* 55 S. 686/7; *Bull. d'enc.* 108 S. 793/4.

MICHAËLIS sen., Mahlung der Zemente. *Tonind.* 30 S. 1924.

Praktische Erfahrungen aus dem Betriebe des Zementdrehrohrofens. *Tonind.* 30 S. 2283/6.

Flammenregelung bei Drehrohröfen. (Zumischung von Rauchgasen zur Verbrennungsluft.)* *Tonind.* 30 S. 1044.

CANDELOT, cement and hydraulic limes manufacture, properties and use. (Kilns of FAHNEHJELM, PAAR, Rüdersdorf, TEIL, MALAIN, LOUVIÈRES, MARANS.)* *Cem. Eng. News.* 18 S. 66/9 F.

ELDRED, kiln firing process at the Lawrence Cement Co.'s Siegfried Mill. (Process depending primarily upon the modification of a flame by mingling a neutral diluent with the air which supports combustion.) (Pat.)* *Eng. Rec.* 53 S. 462/3; *Cem. Eng. News* 18 S. 88.

ELLIS, problems in burning Portland cement with long rotary kilns.* *Eng. News* 55 S. 576.

MEYER, FERD. M., Gasanalyse, WANNERsches Pyrometer und der Drehrohrofen. (Ergebnisse und Betrieb eines Drehrohrofens.) *Tonind.* 30 S. 1446/8.

NASKE, der Generator in der Zementindustrie. (Vergleich zwischen Drehofen- und Generatorbetrieb; MORGAN-Generator.)* *Z. V. dt. Ing.* 50 S. 531/4.

STENBJÖRN, Drehrohröfen zum Zementbrennen. (Bemerkungen hierzu von GLASENAPP.) *Rig. Ind. Z.* 32 S. 81/4.

Betriebsergebnisse bei Anwendung mechanischen Zuges in einer Zementbrennofenanlage.* *Masch. Konstr.* 39 S. 85/7 F.

2. Prüfung und Eigenschaften. Testing and qualities. Examination et propriétés. Vgl. Materialprüfung 2 b.

DYCKERHOFF, Entwicklung des Prüfungsverfahrens für Portland-Zement, insbesondere in Deutschland. *D. Baus.* 40, *Mitt. Zem., Bet.- u. Eisenbet.bau* S. 34/6.

MALETTE, analyse chimique des chaux et ciments. *Mon. cér.* 37 S. 26/8 F.

MEADE, Zur Thermochemie des Portlandzementbrandes. *Tonind.* 30 S. 793/6.

GARY und V. WROCHEM, Nachweis freier Hochofenschlacke im Zement. *Stein u. Mörtel* 10 S. 18/9.

Esperienze en norme da usare nelle prove sui cementi. *Giorn. Gen. civ.* 43 S. 133/7.

BOTTON, les ciments et les chaux hydrauliques. *Bull. ind. min.* 4, 5 S. 205/72.

CLIFFORD, the constitution of Portland cement. *Mines and minerals* 26 S. 437.

DAY and SHEPHERD, composition of Portland cement. (Investigations.) (A) *Cem. Eng. News* 17 S. 268.

MICHAELIS SEN., zur Kenntnis der hydraulischen Bindemittel. (Formel für die Zemente vor erfolgter Sinterung; Schwachbrand-Formel für dieselben; Verhalten der Kieselsäure, Tonerde und des Eisenoxydus zum Kalk und zur Magnesia; MICHAELIS' Hochdruck - Erhärtungs - Verfahren; Versuche über die Wirkung der Magnesia im

Portland-Zement; Feststellung der Magnesia im Portland-Zement als ein Bestandteil, welcher mit der Kieselsäure eine hydraulische Verbindung nicht eingehen kann, weil der Kalk die Kieselsäure in Beschlag nimmt; Sättigung der Kieselsäure mit Kalk; kombinierte Wirkung von Kolloiden und Kristalloiden, Konstitutionswasser, Kristallwasser und Kolloidwasser in den erhärteten Bindemitteln.) (V) *Baumatk.* 11 S. 213/8 F.; *Cem. Eng. News* 18 S. 140/51.

MICHAÉLIS, contribution à l'étude des ciments hydrauliques. (V) *Baumatk.* 11 S. 295/300 F.

RICHARDSON, Konstitution des Portlandzementes. *Tonind.* 30 S. 1883/4.

BUTLER, specific gravity of Portland cement. (Experiments.) (V) *Min. Proc. Civ. Eng.* 166 S. 342/5.

GARY, spezifisches Gewicht und Glühverlust der Zemente. *Tonind.* 30 S. 651/2.

MEADE, determination of the specific gravity of cement. (Apparatus of LE CHATELIER, JACKSON, MC KENNA, SCHUMANN.)* *Cem. Eng. News* 18 S. 175/6.

MEYER, FERDINAND, das spezifische Gewicht des Portlandzementes und die Abhängigkeit des ersteren vom Glühverluste. GARY, Erwiderung. *Tonind.* 30 S. 1098/1100.

KLEHE, Versuche zur Ermittelung der Brennhitze von Magnesiakalken. (Festigkeitszahlen deutscher hydraulischer Kalke und Romanzemente.) (V. m. B.) (A) *Baumatk.* 11 S. 134/6.

Zugfestigkeitsfortschritt von Portlandzement. (Argentinische Normen; Zement-Prüfungs-Normen der Republik Chile; Zugfestigkeitsversuche; Durchschnittsanalysen der Zemente.)* *Baumatk.* 11 S. 125/8 F.

WORMSER, Festigkeitsänderungen des Portlandzementes durch Zusatz von Chemikalien. *Tonind.* 30 S. 949/50.

KAPPEN, die Aluminate des Kalkes und ihr Einfluß auf die Bindezeit von Portlandzement.* *Tonind.* 30 S. 139/42; *Ann. ponts et ch.* 1906, 2 S. 286.

GARY, Apparate zur Bestimmung der Abbindezeit von Zement. ⊞ *Mitt. a. d. Materialprüfungsamt* 24 S. 225/35.

Einfluß von Soda auf Portlandzementmörtel. (Versuche; Erhärtung; Zugfestigkeit; Frostschutz.) *Wschr. Baud.* 12 S. 82.

Effect of clay in Portland cement mortar. (On the tensile strength. Investigations.) *Cem. Eng. News* 18 S. 115.

VON BLAESE, Einwirkung wässeriger Chlorcalcium- und Chlormagnesiumlösungen auf Portlandzement. *Tonind.* 30 S. 1734/7.

ROHLAND, Hydrolyse und Erhärtungsvorgang des Portlandzementes. *Tonind.* 30 S. 597/8, 1250/1.

ROHLAND, die Kolloidstoffe bei der Erhärtung des Portlandzementes. *Tonind.* 30 S. 1820.

ROHLAND, Wirkung von Säuren, Laugen und Gärungsflüssigkeiten auf den Portlandzement. *Z. Brauw.* 29 S. 704/7.

SCHÄFER, H., Gips und Portlandzement. (Bedenklichkeit des Gipszusatzes.) *Zem. u. Bet.* 5 S. 325/8.

MOYE, das Gipstreiben des Portland-Zementes. (Zu SCHÄFERs Aufsatz S. 325/8.) *Zem. u. Bet.* 5 S. 348.

RICHARDSON, tests of Portland cement containing large percentages of gypsum. (No disintegration may be expected to arise, either in fresh or salt water, from the presence of gypsum as high as 10 per cent.) *Eng. Rec.* 53 S. 86.

VON SZATHMÁRY, Einfluß des im Leuchtgas enthaltenen Schwefeldioxyds auf die Bestimmung des Glühverlustes im Zement. *Z. anal. Chem.* 45 S. 600/4.

TAYLOR, PURVES, methods of testing cement for waterproofing properties. (Methods involving the use of bituminous compounds with or without the addition of paper or felt; surface washes applied to the surface of the hardened concrete; compounds added to the cement or concrete in mixing and hence forming an integral part of the concrete itself; apparatus for making permeability tests.) (V) * *Cem. Eng. News* 18 S. 172/3.

BURCHARTZ, die Prüfung von abgebundenem (erhärtetem) Zementmörtel und -beton, sowie von Kalkmörtel auf mechanische Zusammensetzung. *Mitt. a. d. Materialprüfungsamt* 24 S. 291/301.

CAIRNS, resistance of cement and concrete construction to fire. (Report of the Committee on Fireproofing and Insurance, Chicago) (A) *Eng. News* 55 S. 117/9.

Bestimmung des feinsten Mehles in Portland-Zement. (Prüfung auf Zugfestigkeit und Feinheit; Prüfung des Mörtels auf Zugfestigkeit; Ergebnisse der Schwebeanalyse; SPACKMANsche Methode.) *Baumatk.* 11 S. 107/9.

The effect of fine grinding on the tensile strength of Portland cement. *Eng. News* 55 S. 47.

GARY, Aufsuchung eines einheitlichen Verfahrens zur Bestimmung des feinsten Mehles im Portlandzement auf dem Wege der Schlämmung oder Windsichtung. *Mitt. a. d. Materialprüfungsamt* 24 S. 72/83.

HARRISON, the fineness of Portland cement as affected by the type of grinding machinery employed in grinding same. * *Cem. Eng. News* 18 S. 57.

RÜSAGER, Mitteilungen über Mahlergebnisse verschiedener in der Portland-Zement-Industrie angewandter Rohmaterialien. (Aus der Versuchsanstalt der Firma SMIDTH & CO. in Kopenhagen.) (V) (a) *Baumatk.* 11 S. 158/64.

Schlackenzement und Meerwasser. *Tonind.* 30 S. 440/4.

LE CHATELIER, decomposition of cements in sea water. (Removal of lime by diffusion; decomposition by swelling; lime, aluminates and silicates are decomposed, immediately they come into direct contact with the magnesium salts of sea water.) *Eng. News* 56 S. 377; *Eng. Rec.* 54 S. 356; *Rev. métallurgie* 3 S. 125/8.

DYCKERHOFF, Vergleichsversuche zwischen Portland-Zement und Eisen-Portland-Zement. (Im Material-Prüfungs-Amt in Groß-Lichterfelde.) *D. Baus.* 40, *Mitt. Zem., Bet.- u. Eisenbetbau* S. 26/7.

Measuring the volume stability of cements. *Eng.* 101 S. 227.

CAMPBELL and WHITE, conditions influencing constancy of volume in Portland cements. *J. Am. Chem. Soc.* 28 S. 1273/1303.

DONNAN and BARKER, volume-expansion of Portland cement.) *Chemical Ind.* 25 S. 726/9.

MARTENS, Dehnungsmesser für Zementproben.* *D. Baus.* 40, *Mitt. Zem., Bet.- u. Eisenbetbau* S. 31/2; *Baumatk.* 11 S. 137/8.

3. Verschiedenes. Sundries. Matières diverses.

QUICK, composition and a practical method for determining the value of clays suitable for the manufacture of cement. *Cem. Eng. News* 18 S. 55/7.

Relative value of fresh and caked cement. (Letters of GRIESENAUER, SAVILLE, MC CULLOUGH, DOUGLAS.) * *Eng. News* 55 S. 67/9.

HESS, relation of the volume weight of raw cement material to the output of a rotary kiln. *J. Am. Chem. Soc.* 28 S. 91/4.

BOTTON, les ciments et les chaux hydrauliques. *Bull. ind. min.* 4, 5 S. 205/72.

ECKEL, advance in cement technology, 1905. (Raw materials in use; kilns and kiln practice.) (a) * *Cem. Eng. News* 18 S. 192/3.

MEADE, review of the American Portland cement industry. *J. Am. Chem. Soc.* 28 S. 1257/64.

NASKE, neuere Fortschritte in der Zement-, Kalk-, Phosphat- und Kaliindustrie.* *Z. V. dt. Ing.* 50 S. 1586/92 F.

Zement und Beton auf der Ausstellung in Nürnberg. *Zem. u. Bet.* 5 S. 225/9 F.

Cement for building construction. (Blockmaking; code rules for reinforced concrete.) *Eng. Rec.* 53 S. 716/8.

Pilotis en ciment.* *Bull. d'enc.* 108 S. 380/6.

HERZOG, der SIEGWART-Zementmast. *Schw. Elektrot. Z.* 3 S. 623/8.

Zementfuß, Patent KASTLER.* *Schw. Elektrot. Z.* 3 S. 235/6.

KELLNER, Leitsätze für Ausführung von Zementrohrleitungen. (V) *Tonind.* 30 S. 1506/15.

Durable protective coating for cement and iron under water. *Iron & Coal* 72 S. 2044/5.

KÖLLE, Schutzanstriche gegen die Angriffe von säurehaltigem Wasser auf Zement und Eisen. (Versuche mit Siderosthen und Lubrose, ROTHscher Masse, teils unter Zusatz von Schwefel und Tonerde.) *Zbl. Bauv.* 26 S. 478/80.

Ancient hydraulic cements. (Temples, 509 years before the Christion era, made of a mixture of lime and volcanic ash, known as puzzolana; temple of Castor, Pantheon; calcareous cements in Greece, manufacture of Maltha in Greece and Tunis, rules of VITRUVIUS for producing calcareous cements artificially.) *Cem. Eng. News* 18 S. 87.

Zentrifugen. Centrifuges. Siehe Schleudermaschinen.

Zerkleinerungsmaschinen. Crushing machines. Désintégrateurs. Vgl. Aufbereitung, Kohle, Kohlenstaubfeuerungen, Müllerei, Zement.

Kohlenbrecher.* *J. Gasbel.* 49 S. 129/30.

Sieblose Kugelmühle mit Windseparation.* *Z. Chem. Apparat.* 1 S. 64/5.

ABBE, the first tube-mill in metallurgy.* *Eng. min.* 81 S. 1010.

Mörsermühle System BARTHELMESZ. (Pendelmühle; stetiger Luftstrom, der aus dem Gemisch von feinem und gröberem Mahlgut den Staub aufbläst.) * *Uhlands T. R.* 1906, 2 S. 64.

BERGDOLT, einfache Laboratoriums-Malzmühle für Feinschrot.* *Z. Brauw.* 29 S. 549/50.

BLÖMEKE, über neue Zerkleinerungs- und Klassierapparate. (Sieblose Kugelmühlen zum Naßmahlen; sieblose Trockenkugelmühle mit Windseparation, System PFEIFFER; Trockenmörsermühle System BARTHELMESZ.) * *Metallurgie* 3 S. 408/16.

The BRAUN „Perfection" crusher.* *Brick* 25 S. 227.

DOLESE & SHEPARD Co., a large stone crushing plant at Gary, Ill. (GATES machines with a capacity of 300 t per hour; KEWANEE boilers. The product from the large crusher is about 4" in size; the 4" stone is used as flux for blast furnaces.) * *Eng. News* 56 S. 367.

Doppelwirkende Steinbrechmaschine von ECKSTEIN.* *Z. Chem. Apparat.* 1 S. 610/1.

ENRIGHT, combined pulverizer and air separator. (Advantage of a high speed and heavy pressure; use of FULLER mills in coal pulverizing and in the sand lime brick and cement industry.) *Eng. Rec.* 54 Suppl. Nr. 8 S. 47/8.

FLETCHER & CO., Zuckerrohrmühle. (Zwei Walzen [KRAJEWSKI-Walzen] mit tiefen, zickzackförmigen,

zahnräderartig ineinandergreifenden Rillen.)* *Uhlands T. R.* 1906, 4 S. 60/1.

Broyeur pour ciments FULLER.* *Bull. d'enc.* 108 S. 793/4.

FULLER-LEHIGH, Zementmühle. (Kugelmühle.)* *Uhlands T. R.* 1906, 2 S. 96.'

GIBBON's coal breaker, with gear wheels removed to show adjustable bearings for rollers.* *Iron & Coal* 72 S. 2125.

HADFIELD STEEL FOUNDRY CO., copper ore crushing machine.* *Eng.* 102 S. 510.

HOWARTH, the rationale of rock crushing. (The ideal to be aimed at in crushing-conditions under which a rock breaks when crushed by a stamp, crusher or rolls.)* *Mines and minerals* 26 S. 441/3.

DE KALB, notes on stamp mill practice. (Screens; foundations; stamp duty; mortar liners; shoes and dies; inside amalgamation; ore mixtures etc.)* *Mines and minerals* 27 S. 135/6.

LEES, T. & R., patent coke-breaking machine.* *Mech. World* 40 S. 278.

Submarine rock excavation. (With the LOBNITZ rock-breaker, a huge chisel loaded with a weigh, which is dropped on the rock.) *Eng. News* 55 S. 499.

MC CULLY, large gyratory crusher. (Feed openings 24" wide and 66" long, and the crusher head is set to produce 5" cubes.)* *Eng. News* 55 S. 497/8.

The „MARTIN" disintegrator.* *Brick* 25 S. 185.

MEADE, FULLER LEHIGH CO. fine grinding machine for cement mills. (Consists of a horizontal ring or die, against which revolve four balls.)* *Eng. News* 55 S. 686/7.

NISSEN, stamp mill. (New mill of the Boston Consolidated Mining Co.)* *Mines and minerals* 27 S. 71.

GEBR. PFEIFFER, sieblose Kugelmühle mit Wind-Separation.* *Uhlands T. R.* 1906, 2 S. 22/3.

RIETKÖTTER, Masselbrecher. (Masselbrecher für Riemenantrieb; fahrbarer elektrischer Masselbrecher; hydraulisch betriebener Masselbrecher.)* *Stahl* 26 S. 1068/9.

Zerkleinerungsmaschine mit rotierenden Schlagkreuzen, System SCHOELLHORN-ALBRECHT. * *Uhlands T. R.* 1906, 3 S. 4/5.

VORM. SEBOLD, G. UND SEBOLD & NEFF, Naßkollergänge.* *Uhlands T. R.* 1906, 2 S. 94/6.

SIERMANN, Neuerungen an Zerkleinerungsvorrichtungen. (Deutsche Reichs-Patente.) *Chem. Zeitschrift* 5 S. 80/4, 539/41.

Der Kominor und die Dana-Rohrmühle. (Vorzerkleinerungsmaschine von SMIDTH & CO. für die Rohstoffe der Zementindustrie.) * *Tonind.* 30 S. 685/90.

STIERSTORFER, Steinbrechmaschine.* *Bayr. Gew. Bl.* 1906 S. 374/5.

STRAKER, air separation in grinding mill. (Separation by specific gravity. Grinding of paint pigments, dry colours, gold and silver ores etc.)* *Electrochem. Ind.* 4 S. 76/7.

Zerstäuber. Atomisers. Rafraîchisseurs. Vgl. Luftbefeuchter.

Zerstäuber für desinfizierende und zerstörende Stoffe. (Fahrbare Zerstäuber von AUDIQUEY, VERMOREL, GOUDICHEAU.)* *Uhlands T. R.* 1906, 4 S. 56.

Ziegel. Tiles. Tuiles. Vgl. Baustoffe, Tonindustrie.

1. Formen, Pressen. Forming, pressing. Moulage et pressage.

PASCHKE, das Handwerkzeug der modernen Dampfziegelei. (Geräte beim Pressen von Ziegel- und

Dachwaren mit Naßpresseabetrieb.) * *Tonind.* 30 S. 15/25, 1834/5.

The No. 9 AUGER brick machine. (By the BONNOT CO. of Canton, O.)* *Brick* 24 S. 310.

The ELWOOD hand brick press.* *Brick* 24 S. 58.

The improved FATE tile machine.* *Brick* 24 S. 73.

The CHAMBERS BROS. CO. repress.* *Brick* 24 S. 71.

The BREWER no. 25 horizontal brick machine. * *Brick* 24 S. 56/7.

Die Trockenpresse in der Ziegelindustrie. *Töpfer-Z.* 37 S. 385/6.

BENFEY, Trockenpressung in der Ziegelindustrie. *Tonind.* 30 S. 287/9.

CZERNY, Ziegeltrockenpressung in Amerika und nach System CZERNY. (V) *Tonind.* 30 S. 103/6.

DÜMMLER, Herstellung rauher Maschinenverblendsteine. (V. m. B.)* *Töpfer-Z.* 37 S. 161/4.

Machine à mouler les pierres artificielles en béton de ciment système PESSORT. ⊞ *Portef. éc.* 51 Sp. 103/5.

Verschiedene Ziegeleimaschinen der SKODAwerke und der Firma BREITFELD, DANĚK & CO.* *Wschr. Baud.* 12 S. 819.

UHRIG, Herstellung von Ziegeln und Platten auf Friktions- und hydraulischen Pressen unter Vorführung von Lichtbildern. (V) (a)* *Tonind.* 30 S. 1012/9.

VOLKERSEN, neue Klinkerpresse von hoher Leistung. (Atlaspresse der Fa. Amandus KAHL. Bei jeder Tischschaltung werden zwei Steine nicht zu gleicher Zeit, sondern kurz hintereinander gepreßt.) (V)* *Tonind.* 30 S. 828/9; *Baumatk.* 11 S. 119.

A hand power reel cutter.* *Brick* 24 S. 270.

The FATE automatic end-cut cutting table.* *Brick* 25 S. 183.

GÜTTLER & CO., Ziegeleimaschinen. (Dachstein- und Drainrohrabschneider.)* *Uhlands T. R.* 1906, 2 S. 63/4.

SINZ, Biberschwanz- und Strangpfalzziegel-Abschneideapparat.* *Uhlands T. R.* 1906, 2 S. 80.

2. Trocknen, Brennen, Oefen. Drying, burning, kilns. Séchage, cuisson, fours.

Das Trocknen der Ziegelwaren. *Stein u. Mörtel* 10 S. 128 F.

The „MARTIN" artificial drier. * *Brick* 25 S. 139.

NEUWOHNER, Ziegel-Trockenanlagen ohne künstliche Erwärmung. *Tonind.* 30 S. 1584/5.

PINKL, wie ist dem Krümmen der Falzziegelfalze beim Trocknen der Formlinge abzuhelfen? (Rähmchenformen.) Entgegnung von SCHIMM.)* *Tonind.* 30 S. 50/1.

THOMAS, Verfahren zur Herstellung feuerfester Steine, Platten u. dgl. aus Sand o. dgl. und Kalk, gegebenenfalls unter Zusatz von Ton, durch Härten mit Wasserdampf vor dem Brennen. *Erfind.* 33 S. 608/9.

PAHLOW, über Blaudämpfen.* *Tonind.* 30 S. 119/20.

Ofen zum Brennen von Klinkern. * *Tonind.* 30 S. 607.

Falzziegeleinsatz. (In Ringöfen.) * *Tonind.* 30 S. 668.

BEYER, auf welche Weise sind in einem Ringofen noch feucht eingesetzte Ziegel kostenlos reinfarbig und rissefrei zu brennen? *Töpfer-Z.* 37 S. 47/8.

BURGHARDT, Trocknen, Schmauchen und Vorwärmen im Ringofen. *Stein u. Mörtel* 10 S. 255/6 F.

Schmauchen im Ringofen. *Stein u. Mörtel* 10 S. 95/6.

Schmauchen und Brennen der Tonwaren im Ringofen. (Abziehen der Luft am Boden des Brennkanals.) *Töpfer-Z.* 37 S. 229/30.

The CHAPMAN moving tunnel kiln.* Brick 25 S. 188.

HAIGH continuous kiln in Mexico.* Brick 25 S. 225.

PASCHKE, Papierschieberundichtigkeiten. (Ursachen.)* Tonind. 30 S. 2090.

TRNKA, Ein- und Ausstoßen der Heizlochreihen. Tonind. 30 S. 2017/8.

WEIST, Brennen von Dachziegeln im Ringofen. Tonind. 30 S. 328/9.

The WIOMONT semi-continuous kiln.* Brick 25 S. 255/6.

BAUER, Verwendbarkeit verschiedener Baustoffe zum Ringofenbau.* Töpfer-Z. 37 S. 449/51 F.

POHL, Ofenfundamente und Erdfeuchtigkeit.* Tonind. 30 S. 248/50.

POHL, Einwirkung des Grundwassers auf den Ringofenbetrieb und besonders auf die Beschaffenheit der Ringofensohle. (V. m. B.) (A) Baumatk. 11 S. 187.

TRAUTWEIN, the mechanical utilization of waste heat from burning kilns.* Brick 24 S. 18/20.

24 Jahre Ringofenbetrieb. (Ein Beitrag zur Geschichte des Ringofens.)* Töpfer - Z. 37 S. 241/3.

3. Verschiedenes. Sundries. Matières diverses.

HASAK, Fortschritte des Ziegelrohbaus. (V) (A) Baumatk. 11 S. 167.

MUTHESIUS, über den modernen Ziegelbau in England. (V. m. B.) (A) Baumatk. 11 S. 168/9.

STIEHL, vom modernen Backsteinbau. (Merkmale der Handstrichsteine und Maschinensteine; Klosterformat.) Kirche 3 S. 141/9.

Die Maschinenanlagen auf Ziegeleien.* Stein u. Mörtel 10 S. 35/6 F.

Sprengen des Tones in Ziegeleibetrieben.* Tonind. 30 S. 2133/4.

EICHENAUER, Zerkleinerungs- und Aufbereitungsvorrichtung für Ton. (Mit mehreren übereinanderliegenden Kollergängen und glatten und gelochten Mahlbahnen. D. R P. 175392.)* Töpfer-Z. 37 S. 470/1.

PASCHKE, Handwerkszeug der modernen Dampfziegelei.* Tonind. 30 S. 15/25, 1834/5.

BENFEY, Dampfziegelei für bessere Waren.* Tonind. 30 S. 2053/6.

WICKENS, steam economy in a brick plant. Brick 24 S. 26/30.

Manufacture of brick from shale. (Purington Paving Brick Co. plant at Galesburg, Ill. Mining shale; stripping shale pit by hydraulic sluicing; overhead ducts for conveying waste heat from kilns to fan house; incline from shale pit.)* Eng. Rec. 53 S. 373/5.

A large shale brick factory in Eastern Illinois of the Western Brick Co., at Danville. (Capacity of producing 200000 brick a day, about 40 per cent. of which are paving blocks. Moving sand and gravel with hydraulic monitors.)* Eng. Rec. 54 S. 18/20.

Herstellung reinfarbiger Ziegelfabrikate. Töpfer-Z. 37 S. 349/51.

DÜMMLER, Herstellung rauher Maschinenverblender. (V. m. B.) (A) Baumatk. 11 S. 167.

HECHT, Verblendziegel großen Maßes. (Die Verblender von WOERDEHOFF mit 255 mm Länge, 120 mm Breite und 150 mm Höhe, Ziegel von gleicher Höhe aber nur 187 mm Länge und ferner solche von 122 mm Länge, 57 mm Breite und 150 mm Höhe.) (V. m. B.) (A) Baumatk. 11 S. 188.

WÖRDEHOFF, Verblendziegel großen Formates.* Tonind. 30 S. 1062/4.

DOUFRAIN, Keramitziegelerzeugung in Ungarn. Tonind. 30 S. 2273/4.

Fire brick. (Manufacture.) Iron & Coal 72 S. 892.

ROBERTSON, fire brick manufacture. (Raw materials used in the manufacture of fire brick. Fire clays.) Brick 25 S. 62/4 F.

THOMAS, Herstellung feuerfester Steine aus Sand und Kalk. Erfind. 33 S. 169/70.

Radialformziegel.* Tonind. 30 S. 1708/9.

DERBSCH, Dachziegelherstellung.* Tonind. 30 S. 1937 8.

BISCH, Teeren von Dachziegeln.* Tonind. 30 S. 1424/5.

Wetterbeständigkeit der Ziegelsteine. (Einfluß der Dichte und der chemischen Zusammensetzung.) Töpfer-Z. 37 S. 181/2.

Wetterbeständigkeit der Maschinenziegel. Töpfer-Z. 37 S. 129/30.

Frost resistance of porous brick. (Table prepared by the Imperial German Technical Testing Laboratory for Building Material at Charlottenburg.) Cem. Eng. News 18 S. 95.

CRAMER, wieweit müssen Kalksteinlagerungen im Ton zerkleinert werden, um im Ziegel unschädlich zu sein? (V)* Tonind. 30 S. 419/21.

MÖLLER, wieweit müssen Kalkeinlagerungen im Ton zerkleinert werden, um im Ziegel unschädlich zu sein? CRAMER, Erwiderung. Tonind. 30 S. 770/2.

KLEIBER, Schwefelkies in Ton und Kohle und seine schädliche Einwirkung auf die Ziegel. Tonind. 30 S. 754/5.

VAN DER KLOES, Ausschlagen und Abschiefern von Ziegeln. (Verderblicher Einfluß fetter Portlandzementkalkmörtel auf die darin verarbeiteten Mauerziegel; Einmischung von Chlorbarium in den Ton, um Ausblühen der in dem Ton vorhandenen Magnesiumoxyde zu verhüten; schädlicher Einfluß von Asche und Kohlenschlacke.) Z. Baugew. 50 S. 185.

MANDEL, das Abblättern der Dachziegel. Tonind. 30 S. 616/7.

SCHMULLIUS, Wetterbeständigkeit alter Tondachziegel. (V) Tonind. 30 S. 477/8.

DÄHLING, Ausblühen bituminöser Formlinge beim Brennen. (Selbstentzündung des Asphalts.) (V. m. B.) (A) Baumatk. 11 S. 187/8.

The 26 th annual convention of the Iowa Brick & Tile Association, held at Des Moines, Ia, jan. 10—11, 1906. (MARSTON, brick versus asphalt pavements in Iowa. WILSON, drain tile. HALLETT, architectural effects by judicious use of clay wares.) Brick 24 S. 89/97.

Ziehen. Drawing. Tirage. Siehe Schmieden, Ziehen usw.

Zink und Verbindungen. Zinc and compounds. Zinc et combinaisons. Vgl. Legierungen, Verzinken.

NEWLAND, zinc ore in Northern New York.* Eng. min. 81 S. 1094/5.

WATSON, the lead and zinc deposits. (Of the Virginia-Tennessee region; description of the ores and the mode of occurrence; geology; methods of mining.)* Mines and minerals 27 S. 17/9 F.; Trans. Min. Eng. 36 S. 681/737.

WHEELER, the Wisconsin zinc district.* Mines and minerals 26 S. 368/72.

The Wisconsin lead and zinc district.* Eng. min. '81 S. 1183/6, 82 S. 294/6.

Zinc-ore mining in Wisconsin.* Eng. min. 81 S. 1233/5.

BRINSMADE, the zinc camp of Kelly, New Mexico, whose ores have been made available by modern metallurgical methods.* Mines and minerals 27 S. 49/53.

MEYER, FRANZ, the zinc industry in the year 1905. *Elektrochem. Ind.* 4 S. 94/6; *Metallurgie* 3 S. 248/53.

Zinkproduktion der Welt. *Z. O. Bergw* 54 S. 127.

RZEHULKA, die Fortschritte im oberschlesischen Zinkhüttenbetriebe. *Z. O. Bergw.* 54 S. 133/6.

STOLZENWALD, Zugutemachung von zinkhaltigem Gut mit Zinkhüttenrückständen. (Erhitzen im Fortschaufelungsofen ohne weitere Zuschläge.) *Chem. Z.* 30 S. 1234; *Metallurgie* 3 S. 834/5.

BISSCHOPINCK, Verarbeitung von Blenden mit kalkhaltiger Gangart. (Ungenügendes Ausbringen des Zinks durch Wärmemangel, der entweder auf zu niedrige Temperatur der Zinköfen oder auf die zu geringe Zeitdauer der Reduktion oder auf beides zurückzuführen ist.) *Metallurgie* 3 S. 726/7.

INGALLS. the flotation processes. Details of the new method of ore separation at Broken Hill. (The ore, finely crushed, is charged into an acidulated bath of water in a vessel similar to the ordinary spitzkasten employed in dressing works.)* *Eng. min.* 82 S. 1113/5.

BURRELL, zinc and lead su'phide. (Of Broken Hill, Australia; the POTTER and other flotation processes of separation.) *Mines and minerals* 27 S. 147/8.

MINERAL POINT ZINC CO.'s Works. (Magnetic separation; acid scrubbers; acid filters; tanks for making fuming acid; sulphuric acid plant; galena roaster; calcining furnace; acid purification tower.) *Eng. min.* 82 S. 388/91.

GORDON, the LUNGWITZ process of zinc smelting. *Eng. min.* 81 S. 795/7.

FERRARIS, electro-metallurgy of zinc. (Experiments of CESARETTI and BERTANI; LAVAL furnace.) (V) *Mech.World* 40 S. 16/7; *Mines and minerals* 27 S. 30/1.

PRICE and JUDGE, electrolytic deposition of zinc, using rotating electrodes. * *Chem. News* 94 S. 18/20.

TOMMASI, préparation électrolytique de l'étain spongieux. *Compt. r.* 142 S. 86.

ENGELHARDT, elektrolytisches Zink aus Zinksulfat. (Anwendung einer anodischen Stromdichte, die das 20—50fache der kathodischen beträgt.) *Elektrochem. Z.* 13 S. 204.

DOELTZ, Versuche über das Verhalten von Zinkoxyd bei höheren Temperaturen. *Metallurgie* 3 S. 212/6 F.

DOELTZ und GRAUMANN, Flüchtigkeit der Zinkblende. *Metallurgie* 3 S. 442/3.

DOELTZ und GRAUMANN, zur Destillation der gerösteten Zinkblende und zum Brennen des Galmeis. (Versuche betreffend die Reaktion $ZnO + CO_2 \rightleftarrows ZnCO_3$.) *Metallurgie* 3 S. 443/5.

DOELTZ und GRAUMANN, Zerlegung und Bildung von Zinksulfat beim Rösten der Zinkblende. *Metallurgie* 3 S. 445/6.

SADTLER and WALKER, double decomposition of zinc sulphate and sodium chloride. *Electrochem. Ind.* 4 S. 435.

SPEIER, Selbstentzündurg von Zinkstaub. *Z. O. Bergw.* 54 S. 39/41.

SHEPHERD, Aluminium-Zinklegierungen.* *Metallurgie* 3 S. 86/9.

VOGEL, Gold-Zinklegierungen. PETRENKO, Silber-Zinklegierungen.* *Z. anorgan. Chem.* 48 S. 319/31, 347/63.

NOVAK, physikalisch-chemische Studien über Cadmiumlegierungen des bleihaltigen Zinks. *Phot. Korr.* 43 S. 24/6.

WOLOGDINE, les alliages de zink et de fer. (Préparation des alliages; métallographie; résumé.)* *Rev. métallurgie* 3 S. 701/8.

FRIEDRICH und LEROUX, Zink und Arsen.* *Metallurgie* 3 S. 477/9.

ZEMCZUZNYJ, Zink-Antimonlegierungen.⊟ *Z. anorgan. Chem.* 49 S. 384/99.

KOHN, MORITZ, gefälltes basisches Zinkkarbonat und gefälltes Kadmiumkarbonat. (Einwirkung auf Eisenchlorid-, Eisennitrat-, Chromnitrat-, Uranyinitrat-, Aluminiumnitratlösungen.) *Z. anorgan. Chem.* 50 S. 315/7.

JANICKI, feinere Zerlegung der Spektrallinien von Quecksilber, Kadmium, Natrium, Zink, Thallium und Wasserstoff. (Das MICHELSONsche Stufengitter; Quecksilberlinien; Vergleich der gewonnenen Ergebnisse mit den bisherigen Beobachtungen, Kadmiumlinien.) * *Ann. d. Phys.* 19 S. 36/79.

MEYER, OSWALD, über die Eigenschaften von verschieden legierten Zinkblechen und deren Beeinflussung durch Aetzung und Erhitzung des Materials.* *Metallurgie* 3 S. 53/9.

MEYER, OSWALD, die Festigkeits- und Elastizitätseigenschaften, sowie die Biegungsfähigkeit verschiedener Zinklegierungen, nebst Betrachtungen über deren Veränderlichkeit bei Aetzung und Erhitzung.* *Baumatk.* 11 S. 261.

MURMANN, Titrierung des Zinks durch Kaliumferrocyanid. (Titration unter Zusatz von Uransalz.) *Z. anal. Chem.* 45 S. 174/81.

BRADLEY, a delicate colour reaction for copper, and a micro-chemical test for zinc. (Salmon pink precipitate of zinc nitro-prusside.) *Chem. News* 94 S. 189/40.

BERTRAND et JAVILLIER, une méthode extrêmement sensible de précipitation du zinc. (Production de zincate de calcium.) *Compt. r.* 143 S. 900/2.

CHEVRIER, Abscheidung und Bestimmung von Kupfer und Zink in gerösteten Spateisensteinen. (Ammoniakverfahren.) (V) (A) *Chem. Z.* 30 S. 466.

HOLLARD et BERTIAUX, analyse du cuivre et du zinc industriels.* *Rev. métallurgie* 3 S. 196/204.

MELTER, casting German silver for rolling. (And annealing.) *Foundry* 28 S. 34/6.

DECKERS, influence de l'ammoniaque libre et des sels ammoniacaux dans le titrage du zinc d'après le procédé de SCHAFFNER. *Bull.belge* 20 S. 164/7.

HASZREIDTER, influence des sels ammoniacaux dans le titrage du zinc d'après le procédé de SCHAFFNER. *Bull. belge* 20 S. 373/4.

BRAND, rascher Nachweis des Zinkes in Bier, Wein. (Ausfällung mit Ferrocyankalium.) *Pharm. Centralh.* 47 S. 411.

Zinn und Verbindungen. Tin and compounds. Etain et combinaisons. Vgl. Legierungen, Verzinnen.

MENNICKE, Fortschritte und Neuerungen in der Metallurgie des Zinns, speziell in elektrochemischer Hinsicht, seit dem Jahre 1904. *Z. Elektrochem.* 12 S. 245/54.

BROMLY, tin-mining and smelting at Santa Barbara, Guanajuato, Mexico.* *Trans. Min. Eng.* 36 S. 227/33.

DIETZCH, recent practice in the treatment of tin-tungsten-copper ores. (V) *Electrochem. Ind.* 4 S. 167/8.

SIMMERSBACH, Zinngewinnung in den malaiischen Staaten. *Verh. V. Gew. Abh.* 1906 S. 56/60.

PUSCH, elektrolytisches Verfahren zur Wiedergewinnung des Zinns. *Elektrochem. Z.* 12 S. 244/6

MENNICKE, Wiedergewinnung des Zinns nach dem alkalischen und dem BERGSOE-Verfahren. (Erwiderung gegen PUSCH.) *Elektrochem. Z.* 13 S. 49/52.

Gewinnung von Zinn aus Weißblechabfällen. *Rig. Ind. Z.* 32 S. 42.

TOMMASI, elektrolytische Herstellung von Zinnschwamm. *Elektrochem. Z.* 13 S. 34/6; *Z. Elektrochem.* 12 S. 145/6; *Mon. scient.* 4, 20, I S. 386/7; *Rev. métallurgie* 3 S. 208/9; *Electricien* 31 S. 196/7.

THOMAS BEAUMONT, manufacture of tin-plates. (Rolling; heating; tin-plate mill furnace; American type of tin-plate mill [matching practice]; shearing; THOMAS & LEWIS pickling machine; tandem cold-roll plant; MILLBROOK ENG. CO. pickling machine; LYDNEY tinning pot; THOMAS and DAVIES cleaning machine; BESSMER tin-plate mill.) (V. m. B.)⊞ *Proc. Mech. Eng.* 1906 S. 499/541.

THOMAS, manufacture of tin plates. *Page's Weekly* 9 S. 244/5 F.; *Engng.* 82 S. 183/7; *Iron & Coal* 73 S. 496/500.

Manufacture of tin plates. (Tin-plate mill in general use in South Wales; tinning; tandem cold roll plant; pickling machine; tinning pot [LYDNEY].) (V) (A) *Pract. Eng.* 34 S. 365/7 F.

Stanniol-Walzwerk der Akt.-Gesellschaft für Maschinenbau- und Eisengießerei Ferdinand FLINSCH in Offenbach a. M.* *Z. Werksm.* 10 S. 216/7,

PÉLABON, les sulfures, séléniures et tellurures d'étain. *Compt. r.* 142 S. 1147/9.

RENZ, Darstellung des Titantetrachlorids und Zinntetrachlorids. (Einwirkung von Tetrachlorkohlenstoff auf die erhitzten Oxyde.) *Ber. chem. G.* 39 S. 249/50.

Apparat zur Darstellung von Zinnchloridlösungen.* *Z. Chem. Apparat.* 1 S. 560/2.

OUVRARD, les borostannates alcalinoterreux; reproduction de la Nordenskiöldine. *Compt. r.* 143 S. 315/7.

WEINLAND und KÜHL, Verbindungen von Stannisulfat mit Erdalkalisulfaten und Bleisulfat. *Ber. chem. G.* 39 S. 2951/3.

Die Auflösung von Zinn durch Konserven. *Erfind.* 33 S. 256/7.

CZERWEK, neue Methode zur Trennung von Antimon und Zinn. (Mittels Phosphorsäure.) *Z. anal. Chem.* 45 S. 505/12.

DONATH, Trennung von Wolfram und Zinn. *Z. ang. Chem.* 19 S. 473/4.

PATERSON, simple method of detecting a tin mordant in woollen goods. *J. Soc. dyers* 22 S. 189/90.

REICHARD, eine neue Reaktion des Zinns. (Harnsäure-Zinn-Reaktion.) *Pharm. Centralh.* 47 S. 391/5.

Zirkonium. Zirconium. Vgl. Seltene Erden.

WEDEKIND, natürliche Zirkonerde. (V) (A) *Chem. Z.* 30 S. 938/9.

KITCHIN and WINTERSON, malacone, a silicate of zirconium, containing argon and helium. *J. Chem. Soc.* 89 S. 1568/75.

KÖNIGSCHMID, das Zirkoniumsilicid Zr Si₂ und das Titansilicid Ti Si₂. *Mon. chem.* 27 S. 1069/81; *Compt. r.* 143 S. 224/6.

VAN BEMMELEN, Absorptionsverbindungen. Unterschied zwischen Hydraten und Hydrogelen und die Modifikationen der Hydrogele. (Zirkonsäure und Metazirkonsäure.) *Z. anorgan. Chem.* 49 S. 125/47.

Zucker. Sugar. Sucre. Vgl. Fabrikanlagen, Kohlenhydrate, Optik, Schleudermaschinen.

1. Allgemeines.
2. Chemie der Zuckerrübe.
3. Rübenbau und Ernte.
4. Rübenschädlinge und Krankheiten.
5. Saftgewinnung.

6. Saftreinigung.
    a) Chemische.
    b) Elektrolytische.
    c) Filtration.
7. Verdampfen und Verkochen.
8. Weitere Verarbeitung der Füllmasse.
9. Raffination und Arbeit auf Brotzucker.
10. Eigenschaften und Untersuchung.
    a) Eigenschaften.
    b) Untersuchung und Betriebskontrolle.
11. Nebenprodukte.

1. Allgemeines. Generalities. Généralités.

AHRENS, die Rübenzuckerindustrie im Jahre 1905. *Chem. Zeitschrift* 5 S. 153/5 F.

CLAASSEN, Fortschritte in der Rübenzuckerfabrikation im Jahre 1905. *Z. ang. Chem.* 19 S. 945/8.

FALLADA, Fortschritte in der Zuckerindustrie im Jahre 1905. *Oest. Chem. Z.* 9 S. 191/4.

V. LIPPMANN, Fortschritte der Rübenzuckerfabrikation i. J. 1905. (Jahresbericht.) *Chem. Z.* 30 S. 233/5.

FOGELBERG, die Rübenzuckerindustrie in Schweden. *CBl. Zuckerind.* 15 S. 310/2.

HERBERG, neuzeitliche Einrichtung des Feuerungsbetriebes für die Zuckerindustrie.* *Zuckerind.* 31 Sp. 1377/84.

DE GROULART, récents perfectionnements à certaines parties de l'outillage des sucreries. (Machine à trier les queues de betteraves de KORAN; épulpeur de KORAN; appareil mesureur de lait de chaux; mélangeur de sucre.)* *Sucr. belge* 34 S. 496/303F.

Zuckerpflanzen. Mahwabaum (Bassia latifolia); Zuckerahorn. (Acer saccharinum.) *CBl. Zuckerind.* 14 S. 620 F.

FISHER, die fabrikmäßige Darstellung reinen Ahornzuckers und Ahornsirups und die Bedeutung dieser Industrie.* *Z. V. Zuckerind.* 56 S. 637/64.

KRÜGER, Untersuchungen und Neuerungen auf dem Gebiete des Zuckerrohrbaues und der Zuckerfabrikation aus Zuckerrohr. *CBl. Zuckerind.* 14 S. 465/7 F.

NURSEY, cane-sugar machinery. (Sugar-mill engineering practice; 11-roller plant, which includes a pair of preliminary breaking rolls known as „KRAJEWSKIs", cane mills, both steam and electro driven.) (V) (A) *Mech. World* 40 S. 165/6.

WILLEY, sugar making in Cuba.* *Sc. Am.* 95 S. 321/2.

Recent practice in cane-sugar machinery. (Multiple roller mills; KRAJEWSKI crusher; evaporating apparatus; NAUDET maceration battery.)* *Page's Weekly* 9 S. 754/5 F.

PUKORNÝ, Gesamtdampfverbrauch einer Zuckerfabrik. *Z. Zuckerind. Böhm.* 31 S. 179/87.

2. Chemie der Zuckerrübe. Chemistry of the beet. Chemie de la betterave. Vgl. Physiologie 1.

URBAN, beobachtete Substitution von Kaliumoxyd durch Natriumoxyd in der Rübe. *Z. Zuckerind. Böhm.* 30 S. 397/402.

ANDRLÍK, Nährstoffverbrauch der Rübe im 1. Jahre der Vegetation und seine Beziehung zum Zucker in der Wurzel. *Z. Zuckerind. Böhm.* 31 S. 149/78.

ANDRLÍK, STANĚK und URBAN, Nährstoffverbrauch bei Mutterrüben und Setzlingen. *Z. Zuckerind. Böhm.* 30 S. 165/73.

PELLET et VUAFLART, quantité de matières minérales et azotées absorbées par la betterave (végétal complet) durant la végétation. (V) *Sucr. belge* 34 S. 523/4.

BRIEM, die Zuckerlagerung in der Rübenwurzel mit Rücksicht auf ihre Untersuchung zu Zuchtzwecken. *Z. Zucker.* 25 S. 655/62.

STROHMER und FALLADA, chemische Zusammen-

setzung des Samens der Zuckerrübe. *Z. Zucker.* 25 S. 12/22.

STOKLASA, chemische Zusammensetzung des Samens der Zuckerrübe. *Z. Zucker* 25 S. 159/63.

FALLADA, Zusammensetzung von Samenrübentrieben und von Rübenkeimlingen. *Z. Zucker.* 25 S. 269/73.

STROHMER, Bildung und Aufspeicherung der Saccharose in der Zuckerrübenwurzel. *Z. V. Zuckerind.* 56 S. 809/15; *Chem. Z.* 30 S. 420; *Sucr. belge* 34 S. 462/6.

STROHMER, normale und abnormale Stengelbildung bei Schoßrüben und Wanderung des Zuckers in der Rübe. ⊞ *Z. Zucker.* 25 S. 23.

Verteilung des Zuckers in der Rübe.* *CBl. Zuckerind.* 14 S. 994/6.

STOCKLASA, die Enzyme der Zuckerrübe. (V) (A) *Chem. Z.* 30 S. 422.

HERZFELD, die Ursachen der Bildung von Raffinose in den Rüben. *Zuckerind.* 31 Sp. 1185/8 F.; *Z. V. Zuckerind.* 56 S. 751/60; *Sucr. belge* 35 S. 56/8.

GREDINGER, Entstehen von Raffinose in gefrorenen und wieder aufgetauten Rüben. *Zuckerind.* 31 Sp. 1349/52.

3. Rübenbau und Ernte. Culture and harvest of the beets. Culture et récolte de la betterave.
Vgl. Landwirtschaft.

BRIEM, Jahresrückschau auf dem Gebiete der Rübenkultur. *CBl. Zuckerind.* 14 S. 409/10.

DEUTSCH, de la montée en graine du betteraves à sucre en première et deuxième année suivant la latitude, la nature du terrain et le mode de culture. *Bull. sucr.* 23 S. 1440/8.

BARTOŠ, Beobachtungen an der Zuckerrübe in dem abnorm trockenen Jahre 1904. (Veränderungen der gewohnten Form.)* *Z. Zuckerind. Böhm.* 31 S. 188/91.

STRAKOSCH, Einfluß des Sonnen- und des diffusen Tageslichtes auf die Entwicklung von Beta vulgaris (Zuckerrübe). *Z. Zucker.* 25 S. 1/11.

ROEMER und WIMMER, Bedeutung der an der Zuckerrübenpflanze durch verschiedene Düngung hervorgerufenen äußeren Erscheinungen für die Beurteilung der Rüben und der Düngebedürftigkeit des Bodens. ⊞ *Z. V. Zuckerind.* 56 S. 1/58.

WIMMER, Bedeutung der Kalidüngung für den Zuckerrübenbau. *CBl. Zuckerind.* 14 S. 1173/5.

BRIEM, Folgen einer Ueberdüngung mit Chilesalpeter. (Zu Zuckerrüben.) *CBl. Zuckerind.* 15 S. 202.

HOLLRUNG, inwieweit ist eine Düngung mit schwefelsaurem Ammoniak geeignet, bei den Zuckerrüben eine Schädigung hervorzurufen? (V. m. B.) *Zuckerind.* 31 Sp. 345/8.

BRIEM, Kalkstickstoffdünger und Zuckerrübe. *CBl. Zuckerind.* 14 S. 554/5.

STROHMER, Felddüngungsversuche mit Stickstoffkalk zu Zuckerrüben. *Z. Zucker.* 25 S. 663/75.

KAUSEK, Kopfdüngung der Rübe mit Jauche. *Zuckerind. Böhm.* 30 S. 339/77.

HOLLRUNG, Steigerung der Rübenernte durch Anwendung von Reizmitteln. (Mangan, Brom, Uran, Jodkalium, Fluornatrium, Elektrizität.) (V) *Zuckerind.* 31 Sp. 1257/60; *Z. V. Zuckerind.* 56 S. 788/94.

TOWNSEND und RITTNE, Züchtungsversuche mit einkeimigem Rübensamen. *CBl. Agrik. Chem.* 35 S. 526/9.

KOMERS und FREUDL, Wertbestimmung des Rübensamens. *Z. Zucker.* 25 S. 465/560.

SCHRIBEAUX und BUSSARD, wie würde man passenderweise die im Rübensamenhandel gebräuchlichen Normen modifizieren? (Ueberlegen-

heit der großen Samen; Keimfähigkeitsbestimmung.)* *Z. V. Zuckerind.* 56 S. 193/201; *Sucr. belge* 35 S. 178/85.

STROHMER, Rübensamenbewertung. (V) *Z. V. Zuckerind.* 56 S. 58.

Das spezifische Gewicht als selektives Merkmal der Mutterrübe. *CBl. Zuckerind.* 14 S. 590/1.

Versuche mit Zuckerrüben zur Prüfung des Sortenwertes. *Zuckerind.* 31 Sp. 2052/5.

PLAHN, Bewertung des Rübensamens und die neuen (modifizierten) „Wiener Normen". *Zuckerind.* 31 Sp. 1443/5.

NEUMANN, Bestimmung der Keimfähigkeit des Rübensamens zu Handelszwecken. (N) *Z. Zuckerind. Böhm.* 30 S. 405/16.

PELLET, Untersuchung des Rübensamens. (Hinsichtlich seiner Keimkraft.) *Z. V. Zuckerind.* 56 S. 1168/95; *Sucr.* 68 S. 576/82 F.

Zur Individualität des Rübensamens. (Normen-Keimmethodik; modifizierte „Wiener Normen".) *CBl. Zuckerind.* 15 S. 150/1.

Demariage des betteraves système BAJAC.* *Sucr.* 67 S. 584/5.

KUNTZE, Einmieten von Samen- und Steckingsrüben.* *Zuckerind.* 31 Sp. 729/30.

KÖNIG, BÖMER und SCHOLL, Veränderungen und Verluste der Futterrüben in der Miete. (Versuche.) *Fühlings Z.* 55 S. 185/94.

BRIEM, kann die Rübe in den Mieten an Gewicht zunehmen? *Fühlings Z.* 55 S. 63/6.

4. Rübenschädlinge und Krankheiten. Enemies and maladies of beets. Ennemis et maladies de la betterave. Vgl. Ungeziefervertilgung.

STIFT, die im Jahre 1905 beobachteten Schädiger und Krankheiten der Zuckerrübe und einiger anderer landwirtschaftlicher Kulturpflanzen. *Z. Zucker.* 25 S. 28/49.

SCHEIDEMANN, Auftreten des Rüsselkäfers in Ungarn. *Z. V. Zuckerind.* 56 S. 621/5.

Un puceron ennemi de la betterave. (Aphis papaveris fab.) *Sucr.* 68 S. 555/6.

GIARD, la teigne de la betterave. (Lita ocellatella Boyd.) *Compt. r.* 143 S. 627/30.

WILHELMJ, eine eigenartige Rübenkrankheit. (Beet Blight, Rübenmehltau.) *Z. V. Zuckerind.* 56 S. 423/40.

UZEL, die Schnacken der Gattungen Pachyrhina und Tipula mit besonderer Berücksichtigung der die Zuckerrübe beschädigenden Arten.* *Z. Zuckerind. Böhm.* 30 S. 521/36.

WIMMER, kann man den Nematodenschaden durch Düngungsmaßnahmen verringern? (V) *Zuckerind.* 31 Sp. 18/22.

TRZEBINSKI, Wurzelbrand und andere Rübenkrankheiten. *CBl. Zuckerind.* 15 S. 175/6, 339.

5. Saftgewinnung. Extraction of the juice. Extraction des jus de diffusion.

CLAASSEN, die neuesten Fortschritte in der Saftgewinnung aus Rüben. (V) *Z. V. Zuckerind.* 56 S. 805/9; *CBl. Zuckerind.* 14 S. 888/9.

Die neueren Saftgewinnungs-(Diffusions-)Verfahren. *Zuckerind.* 31 Sp. 1532/7 F.

CLAASSEN, Vergleich des Diffusionsverfahrens mit dem Brühverfahren. *CBl. Zuckerind.* 14 S. 862/3.

CLAASSEN, Rückführung der Diffusionsabwässer in die Diffusion und Wiedergewinnung des in ihnen enthaltenen Zuckers und der sonstigen Trockensubstanz.* *Z. Zucker.* 25 S. 173/89; *CBl. Zuckerind.* 14 S. 710/1.

PFEIFFER, Wiederverwendung der Abwässer in der Diffusion. (Antwort auf die Ausführungen CLAASSENs.) *CBl. Zuckerind.* 14 S. 777/8.

COSTE, Wiederverwendung der Abwässer im Fabrikbetriebe. (V. m. B.) *Zuckerind.* 31 Sp. 440/3 F.

VIVIEN, la diffusion. Modification à apporter aux condit'ons actuelles du travail. Circulation des jus dans la diffusion: durée de séjour du jus dans la batterie. Circulation renvertée. (V) * *Bull. sucr.* 23 S. 1392/1403.

VON DER OHE, Arbeit in der Diffusionsbatterie. (V) *Zuckerind.* 31 Sp. 2044/52.

Zuckergewinnung nach STEFFENs Brühverfahren und der Futterwert der Zuckerschnitzel. *CBl. Zuckerind.* 14 S. 913/4.

PELLET, procédé d'échaudage ou d'ébouillantage des cossettes fraîches de STEFFEN. (Expériences) *Sucr. belge* 35 S. 30/7 F; *Sucr.* 68 S. 67/74 F.

PELLET, la conservation des jus, le plus sucre et les pertes indeterminées à la diffusion. Pureté des différents jus de diffusion. *Sucr.* 68 S. 610/5.

LALLEMANT, procédé d'extraction totale du sucre de la betterave sans production de bas-produits.* *Bull. sucr.* 23 S. 1428/34.

LUTHER, procédé d'extraction de sucre de betteraves sans production d'arrière-produits. (Consiste à introduire les cossettes à la sortie des coupe-racines de façon à éviter tout contact des cossettes avec l'air. On n'extrait pas tout le sucre de la betterave; épuration avec du tannin.) *Sucr. belge* 35 S. 29/30.

Système de lixiviation continue et d'épuisement des végétaux. Piocédé STEFFEN. (Franz. Pat. 356636.) * *Sucr.* 67 S. 123/7.

DECKER, Absüßen der Schlammpressen mit geringem Wasserverbrauch. *Zuckerind.* 31 Sp. 609/14.

ZSCHEYE, Ursachen des schlechten Laufens der Schlamm- bezw. Filterpressen. (Pectinstoffe; Leuconostoc; Tonerde usw.) *Zuckerind.* 31 Sp. 17/8.

GROSJEAN, l'acidité des jus de diffusion. *Bull. sucr.* 23 S. 1418/20.

SCHÖNE, die Mikroorganismen in der Diffusion (V) * *CBl. Zuckerind.* 14 S. 1197/1201.

NEIDE, Bakterien und deren zuckerzerstörende Wirkung in der Diffusionsbatterie. (V) *Z. V. Zuckerind.* 56 S. 726/40; *Zuckerind.* 31 Sp. 1137/44 F.; *CBl. Zuckerind.* 14 S. 1098/9.

STROHMER, emploi du formol dans la diffusion. *Sucr.* 67 S. 296/9.

MANLOVE, ALLIOTT & CO., three roller sugar cane crushing mill.* *Eng.* 101 S. 201.

Sugar-cane crushing mill. (Juice heater; KRAJEWSKI rollers and hopper; five-roller crushing mill.) * *Eng.* 101 S. 38.

6. Saftreinigung. Clarification.

a) Chemische. Chemical. Chimique.

VIBRANS, Reinigung von Zuckersäften. (Historisches.) *CBl. Zuckerind.* 14 S. 938/9.

LA BAUME, Kalkofenbetrieb und Kohlensäureausnutzung. (V) *CBl. Zuckerind.* 14 S. 1324/6.

SLIOSBURG, Anwendung des Kalkes in der Scheidung und das Verfahren von KOWALSKI und KOZAKOWSKI. *Zuckerind.* 31 Sp. 1414/7 F.

BÄCK, Saturation. (Wirkung der Uebersaturation; Analysen.) *Z. Zuckerind. Böhm.* 31 S. 119/24.

MÜLLER, A., kontinuierliche Satu'ation. (V) *Zuckerind.* 31 Sp. 973/9.

MÜLLER, A., kontinuierliche Saturation und die dazu erforderlichen Einrichtungen. ⊡ *Z. Zucker.* 25 S. 431/7.

DUTILLOY, les derniers perfectionnements apportés à la carbonatation.* *Bull. sucr.* 24 S. 111/4.

VON DER OHE, ist die Saturation des Dicksaftes mit SO₂ der des Dünnsaftes vorzuziehen? *Zuckerind.* 31 Sp. 649/53.

MOLENDA, Hydrosulfite als Bleichmittel in der Zuckerfabrikation. *Zuckerind.* 31 Sp. 1697/9.

HERZFELD, Hydrosulfite als Bleichmittel in der Zuckerfabrikation. *Z. V. Zuckerind.* 56 S. 629/7.

SCHILLER, chemische Reinigung der Rübensäfte. (Doppelsalze der Hydrosulfite [Rédos], Bisulfit-Formaldehyd und Sulfoxylat-Formaldehyd.) (V. m. B.) *Z. Zuckerind. Böhm.* 30 S. 474/82.

DUTILLOY, les rédos. Essais de laboratoire et résultats constatés dans les bas-produits. *Bull. sucr.* 24 S. 513/21.

GANS, Reinigung der Zuckersäfte von Kali und Natron vermittels Aluminatsilikate. *Z. V. Zuckerind.* 56 S. 206/17.

NOVAKOVSKI, neues Saftreinigungsverfahren. (Mittels Kohlenstoff Tonerdepulvers.) *CBl. Zuckerind.* 15 S. 229.

Weicher Scheideschlamm. (Zusammenfassende Besprechung.) *Z. Zucker.* 25 S. 89/91.

Die Ablaufverfahren und ihre Beurteilung. *Zuckerind.* 31 Sp. 1737/45 F.

b) Elektrolytische. Electrolytical. Electrolytique. Fehlt.

c) Filtration.

MÜLLER, ASKAN, Präparicren dichter Zuckerlösungen zur Erleichterung der Filtration. *Z. Zucker.* 25 S. 703/5.

7. Verdampfen und Verkochen. Evaporation and boiling. Concentration des jus sucrés. Vgl. Koch- und Verdampfapparate.

AULARD, la surchauffe des jus.* *Bull. sucr.* 24 S. 265/77.

CURIN, Fünfkörper-Verdampfstation mit Vakuum kombiniert. (Berechnung.) *Z. Zuckerind. Böhm.* 30 S. 286/93.

HENATSCH, welche Erfolge sind mit der Arbeitsweise nach GRÄNTZDÖRFFER erzielt? (Besondere Einziehvorrichtung für den Dicksaft und den Ablaufsirup.) (V. m. B.) *Zuckerind.* 31 Sp. 769/76 F.

KESTNER, Konzentration von Flüssigkeiten im heißen Gasstrome. (Konzentration von unreinen, geringwertigen Rübensäften) * *Uhlands T. R.* 1906, 3 S. 19/20.

Kontrolle der Koch- und Schleuderarbeit.* *CBl. Zuckerind.* 14 S. 410/1.

POKORNY, wieviel Abdampf (Retourdampf) der Maschinen gelangt zur Verdampfstation? *Z. Zuckerind. Böhm.* 31 S. 13/30.

8. Weitere Verarbeitung der Füllmasse. Further treatment of the filling mass. Traitement suivant des masses cuites.

Rührwerk von FUROWITSCH zur Bereitung der Deckkläre.* *CBl. Zuckerind.* 14 S. 1396/7.

AULARD, désucrage méthodique des produits de sucrerie. *Bull. sucr.* 24 S. 52/7.

ROBART, travail des masses cuites. (Calculs.) *Bull. sucr.* 23 S. 1421/8.

SCHNELL, rationelle Nachproduktenarbeit. *CBl. Zuckerind.* 14 S. 436/7.

NEUMANN, A., rationelle Nachproduktarbeit unter Berücksichtigung der Erstproduktanlage. (V) *Zuckerind.* 31 Sp. 194/8.

ANDRLIK, Benützung des sog. Schleudersalzes zum Ausdecken des Strontiumbisaccharates. *Z. Zuckerind. Böhm.* 30 S. 402/5.

ANDRLIK, Saccharose und Raffinose in den Abfalllaugen und zur Entzuckerung der Melasse nach STEFFEN. *Z. Zuckerind. Böhm.* 31 S. 1/6.

ZUJEW und SCHUMILOW, Versuche zur Gewinnung von Raffinate direkt aus der Rübe. *Zuckerind.* 31 Sp. 1897/1905.

9. Raffination und Arbeit auf Brotzucker. Raffination. Raffinage.

SLOBINSKI, Rolle des Kalkes und überhaupt der Alkalien in der Zuckerraffinerie. *Zuckerind.* 31 Sp. 1020/3 F.

GREDINGER, Erzeugung von Konsumzucker ohne Spodium. *Zuckerind.* 31 Sp. 1773/82.

RYZNAR, Raffinationsverfahren für die indischen einheimischen Zucker unter Benutzung der Saturation. *Z. Zuckerind. Böhm.* 30 S. 233/58.

10. Eigenschaften und Untersuchung. Qualities and analysis. Qualités et analyse.

a) Eigenschaften. Qualities. Qualités.

CLAASSEN, Zusammensetzung und Bewertung des Rohzuckers. *CBl. Zuckerind.* 15 S. 12/13.

KOYDL, Bewertung des Rohzuckers nach Kristallgehalt und Kristallbeschaffenheit. ⊠ *Z. Zucker.* 25 S. 277/321.

BATES und BLAKE, Einfluß des basischen Bleiacetats auf das Drehungsvermögen des Rohzuckers in wäßriger Lösung.* *Z. V. Zuckerind.* 56 S. 314/23.

CREYDT, bakteriologische Untersuchungen und Betrachtungen über das Lagern von Rohzucker. *Zuckerind.* 31 Sp. 1337/49.

Anormale Erscheinungen der Färbung der Säfte. *CBl. Zuckerind.* 14 S. 555/6.

b) Untersuchung und Betriebskontrolle. Analysis. Analyse.

KOZLOWSKI, détermination de la densité du sucre raffiné. (V) *Bull. sucr.* 23 S. 1005/8.

WIECHMANN, Bestimmung von Saccharose und reduzierenden Zuckern in flüssigen Zuckerprodukten. (V) *Z. V. Zuckerind.* 56 S. 65/75.

Berechnung des Kristallgehalts von Zuckerprodukten. *Zuckerind.* 31 Sp. 1438/46.

Wasserbestimmung in den Zuckern. *CBl. Zuckerind.* 14 S. 380/1.

BRUHNS, Wasserbestimmung in Zuckern. *CBl. Zuckerind.* 14 S. 492/3.

Feuchtigkeitsbestimmung des Sandzuckers.* *Zuckerind.* 31 Sp. 121/5 F.

HORNE, trockene Bleiklärung bei der optischen Zuckeranalyse. *Z. V. Zuckerind.* 56 S. 825/7.

GAHRTZ, Verwendbarkeit des Wasserstoffsuperoxyds als Bleichmittel für dunkle Zuckerlösungen. *Z. V. Zuckerind.* 56 S. 521/3.

HORNE, défécation au sous-acétate de plomb dans l'analyse optique des matières sucrées. (V) *Bull. sucr.* 23 S. 1409/11.

PELLET, influence du précipité plombique dans l'analyse des produits de sucrerie. *Sucr.* 68 S. 200/9.

PELLET, dosage du sucre dans la betterave. (V) *Bull. sucr.* 23 S. 1279/81; *Sucr.* 68 S. 132/42.

DAVOLL, accurate commercial method for the analysis of sugar beets.* *J. Am. Chem. Soc.* 28 S. 1606/11.

SACHS, quelle est la méthode la plus recommandable pour l'analyse des betteraves? *Sucr. belge* 35 S. 8/13; *Z. V. Zuckerind.* 56 S. 918/21.

SACHS, Bestimmung des Zuckergehalts der Rüben.

LE DOCTE, spezielle Vorschriften zur Ausführung der Rübenanalyse nach der Methode SACHS-LE DOCTE.* *Zuckerind.* 31 Sp. 1633/7.

VIVIANI et GALEATI, nouvel appareil' pour la détermination du saccharose dans les betteraves. (Par une solution d'acétate basique de plomb; appareil dont le but est de mesurer automatiquement le volume de liquide nécessaire.)* *Bull. sucr.* 23 S. 1015/6.

LACOMBE et PELLET, analyse des mélasses: conservation des échantillons et causes d'erreurs dans les expertises. *Sucr. belge* 34 S. 489/96; *Bull. sucr.* 23 S. 880/4.

PELLET, dosage des matières organiques dans les jus et sirops. *Bull. sucr.* 24 S. 465/7.

PELLET, dosage des cendres dans les mélasses, salin et pureté réelle. *Bull. sucr.* 24 S. 467/72.

Bestimmung der Saccharose in den Rüben und Säften bei Gegenwart des Invertzuckers. *CBl. Zuckerind.* 14 S. 1348.

PELLET, les rapports existant entre la pureté, le salin et le rapport organique. *Bull. sucr.* 23 S. 891/5.

PELLET, l'acide sulfureux en sucrerie; puretés apparentes et puretés réelles des produits alcalins et sulfités. *Bull. sucr.* 24 S. 105/11.

PELLET, les écarts entre la pureté apparente et la pureté réelle. *Sucr.* 67 S. 2/7.

PELLET, H. et L., la non-influence du marc dans l'analyse des betteraves par digestion aqueuse à chaud et à froid. *Bull. sucr.* 24 S. 615/27.

PELLET, dosage du sucre dans la betterave par les méthodes aqueuses à chaud et à froid. *Sucr.* 68 S. 353/8 F.; *Z. V. Zuckerind.* 56 S. 903/18.

PELLET, les réducteurs et leur dosage. Préparation de la liqueur FEHLING. Dosage des corps réducteurs dans les sucres et les divers produits de la sucrerie. *Sucr. belge* 35 S. 186/90 F; *Z. V. Zuckerind.* 56 S. 1012/22.

LE DOCTE, application du procédé SACHS-LE DOCTE.* *Sucr. belge* 35 S. 13/8.

KELHOFER, gewichtsanalytische Bestimmung des Zuckers mittels FEHLINGscher Lösung. Tabelle zur Ermittelung des Invertzuckers aus dem gewogenen Kupferoxydul. *Z. anal. Chem.* 45 S. 88/91, 745/7.

PELLET, direkte Bestimmung des Zuckers im Zuckerrohr und in der Bagasse. (V) *Z. V. Zuckerind.* 56 S. 838/40.

PELLET, H. et L., analyses des sucres bruts de cannes. *Bull. sucr.* 24 S. 473/5.

PELLET et FRIBOURG, analyses réelles des mélasses de cannes. Essais de décoloration des mélasses de cannes. *Bull. sucr.* 23 S. 1128/39.

JOSSE, colorimètre à lame prismatique teintée et sur un étalon colorimétrique. (Application aux produits de sucrerie.) (V. m. B.) *Sucr. belge* 35 S. 37/45.

DUPONT, rapport sur l'unification des échelles saccharimétriques et adoption d'une échelle à poids normal de 20 grammes de sucre. *Bull. sucr.* 23 S. 1275/9.

WIECHMANN, einheitliche internationale Vorschriften für die Probenahme von Zuckern. (V) *Z. V. Zuckerind.* 56 S. 75/88.

SAILLARD, zur Vereinheitlichung der Analysen-Bulletins. (V) *Z. V. Zuckerind.* 56 S. 301/13.

CERNY, Wägen des Diffusionssaftes. *Z. Zuckerind. Böhm.* 31 S. 6/13.

HORNE, chemical control of cane sugar factories. *School of mines* 27 S. 128/38; *Bull. sucr.* 23 S. 766/75.

PELLET et NAUS, contrôle chimique de la fabrication du sucre de betteraves. *Bull. sucr.* 23 S. 763/6.

DELAMARE et PELLET, méthode rapide pour calculer les moyennes proportionnelles dans le contrôle chimique en sucrerie. *Bull. sucr.* 23 S. 775/7.

LEROY, calcul des moyennes proportionelles dans le contrôle chimique en sucrerie. *Bull. sucr.* 24 S. 491.

PELLET, nouvelle perte de sucre dans le travail de la fabrication du sucre. (Entraînement dans les vapeurs diverses.) *Bull. sucr.* 23 S. 991/8; *Sucr. belge* 34 S. 266/9.

SACHS, relations entre la richesse des betteraves et la pureté du jus de diffusion, ainsi que des masses cuites qui en résultent. *Bull. sucr.* 23 S. 1403/9; *Sucr. belge* 34 S. 415/20; *Z. V. Zuckerind.* 56 S. 827/33.

DE GROBERT, cause d'erreur dans le dosage

hydrométrique de la chaux appliqué aux produits sulfités. *Sucr. belge* 35 S. 59/63.

STROHMER und SALICH, Zuckerzersetzungen im Zuckerrübenbrei. Ein Beitrag zur Frage der unbestimmten Verluste bei der Diffusion. *Z. Zucker* 25 S. 165/8.

PELLET, quantité de sulfites et de sulfates contenue dans la mélasse. *Bull. sucr.* 24 S. 749/50.

HERRMANN, Zuckergehalt der beim Brühverfahren erhaltenen Zuckerschnitzel. *CBl. Zuckerind.* 14 S. 1016/7.

NEUMANN, Zuckergehalt der beim Brühverfahren erhaltenen Zuckerschnitzel. *CBl. Zuckerind.* 14 S. 1143.

WOBLM, Bestimmung des Zuckers in Zuckerschnitzeln. *Zuckerind.* 31 Sp. 1445/6.

TOMANN, Apparat zur Bestimmung der Menge der Zuckerkristalle in den Füllmassen.* *CBl. Zuckerind.* 14 S. 591.

WASSILIEFF, Anhäufung der Kalksalze und reduzierenden Substanzen in den Produkten der Rübenzuckerfabrikation. *CBl. Zuckerind.* 14 S. 711/3.

ANDRIK und URBAN, Beläge für das Uebergehen des schädlichen Stickstoffes aus der Rübe in die Säfte, für dessen Stabilität während der Saftreinigung und seine Zunahme bei längerer Lagerung der Rübe. *Z. Zuckerind. Böhm.* 30 S. 282/6.

STUTZER und VON WOLOSEWICZ, Ermittelung des in der Rübenmelasse in Form von Eiweiß enthaltenen Stickstoffs. *Z. anal. Chem.* 45 S. 614/20.

Apparat zur Abnahme der Rohzuckerproben in den Raffinerien.* *CBl. Zuckerind.* 14 S. 354.

Apparat zum automatischen Sammeln von Durchschnittsproben der Säfte. (Nach GRABOWSKI.)* *CBl. Zuckerind.* 14 S. 464/5.

REIF, Probestecher für Saturations-Schlamm.* *Z. Zucker* 25 S. 190/1.

Untersuchungen des Filterpressenschlammes. *CBl. Zuckerind.* 14 S. 1123/4.

11. Nebenprodukte. By-products. Sous-produits.
Vgl. Futtermittel, Landwirtschaft 6 b.

STROHMER, Trockenschnitte von der Verarbeitung gefrorener Rüben. *Z. Zucker* 25 S. 50/3.

SCHNEIDEWIND, Wirkung der Zuckerschnitzel und des getrockneten Rübenkrautes im Vergleich zu Trockenschnitzeln. *CBl. Zuckerind.* 15 S. 252/4.

WEISZ, Rübenschnitzeltrockenapparat „Imperial". (Betriebsresultate; besteht aus einer feststehenden geheizten Mulde, einem rotierenden Heizröhrenbündel, welches gleichzeitig die Schaufeln zum Bewegen des Materials trägt, einer die Antriebsscheibe tragenden Welle mit Schlagkreuzen und einer mit Klappen versehenen Abdeckung.) (V) *Zuckerind.* 31 Sp. 817/20 F.

GREINER, Schnitzelpressen. *CBl. Zuckerind.* 14 S. 591/2 F.

SCHULZE, HERMANN, Preßverfahren zur Erzielung hohen Gehaltes an Trockensubstanz im Preßgute. (Oest. Pat. 1916/, 1904.) (Pressung von Schnitzeln, Rohrbagasse u. dgl.)* *Uhlands T. R.* 1906, 4 S. 29.

BECKSTROEM, Trockenschnitzel als Schweinefutter. *CBl. Zuckerind.* 14 S. 353.

VON NAEHRICH, bessere Verwertung der Rüben durch Trocknung der Blätter. (V. m. B.) *Zuckerind.* 31 Sp. 1009/17.

HAILER, Herstellung und Verfütterung von Darr-Rüben (Cossettes dessechées de betteraves) in Frankreich. *Zuckerind.* 31 Sp. 1153/4 F.

AULARD, la mélasse, sa composition chimique, son rôle dans l'alimentation du bétail. Est-il préférable d'en faire du sucre ou de l'alcool? *Bull. sucr.* 24 S. 868/74.

PELLET, L. et M., analyse, composition et valeur alimentaire de la pulpe sèche de sucrerie (Provenant de la diffusion ordinaire de la betterave.) *Bull. sucr.* 24 S. 478/85.

Valeur alimentaire des pulpes de sucrerie. *Sucr.* 67 S. 216/7.

Les pulpes de diffusion. (Conservation, emploi.) *Sucr. belge* 34 S. 285/7.

OST, Verwertung der Zuckerrübenschlempe nach dem Dessauer Verfahren. (V)* *Z. ang. Chem.* 19 S. 609/15; *Z. Zucker* 25 S. 567/78.

KETTLER, Verwertung des Scheideschlammes der Zuckerfabriken in einem neuen Kunstdüngemittel. *Zuckerind.* 31 Sp. 390/5.

CAYEN, emploi des écumes de sucrerie pour la fabrication du ciment Portland artificiel. *Sucr. belge* 34 S. 227/36.

SCHUBERT, aus Melasse gewonnener blauer Farbstoff. (Verdünnte Melasse, Rübensäfte oder Melasseschlempen werden mit Lösungen von molybdänsaurem Ammon gekocht und mit Schwefelsäure angesäuert. Die Farbstoffbildung beruht auf einer Reduktion der Molybdänsäure.) *Z. Zucker* 25 S. 274/6.

BROWNE, fermentation of sugar-cane products. *J. Am. Chem. Soc.* 28 S. 453/69.

HARKER, fermentation of cane molasses, and its bearing on the estimation of the sugars present. *Chemical Ind.* 25 S. 831/6.

PELLET, composition du ligneux de la canne à sucre. Quantité de ligneux pour cent de cannes. Valeur de la bagasse comme combustible. *Bull. sucr.* 24 S. 277/84.

Zündwaren. Means for producing fire. Matières inflammables.

NIEMANN und DU BOIS, das Feuerzeug, seine Geschichte und seine Entwickelung bis zur Erfindung der modernen Zündhölzer. *J. Gasbel.* 49 S. 239/44 F.

LANDIN, giftfreie Zündhölzer. *Z. Zündw.* 1906, Nr. 1.

BIRCH & BIRCH, Maschine zum Anfertigen von Streichholzschachteln. (Aus Strohpapier.) (Pat.)* *Uhlands T. R.* 1906, 5 S. 56; *Iron A.* 77 S. 1024/7.

BENDER, Anfertigung von Zündbändern für Sicherheitslampen. * *Uhlands T. R.* 1906, 3 S. 11/2.

Unterzünder. (Eignet sich zum Inbrandsetzen von Steinkohlen, Braunkohlen, Koks und sonstigem Brennmaterial.) (R) *Asphalt- u. Teerind.-Z.* 6 S. 191.

Pyrophore Metallegierungen. *J. Gasbel.* 49 S. 308.

III.

Sachregister.

Matter index.   Table des matières.

Die Zahlen beziehen sich auf die Spalten des Repertoriums.
The numbers refer to the columns of the Subject matter index.
Les chiffres se rapportent aux colonnes du Répertoire analytique.
ä = a, ö = o, ü = u.
Die Hauptstichwörter und zugehörigen Spaltenzahlen sind fett gedruckt.
The main headings and relating numbers of columns are printed in full bodied types.
Les titres principaux et les nombres de colonnes relatifs sont imprimés en caractères gras.

A.

Abattoirs 701.
Abbaumethoden 86.
Abblasebahn 255.
Abblendung 933.
Abblendungsgardinen 951.
Abdampf-Entöler 900.
—, Entölung des 780.
— heizungen 644.
— kessel 760.
—, Kraftgewinnung aus 263, 780.
—-Verwertungs-Anlagen 251.
Abdämpfe, Niederschlag 604.
Abdeckerei 2.
Abfallfette 540.
— spinnerei 1113.
— wässer, Verwertung 10.
Abfälle 1.
Abfangkanäle 748.
Abführmittel 235.
Abfuhrwagen 882.
Abfüllapparate 571.
Abgase aus Glashütten 620.
Abgüsse ohne Modell 563.
Abietinsäure 631.
Abkantmaschine 141.
Ablaufverfahren 1316.
Ablauge, Sulfitzellulose 910.
Ablegen der Lettern 285.
Ablesevorrichtungen 1252.
Abortanlagen 2.
Abprotzspritze 544.
Abrichter, Schmirgelscheiben
    1038.
Abrichtmaschinen, Sicherheits-
    welle 1059.
Absätze, Gummi 753.
Abschneider, Rollenpapier 920.
Abschrägmaschine 920.
Abschrecken 630.
Abschwächen 740.
Absetz-Verfahren, mechanische 5.
Absolutes Maß 475.
Absorbing paper 921.
Absorption der Gase 577.
— of vapours 196.

Absorption spectra 191.
—-tube 799.
Absorptionsspektra 1108.
— verbindungen 194.
Absperrschieber 749, 1213.
Absperrzeuge, Saugtrichter für
    1057.
Abspritzrahmen 37.
Abstellvorrichtung 1120.
Abstechmaschinen 1287.
Absturzbrücke 1175.
Absüßen der Schlammpressen 1315.
Abteufanlage, elektrisch betrie-
    bene 784.
Abteufen 86.
Abwärme-Ausnutzung 777.
— ofen 643.
—-Verwerter 776.
Abwasserreinigung, biologische 4.
Abwässer 3.
Abziehmittel 515, 1040.
Abzugsvorrichtung, Feuerwaffen
    1222.
Abzweigungsbahnhof 383.
Accelerometer 481, 598.
Accouplements 795.
Accumulateurs 487.
Accumulator locomotive 355.
Accumulators, not electric 14.
Acetalsäureester 217.
Acétamide 26.
Acetanilid 227, 1210.
—, Bestimmung 204, 205.
Acetanilide 227.
—, nitration 27, 897.
Acétanisidine 227.
Acetatdraht 474.
Acétate d'alumine 1248.
Acetessigester 42.
Aceton 755.
— körper 973.
—, Nachweis im Harn 206.
Acetonyloxalic acid 907.
Acetophenon 25.
—, Basen aus 216.
Acétylacétone 225.
— gruppe, Verdrängung 215.
— methylcarbinol 496.

Acetyl-Zellulose 1298.
Acetylen 12, 551, 578.
—-Anzündelampe 74.
—-Beleuchtung 73.
— — in Gruben 91.
— brenner 74.
— entwickler 74.
— erzeuger 12.
— zentrale 13, 73.
—, éclairage à 73.
Acelylene burner 74.
— lamps for mines 74.
—-lighting 73.
Acétyléniques, alcools 20.
Acetylenothermie 13.
Acetylenothermische Schweißung
    1067.
Achèvement 945.
Achsbuchsen 370.
Achsen 14.
Acide azotique 1139.
—, synthèse 1007.
— carbonique 771.
— —, bouteilles 1011.
— carbonylferrocyanhydrique 199.
— cinnaménylparaconique 1014.
— cinnamique 226.
— cyanhydrique 246.
— — dans les plantes 238.
— dicétopimélique 218.
— difluorchloracétique 1011.
— diméthylamino - a - butyrique
    1011.
— glycuronique 239.
— gras 540.
— hypochloreux 242.
— hypoiodeux 213.
— hypovanadique 1210.
— iodhydrique 736.
— iodique 736.
— isaulauronolique 743.
— malique, dosage 892.
— molybdique 878.
— nitreux 1008.
— nitrique 1007.
— o-hydrazobenzoïque 230.
— oléique 1012.
— oxalique 907.

Acide phosphorique 928.
— pyruvique 220, 629, 1012.
— salicylique 1006.
— stéarique 1012.
— sulfureux 1066.
— sulfurique 1062.
— tartrique 1013.
— tungstique 443.
— urique 629, 973.
— valérique 756, 225.
Acides amidés 27, 402.
— bibasiques, éthers de 221.
— diméthylvinylacétiques 1012.
— diaminés 27.
— fumariques et maléiques 1013.
— gras 1011.
— monosulfobenzoïques 1015.
—, relative strengths 197.
Acides sulfoniques organiques 1015.
Acidimetrie 969.
Acido borico 1282.
— comenico 226.
— piromeconico 226.
Acidol 973.
Acier 290.
Aciers spéciaux 296.
Aconitine 19.
Acoustics 14.
Acridin 230.
Acridine 233.
Acridinfarbstoffe 530.
— reihe 229.
Acridone 230.
— 898.
Acridylpropionsäure 232.
Actinometer 952.
Acyl derivatives 1006.
— thiocyanates 245.
Acyloïnes 218.
Adansonia 910.
Adding machine 989.
Addiermechanismus 864.
Additionsvorgänge 217.
Adeps Gossypii 540.
Adiabatische Entspannung 576.
Adlervitriol 715.
Admission valves 1213.
Adrenalin 223, 226, 972, 1295.
Adressiermaschine 287.
Adulterations 1214.
Advertising 995.
Aegiceras majus 235.
Aequivalenz, Bestimmung der 964.
Aerating pans 9, 1256.
Aération 699.
Aerial ferry 511.
Aérien, transporteur 1171.
Aerogengas 73.
Aeromotor 1289.
Aeronautic 834.
Aeronautical, gasoline motors 590.
Aéronautique 834.
Aéroplane 836.
Aéro-voiturette 1086.
Afialblissement 740.
Affinage du cuivre 791.
Affinität, chemische 192.
Affinitätsmessungen, kolorimetri-sche 198.
Affûter, machines à 1006, 1037.
Affûts 1223.
After-coolers 1188.
Agar-Agar 282.
Agar-agar plates 56.

Agaven 810.
Agfa-Chromoplatte 937.
Agfa-Schnell-Fixiersalz 941.
Agga-Verbundfilter 1254.
Agglomérants hydrauliques 879.
Agglutination 194.
Agglutination der Hefe 160.
Aggregatzustand, Aenderung des 1236.
— zustände, Kontinuität der 961.
Agriculture 802.
Agricultural machinery 813.
Agrikulturchemie 237, 802.
Ahornzucker 1312.
Aiguillage électrique 378.
Aiguilles 317.
—, appareils à manoeuvre des 376.
—, commande à distance des 378.
—, répétiteur des 378.
Aiguisage 1036.
Air 830.
— brakes 374.
—, compressed 787.
—, compresseurs d' 831.
— compressing apparatus 697.
— compressors 594, 831, 833, 1188.
— comprimé, travaux 667.
— —, pompes à 981.
— —, réservoirs 1011.
— -cooled engine 592.
— density 14.
—, discharge in 418.
— economiser 595.
— filter 649.
— furnaces 613, 718, 1042.
— heaters 252, 369, 649.
— hoist 634.
— -lift 1251.
— liquide 575.
— locks 1186.
— pressures, effekt of 605.
— pumps 833.
— sweeping 1135.
— valves, automatic 645.
Akaroidharz 632.
Akkumulator-Abdampf 1198.
Akkumulatoren-Lokomotive 355.
—, nicht elektrische 14.
— technik 487.
Akkumulieranlagen, hydraulische 788, 1269.
Akonitin 19.
Akremninseife 604, 1071.
Aktinium, α-Strahlen des 416, 986.
—, β-Strahlen des 416.
Aktionsturbinen 1197.
Aktivierung von Stickstoff 1139.
Akustik 14.
Akustische Umdrehung, Messung 597.
Alanin, Phosphorwolframate von 218.
Alarmapparat als Telegraphon 545.
— — für Dampfkessel 255.
— mill 885.
Alarmvorrichtungen 15.
Alaun 16, 548, 915, 1248, 1257.
— tonung 946.
Albumin 1248.
— papier 937.
Albumine de sang 522.
Albuminous matters 402.
Alcalimétrie 201.
Alcalis 17.

Alcaloïdes 17.
— du tabac 1149.
Alcohol 1249.
Alcohol, commercial 1120.
Alcoholates, formation 215.
Alcohols 20.
Alcool du commerce 1120.
— engines 593.
— fuel 551.
— heating 648.
— illumination 75.
—, lighting by 74.
— worked carriages 1080.
Alcool, denaturation of 270.
—, éclairage à 74.
—, machines à 593.
Alcoolyse 214.
— des corps gras 541.
Alcools 20.
— acétyléniques 213.
— campholytiques 743.
— pinacoliques 219.
Aldehydammoniak 24.
— -Bisulfite 1064.
— reaktion im Harn 206.
Aldehyde 16.
Aldéhydes homosalicyliques 222.
Aldehydrol 218.
Aldole 214.
Aldoxime 213.
Aleuronkörper 971.
Alevins 557.
Alexandrit 289.
Algae 557.
Algen, Vernichtung 559.
Algin 32.
Alidade 539.
Alimentation des chaudières à vapeur 254.
— d'eau 1260.
— du bétail 810.
Aliments 889.
Alizarin 520.
— Drucken mittels 524.
— monomethyläther 29.
Alkali apparatus 797.
— chloridelektrolyse 243, 445.
— fluorides, electrolysis 908.
— metalle, Borate der 159.
— polyjodide 736.
— metrie 201.
Alkalien 17.
Alkaloid-Reaktionen 205.
Alkaloide 17, 20, 233.
—, Pflanzen 971.
Alkohol 973, 1282.
— bestimmung in der Biere 148.
— desinfektion 272.
Alkoholat-Carbonsäureester 445.
Alkohole 20.
—, Reduktion durch 897.
—, Veresterung 215.
— freie Getränke 892.
— gehalt des Brotes 165.
—, Giftwirkung 607.
— probe 183.
Alkoholismus, Bekämpfung 604.
Alkoholometer 733.
Alkylsulphates 216.
Alliages 816.
— de l'aluminium 23.
— de zinc 1309.
— du cuivre 794.
— — fer 307.
—, spectres 1109.

Allotrope Modifikationen, Silber 1106.
Alloxantin 630.
Alloy steels 295.
Alloys 816.
—, aluminium 23.
—, bearing 800.
—, gold 623.
—, iron 307.
Allumage 1097.
Allumette 1127.
Allumeurs 71.
Allylamine 25.
Aloebestandteile 227.
— -Faser 600.
Altar 655.
Alternate-current motors, classification of 450.
Alternateur auto-régulateur 457.
Alternateurs 450, 453.
— autosynchronisation des 451.
Alternating current locomotives 356.
— — machines 449.
— — motors 787, 454.
— — traction 392.
— currents 449.
— —, electrolysis by 450.
Alternators 450, 453.
—, method of compounding 459.
—, self exciting 451, 453.
— —synchronizing of 458.
—, test of 450.
—, two-phase 450.
Altertumsfunde 778.
Altpapier 911.
Alum 16.
Alumina 721.
—, sulphate of 1254.
Aluminate de baryte 253.
Aluminium 21, 718, 848.
— alloy 848.
— amalgam 214.
— anoden 442.
— bronze, Explosionen 501.
— — fabriken, Entzündungsgefahr 674.
— bronzen 22, 424.
— carbid 772.
— draht 474, 1056.
— druck 285.
— farben 528.
— gegenstände 1217.
— -Lötung 829.
— papier 22, 920.
—, poudre d' 1126.
—, soldering 829.
— sulphate 1257.
— zellen 489.
Aluminum 546.
Alundum grinding 1038.
Alypin 235.
Alzen 817.
Amalgam, ammonium 24.
— potentiale 441.
Amalgamating pan 1106.
Amalgamation of gold ores 622.
Amalgames 983, 1296.
— de strontium 1149.
Amauto-Platten 937.
Ambre jaune 101.
Ambulance, motor 750.
Ameisensäure 1011,
— als Konservierungsmittel 777.
—, Bestimmung 205.

Ameisensäure, Giftwirkung 56.
— in der Färberei 527.
Amide hydrocinnamique 233.
Amides 26.
Amido-kresol-sulfosäuren 1015.
Amidon 1131.
—, saccharification 768.
Amidonnage 35.
Amido-phenol-sulfosäuren 1015.
Amines 25, 1294.
—, formation 199.
Aminokresole 228.
— naphtol 893.
— säuren 213, 402, 973.
— — im Harne 206.
— —, racemische 237.
— —, Verkettung 219.
Ammeters 475.
Ammonia compressor 740.
—, physical constants of 965.
— spent liquor 7.
Ammonal 1125.
Ammoniacates, théorie 25.
Ammoniak 23, 765, 1007.
—, Düngung mit schwefelsaurem 805.
—, Dampfspannungen von 965.
— gewinnung 826.
— -Kühlmaschinen 740.
— -Phosphatkalk 929.
— verdunstung 803.
— salpeter-Sprengstoffe 1125.
— soda 1108.
—, Zersetzung 908.
—, Zustände des 739.
Ammonium 24.
— -Bichromat 947.
— carbonat 1291.
— cyanid 755.
— syngenit 617.
—, Zerfall von 421.
Ammonsulfat, Herstellung 445.
Amorpher Schwefel 1061.
Amortisseur 1098, 1100.
Ampèremètres 475.
Amphoteric electrolytes 195, 441.
Amylacetat 1069.
— alkohol, Bildung von 574.
— nitrit 1139.
— formiat 36.
Amylase 495.
Amylolytic action 195.
Amylozellulose 770.
Anagyris foetida, Alkaloide 20.
Analyse des betteraves 1317.
— — mélasses 1317.
— — sucres bruts 1318.
— pharmaceutique 205.
— physiologique 205.
— qualitative 205.
— spectrale 1108.
Analytical chemistry 200.
Anästhesie 973.
Anästhetika 233.
Anchorage 662.
Anchors 27.
Ancres 27.
Andrehvorrichtung, Explosionsmaschinen 594.
— vorrichtungen, Schwungrad 1068.
Anemometer 825.
—, Prüfen von 735.
Anfahrbeschleunigung 393.
Angelikalaceton 228.

Angle drive 610.
— shear 1049.
—, trisecting instrument 731.
Anhubvorrichtung 846.
Anilidbildung 214.
Anilide, geschwefelte 227.
Anilin 27, 532.
—, Blutvergiftung 604.
— farben 529.
— — schwarz 527, 531.
— — auf Wolle 519.
— — färbungen 515.
— — sulfosäuren 1015.
— -Vergiftung 973.
Animale, physiologie 972.
Animals, physiology of 972.
Anionen 440.
Anker 27.
— einrichtungen 1020.
— rückwirkung 460.
— wickelung elektrischer Maschinen 460.
Anlasser, Abstufung der 456.
Anlaßvorrichtung 1077.
Anlegeapparat für Schnellpressen 287.
Annealing 619, 630.
— furnace 631.
— metals 866.
— of glass 618.
— — steel 304.
— ovens 721.
Anode, rotating 623.
Anomalushefen 640.
Anorganic chemistry 211.
Anschirrung 810.
Anschlußklemme 467.
Anstellhefe 145.
Anstrichfarben, Prüfungsverfahren für 856.
— maschinen 27.
Anstriche 27.
—, feuersichere 548.
Antennae, directive 1155.
Anthracen 29.
— farbstoffe 531.
— tinten 1162.
Anthrachinon 29.
Anthracite 762.
Anthraknose 1280.
Anthranilsäure 1014.
Anthranol 216.
Anthrax 58.
—, disease 605.
Anti-amylocoagulase 494.
Anticholeraserum 1104.
— dérapant 1090.
— friktionsmetalle 800, 816.
— scabin 236.
— septika 233.
— typhusserum 1104.
— vibrateur 1100.
Antikao 513.
Antimon 29, 718, 1107.
—, Bestimmung im Kautschuk 754.
— bronzen 424.
—, Fluoride 560.
— -Thalliumlegierungen 1159.
Antimonine 526.
Antipyrin 30, 724.
Antrachinon, Reduktion 214.
Antriebsmechanismus 1091.
Antrum-Meißel 729.
Anzündevorrichtungen 71.
Apfelsäure 1013.

Apfelsäure, Bestimmung 892.
—, Nachweis 500.
Aepfel, Schwarzfäule 899.
Apiculture 141.
Apomorphin 232.
Apothekenbauten 693.
— laboratorium 796.
Appareil évaporatoire 798.
Appareils à air chaud 299.
— — vapeur, accidents 500.
Appareils chimiqués 241.
— d'alarme, avertisseurs 15.
— d'aviation 836.
— de laboratoire 797.
— — levage 633.
— — sûreté 470.
— extracteurs 503.
Apprêt 30.
Appretur 30.
— effekte 35.
Approaches 653.
Aqueducts 1183, 1266, 1267.
Aequipotentialverbindungen 446.
Aquitubulaire, générateur 249.
Arabinoketose 16, 769.
Arabinsäure, Bestimmung 204.
Araäometer 38.
Arbeiterhäuser 658.
— kolonien 687.
— schutzvorkehrungen 605.
— wohlfahrtseinrichtungen 1056.
— wohnhäuser 687.
— wohnungen 602.
Arbeitsmaschinen, Anordnung 504.
Arbre coudé 846.
Arbres 14.
Arbutin 20, 205, 620.
Arc au mercure, mesures 483.
— chantant 79.
— —, phénomènes de 420, 965.
— -lamp, carbons, manufacture of
80.
— — -lighting 76.
— — lamps 77, 953.
— — with concentric diffusers 77.
— light, submarine working 1150.
— rectifier system 79.
Arch bridges, foundations of rein-
forced 168.
— trusses 385, 1168.
Arche en maçonnerie 165.
Arches, concrete 171.
—, reinforced 103, 165.
Architekturausstellung, Berlin 48.
Architecture 652.
— hydraulique 1240.
Arcs à deux rotules 166.
— encastrés 166, 407.
Ardoise 1016.
Areometers 38.
Argent 1105, 1291.
Argentage 1216.
Argon 38, 650.
Arithmometer 989.
Armature conductors, length of
460.
— winding machine 462.
— — stands 388.
Armes à feu 1219.
— — — portatives 1222.
Arms 1218.
Armstütze 1223.
Armierter Asphalt 1145.
— Beton, Feuerfestigkeit 547.
Armour plates 909.

Armour protection 1025.
Arnidiol 224.
Aromatische Säuren 1014.
Arranging service 330.
Arrhenal 236.
Arrosage 1132.
Arroseuse 1149.
Arsen 39, 718, 1107.
— wasserstoff 39.
— —, Entfernung 1260.
—, Wirkung auf Messing 817.
Arsenal 507, 510.
Arsenic 1283.
Arsenides, cobalt-nickel 1106.
Arsines 39, 215.
Arsonic acids 39.
Art de relier 185.
Arterienklemme 729.
Artesian well 1265.
Artesischer Brunnen 667.
Articles pour le débit de boissons
1015.
Artificial silk 1069.
— —, mantles from 67.
Articles fantaisie 37.
Arylamidomethansulfosäuren 25.
— amine 25.
— methanfarbstoffe 530.
— sulfide 225, 1065.
Asbestschutzschirme 1058.
Arzneibücher, Neuausgaben 234.
— mittel 234.
— —, Untersuchung 208.
— —, zur Analyse 211.
Asa foetida 283.
Asaronsäure 223.
Asbest 40.
— als Isoliermaterial 1238.
— farben 28, 548.
— filter 554.
— spitzen 1296.
Asbestos lumber 511, 546.
Ascenseurs 633.
— à flotteurs 1040.
— pour bateaux 1034.
Asche, Radioaktivität von 415.
Aschenbehälter 130.
— bestimmung 204.
— boden, rotierender 579.
— förderung 1173.
Ash 882, 1172.
Ashes, handling 1175.
Ashlar masonry 1245, 1270.
Asparagin 972.
—, Einfluß auf die Milchproduktion 869.
—, Phosphorwolframate von 218.
— säure 217.
— —, Phosphorwolframate von
218.
Asphalt 40, 385, 497, 1001, 1145,
1249.
— ätzung 828.
— beläge 1134.
— beton 1145.
— filz 1249.
— granit 1145.
— lack 554.
— -Makadam 1146.
— pflaster 41.
— pulver, Untersuchung von 855.
— röhren 1001.
— straßen 1146.
— —, Zementbeton für 119.
Asphaltin 1133.

Asphyxiation by gas 820.
Aspirations-Anlagen 1135.
Assimilationskulturen 575.
Assimilation, Theorie 199.
Assay-furnace tools 798.
Astra-Rollfilms 938.
Astrakhan effects 36.
Astralit 1123.
Astronomical instruments 731.
Astronomische Instrumente 731.
— Photographie 954.
Asynchronmotor, Einphasen- 455.
— motoren 451.
— —, Eisenverluste in 452.
Asynchronous motors 451.
Atelier photographique 951.
Ateliers américains 508.
— de chemins de fer 388.
Atemluft 240.
Aether 42.
— bildung 215.
—, Dampfdruck von 962.
— fabrik 504.
Aetherische Oele 900, 1158.
— — in Likören 1122.
Athoxyle 1012.
Aethoxyakrylsäure 217.
Aethoxyl, Ersetzbarkeit 217.
Aethylendiamin 759. 975.
— kohlenwasserstoffe 773.
Atmosphäre, Staub in der 418.
Atmosphere, nitrates from 1008.
Atmospheric dust 867.
Atmosphérique azote, utilisation
1140.
Atmungsapparate 93, 995.
Atom, constitution of 422.
— gewichte 192, 200.
— ionen, positive 420.
Atome, Bau 1109.
Atomisers 1305.
Atropin-Ersatz 236.
—, Nachweis 20, 208.
Attelage automatique 371.
Attenuation 640.
Attrition tests 1141.
Aetzmaschine 952.
— methode 284.
— natron 894.
— striegel 284, 958.
— verfahren 850.
Aetzen 523.
Aetzung 43.
Aetzungen auf Glas 619.
Aubes du vannage 1201.
Auditorium 705.
Auerbrenner, Strahlung des 903.
— licht 81.
— strumpf, Emissionsvermögen
964.
— —, — und Temperatur 1109.
— —, Temperatur des 964.
Aufbereitung 43.
— der Kohle 764.
Aufbereitungsmaschine 564.
— vorrichtung für Ton 1307.
Aufbewahrung 777.
— von Waffen 1219.
Aufbewahrungshalle, Selbstfahrer
705.
Aufforstung 567.
Aufladevorrichtung 1148.
Auflager, elastisch gebundene 407.
— gelenke 104.
Auflegemaschine 1112.

Auflösung, Apparat für 798.
Aufreißer, Straßen- 1148.
Aufrollmaschine 35.
Aufsätze, Schornstein 1052.
Aufschlagmaschine 32.
— zünder 1229.
Aufschließkammern 928.
Aufschließung von Erzen 210.
Aufseherhaus 705.
Aufstiftmaschine 1288.
Auftauapparat, Dynamit 1127.
Auftragebretter, Maschinen 1286.
Auftreibőfen 618.
Aufzugssicherungen 633.
— steuerungen 633.
— türverschluß 633.
— verschluß 1057.
Aufzüge 45.
Augenlid-Pinzette 729.
— salben 236.
— schutzvorrichtung 1058.
— spiegel 727.
Aurin 227, 1006.
Aurylhydroxyd-Barium 623.
Ausbesserung von Schiffen 1018.
— bleichverfahren 950.
Ausdehnung des Wasserstoffs 1259.
— dehnungskoeffizient von Flüssigkeiten 960.
— guß, Laboratoriums 800.
— kopierpapiere 936, 944, 945.
— krauten, Einrichtung 1189.
— laufventil 1057.
Auspuffdampf 251.
— — lokomobilen 829.
— — maschinen, Schalldämpfer bei 266, 268.
— rückvorrichtung, Webstühle 1279.
— rückersicherungen 1060.
— rüstemaschine 37.
Ausstellung, Arbeiter-Wohlfahrt 603.
Ausstellungen 45.
Ausstellungsgebäude 704.
— stanzmaschinen 1130.
— wandererhallen 700.
— weiche 1184.
— ziehgleise 1183.
Autanpulver 272.
Autocatalyse 197.
— -clé 1101.
— collimateur 732.
Autoépuration des eaux 1253.
Autogene Aluminiumlötung 1066.
— Schweißung 1011.
— karburation 578.
— -kilométreur 599.
— loc 846.
— lock 1101.
— lysator 209.
— photographe 936.
— racemisation 24, 195.
— transformer, alternating-current 460.
— typiedruck 284.
— xydation 198.
— — der Kohle 762.
— photographe 951.
Automaten 1123.
— -Webstuhl 1276.
Automatic brake 1099.
— loom 1276.
— stokers 553.
— telephone 537.
Repertorium 1906.

Automatiques, canons 1225.
Automaton, electrical 1123.
Auto-mixte petrol-electric car 1081.
Automobilachsen 1093.
— -Ausstellung Berlin 49.
— bau 1076.
— —, Bleche für 149.
— —, Maschinen 1288.
— bremsen 1099.
— fahrzeuge 1074.
— -Löschzüge 543.
— -Radreifen, Einfluß 1142.
— rohre 998.
— straßen 1142.
—, Straßenreinigung 1149.
— vergaser 1096.
—, Zündapparate 593.
Automobile shops 509.
— testing plant 1077.
Automobiles 1123.
—, electric 488.
Automobilisme 1073.
Auxochrome, Stellung der 513.
—, Verteilungssatz 191.
Avenues 1143.
Avertisseur 1100.
Avertisseurs d'incendie 545.
Aviation dynamique 835.
Axle bearings 370.
— boxes 370.
Axles 14, 370.
Axminsterteppiche 1276.
Azetaldehydschweflige Säure 1281.
Azetatverfahren 201.
Azidimetrie 201.
Azin-Farbstoffe 531.
Azobacter chroococcum 803.
Azobenzol 898.
— —, elektrolytische Reduktion 442.
— colour discharges 524.
— farbstoffe 529.
— — —, Bildung 516.
— imide 27.
— methinverbindungen, Farbe 192.
— phenetol 222.
— verbindungen 50.
Azolgruppe 49.
Azote 972, 1138.
—, absorption 213.
— de l'air 1139.
Azotobacter 237.
— meter 204.
Azoture de cuivre 795, 1139.
Azoxy-Farbstoffe 529.

B.

Babbitt melter 1042.
— metals 30, 816, 817.
Bacillus lactis aërogenes 495.
— pyogenes suis 58.
Bäckerei 51.
Backfähigkeit der Mehle 861.
Backhousia citriodora 900.
Backöfen 51.
— steinbau 663, 1307.
— -up sections 402.
— waren 889.
Bacteria in milk 875.
Bacterial treatment of sewage 3.
Bacteriology 55.
Bacterium xylinum 499.

Badeanstalten, Wände von 51.
— einrichtungen 51.
— platten 935.
Badiane, huile de 900.
Bagasse 910.
—, sécheur 1181.
Bagger 53.
Bagging 1178.
Bag holder 1178.
Bahnanlagen, elektrische 393.
— betrieb, elektrischer 337.
— dienstwagen 366.
— gleisen, Gegenkrümmungen in 312.
— hofsanlagen 383.
— — hallen 384.
Bains 51, 700.
Baissea gracillima 752.
Baits 556.
Baking 51.
Bakterien, Boden 803.
— des Flaschenbieres 145.
— filter 554.
— gehalt der Milch 875.
— — von Käse 750.
— licht 955.
—, Nützlichkeit 972.
—, Oxydation durch 1260.
—, stickstoffbindende 803.
Bakteriologie 55.
Balances et poids 1230.
Balata 754.
—, Kitt für 758.
Balayeuse 1149.
Bale, cotton 1179.
Baleine, huile de 1169.
Ball bearings 801.
Bälle, Fabrikation 753.
Ballistic method 425.
Ballistik 1219.
Ballistique 1219.
Ballistit 1125.
Ballistolöl 1223.
Ballonfabrik 834.
Ballonphotographie 954.
Ballons 835.
Ballons dirigeables 855.
— sondes 867.
Ballontechnik 834.
Ballooning 834.
Balloons 835, 1227.
Balloon, steerable 835.
Ball winding machine 1114.
Balsam 632.
Bamboo mat sheds 705.
Bambus 8.
Banc à broches 1118, 1129.
Bandage élastique 1089.
— pneumatique 1089.
Bandages 1087.
Band brake 375.
— conveyer 1171.
Bandenspektrum 1110.
Bandes antidérapantes 1090.
— d'absorption 961.
Bandreibmaschine 38.
Bandsägen 1004.
Band-saws 1004.
Bandweberei 1113.
Bandwebstuhl 1276.
—, Antrieb für 786.
Bank buildings 703.
Bankgebäude 703.
Banques 703.
Baptisia-Glykoside 620.

Baracken 603, 695.
Barbatimaorinde. 596.
Barbitursäure 231, 235.
Barchent 1277.
Bardo-Solive 707.
Bar fittings 1015.
Barium 59.
— aluminat 253.
— karbonate 771.
Barleys 142.
Barometer 60.
—, piesmic 733.
Barometers 60.
Baromètres 60.
Barometric condenser 776.
Baroskop 733.
Barrages 1246.
Barreaux 553.
Barretter, Kenntnis des 480.
Barrier, sea 1248.
Barring gear 610.
Barry docks 276.
Barythydrat gegen Kesselstein 253.
Basalt-Zementstein 1147.
Bascule bridge 181.
Basculeur 1173.
—-compteur 1175.
Bassin de chasse 1040.
— d'expériences 797.
Bastfasern 1298.
Batardeaux mobiles 626.
Bateaux 1030.
— à vapeur 1022.
— — voiles 1025.
Baths 51, 684.
Bathtub, seamless 866.
Batikfärberei 515.
—-Stoffe 517.
—-Verzierung 185.
Bâtiments d'exposition 704.
Battack printing 523.
Batterie de cuisine 791.
— sous-marine 539, 1228.
Batteries d'accumulateurs 487.
— for generating electricity 485.
—-tampons 429, 457, 487.
Battery motor 461.
Batteurs 1114.
Battleships 1025.
Bauernhäuser 688.
Baukunst, ländliche 653.
— maschinen 63.
— ordnung 656, 657, 662.
— steine, Schubfestigkeit von 854.
— stoffe 61.
— —, Luftdurchlässigkeit 642.
— weise, geschlossene 602.
— —, offene 602.
Bäumen 1275.
Baumschwamm 568.
— rodemaschine 814.
— wolle 60.
— —, Bleichen der 152.
— —, Drucken der 524.
— —, Färberei der 516.
— —, Krankheiten 1209.
— —, Nitrieren 1126.
— —, Schädlinge 1209.
— wolleffekte in Wollstücken 517.
— — garne, Mercerisierung 37.
— — samenextrakt 869.
— -- — öl, Gewinnung 540.
— — spinnerei 505.
Bauxite 23, 721.

Bayer. Landes-Jubiläums-Ausstel-
lung zu Nürnberg 45.
Basillot 1121.
Beaming 1275.
— machine 1275.
Bearings 800.
—, knife-edge 1230.
Bebauungspläne 657.
Bêche 1223.
Becherwerke 1169, 1170.
Beckenausgangszange 729.
— messer 728.
Becquerelstrahlen, Wirkung der 416.
Bed-coverings 1274.
— plates 846.
Bedürfnisanstalt 2.
Beef fat, detection 542.
Beehive oven 766.
—-keeping 141.
Beer 142.
Beerenfrüchte 889.
Beeswax 141.
Beet 1312.
Befestigung, feldmäßige 538.
Begichtungsanlagen 1176.
— vorrichtung 718.
Begräbniskapelle 676.
Behälter, Wasser 1272.
Beharrungsregler 265.
Beizen 516.
— farbstoffe 525.
— —, Färben mit 517.
—, Holz 715.
Beklebevorrichtung 916.
Bekleidung von Arbeitern 603.
Bekohlung, mechanische 1173.
— anlage 387.
Belastungsgrenze 106.
— widerstand, selbstregelnder 470.
Beleuchtung 64.
—, Dunkelkammer 953.
—, elektrische 76.
—, indirekte 65.
—, Kosten der 65.
Beleuchtungsapparat für Lupen-
präparation 869.
— arten, Feuersgefahr 66.
— berechnungen 64.
— messungen 66, 906.
— wesen, Fortschritte des 65.
Belichtung der Milch 873.
Belichtungsdauer 932.
— zeiten 930.
Béliers hydrauliques 981.
Bell casting 620.
Bells 620.
Belt conveyer 1179.
— driving 788.
— -punch 997, 1130.
— tool 1284.
— transmissions 788.
Belts 996.
—, tightener 639.
Bench 1284.
Bending 141.
— machine, pipe 1001.
— presses 976.
— rolls 1232.
Benedict-Nickel 817.
Benoid-Gasapparat 73.
—-Luftgasanlage 583.
Benzalcarbamidoxime 17, 222
— doxim 226.
—-glutarsäure 1015.

Benzene 578, 774.
—, lighting by 74.
Benzène 84.
Benzidine-aniline 229.
—, couleurs de 973.
— — —, application 609.
— -disulfosäure 1015.
—, Oxydation 229.
Benzil 225.
Benzimidazole 49.
Benzin 498, 774.
—, Beleuchtung mit 74.
-- destillierapparat 32, 153.
— elektrische Selbstfahrer 1079.
— explosionen 503, 548, 571.
— farben 522.
— lötlampe 829.
— maschinen 590.
— motor-Draisinen 359.
— -Motoren 591.
— vergiftung 604.
— -Wagen 1080.
Benzine 1293.
—, éclairage à 74.
— for degreasing 540.
—, machines à 590.
— worked carriages 1080.
Benzochinon, Oxydation 215.
Benzoechtrot 519.
Benzoesäure 21, 1014.
— — anhydrid 193.
— —, Veresterung 224.
Benzol 765.
— derivate 198.
— sol 894.
Benzonitrile 229.
— phenone 893.
— — chloride 222.
— —, derivatives 226.
— pyranolderivate 230.
— quinone 224.
Benzosalin 1006.
Benzoylnitrat 25, 214, 222, 223.
— pikolinsäure 231, 1015.
Benzpinakolin 227, 773.
— thiazole 227.
Benzylcamphres 743.
Benzylidène 743.
Benzyl iodides 736.
Berberin 20.
Bergbahnen 327, 399.
—, elektrische 399.
Berges, protection 1243.
Bergeversatz 87.
Bergkristall 987.
— — gewichte 1231.
— schläge 97.
— werke, Elektrizität in 784.
— werksanlagen 96.
— — — fördergestelle 89.
Berieselungskühler 871.
Berlinerblau 827.
—, Gewinnung 245.
Bernstein 101.
— säure 205, 575.
Berths 637.
Béryllium 101.
— oxyd 193.
Besatztuche 1113, 1274.
Beschickungsvorrichtungen 553, 1175.
Beschußprobe, Gasdruck 1220.
Beschweren, Seide 1069.
Beschwerung 519.
Besprengen, Randsteine zum 1149.

Bessemerverfahren 302.
Bestattungswesen 101.
Bestuhlung, Schulzimmer 606.
Betain 972.
—, Bestimmung 205.
Bétel 529.
Bêtes bovines, élevage 812.
Beton 101.
— armé, château d'eau 1271.
— bau 101, 674.
— — blöcke, Prüfung von 852.
— beläge 1134.
— blöcke 667.
— brücke 176, 180.
— dächer 711.
— decken 705.
— eisendecke, Belastungsprobe 852.
— —-Schwellen 322.
—, étanchéité 1250.
— fußboden 706.
— hohlstein 63, 116.
— massen, gewalzte 467.
— mischer 114, 1147.
— mischmaschinen 877.
— pfähle 664.
— —, Fundierungsmethoden mit 168.
— pflaster 1147.
—, Seeböschung 1247.
—, umschnürter 852.
—, Versuchsergebnisse mit 852.
—, Wasserdurchlässigkeit 1249.
Betterave 1312.
Beugung des Lichtes 903.
Beurre 186.
Bewässerung 490, 822.
Bezetta coerulea 529.
Bias, fabrics 1276.
Biberonnerie 699.
Bibliotheken 695.
Bibliothèques 695.
Bicarbonates 771.
Bichromat-Gelatine 932.
Bicyclettes 512.
Bicyklohexangruppe 224.
Biegen 141.
—, Holz 715.
Biegepressen 976.
— zange, Rohr 1001.
Biegungsfestigkeits-Maschine 857.
— messer 857.
Bienenkorbkühlung 1077.
Bienenwachs 141.
—, Wachsbereitung 1217.
— zucht 141, 704.
Bier 142.
— abfüllanlage 571.
— automat 149.
Bière 142.
Bierhefe 639.
— pasteurisierung 146.
— pediokokken 146.
— spundung 145.
— zapfhahn 1015.
Bi-fluid Tachometer 597.
Bijouterie 1048.
Bilder, Fernübertragung von 1153.
Bilirubin, Nachweis 207.
Billes, coussinets à 801.
—, paliers à 801.
—, roulements à 801.
Billet shears 1049.
Billets, contrôleur 1137.
—, distributeur 1137.

Billets, imprimeur 1137.
Bilsenkrautöl 234.
Bimstein 1256.
Bin 1177.
Bins 1169, 1255.
Bindemittel, hydraulische 61, 847.
Binnacle 775.
Biologische Reinigung der Abwässer 3.
Bios-Frage 641.
Biréfringence 964.
Birkenschwamm 1040.
Bismarcksäulen 270.
— —, Feuerungen 550.
Bismuth 1291.
Bittersalzappretur 35.
Bitume 1249.
Bitumen-Bestimmung 41.
— emulsion 880.
Black gum, creosoted 1144.
Blackmith blower 595.
Black-Varnish 1249.
—-Wattle 596.
Blanchiment 152.
Blasenbildungen in Eisen 297.
Blasen des Glases 618.
Blast furnace 508, 1042.
— — blower 595.
— — charges 299.
— — charging 720.
— — gases, cleaning 722.
— — plant 508.
— — heater 595.
—-lamp 800.
Blasting 1127.
— apparatus 1127.
—, electric 1127.
Blattelektrometer 477.
— gemüse, Aufbewahrung 777.
— metallfarben 865.
— keimlänge, Ermittlung der 863.
Blätter, Eiweißstoffe der 970.
Blaubrenner, Anheizen von 75.
— dämpfen 1306.
—-Gas 73.
— holzfarben 521.
— — schwarz 527.
— säure 245, 971.
—, Nachweis 207.
Blé 609.
Bleaching 152.
— of flour 861.
Blech 149.
— bearbeitungsmaschinen 150.
— biegemaschine 141, 150.
— doppler 150.
— druck 284.
— hohlpfähle 665.
— platten, Einlagen 1267.
— scheiben 997.
— scheren 1049, 1050.
— träger 1168.
—, Wagenrad 1229.
— walzwerks-Anlagen 149.
— wellmaschine 150.
Bleche, Lochmaschine für 1130.
—, nickelplattierte 895.
— Polieren 1039.
—, Schleifen 1039.
Bleeder 646.
Blei 150, 718, 1107.
—-Antimon-Legierungen 487.
—, Bestimmung 202.
— chromate 528.
— farben, Vermeidung von 27.

Bleiglasuren 1166.
— hüttenwesen 150.
— kabelpresse 976.
— kammerprozeß 1062, 1063.
— prägeverfahren 957.
— rohr, Verwendung alten 1.
— schwammplatten 489.
— stein 150.
— vergiftung, Schutz gegen 604.
— weiß 528.
— —, Anwendung 843.
— —, Prüfung 532.
Bleichelektrolyser 153, 445.
— mittel 152.
— — in der Zuckerfabrikation 1315.
Bleichen 152.
— des Leimes 819.
— von Holzzellstoffen 913.
— — Leder 816.
Blenden 1309.
— größe 934.
— system 934.
Bleu de Prusse 528.
Blindage 909.
Blisters in steel 297.
Blitzableiter 153.
— aufnahme, photographische 419.
— lampe 953.
— licht-Photographie 953.
— schäden 508.
— —, Abwendung von 470.
— schläge, Körperschädigungen durch 484.
— —, Statistik der 153.
— schutzvorrichtungen 470.
— sicherheit 109.
Blockapparate 378, 380.
— element 486.
— haus 692.
— signal 380.
— —, automatisch wirkendes 380.
— signals 377.
— —, electro-pneumatic 380.
— systeme 379.
— —, signaux automatiques de 380.
— systems 379.
— walzen 1231.
Blood, dried 890.
Bloom shear 1050.
Blow-off tanks 255.
— — valve 1212, 1213.
Blowers 647.
Blowing engines 594.
— of glass 618.
Bloque navette 1278.
Blueing steel 630.
Blueprint machine, electric 778.
Blumenkasten 574.
Blumenuhr 1203.
Blut, Bestimmung im Harn 206.
— differenzierung 207.
— druck-Manometer 728.
— entnahme, Apparat zur 728.
— farbstoff 239.
— gerinnung 239.
— katalasen 495.
— laugensalz, Gewinnung 245.
— melasse, Fütterung mit 810.
— physiologische Ermittelung 239.
— präparate 233.
— serum 1103.
— stillende Mittel 233.
Blütenwasser 926.
Blutoirs 886.

Boats 1030.
Bobbin boxes 1129.
Bobbinite 1125.
Bobinage 1128.
Bobines d'induction 463.
Bobinoir 1129.
— doubleur 1112.
Bocconia cordata 19.
Bodenbakterien 803.
— filtration, intermittierende 9.
— -Kultur 802.
— kunde 802.
— politik 602.
—, Salpetersäure im 1008.
— -Selbstentleerer 718.
— sterilisation 806, 971.
—, Wasserbewegung 1261.
Boe a luce 827.
Bogenanleger 287.
— brücke 137.
— konstruktionen 134.
— lampen mit eingeschlossenem Lichtbogen 77.
— — -Kuppelung 80.
— —, Regelungseinrichtung für 77.
— —, Seilführungen für 80.
— lichtbeleuchtung 76.
— sägen 1005.
— träger 1168.
Bogie wagon 366.
Bohnen, blausäurehaltige 573.
Bohnermasse 555.
Bohrbank 280.
— lochneigungsmesser 1162.
— — verrohrung 497.
— maschinen 155, 1184.
— stange 158.
— staub, Beseitigung 1135.
Bohren 154.
— von Glas 619.
Bohrung, Gestein 1183.
Boiler accidents 265.
— compounds 252.
— -explosions 500.
—, fire tube 248.
—, firing of 247.
—, furnace flue 248.
— houses 259.
— plant 781.
— plate corrosion 256.
— priming 257.
— settings 247.
— shop 509.
— -tube cleaner 259.
Boiling apparatus 759.
Bois 711.
—, charbon de 767.
—, conservation 713.
—, travail chimique 713.
—, travail mécanique 712.
Boîtes à étoupes 1141.
— — graisse 370.
— — vapeur 1047.
Bolometer 412.
Bolt turning machine 1287.
Bomb calorimeter 162, 580.
Bond 546.
Bonding-roll tiles 697.
— walls 663.
Bonneterie 1289.
Book-binding 185.
Boom swinging gear 639.
Booster, reversible 457.
Boosting, automatic 457.
Boote 1030.

Bor 159, 718.
Borassus, fibre de 600.
Borates 159.
Borax 548, 1275.
—, Einfluß auf den Organismus 159.
Bordeauxbrühe 1280.
— d'α-naphtylamine 523.
Bördeln 1284.
Bordgeschütze 1218.
Bore, fluorures de 560.
—, propriétés magnétiques 424.
—, réduction par 159.
Boring 154.
Borkalklager 159.
Borkenkäfer, Fichten 1208.
Borne-fontaine 185, 1263, 1267.
Borneol 743, 900.
— carbonsäure 743.
Borostannates 1311.
Bornylalkohole 224.
Boron carbide 159.
Borsalbe 234.
— säure 890.
Borultramarin 528.
Böschungen, Herstellung von 315.
Bootsmotor 591.
Bottichpichen 149, 555.
Bottles 559.
Bottle stoppers 559.
Bouchons 559.
Bouclier 1226.
Bougies 755.
Boulangerie 51.
Bourse 685.
Boussoles 775.
Bouteilles 559.
Boutons, manufacture de 758.
Bow-saws 1005.
Boxcalf 597.
Boyle-Mariottesches Gesetz 962.
Braiding 560.
— machine 1137.
Brake-shoes 375.
— tests 288.
Brakes 160, 373.
Brände 672.
Brandproben 545.
— wirkung, Geschosse 1218.
Brands 672.
Branntwein, Oxydationsmittel 1122.
Brasilin 224.
Brass 817.
— founding 611, 616.
—, microstructure 165.
— on iron 616.
— wire 276.
Brassage 144.
Brauerei 511.
— maschinen 149.
Braugerste 142.
— — -Kultur 808.
— —, Bonitierung 146.
— — wasser 143.
Bräune 1281.
Braunkohle 760.
—, Heizwert 163.
—, Vergasung 581.
Braunkohlen-Generatoren 579.
— teerindustrie 1150.
Brauselimonaden 892.
Bread 165.
— grains 609.
Break-up chambers 1182.
— waters 625, 627.

Breathing apparatus 94, 995.
Brechungsalkaloide 18.
Brechweinstein als Urtitersubstanz 201.
Breech 1223.
— -loading 1224.
Breithalter, Waren 1279.
— bleiche 153.
— spanpresse 31.
— waschmaschine 32.
Bremerlicht 77.
Bremsaufzug, Sicherung 1057.
— ring 1119.
— schlitten 375.
Bremse, dynamometrische 289.
— Baum- 1277.
—, magnetische 160.
Bremsen 160, 373.
—, durchgehende 374.
—, Geschütz 1226.
Brennapparat, Branntwein 1122.
Brennen von Klinkern 1306.
Brenneraufsätze 800.
Brennerei 506.
— hefe 640.
— maschinen 1122.
Brennmaterial, Lagerung 1175.
— öfen für Tonwaren 1164.
— stoffe 161.
— —, Schwefel in 1061.
— torfgewinnung 1167.
Brenzkatechincarbonsäuren 1014.
— methylenäthers 225.
— traubensäure 1012.
Brewing barley 142.
Brick 662, 1143, 1144.
— chimney 1051.
— from shale 1307.
— industry 1164.
—, kinds of 62.
— -lined tunnels 1185.
— maschine 1306.
— plants 510.
— press 1164, 1306.
— works 511.
Bridge-megger 479.
—, rebuilding 183.
—, reinforced concrete 176.
Bridges 165.
—, constructed 171.
—, erection of 167.
—, foundation of 167.
—, mobile 181.
Briefordner 164.
— umschläge aus Ton 1167.
Briketts 765.
Brine coolers 1186.
Briquettes, fabrication de 765.
Brisante Sprengstoffe 1124.
Brisanzstreugeschoß 1227.
Brise-balles, chargeuse 1113.
Broaching machine 154.
Broche à cloche 1112.
Broderie 1137.
Brockenkörperanlage 6.
Brom 164.
— hydrozimmtsäure 1014.
— indigo 520, 725.
— maleinsäure 1013.
— phenylurea 225.
— silbergelatine 932.
— — kopien 944.
— — papiere 936.
—, Trennung von Chlor 242.
—, Vorkommen in Organen 207.

Bromzahl von Petroleum 499.
Bromeliafasern 600.
Bromobromate 524.
Bronzage électrolytique 444.
Bronze 164, 817.
— bearings 800.
— farben 865.
— güsse 165, 617.
—, manganese 307.
Bronzieren 866.
Bronzierende Farbwirkungen 555.
Broschierwebstühle 1279.
Brosser, machines à 31.
Brot 51, 165.
— körbe, Maschinen 1286.
— zucker 1316.
Brouillard, dispersion artificielle du 484.
Brownsche Bewegung 1233.
Broyeur pour ciment 1305.
Bruchband 607.
— dehnung 405.
— —, Abhängigkeit der 848.
Brucine 19.
Brücken 165.
— anstrich 1003.
— arbeiten 1296.
—, ausgeführte 171.
—, Bauausführung von 167.
—, bewegliche 181.
—, Eisenbeton- 134.
— lehrgerüst, Aufbau 171.
— teile 184.
Brunnen 184.
— anlage 185.
— denkmal 270.
— senkel 862.
Brush debries, dams 1244.
—-holder 459.
Brutmaschinen 704, 813.
Buccokampfer 743.
Buchbindekunst-Ausstellung 48.
— binden, Maschine zum 185.
— binderei 185.
— — kunst, Ausstellung für 185.
— druck-Firnisse 554.
— gewerbe 283.
Buche 568.
Buchenholz 707.
— —, Feuergefährlichkeit 547.
Bücherspeicher 697.
Büchsenschleifmaschine 1039.
Bucket, conveyers 1177.
— dredges 55, 622.
— elevator 639.
Buffer 1223.
— machine 457.
Buffers, air cushion 371.
Bügelechtmachen 34.
— stromabnehmer 326.
Buhnen 1242, 1244.
— -Wirkung 724.
Bühnenbeleuchtung, elektrische 186.
— einrichtungen 186.
Building 652.
— code 674.
— materials 61.
Bulbeisendecke 122, 685, 707.
Bulkhead 1182, 1187.
— door, eelctrically operated 786.
Bumping post 333.
Bunsenbrenner 800.
Buntweberei 1275.
Buoying of channels 827.

Bureaux téléphoniques 536.
Bürette 38.
Burette-filling device 799.
Burgenbau 655.
Burlap 1249.
Burnettising 715.
Burnt-clay 1144.
Burschenhaus 688.
Bürstmaschine 33.
Büschel, schiefe 968.
Business-buildings 692.
Butter 889.
—, bittere 875.
— fettbestimmung 187.
— kneter 871.
— milch 872.
— säuregärung 575.
— —, Verhalten gegen Hefe 639.
Butter und Surrogate 186.
Butt joints 662.
Button manufacture 758.
Buttresses 1187.
Butylbenzène tertiaire 221.
Butyleneglycol 496.
Butyrometer 543.
Butyrospermum Parkii 752.
By-product coke-oven 766.

C.

Cabestan 638.
Cabine de signaux 377.
Cable-gripper 401.
— joint 468.
— -laying 466.
— making 1287.
— — machinery 474.
— railways 400.
— télégraphique 1153.
— ways 1171, 1173, 1255.
— works 506.
Cables 468, 474.
Câble télégraphique 475, 538.
— téléphonique 538.
Câbles 474.
—, accouplements 996.
— armés 474.
— souterrains, échauffement des 474.
Cacao 737.
Cachou 529.
Caciocavallo 751.
Cadmium 188, 1291.
— standard cells 486.
Cadre de cycle 513.
Caesium 188.
Café 693, 737, 973.
Caffein 629.
Cage guardian 634.
Caisson-cloche 1041.
—, compressed air 169.
—-disease 169.
—, lighthouse 827.
— suspendu 626.
Caissons 668, 668, 1182, 1184.
Calage par frottement 513.
Calandrage 36.
Calcium 544, 664.
Calcinierte Soda 1254.
Calcium 189.
— carbid 199, 772.
— carbonat 1108.
— chloride 545, 1134.
— cyanamid 805.

Calciumhydrür 189.
— in metallurgy 300.
— monoborate 159.
— phosphat 490.
—, reduction par 794.
—, use in metal refining 865.
— wasserstoff 189.
— — im Acetylen 12.
Calcites, phosphorescent 876.
Calculagraph 991.
Calculating machines 989.
Calculer, machines à 989.
Calendering 36.
Calfater, outil à 1018.
Calibrating gas meters 825.
Calorimeter 162.
Calorimétrie 1237.
Calorimetry 1237.
—, gas engine 586.
Calorit 1237.
Camera 935.
Cam-milling 570.
Camphocarbonsäure 743.
Camphor 743.
Camphre 743.
Canals 744.
Canalisation 747.
Canal rays 416.
—, sea level 745.
Canaux 744.
Canceling machine 975, 1137.
Candles 755.
Cane-sugar 1312.
— —, test for 769.
Cannes, mélasses 1122.
Canonnières 1027.
Canons 1223.
Canot automobile 1030.
— — insubmersible 996, 1031.
Cantilever bridge 179.
— crane 636.
— girders 661.
Caoutchouc 751.
Capacité, mesure de la 479.
Capillairzucker 1131.
Capsicum annuum 891.
Capstan 635.
— lathe 1053.
Car 387.
— cleaning 388, 994.
— dump 1229.
— elevator 634, 639.
— equipments 329, 396.
— ferry 512.
— heating 369.
— house 387.
— — sprinklers 388.
— shops 387.
— wheel grinder 1039.
— works 509.
Carabine 1222.
Caramelisation 769.
Carbid-Einwurfsystem 13.
—, Lagerung 14.
— zersetzungsprozeß 13.
Carbide 190, 772.
—, alcohol from 1121.
Carbimides 27.
Carbinole, Reduktion aromatischer 224.
Carbo animalis 772.
Carbon 772.
— assimilation 237, 970.
— -bisulphide 1293.
— dioxide 771.

Carbon factory 507.
— heating filament 81.
— hydrates 767.
— in steel, determination 292.
— suboxyde 773.
Carbonado 762.
Carbonatation 1315
Carbonate of soda 1108.
Carborates, basic 212.
Carbone 772.
Carbonic acid 771.
— —, solid 739.
— oxid 770.
Carbonisation 1, 821.
Carbonising woollens 1293.
Carbonsäuren, Reduktion aromatischer 225.
Carbonyl group, determination 205.
Carborundum 750.
— furnace 1044.
Carburage du gaz 821.
Carburateurs 593, 1077, 1096.
Carbure de calcium 190.
Carbures éthyléniques 213.
Carburetted water gas 578.
Carburetter 593, 1077, 1083, 1095.
Carburetting of gas 821.
Carbylamines, dosage 205.
Cardage 1115.
Cardamom 891.
Card feeds 1115.
Carding 1115.
Cards, Jacquard 1278, 1280.
Carlina acaulis 900.
Carlins 511.
Carnitin 239.
Carnosin 239.
Carpinus Betulus 238.
Carpodinus utilis 752.
Carrara-Masse 845.
Carriage works 506.
Carriages 1129.
Carrosseries 1073.
Cars, semi-convertible 363.
—, weighbridge 1230.
—, vertical-engine 1082.
Cart 1227.
Cartage, system of 1171.
Carton 909.
Cartouche de mine 1127.
Cartouches 1227, 1228.
—, presse 977.
Cartridges 1227.
—, small-arm 1229.
Carvon 227.
Carvone 225.
Cascara amarga 282.
Cascarillrinde 282.
Case-hardening 630.
Casein 402.
—, salts of 403.
Caséine, dosage 751.
Casement 663.
Casing, turbine 1192.
Casks 533.
Casse-chaîne 1273, 1278.
Cassimeres 31.
Cast aluminium-bronze 848.
— iron 301, 546, 848.
— — beams 845.
— —, chilled 423.
— —, cooling 617.
— — tubes 1186.
— phosphor-bronze 848.

Cast steel, ballistic test of 850.
Castilloakultur 752.
Casting lines 556.
— machines 615.
Castings, pickling 616.
Castles 686.
Catalyseurs 197.
Catapult 1225.
Catboat 1028.
Catechin 224.
Catechol, derivatives 226.
Catgut, Sterilisierung 273.
Cathode rays 413.
Cattle breeding 812.
Caustique 43.
— lime 1257.
Caustiques, procédés 1003.
Ceder 568.
Ceiling 1211.
— fan 1212.
Celestite 1061.
Cellar building 662.
Celloidinpapier 933, 936.
Cells, galvanic 487.
Cellular fabrics 1274.
Cellule artificielle 198.
Celluloid 489, 1298.
Celluloide 489, 1298.
Cellulose 768, 972, 1298.
Celluloses, acétates de 43.
Cement 61, 1300.
— linings 1051.
— block machine 63.
— -bricks 854.
— mills 1301.
— mortar 879.
— plant 510.
— testing laboratories 797.
— works, electricity in 786.
Cementation 505.
Cementol 28.
Centers 570.
Central power station 434.
— station, calculations for 427.
— — design 434.
— — operation 426.
— —, economy in 427.
Centrifugal pumps 979, 1262.
Centrifuges 1040.
Céphaline 240.
Cer 718, 1160.
Céramique 1163.
Céréales 807.
Ceresin 926.
Cerfs-volants 836.
Cerium 190.
Céruse 27.
Césium 188.
Cétones 755.
— aromatiques 226.
Cetrarsäure 889, 1015.
Chaff-cutter 1049.
Chailletia toxicaria 283.
Chain-making machinery 756, 1287.
— railways 400.
— testing machine 857.
— transmissions 788.
Chaîne submergée, halage 1150.
Chaînes 756.
—, convéyeurs à 1171.
Chainless car 1081, 1083.
Chalands 1041, 1248.
Chaleur 1233.
— de formation 199.
— de fusion 964.

Chaleur, pénétration de 1237.
—, régulateurs de la 992.
— spécifique 1236.
Chambre noire 935.
Chambres à air 626.
— de plomb 1062.
Champ acoustique 15.
Champagnermilch 875.
Chancel 655.
Change speed gear 1094.
Changement de vitesse 1094, 1095.
Chanvre 628.
Chapelet, cardes à 1115.
Chapellerie 717.
Chapels 680.
Charbon 760.
Charbons électriques 767.
Chardonnetseide 1069.
Chargement 1169.
— automatique 553.
Chargeur 1175.
— mecanique 351.
rotatif haut fourneau 720.
Chargeurs 553.
Chargeuses, textiles 1113.
Chargierkräne 721.
Charging car 720.
— lorry 721.
— machines 722.
— stations, automobiles 1075.
Chariots des renvideurs 1118.
— transbordeurs 386.
Charrues 813.
Chaser 1001.
Châssis 370, 1077, 1081.
— und Karosseriekonstruktionen 1077.
Châteaux 686.
Châteaux d'eau 386, 1270.
Chaudières, explosions de 500.
— à vapeur 246.
Chaudronnerie 388.
Chauffage 641.
— à l'air chaud 648.
— à l'alcool 648.
— à l'eau chaude 643.
— électrique 650.
— au gaz 648.
— au pétrole 648.
— des trains 369.
— à la vapeur 643.
Chauffe-bains 643.
Chaulmoogra-Säure 282.
Chaux 738.
—, analyse 879.
— hydrauliques 63, 879, 1300.
Chebulinsäure 596.
Check, picker 1279.
Cheese 750.
Chelerythrin 19.
Chemical balances 1231.
Chemie, allgemeine 190.
—, analytische 200.
—, anorganische 211.
—, Institut für technische 796.
—, organische 213.
—, pharmazeutische 233.
—, physikalische 190.
—, physiologische 237.
Chemilumineszenz 970.
Cheminées 1050.
Chemins de fer 308.
— — — à crémaillère 399.
— — — — traction funiculaire 400.

Chemins de fer à traction par une chaîne 400.
— — — — vapeur 389.
— — — — —, voie permanente pour 316.
— — — de banlieue 397.
— — — — montagne 399.
— — — électriques 391.
— — — élevés 397.
— — — métropolitains 397.
— — — principaux 389.
— — — — électriques 393.
— — — secondaires à vapeur 389.
— — —, — électriques 393.
— — — souterrains 397.
— — — suspendus 327, 399.
— — montagne 327.
Chemische Apparate 241.
— Wäscherei 994.
Chemistry in general 190.
—, physical 190.
Chestnut flour 862.
Chevaux, élevage 812.
Cheveux, pigmentation 974.
Chilch Zalon 282.
Chilisalpeter, Düngungsversuche mit 805.
Chilled casting 616.
Chimie analytique 200.
— anorganique 211.
— générale 190.
— organique 213.
— pharmaceutique 233.
— physiologique 237.
— physique 190.
Chimney, concrete 140.
Chimneys 1050.
Chinaalkaloide 17.
Chinaclay 925.
Chinacridon 233.
Chinaextrakte 237.
Chisaldin 232, 532.
Chinasäure 1015.
Chinazolin 231.
Chinazoline 49.
Chindolin 230.
Chinolin 241.
— farbstoffe 530.
—, Indigo aus 725.
— säureester 43.
Chinon des Anthracens 29.
Chinone 241.
—, Reduktion 214.
Chirurgie dentaire 1295.
Chlor 241.
Chloral 243.
— butyrique 219.
Chloralkalien, Elektrolyse der 442.
Chlorammonium 1123.
—, Basen aus 216.
Chlorat 914.
Chlorate 1007.
—, Nachweis im Harn 206.
Chloräthyl 973.
Chlorazoture de phosphore 927.
Chlorbenzole 632.
Chlorbleiche 918.
Chlorcalcium-Lösungen, spezifische Wärmen von 1236.
—, Trocknen 663.
— entwickler 445.
— gewinnung, elektrolytische 445.
— hydrin 217.
Chloride precipitates, silver 1107.
—, Prüfung auf 200.

Chloride, silver 1106.
Chlorieren der Wolle 1293.
Chlorination of wool 1293.
Chlorine 1259.
— in waters 1263, 1239.
—, peroxyde of 1256.
Chlorkalk 243, 716, 913.
—, Unschädlichmachung 7.
— knallgas 242, 1259.
— kohlenstoff 292.
— magnesium 35, 841.
— -nitro-benzoësäureester 725.
Chloroform 243.
Chloroforme 973.
Chloroformisation, appareil 728.
Chloronitrobenzoic acids 222.
Chlorophane 560.
Chlorophyll 233, 238.
Chlorotoluene 222.
Chlorosebekämpfung 899.
Chlorostibanate 30.
Chlorsäure 242.
— silber 1106.
Chlorsilberpapier 936.
Chlorure de lanthane 1103.
— — néodyme 1102.
— — phosphonium 928.
— — sodium 972.
Chlorures anhydres des métaux rares 1103.
— d'argent 1106.
Chlorwasserstoff 716.
— zink 714.
Chocolat 973.
Cholalsäure 241.
Cholekampfersäure 226.
Cholera, Immunisierung gegen 607.
Cholestankörper 225.
Cholesterin 208, 222, 225, 228, 229.
Cholin 972.
—, Bestimmung 205.
Cholsäure 984.
Chrom 243, 718.
— Einfluß auf Stahl 292.
Chromate des Nickels 896.
Chromchloridsulfate 244.
Chrome 443.
— blue 526.
— mordants 526.
— poisoning 604.
— tanning 596.
Chromgelb 528.
— kali 716.
Chromolithographie 284, 959.
Chromopapiere 921.
Chromoradiometer 413.
Chromotrop 527.
Chromsäure 244.
Chronometer 1202.
— hemmung 1204.
Chronometrische Analyse 210.
Chronopose 951.
Chrysalidenöl 543.
Chrysophonin 519.
Chuck 1288.
Churches 655, 676.
—, lighting of 65.
Chymosin 494, 495.
Cichoriendarre 1180.
Cider 1283.
Ciment 1249, 1300.
— armé 103.
Cimentation 86.
Ciments 757.
—, analyse 879.

Ciments de laitier 1300.
Cinchona barks 17.
Cinchotoxin 18.
Cinder bin 1177.
— concrete, corrosion 1002.
— — floors 706.
— separation 552.
— separator 988.
Cinématographes 757.
Cinématographie, ateliers de 506.
Cinnamène 226.
Cinnamomum Loureirii 900.
Cinnamylidenaceton 219.
Cinnamylidenacetophenon 220.
Cintrage 141.
Circle diagram 451.
Circuits-breakers 468, 471.
— —, automatic 468.
Circular saws 1005.
Circulating pumps 979.
Cire 1217.
— d'abeilles 141.
— du Japon 540.
Cisaillement des métaux 866.
Cito-Antipor 285.
— chromie 284.
Citral, Bestimmung 205.
—, determination 901.
Citrate, Nachweis 205.
Citrocol 236.
City hall 683.
Clameaux 758.
Clamps 758.
Clapets de gaine 1041.
Clarettaharz 632.
Clarification 1315.
Clavin 236.
Clavismaschine 1280.
Clay feeder 1164.
— industrie 1163.
Cleaners, wheat 883.
Cleaning 993.
— machine 993.
Clefs à vis 1055.
Climax-Akkumulatoren 489.
Clinker, handling 1175.
Cloches 620.
Clock, measuring 863.
Clocks 1202.
—, electric 1202.
Cloissonnage en bois 511.
— — fer 511.
Cloisonné-Gläser 619.
— verglasung 83.
Closet 3.
Clostridium 57.
Cloth-cutting machine 1049.
— finishing 32.
— scouring 32.
Clôtures 1297.
Clous 888.
Clubhaus 705.
Clutches 1039, 1091. 1094.
—, friction 795.
Coach painting 555.
Coagulating basin 9, 1256.
Coagulation 640, 1265.
Coal 760.
— -bagging lighter 1033.
— -box 1173.
— breaker 1305.
— carbonization 822.
— chute 1173.
— —, pneumatic 387.
— -crusher 765.

Coal-cutters 1053.
— -gas, asphyxiation 606.
— —, explosions 502.
— —, lighting by 66.
— loading 1172.
— mining 763.
— screen 1105.
— storage 1174.
— -tar paint 28.
— testing 163, 761.
— wharf 387.
Coaling apparatus 1174.
— of wood 714.
— station 387.
Coals, asphaltic 40.
Coast erosion 1247.
Coatings, protective 27.
—, wood 715.
Cobalt 758.
Coca, feuilles de 19.
Cocaïne 19.
Coches royaux 1229.
Cochineal dyes 521.
Cochlospermum Gossypium 758.
Cocoa 737.
Coco, huile de 541.
Codeïn 18.
Cod liver oils 1169.
Coercive force 425.
Coeroxen 230.
Coffee 737.
Coffer dams 167, 169, 666, 1187, 1245, 1271.
Coil springs 845.
Coin carrier 1179.
— counting machine 864.
— freed apparatus 1214.
— operated telephones 538.
— wrapping machine 864.
Coke 760.
— -breaking machine 1305.
— oven 721, 766.
— — gases, cleaning 722.
Cold iron saw 1005.
— rolling 1232.
— steam engines 267.
— -storage plant 741.
Colibacillen 59.
Collapsible tap 651.
Collapse of buildings 669.
Colle 818.
Collecteurs, machine à rectifier 462, 1287.
Collector, dust 1136.
—, toning machine 462.
Colles 757.
Collieries, equipment of 504.
Collimateur magnétique 731.
Colloidal nuclei 962.
— solutions 195.
Colloide hydrochloroferrique 308, 411.
Colloids in sewage 7.
Colonnes 1011.
Colophane 632.
Colophonium 631.
Colorimeter 733.
Colorimétrie 197.
Colorimetry 203.
Colours, artists 842.
Colour and constitution 191.
— harmony 514.
—, relationship to constitution 228.
— thickening 522.

Colouring-matters 528.
— matter, removal 1293.
— rubber 753.
—, wood 715.
Colours 1165.
Columbarium 101.
Columbin 403.
Columboalkaloide 19.
Column, concrete 660.
— footing 662.
Columns 1011.
Combinaisons organomagnésiennes 842.
Combing 1114.
—, wool 1292.
Combustibles 161.
Combustion, chaleurs de 199.
— chambers 352.
—, duration of 549.
— indicator 725.
— interne, moteurs à 585.
— spondenée 1071.
Commande des laminoirs 1232.
Communicateurs 789.
Communicators 789.
Commutateurs 358.
— téléphoniques multiples 536.
Commutator, artificially-cooled 461.
Compass, parallel bow 1297.
Compasses 775.
Composés terpéniques 1159.
Composing of types 285.
Composite pulley 998.
Composition des lettres 285.
Compound locomotive 340.
— locomotives, experience with 337.
— pressen 976.
— -reaction turbine 1199.
— seilbetrieb 1112.
Compressed air, cost of 787.
— —, floating with 1034.
— — illness 605.
— — pumps 981.
— —, submarine working 1150.
— —, transmission by 787.
Compresseurs d'air 833.
Compression valve 1099.
Compressol, Gründung 665.
— -system 667.
Compressor 740.
Compteur d'eau 1252.
— de gaz 825.
— d'énergie électrique 477.
— pour communications téléphoniques 538.
Concealed positions, fire from 1221.
Concentrating mill 792.
Concourse, station 385.
Concrete 101, 546, 1144, 1303.
—, bituminous 706.
— -block dam 1272.
— breaker 765.
— bridge 177.
— core 1270.
—, fire resistance 547.
— footings 661.
— foundation 665.
— handling 1179.
— lined tubes 1186.
— mill floors 706.
— mixer 877.
- pavements 1147.
— piers 661.

Concrete pile foundation 168.
— piles 168.
—, puddling effect of water 1261.
—, reinforced 662.
— -steel bridge 175.
— steps 708.
— viaduct 177.
— walls 512.
—, water-proofing 539.
— work 507.
— —, reinforced 510.
Condensateurs 463.
Condensation 775.
— appareil 1008.
— purifier 1256.
Condensers 463, 1112.
Condensing machinery turbines 1198.
Conditioning 1181.
—, air 830.
Conducteurs 474.
Conductibilité 409.
Conducting wires 474.
Conductivity 409.
Conductors, cylindrical 465.
—, slot-wound 459, 465.
Conduit of lighting gas 825.
Conduite de vapeur 259.
Conduites d'eau 1267.
Conduits, factory 507.
Conformateur 907.
Conifer oils 900.
Coniïn 19.
Coning machine 565.
— —, core 1288.
Conservation 777.
— of beer 145.
— of butter 186.
Conservatories, heating 647.
Constant-current generator 447.
Constantes magnétiques 481.
Construction de la voie pour chemins de fer électriques 322.
— des chemins de fer 309.
— — navires 1018.
— en béton 101.
— — fer 659.
— of railway lines 309.
— — ships 1018.
— — the line track for electrical railways 322.
Constructions navales 1016.
Contact-beds 3.
— -maker 594.
— -process 1063.
—, superficiel, systèmes à 326.
Continuous current dynamos 447.
— — locomotives 355.
— — machines 446.
— — motors 448.
— — traction 392.
Continus 1116.
Contre-torpilleurs 1027.
Control, automatic 458.
Contrôleur électropneumatique 358.
Contrôleurs 778.
Controller 456.
Controlling apparatus 778.
— valve 1212.
Converter-equalizer 784.
—, single-phase 1207.
Converters, side blown 721.
—, synchronous 451, 455, 1206.
Conveyance 1169.
Convéyeurs 1171.

Conveying apparatus, mail 975.
Conveyer 884.
— for filling coal 90.
Convoyeur 1177.
Cooled pistons 594.
Cooling 739. 777.
— towers 777.
Cop dyeing 514, 516.
Copals 631.
Copaivabalsam 632.
Copier 778.
Copper 791.
— mine 98.
— ores 1291.
— salts 971.
— -smelting 793.
— — furnaces 1044.
— sulphate 720, 1257.
—, temperature-coefficient of 1213.
— works 507.
Copperas-recovery process 11.
Copying 778.
Cord cutting machine 1053.
Cordeau-chronomètre 1124.
Cordes 996, 1071.
—, accouplements 996.
— en fils métalliques 276.
Cordit, Nitroglyzerin im 1127.
Cordonnerie 1055.
Core machine 561, 565.
— - making 565.
— ovens 565, 612.
Cork 779, 1249.
Corn 609.
— mill 883.
— milling 883.
—, oil from 540.
Corne 716.
Corner breaks 845.
Corns 807.
Cornues à gaz 821.
Corps gras 539.
— réducteurs dans les sucres 1318.
Corrosion of steel 109.
Corrugated iron 387.
Corubin 1040.
Corundum 23, 1040.
Corydaline 231.
Coton 60.
—, impression du 524.
—, machine à cueillir 815.
—, teinture 514, 516.
Cottages 688, 691.
Cotton 60.
—, bleaching of 152.
—, colouring of 516.
—, drying machine 1180.
— mills, electrically-driven 786.
— —, safety appliances 1060.
—, printing of 524.
Cottonstalks, paper 910.
Couleurs 1165.
— diamine 522.
— au soufre 525.
Coumarin 232.
Coumarines 230.
Counterbores 158.
— shaft drums 998.
— shafts 789.
— sink 158.
Counting 862.
Coup de pression 605.
Coupe-circuits 468.
— -échantillons, cisaille 1050.
Coupler, train line 371.

Couplers, automatic 372.
Coupling, flexible 796.
Couplings 795.
Courants alternatifs 449.
Courses 1072.
Courroie-chaîne 757.
Courroies 996.
Coussinets 800.
Couveuses 791.
Crabbing 35.
Cracking-Gase 499.
Crane jibs 638.
— locomotive 338.
Cranes 635.
Crank axles 370.
— mechanism 594, 846.
— shaper 651.
Cranks 14.
Crèche 699.
Crematorium 101.
Crematory 10.
—, garbage 882.
Créoscope 507
Creosoting, timber 714.
Cribbing 626.
Cribles 1104.
Cribs 1182.
Cric 635, 1101.
Cricket pavilion 705.
Cristallographie 791.
— du fer 294.
Critical temperature 964.
Crochetierlade 1277.
Croisé-Tücher 1277.
Croisée métallique 708.
Croiseurs 1026.
Crossheads, interchangeable 845.
Crotonaldehyd 16.
Crude fuel, pumping 1179.
Crues de rivières 1241.
Cruisers 1026.
Crusher 1304.
Crushing machines 1304.
Crusibles 1041.
Cryoscopy 198, 774.
Crystal Palace show 49.
Crystallization of axles 1088.
Crystallography 791.
Crystalloids, filtration 195.
Crystals, attractive force 196.
Cuir 816.
Cuirasses 1025.
Cuivre 791, 1283, 1291.
—, comme activeur 39.
Cultivating methods 802.
Culverts 492, 1141.
Cupola 1042.
— blower 613.
Cuprammonium salts 795.
Cuprosulfat 794.
Curarewirkung 240.
Curb, iron protected 1144.
Curtain shutter, automatic 546.
Curve resistance 313.
Curves, mountain road 1142.
Cut-meter 598.
— -off 1178, 1213.
Cutter 1001.
— -head 571.
Cutters, milling 570.
—, paper 920.
Cutting edge 1186.
— machines 1049.
— metals 865.
— -off machine 1005.

Cutting tools 1049.
Cyan 245.
— alkalien, Gewinnung 245.
— amides 26, 246.
— bildung 824.
— essigsäure 231.
— kaliumvergiftungen, Hilfe bei 606.
— schlamm 827.
— verbindungen, Schädlichkeit 559.
Cyanidation 719.
Cyanidverfahren 622.
Cyaminfarbstoffe 530.
Cyanodihydrocarvone 215.
Cyanotypien 943.
Cyclaminone 230.
Cycles 512.
Cyclohexane 223.
— hexanol 227.
— hexanon 215, 224.
— hexylacétone 756.
— pentadien 220, 228, 773, 900.
— pentanhexangruppe 224.
Cyclopean masonry 1245.
Cylinder founding 615.
—, gas-engine 593.
— packing 274.
Cylinders, moulding 564.
Cylindres à vapeur 264.
Cymometer 15, 481.

D.

Dächer 709.
—, Feuersicherheit 547.
— -Isolierung 710.
Dachlatte, metallene 710.
— öl 29, 711.
— platten 122, 711.
— waren mit Naßpressenbetrieb 1306.
— ziegel 1307.
Daguerrectypien 947.
Dairy, water supply 1263.
Damast 1276.
— stahl 303.
Dämme 1244.
Damper regulator 993.
Dampers 649.
Dampfabsperrventil 255.
— automobile 1080.
— bahnen, Oberbau für 316.
— - dichte, anomale 962.
— — bestimmungen 962.
— fähren 511.
— geschwindigkeitsmesser 599.
— hammer 628.
—, Hausreinigung 994.
— -Heizkörper 644, 648.
— heizung 642, 643.
— kessel 246.
— —, Anstriche für 28.
— — betrieb 256.
— — -Explosionen 500.
— — häuser 259.
— — kochanlagen 759.
— — kolben 774.
— — kraftanlage 644, 780.
— — leitung 259.
— — lokomotiven, Erhöhung der Leistungsfähigkeit 335.
—, Luftgehalt 209.

Dampf-Luftheizung 649.
— — kompressor 832.
— mangel 32, 153.
— —, Schutzvorrichtung 1060.
— manometer 844.
— maschine, Abstellen der 265.
— —, Betriebsstörung 265.
Dampfmaschinen 262.
— —-Anlagen 504.
— —, Dampfverbrauchsversuche an 263.
— — kondensatoren 775.
— —, Leistungsversuche an 263.
— — mit geheiztem Kolben 268.
— — — Hahnsteuerung 267.
— — — schwingendem Zylinder 267.
— — — sich drehendem Kolben 267.
— — — Ventilsteuerung 267.
— —-Schiebersteuerung 265.
— —, schnellaufende 266.
— —-Unfälle 265.
— und Dampfturbinen 1193.
— —, rotierende 267.
— mantel, Nutzen des 264.
— messer, selbsttätiger 734.
— motorwagen 347, 1080.
— omnibus 1080.
— pumpe, kolbenlose 981.
— rohr, Platzen eines 260.
— schiffe 1022.
— spritze, Automobil- 543.
— spritze, Dreirad- 543.
— stauer 261, 648.
— strahleinrichtungen 831.
— strömung, Dynamik der 262.
— triebwagen 347.
— turbinen 1192.
— — anlage 504, 509.
— —, Kondensatoren 776.
— überhitzer 351.
— —, Wärme-Messung in 269.
— überhitzung 268.
— wagen 1079.
— wäscherei 505.
— wasserableiter 648.
— — abscheider 261.
— ziegeleien 1305, 1307.
— zuführung, Anlage 504.
— zylinder 264.
Dämpfe 575.
—, Kondensation von 962.
Dämpfen 34.
Dampfungsversuche 248.
Dam, reinforced-concrete 1191.
Dams 1244.
Dandruff, removing 607.
Darmknopf 729.
— saiten 885, 997.
Darrkonstruktion 143.
Daturaarten, Alkaloide der 20.
Dauerbrandheizung 643.
— — lampe 77.
— — ofen 643.
— weiden 809.
Davit 1020.
Deboisement, influence 1241, 1260.
Débouillage 31.
Décalage, manivelle à 513.
Decanting apparatus 798.
Décapage 1003.
Décatissage 34.
Décharge disruptive 420.
— intermittente 420.

Déchargement 1169.
Décharger, appareil à 1172.
Déchargeur 1175.
Déchets 1.
—, cardage 1115.
— de la brasserie 148.
Deck bridge, four-track 174.
—-planks, ripping 1005.
Deckel, Lager 800.
—-Putzvorrichtung 1115.
— schleifapparat 1112.
Decken 707.
—, Eiseneinlagen 707.
— stützen 669.
Deckwerke, Ufer 1243.
Decoagulation 640.
Décoloration des mélasses 1318.
Décorations électriques 995.
Deep drilling 1160.
Defence works, sea-coast 1247.
Défibreurs 924.
Deformation, homogene 418.
Dégermage du blé 884.
Degerminating of corn 884.
Deglycérination 541.
Dégommage 35.
Degorgieren 1281.
Dégraissage de la laine 1293.
Dégras 542.
Degumming 1068.
Dehnungsgesetz, Bachsches 105.
— messer 1112.
— — für Zementproben 857, 1303.
Delainage 1292.
Delta metal 848.
Dekamethylenglykol 217.
Dekatiermaschine 31.
Dekatieren 34.
Denaturierung 269.
Denitrifikation 804.
Denkmäler 270.
Denrées alimentaires 889.
— fourragères 572.
Dentelles, fabrication de 560.
Dentistry 1295.
Dents, scie sans 1006.
Déphosphoration de la fonte 300.
Dephosphorization 719.
Déplacement de bâtiments 669.
Depolarisatoren 442.
Dépôts 1169.
— de locomotives 387.
— — voitures 387.
Depression recorder 991.
Depth indicator 725, 1028.
Derail, lifting 378.
Dérapage 1090.
Derna-Asphalt 41.
Dérompre, machine à 31.
Derrick engine 635.
Derricks 386, 1255.
—, support 638.
Desamidoglutin 403.
Desiccator 798.
Desinfektion 271.
— der Abwässer 4, 8.
Desinfektionsanstalt 700.
— fahrzeug 1032.
— maschine 816.
Désintégrateurs 1304.
Desintegrator, Salz- 880.
Desintegratoren 564.
Desoxybenzoïn 530.
Dessèchement 490.
— des marais 1241.

Dessiccation dans le vide 798.
Dessin 1297.
Destillation 273, 1122.
— dans le vide 798.
— du cuivre 794.
Destillationsapparat 241.
— —, feuersicherer 548.
— —, überschäumsicherer 548.
Destillationskokerei 765, 821.
Destillierapparate, Ammoniak 23.
Destillierblase, Explosion 502.
Destilliertes Wasser, Bereitung 273.
Destruction of vermins 1207.
Destructors, refuse 881.
Désulfuration, galène 151.
Desulphurisation of iron ores 43.
Detachable rims 1088.
Detacheur 885.
Détails des ponts 184.
Détecteurs d'ondes électrolytiques 1157.
Détonateurs 382.
Détonation, vitesses de 1124.
Detritus tanks 5.
Development, photographie 938.
Développement automatique 939.
Deviation, compass 775.
Devices for the protection of trains 379.
Dextrin 1127.
Dextrose 770.
Diabaskunststeinplatten 64.
—-Zementstein 1147.
Diacetamid 26.
Diakonissen-Anstalt 699.
Dialdehyde 16.
Dialkylmalonamide 26.
Dialursäure 630.
Dialyse, Anwendung 205.
Diamant 274.
— schwarz 518, 521.
— werkzeuge 1284.
Diamanten, Schleifmethoden 1048.
Diamines 25.
Diamine, Verarbeitung von 760.
Diaminoscharlach 519.
— verbindungen des Palladiums 909.
Diamond drill 601.
— tool 1284.
Diapositivplatten 943, 945.
Diastafor 35, 527.
Diastase 143, 494, 1281.
Diastatische Präparate 35.
Diäthylaminobenzoësäure 221.
Diazobenzene picrate 228.
— benzolimide 233.
— -derivates 50.
— indoli 50.
Diazoniumsalze 216.
Dibenzalacetontetrabromid 773.
Dibenzoylbenzène 223.
Dibromobenzoic acids 222.
Dichroïsme 964.
Dichtungen 274.
— von Gasbehältern 825.
—, Zement- 1268.
Dichtmaschine 1232.
Dickmaischbrennereien 1121.
Dicyanhydrochinon 228, 241.
Dicyclopentadien 224, 773.
Die-head 1131.
Dielectrics 409.
Dielectric losses 449.
— strain 411.

Dielektrika 409.
—, Leitfähigkeit der 409.
Dielektrikum, Leistungsverlust im 411.
Diélectriques 409.
— liquides 409.
Dielektrizitätskonstante 409, 411.
Dielen aus Holz 64.
Diemenschuppen 704.
Dienstwohnhaus 690.
Dieselmotoren 785, 780.
Differentialgalvanometer 479.
— -Spannungsmesser 476.
— werk 1076, 1118.
Differenzenpegel, selbsttätiger 926.
Diffraction-bands 902, 1109.
Diffuser, concentric 80.
Diffusion 194, 196, 1315.
— der Gase 577, 968.
Diffusions-Preßwässer 7.
Diffusor 80.
Diffusionssaft 1318.
Digestiva 233.
Digitalisarten 282.
Digues 627, 1244.
Dihydrazidchloride 232, 725.
Dihydrolaurolene 222.
Dihydropinylamine 743.
Dihydrotetrazine 16.
Dimethylglutaconsäure 1013.
— glutaric acid 445.
— glykoxim 896.
— homocatechol 226.
— -pyron 231.
— sulfat 499, 632.
Dining cars 363.
Dinitranilines 27.
Dinitranisol 898.
Dinitrile 1139.
Dinitrobenzoic acids 222.
Dinitroglycerin 1127.
Dinitr phenol 27.
Dinitrorhodanbenzol, Reduktion 530.
Dinitrosorésorcine 532.
Diphenyldiselenid 1101.
Diosphenol 745.
Dioxybenzole, Methylenverbindungen 225.
Dipeptide 214, 402.
Diphenylaceton 227, 756.
— amin 25, 229.
— diselenid 228.
— hydrazone 725.
— karbohydrazid 201, 293.
— méthane 222.
— propen 773.
— schwarz 526.
Direct-current motors 446.
— —, commutation poles in 446.
— transmission 783.
Disaccharide 767.
Discharge, electrodeless ring 420.
Discharger, gas-retort 823.
Disinfection 271.
Disinfection of water 1256.
Disintegrator 1305.
Disk grinder 1039.
— grinding 1038.
— valve 1213.
Dispensaires 608.
Dispersion moléculaire 198.
Dispositifs pour la protection de trains 379.

Dissociation 194.
—, Wasserdampf 1239.
—, elektrolytische 409, 440, 442.
Dissociationskonstanten 197.
Distillation 1122.
— de l'or 623.
Distillerie 273.
—, travail microbien 1122.
Distilling 273.
Distributer 1095.
—, rotary 720.
Distributeur 1267.
Distributeurs automatiques 1214.
— de la cabine publique 538.
Distributing of types 285.
Distribution des lettres 285.
— de vapeur 264.
— électrique 464, 783.
Disulfide, ungesättigte 50.
Dithionsäure 1065.
Diuretika 233.
Dividing machines 1151.
— material 1150.
Diviseur, poupée 1151.
— satellite 1151.
Diviseurs 1151.
Dobby 1279.
Docks 275, 626.
Doffing motion 1120.
Dokumentenpapiere 920, 924.
Domestic hygiene 1601.
Domestic utensils 632.
Donarit 1123.
Dongepolder, Entwässerung 492.
Doppelplüschmaschine 1276.
— zünder 1227.
Door, check 709.
— hinge 709.
— opener 372.
—, pneumatic 709.
Doors 662.
—, catch 709.
Doppelbrechung 902.
— brücke, Thompsonsche 484.
— fenster 693.
— horn 888.
— pilots, Appretieren der 31.
—, Färben der 518.
— schleuse 1041.
— schraubendampfer 1023.
— schwellen 321.
— spannungslampe 78.
— sudwerk 144.
— tonfarben 287.
— villa 689, 691.
— zugschleuse 1040.
Dopplersches Prinzip 965.
Dorage 1214.
Dorfwasserleitungen 1267.
Dornstangen-Zieher 1232.
Dorschleber-Oel 1011.
— —, Fettsäuren 1169.
Dörrobst 899.
— weißkohl 891.
Dosenkonserven 777.
— schalter, Anschluß von 468.
Doublé 1048.
Double-wattmeter method 482.
Doubliermaschine 1129.
Doubling 37.
— frames 1110.
Douilles de cartouches 1228.
Down draft furnaces 250, 646.
Drachenaufstiege 836.
— flieger 836.

Drachenwinde 635.
Draft gear 372.
Drag 561.
—, road 1148.
Dragage électrique 622.
— — de l'or 55.
Drague porteuse à succion 53, 1033.
Dragues 53.
Draht 276.
— brüche 90.
— geflecht 1218.
— haspel 277.
— kanonen 1224.
— seile 276.
— —, Formänderung 851.
— spannung, Regelung 1119.
— stiftmaschine 888.
— trommel, fahrbare 538, 1153.
— zange 1288.
— ziehmaschinen 509.
— ziehstein 276.
Drainage 8, 490.
— canal 747.
— of mines 95.
— röhren 1165.
— tunnel 1188.
— valves 645.
— ventile 492, 1213.
Drainrohr 1000.
Drall 1223.
— apparat 1112.
Draught regulation 552.
Drawbridge 181.
Drawing 1044, 1297.
— apparatus 1118.
— off apparatus 571.
Drechslerei 277.
Dredger, sand pump 53.
Dredgers 53.
Dredges, floating 53.
Dredging for gold 622.
—, hydraulic 53.
Drehbänke 278.
— brücke, elektrisch betriebene 181.
— bühne 186.
— dorne 281.
Drehen 277.
Drehfeld, elektrostatisches 449.
—, elektrostatisches 422.
— fenster 996.
— gestelle, einachsige 371.
— gestellwagen 361.
— kolben-Kraftmaschine 267.
— leiter, elektromobile 543.
— momente, molekulare 969.
Drehpressen 976.
= rohröfen 553, 739.
Drehscheiben 282, 386.
— — -Antrieb 386.
— spulengalvanometer 476.
— stahlhalter 281.
Drehstrom-Bahnsystem 392.
— diagramm 450.
— dynamomaschine, kompoundierte 450.
— dynamos, kompoundierte 453.
—, Kurzschluß von 449.
—, Erwärmungsversuche mittels 480.
— generatoren, Ankerrückwirkung in 451.
— generatoren, Spannungsabfall von 450.

Drehstromlokomotive 358.
— maschinen, Parallelschalten von 459.
— motoren, asynchrone 455.
— motoren, Belastungsaufnahmen an 451.
— —, Stufenregelung von 457.
—-Pufferanlage 429, 457, 782.
— -Turbodynamos 453.
Drehung, optische 902.
Drehungsfestigkeit 404.
— vermögen 191.
Drehwerk 1288.
Dreieckfachwerke, elastisch-isotrope 406.
Dreifarbenautotypie 959.
— — druck 284.
— — kamera 950.
— — photographie 935.
— — fensterwohnhaus 689.
— gelenkbogen, Auflagergelenke des 166.
— horden-Darre 143.
— leiter-Anlagen, Spannungsteilung in 465.
— — dynamos 465.
— — system 465.
— seilkatzen 1170.
Dreschmaschinen 813, 814.
Dressing 1275.
— of coal 764.
— machine, stone 1136.
— rooms 603.
Drift fishing 556.
— -lines 556.
Drill grinder 1037.
— maschinen 814.
Drilling 154.
— machine 1286.
Drills, steam 746.
Drinking fountain 603.
Driving cap 664.
Drogen 282.
Drop, coal 1174.
— hammer 628.
— riser 646.
Drosselspule, regelbare 463.
Druckbirnen 241.
Druckereibauten 506.
Druckerei auf Papier u. dgl. 283.
—, betr. Zeug 513.
Druckfarbe 924.
— farben, Echtheit 287.
— festigkeit 405.
— knopfsteuerung 484.
— leitung 788.
— luft, Drehung mittels 1116.
— —, Kraftübertragung durch 787.
— — pumpen 981.
— — -Sandstreuer 372.
— maschinen 283.
— minderventile 916, 1213.
— -Regler 992.
— —, Gas 825.
— schmierverfahren 1047.
— wasser, Kraftübertragung durch 787.
Drugs in wool finishing 32.
Dry air blast 595.
— cleaning 994.
— -dock, floating 275.
— —, towing 1150.
Dryer, wool 1293.
Dry fly fishing 557.
— grinder 1038.

Drying 32.
— appliances 1180.
— of corn 884.
Dry masonry 1246.
— -pipe valve 544.
Dübelsteine 64.
Dubliermaschinen 1119.
Dükerrohre 750.
Dump car 1229.
Dumping car 365.
— machine 1173.
— track 387.
Dünenverkleidung 121, 1247.
— wasserleitung 1255.
Dünger 288.
— industrie 928.
Düngekalk 739.
Düngerlehre 804.
— streumaschine 814.
Düngung, künstliche 567.
Düngungsversuche 804.
Dunit 1125.
Dunkelzimmer 951.
— — einrichtung 951.
— — lampe 951.
Dunstsauger 699.
Duplexpumpe, Oekonomie 254.
— -Steuerung 978.
Duplieren 37.
Durchforstungen 568, 1208.
— gangsbahnhof 383.
— mischer 1256.
— stich 1242.
Durcissement 630.
Durit 754.
Dürrkessel 1018,
Dust 1132.
— catchers 723.
— collectors 883.
— explosions 501.
— layer 1134.
— preventer 1134.
—, prevention of 393.
— removal 595.
Dusts, coal 762.
Dwarf signal 377.
Dyeing with respect to cloth 513.
Dyera costulata 282.
Dyestuffs, analysis 532.
Dynamit 1127.
— explosion 502.
Dynamite, ungefrierbare 1123.
Dynamobürsten, Untersuchung von 459.
Dynamometer 288.
— springs 845.
Dynamos, Antrieb von 779.
— à courant continu 447.
Dynelectron 489.
Dysprosium 1103.
—, phosphorescence 1110.

E.

Earthquake 546.
— —, effect on concrete 111.
— — in San Francisco 312.
— — proof buildings 675.
— — resisting 671.
— roads, drainage 1142.
— -working 496.
Eau 1239.
— d'alimentation, chauffage 251.
— —, épuration 252.

Eau, stérilisation par l'ozone 1258.
Eaux, analyse des 1239.
—, captation 1261.
— d'égouts 3.
— minerales 876.
— souterraines 1260.
Eberwurzel 900.
Ebonit 754.
—, Kitt für 758.
Ébullition ruthénium 1004.
Echafaudage 669.
Échafaudages flottants 626.
Échappement à bascule 1204.
Échauffement, indicateur 1105.
Echelles d'eau 926.
— d'incendie 544.
Echtschwarz auf Wirkware 516.
Éclairage 64.
— à lampes à arc 76.
— — — — incandescence 80.
— électrique 76.
— — des trains 368.
Éclatement, procédés d' 1127.
Écluses 626, 1040.
Écoles 695.
Écoulement des eaux 1260.
Écrans paramagnétiques 1204.
Écroulement de bâtiments 669.
Écrous 1053.
—, desserage 1054.
Ecume de mer 861.
Écuries 703, 811.
Eddy currents 421.
Edelsteine 289.
—, Färbung 987.
Effektgarn 518.
Effilochage, soies teintes 1069.
Égaliseurs de potentiel 735.
Eggen 814.
Églises 676.
Égouts 749.
Égrener, machines à 1114.
Égreneuse 1112.
Egrenieranlagen, Baumwoll- 1114.
Eicheln 567.
Eichenholz, Feuergefährlichkeit 547.
— wickler 1208.
Eigelb, Analyse 404.
— konserven 890.
— -Surrogate 890.
— weiß 972.
— — abbau 239.
— — abkömmlinge 403
— — immunität 1103.
— — präparate 889.
— — stoffe 402.
— — — der Gerste 142.
Eierbriketts 642.
— konservierung 777.
Eimerbagger 54.
Einanker-Umformer 1206.
Einbadfärberei 521.
Eindampfapparate 760.
Eindampfung zersetzlicher Flüssigkeiten 199.
Einfädelpinzette 729.
Einfamilienhaus 689.
Einfamilienhäuser 690.
Einfaßmaschine 925.
Einflußlinien, parabelförmige 166.
Einfrieren, Schutzmittel gegen 544.
Einheitsgeschoß 1227.
Einlagen, Porzellan 1296.

Einlegesohlen 922, 1056.
— —, Aluminium-Draht 22.
Einphasenbahn 393.
— generatoren, Ankerrückwirkung in 451.
— -Kollektormotor 452.
— serienmotoren 451.
— -Wechselstrom-Bahn 394, 396.
— — — lokomotive 356.
Einrückvorrichtung, magnetische 597.
Einsatz, Schornstein 1052.
Einschienenbahn 328, 391, 1170.
— —-Becherwerk 1176.
Einseifmaschine 32.
Einspannvorrichtungen 570, 1039.
Einsteigehäuschen 748.
Einstufige Turbine 1198.
Eintauchrefraktometer 147, 211, 769, 890, 907.
Einzelantrieb, Spindelbänke 1118.
— rad-Wägevorrichtung 1230.
Einziehvorrichtung für den Dicksaft und den Ablaufsirup 1316.
Eis 290.
— blumenimitation 619.
— brecher 290.
— bruch 568.
— erzeugungsanlagen 741.
— keller 702.
— sprengungen 1128.
Eisen 290.
— alge 57.
— -Aluminium-Elektroden 484.
— bahn-Anlagen 389.
— — bau 309.
— — —, Beton im 322.
— — betrieb 328.
— — brücke, Bruch einer 183.
— — fahrzeuge, Entwicklung der 361.
— — — —, Zugwiderstände der 335.
— — gleis, lückenloses 318.
— — museum 309.
— — —, panamerikanische 390.
— — räder, Fabrikation der 370.
— — schienen, Abnutzung der 318.
— — -Signalwesen 376.
— — unfälle 331.
— — -Unterbau 313.
— — wagen 361.
— — — -Beleuchtung 367.
— — —, Gasglühlichtbeleuchtung der 367.
— — —, Heizung der 369.
— — —, Lüftungsvorrichtung für 370.
— — werkstätten 388.
Eisenbahnwesen 308.
— — —, Elektrotechnik im 310.
— — züge, Kühlung 742.
— — —, Widerstände der 313.
Eisenbahnen, mit Dampf betriebene 389.
— bau 659, 660, 674.
— werkstätten 508.
— beton 1267.
— — balken, Bruchfestigkeit 852.
— — bauten, Blitzschutz von 154.
— — -Bogenbrücke 177.
— — brücken 170.
— — -Fabrik 506.
— —, Fußgängerbrücke aus 179.

Eisenbetonkonstruktionen 101.
— — pfähle 168, 665.
— — pfeiler, Berechnung der 852.
— —, Schornstein aus 1051.
— — schwellen 123.
— — sohlen, Berechnung von 167.
— —, Treppe aus 708.
— — viadukte 176.
— — -Wohnhaus 692.
—, Bronzieren 1214.
— cyanverbindungen 245.
— emaillierung 490.
— entwickler 939.
— entwicklung 932.
— fällungsmethoden 1240.
— gallustinten 1162.
— galvanoplastik 957.
— garn 36, 516.
— -Kohlenstoff-Legierungen 307.
— kristalle 294.
— legierungen 817.
— mennige 27.
— -Nickel - Legierungen, Untersuchungen von 850.
— phosphate 308.
— -Portland-Zement 1303.
— präparate 233.
— prüfung, magnetische 297.
— pulver, magnetisches Verhalten 424.
— salze 1263.
— säulen 660.
—, Schutzanstrich für 28.
—, Spundwände aus 665.
—, vegetabilisches 238.
—, Vergolden 1214.
— -Violett 725.
Éjecteur 1041, 1255.
Ekrasit 1125.
Elandbohnenwurzel 596.
Elastic webs 1274.
Elasticité 404.
Elasticity 404.
Elastische Räder 1087.
Elastizität 404.
— von Gummiwaren 753.
Elastizitätsmodul, thermische Aenderungen 405.
Elaterin 221, 235.
Electric air compressor 832.
— car, double-deck 362.
— — equipment 362.
— furnace 1043.
— extraction of iron 305.
— carriages 1078.
— horn 1100.
— locomotives 355.
— meters, maintenance of 481.
— —, testing of 478.
— omnibus 393.
— oscillations 412.
— —, high frequency 1154.
— power stations, producer gas for 428.
— transmission 781.
— — lines 464.
— wave-lengths 412.
— works 426.
Electrical conductivity 409.
— —, measurement of 479.
— distribution 462.
— engineering 462.
— plant 431.
— railways 391.

Electricité 408, 409.
— atmos., influence de 419.
— dans les mines 784.
— sur les navires 1020
Electricity 408, 409.
—, atmospheric 418.
— in mines 99, 783.
— works 431.
Elektrische Bahnen 391.
— —, Kraftbedarf für 392.
— —, gleislose 400.
— Ladungen, Erregung durch Wärme 411.
— Schweißvorrichtungen 1067.
— Schwingungen, ungedämpfte 412.
— Uhren, Stromschlußvorrichtung für 1203.
— Unglücksfälle, erste Hilfe 604.
Elektrisier-Automat 1214.
Elektrizität 408, 409.
—, atmosphärische 418.
—, Bedeutung für die Landwirtschaft 802.
— im Bergwerksbetriebe 783.
— in Hüttenbetrieben 784.
—, Institut für angewandte 797.
Elektrizitäts - Selbstverkäufer 479, 484.
Elektrizitätswerke 426.
—, Doppeltarif in 427.
—, Erträgnisse von 427.
—, Unfälle in 426, 484.
—, Verbrauchsspannung für 426.
— zähler 1287.
Elektrochemisches Aequivalent, Silber 1106.
Electrobus 1078.
— capillaires, phénomènes 195.
— chemie 439.
Electrochemistry 439.
—, laboratory of 797.
Électrochimie 439.
— -diapason 449.
— -Entfärbung 769.
— kapillarität 195.
Elektrode, polarizable 421.
—, -otierende 203.
Elektrodentisch 730.
—, Wirkung glühender 440.
Electrodes, rotating 203.
Electrolitic meters 476.
— rectifier 1206.
Elektrolyse 440.
—, quantitative 202.
— von Nickelsalzen 895.
Elektrolyser 914.
Electrolysis, guard against 1003.
—, guarding against 999.
—, water pipes 999.
Elektrolyt-Bleiche 152, 914.
Elektrolyte, Leitvermögen der 409.
Électrolytes, résistance des 400.
Electrolytic action, insulation 660.
Elektrolytische Oxydation 1007.
— Reinigung 994.
Électrolytique, Analyse 202.
— magnete, Berechnung der 424.
— magnetic control 993.
— machines 445.
— magnetische Kanone 1225.
Elektromagnetische Maschinen 445.

Elektromagnetismus 423.
— metallurgie des Eisens 305.
— — de l'acier 306.
— meter 477.
— mobile 488, 1078.
E. M. K., Bestimmung der Richtung 421.
Elektromotorisches Feld, rotierendes 423.
— motor, tragbarer 455.
Elektrooptik 417, 901.
—-photography 534, 954.
— skop 420,
— stahl 306.
— static machines 462.
— thermie des Eisens 306.
— typograph 285.
Elektrostatische Maschinen 462.
—-tamponnage 429.
Électron, constitution 419, 440.
Elektronenbewegung 419.
— theorie 419, 440.
Elektrons, kinetische Theorie des 414.
Elektrotechnik 462.
Elementaranalyse 203.
— —, Apparate zur 799.
Elemente, Eigenschaftsänderungen 242.
—, periodisches System 192.
— zur Erzeugung der Elektrizität 485.
Elemiharz 631.
Elevated railways 392, 397.
Élévation de l'eau 1251.
Élévatoire, usine 1265.
Elevator 132, 633.
— well, concrete 1249.
Elevators 45.
—, electric 785.
Elfenbein 490.
Ellagsäure 238.
Ellipsograph 731.
Ellipsoide diélectrique 418.
Émail 490.
— draht 277, 474.
— malerei 490, 843.
Emanium 986.
Embankments 1243, 1244, 1271.
—, impermeable 1250.
Embarcadère 627.
Embossing 36.
Embrayage 1098.
— automatique 1099.
Embroydery 1137.
Embryo, Malzkeim- 970.
Emission spectra 1108.
Emmagasinage 1169.
Émoulage 1036.
Empointage, broche à 1116.
Emulsifix 1134.
Emulsionen von Oelen 540.
Enamel 490.
— paints 28.
Enclenchement 378.
Encollage 1275.
Encres 1162.
Endosmose, electric 195.
Endosperm 970.
Endothermiques, combinaisons 196.
Endotryptase 495.
Enduits, bois 715.
Endvergärungsgrad 148.

Énergie électrique, distributions d' 783.
Energymeters 477.
Engerling 1208.
Engine breakdowns 265.
— foundations 846.
— framing 846.
—, multiple-expansion 262.
Engine parts 845.
— pits 387.
— stops 265.
Engineering laboratories 697, 797.
— work-shops 503, 507.
Engines, high speed 266.
Engrais 288, 804.
Engraving 624.
Engrenages 610.
—, machine à tailler 1049, 1295.
Enlevages 523
Enregistreur de vitesse 598.
—, indicateur 725.
Enregistreurs, appareils 990.
Entbasten, Seide 1069.
Entblättern der Reben 1283.
Enteisenung, Grundwasser 1253, 1264.
Entensucht 813.
Entfärben 515.
— von Fetten 541.
Entfernungsmesser 490,
Entfettungsmittel, Wollfaser- 1293
Entgasung der Kohle 762.
Entgerbern 31.
Entgolden 1214.
Entgrätungsmaschine 777.
Entkeimen des Getreides 884.
Entladevorrichtung 718.
Entladung, stille elektrische 420.
Entladungsröhren 535.
—, Rhythmus in 420.
Entnebelungsanlagen 840.
Entrahmungsmaschinen 870.
Entschaler, Maische 1121.
Entschlichten 30.
Entstäubung 1134.
Entstäubungsapparat 831.
Entwässerung 490.
— maschine 924.
—-Maschinen, Rundsieb- 917.
Entwickeln 930, 938.
Entzinnen 1.
Entzuckerung der Melasse 1316.
Entrance porches 692.
Entropie-Diagramme 576.
Enzian, Nachweis 208.
Enzyme 494.
— bei der Verdauung 240.
Enzymes comme réactifs 211.
Épandage 6.
Ephedrin 18, 230, 232.
Épuisement des eaux 95.
Épurateur 254.
Epuration des eaux 1253.
— — — d'égouts 749.
Équilibres hétérogènes 198, 928, 961.
Erbbegräbnis 271.
Erbsen 810.
Erdalkalien, Nachweis 1111.
— alkalihalogenate 59.
Erdarbeiten 496.
— beben, Eisenbeton bei 111.
— — sicherheit 672.
— bohrer 1161.

Erddruck 860.
— gas 496.
— leitungswiderstände 471.
— magnetismus, Deutung des 425.
— nußabfälle 573.
— — kuchen 573.
— — ölfabrikation, Preßrückstände der 573.
— öl 496.
— — feuerung 643.
— wachs 499.
Erden, eßbare 282.
Erecting shop 388.
Erectors, hydraulic 1186.
Erfrieren der Pflanzen 239.
Ergin 767.
Ergot alkaloids 20.
Erholungshaus 700.
Eriochromfarbstoffe 522.
Erntemaschinen 814.
Erstarrungspunkt des Leinöls 541.
Erstproduktanlage,Füllmasse 1316.
Erzbrikettierung 792.
— scheider 44.
— staub-Reinigung 719.
— transportdampfer 1032.
Erze 43.
— des Eisens 298.
Escalier mobile 402.
Escaliers 708.
Eskarpegalerien 539, 1218.
Essai des matériaux 847.
Essential oils 900.
Essentielles 900.
Essieux 14, 370.
Essig 499.
— äther 1282.
— bakterien 57, 499.
—, Enzym der 495.
— gärung 575.
— säure 1106.
Essoreuse 31.
Estacade 1041.
Estampage 1130.
Estamper, machine à 1130.
Ester 42.
— verseifung 215.
Estimation of tantalum 1149.
Établissements du salut public 698.
Etagenheizung 644.
Étain 1310.
Étaleur automatique 1113.
Étalons 475.
Etamage 1217.
Étangs artificiels 1265.
État d'agrégation, changement 1236.
Étau 1285.
Etching 43.
Etchograph-Platten 955.
Éthanol 219.
Ethers 42.
— acétyléniques 216.
— glycidiques 222.
— pyrophosphoriques 928.
Ethylene 578.
— aniline 27.
—, bromure de 218.
Etiketten, Aufkleben von 758.
Etikettiermaschine 149, 758.
Étincelles oscillantes, résistance des 412.
Étoupages 274.
Etuves 759.
Eudiomètre 209, 770.

Eugatol 926.
Eukalyptus Staigeriana 900.
Eumydrin 236.
Euphorbia elastica 752.
Euresol 235.
Europium 1103.
Eusemin 1295.
Eutannin 596.
Euxanthon 233.
Evaporateurs à grimpage 1122.
Evaporating apparatus 759.
Examining machine 38.
Excavating 496.
Excavator 54.
Exchange buildings 685.
Exercices, appareil électrique 1220.
Exhaust 647.
— deflector 351.
— head 1052.
—, mechanical 649.
— öffner 1112.
— steam 260.
— —, purifying 899.
— —, utilizing 263.
— valves 1213.
Exhaustoranlage 840.
Exhaustoren 824, 838, 1135.
Exhibition buildings 704.
Exhibitions 45.
Expansion engines 266.
Expansion joints 274, 667.
Expansionsmaschinen 266.
Exploder, electric 1127, 1128.
Exploitation des chemins de fer 328.
Explosion de gaz 821.
— motors 1078, 1086.
— —, thermal efficiency of 586.
—, unterseeische 1128.
Explosionen 500.
—, Schwungrad 1068.
—, Sprengstoff 1124.
— von Acetylen 13.
Explosive engines 586.
— mixture motors 590.
Explosives 1123.
Exponieren 930.
Expositions 45.
Extensionsstuhl 907.
Extensometer 862.
Extincteurs 71.
Extinguishing apparatus 71.
Extirpatoren 814.
Extraktbestimmung in Gersten 147.
— tabelle 147.
Extrakte, aromatische 901.
—, Herstellung von Tinkturen 234.
Extraction de sucre de botteraves 1315.
Extraktionsapparate 503.
Exzenterlage, Bestimmung der 735.
— pressen 976, 977.
Eye-bars 183, 848.

F.

Fabrics printing and dying works 506.
Fabrikanlagen 503.
— dorf 658.
— gifte 603.
— organisation 504, 508.
Faceplate 561.
Fäces, Gärung in 799.

Fäcesuntersuchungen 207.
Facettenhalter 287.
Fachtmaschine 1129.
Fachwerk 663.
— — träger 133.
Fachwerke aus Eisen 511.
— — Holz 511.
—, statisch unbestimmte 406.
Facing machine 156.
— —, nut 651.
Factory arrangement 503.
— hospital 603.
— plants 503.
Fadennutenschüsse 1274.
— prüfer 856.
— spannung, Regelung 1119.
— wächter 1278.
— zähler 600, 1273.
Fahrbrücke 171.
Fähren 511.
Fahrköpfe, Wegschneiden der Schienen- 318.
— pläne 329.
— räder 512.
— straße, bewegliche 1171.
— zeug, Rattenvertilgungs- 1208.
Faïences 1165.
Fäkalienkläranlage 4.
— — behälter 2.
Faktis 753.
Fallen 513.
Fallhammermethode 1124.
Fallhämmer, Schutzvorkehrungen 1057.
Fällungsmittel 1254.
Falsework 669.
—, erection of 184.
Falsifications 1214
Falten 37.
— milchsieb 871.
— stoffe 1274.
Falzer 924.
Falzmaschinen 917.
— kegel 287.
— ziegel 1306.
Fan blowers 595, 1211.
Fangvorrichtungen im Bergwerksbetriebs 89.
— apparat, Rapsglanzkäfer 1208.
Fans 1211.
—, gas cleaning 723.
Farbammoniumbasen 240.
Farbbänder, Spulmaschinen 1128.
Farbe und Konstitution 191.
Färbeapparate 514.
Farben 1165.
— bindemittel 842.
— mischungen 513.
— photographien 948.
—, Steindruck 828.
— tabelle 966.
— vertilger 29.
Färben von Horn 716.
— — Leder 816.
— — Marmor 844.
— — Messing 865.
—, Seide 1069.
Färberei-Anlage 505.
— betr. Zeug 513.
Farbfilter 868.
Farbintensität 191.
— lacke 555.
— —, Chemie der 513.
— loser Teer 1151.
Farbstoffe 528.

Farbstoffe aus Melasse 1320.
— —, Nachweis 889.
— walzen, Heizvorrichtung 650.
Färbung mikroskopischer Präparate 868.
Farine 861.
— de moutarde 208.
Faschinen 539, 1218, 1242.
Fascines 1247.
Fashioning device 1290.
Fassadenanstriche 28.
Faßausleuchter, elektrischer 548.
— entleerer 571.
— füll-Kontrollapparat 571.
— reifen-Antreibmaschine 149, 533.
— waschmaschinen-149.
Fässer 533.
—, Spritzrohr 533.
Fat gas 901.
— rendering plant 702.
—, wool 1293.
Fatigue of concrete 108.
Fats 539.
— in bleaching 152.
Fatty acids 1011.
Faulen der Tone 1163.
Faulgrube 3.
— räume 8.
Fäulnisbacillen, anaërobe 750.
Fayence 1165.
Feces fat 240.
Fécule 1131.
Federbandkupplung 1078.
— dämpfung 1076.
— halter 1055.
— maßstab 862.
— reiniger 1055.
— vorholer 1226.
— zeichnung 828.
— zinkenjäter 816.
Federnbiegemaschine 1287.
Federnde Räder 1087.
Federn, Schwarzfärbung 520.
Federung für Automobile 1092.
Feed, automatic 1040.
— degerminator 885.
— governor 993.
— -water heating 251.
— —, purification 252.
Feeding of animals 810.
— -apparatus for boilers 254.
Feilen 533.
Feilmaschine 652.
Feilungs-Kontrolle 623.
Feinkiese, Abrösten 1062.
— papier 925.
— nivellement 1215.
— schliff 911.
Feldbefestigung, flüchtige 539.
— geschütze 1218, 1223.
— haubitzen 1226.
— küchen 759.
— scheunen 704.
— spate, Eigenschaften 876.
Felle, Färben von 520.
Felt 554, 1249.
Felting 34, 1293.
Fence posts, vitrifield-shale 1297.
—, reinforced concrete 1297.
Fences 1297.
Fenchylalkohole 224.
Fenestration 708.
Fenêtres 708.
Fénosafranines 531.

Fenster 708.
— bilder 945.
— feststeller 709.
—, Formverfahren 561.
— -Resektion, Instrumente 728.
— sturz 662.
— ventilator 838.
— verschlüsse 539, 1218.
Fer 290.
— -béton, essais de 854.
— électrolytique, propriétés magnétiques 424.
— malléable 301.
—, précipitation du 1253.
—, soufre dans 1061.
—, spectre 1109.
Fermentation 574, 1121.
— of beer 145.
— — cane molasses 1320.
Fermente, proteolytische 239.
Fermentreaktionen 494.
Ferme-portes, paumelles 709.
Ferndruckregelung, elektrische 825.
— heizanlage 647.
— kampfgeschütze 1224.
— melder, Wasserstands- 926.
— meldewerk 694.
— photographie 534, 954.
— rohre 533.
— rohrobjekte 534.
— — objektive 906.
— — träger 534.
— schalter 469.
— seher 534.
—, elektrischer 534.
— sprechämter 534.
— — leitungen, Fehler in 535.
— — stellen, selbstkassierende 538.
— — systeme 535.
— — wesen 534.
— sprecher im Felddienst 534.
— — ohne Draht 536.
— -Thermometer 1105, 1236.
— zeichner 534.
— zünder für Straßenuhren 1202.
Ferrage 716.
Ferric hydroxide 308.
Ferricyanides 983.
Ferries 511.
Ferri-Ferro-Potential 291.
Ferro concrete 118.
— cyanide 245.
— cyanides, formation 827.
— fix 829.
— inclave 664.
— -manganese 307.
— molybdène 443, 878.
— molybdènes purs 308.
— salze, Titration 202.
— -silicon 301, 611.
— sulfat 606.
— tungstènes purs 308.
— verbindungen 1139.
Ferry-boat 511, 1032.
— —, fireproof 546.
— steamers 1033.
Fesselballon, Bekämpfung von 1219.
Festigkeit 404.
—, elektrostatische 422.
— von Gummiwaren 753.
Festigkeitsprüfer 1112.
Festivalhall 705.

Festungsbau 538.
Fettanalyse 542.
— äther 42.
—, Bestimmung in Kakao 737.
— —, Milch 874.
Fette 539.
Fettemulsionen 540, 573.
— —, Herstellung 872.
— extraktionsapparate 503, 543.
— gas 901.
— gehalt der Milch 750.
— kügelchen der Milch 873.
— präparate 889.
— säuren 539, 1011.
— säurebestimmung in Textilseifen 1071.
— — der Butter 187.
— schmelze 506.
— spaltung 541.
FeuchteWände, Austrocknung1180.
Feuchtigkeit, Isolierungen 1249.
Feuerbrücke, durchbrochene 549.
— buchse, Feuerschirme für 352.
— buchsen - Bodenringe, Dichthalten der 352.
— —, kupferne 352.
— buchs-Rohrwände 352.
— feste Steine 1165, 1306, 1308.
— festigkeit armierten Betons 110.
— gase, Blau-äure in 550.
— —, Prüfung 552.
— gefährliche Flüssigkeiten, Gefäße für 571.
— löschbrause 545.
— — einrichtung, selbsttätige 544.
— — fahrzeug 1032.
— — wesen 543.
— melder 545.
— schirm 338.
— schwamm 1040.
— sichere Anstriche 28.
— sicherheit 545.
Feuerung, Mineralöl 551.
Feuerungen, selbstbeschickende 338, 351.
Feuerungsanlagen 549.
— —, Nutzeffekt 550.
— kontrolle bei Dampfkesseln 256.
Feuerwache 701.
— warner 545.
— -zeug 1320.
Feutre 554.
Feutres, cartons 1249.
Fever hospitals 698.
Fibres textiles 599.
Fibroin 214.
Fichte, Härte der 632.
Fichtenstockrodung 567.
— zapfenzünsler 1208.
Ficus elastica 752.
Fieberthermometer 727.
Field coil winding machine 462.
Figurenscheiben 1218.
Filament métallique 82.
Filaments metallised 82.
Filature 1111.
File factories 507.
— -testing machine 533, 858.
Files 533.
—, restoring 533, 1286.
Filets 895.
Filing machine 533, 1285.
Filixgerbsäure 596.
Filling apparatus 571.
Films 936, 1295.

Films, alte 955.
—, carbon 901.
Filter 554, 918.
Filter, mechanical 1266.
— presse 799, 977.
— — in Brauereien 144.
—, Wasserreinigungsapparate 1254.
Filtering apparatus 798.
Filters for sewage 6.
—, intermittent 10.
—, sprinkling 9.
Filterung in Wasserreinigern 5.
Filtration 1265.
— von Zuckerlösungen 1316.
Filtres 554.
Filtres, épuration par 1254.
Filtrierkonus 799.
— papier 921.
Filz 554.
—, Befestigung auf Wellen 757.
Filzprozeß 32, 554.
— sauger 919.
— trockner 918.
Filzen 1294.
Filzerei 505.
Finishing 30, 945.
Fire-alarms 545.
— arms 1219.
— -bars 553.
— -boat 544, 1032.
— box 352.
— brick 62, 549, 721, 1166, 1308.
— clays 564.
— damp 91.
— detector 545.
— door, self-closing 544, 546.
— -engines 543.
— —, motor 1074.
— escape 544.
— -extinguishing 543.
— — apparatus 544.
— hose, support 545.
— indicator 545.
— -ladder 544.
— place 643.
— proof construction 546.
— — floor 706.
— — proofing materials 675.
—, protection against 545.
— pump 544.
— —, electrical 543.
— -resisting materials 674.
— tests 546, 673.
Firnisse 554, 1159, 1248.
Firnissen, Zähflüssigkeit von 859.
Fischbauchträger, Hallendach aus 384.
— dämpfer 759.
Fische, Gehörsinn 559.
—, Transportgefäß 557, 1178.
Fischereigeräte 556.
Fischfang 556.
— gift 58.
— industrie, Hülfsmaschinen für 777.
— konserven 777, 890.
— räuber 558.
— schleuse 558, 1041.
— versand 556.
— verwertung 556.
— zucht 557.
Fish carriers 557.
— eggs, packing 558.
— ladder 134, 558.

Fish packing 558.
—, preserving alive 557.
Fishes, catching 556.
—, conveyance 556.
—, utilisation 556.
Fishing basket 557.
— rod 556.
— tackle 557.
Fixierbäder 1216.
— natron 932.
Fixieren 941, 945.
Fixtures, milling-machine 570.
Flächenmesser 863.
— zirkel 733, 1297.
Flachs 559.
— rösten 559, 600.
Flame, nature of 196.
Flaming arc lamps 77.
Flamme, propagation de la 821.
Flammenbogenlampe 77.
—, Königsche 961.
— schutz 673, 1058.
— —-Imprägnierung 547.
Flammöfen 611, 613, 721.
— rohrkessel 248, 780.
— — überhitzer 269.
Flange bolts 845.
— oiler 1047.
Flanging expander, pipe 1002.
— machine 141, 1285.
— machinery 1002.
Flannelette 548.
Flanschenaufwalzmaschine 1232.
Flanschverpackung 274.
Flaschen 559.
— bürsten 994.
— gasometer 577, 798.
— füllapparat 571.
— reinigungsanlagen 149.
— — maschine 1015.
— verschlüsse 559.
— züge 634.
Flask 564.
— pin 613.
Flasks 614.
Flat cards 1113, 1115.
Flavanthren 232.
Flavonol 530.
— purpurin 29.
Flax 559.
— spinning 1113.
Flechten 560.
— als Nahrungsmittel 889.
—, Kohlenhydrate der 768.
— stoffe 229.
Flechtmaschine 560.
Fleecing machine 1290.
Fleckenbildung auf Seide 1069.
Fleischextrakte 889.
— kühlanlage 741.
—-Präservierung 777.
—, Salpeter in 1007.
— vernichtung 2.
— waren 889.
Flesh, chemistry 239, 402.
Flexible wheel 1088.
Flicker photometer 904.
Flickmaschine, Kleider- 888.
Fliegenpilz 282.
—, Vertilgung 1209.
Fliehkraft-Staubsammler 1136.
Fließpapier 921.
Flimmerphotometer 733, 904.
Floating crane 636.
— depot 1174.
Repertorium 1906.

Floating derrick 637.
— dock 275.
— hub 1087.
Float valve 1213.
Flood control 1266.
Floor, fireproof 547.
— repair shop 706.
Floors 706.
—, station 385.
Florabnehmer 1115.
— —-Krempel 1115.
Flößerei 1176.
Flotation processes 43, 1309.
Flour 561.
— mills 510, 883.
— moth 1208.
Flow of gases 577.
— sheet, mill 883.
Flue cleaner 993.
— cleaning 259.
— gases, analysis 553, 989.
Flues 1051.
Flugaschenabscheider 256, 988, 1052.
— bahn 1219.
— maschinen 836.
— staub, Auffangen 1136.
— technik 835.
Flügelgeschoß 1227.
— pumpen 979.
— rad-Gasmesser 825.
— spinnmaschinen 1117.
Fluidity 965.
Fluidkompaß 775.
Fluor 560, 1139.
— spar 611.
Fluoren 228, 774.
Fluorescence 965.
—, relationship to constitution 228.
— spectra 965, 1110.
Fluoreszenz 966.
— der Farbstoffe 529.
— lampe 81.
— spektren 965, 1110.
Fluorogene Gruppen 192.
Fluoroscope 1240.
Fluorure de brome 164.
Flösse, Geschwindigkeitsmessungen 724.
Flußeisen 291, 301.
—, Schlagversuche mit 851.
Flüssige Luft 575, 1010.
Flüssiger Stickstoff 1138.
Flüssigkeiten, feuersichere Lagerung 548.
Flüssigkeitslinse 934.
— tourenzähler 597.
— wage 1230.
Flußsäure 560, 1004, 1108.
Flußwasserreinigung 11.
Flutkanäle 748.
Fluxes 1109.
Fluxmeter 475.
— schwankungen 423, 460.
Fly box 557.
— frames 1120.
— rod 557.
Fly-wheels 1068.
Flywheel, gas engine 594.
Flyer 1129.
— spindel 1118.
Flying machines 836.
Focofaciales, distances 867.
Fog-signalling apparatus 382.
Folding 37.

Folding machines 917.
— step 358.
Folia Uvae ursi 282.
Fondations 664.
Fonderie 611.
Font cover 681.
Fonte 301.
— crue 299.
— du verre 618.
—, mélangeur à 878.
Food 572, 889.
— factory 510.
Foods, digestibility 238.
Foot bridge 175.
— press 896, 1286.
—-warmers 646.
Footer 1290.
Footing 664.
Forage 154.
Force-diagrams, drawing 860.
—-mains, wrought-metal 544.
Forced draught 247, 549, 552.
Fördergurt-Kräne 636, 1169.
Förderkörbe 89.
— körper 1172.
— maschinen, Betrieb von 785.
— rohr 1171, 1176.
— vorrichtungen 87.
— wagen 90, 1172.
Forellenzucht 557.
Forestry 565.
Forge 388.
Forgeage 1044.
Forging 1044.
Form, Wasserschieber 218.
Formaldehyd 16, 17, 234, 873, 1011, 1121, 1210.
—-Basen aus 769.
—-Bestimmung 208.
—-Zuckerbildung aus 769.
Formaldehyde disinfection 272.
Formaldéhyde, réaction de 205.
Formalin 17, 533, 872.
— behälter 727.
— beize 807.
—-Desinfektionsverfahren 272.
Formerei 561.
Formhydroxamic acid 218.
Formiate d'amyle 36.
— de cocaïne 19.
— — quinine 18.
— verfahren 293.
Formisobutyracetaldol 218.
Formisobutyraldol 218.
Formkasten 564.
— maschinen 561.
— masse 564.
Formol 889.
Formpresse 562.
—, rotierende 615.
— sand 564.
Formurol 236.
Forsthausbauten 685.
— wartwohnung 684.
Forstwesen 565.
Fortbewegung von Bauten 669.
Fortification 538.
Fosse d'essais 389.
— septique 6.
Fötenfleisch, Nachweis 207.
Fotol-Druck 778.
Foulage 32.
Foulardage 517.
Foulard d'imprégnation 31.
— Mercerisier- 37.

Foulards 514.
Foundation pits 661.
Foundations 664.
—, footing in 165.
Foundry 504, 611.
— blower 595.
—, pipe 1000.
— tumblers 1135.
Four électrique 615, 1043.
—-stage turbines 1196.
Fourrures, teinture des 520.
Foyers 549.
Fractional condenser 776.
— extraction 193.
Fragilité des métaux 848.
Fraisage 568.
Fraktionierung, kalte 210.
Frame works of iron 511.
— — wood 511.
Fräsen 568.
Fräser 570.
— schleifmaschine 570.
Fräsmaschine 569.
Fräsmaschinen, Kegelrad- 1295.
—, Schutzvorrichtung 1058.
Fraudes de vins 1282.
Frauenkleidung 607.
Freezing points, depression 194.
— process in shaft sinking 85.
— temperature 1239.
Freibahnzüge 1074.
Freight cars 364.
— terminal 385.
Freilaufkurbeln 846.
Frein hydraulique 1223.
Freins 160, 373.
Freistrahl-Grenzturbinen 1198.
Frequency measurement 598.
— meter 482.
Frequenzmesser 482, 597.
Freskogemälde 843.
Friction 993.
— crab 634.
— gearing 788.
Friedhofskunst 270.
Friedhofsbauten 682.
Frigorifique, industrie 739.
Friktionsantrieb 789.
Frischgase, Kühlturm für 741.
Frit fly 1209.
Fritter 1153.
Frogs 320.
Froid, scie à 1006.
Fromage 750.
Froschlarve 559.
Frostbau 664.
— — mittel 544.
—, heaving by 667.
— mittel 235.
Frottierhandtücher 1273.
Frozen ground, thawing 496.
Fruchtsäfte 889, 891.
Fructose 770.
Fruits 898.
—, transportation 1178.
—, vin de 1283.
Fruit wines 1283.
Fruktose 769.
Fuchsanlagen 1052.
Fuel 161.
— gases, examination 552.
— oil engine 591.
—, smokeless 766.
— value 162.
Fulgide 191, 228.

Füllapparate 571.
— federhalter 1035.
Fulling 31, 32.
— machine 32.
Füllmaschine, Dosen 731.
— masse 1316.
— stoff 924.
— vorrichtung 1176.
Fulmenit 1123.
Fulvens 228, 773.
Fumée 987.
—, analyse de la 989.
Fumier, distribution 814.
Funeral 101.
— car 364.
Fungus growth 10.
Funiculaire électrique 400, 401.
Funkenentladung 417.
— fänger 338, 354, 548.
— induktor 463.
— spannungen 422.
— telegraphie 1153.
— werfen 352.
Furfurane 219, 231.
Furfuran group 214.
Furnace bars 553.
— charging, weighing machine 1230.
—, electric 721.
— gas 578.
— linings 721, 1044.
Furnaces 549.
Furniture, surgical 790.
Furs dyeing 520.
Fusel, huiles de 1122.
— ölbildung 574.
Fusil automatique 1222.
—, essayer 1221.
Fußbekleidung 1056.
— böden, Exerzierhäuser 707.
— — heizung 642.
— —, Spinnereien 707.
— —, Webereien 707.
— halter, Verband- 729.
Futterkalk 810.
—, Mineralbestandteile 869.
— mittel 572.
— —, Einfluß auf die Milchsekretion 869.
— rationen 810.
— rüben 573.
— — anbau 809.
Fütterung des Viehs 811.
Fütterungsversuche 810.
Futterwert der Zuckerschnitzel 1315.
Fuze 1229.

G.

Gables 654.
Gadose-Stroschein 236.
Gaff carrier 557.
Gagatkohle 1048.
Galactose 768.
Galakto-Lipometer 875.
Galène 151.
Galenische Präparate 208.
Gallaceteïn 221.
— acetophenon 227.
— ocyanin 530.
Galle 240.
Gallenfarbstoffe 240.
— hämolyse 1103.

Gallic acid 596.
Gallussäure, Bestimmung von 856.
Galmei 1309.
Galvanic cells 967.
Galvanische Elemente 486.
Galvanizing, electrolytical 849.
Galvanometer, ballistic 476.
Galvanomètre 475.
Galvanoplastik 444.
Galvanostegie 444.
Gantry crane 638.
Ganzzeughölländer 912.
— — mahlung 922.
Garance 520.
Garbage crematory 10.
— disposal 881.
Gares 383.
—, éclairage des 386.
Gärfähigkeit der Hefe 640.
— -Saccharoskop 728.
— spunde 145, 533.
Garment dyeing 520.
Garnfärberei 516.
— fettmaschine 1113.
— ketten, bunte 1275.
— klopfmaschine 1113.
— prüfungsapparat 857.
— qualitäts-Meßapparat 856.
— sortierwage 856, 1111.
—, Trockenmaschine 1181.
— wagen 856.
— winde 1069.
Garnierrisse 1167.
Gartenbau 574, 704.
— pavillon 705.
— -Terrassen 690.
Gärtnerhaus 695, 704.
Gärung 574.
— der Würze 145.
—, Spiritusbrennerei 1121.
Gärungs-Saccharometer 206, 799.
Gärungserreger in der Milch 875.
— küpe 520.
Gasabsorption 963.
— analyse 577, 821.
— anstalten 820.
— badeofen 52.
— behälter 824.
— —, Abdichtung 275.
— boosters 73.
— burner 551.
— -composimeter 989.
— compressor 831.
— controller 72.
— druckbestimmungen, Apparate für 734.
— — messung 968.
— — regler 825.
— engine, moulding 615.
— —, pattern making 615.
— engines 583.
— —, double-acting 588.
— —, ignition 593.
— —, starting device 583.
— entwicklungsapparate 798.
— erzeugung 577.
— explosionen 502.
— fernzünder, elektrischer 71.
— feuerung 550.
— filter 554, 577.
— finder 826.
— gebläsemaschine 720.
— generator, fire extinguishing 544.
— generatoren 823.

Gasgeneratorenanlage 582.
— glühlicht 67.
— — — beleuchtung, Fortschritte 66.
— — — brenner 68.
— — —, hängendes 69.
— — — lampen 67.
—-heating 642, 648.
— heizung 642, 648.
— hochofen 739.
—-holders 821, 824, 860.
— industrie 819.
— kalorimeter 164, 1237.
— ketten 486.
— koks, Verwendung von 642.
— kompressoren 831.
—-Kraftmotoren 779.
— kühler 720.
— lichtpapiere 936.
— lötöfen 829.
—-mains, electrolysis 999.
— maschinen 583, 779.
— — und Dampfturbinen 1193.
— messer 825.
— öfen 1042.
— power economics 779.
— producer 822.
—-producer power-plants 781.
— production 577.
— prüfer, selbstregistrierender 255.
— pump 978.
—, purification of 578.
— reaktionen, Chemie technischer 198.
— reiniger 824.
—-retort 823.
— rohrschweißöfen 826, 1068.
—-saving 722.
— spritze, elektromobile 543.
— —, Kohlensäure 543.
— stoß 963.
—-stoves, condensing 649.
— —, flueless 649.
— strömung, Untersuchung der 963.
— tar 1151.
— tiegelofen 1042.
— turbinen 1192, 1200.
— verflüssigung 576.
— verteilung 826.
— waschapparate 722.
—-works 820.
— zündeapparate 71.
Gase 575.
—, Ausströmen unverbrannten 800.
—, Einleiten von 798.
—, Ionisierung von 962.
—, Ionisation in 420.
—, nitrose 1008.
—, Reinigen 577.
Gaseous fuels 578.
— fluorine 962.
Gases 575.
—, flow of 962.
—, ionization of 409.
—, velocity of sound 960.
Gasolin aus Naturgas 496.
Gasoline 1040.
— engines 587, 590.
— —, cooling 594.
— explosions 592.
— locomotives 359.
—-motor 1027, 1148.
— — wagen 359.

Gasometerschrank 798.
Gasometrie 209.
Gassing frames 1129.
— machine 34.
Gass-tenga 282.
Gasthofbauten 693.
Gaststube 705.
Gate-saws 1004.
— valve 1213.
Gates, hydraulically operated 626.
Gattersägen 1004.
Gaufrieren 36.
Gauge, micrometer 862.
— tester 844.
—, water 1252.
Gautsche 916.
Gaz 575.
— à chauffage 578.
— — force motrice 578.
— — l'air 73.
— — l'eau 578.
— — —, éclairage au 73.
—, compresseurs de 831.
— d'éclairage d'houille 819.
— — —, explosion 502.
— houille, éclairage à 66.
— des hauts fourneaux, utilisation 722.
— d'huile 901.
—, génération de 577.
— inflammable des marais 496.
— pauvre, moteur à 588.
Gazogènes 580.
Gazomètres 824.
Gear cutter 571, 1295.
— cutting 570, 1294.
— — machines 1287.
— moulding machine 612.
Geared locomotives 350.
Gearings 610, 1232.
Gearless cars 1076.
— transmission 1093.
Gears, speed-change 789.
Gebirgsgeschütze 1218.
Gebläse 594.
—, Antrieb von 779.
— ofen 1044.
Geburtszange 729.
Gedächtnishaus 704.
Gefängnis 685.
Gefäße, explosionssichere 548.
Geflügelstall 703.
— zucht 812.
Gefrierhäuser 742.
— punkt, Bestimmung des 964.
— punktserniedrigung 196.
— verfahren 1281.
— — zum Schachtabteufen 85.
Gefügeuntersuchung des Eisens 296.
Gegenkapazität, Beeinflussung 421.
— strom-Dampfkessel 256.
— — gliederkessel 644.
— — kühlapparat 765.
— — -Vorwärmer 252.
Geigenbau 887.
— wirbel 888.
Gelägerbranntwein 1122.
Gelatine 818, 1250.
—-Auskopierpapier 944.
— kapseln 1070.
— seide 1070.
—, Spaltung 420.
Gelatinierungsmittel 1124.
Gelatinolytische Enzyme 495.
Gelatinöse Sprengstoffe 1127.

Geläute 620, 681.
Gelbbrenne 866.
— filter 935.
— gießerei 842.
Geldzählmaschine 864.
Gele 894.
Geleiselehre 321.
Gelenkstangen 846.
— wagen 361.
Gemeindehaus 683.
Gemüsepflanzen 810.
Générateur à tubes d'eau 249.
Generating station, hydro-electric 1252.
Generator, Gasturbinen 1201.
— gas 578.
—-Gasmaschinen 582.
Genévriers, essences de 900.
Genickstarre 607.
Genußmittel 889.
—, Salicylsäure in 1006.
Geodätische Instrumente 731.
Geodätisch-kulturtechnische Ausstellung in Königsberg 48.
Géodésie practique 1215.
Geodetical instruments 731.
Geonomy 802.
Geraniumlack 532.
Gerätewagen, Elektro-Automobil 543.
Geräuschdämpfung 1212.
Gerbleim 915.
— säuren, Bestimmung 204, 856.
— stoffe 595.
— —, Färbevermögen 528.
Gerberakazie 596.
Gerberei 510, 595.
— abwässer 4.
Gerichtsgebäude 684.
Germanen-Oefen 705.
Germination 970.
Gerste 142, 609.
—-Kultur 808.
—, Lagerung 1178.
—, Weichen der 1121.
— entgranner 813.
— proteide 142.
— trocknung 142.
Geruchsverschluß 749.
Geschäftshäuser 692.
Geschosse 1218, 1227.
— Torpedo 1229.
—, Geschwindigkeit 1219.
— rohre, Einwirkung von Pulver 1125.
Geschütze 1223.
Geschwindigkeitsmesser 343, 597, 1099.
— regler 993.
—-Ueberwachungs-Apparat 598.
Gesellenheim 700.
Gesenkmaschinen 1286.
Gesichtsschutzmaske 1058.
Gespinstfasern 599.
Gesprächszähler 538.
Gestängebrüche 1162.
Gesteinsbohren 158.
Gesteinsbohrmaschinen 508, 600.
Gestelle 370.
Getreidekörner, Keimung 1121.
—-Trockner 1181.
Gesundheitspflege 601.
—, städtische 602.
Getreide 609.

Getreidekontrollmappe 147.
— speicher 132.
Getriebe 610.
Gewächshausheizung 644.
Gewebe, Feuerfestmachen 548.
—, Unterscheidung 600.
—, Wasserdichtmachen 1248.
Gewebsfärbung 868.
Gewehr 1218.
— läufe, Einwirkung von Pulver 1125.
— patronen, Füllen der 571.
— stütze 1223.
Gewerbehalle 697.
— häuser 700.
Gewerbliche Gesundheitspflege 602.
Gewicht, Ermittelung des spezifischen 38.
—, fragliche Aenderungen des 190.
—, spezifisches, Veränderlichkeit 970.
Gewindekluppe 1054.
— -Schneidmaschine 1053.
Gewölbebau 664.
— -Berechnung 708.
—, eingespannte 166.
— gurten 135, 170.
— -Konstruktionen 133.
Getränke, alkoholfreie 892.
Gewürze 889, 891.
—, Zuckerarten der 768.
Ghaddawachs 142.
Gichtaufzug 299, 633.
— bahn 401.
— gasreinigung 723.
— mittel 233.
— seilbahnen 1176.
Gießapparat 611.
— fieber, Bekämpfung 604.
— kräne, Sicherheitsvorrichtung 1057.
— laufkräne 721.
— maschinen 720.
— wagen 721.
Gießen des Glases 618.
— ohne Modell 614.
— unter Druck 615.
Gießerei 611.
— maschinen 615.
— —, elektrisch betriebene 785.
Gießereien, Einrichtung 504.
—, Fußbekleidung 606.
Gill-boxes 1114.
Ginning seed cotton 1114.
Gins, outrigged 1271.
Gips 617, 1295.
— estrich 62, 707.
—, Feuersicherheit 547.
—, putz 705.
— treiben des Portland-Zementes 1302.
— und Portlandzement 1302.
Girder connection 660.
Girders 1168.
Gisaldruck 778, 957.
Gitter, Akkumulatoren 487.
— trägerbrücken 134, 170.
Glace 290.
— automobile 1123.
—, hélice sur la 1123.
Glacélederfärberei 520, 816.
Glaçures 1165.
Glanzmuster auf Geweben 523.

Glas 618.
— bausteine 619, 703.
— dach 710.
— Kitt für 758.
— kühler 800.
— prisma, Bedeutung des 66.
— radierungen, photographische 956.
Glaserit 738, 894.
Glasierte Ziegel 1165.
Glasur für Irdenwaren 1066.
— masse 1042.
Glasuren 1165.
Glätten 919.
Glattstrohpresse 815.
Glättwerk 916.
Glaukophansäure 532.
Glazes 1165.
Glazing, puttyless 708.
Gleichstrom - Ampèrestundenzähler 478.
— dynamos 447.
— — maschinen 446.
— — —, Pendelerscheinungen an 446.
— — motoren 448.
— — -Schwungradsystem 784.
— — Turbogeneratoren 448.
— — zähler 478.
Gleiskontakte 382.
— krümmungen 167.
— —, Eisenbahnbrücken in 315.
Gleislose Bahnen 402.
— richtung in Bogen 312.
Gleitfunkenbildung 422.
— lineal 906.
— schutzdecken 1090.
— widerstand 107, 853.
Gleiten von Motorwagen 1076.
Gliadin 403.
Gliederkessel 250, 648.
Glimmlichtoscillograph 470, 463.
Glimmer 620.
— -Heizkörper 650.
Glissement longitudinal 408.
Globoidrollgetriebe 610.
Globulin 402, 403.
Glocken 620.
— läutemaschinen 681.
— mühle 880.
— spiel 682.
Gloverturmprozeß 1062.
Glow-lamp-lighting 80.
Glucoprotéines 403.
Glucose 768, 770.
— dans l'urine 206.
Glucosides 620.
Glue 818.
Glues and mastics 757.
Glühkörper, Abbrennen von 68.
— — -Abbrenn-Maschine 68.
— —, Formen von 67.
— —, Härten von 67.
— lampen, Lichtstärke 84.
— —, Fassung 82.
— — —, elektromagnetische 83.
— —, Lebensdauer von 84.
— —, Luftentleerung 83.
— — technik, Fortschritte 83.
Glühlampe, Wattverbrauch 84.
— lichtbeleuchtung 80.
— strümpfe, Analyse 211.
— ofen 631.
— strumpfbefestigung 67.
— — stütze, hängende 70.

Glühstrümpfe, gewirkte 1289.
— — Herstellung von 67.
— zündung, dynamo-elektrische 1127.
Glühen 630.
Gluing machine 1286.
Glukoside, Benzalderivate 223.
Glutamin 403.
Gluten 402, 861.
— mehl, Fütterung mit 810.
Glyceride, Aufbau 539.
Glycérine 620.
— im Wein 1282.
Glycerylphosphoric acids 928.
Glycin-carbonsäure 219.
Glycines 225.
Glycocoll, Phosphorwolframate von 218.
Glycogène, dosage 208.
Glycylglycin 219.
Glykocholsäure 218.
Glykogen 769.
— im Muskel 207.
Glykole 214, 220.
Glykosan 229.
Glykose 620.
Glykosid-Reaktionen 205.
Glykoside 620.
Glyoxylate d'éthyle 220.
Glyoxylsäure 207.
Glyzerin 620.
Gobelin 1274.
Godets, convéyeurs à 1171.
Gold 621, 718.
— bagger 55.
—, Bestimmung 202.
—, dredgers 55, 622.
— keime, amikroskopische 195.
— kolloidales 1107.
— leisten 1286.
— probierverfahren 623.
— purpur 623.
— schmiedekunst 623.
Golding 1214.
Gomme laque 555.
— tragasol 35.
Gonorrhoe- und ähnliche Mittel 233.
Gonystylus Miquelianus 900.
Göpelköpfe 386.
Gossypium 60.
Goudron 1150.
Goudronnage 1132.
Gouvernail 1021.
Governor, engine 991.
—, gas engine 722.
Grabdenkmal-Entwürfe 270.
— stein 271.
Gräbenzieh-Maschine 54.
Gradiermaschine 1055.
— werk 1264.
Grain drier 609, 1181.
— elevators 1177.
Grains, germination 143.
Graisse des vins 1281.
Grana-Käse 750.
Granitasphalt 41.
Granite 661, 662.
Graphit 624, 719, 67, 1046.
— fadenlampe 81.
Grasbau 809.
— mähmaschinen 813, 815.
Grates 553.
Graviermaschinen 778.
Gravieren 624.

Gravitation 964.
Gravity, accelaration 964.
— filters 1255.
Grammophonzylinder, Wachs für 1217.
Granate 1227.
Granitoid 1245.
Gravure 624.
Grease 1294.
— eliminator 254, 1256.
— -separator 647.
Greisenasyl 701.
Grenat α-naphtylamine 523.
Grids, purifier 824.
Gries, Untersuchung 890.
Greifer 1169, 1176.
—, Drehkran 1176.
— kran 1175.
Grenades à main 1228.
Grillages 34, 661, 668.
Grille récupératrice 643.
Grilles 553.
Grilloir à plaques 31.
Grinding 1036.
Grisoumètre 770.
Grisous 91.
Grobschliff 911.
Groined arches 1255.
Großgasmaschinen 584, 588.
— schiffahrtsweg 744.
Ground-fishing 556.
— water 668.
Grouting 1250.
Groyning, submarine 1247.
Groynes, chain cable 1247.
Grubenausbau 100.
— bewetterung 95.
— brand 92.
— lampen 93.
— lufttemperaturen 91.
— system 13.
Grue à tourelle 637.
— flottante 637.
— hydraulique 1172.
Grues 635.
Grundschwellen 1242.
— wasserauftrieb 102.
— — bildung 1260.
Gründüngung 804.
— lack 532.
— malz 143, 1121.
— — tennenwender 149.
Gründung auf Pfählen mit Luftdruck 314.
Gründungsarbeiten 664.
Guajakblutprobe 207.
— harz 632.
Guajol, présence de 900.
Guanidin 218.
— karbonat 211.
Guano, Düngversuche mit 805.
Guidons reversibles 513.
Guindals 634.
Gum wood 1144.
Gummi-Absätze 1056.
— ader-Schnüre 465.
— band-Leitungen 465.
— baum 712.
— — als Bauholz 64.
— druck 943, 947.
— lösungen 758.
— schnur-Dichtungen 826.
— -Sohlen 1056.
— walzen, Schleifen von 1039.
— waren 1273.

Gummiwareufabriken, Feuerschutz 548.
Gumming of oil 1046.
Gun back sights 1225.
— boats 1027.
— cotton, purifying 1127.
—, stabilising 1127.
—, electro magnetic 1225.
— factory 507.
— metal 848.
— recoil 1220.
Guns, construction 1223.
Gurtförderer 719, 1169, 1176.
Gußeisen 301.
— —, Festigkeitsprüfung von 851.
— —, Schwinden des 294.
— eiserne Röhren, Dauer 999.
— putzerei 617, 1009, 1135.
— putzhäuser 613.
— röhren 999, 1267.
Gut cords 1279.
Güterbahn, unterirdische 398.
— schuppen 386.
— station 384.
— wagen 364.
Guttapercha 751.
Gutter-cutter 1049.
Gutters 748.
Gypsum 617.

H.

Haarmittel 926.
— riemen 996.
— risse in Beton 109.
Habitations ouvrières 688.
Hackerblatt 1115.
Hadernhalbstoff 923.
— reinigung 910.
Häfen 624.
Hafeneinfahrt, Aufschlickung 1246.
— kräne mit Gleichstrombetrieb 785.
— machen 1165.
— öfen 618.
Hafer 808.
Hagebuttenöl 900.
Hainbuchenblätter 238.
Hair cracks 109.
— dyeing 520.
Häkelgalonmaschine 560.
Hakenberechnung 846.
Halage à chaîne submergée 1150.
Halbellipse 407.
— gasfeuerung 549.
— — ofen 721.
— sekunden-Pendel 1201.
— stoff, Hadern- 911.
— zeugmahlung 922.
Haldendrahtseilbahn 401.
Hall 654, 691.
Halle, freitragende 704.
Hallenkirche 678.
Halles 701.
Halmagis-Maschine 742.
Halogenide, organische 216.
Halogenphosphormethode 982.
— sauerstoffverbindungen 736.
Halogens, estimation 204.
Halogenverbindungen 1291.
— wasserstoffsäuren 242.
Hämatinsäuren 219.
Hämatoxylin 224, 868.
—, copper compound 795.

Hammer rock drills 601.
Hammerwerke 628.
— rippkran 636.
Hämolysinbildung 1103.
Hämopyrrol 982.
Handbeil 1218.
— car 1123.
— bohrmaschinen 157.
— feuerwaffen 1222.
— granaten 1228.
Handkerchiefs 1274.
— -level 732.
— -press moulding 563.
— schriften, Photographie 956.
— spektroskope 952.
— stellwerk, elektromotorisches 377.
— strichsteine 1307.
— zentrifugen 870.
Hanf 628.
— magazin 1178.
— röstegruben 605.
Hängebahnen 327, 399, 1175.
— —, elektrisch betriebene 399.
— brücken 174.
— werke 662.
Hanks, twisting machine 1130.
Harbor, depth 624.
Harbours 624.
Hardening 630.
— furnace 631.
Hardness, determining 849.
Hardtack bread 165.
Hardwickia pinnata 631.
Harne, Prüfung 206.
Harness 1277.
— motion 1279.
Harnröhren-Dehner 730.
— — lampe 730.
— — spüler 730.
— — säure 629.
—, Bestimmung 206.
— -Separator 728.
— stoff 629.
— zucker 206.
Härtemesser 858.
— mittel 630.
Härten 630.
— des Stahles 296.
Härteofen 631.
Hartgeschosse 1228.
— gipsformen 125.
— gummipressen 753.
— hölzer, Trocknen 1180.
— walzen 1003.
Harvesting machinery 815.
Harz 1248.
— bestimmung im Kautschuk 755.
Harze 631.
—, Einfluß auf Kautschuk 754.
Harzkernseifen 1070.
— leim 915.
— — seifen 1070.
— leimung 924.
— öl 632.
— — farben 29.
— seifen 1070.
Haspelapparat 31.
Hatches 909.
Hatchet planimeter 863.
Hathamit 1125.
Hat-manufacture 717.
Haube für Bürstenzeuge 1057.
Haubitze 1218, 1223, 1224.
Haulage 87.

Hauling clip 90, 639.
— engine 401, 635.
Hauptbahnen, elektrische 393.
—, mit Dampf betriebene 389.
Hauptgestüt 704.
Hausenblase 819.
Hausgeräte 63a.
— schwamm 715.
Hautlager 506.
Hauts fourneaux 299.
Headgates 492, 1041.
Headings 1187.
Heading machines, rivet 896.
Headrace 1252.
Headstock 1040.
Hearting, concrete 1245.
Heat 1233.
— energy, conversion of 262, 1233
— engines 790.
— governor 992.
Heating 641.
—, electric 650.
— gas 577.
—, power determination of 162.
Heat motor 789.
— of the earth 1233.
— transmission 251.
Hebammen-Lehranstalten 699.
Hebebühne 634.
Hebel-Entleerer 261.
Heberleitungen 1267.
Hebezeuge 633.
—, Bremssysteme bei 160.
Hechelmaschine 1112.
Heddle 1279.
Heel switch 320.
Heerabol-myrrhe 282.
Hefe 639.
— extrakt 1121.
—-Formmaschine 641.
— katalase 574.
— mischmaschine 641, 877.
—-Teilmaschine 641.
Hefizwingen 1284.
Heidekraut 910.
Heißdampflokomobile 828.
— —-Lokomotive 335, 341.
— —-Lokomotivkessel 350.
— — maschinen 267, 780.
— — rohrleitungen 260.
— —-Verbundmaschinen 338.
— —-Zwillingsmaschinen 338.
— luft-Apparate 730.
— — motoren 386, 789, 790.
— wassererzeuger 641.
— — heizungen 643.
Heizeffektmesser 247.
— flächen, spezifische Leistung
   247.
— gas 577, 643.
— körper 642.
— — lacke 555.
— öl 161.
— stoffe, Zersetzung fester 161.
Heizung 641.
—, Abdampf 918.
—, elektrische 550, 631, 650.
—, Frischdampf 918.
Heizwert-Bestimmung 162.
— von Kohlen 761.
Helgen, gedeckte 507.
— kran 636.
Helical springs 845.
Hélice glace 1123.
Hélicoptère 836.

Heliogravüreverfahren 957.
— mètre 907.
— tropismus 971.
Helium 650, 986.
—, liquéfaction 576.
— röhren 412, 421, 650.
Helligkeitsprüfer 606, 695.
Helling-Anlagen 511.
Hematite 298.
— mining 98.
Hemellithenolreihe, Phenole der
   220.
Hemicellulose 768.
Hemmungen 1204.
Hémoglobine 239.
Hemp 628.
Herapathitreaktion 18.
Heringssalzerei, Maschine 777.
— schneidemaschine 777.
Herse 1148.
Hertzian oscillators 412.
Hertz-phenomena 411.
Hertzsche Erscheinungen 411.
Heubereitung 572.
—-Fütterung 810.
Hevea brasiliensis 755.
Hexabrompseudobromid 927.
Hexachloräthan 219.
Hexahydroaromatique, série 222.
Hexan 73.
Hexanitrodiphénylamines 226.
Hg-Lampe 953.
High-frequency current, measure-
   ment of 481.
— furnaces 299.
—-power gas engine 586.
—-pressure gas distribution 825.
—-speed steels 850.
— — tools 1283.
— temperatures, recorder 991.
— water 1241.
— way 1143.
— — bridges 136, 1245.
Himbeersäfte 891.
Hinterladegeschütze 1223.
Hippuric acids 224.
Histidin 233.
Hobelmaschinen 651.
—, Schutzvorrichtung 1058.
Hobeln 651.
Hochbagger 1176
— bahn, elektrische 398.
— bahnen 397, 398.
— bahnkran 719.
— bau 65a.
— behälter 1268, 1271.
— frequenz - Schwingungen 536,
   1154.
— hubsicherheitsventile 255.
— moore 566.
— —, Bedeutung 491.
— öfen 299, 720.
— —-Dämpfe 720.
— ofengase-Kühlapparat 722.
— — —-Reinigungsapparat 722.
— — schlacke im Zement 1301.
— — verstopfungen, Beseitigung
   721.
— — seefischkutter 1033.
— — pegel 926.
— — spannungsanlagen 430, 783.
— —-Fernleitungen 464.
— —-Freileitungen 464.
— —-Isolatoren 472, 1165.
— — leitungen 467, 783.

Hochspannungslichtbogen, Spektrum 1110.
— — ölschalter, selbsttätige 469.
— —-Oelvoltmeter 476.
— — transformatoren 1205.
— — wasserverhältnisse 1241.
Hogcholera 812.
Höhenmessung 1216.
Hohlräume in Stahl 305.
Hoist 1174.
— guardian 634
Hoisting engine 634.
— methods 87.
Hoists 633, 634.
Holing and cutting machines 1052.
Holländer 912, 925.
— tröge 130.
Höllenstein 1106.
Hollow-milling 571.
— tile 661.
Holz 711
—, Anstriche für 28.
— arten, japanische 568.
— bau 674.
— bearbeitung, mechanische 712.
— biegen 141.
— bögen 704.
— bohren 154.
— bottich, Lackieren 555.
— brei 1134.
—, chemische Bearbeitung 713.
— dämpfer 911.
— emaille 716.
— faser 1298.
—, feuerfestes 547.
— freies Papier 923.
—, geist, Giftigkeit von 973.
— generatoren 579.
—, isolierende Eigenschaften 473.
— kitt 757.
—, Klangfähigkeit 716.
—, Konservierung 713.
— krankheiten, Bekämpfung 715.
— mehl, Nährwert 572.
—, optische Untersuchungen 712.
—, pfeifenfabrikation, Schleifscheiben 1029.
— pflaster 1144.
— sägemehl 1134.
— scheiben 998.
— schliff 910, 911, 916.
— —, feuersicherer 548.
— —, Flaschen aus 559.
— —-Schwamm 715.
— stoff, Konservierung 778.
—, unverbrennliches 713.
— verderbnis 712.
— verkohlung 714.
— zellstoff - Fabriken, Abwässer
   der 10.
— zement 711.
Homochelidonin 19.
Homogenisiermaschinen 187.
Homöotropie 961.
Honey 141.
Honig 141.
— schleuder 142.
Hop 716.
Hopfen 144, 716.
Hôpitaux 698.
Hopper, bran 884.
— wagons 365.
Hopping 144.
Hordenin 223.
Hordénine 19, 225, 494.

Horizometer 731.
Horizontal intensity of lamps by rotating method 84.
— pendel 733.
— ruder 1028.
Horloge astronomique 1203.
Horloges 1202.
— électriques 1202.
Horn 716.
—, Automobil- 888.
Hörsaal 699.
— samkeit 677.
Horse breeding 812.
— hair lines 556.
— —, spinning machine 1117.
— nail 717.
— -shoeing 716.
Horticulture 574.
Hosiery 1289.
— finishing 32.
— machine 1290.
Hospital car 363, 791.
Hospitals 698.
—, ventilation 646, 840.
—, warming 646.
Hot air heating 648.
— blast heater 648.
— — stoves 299.
— — system 595.
— gases, pump 595.
— journal 545.
— -water, generators 641.
— — heating 643, 644.
Hotel, Heizung 647.
Hotels 692.
Houblon 716.
Houblonnage 144.
Houilles, pouvoir calorifique 163, 760.
Hub, pneumatic 1087.
Hubmagnet 637.
— tor 386, 1170.
Huchenzucht 557.
Hufbeschlag 716.
—, nagelloser 717.
— einlage 717.
— eisen 717.
Hühnerzucht 813.
Huiles 539, 900.
—, appareil à essayer 1047.
— de graissage 1045.
Huiles essentielles 900.
Hulling of corn 884.
Humidifiers 830, 1211.
Humidité, détermination 663.
Huminstoffe 1263.
— —, Entfernung 1253.
Humiques, substances 239.
Hummer-Schutz 558.
Humps 387.
Humuskörper, Analysen 803.
— stoffe 567.
— —, Benennung 804.
Hundebad 700.
Hurdle-stakes 1247.
Hüte, Papier- 922.
Hutmacherei 717.
Hüttenkräne 718.
— werke, Kraftübertragung auf 784.
— wesen 717.
Hydramide 26.
Hydrastis canadensis 208.
Hydrates de carbone 767.
Hydration 197.

Hydraulic architecture 1240.
— -fill dams 1244.
— governor 993.
— laboratory 797.
— machine 788.
Hydraulic machinery 1251.
— mining 764, 1244.
— moulding 562.
— pumps 978.
— turbines, control of 1201.
Hydraulics 723.
Hydraulic shear 1049.
Hydraulik 723.
Hydraulique 723.
Hydraulische Bindemittel 1300.
— Kalke, Festigkeitszahlen 739.
— Presse 977.
Hydrazine 724.
Hydrazinhydrat 759.
Hydrazonfarbstoffe 529.
Hydrex felt 1249.
Hydro-aromatic substances 222.
Hydrocarbons 773.
— carbures 773.
Hydrocarpus Wightiana 282.
— chlorid acid 1009.
— cyanic acid 1208.
— -electric installation 782.
— — —, load factor 428.
— — —, design of 428.
— — plant 430, 433.
— -électrique, usine 1252.
— -Feuerung 552.
Hydrogénation 213.
Hydrogène sulfuré 1064.
Hydrogène 1259.
Hydrogen 1259.
Hydrogène, spectres 1109.
Hydrogen sulphide generator 798.
Hydrographic work 724, 1215.
Hydrol 214.
Hydrolith 189, 835, 1260.
Hydrolithic coating 1250,
Hydrolyse 1131.
— von Seifen 1071.
Hydrolysing-chambers 7.
Hydrolysis 197.
— of salts 212.
Hydromobil 1030.
— pinensulfinsäure 743.
— plane 1030.
— sole 195.
— sulfit 1064.
— sulfitätzen 526.
— benzoic acids 226.
— xylamin 725.
Hydrure de calcium 189.
Hygiene 601.
Hygiène domestique 602.
— industrielle 602.
— urbaine 602.
Hygienische Ausstellung 48.
Hygrometer 956.
Hylobius abietis 1208.
Hyperbelplanimeter 732.
Hypnotika 233.
Hypobromitmethode 206.
— chlorite 444.
— — cell 5.
— — plant, electrolytic 507.
— chlorits 271.
Hysterese, Berechnung von 446.
— verluste 423, 446, 460.
Hysteresis loss 423, 446.

I.

Ice 290.
— automobile 1123.
— -breaking steamers 290, 1033.
— -leveller 330.
— -making plants 739.
Ichthyol, Untersuchung 208.
Idle currents 421, 446.
Ignition attachment 1097.
—, electric 593.
— outfit 1097.
— plug 1097.
— spontaneous 1071.
— tappet motion 1082.
— temperatures, hydrogenoxygen 1259.
— timing 1075, 1086, 1097.
— — gear 1082.
Ikatten 515.
Illippefrüchte 810.
Illumination, indirect 65.
—, physiological factors in 66.
Illustrationsdruck 283.
Imidbromide 27.
Imidoäther 43.
Imine 26.
Immedialfarben 525.
Immersed chain, towing by 1150.
Immunitätsforschung 1103.
Impedance 481.
Imperméabilisation 1248.
Imprägnier-Apparate für Korke 273.
Impression à l'égard des tissus etc. 513.
— sur papier etc. 283.
Imprimeur, télégraphe 1152.
Incandescent electric lamp 76.
— gas-burner, inverted 70.
— — mantles 67.
— lamps 83.
— —, tests of 84.
— mantles, analyse 211.
— —, radiation from 903.
Incendie, protection contre 545.
—, résistance à 673.
Incendies 672.
—, appareils appliqués à l'extinction 544.
—, service des 543.
Inclined retorts 823.
Inclines 401.
Inclinomètre 1137.
Incrustations 252.
Indamine 530, 1065.
Indaminfarbstoffe 531.
Indandione 213, 230.
Indanthrene, printing 526.
Indanthrenfarbstoffe 521, 531.
Indazol 50.
Indenoxalester 43.
Independent-Glühlampe 82.
Index centers 570.
— of refraction 192.
India rubber 751.
Indicateur de facteur de puissance 458.
— — synchronisme 458.
— — vitesse 1099.
Indicateurs 725.
— de niveau d'eau 255.
Indicators 725.
Indicator springs, calibration 727

Indigo 725.
— druckverfahren 524.
— -Ersatzmittel 521.
— färberei 517, 520.
—, schwefelhaltige Analoga 231.
Indigotin 725.
Indikan im Harn 207.
Indikatoren 201, 725.
—, Verwendung 198.
Indikatorfedern 727.
—, Gasmotoren 594.
Indium 727.
Indoleninbase 231.
Indolenine 216.
Indolgruppe, Konstitution 230.
—, Nachweis 207.
—, Reaktion auf 205.
Indolinbase 231.
Indolinol 231.
Indolinone 230.
Indophenolfarbstoffe 530.
Induced draught 552, 595, 650.
Inductance 481.
Induction coils 463, 464.
— motor 455.
Induktion, magnetische 446, 459.
Induktionsapparate 463.
— öfen 718, 1043.
— zähler 478.
Induktorentladungen 463.
Industrial chemistry 199.
— hygiene 602.
Industrieviertel 658.
Inertol 28.
Inflammability of cotton, reducing 548.
Influenzmaschinen 462.
Infrastructure, chemins de fer 313.
Ingots 612.
—, Abschervorrichtung 722.
—, compression of 616.
—, strippers 722.
Inhalationsvorrichtung 728.
Injections de ciment 1250.
Injector lubricator 1048.
—, tests of 351.
Injektoren 254.
Inks 1162.
Inlay 653, 663.
Inosite, recherche 206.
Insekten-Schutzgitter 1105.
— wachs 142.
Inspection pits 387.
Installations électriques 430.
— material 467.
— technik 466.
Instrumente 727.
—, maschinentechnische 734.
—, physikalische 733.
Instruments 727.
—, astronomiques 731.
— de météorologie 735.
— géodésiques 731.
— mécaniques 734.
—, nautiques 731.
— physiques 733.
Insulation 472.
— joints 999.
— resistance 479.
Insulator clamps 467.
— pin 473.
—, third-rail 325.
Insulators, high-tension 473.
Intake 1265
— tunnels 608, 1263.

Intarsien-Schneider 713.
Intensification 940, 945.
Intensität, hemisphärische 66.
Intensivlampen 69.
Intercepting chamber 1265.
Intercoolers 832.
Interference-rings 966.
Interférences 961.
Interferenzerscheinungen 1233.
— prinzip 966.
Interferometer 902.
Interlocking plant, electric 377.
Intermittierende Filiration 9.
Internal combustion engine 587.
— — motors 584.
Internationale Ausstellung in Mailand 46.
Interrupters 1207.
Interrupteur automatique 1207.
Interrupteurs 1207.
Invalidenheime 701.
Invertbrenner 70.
— gasglühlicht 70.
— lampen 70.
— zucker 1318.
Invertin 494.
Iodomercurates 983.
— — de magnésium 841.
Ionenbeweglichkeit im Nebel, Versuche 419.
— bildung des Schwefels 1061.
— geschwindigkeit 198.
— theorie 198.
—, Wanderung 440.
Ionic velocities 419.
Ionisation par solution 195.
— by platinum 975.
Ionisierungsmittel, organische 963.
Ionization 440.
—, phenomena of 962.
Ions, recombination 962.
Iridium 736.
— lampe 81.
Iron 290.
— -carbon alloys 307.
— clads 1025.
— -clad work 510.
— construction 659.
—, fragility of 850.
—, influx into water 1263.
— losses, determination 460.
— moulding 1273.
— pipes, return current on 465.
— plate mill 508.
—, removal of 1253.
Ironing equipment, electric 1239.
Irrigation 490, 802.
— ditches 558.
— tunnel 1188.
— weir 1246.
— works 1245.
Irrigator 730.
Irriguer, canal à 747.
Ischwarg 282.
Isländischmoos 32.
Isoamylique alcool 20.
— bernsteinsäure 1013.
— borneol 743.
— hexane 773.
— leucin 403.
— tachyol 271.
— thermal distillation of oxygen 1010.
— thiocyanates 1065.
Isotrope Körper 902.

Isoctenlacton 228.
Isodimorphism 24.
Isolated homes 699.
Isolateurs à haute tension 473.
Isolation 472.
Isolationsmessungen 479.
— prüfer, automatisch wirkender 474, 479.
Isolaurolène 743.
Isoliermörtel 880.
— platten 1249.
— — mit Juteeinlage 1238.
— rohr, Befestigungsschelle für 467.
— stoffe, künstliche 473.
Isomerism, dynamic 197.
Isomorphism, theory of 196.
Isomorphismus 876.
Isoprene 773.
Isorosindon 230, 531.
Itaconsäure 1013.
Ivoire 490.
Ivory 490.

J.

Jack box 382.
— -spools 1129.
Jackets 1237.
Jagdgewehr 1222.
Jakes 2.
Jalap 283.
Jante amovible 1088.
— démontable 1088.
Jasmiflorine 229, 620.
Jasminées, glucosides 229, 620.
Jauchepumpen 978.
Jaugeur automatique 1262.
Java-Oliven 539
Jecorin 240.
Jervin 20.
Jet 876.
— carburetter 1095.
— condensers 1201.
— pumps 981.
Jetées à la mer 1248.
Jett 1048.
Jewelry 1048.
Jib cranes 636, 638.
Jigger 514.
Jochpfähle 182.
Jod 736.
— lösungen, desinfizierende Eigenschaften 271.
— -Sauerstoffverbindungen 736.
— vasogen 736.
— zahl 211, 539.
— — bestimmungen 543.
— — von Petroleum 499.
— zinkstärkepapier 1124.
Jodofan 517.
Jodoform 234, 736.
— —, Nachweis 737.
— metrie 201.
Joint 846.
Jointing 826.
Joints 796.
— de tuyaux 1000.
—, soldered 830.
Jolle 1030.
Jungfraubahn 399.
Juniperus phoenicea 900.
Jute 628.
—, Färben der 520.

Jutestreifen, heißasphaltierende 1003.
— weberei 1273.

K.

Kabel 474.
— bagger 55.
— dampfer 1032.
— fabrik 505.
— fehler 474.
— muffe, zweiteilige 468.
Kachelöfen 642.
Kadaver-Vernichtung 2.
Kaffee 737.
Kaffeinbestimmung 737.
Kahmhefe 58.
Kahnkammer 748.
Kalmauern 120, 626.
Kainitlösung, Imprägnierung von Holz mit 715.
Kakao 737.
— öl 236.
Kaladana 282.
Kalandern 36.
Kalander, Schutzvorrichtung 1060.
— walzen 919.
Kälber-Aufzucht 812.
— rahm 573.
Kalenderwerk 1203.
Kaliapparat 204, 799.
— düngung für den Zuckerrüben-bau 1313.
— lager, Entstehen der 738.
Kaliberdorn 734.
Kaliko 1276.
Kalium 738.
— bleichloride 151.
— chlorat 243.
— —, elektrolytische Darstellung 445.
— dampf 417.
— metabisulfit 271.
— nitrat, Elektrolyse von 1007.
— -Oxalat 947.
— quecksilberjodid 39, 928.
— tellurosum 234.
Kalk 716, 738.
— asche 739.
— äscher 597.
—, Bestimmung 202.
— farben 28, 843.
— gehalt des Bodens 803.
— grün, Prüfung 532.
— hydrat 739, 914.
— milch 1282.
— ofenbetrieb 738.
— phosphate 929.
— sandsteine 62, 854.
— steinlagerungen im Ton 1308.
— stickstoff 189, 442.
— — —, Düngungsversuche mit 805.
— — —, Herstellung 445.
—, Verhästungsvorgang 197.
— wassersättiger 1254.
Kalke, hydraulische 879.
Kallitypie 943, 947.
Kalloptat 935.
Kalmusöl 900.
Kalorimeter 163.
Kaltdampfheizung 650.
— — maschinen 267.
— glasur 63.

Kaltwalzerei 1045.
Kälteerzeugung 739.
— technik 739.
Kamala 228, 282.
Kamera 935.
Kammgarne, Appretur der 31.
Kaminsteine, Prüfung von 854.
Kämmaschinen 1114.
Kämmen 1114.
Kammerbüchsen 1223.
— walzen 1231.
Kammgarnserges 1274.
— reiniger 994.
Kammzugechtfärberei 517.
Kampfer 743.
—, synthetischer 233.
Kämpfer, eingespannte 166.
—, elastisch eingespannte 407.
Kanäle 744.
Kanalfahrzeug 748.
— heizung 642.
— putzwagen 367.
— stempel 416, 669, 750, 1267.
— strahlen 1259.
— —, Entstehung von 417.
— —, Reflexion von 417.
— —, Zerstreuung von 417.
Kanalisation 747.
Kanonen 1218.
— boote 1027.
— drehbank 279.
Kanzelaltar 677.
Kaolin 924.
Kapazität, elektrostatische 422.
—, Messung von 479.
Kapillaritätskonstante, Bestimmung 964.
Kapillarkonstante, Bestimmung durch Abtropfen 963.
— schicht, Theorie der 963.
Kapitäle 652.
Kapselfärbung 58.
— gebläse 594.
— presse 976.
— pumpen 979.
Karbolineum 807.
— Avenarius 272.
Karbolsäure, Rotfärbung 926.
Karbonisieren der Wolle 1293.
Karborund 549.
—, Ueberziehen mit 721.
Karborundum 750, 772.
Karburierung des Leuchtgases 821.
Karden, Schleifen von 1115.
Kardierflügel 1113.
Karetbaum 752.
Karité-Butter 187.
— -Gutta 752.
Karten-Ausschlag-Maschine 1280.
Kartoffelausgraber 815.
— -Kultur 808.
— mehl 891.
— pflanzer 814.
Kartoffeln, Stärkegehalt 971.
Kartonmaschine 918.
Karussellgehänge 386.
Kaschmirs, Veredelungs-Verfahren 519.
Käse 750, 889.
— analyse 751.
— wage 751.
Kasein 188, 403, 915, 1214, 1281.
— farben 843.
— gärungen 575, 750.
— -Leim 757, 819, 915.

Käseleim 757, 819.
Käsereien 186.
Käsereilab 495.
Kaskadenumformer 454.
Kasoidinpapier 944.
Kastanienextrakt 253.
Kastenballenbrecher 60.
Katalase 494, 574.
Katalysatoren, Kobalt als 1107.
—, Nickel als 1107.
Katalyse 196, 983.
Katheder 606, 695.
Kathodengefälle 417, 650.
— potential 441.
— strahlen 413.
Kattundruck 525.
Kaumazit 161.
Kaustizierung 17.
Kautschuk 751, 1296.
—, Elastizitätsmodul 404.
—, Kitt für 758.
Kautschukine 61, 1250.
Kefir 872, 892.
Keblgebäude 539, 1218.
Kehrgerät für Schornsteine 1052.
Kehricht, Preßkohlen aus 880.
— verbrennung 881.
Keilnuten-Fräsmaschinen 570.
— photometer, Kalibrierung 733.
Keimapparat 147.
Keimung 807.
—, Lichtwirkung 970.
Keith light 69.
Keller 663.
— anlage, wasserdichte 1250.
— betrieb 145.
Kellyaxt 565.
Keltern 1281.
Kelterpressen 1283.
Keramische Produkte, Schmelz-punktbestimmung 547.
Keramitziegel 1308.
Kernalkylierung 224.
Kerne 565.
Kernel-roasting 298.
Kernform-Maschine 565.
— öl 565.
— seifen 1070.
— teilung 640.
— trockenanlage 565.
Kerosene 253.
— engine 591.
Kerosin 498.
Keros-Licht 75.
Kerzen 755.
Kesselbleche, Risse in 149, 258.
— elemente 642.
— explosionen 500.
— heizungen 643.
— revisionen 256.
— rohr-Reiniger 259.
— stein 252.
— — abklopfer 259.
— unterhaltung 252.
—, Verdampfungsversuche 549.
— zug, mechanischer 552.
Keton-Ammoniakverbindungen 25.
— säuren 1012.
Ketone 228, 755.
—, cyklische 224.
Kette, gestanzte 756.
Ketten 756.
— antrieb 1112.
— bahnen 400.
— bäume 1277, 1278.

Kettenfadenwächter 1278.
— florgewebe 1274.
— garne, Bedrucken der 523.
— laschen 846.
— rostfeuerung 249.
— scherbock 1113.
— strecke 997.
— streckwerke 997.
—, Uebertragung durch 788.
Keyseat broaching 1286.
Keyseater 652.
Keyway miller 569.
Keyways 845.
—, milling 570.
Kickxia elastica 752.
Kieferregulierungen 1296.
Kiefernsamen, Keimung 567.
—, Schlagführung 567.
— schütte, Bekämpfung 1208.
— spinner 1208.
Kienöl 499.
Kiesbergbau 97, 792.
Kieselfluorwasserstoffsäure   560, 1108.
— gur 28, 549, 1273.
— säure 1107.
Kimmtiefenmesser 731.
Kindergarten 688.
— spital 699.
Kinematographen 757.
Kinetische Theorie 963.
Kinnstütze 888.
Kipper 719.
Kipplaufgewehr 1222.
— ofen 1042, 1043.
— wagen 718, 1229.
Kirchen 676.
—, Grundriß-Gestaltung 677.
— heizungen 642, 643, 682.
Kirschbäume, Bakterienbrand 807.
Kirsey 31, 1274.
Kitte 757.
Ki-Urushi 555.
Klammern 758.
Klappbrücken 181.
Klär-Anlage 748.
— behälter 1254.
— mittel des Weins 1281.
— zylinder 1255.
Klauenverbinder 996.
Klaviere 887.
Klavierpedal 887.
Klebemittel 757.
Klebstoffe 819.
Klee 809.
— müdigkeit 803.
Kleideraufbewahrungsanlage   51, 389.
— färberei 515.
Kleinbahnwagen, Beheizung von 369.
— bessemerei 302, 614.
— haus 602, 687.
— wohnungen 602.
Kleister 757.
Kletterweichen 324.
Klinkerpresse 977, 1306.
Klinometer 100.
Klöppeln 560.
Klosetts 2.
Klosterformat 1307.
Klotzbremse, elektromagnetische 375.
Klotzen von Indigo 524.
Knallgas 1259.

Knallgaskette 486.
— — voltameter 476, 896.
— säure 219.
Knetmaschine 186.
Knickfestigkeit 102, 405.
Knickung, elastische 405.
—, unelastische 405.
Kniehebel-Formpresse 562.
— — prägepresse 286.
— — -Ziehpresse 150.
Knife grinder 1037.
Knitting 1289.
Knochenfett 542.
— kohle 1256.
— mehlphosphorsäure 805.
Knock about 1028.
Knopffabrikation 758.
— sicherung 758.
Knotenfänge 925.
— fänger 916.
Knüpfmaschine, Netz 895.
Koagulation durch Bor 640.
Kobalt 758.
— oxyd 761, 1061.
— salze 1109.
Kochapparate 759.
Kocher, Sulfitzellulose 913.
Kochkiste 791.
— salz, Infusion 730.
Kodaks 935.
Kodeïn 20.
Köderhamen 557.
Koerzitivkraft, Größe der 425.
Koffeïn, Bestimmung 205.
Kohle 760.
— bürsten 459.
Kohlenbrecher 1304.
— breiverfahren 7.
— dioxyd, Zersetzung des 420.
— element 486.
— faden, metallisierter 82.
— hydrate 767, 889.
— leichter 1033.
— oxybromid 164, 773.
— oxyd 770.
— — -Abspaltung 213.
— — bestimmung 606.
— — gas, Vergiftung 605.
— säure 771.
— —, Assimilation 970.
— —, Atmungsschutz 1058.
— — bäder, künstliche 52.
— — bestimmung im Bier 148.
— —, Diffusion von 755.
— —, Entfernung der 837.
— — flaschen 772.
— —, flüssige zur Brotbereitung 165.
— —, Konservierung mittels 777.
— — -Maschine 741.
— — -Schankvorrichtung 1015.
— —, Temperatur 964, 1234.
— staubfeuerung 721.
— — explosion 92.
— stoff 772.
— —, Einfluß auf Stahl 292.
— — teilchen, glühende, Temperatur der 1234.
— — stabl 293.
— — —, thermische Umwandlungen 295.
— suboxyd 773.
— -Untersuchungen 163.
— vergasung 819.
— von Eisen 865.

Kohlenwagen, Selbstentladung der 365.
— wasserstoffe 773.
— — — als Anstriche 28.
Koinzidenz-Telemeter 907.
Kokaïn 19, 973.
Kokastrauch, Kultur 737.
Kokos 910.
— fett 543.
—, Nachweis 187.
— — präparate 542.
— milch 283.
— nußfaser 600.
— öl-Emulsion 811.
— seifen 1070.
Koks 760.
— feuerung 256.
— filter 7.
— ofen 766.
Kolanuß 282.
Kolben 774.
— bruch 265.
— maschinen, Leistung von 262.
— pumpen 978.
— schieber 354.
Kolchicin, Bestimmung 204.
Kollektormotor, Einphasen- 454.
— —, Untersuchungen 452.
Kollergänge, Sicherheitsvorrichtungen 1059.
Kolloidales Gold 623.
— Silber 1106.
Kolloidalmetalle 864.
Kolloide 194.
Kollodionwolle 1299.
Kollodiumwolle 1127.
— emulsionen 938.
— seide 1069.
Kolmationsanlagen 493.
Kolophonium 632.
Kolorimetrische   Bestimmungen 203.
Koloristik 513.
Kombinar 934.
Kombinationstöne 15.
Kommutatorbürsten 459.
— motoren, Wechselstrom 454.
Kompaß 775.
Kompensationsapparate 480.
— — methode 479.
— — pendel, Nickelstahl 1204.
Kompoundmaschinen, Ausgleichsleitungen bei 466.
— —, Ausgleichsleitungen bei 460.
Kompressor 741.
Kondensation 775.
Kondensationslokomobilen 829.
Kondensatoren 463.
—,Entladungsstromkurven von 463.
Kondensatorfunken 463.
Kondenstöpfe 916.
— wasserableiter 261.
— — -Entleerer 648.
— — -Rückleiter 254.
Konditionierapparat 33, 599.
Konduktoren, elektrostatisch geladene 422.
Konfirmandensäle 677.
Konserven, giftige 891.
— verderber 777.
Konservieren, Treibriemen 997.
Konservierung 777.
— der Butter 186.
— — Nahrungsmittel 890.
— des Bieres 145.

Konservierung, Holzstoff 914.
Konsollaufkran 611.
Konstantan 1106.
Konstanten der Chemie 190.
Konstruktion von Schiffen 1018.
Kontaktbetten 3.
— prozeß, Schwefelsäure 1063.
— uhrwerk 1203.
— verfahren 1062.
— vorrichtung, elektrische 1204.
Kontereskarpekoffer 539, 1218.
Kontrastfilter 935.
Kontrollvorrichtungen 778.
Konsumzucker ohne Spodium 1317.
Konzentration von Rübensäften 1316.
Kopale 631.
Kopfkompresse 608.
— welle, Geschosse 1219.
Kopieren 778, 945.
Kopier-Fräsmaschinen 778.
— maschinen 624, 778.
— papiere 778, 921, 944, 945.
— rahmen 952.
Kopra 540.
Korbrost 643.
— weide 810.
Kork 559, 779, 796, 1248.
— ersatz 1.
— estrich 677.
— maschinen 560.
— platten 702.
— steinfüllung 709.
— stopfen, Zurichtung 800.
Körner 1284.
Kornsortierer 815.
— wurm, Vertilgung 1209.
— zählmethoden 864.
Körperfarben 191, 528.
— gewebe 1277.
— meßapparat 606, 695, 864.
Korpussachen, Maschinen 1286.
Korridorbau 699.
Korrosionen in Dampfkesseln 256.
Korrosion von Metallen 864.
Korsettbügel 607.
—, Fuß 907.
Kosmetika 926.
Krabben 30, 36.
Kraftbedarf für elektrische Bahnen 782.
— dräsinen 367.
— erzeugung 779.
— futtermittel 811.
— gas 577.
— — motor 588.
— kurbel, selbstzeichnende 289.
— linien, magnetische 425, 446.
— maschinen, anderweitig nicht genannte 789.
— —, Leistung 262, 585.
— messer 289.
— papier 920.
— —, Tissueseidenstoff 918.
— sammler 1226.
— -Sauggas 578.
— übertragung 779.
— —, elektrische 427, 779, 781.
— übertragungsanlage, elektrische 787.
— wagen 1074.
— werke für Privatbetriebe 426.
— zentrale, hydroelektrische 430.
Kragenschoner, Auseinander-schneiden 1273.

Kragträgerkran 636.
Kräne 635.
Krankenbeförderungswesen 995.
— häuser 698.
— heber 790.
— möbel 790.
— transportwagen 791.
Krankheiten der Zuckerrübe 1314.
Kranmotoren, Bremsvorrichtung für 160.
— pfanne 638.
— ramme 987.
— winde 635.
Krapp 520.
— lack 532.
Krätze, Behandlung 236.
Kratzenrauhmaschine 33.
Krautungsgeräte 815.
Krebstiermengen, Untersuchung 556.
— zemente, hydraulische Kalke 1300.
Kreide in Kautschuk 754.
— zeichnung 284.
Kreisbogenträger 166, 407.
— sägen 1005.
— ständehaus 682.
Kreiselgebläse 595.
— pumpen 979, 1201, 1211.
— wipper 880.
Krempeln 1115.
Krempel-Speisesystem 1112.
Kresol 927.
Kreuzgewölbe 708.
— kopftypen 845.
— otterbisse, Behandlung 607.
Kreuzer 1026.
Kriegsschiffe 1025.
—, Verbrennungsmotoren für 1025.
Kristalle, Bildungsweise 869.
—, Elektrizitätserregung an 418.
—, fließende 961.
—, fließend weiche 961.
—, flüssige 791, 962.
—, lebende 961.
—, monoklinhemiëdrische 961.
—, optisch-aktive 961.
—, Radiumbromid 1109.
—, zwelachsige 902, 961.
Kristallographie 791.
Kromarograph 887, 927.
Kronenarbeiten 1296.
Kronleuchter 682.
Kropfstiefel 1056.
Krumpen 34.
Kryptolheizung 650, 1042.
— verfahren 550.
Küchengeräte 791.
— stuben 689.
Kugellager 801.
— —, Spindel 1119.
— mühle 1304.
— photometer 66, 905.
— probe 404, 858.
— —, Brinellsche 849.
Kühlanlagen 870.
— häuser, Lüftungseinrichtung für 838.
— raum für Zementklinker 1300.
— schiffe 145.
— wagen 813.
Kühlen des Glases 618.
Kühler, Wasser- 1256.
—, Intensiv-Doppel- 800.

Kühlung 739.
Kuhmilch, Untersuchungen 873.
— stall 812.
Kulissenschleifmaschine 1039.
Kulturpflanzen, Ertragsfähigkeit 806.
Kumarin 1210.
—, Bestimmung 204.
Kümpelpresse 141, 150.
Kunstdruckpapier 920.
— dünger 804.
— gewerbe-Ausstellung 48.
— honig 893.
— leder 996.
— licht 953.
— — atelier 951.
— marmor 62.
— seide 1069.
— —, Glühkörper aus 67.
— steine, feuerfeste 553.
— steinpolierverfahren 62.
— — stufen, Armatur 708.
— — treppen 854.
— wabe 141.
— wein 1282.
Künstliche Steine, feuerfeste 547.
Künstlicher Zug 552.
Künstliches Wachs 1217.
Kunzit 289.
Kupfer 718, 791, 1260, 1291.
— abscheidung 444.
— alkalizellulose 1299.
— als Katalysator 214.
— blech, Verzinnen 1217.
— gewinnung 443.
— gruben 792.
— hydroxyd 794, 1007.
— kalkbrühe 1280.
— im Eisen 307.
— legierungen, Reißen 865.
— raffination 793.
— spiralen, Reduktion 204.
— sulfat 715.
— sulfür 794.
— -Untersuchungen 851.
— vitriol 559, 793, 1280.
— zelluloseglühkörper 67.
Küpen für Baumwolle 520.
Kupolofen 613, 721, 1042.
Kuppel, Eisenbeton 711.
Kupplung, Ausrück 796.
—, Drehkeil 796.
Kupplungen 795.
Kurbelgetriebe 610.
— lager 845.
— schleife 652.
— stangen 845.
— stoßbohrmaschinen 601.
— wellen, Theorie 14.
Kurbeln 14.
Kürbis 810.
Kurvenkipper 718.
Kurzschließvorrichtung, selbst-tätige 472.
Kussahgras 540.
Küstengeschütze 1218, 1224.
— —, Orientieren von 1221.
— verteidigung 539.
Kutin 1299.
Kuzellampe 81.
Kyl-Kol 767.
Kynurin 232.
—, Aether des 43.
Kystoskop 727.

L.

Labferment 495.
— gerinnung 872.
— menge, Bestimmung 751.
Labialpfeife 15.
Laboratorien 796.
Laboratoriumsapparate 797.
— ·Luftpumpen 834.
Laboratory apparatus 797.
— hydraulic 723.
Labourers cottages 687.
Laccase 555.
Lace making 560.
Lacke 554, 1159.
Lackierofen, elektrischer 555.
Lacquers 554.
Lactate of antimony 526.
Lactobacillin 237.
Lactone, esters of triacetic 42.
Lactones iodées 213.
Lactose, dosage 874.
Ladelehre 330.
— maschine für Kohlenhunde 90.
— vorrichtungen 627, 1172, 1226.
Ladenschrank 632.
Ladle crane 638.
— truck 612.
Ladungsberechnung 1220.
— zündungen 1124.
Laevulosurie 206.
Lafette 1226.
Lager 800.
— fässer, Desinfektion 533.
— häuser 505, 694, 707.
— keller 145.
— —, Belag für 706.
—, selbstkühlende 1116.
Lagerung 1169.
Lagging 1187.
Laguna dam 492.
Laichräuber 558.
Lainage 33.
Laine 1292.
— chlorinée 1293.
—, impression de la 525.
—, teinture de la 517.
Laineuse 31, 1135.
Lait 869.
—, matière albuminoïde 404.
Laitiers, fusibilité 723.
Laitons 817.
Lake canal 746.
Laktoformol 272.
Lames, brasage des 1006.
Laminoirs 1231.
Lamp brackets 83.
— cluster 83.
— guards 83.
Lampe a vapeur de mercure 78.
Lampengefäße, Füllen von 571.
— glocken, Absorption von 84.
— —, Einfluß von 84.
— halter 83.
— reflektor, kegelförmiger 80.
Lampes à incandescence 80, 81.
— de sûreté 93.
— électriques à incandescence 83.
Lancement 1022.
Landhäuser 688, 690, 691.
— haussiedelung 690.
— straßen, Teeren von 1133.
— wirtschaft 802.
— —, Automobil 1074.

Landwirtschaftliche Maschinen 813.
— —, Sicherheitsvorrichtungen 1059.
— wirtschafts · Wanderausstellung in Berlin 48.
Landungsbrücken 182.
— geschütze 1218.
Langloch-Fräsmaschine 569.
Langsiebmaschinen 916.
Lanterne à essence 75.
Lanthan 816.
Lappenfärberei 517.
Lapper 1113.
Laques 554.
Lastdampfer mit elektrischer Arbeitsübertragung 785.
Laternbilder 946.
Laternenzündung, automatische 72.
Lathe works 507.
Lathes 278.
Latrines 2.
Lattice conveyer 1114.
— girders 661.
— steel 512.
Laubholz, Papierstoff aus 910.
— glasuren 1165.
— sägen 1005.
Laufgewichtswage 1230.
— katze 1170.
— kran 637.
— radschaufeln 1193.
— — —, Turbinen 1201.
— werke, synchrone 610.
Launch 1022.
Laundry, electric equipment 787.
— house 700.
Läutern 144.
Lava 1143.
—, Analyse 876.
—, Radioaktivität von 415.
Lavage 32, 941.
—, appareils à 1238.
— du blé 884.
Lawineuverbau 314.
Lawn mowers 815.
Lead 150.
— ·ore roasting 719.
— pans 660.
— smelting, electric 443.
— sulphide 1309.
Leakage currents 1000.
Leather 816, 956.
— ·covered pulleys 998.
Leathers, hydraulic 275.
L'eau oxygénée 873.
Leber, Enzyme der 495.
— tran zur Kälberaufzucht 811.
Lecithin 187, 972.
— gehalt der Milch 874.
— phosphorsäure 890.
—, Zusammensetzung 240.
Leder 816.
— abfälle 1.
— beim Automobil 1076.
— fabrikation 596.
— färben 520.
— kitte 757.
— politur 555.
Legierungen 816.
— des Aluminiums 23.
— — Eisens 307.
—, Gold- 623.
Leguminosenknöllchen 57.
Lehrgerüste 133.
— mittel 818.

Leibchen 607.
Leichenhalle 682.
—, Untersuchung 207.
— verbrennungsofen 881.
Leim 818.
— farben 28.
— festigkeit 923.
— kuchen, Fütterung mit 810.
— ringe 1208.
Leimen 1275.
Leinbau 810.
— kuchen, Verfälschungen 1214.
— öl 1159.
— —, Entschleimen von 541.
— — fettsäure 555.
— — firnis 28, 556, 1159.
— — trockenprozeß 541.
Leinen, Aufsaugevermögen 559.
—, Färben von 519.
—, Weben 1274.
—, weberei 505, 1273.
Leistenkopie 1055.
Leiter 669.
—, gestreckte 466.
—, mechanische 543.
Leitfähigkeit 409.
— —, elektrische 409.
— — messungen 202, 409.
— räder, Einformen 1193.
— werk 1242.
Leitung, elektrolytische 409.
— von Leuchtgas 825.
Leitungen, kupferne 1267.
—, Normalien für 465.
Leitungsdrähte 474.
— masten, Befestigung von 467.
— schiene, Systeme mit 327.
Lenkschemel 386.
— stangen· Abfederung 1092.
Lentapapier 937.
Lesbücher für Blinde 23.
Let-off 1279.
Letter boxes 975.
Lettern-Herstellung 285.
Letter registrator 164.
Leuchtfontänen 185.
— farben 29.
— gas aus Steinkohlen 819.
— — ·Maschinen 587.
— — ·Luftgemische, explodierende 1139.
— schiffe 827.
— steine 84.
— türme 827.
Leuchtende Papiere 921.
Leucine 1275.
Leucomaïnes xantiques 795.
Levage des navires 1034.
Level indicator, pneumatic 1258.
Levelling 1215.
— machine 721.
Lever shear 1049.
Levier à suspension 1100.
Lévocyclette 512.
Lévulose 770.
Levure 639.
Leydenerbatterie 464.
Libelle 732.
Libellenquadrant 731.
Librairie, magasin-dépôt 697.
Libraries 695.
Library 700.
Lichtabsorption 902, 966.
— ·Automat, elektrischer 83.
— bäder 607.

Lichtbäder, elektrische 53.
—, Beugung des 966.
— bild 931.
— bogen, eingeschlossener 79.
— — hysteresis 79.
— — krater, negativer 421.
— —, selbsttönender 79, 420, 965.
— druck 284.
— echtheit 525.
— elektrischer Effekt 417.
— emission 903.
— hof 693.
— messung 903.
— pauseapparat, elektrischer 778.
— paus-Trocken-Verfahren 778.
— stärke der Objektive 934.
— —, hemisphärische 66, 79, 904.
— —, sphärische 66, 904.
— wirkung, bleichende 152.
— wirkungen 931.
Liège 779.
Liegehalle 699.
Lifeboats, gasoline 996, 1033.
— saving 995.
Lift controller 633.
— doors 1173.
— —, pneumatic 387.
— gear 633.
— locks 1034.
Lifting appliances 633.
— magnets 639.
Lifts 633.
Light, chemical action 191.
— houses 827.
— ships 827.
Lighter 1174.
Lighting 64.
— apparatus 71.
— coal gas 819.
— electric 76.
— gas-engines 587.
— of channels 827.
Lightning arresters 470.
— flash 471.
— -protection apparatus 471.
— protective apparatus 470.
— rods 153.
Lignin 1299.
— reaktionen 770, 923.
— stoffe 914.
Lignit 910.
Lignite 763.
— briquets 765.
Lignites 760.
Lime 738.
— light 953.
— water 1257.
Limes 533.
—, usure 533.
Limonaden 892.
Limonene nitrosochlorides 898.
Lin 559.
Linalool 900.
Linealplanimeter 732.
Linen, dyeing of 519.
Linimentum terebinthinatum 236.
Lining, tunnel 1186, 1188.
Link grinding 1038.
Linkrusta 1286.
Linoleum 827.
— belag, Isolierung für 707.
— -Unterboden 707.
Linolit-Lampe 81.
Linotype 285.
Linsen 934.

Linsenfassungen 906.
— fehler 934.
— system, Zusammensetzung von 903.
Linting seed cotton 1114.
Lipoiden 1103.
Lipometer 875.
Liquéfaction de l'air 575.
Liquefying air 576.
Liquide, indicateur de niveau 1259.
Liquor kalii arsenicosi 39.
Lithium 828.
Lithographie 828.
— -Firnisse 554.
Lithography 828.
Litholite 547.
Lithopone 528.
Lits bactériens 3.
Lixiviation continue 503.
Loading 1169.
— moulds drying 565.
Loam casting 616.
Lochen 1130.
Lochpressen 976.
— stanze 1130.
— zylinder 619.
Lock 1187.
— bar joint 1001.
— canal 745.
— flammen 3.
— nut 1101.
Locolith 663.
Locomobiles 828.
— à gaz 828.
Locomotive à pétrole 359.
— boilers 247, 350.
— brake-vans 401.
—, compound express 339.
— cranes 636.
— cylinders, casting 353, 616.
— — 353, 616.
— frames, repairing of 353.
— -houses 387.
— operation, cost of 337.
— superheater 351.
— tachographs 598.
— tenders 354.
— testing plants 336.
— wheels 352.
— works 509.
Locomotives 333.
— à courant continu 355.
— — — alternatif 356.
— — roues dentées 350.
— axles 352.
— compound 340.
—, compressed air 360.
— électriques 355.
— tender 349.
—, tests of 336.
—, valve gears for 353.
Löffelbagger 53.
— räder 1201.
— turbinen 1192.
Log crib dams 1244.
Logierhaus 700.
Logwood blacks 521.
Lohmühle 596.
Lokalanästhesie 728.
Lokomobilen 828.
Lokomotivbekohlung 1175.
— betrieb, überhitzter Dampf im 268.
— fabriken 506.
— kessel 350.

Lokomotivprüfanlage 335.
— prüfungen 336.
— rahmen 407.
— schuppen 387.
— —, Heizung 647.
— steuerungen 353.
— zylinder 353.
Lokomotive, feuerlose 360.
—, efficiency of 334.
—, Versuche mit 336.
Lokomotiven 333.
—, elektrisch betriebene 355.
—, Kuppelungsverhältnisse der 310.
—, kurvenbewegliche 347.
—, mit Gleichstrom betriebene 355.
—, — Wechselstrom betriebene 356.
—, Stoßvorrichtung für 353.
—, Versuchsfahrten mit 336.
—, Zugkraft von 334.
—, Zugvorrichtung für 353.
London purple 39.
Looms 1275.
—, montage 1275.
Looper 889.
—, overstitching 1137.
Lorry 1171.
Löschapparate 71.
— geräte 544.
— papiere 924.
— vorrichtungen 71.
Löschung 1169.
Löseschale, schwimmende 799.
Löslichkeitsbeeinflussung 193.
Lösungsmittel für Harze 632.
Lote 828.
Löten 829.
Lötpistole 830.
— verfahren, Aluminium 22.
Louvers 1188.
Low temperature phenomena 739.
Lubricants 1045.
Lubrication 1078, 1183.
Lubricators 1045, 1047, 1160.
Lubrifiants 1045.
Lubrificateurs 145, 1047.
Lubrose 1269.
Lucaslampen 69.
Luft 830.
— ballon-Wettfahrten 834.
— befeuchter 830.
— befeuchtung 837.
—, Diffusion von 968.
— druckhammer 628.
—, Elektrizitätszerstreuung in der 418.
— entstäubung 1136.
— feuchtigkeit 606.
— filter 145.
—, flüssige 575.
— gas 73.
— — erzeuger 583.
— gemische, explosible 821.
— heizung 642, 648.
—, Ionengehalt der 418.
— kompressoren 507, 931, 833.
— —, Fundierung von 833.
— kühlanlagen 742.
— kühlung, mit Automobilmotoren 592.
—, Nachleuchten der 419.
— pumpen 833.
— —, elektrisch angetriebene 484.
— —, Schutzvorrichtung für 833.

Luft, Reinerhaltung 602, 837.
—, Salpetersäure aus 1007.
— schichten 663.
— schiff, lenkbares 835.
— schiffahrt 834.
— schleier 1058.
— stickstoff 1007, 1140.
— —, Nutzbarmachung 1140.
— strahlgebläse 595.
— verbrennungsvorrichtung 831.
— verflüssigung 576.
— vorholer 1226.
— wasserweiche 143, 1120.
Lüftung 837.
Lüftungsflügel 709, 838.
— stollen 1182.
Lumbalanästhesie 728, 973.
Lumbering, conveyer 1179.
Lumpenböden, Staubbeseitigung 1136.
Lunatic asylum 701.
Lunch rooms, welfare 603
Luncheon room 705.
Lunette pyrométrique 1235.
— sans verres 606.
Lunettes astronomiques 533.
Lungenheilanstalt 698.
— saugmaske 730.
Lunker, Ausfüllung 616.
— in Flußeisen 304.
Lupe, stereoskopische 906.
Lupinen 573.
Lusollamp 75.
Lüster-Dekoration 1166.
Lustrer, machine à 31.
Lüstrieren 36.
Lustring 36.
Lutte contre la poussière 1133.
Luxfer-Prismen 3.
Lycopode, falsification 1214.
Lyddit 1125.
Lysin 220.
Lysoform 272.

M.

Machine mining 99.
— moulding 561.
Machines à coudre 888.
— — courant alternatif 449.
— — — continu 446.
— — écrire 1055.
— — expansion 266.
— — gaz 583.
— — — d'éclairage 587.
— — grande vitesse 266.
— — imprimer 286.
— — moisson 814.
— — vapeur 262.
— — — à cylindre oscillant 267.
— — — — piston tournant 267.
— — — avec détente à robinet 267.
— — — avec détente à soupape 267.
— — —, condensateurs 775.
— — — froide 267.
— — — sans expansion 266.
— — — surchauffée 267.
— d'extraction électriques 784.
— électro-magnétiques 445.
— électrostatiques 462.
— frigorifiques 740.
— hydrauliques 1251.

Machines motrices, thermodyna-
miques 586.
— pour manoeuvre 349.
— soufflantes 594.
—, tools, electric drive 509.
— volantes 836.
— —, moteurs pour 592.
Macis 891.
Maclurin 231.
Madder 520.
Magasins 692.
Magermilch, Fütterungsversuch mit 811.
Magerungsmittel 1163.
Magnalium 23, 817.
Magnesiadüngung 806.
— geräte 798, 842.
—, kieselsaure 926.
— usta 753.
Magnesioferrit 308.
Magnesit 663, 721.
Magnesium 612, 718, 841.
— ammoniumphosphat 929.
— beize 526.
— chlorid 35.
—, chloride of 253.
— hydrate 1257.
— licht 953.
—, organische Verbindungen 842.
— oxy-chloride 1250.
— — —, cementing material 61.
—, use of 616.
Magnet coils, dimensions of 424.
— —, heating coefficient of 425.
— felder 425.
— streuung, Berücksichtigung der 425.
— theodolit 732.
Magnetic detector 425.
— field, rotating 425.
— flux, distribution of 423.
— inductions 446.
— rotation, dispersion of 481.
— speed indicator 598.
— vibrator 1097.
Magnetischer Widerstand 865.
Magnetisierung, transversale 410.
Magnetisierungswärme 425.
Magnétisme 408, 423.
—, mesure du 480.
Magnetismus 408, 423.
—, Messung des 480.
Magnetite mines 98.
Magneto 1092, 1095.
— d'allumage 448.
— -ignition apparatus 448.
Magnets, alternating-current 424.
—, permanent 423.
—, polyphase 424.
Magnolia-Metall 817.
Mahlen, Ganzzeug 920.
—, Halbzeug 920.
Mähmaschinen 815.
Mahogany 1144.
Mail 975.
— cars 362.
— conveying 1179.
Maillons de chaîne 756.
Main railways, electric 393.
— —, steam driven 389.
Mais 842, 910.
— halme, Alkohol aus 1121.
—, Nährwert 572.
— öl 540.
Maisch-Apparat 799, 1121.

Maischpumpe 978.
Maischen 144.
Matsinkapseln 236.
—, pain au 165.
Maison de rapport 701.
Maisons de campagne 692.
— d'habitation 692.
Maize 842.
Maizena 811.
Makkaroni 891.
Malachitgrün 530.
— — nährböden 59.
Malacone 38, 876.
Malamide 191.
Malariabekämpfung 608.
—, Verbreitung 605.
Malerei 842.
Maletrinde 596.
Malleable iron 301.
Malonester 43.
Malt, changements du 1131.
Malting 143.
Malz 143.
— analysen 147.
— diastase 494.
— extraktausbeute 144.
— kaffee 893.
— keime 573.
—, Lagerung 1178.
—, Sterilisierung 1121.
Mälzerei, pneumatische 505.
Mammoth, pump 1251.
Manchons à incandescence 960.
Mandelöl 540.
— quetscher 729.
Mangan 718, 843.
— borat 555.
— bronzen 164, 424.
— carbid 772.
— kupferdraht 474.
— legierungen, ferromagnetisier-
bare 424.
— salze, Magnetisierbarkeit der 425.
— sulfat 1264.
Manganese alloys, magnetic 307.
—, influx into water 1263.
— in steel, determination 292.
—, propriétés magnétiques 424.
Manganin, resistances 470.
Mangeln 36.
Mangling 36.
Manibot Glaziovii 752.
Manivelles 14.
Manna 282.
Mannitol 496.
Mannlochkonstruktionen 256.
Mannschaftswagen, Elektro-Auto-
mobil 543.
Manoeuvres, automobile aux 1074.
Manographe 1099.
Manometer 844.
—, selbstregistrierendes 255.
Manometers 844.
Manomètres 844.
Manor-house 654.
Mansion flats 691.
Mansion house 654, 691.
Manufacturing plant 509.
Manure 288, 804.
— distributor 814.
Maple syrup 770.
Marble 661, 844.
— cutting 1137.
— inlay 707.

Marbre 844.
Margarines 186.
Marine oil engines 591.
— turbines 1194, 1196.
Market halls 701.
Markiermaschine 651.
Markthallen 701.
— plätze 682.
Marmeladen 892.
Marmor 844.
Marsh gas 496, 578.
— highway 1147.
Marshscher Apparat 1260.
Marteaux-pilons 628.
Martensite 298.
Martinet à ressort 628.
Martinofenbetrieb 614.
— stahl 302.
Maschinenelemente 845.
— fabrik 505.
— fabriken, Einrichtung 508.
— gewehr 1225.
— telegraph 1018.
— werkstatt 508.
Mashing 144.
Mass, constancy of 190.
Massage-Apparat 731.
Maßanalyse 202.
— —, Bezeichnungen in der 210.
Masselbrecher 615, 720.
Mastenkrananlage 636.
— sockel, eiserner 467.
Mastix 41, 1146.
Material, deformation of 848.
— fehler, magnetischer Nachweis 297.
— prüfung 847.
Materialien, Härte von 849.
Matériaux de construction 61.
Matériel scolaire 818.
Mater, machine à 31.
Matics 757.
Matière, dissociation 191.
Matières albuminoïdes 402.
— colorantes 528.
Matrizenpulver 284.
Mattbad 818.
— brenne 866.
— für Messing 866.
— gold 623.
Matte converting 792.
Mattieren 866, 1009.
Mauersäge 1006.
— steine 62.
— werk, feuerfestes 62.
Maulseuche 1104.
— tierzucht 812.
Mäusetyphusbazillus 58.
Mausoleum 271.
Maximalrelais, selbsttätiges 469.
Maximit 1125.
Meal moth 1209.
Measuring 37, 862.
Mécanique 859.
Mechanical engineering instruments 734.
Mechanics 859.
Mechanik 859.
Mechanisches Anlassen, Automobilmotore 1076.
Mechanische Verzinkung 1217.
Medical treatment, electrical 607.
Médicaments, nouveaux 234.
Meereswellen, Erzeugung künstlicher 52.

Meerschaum 861, 925, 926.
— wasser, Goldgehalt 621.
Mehl 841.
— teig, Gärung 575.
Mehle 889.
Mehligkeitsprobe 147.
Mehrfarbendruckmaschine 287.
— ladegewehr 1222.
— leiteranordnungen, elastische 465.
—-Kabeln, Belastung von 466.
— stufige Dampfturbine 1198.
Melanbrücke 179.
Mélangeuse, chargeuse 1113.
Melasse 253, 816, 1121.
—-Brennereien 641.
— futtermittel 572.
— fütterung 810.
— kuchen, Fütterung mit 810.
Mêler, machines à 877.
Mélézitose 768.
Melken, gebrochenes 873.
Mellitic acid 228.
Melting furnaces 1041.
— of iron ore, electric 306.
Membranfilterpresse 976.
—, Uebertragung ohne Draht 927.
Memorials 271.
Menthanon 215.
Menthone 225.
Menthyl esters 222.
Mercedes-Motor 1077.
Mercerisieren 37.
Mercerisiermaschinen 153.
Mercuri-Nitrophenole 927.
Mercury 982.
— arc 78, 421.
—-thermometer 1234.
—-vapor lamp 78.
Merkurosulfat 983.
Merochinen 18.
Mesilolreihe, Phenole der 221.
Mesityloxyd 223.
Mesophotometer 904.
Mesoxalic esters 219.
Meßbildverfahren 270.
— brücke 479.
— dose 289.
— gefäß 1257.
— maschine 863.
— methode, luftelektrische 481.
— tisch 1215.
— blätter 313.
— trommel 862.
— wehr 599.
Messen 37, 862.
Messerquetsche 729.
Messungen, elektrostatische 482.
—, thermoelektrische 482.
Mesurage 862.
Mesure de résistance 479.
Mesures contre les neiges 330.
Métacrésol 222.
Metal glasses, colours in 960.
Metallabdichtung 274.
— abfälle 1.
— ammoniumverbindungen 24.
— analyse 210.
— bearbeitung, chemische 865.
—, mechanische 866.
—, Befestigung auf Leder 757.
— bohren 154.
— dampf-Bogenlampe 79.
—, Spektrum 1110.
—, — des 966.

Metallfaden-Glühlampen 82.
— gewinnung, elektrolytische 443.
— hydride 541.
— hydroxyde, salzbildende 212.
— legierungen, pyrophore 817.
— papier 920.
— raffination 442.
— rhodanide 214.
— rohrstativ 936.
— säureanhydride 212.
— schicht, Widerstandsänderungen 419.
— seifen 1003.
— späne als Explosivstoff 501.
— trennungen 201.
— tücher 920.
— verstäubung, kathodische 442.
— zement 62.
Metalle, allgemeines 864.
—, Angreifbarkeit von 849.
—, Auffinden von 484.
—, Dauerversuche mit 848.
—, elastische Eigenschaften von 848.
—, magnetische 424.
Metallic lamp filaments 82.
Metallische Dämpfe, Verdichtung 1136.
Métallographie 294, 298, 864, 885.
— microscopique 848, 867.
Métallurgie 717.
Métallurgy 717.
Métal, photographie 956.
—, polish 1040.
— sheathing 671.
— working, chemical 865.
— —, mechanical 866.
Metals, generalities 864.
Metatoyl ether 43.
Métaux alcalino-terreux 212.
— alcalins 17, 212.
—, déformation 859.
—, généralités 864.
—, limite élastique 404.
—, traitement chimique 865.
Meteoric stone, analysis 876.
Meteorological instruments 735.
Meteorologie 866.
Meteorologische Instrumente 735.
Meter consumers 1214.
—, electrolytic 477.
Methan 578.
— bildung 237.
—, Oxydation 774.
Méthanal 220, 271.
Méthémoglobines 232.
Methinammoniumfarbstoffe 532.
Methyl alcohol, detection 21.
— aminchlorhydrat 896.
— amine, préparation 25.
— cinnamic acid 215.
Méthyle bichloré symétrique 219.
Methylen-Azur 531.
— blau 205.
— grün 530.
— glutaconsäuren 1013.
— guanidin 239.
— hypoxanthin 629.
— iodides 736.
— morphimethin 18.
— nitramin 26.
— nonylcétone 900.
— orange 229.
— pikraminsäure 897.
— propylketonammoniak 25.

Methylenviolett 530.
Métier continu 1112.
Métiers à tisser 1275.
Metilacridone 230.
Metol 17.
Métrage 37.
Meubles médicaux 790.
Meules artificielles, protecteurs 1058.
Meunerie 882.
Mica 620.
— schist 1142.
Microbes, culture 56.
Micrometer gange 734.
Microphone 537.
Miel 141.
Mieten 1178.
Mietskaserne 602, 687.
— -Wohnhaus 690.
Migränin 235.
Migrations phényliques 217.
Mikrokokkus, Fruchtäther bildender 56.
— metallographie 817.
— meter, Lamellen 862.
— organismen, Züchtung 55.
— phonkontakte, Verwendung von 538.
— photographie 951.
— photoskop 906, 934.
Mikroskopie 867.
— sol 29.
Milben 573.
Milch 869, 889, 1056.
— als Farbe 29.
— bildung 870.
— erhitzer 870.
— farben 843.
— fettbestimmung 543.
— hygiene 812, 871.
— kontrolle 873.
—, kranke 750.
— kühe, Fütterung 811.
— kühler 742.
— präparate 889.
— pulver 872, 875.
— säure 205, 1012.
— — bakterien 56.
— — beize 527.
— — gärung 575, 873.
— schmutzprober 875.
—, Streptokokken 608.
Mild-steel 848, 850.
Mileage recorder 598.
Military hygiene 607.
Milk 869.
Mill driving, economy in 504.
— stone 885.
Millery 882.
Milling 34, 568.
— and baking combined 883.
— machine 154, 568.
Mills 880.
Milzbrand, Vorbeugung 605.
Mine drainage, electric 784.
— explosions 91, 501.
— fire, extinguishing 545.
— hoist 635.
— pump 978.
— ventilator 91, 1211.
Minenbau 1128.
— löcher, Bohrer 1127.
— zündung, elektrische 1128.
Minerais aurifères 621.
— de fer 298.

Minerais de fer, analyses 293.
Mineral colours 528.
— dünger 806.
— farbstoffe 528.
— öl 497.
— —-Abwässer-Reinigung 498.
— öle als Anstriche 28.
— quellen 1261.
— —, Fassungsmethode von 185.
— säuren, Erkennung freier 200.
— schmieröl 1046.
— wässer 876.
Mineralogie 876.
Mining and milling 98.
—, coal 764.
—, copper 792.
—, gold 622.
— hoists 88.
— locomotives 356, 361.
— methods 98.
Miniumkitt, Explosion 502.
Mining 885.
Miroirs 1111.
Mirrors 1111.
Mischsieb 1105.
— maschine, Beton- 114.
— maschinen 564, 877.
— regler 593.
Mi-sole, impression de la 525.
Mistel-Kautschuk 752.
Mistkonservierung 288.
Miter clamp 758.
Mitrailleuses 1224.
Mixing-damper 646.
— -machines 877.
Möbel 632.
Modellschleppversuche 1017.
— theater 127.
Modellierstuhl 907.
Mohair, teinture 518.
Moirégewebe 36, 1274.
— -Gravierungen 624.
Mole 627.
Molecular constitution 969.
— weights, determining 193.
Molekulargrößen 192.
— kräfte, Wirkungsradius der 967.
Moleküldimensionen, Bestimmung der 967.
Molettes 997.
Molken 811, 872, 1121.
—, Nährwert 875.
Molkereigebäude 695.
—, Heizung 642.
—, Lüftung 642.
Molkereien 704, 869.
Molybdän 718, 878.
—, Einfluß auf Stahl 292.
—, Fluoride des 560.
Molybdène 443.
Momentausrückungen 610, 846.
— verschlüsse 935, 952.
Monazite sand 1160.
Mond gas 578, 789.
Mondage du blé 884.
Monitors 1244.
Monnayage 885.
Monobromapfelsäure 1013.
— bernsteinsäure 1013.
— chlorapfelsäure 1013.
Monochromat, Silber 1106.
Monopolseifenöl 516.
— rail 390, 1170.
— saccharide 767.

Monotype 285.
Monuments 270.
Montage de rails 317.
Montejus, Dampfverbrauch 1122.
Montres 1202.
Moorbad 52.
— wässer, Beton-Zerstörung 749.
— wirtschaft 802.
Mordançage, bois 715.
Mordanting, wood 715.
Mordants 526.
Morin 224.
Moringa pterygospera 540.
Morphenol 229.
Morphin 18, 224.
—, Nachweis im Harn 206.
Mortar 879, 1144.
Mortars, permeability 1249.
Mörtel 879.
— proben 855.
— zerstörung 880.
Mortier 879.
Mosaic 653, 655, 663.
— inlay 707.
Mosaikwerkstätten 619.
Moschusaroma 901, 926.
Moser-Strahlen 417.
Mosquito destruction 1208.
— prevention 602.
Moteur à gaz pauvre 428.
— — répulsion 452.
— électrique portatif 447.
— rotatif 1095.
Moteurs à courant continu 448.
— — — alternatif 454.
— — — quatre temps 586.
— asynchrones 451.
— monophasés 455.
—, non dénommés 789.
— synchrones 451.
Mother of pearl 926.
Motocyclettes 1083, 1085.
Motogodille 1031.
Motometer 597, 1099.
Motorbauarten 1077.
— boat, Meßformel 1030.
— betrieb, Sauggas im 1020.
— carriages 359, 1072.
— car works 507.
— cars running on rails 355.
— control, methods of 457.
— converter 1176.
— cycle 1084.
— draisine 334.
— droschken 1074.
— fahrräder 1073.
— gas 578.
— gleitflieger 836.
— -Kreuzeryacht 1028, 1031.
— lokomotiven 359.
— omnibusse 348, 393, 1074.
— räder 1077.
—, self-starting 454.
— -Umformer 1206.
— wagen 1073.
— — — auf Eisenbahnen 338.
— —, Versuche mit 336.
Motoren, Betriebskosten von 263, 779.
Motors, not mentioned elsewhere 789.
Motosacoche 512, 1073.
Mottledseifen 1170.
Moufles 634.

Moulage 561.
— du verre 618.
Moulding 561, 615.
— of glass 618.
— sand 564.
—, permanent 614.
Moulins 880.
Mountain artillery 1224.
— railways 327, 399.
Moutons, élevage 812.
Movable side walks 402.
Moving of buildings 669.
Moyeu élastique 1088.
—-frein 513.
— pneumatique 1087.
Mud rings 352.
Muffeln 630.
Muffelofen 721, 1164.
Muffenkonstruktionen 826.
Muffler 594.
Mühlsteine, Hartguß- 885.
Mühlen 880.
— bauanstalt 505.
Muldenkipper 391.
— presse 36.
Mule, self-acting 1112.
— spinnerei 1116.
Müllabfuhr 880.
— kästen 130, 882.
—-Verbrennung 880.
— verwertung 881.
Müllerei 88a.
Multiple moulding 562.
— moulds 614.
— unit system 358.
Multiplex telegraphy 1152.
Münzabbildungen 414
— stücke, silberne 1107.
— wesen 886.
Murexid, Konstitution 630.
Museen 697.
Musées 697.
Museums 697.
Music-recording 927.
Musical instruments 885.
Musikinstrumente 885.
Musique, instruments de 885.
—, lois de la 15.
Muskel, Extraktivstoffe 239.
Muskon 901.
Mustereffekte auf Geweben 523.
Mutterkorn 282.
— —-Alkaloide 19.
— —, Bestimmung 862.
—. —-Präparate 235.
Muttern 1053.
Mykoderma 640, 641.
Mycoderma vini 56.
Mykologie, technische 56.
Mykorhizen, ektotrophe 566.
—, endotrophe 566.
Myrosin 495.
Myrrhe 282.
Myrrhenöl 900.

N.

Nabe, federnde 1230.
Nachhängerkasten 997.
— produktenarbeit 1316.
— schläge, Beseitigung 1223.
Nächtliche Aufnahmen 955.
Nachtrettungsbojen 996.
Nacre 926.

Nadelfertigmachen 34.
— halter 729.
— holzanbau 567.
Nägel 662, 888.
Nähmaschinen 888.
— seide 209.
— —, chirurgische 1068.
Nährpräparate 233, 889.
— salze 889.
— wirkung des Futters 572.
Nahrungsmittel 889.
— — chemie 210.
— —, Konservierung 777.
— —, Milch als 870.
— —, Salicylsäure in 1006.
Nahtlose Röhren 1001.
— —, Längswalzen von 1231.
Nail puller 1284.
Nails 888.
Napawsaw 282.
Naphtha 1293.
— engines 590.
— maschinen 590.
Naphtalin 893.
— wäscher 821.
Naphte, machines à 590.
Naphtalene, removal of 824.
— stearosulphonic acid 542.
Naphthenseife 1070.
Naphthoic acids 893.
Naphthol 893.
Naphthoylbenzoic acid 893.
Naphthylamine 893.
Naphthylendiamine 26, 214.
Naphtochinolin 241.
— chinonanile 220.
— flavonol 233.
— phenazin, Oxydation 230.
— safranol 230.
Naphtol, Desinfektionsmittel aus 271.
α-Naphtylaminbordeaux 524.
Naphtylaminschwarz 515.
— blauschwarz 515.
Napper 34.
Narcein, 20, 228.
Narkosenapparat 728.
Nasenprothese 607.
Naßdekatur 34.
— kollergänge 1305.
— pressen 916, 917, 924.
— schleifen 1038.
Natation, costume de 1123.
Natrium 893.
— amid 755.
— brenner 1111.
— bromid, Umwandlungstemperatur 894.
— dampf 417.
— hydrosulfit 897.
— — — als Reduktionsmittel 214.
— hypobromit 24.
— mercaptide 225.
— silikat 715.
— superoxyd 894.
— — — hydrat 894.
— — —, Bleichen mit 153.
— thiosulfat 22, 1064.
— uranat 1209.
Natronsalpeter 1123.
— wasserglas 916.
— zellstoff 923.
Naturgas 496.
Nautische Instrumente 731.
Naval instruments 731.

Naval machinery, operation of 1019.
— signalling 1035.
Navette, marche de la 1278.
Navigation 1033.
Nebenbahnen, elektrische 393.
— produkte, Brauerei- 148.
— schluß - Gleichstrommaschine 458.
Needle, knitting 1290.
Negativdruck 828.
— kaltlacke 942.
— prozeß 938.
— -Retusche 942.
Negative, Registraturapparat 991.
Neige, densité 867.
Nelken, Untersuchung 891.
— öl, Wertbestimmung 901.
Néon 576.
Nephelometer 211.
Nernstlamps 80, 81, 369.
Nerol 900.
Néroli 926.
Net carrier 557.
— work, insulation of 465.
Nets 895.
Nettel-Kamera 935.
Nettoyage 993.
— du blé 884.
Nettoyeur, bancs à broches 1120.
Netze 895.
Netzerweiterungen, Rentabilitäts-
berechnung von 464.
Netzgewölbe 684.
Neuraemin 236.
Nickel 578, 718, 758, 895.
— oxyd-Elektrode 489.
— steel 247, 307.
Nickelage 1216.
Nickelling 1216.
Niederdruckdampfheizungen 644,
647, 838.
— — -Warmwasserheizung 838,
839.
— — turbine 1196.
Niello 865.
Niete 896.
Nietmaschinen 896.
— löcher 248.
Niob 896.
Niobium 1149.
Nirvanin 973.
Nitraginkulturen 806.
Nitraniline 220.
Nitranilinrot 521.
— — -Verfahren 516.
Nitrate 1007.
— im Weine 1282.
—, Nachweis im Harn 206.
Nitrates 1140.
—, production from the atmosphere 444.
Nitratpulver 1125, 1223.
Nitric acid 1007.
Nitrier-Apparat 799.
— zentrifugen 1040.
Nitrières artificielles 1007.
Nitrierungsverfahren 897.
Nitrification 4, 6, 1007.
— im Boden 803.
Nitrimine 26.
Nitrile, dimolekulare 215.
Nitriles acétyléniques 26, 216, 225.
—, dosage 205.
Nitrilo-bromo-osmonate 907.

Nitrite 1007, 1008.
—, elektrolytische Gewinnung 444.
Nitrit in Aetznatron 894.
Nitroacetanilid, Reduktion 445.
— benzaldehyde 227.
— benzoësäureester 725.
— benzol, Versuche mit 417.
— compound explosives 1125.
— essigesteranhydrid 220.
— farbstoffe 529.
— glycerine 1126.
— glyzerin 1125.
— —, Gefrierpunkt 1123.
— —, Nachweis 209.
— —, Schmelzpunkt 1123.
— — sprengstoffe, ungefrierbare 1123.
— gruppe, Reduktion 214, 897.
— meter 211, 1008.
— phenol 897.
— — sulfonsäuren 1015.
— phenole, Mercuri 983.
— prussidreaktion des Harns 206.
— -resorcin 224.
— toluol, Bestimmung 85.
— —, Modifikationen 226.
— verbindungen 897.
— zellulose 1069, 1125, 1126, 1299.
Nitrogen 1138.
—, atmospheric 484.
—, estimation 204.
— in air, utilisation 971.
— iodide 736, 1139.
— sulphide 212.
Nitrose Gase, Ueberführung in Salpetersäure 1062.
— —, — — salpetersaure Salze 1062.
Nitrosic acid 1008.
Nitrosofarbstoffe 529.
Nitroverbindungen 897.
Nitrosyl selenic acid 1101.
Nitrous acid, removal 1008.
Nitschelwerke 1115.
Niveau d'eau, enregistreur à 926.
— —, indicateurs de 1258.
— de marée, indicateur de 539.
Niveaux, régulateurs des 247.
Nivellierfehler 1215.
— instrument 731.
Nobelit 1123.
Nodulising of ores 43.
Noix d'arec 529.
Nomografia 408.
Non-skidding tire 1090.
Noppen 31.
Normalelement 486.
— lösungen, Einstellung 201.
— maße 475.
— mörtel 855.
Notching machine 1288.
— presses 1286.
Novokain 973.
Nowotnybremse 160.
Nozzle, exhaust 350.
—, sprinkling 6.
Nukleinsäure-Eiweißverbindungen 239.
Nukleinsaures Natron 56.
Numération 862.
Nürnberger Landes-Ausstellung 45.
Nutenstanzmaschinen 1130.
Nut facer 1054.
— locks 1054.

Nutriciaverfahren 871.
Nuts 1053.
Nux nomica, alkaloids from 18.

O.

Oberbau 311.
— — hölzer, Konservierung 713.
— flächen-Kontaktknopfsystem 326.
— — kondensatoren 776.
— — spannung, Bestimmung der 968.
— kieferhöhlenstanze 729.
— leitungssysteme 325.
— licht 708.
Objektiv 934.
Objekttisch 868.
Oblaten-Verschluß 731.
Observatoires 1137.
Observatories 1137.
Obst 889, 898.
— bau 898.
— kühlanlagen 742.
— pressen 975.
— weine 1283.
— weinhefen 640.
Obusiers 1224.
Ochsenklaueneisen 717.
Octane dichotomique, alcools de 21.
Odometers 598.
— tachymètre 597, 1099.
Oenocyanine 1282.
Ofenanlagen mit Naphtafeuerung 1165.
— heizungen 643.
— steine 1165.
Offene Bauweise 658.
Officina, arenolite 504.
Ohmmètres composés 480.
Oeffner 1114.
Ohrmuschelhalter 728.
- - operationen, Instrumentarium 728.
Oidium 1280.
Oil cup 1048.
— filler 1120.
— grooves, cutter 1288.
— forge 1044.
— for roads 1133.
— fuel 161.
— gas 901.
— gauge 1047.
— guards 1048.
— heating 648.
—, — value 163.
— paints 28.
— pump 1047, 1048.
— separators 899.
— switches, high tension 469.
— tar 1151.
— tractors 591.
— trap 1048.
— worked carriages 1080.
Oils 539.
— essential 900.
— for high-tension switches 473.
— — lubrication 1045.
Okklusion, Wasserstoff 909.
Oelabscheider 899.
— druckverfahren 944, 957.
Oele 539, 889.
—, ätherische 900.
Oel-Einspritzmotor 591.

Oelfelder 40
— gas 901.
— — teer 1134, 1147.
— kerne 565.
— lack 555.
— palmenkultur 810.
— pflaster 1134.
— pipette 799.
— pressen 975.
— prüfung 1046.
— säure, Konstitution 542.
—, Schleifen mit 716, 1040.
Oléates métalliques 555.
Oleic acid 1040.
Oleïne 1012.
Oelen, Verrichtung zum 1119.
Ombrelles, nettoyage 994.
Omnibus automobile 1074.
— électriques 1078.
—, motor- 1081.
Ondes acoustiques 15.
— liquides 960.
Onocerin 223.
Onyxmarmor 1107.
Opalescence 965.
Open-hearth 613.
— — furnace 721.
— — process 302.
Operationsstuhl 791.
— tische 790.
Operntheater 703.
Opferstrecken in Gewässern 1263.
Ophtalchromat 934.
Opiose 768.
Opium 159.
— alkaloide 18.
Optical activity 191.
Optics 901.
Optik 901.
Optique 901.
Optische Drehung 902.
Or 621.
Ordures, écartement 880.
—, incinération 880.
Ore crushing machine 1305.
— dressing 43.
— smelting 720.
— -wagon 365.
Ores, electric smelting 719.
— of iron 298.
Organ 681.
— -case 655.
Organes de machines 845.
Organic chemistry 213.
Organische Farbstoffe, künstliche 529.
Organomagnésiennes, combinaisons 216.
Organosols 195, 894.
Organs 887.
Orgel 677.
Orgeln 887.
Orges, culture 808.
Orgues 887.
Ornamental stone 114.
Orsatapparat 209.
Orthochromlampe 81.
— kresol 1006.
— pädle 907.
— pédle 907.
— sulphaminebenzoic acid 1015.
— sulphobenzoic acid 222.
— toluidine 221.
Ortsbestimmungen, astronomische 731.

Osazone tests 770.
Oscillating fan 1212.
Oscillations, electrical 423.
Oscillator 886.
Oscillograph 481.
Osminlampe 81.
Osmium 907, 975.
— filaments 81.
— lampe 80.
Osmose 194, 234.
— gazeuse 960.
—, Stärkeabbau durch 1132.
Osmotic effects 194, 960.
— pressures 960.
Osmotischer Druck 960.
Osramlampe 81.
Ostereier, Fabrikation aus Pappe 922.
Ourdissage 1275.
Outfall sewer 749.
Outils 1283.
Outlet 491.
Outremers 528.
Ouvreuse 1113.
Ouvrir, machines à 1114.
Ovalschneidmaschine 1286.
Overflow 749.
— head lines 466.
— heating, gasoline engines 1075.
— load alarm 15.
Ovogal 236.
Owala-Oel 539.
Oxalsäure 193, 907, 1275.
— —, Zerfall 196.
Oxamides 26.
Oxaminessigsäure 219.
Oxazinfarbstoffe 530.
Oxidation, electrolytic 445.
—, slow 212.
Oxime 26.
Oximes aromatiques 225.
Oxyanthrachinone 29.
—, Beizvermögen 527.
Oxyanthraquinones 531.
Oxyanthrarufin 29.
Oxybenzylpiperidine 220.
Oxychrysazin 29.
Oxydases 496.
Oxydation, elektrolytische 441, 1007.
Oxydationsbraun 517.
— index 873.
— körper 4.
— lentes 196.
— mittel, Chromsäure als 244.
— reaktionen 198.
— schmelze 214.
— schwarz 521.
Oxyde de carbone 770.
— d'isobutylène 219.
Oxydfritter 1153.
Oxydieren von Stahlwaren 865.
Oxygen 721, 1010.
—, cutting by 1050.
—, separation by charcoal 196.
Oxygenol 152, 994.
Oxygon 994.
Oxyhämoglobin 403.
— hémoglobine 233.
— -hydrogen apparatus 445.
— ketonfarbstoffe 530.
— liquit 1125.
— nitriles 214.
— säuren 1012.
— stilben, Bromderivate 927.

Oxythionaphtenfarbstoffe 531.
— toluylsäure 1014.
Ozobrom 943.
— — druck 957.
— — -Verfahren 947.
Ozokerit, Bleichen von 925.
— kerite 499.
Ozon 211, 907, 1010, 1259.
— Bildung von 420.
—, Sterilisation durch 273, 1258, 1281.
Ozone 444.
— generator 410.
— plant 1258.
Ozonid der Oelsäure 1012.
Ozonised air, conductivity of 410.

P.

Packers 883.
Packing auger 1178.
— warehouse 694.
Packings 274.
Packpapiere 921.
Paddingmotor 30.
Paddle blade 1211.
— wheels 558.
Pain 165.
Paint, fireproof 548.
— mixing 878.
Painting 842.
Paints 27.
Pakols 952.
Palace 686.
Palladium 908, 1107.
—, Bestimmung 202.
— chlorid 975.
— chlorür 983.
— dräbte, Widerstandsänderung von 410.
Palladosammin 909.
Pallone cero-volante 1105.
Palmkernöl 543.
— — schrot 810.
— — ölkernseifen 1070.
Pancreatin 890.
Panier pour pigeons 1105.
Pankreas 240.
Pantograveur 624.
Panzer 909.
— automobil 1085, 1219.
— deckungen 539, 1218.
— platten, Deformation 1218.
—, Gießen 615.
— — guß 616.
— schiffe 1025.
Paper 909, 1135.
— -cutters 1049.
— hangings 1149.
— pulp, dyeing 915.
— shreds, moistened 602.
Papier 909.
— bahn, Trocknen 918.
— fabriken 506.
— —, Abwässer der 10.
— leimung 923.
— maschine 916.
— maschinen, Antriebe von 787.
— —, Filze für 554.
— positive 945.
— schieber 1307.
— stoff 910.
— — bleiche 914.
— —, Gespinstfasern 600.

Papierweste als Kälteschutz 1238.
Papiers de tentures 1149.
Pappe 909.
Pappdächer 29, 711.
Pappen, Jacquard 925.
— maschinen 916.
Paprika 891.
Papyrus 910.
Parachloracetanilid 1214.
Paraffin 211, 925, 1046, 1134.
— carburetter 1031.
— engine 590.
— papier 922, 1003.
— schnitte 868.
— spritze 730.
Parafoudres 470, 471.
Parakautschuk 755.
Parakresol 1006.
Paraldéhyde, chloruration 219.
Paralleling device, automatic 459.
Parallelwerke 1242, 1243.
Paraméthylcyclohexane 21.
Paraminbraun 517, 526.
Paranitraniline lake 526.
—, rouge de 516, 521, 527.
— rot 516, 521, 527.
Parapets 662.
Paratonnerres 153.
Paratyphus, Bakterien 1208.
Paraxanthin 629.
Pareirawurzel, Alkaloide 19.
Pare-navette 1278.
— -poussière 1135.
Parforcemühle 765.
Parfümerie 926.
Parhydrique, soupape 1214.
Paris green 528.
Parish hall 681.
Park 654.
— anlage 657.
Parkett in Asphalt, Verlegen von 707.
Parquets, assemblage des 707.
Parts of bridges 184.
Party-line, telephone 535.
Passementeries, fabrication de 560.
Passenger cars 362.
Passivität des Eisens 291.
Paste board 909.
Pasteurella 56.
Pasteurisieren der Fruchtsäfte 777.
— von Bier 146.
— von Milch 871.
Pâte de bois, fils 600, 922.
Patentamtsgebäude 685.
Patins 1123.
Patronen 1227.
— hülsen 1228.
Pattern 561.
— shop 563.
Pavage 1141.
Pavillonbau 699.
Pavillons magnétiques 1137.
Paving 1141.
— -material 41.
Peace Palace 683.
Peat 1167.
— as fuel 161.
Pechblende 1209.
—, Brikett- 765.
— ersatzmittel 632.
— makadam 1146.
Pêche 556.
Pectiques, matières 1282.
Pédale électrique 378.

Pédales de cycles 512.
Pédalier de bicyclette 513.
Pedal pump 978.
Pegel 926.
—, selbstaufzeichnender 991.
Peignage 1114.
Peigne 1277, 1279.
Peinture 842.
Peinturages 27.
Peltiereffukt 968.
Pencil sharpener 1055.
Pendelbeobachtungen 967.
— hammer, Rudeloffscher 858.
. — stütze 387.
— uhren, Gangdifferenzen der 1202.
Pendules électriques 1202.
Penisklemme 729.
Pensée, photographies de la 955.
Pentan 73.
Pentane lamp 905.
Pentosan 238.
— gehalt der Kakaobohnen 738.
Pentosen 768, 769.
Pepsin 495, 890.
Peptone 403.
Perborate 159.
— de soude 607.
Perbromide 26.
Perçage 154.
Percer, machine à 1054.
Perceuses 156.
Perchlorate 242.
Percolator 799.
Perforateurs 600.
Perforating machine 917.
— press 1130.
Perforation 1130.
— mécanique 1184.
Perforationsmethode 20.
Perfumery 926.
Pergamentpapier 925.
Pergamyn 913.
Perhaloïde 214.
Perhydrase-Milch 872.
Perhydrol 152.
Periodisches System 192.
Perkolation 234.
Perlage des soies teintes 1069.
Perlmutter 926.
— — knöpfe 758.
Permanent-way construction 323.
Permanganate of potassium 843.
Permanganatlösungen, Haltbarkeit 201.
- reduktion 844.
Permeability bridge, testing by 481.
— of cement 879.
— — mortars 1249.
Permeameter 481.
Peronospora, Bekämpfung 280.
Peroxydasen 494, 574.
Peroxynitrate, silver 1106.
Per-salts 212.
Personenwage 606.
— wagen 362.
Perspectograph, photo- 956.
Perspektive, Entwicklung der 1297.
Pertit 1125.
Perubalsam 632.
Peseur-jaugeur automatique 739.
Pestimpfstoff 1104.
Petrolasphalte 41.
— cars 1082.
— -electric cars 359, 1081.

Petrol engines 1086.
— gauge 1092.
— injection tap 1091.
— motors 1080.
— —, tramcars 1084.
Pétrole 496.
—, éclairage au 74.
—, machines à 590.
Pétroles, désodoration 498.
Petroleum 496.
— als Brennstoff 161.
— automobil 1084.
—, Beleuchtung mit 74.
— benzin 548, 973.
—, composition 774.
— -Destillate 1159.
— fuel 352.
— glühlichtbrenner 75.
— heizung 648.
— koks 161.
— —, Heizwert 163.
— lampen 75.
— —, Explosion 503.
—, lighting by 74.
— maschinen 590.
— -motor 590.
— seife 1071.
— wachs 1217.
Pfähle, Schutzüberzug 1003.
Pfahlschutz 169, 665.
— ziehen 169, 665.
Pfeffer 891.
— münzöl 900.
—, Verfälschung 1214
Pfeifen, Zungen- 15.
Pfeilerbau 87.
— kanten, Schutzschiene 662.
Pferdefleisch, Entdeckung 207.
— zucht 812.
Pflanzenbau 806.
—, Erfrieren 971.
— extrakte 889.
— krankheiten 568.
— milch 752.
— nahrung, verfügbare 803.
— -Physiologie 970.
Pflasterdecke, formbare 1148.
—, schalldämpfendes 676.
Pflasterung 1141.
Pflüge 813.
Phares 827.
— flottants 827.
Pharmaceutical chemistry 233
Pharmakognosie 234.
Pharmakopoen 234.
Pharmazeutische Analyse 205.
Pharmazie, Repertorium 233.
Pharynxstrikturen 1296.
Phase differences, measurement of 482.
— meter 482.
Phasenverschiebung 450.
Phases, détermination des 460.
Phenanthren 227.
— -Reaktion 774.
Phenol 1006.
—, Bestimmung 12.
— carbonsäuren 1014.
— kampher 743.
— phthalein im Harne 206.
— — lösung, Entfärbung 222.
Phenolate, aluminium 23.
Phenole 926.
—, Einwirkung von Brom 229.
—, — — Chlor 229.

Phenole, Veresterung 215.
Phénomènes de Hertz 411.
— magnéto-optiques 961.
Phenosalyl 236.
Phenylacetylen 773.
— acridin 233.
— -allen 773.
— bornéols 743.
— buttersäure 1014.
— -cinchoninsäure 231.
— harnstoff 224.
— hydrazin 725.
— hydrazones 756.
— -propylen 773.
— -serine 223.
p-Phenylendiamin 235.
Phenylierung 214, 229.
Phonogrammwalzen, Graphitieren 624.
Phonograph, D. R. P. 173053 927.
Phonographen 927.
Phoron 223.
Phosphatanalysen 929.
Phosphate 928.
Phosphine 215.
Phosphites acides 928.
— — d'amines 26.
Phosphor 927, 1291.
— -bronze, rolled 848.
— eiweißverbindungen 889.
— molybdänsäure 200, 542, 878.
— öl 928.
— säure 928, 929.
— —, Bestimmung 803, 861.
— — -Düngung 806.
— saures Natron 548.
— -Untersuchungen 851.
— wasserstoff, nascirender 217.
Phosphore dans les aliments 241.
—, fluorures de 560.
Phosphorescence cathodique 191.
—, phénomènes de 965.
Phosphoreszenz von Stickstoff 1138.
Phosphoric acid 928.
Phosphorus, determination in coke 162.
— in steel, determination 292.
Photochemie 930, 931.
— chemische Reaktionen 191.
— chrome 950.
— chrone 952.
— -Emulsion 948.
— graphic surveys 1215.
Photographie 929.
— — directe des couleurs 901.
— —, interférentielle 901.
Photographien, Fernübertragung von 1153.
— graphische Objektive 933.
— — Optik 933.
— — Papiere 921, 936.
Photographs on silk 525.
Photography, stereoscopic 1137.
— keramik 957.
— -lithography 828.
— mechanische Verfahren 957.
— meter, spherical 904.
— métrie 903.
— metrie, lichtelektrische 904.
— metry 903.
—, physiological factors in 66.
— perspektograph 952.
— tegie 943.
Phtalaldehyde 16, 228.
Phtaleinsalze 223.

Phtalidderivate, Umlagerung 213.
Phthalamic acid 228.
Phthalimide 228.
Physical instruments 733.
— laboratory 797.
Physics 959.
Physik 959.
Physikalische Chemie 190.
Physikalisches Institut Leipzig 796.
Physiological chemistry 237.
Physiologie 970.
Physiologische Analyse 205.
Physiology 970.
Physique 959.
Phytolacca decandra 282.
Piassava 600.
Pick 1273.
Pickelklammern 952.
Picker 1279.
Pickling castings 630.
Picks, hardening 630.
Picnométrique, méthode 211.
Pièges 513.
Pier 627.
— pedestals 184.
— sheds 710.
—, reconstructing 184.
Pierre, travail de la 1136.
Pierres précieuses 289.
Pierrite 1125.
Pietrafitstraßen 1134.
Piezometer 734.
Pig breeding 812.
— iron 299.
— —, effects of impurities 295.
— —, grading of 291.
— —-mixers 878.
Pigmentbilder 947.
— diapositiv 943.
— druck 943.
— -Papiere 936.
— verfahren 944.
— vergrößerungen 947.
Pignons, tailler 1287.
Piken 1218.
Pikrinsäure 898, 1125.
— -Aetz-Methode 291.
Pikrotoxin, Reaktionen 205.
Pile-drivers 987, 1271.
— fabrics 1274.
—, concrete 627.
—, shoe 667.
Piles à gaz 486.
— pour la production de l'électri-
    cité 485.
— thermo-électriques 489.
Pillenzünder, Neuerung an 72.
Pilz 1040.
Pilze, fettspaltendes Ferment der
    495.
Piment 891.
Pinachrom 933.
— chromy 949.
— coline 219.
— coliques alcools 20.
— cone 219, 756.
— cyanol 933.
— kolin 218.
— typie 949.
Pin connections 1169.
— oller 1048.
Pinencarbithiosäure 743.
Pinen-chlorhydrat 743.
Pinion cutting machine 1049.
Pinnaces 1028.

Pinocamphylamine 743.
Pinolin 632.
Pipe 1001.
— bending 141.
— -cleaner 993.
—, corrosion 1002.
— cutter 1049.
— cutting machine 1049.
— fractures 259.
— founding 613.
— joint, high pressure 1266.
— joints 998, 1000.
— machine 1001.
—, moulding 561.
—, riveted 1003.
Pipérazine, salicylate de 229.
Piperidin 974.
Piperonal 225, 226.
Pipes 998, 1000.
—, conduit 1267.
—, flow in 723.
—, manufacture 1000.
—, test 1002.
Pipettenglas 799.
Pisciculture 557.
Pissoirstände 2.
Pistes cyclables 1148.
Pistole 1222.
Piston, moteur à gaz 1201.
—, moulding 561.
— packing ring 275.
—, pompes à 978.
— pumps 978.
— rings 847.
— valve pattern 564.
— valves 1213.
Pistons 774.
Pitch 1001, 1144, 1249.
Pithecolobium bigeminum 282.
Pit jack 635.
— pans 633.
Pitotröhren 734.
Pits 387.
Pittosporum undulatum 900.
Pittylen 236.
Plaiting machine 37, 560.
Plakate, Druck von 283.
Planer 1287, 1295.
— attachment 1039.
— cutters, grinding rig 1039.
Plane table 732.
Plangitechnik 515.
Planimeter 863.
Planing 651.
— machine 651.
Plankton, treatment of 1254.
Planliege-Entwickelung 939.
Planning of towns 658.
Planography 957.
Planparallele Platten 1109.
Planrost 338, 549, 643.
Plans des villes 656.
— inclinés 1041.
Plant, ash and water 882.
Plants, cultivation of 806.
—, cyanogenesis 971.
—, physiology of 970.
—, starch 511.
Plaques tournantes 282, 386.
Plaster of Paris 617.
Plastische Massen 974.
— Metallkomposition 817.
Plateauwagen 1169.
Plate bending 1232.
— girders 661, 1168.

Platforms 1149.
Platin 974, 1260.
— drucke 944, 947.
— kontaktverfahren, Arsen beim
    1063.
— papier 937.
— thermometer 1236.
Platinate 212.
Platine, comme activeur 39.
Platines, tracé des 1280.
Plating apparatus 1216, 1217.
Platinocyanides 245.
— typie 944.
Platinum silver alloys 1107.
Platosalze 975, 1065.
Plâtre 617.
Plattenbalken 102.
— gurtriemen 996.
— presse 1146.
— träger 1168.
— unterlagen 287.
Pleuelstange 845.
Pliage 37.
Plier 1284.
Plisséstoffe 1274.
Plomb 150.
—, zinc 1283.
Plonger la laine, appareil 1292.
Ploughs 813.
Plug, ignition 1097.
Plumbate 151, 212.
Plumbism 607.
Pneumatic caisson 605, 1266.
— foundation 668.
— hoist 634.
— hammers 628.
— plug drill 601.
— power, applications of 788.
— tires 1089.
— tools 788.
— tube 975.
— tube 1179.
Pneumatikpumpe 1077.
Pneumatiks 1087, 1089.
Pneumatiques 1087, 1089.
Pneumatische Kammer 973, 974.
— Musikinstrumente 887.
— Rohrschweißmaschine 1068.
Pneumatogène 606.
Pochen, Gespinstpflanzen 1113.
Pockenvirus, Züchtung 56.
Poêles 643.
Poids atomiques 192.
Poinçonnage 1137.
Poinçonneuse 1130.
Poinçons 1137.
Pointage, appareil de 539, 1225.
Pointers 561.
Points alignés au tracé 165.
Pois de Java 573.
Poison ivy plant 238.
Poissons, emploi 556.
— transport 556.
Polarimetrie 901.
— aux vins 1282.
Polarisation 901.
Polarisationskapazität von Eisen
    295.
— zelle 484.
Poles, reinforced concrete 467.
Polieren 1036.
—, Holz 715.
Polierte Gegenstände, Reinigen
    994.
Polishing 1036.

Polishing of corn 884.
—, wood 715.
Polissage 1036.
—, bois 715.
— du blé 884.
Polliniques, tubes 971.
Polonium 986.
—, α-Strahlen des 416.
Polwage 481.
Polygonum bistorta 282.
— dumetorum 235.
Polyjodide 736.
Polymerisation 197.
Polymeter 735, 1112.
Polyphase alternators, armature reaction 451.
— systems 782.
— traction system 357.
Polypeptide 213, 402.
Polysaccharide 768.
— von Gerste 143.
Pomeranzenöl 901.
Pommes de terre 809.
Pompe a mercurio 833.
— automobile 543.
— à incendie 543.
— à jet 981.
— centrifuge 979, 1199.
Pompes pneumatiques 883.
— rotatives 979.
Pomps 977.
Pont à transbordeur 173.
— de soulèvement 1041.
— roulant 636.
— suspendu sur câbles 166.
— tournant 181.
Pontonschiffe 1032.
Ponts 165.
— -canaux 744.
—, construction 167.
— en arc 166.
— exécutés 171.
—, fondation 167.
— mobiles 181
— suspendus 166.
Porcelain 1165, 1246.
Porcelaine 1165, 1296.
Porch 654.
Porches 653.
Porcs, élevage 812.
Porosität von Baustoffen 61.
Port-du-salut 751.
Portable cranes 638.
Portalkran 719, 1176.
Porte roulante 1041.
Portland cement 879, 1300.
Portland-Zement 879, 1300.
—, Zugfestigkeitsfortschritt von 854.
Ports 624.
Porzellan 1165, 1296.
— brennerei 1164.
Posamentenerzeugung 560.
— fabrik 505.
Positive Schicht, Wasserstoff 1259.
Positivprozeß 943.
Postable fire arms 1222.
Postbeförderung 1179.
— gebäude 685.
— wagen 362.
— wesen 975.
Postes, hôtel des 685.
—, service des 975.
Postierapparat 31.
Potassammonium 24, 738, 894.

Potasse 1149.
Potassium 738.
— ethylxanthate 1065.
— permanganate 271, 843.
— persulphate 1064, 1259.
Potato planter 814.
Potatoes 809.
Potentialdifferenzen 441.
Poterieformmaschinen 562.
— -Guß 616.
Poteries 1165.
Pottery 510.
Poulies 997.
— et molettes 1071.
— extensibles 998.
Poultry breeding 812.
— car 366.
Pouponnière 699.
Poussière 1132.
—, explosions de 501.
Poutres 1168.
— métalliques 170.
Pouvoir calorifique 162.
Power, cost of 789.
— -gas plants 582.
— hammers 628.
— house, economics 779.
—, measuring 289.
— plant 507, 509.
— —, central 504.
— — economics 427.
— —, hydro-electric 1189.
— station, turbine 1190.
— —, connections for 426.
— —, hydroelectric 428, 782.
— transmission by direct currents 781.
— transmission lines 464.
— — with direct currents 464.
— transmitting device 782.
Prägedruck 284.
— lack 915.
— presse 896, 976.
Prahm 1248.
Prairies 809.
Präparate, mikroskopische 869.
Präzisions-Wagen 1230.
Precious stones 289.
Predigtkirche 678.
Préfecture 685.
Preolit, Isolationsfähigkeit von 473.
Préparation mécanique des minerais 43.
— — du charbon 764.
Preservation 777.
Presidents, Färben der 518.
Press, forging 1044.
— gas 73, 620.
— — system 825.
— hefe 640, 1121.
— — fabrikation 1122.
—, Tötung 971.
— kohlen 765.
— luft 787.
— — -Entstäuber 1135.
— — gerät 1284.
— — pumpen 831.
— — werkzeuge 788.
— nadeln 1290.
Presse pour cartouches 1228.
—, Schmiede 1044.
Pressen 975.
— flüssigen Stahles 305.
—, hydraulische 1283.
—, Schmier- 1047.

Pressen, Schutzvorrichtung 1059.
Presses à forger 1044.
Pression du vent 1288.
— hydrostatique 963.
— osmotique 194.
— regulators 992.
Pressung, Metall 866.
Pressure blower 594.
Pressures in cannon 1220.
Prevention of dust 1132.
Primärelemente 486.
Priming apparatus 145.
Primulin 517.
Printing 945.
— machines 286.
— on paper and the like 283.
— process 943.
— telegraph 1152.
—, with respect to cloth 513.
Prisma 1216.
Prismenastrolabium 731.
— -Doppelfernrohre 533.
— gläser, lichtstarke 533.
— -Nivellier-Instrument 732.
Prizefighter, mechanical 1123.
Producer engine 587.
— gas 578, 596.
— — engine 588.
— — plant 510.
— —, use of 587.
Production et transmission de force 779.
— — of power 779.
Produits de la combustion, examination 552.
Profileisenschere 1050.
— —, Walzen von 1231.
— zeichner 1240.
Profile milling 569.
Profiling machine 569, 1287.
Projecteurs 1015.
Projectile factory 504.
Projectiles 1218, 1227.
Projection 948.
Projector, rotary 823.
Projektion, stereoskopische 1137.
Projektionsapparat 948.
— bilder 948.
— -Diapositive 945.
— lampe 906.
Propellers 1021.
—, moulding 561.
Propionsäuregärung 575, 750.
Pro-Platinum 817.
Prosponal 235.
Propulseur 1021.
Propylgataçal 226.
Protecteur 1090.
Protective coating 1003, 1250.
— gate 1057.
Proteine 214, 402.
Proteinstoffe in der Gerste 144, 237.
Proteolytische Enzyme 495.
Proteoses 403.
Protocatechuic acid 596.
Protopin 19.
Protoplasmafärbung 868.
Prüfungsapparate, Papier- 925.
— fahrt, Tourenwagen 1077.
— verfahren für Portland-Zement 1301.
Prulaurasine 238, 620.
Pseudobromide 927.
— chloride 927.

Pseudocumenolreihe, Phenole der 221.
— hydantoine 232.
— morphosenkristalle 791.
— phenole 229.
— —, gebromte 220.
— säuren 213, 214, 441.
— thionreas 219.
Pubiotomie 728.
Public baths 701.
— service bulding 684, 685.
Pufferbatterien 429, 457, 782.
Puits 184.
— artésiens 185.
Pulegone 213.
Pulegonessigsäure 1014.
Pullboot 565.
Pulleys 997, 1071.
Pulpes de diffusion 1320.
— — sucrerie 1320.
Pulpit 655.
Pulsometer 981.
— -Setzmaschine 286.
Pulverbläser 730.
—, chemische Stabilität 1124.
—, ungefrierbare 1123.
Pump, deep shaft 1265.
— werke, elektrische 785.
Pumpe mit Filter 1256.
Pumpen 977.
—, Antrieb von 779.
Pumping plant, electric 386, 785.
— station 1264, 1265.
Pumps 977.
Punches, electrical 1280.
Punching 1130.
— machine 1130.
Punisches Wachs 1217.
Purification 1256.
— by filters 1254.
— of oil 1047.
Purifier 886.
— grids 824.
Purifying of corn 884.
Purinkörper 972.
Purpurbakterien 56.
— säure 221.
— —, Konstitution 630.
Purpurin 29.
Putrefaction 58.
Putzbau 663.
— wolle 1113.
Putzen des Getreides 884.
Putzerei, chemische 505.
— maschinen 1113.
Puzzolan cement 1300.
Puzzolane 879.
Pyknometer 38, 800, 863.
Pyramidon 229.
Pyrane 218.
Pyranique, noyau 214.
Pyrazolon 230, 232, 233.
Pyrazolones 230, 232, 233.
Pyridine 982.
Pyridinkobaltsalze 759.
Pyridone 232.
Pyrimidin 233, 1006.
— reihe, Orthodiamin der 15.
Pyrimidines 231.
Pyrit-Schmelzverfahren 299.
—, Schwefel im 1061.
Pyrites 298.
— cuivreuses 793.
—, mine 98.
Pyroaceton-Entwickler 939.

Pyrocatechin 224.
— galiol 226, 932.
— —, derivates 226.
— gallus-Entwickelung 940.
— -Metol 946.
Pyrometer 965, 1234, 1235.
— —, electrical 1235.
— —, electric recording 1235.
— —, optische 1235.
Pyromètres 1234.
— — thermo-électriques 1235.
Pyrometry 904.
— mucylacetate 228.
Pyrophore Metallegierungen 1320.
Pyroxyline 1125, 1299.
Pyrrol 98a.

Q.

Quadrantelektrometer 477.
Quadrantenseil 1112.
Qualitative Analyse 200.
Qualitätsmesser 483.
Quarkleim 819.
Quarrying, methods of 1136.
Quartz améthyste 290.
Quarz 98a.
— lampe 57.
Quaternärstähle 303.
Quay walls 625.
Quebrachogerbstoff 596.
Quecksilber 98a.
— bestimmung im Urin 206.
— dampflampe 78, 607.
— — licht 1207.
— jodid 216, 983.
— lampe, Erzeugung roten Lichtes in 79.
— lichtbogen, Potentialmessungen im 80, 477.
— luftpumpe 833.
— oxydsulfat 983.
— — chlorid 983.
— oxycyanid 983.
— -Reguliер-Widerstände 470.
— salze, explosive 1126.
— Spektrum des 965.
— strahlunterbrecher 463, 1207.
— thermometer 1234.
— -Vakuumapparate 1207.
Quellenfassung 876.
—, Radioaktivität 876.
— sedimente, Emanation 415.
— —, Radioaktivität 415.
Querbürstmaschine 33.
— kontraktion 404.
— sieder-Kessel 543.
Quetschwalzenstühle 885.
Quick-firing guns 1228.
— lime 884.
— sand 661.
Quinazolines 229.
Quinine, alcaloides de 17.
Quinoline 241.
Quinoneoxime 228.
Quinones 241.

R.

Rabotage 651.
Raboteuses 651.
Racer 1082, 1123.
Races 1072.

Rachenlehren 734.
Rack-cutting 570.
— locomotive 350.
Räder 370, 1087.
— formen 563.
— fräsmaschine 570.
—, stählerne 370.
—, Turbinen 1201.
—, Uebertragung durch 788.
— ziehpressen 1045.
Radialformriegel 1051, 1308.
— truck 1092.
Radiateur 1093.
Radiation, spontaneous 1109.
—, thermal 1237.
γ-radiations, measurement of 415.
Radiator 1093.
Radioactivité 959, 984.
Radio-activity of thorium 985.
Radioaktivität 414.
— der Quellen 984.
— des Bleis 151.
—, Untersuchungen über 959.
— von Thorium 1160.
Radiobacter 237, 804.
— telegraphie 1153, 1156.
— tellur 986, 1158.
— -tellurium, α-rays 416.
— tellur, Strahlen des 415.
— thérapie 607.
— thorium 985.
— —, α-Strahlen des 416.
Radium, activity of 415.
— behälter 730.
— emanation 650.
— —, Einwirkung von 415.
— —, Occlusion der 414, 959.
— en thérapeutique 414.
—, primary rays of 416.
— salze, Radioaktivität von 415.
—, secondary rays of 416.
— strahlen 409, 1259.
— —, Heilwirkung 987.
—, α-Strahlen des 415, 416.
— therapie 233.
— und radioaktive Elemente 984.
Radnabe, federnde 371.
— reifen, Schalldämpfung für 371.
— —, Schrumpfmaß 353.
— schleppdampfer 1024.
Radoub 626.
Raffinade direkt aus der Rübe 1316.
Raffinage 1316.
Raffination 1316.
— von Kupfer 791.
— — Oelen 540.
Raffinerien, Abwässer der 7.
Raffinose 769.
— in den Rüben 1313.
—, Nachweis 770.
—, Spaltung 768.
Rafiafaser 1217.
Rafraichisseurs 830, 1305.
Rahm 872.
— fettbestimmung 874.
— kühler 740.
— reifer 870.
—, Säuerung 186.
— werk 1242.
Rahmen 32.
Rail anchor 320.
— bonds 320, 325.
— —, electrically-welded 325.
— -brake 401.

Rail conductrice, systèmes de 327.
— fastening 317.
— heads 320.
— insulator 325.
— -joints 319.
— roadbeds 313.
— — bridges 166.
— —, replacing 385.
— — service 328.
— way accident 332.
— — cars 361.
— — chairs, moulding 563.
— — -gauges 317.
— — motors, direct-current 446.
— — -signalling 376.
— — —, wireless telegraphy for 376.
— —, single-phase 391.
— — stations 383.
— — workshops 388.
— ways 308.
— —, automatic signalling 377.
— —, steam worked 389.
— -welding, electric 319.
Rails 317, 324.
—-, plant 509.
—, use of old 662.
Rainer, machine à 1287.
Rainfall 1260.
Raisin, matières pectiques 1282.
Raising 33.
— of ships 1034.
— — water 1251.
Ramage 32.
Ramie 628, 1113.
—, dyeing of 519.
— -Effekte 521.
Ramme, Pflastersteine 1148.
Rammen 987.
Rams, hydraulic 981.
—, shoving 1187.
Randschleier 943.
Rangefinders 490.
Rangiereinrichtungen 330.
— seilbahnen 330.
Rapid filtration 1254.
— transit 398.
Raschlaufende Zapfen, Lager für 801.
Rasierseifen 1070.
Rasterstellung 288.
Rata graveolens 900.
Ratchet brake 1098.
Rateausches Verfahren 267.
Rathäuser 682.
Ratin, Bacillus 1208.
Ratiné-Stoffe 31.
Ratiometer 1235.
Rattenpest 58.
— vertilgungsfahrzeug 1032.
Rauch 987.
— absaugung 988.
— abzüge 673.
Rauchfreie Verbrennung 551.
— gas-Analysator 247.
— — analysen 248, 550.
— kammerüberhitzer 268.
— plage, Beseitigung 256.
— rohrkessel 248.
— röhrenüberhitzer 341.
— schwaches Pulver 1124.
— untersuchung 989.
— verbrennung 256, 351, 988.
— verzehrungsapparat 552.
— — einrichtung 338.

Rauchwaren, Färben von 516, 520.
Rauhen 33.
Rauheffekte 523.
— maschine 31.
Raumfachwerk 511.
— temperatur-Regler 993.
Rayon de gyration 160.
Rayons cathodiques 413.
— n 417.
— Röntgen, dangers des 414.
— x 413, 414.
— x, émission de 413.
Rays 413.
— uranium 1209.
a-rays, absorption of 415, 416.
Razemisierung, katalytische 195.
Reading-room 684.
Reaktionen bei hoher Temperatur 196.
—, umkehrbare 213.
Reaming head 158.
Reben, Tränen 1280.
— veredlung 1280.
Receiver 538.
—, wireless telegraph 1157.
Récepteurs 538.
Rechenanlage 5.
— anordnung 1204.
— maschinen 989.
— schieber 990.
— wehr 1246.
Reciprocating engines 1194.
Réclame 995.
Recorder, water-level 747.
Recording apparatus 990.
— indicator 725.
Rectification 141, 1122.
Rectifier system, mercury arc 1207.
Rectifying 1122.
Rectory 684.
Recuit du verre 618.
Redoubt 539.
Reduziermaschinen 624, 1286.
— ventile 1213.
Reducing valve 646.
Reductasen der Milch 495.
Reduction, photographie 940.
Reeds 1273, 1277.
Refendre, scies à 1006.
Refining of copper 791.
Reflection spectra 1109.
Reflector 83.
—, prismatic 66.
Reflektor 83.
—, Einfluß auf Lichtstärke 84.
Refraction, artificial double 961.
Refractory materials 62.
Refraktometer 907.
Refraktion, konische 966.
Refraktionserscheinungen 1221.
Refraktometer 735, 769.
Refraktometrie 211.
Réfrigerant 776.
Refrigerating 739.
— machines 1186.
Refrigeration 777.
— cars, heating for 369.
Refrigerator car 370.
Refroidisseur 1097.
Refuge, harbour 625.
— niches 1187.
Refuse, combustion of 880.
— destructor 431.

Refuse, disposal 881.
— incineration 9.
—, removal of 880.
—, saw mill 749.
Regenerativofen 302, 1041.
Regenrohre 663.
— vorrichtung 544, 673.
— wassereinläufe 749.
Registriervorrichtungen 990.
— wage, automatische 1230.
— walzen 916.
Registering apparatus 538.
Règle à hachures 1298.
Regler 991.
Régulateurs à charbon 457.
— de gaz 825.
— — pression 992.
— — turbine 992.
Régulation de courant 456.
— — potentiel 456.
— — tours 456.
— of current 456.
— — potential 456.
— — revolution 456.
Regulator, Webstuhl 1277.
Regulatoren, selbsttätige 458.
Regulators 991.
Regulierdüse 68.
— öfen 642.
Regulierung, pneumatische Wärme- 645.
Regulierungen, Fluß- 1243.
—, Zahn- 1296.
Reibschalen 800.
Reibung 993.
—, innere 963.
—, —, der Gase 576.
Reibungskoeffizient, innerer 963.
— theorie 963.
— widerstand der Luft 837.
Reifen 1087.
Reihenhausbau 657.
— parallelanker 446.
— schlußmotoren 455.
— -Stanzmaschine 1130.
Reinforced concrete 101, 1185.
— — chimney 1051.
— —, fireproof 547.
— — floor 706.
— — roadway 1147.
Reinforcing metal, corrosion 1003.
Reinigen, Getreide 884.
—, Stiche 955.
Reinigung 993.
— der Kessel 259.
— — auf Lichtstärke 1316.
—, elektrolytische 443.
— von Zuckersäften 1315.
Reinigungshäuser, Lüftungseinrich- tung für 838.
— pumpe, Gewehrlauf 1223.
Reinkulturen 750.
— zuchtapparate 575.
Reis 806.
Reißfestigkeit von Kautschuk 753.
— krempeln 1115.
Reklame 995.
Rektifikationsapparat 241.
Relays, direct current 469.
Reliefglas 619.
— valves 645.
— stoffe 1274.
Removing of snow 330.
Remplissage 571.
Renflouage des navires 1034.

Renforcement 940, 945.
Rennbahn 705.
— kreuzeryachten 1029.
— sharpie 1030.
— wagen 1075.
— yacht 1029.
Renvideurs 1116, 1280.
Repair of ships 1018.
— shop 387.
Réparation des navires 1018.
Repetiergewehr 1222.
Reproduktionsmaschinen 287.
— objektive 933.
— photographie 952.
Repulsion induction motor 454.
Repulsionsmotor 454.
Requisitenwagen 1229.
Resacetophenone 226.
Re-sawing machine 1005.
Rescue apparatus 94.
Réseau souterrain 398.
— téléphonique 536.
Resektions-Prothetik 1296.
Reservoir, reinforced-concrete 131.
Reservoirs 1268.
— à haute pression 1011.
Residential districts 658.
Resilient hub 1087.
— wheel 1088.
Résinates métalliques 555, 632.
—, préparation électrolytique 445.
Resins 631.
Résistance 404.
— des navires 1016.
— électrique des aciers 297.
— measuring 479.
Resonance 1152.
— -curves 15.
Resonanzboden 887.
— kasten, Schwingung 15.
Resorcin 223, 532.
—, Nachweis 205.
Résorcine 223, 532.
Respiration artificielle 603, 728.
Respiratoire, chambre 974.
Ressorts, roue à 1087.
Restaurants 692.
Restaurationsgebäude 693.
Retaining walls 1141, 1252.
Retort coke ovens 766.
— -houses 1175.
— settings 822.
Retorten, Gas- 821.
— häuser, Lüftungseinrichtung für 838.
— öfen 822.
Retouchefixierung 945.
Retrograde Mischung 193.
Retropédalage, frein à 512.
Rettig, enzymatische Wirkung 494.
Rettung aus Feuersgefahr 995.
— — Wassersgefahr 996.
Rettungsapparate 93, 995.
— bojen 996.
— boote, Ausschwingvorrichtung für 996.
— wesen 995.
Return current pipes 999.
Révélateur téléphonique 450.
Reverberatory furnace, three-hearth 1106.
— matte furnaces 1042.
Reversibles 523.
Reversierstraße 1232.
— walzstraßen 1231.

Reversierwalzwerke, elektrischer Antrieb von 785.
Reversing gears 610, 845.
— valves 722, 1212.
Revêtements calorifuges 1238.
— isolants 1237.
Revisionswagen 1184.
Revolution indicator 597.
Revolver-Drehbank 279.
Revolving motor, air-cooled 592.
Rheinuferbahn 393.
Rhéomètre 724.
Rhéostats 458, 468.
—, motor-starting 456.
Rheumatische Mittel 233.
Rhodamine 226, 523.
Rhodanatochromammoniaksalze 245.
Rhodanbenzol, Reduktion 530.
— verbindungen im Organismus 240.
— wasserstoffsäure 246.
— —, in Abwässern 246.
Rhodaninsäure 229.
— —, substituierte 233.
Rhodeit 768.
Rhodeose 220.
Ribbers 1290.
Rib drawing 764.
Rice, oil from 540.
Richten 141.
Ricinolsäure 1012.
Ricinusrückstände 573.
— samen, Giftigkeit 573.
Riddling machine 561.
Riegelseifen 1070.
Riemen 996.
— abheber 628.
— aufleger 789, 997.
— getriebe 788.
— ketten, Versuche mit 788.
— rücker 997.
—, Uebertragung durch 788.
— -Verbinder 997, 1284.
Riemscheiben 997.
Rieselfeldverfahren 6.
Riesenkrebse, Zucht 558.
Rifling machine 1287.
Rigolt-Gummiwaren 753, 1238.
Rim gear 1295.
Rindenfaser 600.
Rindviehställe 812.
— zucht 812.
Ringel-Apparate 1290.
Ringeln 565.
Ringgreifer 888.
— grinder 1038.
— öfen 1306.
— schließung 215.
— spindel 1118.
— spinnerei 1116.
— spinnmaschinen 1117, 1118.
— —, Antrieb 786, 1116.
— zwirnmaschine 1112.
Riprap 1247.
Rippenbalken 102.
— heizflächen 642.
Risse in Kesselblechen 248.
Rißbildung an Kesseln 257.
Ritzhärteprüfer 858.
— verfahren 858.
River barge 586.
— improvements 1241.
— side drive 1143.
River, machines à 896.

Rivers, pollution 11.
—, velocity 1241.
Rives, défense des 1243.
Rivet heading machine 1287.
Riveting machines 896.
Rivets 896.
— forge 1044.
Riveuses 896.
Rivières, amélioration 1241.
Rivure 1169.
Rizinusöl 554, 1056.
Roadbeds, oiling of 1147.
— cleaning 1148.
— making 1141.
—, smoothing 1148.
Roads, dustless 1132.
Roasting, coffee 737.
Robinets 1267.
Roburit 1125.
— explosion 502.
Rock breakers 621.
— crushing 1305.
— decomposition 876.
— drills 601, 1188.
— excavation, submarine 1305.
— -fill dams 1244.
Rod-grinding 1038.
Roder, machine à 1288.
Roggenzüchtung 808.
Rohbau 663.
— eisen 299.
— — erzeugung, elektrische 306.
— — mischer 878.
— —, Volumenänderungen 295.
— faser, Bestimmung in Kakao 738.
— papier 936.
— zucker 1317, 1319.
Rohraufhängungen 750.
— bagasse 1319.
— brüche 259.
— bruchventile 260, 1213.
— mühle 1305.
— post 975.
— rücklauf 1226.
— schlüssel 1284.
— stücke, Pressen 1001.
— verbindungen 998, 1000.
— zucker 768.
Rohre 998.
— Bördeln der 351.
Röhren, fugenlose 1048.
— guß 615.
— gußeiserne 998.
—, Herstellung 1000.
— libelle 732.
—, Prüfung 1002.
—, schmiedeiserne 998.
— trockner 1181.
— tunnel 1182.
— überhitzer 269.
Rolladen 546, 709.
Roller bearings 801.
— chains 757.
— mill 885.
—, motor 1148.
—, water-ballast 1148.
Rollenlager 801.
Roll exhaust 1135.
— feeder 885.
— gang 1232.
— grinding 1036.
— hacke 814.
— maschine 864.
— planimeter 732.
— schuh 1123.

Rolling mills 1231, 505, 507.
— —, electrical power in 785.
Romanzemente, Festigkeitszahlen 739.
Röntgen rays 414.
— röhre 727.
— -Schutzstoffe 1060.
— strahlen, Geschwindigkeit der 414.
Roof, concrete 123, 1249.
Roofs 709.
Rope-tightening device, electrical 1150.
— transmissions 788.
—, waterproofing 1249.
Ropes 996, 1071.
Rosanilines 530.
Rost 1002.
—, Anstrichmittel gegen 28.
—, ausfahrbarer 549.
— beschickung, mechanische 553.
— öfen, mechanische 1062.
— schutz 1002.
— stäbe 553.
Roste 553.
— in Dampfkesseln 257.
Rosten des Eisen 291.
Röstgase aus Schwefelsäure 792.
Rotkraut, Indikator aus 211.
— sensibilisatoren 933.
Rotary converters 365, 1206.
— —, control of 458.
— pumps 979, 1262.
Rotating electrodes 443.
Rotationskompaß 775.
— Oelpumpe 833.
— presse 286.
Rotative moulding 562.
Rotatory power 191.
Rotograph 828.
Rotors 595.
Rototype 286.
Rottlerin 228, 236, 282.
Roue auxiliaire 1088.
— élastique 1087.
— libre 1087.
— suspendue 1088.
Roues 370, 1087.
— dentées 1294.
— hydrauliques 1252.
Rouge paranitraniline 515.
Rouille 1002.
—, préservatifs 1002.
Rouleaux, coussinets à 801.
—, paliers à 801.
Roulements à billes 370.
Roulottes automobiles 1081.
Roundhouse 387.
— heating 647.
Routes, construction de 1141.
Roving frames 1120.
Rubber 385, 1123.
—, production of 751.
— plant 505.
— -Zement 275, 758.
Rubbish incinerator 881.
—, pits 1149.
Rubble 1246.
— -stone 1182.
Rübenbau 1313.
— drill 814.
— -Düngung 805.
— ernte 1313.
— invertase 495.
— keimlinge 1313.

Rübenkrankheit 1314.
— kraut, Wirkung 1319.
— melasse 1319.
— samenbewertung 1314.
— schnitzeltrockenapparat 1319.
—, Verwertung der 573.
— zuckerindustrie 1312.
— — saft, vergorener 1122.
Ruberoïd 1249.
Rubijervin 20.
Rubidium 1004.
Rubin 290.
Rüböl 716.
Rückstandverwertung 5.
— stoßlader 1222.
— — -Messungen 1220.
— stromrelais, selbsttätiges 469.
Rudertelegraph 1018.
Rue, essence de 900.
Rührer für Flüssigkeiten 799.
Rührwerke 878.
Runabout 1084, 1085.
Rundbohnen, indische 573.
— eisen, Walzen von 1231.
— fräsmaschine 568.
— öfen 1164.
— ränderwirkmaschine 1289.
Rundsieb-Papiermaschine 917.
— spinnen 997.
— stühle 1289.
Ruß 987.
— erzeugung 529.
Rust 1002.
— prevention 1002.
Rüster, Betonbau- 662.
Rusting of iron 291.
Rüstung 669.
Rusty pipes, cleaning 1004.
Ruthenium 1004.
— rot 868.
Rüttelmaschine 1146.
— sieb 885.
Rye mill 883.

S.

Saalbau 705.
Saatbestellung, Maschinen zur 814.
— gutheizung 807.
Säbel 1218.
Sabinen 900.
Sablage 1009.
Sable, filtration sur 1255.
Sableuses 994, 1003, 1009.
Sablière 594.
Saccharification 768.
— diastatique 1131.
Saccharine solution 715.
Saccharose 768, 1317.
Saccharo-Manometer 728.
— meter 728.
— myces 639.
Säcke, Papier 922.
Sacks, tying 1178.
Säemaschinen 813.
Safety appliances 470, 1056.
— lamps 91.
— valves 255.
Safran 529.
—, Salze des 226.
—, Wertbestimmung 208.
Safranines 531.
Safranol 531.
Saftgewinnung aus Rüben 1314.

Saftreinigung 1315.
Säge, Zylinder 1287.
Sägen 1004.
— schärfmaschinen 1037.
— schutzvorrichtung 1058.
Sägespäne, Holz aus 716.
— —, Verwendung 1.
— —, Verwertung 64.
Saigern 612, 817.
Sailing vessels 1025.
Saindoux 186.
Sajodin 235.
Sal-Methode 874.
Salamander, removal of 721.
Salicylamide 1006.
Salicylic acid 1006.
— —, determination 889.
Salicylsäure 227, 1006, 1014, 1282.
—, Nachweis 890.
Salicin 224.
Salinenwesen 1006.
Salines 1006.
Salmiakpastillenschneider 731.
Salmon fishery 556.
— marking 557.
Salmonidenkultur 558.
Salpeter 1007.
— als Dünger 805, 809.
— in Fleisch 890.
— säure 442, 1007.
— —, Bestimmung im Boden 803.
Salpêtre 1007.
Salpetrige Säure 1008.
Salt 1008.
— industry 1006.
— -water 1265.
Salvage of ships 1034.
Salz 1008.
— ablagerungen, ozeanische 193.
— bildung 212.
— dämpfe, Ionisierung von 962.
— säure 442, 1009, 1108, 1275.
— —, Nachweis im Magen 207.
— vermahlung 880.
Samenrüben 1314.
— — triebe 1313.
— sortiertrommel 815.
— trockner 1181.
— vorbehandlung 807.
Sammelheizung 699.
Sammlerbatterien 488, 1153.
Samtfabrikation 1274.
— glanz auf Geweben 36.
Sanatorium 699.
Sandarak 1006.
Sand, paving 1144.
— behälter 1179.
— bins 132.
— blasts 1009.
— bohrer 667.
— brennen 618.
— -clay 1144.
— conveying 561.
— dryer 1181.
— drying plant 387.
— eels, baiting with 557.
— fänge 925.
— filters 5.
— filtration 1254.
— für Mörtel 879.
— grinder 564.
— hopper 1255.
— -lime brick 62.
— — —, fire tests 547.
— -lime brick work 510.

Sandmixer 564, 877.
— moulds drying 565.
— siebmaschine 614, 1105.
— spülversatz 87.
— stein, Nachahmen 663.
— stone 546, 662.
— —, vanadiferous 1210.
— strahlgebläse 617, 1009.
— streuapparat 354, 372.
— trap 494.
— washer 1255.
—, washing 1255.
Sander 372.
Sanguinarin 19.
Sang, variation 972.
Sansevierenblätter 629.
Santonin 229.
Sanzol 941.
Sapene 235.
Sapindus Rarak 235, 282.
— baum 1070.
Saponarin 610.
Saponification 196.
— des huiles 541.
Saponin 235.
Saponine 620, 892.
Saprol 1240.
Sarcina 56, 146.
Sardellenbutter 890.
Sardinenöl 541.
Sarsaparilla 282.
Sashes 646.
Satin 1277.
Satinieren 919.
Saturation 1315.
Saturations-Schlamm 1319.
Sauerkrautgärung 575.
Sauerstoff 1010.
— aus verflüssigter Luft 576.
—-Gewinnung 1067.
—-Herstellung 830, 831.
— inhalationen 603.
— flaschen-Explosionen 503.
—, ozonhaltiger 1236.
—, Ozonisierung des 963.
Saugbagger 53.
— gasanlagen 579, 780.
— —-Lokomobilen 828.
— — maschine 1264.
— — motoren 588, 781.
— glocken 729.
— lüfter 1018.
— lüftung 647, 839.
— papiere 921.
— trockner 33, 1181.
— zuganlage 693.
Sauger 918.
—, Heizwirkung von 642, 838.
Säuglingskrankenhäuser 698.
— pflege 607, 608.
—-Wage 1230.
Säulen 1011.
—, betoneiserne 109, 853.
— guß 615.
Säureamidbildung 42, 215.
— anthrazenbraun 518.
— dämpfe, Absaugung 1058.
— grad der Milch 873.
— transport 1179.
— zahlen 210.
Säuren in Tabak 1149.
—, organische 1011.
—, ungesättigte 213.
Sauvetage 995.
— des navires 1034

Sauvetage d'incendie 995.
— maritime 996.
Saving from fire 995.
— — water 996.
Savon 1070.
Sawdust, alkohol from 1121.
Sawing 1004.
Saw-mill refuse 552.
—-tooth roofs 504, 710.
Scaffold 669.
Scales and weights 1230.
Scalpers 885.
Scammonée, résines de 631.
Scaphandriers, matériel pour les 1150.
Scènes 186.
Schaber 918, 919.
Schachtabdeckung 749.
— abteufen 85.
— bohrer 1161.
— ofen 720.
— öfen, Kalk 738. .
— tiegelöfen 1042.
— trockner 765.
— verschluß 1057.
Schädlinge der Kulturpflanzen 807.
Schaf-Stallgebäude 703.
— zucht 812.
Schaftmaschinen 1277.
— stiefel 1056.
Schalen, Formen für 561.
Schälen des Getreides 884.
—, Holz- 911.
Schalldämpfer 607.
— dämpfung 676.
— durchlässigkeit 676.
— schwingungen 15.
Schälmaschinen 885.
— schaden, Bewertung 568.
Schalt-Anlagen 468.
— apparate 358.
— bretter 468.
Schalter 468.
— rosetten 469.
Schamotte-Porzellan-Oefen 1165.
—-Retorte 823.
Schankgeräte 1015.
Schanzkörbe 539, 1218.
Scharfeinstellung 933.
— feuerfarben für Hartporzellan 1165.
Schärfentiefe, Kamera 903.
Schärfvorrichtungen 1006.
Scharnierband-Fräsmaschine 570.
Scharpflug 813.
Schattenfärberei 515.
Schaufelformen 1201.
—-Turbinen 1198.
Schaufenster 709.
— —, Anlaufen 709.
— — beleuchtung 995.
— —-Dekorationen 995.
— — konstruktionen 995.
— — reklame-Uhr 1204.
Schaukelbecherwerk 1170.
Schauspielhaus 702.
Schaustellungswesen 995.
Scheelit 150.
Scheerbeanspruchung 408.
— brettnetz 556.
Scheiben, Festigkeit 408.
—, rotierende 967.
Scheideschlamm 1316.
Scheinwerfer 1015.
—, elektrischer 354

Schellack 631.
—-Wachs 632.
Scheren 34, 1275.
Scherfestigkeit des Eisenbetons 106.
Scheuerwerke 1039.
Schiebebühnen 386.
— fenster 708.
Schieber, Fuchs- 1052.
—, Sperr- 1268.
Schieblehre 734.
Schiefer 1016.
— bottiche 145.
— Platten aus 62.
— schleifstein 1049.
Schienen 317.
— befestigung 317.
— brüche 317.
— bruchlasche 319.
—, Feilen 1287.
—, Fräsen 1287.
—, Hobeln 1287.
— reiniger 372.
— schuh 318.
— schweißen 1067.
— stoßstuhl 325.
— — verbindungen 319, 325.
— stuhl 318.
— walzwerk 1232.
— wanderung 320.
Schießarbeiten 96.
— baumwolle 1126.
— — für Granaten 1127.
— scheibe, verschiebbare 1226.
Schiffahrt 1033.
— antrieb 790.
— bau 1016.
— brücken 166.
Schiffe für Sonderzwecke 1031.
—, Schutzüberzug 1003.
Schiff, Fahrtwiderstand 724.
Schiffsbaracke 1033.
— bergung 1034.
— hebewerke 1034.
— hebung 1034.
— hygiene 607.
— kreisel 1016.
— maschinen-Steuerungen 264.
— schraube, Antrieb der 785.
— signale 1035.
— turbine 1196.
— widerstand 1016.
— zug, elektrischer 1150.
Schild, Brust 1183.
Schilde 748.
Schildkrötenfett 543.
Schimmelpilze 57.
Schippen, Herstellung 1286.
Schiste, huiles de 498.
Schlachthäuser 701.
— hofkühlanlagen 741.
— schiffe, Bewaffnung der 1025.
Schlacken, Eigenschaften 723.
— spaltfeuerung 550.
— zement 1300, 1303.
Schlagbiegeprobe 408.
— fänger 1273.
— haube 666.
— maschinen 1112, 1114.
— riemen 1279.
— stempelpresse 977.
— wetter 91.
— — sicherheit 462.
Schlagwerke 628.
— wolf 1114.

Schlammansatz, Kessel- 252.
— büchse 1161.
Schlauchfilter 1135.
— presse 753, 976.
— pumpe 981.
— reiniger 149.
— staubfilter 815.
Schleichera-Fett 540.
— trijuga 282.
Schleifen 1036.
Schleifholz 1115.
— maschine, Pflasterstein 1146.
— steinschärfer 1038.
— tamboure 1038.
Schlempeverarbeitung 641.
Schleppkettenantrieb 1170.
— schiffahrt 1150.
Schleudermaschinen 1040.
— Schutzvorrichtungen 1057.
— mühle 882.
— pumpen 979.
—, Wäsche- 1238.
Schleudern der Kraftfahrzeuge 1076.
Schleusen 1040.
— mauern 121.
— treppen 1040.
Schleusungsdauer 1040.
Schlichten 30, 1275.
Schlichtmaschinen 1275.
— mittel 35.
Schlieren 618.
Schließrahmen 287.
Schlingenfänger 889.
Schlitten 1041.
Schlitzmaschinen 1052.
Schlösser 686.
Schloßsicherung 1041.
Schlußzeichengabe, automatische 537.
Schmalz, Nachweis 542.
Schmauchen im Ringofen 1306.
Schmelzbarkeitsprüfung 856.
— elektrolyse 441.
Schmelzen, Glas 618.
Schmelzhäfen 618.
— methoden, elektrische 442.
Schmelzöfen 721, 1041.
— pfropfen 544, 673.
— punktbestimmung 196, 1234.
— tiegel 613, 1042.
—, elektrischer 304.
— wärme, latente 1236.
Schmiedbarer Guß 611.
Schmiedeeisen 301.
— pressen 976.
— werkstätten 504.
Schmieden 1044.
Schmiermittel 1045.
— ölmaterialien, Prüfung der 856.
— pfropfen 1228.
Schmiervorrichtungen 1045, 1047.
— vorrichtung, Faden- 1119.
Schmirgeln 1038.
Schmirgelscheiben, Schutzvorrichtungen 1058.
— steine, Schutzvorrichtung 1059.
Schmucksachen 1048.
Schmutzfänger 979.
— wasserkanäle 8.
Schneckengetriebe 610.
Schnecke, Verlade- 1176.
Schneebeseitigung 330.
— landschaftsaufnahmen 955.
—, Radioaktivität des 415, 984.

Schneeräumer 330.
— schutz 330.
Schneidbacken, Herstellung 1053.
Schneidwerkzeuge 1049.
— —, Rohr- 1001.
Schneiden von Glas 619.
Schneidemaschinen 1049, 1295.
— —, unfallsichere 1059.
Schnelladekanonen 1228.
— betriebsstahl, Resultate mit 294.
— bohrmaschine 158.
— dampfentwickler 798.
— drehbank 279.
— — stahl 304.
— essigbakterien 499.
— — bilder 57.
— feuergeschütz 1218.
— filter 1254, 1257.
— kopierapparat 951.
— -Lote 829.
— pressen 286.
— spanner 815, 1283.
— topograph 732.
— trockner 1180.
— umlaufwasserheizung 644.
— zuglokomotiven 338, 339.
Schnitzelpressen 1319.
Schnurpendel 468.
Schokolade 737.
Schoolhouses, ventilating 839.
School utensils 1056.
Schöpfwerk 491.
Schornsteinaufsätze 831, 837.
Schornsteine 1050.
— aus Eisenbeton 139.
Schornsteinsprengung 1128.
Schotterpflasterungen, bituminöse 1146.
Schrägaufzug 611, 633, 718.
— rostfeuerungen 250, 780.
Schrämarbeit 86, 99.
— maschinen 1053.
Schrankvorrichtungen 1006.
Schrapnell, Brisanz 1227.
— granate 1227.
— zünder 1227.
Schrauben 1053.
— kontroll-Lehre 1054.
— meßvorrichtung 1240.
— propeller, Berechnung von 1021.
Schraubenschlüssel 1055, 1284.
— sicherung 1054.
— strecke 997.
— winde 634.
Schraubenzieher 1055, 1284.
Schraubstock 563, 1285.
Schreibmaschinen 1055.
— papiere 925.
— telegraph 1152.
Schreibtischgeräte 1055.
Schriftgießerei 285.
Schröpfkopf 1295.
Schrotmühlen 885.
— patronen 1228.
Schubfestigkeit des Eisenbetons 106.
— spannungen 112.
— stangenköpfe 846.
Schuhanzieher 632.
— crèmes 555.
Schuhmacherei 1055.
Schularztzimmer 606.
Schulbänke 606, 695, 1056.
Schulgeräte 1056.
— lüftung 837.

Schulräume, hygienische 606, 695.
— tafel 695, 606.
Schußeintrag, doppeltfädiger 1276.
— spulmaschinen 1113.
— waffen 1219.
— — läufe, Prüfen von 1226.
— zuführung 1276.
Schüttelapparate 799.
— fässer, Pollieren mittels 1039.
Schüttelsieb, Pappstoff- 916.
Schutzanstriche 28, 1003.
— — für Zement 1304.
— bauten, Insel- 1247.
— hütte 701.
— inseln 1180.
— pfähle, Betonfüllung 1247.
— schilde 1226.
Schutzvorrichtungen 1056.
Schützen 1278.
— bewegung 1278.
— fänger 1278.
— schleuse 1041.
— wechsel 1279.
Schwachstromleitungen, Schutz der 465.
Schwarmlinien 1218.
Schwarzbeinigkeit der Kartoffel 809.
— beizen von Stahlwaren 865.
— erlen 568.
Schwebebahn 310, 327, 1171.
— — -Entwürfe 324.
— fähre 511.
— transport, Seilbahn- 719.
Schwefel 1061, 1280.
— ammonium als Reduktionsmittel 897.
— — gruppe 200.
— bestimmung in flüssigem Brennstoff 162.
— — in Kohlen 761.
— bleiche 152.
— farben 522.
—, Druck mit 525.
— farbstoffe 532.
—, Drucken von 524.
—, Färben mit 515.
— flüssiger 1061.
— in der Seife, Bestimmung 1071.
— kies im Ton 1308.
— kohlenstoff 540, 1061, 1064, 1208.
— —, Bestimmung 85.
Schwefeln 663.
Schwefelphosphorverbindungen 928.
— pulver 1257.
Schwefelsäure 162a, 1131, 1293.
— — im Speisewasser 1262.
— — in der Kartoffelbrennerei 1131.
—, Leitfähigkeit 1063.
— türme 1063.
— saures Ammonium 548.
— silber 1107.
—, spezifische Wärme 1061.
—, Steinkohlenteerpech 1249.
— tonung 946.
— verbindungen 1063.
— wasserstoff 640, 1064.
— —, Entwicklung von 798.
Schweflige Säure 1066, 1281, 1283.
— —, Aufnahme durch Fleisch 890.
— — im Wein 1066.

Schwefligsäure-Kompressions-
  system 702.
Schweflungs-Apparat 1281.
Schweinepest 812.
— stall 812.
— zucht 812.
Schweißechtheit der Färbungen 527.
— eisen 301.
Schweißen 1066.
Schweißung, Ketten- 756.
— mittels Acetylens und Sauer-
  stoffs 13, 1067.
— von Aluminium 22.
Schweißverfahren 1011.
Schwelgas 583.
— öfen 767.
Schwellen 321.
—, Betoneisen- 123.
— schraube 322.
Schwemmkanalisation 748.
— system 7.
Schwerpunkt von Lichtquellen 901.
Schwerspat 59.
— strahlen 417.
Schwertkreuzer 1029.
Schwimmdock 275, 1033.
— — systeme, Stabilitätseigen-
  schaften 1016.
— kran 636.
Schwimmende Minen 1128.
Schwingbaum 1273.
— transportrinne 1176.
Schwingungen, elektrische 411.
Schwingungsfiguren 15.
— —, Erzeugung von 961.
— zahlen, Bestimmung der 961.
Schwungmomente, Bestimmung von
  446.
— raddampfpumpen 780.
Schwungräder 1068.
— —, Formen 615.
Sciage 1004.
Scie à froid 1005.
Science de l'application de l'élec-
  tricité 462.
Scies à arc 1005.
— à ruban 1004.
— circulaires 1005.
— de marqueterie 1004.
Sclerotinia fructigena 899.
Scories, analyses 293.
Scourer 885.
Scouring 31, 32.
— of cotton 61.
—, wool 1292.
Scrap, use of 614.
Scraper excavator 54.
Screen 654, 655, 662, 1255.
—, coal 764.
Screening, coal 1174.
Screw-bolt 845.
—-cutting lathe 1286.
Screw-drivers 1055.
Screwing machine 1053.
Screw propellers, dynamics 408.
— propulsion 1021.
— spikes for railway track 319.
Screw-wrenches 1055.
Screws 1153.
Scribbling machine 1112.
Scroll mill 885.
—-saws 1005.
Scrophulariaceen 282.
Scrubbers 821.
Scutchers, safety device 1060.

Sea anchor 1174.
— defences 1247.
Sea foam 861.
—-level canal 1041.
—-marks 827.
— walls 1246, 1248.
—, stability 860.
— water, fresh water from 1256.
Seamer 1286.
Seamless bag 1274.
Searchlights 1015.
Seat 512.
Sebum ovile 236.
Séchage, textiles 32.
Séchage du blé 884.
Sécher, machine à 31.
Sécheurs 1180.
Sechszylinder-Motor 592.
Secohmmeter 480.
Secondary railways, electric 393.
—, steam driven 389.
— rays, production of 416.
— Röntgen radiation 413.
Secréphone 538.
Sectional grate 553.
Sedimentation 490, 1255, 1265.
— basin 1265.
Seealgen 1134.
— dämme 1247.
— kabel 474.
— krankheit, Mittel gegen 608.
— zeichen 827.
Segelschiffe 1025.
— tuchriemen 996.
Seger-Kegel 1234.
Segnalazioni ottiche 1105.
Sehvermögen, Feststellung 603.
— stereoskopisches 902.
Seide 1068.
—, Drucken der 525.
—, Ersatzstoffe 1069.
—, Färberei der 519.
—, Photographien auf 956.
Seidenfibroin, Hydrolyse 402.
—-Finish 36.
— papier 918.
— raupe, Züchtung 1068.
Seife 1070, 1248.
Seifenpulverausgeber 1070.
— spiritus, Ersatz 237.
Seilaufzüge 633.
Seilbahnen 400, 718.
— förderungen 90.
— greifer 95.
— klemme 90, 997.
— rangieren 718.
— scheiben 997, 1071.
— schloß 997.
— trommel, Einformen 563.
Seile 996, 1071.
—, Uebertragung durch 788.
Seilerei 1071.
Seine 557.
Seismograph 735.
Seitenentleerer 1219.
— gewehr 1219.
Sekrete 631.
Sektorenverschlüsse, Kamera- 935.
Sekundärluft 643.
— — zufuhr 549, 550.
— strahlen 413.
Sel 1008.
Selbstabnahme-Papiermaschine
  916.
— anzeigende Schließscheibe 1226.

Selbstentlader 1176.
— entladewagen 364.
— entzündung 1071.
— — der Baumwolle 61.
— — des Acetylens 12.
— — von Kohlen 760.
— fahrer 1072.
—, benzin-elektrischer 359.
— gegenfritter 1157.
— induktion, Ankerrückwirkung
  460.
— induktion, Berechnung der 465.
— induktionen, absolute Messungen von 480.
— induktions-Koeffizient 466.
— ladegewehr 1222.
— reinigung durch Sonnenlicht
  1258.
— spinner 1116.
Selen 72, 1101.
— im Schwefelsäurebetriebe 1063.
Sélénium, conductibilité électrique
  409.
Séléniure d'antimoine 30.
Séléniures d'étain 1064.
Selenkohlenstoff 1101.
— modifikation, allotrope 422.
— modifikationen 1102.
— photometer 906.
— zelle 1102.
Selfactor-carriages 1118.
Selfactors 1116.
Selfaktoren 1112.
Self-induction, measurement of 480.
—-starters 456.
— threading shuttle 1279.
Selle de bicyclette 513.
Selling, apparatus, automatic 1214.
Sels déliquescents 1132, 1134.
Seltene Erden 1102.
Selterswasser 877.
Selvage, heddle 1279.
Selvages, rolling 1274.
Semaphore 378.
Semis, machines à 814.
Semi-solid state, metals 865.
Sender, funkentelegraphische 1155.
Sendimentation tanks 6.
Senf, Zersetzung 891.
— öl 219.
Sengen 34.
Senkböden 144.
— faschinen 169.
— kasten 667.
— pumpen, Kondensator 776.
— wage 38, 734.
— walzen 667.
Separate system, sewers 748.
Séparateurs d'eau 261.
— d'huile 899.
Separations-Anlage, Kohlen- 764.
Separator, Staub- 1135.
—, magnetic 44, 884.
—, revolving spiral 764.
Separatoren, Milch- 870.
Separatorscheibe 5.
Sepia-Entwickler 940.
— tonung 946.
Septic tanks 3, 748.
Seradella 810.
Serienbogenlampe 77.
Serimeter 1112.
Serin, Spaltung 219.
Serine 223.
Serrage de frein 512.

Serrure électrique 378.
Serum 1103.
—-albumine 403.
— therapie 233.
Service cars 366.
— des manoeuvres 330.
— — trains 329.
Sesamkuchenfütterung 869.
— ölreaktionen 542.
Set square, adjustable 1298.
Setting devices, saw 1006.
Settling basins 1257.
Setzen der Lettern 285.
Setzmaschinen 285.
Sewage 3.
Sewerage 747.
Sewer pipe 1000.
Sewers 749.
—, effect of earthquake 748.
— intercepting 9.
Sewing machines 888.
Shad fisheries 559.
Shade holder 83.
Shaft bearings 800.
— collars, safety set-screw 1060.
— sinking 85.
— — by cementing 86.
— transmissions 788.
Shafts 14.
Shaker 561.
Shale brick 1307.
Shaper 651.
Sharpener 1288.
—, drill 1188.
—, saw 1006.
Sharpening devices 1006.
Shear, tests of 106.
Shearing 34.
— machines 601, 1050.
— resistances, horizontal 166.
— strength 849.
— stresses 408.
Shed, loom 1273.
Sheep breeding 812.
Sheet metal 149.
— piles 169.
— piling 102.
— plant 507, 508.
Shell, capped 1227.
— feed roller 1113.
—, high explosive 1227.
Sheller, corn 885.
Shellfish 559.
— —, germs in 608.
Sherardisation 1216.
Shield, tunnel 1182, 1187, 1223.
— method 1186.
Shifting channels 747.
Ship building 1016.
— — works 507.
— canal lifts 1034.
—-resistance 1016.
— tank, experimental 797.
Shipping of coal 1173.
Ships for especial purposes 1031.
— propulsion, gas engines for 1020.
— refrigeration 742.
Shock absorber 1078, 1098.
—-dampers 1098.
— reliever 1098.
—-shifter 1098.
Shoddy, dyeing 518.
— mule 1117.
Shoe-blacking machine 994, 1056.

Shoe making 1055.
Shooting by map 1221.
Shop practice 504.
— windows, preventing frost in 995.
Shops, construction methods 509.
—, heating 647.
Shoring 666.
Shovels, steam 746.
Shrinkage, wheel 612.
Shrinking, textiles 34.
Shunt motors 446.
Shutter 662.
Shuttle 1273, 1279.
Siaster fabric 1249
Sicherheitsapparat für Bergwerke 16.
— lampe 91, 548, 996.
— —, elektrische 82.
— nadel 729.
— regler 825.
— stangen 1057.
— ventile 255, 338, 916.
— vorrichtungen 93, 470.
— — gegen Ausströmen von Gasen 73.
Sichtmaschinen 886.
Siderosthen 1269.
Side-walks 1144.
Sidonal, Untersuchung 208.
Sidotblende 903.
Siebe 729.
Siebpartie 916.
— —, pendelnde 917.
— tische 916.
— trommelanlage 5.
Siège, canon de 1224.
Sielanlagen 749.
Sieves 1104.
Sifting machines 886, 1105.
Sight feed oiler 1048.
Signal circuits, alternating-current 376.
Signale am Zuge 382.
—, Einrichtung zum Geben 1105.
— von der Strecke nach dem fahrenden Zuge 381.
Signal lamp 376.
Signalling 1105.
Signallot 1035.
—-mechanism 376.
— ordnung, deutsche 376.
Signals, automatic electric 377.
— from line to the rolling train 381.
— on train 382.
Signalstellvorrichtungen 376.
—-Thermometer 1105, 1236.
— wesen 1105.
Signaux 1105.
—, appareils à manoeuvre des 376.
—, code de 1105.
—, commande à distance des 378.
— de chemins de fer 376.
— de la voie au train roulant 381.
— du train 382.
— nautiques 1035.
— pour croisement de chemins 382.
— sous-marins 1035.
Silber 1105.
— bilder 932.
— bromid 1106.
— chlorid 983, 1106.
— kautschukseide 236, 1069.

Silber, keimtötende Wirkung 271.
— kopien 944.
— rhodanid 1106.
— schmierseifen 1070.
— verstärker 947.
Silencer 1098.
Silencieux 1097.
Silica 721, 1108.
Silicates alcalins 198.
Silicid des Thoriums 1160.
Silicide 1108.
— des Nickels 896.
Silicium 718, 719, 1107.
—, chlorure de 895.
—, Einfluß auf Stahl 292.
—, fluorure de 560.
Siliciures de cuivre 794.
— — titane 1163.
— — zirconium 1162.
Siliciures de thorium 1108.
Silicomolybdates 878, 1108.
Silicon fluoride 560.
— in steel, determination 292.
Silicones 1108.
Silikate 1107.
—, künstliche 28.
Silikatedelsteine 876.
— gläser 619.
Silk 1068.
—, colouring of 519.
— finishing 30.
— looms 1276, 1279.
—, printing of 525.
—, scouring of 32.
Silofutter 870.
— speicher 132.
— system 63.
Silos 1169, 1177, 1179.
Silver 1105.
—-lead ores, concentration 719.
—-lead tailing, treatment 720.
— ores, cyaniding 1106.
Silvering 1216.
Silviculture 565.
Simplontunnel, elektrischer Betrieb im 394.
Sinacidbutyrometrie 543, 874.
Singeing 34.
Singing arc, phenomenon of 1156.
Single-phase equipment 395.
— — locomotives 356.
— — motor, commutation in 456.
— — railway 398.
— — — equipment 396.
— — —, interurban 397.
— — — system 392.
Sinkers 556.
Sinking shafts 86.
Sinkstücke 169, 1242.
Siphon, reinforced concrete 133.
Siren horn 1100.
Sirene mit elektrischem Antrieb 1035.
Sirup, Stärke- 1131.
Sisalhanf 629.
Sismographe 735.
Sismologie 735.
Sitogen 890.
Sizing 35, 919, 1275.
Skarifikatoren 814.
Skatol 230.
Skelettkonstruktion, Hochbau 660.
Skew bridge 179.
Skidder 565.
Skins, bating 597.

Skins, dyeing 520.
Skirt hangers 633.
Skylight 710.
Slab-milling 569.
Slag car 614, 722, 1177, 1229.
— ladle 561.
Slasher comb 1114.
Slate 1016.
Slaughtering halls 701.
Sled, motor 1123.
Sledges 1041.
Sleeping car 363.
Slide rule 989.
— valves 1213.
Slimes, gold 622.
Slip dredges 626.
Slipper-baths 700.
— brake 374.
Slipway 635.
— —, electrically 627.
Sliver drawing machine 1118.
Sloop 1029.
Slotter 651, 1287.
Slotting machine 1130.
Slow burning construction 671.
Sludge incinerator 882.
— liquefaction 3.
— treatment 6.
Sluices 1040.
Smallware loom 1276.
— wares 1275.
Smalte im Salzfeuer 1166.
Smaragdminen 289.
Smelting, glass 618.
— of iron ores 45.
Smoke 987.
— abatement 988.
— analysis 989.
— preventers 552, 647.
— process 722.
— stacks 1051.
Smokeless combustion 551.
— fuel 161.
— furnaces 552.
Smoking room 705.
Snarl catcher 1120.
Snatch-block 635.
Snow-plow, electric rotary 362.
— plows, rotary 331.
— protection 330.
— scraper 330.
— sweepers 330, 1049.
Soap 1070.
— stone, fireproof 548.
— — paint 28.
Soaps in bleaching 152.
Soda 1108, 1257.
— ammonium 24, 894.
— reguliergefäß 1254.
Sodium 893.
—, azotate de 1007.
—, chlorures de 1259.
— production 443.
—, sulfure de 1064.
Soft steel 301.
Softening 35.
— water 253.
Sohlenausschneidemaschine 1055.
—, Gummi 753.
— schutzmittel 1056.
Sohlstollenvortrieb 1183.
Sole 1068.
—, impression de la 519, 525.
Soies artificielles 1069.
Soils, analysis 803.

Solanin 238, 809, 891.
Solanum sodomaeum 19.
Solar 934.
Solarisation 931, 935.
Soldering 829.
— aluminium 22.
Solidogen 527.
Solutions solides 194.
Solvents for gums 632.
Son, amortissement du 676.
— propagation 14.
Sondage 1160.
Sonde 727.
Sonderklassenboote 1028.
Sonnenrand, Entstehung des 966.
— temperatur, Bestimmung der 1234.
— uhren 1203.
Sonnettes 987.
Sonoragummi 631.
Soot 987.
Sorbinsäureester 43.
Sortiermaschinen 600, 886.
— rost 880.
— weife 1130.
Sortierung, Woll- 1292.
Sorting, wool 1292.
Soude carbonate de 1108.
— -formaldéhyde, hydrosulfite de 523.
—, silicate de 1293.
Soudure 1066.
—, combinaisons 1063.
— libre 1061.
Soufres urinaires 206.
Sound, damping of the 676.
— velocity 14.
Sounding 1216.
Soundings, locating 1215.
Soupape électro-mécanique 489, 1207.
Soupapes 1212.
— de sûreté 255.
Sources thermales 38.
— —, radioactivité des 415.
Soutirage 571.
Sowing, machines for 814.
Soyabereitung 58, 892.
Space-telegraph signals 1154.
Spagatgurte 996, 1274.
Spaltmaschine, selbstfahrende 1005.
— messer 1005.
Spannen 32.
Spannungserhöhung, Untersuchungen über 848.
— messer 475.
— regelung 456, 458.
— regulator, automatischer 458.
— sicherungen 471.
— verteilung, Ermittlung der 848.
— zeiger, elektrostatische 477.
Spannzwinge 1284.
Sparbecken 1040.
— kassen 685, 703.
Spare wheel 1088.
Spark coil 1094.
—, electric 422.
— plug 594, 1094.
— potentials 409.
— recorder 482.
Sparker 594.
Spartein 20.
Specific heat 1236.

Specific heats, ratio of 15, 960.
Speckstein 876.
Spectra and constitution 192.
Spectres des alliages 818.
Spectrographic analysis 956.
Spectroscopes 1110.
Spectroscopie, dispositif 1111.
Spectrum analysis 1108.
Speed changing gears 1094.
Speed indicators 597, 990, 1099.
— meter 597.
Speedometer 857.
— trials 1091.
Speichenräder, nahtlos gepreßte 371.
Speicher 1169.
—, Getreide 1177.
Speisefett 889.
— haus 701.
— pumpen 338, 978.
— regulator 1112.
— vorrichtung für Dampfkessel 254.
— wagen 363.
— wärmer 685.
— wassermessungen 254.
— -Reinigung 252.
— — vorwärmung 251.
Spektra 1109.
Spektralanalyse 1108.
— brenner 211, 1111.
— linien als Lichtquellen 901.
— — von Quecksilber 1159.
— —, Zerlegung 894, 1109.
— photometer 1234.
— photometrische Messungen 904.
Spektrograph 1110.
— komparator 1110.
— refraktometer 1110.
— skop 1110.
— skopie des Stickstoffs 1138.
Spekulum 727.
Spelzengewichtsbestimmung 147.
Spermauntersuchungen 207.
Sperrmauern 491, 1268.
Spezialstähle 303.
Spezifisches Gewicht des Portlandzementes 1302.
Spezifische Wärme des Eisens 296.
Spickmittel, Woll 1293.
Spiegel 1111.
— belag aus Eisen 1111.
— kondensor 727.
— megaskop 906.
— telescope 534.
Spielapparate, Klavier- 888.
— platz, Unterkunftshalle 700.
— vorrichtung, Piano- 887.
Spillway 1265.
Spinat, Eisengehalt 238.
Spindelbänke 1129.
— —, Einzelantrieb der 785.
Spinndüse 1069.
Spinnerei 1111.
Spinnflügel 1118.
Spinning 1111.
— mill 506.
Spinnmaschinen, Abstellungen an 786.
— —, Antrieb von 786.
— —, Ring 786.
— —, Seilfaden 997.
— öl 543.
— -Pläne 1111.

Spiralfedermaschinen 509.
— Pipe Works 508.
Spirit-levels 732.
Spiritus 1120.
— beizen 716.
—, Beleuchtung mit 74.
—, denaturierter 270.
— glühlampe 953.
— glühlichtbrenner 75.
— heizung 648.
— lacke 554.
— maschinen 593.
— motoren 1122.
— präparate 1122.
—-Rektifizier-Apparat 1122.
—-Wagen 1080.
Spirochaeten 58.
Spitzenentladung 420.
— erzeugung 560.
Spitzkasten 621,
— maschine 885.
Splitting machines 38.
Spooling 1128.
Sporenkeimung 56.
Sport 1123.
Spout, swinging cupola- 613.
Spouting 885.
Spouts, grain 1178.
Sprechmaschinen 927.
Sprengbohrlöcher, Laden von 1128.
— granate 1227.
Sprengstoffe 1123.
Sprengtechnik 1127.
— wagen 1148.
— werke 662.
Spring bumper 1092.
— coilers 1288.
— grinders 1288.
—, overhauling 1092.
— rings 846.
— shoe, moulding 563.
—-testing machine 859.
— wheel 1087, 1081.
Springs 1223.
Springwurmwickler 1290.
Sprinkler system, automatic 388.
— versuche 4.
Sprinklers, automatic 545, 546.
—, car house 545.
Sprinkling filters 5.
Spritzdüsen 1184.
Spritzen 543.
Sprocket chain 757, 788.
Sproßpilze 57.
— — ohne Sporenbildung 148.
Spul-Automat 889.
— maschinen 1113, 1128.
Spulerei 1128.
Spülbohrung 497.
— katheter 730.
— maschine 32.
— oliven 730.
— sonde 730.
— versatz 86.
— wässer, Verwendung 10.
Spundwände aus Eisen 169.
Spur gearing 788, 1113.
— lager 802,
— weite 317.
— wheel, pattern 564.
Squaring shear 1050.
Stables 703, 811.
Stadia 732.
Stadtbadehaus 700.

Stadtbaupläne 656.
— halle 705.
— kasino 702.
Städtebau 658.
Staffelbauordnung 658.
Stage-appliances 186.
— pumps 1262.
Stahl 290.
—, Bronzieren 1214.
— decken, gepreßte 707.
— gießerei 611.
— guß 564.
— leiter, aufrollbare 996.
— ofen, elektrischer 306.
— rohre, Korrosion 999.
— stempel, Herstellung 1286.
—, Vergolden 1214.
— werksgebläsemaschine 595.
—, Wolfram- 1292.
Stairs 708.
Stalagmometer 733.
Stalldecke 707.
— einrichtungen 811.
— gebäude 705.
—, Tempel- 656.
— mistdüngung 804.
— wände, Nässeschutz 1249.
Ställe 703.
Stammwürze, Ermittelung 148.
Stampfasphalt 1145.
— beton 114, 1269, 1271.
— — damm 1244.
— —, Zwischendecken 684.
— gerüst 1183.
Stamping 1130, 1137.
Stamps 1137.
Stanchions 511.
Standard cells 486.
— measures, electric 475.
Standentwickler 940.
— pipe 1271.
— spule 1276.
— telemeter 490.
Stannate 212.
Stanniol-Walzwerk 1311.
Stannisulfat 1311.
Stanzmaschinen 1286.
— pressen 976.
Stanzen 1130.
—, Schutzvorrichtung 1059.
Stapellauf 1022.
Starch 1131.
Starching 35.
Starkstrom-Ausschalter 468.
— — kabel, Verlegung von 466.
Stärke 769, 811, 1131.
— fabrikation 1131.
— —, Schleudereinrichtung 1040.
— sirup 893, 1132.
— sorten, tropische 1131.
Stärken 35.
State of aggregation, change of 1236.
Stativ, Touristen- 936.
—, Mikroskop 868.
Statthaltereigebäude 684.
Statues 271.
Staumauern 1268.
— schleuse 1041.
— ventile 1113.
— wehr 1246.
— weiher 491.
— werk 1269.
Staub 1132.
— absaugeeinrichtung 694.

Staubabsauger 605, 1059, 1135.
— absaugungsanlage 387.
— bekämpfung 1132.
— explosionen 501.
— feuersystem 551.
— figuren 960.
— kalk 739.
— öle 1134.
Stauungsklammer, Blut- 729.
Stay bolts, flexible 351.
Steam and gas engine 590.
— blower 550.
Steam boilers 246.
— carriages 1079.
—-chest explosions 500.
— circulation 647.
— condensing 789.
— cylinders 264.
— distribution 264.
— dredgers 53.
Steam engines 262.
— —, comparative cost of 779.
— —, condensers of 775.
— —, cost of 264.
— — with cock gearing 267.
— — — oscillating cylinder 267.
— — — rotary piston 267.
— — — valve 267.
— — without expansion 266.
—, flow of 962.
— hammer 628.
— heating 643.
— —, plant, central 504.
— piping 259.
— pistons 774.
— plant, efficiency of 779.
— pumps 1262.
— rail motor cars 348.
— railways, permanent way of 316.
— ship terminal 627.
— shovel 54, 55.
— superheating 268.
— traps 261, 899.
— turbine plant 510.
— turbines 1192, 1266.
— —, condensers 776.
— —, superheating for 269.
Steamer ferry 512.
—, fireproof 546.
Steamers 1022.
Steaming, textiles 34.
Stearing apparatus 1021.
Steckkontakt 467.
— vorrichtungen, zweipolige 468.
—, Normalien für 468.
Stecklinge 1314.
Steel 290, 546.
— and brick building 660.
—, brittleness in 851.
— cable 466.
—-cage building 660.
—, ceilings 385.
—, corrosion 849, 1002.
—, electrolytic corrosion of 465.
— foundry 508.
— ingots, compression 615.
— piling 666.
— plate mill 508.
— sheet-piling 665.
—, sheets, blisters in 149.
— —, brittleness in 149.
— stamps 1137.
— tests 850.
— ties 324.
Steeple 653.

Stegeisen 717.
Stehbolzen 351.
Steilfeuergeschütze 1226.
Steinbau 660.
— bearbeitung 1136.
— brechmaschine 1305.
— — —, doppeltwirkende 1304.
— druckfarben 288.
— — maschine 828.
— filter 1255.
— formen 61.
— guttechnik 1165.
— holzfußböden, fugenlose 707.
— kitt 1250.
— kohle 760.
— kohlenbergwerksanlagen 784.
— — gas, Beleuchtung mit 66.
— — teer 1151.
— — -Destillate 1159.
— —, Untersuchung 203.
— —, Wärmeausnutzung 247, 550.
— luftheizung 642.
— öfenheizungen 642.
— öl 497.
— salzfärbungen 903.
— straßen, Entwässerung 1142.
— zeug-Exhaustoren 1212.
Stellwerk, selbsttätiges Universal- 377.
Stellwerke, Schaltungen elektrischer 377.
Stempel 1137.
Stempeln 1137.
Stenter clip 758.
Step bearing 801.
Steps, concrete 123.
Stereobilder 934.
— komparator 313, 1137.
Stéréométrophotographie 954.
Stereorama 995.
Stereoscopic photography 956.
Stereoskopbilder 945.
— kamera 935.
Stereoskopie 934, 1137.
Stereotelemeter 1137.
Stereotypie 283.
Steric hindrance 198.
Sterilisation 271.
— à froid 237.
— de l'eau 908.
Sterilisier-Anlage 741.
— apparat 730.
— -Apparate, Milch 871.
— kessel 1256.
Sterilisierung von Abwässern 5.
Sterngebläse 595.
Sternwarten 1137.
Steuervorrichtungen 1021.
Stibine 29, 215.
Stichbildungswerkzeuge 888.
Stickerei 1137.
Stickoxyd 1138, 1139, 1141, 1259.
— —, Bestimmung in Luft 830.
— oxydulgas 1141.
Stickstoff 1138.
— — assimilation 237, 804, 1139.
— — aus verflüssigter Luft 576.
— —, Bestimmung in Gasgemischen 209.
— — bindung im Boden 803, 1139.
— — der Luft, Fixierung 189.
— — düngung 804.
— — gärung 3.
— —, Gewinnung 442.
— —, Herstellung 830.

Stickstoff im Eisen 292.
— — oxydation 1010
— — oxyde 1062.
— — -Sauerstoffverbindungen 1140.
— — substanzen im Biere 145.
— —, thermische Bildung 908.
— — thermometer 1234.
— — verbrennung 1138.
Stiefel, Korkkeil- 907.
— wichse 816.
Stilbazol 50.
Stilbene 898.
Stimmgabeln 15.
Stimmstock 888.
Stitch machine 1137.
Stocklack 631.
Stoffdynamometer 1112.
— kläre 11.
— mahlung 913.
— prüfer 1112.
Stoker, mechanical 351.
Stokers 553.
—, automatic 552.
Stoking machinery 823.
Stollen, Ventilation 1184.
Stomachica 233.
Stone boring machines 600.
— -concrete 706.
— elevator 639.
— ware 1165.
— working 1136.
Stopfbüchsen 845, 1141.
— — packung 274, 1141.
— maschine 888.
Stopfer 1296.
Stop motion 1290.
— -valve body 1213.
— —, boiler 255.
Stops, automatic 1057.
—, micrometer 1286.
Stöpselsicherungen, Normalien für 472.
Storage 1169.
— batteries 487.
Störzucht 558.
Stoßdruckheber 981.
— maschine 651.
— ofen 549.
— stufen-Messer 863.
— verbindung, Schienen- 319.
— waffe 1219.
Stößelantrieb 652.
Stovain 973.
Stoves 643.
Strahlpumpen 343, 981.
β-Strahlen-Ablenkbarkeit der 416.
— —, Absorption der 416.
Strahlen, negative 417.
—, ultrarote 417.
α-Strahlung in Aluminium 415.
Strahlungsgesetze 419.
— intensität 969.
— messungen 412.
— pyrometer 1235.
— theorie 960.
— vermögen der Metalle 412.
— wärme, Schutzvorrichtung 1058.
Straightening 141.
—, of chimney 1051.
— press 1045.
Strainer systems 1256, 1257.
Strangwaschmaschine 31.

Straßenbahn-Erdströme, Ueberwachug der 465.
— — schienen, Befestigungsvorrichtung für 324.
— — — in Asphaltstraßen 324.
— — schutzvorrichtung, selbsttätige 373.
— — wagendepots 388.
— — —, Feuerlöscher 545.
— — —, Normalprofil 361.
Straßenbahnen 400.
— bau 1141.
— beleuchtung, Berechnung der 64, 66.
— bilder 653.
— brücken, eiserne 167.
— —, hölzerne 167.
— gleise 1143.
— laterne 73.
— reinigung 1148.
— spucknapf 606.
— teerung, heiße 1134.
— —, kalte 1134.
— —, Versuche 1132.
— überführung 138.
— wagen, Heizung von 369.
Stratameter 100, 1162.
Straußenfarm 813.
Stream flow, measurement 724.
— pollution 11.
— velocity 724.
Streckenausbau, Gruben- 100.
— bau, elektrischer 322.
Streckmetall 124, 706.
— werk 1115, 1118.
Street crossing signals 382.
— railways 400.
Streichbaum 1278.
— holzschachteln 1320.
— instrumente, Fräsen 570.
Strength 404.
Stretching 32.
Streugeschoß 1227.
Stricken 1289.
Strickmaschine, Netz 895.
Stripping apparatus 1115.
— dyes 152.
— plate moulding 563, 614.
Stroboscope 598.
Strohaufschließung 572.
— presse 815.
— schneidemaschine 815.
— stoff 910.
Stromabnehmer 326.
— linien, Verteilung 488.
— regelung 456, 1241.
— stärkemesser 475.
— tarif, elektrischer 427.
— unterbrecher 326, 463.
— —, akustische 1219.
— unterbrechung, automatische 468.
— verbrauch, Ersparnisse im 391.
Ströme, vagabundierende 358, 482.
Strontium 59, 189, 1149.
— -ammonium 1149.
— bisaccarat 1316.
—, iodomercurates 1149.
— karbonate 771.
Strophanthin 208.
Strophanthussamen 282, 632.
Strukturen, geschichtete 196.
Structures, fire-resisting 546.
Strumpfband 607.
Strychnées, alcaloïdes des 18.

Sachregister.

Stuck, Technik 663.
— gewölbe 708.
— gips 617.
Stückgutbeförderung 386, 1170.
Studding machine 156.
Stufenbahnen 402, 1149.
— filter 554.
— gitter 982.
— rost 549.
Stuffing boxes 594, 1141. ·
Stutzuhr 1202.
Stützmauer, graphische Unter-
   suchung der 314.
— mauern aus Beton 314.
— —, Standsicherheit 860.
— wände, Winkel- 314.
— —, Eisen- 169.
Styptika 233.
Styrylaminbasen 18.
Sub-aqueous rock-cutting 601.
— — tunnel 1188.
Subkutanspritze 730.
Sublimationen im Vakuum 798.
Sublimatverbandstoffe 236.
Submarine boats 1027.
— — cable laying 466.
— — drilling 1161.
— — signalling 1035.
— — sweeps 1216.
— — telegraphy 1153.
— — tunnel 1182.
Submarines, stability of 1017, 1028.
Submersible boats 1027.
Subsidence 1265.
Substitutionsmethode, Galvano-
   meter 480.
Substructure 668.
Suburban railways 397.
— residence 692.
Subway system 397.
—, track system of 323.
Subways 1184, 1186.
Succinimide 212.
Succinimid, Reduktion 445.
Sucre 1311.
—, combustion incomplète 272.
— du sang 239.
Suction gas 579, 789.
— — producer 580, 1020.
— well 184.
Sudwerk 144.
Sugar 1311.
—-cane crushing mill 1315.
Suie 987.
Suint 1294.
Sulfamates, aromatiques 228.
Sulfate d'ammoniaque cuprique
   1248.
—, saure 1063.
Sulfates de vanadium 1210.
Sulfhydrate, organische 1065.
— d'ammonium 928.
Sulfide als Reduktionsmittel 897.
Sulfinazofarbstoffe 530.
— farbstoffdarstellung 1065.
— farbstoffe 530.
Sulfitablaugen 10.
— lauge 913.
— laugenbereitung 741, 1066.
— stoff 910, 913.
— zellstoff 923.
— zelluloseablauge 1298.
Sulfoessigsäure 220.
Sulfogenol 235.
— harnstoffe 629.

Sulfonal 236, 1066.
Sulfopyrin 235.
— säuren, organische 1015.
— — des Hydroxylamins 725.
Sulfür, Beziehungen zu Kupfer-
   1061.
Sulfures d'étain 1064.
— de phosphore 927.
Sulphat, determination 1063.
Sulphate of alumina 1258.
— — ammonia 23.
— — iron 1257.
Sulphide ores, treatment 719.
Sulphonium bases 228, 1065.
Sulphur 714, 1061.
— compounds 1063.
—, determination in coal gas 209,
   821.
— fumigation 862.
— in coke 761.
— — oils 542.
— steel, determination 292.
Sulphuric acid 1062.
— ether 1249.
Sulphurous acid 1066.
Summit level canal, Panama 746.
Superheated steam 263, 268, 269,
   780.
— — engines 267.
— —, properties of 268.
— —, specific heat of 268.
Superphosphat 805, 928, 929.
— — analyse 929.
Superposition, optical 196.
Support automatique 1100.
Suprarenin 1295.
Substitutionsmethode,
Surchauffage de la vapeur 268.
— des jus 1316.
Surface-condensation 775.
— condensers 776.
— contact systems 326.
— drainage 491.
— elasticity 968.
— tension 968.
Surfacing lathe 1286.
Surveying 1215.
Surveys, photographic 956.
Survolteurs 429, 487.
Suspended railways 327, 399.
Suspension, automobile 1100.
— à déclic 1248.
Süßholzsaft 237, 282.
Sweeps, moulding 561.
Swimming baths 700.
— —, open-air 51, 700.
Swing bridge 181.
Swinging cupola 1042.
Switchbacks 402.
Switchboard, 2-panel 508.
Switchboards 468.
— —, direct-current 470.
— engines 349.
— -mechanism 376.
— signals, distant 378.
— stand 377.
— targets 378.
— tongues 320.
Switches 317, 358, 387, 468.
—, heating of 320.
Synagoge 678.
Synchronmotoren 451.
Synchronous motors 451.
— motor-generator set 459.
Synthesen im Sonnenlicht 213.
Synthesis, asymmetric 215.

Syntonic wireless telegraphy 1155.
Syringine 229, 238, 620.

T.

Tabac, alcaloïdes du 19.
Tabak 1149.
— chemie 1149.
— pflanze 1149.
Tabaschir 282.
Tableaux 468.
— de service 329.
Tablinum 655.
Tacca pinnatifida 809.
Tachimetrie 1216.
Tachograph 598.
Tachometer 597.
Tachymeter 732.
Tackles 634.
Tafelglas 618.
Tail race 1191.
Take-up motion 1279.
Talg, Nachweis 542.
Talkbestimmung 891.
Tallow wood 1144.
Talsperren 117, 1244, 1268.
Tambourpelze 1113.
— tücher 522.
Tanaceton 900.
Tandeminjektor 338.
Tanninzusatz zu Mörtel 879.
Tank 1270.
— cars 366.
— engines 349.
— gauge 1105.
— lubricator 1048.
—, moulding 561.
Tannalbin 208.
Tannates 253.
Tanne 567.
Tannery 595.
Tannin 222, 596.
— verbindungen 235.
Tanning materials, analysis 204.
Tannisol 235.
Tannobromin 235.
Tantal 718, 1149.
— lampe 81, 1149.
Tantalite 1149.
Tantalum lamps 81.
— —, life tests of 84.
— —, spherical reduction factor
   of 84.
Tape cutting machine 1053.
— loom 1277.
Taper attachment 570.
— -threading 1054.
Tapeten 1149.
Tapisseries 1149.
Tappet 1273.
Tapping machine 154, 1054.
— methods 752.
— socket 158.
Tar 1133, 1150.
— macadam 1146.
— paved roads 1133.
— paving 1146.
Tarauder, machine à 1054.
Targets 1220, 1226.
Tarmac 1132.
Tarred felt 385.
Tartramide 26, 191.
Tartrate d'antimoine 30.
—, Nachweis 205.

Taschenuhren, antimagnetische
1204.
— uhrgehäuse 1202.
Taster 862.
— kluppe 32, 153.
Tauchen, Lackierung durch 865.
Tauchergeräte 1150.
Tauerei 1150.
Taufkapelle 680.
Taurocholsäure 218.
Taxing automobiles 1073.
Teaching apparatus 818.
— -institutes 695.
Technics of flying 835.
Technique aérostatique 834.
Téclubrenner 800.
Tee 1150.
— gärung 1150.
Teer 1150, 1248.
— asphalt 1146.
— destillation 1151.
—, Destillationsapparat 273.
— farbenchemie 529.
— kocher 1151.
— kokerei 767, 1151.
— makadam 1146, 1151.
— mörtel 880, 1146, 1151.
— öle, Bestimmung 632.
— ölheizung 650.
— -Imprägnierung 714.
— produkte 1150.
— überzug 1003.
Teerung, Apparate 1147.
Teigknetmaschinen, Schutzvor-
richtung 1059.
— walzwerke, Schutzvorrichtung
1059.
— waren 890.
Teilleitersysteme 326.
— maschinen 1151.
— stock 1151.
Teinture, bois 715.
Teinture, à l'égard des tissus etc.
513.
Télautographes 534, 1153.
Telautographs 534, 1153.
Teleautographie 534.
Telegrafia ottica 1227.
Telegraph cable 1153.
Telegraphenstangen, Konservie-
rung 778.
Télégraphe rapide 1152.
Télégraphes écrivants 1152.
Telegraphie 1151.
— ohne metallische Leitung 1153.
Télégraphie sans fils 1153.
— sous-marine 1153.
Telegraphy 1151.
— without wires 1153.
Télémètre, tir de côte 1221.
Télémètres 490.
Teleobjektiv 933.
— — methode 417.
Telephon, automatisches 537.
—, Zeitübertragung durch 535,1202.
— -Meßbrücke 479.
Telephone engineering 534.
— exchanges 536.
— lines, constants of 535.
— relay 538.
— switch board 536.
— system, convertible 536.
— —, line selective 535.
— —, semi-automatic 537.

Telephone-systems 535.
— trunk exchange 537.
Téléphonie 534.
Telephonie, drahtlose 536.
Telephony 534.
—, resonant-circuit 535.
Telephotographie 534.
Telescope 534.
— pyrométrique 1235.
Télescopes 534.
—, artillery 1225.
Tellur 1157.
Telphérage 1150.
Telpher runway 1187.
— system 1150.
Tempelschrein 655.
Tempera 842.
Temperature, altissime 1109.
— critique de dissolution 21.
—, Indicator 630.
Temperguß 301.
— ofen 613.
Tempering 630.
—, roller mill 886.
Templates, pipe 1001.
Temporary dam 1245.
Tender 354.
— lokomotiven 349.
Tenders 354.
Tennenführung 143.
Tenotom 729.
Tension device 1278.
— distributer 1095.
— magneto 1095.
Tentering 32.
Tentes 1300.
Tents 1300.
Terbium 1103.
—, phosphorescence 1110.
Térébenthène 1158.
Térébenthine 1159.
Teredo, protecting 667.
Terephtalaldehyd 225.
Terminal facilities 385.
— floor 385.
— station 384.
Terpene 774, 900, 1158.
Terpenes 1158.
Terpéniques chez l'oranger, com-
posés 238.
Terpentin 716, 1056.
— gase, Vergiftung durch 605.
— öl 1158, 1248.
— — lacke 1158.
— — untersuchung 1159.
Terpentine oil 1158.
Terrace 1144.
Terrakotta-Bau 659, 662, 663.
— kotten-Herstellung 1165.
— sigillata 1165.
Terralinseife 1071.
Terralithfußboden 678.
Terranovaestrich 696.
Terrazzo 700, 707.
—, Glanz auf 707.
Terres rares 1102..
Teslaströme, Experimente mit 422.
Test-car 366.
Test of materials 847.
Testing explosives 1124.
— machine, twist 1120.
Tetanustoxin 1103.
Tetrabromkohlenstoff 773.
— chloräthan 919.

Tetrabromkohlenstoff 211,540,548,
605, 773, 973.
— chlorure de carbone 540.
— methylparaphenylendiamin 197.
— phenyl-allen 773.
— phenylmethan 774.
Tetrazoline 50.
Tetrolsäureester 42.
Textile fibres 599.
Textilfasern, Färben 513.
— industrie, Schutzvorrichtungen
1060.
— maschinen 1273.
— produkte, Prüfung von 856.
Thalleiochinreaktion 18.
Thallium 1107, 1159, 1291.
— chlorür 983.
— jodide 1159.
— oxyde 1159.
Thawing by electricity 1000.
— plant, ore 43.
— water pipes 1268.
Theater 702.
— -Brandproben 673.
—, Lüftung der 837.
Theatre ceiling 702.
— curtains, asbestos 673.
Théâtres 702.
Thebaïn 18, 20.
Théobromine lithique 236.
— — reaktion 629.
Theophyllin 629.
Théorie cinétique des gaz 963.
Thephorin 235.
Thérapeutique ionique 607.
Thermal conductivity of concrete
1237.
— quellen, Gasteiner 38.
— —, Radioaktivität 415, 876.
Thermische Schweißung 1067.
Thermitverfahren 22, 1067.
— welding 1067.
Thermochemie 199.
— — des Portlandzementbrandes
1301.
— chemistry 440.
— dynamical theory 964.
— dynamics, notes on 1233.
— dynamik 1233.
— hydraulische 199.
— elektrizität 422, 489.
— -galvanometer 475.
— meter, Eichung von 1234.
— —, Empfindlichkeit der 1234.
— —, platinum, calibration 15.
— mètres à mercure 1234.
— métrie 1234.
— metry 1234.
— säulen 489.
Thermostaten 733, 992.
Thermostatic system 645.
Thiazinfarbstoffe 530.
Thiazol 50.
Thiazoles 26.
Thiazone 1065.
Thioanilin 27.
— borneol 743.
— carbamide 623.
— carbonate 1065.
— cyanates 245, 1065.
— harnstoffe 629.
— indigorot 518, 521, 531.
— karbamidverbindungen 1065.
— oxyfettsäureanilide 27, 221.
— pyrin, Azobenzolderivate 30.

Thiosäuren 1065.
— verbindungen 1065.
Thiogenfarben 522.
Thioninfarbstoffe 531.
Thiophen, Bestimmung 205.
Third-rail construction 396.
— — systems 327.
Thirosindon 531.
Thomasmehl 806, 929.
—, Düngungsversuche mit 806.
Thomsoneffekt 864, 1233.
Thoriantre 415.
Thorium 718, 1160.
—, activity of 415.
—, Diffusion von 968.
— industrie 1160.
— mineralien, Radioaktivität von 415.
—, radia-activity of 415.
—, β-Strahlen des 416.
Thorpräparate 1160.
Thread, condensing 1112.
— cutting machine 1053.
—, drawing 1112.
— guide 1119.
— -milling machine 571.
— roller 1053.
— rolling 1232.
—, twisting, 1112.
Three-phase electrical power service 782.
— — power transmission 467.
Throttle valve 354, 1214.
Thrust-bearings 802.
Tidal lock 1041.
— régime 1241.
— waters pollution 11.
Tide signals 1035.
— —, automatic 1034.
Tideway fishing 556.
Tiefbau 666, 1182.
— bohrloch-Lotapparate 1162.
Tiefbohrtechnik 1160.
— kühlanlagen 742, 870.
Tiegeldruckpresse 284, 286.
— öfen 1042.
— schmelzofen 613.
Tierphysiologie 972.
— zucht 810.
Ties 321.
—, preservation 714.
—, reinforced concrete 322.
Tiglinaldehyd 219.
Tile drainage 491.
— pipe 1267.
— works 506.
Tiles 1305.
Tilting furnace 1042.
— meter 646.
Timer 1094.
Time recorder 990, 1204.
— switch, automatic 469.
— -tables 329.
Timing development 939.
— of ignition 1086.
Tin 1310.
— -ores 1291.
— plate mill 508.
— — works 507.
— -plates 866.
Tina process 1106.
Tinning 1217.
Tinol 829.
Tinten 1162.
— löscher 1055.

Tipping truck 391.
Tipple 1172.
Tips 1173, 1174.
Tir de côte 1221.
— — siège 1221.
— en chambre 1220.
— masqué 1221.
— silencieux 1221.
Tirage 945, 1044.
— forcé 552.
—, régulation du 552.
Tire adjuster 1090.
— gauge 1090.
— levers 1089, 1090.
— outfit 388, 1089.
— pump 981, 1100.
Tires 512, 1087, 1089.
Tischkreissäge 1004.
Tischlerleim 757.
— -Maschine 713.
Tissage 1272.
Tissus organiques, élasticité 405.
Titan 718, 1162.
— präparate 1163.
— — in der Färberei 526.
— tetrachlorid 1162, 1311.
Titane 1162.
Titanium 1149, 1162.
— trichloride 795.
Titerstellung 201.
Titrage du zinc 1310.
Titrationen 202.
Titriermaschinen 856, 1111.
Titrierung des Zinks 1310.
Tobacco 1149.
Toilettenartikel 926.
Toitures 709.
—, protecteur pour 711.
Tôle 149.
Tôles de fer-blanc, fabrication des 149.
Tolidin, schwefelsaure Salze des 221.
Tollwut, Bekämpfung 608.
—, Pasteursche Schutzimpfungen 1104.
Toluidines 27.
Toluol 85, 1006, 1282.
Tolylketon 25.
Tomatensäfte 892.
Tombs 270.
Tondachziegel 1308.
— fixierbäder 932, 946.
Tonindustrie 1163.
— leiter, diatonischer 885.
— reihe, kontinuierliche 15.
— rohr-Leitung 1266.
Tondage 34.
Tonen 945.
Tonerde, schwefelsaure 715.
Ton, feuerfester 547.
Tonneaux 533.
Tonnengewölbe 708.
Toolbox, reversing 1287.
— steel 304.
— works 507.
Tools 1283.
Toothed wheels 1294.
Töpfe, Formen 561.
Töpferwaren 1165.
Top-roll clearers 1120.
Torf 1167.
— -Brikettsmaschine 765, 1167.
—, Destillieren von 766.
— gasmaschinen 588.

Torfmehl-Kartoffelfutter 573.
— pappe 910, 1168.
— steine 62.
Torpedo 1229.
— boat destroyers 1027.
— -boats 1027.
— boot-Motoren 590.
— bootzerstörer 1027.
— boote 1027, 1224.
— bootjäger 1027.
— geschosse, Turbinen für 1201.
Torpedoes 1168.
Torpedos 1168.
Torpilles 1168, 1228.
— automobiles 539.
Torpilleurs 1027.
Torsion 408.
— -indicator 725.
— — diagrams 262.
— meter 289.
Torsional stress 967.
Torsionsmaschine 858.
— messer 734.
Torverschlüsse 539, 1218.
Totalisator 1123.
Touage à chaîne submergée 1150.
Tourailons 19.
Tourbe 1167.
Tourbières, utilisation 1007.
Touren-Schaltwerk 789.
— wagen 1075, 1084.
Tourill, Ton- 241.
Touring cars 1081, 1082, 1084.
Tournage 277.
Tourneur, art du 277.
Tourne-vis 1055.
Tours 278.
Tours, compteurs de 597.
Tower crane 637.
— derrick 635.
— traveller 386.
Towns, hygiene in 602.
Toxikologie 233.
Toxine, tierische 240.
Trabereisen 717.
Track cleaner 330.
— construction 316, 319, 323.
— elevation 315.
— inspection car 366.
— switch, automatic 324, 378.
Traction électrique monorail 356.
— — par courant monophasé 398.
— — sans rails 400.
— —, substitution de la 337.
Tractrigraph 863.
Tragbetten 790.
Träger 1168.
— mit kleinster Durchbiegung 1168.
Trägheitsmomente 860.
Tragwerke, hölzerne 165, 662.
Train accidents 332.
— control, automatic 382.
— -lighting 368.
Train-oil 1169.
— service 329.
— shed roofs 711.
— sheds 386.
Traîneaux 1041.
Trainierboot 1031.
Trains, chauffage des 369.
—, éclairage des 386.
Trajektorien 1201.
Trame-Putzmaschinen 1129.

Tramways 400.
—, energy losses on 313.
—, single-phase 400.
Tran 1169.
Trankaniermaschine 1129.
Transbordeurs électriques 401.
Transept 655.
Transformateurs 1205.
—, chimiques 1206.
—, oscillants 1206.
—, rotatifs 1206.
— stationaires 1205.
Transformator für Fernsprechämter 538.
—, Konstantstrom 484.
— mit Kühlrippen 1205.
— öfen 718.
— stationen, Spannungsregelung
 in 458, 1207.
Transformatoren, Berechnung von
 1206.
— schalter 468.
— stationen, Drehstrom- 428.
Transformers 1205.
—, chemical 1206.
—, oil insulated 1205.
—, oscillating 1206.
—, rotary 1206.
—, stationary 1205.
Transit levelling 1216.
—, Refrigeration 777.
Translation 969.
Transmetteurs 537.
Transmission de force 779.
— électrique 781.
—, gas 826.
— gears 1092.
— hélicoidale 1091.
Transmission of power 779.
— — —, electrical 464.
— par arbres 788.
— — chaines 788.
— — cordes 788.
— — courroies 788.
— — l'air comprimé 787.
— — l'eau sous pression 787.
— — roues 788.
Transmissionsgetriebe 610.
Transmitophone 538.
Transmitters 537.
Transport 1169.
— band 1170.
—, panier de 1105.
— sicherheit von Sprengstoffen
 1124.
Transporter bridge 174, 511.
— cranes 638.
Transporteur aérien 328, 1173.
Transporteurs miniers 1184.
— par vis 1172.
Trap rock 1142.
—, sewer 749.
— steam 261.
Traps 513.
Traßmörtel 1250.
Trassieren 313.
Traubenzucker 768, 769.
— —, Vergärung 574.
Trauringe, fugenlose 1048.
— zimmer 684.
Travail mécanique 866.
Travaux de terrassement 496.
Traveller 1116.
Travelling platforms 386.
Traverser 1174.

Traverses 321.
Tréhalase 770.
Tréhalose 770.
Treibriemen, Verbindemaschine
 997.
— vorrichtungen 1021.
Treidelei 1150.
Trempe de l'acier 305.
Trench guard 1061.
— machine 748.
Trenching machine 54.
Treppen 708.
— rost 550.
— stufen 708.
Tressage 560.
Trestle 627.
Triacetic acid 42.
Triage des laines 1294.
Triamminchromisalze 245.
Triangulation 1215.
Triazole 49.
Tribenzoylenbenzol 225.
Tribromdiazobenzol 221.
Tribüne 705.
Tricar 1084, 1085.
Trichiten, fließend-kristallinische
 961.
Trichloressigsäure 214, 218, 926.
Tricotage 1289.
Trimethylamin, Bestimmung 206.
Trimmer 1050, 1174, 1287.
Trinatriumhydrosulfat 894.
Trinitrobenzolderivate 529.
Trinitromethan 898.
Trinitroreihe 223.
Trinitrotoluol 1125.
Trinkwasser mit Fruchtsäften 1262.
— — mit Kohlensäure 1262.
— —, Schwefelsäure im 1063.
Triowalzwerk 1231.
Trioxyflavonol 230, 522, 530.
Trioxyméthylène 220.
Trioxyphenanthren 224.
Triphenylchlormethan 227.
— — essigsäure 227.
— — methan 226, 898.
— — méthane 227.
— — methanfarbstoffe 530.
— — methyl 227, 773.
— — reihe 223.
Triplex pumps 1262.
Trisaccharide 767.
Trisalyt 444.
Trisulfure de phosphore 927.
Truck 1172.
—, bag 1178.
Trucks 370, 371, 1229.
Truing machine, commutator 462.
Trunk lines, electric traction 392.
Trusses 661.
Truxillsäurederivate 1015.
Trockenelement 487.
— kugelmühle 1304.
— legung der Sümpfe 1240.
— milch 872.
— mörsermühle 1304.
— mörtel 879.
— ofen 565, 1042.
— platten 937.
— presse 937.
— — in der Ziegelindustrie 1306.
— röhrchen 798.
Trockenvorrichtungen 916, 1180.
— zylinder 1180.
Trocknen 32.

Trocknen der Ziegelwaren 1306.
—, Getreide 884.
Tröge, Monier- 912.
Trogförderer 1170.
— schleusen 1040.
Trolley hoists 638.
— lines, trackless 400.
— pole 326.
— système de 325.
— system, overhead 325.
— wheels 326, 371.
Trommelfilter 918.
— mälzerei 143.
— öfen 618.
— Waschmaschine 1238.
Tronçonner, scies à 1006.
Tropakokaïn 973.
Tropeines 231.
Tropenentwickler 939.
Tropfflasche 730.
— glas 800.
— körper 7.
Tropical waters 1256.
Trottoirs 1143.
Trout 556.
Trypanosomen 57.
Tryptic proteolysis 240.
Tryptophans 230.
Tubenfüllapparat 731.
Tube plant 507.
Tuberkelbacillus 56.
— bazillen in Butter 187.
Tuberkulin 1104.
Tuberkulosebekämpfung 608.
—, Uebertragung 608, 869.
Tubes métalliques, oscillations
 électriques 412.
— de foyers 250.
Tube tunnels 1184.
Tuchbindung, zweischäftige 1273.
Tuchfabrik 505.
Tuiles 1305.
Tula 865.
Tumbling barrel 614.
Tünchmaschine 816.
Tungstène 1291.
— filaments 81.
— lamp 81.
Tuning fork 598.
Tunnel 491, 994, 1182.
— bau 666.
— kiln 1307.
—, Lüftung 1188.
— measurement 1215.
— Ventilation 1188.
— vortrieb 1183.
Türangeln 709.
Turanose 768.
Turbine air-compressor 832.
— generator sets 1197.
— governors 992.
— stations 507.
Turbinen 1188.
— dampfer 1024.
— pumpen 979.
— Regler 992.
— regulierung, Widerstand 1201.
— schaufeln 1201.
— schiffe 1019.
— Torpedoboot 1027.
— Unterbrecher 463.
— Ventilatoren 1211.
Turbines à gaz 1200.
—, economy of 264, 779.
— hydrauliques 1189.

Turbo-alternateurs 453, 461, 1193.
— alternatoren, Dampfverbrauchskurven der 429.
— dynamos 448, 453.
— —, Lager für 801.
— —, Ventilation von 461.
—-generator 1193.
— generators, regulating 456.
— kompressor 832.
— kompressoren 1200
—-Maschinen, Kraftverteilung
  1197, 1201.
— pumping, high pressure 1266.
Türen, feuersichere 546, 673, 709.
—, rauchsichere 673, 709.
—, Verschluß 1057.
Türkischrotöl 152, 540, 542.
—, Analyse 542.
Turmdrehkräne 637, 1169.
— geschütze 1226.
—, Sprengung 1128.
— uhrgewichte, Fallschutz 1058.
Turnhalle 700.
Turning 277.
—, art of 277
— gear 610, 845.
— machine 155.
Turntable, motor-driven 387.
Turn tables 282, 386, 387.
—, rim-bearing 181.
Turpentine 1249.
Turret machine 1053.
Türschließer 709.
— schließvorrichtung 1018.
Tussahseide 600, 1069.
Tuyau acoustique 539.
Tuyaux, examination 1002.
—, fabrication 1000.
—, flambeurs 248.
—, joints de 998.
—, ruptures de 259.
Twin tubes, tunnel 1186.
Twist drill factories 507.
— spinning 1111.
— ware 1289.
Twisting machine 1113.
— machinery 1118.
— pipe threading 1001.
Two-cycle engine 1086.
— — gas engine 585, 587.
—-phase alternators 439.
Type making 285.
Type writers 1055.
— writing telegraphy 1152.
Typendrucker 1152.
Typhoid fever 608.
Typhusbacilien 56.
— — im Wasser 1240.
Typobar 286.
— graph 285.
Tyre pump 981, 1100.
— works 388.
Tyres 12, 1087, 1089.
Tyroglyphinae 573.
Tyrosamines 26.
Tyrosinase 495, 496.
Tyrosine 240.

U.

Ueberdrucklüftung 837, 838.
— — turbinen 1198.
— fallwehr 121, 1246.
— gangsbogen 312.

Ueberhitzer 247, 342.
— — anlagen, Kesselbetrieb mit
  268.
— — bau, Neuerungen im 269.
— —, Explosion eines 501.
— landzentrale, Rentabilitätsberechnung 427.
— wegsignale 382.
— züge, galvanische 444.
— —, Holz- 715.
Uferbefestigung 115, 1243.
Uhren 1202.
— anlage, elektrische 684
—, elektrische 1202.
Uhrmacher-Werkstatt 1205.
Ultramarin 528, 843.
— mikroorganismen 58, 868.
— mikroskop 867.
— rot 1110.
—-violet lamp 79.
— — light, chemical action of 903.
— violette Strahlen, Einwirkung
  auf Milch 872.
Umbellulone 228.
Umbrella platforms 386.
Umdrehungsregler 993.
— — zähler 597.
Umfärben 515.
Umformer 1205.
—, chemische 1206.
—, ruhende 1205.
—, schwingende 1206.
—, umlaufende 1206.
—, Wasserkraft 1251.
Umlaufzahlregelung 456.
Umschlagseinrichtung für Kohle,
  Erze 1176.
Umsteuerung, elektromagnetische
  651.
Undercutting machine 601.
— drainage system 1255.
— flow canal 747.
— ground cables 474.
— — railways 323, 397.
— — water, flow 1261.
— pinning 661, 664, 667, 668.
Unfälle 91.
Ungeziefer-Vertilgung 1207.
Unguentum Hebrae, Darstellung
  237.
Unifärben, Baumwolle 516.
— farben, Färben von Halbseide
  519.
— polareffekt 421.
— — maschine 448.
— strichware 31, 1273.
Universalfräsmaschinen 569.
— — joint 1091.
— — milling machine 569.
— — werkzeugmaschine 1287.
— — zirkel 1297.
Universitäts-Laboratorium 797.
Unkrautsamen-Ausleser 815.
Unloader 1176.
Unloading 1169.
— bridges 636.
Unschlitt 1248.
Unterbau 311.
— beschickfeuerung 552.
— beschickung 988.
— bindungs-Klemme 729.
— brecher 1207.
—, selbsttätiger 463.
— fangung 665.
— feuerung 550.

Unterglasurfarben 1165.
— grundbahnen 397.
— — —, Oberbau der 323.
— — —, Temperaturerhöhungen
  in 399.
— — schar 813.
— pflasterröhre 1187.
— phosphorsäure 928.
— seeboot 1027.
— minen 1128.
— stollen 1182.
— tunnelung, Haus 664.
— wasserschallapparat 1018.
— —-Signalmittel,Stand der 1035.
— zünder 1320.
Unterrichtsanstalten 695.
Untersuchungsstuhl, gynäkologi-
  scher 790.
Uranium 1209.
— compounds, radioactivity of
  415.
— —, composition of 415.
—, β-rays from 416.
Urantonung 946.
— -Vanadiummetalle 443.
Uranylacetat 1209.
—-Doppelsalze, Radioaktivität
  1209.
— salts 987.
Uré 629.
Urea 629.
Ureides 629.
Uréthane 220, 629.
Urethrotom 729.
Uric acid 629.
Urine 973.
Urinhalter 730.
—, Untersuchung 206.
Urologie 206.
— meter 206.
Ursolfärberei 516.
Usine électrométallurgique 506.
Usines 503.
— électriques 426.
— génératrices à gaz pauvre 582.
Ustensiles de cave 1015.
— — ménage 632.
Utensils used in the kitchen 791.
Uterushaltezange 729.
Utopapier 959.
Uviollampe 81.
— -Quecksilberlampe 79.

V.

Vaccinevirus 1104.
Vacua, production of 189.
Vacuum cleaning 602.
— heating 645, 646, 647.
— pump 978.
— sweeper 1135.
— sweeping 645.
— — apparatus 697.
Vagabundierende Ströme 999.
Vaisseaux de guerre 1025.
— d'un but spécial 1031.
Vakuumapparat 777.
— destillierapparat 273, 798.
— kocher 759.
— meter 734.
— -Reiniger 1135.
— trockenapparate 1181.
Valenzfrage 192.

Valve adjustment 1099.
—, blow-off 351.
—, gas-engine 594.
— gears 353, 1099.
— pits 1272.
—, pressure reducing 1186.
— setting 1075, 1086.
Valves 1212.
—, exhaust 1186.
Vanadiners 1210.
Vanadium 718, 1210.
— steel 1076.
Vanille 1210.
Vanillin 1210.
—, Bestimmung 204.
Vannes équilibrées 1040.
Vapeur d'eau surchauffée 268.
— de pêche 1033.
Vapeurs 575.
— brise glaces 290.
—, ionisation 440.
Vaporisage 522.
Vapour pressure 192, 962.
Vapouriser 1096.
Vapours 575.
Varnishes 28, 554.
Vaselin in Kordit 1125.
Vaselin, Schmelzpunkte 499.
Vat colours 526.
Vedette à vapeur 1031.
Vegetationsversuche 806.
Velocities of projectiles 1220.
Veloutine-Artikel 523.
Vent, direction 867.
—, moteurs à 1289.
—, résistance à 660, 673.
Ventilating plant, hotel 839.
Ventilation 837.
Ventilationsanlage, Reichstag- 838.
— einrichtungen 838, 840.
Ventilatoren 1210.
Ventildampfmaschinen 267, 780.
— rohr, Umformer- 1207.
— steuerung 342.
— —, Lentzsche 343.
Ventile 1212.
Veratrole 226.
Verbandstoffe 233.
Verbauung, Uferbruch- 1242.
Verbauungen 1243.
Verblendplatten aus Gips 62.
— steinbau 663.
— ziegel 1307.
Verbrauchsmesser 477.
Verbrennung, explosible 1007.
Verbrennungsgase, Kohlensäure in 550.
— —, Widerstandsfähigkeit 587.
— motoren 584, 585, 1020.
— produkte, Demonstration 799.
Verbundbauten, Theorie 104.
— lokomobilen 829.
—-Lokomotive, Betriebsergebnisse der 337.
—' Schnellzuglokomotive 340.
Verdampfapparate 273, 759.
— ziffer 247.
Verdampfung, Apparat für 798.
Verdampfungsversuche 163, 249.
— wärme 1233.
— —, latente 964.
Verdichteter Wasserstoff 1260.
Verdichtungsplatten, Gummi- 753.
Verdickungen, Zersetzung 35.
Verdickungsmittel 522.

Verdrehen, Beanspruchung auf 14.
Veredelungsverfahren für Kaschmirs 30.
Verfälschungen 1214.
Verfilzungsrauherei 34.
Verflüssigte Luft, Stickstoff aus 1138.
Vergaser 1077, 1096.
— düse 592.
Vergärung 769.
Vergolden 866, 1214.
Vergrößerungsapparat 778.
Verholzung 208.
Verkapselungsmaschinen 560.
Verkäsen der Milch 750.
Verkaufsautomaten 1214.
Verkettungen 221.
Verladeanlage 1175.
— brücke 636, 1177.
— magnete 639.
— maschine 1171.
— vorrichtung 718.
Verladung 1169.
Verlangung, künstliche 1007.
Vermessungsinstrumente 731.
— wesen 1215.
Vermine, destruction de la 1207.
Vermittelungsämter, Fernsprech- 536.
— anstalten, selbsttätige 537.
Vernickeln 1216.
Vernis 554, 1249.
Veronalvergiftung, Nachweis 207.
Verrerie 618.
Verrou de sûreté 1041.
Versal-SZ-Frage 283.
Verschiebebahnhof 1183.
Verschiebungsgesetz, Wiens 967.
— kreise 405.
— kugeln 406.
Verschneidbock 149.
Verschubdienst 330.
— lokomotiven 349.
Verseifung von Estern 42.
Verseifungsprozeß 215.
Versenkungskästen 120, 1248.
Versilbern 1216.
Versilberung, galvanische 1216.
Verstärken 940, 945.
Verstäubung von Metallen, kathodische 421.
Versteifte Rohre 1001.
Versuchsanstalt, Schiffbau- 1240.
—, Material- 847.
—, Wasserbau- 1240.
Versuchsstationen, landwirtschaftliche 802.
Verteilungs-Anlagen, Belastungsfaktor 428.
— prinzip 190.
Vertikalofen, Dessauer 822.
Verunreinigung der Flüsse 11.
Verzinken 1216.
Verzinnen 1217.
Vesipyrin 236.
Viaduct, rebuilding 183.
—, replacing 183.
Viagraphe 991.
Vibration, compounding 969.
—, symmetrical 969.
Vibratfonsapparat 731.
— stuhl 790.
Vibrator, magnetic 463.
Vicarage 654, 684.
Vice 1284.

Vicianine 620.
Vide, nettoyage par la 994.
—-pots 1112.
Viehfutter 572.
— krankheiten, Bakterien ansteckender 58.
— retter 812.
Vieillissement, vins 1281, 1283.
Vielfach-Telephonie 536.
— umschalter 536.
Vierfachexpansionsmaschinen 1195.
— farbendruck 294.
— räderantrieb 1085.
— takt-Gasmaschinen 1264.
— — maschine 587.
— — motor 586.
— wege-Heizeinsatz 643.
Vigorite 1125.
Village hall 684.
Villen 691.
— gebäude 689.
— kolonie 689.
Vin 1280.
— iodotannique 235.
Vinaigre 499.
Vinegar 499.
Vins chaptalisés 1282.
Violet moderne 524.
Vis 1053.
Viscoseseide 1069.
—, Färben der 520.
Viscosimetrie 1217.
Viscosity 198, 965, 1046.
Viscous fluid 1179.
Visiervorrichtungen 1225.
Viskose 1299.
Viskosimeter 1217.
Viskositätsbestimmung 1217.
Visusbestimmung 907.
Vitesse, indicateurs de 597.
Vitrified pipes 748, 749.
Vitteline 402.
Vließ, Maschine 1112.
Vogelbeeren 540.
Voie roulante 402.
Voirie, service de la 1148.
Voiture pétrole électrique 1079.
Voitures 1229.
— à alcool 1080.
— — benzine 1080.
— — gaz et à air 1086.
— — pétrole 1080.
— — vapeur 1079.
— — voyageurs 362.
— automobiles 1072.
— automotrices à vapeur 348.
— de chemins de fer 361.
— service 366.
—, éclairage au gaz des 367.
— électriques 1078.
— — courant sur des rails 355.
Voiturettes 1077, 1082.
Vokale, Untersuchungen 15.
Volailles, élevage 812.
Volants 1068.
Volcaniques, phénomènes 1260.
Volksbadeanstalten 52.
— heim 701.
— herberge 701.
— kunst 654.
Volldruckdampfmaschinen 266.
— gatter 1004.
Vollenden, Photographie 945.

Voltage regulators 458.
— —, automatic 458.
Voltmeters 475.
—, electrostatic 477.
Voltmètres 475.
Volumenmessung, registrierende 863.
Volumetric estimation 202.
Vorderradantrieb 1076, 1093.
Vordraht, Erteilung 1116.
— filter 1264.
Vorgänge, elektromagnetische 425.
Vorgelege 789.
Vorhang, Feuerschutz- 546.
Vorkrempel 1115.
Vorlaufprodukte 1122.
Vorortbahnen 397.
— förderung 1183.
Vorstadthäuser 688.
Vorwaldsystem 566.
Vorwärmer 247.
Vouten, Berechnung 102, 407.
Vulcanite 1265.
Vulkanisation 753.

W.

Wachholderbranntweine 1122.
Wachs 142, 1217, 1248.
Wächter-Kontrolluhr, elektrische 1203.
Waffen 1218.
Wage, Aschen- 924.
Wägegläschen 800.
Wagen 1229.
— achsen 370.
— halle 387.
— heber 639.
— hemmung 1119.
— kipper 718.
— park 391.
— räder, Gießen 615, 1230.
— —, gußeiserne 370.
— schuppen 387.
—, Selfaktor- 1118.
— und Gewichte 1230.
Wagenzähler 478, 864.
Waggonbeleuchtung 367.
— kräne 636.
Wagon-trémie 1172.
Wagon works 506.
Wagons à marchandises 364.
— postes 362.
— réfrigérants 369, 370.
Waisenhaus 699.
Waiting room 385.
Waldbäume, Düngung 805.
— beschädigungen 568.
— böden 566.
—-Düngung 567.
— erholungsstätten 699.
— rente 566.
— schule 695.
— wundtrommel 567, 814.
— zuwachs 566.
Wälder, Zerstörung der 1240.
Walkar, Objektiv 934.
Walken 31, 32.
Walkerde 515.
— gelb 526.
— schwielen, Verhütung 32, 1293.
Walls, concrete curtain 314.
—, — retaining 315.
Walzwerke 1231.

Walzwerkprofile, Knicksicherheit 1169.
Walzenlager 801.
— sinter 723.
— straßen 779.
— —-Antrieb 1231.
— —, Betrieb von 785.
— stühle 885.
— vollgatter 1004.
Wandbelagplatten, gläserne 619.
Wände, fugenlose 663.
Wandelhalle 705.
Wanderrost 553.
Wannersches Pyrometer 1301.
Warehouse 694.
Warenbaumregulator 1277.
— haus 693.
— — brand 547.
— häuser 692.
— —, Feuergefährlichkeit 674.
Warm-Entwickelung, Platten- 938.
— lufttrocknerei 699.
— wasserbereitung 641.
— —-heizung 642, 644, 647.
Wärme 1233.
— äquivalent, mechanisches 1233.
— durchlässigkeit, Bestimmung 1237, 1238.
—-Isolation 1238.
— kraft-Maschine 790.
— menge, Bestimmung der 1237.
— messung 1234.
— motoren 564.
—-Regler 992.
Wärmeschutz 1237.
— —, Flaschen mit 1238.
— — mittel, kalorimetrische Untersuchungen 1237.
— —, spezifische 1236.
— strahlen, Abfangen der 618.
— strahlung 1233.
Warp beams 1278.
— builder 1120.
Warping 1275.
Warps, drawing-in 1274.
— —, measuring 37.
— —, sizing 1275.
— tying 1277.
Wartesaal 385.
Waschanlage, Bahnhofs- 51.
— anlagen der Kohle 764.
— einrichtungen 1238.
— maschine, Garn- 1069.
— maschinen 1238.
— —, Woll- 1292.
— mittel, alkalische 1292.
Waschen 32, 941.
—, Getreide- 884.
Wäscherei 1238.
Wash rooms 603.
Washer cutters 1053, 1286.
Washing apparatus 1238.
— machine 994.
— of corn 884.
Wasser 1239.
— bau 1240.
— behälter 130.
— beizen 716.
— bett 790.
— dampf, Entwicklung 760.
— —, spezifisches Volumen 577.
— destillierapparat 273.
— dichtigkeit 663.
— dichtmachen 1248.
— druckprobe 259.

Wasser - Durchströmvorrichtungen 558.
— gas 198, 577.
— —, Beleuchtung mit 73.
— glas 1108.
— — überzug 1183.
— haltung 95.
—, Härte des 252.
— haushalt im Boden 804.
— hebemaschinen 981.
— hebung 1251.
— heizung 643.
— kammerkessel 250.
— kolbenluftpumpe 834.
— kraftanlage, Leistungsversuche an der 788.
— kräfte, Verwertung 428, 1251.
— kraftmaschinen 1251.
— — turbinen 1189.
— — werke 1189.
— — werk, Drehstrom 1189.
— kran 386.
— künste 185.
— lackseife 717.
— leitungen 1267.
— — aus Eisenbeton 139.
— —, kupferne 999.
— mantel 583.
— messer 1252.
— räder 1252.
— rechen 1258.
— reiniger 247.
— —, Kupfer als 795.
— reinigung 1253.
— röhrenkessel 249, 780.
— rohr-Feuerbuchse 351, 352.
— — kessel, weitrohrige 1018.
—, Salpetersäure im 1008.
— schieber, Einformen 561.
— schläge 258.
— schleier 1058.
— standsregler 255, 993.
— standsvorrichtungen 338.
— standszeiger 255 1258.
— stationen 386.
— stauer 261.
— stoff 578, 1259.
— —, Diffusion 975.
— —, Einwirkung auf Bakterien 6.
— — okklusion 909.
— — superoxyd 861, 872, 994, 1291.
— — —, Oxydation durch 1008.
— —-Stoß 724.
— strahlejektor 1264.
— turm 386, 1270.
— umlauf-Dampfkessel 255.
— untersuchungen 1240.
—, Verdampfungswärme 1233.
— versorgung 1260.
— versorgungsanlagen 1263.
— widerstände, Untersuchungen über 470.
— zeichen 921.
Wässer, aromatische 237.
Waste, cleaning 994.
— gases, utilization 722.
— heat, utilization 585.
Waste products 1.
— — of brewing 148.
— way 1246.
— woollen 1293.
— yarns, mule 1117.
Watches 1202.
Water 1239.

Water analysis 1239.
— bar 663.
— -closet 3.
— conduits 1267.
— discharge, regulating 993.
—, evaporation 1260.
— filtration 608.
—, flow of 723.
— gas 162, 577.
— —, benzolized 578.
— —, heating 649.
— —, lighting by 73.
— — machines 588.
— -gauges 255.
— -heater 641.
— jet 626.
— level indicators 1258.
— main cleaner 993.
— —, flanged 1268.
— mark posts 926.
— -meters 1252.
— pipes, destruction of 465.
—, pollution, sources of 608.
— powers, utilisation 1251.
Water-proof concrete 108.
Water proofing 660, 1248.
— — woollens 1293.
— purification 1253.
— reservoirs 1262.
— scoop 386.
— softeners 252.
— softening plant 646.
— stations 386.
— sterilizing by ozone 1258.
— supply 1260.
— —, sterilized 1256.
— system, high pressure 1265.
— tests of concrete 673.
— -tightness of concrete 108.
— towers 1271.
— tube boilers 249.
— turbines 1189.
—, waste prevention 1262.
— wheel governor 992.
— —, installation 1252.
— —, tangential 1192.
Wattmeters, calibration of 478.
— —, integrating 478.
— stundenzähler 478.
Watten-Papier 61.
Wave detector, electrolytic 1157.
— shapes 412.
Wax 1217.
Weather forecasting 867.
— -strip, metallic 372.
Weaving 1272.
Webgeschirre 1277.
— schützen 1278.
— stoffe, Drucken der 522.
— stühle 1275.
— —, Montieren 1274.
Weberei 1272.
—, mechanische 506.
Wechselgetriebe 610.
— räder, Spinnmaschinen 1120.
— stromanlagen, Ueberspannungserscheinungen in 449.
— — anzeiger, Versuche mit 483.
— — bahn, Mailänder Ausstellung 398.
— — bahnen, Stromverbrauch
bei 391.
— — -Bahnsystem 392.
— — bogenlampen, Regelungsvorrichtung für 77.

Wechselstrom-Elektrolyse 441.
— — erzeuger 450, 453.
— — -Frequenzen, Messung von
482.
— — -Kommutatormotoren 452.
— — lokomotiven 356.
— — -Verbundmaschine 450.
— — maschinen 449.
— — —, asynchrone 450.
— — —, Dimensionierung der
450.
— — —, Parallelbetrieb von 458.
— — motoren 454.
— — ströme 449.
— — —, Messung von 483.
— — stühle, Buntware- 1276.
Weed burner, gasolene 331.
Wegunterführung, Sprengung 1128.
Wehre 1246.
Weichboden, Turballen- 700.
— harze 554.
Weichen 317, 320.
— signale 378.
— steilvorrichtungen 376.
— — —, selbsttätige 324.
Weichenverschlüsse 378, 380.
Weiden, Dauer-, Fleisch-, Milch-
und Futterertrag 809.
— bast 600.
— kulturen 810.
Weighbridge 1230.
Weighing-bottles 800.
— machine, ores 1230.
Weighting 37.
Wein 1280.
Weinbukettschimmel 56, 146.
— essigbakterien 499.
— keller 705.
— pressen 975.
— säure 197.
—, schweflige Säure im 1066.
Weinstein, Ersatzprodukte 527.
— — säure 51.
— trester, Nährwert 572.
Weirs 1245, 1246.
— triangular 747.
Weißbierbrauerei 145.
— blechabfälle 1.
— gerben 597.
Weißes Metall 817.
Weizen 301.
—, Backfähigkeit 609.
Weld iron 301.
Welding 1066.
Welfare plants 698.
Wellmaschine 141.
— papier, Herstellung 916.
— rohre 248.
Wellen 14.
— abdichtung 1198.
— anzeiger 1153, 1157.
— bad 52.
— detektor, Polarisationszelle als
1155.
—, gekröpfte 846.
— lager, Reibung 993.
— lehre 960.
— telegraphie 1153.
— telephonie 1155.
—, Uebertragung durch 788.
Wells 184.
—, sinking 184, 1266.
Weltausstellung in Mailand 47.
— — in Lüttich 48.

Wendegetriebe 592.
— haken 565.
— pole 459.
— polmaschinen 446.
Werksschmiede 1044.
Werkstättengebäude 509.
Werkzeuge 1283.
Werkzeugmaschinen 1285.
— — stahl 304.
Wermutwein 1283.
Wertzeichenpapiere 921.
Weste, Papier 922.
Westrumit 1133, 1134.
Wet grinder 1038.
Wettfahrten 1072.
Wetter-Astralit 1123.
— führung 92.
— -Fulmenit 1123.
— motoren 92.
— scheider 130.
Wharf-cranes 637.
Wheat, testing 609.
Wheel casting plant 509.
— guard 1059.
— moulding 563.
—, pneumatic 1087.
— press 1045.
— tires 353.
— transmissions 788.
Wheels 370, 1087.
—, cast iron 370.
Whisky, aldehydes 1122.
—, esters 1122.
—, furfural 1122.
Whitewashing machine 29.
Whiting 866, 1040.
Wichsefabrik 505.
Wickelapparat 1112.
— — maschinen, Faden- 1119.
Wickelungen, Befestigung der 460.
Widder, hydraulischer 981.
Widerstände 468.
Widerstandsdraht 794.
— — messung, Methoden der
479.
— — thermometer, registrierendes, elektrisches 1236.
— — turnapparat 607.
Wiederbelebungsversuche 604.
Wiesengräser 809.
— kalk 739.
Wildäsung 568, 811.
— bachverbauungen 1242.
Willia Wichmanni 640.
Willowing machine 1114.
Winches 634.
— for shipyards 1020.
Winddruck 1288.
— erhitzung, Hochofen- 299, 720.
— fahne 735.
— kraftmaschinen 1289.
— lasses 634.
— messer 735.
— motors 1289.
— pressure 1288.
— struts 662.
— trocknung 300.
— trunks 1135.
Windemaschine 1129.
Winden 634.
Winder, camless 1129.
Winding-engines 88, 634.
— frames 1113, 1129.
— machinery, electric 460.
— machines 38, 1129.

Winding ropes 277.
Window fixtures 372.
— glass 619.
— —, fire tests 546.
— locking 709.
— raising 709.
— screen 709.
— shutters 676.
Windows 708.
Wine 1280.
Winkeldreiteilung 1298.
— eisenschere 1050.
— spannplatte 158, 652.
— spiegel 1216.
— stollen 717.
Wintergarten 693.
Wiping cloths 994.
Wirbelstromverluste, Berechnung von 446, 460.
— ströme, Untersuchung der 423.
Wirbelnde Bewegung 969.
Wire 276.
— cableway, overhead 637.
—, corrosion of, 1002.
— -drawing, continuous 1286.
— — machine 1286.
— glass 671.
— rope tramway 327.
— -wound gun 1224.
Wireless detector, carborundum 1157.
— — —, silicon as 1155.
— — telegraphy 1153.
— — —, directed 1154.
— — —, syntonic 1154.
— — telephony 536, 1154.
Wired glass, fire tests 546.
Wirkmuster 1289.
— stuhlnadeln 1290.
— waren, plattierte 1289.
Wirken 1289.
Wirkungsgrad, mechanischer 789.
Wismut 1107, 1291.
— bronzen 424.
— -Thalliumlegierungen 1159.
Witwerheim 699.
Wohlfahrtsanstalten 698.
— einrichtungen 700.
Wohnviertel 658.
— wagen 705, 1229.
Wohnungsgesundheitspflege 602.
Wolfram 718, 1291.
—, Einfluß auf Stahl 292.
—, Fluoride des 560.
— lampe 81.
— saures Natron 548.
Wolframinium 848.
Wollabfälle 1.
— farbstoffe, sauerfärbende 521.
Wollfett 1045, 1294.
— — preßkuchen 1.
— garne, Festigkeit 1292.
— häute-Appretur 717.
— pelze, Färben von 520.
— -Trocknungsmaschinen 1181.
Wollastonite 876.
Wolle 1292.
—, Appretur der 30.
—, Bleichen der 152.
—, Drucken der 525.
—, Färberei der 517.
—, Karbonisieren der 600.
Wood 385, 711.
— block 1144.
—, chemical working 713.

Wood, creo-resinate 1144.
— pipe 1001.
—, preservation 713.
— -waste, corbonising 1.
— working, mechanical 712.
Wooden dam 1244.
— pipe 1267.
Wool 1292.
—, colouring of 517.
—, printing of 525.
— scouring of 32.
Woollens, waterproofing 1248.
Worm drive 610.
— gear 845.
— gearing 788.
— milling 571.
Worsted combs 1115.
Worsteds, imperfections in 1274.
Wounds, dressing 607.
Wrench, automatic 1001.
—, involute 1284.
Wringmaschine 32.
Writing table appliances 1055.
— telegraphes 1152.
Wrought iron, corrosion 849, 1002.
— shear of 848.
Wünschelruten 1261.
Wurfschaufel 553.
Wurstfabrikation 890.
Würze, Farbbestimmung 148.
— kochen 144.
Wurzelkeim 143.
— füllungsmittel 1296.

X.

Xanthinbasen 629.
Xanthone 231.
Xanthophansäure 532.
— purpurin 29.
Xanthoxalanil 232.
Xanthydrol 231.
Xanthyliumreihe 230.
Xenon 576, 1110.
X-rays 413.
— —, measurement of 414.
X-Strahlen 413.
— —, Photographie 954.
X-Strahlen, Umwandlung der 413.
Xylenrot 522.
Xyloidine 1299.
Xylolithplatten 700.

Y.

Yachten 1028.
Yachts 1028.
Yarn dyeing 514.
—, paper 922.
Yawl 1028, 1029.
Yeast 639.
— -juice, ferment of 495.
Yellow amber 101.
— brass 848.
Yttergruppe 1103.
Yttrocrasite 876.

Z.

Zacatonwurzel 810.
Zähflüssigkeit, Bestimmung 1217.
Zählwerk 864.

Zählen 86a.
Zählerprüfklemmen 467, 479.
Zaunaufnahme 1295.
— induktion, Pulsationen der 459.
— räder 1294.
— radkörper, Formen 615.
— — kränze, Herstellung 1294.
— — lokomotiven 350, 391.
— — schutzkasten 358.
— stangenbahn 391.
— technik 1295.
Zapfenlagerung 1204.
Zargen-Bördelpresse 976.
Zäune 1297.
Zaunpfähle aus Eisenbeton 1297.
Zeeman-Effekt 844, 969.
Zeichnen 1297.
Zeitfernschalter, automatischer 469.
— licht 953.
— — patronen 953.
— zähler 478.
— zünder 1227.
— —, mechanische 1229.
Zeitungstechnik 285.
Zelle, physiologischer Zustand 574.
Zellen, polarisierte 463.
Zellkernteilung 640.
— membran, Bestandteile 237.
— stoff 913, 1298.
— — fabriken, Abwässer der 10.
— — industrie, Dampfanlagen in der 780.
Zelloidinschnitte 868.
Zelluloid 753, 1298.
—, Feuerschutz 548.
—, Kitt für 758.
— lack 554.
— -Verfahren 285.
Zellulose 768, 1298.
— acetate 1298.
—, Gewebe 900.
—, Nitrierung 1126.
Zelte 1300.
Zement 61, 1300.
— beton 109, 113, 1145.
— dachsteine 63, 711.
— drehrohrofen 1301.
— fabrik 510.
— fabriken, Elektrizität in 786.
— fuß 1304.
— füße, armierte 467.
— gärgefäße 145.
— mast 467, 1304.
— mörtel 1303.
— —, Einfluß von Soda 1108.
— mühle 1301, 1305.
— rohr 998.
— rohren, Prüfung von 855.
—, Schriften auf 843.
—, Schutzanstrich für 28.
— staub, ätzende Wirkung 606.
— werk 507.
Zementieren 305.
Zenkersche Streifen 969.
Zentralaufrufschränke 536, 1153.
— heizung 642.
— —, elektrische 643.
— kühlanlagen 742.
Zentrator-Elektromotoren 462.
Zentriervorrichtungen 280.
Zentrifugalmomente 860.
— pumpen 1211, 1256, 1264.
— -Ventilatoren 702.
Zentrifugen 870.
— trommel, Explosion 502.

Zentrifugieren zum Enteisenen 1253.
Zeolithe 876.
Zerkleinerungsapparate 1304.
Zerkleinerungsmaschinen 1304.
Zerreißversuche 849.
— — mit Stahl 294.
Zerstäuber 1305.
Zerstäubungsdüse für Wasser 241.
Zerstreuungsmessung, quantitative, absolute 423.
Zeugdruckverfahren 523.
Zickzack-Fahrwege 1142.
Ziegel 1305.
— bau 654.
—, feuerfeste 62.
— mauerwerk, Druckfestigkeit von 854.
— steine, Entladevorrichtungen 1179.
—-Trockenanlagen 1306.
— trockenpressung 1306.
Ziegeleimaschinen 1306.
Ziehen 1044.
Zieherei 1045.
Ziehpresse 796, 976, 1045.
Zielfernrohre 533, 1225.
Zigarren 1149.
Zigarettenpapier 921.
Ziger 810.
Zimmergerüst 669.
— luftelektrizität, Prüfung der 418.
— öfen 643.
— uhr, elektrische 1203.
Zimmtsäuren 226, 1014.
Zimt 891.
Zinc 1308.
—-chloride 714,
— retorts 1044.
— smelting 1309.
—, titrage 202.
— works 719.
Zincage 1216.
Zink 78, 1308.
—, Aktivierungsmittel 1260.
— bad, aluminiumhaltiges 1217.
— blechdach 705.
— blende 1309.
— druckverfahren 284.
— gelb 528.

Zinkhaltige Abbrände, Schwefel in 1061.
— hydroxyd-Ammoniak 769.
— in Bier, Wein 1310.
— legierungen 1309.
— —, Biegungsfähigkeit 818.
— —, Silber 1107.
— öfen 1309.
— räumasche 1147.
— staub 1309.
— sulfat 715.
— weiß 528.
— —, Anwendung 843.
— —, Trockenmittel für 27.
— —, Untersuchung 532.
Zinking 1216.
Zinn 1292, 1310.
—, Auflösung 777.
— aus Weißblechabfällen 1311.
— bronzen 424.
— chloridlösungen 1311.
— halogenüre, Reduktion durch 897.
— oxydul, Reduktion durch 897.
— schwamm 1311.
—, schwammiges 443.
— tetrachlorid 1311.
Zinnober 528.
Zirconium lamp 82.
Zirkonium 1311.
— silicid 1311.
Zirkonlampe 81.
Zitherbau 887.
Zitratmethode 929.
Zitronensaft 892, 1013.
— säure 1282.
Zootechnics 810.
Zucker 1311.
— als Viehfutter 572.
—, analyse 1317.
—, Benzalderivate 223.
— bestimmung im Harn 206.
— chemie 767.
— gewinnung nach Brühverfahren 1315.
— harnruhr, Hefe bei 641.
— pflanzen 1312.
— raffinerie 1316.
— rohr 1312.
— — mühle 1304.

Zuckerrübe 1312.
— —, Enzyme der 495.
— rüben-Düngung 805.
— — schlempe 1320.
— schnitzel 572, 1319.
—, unvergärbarer 1282.
—, Vergärung 574.
— zersetzungen 1319.
Zugbeleuchtung, elektrische 368.
— deckungseinrichtungen 379.
— dienst 329.
— federn, Berechnung von 845.
— festigkeit 405.
— — von Legierungen 818.
— regelung 552.
— sicherungsvorrichtung, elektro-magnetische 381.
— steuerung 358.
— stiefel 606.
— widerstände 328.
Zündbänder 1320.
— hölzer 1320.
— maschinen, magnet-elektrische 448.
— sätze 1229.
— schnüre 1127, 1229.
— vorrichtungen für Automobile 1096.
— waren 1320.
Zündung, elektrische 593.
— system, elektrisches 462.
Zungendrücker 727.
— öffner 1290.
Zusammensturz von Bauten 669.
Zusatzmaschinen, selbsttätige 429, 457.
Zustandsgleichung, Prüfung der 968.
Zuwachsautograph 990.
Zweifamilienhaus 690.
— farben-Effekte 525.
— tunnelbau 1182, 1184.
Zwickelstiefel 1056.
Zwillingspumpmaschinen 748.
Zwirnmaschinen 1118.
— stoffe, Nachahmung 523.
Zwitterelemente 486, 1158.
Zylinderfilter 1122.
—- schleifmaschine 1288.
— trocknung 918.
Zymase 574.

IV.

Namenregister.

Name index.   Table des auteurs etc.

Die Zahlen beziehen sich auf die Spalten des Repertoriums.
The numbers refer to the columns of the Subject matter index.
Les chiffres se rapportent aux colonnes du Répertoire analytique.
ä = a, ö = o, ü = u.

A.

Aachener Hütten-Aktien-Verein 718.
Aarland 284, 948, 958.
Aarts 578, 579, 821.
Abady 904.
Abbe 867, 1304.
Abbott 96, 163, 247, 550, 746, 762, 1173.
Abbt 741.
Abderhalden 214, 222, 239, 241, 402, 495, 972.
Abegg 59, 192, 243, 440, 736, 797, 798, 1008, 1159.
Abel 42, 403, 439, 943, 1126.
Abenaque Machine Works 832.
Abendroth 65.
Abernathey 625, 885.
Abney 937, 960.
Abraham 137, 177, 475.
Abrest 246.
Abt 327, 328, 391, 399, 517, 521, 948, 1100, 1100.
Abt, Gebr. 981.
Accumulatorenfabrik Akt.-Ges. zu Hagen 319.
Acetylene Lamp Co. 12, 74.
Acetylenwerk „Hesperus" 74.
Ach 629.
Achard 1104.
Achenbach 1021.
Acheson 624, 767.
Ackermann 38, 148, 403, 1167.
Acme Co. 598, 1080.
-- Engine Co. 580, 583.
— Lathe and Products Co. 1053.
— Machinery Co. 1232.
Acree 201, 238, 797.
Adam 50, 191, 426, 604, 781, 873, 961, 1283.
—, Georg 1058.
—, J. 842.
Adami 53.
Adams 108, 255, 415, 464, 590, 638, 639, 676, 712, 781, 845, 847, 998, 1241, 1262.
— & Co. 634.

Adams-Hewitt 1081.
— Mfg. Co. 593, 835.
—-Randall 537.
Adamson 248, 292, 300, 301, 595.
Addenbrooke 464.
Addicks 443, 793.
Addy 280.
Ader 836, 1085.
Aderhold 807.
Aders 1077.
Adiassevich 498.
Adler 1048, 1225.
— Fahrradwerke 1099.
Adorján 807.
Adreics 97, 763.
Adshead 288, 683.
Aeckerlein 417, 901.
Aéros 1100.
Aerzener Maschinenfabrik Adolph Meyer 564.
Affleck 591.
Aglett 667.
Agner 861.
Agney 591.
Ahlborn 742, 870, 871.
Ahlburg 87.
Ahlheit 887.
Ahlin 914.
Ahlström 1158.
Ablum 202, 929.
Ahrens 1312.
Aickelin 49.
Aigner 422.
Ainsworth 363, 791.
Airey 903.
Aitken 152.
Ajax Mfg. Co. 1188.
Akerlind 301.
Akers 451.
Akkumulatorenfabrik Berlin 1067.
Akron 1091.
— Clutch Co. 795.
Akroyd 591.
Aktiebolaget Bofor's Nobelkrut 1229.
— Gasaccumulator 825.
Akt.-Ges. für automatische Zünd- und Lösch-Apparate 71.

Akt.-Ges. für Beton- und Monier-bau 118.
— — — Gas und Elektrisität 825.
— — — Großfiltration und Apparatenbau 1254.
Alagna 225.
Alba 40, 1283.
Albaret 814.
Alberger 775.
Albert 185, 284, 809, 813, 957, 958, 959.
— & Cie. 286.
Alberti 217.
Albion Motor Car Co. 1095.
Albrecht 63, 114, 116, 220, 607, 701, 877, 1032, 1305.
Alcock 894.
Alden 526, 733.
Alderman 714.
Aldrich 763.
Aldridge 944.
Aldwinckle 698.
Alefeld 759, 901, 955.
d'Alembert 404, 859.
Alexander 209, 453, 488, 800, 819, 827, 954, 1026.
—, Gebr. 888.
Alexanderson 451.
Alexanderwerk A. von der Nahmer 870.
Alfassa 27.
Algermissen 417.
Alibert 884.
Alilaire 495.
Alioth 454.
Aliquò-Mazzei 1153.
Allain 1259.
Allan 265, 353, 523, 650.
Allanson 1247.
Alldays & Onions Pneumatic Eng-Co. 631.
Allemann 875.
Allen 21, 27, 44, 271, 358, 416, 435, 507, 578, 579, 623, 636, 733, 790, 797, 821, 823, 876, 1003, 1047, 1095, 1098, 1187, 1230, 1263, 1266.
— & Co. 1174.

Allen Son & Co. 776.
Alley 1080.
— & Mac Lellan 832.
Allfree 265, 353.
Allgemeine Betriebs-Akt.-Ges. für
　Motorfahrzeuge 1078, 1091.
— Dampfturbinen-Baugesellschaft
　1193.
A. E. G. 78, 80, 310, 453, 460,
　469, 478, 504, 548, 1195.
Alliance Electric Co. 350.
Alliaume 960.
Allis-Chalmers Co. 53, 88, 263,
　355, 366, 435, 438, 454, 508,
　588, 635, 782, 832, 846, 885,
　1006, 1189, 1190, 1195, 1196,
　1206.
Allitsch 313.
Almiral 644.
Almquist 56.
Aloy 1291.
Alpers 238.
Alpha Portland Cement Co. 123,
　711.
Alsberg 1061.
Alsop 883.
van Alstyne 350.
Alt 90, 531, 997, 1010, 1138, 1233.
Altemus 1137.
Altena 89, 714.
Altendorff 643.
Altmann 71, 75.
Altmayer 256.
Altwegg 488
Alvarez 205, 211, 212, 759, 1012.
Alving 22.
Alvord 6.
Alward 1047.
Alway 220, 898.
Amade 990, 1262.
Amagat 960, 1236.
Amans 1100.
Amar 960.
Amat 1111, 1273.
Ambrose 675.
Ambühl 66, 548.
Amburson Hydraulic Construction
　Co. 1246.
Amend 596.
Am. Autom. Fire Curtain Co. 546,
　674.
— Blower Co. 595, 1211.
— Bridge Co. of New York 170.
— Car & Foundry Co. of St. Louis
　364, 563.
— File Sharpener Co. 533, 1286.
— General Eng. Co. 635.
— Graphophone Co. 927.
— Hydraulic Stone Co. 116.
— Lithographic Co. 286, 828.
— Locomotive Co. 345, 347, 349,
　355, 1005.
— Lubricator Co. 1048.
— Pipe Mfg. Co. 1270.
— Radiator Co. 595, 646, 648, 993.
— — Eng. and Maintenance of
　Way Association 318.
— — Signal Co. 381.
— Smelting & Refining Co. 1177.
— Steam Gage & Valve Mfg. Co.
　1230.
— Steel & Wire Co. 157, 325.
— Tool Works Co. 155, 651.
— Warp Drawing Machine Co.
　1278.

Am. Water Softener Co. 253.
— Wire Fence Co. 129.
Amicus 606.
Amiras 118, 130, 1270.
Ammann 402, 873.
Amme, Giesecke & Konegen 815,
　884, 886, 1169.
Ammon 648.
Amos 803.
Ampola 804.
Amsler 598, 857, 859.
Amstutz 284, 952, 957, 958, 959.
Amweg 111.
Anburn Wagon Co. 1229.
Ancona 551, 1018.
Anderlind 492.
Anderlini 444, 576, 800, 833, 1109.
Andersen 201, 1237.
Anderson 108, 126, 254, 329, 361,
　609, 723, 989, 1200, 1213, 1267.
Andés 541, 555, 631, 632, 921.
Andrae & Fellgner 1135.
André 161, 238, 265, 402, 841,
　865, 889, 1098.
Andreasch 229.
Andrée 97.
Andrés 1134.
Andrew 184, 774, 1196.
Andrews 77, 370, 372, 723, 732,
　820, 878, 1244.
Andrlik 1312, 1316, 1319.
Angel 795.
Angelico 752.
Angelini 537.
Angell 116.
d'Angelo 50, 230.
Angelucci 12, 26, 1139.
Angenheister 960.
Angerer 413.
Angermann 592.
Angier 1222.
Angus 1172.
Animas Power and Water Co. 1191.
Anke 663.
Anker 978.
Anklam 1264.
d'Ans 617, 894, 1008, 1063.
Anschütz 43, 59, 193, 220, 935,
　966, 1014.
Anselmino 218, 926.
Anthes 408, 848.
Antoine 74.
Antonio 1069.
Anzilotti 56.
Apostoloff 883.
Appel 807, 809.
Apperson 1081.
Appeyard 479.
Aragon 627.
Arauner 1283.
Arbel 1087.
Arbenz 87.
Archdale & Co. 156.
Archdeacon 834, 1031.
Archer 767.
Archibald 8, 242, 411, 441, 945.
Archimède 1172.
Archita 834.
Arco 924.
d'Arcy 943.
Ardelt & Söhne 386.
Arenberg 1100.
Arend 187.
Arends 812, 871.
Arendt 486.

Arenhold 1028.
Argand 66, 550.
Arguia 1092.
Ariel Co. 1081.
Ariès 1061, 1098, 1099.
Arisaka 1222.
Arkenburg 377.
Arldt 423.
Arledter 912, 915.
v. Arlt 728, 1300.
Armagnat 1157.
Armaturen- und Maschinenfabrik
　A -G., vorm. J. A. Hilpert-Nürn-
　berg 977.
Armengaud 832, 1200.
Armes 191, 222.
Armit 896.
Armsby 811.
Armstrong 194, 279, 454, 456, 494,
　960, 1157, 1173.
— Brothers Tool Co. 281.
Arnaud 761, 1133.
Arndt 198, 409, 491, 733, 798,
　841, 1230.
Arno 1153.
Arnodin 512.
Arnold 14, 38, 71, 206, 292, 295,
　296, 307, 356, 392, 398, 446,
　454, 459, 515, 517, 518, 519,
　736, 770, 843, 1120, 1196.
Arnoldi 50, 245, 725.
Arnost 744.
Arnoux 476.
— & Guerre 463, 1097.
Arnstadt 805.
Arntz 230, 531.
Aron 239.
Arons 79.
Arragon 573, 861, 890.
Arrivaut 843, 878, 1291.
Arrol & Co. 638, 823, 993.
Arsem 1043.
d'Arsonval 273, 475, 476.
Arth 163, 189, 760.
Arthaud 972.
Artmann 59.
Artom 1154.
Ärsener Maschinenfabrik Adolph
　Meyer 877.
Asahina 900
Asa Less & Co. 1112, 1118.
Aschan 1158.
Ascher 888, 1296.
Aschkinass 412, 414, 959, 985.
Aschmann 187.
Aschoff 876, 984.
Aselmann 417.
Ashby 655.
Ashcroft 243, 443, 893.
Ashe 428, 483.
Ashley 141, 1065.
Ashmead 390.
Ashton 602.
Ashworth 92, 93, 94, 95, 762,
　1125.
Aspinall 341, 394. 487.
Asquith 156.
Asselin 311, 388, 508.
Asserson 491, 749.
Assmann 285, 868.
Association of Licensed Automo-
　bile Manufacturers 1054.
Associazione degli Industriali d'Ita-
　lia 1057.
Aston 685.

Aston Motor Accessories Co. 594.
—-Worsley 507.
Astre 229.
Astrid 220, 769, 893.
Astruc 229, 236.
Atcherley 860, 1268.
Atéliers des Constr. Électr. de
Charleroi 447.
— de Const. Méc. Vevey 1190.
— — Locomotives et de Constr.
Méc. de Kharkow 278.
Aten 983.
Athol Machine Co. 735, 1038.
Atkins 5, 13, 444.
Atkinson 26, 92, 220, 452, 454,
459, 548, 553, 586, 686, 713.
Atlantic & Birmingham Ry. 627.
Atlas Constr. Co. of St. Louis
140, 1051.
Atmospheric Steam Heating Co.
646, 647.
Attenborough 1275.
Atterberg 159.
Attix 299.
Attwater 1097.
Atwater 161, 163, 766.
Atwood 522.
Aubine 320.
Aublant 72.
Aubouy 229.
·Aubrey 23, 721, 1044.
Aubyn 730.
Audiguey 1208, 1305.
Aue 588.
Auer 67, 81, 964.
Auerbach 151, 957.
Auerbacher 467.
Aufhäuser 162.
Aufrecht 17, 205, 208, 235, 540,
698, 874, 1011.
Aufsberg 51.
Auger 39, 794, 1306.
Augsburg-Sulzer Gebr. 741.
Aulard 1316, 1320.
Auld 495, 756, 898, 927, 971,
983.
Aumund 856, 1112.
Aupperle 202, 293.
Auric 165, 926.
Aurillac 456.
Austen 1.
Austerweil 1139.
Austin 232, 416, 792, 899, 1044,
1081, 1092, 1127, 1157, 1192.
Austral 1084.
Austro - Hungarian State Ry. Co.
346.
Auto Goods Co. 1090.
Automatic Bloch Machine Co. 116.
— Wagen-Ges. Gliesmarode 1230.
Auwers 220, 974.
Aveling & Co. 1089.
Avenarius 714, 851.
Avery 41, 528, 857, 1073, 1230.
— & Co. 857.
d'Awans 1262.
Axelrod 753.
Axmacher 31, 35, 60, 523, 525,
600.
Axmann 79.
Ayer 650.
Aylett 116, 169.
Ayres 966.
Ayrton 475.

Ayton 1092.
Azzara 827.
Azzarello 51, 159, 218, 221, 725,
755, 1282.

B.

Babb 490, 723.
Babbit 1042.
Babcock 900.
— & Wilcox 247, 250, 259, 430,
436, 438, 439, 781, 880, 988,
1177.
Baborovsky, 932.
Baccarini 1269.
Bach 102, 105, 106, 149, 248, 257,
258, 274, 296, 404, 405, 407,
494, 774, 848, 970, 1140, 1209.
—, A. 574.
v. Bach 107.
Bache Wiig 452.
Bachmann 805, 806, 1130.
Bachner 70.
Bäck 1315.
Backhaus 871.
Backmann 804.
Bacon 628, 856, 964.
Bad 51.
Baddeley 766.
Bader 843.
— & Halbig 141, 1001.
Baderle 847.
Badger State Machine Co. 1232.
Badische Anilin- und Sodafabrik
526, 531.
— Gesellschaft zur Ueberwachung
von Dampfkesseln 1195.
— Maschinenfabr. Seboldwerk
562, 563, 564, 565, 877, 1009,
1042.
Badh 296.
Baensch 551.
Baer 160, 403, 597, 1208.
— & Rempel 888.
Baersch 584.
v. Baeyer 79, 191, 425, 529, 530,
1109.
Baezner 229.
Bagard 218.
Bahn 1224.
von Bähn & Händel 1148.
Bahntje 444.
Bähr 907.
Bahrdt 544.
Bahre 694.
Bahrmann 506, 757.
Baignères 378.
Ballée 1196.
Bailey 204, 488, 942, 1210, 1213.
Bailhache 971.
Bailleau 1082.
Baillet 552.
Baillie 1088.
Baily 167, 556, 664, 856.
Bain 163.
Bainbridge 1244.
Baird 929.
— & Tatlock 735.
Bairstow 295, 297, 850, 865.
Bakenhus 843.
Baker 297, 299, 630, 639, 720,
848, 850, 885, 899, 900, 934,
935, 937, 938, 940, 946, 950,
1140, 1166, 1223, 1267.

Baker, Broth. 154, 155.
— & Co. 1215.
— Mfg. Co. 122.
Bäker 1229.
Bakker 963.
Bakunin 19, 221.
Balagny 932, 939.
Balbach 121, 1245.
Balbiano 16, 204, 221, 499, 774,
983.
Balcke 832.
Balcock 53.
Baldt 1027.
Baldwin 108, 134, 345, 346, 352,
353, 423, 439, 989, 1100, 1197,
1249, 1261.
— Lokomotive Works 337, 338,
340, 342, 346, 350.
Bale 845.
Balhorn 228, 773.
Balkema 885.
Ball 158.
— & Norton 44.
— & Wood 435.
Balland 241, 889.
Ballin 1048.
Ballinger & Perrot 127.
Ballner 69.
Ballocco 1086, 1092.
Ballois 471, 1235, 1095,
Ballou 471, 1277.
Balog 832, 1200.
Bals 750.
Balsanek 657.
Balthar 208.
Balthazard 58, 94.
Baltimore Electric Power Co. 433,
1190.
—-Ferro-Concrete Co. 127.
Baltzer 655, 696.
Baly 16, 191, 192, 241, 576, 756,
897, 1110.
Balzar 490, 1218.
Bamag 136.
Bambach 232, 725.
Bamber 370.
Bamberg 49, 1034.
Bamberger 25, 50, 94, 221, 897,
995, 1264.
Bamford 815.
Bandini 872.
Bandy 1286.
Bang 1103.
Bangemann 685.
Bánki 724, 979, 1197, 1201.
Banks 1166.
Banning & Setz 916, 917.
Bänninger 543, 621, 736.
Bannister 296, 299, 848, 1002.
Banthien 410.
Bantlin 264.
Bär 691.
Baragiola 1282.
Barbe 250.
Barber 218, 1035, 1291.
— & Colman 1277.
Barbero 441.
Barberot 692, 697.
Barbet 185, 621, 1122, 1265, 1281.
Barbezat 832, 1200.
Barbier 225, 328, 350, 500, 531,
1128.
Barbieri 30, 190, 231, 1160.
Barbour 131, 503, 1271.
— & Co. 997.

Barclay 88, 1152.
Barczewski 940.
Barendrecht 494.
Bardigoni 4.
Bardore 255.
Bardorf 252.
Bardsley 709.
Barford & Perkins 1148.
Bargellini 218, 893, 926.
Barger 19, 20.
Bargum 185.
Barham 1256.
Barker 61, 196, 591, 866, 1075, 1303.
—, Broth. 157.
Barkhausen 104.
Barkla 413, 414.
Barkow 1014.
Barlatier 836.
Barlet 934, 1130.
Barlow 194, 708, 960, 1092, 1106.
Barmwater 409.
Barnaby 1021.
Barnard 749, 800.
— & Leas Mfg. Co. 1178.
Barneby 1017.
Barnes 1011, 382, 486, 824.
— Co. 156.
Barnett 107, 1022.
Barney 1028
Barnhard 627.
Barnstein 149, 572, 573, 810.
Barnum 821.
Baron 253.
Barr 845, 1275.
Barr Mfg. Co. 632.
Barranger 302.
Barrard 964.
Barraud 292, 1061.
Barrett Machine Tool Co. 157.
Barrowcliff 282.
Barrows 611.
Barschall 738, 890, 894.
Barstow 1207.
von Bartal 164, 773, 1101.
Bartelett 617.
Bartelt 205.
Barth 51, 148.
v. Barth 534.
Barthe 218.
Barthel 56.
Barthelmeß 1304.
Bartleman 714.
Bartlett 937, 941, 945.
— & Snow Co. 885.
Bartley 556.
Barton 506, 815.
Bartos 1313.
Bartsch 925.
Barus 962.
Bary 1078.
Barzaghi 524.
Basadonna 1013.
Basch 252, 253, 1239, 1257, 1262.
Baschieri 308.
Base 272.
Basse & Fischer 1217.
Bassée-Michel 1095.
Bassett 189, 654, 795, 1139.
v. Bassus 952.
Bast 657.
Bastian 79, 316, 477, 904.
Bastin 1292.
Basti 913.
Baßanger 762.

Batchman 355.
Batdorf 864.
Bateman 681.
Bateman's Machine Tool Co. 651.
Baterden 275.
Bates 428, 746, 901, 999, 1317.
— & Peard 865.
Batey 1171.
Batschinski 965.
Battegay 216, 524, 525.
Battelli 240, 960.
Batten 163.
Battige 4, 7, 273.
Battmann 1082.
Baubigny 188, 1064
Bauch 423, 460.
Bauchal 319.
Bauchère 847.
Baudeuf 420.
Baudisch 221, 913, 917, 1298.
Baudouin 542, 674.
Baudry 253, 1255.
Bauer 49, 115, 161, 197, 206, 236, 265, 285, 304, 496, 585, 705, 717, 743, 794, 851, 894, 921, 927, 983, 1030, 1061, 1064, 1201, 1214, 1216, 1284, 1307.
— & Bruhn 689
von Bauer 766.
Bauermeister 262, 268.
Bauernfeind 1216.
Baugesellschaft für Lolat-Eisenbeton 1177.
Baule 566.
Baum 99, 473, 899, 934, 935, 936, 955.
Baumann 406, 477, 523, 526, 631, 709, 1042, 1200, 1212, 1226.
— & Co. 553.
Baumbach 767.
Baumeister 658.
Baumert 530, 982.
Baumgart 685, 699.
Bäumler 460, 476.
Baumstark 1271.
Baur 190, 409, 442, 600, 615, 769, 890.
— -Breitenfeld 148.
Bauriedl 572.
Bauschinger 107, 109, 660, 673, 712, 848, 850, 855.
Bauschlicher 149, 583, 998, 1075, 1076, 1077.
Baush 157.
Bautzener Industriewerk 286.
Baverey 1096.
v. Bavier 1212.
Baxter 164, 188, 308, 759, 843, 1102.
Bayard 158, 569, 634, 1044.
— -Clement 1082.
Bayer 669.
—, A. H. 866.
—, Farbenfabriken 521.
Bayles 101.
Baynes 1197.
Bayntun 249.
Bazel 683.
Bazin 748.
Beach 870, 945, 1215.
Beadle 632, 919, 921, 924.
Beale 1284.
Beall 884, 1060.
Beard 91, 95, 501, 770, 1238.
Beardmore & Co. 1025.

Beardslay 72.
Beare 797.
Beason 793.
Beatty 402, 818.
Beau 361, 1090.
Beau de Rochas 587.
Beaulard 418.
Beaumartin 715.
Beaumont 514, 1311.
— Pump Works, Stockport 36, 153.
Beaupré 928.
Beaven 147.
Beaver 1249.
Beccard 25.
Bech 1247.
vorm. Bechem & Keetman 635, 639, 637, 638, 721, 1232.
Bechhold 194, 195, 965.
de Bechi 1008.
Bechstein 251, 274, 733, 904.
Bechtel & Biedendorf 107, 1000.
Bechtold 381.
Bechurts 20.
Beck 56, 198, 273, 290, 302, 303, 566, 721, 760, 798, 845, 981, 1007, 1041, 1273, 1285, 1297.
Becker 409, 415, 519, 569, 597, 619, 690, 704, 735, 767, 811, 978, 984, 987.
Beckmann 192, 225, 478, 725, 889, 962, 1115.
Beckstroem 1320.
Beckurts 6, 27, 221, 233, 737, 889.
Beco 1200.
Becquerel 415, 416, 961, 970, 986.
Bedag 1079.
Bedell 296, 418, 446, 448, 449.
Beeks 603.
Beele 76, 1102.
Beer 755.
Beery 115.
Beesl 102.
Beez 730.
Begemann 486.
Beger 704, 869.
Beggs 684.
Begole 482.
Behm 545, 676.
Behn 159, 867.
Behr 99, 263, 729.
Behre 283, 777, 890.
Behrend 450, 456.
Behrens 573, 628, 771, 805, 1283.
v. Behring 873.
Belge & Kunzli 980.
Beijerinck 641.
Beil 854.
Béis 27.
Beiswenger 605.
Békéss 376.
Belani 917.
Belcher 654, 683.
Belelubsky 847, 855.
Belin 534, 954, 1108.
Bell 83, 66, 189, 363, 617, 628, 822, 903, 928, 944, 981, 1047, 1087, 1092, 1100, 1126, 1155, 1196.
Bellamy 1241, 1260.
Bellet 1069.
Belleville 250, 1047.
Bellier 841.
Bellin 1113.

Bellon 1135.
Belloni 900.
Bellows 862.
Bellucci 151, 212, 896.
Belpaire 334, 346, 349, 351.
Belsey 461, 780.
Belton Power Co. 1191.
Beltrami 665.
Beltzer 43, 1066, 1298.
Bembé 683.
Bemberg, J. P. A. G. 516.
Bement 163, 248, 550, 552, 760.
— -Pond Co. 569, 1286.
— -Works 569.
van Bemmelin 194, 1311.
Benary 809, 891.
Bendemann 577 821.
Bender 93, 869, 1136, 1320.
Bendix 391.
Bendle 769.
Benduhn 172.
Benedicks 293, 295, 304.
Benedict 59, 189, 759, 825, 895.
Beneke 254, 1078.
Beneschovsky 1280.
Benetti 384.
Benfey 659, 663, 1306, 1307.
Bengen 542.
Benier 580, 581.
Benisch 1237.
Benischke 418, 423, 459, 463,
　471, 476.
Benjamin 268, 294, 721, 845, 851,
　1016.
— Electric Co. 83.
— Electric Mfg. Co. 83, 904.
Benker 1062, 1063.
Benndorf 418, 477.
Bennett 164, 204, 312, 322, 371,
　542, 553, 560, 596, 900, 939,
　942, 1014, 1133.
Bennetts, Jones 722, 1036.
Bennington 944.
Bennis 256, 256, 550, 1175.
— & Co. 553.
Benrath 197, 213.
Benrather Maschinenfabrik 277,
　299, 636, 719, 1169, 1176.
Bensemann 1007.
Bentivoglio 211, 889, 890.
Bentley 681.
de Benoist 1105.
Benoît 757.
Benwyan 556.
Benz 50, 540.
— & Cie. 1099.
Benzenberg 1265.
Bérard 380.
Beraz 1261.
Berberich 811.
Berchtold 812.
Berckmann 80.
Bercovitz-Treptow 479.
Berdel 1165.
Berdenich 12.
Berdrow 113, 312, 329, 334, 393,
　1183.
Berend 42.
Berg 221, 401, 658, 1216.
Bergau 1013.
Bergdolt 142, 147, 1304.
Bergé 923.
Bergedorfer Eisenwerke 870.
Bergell 494, 1104.

Berger 161, 265, 778, 893, 1061,
　1124.
Berger, E. 1217.
Berget 731.
Bergfeld 405.
Berggren 745.
van der Bergh 1100.
Bergman 358, 450, 452, 716.
Bergmann 282, 359, 697, 1056.
— Elektrizitäts-Werke 82, 456,
　472, 638, 785.
Bergmans 979.
Bergsoe 1310.
Bergsten 57.
Bergtheil 726.
Bergwitz 418.
Berju 841.
Berkeley 960.
Berkenkamp 625.
Berkhout 752.
Berkshire 1082.
— Mfg. Co. 562.
Berl 1062.
Berlemont 413, 833.
v. Berlepsch 1020.
Berliet 88, 1082, 1094, 1096.
Berlin-Anhaltische Maschinenbau-
　A.-G. 636, 1170.
Berliner 294.
— Apparatebau-Ges. 1035.
— Elektrizitätswerke 742.
— Maschinenbau-A.G. vormals L.
　Schwarzkopff 269, 341.
Bermann 142, 143, 148.
Bermbach 550.
Bernard 426, 464, 557, 905, 1069,
　1092, 1207.
— & Patoureau 1100.
Bernardet 400, 401.
Bernardini 221.
Berndt 1264.
Berner 546, 709.
— & Co. 279, 628.
Bernhard 29, 37, 664, 678.
Bernhart 862.
Bernheim 339, 943.
Bernini 1236.
Bernsdorfer Eisen- und Emaillier-
　werk 878.
Bernstein 727, 730, 831, 875.
Bernström 18.
Bernt & Co. 75.
Bernthsen 531.
Berrendorf 90.
Berri 702.
Berridge 1202.
Berrington 51, 700.
Berry 178, 204, 242, 465, 467,
　474, 535, 573, 637, 715, 1208.
— & Sons 1130.
Bersch 716, 802.
Bert 605.
Bertani 443, 1309.
Bertarelli 4.
Berteaux 285.
Bertel, Frères 1135.
Bertelli 593.
Bertelsmann 65, 642.
Berthaud 927.
Berthelot 162, 164, 196, 213, 238,
　290, 586, 620, 767, 772, 865,
　907, 971, 982, 1007, 1123, 1139.
Berthier 163, 486, 585.
Berthold 10, 516.
Bertiaux 795, 1310.

Bertin 964.
Bertram 994.
Bertrams 1050.
Bertrand 39, 302, 620, 719, 768,
　769, 875, 965, 1029, 1310.
Berzelius 1009.
Beschke 26, 629, 982.
Besemfelder 1172.
Besnard 74.
Bessemer 302, 303, 317, 508, 587,
　718, 793, 1002, 1232, 1311.
Besson 24, 419, 927.
Best 550, 868.
Bestenbostel 492.
Bestmann & Co. 186.
Bests 142.
Betcke 1029.
Bethäuser 571.
Bethell 1223, 1224.
Bethlehem Steel Co. 616, 1169,
　1226.
Bethmann 519.
Betow 885.
Betrs 443, 475, 894.
Bettgas 146.
Betti 213, 221, 229, 725, 893.
Betton 1009.
Beutel 173, 616.
Bewad 897, 925.
Beyer 348, 1013, 1038, 1079, 1306.
Beyerhaus 1261.
Beyling 92, 96, 97, 99.
Beythien 737, 890, 892, 1013.
Bezault 6.
Bian 720, 722.
Bianchi 59.
Bianchini 606, 663.
Biard 367.
Bibbins 264, 579, 584, 585, 587,
　782, 1198.
Bichel 22, 1124, 1126.
Bickel 662, 1123.
Bickerton 583.
Bickford 1096.
— Drill Co. 155.
— — & Tool Co. 156.
Biddle 218.
Bidwell 87.
Biega 1263.
Biegeleisen 644, 1236.
Biehringer 213, 221.
Bieler 557.
Bielitz 53.
Bieloy 360.
Bielschowsky 319, 868.
Bien 768, 891.
Bienstock 58.
Bier 729, 730.
Bierbaum 573.
Bierry 495, 685.
Bleske 81.
Biette 183.
Biflen 808.
Biffi 207.
Bigazzi 40.
Bigelow 238, 403, 701, 889.
Biggs 243, 444.
Bigler 530.
Bignall & Keeler Mfg. Co. 1001,
　1049.
Bignell 376.
Bigot 61.
Bijourdan 1202.
Bika 361.
Bilderbeck 312.

Bildt 579.
Biles 1019, 1194.
Billard 557.
Billing 656, 704.
Billings & Spencer 976.
Billitzer 441.
Billon 1282.
Biltz 188, 444, 759, 878, 1004, 1007.
Bimeler 1208.
Binda & Co. 506.
Bindewald 716.
Bing 1072.
— & Gröndahl 633.
Bingel 728.
Bingham 192, 198, 964, 965, 1115.
Binz 513, 520, 530, 725.
Bippart 813.
Biquard 576.
Birch 156, 729.
— & Birch 1320.
— & Cie. 278, 1005.
Birckenstock 900.
Bird 643.
Birge 79, 1207.
Birk 114.
Birkeland 484, 781, 1007, 1139, 1140, 1225.
Birkinbine 299.
Birmingham 817.
Bisbee 967.
Bisch 1308.
Bischof 504, 920.
Bischoff 95, 221, 253, 528, 609, 1104.
Bishop 39, 192, 800, 1092, 1255.
Bisschopinck 1309.
Bissegger 751.
Bissinger 350.
— & Kose 327, 399.
Bistrzycki 213.
Bixby 496, 627, 1168.
Bizeul 1097.
Bjälawenetz 1165.
Bjerrum 244.
Black 479, 855, 879.
Blackburn 1276.
Blach 755.
Blacher 1007.
Blackie 141, 320.
Blackman 193, 197, 410, 576, 970, 1211.
— Co. 1135.
Blackstone Mfg. Co. 1191.
Blackstrom 1195.
Blackwall 1132, 1142, 1146.
Blackwell 437, 1191.
v. Blaese 1302.
Blagden 1257.
Blair 293, 1297.
Blaisdell 1022.
— Machinery Co. 832.
Blaise 26, 43, 213, 218, 755, 1012.
Blake 143, 203, 382, 412, 876, 944, 953, 1230, 1317.
Blakiston 1262.
Blanc 218, 219, 743, 836, 986.
Blanck 27, 238, 803, 1149.
Blanet 1216.
Blank 21.
Blankenberg 794.
Blanksma 85, 221, 223, 224, 620, 768, 897, 898.
Blaringhem 808.
Blascheck 97, 763.

Blasius 6, 602, 695.
Blass 731.
Blau 24, 73, 139, 217, 235, 1147.
Blaw 133.
Blazek 1127.
Blei 1204.
Bleich 386.
Bleichert 718, 1176.
— & Co. 327, 328, 719, 1169, 1170, 1174, 1176.
Bleines 328, 536, 576, 1157.
Bleisch 146, 148, 149.
Blériot 75, 836, 1100.
Bley 89.
de Bley 486.
Bleyl 1128.
Blezinger 549, 581, 643.
Blight 1087.
Blin & Blin 34.
Bliss 159, 369, 371, 1229.
— Co. 845, 976, 1286.
Blitz 798.
Bloch 64, 66, 67, 104, 228, 419, 730, 904, 935, 972, 1065.
Blochmann 951, 949.
Block 744, 760, 1150.
— Light Co. 68.
Blömeke 43, 44, 1180, 1304.
Blondeau 21.
Blondel 76, 77, 79, 420, 464, 475, 526, 904, 965, 1064, 1163.
Blondig 1183.
Blondlot 417.
Blood Brothers 796.
Bloom 540.
Bloomfield 652.
Bloor 820.
Blosfeld 720.
Blount 1300.
Bloxam 726.
Bludau 690.
Bluen & Co. 1128.
Blum 267, 312, 320, 221, 328, 329, 363, 376, 385, 386, 389, 390, 628, 636, 1170.
Blumberg 1066.
Blümcke 1033.
Blumenfeld 541.
Blumenthal 58.
Bluth 206.
Blyth 271.
Boardman 512.
Boas 463, 727.
—, Rodrigues & Cie. 1089.
Boby 253.
Bocandé 939.
Bochet 91, 590, 1200, 1211.
Bochumer Verein für Bergbau und Gußstahlfabrikation 485.
Bock 584, 689, 1013, 1164.
Böck 995.
Bockermann 296
Böckmann 1299.
Bocorselski 610.
Boda 376, 377.
Bode 143, 146, 149, 260, 705, 892, 970, 1213.
Boden 568.
Bodenstein 42, 164, 1007.
Bodilée 87.
Bodroux 26, 221, 736.
Boeddecker 370, 1034.
Boedcker 421.
Boedtker 221.
Boehme 289.

v. Boehmer 1264.
Boehringer 230, 1012.
Boeke 59, 189.
Boeken 628.
Boekhout 750.
Boell 369, 1178.
Boeringer 522, 1180.
Boerma 729.
Boese 1058.
Boetticher 1282.
Boettger 799.
Bogdan 197, 1008.
Bogert 221, 229, 230.
Boggs 671, 674.
Boghos Pascha Nubar 813.
Bogner 664.
Bogni 1152.
Bogomolny 308.
Bogue 1266.
v. Boguski 893.
Bohle 1121, 1239.
Böhler 296, 630, 791.
Böhm 66, 80, 82, 83, 435, 819, 899, 1102, 1121, 1160.
—, Rudolf 218.
Böhme 283, 284, 287, 499, 1159.
Bohnstedt 1025.
Bohny 171, 282, 660.
Bohrisch 892, 1013, 1217.
Boldin 208, 609, 1122, 1131.
Boileau 290.
Boirault 371.
du Bois 1320.
—-Reymond 936.
Boisse 1100.
Boisard 1100, 1295.
Böker 23, 96.
Bokelmann & Kuhlo 679.
Bökemann 1261.
Bokorny 238, 240, 529, 639, 927, 929, 971, 973.
Bolam 473.
Bole 614.
Bolis 47, 200, 292.
Bolle 751.
Bollée 989, 1077, 1083.
Bolley 609.
Bollinckx 593.
Bolling 10, 800.
Bolsing 222, 230.
Bolsover 1079.
Bolton 276, 1104, 1188.
von Bolton 81, 1149.
Boltwood 415, 985, 1160.
Boltzmann 968.
Bolze 1254.
Bömer 253, 1314.
von Bomhard 508.
Bond 654.
Bondi 218.
Bone 774, 1010, 1259.
Bongiovanni 605, 987.
Bonifazi 230, 530.
Bonjour 267.
Bonn 517, 523, 525, 1293.
Bonnechose 1100.
Bonnefond 353.
Bonnema 873.
Bonney 274.
Bonnier 602.
Bonnin 173, 311.
Bonnot 1306.
Bonson 48, 690.
Bonte 583, 588.
Bonvillain 614, 562.

Bonvillain & C. Rongeray 156.
Bonzano 390.
Book 530.
Boos 756.
Booth 268, 320, 348, 580, 982, 1126, 1212.
Bopp 749.
— & Reuther 978, 1213.
Borchardt 13, 60, 73, 206.
Borchers 1087.
Bordas 273, 404, 738, 873.
Bordenave 582.
Bordes 1047.
Bordier 413, 974.
Bordini 724, 1190.
Bordollo 550.
Börgemann 677.
Borgmann 421, 568.
Borgo 50.
v. Borini 319, 1144.
Borland 1125, 1229.
Bormann 580.
Born 1025.
Bornemann 539, 755, 1070.
Börner 1150.
Borns 439.
Börnstein 161, 1151.
Borowsky 251.
v. Borries 328.
Borsche 213, 221, 743, 897.
Borsig 47, 266, 339, 349, 350, 353, 360, 741, 1135.
Borsum 213, 221.
Bosch 1092.
van Bosch 947.
Bose 199, 419, 964.
Böse 368.
du Bosque 511, 546, 1032.
Bosqui 622.
Bosser 302.
Bossert 998.
Bosset 670.
Boßhardt 328, 503.
Bossi 887.
Bostell 919.
Bostock 1294.
Boston Elevated Ry. Co. 584.
— Mechanical Co. 1096.
Bostwick 703.
Boswell 224.
Böttcher 26, 636, 801, 805, 927, 1106.
Botteri 1103.
Bottger 193, 200.
— & Co. 553.
Böttiger 521, 527.
Bottler 545, 555, 631, 632, 1159.
Botton 1300, 1301, 1304.
Bouchard 58.
Bouchet 574.
Boudet 596.
Boudouard 723, 864, 867, 1035, 1108.
Boudreau-Verdet 1091, 1095.
Bouéry 993, 1272.
Bouffard 973.
Bougault 30, 213, 234, 1013, 1014.
Boulad 165.
Boulengé 468.
Boulet 1090.
Boulez 1071.
Boulier 1094.
Boullanger 3.
Boulouch 933.

Boulough 927.
Boulud 239.
Bouquet 984.
Bourcart 1100.
Bourdon 248, 261, 776, 1075, 1086.
Bourdot 881.
Bourdu & Cie. 1248.
Bouré 320.
Bourgine & Lebon 1087.
Bourquelot 211, 496, 620.
Bourquin 610, 860, 989.
Bouscot 358, 468.
Bousfield 962.
du Bousquet 849.
Bousse 772, 826, 1068, 1170.
Bouty 420, 963.
Bouveault 218, 221, 755.
Bouvier 991.
Boventer 710.
Bovet 1040.
Bovie 1242.
Bowden 426.
Bowell 1202.
Bowen 500, 1026.
Bowers 570.
Bowes 253.
Bowie 465.
Bowker 1120.
Bowley 1018.
Bowman 791.
Bowser 714.
Box 788.
Boycott 605.
Boyd 1034, 1035, 1196.
Boydell 1080.
Boyden 1192.
Boye 864.
Boyer 75, 370, 375, 813.
Boyle 734, 962.
Boylston 843.
Boynton 296, 849.
Boys 1237.
Brabbée 837, 1188.
Bracco 907.
Brach, C. 852.
Brachin 20, 213.
Bracht 832.
Bracke 867.
Brackett 91.
Bradburg 192.
Bradburn 592.
Bradford 151, 327, 391, 399, 1170.
Bradley 116, 554, 630, 795, 799, 1288, 1310.
Bradshaw 221, 1015.
Braehmer 908, 1010, 1138.
Bragg 409, 415, 440, 576, 962, 986, 987, 1019, 1160, 1209.
Bragstad 452, 459.
Braham 948.
Brahmani 169.
Braidwater 1113.
Brainard 569.
Braithwaite 251.
Bramer 601.
Bramkamp 577.
Bramley 1094.
Bramwell 857, 1230.
Branch 551.
Brand 146, 147, 148, 445, 678, 897, 1310.
— & Lhuillier 830.
Brandau 1182.
Brandegee 728.
Brandenburg 865.

Brandes 1154.
Brandley 946.
Brandow 28.
Brandstetter 1269.
Brandt 49, 50, 201, 293, 486, 518, 519, 838, 1006, 1184, 1295.
—, Carl 125.
— & Co. 68.
Brang 705.
Branly 472, 1154.
Branneck & Maier 284, 957.
Branston 583, 649.
Brard 61.
Brasier 1084.
Brass 902, 903, 906.
Brassert 1014.
Brat 728.
Brathe 676.
Brauer 252, 740, 790, 1121.
Bräuer 214.
Brauhs 582.
Braun 61, 133, 218, 412, 423, 498, 519, 542, 1071, 1115, 1154, 1156, 1157, 1304.
—, Hans 522, 101.
—, Ludwig 1274.
vorm. Braun, Justus, Christian 543.
v. Braun 19, 26, 27, 629, 982.
Braune 292, 293, 297, 634, 849, 1139.
Bräunig 95.
Bräuning 316.
Braunschweigische Maschinenbau-Anstalt 503.
Braunworth 723, 1261.
Brauß 578.
Bravetta 1220, 1125.
Bray 68, 74, 200, 242, 639, 736.
Brayton 1082.
Brazda 254.
Bréal 807.
Bréaudat 56, 755.
Breazeale 803.
Brecht 1144.
Breckenridge 175, 294.
Breda 253.
Breddin 830.
Bredel 822.
Bredemann 20, 57, 777.
Bredig 196, 983, 1239.
Bredort 872.
Bredt 390, 743.
Bredtschneider 6.
Breeze 1095.
Breguet 786.
Breidsprecher 364.
Breitfeld, Danek & Co. 1306.
Breithaupt & Sohn 534, 1206.
Breitrück 279.
Breitung 52, 647, 703.
Bremer 77, 634, 861.
Brenchlé 460.
Brennan 1081.
— Mfg. Co. 592, 1086.
Bresadola 430.
Breslauer 446, 452, 952.
— Maschinenbauanstalt 341.
Bresler 641.
Breteau 19.
Breton 973.
Bretschneider 578, 585, 809, 1288.
Brettell 742.
Breu 497.
Breuchaud 661.
Breuer 1254.

Breuer, Schumacher & Co. 141, 320, 1049.
Breuil 292, 296, 754, 855.
Brewer 1100, 1306.
Breydel 462, 481, 484.
Breybahn 95.
Brezina 10.
Brick 852.
— Défossé 1115, 1116.
Brickwedel 600.
Bridge 29, 431, 753.
— & Co. 1053, 1286.
Bridgeport Safety Emery Wheel Co. 1038.
Brieger 609, 1104.
Briem 805, 810, 1312, 1313, 1314.
Brierley 264, 382, 684, 779.
Briggs 262, 726, 1233.
Brigham 947.
Bright 459, 509, 801.
Brik 108, 165, 405.
Brill 23, 363, 965.
— Co. 360, 363, 375.
Brillié 1087.
Brillouin 14, 442.
Brimmacombe 609.
Brinck & Hübner 564, 859, 877.
Brinckerhoff 392.
Brinckmann 659.
Brindley 894.
Brinell 294, 296, 404, 849, 858.
Briner 24, 198, 928, 961.
Bring 44, 291.
Bringhenti 197.
Brinsmade 98, 298, 720, 738, 1106, 1308.
Briquet 914.
— & de Raet 12.
Brisker 302.
Brismade 792.
Brissemoret 230.
Bristol 990, 1235.
Britain 483.
Britannia Co. in Colchester 590.
— Electric Lamp Co. 82.
British Drying Tower Co. 1181.
— Fire Prevention Committee 546.
— Northrop Loom Co. 1119.
— Pneumatic Signal Co. 381.
— Thomson-Houston Co. 325, 455, 468, 1037, 1207.
Brix 770.
Broadbent 1120.
Broca 409, 413, 476, 480.
Brockmann 490, 1137.
Brockway 822.
Brocq 477, 864.
Broderick 1090.
— & Bascom Rope Co. 401.
Brodhun 904.
Brodie 1073.
Brodmärkel 65.
Brohm 717.
Broili 609.
Brokaw 590.
Bromig 145, 571.
Bromley 1140.
Bromly 1310.
Bronder 1175.
Bronk 534.
Bronn 27, 152, 650.
Bronner 506, 656.
Bronson 415, 985.
Brönsted 192.
Bronstein 730.

Brooker 1045.
Brooking 464, 474.
Brooks 451, 763, 905, 980.
— & Akers 458.
— & Doxey 1115, 1120.
Brosio 870.
Brosowski 1167.
Brosse 68.
de la Brosse 319.
Broßmann 42.
Brotan 250, 351, 335, 352.
Brotherhood 1082.
Brothers 1029.
Brough 290.
Brouhon 1262.
Brouhot & Cie. 815.
Brouhut 1098.
de Brouwer 823, 1175.
Brown 142, 144, 240, 298, 371, 377, 412, 421, 481, 521, 526, 531, 580, 597, 625, 726, 768, 945, 962, 963, 1092, 1120, 1137, 1154, 1197, 1233, 1266.
—, G. M. 980.
—, H. S. 594.
—, James 843, 1009.
— & Boveri 47.
— & Co. 357, 358, 439, 454, 469, 786, 832, 1024, 1116, 1197, 1207.
— Hoisting Machinery Co. 3.
—, Lenox & Co. 474, 756, 757.
— & Sharpe 570, 862, 1295.
— Mfg. Co. 569, 735.
Brown, William 981.
Browne 210, 575, 769, 798, 1221, 1320.
Browning 409, 1220, 1222.
— Eng. Co. 635.
Bruce 610, 845, 1294.
—, Peebles & Co. 453, 454.
Bruck & Söhne 1276.
Brück, Grätschel & Co. 1059.
Brücke 906.
Brückner 244, 641, 643, 983, 1061, 1297.
Bruemmer 1178.
Bruère 237, 875.
Bruger 1236.
Brügner 690.
Bruhns 201, 210, 739, 771, 843, 1063, 1317.
Brüll 1112, 1273.
Brumaire & Diss 35.
Brumwell, Thomas 683.
Brun 692.
Brunck 190, 201, 210 1064.
Bruneau 1084.
Brunel 201.
Bruner 486.
Brunhes 413.
Bruni 21, 42, 773, 898.
Brunn 66, 787, 1171.
— -Loewener 253, 1258.
Brunnberg 601.
Brunner 230, 442, 590, 736, 975, 1137.
—, Mond & Co. 1132, 1134.
Brünner 362.
Bruno 67, 659.
Bruns 234, 730, 845.
Brunschmid 609, 885, 886.
Brunswick 457, 627.
— Refrigerating Co. 742.
Brunswig 996.
Brunton 277, 851.

Brush 1197.
Brush. El. Eng. Co. of Longhborough 365.
Brusse 1219.
van Brussel 793.
Brüstlein 653, 698.
Brutschke 813.
Bruun-Lowener 253.
Bruyand 557.
de Bruyn 383, 683, 1247.
Bryan 551, 800.
— & Ferber 835.
Brylinski 410, 477, 480.
Brzozowski 679.
Buard 1105.
Buaune 1213.
Bucci 1068.
Buch 504, 1072.
Buchanan 44, 193, 561, 563, 565, 611, 614, 616, 816, 818.
Buchböck 440.
Bucherer 213, 419, 421, 423, 529, 1064, 1066.
Bucherer 1121.
Buchet 834.
Buchholtz 1297.
Buchholz 1022.
Büchi 458.
Buchillet 1090.
Buchner 142, 161, 444, 495, 574, 575, 742.
Büchner 25, 193, 415, 771, 936, 939, 985, 1052, 1160.
Buchwald 35, 63, 317, 325.
Buck 437.
Bucka 872.
Buckeye 437, 447, 588.
— Engine Co. 587, 845.
Buckingham 1233.
Buckton & Co. 651.
Bucky 227, 473.
Bucyrus Co. 53.
Buda Foundry & Mfg. Co. 635.
Budau 432, 1041.
Budde 209, 1068.
Bueb 822.
Buel 166.
Buffalo Forge Co. 155, 648, 649, 830, 831, 838, 1044, 1049, 1135.
— Steam Pump Co. 980, 1140.
Buffi 1221.
Bug 287.
Bugge 663.
Buhl, Gebr. 911.
Buble 718, 330, 401, 636, 1169, 1176.
Bühler 144.
— & Baumann 883.
Buhlert 609, 803.
Buhlmann 67.
Bühner 228, 773.
Bührdel 567.
Buhrer 123, 322.
Bühring 567, 814.
Buiniski 539.
de la Buire 1082.
Buisson 24, 78, 902, 933, 946, 982, 1091, 1109.
v. Büky 735.
Buir 220, 768.
Bull 937, 1011, 1169.
Bullard 280, 598, 1101.
— Automatic Wrench Co. 1001, 1284.

Bullard Machine Tool Co. 155, 279, 280.
Bullesby & Co. 826.
Bullock 1188.
— Elec. Mfg. Co. 438.
Bülmann 1065.
von Bülow 67, 221, 230.
Buls 659.
Bum 520, 816.
Bumann 121, 1183.
Bump 999.
Bumstead 413.
Bumsted & Chandler 980.
Bundy 254, 261, 366, 899.
Bunel 939.
Bünger 533, 808.
Bunsen 34, 67, 68, 410, 800, 829, 962.
—, O. G. 313.
Bunte 586.
Bünz 1291.
Bunzl 414, 959, 987.
Buquoy 95.
Buratti 526.
Burbury 576, 962.
Burch 1080, 1123.
Burchartz 114, 855, 857, 1002, 1009, 1163, 1303.
Burchell 1146.
Bürckner 677.
Burdett 709.
Burg 285.
Bürgel 1234.
Burgemeister 275, 826.
Burger 244, 575, 587, 798, 878, 1238.
Burgess 84, 242, 291, 297, 752, 793, 1259.
Burghardt 550.
Burghaus 34, 526.
Burghhardt 1306.
Bürgi 206, 984.
Burgl 604.
Burian 1229.
Burk 729.
Burke 382, 746, 1064.
— Co. 1044.
Burkhalter 714.
Burkhard 1117.
Burkbeiser 798.
Burleigh 447.
Burley 247, 479.
Burlington 359.
Burmann 25.
Burmester 1297.
Burnard 585, 593.
Burnazzi 1281.
Burne 76, 782, 1289.
Börner 1073.
Burnett 436.
Burnham 35, 61, 458, 577, 658, 674, 734, 962, 1088.
— & Co. 125, 384, 660.
Burnite 497.
Burns 1021.
Burr 399, 436, 747, 763, 810, 869, 874, 881, 1050, 1066.
Byrrell 133, 151, 1309.
Burri 875.
Burrough 989.
Burrows 64.
Burstall 790.
Burstyn 1154.
Burt 1211.
— Mfg. Co. 1211.

Bürt 1193.
Burton 154, 195, 651, 942, 1037.
—, Griffiths & Co. 1038, 1053.
Busch 49, 50, 218, 479, 517, 583, 773, 892, 973, 1008, 1075, 1126, 1261, 1299.
vorm. Busch 543, 1080.
— & Toelle 632.
Busche 872.
Buschmann 800.
Busey 1042.
Büsgen 712.
Bush 177.
Bushnell 639.
Buß 943, 944.
Bussard 1313.
Busse 17, 340, 350, 352, 752.
Busson 87.
Butcher 354, 947.
— & Son 952.
Butenschön 731.
Butler 25, 222, 591, 950, 1213, 1302.
Butlin 616.
Bütow 523.
Buttenberg 160, 541, 819, 875, 890, 891.
Butterworth & Sons Co. 38.
Böttner 248, 489, 695, 814, 891.
Butz 400.
Butzkes Gasglühlicht-A.-G. 72.
Buxbaum 1059.
Buxton 194.
Buseman 182.
Buzza 1103.
Byers 385.
Byk 94, 958, 1108, 1233.
Bylander 118, 669.
Byres 825.

C.

Cabellini 140.
Caberti 524.
Cabrier 823.
Cadbury 658.
Cadby 947.
Cade 643.
Cadell 1227.
de Cadignan 1087.
Cadillac 1078, 1082.
— Co. 1081.
Cadoux 1225.
Cady 84, 480.
Cahüc 1128.
Cain 50.
Caio 124, 322.
Caird & Co. 1023.
— & Rayner 760.
Cairns 110, 674, 1304.
Calberla 193.
Caldarella 219.
Caldwell 193.
— & Son Co. 612.
Calendoli 285.
Calico Bleachers Association 548.
Callan & Boyd 1196.
Callaway 952.
Callegari 218.
Callendar 483.
Callow 43, 1103.
Culmette 3, 4, 608, 973, 1104.
Calvin 1047, 1259.

Cambridge Scientific Instrument Co. Ltd. 476.
Camerer 788, 992, 1189, 1192, 1201.
Camerman 754.
Cameron 189, 491, 617, 928, 1188.
— Machine Co. 38.
— Steam Pump Works 776.
Caminer 1054.
Cammeron 834.
Campbell 39, 104, 117, 123, 300, 322, 410, 415, 421, 423, 481, 483, 492, 504, 579, 714, 750, 760, 785, 876, 895, 925, 984, 1106, 1107, 1288, 1303.
— & Co. 920, 1049.
— — Crawford 553.
— — Hunter 570.
Campbells & Hunter 1286.
Campeggi 1221.
Campion 849.
Camus 494, 973.
Canadian 886.
— Niagara Power Co. 437.
— Pacific Ry. Co. 1178.
Canby 44.
Candelot 738, 1301.
Canello 82.
Canning 67.
Cannon 144.
Canton Pump Co. 978.
Cantoni 795, 1013.
Cantor 965.
Capell 91.
Capitaine 586, 1020.
Caplet 1095.
Capper 788, 834, 1280.
Cappon 61, 1250, 1300.
Caprilli 490.
Capron 305, 527, 612, 615, 616.
Capus 752.
Car and Foundry Co. 615.
Carapelle 220, 725.
Carbondale 1186.
— Chemical Co. 1134.
Carbone 77.
Carcel 66, 905.
Cardwell Mfg. Co. 372.
Carels 266.
Carette 18, 900.
Carey 604, 884, 1074.
Cari-Mantrand 1282.
Carini 1104.
Carlo 257, 258, 1058, 1213, 1216.
Carl 82.
Carle 1068.
Carles 791, 1013.
Carletti 200.
Carlin Construction Co. 669.
— Machinery & Supply Co. 981.
Carlipp 818.
Carlsen 854, 855, 879.
Carlson 40, 205, 207, 382, 536, 538, 1008, 1064.
Carlssen 291, 612.
Carlyle 750.
Carmichael 98, 151, 1078.
Carnegie 930.
— Steel Co. 321, 720.
Carnot 263, 605, 664, 1194.
Carnwath 9.
Caro 13, 1064, 1139, 1140.
Carobbio 205.
Caröe 696.
Caron 200.

Carpenter 7, 66, 294, 304, 817, 849, 850, 967.
Carpentier 463, 1097, 1235.
Carpini 1102.
Carpon 1044.
Carr 19, 20, 292, 295, 296, 304, 388, 564, 611, 613, 617, 877, 1042.
Carrara 192, 441, 796.
Carrasco 203.
Carré 230.
Carrico 1077, 1081.
Carrier 443, 648, 830, 838, 894.
Carrol 270.
Carroll 409, 535.
Carson 1185, 1186.
Carstaedt 1, 31, 1113.
Carstanjen 917.
Carstens 244, 1059.
Cartaud 291, 294.
Carter 276, 391, 396, 414, 1081, 1286.
— & Wright 1005.
Cartlidge 132, 133, 175, 181.
Cartmel 901.
Carty 534, 536, 537.
Carughi 241.
Carus 371, 1092.
Caruthers 338, 353, 361.
Carv 528.
Carvé 766.
Carver 137, 177.
Cary 551, 643, 899, 988.
Casagrandi 663.
Casalis 372.
Casamanda 1282.
Casaubon 164.
Case 1178, 1247.
— Mfg. Co. 1177.
Cash 19.
Casmey 552, 595.
Caspari 754.
Caspersohn 3.
Cassel 395, 428.
Cassella & Co. 520.
Cassuto 84.
Castanares 984, 1291.
Castellan 692.
Castellana 50, 159, 226, 230, 982, 1012.
Castellani 938.
Castner 47, 1018, 1223, 1227.
Castoro 768.
Catani 13, 1067.
Catel 223, 231.
Cathcart 250.
Catlon 1060.
Caton 73, 904.
Cattermoles 43.
Catterson 446.
Cauer 318, 376.
Causer 141, 150.
Causmann 209.
Caux 527.
Cavaillé 605, 1292.
Cavalier 928.
Cave 1088.
de Cavel 994, 1009.
Cavendish 1139.
Caw 1055.
Cayen 1300, 1320.
Cazes 1103.
Cecil 511.
Cedar Rapids Mfg. Co. 1284.
Cederholm 225, 629.

Cejka 161, 265.
Cement Machinery Co. of Jackson, Mich. 877.
Centerszwer 192, 193, 194.
Central Iron and Steel Co. 149, 1233.
— Motor Garage 1100.
Century Cement Machine Co. 116.
— Electric Co. 1212.
Cercelet 1280.
Cerdullo 406.
Cermak 906, 934.
Cerny 1318.
Cervera 1156.
Cesaretti 443, 1309.
Cevidalli 208.
de Cew 253.
Chabal 361.
Chablay 20, 213, 222.
Chaboche 1079.
Chabot 1214.
Chabrié 528, 1149.
Chadek 909.
Chadsey 706, 877.
Chaillaux 378.
Chain Belt Engng. Co. of Derby 757.
Chalifour & Cie 814.
Challéat 1221.
Chamberlain 132, 402.
Chamberland 56.
Chambers 229, 254, 564.
Chambon & Cie 1049.
Champion 160.
— Tool Works Co. 279.
Champneys 697.
Chandler 36, 503, 855, 1229.
Chandoir 247.
Channon Co. 54.
Chanute 834.
Chapham 824.
Chapin 426.
Chapman 145, 242, 323, 452, 639, 946, 978, 1259, 1307.
Chappius 123.
Chapsal 160.
Charabot 238, 1159.
Charbonnel 1152.
Charbonnier 15.
Charitschkof 210, 499.
Charlin 1222.
Charlon 1082.
Charlottenburger Farbwerke 828.
Charlton 242, 246, 805, 1053, 1239.
Charpy 307, 405, 848, 864, 896.
Charron 1031.
Charter 1094.
Chase 360.
de Chasseloup 1200.
Chassy 907.
Château Frères & Cie. 926.
Chattaway 26, 725.
Chaudier 901.
Chaudy 120, 173, 314, 322, 1243.
Chauffard 414.
Chaumont 161, 373.
Chauveau 972.
Chauvin 476.
— & Arnoux 1235.
Chaux 952.
Chavanne 220, 629.
Chavassieu 769.
Che 423.
Cheesman 533.
Chella 734, 963.

Chelmsford 1080.
Chemische Fabrik Busse 544, 664.
— — Griesheim-Electron 774.
Chenard Walcher Co. 1078.
— & Walcker 1099.
Chéneveau 1110.
Chenoweth 119, 168, 467, 664.
de Chercq 548.
Chereau 221.
Chérlé 1082, 1100.
Cheron 950.
Chesneau 96, 201, 210, 500, 750.
Chester 586, 873.
— Albree Iron Works Co. 896.
Chesterfield Brick Co. 1164.
Chevalet 253.
Chevalier 363.
Chevallier 813, 1040.
Chevreul 36.
Chevrier 795, 1310.
Chicago Dock & Canal Co. 543.
— Pneumatic Tool Co. 598, 981.
Chick 4.
Chidlow 861.
Chikashigé 162, 1159, 1291.
Child 410.
Chilesotti 878.
Chisholm 372.
Chittenden 1142.
Chittick 30.
Chladek 1218.
Chlorus 243, 400, 912.
Chlumsky 743.
Chmielus 1056.
Chmyrow 966.
Chocensky 211, 889.
Chough 893.
Chree 418, 1202.
Chrétien 30, 1101.
Christ & Co. 273.
Christek 272, 1121.
Christensen 20, 57, 803, 1193.
Christer 241.
Christian 1215.
Christie 798, 1051, 1088, 1195.
Christoff 194.
Christomanos 290, 629, 1011.
Chromlan 513.
Chubb 280, 507, 533, 1038.
Chult 222, 230.
Church 121, 406, 999, 1051, 1246.
Churchill 1188.
Churchward 247, 250, 342, 349, 350, 389, 1078.
Ciamician 24, 245, 897, 902, 931.
Cie. de l'Industrie Électrique et Méc. 465.
— des Forges et Aciéries à Saint-Chamond 1218.
— Internat. d'Électricité 428, 635.
— Paris-Lyon-Méditerranée 343.
Cieslar 566, 567.
Cieszynski 973.
Cincinnati Machine Tool Co. 154.
— Milling Machine Co. 569.
— Punch & Shear Co. 1232.
— Shaper Co. 651, 652.
Cingolani 575.
Cinogène 1091.
Cippoletti 599, 724.
Cirelli 221.
Cirkel 40, 63, 306.
Citroën, Hinstin & Cie. 1295.
Citron 58, 728, 812, 1104.
Clusa 222.

Claassen 1312, 1314, 1317.
Claessen 1229.
Claflin 527.
Claim Department of the A., B. &
C. Rr. 331.
Clair 859.
Clamond 1010.
Clarage 303, 1285.
Clare 565.
Claridge 1145.
Clark 6, 57, 271, 274, 291, 319,
324, 328, 359, 474, 795, 901,
1172.
— & Co. 666, 668, 1022.
— Electric and Mfg. Co. 467.
— Eng. and Machine Tool Co.
1053.
—, Geo. P. & Co. 1229.
— & Standfield 276.
Clarke 27, 199, 200, 213, 245,
375, 773, 978.
—, Chapman & Co. 634.
Clarkson 1075.
— Ltd. 1080.
Classen & Co., 274.
Claude 575, 576, 731, 732, 830,
963, 1010, 1045, 1138, 1258.
Claudy 534, 775, 934, 942.
Clausen 806.
Clausius 960.
Clausmann 770.
Clausnitzer 503, 543.
Clausset 209.
Claussen 146.
Clavari 896.
Clayton 50.
— & Co. 382.
— — Schuttleworth Ltd. 815.
Clebsch 407.
Clemen 799.
Clemens 658, 676, 1033.
Clement-Bayard 1096, 1098.
de Clercq 273.
Clerk 584, 590, 594, 1200, 1236.
Clermont 28.
Clero 882.
Cleveland 370, 746.
— Electric Ry. Co. 101.
— Motor Car 1081.
— Punch and Shear Co. 1050.
Cliff 158.
Clifford 77, 1301.
Clift 1021.
Clinker 412, 1205.
Clinton 981.
— Wire Cloth Co. 109.
Cloos 510.
Clough 222, 590, 1075, 1086, 1092,
1234.
Clover 613, 1042.
Cluss 254.
Cluß 142, 146, 147.
Clute 938, 939, 953.
Clyde Valley Electrical Power
Co. 1199.
Coales 687.
Coar 129, 534, 908.
Coates 498, 610, 774, 1010, 1138,
— Clipper Co. 1039.
Cobb 222.
Coblentz 1108, 1109.
von Cochenhausen 520, 533, 1253.
Cochran 348, 761, 875.
Cochrane 701, 899.
Cockerill 339, 1224.

Cockerill Co. 824.
Codman 427.
Codron 1288.
Coehn 24, 421.
Coermann 464.
Coey 346.
Coffignier 554, 631.
Coffin 421, 759.
Coghlan Steel & Iron Co. 1004.
Cohen 191, 222, 623, 1106, 1228.
Cohn, L. M., 631.
—, Robert 222, 1071.
Cohnen 515, 1180, 1275.
Cohnheim 240, 972.
Cohnreich 479.
Cohnstaedt 477.
Coignet 125, 136.
Coil Clutch Co. 796.
Coker 847.
Colberg 135, 173.
Colburn Machine Tool Co. 154.
Colby 43, 298, 318.
Cole 275, 343, 353, 463, 486, 733,
999.
Coleman 11, 55, 342, 443, 461,
613, 1042, 1062.
Coles 33, 443, 1180.
Coligny 383.
Collard 1297.
Collens 1041.
Colles 218, 620.
Collet 124, 156, 319, 858.
— & Engelhard 155, 157, 628,
652.
Collier 610, 1088, 1091, 1092,
1101.
Collin 165, 311, 388, 483, 508,
861, 889, 976, 1214.
Collinge 275.
Collingham 634.
Collingridge 967.
Collins 77, 288, 493, 536, 732,
771, 775, 864, 904, 990, 1154,
1156, 1157, 1207.
Colman 578, 974.
Colombano 19.
Colonna 253.
Colonnello 859.
Colpitts 103, 1244.
Colson 275.
Coltnes Iron Co. 718.
Columbia Phonograph Co. 927.
— Steel Co. 796.
Colville & Son 721.
Comanducci 873
Combe 997.
Comessatti 972.
Commelin 488.
Commichau, Gebr. 719, 1174,
1176.
Committee of the Master Mecha-
nic's Association 616.
Compagnia Duplex 582.
Comp. Anonyme Continentale 478.
— des Mines de Houille 88.
de la Compagnie du Nord 367,
386.
Compagnie Internationale d'Élec-
tricité 447.
— — — de Liège 47, 484.
Comstock 1047.
Comte 873.
Condict 446, 448, 451.
Condron 107, 136, 175, 853.
Conduché 17, 26, 222.

Cone 222, 580, 773.
Congdon 826.
Conley 320.
Connecticut Telephone and Elec-
tric Co. 463, 1097.
Connell 452, 750, 1089.
Connelly 370.
Connersville Blower Co. 979.
Connick 748, 1143.
Connstein 541.
Conrad 230, 418.
Conrade 702.
Conradi 56.
Conradson 281.
Considère 102, 103, 105, 106, 107,
109, 126, 136, 852.
Consolidated Car Heating Co.
369.
— Pneumatic Tool Co. 832, 1053.
— Railway Electric Light Co.
369.
Constam 163, 642, 762, 765.
Constantine 247.
Constantini 1123.
Constanzo 415, 984.
Contact-Process Co. 1063.
Contag 744.
Contal 1084.
Contardi 21, 42.
Conte 276.
Continental Gin Co. Birmingham,
Alabama 1114.
— Tyre and Rubber Co. 1089.
Conventry Electricity Works 1175.
Converse 437, 1166, 1274.
Conwell 281.
Conwentz 567.
Cook 14, 23, 43, 60, 185, 229,
353, 371, 403, 630, 960, 1112,
1113, 1273.
—, Thomas, P. 362.
— & Co. 1118, 1120.
Cooke 38, 650.
Cookson 899.
Cool 351, 1040.
Cooper 183, 184, 848, 1232.
— -Hewitt 76, 78, 471, 508, 778,
902, 1207.
— — Electric Co. 78, 79.
Copaux 759, 878, 895, 1108.
Coppadoro 441.
Coq 592.
Corbino 464.
Cordes 852, 1029.
v. Cordier 218.
Corey 488, 1207.
Corkle 946.
Corliss 157, 266, 267, 401, 438,
595, 800, 832, 846, 883, 1048,
1188.
Cormimboeuf 164, 293.
Cornalba 751.
Cornell 354.
Cornil 1094.
Cornilleau Sainte-Beuve 1091, 1096.
Cornillon 378.
Cornu 1082.
Cornwall 780.
Corr 41.
Corradi 24, 629.
Corrigan 103, 492.
Corrugated Concrete Pile Co. 168,
664.
— Pile Co. 120.
Corsepius 829, 905, 1196.

Corson 297, 550, 749.
Corthell 167. 177, 624, 664, 668, 724, 1024, 1241.
Cosby 827.
Cosmo 304.
Cosset 1087.
Costa 244.
Costanzo 960.
Coste 409, 1101, 1314.
Cosyn 136, 408, 1169.
Cotta 1094.
Cotterell 1133, 1134, 1146.
Cottin 1082.
Cotton 297.
Couchot 110, 547, 671, 675.
Coudert 1084.
Couètoux 513.
Couleru 242.
Coulomb 968.
Coupin 971.
de Courcy 429, 432, 483, 591, 1139.
Cournu 836.
Courpalet 990.
Courtenay 551.
Courtial 1037.
Courtin 364, 1237.
Courtonne 201.
Courtot 43, 213, 218, 455, 1012.
Courtoy 88.
Cóusin 240, 382, 905, 956.
Coustet 941, 943, 954, 955.
Coutal 162.
Coutelle 219.
Coutelier 514.
de la Coux 1122.
Cova & Grivelli 1276.
Coventry 639, 884.
— Humber 1081.
Cowan 1251.
Cowell 118, 547.
Cowey 598, 1091, 1099.
Cowles 596.
Cowper 443.
—-Coles 22, 487, 793, 1003, 1066.
Cox 151, 244, 275, 832, 1036, 1163.
Coymat 1087.
Coymot 1087.
Cozza 827.
Crabb & Co. 778.
Crabbe 922, 1238.
Crabtree 953, 1060, 1273.
Cracken 1151.
Cracknell 740.
Cradock 90, 639.
Craemer 466, 538.
Crafts 179, 494.
Craig 40, 1213.
Cramer 62, 607, 686, 830, 838, 879, 939, 1045, 1078, 1164, 1308.
Cramp 418, 444, 908, 1139.
Crampton 1013.
Crandall 1144.
Crane 40, 98, 763, 792, 899, 1030.
Cranford & Mc Namee 664.
Crank 247.
Cravath 65, 83, 84.
Craven 1116, 1117, 1190.
— frères 651.
Craveri 777.
Craw 195.
Crawford 354.
Crawley 185.
Crawshay 1082.

Crawter 488.
Crayen 581, 588.
Creamery Package Co. 870.
Credey 452.
Creighton 471.
Cremer 94, 326, 910.
— & Neven 911.
— — Wolffenstein 693, 695.
Crémieu 964.
Crenshaw 1026.
Crépet 1094.
Crescent Machine Co. 1004.
Cresson Co. 44.
Crestin 941.
Crétien 189.
Creuzbaur 749, 491.
Crews 633.
Creydt 1317.
Crichton 445.
Cridland 351.
Cripps 577, 962.
Crismer 21, 187.
Cristensen 1167.
Cristy 100.
Critchley 1082.
Crocco 834.
Crocker 486, 557, 588, 785.
—-Wheeler Co. 157, 447.
Crocket 520.
Crockett 816.
Croizier 380.
Crokett 313.
Croll 823.
Crombie 1089.
Crommelin 489.
Crompton 1075, 1277.
— & Co. 1235.
—-Thayer Loom Co. 1276.
Cromwell 300, 882, 1043.
von der Crone 806.
Cronquist 1124.
Crookes 26, 50, 274, 964, 985, 987, 1102, 1103, 1109, 1139.
Crosa 394.
Crosby 646, 1142, 1271.
Crosfield & Sons 1127.
Crosland 532.
Cross 162, 683.
— & Bevan 912.
Crossby 588.
Crossié 556.
Crossley 222, 579, 580, 588, 989, 1012, 1082.
— Brothers 579, 580, 589, 1099.
— & Co. 605, 1292.
Crother 671.
Crough 697.
Crouzel 426.
Crowe 32.
Crowninshield 1028.
Crowther 416, 872, 873, 1209.
Croxton 613, 1000.
Croy 100.
Crugnola 1040.
Cruickshank 634, 1159.
Crump 714.
Cruse Controllable Superheater Co. 1213.
Cserháti 391, 392, 806.
Csétl 731.
Cubillo 1228.
Cuénot 318, 321, 1241.
Culmann 216.
Cumming 202, 246, 441.
Cummings 106, 127, 504, 852.

Cummings Structural Concrete Co. 109.
— Co. Worcester and Boston 1056.
Cunard Co. 1019, 1197.
Cunliffe & Croom 156.
Cunningham 28, 180, 275, 533, 827, 1128.
Cuny 653.
Cunynghame 92.
Cuozzo 127.
Cupron 486.
Curey 490, 1223, 1228.
Curie 984, 986.
Curia 1316.
Curioni 859.
Curjel & Moser 680.
Curle 621.
Curry 444.
Curtin-Ruggles Co. 125.
Curtis 368, 435, 439, 448, 526, 776, 780, 899, 992, 1019, 1191, 1196, 1197, 1198, 1205.
—, W., T. 166.
— & Marble Co. 34.
— — Waterhouse 1100.
Curtiss 219.
Cushing 1185.
Cushman 288, 1140, 1163.
Cusig 566.
Custodis 1051.
Cuthbertson 315, 962.
Cutler 103.
—-Hammer 456.
Cutter 33.
Cuttitta 230, 898.
Cuvelette 763.
Cwik 1221.
Cyanid-Gesellschaft 1141.
v. Csadek 572, 807, 816, 1225.
Csapek 49, 935, 957.
Csaplewski 994.
Czapski 192, 210, 816, 930.
v. Czarnikow 682.
Czekalla 1212.
Czepek 452.
Czerny 1306.
Czerwek 30, 1311.
Czigler & Rosenberg 123.
v. Czudnochowsky 79, 412.

D.

Dabney 1241, 1244.
Dadourian 415, 986, 1160.
Dahlander 395.
Dahlgreen 838.
Dahlheim 505, 925.
Dähling 1308.
Dahms 417.
Dähne 94, 995, 1219.
Daimler 507, 834, 1030, 1074, 1082, 1083, 1099.
— Motor Co. 448.
—-Motoren-Ges. 1085, 1090, 1219.
Dains 25.
Daitz 200.
Dakin 222.
Dalby 337, 460, 581.
Dale 19, 1016.
Dalebroux 21.
Dalemont 460, 1206.
Dalén 922, 925.
Dales 251.
Dalila 1090.

Dallet Co. 1136.
Dalodier 952.
Daly 579, 1109, 1237.
Dalzell 1266.
Dalziel 369.
van Dam 1141.
Damm 88.
Dammann 271, 572, 871.
Damond 20.
Dampfkessel- und Gasometer-
 fabrik A.-G. 1050.
— -Ueberwachungsverein für den
 Reg. Bez. Aachen 500.
Dana 104, 110, 706.
Danckwerts 724, 1243.
Daneo 1087, 1229.
Dangon 513.
Daniell 1053.
Daniels 580.
Danjou 620.
Dankwardt 536.
Dann 1000, 1268.
Dannat 811.
Danne 986.
Danneberg 414.
Danneel 1138.
Dannhorn 185.
Dantin 248, 843.
Dantzer 518, 525, 600, 922, 1113,
 1278.
Danubia A. G. 478.
Danyß 151, 985, 987.
Danz 14, 958.
Dappert 490.
Darapsky 831.
Darbishire 803, 1036.
Darcy 723.
Dardeau 380.
Darling 163, 311.
Darrach 692.
Darracq 49, 1085, 1095.
Darton & Co. 733.
Darwin 68.
Dary 1020.
Darzens 222.
Daubresse 935.
Daucher & Manz 1284.
Daulaus 1098.
Daumet 686.
Dautriche 1124.
Dautwitz 219.
Davey 579, 580.
—, Paxman & Co. 1080.
David 37, 464, 681.
Davidesco 165, 708.
Davidesen 973.
Davidson 410, 440, 691, 692, 836,
 962, 1071, 1211.
—, S. C. 595.
Davie & Horne 760.
Davies 3, 65, 86, 201, 249, 450,
 451, 552, 747, 902, 1311.
— & Metcalfe 254.
— & Sons 563, 1284.
Davis 27, 88, 94, 137, 176, 212,
 375, 535, 841, 995, 1065.
—, George C. 616.
—, Sidney 705.
— Machine Co. 280.
— & Son 601, 989.
Davison 315, 512.
Davoli 1317.
Davy 93, 1044.
— Brothers 267, 1044.
Dawley 136, 175.

Dawson 392, 494, 795, 1039.
Day 111, 296, 408, 671, 876, 902,
 1301.
— -Kincaid-Stoker Co. 351.
Daydé & Pillé 249.
Dayton Electrical Mfg. Co. 448.
— Mfg. Co. 372.
Deacon 242.
Dean 438, 535, 617.
—, Smith & Grace 156, 279, 1053,
 1286, 1287.
Deane 684, 696.
— Steam Pump Co. 435, 646, 1191.
Deasy 1095.
Debenham 942.
Debierne 965.
Deboutteville 1082.
Debuchy 273.
Decauville 1096.
Dechamps 1096.
Decker 29, 230, 232, 241, 486,
 529, 725, 1315.
Deckers 202, 1310.
Decoeur 781.
Decoster 1058.
Decout 592.
Deeley 341.
Defregger 958.
Degan 979.
Degen 980.
Degenhardt 710.
Dégoul 533.
Dégoutin 621.
Dehman 368.
Dehn 39, 206, 1015.
Dehne 255, 641, 814.
Dehnicke 575, 632.
Deines 656.
Deißner 663.
Dejean 794.
Dekker 222.
Delachanal 21.
Delacre 20, 219, 756.
Delage 649.
Delafte 542.
Delamare 367, 1082, 1318.
Delaunay-Belleville 1081.
Delbrück 148, 237, 574.
Delecourt 1166.
Delépine 24, 212, 736, 738, 974.
Delétra 42, 227.
Delette 1112.
Delius 686.
Delkeskamp 771.
Delore 474.
Delporte 1203.
Delpous 1098.
Demaret 99.
Demay 125.
Dember 39, 417, 650, 1259.
Démelin 729.
Dementroux 1103. .
Démichel 21.
Demole 955.
Demoussy 1131.
Dempster 1093, 1175.
— & Sons 823.
Demuth 48.
Denayrouze 74.
Denecke 371, 407.
Denell 662, 669.
v. Denffer 712, 1287.
Denham 692, 933.
Denicke 174, 384, 629.
Denigès 205, 210.

Denil 994, 1003, 1009.
Denis 599, 261, 801, 1130, 1175.
Denison 197, 419, 440, 442, 1230.
— & Son 857.
Denizot 967.
Denker 1128.
Denninghoff 328, 335.
Dennis 1187.
— & Co. 628.
Dennstedt 75, 203, 503, 761, 1061
Denny 621.
— & Johnson 734.
Denoël 90, 277.
Denstorff 214.
de Dent 1203.
Denton 979.
Depont 165, 817.
Deprez 251, 550, 581.
Derbsch 1308.
Derleth 111, 312, 671, 675, 748,
 1143, 1261.
Dern 97.
Dernjac 680.
Derrien 560, 890.
Descans 166, 407.
Descauville 1082.
Desch 1109.
Deschamps 790, 1089, 1200, 1201.
Deschauer 43.
Descroix 584.
Descudé 219.
Deseniss & Jacobi 1253, 1256.
Desgouttes 1082.
Desgras 578.
Desgrez 94.
Deshayes 513, 1070.
Deslandes 302, 718.
Deslandres 905.
Desmoulière 206, 208, 1065.
Despierre 824.
Desprey 1204.
Desrumeaux 1254.
Dessauer 482, 727.
Destailleurs 1135.
Determann 239, 1217.
Détert 730.
Detienne 1261.
Detroit 899.
— Tool Co. 1287.
Dètroyat 380.
Dettmar 427, 459, 475, 543, 1046.
Detto 906.
Deußen 560, 1004.
Deutsch 115, 814, 1243, 1313.
Deutsche Babcock & Wilcox-
 Dampfkesselwerke 249, 553,
 1254.
— Continental-Gas-Ges. 822.
— Diamant-G. 35.
— Gasglühlicht A.-G. (Auergesell-
 schaft) 67, 81.
— Metalldeckenfabrik Joh. Nor-
 throp 707.
— Sauggas-Lokomobil-Werke 828.
— Steinholzwerke Languth &
 Platz 707.
— Telephonwerke 927.
— Waffen- und Munitionsfabriken
 1220.
— Windturbinenwerke Rudolph
 Brauns 1289.
Deval 1147.
Devaux 321, 1028, 1152, 1155.
— -Charbonnel 449, 479, 864.
Deville 856, 1044.

Devot 1123.
Dewaorin 620.
Dewar 196, 296, 308, 739.
Dey 489, 1299.
Diamant 489.
Diamond Coal-Cutting Co. 601.
— Machine Co. 1039.
Dibdin 3, 583.
Dibelius 677.
Dibos 484, 1035.
Dick 368, 451, 1197.
Dicke 821.
Dickinson 989.
— & Co. 157.
Dieck 951.
Dieckmann 481, 773.
Diederich 161.
Diederichs 593.
Diegel 581, 794, 818.
Diehl Mfg. Co. 1211.
Diels 25, 222, 773.
Dienel 29, 241.
Diener 472.
Dienert 984, 1260.
Dieppe 76, 586.
Diergart 1165.
Dierschke 310.
Diesel 47, 435, 585, 591, 780,
781, 785, 789, 980, 1020, 1023,
1086, 1193, 1211.
Dieseldorff 1160.
Diesing 1104.
Diesselhorst 479, 480.
Dießner 557, 558, 559.
Dieterich 327, 632, 719, 992, 1086,
1170, 1179.
Dietrich 916, 999, 1175.
de Dietrich 1078, 1082.
— — & Co. 1078, 1082, 1099.
Dietrichstein & Mensdorff 1179.
Dietrick & Harvey Co. 155.
Dietz 252, 837, 1047.
Dietzius 275, 1016.
Dietzsch 656, 739, 1291, 1310.
Dietzschold 860, 1204.
Diezemann 1100.
Diffloth 572.
Digby 445.
van Dijk 442, 1106.
Dillaye 943.
Dilley 165, 664.
Dillner 106, 292, 293, 296, 307.
Dillon 128, 694.
Dilthey 159, 1108, 1163.
Diman 1196.
Dimmer 954.
Dimroth 49.
Dina 471, 1205.
Dinaro 381.
Ding 44.
Dinger 550, 1019.
Dingler 584.
Dinglersche Maschinenfabrik 584,
589.
Dinglinger 47, 329, 334, 352, 719,
974, 1176.
Dinklage 907.
Dinkun 883.
Dinnenthal 587.
Dinoire 598, 726.
Dion 1258.
de Dion 1095.
— —·Bouton 336, 360, 1074, 1095.
Dirks 294.
Ditmar 211, 753, 754, 798, 974.

Ditte 771.
v. Dittmar 766, 1167.
Dittmer 229.
Dittrich & Jordan Co. 460.
Divis 45, 268, 764.
Dix 1017, 1240.
Dixey & Son 906.
Dixon 100, 241, 242, 245, 311,
624, 760, 763, 787, 859, 1065,
1170, 1259.
— & Potter 52, 700.
Dobriner 210, 203.
Dobson & Barlow 1112, 1114, 1116.
Döcker 695.
Dockyard 254.
Docquin 143.
Dodge 1178.
— Coal Storage Co. 719, 1174,
1176.
— Needle Co. 1290.
Doebert 56.
Doelter 196, 619, 1107, 1236.
Doeltz 151, 161, 188, 1136, 1309.
Doemens 145.
Doepner 57, 905.
Doeppner 340.
Doerinckel 843, 1108, 1159.
Doeringer 619.
Doermer 189.
Doescher 743.
Doht 629.
Dokulil 732, 906.
Doleschal 948, 951, 955.
Dolese & Shepard Co. 1304.
Dolezal 731, 732, 863.
Dolezalek 199, 441, 477.
Dolitle 1088.
Doll 1188.
Dollfus 1187, 1107.
Dolnar 278, 598, 615.
Dombrowski 220, 974.
Domenico 641.
Dominicus & Söhne 1006.
Dominik 1073, 1094.
Dominikiewicz 187.
Dominion Iron and Steel Co. 1232.
v. Domitrovich 606.
Dommer 729.
Donaggio 868.
Donaldson 1017.
Donath 7, 498, 624, 760, 772,
1292, 1311.
Donau 202, 622, 909.
Done 26, 191.
Donghi 665.
Donkin 162.
Donlevy 1274.
Donnan 1303.
Donnelly 260, 275, 644, 645, 829.
Donohoe 672, 675.
v. Donop 382.
Donovan & Cie. 1130.
Dony 202, 243.
—·Hénault 202, 243, 439.
Doody 212.
Dopont 770.
Doppler 417, 965, 982, 1110, 1138.
Dopter 1104.
Döring 243, 248.
Dorn 410, 421, 650.
Dornig 35.
van Dorp 1013.
Dörpfeld 655, 1266.
Dörr 880, 881, 1032.
Dörrenfeldt 185.

Dorstener Eisengießerei und Ma-
schinenfabrik 977.
Dortmunder Kunstmarmorfabrik
Brabänder 62.
— Union 182.
Dory 556.
Dosch 252, 256, 550, 989.
Dost 141, 629.
Doty Co. 1130.
Doué 1100.
Doufrain 1308.
Dougherty 720.
Douglass 31, 118, 152, 732, 1144,
1216, 1303.
—, E. M. 733.
— & Sons 870.
Dow 41, 84, 541, 855, 905, 1094.
Dowdy 947, 956, 1137.
Dowie 369.
Down 72.
Dowson 579, 580, 582.
Doxford 651.
— & Sons 1023.
Doyle 1055.
— & Kimball 123.
Drabbe 712.
Drach 102, 104.
Draeger 91, 94.
Dräger, Bernh. 996.
—, Heinrich 996.
—·Werk 94.
Drais 865.
Draiswerke 1059.
Drake 318, 353, 402, 598, 1047.
Dralle 618, 619.
Draper 37, 1228, 1275, 1279.
— Co. 862.
Draver 885.
Drawe 1008.
Dreaper 513, 1014.
Drehling 1147.
Drehschmidt 66, 67, 71, 209, 368,
821.
Dreihardt 1021.
Dreses Machine Tool Co. 154.
Dresse-Rey 1094.
Dreßler 427.
Drews 232, 639.
Dreyer 50, 222, 726.
Dreyling 142, 1217.
Dreymann 1011.
Dreyspring 862.
Driencourt 731, 732.
v. Drigalski 554, 609.
Driver 1226.
Drude 410, 411, 421, 463.
Drugman 774.
Druitt 264, 341.
Drummond 342.
—, Bros. 278.
Drobniak 85.
Droeger 728.
Dron 1053.
Dronsfield Brothers Atlas Works
1038.
Droop & Rein 154.
Drory 823.
Droste 873.
Drouillard 940.
Drouin 1079.
Drymore 1172.
v. Drysdale 460, 481, 482, 598,
1206.
Duane 134.
Dubbel 46, 780.

Dubiau 249.
Duboin 59, 189, 841, 843, 894, 983, 1149.
Dubois 271, 391, 501, 889, 1006.
Dubosc 16, 570, 631, 1287, 1295, 1298.
Dubovitz 1299.
Dubs 322, 324.
Duce 930.
Duchemin 270.
Duchêne 1005.
Duchesne 262, 267, 1221.
Dücker & Cie. 130.
Duckworth 152.
Ducommun 200.
vorm. Ducommun 651.
Dudbridge 579, 580.
Duddell 475, 482.
Dudgeon 325.
Dudley 373.
Dudzius 777.
Dueck 1013.
Dufau 206, 236.
Dufaux 273, 834, 836.
— & Co. 512, 1073.
Duff 579.
— & Whitfield 579.
Dufour 181, 410, 1107, 1109, 1259.
Dufourny 1242.
Dufresne 845.
Dugald 1200, 1236.
Düggeli 875
Dühring 976.
Dührkop 951.
Duisburger Maschinenbau-Ges. vorm. Bechem & Keetman 589.
Dujardin 297, 681.
Dukelski 159, 983.
Dulac 120, 168, 664, 667.
Dulliyé & Krebs 1090.
Dulong 969.
Dumas 173, 373, 617.
Dumesnil 236, 829.
Dümmler 1280, 1306, 1307.
Dumont 378, 803, 1098.
Dunant 230.
Dunbar 3, 6, 9, 274.
Duncan 17, 169, 314, 478, 814.
Duncuff 1090.
Dundon 714.
Dunham 978, 1196.
— Co. 261.
Dunhill 74.
Dunker 589, 828.
Dunkmann 955.
Dunlap 21, 434, 437, 453, 783.
Dunlop 542, 543, 1169, 1196.
Dunoyer 967.
Dunshee 85.
Dunsing 247, 1213.
Dunstan 230, 811, 963.
—, Henry 971.
Duntley 157.
Duparc 1007.
Dupont 62, 1318.
Duprlez 369.
Dupuis 242, 384.
Duquesne 1232.
Dura 487.
Durand 289, 394, 397, 429, 430, 432, 1021.
Durfee 862.
Durham 1094.
Dürigen 812.
Düring 527.

Durkin Controller Handle Co. 358.
vorm. Dürkopp & Co. 888, 1099.
Durley 830.
Duro 834.
Dürr 247, 249, 988, 1018.
— Söhne 757.
Durrant 440.
Dürsteler 1069.
Duryea 671, 1089, 1266.
Duschetschkin 803.
Duschnitz 469, 1105.
Düsing 1241.
Dussaud 15, 534.
Dustan 19.
Dutch 259.
Dutilloy 1315, 1316.
Dutrieux 1098.
Duttenhöfer 231.
Duval 222, 539, 1218.
Duvillier 1011.
Duyk 1256, 1257.
Dvorák 287.
Dyblie 1213.
Dyckerhoff 1301, 1303.
— & Widmann 117, 129, 387.
Dyde 84.
Dyer 1075.
Dyke 15.
van Dyke Cruser 244, 245.
Dymond 807.
Dyson 1109.
Dziewonski 226.

E.

Eadie 512.
Eames 86.
Earhart 409.
Earle 1006.
Earnshaw 579.
— & Co. 267.
Eastwood 639, 681.
— & Ambler 1292.
Eaton 699.
Eavenson 766.
Ebbinghaus 198, 920.
Ebe 659.
Eber 608.
Eberhard 1103.
Eberhardt 651, 900.
—, Bros. 1049.
Eberhart 807.
Eberle 144, 248, 549, 581, 584, 591, 779, 780, 789.
Eberlein 272, 533.
Ebert 913, 1298.
Ebhardt 655.
Eccles 297, 411, 423.
Echtermeier 1015.
Eck 457.
— Dynamo & Motor Works 1212.
— & Söhne 36.
Eckardt 60, 897, 1042.
Eckel 1303.
— & Glinicke 75.
Eckelt 42, 504, 744, 1064.
v. Eckenbrecher 808.
van Eckenstein 620, 768.
Eckert A.-G. 1122.
Eckles 750.
Eckstein 241, 1304.
Eckwaldt 615, 1042.
Eddy 6.
Edelbrock, Gebr. 681.

Edelmann 15, 22, 475, 484, 501.
Eder 347, 368, 931.
Edgar 241, 571, 1294.
Edge 1027, 1047, 1082.
Edgecombe 1021.
Edinger 240, 246.
Edison 82, 83, 489, 994.
Edler 297, 377, 424, 487, 806, 807, 845, 996.
Edlich 32, 37, 153.
Edo 1100.
Edsten 1251.
Edward 436.
Edwards 65, 243, 430, 582, 833, 897.
— Air Pump Syndicate Ltd. 833.
— Railway Electric Light Co. 354, 1015.
Effenberger 503, 548, 571.
Effront 143, 574, 970, 1121.
Egeling 1068.
Eger 437, 851, 1017, 1150, 1240.
Egersdörfer 267.
Eggers 1056, 1213.
Eggert 686, 1264.
Eggertz 803.
Egging 228.
Egleston 139, 1147.
Eglin 1196.
Ehemann 574.
Ehle 621.
Ehlers 1268.
Ehlert 1261.
v. Ehmann 1264.
Ehnes 643.
Ehrenfest 404, 419, 859, 960, 967.
Ehrhardt 371, 1085, 1224, 1226, 1227.
— & Sehmer 263, 589.
Ehrhart 1196.
Ehrich & Grätz 75.
Ehrlich 206, 237, 574, 640.
Ehrmann 532.
Eibensteiner 400.
Eibner 50, 213, 230, 893.
Eichberg 452, 457.
Eichel 54, 359, 391, 436, 785, 978, 1078, 1171.
Eichenauer 1307.
Eichengrün 272.
Eichentopf 977, 1058.
Eichhoff 149, 258, 979, 980.
Eichhorn 505, 919.
Eichtal 1148.
Eickhoff 1201.
Eidlitz & McKenzie 705.
Eijdman, fils 197, 203.
Eilender 864.
Eilerman 615.
Eimer 293.
Einecke 572, 803, 971.
Einhorn 730.
Einstein 320, 419, 902, 966, 967, 1233.
Einthoven 475.
Eisele 29, 843.
Eiselen 118
Eisenbeis 86, 99, 1052.
Eisenberg 1103.
Eisenkolbe 929.
Eisenlohr & Weigle 690.
Eisenmann 1097.
Eisenmenger 603, 728.
Eisig 950.
Eisner 71, 607, 1103.

Eisold 283.
Eitle 765, 823.
Eitner 520, 596, 597, 816.
Ekenberg 875.
van Ekenstein 223.
Eldred 549, 799, 1301.
Electra 992, 1198.
Electric Cable Co. 473.
— Controller & Supply Co. 160, 375, 456.
— Traction Co. of Milan 400.
— Mfg. Co. 455.
— & Train Lighting Syndicate, Ltd. 458.
Elektra 992, 1198.
—, Fabriken elektrischer Heiz- und Kochapparate 51.
Elektr. Ges. Alioth 801.
Elektrizitäts-A.-G. vorm. W. Lahmeyer & Co. 430.
— -Ges. Sanitas 790.
Elektrofernzünder G. m. b. H. 71.
— -Magnetische G. m. b. H., Frankfurt a. M. 44.
Elfers 262.
Elfstrom 714.
Elgood 655.
Elion 641.
Ellersieck 1001.
Ellin 1004.
Elling Compressor Co. 993, 1212.
Ellinger 230.
Elliot 597, 717, 1101.
Elliott 318, 353, 379, 492, 905, 1047, 1091.
Ellis 333, 438, 460, 461, 1073, 1301.
Ellms 253, 879, 1249, 1257.
Ellrodt 143, 147.
Elmar 113.
Elmore Mfg. Co. 1082.
Elsässische Maschinenbau - Akt.- Ges. 157, 158, 278, 589, 1114, 1275, 1292.
— — — — in Mülhausen 1128.
— Maschinenfabrik 344, 345.
Elschner 876.
Elskes 670.
Elsner 544, 739.
Elster 151, 415, 418, 419, 422, 477, 985, 1160.
Elstow 591.
Elwitz 102, 166.
Ely 427.
Emanuel 943.
Emde 18, 230, 424, 460, 475.
Emden 694.
Emeis 566, 802.
Emerson 598.
— Electric Mfg. Co. 1212.
Emery 289, 845, 1227.
Emich 595.
d'Emilio 1075.
Eminger 497.
Emmerich 7, 930.
Emmerling 43.
Emmert 445.
Emmertz 1285.
Emmet 456, 1196, 1201.
Emmett 239.
Emonds 1136.
Emory 870.
v. Emperger 106, 112, 127, 131, 134, 170, 660, 707, 708, 711, 852, 1272.

Emschermann 656.
Enders 283.
Endicott 1257.
Endlich 752, 810.
Enel 499, 928.
Eness 959.
Enfield 1082.
Engell 542.
— & Heegewaldt 69.
Engelhard 156.
Engelhardt 442, 1055, 1309.
Engels 738, 744, 813, 1244, 1246.
Eng. and Contracting Co. 114, 878, 1147.
Engle 291.
Engler 364, 496, 497, 499, 566.
Enke 980.
Enklaar 243.
Enlich 752.
Ennis 550.
Enock 740.
Enright 1304.
Entropy 158.
Entwistle 1276.
Ephraim 1125.
Epper 731.
vorm. Epple & Buxbaum 813, 1059.
Epstein 380, 461, 515.
Erban 36, 152, 164, 199, 515, 516, 517, 520, 521, 523, 524, 526, 531, 532, 760, 894, 1026, 1126, 1163.
Erbe 696, 949.
Erber 29.
Erbstein 390
Erdmann 273, 516, 926, 1138.
Ereky 912.
Erhardt & Sehmer 587, 588.
Erikson 44.
Erlenmeyer 223, 1014.
Erlwein 189, 908, 1139, 1140, 1258.
Ernault 279.
Ernemann 936, 956.
Ernest 768, 1298.
Ernst 65, 233, 766, 994.
v. Ernst 1006, 1050.
Erskine 1153.
Erste Böhmisch - Mährische Maschinenfabrik 344.
— Brünner Maschinenfabriks-Ges. 1199.
Erven 278.
Erwood 128.
Escales 799, 1125.
Escard 767.
Esch 752, 754, 755, 841.
Eschbaum 206.
Eschenhagen 732.
Escher Wyss & Co. 1189.
Esco Co. 1001.
Escombe 142, 768.
v. Eschwege 568, 811.
Esling 167.
v. Esmarch 1211.
Esnault-Pelterie 1096.
Espen-Lucas 1005.
Espitallier 1055.
van Essen 1227.
Esser 684.
Essler 679.
Essmann & Co. 72.
Esson 464, 789.
Estanave 902, 956.
Estep 611.
d'Esterre 1214.

Esty 905.
Etherton 122.
Etienne 791.
Etrich 836.
Ettwein 1293.
Etzold 954.
Euler 16, 50, 213, 214, 220, 223, 406, 893, 973.
—, Hans 769.
Eureka Automatic Electric Signal Co. 379.
Eurich 605.
Euston Motor Co. 1078.
Evans 223, 334, 427, 644.
Eve 415, 416, 984, 985, 1160.
Eveland 1092.
Eveno 1096.
Everbusch 727.
Everett-Mc Adam 778.
Everhed 479.
Everken 383, 685.
Ewan 245.
Ewart 757.
Ewell 410, 908.
Ewers 38, 650, 986.
Ewert 899.
Ewing 481, 850, 864.
Excelsior Tool & Machine Co. 1050, 1130.
Exler 1124, 1220, 1228.
Exner 15, 921, 1109.
Expanded Metal Co. 109.
Export-Gasglühlicht G. m. b. H. 67.
Eybert 861.
Eyde 1007, 1140.
Eyermann 371, 1231.
Eyken 900.
v. Eyken 33.
Eykman 833.

F.

Fabarius 659.
Faber 1136.
Fabinyi 192, 223, 242.
Fabre 797.
Fabricius 529.
Fabrique Italienne d'Automobiles de Turin 1082.
— National Co. of Belgium 1083.
— Nationale d'Armes de Guerre 592.
Fabry 78, 902, 1109.
Faccioli 451, 478.
Faddegon 1203.
Fadruss 270.
Fahdt 1009.
Fahnejelm 61, 739, 1301.
Fahrion 542, 1071.
Fairbairn 278, 407.
—, Macpherson & Co 651.
Fairbanks-Morse Canadian Mfg. Co. 129.
Fairchild 142.
Fairburst 694.
Fairer 329.
Fairfield Shipbuilding and Eng. Co. 1026, 1195.
Fairlie 345.
Fairman 944.
Falck 715.
Fales 6.
Falk 16, 228, 1010, 1030, 1032, 1259.

Falke 572, 807, 809.
Falkenau 165, 291, 294, 977, 978, 1212.
Falkner 893.
Fallada 768, 1312, 1313.
Faller 811.
Fandre 208.
Fankhauser 566.
Fansler 390.
Fanto 210.
Faraday 440, 476, 481, 598, 1109.
Farbwerke Höchst 725.
— vorm. Meister Lucius & Brüning, siehe Höchster Farbwerke, Farbwerke in Höchst 520, 522, 571, 933, 949, 950.
Farcot 1083, 1095.
Fargo 114.
Farid 165.
Farkas 367, 424.
Farmer 94, 99, 374, 762, 941, 1126, 1299.
Farnsteiner 160, 541, 875, 890, 892, 1240.
Farrell 525, 945, 956.
Farrer 730.
Farrington 186, 293, 875.
Farrow 681.
Farup 50, 442, 772, 1008.
Pascetti 875.
Fastje & Schaumann 690.
Fate Co. 1306.
Fatio 680.
Fauck 497.
Faul & Fils 814.
Faure 600, 802, 1113.
Faust 915.
Fauvel 973.
Favary 1079.
Favier 922, 924.
Favre 524, 526.
Fawcett 790, 996, 1086, 1155.
Fawcus Machine Co. 1287.
Fawsitt 864.
Fay 164, 446, 461, 801, 850, 1092, 1098.
Featherstone 740.
— Foundry & Machinery Co., Chicago 54.
Fechel 1017.
Fedders 1094.
Feder 898.
Feeg 980.
Feenstra 759.
Fegles 127.
Fehling 770, 1318.
Fehrmann 49, 149, 1073, 1086.
Felgensohn 1062.
Feiker 439, 781, 787.
Feilchenfeld 906.
v. Feilitzen 806.
Fein 157, 1046.
Feist 42, 372, 1013.
Feit 1102.
Felber 501, 1058.
Feld 253, 577.
Feldhaus 1203.
Feldmann 76, 391, 392, 464, 633.
Feldtmann 559.
Fell 374.
v. Fellenberg 223.
Felli 523.
Fellmer 57.
Fellner & Ziegler 1301.
Fellow 1295.

Felten & Guilleaume Lahmeyerwerke 47, 357, 448, 453, 455, 462, 484, 638, 786, 796, 1206.
Fenaroli 542, 908.
Fendler 159, 542, 543, 752.
Fenkell 749, 1268.
Fennel 732.
Ferber 834, 836, 1086.
Ferch 887.
Ferchland 243.
Feret 105, 107, 847, 855, 857, 879.
Ferguson 269, 1245, 1271.
— Broth. 53, 1032.
Ferle 810.
Fermi 495.
Fernald 579.
Fernbach 144, 494, 574, 768, 1131.
Fernekes 245, 983.
Fernie 465.
Ferranti 260, 468, 483, 1213.
Ferrari 192.
Ferraris 44, 89, 443, 452, 1309.
Ferrey 696.
Ferrier 1214.
Ferris 760.
Ferro Concrete Co. of Australia 129.
— — Construction Co. of Chicago 126, 128, 510, 692.
Ferrus 1087, 1221.
Fery 1110, 1235.
Fessenden 1153, 1155.
Fetherston 881.
Fettweis 292.
Fêtu-Defize 1288.
Fetzer 142, 1178.
Feuerlein 521.
Feuerlöscher 667, 1243.
Feugeot 1096.
Fforde 401.
Fiat 47, 49.
Fichet 525.
Fichte 948.
Fichtel & Sachs 801.
Fichter 213, 230, 893, 1012, 1013.
Fichtl 540.
Fickendey 803.
Fiddes-Aldridge 823.
Fiebelkorn 601.
Fiebiger 1293.
Fiechtl 871, 872.
Fiederer 244.
Fiedler 107, 815, 852, 871.
Fiegehen 638.
Fieguth 863.
Field 249 421, 446, 459, 465, 564, 1032.
Fielding 579.
— & Platt 580, 1173.
Figueras 447, 455.
Filsinger 738.
Finch 907.
Finchley Motor and Eng. Co. 846.
Finckh 199.
Findlay 691.
Finger 26, 725.
Fingerling 811, 869.
Fink 382, 992, 1201.
Finke 498.
Finkelstein 59, 730.
Finkenbeiner 21.
Finkener 190, 738.
Finn 1210.

Finne 1041, 1115.
Finney 369.
Finzi 398, 465.
Fiorentino 494.
Firth 605, 1292.
—-Sterling Steel Co. 278.
—, Thomas & Sons 1235.
Fischel 384.
Fischer 46, 197, 263, 411, 477, 531, 576, 620, 651, 759, 786, 802, 813, 833, 870, 963, 980, 1010, 1014, 1079, 1081, 1138, 1211, 1212.
—, A. 487.
—, B. 273.
—, Bernh. 143.
—, Carl 1011, 1014.
—, Christian A. 333.
—, E. 497, 1161.
—, Emil 213, 214, 219, 230, 235, 402, 629, 1011, 1014, 1015.
—, F. 1163.
—, Franz 196, 908, 1139, 1259.
—, Fritz 410, 909.
—, Guido 973, 1296, 814.
—, Gustav 814.
—, Herm. 304, 1285.
—, Jos. 383, 1183.
—, Julius 199.
—, L. 782.
—, M. 1071.
—, Marx 1259.
—, O. 230.
—, Otto 49, 230.
—, R. 561, 614, 616.
—, Th. 925.
—, Theodor 654, 694.
—, Wilhelm 290.
— & Krecke 287.
— & Steffan 814.
— & Winsch 1054.
Fischinger 289.
Fish 1205.
Fisher 588, 1115, 1312.
Fiske 731.
Fison & Co. 1120.
Fitch 902, 1216.
Fitz-Gerald 750, 1026, 1044.
Fitzmaurice 625.
Fitzpatrick 62, 1166, 1182.
Fix 880.
Fizeau 966.
Flaman 598, 990.
Flamand 230.
Flamant 723, 747, 960.
Flamme 339.
Flanck 960.
Flanders 189, 1266.
Flank 778.
Flather 630.
Fleck 284, 958, 1166.
— Söhne 1006.
Fleischberger 1201.
Fleischer 842, 1238.
— & Görg 1059.
Fleischhauer 68.
Fleischmann 283, 458, 486, 841.
Fleming 412, 437, 463, 481, 1155, 1164.
Flesch 699.
Fletcher 1079, 1243, 1254.
— & Butterworth 1047.
— & Co. 1304.
Fleurent 861.
Fleuss 995.

Fleusz 94.
Flexner 1104.
Fliegel 871.
Fliegner 723.
Fließ 596.
Flinders 775.
Flink 1029.
Flinn 261.
Flinsch 1233, 1311.
Floeter 543.
Flohr 1169.
Flora 188, 203.
Florence 933, 934, 936, 937, 944, 945, 947, 959.
Floria 554, 1274.
Flory 341, 388, 994.
Floth 1229.
Flügge 736.
Flürschheim 224.
Flury 46, 200, 233, 862.
Foerser 1139.
Foerster 201, 503, 624, 636, 794, 795, 797, 1164.
—, O. 543.
Fogarti 1295.
Fogelberg 1312.
Föhre 693.
Fokin 541.
Foljambe 598, 1089, 1092, 1099.
Follows & Bate 878.
Fomous Co. 976.
Fontaine & Co. 1006, 1037.
Foos 254, 776.
Foote 59, 189, 983.
Föppl 14, 316, 850, 854.
Forbát 8, 659.
Forbes 12, 320.
Forbin 996.
Forcet Lubrication Co. 1047.
Forch 243, 1061, 1107, 1236.
Forchheimer 998, 1262.
de Forcrand 199, 212, 617.
Ford 195, 380, 557, 798, 1164.
Forde 1258.
Förderreuther 376.
v. Foregger 189, 212, 894, 926.
Forest 1083.
de Forest 479, 1153, 1154, 1155, 1157.
— Wireless Telegraph Co. 1153.
Forestier 137, 376, 406, 938, 939.
v. Forestier 132, 1252.
Forgie 1186.
Formánek 529, 530.
Formenti 892.
Fornier 1090.
Forrest 107, 852, 1105.
Forsgren 44.
Forssmann 1103.
Forstall 533, 826.
Forster 426, 722, 743, 1120.
Förster 289, 707, 1138.
v. Förster 684, 685, 1041, 1265.
Forsyth 628.
Forszner 206.
Forter 1213.
Forti-Asti 1281.
Fortner 1283.
Fort Wayne Co. 1094.
Foss 1063.
Fossat 1226.
Fosse 214, 231.
Foster 245, 263, 269, 434, 438, 486, 552, 1047, 1100, 1133, 1225, 1256.

Forster & Co. 652.
Foth 1121, 1132.
Fothergill & Harvey 1197.
Fottinger 967.
Föttinger 1019.
Fouard 197, 1102.
Foucault 967.
Fouché 1010, 1067.
Fountain 412, 672.
Fournel 297, 850.
Fourneyron 1192.
Fournier 20, 77, 367, 537, 836, 1017.
Four - Wheel Drive Wagon Co. 1083.
Fowler 338, 339, 343, 361, 820, 1080, 1185, 1206.
—, Henry 66.
—, H. W. 371, 1231.
— & Co. 705, 1148, 1229.
Fox 373, 492, 1106.
— Machine Co. 1050.
Fraass 152.
Fracy 557.
Fraenkel 1011.
Fraenle 1239.
v. Fragstein 534.
Frahm 361, 597, 598, 693.
Fraichet 297, 424, 865.
Franchet 619, 1166.
Franchimont 26.
Francis 214, 223, 897, 1034, 1187, 1189, 1190.
—, B. 745.
Franck 191, 420.
Francke 1106.
—, A. 4, 316, 407.
—, Adolf 166, 407, 1169.
François 25, 26, 32, 515, 715, 716, 832, 983.
Francq 347, 360.
Frank 102, 159, 269, 328, 329, 360, 404, 553, 581, 609, 741, 754, 758, 880, 967, 1027, 1066, 1140, 1168, 1196, 1205.
—, J. 393.
Franke 51, 145, 204, 214, 235, 287, 595, 596, 605, 738, 838, 1153.
Fränkel 233, 310, 484, 494, 523, 893.
Frankenberg 563.
Frankenfield 460.
Frankforter 16, 1158.
Frankl 217, 1013.
— & Kirschner 548.
Frankland 26, 191.
Franklin 249, 475, 593, 643, 905, 1078, 1083, 1096.
— Moore Co. 634.
Franklyn 104.
Franz 479.
Franzen 26, 209, 231, 695, 724, 725, 759.
Franzius 1261.
Fraprie 188.
Fraps 803.
Frary 1158.
Fraser 438.
— & Sons 1118.
Frayer 1083.
von Frays 876.
Frazer 138, 194, 768.
Frébault 1291.
Frede 1121.

Fredenhagen 719, 1109, 1176.
Freeman 101.
Freer 728.
Freese 528, 639, 895.
Freeth 1229.
Freimark 535.
Freise 158, 1162.
Freitag 749.
de Frémenville 404, 1006.
Fremont 256, 294, 408, 850, 858.
French 9, 799, 1265.
Frenkel 25.
Frerichs 27, 207, 219, 221, 231, 234, 1008.
Frese 805, 806.
Fresenius 210, 801.
Fretzdorff 28.
Freudenberg 727.
Freudenberger 475, 476.
Freudenreich 495.
v. Freudenreich 575, 750.
Freudl 1313.
Freund 18, 22, 50, 484, 638, 682, 727, 774, 829, 869, 870, 996, 1173.
—, E. 781.
Freundler 20, 50, 219, 223, 231, 756.
Freundlich 194.
Frevert 188.
Frey 566, 1180.
—, Heinr. 1267.
Freyn 722.
Freystedt 1124.
Freytag 504, 585, 612, 613, 721.
Fribourg 202, 768, 770, 1045, 1318.
Fricke 293, 567.
Frideaux 560.
Friderich 151, 444, 1007.
Fried 219.
Friedberger 57, 905, 1103, 1104.
Friedel 219.
Friedemann 403, 801.
Frieden 829.
Friederichs 1039, 1058.
Friedheim 22, 101, 759, 878.
Friedländer 231, 531, 933, 945.
Friedlein 842.
Friedmann 26, 223, 343, 403.
Friedrich 39, 151, 491, 557, 621, 622, 630, 705, 817, 891, 981, 990, 1034, 1042, 1107, 1136, 1178, 1251, 1310.
Friemann & Wolf 74, 91.
Friend 486, 1064, 1259.
Fries 26, 223, 893.
de Fries 634.
— & Co. 280, 570, 634.
Friesdorf 252, 899, 900.
Friesendorff 404, 849.
Frink 83.
Frique 1222.
Frischer 256.
Frissell 1274.
Frister 29, 68, 69.
Fritsch 800.
Fritsche 46, 678, 682, 1121.
Fritz 283.
Frobenius 657.
Frodsham 133.
Froehlich 696.
Froehner 187.
Froelich 102, 104.
Fröhlich 24, 731, 1210, 1231.

Frohman 565.
Frohmann 58.
Frohs 317, 321, 382.
Frois 1058.
Frölich 721, 809.
Frömbling 567.
Fromm 49, 231, 755, 1064, 1065.
Fromme 728.
Frosch 608.
Frossard 523, 526.
Frost 836.
— & Co. 1090.
Froude 1017.
Frühling 88, 268.
Fruwirth 609.
Fry 334, 745, 1065.
Fryer 552.
Fuchs 640, 680, 892, 961, 967, 968, 1040.
Füchtbauer 416, 417.
Fudickar 834.
Fuertes 1255.
Fuess 834.
Fueß 1252.
Fühner 18, 240.
Führ 374.
Fuhrmann 145, 640.
Fuldaer Maschinen- und Werk-zeugmaschinenfabrik Wilh. Hart-mann 885.
Fulgerton, Hodgart & Barclay 88.
Fullagar 1200.
Fuller 6, 11, 545, 608, 747, 1083, 1262, 1263, 1265, 1304, 1305.
—-Lehigh Co. 1301, 1305.
— Power Vehicle Co. 1083.
Fullerton 88.
Füllner 916, 918.
Fullock 493.
Fulmer 1092.
Fälscher 1247.
Fulton 523, 719, 762, 1035.
— Fuel Economizer Co. 550.
— Iron Works 434.
Fumanti 1021.
Fumero 398.
Funger 938.
Funk 200, 293, 844, 896.
Funke 871.
— & Co. 1177.
Füredi 271,
de Furman 317.
Furowitsch 1316.
Fürstenberg 237, 891.
Fürth 26, 565.
von Fürth 240, 403.
Fyfe 655.
Fyffe 144.
Fynn 446, 451, 454.

G.

Gabel 725.
Gabellini 1018.
Gabetti 493
Gabler 1276.
Gabriel 230, 231, 629, 974.
Gabritschewsky 608.
Gachot 1014.
Gadamer 19.
Gadd 824, 846.
Gadda 398.
Gaebel 223.
Gaede 833.

Gaedicke 49, 933, 935, 936, 937, 938, 941.
Gaetcke 1058.
Gaffer 268.
Gage 57, 795.
de Gage 271.
Gageur 893.
Gahrtz 221, 1317.
Gaidukov 57, 58, 867, 868.
Galffe 413.
Gaillard 627, 1104.
Gain 363, 1210.
Gair 821.
Gairns 340, 356.
Gaither 593, 1096.
Galbraith 303.
Galeati 1317.
Galeotti 403.
Galesescu 869.
Galimard 27, 56, 403, 621, 974.
Galitzin 733.
Gall 958.
Gallaus 879.
Galle 757.
Gallo 736, 1163.
Gallois 1214.
Gallotti 403.
Galloway 111, 436, 675, 1190.
Gally 284.
Galvao 75.
Gamann 103.
Gambarjan 25, 229, 725.
Gamet 1096.
Ganassini 207.
Gandillot 15.
Gans 419, 421, 423, 425, 876, 1316.
Gant 134.
Ganz 357.
— & Comp. 77.
Ganzenmüller 740.
Garau 182.
Garbarini 1121.
Garbasso 1221.
Garbe, Lahmeyer & Co. 1038.
Garchey 1087.
— & Falconnier 619.
Garcia 204.
Garcke 805.
Garçon 474, 599, 827.
Gardiol 229.
Gardner 366, 519, 1028, 1039, 1079, 1080.
Gardy-Batault 1098, 1100.
Garelli 30, 190, 231, 1160.
Garfitt 997, 1130.
Garforth 94.
Garlin & Co. 236.
Garner 271, 841, 843, 844, 1014.
Garnett 960, 1017, 1027, 1115.
Garnier 557, 1100.
Garstang 371.
Gartland 1101.
Gartley 821.
Gärtner 94, 878.
Garvin 570.
— Machine Co 569, 652.
Gary 546, 673, 845, 847, 852, 854, 855, 857, 1002, 1267, 1301, 1302, 1303.
Gascard 21, 123, 193, 207, 927.
Gasch 1057.
Gasfernzünder A.-G. 68.
Gask 275.
Gasmaschinenfabrik Akt.-Ges. in Amberg 593.

Gasmotorenfabrik Deutz 359, 581, 582, 584, 585, 586, 587, 588, 589, 591, 829.
Gasparini 441.
Gaspary 686.
— & Co. 63, 144.
Gass 979.
Gastine 861.
Gaston 1072, 1075, 1092.
Gates 410, 493, 1304.
Gatewood 546, 1021, 1022.
Gathmann 1229.
Gati 482, 535.
Gattermann 16.
Gatti 601, 1183.
Gaubert 59, 151, 196, 791.
Gaudechon 245.
Gaul & Hoffmann 2.
Gaulin 1214.
Gault 218.
Gaumer 588.
Gaunt 495, 575.
Gause 693.
Gauss 728.
Gauthier 214.
Gautier 26, 39, 209, 212, 239, 770, 1064, 1239, 1260, 1282.
Gautrelet 239.
Gavard 517.
Gawalowski 10, 282, 237.
Gay 98.
Gayler 120, 168.
Gayley 300, 595, 720.
Gebauer 404, 915, 919, 1168.
— Gebr. 89.
Gebel 618.
Gebers 797.
Geddes 1048.
Gee 445.
Geesteranus 990.
Gegauff 1114.
Gehe & Co. 231.
Gehlhoff 415, 938, 984, 1060.
Gehrcke 79, 417, 425, 1109.
Gehre 266, 599, 734.
Gehrhardt 568.
Geibel 243, 445, 927.
Geiger 2, 259, 936.
Geipe 261.
— & Lange 261.
Geipert 550.
Geisel 24.
Geist 869.
Geißler 7, 411, 658, 728, 748, 1254.
Geitel 151, 415, 418, 419, 422, 477, 985, 1160.
v. Geitler 412.
v. Geldern 1221.
Geldner 659, 687.
Gelmo 513, 517.
Gelonek 906.
Gemünd 602, 882.
Genard 1040.
van Gendt 302.
General Electric Co. 77, 80, 81, 355, 360, 368, 374, 380, 386, 396, 431, 434, 436, 438, 462, 469, 470, 472, 481, 508, 593, 647, 781, 1150, 1191, 1196, 1200, 1212.
— Fireproofing Co. 124.
Generlich 260.
Gennimatás 421, 460.
Genschel 688, 690.
Gent 266.

Gent & Co. 1202.
Gentil & Bourdet 61.
Gentner 282.
Gentsch 46, 267.
Genty 580.
Gentzsch 690.
Genuardi 464.
Genzken 209.
Genzmer 1147.
Genzner 36.
Geoffroy 474.
Geometric Tool Co. 1054.
George 473, 579, 580, 686, 745
758.
— & Yeates 685, 691.
Georges 207.
Georgi 158.
v. Georgievics 527, 529, 897.
Gerard 134, 885.
Gérard 174, 206, 629, 848.
Gerber 872, 875.
Gerbers Co. 874.
Gercke 1196.
Gerdau 1041.
Gerdes 367.
Gerhard 649, 1263.
Gerhardt 153, 312, 331, 558, 678,
744, 1041, 1246, 1247.
Gérin 402.
Gerkrath 1231.
Gerlach 806, 810.
Gerland 485.
Gerlinger 201, 226, 530, 795.
Germain 486, 1081, 1082, 1083,
1099.
German 57.
— Gasglühlicht Co. 81.
Germershausen 429.
Gernsheimer 728.
Géron 361.
Gerrard 93, 95.
Gerrit 963.
Gerstenberger 1128.
v. Gerstenbrandt 511.
Gerster 1076.
Gerstl 366, 810, 814, 1005, 1058.
Gerter 36.
Gerz-Höhr 1166.
Gerzedy 35.
Gescher 1208, 1280.
Gesell 46, 1193, 1196.
Gesellius 653.
Ges. für Bahnbedarf in Hamburg
367.
— — chemische Industrie zu Basel
743.
— — drahtlose Telegraphie 1156,
1157.
— — Lindes Eismaschinen A.-G.
in Wiesbaden 741, 742.
— — Trockenverfahren 33, 1181.
Gesellschaft Fiat-Muggiano 1031.
— für elektrische Zugbeleuchtung
369.
— — Industrielle Feuerungsan-
lagen 552.
— — Wärme- und Kälteschutz,
Leuben-Dresden 1237.
Gessard 1104.
Gessler 716, 1040.
Gester 111, 547, 672.
Geßner 31, 34, 408, 526, 1115.
Geub 504, 1044.
de Geyters 147.
Ghlulamila 729, 1299.

v. Giacomelli 680.
Giaja 495.
Gianoli 1068, 1069, 1091.
Giard 1314.
Gibb 792.
Gibbon 1143, 1171, 1305.
Gibbs 25, 363, 377, 859.
— Sewing Machine Co 889.
Gibson 116, 228, 694, 1016, 1099,
1193.
— & Co. 546, 709.
Giehne 656.
Gienapp 777.
Giersberg 94, 572, 600, 810, 995.
Giese 311, 312, 320, 328, 329,
363, 383, 386, 389, 390, 1170.
Giesel 417, 650, 986.
Gieseler 568, 5 7, 1254.
Giesler 1190.
Gifford & Co. 1135.
Gilbert 201, 238, 879, 937, 945,
1210.
Gilbreth 120, 852.
Gilkes & Co. 1191.
Gill 555.
Gilles 936.
Gillespie 836.
Gillet 1083.
Gillette 132, 1001.
Gillot 211, 233, 607.
Gilpin 457.
Gilson Mfg. Co. 590.
Giltay 536.
Gimper 73.
Gin 306, 443, 878, 895, 1043,
1210.
Gini 130, 1271.
Giolitti 308, 817, 1209.
Giorgis 1163.
Giovanni 1086.
Giov. Ansaldo - Armstrong & Co.
343.
Giran 927.
Girard 572, 835, 1189.
— & Street 767.
Girardot & Voigt 1031.
Girardville 836.
Giraudet 1096.
Girod 306, 307.
Girola 1040.
Giroux 444.
Gisclard 170.
Gisholt Machine Co. 154, 280.
Gladiator 1081.
Glaenzer 1009.
Glafey 31, 153, 514, 522, 523,
1238.
Glandiator 1098.
Glascock 1123.
Glasenapp 62, 75, 288, 868, 1140.
Glaser 777, 892, 959, 1092.
Glässen 663.
Glaß 922.
Glaßmann 22, 101, 630, 769, 770.
Glatzel 800.
Glauser 1204.
Gleason 570, 1049, 1287.
Gleditsch 223.
de Glehn 336, 339.
Gleichen 902, 906.
Glendinning 145, 147.
Glenfield & Kennedy 96.
Glennie 681.
Glier 484.
Glinzer 163.

Gloger 234, 794, 1158.
Glover 191, 819, 822, 826, 942,
1005.
Gluck 323.
Gmehling 792, 1062.
Gnaviter 1091
Gnehm 530, 531, 1015, 1065, 1069.
Göbel 1054.
Göckel 38, 800, 864, 1231.
Godard 166.
Godchot 29, 1012.
Godday 880.
Godfrey 103, 104, 105, 181, 184,
294, 850.
Godin 1095.
Godowin Car Co. 365.
Godske 910.
Goebel 196, 271, 400, 643, 1126,
1227.
Goebl 428, 1251.
Goecke 307, 656, 657, 658, 659.
Goelder 112.
Goerens 291, 307.
Goerz 935, 1225
Goeßmann 20.
Goetze 462, 472, 488.
Goetzl 162, 1061.
Goettsch 987, 1209.
Goetting 632.
Goffin 1090.
Göggl & Sohn 144.
Göhmann & Einhorn 51, 700.
Göhrig 269.
Göhring 514, 1256.
Gold 410.
Goldberg 191, 214, 901, 958.
Gold Car Heating & Lighting Co.
369.
Göldel 102, 106.
Golden 992.
—-Anderson Valve Specialty Co.
261.
Goldenberg 105.
Goldenthal 218.
Goldie 701.
Golding 59, 124, 776, 1173.
Goldmann 989, 206, 229, 799.
Goldmark 103, 388.
Goldschmidt 1, 21, 22, 24, 188,
195, 214, 291, 461, 623, 897,
999, 1000, 1002, 1057, 1107.
Goldsmith 940.
Goldstein 977.
Gollmer 379, 380, 1155.
Gollvia 838.
Golodetz 716.
Gölsdorf 268, 342, 343, 347.
Golwig 14, 788, 1269.
Gomberg 773.
Gongora 1122.
Gonnermann 495, 496.
Gonzenbach 391, 427, 781.
Gooch 40, 265, 328, 353, 354.
Good 633.
Goodale 426.
Goodbrand 856, 1112.
Goode 39.
Goodenough 264, 779, 1193.
Goodman Mfg. Co. 978.
Goodrich 103, 104, 109, 110, 128,
706, 881.
Goodwin 441, 607, 841.
Goodyear 981.
Goos 951.
Goose 599, 734.

Göpner 622.
Gordan 875.
Gordon 136, 174, 291, 295, 355, 1044, 1309.
— & Co. 269.
Gore 238, 798.
Görges 456.
Gorke 239.
Görner 478.
Gorter 620.
Gortner 220, 898.
Gorton 645, 1039.
Goslo 234, 842.
Goslich 716.
Gosling & Co. 1129.
Goss 328, 335, 371, 857, 1046.
Gößling 17, 233, 234.
Gothan 1162.
Gottschald & Gaurelt 1068.
Gottschaldt 270.
Gottschalk 97, 104, 211, 908.
Gotthard 728.
Gottlieb 542, 737, 1008.
—-Roese 875.
Gottstein 741.
— & Türk 1066.
Götzen 1054.
Goy 405.
Goudicheau 1208, 1305.
Goudie 989, 1212.
Gough 371.
Goupil 383.
Gouré de Villemontée 409.
Gourlay Bros. and Co. 1022.
Goury 701.
Goutschi 22.
Gouy 195.
Gow & Palmer 120, 168, 664.
Gowen 1270.
Gräbner 677.
Grabowski 1319.
Grace 655.
Grade 378.
Gradenwitz 88, 386, 393, 394, 398, 431, 447, 478, 481, 576, 585, 616, 620, 633, 637, 638, 712, 732, 735, 786, 835, 862, 867, 927, 1024, 1046, 1055, 1155, 1195, 1199.
Gradner 152.
Graebe 29, 214, 1015.
Graeber 698.
Graebling 515.
Graebner 568.
Graefe 162, 163, 164, 211, 498, 499, 583, 761, 773, 1150, 1151.
Graemer 1022.
Graepel 8.
Graeser 934.
Graf 14, 39, 65, 147, 190 258.
Grafe 208, 712.
Gräfenberg 489.
Graff 103, 121, 315, 750, 1244.
Graftiau 929.
Graham 373.
— Mfg. Co. 158, 1038.
de Grahl 247, 256, 550, 988, 992.
Grahn 94, 1264.
Graichen 1092.
Gramberg 96, 549, 642, 775, 789, 979.
Gramme 455.
Granbery 98, 298, 299, 720, 792, 879.
Grandmougin 214, 515, 525, 529,

530, 531, 770, 893, 897, 898, 923, 1064, 1293.
Granger 48, 930.
Grant 899, 1047, 1295.
Grãntzdörffer 1316.
Graser 729.
Grässner 1032.
Grassot 475.
Gratz 751.
Grätz 1207.
Graubner 1231.
Graumann 151, 188, 1136, 1309.
Graux 194, 771, 876.
Gravenhorst 319, 860, 1142.
Graves 315, 585, 946.
Gravier 939, 949, 950.
Gravigny 1088.
Gravillon 936, 951.
Grawitz 604
Gray 23, 204, 424, 430, 451, 476, 480, 780, 794, 843, 1138, 1237.
— Co. 1032.
— & Prior 846.
Grayber 1048.
Graydon 953.
Grayne 141, 1001.
de Grazia 804.
Great Western Mfg. Co. 883.
— Ry. Co. 335.
Greaven 352, 551.
Grebel 962.
Gredinger 1313, 1317.
Green 85, 223, 252, 532, 557, 648, 824, 970, 1064, 1095, 1120, 1298.
— Fuel Economizer Co. 252.
Greenaway 261.
— Co. 899.
Greene 1250.
Greener 256.
Greenhalgh & Sons Vulcan Iron-works 1114.
Greenham 536.
Greenhood 693.
Greenville Carolina Power Co. 1190.
Greenwood 1200.
— & Batley 280, 569.
Greger 613.
Grégoire 1086, 1096.
Gregor 248.
Gregory 6, 293, 747, 772, 798, 881, 1026, 1061.
Gregsons 840.
Gréhant 209, 770, 973.
Greifenhagen 1166.
Greil 84, 799, 868, 953.
Greinacher 619, 620, 965, 666, 982.
Greiner 533, 613, 721, 759, 1319.
Grellert 249.
Grélot 736.
Gremmels 83.
Grenet 1097.
Gresham 594, 1009.
— Angling Society 557.
Greshoff 246, 889.
Gresly 61.
Gretzschel 662.
Greve 567.
Greville 11, 499, 901.
Grey 1232.
Grgin 231.
Grice 580.
— & Long 338.

Griesenauer 1303
Griess 1015.
Griessmann 268, 1236.
Griffin 370, 943, 1102.
— Engineering Co. 581.
Griffith 762.
Griffiths 483.
—-Bedell Co. 326.
— & Co. 154, 651.
Griger 952.
Griggs 169, 259, 1269.
— & Holbrook 660.
Grignard 16, 214, 215, 216, 217, 231, 234, 774.
Grille 247.
Grillmayer & Söhne 672.
vorm. Grillo, Wilhelm 1063.
Grimbert 206, 235, 841, 1007.
Grimes 615.
Grimm 202, 572, 812, 863, 1164.
Grimmer 240, 495, 1254, 1256.
Grimsehl 902, 960, 966.
Grimshaw 254, 610, 1214.
Grinder 611.
Grindley 239, 268, 402, 1236.
Griot 172.
Griswold 140, 1051.
Gritzner 888.
de Grobert 739, 1318.
Groc 1267.
Groebel 217, 219.
Gröger 244, 759, 896, 1223.
Grognot 928.
Grohmann 141, 1269.
Gromow 495.
Gröndal 301, 792.
Grondel Frères 1271.
Gronewaldt 826.
Gronwald 146.
Grönwall 304.
Gros 691.
Grösche & Koch 1234.
Groschuff 1107.
Grosjean 211, 1315.
Grosman 293.
Gross 964.
Grosse 1239.
Grosselin 31, 482.
Grosser Machine Co. 1290.
Grossmann 23, 24, 205, 214, 245, 246, 730, 743, 759, 975.
Groß 77, 470, 810, 898.
Große Berliner Straßenbahn 310.
Großmann 11, 17, 211, 245, 246, 759, 896, 902, 906, 975, 1011, 1162.
Grothe, Johannes 682.
—, Oskar 682.
de Groulart 1312.
Grouvelle & Arquembourg 1096.
Grove 1180.
de Grove 486.
Grover 480, 825.
Groves 290.
Grower 1054.
Grube 738, 817, 841.
Gruber 56, 875.
Grübler 206, 408.
Grueber 654.
Grümer & Grimberg 93.
Grun & Bilfinger 133.
Grün 1012, 1112.
Grünbaum 829.
Grundmann 1175.
Grüneisen 295, 405.

Gruner 270, 414, 663, 752, 788, 984, 1251, 1269.
Grüner 570.
Grünhut 210.
Grunmach 424, 968, 1010, 1138.
Grünzweig & Hartmann 851.
Grusonwerk 857.
Grut 118.
Grüttke 739, 740.
de la Grye 836.
Gschwendner 595, 1132.
Guarducci 810.
Guarini 54, 99, 453, 485, 465, 478, 505, 506, 607, 638, 1067.
Guastavino 706.
Gubler 467.
Gubser 244.
Guébhard 968.
Guélat 1203.
Guéneau 1151.
Guenet 75, 1092.
Guerbet 205.
Guérin 629, 1104.
Guerrini 403.
Guerry 929.
Guertler 410, 818, 896, 1108.
Guéry 449.
Guess 151, 795.
Guet 643.
Guetton 513.
Guggenheimer 534.
Guglielminetti 91, 94, 728, 1133, 1151.
Guibal 86, 91.
Guichard 878.
Guidi 104, 106, 167, 664, 852.
Guido 834.
Guignard 573.
—-Amelot 1087.
Guigues 18, 42, 528, 631.
Guiguis 282.
Guilbaud 580.
Guilbert 463.
Guild 876.
Guillaume 307, 320, 378, 475, 843, 1204.
— werke 636.
Guillemain 150, 719
Guillemard 205, 972, 1240
Guilleminot 450.
Guillery 347, 404, 857, 858, 864, 1135.
Guillet 292, 303, 305, 506, 817, 818, 865, 866, 1076.
Guinchant 30.
Guinotte 353.
Guion & Wrigley 1118.
Guitard 757, 1092.
Guldberg 198.
Güldner 588.
— & Motoren-Ges. Piat & Söhne 896.
Gulewitsch 755.
Gülich 209.
Gulick 1083.
Gulinow 532.
Gumlich 425, 463, 597.
Gum-Tragasol Supply Co. 35.
Gunckel 764.
Gundry 421, 441.
Günther 7, 16, 228, 241, 945.
— & Sons 1190.
Guntz 59, 189, 795, 828, 983, 1139, 1149.
Gurke 717.

Guske 102.
Gusteranus 598.
Gutbier 909, 1291.
Gutbrod 182, 730.
Gutehoffnungshütte 587, 589, 614, 616.
— Oberhausen 584.
Gutenberg 283.
Gutermuth 1213.
Guthe 442, 475, 486, 1106.
Guthermuth 1195.
Guthmann 505.
Guthrie 195.
Gutjahr 643.
Gutmann 617, 857, 994, 1003, 1009, 1065.
—, Alfred 1009.
Gutschke 2.
Gutte 689.
Güttler & Co. 1306
Guttmann 123, 800, 1007, 1063, 1124, 1254.
—, A.-G. für Maschinenbau 833.
Gutton 417.
Gutzeit 39, 803, 1008.
Gutzwiller 173.
Guye 151, 413, 422, 1106, 1138, 1140.
Guyot 223, 231.
Guyou 860.
Gwyer 23.
Gyárfás 802.
Gysince 306.
Gyzander 293, 1061.
G. & W. Mfg. Co. 326.

H.

Haack 533, 567, 740.
Haag 841.
Haager 629.
Haaheim 663.
Haak 728.
Haanel 45, 299, 306.
van der Haar 208.
Haarburger 767.
Haarmann 318, 319, 765, 767.
Haars 231.
Haas 18, 25, 33, 204, 223, 354, 911, 914, 968, 1181, 1188.
de Haas 388.
Haas & Stahl 152.
Haase 142, 374, 808.
Haast 1276.
Habenkorn 353.
Haber 291, 482, 486, 577, 841, 999, 1002.
Haberkalt 112.
Haberkorn 935, 950, 954.
Habermann 742, 762, 794, 1012.
Habersang & Zinzen 157.
Haberstroh 101, 854.
Habets 86, 88, 98.
v. Hacht 1030.
Hackedorn 137.
Hackelberg 689, 699.
Hacking & Co. 37, 1276.
Hackspill 151, 189, 794, 1106.
Hackworth 265, 353.
Haddock 1029.
Haddon 778, 947, 990.
Hadfield 296, 615, 817, 849, 850, 909.

Hadfield Steel Foundry Co. 45, 1305.
Haehn 273, 755, 798.
Haelbig & Sohn 1286.
Haefcke 1256.
Haeger 450.
de Haën 1063.
Haenig 44, 299, 720, 1128, 1218, 1229.
Haenle 877.
Haensel 900.
Haentjens 1030.
Haeussermann 26.
Haeussler 262, 576, 577.
Haeussermann 1125, 1299.
Haffner 756.
Haga 414, 421, 725, 1065.
Hagans 335.
Hagberg 697.
Hagemann 776, 978, 1213.
Hagen 429, 1079, 1222.
Hagenmüller 1283.
Haggas 569.
Hague 978, 999, 1262.
Haguet 1185.
Hahn 79, 209, 416, 577, 607, 772, 821, 826, 862, 968, 985, 986, 1140, 1160, 1219, 1225, 1281.
Hahne 353.
Hahnemann 536, 1154.
Haidinger 966.
Haier 162.
Haigh 1307.
Haight 832.
Hajek 143.
Hajós 723.
Hailer 1320.
Haimovici 102, 105, 113.
Hain 641.
Haines 1073.
Hake 414, 1127.
v. Halban 245.
Haldane 605.
Halden 778.
— & Co. 778.
Hale 214, 231.
Halenke 573.
Haler 522.
Halfpaap 542.
Hall 22, 78, 96, 204, 238, 260, 299, 369, 440, 535, 562, 580, 726, 796, 803, 1026, 1039, 1068, 1092, 1204, 1268.
—, E. 741.
—, J. 555, 741.
— & Dods 692, 697.
— & Sons 1275, 1276.
— & Stells 801, 1119.
Hallberg 162.
Halle 972.
Hallé 1087, 1222.
Haller 214, 219, 541, 743.
Hallerbach 1102.
Hallesche Maschinenfabrik und Eisengießerei 742.
Hallet 62, 1143, 1308.
Halleux 99.
Hallwachs 966.
Halm 154.
Halphen 542, 1282.
Halpin 264, 341.
Hals 803.
Halsey 348.
Hamann 55, 989.
Hambly 87.

Hamburg 494.
Hamburger 17, 736.
Hamelle 692.
Hamer 628.
Hämig 1136.
Hamilton 88, 90, 483, 717, 1101, 1198.
Hamm 1281.
Hammacher 758.
Hammelrath & Co. 685, 690, 1267.
Hammer 674, 979, 990, 1215.
— & Weber 1060.
Hammerl 607.
Hammesfahr 716.
Hammond 54, 177.
Hammonton 546.
Hamonet 219.
Hamp 692.
Hampel 287, 915.
Hampl 1230.
Hampson 575.
Hanamann 81.
Hanauer 602.
Hanausek 35, 234, 599, 869, 1040.
Hanchett 248.
— Swage Works 1006.
Hancock 295, 427, 779, 848, 1164.
Hand 230, 827, 1029.
Händel 765.
Handy 108.
Hanel & Schember 1229.
Hanes 763.
v. Hanffstengel 182, 635, 1170.
Hanft 515.
Haniel & Lueg 85.
Hanisch 107, 852, 854.
Hankel 976.
Hanley 89, 94, 95, 634.
Hann 99, 231, 504, 721, 762, 780, 784, 928.
Hanna 724, 1241.
— Eng. Works 156.
Hannart, Frères 515.
Hannemann 254, 255, 993.
Hannover 848.
Hannoversche Maschinenbau-A.-G. vorm. Georg Eggestorff 342, 343, 347.
Hanow 148, 640, 1122, 1131.
Hansel 1152.
Hansell 44, 98, 298.
Hansen 56, 285, 287, 312, 573, 811, 868, 869, 872, 922, 952, 972, 1159.
Hanser 683.
Hanson 279, 900.
Hansteen 889.
Hanszon 52.
Hantzsch 191, 214, 223, 245, 441, 530, 531, 897, 898, 927, 983.
Häntzschel 316.
Hanus 211, 542, 737, 768, 889, 891.
Happ 682.
Häpke 498.
Happel 968.
Harang 770.
Harburger Eisenwerk 753.
Harcourt 66, 905, 1040.
Harden 59, 306, 495, 574, 896.
Hardén 1153.
Harder 546.
Hardesty 492, 749, 1265.
Harding 106, 209, 728, 821, 853, 1027.

Hardingham 906.
Hardman 1119.
Hardt 70, 590.
Hardy 608, 1255.
— & Padmore 45.
Hare 683.
Harger 274.
Hargis 468.
Hargrave 836.
Harker 296, 1233, 1320
Harlé & Co. 263.
Harmet 305, 615, 616.
Harms 905.
Harper 120, 462.
Harprecht 387, 1175.
Harries 223, 753, 907, 1012.
Harrington 95.
Harris 254, 266, 402, 403, 599, 684, 765, 814, 845, 979.
Harrison 28, 66, 100, 179, 750, 904, 956, 1003, 1120, 1176, 1215, 1303.
Harrop 576, 820.
Harroun 671, 674, 979, 1092.
Harry 996.
Harsel 1076.
Hart 111, 152, 179, 617, 761, 870, 1194, 1200.
Härtel 1270.
Harter 114.
Hartford 1090, 1100.
— Time Switch Co. 469.
— Boiler Inspection and Insurance Co. 500.
Harth 1296.
Harting 713.
Hartl 623, 700, 1003, 1291.
Hartley 223, 417, 876, 956, 960, 1109.
Hartling 1297.
Harts 98, 1244.
Hartshorne 722.
Hartmann 77, 84, 85, 273, 275, 428, 602, 644, 707, 822, 824, 951, 1062, 1063, 1110.
— & Braun 467, 482.
— & Cie. 698.
—, Rud. A. 2.
vorm. Hartmann 504, 612, 1276, 1277.
Hartwell 806, 842.
Hartwich 282, 873, 891.
Hartwig 231.
Harze 86, 93.
Harvard 1078.
Harvey 428, 677, 782, 940.
Harwood 254, 899.
Hasak 653, 1307.
Haschek 1109
v, Hase 790.
Haselhoff 57, 573, 777, 804, 806, 808.
Hasenbäumer 559, 929.
Hasenclever Söhne 330, 401, 1050.
Hasenöhrl 644.
Hasensteiner 814.
Hashimoto 875.
Haskell 1034, 1216.
Haskin 714.
Haslam 348, 361.
Hasler 598.
Haslinger 29.
Hassack 955.
Hassam 1147.
Hasse 405, 892

Hasselmann 851.
Hasselt 61.
Hasselwander 585.
v. Hasslinger 409.
Haßler 203, 761, 1061.
Haßreidter 202, 1310.
Hatch 1256.
Hatchard 673.
Hatfield 292, 301.
Hathaway 32, 1125, 1274, 1278.
Hatmaker 872, 875.
Hatt 107, 857.
Hattersley & Sons 1276.
v. Hauberrisser 654, 678, 943, 944, 947.
Haubold jr. 37, 514, 1059.
Hauck 259.
Haudié 954.
Hauff 937, 1037.
Haulick 976.
v. Haunalter 808.
Haupt 187, 237, 543, 751, 874, 875, 1183.
Häuptli 503.
Hauptmann 594.
Hauptmeyer 414, 1295.
Hause 333.
Hauser 415, 486, 588, 984.
—, Gebr. 693.
— & Co. 52.
Häusler 808.
Hausmann 39.
Hausmüllverwertung G. m. b. H. 548.
Hausrath 567, 964.
Hausser 713.
Häusser 642, 821, 1139.
Haussner 294, 1226.
Häußer 1007.
Haußding 929, 1043.
Haußhälter 343.
Haußmann 732.
Havard 29, 150, 1296.
Havelik 535.
Havelock 902, 961.
de Hahn 1171,
Havestadt 744.
Hawes 450, 451.
Hawgood 670.
Hawk 522.
Hawkes 948.
Hawkesworth 104, 111.
Hawkins 614, 617, 836, 866.
Hawksley 1087.
Hawley 250, 646, 712, 1267.
— Down Draft Furnace Co. 553.
Hawraner 173.
Hawthorne 245.
Hayden Mfg. Co. 351.
Hayes 378, 1093.
Hayford 733, 1215.
Haynes 512, 1083, 1078.
— Co. 1092.
— & Barnett 661.
Hays 512.
Hayward 53.
Hazen 10, 608, 1255.
Hazewinkel 211.
Hazuras 284.
Head 1228.
Headden 876.
Heal 857, 1120.
Heald 1038.
— Machine Co. 1038.
Heany 81.

Hearson 813.
Heath 539, 593, 645, 839, 1096, 1265.
Heathcote & Sons 703.
Heberlein 151, 719.
Hebert 238, 1102, 246.
Hecht 886, 1307.
Heck 720.
Heckel 90, 630, 993.
Hedde 810.
Hedenström 229, 927.
Hedgeland 1092, 1093.
Hedges 1090.
Heepke 2, 270, 550, 650, 1264.
Heerde 144.
Heermann 519, 526, 728.
Heesch 1024.
Hefelmann 207, 891.
Hefft 336.
Heffter 94.
Hefner 66, 905.
Hefter 541.
Hegele 682.
Heggenhaugen 247.
Hehl 678.
Hehner 621.
von der Heide 1132.
Heidenreich 141.
Heidepriem 760, 1071
Heidtmann 1029.
Heil 489, 862.
Heilbronner 1070.
Heilbrun 398, 535.
Heilmann 60, 525, 828, 1113, 1114.
— & Littmann 283, 694.
Heilmeyer 271.
Heim 135, 170, 311, 554, 1116, 1133, 1148, 1243, 1261.
Heimann 66, 70, 201, 687, 904, 928.
— E. 656.
— & Cie 524.
Heimburger 68.
Heimsheimer 972.
Heine 436, 518, 601, 646, 817, 1183.
—, F. 809.
Heineken 1289.
Heinicke 762.
Heinrich 100, 383, 1162.
Heinrici 789, 898.
Heintel 103, 852.
Heintzenberg 550.
Heinz 830, 1063.
Heinze 572, 803, 804, 1064, 1139, 1298.
Heinzelmann 146, 270, 640, 1122.
Heise 714.
Heiskell 1142.
Heisler Mfg. Co. 776.
Heissner 1121.
Heitzinger 381.
Helbé 1083.
Helbig 550.
Heldt 1026, 1092.
Hele 796, 1098.
Helfritz 234, 737.
d'Héliécourt 934.
Helle 607.
Heller 29, 141, 146, 223, 251, 267, 347, 897, 1077, 1080, 1083, 1097.
du Heller 91.
Hellige & Co. 869.
Helling 1021.
Hellmann 1091, 1093.

Hellmund 422, 423, 451, 452, 456.
Helm 870.
— French Machine Co. St. Louis 54.
Helmert 1215.
Helmholz 265.
Helmick 1144.
Helmsch 742, 870.
Helwes 607.
d'Hémery 1095.
Heminway 265, 1057.
Hemm 503.
v. Hemmelmayr 223.
Hempel 891, 892, 1013, 1062, 1140.
Hemphill 1290.
Henatsch 1316.
Hénault 202, 243.
Henckels 919.
Henderson 27, 79, 259, 337, 401, 489, 655, 903, 948, 1106, 1235.
— & Co. 328, 1171.
Hendorff 183.
Hendy Machine Co. 279.
Henemann 565.
Hengerer 657.
Henke 429, 457, 781.
Henking 673.
Henle 214, 223, 229, 774.
Henley 651.
Henneberg 56, 57, 58, 143, 499, 640, 809.
Hennebique 61, 118, 120, 125, 126, 127, 130, 136, 168, 173, 174, 314, 384, 664, 666, 683, 685, 1271.
— Construction Co. 109.
Hennebutte 1096.
Hennessey 361.
Hennicke 219.
Hennig 247, 474, 484, 963, 1112, 1113.
Hennigs 1182.
Henning 268, 409, 1233.
Hennry 992.
Henny 1267.
Henochsberg 1252.
Henri 755.
Henrich 46, 117, 876, 984.
Henrici 602, 687.
Henricot 320, 324.
Henriksen 633.
Henriod 1094, 1098, 1099.
Henriques 972.
Henrtey 580.
Henry 21, 45, 88, 214, 219, 344, 495, 572, 757, 764, 773, 867, 1239.
—, M. 175.
Henschel & Sohn 47, 339, 341, 353.
Hensen 15.
Henshall 558.
Henshaw 92.
Hensoldt & Söhne 490.
Henss 23, 714.
Henstock 223.
Henz 696.
Henze 253, 1179.
Hepke 472.
Hepner 241, 869, 971.
Hera 916.
Heraeus 57, 203, 547, 631, 929, 1043, 1163, 1164.
Hérault 1090.
Herberg 269, 1312.

Herbert 278, 541, 569, 858, 1287.
Herbette 59, 738.
Herbig 98, 539, 542, 1294.
Herbst 766, 754, 755, 1296.
Hercules 116, 733.
— Auto Specialty Mfg. Co. 1098.
Herder 20.
Herdner 339.
Herdon 285.
Herdt 451.
v. Herff 272.
Hergesell 867.
Héricart 61.
Hering 46, 47, 262, 333, 404, 486, 608, 844, 888, 959, 980, 1193, 1201.
Herington 1289.
Heriot 86.
Hérissey 17, 238, 620.
Hérisson 1094, 1098.
Herkenrath 487, 829.
Herman 1040.
Hermanek 127, 673.
Hermann 203, 417, 564, 603, 856, 884, 877, 965, 982, 1110, 1138.
Hermanni 468.
Hermansen 822.
Hermes 873.
Hermite 5, 243, 444.
Herms 42, 297.
Herner 1023, 1032.
Héroult 44, 45, 305, 306.
Herrich 622.
Herrick 100, 558.
Herring 72, 820, 821, 822.
Herrmann 84, 215, 285, 383, 825, 846, 1214, 1319.
Herschel 544, 745, 1000, 1041, 1241, 1267.
Herstal 571.
Hertel & Co. 731.
Herting 234.
Hertwig 404, 859, 1169.
Hertz 404, 412, 419, 858, 1028.
Hertzsprung 933.
Herweg 413, 488, 573, 811.
Herz 81, 190, 751, 1014.
— & Co. 1092.
Herzberg 913, 922, 923, 924, 925.
Herzer 696.
Herzfeld 893, 1159, 1313, 1315.
Herzig 215, 224, 727.
Herzinger 518.
Herzog 46, 61, 76, 227, 234, 328, 356, 357, 367, 392, 393, 394, 430, 432, 433, 464, 467, 484, 494, 559, 575, 600, 785, 823, 856, 980, 1070, 1111, 1184, 1304.
Hesehus 1102.
Hess 459, 801, 902, 1303.
— Warming and Ventilating Co. 609, 1181.
Heß 921, 1131, 1253.
Hesse 59, 187, 224, 491, 743, 873, 875, 895, 957, 971, 1121, 1188.
Hessenbruch 826.
Hessing 607.
van Heteren 886.
Hethérington 1113, 1115.
Hetherington 1300.
— & Sons 156, 570, 1117, 1119, 1129, 1130.
Hetsch 1257.

Hett 201, 1210.
Hettinger 1154.
Hetzel 758.
Hetzels 275.
Heude 1133.
Heuse 867.
Heuser 1203.
Heusinger 264, 339, 354.
Heusler 23, 307, 424, 794, 843.
Heusner 728.
Hewitt 50, 80, 224, 230, 397, 703, 893, 939, 941, 942, 948, 1207.
Hewlett 468, 470.
Hexamer 118, 547.
Hey 156, 997.
— Ishmael 1114.
Heyd 657, 748.
Heyde 897, 1151.
Heyden 481.
van der Heyden 498.
Heydenhaus 1296
Heydenreich 204, 1220.
Heydweiller 425, 463.
Heyer 11.
Heygen & Co. 1289.
Heyl 208, 231.
Heyland 451, 453, 457, 459.
Heym 301, 565, 584, 585, 775, 980, 1044, 1189, 1193, 1200.
Heymach 1136.
Heyn 296, 298, 304, 305, 612, 794, 848, 850, 851, 864, 927, 1061, 1064.
Heynemann 1067.
Heyninx 545.
van Heys 1079.
Heyward 55.
Heywood 1173.
Hibbard 297.
Hibbert 215, 515.
Hickmann 887.
Hicks 228, 598, 1099, 1233.
Hidden 876.
Hiecke 943, 947.
Hield 32, 34, 35, 36, 527, 532, 599, 856, 1038, 1114.
Hiemenz 521.
Hiendlmaier 198.
Hiett 123.
Higgins 1152.
High Duty Saw & Tool Co. 1005, 1287.
— Tension Co. 1092.
Higson 1013.
Hilarius 995.
Hilbrand 1025.
Hild 359, 555.
Hildebrand 88, 371, 887.
Hildebrandt 201, 206, 1022.
Hileman 560.
Hilgard 120, 168, 664.
Hilger 1087.
— & Co. 462.
Hilgenstock 826.
Hilgermann 59, 1240, 1254.
Hill 24, 281, 447, 456, 481, 496, 570, 605, 746, 763, 770, 1114, 1270.
— & Co. 1161.
— Motor Car Co. 1078.
Hillairet 635.
Hillebrand 623, 876.
Hiller 263, 620.
Hillig 555, 716.
Hillischer 326.

Hills 222.
Hilmer 1071.
Hilpert 46, 898, 422, 980.
vorm. Hilpert 260.
Hiltner 567, 807, 810.
Himes 179.
Himmel 69.
Himmelheber 1204.
Himmelwright 109, 110, 111, 675, 706, 1002.
Himstedt 650, 986, 1109.
Hinden 72, 458, 1108, 1207.
Hindley & Son 579.
Hinds 710.
Hines 188, 843.
Hinkens 630.
Hinrichs 21, 192, 195, 1103, 1291.
Hinrichsen 190, 560, 729, 849, 856, 984, 1108, 1149, 1162.
Hinsberg 25, 1056.
Hinton 946, 965.
Hinträger 684, 695, 696, 701.
Hintz 1061.
Hiorns 292, 296, 301, 611, 794, 851.
Hiorth 1043, 1181.
v. Hippel 371.
Hirsch 7, 52, 695, 872, 1220.
—, Maximilian 730.
Hirschauer 358, 429, 432.
Hirschfeld 729.
Hirschland 277, 851.
Hirschson 1235.
Hirst & Son 1146.
Hirzel 1011.
Hissen, Meuter & Herweg 255.
Hitchon Gear and Automobile Co. 1078.
Hitt 387, 1173.
Hittcher 186.
Hittorf 420.
Hixon 1036
Hixton 792.
Hjalmar 395.
Hjorth 1047.
Hladik 890.
Hoagland 279.
Hoardley 1261.
Hobart 161, 263, 447, 450, 458, 460, 474, 550, 1193, 1194.
Hobbs 944.
Hobel 610, 796.
Hobson 1094, 1284.
Hocheder 658.
Hochenegg 483.
Hochsteller 15.
Hochstetter 955.
Höchtl 429.
Hochwald 266.
Hockauf 891.
Hocking 760.
Hocquart 402.
Hodgart 88.
Hodges 671, 1047.
Hoe & Cie. 285.
Hoebener 1101.
Hoefer 155, 157.
— Mfg. Co. 509.
Hoerde & Comp. 886.
Hoernes 403.
Hoesch 290.
von Hoesslin 972.
Hofbauer 1216.
Höfchen 852.
— & Peschke 685.

Hofer 10, 300, 302, 1036, 1139.
Höfer 935.
Hoff 482.
van't Hoff 159, 193, 196, 199, 738, 894, 1008, 1139.
Hoffa 607.
Hoffman 93, 194, 491, 668, 760, 768, 1188.
— Mfg. Co. 801.
Hoffmann 92, 99, 165, 688, 718, 806, 950, 968, 1037, 1074, 1128, 1160, 1164, 1165.
—, Arnold 287.
—, C. 851.
—, E. J. 308.
—, Fr. 1061.
—, H. 722, 779.
—, J. 159.
—, Josef 528.
—, J. F. 197, 609, 1180.
—, Ludwig 698.
—, M. 810.
—, Otto 582, 586.
—, P. 31, 36, 37, 514, 523, 1069, 1275
—, Paul 641.
—, W. 56, 57, 291, 499, 872.
— & Co. 1031.
— Mfg. Co. 1093.
de Hoffmann 1036.
Hoffmeister 12, 189.
Hofherr & Schrantz 815, 885.
Hofmann 105, 150, 215, 376, 573, 658, 811, 837, 1073, 1105, 1126, 1231, 1264.
—, Albert 657, 679.
—, Amerigo 568.
—, C. 236.
—, F. W. 1004.
—, Hans 913.
—, K. 679.
—, K. A. 50, 198, 224, 244, 245, 725, 983.
—, Karl 211, 679.
—, Ludwig 679.
—, Max 816.
v. Hofmann 195.
Hofmeister 689, 814.
Höft 870, 871.
Hogarth 799.
Hogdson 1029.
Hogemann 1035.
Hogg 691, 1022.
Högg 689.
Hoghesand 1047.
Höglauer 52.
Hohenberg 656, 673, 709.
Hohenegger 320.
Hohmann 90, 1172.
Hohwü 1203.
Hoirth 33.
Holtsema 886, 1107.
Holbom & Kurlbaumr 1235.
Holborn 268, 1234, 1235.
Holcroft 947.
Hold Fast Lamp Guard Co. 83.
Holde 41, 203, 539, 834, 855.
Holdefleiß 572, 811.
Holden 366, 477, 507, 785, 1196, 1223.
Holder 476.
— & Brooke 261.
Holdermann 983.
Holey 263.
Holfert 12.

Holgate 821.
Holland 675, 1042.
Hollard 202, 203, 410, 613, 795, 1063, 1310.
Holleman 27, 84, 215, 219, 224, 897.
Hollender 405.
Hollert 787.
Holley 890, 1095, 1097.
Holliday 761.
Hollingdrake & Son 991, 998.
Hollingworth 196, 1276.
Hollis 488.
Hollrung 1313.
Holly 261.
Hollyday 276.
Holmann 436.
Holmberg 1065.
Holmboe 1210.
Holmes 90, 193, 282, 749, 825, 884, 1061, 1245.
— & Allen 326.
— & Co. 156, 1037.
Holmgren 1125.
Holroyd & Co. 154, 279, 568.
Holroyde 1205.
Hölscher 690.
Holthusen 1032.
Holtsmark 804.

Holtz 411, 418, 422, 596, 968.
Holtzer-Cabot-Electric Co. 535.
Holtzhausen 1274.
— & Co. 885.
Holubeck 1071.
Holyoke Machine Co. 992.
Holzhauer 729.
Holzknecht 727.
Holzmann & Co. 748.
Holzmüller 419, 440.
Holzner, Brüder 505.
Holzwarth 1198.
Holzweiler 1231.
Homann 105.
Hömberg 573, 811.
Homberger 1191.
Homolka 932, 938.
Honcamp 572, 929.
Honda 425.
Hone 115, 626.
Honey 1049.
Hönig & Co. 544.
Honigmann 85, 483, 577, 989.
Hönigsberg 966.
Hönigschmid 23, 1108, 1160, 1162.
Honsell 1241.
Hood 43, 64, 504, 553, 613, 710, 933, 1042.
Hooghwinkel 96.
Hooke 105, 108, 406.
Hooper 282.
Hoover & Mason 1170.
Hope 1030.
Höpfner 697.
Hopkins 194, 285, 768, 947.
Hopkinson 260, 295, 424, 425, 450, 502, 821, 1053, 1196, 1213.
Hoppe 88, 427, 944.
Hopper 482.
Hoppes Mfg. Co. 1052.
Hopson 1265.
Hora 1087.
Horch & Cie. 1072, 1099.
Horel 254.

Hörlein 18, 224.
Horn 202, 203, 245, 716, 736, 795.
v. Horn 1241, 1242.
Hornberger 547, 712.
Horne 1317, 1318.
Hornemann 1153.
Horner 652, 735, 1036, 1287.
Hornsby 581, 591.
— & Sons 249.
v. Horoszkiewicz 207.
Horowitz 174.
Horsey 269.
Horsfall Destructor Co. 880, 881.
Horsley 681, 946, 956.
Horsnaill 460, 788.
Horstmann 72, 825.
Hort 848, 866.
Horton 410, 608, 1215.
Horwitz 1203.
Hosea 763.
Hoskins 22.
Hosmer 465.
Hosse 1148.
v. Hösslin 1124.
Hoßfeld 677.
Hotchkin 1098, 1100.
Hotchkiss 1083, 1096, 1224.
Hotopf 393.
Hotopp 108, 406, 1150.
Hotschmidt 771.
Hotter 899.
Houben 215, 743, 1014.
Houdaille 105.
Houdet 1088.
Hough 1126, 1187.
Houillon 26, 213.
Houldworthe 1118.
Houlsen 610.
Houlson 846.
Houston 398, 423.
Houstoun 902, 966.
Houzeau 1134.
Houzer 1052.
Hovey 828.
Howaldtswerke 276.
Howard 17, 61, 108, 125, 169, 238, 304, 313, 590, 851, 853, 1055.
— & Bullough 1113, 1114.
— — — 1115, 1120.
Howarth 1305.
Howatt 440.
Howd 1192.
Howden 1021.
Howe 180, 304, 452, 505, 710, 849, 1002, 1243.
Howell 82.
Howes Co. 884.
Howietown Fishery 558.
Howitz 241.
Howl & Tranter 251, 254.
Howles 1139.
Howorth & Co. 831, 838.
Hoy 162.
Hoyt 1136.
Hromatka 168, 320, 377, 664, 1243.
Hubbard 308, 422, 428, 646, 839, 840, 843.
Hübbe 744.
Hubbell 265, 353.
Hübener 1064.
Hubendick 588.

Huber 244, 818, 858, 866, 868, 1109, 1282.
— Gebr. 115, 129, 287, 314, 1178.
Hubert 40, 589, 1283.
v. Hübl 313, 937, 949, 950.
Hübner 60, 231, 761, 871, 893, 1227.
Hübscher 729.
Huckstep 62.
Huddy 1073.
Hudler 550.
Hudson 165, 197, 551, 817, 960.
Hueppe 609.
Huessener 721, 723, 766.
Huet 348, 513.
Huff 416.
Hüffner 1278.
Hug 523.
Hugelin 1277.
Huggins 985, 1109.
Hugh 714.
— Smith & Co. 141.
Hughes 580, 807, 822, 1152.
— & Stirling 880.
Hughitt 384.
Hughmark 185.
Hugounenq 27, 215, 239, 402, 403.
Huguet 635.
Huhs 273.
Huillard 1181.
Hulbert 1161.
Hulett 486, 983, 1172, 1173, 1176.
Hulley 796.
Hülfert 255, 256, 269.
Hull 1109.
Hulshoff 589.
Hülßner 707.
Hult 267.
Hulwa 559.
Humann 411, 449, 466, 474.
Humber 49, 1083.
Humfrey 850.
Hummel 682.
— & Förstner 689, 693.
v. Hummel 594.
Hummelsheim 730.
Humpfrey 1267.
Humphery 610.
Humphrey 138, 584.
Humphreys 533, 1225.
Hundeshagen 308.
Hundhausen 788, 866, 1130.
Hundt 86, 87, 130, 1198.
v. Hünersdorff Nachf. 1070.
Hünerwadel 696.
Hunke 627.
Hunkin Brothers & Co. 119, 665.
Hunt 387, 616, 1061, 1171, 1175, 1223.
— Co. 1170.
Hunter 239, 275, 371, 495, 624, 745, 746.
Hunting 127.
Huntington 43, 151, 719.
— Automobile Co. 1090.
— Mfg. Co. 1029, 1030.
Huntley Mfg. Co. 884, 885.
Hunts 328.
Huntsmann 303.
Huntziker 790.
Hurd 338, 1024, 1027, 1073.
Huré 651, 1151.
Hurlbut 109, 384.
Hurle 698.

Hurst 419, 440, 519, 1068.
Hursy 1034.
Hurt 596.
Hurwitz & Co. 75.
Häser 115.
— & Cie. 115, 1183.
Husnik 959.
Hussey 513, 1071.
Husson 61.
Hussong 514.
Huß 242.
Hutchins 55, 98, 489, 591, 621, 622.
Hutchinson 98, 433, 434, 437, 949, 1133.
Huth 1076, 1077.
Huthsteiner 513, 1099.
Hütt 1060.
Hutten 1238.
Hüttenrauch 703, 812.
Hüttig & Sohn 953.
Hutton 61, 152, 306, 517, 772, 1043, 1259.
Hyatt 133.
— Roller Bearing Co. 801.
Hyde 144, 546, 662, 671, 674, 905, 1087.
Hyhke 288.
Hynke 828.

I.

Ibbotson 306, 1043.
Ibrügger 815.
Ide 1190.
Igersheimer 272.
v. Ihering 834, 993, 1212.
Ihro 406.
Ilgen 634.
Ilgenstein 1017.
Ilgner 88, 1206.
Iljin 282.
Illeck 846.
Illingworth 615, 937.
Illinois Steel Co. 1232.
Imbert 974.
Imbery 465.
Imfeld 995.
Imhoff 8, 709.
von Imhoff 4.
Immendorf 288.
Indented Steel Bar Co. 124.
Industrielle Telephongesellschaft 472.
Ingalls 43, 729, 1309.
Ingersoll 315, 481, 569, 601, 832, 1109.
— Milling Machine Co. 569.
—-Rand 661, 746, 1161.
— Co. 323, 634, 1188.
—-Sergeant 668, 832, 1188.
— Co. 833.
Ingham 1266.
Ingle 803.
Inglese 627.
Inglis 39, 1010, 1062, 1138.
Innes 594, 833.
Inokuty 845.
Insley 140.
Interborough Rapid Transid Co. 267.
International Telephone Mfg. Co. 536, 538.
— Winding Co. 1129.

Interstate Commerce Commission 332.
Interstate Foundry Co. 563.
Intze 386, 1269, 1271.
Iowa Brick & Tile Association 1143.
Ipsen 20, 208.
Ireland 1293.
Irvin 720.
Irvine 94, 215, 224, 1012.
Irving Mfg. & Tool Co. 1284.
Isaac 1239.
Isaacs 1001, 1179, 1287.
Isaak 196.
Isaja 271.
Isay 231.
Isherwood 1233.
Isolatorenwerke München 484.
Ißleib 807.
Itala 49.
van Itallie 239, 495, 539, 540.
Ivatt 348, 362, 366, 386.
Ives 945, 949, 958, 1153.
Iwanow 800.
Iwanowski 524.
Izod 408, 713, 848, 855, 866.

J.

Jaboulay 292, 729.
Jackson 25, 27, 54, 96, 169, 224, 241, 442, 445, 458, 470, 478, 652, 665, 763, 779, 792, 970, 1006, 1057, 1087, 1172, 1234, 1302.
— Cement Sewer Pipe Co. 492.
Jacob 67, 68.
Jacobi 267, 488, 1066.
Jacobiwerk 976.
Jacobs 219, 276, 595, 793, 1044, 1297.
Jacobsberg 977.
Jacobsen 794, 892.
Jacobson 24, 212, 213, 587, 590, 928, 968.
— & Co. 1077.
Jacobus 257, 514, 515, 521, 527.
Jacoby 1066, 1103.
Jacquard 130, 925, 1273, 1274, 1276, 1278, 1279, 1280.
Jacqué 1299.
Jacques 487.
Jacquinot 1268.
Jacquot & Taverdon 652.
Jadwin 105, 853.
Jaeger 42, 164, 224, 228, 376, 402, 470, 475, 479, 719, 1176, 1236.
— & Co. 594.
Jaeglé 153.
Jaehn 319.
Jaekel 1030.
Jaffé 409, 557, 518.
Jagenberg 505.
Jäger 422, 476, 625, 824, 977.
Jago 862.
Jahn 580, 908.
Jahoda 209.
Jahr 1293.
—, Moritz 31, 153, 254.
Jais 147, 148.
Jakob 163, 1086.
Jakobi 290, 301, 718.

Jakobs 361.
Jalowetz 146, 147, 768.
James 472, 1014.
— & Browne 1083.
Jamieson 219, 284, 971, 1065, 1177.
Janbert 835.
Jandus 1212.
Jänecke 193, 738.
Janesch 705.
Janicki 188, 894, 982, 1109, 1159, 1259, 1310.
Janka 145.
Jannasch 164, 201, 211, 242, 908, 928.
Janney, Steinmetz & Co. 1099.
Jannopoulos 1124.
Jansen 1104.
Janson 601, 1019, 1021, 1194.
Janssen 639, 718, 784, 1231.
Jansson 992, 1198.
Jantzen 123, 1147.
Januczkéewicz 463.
Janvier 1295.
Japiot 389.
Jardine 1280.
Jares 638.
Jarman 938, 940, 942, 944, 945, 946, 947, 956, 958.
de Jarnette 1087.
Jaspisstein & Lemberg 68.
du Jassonneix 159, 244, 424, 844, 878, 1160.
Jatzow 689.
Jaubert 12, 94, 189, 606, 736, 1260.
Jaumann 425.
Javillier 1310.
Jaworski 236.
Jaycox 601.
Jean 187.
Jeancard 926.
Jeanmaire 472.
Jeans 576, 962, 964, 967.
Jeantaud 1079.
Jebb 1132, 1146.
Jebens 1034, 1040.
Jeffrey 681.
— Mfg. Co. 639, 757, 975.
Jehle 607.
Jeidel 1285.
Jellinek 604.
Jemmett 684, 701.
Jena 737.
Jencic 955.
Jenckel 543.
Jenisch 231.
Jenkin 391.
Jenkins 209, 821.
— Bros. 254.
Jenner 52, 700.
Jensen 414, 538, 575, 750, 751, 869, 875.
Jentzsch 312, 331, 565.
Jequier 22.
Jerratsch 823.
Jerwitz 503.
Jesovits 1243.
Jessel 468.
Jessen 1015.
Jesser 1036, 1300.
Jessop 1026.
Jewell 1254, 1256, 1257.
— Export Filter Co. 1254, 1255.

Jitschy 238.
Joachim & Sohn 917.
Joannini 109, 665.
Joannis 24, 738, 894.
Job 317, 318, 324, 1003.
Jobson 781.
Jockman 1148.
Jockmans 1148.
Jödecke 114, 878.
Jodlbauer 494.
Joé 933, 934, 935, 943, 944, 958.
Joffé 982.
Johannsen 828.
Johannessen & Hakansson 690.
Johannsson 864.
Johansen 731.
John 613, 720, 793, 1052.
—, Irvin 299.
— Lang & Sons 280.
Johnen 170, 256, 262, 610, 1005, 1287.
Johns 231, 1050.
—-Manville Co. 260, 326, 1051, 1267.
Johnson 5, 6, 85, 90, 110, 124, 136, 137, 138, 140, 144, 150, 176, 177, 179, 185, 219, 224, 231, 240, 245, 299, 322, 369, 370, 406, 447, 474, 639, 640, 645, 673, 676, 697, 739, 742, 797, 839, 849, 853, 1034, 1036, 1047, 1054, 1059, 1064, 1065, 1191, 1209, 1211, 1235, 1272, 1287.
—, R. D. O. 1036.
— Co. 110, 612, 675.
— Grocery Co. 128.
— & Phillips 77, 466, 1032.
— & Webber 663.
Johnston 441, 615, 815, 1230.
Johnstone 551.
Joliette-Arenc 127.
Jolles 206, 237, 240, 539, 756, 769.
Jolley 1206.
Joly 949.
de Joly 107, 625.
Jona 477.
Jonas 457.
Jones 7, 73, 118, 160, 191, 197, 198, 215, 268, 308, 409, 414, 440, 442, 481, 527, 578, 598, 722, 821, 824, 984, 985, 1036, 1099, 1101, 1138, 1236, 1295.
—, L. R. 809.
— Electrical Co. 469.
— & Lamson 279.
— & Laughlin Steel Co. 301.
—, Pollard & Shipman 157.
Jonescu 20, 973.
de Jong 19, 755, 1012.
Jongkees 233.
Jonson 406, 706.
von Jonstorff 293.
Joos & Huber 703.
Joosten 85.
Joosting 182.
Jopke 111.
Jordahl 119, 547, 706.
Jordan 160, 181, 870.
Jordan Co. 55, 315, 496.
Jordis 1107.
Jörgensen 63, 159, 929, 974, 975.
Jorissen 242, 410, 736, 1259.
Josef 739.

Joseph 235, 289, 604, 729, 866, 1009, 1048, 1179, 1214, 1291.
Josephys Erben 505.
Joslin 962.
Joss 691.
Josse 426, 781, 906, 1318.
Jost 154, 244, 685.
Jottrand 1050.
Jouan 56.
Jouard 833.
Jouaust 66, 424, 905.
Jouguet 586, 790.
Jouinot 1221.
Joule 306, 818, 1237.
Joung 26.
Jovitschitsch 219, 231.
Jowett 231.
Jowitschitsch 42.
Joy 264, 353.
Juckenack 891.
Judd 723, 766, 792.
Jude 851.
Jüdel 377.
Judge 203, 443, 1309.
Juillerat 602.
Julich 1247.
Julien 1098.
Julke 1070.
Julliot 834.
Jumau 17.
Jumelle 752.
Jung 250, 270, 310, 338, 347, 351, 352, 354, 1296.
Junge 583, 584, 585, 722, 779.
Jungfleisch 755, 1012.
Jungbändel 186.
Junghans 1099, 1181.
— Gebr. & Thomas Haller 995, 1204.
Jungl 152.
junglöw 1289.
Jungner 489.
Jüngst 611, 851.
Junker 1237.
Junkers 163.
Jupe 807.
Juppont 477.
v. Jüptner 291.
Jürgens & Westphalen 777.
Jürgensen 540.
Jürgensen & Bachmann 678, 679.
Jurisch 550, 551, 988, 1108, 1136.
Just 81, 572, 872, 875.
— & Franz 81.
Jüterbock 570.

K.

Kaas 403.
Kabrhel 1256.
Kadgien 803.
Kadiera 530.
Kaeferle 644, 992.
Kaehl 1040, 1132.
Kaemmerer 744, 790, 1022, 1023, 1174.
Kaeser 820.
Kaestner & Co. 511.
Käferle 1213.
Kahan 1065.
Kahl 1306.
Kahle 724.
Kahn 105, 111, 124, 125, 126, 128,

129, 137, 175, 177, 190, 660, 670, 694, 852, 1147.
Kailan 224, 1014.
Kaiser 607.
Kaiserling 906.
Kajet 4.
Kakansson 734.
Kalähne 15, 412.
Kalamazoo Ry. Supply Co. 154, 330, 371.
Kalb 229.
de Kalb 45, 551, 1305.
Kalk 390.
Kalker Trieurfabrik 815.
Kalle & Co. 531.
Kallir 467.
Kallmann 426, 465, 470, 472, 476.
van Kalmthout 769.
Kalt 583.
Kambersky 807, 970.
Kamenetzky 609.
Kammann 9.
Kammerer 634, 1172.
Kämmerer 773.
Kampe 1075.
Kampffmeyer 658.
Kampmann 705.
de Kande 392.
Kander 881.
Kane 1094.
Kann 297, 733.
Kanngießer 566.
Kanolt 440.
Kantorowicz 227.
Kapella 731.
Kaper 279.
Kapff 527.
Kapffs 1046.
Kaplan 1201.
vorm. Kapler 609, 884, 885.
Kappeler 560.
Kappell 811, 869.
Käppeli 811, 869.
Kappen 739, 1302.
Kappmeier 608.
Kapteyn 374, 990.
Karaoglanoff 441.
Karger 825.
Karlik-Witte 89.
Karmeli 1097.
Karo 232.
Karpen 1153.
Karrigan 1048.
Karst & Fanghänel 685.
Karstaedt 517, 518.
Kasdorf 187.
Kaserer 57, 774, 1259.
Kassel 1036.
Kaßner 198, 577.
Kasson & Co. 796.
Kast 1123.
Kastler 116, 467, 1304.
Kastner 145.
Kaszner 198, 577.
Kattenbracker 53.
Kattenbusch 287.
Katz 657.
Katzer 97, 298, 843.
Kauffmann 192, 198, 224, 897, 972.
— & Brandt 993.
Kaufler 530.
Kaufmann 103, 112, 186, 191, 228, 241, 416, 419, 717, 751, 812, 833, 918, 925.

Kaumann 689.
Kausch 271, 444, 908, 1140.
Kausek 1313.
Kautz 491, 566.
Kauttsch 698, 731.
Kavanagh 446.
Kavečka 805.
Kawel 693.
Kay 1158.
—, Max 147.
Kaye 196, 641.
Kayser 41, 58, 225, 358, 362, 399, 892, 926, 1142, 1145, 1281.
— & von Großheim 689.
vorm. Kayser, Gebr. 888.
v. Kazay 211.
Kean 250.
Keats 1055.
Kech, Edwin 1251.
Kedesdy 1162.
Kedzie 861.
Keefe 119, 626.
Keep 295, 851.
Kees Rocks 1231.
Keeson 1229.
Kegel 86, 738.
Kehr 14, 190, 537, 1152.
Kehrmann 224, 231, 531.
Kehrmaschinengesellschaft Salus 1148.
Keidel 643.
Keighley 763.
Keil 52, 143, 146.
Keilpart & Co. 734, 862.
Keim 28.
Keimatsu 900.
Keister & Co. 1172.
Keith 69, 1045, 1048, 1135.
— & Blackman Co. 594.
Kelhofer 1318.
Keller 240, 275, 305, 306, 510, 520, 665, 759, 793, 825, 878, 1184, 1241, 1263.
— & Co. 255, 1259.
—, Edward 797.
—, Friedrich Gotthold 925.
—, H. 866.
— & Knappich 13, 14, 73, 190.
—·Leleuy·Co. 306.
— Machine Co. 1278.
Kellermann 352.
Kellner 268, 572, 741, 810, 811, 972, 998, 1066, 1304.
Kelly 473, 614, 1251.
Kelsall 457.
Kelsey 453, 1098, 1100.
Kelvin 479, 1076, 1234, 1252.
Kemna 1257.
Kemp 792.
Kempe 283, 285, 977.
Kempers 119
Kempf 215, 654, 798, 799.
Kempken 424.
Kempsmith Mfg. Co. 569.
Kendrik 713, 824.
Kennedy 595, 763, 848, 989, 997, 1097.
— & Sons 796, 448.
Kennelly 422, 446, 1233.
Kenney 1027.
Kennon 194, 768, 1142.
Kent 308, 490.
Kenway 646.
Kenyon 928, 1010.
Keokuk Cereal Co. 511.

Keppler 381, 669.
Ker 461, 1146.
Kerbaugh 171, 314.
Kerber 968.
Kerbey 390.
van den Kerckhove 266.
Kerdijk 55, 622.
de Kermond 478.
Kern 816.
Kerp 953.
Kerr 1109, 1197, 1198, 1241.
— & Co. 999, 1051.
— Stuart & Co. 348.
Kershaw 5, 17, 162, 163, 439, 444, 551, 577, 792, 1140, 1239.
Kerst 379.
Kersten 185.
Kerteß 517, 531.
Kessler 49, 946.
Kestner 760, 798, 962, 1117, 1122, 1316.
Ketcham 330.
Ketels 236.
Kettler 1320.
Keuffel & Esser Co. 732.
Kewanee 1304.
Keymer 601.
Keystone 756.
— Steel Co 326.
Kharkow Locomotive and Engineering Works 1005.
Kick 108, 630.
Kickton 677, 678, 679, 769, 890, 1066, 1282.
Kiddie 595, 1044.
Kiefer 406, 859.
Kieffer 671, 674.
Kieley 436.
Kielhauser 442.
Kienböck 727.
Kienitz 568.
Kies 378.
Kieschke 685.
Kiesel 970.
Kieser 953.
Kieserling 109, 1134, 1147.
Kiesler 70.
Kießling 142, 147, 224, 609, 864.
Kilburn 461, 788.
Kilchmann 430.
Kilgore 1100.
Kilian 735, 976.
Killon & Co. 9.
Kimball 322, 426, 660.
Kimberly & Clark Paper Co. 591.
Kimura 1215.
Kinchner 880.
Kind, W. & P. 690, 694.
Kinder 202, 293.
Kindt 810, 814.
King 47, 62, 223, 339, 256, 261, 271, 365, 425, 509, 549, 721, 723, 843, 1148, 1155.
— & Co. 796.
—, R. P. 62, 547.
Kingsland 326.
Kingsley 89, 249.
Kinkel 166, 659.
Kinnear 1186.
Kinney 1190.
Kinnicutt 4, 503.
Kinoshita 417, 965, 982.
Kinraide 79.
Kinzbrunner 360, 424, 801, 908.

Kinzel 567, 807.
Kipe-Armstrong Co. 1278.
Kipke 220.
Királyfi 59.
Kirby 597, 1022, 1091, 1101.
Kirch 1046.
Kircheis 976.
Kirchhoff 967, 1296.
Kirchner 100, 911, 912, 914, 916, 919, 920, 923, 993.
— & Co. 1288.
Kirchweger 1267.
Kirk 107.
— & Talbot 853.
Kirkaldy 407, 760, 859.
Kirkham 166.
Kirkland 861.
Kirkor 1239.
Kirpal 43, 231, 241, 1015.
Kirpitschnikoff 532.
Kirsch 405, 856, 1046, 1237, 1238.
Kirschbraun 1139.
Kirschner 737, 1113.
Kirstein 812.
Kisa 686.
Kisch 973.
Kissel 767.
Kisskalt 11.
Kissling 497, 543, 1046, 1149.
Kister 272.
Kistiakowsky 476, 964.
Kitchen 68, 1093.
Kitchin 38, 876, 1216, 1311.
Kitchler 686.
Kitsee 489.
Kitson & Co. 652.
Kittel 218, 347, 1063.
Kitto 940.
Kittredge 134, 745.
Kitty-Hawk 836.
Kjellin 301, 305, 306, 792, 818, 1043.
Kjer 869.
Klages 85, 224, 773, 774.
Klampsteen 626.
Klapper 349.
Klaproth 911.
Klar 714.
Klarfeld 499.
Klason 205, 632, 1008, 1064, 1158.
Klatt 985.
Klatte 70
Klaudy 497, 716, 1008, 1062.
Klaus 22, 1056.
Klaußner 729.
Klawitter 53.
Kleemann 416, 440, 962.
Kleemann 494.
Klebe 617, 739, 879, 1302.
Kleiber 1308.
Klein 46, 404, 465, 607, 633, 750, 851, 913, 916, 1206, 1298.
vorm. —, Gebr. 589.
—, Schanzlin & Becker 980.
— & Singer 758.
— — Stiefel 713, 1286.
Kleine 40, 677, 683, 685, 799, 1104.
Kleiner 99.
Kleinewefers 37.
— Söhne 919.
Kleinhans 71.
Kleinlogel 105, 108, 110, 113, 154, 852.
Kleintjes 955.

Klement 472, 717.
Klemm 283, 915, 923, 924.
Klenk 773.
Klepal 265, 991.
Klette 324, 748, 1146.
Kleyer 1125, 1223.
Klicpera 458.
Kliewer 166, 407, 659, 860.
Klimon 206.
Kling 21, 573, 738.
Klingatsch 732.
Klinger 815, 644, 997.
Klisserath 371.
v. Klitzing 276.
Klobb 208, 224.
Klocke 603.
van der Kloes 879, 1308.
Klopf 1284.
Klopsch 386, 647, 1175, 1264.
Klose 324, 335, 1273.
Klotz 1076.
Klug 38, 264.
Kluge 269, 1029.
Klumak 1229.
Klump 905.
Klußmann 1050.
Klut 151, 1240, 1253.
Kmowlton 785.
Knapp 141, 528.
— Electrical Novelty Co. 1212.
Knaudt 249, 250, 259.
Knaut 820, 1264.
Kneass 254, 351.
Knebel 930.
Knecht 527, 531, 726, 1015, 1293.
Knickerbocker Co. 1136.
Knigge 1014.
Knight 39, 167, 692, 759, 895, 1106, 1108.
de Knight 1250.
Knippe 801.
Knipping 6.
Knoblauch 268, 618, 1165, 1236.
Knobloch 472, 477, 537, 1219.
Knochenhauer 514.
Knoevenagel 755.
Knoll 418, Knöllner 994, 1015.
Knoop 37, 233.
Knopf 488, 1153.
Knorr 18, 30, 224, 374, 724.
Knorre 293, 1292.
v. Knorring 1201.
Knösel 10, 910, 913, 914, 917, 1298.
Knowles 292, 296, 307, 696, 779, 843, 978, 1083.
— & Co. 560.
— & Sons 34, 38, 610, 789, 1049.
Knowlton 128, 250, 485, 507, 509, 646, 693, 714.
Knox 983, 1061.
— & Co. 1313.
Knubel 1093.
Kobbert 821.
Kober 892.
Kobert 901, 985.
Kobes 1192.
Kobusch 349.
Koch 88, 93, 96, 270, 397, 407, 414, 418, 422, 485, 521, 547, 609, 613, 672, 676, 718, 733, 784, 803, 874, 1073.
— & Co. 888.
—, Ferd. W. 119, 1147.
Repertorium 1906.

Koch & Kassebaum 615.
—, Robert 608, 869.
Kochs 234, 236, 1071, 1107.
Köck 805, 807, 899.
Kodak 935, 937
Koebe jr. 544.
Koeberlé 729.
Koechlin 515, 522, 524, 783.
Koehler 951.
Koenen 683, 684, 685, 704, 851.
Koenig 274, 954.
Koenigs 18.
Koenigsberger 964, 1233.
Koepe 90, 993, 997.
vorm. von Koeppen & Cie. 1181.
Koepsel 1157.
Koerkel 689, 704.
Koerner 35, 1166.
Koerting 273, 579, 1020.
Koester 394, 426, 428, 429, 430, 589.
Koetitz 120, 665.
Kögler 524, 525.
Kohl 419, 421, 425, 735, 866.
—, Rubens & Zühlke 150.
Kohler 215.
Köhler 41, 632, 724, 810, 927, 929, 1204, 1214.
— & Co. 29.
—, Spiller & Co. 82.
Kohlfürst 377.
Kohlhaus 1015.
Kohlrausch 409, 415, 416, 418, 465, 963, 984.
Kohlschütter 421, 442, 629, 731, 733.
Kohn 246, 271, 319, 381, 1009.
— -Abrest 573.
—, E. 36.
—, Eduard 56.
—, Moritz 188, 214, 245, 652, 898, 1310.
—, S. 892.
Kokotovic 1225.
Koláček 901.
Kolbe 733.
Kolben 1176.
— & Co. 454.
Koljago 893.
Koľkin 433, 464, 782.
Koll 359.
Kölle 28, 1003, 1304.
Koller 1056.
Kollmann 923.
Kollo 760.
Kollofrath 129.
Kolmodin 556.
Kölnische Maschinenbau-Akt.-Ges. 595.
Kolocsek 1121.
Komar 23, 308.
Komarek 336, 347, 1080.
Komers 1313.
Komo 261.
Kondakow 224, 743, 1158.
v. Konek 203, 204.
Konermann 152, 1275.
König 63, 205, 217, 237, 256, 530, 567, 573, 593, 673, 685, 709, 909, 945, 948, 961, 966, 1014, 1077, 1097, 1181, 1261, 1298, 1299, 1314.
Königl. Material-Prüfungsamt 847, 1163.
Königsberger 410, 411, 482, 903.

Königschmid 1311.
Koninck 201.
Konrad 607, 618.
Konschegg 231, 308.
Konstansoff 58.
Kontinentale Ges. für elektrische Unternehmungen Nürnberg 327.
Konto 205.
Koopman 785.
Koops 911.
Koo-Sah 639.
Köpcke 173.
Kopp 196.
Koppe 313, 967, 1215.
Koppel 16, 349, 353, 364, 1169.
Koppelt 618.
Kopper 766.
Koppmann 948, 951.
Korda 1152.
Koran 1312.
Koren 492.
Korkstein-, Steinholz- und Isoliermittelfabrik Einsiedel 707.
Korn 12, 246, 480, 534, 927, 954.
Korndörfer 1206.
Kornella 1167.
Körner 48, 780, 1040.
— & Mayer 935.
Koromzay 292.
Korschilgen 910, 918, 919, 920, 921, 923.
Körte 602.
Körting 551, 580, 582, 588, 589, 590, 682, 822, 823, 825, 1264.
— A.-Ges. 648, 251.
—, Brothers 589.
— Gebr. 591, 631, 692, 830, 981, 1046.
— & Mathiesen 80.
Kosch 372.
Koschel 52.
Koschny 752.
Koske 58, 812.
Koss 878, 1291.
Kóssa 206.
Kossel 402.
Kossewicz 57, 640, 641, 891.
Kossewitsch 803.
Koßmann 656.
v. Kostanecki 224, 230, 231, 232, 522, 530.
Koster 1161.
Köster 832.
Kösters 540, 1294.
Kostron 1229.
Kotelmann 232.
Kothen 916.
Köthner 217.
Kotteck & Co. 997.
Köttgen 1150, 1231.
Kötz 215, 224, 225, 243, 756.
Kotzur 1201.
Koubitzki 483.
Koula 172.
Kovarik 1154.
Kowalski 1315.
de Kowalski 818, 1109.
Kowitzke 741.
— & Co. 988.
— & Söhne 549.
Koydl 1317.
Koyl 253.
Kozák 866.
Kozakowski 1315.
von Kozicskowski 804.

Kozlowski 1317.
Kraats 537.
Krach 287.
Kraemer 219.
Krafft 228, 1101.
Kraft 214, 282, 1015.
Kraftfahrzeug-Werke Protos in Berlin 367.
Krahner 816, 1076.
Krais 36.
Krajewski 1304, 1312, 1315.
Kralupper 294, 296.
Kramár 350, 427.
Krammel 808.
Kramer 329, 359, 375, 684, 707.
Krämer 739.
Kramers 578, 579, 821.
Kranepuhl 1254.
Krátky 1176, 1264.
Kratochwill 609, 885, 886.
Kraus 32, 34, 160, 221, 244, 554, 644, 1061, 1103, 1277.
Krause 5, 185, 270, 286, 910, 914, 1124, 1298.
—, Karl 1130.
—, Paul 1060.
v. Krauß 702.
— & Co. 46, 344, 334.
Krauss 320, 338, 935, 1099, 1239.
Kraut 758, 895.
Krauth 730.
Krautzberger & Co. 843
Krawinkel 749.
Krawkow 803.
Krebitz 1071.
Krebs 244, 288, 289, 425, 506, 953, 1098, 1100.
Krefting 864.
Kreider 770.
Kreith & Blackman Co. 840.
Krekel 824.
Krell 247, 760, 838, 909, 1063.
Krelisen 1234.
Kremann 27, 193, 195, 197, 215, 898.
Kremenezky 82.
Kremer 8.
Krenger 128.
Kresnik 1040, 1261.
Kress 397, 696.
Kretzschmar 406.
Kreuger 110, 125, 510, 706.
Krewel & Cie. 235.
Krey 724, 1016, 1247.
Kridlo 1058.
Krieger 310, 397, 1091, 1093.
Kriéger 1078.
Krimberg 239.
Krinninger 677.
Krische 49, 804, 1007.
Kriser 313, 385.
Kristeller 43.
Kritzler 271.
Krizik 326, 398.
Krizko 360, 1079.
Kröber 803.
Kroeber 377.
Kroell & Co. 33.
Kroemer 729.
Kroen 90, 277, 997.
Kroeschell 252.
— Bros. 740.
Kröger 765.
Kröker 163.
Kroll 525.

v. Kromar 1222.
Krömer 727.
Kromeyer 57.
Kromhout 1030.
Kron 715, 780.
Kronacher 811.
Kronfuß 693.
Kronstein 537.
Kropff 143.
Kropp 733.
Kroupa 203, 792, 793, 984, 1209, 1210.
Kruckow 537.
Krueger 148.
Krug 1282.
Krügener 935.
Krüger 180, 439, 441, 463, 482, 487, 492, 503, 516, 573, 757, 777, 803, 878, 1066, 1071, 1134, 1142, 1312.
—, E. 724.
—, Franz 690.
— & Lauermann 171, 134.
Krügge 815.
Krull 96, 189, 621, 722, 835, 872, 996, 1198.
Krumbhaar 618.
Krumrein & Katz 713, 1005.
Krupp 44, 169, 303, 345, 589, 611, 665, 718, 909, 977, 1022, 1023, 1219, 1223, 1224, 1226, 1227.
Krüß 66, 904, 948, 1110.
Kruttschnitt 311, 361, 362, 364.
Kryssat 833.
Krzizan 254, 609, 737, 799, 890, 891.
Krzymowski 808, 809.
Ksanda 601.
Kubart 1280.
Kubierschky 478.
Kübler 405, 426, 469, 484.
Kubo 699.
Küch 730, 904.
Kuchel 13, 1067.
Kuchinka 538, 906, 934.
Küchler & Söhne 728.
Kucera 987, 1158.
Kücken & Co. 673, 709.
Kuckuck 1202.
Kudaschew 803.
Kuderer 91, 1211.
Kuhfahl 930.
Kühl 737, 899, 1311.
Kuhlmann 469.
Kuhlo 467.
Kuhn 249, 250, 480, 613, 729, 730, 1151.
Kühn 542, 653, 698, 872, 894.
— & Detroy 506.
Kühnast 286, 287, 288, 1284.
Kühne 205, 271, 657, 814.
Kuhnert 806, 810.
Kühns 423.
Kühnscherf jr. 633.
Kuhtz 574.
Kuichling 5.
Kukla 143.
Kull 406, 610, 637, 846, 1168.
Kullmann 616, 1258, 1261, 1267.
Kummer 356, 357, 393, 855, 1144.
Kunckell 1014.
Kundt 526.
Kunert 256, 1296.
Kunsch 765.

Kunstman 116.
Kunststeinwerk München 704.
Kuntze 330, 871, 992, 1314.
Kuntzemüller 329.
Kunz 147, 575, 877, 1276.
Kunze 48, 566, 1122.
Künzell 140, 565, 641, 643, 840, 1051, 1180.
Kunzl 867.
Kupka 390.
Kupke 998, 1093.
Küppers 276, 319, 325, 607, 784, 781, 1244, 1269.
— Metallwerke 829.
Kuptsche 1066, 1283.
Kürchhoff 539, 1080, 1223.
Kuriloff 25, 194.
Kurrein 294.
Kürsteiner 430, 788.
Kurtz 312, 996.
Kurz 410, 415, 477, 984.
Kurzwernhart 722.
Kuschinka 867.
Kusl 297, 304.
Kusnezow 774.
Kußul 89.
Küster 219, 239, 240, 690, 798, 982.
Küstner 1038.
Kutscher 58, 207, 890.
Kuttenkeuler 573.
Kutter 490, 723.
Küttner 730, 874, 892.
Kux 113, 115, 134, 314.
Kuzel 81, 82.
Kyßin 334.
Kyll 1254, 1255.
Kynoch 579, 580.

L.

Laas 1025.
La Baume 738, 1315.
Labes 113, 134.
Laborde 984.
Laboulais 89.
Laboureur 522.
La Burthe & Sifferlen 553.
Lacey 174.
Lachapelle 248.
Lachmann 576.
Lackawanna Steel Co. 579, 719, 1176.
L. and N. W. Ry. 346.
Lackland 1271.
Laclede Gas Light Co. 826.
Lacomme 56, 403.
Lacore 1101.
Lacoste 1082, 1089, 1095.
La Cour 432, 1206.
Lacroix 18, 151, 816.
La Croyère 344.
Lacy-Hulbert & Co. 832.
Ladenburg 908, 1234.
Laedlein 939.
v. Laer 147, 160, 496.
van Laer 640.
Laffan 598.
Laffargue 462, 1287.
Laffergue 1198.
Laffon 857, 859.
Lafforgue 1181.
Laforêt 1278.
Lafosse 1260.

La Gare Patent Tyre and Wheel Co. 1087.
Lagny 880.
Lagodzinski 29.
Lagonda Mfg. Co. 1213.
Lahmeyer 455.
Lahne 1039.
Lahr 1019.
Laidlaw-Dunn-Gordon 1187.
Laine 416.
Lainé 804, 1007, 1167, 1282.
Lake 340, 383, 384, 561, 564, 615, 717, 1018, 1027.
Lakes 100, 621, 762.
Lakhowsky 319, 322, 845.
Lallemant 733, 1315.
Laloue 238, 1159.
Lam 873.
Lamb 244, 331, 518, 520, 597, 622, 816.
Lambert 327, 350, 357, 399, 653, 654, 906, 966, 1031.
Lambrecht 530, 735, 856, 1112.
La Meuse 460.
Lamm 347, 360.
Lamme 356, 357, 395, 452, 455, 458, 470.
Lamock 1164, 1179.
Lampa 963.
Lampe 224, 231, 522, 530.
Lampen 750, 1235.
Lamplough 1086, 1095.
Lanchester 598, 647, 838, 1083.
Lanchester Motor Co. 1083.
Landau 992, 1079, 1097.
Landeker & Albert 717.
Landenburg 982.
Lander 825.
Landin 1320.
Landis Tool Co. 998.
Landmann 105, 1051.
Landolt 190.
Landrieu 199.
Landsberg 498, 1028.
Landsteiner 1103.
Lang 159, 169, 482, 603, 665, 750, 830, 866, 968.
Lang & Sons 118, 155, 279.
— Co. 158.
v. Lang 422, 449.
Langan 474.
Langbein 163.
Langdon 451, 1099.
Lange 22, 143, 607, 639, 640, 641, 743, 935, 1067, 1121.
Lange & Gehrckens 641.
de Lange 603.
Langenberger 696.
Langer 351. 526, 728, 803.
Langevin 419, 420.
Langfritz 994.
Langhein 285.
Langhorst, Otto, 401.
Langlet 1102.
Langley 837.
Langlois 538, 1223.
Langmuir 771, 1239.
Langrod 351, 963.
Langsdorf 482.
Lanino 394.
Lankes & Schwärzler 284.
Lannelongue 1104.
Lansac 1094.
Lansingh 64, 65, 67, 83, 84.
Lanz 815, 828, 829.

Laponche 91, 775, 1198, 1212.
Laporte 66, 905.
La Praz 429.
Lapworth 213, 215, 225, 245, 246, 1158.
Laquer 495.
Laren 23, 287.
Larke 786.
Larkin 878.
Larnaude 81.
La Roche 693.
Larsen 16, 804.
Larssen 169, 665
Lartigue 380.
Lasche 1195
Laschinger 99, 263.
Laschke 807.
Laseker 894.
Láska 732.
Laske 644.
Lasne 657.
Lassar 607.
Lassen & Hjort 254, 1258.
v. Lasser 692.
Lassiter 1287.
Laubat 1200
Laube 29.
Lauber 710, 1222.
Laubert 807.
Lauda 428, 1251, 1260.
Laue 50, 1233.
von Lauer 96, 1127.
Laughridge 351.
Laugwitz 412.
de Launay 45, 351, 622.
Laur 621, 1106.
Laurain 822, 1175.
Laurence Scott & Co. 160.
Laurent 388, 681
Lauri 439.
Laurie 445, 556, 856.
Lauriol 76.
Lathman 607.
Latour 400, 452, 454, 455, 456, 592, 867.
Latschinoff 226.
Latshaw Pressed Steel & Pulley Co. 846, 997.
Latta 981, 1248.
Lattig 1289.
Laussedat 954.
Lautensack 663.
Lautenschläger 186, 272.
Lauterwald 873.
Lavagna 1083.
de Laval 443, 492, 723, 1019, 1197, 1309.
de Laval Steam Turbine Co. 1197.
Lavalle 770.
Lavallée 609.
Lavalley 295, 849.
Lavaux 29.
Lavergne 432, 1073, 1077, 1090, 1100.
Laves 871.
Lavezzari 665.
Lavigne Co. 1047.
Law 149, 297, 441, 445.
Lawaczeck 1230.
La Wall 532, 1210.
Lawrence Co. 370, 723, 1261.
Lawrie 219.
Lawson 91, 365, 468, 863, 1053.
Layman 450.

Layraud 225, 756.
Lazell 62.
Laxenberg 768.
Laxennec 26, 216, 225, 232, 1139.
Laxerges 1094.
Lea 582, 585, 598, 979, 980, 1099, 1252.
Leach 500.
Leady 651.
Leash 1045.
Leather 901.
Leavitt 765, 1026, 1100, 1167, 1229.
Le Baron 908, 1258.
Lebas & Co. 141.
Lebaudy 834.
Lebbin 777.
Lebeau 17, 164, 242, 560, 794, 1107, 1139.
Lebedeff 57, 1260.
v. Leber 311, 624.
Lebert 166.
Lebioda 713.
Leblanc 452, 740, 776.
Le Blanc 17, 209, 486, 1141, 1158.
Le Blank 830.
Le Bon 191.
Lebreton 94.
Lebrun 867.
Le Brun 1097.
Lecaime 1095.
Le Card 281, 735, 1284.
Lecarme 297, 965.
Le Chatelier 107, 296, 297, 305, 500, 501, 848, 867, 1041, 1235, 1302, 1303.
Lecher 295, 422, 489, 864, 968, 1106, 1233.
Lechner 13, 328, 952.
van der Leck 56.
Lecombe 1317.
Lecomte 367, 600, 856, 1097, 1282.
Le Conte 714.
Lecornu 549, 860.
Ledat 1074.
Leday 828.
Ledebur 305.
Lederer 270.
Ledig 825.
Le Docte 1317, 1318.
Ledoux 1245, 1265, 1270.
Leduc 61, 198, 290, 504, 617, 964.
Lee 583, 681, 1026.
Leechman 1076.
Leeds 12, 74, 278, 1005.
— & Northrup Co. 479.
Leemann 898.
Lees, T. & R. 1305.
Leetham 418, 444, 861, 908, 1139.
de Leeuw 141.
Lefebre 1096.
Lefebvre 183, 1040.
Lefeldt 1106.
Lefèvre 522, 532.
Lefèvre 739, 971.
Lefévure 222.
Leffler 11.
Leffmann 769, 1063.
Léger 19, 225, 558, 836.
Légier 950.
Legler 615.
Legrand 542, 869.

Legros 370, 433, 458, 461, 1083, 1193.
Lebfeldt 964.
Lehmer 719, 878, 895.
Lehmann 68, 354, 300, 577, 599, 700, 734, 791, 908, 955, 956, 962, 969, 1110, 1123, 1220.
—, F. 572.
—, Georg 256.
—, K. B. 61, 559, 603, 604.
—, O. 961.
—, W. 555.
— & Co 5.
— & Mohr 285.
Lehmbeck 582, 591, 866, 1020.
Lehner 1069.
Lehnkering 605.
Lehr 25.
Lehrmann 777.
Leibbrand 133, 167.
Leighton Machine Co. 1137.
Leighty 321.
Lein 1030.
Leinekugel 173.
Leipziger Maschinenbau-Ges. 778, 896, 976.
Leiser 799.
Leiß 533, 862, 1110, 1225.
Leithäuser 830, 908, 963, 1010.
Leitner 368.
Leitz 868, 906.
Leitzmann 328, 336.
Lejeune 305, 850.
Leliman 657, 658.
Lelong 756, 1287.
Lemacher 278.
Lemaire 247, 406, 707, 1140.
Le Maire 1204.
Lemale 1091.
Lemercier 364.
Lemière 161, 162.
Le Mire 1278.
Lemoult 25, 26, 199, 215, 529, 928.
Lempelius 1264.
Lencauchez 353.
v. Lendenfeld 225.
Lendorff 275.
Lendrich 541, 800.
Lenher 1101.
Lenné 574.
Lenne-Elektrizitäts- und Industrie-werke 1196.
Lennhoff 699.
Lennox 1036, 1163.
Lentz 267, 274, 342, 343, 351, 353, 562, 1196.
Lenz 740, 815, 951, 989.
Lenze 499, 1124.
Leonard 111, 138, 179, 356, 670, 671, 675, 787.
Léonard 88, 425, 1205.
— & Weber 424.
Leonardo da Vinci 595, 845, 981, 1032, 1273.
Leonhardt 917.
Leopold 1013.
Lepère 210, 890, 892.
Leperre 1253.
Lepetit 25.
Lepierre 403.
Lépine 239.
Lepoutre 572, 811.
Leppin & Masche 906.
Leprince 688, 762.

— Ringuet 784.
Le Rappel 1084.
v. Lerch 986.
Lereboullet 238.
Le Rossignol 228, 1065.
Leroux 39, 755, 1107, 1310.
Leroy 382, 1204, 1318.
Le Roy 1134.
Lesage 231, 970.
Leschinsky 122.
Lesemeister 669.
Leake 892.
Leslie 1034.
Leslop 545.
Lesser 494, 814.
Lester 1130.
Lethaby 653.
Letheule 1206.
Letombe 264, 585, 779, 1200.
Letruffe 835.
Letulle 972, 974.
Leuchs 219.
Leugny 744.
von Leupoldt 543, 544.
Leuze 793, 871.
Levaller 208.
Levallois 528, 1149.
Levasseur 834.
— & Lein 1030.
Levavasseur 593.
Levene 402, 818.
Lévèque 761, 767.
Levi 242, 445, 1064.
— Malvano 101.
Levin 193, 416, 986, 1209.
Levingstone 957.
Levison 729.
Levita 1227.
Levites 240.
Levy 13, 58, 167, 245, 327, 350, 357, 359, 399, 606, 631, 639, 958, 963, 974, 983, 1087.
—, Albert 771.
—, Edmond 1088.
—, G. 155, 156, 167, 280, 624, 665, 1259.
—, Georges 1287.
—, Louis Edward 958.
—, Maurice 166.
—, Max 958.
Lewes 1072.
Lewin 956.
Lewinsohn 900.
Lewis 11, 26, 163, 184, 185, 190, 191, 192, 193, 242, 301, 351, 409, 441, 442, 488, 508, 753, 761, 766, 1106, 1287.
Lewkowitsch 215, 543.
Lewthwaite 186.
Lewy 958.
Ley 212, 757.
de Leyma 1075, 1083, 1093.
L'Hoest 368.
Liagre 489.
Liais 70.
Liberi 1209.
Libesny 82, 1207.
Lichte 299, 399, 401, 1176.
Lichtenstein 449.
Lichtenstern 925.
Lichtheim 1253.
Lichty 196.
Lickroth & Cie. 1056.
Licot 633, 1057.
Lidgerwood 55, 635, 639.

Lidoff 209, 1140.
Lidow 555, 1045, 1070.
Lidy 1268.
Lie 895.
Liebe 90, 993.
Liebenow 457.
Liebenthal 905.
Liebermann 70, 532.
von Liebermann 1282.
Liebert & Co. 996.
Liebig 225, 890, 1063.
Liebmann 317.
Liebscher 1113.
Liechtenhan 227.
Liechty 337.
Lieckfeldt 724, 1017, 1269.
Lied 829.
Liefering 544, 545.
Lienau 808.
Lienhop 417.
Liese 824.
Liesegang 196, 907, 931, 932, 933, 971.
Lifschütz 1294.
Lighbody 820.
Ligot 929.
Lilienberg 616.
Lilienfeld 523.
Lillelund 1247.
Lilleshall 634.
Lilly 760.
v. Limbach 169.
v. Limbeck 314.
Limmer 49.
Lincoln Electric Mfg. Co. 449.
Lind 164, 888.
Linde 208, 268, 575, 740, 741, 830, 1010, 1138, 1236, 1253.
v. Linde 575, 739.
Lindeck 470, 475.
Lindecker 1100.
Lindemann 730, 904.
Lindenberg 42.
Linder 25, 245, 827.
Lindet 402, 873.
Lindgren & Saarinen 653.
Lindner 50, 146, 575, 640.
Lindquist 424.
Lindsay 409, 630.
Lindsey 1123.
Ling 769.
Link 860, 1268.
— Belt Engineering Co. 719, 1169, 1170, 1176.
— — Machinery Co. 781.
Lintner 143.
Lionville 859.
Lipmann 760.
von der Lippe 951.
Lippert 555, 1159.
Lippich 629.
Lippincott 899.
— Steam Specially & Supply Co. 726.
Lippmann 477, 901, 949, 550, 956, 969.
von Lippmann 767, 1210, 1312.
Lipschitz 811, 870, 1296.
Lissak 1220.
Lißmann 1121.
List 398.
Lister 425, 1134, 1205.
Litchfield 1089.
Lithos 1100.
Litter 630.

Little 662, 1097.
Littlebury 27, 216.
Littmann 944, 1062, 1063, 1102.
von Littrow 347.
Livache 445.
Liverseege 1240.
Livingstone 447, 460.
Livingtton Nail Co. 717.
Llewellyn 731.
Lloyd 272, 428, 433, 450, 726, 747, 1078, 1095.
— Copper Co. 1272.
Loach 1054.
Löb 1, 59, 420, 440, 441, 540, 970.
de Lobel 311.
Löbering 893.
Löbisch 239.
Lobnitz 1305.
— & Co. 601.
Locher 327, 399.
Lock Joint Pile Co. 169, 665.
Locke 4, 8, 9, 265, 701, 740, 1167.
— Insulator Mfg. Co. 472.
Lockemann 39, 577, 798, 799, 1260.
Lockett 943, 952, 956, 1215.
Lockmann 903.
Locquin 218, 755, 1012.
Lodge-Muirhead 1156.
Loeb 239.
van Loenen-Martinet 181.
Loevenhart 198.
Loew 806, 1001.
Loewe, Ludwig, & Co. 278, 279, 568, 569, 570, 652, 778, 862, 1037, 1287, 1288, 1295.
Loewenthal 415, 599, 987.
Löffler 58, 653, 1104.
Logan 590.
Logeman 170, 416.
Logothetis 24, 217.
Lobberg 1157.
Löhdorff 548, 713.
Löble 1034.
Lohmann 35, 207, 892, 969.
Lohner 1077, 1079.
— -Porsche 1093.
Löhnert 604, 815.
Lohnstein 728, 875, 964.
Lohrisch 972.
Lojgaard 136.
Lokitini 1260.
Lolat 128, 506.
Lomax & Co. 1120.
Lombard 400, 992.
— Governor Co. 992.
Lombardi 445, 450, 1217.
Lomberg 937.
Lombroso 240.
Londgren 1285.
London 239.
— Emery Works Co. 562, 565.
Lonet 1087.
Long 222, 240, 386, 403.
— Co. 138.
— & Mann 1090.
Longbotham 87, 635.
— & Co. 796.
Longcope 116.
Longmuir 304, 564, 611, 817, 849.
Longo 537.
Longridge 265, 268.
Longuemare 1096.
Loomis Ticket Co. 286.

Looser 733.
Loppé 461.
Lorain Steel Co. 320, 324.
Lord 60, 1113.
Lorenz 112, 151, 262, 268, 441, 486, 738, 859, 979, 1128, 1201, 1210, 1236.
Lorimer 537, 1293.
Loring 598, 1099.
— & Phipps 688.
Loris 154, 689.
Lorthioy 1094.
Löschner 1203, 1215, 1243.
Loss 371, 1231.
Lossen 1013.
Lossew 29, 895.
Lossier 670.
Lothian 744.
Lots 837.
Lotsy 18.
Lotter 338, 340, 346.
Lotterhos 874.
Lottermoser 194, 195, 308, 864.
Lottes 919.
Loubier 185.
Loucheux 94.
Louguinine 22, 841.
Louisville Car Wheel & Ry. Supply Co. 371.
Louth 1165.
Louvières 1301.
Love 823.
Lovegrove 1140.
Lovekin 796, 1020.
Loveless 388, 785.
Lovell 1026.
Loverkin 1002, 1287.
Low 30, 39, 53, 54, 159, 719, 795, 1182.
v. Löw 1076, 1077, 1097.
Löwe 148, 735, 952, 1110, 1111.
Lowell Machine Shop 1129.
Löwenherz 83.
Löwenstein 962.
Löwit 713.
Lowry 197, 322, 743, 815.
Lowrys 116.
Löwy 593, 1192.
Lozier 583.
— Motor Co. 1077.
Lubbe 1297.
Lübbers 80.
Lübbert 4.
Lübecker Maschinenbau - Gesellschaft 719, 1176.
Lubimenko 970.
von Lubimoff 318.
Lubin 187, 1097.
Lublin 1139.
Lubszynski 823.
Lucas 69, 84, 368, 440, 836, 987, 1084.
— Light and Heating Co. 551.
Luc Denis 1099.
Luchaire 367.
Lucion 25.
Lucke 593, 1200.
— & André 906.
Luckhardt 161, 265.
Lucks 573.
Ludbrooke 823.
Lüder 573.
Lüders 92, 233, 236, 889.
Lüdersdorff, F. 752.
Lüdke 1103.

Ludlow Valve Mfg. Co. 992.
Ludwig 187, 516, 517, 527, 532, 604, 738, 856, 891.
— & Co. 1197.
Ludwinowsky 232, 530.
Ludy 235.
Luedecke 490, 492, 805, 1213.
Lüer 686.
Luft 113, 129, 387, 686, 1243.
Luger 1226.
Lühder 639.
Lühken 860.
Luhmann 59, 711, 771, 924.
Lühne 901.
Lühning 491.
Luhr 262, 266.
Lührig 187, 188, 874, 891, 892, 1013.
Lui 423.
Luipold 1269.
— & Schneider 134, 170.
Luke & Spencer 1058, 1059.
Lumb 32.
Lumière 225, 500, 818, 819, 931, 932, 935, 936, 937, 939, 940, 941, 944, 945, 947, 949, 950.
— et ses Fils 936.
Lummer 67, 404, 419, 859, 964, 1235.
Lumsden 1038.
— Machine Co. 1005.
— — Tool Co. 1287.
Lund 103, 118, 125.
Lunde 872.
Lundén 441.
Lundquist 845.
Lundström 236, 1066.
Lundt & Kallmorgen 271.
Lunge 771, 1008, 1061, 1062, 1126, 1127, 1299.
Lungwitz 717, 1044, 1046, 1309.
Lunkenheimer 255, 351, 1213.
— Co. 1047.
Lupfer 492.
Lüppo-Cramer 931, 932, 940.
Lürmann 718, 720.
Lurquin 1084.
L'Usine Electrique d'Ivry du Chemin de Fer 553.
Luten 103, 106, 124, 133, 138, 165, 177, 178.
Luther 191, 193, 196, 225, 242, 584, 829, 880, 886, 901, 929, 1315.
Lütken 118.
Luther-Akt.-Ges. 992, 1009.
Lutter 758.
Lütticher Sicherheitslampenfabrik 93.
Lutz 201, 482, 1072, 1076, 1093, 1099.
Lux 81, 68, 78, 161, 164, 271, 462, 497, 534, 597, 649, 657, 658, 688, 905, 1252.
de Luxe 1097.
Luxsche Industrie-Werke 1252.
Luxton 1123.
Luzzi 221.
Lydney 1311.
Lyle 423.
Lyne 578.
Lynde 968.
Lyndon 488, 1201.
Lynton 1296.
Lyon 770.

Legros 370, 433, 458, 461, 1083, 1193.
Lehfeldt 964.
Lehmer 719, 878, 895.
Lehmann 68, 354, 390, 577, 599, 700, 734, 791, 908, 955, 956, 962, 969, 1110, 1123, 1220.
—, F. 572.
—, Georg 256.
—, K. B. 61, 559, 603, 604.
—, O. 961.
—, W. 555.
— & Co 5.
— & Mohr 285.
Lehmbeck 582, 591, 866, 1020.
Lehner 1069.
Lehnkering 605.
Lehr 25.
Lehrmann 777.
Leibbrand 133, 167.
Leighton Machine Co. 1137.
Leighty 321.
Lein 1030.
Leinekugel 173.
Leipziger Maschinenbau-Ges. 778, 896, 976.
Leiser 799.
Leiß 533, 862, 1110, 1225.
Leithäuser 830, 908, 963, 1010.
Leitner 368.
Leitz 868, 906.
Leitzmann 328, 336.
Lejeune 305, 850.
Leliman 657, 658.
Lelong 756, 1287.
Lemacher 278.
Lemaire 247, 406, 707, 1140.
Le Maire 1204.
Lemale 1091.
Lemercier 364.
Lemière 161, 162.
Le Mire 1278.
Lemoult 25, 26, 199, 215, 529, 928.
Lempelius 1264.
Lencauchez 353.
v. Lendenfeld 225.
Lendorff 275.
Lendrich 541, 800.
Lenher 1101.
Lenné 574.
Lenne-Elektrizitäts- und Industrie-werke 1196.
Lennhoff 699.
Lennox 1036, 116
Lentz 267, 274, 353, 562, 119
Lenz 740, 81
Lenze 499, 1
Leonard 111.
671, 675,
Léonard 8
— & Wel
Leonardo
103
Leon
Leo
Le
L

—·Ringuet 784.
Le Rappel 1084.
v. Lerch 986.
Lereboullet 238.
Le Rossignol 228, 1065.
Leroux 39, 755, 1107, 1310.
Leroy 382, 1204, 1318.
.Le Roy 1134.
Lesage 231, 970.
Leschinsky 122.
Lesemeister 669.
Leske 892.
Leslie 1034.
Leslop 545.
Lesser 494, 814.
Lester 1130.
Lethaby 653.
Letheule 1206.
Letombe 264, 585, 779, 1200.
Letruffe 835.
Letulle 972, 974.
Leuchs 219.
Leugny 744.
von Leupoldt 543, 544.
Leuze 793, 871.
Levaller 208.
Levallois 528, 1149.
Levasseur 834.
— & Lein 1030.
Levavasseur 593.
Levene 402, 818.
Lévêque 761, 767.
Levi 242, 445, 1064.
—·Malvano 101.
Levin 193, 416, 986, 120
Levingstone 957.
Levison 729.
Levita 1227.
Levites 240.
Levy 13, 58, 167
357, 359, 390
958, 963, 97
—, Albert 77
—, Edmond
—, G. 15
665, 12
—, Geor
—, Lo
—, M
—,
Le
1

Lidoff 209, 1140.
Lidow 555, 1045, 1070.
Lidy 1268.
Lie 895.
Liebe 90, 993.
Liebenow 457.
Liebenthal 905.
Liebermann 70, 532.
von Liebermann 1282.
Liebert & Co. 996.
Liebig 225, 890, 1063
Liebmann 317.
Liebscher 1113.
Liechtenhan 227.
Liechty 337.
Lieckfeldt 724, 1
Lied 829.
Liefering 544
Lienau 808.
Lienhop 4
Liese 82
Liesega
93
Lif
Li
I

Little 662, 1097.
Littlebury 27, 216.
Littmann 944, 1062, 1063, 1102.
von Littrow 347.
Livache 445.
Liverseege 1240.
Livingstone 447, 460.
Livingtton Nail Co. 717.
Llewellyn 731.
Lloyd 272, 428, 433, 450, 726, 747, 1078, 1095.
— Copper Co. 1272.
Loach 1054.
Löb 1, 59, 420, 440, 441, 540, 970.
de Lobel 311.
Löbering 893.
Löbisch 239.
Lobnitz 1305.
— & Co. 601.
Locher 327, 399.
Lock Joint Pile Co. 169, 665.
Locke 4, 8, 9, 265, 701, 740, 11..
— Insulator Mfg. Co. 472.
Lockemann 39, 577, 794, 1260.
Lockett 943, 952, 956, 1215
Lockmann 903.
Locquin 218, 755, 1012.
Lodge-Muirhead 1156.
Loeb 239.
van Loenen-Martinet 181.
Loevenhart 198.
Loew 806, 1001.
Loewe, Ludwig, & Co. 568, 569, 570, 653, 1037, 1287, 1288, 1295.
Loewenthal 415, 599,
Löffler 58, 653, 1104.
Logan 590.
Logeman 170, 416.
Logothetis 24, 217.
Lohberg 1157.
Löhdorff 548, 713.
Löhle 1034.
Lohmann 35, 20.
Lohner 1077,
— -Porsche 10.
Löhnert 604,
Lohnstein
Lohrisch
Lojgaard
Lokitini
Lolat
Lomax

Looser
Loppé
Lorain
Lord
Lorenz
Loring
Leris
... 737, 738, 890,
60, 61, 281, 382, 536, 513, 625, 1293.
605, 1292, 1294.
061.
730.
1066.
1113.
age 1229.
ere 367.
rhofer 94.
guin 241.
nder 954.
urain 964.
aurenbrecher 725, 737, 768, 1150.
Maurer 286.
Maurice 88, 776, 1127.
Mauricheau 928.
—-Beaupré 12.
Mauriaio 573, 575.
Maurus 814.
Maury 185.
Mauser 1222.
Mauthner 225, 1065.
Mautner 511, 522.
Maus 207, 891, 1060, 1278.
Maveo 1152.
Maver 263, 644, 780.
Mavor 99, 262, 550, 585.
— & Coulson 1053.
Max 313.
Maxim 834, 836.
Maximoff 1170.
Maxstedt & Bednall 1276, 1277.
Maxson 203, 623.
Maxwell 3, 479, 591, 965, 1084, 1110
—-Briscoe Motor Co. 1084.
May 217, 235, 282, 373, 555, 564, 818, 892, 1014.
—, E. J. 705.
—, Walter 721, 1042, 1044.
—, Walter J. 503, 630, 829, 866.
Mayer 49, 242, 402, 806, 1037.
v. Mayer 725, 759.
—, Adolf 970, 1214.
—, Carl 47.
—, Ernst 907.
—, G. 749.
—, Joseph 112, 175, 326, 337, 393, 467, 998, 1003.

v. Mayer, Julius 1282.
—, Karl 513.
—, Otto 151, 207.
—, P. A. 1117.
— & Schmidt 1037, 1039.
Mayering 934.
Maynard 107, 847.
Mayner 1035.
Mayr 352.
Mays & Baily 719, 1176.
Mazeller 594, 726.
Mazen 392.
Mazoyer 181.
Mazzara 50.
Mazzotto 424, 297.
Mazzucchelli 441.
M' Vgl. Mac und Mc.
M' Avity 838.
— Berty 537.
— Daniel 899.
— Gonagle 648.
— Intosh 346.
— Keen 359.
— Lean 250.
— Naught 266.
— Pherson 161, 649, 1022.
Mac Carthy 740, 1140.
— Donald 311, 313, 445, 1073.
— Dougal 1139.
— Dougall 193, 242.
— Elroy 369.
— Enulty 333, 366.
— Fadyen 1104.
— Farland 110, 673, 853.
— Farlane 293.
— Kay Chace 901.
— Laren 683.
— Lellan 1080.
— Leod 60, 734.
— Murrough 266.
— Nicol 257.
— Phail 564.
Mc Adam 778.
— Adie 418.
— Allister 451, 455.
— Alpine 1298.
— Ardle 294.
— Avity 644, 840.
— Candlish 25.
— Canna 1094.
— Cart 387.
— Carty 591, 1048.
— Caslin 561, 563, 564, 565, 1214
— Caustland 296.
— Clave 436.
— Clung 416.
— Coll 857.
— Collum 224, 231.
— Connan 1006.
— Cord 372.
— Cormick 452.
— Coy 415, 985, 987, 1160, 1209, 1210.
— Cullough 113, 274, 323, 1297, 1303.
— Cully 1305.
— Donald, George 40.
— Dowall 938, 1231.
— Elroy 368.
— Evoy 1229.
— Ewan 430.
— Farland 1266.
— Farlane 772, 1061.
— Feely, Thos. Co. 886.
— Geehan 492.

M.

Maag 233.
Maaß 205.
Mabee 123.
Mabery 774, 498.
Macaulay 94, 788, 1173. 1174.
Machalske 773.
Mach 573, 805, 810, 817.
Mache 968, 985.
Maciachini 103, 118, 125, 132, 134, 1177.
Mackensen 689, 704.
Mackenzie 655, 772.
Mackenzie & Son 693, 696.
Mackl 293.
Mackie 95.
— & Sons 1113.
Maclaurin 903.
Maclean 558, 939, 946.
Macpherson 156, 278, 1060, 1285.
Macquaire 1089.
Maddison 570.
Maddock 1068.
Maddrill 733, 906.
Madeyski 145.
Madison 647.
Mädler 1055.
Madsen 18.
Maelger 1211.
Maeusel 492, 1000.
Maffei 46, 333, 334, 338, 341, 342, 347.
Maganzini 73, 827.
Magdeburg 861.
Mager 877.
Magerstein 272, 640.
Magin 868.
Magini 422, 463, 1155.
Maginnis 1055.
Magnoghi 775.
Magnanini 1239.
Magneta 699.
Magnus 974.
Magson 197, 743.
Maguire 12, 514, 516, 521.
Magunna 700.
Mahin 39.
Mahler 162, 163.
Mahlke 77.
Mai 18, 22, 233, 828, 952, 955, 957.
—, Johann 828.
Maignen 5.
Maigret 190, 841.
Maihle 227.
Majorana 537, 1155.
Makower 960, 986.
Mailey 841.
Mailhe 21, 25, 197, 773.
Maillard 48, 194, 771.
Maillart & Cie. 680.
Maillet 724, 1241, 1272.
Malone 663.
Maire 755.
Mairich 7, 1269.
Maison 335, 787.
Maisonneuve 586, 1086, 1093, 1145.
Maißen 819.
Maistre 367.
Maitland 291, 441, 736, 1159.
Maize 1048.
Majone 19.
Malain 1301.
Malard 1112, 1292.

Malassez 867.
Malcolm 195, 585.
Malenkovic 40, 41, 713, 715.
Malette 61, 1301.
Malevé 313, 860.
Malfatti 241, 308.
Malfitano 194, 195, 308, 411.
Malissard 364.
— -Taza 1172.
Mallannah 1104.
Mallebrancke 144.
Mallet 151, 295, 334, 335, 337, 339, 345, 346, 835, 879.
Mallock 850.
Mallooth 558.
Malms 888.
Malone 358, 611.
Malpeaux 810.
Maltese 1220.
Malūga 847.
Malvensin 1283.
Malvezin 1281.
Mambret & Cie. 380.
Mameli 42, 225, 503.
Mamlok 1296.
Mammola 221.
Mamy 1058.
Manahan 1265.
Manarezi 1282.
Manbrand 281, 734, 1252.
Manceau 1281.
Manchés 793.
Manchester 345.
Manchot 188, 198, 225, 244, 1065, 1139, 1162.
Mandel 1308.
Mandelstam 412.
Mandl 799.
Mandt-Cementblock Co. 116.
Manfredine 831.
Manfredini 649.
Mangeau 1282.
Mangin 712.
Mangon 1228.
Maniguet 602, 688, 1180.
Mank 748.
Manlove, Alliott & Co. 1315.
Manly 938, 943, 947, 957.
Mann 21, 54, 208, 268, 282, 596, 780, 791, 1060, 1121.
Mannes & Kyritz 560.
Mannesmann 268, 669, 750, 1003, 1267.
Mannich 1214.
Manning 159, 1232.
v. Mannlicher 1222.
Manns Patent Steam Cart and Wagon Co. 1079.
Mannstaedt & Co. 662.
Mansergh 749.
Mansier 208.
Manté 163.
Mantle 67.
Manufacture Liégeoise d'Armes à Feu 1228.
Manville 393, 772, 1072, 1074.
— Machine Co. 896, 1287.
Manzella 162, 1163.
Maquenne 144, 1131.
Maquinista Terrestre y Marítima 636.
Marage 15.
Marans 739, 1301.
Marbe 961.
Marble 34.

Marc 1101, 1102, 1103.
March 676, 677, 686, 690, 743.
—, Otto 689.
Marchand 688, 1098, 1113.
Marchant 468.
de Marchena 474, 1199.
Marcichowski 107, 852.
Marck 544, 664, 1165.
Marcks 1052.
Marckwald 752, 986, 987, 1209.
Marconi 412, 927, 1154.
Marcotty 256, 988.
Marcusson 496, 1046.
Marek 203.
Maresca 464.
Maresch 343.
Maretsch 1220, 1228.
Marey 813, 1178.
Marggraf 283, 828, 959, 995.
Marggraff 310.
Margosches 244, 1106, 1299.
Mariage 373.
Marié 312.
Marienfelde Daimler Werke 1096.
Marignac 1149.
Marini 926.
Marino 494, 1210.
Marion Incline Filter & Heater Co. 251, 254.
Mariotte 734, 962.
Maris 74, 842.
Markfeld 1146.
Markfeldt 529, 725, 1151.
Markham 158, 570, 631, 1074, 1130, 1285.
Märkische Maschinenbau - Anstalt 589.
Marks 55, 77, 247, 294, 622, 850.
Markus 271, 373.
Marlin 915.
Marmier & Abraham 1258.
Marmor 846.
Marmorholzwerk München 286.
Marmu 204.
Marnier 389.
Marouschek 288, 899.
Marpmann 891.
Marquardt 21.
Marquès 974.
Marquier 799.
Marquis 215, 1090.
Marr 553, 619, 840, 1057, 1180.
Marre 632.
Marriner 1017, 1027.
Marriott 840.
Marryat & Place 1043.
Mars 775.
Marsault 23.
Marschik 856, 1111.
Marschner 716.
Marsden 191, 1298.
— & Dunn 1060.
Marsh 39, 95, 185, 317, 342, 369, 426, 978, 1009.
Marshall 192, 264, 271, 353, 354, 565, 1170, 1175.
— & Co. 561, 563, 917.
Marston 62, 108, 556, 1143, 1308.
Marten 848.
Martens 66, 114, 143, 148, 149, 258, 289, 329, 368, 381, 389, 857, 858, 906, 1303.
Marth 717.
Martiensson 775.
Martin 207, 302, 306, 437, 517

521, 533, 565, 566, 611, 612,
614, 723, 793, 820, 909, 933,
934, 981, 988, 1098, 1297, 1305,
1306.
Martin, Paul 103.
Martinek 430, 439.
Marting 870.
Martini & Hüneke 503, 571, 1179.
Martius 239.
Martiny 815, 990, 1076, 1105, 1236.
Marton 944
Martzoff 836.
Marussig 1133.
Marx 207, 211, 414, 671, 769, 705,
770, 908, 1139.
Marzer 58.
Marzahn 642.
Mascarelli 983.
Mascart 417, 1202.
Maschinenbau A.-G. Essen - Ruhr
1196.
— — Golzern - Grimma 145, 741,
505.
— — Union 589, 1198.
— — Anstalt Humboldt 44, 636,
881.
— — Ges. Heilbronn 1148.
— m. b. H. Leipzig-Sellerhausen
624.
Maschinenfabrik-A.-G. Balcke 263.
Maschinen- und Armaturfabrik
vorm. Klein, Schanzlin & Becker
977.
Maschinenfabrik Augsburg und
Maschinenbau - Ges. Nürnberg
266, 859.
— der Staats - Eisenbahn - Ges. in
Wien 366.
— der Ungarischen Staatsbahnen
344.
— Eßlingen 249, 250, 347, 1042.
— Geislingen 885.
— Grevenbroich 1201.
— München 1287.
— Oerlikon 356, 394, 448.
— Pekrun 610
— Selwig & Lange 1040.
— vorm. F. A. Hartmann 149.
Masek 987, 1158.
Masereeuw 106, 853.
Mashek 765.
Maskelyne 1153, 1156.
Mason 503, 998, 1097, 1120.
Massaciu 231.
Massarelli 1057.
Massart 103.
Massay & Warners 880.
Massenez 302.
Massey 628, 814.
Massie 412, 1157.
Massiot 599.
Masson 202, 246, 660, 673, 911,
933.
Massot 30, 35, 36, 599, 856, 1069.
Mast 670.
Master Car Builders' Association
317, 370.
— Mechanics' Association 253,
301, 337, 352, 354, 371, 387,
1045.
Mastin & Platts 371.
Mata 1125, 1220.
Matakiewicz 723.
Materne 200.
Mather 368.

Mather & Bowen 116.
— — Platt 34, 524, 912, 980.
Mathesius 153.
Mathews 1101.
—, T. 694.
Mathewson 403, 565, 720, 894,
994, 1003, 1009, 1259.
Mathieu 768, 1281, 1282.
Mathot 264, 269, 585, 590, 992.
— & Fils 247.
Mathushek 887.
Matignon 190, 197, 1102, 1103.
Matognon 1034.
Matolcsy 18.
Matos 515, 516, 518, 1294.
Matschoß 1073.
Mattei 1221.
Mattern 860, 1268.
Mattersdorff 375.
Matteson 586.
Matthaei 970, 1017.
Matthes 211, 235, 737, 738, 890,
893, 1132, 1299.
Mattheus 759.
Matthew 144.
Matthews 32, 60, 61, 281, 382,
426, 532, 536, 513, 625, 1293.
— & Yates 605, 1292, 1294.
Matthies 1061.
Matthiesen 730.
Matthieu 1066.
Maturel 1113.
Maubeuge 1229.
Mauclère 367.
Mauerhofer 94.
Mauguin 241.
Maunder 954.
Maurain 964.
Maurenbrecher 725, 737, 768, 1150.
Mäurer 286.
Maurice 88, 776, 1127.
Mauricheau 928.
— -Beaupré 12.
Maurizio 573, 575.
Maurus 814.
Maury 185.
Mauser 1222.
Mauthner 225, 1065.
Mautner 511, 522.
Mauz 207, 891, 1060, 1278.
Maven 1152.
Maver 263, 644, 780.
Mavor 99, 262, 550, 585.
— & Coulson 1053.
Max 313.
Maxim 834, 836.
Maximoff 1170.
Maxstedt & Bednall 1276, 1277.
Maxson 203, 623.
Maxwell 3, 479, 591, 965, 1084,
1110.
— -Briscoe Motor Co. 1084.
May 217, 235, 282, 373, 555, 564,
818, 892, 1014.
—, E. J. 705.
—, Walter 721, 1042, 1044.
—, Walter J. 503, 630, 829, 866.
Mayer 49, 242, 402, 806, 1037.
v. Mayer 725, 759.
—, Adolf 970, 1214.
—, Carl 47.
—, Ernst 907.
—, G. 792.
—, Joseph 112, 175, 326, 337,
393, 467, 998, 1003,

v. Mayer, Julius 1282.
—, Karl 513.
—, Otto 151, 207.
—, P. A. 1117.
— & Schmidt 1037, 1039.
Mayering 934.
Maynard 107, 847.
Mayner 1035.
Mayr 352.
Mays & Baily 719, 1176.
Mazelier 594, 726.
Mazen 392.
Mazoyer 181.
Mazzara 50.
Mazzotto 424, 297.
Mazzucchelli 441.
M' Vgl. Mac und Mc.
M' Avity 838.
— Berty 537.
— Daniel 899.
— Gonagle 648.
— Intosh 346.
— Keen 359.
— Lean 250.
— Naught 266.
— Pherson 161, 649, 1022.
Mac Carthy 740, 1140.
— Donald 311, 313, 445, 1073.
— Dougal 1139.
— Dougall 193, 242.
— Elroy 369.
— Enulty 333, 366.
— Fadyen 1104.
— Farland 110, 673, 853.
— Farlane 293.
— Kay Chace 901.
— Laren 683.
— Lellan 1080.
— Leod 60, 734.
— Murrough 266.
— Nicol 257.
— Phail 564.
Mc Adam 778.
— Adie 418.
— Allister 451, 455.
— Alpine 1298.
— Ardle 294.
— Avity 644, 840.
— Candlish 25.
— Canna 1094.
— Cart 387.
— Carty 591, 1048.
— Caslin 561, 563, 564, 565, 1214
— Caustland 296.
— Clave 436.
— Clung 416.
— Coll 857.
— Collum 224, 231.
— Connan 1006.
— Cord 372.
— Cormick 452.
— Coy 415, 985, 987, 1160, 1209,
1210.
— Cullough 113, 274, 323, 1297,
1303.
— Cully 1305.
— Donald, George 40.
— Dowall 938, 1231.
— Elroy 368.
— Evoy 1229.
— Ewan 430
— Farland 1266.
— Farlane 772, 1061.
— Feely, Thos. Co. 886.
— Geehan 492.

Mc Glehan 598, 1099.
— Grath 39.
— Gruer 1032.
— Hattie 335.
— Intosh 242, 341, 411, 441, 1010.
— Kee 26, 246.
— Kenna 1302.
— Kenzie 215, 721, 743.
— Kibben 167, 851.
— Kiernan 668.
— Kim 385.
— Kinley 766.
— Kinstry 1266.
— Laren 93, 95.
— Lean 474, 1220.
— Leod 844.
— Master 198, 215.
— Michael & Wildman Mfg. Co. 1289.
— Nally 214, 231.
— Naught 1292.
— Neil 1107.
— Phail 983.
— Pherson Co. 552.
Mead 492, 723, 797.
— Mfg. Co. 1170.
Meade 116, 117, 190, 202, 224, 450, 739, 1301, 1302, 1304, 1305.
— & White 385.
v. Mecenseffy 664.
Mech 225.
Meckel 680.
Medicus 200, 443.
Medinger 149, 225.
Medri 211.
Meeks 611, 838.
Meenen 75, 649.
Mees 931, 937, 938, 992.
— & Nees 130, 133, 708.
Mehl 830, 840, 993, 1052, 1292.
Mehler 852.
Mehlgarten 284.
Mehling 798.
Mehliß & Behrens 491.
v. Mehring 235.
Mehrtens 404, 614, 859, 890, 1007.
Meigen 241.
Meigs 1229.
Meile 126.
Meillère 206.
Meili 693.
Meilink 1234.
Meine 1162.
Meinecke 585, 1076.
Meiners 54.
Meinicke 58.
Meiselbach 1086.
Meisenbach 958.
Meisenheimer 225, 574, 575, 897.
Meister 1069.
vorm. Meister Lucius & Brüning 517, 524.
Meiszl 187.
Meißner 482, 1021, 1280.
Meitner 416, 1236.
Melan 137, 138, 173, 176, 179, 180, 626.
Melander 411, 422.
Melaun 318, 1067, 1287.
Meldau 775.
Meldola 215, 893, 898.
Meldrum Bros. 438, 882.
Mellanby 262.
Meller 996.

Melli 512.
Mellin 265, 353, 354.
Mellinger 126, 711.
Melms 1196.
— & Pfenninger 1198, 1201.
Melter 1106, 1310.
Meltzer 240, 841.
Melville 551.
Ménand 1281.
Mencl 733.
Mendenhall 1230.
Mendheim 617.
Mendthal 1013.
Menegus 14, 774.
Ménessier 1221.
Mengarine 954.
Menge 59, 189.
Menger 522.
Menier 136.
Menneke 1108.
Mennicke 1310.
Menns 1096.
Menocal 745.
Mensch 124.
Menschutkin 43, 841.
Mensing 926.
Mente 938, 942, 943, 957, 958.
Menter 931.
Mentzel 96, 234, 762, 890, 1066.
Menzel 583, 1007, 1096.
—, O. 690.
Menzin 863.
Mercadier 1300.
Mercanton 986.
Mercer 90, 99, 783.
Mercier 405, 855, 879.
Merck 206.
Merckens 949.
Mérigoux 1087, 1088.
Merk 234, 274, 1229, 1259.
Merkens 937.
Merrell 318.
Merrett 952.
Merrill 97, 238, 1227.
Merriman 1127.
Merritt 118, 547, 903, 966.
Merryweather 544, 1032.
— & Sons 544, 1032.
Mersey 579, 580.
— Engine Works Co. 579, 580.
Mertens 1253, 1263.
Merton 718.
Mery 1100.
Merz 144, 806, 1170.
Meslin 481, 903, 961.
Mesnager 850, 859, 896.
Mesnil 609.
Messel 693.
Messent 115, 626.
Messer & Cie. 14.
Messerschmitt 482, 825.
Messiler 43.
Mestrezat 1013.
Mesuré 1013.
Mess & Nees 117.
Metallic Packing & Mfg. Co. 274.
Metcalf 9, 848.
Metheany 382, 536.
Methven 626.
Mettegang 1124.
Mettler 225.
Metz 259, 868, 949, 993.
Metzeltin 338, 342, 347, 349, 353.
Metzendorf 689.
Metzger 5, 485, 651, 1267.

Metzl 30, 201.
Metzner 584.
Meurer 606, 917.
Meuth 46, 790.
Mewes 262, 267, 443, 568, 585, 642, 790, 1021, 1200, 1208.
—, Kotteck & Co. 789, 997, 1232.
Mey 403.
Meyan 1077.
Meybach 592.
Meyen 415.
Meyenberg 263.
Meyer 94, 107, 277, 345, 393, 494, 718, 729, 805, 806, 810, 855, 872, 892, 962, 986, 1018, 1074, 1135, 1161.
—, Arthur 56.
—, Bruno 949.
—, C. W. 294, 564, 1175.
—, D. 609.
—, Ferd. M. 1301.
—, Ferdinand 1302.
—, Fernand 24, 623.
—, Franz 1309.
—, Friedr. 1145.
—, Fritz 1104.
—, G. 650, 986, 1109.
—, — A. 94.
—, — M. 951.
—, George 995.
—, Gustav 574.
—, — W. 785.
—, H. 600.
—, — S. 453.
—, Hans 42, 43, 215, 219, 232.
—, Heinrich 96, 762.
—, Hugo 288.
—, K. 430.
—, M. 393, 1074.
—, Oswald 107, 818, 853, 1310.
—, Richard 215, 1013.
—, St. 984.
—, Theodor 554, 577, 1009, 1061.
—, Victor J. 759, 1065, 1109.
—, W. 535.
von Meyer 215.
Meyer & Schmidt 1288.
— & Schwabedissen 815.
Meyjes 723.
Meylan 476.
Mezger 962, 1260.
Michael 42, 190, 225, 773, 841, 844, 1014.
vorm. Michael 648.
Michaelis 16, 30, 61, 232, 529, 867, 868, 1067, 1300, 1301, 1302.
— & Richter 859.
Michalk 1047.
Micheels 240.
Michel 5, 144, 195, 219, 254, 308, 321, 377, 705, 729, 735, 1098, 1099.
— & Devaux 123.
Michelet 803.
Michelin 506, 757, 1088, 1089, 1090.
Michels 224, 756.
Michelsen 1048.
Michelson 188, 894, 965, 982, 1109, 1110, 1310.
Michotte 600, 1113.
Michtner 386, 789.
Micklethwait 25, 50, 51, 232.
Mickley 1171.

Micros 1096.
Middleton 584, 1089.
— & Co. 563.
Midland 334.
Mie 422.
Mieg 233.
Miehe 572.
Miers 196, 1239.
Miesler 485.
Miet 472.
Miethe 289, 955, 956, 959, 987.
Miether 625.
Migliorini 1064.
Mihr 410.
Mikola 15, 961.
Milbauer 245.
Milbourne 824.
Milburn 171.
Milch 447, 454, 455.
Milde 717.
Miley's Machine Tool Co. 156.
Millar 65, 84, 142, 240, 628.
Millard 330, 1022.
Millberg 793.
Millbrook Eng. Co. 1311.
Miller 9, 58, 162, 204, 243, 491, 353, 578, 586, 758, 844, 895, 969, 972, 1020, 1083, 1085, 1148, 1174, 1295.
—, Acton 1000.
—, Edmund H. 244, 245, 974, 1107.
—, Edward F. 1135.
—, H. J. 377.
—, J. E. 557.
—, Rudolph P. 113.
— & Co. 1257.
—, W. E. 732, 1216.
Millet 1035.
Millhouse 1266.
Millington 1093.
Millochau 420, 956.
Mills 610, 1073.
Milnar 861, 884.
Milne 1273.
— & Sladdin 692.
Milner 480, 805.
Milwaukee 1094.
Mimard 512.
Mina 1221.
Mineral Point Zinc Co. 1309.
Minerallac-Co. 472.
Minet 1043.
Minguin 743.
Minne 1054.
v. Mises 406, 610.
Miskovsky 145.
Misling 633.
Missisquol Pulp Co. 1246.
Missnia 5, 263.
Missong 261, 1213.
Mitarewski 541.
Mitchel 681, 861, 918.
Mitchell 50, 170, 354, 893, 1296.
Mitchell's Emery Wheel Co. 1038, 1059.
Mitcherlich 913.
Mitscherlich 196, 268, 802.
Mittag 955.
Mittler 38, 735, 925.
Mix 576, 650, 942.
Mixter 12.
Möbius 1284.
Modjeski 175.
Mohl 122.

Möblau 50, 191, 630, 909.
Mohr 75, 108, 145, 147, 148, 162, 215, 247, 248, 550, 574, 761, 768, 1122.
— & Federhaff 636, 719, 859, 1169, 1176.
Möhring 690.
Möhrle 110, 504.
Mohrmann 678.
Moir 623, 1053.
Moissan 200, 212, 273, 274, 560, 576, 623, 794, 907, 909, 974, 1004, 1043, 1044, 1107, 1139, 1160, 1162.
Moisson 736, 864, 1228.
Moitesseur 232.
Mola 1229.
Molas 52, 643, 649.
Moldenhauer 841.
Moldenke 295, 561, 611.
Molenda 1315.
Molinari 542, 1012.
de Molinari 929.
Moline Co. 1080.
Molisch 56, 971.
Moll 100, 761, 872.
Mollard 599, 1293.
Mollenkopf 873
Möller 560, 628, 809, 1108, 1164, 1308.
—, M. 134, 169, 170, 665.
—, Max 103, 1168.
Mollier 262, 576.
Molnar 459.
v. Molo 478, 825, 864, 1252, 1287.
Molteni 952.
v. Moltke 485, 544.
Molz 899.
Monarch 883.
— Engineering Co. 1042.
Monard 377.
Monasch 66, 904.
Monath 898.
Monckton 1156.
Moncrieff 275, 854.
Mond 578, 580, 625, 718, 789, 1203.
Monell 302.
Monicole 62.
Monier 122, 127, 130, 215, 669, 912, 1250.
—-Williams 16.
Monk 655.
Monnett 509.
Monni 1126.
Monnin-Damidot 1087, 1088.
Monnory 1236.
Monolith Steel Co. 124.
Monpillard 933, 950.
Montague 216, 225.
Montague, Sharpe & Co. 145.
Montanari 238.
Montel 1157.
Montgomery 532.
Monti 19.
v. Montigny 4.
Monton 944.
Montpellier 358, 1156.
Montu 392.
Moodie 215.
Moody 16, 22, 24, 201, 437, 438, 772, 1002.
Moog 972.
Moon Co. 1081.

Moor 241.
Moore 79, 154, 157, 225, 283, 629, 766, 985, 1080, 1094, 1196, 1209, 1271.
—, Robert 385.
— & Wyman Elevator & Machine Co. 765, 1167.
Moormann 643, 1002.
Mora Co. 1081.
Mordan Frog & Crossing Co. of Chicago 320.
Moré 227.
Moreau 198, 440, 669, 709.
Morel 27, 56, 150, 215, 239, 402, 403, 468, 473, 484, 769, 1089.
Morell 267.
v. Morenhoffen 1223.
Moret 1172.
Moretta 493.
Moretti 665.
Morgan 25, 50, 51, 232, 383, 440, 579, 580, 604, 823, 869, 1096.
— H. B. 729.
Morgenstern 702, 954, 1254.
von Morgenstern 809.
Morison 238, 249, 348, 760.
Moritz 517, 696, 716.
Morley 23. 794.
v. Morlot 1242, 1243.
Morris 81, 527, 903, 944, 1192, 1205.
—-Airey 1110.
—, Charles 964.
Morrison 248, 726.
Morrow 513, 969.
Mors 594, 1084, 1091, 1098.
— Co. 1081.
Mörsch 106, 109, 166, 708.
Morse 194, 204, 768, 1035, 1152.
Morterud 913, 1066.
Morton 450, 583, 821.
Moscicki 464, 485.
Moscrop 856, 857, 1112.
Moseley 628, 856, 1090.
v. Mosengell 894, 1138.
Moser 151, 201, 311, 417, 451, 811, 869.
Moses 1297.
Mosher 770, 899.
Mosig 287, 288, 650.
Moslard 151.
Mosler 463, 1094.
Moss 584, 1096.
Mossay 980.
Mossberg 997.
Mossin 1222.
Motor Car Specialty Co. 598.
Motz 888.
Mouchel 127, 136, 174, 384.
Moul & Co. 598.
Moulin 735.
Moullot 1278.
Moulton 493.
Moultrop 1196.
Mouneyrat 292.
Mountain 89, 293, 783, 784.
Moureau 38, 512, 577.
Moureu 26, 198, 216, 225, 232, 576, 650, 1139.
Mouton 297.
Mower 1028.
Mowry 482.
Moye 617, 1302.
Moyer, Albert 109.
Mozley 373.

Kaumann 689.
Kausch 271, 444, 908, 1140.
Kausek 1313.
Kautz 491, 566.
Kautzsch 698, 731.
Kavanagh 446.
Kavečka 805.
Kawel 693.
Kay 1158.
—, Max 147.
Kaye 196, 641.
Kayser 41, 58, 225, 358, 362, 399, 892, 926, 1142, 1145, 1281.
— & von Großheim 689.
vorm. Kayser, Gebr. 888.
v. Kazay 211.
Kean 250.
Keats 1055.
Kech, Edwin 1251.
Kedesdy 1162.
Kedzie 861.
Keefe 119, 626.
Keep 295, 851.
Kees Rocks 1231.
Keeson 1229.
Kegel 86, 738.
Kehr 14, 190, 537, 1152.
Kehrmann 224, 231, 531.
Kehrmaschinengesellschaft Salus 1148.
Keidel 643.
Keighley 763.
Keil 52, 143, 146.
Keilpart & Co. 734, 862.
Keim 28.
Keimatsu 900.
Keister & Co. 1172.
Keith 69, 1045, 1048, 1135.
— & Blackman Co. 594.
Kelhofer 1318.
Keller 240, 275, 305, 306, 510, 520, 665, 759, 793, 825, 878, 1184, 1241, 1263.
— & Co. 255, 1259.
—, Edward 797.
—, Friedrich Gotthold 925.
—, H. 866.
— & Knappich 13, 14, 73, 190.
—-Leleuy-Co. 306.
— Machine Co. 1278.
Kellermann 352.
Kellner 268, 572, 741, 810, 811, 972, 998, 1066, 1304.
Kelly 473, 614, 1251.
Kelsall 457.
Kelsey 453, 1098, 1100.
Kelvin 479, 1076, 1234, 1252.
Kemna 1257.
Kemp 792.
Kempe 283, 285, 977.
Kempers 119
Kempf 215, 654, 798, 799.
Kempken 224.
Kempsmith Mfg. Co. 569.
Kendrik 713, 824.
Kennedy 595, 763, 848, 989, 997, 1097.
— & Sons 796, 448.
Kennelly 422, 446, 1233.
Kenney 1027.
Kennon 194, 768, 1142.
Kent 308, 490.
Kenway 646.
Kenyon 928, 1010.
Keokuk Cereal Co. 511.

Keppler 381, 669.
Ker 461, 1146.
Kerbaugh 171, 314.
Kerber 968.
Kerbey 390.
van den Kerckhove 266.
Kerdijk 55, 622.
de Kermond 478.
Kern 816.
Kerp 953.
Kerr 1109, 1197, 1198, 1241.
— & Co. 999, 1051.
— Stuart & Co. 348.
Kershaw 5, 17, 162, 163, 439, 444, 551, 577, 792, 1140, 1239.
Kerst 379.
Kersten 185.
Kerteß 517, 531.
Kessler 49, 946.
Kestner 760, 798, 962, 1117, 1122, 1316.
Ketcham 330.
Ketels 236.
Kettler 1320.
Keuffel & Esser Co. 732.
Kewanee 1304.
Keymer 601.
Keystone 756.
— Steel Co 326.
Kharkow Locomotive and Engineering Works 1005.
Kick 108, 630.
Kickton 677, 678, 679, 769, 890, 1066, 1282.
Kiddie 595, 1044.
Kiefer 406, 859.
Kieffer 671, 674.
Kieley 436.
Kielhauser 442.
Kienböck 727.
Kienitz 568.
Kies 378.
Kieschke 685.
Kiesel 970.
Kieser 953.
Kieserling 109, 1134, 1147.
Kiesler 70.
Kießling 142, 147, 224, 609, 864.
Kilburn 461, 788.
Kilchmann 430.
Kilgore 1100.
Kilian 735, 976.
Killon & Co. 9.
Kimball 322, 426, 660.
Kimberly & Clark Paper Co. 591.
Kimura 1215.
Kinchner 880.
Kind, W. & P. 690, 694.
Kinder 202, 293.
Kindt 810, 814.
King 47, 62, 223, 339, 256, 261, 271, 365, 425, 509, 549, 721, 723, 843, 1148, 1155.
— & Co. 796.
—, R. P. 62, 547.
Kingsland 326.
Kingsley 89, 249.
Kinkel 166, 659.
Kinnear 1186.
Kinney 1190.
Kinnicutt 4, 503.
Kinoshita 417, 965, 982.
Kinraide 79.
Kinzbrunner 360, 424, 801, 908.

Kinzel 567, 807.
Kipe-Armstrong Co. 1278.
Kipke 220.
Királyfi 59.
Kirby 597, 1022, 1091, 1101.
Kirch 1046.
Kircheis 976.
Kirchhoff 967, 1296.
Kirchner 100, 911, 912, 914, 916, 919, 920, 923, 993.
— & Co. 1288.
Kirchweger 1267
Kirk 107.
— & Talbot 853.
Kirkaldy 407, 760, 859.
Kirkham 166.
Kirkland 861.
Kirkor 1239.
Kirpal 43, 231, 241, 1015.
Kirpitschnikoff 532.
Kirsch 405, 856, 1046, 1237, 1238.
Kirschbraun 1139.
Kirschner 737, 1113.
Kirstein 812.
Kisa 686.
Kisch 973.
Kissel 767.
Kisskalt 11.
Kissling 497, 543, 1046, 1149.
Kister 272.
Kistiakowsky 476, 964.
Kitchen 68, 1093.
Kitchin 38, 876, 1216, 1311.
Kitchler 686.
Kitsee 489.
Kitson & Co. 652.
Kittel 218, 347, 1063.
Kitto 940.
Kittredge 134, 745.
Kitty-Hawk 836.
Kjellin 301, 305, 306, 792, 818, 1043.
Kjer 869.
Klages 85, 224, 773, 774.
Klampsteen 626.
Klapper 349.
Klaproth 911.
Klar 714.
Klarfeld 499.
Klason 205, 632, 1008, 1064, 1158.
Klatt 985.
Klatte 70
Klaudy 497, 716, 1008, 1062.
Klaus 22, 1056.
Klaußner 729.
Klawitter 53.
Kleemann 416, 440, 962.
Kleemann 494.
Klehe 617, 739, 879, 1302.
Kleiber 1308.
Klein 46, 404, 465, 607, 633, 750, 851, 913, 916, 1206, 1298.
vorm. —, Gebr. 589.
—, Schanzlin & Becker 980.
— & Singer 758.
— — Stiefel 713, 1286.
Kleine 40, 677, 683, 685, 799, 1104.
Kleiner 99.
Kleinewefers 37.
— Söhne 919.
Kleinhans 71.
Kleinlogel 105, 108, 110, 113, 154, 852.
Kleintjes 955.

Klement 472, 717.
Klemm 283, 915, 923, 924.
Klenk 773.
Klepal 265, 991.
Klette 324, 748, 1146.
Kleyer 1125, 1223.
Klicpera 458.
Kliewer 166, 407, 659, 860.
Klimon 206.
Kling 21, 573, 738.
Klingatsch 732.
Klinger 815, 644, 997.
Klisserath 371.
v. Klitzing 276.
Klobb 208, 224.
Klocke 603.
van der Kloes 879, 1308.
Klopf 1284.
Klopsch 386, 647, 1175, 1264.
Klose 324, 335, 1273.
Klotz 1076.
Klug 38, 264.
Kluge 269, 1029.
Klumak 1229.
Klump 905.
Klußmann 1050.
Klut 151, 1240, 1253.
Kmowlton 785.
Knapp 141, 528.
— Electrical Novelty Co. 1212.
Knaudt 249, 250, 259.
Knaut 820, 1264.
Kneass 254, 351.
Knebel 930.
Knecht 527, 531, 726, 1015, 1293.
Knickerbocker Co. 1136.
Knigge 1014.
Knight 39, 167, 692, 759, 895, 1106, 1108.
de Knight 1250.
Knippe 801.
Knipping 6.
Knoblauch 268, 618, 1165, 1236.
Knobloch 472, 477, 537, 1219.
Knochenhauer 514.
Knoevenagel 755.
Knoll 418, Knöllner 994, 1015.
Knoop 37, 233.
Knopf 488, 1153.
Knorr 18, 30, 224, 374, 724.
Knorre 293, 1292.
v. Knorring 1201.
Knösel 10, 910, 913, 914, 917, 1298.
Knowles 292, 296, 307, 696, 779, 843, 978, 1083.
— & Co. 560.
— & Sons 34, 38, 610, 789, 1049.
Knowlton 128, 250, 485, 507, 509, 646, 669, 714.
Knox 983, 1061.
— & Co. 1081.
Knubel 1093.
Kobbert 821.
Kober 892.
Kobert 901, 985.
Kobes 1192.
Kobusch 349.
Koch 88, 93, 96, 270, 397, 407, 414, 418, 422, 485, 521, 547, 609, 613, 672, 676, 718, 733, 784, 803, 874, 1073.
— & Co. 888.
—, Ferd. W. 119, 1147.
Repertorium 1906.

Koch & Kassebaum 615.
—, Robert 608, 869.
Kochs 234, 236, 1071, 1107.
Köck 805, 807, 899.
Kodak 935, 937.
Koebe jr. 544.
Koeberlé 729.
Koechlin 515, 522, 524, 783.
Koehler 951.
Koenen 683, 684, 685, 704, 851.
Koenig 274, 954.
Koenigs 18.
Koenigsberger 964, 1233.
Koepe 90, 993, 997.
vorm. von Koeppen & Cie. 1181.
Koepsel 1157.
Koerkel 689, 704.
Koerner 35, 1166.
Koerting 273, 579, 1020.
Koester 394, 426, 428, 429, 430, 589.
Koetitz 120, 665.
Kögler 524, 525.
Kohl 419, 421, 425, 735, 866.
—, Rubens & Zühlke 150.
Kohler 215.
Köhler 41, 632, 724, 810, 927, 929, 1204, 1214.
— & Co. 29.
—, Spiller & Co. 82.
Kohlfürst 377.
Kohlhaus 1015.
Kohlrausch 409, 415, 416, 418, 465, 963, 984.
Kohlschütter 421, 442, 629, 731, 733.
Kohn 246, 271, 319, 381, 1009.
—-Abrest 573.
—, E. 56.
—, Eduard 56.
—, Moritz 188, 214, 245, 652, 898, 1310.
—, S. 892.
Kokotovic 1225.
Kolácek 901.
Kolbe 733.
Kolben 1176.
— & Co. 454.
Koljago 893.
Kolkin 433, 464, 782.
Koll 359.
Kölle 28, 1003, 1304.
Koller 1056.
Kollmann 923.
Kollo 760.
Kollofrath 129.
Kolmodin 556.
Kölnische Maschinenbau-Akt.-Ges. 595.
Koloczek 1121.
Komar 293, 308.
Komarek 336, 347, 1080.
Komers 1313.
Komo 261.
Kondakow 224, 743, 1158.
v. Konek 203, 204.
Konermann 152, 1275.
König 63, 205, 217, 237, 256, 530, 567, 573, 593, 673, 685, 709, 909, 945, 948, 961, 966, 1014, 1077, 1097, 1181, 1261, 1298, 1299, 1314.
Königl. Material-Prüfungsamt 847, 1163.
Königsberger 410, 411, 482, 903.

Königschmid 1311.
Koninck 201.
Konrad 607, 618.
Konschegg 231, 308.
Konstansoff 58.
Kontinentale Ges. für elektrische Unternehmungen Nürnberg 327.
Konto 205.
Koopman 785.
Koops 911.
Koo-Sah 639.
Köpcke 173.
Kopp 196.
Koppe 313, 967, 1215.
Koppel 16, 349, 353, 364, 1169.
Koppelt 618.
Kopper 766.
Koppmann 948, 951.
Korda 1152.
Koran 1312.
Koren 492.
Korkstein-, Steinholz- und Isoliermittelfabrik Einsiedel 707.
Korn 12, 246, 480, 534, 927, 954.
Korndörfer 1206.
Kornella 1167.
Körner 48, 780, 1040.
— & Mayer 935.
Koromnay 392.
Korschilgen 910, 918, 919, 920, 921, 923.
Körte 602.
Körting 551, 580, 582, 588, 589, 590, 682, 822, 823, 825, 1264.
— A.-Ges. 648, 251.
—, Brothers 589.
— Gebr. 591, 631, 692, 830, 981, 1046.
— & Mathiesen 80.
Kosch 372.
Koschel 52.
Koschny 752.
Koske 58, 812.
Koss 878, 1291.
Kóssa 206.
Kossel 402.
Kossewicz 57, 640, 641, 891.
Kossewitsch 803.
Koßmann 656.
v. Kostanecki 224, 230, 231, 232, 522, 530.
Koster 1161.
Köster 832.
Kösters 540, 1294.
Kostron 1229.
Kotelmann 232.
Kothen 916.
Köthner 217.
Kotteck & Co. 997.
Köttgen 1150, 1231.
Kötz 215, 224, 225, 243, 756.
Kotzur 1201.
Koubitzki 483.
Koula 172.
Kovarik 1154.
Kowalski 1315.
de Kowalski 818, 1109.
Kowitzke 741.
— & Co. 988.
— & Söhne 549.
Koydl 1317.
Koyl 253.
Kozák 866.
Kozakowski 1315.
von Koziczkowski 804.

95

Kozlowski 1317.
Kraatz 537.
Krach 287.
Kraemer 219.
Krafft 228, 1101.
Kraft 214, 282, 1015.
Kraftfahrzeug-Werke Protos in Berlin 367.
Krahner 816, 1076.
Krais 36.
Krajewski 1304, 1312, 1315.
Kralupper 294, 296.
Kramár 350, 427.
Krammel 808.
Kramer 329, 359, 375, 684, 707.
Krämer 739.
Kramers 578, 579, 821.
Kranepuhl 1254.
Krátky 1176, 1264.
Kratochwill 609, 885, 886.
Kraus 32, 34, 160, 221, 244, 554, 644, 1061, 1103, 1277.
Krause 5, 185, 270, 286, 910, 914, 1124, 1298.
—, Karl 1130.
—, Paul 1060.
v. Krauß 702.
— & Co. 46, 344, 334.
Krausz 320. 338, 935, 1099, 1239.
Kraut 758, 895.
Krauth 730.
Krautzberger & Co. 843
Krawinkel 749.
Krawkow 803.
Krebitz 1071.
Krebs 244, 288, 289, 425, 506, 953, 1098, 1100.
Krefting 864.
Kreider 770.
Kreith & Blackman Co. 840.
Krekel 824.
Krell 247, 760, 838, 909, 1063.
Krellsen 1234.
Kremann 27, 193, 195, 197, 215, 898.
Kremenezky 82.
Kremer 8.
Krenger 128.
Kresnik 1040, 1261.
Kress 397, 696.
Kretzschmar 406.
Kreuger 110, 125, 510, 706.
Krewel & Cie. 235.
Krey 724, 1016, 1247.
Kridlo 1058.
Krieger 310, 397, 1091, 1093.
Kriéger 1078.
Krimberg 239.
Krinninger 677.
Krische 49, 804, 1007.
Kriser 313, 385.
Kristeller 43.
Kritzler 271.
Krizik 326, 398.
Krizko 360, 1079.
Kröber 803.
Kroeber 377.
Kroell & Co. 33.
Kroemer 729.
Kroen 90, 277, 997.
Kroeschell 252.
— Bros. 740.
Kröger 765.
Kröker 163.
Kroll 525.

v. Kromar 1222.
Krömer 727.
Kromeyer 57.
Kromhout 1030.
Kron 715, 780.
Kronacher 811.
Kronfuß 693.
Kronstein 537.
Kropff 143.
Kropp 733.
Kroupa 203, 792, 793, 984, 1209, 1210.
Kruckow 537.
Krueger 148.
Krug 1282.
Krügener 935.
Krüger 180, 439, 441, 463, 482, 487, 492, 503, 516, 573, 757, 777, 803, 878, 1066, 1071, 1134, 1142, 1312.
—, E. 724.
—, Franz 690.
— & Lauermann 171, 134.
Krügge 815.
Krull 96, 189, 621, 722, 835, 872, 996, 1198.
Krumbhaar 618.
Krumrein & Katz 713, 1005.
Krupp 44, 169, 303, 345, 589, 611, 665, 718, 909, 977, 1022, 1023, 1219, 1223, 1224, 1226, 1227.
Krüß 66, 904, 948, 1110.
Kruttschnitt 311, 361, 362, 364.
Kryszat 833.
Krzizan 254, 609, 737, 799, 890, 891.
Krzymowski 808, 809.
Ksanda 601.
Kubart 1280.
Kubierschky 478.
Kübler 405, 426, 469, 484.
Kubo 699.
Küch 730, 904.
Kuchel 13, 1067.
Kuchinka 538, 906, 934.
Küchler & Söhne 728.
Kucera 987, 1158.
Kücken & Co. 673, 709.
Kuckuck 1202.
Kudaschew 801.
Kuderer 91, 1211.
Kuhfahl 930.
Kühl 737, 899, 1311.
Kuhlmann 469.
Kuhlo 467.
Kuhn 249, 250, 480, 613, 729, 730, 1151.
Kühn 542, 653, 698, 872, 894.
— & Detroy 506.
Kühnast 286, 287, 288, 1284.
Kühne 205, 271, 657, 814.
Kuhnert 806, 810.
Kühns 423.
Kühnscherf jr. 633.
Kuhtz 574.
Kuichling 5.
Kukla 143.
Kull 406, 610, 637, 846, 1168.
Kullmann 616, 1258, 1261, 1267.
Kummer 356, 357, 393, 855, 1144.
Kunckell 1014.
Kundt 526.
Kunert 256, 1296.
Kunsch 765.

Kunstman 116.
Kunststeinwerk München 704.
Kuntze 330, 871, 992, 1314.
Kuntzemüller 329.
Kunz 147, 575, 877, 1276.
Kunze 48, 566, 1122.
Künzell 140, 565, 641, 643, 840, 1051, 1180.
Kunzl 867.
Kupka 390.
Kupke 998, 1093.
Küppers 276, 319, 325, 607, 784, 781, 1244, 1269.
— Metallwerke 829.
Kuptsche 1066, 1283.
Kürchhoff 539, 1080, 1223.
Kurlloff 25, 194.
Kurrein 294.
Kürsteiner 430, 788.
Kurtz 312, 996.
Kurz 410, 415, 477, 984.
Kurzwernhart 722.
Kuschinka 867.
Kusl 297, 304.
Kusnezow 774.
Kußul 89.
Küster 219, 239, 240, 690, 798, 982.
Küstner 1038.
Kutscher 58, 207, 890.
Kuttenkeuler 573.
Kutter 490, 723.
Küttner 730, 874, 892.
Kux 113, 115, 134, 314.
Kuzel 81, 82.
Kyffin 334.
Kyll 1254, 1255.
Kynoch 579, 580.

L.

Laas 1025.
La Baume 738, 1315.
Labes 113, 134.
Laborde 984.
Laboulais 89.
Laboureur 522.
La Burthe & Sifferlen 553.
Lacey 174.
Lachapelle 248.
Lachmann 576.
Lackawanna Steel Co. 579, 719, 1176.
Lackland 1271.
L. and N. W. Ry. 346.
Laclede Gas Light Co. 826.
Lacomme 96, 403.
Lacore 1101.
Lacoste 1082, 1089, 1095.
La Cour 432, 1206.
Lacroix 18, 151, 816.
La Croyère 344.
Lacy-Hulbert & Co. 832.
Ladenburg 908, 1234.
Laedlein 939.
v. Laer 147, 160, 496.
van Laer 640.
Laffan 598.
Laffargue 462, 1287.
Laffergue 1198.
Laffon 857, 859.
Lafforgue 1181.
Laforêt 1278.
Lafosse 1260.

La Gare Patent Tyre and Wheel Co. 1087.
Lagny 880.
Lagodzinski 29.
Lagonda Mfg. Co. 1213.
Lahmeyer 455.
Lahne 1039.
Lahr 1019.
Laidlaw-Dunn-Gordon 1187.
Laine 416.
Lainé 804, 1007, 1167, 1282.
Lake 340, 383, 384, 561, 564, 615, 717, 1018, 1027.
Lakes 100, 621, 762.
Lakhowsky 319, 322, 845.
Lallemant 733, 1315.
Laloue 238, 1159.
Lam 873.
Lamb 244, 331, 518, 520, 597, 622, 816.
Lambert 327, 350, 357, 399, 653, 654, 906, 966, 1031.
Lambrecht 530, 735, 856, 1112.
La Meuse 460.
Lamm 347, 360.
Lamme 356, 357, 395, 452, 455, 458, 470.
Lamock 1164, 1179.
Lampa 963.
Lampe 224, 231, 522, 530.
Lampen 750, 1235.
Lamplough 1086, 1095.
Lanchester 598, 647, 838, 1083.
Lanchester Motor Co. 1083.
Landau 992, 1079, 1097.
Landeker & Albert 717.
Landenburg 982.
Lander 825.
Landin 1320.
Landis Tool Co. 998.
Landmann 105, 1051.
Landolt 190.
Landrieu 199.
Landsberg 498, 1028.
Landsteiner 1103.
Lang 159, 169, 482, 603, 665, 750, 830, 866, 968.
Lang & Sons 118, 155, 279.
— Co. 158.
v. Lang 422, 449.
Langan 474.
Langbein 163.
Langdon 451, 1099.
Lange 22, 143, 607, 639, 640, 641, 743, 935, 1067, 1121.
Lange & Gehrckens 641.
de Lange 603.
Langenberger 696.
Langer 351, 526, 728, 803.
Langevin 419, 420.
Langfritz 994.
Langhein 285.
Langhorst, Otto, 401.
Langlet 1102.
Langley 837.
Langlois 538, 1223.
Langmuir 771, 1239.
Langrod 351, 963.
Langsdorf 482.
Lanino 394.
Lankes & Schwärzler 284.
Lannelongue 1104.
Lansac 1094.
Lansingh 64, 65, 67, 83, 84.
Lanz 815, 828, 829.

Laponche 91, 775, 1198, 1212.
Laporte 66, 905.
La Praz 429.
Lapworth 213, 215, 225, 245, 246, 1158.
Laquer 495.
Laren 23, 287.
Larke 786.
Larkin 878.
Larnaude 81.
La Roche 693.
Larsen 16, 804.
Larssen 169, 665.
Lartigue 380.
Lasche 1195.
Laschinger 99, 263.
Laschke 807.
Laseker 894.
Láska 732.
Laske 644.
Lasne 657.
Lassar 607.
Lassen & Hjort 254, 1258.
v. Lasser 692.
Lassiter 1287.
Laubat 1200.
Laube 29.
Lauber 710, 1222.
Laubert 807.
Lauda 428, 1251, 1260.
Laue 50, 1233.
von Lauer 96, 1127.
Laugbridge 351.
Laugwitz 412.
de Launay 45, 351, 622.
Laur 621, 1106.
Laurain 822, 1175.
Laurence Scott & Co. 160.
Laurent 388, 681.
Lauri 439.
Laurie 445, 556, 856.
Lauriol 76.
Lathman 607.
Latour 400, 452, 454, 455, 456, 592, 867.
Latschinoff 226.
Latshaw Pressed Steel & Pulley Co. 846, 997.
Latta 981, 1248.
Lattig 1289.
Laussedat 954.
Lautensack 663.
Lautenschläger 186, 272.
Lauterwald 873.
Lavagna 1083.
de Laval 443, 492, 723, 1019, 1197, 1309.
de Laval Steam Turbine Co. 1197.
Lavalle 770.
Lavallée 609.
Lavalley 295, 849.
Lavaux 29.
Lavergne 432, 1073, 1077, 1099, 1100.
Laves 871.
Lavezzari 665.
Lavigne Co. 1047.
Law 149, 297, 441, 445.
Lawaczeck 1230.
La Wall 532, 1210.
Lawrence Co. 370, 723, 1261.
Lawrie 219.
Lawson 91, 365, 468, 863, 1053.
Layman 450.

Layraud 225, 756.
Lazell 62.
Lazenberg 768.
Lazennec 26, 216, 225, 232, 1139.
Lazerges 1094.
Lea 582, 585, 598, 979, 980, 1099, 1252.
Leach 500.
Leady 651.
Leash 1045.
Leather 901.
Leavitt 765, 1026, 1100, 1167, 1229.
Le Baron 908, 1258.
Lebas & Co. 141.
Lebaudy 834.
Lebbin 777.
Lebeau 17, 164, 242, 560, 794, 1107, 1139.
Lebedeff 57, 1260.
v. Leber 311, 624.
Lebert 166.
Lebioda 713.
Leblanc 452, 740, 776.
Le Blanc 17, 209, 486, 1141, 1158.
Le Blank 830.
Le Bon 191.
Lebreton 94.
Lebrun 867.
Le Brun 1097.
Lecaime 1095.
Le Card 281, 735, 1284.
Lecarme 297, 965.
Le Chatelier 107, 296, 297, 305, 500, 501, 848, 867, 1041, 1235, 1302, 1303.
Lecher 295, 422, 489, 864, 968, 1106, 1233.
Lechner 13, 328, 952.
van der Leck 56.
Lecombe 1317.
Lecomte 367, 600, 856, 1097, 1282.
Le Conte 714.
Lecornu 549, 860.
Ledat 1074.
Leday 828.
Ledebur 305.
Lederer 270.
Ledig 825.
Le Docte 1317, 1318.
Ledoux 1245, 1265, 1270.
Leduc 61, 198, 290, 504, 617, 964.
Lee 583, 681, 1026.
Leechman 1076.
Leeds 12, 74, 278, 1005.
— & Northrup Co. 479.
Leemann 898.
Lees, T. & R. 1305.
Leetham 418, 444, 861, 908, 1139.
de Leeuw 141.
Lefebre 1096.
Lefebvre 183, 1040.
Lefeldt 1106.
Lefèvre 522, 532.
Lefèvre 739, 971.
Lefévure 222.
Leffler 11.
Leffmann 769, 1063.
Léger 19, 225, 558, 836.
Légier 950.
Legler 615.
Legrand 542, 869.

Legros 370, 433, 458, 461, 1083, 1193.
Lehfeldt 964.
Lehmer 719, 878, 895.
Lehmann 68, 354, 300, 577, 599, 700, 734, 791, 908, 955, 956, 962, 969, 1110, 1123, 1220.
—, F. 572.
—, Georg 256.
—, K. B. 61, 559, 603, 604.
—, O. 961.
—, W. 555.
— & Co 5.
— & Mohr 285.
Lehmbeck 582, 591, 866, 1020.
Lehner 1069.
Lehnkering 605.
Lehr 25.
Lehrmann 777.
Leibbrand 133, 167.
Leighton Machine Co. 1137.
Leighty 321.
Lein 1030.
Leinekugel 173.
Leipziger Maschinenbau-Ges. 778, 896, 976.
Leiser 799.
Leiß 533, 862, 1110, 1225.
Leithäuser 830, 908, 963, 1010.
Leitner 368.
Leitz 868, 906.
Leitzmann 328, 336.
Lejeune 305, 850.
Leliman 657, 658.
Lelong 756, 1287.
Lemacher 278.
Lemaire 247, 406, 707, 1140.
Le Maire 1204.
Lemale 1091.
Lemercier 364.
Lemière 161, 162.
Le Mire 1278.
Lemoult 25, 26, 199, 215, 529, 928.
Lempelius 1264.
Lencauchez 353.
v. Lendenfeld 225.
Lendorff 275.
Lendrich 541, 800.
Lenher 1101.
Lenné 574.
Lenne-Elektrizitäts- und Industrie-werke 1196.
Lennhoff 699.
Lennox 1036, 1163.
Lentz 267, 274, 342, 343, 351, 353, 562, 1196.
Lenz 740, 815, 951, 989.
Lenze 499, 1124.
Leonard 111, 138, 179, 356, 670, 671, 675, 787.
Léonard 88, 425, 1205.
— & Weber 424.
Leonardo da Vinci 595, 845, 981, 1032, 1273.
Leonhardt 917.
Leopold 1013.
Lepère 210, 890, 892.
Leperre 1253.
Lepetit 25.
Lepierre 403.
Lépine 239.
Lepoutre 572, 811.
Leppin & Masche 906.
Leprince 688, 762.

—-Ringuet 784.
Le Rappel 1084.
v. Lerch 986.
Lereboullet 238.
Le Rossignol 228, 1065.
Leroux 39, 755, 1107, 1310.
Leroy 382, 1204, 1318.
. Le Roy 1134.
Lesage 231, 970.
Leschinsky 122.
Lesemeister 669.
Leske 892.
Leslie 1034.
Leslop 545.
Lesser 494, 814.
Lester 1130.
Lethaby 653.
Letheule 1206.
Letombe 264, 585, 779, 1200.
Letruffe 835.
Letulle 972, 974.
Leuchs 219.
Leugny 744.
von Leupoldt 543, 544.
Leuze 793, 871.
Levaller 208.
Levallois 528, 1149.
Levasseur 834.
— & Lein 1030.
Levavasseur 593.
Levene 402, 818.
Lévêque 761, 767.
Levi 242, 445, 1064.
—-Malvano 101.
Levin 193, 416, 986, 1209.
Levingstone 957.
Levison 729.
Levita 1227.
Levites 240.
Levy 13, 58, 167, 245, 327, 350, 357, 359, 399, 606, 631, 639, 958, 963, 974, 983, 1087.
—, Albert 771.
—, Edmond 1088.
—, G. 155, 156, 167, 280, 624, 665, 1259.
—, Georges 1287.
—, Louis Edward 958.
—, Maurice 166.
—, Max 958.
Lewes 1072.
Lewin 956.
Lewinsohn 900.
Lewis 11, 26, 163, 184, 185, 190, 191, 192, 193, 242, 301, 351, 409, 441, 442, 488, 508, 753, 761, 766, 1106, 1287.
Lewkowitsch 215, 543.
Lewthwaite 186.
Lewy 958.
Ley 212, 757.
de Leyma 1075, 1083, 1093.
L'Hoest 368.
Liagre 489.
Liais 70.
Liberi 1209.
Libesny 82, 1207.
Lichte 299, 399, 401, 1176.
Lichtenstein 449.
Lichtenstern 925.
Lichtheim 1253.
Lichty 196.
Lickroth & Cie. 1056.
Licot 633, 1057.
Lidgerwood 55, 635, 639.

Lidoff 209, 1140.
Lidow 555, 1045, 1070.
Lidy 1268.
Lie 895.
Liebe 90, 993.
Liebenow 457.
Liebenthal 905.
Liebermann 70, 532.
von Liebermann 1282.
Liebert & Co. 996.
Liebig 225, 890, 1063.
Liebmann 317.
Liebscher 1113.
Liechtenhan 227.
Liechty 337.
Lieckfeldt 724, 1017, 1269.
Lied 829.
Liefering 544, 545.
Lienau 808.
Lienhop 417.
Liese 824.
Liesegang 196, 907, 931, 932, 933, 971.
Lifschütz 1294.
Lighbody 820.
Ligot 929.
Lilienberg 616.
Lilienfeld 523.
Lillelund 1247.
Lilleshall 634.
Lilly 760.
v. Limbach 169.
v. Limbeck 314.
Limmer 49.
Lincoln Electric Mfg. Co. 449.
Lind 164, 888.
Linde 208, 268, 575, 740, 741, 830, 1010, 1138, 1236, 1253.
v. Linde 575, 739.
Lindeck 470, 475.
Lindecker 1100.
Lindemann 730, 904.
Lindenberg 42.
Linder 25, 245, 827.
Lindet 402, 873.
Lindgren & Saarinen 653.
Lindner 50, 146, 575, 640.
Lindquist 424.
Lindsay 409, 630.
Lindsey 1123.
Ling 769.
Link 860, 1268.
— Belt Engineering Co. 719, 1169, 1170, 1176.
— — Machinery Co. 781.
Lintner 143.
Lionville 859.
Lipmann 697.
von der Lippe 951.
Lippert 555, 1159.
Lippich 629.
Lippincott 899.
— Steam Specially & Supply Co. 726.
Lippmann 477, 901, 949, 550, 956, 969.
von Lippmann 767, 1210, 1312.
Lipschitz 811, 870, 1296.
Lissak 1220.
Lißmann 1121.
List 398.
Lister 425, 1134, 1205.
Litchfield 1089.
Lithos 1100.
Litter 630.

Little 662, 1097.
Littlebury 27, 216.
Littmann 944, 1062, 1063, 1102.
von Littrow 347.
Livache 445.
Liverseege 1240.
Livingstone 447, 460.
Livingtton Nail Co. 717.
Llewellyn 731.
Lloyd 272, 428, 433, 450, 726, 747, 1078, 1095.
— Copper Co. 1272.
Loach 1054.
Löb 1, 59, 420, 440, 441, 540, 970.
de Lobel 311.
Löbering 893.
Löbisch 239.
Lobnitz 1305.
— & Co. 601.
Locher 327, 399.
Lock Joint Pile Co. 169, 665.
Locke 4, 8, 9, 265, 701, 740, 1167.
— Insulator Mfg. Co. 472.
Lockemann 39, 577, 798, 799, 1260.
Lockett 943, 952, 956, 1215.
Lockmann 903.
Locquin 218, 755, 1012.
Lodge-Muirhead 1156.
Loeb 239.
van Loenen-Martinet 181.
Loevenhart 198.
Loew 806, 1001.
Loewe, Ludwig, & Co. 278, 279, 568, 569, 570, 652, 778, 862, 1037, 1287, 1288, 1295.
Loewenthal 415, 599, 987.
Löffler 58, 653, 1104.
Logan 590.
Logeman 170, 416.
Logothetis 24, 217.
Lohberg 1157.
Löhdorff 548, 713.
Löhle 1034.
Lohmann 35, 207, 892, 969.
Lohner 1077, 1079.
— -Porsche 1093.
Löhnert 604, 815.
Lohnstein 728, 875, 964.
Lohrisch 972.
Lojgaard 136.
Lokitini 1260.
Lolat 128, 506.
Lomax & Co. 1120.
Lombard 400, 992.
— Governor Co. 992.
Lombardi 445, 450, 1217.
Lomberg 937.
Lombroso 240.
Londgren 1285.
London 239.
— Emery Works Co. 562, 565.
Lonet 1087.
Long 222, 240, 386, 403.
— Co. 138.
— & Mann 1090.
Longbotham 87, 635.
— & Co. 796.
Longcope 116.
Longmuir 304, 564, 611, 817, 849.
Longo 537.
Longridge 265, 268.
Longuemare 1096.
Loomis Ticket Co. 286.

Looser 733.
Loppé 461.
Lorain Steel Co. 320, 324.
Lord 60, 1113.
Lorenz 112, 151, 262, 268, 441, 486, 738, 859, 979, 1128, 1201, 1210, 1236.
Lorimer 537, 1293.
Loring 598, 1099.
— & Phipps 688.
Loris 154, 689.
Lorthioy 1094.
Löschner 1203, 1215, 1243.
Loss 371, 1231.
Lossen 1013.
Lossew 29, 895.
Lossier 670.
Lothian 744.
Lots 837.
Lotsy 18.
Lotter 338, 340, 346.
Lotterhos 874.
Lottermoser 194, 195, 308, 864.
Lottes 919.
Loubier 185.
Loucheux 94.
Louguinine 22, 841.
Louisville Car Wheel & Ry. Supply Co. 371.
Louth 1165.
Louvières 1301.
Love 823.
Lovegrove 1140.
Lovekin 796, 1020.
Loveless 388, 785.
Lovell 1026.
Loverkin 1002, 1287.
Low 30, 39, 53, 54, 159, 719, 795, 1182.
v. Löw 1076, 1077, 1097.
Löwe 148, 735, 952, 1110, 1111.
Lowell Machine Shop 1129.
Löwenherz 83.
Löwenstein 962.
Löwit 713.
Lowry 197, 322, 743, 815.
Lowrys 116.
Löwy 593, 1192.
Lozier 583.
— Motor Co. 1077.
Lubbe 1297.
Lübbers 80.
Lübbert 4.
Lübecker Maschinenbau - Gesellschaft 719, 1176.
Lubimenko 970.
von Lubimoff 318.
Lubin 1287.
Lublin 1139.
Lubszynski 823.
Lucas 69, 84, 368, 440, 836, 987, 1084.
— Light and Heating Co. 551.
Luc Denis 1099.
Luchaire 367.
Lucion 25.
Lucke 593, 1200.
— & André 906.
Luckhardt 161, 265.
Lucks 573.
Ludbrooke 823.
Lüder 573.
Lüders 92, 233, 236, 889.
Lüdersdorff, F. 752.
Lüdke 1103.

Ludlow Valve Mfg. Co. 992.
Ludwig 187, 516, 517, 527, 532, 604, 738, 856, 891.
— & Co. 1197.
Ludwinowsky 232, 530.
Ludy 235.
Luedecke 490, 492, 805, 1213.
Lüer 686.
Luft 113, 129, 387, 686, 1243.
Luger 1226.
Lühder 639.
Lühken 860.
Luhmann 59, 711, 771, 924.
Lühne 901.
Lühning 491.
Luhr 262, 266.
Lührig 187, 188, 874, 891, 892, 1013.
Lui 423.
Luipold 1269.
— & Schneider 134, 170.
Luke & Spencer 1058, 1059.
Lumb 32.
Lumière 225, 500, 818, 819, 931, 932, 935, 936, 937, 939, 940, 941, 944, 945, 947, 949, 950.
— et ses Fils 936.
Lummer 67, 404, 419, 850, 964, 1235.
Lumsden 1038.
— Machine Co. 1005.
— — Tool Co. 1287.
Lund 103, 118, 125.
Lunde 872.
Lundén 441.
Lundquist 845.
Lundström 236, 1066.
Lundt & Kalimorgen 271.
Lunge 771, 1008, 1061, 1062, 1126, 1127, 1299.
Lungwitz 717, 1044, 1046, 1309.
Lunkenheimer 255, 351, 1213.
— Co. 1047.
Lupfer 492.
Lüppo-Cramer 931, 932, 940.
Lürmann 718, 720.
Lurquin 1084.
L'Usine Electrique d'Ivry du Chemin de Fer 553.
Luten 103, 106, 124, 133, 138, 165, 177, 178.
Luther 191, 193, 196, 225, 242, 584, 829, 880, 886, 901, 929, 1315.
Lütken 118.
Luther-Akt.-Ges. 992, 1009.
Lutter 758.
Lütticher Sicherheitslampenfabrik 93.
Lutz 201, 482, 1072, 1076, 1093, 1099.
Lux 81, 68, 78, 161, 164, 271, 462, 497, 534, 597, 649, 657, 658, 688, 905, 1252.
de Luxe 1097.
Luxsche Industrie-Werke 1252.
Luxton 1123.
Luzzi 221.
Lydney 1311.
Lyle 423.
Lyne 578.
Lynde 968.
Lyndon 488, 1201.
Lynton 1296.
Lyon 770.

M.

Maag 233.
Maaß 205.
Mabee 123.
Mabery 774, 498.
Macaulay 94, 788, 1173, 1174.
Machalske 773.
Mach 573, 805, 810, 817.
Mache 968, 985.
Maciachini 103, 118, 125, 132, 134, 1177.
Mackensen 689, 704.
Mackenzie 655, 772.
Mackenzie & Son 693, 696.
Macki 293.
Mackie 95.
— & Sons 1113.
Maclaurin 903.
Maclean 558, 939, 946.
Macpherson 156, 278, 1060, 1285.
Macquaire 1089.
Maddison 570.
Maddock 1068.
Maddrill 733, 906.
Madeyski 145.
Madison 647.
Mädler 1055.
Madsen 18.
Maelger 1211.
Maeusel 492, 1000.
Maffei 46, 333, 334, 338, 341, 342, 347.
Maganzini 73, 827.
Magdeburg 861.
Mager 877.
Magerstein 272, 640.
Magin 868.
Magini 422, 463, 1155.
Maginnis 1055.
Magnoghi 775.
Magnanini 1239.
Magneta 699.
Magnus 974.
Magson 197, 743.
Maguire 12, 514, 516, 521.
Magunna 700.
Mahin 39.
Mahler 162, 163.
Mahlke 77.
Mai 18, 22, 233, 828, 952, 955, 957.
—, Johann 828.
Maignen 5.
Maigret 190, 841.
Maihle 227.
Majorana 537, 1155.
Makower 960, 986.
Mailey 841.
Mailhe 21, 25, 197, 773.
Maillard 48, 194, 771.
Maillart & Cie. 680.
Maillet 724, 1241, 1272.
Maione 663.
Maire 755.
Mairich 7, 1269.
Maison 335, 787.
Maisonneuve 586, 1086, 1093, 1145.
Maißen 819.
Maistre 367.
Maitland 291, 441, 736, 1159.
Maize 1048.
Majone 19.
Malain 1301.
Malard 1112, 1292.

Malassez 867.
Malcolm 195, 585.
Malenkovic 40, 41, 713, 715.
Malette 61, 1301.
Malevé 313, 860.
Malfatti 241, 308.
Malfitano 194, 195, 308, 411.
Malissard 364.
— Taza 1172.
Mallannah 1104.
Mallebrancke 144.
Mallet 151, 295, 334, 335, 337, 339, 345, 346, 835, 879.
Mallock 850.
Mallooth 558.
Malms 888.
Malone 358, 611.
Malpeaux 810.
Maltese 1220.
Malöga 847.
Malvenzin 1283.
Malvezin 1281.
Mambret & Cie. 380.
Mameli 42, 225, 503.
Mamlok 1296.
Mammola 221.
Mamy 1058.
Manahan 1265.
Manaresi 1282.
Manbrand 281, 734, 1252.
Manceau 1281.
Manchés 793.
Manchester 345.
Manchot 188, 198, 225, 244, 1065, 1139, 1162.
Mandel 1308.
Mandelstam 412.
Mandl 799.
Mandt-Cementblock Co. 116.
Manfredine 831.
Manfredini 649.
Mangeau 1282.
Mangin 712.
Mangon 1228.
Maniguet 602, 688, 1180.
Mank 748.
Manlove, Alliott & Co. 1315.
Manly 938, 943, 947, 957.
Mann 21, 54, 208, 268, 282, 596, 780, 791, 1060, 1121.
Mannes & Kyritz 560.
Mannesmann 268, 669, 750, 1003, 1267.
Mannich 1214.
Manning 159, 1232.
v. Mannlicher 1222.
Manns Patent Steam Cart and Wagon Co. 1079.
Mannstaedt & Co. 662.
Mansergh 749.
Mansier 208.
Manté 163.
Mantle 67.
Manufacture Liégeoise d'Armes à Feu 1228.
Manville 393, 772, 1072, 1074.
— Machine Co. 896, 1287.
Manzella 162, 1163.
Maquenne 144, 1131.
Maquinista Terrestre y Maritima 636.
Marage 15.
Marans 739, 1301.
Marbe 961.
Marble 34.

Marc 1101, 1102, 1103.
March 676, 677, 686, 690, 743.
—, Otto 689.
Marchand 688, 1098, 1113.
Marchant 468.
de Marchena 474, 1199.
Marcichowski 107, 852.
Marck 544, 664, 1165.
Marcks 1052.
Marckwald 752, 986, 987, 1209.
Marconi 412, 927, 1154.
Marcotty 256, 988.
Marcusson 496, 1046.
Marek 203.
Maresca 464.
Maresch 343.
Maretsch 1220, 1228.
Marey 813, 1178.
Marggraf 283, 828, 959, 995.
Marggraff 310.
Margosches 244, 1106, 1299.
Mariage 373.
Marié 312.
Marienfelde Daimler Werke 1096.
Marignac 1149.
Marini 926.
Marino 494, 1210.
Marion Incline Filter & Heater Co. 251, 254.
Mariotte 734, 962.
Maris 74, 842.
Markfeld 1146.
Markfeldt 529, 725, 1151.
Markham 158, 570, 631, 1074, 1130, 1285.
Märkische Maschinenbau - Anstalt 589.
Marks 55, 77, 247, 294, 622, 850.
Markus 271, 373.
Marlin 915.
Marmier & Abraham 1258.
Marmor 846.
Marmorholzwerk München 286.
Marmu 204.
Marnier 389.
Marouschek 288, 899.
Marpmann 891.
Marquardt 21.
Marquès 974.
Marquier 799.
Marquis 215, 1090.
Marr 553, 619, 840, 1057, 1180.
Marre 632.
Marriner 1017, 1027.
Marriott 840.
Marryat & Place 1043.
Mars 775.
Marsault 93.
Marschik 856, 1111.
Marschner 716.
Marsden 191, 1298.
— & Dunn 1060.
Marsh 39, 95, 185, 317, 342, 369, 426, 978, 1009.
Marshall 192, 264, 271, 353, 354, 565, 1170, 1175.
— & Co. 561, 563, 917.
Marston 62, 108, 556, 1143, 1308.
Marten 848.
Martens 66, 114, 143, 148, 144, 258, 289, 329, 368, 381, 389, 857, 858, 906, 1303.
Marth 717.
Martienssen 775.
Martin 207, 302, 306, 437, 517

521, 533, 565, 566, 611, 612, 614, 723, 793, 820, 909, 933, 934, 981, 988, 1098, 1297, 1305, 1306.
Martin, Paul 103.
Martinek 430, 439.
Marting 870.
Martini & Hüneke 503, 571, 1179.
Martius 239.
Martiny 815, 990, 1076, 1105, 1236.
Marton 944.
Martzoff 836.
Marussig 1133.
Marx 207, 211, 414, 671, 769, 705, 770, 908, 1139.
Marxer 58.
Marzahn 642.
Mascarelli 983.
Mascart 417, 1202.
Maschinenbau A.-G. Essen - Ruhr 1196.
— — Golzern - Grimma 145, 741, 505.
— — Union 589, 1198.
— — Anstalt Humboldt 44, 636, 881.
— — Ges. Heilbronn 1148.
— m. b. H. Leipzig-Sellerhausen 624.
Maschinenfabrik-A.-G. Balcke 263.
Maschinen- und Armaturfabrik vorm. Klein, Schanzlin & Becker 977.
Maschinenfabrik Augsburg und Maschinenbau - Ges. Nürnberg 266, 859.
— der Staats - Eisenbahn - Ges. in Wien 366.
— der Ungarischen Staatsbahnen 344.
— Eßlingen 249, 250, 347, 1042.
— Geislingen 885.
— Grevenbroich 1201.
— München 1287.
— Oerlikon 356, 394, 448.
— Pekrun 610.
— Selwig & Lange 1040.
— vorm. F. A. Hartmann 149.
Masek 987, 1158.
Masereeuw 106, 853.
Mashek 765.
Maskelyne 1153, 1156.
Mason 503, 998, 1097, 1120.
Massaciu 231.
Massarelli 1057.
Massart 103.
Massay & Warners 880.
Massenez 302.
Massey 628, 814.
Massie 412, 1157.
Massiot 599.
Masson 202, 246, 660, 673, 911, 933.
Massot 30, 35, 36, 599, 856, 1069.
Mast 670.
Master Car Builders' Association 317, 370.
— Mechanics' Association 253, 301, 337, 352, 354, 371, 387, 1045.
Mastin & Platts 371.
Mata 1125, 1220.
Matakiewicz 723.
Materne 200.
Mather 368.

Mather & Bowen 116.
— — Platt 34, 524, 912, 980.
Mathesius 153.
Mathews 1101.
—, T. 694.
Mathewson 403, 565, 720, 894, 994, 1003, 1009, 1259.
Mathieu 768, 1281, 1282.
Mathot 264, 269, 585, 590, 992.
— & Fils 247.
Mathushek 887.
Matignon 190, 197, 1102, 1103.
Matognon 1034.
Matolcsy 18.
Matos 515, 516, 518, 1294.
Matschoß 1073.
Mattei 1221.
Mattern 860, 1268.
Mattersdorff 375.
Matteson 586.
Matthaei 970, 1017.
Matthes 211, 235, 737, 738, 890, 893, 1132, 1299.
Mattheus 759.
Matthew 144.
Matthews 32, 60, 61, 281, 382, 426, 532, 536, 513, 625, 1293.
— & Yates 605, 1292, 1294.
Matthies 1061.
Matthiesen 730.
Matthieu 1066.
Maturel 1113.
Maubeuge 1229.
Mauclère 367.
Mauerhofer 94.
Mauguin 241.
Maunder 954.
Maurain 964.
Maurenbrecher 725, 737, 768, 1150.
Mäurer 286.
Maurice 88, 776, 1127.
Mauricheau 928.
— -Beaupré 12.
Maurisio 573, 575.
Maurus 814.
Maury 185.
Mauser 1222.
Mauthner 225, 1065.
Mautner 511, 522.
Maus 207, 891, 1060, 1278.
Maven 1152.
Maver 263, 644, 780.
Mavor 99, 262, 550, 585.
— & Coulson 1053.
Max 313.
Maxim 834, 836.
Maximoff 1170.
Maxstedt & Bednall 1276, 1277.
Maxson 203, 623.
Maxwell 3, 479, 591, 965, 1084, 1110.
— -Briscoe Motor Co. 1084.
May 217, 235, 282, 373, 555, 564, 818, 892, 1014.
—, E. J. 705.
—, Walter 721, 1042, 1044.
—, Walter J. 503, 630, 829, 866.
Mayer 49, 242, 402, 806, 1037.
v. Mayer 725, 759.
—, Adolf 970, 1214.
—, Carl 47.
—, Ernst 907.
—, G. 749.
—, Joseph 112, 175, 326, 337, 393, 467, 998, 1003,

v. Mayer, Julius 1282.
—, Karl 513.
—, Otto 151, 207.
—, P. A. 1117.
— & Schmidt 1037, 1039.
Mayering 934.
Maynard 107, 847.
Mayner 1035.
Mayr 352.
Mays & Baily 719, 1176.
Mazelier 594, 726.
Mazen 392.
Mazoyer 181.
Mazzara 50.
Mazzotto 424, 297.
Mazzucchelli 441.
M' Vgl. Mac und Mc.
M' Avity 838.
— Berty 537.
— Daniel 899.
— Gonagle 648.
— Intosh 346.
— Keen 359.
— Lean 250.
— Naught 266.
— Pherson 161, 649, 1022.
Mac Carthy 740, 1140.
— Donald 311, 313, 445, 1073.
— Dougal 1139.
— Dougall 193, 242.
— Elroy 369.
— Enulty 333, 366.
— Fadyen 1104.
— Farland 110, 673, 853.
— Farlane 293.
— Kay Chace 901.
— Laren 683.
— Lellan 1080.
— Leod 60, 734.
— Murrough 266.
— Nicol 257.
— Phail 564.
Mc Adam 778.
— Adie 418.
— Allister 451, 455.
— Alpine 1298.
— Ardle 294.
— Avity 644, 840.
— Candlish 25.
— Canna 1094.
— Cart 387.
— Carty 591, 1048.
— Caslin 561, 563, 564, 565, 1214
— Caustland 296.
— Clave 436.
— Clung 416.
— Coll 857.
— Collum 224, 231.
— Connan 1006.
— Cord 372.
— Cormick 452.
— Coy 415, 985, 987, 1160, 1209, 1210.
— Cullough 113, 274, 323, 1297, 1303.
— Cully 1305.
— Donald, George 40.
— Dowall 938, 1231.
— Elroy 368.
— Evoy 1229.
— Ewan 430.
— Farland 1266.
— Farlane 772, 1061.
— Feely, Thos. Co. 886.
— Geehan 492.

Mc Giehan 598, 1099.
— Grath 39.
— Gruer 1032.
— Hattie 335.
— Intosh 242, 341, 411, 441, 1010.
— Kee 26, 246.
— Kenna 1302.
— Kenzie 215, 721, 743.
— Kibben 167, 851.
— Kiernan 668.
— Kim 385.
— Kinley 766.
— Kinstry 1266.
— Laren 93, 95.
— Lean 474, 1220.
— Leod 844.
— Master 198, 215.
— Michael & Wildman Mfg. Co. 1289.
— Nally 214, 231.
— Naught 1292.
— Neil 1107.
— Phail 983.
— Pherson Co. 552.
Mead 492, 723, 797.
— Mfg. Co. 1170.
Meade 116, 117, 190, 202, 224, 450, 739, 1301, 1302, 1304, 1305.
— & White 385.
v. Mecenseffy 664.
Mech 225.
Meckel 680.
Medicus 200, 443.
Medinger 149, 225.
Medri 211.
Meeks 611, 838.
Meenen 75, 649.
Mees 931, 937, 938, 992.
— & Nees 130, 133, 708.
Mehl 830, 840, 993, 1052, 1292.
Mehler 852.
Mehlgarten 284.
Mehling 798.
Mehliß & Behrens 491.
v. Mehring 235.
Mehrtens 404, 614, 859, 890, 1007.
Meigen 241.
Meigs 1229.
Meile 126.
Meillère 206.
Meili 693.
Meilink 1234.
Meine 1162.
Meinecke 585, 1076.
Meiners 54.
Meinicke 58.
Meiselbach 1086.
Meisenbach 958.
Meisenheimer 225, 574, 575, 897.
Meister 1069.
vorm. Meister Lucius & Brüning 517, 524.
Meiszl 187.
Meißner 482, 1021, 1280.
Meitner 416, 1236.
Melan 137, 138, 173, 176, 179, 180, 626.
Melander 411, 422.
Melaun 318, 1067, 1287.
Meldau 775.
Meldola 215, 893, 898.
Meldrum Bros. 438, 882.
Mellanby 262.
Meller 996.

Melli 512.
Mellin 265, 353, 354.
Mellinger 126, 711.
Melms 1196.
— & Pfenninger 1198, 1201.
Melter 1106, 1310.
Meltzer 240, 841.
Melville 551.
Ménand 1281.
Mencl 733.
Mendenhall 1230.
Mendheim 617.
Mendthal 1013.
Menegus 14, 774.
Ménessier 1221.
Mengarine 954.
Menge 59, 189.
Menger 522.
Menier 136.
Menneke 1108.
Mennicke 1310.
Menns 1096.
Menocal 745.
Mensch 124.
Menschutkin 43, 841.
Mensing 926.
Mente 938, 942, 943, 957, 958.
Menter 931.
Mentzel 96, 234, 762, 890, 1066.
Menzel 583, 1007, 1096.
—, O. 690.
Menzin 863.
Mercadier 1300.
Mercanton 986.
Mercer 90, 99, 783.
Mercier 405, 855, 879.
Merck 206.
Merckens 949.
Mérigoux 1087, 1088.
Merk 234, 274, 1229, 1259.
Merkens 937.
Merrell 318.
Merrett 952.
Merrill 97, 238, 1227.
Merriman 1127.
Merritt 118, 547, 903, 966.
Merryweather 544, 1032.
— & Sons 544, 1032.
Mersey 579, 580.
— Engine Works Co. 579, 580.
Mertens 1253, 1263.
Merton 718.
Mery 1100.
Merz 144, 806, 1170.
Meslin 481, 903, 961.
Mesnager 850, 859, 896.
Mesnil 609.
Messel 693.
Messent 115, 626.
Messer & Cie. 14.
Messerschmitt 482, 825.
Messiler 43.
Mestrezat 1013.
Mesuré 1235.
Mess & Nees 117.
Metallic Packing & Mfg. Co. 274.
Metcalf 9, 848.
Metheany 382, 536.
Methven 626.
Mettegang 1124.
Mettler 225.
Metz 259, 868, 949, 993.
Metzeltin 338, 342, 347, 349, 353.
Metzendorf 689.
Metzger 5, 485, 651, 1267.

Metzl 30, 201.
Metzner 584.
Meurer 606, 917.
Meuth 46, 790.
Mewes 262, 267, 443, 568, 585, 642, 790, 1021, 1200, 1208.
—, Kotteck & Co. 789, 997, 1232.
Mey 403.
Meyan 1077.
Meybach 592.
Meyen 415.
Meyenberg 263.
Meyer 94, 107, 277, 345, 393, 494, 718, 729, 805, 806, 810, 855, 872, 892, 962, 986, 1018, 1074, 1135, 1161.
—, Arthur 56.
—, Bruno 949.
—, C. W. 294, 564, 1175.
—, D. 609.
—, Ferd. M. 1301.
—, Ferdinand 1302.
—, Fernand 24, 623.
—, Franz 1309.
—, Friedr. 1145.
—, Fritz 1104.
—, G. 650, 986, 1109.
—, — A. 94.
—, — M. 951.
—, George 995.
—, Gustav 574.
—, — W. 785.
—, H. 600.
—, — S. 453.
—, Hans 42, 43, 215, 219, 232.
—, Heinrich 96, 762.
—, Hugo 288.
—, K. 430.
—, M. 393, 1074.
—, Oswald 107, 818, 853, 1310.
—, Richard 215, 1013.
—, St. 984.
—, Theodor 554, 577, 1009, 1062.
—, Victor J. 759, 1065, 1109.
—, W. 535.
von Meyer 215.
Meyer & Schmidt 1288.
— & Schwabedissen 815.
Meyjes 723.
Meylan 476.
Mezger 962, 1260.
Michael 42, 190, 225, 773, 841, 844, 1014.
vorm. Michael 648.
Michaelis 16, 30, 61, 232, 529, 867, 868, 1067, 1300, 1301, 1302.
— & Richter 859.
Michalk 1047.
Micheels 240.
Michel 5, 144, 195, 219, 254, 308, 321, 377, 705, 729, 735, 1098, 1099.
— & Devaux 123.
Michelet 803.
Michelin 506, 757, 1088, 1089, 1090.
Micheis 224, 756.
Michelsen 1048.
Michelson 188, 894, 965, 982, 1109, 1110, 1310.
Michotte 600, 1113.
Michtner 386, 789.
Micklethwait 25, 50, 51, 232.
Mickley 1171.

Micros 1096.
Middleton 584, 1089.
— & Co. 563.
Midland 334.
Mie 422.
Mieg 233.
Miehe 572.
Miers 196, 1239.
Miesler 485.
Miet 472.
Miethe 289, 955, 956, 959, 987.
Miether 625.
Migliorini 1064.
Mihr 410.
Mikola 15, 961.
Milbauer 245.
Milbourne 824.
Milburn 171.
Milch 447, 454, 455.
Milde 717.
Miley's Machine Tool Co. 156.
Millar 65, 84, 142, 240, 628.
Millard 330, 1022.
Millberg 793.
Millbrook Eng. Co. 1311.
Miller 9, 58, 162, 204, 243, 491, 353, 578, 586, 758, 844, 895, 969, 972, 1020, 1083, 1085, 1148, 1174, 1295.
—, Acton 1000.
—, Edmund H. 244, 245, 974, 1107.
—, Edward F. 1135.
—, H. J. 377.
—, J. E. 557.
—, Rudolph P. 113.
— & Co. 1257.
—, W. E. 732, 1216.
Millet 1035.
Millhouse 1266.
Millington 1093.
Millochau 420, 956.
Mills 610, 1073.
Milnar 861, 884.
Milne 1273.
— & Sladdin 692.
Milner 480, 805.
Milwaukee 1094.
Mimard 512.
Mina 1221.
Mineral Point Zinc Co. 1309.
Minerallac-Co. 472.
Minet 1043.
Minguin 743.
Minne 1054.
v. Mises 406, 610.
Miskovsky 145.
Misling 633.
Missisquoi Pulp Co. 1246.
Missura 5, 263.
Missong 261, 1213.
Mitarewski 541.
Mitchel 681, 861, 918.
Mitchell 50, 170, 354, 893, 1296.
Mitchell's Emery Wheel Co. 1038, 1059.
Mitcherlich 913.
Mitscherlich 196, 268, 802.
Mittag 955.
Mittler 38, 735, 925.
Mix 576, 650, 942.
Mixter 12.
Möbius 1284.
Modjeski 175.
Mohl 122.

Möhlau 50, 191, 630, 909.
Mohr 75, 108, 145, 147, 148, 162, 215, 247, 248, 550, 574, 761, 768, 1122.
— & Federhaff 636, 719, 859, 1169, 1176.
Möhring 690.
Möhrle 110, 504.
Mohrmann 678.
Moir 623, 1053.
Moissan 200, 212, 273, 274, 560, 576, 623, 794, 907, 909, 974, 1004, 1043, 1044, 1107, 1139, 1160, 1162.
Moisson 736, 864, 1228.
Moitesseur 232.
Mola 1229.
Molas 52, 643, 649.
Moldenhauer 841.
Moldenke 295, 561, 611.
Molenda 1315.
Molinari 542, 1012.
de Molinari 929.
Moline Co. 1080.
Molisch 56, 971.
Moll 100, 761, 872.
Mollard 599, 1293.
Mollenkopf 873
Möller 560, 628, 809, 1108, 1164, 1308.
—, M. 134, 169, 170, 665.
—, Max 103, 1168.
Mollier 262, 576.
Molnar 459.
v. Molo 478, 825, 864, 1252, 1287.
Molteni 952.
v. Moltke 485, 544.
Molz 899.
Monarch 883.
— Engineering Co. 1042.
Monard 377.
Monasch 66, 904.
Monath 898.
Monckton 1156.
Moncrieff 275, 854.
Mond 578, 580, 625, 718, 789, 1203.
Monell 302.
Monicole 62.
Monier 122, 127, 130, 215, 669, 912, 1250.
—-Williams 16.
Monk 655.
Monnett 509.
Monni 1126.
Monnin-Damidot 1087, 1088.
Monnory 1236.
Monolith Steel Co. 124.
Monpillard 933, 950.
Montague 216, 225.
Montague, Sharpe & Co. 145.
Montanari 238.
Montel 1157.
Montgomery 532.
Monti 19.
v. Montigny 4.
Monton 944.
Montpellier 358, 1156.
Montu 347.
Moodie 215.
Moody 16, 22, 24, 201, 437, 438, 772, 1002.
Moog 972.
Moon Co. 1081.

Moor 241.
Moore 79, 154, 157, 225, 283, 629, 766, 985, 1080, 1094, 1196, 1209, 1271.
—, Robert 385.
— & Wyman Elevator & Machine Co. 765, 1167.
Moormann 643, 1002.
Mora Co. 1081.
Mordan Frog & Crossing Co. of Chicago 320.
Moré 227.
Moreau 198, 440, 669, 709.
Morel 27, 56, 150, 215, 239, 402, 403, 468, 473, 484, 769, 1089.
Morell 267.
v. Morenhoffen 1223.
Moret 1172.
Moretta 493.
Moretti 665.
Morgan 25, 50, 51, 232, 383, 440, 579, 580, 604, 823, 869, 1096.
— H. B. 729.
Morgenstern 702, 954, 1254.
von Morgenstern 809.
Morison 238, 249, 348, 760.
Moritz 517, 696, 716.
Morley 23, 794.
v. Morlot 1242, 1243.
Morris 81, 527, 903, 944, 1192, 1205.
—-Airey 1110.
—, Charles 964.
Morrison 248, 726.
Morrow 513, 969.
Mors 594, 1084, 1091, 1098.
— Co. 1081.
Mörsch 106, 109, 166, 708.
Morse 194, 204, 768, 1035, 1152.
Morterud 913, 1066.
Morton 450, 583, 821.
Moscicki 464, 485.
Moscrop 856, 857, 1112.
Moseley 628, 856, 1090.
v. Mosengell 894, 1138.
Moser 151, 201, 311, 417, 451, 811, 869.
Moses 1297.
Mosher 770, 899.
Mosig 287, 288, 650.
Moslard 151.
Mosler 463, 1094.
Moss 584, 1096.
Mossay 980.
Mossberg 997.
Mossin 1222.
Motor Car Specialty Co. 598.
Motz 888.
Mouchel 127, 136, 174, 384.
Moul & Co. 598.
Moulin 735.
Moullot 1278.
Moulton 493.
Moultrop 1196.
Mouneyrat 292.
Mountain 89, 293, 783, 784.
Moureau 38, 512, 577.
Moureu 26, 198, 216, 225, 232, 576, 650, 1139.
Mouton 297.
Mower 1028.
Mowry 482.
Moye 617, 1302.
Moyer, Albert 109.
Mozley 373.

Muaux 475.
Much 872, 873.
Muchka 263.
Mudd 275.
Mudford 630.
Mudge 358.
Mueller 46, 775, 831, 978.
—, Justin 516, 521, 525, 329.
Mueseler 93.
Mueser 124.
Muggia 117, 1271.
Mühe 208, 210.
Mühlbacher 957.
Muhlfeld 337.
Mühlhausen 773.
Mühlke 687.
Muir 294.
Müke 869.
Mulder 25, 27, 226.
Mullen 142, 768, 776.
Müllendorf 426, 782.
Müllendorff 450, 465, 479, 482.
Möllenhoff 173, 824.
Müller 45, 256, 310, 330, 364, 398, 544, 684, 727, 796, 804, 813, 902, 952, 988, 1079, 1167, 1203.
Müller, A. 1315.
—, Adolf 47, 399, 401, 980, 1193, 1211.
—, Alex. 241.
—, Alexander 202.
—, Arthur 67, 656, 669, 1160.
—, Bruno 299, 592, 1176.
—, C. 26, 27, 361.
—, C. H. F. 1060.
—, Emil, Otto 1135.
—, Erich 441, 444, 871.
—, Ernst 218, 1117.
—, Eugen 935.
—, F. 876, 891.
—, Fr. 229, 768, 1273.
—, Fritz 737, 738, 893, 1132.
—, Hermann 1012, 1015.
—, —, A. 530.
—, J. 482, 903.
—, — A. 245, 199.
—, Joh. 678.
—, Justin 524.
—, K. J. 88.
—, M. 288.
—, Max 972.
—, P. 1220.
—, Th. 607.
—, Rud. 421.
—, Siegmund 165, 662.
—, Theophil 632.
—, Tony 694, 689.
—, W. A. 328, 391.
—, W. J. 966, 982.
—, Wilh. 178, 197, 497, 624, 1190.
—·Breslau 166, 975, 1168.
—·Jacobs 1126.
—·Thurgau 1281, 1283.
— de Cardevar 1149.
— & Co. 334.
— — Hermann 143.
— — Richter 12, 74.
— — Schweizer 1289.
Müllers 1104.
Müllner 97.
Multhauf 469.
Mumford 562.
Munblit 228.
Muncaster 503.

Muncke 731.
Mundici 229, 893.
Mundt 1125.
Munk 830.
Mönkner & Co. 988.
Munnoch 295, 851.
Munoz Boiler Co. 508.
Munro 545, 593.
Munsch 33, 1279.
Munson 770, 1162.
Münter 494.
Müntz 802, 804, 1007, 1167, 1281, 1282.
Munzel 588.
de Muralt 121, 396, 1247.
Murdfield 237.
Muret 692.
Murill 19.
Murmann 202, 793, 795, 1310.
Murphy 249, 402, 599, 724, 1099, 1241, 1259.
— & Co. 260.
Murray 592, 635, 637, 639, 803, 846, 1038, 1152, 1153.
— Co. 845.
Murrel 893, 1131.
Mürrle 273.
Müschenborn & Co. 1288.
Musiol 976, 1045.
Musker 637.
Mussey 353.
Mößiggang 31.
Muth 1280.
Müther 805.
Muthesius 654, 663, 691, 1307.
Muthmann 1139, 1140.
Myers 91, 748, 1144.
Myles 729.
Mylius 1014, 1107.

N.

Nabl 577, 968.
Nabokich 57, 1260.
Nachtweh 289, 815, 388.
Nadal 353.
Nadrowski 1201.
Naegel 1212.
v. Naehrich 573, 1320
de Naeyer 247, 250.
Nagaoka 806.
Nagel 340, 578, 579, 581, 582, 1205.
— & Kaemp 1181.
Nahmel 33, 523.
Nairs 418, 1101, 1153, 1154, 1156, 1157.
Nakamura 903.
Nalinne 82.
Namias 555, 933, 944, 945.
Nanninga 1150.
Nansen 280.
Napier 823, 1027, 1030, 1031, 1084, 1091, 1099.
— Works 1038.
Napiorkowski 739.
Napoleon 1024.
Nardacci 221.
Nasini 444, 576, 1109.
Naske 738, 928, 1301, 1304.
Nasmyth, Wilson & Co. 344.
Nast 130.
Nathan 144, 436, 575, 640, 1127.
von Nathusius 812.

National Board of Fire Underwriters 546.
— Brak & Clutch Co. 796.
— Brake & Electric Co. 833.
— Fireproofing Co. 126, 693.
— Fire Protection Association 545.
— Foundry and Machine Co. 646.
— Gas Co. 579.
— Heater Co. 435.
— — — 1191.
— Interlocking Steel Sheeting Co. 102, 168, 665.
— Lock Washer Co. 372.
— Physical Laboratory 848.
— Separator & Machine Co. 156.
— Ventilating Co. 708.
— Water Wheel Governor Co. 992.
Natorp 654.
Nau 300, 1000.
Naudet 1312.
Naudin 1098, 1281.
Naumann 24, 197, 934, 1122.
Naus 1318.
Nauß 196.
Navak 799.
Naxos-Union Co. 1036.
Naylor 101.
Neate 1088.
Neave 271.
Nebendahl 275, 825.
Neeb 654.
Needell 957.
Neely 313.
Neesen 1219.
Neeser 1189.
Negri 608, 1104, 1135.
Negro 415, 984.
Neide 57, 1315.
Neil 561, 893.
Neill 760.
Neilson 322, 427, 775.
Nelke 51.
Nelson 86, 151, 824, 860.
Nencki 221.
Neogi 216.
Neresheimer 223.
Nernst 76, 80, 81, 84, 369, 429, 440, 771, 781, 906, 908, 953, 962, 964, 965, 968, 974, 1043, 1138, 1139, 1239.
Nesber 376.
Nesbett 709.
Nesper 382, 1153.
Neßler 24, 205, 620.
Nestler 826, 891, 990, 1144.
Nettleton 364.
Netto 490.
Neu 272, 472.
Neubauer 573, 973.
Neubecker 533.
Neuberg 768, 769, 770.
Neubert 93.
— & Co. 858.
Neuburger 306, 439, 780, 1140.
Neudeck 1128, 1229.
Neudoerfl 950, 959.
Neue Automobil-Ges. in Berlin 1084.
Neufeld 798.
Neuhauß 950.
Neukirch 492, 979.
Neumann 196, 405, 581, 622, 649, 717, 720, 907, 1314, 1319.

Neumann, A. 1316.
—, August 759.
—, B. 40, 717.
—, Bernhard 290.
—, Franz 204, 761.
—, Georg 709.
—, M. 1062.
—, R. O. 737.
Neumeister 656.
Neuperts Nachfolger 82.
Neustadtl 38, 735, 925, 926.
Neustädter 16. .
Neuwinger 838.
Neuwohner 1306.
Neville 27, 216, 226, 1014.
Newall 862.
— Engineering Co. 734.
Newberry 116, 556.
Newbold 1005.
Newburgh & South Shore 365
Newcomb Co. 1096.
Newell 493.
New Explosives Co. 1126.
Newfield 211.
New Haven Mfg. Co. 155.
— — — — 278.
Newhouse & Schaffer 994, 1003, 1009.
New Jersey Briquetting Co. 765.
— — Foundry & Machine Co. 638.
— Kleinfontein Mining Co 1230.
Newland 44, 98, 298, 1308.
Newman 671.
New Milford Power Co. 470, 471.
New Tacoma High School 645.
Newton 371, 419, 949, 950, 963, 968.
— Eng. Co. 137.
— Ernest 691. .
— — 694.
— Machine Tool Works 652, 1005, 1006, 1285.
New York Blower Co 648.
Ney 568.
Niagara 1243.
— Paper Mills 914.
Nichols 422, 903, 965, 966.
Nicholson 680, 681, 966, 969, 1044, 1068.
—, Charles 653.
Niclausse 247, 1095.
Nicloux 243, 973.
Nicol 943, 968, 975, 1259.
Nicolardot 293.
Nicolaus 289.
Nicolet 1271.
Nicolle 609.
Nicou 47, 1184.
Niedenführ 1063.
Niederstadt 551, 872, 892.
Niedner 59.
Niegemann 541, 543, 1159.
Niehrenheim 1013.
Nielsen 72, 118, 209, 910.
Niemann 1320.
— & Co. 83.
Niemeyer 760.
Nier 1148.
Nierenstein 528, 596, 597.
Nies 550.
Niese 606, 1056.
Niesen 1010, 1138, 1236.
Niemsdorff 534.
Nieß 643.

Niethammer 433, 450, 452, 454, 461, 477, 484, 801, 1205.
Nieuport 463, 1097.
Nieuwland 12, 539, 540,
Nihoul 596.
Nijland 1104.
Niles 157, 353, 1232.
— -Bement-Pont 1286.
— — -Pond 280.
— — — Co. 155, 281, 1045.
— Tool Works 156.
Nilsson 142.
Nimführ 735, 969.
Nippoldt 969.
Nissen 45, 1305.
Nisus 399.
Nithack 25, 233.
Nitsch 1104.
Nitschmann 86, 100, 328.
Nitz 350.
Nitzsche 166.
Nixon 948.
Noack 606, 704.
Nobel 1123.
Noble 110, 160, 501, 706, 746, 1076, 1114, 1115.
Noda 420, 463, 771.
Nodon 622.
Noebel 7.
Noeggerath 448, 455.
Noel 505, 1224.
Noelting 29, 216, 226, 232, 522, 530, 532, 897, 1014.
Noetzel 1015.
Noget 1115.
Nogier 413.
Noiré 413.
Nolting 1181.
Noole 124.
op ten Noort 1128.
Noppe 762.
Norberg-Schulz 428, 782.
Norcross 562.
Norddeutsche Maschinen- und Armaturenfabrik 447.
— Tiefbohr Akt.-Ges. 1162.
Nordenskjord 1149.
Nordiske Auers Gasglödelys Aktieselskab 67.
Nordmann 442, 518.
Nordmeyer 190, 243, 959, 1061, 1107, 1236.
Nordyke & Marmon 883, 885.
Norlin 576.
Norman 50, 1226.
Normand 1021.
— & Co. 1027.
Normann 1299.
Nörner 873.
Norris 483, 578, 1082, 1157.
Northall 445.
Northead 688.
North Eastern Ry. Co. 360.
Northern Motor Car Co. 1078, 1081.
Northrop 505, 1273.
Northrup 1234, 1235, 1236.
Northway 1092.
Norton 402, 548, 713, 891, 899, 1002, 1036, 1039.
— Grinding Co. 1036.
van Nortwick 553, 591, 779.
Norwall 648.
Nöther 241.
Notkin 268, 269, 351.

Nott 170.
v. Notthafft 730.
Nouel 1235.
Nourse 802.
Novak 188, 284, 935, 950, 1309.
Novák 86.
Novakovski 1316.
Novaretti 1075.
Novotny 17, 1027.
Nowak 118, 135, 172.
Nowicke 1011.
Nowicki 209, 503, 577.
Nowotny 160, 259, 538, 779, 993.
Noyes 151, 158, 200, 282, 743, 998, 1036, 1038, 1040.
Nözel 648.
Nube 569, 1005.
Nuese 1055.
Nuremberg 588.
— Maschinenbauges. 589.
Nursey 1312.
Nüscke & Co. 1022.
Nuß 49.
Nußbaum 162, 444, 663, 676, 687, 715, 880, 904, 1129, 1269.
Nüßlin 1208.
Nuttall 281.
Nutter Barnes 1005.
Nutting 459.
Nuyts 1278.
Nyberg 220, 983.
Nyman 234.
Nyrop 683.

O.

Oakes 597.
Oakley 230.
Oberbeck 688, 690, 703.
Oberbilker Stahlwerk 305.
Oberg 158.
Oberländer 691, 730.
Oberneaser & Schlick 1047.
Oberschuir 89.
Obmann 126.
Obrebowicz 644.
d'Ocagne 166.
Ochsenius 738.
Ockerson 1241.
O'Connell 106.
Oddo 19, 42, 226.
Oddie 1196.
O'Donoghue 1065.
Odorico 619.
Oechelhäuser 588, 917.
von Oechelhäuser 740.
Oechsner de Coninck 1101.
Oefele 207, 241.
Oehlmann 682.
Oehmcke 659.
Oel-Union 1293.
Oelenheinz 45, 704.
Oelschläger 446.
Oelshafen 1034.
Oelwein 1253, 1257, 1265.
Oerley 167, 315.
Oerlikon 651.
— Co. 325, 356, 453, 610, 1193.
Oerlikoner Stahlwerk 615.
Oertel 1289.
Oertz 1028, 1029.
Oesten 1253.
Oesterlein Machine Co. 568.
Oettel 791, 914.

Ofen- und Porzellanfabr. Ernst Teichert 1165.
Offer 768.
Offenburger Glasmosaikwerke 619.
Offerhaus 293.
Offermann 1112.
Ofner 769.
Ohdner 989.
von der Ohe 1315.
Ohl 1228.
Öhler 1009.
Ohls 895.
Ohlsson 682.
Ohly 1210.
Ohm 1154.
Ohmann 968.
Ohmes 642, 644.
Oil Tempering Spring Co. 1093.
Okorn 93.
Oldham 1018, 1114.
Olds 366.
Oldsmobile Co. 1084.
Olias 1006.
Olie jr. 244.
d'Olier 82.
Olig 187, 543, 736.
Oliphant 498.
Oliver 605, 930.
Oliviero 226.
Ollendorff 1295.
Ollivier 278, 964.
Olsen 850, 858, 859, 1020.
Olszewski 576, 650, 1259.
Olt 868.
Omelianski 237.
Onnes 489.
Onodi 730.
Opel 47, 1085.
—-Darracq 1219.
Opentex 1274.
Opl 1251.
Oppenheim & Co. 68.
vorm. Oppenheimer & Co. 564, 877.
Oppermann 489, 573, 822.
Oran 815.
Orchardson 893.
v. Ordody 600, 910.
Original-Musikwerke Paul Lochmann 887, 1273.
Orion 1084.
Orlié 421.
Orling 1157.
Orlow 190, 975, 983.
Ormerod 494.
van Ornum 108.
d'Oronce Fine 1203.
Orr 259, 428, 1000.
Orsat 209, 577, 821.
Orsenigo 1267.
Ország 868.
Orthly 611.
Orthmann 1137.
Ortmann 1231, 1232.
Ortoleva 232, 725.
Orton 1104, 1227, 1297.
Osann 291, 299, 300, 611, 718, 720, 721.
Osborn 111, 507, 533, 671, 675, 936.
Osborne 402, 403.
Osgood 378, 470, 471, 782, 1288.
O'Shaughnessy 11.
Osmann 189.
Osmer 372, 709.

Osmond 256, 291, 294, 296, 297, 305, 850.
Ossanna 356.
Ossendowsky 761.
Ost 989, 1298, 1320.
O'Staughnessy & Kinnersley 7.
Ostenfeld 105, 852.
Ostergreen 575.
Osterloh 602, 695.
Ostermann 37, 515, 520, 524, 547, 548, 673, 1248.
Ostermayer 805.
Ostertag 58, 1023, 1024.
Osterwalder 640.
Ostheim 884.
v. Ostini 185.
v. Ostromisslensky 226, 897.
Ostwald 199, 798.
O'Sullivan 491, 749.
Oswald 210, 203.
Otis Fibre Board Co. 121.
Otori 206.
Ott 723, 731, 757, 824.
Ottensener Eisenwerk vorm. Pommée & Ahrens 249.
von Otterbek 1246.
Otterström 556.
Otto 306, 590, 721, 805, 892, 908, 1058, 1080, 1090, 1258.
—, C. A. 717.
—, L. 154.
— Gas Engine Co. 1020.
Oudet 1006.
Ousteau 1000.
Outerbridge 300, 301, 307, 611, 717.
Ouvrand 1311.
Ouvrard 159.
v. Overbeeke 54.
Owen 422, 1142, 1143.
— Machine Tool Co. 569.
Owens 481, 513, 810, 878.
Oxford Copper Co. 895.
Oxholm 1140.
Oxley 526.
Oxnam 622, 1106.
Ozonaire Co. 1258.

P.

Paal 226, 793, 890, 894, 1007.
Paar 739, 1301.
Pabst 247, 284, 1247.
Packard 166, 593, 796, 1084, 1095, 1108, 1155.
Padfield 822.
Padoa 212, 241, 982, 1131.
Padour 1057.
Padova 216.
Paepe 25.
Paeßler 596.
Paetzold 412.
Page 182, 1084.
Pagel 939.
Pagenkopf 657.
Pagnini 481.
Pahlow 1306.
Paine 654.
Pajetta 738, 1014, 1064, 1149.
Pakalneet 194.
Palazzo 219, 220, 226, 232, 725, 1012.
Paley 311, 1119.
Palladin 970.

v. Paller 1091, 1093.
Palmaer 440.
Palmberg 163.
Palmer 63, 98, 116, 442, 471, 479, 549, 1101, 1233.
Palmers 116, 1171.
— Shipbuilding Co. 401.
— — and Iron Co. 1026.
Paltauf 1132.
Palumbo 408.
Pambour 328.
Panchand 18, 204.
Pandow 1099.
Panetti 104, 1268.
Panhard & Levassor 1005, 1099.
von Panhuys 1040.
Pankrath 144, 147, 149.
Pannertz 800.
Panormow 403.
Pantol 1131.
Panton 325.
Panzer 204, 226.
Paolini 16, 204, 221, 499.
Papalexi 412, 1153.
Papasotiriou 495.
Pape 977.
Papierprüfungs - Anstalt Winkler 924.
Papke 1247.
Papone 1087, 1229.
Pappadà 195.
Paquet 312.
Paravisini 319, 325.
Pardet 1099.
Parenty 724, 990, 1262.
Paret 177.
Paris, Lyons and Mediterranean Ry. Co. 362.
Parish 1046.
Park 353, 363, 380.
Parker 82, 93, 159, 169, 204, 369, 498, 596, 665, 766, 813, 822, 922, 1003, 1252.
Parkinson 948.
— & Fils 1288.
— & Son 278, 279, 280, 281, 1287.
Parks 861.
— & Woolson Machine Co. 37, 863.
Parlati 221.
Parmley 139, 749.
Parnell 968, 975, 1259.
Parow 891, 1132, 1180.
Parr 162, 163, 350, 761, 762.
Parrain 226.
Parravano 151, 212.
Parrish 554.
v. Parseval 835.
Parsons 74, 89, 91, 99, 101, 164, 193, 263, 434, 586, 590, 593, 740, 763, 764, 765, 766, 788, 1019, 1021, 1027, 1090, 1099, 1105, 1175, 1194, 1195, 1196, 1197, 1199.
—, C. E. 1262.
—, W. B. 1142.
de Parsons, B. 881.
Parst 283, 1225.
Parthey 29.
Partiot 296, 305.
Partridge 514.
Partzsch 699.
Parzer 957.
Pascal 963.

Paschen 420, 477, 963, 1235.
Pasching 785.
Paschke 745, 1305, 1307.
Pasetti 1074.
Passavant 426.
Passeleco 980, 1199.
Passong 170.
Pasteur 608, 699, 1104.
Pastureau 756.
Patch 493, 1245.
Patchell 431.
Patchett 557.
Patein 239, 240, 874.
Patenall 377.
Pater 214, 231.
Paterson 80, 323, 525, 527, 688, 1143, 1311.
—, Eng. Co. 1256.
Patin 1089.
Patoureau 1058, 1059, 1092.
Patrick 187.
Patterson 86, 196, 844, 899, 1047.
— Co. 635.
Patton 253, 1047, 1257.
Patzelt 1229.
Patzig 225, 897.
Paucksch 506.
Paul 51, 391, 476, 568, 815.
—, C. A. 328.
— & Vincent 815.
Pauli 194, 195, 403, 833.
—, C. 732.
Paulin 735.
Paulus 1017, 1027.
Pauly 114, 226, 705, 868, 1069.
Pavia 372.
Pawling & Harnischfeger 434.
Pawys Lybbe 1084.
Paxman 579, 580.
— & Co. 1080.
Paxmann 90.
Paxson Co. 564.
de Pay 224.
Payet 821.
Payne 158, 482.
Peabody 161, 256, 275, 550.
Peach 431.
Peacock & Co. 348, 1038, 1079.
Pearce 1036.
Pearson 116, 175, 285, 286, 860, 1191, 1268.
— & Son 312, 637.
Peavey 537.
Pécheux 818, 794, 1235.
Peckolt 282.
Pécoul 606, 771.
Pedersen 512, 1284.
Pedrick & Smith 141, 1001.
Pedrix 271.
Peebles-La Cour 1176.
Peek 433, 1191, 1245.
Peel & Sons 557.
Peele 87.
Peerless Brick Co. 1179.
— Electric Co. 1212.
Peisistratos 1266.
Peitzner 1093.
Pekel 319.
Pélabon 30, 1064, 1106, 1311.
Pelissier 1208.
Pelitot 944.
Pellet 3, 7, 617, 761, 768, 770, 929, 1312, 1314, 1315, 1317, 1318, 1319.
—, L. 1320.

Pellet, M. 1320.
Pellini 1101, 1158.
Pellorce 1091.
Pelowzowa 240.
Pels & Co. 1050.
Peltier 764, 968, 1027, 1216.
Pelton 796, 1189, 1192, 1198.
de la Pena 1088.
Penchaud 233.
Pendaries 104.
Penfield 554, 799.
Penjakow 253.
Penn Bridge Co. 127.
— Steel Casting & Machine Co. 353, 850, 1220.
Penney 740.
Pennsylvania Iron Works 740.
— Rr. Co. 1199.
Pennock 199, 580.
Penrose & Co. 633.
Pentscheff 1259.
Penzias 142, 149.
Pépere 56.
Pépin 900.
Pérard 226.
Peratoner 220, 226, 232, 982, 1012.
Percy 783.
Perdrix 220.
Perin 857, 878.
Perissé 332.
Perkin 39, 203, 221, 226, 236, 733, 743, 1014, 1158, 1298.
Perkins 47, 55, 280, 289, 356, 358, 359, 422, 429, 431, 432, 433, 445, 448, 492, 607, 622, 628, 635, 637, 713, 785, 941, 981, 1033, 1043, 1068, 1150, 1172, 1174, 1175, 1199, 1200, 1258.
—, Albert 385.
Perless Brick Co. 132.
Perlewitz 635.
Perlmann 648, 907.
Perls 63.
Perman 201, 799, 965.
Perold 24, 217, 1294.
Perot 903, 905.
Perrault 561.
Perreaud 1009.
Perrier 889.
Perrigo 281, 1285.
Perrin 1204.
Perrine 428, 1251.
Perris 162.
Perrot 118, 547.
Perroud 319, 858.
Perry 277, 475, 786.
Persival 123, 322.
Person 1158.
Persoz 1069.
Pescheck 503.
Peschek 543.
Peschke 852, 1036.
Pessort 1172, 1306.
Petard 303, 1077.
Petaval 501, 586, 734, 1124, 1220.
Peter 430, 687, 811, 869, 873.
Peters 6, 23, 216, 229, 240, 299, 305, 442, 489, 657, 696, 718, 725, 793, 826, 1056.
—, George A. 1226.
Petersen 200, 210, 292, 445, 869, 1012.
Petit 146, 373, 575, 681, 969, 1131.

Petrad 1076.
Petrasch 944, 946.
von Petravic & Co. 636.
Petrenko 1107, 1309.
Petri jun. 1292.
Petrow 211.
Petry 247, 480, 495, 761.
Petsch 516, 518.
Petter 591.
Petterson 1086.
Pettit 86.
Petts 151.
Pettyjohn 63, 116.
Petzold 521, 527.
— & Co. 430.
Petzval 907, 933.
Peugeot 1077, 1084, 1085.
Peukert 482, 1153.
Pfarr 1258.
Pfaundler 464, 956, 969.
Pfeffer 405, 587.
Pfeiffer 30, 212, 242, 244, 245, 307, 528, 572, 768, 794, 803, 805, 869, 898, 971, 972, 1103, 1139, 1158, 1280, 1304, 1314.
—, Gebr. 1305.
Pfenniger 1196.
Pfister 641, 843.
Pfleghard & Haefeli 691.
Pflücke 822.
Pflug 336, 367, 851, 1077, 1079, 1184.
Pflüger 425.
Pfohl 1007.
Pforr 391.
Pfuhl 527.
Pfüttner 702, 837.
Pfyl 226.
Phelps 7, 12, 40, 129, 387, 795, 1263.
Philadelphia Drying Machinery Co. 976.
— Rapid Transit Co. 1196.
— & Reading Rr. Co. 1003.
Philipp 95, 189, 212.
Philippe 1249.
Philippi 784.
Philippoff 525, 526.
Philippow 586, 790, 1020, 1025.
Philips 1187.
Phillips 87, 99, 358, 382, 419, 474, 565, 764, 885, 1084, 1093, 1099, 1127, 1142, 1163, 1287.
— & Co. 462.
Philp 792.
Phipson 212.
Phoenix 844.
— Co. 1130.
Piaud 797, 1017, 1024.
Piazzoli 391.
Piccard, Pictet & Cie. 1084.
Picha 42.
Pichelmayer 460.
Pichler 680.
Pick 152, 440, 1138, 1273.
Pickard 27, 216, 477, 893, 928, 1010, 1157.
Pickering 91, 501.
Pickfords 1030.
Pickles 754.
Picou 481.
Pictet 19, 20, 575, 971, 1031, 1149.
Picton 228, 393, 898, 1074.
Piedboeuf 249.

Pielock 340, 342.
Pieper 356, 368, 448, 635, 638, 1077, 1079, 1084.
Piequet 527, 529.
Pieraerts 769.
Pierce 1119, 1155.
Pierson 9, 50, 226, 246, 581, 882.
Pieschel 1018.
Piesrczek 894.
Pietrusky 621.
Piettre 233.
Pietzschke 851.
v. Pieverling 983.
Pigeaud 407.
Pigg 951.
Pikler 1205.
Pilain 49, 1084, 1093.
Pilgrim 101.
de Pilippi 206.
Pilkington & Co. 628.
Pillier 1235.
Pilling 61, 516, 517, 519.
Pillonel 465.
Pilsatneek 1297.
Piltschikoff 417.
Pilz 48, 97, 900.
Pinchbeck 825.
Pine 557.
Pinegin 851.
Pinget & Vivinis 708.
Pinkenburg 41, 1140, 1145, 1146.
Pinkerton Co. 281, 1288.
Pinkl 1306.
Pinner 232.
Pinnow 159.
Pinto 1223.
Pintsch 67, 69, 70, 255, 367, 368, 581, 587.
Piorkowski 207, 239.
Piper 372, 881, 933, 946.
Piqua 595.
Pirelli 1089.
Pirkl 457.
Pirocchi 812.
Piskač 684.
Pithart 321.
Pitman 1192.
Pitot 546, 723, 734, 962, 1261.
Pitre & Co. 1030.
v. Pittius 1002, 1125.
v. Pittler 1077.
Pittock 634.
Piutti 27, 211, 889, 890.
Piver 926.
Pivot 1081.
Pizzarello 1155.
Plahl 736, 890.
Plahn 1314.
Plancher 203, 216, 1282.
Planck 416, 1235.
Plath 838, 1212.
Platius 256.
Platt 368, 579.
Platten 793.
Plattner 751.
Pleasance 428.
Plehn 870, 875.
Pleier 906.
Pleißner 1177.
Plenkner 172, 1041.
Pleukharp 1091.
Pleus 1126.
Plinius 1217.
Ploberger 1297.
Plock 684.

Plotnikow 164, 409.
Plüddemann 695, 1063.
Pochwadt 22, 829.
Podewils 2.
Podmore 73.
Poech 291, 296, 303, 630.
Poelzig 653, 654.
Poetter 871.
— & Co. 580, 1172.
Pöge 1072.
Poggensee 1149.
Pognon 1097.
Pohl 24, 165, 419, 420, 423, 908, 1300, 1307.
— & Söhne 1192.
Pohlig 633, 718, 1169, 1176.
Pohlmann 122, 685, 707.
Poincaré 963.
Poirée 723, 1244.
Poirrier 532.
Poiseuille 969.
Pokorny 1312, 1346.
— & Wittekind A.-G. 628.
Polack 774.
Polanek 886.
Pole 577, 962.
Polenske 769.
Poley 654.
Polivka 657.
Pollacci 246, 1063.
Pollack 314.
Pollak 35, 80, 224, 477, 496, 526.
— & Virag 1152.
Pollatschek 187, 877.
Pollet 1184.
Polley 505.
Pollitt 65.
Pollock & Macnab 155, 156, 280, 1054.
Polmann 843.
Polonceau 741.
Pöltl 1005.
Polyslus 993.
Pölzl 557.
Pomeranz 516, 521, 529.
Pomertzeff 1248.
Pommersche Eisengießerei und Maschinenfabr. A.-G. 814.
Pompilian 972, 974.
Poncelet 167, 665.
Pond 796.
Pongratz 149.
Ponsot 901.
Ponti 566.
Ponting 940.
Pontoux 752.
Ponzio 220, 226, 242, 773, 893, 897, 898.
Poole 298, 535.
Pooley and Son 1230
Pope 60, 1100.
Popkins 438.
Popp 572, 811, 874.
Poppe 153, 468, 632.
Popplewell 107, 277.
Porcher 206.
Porphyre 912, 917.
Porsche 1077, 1079.
Port 617, 618, 1295, 1296.
Portable Accumulator Co. 1100.
Porter 321, 546, 559, 603, 867, 969, 1051. 1161.
Portisch 613, 615.
Portland Consol. Ry. Co. 988.
Pöschl 427.

Posner 226.
Pospisil 95.
Possekel 996.
Possetto 1281.
Postl 915, 916.
Posternack 970.
Potelune 512.
Pôthe 1173.
Potiers 425.
Potonié 497, 761.
Potron 1098, 1100.
Potter 653, 719, 1309.
— & Co. 626.
— & Harvey 681.
— and Johnston Machine Co. 279.
Potterat 717.
Pottevin 494.
Potthoff 250, 648.
Potts 5, 747.
Pouillet 1234.
Poujoulat 711.
Poulain 1100.
Poulenc Frères 951.
Pouleur 268, 1028.
Poulsen 412, 538, 927, 1154, 1156, 1157.
Poulton 247.
Pourcel 292, 304.
Powell 505, 715, 777, 1178, 1213.
— Duffryn Steam Coal Co. 430.
Power 53, 282, 283, 900, 943.
— & Mining Machinery Co. 722, 1229.
Powler 451.
Poynting 482.
Pozzi-Escot 641.
Pozzoli 805.
Pradeau 1088.
Pradel 552, 988, 1058.
Praetorius 42, 422.
Prandtl 969, 1135.
Prasch 368, 1153.
Prásil 979, 1192.
Prasse 272, 700.
Pratt 3, 5, 9, 60, 152, 176, 180, 261, 492, 697, 845, 882, 1054.
— & Co. 651.
— & Cady Co. 749, 1213, 1268.
— & Whitney 278, 289, 1038, 1039, 1054.
Prause 891.
Prausnitz 607.
Praxmarer 1014.
Precht 738, 985, 986.
Preece 467.
Preeze 83.
Preidel 1021.
Preiß 33, 152.
Premier Automobile Co. 592.
— Accumulator Co. 489.
— Lunkenheimer Co. 1047.
Prenger 427.
Prentice 66, 320, 905.
— Brothers Co. 278, 279.
Prenzel 885.
Preobrajensky 935.
Prescher 844, 1239.
Pressed Steel Car Co. 362.
— — Mfg. Co. 801.
Pressel 1184.
Presser 905.
Prestat 522.
Pretzdorff 548.
Preuß 171, 468, 704, 715, 848, 1220.

Prey 967.
Preyardien & Co. 1067.
Prianischnikow 806.
Pribram 164, 207.
Price 118, 203, 371, 443, 847, 1064, 1172, 1309.
Prideaux 908, 962.
Priestley 237, 605, 1139, 1265.
Priestman 1112.
Prietze 1040.
Primosigh 44.
Prince Construction Co. 128.
— & Mc. Lanahan 126, 693.
— Smith & Sohn 1114.
Pring 772, 1259.
Pringle 815, 1278.
Pringsheim 57, 67, 574, 640, 641, 964, 1235.
Prinsep 864.
Prinz 665.
— & Rau 883, 884.
Prior 56, 142, 143, 146, 147.
Priss 844.
Pristley 970.
Privat-Deschanel 185.
Probert 337.
Probst 112, 857.
Procter 25, 204, 542, 596, 1014.
Proctor 902.
Proell 161, 265, 990.
Prohaska 427, 428, 464, 473, 474, 781, 1207.
Pröll 264.
Prometheus 650.
del Proposto 786, 1020.
Pröscher 56.
Proskauer 59.
Prossy 346.
Prothero 681.
Prött 831.
Providence Spark Coil Co. 1094.
Prowazek 58.
Prudden 602, 1135.
Prudhom 380.
Prudhome 381.
Prud'Homme 29, 226, 526, 531, 755.
Prungnaud 1090.
Prüsmann 729, 1034, 1040, 1041.
Pruss 614, 739, 1105.
Prüss 688, 127.
Prynne 681.
Prytz 834.
Przibram 962.
Przibylla 1102.
Pschorr 18, 227, 232.
Puckner 227, 814, 815, 970, 978, 981.
Puchstein 312.
Puckner 205.
Pudor 653, 866, 1076.
Pufahl 720, 793.
Pugl 616.
Puhl 619.
Pukall 1166.
Pulfrich 313, 731, 902, 966.
Pullman Co. 363.
Pullmann 361, 362, 1090.
Pulsometer Engineering Co 252, 254, 286, 1251.
Pultz 764.
Pum 1148.
Pumphrey 452.
Punga 449, 450, 454.
Pupin 473, 538, 1152, 1157.

Purdie 769.
Purington 496.
Purrey 348.
Purves 1303.
Purvis 11.
Pusch 1, 152, 472, 473, 1165, 1310.
v. Puteani 810.
Pütz 150, 308, 792, 1210.
Putze 235.
Pützer 689, 677, 678, 704.
Putzler, Gebr. 582.
Puxeddu 50, 216, 226, 1006, 1014.
de Puy 107, 858.
du Puy 853.
Puyo 934.
Pyne 23.

Q.

Quadrio 1225.
Quark 16, 95.
Quasebart 308.
Quayle 448, 774.
Queen & Co. 470.
Quenard Frères & Fils 922.
Queneau 1044.
Quennessen 974.
Quentin 949.
de Quervain 790
Quick 608, 1303.
Quillard 810.
Quimby 139.
Quincke 969.
Quinton 705.
Quinn 824.
Quire 158, 281.
Quittner 368.
Quoilin 373.

R.

Rabbe 977.
Rabe 18, 1159.
Rabier 382.
Rabitz 684, 685, 692, 700.
Rabourdin 606, 771.
Racino 188, 1214.
Racky 1161.
Radakovic 1219.
Radcliffe 7.
Radiguet 599.
Radkiewicz 520.
Radulescu 18.
Radunz 1016, 1020.
Rae 488, 670.
Raebiger 730, 812, 1208.
Raffaelli 955, 1069.
Raffay 435, 899.
Rafter 5.
Ragonot 475.
Rählmann 842.
Rahn 55, 58, 750.
Raikow 85, 619, 898.
Railton 553.
Railway & General Engineering Co. 579.
Raimbert 552.
Rakusin 498, 541, 551, 643.
Ralston 365.
— Steel Car Co. 365.
Ramakers 764.
Raman 902, 1109.
Ramann 566, 567, 804.

Ramberg 975, 1011, 1065.
Rambousek 602, 603, 837, 838, 1062, 1132.
Ramsdell 72.
Ramisch 102, 103, 104, 105, 106, 107, 112, 124, 166, 167, 405, 406, 407, 408, 511, 665, 707, 860, 1168.
Rammstedt 235.
Ramolio 526.
Ramondt 754.
Ramsauer 701.
Ramsay 3, 5, 191, 417, 422, 481, 528, 903, 985, 1140, 1229.
Ramsbottom 354.
Ramsey 587, 594.
Rand 601.
Randa 971.
Randall 308, 966.
Randolph 746.
Ranft 937, 944.
Rang 862.
Rank 130, 653, 687, 691.
Rankin 315, 796, 1097.
Rankine 407, 967.
Ransome 61, 114, 124, 128, 130, 132, 634, 672, 703, 706, 815, 852, 877, 1191.
— & Co. 1005.
Ransomes & Rapier 740.
Ranzinger 87.
Raoults 193.
Rapp 126, 148, 235, 272.
Rappold 135, 172.
Raps 877.
Raquet 200.
Rasch 325, 464, 477, 920, 1181.
Raschig 196, 725, 1015, 1061, 1062, 1063, 1239.
Raske 230.
Rasmussen 1017.
— & Ernst 252, 255.
Rateau 88, 251, 263, 267, 832, 1193, 1196, 1197, 1198, 1200.
Rath 18, 1020, 1171.
— & Co. 1135.
Rathbone 563, 1133.
Rathge 234.
Rathgen 778.
Rattle 595, 1197.
— & Son 298.
Rau 289, 290, 417.
Rauch 522.
Rauecker 619.
Rauhaus 1010.
Rauls 663, 1051.
v. Raumer 873, 890.
Raupp 72, 164, 1102.
Rauter 212.
Rautert 673.
Ravalet 558.
Rave 568.
Rawlins 944, 957.
Raworth 358.
Ray 216, 759.
Rayl 381.
Rayleigh 415, 422, 966, 969, 984, 1139.
Raylway Lock-Nut Co. 1054.
Raymer 953.
Raymond 120, 168, 313, 334, 358, 382, 384, 451, 452, 480, 664, 667, 668, 949, 1164.
Razous 605.
Rea 438, 1074.

Read 622, 865.
— Holliday & Sons 516.
Reade 6.
Reardon 21, 498, 1097.
Reavell & Co. 833.
Reaver 61.
Rebenstorff 15, 38, 577, 734, 772, 799, 962, 969.
Rebs 924.
Rebuffat 1165.
Recchi 1125.
de Rechemont 625.
Rechnitzer 989.
Reck 1167.
Recke 1198.
Reckleben 39, 577, 798.
von Recklinghausen 78.
Recknagel 52.
Redding 558.
Reddman & Sons 651.
Reddy 946, 1297.
von Reden 833.
Redenbacher 740.
Redfield 788.
Redlich 97, 659, 730, 792.
Redman & Sons 280.
Redon 1069.
Rée 45, 383, 654, 1173.
Reeb 932, 940, 941.
Reed 157, 537, 546, 674, 681, 1171, 1181.
Reeder 275.
Reeps 512.
Reese 1262.
Reeves 731, 993.
Regel 525, 738.
Regenburger 639.
Regener 190.
Regenerated Cold Air Co. 831.
Regent 1.
Regina-Bogenlampenfabrik Köln-Sülz 80.
Regni 1072, 1076.
Régnier 856, 1112.
Regula 807.
Rehmeyer 354.
Reibmayr 66
Reich 5, 79, 421, 820, 1264.
—-Sternberg 4, 8.
Reichard 18, 19, 20, 51, 159, 205, 620, 774, 896, 1008, 1311.
Reichardt 206.
Reichel 281, 495, 698, 1148.
Reichelt 260, 1072.
v. Reichenau 1225, 1226.
Reichenheim 410, 411.
Reichert 159, 187, 727, 868, 906, 934.
Reichle 7, 494, 1146
Reichling & Co. 900, 1256.
Reichmann & Lagervist 37.
Reichstein, Gebr. 1084.
Reid 148, 342, 346, 489.
Reif 16, 740, 870, 962, 1225, 1319.
Reiger 420, 535, 969.
Reijat 187, 541.
Reimann 924, 1132.
Reimer 689.
Rein 613, 1042.
Reinbrecht 820.
Reindl 329.
Reinecke 729.
Reinecker 569.
Reinforced Cement Construction Co. 138.

— Concrete Pipe Co. of Jackson 749.
Reinganum 410, 411, 1102, 1237.
v. Reinhardstöttner 38.
Reinhardt 119, 202, 293, 322, 578, 584, 586, 682, 722, 765, 1146, 1147.
Reinhart 108.
Reiniger, Gebbert & Schall 730, 1060, 1203.
Reinisch 289.
Reinke 86, 99, 148, 1052.
Reinold 1059.
Reinshagen 1113, 1277.
Reisch 1283.
Reischle 47, 161, 265.
Reiser 36, 554, 641, 798, 855, 879, 1274, 1276.
Reisert 1257.
Reisewitz 607.
Reissert 227.
Reissinger 712.
Reiß 732, 872, 875, 892, 952, 973, 1214.
Reißner 404, 508, 967.
Reitler 321, 863.
Reitmair 808.
Reitz 187, 873.
Reitzenstein 530, 898.
Rella 3.
— & Neffe 852.
Relser 554.
Rembrandt 842.
Remeaud 208.
Remington 740.
Rempel 597.
Remy 525, 806, 1103.
Renard & Krebs 834.
Renardy 1091.
Renault 592, 1084, 1085, 1086, 1091, 1096, 1100.
— Frères 1093.
Renaut 1050.
Rendell 334, 338.
René 88.
Renfrow Briquette Machine Co. 765.
Rengade 17, 24, 188, 1004.
Rennie 275.
Renold 33, 1038.
Renouf 222, 1012, 1093.
Renoul 1166.
Rensch 731.
Renshaw 221.
Rentner 1137.
Rentschler 219.
Renverdin 42.
Renz 1162, 1311.
Replogle 992.
Republic Iron & Steel Co. 1177, 1232.
Résal 380, 1090.
Retschinsky 79, 421, 904.
Rettger 10, 1257.
Rettich 70.
Rettig 606, 695.
Reuleaux 353.
Reusch 242, 1007, 1009, 1062, 1108.
Reuß 709.
Reuter 207, 771, 926, 1034.
Reuther 749.
Reutlinger, Gebr. 699.
Reverchon 1058, 1204.

Reverdin 227, 521, 529, 729.
Révilliod 465, 478.
Revolute Machine Co. 778.
Rex 774.
Rexer 1222.
Rey 1200.
de Rey-Pailhade 403.
Reychler 216, 227, 842.
Reynold 595, 850.
Reynolds 19, 262, 267, 281, 510, 1108, 1206, 1233.
Reyoal 484.
Reyrolle 469.
— & Co. 456.
Reyval 47, 430.
Rezek 49, 802.
Rham 669.
Rhead 795.
Rheinische Metallwaren- und Maschinenfabrik 1226.
Rheinische Werkzeugfabrik G. m. b. H. 158.
Rhenish Wood Distillation Co. 1.
Rhoades 1114.
Rhode 707.
Rhodes & Sons 1049, 1050.
Riall 1193.
Rice 87, 98, 143, 329, 467, 510, 590, 595, 621, 792, 825, 978, 1106, 1185, 1188.
Rich 24.
Richard 34, 391, 476, 524, 526, 597, 599, 657, 732, 862, 863, 935, 1015, 1084, 1165, 1171.
Richards 22, 164, 195, 211, 242, 440, 493, 578, 594, 718, 738, 787, 824, 832, 893, 894, 981, 1050, 1179, 1182, 1234, 1236, 1262.
— & Co. 155, 156, 280, 569.
Richardson 41, 107, 265, 343, 419, 437, 455, 497, 500, 527, 602, 852, 854, 907, 968, 975, 1145, 1166, 1190, 1241, 1259, 1302.
—, Westgarth & Co. 776.
Richarme 300, 301, 303.
Richarz 1236.
Richaud 894.
Riché 579, 582.
Riches 348, 361, 1173.
Richet 972.
Richir 980, 1199.
Richmann 1093.
Richmond 504, 710.
— & Chandler 1049.
Richter 154, 269, 333, 339, 443, 455, 456, 501, 518, 521, 585, 701, 765, 777, 793, 811, 895, 1072, 1162, 1176, 1196.
—, Hugo 831.
—, M. 545.
—, Paul 632, 730.
v. Richter 583.
Rickard 621.
Rickards 647, 838.
Ricker 428.
Rickers 143.
Riddell 651.
Rider 828.
Ridgeway 887.
Ridgway 332.
— Belt Conveyer Co. 1170.
Ridley 715.
Riebel 565.

Riedel 192, 193, 491, 556, 557, 744, 1241, 1243, 1260.
Riedinger 741, 834.
Riedler 493, 595, 992, 1034, 1193, 1198.
Riefler 535, 1202.
Rieger 169, 665.
Riegler 201.
Riehl 399, 401.
Riehlé 106, 852. 858, 859.
— Brothers Testing Machine Co. 858.
Rieke 1043, 1164, 1165, 1166.
Riemer 70, 305.
Riemerschmid 606, 695.
Riemerschmidt 689.
Riensch 5, 748.
Ries 463, 565.
Riesenfeld 211, 476, 896, 1111.
Rieß 795, 891.
Rieter 786, 875.
— & Co. 449, 1119.
vorm. Rieter & Cie. 1189.
Rietkötter 300, 504, 613, 615, 1231, 1305.
Rietschel 642, 837, 838.
— & Henneberg 272, 686, 1256.
Rietz 990
Rigby 582.
Rigg 276, 1174.
Riggenbach 327, 399.
Riggs 21.
Righi 463, 490, 1221.
Riley 431.
— Brothers 250.
— & Co. 758.
Rimailho 1224.
Rimmele 654, 657.
Rimmer 985.
Rinck 201.
Ringelman 988, 1289.
Ringer 242, 410, 736, 1259.
Ringleb 791.
Ringuet 762.
Rink 769
Rinkel 358, 393.
Rintelen 874.
Rintoul 1127.
Ripault & Co. 1078.
Ripley 746.
Ripper 769.
Rippert 805.
v. Risch 1229.
Rischer 1166.
Ristelhueber 519.
Ritchie 1171.
Riterman 523.
Rites 266, 267.
Ritschen 682.
Ritt 248, 369, 642, 644, 837, 1051.
Ritteter 771.
Ritter 107, 119, 268. 709, 711, 1140, 1145, 1047.
Rittershaus 691.
Rittlebank 629
Rittmeyer 926.
Rittne 807, 1313.
Ritz 956.
— Gebr. & Schweizer 550.
Riva Monnert & Co. 1190.
Rives 921, 936.
Rivett & Oldham 34.
Rivier 227.
Rivière 5, 290, 621, 971.
Rivkind 620.

Rivoalen 701, 688.
Rix 601, 826.
Robart 1316.
Robb 820.
—-Mumford Boiler Co. 250.
Robbins 278.
Robeson 99, 263.
Robergel 1095.
Robert 250, 639.
— & Co. 341.
Roberts 300, 307, 361, 595, 844, 1022, 1086, 1217, 1246.
— & Abbot Eng. Co. 395.
— & Co. 317, 1054, 1059.
Robertshaw 38, 264, 779.
Robertson 44, 174, 198, 207, 515, 520, 774, 1005, 1127, 1163, 1166, 1177, 1231, 1308.
— Mfg. Co. 1005.
Robey & Co. 828.
Robin 188.
Robins 259.
— Conveying Belt Co. 1171.
Robinson 55, 91, 101, 114, 193, 204, 315, 320, 388, 622, 743, 757, 774, 1088, 1145, 1196.
—, J. G. 342.
-, James L. 536, 1155.
Robisch 1097.
Robson 216.
Robyn 214.
Roch 277.
Roché 588, 592.
Rochet 49.
—-Schneider 1084.
Röchling 718.
Rochussen 900, 1158.
Rockstroh 568.
— & Schneider Nachf. 286.
Rockwell 316, 935.
Rocques 1281.
Rodano 445.
Roddy 350.
Rodella 575, 750.
Rodenstock 934.
Röder 20.
Rodet 836.
Rodié 900.
Rodinis 193.
Rodrigues & Cie. 1089.
Rodwell 236.
Roe 303, 836.
Roebling 675.
Roederer 983, 1149.
Roehle 446.
Roelofsen 723, 766.
Roemelt 604.
Roemer 1313.
Roemmelt 504.
Roenius 938, 942.
Roesl 934.
Roettgen 1282.
Roewer 1123.
Rogers 295, 461, 503, 597, 848, 876, 1205.
Rogerson 1013.
van Roggen 493.
Roggenhofer 519.
Roggieri 524.
Rogowski 411.
de Rohan-Chabot 1214.
Rohde 198, 227, 417, 968.
Rohdich 1299.
Rohland 23, 59, 191, 197, 198,

617, 618, 843, 969, 1108, 1163, 1164, 1239, 1302.
Rohm 929.
Röhm 578.
Rohn 48, 1112, 1238, 1273.
Rohne 1124, 1125, 1220.
Rohr 907, 933.
Röhrig 875.
du Roi 187.
Röitergard 829.
Rokotnitz 778.
Roland 73, 1055.
Rolants 3.
Rolf 1045.
Rolfe 1163.
Rolier 1098.
Rolke 368.
Roller 481, 482, 598.
Rollet & Cie 1093.
Rollin 522, 524.
Rollins 1245.
Rolls-Royce 1078, 1081.
Roloff 487, 489.
Romagnoli 1238.
Romberg 353, 551.
Romeiser 1076, 1077.
Romeo 205.
Römer 161, 265, 573, 873.
Romijn 202.
Rommel 639, 791.
Rona 972.
Ronchèse 206, 629.
Ronczewski 655, 708.
Rondinella 945.
Ronteix 1084.
Röntgen 58, 413, 414, 463, 483, 727, 734, 938, 954, 974, 1060, 1127, 1295.
—, Paul 794.
de Ronville 835.
Rooney Electric Lamp Co. 82.
Roos 1281.
Roosevelt 746, 1100.
Root 330.
Ropiquet 463, 483.
Rörig 63.
Rosa 398, 480.
Rosanoff 196, 197.
Roscher 64, 829.
Rose 480, 586, 692, 741, 769.
—, Bros. 1084.
Röse 542, 609.
—-Herzfeld 21.
Rosenbaum 90.
Rosenberg 68, 447.
— sen. 186.
Rosenfeld 811, 890.
Rosenhain 163, 295, 867, 1201, 1237.
Rosenheim 24, 212, 759, 795, 878, 928, 1065, 1109, 1291.
Rosenkotter 453.
Rosenkranz & Droop 726.
Rosenstein 795.
Rosenstiehl 532.
Rosenstirn 730.
Rosenstock 602.
Rosenthal 414.
Rosenthaler 40, 205, 211, 216, 243, 282, 620.
Roskoten 1225.
Rösl 951, 953.
Rösle 14.
Rosling 449, 1206.
Rosner 499.

Ross 191, 250, 311, 312, 316, 406, 415, 510, 564, 901, 903, 985, 1078, 1160.
— & Co. 1045.
Rossbach 1229.
Rossel 1085, 1098, 1099.
Rosset 24, 420, 481, 487, 489, 927.
Rossi 53, 107, 853, 1061, 1282.
Rosskopf 67.
Rössner 996.
Roß 281.
Rößler 805.
Roßmanith 167, 667.
Rost 732, 778, 957.
— & Cie. 160.
Rosterg 88.
Rota 1017.
Rotarsky 50, 222.
Rotary Meter Co. 825.
Rotch 735.
Roteng Co. 267.
— Engng. Co. 833.
Roth 18, 28, 142, 502, 551, 656, 728, 1003.
Rothacker 233.
Rothe 190, 701, 849, 856, 1055, 1056, 1061, 1162, 1208, 1235.
Röthe 682.
Rothenbach 499, 891.
Rother 388.
Rotherbach 57.
Rothert 971.
Röthig 868.
Röthlisberger 1216.
Rothschild 530, 898, 1030.
Rott 302, 611.
Rotter 228.
Rottmann 5, 1254, 1257.
Rottok 1202.
Rougé 782.
— & Faget 1206.
Rougeot 163, 765.
Rougy 339.
Rouiller 440.
Rouland 974, 1299.
Rouma 1203.
Roumier & Dachet 709.
Round 750, 1154, 1155, 1157.
Rous-Marten 334, 340, 342.
Rousseau 940.
Roussel 1152.
Rousselet 637, 1033, 1248.
Roux 144, 1131.
Röver 887.
Rowald 705.
Rowe 465, 999, 1166.
Rowell 30, 1018.
Rowntree 709.
Roy 50, 954.
Royal Agricultural Society 579.
— Mfg. Co. 1038.
— Photographic Society 933.
Royer 1011.
Royers 1041.
Royle 253, 1258.
Rozet 1058.
Rube 878.
Rübencamp 284, 528.
Rübel 818.
Rubens 15, 67, 903, 960, 964, 1109, 1233.
— & Zühlke 866.
Rubin 293, 744.
Rubinstein 578.

Rublack 663.
Rubner 55, 272, 873, 988, 1237.
Rubricius 48, 262, 263, 779, 780.
Rücker 24, 197.
Rückl 558.
Rücklin 48, 1048.
Ruckstuhl 151, 738.
Rude 249, 256.
Rudeloff 105, 113, 307, 828, 850, 858.
Rüdenberg 446, 459.
Rüdiger 43, 200, 228, 1122.
v. Rüdiger 298, 306, 818, 867.
Rudling 631.
Rudolf 25.
Rudolph 227, 1006, 1150, 1296.
— & Kühne 31, 34.
Rudorf 43, 192.
Rudzki 967, 1056.
Ruegg 729.
Ruemann 270.
Ruer 151, 623, 794, 909, 1107.
Ruff 24, 30, 39, 560, 828.
Ruffanus 1055.
Rüffer 143.
Ruge, Clara 1166.
Ruggles 1084.
Rugheimer 16.
Ruhemann 50, 227, 232, 907.
Ruhfus 304.
Rühl 335.
Ruhland 807.
Rühle 210, 889.
Ruhmer 420, 463, 536.
Ruinart 1096.
Rule 773.
Rulf, Frères 1211.
Rullmann 873, 875.
Rummel 592, 1077, 1086, 1101.
Rummler 689, 757, 819.
Rumpler 1072, 1076.
Runck 146.
Runge 515.
Ruoff 706, 117.
Rupe 227, 532.
Rupp 201, 202, 204, 208, 736, 799, 887, 983, 984.
Ruppel 542.
Ruppert 1285.
Ruppin 409.
Rupprecht 579, 581.
Rüsager 1303.
Rusch 1223.
Rusche 874.
Rush 13.
Rushmore 426, 428, 453, 782, 1189.
Russ 288, 908, 958, 959.
Russe 25, 224, 241.
Russel 1081.
Russell 410, 712, 803.
— & Cooper 683, 697.
— & Sons 1130.
— & Erwin Mfg. Co. 1041.
Russig 1150.
Russmann 980.
Rust 1164.
Rüst 17, 208.
Rüster 255, 338.
Ruß 16, 58, 799.
Ruszitszka 1225.
Rüters 869.
Ruthenburg 299.
Rutherford 416, 985, 986, 1089, 1160.
Rutledge 98, 298.

Ruttan 1266.
Rutten 51.
Rutter 1210.
Ruzicka 59.
Ryan 261.
Rybicka 1242.
Ryder 1044.
Ryerson & Son 259, 993.
Rykmield Engine Co. 1084.
Ryland 1222.
Ryss 308.
Ryznar 1317.
Rzehulka 1309.

S.

Saal 685.
Saaler 597.
Sabarini 592, 1093.
Sabatier 21, 197, 227, 578, 582, 583.
Sabbatani 403.
Sabin 63, 541.
Sabouraud 413.
Sabouret 373, 734, 990, 1076.
Sachapelle 258.
Sachs 16, 25, 29, 227, 240, 540, 869, 898, 1317, 1318.
Sachsenberg, Gebr. 1032.
Sächs. Grundin-Fabrik Köhler & Co. 843.
— Kunstweberei Clavier 922.
— Webstuhlfabrik Chemnitz 1278.
Sack 814.
Sackur 196, 409, 445.
Sadger 1091.
Sadikoff 819.
Sadler 1019, 1197.
Sadtler 542, 800, 875, 1309.
Safir 860.
Sagar & Co. 278.
Sage 543.
Saget 599.
Sagnac 414, 959.
Sahlbom 560, 984, 1108, 1149.
Sahmen 188, 794.
Saiki 494.
Sailer 1118.
Saillard 1318.
Saillot 368, 562, 858.
Saint-Germain 1084, 1100.
Saito 58, 892.
Sajo 898.
Saladin 297.
Salberg 449.
Salcher 734.
Salgó-Tarjaner Steinkohlen-Berg-bau-Akt.-Ges. 97.
Saliger 102, 103, 107, 112, 139, 140, 1000, 1050, 1052.
Salich 1319.
v. Salisch-Postel 566.
Salkowski 1291.
Salles 440.
Sallin 1202.
Salm 198, 201.
Salmon 570.
Salomonson 90, 483.
Salsbury 1088, 1090.
Salter 488.
v. Saltzwedel 682.
Saluz 311.
Salvadori 163, 576.
Salvaré 1131.

Salvo 220, 725.
Samain 979.
Sammett 782.
Samson 1090.
Samuleben 824, 827.
Sanborn 544, 546, 734.
Sand 244, 878.
Sandberg 540.
Sandeman 853.
Sander 513, 520.
— & Graff 560.
Sanderson 1067.
Sandmann 1184.
Sandoz 248.
Saner 744.
Sanford 373, 994.
Sangamo 478.
Sanger 949.
Sänger 682.
Sanitas A.-G. 2, 52.
Sankey 586, 1193, 1196.
Sano 968, 1274.
Sans 1100.
Sansone 525, 1069.
Santarini 524.
Santiot 1222.
Santon 874.
Santos-Dumont 836.
Sanzin 328, 334, 335, 339, 345.
Saposchnikoff 1126.
Saposchnikow 1124.
Sapper 802.
Sarason 728.
Sarco 989.
de Sarcy 1073, 1090.
Sarda 124, 322.
Sargent 31, 520.
Sargent & Lundy 438.
Sargent Steam Meter Co. 734.
Sarrauton 1204.
Sarre 328.
Sartiaux 1185.
Sasse 202, 696.
Sassi 53.
Satle 926.
Satori 904, 906.
Sattler 468, 469, 1203.
Saubermann 1010, 1067.
Sauer 685, 887.
Sauer-Mabery 542.
Sauerborn 699.
Sauerbrey 92, 719, 1176.
Sauerbruch 973.
Sauermann 813.
Sauermilch 312.
Sauerstoffabrik Berlin 94.
Saunders 787.
Saundes 143.
de Saunier 1093.
Saur 34.
Saurer 594, 1091.
Sauser 943.
Sauton 404, 751.
Sautter 774.
Sauvage 354, 374, 513, 833, 990.
Sauveur 294, 307.
Sauzer 944.
Savage 1249.
Savarè 205.
Savelsberg 151, 719.
Saville 670, 1303.
Saw & Tool Co. 1005.
Sawjalow 972.
Sawyer 614, 638.
Saxe 249.

Saxon 699.
Saxton 1200.
Sayers 373.
Saylor 1265.
Sbrizaj 491.
Scamoni 958.
Scarisbrick 1275, 35.
Schachner 699.
Schacht 914, 924, 963.
Schachtebeck 1127.
Schade 199, 574, 717, 769.
Schaden 681.
Schaefer 53, 82, 404, 412, 607, 780, 831, 966, 1109, 1161.
Schaeffer 728, 859, 1102.
Schaeffers 1078.
Schaer 204, 737, 892.
Schäfer 41, 52, 69, 119, 210, 216, 386, 820, 825, 855.
Schäfer, H. 617, 1302.
Schäffer 1283.
Schäffer 1268.
—, Christ., Jac. 925.
—, Th. 860.
— & Budenberg 255, 338, 1235.
— & Walcker 696.
Schaffner 202, 1310.
Schaffnit 810, 1209.
Schalden 80.
Schalenkamp 235.
Schalk 1208.
Schalker Gruben- u. Hüttenverein 718.
Schall 63, 116, 227, 610, 969.
Schallehn 727.
Schander 574, 640.
Schanz 907.
Schanzlin & Becker 46.
Schaper 170, 315, 407, 619.
Scharbau 1198.
Schärer 1129.
Scharf 807.
Scharfenberg 1291.
Scharff 928.
Scharlach 1016.
Scharr 1124, 1128.
Scharrer & Groß 582, 588.
Schätzke 708.
Schaub 51, 123, 175, 322, 1015, 1058.
Schauberger 90.
Schaudt 270.
Schaum 195, 930.
Schaumann 657.
Schaurte & Kleine 1059.
Schech 1142.
v. Scheda 1218.
Scheel 72, 966.
Scheerer 326.
Scheffer 903, 906, 930, 933, 934.
Scheffler 1166.
Scheftels-Stejnar 1134.
Scheffus 1059.
Schegel 358.
Scheibe 318.
Scheibler 771, 798.
Scheichl 394.
Scheid 1256.
Scheidemann 1314.
Scheimpflug 952.
Scheiner 902, 1234.
Scheinig & Hofman 318.
Scheitz 226.
Schellenberg 534, 536, 567, 954.
Schellenberger 52, 131.

Schellens 1216.
Schembs 689.
Schenck 294, 410, 928, 1170.
Schenectady Works 349.
Schenk 232, 690.
Schenke 929.
Schenkel 78, 80.
Scherer 62, 707.
Schering 422.
Scherrer 185, 876.
Schertel 1264.
Scherzer 174, 176, 181, 182.
Schauer 27, 51, 204, 242, 529, 530, 596.
Scheunert 240, 495, 523.
v. Scheve 1219, 1221.
Scheven 1264.
Schichau 1032.
Schickaneder 843.
Schidrowitz 641.
Schiemann & Co. 400.
Schiemenz 557, 558, 1240.
Schierbaum 689.
Schierens 510.
Schieß 156, 279.
Schietrumpf & Co 1284.
Schiewek 815.
Schiff 204, 242.
Schifferer 146.
Schiffner 933.
Schild 1213.
Schildge 512.
Schildhauer 470.
Schiller 712, 737, 1298, 1316.
Schilling 65, 73, 602, 642, 702, 798, 974.
— & Gräbner 679, 687.
Schimbs 1281.
Schimetschek 227, 756.
Schimm 1306.
Schimmel 286.
— & Co. 901, 1112, 1115, 1118.
Schimose 1125.
Schimpff 397, 813.
Schindelmeiser 900, 1158.
Schindler 230, 465.
da Schio 834.
Schirmacher 429.
Schirmer 1059.
Schirp 261.
Schittenhelm 241, 402.
Schjerning 142, 144, 237, 402.
Schlagdenhaufen 841.
Schlageter 596.
Schlange 1293.
Schlanitz 288, 1209.
Schläpfer 762, 1013.
Schlecht 30.
Schlegel 456, 459, 942, 1251.
Schleier 61, 63.
Schleifmühle 589.
Schlemmer 490.
— & Co. 758.
Schlenker 1059.
Schlesinger 46, 48, 570, 1036, 1037, 1288, 1295.
— & Co. 564, 877.
Schleyer 548, 571.
Schleyder 351, 352.
Schlicht 200, 738.
Schlick 1016, 1017.
Schliebs 929.
Schliepmann 656.
Schlinck & Cie. 741.
Schlippe 941.

Schloemann 931.
Schloesing 1240.
Schloesser 202, 829, 863.
Schloß 207.
Schlotterbeck 19.
Schlöck 975.
Schlüter 270, 359, 1067.
Schlundt 985, 1209.
Schmähling 777.
Schmaltz 1037, 1039, 1288.
Schmalz 62, 684, 739, 851, 879.
Schmassman 598.
Schmatolla 621.
Schmedes 1147.
Schmerber 86.
Schmerenbeck 669.
Schmid 148, 230, 678, 1226.
—, C. 221.
—, Elfred 232.
—, Henri 34.
—, Peter 1068.
— & Köchlin 830.
Schmidhammer 302.
Schmidkunz 619.
Schmidlin 227, 530, 773.
Schmidt, 45, 47, 64, 83, 92, 95,
   247, 249, 268, 269, 324, 336,
   339, 341, 343, 351, 415, 467,
   469, 471, 480, 488, 513, 576,
   612, 616, 703, 799, 831, 911,
   934, 937, 946, 949, 965, 966,
   976, 984, 986, 950, 1146, 1154,
   1205, 1219.
—, Alex 729.
—, Constanz 771.
—, Eduard 97.
—, Ernst 20, 232, 623, 629.
—, Eugen 500.
—, E. J. 549, 988.
—, Frz. 573.
—, Hans 935, 950, 955, 1055.
—, Heinrich 383.
—, Henry F. 992.
—, Hermann 490, 843.
—, H. 524, 1289.
—, Johann 1226.
—, Josef 142.
—, Julius 227.
—, J. 1206.
—, Karl 85, 86.
—, K. 576.
—, K. E. F. 418.
—, L. F. K. 688.
—, Max 1168.
—, M. 623, 1025.
—, Otto 16, 23, 27, 50, 227, 743,
   1065.
—, Paul 578.
—, R. 562, 565, 615, 900, 1109.
—, Walter 236.
—, Wilhelm 341.
—, W. 267, 876, 948, 984.
— & Cie. 798.
— & Co. 959.
— & Wagner 628.
— -Nielsen 494, 495.
v. Schmidt 654.
Schmiedel 710.
Schmiedt 66.
Schmitt 680.
Schmitz 213, 606, 687, 693, 771,
   787, 871, 929, 1014.
—, Anton 90, 997.
—, Bruno 689.
—, E. 19.

Schmitz, Josef 679.
Schmuck 954.
Schmucker 871.
Schmullius 1308.
Schnappinger 619.
Schnauss 957.
Schneebeli 751.
Schneeberger 936.
Schnegg 148.
Schneickert 955.
Schneider 49, 174, 231, 271, 491,
   541, 623, 679, 709, 813, 830,
   854, 867, 869, 955, 1065, 1126,
   1142, 1203, 1299.
—, Arthur 285.
—, C. 541.
—, Hans 272, 927.
—, Hugo 75.
—, A. G. 498.
—, Ludwig 1054.
—, W. 971.
— -Canet 1223, 1226.
— & Co. 306, 345.
— & Helmecke 1093.
— & Wesenfeld 1203.
Schneidewind 494, 572, 609, 804,
   805, 806, 809, 1319.
Schnell 235, 463, 1316.
Schmessler 448.
Schnetzler 454.
Schniederjost 1110.
Schniewindt 1153.
Schnippa 618.
Schnirch 500.
Schnitzer 911, 1039.
Schnorrenberg 825.
Schnurmann 613, 793.
Schnurpfeil 618, 1165.
Schnyten 1217.
Schoch & Co. 856, 1112.
Schock 1029.
Schoedler 152, 511.
Schoeller 106, 474.
Schoellhorn 143, 145, 1305.
Schoenbeck 955.
Schoenemaker 729.
Schoenherr 1277.
Schoening 155, 651.
Schoepf 457.
Schoffer 739.
Schofield 250, 788, 1284.
Scholer 54.
Schöler 799.
Scholl 26, 29, 216, 220, 232, 266,
   573, 622, 983, 1106, 1314.
Schöller & Rothe 118.
Scholten 299, 613, 633.
Scholtes 369, 373.
Scholtz 19, 20, 59, 233, 243, 402.
Scholvien 82.
Scholze 929.
Schömburg 264, 427, 585, 779,
   1193.
Schön 375.
Schönberg 695.
Schöne 57, 1315.
Schönemann & Co. 871.
Schönermark 677.
Schönewald 26, 1008.
Schönfeld 148, 277, 600, 632, 639.
Schönfelder 562.
Schönich & Langer 996.
Schönjahn 147.
Schönrock 901, 965, 1110.
Schoofs 723, 747.

Schoop 22, 153, 445, 488, 489,
   914, 1066.
Schoorl 17, 769.
Schoepf 455.
Schöppe 545.
Schopper 73, 800, 856, 924, 1010,
   1112.
Schörk 1013.
Schörling 801.
Schorr 868.
Schorrig 100, 497, 1128.
Schorstein 712, 715, 955.
Schott 328, 645, 744, 964, 1170.
— & Gen. 79, 953.
Schotte 567.
Schottelius 891.
Schöttler 581.
Schouboé 123, 1222.
Schrader 49, 149, 637.
Schraml 14, 490, 615, 734, 1007,
   1042.
Schramm 152.
Schreib 5, 10, 11, 1108.
Schreiber 8, 57, 535, 821, 1253,
   1254, 1258.
Schreinemakers 244.
Schreiner 36.
Schreiter 758, 922.
Schreyer 92, 93.
Schrenk 221.
v. Schrenk 713.
Schribeaux 1313.
Schröder 90, 428, 429, 457, 733,
   782, 1034, 1295, 1296.
Schroeder 49, 252, 953, 1150.
—, M., 1256.
Schroers 1279.
Schroeter 513, 1015.
Schrohe 772.
Schromm 608, 1040.
Schröter 220, 221, 530, 531, 1065,
   1198.
Schroth 679.
Schrott 871, 872.
— -Fiechtl 540, 573.
v. Schrott 422, 1102.
Schrötter 605.
Schrottke 472.
Schroyer 365.
Schubberg 1172.
Schuberg 42, 241, 447, 504, 650,
   740, 760, 1043, 1063, 1064, 1181.
Schubert 316, 339, 361, 528, 628,
   688, 703, 704, 728, 800, 831,
   863, 867, 922, 1320.
v. Schubert-Soldern 655.
Schuberke 484, 501, 603, 838.
Schuch 83, 951, 1281.
Schuchardt & Schütte 570.
Schucht 560, 929, 1108.
Schüchtermann & Kremer 584,
   587, 589.
Schuck 90, 997.
Schück 24, 211, 214, 245, 246,
   759, 896.
vorm. Schuckert & Co. 153.
Schuemann 1230.
Schuen 306, 1067.
Schuermann 1127, 1230.
Schuhmann 1052.
Schukareff 22, 841.
Schükarew 963, 1237.
Schüle 104, 108, 262, 670, 853,
   857.
Schuler 796.

Schüler 224, 397, 427, 458, 730, 1222.
Schulte 293, 453, 1199.
Schultheiß 852.
Schultz 699, 954, 998, 999.
—, E. 812, 972.
—, G. 29, 227, 912, 1015.
—, R. 684.
Schultze 60, 247, 597, 989, 1264.
—, F. 201.
—, Robert 752.
Schulz 72, 989.
—, Arth. 404.
—, Ernst 34, 1060, 1112.
—, G. 1084.
—, W. 1243.
—-Briesen 96, 762.
Schulze 202, 442, 971.
—, A. W. 329.
—, E. 403, 752.
—, Heinrich 19.
—, Hermann 1319.
—, Karl 185, 806, 971.
—, Otto 515, 1099.
—, W. A. 311, 329, 330, 332.
—-Pillot 979.
Schumacher 677.
— & Boye 279.
Schumann 256, 780, 911, 988, 1219, 1302.
— & Cie. 1254.
— & Co. 255.
Schumilow 636, 1316.
Schumm 207.
Schunack 67.
Schupp 27, 43.
Schürch 51, 120, 168, 172, 665.
Schürgh 131.
Schürhoff 282, 799.
Schuster 787.
Schute 693.
Schütt 979, 1211.
Schütte 820.
Schütz 240, 511, 859.
v. Schütz 1180.
Schütze 476, 534.
Schuyler 98, 139, 792, 1041, 1244, 1266, 1270.
Schuyten 30.
Schwab 1013.
— & Co. 156.
Schwabach 318, 1219.
Schwabe 365, 629, 927.
Schwalbach 1055.
Schwalbe 516, 521, 523, 524, 529, 923, 1015, 1064.
Schwamkrug 1192.
Schwan 1203.
Schwappach 565, 566.
Schwartz 303, 472, 478, 837, 1088, 1180.
Schwartz, C. 632, 995.
Schwartzkopff 677.
Schwarz 4, 283, 897, 1092, 1130, 1253.
—, Paul 1253.
de Schwarz 299, 718, 1011, 1300.
Schwarze 339, 341, 344, 347, 362, 673, 709, 852, 1050.
Schwarzenberger 1203.
Schwarzlose 1228.
Schwedoff 417.
Schweeger 1224, 1226.
Schwerr 643, 644, 998.
v. Schweidler 415, 418, 986.

Schweighöfer 852.
Schweinsberg 759.
Schweiter 35, 38, 1129, 1278.
Schweitzer 16.
Schweiz.Lokomot.- und Maschinen-fabr. in Winterthur 344, 350.
Schwenk 62, 118.
Schwenke 597, 610, 1021, 1076, 1079, 1093, 1096, 1099.
Schwenzke 857.
Schwerak 326.
Schwerin 1167.
Schwien 52.
Schwietzke 1, 561.
Schwill 536, 1153.
Schwinning 1208.
Schwitzer 1217.
Sciplotti 892.
Sciple 564.
Scoble 849, 856.
Scofield Co. 668.
Scott 458, 461, 532, 788, 819, 827, 834, 1222.
—, Alban H. 602.
—, A. 372.
—, Gilbert 681.
— Shipbuilding and Eng. Co. 1023.
— & Mountain 86, 1053, 1161.
— & Western 253.
— & Williams 1290.
Scottish Eng. Co. 1084.
Scowen 610.
Scriba 796.
Scrini 237.
Scripture 15.
Scriven 997.
— & Church-Smith 789.
— & Smith 998, 1095.
Scudder 21.
Scurti 1282.
Sczepanik 534.
Seabrooke 435, 726, 991.
Searle 423.
Sears 290, 1041.
Seath 828, 957, 959.
Seaton 851, 1021.
Seavert 106.
Sebelien 238, 803, 874, 994.
Sebert 930.
vorm. Sebold und Sebold & Neff 564, 877, 1164, 1305.
Seck, Gebr. 49, 149.
Securus-Mobilbau 1093.
Sedgwick 608, 1239, 1263.
Sedilia 655.
Sedlaczek 946.
Sedlmayr 143.
See 257.
Sée 1177.
Seeber 458.
Seel 227.
v. Seelhorst 804, 805, 808.
Seeling 186, 672, 673, 702.
Seelman 483.
Seemann 610, 820.
Seesselberg 48, 652.
Seger 856, 1043, 1234, 1235.
Segin 12, 239, 777, 890.
Segre 1220.
Seibert 204.
Selbt 664, 1126, 1215, 1216.
Seidel 1059.
— & Naumann 598.
Seidell 1071.

Seidenschnur 100, 714.
Seidl 90, 113, 285, 997.
v. Seidl 694, 698.
Seifert 1017, 1122, 1240, 1281, 1283.
Seiffert & Co. 260.
Seil 230.
Seiler 224, 983.
Seipp 854.
Seitz 412, 413, 503, 966, 1122.
de Seixas Palma 1064.
Séjourné 747.
Sekutowicz 1200.
Selden 1084.
Seldis 62, 254, 1240.
Selig 997.
—, Sonnenthal & Co. 1288.
Seligman 273.
Seligmann 495, 873.
Séligmann 423.
Seligo 558, 1263.
Selle 574.
Selleger 910, 922, 923, 924.
Seller 254, 289.
Sellers & Co. 864, 1050, 1130, 1285.
Sellew 434, 1191.
Sellheim 547, 712.
Sellier 496.
Selling 989.
Selter 272.
Semenza 473.
Semetkowski 657.
Semmler 220, 732, 743, 755, 900, 1159.
vorm. Sempell 255.
Seneca Falls Mfg. Co. 282, 610.
Sénéquier 908, 1258.
Senff 106, 644.
Senier 232.
Senking 552, 987.
Sensenschmidt 68.
Senstius 451.
Senter 442.
Senth 382.
Séquin 506.
Serber 860, 1246.
Sergeant 315.
Serger 238.
Serlo 74, 91.
Serra 570.
de Serres 91.
Serpollet 347, 1079, 1080.
Servin 1278.
Seth 697.
Settle 822.
Setz 29, 843.
Setzer 1177.
Seubert 200, 244.
Seux 830.
Séverin 228, 721, 1014.
Sewall 1006.
Sewell 104, 110, 546, 706, 1168.
Sexton 304.
Seybold 185, 916.
Seyboth 553.
Seydel & Co. 1112.
Seyewetz 228, 818, 819, 931, 932, 939, 940, 941, 1065.
Seyfert 454.
Seyffert 142.
Seyfferth 465.
Seyloth 277.
Seymour 317, 955.

Shackleford 720.
Shaffer 194.
Shain 1096.
Shamrock 94.
Shane 1205.
Shanks 10, 815.
— & Co. 156, 279, 651, 652.
Shannon 788, 1288.
Shap 863.
Shardlow & Co. 628.
Sharks & Co. 1288.
Sharp 81, 84, 694, 860, 1086, 1089.
Sharpe 426.
Shaw 328, 331, 419, 471, 482, 557, 694, 796, 861, 862, 1098.
—, Norman 654.
Shawcross 30, 32, 33, 35, 36, 1248, 1293.
Sheaff & Jaastad 432.
Sheager 966.
Shed 613, 761, 1042.
Shedd 833, 902.
Sheddan 1098, 1100.
Sheepard 547.
Sheffield Car Co. 366.
—-Simplex Motor Works 1082.
Shelley 111.
Shelton 823.
Shenehon 1034, 1216.
Shepard 277, 475, 504, 949.
Shepheard 743, 898.
Shepherd 818, 876, 902, 1301, 1309.
Sheppard 87, 119, 635, 676, 931, 938, 939.
Sherman 283, 370, 662, 666, 770, 846, 873.
Sherrerd 1266.
Shewell 691.
Shibayama 1103.
Shields 5, 9, 989.
Shingler 500.
Shippey 1098.
Shipple 5.
Shiraishi 109, 276.
Shirley 563.
Shoemaker 106.
— & Co. 170.
Shonts 603, 745, 747.
Shoolbred 1241.
Shorter 968.
Shuker 993.
Shukoff 440.
Shuman 294, 850.
Shutt 242, 246, 805, 1239.
Shreffler 15.
— Engine Indicator Co. 726.
Shreve 773.
Shrimpton 228, 893.
Siboni 308.
Sicard 1018.
Siccama 1247.
Sichel & Co. 937.
Sichler 543, 874.
— & Richter 874.
Sichling 329, 816.
Siddeley 1084.
Siddle 1115, 1116.
Sidersky 1122.
Sidney Mills 847.
Siebel 23, 532, 739.
Sieber 221.
Siebert 446, 773, 817, 926.
Siede 487.

Siedek 430, 459, 723, 783.
Siedentopf 17, 858, 868, 903, 1008.
Sieder 1125.
Sieg 1079.
—-Rheinische Hütten-A.-G. Friedrich Wilhelmshütte 1233, 1256.
Siegel 538, 1111, 1154.
Siegert 654, 1233, 1261.
Siegfeld 187, 872, 873, 874.
Siegfried 874.
Siegl 417, 987, 1203.
Siegler 379.
Siegling 653.
Siegwart 122, 467, 707, 1304.
Siehe & German 605.
Siemens 722, 794, 928, 1107.
-- Bros. & Co. 81, 447, 453, 461, 627, 635, 1173.
— & Halske Akt.-Ges. 77, 80, 189, 273, 310, 355, 374, 377, 478, 484, 601, 1055, 1140, 1258.
—-Martin 113, 135, 172, 302, 342, 1045.
— Schuckertwerke 77, 78, 157, 356, 372, 393, 455, 460, 461, 472, 478, 479, 601, 741, 786, 834, 952, 980, 1016, 1035, 1205, 1214, 1258.
v. Siemiradzki 213.
Siepermann 834.
Siermann 759, 977, 1169, 1305.
Sieveking 538, 676.
Sieverking 420.
Siewert 1156.
Sigala 1074.
Sigault 1133.
Sigel 604.
Siim-Jensen 78.
Silber 24, 190, 897, 902.
Silbermann 887.
Silberrad 50, 51, 191, 225, 736, 1008, 1126, 1127, 1139, 1299.
Silfverjelm 186.
Simmance 904.
— & Abady 483.
Simmer 20.
Simmersbach 149, 300, 595, 718, 720, 878, 1233, 1310.
Simmons 280.
Simms Mfg. Co. 1084.
Simon 79, 216, 220, 241, 420, 522, 629, 696, 766, 788, 797, 965, 1000, 1015, 1073.
— & Weckerlin 526.
Simonett 37.
Simonis 736, 1043, 1163, 1164.
Simons 449, 456, 883, 1060, 1207, 1234.
— & Co. 53.
Simonson 564, 611, 613.
Simplex Conduits Ltd. 470.
— Piano Player Co. 887.
— & Raymond 667.
— Time Recorder Co. 1203.
Simpson 38, 271, 418, 1028, 1030, 1093, 1224.
— & Co. 1298.
—, Strickland & Co. 1030.
—-Sims Co. 251, 252.
Simson & Cie. 709.
Sinclair 978.
Sindall 910, 920.
Singer 497, 498, 499.
— & Co. 125.
Sinigaglia 263, 268.

Sinz 1306.
Sisley 531.
Sisson 245, 974.
Sisterson 340, 354.
Sitte 659, 705.
Sizaire 1098.
Sjoberg & Co. 372.
Sjollema 751.
Sjöstrand 1035.
Skene 1021, 1022.
Skinner 109, 681, 684, 795, 894, 963, 971, 1002, 1003, 1048.
Skoglund 1007, 1008.
Sköllin 511.
Skotti 562.
Skrabal 291, 443, 844.
Skraup 192, 403.
Slaby 338, 1155.
Slack 875.
Slater 255.
Slator 575.
Slatowratsky 966.
Sleyer 1179.
Slichter 493, 747, 1260, 1261.
Slick 595.
Sliosburg 1315.
Sloan 488.
Slobinski 1316.
Slocomb 862.
Slocum 407, 1000.
Slomnesco 795.
Slott-Möller 1048.
Slotwinski 1162.
Slowtzoff 972.
Sluiter 27, 228, 897.
Smaič 597.
Smalian 285.
Small 596, 981.
— Brothers 1029.
Smart 51, 380, 736, 1008, 1139.
Smeaton 733.
Smedley 692.
Smeliansky 872.
Smercek 744.
de Smet 162, 209.
Smidth & Co. 1303, 1305.
Smidt, Henry 495.
Smicciuszewski 217.
Smiles 228, 1065.
Smirnoff & Rosenthal 37.
Smit 26.
Smith 205, 264, 329, 355, 356, 362, 393, 396, 408, 435, 446, 452, 460, 476, 480, 501, 569, 647, 688, 697, 775, 795, 900, 902, 937, 940, 941, 944, 949, 983, 1021, 1026, 1076, 1085, 1093, 1159, 1169, 1206, 1251.
—, A. 1030.
—, A. H. 823.
—, Alexander 1061.
—, Augustus 1173.
— Automobile Co. 1084.
— Cary & Ferris 1029.
—, Cecil 655.
— & Co. 937.
— & Coventry 1286.
—, C. S. 631, 1005.
—, Edward 1158.
—, Elizabeth 229, 1015.
—, Ernest 623.
—-Foundry Supply Co. 1042.
—, George O. 620.
—, G. F. 1287.
—, G. P. 180.

Smith & Grece 156.
—, Harry, C. 312.
—, J. 308, 933, 1210.
—, J. A. 666, 775, 1030.
—, J. H. 850.
—, John 1017.
—, John & Co. 1258.
—, John, J. 300, 721.
—, Julian C. 470.
—, Leonard S. 732.
— & Matley 681.
—, Merkens 950.
— Mfg. Co. 597, 1099.
—, Norman 196, 212, 773.
— & Porter 338.
—, Stanley 142.
—, W. B. 769.
—, W. H. 329, 1133.
—, William John 1229.
—, Wm. & Bros. 1276.
—, W. N. 327, 473.
—, W. T. 1118.
—, W. W. 1019.
von Smoluchowski 963.
Smrček 1034, 1040.
Smreker 1256.
Smyth 185.
Snell 131, 877, 1271.
Snow 251, 496, 552, 595, 643, 644, 647, 746, 839.
— & Palmer 132, 1177.
Snowdon 151.
Snyder & Co. 119.
Snyer & Co. 626.
Soames 1099.
Soc. Alsacienne de Constructions Mécaniques 89, 344, 635, 1112, 1113.
Soc. An. Gio. Ans. Armstrong 349.
— „Les Ateliers Métallurgiques" 345.
— — Baume-Marpent Haine 365.
— — Brown-Boveri 484.
— an. des Ateliers Carels Frères 1086.
— John Cockerill 173, 339, 345, 447, 832, 1024, 1212.
— de Constr. Méc. de Belfort 88.
— d'Electricité de Paris 432.
— an. Egyptienne d'Electricité 1206.
— Franc. de Constr. Méc 589, 858.
— Franco-Belge 344.
— Génér. pour la Constr. d'Instruments 862.
— an. des anciens établissements Hermann-Lachapelle 268.
— It. Ernesto Breda 343, 344, 345.
— Italo-Swizzera 47.
— an. des anciens établissements van den Kerchove 448.
— — de Saint Léonard 345.
— — Cooperativa in Mailand 33.
— — „La Meuse" 344.
— des Minoteries Tunisiennes 672.
— an. des anciens établissements Panhard et Levassor 1005.
— Parisienne pour l'Ind. des Chemins de Fer et des Tramways El. 473.
— des Peignages et Filatures de Bourres de Soie 1112.
— an. du Phoenix 155, 280, 652.
— du Photochrome 950.
— Romanet et Guilbert 75.

Soc. Schneider & Cie 1226.
— de Téléphones de Zürich 537.
— des Turbomoteurs Système Armengaud & Lemale 1200.
— an. des établissements J. Voirin 284, 958.
— Westinghouse 47, 484.
von Soden 900, 1159.
Soddy 189, 414, 984.
Soest & Co. 1181.
Söhner 506, 702.
Söhnle 623.
Sokolowsky 813.
Solacroup 344.
— & Laurent 355.
Solbrig 256, 741, 780, 913, 916, 988, 1066.
Soleil 1087, 1088.
Solf & Wichards 685.
Solff 1156.
Solier 358, 397, 430.
Solignac 247.
Soliman 296.
Sollier 1220.
Solomon 84, 479.
Soltsien 187, 542, 1008.
Somach 610.
Somerville 944, 946.
Somlo 147.
Sommelet 42.
Sommer 29, 287, 414, 669, 750, 808, 926, 1267.
Sommerfeld 406.
Sommerfeldt 791, 869, 902, 961, 1169.
Sommerhoff 529, 897.
Sommermeier 761.
Sommermeyer & Cie. 157.
Soncini 542, 1012.
Sondén 663, 1208.
Sondermann 845, 1140.
Sonnenthal & Co. 997.
Sonntag 444, 1214.
Sonstadt 196.
Soper 9, 11, 559, 734, 862, 1188.
Sor 102, 124.
Soreau 1220.
Sorel 61, 707, 1250.
Sörensen 201, 551, 721, 772, 793, 974, 1042.
Soret 1279.
Sorge 497, 629.
Sosa 789.
Soskin 752.
Sosman 441.
Soterkenos 994.
Sothern 1019, 1095.
Souchon 1153.
Soukup 172, 1144.
Soulé 671, 675.
Soulier 489, 1207.
Soumagne & Fils 651.
Southall 1090, 1099.
Southern Pacific Ry. 364.
Southwark 595.
— Foundry and Machine Co. 776.
Sowter 582.
von Soxhlet 811, 872.
Spačil 76, 979, 1016, 1225.
Spackman 879, 1303.
Spalding 862, 1240.
Spallino 226.
Spandow 886.
Spangenberg 312, 848.
Spangler 378, 646.

Spannagel 1232.
Sparfeuerungs-Ges. 988.
Sparks 252, 253, 784, 1093.
Sparre 1124.
Spāth 890, 891, 1006, 1159.
Speakman 1019, 1194.
Specht 636
Speckbötel 1288.
Speier 1309.
Speller 999.
Spence Registering Conveyor Co. 1171.
Spencer 191, 417, 422, 464, 903, 1054.
Spennithorn 946.
Spens 960.
Sperber 270.
Sperling 1057.
Sperry 164, 165, 307, 474, 563, 615, 616, 617, 794, 817, 844.
Speyer 457, 993.
Speyerer & Co. 254.
— & Muth 718.
Spickendorff 695.
Spleckermann 573.
Spiegel 20, 159, 228, 791, 925, 973, 974.
Spielmann 876.
Spiers 439.
Spieß 525.
Spietschka 149.
Spilberg 425.
Spiller 586.
v. Spindler 38.
Spinney 84, 1297.
Spirek 982.
Spiro 205, 210, 495.
Spitzer 347, 368, 441, 868, 953, 958, 1080.
Spoon 1144.
Spooner 1188.
Sponagel 229.
Sponnagel 43, 217.
Sprague Electric Co. 337, 356, 357, 393, 447, 634, 1212.
Sprecher & Schuh 714
Sprengler 852.
Spring 1064, 1239.
Springer 319, 482, 1297.
Springfeld 609.
Springfield 1099.
Sprinkmeyer 891.
Sproxton 42.
Spyker 49, 933, 1085.
Square Auger Mfg. Co. 154.
Sritzer 334.
Stabler 11.
Stach 599, 775, 863, 1198.
Stacy 21, 1262.
Stadelmann 74, 78, 757, 1105.
— & Co. 74.
Stadler 795, 928, 1065.
Stadlinger 148.
Stadníkoff 217.
Stadtmeyr 91.
Staedel 846.
Staehler 202, 738, 1291.
Staempfl, Frères 1030.
Staffel 911.
Stafford 353, 1051, 1210.
— & Holt 1290.
Stahl 393, 497, 914, 1067, 1073.
Stähler 718, 1268, 1269.
Stähli 151, 771, 903.
Stahmer 777.

v. Stalewski 729.
Staley & Co. 936.
Stallard 228.
Stamm 726, 991, 1080, 1096, 1189.
Standard 1085.
— Machine Co. in Philadelphia 1289.
— Motor Co. 592, 1086.
— Roller Bearing Co. 801.
— Tool Co. 1288.
Standenheim 953.
Standiford 277.
Standley 719.
Stanek 205, 800, 1312.
Stanford 265, 319, 714.
Stanislas 917.
Stanley 8, 108, 446, 454, 465, 510, 726, 1080, 1228.
— & Co. 1298.
—, G. J. Electric Mfg. Co. 726.
Stansbie 795.
Stansfield 955.
Stanton 295, 297, 537, 850, 857, 865, 1193, 1196.
Stanwood 1068.
Staposchnikoff 79, 421.
Starck 249, 791.
Star Drilling Mach. Co. 1161.
— Electric Co. 1212.
Starick 571.
Stark 79, 416, 417, 420, 421, 903, 965, 969, 982, 1110, 1259.
Starke & Co. 1179.
Starley 1093.
Stary 657.
Stassano 305, 307, 721, 1043.
Stassart 93.
Stathan 694.
Stätler 633.
Statuti 53.
Staub 1132.
Staudinger 217, 220, 228.
Staunton 1091, 1101.
Stauss 588, 729.
Stauton 597.
Stavenhagen 167, 1128.
Stavorinus 85, 827.
Stead 291, 293, 295.
Stearns 746, 1262, 1270.
Steber Machine Co. 1290.
Stebbings 672.
Stecher 899, 1242.
Steel 964.
Steele 197, 242, 411, 419, 440, 441, 442, 565.
—, G. 44.
—, L. 44.
Steenberg 28, 1003, 1167.
Steens 395, 1258.
Steensma 207, 404.
Steere 318.
Stefan 57, 97, 425.
Stefanelli 417.
Stefánik 907.
Stefanini 960.
Steffan 47, 328, 335, 338, 339, 358.
Steffen 479, 503, 653, 686, 1315, 1316.
Steffens 559, 572.
Stegemann 97.
Steger 578, 821.
Stehlin 686.
Stehr 274.
Steidle 481, 538, 1152.

Steiger 798, 989.
Stein 228, 236, 310, 516, 518, 521, 525, 526, 790, 1122, 1184.
Steinach 868.
Steinau 1108.
Steinbart 300.
Steinegger 750.
Steiner 318, 1182, 1269.
Steinermayr 314.
Steingraber 739.
Steinhardt 295.
Steinhaus 79, 640, 904.
Steinheil 534, 906.
— Söhne 935.
Steinhoff 92.
Steinicke 71.
Steinkopf 216, 1106.
Steinlen 799.
Steinmetz 296, 418, 448, 455, 459, 1207.
Steinmüller 10, 254, 257.
von Steinwehr 164, 486, 983, 1236.
Steljes 1152.
Stella Co. 713.
Stempel Pile Protecting Co. 120.
Stenbjörn 1301.
Stenger 287, 525, 937, 949, 953, 956, 959.
Stenquist 409.
Stephan 534, 1169.
Stephani 606, 695, 864.
Stepanow 204.
Stephen 104.
Stephens 313, 898, 1078.
Stephenson 264, 334, 341, 348, 353, 354.
—, Robert & Co. 346.
Stepherd 23.
Stepney 1088.
Stern 240, 538, 1207, 1242.
Sternberg 1076.
Sterne 740.
Stetefeld 85, 369, 741, 742.
Stettiner Maschinenbau-Akt.-Ges. Vulcan 1023.
Steuer 205.
Steuernagel 820.
Steven 226.
Stevens 116, 263, 353, 555, 599, 632, 746, 883, 924, 1021, 1193, 1194.
Stevenson 271, 299, 489, 1088, 1222.
Steward 714.
Stewart 191, 192, 241, 649, 756, 897, 934, 1002, 1216.
— & Co. 588.
Stiasny 597.
Stich 831, 1136.
Sticht 298, 299, 718, 719.
Stiegelmann 1064.
Stieghorst 860, 1017.
Stiehl 270, 663, 679, 1307.
Stier 158, 552, 679, 680, 690, 987.
Stierlin 1061.
Stierstorfer 63, 999, 1305.
Stifel 522.
Stift 1314.
Still 266, 450, 452, 467, 480, 1048, 1206.
Stillich 220.
Stillman 1127.
Stillmann 161, 211, 499.
Stills 261.

Stillwell 891.
—-Bierce & Smith-Vaile Co. 438.
Stimula 1084.
Stinner 1054.
Stirk & Sons 651.
Stirling 434, 881.
Stix 830, 1182.
St. Louis Expanded Metal & Fireproofing Co. 110.
St. Louis Expanded Metal Co. 131.
St. Louis San Francisco Ry. 365.
Stobbe 191, 228, 1015.
Stobrawa 400, 1073.
Stobwasser & Co. 649.
Stock 209, 855, 927, 1010, 1138, 1236.
Stockall 630, 1285.
Stockem 189, 308.
Stöcker 831.
— & Schoberwalter 119.
von Stockert 402.
Stockham 564, 877.
— Homogeneous Mixer Mfg. Co. 564.
Stockhausen 516, 640, 641.
Stocklasa 804.
Stöckli 29, 843.
Stockmeier 147, 502, 865.
Stoddard 551, 1068, 1086, 1095.
Stoddart 4.
Stodola 269, 461, 963, 1193, 1200.
Stoeckel 729.
Stoecker 228, 1101.
Stoeger 443, 792, 793.
Stoeltzner 868, 869.
Stoermer 16, 216.
Stoever Foundry & Machine Co. 1001, 1049.
Stofford 1216.
Stohr 445.
Stokes 696.
Stoklasa 237, 495, 803, 808, 876, 1313.
Stolberg & Co. 1148.
Stölcker 112, 124.
Stoll 1077.
Stolle 16, 515.
Stollé 232, 725.
Stoltz 347.
Stols 336, 360, 1074.
Stolze 929, 930, 935, 940, 942, 943, 945, 947, 951, 952, 956, 959.
Stolzenburg 267.
Stolzenwald 1309.
Stone 58, 368, 369, 451, 458, 605, 688, 826, 1300.
Stoney 1040, 1194, 1196.
Stookey 240.
Storer 427, 428, 781.
Störmer 969.
Stortenbeker 207, 737.
Storton 974.
Storz 896.
Stothert & Pitt 637.
Stott 427, 474, 590, 780, 1093, 1194.
Stötzer 566.
Stoughton 295.
Stowell 332.
St. Paul & Sault, Ste. Marie Ry. 331.
Strabel 59.
Strachan 9.
Strache 65, 209.

Strahe 1113.
Strahl 160, 519, 711, 778, 887, 1119, 1248, 1273, 1277, 1278.
Straka 804.
Straker 1305.
Strakosch 970, 1313.
Strang 359, 360.
— Gas Electric Car Co. 360.
— Electric Ry. Car Co. 360.
Straßburg 1071.
Straßburger 799.
Strasser 411, 417, 481, 1204.
— & Rhode 862.
Straßmann 1163.
Stratton 261.
Straub 45.
Strauch 1122.
Straus 615.
Strauss 175, 181, 595, 667, 920, 930.
Strebel 644, 1048.
Strecker 285, 287, 475.
Street 486.
Streeter 727.
Stribeck 801.
Strick 786.
Strickland 1030, 1093.
Strickrodt 16.
Stritter 871, 873.
Strobach 634, 1264.
Strohm 251, 252, 261, 1048.
Ströhmberg 973.
Strohmer 572, 768, 1312, 1313, 1314, 1315, 1319.
Strohmeyer 707, 827.
Strom 610.
Stroman 969.
Stromberg 382, 536, 538.
Stromeyer 297, 851.
Strong 457, 488.
— & Paige Tool Co. 1284.
Strophéor 836.
Stroschein 807.
Strößner 272.
Strowger 537.
Strub 327, 399.
Strube 500.
Struck 842, 945.
Strunck 43, 217, 752, 805, 810, 1055, 1209.
v. Strusiewicz 972.
Strutt 985.
Strutz 772.
Struve 772, 877.
Stuart 387, 785.
Stübben 625, 657, 658, 1142.
Stübbens 659.
Stubbs 60, 230, 704, 1112, 1113, 1129, 1273.
Stubenrauch 567.
Stüber 819, 890, 892.
Stuckenholz, A. G. 614, 637, 1057.
Stuckert 728.
Stucki 361.
Studienges. für el. Schnellbahnen 328.
v. Studniarski 425, 446.
Studnicka 868.
Stuhetz 26.
v. Stummer 1222, 1228.
Stumpf 708, 852, 992, 1198.
Stürenburg 942, 943.
Sturgess 992.
Sturm 286, 1213.

Sturtevant 594, 1085, 1099, 1135, 1187.
— Eng. Co. 73, 255, 266, 267, 595, 648, 1211.
— -Ventilatorenfabrik 693.
Stutzer 58, 288, 298, 802, 805, 806, 808, 809, 1319.
St. Venant 406.
Submarine Signal Co. 1035.
Sucheni 441, 1159.
Süchting 429.
Suchy 428.
Sudborough 228, 898, 1014.
Südd. Bauges. f. Feuerungsanl. u. Schornsteinbau 1052.
Suenson 118.
Suerth 1179.
Suess 1171.
Sugg & Co. 69.
Suggate 800, 816, 859.
Suhl 926.
Suhr 1222.
Suida 513, 517.
Sulfur 540.
Sulivan 330.
Sullivan 389, 467, 535, 601, 833, 1013, 1157.
— Machinery Co. 155, 601.
Sultan 1122.
Sulzer 46, 47, 591, 737, 1023, 1193, 1211, 1264.
—, Gebr. 266, 429, 647, 785, 838, 980, 1020, 1025, 1199, 1262.
Sumec 425, 451, 465.
Sumpner 65, 475, 482, 483.
Sumter Telephone Mfg. Co. 536.
Sunbeam Acetylene Gas Co. 74.
Sunde 897.
Sunder 520, 523, 524.
Sünder 532.
Sundvik 1158.
Sundwik 600.
Sun Gas Co. 12, 74.
Sunset Co. 592, 1086.
Supf 60.
Supplee Hardware Co. 815.
Surand 930.
Surcouf 835, 1100.
Sureycki 302.
Süring 153, 470.
Surmann 63, 765, 977.
Surtchboard Equipment Co. 468.
Sürth 771.
Susewind & Co. 300.
Süssenguth 682.
Susta 557, 558.
Süßkind 216.
Süßmann 60.
Sutcliffe 19.
Sutherland 969.
Sutherst 238.
Sutton 44, 1131.
Svedberg, The 194, 195.
Svedmark 792.
Swain 109, 511, 724.
Swan 82, 83, 957, 1255.
Swarts 199, 1011.
Swaving 187.
Sweet 899.
Sweetland 720.
Swellengrebel 640.
Swetz 124.
Swift 156, 592, 1095, 1164.
—, George 155.

Swinburne 43, 66, 67, 82, 903, 1237.
Swindell 579.
— & Brs. 582.
Swinehart 1088.
Swingedauw 88.
Swinning 810.
Swinton 420.
Swirlowsky 402.
Switch Gear Co. 457, 468.
Swoyer 1047.
Sy 770.
Sycamore & Son 814.
Sylvester 131.
Sylvestre 816.
Syme 238.
Symons 353, 364, 1040.
Sympher 1150.
Syndikat des Forces Hydrauliques 466.
Szamatolski 247.
Szarbinowski 860.
von Szathmáry 1302.
Szczepanik 950.
Széki 223.
Szerelmey 851.
Szilárd 197, 445, 1160, 1209.
Szlapka 104.
Szydlowski 220.

T.

Taatz 54.
Tabor Co. 562.
Taboury 216, 1101.
Tacke 1167.
Tafel 202, 441, 445, 689, 721, 983, 1231.
Taff Vale Ry. Co. 361.
Tagliani 35.
Taintor 1252.
Tait 426, 586, 587.
Takahashi 772.
Take 307, 424.
Talbot 106, 107, 302, 303, 561, 625, 853, 1000, 1081, 1082, 1089.
Tambach 228.
Tambor 224, 230, 232, 530.
Tamburello 220, 226, 982.
Tamé 1079.
Tamlyn 473
Tamm 187.
Tammann 192, 308, 896, 961, 1108.
Tangl 572.
Tangye 570, 580.
— Tool and Electric Co. 155, 651.
— & Robson 580.
Tanneberger 583.
Tanner 100, 669.
Tannett 1173.
Tannhäuser 18.
Tanquerel 540.
Tanret 20, 768.
Tanton 273.
Taponier 59.
Tapp 574.
v. Tappeiner 494.
Tapuach 30, 242.
v. Tarnawa 539, 1218.
Tarr 580.
Tartsch 83.
Tarugi 40, 59, 725, 844, 975.
Tasch 820, 823.
Tassilly 752.

Tatnall 510, 1300.
Tatlock 242, 1072.
Tatham 1113.
— & Co. 1115.
Tatton 11.
Täuber 27, 843.
Taubmann 654.
Tauchmann 628.
Taut 690.
Taveau 743.
Taverne 898, 1015.
Tavernier 1171.
Tay 64.
Taylor 33, 204, 236, 297, 304, 377, 391, 425, 437, 459, 463, 472, 480, 545, 579, 581, 624, 630, 729, 755, 934, 989, 1005, 1024, 1235, 1285, 1303.
— Arnold S. 684, 701.
—, Chas. 570.
—, Freed W. 865, 1049.
—, Heslop 91.
—, J. 1277, 1279.
—, Lang & Co. 327, 1117, 1171.
— Mfg. Co. 633.
—, Purves 1249.
— & Challen 1131.
— & Hobson 624.
— & Hubbard 636.
— & White 292, 293.
Taza 364.
Teague 194, 857.
Tech 465.
Techel 1030.
Tecklenburg 1162.
Téclu 800, 923.
Teichert 29, 575, 1165.
Teichmann 104, 133, 171, 605, 690, 694.
Teichmüller 83, 466, 474.
Teil 1301.
v. Tein 1241.
Teiwes 90.
Tejessy 144, 552.
Telle 282, 657.
Temperley Transporter Co. 638, 1174.
Temple 601.
Templeman 1116.
Templer 835.
Ten-Brink 248, 249, 250.
Ter-Gazarian 1106.
Terada 15, 425, 961, 969.
Teran 649, 839.
Terminal Co. 127.
Ternuchi 239, 495.
de Terra 333, 973, 1295, 1296.
Terri 1211.
Terry 1252.
Tesar 967.
Tesdorpf 732.
Tesla 422.
v. Tetmajer 405, 857.
Tetzlaff 210.
Teush 468.
Tevonderen & Pollaert 61, 116.
Thacher 110, 180, 706.
Thal 208, 754.
Thalbot 720.
Thaler 684.
Thallner 304.
Thamas S. Marvel Shipbuilding Co. 1022.
Thames Ironworks Shipbuilding Co. 1033, 1085, 1174.

Thamm 891.
Thatcher 124, 861.
— & Son 719.
Thaulow 1167.
Thaysen 541.
Thede 1248.
Theisen 722.
Theodor 772.
Therrell 423, 464, 536.
Thesmar 523, 526.
Theuerkorn 72.
Thevenon 17.
Thibeau 306.
Thiel 194, 195, 302, 719, 727, 895, 1238.
Thiele 16, 43, 57, 58, 193, 209, 228, 241, 498, 567, 773, 774, 908.
Thiem & Töwe 73.
Thieme 1012.
Thien 868.
Thiering 1129.
de Thierry 1017, 1242.
v. Thiersch 656, 704.
Thies, B. 153, 514.
Thiesen 587.
Thiesing 880.
Thiess 311, 1074. 1176.
Thieß 97, 390, 718.
Thime 294.
Thiollier 319.
Thirion 543.
Thode 29.
Thöldte 411.
Thom 623.
Thomä 232, 725.
Thomae 25. 755.
Thomälen 452.
Thomas 62, 63, 78, 80, 149, 184, 191, 223, 242, 300, 302, 565, 719, 720. 878, 929, 989, 1138, 1159, 1173, 1207, 1231, 1306, 1308, 1311.
—, F. B. 519.
—, F. W. 337.
—, Gustav 607.
—, P. H. 471.
— & Lewis 149, 1311.
— & Prévost 37.
— & Smith 697.
Thomes 565.
Thomet & Co. 979.
Thomlinson 199, 1061.
Thompson 198, 437, 444, 460, 461, 469, 484, 832, 870, 947, 974, 1008, 1107, 1140, 1199, 1237.
—, C. G. 884.
—, J. C. 1229.
—, R. S. 648.
—, S. 556.
—, Sanford E. 105, 113.
Thoms 20, 208, 228, 235, 543, 596.
Thomsen 163, 199, 1108, 1180.
—, Julius 1237.
Thomson 40, 242, 289, 295, 296, 398, 422, 425, 477, 479, 543, 782, 842, 864, 866, 937, 987, 1001, 1067, 1106, 1110, 1127, 1169, 1196, 1233, 1236, 1237, 1273.
—, Alexander 103, 165.
—, J. J. 419.
—, Julius 199.
—, R. & Sons 1060.
—, W. 1003, 1299.

Thomson, William 1175.
— - Houston 471.
Thöni 495, 751.
Thor 1005.
Thorkelsson 420.
Thorn 795.
Thorne 934, 950, 1055.
Thörner 64.
Thornewill & Warham 87, 635.
Thornton 423, 446, 460, 472.
Thornycroft 580, 586, 590, 1017, 1020, 1030, 1031, 1085.
— & Co. 1022, 1027, 1086.
Thorp 767, 825.
Thorpe 26, 40, 200, 220, 251, 743, 1013, 1015.
Thost 780, 1052, 1058.
Thrasher & Co. 1188.
Threlfall 577.
Throl 142.
v. Thullie 107, 109, 852, 853.
Thumann 235, 1162.
Thumm 10, 1253.
Thümmes 922.
de Thun 590.
Thurandt 1161.
Thurg 937.
Thurm 1292.
Thurnwerth 1227.
Thurston 1046, 1047.
Thury 355, 432, 447, 450, 458, 466, 782, 783.
de Thury 61.
Thwaite 1003.
Thwing 1234.
Tichatschek 215.
Tiede 741, 1204.
v. Tiedemann 677, 678, 679.
Tiedt 45
Tiehl & Söhne 146.
Tiemann 322, 123, 870, 871, 872.
Tierney 358.
v. Tiesenholt 243.
Tietz 737.
Tiffeneau 217.
Tighe 1149.
Tijmstra Bz. 228.
Tikkanen 653.
Tilden 143, 282, 743, 773, 898.
Tilghman 994, 1003, 1009.
Tillie 1279.
Tillmans 187, 543, 736.
Tillson 42, 1145.
Tilney 457.
Timewell 888.
Timm 553.
Timmermans 193, 308, 441, 965.
Timmins 675.
Timmis 372, 653.
Timpson 591.
Tincher Co. 1081.
Tindel 1005, 1037, 1287.
Tingle 27, 217, 743.
Tinker 314.
Tinkler 233.
Tintemann 240.
Tirill 992.
Tirrill 458.
Tischbein 258, 552.
Tischler 604, 1071.
Tischutkin 868.
Tissot 412, 973, 1153, 1155, 1156, 1157.
Titan 635.
Titherley 228, 1006.

Tittel 918.
Tittman 733, 1215.
Tittrich 657.
Titus 471, 595, 1197.
Tixler 554.
Tixley 444.
Tizzoni 987.
Tjaden 8.
Tobler 868, 380, 378, 1152.
Toch 1003.
Tocher 205.
Tod 587.
Todd 304.
Toebs 67.
Toepfer 310, 538, 422, 539, 1140, 1153.
Toepler 477.
Toft 271.
Tögel 215.
Toggenburg 148.
Toledo Glass Co. 618.
— Machine & Tool Co. 150, 1045, 1130.
Tölk 702.
Tollens 216, 737, 768, 1131, 1150.
Toller 383.
Tolman 769, 1122, 1169.
Tolusso 473.
Tomann 1319.
Tomarkin 272.
Tomasatti 107, 853.
Tomaselli 868.
Tomes 1097.
Tomlinson 23, 33, 794, 1181.
Tommasi 443, 1309, 1311.
Tommasina 414, 440.
Tompkins 1290.
Tomson, L. A. W. 1112.
Tonazzi 221.
Tonge 85, 764, 1211.
Toogood 1175.
Tookey 580, 587.
Toomey Broth. 53.
Tooms 1151.
Toote 461.
Topf & Söhne 143, 505, 549, 988.
— & Stahl 49, 149.
Toplis 461, 758.
Topp 812.
Toppin 65.
Toquet 1093.
Torbensen 590.
Torda 905.
Torka 1209.
Tornow 87.
Torrance 103, 741.
Torrey 228.
Tosi 439, 1197.
Toth 1149.
Totten 1144.
Touplain 404, 738.
Tourneux 816.
Tourtay 328.
Toussaint 929, 1019, 1199, 1278.
Toutpain 873.
Tovey 622.
Tovote 621, 1209.
Tower 1063.
Towle 1047.
Towne 864.
Townley 357, 391.
Towns 580.
Townsend 420, 504, 601, 613, 732, 807, 1313.
Tracy 720, 1079.

Traine 554.
Tranchant 936, 947.
Trannoy 197, 1102.
Trappen 717.
Trask 628.
Tratman 313, 322.
Traub 265, 991.
Traube 25, 26, 198, 233, 444, 629, 733, 819, 931, 936, 938, 947, 955, 1007.
Trautmann 58, 272, 1208.
Trautwein 1164, 1307.
Trautz 59, 193, 963, 966.
Travers 24, 964, 969.
Travis 7.
Traylor Eng. Co. 299, 1042.
— Mfg. & Construction Co. 509.
Treadwell 709.
Trechzinski 243.
Treff 900, 1159.
Treglown 580.
Treibich 1013.
Treitschke 29, 188, 308.
Trenkle 424.
Trent 1191.
Trepka 524.
Treptow 1218.
Trescot 1122.
Treub 971.
Treumann 556.
Trevithick 349.
Trewby-Biggart 993.
Trezona 100.
Tribus 881.
Triggs 574, 661.
Trilke 1202, 1204.
Trillat 272, 404, 751, 769, 874.
Trillich 892.
Trinezi 522.
Trinkler 591.
Trip 686.
Tripler 575.
Trippe 98, 762.
Triumph 580.
Triulzi 530.
Trnka 1307.
Trobridge 762.
Tröger 51, 1015.
Trolle 966.
Tromp 728, 1016.
Trommsdorff 58, 873, 875.
Troost 1242.
Trotman 540.
— & Hackford 819.
Trotter 599.
Trouton 423, 962, 964, 1217.
Trowbridge 239, 402, 420, 463, 538.
Truchot 793.
Truck 313.
Truesdale 45, 764.
Truffault 1100.
Truffi 1214.
Truhlsen 54.
Trumbull 1061.
Trummer 1283.
Trump 863, 877.
Trussed Concrete Steel Co. 105, 109, 126, 693, 1021.
Trutat 947, 948, 949.
Trzebinski 1314.
Tschaplowitz 542, 737.
Tscharmann 657, 704.
Tschelinzeff 217, 842.
Tschermak 808, 1107.

Tscherniak 571.
Tschernobaeff 199, 1107.
Tschirch 282, 555, 651.
Tschitschibabin 43, 217, 773, 1012.
Tchokke 626.
Tschörner 938.
Tschugaeff 759, 896.
Tschunke 758.
Tschuprowa 963.
Tsujimoto 541, 1012.
Tübben 1053.
Tubesing 126.
v. Tubeuf 712.
v. Tubouf 568.
Tuchorze 252.
Tuck 16, 191, 756.
Tucker 159, 189, 660, 750, 797, 800, 1044, 1048, 1076, 1235.
— & Higginson 128.
Tudor 429.
Tufts 904, 962, 966.
Tully 209.
Tümmler 150.
Tunmann 20, 282.
Tupper & Co. 553.
Turcat 1100.
—-Méry 1097.
Turchini 409, 413, 480.
Türck 1204.
Turdy & Henderson 116.
Turgan 1081.
de Turgau-Foy 336.
Türk 10, 741, 761, 918, 1012, 1298.
Turley 104.
Turnbull 457.
Turneaure 106, 853.
Turner 108, 110, 117, 127, 295, 300, 301, 617, 706, 723, 851, 857, 865, 870, 933, 939, 941, 944, 958, 1036, 1058, 1164.
— Construction Co. 129.
—, Luke & Spencer 1058.
Turpain 417.
Turquand 1088.
Turrinelli 489.
Turton 371.
Tutin 228, 283, 900, 928.
Tuttle 296, 418, 449, 564.
Tutton 24, 1101.
Twaddell 401, 637, 1171.
Twaite 824.
Tweedales & Smalley 1118.
Tweedy 325.
Twelvetrees 115, 118, 127, 167, 174, 315, 384, 626.
Twining 377.
Twiss 26. 191.
Twitchell 541, 542.
Twombly 1100.
Tyer 379.
Tygard 587, 1086.
Tyndall 498.
Tynn 450.

U.

Ubbelohde 60, 273, 275, 499, 734, 833, 844.
Uber 642, 682.
Uehling 989.
Uhland 1131, 1132.
Uhlenhorst 207.
Uhlenhuth 387.

Uhler 516, 519, 604, 973.
Uhlig 878, 991.
Uhrig 1306.
Ulander 768.
Ulbricht 66, 376, 905.
Ule 892.
Ullmann 185, 229, 233.
Ulpiani 445, 575.
Ulrich 874, 892.
Ulsch 147.
Ultée 246.
Ulzer 847, 926.
Umfabrer 1034, 1240.
Umney 632, 900.
Uncas Specialty Co. 1100.
Unckenbolt 303.
Underwood & Co. 281, 569.
Underwriter 545, 546.
Undeutsch 89.
Unger 283, 284, 958.
— & Abicht 1164.
Ungerer 913.
Ungethüm 703.
Union Elektrizitäts-Ges. 454, 694.
— Gas Engine Co. 586, 1020.
— Pacific 359.
— — Railroad Co. 1085.
— Standard Machine Co. 1285.
— Switch & Signal Co. 377,379,382.
Union Works 1232.
United Coke and Gas Co. 766.
— Concrete Machinery Co. 878.
— — Steel Frame Co. 126.
— Electric Signal Co. 380.
— Engineering & Contracting Co. 1182.
— — & Foundry Co. 1232.
— Motor Industries 1094, 1095.
— States Steel Piling Co. 169, 666.
— Water Improvement Co. 1257.
Universal Machine Screw Co. 1054.
Unkenbolt 614.
Unna 1250.
Unruh 253.
— & Liebig 1170.
Unwin 437, 658.
Upcott 317.
Uppenborn 65, 66, 81, 906.
Upright 1249.
Upton 818.
Urbach 391.
Urbain 191, 413, 541, 560, 600, 1103, 1110, 1113.
Urban 271, 1312, 1319.
Urbanek 1045.
Urbanitzky 318.
Uren 87, 130, 1045.
Uerkewitsch 85, 898.
Ursinus 1161.
Urtel 586.
Usheck 690.
Usher 237, 964, 970.
Usines Benrath 637.
Utah Copper Co. 792.
Utermann 217, 897, 974.
Utz 46, 200, 210, 211, 499, 542, 632, 875, 889, 890, 892, 1159, 1240, 1294.
Uzel 1314.

V.

Vacuum Process Co. 1275.
Vageler 288, 802, 808, 809.
Vahle 1296.

Vahlen 236.
Vaillant 76.
Vaillard 1104.
Vainwright 940.
Valenta 556.
de Valbreuze 369, 398, 1157.
Valendàs 1020.
Valenta 499, 532, 632, 859, 930, 933, 936, 942, 945, 947, 1159, 1217.
Valentas 284.
Valente 75, 827.
Valentin 1288.
Valentiner 1234.
Valentini 53.
Valkenburgh 9.
Valor Co. 544.
Valve Co. 255.
Vambera 734.
de Vamossy 39.
Vance 504, 1166.
Vancl 1263.
Vandam 187.
Vanderbilt 343.
Vanderkloot Steel Piling Co. 169, 666.
Vanderheym 353, 370.
Vanderslice 562.
Vandevelde 240, 889, 925, 1162, 1253.
Vanginot 94.
Vanino 84, 623, 1291.
Vanwakes 1071.
Vanzetti 308, 1108.
de Varona 1255, 1265.
Varrentrapp 1176.
Varrow & Cie. 250.
Vasseur 1133.
Vassart 529, 532.
Vattier 100.
Vaubel 27, 51, 204, 205, 242, 529, 530, 577, 596, 725, 1159.
Vaucheret 692.
Vauclain 336, 344.
Vaudoise Motor Power Co. 429.
Vaughan 269, 277, 348, 350.
Vaughton 940.
de la Vaulx 835.
Vauthier 14.
Vauxhall 976.
— & West Hydraulic Eng. Co. 141, 150, 977, 1228.
Vawdrey 184, 1250.
Vawter 991.
Veatch 886.
de Vecchi 868, 983.
Veeder 955.
— Mfg. Co. 597.
Vegezzi 887.
Végounow 194.
Veillon 765.
Veit 227.
Veitch 596.
Veith 1027, 1195.
Velardi 159, 891.
Veley 21, 229, 411.
Velflík 173.
Vellguth 1074.
Venator 844.
—, Max 765, 1181.
—, Wilhelm 765, 1181.
Vender 1123.
Vendeville 370.
Venema 809.
Venhofen 656.

Ventura 493.
Venturi 260, 733, 1255.
Ventzki 813.
Verax 380.
Verbeek 1230.
Verda 878.
Verdier 621.
Verdol 1276.
Verein chemischer Fabriken Mannheim 1063.
Ver. Maschinenfabrik Augsburg und Maschinenbaugesellschaft Nürnberg 186, 386, 504, 505, 579, 588, 589, 612, 614, 636, 637, 722.
— Schmirgel- und Maschinenfabriken Hannover - Hainholz 1040.
— Schulmöbelfabriken G. m. b. H. Stuttgart - München, Tauberbischofsheim 606, 695.
Vergano 418.
de la Vergne Co. 740.
Verity 507, 691.
Veritz 369.
Vermeulen 898.
Vermorel 1208, 1305.
Vermuele 1255.
Vernet 1280.
Verneuil 1102.
Verney 251, 550.
Vernon 84, 905, 1040.
Verschaffelt 971.
Verschoyle 622.
Versey 1060.
Vertens 1028.
Vespermann 41, 1145.
Vespignani 221.
Vestal 1200.
Vesterberg 631, 791.
Vétéran 1085, 1099.
Vetter 642, 1229.
Veyry 182.
Vezin 375.
Viau 488.
Vibrans 1140, 1315.
Vicarey 488.
Vicat 61.
Vickers 369, 1048.
—, Sons & Maxim 259, 276, 290, 448, 1027, 1033, 1047, 1224.
Victor 434, 438, 476, 478, 651, 777, 1001, 1178, 1191, 1213.
— Talking Machine Co. 840, 1135.
Vidal 284, 958.
Viebig 98, 298.
Vieille 859.
Vieo 1088.
Vierendeel 170, 405.
Vieth 235, 870, 871, 872.
Vigier 19.
Vigneron 235.
Vignol 322.
Vignola 655.
Vignoles 259, 504, 779.
Vignon 51, 229, 599, 1293.
Vigouroux 308, 759, 794, 878, 895, 1108.
Vigreux 1202.
Vila 233.
de Vilar 581.
Villa 1243.
Villard 411, 413, 867.

Ville 560, 890.
Villère 593, 1096.
Villet 123.
Vilter 740.
Vincent 760, 798.
da Vinci 595.
Vinet 1088.
Vining 195.
Vinot 49
—·Deguingand 1085.
Vinsonneau 564.
Vintilesco 229, 230, 620.
Violle 14, 643.
Viqueot Co. 1094.
Virgili 245, 1064.
Vis 70.
Visintini 108, 133, 134, 170, 707.
Vitali 236, 239, 1006, 1282.
Vitek 804.
Vitruvius 1304.
Vittali 656.
Viviani 1317.
Vivien 272, 1315.
Voege 483, 734.
Voelcker 699.
Vogdt 1192.
Vogel 10, 13, 59, 79, 145, 188, 190, 333, 534, 609, 623, 631, 1077, 1309.
—, J. H. 10.
— von Falckenstein 242.
— & Schemmann 617, 1009.
Vogeler 1261.
Vogelsang 5, 142, 237, 444, 971, 1291.
Voghera 242, 445, 1064.
Vogl 313, 487, 1229.
Vogler 485, 778, 1102, 1214.
Vogt 55, 62, 95, 345, 353, 585, 972, 1165.
—, L. 1213.
Vogtherr 187.
Voigt 417, 659, 690, 902, 966, 1299.
—, Rudolph 1129.
Voigtländer 935.
Voigtmann 390, 1170.
Voirin 123.
Voisenet 17, 21, 205, 403.
Voisin 836.
Voit 267.
Voitel 123, 322.
Voith 910, 911, 918.
Vojtech 931, 932, 955.
Volante 1184.
de Voldere 162, 209.
Volhard 242, 572, 1239.
Volk 73.
Völkel 79.
Völker 780.
Volkersen 977, 1306.
Volkert 828.
Volkmann 185, 283, 970.
Vollbehr 852.
Volpert 1127.
Völtz 240, 972.
Voltz & Wittmer 686.
Voly 892.
de Vonderweid 1220.
Vondráček 490, 719, 1107.
Vongerichten 229, 768.
Voretzsch 271, 678.
Vorländer 196, 217, 679, 773, 961, 962, 1177.

Vorreiter 488, 1074, 1076, 1079, 1080, 1093.
Vosmaer 410.
Voss 678.
— Bros. Mfg. Co. 1238.
Vossberg 259.
Voß 636, 814.
Votocek 220, 768.
Vournasos 41.
de Voy 345, 352.
Vrancker 260.
de Vries 750, 1124.
Vuaflact 1312.
Vuia 836.
Vulcan 1091.
— Foundry Co. 338.
Vutz 871.
Vuylsteke 291.

W.

Waage 198.
van der Waals 965, 968.
Wachbolz 770.
Wachtel 1127, 1220.
Wächter 153, 415, 985, 1160, 1209.
Wachtl 1296.
Wächtler 1276.
Wacker 425, 964, 999.
Wackermann 789.
Wacker & Hildenbrand 1039.
Wadas 1232.
Waddel 1112.
Waddell 176.
Waddle 1212.
Wade 1246, 1269.
Wadsworth 565, 1288.
Waegner 1102.
Waetzmann 15.
van Wagener 1291.
Wagenhals 349.
Wagenhorst 1196.
Wagmann 10.
Wagmüller 478.
Wagener, A. 506.
Wagner 15, 30, 152, 153, 201, 533, 684, 697, 754, 806, 873, 1073, 1079, 1100, 1182, 1236
—, Alois 233.
—, August 619.
—, B. 606, 769.
—, Berthold 728.
—, C. J. 1184.
—, E. 1168.
—, Frank C. 268.
—, G. 119, 1147.
—, Louis 698.
— & Eisenmann 250.
— & Hamburger 31.
Wagoner 109, 1002, 1003.
Wagstaffe 1163.
Wahgel 1150.
Wahl 142, 220, 808, 837, 1034, 1208, 1264.
von Wahl 58.
Wallace 402.
Walzmaschinenfabrik August Schmitz 1232.
Waidner 84.
Wainwright 345, 646, 1216.
Wais 1050.
— Machine Co. 1050.
Wait 448.

Waite 1093.
Wakeman 251, 261, 274, 1048, 1214.
van der Wal 208.
Walbaum 926, 1066.
Walbum 632.
Walcher 94.
Walckenaer 258, 265, 500.
Walcker & Co. 679.
Waldeck 603.
v. Waldegg 264.
Walden 191, 192, 198, 441, 497, 902, 963.
Walder 530, 531.
Waldmann 537, 1129.
Waldo 746.
Waldow 683, 698.
Waldron 376, 381.
Waldvogel 240.
Walfard 1281.
Walker 98, 196, 224, 229, 409, 441, 445, 518, 541, 591, 714, 739, 770, 782, 786, 792, 881, 882, 1013, 1015, 1020, 1096, 1113, 1158, 1196, 1206, 1309.
— & Co. 274, 1173.
Wall 423, 446, 449, 460, 792, 932, 938, 939, 941, 944, 946, 948, 956, 1110.
Wallace 163, 496, 746.
Wallach 243, 445, 774, 1158.
Waller 765.
Wallerant 194, 196, 791.
Wallich 45.
Wallichs 89.
Wallin 470.
Walling 1156.
Wallis 24, 217, 245, 697, 974.
Wallon 935.
Wallot 686.
Wallwork 83, 1090.
Walmisley 710.
Walmsley 940.
Walpole 495.
Walschaert 265, 339, 341, 345, 348, 349, 351, 354.
Walsen 174.
Walser 134.
Walsh 1076.
Walshaw & White 32.
Walta 810, 812.
Walter 267, 329, 412, 415, 418, 419, 425, 497, 619, 791, 954, 959, 966, 1021, 1110, 1156, 1181, 1245, 1270.
Walters 293.
Walther 67, 527, 532, 566, 717, 930.
von Walther 49, 229, 233.
Walton 435.
Walworth 1054.
Wanderscheck 640.
Wanner 1235, 1301.
Wapf 126, 693.
Warburg 420, 425, 771, 830, 908, 963, 1010.
Ward 117, 326, 356, 569, 712, 955.
— & Co. 1286.
— Leonard Electric Co. 87, 356, 456, 470.
Ware 126.
Waring 581, 683, 1134, 1151.
Warkeman 991.
Warley 1088.

Warmbold 57, 803.
Warnecke 51, 1015.
Warner 598, 1099, 1238.
Warren 122, 436, 503, 701, 706, 876, 896, 994, 1003, 1009, 1146, 1149, 1163, 1295.
Warry 70.
Warschauer 487.
v. Wartenberg 771, 908, 974, 1106. 1239.
Warth 23, 826.
Warwick & Hall 705.
Washburn 1207, 1208, 1209.
— -Crosby Co. 132, 1179.
Wasintynski 316.
Wasmus 755.
Wasmuth 68, 405.
Wasteneys 1255.
Wason 103, 110, 131, 706, 1271.
Wassermann 58, 812.
Wassilieff 970, 1319.
Waßmuth 405, 409.
Waterbury Farrel Foundry & Machine Co. 1054, 1232.
Waterhouse 247, 292, 303, 981.
Watermann 1045.
Waters 451, 455, 459, 839, 890, 1206.
Waterwork Equipment Co. 1000, 1055.
Watkins 683, 862.
Watson 3, 6, 110, 150, 167, 205, 482, 501, 706, 782, 792, 834, 899, 1072, 1105, 1229, 1308.
— & Mc Daniel 261.
Watt 5, 444, 555, 581, 770.
de Watteville 982, 1111, 1221.
Watteyne 93.
Wattlez 78, 80, 414, 386, 607, 987, 1050.
Wattmann 478.
Watts 189, 300, 878, 979, 1043, 1074, 1110.
Wauters 187.
Wayne 551, 1085, 1187.
— Automobile Co. 1085.
Wayss & Co. 673.
— & Freytag A.-G. 103, 117, 118, 122, 172, 322, 704, 852, 1250.
Waysy & Co. 133
Weardale 618, 1042.
Weatherley 691.
Webb 118, 547, 614, 684, 685, 696, 1117.
— & Thompson 379.
Webber 327, 788, 826, 980.
Weber 65, 423, 425, 680, 698, 734, 763, 775, 780, 814, 844, 875, 903, 906, 1061, 1071, 1117, 1205, 1261.
—, C. 1271.
—, C. A. 809, 1167.
—, Emil 618.
—, Hermann 606.
—, Karl 63, 116.
—, R. 1182.
Weber & Co. 74.
— Steel-Concrete Chimney Co. 140, 1052.
v. Weber 316.
Webley 1222.
Webster 139, 169, 511, 569, 645, 647, 697, 839, 869.
— & Bennett 156, 570, 1038, 1288.
Wechmann 329.

Wechsler 831.
Weckerlin 514, 522.
Weddigen 361.
Wedding 69, 292, 294, 296, 298, 303, 307, 614, 719, 881.
Wedekind 24, 195, 217, 229, 425. 486, 842, 970, 1311.
Wedemann 228.
Wedemeyer 539, 873.
Weder 1168.
Wederhake 236, 1069.
Wedinger 1281.
Weeber 1098.
Weeks 65, 471.
Weerman 233, 241.
Wefring 168, 1250.
Wegener 152.
Wegner 87, 551, 772, 809, 988.
Wegscheider 217, 894, 897, 1013.
— Co. 1098.
Wehmer 56, 575.
Wehnelt 463, 1207.
Wehner 11, 257, 880, 1002.
Wehrenfennig 354, 1170.
Wehrhahn 1137.
Wehrle 711.
Weibezahl 975.
Weibull 543, 751, 802.
Weichelt 819, 915.
Weideneder 1231.
Weidenkaff 226.
Weidert 410.
Weidmann 135, 150, 172.
Weidner 547, 618.
Weigand 623.
Weigel 234, 282, 631, 632.
Weigelin 738, 1164.
Weigelt 11, 757, 1263.
Weigert 442.
Weighton 775, 776.
Weil 45, 429, 484, 698 812.
Weilandt 258.
Weilinger 900.
Wein 567, 804, 805, 808, 971.
Weinberg 730, 962.
Weinbrenner 257.
Weindel 232, 725.
Weinland 244, 896, 1295, 1311.
Weins 865.
Weintraub 78, 421.
Weir 760, 1019.
Weisbach 1244.
Weise 566, 1253, 1263.
Weiser 270, 572.
Weishan 721.
Weiske 103, 112.
Weiskopf & Stern 660, 672.
Weist 1307.
Weisweiller 875.
Weißbach 723.
Weißheimer 43, 217.
Weisz 235, 237, 317, 342, 419, 424, 931, 1181, 1205, 1319.
Weitbrecht 1017.
Weitzenböck 403.
Weitzer, Joh. 591.
Weiwers 1282.
Weizel 656.
Weizmann 226, 893.
Welborne 946.
Welch 126, 383, 703.
Welcker 746.
Weld 127.
Weldert 4, 8.
Weleminsky 55.

Welger, Gebr. 815.
Welin 888.
Welkner 328.
Wellbury 735.
Weller 119, 467, 1093.
Wellington 337, 666, 940.
Wellman 834, 835, 1123.
— Seaver Eng. Co. 636, 637.
— -Morgan Co. 764, 1170, 1174, 1176.
Wellner 1206.
Wells 242, 476, 893, 894, 1031, 1107, 1234.
Welman 542.
Wels 836.
v. Welsbach 81, 1103.
Welsch 660.
Weltkork Co. 559.
Wemyss & Co. 1276.
Wenck 261, 383, 648.
Wendel 729, 1181.
Wendelstadt 57, 520.
Wendemuth 120, 626.
Wendisch 777.
Wendler 284, 874, 875.
— & Lindner 75.
Wendt 583.
Wennevold 750.
Wenning 1114.
Wentrup 19.
Wentworth 181, 997, 1118, 1279.
Wentzel 1255.
Wentzki 39, 1260.
Wenz 314, 934.
Wenzel 224, 898, 1161, 1289.
Werder 771, 859.
Werenskiold 104.
Wergien 1237.
Werkzeugfabrik Joh. Abele 1050.
Werkzeugmaschinenfabrik Schuler 141, 150, 1288.
Werner 192, 212, 229, 244, 245, 328, 524, 536, 576, 680, 725, 736, 759, 907, 1085, 1101, 1157, 1193.
— & Feenstra 982.
— & Flory 635.
— & Pleiderer 1059.
Wernicke 356, 473, 783, 1253, 1263.
Werr 234.
Wertenson 429, 456, 461.
Wertheim 483.
Wertheimer 989.
Werthen 67.
Werwath 68.
v. Wesendonk 420.
Wesley 158.
Wesselsky 580, 582.
Wessex 604.
Wessling 388.
West 16, 295, 300, 371, 563, 613, 718, 720, 823, 1042, 1094.
— Hydraulic Eng. Co. 859, 976.
— Virginia Pulp & Paper Co. 1179.
Westcott & Potter 1118.
Westerdale 66, 905.
Westerfield 1086.
Westermann 919.
Western 1039.
— El. Co. 430, 508, 1212.
— United Gas & Electric Co. 826.
Westgarth 584.
Westhausser 190, 806, 842.
Westin 832.

Westinghouse 89, 96, 311, 342, 374, 434, 435, 437, 438, 448, 453, 454, 508, 784, 862, 978, 999, 1051, 1085, 1091, 1196, 1197.
— Electric & Mfg. Co. 800.
— Co. 356, 392, 448, 476, 477.
— Air-Brake Co. 374.
— Electric Co. 78.
— El. & Mfg. Co. 392, 469, 483, 991, 993, 1212.
— Machine Co. 589.
Westmacott 1096.
Westman 576.
Weston 4, 7, 9, 136, 480, 638, 953, 1256.
Westphal 1230.
Westphalen 545, 673.
Westrezat 892, 1013.
Wetherbee 8.
Wetherill 44.
Wethey 87.
Wetzel 32, 33, 60, 153, 514, 522, 559, 600, 910, 1116, 1117, 1118, 1119, 1181, 1273, 1278, 1292.
Wewetzer 85.
Wex 97.
Weyher & Richemond 1079, 1080.
Weyl 217, 882, 927, 1012.
Weyrauch 860.
Weyrich 690.
Whale 346.
Wharton 320.
Whay 178.
Wheastone 470, 479, 480, 1234.
Wheeler 409, 588, 624, 630, 785, 806, 842, 1010, 1259, 1308.
— Condenser & Pump Co. 776.
Wheeling Mold & Foundry Co. 278.
Whetham 409, 1063.
Whinery 318, 1170.
Whipple 273, 608, 1235, 1239, 1240, 1256, 1262, 1263.
Whitaker 1031.
Whitcher 469.
Whitcomb 151, 998.
— Mfg. Co. 651.
White 151, 444, 476, 489, 490, 550, 591, 593, 616, 617, 662, 824, 849, 904, 998, 1017, 1028, 1080, 1090, 1095, 1139, 1164, 1168, 1192, 1217, 1303.
—, Henry 691.
—, P. H. 165.
—, W. P. 876.
— & Co. 492.
— & Poppe 1096.
— Band Chemical Co. 952.
Whiteley & Sons 36.
Whitham 551.
Whiting 422, 942.
Whitin 1119.
Whitlock Coil Pipe Comp. 141, 1001.
Whitney 189, 845.
Whittaker 526, 527.
Whittlesey 126.
Whitworth 279, 304, 616, 1287.
— & Co. 280.
Whorley 117, 365.
Wichmann 145, 716, 820, 1060, 1264.
Wicht 1145.
Wickardt 1294.
Wickens 1307.

Wickes 767.
— Bros. 122, 711.
Wickhorst 352.
Wicksteed 305, 857.
Wickstoroff 525, 526.
Widmer 653, 1086.
Wiebe 964.
Wiebold 138.
Wiechmann 769, 1317, 1318.
Wieck 728.
Wiecke 304, 305, 615.
Wiede 910, 911.
Wiedemann 890, 956.
Wiederholdt 122, 140, 1051.
Wieghardt 406.
Wiegmann 147, 619.
Wieland 25, 50, 109, 110, 129, 229, 676, 725, 1001, 1003, 1049.
Wielezynski 499.
Wien 417, 440, 967, 1155, 1156, 1235.
Wieneke 902.
Wiener 235, 693, 695, 796.
— Lokomotiv - Fabrik-A.-G. 343, 344.
—-Neustädter Daimler Fabrik 1085.
Wienkoop 705.
Wiese 996.
Wiesemann 72.
Wieske 874.
Wiesler 206, 621.
Wigan and Iron Co. 719, 1175.
Wiggins 1158.
Wigham 296, 303, 308, 794, 827.
Wightman 740, 787, 831.
Wigley 70.
Wigmore 762.
Wijnne 207.
Wijse 543, 736.
Wijsman 187.
Wikander 368, 1206.
Wikschtröm & Bayer 888.
Wilcke 312, 561, 563, 613, 709, 860.
Wilcocks 556.
Wilcox 39, 1252.
— Bros. 760.
Wild 246, 701, 904, 1205, 1231, 1237.
Wilda 427, 781, 863.
Wilde 688.
Wildermann 191, 487, 964, 967, 1203.
Wildi 50.
Wildman 1156.
Wildt & Co. 1290.
Wile 578.
Wiley 889.
Wilgus 178, 325, 396.
Wilhelm 284, 523, 957.
Wilhelmj 1314.
Wilk 1167.
Wilke 1063.
— & Co. 1050.
— -Dörfurt 188, 1004.
Wilkening 686, 693.
Wilkinson 76, 84, 251, 427, 464, 474, 518, 520, 782, 785, 1110, 1196.
— & Sohn 1288.
— & Sons 568.
Wilkomm 1289, 1290.
Will 57, 146, 148, 640, 946, 1123, 1124, 1299.

Willans 1197.
— & Robinson 588.
Willard 424, 727, 787, 846.
Willbur 1135.
Willcox 81, 82, 84, 595, 889, 940, 1065.
Wille 344.
Willenz 207.
Willets 899.
Willey 275, 551, 793, 1171, 1174, 1176, 1179, 1312.
Willgerodt 736.
Willgus 1186.
Willhöft 1032.
William 295, 630, 774.
— Tod Co. 1256.
Williams 29, 96, 154, 215, 264, 274, 373, 413, 434, 436, 526, 645, 770, 801, 980, 991, 1043, 1082, 1159, 1196, 1230.
— jr. 302.
—, Brown & Earle 1298.
—, Ralph. D. 1023.
Williamson 825.
Willink & Thicknesse 271.
Willits 590, 1046.
Willmott 349.
Willner 716.
Willoughby 827.
Willows 480.
Wills 365, 1018, 1022, 1088.
Wills & Anderson 683, 697.
Willson 1174.
Willstätter 50, 229, 233, 238, 532.
Wilmarth & Morman 1037.
Wilsing 903, 907.
Wilson 42, 62, 209, 303, 371, 410, 418, 419, 440, 462, 476, 480, 486, 487, 513, 519, 553, 555, 563, 579, 795, 823, 906, 940, 989, 1014, 1054, 1092, 1143, 1263, 1308.
— & Co. 460.
— & Longbottom 1129, 1276.
Wimmer 872, 1313, 1314.
Wimperis 845.
— & Best 691, 697.
Winans 1266.
Windaus 208, 229, 233, 768.
Windelschmidt 895.
Windisch 142, 144, 145, 237, 971.
Windsor 584.
Winetraub 460.
Wing 247, 1227.
— Mfg. Co. 1211.
Wingen 606, 695.
Winkel 330.
Winkelblech 194, 195, 819.
Winkelmann 163, 400, 867, 966, 968, 975, 1259.
Winkfield 1153.
Winkler 17, 577, 737, 751, 761, 879, 963, 1061.
Winklers 376.
Winn 1247.
— & Co. 1054.
Winnertz 754.
Winship 327.
Winslow 6, 12, 638.
Winsor 587.
Winteler 1008, 1062, 1063.
Winter 112, 143, 233, 629, 647.
de Winter 1041.
Wintermeyer 89, 94, 638.
Winternitz 730.

Namenregister.

Winterson 38, 876, 1311.
Winterstein 751.
Wintgen 238, 240, 809, 891.
Wintgens 1117.
Winther 195, 902.
Winton 125, 204, 770, 1100, 1210.
Wiomont 1307.
Wirt 471.
Wirther 521, 531.
Wirthwein 149, 248.
Wiseman 108, 1249, 1261.
Wiski 949.
Wislicenus 566, 989, 1167.
Wiss 829, 1011, 1067, 1260.
v. Wissell 875.
Wißling 426.
Witham & Lord's 1060.
Withrow 203, 623.
Witkowicz 273.
Witkowski 1259.
Witt 68, 217, 403, 897, 982, 1008, 1140, 1180.
Witte 232, 423, 532.
Wittek 450, 466.
Wittenbauer 610.
Wittig 397.
Wittelshofer 75.
Wittler & Co. 889.
Wittlinger 1131.
Wittnack 809.
Wittmann 483, 505.
Witworth 305.
Witz 164, 430.
v. Witzleben 1223, 1227.
vorm. Wizemann 260.
Woelm 1319.
Woerdehoff 1307.
Woernitz 88, 359, 638, 857, 858, 978, 1047, 1174, 1200, 1288.
—, Tangye Tool and Electric Co. 280.
Woernle 909.
Wogrinz 1063.
Wohl 16, 217.
Wöhler 194, 297, 794, 848, 850, 909, 1063.
Wohlers 211, 1111.
Wohlmann 715.
Wohltmann 809.
Wohlmuth 470.
Woker 233.
Wolf 93, 448, 460, 462, 699, 1121.
—, K. 502.
—, Kurt 55, 58.
—, Lorenz 1164.
—, R. 505, 828.
—, Robert 1074.
—, W. 448.
Wolff 13, 47, 70, 95, 607, 761, 863, 1008, 1089, 1103, 1219, 1220.
—, A. 514.
—, Bernh. 710.
—, Bertram 773.
—, C. 705, 1123.
—, Carl 737.
—, J. 494, 768, 770, 1131.
—, J. H. G. 546, 674, 1249.
—, L. C. 1167.
—, Max 631.
—, Wilhelm 1261.
Wolffram 761, 821.
Wolfrum 159.
Wolfs 147.

Wolfschütz 1260.
Wolfsholz 5.
Wollenberg 94.
Wollenweber 596.
Wollin 1020.
Wollner 906, 1298.
Wologdine 308, 817, 1309.
von Wolosewicz 1319.
Wolpert 602.
Wolseley 155, 721, 862, 1085, 1086.
— Tool & Motor Car Co. 359, 590, 1085.
Wolter 690, 705, 806.
Woltereck 583.
Wolzenburg 666, 1182.
Wood 58, 68, 70, 408, 438, 445, 573, 584, 588, 629, 764, 935, 949, 966, 1013, 1018, 1098, 1110, 1150.
— & Co. 579.
— Preserving Association 713.
Woodall-Duckham 822.
Woodbridge 90, 97, 792, 793, 1044.
Woodeson 978.
Woodhouse 1273.
Woodiwiss 192.
Woodman 500, 561.
Woods Machine Co. 1037.
Woodward 117, 694, 802, 1017, 1149.
Woodworth 1078.
Woolson 108, 110, 546, 547, 673, 674, 854, 1237, 1238.
Woonsocket Machine & Press Co. 34, 115.
Wooten 342, 351.
Worcester 89.
Word 1288.
Wordworth & Co. 1292.
Worel 950.
Workman 1022.
Worman 1276.
Wormeley 140, 1297.
Wormser 907, 1302.
Wörner 236.
Worrall 449, 460.
Worresch 686.
Worsdell 342, 365.
Worssam & Son 145.
Worthington 338, 386, 980, 1191.
Wortmann 29, 1281.
Wotruba 790.
Woulff 844.
Woy 1264.
Wraight 307.
Wray 33.
Wrede 663.
Wren 215, 353.
Wrench Co. 997.
Wright 95, 148, 312, 381, 382, 434, 438, 468, 479, 496, 775, 834, 837, 1055, 1086, 1168.
Wrigley 434, 912, 1191.
Wrobel 813, 815, 1059.
v. Wrochem 1301.
Wrzosek 55.
Wuczkowski 127, 673.
Wuest 761.
Wulff 234, 730.
Wulsch 7.
Wund 56.
Wunder 528.
Wunderlich 742, 826.

Wundt 966, 1234.
Wunner 880.
Wünsche 938, 952.
Wurm 161.
Wurtz 941.
Würtzler 381.
Wüscher 320.
Wüst 289, 292, 307, 613, 624, 767, 921.
Wüthrich 356.
Wuyts 21, 217, 1065.
Wyandotte 1293.
Wyatt 147, 148.
Wyckoff 1028, 1178.
— & Son Co. 1001.
Wyer 428, 579, 582, 584, 586, 781, 1164.
Wyrouboff 1102.
Wyßling 392, 782.

Y.

Yale & Towne 635, 638.
Yama-Jau 834.
Yang Tsang Woo 766.
Yankee 1131.
Yarrow 1017, 1027.
— & Co. 250, 1020.
— -Napier 1037, 1031.
Yassukovitsch 1267.
Yates 893.
Yates & Donelson Co. 883.
Yaxley 538.
Yberty 1087, 1088.
Yellinek 1138.
Yeoman 527.
Yockey 30, 817.
Yones 1226.
Yorke 332, 382, 1231.
Yorkshire Hennebique Construction Co. 174.
— Machine Tool and Engineering Works 568, 1288.
Young 50, 134, 265, 347, 353, 377, 481, 495, 769, 822, 824, 949, 965, 1064, 1112.
Young, W. 685.
Youngstown Steam Trap Co. 261.

Z.

Zaar 653.
Zabel 1162.
Zace 186, 917.
Zacharias 513.
Zachariasen 33, 1181.
Zacon 620.
de Zafra 136, 180, 627.
Zahikjanz 1192.
Zahm 481.
Zahn 225, 490, 753, 1065.
Zailer 1168.
Zaitschek 572, 810.
Zalinski 66, 905.
Zaloziecki 499.
van der Zande 187, 288, 810.
Zander 950, 951.
Zandt 76.
Zanetti 228.
Zange 859.
Zänker 152, 515, 518, 525.
Zappa 812.
Zara 354.

Zart 230.
Zatzmann 1280.
v. Zawidzki 193, 982.
Zdarek 245.
Zdenko 1264.
Zecchini 1282.
Zechentmayer 1139.
Zedner 489.
Zeeman 243, 425, 844, 969.
Zehetbauer 717.
Zehnder-Spörry 363.
Zeidler 524, 1230.
Zeine 46, 980, 1211.
Zeising 689.
Zeiß 490, 769, 867, 907, 935, 1225, 1137.
Zeitschel 900.
Zeitschner 152.
Zeitzer Dampfkesselfabrik 988.
Zelarek 973.
Zelde 1042.
Zeleny 463, 476, 739, 771, 964, 1234.
Zelikow 58.
Zelinsky 217.
Zell 1224.
Zeller 653.
Zellner 282, 495.
Zemek 613.
Zemcsuznyj 29, 842, 1107, 1310.
Zemek 303, 350.
Zemplén 576, 963, 968.
Zenghelis 192, 798, 964.
Zenker 956, 969.
Zenneck 411, 481, 955, 1207.
Zenner 353.
Zentralheizungswerke zu Hannover 686.
Zenzes 303, 614.

v. Zeppelin 835.
Zerndt 1165.
Zernik 208, 235, 1006.
Zernov 15.
Zettnow 58.
Zeyn 852.
von Zeynek 239.
Zickendraht 968, 1061.
Ziegenbein 688.
Ziegler 194, 236, 756, 965, 980, 1112, 1268.
Ziehl 461.
Zielaskowski 1208.
Zielstorff 237, 802, 806, 810.
Zierow & Meusch 285.
Ziersch 755.
Ziffer 321, 582, 713.
Zikes 640.
Zimmer 48, 1175.
Zimmermann 26, 242, 283, 330, 387, 405, 715, 716, 724, 732, 733, 752, 938, 957, 997, 1297.
—, Otto 861.
— & Buchlot 382.
— & Co. 941.
Zincke 229, 926, 927, 1014.
Zingelmann 459.
Zinszmeister 309.
Zipkes 106, 129, 133, 134, 170, 694, 707, 853.
Zipp 460.
Zittauer Maschinenfabrik und Eisengießerei 37, 1174.
Zobel 858.
— & Neubert 757.
Zodel 1189.
Zoelly 46, 263, 1019, 1193, 1196, 1197, 1199.
Zoller 789.

Zöller 562.
Zollikofer 822.
Zollinger 311.
Zöllner 126, 711, 733.
Zopf 229.
Zorawski 79.
Zörnig 243.
Zortman 191, 222.
Zscheye 1315.
Zschutschke 277, 407, 634.
Zschimmer 549, 767.
Zsigmondy 195, 623, 1107.
Zschocke 587.
— & Co. 83.
Zschokke 1280.
Zubizaretta & Calzada 123.
Züblin 51, 131, 133, 168, 247, 250, 1018.
—, Ed. 172.
Zuch 641.
Zuckel 501.
Zucker & Levett & Loeb 1216 1217.
Zuffer 389.
Zujew 1316.
Zulauf & Cie. 1036.
Zülch 659.
Zuntz 503, 543.
Zurfluh 504, 647.
Zust 1073.
Zwar 728.
Zwickau 553.
Zwicky 732.
Zwietusch & Co. 534.
Zwingenberger 737.
Zwintz 868.
Zwoyer Fuel Co. 765.
Zwyndrecht 209.
Zyka 644.